AF611009

DICTIONNAIRE

DE BOTANIQUE

INDICATIONS ABRÉVIATIVES

DU NOM DES PRINCIPAUX COLLABORATEURS DU DICTIONNAIRE DE BOTANIQUE

MM. H. Baillon.......	H. Bn	MM. Mussat..........	M.	MM. Ascherson.......	A.
de Seynes.......	De S.	Fournier........	E. F.	Rohrbach........	R.
de Lanessan.....	L.	Poisson.........	P.	Manoury........	Ch. M.
Tison...........	T.	Soubeiran.......	S.	Franchet........	A. Fr.
Bocquillon......	Bq.	Rafinesque......	Raf.	B. de Montgazon.	B. M.
Bureau..........	B.	Weddell.........	W.	Durand..........	Dd
Dutailly.........	Dy	Ramey..........	Ry	Heim...........	F. H.
Nylander.......	Nyl.				

Imprimeries réunies, rue Mignon, 2, Paris.

DICTIONNAIRE
DE BOTANIQUE

PAR

M. H. BAILLON

AVEC LA COLLABORATION DE

MM. J. DE SEYNES, J. DE LANESSAN, E. MUSSAT, W. NYLANDER, E. TISON
J. POISSON, E. FOURNIER, L. SOUBEIRAN, H. BOCQUILLON, G. DUTAILLY, E. BUREAU, CH. MANOURY
H.-A. WEDDELL, B. DE MONTGAZON, L. DURAND, A. FRANCHET, F. HEIM, ETC., ETC.

DESSINS DE A. FAGUET

TOME TROISIÈME

PARIS
LIBRAIRIE HACHETTE ET Cie
79, BOULEVARD SAINT-GERMAIN, 79
1891

DICTIONNAIRE

DE BOTANIQUE

H

HAAGDORN. Nom flamand de l'Aubépine.

HAAGEA (KL., *Begon.*, 223). Genre de Bégoniacées, dont le type est le *Begonia dipetala* GRAH.; section de ce genre. (H. BN, *Hist. des pl.*, VIII, 493.)

HAAK-DORN. Nom cafre de l'*Ourouparia procumbens* H. BN.

HAAN (W. van). Auteur, en 1824, à Leyde, d'une brochure de 43 pages, sur les limites qui séparent les plantes des animaux.

HAARAST. Nom allemand des *Trichocladus* PERS.

HAARBEER. En Allemagne, le *Fragaria collina* EHRH.

HAARBLUME. Nom allemand des *Trichosanthes* L.

HAARBORETSCH. Nom allemand des *Trichodesma* R. BR.

HAARDOLDE. Nom allemand des *Ptychotis* DC.

HAARFADEN. Nom allemand des *Lasiandra* DC.

HAARGEFTLECHT. Nom allemand du capillitium des Champignons-Myxomycètes.

HAARGURKE. Nom allemand des *Sicyos* L.

HAARNESSEL. Nom allemand des *Pilea* LINDL.

HAARSTRANG. En Allemagne, les Peucédans.

HAASIA (BL., ex NEES, *Syst. Laur.*, 372). Genre de Lauracées (H. BN, *Hist. des pl.*, II, 470), dont on ne fait plus (B. H., *Gen.*, III, 152) qu'une section du genre *Beilschmiedia* NEES.

HAASTIA (HOOK. F., *Handb. N. Zeal. Fl.*, 155; in *Hook. Icon.*, t. 1003; *Gen.*, II, 284). Genre de Composées, voisin des *Conyza* et caractérisé par des fleurs femelles plurisériées, à corolles courtes et filiformes; des fleurs hermaphrodites fertiles et des fruits étroitement subcylindriques. Ce sont trois herbes humbles, pulvinées, de la Nouvelle-Zélande, à feuilles rapprochées, épaisses, villeuses ou laineuses; à capitules solitaires, terminaux et sessiles; les bractées de l'involucre large, laineuses ou villeuses. (H. BN, *Hist. des pl.*, VIII, 149.)

HABALTE. Nom arabe du *Vicia Faba* L.

HABASCON. Nom (BAUHIN) d'une racine alimentaire de Virginie.

HABASTAHUEN. Synonyme de *Medallita*.

HABBASIA (DC., *Prodr.*, II, 428). Section du genre *Mimosa* L. (H. BN, *Hist. des pl.*, II, 34.)

HABBE-TSCHOKKO. Synonyme de *Habi-tschogo*.

HABB-HALL. Fruit d'Abyssinie qui, en Égypte (AINSLIE), se substitue au poivre.

HABBUN-NIL. Nom donné par les médecins arabes au *Kaladana*.

HABECKA. Nom, au Maroc, de la Pariétaire.

HABEL-ASSIS. Nom, dans le nord de l'Afrique, du Souchet comestible.

HABENARIA (KOCH, *Syn.*, 689). Synon. de *Cœloglossum* HARTM.

HABENARIA (W., *Spec.*, IV, 44). Genre d'Orchidacées-Orchidées (Ophrydées), voisin des *Orchis*, à cause de son éperon; mais pourvu de pétales sessiles, polymorphes, pas plus longs que les sépales; d'un rostellum à lobe médian dentiforme, court, dressé entre les loges de l'anthère, et d'un stigmate 2-lobé ou de 2 stigmates adnés. Ce sont, au nombre d'environ 400, des herbes terrestres, qui ont le port et les tubercules de nos *Orchis*, et des fleurs en épis ou en grappes. Ils habitent les régions tempérées et chaudes du globe. (B. H., *Gen.*, III, 624.) [H. BN.]

HABENARIEÆ (B. H., *Gen.*, III, 464). Sous-tribu (?) des Orchidacées-Ophrydées.

HABERDISTEL. En Allemagne, le *Serratula arvensis* L.

HABERLA (DENNST., *Schl. Hort. malab.*, 30). Synonyme de *Odina* ROXB.

HABERLE (K.-C.). Mort à Erfurt en 1832, âgé de soixante-huit ans, a écrit un opuscule sur le *Sphæria lagenaria* et le *Merulius* [1806], et un *Historia rei herbariæ hungaricæ et transsylvanicæ succincta* [1830], in-8 de 66 pages.

HABERLEA (FRIV., in *Magyar. Jud. Tars. Evkön.*, II, 249, t. 1). Genre de Cyrtandrées, voisin des *Ramondia*, à calice campanulé, 5-fide, à corolle largement tubuleuse, cylindrique, dilatée en haut. Le fruit capsulaire est subinclus dans le calice. C'est une herbe des Balkans, presque acaule, à feuilles basilaires et à hampes pauciflores. (ENDL., *Iconogr.*, t. 69.) [H. BN.]

HABET-EL-BARAKÉ. Nom oriental du *Nigella sativa* L.

HABHAB. En Égypte, le Baobab commun.

HABHEL FRUCTUS (CLUS.). Le fruit du Cyprès.

HABICHTSKRAUT. En Allemagne, les *Hieracium* L.

HABICHTSSCHWAMM. En Allemagne, l'*Hydnum imbricatum* L.

HABILLA DE SAN-IGNACIO. Au Mexique, l'*Hura crepitans* L.

HABITAT, HABITATION. Le pays, la patrie d'une plante, les localités où elle croît, abstraction faite de la configuration du lieu et de la nature du sol. — Voy. TOPOGRAPHIE.

HABI-TSALIM. Nom abyssinien du *Jasminum floribundum* R. BR., plante réputée ténicide.

HABI-TSCHOGO. Ténifuge d'Abyssinie, l'*Oxalis anthelminthica* A. RICH. (Voy. H. BN, *Tr. Bot. méd. phanér.*, 896.)

HABLANTHERA (HOCHST.). Pour *Haplanthera* HOCHST.

HABLITZIA (BIEB., in *Mém. Mosc.*, V, 24). Genre anormal de Chénopodées ou d'Amarantacées, dont la fleur hermaphrodite a cinq sépales imbriqués; cinq étamines superposées, à anthères introrses et à filets unis inférieurement en un anneau hypogyne subglanduleux. L'ovaire, sessile et libre, est uniloculaire, avec un seul ovule, descendant d'un court placenta basilaire, à micropyle inférieur. Le style se partage supérieurement en deux ou trois branches stigmatifères récurvées. Le fruit est un utricule, accompagné à sa base du périanthe étalé, déprimé, s'ouvrant circulairement et renfermant une graine horizontale, à embryon annulaire qui entoure un albumen farineux. C'est une herbe vivace, sarmenteuse, cultivée dans nos jardins comme plante grimpante ; à feuilles alternes, à fleurs en cymes très ramifiées, avec bractées et bractéoles. Le calice est verdâtre. La seule espèce connue, du Caucase, est l'*H. tamnoides*. (REICHB., *Iconogr.*, t. 754. — EICHW., *Pl. casp.-cauc.*, t. 23.) [H. BN.]

HABLITZIEÆ (C. KOCH, in *Linnæa*, XXI, 734). Division des Amarantacées.

HABLITZLIA (REICHB., *Nom.*, 164). Pour *Hablitzia* BIEB.

HABNI. Nom hiéroglyphique (LORET) de l'Ébène.

HABOTAN. Nom japonais d'un Chou.

HABRACANTHUS (NEES, in *DC. Prodr.*, XI, 312). Genre d'Acanthacées-Justiciées, à anthères uniloculaires. Le calice est à cinq divisions égales. La corolle, béante, est à deux lèvres : la supérieure entière ; l'inférieure à trois divisions plus ou moins profondes. L'androcée est à deux étamines exsertes et divergentes. L'ovaire, entouré d'un disque annulaire, est à deux loges biovulées ; il devient une capsule qui ne contient de graines que vers le milieu de sa hauteur. Ce sont des plantes herbacées ou frutescentes, à fleurs blanches ou rouges, disposées en cymes axillaires ou en une panicule terminale. On en connaît 3, 4 espèces mexicaines. (B. H., *Gen.*, II, 1106.)

HABRANIL. Graine purgative d'Égypte, indéterminée.

HABRANTHUS (HERB., in *Bot. Reg.*, t. 1345 ; *Bot. Mag.*, t. 2464, 2485, 2597). Section des *Amaryllis*, voisine des *Zephyranthes*, dont elle diffère principalement par son périanthe à gorge pourvue d'une membrane annulaire ou d'écailles. Les 26 espèces rapportées à cette section (K., *Enum.*, V, 491) appartiennent aux régions chaudes et tempérées de l'Amérique.

HABRANTUS (DUM., *Anal. fam.*, 58). Pour *Habranthus* HERB.

HABROSIA (FENZL, in *Bot. Zeit.* [1843], 322). Genre anormal, rapporté aux Paronychiées, et dont la fleur 5-mère, isostémone, rappelle celle des *Scleranthus*, *Paronychia*, etc., mais avec 2 ovules dressés dans l'ovaire surmonté de 2 styles. La seule espèce connue est une petite herbe annuelle, de l'Orient, à feuilles opposées, à petites cymes multiflores. (H. BN, *Hist. des pl.*, IX.)

HABROSIEÆ (FENZL, in *Bot. Zeit.* [1843], 326). Sous-tribu des Scléranthées.

HABROSTICTIS (FÜCK., *Symb. myc.*, 249). Genre de Champignons, démembré du genre *Stictis*, d'après deux caractères : la transparence de la substance de la cupule, et la forme des spores atténuées aux deux extrémités (voy. STICTIS). [DE S.]

HABROTHAMNUS (ENDL., *Gen.*, n. 667). Synon. de *Cestrum* L.

HABROZIA (LINDL., *Veg. Kingd.*, 528). Pour *Habrosia* FENZL.

HABSBURGIA (MART., *Syst. Mat. med. Bras.*, 36). Synonyme de *Skytanthus* MEYEN.

HABSIA (STEUD., *Nom.*, I, 719). Pour *Halesia* P. BR.

HABUSO. Nom japonais du *Cassia occidentalis* L.

HABUTORA-NO-O. Nom japonais de la Bistorte.

HABZELIA (A. DC., in *Mém. Soc. Gen.*, V, 31). Synonyme de *Xylopia* L. (H. BN, *Hist. des pl.*, I, 224.)

HACHENBACHIA (DIETR., *Syn.*, I, 127). Pour *Hagenbackia* NEES.

HACHE ROYALE. Nom ancien du Lis Martagon et de plusieurs autres Lis et Asphodèles.

HACHETTEA (H. BN, in *Bull. Soc. Linn. Par.* [1880], 229). Genre de Balanophorées, originaire de la Nouvelle-Calédonie et qui ne peut être comparé qu'au *Dactylanthus*, ayant, comme lui, des fleurs disposées sur des axes secondaires qui occupent l'aisselle des bractées colorées portées par la tige. Mais les inflorescences mâles sont des grappes, ayant chacune un petit axe cannelé et des bractées alternes. Il y a dans la fleur mâle un périanthe de 3 folioles concaves, valvaires, et 2 étamines à anthère terminale, arquée, finalement uniloculaire. Les fleurs femelles sont disposées en épis axillaires, sessiles. Elles ont un petit périanthe supère, 3-lobé, tubuleux, valvaire, un long style claviforme et un ovaire infère, creusé de 2-4 cavités inégales, qui sont peut-être des sacs embryonnaires. L'*H. austro-caledonica* (dont nous donnons dans ce Dictionnaire une planche chromolithographiée) est dioïque. Toutes ses parties aériennes sont d'un rouge vif, noircissant par la dessiccation. Ses épais rameaux aériens ont 2, 3 décimètres de hauteur. [H. BN.]

HACHIJOSO. Nom japonais de l'*Angelica Kinsiana* MAXIM.

HACKELA (POHL, ex *Flora* [1825], I, 183). Genre dont on ne connaît que le nom.

HACKELIA (OPIZ, *Okon. Fl. böhm.*, II, 147). Synonyme (part.) de *Echinospermum* SW.

HACOUB. Forme francisée de *Hacub*.

HACQUET (Balth.). Professeur à Laybach, était né en Bretagne en 1739 et mourut à Vienne en 1815. On lui doit : *Plantæ alpinæ carniolicæ*, in-4 de 31 pages et 5 pl. [1782].

HACQUETIA (NECK., *Elem.*, n. 306). Section du genre *Astrantia* L., à fruit légèrement comprimé perpendiculairement à la cloison, à côtes primaires lisses, subégales, à fleurs portées sur un axe simple aphylle, avec involucre de bractées herbacées. On cultive parfois l'*H. Epipactis*. (H. BN, *Hist. pl.*, VII, 241.)

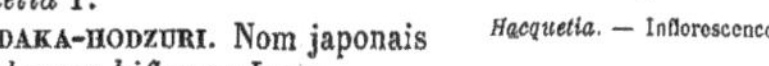

Hacquetia. — Inflorescence.

HACUB (VAILL., in *Act. Acad. Par.* [1718], 150). Synonyme oriental de *Gundelia* T.

HADAKA-HODZURI. Nom japonais du *Solanum biflorum* LOUR.

HADÉ. Nom donné, en Abyssinie, par les Danakils (ROCHET D'HÉRICOURT) au *Cadaba rotundifolia* FORSK.

HADEN. Nom allemand du Sarrasin.

HADESTAPHYLLUM (DENNST., *Schl. Hort. malab.*, 30). Synonyme de *Holigarna* ROXB.

HADI. Nom somâli d'un *Balsamea* qui donne de la myrrhe.

HADJENA. Nom hongrois du Sarrasin.

HADROTRICHUM (FÜCK., *Fung. rhen.*, n. 1522). Genre de Champignons-Hyphomycètes, qui forme sur les feuilles de Graminées des taches brunes entourées des saillies provenant de la rupture de l'épiderme, à travers lequel les touffes de filaments sporophores se sont livré passage. Ces filaments, courts et larges, d'un brun grisâtre ou olivâtre, portent chacun à leur sommet une conidie solitaire, globuleuse, de même couleur, apiculée à la base. Sur 3 espèces connues, deux sont considérées comme l'état conidien de Sphériacés. [DE S.]

HÆBERLIN (G.-Heinr.). Né et mort à Stuttgart [1644-1699], était professeur de théologie, et a écrit une *Dissertatio theologica*, etc. [1693], où il cherche à prouver que les Écritures avaient démontré la génération des plantes.

HÆCKER (G.-Ren.). Auteur, en 1844, d'une *Flore de Lubeck*.

HÆCKERIA (F. MUELL., in *Linnæa*, XXV, 406). Synonyme de *Humea* SM. (H. BN, *Hist. des pl.*, VIII, 178.)

HÆDES. Nom arabe de la Lentille.

HÆFFNAGELIA (NECK., *Elem.*, III, 68). Syn. de *Trigonia* AUBL.

HÆLZELIA (NECK.). Synonyme de *Tounatea* AUBL.

HÆMADICTION (STEUD.). Pour *Hæmadictyon* LINDL.

HÆMADICTYON (LINDL., in *Trans. Hort. Soc.*, VI, 70). Synonyme de *Prestonia* R. BR.

HÆMADORACEÆ (REICHB.). Pour *Hæmodoraceæ* R. BR.

HÆMADORUM (HEDW.). Pour *Hæmodorum* SM.

HÆMAGOGUS. Nom officinal ancien des Pivoines.

HÆMANTHEÆ (K., *Enum.*, V, 584). Division des Amaryllidacées.

HÆMANTHUS (T., *Inst.*, t. 433). Genre d'Amaryllidacées, du groupe des Amaryllinées. Périanthe régulier, coloré, caduc, à tube court, à divisions étroites, égales, dressées ou étalées. Six étamines exsertes, dont les trois intérieures plus longues. Ovaire à trois loges uni-biovulées, surmonté d'un style filiforme, à extrémité stigmatifère simple ou obscurément trilobée. Le fruit est une baie globuleuse ou oblongue, à une ou deux loges monospermes. Ce sont des herbes, à bulbe tuniqué ; à feuilles peu nombreuses et très variables suivant les espèces ; à hampe pleine, courte, souvent entourée à sa base de deux bractées radicales, quelquefois colorées, et terminée par une inflorescence en cyme om-

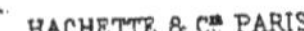

a b c d e f g h i j

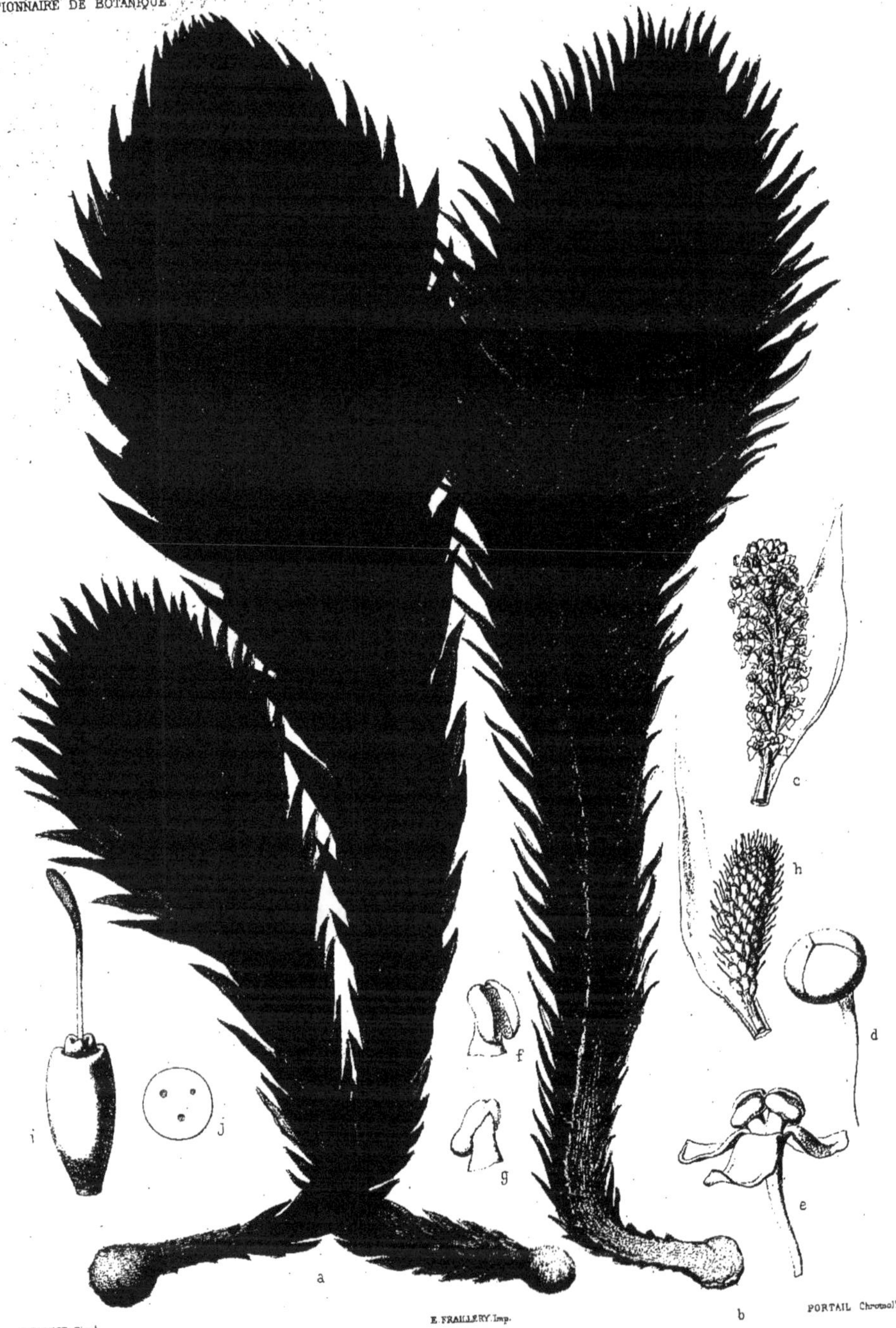

A. FAGUET. Pinx[t]   E. FRAILLERY Imp.   PORTAIL Chromol[t]

HACHETTEA AUSTRO-CALEDONICA

a. Pieds mâles. — b. Pied femelle, coupe longitudinale. — c. Inflorescence mâle. — d. Bouton mâle. e. Fleur mâle épanouie. — f, g. Étamine vue par la face et le dos. — h. Inflorescence femelle. — i. Fleur femelle. — j. Ovaire, coupe transversale.

belliforme, enveloppée d'une spathe ordinairement polyphylle et colorée. On en connaît une trentaine d'espèces, du Cap de Bonne-Espérance et de l'Afrique tropicale (K., *Enum.*, V, 586). Quelques-unes sont cultivées pour leurs belles fleurs. [T.]

HÆMARIA (LINDL., *Gen. et spec. Orchid.*, 489). Genre d'Orchidacées-Néottiées, du groupe à pollinies sessiles sur la glande du rostellum, et à colonne courte. Le genre est là caractérisé par des sépales libres; l'onglet du labelle concave et entier, avec la lame bilobée; un clinandre cyathiforme, subcucullé. Ce sont, au nombre de 4, des herbes terrestres, à tiges feuillées, à fleurs en grappes ou en épis. C'est sur l'*H. discolor*, cultivé dans nos serres, que nous avons observé la torsion de la colonne, due à une surface rétinaculaire unilatérale (*Bull. Soc. Linn. Par.*, 321). Ces plantes habitent la Chine, la Cochinchine et l'archipel Malais. On en a rapproché le genre *Dossinia* MORR. (in *Ann. Soc. Gand*, IV, 171, c. icon.), qui n'a pas été mentionné à son rang et qui a les lobes latéraux du labelle dressé; avec l'onglet entier et son limbe 2-lobé. La colonne porte en avant un long appendice qui pénètre dans la concavité du labelle. C'est une herbe de Bornéo, à port d'*Hæmaria* et d'*Anœctochilus*, à feuilles marbrées, figurée par Lindley (in *Fl. des serr.*, t. 370) sous le nom de *Cheirostylis*. [H. BN.]

HÆMATOBANCHE (PRESL, *Epimel.*, 249). Synonyme de *Hyobanche* (*H. sanguinea* THUNB.).

HÆMATOCARPUS (MIERS, in *Ann. Nat. Hist.*, ser. 3, XIX, 194). Genre (?) de Ménispermacées-Pachygonées, qui a les fleurs des *Pachygone*, avec un calice de 3-5 verticilles 3-mères, et 6 étamines incurvées, à loges de l'anthère latérales. La fleur femelle est inconnue. La seule espèce connue, d'origine indienne, a des fleurs disposées en grappes ramifiées et cymifères. (H. BN, *Hist. des pl.*, III, 8, 36.)

HÆMATOCOCCUS (AGH, *Icones Alg. europ.*, t. 24). Genre d'Algues unicellulaires, appartenant à la famille des Protococcacées. Les espèces variées qui le composaient, et qui avaient été, de la part de Hassall, l'objet d'une étude toute particulière, ont été reportées dans les genres *Protococcus*, *Glœocapsa*, *Chlorococcus*, etc. Ce genre, bien différent des Ulves, avait été cependant classé, ainsi que les Palmellées, dans la famille des Ulvacées; la forme variable, irrégulière de ces Algues, et l'absence d'un tissu cellulaire apparent, ont naturellement porté les botanistes à les séparer de cette famille. Nous l'avons déjà dit plus haut, à propos des *Glœocapsa* et des *Chlorococcus*, ces Algues représentent pour nous des plantes supérieures à un état primitif de développement. [CH. M.]

HÆMATOCOELIS (J.-G. AGH, *Spec.*, 496). Genre d'Algues-Floridées, de la famille des *Squamarieæ*, de l'ordre des *Squamariaceæ*, à fronde étalée, encroûtée, formée de deux couches : la première, inférieure, est couchée horizontalement; la seconde a une tendance à s'élever presque verticalement. Elles sont formées de filaments articulés, dichotomes, très denses, entourés d'un mucus solidifié. Les cystocarpes sont inconnus; les sphérospores sont contenues dans des némathécies développées sur la partie supérieure : elles sont allongées-oblongues, entourées de paraphyses claviformes et se divisent en zone. Les deux espèces qui composent ce genre sont propres à la rade de Brest. (J.-G. AGH, *Spec.*, *gen. et ord. Alg.*, III, 380.) [CH. M.]

HÆMATOLEPIS (PRESL, *Epim.*, 598). Synonyme (?) de *Cytinus*.

HÆMATOMMA (MASSAL., *Mem. Lich.* [1853], 32). Genre de Lichens, proposé pour les *Parmelia hæmatomma* et *ventricosa*. C'est (THEOD., in *Abh. Geb. Wett.* [1858], 369) une simple section du genre *Lecanora* ACHAR.

HÆMATOMYCES (BERKEL. et BR., in *Journ. Linn. Soc.*, XIV, 108). Genre de Champignons-Thécasporés, dont le réceptacle gélatineux a tous les caractères de celui des Trémelles; mais il présente des thèques grandes, vésiculeuses, obovées, contenant des spores elliptiques, qui n'occupent qu'une portion minime de la thèque. Le genre se définit par là très nettement, ce caractère l'éloignant des *Bulgaria*, avec lesquels on aurait pu être tenté de le confondre. La seule espèce (*H. spadiceus*) vient sur le bois mort, à Ceylan; elle noircit en séchant. [DE S.]

HÆMATOPHLOEA (J.-G. AGH, *Spec. Alg.*, 495). Genre d'Algues, de la famille des *Hildenbrandtiaceæ*, voisin du genre *Hæmatocelis*. Les espèces qui le constituent sont recouvertes d'une légère croûte calcaire. Le thalle de ces plantes est comme formé de deux couches : par sa partie inférieure il est couché horizontalement; la face supérieure, au contraire, fructifère, est formée de cellules angulo-cubiques et s'élevant par séries horizontales ou verticales. Les cystocarpes sont inconnus. Les sphérospores, allongées, oblongues, se divisent en quatre et en zone, dépourvues de paraphyses; elles sont situées dans des cellules non apparentes et entourées d'un périspore hyalin. (Voy. J.-G. AGH, *Spec.*, *gen. et ord. Alg.*, 378.) [CH. M.]

HÆMATORCHIS (BL., *Rumphia*, IV, t. 200 B). Synonyme de *Galeola* LOUR.

HÆMATOSPERMUM (WALL., ex LINDL., *Introd.*, ed. 2, 116). Section du g. *Spathiostemon*. (H. BN, *Et. gén. Euphorb.*, 293.)

HÆMATOSTAPHIS (HOOK. F., in *Trans. Linn. Soc.*, XXIII, 169, t. 25). Genre de Térébinthacées, assez mal connu, placé avec doute près des *Tapirira*. Ses fleurs dioïques, trimères, sont régulières ou à peu près. Dans la fleur mâle, le calice est petit, trifide, d'abord imbriqué, puis valvaire. La corolle est à trois pétales, plus longs que le calice, ordinairement inégaux et imbriqués. L'androcée se compose de six étamines, disposées sur deux séries. Leurs filets, grêles, insérés en dehors du disque, sont surmontés d'anthères petites, introrses et déhiscentes par deux fentes. Les trois étamines alternipétales sont plus longues que les autres. La fleur femelle n'est pas connue. Elle donne à la maturité un fruit qui est une drupe oblongue, comestible et assez semblable à un raisin noir (d'où le nom générique : αἷμα, sang; σταφίς, raisin). Le noyau est osseux et renferme une graine descendante. La seule espèce (*H. Barteri* HOOK. F.), de l'Afrique tropicale occidentale, est un arbuste glabre, à feuilles alternes, rapprochées à l'extrémité des rameaux, imparipinnées, caduques et composées de folioles alternes, pétiolulées, oblongues. Ses fleurs sont disposées en grappes axillaires très allongées, ramifiées et paniculées. (Voy. H. BN, *Hist. des pl.*, V, 316.) [T.]

HÆMATOSTEMON (M. ARG., in *Linnæa*, XXXIV, 157). Section du genre *Astrococcus* BENTH.

HÆMATOSTROBOS (WITTST., *Etym. Handw.*, 413). Pour *Hæmatostrobus* ENDL.

HÆMATOSTROBUS (ENDL., *Gen.*, 76, n. 727, not.). Synonyme de *Thönningia* VAHL.

HÆMATOXYLLUM (SCOP.). Pour *Hæmatoxylum* L.

HÆMATOXYLON (L., *Gen.*, n. 525). Genre de Légumineuses-Cæsalpiniées, voisin des *Cæsalpinia*, dont il a la fleur, sinon que celle-ci est presque régulière. L'ovaire ne renferme le plus souvent que deux ovules, et le fruit est une singulière gousse membraneuse, qui s'ouvre, non suivant les bords, mais sur les côtés et suivant la ligne qui, dans les *Mesoneuron*, répondrait à la jonction de l'aile avec la cavité du fruit. Il y a une ou deux graines. La seule espèce connue, l'*H. campechianum* L., est un arbre de l'Amérique tropicale, à feuilles alternes, composées-pennées ou bipinnées, avec stipules caduques ou spinescentes;

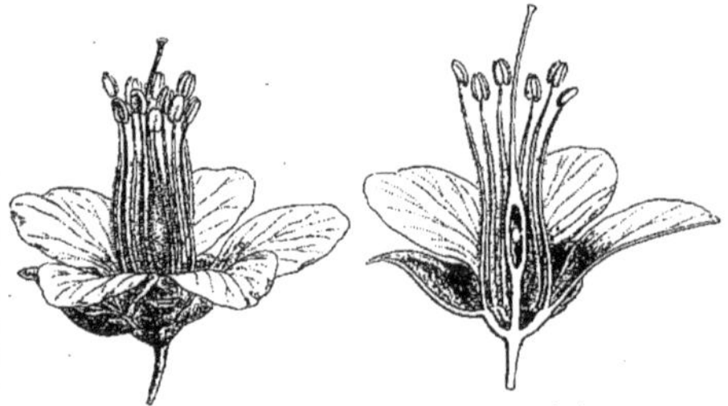

Hæmatoxylon, — Fleur entière et coupe longitudinale.

à fleurs disposées en petites grappes axillaires. Cet arbre donne le *Bois de Campêche*, employé en teinture, en médecine, etc.

Hæmatoxylon. — Rameau florifère.

(Voy. *Hist. des pl.*, II, 83, 164, 172, fig. 49-51; *Tr. Bot. méd. phanér.*, 591.) [H. Bn.]

HÆMAX (E. Mey., *Comm. pl. Afr. austr.*, 223. — Endl., *Gen.*, n. 3446). Synonyme de *Astephanus* E. Mey.

HÆMOCARPUS (Nor., ex Dup.-Th. — Spreng., *Anleit.*, II, 788). Synonyme de *Haronga* Dup.-Th.

HÆMODORACÉES (*Hæmodoraceæ* R. Br., *Prodr.*, 299). Famille de Monocotylédones, établie pour des plantes très diverses, à ovaire infère dans les unes, supère dans les autres, à fleurs tantôt 3-andres et tantôt 6-andres, voisines par là à la fois des Liliacées, Iridées, Amaryllidacées, etc. MM. Bentham et Hooker (*Gen.*, III, 671), qui admettent, dans cette famille, des Euhæmodorées, des Conostylées, des Ophiopogonées et des Conanthérées, semblent y avoir relégué tout ce qui ne se place pas commodément dans les familles dont nous venons de parler. Ils comparent ce groupe aux Broméliacées, sans l'en distinguer par quelque caractère précis; ils le séparent des Amaryllidacées par la situation de l'embryon, qui est, disent-ils, « *a hilo distans v. ei proximus, in foveola marginali situs v. intra marginem albuminis carnosi in canali centrali breviter rarius longius intrusus.* » C'est une famille hétérogène, qui devra probablement disparaître, pour être reliée par tronçons aux groupes divers que nous avons indiqués. [H. Bn.]

HÆMODOREÆ (Salisb.). Synonyme de Hæmodoracées.

HÆMODORON (Wallr., *Orob. Gen.*, 69). Section du genre *Orobanche* L. Synonyme de *Cistanche* Link.

HÆMODORUM (Sm., in *Trans. Linn. Soc.*, IV, 213). Genre qui a donné son nom aux Hæmodoracées et qui sert de type au groupe des Euhæmodorées. Ses fleurs, régulières et hermaphrodites, ont un réceptacle peu concave et un gynécée presque libre; 6 folioles au périanthe; 3 étamines; 3 loges ovariennes 2-ovulées; un fruit capsulaire, loculicide, et des graines à bords aigus ou subailés, peltées, collatérales, avec un petit embryon distant du hile et légèrement intrus dans un albumen charnu. Ce sont 15-17 herbes vivaces, australiennes, à racines fasciculées; à feuilles basilaires équitantes, allongées, planes ou arrondies, les caulinaires peu nombreuses et plus petites. Les inflorescences sont des cymes disposées en groupes capituliformes, spiciformes ou racémiformes. On les cultive rarement. (Endl., *Iconogr.*, t. 98. — Benth., *Fl. Austral.*, VI, 418; *Gen.*, III, 673. — *Bot. Mag.*, t. 1610.) [H. Bn.]

HÆMOSPERMUM (Reinw., in *Bl. Bijdr.*, 1018). Synonyme de *Geniostoma* Forst.

HAENCKEA (J., in *Dict.*, XX, 204). Pour *Haenkea* R. et Pav.

HAENDERSPOOR. Nom, au Cap, du *Phoberos Zeyheri* Wight et Arn., arbre à bois utile.

HÆNELIA (Walp., *Rep.*, II, 974). Synon. de *Kraussia* Sch. Bip.

HÆNFLER (Joh.). A publié à Custrin, en 1697 : *Unvorgr. Gedanken, wegen der in Stennwitz auf dem Scheunfluhr den 20 july 1697 angetr. mildiglich bluttrieff. Kornähren* (in-4 de 32 pages).

HÆNIANTHUS (Griseb., *Fl. brit. W.-Ind.*, 405). Synonyme de *Linociera* Sw.

HAENKE (Thadd.). Botaniste du roi d'Espagne, mort en Bolivie en 1817. Ses voyages ont été décrits à Dresde, en 1791 ; sa biographie a été écrite par Sternberg, dans les *Reliquiæ* de Presl.

HAENKEA (R. et Pav., *Prodr. Fl. per.*, 36, t. 6). Synonyme de *Maytenus* J.

HAENKEA (R. et Pav., *Fl. per.*, III, 8, t. 231). Synonyme de *Schæpfia* Schreb.

HAENKEA (Salisb., *Prodr.*, 174). Syn. de *Portulacaria* Jacq.

HAENKEA (Schm., in *Uster. Ann.*, X, 115). Synonyme de *Adenandra* W.

HÆNSELER (Fel.). Mort à Malaga en 1841, âgé de soixante-cinq ans, a écrit : *Ensayo para una analysis de las aguas de Carratraca*. A la page 19, se trouve une liste des plantes de Carratraca.

HÆNSELERA (Boiss., in *DC. Prodr.*, VII, 83). Genre de Composées, voisin des *Catanance*, dont il a la fleur, avec des branches stylaires linéaires, un involucre à bractées obtuses, peu ou point scarieuses, un fruit 5-10-costé, et une aigrette de 5, 6 paillettes assez larges. C'est une herbe vivace, d'Espagne, l'*H. granatensis* Boiss. (H. Bn, *Hist. des pl.*, VIII, 107.)

HÆNSELERA (Lagasc., *Gen. et spec. nov.*, 13). Synonyme de *Physospermum* Cuss.

HÆNSELERIA (Reichb.), HÆNSLERA (Steud.). Pour *Hænselera*.

HAFER. Nom allemand des Avoines.

HAFERGRAS. Nom allemand de l'*Avena elatior* L.

HAFER-SCHLEHE. En Allemagne, le *Prunus Insititia* L.

HAFERWURZ. En Allemagne, les *Tragopogon* T.

HAFGYGIA (Kuetz., *Phyc. gen.*, 346). Genre d'Algues, de la famille des *Laminarieæ* (Bory), à fronde stipitée, foliacée, à spermaties allongées et réunies en sores. Deux espèces constituent ce genre; elles ont été, dans ces derniers temps, reportées par plusieurs botanistes dans le genre *Laminaria* Lamx, non sans raison peut-être. [Ch. M.]

HAFOU-POUTZI. Nom malgache (Boj.) du *Sida angulosa* Boj.

HAFTDOLDE. Nom allemand du *Caucalis daucoides* L.

HAGÆA (Vent., *Tabl.*, III, 240). Syn. de *Polycarpæa* Lamk.

HAGBUSH. Nom anglais du *Melia sempervirens* Sw.

HAGEA (Bivon., *Manip.*, II, 2). Synon. de *Polycarpon* Lœfl.

HAGEA (Pers.). Pour *Hagæa* Vent.

HAGEA (Poir., in *Dict.*, XII, 253). Pour *Hagenia* Lamk.

HAGEAPFEL. En Allemagne, les fruits de l'Aubépine.

HAGEBUTTEN. Nom allemand des *Cynorrhodon*.

HAGEDORN. Nom allemand de l'Aubépine.

HA-GEITO. Nom japonais de l'*Amarantus mangostanus* L.

HAGELGANS (J.-Heinr.). Auteur, à Cobourg, en 1652, de *Rosa loquens, hoc est de primariis Rosæ*, etc. (in-12 de 102 pages).

HAGEN (K.-Gottfr.). Professeur à Kœnigsberg, auteur d'un *Tentamen historiæ Lichenum* [1782] et de dissertations sur les Renoncules de Prusse [1785], les Véroniques de ce pays [1790], le principe odorant des plantes [1788], les plantes cultivées en Prusse [1791-1799], a écrit en 1798 : *De plantarum nutrimento ab aqua proficiscente.* Il publia en 1818 son *Preussen Pflanzen*, et en 1819 son *Chloris borussica*. — J.-H. Hagen, pharmacien de la cour à Kœnigsberg, mort en 1775, avait écrit sur les Roses de la Prusse [1769] une brochure de 20 p. in-4.

HAGENBACH (K.-Fried.). Né et mort à Bâle [1771-1849], auteur, en 1821-1847, d'un *Tentamen Floræ Basileensis exhibens Phanerogamas*, etc., 2 vol. in-8, avec suppléments.

HAGENBACHIA (NEES et MART., in *Nov. Act. nat. Cur.*, XI, 18, t. 2). Genre d'Hæmodoracées, à fleur 3-mère, 3-andre ; les segments du périanthe étalés, et les étamines adnées dans une grande étendue aux pétales. L'ovaire est libre, à loges biovulées. C'est une herbe vivace, du Brésil, à feuilles basilaires ensiformes, à racine fibreuse, à inflorescence grêle, rameuse; les pédicelles géminés. (RŒM. et SCH., *Syst.*, I, *Mant.*, 353.)

HAGENDORN (Ehrenfried). Médecin à Görlitz, où il mourut en 1692, âgé de cinquante-deux ans, a publié à Iéna : *Tractatus... de Catechu sive Terra japonica* [1679], et *Cynosbatologia*, etc. [1681].

HAGENIA (ESCHW., *Syst. Lich.*, 20). Genre de Parméliacées, proposé pour le *Borreria ciliaris*. Pour d'autres (BAYRH., *Taun.*, 61), c'est un genre de Peltosporés. Synonyme de *Anaptychia* KORB.

HAGENIA (LAMK, *Ill.*, t. 311). — GMEL., *Syst.* [1791], 613). Synonyme de *Brayera* K. (voy. ce mot). Le nom générique *Hagenia* a pour lui la priorité et doit être préféré. La plante au *Cosso* doit donc prendre le nom de *H. abyssinica*, plutôt que celui de *Brayera abyssinica* ou *anthelminthica*. [H. BN.]

HAGENIA (MŒNCH, *Meth.*, 61). Syn. de *Dichoglottis* F. et MEY.

HAGENIACEÆ (REICHB., *Consp.*, 145). Groupe formé du seul genre *Hagenia* LAMK, et attribué avec doute aux Vignes.

HAGENMUELLERIA (MUN., in *Compt. rend. Acad. sc. Par.* [29 octobre 1877]). Genre non décrit d'Algues calcaires.

HAGER (Abrah.-Achat.). Auteur, en 1663, à Altenburg, de : *De Aloe aculeata americana quæ Choræ...* 1663 *floruit* (in-4).

HAGI. Nom japonais du *Lespedeza cyrtobotrya* MIQ.

HAGIDRYAS (GRISEB., *Reis. Rumel.*, I, 311). Synonyme de *Prunus* (*P. prostrata* LABILL.).

HAGIOSERIS (BOISS., *Diagn. or.*, XI, 35). Synon. de *Picris*.

HAGISUKO. Nom japonais d'une Euphorbe indéterminée.

HAGNOTHESIUM (A. DC., *Esp. nouv. g.* Thes., 4). Synonyme de *Thesidium* SOND.

HAGONSO. Nom japonais du *Senecio palmatus* PALL.

HAGOROMOSO. Nom japonais de l'*Achillea sibirica* LEDEB.

HAGSTROEMER (Andr.-Joh.). A écrit à Stockholm, en 1780 : *Tvenne ärs observationer pä d. tid blomster och kräk om wären först visag sit uti och omkring Stockholm.*

HAGURO-SO. Nom japonais du *Dicliptera Buergeriana* MIQ.

HAHAGIKI. Nom japonais du *Kochia scoparia* SCHRAD.

HAHAKOGUSA. Au Japon, le *Gnaphalium multiceps* WALL.

HAHN (J.-Dav.). Né en 1729, a publié à Utrecht, en 1759 : *Sermo academicus de chemiæ cum botanica conjunctione utili et pulchra.* — Pierre HAHN fut l'auteur, à Abo, de *De Platano* [1695], in-8 de 20 pages, et de Δενδρολογία [1698], in-4 de 40 p.

HAHNENFUSS. Nom, en Allemagne, des Renoncules.

HAHNENKAMM. Nom allemand de certains *Celosia*, *Tiaridium* et *Rhinanthus*.

HAHNENKOPF. Nom allemand des *Alhagi* T.

HAHNENSPORT. Nom allemand des *Plectranthus* et du *Phoberos Mundtii* W. et ARN.

HAHNIA (MEDIC., *Gesch. d. Bot.*, 81). Synonyme de *Cratægus*.

HAHOUAI (THEVET). Pour *Aouai*.

HAIAWABALLI. Nom, à la Guyane, de l'*Omphalobium Lamberti* DC. (*Connarus*), recherché dans ce pays pour l'ébénisterie.

HAIDEL-BEAREN. En Russie, les Airelles.

HAIDINGERA (ENDL., *Gen.*, 1373). Genre de Conifères fossiles, à chatons mâles composés, à cônes oblongs, que l'auteur rapproche, quant aux formes des organes végétatifs, des *Dammara*.

HAI-DOKU-SO. Nom japonais du *Phryma leptostachya* L.

HAIE FLEURIE. Le *Cæsalpinia pulcherrima* SW.

HAIKO-HAGUMA. Nom japonais du *Pertya scandens* SCH. BIP.

HAIMARADA. A la Guyane, le *Vandellia diffusa* L., remède des fièvres bilieuses.

HAI-MIDZU. Synonyme de *Sanshoso*.

HAINBUCHE. En Allemagne, les Charmes.

HAIR-GRASS. Nom anglais du *Sporobolus indicus* R. BR.

HAIRY KIDNEY-BEAN. Nom anglais des graines du *Mucuna pruriens* DC.

HAISENIA (ELL. et SACCARD., *Syll. Fung.*, III, 698). Genre de Sphériacés, voisin des *Glœosporium*, présentant des pulvinules très petits, subépidermiques, de consistance trémelloïde, s'ouvrant une issue à travers l'épiderme des feuilles et donnant naissance à des conidies oblongues, hyalines, sur les feuilles de Ronces, d'Érables, etc. [DE S.]

HAI-THAO. Nom chinois d'Algues gélatineuses (voy. THAO).

HAKEA (SCHRAD., *Sert. hannov.*, 27, t. 17). Genre de Protéacées, série des Embothriées, voisin des *Grevillea*, se distinguant par : Disque hypogyne atténué en arrière, entier ou bilobé. Follicule ventru ou gibbeux, plus rarement globuleux, lisse, tuberculeux, épineux ou muni d'une crête ; loge excentrique, monosperme, à deux valves cornues, recourbées en hameçon ou mutiques. Graines comprimées, inégalement ailées, lisses dans le dos ou plus souvent rugueuses, tuberculeuses ou épineuses. Arbustes ou arbrisseaux, à feuilles alternes, coriaces, souvent polymorphes ; fleurs en grappes ou en fascicules ordinairement axillaires. On en connaît une centaine d'espèces, qui habitent l'Australie; on les cultivait beaucoup autrefois dans les serres pour leurs fleurs. (Voy. H. BN, *Hist. des pl.*, II, 391, 414, fig. 225.) [L.]

Hakea. — Fleur.

HAKEÆ (ENDL., *Gen.*, 340). Sous-tribu des Grévillées.

HAKENBAUM. Nom allemand des *Artabotrys* R. BR.

HAKENHULSE. Nom allemand des *Teramnus* P. BR.

HAKENLILIE. En Allemagne, les *Crinum* L.

HAKENSTIEL, HAKENSTRAUCH. Noms allemands des *Ourouparia* AUBL. (*Uncaria*).

HAKOBE. Nom japonais du *Stellaria neglecta* WHE.

HAK-TAH-AN, HAK-TOO-WOO. En Chine, l'*Anemone cernua*.

HAKUR. Nom, à Ceram, du *Metroxylon filare* MART.

HAKUSAN-AMINAMESHI. Nom japonais du *Patrinia palmata*.

HAKUSAN-CHIDORI. Nom japonais de l'*Orchis maculata* L.

HAKUSAN-FURO. Au Japon, le *Geranium pseudo-sibiricum*.

HAKUSAN-OBAKO. Nom japonais du *Plantago Mohnikei* MIQ.

HAKUSAN-RAN. Synonyme de *Gin-ran*.

HAKUSAN-TAIGEKI. Nom japonais de l'*Euphorbia lasiocaula*.

HALANDAL. Nom arabe du *Citrullus Colocynthis* SCHRAD.

HALANTHIUM (C. KOCH, *Cat. pl. Cauc.*, in *Linnæa* [1843], 313, n. 1061). Genre de Salsolacées, tribu des Salsolées, sous-tribu des Anabasées, se distinguant par : Calice à 5 sépales, devenant cartilagineux; les deux sépales extérieurs deviennent ailés transversalement dans le dos; l'un d'eux reste parfois aptère. Connectif surmonté d'un appendice dilaté ou vésiculeux; staminodes et nectaires nuls. Radicule supère. Herbes annuelles, plus ou moins pubescentes, à rameaux anguleux, flexueux; à feuilles rares, alternes, semi-amplexicaules, charnues; à fleurs axillaires, sessiles, solitaires. On en connaît 2 espèces, qui habitent la Perse et l'Arménie. (Voy. MOQ., in *DC. Prodr.*, XIII, 204. — B. H., *Gen.*, III, 74.) [L.]

HALARACHMON (KUETZ., *Phyc. gen.*, 394). Genre d'Algues, de la famille des *Gymnophlœaceæ*, de l'ordre des *Periblasteæ*, caractérisé par une fronde glissante, à strate cortical simple, formé de cellules arrondies; la partie intérieure de la fronde, creuse, est parcourue par des fibres éparses, arachnoïdes et pariétales. Les cystocarpes sont situés dans l'enveloppe corticale; les tétrachocarpes sont épars, quadrigénés. Les espèces qui constituaient ce genre à l'origine étaient au nombre de 11. Elles ont été reportées par J.-G. Agardh dans le genre *Halymenia* AGH. (Voy. KUETZ., *Spec. gen.*, 721.) [CH. M.]

HALARCHON (BGE, *Anabas. Rev.*, 75, t. 1, fig. 12, 25, 26). Genre de Chénopodiacées-Salsolées, voisin des *Halanthium*, à fleurs hermaphrodites, pourvues de 5 sépales hyalins, libres, et surtout d'un style dont la portion stigmatifère est bilobée, indusiée. C'est une herbe annuelle, des terrains salés de l'Afghanistan. (Boiss., *Fl. or.*, IV, 979.)

HALBBLUME. Nom allemand des *Hemimeris* L.

HALBERWEET. Aux Antilles anglaises, le *Neurolæna lobata.*

HALBFADEN. En Allemagne, les *Hemidesmus* R. Br.

HALCA (Torr. et Gr., *Fl. North-Amer.*, II, 304). Synonyme de *Tetragonotheca* L.

HALDERMANNIA (Bge, in *Bull. Mosc.*, VI). Syn. de *Ziziphora* L.

HALEDSCH. Nom arabe des *Balanites* Del.

HALÉÉ-SODÉ. Synonyme de *Habet-el-baraké.*

HALEKY. A Amboine, le *Croton aromaticum* L.

HALENEA (Wight). Pour *Halenia* Borkh.

HALENIA (Borkh., in *Rœm. Arch.*, I, 25). Genre de Gentianacées, voisin des *Swertia*, et caractérisé par une corolle à 5 fossettes, prolongées d'ordinaire en bosses ou en éperons, les lobes se recouvrant *sinistrorsum.* Les deux carpelles ont leurs bords d'ordinaire intrus. Ce sont, au nombre de 20-25, des herbes annuelles ou vivaces, de l'Asie et des deux Amériques, à feuilles opposées, à fleurs disposées en cymes terminales et axillaires. (Wedd., *Chlor. andin.*, t. 53.) [H. Bn.]

HALERICA (Kuetz., *Phyc. gen.*, 349). Genre d'Algues, de la famille des Cystosirées, de l'ordre des Angiospermées, à fronde foliacée, à feuilles imbriquées sur les rameaux, pourvues de pointe. Les aérocystes sont nuls ou solitaires, immergés dans les rameaux. Ces Algues ont la structure des *Cystosira ;* et la couche intermédiaire de leur fronde est formée de cellules plus grandes que celles qui constituent les autres parties. (Voy. Kuetz., *Spec. Alg.*, 594.) [Ch. M.]

HALES (Steph.). Le célèbre auteur des *Statical Essays*, qui eurent trois éditions et furent traduits dans presque toutes les langues, naquit et mourut en Angleterre [1677-1761].

HALESIA (Ell. — L., *Gen.*, n. 596). Genre de Styracacées, dont plusieurs auteurs (Miers) ont fait le type d'une tribu des Halésiées. Ses fleurs hermaphrodites ont l'ovaire infère, à sommet conique, seul libre et atténué en un style, stigmatifère à son sommet non ou à peine dilaté. Calice court, accrescent, à 4, 5 dents courtes. Corolle à 4, 5 divisions profondes ou à pétales libres, imbriqués. Étamines 8-12, ou rarement au delà, à filets unis inférieurement entre eux ou avec la corolle, à anthères introrses, 2-loculaires. Loges ovariennes 4, 5, complètes ou incomplètes, à ovules peu nombreux ou en nombre indéfini (souvent 4, dont 2 ascendants et 2 descendants). Fruit sec ou à peu près, à 4, 5 côtes ou plus souvent à 4, 5 ailes longitudinales, épaisses; monosperme ou oligosperme. Graines à albumen charnu, à embryon droit, axile; la radicule assez longue. Les 5, 6 espèces de ce genre sont des arbustes ou arbrisseaux de l'Amérique du Nord, du Japon et de la Chine. Ils ont des poils étoilés, des feuilles alternes et des fleurs fasciculées sur le bois des années précédentes ou au sommet des rameaux de l'année. La corolle est blanche. On cultive la plupart des espèces dans nos jardins botaniques, notamment les *H. diptera* et *tetraptera*, de même que le *Pterostyrax hispidum*, qui appartient à ce genre. (H. Bn, in *Payer Fam. nat.*, 252.) — Voy. Styracacées.

HALESIA (P. Br., *Jam.*, 205). Synon. de *Guettardaria* DC.

HALESIACEÆ (Link), HALESIEÆ (Endl.). Groupe de Styracacées, formé du seul genre *Halesia* Ell.

HALÉSIE. Nom français (Lamk) des *Halesia* Ell.

H'ALFA. Nom arabe du *Lygeum Spartum* Lfl. — Voy. Alfa.

HALGANIA (Gaudich., in *Freyc. Voy., Bot.*, 448, t. 59). Genre de Boraginacées-Ehrétiées, à fleurs distinguées par un calice 5-partite, une corolle rotacée et 5 anthères longuement acuminées, connées en cône. L'ovaire est à 4 cavités (demi-loges); chacune d'elles renfermant un ovule à insertion latérale, au-dessous du sommet; le micropyle supérieur et extérieur. Le fruit se sépare finalement en 2 carpelles biloculaires. Les 8 espèces connues (Benth., *Fl. Austral.*, IV, 401) sont des arbustes australiens ou quelquefois des herbes, à feuilles alternes, à cymes terminales ou latérales, ou à fleurs solitaires. [H. Bn.]

HALHAGI. Synonyme de *Alhagi* T.

HALHAL. Nom, au Maroc, d'un médicament, composé de sommités du *Lavandula dentata* L. et du *L. Stœchas* L.

HALIANTHUS (Fries, *Fl. Halland.*, 75). Synonyme de *Honkenya* Ehrh.

HALI-ASAGAO. Nom japonais du *Calonyction speciosum* Chois.

HALIBA. Synonyme de Fève de Carthagène.

HALICACABA (Kl., ex DC., *Prodr.*, VII, 623). Synonyme (part.) de *Eurylepis* Benth.

HALICACABUM (J. Bauh., *Hist.*, II, 173). Synonyme de *Cardiospermum* L.

HALICACABUS PEREGRINUS (Dod.). Le *Cardiospermum Halicacabum* L.

HALICHRYSIS (Schousb., *mss.*). Genre de Floridées, ayant pour le représenter une seule espèce, reportée par J.-G. Agardh, et à juste titre, dans le genre *Chryshymenia.* Kützing considère cette espèce comme devant appartenir au genre *Callophyllum.* (Voy. J.-G. Agh, *Spec., gen. et ord. Alg.*, III, 321.) [Ch. M.]

HALIDRYS (Lyngb., *Tent.*, 37. — Gaillon, *Ess. Thalass.*, 8). Genre d'Algues, appartenant à la famille des Fucacées, à fronde comprimée, linéaire, subpinnatifide, pinnée, à rameaux dichotomes, pourvus de vésicules à air qui sont dues à la transformation de certaines parties de la fronde. Ces vésicules sont divisées en plusieurs chambres ou cellules par des membranes transverses. Les feuilles inférieures, qui portent ces organes, sont fortement striées. Les supérieures peuvent être considérées comme des rameaux filiformes. Les réceptacles sont aussi le résultat de la transformation de la fronde ; ils sont terminaux, cellulaires, lancéolés-linéaires, de la forme d'une silique. Ces réceptacles renferment dans leur tissu des conceptacles sphériques, immergés, qui communiquent avec l'extérieur par de nombreuses ouvertures, à tube court, appolées ostioles, et qui contiennent des spores pariétales et des bouquets d'anthéridies. Ces Algues sont conséquemment hermaphrodites. Les anthérozoïdes n'ont qu'une enveloppe, et leurs deux cils vibratiles sont insérés sur un granule rouge. Durant la locomotion, le corpuscule tourne sur lui-même, portant en avant le cil le plus long, qu'il agite ; le plus court restant immobile. (W.-H. Harv., *Phyc. brit.*, I, t. 66.) [Ch. M.]

HALIGENIA (Dcne, *Class. Alg.*, 50). Genre d'Algues, représenté par une seule espèce, qui avait été confondue avec le genre *Laminaria* Lamx; mais la forme des spores et celle des filaments avaient conduit l'auteur, après avoir communiqué ses observations à Agardh, à la séparer des Laminaires. Ce nouveau genre a été de nouveau discuté, et l'espèce a servi depuis à créer le genre *Saccorhiza* De la Pyl. [Ch. M.]

HALIGERIA (Lindl., *Veg. Kingd.*, 20). Pour *Haligenia* Dcne.

HALIGONE (Kuetz., *Tab. phyc.*, XVI, 23, tab. 66). Genre de Floridées, de la famille des *Rhodhymeniaceæ*, voisin du genre *Gloiocladia* Agh, dont ses espèces ont d'ailleurs la plupart des caractères. Elles en diffèrent seulement par la forme de leur fronde qui est tripinnée. (Voy. J.-G. Agh, *Spec., gen. et ord. Alg.*, III, 353.) [Ch. M.]

HALILI. Nom persan d'une variété de Dattier.

HALIMEDA (Lamx, in *Bull. phil.* [1812]). Genre d'Algues, de la famille des *Codieæ*, d'après Kützing; de celle des *Spongodieæ*, d'après Payer. Leur fronde caténiforme est rameuse, dichotome; elle est, comme celle des Corallinées, recouverte d'une couche calcaire, mais à un degré moindre, et composée intimement de tubes ou filaments dichotomes, très rameux, opposés, divariqués, entrelacés, et formant par leurs ramifications serrées la couche périphérique de l'Algue. Les rameaux fructifères sont articulés. Les thèques sont latérales. [Ch. M.]

Halimeda.

HALIMEDEÆ (Dcne, *Class. Alg.*, 31, t. 17). Groupe d'Algues, de la famille des *Nematorhizeæ*, composé des deux genres, créés par Lamouroux, *Halimeda* et *Udotea.* Les Algues de cette famille ont une fronde acaule ou stipitée, dichotome, rameuse. Cette fronde est constituée, à l'intérieur, par des fibres très rameuses, inarticulées, divariquées et fort resserrées. Les articles des rameaux prolifères, étranglés à la base, sont réniformes. Ces Algues sont recouvertes d'une substance calcaire, et leurs racines sont enchevêtrées comme une étoupe. [CH. M.]

HALIMIUM (SPACH, in *Ann. sc. nat.*, sér. 2, VI, 365). Section du genre *Helianthemum* T.

HALIMOCNEMIDEÆ (ENDL., *Gen.*, 298). S.-tribu des Salsolées.

HALIMOCNEMIS (C.-A. MEY., in *Ledeb. Fl. alt.*, I, 381, n. 147). Genre de Salsolacées-Salsolées, sous-tribu des Anabasées, se distinguant par : Calice à 2-5 sépales, devenant induré, sans ailes ni épines. Connectif surmonté d'un appendice petit ou dilaté; staminodes et nectaires nuls. Graine verticale; radicule supère. Herbes, très rarement sous-arbrisseaux, pubescents, paraissant blancs; feuilles alternes ou opposées, sessiles, plus ou moins cylindriques, succulentes; fleurs axillaires, solitaires. On en connaît une quinzaine d'espèces, qui habitent l'Europe orientale, l'Asie occidentale et la Sibérie. (Voy. MOQ., in *DC. Prodr.*, XIII, 194. — B. H., *Gen.*, III, 74.) [L.]

HALIMODENDRON (FISCH., ex DC., *Mém. Légumin.*, 283; *Prodr.*, II, 269). Genre de Légumineuses-Papilionacées, série des Galégées, sous-série des Astragalées, se distinguant par : Calice à 5 dents courtes; les deux supérieures un peu soudées. Ovaire stipité, pluriovulé. Gousse à déhiscence tardive. Arbrisseaux asiatiques. Une seule espèce, cultivée chez nous, l'*H. argenteum* DC. (Voy. H. BN, *Hist. des plant.*, II, 284.) [L.]

HALIMOLOBOS (TAUSCH, in *Flora* [1836], 410). Genre proposé pour le *Sisymbrium polystachyum* et l'*Arabis lasioloba*. C'est l'*Halimolobus* WITTST. (*Etym. Handw.*, 415.)

HALIMUS (LŒFL., *Icon.*, 191). Synonyme de *Sesuvium* L.

HALIMUS (P. BR., *Jam.* [1756], 206). Genre indéterminé, de l'Octandrie.

HALIMUS (WALLR., *Schred. crit.*, 117, n. 13). Section du genre *Obione* GÆRTN.

HALIONYX (EHRB., in *Berl. Monastb.* [1844], 198). Genre de Diatomacées, de la famille des *Coscinodisceæ*, d'après l'auteur; de celle des Héliopeltées, d'après M. Van Heurck. Ces Diatomacées cryptoraphidées sont caractérisées par des valves orbiculaires, égales, ayant un ombilic hyalin, étoilé, avec des épines ou des dents marginales reliées par une côte radiale. Les espèces de ce genre sont essentiellement marines. [CH. M.]

HALIPSYMA (ENDL., *Gen.*, Suppl., III, 18). Synonyme de *Rhinocephalum* KUETZ.

HALIPTILON (LINDL.). Pour *Haliptylon* DCNE, sect. du g. *Jania*.

HALIPTYLON (DCNE, *Classif. Alg.*, 111). Division du genre *Jania*, de la famille des Corallinées, renfermant des espèces caractérisées par leurs frondes pennées; elles sont originaires des mers tropicales. A l'origine, cette famille renfermait 6 espèces; elle n'a été admise ni par Kützing, ni par les botanistes modernes. [CH. M.]

HALISERIS (TARG. *mscr.* — AGH, *Syst.*, I, 262). Algues de la famille des Dictyotées, série des Mélanospermées, d'après W.-H.

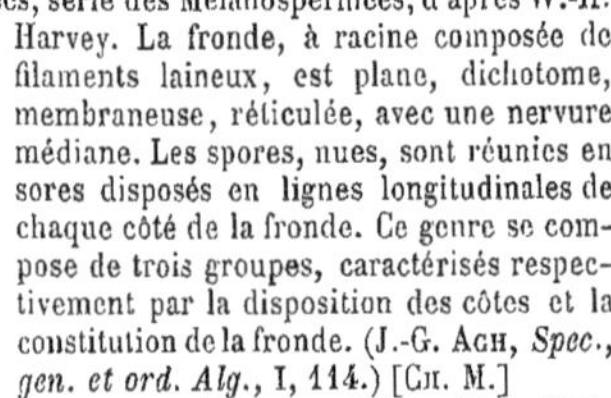

Harvey. La fronde, à racine composée de filaments laineux, est plane, dichotome, membraneuse, réticulée, avec une nervure médiane. Les spores, nues, sont réunies en sores disposés en lignes longitudinales de chaque côté de la fronde. Ce genre se compose de trois groupes, caractérisés respectivement par la disposition des côtes et la constitution de la fronde. (J.-G. AGH, *Spec.*, *gen. et ord. Alg.*, I, 114.) [CH. M.]

Haliseris.

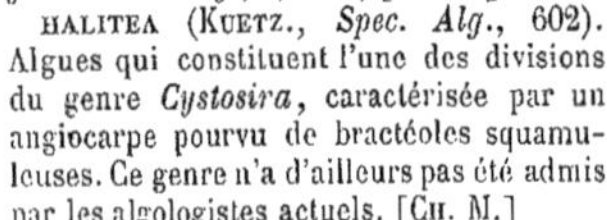

HALITEA (KUETZ., *Spec. Alg.*, 602). Algues qui constituent l'une des divisions du genre *Cystosira*, caractérisée par un angiocarpe pourvu de bractéoles squamuleuses. Ce genre n'a d'ailleurs pas été admis par les algologistes actuels. [CH. M.]

HALL (Herm.-Chr. v.). Professeur à Groningue, auquel Thunberg a dédié le genre *Hallia*, a beaucoup écrit sur la botanique : en 1821, un *Commentatio de systematibus botanicis*, etc.; en 1821, son *Specimen botanicum*, etc., et en 1834, ses *Elementa Botanices*, etc. Il a aussi donné des travaux sur la flore de la Hollande, des observations sur les Zingibéracées [1858], et un *Flora Belgii septentrionalis*. (Voy. *Cat. scient. pap.*, III, 135.)

HALLACKIA (HARV., *Thes. cap.*, t. 102). Synonyme de *Huttonæa* HARV.

HALLE (G.-Sam.). Mort à Berlin en 1810, âgé de quatre-vingt-trois ans, professeur au corps des Cadets, est l'auteur de *Die deutsche Giftpflanzen* [1784-1793], 2 vol. in-4.

HALLER. Nom français (LAMK) des *Halleria* L.

HALLER (Albert von). Ce célèbre naturaliste, né et mort à Berne [1708-1777], longtemps professeur à Gœttingue, a écrit : *De methodico studio Botanices*... [1736]; *De Veronicis quibusdam alpinis* [1737]; *Dissertatio de Pedicularibus* [1737]; *Ex itinere in sylvam Hercyniam*... [1738]; *Iter helveticum*... [1740]; *Enumeratio methodica stirpium Helvetiæ*... [1742]; *Brevis Enum. stirp. H. gœttingensis* [1743]; *De Allii genere* [1745]; *Observationes botanicæ* [1747]; *Opuscula sua botanica*... [1749]; *Enumeratio plant. horti et agri gœttingensis aucta*... [1753]; *Enum. stirpium quæ in Helvetia rariores*... [1760]; *Historia stirpium indigen. Helvetiæ*..., 3 vol. in-fol., c. tab. [1768]; *Nomenclator*... [1769]; *Bibliotheca botanica* [1771-1779], 2 vol. in-4; des appendices à l'Agrostographie de Scheuchzer [1775], et *Icones plantarum Helvetiæ*, in-fol., 52 tab. [1795], réédité en 1813. Ses éloges ont été publiés dans les *Mémoires de l'Académie des sciences de Paris*, en 1777, et dans les *Nov. Comm. Gœtt.* (III, 9). Sa vie a été écrite par Zimmermann [1755] et par R. Wolf (*Biogr.*, II, 105). — Son fils, G.-Emm. HALLER, a écrit en 1750-1753 : *Dubia quædam ex cl. Linnæi Fundamentis hausta*.

HALLERIA (L., *Gen.*, 761). Genre de Scrofulariacées-Chélonées, à calice 3-5-lobé; la corolle irrégulière, sub-2-labiée, à 5 lobes imbriqués. Androcée de 4 étamines, d'ordinaire exsertes. Pas de staminode. Ovaire à 2 loges multiovulées. Baie. Graines souvent entourées d'une aile épaisse. Arbustes glabres, de l'Afrique australe, d'Abyssinie, de Madagascar. Les 5 espèces connues ont des feuilles opposées et des fleurs axillaires, solitaires ou en cymes. L'*H. lucida* L. est souvent cultivé dans nos jardins botaniques. (*Bot. Mag.*, t. 1744.] [H. BN.]

HALLERIACEÆ (LINK), HALLERIEÆ (RUL. — G. DON). Division des Scrofulariées.

HALLESIA (SCOP., *Introd.*, 141). Pour *Halesia* P. BR.

HALLIA (DUMORT., ex PFEIFF.). Synonyme de *Honkenya* EHRH.

HALLIA (THUNB., *Prodr.*, II, 131; *Fl. cap.*, 593). Genre de Légumineuses-Papilionacées, série des Hédysarées, sous-série des Desmodiées, se distinguant par : Calice subcampanulé, à 5 lobes longs, égaux, aigus. Corolle à onglets courts; carène souvent plus courte que les ailes, obtuse. 10 étamines, ordinairement monadelphes; anthères uniformes. Ovaire sessile, uniovulé; style grêle, infléchi et souvent dilaté, subulé au sommet, et surmonté d'un stigmate capité. Gousse petite, ovoïde, enfermée dans le calice persistant et accrescent. Sous-arbrisseaux ou herbes, de l'Afrique australe et (?) de Madagascar. Six espèces connues. (Voy. H. BN, *Hist. des pl.*, II, 317.) [L.]

HALLIMASCH. En Allemagne, l'*Agaricus melleus* FR.

HALLING (Magnus). A publié, en 1733, des *Theses botanicæ* (in-4, Hafniæ).

HALLMANN (Dan.). Auteur, en 1757, de *De corona de spinis* (in-4, Rostoch).

HALMIA (ENDL., *Gen.*, 1237). Pour *Hahnia* MEDIC.

HALMILTONIA (DUM., *An. fam.*, 13). Pour *Hamiltonia* MUEHL.

HALMYRA (SALISB., ex HERB., *Amar.*, 75, 202). Section du genre *Pancratium*. Genre pour Parlatore (*N. gen. Monoc.*, 28).

HALOCHARIS (BIEB. — TURCZ. — DC., *Prodr.*, VI, 665). Section du genre *Fornicium* CASS.

HALOCHARIS (BIEB., ex TURCZ. — DC., *Prodr.*, VI, 665.) Synonyme de *Centaurea* L.

HALOCHARIS (MOQ., in *DC. Prodr.*, XIII, 201). Genre de Salsolacées, tribu des Salsolées, sous-tribu des Anabasées, se distinguant par : Calice à 5 sépales, devenant membraneux, sans ailes ni épines; nectaire charnu et cyathiforme. Radicule supère. Herbes inarticulées, à rameaux alternes, diffus; feuilles alternes ou opposées, sessiles, un peu épaisses, charnues; fleurs axillaires, sessiles, solitaires. On en connaît 3 espèces, qui habitent la Perse et l'Afghanistan. (B. H., *Gen.*, III, 73.) [L.]

HALOCHLOA (GRISEB., *Symb. Fl. argent.*, 285). Genre de Graminées mal défini, ses fleurs femelles étant encore inconnues; voisin, d'après l'auteur, des *Chusquea*.

HALOCHLOA (KUETZ., *Phyc. gen.*, 366). Algues de la tribu des Angiospermées et de la famille des Halochloées. Ce genre est caractérisé par une fronde articulée à la base, pourvue de feuilles distinctes. Les conceptacles, également distincts, sont solitaires, pétiolés, claviformes, tronqués à l'extrémité ou quelquefois obtus. Les angiocarpes sont situés dans la partie périphérique. Les paraspermaties sont rameuses; les aérocystes, pétiolés, distincts, sont couronnés de folioles. (Voy. KUETZ., *Spec. gen.*, 632.) [CH. M.]

HALOCHLOEÆ (KUETZ., *Phyc. gen.*, 349; in *Linnæa*, XVII, 99). Famille d'Algues, appartenant à la tribu des Angiospermées et synonyme, pour les botanistes actuels, de Sargassées. [CH. M.]

HALOCHLORIS (UNG., *Chl. prot.*, 55, 66, t. 18; *Syn. foss.*, 177). Genre de Naïadées fossiles. (AD. BRONGN., in *Dict. d'Orb.*, XIII, 136.)

HALOCHRYSIS (SCHOUSB., *mss.*). Synonyme de *Halichrysis*. Orthographe employée à tort, vu l'étymologie de ce mot, par l'auteur de même que par Kützing, dans son *Species Algarum* (745, 910). [CH. M.]

HALOCNEMON (SPRENG., *Syst.*, I, 19). Pour *Halocnemum* BIEB.

HALOCNEMUM (BIEB., *Fl. taur.-caucas.*, III, 3). Genre de Salsolacées-Salicorniées, à fleurs disposées en chatons. Calice de 3 sépales, ni fongueux, ni ailés. Péricarpe distinct. Graine à enveloppe simple; albumen basilaire et latéral, peu abondant; embryon semi-circulaire. Arbrisseaux articulés, aphylles, glabres; fleurs sessiles, 2-3 sous chaque écaille. On en connaît deux espèces, qui habitent l'Europe, l'Asie et l'Australie. (Voy. MOQ., in *DC. Prodr.*, XIII, 149. — B. H., *Gen.*, III, 64.) [L.]

HALOCOELIA (L., *Syst. nat.*, II, 718). L'une des divisions, la seconde, du genre *Halosaccion*. Algues de la famille des *Dumontieæ*. Cette division est caractérisée par une fronde rameuse, couverte de rejetons. Les sphérospores, qui se divisent en croix, sont au-dessous des cellules épidermiques, non modifiées. (Voy. J.-G. AGH, *Spec.*, *gen. et ord. Alg.*, II, 357.) [CH. M.]

HALOCORYNE (W.-H. HARV., *Ind. gen. Alg.*, XXI, 2, 13). Genre d'Algues-Dasycladées, voisin du genre *Neomeris* LMX. Le frustule est simple, bivalve, comprimé, libre, ponctué, aréolé, muni d'appendices souvent allongés, généralement droits, placés à la marge externe, sur la face frontale, et terminé par une épine ou mucron, parfois peu apparent. La plupart ou plutôt toutes ces Diatomacées sont marines. (VAN HEURCK, *Arrang. Syn. Micros.*, 312.)

HALOCYSTIS (HASS., *Freshwat. Alg.*, 386, t. XC, fig. 4). Algues de la famille des Desmidiacées. Ce genre est composé d'une seule espèce, que Kützing a placée dans les *Euastrum*. Ralfs, avec beaucoup d'hésitation, en a fait un *Micrasterias*. Nous serions plutôt de l'avis de Kützing. [CH. M.]

HALODENDRON (DC., *mss.*). Pour *Halimodendron* FISCH.

HALODENDRUM (DUP.-TH., *Gen. nov. madag.*, n. 26; in *Rœm. Coll.*, 201). Synonyme de *Avicennia* L.

HALODICTYON (KUETZ., in *Linnæa*, XVIII, 97; *Phyc. gen.*, 336). Genre d'Algues, que l'auteur lui-même n'a pas admis dans ses ouvrages plus récents. Il se compose d'une espèce qu'il a reportée dans le genre *Encœlium*, mais que J.-G. Agardh, avec plus de raison, a placée dans le genre *Asperococcus*. (Voy. J.-G. AGH, *Spec.*, *gen. et ord. Alg.*, I, 76.) [CH. M.]

HALODULA (ENDL., *Gen.*, 1368). Genre mal connu et que MM. Bentham et Hooker rapprochent des *Cymodocea* (*Gen.*, III, 1019). Néanmoins M. Ascherson (in *Linnæa*, XXXV, 163) l'a maintenu comme distinct.

HALOGAREÆ (BL., *Mus. lugd.-bat.*, I, 110). Pour *Halorageæ*.

HALOGEITON, HALAGEITON (WITTST.). Pour *Halogeton* MEY.

HALOGETON (C.-A. MEY., in *Ledeb. Fl. alt.*, I, 378, n. 146). Genre de Salsolacées-Salsolées, sous-tribu des Anabasées, à cinq sépales, devenant indurés et munis de cinq ailes transversales dans le dos; connectif courtement appendiculé ou sans appendice; staminodes et nectaires nuls. Radicule supère. Herbes ou sous-arbrisseaux, pubescents ou glabres; feuilles alternes ou opposées, sessiles, charnues; fleurs axillaires, sessiles, solitaires ou glomérulées. On en connaît 6 espèces, qui habitent l'Asie moyenne et l'Europe australe. (Voy. MOQ., in *DC. Prodr.*, XIII, 204. — B. H., *Gen.*, III, 75.) [L.]

HALOGLOSSUM (KUETZ., *Phyc. gen.*, 336, 340). Genre d'Algues-Floridées, de la famille des Dictyotées, caractérisé par une fronde stipitée à la base, recouverte d'une substance corticale à cellules très petites; les cellules médullaires sont plus grandes, arrondies, angulaires et très resserrées. Les spermaties, réunies en sores orbiculaires nombreux, sont agrégées et accompagnées de paraphyses, très petites. J.-G. Agardh n'a pas admis ce groupe qu'il considère comme synonyme du genre *Asperococcus*. (Voy. KUETZ., *Spec. Alg.*, 561.) [CH. M.]

HALOLACHNA (ENDL. — WALP.). Pour *Hololachne* EHRENB.

HALOLINUM (PL., in *Lond. Journ. Bot.*, VI, 598; VII, 507). Section du genre *Linum* (*L. tenue*, *maritimum*, etc.).

HALONIA (FR., *Summ. veg. Scand.*, 397). Genre de Champignons-Sphériacés, à périthèce membraneux, muni d'un ostiole court; vivant sous l'épiderme des rameaux. Les spores cloisonnées sont fusiformes et souvent incurvées. M. Quelet en décrit 8 espèces (*Champ. du Jura et des Vosges*, part. 3, 97), sur le Sorbier, l'Aulne, le Saule, le Sureau, etc.; mais les espèces de Fries sont rapportées à d'autres genres par la plupart des auteurs (voy. CRYPTOSPORA Tul.). [DE S.]

HALONIA (LINDL. et HUTT., *Foss. Fl.*, II, 12). Genre de plantes fossiles, rapporté par les auteurs aux Conifères, et que Unger (*Syn. pl. foss.*, 137; *Chlor. protog.*, LIX) place parmi les Lépidodendrées. (Voy. DAWES, in *Quart. Journ. Geol. Soc.* [1848], ex *Flora* [1849], n. 48. — AD. BR., in *Dict. d'Orb.*, XIII, 92.)

HALOPEPLIS (BGE, in *Linnæa*, XXVIII, 576; — UNG.-STERNB., *Vers. Syst. Salic.*, 102). Genre de Chénopodiacées-Salicorniées, à fleurs cachées dans les aisselles des écailles des strobiles, qui sont alternes, avec leurs bractées persistantes. Le périanthe est 4-gone et adné à la bractée. Les 3 espèces connues sont annuelles ou vivaces; de la région méditerranéenne, de la Caspienne et de l'Asie centrale. (B. H., *Gen.*, III, 64.)

HALOPHILA (DUP.-TH., *Gen. nov. madag.*, 2). Seul représentant d'un groupe qui se rattache en quelque sorte à la famille des Naïadacées, bien que l'on puisse le regarder comme type d'une famille particulière. Ses caractères sont: Fleurs diclines: les mâles à périanthe 3-phylle; trois étamines, alternes avec les folioles du périanthe, à anthères sessiles, extrorses, 4-loculaires, s'ouvrant longitudinalement; pollen formé de filaments multicellulaires, dont les cellules restent toujours adhérentes ou se détachent en fragments 1-3-cellulaires. Fleurs femelles dépourvues de périanthe, formées d'un ovaire uniloculaire, à 2-5 placentas pariétaux, surmonté d'un style court, divisé en stigmates filiformes dont le nombre égale celui des placentaires; ovules plus ou moins nombreux, ascendants, anatropes. Fruit membraneux, se rompant irrégulièrement. Graine remplie entièrement par l'embryon macropode, droit, à extrémité radiculaire infère, à plumule grande, proéminente en partie dans l'ouverture large formée par le cotylédon en bourrelet annulaire. Les *Halophila* sont des herbes marines, submergées, à tige grêle, rameuse, traçante, radicante aux nœuds, à feuilles rapprochées par deux, pétiolées, trinerviées; fleurs au sommet d'un rameau très court: les mâles pédonculées, sortant d'une spathe 2-phylle; les femelles sessiles et enveloppées d'une spathe semblable à la mâle. On en connaît 3 espèces, qui habitent les bas-fonds de l'océan des Indes et du Pacifique. Nous ne leur savons aucun usage. M. Bailey-Balfour a récemment publié sur ces plantes, dans les *Transactions de la Société royale d'Edimbourg*, un travail magistral qu'on ne saurait trop consulter. (Voy. ASCHERS., in *N. Giorn. bot. ital.* [1871].) [A.]

HALOPHLEBIA (MART., *Crypt.* [1828], 64). Section du genre *Alsophila* R. BR.

HALOPITYS (KUETZ., *Phyc. gen.*, 433, t. 52, fig. 2). Algues de la grande famille des Polysiphonées, caractérisées par une fronde filiforme, très rameuse, articulée, composée, à partir de l'axe, de cellules péricentrales parenchymatiques, polygonales; les plus intérieures plus grandes et toutes resserrées les unes contre les autres. Les cystocarpes, situés dans les ramilles de l'Algue, sont latéraux, pédonculés, ovales et globuleux. Les tétrachocarpes sont bisériés, situés dans un organe distinct, et pourvus d'un court pédoncule. Ils sont presque solitaires. (Voy. KUETZ., *Phyc. gen.*, 433, t. LII, fig. 11.) [CH. M.]

HALOPLEGMA (MTGNE, in *Ann. sc. nat.*, sér. 2, XVIII, 258). Algues-Floridées, que Kützing a placées dans la famille des *Callithamnieæ*, de l'ordre des *Trichoblasteæ*, et Payer dans la famille des Claudéées. Elles sont caractérisées par une fronde foliacée, plane, spongieuse et composée de filaments articulés, monosiphonés, anastomosés comme en réseau. Les filaments de la partie centrale sont rapprochés dans le bas, presque parallèles; plus haut ils sont disposés en éventails rayonnants, joints par des fibres transversales, et émettent des rameaux libres, recouvrant comme un coussin les parties circonvoisines. Les favelles sont immergées dans des lobules plus ou moins saillants en dehors de la fronde, entourées de filaments resserrés : elles donnent naissance à des gemmidies nombreuses qui rayonnent d'une base placentaire. Les sphérospores, fixées à des filaments périphériques, sont globuleuses et se divisent en croix. On distingue dans ce genre 4 espèces (Voy. J.-G. AGH, *Spec., gen. et ord. Alg.*, III, 89.) [CH. M.]

HALOPLEGMEÆ (MTGNE, in *Dict. d'Orb.*, X, 53). Tribu des Floridées. Famille pour Sonder (in *Linnæa*, XXVI, 514).

HALOPTERIS (KUETZ., *Phyc. gen.*, 292). L'un des genres de la famille des Algues-Ectocarpées, selon l'auteur. Il est caractérisé par une fronde filiforme, articulée, rameuse; les rameaux sont pennés. Les articles, essentiellement celluleux, sont à cellules égales, allongées et coordonnées horizontalement. La couche corticale est à peu près nulle. Les spermaties, peu visibles, sont situées dans les ramilles de la portion pennée de la fronde. Ces belles Algues sont marines et de couleur olivacée. J.-G. Agardh n'a pas admis ce groupe, qu'il considère comme synonyme de *Sphacelaria* LYNGB. [CH. M.]

HALORAGACEÆ (LINDL., *Veg. Kingd.*, 722). Ordre des *Myrtales*, comprenant les Haloragées et les Trapées.

HALORAGÉES (*Halorageæ* R. BR., in *Flind. Voy.*, II, 549). Série des Onagrariacées, à fleurs 2-4-mères, hermaphrodites ou polygames. Style à branches distinctes, en même nombre que les loges ovariennes auxquelles elles sont superposées. Ovules solitaires, descendants, à micropyle supérieur et intérieur. Fruit finalement sec, indéhiscent. Graines albuminées. Cette série renferme les genres : *Haloragis, Loudonia, Myriophyllum Serpicula, Proserpinaca*. (H. BN, *Hist. des pl.*, VI, 485.)

HALORAGIDEÆ (DUMORT., *Anal. fam.*, 36, 39). Synonyme (part.) de *Halorageæ* R. BR.

HALORAGIS (FORST.). Nom latin des Zénales (voy. ce mot).

HALORHIZA (KUETZ., *Phyc. gen.*, 335). Genre d'Algues, attribué par l'auteur à la famille des *Chordeæ*, groupe des Pycnospermées, caractérisé par une fronde filiforme, fistuleuse, cartilagineuse et coriace, de couleur olive-brun. La couche interne est formée de cellules oblongues-arrondies. Les sores fructifères sont tuberculiformes, denses, agrégés, recouvrant toute la plante. Les paraphyses sont nombreuses, fasciculées, claviformes, portant des spermaties latérales éparses. J.-G. Agardh n'a pas admis cette division, qu'il considère comme synonyme du genre *Striaria*, famille des Dictyotées. [CH. M.]

HALORRHAGEÆ (LINDL., *Nat. Syst.*). Synonyme (part.) de *Halorageæ* R. BR.

HALOSACCION (KUETZ., *Phyc. gen.*, 439). Genre d'Algues, de la famille des *Dumontieæ* pour J.-G. Agardh et pour l'auteur. Ce dernier en a même fait, dans son *Species Algarum*, la deuxième division du genre *Dumontia*. La fronde de ces Algues est cylindrique, creuse, plus ou moins rameuse, constituée par une double couche de cellules. Celles de la plus intérieure sont arrondies, anguleuses, bi- ou tri-sériées. Les cellules de la couche extérieure sont oblongues et plus petites. Les sphérospores se développent en dessous des cellules épidermiques, et elles se divisent en croix; les cystocarpes sont inconnus. (J.-G. AGH, *Spec., gen. et ord. Alg.*, II, 356.) [CH. M.]

HALOSCHOEMUS (WITTST., *Etym. Handw.*, 416). Pour *Haloschœnus* NEES.

HALOSCHOENI (NEES, in *Mart. Fl. bras.*, III, 109). Sous-tribu des Cypéracées-Rhynchosporées.

HALOSCHOENUS (NEES, in *Linnæa*, IX, 296). Synonyme de *Rhynchospora* VAHL.

HALOSCIAS (FRIES, *Summ. veg. Scand.*, 180). Synonyme de *Ligusticum* T.

HALOSOLEN (POST. et RUPR., *Illustr.*, 10). Synonyme (KUETZ.) de *Halosaccion* KUETZ.

HALOSTACHYS (C.-A. MEY., in *Bull. Acad. Pétersb.* [1843], I, 23). Genre de Salsolacées-Salicorniées, à fleurs en chatons. Calice urcéolé, 3-5-denté ou fide, devenant fongueux, aptère. Péricarpe distinct. Graine à tégument simple; albumen basilaire et latéral, petit; embryon semi-circulaire. Herbes ou sous-arbrisseaux, aphylles ou feuillés, articulés ou non, glabres; fleurs sessiles, solitaires, ou 2-3 sous chaque écaille, réunies en chaton, non cachées dans des fossettes de l'axe, ni dans les articles des rameaux. On en connaît 5 espèces, qui habitent dans les salines de l'Europe orientale, de l'Asie moyenne, de l'Afrique boréale et de l'Amérique (Voy. MOQ., in *DC. Prodr.*, XIII, 147. — B. H., *Gen.*, III, 63.) [L.]

HALOSTEMMA (WALL., *Cat.*, n. 4470, 4474). Synonyme de *Pandanophyllum* HASSK.

HALOTHAMNION (J. AGH, *mss.*). Algues-Floridées, de la belle famille des Céramiées, caractérisées par une fronde dichotome, pennée, articulée, monosiphonée, nue ou pourvue de ramules comme décurrentes. Les favelles, terminales et peu isolées, sont comme portées par un involucre que constituent plusieurs ramilles recourbées; elles sont pourvues d'un périderme hyalin, et recouvrent plusieurs gemmidies arrondies, anguleuses et qui semblent rayonner d'un même point. Les sphérospores, en série sur des rameaux à peine modifiés, obovales et solitaires, constituent des spores nombreuses (8-16 ou plus), qui rayonnent en tous sens d'un point central. 5 espèces constituent ce genre. (J.-G. AGH, *Spec., gen. et ord. Alg.*, III, 55.) [CH. M.]

HALOTHAMNUS (JAUB. et SPACH, *Ill. pl. or.*, t. 136). Synonyme de *Salsola* L.

HALOTHAMNUS (F. MUELL., *Pl. Vict.*, I, 158). Synonyme de *Plagianthus* FORST.

HALOTIS (BGE, *Anab. Rev.*, 73, t. 1). Synon. de *Halimocnemis*.

HALOURBAUM. Nom allemand du *Tetranthera Forstenii* BL.

HALOXYLON (BGE, *Rel. Lehm.*, 468 (292); in *Boiss. Fl. or.*, IV, 948). Genre de Chénopodiacées-Salsolées, du groupe à semences d'ordinaire horizontales, avec radicule centrifuge, et caractérisé par des sépales pourvus d'une large aile horizontale. Le disque est bien développé, et il y a 5 staminodes. Ce sont 8-10 arbuscules ou arbrisseaux, à tige épaisse, à rameaux cylindriques et articulés. Les feuilles sont opposées, connées à la base, triangulaires, obtuses ou mucronées. Les fleurs sont en épis, en fascicules ou solitaires. Moquin (*Prodr.*, XIII, p. II, 172) en a fait une section du genre *Caroxylon* THG. [H. BN.]

HALSKRAUT. Nom allemand des *Trachelium* L.

HALSZELLE (*cellule du col*). Nom donné par M. Strasburger à la cellule surmontant le corpuscule des Conifères, etc., etc., et qui, en se subdivisant, produit la rosette cellulaire qui couronne ce corpuscule à l'époque de la fécondation.

HALTEROPHORA (ENDL., *Gen.*, 25, n. 294). Genre de Trichodermacés, à péridium subglobuleux, tomenteux-glanduleux, subvilleux, pourvu d'appendices rétiformes, pulvérulent à l'intérieur. Les sporidies sont inconnues. Ce genre, synonyme de *Tipularia* CHEV., a été établi pour de petits Champignons fauves, corticoles, d'ailleurs à peine connus. [DE S.]

HALTICOSIA (NUTT., ex TORR. et GR., *Fl. N.-Amer.*, I, 69). Section du genre *Corydalis* DC. (*C. pæoniæfolia* PERS.).

HALURUS (KUETZ., *Phyc. gen.*, 374. — J. AGH, *Spec.*, 89). Algues de la famille des Céramiées, d'après J.-G. Agardh; de celle des Callithamniées, d'après Kützing, à fronde comme spongieuse, tomenteuse, filiforme, rameuse, articulée, monosiphonée. De l'axe central partent des ramilles articulées, denses, verticillées. Les favelles, souvent renflées, nombreuses, sont comme soutenues par un verticille de petits rameaux articulés, rameux; elles sont terminales, portées sur un rameau court, et logent dans un périderme hyalin plusieurs gemmidies anguleuses. Les anthéridies sont également logées dans l'intérieur d'un involucre, constitué par des ramilles recourbées et articulées. Dans ce genre, les rameaux fructifères sont toujours composés de 3 ou 4 verticilles fertiles superposés. C'est cette particularité qui a fait écarter cette Algue du genre *Griffithsia*, auquel la rattachent cependant encore un grand nombre de botanistes. (Voy. W.-H. HARV., *Phyc. brit.*, t. 67.) [CH. M.]

HALYDICTYON (ZANARD., *Sagg. classif. Fic.*, 52). Algues de la famille des Callithamniées, d'après Kützing; de celle des Rhodomélées, d'après d'autres auteurs. Ce genre est caractérisé par une fronde articulée, à filaments s'anastomosant à l'aide d'articles joints d'une manière dichotomique. (Voy. KUETZ., *Spec. Alg.*, 662.) [CH. M.]

HALYDRYS (HARV.). Pour *Halidrys* LYNGB.

HALYMEDA (LAMX). Pour *Halimeda* LAMX.

HALYMEDIDÆ (LINDL., *Veg. Kingd.*, 19), **HALYMEDEÆ** (ENDL., *Gen.*, Suppl., III, 17). — Voy. HALIMEDEÆ.

HALYMENIA (C. AGH, *Syst. Alg.*, 241). Algues-Floridées, de la famille des Cryptonémiacées, d'après J.-G. Agardh; de celle des Halyméniées, d'après Kützing; de celle des Gastrocarpées, d'après W.-H. Harwey. Ce genre est caractérisé par une fronde comprimée, plane, gélatineuse, membraneuse, à divisions variables. La couche corticale est simple, formée de cellules oblongues, petites. La partie médullaire, au contraire, est formée de grandes cellules, constituées par des filaments intérieurs articulés et rameux. Les cystocarpes sont immergés dans la fronde au-dessous de la couche périphérique et logent un nucléus simple dans un périderme hyalin. Les sphérospores, immergées dans la couche périphérique, se divisent en croix. (Voy. KUETZ., *Phyc. gen.*, t. 74, III.) [CH. M.]

HALYMENIACEÆ (REICHB.), **HALYMENIÆ** (BORY). Famille des Algues-Floridées. — Voy. HALYMENIEÆ.

HALYMENIEÆ (KUETZ., *Phyc. gen.*, 389). Famille d'Algues-Floridées, de l'ordre des *Periblasteæ*. Ces Algues ont une fronde gélatineuse, glissante, et un périderme mou. Leur structure est filamenteuse. Les cystocarpes, immergés, pourvus d'un carpostome, sont entourés d'un angiosperme propre et fibreux, pleins de spermaties agglomérées dans un spermopode dendroïde. Les tétrachocarpes, également immergés, se divisent en croix. [CH. M.]

HALYMENITES (STERNB., *Vers.*, II, 20). Genre d'Algues fossiles, rapporté aux *Floridoites* et décrit par Massalongo, dans ses *Plantæ fossiles regni Veneti*. (Voy. UNG., *Syn. pl. foss.*, 12; *Chlor. protog.*, XXVII. — MTGNE, in *Dict. d'Orb.*, X, 57.)

HALYMUS (WAHLB., *Fl. suec.*, II, 662). Genre proposé pour l'*Atriplex pedunculata* L.

HALYSEREÆ (LINDL.), **HALYSERIDEÆ** (ENDL.). Sous-ordre des Algues-Fucées, comprenant les Sphacélariées, Dictyotées, Laminariées et Sporochnidées.

HALYSERITES (UNG., in *Endl. Gen.*, Suppl., III, 54, n. 122). Genre d'Algues fossiles.

HALYSERYS (TARG. — C. AGH, *Syst.*, 262). Pour *Haliserys*.

HALYSIACEÆ (CORDA, *Icon. Fung.*, III, 7). Section des Psiloniacés (genres *Camptoum*, *Chætopsis*, *Gonatosporium*, *Sporodum* et *Botrytis*).

HALYSIUM (CORD., *Anleit.*, 41). Genre rapporté par Fries aux *Arthrinium* KUNZ.

HALYSIUM (KUETZ., *Phyc. gen.*, 323). Algue-Corallinée. Synonyme de *Galaxaura* LAMX. [CH. M.]

HAMA-BENKEISO. Nom japonais du *Sedum populifolium* L.

HAMABOSSU. Au Japon, le *Lysimachia lubinioides* S. et ZUCC.

HAMADRYAS (COMMERS., in *Juss. Gen.*, 232). Genre de Renonculacées-Renonculées. Ses fleurs dioïques ont 5 ou 6 sépales, assez longuement persistants; 10 à 12 pétales linéaires, présentant à leur base une petite écaille. Les carpelles, très nombreux, renferment un ovule ascendant. Achaines disposés en capitule et longuement atténués au sommet, terminés par un style court. Les *Hamadryas*, dont on connaît 4 espèces, toutes de l'Amérique antarctique, sont de petites herbes, souvent longuement soyeuses, à feuilles presque toutes radicales, diversement incisées. C'est une simple section du genre *Ranunculus* T. (H. BN, *Hist. des pl.*, I, 40.) [A. FR.]

HAMA-GIKU. Nom japonais du *Leucanthemum nipponicum*.

HAMA-GURUMA. Nom japonais du *Wedelia calendulacea*.

HAMA-HIRUGAO. Nom japonais du *Calystegia Soldanella* BR.

HAMA-JISA. Nom japonais de l'*Ajuga decumbens* THUNB.

HAMAKE-NO-KIKU. Au Japon, l'*Heteropappus decipiens*.

HAMALIUM (CASS., in *Dict.*, XX, 260). Synon. de *Verbesina*.

HAMAMELACEÆ (LINDL.), **HAMAMELEÆ** (DC.), **HAMAMELIDACEÆ** (LINDL.), **HAMAMELIDEÆ** (R. BR., in *Abel Narr. Journ. Chin.*, 374). — Voy. HAMAMÉLIDÉES.

HAMAMELIDEÆ (AD. BR., *Enum.*, 109). Classe de Dicotylédones, comprenant les Platanées (?), Balsamifluées, Hamamélidées, Alangiées (?) et Bruniacées.

HAMAMÉLIDÉES. Série des Saxifragacées, offrant les caractères communs suivants : Fleurs hermaphrodites ou polygames, à périanthe simple ou double, régulier ou insymétrique, ou presque nul. Anthères déhiscentes par des fentes ou des panneaux. Ovules descendants, tordus. Fleurs le plus souvent sessiles, en épis ou en capitules. Cette série était considérée comme une famille distincte par R. Brown, ainsi que par tous les auteurs postérieurs. Elle contient les treize genres : *Hamamelis*, *Corylopsis*, *Dicoryphe*, *Trichocladus*, *Eustigma*, *Tetrathyrium*, *Sycopsis*, *Parrotia*, *Distylium*, *Fothergilla*, *Disanthus*, *Rhodoleia*, *Ostrearia*. (Voy. H. BN, *Hist. des pl.*, III, 389, 414.) [L.]

HAMAMELIS (L., *Gen.*, n. 169). Genre de Saxifragacées, série des Hamamélidées, dont il constitue le type. Caractères : Fleurs

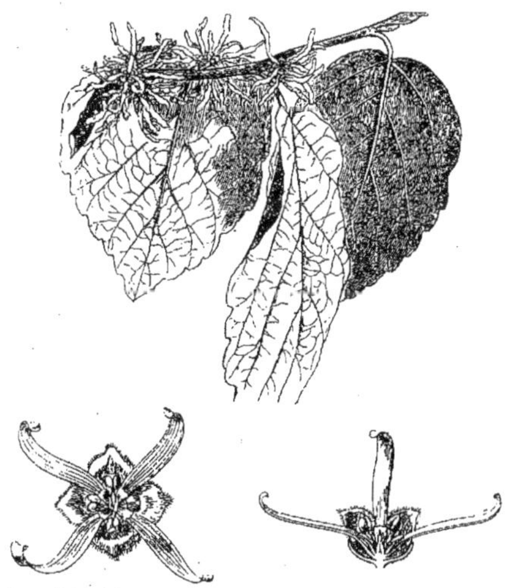

Hamamelis virginica. — Rameau florifère. Fleur, entière et coupe longitudinale.

hermaphrodites ou polygames. Réceptacle cupuliforme. Calice et corolle tétramères; pétales en forme de languettes allongées et étroites. Huit étamines superposées : quatre aux sépales, fertiles; quatre aux pétales, stériles; anthères à deux loges introrses, s'ouvrant par une ou deux valves. Ovaire (rudimentaire dans la fleur mâle) en grande partie libre, biloculaire, à deux styles; dans chaque loge, deux ovules collatéraux, descendants, anatropes. Le micropyle, introrse et supère, devient par torsion latéral. Fruit capsulaire, plus ou moins supère, ligneux, loculicide en deux valves par le haut. Graines albuminées. Arbustes à feuilles alternes, penninerves, stipulées, à fleurs axillaires ou développées sur le bois en petits groupes. Ce genre renferme 3 espèces, des régions tempérées, et dont la plus célèbre est l'*H. virginica*, le *Witch Hazel* des États-Unis, récemment introduit dans la pratique médicale et souvent cultivé dans nos jardins botaniques. (Voy. H. BN, *Hist. des pl.*, III, 389, 456, fig. 462-464; *Tr. Bot. méd. phanér.*, 718, 769.) [L.]

HAMA-NADESHIKO. Nom japonais du *Dianthus Seguieri* WILL.

HAMA-NATA-MAME. Nom japonais du *Canavalia lineata* DC.

HAMA-NINZIN. Nom japonais du *Selinum japonicum* MIQ.

HAMARIA (KZE. — REICHB., *Consp.*, 212 b). Genre non décrit « de Rosacées ».

HAMA-SAJI, HAMA-JISA. Noms japonais du *Statice japonica* S.

HAMASTRIS (MART., ex PFEIFF.). Synon. de *Myriaspora* DC.

HAMA-THION. Nom japonais de l'*Aster Tripolium* L.

HAMATRIS (SALISB., *Gen. pl. Fragm.*, 11). Syn. de *Helmia* K.

HAMA-YENDO. Nom japonais du *Lathyrus maritimus* RGL.

HAMA-YOMOGI. Nom japonais de l'*Artemisia japonica*.

HAMA-ZERI. Nom japonais du *Selinum japonicum* MIQ.

HAMBERGER (G.-Ehr.). Professeur à Iéna [1697-1755], auteur de : *Præfatio ad J.-W. Wedelii Tentamen botanicum*, etc. [1747], et de : *Sendschreiben ad T.-T.-H. Haller*, etc. [1748].

HAMBERGERA (SCOP., *Introd.*, 106). Syn. de *Cacoucia* AUBL.

HAMBERGIA (NECK., *Elem.*, n. 830), HAMBERGERIA (WITTST., *Etym. Handw.*, 416). Synonymes de *Combretum* LŒFL.

HAMCHAVELLA. Nom arabe du *Sium latifolium* L.

HAMEL. Nom français (LAMK) des *Hamelia* JACQ.

HAMEL, HAMOUL. Noms, à Rosette (FORSK.), de l'*Alternanthera sessilis* R. BR.

HAMELIA (JACQ., *St. amer.*, 71, t. 50; *Icon. rar.*, t. 335). Genre de Rubiacées-Génipées, dont les fleurs, presque toujours hermaphrodites, ont un calice à folioles libres ou unies à la base, parfois grandes et colorées, et une corolle étroitement tubuleuse ou campanulée, parfois dilatée à la base, costée longitudinalement et à limbe 5-6-lobé, souvent court, imbriqué. Les 5, 6 étamines sont insérées sur la corolle, parfois à sa base; elles ont des filets libres ou connés à la base, et des anthères allongées, exsertes ou incluses, introrses, basifixes, souvent surmontées d'un prolongement du connectif. L'ovaire infère a 2-6 loges multiovulées, un disque épigyne épais, et un style à 2-6 lobes stigmatifères, fréquemment très courts. Le fruit est charnu; mais on dit (?) qu'il s'ouvre quelquefois, à sa maturité, à la façon d'une capsule. Ses graines sont nombreuses et albuminées. Ce sont des arbustes glabres ou pubescents, à feuilles opposées ou verticillées, stipulées; à fleurs (jaunes ou rouges) en cymes terminales, et souvent ramifiées, unipares, souvent sessiles, avec ou sans bractées. On en distingue une dizaine d'espèces, des deux Amériques tropicales et sous-tropicales. L'*H. patens* passe pour antidysentérique et antiscorbutique. Son écorce et ses feuilles servent à la préparation des peaux. Ce genre a beaucoup d'affinités avec certaines Caprifoliées. (Voy. H. BN, in *Adansonia*, I, 374; *Hist. des pl.*, VII, 317, 445, n. 103, fig. 306, 307.) [H. BN.]

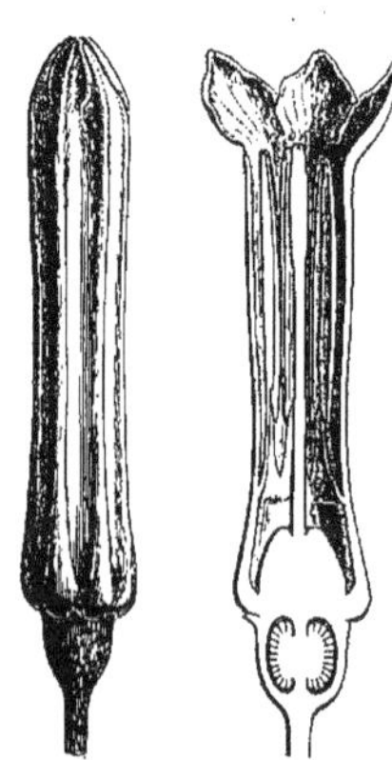

Hamelia. — Fleur, entière et coupe longitudinale.

HAMELIACEÆ (H. B. K.), HAMELIDEÆ (LINDL.). Division des Rubiacées, que nous avons fait rentrer dans la série des Génipées (*Hist. des pl.*, VII, 445), et qui s'y distingue principalement par le mode d'imbrication de sa corolle. (H. BN.]

HAMELIEÆ (DC.). Tribu des Rubiacées. (B. H., *Gen.*, II, 17.)

HAMELINIA (A. RICH., *Fl. Nov.-Zel.*, 158, t. 24). Synonyme de *Astelia* BANKS.

HAMELLIA (L., *Spec.*, ed. 2, 246). Pour *Hamelia* JACQ.

HAMELLIDIA (RAFIN., in *Ann. gén. sc. phys.*, VI, 82). Sous-famille des Polarniées, comprenant plusieurs Rubiacées.

HAMGAHA. A Ceylan, le *Magnolia* (*Michelia*) *Champaca* BN.

HAMILTON (W.). Auteur [1825] du *Prodromus plantarum Indiæ occidentalis*, etc., auquel collabora Desvaux. (Voy. *Cat. sc. pap.*, III, 148.)

HAMILTONIA (HARV., *Gen. pl. cap.*, ed. 1, 298). Synonyme de *Rhoiacarpos* A. DC.

HAMILTONIA (MUEHL. — W., *Spec.*, IV, 1114). Synonyme de *Pyrularia* RICH.

HAMILTONIA (ROXB., *Hort. Calc.* [1814], 15). Genre de Rubiacées-Anthospermées, qu'on a rapporté à la tribu des Pædériées. Dans l'ovaire infère de ces plantes, le nombre des loges ovariennes devient égal à celui des divisions de la corolle auxquelles elles sont superposées (tandis que dans les autres représentants de la série des Anthospermées, il n'y a d'ordinaire qu'une ou deux loges à l'ovaire). La corolle rappelle beaucoup celle des *Serissa*, avec cinq lobes valvaires ou indupliqués. Il y a cinq branches stigmatifères au style. Dans chacune des loges ovariennes, il y a un ovule à micropyle inférieur; et le fruit s'ouvre en cinq valves qui abandonnent, en se séparant de haut en bas, chacune une sorte de sac réticulé dont la graine est enveloppée. Les *Hamiltonia* sont des arbustes, ordinairement fétides, de l'Asie, à feuilles opposées, à stipules intrapétiolaires, persistantes; à fleurs disposées en cymes terminales, composées, où les fleurs sont souvent rangées sur deux séries centrifuges. Les *Leptodermis*, dont nous faisons une section de ce genre, ont le style plus profondément partagé, et autour de leurs graines un sac réticulé, qui demeure complet, tandis que dans les *Hamiltonia* vrais il s'ouvre en trois valves assez régulières à la base. Les panneaux de la capsule s'y détachent seulement dans la portion supérieure, tandis que dans les *Leptodermis*, ils se séparent à partir de la base même. On en connaît 6 ou 7 espèces, dont plusieurs sont cultivées dans nos serres. (Voy. *Hist. des plant.*, VII, 273, 403, n. 27, fig. 246, 247.) [H. BN.]

Hamiltonia. — Fruit et graine.

HAMMATOCAULIS (TAUSCH, in *Flora* [1834], 347). Synonyme (?) de *Ferulago* KOCH.

HAMMATOLOBIUM (FENZL, *Illustr. plant. syr.*, I, t. 1). Genre de Légumineuses-Papilionacées-Hédysarées, sous-série des Coronillées, à fleurs presque d'*Ornithopus*, se distinguant par : Carène aiguë. Gousse linéaire, d'ordinaire à articles comprimés ou convexes. Herbes vivaces, à feuilles 5-foliolées; les deux inférieures stipuliformes. Deux espèces, de l'Asie occidentale et de l'Afrique boréale. (Voy. H. BN, *Hist. des pl.*, II, 309.) [L.]

HAMMER (Christ.). A publié en 1769, à Christiania, *Samling af botaniske Afhandlinger*, in-8, et en 1794, à Copenhague, un *Floræ norvegicæ Prodromus*, in-8 de 164 pages.

HAMMERSTRAUCH. Nom allemand des *Cestrum* L.

HAMOLOCENCHRUS (HALL., ex SCOP.). Pour *Homalocenchrus*.

HAMOSA (MEDIC., *Vorles.*, II, 276). Genre proposé pour l'*Astragalus hamosus* L.

HAMOUL. Synonyme de *Hamel*.

HAMP, HAMPA. Noms scandinaves du Chanvre cultivé.

HAMPADDU. Nom malais du *Mungo* KÆMPF.

HAMPE (Ernst). Né à Fürstenberg en 1795, était pharmacien à Blankenburg. Il a écrit en 1836 un *Prodromus Floræ Hercynicæ*, et plus tard de nombreux travaux relatifs aux Mousses (*Cat. sc. pap.*, III, 154), notamment ses *Icones Muscorum novorum* (Bonn, in-8). On lui doit aussi [1845] : *Klima, Vegetation und Flora des Harzes*, in-8.

HAMPE (*scapus*). Axe florifère dépourvu de feuilles, surtout dans les Monocotylédones. On a cependant aussi admis, singulière contradiction, des hampes feuillées (*scapus foliatus*).

HAMPEA (NEES, *mss.*, ex PFEIFF.). Synon. de *Sauteria* NEES.

HAMPEA (SCHLCHTL, in *Linnæa*, XI, 271). Genre de Malvacées-Bombacées, à calice cyathiforme, tronqué ou à peine denté; à corolle tordue; à étamines monadelphes; à ovaire (stérile dans les fleurs mâles) 3-loculaire. Les loges sont pauciovulées et le fruit capsulaire. La graine, à peine albuminée, a un funicule épaissi en une sorte d'arille conique. Les 2 espèces connues sont de petits arbres, du Mexique et de la Colombie, à feuilles alternes, avec stipules; à fleurs disposées en cymes axillaires. (H. BN, *Hist. des pl.*, IV, 157.)

HAMULATUS. Courbé en forme d'hameçon, de croc.

HAMULIUM (CASS., in *Dict.*, XX, 260). Synonyme de *Verbesina* L.

HANA-DZURU. Nom japonais de l'*Aconitum uncinatum* L.

HANA-HIRIGUSA. Nom japonais du *Myriogyne minuta* LESS.

HANA-IKARI. Nom japonais de l'*Halenia sibirica* BORKH.

HANA-KADSURA. Nom japonais de l'*Aconitum uncinatum* L.

HANA-MIYOGA. Nom japonais de l'*Alpinia japonica* THUNB.

HANARION. Nom, aux Philippines, des *Trema* LOUR. (*Sponia*).

HANA-SHINOBOU. Nom japonais du *Polemonium cæruleum* L.

HANA-SHIYOBU. Nom japonais de l'*Iris tectorum* MAXIM.

HANA-SUGE. Nom japonais de l'*Aletris japonica* LAMB.

HANA-TADE. Nom japonais du *Polygonum cæspitosum* MEISSN.

HANA-UDO. Nom japonais de l'*Heracleum barbatum* L.

HANA-ZEKISHO. Nom japonais du *Tofieldia nuda* MAXIM.

HANBURIA (SEEM., in *Bonplandia* [1858], 293; [1859], 2; [1862], 189, t. 12). Genre de Cucurbitacées-Cyclanthérées, à grandes fleurs monoïques, analogues à celles des *Cyclanthera*, à réceptacle campanulé; les anthères en tête, plusieurs fois condupliquées; la femelle à ovaire 4-5-loculaire. Le fruit, gros, insymétrique, tout chargé d'aiguillons, s'ouvre élastiquement, comme celui des *Cyclanthera*, laissant libre un épais placenta qui porte quelques grosses graines de *Fevillea*. L'*H. mexicana* SEEM. est une herbe vivace et grimpante, à fleurs blanches et à fruit remarquable par sa forme et ses dimensions. (H. BN, *Hist. des pl.*, VIII, 390, 432).

HANBURY (Dan.). Membre de la Société royale de Londres, enlevé à la science le 24 mars 1875, à l'âge de quarante-neuf ans, avait débuté en 1862 par des *Notes* sur la matière médicale des Chinois. Il s'est occupé de l'origine d'un grand nombre de médicaments importants (*Cat. sc. pap.*, III, 155), notamment de la Gomme-gutte, du baume de Tolu, etc. Nous avons indiqué ses principaux titres à la reconnaissance des savants dans la notice insérée en tête de la traduction française de son principal ouvrage : *Pharmacographia*, publié à Londres, en 1874, avec le professeur Flückiger. [H. BN.]

HANCEA (SEEM., *Her. Bot.*, 409, t. 96). Synon. de *Echinus*.

HANCHINAL. Nom, au Mexique, de l'*Heimia syphilitica* DC.

HANCORNIA (GOM., *Obs. bot.-med. plant. bras.*, II, 1, t. 1, in *Act. Acad. oliss.* [1812], 51). Genre d'Apocynacées-Carissées, sous-tribu des Eucarissées, caractérisé par : Calice 5-partite, à lobes dépourvus de glandes, disposés en quinconce dans la préfloraison. Corolle hypocratérimorphe, à tube étroit, velu en dedans, nu au niveau de la gorge, surmonté d'un limbe à cinq divisions linéaires-lancéolées. Cinq étamines, insérées sur le milieu du tube de la corolle, à filets grêles, portant des anthères linéaires, acuminées, de la même longueur que les filets; nectaire nul. Ovaire unique, fusiforme et glabre, divisé en deux loges par une cloison épaisse et charnue, surmonté d'un style filiforme, à stigmate indusié, linéaire, conique et bilobé au sommet. Les ovules sont nombreux, amphitropes, insérés sur chacune des faces de la cloison. Le fruit est une baie, globuleuse ou piriforme, pulpeuse, lactescente, uniloculaire par avortement de l'un des carpelles, contenant des graines nombreuses, ovoïdes et comprimées, enfoncées dans la pulpe du fruit, munies d'un albumen dur et d'un embryon central, dressé, à radicule très courte, et à cotylédons subovales. Les *Hancornia* sont de petits arbres lactescents, à feuilles opposées et entières, courtement pétiolées, et à fleurs odorantes. On en connaît 3 espèces, qui habitent le Brésil. Les fruits des *H. speciosa* GOM. et *pubescens* NEES et MART. sont désignés vulgairement sous le nom de *Mangaba* et très recherchés par les Brésiliens. Ce sont de petites baies, à peu près rondes, jaunes, fréquemment tachées de rouge. Les *Hancornia* fournissent surtout du caoutchouc. (A. DC., *Prodr.*, VIII, 325. — H. BN, *Tr. Bot. méd. phanér.*, 1275.) [L.]

HANDALAM. Nom arabe de la Coloquinte.

HANDBAUM. Nom allemand des *Chiranthodendron* LARREAT.

HANDBLATT. En Allemagne, la Quintefeuille.

HANDBLUME. En Allemagne, les *Cheiranthus* T.

HANDHAL, HANDHEL. Synonymes de *Handalam*.

HANDSCHIA (POHL, ex *Flora* [1825], I, 183). Genre douteux.

HANDTWIG (Gust.-Chr.). A publié à Rostock, en 1747, *De Orchide*, et en 1758 *De Bryonia*, in-4 de 32 pages.

HANF. En Allemagne, le Chanvre.

HANFROSE. Nom allemand des Ketmies.

HANGEDONE LITTER. Nom germain du Tremble.

HANGE SEWN, HANGESTO. Noms japonais du *Saururus chinensis* H. BN.

HANGUANA (BL., *Enum. pl. jav.*, 15). Synon. de *Susum* BL.

HANH. Nom chinois (LOUR.) de l'Amande.

HANIBANE, HANEBANE. Noms anglais de la Jusquiame noire.

HANIN (L.). Médecin parisien, a écrit : en 1806, un *Enumeratio plantarum circa metas sponte nascentium;* en 1811, un *Cours de Botanique et de Physiologie végétale ;* en 1800, un *Voyage dans l'empire de Flore*, 2 vol. in-8.

HANKWAISO. Nom japonais du *Senecio japonicus* SCH. BIP.

HANMANN (Chr.). Auteur, en 1635, de : *De plantis in genere*.

HANNAFORDIA (F. MUELL., *Fragm. phyt. Austral.*, II, 9). Genre de Malvacées-Lasiopétalées, voisin des *Thomasia*, à fleurs 5-mères; les sépales devenant épaissis-3-costés après l'anthèse; les pétales lancéolés, et l'ovaire à 3, 4 loges pauciovulées. C'est un arbuste australien, tomenteux, sans stipules, à grappes courtes et pauciflores. (H. BN, *Hist. des pl.*, IV, 136.)

HANNEBANE. Un des noms vulgaires de la Jusquiame noire.

HANNEMANN (J.-Ludw.). Mort à Kiel en 1724, âgé de quatre-vingt-quatre ans, auteur de : *Nova et accurata Methodus cognoscendi simplicia vegetabilia* [1677], et de *Phœnix botanicus* [1678], in-4, 15 f.

HANNOA (PL., in *Hook. Lond. Journ.*, V, 566). Genre de Rutacées-Quassiées, qui a à peu près l'organisation florale des *Simaruba*, avec un disque élevé et un calice 5-mère, subbilabié. Ses fleurs sont dioïques ou polygames. Ce sont 1, 2 arbres, de l'Afrique tropicale occidentale, à feuilles alternes, imparipinnées, amères. (H. BN, *Hist. des pl.*, IV, 491.)

HANOPOL. Nom, aux Philippines, des *Conocephalus* BL.

HANOVIA (MTGNE). Pour *Hanowia* SOND.

HANOWIA (SOND., in *Bot. Zeit.* [1845], 52; in *Lehm. Pl. Preiss.*, II, 170). Algue-Floridée, de la famille des Callithamniées, desquelles elle se rapproche sous beaucoup de rapports. La fronde est cylindrique, dichotome; les filaments monosiphonés, réticulés, à fructifications...? Ce genre est voisin des *Griffithsia;* mais l'affinité ne cessera d'être douteuse, tant que les organes de fructification n'auront pas été étudiés. [CH. M.]

HANSALIA (SCHOTT, in *Œstr. Bot. Zeitschr.* [1858], 82). Synonyme de *Hydrosme* SCHOTT.

HANSENIA (TURCZ., *Fl. baic.-dahur.*, I, 513). Synonyme de *Ligusticum* T.

HANSTEIN (Joh.). Né en 1822, professeur à l'université de Bonn, se distingua de bonne heure comme habile histologiste. Il débuta en 1848 par : *Plantarum vascularium folia, caulis, radix utrum organa sint origine distincta, an ejusd. organi* *diversæ tandem partes?* En 1853, il donna un *Essai sur la structure de l'écorce des arbres*, et en 1864 un travail sur les laticifères de l'écorce. Il publia en 1857, dans les *Mémoires* de l'Académie de Berlin : *Ueber gürtelformige Gefässtrangverbindungen in Stengelknoten dicotyler Gewächse*, et, la même année, il donna son « programme » intitulé : *Ueber den Zusammenhang d. Blattstellung mit dem Bau des dikotylen Holzringes.* Il s'occupa aussi, dès 1867, des classifications : *Uebersicht d. natürlichen Pflanzensystems*, et de certaines familles de la Cryptogamie (*Pilulariæ ... generatio cum Marsilia comparata* [1866], Bonn) et de la Phanérogamie, étudiant spécialement (in *Linnæa*, XXIV) la famille des Gesnéracées. M. Sachs a adopté ses principes de classification. Son ouvrage le plus souvent cité est son *Traité de Morphologie et de Physiologie.* (Voy. *Cat. sc. pap.*, III, 172.)

HANSTEINIA (OERST., *Centralamerik. Acanthac.*, 30, t. 5, fig. 23-26). Genre d'Acanthacées, à calice assez grand, coloré, à cinq divisions inégales, la supérieure étant étroite et linéaire; à corolle à deux lèvres, la supérieure étroite, entière, l'inférieure large et trifide; à androcée de deux étamines incluses et à anthères uniloculaires; à style claviforme à son extrémité stigmatifère, et à capsule onguiculée, chartacée, avec deux loges dispermes. La seule espèce (*H. gracilis* OERST.), des forêts de Costa-Rica, est un sous-arbrisseau, à tige grêle, dressée; à feuilles ovales-elliptiques, atténuées en un long pétiole, et à fleurs disposées en inflorescences spiciformes, axillaires ou terminales. (Voy. WALP., *Ann.*, V, 640. — B. H., *Gen.*, II, 1107.) [T.]

HANTOL. Nom (CAMELLI) du fruit du *Sandoricum indicum* L.

HANTZCHIA (AUSWD., in *Hedwigia* [1862], II, 60). Genre mal déterminé (peut-être le *Phycomyces nitens* K.).

HANTZSCHIA (GRUN., art. *Diatom.*, 103). Genre de Diatomacées, placé dans la famille des Surirellées, caractérisé par des valves arquées aux extrémités rostrées, et pourvues d'une carène à points courts, prolongés en côtes courtes ou traversant toute la valve. Il se trouve entre les deux points médians un rudiment de nodule. La face connective, qui montre les carènes, est placée du même côté du frustule. (Voy. VAN HEURCK, *Syn. Diat. Belg.*, 163; *Atl.*, t. LVI, 1-2.) [CH. M.]

HAOFACH. Arbre cochinchinois, indéterminé, dont l'écorce médicinale a, dit-on, l'odeur de la Badiane.

HAOHISU. Nom japonais du *Nelumbo nucifera* GÆRTN.

HAPALANTHUS (JACQ., *Stirp. amer.*, 11, t. 11). Section (B. H., *Gen.*, III, 854) du genre *Callisia* L.

HAPALARIA (DUMORT.). Pour *Haplaria* LINK.

HAPALE (SCHOTT, *Gen. Aroïd.*, t. 44). Synon. de *Hapaline*.

HAPALIDIUM (KUETZ., *Phyc. gen.*, 385). Algues de la famille des *Corallineæ* et de la tribu des *Melobesieæ* pour J.-G. Agardh; de celle des *Spongieæ* pour Kützing, ordre des *Epiblasteæ*. Cette plante, très petite, est, comme toutes les *Corallineæ*, recouverte d'une croûte calcaire. Elle est constituée par une fronde foliacée, membraneuse, rose ou blanche, appliquée par sa face inférieure et formée d'une simple couche de cellules rayonnantes. La fructification en est inconnue. C'est en s'appuyant sur le défaut des organes reproducteurs que l'auteur a créé ce genre; mais nous avons tout lieu de croire que les sujets qu'il a examinés étaient des Mélobésiées non parvenues à leur complet développement. (ROSAN., in *Ann. Soc. Cherb.* [1866].) [CH. M.]

HAPALINE (SCHOTT, in *Oestr. Bot. Wochenbl.* [1857], 85). Genre (?) d'Aroïdacées-Colocasiées, à fleurs monoïques, renfermées dans une spathe ouverte; les étamines pourvues d'une anthère en forme d'hexagone allongé, mince; l'ovaire uniovulé. C'est une petite herbe du Népaul (*H. Benthamiana*), à feuilles cordées-sagittées. (ENGL., *Arac.*, 489.)

HAPALOCARPUM (WIGHT et ARN., *Prodr.*, I, 305). Sous-genre du genre *Ammannia* HOUST.

HAPALOCHLAMYS (REICHB.). Pour *Apalochlamys* CASS.

HAPALOCYSTIS (AUSWD., in *Fück. Symb.*, 191). Genre de Champignons-Sphériacés. — Voy. CALOSPORA.

HAPALOSA (WALL., *Cat.*, 6962). Synonyme de *Polycarpon* L.

HAPALOSIA (W. et ARN., *Prodr.*, 358). Syn. de *Polycarpon* L.

HAPALOSIPHON (NÆG., in *Kütz. Spec. Alg.*, 894). Algues fluviatiles, de la famille des Sirosiphoniacées, caractérisées par un trichome vaginé, formé d'une série de cellules. La gaine est très ténue, incolore, plus ou moins lamelleuse. Ces Algues se rapprochent d'ailleurs beaucoup des *Sirosiphon*. (RABENH., *Fl. eur. Alg.*, II, 25, 283.) [CH. M.]

HAPALOSTEPHIUM (DON, in *Edinb. N. Phil. Journ.* [1828-29], 307). Synonyme de *Crepis* L.

HAPALUS (ENDL.). Pour *Apalus* DC.

HAPAXANTHA (WEBB et BERTHEL., *Phyt. canar.*, I, 181). Section des *Aichryson* WEBB.

HAPLACHNE (PRESL, *Rel. Hœnk.*, I, 234, t. 38). Synonyme de *Dimeria* R. BR.

HAPLANTHERA (HOCHST., in *Flora* [1843], 71). Synonyme de *Ruttya* HARV. et section de ce genre.

HAPLANTHUS (NEES, in *Wall. Pl. as. rar.*, III, 77, 115). Genre d'Acanthacées-Andrographidées, caractérisé : par un calice régulier et quinquépartite; par une corolle légèrement infundibuliforme et bilabiée; par un androcée à deux étamines uniloculaires, dont la seconde loge est transformée en poils filamenteux, dilatés à leur base interne; et par une capsule linéaire, déprimée, contenant 8-16 graines, petites et anguleuses. Ce sont des plantes herbacées, dressées, à rameaux florifères ordinairement difformes, et à fleurs réunies en glomérules, en épis ou en grappes. On en connaît trois espèces, de l'Inde orientale. (Voy. NEES, in *DC. Prodr.*, XI, 512. — B. H., *Gen.*, II, 1099.) [T.]

HAPLARIA (LINK, *Sp. pl.*, VI, 52). Genre de Champignons-Hyphomycètes, à mycélium rampant sur des écorces ou des débris de végétaux qui pourrissent. Il donne naissance à des filaments simples ou ramifiés, cloisonnés, portant des conidies le long de leur paroi. (SACC., *Fung. ital.*, fig. 797, 798.) [DE S.]

HAPLARTHRON (GRISEB., in *Abh. Gött. Ges.* [1857], VII, 203). Section du genre *Desmodium* L. (*D. molle* DC.).

HAPLOCALEA (LESS., *Syn. Comp.*, 241). Sous-genre du genre *Calea* L. Synonyme (part.) de *Caleacte* DC.

HAPLOCARPÆA (WIGHT et ARN. — ENDL., *Gen.*, 1200). Section du genre *Ammannia* HOUST.

HAPLOCARPHA (LESS., in *Linnæa*, VI, 90; *Syn.*, 30). Section du genre *Arctotis* L. (H. BN, *Hist. des pl.*, VIII, 197, not. 8.)

HAPLOCHILUS (ENDL., *Gen.*, Suppl., II, 20). Synonyme de *Zeuxine* LINDL.

HAPLOCLATHRA (BENTH., in *Journ. Linn. Soc.*, V, 64; *Gen.*, I, 89). Genre de Ternstrœmiacées-Bonnétiées, dont les fleurs sont à peu près celles des *Caraipa*, avec des anthères longuement linéaires; un fruit à 3 loges monospermes; la graine ascendante, solitaire. Les 2 espèces décrites sont des arbres de l'Amérique méridionale tropicale, à feuilles opposées, à fleurs disposées en grappes composées et cymigères. (H. BN, *Hist. des pl.*, IV, 261.)

HAPLOCNEMIS. — Voy. BATTAREA.

HAPLODESMIUM (NAUD., in *Ann. sc. nat.*, sér. 3, XIV, 150, t. 5). Synonyme de *Chætolepis* MIQ.

HAPLODICTYON (FÉE). Pour *Haplodictyum* PRESL.

HAPLODICTYUM (PRESL, *Epimel.*, 410, 50). Genre proposé pour le *Nephrodium Blumei* SM.

HAPLODISCUS (ENDL.). Pour *Aplodiscus* DC.

HAPLODISCUS (WEDD., *Chlor. andin.*, I, 208). Section du genre *Haplopappus* CASS.

HAPLODON (MTGNE). Pour *Aplodon* R. BR.

HAPLODON (NAUD., in *Ann. sc. nat.*, sér. 3, XVII, 372). Sous-section des *Clidemiopsis*.

HAPLOESTHES (A. GRAY, *Pl. Fendl.*, 109). Genre de Composées-Sénécionées, anormal dans ce groupe, établi pour une plante herbacée du Mexique, à feuilles opposées, linéaires; à capitules radiés; les involucres formés de 4, 5 larges bractées; le réceptacle plan. Les capitules sont disposés en cymes corymbiformes. (H. BN, *Hist. des pl.*, VIII, 262, n. 359.)

HAPLOGRAPHIUM (BERK. et BR., in *Ann. Nat. Hist.*, n. 818. — BERK., *Outl.*, 343). Genre de Champignons, du groupe des Dématiés. L'*H. delicatum*, la seule espèce connue, présente des filaments libres, cloisonnés, bruns, olivacés, et des spores hyalines, disposées en chaînette à l'extrémité de ces filaments. Elle se rencontre sur le bois mort. [De S.]

HAPLOLÆNÆ (Nees, *Eur. Leberm.*, IV, XXVII). Sous-tribu des Jungermanniées (Endl., *Gen.*, 1339). Lindley nomme ce groupe *Haplolænidæ*.

HAPLOLEGMA (Endl.). Pour *Haloplegma* Mtgne.

HAPLOLEPIDEA (Reichb., *Nom.*, 93). Sect. du g. *Centaurea*.

HAPLOMYCETES (Fries, *Summ. veg. Scand.*, II, 585). Famille comprenant les Hyphomycètes et Coniomycètes.

HAPLOPAPPUS (Cass., in *Dict.*, LVI, 168 [*Aplopappus*]). Section du genre *Hysterionica* W. (H. Bn, *Hist. des pl.*, VIII, 156.)

HAPLOPÉRISTOMÉ (*haploperistomatus*). Nom (Nees d'Esenb.) des Mousses à péristome simple.

HAPLOPERISTOMI (Hueben., *Muscol. germ.*, 543). Série (I) des Mousses-Pleurocarpées (g. *Fabronia*, *Leptodon* et *Leucodon*).

HAPLOPÉTALE. Fleur dont la corolle n'a qu'un pétale.

HAPLOPETALUM (A. Gray, in *Unit. St. expl. Exp.*, *Bot.*, I, 608, t. 76; in *Seem. Bonplandia* [1862], 36). Section du genre *Crossostyles* Forst., à pétales entiers ou peu découpés.

HAPLOPETALUM (Miq.). Pour *Haplopetalon* A. Gray.

HAPLOPHLEBIA (Mart., *Crypt.*, 64). Section du genre *Alsophila* R. Br. (Endl., *Gen.*, 1351.)

HAPLOPHYLLION (Reichb., *Nom.*, 88). Section du g. *Mutisia*.

HAPLOPHYLLOXYS (Endl., *Gen.*, n. 6058 *e*). Sect. du g. *Oxalis*.

HAPLOPHYLLUM (Endl., *Gen.*, n. 2917 *e*). Synonyme de *Aplophyllum* Cass. — Less., et de *Haplophyllion* Reichb.

HAPLOPHYLLUM (A. Juss., in *Mém. Mus.*, XII, 464, t. 17, fig. 10 [*Aplophyllum*]). Section du genre *Ruta* T. (H. Bn, *Hist. des pl.*, IV, 375.)

HAPLOPHYTON (A. DC., *Prodr.*, VIII, 412). Genre d'Apocynacées-Echitées, voisin des *Pachypodium*, caractérisé par des inflorescences rameuses, un calice dépourvu de glandes, l'absence du disque, et des fruits linéaires, arrondis, avec des graines chevelues aux deux extrémités. L'*H. cimicifugum* A. DC., du Mexique et des Antilles, est herbacé, à feuilles le plus souvent alternes, et à cymes terminales, d'ordinaire 3-flores. [H. Bn.]

HAPLOPTERIS (Presl, *Pterid.*, 141). Genre de Fougères, proposé pour le *Pteris scolopendrina* Bory.

HAPLORHIZA (Ledeb., *Fl. ross.*, III, p. I, 18). Section du genre *Androsace* T.

HAPLORHUS (Engl., in *Bot. Jahrb.*, I, 419; *Anacard.*, 283, t. 9, fig. 16-21). Genre (?) d'Anacardiées, établi pour un arbuste du Pérou, à feuilles coriaces, linéaires-lancéolées; à fleurs femelles seules connues, ayant 5 sépales imbriqués, un ovule solitaire pendant d'un funicule ascendant, 3 petits stigmates et une drupe obliquement obovoïde, avec une graine sans albumen. Les fleurs femelles sont disposées en épis composés. [H. Bn.]

HAPLORRHIZA (C. Koch). Pour *Haplorhiza* Ledeb.

HAPLOSCIADIUM (Hochst., in *Flora* [1844], 20). Synonyme de *Trachidium* Lindl.

HAPLOSIPHON (Trevis., in *Linnæa* [1849], XXII, 438). Genre de Scytosiphonées, proposé pour le *Chorda lomentaria* Lyngb.

HAPLOSPHÆRIÆ (de Not., *Cenn. Pirenom.* [1844]; in *Bot. Zeit.* [1845], 483). Section des Sphériacés, comprenant les genres *Venturia*, *Massaria*, *Rosellinia*, *Bertia*.

HAPLOSPORA (Kjellm., *Bid. til. Kand. Skand. Ectoc. Och. Tilop.* [1872], 3 et 12, t. 1, fig. 1). Genre d'Algues, voisin des *Tilopteris* et *Ectocarpus*, qui, comme eux, possède des anthéridies analogues à celles du *Cutleria*; mais ils n'ont point de zoospores mobiles. Chaque sporange contient une grosse spore immobile. [Ch. M.]

HAPLOSPORELLA (Speg., *Fung. Argent.*, III, 34). Genre de Sphéropsidés, à périthèces noirs, groupés dans un stroma verruqueux, contenant de très fins sporophores qui donnent naissance à des conidies ovoïdes ou oblongues, fuligineuses. Sur les 10 espèces décrites, 2 sont originaires de l'Amérique du Sud, 2 de l'Amérique du Nord, 2 de l'Afrique septentrionale, 1 de Bornéo et 3 de l'Europe septentrionale. On les rencontre sur des rameaux et des tiges ligneuses. [De S.]

HAPLOSPORIUM (Mtgne, in *Ann. sc. nat.*, sér. 2, XX, 372; *Fl. Alg.*, I, 543). Genre de Champignons-Sphéropsidés, caractérisé par un périthèce ovoïde, noir, brillant, muni d'un pore et présentant un nucléus gélatineux, constitué par des thèques monospores, diffluentes, laissant en liberté de grandes spores sphériques, verruqueuses, noires. C'est en Algérie, sur les tuniques externes des bulbes de Scille, que la première espèce a été découverte. Les espèces décrites depuis ont été rapportées à d'autres genres. [De S.]

HAPLOSTELIS (Reichb. — Spach). Pour *Haplostellis* Endl.

HAPLOSTELLIS (Endl., *Gen.*, 219). Synonyme de *Pogonia* J.

HAPLOSTEMMA (Endl., *Gen.*, Suppl., III, 75). Synonyme de *Blyttia* Arn.

HAPLOSTEMMEÆ (Miq., *Fl. ind.-bat.*, II, 477). Sous-tribu des Asclépiadées vraies.

HAPLOSTEMON (Rafin., in *Journ. Phys.*, LXXXIX, 105). Genre proposé pour les *Scirpus* à fleur monandre.

HAPLOSTEMUM (Endl.). Pour *Haplostemon* Rafin.

HAPLOSTEPHIUM (Mart., in *DC. Prodr.*, V, 78). Section du genre *Lychnophora* Mart., à paillettes de l'aigrette homomorphes. (H. Bn, *Hist. des pl.*, VIII, 123.)

HAPLOSTICHA (Phil., in *Linnæa*, XXX, 193). Synonyme de *Senecio* T.

HAPLOSTIGMA (Ledeb., *Fl. ross.*, I, 132). Section du genre *Parrya* R. Br.

HAPLOSTIGMA (F. Muell., *Fragm. phyt. Austral.*, VIII, 100). Synonyme de *Loxocarya* R. Br.

HAPLOSTYLEÆ (Nees, in *Mart. Fl. bras.*, III, 124). Sous-tribu des Cypéracées-Rhynchosporées.

HAPLOSTYLIS (Nees, in *Linnæa*, IX, 295). Synonyme de *Rhynchospora* Vahl.

HAPLOTAXIS (Walp., *Rep.*, II, 669; VI, 282). Synonyme de *Saussurea* DC. — Voy. Aplotaxis.

HAPLOTRICHUM (Eschw., *Syll. Ratisb.* [1824], I, 166). Genre de Byssées, qui a pour synonyme *Gliotrichum* Eschw., et que la plupart des auteurs ont placé dans les Racodiacées.

Haplotrichum.

HAPLOTRICHUM (Link, *Spec.*, I, 52). Genre, pour l'auteur, d'Hyphomycètes, dont le type est l'*Acladium capitatum* Link, et qu'il a plus tard rapporté aux Aspergillés. Pour Corda, c'est un genre de Polyactidés, caractérisé par des flocons rampants et septés, à branches fertiles dressées, septées, terminées par un capitule simple, solitaire, continu et sporodifère. Reichenbach (*Consp.*, 6, n. 115) n'en fait qu'une section du genre *Botrytis* M.

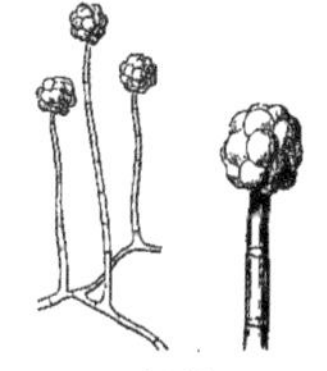

Haplotrichum.

HAPPE (Andr.-Fried.). Peintre de Berlin [1733-1802], auteur d'un *Flora cryptogamica depicta* [1783]; de *Flora depicta, aut plantarum selectarum Icones* [1783-1792], 317 pl. in-fol.; de *Abbildungen œkonomischer Pflanzen* [1792-1794], in-fol., et d'un *Botanica pharmaceutica* [1788], 595 pl.

HAPPIA (Neck., *Elem.*, II, 126). Synonyme de *Tococa* Aubl.

HAPSBURGIA (Mart., *Syst. Mat. med. Bras.*, 36). Synonyme de *Skytanthus* Meyen.

HAQUETIA (Dietr.). Pour *Hacquetia* Neck.

HARAINKOT. Nom, dans les Pyrénées-Orientales, du *Rhinanthus Crista-galli* L.

HARAM. Arbre de Madagascar, à résine balsamique, qu'on a dit voisin (?) des *Poupartia*.

HARAN. Synonyme de *Horen*.

HARAN-CAHA. Synonyme de Zédoaire.

HARAPAMAMAN. En Espagne, le *Nicandra physaloides* Gærtn.

HARAREKE. A la Nouv.-Zélande, le *Phormium tenax* Forst.

HARBETO FERO. En Provence, la Carde Poirée.

HARDEAU. Le *Viburnum Lantana* L.

HARDENBERGIA (BENTH., in *Hueg. Enum.*, 40). Section du genre *Kennedya* VENT. (H. BN, *Hist. des pl.*, II, 252.)

HARD-HACK. Nom, aux États-Unis, du *Spiræa tomentosa* L., employé dans ce pays comme médicament astringent.

HARD-HACK. Nom, dans l'Amérique du Nord, du *Sœrpia tomentosa* L.

HARDT (Herm. von). Professeur d'Helmstädt [1660-1745], a écrit en 1719 son *Intybum sylvestre*, etc., in-4 de 16 pages.

HARDWICKIA (ROXB., *Pl. coromand.*, III, 6, t. 209). Genre de Légumineuses-Cæsalpiniées, très voisin des *Copaifera*. Ses petites fleurs ont 5 sépales imbriqués, 10 étamines et 2 ovules. Le fruit est comprimé, bivalve au sommet seulement. Ce sont des arbres à feuilles paripinnées, paucifoliolées; à fleurs en grappes grêles. L'*H. bipinnata* ROXB., de l'Inde, donne une oléorésine qui a les propriétés des Copahus. (H. BN, *Hist. des pl.*, II, 143, 193; *Tr. Bot. méd. phanér.*, 624.) [L.]

HARDY (Aug.). A publié en 1844, 1850 et 1860, le *Catalogue de la pépinière centrale d'Alger*.

HAREBELL. Nom anglais des Campanules.

HARENSO. Nom sanscrit (PIDDINGT.) du *Pisum sativum* L.

HARFENSTRAUCH. Nom allemand des *Plectranthus* LHÉR.

HARGASSERIA (C.-A. MEY., in *Bull. Pétersb.* [1843], I, 355). Synonyme de *Daphnopsis* MART. et ZUCC.

HARGASSERIA (A. RICH., *Fl. cub.*, II). Genre de Thyméléacées-Thymélées, dont les fleurs, polygames, pentamères et très analogues à celles des *Gnidia*, ont un calice hypocratérimorphe, droit ou incurvé et nu à la gorge. Leurs étamines, au nombre de dix, sont exsertes. L'ovaire est entouré de cinq écailles hypogynes, longuement soyeuses-velues. Le fruit...? Ce sont des arbres ou des arbrisseaux, à liber textile, à feuilles alternes, à fleurs en capitules pédonculés, dépourvus d'involucre et disposés en corymbes terminaux. Leur réceptacle est discoïde et couvert de poils blancs, longs et abondants. On en connaît 4 espèces, de Cuba. (Voy. H. BN, *Hist. des pl.*, VI, 128.) [T.]

HARGASSIA (SCHIEDE et DEPPE, ex C.-A. MEY., in *Bull. Acad. St.-Pétersb.*, IV, n. 4). Synonyme de *Daphnopsis* MT. et ZUCC.

HARICOT (*Phaseolus* L., *Gen.*, n. 866). Genre de Légumineuses-Papilionacées-Phaséolées, à fleurs résupinées; le réceptacle concave et tapissé d'un disque. Calice gamosépale, à 2 dents ou lobes postérieurs à peu près libres ou connés, imbriqués. Corolle papilionacée : les ailes plus ou moins unies à la carène, dont le rostre est fortement tordu en spirale. Étamines

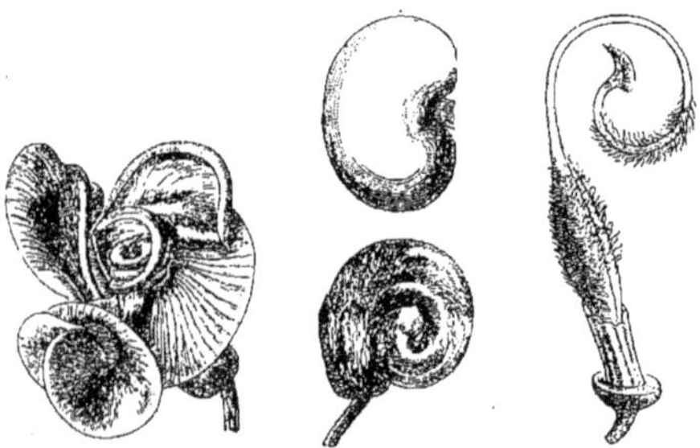

Haricot. — Fleur entière et sans l'étendard et les ailes. Gynécée et disque. Ovule.

2-adelphes (9-1), tordues comme la carène, à anthères uniformes. Ovaire pluri- ou multiovulé. Ovules descendants. Style tordu comme le rostre de la carène, inégalement dilaté, papilleux et stigmatifère, à tête oblique, souvent comprimée ou latérale-introrse. Gousse 2-valve, pourvue entre les graines d'un tissu léger, membraneux. Graines oblongues ou réniformes, à hile elliptique court; embryon à cotylédons plan-convexes, épais, à radicule infléchie incombante. Ce sont des herbes, parfois ligneuses à la base, à feuilles alternes, pennées-3-foliolées, rarement 1-foliolées, avec stipules et stipelles. Fleurs axillaires en grappes, solitaires ou plusieurs, axillaires ou subaxillaires. Originaires des régions chaudes du globe entier, au nombre d'une cinquantaine, les Haricots ont souvent les graines alimentaires, riches en fécule et en légumine, notamment : le H. à rames (*P. vulgaris* L.), le H. nain ou de Soissons (*P. compressus* DC.), le Flageolet ou Nain-Flageolet, Princesse (*P. tumidus* SAV.), le H. d'Orléans (*P. sphæricus* SAV.), le H. limaçon (*P. Caracalla* L.), et le H. d'Espagne (*P. multiflorus* L.), tous d'origine étrangère et cultivés pour leurs fruits ou leurs fleurs. (Voy. *Hist. des pl.*, II, 204, 240, 377, fig. 149-152.) [H. BN.]

HARICOT (BOIS). A Maurice, le *Cnestis obliqua* L.

HARICOT D'ÉGYPTE. La graine du *Dolichos Lablab* L.

HARICOT D'ESPAGNE, A FLEURS, A BOUQUETS. Le *Phaseolus multiflorus* W.

HARICOT DE MOINE. Nom du *Dolichos monachalis* BROT.

HARICOT D'ORLÉANS. Le *Phaseolus sphæricus* SAV.

HARICOT (GRAND) DU PÉROU. Le *Jatropha Curcas* L.

HARICOT SANS RAMES. Le *Phaseolus nanus* L.

HARIDRA. En sanscrit, le Curcuma.

HARIFF. Un des noms anglais des Glouterons.

HARIGANE-KADSURA. Nom japonais d'un *Oxycoccos*.

HARINA (HAMILT., in *Trans. Wern. Soc.*, V, 317). Synonyme de *Wallichia* ROXB.

HARINA LUPULINA. En Espagne, le Houblon.

HARIOTA (ADANS., *Fam. des pl.*, II, 243. — DC., *Mém. Cact.*, 23). Synonyme de *Rhipsalis* GÆRTN. et section de ce genre. (B. H., *Gen.*, I, 850. — H. BN, *Hist. des pl.*, IX, 40.)

HARISSONA (LEMAN). Pour *Harrisona* ADANS.

HARITAKA. En sanscrit, les Myrobalans Chébules.

HARITSKA. Nom hongrois du Sarrasin.

HARKNEMIA (COOKE, *Grevillea*, IX, 85). Genre de Sphéropsidés, à périthèce globuleux-conique, de consistance molle, à conidies elliptiques, opaques, munies d'un pédicelle hyalin, évacuées en petits grumeaux noirs sur des feuilles d'*Eucalyptus*, en Californie. [DE S.]

HARLANDIA (HANCE, in *Walp. Ann.*, II, 648). Synonyme de *Melothria* L.

HARMALA (T., *Inst.*, 257, t. 133). Synonyme de *Peganum* L.

HARMALE. Nom français (LAMK) des *Peganum* L.

HARMAU. En Provence, l'Arroche des jardins. L'*Harmau fer* est la Vulvaire.

HARMEL. En Orient, le *Peganum Harmala* L.

HARMENS (Gust.). Professeur à Lund [1699-1774], a écrit : *De similitudine vitæ physicæ in animalibus et plantis* [1752]; *De transpiratione plantarum* [1756]; *De differentia humorum in animalibus et plantis* [1771].

HARMOGIA (SCHAU., in *Linnæa*, XVII, 238). Syn. de *Bæckea* L.

HARNEMIA (FISCH. et MEY., *Index* (6) *sem. Hort. petrop.*). Section du genre *Hermannia* L. (*H. arabica* HOCHST.).

HARNIERIA (SOLMS-LAUB., in *Schweinf. Beitr. Fl. æthiop.*, 109). Synonyme de *Justicia* L. (B. H., *Gen.*, II, 1109.)

HARNISCH (J.-Andr.). Auteur, en 1757, de *Meditationes bot.-med. de planta quadam Marchiæ propria*, Pimpinella nigra.

HARNUO-NEPTI. Synonyme de *Neb-neb*.

HARO-AROUO. Nom, au Gabon, du *Nymphæa Lotus* L., considéré par les indigènes comme un fétiche pour la pêche.

HARONGA (DUP.-TH., *Gen. nov. madag.*, 15). Genre d'Hypéricacées, dont les fleurs, très analogues à celles des *Vismia*, n'en diffèrent que par leur ovaire à loges plus ou moins complètes et ne renfermant chacune que deux ou trois ovules ascendants, avec le micropyle en bas et en dehors. Le fruit est une petite drupe globuleuse, à cinq noyaux 1-2-spermes; et les graines renferment, sous leurs téguments, un embryon dépourvu d'albumen. La seule espèce connue est un arbuste de Madagascar, à feuilles entières de *Vismia*, à petites fleurs en grappe terminale et très ramifiée. (Voy. H. BN, *Hist. des pl.*, VI, 381, 389.) [T.]

HARONGANA (LAMK, *Ill.*, t. 645). Synonyme de *Haronga* TH.

HARPACANTHA. Dans Dioscoride, l'Acanthe.

HARPACHNE (HOCHST. — A. RICH., *Fl. Abyss. Tent.*, II, 431). Synonyme de *Eragrostis* P.-BEAUV., et section de ce genre.

HARPACHÆNA (Bge, *Del. sem. Hort. dorpat.* [1845]). Synonyme de *Acanthocephalus* Kar. et Kir.

HARPÆCARPUS (Nutt., in *Trans. Amer. Phil. Soc.*, sér. 2, VII, 389). Synonyme de *Madia* Mol.

HARPAGONELLA (A. Gray, in *B. H. Gen.*, II, 846, n. 20). Genre de Boraginacées-Boraginées, établi pour une petite herbe californienne, qui a le port des *Pectocarya* et l'ovaire 2-lobé des *Rochelia*, avec un calice fructifère chargé de nombreuses cornes uncinées. Les fleurs sont subsessiles, axillaires et très petites. Le fruit est formé de 2 nucules oblongs. [H. Bn.]

HARPAGOPHYTUM (DC., in *Meissn. Gen.*, 298; *Comm.*, 206). Genre de Pédaliacées-Pédaliées, à fleurs de *Pedalium*; les loges ovariennes ∞-ovulées, sur 2 séries. Le fruit est caractéristique : il est plan-comprimé, ovale ou suborbiculaire, tout chargé de longues épines glochidiées au sommet ou de crocs uncinés, à pointes réfléchies. Ce sont 4, 5 herbes vivaces, canescentes, de l'Afrique australe et de Madagascar, à feuilles opposées ou alternes, incisées; à fleurs axillaires et solitaires, avec des glandes du pédicelle probablement de même origine que celles des *Pedalium*. (Deless., *Icon. sel.*, V, t. 94. — Dcne, in *Ann. sc. nat.*, sér. 5, III, 328, t. 11.) [H. Bn.]

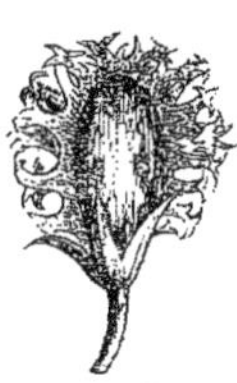
Harpagophytum. Fruit.

HARPALIO. En Italie, l'*Helianthus rigidus* Desf.

HARPALIUM (Cass., in *Bull. philom.* [1818]; in *Dict.*, XX, 299). Synonyme de *Helianthus* L.

HARPALIZIA (DC., *Prodr.*, V, 584). Section du genre *Harpalium* Cass.

HARPALYCE (Don, in *Edinb. N. Phil. Journ.* [1828-29], 308). Synonyme de *Prenanthes* L.

HARPALYCE (Moç. et Sesse, ex DC., *Mém. Légum.*, 496; *Prodr.*, II, 523). Genre de Légumineuses-Papilionacées, série des Galégées, offrant : Calice à cinq divisions allongées, inégales, quelquefois libres jusqu'à la base, réunies en deux lèvres, ou les latérales plus petites. Étendard à onglet court, nu en dedans; ailes souvent plus courtes. Dix étamines unies en une gaine fendue : les cinq anthères alternes plus courtes; les cinq autres linéaires. Style glabre, infléchi ou presque géniculé près du sommet. Gousse cloisonnée entre les graines, quelquefois courte, monosperme. (Voy. H. Bn, *Hist. des pl.*, II, 279.) [L.]

HARPANEMA (Dcne, in *DC. Prodr.*, VIII, 496). Genre d'Asclépiadacées-Périplocées, à fleurs 5-mères; la corolle rotacée; la couronne formée de pièces subulées, pourvues d'une branche intérieure. Les graines sont chevelues. La seule espèce connue, de Madagascar, est frutescente, volubile, à feuilles opposées et à cymes axillaires sessiles. (Deless., *Icon. select.*, V, t. 57.) [H. Bn.]

HARPANTHUS (Nees, *Leberm.*, II, 351; IV, XXII). Genre de Jungermanniacées, à involucre nul; à involucelle latéral, sur un ramule latéral très court, arrondi-subfusiforme, un peu incurvé, à ouverture 3-4-fide. Coiffe spongieuse-chartacée, plus courte que l'involucelle, auquel elle adhère; sa portion supérieure se séparant avec le fruit de l'inférieure. Le sporange est 4-valve jusqu'à sa base; les élatères, finalement nus, ont une fibre double. Le type du genre, qui était le *Jungermannia Flotowiana* Nees, est une petite herbe des marais de la Suède, à feuilles succubes, décurrentes, bidentées au sommet; les amphigastres entiers, sauf à la base, où ils sont dentés. (Nees, *Syn. Hepat.*, 170. — Endl., *Gen.*, n. 472[26]). [H. Bn.]

HARPECHLOA (K., *Rev. Gram.*, I, 92; *Enum.*, I, 274). Genre de Graminées-Chloridées, voisin des *Cynodon* et des *Chloris*, et caractérisé par un épi dense et terminal; des glumes non aristées, dont 1-3, au-dessus de la fleur fertile, enveloppent les fleurs mâles; ou bien la supérieure stérile. Ce sont 2 plantes vivaces, de l'Afrique australe. (Trin., *Spec. Gram.*, t. 310. — Sw., in *Ges. Naturf. Fr. Berl. Mag.*, t. III, 1.) [H. Bn.]

HARPELEMA (Jacq. f., *Ecl.*, II, t. 129 ined.). Synonyme de *Rothia* Pers.

HARPELOMA (Wittst., *Etym.*, 419). Pour *Harpelema* Jacq. f.

HARPEPHORA (Endl., *Gen.*, Suppl., I, 1382). Synonyme de *Aspilia* Dup.-Th.

HARPEPHYLLUM (Bernh., ex Krauss, in *Flora* [1844], 349). Synonyme de *Tapirira* Aubl.

HARPESTRENG (Henr.). A publié à Copenhague en 1826 : *Danske Lägebog fra det trettende Aarhundrede forste Gang udviget efter et Pergamentshaandskrift i det store Kong. Bibl.* (Voy. Molbeck, *im Serapeum* [1849], 21. — E. Mey., *Gesch. d. Bot.*, III, 537-539.)

HARPIDIUM (Körb., *Syst. Lich. germ.*, 157). Genre de Lichens-Urcéolarinés, rapporté par Flotow aux *Zeora*. L'*Harpidium* Sulliv. (*Musc. Unit. St.* [1856]) est une section du genre *Hypnum* L., synonyme de *Drepanocarpus* Muell.

HARPOCARPUS (Endl., *Gen.*, Suppl., III, 70). Synonyme de *Acanthocephalus* Kar. et Kir.

HARPOCHILUS (Nees, in *Endl. et Mart. Fl. bras.*, fasc. VII, 93, 140). Genre d'Acanthacées-Gendarussées, à anthères biloculaires et mutiques. Le calice est ample, quinquépartite ou tripartite, avec la division supérieure bi- ou tridentée. La corolle, médiocrement tubulée et béante, est à deux lèvres : la supérieure linéaire, étroite et arquée, l'inférieure tripartite. L'androcée ne dépasse pas la lèvre supérieure, dont il suit la direction; il est à deux étamines, dont les anthères oblongues ont des loges parallèles, subcontinues, légèrement inégales et mucronulées à la base. L'ovaire, entouré d'un disque glanduleux, annulaire, est surmonté d'un style à deux lèvres stigmatiques légèrement inégales. Le fruit est une capsule, déprimée dans sa portion inférieure et 2-4-sperme dans la supérieure. Ce sont des arbustes, à fleurs accompagnées de courtes bractées et disposées en petites cymes axillaires, dont l'ensemble constitue ce qu'on appelle un thyrse terminal, feuillé. On en connaît 1 ou 2 espèces, du Brésil. (Voy. Nees, in *DC. Prodr.*, XI, 333. — B. H., *Gen.*, II, 1116.) [T.]

HARPOSTACHYS (Trin., in *Mém. Act. S.-Pétersb.* [1833], I, 227). Section du genre *Panicum* T.

HARPUIS-BOSCH. Nom donné par les colons hollandais du Cap à l'*Euryops multifidus* DC., qui fournit une sorte de mastic.

HARPULIA (G. Don, *G. Syst.*, I, 669). Pour *Harpullia* Roxb.

HARPULLIA (Roxb., *Fl. ind.*, I, 645). Genre de Sapindacées-Sapindées, à fleurs polygames ou dioïques, 4-mères (ou 5-mères dans la section *Harpulliastrum*); les sépales égaux et les pétales dépourvus d'écailles. Le disque est nul ou petit, et il y a 5-8 étamines, rudimentaires dans la fleur femelle. L'ovaire a 2, 3 loges 2-ovulées; et le fruit est capsulaire, grand, coloré, coriace ou membraneux, parfois ligneux (*Harpulliastrum*), 2-3-loculaire, loculicide, à loges 1-2-spermes. Les graines sont arillées. Ce sont des arbres de l'Asie et de l'Océanie tropicales, à feuilles imparipinnées; à fleurs disposées en grappes rameuses, composées et cymigères. [H. Bn.]

HARPULLIASTRUM (H. Bn, in *Adansonia*, XI, 242). — Voy. Harpullia.

HARRACHIA (Jacq., *Ecl.*, t. 21). Synonyme de *Crossandra* Salisb.

HARRERA (Macfad., *Fl. jam.*, II, 60, ined.). Synonyme de *Tetrazygia* Rich.

HARRISONIA (Adans., *Fam. des plant.*, II, 14). Synonyme de *Schistidium* Brid.

HARRISONIA (Hook., in *Bot. Mag.*, t. 2699). Synonyme de *Marsdenia* R. Br.

HARRISONIA (Neck., *Elem.*, I, 84). Synonyme de *Xeranthemum* T.

HARRISONIA (R. Br., ex A. Juss., in *Mém. Mus.*, XII, 517, t. 28, fig. 47). Genre de Rutacées-Quassiées, à fleurs 4-5-mères; les pétales valvaires; 8-10 étamines, insérées autour d'un disque, et 4, 5 loges ovariennes oppositipétales, 1-ovulées. Ovules descendants, à micropyle extérieur. Drupe à 4, 5 noyaux. Graines peu albuminées. Embryon à cotylédons repliés en deux vers le milieu. Ce sont 3, 4 arbustes, de l'Australie, de la Malaisie et de l'Afrique tropicale orientale, à feuilles alternes, 1-3-foliolées ou pennées; ordinairement épineux, à fleurs disposées en cymes axillaires. (H. Bn, *Hist. des pl.*, IV, 412, 500, fig. 486-490.)

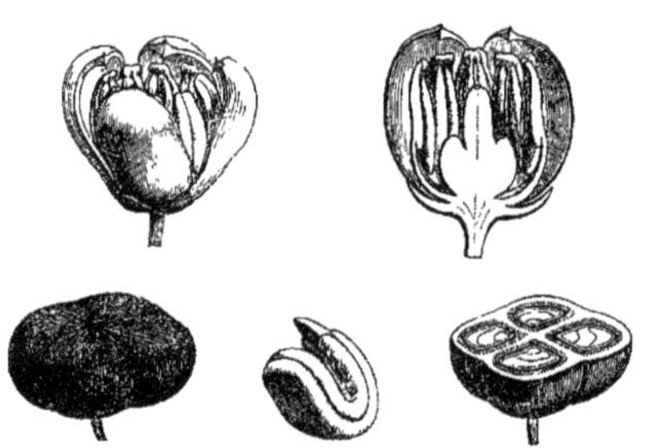

Harrisonia. — Fleur, entière et coupe longitudinale. Fruit, entier et coupe transversale. Embryon.

HARRISONIACEÆ (Hampe, in *Linnæa*, XX, 82). Famille de Mousses-Clonocarpées (genre *Harrisonia* Adans.).

HARRISONIEÆ (Pl., in *Lond. Journ. Bot.*, V, 569). Tribu des Simarubées.

HART GRAS. En Allemagne, l'*Ægilops ovata* L.

HARTHEU. En Allemagne, les Millepertuis.

HARTIGHÆA (Reichb.), HARTIGHSIA (A. Cunn.), HARTIGSEA (Steud.), HARTIGSIA (Wittst.). Pour *Hartighsea* A. Juss.

HARTIGHSEA (A. Juss., *Meliac.*, 75, t. 4). Synonyme de *Epicharis* Bl. et section de ce genre, à disque élevé et à graines arillées. (H. Bn, *Hist. des pl.*, V, 502.)

HARTIGIA (Miq., in *Linnæa*, XVIII, 284, t. 7). Synonyme de *Amblyarrhena* B. H. (*Miconia*).

HARTMANN (C.-J.). Botaniste suédois [1790-1849], a écrit : *Genera Graminum in Scandinavia indig.*, etc., et *Svensk och Norsk Excursions-Flora* [3 éd., 1846, 1853, 1866]. Son dernier ouvrage est un *Handbok i Skandinaviens Flora,* qui eut 9 éditions (*Cat. sc. pap.*, III, 200).—Fr.-Xav. Hartmann (Ritt.v.) est l'auteur du *Primæ lineæ inst. bot. Crantzii,* qui eut deux éditions [1766, 1767]. — Leop. v. Hartmann publia en 1774 : *Abhandlung v. d. Wachsthum u. d. Krankheiten d. Pflanzen.* — P.-Emm. Hartmann [1727-1791] a écrit un *Fragment de la Flore de Francfort* [1707] ; des notices : *De Salice laurea odorata* [1769], *De Gratiola* [1784], *De Sedo acri* [1784], avec les vertus de la plante dans le traitement du cancer ulcéré ; *De Monarda* [1791] ; sur les Gentianes [1777], sur l'*Uva-ursi*, le *Solanum Dulcamara et le rôle qu'il joue dans les écrits de Pline* [1779] ; le *Daphne Gnidium et son usage comme épispastique* [1780]. On lui doit aussi un *Exercit. litter. de J. Langii stud. botanicis* [1774], et l'*Iconum bot. Gesnero-Camerarianarum minorum nomenclator Linnæanus* [1781]. —Wilh. Hartmann a donné en 1794 des *Observationes botanicæ de discrimine generico Betulæ et Alni* (*Ræm. Arch.*, II, 350, 378).

HARTMANNIA (DC., *Prodr.*, V, 693). Synon. de *Hemizonia*.

HARTOGIA (Hochst., in *Krauss Bert.*, 42). Synonyme de *Cassinopsis* Sond.

HARTOGIA (Thunb., *Diss. nov. gen.*, V, 35, cum ic.). Genre de Célastracées-Evonymées, dont les fleurs 4-5-mères, avec un réceptacle légèrement concave, sont très analogues à celles des *Evonymus*. Elles ont des sépales courts et autant de pétales alternes, plus longs et imbriqués. L'androcée se compose de 4-5 étamines, alternes avec les pétales et avec les lobes squamiformes du disque; leurs filets subulés supportent des anthères courtes, déhiscentes par des fentes longitudinales, définitivement extrorses. L'ovaire, plongé à sa base dans le disque, mais libre, atténué au sommet en un style court, obtus à son extrémité stigmatifère, contient deux ou trois loges incomplètes dans chacune desquelles il y a deux ovules ascendants, avec le micropyle en bas et en dehors. Le fruit est subelliptique, sec et indéhiscent; il renferme une ou deux graines dépourvues d'arille et qui, sous leurs téguments luisants, possèdent un embryon à cotylédons subfoliacés et dépourvu d'albumen. La seule espèce connue (*H. capensis* Thunb. — *Schrebera schinoidea* Thunb.), de l'Afrique australe, est un arbuste glabre, à feuilles opposées, pétiolées, serrées ou crénelées, coriaces, et à fleurs disposées en cymes axillaires. (Voy. H. Bn, *Hist. des plant.*, II, 34.) [T.]

HARTSTHORN. Nom anglo-saxon des Nerpruns.

HARTSTONGUE. Nom anglais des Scolopendres.

HARTUNG (C.-A.-F.-Heinr.). Auteur, en 1812, de *De Cinchonæ speciebus atque medicamentis*, etc., in-4 de 30 pages.

HARTWEG. Mort en 1831, directeur du jardin de Karlsruhe, a publié un *Hortus carlsruhanus* [1825]. — Th. Hartweg, né en 1812, fut jardinier de la cour à Schwetzingen. G. Bentham a publié les *Plantæ Hartwegianæ* en 1839-1857.

HARTWEGIA (Lindl., *Bot. Reg.*, t. 1970). Genre d'Orchidacées-Épidendrées, caractérisé par : Sépales égaux, dressés, connivents, adnés à la base au gynostème et formant un menton sous le labelle. Pétales plus petits. Labelle d'abord ventru, pourvu d'un large onglet concave, à limbe étalé, contracté à la base, à surface présentant des callosités transversales. Gynostème dépassant un peu l'onglet, concave en avant, à deux ailes étroites, auriculées. Clinandre brièvement allongé en arrière; anthère operculaire, semi-globuleuse, 2-loculaire ; pollinies 4, céracées, égales, comprimées transversalement, appliquées dans chaque loge par l'intermédiaire d'un appendice linéaire. C'est une herbe épiphyte, à tige dressée, 1-foliée, à feuille subsessile, oblongue ou linéaire ; à fleurs moyennes, en grappe terminale courte, brièvement pédicellées. On n'en connaît qu'une espèce, du Mexique. (B. H., *Gen.*, III, 523.) [B. M.]

HARTWEGIA (Nees, in *Nov. Act. nat. Cur.*, XV, p. II, 372). Synonyme de *Chlorophytum* Ker.

HARUNDO (Dod.). Nom ancien des Roseaux.

HARUNGANA (Poir., *Dict.*, XX, 307). Pour *Haronga* Dup.-Th.

HARUNO-TAMURASO. Au Japon, le *Salvia yedoensis* Fr. et Sav.

HARURINDO. Nom japonais du *Gentiana Thunbergii* Griseb.

HARUSHA-GIKU. Nom japonais du *Coreopsis delphinifolia* L.

HARU-TAIGEKI. Nom japonais de l'*Euphorbia lasiocaula*.

HARU-YUKINOSHITA. Nom japonais du *Saxifraga sarmentosa* L. f., var. *minor*.

HARVE-UIRE. Nom, à Nippon, du *Planera japonica* Miq.

HARVEY (Will.-Henry). Né à Limerick en 1811, fut professeur à Dublin, et mourut à Torquay en 1866. Il cultiva également la phanérogamie et la cryptogamie. Son premier ouvrage [1838] fut un *Genera of the S.-Afric. plants,* qui eut deux éditions. Il publia, avec Sonder, 3 vol. du *Flora capensis* [1859-1865], puis son *Thesaurus capensis* (2 vol. in-8, av. 200 pl.). En cryptogamie, il débuta par son *Manual of the British Algæ* [1841-1849], puis il publia successivement un *Phytologia britannica* [1846-1851], le *Nereis australis* [1847-1849], le *Nereis boreali-americana* [1858], et le *Phycologia australica* [1858-1863]. On cite encore de lui un *Index gen. Algarum.* (*Cat. sc. pap.*, 205.)

HARVEYA (Hook., *Icon.*, t. 118, 351). Genre de Scrofulariacées-Gérardiées, distingué, dans le groupe des Hyobanchées, par une corolle à tube le plus souvent incurvé; le limbe large, dressé, étalé ou à lobe réfléchi. L'androcée est 4-andre, et l'une des loges des anthères est vide. Ce sont, au nombre d'une douzaine, des herbes parasites, ordinairement colorées, à feuilles réduites à des écailles, dont les inférieures au moins sont opposées, et à fleurs en grappes ou en épis terminaux. Hooker a figuré ce genre (*Icon.*, t. 400, 401), sous le nom d'*Aulaya.* Toutes les espèces sont de l'Afrique australe. [H. Bn.]

HARVEYA (Plant, ex Meissn., *Gen.*, 331 (243); *Prodr.*, 528, 700). Synonyme de *Peddiea* Harv.

HARVEYASTRUM (Walp.). Pour *Harweyastrum* Presl.

HARWAYA (Steud., *Nom.*, I, 723). Pour *Harveya* Hook.

HARWEYASTRUM (Presl, in *Abh. Böhm. Ges.*, Flge 5, 521). Section du genre *Harveya* Hook., établie pour l'*Orobanche tulbaghiensis* Eckl. et Zeyh.

HARZER (K.-Aug.-Fred.). Auteur, en 1842, de *Naturgetreue Abbildungen der vorzüglichsten essbaren, giftigen und ver-*

dächtigen Pilze, avec 180 planches de Champignons coloriés et une planche en noir.

HASÆUS (Theod.). Auteur, en 1731, de *Dissertationum et philologicarum Sylloge* (in-8 de 650 pages, avec pl.).

HASAN-I-YUSUF. Nom indien de l'*Isoetes velata*, dont les spores sont employées au Lahore et au Kaschmyr. [S.]

HASBAH. Nom, à Atbara, de l'*Acacia Verek* (*A. Senegal* W.).

HASCHISCH. Le *Cannabis indica* LAMK.

HASENOHR. Nom allemand de certains Buplèvres.

HASHABI. Nom, à Cordofan, de la meilleure Gomme arabique.

HASHIH. Nom arabe d'une variété de *Cannabis sativa* L.

HASHIKA-GUSA. Au Japon, l'*Oldenlandia japonica* MIQ.

HASHIRIDOKORO. Nom japonais du *Scopolia japonica* MIQ.

HASSAGAY-WOOD. Nom, au Cap, du *Curtisia faginea* AIT., dont le bois, recherché en ébénisterie, est dur, lourd, à grain serré, résistant, et analogue à certains Acajous.

HASSALIA (BERK., in *Hass. Freshw. Alg.* [1845]). Algues de la famille des *Sirosiphoniaceæ*. Kützing maintient ce genre, tout en déclarant que les deux espèces qui le constituent ne lui sont pas assez connues. Rabenhorst les considère comme appartenant au genre *Sirosiphon*. Nous sommes de son avis. [CH. M.]

HASSELBOM (Nic.). Écrivit en 1748 : *Aphorismi de morbis plantarum* (Abo, in-4 de 8 pages).

HASSELQUIST (Fred.). Né en 1722 à Törnwalla, mort en 1752 à Smyrne, est célèbre par son *Iter palæstinum* [1752], traduit en français, en anglais et en allemand. On a publié (dans le *Hamburg. Magasine*) les lettres qu'il écrivit d'Asie à Linné.

HASSELQUISTIA (L., *Gen.*, n. 341). Genre d'Umbellifères; section du genre *Tordylium*, dont les fruits sont en partie déformés, notamment les centraux, dont un méricarpe est avorté, et l'autre en forme de cupule urcéolée ou presque sphérique. Mais les fruits normaux sont ceux des *Tordylium*. (Voy. *Hist. des pl.*, VII, 207, not. 6.) [H. BN.]

HASSELQUITIA (DUM., *Anal. fam.*, 35). Pour *Hasselquistia* L.

HASSELT (J.-Konr. von), auquel Kunth a dédié le genre *Hasseltia*, mourut à Java en 1821. (*Cat. sc. pap.*, III, 209.)

HASSELTIA (BL., *Bijdr.*, 1045). Synonyme de *Kixia* BL.

HASSELTIA (H. B. K., *Nov. gen. et spec.*, VII, 231, t. 601). Genre de Tiliacées, voisin des *Prockia*. Il en diffère principalement par son ovaire à deux loges complètes ou incomplètes et multiovulées. Le fruit, légèrement bacciforme, est indéhiscent et contient un petit nombre de graines, à embryon droit, entouré d'un albumen charnu. Ce sont des arbres, à feuilles 3-5-nerves, biglanduleuses à la base; à fleurs terminales, en grappes ramifiées de corymbes ou de cymes. On en a décrit 3 espèces, de l'Amérique tropicale. (Voy. H. BN, *Hist. des pl.*, IV, 196.) [T.]

HASSHO-MAME. Au Japon, le *Mucuna capitata* W. et ARN.

HASSKARLIA (H. BN, in *Adans.*, I, 51). Genre d'Euphorbiacées, dont les fleurs sont construites comme celles des *Tetrorchidium*. Les fleurs mâles sont identiques, avec un calice constamment valvaire. Mais dans les fleurs femelles, l'ovaire a des loges qui sont superposées aux sépales, et non alternes, comme celles des *Tetrorchidium*. La seule espèce connue de ce genre, l'*H. didymostemon*, est un arbuste de l'Afrique tropicale occidentale, à feuilles simples, alternes et à inflorescences oppositifoliées, dioïques. (*Hist. des pl.*, V, 211.) [H. BN.]

HASSKARLIA (MEISSN., *Gen.*, *Comm.*, 348). Synonyme de *Turpinia* (?) *sphærocarpa* HASSK.

HASSKARLIA (WALP., *Ann.*, I, 753). Synonyme de *Marquartia* (*Pandanus*) HASSK.

HASTE ROYALE. Nom ancien du *Lilium Martagon* L.

HASTIFOLIA (EHRH., *Phytophyl.*, n. 74; *Beitr.*, IV, 148). Synonyme de *Scutellaria hastifolia* L.

HASTINGIA (KŒN., ex ENDL., *Gen.*, 998). Syn. de *Abroma* JACQ.

HASTINGSIA (S.-WATS., in *Proc. Amer. Acad.*, XIV, 217, 242). Genre de Liliacées-Asphodélées, qui paraît extrêmement voisin des *Schœnolirion*, sinon que les folioles du périanthe sont uninerves. Les loges ovariennes sont biovulées. La seule espèce décrite (*H. alba*) est californienne, à rhizome épais, à fleurs en grappes. (B. H., *Gen.*, III, 785.) [H. BN.]

HASTULA REGIA (MATTH.). L'*Asphodelus albus* L.

HASTULA REGIS. Nom ancien de l'*Asphodelus ramosus* L.

HASU. Nom japonais du *Nelumbo nucifera* GÆRTN.

HASU-IMO. Nom japonais du *Leucocasia gigantea* SCHOTT.

HATA-SASAGE. Nom japonais du *Dolichos umbellatus* L.

HATA-ZAO. Nom japonais de l'*Arabis perfoliata* LAMK.

HATERANTHIA. Pour *Heteranthia* NEES et MART.

HATLE (BAUH.). Racine de la Floride, à fécule nutritive, appartenant à une plante indéterminée.

HA-TSIKU. Nom japonais d'un Bambou.

HATTA. En Espagne, le *Cistus ladaniferus* L.

HATTIER. L'*Anona squamosa* L.

HAU. Nom hawaïen de l'*Hibiscus* (*Paritium*) *tiliaceus* L.

HAUER. Nom anglais ancien (BULL.) de l'Avoine.

HAUERA (UNG., *Syn. pl. foss.*, 228; *Chlor. protog.*, 81). Genre d'Aquilarinées fossiles. (ENDL., *Gen.*, Suppl., IV, 70.)

HAUFFIA (ENDL., *Gen.*, Suppl., II, 103). Genre de Cycadées fossiles. Synonyme de *Hisingera* MIQ. (nec HELL.).

HAUGK (Joh.). Publia en 1679, à Darmstadt [1679], un *Catalogus... horti academici lugduno-batavi*, avec la liste des plantes des environs de Leyde, in-12 de 139 pages.

HAUHELE. Nom hawaïen de l'*Hibiscus Youngianus* GAUDICH.

HAULT-JONC. L'Ajonc landier.

HAUM. Au Caire, le Pois chiche (?).

HAUMIER, HEAUMIER. Synonyme de Bigarreautier.

HAUSER (Joh.-Jak.). Auteur, à Bâle, en 1711, de *Theses botanicæ et anatomicæ*, où il est question du Maïs.

HAUSLEUTNER (J.-L.-Erdm.). De Reichenbach [1805-1851], auteur de quelques opuscules. (*Cat. sc. pap.*, III, 224.)

HAUSSKNECHTIA (BOISS., *Fl. or.*, II, 960). Genre d'Ombellifères-Peucédanées, dont les fleurs sont presque asépales, avec des pétales blancs, obovales, concaves, à long acumen infléchi. Le fruit, surmonté d'un seul stylopode conique, est subcylindrique à l'état jeune, à cloison épaisse, lacuneuse, à méricarpes 5-angulés. C'est une plante vivace (*H. elymaitica* BOISS.), de la Perse occidentale, mal connue, à feuilles disséquées; à ombelles composées, subcapitées, portées vers le sommet d'un long axe commun et à peu près sessiles sur ses côtés, où elles s'échelonnent. L'involucre est nul ou minime; et les involucelles, membraneux et blanchâtres, sont formés de bractéoles obtuses et connées. (Voy. *Hist. des pl.*, VII, 218.) [H. BN.]

HAUSSMANNIA (F. MUELL., *Fragm. phyt. Austral.*, IV, 148). Genre anormal de Bignoniacées-Bignoniées, se distinguant par: Calice campanulé, tronqué ou à peine 5-denté. Corolle à tube allongé, évasé à sa partie supérieure, à limbe à peine 2-labié, à 5 lobes courts, indupliqués-valvaires. Ovaire inclus dans le disque. C'est un arbrisseau grimpant, à feuilles 3-foliolées, à fleurs en grappes courtes. (B. H., *Gen.*, II, 1029.) [B. M.]

HAUSTORIUM. Nom latin des suçoirs.

HAUSWURZKRAUT. En Allemagne, la Joubarbe commune.

HAUTDRUSEN. Nom donné aux stomates par ceux qui les regardaient comme des glandes de l'épiderme.

HAUTSCHICHT. Nom allemand de l'Hyaloplasme.

HAUYA (MOÇ. et SESS., *Fl. mex. ined.*, ex DC., *Mém. Onagrar.*, 2, t. 1). Genre d'Onagrariacées-Onagrariées, qui a des fleurs 4-mères d'Œnothère et surtout de *Fuchsia*, avec une extrémité stylaire en boule, des loges souvent incomplètes, de nombreux ovules ascendants, et un fruit capsulaire, ligneux, loculicide, à graines ailées. Il y a un ou deux *Hauya*, mexicains et californiens, arbustes à feuilles alternes ou subopposées, et à fleurs axillaires, solitaires. L'*H. elegans* est parfois cultivé dans nos serres. (Voy. *Hist. des pl.*, VI, 466, 492.) [H. BN.]

HAVANNELLA (L., *Hort. Cliff.*, 488). Genre douteux de Composées, que l'on croit voisin des *Milleria* L.

HAVET (Arm.), auquel Kunth a dédié le genre *Havetia*, a exploré une portion de Madagascar, où il mourut en 1820, âgé de vingt-cinq ans. Il était né à Rouen. On lui a consacré en 1823 une Notice nécrologique de 20 pages.

HAVETIA (H. B. K., *Nov. gen. et spec.*, V, 203, t. 462). Genre de Clusiacées-Clusiées, à feuillage de *Quapoya*; à fleurs dioïques, petites et 4-mères. Les mâles ont d'ordinaire 4 étamines, en forme de quartier de sphère, portant 3 loges valvicides d'anthère. L'ovaire, entouré d'un disque, a généralement 4 loges 2-ovulées. Les ovules sont descendants, à raphé ventral ou sublatéral, à micropyle supérieur et antérieur. La seule espèce connue (*H. laurifolia* H. B. K.) est un arbre colombien. (Voy. *Hist. des pl.*, VI, 397, 419.) [H. BN.]

HAVETIEÆ (REICHB., *Handb.*, 310). Division des Clusiacées.

HAVETIOPSIS (PL. et TRI., in *Ann. sc. nat.*, sér. 4, XIV, 246). Section du genre *Quapoya* AUBL., à fleurs souvent 4-andres; les étamines monadelphes, à anthères introrses. (H. BN, *Hist. des pl.*, VI, 396.)

HAVILLA. Nom colombien d'un *Fevillea* qui donne une huile employée dans le pays contre la chute des cheveux.

HAWLEA (CORDA, *Fl. d. Worw.*, 89, t. 57). Genre de Fougères fossiles, rapporté aux Mertensiées. (AD. BR., in *Dict. d'Orb.*, XIII, 77.)

HAWORTH (Adr.-Hardy). Botaniste anglais [1772-1833], s'est surtout adonné à l'étude des plantes grasses : d'abord [1794] des *Mesembrianthemum*, puis des végétaux charnus en général, dans son principal ouvrage : *Synopsis plantarum succulentarum* [1812], in-8 de 334 pages, traduit en allemand par Schrank en 1819. Cette année même, Haworth publia un *Supplementum* à l'ouvrage. Il s'occupa ensuite des Saxifragées [1821] et d'une *Monographie des Narcisses* [1821], qui eut deux éditions. Il est aussi l'auteur de *Miscellanea naturalia* [1803], où il traite aussi beaucoup des plantes grasses. (*Cat. sc. pap.*, II, 235.)

HAWORTHIA (DUV., *Pl. grass. Jard. Alenç.*, 7, ex HAW., *Syn. pl. succ.*, 90). Genre de Liliacées-Aloïnées, qui a les caractères des Aloès, avec un périanthe arqué, dont les pièces sont cohérentes ou conniventes, et forment au sommet comme 2 lèvres. Les étamines ne dépassent pas le périanthe. C'est pour beaucoup d'auteurs une simple section du genre Aloès. (S.-DYCK, *Monogr. Aloes*, §§ 3-13. — K., *Enum.*, IV, 496.)

HAXTONIA (CALEY, ex DON, in *Edinb. N. Phil. Journ.* [1831], 273). Synonyme de *Olearia* MŒNCH.

HAYA. Nom espagnol des Hêtres.

HAYA (BALF. F., in *Proc. Roy. Soc. Edinb.*, XIII [1883], 408; *Bot. of Socot.*, 251, t. 83). Genre de Caryophyllacées-Illécébrées, voisin des *Illecebrum*, à fleurs apétales, 5-andres, avec 5 très petits staminodes (?) alternipétales; un ovaire à une loge et un ovule porté par un long funicule basilaire; avec un style grêle, à extrémité stigmatifère capitellée. Le fruit s'ouvre vers sa base en 3 valves; et la graine a un embryon dorsal, appliqué contre l'albumen farineux. L'*H. obovata*, seule espèce connue, est une herbe annuelle de Socotora, à feuilles verticillées par 3, à fleurs sessiles, disposées en petits groupes oppositifoliés et axillaires. (H. BN, *Hist. des pl.*, IX.)

HAYANY. Nom donné à une variété de Dattier d'Égypte.

HAYECKA (POHL, ex *Flora* [1825], I, 183). Genre connu seulement de nom.

HAYLOCKIA (HERB., in *Bot. Reg.*, t. 1371). Genre d'Amaryllidacées, voisin des *Cooperia*, dont il diffère par son périanthe à tube infundibuliforme, dépourvu de couronne et à six divisions demi-étalées; par ses étamines incombantes et incluses, et par ses graines nombreuses, imbriquées, concaves sur une face, convexes sur l'autre. La seule espèce connue (*H. pusilla* HERB.), des régions tempérées du sud de l'Amérique méridionale, est une herbe bulbifère, dont la hampe précoce porte une fleur sessile, dressée, entourée d'une spathe monophylle, bifide au sommet. La capsule ne sort de terre que pendant la maturation. (K., *Enum.*, V, 480. — B. H., *Gen.*, III, 723.) [T.]

HAYMASSOLI. Nom caraïbe du *Ximenia americana* L.

HAYNALDIA (KAN., in *Mag. Nov. Lapok*, 1 [1877], 3; in *Mart. Fl. bras.*, LXXX, 14, t. 42). Section du genre *Lobelia* L. (H. BN, *Hist. des pl.*, VIII, 331.)

HAYNALDIA (SCHUR, *Enum. pl. transsylv.*, 807). Genre proposé pour le *Secale villosum* L. (*Agropyrum*).

HAYNE (Fred.-Gott.). Professeur à Berlin [1763-1832], est surtout connu par une flore médicale intitulée : *Getr. Darst. u. Beschr. der in der Arzneikunde gebraüchlichen Gewächse*, etc., 14 vol. in-4, avec 648 pl. col. [1805-1846]. On lui doit aussi des *Termini botanici*, etc. [1799-1812], et un *Dendrologische Flora* [1822]. — Jos. HAYNE, mort à Grätz en 1835, a écrit un *Gemeinnützige Unterricht über die schädlichen und nützlichen Schwämme*, et a laissé plusieurs manuscrits botaniques, conservés à Vienne.

HAYNEA (REICHB., *Consp.*, 202). Synon. de *Modiola* MŒNCH.

HAYNEA (SCHUM. et THÖNN., *Beskr. Guin. pl.*, 406; *Dske Vid. Sclsk. Afh.*, IV, 180). Synonyme de *Pilea* LINDL.

HAYNEA (W., *Spec.*, III, 1787). Synon. de *Pacourina* AUBL.

HAYO. Un des noms péruviens de la *Coca*.

HAYOPAG. Synonyme de *Olayan*.

HAYSWEN. Nom commercial d'une sorte de Thé.

HAZE. Nom japonais du *Mazus rugosus* LOUR.

HAZELWURZEL. En Allemagne, l'*Asarum europæum* L.

HAZIGNE. A Madagascar, le *Chrysopia fasciculata* DUP.-TH.

HAZO-GOAIKA. Synonyme de *Tsingila*.

HAZOMBATO. Nom malgache du *Kalanchoe orgyalis* BAK.

HAZOMBILY. Nom malgache de l'*Erythroxylum myrtoides*.

HAZOMBY (*bois de fer*). Nom malgache des *Erythroxylon* et de certains *Homalium*.

HAZO-MIAVONA. Nom malgache du *Loranthus Baroni* BAK.

HAZOU-BOHI. Nom, à Madagascar (BOJ.), de l'*Erythrina versicolor* BOJ.

HAZOU-MALANGHI. Nom malgache (GUILLAIN) d'un arbre à bois mou, qui sert à faire les balanciers des pirogues et dont le fruit colore la peau en rouge.

HEARNIA (F. MUELL., *Fragm. phyt. Austral.*, V, 55). Genre de Méliacées, voisin des *Beddomea*, à fleurs 5-mères; les sépales imbriqués; le disque presque nul; les étamines, au nombre de 5, pourvues d'un connectif ovale, avec les loges bordant le connectif au-dessous de son sommet. L'ovaire a une loge et 2 placentas pariétaux, 2-ovulés. C'est un arbre australien, à feuilles impari- ou subparipennées; les folioles opposées; l'inflorescence ramifiée. (Voy. *Hist. des pl.*, V, 498.) [H. BN.]

HEART'S EASE. Nom anglais des Pensées.

HEATH. Nom anglais des Bruyères.

HEBANTHE (MART., *Nov. gen. et spec.*, II, 42, t. 140-145). Genre d'Amarantacées-Gomphrénées, à étamines hypogynes, à stigmate capité, entier, à 2 lobes ou à 2 branches. La graine est subglobuleuse, et l'embryon a des cotylédons larges et concaves. Ce sont des arbustes de l'Amérique tropicale, à tige souvent grimpante, à feuilles opposées. On en connaît une vingtaine d'espèces. (B. H., *Gen.*, III, 41, n. 46.)

HEBBAKHADE. Nom somâli de la myrrhe dite de l'Inde.

HEBE (COMMERS., ex J., *Gen.*, 105). Synonyme de *Veronica*.

HEBEA (HEDW., *Gen.*, 24). Genre de la Triandrie, comprenant les *Lemonia*, *Perousia*, *Micranthus* et *Aglaia*.

HEBEA (PERS., *Enchir.*, I, 44). Section du genre *Gladiolus*.

HEBEANDRA (BONPL., ex DC., *Prodr.*, I, 338). Synonyme de *Monnina* R. et PAV.

HEBEANTHE (REICHB., *Nom.*, 165). Pour *Hebanthe* MART.

HEBECLADUS (MIERS, in *Hook. Lond. Journ.*, IV, 321; *Illustr.*, I, 1, t. 33). Genre de Solanacées-Solanées, qui a le fruit et le calice accru des *Saracha*, avec une corolle infundibuliforme, 4-5-lobée, valvaire. Ce sont 4, 5 herbes vivaces ou suffrutescentes, de l'Amérique tropicale occidentale, à feuilles entières ou sinuées, à fleurs axillaires, solitaires ou réunies en cymes ombelliformes, parfois biflores. [H. BN.]

HEBECLINIUM (DC., *Prodr.*, V, 136). Synonyme de *Eupatorium* et section de ce genre. (H. BN, *Hist. des pl.*, VIII, 128.)

HEBECOCCA (BEURL., in *K. Vet. Akad. Stock. Handl.* [1854], 146). Synonyme de *Omphalea* L.

HEBEL. Nom arabe, dit-on, de la Sabine.

HEBELÆNA (DC., *Prodr.*, VI, 180). Sect. du g. *Argyræa*.

HEBELIA (GMEL., *Fl. bad.*, II, 5, 117). Syn. de *Tofieldia* HUDS.

HEBELOMA (FR., *Syst. mycol.*, I, 10, 249). Tribu du genre Agaric, de la série *Derminus*. Ce sous-genre est, comme la plupart de ceux de Fries, élevé par les botanistes actuels au rang de genre. Le réceptacle présente un stipe charnu, un chapeau umboné, à marge incurvée, des lames sinuées, adnées, à tranche décolorée; la surface du chapeau est souvent visqueuse par un temps humide. On en connaît une trentaine d'espèces, toutes terrestres; quelques-unes sont très répandues. L'*H. crustuliniformis* forme des touffes ou de grands cercles. Il est vénéneux, comme plusieurs autres de ce groupe; on n'en connaît d'ailleurs aucun de comestible. [De S.]

HEBENASTER (Rumph., *Herb. amboin.*, IV, t. 13, fig. 6). Synonyme de *Diospyros* L.

HEBENSTREIT (Ern.-Benj.-Gottl.). Professeur d'anatomie à Leipzig [1758-1803], a écrit : *Diatribe de vegetatione hyemali* [1777], *Causas humorum motum in plantis...* etc. [1779], et *Momenta comparationis regni animalis cum vegetabili* [1798]. — J.-Ern. Hebenstreit, mort en 1757, a donné *Defin. plantarum* [1731], et *Progr. de methodo plantarum ex fructu optima* [1740]; plus sa thèse [1780] : *De sensu externo facultatum in plantis judice*. C'est à lui que Linné a dédié un genre.

HEBENSTREITIA (L., *Gen.*, ed. 1, App., 348). Genre de Sélaginées, à calice membraneux, presque transparent, en forme de spathe et fendu d'un côté; la corolle est plane, quadrilobée en arrière, fendue jusqu'au milieu du tube en avant. Les *Hebenstreitia* sont des arbrisseaux ou des herbes annuelles, à feuilles

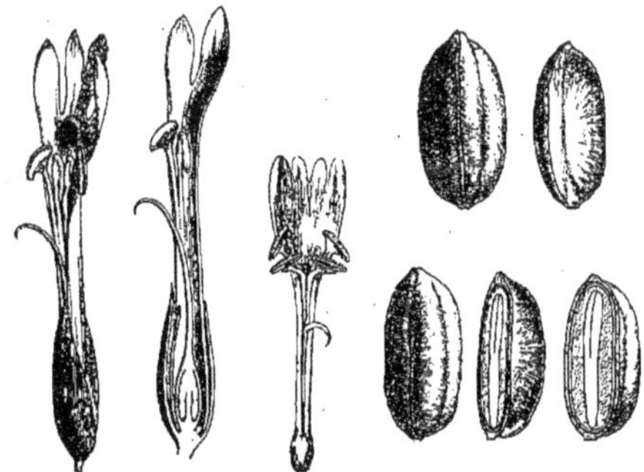

Hebenstreitia. — Fleur, entière et coupe longitudinale. Graines, entières et coupes longitudinales.

alternes, ou les inférieures opposées; l'inflorescence est en épi terminal; les fleurs blanches ou jaunâtres, accompagnées de bractées. On en connaît 20 espèces, toutes du Cap, mais dont l'une remonte jusque dans l'Abyssinie. M. Baillon a étudié ce genre organogéniquement et a conclu à ses étroites affinités avec les Scrofulariacées, mais il a fait voir comment il se sépare des *Selago* par la situation ventrale de son raphé ovulaire. (Voy. H. Bn, in *Adansonia*, XII, 364, t. 9.) [A. Fr.]

HEBENSTREITIEÆ (Reichb., *Nom.*, 114). Subdivision des Globulariées.

HEBENSTRÈTE. Nom français (Lamk) des *Hebenstreitia* L.

HEDEPETALUM (Benth., *Gen.*, I, 244, n. 9). Genre proposé pour les *Roucheria humiriifolia* et *latifolia*, du Brésil, plantes dont les fleurs sont organisées comme celles des *Hugonia*, et ne s'en distinguent que par la présence de poils en dedans des pétales, et l'existence (non constante) de cinq petites glandes à la base de l'androcée. Aussi n'en faisons-nous qu'une section du genre *Hugonia* L. (Voy. *Hist. des pl.*, V, 48.) [H. Bn.]

HEBERDENIA (Banks. — A. DC., *Prodr.*, VIII, 105). Synonyme de *Myrsine* L.

HEBESINAPIS (DC., in *Mém. Mus.*, VII, 243). Synonyme de *Ceratosinapis* DC.

HEBI-ICHIGO. Nom japonais du *Fragaria indica* Andr.

HÉBINE. Le *Dolichos unguiculatus* L.

HEBINO-DAIHACHI. Au Japon, l'*Arisæma serratum* Schott.

HEBRADENDRON (Grah., in *Hook. Comp. Bot. Mag.*, II, 199, t. 27). Synon. de *Garcinia* L. et section de ce genre. L'*H. cambogioides* Grah. est le *Garcinia Morella* Desrx.

HE CABBAGE-TREE. Nom, à Sainte-Hélène, du *Pladaroxylon Leucadendron* Hook. f.

HÉCART (Gabr.-Ant.-Jos.). Botaniste de Valenciennes [1755-1838], a composé un *Essai sur les arbres..., du département du Nord*, et un *Florula Hannoniensis* [1836], in-8 de 66 pages.

HECASTAPHYLLUM (Spreng.). Pour *Hecastophyllum* H. B. K.

HECASTOCLEIS (A. Gray, in *Proc. Amer. Acad.*, XVII, 215). Genre de Composées-Mutisiées, à capitules uniflores; le réceptacle nu et l'involucre cylindrique, paucisérié. La corolle est tubuleuse, les anthères caudées à la base, et le fruit cylindrique, surmonté d'une aigrette coroniforme, laciniée et cornée. L'*H. Schockleyi* A. Gray est un arbuste de la Nevada, à feuilles mucronées, çà et là spinigères sur les bords; les feuilles florales entourant des capitules sessiles et disposés en glomérules. (Voy. *Hist. des pl.*, VIII, 500.) [H. Bn.]

HECASTOPHYLLUM (H. B. K., *Nov. gen. et spec.*, VI, 387). Synonyme de *Ecastaphyllum* Rich.

HECATEA (Dup.-Th., *Hist. vég. îles Afr. austr.*, 27, t. 5; *Gen. nov. madagasc.*, 24). Section (H. Bn) du genre *Omphalea* L., caractérisée par des glandes situées à la face inférieure des feuilles. Elle ne comprend que des espèces de Madagascar. (Voy. H. Bn, *Ét. gén. Euphorbiac.*, 529.) [T.]

HECATERIUM (Kze, ex Reichb., *Handb.*, 281). Synonyme (?) de *Hecatea* Dup.-Th.

HECATHIS (Salisb., *Gen. pl. Fragm.*, 66). Synonyme de *Myrsiphyllum* W.

HECATONIA (Lour., *Fl. coch.*, 302). Synon. de *Ranunculus*.

HECATOUNIA (Poir.). Pour *Hecatonia* Lour.

HECHIMA. Nom japonais du *Luffa Petola* Ser.

HECHTIA (Kl., in *Otto* et *Dietr. Gartenzeit.* [1835], III, 400). Genre de Broméliacées, à fleurs dioïques. Les mâles sont inconnues. Les femelles ont un périanthe à six divisions : trois extérieures, calicinales, connées à la base, ovales, concaves et dressées; trois intérieures, pétaloïdes, libres, deux fois plus longues que les précédentes, ovales-lancéolées, concaves; dressées et dépourvues d'écailles à leur base. L'androcée est réduit à six étamines libres et rudimentaires. L'ovaire est en partie infère, en forme de pyramide triangulaire et surmonté d'un style très court, à trois stigmates subulés, garnis de papilles à leur face supérieure, étalés et définitivement dressés et subcontournés. Le fruit est inconnu. La première espèce décrite, originaire du Mexique, est une herbe vivace, à tige presque nulle, à feuilles ramassées, linéaires-subulées, épaisses, serrées-spinescentes, piquantes et étalées et recourbées. On la cultive dans nos serres. Ses fleurs, sessiles et accompagnées de bractées membraneuses, sont disposées en épi composé. (Voy. Endl., *Gen.*, Suppl., I, 1361. — B. H., *Gen.*, III, 667.) [T.]

HECISTOPTERIS (Sm., in *Lond. Journ. Bot.*, I, 193). Genre proposé pour le *Gymnogramme pumila* Spreng.

HECKDORN. Nom allemand des *Cratægus* T.

HECKER (Joh.-Jul.). Pasteur à Berlin [1707-1768], a écrit un *Flora berolinensis* [1757-1758], avec 300 pl., et un *Einleitung in die Botanik* [1734], in-8 de 547 pages.

HECKERIA (K., in *Linnæa*, XVIII, 564). Genre de Pipéracées. Synonyme de *Pothomorphe* Miq.

HECTOCERUS (Rafin.). Synon. de *Cerophora* Rafin. (Leman, in *Dict.*, VIII, 6.)

HECTOREA (DC., *Prodr.*, V, 95). Synonyme de *Chrysopsis* N.

HECTOREÆ (Sch. bip., in *Flora* [1853], I, 33). Division des Labiées (genres *Hectorea*, *Xanthisma*, *Heyfeldera*).

HECTORELLA (Hook. f., *Handb. N.-Zeal. Fl.*, 27). Genre de Portulacacées, à fleurs 5-pétalées, 5-andres, avec 2 sépales, et 1-3 lobes stylaires et 4 ou 5 ovules. C'est une petite herbe cespiteuse, de la Nouvelle-Zélande, à fleurs subsessiles. (H. Bn, *Hist. des pl.*, IX.)

HECUBÆA (DC., *Prodr.*, V, 665). Genre de Composées-Hélianthées, à fleurs fertiles, 2-morphes: celles du rayon femelles, ligulées; celles du disque hermaphrodites; les anthères obtuses et courtement auriculées à la base. Les fleurs hermaphrodites ont des branches stylaires étalées, tronquées, dilatées-comprimées, non ou à peine pénicillées; celles des femelles sont recourbées et plus minces. Le fruit, glabre, subovoïde, a 8-10 côtes et point d'aigrette. L'*H. scorzoneræfolia* DC. est une herbe glabrescente, du Mexique, à feuilles entières, à 1, 2 capitules terminaux, longuement stipités; les bractées de l'involucre sub-2-sériées, dissemblables. Le sommet des pédoncules est obconique, dilaté sous le capitule, comme dans les *Tagetes*. (Voy. H. Bn, in *Bull. Soc. Linn. Par.*, 286; *Hist. des pl.*, VIII, 247.)

HEDAROMA (Lindl., *Swan-Riv. App.*, t. 2 B). Synonyme de *Darwinia* Rudge.

HEDDÆA (Bronn., *Traub. Reinth*, 11). Classe (II) des « genres de Vignes » de l'auteur.

HEDEGAR. En Espagne, le Chardon-Marie.

HEDEMIAS. Nom ancien de l'*Inula squarrosa* L.

HEDEOMA (Endl.). Pour *Hedona* Lour.

HEDEOMA (Pers., *Syn.*, II, 131). Genre de Labiées-Saturéiées, voisin des *Micromeria*, à calice tubuleux, dont l'orifice est fermé après l'anthèse. La corolle a un tube à peine exsert, et il y a 2 étamines fertiles. Ce sont, au nombre de 10-12, des arbustes et des herbes des deux Amériques, à petites fleurs réunies en verticillastres axillaires pauciflores; ou bien ceux-ci sont groupés en épis terminaux. (B. H., *Gen.*, II, 1188.) [H. Bn.]

HEDEOMEÆ (Meissn., *Gen.*, 285 [193]). Sous-tribu des Labiées-Mélissinées.

HEDEONA (J., in *Dict.*, XX, 329). Pour *Hedeoma* Pers.

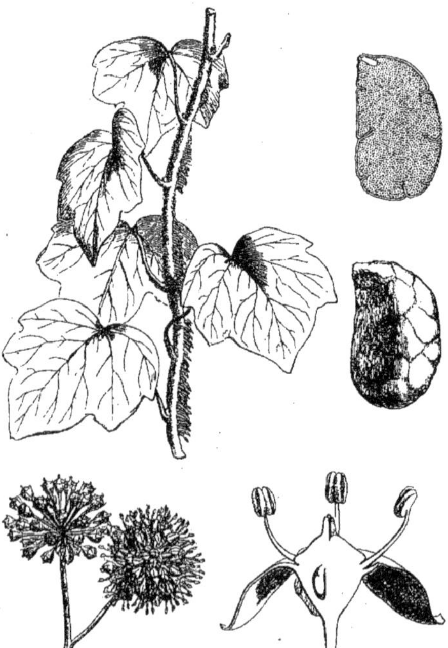

Hedera. — Rameau pourvu de crampons. Inflorescence. Fleur, coupe longitudinale. Graine, entière et coupe longitudinale.

HEDERA (T., *Inst.*, 612, t. 384). Genre d'Ombellifères-Araliées, dont les fleurs sont dioïques, polygames ou hermaphrodites. Leur réceptacle obconique ou turbiné porte sur ses bords un court calice, entier ou denté, et 4-8 pétales valvaires, avec autant d'étamines alternes, insérées sous un disque épigyne déprimé ou conique. L'ovaire infère a 3-8 loges, dans l'angle interne de chacune desquelles est un ovule descendant, à micropyle dirigé en haut et en dehors et souvent coiffé d'un obturateur formé par la dilatation du funicule. Les branches stylaires sont libres ou unies dans une étendue très variable, quelquefois même presque totalement. Le fruit est une baie, parfois subdrupacée, avec des noyaux minces. Les graines ont un albumen homogène, rugueux à la surface, ou ruminé. Ce sont des arbres ou des arbustes, glabres ou tomenteux; à feuilles alternes, entières, lobées, ou composées, soit digitées, soit pennées, avec ou sans petites stipules; à ombellules ou capitules rapprochés en grappes ou en ombelles, et des bractées petites ou nulles. Comprenant pour nous les *Oreopanax* et *Kissodendron*, ce genre renferme une soixantaine d'espèces, des régions tempérées de l'ancien monde, de l'Amérique tropicale ou andine et de l'Australie. Le Lierre commun (*Hedera Helix* L.) en est le type le plus anciennement connu. C'était la plante consacrée à Bacchus; on l'emploie surtout aujourd'hui comme ornementale; elle se fixe facilement aux corps voisins par ses crampons (voy. ce mot). Sa résine a joué jadis un certain rôle en médecine. (Voy. H. Bn, in *Adansonia*, XII, 164; *Hist. des pl.*, VII, 165, 198, 253, n. 108, fig. 208-212; *Tr. Bot. méd. phanér.*, 1072.) [H. Bn.]

HÉDÉRACÉES (*Hederaceæ* Bartl., *Ord. nat.*, 237). Synonyme de Araliées ou Araliacées. C'est le nom que Seemann (*Journ. of Bot.*, II-VI) a donné à l'ensemble de cette famille (les genres qu'il en excluait étaient par lui relégués parmi les Ombellifères proprement dites).

HEDERACEUM THLASPI (Lobel, *Icon.*, 615). Synonyme de *Cochlearia Armoracia* L.

HEDERA TERRESTRIS (Riv. — Hall., in *Rupp. Fl. jen.*, 232). Synonyme de *Glechoma hederacea* L.

HEDERODONTA (Walp.). Pour *Heterodonta* Nutt.

HEDEROPSIS (Clke, *Fl. brit. Ind.*, II, 739). Genre d'Araliées, voisin des *Hedera*, dont il se distingue surtout par des pédicelles floraux articulés, des feuilles 1-3-foliolées, les autres caractères étant semblables. L'*H. Maingayi* Clke est un arbre inerme, de Malacca. [H. Bn.]

HEDGE MUSTARD. Nom anglais du Vélar officinal.

HÉDICAIRE. Nom français (Lamk) des *Hedycarya* Forst.

HEDICHIUM (Ritg.). Pour *Hedychium* Kœn.

HÉDIN. L'Ajonc landier.

HEDIONDA. Nom espagnol de la Stramoine.

HEDIONDO. Nom, aux Canaries, du *Bosia Yervamora* L.

HEDIOSMUM (Poir.). Pour *Hedyosmum* Sw.

HEDIOTIDEÆ (Dumort., *Comm. bot.*, 57). Famille des *Fructitubiæ* (genre *Oldenlandia* Plum.).

HEDIOTIS (Vent. — Batsch. — Dumort.). Pour *Hedyotis* L.

HEDONA (Lour., *Fl. cochinch.*, 286). Synonyme de *Lychnis*.

HEDRACOPHYLLUM (Reichb.). Pour *Hedraiophyllum* Less.

HEDRÆANTHUS (Griseb.). Pour *Edraianthus* A. DC.

HEDRAIANTHERA (F. Muell., *Fragm. phyt. Austral.*, V, 58). Synonyme de *Denhamia* Meissn. (*Celastrus*).

HEDRAIOSTYLUS (Hassk., *Cat. Hort. bog.*, 234). Section du genre *Plukenetia* Plum.

HEDRANTHE (Griseb.). Pour *Hedranthum* G. Don.

HEDRANTHUM (G. Don, *Gen. Syst.*, III, 746). Section du genre *Phyteuma* L.

HEDWIG (Joh.). Né en 1730 à Kronstadt et mort en 1799 à Leipzig, où il professait, a été l'un des plus grands botanistes du siècle dernier. Son premier ouvrage [1782] est le *Fundamentum historiæ naturalis Muscorum frondosorum...*, 2 vol. in-4 av. 20 pl.; bientôt suivi [1784] du *Theoria generationis et fructificationis plantarum cryptogamicarum*, publié à Saint-Pétersbourg et refait en 1798, avec plus de développements et 42 pl. col. En 1787-1797, il donna les 4 volumes de son *Descriptio et adumbratio microscopico-analytica Muscorum frondosorum necnon aliorum vegetantium e classe cryptogamica Linnæi*. Son *De fibræ vegetabilis et animalis ortu* date de 1789 et 1790; c'est un programme académique. De 1793 à 1797, il donna deux volumes de botanique économique, et en 1801 son *Belehrung d. Pflanzen zu trocknen und zu ordnen*, pour les débutants. En 1799-1803, parut son *Filicum genera et species* (4 fasc. et 24 pl.). De 1801 à 1830, parurent les diverses parties de son traité posthume : *Species Muscorum frondosorum*, un vol. in-4 de 352 pages et 77 pl., avec quatre suppléments. — Rom.-Ad. HEDWIG, fils du précédent [1772-1806] et comme lui professeur à Leipzig, a écrit : *Epistola ad D. J. Hedwigium* [1793]; *Tremella Nostoch* [1798]; *Aphorismen ueber d. Gewächskunde* [1800]; *Observat. bot. fasc.* 1 [1802], et *Genera plantarum secundum character. diff. ad Mirbelii edit. revis. et auct.* [1806], in-8 de 378 pages. (*Cat. sc. pap.*, III, 247.)

HEDWIGIA. Genre de Mousses, établi en 1781 par Ehrhart (*Hann. Mag.* [n. 69], 1095). Hedwig lui-même (*Fund.*, II, 86) l'admit en 1782, avec le *Bryum apocarpum* L. comme type. Il

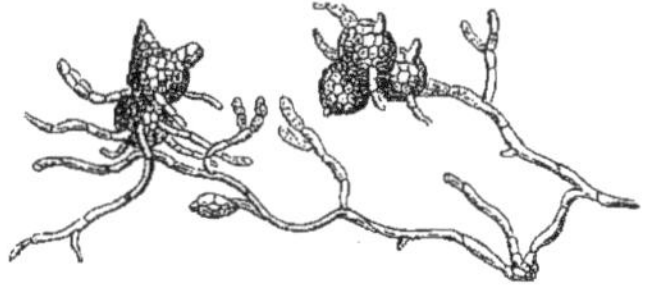

Hedwigia. — Protonema.

est conservé par Bruch, Schimper et Gümbel, dans le *Bryologia europæa* (fasc. 29, 30), pour l'*H. ciliata* EHRH. Appliqué à cette plante de notre pays, il est caractérisé par une capsule sessile, globuleuse, lisse, à opercule obtus, sans péristome, et une coiffe conique, laciniée. Ce sont des Mousses rupicoles, à feuilles

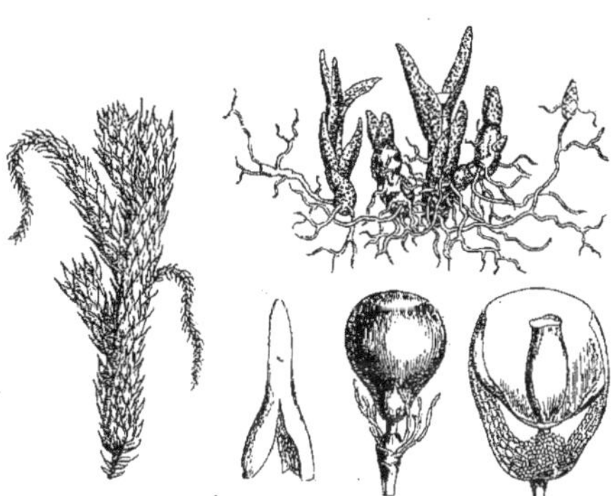

Hedwigia. — Port. Protonema. Organes de la fructification.

énerves et hyalines au sommet. Si l'on conserve ce genre, celui auquel Swartz a donné le même nom ne datant que de 1800, nous proposons de le nommer désormais *Hedwigianthus*, pour éviter toute confusion. [H. BN.]

HEDWIGIA (HOOK., *Musc. exot.*, t. 46, 139). Synonyme de *Anœctangium* HEDW.

HEDWIGIA (MEDIC., in *Act. Acad. theod.-pal.*, *Phys.*, VI [1790], 495). Synonyme de *Commelina* L.

HEDWIGIA (SW., *Fl. ind. occ.*, II, 670, t. 13). Genre de Térébinthacées, série des Burserées, voisin des *Bursera*, dont il se distingue par sa corolle gamopétale. Ses fleurs, ordinairement 4-6-mères, ou rarement trimères, ont un calice court, imbriqué; une corolle plus ou moins profondément tubuleuse, à lobes valvaires, recourbés au sommet, vers la fin de l'anthèse; un androcée diplostémoné, inséré en dehors d'un disque annulaire, crénelé; un ovaire à 2-5 loges, surmonté d'un style capité et 2-5-lobé à son extrémité stigmatifère. Le fruit est une drupe, à 2-5 noyaux difficilement séparables. Ce sont des arbres balsamiques, à feuilles alternes ou subopposées, imparipinnées, composées de folioles coriaces, et à fleurs terminales ou axillaires, disposées comme celles des *Bursera*. On en connaît environ 8 espèces, de

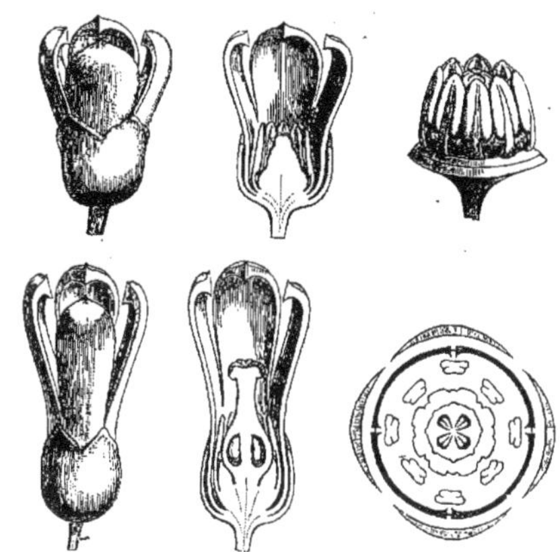

Hedwigia. — Fleur mâle, entière et coupe longitudinale. Fleur femelle, entière et coupe longitudinale. Diagramme.

l'Amérique tropicale, parmi lesquelles l'*H. balsamifera* Sw., qui fournit une oléorésine tonique, stimulante, employée pour hâter la cicatrisation des plaies. Cet arbre, appelé souvent *Sucrier de montagnes*, ou *Bois-cochon*, parce qu'on croyait que

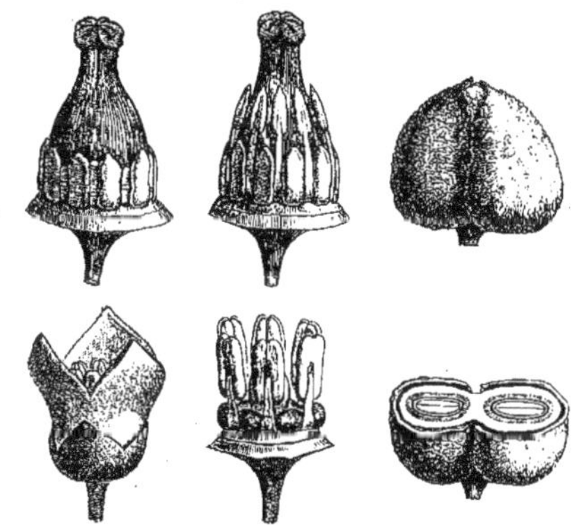

Hedwigia. — Fleur femelle, le périanthe et l'androcée enlevés. Fleur mâle et androcée d'un *Hedwigia* de la section *Trattinickia*. Fruit, entier et coupe transversale.

les porcs se guérissaient de leurs plaies avec son écorce, est souvent confondu avec le *B. gummifera* JACQ., à produits analogues. (Voy. H. BN, *Hist. des pl.*, V, 314, fig. 284-293.) [T.]

HEDWIGIACEÆ (BR., SCHIMP. et GÜMB., *Bryol. eur.*, fasc. 29, 30). Famille des Mousses (g. *Hedwigia*, *Hedwigidium*, *Braunia*).

HEDWIGIEÆ (ANGSTR., in *Fries Summ. veg. Scand.*, I, 93). Division des Mousses-Bryacées (genre *Hedwigia* EHRH.).

HEDYCAPNOS (PL., in *Fl. serr.*, VIII [1853], 193). Synonyme de *Capnorchis* BORKH.

HEDYCARIA (MURR.). Pour *Hedycarya* FORST.

HEDYCARPIDIUM (M. ARG., in *DC. Prodr.*, XV, p. II, 278, 418). Section du genre *Phyllanthus* L.

HEDYCARPUS (JACK, in *Trans. Linn. Soc.*, XIV, 118). Synonyme de *Baccaurea* LOUR. (B. H., *Gen.*, III, 283.)

HEDYCARPUS (MIQ., *Fl. ind.-bat.*, I, p. II, 359). Synonyme (part.) de *Hedycarpidium* M. ARG.

HEDYCARYA (J. et G. FORST., *Char. gen.*, 127, t. 64). Genre de Monimiacées, série des Hortoniées, très voisin des *Hortonia*, se distinguant par : Fleurs dioïques; adhérence plus ou moins grande des folioles du périanthe entre elles; filets staminaux

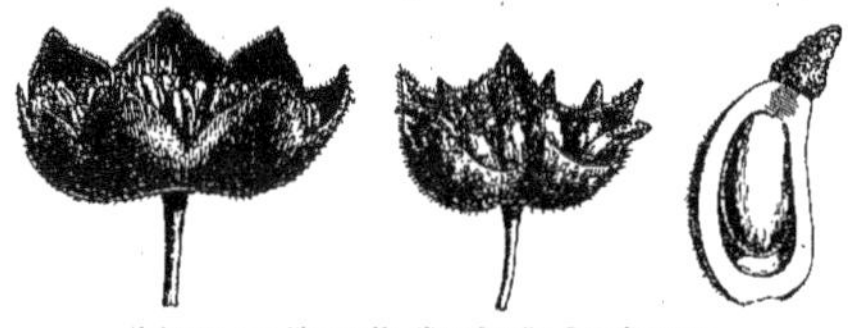

Hedycarya. — Fleur mâle. Fleur femelle. Carpelle ouvert.

(dans les fleurs mâles) très courts ou presque nuls; anthères introrses ou extrorses, à connectif plus ou moins dilaté au-dessus des loges; carpelles (dans les fleurs femelles) libres, uniovulés. Petits arbres ou arbrisseaux toujours verts, à feuilles opposées, à fleurs axillaires, en cymes ou grappes. Cinq espèces, de l'Australie, de la Nouvelle-Zélande, des îles Fidji, de la Nouvelle-Calédonie. (Voy. H. BN, *Hist. des pl.*, I, 300, 340, fig. 325-327.) [L.]

HEDYCHIEÆ (LESTIB., in *Ann. sc. nat.*, sér. 2, XV, 341). Division des Scitaminées (*Hedychium, Gamochilus* et *Roscoea*).

HEDYCHION (HASSK.). Pour *Hedychium* KŒN.

HEDYCHIUM (KŒN., in *Retz. Obs.*, III, 73). Genre de Zingibéracées, caractérisé par un ovaire complètement triloculaire, avec les placentas axiles et des staminodes latéraux largement pétaloïdes. Le calice est tubuleux et tridenté au sommet; le tube de la corolle allongé, avec des lobes plus ou moins semblables aux staminodes; anthères linéaires; loges de l'ovaire multiovulées. Capsule à 3 valves et à déhiscence loculicide. Graines subglobuleuses, albuminées, à embryon central, droit. Les *Hedychium* ont tous un rhizome horizontal, épais; les tiges sont robustes, couvertes de feuilles, souvent accompagnées à leur base de stipules apprimées; l'inflorescence, en grappe courte, ovale, est formée de fleurs d'un coloris brillant et accompagnées chacune d'une bractée naviculaire. On en connaît 25 espèces, de l'Asie tropicale, et l'on en cultive plusieurs dans nos serres. M. H. Baillon a fait voir (in *Adansonia*, III, 349, t. 7) le singulier mode de constitution de l'albumen, formé de phytocystes-poils. [A. FR.]

HEDYCHLOA (RAFIN., in *Ann. nat.* [1820], 16, ex TORR.). Synonyme de *Kyllingia* L. F.

HEDYCREA (SCHREB., *Gen.*, I, 160). Synon. de *Licania* AUBL.

HEDYOSMON (SPRENG., *Gen.*, II, 696). Pour *Hedyosmum* SW.

HEDYOSMUM (SW., *Prodr.*, 847; *Fl. ind. occ.*, 59). Genre de Pipéracées, série des Chloranthées, se distinguant par : Fleurs monoïques ou dioïques : mâles en épis, sans bractées, monandres; anthère sessile, à 4 logettes; connectif courtement apiculé ou pelté au-dessus des loges; fleurs femelles à réceptacle sacciforme; ouverture tubuleuse, couronnée de trois dents (sépales ?) ordinairement obtuses. Ovaire adné en dedans au réceptacle; style dressé, grêle, ligulé ou subclaviforme. Ovule et graine de *Chloranthus*. Drupe subcharnue; embryon albuminé, à cotylédons supérieurs, à peine visibles. Arbres et arbrisseaux aromatiques, à branches opposées, noueuses-articulées; feuilles opposées, simples; stipules libres seulement en haut, unies dans le reste de leur étendue, entre elles et avec le pétiole, en une gaine tubuleuse, ocréiforme, amplexicaule; fleurs terminales; les femelles en grappes de subcapitules ou de cymes. On en connaît une vingtaine d'espèces, qui habitent les régions chaudes de l'Amérique (voy. H. BN, *Hist. des pl.*, III, 477, fig. 520-525). Les *Hedyosmum* sont souvent employés en Amérique comme aromatiques et excitants. L'*H. Bonplandianum* H. B. K., de la Nouvelle-Grenade, est cité comme analeptique. Aux Antilles, on emploie les *H. nutans* Sw. et *arborescens* Sw. contre les dyspepsies, les spasmes. L'*H. Granizo* LINDL. est sudorifique, on le vante comme antisyphilitique. [L.]

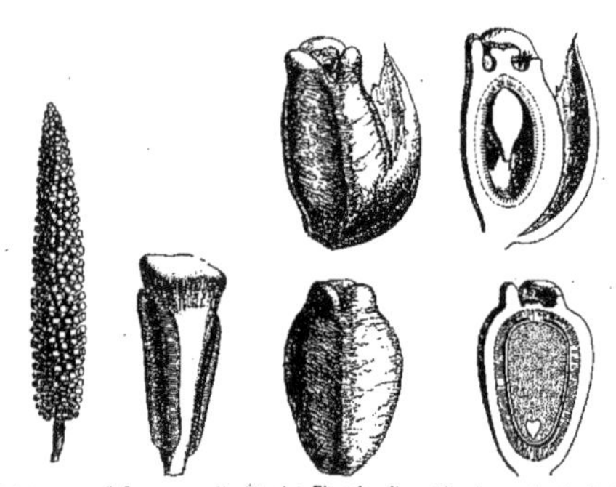

Hedyosmum. — Inflorescence mâle. Étamine. Fleur femelle, entière et coupe longitudinale. Fruit, entier et coupe longitudinale.

HEDYOSMUS (MITCH., in *Act. nat. Cur.*, VIII [1748], App., 211). Synonyme (?) de *Ziziphora* L. (*Amœn.*, III, 9).

HÉDYOTE. Nom français (LAMK) des *Hedyotis* L.

HEDYOTEÆ (DC., *Prodr.*, IV, 419). Sous-tribu des Rubiacées-Hédyotidées.

HÉDYOTIDÉES (*Hedyotideæ* H. B. K. — *Hedyotidæ* LINDL.). Synonyme de Oldenlandiées H. BN.

HEDYOTIS (L., *Gen.*, n. 118). Section du genre *Oldenlandia* PLUM. (H. BN, *Hist. des pl.*, VII, 325.)

HEDYPNOIDEÆ (SCH. BIP., in *Webb et Berth. Phyt. canar.*, II, 392). Division des Composées-Rhagadiolées.

HEDYPNOIS (GÆRTN., *Fruct.*, II, 363, t. 160). Synonyme de *Hyoseris* J.

HEDYPNOIS (SCHREB., *Gen.*, 532). Synonyme de *Rhagadiolus*.

HEDYPNOIS (SCOP., *Fl. carniol.*, II, 99). Synonyme de *Taraxacum* HALL.

HÉDYSARÉES (*Hedysareæ*). Série de Légumineuses-Papilionacées, caractérisée par l'articulation plus ou moins complète des fruits. (Voy. H. BN, *Hist. des pl.*, II, 220, 297, 374.)

HEDYSAROIDES (JAUB. et SPACH, in *Ann. sc. nat.*, sér. 2, XIX, 152). Section du genre *Ebenus* L.

HEDYSARUM (T., *Inst.*, 401, t. 225, part.). Genre de Légumineuses-Papilionacées, série des Hédysarées, offrant les caractères suivants : Fleurs irrégulières et résupinées. Calice tubuleux, à cinq divisions en alène. Ailes courtes, auriculées; carène plus longue que les ailes, tronquée. Dix étamines diadelphes (9-1); anthères uniformes. Ovaire sessile, pluriovulé. Gousse allongée, comprimée, polysperme, lisse ou bien tuberculeuse ou épineuse, se partageant transversalement, à la maturité, en autant d'articles indéhiscents qu'il y a de graines. Embryon sans albumen, à radicule infléchie. Herbes vivaces, sous-arbrisseaux ou plus rarement arbustes, à feuilles imparipennées, avec des stipules scarieuses. Une cinquantaine d'espèces, habitant les régions tempérées (voy. H. BN, *Hist. des pl.*, II, 220, 297). Les *Hedysarum* sont désignés vulgairement sous le nom de *Sainfoins*. [L.]

Hedysarum. Fruit.

HEDYSCEPE (WENDL. et DRUDE, in *Linnæa*, XXXIX, 178, 189, 203, t. 1, fig. 4). Genre de Palmiers-Arécées, proposé pour le *Kentia Canterburyana* BENTH. (*Fl. Austral.*, VII, 138). (B. H., *Gen.*, III, 888, n. 11.)

HEDYSTACHYS (DUMORT., *Anal. fam.*, 23). Genre de Véronicées. Synonyme (?) de *Veronica* T.

HEEN-BOWITTEYA. Nom, à Ceylan, des *Osbeckia* L.

HEENG. Nom, au Kaschmyr, de l'*Asa fœtida*.

HEER (Oswald). Né en 1809, fut longtemps professeur de botanique à l'université de Zurich. Il s'est occupé de géographie botanique et surtout de paléontologie végétale (*Cat. sc. pap.*, III, 248). Il a collaboré avec T. Gaudin à plusieurs ouvrages de paléontologie. Ses travaux, dont le nombre est immense, ne pourraient pas être énumérés convenablement ici. Nous renvoyons donc à la liste qu'en prépare actuellement M. Maloisel.

HEERA-BOL. Nom indien de la Myrrhe.

HEERIA (MEISSN., *Gen.*, *Comm.*, 55). Synonyme de *Rhus* L.

HEERIA (SCHLCHTL, in *Linnæa*, XIII, 432). Synonyme de *Tibouchina* AUBL. et section de ce genre. (H. BN, *Hist. des pl.*, VIII, 39.)

HEFE. En Allemagne, le *Cryptococcus Cerevisiæ* Kz.

HEGEMONE (BGE). Syn. de *Trollius*. (H. BN, *Hist. pl.*, I, 22.)

HEGETSCHWEILER (Joh.). Médecin de Zurich [1789-1839], auteur de *Commentatio botanica sistens descr. Scitaminum*, etc., et de *Reisen in d. Geb. zwisch. Glarus u. Graubünden* [1825]. Il a écrit aussi, avec Labram : *Sammlung v. Schweizerpflanzen* [1826-1834], in-8 de 480 pl. Son travail : *Die Giftpflanzen der Schweiz* contient 46 pages et 18 pl. On lui doit aussi un *Flora des Schweiz* [1840], et un *Essai critique sur plusieurs plantes de la Suisse* [1831], in-8 de 382 pages, avec carte de géographie botanique. (*Cat. sc. pap.*, III, 250.)

HEGETSCHWEILERA (REG., in *Bot. Zeit.*, I, 47). Synonyme de *Alysicarpus* NECK.

HEIDEGGER (Joh.-Heinr.). Auteur, en 1657, de : *De Ficu a Christo maledicta*, in-4.

HEIDEN. Nom allemand du Sarrasin.

HEILGRAS. Nom allemand de l'*Anatherum bicorne* P.-BEAUV.

HEILIGENHOLZ. Nom allemand du *Guaiacum officinale* L.

HEILWURZ. Nom allemand de la Guimauve.

HEIM (Ernst-Ludw.), auquel Link a dédié le genre *Heimia*, mort à Berlin en 1834, est l'auteur de quelques notices botaniques. Son autobiographie a paru à Berlin en 1835. — Fr.-Tim. HEIM, pasteur protestant, mort en 1821, a donné : *System. Classif. u. Beschr. d. Kirschensorten*, etc. [1819]. — G.-Chr. HEIM [1743-1807] est l'auteur d'un *Deutsche Flora* (in-8 de 876 pages) publié à Halle en 1799.

HEIMEA (NECK., *Elem.*, III, 338). Synonyme (?) de *Jungermannia* L.

HEIMIA (LINK et OTT., *Icon. pl.*, 63, t. 28). Section du genre *Nesæa* COMMERS.

HEINEKENIA (WEBB, *Phyt. canar.*, II, 86). Section du genre *Lotus* (*L. arabicus* L.).

HEINSIA (DC., *Prodr.*, IV, 390). Genre de Rubiacées; section du genre *Genipa* PLUM., à fruit finalement plus ou moins sec, 1-loculaire. (H. BN, *Hist. des pl.*, VIII, 310, not. 5.)

HEINTZIA (KARST., *Ausw. Gew. Venez.*, 34, t. 11). Synonyme de *Alloplectus* MART. (*Bot. Mag.*, t. 4774).

HEINZE (Joh.-Georg.). Auteur, en 1747, de : *De Muscorum notis et salubritate* (in-4), et de : *Commentatio de incrementis botanicæ contemplationis Muscorum*, in-4.

HEINZELIA (NEES, in *Mart. Fl. bras.*, IX, 153; *Prodr.*, XI, 314). Synonyme de *Chætothylax* NEES. (B. H., *Gen.*, II, 1108.)

HEINZELMANNIA (NECK., *Elem.*, I, 371). Synon. de *Montira*.

HEINZIA (SCOP., *Introd.*, 301). Synon. de *Coumarouna* AUBL.

HEISTER (Lor.). Ce grand savant [1683-1758] fut professeur à Helmstädt. Il débuta par un *Programma de studio rei herbariæ emendando* [1730]. Ses *Indices plantarum* datent de 1730-1733, et son *Systema... ex fructificatione*, de 1748. Il publia en 1750 son *Designatio librorum*, et en 1753 son *Descriptio novi generis plantæ ex Bulbosarum classe*. De nombreuses thèses ont été soutenues sous sa présidence; elles ont été imprimées à Helmstädt. — El.-Fr. HEISTER, son fils, n'est connu que par un *Oratio de hortorum academicorum utilitate* [1739].

HEISTER. Nom français (LAMK) des *Heisteria* L.

HEISTERA (SCHREB.). Pour *Heisteria* JACQ.

HEISTERIA (L., *Gen.*, n. 535). Genre d'Olacinées, à fleurs hermaphrodites, 5-6-mères; la corolle valvaire; l'androcée diplostémoné ou rarement isostémoné, et un ovaire à placenta central-libre, 3-ovulé. Mais des côtés du placenta descendent des cloisons rudimentaires ou plus ou moins élevées, quelquefois même atteignant, dit-on, la portion supérieure de la cavité ovarienne. Les ovules sont descendants. Le fruit est drupacé et les graines sont albuminées. Mais le caractère extérieur le plus frappant de ce genre réside dans le calice, qui s'accroît autour du fruit en une cupule ou collerette, presque entière ou lobée, parfois extrêmement développée et colorée. Les 10-12 *Heisteria* connus sont américains, sauf une espèce africaine et une autre malaise. Ce sont des plantes ligneuses, glabres, à feuilles entières et coriaces, à fleurs axillaires, en glomérules ou en cymes. (Voy. *Adansonia*, III, 127.) [H. BN.]

HEISTERIEÆ (DUMORT., *Anal. fam.*, 47). Tribu des Olacinées.

HEIVA. A Taïti, l'*Eugenia malaccensis* L.

HE KARO. Nom, à la Nouvelle-Zélande, du *Pittosporum eugenioides* BANKS.

HEKATEROSACHNE (STEUD., *Synops. pl. glum.*, I, 118). Synonyme de *Oplismenus* PAL.-BEAUV.

HEKERIA (ENDL.). Pour *Heckeria* K.

HEKISTOCARPA (HOOK. F., *Icon.*, t. 1151. — B. H., *Gen.*, II, 58). Section du g. *Oldenlandia*. (H. BN, *Hist. des pl.*, VII, 325.)

HEKORIMA (K., *Enum.*, IV, 203). Syn. de *Hexorima* RAFIN.

HEKORIMA (RAFIN., in *N.-York Medic. Reposit.*, V, 350). Synonyme de *Streptopus* L.-C. RICH.

HEKUSOKADSURA. Nom japonais du *Pæderia fœtida* L.

HEL. En Perse, le *Prunus Persica*.

HELADENA (A. JUSS., *Malpigh.*, 93, t. 10). Genre de Malpighiacées-Malpighiées, ayant à peu près les fleurs des *Echinopteris*, avec 8 glandes stipitées et peltées au calice; des étamines monadelphes, à anthères inappendiculées ; un gynécée trimère, à styles inégaux, dilatés à leur extrémité stigmatifère. Les carpelles sont pourvus d'une crête dorsale. Les 3, 4 *Heladena* connus sont du Brésil méridional. (H. BN, *Hist. des pl.*, V, 454.)

HELADENIA (REICHB.), HELADRAIA (LINDL.). Pour *Heladena* J.

HELANG. Nom malgache des *Sarcolæna* DUP.-TH.

HELANTHIUM (ENGELM.). Section (B. H., *Gen.*, III, 1005) du genre *Alisma* L.

HELBEH. Nom arabe du Fenu-grec.

HELBUNIM. Nom ancien de l'*Origanum Dictamnus* L.

HELCALIMBAT. Nom arabe du *Pistacia Terebinthus* L.

HELCH. Nom arabe du *Viscum album* L.

HELCIA (LINDL., in *Bot. Reg.* [1845], *Misc.*, 17). Synonyme de *Trichopilia* LINDL.

HELDREICHIA (BOISS., in *Ann. sc. nat.*, sér. 2, XVI, 381). Genre de Crucifères-Ibéridées, caractérisé par une silique sessile; les valves comprimées latéralement, didyme, obovale ou transversalement oblongue, 2-sperme et déhiscente, la base et le sommet entiers. Ce sont 3, 4 herbes vivaces, de l'Orient, à port d'Ombellifères, à grappes allongées ou corymbiformes. (H. BN, *Hist. des pl.*, III, 283.)

HELEASTRUM (DC., *Prodr.*, V, 263). Synonyme de *Aster* T.

HELECHO. Nom, en Espagne, des Fougères.

HELECHO. Aux Canaries, le *Pteris aquilina* L.

HELEIOTIS (HASSK., *mss.*). Synonyme de *Phylacium* BENN. (WALP., *Rep.*, II, 520.)

HELEMONIUM (STEUD.). Pour *Helenomoium* W.

HELENA (HAW., *Mon. Narciss.*, 13). Sect. du genre *Narcissus*.

HELENIA (L., *Hort. Cliff.*, 418). Pour *Helenium* L.

HELENIASTRUM (VAILL., in *Act. Acad. Par.* [1720], 314). Synonyme de *Helenium* L.

HÉLÉNIÉES. Sous-série des Hélianthées. — Voy. HÉLIANTHÉES.

HELENIOIDEÆ. Tribu des Composées. (B. H., *Gen.*, II, 199.)

HELENIUM (L., *Gen.*, n. 961). Genre de Composées-Hélianthées, qui a donné son nom au groupe des Héléniées. Ses fleurs sont dimorphes : celles du rayon fertiles, stériles ou nulles, à corolle ligulée; celles du disque fertiles et régulières, hermaphrodites ; les anthères sagittées et légèrement auriculées. Les branches stylaires ont, dans les fleurs hermaphrodites, le sommet tronqué et légèrement dilaté. Le fruit est costé, surmonté d'un petit nombre (4-8) d'écailles à l'aigrette : aiguës, acuminées ou un peu obtuses, membraneuses, hyalines, ciliées ou dentées. Les 15 espèces décrites sont des herbes de l'Amérique extratropicale, souvent vivaces, à feuilles alternes, à capitules

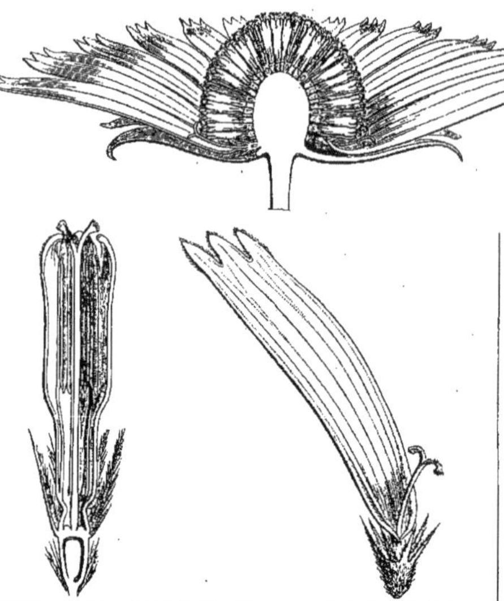

Helenium. — Capitule, coupe longitudinale. Fleuron, coupe longitudinale. Demi-fleuron.

stipités ; le réceptacle convexe, sans paillettes ; l'involucre formé de bractées 1-2-sériées. On cultive dans nos jardins l'*H. autumnale*, à capitules jaunes, et les *H. tenuifolium* et *atropurpureum*. (Voy. *Hist. des pl.*, VIII, 53, 241, fig. 87-89.) [H. Bn.]

HELENIUM (Rupp., *Fl. jen.*, 163). Section du genre *Inula* L. Synonyme de *Corvisartia* Mér.

HELENOMOIUM (W., ex DC., *Prodr.*, V, 551). Synonyme (part.) de *Heliopsis* Pers.

HELEOCHARIS (R. Br., *Prodr.*, 224). Genre de Cypéracées, tribu des Scirpées, ne différant des *Scirpus* à épillets solitaires et terminaux que par l'épaississement de la base du style persistant sur l'achaine sous forme d'un renflement bulbiforme. Beaucoup d'auteurs, et non sans raison, ont réuni les 2 genres. On connaît plus de 80 espèces d'*Heleocharis*, dispersées dans toutes les contrées du globe. L'*H. palustris* R. Br. est très commun en France. (Bœck., in *Linnæa*, XXXVI, 418.) [A. Fr.]

HELEOCHLOA (Host, *Gram. Austr.*, I, 23, t. 29, 30). Genre de Graminées-Agrostidées, caractérisé par : Épillets 1-flores, en épis denses, à fleur hermaphrodite ; glumes 3 : les deux extérieures persistantes, exaristées, à carène plus ou moins ciliée ; la troisième à peine un peu plus longue. Glumelle plus courte, hyaline, très finement 2-nervée ou 2-carénée. Étamines 3. Styles distincts, à stigmates plumeux. Caryopse oblong, libre. Herbes vivaces, à feuilles planes, à épis cylindriques, oblongs ou rarement ovoïdes. (B. H., *Gen.*, III, 1146.) [B. M.]

HELEOCHLOA (Pal.-Beauv., *Agrostogr.*, 28). Synonyme de *Sporobolus* R. Br.

HELEOGALIA (Fries, *Summ. veg. Scand.*, I, 10). Section du genre *Galium* L.

HELEOGENUS (B. H., *Gen.*, III, 1047). Sect. des *Heleocharis*.

HELEOGONUS (Wittst., *Et. Handw.*). Pour *Eleogenus* Nees.

HELEOPHILA (P.-Beauv.). Synonyme de *Scirpus*.

HELEOPHYLAX (Lestib., *Ess. Cyper.*, 41). Genre vraisemblablement proposé pour le *Scirpus lacustris* L.

HELEPTA (Rafin., *Nov. gen.* [1825], 3). Synonyme de *Heliopsis* Pers.

HELIA (Mart., *Nov. gen. et spec.*, II, 122, t. 91). Synonyme de *Lisianthus* Aubl.

HELIA (Rœm., *Synops.*, 42). Synonyme de *Atalantia* Corr.

HELIAMPHORA (Benth., in *Trans. Linn. Soc.*, XVIII, 432, t. 29). Genre de Nymphéacées-Sarracénées, à fleurs pourvues d'un réceptacle convexe, avec 4, 5 sépales imbriqués, pétaloïdes, inégaux ; des étamines hypogynes en nombre indéfini, à anthère versatile ; un ovaire à 3 loges multiovulées, surmonté d'un style tubuleux, à sommet stigmatifère obtusément 3-lobé. Le fruit est une capsule loculicide, et les graines sont revêtues d'une toile celluleuse étendue en aile. L'*H. nutans* est une curieuse herbe vivace, du Venezuela, à feuilles ascidiées, amphoriformes, dites insectivores ; à fleurs peu nombreuses et penchées, disposées en grappes nues à la base. (Voy. *Hist. des plantes*, III, 92, 104.) [H. Bn.]

HÉLIANTHACÉES (*Helianthaceæ* Leme, in *Dict. d'Orb.*, IV, 413). Synonyme de Synanthérées.

HÉLIANTHE (*Helianthus* L., *Gen.*, n. 979, part.). Genre de Composées, qui a donné son nom à la série des Hélianthées, et

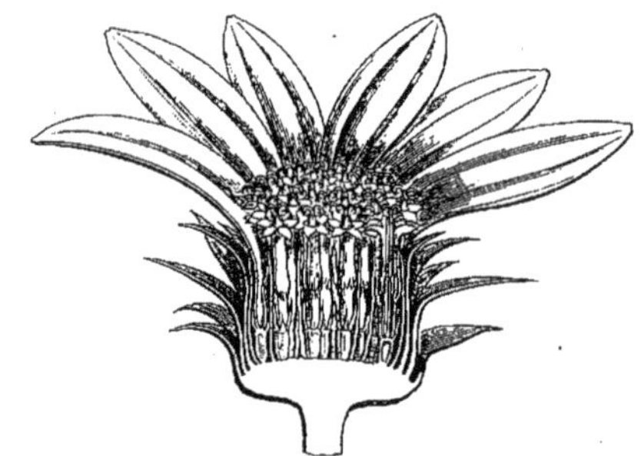

Helianthus. — Capitule, coupe longitudinale.

dont les capitules ont un réceptacle plan ou légèrement convexe, avec un involucre de bractées grandes, foliacées, imbri-

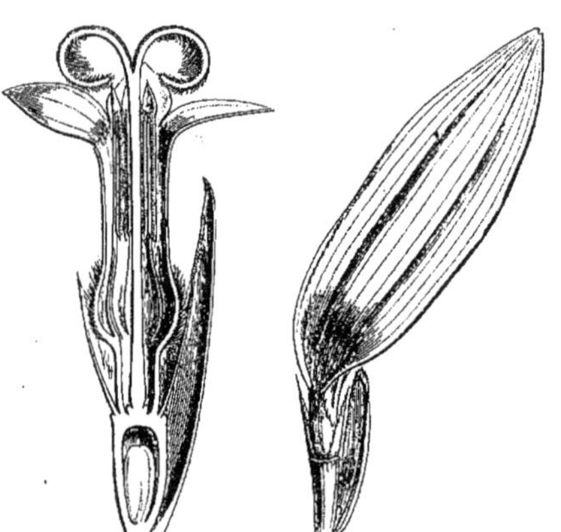

Helianthus. — Fleuron, coupe longitudinale. Demi-fleuron.

quées, sur 2 ou plusieurs séries. Les plus intérieures, minces, scarieuses, translucides, ont chacune une fleur dans leur aisselle. Les fleurs du rayon sont irrégulières, ligulées, stériles ;

elles manquent quelquefois. Les fleurs du disque sont régulières, hermaphrodites, fertiles, à corolle valvaire. Leurs 5 étamines syngénèses ont des anthères entières ou légèrement bilobées à la base. Leur ovaire, uniloculaire et uniovulé, est surmonté de 2, 3 languettes sépaliformes, membraneuses, aplaties, scarieuses, aiguës ou acuminées, et d'un style à 2 branches récurvées, papillifères, prolongées supérieurement en un appendice aigu, également papilleux. Le fruit est un achaine, comprimé ou subanguleux, à aigrette rigide, formée de 2 soies rigides ou dilatées à leur base, parfois d'un nombre un peu plus considérable. Ce sont des herbes, souvent élevées, annuelles ou vivaces, des deux Amériques, surtout de leurs régions tempérées; à feuilles alternes ou opposées; à capitules, souvent grands, solitaires ou en cymes terminales. Les fleurs du rayon sont jaunes et souvent aussi celles du disque, qui ailleurs sont brunes ou violacées. Nous avons fait rentrer dans ce genre les *Tithonia*, *Viguiera*, *Wyethia*. On cultive surtout dans nos jardins l'*H. annuus* L., ou *Grand-Soleil*, du Pérou, dont les graines sont riches en huile et se mangent souvent comme des noisettes. Il y a aussi des espèces ornementales vivaces, comme l'*H. multiflorus* L., fréquemment cultivé à fleurs dites doubles, et l'*H. rigidus* T. L'*H. tuberosus* L., espèce vivace du Brésil, est le Topinambour, dont on mange les rhizomes riches en inuline. (Voy. *Hist. des pl.*, VIII, 46, 201, fig. 66-70.) [H. Bn.]

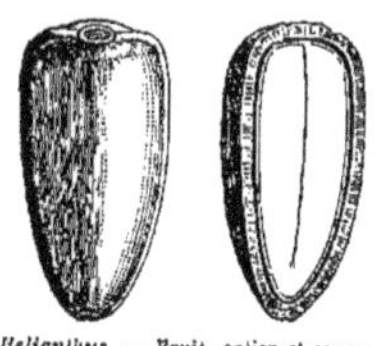

Helianthus. — Fruit, entier et coupe longitudinale.

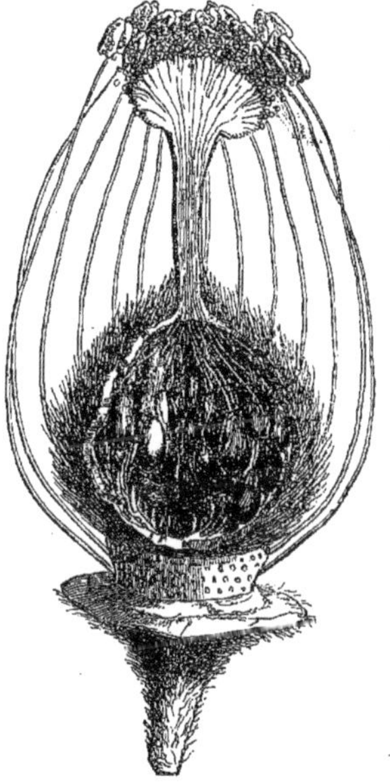

Helianthemum. — Organes sexuels pendant la fécondation.

HÉLIANTHÉES (*Helianthea*). Série des Composées (H. Bn, *Hist. des pl.*, VIII, 71, 201), à capitules hétérogames, radiés ou dépourvus des fleurs hémiligulées du rayon. Involucre de bractées 1-∞-sériées; les intérieures parfois plus grandes et unisériées, accompagnées en dehors de bractées plus petites ou nulles (*Sénécionées*), herbacées, ou sèches et scarieuses au sommet (*Anthémidées*). Réceptacle nu ou plus rarement paléacé. Anthères sans prolongements à la base (*Héléniées*, *Anthémidées*), ou bien quelquefois courtement mucronées. Style à branches tronquées (*Anthémidées*), plus rarement appendiculées. Fruits comprimés, 3-4-gones, ou 4-10-angulés ou costés (*Héléniées*). Aigrette formée de soies (*Sénécionées*), ou de paillettes ou d'écailles coroniformes ou courtes (*Anthémidées*) ; ou nulle, quelquefois (*Euhélianthées*) remplacée par 2-4 saillies aristées ou glochidiées. Plantes herbacées, rarement ligneuses, souvent odorantes, à feuilles opposées, plus souvent alternes. Nous avons réuni dans cette série 161 genres. [H. Bn.]

HELIANTHELLA (Torr. et Gray, *Fl. North-Amer.*, II, 333). Sous-genre du genre *Verbesina* L. (H. Bn, *Hist. des pl.*, VIII, 205), distingué surtout à cause des fleurs du rayon qui sont stériles; les tiges sont simples et ne portent le plus souvent qu'un seul capitule. 6 espèces, de l'Amérique du Nord. [A. Fr.]

HÉLIANTHÈME (*Helianthemum* T., *Inst.*, 248, t. 128). Genre de Cistacées, dont les fleurs sont très analogues à celles des Cistes. Leur calice est à 3-5 sépales, dont deux extérieurs plus petits. Leur corolle, parfois nulle, est à 3-5 pétales; et leurs étamines, très nombreuses, sont parfois stériles à la périphérie de l'androcée. Ce qui distingue particulièrement les *Helianthemum* des *Cistus*, c'est leur ovaire à trois placentas pariétaux et leur capsule trivalve. Ce sont des plantes herbacées ou suffrutescentes, souvent couchées, à feuilles alternes ou opposées, avec ou sans stipules, et à fleurs en cymes simulant parfois des grappes ou des ombelles. On en a décrit une centaine d'espèces, que quelques auteurs ont réduites à 25 environ et dont on a fait 7 ou 8 genres différents. Quelques-unes, telles que les *H. canadense*, *corymbosum*, dont Spach a fait le genre *Heteromeris*, ont des fleurs dimorphes : les unes polyandres, les autres ordinairement triandres et apétales. L'*H. glomeratum* est devenu de même le type du genre *Tæniostoma* Spach, à cause de ses étamines à filet linéaire-spathulé et surmonté d'une anthère orbiculaire, adnée et très petite. Signalons encore les *Halimium* Spach, rapportés tantôt aux *Cistus*, tantôt aux *Helianthemum*, car ils sont intermédiaires à ces deux genres, possédant l'embryon des premiers et le gynécée des seconds. Les Hélianthèmes habitent l'Europe, l'Afrique septentrionale, insulaire et continentale, l'Asie occidentale et les régions tempérées des deux Amériques. Notre pays en nourrit plusieurs, entre autres, l'*H. vulgare* Gærtn., qu'on regarde comme astringent et vulnéraire; propriétés communes à quelques autres. (Voy. H. Bn, *Hist. des pl.*, IV, 325, 330, 331, fig. 346-348.) [T.]

Helianthemum. — Rameau fructifère. Graine, entière et coupe longitudinale.

HELIANTHEMOIDEÆ (Spach, in *Ann. sc. nat.*, sér. 2, VI, 360). Subdivision des Cistinées.

HELIANTHEMOIDES (Medic., *Phil. bot.*, I, 95). Synonyme de *Tulinastrum* DC.

HELIANTHEMOIDES (Walp., *Rep.*, II, 808). Section du genre *Hypericum* T. (*H. armenum* Spach).

HELIANTHII (Röhl., *Ord. nat. Tab.* [1774]). Div. des Composées.

HELIANTHIDEÆ (Dumort., *Anal. fam.*, 31). Tribu des *Trichosterigmeæ*.

HELIANTHOIDEÆ. Tribu des Composées. (B. H., *Gen.*, II, 189.)

HELIANTHOSTYLIS (H. BN, in *Adansonia*, XI, 299; *Hist. des pl.*, VI, 202). Genre d'Ulmacées-Artocarpées, à fleurs dioïques (ou monoïques?); les mâles 4-mères et 4-andres; avec un gynécée stérile très allongé; les femelles à périanthe adné à l'ovaire. Le fruit est globuleux, à péricarpe mince, à graine subglobuleuse, sans albumen; l'embryon droit, à 2, 3 cotylédons. Le nom du genre vient de la forme du style, à branches filiformes, grêles, rigides. L'ovule est descendant. L'*H. Sprucei* H. BN est un petit arbre, du Brésil septentrional, à feuilles alternes, à fleurs axillaires, en capitules globuleux, avec involucre formé de quelques bractées. [H. BN.]

HELIANTHUS. — Voy. HÉLIANTHE.

HELICANTHERA (RŒM. et SCH.). Pour *Helixanthera* LOUR.

HELICHROA (RAFIN., *Nov. gen.* [1825], n. 35). Synonyme de *Echinacea* MŒNCH.

HELICHROA (RAFIN., ex DC.). Synonyme de *Rudbeckia* L.

HÉLICHRYSÉES. Tribu de la famille des Composées.

HELICHRYSOIDES (A. GRAY, in *Hook. Kew Gard. Misc.*, IV, 267). Section du genre *Pteropogon* DC. (*P. spicatus* STEETZ).

HELICHRYSOIDES (VAILL., in *Act. Acad. Par.* [1719], 297). Synonyme de *Stœbe* L.

HELICHRYSUM (GÆRTN., *Fruct.*, II, 404). Genre de Composées-Astérées, du groupe des Inulées, à fleurs 1-2-morphes; les extérieures femelles, parfois nulles; à corolle grêle, souvent 2-4-dentée; celles du disque fertiles, à corolle régulière. Les anthères sont auriculées ou souvent appendiculées inférieurement d'une façon variable. Les styles des fleurs hermaphrodites ont des branches tronquées ou capitellées. Les fruits, arrondis ou anguleux, ont une aigrette à soies lisses ou sèches, plus ou moins barbelées et souvent plumeuses au sommet ou dans toute leur étendue. D'ailleurs les autres caractères du genre sont ceux des *Gnaphalium*. Ce sont des herbes ou des plantes frutescentes, souvent tomenteuses ou laineuses, à capitules 2-∞-flores; le réceptacle plan, hémisphérique ou plus ou moins convexe, nu, fovéolé, alvéolé, fimbrillifère ou paléacé entre les fleurs. Les bractées de l'involucre sont imbriquées, plurisériées, totalement ou en partie scarieuses. Il y a environ 350 espèces, de toutes les régions chaudes de l'ancien monde, dans ce genre, auquel nous avons uni les *Argyrocome*, *Waitzia*, *Leontonyx*, *Ammobium*, *Phænocoma*, *Schœnia*, *Anaxeton*, *Petalacte*, *Stenocline*, *Leucopholis*, *Cassinia*, *Rhynea*, *Rutidosis*. Elles sont souvent remarquables par la coloration de leur involucre persistant, scarieux, qui se conserve sec sans altération; d'où le nom d'*Immortelles*. Ces plantes, souvent cultivées, font l'objet d'un grand commerce, notamment les *H. bracteatum* W., *macranthum*, *brachyrhynchum*, *Humboldtianum*, *orientale*, *Stœchas*, etc. (Voy. *Hist. des pl.*, VIII, 174.) [H. BN.]

HELICHRYSUM (MATTH.). Le *Chrysanthemum italicum* L. — L'*H. italicum* MATTH. est l'*Achillea tomentosa* L. — L'*H. creticum* MATTH. est le *Gnaphalium orientale* L.

HELICIA (LOUR., *Fl. coch.* [éd. 1790], 83). Genre de Protéacées, série des Embothriées, à fleurs hermaphrodites, très voisines de celles des *Lambertia*, se distinguant par : Périanthe à 4 folioles révolutées. Étamines 4, à anthères presque sessiles sur le périanthe, mutiques ou apiculées; 4 glandes hypogynes, libres ou plus ou moins connées. Ovaire sessile ou courtement stipité; ovules 2, anatropes, ascendants. Fruit charnu, indéhiscent. Graine globuleuse, aptère, sans albumen. Arbres ou arbrisseaux, à feuilles alternes (ou opposées?), simples; à fleurs en grappes axillaires ou terminales. On en connaît environ 20 espèces, qui habitent l'Asie tropicale, continentale et insulaire, et l'Australie voy. H. BN, *Hist. des pl.*, II, 391, 411, 416). L'*H. serrata* (*Cajo Morsego* des Malais) passe pour vénéneux; il tue, dit-on, les souris et les rats. [L.]

HELICIA (PERS., *Enchir.*, I, 214). Syn. de *Helixanthera* LOUR.

HELICILLA (MOQ., in *DC. Prodr.*, XIII, 169). Genre de Salsolacées-Salsolées, sous-tribu des Sodées, se distinguant par : Calice 5-fide, devenant bacciforme, à divisions subcorniculées-carénées dans le dos. Staminodes et nectaires nuls. Péricarpe adhérent en bas au calice. Herbes non articulées, glabres; feuilles alternes, sessiles, semi-cylindriques, charnues; fleurs solitaires ou 2-3-glomérulées, petites, disposées en grappes paniculées et terminales; bractéoles petites, scarieuses. On en connaît une seule espèce, de la Chine. (B. H., *Gen.*, III, 71.) [L.]

HELICMOTRICHUM (STEUD.). Pour *Helicotrichum* BESS.

HELICOBASIDIUM (PAT., in *Bull. Soc. bot. Fr.*, sér. 2, VII, 172). Genre d'Hyménomycètes, à réceptacle membraneux, résupiné comme les *Corticium*, dont il diffère par la forme en crosse du baside, muni à son sommet de deux stérigmates portant chacun une spore incolore réniforme. L'*H. purpureum* PAT., la seule espèce du genre, a été rencontré au mois d'avril, parasite sur l'*Asarum europæum*, à la base des pétioles. [DE S.]

HELICOBOLUS (WALLR., *Fl. germ.*, VI, 751). Genre de Sphériacés, qui doit rentrer dans les genres *Septoria* et *Blennoria*.

HELICOCLADIA (WEBB, *Phyt. canar.*, III, 32). Section du genre *Rhodorhiza* WEBB (*Convolvulus fruticulosus* DESRX).

HELICOCORYNE (CORD., *Icon.*, VI, 38). Genre d'Hyphomycètes, voisin des *Helicoma*. L'*H. viridis* CORD. se rencontre sur le bois mort et présente des filaments olivâtres, dressés, cloisonnés, d'où naissent latéralement des spores recourbées, cloisonnées, élargies au sommet, transparentes, à peine teintées. [DE S.]

HELICODEA (LEME, in *Illustr. hort.*, XI, t. 424). Genre proposé pour le *Billbergia zebrina* LINDL.

HELICODICEROS (SCHOTT, in *Oest. Bot. Wochenbl.* [1853], 369). Genre d'Aroïdées, créé pour l'*Arum muscivorum*, et qui se distingue par ses fleurs unisexuées et nues, composées, dans l'inflorescence mâle, de 2-3 anthères sessiles, biloculaires, dont les lignes de déhiscence, se rejoignant au sommet, font que ces organes semblent s'ouvrir en deux valves. Les fleurs femelles sont formées d'un ovaire uniloculaire, renfermant environ six ovules orthotropes, les uns dressés, les autres suspendus. Le spadice, plus court que la spathe, se prolonge en un appendice six ou sept fois plus long que la portion florifère et entièrement garni de filaments subulés. Une espèce, herbacée, à feuilles pédalées, de la Corse et des îles voisines. (ENGL., *Arac.*, 604.) [DD.]

HELICOGYRATÆ (BERNH., in *Schrad. N. Journ.* [1806], I, p. II, 4). Division des Fougères-Gyratées. Pour Fée (*Gen. Fil.*, 39, 315), elle comprend les Cyathéacées et les Thyrsoptéridées.

HÉLICOÏDE (CYME). — Voy. INFLORESCENCE.

HELICOMA (CORD., *Icon.*, I, t. 15; *Anleit.*, 39). Genre d'Hyphomycètes-Dématiés, à filaments dressés, cloisonnés, colorés, à spores hyalines, en hélice, à 5 cloisons. Les *Helicoma* vivent sur le bois mort. [DE S.]

HELICOMYCES (LINK, *Obs.*, I, 19). Genre d'Hyphomycètes, à filaments courts, portant de longues spores recourbées, cloisonnées et vivant sur le bois mort; il paraît difficile de les séparer du genre *Helicosporium* NEES. Link avait évidemment pris les spores pour la continuation des filaments végétatifs. D'après M. Bonorden (*Handb.*), la spore recourbée de l'*H. roseus* LINK est une chaîne de spores; mais, d'après la description et la figure de M. Saccardo, qui maintient pourtant ce genre, il y a lieu de penser que M. Bonorden a été induit en erreur par les gros nucléoles, très apparents, contenus dans la spore. [DE S.]

HELICONIA (GÆRTN., *Fruct.*, II, 270, t. 130). Synonyme (?) de *Strelitzia* BANKS.

HELICONIA (L., *Mant.*, II, 147). Genre de Scitaminées, tribu des Musées. Les sépales y sont libres, ou les deux latéraux plus ou moins adnés à la corolle; celle-ci a le tube court et le limbe allongé, à divisions très inégales; la moyenne plus grande. 5 étamines munies d'anthères; la sixième réduite à un staminode linéaire. Ovaire triloculaire, à loges uniovulées; style filiforme, à stigmate épais. Fruit ovoïde ou oblong, épais, indéhiscent. Graine solitaire et dressée. Les tiges, assez élevées, sont couvertes de feuilles dont le limbe est très développé; les fleurs, très belles et d'un coloris brillant, sont fasciculées dans une spathe concave et très étalée, et forment une grappe unilatérale. On cultive de beaux *Heliconia* dans les serres. [A. FR.]

HELICONIÆ (A. RICH.), HELICONIEÆ (ENDL.). — Voy. HÉLICONIÉES.

HÉLICONIÉES (*Heliconieæ* SALISB., in *Trans. Hort. Soc.*, I [1815], 272). Ordre des Monocotylédones. Pour Lindley, c'est une tribu des Musacées, formée du seul genre *Heliconia* GÆRTN.

HELICONIOPSIS (MIQ., *Fl. ind.-bat.*, III, 590). Synonyme (?) de *Heliconia* L.

HÉLICOPHYLLINÉES (SCHOTT). Tribu des Aroïdées.

HELICOPHYLLUM (SCHOTT, *Aroid.*, I, 20). Genre d'Aroïdées-Arées, qui se distingue par ses fleurs unisexuées et nues : les mâles diandres, à anthères biloculaires, sessiles; les femelles unicarpellées, à ovaire uniloculaire, biovulé. Les ovules, orthotropes et dressés, sont fixés, par un funicule court, sur un placenta basilaire et indistinct. Le style est court ou presque nul; le stigmate hémisphérique. Les fruits sont des baies monospermes ou plus rarement dispermes. Le spadice, grêle, appendiculé et beaucoup plus court que la spathe, est garni, entre les inflorescences mâle et femelle, de filaments épars, longuement subulés. Enfin, la spathe est persistante, à tube légèrement ventru et à lame dressée. Ce sont des plantes herbacées, de l'Asie occidentale, dont les feuilles, longuement pétiolées, sont linéaires, hastées ou pédalées. Ce genre renferme 3 ou 4 espèces. (ENGL., *Arac.*, 597.) [DD.]

HELICOPUS (E. MEY., *Comm. pl. Afr. austr.*, I, 146). Section du genre *Scytalis* E. MEY.

HELICOSPERMA (LINDL.). Pour *Heliosperma* REICHB.

HELICOSPOREI (LÉV., in *Dict. d'Orb.*, VIII, 494). Tribu des Sclérochétés (genres *Helicotrichum* et *Heliconia*).

HELICOSPORIUM (NEES, *Syst.*, 68, fig. 66). Genre d'Hyphomycètes, à filaments colorés, cloisonnés, enchevêtrés ou dressés; à spores hyalines, filiformes, cloisonnées, plus ou moins spiralées ou recourbées, naissant des parois latérales des filaments, se détachant facilement et se redressant. Les espèces connues vivent sur le bois mort ou sur l'écorce; elles forment à la surface un léger tomentum grisâtre ou brunâtre. [DE S.]

HELICOSTYLIS (TRÉC., in *Ann. sc. nat.*, sér. 3, VIII, 134, t. 5). Genre d'Ulmacées-Artocarpées, à fleurs dioïques, en capitules de glomérules, avec des fleurs qui ressemblent à celles des *Castilloa* : les mâles à 4 sépales et 4 étamines; les femelles à ovaire infère et à ovule de *Castilloa;* le style à 2 branches linéaires-subulées, comprimées et étroitement subulées. L'*H. Pœppigiana* TRÉC. est un arbre de la Guyane et du Brésil septentrional. MM. Bentham et Hooker (*Gen.*, III, 372) le comparent au *Maquira* d'Aublet. (H. BN, *Hist. des pl.*, VI, 205.)

HELICOSTYLIUM (FRIES). Pour *Helicostylum* CORDA.

HELICOSTYLUM (CORDA, *Icon.*, V, t. 18). Genre de Mucorinés, à sporanges de deux sortes : l'un des sporanges présente une grande columelle, une membrane externe diffluente, il est porté sur un filament ou pédicelle droit, persistant; l'autre, plus petit, ou sporangiole, à pédicelle contourné et fragile, est formé d'une paroi non diffluente et renferme un très petit nombre de spores semblables à celles qui sont contenues en grand nombre dans le sporange columellé. L'*H. elegans* CORDA végète sur des corps en décomposition, des excréments de chat, et dans les conditions où se rencontrent la plupart des Mucorinés. [DE S.]

HELICOTHAMNION (KUETZ., *Phyc. gen.*, 433). Genre d'Algues-Floridées, appartenant à la grande famille des *Polysiphonieæ*, et que l'auteur a considéré plus tard comme synonyme du genre *Bostrychia* MONT. [CH. M.]

HELICOTRICHUM (BESS., in *Reichb. Fl. germ. exc.*, 140 b). Synonyme de *Avenastrum* KOCH, section du genre *Avena* T.

HELICOTRICHUM (NEES, in *Nov. Act. Acad. L.-C.*, IX, 26). Genre d'Hyphomycètes, que les descriptions de la plupart des auteurs ne permettent pas de séparer du genre *Helicosporium*. Toutefois la description et la figure données par M. Saccardo (*Michelia*, II, 26; *Fung. ital.*, fig. 812) représentent les filaments stériles comme circinés, tandis que les spores, portées par des filaments plus courts, ont une tendance à se redresser. C'est l'*H. obscurum* CORDA, vivant sur des tiges du *Dipsacus sylvestris*, qui a fait l'objet de cette observation. [DE S.]

HELICTA (CASS., in *Bull. phil.* [1818]; in *Dict.*, XX, 461). Synonyme de *Borrichia* ADANS.

HELICTA (LESS., *Syn. Comp.*, 221). Synon. de *Epallage* DC.

HÉLICTÈRE. Nom français (LAMK) des *Helicteres* L.

HELICTEREÆ (DC., in *Mém. Mus.*, X, 100). Sous-tribu des Dombeyacées.

HELICTERES (L., *Gen.*, n. 1025). Genre de Malvacées, qui a donné son nom à la série des Hélictérées, et qui a des fleurs hermaphrodites, à calice 5-fide, parfois irrégulier, valvaire. La corolle est tordue; ses 5 pièces sont égales ou inégales, en partie parfois onguiculées ou auriculées. Les étamines fertiles sont au nombre de 5-10, monadelphes : 5 sont stériles et dentiformes; les anthères sont extrorses et biloculaires. L'ovaire est porté au sommet de la colonne anthérifère, à 5 lobes pluriovulés, à 5 styles. Les carpelles sont secs à la maturité et se séparent alors les uns des autres, droits dans la section *Orthocarpæa*, tordus dans la section *Spirocarpæa*. Ils ont de nombreuses graines à albumen peu abondant, à embryon replié; les cotylédons involutés et convolutés autour de la radicule. Ce sont, au nombre de 30, des arbres ou des arbustes, à poils rameux ou étoilés, à feuilles entières ou serrées; à fleurs axillaires, solitaires ou en cymes pauciflores. Plusieurs d'entre eux, notamment l'*H. Ixora*, ont les propriétés émollientes et mucilagineuses de nos Mauves. (H. BN, *Hist. des pl.*, IV, 63, 110, 122, fig. 95, 96.)

Helicteres. — Fleur. Fruit.

HELICTERIS (W.). Pour *Helicteres* L.

HELICTEROIDES (DC., *Prodr.*, III, 340), HELICTERIOIDES (STEUD.). Section du genre *Loasa* JUSS.

HELICTONIA (EHRH., *Phytoph.*, n. 66; *Beitr.*, IV, 148). Synonyme de *Spiranthes* RICH.

HÉLICULES (CASS., *Opusc.*, II, 518). Synonyme de Trachées.

HELIE (RŒM., *Fam. nat. Syn.*, I, 32, 42). Synonyme (part.) de *Sclerostylis* BL.

HELIERELLA (TURP., in *Mém. Mus.*, XVI, 318, t. 13, fig. 22). Genre de Desmidiacées, qui a été considéré par Ehrenberg comme synonyme de *Micrasterias*. Par Ralfs, Rabenhorst et Kützing, il est regardé, avec plus de raison, comme synonyme du genre *Pediastrum*. [CH. M.]

HELIETTA (TUL., in *Ann. sc. nat.*, sér. 3, VII, 280). Genre de Rutacées-Zanthoxylées, à fleurs 3-4-mères, diplostémonées, analogues à celles des *Esenbeckia;* les loges ovariennes biovulées, et le fruit à 3, 4 coques. Petit arbuste colombien, à feuilles trifoliolées, opposées et alternes; fleurs en cymes pédonculées, axillaires et terminales. (H. BN, *Hist. des pl.*, IV, 477, n. 59.)

HELIGMA (HASSK., *Cat. bog.*, ed. alt., 123). Pour *Helygia* BL.

HELINUS (E. MEY., in herb. *Drège*, ex ENDL., *Gen.*, n. 5745). Genre de Rhamnacées-Gouaniées, dont la fleur est celle des *Gouania;* l'inflorescence, celle des *Reissekia*, et qui diffère des uns et des autres par son fruit infère, totalement dépourvu d'ailes. Les trois *Helinus* connus, arbustes grimpants, dont le port est celui des *Gouania*, habitent l'Abyssinie, Madagascar, l'Inde et l'Afrique australe. (Voy. *Hist. des pl.*, VI, 84.) [H. BN.]

HELIOCARPOS (L., *Gen.*, 157). Synonyme de *Heliocarpus* L.

HELIOCARPUS (L., *H. Cliff.*, 211, t. 16). Syn. de *Triumfetta* L.

HELIOCARYA (BGE, *Helioc.*, Mosc. [1871]). Genre de Boraginacées-Boraginées, voisin des *Caccinia*, établi pour une herbe de Perse, hérissée, caractérisée par 5 étamines, dont une seule fertile et 4 rudimentaires. Le fruit est un seul nucule, large et glochidié sur les bords. Le calice persiste autour de lui, largement étalé. Les bractées florales sont très petites. [H. BN.]

HELIOCHARMOS. Section (B. H., *Gen.*, III, 816) du genre *Ornithogalum* L., dont l'*O. umbellatum* L. est le type.

HELIOCHRYSON. Nom ancien (BAUH.) de l'Aurone.

HELIOGONES (BENTH., *Pl. Hartw.*, 42). Synon. de *Aganippea*.

HELIOMERIS (NUTT., in *Journ. Acad. Philad.*, ser. 2, I, 171). Synonyme de *Gymnolomia* H. B. K.

HELIOMYCES (LÉV., in *Ann. sc. nat.*, sér. 3, II, 177). Genre d'Agaricinés, à chapeau membraneux, coriace, sillonné en rayon, présentant des lamelles à la surface inférieure, et à pédicule sublignenx. La structure de l'hyménium est encore ignorée. Les espèces connues viennent surtout de l'Asie méridionale, de Ceylan, Java, Sumatra. On en compte une dizaine; toutes vivent sur l'écorce des arbres ou sur des débris de végétaux. [DE S.]

Heliomyces.

HELIOPELTA (EHRENB., *Monatsb.* [1844], 262). Genre de Diatomacées, que Kützing a placé dans le groupe des Aréolées, ordre des *Coscinodisceæ*, et que les auteurs modernes considèrent, non sans raison, comme type de la famille des Héliopeltées, de la tribu des Cryptoraphidées. Le frustule des espèces qui composent ce genre est simple, bivalve, orbiculaire; les valves sont pourvues de nombreuses épines ou dents marginales et d'un ombilic hyalin. Il y a aussi des espaces hyalins à la base, aux angles de chaque compartiment. Ces Diatomacées sont fossiles ou marines. [CH. M.]

HÉLIOPELTÉES (VAN HEURCK, *Misc. Ar. Syn.*, 312). Famille de Diatomacées, de l'ordre des Cryptoraphidées. Les valves sont discoïdes, plus ou moins ondulées, divisées en compartiments réguliers, alternativement sombres et éclairés, souvent pourvus d'épines, de dents marginales ou submarginales. Trois genres constituent, d'après l'auteur, cette famille. [CH. M.]

HELIOPHANES (SALISB.). Section du genre *Erica* T.

HELIOPHILA (L., *Gen.*, n. 816). Genre de Crucifères, série des Cheiranthées, sous-série des Sisymbriées, se distinguant par : Sépales égaux à la base. Six étamines : les latérales parfois pourvues d'une dent à la base. Silique de forme variable, sessile ou stipitée, déhiscente ou indéhiscente, à bords droits ou sinués et resserrés entre les graines; valves planes, 1-3-nervées; cloison hyaline. Graines émarginées ou ailées; cotylédons pourvus de deux plis en travers, incombants ou accombants. (Voy. H. BN, *Hist. des pl.*, III, 187, 247, fig. 217, 218.)

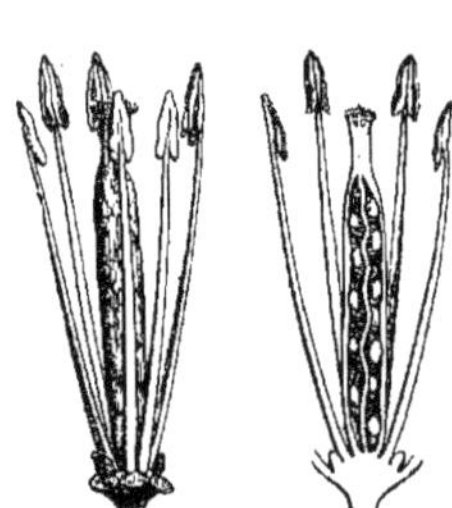

Heliophila. — Fleur, sans le périanthe, entière et coupe longitudinale.

HELIOPHILAX (STEUD.). Pour *Heleophylax*.

HELIOPHILEÆ (DC., in *Mém. Mus.*, VII, 246). Tribu des Crucifères-Diplécolobées.

HELIOPHTHALMUM (FRIES, *Summ. veg. Scand.*, I, 25). Section du genre *Ranunculus* T.

HELIOPHTHALMUM (RAFIN., *Fl. ludov.*, 72). Synonyme de *Rudbeckia* L.

HELIOPHYLA (NECK.). Pour *Heliophila* BURM.

HELIOPHYTON (BENTH.). Pour *Heliophytum* DC.

HELIOPHYTUM (DC., *Prodr.*, IX, 551). Synonyme de *Heliotropium* T. et section de ce genre. (B. H., *Gen.*, II, 844.)

HELIOPSIDEÆ (CASS.). Division des Composées.

HELIOPSIS (PERS., *Syn.*, II, 473). Genre de Composées-Hélianthées, à fleurs dimorphes : celles du rayon femelles, 1-sériées, stériles ou fertiles, le limbe de la corolle ligulée entier; celles du disque hermaphrodites, régulières, fertiles ou stériles. Les anthères sont à leur base entières ou finement dentées. Le style a 2 branches obtuses, hérissées, brièvement appendiculées. Le fruit, dépourvu d'aigrette, est cylindrique ou obtusément 3-4-gone. Ce sont, au nombre de 4, des herbes vivaces ou radicantes, terrestres ou palustres, à feuilles opposées, ou les supérieures alternes, souvent 3-nerves; à capitules solitaires ou en cymes lâches; le réceptacle conique, avec écailles enveloppant les fleurs du disque. L'involucre est hémisphérique ou largement campanulé, à bractées 1- ou paucisériées. Tous habitent les portions chaudes des deux Amériques. On cultive comme ornementaux les *H. lævis* PERS., *canescens* H. B. K., etc. (Voy. *Hist. des pl.*, VIII, 220, n. 279.) [H. BN.]

HELIOSCIADIUM (BLUFF. — SPACH). Pour *Helosciadium* K.

HELIOSCOPIA (RŒP., in *Dub. Bot. gall.*, 413). Section du genre *Euphorbia* L.

HELIOSCOPION. Synonyme de Réveille-matin.

HELIOSPERMA (REICHB., *Fl. exc.*, 817). Section du g. *Silene*.

HÉLIOTROPE. Le *Tournesolia tinctoria* L. C'est aussi le nom ancien de l'*Helianthus annuus* et de l'*H. multiflorus* L.

HÉLIOTROPE (*Heliotropium* T., *Inst.*, 138, t. 57). Genre de Boraginacées, qui a donné son nom au groupe des Héliotropiées. Ses fleurs, régulières et hermaphrodites, ont un calice à cinq sépales quinconciaux; une corolle gamopétale, hypocratérimorphe, nue à la gorge, présentant, dans le bouton, cinq plis alternes avec les sépales et en préfloraison tordue. Les étamines, alternes avec ces plis, insérées sur le tube de la corolle, ont des anthères biloculaires, introrses, déhiscentes par deux fentes longitudinales. Le pistil se compose d'un ovaire supère, entouré

Héliotrope. — Fleur, entière et coupe longitudinale. Fruit.

d'un disque hypogyne et surmonté d'un style simple, renflé et conique à son extrémité stigmatifère. Cet ovaire est primitivement à deux loges biovulées; mais, pendant l'accroissement, le dos de chaque loge produit une fausse cloison, de sorte que l'on a un ovaire à quatre logettes uniovulées. Ces ovules sont descendants, anatropes, avec le micropyle en haut et en dehors. Le fruit est une drupe presque sèche, à quatre noyaux distincts, renfermant chacun une graine dépourvue d'albumen. Ce sont des plantes herbacées ou frutescentes, velues ou quelquefois glabres, à feuilles alternes, rarement opposées, dépourvues de stipules, entières ou denticulées, à fleurs disposées en cymes unipares scorpioïdes. On en a décrit plus de 100 espèces, disséminées sur toute la surface du globe, mais surtout abondantes dans l'Amérique du Sud. De Candolle (*Prodr.*, IX, 532) les répartit en quatre sections : 1. *Catimas*; 2. *Piptoclaina*; 3. *Euheliotropium*; 4. *Orthostachys*. La plus intéressante de toutes ces espèces est l'Héliotrope du Pérou (*H. peruvianum* L.), originaire des Andes de Quito, du Pérou, etc., et cultivé dans tous les jardins pour le parfum de ses fleurs. On doit l'introduction en Europe de cette plante à Joseph de Jussieu, qui en envoya des graines au Jardin du Roi en 1740. Citons encore l'Héliotrope d'Europe (*H. europæum* L.), herbe commune dans les lieux secs et sablonneux de l'Europe moyenne et méridionale, de l'Afrique boréale et de la Tauride, et connue chez nous sous le nom vulgaire et significatif d'*Herbe aux verrues*. [T.]

HÉLIOTROPE D'HIVER. Le *Nardosmia fragrans* REICHB.

HELIOTROPHYTUM (G. DON, *Gen. Syst.*, IV, 363). Synonyme de *Heliophytum* CHAM.

HELIOTROPICEÆ (SCHRAD.), HELIOTROPIEÆ (AG.). Synonyme de Ehrétiées.

HÉLIOTROPIÉES (*Heliotropieæ*). Division des Boraginacées.

HELIOTROPIOIDES (G. DON). Pour *Heliotropoides* RŒM.

HÉLIOTROPISME, HÉLIOTROPIQUE. — Voy. NUTATION.

HELIOTROPIUM (CÆSALP., *De plant. lib.* IX). Synonyme de *Croton* L.

HELIOTROPIUM (COMMEL., *Hort. amst.*, II, 129). Synonyme de *Bystropogon* LHÉR.

Helleborus niger. — Port.

HELIOTROPIUM MINUS (DOD.), HELIOTROPIUM TRICOCCUM (CLUS.). Le *Tournesolia tinctoria* SCOP.

HELIOTROPOIDES (RŒM. et SCH., *Syst.*, IV, 538). Section du genre *Tournefortia* L.

HELIPTERIDIUM (A. GRAY, in *Hook. Kew Gard. Misc.*, IV, 231). Section du genre *Helipterum* DC.

HELIPTEROIDES (A. GRAY, in *Hook. Kew Gard. Misc.*, IV, 269). Section (?) du genre *Pteropogon* DC.

HELIPTEROPSIS (F. MUELL., in *Linnæa*, XXV, 415). Section du genre *Pteropogon* DC. (*P. ramosissimus, platyphyllus*, etc.).

HELIPTERUM (DC., *Prodr.*, VI, 211. — ENDL., *Gen.*, n. 2741. — B. H., *Gen.*, II, 308). Genre de Composées, que nous n'avons pu considérer (*Hist. des pl.*, VIII, 174, not. 6) que comme une section du genre *Helichrysum* GÆRTN. [H. BN.]

HELISANTHERA (RAFIN.). Pour *Helixanthera* LOUR.

HELISCOPHORA (ENDL., *Gen.*, Suppl., III, 42). Section du genre *Chrysymenia*. Synonyme de *Chondrothamnion* KUETZ.

HELISCUS (SACCARD., *Michel.*, II, 132; *Fung. ital.*, fig. 808). Genre d'Hyphomycètes, se présentant sous forme de petits pulvinules blanchâtres; les filaments qui les composent se ramifient en dichotomies successives. Chaque branche terminale porte au sommet une spore hyaline, triseptée, claviforme. L'*H. lugdunensis* SACC. a été trouvé à Lyon sur l'écorce d'un Pin. [DE S.]

HELITTOPHYLLUM (BL., *Bijdr.*, 652). Synonyme de *Helicia* PERS. Wittstein écrit (*Etym. Handw.*, 426) *Helitophyllum*.

HELIUSTRUS. Nom ancien de la Gomme ammoniaque.

HELIX (DUMORT., in *V. Hall Bijdr.*, I). Section du genre *Salix* T. (FRIES, *Summ. veg. Scand.*, I, 56.)

HELIX (MICHELI, in *Act. nat. Cur.* [1748], VIII, App., 224). Synonyme (?) de *Hedera* L.

HELIXANTHERA (LOUR., *Fl. cochinch.*, 142). Synonyme de *Loranthus* et de *Helicia* PERS.

HÉLIXANTHÈRE. Nom français (LAMK) des *Helixanthera* LOUR.

HELIXYRA (SALISB., in *Trans. Hort. Soc.*, I, 305). Genre proposé pour le *Moræa longiflora* KER.

HELLEBORACEÆ (SPACH), HELLEBORASTRA (REICHB.), HELLEBOREÆ (DC.), HELLEBORINÆ (REICHB. — SPACH). — Voy. HELLÉBORÉES.

HELLEBORASTER (LOB. — MŒNCH, *Meth.*, 236). Section du genre *Helleborus* T. (*H. fœtidus* L.).

HELLEBORASTRUM (SPACH, *Suit. à Buffon*, VII, 316). Section du genre *Helleborus* T. (*H. viridis, atrorubens*).

HELLÉBORE. Nom français des *Helleborus* T.

HELLÉBORE BATARD. Nom ancien de l'*Adonis vernalis* L.

HELLÉBORE BLANC. Le *Veratrum album* L.

HELLÉBORE D'HIPPOCRATE. L'*Helleborus orientalis* LAMK.

HELLÉBORE D'HIVER. L'*Helleborus* (*Eranthis*) *hiemalis* L.

HELLÉBORE VERT. Nom de l'*Helleborus viridis* et surtout du *Veratrum viride*, employés comme médicaments.

HELLÉBORÉES (*Helleboreæ* DC., *Syst. veg.*, I, 130, 306). Tribu des Renonculacées, comprenant les genres à ovaires pluriovulés. (REICHB., *Consp.*, 192; *Nom.*, 171.)

HELLÉBORINE. Nom français des *Epipactis*.

HELLEBORINE (PERS., *Syn.*, II, 512). Synonyme de *Serapias* L.

HELLEBORINE (RIV., ex RUPP., *Fl. jen.*, 178). Synonyme de *Epipactis* RICH.

HELLEBORITES. Nom ancien de la Petite-Centaurée.

HELLEBOROIDES (ADANS., *Fam. des pl.*, II, 458). Synonyme de *Eranthis* SALISB.

HELLEBORUS (T., *Inst.*, 271, t. 144). Genre de Renonculacées, série des Aquilégiées, à fleurs régulières, hermaphrodites, très voisin des *Nigella*, se distinguant par des sépales herbacés ou colorés, des nectaires en nombre variable, des étamines nombreuses et un nombre variable de carpelles libres (voy. H. BN, *Hist. des pl.*, I, 13, 84, fig. 27-34). Le fruit est formé de plusieurs follicules, et les graines sont albuminées. Les Hellébores possèdent des propriétés importantes. Les *H. officinalis, niger, fœtidus, hiemalis, orientalis, viridis*, sont des poisons irritants; à dose faible, ils sont évacuants et parasiticides; les anciens attribuaient à l'*H. orientalis* la propriété de guérir la folie. Plusieurs espèces sont cultivées comme plantes d'ornement:

HELLEBORUS NIGER

a. Plante entière. — b. Fleur, coupe longitudinale. — c. Cornet ou nectaire (Staminode). — d. le même, coupe longitudinale. — e. Etamine. — f. le même, l'anthère coupée en travers. — g. Ovule.

entre autres l'*H. niger*, sous le nom de *Rose de Noël*; l'*H. viridis* ou *Herbe à sétons*; l'*H. fœtidus* ou *Pied-de-griffon*, *Patte-d'ours*; l'*H. orientalis*. Certains *Helleborus* fournissent une teinture jaune. (Voy. H. BN, *Tr. Bot. méd. phanér.*, 467.) [L.]

Helleborus. — Branche florifère. Bouton. Fleur, coupe longitudinale. Nectaire. Gynécée.

HELLEBORUS ALBUS. Nom officinal du *Veratrum album* L.

HELLENIA (RETZ., *Obs.*, VI, 18). Synonyme de *Costus* L.

HELLENIA (W., *Spec.*, I, 4). Synonyme (?) de *Alpinia* L.

HELLENIUS (C.-Nicol.). Botaniste scandinave, professeur à Abo, fut l'auteur d'un Calendrier de Flore pour cette ville [1786] et publia un *Hortus academicus aboensis* [1779]. Son premier travail est intitulé : *Förtekning på Finska medicalväxter* [1779]. On lui doit aussi de nombreuses notices sur les genres *Calla*, *Hippuris*, *Evonymus*, *Hippophae*, *Tropæolum*, *Cichorium*, et sur l'*Arundo Phragmites* L. [1795].

HELLER (Fr.-Xav.). Botaniste de Würzbourg [1778-1840], auteur, en 1800, de *Organa plantarum fructificationi sexuali inservientia*. Il étudia les Graminées du duché [1809], dont il publia ensuite une flore, le *Flora wirceburgensis*, 2 vol. in-8 [1810-1815].

HELLERIA (FOURN., *Gram. Mex.*, 128). Synonyme de *Festuca*.

HELLERIA (NEES et MART., in *Nov. Act. nat. Cur.*, XII, 39, t. 7). Synonyme de *Vantanea* AUBL.

HELLMANNIA (REICHB., *Consp.*, 132). Section du genre *Passiflora* L. Synonyme de *Tacsonioides* DC.

HELLMUTHIA (STEUD., *Syn. pl. glum.*, II, 90). Synonyme de *Scirpus* L.

HELLWINGIA (ENDL.). Pour *Helwingia* ADANS.

HELMENTIA (A. S.-H.). Pour *Helminthia* J.

HELMHOLTZIA (F. MUELL., *Fragm. phyt. Austral.*, V, 202). Genre de Philydracées, qui paraît très voisin des *Philydrum*, dont il se distingue surtout par son inflorescence, dite en panicule terminale, pyramidale, allongée, très floribonde, et les loges de ses anthères, parallèles et oblongues. Le type est le *Philydrum glaberrimum* HOOK. F. (*Bot. Mag.*, t. 6056); il y en a une autre espèce, également australienne, l'*H. acorifolia*. [H. BN.]

Helleborus. — *Eranthis*, rameau florifère. Fleur, coupe longitudinale. — *Coptis*, fleur.

HELMIA (K., *Enum.*, V, 414). Section du genre *Dioscorea* L.

HELMINTHIA (J., *Gen.*, 170). Synonyme de *Picris* L.

HELMINTHIEÆ (SCH. BIP., in *Flora* [1834], II, 478). Division des Composées-Picridées.

HELMINTHOCARPON (FÉE, *Ess. crypt. éc. off.*, II). Genre de Lichens-Graphidés, caractérisé par un thalle lépreux; une apothécie sublyriforme, entourée par le bord du thalle; un périthèce ténu, noir; un noyau allongé, ponctué de noir, subdiaphane; des thèques subelliptiques, à sporidies nombreuses, épaisses, tubuleuses, avec des spores conglomérées et disposées en séries. (Voy. MTGNE, in *Ann. sc. nat.*, sér. 2, IX, 252.)

HELMINTHOCARPUM (A. RICH., *Fl. abyss. Tent.*, I, 200, t. 36). Genre de Légumineuses-Papilionacées, série des Lotées, sous-série des Anthyllidées, à fleurs très petites de *Lotus*. Elle se distingue par : Deux dents supérieures du calice plus larges. Pétales plus ou moins adhérents au tube staminal. Étamine vexillaire libre ou plus ou moins soudée avec les autres. Ovaire sessile, biovulé; style infléchi. Gousse indéhiscente, tétragone, en partie cloisonnée entre les graines. Herbe couchée, d'Abyssinie. Une seule espèce. (Voy. H. BN, *Hist. des pl.*, II, 292.) [L.]

HELMINTHOCHORTON. La Mousse de Corse.

HELMINTHOCLADIA (J.-G. AGH, *mss.*, nec HARV.). Algues-Floridées, de la famille des *Helminthocladieæ*, de la série des *Desmiospermeæ*. La fronde est caractérisée par des filaments intérieurs, constituant l'axe, libres tour à tour, ou peu resserrés, articulés. Cette fronde est rameuse, gélatineuse, constituée de filaments qui forment par leur développement une couche continue, périphérique. Ces filaments, constituant l'enveloppe corticale, sont verticaux, dichotomes, fastigiés : c'est là que se développent les desmiocarpes. Les glomérules fructifères de ces Algues sont entourés d'une couronne de filaments stériles très remarquables, mais ne sont pas revêtus d'un tégument mucilagineux. Trois espèces constituent ce genre. (Voy. J.-G. Agh, *Spec., gen. et ord. Alg.*, III, 506.) [Ch. M.]

HELMINTHOCLADIA (Harv., *Gen. S.-Afric.*, XVI; *Man.*, 45). Genre d'Algues, de la famille des *Chordarieæ* pour l'auteur, mais que J.-G. Agardh considère, et avec raison, comme synonyme de *Mesogloia* Agh. [Ch. M.]

HELMINTHOCLADIACEÆ (J.-G. Agh, *Spec., gen. et ord. Alg.*, 503). Algues-Floridées, de la grande famille des Desmiospermées, que caractérise une fronde inarticulée, souvent cylindrique, gélatineuse, glissante entre les doigts, formée d'un faisceau de filaments, et recouverte à l'état adulte d'une couche calcaire. Les cystocarpes de cette fronde sont immergés; l'organe placentaire à peu près nul; le nucléus simple, fasciculé, constitué de filaments gonflés. Les filaments gemmidifères rayonnent du centre en tous sens, et dans leurs articles supérieurs portent des gemmidies. Les sphérospores se divisent en croix. Les *Helminthocladiaceæ*, les *Scianaceæ* et les *Liagoreæ* constituent ce groupe. [Ch. M.]

HELMINTHOCLADIEÆ (J.-G. Agh., *Spec., gen. et ord. Alg.*, 504). Famille d'Algues, de la tribu des Helminthocladiacées, qui se distingue, outre les caractères généraux, par un nucléus nu, situé dans les filaments du strate périphérique. Les filaments gemmidifères sont très courts. Les sphérospores, observées dans un seul genre seulement (Agh), et situées dans les articles extrêmes des filaments verticaux, se divisent en croix. [Ch. M.]

HELMINTHOCORTON (Zanard., *Sagg.*, 48). Genre d'Algues, de la famille des Floridées. Synonyme de *Echinaulon*, de la famille des *Gelidieæ*. [Ch. M.]

HELMINTHOPHORA (Bonord., *Handb.*, 93; fig. 137). Genre d'Hyphomycètes, qui ne diffère pas sensiblement du genre *Tricothecium* Lk. [De S.]

HELMINTHORA (J.-G. Agh, *Spec.*, 415). Genre d'Algues, de la famille des *Helminthocladieæ*, de l'ordre des *Helminthocladiaceæ*, de la série des *Desmiospermeæ*. Ces Algues sont caractérisées par une fronde ronde, gélatineuse, rameuse, plane ou devenant creuse, d'où rayonnent des filaments périphériques, plus ou moins serrés, libres ou soudés au sommet par une cuticule épaisse ou une couche continue. De la partie inférieure des articles qui composent ces filaments, naissent des tubes articulés, descendants, qui vont renforcer le cylindre central et produisent à l'entour de nouveaux filaments rayonnants, périphériques. C'est dans cette zone extérieure que se développent les procarpes. Le procarpe fécondé, le cystocarpe se forme, se détache de la plante mère, avec son involucre. Les anthéridies et les cystocarpes se trouvent souvent les unes et les autres sur le même individu, mais il n'y a, à cette disposition, aucune règle connue. Les spores de ces Algues, après leur sortie des cystocarpes, présentent un phénomène très curieux de changement de forme, qui rappelle les transformations diverses des Amibes. (Fries, *Summ. veg. Scand.*, I, 127. Harv., *Ner. bor.-amer.*, II, 133.) [Ch. M.]

HELMINTHOSPERMUM (Thwait., in *Hook. Journal of Bot.* [1854], VI, 302, t. 9 C). Synonyme de *Gironniera* Gaudich.

HELMINTHOSPHÆRIA (Fuck., *Symb. myc.*, 166). Genre de Sphériacés, à périthèces membraneux, hérissés de filaments conidiophores; à spores ovoïdes, uniloculaires, noirâtres. La seule espèce connue, l'*H. Clavariæ*, rentrait dans le genre *Pleospora* Tul.; elle en a été distraite par les auteurs récents, d'après le caractère des spores, uniloculaires dans l'*Helminthosphæria* et pluriloculaires chez les *Pleospora*. [De S.]

HELMINTHOSPORIUM (Link, *Obs.*, I, 8. — Fries, *Syst.*, III, 354). Genre d'Hyphomycètes-Dématiés, à filaments cloisonnés, obscurément annelés, de couleur brune, donnant naissance à des spores concolores et pluriloculaires. On rencontre les nombreuses espèces de ce genre sur le bois mort, les brindilles et rameaux tombés à terre, les tiges de plantes sèches. Plusieurs de ces espèces ont perdu leur autonomie, depuis qu'on a reconnu en elles l'état conidien de divers Sphériacés. [De S.]

HELMINTHOSTACHIS (Ritg.). Pour *Helminthostachys* Kaulf.

HELMINTHOSTACHYDEÆ (Presl, *Suppl. Pterid.*, 318). Sous-ordre des Ophioglossées (genre *Helminthostachys* Kaulf.).

HELMINTHOSTACHYS (Kaulf., *Enum.*, 28). Genre d'Ophioglossacées. Le segment fertile est placé à la base de la lame du segment stérile, et se présente sous forme d'une grappe cylindrique, pourvue d'écailles peltées pédicellées, insérées de tous côtés. Les sporanges s'ouvrent en dehors par une fente longitudinale; les uns sont groupés par trois ou quatre et adnés à la face inférieure de l'écaille, qui les dépasse; les autres sont solitaires ou géminés et insérés sur le pédicelle. Le segment stérile est triséqué, avec la division médiane pinnatiséquée et les divisions latérales profondément incisées du côté supérieur. On ne connaît qu'une espèce de ce genre, l'*H. zeylanica* Hook., dont la dispersion est très large, depuis l'Himalaya, la Cochinchine, jusqu'en Australie et dans la Nouvelle-Calédonie. [A. Fr.]

Helminthostachys. — Sporanges.

HELMINTHOTHECA (Vaill., in *Act. Acad. Par.* [1721], 205). Synonyme de *Helminthia* J.

HELMINTOSTACHYS (Ad. Br.). Pour *Helminthostachys* Kaulf.

HELMISPORIUM (Link, *Obs.*, II, 38; *Spec. pl.*, 46.). Genre d'Hyphomycètes. Synonyme de *Helminthosporium* Link.

HELMONTIA. Genre de Cucurbitacées, établi par M. Cogniaux (in *Mém. Acad. roy. Belg.*, XXVII) pour l'*Anguria leptantha* Schlchtl, à fleurs dioïques, et qui comprend, en outre, une seconde espèce, portant dans l'herbier de Spruce le n. 3842. (H. Bn, *Hist. des pl.*, VIII, 457.)

HELMOSPORIUM (Gray). Pour *Helmisporium* Link.

HELOBIA (Reichb., *Nom.*, 211). Pour *Elodea* Spach.

HELOBIEÆ (Reichb.). Groupe de Rhizo-Acroblastées.

HELOCIRSIUM (Reichb., *Fl. sax.*, 179). Section du genre *Cirsium* (*C. palustre*, *Chailletii*). Synonyme de *Pterocaulon* Gaud.

HELODEA (Reichb.). Pour *Elodea* Pursh.

HELODEÆ (Reichb., *Nom.*, 211). Section des Vismiées (genre *Helodea* Reichb.).

HELOGYNE (Benth., *Sulph. Bot.*, 20, t. 14). Synonyme de *Hofmeistera* Walp.

HELOGYNE (Nutt., in *Trans. Amer. Phil. Soc.*, ser. 2, VII, 439). Sect. du g. *Eupatorium* T. (H. Bn, *Hist. des pl.*, VIII, 129.)

HELONIAS (L., *Gen.*, n. 458). Genre de Mélanthacées, tribu des Vératrées, dont on a fait le type du petit groupe des Héloniées. Ses fleurs, quelquefois polygames, ont un périanthe coloré, à six divisions égales et persistantes; un androcée de six étamines à anthères extrorses; un ovaire à trois loges atténuées en autant de styles, et une capsule se séparant à la maturité en trois parties, déhiscentes par leur ligne ventrale. Ce sont des herbes à feuilles radicales, larges, lancéolées, à feuilles caulinaires linéaires, et à fleurs disposées en épis ou en grappes. On en connaît 2 ou 3 espèces, de l'Amérique septentrionale, en y joignant les *Chamælirium* W. (Voy. K., *Enum.*, IV, 174, 176. — B. H., *Gen.*, III, 827.) [T.]

HELONIAS (Sims, in *Bot. Mag.*, t. 985, 1680, 1703). Synonyme de *Zygadenus* Mich.

HELONIAS (W., *Spec.*, II, 273). Synon. de *Tofieldia* Huds.

HELONIEÆ (K., *Enum.*, IV, 174). Division des Colchicées.

HELONIOPSIS (A. Gray, in *Mem. Amer. Acad.*, ser. 2, VI, 416). Genre de Liliacées-Narthéciées, caractérisé par: Périanthe aplani, persistant, à segments distincts, oblongs ou étroits, faiblement 3-nervés. Étamines 6, insérées près de la base des divisions du périanthe, qu'elles dépassent un peu, à filets filiformes, à anthères linéaires, extrorses. Ovaire sessile, légèrement contracté à la base, sub-3-lobé, 3-loculaire, à style allongé, indivis, à stigmate capité; ovules très nombreux. Capsule profondément 3-lobée, à loges déhiscentes par une fente longitudinale. Graines nombreuses, linéaires, pâles, à testa prolongé à ses deux extrémités inférieure et supérieure en un appendice linéaire, hyalin; embryon petit, oblong ou cylindrique. Ce sont des herbes à rhizome court, à fibres radicales minces, à feuilles radicales pétiolées, oblongues, engainantes à la base, scarieuses, imbriquées. Tige dressée, simple, à fleurs solitaires ou peu nombreuses à l'extrémité de la tige, un peu penchées; à pédicelles courts, rapprochés; à bractées petites. On en connaît 4 espèces, du Japon ou de Formose. (B. H., *Gen.*, III, 827.) [B. M.]

HELOPHANES (RACH). Pour *Heliophanes* SALISB.

HELOPHYLLUM (HOOK. F., *Antarct. Voy.*, 38; *Fl. N.-Zeal.*, I, 155). Section du genre *Forstera* L. F.

HELOPHYTUM (ECKL. et ZEYH.). Synonyme de *Crassula* L.

HELOPODIA (ACHAR., *Lich. univ.*, 567; *Syn. Lich.*, 273). Section du genre *Cenomyce* ACH. — Voy. HELOPODIUM.

HELOPODIUM (ACHAR., *Lich. suec.* [1798], 198). Genre de Lichens foliacés. En 1803, l'auteur (*Meth. Lich.*, 36) en fit une section des *Bæomyces*. De Candolle (*Fl. fr.*, II, 341) le rapporte aux *Cladonia* comme section. De Martius écrit *Helopodes*.

HELOPUS (TRIN., *Fund. Agrostograph.*, 103). Synonyme de *Eriochloa* H. B. K.

HELOSCIA (DUM., *Anal. fam.*, 34). Pour *Heloscíadium* KOCH.

HELOSCIADIUM (KOCH, *Umbellif.*, 125). Section du genre *Apium* T., à pétales à peine acuminés, à bractéoles des involucelles en nombre indéfini. L'*H. nodiflorum* KOCH est le *Faux-Cresson de fontaine*. (H. BN, *Hist. des pl.*, VII, 222.)

HELOSERIS (REICHB., *Handb.*, II, 1497). Section du genre *Cineraria* L. (*C. palustris* L.).

HÉLOSIDÉES (*Helosideæ* LINDL., *Veg. Kingd.*, 90). Groupe de plantes, que l'on rapporte d'ordinaire aux Balanophoracées, attendu qu'il en a le port, l'inflorescence et le parasitisme. Mais il nous paraît en différer totalement, malgré ces ressemblances extérieures, communes d'ailleurs à un grand nombre de parasites; et si sa placentation est basilaire, dans un ovaire uniloculaire, il nous paraît se rapprocher davantage des Loranthacées, telles que nous les avons comprises. On attribue aux Hélosidées les *Helosis*, *Scybalium*, *Corinæa*, *Rhopalocnemis*. [H. BN.]

HELOSIEÆ (SCHOTT et ENDL., *Melet.*, 11). Synonyme de *Helosideæ* LINDL.

HELOSIS (RICH., in *Mém. Mus.*, VIII, 416, 430, t. 20). Genre ordinairement rapporté aux Balanophoracées et type de la tribu des Hélosidées. Les fleurs y sont disposées en spadices androgynes. Dans la fleur mâle, le périanthe est 3-mère, valvaire, et il y a 2 étamines à filets unis en tube, puis libres; à anthères connées; leurs loges d'abord 1-4-locellées. Au centre de la fleur se trouve un rudiment de gynécée (?) conique. Dans la fleur femelle il y a un périanthe supère, à 2 lèvres triangulaires, et un ovaire uniloculaire, surmonté de 2 branches stylaires filiformes. La loge ovarienne renferme un ovule basilaire, dressé et atrope. D'autres (HOOK. F.) y décrivent un ovule pendant du sommet. Le fruit renferme une graine albuminée. Ce sont des herbes parasites, charnues, rougeâtres, habitant, au nombre de 3, l'Amérique tropicale. Leurs rhizomes rameux, fixés sur les portions souterraines des plantes nourrices, émettent des axes qui supportent les spadices, ovoïdes ou globuleux. Leur surface est chargée de mamelons sur lesquels sont groupées en grand nombre les fleurs des deux sexes, accompagnées de poils claviformes très nombreux, sans bractéoles. (EICHL., in *Act. Congr. bot. Par.* [1868], t. 1, fig. 5, 6; t. 2, fig. 23-27; in *Mart. Fl. bras.*, IV, p. II, t. 4-6.) [H. BN.]

HELOSPORA (JACK, in *Trans. Linn. Soc.*, XIV, 127, t. 4, fig. 3). Synonyme de *Timonius* RUMPH.

HELOTHRIX (NEES, in *Ann. Nat. Hist.*, ser. 1, VI, 45). Synonyme de *Schœnus* L. (B. H., *Gen.*, III, 1063.)

HELOTICI (REICHB., *Nom.*, 11). Subdivision des Champignons-Trémellinés (RABENH., *Krypt.*, I, 314). Synonyme de *Pileolares* ENDL.

HÉLOTIÉS (BOUD., *Nouv. Class. Discom.* [1885], 27). Famille de Discomycètes, comprenant deux groupes : les Ciboriés et les Hélotiés vrais. Ces derniers renferment, outre le genre *Helotium*, les genres *Phialea*, *Chlorosplenium*, *Stammaria*, *Cyathicula*.

HELOTIOIDES (ENDL., *Gen.*, n. 430. Section du genre *Peziza* DILL. Elle comprend un certain nombre d'*Octospora*.

HELOTIUM (PERS., *Syn.*, 677). Genre de Champignons-Discomycètes, à réceptacle charnu, céracé, en forme de petite coupe stipitée, à disque concave ou convexe, puis plan. L'hyménium, à paraphyses étroites, présente des thèques cylindriques, à spores hyalines, elliptiques-allongées, rarement cloisonnées. Ce genre a été remanié: quelques Pezizes stipitées lui ont été rapportées; et, d'autre part, un certain nombre d'espèces en ont été distraites pour former le genre *Ciboria*. Il a des représentants dans toutes les parties du globe; on en compte une trentaine d'espèces, qui vivent dans les endroits ombragés et frais, sur les feuilles mortes, les bois et les péricarpes pourris, les cônes de Pins, les rameaux tombés à terre, etc. [DE S.]

HELOTIUM (TODE, *Fung. Meckl.*, 22, t. IV). Genre mal déterminé de Champignons.

HELOTOME (ENDL., *Gen.*, 766). Section du genre *Actinotus*.

HELVELA (ROTH, *Fl. germ.*, I, 541). Pour *Helvella* L.

HELVELLACEÆ (AD. BR.), HELVELLACEI (LINK, in *Abh. Berl. Akad.* [1824], 182). Division des Champignons-Sarcomycètes. Pour Endlicher (*Gen.*, 36), c'est une division des Hyménomycètes, comprenant les *Cupulati*, *Claviculares* et *Mitrati*. Les *Helvellei* LÉV. (*Helvelleæ* AD. BR.) sont une division des *Mitrati*. Les *Helvelleidei* PERS. (*Syn. Fung.*, XVIII) sont une division des Hyménothéciés; et les *Helvelloideæ* SCHULZ (in *Isis* [1834], 523) sont une famille des Hyménosporangiés, comprenant comme sections les *Clavariacea*, *Pezizea* et *Helvellarica*. Dans les *Helvellideæ*, S.-F. Gray (*Arr. brit. pl.*, I, 598, 661) comprend les genres *Morchella*, *Helvella* et *Spathularia*.

HELVELLACÉS (*Helvellacei* FR., *Summ. veg. Scand.*, 346). Groupe de Champignons-Thécasporés, comprenant la plus grande partie des Discomycètes dans les classifications de Fries et de MM. Berkeley, de Bary, etc.; réduit par d'autres auteurs aux proportions d'une famille composée des genres *Morchella*, *Helvella*, *Geoglossum*, *Spathularia*, *Cudonia*, *Mitrula*, *Rhizina*, *Peziza*, rangés en deux sections : les *Verticales* ou *Mitrati* de Fries (Helvellés), et les *Horizontales* ou *Cupulati* (Pezizés). Ainsi réduit, ce groupe est nettement déterminé; il est caractérisé par un réceptacle membraneux, charnu ou coriace, dont les éléments sont peu différenciés; un hyménium à paraphyses étroites, à thèques le plus souvent octospores et cylindriques. Les spores varient de dimension, mais très peu de forme : elles sont le plus souvent elliptiques et très rarement colorées. Pour les détails d'organisation, voyez les noms des genres ci-dessus. [DE S.]

HELVELLE (*Helvella* L., *Gen.*, n. 1214). Genre d'Helvellacés, dont le réceptacle présente un chapeau membraneux en forme de mitre à bords rarement soudés par places au pédicule; le plus souvent libres, plus ou moins rapprochés ou relevés, droits ou ondulés et lobés, à sommet arrondi ou cintré en croissant, supporté par un pied ou pédicule large, creux à l'intérieur, blanchâtre à l'extérieur, à surface le plus souvent sillonnée ou aréolée et d'un aspect céracé. La surface externe du chapeau, tantôt lisse, tantôt ondulée ou plissée, est d'une teinte fauve clair, grise, brune ou noire; c'est elle qui porte l'hyménium, construit sur un type uniforme. Les thèques sont cylindriques, atténuées à la base; incolores comme les 8 spores régulièrement ovales qu'elles contiennent; celles-ci varient de

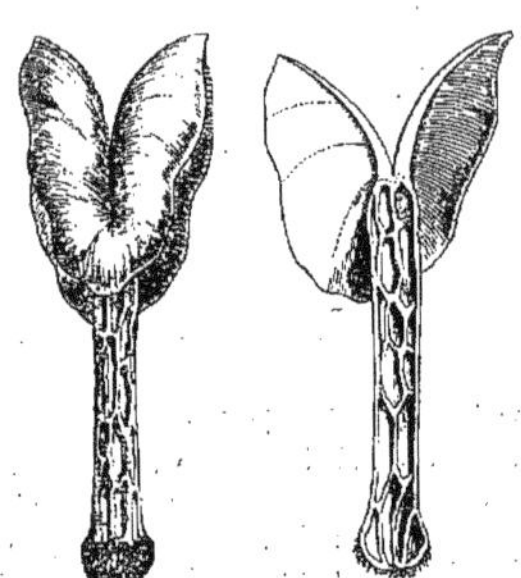

Helvella, entier et coupe longitudinale.

dimensions, et leur plus long diamètre peut avoir de 0,008 à 0,025 millimètre. Les paraphyses sont grêles, de même longueur que les thèques ou les dépassant à peine, très rarement cloisonnées, quelquefois colorées, surtout à l'extrémité supérieure, qui est légèrement renflée dans quelques espèces. Les Helvelles sont comestibles, comme les Morilles, dont elles se rapprochent beaucoup. Elles viennent à terre, sous les bois, dans les broussailles, quelquefois sur les gazons découverts, dans les régions tempérées de l'Europe et des Etats-Unis. Sur 25 espèces, on en connaît à peine 3 en dehors de cette zone : une au Chili, une en Californie, une autre dans l'Amérique boréale. [De S.]

HELVELLEÆ (Payer, *Bot. crypt.*, 86). Quatrième tribu de la famille des Pezizes.

HELVELLÉS (*Helvellei* Cordier, *Champign. de Fr.*, 191). Deuxième ordre des Morchellés.

HELVELLÉS (Kickx, *Fl. crypt. Fland.*, 502). Huitième division des Discomycètes, comprenant les *Verpa*, *Helvella*, *Morchella* (Quélet, *Champ. Jur. et Vosg.*, 371). Famille 2 des Cupulés.

HELVELLOIDEÆ (Alb. et Schw., *Consp. Fung.*, 309). Sous-division du genre *Peziza* Dill.

HELVELLOIDÉS (*Helvelloidei* Pers., *Syn.*, 610). Sixième section de l'ordre des *Hymenothecii*, comprenant, avec les genres d'Helvellacés, des genres éloignés, à hyménium basidiosporé.

HELVELLOPSIS (Endl., *Gen.*, n. 430, C, m.). Section du genre *Aleuria* Fr., comprenant comme sous-sections les *Crucibulum*, *Cochlidium* et *Acetabularium*.

HELVIGIUS (Christ.). Auteur, en 1666, de *De studii botanici nobilitate*, eut un fils de même nom, qui vécut à Greifswald [1679-1714] et ne publia que : *Programma de ortu, initio et progressu scientiæ botanicæ* [1707], in-4 de 16 pages.

HELWING (G.-Andr.). Pasteur à Angerburg [1666-1748], auteur du *Flora quasimodo genita, sive Enumeratio plantarum... in Prussia*, etc. [1712]; du *Floræ campana*, etc. [1719], et d'un supplément au premier ouvrage cité : *Supplementum Floræ prussicæ* [1726]. On conserve à la bibliothèque de Kœnigsberg un de ses manuscrits, intitulé : *Tournefortius prussicus*.

HELWINGIA (Adans., *Fam. pl.*, II, 167). Syn. de *Lætia* Lœfl.

HELWINGIA (W., *Spec.*, IV, 716). Genre de Cornacées-Cornées, sous-série des Helwingiées, à fleurs dioïques, 3-5-mères, avec 3-5 pétales supères, valvaires, entourés d'un bourrelet calicinal; autant d'étamines alternes, et, dans les femelles, un

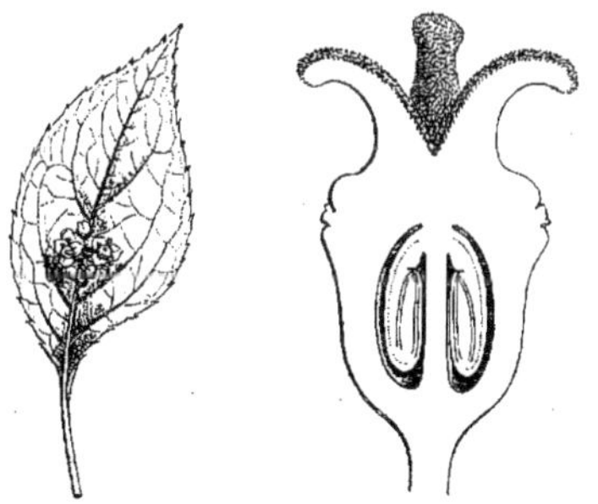

Helwingia. — Feuille florifère. Fleur femelle, coupe longitudinale.

ovaire infère dont les loges renferment chacune un ovule descendant, à raphé dorsal. Le fruit est une drupe dont les noyaux sont monospermes, et les graines albuminées. Il y a deux *Helwingia* : l'un de l'Himalaya, l'autre de la Chine. Ce dernier, l'*H. japonica* ou *rusciflora*, l'*Osyris japonica* de Thunberg, est cultivé dans nos jardins botaniques. Ce sont des arbustes à feuilles alternes, dont les fleurs, petites, sans éclat, solitaires ou en cymes, sont axillaires et entraînées jusque vers le milieu du limbe de la feuille axillante, sur sa nervure moyenne. (H. Bn, *Hist. des pl.*, VII, 69, 77, 80, fig. 52, 53.)

HELWINGIACEÆ (Mour. et Dcne, in *Bull. Acad. Brux.* [1836], n. 5; in *Ann. sc. nat.*, sér. 2, VI, 69). Famille (non acceptée par les botanistes) comprenant le seul genre *Helwingia* W.

HELXINE. Nom ancien de la Pariétaire (Diosc.), de l'*Atractylis gummifera* L. (Plin.), et du *Convolvulus arvensis* L.

HELXINE (Req., in *Ann. sc. nat.*, sér. 1, V, 384). Genre d'Urticacées, établi pour le *Parietaria Soleirolii* Spreng., petite plante de la Corse et de la Sardaigne, dont l'inflorescence est très réduite, l'involucre axillaire ne renfermant qu'une seule fleur, tantôt mâle, tantôt femelle. L'*Helxine* ne peut être considéré que comme une section des *Parietaria*. (Gren. et Godr., *Fl. de Fr.*, III, 110. — H. Bn, *Hist. des pl.*, III, 505.) [A. Fr.]

HELXINE CISSAMPELOS (Matth.). Le *Convolvulus arvensis* L.

HELYCOMYCES (Leman). Pour *Helicomyces* Link.

HELYGIA (Bl., *Bijdr.*, 1043). Synonyme de *Parsonsia* R. Br.

HÉMANTHE. Nom français (Lamk) des *Hæmanthus* L.

HEMARTHRIA (R. Br., *Prodr.*, 207). Genre de Graminées, tribu des Andropogonées-Rottbœlliées. Ses épillets sont géminés: l'un d'eux est fertile, sessile et très aigu ; l'autre est stérile et pédicellé, ordinairement adné au rachis. Les épillets forment un épi comprimé, assez peu distinctement articulé. Les trois espèces caractérisées de ce genre sont dispersées dans toute la région maritime tropicale ou subtropicale de l'ancien monde et pénètrent jusque sur les bords de la Méditerranée. [A. Fr.]

HEMECYCLIA (Wight). Pour *Hemicyclia* Wight et Arn.

HEMENÆA (Scop., *Introd.*, 296). Pour *Hymenæa* L.

HEMERIS. Un des noms (Plin.) du Chêne.

HEMEROCALIS (Murr., *Syst.*, 339). Pour *Hemerocallis* L.

HEMEROCALLEÆ (Reichb., *Handb.*, 154. — B. H., *Gen.*, III, 749.) Subdivision des Liliacées-Hémérocallidées.

HEMEROCALLIDEÆ (R. Br., *Prodr. Fl. N.-Holl.*, 295). Ordre des Monocotylédones, considéré par la plupart des auteurs plus récents comme une portion des Asphodélées (Liliacées).

HEMEROCALLIDEÆ (Reichb., *Handb.*, 154). Division des Coronariées (Pontédérées, Polyanthées et Hémérocallées).

HEMEROCALLIS (L., *Gen.*, n. 433). Genre de Liliacées-Anthéricées, caractérisé par un périanthe infundibuliforme, à six divisions étalées, à peu près égales; par un androcée à six étamines déclinées ascendantes ; par un ovaire à trois loges multiovulées, surmonté d'un style filiforme, dirigé comme les étamines qu'il dépasse, et à extrémité stigmatifère légèrement capitée. Ce sont des plantes à racines fasciculées, présentant quelquefois des renflements fusiformes, à tige munie de feuilles éparses, linéaires, engainantes, à fleurs disposées en grappes de cymes à l'extrémité des rameaux. On en connaît 4 espèces, de l'Europe moyenne et méridionale et de l'Asie moyenne et orientale (K., *Enum.*, IV, 587). Quelques-unes sont cultivées comme ornementales, notamment les *H. flava* et *fulva*, espèces du Midi. M. H. Baillon a traité spécialement (in *Bull. Soc. Linn. Par.*, 295) de la direction de leurs étamines. [T.]

HEMEROCALLIS (Matth.). Le *Lilium bulbiferum* L.

HEMEROCALLIS VALENTINA. Nom ancien du *Pancratium maritimum* L.

HEMEROS. Nom ancien du *Sambucus nigra* L. Dans Dioscoride, l'*H. Stycis* est le Concombre.

HEMEROTES. Nom ancien de la Grande-Centaurée.

HEMESOTRIA (Rafin., in *Ann. Phys.*, VI, 88). Synonyme de *Astrephia* Dufr.

HEMESTHEUM (Newm., *Phytol.*, App. XXII). Synonyme de *Aspidium* Sw.

HEMIACHYRIS (DC., *Prodr.*, V, 313). Synon. de *Gutierrezia*.

HEMIADELPHUS (Nees, in *Wall. Pl. as. rar.*, III, 75). Synonyme de *Hygrophila* R. Br.

HEMIAERUA (Fenzl, in *Kotsch. It. nubic.*, 372). Section du genre *Aerua* Forsk. (Moq., in *DC. Prodr.*, XIII, p. II, 303.)

HEMIAMBROSIA (Delp., *Stud. s. Artem.*, 57). Synonyme de *Ambrosia* T. (H. Bn, *Hist. des pl.*, VIII, 66.)

HEMIANDRA (R. Br., *Prodr.*, 502). Genre de Labiées-Prostanthérées, originaire d'Australie (Benth., *Fl. Austral.*, V, 109), où il est représenté par 2, 3 arbustes, à feuilles étroites et rigides, à glomérules axillaires et biflores. Ses fleurs sont caractérisées par un calice bilabié ou presque également 5-denté, et des anthères dont le connectif est prolongé à sa base en un appendice linéaire ou dentiforme. On en cultive une espèce dans nos jardins botaniques. (HUEG., *Bot. Arch.*, t. 4. — LEMP., *Jard. fleur.*, t. 126.) [H. BN.]

HEMIANDRINA (HOOK. F., in *Trans. Linn. Soc.*, XXIII, 437). Synonyme de *Agelæa* SOLAND.

HEMIANTHUS (NUTT., in *Journ. Acad. Philad.*, I, 119, t. 6). Synonyme de *Micranthemum* MICHX.

HEMIARCYRIA (FRIES, *Syst.*, III, 183). Section du genre *Trichia* HALL. (ENDL., *Gen.*, n. 308 *b*), élevée au rang de genre par Rostafinski (*Monogr.*, 261), d'après le caractère du capillitium, formant un lacis tantôt libre, tantôt en connexion avec l'intérieur du pédicule.

HEMIAULUS (EHRENB., *Monatsb.* [1844], 203). Genre de Diatomacées, de la famille des Biddulphiées, d'après Kützing, et de l'ordre des *Appendiculatœ*. Ces Algues font partie du groupe des Cryptoraphidées, d'après nos auteurs contemporains.

HEMIBROMUS (STEUD., *Syn. pl. glum.*, I, 317). Synonyme de *Brachypodium* P.-BEAUV.

HEMICARDION (PFEIFF., *Nom.*, I, 1600). Pour *Hemicardium* FÉE.

HEMICARDIUM (FÉE, *Gen. Fil.*, 282). Synonyme de *Polystichum* ROTH; section des *Aspidium*, établie pour l'*A. semicordatum* SW. et quelques espèces voisines. [A FR.]

HÉMICARPES. Nom que A.-Pyr. de Candolle avait primitivement donné aux méricarpes des Ombellifères.

HEMICARPHA (NEES, in *Linnæa*, IX, 287). Genre de Cypéracées, tribu des Hypolytrées, voisin des *Lipocarpha*, auxquels il est réuni par Endlicher (*Gen.*, n. 987), à titre de section. Il en diffère par son épi solitaire, par sa fleur entourée d'une seule bractée propre et par son androcée réduit à une étamine sublatérale. On en connaît 5 espèces, originaires du Sénégal, de l'Abyssinie et de l'Inde orientale. (Voy. STEUD, *Synops. pl. cyperac.*, 130. — B. H., *Gen.*, III, 1053.) [T.]

HEMICARPIDEÆ (FRIES, *Summ. veg. Scand.*, I, 128). Série des Algues-Ulvées, comprenant les Lémaniées, Ectocarpées et Batrachospermées.

HEMICARPURUS (NEES, *Del. sem. H. bot. vratisl.* [1839], 4). Synonyme de *Pinellia* TEN.

HEMICARPUS (F. MUELL., in *Hook. Kew Journ.*, IX, 18). Synonyme de *Trachymene* RUDGE.

HEMICHÆNA (BENTH., *Pl. Hartw.*, 78). Syn. de *Leucocarpus*.

HEMICHLÆNA (SCHRAD., *Analect.*, 40, t. 3, fig. 1). Genre de Cypéracées-Cypérées, dont Fenzl (ex ENDL., *Gen.*, n. 993) a fait le type du petit groupe des Hémichlænées, auquel il réunissait également les *Pleurachne* SCHRAD. Les *Hemichlæna* sont caractérisés par des épillets à 5-9 fleurs hermaphrodites, séparées par des bractées distiques, imbriquées, carénées-naviculaires, dont les 1-2 inférieures sont souvent stériles; par un androcée à trois étamines; par un style caduc, à trois branches stigmatiques, et par un caryopse plan à sa face interne, convexe et anguleux à sa face externe et entouré d'un disque cyathiforme trilobé. Ce sont des herbes à chaumes ramifiés, garnis de feuilles linéaires, sétacées ou capillaires, avec des gaines courtes et fendues. Les épillets, terminaux ou latéraux, sont solitaires et pédonculés, avec un involucre nul ou bractéiforme. On en connaît 4 espèces, originaires de l'Afrique australe. (K., *Enum. pl.*, II, 330. — STEUD., *Synops. pl. glum.*, I, 1. — B. H., *Gen.*, III, 1053.) [T.]

HEMICHLÆNEÆ (FENZL, ex ENDL., *Gen.*, 117). Sous-tribu des Fuirénées (g. *Hemichlæna* et *Pleurachne*). (REICHB., *Nom*, 41.)

HEMICHLÆNIDEÆ (LINDL., *Veg. Kingd.*, 119). Tribu des Cypéracées-Fuirénées.

HEMICHORISTE (NEES, in *Wall. Pl. as. rar.*, III, 76, 102). Synonyme de *Justicia* L. (B. H., *Gen.*, II, 1109.)

HEMICHROA (R. BR., *Prodr.*, I, 409). Genre d'Amarantacées-Achyranthées, sous-tribu des Polycnémées, se distinguant par : Fleurs hermaphrodites, à 2 bractées. Calice à 5 sépales égaux, colorés en dedans. Étamines 2 à 5, réunies en cupule à la base; pas de staminodes. Style très court, filiforme; stigmates 2, courts, étalés; utricule enfermé dans le calice. Graine verticale; albumen central, farineux; embryon périphérique, semi-circulaire; radicule ascendante. Sous-arbrisseaux, à feuilles alternes, sessiles, semi-cylindriques, sans stipules ni fausses stipules; fleurs axillaires, sessiles. 2 espèces, de la Nouvelle-Hollande. (Voy. MOQ. in *DC. Prodr.*, XIII, 334. — B. H., *Gen*, III, 59. — BENTH., *Fl. Austral.*, V, 211. — H. BN, *Hist. des pl.*, IX.) [L.]

HEMICHROMA (BENTH., in *DC. Prodr.*, X, 532; *Gen.*, II, 973). Section du genre *Castilleja* L. F.

HEMICICCA (H. BN, *Euphorbiac.*, 615, *Hist. des pl.*, V, 254). Section du genre *Phyllanthus* L., à calice à 4 divisions égales; 2 étamines libres; anthères déhiscentes par 2 fentes verticales; styles libres. (M. ARG., in *DC. Prodr.*, XV, p. II, 276.)

HEMICLIDIA (R. BR., *Proteac. nov.*, 40). Genre proposé pour le *Dryandra falcata* R. BR.

HEMICOUEPIA (BENTH., in *Hook. Journ. Bot.*, II, 212). Section du genre *Couepia* AUBL.

HEMICRAMBE (WEBB, in *Ann. sc. nat.*, sér. 3, XVI, 246, t. 19). Genre de Crucifères-Cakilées, caractérisé par : Sépales égaux à la base. Pétales allongés. Étamines 6, à filets dilatés. Silique 2-articulée, à articles 1-loculaires, 2-valves : l'inférieur plus petit, stérile ou 1-2-sperme; le supérieur ∞-sperme, allongé, comprimé, à bord aigu, à rostre obtus, à style court, le sommet stigmatifère; valves 1-nerviées, déprimées entre les graines; cloison rudimentaire. Graines oblongues, descendantes dans la partie inférieure du fruit, et ayant, dans la partie supérieure, des directions différentes; cotylédons condupliqués. C'est un petit arbrisseau du Maroc, à feuilles alternes, longuement pétiolées; à fleurs en grappes très ramifiées, terminales, à pédicelles filiformes, sans bractées. (H. BN, *Hist. des pl.*, III, 256.) [B.M.]

HEMICYCLIA (W. et ARN., in *Edinb. N. Phil. Journ.*, XIV, 297). Section du genre *Drypetes* VAHL, à rudiment de gynécée disciforme dans les fleurs mâles, à ovaire uniloculaire, surmonté d'un style discoïde. (H. BN, in *Adansonia*, XI, 98.)

HEMICYPHE (CORDA). — Voyez HEMISCYPHE.

HEMIDEMATOSTEMON (GRISEB., in *Mart. Fl. bras.*, *Dioscor.*, 46). Section du genre *Dioscorea* PLUM.

HEMIDEMUS (DUMORT., *Anal.*, 26). Pour *Hemidesmus* R. BR.

HEMIDEPTIUM (ENDL.). Pour *Hemidictyum* PRESL.

HEMIDESMEÆ (REICHB., *Handb.*, 208; *Nom.*, 131). Subdivision des Asclépiadacées-Périplocées (genre *Hemidesmus* R. BR.).

HEMIDESMUS (R. BR., in *Mem. Wern. Soc.*, I, 56). Genre d'Asclépiadacées-Périplocées, à corolle rotacée, dont la préfloraison est valvaire; couronne formée de 5 écailles courtes et épaisses. On en connaît 2 espèces, de l'Inde. Ce sont de petits arbrisseaux volubiles, à feuilles opposées, blanchâtres, tomenteuses en dessous; les cymes sont compactes, sessiles et subopposées; les fleurs, petites, d'un pourpre mélangé de verdâtre. [A. FR.]

HEMIDICTYON (FÉE, *Gen. Fil.*, 205). Pour *Hemidictyum* PRESL.

HEMIDICTYUM (PRESL, *Tent.*, 110). Section du genre *Asplenium* L., établie pour un petit nombre d'espèces dont les nervures secondaires, libres dans les deux tiers de leur longueur, s'anastomosent dans le voisinage des bords des segments de la fronde; les sores sont linéaires et occupent toute la portion libre des nervures secondaires. L'*A. Ceterach*, assez commun sur les vieux murs, appartient à cette section. [A. FR.]

HEMIDISCUS (WALL., in *Microsc. Journ.*, VIII [1860], 42). Genre de Diatomacées, de la belle famille des *Biddulphieæ*, d'après Rabenhorst; de celle des *Coscinodisceæ*, section des Cryptoraphidées, d'après nos diatomophiles modernes. Ce genre est caractérisé par des valves celluleuses, à centre blanc et à marge veinée. Le frustule de cette Diatomacée ressemble à ceux des espèces qui constituent le genre *Euodia*. [CH. M.]

HEMIGENIA (R. BR., *Prodr.*, 502). Genre de Labiées-Prostanthérées, à fleurs analogues à celles des *Hemiandra*, dont elles ont le calice. Les 4 étamines, didynames, ont des anthères dimidiées, avec le connectif prolongé à sa base; les postérieures ayant le plus souvent un appendice dilaté, crêté ou barbu; les antérieures ont généralement une loge linéaire ou stérile. Ce sont des arbustes ou des sous-arbrisseaux, qui, au nombre de 22, habitent l'Australie. Leurs feuilles sont obtuses ou aiguës, mais non piquantes; leurs verticillastres axillaires sont 2-∞-flores. (BENTH., *Fl. Austral.*, V, 111; *Gen.*, II, 1218.) [H. BN.]

HEMIGLOCHIDION (M. ARG., in *DC. Prodr.*, XV, p. II, 275). Section du genre *Phyllanthus* L.

HEMIGRAPHIS (NEES, in *DC. Prodr.*, XI, 722). Genre d'Acanthacées, tribu des Ruelliées. Le calice est quinquépartite, à divisions égales, dont une latérale complètement libre; les deux inférieures soudées jusqu'à une certaine hauteur, ainsi que la postérieure et l'autre des latérales. La corolle est résupinée, infundibuliforme, à cinq lobes presque égaux. L'androcée est didyname, avec des anthères uniloculaires, parce que la seconde loge, nulle dans les étamines inférieures, est transformée en poils dans les supérieures. Le style est muni d'une dent à la base de son extrémité stigmatifère, qui est simple et pubescente. La capsule renferme 6-8 graines, pourvues de rétinacles légèrement épineux. Ce sont des herbes vivaces, rameuses, flexueuses et mollement velues. Leurs feuilles sont oblongues, serrées et atténuées aux deux extrémités; et leurs fleurs bibractéolées sont axillaires, solitaires ou disposées en glomérules terminaux et capituliformes. On en connaît 2 espèces, de l'Inde orientale. [T.]

HEMIGYMNIA (GRIFF., in *Calc. Journ. Nat. Hist.*, III, 363). Genre de Verbénacées pour l'auteur; rapporté ensuite (HOOK. F. et THOMS.) comme section au genre *Cordia* L.

HEMIGYNE (A. DC., *Prodr.*, VIII, 111). Sect. du g. *Badula*.

HÉMIGYRE (*hemigyrus*). Nom donné (DESVX) aux follicules ligneux ou coriaces.

HEMIGYROSA (BL., *Rumphia*, III, 165). Genre (?) de Sapindacées-Pancoviées, voisin des *Pancovia*, à 4, 5 pétales; le cinquième dépourvu d'écailles. Ce sont des arbres pubescents, de l'Asie tropicale, à feuilles pari- ou imparipinnées; les folioles opposées; l'inflorescence et les autres caractères comme dans les *Pancovia*. On en compte environ 3 espèces. (H. BN, *Hist. des pl.*, V, 415, n. 48.)

HEMILEIA (BERK. et BR., in *Gardn. Chr.* [nov. 1869]). Genre de Champignons-Hypodermés. L'espèce la plus connue, l'*H. vastatrix* B. et BR., présente un mycélium fin, qui s'insinue dans le

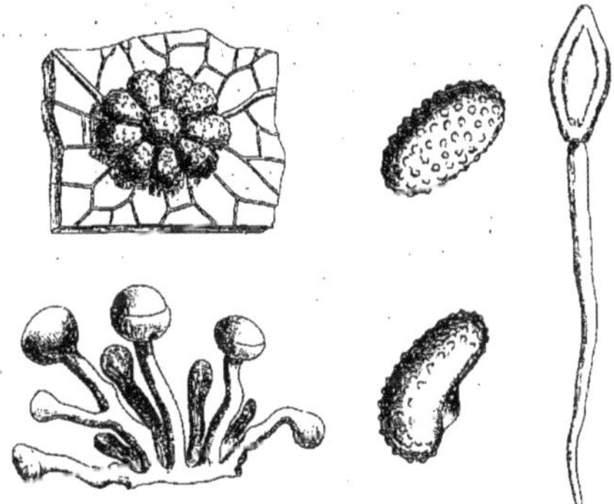

Hemileia vastatrix. — Spores groupées à la surface d'une feuille de Caféier. Groupe de spores avant leur complet développement. Deux spores isolées. Filament supportant une jeune spore.

parenchyme de la feuille du Caféier (voy. *Kew Rep.* [1876], 18; [1878], 32), le traverse jusqu'à la face inférieure et donne naissance à des filaments fertiles qui font issue au dehors, à travers l'épiderme. Ces filaments, simples ou ramifiés, portent à leur sommet une spore réniforme, verruqueuse, jaune, qui perd sa couleur par la dessiccation et se détache du filament sporophore. Les groupes de spores agglomérées forment à la surface inférieure de la feuille des taches jaunes circulaires : premier symptôme de la maladie qui a tant ravagé les plantations de Caféiers de l'Inde et de Ceylan. (Voy. *Journ. Linn. Soc.*, XVII, t. 13, 14). Une seconde espèce est aussi de Ceylan. [DE S.]

HEMILEPIS (KZE, *Ind. sem. Hort. lips.* [1851]). Synonyme de *Leontodon* L.

HÉMILIGULÉE (COROLLE). Nous avons donné ce nom (in *Bull. Soc. Linn. Par.*, 261) à la corolle irrégulière des Composées, alors qu'au lieu de 5 lobes elle n'en possède que 2, 3, et ne représente, par conséquent, qu'une des lèvres du limbe; l'autre ayant totalement disparu. [H. BN.]

HEMILOBA (DC., *Prodr.*, VII, p. II, 534). Section du genre *Gloxinia* LHÉR.

HEMILOBOS (ENDL., *Gen*, n. 4115 *b*), HEMILOBUS (WITTST., *Et. Handw.*, 430). Section du genre *Jacaranda* J.

HÉMIMÉRIDE. Nom français (LAMK) des *Hemimeris* THUNB.

HEMIMERIDEÆ (BENTH., in *Bot. Reg.* [1835], VIII). Tribu des Scrofulariacées.

HEMIMERIS (H. B. K., *Nov. gen.* et *spec.*, II, 376, nec THUNB.). Synonyme de *Alonsoa* R. et PAV.

HEMIMERIS (THUNB., *Nov. gen.*, 74). Genre de Scrofulariacées-Héminiérées, voisin des *Angelonia*, à corolle aplanie, pourvue de 2 fossettes sous la lèvre antérieure, 2-appendiculée à la gorge. L'androcée est formé de deux étamines fertiles, et le fruit est globuleux, capsulaire, sub-4-valve. Les 4 espèces connues sont des herbes de l'Afrique australe, à feuilles opposées, à fleurs solitaires, axillaires; les supérieures subfasciculées. (BENTH., in *DC. Prodr.*, X, 255.) [H. BN.]

HEMINEURA (HARV., in *Fl. N.-Zel.*, 240). Algue de la famille des *Delesserieæ*. J.-G. Agardh la considère, peut-être avec raison, comme une variété du *Delesseria frondosa*. [CH. M.]

HEMIONITIDASTRUM (FÉE, *Gen. Fil.*, 190). Section du genre *Asplenium* L (*A. palmatum* LAMK).

HEMIONITIDEÆ (GAUDICH., in *Freycin. Voy.*, *Bot.*, 261). Soustribu des Fougères-Polypodiées. Pour Fée (*Gen. Fil.*, 36, 163), c'est une tribu des Cathétogyratées.

HEMIONITIS (L., *Coroll.*, 20). Genre de Fougères-Polypodiacées, caractérisé par des sores disposés en lignes non interrom-

Hemionitis. — Fronde, face inférieure.

pues le long des nervures et formant réseau. On en connaît 10 espèces, toutes confinées dans la région tropicale. [A. FR.]

HEMIONITIS (MATTH.). La Scolopendre officinale.

HEMIONITIS (PRESL, *Pterid.*, 220). Genre de Fougères, comprenant les *Hemionitis* L. et en même temps les *Antrophyum*.

HEMIONIUM. Nom ancien du *Ceterach officinarum* L.

HEMIORCHIS (KURZ, in *Journ. As. Soc. Bengal.*, XLII, 108, t. 8). Genre de Zingibéracées-Zingibérées, voisin des *Roscoea* et des *Guillainia*, à tube de la corolle court; les staminodes latéraux semblables aux pétales; l'anthère sans appendices. L'ovaire est uniloculaire, à 3 placentas pariétaux. C'est une herbe burmane, à rhizome épais, à feuilles se développant, dit-on, après l'anthèse; à scape florifère aphylle; l'épi simple et à bractées caduques. (B. H., *Gen.*, III, 641.) [H. Bn.]

HEMIPHLEBIUM (Presl, *Hymenoph.*, 117). Synonyme de *Trichomanes* L. (Hook. et Bak., *Syn. Fil.*)

HEMIPHRACTÆ (Trevis., *Algh. coccot.*, 94). Sous-ordre des Diatomées, renfermant seulement les Dictyochées.

HEMIPHRACTUM (Turcz., in *Bull. Mosc.* [1859], I, 262). Nom proposé pour le *Vateria indica* L., et conservé pour les espèces à loges des anthères distinctes et acuminées au sommet.

HEMIPHRAGMA (Wall., *Tent. Fl. nepal.*, 16, t. 8; in *Trans. Linn. Soc.*, XIII, 611). Genre de Scrofulariacées-Digitalées, assez voisin des *Sibthorpia*, remarquable par le dimorphisme de ses feuilles et de ses fruits. Le calice est à 5 divisions étroites; la corolle à tube court et élargi, et à limbe presque plan, dont les 5 lobes arrondis sont à peu près égaux entre eux. 4 étamines égales, insérées à la base de la corolle et incluses. Le style est court, à sommet stigmatifère aigu. Ovules très nombreux dans chaque loge. Capsule tantôt ovoïde, sèche, tantôt (sur un même individu) arrondie, à péricarpe un peu charnu, noirâtre; toujours luisante et s'ouvrant brièvement au sommet en 2 ou 4 valves. On ne connaît qu'un *Hemiphragma*, des hautes régions de l'Himalaya et du Yun-nan. C'est une petite herbe couchée, indurée, très rameuse, radicante dans toute sa longueur; l'écorce se détache promptement et constitue autour de la tige et des rameaux une sorte d'étui lâche, de consistance papyracée. Ses feuilles sont de deux formes : celles de la tige opposées et ressemblant à celles du *Veronica arvensis;* celles des rameaux florifères, toujours très courts, fasciculées, réduites à leur nervure médiane devenue très rigide, couverte de petits poils et spinescente au sommet. [A. Fr.]

HEMIPHRAGMIUM (Koch, *Syn.*, 180; ed. 2, 200). Section du genre *Phaca* L. (*P. australis* L.).

HEMIPHUES (Hook. f., in *Hook. Lond. Journ.*, VI, 469; *Fl. tasm.*, t. 36). Section du genre *Actinotus* Labill., à tige cespiteuse, à scapes aphylles. (H. Bn, *Hist. des pl.*, VII, 242.)

HEMIPHYES (Endl., *Gen.*, n. 4378[1]). Pour *Hemiphues* Hook. f.

HEMIPHYLACUS (S.-Wats., in *Proc. Amer. Acad.* [1883], 165). Genre de Liliacées, dit intermédiaire aux Anthéricées et Chlorogalées, et dont les fleurs ont un périanthe persistant, à 6 folioles 1-nerves, finalement scarieuses; 6 étamines périgynes, incluses, les filets adnés jusqu'au milieu; un ovaire subsessile, avec 3-6 ovules dans chaque loge et un style persistant; une capsule loculicide, et 1, 2 graines noires, à albumen charnu et à embryon arqué. L'*H. latifolius* S.-Wats., de Cohahuila, a des racines fasciculées, tubéreuses, des feuilles linéaires; une tige ramifiée en haut, et des grappes lâches, à fleurs blanches ou jaunes, à pédicelles articulés au sommet. [H. Bn.]

HEMIPHYLLANTHUS (M. Arg., in *DC. Prodr.*, XV, p. II, 276). Section du genre *Phyllanthus* L.

HEMIPHYTA (Reichb., *Fl. exc.*, XLIX). Groupe de Cryptogames, comprenant les classes des Champignons et des Lichens.

HEMIPILIA (Lindl., *Gen. et spec. Orch.*, 296). Genre d'Orchidées, tribu des Ophrydées, du groupe des *Habenarieæ*, caractérisé par un labelle pourvu d'un éperon et un gynostème dont le bec a son lobe moyen assez grand, dressé et plié en deux; le stigmate ne se développe point en appendices latéraux. Les deux espèces connues sont de l'Inde; ce sont des plantes peu élevées, à tige portant une seule feuille vers la base et pauciflore. [A. Fr.]

HEMIPLEURANDRA (B. H., *Gen.*, I, 14). Synonyme de *Hibbertia* Andr. et section de ce genre.

HEMIPOGON (Dcne, in *DC. Prodr.*, VIII, 509). Genre d'Asclépiadacées-Cynanchées, qui ne diffère du *Nautonia* que par la brièveté du tube staminal. On en connaît 2 espèces, du Brésil, plantes à tiges herbacées, dressées, naissant d'une souche épaisse; les feuilles sont opposées ou verticillées; les fleurs assez grandes, sessiles, en cymes axillaires, pauciflores. (Delless., *Icon. sel.*, V, t. 60.) [A. Fr.]

HEMIPTELEA (Pl., in *Compt. rend. Acad. sc. Par.* [1872]; in *DC. Prodr.*, XVII, 164). Genre d'Ulmacées, proposé pour un *Planera* chinois de M. Hance (in *Seem. Journ.*, VI, 333), dont le fruit a une carène ailée au lieu d'être simplement proéminente en forme de crête courte, comme il arrive dans les *Abelicea*, auxquels nous rapportons l'*Hemiptelea* comme section (voy. *Hist. des pl.*, VI, 185). Les organes de végétation sont d'ailleurs ceux des *Abelicea* Bell. (*Zelkova*). [H. Bn.]

HEMIPTEROPUS (Schott, *Syn. Aroid.*, I, 76). Genre incertain, proposé pour le *Philodendron erythropus* Mart.

HEMIPTILIUM (Torr., *Emor. Exp. Bot.*, 105). Synonyme de *Stephanomeria* Nutt.

HEMIPUS (Endl., *Gen.*, n. 927 *a*; *Enchir.*, 60). Section du genre *Rottbœllia* L. f.

HEMIRAGIS (Brid., *Bryol.*, II, 334). Section du genre *Leskia* (*L. striata* Brid.). Synonyme (part.) de *Cuspidaria* Muell.

HEMIRAMMA (Griseb., in *Linnæa*, XIII [1839], 190). Section du genre *Banisteria* L.

HEMISACRIS (Steud., in *Flora* [1829], 490). Synonyme de *Schismus* Pal.-Beauv.

HEMISANDRA (Scheidw., in *Bull. Acad. Brux.* [1842]). Synonyme de *Aphelandra* R. Br.

HEMISAUROPUS (M. Arg., in *DC. Prodr.*, XV, p. II, 243) Section du genre *Sauropus* Bl.

HEMISCLERIA (Lindl., *Fol. orchid.* [1853]). Synonyme de *Diothonea* Lindl.

HEMISCYPHE (Corda, in *Sturm Deutsch. Pilze*, III, 55). Genre de Mucorinés, dont une espèce, décrite par l'auteur, est peu connue. M. Saccardo l'a trouvée sur des fruits pourris, particulièrement sur ceux du Citronnier. L'*H. stilboidea* Corda présente un mycélium rampant, blanc, d'où s'élèvent les filaments sporangifères simples, dressés, septés, dilatés au sommet en un sporange renfermant une grande columelle ovale sur le sommet de laquelle sont agglomérées les spores oblongues, hyalines.

HEMISEUMA (Bisch., in *Nov. Acta Leop.*, XVII [1835], II, 1040, 1071). Section du genre *Riccia* Michel.

HEMISEUMATA (Lindl., *V. Kingd.*, 57). Pour *Hemiseuma* Bisch.

HEMISINAPSIUM (Endl.). Pour *Hemisynapsium* Brid.

HEMISIPHOCAMPYLUS (DC., *Prodr.*, VII, p. II, 397). Section du genre *Siphocampylus* Pohl.

HEMISPADON (Benth., in *DC. Prodr.*, X, 540). Section du genre *Lamourouxia* Agh.

HEMISPADON (Endl., *Atakt.*, I, t. 3). Synonyme de *Indigofera* L.

HEMISPHACE (Benth., *Labiat. gen. et spec.*, 310; *Gen.*, II, 1196). Section du genre *Salvia* T.

HEMISPHÆRIA (Kl., in *Nov. Act. Leop.*, XIX [1843], Suppl. I, 241). Genre de Sphériacés, dont la seule espèce décrite par l'auteur est aujourd'hui rapportée au genre *Hypoxylon* : c'est l'*H. concentricum* Grev. (Fries, *Summ. veg. Scand.*, 384.)

HEMISTEGIA (Presl, *Stip.*, 46). Synonyme de *Hemitelia* R. Br.

HEMISTEIRUS (F. Muell., in *Linnæa*, XXV, 434). Genre établi pour le *Trichinium corymbosum* Gaudich.

HEMISTEMMA (Juss., ex DC., *Syst.*, I, 412). Genre de Dilléniacées, rapporté comme sous-genre aux *Hibbertia*, par Bentham et Hooker, et caractérisé par des étamines et des staminodes tous unilatéraux. On en connaît 1 espèce de Madagascar et 5 d'Australie. [A. Fr.] (H. Bn, in *Bull. Soc. Linn. Par.*, 332)

HEMISTEMMA (Reichb., *Consp.*, 116). Synonyme de *Hemistoma* Ehrenb.

HEMISTEMONEÆ (Reichb., *Handb.*, 277; *Nom.*, 192). Division des Dilléniacées (genres *Hemistemma*, *Pleurandra*).

HEMISTEPHIA (Steud., *Nom.*, I, 749). Pour *Hemisteptia* Bge.

HEMISTEPHUS (Drumm. et Harv., in *Hook. Journ. Bot.*, VII, 51). Sous-genre du genre *Hibbertia* Andr., dont les pédoncules sont multiflores, avec les fleurs tournées toutes du même côté; les staminodes sont placés dans toute la périphérie; on en observe en outre quelques-uns sous les étamines fertiles. [A. Fr.]

HEMISTEPTA (Bge. — Fisch. et Mey., *Ind. sem. H. petrop.*, II [1835], 38). Synonyme de *Saussurea* DC.

HEMISTOMA (Ehrenb., ex Benth., *Labiat.*, 605; in *DC. Prodr.*, XII, 523). Section du genre *Leucas* R. Br.

HEMISTYLIS (BENTH., *Pl. Hartw.*, 123). Genre d'Urticacées, tribu des Pariétariées. Les fleurs sont monoïques : les mâles rapprochées en glomérules qui sont eux-mêmes disposés en épi; les femelles géminées, accompagnées de 2 bractées. Le périanthe des fleurs mâles est quadripartite et renferme un rudiment d'ovaire; 4 étamines. Les fleurs femelles ont leur périanthe ovoïde, 2-4-denté; l'ovaire est inclus, terminé par un stigmate filiforme, et renferme un ovule dressé. Le fruit est un achaine, à péricarpe brillant, fragile et renfermé dans le périanthe accrescent. Les *Hemistylis* sont des arbrisseaux à feuilles alternes, longuement pétiolées; les épis sont axillaires, solitaires ou géminés, pourvus d'involucres. On en cite 4 espèces, de la Colombie. (H. BN, *Hist. des pl.*, III, 535.) [A. FR.]

HEMITALIA (DUM., *Anal. fam.*, 67). Pour *Hemitelia* R. BR.

HEMITELIA (R. BR., *Prodr. Fl. Nov.-Holl.*, 158). Genre de Polypodiacées-Cyathéinées, qui diffère des *Alsophila* par la présence d'une indusie en forme d'écaille placée sous les sores;

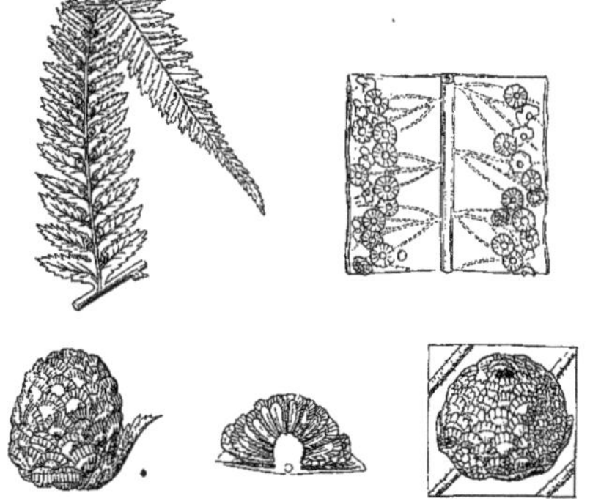

Hemitelia. — Portion de fronde, face inférieure. Sores, entiers et coupe longitudinale.

elle varie d'ailleurs beaucoup de forme et de consistance; quelquefois si réduite, qu'elle est presque indistincte. Ce sont des Fougères à port de *Cyathea*, toutes arborescentes et de la région tropicale; on en connaît environ 20 espèces. [A. FR.]

HEMITELIEÆ (PRESL, in *Abh. Böhm. Ges.*, Flge V, 346). Tribu des Fougères-Cyathéacées (genres *Hemitelia*, *Microstegnus*, *Hemistegia* et *Actinophlebia*).

HEMITELITES (GŒPP., *Syst. Fil. foss.*, 175, 329, t. 21, 38). Genre de Fougères fossiles, du groupe des Pécoptéridées (UNG., *Syn.*, 89; *Chlor. protog.*, XLVII). Pour F. Braun (in *Flora* [1847], I, 83), c'est un genre de Polypodiées. Synonyme de *Cyphopteris* STERNB.

HEMITHELIA (AD. BR., *Dict. d'Orb.*). Pour *Hemitelia* PRESL.

HEMITHELIEÆ (FÉE, *Gen. Fil.*, 39, 345, 349). Sous-tribu des Cyathéacées (genres *Hemitelia* et *Hemistegia*).

HEMITHRINAX (HOOK. F., *Gen.*, III, 930, n. 101). Genre de Palmiers-Coryphées, établi pour le *Trithrinax compacta* GRISEB., de Cuba, distingué par un périanthe à peu près nul; 6 étamines à anthères sessiles, extrorses et à connectif épais; un ovaire à 1-3 loges, surmonté d'un stigmate subinfundibuliforme, flabellé; des ovules subdressés et un embryon apical. Les feuilles sont orbiculaires, plissées, multifides, et le rachis du spadice, à spathes multiples, est nu. [H. BN.]

HEMITOME (NEES, *mss.*). Synonyme de *Aphelandra* R. BR.

HEMITOMES (A. GR., in *Bot. Newberr. Exp.*, 80, t. 12). Synonyme de *Newberrya* TORR.

HEMITOMUS (LHÉR., *mss.*). Synonyme de *Alonsoa* R. et PAV.

HEMITREMA (R. BR., *mss.* — ENDL., *Gen.*, III, 50). Genre d'Algues-Floridées, de la famille des *Rhodomeleæ*. Synonyme pour J.-G. Agardh des *Martensia*, que Kützing place à tort, selon nous, dans les Claudiées. (KUETZ., *Spec. Alg.*, 888.) [CH. M.]

HEMITRICHIA (ROSTAF., *Mycetoz.*, 14). Genre de Myxomycètes, formé pour le *Trichia clavata* PERS. et quelques autres espèces dont le capillitium est tantôt libre, tantôt en connexion avec le stipe. (Voy. HEMIARCYRIA, nom substitué par l'auteur dans sa *Monographie*, 261.)

HÉMITROPE (*hemitropus*). Ovule incomplètement, à demi anatrope.

HEMIXANTHIDIUM (DELP., *Stud. Artem.*, 60). Synonyme de *Ambrosia* T. (H. BN, *Hist. des pl.*, VIII, 66.)

HEMIXERA (ENDL., *Gen.*, n. 5216). Sect. du g. *Polycarpæa.*

HEMIZONIA (DC., *Prodr.*, V, 692). Section du genre *Madia* MOLIN. (H. BN, *Hist. des pl.*, VIII, 230.)

HEMIZYGIA (BENTH., in *DC. Prodr.*, XII, 41). Section du genre *Ocimum* T.

HEMLIC. Nom anglo-saxon du *Conium maculatum* L.

HEMLOCK ÉCHEVELÉ. Nom vulgaire du *Pinus canadensis* L.

HEMLOCK SPRUCE. Aux États-Unis, le *Pinus canadensis* L.

HEMLOCK WATER DROPWORT. Nom anglais de l'Œnanthe safranée.

HEMNA (RAFIN., in *N.-York Monthl. Mag.* [1817]). Synonyme (?) de *Hemiseuma* BISCH.

HEMODORACEÆ (DUMORT.). Pour *Hæmodoraceæ* R. BR.

HÉMODORE. Nom français des *Hæmodorum* L.

HEMORACALLIS (MEDIC.). Pour *Hemerocallis* L.

HÉMORRHAGIE (PLANTE A L'). L'*Aspilia latifolia*, employé comme hémostatique dans l'Afrique tropicale occidentale.

HÉMORRHOIDAL (CHARDON). Le *Serratula arvensis* L.

HEMP. Nom allemand et anglais du Chanvre.

HEMPRICHIA (EHRENB., in *Linnæa* [1829], IV, 396. — B. H., *Gen.*, I, 327, n. 18). Synonyme (H. BN) de *Balsamea* GLED.

HENANTHUS (LESS., *Syn. Comp.*, 196). Synonyme de *Pteronia.*

HENBANE, HENNEBANE. La Jusquiame noire.

HENCKEL (Joh.-Fried.). Médecin de Freyberg [1679-1744], auteur du *Flora saturnizans*, etc. [1702], réédité en 1755.

HENCKEL DE DONNERSMARCK (L.-Vict.-Fil.). Botaniste originaire de Kœnigsberg [1785-1861] a publié : *Enum. plantar. circa Regiomontium Borussorum sponte crescent.* [1817], et un *Nomenclator botanicus*, qui eut 2 éditions [1803 et 1821].

HENCKELIA (SPRENG., *Anleit.*, ed. 2, II, 402). Synonyme de *Didymocarpus* WALL.

HENCKELIEÆ (REICHB., *Nom.*, 120). Section des Cyrtandrées.

HENDA. Synonyme de *Tari.*

HENDEB. Nom égyptien (FORSK.) des Chicorées.

HENDECANDRA (ESCHSCH., in *Mém. Acad. Pétersb.* [1823], X, 285). Section du genre *Croton* L. (H. BN, *Et. gén. Euphorbiac.*, 371; *Hist. des pl.*, V, 130.)

HENDELOTIA (ENDL., *Enchir.*, 602). Pour *Heudelotia* GUILLEM.

HENDERSON (Jos.). Mort en 1866 à Wentworth, fut l'auteur de quelques notices botaniques. (*Cat. sc. pap.*, III, 273.)

HENDERSONIA (MONT. — DESMAZ., in *Ann. sc. nat.* [1849]). Genre de Sphéropsidés, à petits périthèces globuleux, plus ou moins enfoncés dans l'épiderme des rameaux ou des feuilles dont ils font leur habitat. Les spores contenues dans ces périthèces sont colorées, bi- ou pluriloculaires, portées sur de courts pédicules et éliminées par un pore terminal du périthèce. Plusieurs espèces ont été reconnues par M. Tulasne comme les pycnides de Sphériacés du genre *Massaria*. L'*H. theicola* COOKE a été accusé de produire une maladie du Thé dans les plantations de l'Inde. [DE S.]

HENDERSONIELLA (SACC., *Syll. Fung.*, III, 441). Sous-genre d'*Hendersonia*, à périthèces presque superficiels.

HENDERSONULA (SPEG., *Fung. Arg.*, pug. II, n. 127). Genre de Sphéropsidés, très voisin des *Hendersonia*, dont il ne diffère que par le stroma.

HENDIBE (FORSK.). Synonyme de *Hendeb.*

HENDUSA (E. MEY., *Comm. pl. Afr. austr.*, 153). Synonyme de *Lathriogyne* ECKL. et ZEYH.

HENEQUEN. Nom espagnol de l'*Agave americana* L.

HENFREY (Arth.). Professeur au King's College de Londres [1819-1859], a publié : *Outlines of struct. and phys. Botany*

[1847]; *the Rudiments of Botany* [1849]; *the Botanical Gazette* [1849-1854]; *Outlines of the natural History of Europa* [1852], et un *Elementary Course of Botany* [1807], 702 pages et fig. sur bois. (*Cat. sc. pap.*, III, 275.)

HENFREYA (LINDL., in *Bot. Reg.* [1847], t. 31). Synonyme de *Asystasia* BL.

HENICOE. Herbe de la Guinée, qui guérit, dit-on, la colique.

HENICOSTEMMA (ENDL., *Gen.*, 605). Pour *Enicostema* BL.

HENIDIA (REICHB. F., in *Linnæa* [1844], XVIII, 407). Section du genre *Habenaria* W. (*H. odontopetala, strictissima*).

HENISIA (WALP., *Rep.*, II, 517). Pour *Heinsia* DC.

HENKÉE. Nom français (LAMK) des *Hænkea* R. et PAV.

HENKEL (J.-B.). Auteur en 1856, à Würzburg, d'un *System. Charakteristik d. medizinisch wichtigen Pflanzenfamilien* (in-12 de 62 pages). Il a donné, en collaboration avec W. Hochstetter, un *Synopsis der Nadelholzer* [1865], in-8 de 446 pages.

HENKELIA (REICHB. — DIETR.). Pour *Henckelia* SPRENG.

HENLEA (GRISEB., in *Abh. Kön. Ges. Götting.* [1860], 37). Synonyme de *Henleophytum* KARST.

HENLEA (KARST., *Fl. columb.*, 157, t. 78). Synon. de *Rustia*.

HENLEOPHYTUM (KARST., *Fl. columb.*, I, 158). Genre de Malpighiacées-Banistériées, établi pour un arbuste de Cuba qui paraît avoir la fleur des *Banisteria*, avec le fruit non ailé et couvert de soies molles. (H. BN, *Hist. des plant.*, V, 461.)

HENNA. Nom arabe des *Lawsonia* L.

HENNÉ. Le *Lawsonia inermis* L.

HENNEBANE, HENNEBONE. Noms anglais de la Jusquiame noire.

HENNECARTIA (POISS., *Et. Hennec.* [1885], c. tab.). Genre (?) de Monimiacées, très voisin des *Mollinedia*, à fleurs mâles sans périanthe. Le réceptacle pelté porte de nombreuses étamines à anthères sessiles, peltées, déhiscentes par une fente circulaire. Les fleurs femelles ont un réceptacle lagéniforme, à bords dilatés, contenant 1, 2 carpelles à un seul ovule descendant; le raphé dorsal. Le fruit est sec, induvié du réceptacle. L'*H. omphalandra* est un petit arbre, à feuilles opposées ou alternes, à inflorescences axillaires racémiformes; il a été trouvé au Paraguay par M. Balansa. [H. BN.]

HENNEDYA (HARV., in *Trans. Irish Acad.*, XXII, 552; *Phyc. austral.*, 75). Genre d'Algues, de la famille des *Chætangieæ*, et caractérisé par une fronde plane, dichotome, laciniée, développée en éventail et caulescente. Cette fronde est constituée par trois couches de cellules : la couche médullaire est formée de filaments petits et très resserrés; les cellules du strate moyen sont grandes et quadrangulaires. Les cystocarpes sont placés dans un péricarpe subhémisphérique et un peu saillant. Les sphérospores, que l'on remarque à l'extrémité des parties laciniées de la fronde, se divisent en zone. (Voy. J.-G. AGH, *Spec., gen. et ord. Alg.*, III, 541.) [CH. M.]

HENNEPFEFFER. Nom allemand de certains *Capsicum*.

HENNERT (K. W.). Botaniste de Berlin [1739-1800], auteur de *Bemerkungen auf ein. Reise nach Harbke* (in-8 de 88 p.).

HENNING (Joh.). A publié à Moscou, en 1826, *Observationes de plantis Tanaicensibus*, in-4 (*Mém. Soc. Mosc.*, VI).

HENNINGIA (KAR. et KIR., in *Bull. Mosc.* [1842], 515). Synonyme de *Eremurus* BIEB.

HENNIP. Nom hollandais du Chanvre.

HENO. En Espagne, les *Holcus* et les *Aira*. Au Mexique, c'est le nom du *Tillandsia usneoides* L.

HÉNON. Botaniste lyonnais, a écrit en 1854 l'histoire du *Merulius destruens*, « qui s'attaque aux bois employés dans les constructions et qui les détruit », et quelques notes botaniques. (*Cat. sc. pap.*, III, 281.)

HENONIA (COSS. et DUR., in *Bull. Soc. bot. Fr.*, II, 246). Synonyme de *Henophyton* COSS.

HENONIA (MOQ., in *DC. Prodr.*, XIII, 237). Genre d'Amarantacées-Célosiées, se distinguant par : Etamines 3, réunies en bas en cupule, à filets subulés, à anthères biloculaires; staminodes nuls. Ovaire uniloculaire, multiovulé. Style court; stigmates 3, subulés, révolutés; utricule oblong, indéhiscent, 4-5-sperme, enveloppé inférieurement par le calice; albumen farineux; embryon annulaire, périphérique. Arbrisseau dressé, à feuilles alternes, sessiles, étroites, entières, glabres; à fleurs en épis simples, courts. Une espèce, de Madagascar. [L.]

HENOONIA (GRISEB., *Cat. pl. cub.*, 166). Genre attribué avec doute aux Sapotacées et établi sur un arbre de Cuba, à fleurs 5-mères, mal connues; la corolle 5-partite et l'androcée isostémoné. L'ovaire n'a qu'une loge et un ovule dressé. Le fruit renferme une graine sans albumen, à embryon pourvu de cotylédons foliacés. (B. H., *Gen.*, II, 662, n. 24.) [H. BN.]

HENOPHYLLUM. Nom (BORY) du *Maianthemum bifolium* DC.

HENOPHYTON (COSS. et DUR., in *Bull. Soc. bot. Fr.*, II, 246, 625; *Ann. sc. nat.*, sér. 5, I, 279, t. 22). Syn. (TRIM.) de *Oudneya*.

HENOTOGYNA (DC., *Prodr.*, V, 432). Section (?) du genre *Tarchonanthus* L. (ENDL., *Gen.*, 391.)

HENRICEA (LEM.-LISANC., in *Bull. Soc. philom.* [1824], 171). Synonyme de *Ophelia* DON.

HENRICI (Rob.-Steph.) [1718-1782]. Auteur, en 1740, de *Animadversiones de laude et præstantia vegetabilium*, in-4.

HENRICIA (CASS., in *Bull. philom.* [1817], 11; [1818], 123; in *Dict.*, XX, 567). Section du genre *Psiadia* JACQ. (H. BN, in *Bull. Soc. Linn. Par.*, 271; *Hist. des pl.*, VIII, 150.)

HENRIETIA (REICHB., *Consp.*, 174). Pour *Henriettea* DC.

HENRIETTEA (DC., *Prodr.*, III, 178). Genre de Mélastomacées, voisin des *Maieta*, à fleurs 4-6-mères; le calice subtronqué, denté ou lobé; les pétales parfois cohérents; 8-12 étamines à anthères linéaires, droites ou incurvées (ou courtes, obtuses et récurvées dans la section *Henriettella*), sans prolongement du connectif, qui est ou inappendiculé, ou seulement pourvu d'un court éperon dorsal. L'ovaire, entièrement ou presque entièrement adné au réceptacle, est surmonté d'un style à sommet tronqué ou capitellé. Ce sont, au nombre de 20, des arbres ou arbustes de l'Amérique tropicale, à feuilles coriaces, entières ou dentelées, 3-5-nerves; à cymes ramifiées ou à glomérules nés sous les feuilles. (H. BN, *Hist. des pl.*, VII, 57, n. 37.)

HENRIETTELLA (NAUD., in *Ann. sc. nat.*, sér. 3, XVIII, 107). Synonyme de *Henriettea* DC. (H. BN, *Hist. des pl.*, VII, 57.)

HENRIQUESIA (PASS. et THUEM., *Cent. myc. Lus.*, n. 278). Genre de Sphériacés, voisin des *Hysterium*, à périthèce fendu, labié, contenant des thèques dressées, subclaviformes. Les spores, hyalines, sont fusiformes, distiques; les paraphyses, filiformes, dépassent les thèques. Une espèce vit, en Portugal, sur les petits rameaux morts du *Quercus coccifera*. [DE S.]

HENRIQUEZIA (SPRUCE, ex BENTH., in *Hook. Kew Journ.*, VI, 338; in *Trans. Linn. Soc.*, XXII, 206, t. 52-54). Section du genre *Platycarpum* H. B., à disque 5-lobé, à loges 2-4-ovulées, à fruit portant vers le milieu de sa hauteur la cicatrice du bord du réceptacle. (H. BN, *Hist. des pl.*, VII, 345, 487.)

HENRIQUEZIEÆ (B. H., *Gen.*, II, 12). Tribu (III) des Rubiacées.

HENRYA (ENDL., *Gen.*, n. 1879 *d*). Pour *Fleurya* GAUDICH.

HENRYA (NEES et BENTH., *Bot. Sulph.*, 148, t. 49). Synonyme de *Tetramerium* NEES.

HENSCHEL (Aug.-W.-Ed.-Theod.). Professeur de Breslau [1790-1856], a écrit : *Von der Sexualität d. Pflanzen* [1820]; *Comm. de Aristotele bot. phil.* [1824]; *Clavis Rumphiana*, etc. [1833]; et *Zur Gesch. d. bot. Garten u. d. Botanik überhaupt in Schlezien* [1837], in-8 de 42 p. (Voy. *Cat. sc. pap.*, III, 295. — *Ott. und. Dietr. Allg. Gartenzeit.*, V, 61.)

HENSCHELIA (PRESL, *Reliq. Hænk.*, II, 81, t. 63). Synonyme de *Illigera* BL.

HENSELERA (REICHB., *Nom.*, 96). Pour *Hænselera* BOISS.

HENSLERA (ENDL., *Gen.*, 791). Pour *Hænselera* LAGASC.

HENSLOVIA (A. JUSS. — MIQ.). Pour *Henslowia* WALL.

HENSLOW (J.-Stev.). Professeur à Cambridge [1796-1861], a composé : *the Principles of descr. and phys. Botany* [1835]; un *Catalogue des plantes d'Angleterre* [1829], avec une deuxième édition en 1835; et un *Dictionnaire des termes botaniques* [1850]. En collaboration avec Shepper, il donna en 1860 une *Flore du Suffolk*. On lui doit aussi plusieurs opuscules botaniques (*Cat. sc. pap.*, III, 296). Une Notice sur Henslow a été écrite par Jenyns en 1862.

HENSLOWIA (BL., *Mus. lugd.-bat.*, I, 242, t. 43). Genre de Santalacées-Osyridées, à fleurs monoïques ou dioïques, 5-6-mères, construites comme celles de la famille en général; les étamines superposées aux pétales, pourvues d'anthères courtes, à 2 loges s'ouvrant par des fentes obliques et s'étalant ensuite. L'ovaire, infère et surmonté d'un style court, à extrémité stigmatifère courtement lobée, renferme un placenta central-libre, épais, qui supporte 2, 3 ovules. Le fruit est une drupe, à noyau osseux, rugueux en dehors, pourvu en dedans de lames saillantes qui pénètrent dans des sillons profonds dont sont creusées les graines, albuminées et contenant un embryon linéaire, central, à radicule bien plus longue que les cotylédons. On décrit 12 *Henslowia*, de l'Inde, de la Chine et de la Malaisie. Ce sont des arbustes, ordinairement parasites sur les arbres, à feuilles alternes, assez épaisses; à petites fleurs disposées en glomérules axillaires ou terminant un petit axe spécial. (Voy. *Adansonia*, II, 363; III, 116.) [H. BN.]

HENSLOWIA (LOWE, herb.). Synonyme de *Picconia* DC.

HENSLOWIA (WALL., *Pl. as. rar.*, III, 14, t. 221). Synonyme de *Crypteronia* BL.

HENSLOWIACEÆ (A. JUSS., in *Dict. d'Orb.*, VI, 536). Famille de Dicotylédones diclines, formée du seul genre *Henslowia* BL.

HENSLOWIACEÆ (LINDL., *Nat. Syst.*, ed. 2, 173). Synonyme de Cryptéroniées (Lythrariacées).

HENSLOWIEÆ (REICHB., *Nom.*, 66). Groupe formé du genre *Henslowia* BL. et rapporté avec doute par l'auteur aux Faginées.

HENSWARE. — Voy. ALARIA.

HEO-TAU. Nom annamite de certains Rotangs, notamment du *Calamus* (?) *Scipionum* LOUR.

HEPATARIA (RAFIN., in *Desvx Journ. bot.*, II, 168). Genre de Trémellinés, fort douteux, et qui n'a pas été admis.

HEPATICA (DILL.). L'*Anemone Hepatica* L.

HEPATICA DOS AVORES. Au Portugal, le *Sticta pulmonacea*.

HEPATICA FONTANA (BAUH.). Le *Marchantia polymorpha* L.

HEPATICA NOBILIS (offic.). L'Anémone Hépatique.

HEPATICA PAVONICA. Le *Padina pavonina* LAMX.

HEPATICA STELLATA. Nom ancien de l'*Asperula odorata* L.

HEPATICA TERRESTRIS. Le *Marchantia polymorpha* L.

HEPATICELLA (LEMAN, in *Dict. sc. nat.*). Synon. de *Fegatella*.

HEPATICI (MŒNCH, *Meth.*, 42, 748). Syn. de *Hepaticæ* ADANS.

HEPATICINI (CORDA, in *Opiz Beitr.*, I; in *Sturm. Jungerm.*, 4, 6). Classe de *Phænogameæ*, comprenant les tribus des *Sphagnoideæ*, *Andreæeæ* et *Jungermannieæ*.

HÉPATIQUE. Nom français (LAMK) des *Marchantia*.

HÉPATIQUES (*Hepaticæ* ADANS., *Fam. des pl.*, II [1763], 14). Famille, ordre ou classe (suivant les auteurs) de plantes

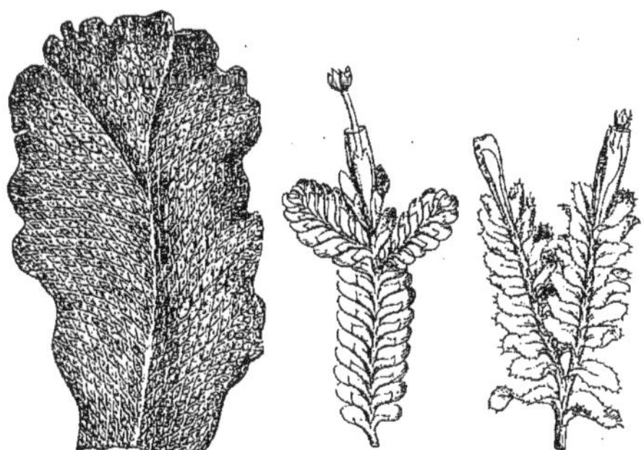

Hépatiques. — Fronde de *Marchantia*. Port de Jungermannes.

cryptogames, rangées par Endlicher, avec les Mousses, dans sa cohorte des *Acrobrya Anophyta*, et que De Candolle plaçait dans ses Cellulaires foliées. Pour Agardh, ce sont des Pseudocotylédonées évasculaires. Les auteurs plus récents les font rentrer dans la grande division des Muscinées (BISCH.) ou Muscoïdées (LINDL.). Ce sont des plantes intermédiaires aux Acrogènes et aux Amphigènes. Les unes ont, comme les Mousses, des tiges feuillées, généralement peu élevées, dressées, couchées ou

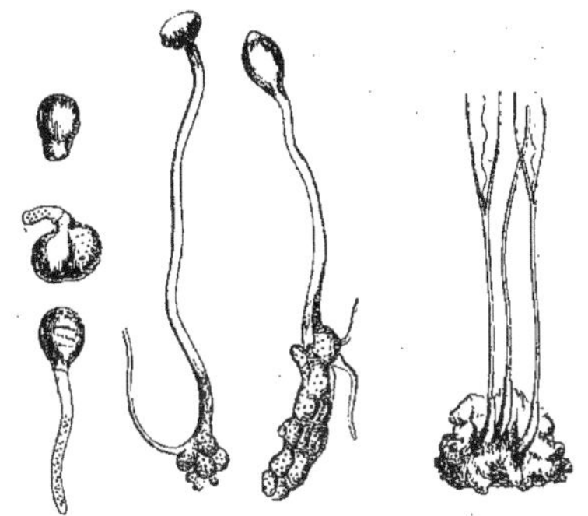

Hépatiques. — *Blasia*, *Anthoceros*.

rampantes, simples ou plus ou moins ramifiées. Ces tiges portent des feuilles qui sont des lames vertes, formées d'une seule rangée de phytocystes, sans nervures, sans stomates. D'ordinaire très rapprochées, nombreuses, de petite taille, opposées ou

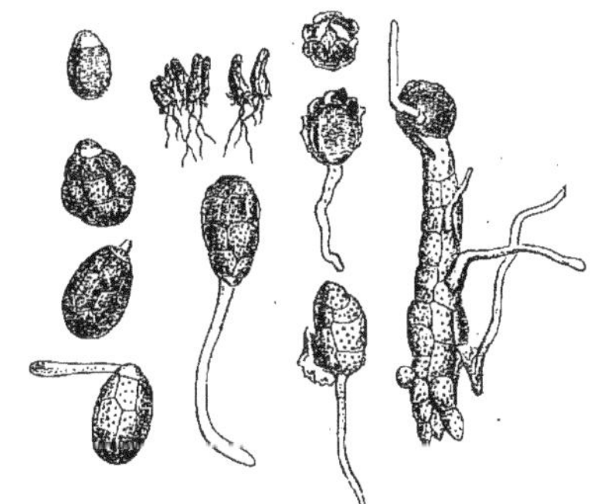

Hépatiques en germination. — *Pellia*, *Marchantia*.

alternes, à base large et sessile, elles forment presque toujours deux rangées longitudinales, rapprochées du côté supérieur de la tige; et son côté inférieur porte une troisième rangée d'appendices, les amphigastres, regardés par beaucoup d'auteurs

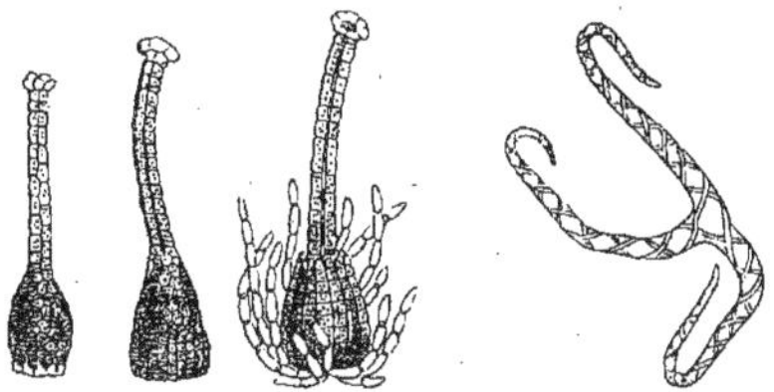

Hépatiques. — Organes femelles. Élatère.

comme étant de nature stipulaire. Ces Hépatiques-là sont dites foliacées. On nomme au contraire Hépatiques frondacées, celles dont l'ensemble figure une lame qui rappelle par sa configuration le thalle foliacé des Lichens. Comme chez eux, cette lame est appliquée sur le sol et produit à sa face inférieure des rhizoïdes qui l'y fixent. Elle est sinuée ou lobée sur ses bords, verte ou d'une autre couleur, parsemée de stomates. Les organes de reproduction sont réunis sur un même pied ou portés sur des pieds différents. Les organes mâles sont des anthéridies, contenant des anthérozoïdes mobiles. Ce sont des sacs de forme variable, le plus souvent sphériques ou oblongs, à paroi mince, formée d'une seule couche de phytocystes et qui se détruit vers le sommet pour donner passage aux agents fécondateurs, c'est-

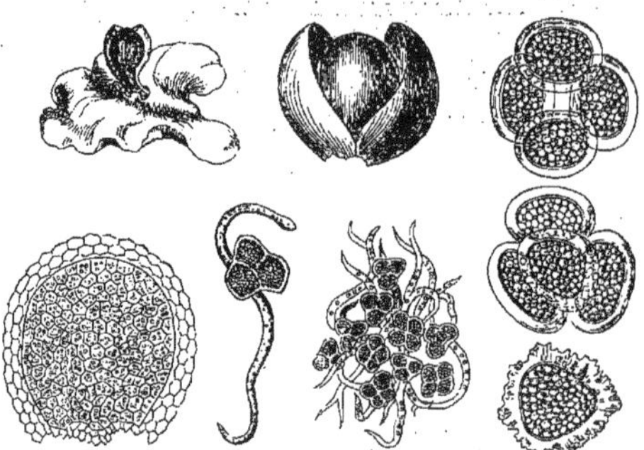

Hépatiques. — Spores et sporanges de *Targionia*.

à-dire à des cellules mères d'anthérozoïdes. Ceux-ci sont spiraux, se déroulent bientôt, puis se meuvent à l'aide de deux cils vibratiles. Dans les Hépatiques foliacées, c'est la tige qui d'ordinaire porte les anthéridies, généralement dans l'aisselle des feuilles, ou bien à l'extrémité de ses divisions, ou au voisinage de cette extrémité, ou sur des rameaux particuliers. Dans les Hépatiques

Hépatiques — Zoothèques et phytozoaires de *Gymnomitrium*.

frondacées, les anthéridies sont portées par la fronde, soit enfoncées dans son tissu à la face supérieure, soit sur un support particulier qui est, dans les *Marchantia*, par exemple, un chapeau vert, supporté par un pied et ressemblant à un petit Champignon. Les organes femelles sont des oosporanges ou archégones, qui, dans les Hépatiques foliacées, occupent généralement

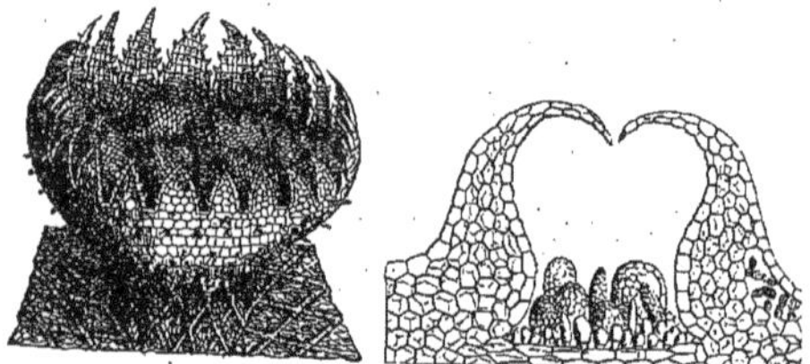

Hépatiques. — Corbeille de *Marchantia*, entière et coupe longitudinale.

en groupes l'extrémité de ramifications spéciales, et qui, dans les types analogues aux *Marchantia*, sont portés à la face inférieure du chapeau, tandis que dans les autres Hépatiques frondacées ils sont enfoncés dans les couches supérieures de la fronde. L'oosporange est, comme celui des Mousses, formé d'une cavité renflée, renfermant une oosphère qui, à la suite de la fécondation, deviendra l'oospore, et d'un col de longueur variable. Après la pénétration des anthérozoïdes au travers du canal du col jusqu'à l'oosphère, celle-ci s'entoure d'une paroi membraneuse; puis l'oospore se divise en deux portions superposées. La supérieure multiplie ses phytocystes de façon à constituer finalement la capsule des Hépatiques, et l'inférieure est l'origine d'un pédicule, d'ordinaire court dans ce groupe, souvent même enfoncé dans le tissu de la tige ou de la fronde qui lui sert de

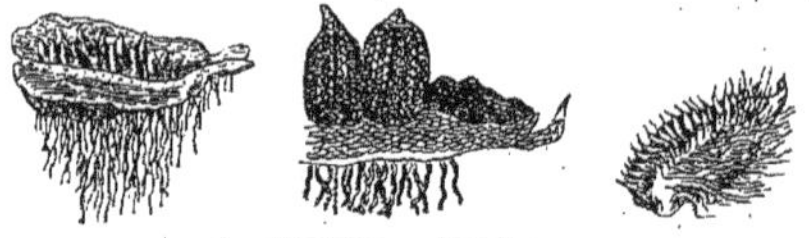

Hépatiques. — *Oxymitra*.

support. Pendant un temps généralement long, la capsule demeure incluse dans la paroi de l'oosporange constituant une coiffe. Plus tard cette paroi se rompt, et tout ce qui est inférieur au point de rupture constitue une gaine ou vaginule

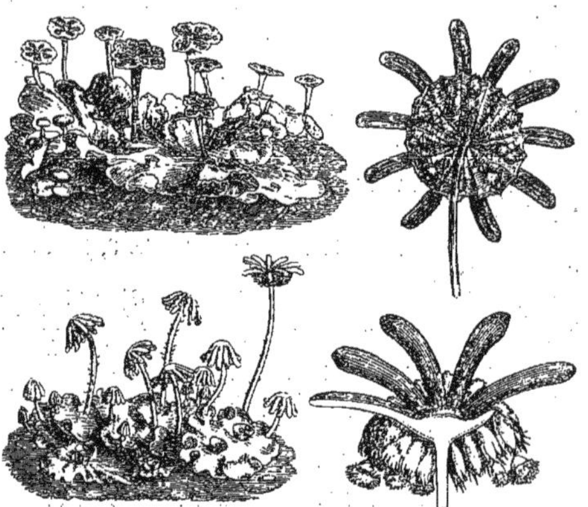

Hépatique (*Marchantia*). — Pieds mâle et femelle. Chapeau femelle, entier et coupe longitudinale.

autour du support de la capsule. En coupant longitudinalement celle-ci, on voit qu'elle n'a pas de columelle centrale, sauf dans le groupe de passage auquel on a donné le nom d'Anthocérotées. Outre les spores, la capsule renferme encore, sauf dans les Ricciées, des organes de dissémination en nombre variable, les

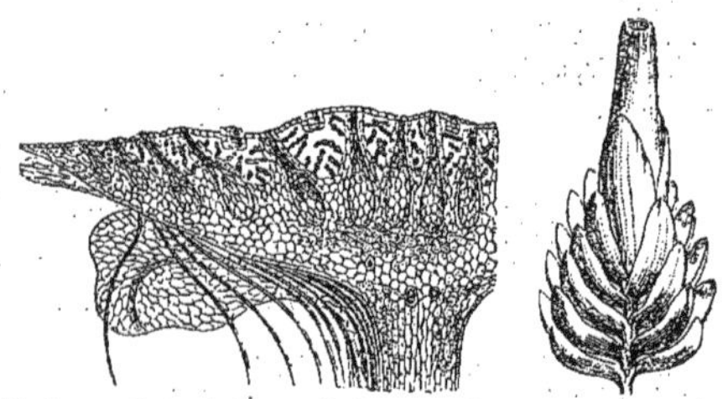

Hépatiques. — Portion du chapeau mâle de *Marchantia*. — Sporange de *Calypogeia*.

élatères, formés d'un long phytocyste tubuleux ou fusiforme, à paroi épaissie suivant une, deux ou trois lignes spirales parallèles. En se résorbant dans l'intervalle de ces lignes, la paroi met en liberté les fils et leur permet de se dérouler plus ou moins; très hygroscopiques, ils subissent des alternatives d'enroulement et de déroulement, suivant que le milieu est plus ou moins humide: ce qui, croit-on, contribue à la dissémination des spores auxquelles les élatères sont interposés. Le mode de déhiscence de la capsule est variable : elle s'ouvre généralement à partir du sommet en quatre panneaux, séparés par de longues fentes longitudinales, et plus rarement en deux, comme dans les *Anthoceros*. Une fois semées, les spores produisent, par multiplication de leurs phytocystes, ou une plante sexuée, comme il arrive d'ordinaire dans les Hépatiques frondacées; ou, comme dans les Hépatiques foliacées, un proembryon de forme variable, disciforme, circulaire ou allongé et comme filamenteux.

Cet énorme groupe se divise, d'après la forme des organes de végétation, le mode de distribution des sporanges, l'existence ou l'absence d'élatères et de columelle, la présence ou l'absence d'un chapeau portant les organes reproducteurs, en cinq groupes secondaires : Marchantiées, Ricciées, Monocléées, Jungermanniées et Anthocérotées (voy. ces mots). [H. Bn.]

HÉPATIQUE BLANCHE. Le *Parnassia palustris* L.

HÉPATIQUE CONTRE LA RAGE. Le *Peltigera canina* Hoffm.

HÉPATIQUE DES BOIS, ÉTOILÉE, ODORANTE. L'*Asperula odorata* L. L'*H. des bois* est aussi le *Sticta pulmonacea* Ach.

HÉPATIQUE DES JARDINS, TRILOBÉE. L'*Anemone Hepatica* L.

HÉPATIQUE DES MARAIS. Le *Chrysosplenium oppositifolium* L.

HÉPATIQUE DORÉE. Les *Chrysosplenium*.

HÉPATIQUE NOBLE. Le *Parnassia palustris* L.

HÉPATIQUE TERRESTRE, H. DES FONTAINES. Le *Marchantia polymorpha* L.

HEPATITIS. Nom ancien de l'Eupatoire d'Avicenne.

HEPATORIUM AQUATILE (Dod.). Le *Bidens cernua* L.

HEPETIS (Sw., *Prodr. Fl. Ind. occ.*, 56). Synonyme (qui a pour lui l'antériorité) de *Pitcairnia* Lhér.

HEPETOSPERMUM (Spach). Pour *Herpetospermum* Wall.

HEPHESTIONIA (Naud., in *Ann. sc. nat.*, sér. 3, XIII, 36). Synonyme de *Pleroma* Don.

HEPP (Phil.). Médecin à Neustadt [1801-1867], est l'auteur d'un *Lichenenflora v. Würzburg* [1824], in-8 de 105 p. et 1 pl., et de *Mikroskopische Abbildungen d. sporen d. europ. Lichenen* [1833-1867], in-4 (Zurich). (*Cat. sc. pap.*, III, 300.)

HEPPIA (Næg. — Massal., *Geneac. Lich.*, 8). Genre de Lichens-Peltigérés. (Arn., in *Flora* [1858], I, 110.)

HEPPIELLA (Reg., in *Gartenflora*, II, 353 [1853], t. 70). Genre de Gesnéracées-Gesnérées, analogue aux *Achimenes* et distingué par des fleurs à lobes calicinaux, étroits ou courts; une corolle à tube cylindrique; 4 étamines incluses, à anthères petites, libres ou à peine cohérentes au début. Ce sont 8, 9 herbes, du Pérou et de la Colombie, à feuilles opposées, à fleurs axillaires et coccinées, élégantes. Elles sont assez souvent cultivées dans nos serres, sous le nom d'Achimènes. (Lindl. et Paxt., *Fl. gard.*, II, 59, fig. 165.) [H. Bn.]

HEPTACA (Lour., *Fl. cochinch.*, 657). Syn. de *Oncoba* Forsk.

HEPTALLON (Rafin., *Neog.* [1825], 1). Section du genre *Croton* L.

HEPTAMERIA (Rehm. et Thuem., *Myc. Lusit.*, n. 202). Genre de Sphériacés, à périthèces globuleux, noirs, solitaires ou agrégés. Les thèques contiennent des spores fusiformes à 7 loges; la loge moyenne est ventrue, plus grande, colorée; les autres sont hyalines. On en connaît 5 espèces, qui se rencontrent sur les rameaux et les tiges mortes, en Portugal, en Italie, en Algérie et dans le sud-est de la France. [De S.]

HEPTANDRE, HEPTANDRIE. Classe de plantes à sept étamines.

HEPTANEURON (Dcne, in *DC. Prodr.*, XIII, p. I, 698). Section du genre *Plantago* T.

HEPTANTHUS (Griseb., *Cat. pl. cub.*, 148). Genre de Composées, voisin des *Clibadium*, dont il a à peu près les fleurs, et qui est distingué par des corolles femelles à petit limbe ligulé, et un involucre turbiné, formé de 4, 5 bractées presque égales. Ce sont de petites herbes des Antilles, à feuilles basilaires rapprochées en rosette, à hampes filiformes et à capitules très petits. (H. Bn, *Hist. des pl.*, VIII, 238.)

HEPTAPHYLLON (Clus.). Synonyme ancien des *Alchemilla* et de la Tormentille.

HEPTAPLEURUM (Gærtn., *Fruct.*, II, 472, t. 178, fig. 3). Synonyme de *Schefflera* Forst. (*Paratropia*).

HEPTAPLEVRON. Nom ancien du *Plantago major* L.

HEPTAPTERA (Marg. et Reut., in *Mém. Soc. Genève*, VIII, 302, t. 5). Synonyme de *Colladonia* DC.

HEPTAS (Meissn., *Gen.*, 292 (203). Pour *Septas* Lour.

HEPTONEURUM (Hassk.). Pour *Heptapleurum* Gærtn.

HERA. Nom portugais du Lierre commun.

HERACANTHA (Rupp., *Fl. jen.*, 208). Synon. de *Carlina* Cass. L'*Heracantha* Hffmsg (*Fl. port.*, II, 205) est synonyme de *Kentrophyllum* Neck.

HERACLEA (Hill, *Hort. kew.*, 54). Synon. (?) de *Centaurea*.

HERACLEOS, HERACLIA (Pline). Le Grémil officinal.

Heracleum. — Branche florifère.

HERACLEUM (L., *Gen.*, n. 345). Nom latin des Berces (I, 404).

HERACLIDIUM (Reichb., *Fl. exc.*, 458). Section du genre *Heracleum* L. Synonyme de *Euheracleum* DC.

HERACLION. Nom ancien des plantes dédiées à Hercule : les Nénufars, le *Cneoron*, l'*Abrotanum*, plusieurs Origans, etc.

HERADUKY. Un des noms, dans l'Inde, du Sang-dragon.

HERA-OMODAKA. Nom japonais de l'*Alisma lanceolata* L.

HERBA ADMIRATIONIS (Rumph.). Le *Leucas linifolia* Spreng.

HERBA ANTONIANA. L'*Epilobium hirsutum* L.

HERBA APOLLINARIS. La Jusquiame noire.

HERBA BENEDICTA. La Benoîte.

HERBA BONIFACII. Le *Ruscus Hypoglossum* L.

HERBA BRITANNICA. Dans les anciennes pharmacopées, le *Rumex aquaticus* L.

HERBA CANCRI. L'Héliotrope d'Europe.

HERBA CATTARIA (Matth.). La Cataire.

HERBA COLUBRINA. Nom de l'*Euphorbia pilulifera* L.

HERBA CORDIALIS. L'*Asperula odorata* L.

HERBA CUMINOIDES (offic.). Le *Lagoecia cuminoides* L.

HERBA DEI. La Gratiole officinale.

HERBA DORIA. Le *Senecio paludosus* L.

HERBA GERHARDI (offic.). La Podagraire.

HERBA IGNIS. Le *Lichen cocciferus* L.

HERBA MAXIMA (Bauh.). Les *Helianthus*.

HERBA MEDICA. Nom ancien de la Luzerne.

HERBA MOIRA. En Portugal, la Morelle noire.

HERBA MOLDAVICA. Le *Dracocephalum Moldavica* L.

HERBA MOSCHATÆ. Nom pharmaceutique ancien de l'*Erodium moschatum* W. On l'appelait encore *Acus moschatæ*.

HERBA PARIS (T., *Inst.*, 233, t. 117). Synonyme de *Paris* L.

HERBA PEDICULARIA (S.-LARGUS). Synonyme de Staphisaigre.

HERBA ROBERTI. Nom ancien du *Geranium Robertianum* L.

HERBA ROTA. L'*Achillea cuneifolia* LAMK.

HERBA SACRA. La Jusquiame noire.

HERBA SANCTI-PETRI. Nom officinal de la Primevère.

HERBA SANGUINARIA. L'*Anemone nemorosa* L.

HERBA SENTIENS (BONT., *Hist. nat. et méd.*, 119). Nom de l'*Oxalis* (*Biophytum*) *Sensitiva* L.

HERBA STELLA (DOD.). Le *Plantago Coronopus* L.

HERBA TRINITATIS (MATTH.). L'*Anemone Hepatica* L.

HERBA VENTI. La Pulsatille.

HERBA ZEYLANICA (LAMK). Nom du *Coldenia procumbens* L.

HERBACÉ. Qui a la consistance de l'herbe, vert, mou et généralement de peu de durée. Il y a des bractées, des calices, des cotylédons, etc., herbacés, des plantes herbacées.

HERBACEA (STACKH., in *Mém. Soc. Mosc.* [1809], II, 58, 59). Synonyme de *Desmia* POST. et RUPR.

HERBADA. En Espagne, les *Gypsophila Struthium* L. et *hispanica* WILLK.

HERBÆ (HILL, *Hort. kew.* [1769], 1). Division du Règne végétal, comprenant 42 classes de Phanérogames et de Cryptogames.

HERBE. Nom donné aux plantes non ligneuses, de consistance molle (herbacée), de couleur généralement verte, même dans leur tige. Elles sont ou annuelles, ou bisannuelles ou vivaces. Les plus communes de ces plantes, qui se trouvent partout et sont généralement considérées comme sans utilité, se nomment *mauvaises herbes*. D'ailleurs le mot *herbe* est fréquemment pris comme synonyme de plante (même ligneuse), et accompagné d'une épithète qui indique quelquefois les propriétés, la station, l'apparence du végétal. Il s'applique à une foule d'espèces dont voici les principales. On nomme :

Herbe aux abeilles, le *Chrysanthemum Leucanthemum* L., le *Spiræa Ulmaria* L.

H. aiguillée, *à l'aiguillette*, le *Scandix Pecten Veneris* L.

H. d'alleu, le *Marchantia polymorpha* L.

H. à l'ambassadeur, le *Nicotiana Tabacum* L.

H. amère, le *Chrysanthemum Tanacetum* H. BN.

H. d'amour, le *Briza media*, le *Conyza chinensis*, le *Mimosa pudica*, le *Myosotis palustris*, l'*Oxalis* (*Biophytum*) *Sensitiva*, le *Phyteuma orbiculare*, le *Plumbago scandens*, le *Reseda odorata*, plusieurs *Saxifraga*.

H. à l'âne, *aux ânes*, l'*Ononis arvensis*, l'*Œnothera biennis*, l'*Onopordon Acanthium*, le *Carduus lanceolatus*.

H. d'Antal (GOUAN), le *Cynoglossum officinale* L.

H. à l'araignée, le *Phalangium ramosum* L.

H. à l'archamboucher, le *Chrysosplenium alternifolium* L.

H. à l'asthme, le *Nonatelia officinalis* AUBL.

H. des aulx, l'*Erysimum Alliaria* L.

H. à balais, le *Sida rhombifolia* L.

H. à balais sauvage, *à balayer*, le *Scoparia dulcis* L.

H. balié, à Maurice, le *Sida rhombifolia* L.

H. aux bardanes, l'*Arctium Lappa* L.

H. à beau-père, au Gabon, l'*Abrus precatorius* L.

H. à becquet, le *Geranium sanguineum* L.

H. bénite, le *Geum urbanum* L.

H. blanche, le *Diotis candidissima* DESF., le *Gnaphalium* (*Antennaria*) *dioicum* L.

H. à blé, l'*Andropogon insulare* L. (*Milium villosum* Sw.), le *Saccharum impabutum* POIT.

H. de bœuf, l'*Helleborus fœtidus* L., l'*Oxalis Acetosella* L.

H. à bonhomme, le Bouillon-blanc.

H. bonne, le *Lolium perenne* L.

H. de bouc, le *Chenopodium Vulvaria* L.

H. britannique, le *Rumex Hydrolapathum* W.

H. aux brûlures, le *Bacopa aquatica* AUBL., à Cayenne.

H. du buffle, l'*Urtica stimulans* LESCHEN.

H. cachée, le *Lathræa Clandestina* L.

H. à cailler, le *Rubia* (*Galium*) *vera* H. BN.

H. aux caïmans, aux Antilles, une Cypéracée douteuse.

H. au cancer, le *Plumbago europæa* L.

H. du capucin, le *Nigella damascena* L.

H. à la capucine, la Petite-Pervenche.

H. caraïbe, les *Ruellia polyrrhiza* J. et *tuberosa* L.

H. du cardinal, le *Symphytum officinale* L. et le *Delphinium Consolida* L.

H. carrée, aux Antilles, l'*Hyptis pectinata* POIT.

H. à la carte, la Douce-amère.

H. au centaure, la Petite-Centaurée.

H. aux cent maladies, le *Lysimachia Nummularia* L.

H. à cent nœuds, les Centinodes.

H. aux cerfs, le *Peucedanum Cervaria* LAP. et le *Dryas octopetala* L.

H. aux cerfs noire, le *Peucedanum Oreoselinum* CUSS.

H. du chagrin, le *Phyllanthus Niruri* L.

H. aux chancres, l'*Heliotropium europæum* L.

H. aux chantres, le Vélar officinal.

H. à chapelet, l'*Avena bulbosa* L.

H. au charpentier, l'*Achillea Millefolium* L., le *Plantago lanceolata* L., le *Rumex sanguineus* L., le *Barbarea vulgaris* DC., le *Sedum Telephium* L., le *Senecio vulgaris* L.; aux Antilles, le *Rivina humilis* L., le *Gerardia tuberosa* L., le *Justicia pectoralis* VAHL.

H. chaste, la Sensitive, le Gattilier commun.

H. aux chats, le *Nepeta Cataria* L., le *Valeriana officinalis* L., le *Teucrium maritimum* L., les *Eupatorium triangulare* POIR. et *atriplicifolium* VAHL.

H. du cheval, le *Collinsonia canadensis* L.

H. aux chèvres, le *Galega officinalis* L.

H. à chiques, le *Tournefortia hirsutissima* L.

H. à Chiron, la Petite-Centaurée.

H. à cinq côtes, *H. à cinq coutures*, le *Plantago lanceolata* L.

H. à cinq feuilles, le *Potentilla reptans* L.

H. du citron, la Mélisse officinale.

H. clavelée, le *Viola tricolor* L.

H. à cloques, le *Physalis Alkekengi* L.

H. de Clytie, le *Tournesolia* (*Crozophora*) *tinctoria* H. BN.

H. à cochon, le *Polygonum aviculare* L.

H. du cœur, le *Mentha gentilis* L., le *Pulmonaria officinalis* L.

H. à collet, le *Piper peltatum* L.

H. au coq, le *Balsamita suaveolens* L., le *Rhinanthus Crista-galli* L.

H. aux corneilles, le *Lysimachia vulgaris* L., le *Ruscus Hypoglossum* L.

H. aux cors, le *Sempervivum tectorum* L.

H. à coton, les *Gnaphalium arvense* et *germanicum* W.

H. à coucou, le *Lychnis Flos-Cuculi* L.

H. à la coupure, les *Achillea Millefolium* L. et *Ptarmica* L., le *Sedum Telephium* L., le *Symphytum officinale* L.

H. à couresse, aux Antilles, le *Piper procumbens* DESC.

H. aux couronnes, le *Rosmarinus officinalis* L.

H. à cousins, le *Conyza odorata*, le *Triumfetta Lappula* L.

H. à couteau, les *Carex* et plusieurs autres Graminées, notamment l'Ivraie.

H. du cramantin (*carmantin*), plusieurs *Justicia*.

H. à crapauds, le *Juncus bufonius* L.; à Cayenne, plusieurs *Commelyna*.

H. du cru, l'*Helleborus fœtidus* L.

H. aux cuillers, le *Cochlearia officinalis* L.

H. aux cure-dents, l'*Ammi Visnaga* LAMK.

H. à dartres, le *Cassia* (*Herpetica*) *alata* L.

H. à daucune, l'*Ophioglossum vulgatum* L.

H. du Deffaut, le *Sanicula europæa* L.

H. des démoniaques, le *Datura Stramonium* L.

H. aux deniers, le *Lysimachia Nummularia* L.

H. à deux bouts, le *Triticum repens* L.

H. au diable, le *Plumbago scandens* L.

H. du diable, le *Scabiosa succisa* L., le *Datura Stramonium* L.
H. divine, à Bourbon, le *Siegesbeckia orientalis* L.
H. dorée, le *Ceterach officinarum* W., le *Senecio Jacobæa* L.
H. douce, aux Antilles, le *Pharnaceum spathulatum.*
H. de douze heures, le *Sida americana* L.
H. dragon, l'*Artemisia Dracunculus* L.
H. aux dragons, le *Dracunculus vulgaris* SCHOTT.
H. à l'éclaire, le *Chelidonium majus* L.
H. aux écrouelles, le *Xanthium strumarium* L., le *Scrofularia nodosa* L.
H. à écurer, l'*Equisetum palustre* L., le *Chara vulgaris* L.
H. aux écus, le *Lysimachia Nummularia* L.
H. enchanteresse, le *Circæa lutetiana* L.
H. d'enfer, le *Nymphæa alba* L.
H. aux engelures, l'*Hyoscyamus niger* L.
H. à l'épervier, les *Hieracium*, notamment l'*H. murorum* L. et l'*H. Pilosella* L., les *Hypochœris glabra* et *radicata* L.
H. à l'épurge, l'*Euphorbia Lathyris* L.
H. à l'esquinancie, l'*Asperula cynanchica* L., le *Geranium Robertianum* L.
H. de l'estoile, anciennement les *Galium*.
H. éternelle, l'*Onobrychis sativa* L.
H. à éternuer, l'*Achillea Ptarmica* L., le Muguet (*Convallaria majalis* L.).
H. étoilée, l'*Asperula odorata* L.
H. au faucon, l'*Hypochœris radicata* L.
H. aux femmes battues, le *Tamus communis* L.
H. de feu, l'*Helleborus fœtidus* L., le *Ranunculus Lingua* L., l'*Artemisia campestris* L.
H. du feu, l'*Helleborus niger* L., le *Bæomyces coccifera* L.
H. au fi, l'*Helleborus fœtidus* L.
H. à la fièvre, le *Solanum Dulcamara* L., l'*Erythræa Centaurium* L.
H. des fièvres, le *Teucrium Chamædrys* L.
H. de Flac, à Maurice, le *Siegesbeckia orientalis* L.; aux Antilles, le *Verbesina Lavenia* L.
H. aux flèches, le *Maranta arundinacea* L.
H. flottante, le *Sargassum vulgare* AGH.
H. du foie, le *Marchantia polymorpha* L., le *Verbena officinalis* L.
H. foireuse, le *Senecio vulgaris* L.
H. forte, l'*Inula Helenium* L.
H. à foulon, le *Saponaria officinalis* L.
H. à la gale, le *Solanum nigrum* L.
H. aux gencives, l'*Ammi Visnaga* LAMK.
H. à Gérard, l'*Ægopodium Podagraria* L.
H. au gingembre, le *Zingiber officinale* L.
H. à la glace, le *Mesembrianthemum cristallinum* L.
H. à gland, aux Antilles, l'*Hedysarum incanum*.
H. de la goutte, le *Drosera rotundifolia* L.
H. aux goutteux, l'*Ægopodium Podagraria* L.
H. de grâce, le *Ruta graveolens* L.
H. du grand prieur, le *Nicotiana Tabacum* L.
H. des grands bois, l'*Hypericum Androsæmum* L.
H. grasse, le *Pinguicula vulgaris* L., les *Myosotis arvensis* L. et *annua* MŒNCH.
H. à la gravelle, le *Saxifraga granulata* L.
H. contre la gravelle, le *Saxifraga granulata* L.
H. de Grèce, le *Ruta graveolens* L.
H. aux grenouilles, le *Chara vulgaris* L., le *Riccia natans*, l'*Equisetum palustre* L.
H. de la guerre, l'*Hieracium murorum* L.
H. aux gueux, le *Clematis Vitalba* L.
H. de Guinée, le *Panicum altissimum* VILL.
H. de Hallot, le *Marchantia polymorpha* L.
H. aux hanches, le *Cotyledon Umbilicus* L.
H. aux hémorrhoïdes, le *Scrofularia aquatica* L., le *Ranunculus Ficaria* L., le *Carduus* (*Serratula*) *arvensis*, le *Sedum reflexum* L.
H. aux hernies, l'*Herniaria glabra* L.
H. à l'hirondelle, le *Cotyledon Umbilicus* L., le *Stellera Passerina* L.
H. d'hirondelle, le *Chelidonium majus* L.
H. de Hongrie, le *Galeopsis Tetrahit* L.
H. à l'huile américaine, de castor, de Kerva, le *Ricinus communis* L.
H. impatiente, les Balsamines.
H. indienne, le *Maranta indica* W., l'*Alpinia Galanga* L.
H. inguinale, l'*Aster Amellus* L.
H. d'ivrogne, le *Lolium temulentum* L.
H. de Jacob, le *Senecio Jacobæa* L.
H. jaune, le *Reseda Luteola* L.
H. à jaunir, le *Genista tinctoria* L., le *Reseda Luteola* L.
H. à Jean Renaud, l'*Euphorbia pilulifera* L.
H. aux jointures, l'*Ephedra distachya* L.
H. judaïque, le *Scutellaria galericulata* L.
H. de Judée, le *Solanum Dulcamara* L.
H. des Juifs, le *Reseda Luteola* L., la Verge-d'or (*Solidago Virga aurea* L.).
H. Julienne, la Sarriette et l'*Achillea Ageratum* L.
H. à Kæmpfer, le *Kæmpferia longa* L.
H. aux ladres, le *Veronica officinalis* L.
H. du Lagui, le *Myrtus communis* L.
H. au lait, le *Glaux maritima* L., le *Polygala vulgaris* L., plusieurs Euphorbes.
H. au lait de Notre-Dame, le *Pulmonaria officinalis* L.
H. aux langues, le *Ruscus Hypoglossum* L.
H. à la laque, le *Phytolacca decandra* L.
H. au loup, l'*Aconitum Lycoctonum* L.
H. aux lunettes, le *Lunaria annua* L.
H. à Madame, l'*Ageratum conyzoides* L.
H. de madame Boivin, aux colonies, les *Asclepias curassavica* L. et *aphylla* W.
H. des magiciens, le *Datura Stramonium* L., le *Solanum nigrum* L., la Grande-Pervenche, la Mandragore.
H. des magiciennes, le *Circæa lutetiana* L.
H. de Malacca, le *Spilanthus Acmella* L.
H. au mal d'estomac, le *Kæmpferia longa* L.
H. au mal de ventre, le *Jatropha gossypifolia* L.
H. à malingres, le *Bidens tripartita* L., le *Tournefortia hirsutissima* L.
H. aux mamelles, le *Lapsana communis* L.
H. à Monata, aux Antilles, les Varecs.
H. à la manne, le *Poa dulcis* CL., le *Glyceria fluitans* PAL.-BEAUV., le *Nicotiana Tabacum* L.
H. des trois Maries, un Buplèvre.
H. masclou, l'*Herniaria glabra* L.
H. aux massues, le *Lycopodium clavatum* L., le *Sargassum vulgare* AGH.
H. au mastic, les Sarriettes et le Clinopode.
H. à la matrice, le *Lathræa Clandestina* L.
H. maure, le *Reseda lutea* L., le *Solanum nigrum* L., le *Phyteuma spicatum* L.
H. à méchant, l'*Arum hederaceum* L.
H. aux mèches, le *Phlomis Lychnitis.*
H. de Médie, le *Medicago sativa* L.
H. à midi, le *Jasione montana* L.
H. militaire, l'*Achillea Millefolium* L.
H. à mille florins, l'*Erythræa Centaurium* L.
H. à mille pertuis, à mille trous, l'*Hypericum perforatum* L.
H. mitière, aux mites, le *Verbascum Blattaria* L.
H. du Montserrat, le *Passerina Thymelea* DC.
H. more, le *Solanum nigrum* L., le *Reseda lutea* L., le *Bosea Yervamora.*
H. aux moucherons, aux mouches, le *Conyza squarrosa* L.
H. au mouton, le *Parthenium Hysterophorus*, de la Guyane.
H. des murailles, le *Parietaria officinalis* L.
H. du musc, musquée, l'*Adoxa Moschatellina* L., l'*Hibiscus Abelmoschus* L., le *Mimulus moschatus* L.
H. à Nicot, le Tabac.

H. du nombril, les *Omphalodes verna* Mœnch et *linifolia* L.
H. de none, le *Parietaria officinalis* L.
H. de Notre-Dame, le *Campanula Trachelium* L., le *Parietaria officinalis* L., le *Pareira-brava*.
H. aux oies, le *Potentilla anserina* L.
H. à omelette, le *Balsamita suaveolens* L.
H. à l'opératoire, le *Parietaria officinalis* L.
H. à l'ophthalmie, l'*Euphrasia officinalis* L.
H. d'or, l'*Helianthemum vulgare* L.
H. à la ouate, l'*Asclepias syriaca* L.
H. à pain, l'*Arum maculatum* L.
H. aux panaris, le *Polygonum aviculare* L., le *Paronychia verticillata* DC.
H. à paniers, à Maurice, le *Sida acuta* Burm., l'*Urena multifida* DC.; à Rodrigues, le *Sida carpinifolia* L., l'*Urena lobata* L., le *Triumfetta glandulosa* Lamk.
H. aux panthères, le *Doronicum Pardalianches* L.
H. du Paraguay, l'*Ilex paraguaiensis* A. S.-H.
H. à la paralysie, le *Primula officinalis* L.
H. de pardon, en Provence, le *Medicago maritima* L.
H. à Pâris, le *Paris quadrifolia* L.
H. à Patagon, le *Boerhaavia diffusa* L.
H. aux pattes, le *Petasites (Tussilago) Farfara* H. Bn.
H. de pâturage, le *Genista tinctoria* L.
H. à pauvre homme, le *Gratiola officinalis* L.
H. pédiculaire, le *Delphinium Staphisagria* L.
H. à la perchaude, le *Potamogeton natans* L.
H. aux perles, le *Lithospermum officinale* L.
H. aux perroquets, l'Amarante tricolore.
H. à la peste, le *Petasites officinalis* Mœnch.
H. à pian, le *Parthenium hysterophorum* L.
H. à pique, le *Conyza lobata* L. (*Neurolæna lobata* R. Br.).
H. aux piqûres, l'*Hypericum perforatum* L.
H. à pisser, le *Pirola umbellata* L.
H. à la pituite, le *Delphinium Staphisagria* L.
H. aux plateaux, le *Nymphæa alba* L.
H. à la plique, le *Lycopodium clavatum* L., le *Sargassum vulgare* Agh.
H. à plomb, aux Antilles, les *Lantana Camara* L. et *aculeata* L., l'*Hamelia patens* L.
H. au porc, le *Lycopodium Selago* L.
H. portant fraises, le *Blitum fragiferum*.
H. aux pouilleux, le *Delphinium Staphisagria* L.
H. aux poules de Guinée, le *Petiveria alliacea* L.
H. aux poumons, le *Sticta pulmonacea* Ach., le *Marchantia polymorpha* L., le *Pulmonaria officinalis* L., l'*Hieracium murorum* L.
H. de pourceau, le *Polygonum aviculare* L.
H. aux poux, le *Delphinium Staphisagria* L., l'*Actæa spicata* L., le *Pedicularis palustris* L.
H. aux prêcheurs, le *Doronicum Arnica* Lamk.
H. à printemps, les *Chenopodium Bonus-Henricus* L. et *Botrys* L.
H. puante, le *Chenopodium Vulvaria* L.
H. à la puce, le *Rhus Toxicodendron* L., le *Plantago Psyllium* L.
H. aux puces, les *Plantago Psyllium* L. et *arenaria* L., le *Mentha Pulegium* L., l'*Inula Pulicaria* L., le *Conyza squarrosa* L.
H. pudique, le *Mimosa pudica* L.
H. aux punaises, le *Conyza squarrosa* L.
H. à la purgation, les *Boerhaavia tuberosa* Lamk et *sarmentosa* R. Br.
H. de quatre heures, le *Convolvulus Mechoacana* L.
H. de la rate, le *Scolopendrium officinarum* Sw., le *Marchantia polymorpha* L.
H. de réglisse, l'*Abrus precatorius* L., le *Scoparia dulcis* L.
H. à la reine, le *Nicotiana Tabacum* L.
H. à Robert, le *Geranium Robertianum* L.
H. de la roche, le *Plumbago europæa* L.
H. à la rose, la Scolopendre, le *Lamium maculatum* L.
H. à la rosée, le *Drosera rotundifolia* L.
H. rouge, le *Melampyrum arvense* L., le *Vaccinium Vitis-idæa* L.
H. royale, l'*Ocimum Basilicum* L., l'*Artemisia Abrotanum* L.
H. de la rupture, le *Polygonatum vulgare* L.
H. sacrée, le *Salvia officinalis* L., le *Melittis Melissophyllum* L., le *Verbena officinalis* L., le *Nicotiana Tabacum* L.
H. de Saint-Antoine, l'*Epilobium spicatum* L.
H. de Saint-Barthélemy, l'*Ilex paraguaiensis* A. S.-H.
H. de Saint-Benoît, la Bétoine (*Geum urbanum* L.).
H. de Saint-Christophe, l'*Actæa spicata* L.
H. de Saint-Etienne, le *Circæa lutetiana* L.
H. du Saint-Esprit, l'*Angelica Archangelica* L.
H. de Saint-Fiacre, le *Verbascum Thapsus* L., les *Heliotropium cordifolium* Mœnch et *indicum* L.
H. de Saint-Georges, le *Valeriana officinalis* L.
H. de Saint-Innocent, les *Polygonum aviculare* L. et *Hydropiper* L.
H. de Saint-Jacques, le *Senecio Jacobæa* L.
H. de Saint-Jean, l'*Artemisia vulgaris* L., l'*Achillea Millefolium* L., l'*Aconitum Napellus* L., le *Sedum Telephium* L., le *Nepeta hederacea* Benth., l'*Hypericum perforatum* L.
H. de Saint-Joseph, le *Scabiosa succisa* L.
H. de Saint-Julien, le *Satureia hortensis* L., le *Barbarea vulgaris* DC.
H. de Saint-Laurent, le *Mentha Pulegium* L., l'*Ajuga reptans* L., le *Sanicula europæa* L.
H. de Saint-Martin, à la Guyane, le *Sauvagesia erecta* L.
H. de Saint-Paul, le *Primula officinalis* L.
H. de Saint-Philippe, l'*Isatis tinctoria* L.
H. de Saint-Pierre, le *Crithmum maritimum* L., le *Primula officinalis* L.
H. de Saint-Quirin, le *Petasites Farfara* H. Bn.
H. de Saint-Roch, l'*Inula Pulicaria* L.
H. de Saint-Simon, le *Malva rotundifolia* L.
H. sainte, le *Melittis Melissophyllum*.
H. sainte, le *Nicotiana Tabacum* L.
H. de Sainte-Athalie, le *Delphinium Consolida* L.
H. de Sainte-Barbe, le *Barbarea vulgaris* DC.
H. de Sainte-Catherine, l'*Impatiens Noli-tangere* L.
H. de Sainte-Cunégonde, l'*Eupatorium cannabinum* L.
H. de Sainte-Croix, le *Nicotiana Tabacum* L.
H. de Sainte-Marguerite, le *Barbarea vulgaris* DC.
H. de Sainte-Marie, le *Balsamita suaveolens* L.; au Brésil, plusieurs Aristoloches et Aroïdées; au Pérou, l'*Andromachia igniaria* H. B.
H. de Sainte-Rose, le *Pæonia officinalis* L.
H. des Saints-Innocents, le *Polygonum aviculare* L.
H. à Samson, le *Parthenium Hysterophorus* L.
H. de sang, le *Verbena officinalis* L.
H. sang-dragon, le *Rumex sanguineus* L.
H. sans couture, l'*Ophioglossum vulgatum* L.
H. sardonique, le *Ranunculus sceleratus* L.
H. sarrasine, l'*Achillea Ptarmica* L.
H. au scorbut, le *Cochlearia officinalis* L.
H. aux sept têtes, aux sept tiges, le *Statice Armeria* L.
H. à la serpent, le *Reseda Luteola* L.
H. aux serpents, l'*Eupatorium crenatum* Gom. et les *Guaco* en général, l'*Aristolochia Serpentaria* L., l'*Osmunda cicutaria* Sav., l'*Eryngium planum* L., le *Dorstenia Contrayerva* L., le *Spilanthus ciliata* K., l'*Euphorbia pilulifera* L., le *Botrychium cicutarium* Sw.
H. à sétons, l'*Helleborus occidentalis* Reut. (*H. viridis* L.).
H. du siège, le *Scrofularia aquatica* L.
H. de Siméon, le *Malva Alcea* L.
H. sœlting, le *Triglochin maritimum* L.
H. du soldat, le *Piper angustifolium* R. et Pav.
H. au soleil, l'*Heliotropium europæum* L.

H. aux sorciers, le *Datura Stramonium* L., le *Vinca major* L.

H. des sorcières, le *Circæa lutetiana* L.

H. à sornet, aux colonies, les *Bidens*.

H. aux tanneurs, le *Coriaria myrtifolia* L.

H. à la taupe, le *Datura Stramonium* L.

H. aux taureaux, les *Orobanche major* Sw. et *lutea* BAUMG.

H. à la teigne, aux teigneux, l'*Arctium Lappa* L., le *Petasites officinalis*, l'*Hyoscyamus niger* L.

H. aux teignes, l'*Euphorbia Chamæsyce* L., le *Rumex acutus*.

H. aux teinturiers, le *Genista tinctoria* L.

H. de Ternabon, le *Nicotiana Tabacum* L.

H. terrestre, le *Tribulus terrestris* L., le *Nepeta hederacea*.

H. terrible, le *Globularia Alypum* L.

H. à tortues, aux Antilles, les Varecs.

H. aux tourterelles, le *Tournesolia tinctoria* SCOP.

H. à tous maux, l'*Anamirta Cocculus* COLEBR., le *Nicotiana Tabacum* L., le *Lysimachia excelsa*.

H. toute-épice, le *Nigella damascena* L.

H. aux trachées, le *Campanula Trachelium* L.

H. traînante, le *Cuscuta europæa* L.

H. de la Trinité, l'*Anemone Hepatica* L.

H. triste, le *Mirabilis Jalapa* L.

H. qui tue les moutons, le *Lysimachia Nummularia* L.

H. turque, du turc, l'*Herniaria glabra* L.

H. aux turquoises, l'*Ophiopogon japonicus* KER.

H. à vache, le *Trifolium arvense* L.

H. de vanille, l'*Heliotropium peruvianum* L.

H. aux varices, le *Carduus* (*Serratula*) *arvensis* H. BN.

H. velue, les *Filago sylvatica* et *germanica* L.

H. au vendangeron, le *Chenopodium album* L.

H. au vent, l'*Anemone Pulsatilla* L.

H. au verre, le *Salsola Soda* L., le *Parietaria officinalis* L.

H. aux verrues, l'*Heliotropium europæum* L.

H. à vers, la Tanaisie, le *Matricaria Parthenium* L.

H. de vie, l'*Asperula cynanchica* L.

H. vierge, le *Marrubium vulgare* L., la Renouée-Persicaire.

H. vineuse, l'*Ambrosia maritima* L.

H. au violet, la Douce-amère, la Bryone.

H. aux vipères, l'*Echium vulgare* L.

H. vivante, vive, la Sensitive, l'*Oxalis* (*Biophytum*) *Sensitiva* L., le *Desmodium gyrans*.

H. aux voituriers, l'*Achillea Millefolium* L.

H. vulnéraire, l'*Anthyllis Vulneraria* L., l'*Inula germanica*, le *Bupleurum falcatum* L., et beaucoup d'autres herbes qui font partie des Thés vulnéraires suisses. [H. BN.]

HERBEMONT. Variété de Vigne américaine. — Voy. VIGNE.

HERBERT (W.). Doyen à Manchester [1778-1847], n'a guère écrit que sur les Amaryllidacées, notamment son *Appendix* [1821], et ses *Amaryllidacées* [1837], in-8 de 428 pages et 48 pl. col. (*Cat. sc. pap.*, III, 305.)

HERBERTIA (SWEET, *Brit. fl. Gard.*, t. 222). Synonyme de *Alophia* HERB.

HERBERTUS (S.-F. GRAY, *Arr. brit. pl.*, I, 678, 705). Synonyme de *Schisma* DUMORT. Le même mot, à la page 684 de l'ouvrage, est pour *Pallavicinius* GRAY.

HERBICHIA (ZAWAD., *Enum. pl. galic.*, 198). Syn. de *Senecio*.

HERBIER. Collection de plantes desséchées. Nous renvoyons, pour la récolte des plantes dans les herborisations (excursions consacrées à l'étude de la botanique), pour la confection et la conservation des herbiers, à notre petite brochure intitulée : *Guide d'herborisations et de botanique pratique* [1886]. [H. BN.]

HERBIER. Le *Polygonum Persicaria* L.

HERBO DE CINQ COSTOS. Nom provençal du *Plantago major* L.

HERBO D'EL MATAGOT. Nom provençal du *Drosera rotundifolia* L.

HERBO DE L'OBUT. Nom provençal du *Briza media* L.

HERBORISATION. — Voy. HERBIER.

HERBOULA. Nom méridional de l'*Anthemis Cotula* L.

HERBSTBLUME. Un des noms allemands du Colchique.

HERBSTZEITLOSE. Nom allemand du Colchique d'automne.

HERBULA (MICHEL., *Pl. gen.*, p. 210). Synonyme de *Byssus*.

HERBULUM. Nom latin ancien des Seneçons.

HERBUM. Nom arabe de l'*Ervum Ervilia* L.

HERCOSPORA (FRIES, *Summ. veg. Scand.*, 397. — TUL., *Sel. Fung. Carpol.*, II, 154). Genre de Sphériacés, à périthèces sous-épidermiques pluriloculaires, munis d'un col plus ou moins allongé, qui s'accroît quelquefois en donnant naissance à des filaments cellulaires, d'où naissent des conidies brunes, allongées, pluriloculaires (*Exosporium*). Les pycnides, renfermant des stylospores portés sur de longs pédicelles, ont une forme analogue à celle des périthèces qui contiennent les thèques cylindriques. Les spores sont pâles, ovales, biloculaires. Ce genre compte 5 ou 6 espèces, qui vivent sur les écorces mortes, mais non encore desséchées. [DE S.]

HERCOTHECA (EHRENB., *Ber. d. Berlin. Akad.* [1844], 262). Genre de Diatomacées, de la famille des *Melosireæ*, d'après Kützing, mais contesté par W.-Smith et L. Rabenhorst. Le frustule de ce genre est simple, inégalement bivalve, le plus souvent hyalin, à épines marginales issues des deux valves. D'après la classification dont le docteur Van Heurck est l'auteur, ce genre appartiendrait à la famille des Chætocérées, et à la grande division des Cryptoraphidées. Il se compose d'une seule espèce fossile. [CH. M.]

HERCULEA (PLUK., ex FRIES, *Syst. myc.*, II, 278). Synonyme de *Cauloglossum* GREV.

HERCULES CLUB. Aux États-Unis, l'*Aralia spinosa* L.

HERDERIA (CASS., in *Dict.*, IX, 586, 599). Section du genre *Centratherum* CASS. (H. BN, *Hist. des pl.*, VIII, 121.)

HERERA (BURGER). Genre de Vignes, d'après Bronner.

HERETIERA (G. DON). Pour *Heritiera* DRYAND.

HERICIUM (FRIES, *Epicr.*, 2ᵉ, p. 617). Genre de Champignons, de la famille des Hydnés, formant le passage des Hydnes aux Clavaires. Le réceptacle charnu présente de longs aiguillons hyménophores, portés sur le sommet du chapeau, ou du stipe, quand il n'y a pas de chapeau. Des 4 espèces décrites, l'une vient en Hongrie, les trois autres en Italie. [DE S.]

HERINCQUIA (DCNE, in *Hortic. franç.*, XIV, t. 11). Synonyme de *Pentaraphia* LINDL.

HÉRINE. A Dax et aux environs, le *Dolichos unguiculatus* L.

HERINGIA (J.-G. AGH, *Alg. medit.*, 68). Algue de la famille des Sphérococcoïdées. Ce genre, que Kützing considère à tort comme synonyme de *Gelidium*, est caractérisé par une fronde membrano-cartilagineuse, arrondie ou comprimée, constituée par une triple couche de cellules; la nervure semble formée par un tube central, longuement articulé. Les cellules intermédiaires sont oblongues; mais elles deviennent plus courtes vers la partie périphérique, où elles prennent une direction verticale, puis se rangent, à la surface, en séries filamenteuses, moniliformes. Les coccidies, placées en dessous du sommet des segments, sont renflées et submucronées; elles communiquent à l'extérieur au moyen du carpostome et produisent un nucléus simple dans un péricarpe celluleux. La portion placentaire renferme des filaments gemmidifères qui contiennent dans l'article terminal des gemmidies obovales, oblongues, arrondies. Les sphérospores, situées vers l'extrémité des segments, sont oblongues et se divisent en zone. (Voy. W.-H. HARV., *Ner. austral.*, 50.) [CH. M.]

HERISSANTIA (MEDIC., *Vorles.*, IV, p. I, 244; *Phil. Bot.*, I, 90), HERISSANTHIA (STEUD.). Synonymes de *Abutilon* T.

HÉRISSÉ. — Voy. HIRTUS.

HÉRISSON CORALLOIDE. L'*Hydnum coralloides* SCOP.

HÉRISSON D'ARBRE. Nom du fruit du *Durio zibethinus* L.

HÉRISSONNE. Nom vulgaire des *Erinacea* BOISS.

HERITERIA (SPRENG. — DUMORT.). Pour *Heritiera* DRYAND.

HERITIERA (AIT., *H. kew.*, ed. 1, III, 546). Genre de Malvacées-Sterculiées, qui a les fleurs des *Sterculia*, apétales et unisexuées, 4-5-mères. La colonne androcéenne est dilatée à sa base en une sorte de disque; elle porte supérieurement quelques anthères. Dans la fleur femelle, les étamines sont rudimentaires ou nulles, et le gynécée est formé de 4-6 carpelles, à 1,

2 ovules adscendants. Les carpelles mûrs sont ligneux ou subéreux, carénés. La graine est dépourvue d'albumen. Ce sont des arbustes tropicaux, africains, asiatiques et australiens, à feuilles alternes, indivises, chargées de poils écailleux. Leurs fleurs sont

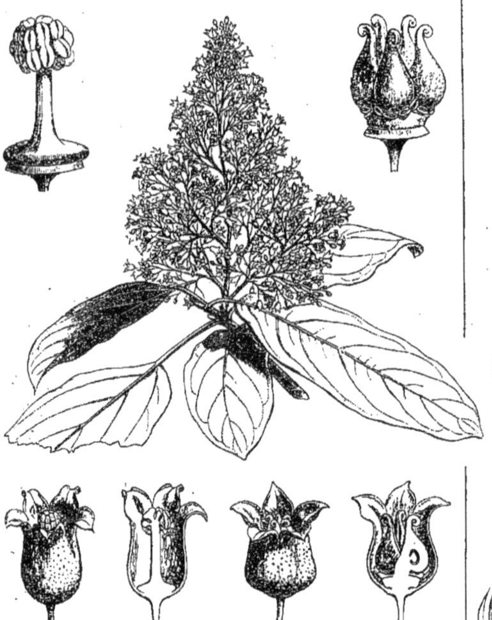

Heritiera. — Branche florifère. Fleur mâle, entière, coupe longitudinale et sans le périanthe. Fleur femelle, entière, coupe longitudinale et sans le périanthe.

petites et disposées en grappes très ramifiées, cymigères. L'*H. littoralis* AIT. est cultivé dans nos serres; on dit son fruit comestible. (H. BN, *Hist. des pl.*, IV, 61, 113, 122, fig. 88-94.)

HERITIERA (GMEL., *Syst.*, II, 113). Syn. de *Lachnanthes* ELL.

HERITIERA (RETZ., *Obs.*, VI, 17, t. 1). Synon. de *Alpinia* L.

HERITIERA (SCHR., *Baier. Fl.*, I, 133, 629). Synonyme de *Tofieldia* HUDS.

HERITZ TAL GENERAL. Nom que, d'après Boccone, les Maltais donnaient au *Cynomorium coccineum* L.

HERMADACTYLOS (REICHB.), HERMADACTYLUM (BARTL.). Pour *Hermodactylus* T.

HERMADACTYLUS (K.). Pour *Hermodactylus* R. BR.

HERMADEÆ (REICHB., *Consp.*, 144). Section des Ombellifères.

HERMANE. Nom français (LAMK) des *Hermannia* L.

HERMANIA (T., *Inst.*, 656, t. 432). Synon. de *Hermannia* L.

HERMANN (Joh.). Professeur à Strasbourg, auteur, en 1762, de *De Rosa*, et, en 1770, de *De botanices systematicæ in medicina utilitate*. — J.-Fr. HERMANN a écrit, en 1810, un *Calendarium, s. Index plantarum in Marchia media circa Berolinum sponte crescentium* (in-12 de 156 pages).

HERMANNÉES (*Hermanneæ* LINDL., *Veg. Kingd.*, 364). Tribu des Buettnériées.

HERMANNELLA (DC., *Prodr.*, I, 494). Section du genre *Hermannia* L.

HERMANNIA (L., *Gen.*, n. 828). Genre de Malvacées, qui a donné son nom à une série. Ses fleurs sont hermaphrodites. Le calice est gamosépale, à 5 divisions valvaires, et la corolle a 5 pétales tordus. Il y a 5 étamines oppositipétales, à filets élargis, à anthères extrorses, 2-loculaires. L'ovaire supère a 5 loges alternipétales et est surmonté d'un style conique, creux, entier. Chaque loge renferme plusieurs ovules anatropes. Le fruit est capsulaire, loculicide, et les graines ont un albumen charnu, enveloppant ou non l'embryon arqué. Ce sont, au nombre d'environ 80, des plantes frutescentes, suffrutescentes ou herbacées, de l'Afrique australe, plus rarement de Madagascar, d'Arabie,

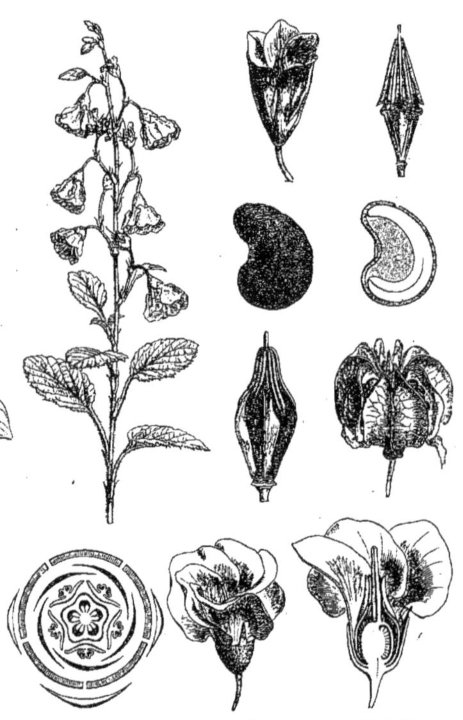

Hermannia. — Branche florifère. Fleurs, entières et coupe longitudinale. Diagramme floral. Androcée. Fruit déhiscent. Graine, entière et coupe longitudinale.

du Mexique et du Texas. Leurs feuilles sont alternes, stipulées; leurs fleurs sont disposées en cymes, simples ou composées, parfois racémiformes. On cultive dans nos jardins botaniques les *H. glabra, aurea, denudata*, etc., à jolies fleurs jaunes. Les *Mahernia* appartiennent comme section à ce genre. (Voy. *Hist. des pl.*, IV, 71, 128, fig. 106-115.)

HERMANNIACEÆ (K., *Diss. Malv.*, 11. — H.B.K., *Nov. gen. et spec.*, V, 312). Section des Buettnériées.

HERMANNIÉES (*Hermannieæ* VENT., *Malmais.*, 91), HERMANNIDIEÆ (DUMORT., *Comm. bot.*, 62). Série des Malvacées. (H. BN, *Hist. des pl.*, IV, 103, 128.)

HERMAPHRODITANTHÆ. Plantes à fleurs hermaphrodites. Schott a appliqué ce mot à un sous-ordre des Aracées, comprenant les Callées et Bontiées (*Melet.*, 21).

HERMAPHRODITE, HERMAPHRODITISME. Les fleurs hermaphrodites sont celles qui possèdent l'androcée et le gynécée.

HERMAS (L., *Gen.*, n. 1332). Genre d'Ombellifères-Hydrocotylées, à fleurs (blanches ou noirâtres) monoïques ou polygames, avec des sépales développés, ovales ou lancéolés, imbriqués, souvent pétaloïdes, persistants; des pétales étroits et infléchis, ressemblant aux filets staminaux qui alternent avec eux et que surmontent des anthères courtes, exsertes. Les branches stylaires sont grêles et dilatées en bas en stylopodes coniques courts. Le fruit est dilaté en forme de quatre larges ailes, couronné du calice, avec cinq côtes primaires linéaires, des bandelettes ténues, intrajugales ou ramifiées dans le mésocarpe, et un carpophore simple. Ce sont des herbes vivaces, à feuilles radicales, pétiolées, simples, souvent tomenteuses, à ombelles cymiformes, composées, avec des involucres à bractées nombreuses, parfois foliacées, à involucelles formés de 2-∞ bractéoles plus étroites. On en connaît 5, 6 espèces, du Cap de Bonne-Espérance. (Voy. *Hist. des pl.*, VII, 238, n. 79.) [H. Bn.]

HERMAS (Reichb., *Nom.*, 126). Pour *Hermes* Salisb.

HERMES (Salisb., ex Benth., in *DC. Prodr.*, VII, p. II, 662) Sous-section des *Erica* T.

HERMESIA (W., *Spec.*, IV, 809). Syn. de *Alchornea* Soland.

HERMESIAS (Lœfl., *It.*, 278). Synonyme de *Brownea* Jacq.

HERMIDIUM (S.-Wats., *Bot. fort. parall.*, 286, t. 32; *Bot. Calif.*, II, 6). Genre de Nyctaginacées, qui a des fleurs de *Mirabilis*, sans involucre, mais groupées en grappes strobiliformes et portées sur la nervure moyenne de bractées larges et foliacées. Le stigmate est simple, et la graine est celle d'une Belle-de-nuit. C'est une herbe de l'Amérique du Nord (Nevada), à feuilles opposées et entières. [H. Bn.]

HERMINIERA (Guill. et Perr., *Fl. Seneg. Tent.*, I, 201, t. 51). Genre de Légumineuses-Hédysarées, qui n'est qu'une section du genre *Smithia* Ait. (H. Bn, in *Bull. Soc. Linn. Par.*, 404.)

HERMINION. Nom ancien de l'Aloès.

HERMINIUM (L., *Gen.*, ed. 1, 271). Genre d'Orchidées-Ophrydées, voisin des *Habenaria*, mais dépourvu d'éperon au labelle, comme les *Aceras*. L'anthère y est dressée, non marginée; ses loges adnées et proéminentes. Les 5 ou 6 espèces connues sont européennes et asiatiques, petites, à orchido-bulbes entiers. On trouve chez nous l'*H. monorchis* R. Br., dont Grenier et Godron ont (*Fl. de Fr.*, III, 299) changé le nom en celui de *H. clandestinum*, parce qu'il a souvent 3 orchido-bulbes. C'est une des grandes raretés de la flore parisienne, et qui se trouve encore quelquefois, dit-on, au Coudray, près de Mantes. [H. Bn.]

HERMIONE (Salisb., in *Trans. Hort. Soc.*, I, 343). Synonyme de *Narcissus* T. et section de ce genre (Haw., *Monogr. Narc.*).

HERMITELLA (C. Mun., in *Compt. rend. Acad. sc. Par.*, LXXV, 817). Genre non décrit d'Algues calcaires (Dasycladées).

HERMITTE A GRANDES FLEURS. Nom méridional de l'*Allium neapolitanum*, cultivé comme plante d'ornement.

HERMODACTE. Nom ancien d'un médicament d'origine végétale, que M. J.-E. Planchon, dans une thèse spéciale [1856] sur les Hermodactes (*Des Hermodactes au point de vue botanique et pharmaceutique*), est arrivé à attribuer au *Colchicum variegatum*, opinion que D. Hanbury (*Pharmacogr.*, 638) a démontrée inadmissible (H. Bn, *Tr. Bot. méd. phanér.*, 1403). On pense que les tubercules dits d'Hermodacte (doigt d'Hermès) étaient inconnus des anciens Grecs et ont été mis en usage par les Arabes. Ils sont légèrement purgatifs et passaient pour donner de l'embonpoint aux femmes. Lobel avait décrit et figuré la plante à l'Hermodacte, reçue par lui d'Alep, comme étant le *Colchicum illyricum* d'Anguillara, plante considérée comme imaginaire. Tout paraît encore à faire dans cette question.

HERMODACTE (FAUX-). L'*Iris tuberosa* L.

HERMODACTYLUS (Adans., *Fam. des pl.*, II, 60). Section du genre *Iris* T., dans laquelle les trois loges ovariennes sont incomplètes; elle ne renferme qu'une espèce du Midi, l'*H. tuberosus* Salisb., dont bien des auteurs font un genre à part. (Gren. et Godr., *Fl. de Fr.*, III, 245.)

HERMODACTYLUS VERUS (Matth.). L'*Iris tuberosa* L.

HERMOSA DEL DIA. Nom espagnol du *Funkia subcordata* Spreng. L'*H. Hudonia* est le *Crassula falcata*.

HERMOSILLA. En Espagne, un des noms vulgaires du *Trachelium cæruleum* L.

HERMSBSTÆDTIA (Reichb., *Consp.*, 164). Genre d'Amarantacées, très voisin des *Celosia* et distingué par des filets staminaux connés dans une grande étendue. On en compte 5 espèces, des régions chaudes de l'Afrique. (Moq., in *DC. Prodr.*, XIII, p. II, 246.) [H. Bn.]

HERMUPOA (Lœfl., *It.*, 307). Syn. (?) de *Steriphoma* Spreng.

HERNANDEZ (Fr.). Médecin de Philippe II, a publié plusieurs ouvrages sur l'histoire naturelle de l'Amérique. Le premier, qui date de 1615, est intitulé : *Quatro libros de la naturaleza y virtutes de las plantas y animales que estan recevidos en el uso de medicina en la Nueva España...*, etc. (in-4 de 203 fol.). Le deuxième, plus connu, est le *Rerum medicarum Novæ-Hispaniæ Thesaurus*, etc., imprimé à Rome en 1651 (in-fol., 950, 90 p., c. fig.). On y trouve un grand nombre de documents précieux sur les plantes utiles du Mexique. En 1790, fut publié à Madrid, en trois volumes, un livre : *Opera cum inedita tum inedita*, etc. (*De historia plantarum Novæ-Hispaniæ*), qui réunit l'ensemble des travaux d'Hernandez. Plumier, qui lui a dédié le genre *Hernandia*, dit à ce sujet : « Franciscus Hernandez Hispanus, in » Mexicana novi orbis Regia primarius Medicus Philippi II, » regis Hispaniarum jussu, perquàm sedula multorum annorum » observatione de plantis, liquoribus et aliis rebus medicis » præclarum opus condidit, impressum Romæ A. C. 1651, typis » Vitalis Mascardi. »

HERNANDEZIA (Hoffmsg). Pour *Hernandia* Plum.

HERNANDIA (Plum., *Gen.*, 6, t. 40). Genre de Lauracées, série des Hernandiées, qu'il constitue à lui seul. Caractères : Fleur mâle : Réceptacle convexe. Périanthe à 6 ou rarement 8 folioles, sur deux verticilles; trois ou quatre étamines, à filets libres, uni- ou biglanduleux à la base, à anthères biloculaires,

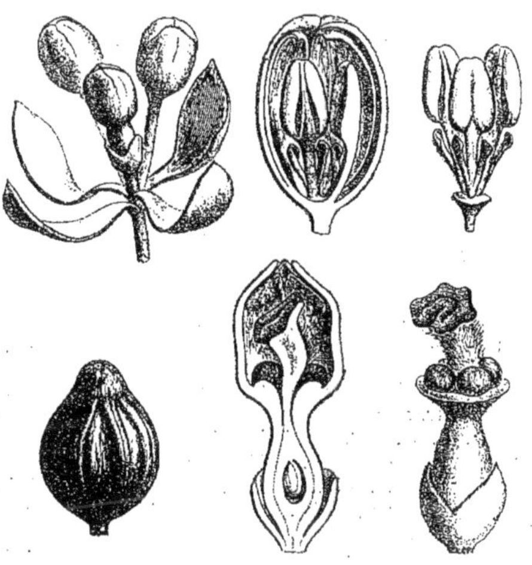

Hernandia. — Inflorescence. Fleur mâle, coupe longitudinale. Androcée. Fleur femelle, entière et coupe longitudinale. Fruit induvié.

subintrorses, s'ouvrant par des valves. Fleur femelle : Réceptacle en forme de gourde à ouverture très étroite. Périanthe caduc; quatre glandes staminodiales. Ovaire inclus dans le réceptacle, uniloculaire, à un seul ovule descendant, anatrope; style dilaté et plurilobé au sommet. Fruit sec, indéhiscent, à réceptacle ligneux, ombiliqué au sommet, marqué de huit à dix sillons ou lisse. Graine sans albumen. Arbres à feuilles alternes, entières. On en connaît 6 ou 7 espèces, des parties tropicales de l'Asie, de l'Océanie et de l'Amérique. L'*H. sonora* L. a des fruits purgatifs; son bois est utile, et ses feuilles font partie, aux colonies, de lavements stimulants, irritants. (Voy. H. Bn, *Hist. des pl.*, II, 449, 486, fig. 273-278.) [L.]

HERNANDIACEÆ (Dumort., *Anal. fam.*, 14, 16), HERNANDIEÆ (Bl., *Bijdr.*, 550). Famille d'Apétales.

HERNANDIÉES (*Hernandieæ*). Série des Lauracées. (H. Bn, *Hist. des plant.*, II, 449, 458, 486.)

HERNANDIER. Nom français (Lamk) des *Hernandia* Plum.

HERNANDIOPSIS (Meissn., in *DC. Prodr.*, XV, p. I, 264). Genre proposé pour l'*Hernandia cordigera* Vieill., mais non conservé. (H. Bn, *Hist. des pl.*, II, 449.)

HERNIAIRE (*Herniaria* T., *Instit.*, 507, t. 288). Genre de

Paronychiées, extrêmement voisin des *Paronychia*, auxquels il devrait peut-être être réuni, se distingue surtout par son périanthe nu ou à peu près, 5-partite, à divisions mutiques. Son ovaire est surmonté de 2 branches stylaires; et son fruit sec, membraneux, renferme une graine dont l'embryon a la radicule infère. Il y a 7 ou 8 Herniaires en Europe, en Asie et en Afrique. Ce sont de petites herbes étalées, rameuses, à feuilles opposées et alternes, à petites fleurs en cymes ou glomérules axillaires. L'*H. glabra* L., ou *Turquette*, est une espèce commune de nos localités sableuses, qui a joué un grand rôle dans le traitement des hernies et des affections de l'appareil urinaire. (H. Bn, *Hist. des pl.*, IX, 95.)

HERNIARIÆ, HERNIARIEÆ (Reichb.). Section des Illécébrées.

HERNIOLE. Synonyme de Turquette, de Centinode. C'est aussi le nom du *Polygonum aviculare* L.

HERODIEÆ (Reichb., *Nom.*, 201). Pour *Erodieæ*.

HERODIUM (Reich., *Fl. sax.*, 427). Pour *Erodium* Lhér.

HEROION (Pline). L'*Asphodelus luteus* L.

HERON'S BILL. Nom anglais des *Erodium* Lhér.

HERORCHIS (Lindl., *Orchid. gen.*, 259). Section du genre *Orchis* T.

HERPESTES (Endl., *Gen.*, 682). Pour *Herpestis* Gærtn. f.

HERPESTIS (Gærtn. f., *Fruct.*, III, 186, t. 214). Genre de Scrofulariacées-Gratiolées, à lèvres de la corolle étalées. Étamines 4, didynames, incluses. Ovules nombreux. Capsule loculicide ou plus souvent septicide, à 2-4 valves laissant libre une columelle. Le calice est 5-lobé; les lobes inégaux, et le postérieur souvent très grand. La corolle a un tube cylindrique. On distingue dans ce genre une cinquantaine d'espèces, herbes à feuilles opposées, à fleurs axillaires et solitaires, qui habitent les régions chaudes des deux mondes, surtout de l'Amérique. (B. H., *Gen.*, II, 951, n. 75.) [H. Bn.]

HERPETACANTHUS (Nees, in *Endl. et Mart. Fl. bras.*, fasc. VII, 93). Genre d'Acanthacées-Gendarussées, à anthères biloculaires et mutiques. Il se distingue facilement dans la série par son androcée didyname, à quatre étamines unies par paires à la base et dont les anthères sont biloculaires dans les plus grandes et uniloculaires dans les plus petites. Il possède en outre les caractères des *Hemichoriste*, dont il diffère par ses anthères mutiques et par son inflorescence. Ce sont des plantes herbacées ou frutescentes, vivant à l'ombre des forêts humides du Brésil. Leurs fleurs, accompagnées de bractées disposées sur quatre rangs, sont réunies en épis simples ou composés. On en connaît 7 espèces. (Voy. Nees, in *DC. Prodr.*, XI, 365. — B. H., *Gen.*, III, 1102.) [T.]

HERPETICA (DC., *Prodr.*, II, 492). Section du genre *Cassia* L., dont le type est le *C. alata* L.

HERPETIUM (Wittst., *Et. Handw.*, 434). Pour *Erpetion* DC.

HERPETOSPERMUM (Wall., *Cat.*, n. 6761). Genre de Cucurbitacées-Cucurbitées, voisin des *Gymnopetalum* Arn., à fleurs dioïques; les mâles à réceptacle tubuleux; la corolle campanulée, à 5 pétales; cinq étamines 3-adelphes (2-2-1) et un rudiment de gynécée. Dans les femelles, l'ovaire infère est oblong, et ses 3 loges renferment chacune 4-6 ovules. Le fruit est oblong, 3-gone, sinué-costé, fibreux et 3-valve. L'*H. pedunculosum* H. Bn (*Bryonia* (?) *pedunculosa* Ser.), seule espèce du genre, est de l'Himalaya. C'est une herbe grimpante, à vrilles bifides, à fleurs femelles solitaires; les mâles solitaires ou disposées en grappes. (H. Bn, *Hist. des pl.*, VIII, 408, 444.)

HERPETRICHUM (Agh, *Aph.*, 81). Pour *Herpotrichum* Fries.

HERPICIUM (Reichb., *Consp.*, 111). Pour *Hirpicium* Cass.

HERPODIUM (Wittst., *Et. Hdw.*, 435). Pour *Erpodium* Brid.

HERPOLIRION (Hook. f., *Fl. N.-Zel.*, I, 258; *Fl. tasm.*, II, 54, t. 132 B). Genre de Liliacées-Asphodélées, à périanthe 6-partite, non tordu; les étamines à filets grêles. L'ovaire a 3 loges, avec environ 6 ovules dans chaque. C'est une herbe cespiteuse (*H. Novæ-Zelandiæ*), à rhizome rampant, avec des feuilles distiques, rapprochées et une fleur terminale, entourée de 2 feuilles 5-7-nerves. (Benth., *Fl. Austral.*, VII, 60.) [H. Bn.]

HERPOSTEIRON (Næg., in *Kuetz. Spec. Alg.*, 424). Genre d'Algues, de la grande famille des *Chætophoraceæ*. Synonyme de *Aphanochæte* Braun. [Ch. M.]

HERPOTHECA (Mont., *Voy. Bonite, Bot.*, 11). Genre d'Algues, de la famille des *Caulerpeæ* et de la tribu des *Cœloblasteæ*, que caractérise une fronde cylindrique, filiforme, dichotome ou irrégulièrement rameuse. Il ne se compose que d'une seule espèce, l'*H. fastigiata* Mont. [Ch. M.]

HERPOTRICHIA (Fück., *Symb. myc.*, 146). Genre de Sphériacés, à périthèces carbonacés, globuleux, hérissés de longs poils et surmontés d'une petite papille glabre. Les thèques sont oblongues, stipitées, à 8 spores biloculaires, hyalines ou faiblement colorées, resserrées dans le milieu. Les paraphyses linéaires sont de la même longueur que les thèques. Les 3 espèces connues ont été rencontrées en Autriche et en Italie, sur le Pommier, la Ronce, le Sureau. [De S.]

HERPOTRICHUM (Fries, *Summ. veg. Scand.*, 521). État élémentaire de diverses Cryptogames (*protonema*), prises pour des Champignons.

HERPYLLON. Nom ancien (Diosc.) du Serpolet.

HERPYSMA (Lindl., in *Bot. Reg.*, sub t. 1618). Genre d'Orchidacées-Neottiées, représenté par une herbe feuillue de l'Himalaya, caractérisée par un labelle dressé et concave, à bords connés au gynostème. L'éperon est très long; le limbe large, entier ou trilobé. Le clinandre est profondément cucullé, et les pollinies sont supportées par des caudicules rigides. (Lindl., *Gen. et spec. Orchid.*, 506.)

HERRANIA (Goud., in *Ann. sc. nat.*, sér. 3, II, 230, t. 5). Genre de Malvacées-Buettnériées, qui a à peu près des fleurs du Cacaoyer, avec un calice 3-5-fide; 5 pétales liguliformes, d'abord involutés-circinés, parfois très longs. Le gynécée et le fruit sont d'un *Theobroma*. Les 3, 4 *Herrania* connus sont des arbres de l'Amérique tropicale, parfois cultivés dans les serres, à feuilles digitées, à troncs florifères. (H. Bn, *Hist. des pl.*, IV, 131.)

HERRARIA (Ritg., *Marb.*, II, 132). Pour *Herreria* R. et Pav.

HERRENPILZ. En Allemagne, le *Boletus subsquamosus* Fr.

HERRERA (Adans., *Fam. des pl.*, II, 158). Synonyme de *Erithalis* L.

HERRERIA (R. et Pav., *Prodr.*, 48, t. 35; *Fl. per. et chil.*, III, 69, t. 303). Genre de Liliacées, dont on a fait le type d'un petit groupe des Herrériées, puis qu'on a rapporté aux Luzuriagées (B. H., *Gen.*, III, 766). Ses fleurs ont un périanthe à 6 folioles subégales, 6 étamines hypogynes et un ovaire à 3 loges 3-6-ovulées. Le fruit est une capsule latéralement trilobée, triquètre, septicide et dont les 3 lobes s'ouvrent parfois en deux moitiés. Les graines, comprimées, ont leur pourtour dilaté en une sorte d'aile courte. Les 3, 4 *Herreria* connus sont de l'Amérique méridionale tempérée. Ce sont des plantes à épais rhizomes, à branches aériennes volubiles ou sarmenteuses, à feuilles ressemblant à des cladodes de *Danae;* les fleurs disposées en grappes simples ou ramifiées. (Griseb., in *Mart. Fl. bras.*, III, p. I, 23, t. 4, 5.) [H. Bn.]

Herreria. — Fleur, entière et coupe longitudinale. Fruit déhiscent.

HERRERIACEÆ (K.), HERRERIEÆ (Endl., *Gen.*, 156). Famille dite affine aux Smilacées. C'est pour nous une simple division de la famille des Liliacées. [H. Bn.]

HERRMANNIA (Link, *Handb.*, II, 351). Pour *Hermannia* L.

HERRUMBRE. Nom espagnol de l'*Uredo Rubigo vera* DC.

HERSCHELIA (Lindl., *Gen. et spec. Orchid.*, 362). Genre d'Orchidées-Ophrydées, représenté par deux herbes terrestres de l'Afrique australe, à bulbes entiers, à longues feuilles étroites; les fleurs, en épis lâches, caractérisées par un sépale postérieur éperonné; un rostellum à 3 lobes, les latéraux incurvés; une surface stigmatique pulvinée, didyme, à la base de la colonne, loin du rostellum. Les glandes rétinaculaires sont unies en une seule masse. Les deux espèces de ce genre ont été considérées comme des *Disa*. (KER, in *Journ. sc. Roy. Inst. Lond.*, VI, t. 1, fig. 2.) [H. BN.]

HERSCHELLIA (BOWD., *Mader.*, 202). Synonyme (part.) de *Physalis* L.

HERSE (*Tribulus* T., *Inst.*, 265, t. 141). Genre de Rutacées-Zygophyllées, à fleurs régulières, pentamères, à pétales imbriqués, à dix étamines 2-sériées. L'ovaire a 5 loges oppositipétales, pluriovulées; et le fruit est sec, à 5-12 coques, cornées ou osseuses, garnies sur le dos d'ailes, de cornes ou d'aiguillons, indéhiscentes. Les graines sont dépourvues d'albumen, souvent séparées les unes des autres par des fausses-cloisons. Ce sont des herbes, souvent étalées,

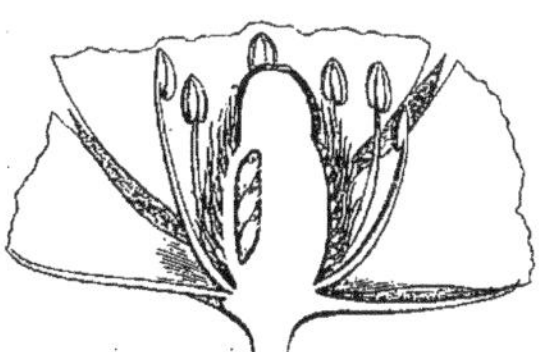

Herse. — Fleur, entière et coupe longitudinale. Fruit.

à feuilles opposées ou alternes, composées-paripinnées, avec stipules. Les fleurs sont solitaires et latérales par rapport aux feuilles. Il y a une quinzaine de Herses, dans les régions chaudes et tempérées du monde entier. Notre *Tribulus terrestris* L., mauvaise herbe du Midi, vulgairement nommé *Saligot* et *Croix de chevalier, de Malte*, passe pour astringent, apéritif et diurétique. (H. BN, *Hist. des pl.*, IV, 419, 506, fig. 511-513.)

HERSILEA (KL., in *Pr. Waldem. Reis.*, 75, t. 83). Synonyme de *Aster* T.

HERSO. En Provence, le *Tribulus terrestris* L.

HERTEL (Joh.-Gott.). Auteur, en 1735, d'une thèse : *De plantarum transpiratione* (Lipsiæ, in-4 de 24 pages).

HERTELIA (NECK., *Elem.*, II, 345). Synonyme (?) de *Hernandia* L. Steudel (*Nom.*, I, 753) écrit *Hertella*.

HERTIA (LESS., in *Linnæa*, VI, 94). Genre de Composées-Sénécioïdées, à fleurs dimorphes : celles du rayon femelles et fertiles, ligulées; celles du disque, régulières, hermaphrodites et stériles. Anthères entières à la base. Style des fleurs hermaphrodites à branches linéaires ou courtes et un peu comprimées, tronquées ou pénicillées au sommet. Fruits oblongs, à côtes 5-10 ou 0. Aigrette de soies nombreuses, plurisériées. Ce sont des plantes suffrutescentes, un peu grasses, à feuilles alternes; à capitules stipités, solitaires ou disposés en cymes feuillées; l'involucre formé de bractées valvaires, plus ou moins connées; le réceptacle nu, plan ou légèrement convexe. On en cultive quelques-uns dans les jardins botaniques, sous le nom d'*Othonna*; ils appartiennent à l'Afrique boréale et australe et à l'Orient. (H. BN, *Hist. des pl.*, VIII, 263.)

HERTODT A TODTENFELD (Joh.-Ferd.). Médecin de Brünn, a écrit en 1670 un *Crocologia, seu curiosa Croci*, etc., in-8.

HERUCHEA (TORR. et GR., *Fl. N.-Amer.*, I, 579). Section du genre *Heuchera* L.

HERUNA. A la Nouvelle-Zélande, le *Muehlenbeckia australis*.

HERVA DE SAN-JOAO. Au Brésil, l'*Ageratum conyzoides* L.

HERVA MAUSA. Au Pérou, une des variétés du *Maté*.

HERVERUS (S.-F. GRAY, *Arr. brit. pl.*, I, 685, nec 678). Synonyme de *Metzgeria* RADDI.

HERZBLUMCHEN. Un des noms allemands de la Parnassie.

HESIODA (VELL., *Fl. flumin.*, IV, t. 140). Synonyme de *Heisteria* L.

HESIODIA (MŒNCH, *Meth.*, 391). Genre de Labiées. Section du genre *Sideritis* L. (B. H., *Gen.*, II, 1206.)

HESPERALOE (ENGELM., in *S.-Wats. Bot. fort. parall.*, 497). Genre de Liliacées-Dracænées, représenté par une plante vivace du Texas, dont la fleur est à peu près celle d'un Aloès, avec des feuilles et une inflorescence de *Yucca* et des étamines semblables à celles des *Hesperocallis*. (B. H., *Gen.*, III, 778.) [H. BN.]

HESPERANTHA (KER, in *Kœn. et Sims Ann. bot.*, I, 224). Genre d'Iridacées-Ixiées, dont les fleurs ont un périanthe droit ou arqué, régulier ou un peu irrégulier; 3 étamines; un style à 3 branches subulées, bien plus longues que la base commune. Ce sont environ 20 plantes vivaces, de l'Afrique australe et tropicale, à bulbe tuniqué, coriace; à fleur sessile, dans une spathe virescente. (JACQ., *Ic. rar.*, t. 276, 279, 280.) [H. BN.]

HESPERANTHEMUM (ENDL., *Gen.*, 705). Section du genre *Eranthemum* L. Synonyme (?) de *Anthacanthus* NEES.

HESPERANTHES (S.-WATS., in *Proc. Amer. Acad.*, XIV, 241). Synonyme de *Anthericum* L.

HESPERANTHUS (SALISB., in *Trans. Hort. Soc.*, I, 321). Synonyme de *Hesperantha* KER.

HESPERELÆA (A. GRAY, in *Proc. Amer. Acad.*, XI, 83). Genre d'Oléacées, placé près des *Osmanthus* et caractérisé par des fleurs 4-mères, à pétales libres, imbriqués, spathulés. L'androcée est 4-andre. Le fruit jeune est charnu, 2-loculaire comme l'ovaire. La seule espèce connue est un arbre californien, à feuilles opposées, persistantes, à fleurs disposées en grappes de capitules axillaires. [H. BN.]

HESPERETHUSA (RŒM., *Syn.*, I, 31, 38). Genre proposé pour le *Limonia acidissima* L.

HESPEREVAX (A. GRAY, in *Proc. Amer. Acad.*, VIII, 356). Synonyme de *Evax* GÆRTN.

HESPÉRIDÉES (*Hesperideæ* L., *Phil. bot.*, 31). Ordre comprenant à la fois les *Citrus*, *Styrax* et *Gardenia*. Ventenat (*Tabl.*, III, 152) a réuni sous ce nom les Aurantiacées, les *Thea* et quelques Olacinées. Ad. Brongniart (*Enum. gen.*, 85) y joint les groupes hétérogènes des Méliacées, Nitrariées, Erythroxylées.

HESPERIDES (NEES et MART., in *Nov. Act. Leop.*, XII, I, 38). Ordre comprenant pour Meissner (*Gen.*, 439) les Humiriées, Olacinées, Mélioïdées, Aurantiacées et Ampélidées.

HESPÉRIDIE (*hesperidium*). Nom des fruits charnus, tels que les Oranges, les Citrons, dont la pulpe est constituée, non par une couche normale du péricarpe, mais par des phytocystes-poils, intérieurs à l'endocarpe et indivis, gorgés de suc.

HESPERIDIUM (DC., *Prodr.*, I, 188). Section du g. *Hesperis*.

HESPERIDIUM (in *Adansonia*, IV, 306). Section du genre *Croton* L.

HESPERIDOPSIS (DC., in *Mém. Mus.*, VII, 238; *Syst.*, II, 484). Synonyme de *Dontostemon* ANDRZ.

HESPERINÆ (REICHB., *Handb.*, 260). Section des Crucifères-Sisymbrées.

HESPERIS (ANDRZ.). Synonyme de *Hesperidium* DC.

HESPERIS (T.). Nom latin des Juliennes.

HESPEROCALLIS (A. GR., in *Proc. Amer. Acad.*, VII, 390). Genre de Liliacées-Dracænées, dont les fleurs ont un périanthe infundibuliforme, de grande taille; 6 étamines; un ovaire multiovulé. Le fruit est capsulaire et loculicide. C'est une plante de Californie, à tige courte, ligneuse, à fleurs disposées en grappes simples. Les Indiens mangent le bulbe de l'*H. undulata*. (A. GR., *Bot. calif.*, II, 158.) [H. BN.]

HESPEROCHIRON (S.-WATS., *Bot. fort. parall.*, 281, t. 30). Genre d'Hydrophyllées-Phacéliées, à fleurs 5-7-mères, 5-7-andres; la corolle imbriquée. Ovaire à deux placentas pariétaux pluriovulés. Fruit capsulaire, 2-valve, à graines rugueuses. Ce sont des herbes acaules, de l'Amérique du Nord, à feuilles entières, en rosettes basilaires, à grandes fleurs pédonculées. A ce genre très curieux, qui a des rapports à la fois avec les Solanacées, Scrofulariacées, Gentianacées, appartiennent le *Villarsia pumila* GRISEB., l'*Ourisia californica* BENTH., et le *Nicotiana nana* LINDL. [H. BN.]

HESPEROCLES (SALISB., *Gen. pl. Fragm.*, 85). Synonyme de *Nothoscordum* K. — Voy. HESPERODES.

HESPEROCNIDE (TORR. et GR., *Whippl. Exp. Bot.*, 83 [139]). Genre d'Urticacées-Urticées, voisin des Orties, dont il se distingue par un périanthe femelle à 2 petites dents; les segments internes connés jusque près du sommet et les extérieurs manquant. Ce sont 2 herbes annuelles, de l'Amérique du Nord et des Sandwich, à feuilles opposées, à fleurs disposées en glomérules denses et multiflores. (H. BN, *Hist. des pl.*, III, 518.)

HESPEROCODON (WEBB et BERTH., *Phyt. canar.*, III, 6). Section du genre *Specularia*. Synonyme de *Dysmicodon* ENDL.

HESPEROCRINUM (RŒM., *Fam. nat. Syn.*, IV, 11, 17). Section du genre *Crinum* L.

HESPERODES (SALISB., *Gen. pl. Fragm.*, 85). Synonyme de *Nothoscordum* K.

HESPEROMANNIA (A. GRAY, in *Proc. Amer. Acad.*, VI, 554). Genre de Composées-Mutisiées, à fleurs fertiles, hermaphrodites; la corolle régulière; les étamines pourvues d'anthères à longues queues basilaires. Fruit linéaire, à aigrette formée de nombreuses soies, multisériées et entières. Arbuscule glabre (*H. arborescens*), des Sandwich, à feuilles subdressées, rapprochées au sommet des rameaux, à grands capitules en cymes terminales; les bractées de l'involucre inégales et multisériées; le réceptacle plan et nu. (H. BN, *Hist. des pl.*, VIII, 92.)

HESPEROMELES (LINDL., in *Bot. Reg.*, sub t. 1956). Synonyme de *Osteomeles* LINDL.

HESPEROSCILLA. Section (B. H., *Gen.*, III, 815) du g. *Scilla*.

HESPEROSCORDIUM (K.), HESPEROSCORDON (HOOK.). Pour *Hesperoscordum* LINDL.

HESPEROSCORDUM (LINDL., in *Bot. Reg.*, sub t. 1293 et t. 1639). Synonyme de *Calliphora* LINDL.

HESPEROTHYMUS (BENTH., *Labiat.*, 371). Section du genre *Micromeria* BENTH.

HESPEROXIPHION (BAK., in *Journ. Linn. Soc.*, XVI, 127). Synonyme de *Cypella* HERB.

HESPEROYUCCA. Section (B. H., *Gen.*, III, 778) du g. *Yucca*.

HESS (Joh.). Botaniste du duché de Darmstadt [1787-1837], a composé, en 1832, un *Uebers. d. phanerog. natur. Familien*.

HESS. Nom somâli du Lentisque.

HESSE (Paul). Auteur, en 1562, d'un *Defensio viginti problematum Melch. Guilandini*, etc. (in-8 de 151 pages).

HESSEA (BERG., ex SCHLCHTL, in *Linnæa*, I, 252). Synonyme de *Carpolyza* SALISB.

HESSEA (HERB., *Amar.*, 289). Genre d'Amaryllidacées-Amaryllidées, qui a pour caractères : un périanthe coloré, à tube court et à six divisions presque égales, étalées en étoile; six étamines, à filets unis en urne avec le périanthe; un ovaire subglobuleux, à trois loges 1-2-ovulées, surmonté d'un style filiforme, à trois divisions stigmatiques; une capsule membraneuse, tricoque et déhiscente en trois valves loculicides; des graines subglobuleuses (?), solitaires dans chaque loge. Ce sont des plantes du Cap de Bonne-Espérance (K., *Enum.*, V, 630). Leurs bulbes donnent tardivement naissance à des feuilles linéaires, et à une hampe pleine, portant des fleurs longuement pédicellées, divariquées et polygames, simulant une ombelle entourée d'une spathe diphylle. (B. H., *Gen.*, III, 720.) [T.]

HESSLEN (Nich.). Evêque de Lund [1728-1811], a écrit, en 1755, *De usu botanices morali* (in-4 de 52 pages).

HESSLER (Karl). A écrit, en 1822, *De Timmia, Muscorum frondosorum genere* (Gœttingue, in-4 de 22 pages et pl.).

HETÆRIA (BL., *Fl. jav. Præf.*, VII). Pour *Etæria* BL.

HETÆRIA (ENDL., *Gen.*, 133, nec BL.). Synonyme de *Pritzelia* F. MUELL.

HETATRA. Un des noms malgaches du *Podocarpus madagascariensis* BAK.

HETERACEA (STEUD., *Nom.*, I, 755). Pour *Heteracia* F. et M.

HETERACHÆNA (FRESEN., in *Mus. Senkenb.*, III, 74). Section du genre *Lactuca* T. (H. BN, *Hist. des pl.*, VIII, 116, not.)

HETERACHÆNA (ZOLL., in *Nat. und Gen. Arch. Neerl. Ind.*, II, 576). Synonyme de *Petrosciadium* EDGEW.

HETERACHÆNIUM (SPACH, in *Ann. sc. nat.*, sér. 3, IV, 164). Section du genre *Microlonchus* CASS. (*M. salmanticus* DC.).

HETERACHENA (FRESEN.). Pour *Heterachæna* MEISSN.

HETERACHNE (BENTH., *Fl. Austral.*, VII, 634; in *Hook. Icon.*, t. 1250; *Gen.*, III, 1188). Genre de Graminées-Festucées, placé près des *Ectrosia* et caractérisé par une inflorescence spiciforme, ramifiée, serrée ou interrompue; des épillets pauciflores, aplatis; 1, 2 glumes florifères larges, compliquées, et 2-∞ supérieures, vides. Les paléoles ont une carène largement ailée. Ce sont de petites Graminées d'Australie, à petits épillets ovales ou orbiculaires. [H. BN.]

HETERACHTHIA (KZE, in *Bot. Zeit.* [1850], 1). Synonyme de *Tradescantia* L.

HETERACIA (FISCH. et MEY., *Ind. sem. H. petrop.* [1835], 31). Section du genre *Zacintha* T. (H. BN, *Hist. des pl.*, VIII, 112.)

HETERACTIS (DC., *Prodr.*, VI, 468). Syn. de *Gymnostephium*.

HETERACTIS (KUETZ., *Phyc. gen.*, 236). Genre d'Algues, de la famille des *Rivularieæ*, synonyme même de *Rivularia* pour la plupart des botanistes, mais qui en diffère cependant par sa couleur vert grisâtre ou olivâtre, assez terne. La poche vésiculeuse est formée d'une membrane plus épaisse, plus charnue, et la fronde présente souvent des lobes entièrement pleins dans lesquels les filaments atteignent une grande longueur. (Voy. KUETZ., *Spec. Alg.*, 234.) [CH. M.]

HETERALCHORNEA (M. ARG., in *Flora* [1864], 435). Synonyme de *Cladodes* LOUR.

HETERANDRA (P.-BEAUV., ex *Amer. Phil. Trans.*, IV, 173). Pour *Heteranthera* R. et PAV.

HETERANGIUM (CORDA, *Fl. d. Worw.*, 22, t. 16). Genre de Sagénariés, rapporté aussi aux Psaroniés (Ad. BR., in *Dict. d'Orb.*, XIII, 95). Beaucoup d'autres opinions plus ou moins singulières ont été émises sur ce genre. (Voy. REN., in *Compt. rend. Acad. sc.*, 6 janv. 1879.)

HETERANTHA (DON. — DIETR.). Pour *Heteranthia* N. et MART.

HETERANTHELIUM (HOCHST. — JAUB. et SPACH, *Ill. pl. or.*, IV, 24, t. 318). Synonyme de *Agropyrum* GÆRTN.

HETERANTHEMIS (SCHOTT, in *Wien. E. Waterl. Pfl.* [1818]; in *Oken Isis* [1818], 821). Synonyme de *Pinardia* CASS.

HETERANTHERA (R. et PAV., *Prodr.*, 9, t. 2; *Fl. peruv.*, I, 43, t. 71). Genre de Pontédériacées, dont le périanthe, coloré, hypocratérimorphe et persistant, possède un tube filiforme, allongé, et un limbe à six divisions : trois intérieures plus petites et maculées à leur base. Dans l'*H. graminea*, ces six divisions sont presque égales et très étalées; mais dans les autres espèces les cinq supérieures sont rapprochées. L'androcée se compose de trois étamines, insérées à la gorge du périanthe, au devant de ses trois divisions intérieures. Elles sont égales ou dissemblables; l'une d'elles étant plus grande (d'où le nom générique : ἕτερος, autre, différent; *anthera*, anthère). L'ovaire, surmonté d'un style filiforme, allongé, trigone et capité à son extrémité stigmatifère, a trois loges multiovulées, incomplètes. Le fruit, entouré du périanthe marcescent, est une capsule polysperme, déhiscente en trois valves, loculicides et septifères en leur milieu. Ce sont des herbes palustres, rampantes, à feuilles rarement sessiles, engainantes, plus souvent longuement pétiolées, à limbe réniforme, ovale-orbiculaire ou cordiforme, et à fleurs axillaires, solitaires et entourées d'une spathe ou plus généralement réunies en épis terminaux ou latéraux, entourés d'une spathe à la base. On en connaît une dizaine d'espèces, toutes américaines et croissant entre 40° de latitude boréale et 8° de latitude australe. On les divise en deux sections : *Leptanthus*, étamines toutes égales, à filets arrondis et à anthères linéaires; *Heterantha*, étamines inégales, à anthères sagittées. (Voy. K., *Enum.*, IV, 119. — B. H., *Gen.*, III, 838.) [T.]

HETERANTHERIA (BENTH., *Labiat.*, 425). Section du genre *Scutellaria* L. Wittstein (*Et. Handw.*, 436) écrit *Heteranthesis*.

HÉTERANTHIA (NEES et MART., in *N. Act. Nat. Cur.*, XI, 41, t. 3). Genre de Scrofulariacées-Leucophyllées, à fleurs irrégulières; la corolle à lèvre antérieure courtement trilobée, à lèvre postérieure entière ou émarginée. L'androcée est didyname, avec parfois une cinquième étamine postérieure, et les anthères ont de grandes loges distinctes. Le fruit est une capsule subglobuleuse, bivalve et chartacée. La seule espèce connue est une herbe du Brésil, à feuilles alternes, à fleurs disposées en grappes. (WAWR., in *Pr. Maxim. Reis.*, t. 64.) [H. BN.]

HETERANTHUS. Section (B. H., *Gen.*, III, 208) du genre *Loranthus* L.

HÉTERANTHUS (BONPL., ex CASS., in *Dict. sc. nat.*, XXI, 110). Synonyme de *Homoianthus* DC.

HETERAPITHMOS (TURCZ., in *Bull. Mosc.* [1859], I, 265). Genre douteux, rapporté jusqu'ici aux Olacées-Opiliées.

HETERELYTRON (JUNGH., in *Hœv. et de Vr. Tijdschr.*, VII, 294). Synonyme de *Androscepia* AD. BR. (*Anthistiria* L. F.).

HETERELYTRUM (WITTST., *Et.*, 436). Pour *Heterolytron* JUNGH.

HETEREMBELIA (A. DC., in *Ann. sc. nat.*, sér. 2, XVI, 81). Section du genre *Embelia* J.

HETEROBLEMMA (BL., *Mus. lugd.-bat.*, I, p. II, 19). Section du genre *Medinilla* GAUDICH. (*M. alternifolia* BL.).

HETEROBOTRYS (SACC., *Consp. gen.*, in *Michelia* [1882], II, 21). Genre de Champignons-Hyphomycètes. La seule espèce connue, l'*H. paradoxa* SACC., présente des filaments bruns, portant des chapelets de macroconidies hyalines que l'on prendrait pour de simples renflements des filaments, et des glomérules de microconidies sphériques à l'extrémité des filaments qui ne portent pas de macroconidies. Il forme des taches noirâtres au-dessus de la feuille du Fusain du Japon. [DE S.]

HETEROCALYX (REICHB., *Nom.*, 106). Pour *Heterocylix* BENTH.

HETEROCANSCORA (GRISEB., *Gen. et spec. Gentian.*, 155; in *DC. Prodr.*, IX, 65). Section du genre *Canscora* LAMK.

HETEROCARPÆA (SCHEELE). Synonyme de *Galactia* P. BR.

HETEROCARPEÆ (KUETZ., *Phyc. gen.*, 369). Classe (II) des Algues (tribus des *Paracarpeæ* et *Choristocarpeæ*).

HETEROCARPEÆ (KUETZ., *Phyc. gen.*, 369). Genre d'Algues marines, hétérocarpées, de couleur rouge, purpurine ou rose, à fructifications dioïques. Les cystocarpes sont les organes de fructification polyspermée; les spermaties ont pour origine les cellules médullaires; les tétrachocarpes sont les organes d'une fructification tétrasperme (les sphérospores). Les spermatoïdies ont pour origine une cellule corticale unique, avec un nucléus divisé en quatre. [CH. M.]

HETEROCARPELLA (BRÉB. et GOD., *Alg. Fal.*, t. 5). Genre d'Algues, de la famille des Desmidiacées, mais qui n'a pas été admis par les auteurs actuels. Les espèces qui le composaient ont été, non sans raison, en partie placées dans le genre *Cosmarium*, et en partie dans le genre *Euastrum*. D'ailleurs ces 2 genres sont liés par des affinités tellement délicates, qu'il serait difficile de discuter les opinions de nos divers auteurs. [CH. M.]

HETEROCARPUS (WIGHT, *Icon.*, VI, 29, t. 2067). Synonyme de *Commelina* L.

HETEROCARYUM (A. DC., *Prodr.*, X, 144). Synonyme de *Echinospermum* SW. (B. H., *Gen.*, II, 850.)

HETEROCENTRON (HOOK. et ARN., *Bot. Beech. Voy.*, 290). Synonyme de *Heeria* MEISSN.

HETEROCHÆNIA (A. DC., *Prodr.*, VII, 441). Section du genre *Wahlenbergia* SCHRAD. (H. BN, *Hist. des pl.*, VIII, 354.)

HETEROCHÆTA (DC., *Prodr.*, V, 282). Synonyme (part.) de *Aster* et de *Erigeron* T.

HETEROCHILUM (REICHB. F., in *Linnæa*, XXII, 850; in *Walp. Ann.*, III, 560). Section du genre *Odontoglossum* (*O. nobile*).

HETEROCHLAMYS (TURCZ., in *Bull. Mosc.* [1843], 61; in *Flora* [1844], 121). Synonyme de *Julocroton* MART.

HETEROCHLOA (ENDL., *Gen.*, 972). Pour *Heterochroa* BGE.

HETEROCHROA (BGE, in *Ledeb. Fl. alt.*, II, 131). Section du genre *Gypsophila* L.

HETEROCHROMEÆ. Sous-tribu des Composées-Astérées. (B. H., *Gen.*, II, 177.)

HETEROCLADIA (DCNE, *Pl. Arab.*, 178). Genre d'Algues marines, de la famille des Rhodomélées. Les espèces qui le constituent sont caractérisées par une fronde plane, à côte, et rameuse par suite des rameaux qui émergent de la nervure. Cette fronde est formée par 3 couches de tissu cellulaire. Les cellules internes sont nombreuses, étroites et constituent la nervure; les cellules intermédiaires sont rhombo-anguleuses; et les extérieures, plus petites, sont également anguleuses, mais avec sommets arrondis. Les stichidies, portées par des rameaux propres, émergent de la nervure; elles sont filo-claviformes et donnent naissance à des sphérospores qui sont situées dans la partie corticale; souvent géminées, ces sphérospores se divisent irrégulièrement. Une seule espèce constitue ce genre; elle est propre à la Nouvelle-Hollande. [CH. M.]

HETEROCLADIEÆ (DCNE, *Classif. Alg.* [1842], 63). Famille d'Algues-Choristosporées, que l'auteur a séparée des Rhytiphléées, par suite d'un examen attentif des réceptacles et de l'organisation de la fronde. Le genre *Heterocladia* a seul servi de type pour l'établissement de cette famille. [CH. M.]

HETEROCLADUS (TURCZ., in *Bull. Mosc.* [1847], II, 152). Synonyme de *Coriaria* L.

HETEROCLINEÆ (MIERS, in *Ann. and Mag. Nat. Hist.*, ser. 2, VII, 35). Tribu des Ménispermacées.

HETEROCLITÆ (FRIES, *Syst. mycol.*, II, 39). Division des *Cupulati*, comprenant les genres *Solenia* et *Cyphella*.

HETEROCLITI (FRIES, *Summ. veg. Scand.*, 291). Section du sous-genre *Flammula*, dont les espèces ont été réunies, dans l'*Epicrisis*, au sous-genre *Inocybe*.

HETEROCODON (NUTT., in *Trans. Amer. Phil. Soc.*, ser. 2, VIII, 255). Synonyme de *Campanula* T.

HETEROCOMA (DC., in *Ann. Mus.*, XVI, 191, t. 7; *Prodr.*, V, 15). Synonyme de *Vernonia* SCHREB. et section de ce genre. (H. BN, *Hist. des pl.*, VIII, 25.)

HÉTEROCOMEÆ (DC., *Prodr.*, V, 14). Subdivision des Composées-Euvernoniées.

HETEROCYLIX (BENTH, *Labiat.*, 39). Section du genre *Plectranthus* LHÉR.

HÉTÉROCYSTE. Nom donné par Almann aux globules les plus volumineux du chapelet des Nostocs, globules qui ne se divisent point, et qui finissent par se détacher sans subir aucune modification. Ils ont été longtemps regardés comme corps reproducteurs; mais rien jusqu'ici n'a pu justifier l'opinion émise par certains botanistes. C'est à tort, selon nous, que Kützing a donné à ces globules le nom trop significatif de spermaties. Ce sont les *cellules limites* de Thuret. [CH. M.]

HETERODANÆA (PRESL, *Suppl. Pterid.*, 298). Genre proposé pour le *Danæa stenophylla* KZE.

HETERODENDRON (DESF., in *Mém. Mus.*, IV, 8, t. 3). Genre de Sapindacées-Sapindées, à fleurs régulières, apétales, construites comme celles des *Nephelium* (auxquels M. F. v. Mueller réunit le genre), avec 5-15 étamines et un ovaire excentrique, 2-4-loculaire. Le fruit est sec, didyme, ou 3-4-lobé, avec une graine subdressée, arillée dans chaque loge, et un embryon sans albumen, à cotylédons flexueux. Ce sont des arbustes australiens, à feuilles simples ou pennées; à fleurs disposées en grappes simples ou géminées. On en distingue 2 ou 3 espèces. (Voy. *Hist. des pl.*, V, 397, n. 11.) [H. BN.]

HETERODERIS (BGE, *Reliq. Lehm.*, 208). Section du genre *Barkhausia* MŒNCH.

HETERODERMEÆ (ROSTAF., *Monogr.*, 229). Division des Myxomycètes.

HETERODICTYON (GREV., in *Microsc. Journ.* [1863], III). Genre de Diatomacées, que Rabenhorst a classé dans la famille des Mélosirées; mais dont la place, en réalité, doit se trouver dans celle des Coscinodiscées, tribu des Cryptoraphidées. Ce genre est caractérisé par un frustule discoïde, avec un cercle de cellules marginales ou intramarginales, et des cellules ou ponctuations radiantes, ou éparses et sans épines. (Voy. VAN HEURCK, *Microsc.*, 313.) [CH. M.]

HETERODICTYON (ROSTAF., *Mycet.*, 5; *Mon.*, 231). Genre de

Myxomycètes, très voisin des *Cribraria*; il en diffère par la disposition du grillage à branches parallèles, que forme le sporange après sa déhiscence, tandis que chez les *Cribraria* ces branches affectent des dispositions étoilées. [De S.]

HETERODON (Meissn.). Synonyme de *Berzelia* Ad. Br.

HETERODONTA (Nutt., in *Amer. Phil. Trans.*, n. ser., VII, 361). Section du genre *Diodonta*. Walpers écrit *Hederodonta*.

HÉTÉRODROME, HÉTÉRODROMIE. — Voy. Phyllotaxie.

HETERODYCTYON (Fück., *Symb. myc.*, II, 69). — Voy. Heterodictyon.

HÉTÉRŒCIE. Terme qui désigne l'état de certains Champignons parasites, habitant une plante pendant un stade de leur végétation et une autre à un autre stade. — Voy. Champignons.

HÉTÉROGAME (capitule). Celui qui renferme deux ou plusieurs sortes de fleurs. Une plante peut aussi être hétérogame, appartenir à l'Hétérogamie.

HETEROGAURA (Rothr., in *Pacif. Railr. Rep.*, VI, 354). Genre proposé pour le *Gaura heterandra* Torr. et Gr. (H. Bn, *Hist. des pl.*, VI, 469.)

HÉTÉROGÈNE, HÉTÉROGÉNIE. Les doctrines suivant lesquelles un être organisé peut naître d'un autre ont été aussi appliquées aux végétaux. — Voy. Transformisme.

HETEROGENEI (Achar., *Lich. univ.*, 19). Division des Lichens-Idiothalamés.

HÉTÉROGÈNES. Agarics chez lesquels le tissu du chapeau et celui du pied ou stipe sont plus ou moins dissemblables.

HETEROGLOCHIDION (M. Arg., in *DC. Prodr.*, XV, p. II, 276). Section du genre *Phyllanthus* L.

HÉTÉROGONE. M. A. Gray (in *Amer. Natur.* [janv. 1877], 42) a proposé ce nom, qui n'a pas été adopté, pour remplacer le mot *Hétérostylé*, qui n'indiquerait pas toutes les différences entre les diverses formes de fleurs dimorphes ou polymorphes.

HETEROGONIUM (Presl, *Epim.*, 502). Synonyme de *Gymnogramme* Desvx.

HETEROGRAPHA (Fée). — Voy. Hysterium.

HETEROGYNE (A. Gray, *Pl. Wright.*, I, 505). Section du genre *Zinnia* L.

HÉTÉROÏQUE. Désigne les Champignons sujets à hétérœcie.

HETEROLÆNA (Fisch. et Mey. — Endl., *Gen.*, n. 2098 *b*). Section du genre *Pimelæa* (Meissn., in *DC. Prodr.*, XIV, p. II, 497).

HETEROLÆNA (Sch. bip.). Synonyme de *Eupatorium* T.

HETEROLATHUS (Presl, in *Abh. Böhm. Ges.*, Folge 5, III, 561). Genre proposé pour l'*Aspalathus involucrata* E. Mey.

HETEROLEPIS (Cass., in *Bull. Soc. philom.* [1820], 26; in *Dict. sc. nat.*, XXI, 120). Section du genre *Leysera* L. (H. Bn, *Hist. des pl.*, VIII, 137, not. 6.)

HETEROLEPIS. Nom donné par Bertero, dans son herbier, aux *Senecio* chiliens.

HETEROLOMA (Desvx, *Journ. bot.*, III, 123). Section du genre *Hedysarum* T.

HETEROLOPHUS (Cass., in *Dict.*, L., 250). Synonyme de *Centaurea* T.

HETEROMAURIA (Endl., *Gen.*, Suppl., III, 99). Section du genre *Mauria* K.

HETEROMELES (Rœm., *Fam. nat. Syn.*, III, 100, 105). Genre proposé pour le *Photinia arbutifolia* Lindl.

HETEROMELISSA. Orthographe vicieuse, employée par M. Duchartre (in *Dict. d'Orb.*, VIII, 91) pour *Heteromelisson* G. Don.

HETEROMELYSSON (Benth., *Labiat.*, 395), HETEROMELISSON (G. Don, *Gen. Syst.*, IV, 784). Section du genre *Melissa* et (Benth., in *DC. Prodr.*, XII, 234) de *Calamintha* Mœnch.

HETEROMERICI (Kœrb., *Lich.* [1855]). Division des Lichens.

HETEROMERINEÆ (Spach, in *Ann. sc. nat.*, sér. 2, VI, 369). Division des Cistacées.

HETEROMERIS (Spach, in *Bot. Mag. Comp.*, II, 290). Genre de Cistacées, proposé pour l'*Helianthemum ramuliflorum*.

HETEROMMA (Benth., *Gen.*, II, 286, n. 163). Section du genre *Chrysocoma* L. (H. Bn, *Hist. des pl.*, VIII, 148, not. 7.)

HETEROMORPHA (Cass., in *Bull. phil.* [1817], nec Cham.). Synonyme de *Heterolepis* Cass.

HETEROMORPHA (Cham. et Schlchtl, in *Linnæa*, I, 385, t. 5). Genre d'Ombellifères-Carées, à fruit subovoïde, comprimé perpendiculairement à la cloison, avec des méricarpes inégaux, 3-5-gones. Les côtes primaires sont dilatées en ailes triangulaires inégales. Les bandelettes sont bien visibles dans les vallécules, et le carpophore est 2-partite. La seule espèce de ce genre (*H. arborescens* Cham. et Schlchtl), variable de forme, a des fleurs de *Rhyticarpus*, ou peu s'en faut; mais son port est celui de certains *Aralia* ou *Panax*. C'est un arbuste glabre, de l'Afrique tropicale, orientale et australe, parfois cultivé dans nos jardins botaniques, à feuilles 1-3-foliolées ou 1-3-lobées; à fleurs verdâtres, en ombelles composées, avec des bractées nombreuses et petites aux involucres et involucelles. (H. Bn, *Hist. des pl.*, VII, 225, n. 51.)

Heteromorpha. — Fruit.

HÉTÉROMORPHE. De deux ou plusieurs formes différentes. Se dit des feuilles, des fleurs et en général de toutes les parties de la plante, quelquefois de plantes entières dont les divers pieds affectent des formes différentes.

HETEROMYRTUS (Bl., *Mus. lugd.-bat.*, I, 76). Genre de Myrtacées, proposé pour le *Myrtus umbilicata* A. S.-H.

HETERONEMA (Reichb., *Consp.*, 173). Pour *Heteronoma* DC.

HETERONEMEA, HETERONEMEÆ (Fries). Division des Cryptogames, formée, par l'auteur, des Fougères, des Mousses, puis des Algues et des Champignons.

HETERONEURON (Fée, *Acrost.* [1844], 96; *Gen. Fil.*, 59). — HETERONEURUM (Presl, *Epim.*, 528). Synon. de *Nephrodium*.

HETERONEURON (Hook. f., *Gen.*, I, 768, n. 121). Section du genre *Bellucia* Neck. (H. Bn, *Hist. des pl.*, VII, 27.)

HETERONOMA (DC., *Prodr.*, III, 122). Syn. de *Arthrostemma*.

HETEROPANAX (Seem., *Fl. vit.*, 114; *Journ. Bot.*, IV, 297; V, 239). Genre d'Ombellifères-Araliées, voisin des *Panax*, mal connu, dont les fleurs sont polygames, avec un disque épigyne un peu concave, cinq étamines et un ovaire à deux loges. Le fruit est subdidyme, et l'albumen des graines est ruminé. L'*H. fragrans*, seule espèce du genre, est un arbre de l'Indo-Chine, à feuilles décomposées-pennées, à fleurs disposées en une grande grappe ramifiée, chargée d'ombellules. C'est le *Panax fragrans* Roxb. (Voy. *Hist. des pl.*, VII, 252, n. 106.) [H. Bn.]

HETEROPAPPEÆ (DC., *Prodr.*, V, 297). Subdivision des Composées-Astéracées. (B. H., *Gen.*, II, 177.)

HETEROPAPPUS (Less., *Syn. Comp.*, 189). Section du genre *Aster* T. (H. Bn, *Hist. des pl.*, VIII, 34.)

HETEROPATELLA (Fück., *Symb. myc.*, part. II, 54). Genre de Sphéropsidés, à réceptacle globuleux, puis cupulé, sessile, lacinié sur les bords; à spores fusiformes, hyalines, portées par des sporophores rameux. Les 3 ou 4 espèces rencontrées jusqu'ici sur de vieilles tiges de Linaires, de Gentianes et d'Euphorbes, ne se distinguent pas des pycnides d'*Heterosphæria*. [De S.]

HETEROPECTIS (A. Gray, *Pl. Wright.*, I, 83). Section du genre *Pectis* L.

HETEROPETALUM (Benth., in *Journ. Linn. Soc.*, V, 69). Syn. de *Phæanthus* Hook. et Thoms. (H. Bn, *Hist. des pl.*, I, 245.)

HETEROPEZIZA (Fries, *Summ. veg. Scand.*, II, 365). Section du genre *Heterosphæria* Grev.

HETEROPEZIZÆ (Tul., *Sel. Fung. Carp.*, III, 148). Première section des *Pezizei*, comprenant les genres à fructification de deux sortes, à réceptacles fermés à l'origine. [De S.]

HETEROPHANIA (Nutt., in *Amer. Phil. Trans.*, n. ser., VII, 405). Sous-genre du genre *Gnaphalium* L.

HETEROPHLEBIUM (Fée, *Gen. Fil.*, 137). Synonyme de *Pteris* L. (Hook., *Spec. Fil.*, II, 201.)

HETEROPHRAGMA (DC., *Prodr.*, IX, 210). Genre de Bignoniacées-Técomées, caractérisé par un calice subglobuleux, irrégulièrement 3-5-fide, et un fruit allongé, cylindrique, à 5-8 côtes ; la cloison plane ou peut-être prolongée en ailes entre les placentas. Les 3, 4 espèces connues, asiatiques et africaines, sont de beaux arbres à feuilles opposées, pennées, à fleurs en grappes terminales composées, ou en grappes simples sur les rameaux encore non feuillés de la plante. [H. BN.]

HETEROPHYCUS (TREVIS., *Algh. cocc.*, 101). Synonyme de *Desmotrichum* KUETZ. (nec LÉV.).

HETEROPHYLLA (G. AGH, *Fuc.*, 296). Tribu des *Arthrophyci*.

HETEROPHYLLÆ (FRIES, *Epicr.*, 2ᵉ édit., 446). Division du genre *Russula*, comprenant les espèces à lamelles courtes entremêlées aux lamelles entières. [DE S.]

HETEROPHYLLÆA (HOOK. F., *Icon.*, t. 1134; *Gen.*, II, 37, n. 23). Section (?) du genre *Bouvardia* SAL., à tube légèrement arqué, à étamines insérées à sa base, à tiges chargées de saillies pustuliformes. H. Grisebach a décrit sous le même nom générique une plante peut-être différente (*Symb. Fl. argent.*, 154). Ce sont des arbustes de l'Amérique tropicale. (Voy. *Hist. des pl.*, VII, 461.) [H. BN.]

HETEROPHYLLEIA (TURCZ., in *Bull. Soc. Mosc.*, XXI [1848], I, 591). Synonyme de *Coriaria* NISS.

HETEROPHYLLUM (BOJ., herb.). Synon. de *Buettneria* LŒFL.

HETEROPLEURA (SCH. BIP., in *Flora* [1862], 434). Synonyme de *Hieracium* T.

HETEROPOGON (PERS., *Syn.*, II, 533). Genre de Graminées-Andropogonées, distingué par un épi solitaire, dont les épillets uniflores sont sessiles; les fertiles tournés d'un même côté et longuement aristés; les stériles pédicellés, situés de l'autre côté de l'épi, imbriqués et mutiques. Ce sont des plantes de l'Asie, l'Afrique et l'Australie chaudes, de la région méditerranéenne et de l'Amérique du Nord, généralement annuelles, souvent élevées. On en distingue 5, 6 espèces. (ALL., *Fl. pedem.*, III, t. 91. — REICHB., *Icon. Fl. germ.*, t. 53.) [H. BN.]

HETEROPORUS (PERS., *Mycol. eur.*, II, 205). Section du genre *Sistotrema* FRIES.

HETEROPSIS (HARV., *Fl. cap.*, III, 95). Synonyme de *Heteromma* BENTH.

HETEROPSIS (K., in *Ber. Berl. Akad.* [1841], 44; *Enum.*, III, 60). Genre d'Aroïdacées-Callées, à fleurs hermaphrodites ou polygames, sans périanthe ; les étamines au nombre de 4; l'ovaire sessile, à 2 loges biovulées; les ovules anatropes, portés par des funicules attachés vers la base de la cloison. Ce sont 5, 6 arbustes grimpants, du Brésil et de la Guyane, à feuilles alternes, à spadice inclus dans une petite spathe rostrée et convolutée. (ENGL., in *Mart. Fl. bras.*, III, p. II, t. 6; *Arac.*, 98. — SCHOTT, *Aroid.*, t. 58-60.) [H. BN.]

HETEROPSIS (MIQ., in *Linnæa*, XVIII, 79). Section du genre *Monstera* ADANS.

HETEROPTERA (MARG. et REUT., ex *Steud. Nom.*, I, 756). Genre (?) d'Ombellifères, non défini.

HETEROPTERIS (FÉE, in *Congr. scient. de Fr.* [1842], I, 178). Synonyme de *Paltonium* PRESL.

HETEROPTERIS (DC., *Prodr.*, I, 591). Synonyme de *Euheteropterys* ENDL.

HETEROPTERYS (H.B.K., *Nov. gen. et spec.*, V, 163). Genre de Malpighiacées-Banistériées, voisin des *Banisteria* et des *Lophopterys*, et distingué par un calice d'ordinaire à 8 glandes et des styles comprimés au sommet, vers leur portion stigmatifère découpée en crête. Ce sont des arbustes de l'Amérique et de l'Afrique tropicales, au nombre d'environ 85, à feuilles opposées, à fleurs disposées en grappes simples ou composées. Leur fruit est formé de 1-3 samares ailées sur le dos. (H. BN, *Hist. des pl.*, V, 461.)

HETEROPTILIS (E. MEY., ex MEISSN., in *Hook. Lond. Journ.*, II, 534). Synonyme de *Selinum* L.

HETEROPUS (PERS., *Myc. eur.*, II, 205). Troisième section des *Systotrema* FRIES, comprenant des espèces qui ne sont plus aujourd'hui rangées dans ce genre.

HÉTÉROPYLE (H. BN, in *Adansonia*, XII, 106). Orifice des téguments séminaux, situé au niveau de la chalaze et par lequel les vaisseaux extérieurs à la graine pénètrent dans son intérieur.

HETEROPYXIS (C.-B. CLRKE, *Commel.*, 138). Section du genre *Commelina* L. (B. H., *Gen.*, III, 848.)

HETEROPYXIS (GRIFF., *Notul.*, IV, 24, t. 594). Synonyme de *Boschia* KORTH.

HETEROPYXIS (HARV., *Thes. cap.*, II, 18, t. 128). Genre rapporté avec doute aux Lythrariées, dont il constitue un type très anormal. Son réceptacle est cupuliforme, tubuleux, avec un calice à cinq dents triangulaires, obtuses et imbriquées; cinq pétales obovales, brièvement onguiculés et munis de points glanduleux pellucides ; cinq étamines oppositipétales, insérées sur le bord du disque qui tapisse le tube réceptaculaire, à filets exserts et à anthères oblongues. L'ovaire, libre, subglobuleux, trilobé et surmonté d'un style allongé, courbé, capité à son extrémité stigmatifère, renferme deux ou trois loges multiovulées. Le fruit, à moitié renfermé dans le tube réceptaculaire, est une petite capsule large, ovoïde, coriace, triloculaire et déhiscente en trois valves loculicides. Elle contient un petit nombre de graines, linéaires-oblongues, ascendantes, qui, sous leurs téguments spongieux et légèrement prolongés de chaque côté, renferment un embryon à cotylédons oblongs et à radicule droite. La seule espèce connue, de Natal, est un petit arbre glabre, à rameaux arrondis et à panicules pubescentes. Ses feuilles sont alternes, pétiolées, lancéolées, acuminées, recourbées, très entières, très glabres et à points pellucides. Ses fleurs, blanches, petites et unisexuées par avortement, sont disposées en panicules terminales et ramifiées. M. Baillon rapproche ce genre des *Crypteronia*. (Voy. B. H., *Gen.*, I, 785, n. 30.) [T.]

HETERORGANA (SCHULZ, *Nat. Syst.*; in *Isis* [1834], 524). Division (?) des classes du Règne végétal.

HETERORHACHIS (SCH. BIP., in *Flora* [1844], 775). Synonyme de *Berkheya* EHRH.

HETEROSCIADIÆ (B. H.). Tribu des Ombellifères. (Voy. H. BN, *Hist. des pl.*, VII, 175.)

HETEROSCIADIUM (DC., *Prodr.*, IV, 83). Synon. de *Petagnia*.

HETEROSICYOS (WELW., ex B. H., *Gen.*, I, 822). Synonyme de *Trochomeria* B. H. et section de ce genre, à tige herbacée, dressée; à feuilles dépourvues de vrilles. (H. BN, *Hist. des pl.*, VIII, 445.)

HETEROSIPHONIA (MONT., *Prodr. Phyc. antarct.*, 4). Genre d'Algues marines et qui forme maintenant l'une des divisions du genre *Dasya*, dont il est considéré par quelques auteurs comme synonyme. Sa fronde est comprimée, subtrigone et composée de cellules intérieures qui entourent un tube central (voy. les caractères de la famille). [CH. M.]

HETEROSMILAX (K., *Enum.*, V, 270). Genre (?) voisin des *Smilax* et qui en a la structure, mais avec un périanthe indivis, à orifice 2-5-denté. Ce sont 5 lianes inermes, de l'Asie et de l'Océanie, à inflorescences ombelluliformes. [H. BN.]

HETEROSOMA (GUILLEM.). Pour *Heterostoma* ZUCC.

HETEROSPATHA (SCHEFF., in *Ann. Jard. bot. Buitenz.*, I, 141, 162). Genre de Palmiers-Arécées, établi pour un arbre d'Amboine, à feuilles pinnatiséquées, à fleurs 6-andres, à ovaire uniloculaire; les stigmates excentriques sur le fruit. L'ovule est pariétal, descendant, et la graine a un albumen ruminé. La tige est inerme, et les segments des feuilles sont acuminés. (B. H., *Gen.*, III, 906, n. 51.) [H. BN.]

HETEROSPERMA (CAV., *Icon.*, III, 34, t. 267). Genre de Composées-Hélianthées, caractérisé par : Fleurs (presque comme celles des *Bidens*) 2-morphes, à fruits 2-morphes : les intérieurs surmontés de deux crêtes hérissées; les extérieurs souvent arrondis et chauves au sommet, se rapprochant graduellement des caractères des intérieurs, à dos comprimés, ou plus ou moins ailés sur les bords. Ce sont des herbes annuelles, à feuilles opposées, dentées, ou disséquées; à capitules petits, axillaires, ou plus souvent terminaux ; à involucre ovoïde ou oblong, de bractées peu nombreuses, libres ou connées à la base, 2-morphes; réceptacle à paillettes membraneuses. Régions chaudes et occidentales de l'Amérique. (H. BN, *Hist. des pl.*, VIII, 223.) [B. M.]

HETEROSPERMA (TAUSCH, in *Flora* [1834], I, 357). Synonyme (?) de *Heteromorpha* CHAM. et SCHLCHTL.

HETEROSPERMÆ, HETEROSPERMEÆ (TAUSCH). Division des Ombellifères (genres *Dimetopia*, *Anesorhiza*, *Heteromorpha*, *Heterosperma*).

HETEROSPERMUM (W., *Spec.*, III, 2129). Synonyme de *Heterosperma* CAV.

HETEROSPHACE (BENTH., in *Hook. Bot. Misc.*, III, 374; *Labiat.*, 303). Section du genre *Salvia* T.

Heterostemon. — Fleur, entière et coupe longitudinale.

HETEROSPHÆRIA (GREV., *Scot. crypt. Fl.*, II, fig. 103). Genre de Patellariés, à réceptacle globuleux, noir, ombiliqué, de 1 à 2 millimètres, s'ouvrant en ostiole plus ou moins large, lacinié sur les bords. Les plus petits réceptacles donnent naissance par la paroi interne à des sporophores ramifiés, portant des stylospores fusiformes, un peu arqués; les plus grands s'ouvrent largement et laissent voir un hyménium formé de thèques linéaires oblongues et de paraphyses filiformes. Les spores sont cylindriques, étroites, obtuses. Certains réceptacles présentent à la fois les thèques octospores et les sporophores portant des stylospores. L'espèce la plus connue, l'*H. patella* GREV., se rencontre sur les tiges récemment mortes de Carotte, d'Angélique, de Gentiane, etc. [DE S.]

HÉTÉROSPORANGIÉES (V. TIEGH., in *Ann. sc. nat.*, sér. 5, XVII, 56). Désigne les espèces de Mucorinés qui ont deux sortes de sporanges. — Voy. HELICOSTYLUM.

HÉTÉROSPORÉ. Se dit des Cryptogames qui, comme les *Sphagnum*, etc., ont plusieurs sortes de spores.

HETEROSPORIUM (KL., *Herbar.*, n. 69, 188). Genre d'Hyphomycètes, à filaments courts, fasciculés, donnant naissance à des spores oblongues, bi- ou trisептées, brunâtres. On en connaît 2 ou 3 espèces sur les feuilles des *Dianthus*, des Ornithogales. [DE S.]

HETEROSTACHYS (UNG.-STERNB., in *Att. congr. bot. Fir.* [1874], 331, 273, fig. 3). Genre de Salicorniées, proposé pour l'*Halostachys Ritteriana* MOQ., et caractérisé par un périanthe orbiculaire, comprimé, largement ailé, un embryon à radicule infère, et des strobiles subopposés, à écailles caduques. C'est un arbuste originaire de la république Argentine. [H. BN.]

HETEROSTALIS (SCHOTT, in *Œstr. Bot. Woch.* [1857], 261, *Gen.*, 18). Synon. de *Typhonium* SCHOTT et section de ce genre.

HETEROSTEGA (DESVX, in *Nouv. Bull. Soc. philom.*, II, 188). Synonyme de *Bouteloua* LAG.

HETEROSTEMMA (W. et ARN., *Contrib.*, 42). Genre d'Asclépiadacées-Marsdéniées, caractérisé par une corolle subrotacée-campanulée, à 5 lobes subvalvaires; une couronne à 5 écailles, légèrement charnues et étalées vers le sommet du tube de l'androcée, tuberculées ou appendiculées en dedans et en dessus. Ce sont 9 ou 10 lianes, originaires de l'Inde et de l'archipel Malais, à feuilles opposées, souvent 3-5-nerves, à fleurs en cymes ombelliformes. (WIGHT, *Icon.*, t. 348. — DELESS., *Icon. sel.*, t. 89.)

HETEROSTEMON (DESF., in *Mém. Mus.*, IV, 248, t. 12). Genre de Légumineuses-Amherstiées, ayant des fleurs analogues à celles des *Palovea*, dont elles diffèrent par : Filets des étamines connés en une gaine fendue à la partie supérieure. Gousse stipitée, allongée, coriace, comprimée, 2-valve; à sutures à peine épaissies. Graines ovales ou orbiculaires; embryon exalbuminé, à cotylédons plans, à radicule courte, incluse. Ce sont de petits arbres inermes, de l'Amérique tropicale, à feuilles 1-∞-foliolées, à stipules foliacées, caduques; à fleurs en grappes courtes, pauciflores, terminales, ou sessiles au niveau des nœuds, à bractées petites, à bractéoles persistantes et connées. (Voy. H. BN, *Hist. des pl.*, II, 81.) [B. M.]

HETEROSTEMON (NUTT.). Syn. (part.) de *Primolepsis* T. et GR.

HETEROSTIGMA (GAUDICH., *Voy. Bonite*, *Bot.*, t. 25). Synonyme de *Pandanus* L.

HETEROSTOMUM (FRIES, *Pl. homon.*, 108). Sous-genre du genre *Valsa* ADANS.

HÉTÉROSTYLE, HÉTÉROSTYLIE. État de certaines fleurs qui ont des styles de différentes longueurs, ici plus courts, là plus longs que les étamines. Darwin a accordé à ces différences de taille une grande importance pour la fécondation (voy. REPRODUCTION).

HETEROSTYLIS. Section (B. H., *Gen.*, III, 208) du genre *Loranthus* L. (*L. micranthus* HOOK. F.).

HETEROSTYLUS (HOOK., *Fl. bor.-amer.*, II, 171, t. 185). Synonyme de *Lilæa* H. B.

HETEROTÆNIA (BOISS., *Voy. Esp.*, 267, t. 80 A). Synonyme de *Bulbocastanum* LAGASC.

HETEROTAXIS (LINDL., in *Bot. Reg.*, t. 1028). Synonyme de *Dicrypta* LINDL. (*Maxillaria* R. et PAV.).

HETEROTHALAMEÆ (DC., *Prodr.*, V, 216). Division des Composées-Amellées.

HETEROTHALAMUS (LESS., in *Linnæa*, V, 145; *Syn.*, 295). Section du genre *Baccharis* L. (H. BN, *Hist. des pl.*, VIII, 151.)

HETEROTHECA (CASS., in *Bull. Soc. philom.* [1817], 137; in *Dict.*, XXI, 130). Section du genre *Hysterionica* W. (H. BN, *Hist. des pl.*, VIII, 155.)

HETEROTHECEÆ (DC., *Prodr.*, V, 316). Division des Composées-Chrysocomées.

HETEROTHECIUM (FLOT., in *Bot. Zeit.* [1850], 368, 382). Genre de Lécidinés. Synonyme de *Megalospora* MEYEN.

HETEROTHECIUM (MASSAL., *Alc. gen. Lich.* [1853], 7). Synonyme de *Brigantiæa* TREVIS.

HETEROTHRIX (M. ARG., *Fl. bras.*, VI, 133, t. 40). Synonyme de *Echites* L.

HETEROTIS (BENTH., in *Hook. Niger Fl.*, 347). Synonyme de *Dissotis* BENTH. (H. BN, *Hist. des pl.*, VII, 38.)

HETEROTOMA (ZUCC., in *Flora* [1832], II, *Beibl.*, 100). Genre de Campanulacées-Lobéliées, formé de 4 espèces annuelles ou vivaces, du Mexique, qui ont l'organisation générale des *Lobelia*, mais qui sont exceptionnelles dans la série par le mode d'insertion très oblique de la corolle. La base de celle-ci, en effet, se dilate pour se conformer à une déformation du réceptacle floral, qui, vu de haut, se prolonge postérieurement en un long cuilleron. Le sommet de cette portion rétrécie donne insertion à 2 des sépales, tandis que les 3 autres demeurent portés à l'autre extrémité du réceptacle; et la base étirée de la corolle recouvre en arrière le rétrécissement réceptaculaire, de façon à former avec lui une sorte d'éperon adhérent ou de canal voûté, dans lequel proéminent les décurrences de 2 des filets staminaux. Ceux-ci sortent supérieurement d'une fente antérieure de la corolle et forment là un tube couronné de 5 anthères dissemblables. L'ovaire est en partie infère. Le fruit est une capsule oblique et loculicide. Les feuilles sont alternes, et les fleurs forment une grappe lâche et terminale. On cultive l'*H. lobelioides* dans les serres. (H. Bn, *Hist. pl.*, VIII, 336, 367, fig. 173, 174.)

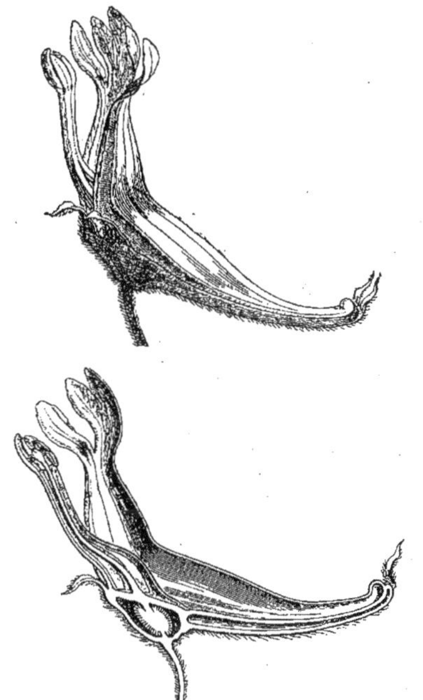

Heterotoma. — Fleur, entière et coupe longitudinale.

HETEROTRICHUM (DC., *Prodr.*, III, 173). Synonyme de *Maieta* Aubl.

HETEROTROPA (Morr. et Dcne, in *Ann. sc. nat.*, sér. 2, II, 314, t. 10). Synonyme de *Asarum* L. et section de ce genre. (H. Bn, *Hist. des pl.*, IX, 2, fig. 7-9.)

HÉTÉROTROPE. Embryon dirigé en sens inverse de la graine qui le contient.

HÉTÉROXÈNE, HÉTÉROXÉNIE (Tul.). Synonymes de *Hétéroïque*, *Hétérœcie*.

HETEROXYLON (Hartig, in *Bot. Zeit.* [1848], 167, 190). Genre de Cupressinées fossiles.

HETEROZONIUM (Griseb., in *Jahresb.* [1850], 385). Pour *Heterogonium* Presl.

HETEROZYGIA (Bge, *Verz. Alt. Pfl.* [1835], 82). Synonyme de *Kallstrœmia* Scop. (*Heterozyges* Wittst., *Et. Hdw.*, 439).

HETERYTA (Rafin., in *Journ. phys.*, LXXXIX, 101, in *Desvx Journ. bot.*, II [1809], 170). Synonyme de *Eutoca* R. Br.

HETICH. Racine apéritive d'Amérique (Thevet), indéterminée.

HÊTRE (*Fagus* T., *Inst.*, 584, t. 351). Genre de Castanéacées, série des Quercinées, voisin des *Castanea*, dont il a les fleurs monoïques. Les mâles ont un calice gamophylle ou subcampanulé, à 4-8-lobes; un nombre égal ou double d'étamines, dont les filets, insérés au fond du calice, sont grêles, exserts, et supportent des anthères oblongues, à deux loges extrorses et déhiscentes par deux fentes longitudinales. Les fleurs femelles, réunies au nombre d'une à trois, à l'intérieur d'un involucre quadrilobé et chargé sur sa surface externe de saillies fort variables, présentent un réceptacle fort concave, en forme de gourde triangulaire, au fond duquel est un ovaire infère, surmonté d'un style à trois branches courtes ou allongées, glabres ou velues, entourées à leur base des six lobes d'un calice épigyne. Cet ovaire contient trois loges dans l'angle interne de chacune desquelles sont deux ovules anatropes, collatéraux, descendants, avec le micropyle en haut et en dehors. A la maturité, l'involucre s'accroît, devient sec et ligneux, se recouvre extérieurement d'écailles, d'aiguillons, etc., et s'ouvre en quatre lobes, pour laisser échapper les fruits. Ceux-ci, ordinairement réunis par trois, à l'intérieur de l'involucre, sont secs, indéhiscents et en forme de pyramide triangulaire. Ce sont des achaines, que l'on connaît mieux sous le nom vulgaire de *faînes*. Ils renferment une seule graine qui, sous ses téguments, contient un embryon dépourvu d'albumen, à cotylédons épais, charnus, oléagineux, et à radicule courte et supère. Ce sont des arbres ou des arbustes, à feuilles alternes,

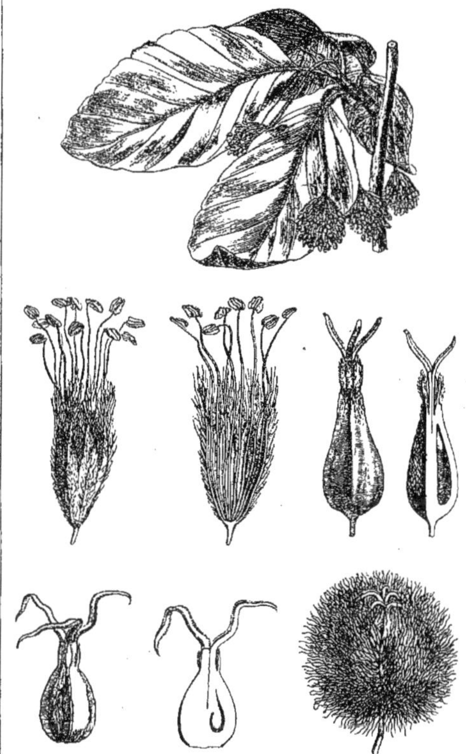

Hêtre. — Rameau florifère. Fleur mâle, entière et coupe longitudinale. Fleurs femelles, entières et coupe longitudinale. Fruit composé.

penninerves, caduques ou persistantes et accompagnées de stipules latérales qui se détachent de bonne heure. Leurs fleurs sont solitaires ou groupées en capitules : les mâles à l'aisselle des feuilles inférieures, et les femelles à l'aisselle des feuilles supérieures. On en connaît une quinzaine d'espèces, originaires des régions tempérées des deux hémisphères. La plus connue est le Hêtre commun (*F. sylvatica* L.), encore appelé *Fayard*, *Fayau*, *Fau*, *Fan*, *Faou*, *Fouteau*, *Favinier*. C'est un bel arbre, fort commun dans nos forêts, surtout sur les montagnes, et dont le bois, beaucoup moins estimé que celui du Chêne et du Châtaignier, sert cependant à une foule d'usages. Sa combustion donne un charbon et une suie employés à la fabrication de la poudre et d'une couleur bistre assez estimée. Son fruit est comestible; on en fait une sorte de pain, et l'on en obtient, par expression, une bonne huile alimentaire, propre à l'éclairage et à l'industrie. Le Hêtre rouge (*F. ferruginea* Ait.), de l'Amérique, possède les mêmes propriétés; et l'on rapporte qu'au Chili le bois du *F. obliqua* Mirb. est aussi estimé que celui du Chêne. On retrouve ces propriétés dans le *F. Dombeyi* Mirb., du même pays. (H. Bn, *Hist. des pl.*, VI, 234, 251, 257, fig. 199-206.) [T.]

HÊTRE BLANC. Le *Fagus sylvatica* L.

HÊTRE GRIS. A la N.-Calédonie, le *Grevillea Gillivrayi* Hook.

HÊTRE NOIR. A la N.-Calédonie, le *Stenocarpus laurifolius*.

HÊTRE ROUGE. Le *Fagus ferruginea* Michx.

HETTAL. Nom bengalais du *Phœnix paludosa* Roxb.

HETTLINGERIA (Neck., *Elem.*, II, 124). Genre des *Plyrontophyti*, établi pour certains *Rhamnus* L. (?).

HEUCHER (Joh.-Heinr.). Médecin de Dresde [1677-1747], cultiva la botanique à Wittemberg (sur sa biographie, *Opp. Lipsiæ* [1745], 2 vol. in-4). Il a écrit: *De vegetabilibus magicis* [1700]; *Index plantarum horti... Wittenbergensis* [1711]; *Novi proventus horti... Wittenbergensis* [1711], et *Plantarum historia fabularis* [1713], in-4 de 62 pages.

HEUCHÈRE (*Heuchera* L., *Gen.*, n. 320). Genre de Saxifragacées, à réceptacle creux, campanulé; 5-6 sépales; 5-6 pétales alternes, ou 0. L'androcée est isostémoné. Le fruit, infère en totalité ou en partie, est capsulaire et s'ouvre en 2 valves dans l'intervalle des styles; il a, comme l'ovaire, 2 placentas pariétaux, polyspermes, et les graines sont muriquées ou hispidules. Ce sont une vingtaine d'herbes vivaces, de l'Amérique du Nord, dont certaines sont cultivées dans nos jardins botaniques. Leur rhizome porte des rameaux aériens annuels, à feuilles orbiculées ou cordées, crénelées et lobées. Leurs petites fleurs sont disposées en grappes ou en épis, simples ou composés. (H. Bn, *Hist. des pl.*, III, 330, 426).

HEUCHEREÆ (Bartl., *Ord. nat.*, 312). Division des Saxifragées. (Reichb., *Nom.*, 157.)

HEUCHERELLA (Torr. et Gr., *Fl. N.-Amer.*, I, 581). Section du genre *Heuchera* L.

HEUDELOT. Botaniste-voyageur au Sénégal, où il mourut malheureusement en 1837, a récolté de très belles collections, en partie non décrites, qui se trouvent surtout à Paris et à Kew.

HEUDELOTIA (A. Rich., *Fl. Seneg. Tent.*, I, 150, t. 39). Synonyme de *Balsamea* Gled. (*Balsamodendron* K.).

HEUDUSA (E. Mey., *Comm. pl. Afr. austr.*, I, 153). Synonyme de *Lathriogyne* Eckl. et Zeyh.

HEUFERICON. Nom arabe des Millepertuis.

HEUFFEL (Joh.). Médecin hongrois [1800-1857], a écrit: *De distributione plantarum geogr. per com. Hungariæ pertinentem* [1827], et *Enum. pl. in Banatu Temesiensi*, etc. [1858]. (Voy. *Verh. d. zool.-bot. Ver.*, VIII, 39; *Cat. sc. pap.*, III, 338.)

HEUFFELIA (Schur, *Enum. pl. Transs.*, 760). Synonyme de *Helicothricum* Bess.

HEULO. En Orient, la térébenthine du *Pistacia atlantica* Desf.

HEURCKIA (M. Arg., in *Flora* [1870], 168). Synonyme (B. H., *Gen.*, II, 697) de *Rauwolfia* L.

HEURLIN (Sam.). Pasteur à Asheda, auteur, en 1771, de *De syngenesia*, opuscule de 18 pages.

HEURNIA (Endl., *Gen.*, n. 3527. — Spreng., *Anleit.*, II, I, 488). Pour *Hucrnia* R. Br.

HEUSINGER (Heinr.). A publié, en 1809, *Observata quædam circa Rhoa Toxicodendron et radicantem* (in-4 de 36 p. et 2 pl.).

HEVEA (Aubl., *Guian.*, 871, t. 335). Genre d'Euphorbiacées, série des Jatrophées, qui a donné son nom à la sous-série des Hévéées. Ses fleurs, dioïques et apétales, ont un calice à cinq divisions valvaires ou subindupliquées et quelquefois légèrement tordues au sommet. Leur androcée se compose de 5 étamines alternisépales, ou de 6-10, sur deux verticilles alternes. Elles sont réduites à des anthères extrorses, biloculaires, déhiscentes par des fentes longitudinales et sessiles sur une colonne centrale, dressée et terminée par un gynécée stérile. Le disque, quelquefois nul ou rudimentaire, est ordinairement développé autour de la base de cette colonne. Dans la fleur femelle, l'ovaire, entouré de glandes distinctes, connées ou quelquefois nulles, est à trois loges uniovulées et surmonté d'un style ayant la forme d'une colonne très courte, terminée par des lobes stigmatifères charnus et bilobés. Le fruit est une capsule à trois coques, déhiscentes chacune en deux valves élastiques. L'exocarpe, charnu avant la maturité, se sépare facilement de l'endocarpe. Ce sont de grands arbres, à suc laiteux et abondant, à feuilles alternes, longuement pétiolées, digitées, à trois folioles sessiles ou pétiolulées, penninerves et glanduleuses à la base. Leurs fleurs sont disposées en grappes composées de cymes axillaires et terminales. La fleur centrale de la cyme est ordinairement femelle. On en connaît environ 8 espèces, originaires de la Guyane et du Brésil septentrional. Leur latex renferme beaucoup de caoutchouc, qu'on exploite depuis longtemps à la Guyane et dans les provinces septentrionales du Brésil. Dans ce but, on fait à la base de l'arbre une entaille horizontale et, perpendiculairement à celle-ci, une section longitudinale, à laquelle viennent aboutir d'autres entailles obliques et parallèles. Le latex qui s'écoule de toutes ces incisions se rend vers l'entaille horizontale, où on le recueille dans des récipients de forme variable. Cette opération se fait en dehors de la saison des pluies; on favorise aussi quelquefois l'écoulement du produit en comprimant le tronc au moyen de lianes enroulées autour de lui. Ce latex, d'abord blanc et crémeux, s'épaissit peu à peu; on le chauffe alors doucement avec du combustible produisant beaucoup de fumée, qui colore le caoutchouc. Aujourd'hui, on le précipite avec une solution d'alun et on le comprime ensuite énergiquement à la presse. On a cru longtemps que la seule espèce exploitée était l'*Hevea guianensis* Aubl. (*Siphonia elastica* Pers.), connu sous le nom vulgaire de *Bois de seringue;* mais il existe dans la province de Para plusieurs autres espèces exploitées dans le même but. Ce sont principalement les *H. lutea*, *brasiliensis*, *ternata*, *rigidifolia*, *pauciflora*, *Benthamiana* et *Spruceana*. D'après Aublet, les graines de l'*Hevea guianensis* seraient comestibles. (Voy. H. Bn, *Hist. des pl.*, V, 116, 169, 187; *Tr. Bot. méd. phanér.*, 933.) [T.]

HÉVÉÉES (*Heveeæ* H. Bn, *Hist. des pl.*, V, 116). Groupe d'Euphorbiacées, sous-série de la série des Jatrophées.

HEWARDIA (Hook., *Icon.*, t. 858). Genre de Liliacées-Narthéciées, à périanthe 6-mère, étalé. Étamines 3, oppositipétales. Ovaire sessile, à 3 loges multiovulées; style à 3 branches. Capsule loculicide (?). Herbe de Tasmanie (*H. tasmanica*), à rhizome court, à double spathe entourant d'abord la fleur solitaire et terminale. (Benth., *Fl. Austral.*, VII, 25.) [H. Bn.]

HEWARDIA (J. Sm., in *Hook. Journ. Bot.*, III, 432, t. 16, 17; IV, 161). Genre de Fougères; simple section (Hook. et Bak., *Syn. Fil.*, 127) du genre *Adiantum* L.

HEWENIA (Haw., ex Reichb., *Consp.*, 130). Section du genre *Stapelia* L.

HEWITTIA (Wight, in *Madr. Journ.* [1837], ex *Linnæa*, XII, *Litt.*, 213). Synonyme de *Palmia* Endl.

HEWITTIA (W. et Arn., *Clav. Conv.*, 3, in *Madr. Journ. litt. sc.* [1837], ex *Linnæa*, XII, *Litt*, 213). Genre de Convolvulacées-Convolvulées, établi pour une plante volubile, asiatique et africaine, voisine des *Calystegia*, avec un ovaire uniloculaire, 4-ovulé; un stigmate de *Calystegia*, et des bractées linéaires, plus courtes que le calice. (Wight, *Icon.*, t. 835. — *Bot. Mag.*, t. 2205.) [H. Bn.]

HEXABOLUS (Steud., *Nom.*, I, 757). Pour *Hexalobus* A. DC.

HEXACENTRIS (Nees, in *Wall. Pl. asiat. rar.*, III, 74, 78). Synonyme de *Thunbergia* L. et section de ce genre.

HEXACHLAMYS (Berg, in *Linnæa*, XXVII, 345). Synonyme de *Phyllocalyx* Berg.

HEXACLINIS. Sect. (B. H., *Gen.*, III, 424) du g. *Callitris* Vent.

HEXACTINA (W., *Rel.*, ex *Sch. Syst.*, VII, 91). Synonyme de *Amaioua* Aubl. (H. Bn, *Hist. des pl.*, VII, 434.)

HEXADENIA (Kl. et Gcke, *Tricocc.*, 19). Synonyme de *Pedilanthus* Neck., dont ce genre serait distingué par le nombre des glandes (6) du périanthe (involucre des auteurs).

HEXADESMIA (Ad. Br., in *Ann. sc. nat.*, sér. 2, XVII, 44). Genre d'Orchidacées-Epidendrées, rangé près des *Scaphyglottis* dont il a l'inflorescence et les entrenœuds caulinaires charnus, avec 6 pollinies bisériées dans l'anthère : 2 supérieures et 4 inférieures, séparées dans des loges distinctes. Ce sont 4, 5 herbes épiphytes, des régions chaudes de l'Amérique. (SAUND., *Ref. Bot.*, t. 92, 113. — REICHB. F., *Xen. orchid.*, t. 59.) [H. BN.]

HEXADICA (LOUR., *Fl. cochinch.*, 562). Genre douteux.

HEXAGLOTTIS (VENT., *Decad. nov. gen.*, 6). Synonyme de *Montbretia* DC.

HEXAGONA (POLL., *Pl. nov.*, 35). Genre de Champignons-Polyporés, à réceptacle subéro-ligneux, dimidié, dont les tubes sont prismatiques et présentent, à la surface inférieure du réceptacle, des pores en forme d'hexagones réguliers. Ces Champignons épixyles, persistants, habitent surtout les pays chauds. La plupart des espèces sont tropicales ; on en connaît une espèce en Italie, une autre en Algérie et dans les Pyrénées. [DE S.]

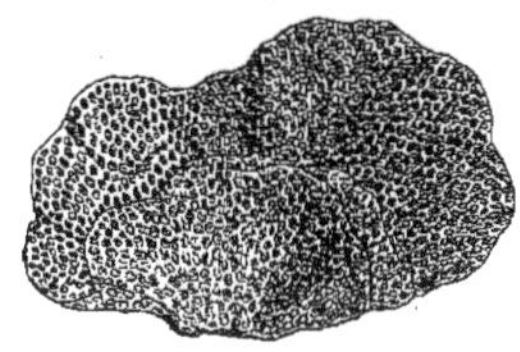

Hexagona. — Faces supérieure et inférieure.

HEXAGONIA (MONT., *Sylloge*). — Voy. HEXAGONA. Cette orthographe est préférable, le nom d'*Hexagonia* ayant été d'ailleurs donné à un coléoptère de la famille des Carabiques, par M. Kirby. [DE S.]

HEXAGONOTHECA (TURCZ., in *Bull. Mosc.* [1846], II, 505). Synonyme de *Berrya* ROXB.

HEXALECTRIS (RAFIN., *Neog.*, 4). Genre d'Orchidacées-Épidendrées, qui a de grandes analogies avec les *Corallorhiza*, et qui est caractérisé par une tige aphylle, née d'un rhizome rameux; des fleurs en grappes; un gynostème étroitement 2-ailé, et une anthère à 8 pollinies, unies en faisceau par une glu granuleuse. La seule espèce (*Bletia aphylla* NUTT.) est du Mexique et des États-Unis; elle a les fleurs disposées en grappes. Ce genre a été rapproché aussi des *Bletia*, mais il n'en a pas les pollinies bisériées. (BL., *Orch. Jav.*, t. 6.) [H. BN.]

HEXALEPIS (BŒCKEL., in *Flora* [1875], 118). Synonyme de *Lampocarya* R. Br.

HEXALOBUS. La plante ainsi nommée et considérée comme génériquement distincte, bien à tort, par M. A. de Candolle

Hexalobus grandiflorus. — Fleur. Carpelle.

(*Mém. Anon.*, 36, t. 5 A), était un *Monodora*, notre *M. madagascariensis*. L'*H. grandiflorus*, de la Flore de Sénégambie (I, t. 2), est au contraire le représentant d'un genre analogue aux *Cyathocalyx*, et à carpelles indépendants, mais distingué par une corolle gamopétale, à 6 lobes valvaires. L'*H. brasiliensis* A. S.-H. et TUL. est un *Trigyneia*. (Voy. H. BN, in *Adansonia*, VIII, 301; *Hist. des pl.*, I, 234, fig. 279, 280.)

HEXAMERIA (R. BR., in *Benn. Pl. jav. rar.*, 26, t. 7). Synonyme de *Podochilus* BL.

HEXAMERIA (TORR. et GR., in *Torr. Rep. pl. N.-York* [1840], 137). Synonyme de *Echinocystis* TORR. et GR.

HEXANDRÆ (LINK, *Hort. berol.*, I, 107). Famille des Graminées, comprenant le genre *Oryza* L.

HEXANDRE. Fleur à six étamines libres; d'où *Hexandrie*, l'une des classes du Système sexuel de Linné.

HEXANTHUS (LOUR., *Fl. coch.*, 195). Synon. (?) de *Litsea* LAMK.

HEXAPETALOIDEÆ (LINDL, *Nat. Syst.*, *Class.*). Division des Monocotylédones-Pétaloïdées.

HEXAPHYLLÆ (HILL, *Hort. kew.*, 386). Classe (XXXVI) de plantes dont le type est le *Scheuchzeria*.

HEXAPOGON (BGE, in *Bull. Acad. sc. Pétersb.*, *Mél. biol.*, X, 690). Section du genre *Iris* T. (*I. longiscapa*, *I. falcifolia*).

HEXAPTERA (HOOK., *Bot. Misc.*, I, 350, t. 72-74). Genre de Crucifères-Lépidinées, à sépales uniformes, subégaux, à pétales rétrécis à la base. Des 6 étamines, les 4 plus longues sont connées par paires. Le fruit est une silique, comprimée sur le dos, garnie de 6 ailes, dont 2 dorsales. Les semences sont immarginées. Ce sont des herbes ou sous-arbrisseaux du Chili, où l'on en compte 6 espèces, à feuilles basilaires entières ou pinnatifides. (H. BN, *Hist. pl.*, III, 291.)

HEXAPTERON (MIQ., *Fl. ind.-bat.*, I, 623). Section du genre *Lagerstrœmia* L., comprenant le *L. hexaptera*.

HEXAREPALUM (A. JUSS.). Pour *Hexasepalum* BARTL.

HEXARRHENA (PRESL, *Rel. Hænk.*, I, 326, t. 45). Synonyme (?) de *Hilaria* H. B. K.

HEXASEPALUM (BARTL., ex DC., *Prodr.*, IV, 561). Genre mal connu de Rubiacées. Synonyme (?) de *Spermacoce* ou de *Diodia*. (Voy. H. BN, *Hist. des pl.*, VII, 264.)

HEXASTEMON (KL., in *Linnæa*, XII, 220). Syn. de *Eremia* DON.

HEXASTÉMONES. Fleurs à six étamines.

HEXASTYLIS (RAFIN.). Synonyme de *Caylusea* A. S.-H.

HEXATHECA (SOND., ex F. MUELL., *Fragm. phyt. Austral.*, VIII, 217). Synonyme de *Lepilæna* J. DRUMM.

HEXENEI. Un des noms allemands du *Phallus impudicus* L.

HEXENKRAUT. Un des noms allemands du Millepertuis.

HEXISIA (LINDL., in *Hook. Journ. Bot.*, I, 7). Genre d'Orchidacées-Épidendrées, distingué par des pseudo-bulbes 1-2-foliés, avec innovations subterminales, formant les entrenœuds charnus des tiges; des grappes pauciflores, avec un pédoncule court, recouvert d'écailles courtes et paléacées; une anthère semiglobuleuse, à 4 pollinies unisériées, chacune placée dans une logette distincte. Ce sont 3, 4 herbes épiphytes, des deux Amériques. (LINDL., *Sert. Orch.*, t. 40, fig. 1.) [H. BN.]

HEXODON (DUCHTRE, in *Ann. sc. nat.*, sér. 4, II, 29). Section du genre *Aristolochia* T.

HEXONYCHIA. Un des démembrements, pour Salisbury (*Gen. pl. Fragm.*, 88), du genre Ail.

HEXORIMA (RAFIN., in *Journ. Phys.*, LXXXIX, 262). Synonyme de *Streptopus* MICHX.

HEXOTRIX (RAFIN., in *Ser. Bull. bot.* [1830], I; in *Linnæa*, VIII, *Litt.*, 83). Section du genre *Scirpus* L. (*S. lacustris*, *mucronatus*, etc.).

HEXURIS (MIERS, in *Trans. Linn. Soc.*, XXI, 44). Synonyme de *Triuris* MIERS.

HEYA. — Voy. HYA.

HEYDENIA (FRESEN., *Beitr. zur Myk.*, 47). Genre d'Hyphomycètes, voisin des *Stilbum*, caractérisé par un pédicule brunâtre, dressé, de 6 à 10 millim., composé de longs filaments cellulaires parallèles, à cloisons éloignées, s'élargissant au sommet en un capitule globuleux, déprimé, formé par les cellules sporophores. Les spores sont elliptiques, hyalines. Les 2 espèces connues de ce genre viennent sur des rameaux morts, dans les Alpes de Suisse et les montagnes élevées de l'Utah. L'auteur attribuait avec doute ce genre aux Cytisporés. [DE S.]

HEYDENKORN. Nom ancien (TRAGUS) du Sarrasin.

HEYDERIA (FRIES, *Syst. mycol.*, I, 492). Sous-genre du genre *Mitrula*. Léveillé en a fait un genre, syn. de *Geoglossum* PERS.

HEYDERIA (C. KOCH, *Dendrol.*, II, 179). Genre proposé pour le *Libocedrus decurrens*.

HEYDIA (DENNST., *Schl. z. Hort. malab.*, 30). Synonyme de *Bridelia* W.

HEYFELDERA (SCH. BIP., in *Flora* [1853], I, 35). Genre proposé pour le *Chrysopsis graminifolia* NUTT.

HEYLANDIA (DC., *Mém. Légum.*, 198, t. 34). Genre de Légumineuses-Papilionacées, qui a des fleurs de *Crotalaria*, avec les 2 lobes supérieurs du calice constamment connés ; un ovaire 2-ovulé, et une gousse ovale, comprimée, 2-valve, avec 1 ou 2 graines arillées et des funicules filiformes. La seule espèce connue est indienne. C'est une herbe couchée, à feuilles simples, à fleurs axillaires et solitaires. (H. BN, *Hist. des plant.*, II, 338.)

HEYLYGIA (G. DON, *Gen. Syst.*, IV, 69). Pour *Helygia* BL.

HEYMASSOLI (AUBL., *Guian.*, I, 524, t. 125). Synonyme de *Ximenia* PLUM.

HEYMIA (DENNST., *Schl. z. Hort. malab.*, 35). Synonyme de *Dentella* FORST.

HEYNE (Fr.-Adolf). Auteur, en 1804, d'un *Pflanzen-Kalender*, réédité en 1806 à Leipzig, avec addit. de F. Schwægrichen.

HEYNEA (ROXB., in *Bot. Mag.*, t. 1738; *Pl. corom.*, III, 260). Genre de Méliacées-Trichiliées, à fleurs 4-5-mères, 8-10-andres ; le calice imbriqué; les pétales valvaires ou subvalvaires (dans la section *Surwala*), plus souvent imbriqués. L'ovaire, plus ou moins plongé dans le disque, a 2, 3 loges, à 2 ovules descendants. Le fruit est charnu, indéhiscent ou capsulaire. Ce sont 8, 9 arbustes ou arbres, voisins des *Trichilia*, à feuilles pennées ou 1-3-foliolées, à grappes ramifiées, parfois corymbiformes. Tous sont de l'Asie tropicale. L'*H. trijuga* ROXB. donne, avec les sels de fer, une excellente teinture noire. (H. BN, *Hist. des pl.*, V, 497, n. 9.)

HEYNÉE. Nom français des *Heynea* ROXB.

HEYNEEÆ (REICHB., *Handb.*, 313). Sous-section des Trichiliées vraies.

HEYNICHIA (K., *Ind. sem. Hort. berol.* [1844], adn. 8, ex WALP., *Rep.*, V, 373). Synonyme de *Cipadessa* BL. (*Mallea*).

HHENNÉ. Pour Henné.

HHÉVÉ. Nom américain des *Siphonia* (d'où *Hevea* AUBL.).

HI. A Ualang, le *Bocoa* (*Inocarpus*) *edulis* H. BN.

HIALOA. Nom hawaiien du *Waltheria americana* L.

HIANG-TCHOU. Nom chinois du *Cedrela sinensis* J.

HIANS. S'ouvrant par une fente béante.

HIA-TSAO-TOM-TCHOM. En Chine, le *Torrubia sinensis* BERK.

HIATULA (MONT., in *Ann. sc. nat.* [1854], I, 107; *Syll.*, 128). Genre d'Agaricinés, à chapeau conique, umboné, couvert de stries très serrées; à stipe creux, atténué vers le haut, à lamelles libres et terminées en pointe; à spores hyalines, réniformes. La seule espèce jusqu'ici connue de ce genre, l'*H. squamulosa* MONT., a été recueillie à terre, près de Cayenne.

HIBANTHUS (DIETR., *Syn.*, I, 575). Pour *Hybanthus* JACQ.

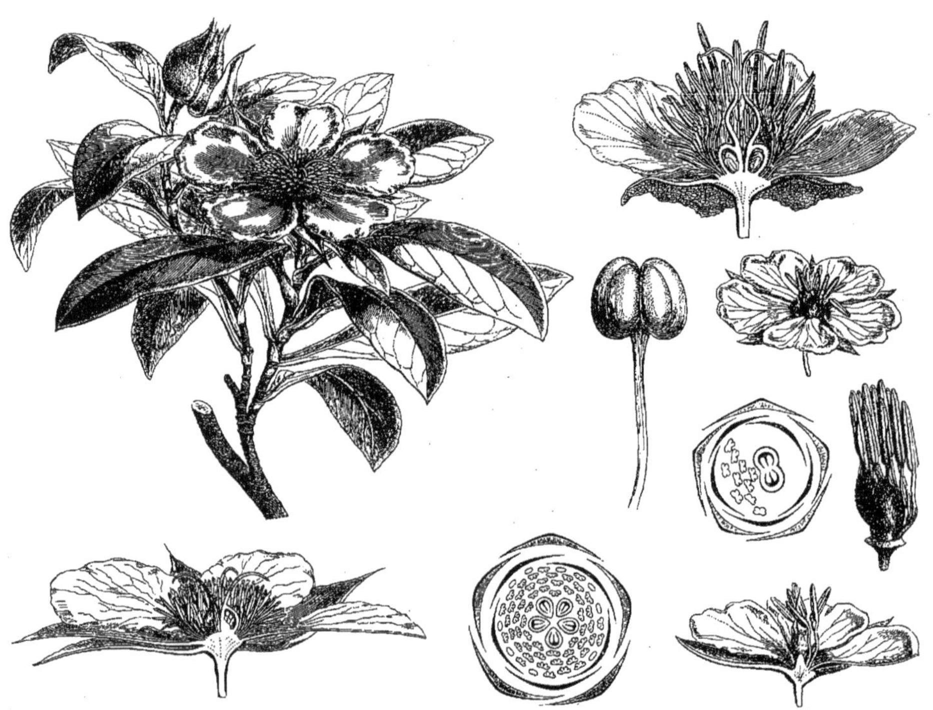

Hibbertia. — Branche florifère. Fleurs, entière et coupes longitudinales. Diagrammes floraux. Androcée et gynécée. Étamine isolée.

HIBBERTIA (ANDR., *Bot. Repos.*, t. 126, 472). Genre de Dilléniacées, série des Hibbertiées, dont il constitue le type. Caractères : Réceptacle convexe. Calice et corolle pentamères. Étamines en nombre indéfini, les extérieures plus courtes et parfois stériles ou nulles ; anthères introrses ou latérales, s'ouvrant par des fentes longitudinales. Ordinairement de six à dix carpelles libres ou un peu unis à la base. Ovaires uniloculaires, contenant un ou plusieurs ovules. Fruits ordinairement folliculaires, secs, déhiscents. Graines arillées. Arbrisseaux, sous-arbrisseaux ou herbes, parfois sarmenteux ou volubiles, à feuilles pétiolées ou sessiles. On en connaît environ 80 espèces, qui habitent l'Australie et les îles de l'Océanie. (Voy. H. Bn, *Hist. des pl.*, I, 94, 120, fig. 128-130). Plusieurs sont cultivées dans nos serres [L.]

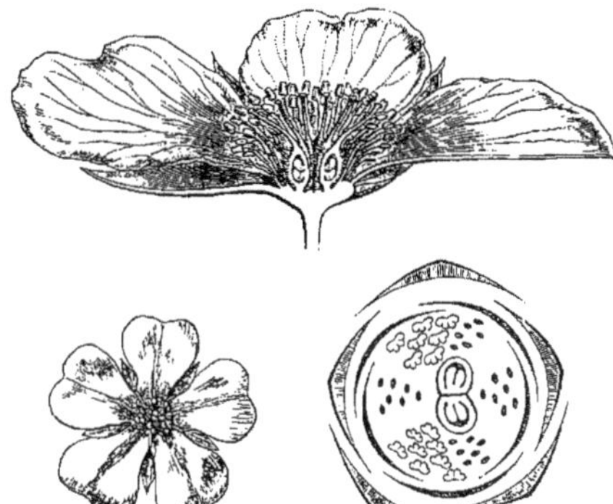

Hibbertia. — Fleur, entière et coupe longitudinale. Diagramme.

HIBBERTIEÆ (REICHB., *Consp.*, 193). Subdiv. des Dilléniées.

HIBBERTIÉES. Série des Dilléniacées, ayant pour type le genre *Hibbertia* et offrant les caractères communs suivants : Carpelles indépendants; étamines en nombre indéfini. Cette série comprend les 7 genres : *Hibbertia*, *Schumacheria*, *Tetracera*, *Davilla*, *Curatella*, *Empedoclea*, *Acrotrema*. [L.]

HIBBERTINEÆ (SPACH, *Suit. à Buffon*, VII, 413). Section des Dilléniacées-Hibbertiées.

HIBDUK. Un des noms arabes des Menthes.

HIBERNACLE (*hibernaculum*). Nom que Linné donnait aux bourgeons, aux bulbes, et en général aux parties qui protègent les jeunes organes des plantes pendant l'hiver.

HIBERNAL. D'hiver : plantes, feuilles, fleurs hibernales; floraison, fructification hibernales.

HIBISCACEÆ (PRESL, *Rel. Haenk.*, II, p. I, 130). Tribu des Malvacées.

HIBISCÉES (*Hibisceæ*). Série des Malvacées. (H. Bn, *Hist. des pl.*, IV, 91, 104, 149.)

HIBISCOIDES (L., *Fl. zeyl.* [1747], 203, n. 436). Genre douteux. (HERM., *Thes. zeyl.*, 27.)

HIBISCUS. Nom latin des Ketmies.

HIBISCUS. Un des noms anciens de la Guimauve officinale.

HIBISCUS BATARD. Le *Malvaviscus* (*Achania*) *arboreus* CAV.

HIBUERO. Nom espagnol des *Crescentia* L.

HICCAMA. Dans l'Équateur, le *Polymnia edulis* WEDD., grande espèce vivace, à tubercules féculents et comestibles.

HICKERY. Le *Juglans alba* L.

HICKORIES. Synonyme de *Hickery*.

HICKORY. En Australie, l'*Eucalyptus resinifera* SM.

HICKSBEACHIA (F. MUELL., in *Wing's South sc. Rec.*, febr. 1882). Genre de Protéacées, qui paraît voisin des *Kermadecia*, et à fleurs hermaphrodites, régulières, à 4 étamines, attachées en haut des pétales dilatés; 4 glandes hypogynes et 2 ovules descendants. Le fruit est comprimé, indéhiscent, subligneux. L'*H. pinnatifolia* F. MUELL. (*Euplassa Hicksbeachii* F. MUELL., herb.) est un arbre de l'Australie orientale, à feuilles pennées, à fleurs disposées en grappes spiciformes. [H. Bn.]

HICORIAS (RAFIN., ex ENDL., *Gen.*, 1120). Synonyme de *Carya* NUTT.

HICORITES (ENDL., *Gen.*, Suppl., V, 95). Sect. des *Juglandites*.

HICORIUS (RAFIN., *Pl. ludov.*, 109; in *Journ. Phys.*, LXXXIX, 260). Synonyme de *Carya* NUTT.

HICRIOPTERIS (PRESL, *Epim.*, 386). Genre de Fougères-Gleichéniacées, établi pour quelques *Mertensia*.

HIDALGOA (LL. et LEX., *Nov. veg. descr.*, I, 15). Genre (?) de Composées, mal connu, voisin des *Bidens* et des *Dahlia*, à fleurs 2-morphes; à fruit comprimé, surmonté de 2 cornes infléchies. Ce sont, dit-on, 2 arbustes, du Mexique et de Guayaquil, à tige grimpante, à feuilles opposées, à capitules axillaires et solitaires; le réceptacle paléacé. (H. Bn, *Hist. des pl.*, VIII, 223.)

HIDDIBA. Nom ancien des Chicorées.

HIDEONDO. Nom mexicain du *Guaiacum mexicanum* H. Bn (*Larrea mexicana* MOR.), nommé dans le pays *Balsamo divino*.

HIDROSIA (E. MEY., *Comm.*, 89). Synon. de *Rhynchosia* LOUR.

HIÈBLE. Le *Sambucus Ebulus* L.

HIELMO DE CHILE. Nom espagnol du *Decostea scandens* R. P.

HIERABOTANE. — Voy. HIEROBOTANE.

HIERACEÆ (D. DON, in *Edinb. N. Phil. Journ.* [1829], VI, 306). Tribu (?) des Composées-Chicoracées.

HIERACEUM (HOFFM.), HIERACHIUM (HILL). Pour *Hieracium* T.

HIERACIA (RUL., *Ord. nat. Tab.*). Division des Composées.

HIERACIASTRUM (HEIST.). Synonyme de *Helminthotheca* VAILL.

HIERACIDIUM (DC., *Prodr.*, VII, p. I, 247). Section du genre *Dubyæa* DC.

HIÉRACIÉES (*Hieracieæ* CASS., in *Dict. sc. nat.*, XXV, 63). Division des Composées-Lactucées.

HIERACIOIDES (FROEL., in *DC. Prodr.*, VII, p. I, 167). Section du genre *Crepis* L. (*Catonia* MOENCH).

HIERACIOIDES (VAILL., in *Act. Acad. Par.* [1721], 188). Genre de Chicoracées, dont le type est l'*Hieracium sabaudum* L.

HIERACIUM (T., *Inst.*, 469, t. 267). Genre de Composées-Cichoriées, dont les fleurs sont très analogues à celles des Chicorées. Elles ont leur corolle ligulée 5-dentée et des anthères dont la base est courtement sétacée-acuminée. Les fruits sont oblongs, arrondis, subcomprimés ou à 4-10 côtes, tronqués au sommet. Leur aigrette est formée de soies nombreuses, sur une ou quelques séries, simples et rigidules, persistantes ou caduques, ordinairement très fragiles. Ce sont, au nombre de 400 environ (ce nombre

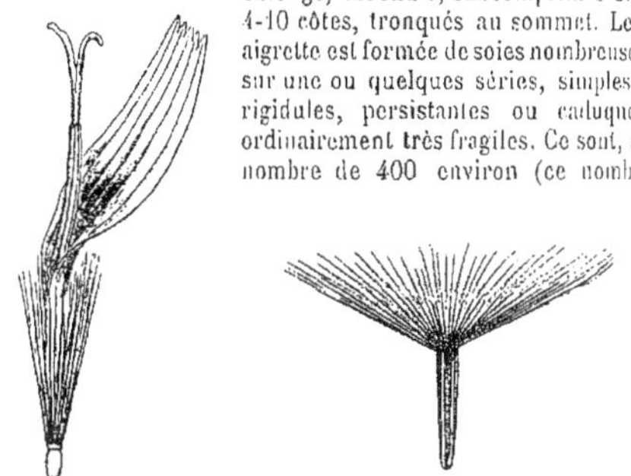

Hieracium. — Demi-fleuron. Fruit aigretté.

devrait être de beaucoup réduit), des herbes vivaces ou dicarpiennes, de l'Europe, de l'Asie tempérée, de la région méditerranéenne, de l'Afrique septentrionale et australe, de l'Amérique du Nord et de l'Amérique du Sud andine et extratropicale. Un duvet simple, glanduleux ou étoilé, recouvre d'ordinaire toutes leurs parties; il est rarement nul. Les feuilles sont alternes, ou plus souvent rapprochées en rosette basilaire, entières, dentées ou pinnatifides. Les capitules sont, au sommet d'une sorte de hampe, solitaires ou disposés en cymes. Leur involucre, souvent subcampanulé, est formé de bractées étroites, imbriquées, plurisériées. Leur réceptacle est plan, nu ou fovéolé, assez souvent fimbrié ou sétifère dans l'intervalle des fleurs. On a beaucoup étudié ces plantes, tant au point de vue taxinomique qu'à celui des tissus (NÆGELI). Nous y introduisons comme sections les *Andryala* et les *Stenotheca* MONN. (*Ess. Hierac.*, 71), les *Chlorolepis* GRISEB. (*Comm. gen. Hierac.*, 76). Quelques espèces sont ornementales, comme l'*H. aurantiacum*; peu sont utiles, comme l'*H. Pilosella* L., qu'on dit astringent, apéritif, vulnéraire; les *H. sabaudum* L., *umbellatum* L., *tectorum* L., qu'on croit pectoraux, vulnéraires, etc. (Voy. *Hist. des pl.*, VIII, 20, 109, fig. 31, 32.) [H. Bn.]

A. Faguet pinx. L. Faguet ch.

HIBISCUS MILITARIS

HIERACIUM MAJUS (MATTH.). Le *Sonchus arvensis* L.

HIERACIUM MINUS (MATTH.). Le *Leontodon autumnalis* L.

HIERANTHEMUM (ENDL., *Gen.*, 646). Section du genre *Heliophytum* CHAM., établie pour les espèces brésiliennes dont le fruit est bifide au sommet. (Voy. DC., *Prodr.*, IX, 555.)

HIERATUIS. Nom ancien de l'Estragon.

HIERBA CUNA. En Espagne, le *Senecio vulgaris* L.

HIERBA MOIRA. Nom espagnol du *Solanum nigrum* L.

HIERBA PIOJERA. En Espagne, la Staphisaigre.

HIERBA VERRUGUERA. Nom espagnol de l'*Heliotropium europæum* L.

HIERELLA (KUETZ., *Spec. Alg.*, XX). Synonyme de *Heliorella*.

HIERICONTIS (CAMER. — ADANS., *Fam. des pl.*, II, 421). Synonyme de *Anastatica* L.

HIEROBOTANE. Nom ancien du *Verbena officinalis* L.

HIEROCHLOA (GMEL., *Fl. sibir.*, I, 100). Genre de Graminées, tribu des Phalaridées, dont les épillets, réunis en grappes ou en panicules contractées, sont composés de trois fleurs : les deux inférieures mâles, triandres et ordinairement aristées ; la supérieure hermaphrodite, diandre et submutique. Chaque épillet a deux glumes carénées, membraneuses, presque égales ; chaque fleur a deux glumelles : l'inférieure carénée ; la supérieure bicarénée (unicarénée dans la fleur hermaphrodite) ; deux glumellules allongées, glabres, surmontées d'un lobule latéral. L'ovaire est surmonté de deux styles, avec deux stigmates plumeux et à poils fasciculés et rameux. Le fruit est un caryopse, obliquement oblong-elliptique, légèrement comprimé sur les côtés, glabre et recouvert par les glumelles. Ce sont des plantes vivaces, à feuilles planes. On en connaît 13 espèces, répandues entre 40° et 75° de latitude boréale et 35° et 54° de latitude australe. Elles possèdent une odeur aromatique. L'*H. odorata* WAHLB. a les propriétés de la Flouve. (Voy. STEUD., *Synops. pl. gram.*, 13. — B. H., *Gen.*, III, 113.) [T.]

HIEROCHONTIS (MEDIC., *Pflanzeng.* [1792], 51). Synonyme de *Euclidium* R. BR.

HIEROCIMUM (BENTH., *Labiat.*, LII). Section du g. *Ocimum*.

HIEROCLOE (MATH.). Pour *Hierochloa* GMEL.

HIEROCYMUM (BENTH., *Labiat.*, 11). Pour *Hierocimum* BTH.

HIEROMYRTON. Nom grec ancien du Petit-Houx.

HIERONIA (VELL., *Fl. flum.*, V, t. 116). Syn. de *Davilla* VELL.

HIERONYMA (ALLEM., in *Trab. Soc. Vellos.* [1848] c. ic.; in *Bot. Zeit.* [1854], 456). Synonyme du genre *Antidesma* BURM., dans lequel il forme une section, caractérisée par ses glandes assez grandes, son ovaire à deux loges et son gynécée plus rudimentaire dans la fleur mâle. (H. BN, *Hist. des pl.*, V, 243.) [T.]

HIERONYMEÆ (M. ARG., in *Linnæa*, XXXIV, 64 ; in *DC. Prodr.*, XV, p. II, 268). Sous-tribu des Euphorbiacées-Phyllanthées.

HIEROPTERIS (GRISEB.). Pour *Heriopteris* PRESL.

HIEROSCYMUM (G. DON). Pour *Hierocimum* BENTH.

HIERRE. Nom ancien du Lierre.

HIERSTONGUE. Nom anglais du *Scolopendrium officinarum* L.

HIERVA HEDIUNDA. Le *Cestrum Hediunda* LAMK.

HIESINGERA (ENDL., *Gen.*, n. 5080 [1]). Pour *Hisingera* HELL.

HIGGENSIA (STEUD.). Pour *Higginsia* PERS. (*Hoffmannia* SW.).

HIGGINSIA (BL., *Bijdr.*, 988). Synonyme de *Petunga* DC.

HIGGINSIA (PERS., *Synops.*, I, 133). Syn. de *Hoffmannia* SW.

HIGH BLACKBERRY. Aux États-Unis, le *Rubus villosus* AIT.

HIGHTEA (BOWERB., *Foss. Fruits* [1840], I, 32). Genre de Malvacées (?) fossiles. (UNG., *Syn.*, 233 ; *Chlor. protog.*, 83.)

HIGO-OMINAMESHI. Nom japonais du *Senecio nemorensis* L.

HIGOS DEL CABO. En Espagne, le *Mesembrianthemum edule* L.

HIGOS DE PELA. En Espagne, l'*Opuntia vulgaris* MILL.

HIGOTBIYAKUZEN. Au Japon, le *Vincetoxicum Brandtii* F. et S.

HIG-TAPER. En Angleterre, le Bouillon-blanc.

HIGUERA. En Espagne, les Figuiers.

HIGUERA DEL MONTE. Nom argentin du *Carica lanceolata* B. H.

HIGUERELA. En Espagne, le *Psoralea bituminosa* L.

HIGUERON. Nom, dans la république Argentine (GRISEB.), du *Lonchocarpus nitidus* BENTH.

HIGUIERO (*Figuier*). Nom espagnol du Calebassier.

HIGUILLO DE LA INDIA. En Espagne, la Noix vomique.

HIKARIMAKI. Synonyme de *Nejibana*.

HIKIBURI. Nom guyanais du *Drepanocarpus lunatus* G.-F. MEY., dont le bois sert à faire des flotteurs pour la pêche.

HIKINO-KASA. Nom japonais du *Ranunculus Zuccarinii* MIQ.

HIKIOKOSHI. Au Japon, le *Plectranthus Maximowiczii* MIQ.

HIKI-YOMOGI. Au Japon, le *Siphonostegia chinensis* BENTH.

HILACIUM (REICHB.). Pour *Hylacium* PAL.-BEAUV.

HILAIRE DE LATOURETTE. Auteur, en 1849, d'une *Flore de l'ancien Velay, aujourd'hui partie... de la Haute-Loire* (in-8).

HILAIRIA (DC., *mss.*, nec H. B. K.). Synonyme de *Isotypus* K.

HILARIA (H. B. K., *Nov. gen. et spec.*, I, t. 37 ; *Gram.*, 18. — K., *Agrost.*, 30 ; *Suppl.*, t. 7, fig. 3). Genre de Graminées-Zoysiées. Les épillets sont monoïques et réunis par trois à la base. Les deux antérieurs, 1-3-flores, sont mâles, et le postérieur femelle et uniflore. Les premiers comprennent deux glumes carénées, inéquilatérales et inégales : l'inférieure plus courte, bifide et aristée au sommet ; la supérieure mucronée ; deux glumelles à sommet arrondi et émarginé : l'inférieure plus courte, carénée ; la supérieure bicarénée ; des glumellules nulles ; trois étamines. Les épillets femelles comprennent deux glumes, opposées, égales, naviculaires, inéquilatérales, bilobées et aristées au sommet ; deux glumelles comprimées, à sommet anguleux, arrondi et émarginé : l'inférieure trinerve ; la supérieure plus étroite, binerve et bicarénée ; des glumellules nulles ; des étamines rudimentaires ; un ovaire surmonté de deux styles à portion stigmatique pubescente. Le fruit est un caryopse comprimé, libre au milieu des glumelles. La première espèce connue (*H. cenchroides* H. B. K.), du Mexique, est vivace, à chaume rampant, ramifié ; à ligule courte, laciniée ; à feuilles planes, et à épillets formant par leur réunion un épi terminal dit thyrsiforme. Il y en a 4 ou 5 espèces, toutes américaines. (Voy. STEUD., *Synops. pl. gram.*, 12. — B. H., *Gen.*, III, 1121.) [T.]

HILARIANA (SPACH, *Suit. à Buffon*, VII, 449). Sect. du genre *Talauma* J. (*T. Plumieri* SW.). Ce sont donc des *Magnolia*.

HILBERTIA (THOUIN, ex RCHB., *Consp.*, 212, c). Genre douteux.

HILBUYA. Nom arabe des Cardamomes.

HILDBRANDTIA (NARD.), HILDEBRANDTIA (FRIES), HILDENBRANDIA (ZANARD.). Pour *Hildenbrandtia* NARD.

HILDEBRANDT. Voyageur-naturaliste, mort, il y a deux ans, au moment où il avait commencé l'exploration de Madagascar, après avoir parcouru une partie de l'Afrique orientale. Ses plantes se trouvent dans tous les grands herbiers d'Europe, distribuées par les soins de M. Rensche. Elles ont été en partie publiées par M. O. Hoffmann, et le seront toutes, croit-on, par M. Vatke.

HILDEBRANDTIA (VATKE, in *Monatsb. Akad. Wiss. Berl.* [déc. 1876], 864). Genre de Convolvulacées-Convolvulées, à fleurs tétramères ; sépales imbriqués, inégaux : les extérieurs plus grands, développés après l'anthèse en ailes orbiculaires, décurrentes à la base, appliqués sur le pédoncule et entourant le fruit. Le tube de la corolle est infundibuliforme et son limbe quadripartite. Quatre étamines, de longueur inégale, insérées sur le tube. Ovaire biloculaire, à loges biovulées, opposées aux sépales extérieurs ; deux styles distincts. Capsule à 2 loges souvent monospermes. Herbe de l'Afrique tropicale orientale, à port de *Cressa* ou de *Seddera*, remarquable par ses fleurs tétramères et son calice. [A. FR.]

HILDEGAARDIA (SCHOTT, *Melet.*, 33). Syn. de *Sterculia* L. (H. BN, *Hist. pl.*, IV, 60.)

HILDEGARDIEÆ (REICHB., *Handb.*, 291). Sous-section des Sterculiées.

HILDEGARDIS DE PINGUIA. Abbesse des Bénédictines de Saint-Rupertusberg, près de Bingen, célèbre par son *Physica* [1533], qui traite de toute l'histoire naturelle. Une 2e édition fut publiée en 1544. Daremberg a donné, en 1855, ses *Opera omnia*.

Hildenbrandtia.

HILDENBRANDTIA (NARDO, in *Isis* [1845]). Genre d'Algues, de la famille des Hildenbrandtiées, d'après Rabenhorst ; de celle des Squamariées, d'après J.-G. Agardh. Nous sommes de cet avis. L. Rabenhorst a divisé ce genre en trois sections, caractérisées par la forme des tétrasporanges, qui sont piriformes, divisés irrégulièrement et pourvus de paraphyses; ou elliptiques, à divisions régulières ou transversales, dépourvus de paraphyses. Quant aux Algues qui constituent la seconde division, nous croyons devoir les ranger dans le genre *Hæmatophlœa*. Ce genre a de nombreuses affinités avec la famille des Batrachospermées et celle des Lemanéées. [Ch. M.]

HILDENBRANDTIÆ (Rabenh., *Fl. eur. Alg.*, III, 417). Famille d'Algues, fort intéressante, de l'ordre des Rhodophycées : les unes propres aux eaux fluviales, les autres marines. Elles sont de couleurs variées, tantôt rouge-sang, purpurines, roses, tantôt brunes. Elles se développent horizontalement; et le thalle, qui se recouvre d'une croûte calcaire, est formé de plusieurs couches de cellules unies à l'origine et verruqueuses par la suite. Les cellules, très petites, sont arrondies, ou rotundo-angulaires, et disposées en séries régulièrement verticales. Le cytioderme est épais, incolore, et le cytioplasma est coloré de rhodophylle homogène et finement granuleuse. Les conceptacles communiquent avec l'intérieur par un orifice simple situé au sommet. Les tétraspores, nombreuses, situées à l'intérieur du conceptacle ou cryptes, sont piriformes, oblongues-elliptiques et entourées de paraphyses simples. Des oogones et, plus tard, des chapelets de spores, tapissent des conceptacles analogues à ceux qui renferment les tétraspores. (Voy. Cart., in *Seem. Journ. Bot.*, 225, t. 20.) [Ch. M.]

HILDENBRANDTIEÆ (Trevis., *Algh. cocc.*, 108). Algues-Actinothalamées (genre *Hildenbrandtia* Nard.).

HILDT (Joh.-Ad.). Auteur, en 1798-1799, de *Beschreibung in-und ausländischer Holzarten* (in-8 de 251 pages).

HILE (*hilus, hilum*). Le point d'attache de l'ovule et de la graine. Le même nom a été improprement appliqué à la tache que présentent les grains d'amidon, et par laquelle ils auraient été primitivement attachés, d'après certaines théories erronées.

HILIFER. Dont la surface porte un hile, un ombilic.

HILL (John). Exerça la médecine et la pharmacie à Londres [1716-1775] et publia de très nombreux ouvrages : *A general Natural History* [1751]; *the Useful family Herbal* [1755]; *the British Herbal* [1756], in-fol. de 533 pages, 75 pl. col.; *Outlines of a System of vegetable generation* [1758]; *the Origin and Production of proliferous flowers*, etc. [1759]; *Flora britannica* [1760]; *Hortus kewensis* [1768], in-8 de 458 p. et 20 pl.; *the Vegetable System* [1761-1775], 26 vol. in-fol.; *Herbarium britannicum* [1769], in-8 de 296 p. et 195 pl.; *Exotic Botany illustrated* [1772]; *Virtues of British Herbs* [1772], 31 pl.; *A Decade of curious and elegant Trees and Plants* [1773], in-fol. max. de 20 p. et 40 pl.; *Twenty-five new Plants* [1773], 25 pl. Il avait aussi écrit une lettre à Linné sur le sommeil des plantes et la cause des mouvements de la Sensitive [1757], opuscule qui fut traduit en allemand, en français et en italien; un *Account* sur une pierre qui, mouillée, produit des Champignons [1758], et beaucoup de notices devenues rares aujourd'hui.

HILLA. Nom finlandais du *Rubus Chamæmorus* L.

HILLEBRANDIA (Oliv., in *Trans. Linn. Soc.*, XXV, 361, t. 46). Genre de Bégoniacées, distingué : par son calice à cinq divisions à peu près égales; par sa corolle à cinq petits pétales cucullés; par son ovaire libre et béant au sommet, et par sa capsule à lignes de déhiscence situées dans l'intervalle des divisions calicinales. La seule espèce connue, originaire des îles Sandwich, est une herbe charnue, ramifiée et légèrement pubescente. Ses feuilles sont pétiolées, à limbe obliquement cordiforme, arrondi, et irrégulièrement divisées en 5-9 lobes finement serrés. Ses fleurs monoïques sont portées sur des pédoncules bisexués. (B. H., *Gen.*, I, 843. — H. Bn, *Hist. des pl.*, VIII, 498.) [T.]

HILLER (Matth.). Professeur de Tübingen [1646-1725], a écrit *De plantis in script. sacra memor.*, et un *Hierophyticon* [1725].

HILLERIA (Vell., *Fl. flum.*, 47; *Atl.*, I, t. 122). Synonyme de *Mohlana* Mart.

HILLIA (Jacq., *St. amer.*, 96, t. 66). Genre de Rubiacées-Cinchonées, dont les fleurs, à peu près régulières, rappellent celles des *Posoqueria*, et ont un calice entier ou 3-5-lobé, se détachant souvent circulairement par sa base; une corolle à long tube, à limbe 3-7-lobé, imbriqué ou tordu; des étamines à anthères subsessiles, basifixes et incluses; un ovaire infère, à deux loges, surmonté d'un épais disque et d'un style à sommet claviforme, 2-fide, obtus et inclus. Les ovules sont nombreux, insérés sur des placentas axiles. Le fruit est capsulaire, folliculiforme, septicide, à valves finalement tordues; et les graines sont nombreuses, ascendantes, imbriquées, prolongées inférieurement en une queue aiguë, et supérieurement en un long pinceau de poils. L'embryon est droit et albuminé. Ce sont des arbustes de l'Amérique tropicale, surtout des Antilles, parfois épiphytes, à tiges radicantes, glabres; à feuilles opposées, un peu charnues, pétiolées, stipulées; à grandes fleurs blanches, odorantes, terminales, solitaires, parfois sessiles. On en distingue 5 espèces, dont quelques-unes sont parfois cultivées dans nos serres. (Voy. *Hist. des plant.*, VII, 346, 489, n. 181.) [H. Bn.]

HILLIE. Nom français (Lamk) des *Hillia* Jacq.

HILLIEÆ. Sous-tribu des Cinchonées. (B. H., *Gen.*, II, 11.)

HILO DE ORO. A Caracas, le *Cuscuta graveolens* K.

HILOSPERMÆ (Vent., *Tabl.*, II, 433). Ordre (XVIII) de la classe VIII de l'auteur, comprenant des Myrsinées, Sapotées, etc.

HILSCHER (Sim.-Paul). Professeur de médecine d'Iéna [1682-1748], auteur de *De natura et origine roris mellei vulgo dicti et rubiginis vegetabilium* [1736], et de *Prolusio de gramine dactylo latiore ejusque semine* [1747], in-4 de 8 pages.

HILSENBERG (Karl.-Theod.). Jeune compagnon de voyage de Bojer, mort à vingt-deux ans, en 1824, à Sainte-Marie de Madagascar. Une notice sur son voyage et ses recherches a été publiée dans les *Botanical Miscellanies* de W.-J. Hooker (III, 246).

HILSENBERGIA (Boj., ex Endl., *Gen.*, 1002). Synonyme de *Astrapæa* Lindl. (*Dombeya*).

HILSENBERGIA (Tausch, in *Meissn. Gen.*, *Comm.*, 198). Synonyme de *Ehretia* L.

HILTEBRANDT (F.). Auteur, en 1805, d'un *Generis Dracocephali Monographia* (Gœttingue, in-8 de 80 pages et 5 pl.).

HILTIT. Nom arabe, d'après Edrisi, de l'Asa fœtida.

HIM. Nom chinois (Lour.) de l'Amande.

HIMAMAO. Aux Philippines, le *Turræa octandra* Blanco.

HIMANTHALIA (Lieb., *Hydr. Dan.*, 36). Genre d'Algues marines, appartenant à la famille des Fucacées. Ce genre est caractérisé par une fronde hétérogène, avec conceptacles distincts, unisexués et distribués sur des thalles différents. La fronde simple, piriforme ou hypocratérimorphe, se développant en une coupe brièvement pédicellée, qui constitue la partie stérile de la fronde; c'est cette fronde que nous appellerons volontiers primitive, qui émet de sa partie centrale un segment fertile, en forme de lanière, plusieurs fois dichotome, comprimé, et qui mesure quelquefois de 1 à 3 mètres. Les scaphidies sont renfermées dans un réceptacle sphérique qui est pourvu d'un ostiole par lequel il communique à l'extérieur. Les anthéridies sont obovales ou claviformes et portées sur des filets ra-meux. Les spores de l'*Himanthalia* acquièrent un volume relativement considérable, si on les compare aux organes de même genre que l'on remarque dans les autres Fucacées. (Voy. J.-G. Agh, *Sp., gen. et ord. Alg.*, I, 185.) [Ch. M.]

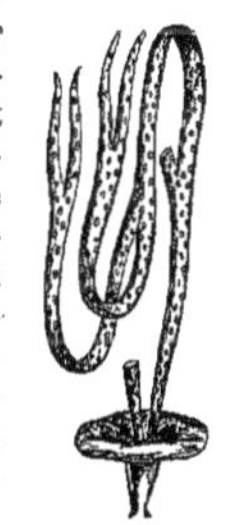
Himanthalia.

HIMANTHOGLOSSUM (Koch). Pour *Himantoglossum* Spreng.

HIMANTHOPHYLLUM (Dietr.). Pour *Himantophyllum* Spreng.

HIMANTIA (Pers., *Synops.*, 703). Genre de Champignons, qui a perdu son autonomie depuis qu'on a reconnu, dans ses diverses espèces, des mycéliums membraneux ou des réceptacles stériles et déformés d'espèces appartenant à des genres déterminés.

HIMANTIDIUM (Ehrenb., in *Ber. Berl. Akad.* [1840], 17). Genre de Diatomacées, de la famille des Eunotiées, d'après Kützing et L. Rabenhorst; de celle des Fragellariées, tribu des

Cryptoraphidées, d'après la classification de M. Van Heurck. Les frustules de ce genre sont généralement réunis en séries ou bandelettes plus ou moins longues : ce qui se voit surtou chez l'*Himantidium pectinale* Ehrb. La face valvaire est arquée, plus ou moins striée transversalement, et pourvue de pseudo-nodules aux extrémités. Il n'y a point de nodule central. La face connective est rectangulaire et striée sur les bords; la connective est généralement épaisse, et les espaces en longues bandes s'isolent difficilement et demandent, pour que la séparation des frustules s'effectue, une ébullition dans l'eau acidulée plus longue que cela ne se fait habituellement. L'endochrome est lamelleux, séparé en deux lames ou zones par un sillon profond. Ce genre n'a pas été admis comme tel par l'auteur du *Synopsis des Diatomacées de Belgique*. Il a reporté, non sans raison peut-être, les espèces qui le constituaient dans le genre *Eunotia* Ehrb. [Ch. M.]

HIMANTOCHÆTE (Nees, *Fl. Afric.* [1841], 323). Section du genre *Danthonia* DC. (*D. lupulina, pumila, tenella*, etc.).

HIMANTOCHILUS (T. Anders., ex B. H., *Gen.*, II, 1117). Genre d'Acanthacées-Justiciées, placé près des *Anisacanthus* et caractérisé par un calice à lobes lancéolés, subvalvaires; une corolle à tube grêle, les lèvres longues, étroites et courtement 2-lobées. Il y a 2 étamines. L'*H. sessiliflorus* T. Anders. est un arbuste de l'Afrique tropicale, à grandes feuilles opposées, à fleurs 2-3-nées, subsessiles dans les aisselles des feuilles et inclinées toutes d'un même côté. [H. Bn.]

HIMANTOGLOSSUM (Spreng., *Syst.*, III, 675). Synonyme de *Loroglossum* Rich.

HIMANTOPHYLLUM (Spreng., *Gen. pl.*, 276). Synonyme de *Imantophyllum* Hook. (*Clivia*).

HIMANTOSTEMMA (A. Gray, *Bot. Contrib.* [1884-85]; *Suppl. Fl. N.-Amer.*, 401, 404). Genre d'Asclépiadacées, rapporté avec doute aux Gonolobées, à corolle profondément 5-partite, réfléchie; la couronne simple, portée au sommet d'une courte colonne, à bord partagé en 10 divisions liguliformes. Anthères inappendiculées. Pollinies descendantes. Follicules échinés. L'*H. Pringlei* est vivace, pubérulent, à feuilles opposées. Il habite la Sonora. [H. Bn.]

HIMAS (Salisb., *Fragm.*, 21). Synonyme de *Orchiops* Salisb.

HIMATANTHUS (W., in *Rœm. et Sch. Syst.*, V, 13). Synonyme de *Plumeria* T.

HIMAWARI. Nom japonais du Grand-Soleil.

HIMBABAO. Nom tagal du *Broussonetia luzonensis* Bur.

HIMBEERE. En Allemagne, les Framboisiers et autres *Rubus*.

HIME-BASHO. Nom japonais du *Musa coccinea* W.

HIME-BISHI. Au Japon, le *Trapa bispinosa* Roxb., var. *incisa*.

HIME-FURO. Nom japonais du Bec-de-grue.

HIME-HAGI. Nom japonais du *Polygala japonica* Houtt.

HIME-HAKUKA. Nom japonais du *Micromeria japonica* Miq.

HIME-HEBI-ICHIGO. Nom japonais du *Potentilla reptans* L.

HIME-IDZUI. Nom japonais du *Polygonatum japonicum* Morr.

HIME-KUDZU. Nom japonais de l'*Atylosia subrhombea* Miq.

HIME-KWANZO. Nom japonais d'un *Hemerocallis*.

HIME-MEGUSA. Nom japonais du *Micromeria japonica* Miq.

HIME-NAMIKI. Nom japonais du *Scutellaria Oldhami* Miq.

HIME-OTOGIRISO. Nom japonais de l'*Hypericum patulum*.

HIME-SHAJIN. Nom japonais de l'*Adenophora stricta* Miq.

HIME-SHION. Nom japonais de l'*Aster fastigiatus* F. et Miq.

HIME-SHYA-GA. Nom japonais de l'*Iris sibirica* L.

HIME-SJAGA. Nom, au Japon, de l'*Iris gracilis* A. Gray.

HIME-TORANO-WO. Nom japonais du *Veronica spicata* L.

HIME-UDZU. Nom japonais de l'*Isopyrum adoxoides* DC.

HIME-YOMOGI. Nom japonais de l'*Artemisia gilvescens* Miq.

HIME-YURI. Nom japonais du *Lilium callosum* Sb. et Zucc.

HIMENANTHUS (Steud., *Nom.*, 768). Pour *Himeranthus* Endl.

HIMERANTHUS (Endl., *Gen.*, 666). Genre de Solanacées-Solanées, très voisin des *Jaborosa*, caractérisé par un calice subfoliacé, accrescent, étalé sous le fruit, qui est une baie; par une corolle à tube large et court, les lobes valvaires-indupliqués; par des étamines à filets courts, dilatés en croix. C'est une herbe vivace, subacaule, de Buenos-Ayres, à feuilles basilaires pétiolées, sinuées ou subpinnatifides; à fleurs blanches, pédonculées, entre les feuilles. (Miers, *Ill.*, I, 25, t. 4.) [H. Bn.]

HINA-GESHI. Nom japonais du Coquelicot.

HINA-GIKYO. Nom japonais du *Walhenbergia marginata* DC.

HINA-NO-USUTSUBO. Au Japon, le *Scrofularia alata* A. Gray.

HINAU. A la Nouvelle-Zélande, l'*Elæocarpus dentatus* Vahl.

HINDA. Dans l'Inde, le *Phœnix sylvestris* Roxb.

HINDANG. Arbre indéterminé des Philippines, à odeur agréable de Santal citrin (Camelli).

HINDBERRY. En Angleterre, le *Rubus idæus* L.

HINDERSONIA (Lév.). Pour *Hendersonia* Berk.

HINDHEAL. Nom anglais du *Chenopodium Botrys* L.

HINDISCHKRAUTSTENGEL. Un des noms allemands du *Solanum Dulcamara* L.

HINDSIA (Benth., in *Lindl. Bot. Reg.* [1844], t. 40. — B. H., *Gen.*, II, 37, n. 25). Section du genre *Bouvardia*, à tube de la corolle allongé, à capsule septicide. (H. Bn, *Hist. pl.*, VII, 401.)

HINDUANAH. Nom persan des Pastèques.

HINDWEED. Nom anglais du *Convolvulus arvensis* L.

HING. Nom, à Bombay, de l'Asa fœtida le plus pur.

HINGEBA (DC., *Prodr.*, V, 636). Pour *Hingtsha* Roxb.

HINGHURUPYALI. A Ceylan, le *Kæmpfera Galanga* L.

HINGRA. Nom, à Bombay, de l'Asa fœtida impur et terreux.

HINGSTONIA (Rafin., in *Desvx Journ. bot.*, II [1809], 71). Synonyme (part.) de *Verbesina* Less.

HINGTSHA (Roxb., *Fl. ind.*, III, 448). Syn. de *Enhydra* Lour.

HINHURU PECALLICULLA. Nom singhalais du *Zinziber Zerumbet* Rosc.

HIN-INDI (Herm., *Mus. zeyl.*, 66, 69). Le *Phœnix pusilla*.

HINNANO. A Taïti, les fleurs des Vaquois.

HINO. A la Nouvelle-Zélande, l'*Elæocarpus Hookerianus*.

HINOJO. Nom espagnol du Fenouil.

HINPUS. A Ceylan, l'*Entada scandens* Benth.

HINSIA (Wittst., *Et. Handw.*, 443). Pour *Hindsia* Benth.

HINTALA. Nom sanscrit du *Phœnix paludosa* Roxb.

HINTCHY. A Madagascar, les *Hymenæa* L.

HINTEAH. Nom africain du *Xylopia æthiopica* Rich.

HINTERHUBER (Georg). Professeur de Salzbourg, mourut en 1850. — Son fils Jul. Hinterhuber lui succéda dans sa chaire et publia quelques notices (*Cat. sc. pap.*, III, 360). Avec son frère Rudolf, pharmacien, il rédigea un *Prodromus eines Flora des Kronlandes Salzburgund dessen... Ländertheilen* [1851].

HINTERHUBERA (Sch. bip., in *Kotsch. Pl. nub.*; n. 175). Synonyme de *Chrysanthellum* Rich.

HINTERHUBERA (Sch. bip., in *Wedd. Chlor. andin.*, I, 185, t. 39 B). Genre de Composées-Astérées, à bractées de l'involucre pauciseriées, étroites; à corolles des fleurs femelles développées ou irrégulières, ou presque régulièrement 3-5-fides. Fruits subcomprimés, à aigrette formée de nombreuses soies finement barbelées. Ce sont 3 arbrisseaux éricoïdes, des Andes, à capitules solitaires et terminaux. Ces plantes représentent simplement, peut-être (Wedd.), une forme monstrueuse des *Diplostephium*. (H. Bn, *Hist. des pl.*, VIII, 140, n. 122.)

HINUJO. Nom espagnol du Fenouil.

HI-OGI. Nom japonais du *Pardanthus chinensis* Ker.

HIORTHIA (Neck., *Elem.*, I, 97). Synonyme de *Anacyclus* L.

HIPITANGA. Au Brésil, le *Stenocalyx dasyblastus* Berg.

HIPO (Camell., in *Ray Hist.*, *App.*, III, 87). L'Antiar.

HIPOCISTE. Pour Hypociste.

HIPOCREPIS (Desvx). Pour *Hippocrepis* L.

HIPPAGROSTIS (Rumph., *Herb. amboin.*, VI, t. 5, fig. 2). Synonyme de *Orthopogon* R. Br.

HIPPARISON. Synonyme de *Hierobotane*.

HIPPEASTREÆ (K., *Enum.*, V, 478). S.-tribu des Amaryllidées.

HIPPEASTRUM (Herb., *App.*, 31). Genre d'Amaryllidacées-Amaryllées, caractérisé par : Périanthe infundibuliforme, à tube tantôt très court, tantôt allongé, dilaté en dessus en gorge, à lobes peu inégaux, étroits à la base et se séparant presque à la base du tube, dressés-étalés en dessus; à gorge portant souvent des squamules. Étamines insérées à des niveaux différents sur la gorge, infléchies ou montantes, souvent plus courtes que le périanthe, à filets libres, allongés, à anthères oblongues, dorsifixes, versatiles. Ovaire 3-loculaire; style filiforme, allongé, à stigmates tantôt linéaires, tantôt très courts et obtus. Ovules ∞, 2-sériés. Capsule ovoïde, 3-sulquée ou 3-dyme, loculicide. Graines plates, comprimées, à téguments noirs. Bulbe tuniqué; feuilles peu larges ou linéaires; tige fistuleuse; fleurs en ombelle, très rarement réduites à une seule, pédicellées, le plus souvent grandes. Bractées de l'involucre toujours au nombre de 2, distinctes; les intérieures linéaires, souvent en nombre indéfini. On en connaît une cinquantaine d'espèces au moins, de l'Amérique tropicale. (B. H., *Gen.*, III, 724.) [B. M.]

HIPPIA. Nom ancien du Mouron des oiseaux.

HIPPIA (H. B. K., *Nov. gen. et spec.*, IV, 301). Synonyme de *Leptinella* CASS.

HIPPIA (L., *Mantiss.*, 158). Section du genre *Chrysanthemum* T. (H. BN, *Hist. des pl.*, VIII, 277, not.)

HIPPICE (PLIN.). Plante indéterminée, qui étanchait, rapporte-t-on, la soif des chevaux.

HIPPIEÆ (GRISEB., *Gen. et spec. Gentian.*, 69, 129). Tribu des Gentianacées.

HIPPIEÆ (LESS., *Syn. Comp.*, 267). Division des Artémisiées.

HIPPIOÏDES (DC., *Prodr.*, VI, 134). Sect. du g. *Tanacetum*.

HIPPION (SCHM., in *Rœm. Arch.*, I, p. I, 9). Section du genre *Gentiana* T. Synonyme de *Ericoila* RENEALM.

HIPPION (SPRENG., *Syst.*, I, 505). Synon. de *Enicostema* BL.

HIPPIOPSIS (REICHB., *Nom.*, 89). Synonyme de *Hippioides* DC.

HIPPO. Pour *Ipo*.

HIPPOBROMA (G. DON, *Gen. Syst.*, III, 917). Synonyme de *Isotoma* LINDL. (H. BN, *Hist. des pl.*, VIII, 365.)

HIPPOBROMA (LINDL., *Veg. Kingd.*, 385). Pour *Hippobromus* ECKL.

HIPPOBROMUS (ECKL. et ZEYH., *Enum.*, 151). Genre de Sapindacées-Sapindées, ayant à peu près les fleurs des *Hypelate*, polygames-dioïques, régulières, 5-mères, à petits pétales épais ou nuls; 5-8 étamines, intérieures au disque régulier; un ovaire (stérile ou nul dans la fleur mâle) 2-3-loculaire, avec 2 ovules descendants dans chaque loge; le micropyle extérieur et supérieur. Le fruit, coriace, indéhiscent, à 1-3 loges, et des graines non arillées, à embryon courbe ou condupliqué, sans albumen. Les 2 espèces connues, de l'Afrique australe et orientale-insulaire, sont des arbuscules à feuilles alternes, impari- ou paripennées, à fleurs disposées en grappes simples et composées et cymigères. (H. BN, *Hist. des pl.*, V, 408, n. 34.)

HIPPOCASTANE. Le Marronnier d'Inde.

HIPPOCASTANEACEÆ (TORR. et GR.), HIPPOCASTANEÆ (DC., *Théor. élém.*, 244). Famille de Thalamiflores; série de la famille des Sapindacées. Synonyme de Æsculées.

HIPPOCASTANUM (GÆRTN., *Fruct.*, II, 135, t. 3). Synonyme de *Æsculus* L.

HIPPOCASTANUM (T., *Inst.*, 611, t. 382). Synonyme de *Æsculus* L. (MŒNCH, *Meth.*, 65.)

HIPPOCENTAUREA (GRISEB., *Spec. et gen. Gentian.*, 157). Synonyme de *Cicendia* ADANS.

HIPPOCENTAUREA (J.-A. SCHULT., *Œstr. Fl.*, I, 388). Synonyme de *Erythræa* REN.

HIPPOCHIRON (ENDL., *Gen.*, 601). Section du genre *Chironia*.

HIPPOCRATEA (L., *Gen.*, n. 54). Genre de Célastracées, qui a donné son nom à la série des Hippocratéées, dont il peut être considéré comme le type. Ses fleurs, très analogues à celles des *Evonymus*, sont régulières et hermaphrodites. Leur réceptacle plus ou moins surbaissé donne insertion sur ses bords à un calice court de cinq petits sépales, et à autant de pétales, plus longs, imbriqués ou valvaires. L'androcée se compose ordinairement de trois étamines (rarement de cinq, dont 2-3 stériles), à filets libres ou dilatés à la base, insérés en dehors du disque réfléchi, ou recourbés au sommet, et à anthères 2-4-loculaires, extrorses, déhiscentes par des fentes longitudinales, quelquefois confluentes au sommet. Le disque, qui tapisse l'intérieur du réceptacle, est large, étalé, conique ou cupuliforme. L'ovaire, libre ou confluent avec le disque, surmonté d'un style court, subulé, entier, trilobé ou trifide à son extrémité stigmatifère, renferme trois loges dans l'angle interne desquelles s'attachent deux ou un plus grand nombre d'ovules. Le fruit est formé de trois carpelles secs, connés à la base, puis libres, comprimés ou largement ailés, coriaces, indéhiscents ou déhiscents par deux fentes ventrales ou dorsales. Les graines, comprimées, ascendantes, prolongées inférieurement en une aile membraneuse et imbriquées, contiennent,

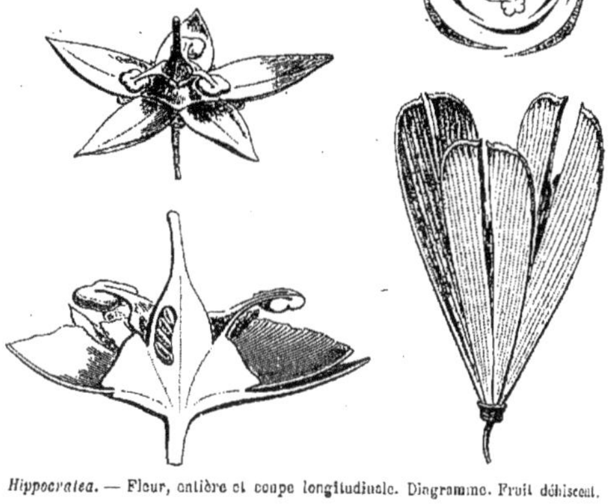

Hippocratea. — Fleur, anthère et coupe longitudinale. Diagramme. Fruit déhiscent.

sous leurs téguments coriaces ou crustacés, quelquefois rugueux, un embryon dépourvu d'albumen et à cotylédons charnus, conferruminés. Ce sont des arbustes ou des arbrisseaux grimpants, à feuilles opposées, entières ou serrées, dont le pétiole articulé est accompagné de deux petites stipules caduques. Leurs fleurs sont disposées en cymes axillaires ou terminales, simples ou plus ou moins ramifiées. On en connaît plus de 50 espèces, originaires des régions chaudes des deux mondes, parmi lesquelles nous mentionnerons spécialement l'*H. comosa* SW., des Antilles, où il est nommé *Amandier des bois*, à cause de ses graines comestibles. Il en est de même de l'*H. Grahami*, de l'Inde. L'*H. obcordata* LAMK, de Colombie, s'emploie comme expectorant; et l'*H. velutina* AFZ., de Sierra-Leone, passe pour guérir la fièvre et la migraine. En Amérique, les *Hippocratea* sont plus généralement connus sous les noms de *Béjugue* ou *Bejugo*. (Voy. H. BN, *Hist. des pl.*, VI, 11, 27, 45, fig. 13-16.) [T.]

HIPPOCRATÉACÉES (*Hippocrateaceæ* H. B. K., *Nov. gen. et spec.*, V, 136), — HIPPOCRATÉÉES (*Hippocrateæ*). Série de la famille des Célastracées. Étamines généralement 3. Ovules 2-∞. Fruit sec ou charnu. (H. BN, *Hist. des pl.*, VI, 11, 45.)

HIPPOCRATICEÆ (J., in *Ann. Mus.*, XVIII, 486). Synonyme de *Hippocrateaceæ* K.

HIPPOCREPANDRA (M. ARG., in *Linnæa*, XXXIV, 61; in *DC. Prodr.*, XV, p. II, 207). Synonyme de *Monotaxis* AD. BR. (H. BN, in *Adansonia*, VI, 292; *Hist. des pl.*, V, 183.)

HIPPOCRÈPE. Nom français (LAMK) des *Hippocrepis* L.

HIPPOCRÉPIDE ou FER-A-CHEVAL (*Ferrum equinum* T.). Noms vulgaires des *Hippocrepis* L.

HIPPOCREPIDIUM (SACC., *Myc. venet.*, n. 274, 275). Synonyme de *Hirudinaria*.

HIPPOCRÉPIFORME (*hippocrepiformis*). En fer à cheval.

HIPPOCREPIS (L., *Gen.*, n. 885). Genre de Légumineuses-Papilionacées, série des Hédysarées, sous-série des Coronillées, se distinguant par : Calice à cinq dents égales, ou les deux supérieures en partie soudées. Pétales à onglets allongés; carène incurvée, terminée en bec; filets staminaux dilatés au sommet. Ovaire sessile, pluriovulé; style infléchi, comprimé. Gousse articulée, à articles monospermes, échancrés en forme de fer à cheval. Herbes ou sous-arbrisseaux, à feuilles imparipennées, des régions tempérées. (Voy. H. BN, *Hist. des pl.*, II, 310.) [L.]

HIPPODAMIA (DCNE, in *Rev. hort.* [1848], 464). Synonyme de *Solenophora* BENTH.

HIPPODIUM (ROHL., *Fl. germ.*, III, 120). Synonyme de *Buxbaumia* HALL. Gaudichaud avait d'abord donné ce nom aux *Didymochlæna* DESVX.

HIPPOGLOSSUM. Nom ancien du *Globularia Alypum* L.

HIPPOGLOSSUM (BRED., *Orchid. Kuhl et v. Hass.*). Synonyme de *Cirrhopetalum* LINDL.

HIPPOGLOSSUM (HARTM. [1820], ex LILJA, in *Linnæa*, XVII [1843], 111). Synonyme de *Mertensia* ROTH.

HIPPOGROSTIS. Graminée (?) fourragère de l'Inde (RUMPH.).

HIPPOLAPATHUM (MATTH.). Le *Rumex Hydrolapathum* L.

HIPPOLAPATHUM SYLVESTRE (MATTH.). Le *Rumex Patientia* L.

HIPPOMANE (L.). Nom latin des Mancenilliers.

HIPPOMANÉES (*Hippomaneæ* REICHB., *Consp.*, 194). Synonyme de *Stillingieæ* A. JUSS. (ENDL., *Gen.*, Suppl., II, 87.)

HIPPOMANICA (MOLIN., *Sagg.*, 126). Genre incertain. (ENDL., *Gen.*, 1332.)

HIPPOMARATHROIDES (H. BN, *Hist. des pl.*, VII, 218). Section du genre *Seseli* L., qui est l'*Hippomarathrum* RIV. (nec LINK).

HIPPOMARATHRUM (LINK, *Enum. Hort. berol.*, I, 271, nec RIV.). Synonyme de *Cachrys* T. et section de ce genre. (H. BN, *Hist. des pl.*, VII, 216.)

HIPPOMELIS. Le *Cratægus torminalis* L.

HIPPOMURATHRUM (J., in *Dict.*, XXI, 184). Pour *Hippomarathrum* RIV.

HIPPOPERDEI (LÉV., in *Dict. d'Orb.*, VIII, 488). Section des Champignons-Coniogastres (genre *Hippoperdon* MTGNE).

HIPPOPERDON (MTGNE, *Syllog.*, 288). Genre de Gastéromycètes, à péridium papyracé, persistant; voisin des *Bovista*, mais à capillitium continu, remplissant la cavité du péridium dans laquelle il circonscrit des chambres polyédriques. Les spores sont tantôt lisses et tantôt échinées. Les espèces décrites sont épigées; elles habitent Madagascar et Cuba. [DE S.]

HIPPOPHAE (L., *Gen.*, n. 1106). Genre d'Elæagnacées, série des Elæagnées, se distinguant par : Fleurs dioïques, à périanthe 2-mère; étamines 4 (nulles dans la femelle), plus rarement 3. Réceptacle de la fleur femelle concave, tubuleux. Ovaire libre, inclus dans le réceptacle; style exsert. Ovule unique, anatrope, ascendant. Fruit sec, induvié du réceptacle devenu succulent.

Hippophae. — Rameau florifère. Fleur mâle, coupe longitudinale. Fleur femelle, entière et coupe longitudinale.

Arbrisseaux souvent épineux, à feuilles alternes; à fleurs précoces, sessiles, solitaires, placées dans l'aisselle des appendices inférieurs des jeunes rameaux. On a signalé accidentellement dans les *Hippophae* plusieurs carpelles. Œder en a vu deux; Agardh, de deux à quatre. On en connaît deux espèces, qui habitent l'Europe et l'Asie moyenne. Connus vulgairement sous le nom d'Argousiers, ils sont diversement utilisés. L'*H. rhamnoides* L., planté sur les dunes du littoral, sert à retenir les sables et à protéger les herbes plus humbles que lui. L'écorce, les bourgeons, les feuilles, renferment des matières astringentes qui les ont fait employer comme toniques et antirhumatismaux. La portion charnue de l'induvie du fruit de notre Argousier contient de l'acide malique et une substance toxique; ces fruits sont cependant recherchés comme aliment par les oiseaux : la cuisson leur enlève le principe vénéneux et les rend propres à la nourriture

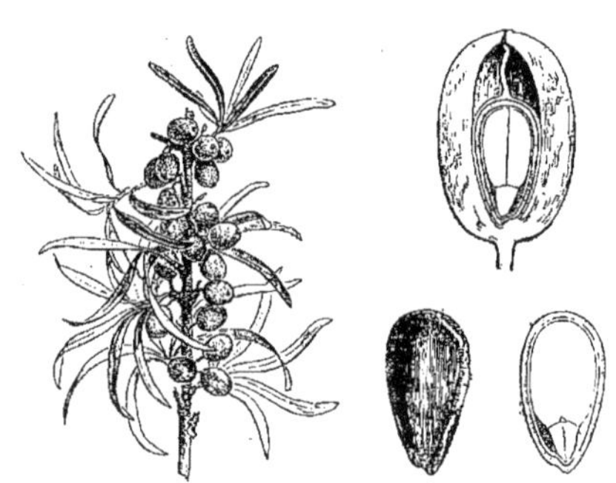

Hippophae. — Rameau fructifère. Fruit induvié, coupe longitudinale. Graine, entière et coupe longitudinale.

de l'homme lui-même. En Finlande on s'en sert pour assaisonner le poisson, etc. L'*H. rhamnoides* renferme, dans ses fruits et sa tige, une matière colorante qui est jaune dans les premiers, brune dans la seconde. Cette espèce est cultivée en Europe comme plante d'ornement, surtout dans les parcs. (Voy. H. BN, *Hist. des plant.*, II, 490, 495, 497, fig. 289-296.) [L.]

HIPPOPHAESTUM (COL., ex S.-F. GRAY, *Arr. brit. pl.*, II, 443). Synonyme (part.) de *Centaurea* T. On croit que Dioscoride nomme ainsi le *C. Calcitrapa* L.; d'autres ont dit un *Salsola*.

HIPPOPHYON (PLINE). Le *Rubia (Galium) vera* H. BN.

HIPPOPODIUM (FABRIC., *Prim. Fl. Butisb.*, 31). Synonyme de *Buxbaumia* HALL. Harvey a donné ce nom à une section du genre *Ceratandra* LINDL.

HIPPORCHIS. Nom donné par Dupetit-Thouars à son *Diplectrum amœnum*. (*Hist. Orch. isl. Afr. austr.*, t. 21.)

HIPPOSELINUM. Nom ancien de la Livèche (DIOSC.); on a dit aussi que c'était le Maceron (*Smyrnium Olusatrum* L.).

HIPPOSERIS (CASS., *Op. phyt.*, II, 97). Sect. du g. *Onoseris*.

HIPPOSETA. Nom ancien des Prêles.

HIPPOTHRIX (RAFIN., in *Ser. Bull. bot.* [1830], I; in *Linnæa*, VIII, *Litt.*, 83). Section du genre *Scirpus* L. (*S. equisetoides*, *quadrangularis*, etc.).

HIPPOTIS (R. et PAV., *Prodr.*, 33; *Fl. per.*, II, 55, t. 201). Genre de Rubiacées-Génipées, dont les fleurs, généralement hermaphrodites, ont une corolle valvaire, 4-6-lobée. Dans ceux que l'on a nommés *Sommera*, les fleurs sont nombreuses et en cymes composées, pédonculées, contractées ou non. Dans les vrais *Hippotis* et les *Tammsia*, dont nous avons fait une section du genre, les cymes sont ordinairement pauciflores ou même 1-3-flores. Le calice est partagé en lobes foliacés, plus ou moins inégaux dans les *Sommera*, tandis qu'il est spathacé et inégalement fendu dans les *Hippotis* vrais, et que dans les *Tammsia* il constitue une grande enveloppe campanulée et veinée, inégalement lobée. L'ovaire infère a deux loges multiovulées, souvent incomplètes; et le fruit charnu renferme de nombreuses graines albuminées, petites et anguleuses. Les 9, 10 espèces de ce genre sont des arbustes des deux Amériques tropicales, à feuilles opposées, stipulées, à fleurs axillaires pédonculées. (Voy. *Hist. des plant.*, VII, 322, 456, n. 121.) [H. BN.]

HIPPURIDÉES (*Hippurideæ* LINK, *Enum.*, I, 5). Série des Onagrariacées, formée du seul genre *Hippuris* L. (H. BN, *Hist. des pl.*, VI, 485, 499.)

HIPPURINA (STACKH., in *Mém. Soc. Mosc.* [1809], 59; *Ner. brit.*). Genre d'Algues, créé pour le *Fucus aculeatus* L.

HIPPURIS (DOD.). Nom ancien de plusieurs *Equisetum*.

HIPPURIS (L.). Nom latin des Pesses.

HIPPURITES (LINDL. et HUTT., *Foss. Fl.*, II, 89). Plantes fossiles, du groupe des Astérophyllitées. (UNG., in *Bot. Zeit.* [1844], 181; *Syn. foss.*, 35; *Chlor. protog.*, 38. — AD. BR., in *Dict. d'Orb.*, XIII, 101.)

Hiptage. — Samare.

HIPRÉAU. Pour Ypréau.

HIPTAGE (GÆRTN., *Fruct.*, II, 69, t. 116). Genre de Malpighiacées, série des Hiréées, distingué par une seule glande calicinale, adnée au pédicelle floral. Ce sont des lianes de l'Asie tropicale, à feuilles opposées, à grappes terminales et axillaires. On cultive quelquefois l'*H. Madablota* GÆRTN. en serre chaude. Ses 3 samares portent chacune 3 ailes : une dorsale et deux latérales. (H. BN, *Hist. des pl.*, V, 489, 466.)

HIPTAGEÆ (DC., *Prodr.*, I, 583). Tribu des Malpighiacées.

HIP-TREE. Nom anglais du *Rosa canina* L.

HIPWORT. En Angleterre, le *Cotyledon Umbilicus* L.

HIRABOL. Nom arabe d'une sorte de Myrrhe.

HIRÆA (JACQ., *St. amer.*, 137, t. 176, fig. 42). Genre de Malpighiacées, qui a donné son nom à la série des Hiréées. Ses fleurs, construites comme celles des Malpighiacées en général, ont au calice 8-10 glandes (ou 0). L'androcée est diplostémoné, et le fruit est formé de 1-3 samares, prolongées sur les deux bords en ailes semiorbiculaires, veinées, indépendantes ou confluentes au sommet et à la base. Les graines, dépourvues d'albumen, ont un embryon unciné, à cotylédons souvent inégaux. Ce sont des arbustes, d'ordinaire grimpants, à feuilles opposées; à cymes ombelliformes, souvent 4-flores, axillaires ou rassemblées (dans la section *Mascagnia*) en grappes plus ou moins composées. Tous sont de l'Amérique tropicale. (H. BN, *Hist. des pl.*, V, 438, 463, fig. 441.)

Hiræa. — Samare.

HIRÆACEÆ (GRISEB., in *Mart. Fl. bras.*, XXI, 75.) Tribu des Malpighiacées.

HIRÆANTHELE (GRISEB., in *Linnæa*, XIII, 242).

HIRÆOSTACHYS (GRISEB., in *Linnæa*, XIII, 239.) Section, comme le précédent, du genre *Hiræa* JACQ.

HIRAGISO. Nom japonais de l'*Ajuga japonica* MIQ.

HIRARE. A Madagascar (FLAC.), c'est, dit-on, le nom d'un *Datura* vénéneux (*D. Stramonium* L.?).

HIRATO-YURI. Nom japonais du *Lilium bulbiforum* L.

HIRCOTRITICUM. Un des noms anciens du Sarrasin.

HIRCULUS. Nom ancien (PLINE) du *Valeriana celtica* L.

HIRCULUS (HAW., *Enum. Saxifrag.*, 40). Section du genre *Saxifraga* T.

HIRÉÉES (*Hireeæ*). Série des Malpighiacées. (H. BN, *Hist. des pl.*, V, 438, 463).

HIRIN. Nom breton du *Prunus spinosa* L.

HIRNELLIA (CASS., in *Bull. philom.* [1820]; in *Dict.*, XXI, 199.) Synonyme de *Myriocephalus* BENTH. (*Hirnelia* WITTST.).

HIRNEOLA (FRIES, *Fung. Natal.*, 24). Genre de Champignons, de la famille des Trémellinés, voisin des *Exidia*, dont il se distingue par l'absence de papilles sur la surface hyméniale plus ou moins ondulée ou plissée, et surtout par la disposition des basides monospores, allongés au lieu d'être globuleux (voy. l'article BASIDE et la fig. page 378). L'*H. Auricula Judæ* FR. se trouve sur le tronc des arbres languissants, ou sur le vieux bois; de couleur brune, de forme conchoïdale, de consistance membraneuse, lisse au dedans, tomenteux au dehors. C'est la seule espèce connue en Europe; elle était jadis fréquemment employée en médecine; les autres sont exotiques. [DE S.]

HIROHA-AMANA, H. MUGIGUWAL. Noms japonais de l'*Orythrya oxypetala* K.

HIROHA-NO-INUNOHIGE. Nom japonais de l'*Eriocaulon Buergerianum* KAER.

HIRPICIUM (CASS., in *Bull. philom.* [1820], 27; in *Dict.*, XXI, 238; XXIX, 448, 450). Section du genre *Gorteria* L. (H. BN, *Hist. des plant.*, VIII, 199, not.)

HIRSCHFELDIA (MŒNCH, *Meth.*, 264). Section du genre *Brassica* T. (H. BN, *Hist. des pl.*, III, 193.)

HIRSE. Nom germain du *Panicum miliaceum* L.

HIRSUTE (*hirsutus*). — Voy. PUBESCENCE.

HIRTELLA (L., *Gen.*, n. 80). Genre de Rosacées-Chrysobalanées, à fleurs d'Icaquier, mais à gynécée inséré très excentriquement, d'un côté du réceptacle concave. Les étamines fertiles sont au nombre de 3-8, rarement davantage, unilatérales.

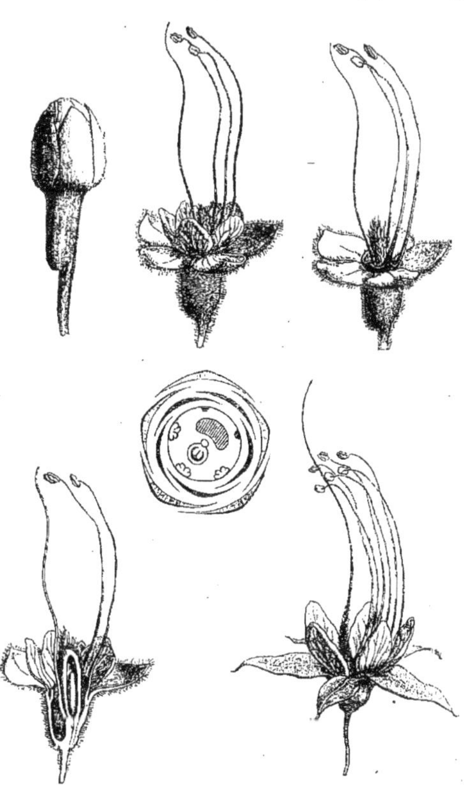

Hirtella. — Bouton. Fleurs, entières et coupe longitudinale. Diagramme floral.

Les autres sont stériles. Ce sont environ 40 arbres ou arbustes, américains et malgaches, à feuilles alternes, simples, à fleurs irrégulières et disposées en grappes simples ou cymigères. (Voy. *Hist. des pl.*, I, 432, 481, fig. 495-500.) [H. BN.]

HIRTELLE. Nom français (LAMK) des *Hirtella* L.

HIRTELLIA (DUMORT., *Anal. fam.*, 40). Pour *Hirtella* L.

HIRTELLINA (CASS., in *Dict.*, L, 441.) Synon. de *Stæhelina*.

HIRTELLUS. Diminutif de *Hirtus*.

HIRTENTASCHE. En Allemagne, la Bourse-à-pasteur.

HIRTUS. Hérissé. Se dit des végétaux et des organes couverts de poils courts et raides. Pour bien des auteurs, les poils sont ici moins rigides et plus longs que dans *hispidus*. Hispide serait (FORBES, in *Trim. Journ.* [1884], 236) une surface chargée de poils dressés, forts, rigides ou rudes, non renflés et non apprimés comme dans *strigosus*.

HIRUDINARIA. Nom ancien du *Lysimachia Nummularia* L.

HIRUDINARIA (CES., *Hedw.*, I, t. 14, fig. 1-3). Genre d'Hyphomycètes-Torulacés, à filaments dressés, brunâtres, multiseptés, formant des taches à la face inférieure des feuilles d'Aubépine et de Néflier. Les espèces connues sont italiennes. [DE S.]

HIRUGAO. Nom japonais du *Calystegia japonica* MIQ.

HIRU-MUSHIRO. Nom japonais du *Potamogeton natans* L.

HIRUNDINARIA. Nom ancien de la Grande-Eclaire.

HIS (Ch.). Inspecteur des bibliothèques à Paris, écrivit en 1820 une *Notice sur les Orangers* (in-4 de 25 pages et 1 pl.).

HISBANCHE (SPARRM., ex MEISSN., *Comm.*, 295.) Synonyme (?) de *Cytinus* L.

HISHI. Nom japonais du *Trapa bispinosa* ROXB.

HISHIBA-KAKIDOSHI. Nom japonais du *Nanocnide japonica* BL.

HISINGER (Wilh.). Botaniste suédois [1766-1852], a écrit sur la géographie botanique dans son *Anteckningar i Physick*, etc. [1819-1837], et a publié *Förteckning pă Wäxterna i Skinskatteberys Socken i Westmanland*, et un *Lethæa suecica* [1837-1841], illustré de planches représentant des végétaux fossiles.

HISINGERA (HELL., in *Act. holm.* [1792], 32, t. 2). Synonyme de *Xylosma* FORST. M. Clos (in *Ann. sc. nat.*, sér. 4, IV, 392; VIII, 220) a conservé à tort ce nom comme celui d'un genre de Flacourtiées.

HISINGERA (MIQ., *Monogr. Cycad.*, 61). Genre de Cycadées fossiles, que Unger considère (*Syn. pl. foss.*, 159; *Chor. protog.*, 64) comme une section du genre *Nilssonia*, et qui répond à plusieurs espèces de *Cycadites* et de *Pterophyllum* des auteurs.

HISOPE. A tort, pour Hysope.

HISPANACH (DALECH.). L'Épinard, chez les Arabes (?).

HISPIDE (*hispidus*). — Voy. HIRTUS, PUBESCENCE.

HISPIDELLA (BARNAD., ex *Lamk Dict.*, III, 134). Genre de Composées-Cichoriées, caractérisé par : Fleurs ligulées. Corolle 5-dentée, plus longue dans les fleurs extérieures; anthères aiguës à la base, sétiformes ou acuminées. Fruits irrégulièrement ovoïdaux ou oblongs, glabres, à côtes très fines, sans aigrette. C'est une herbe annuelle, rameuse, hispide, à feuilles alternes, allongées ou sublancéolées, entières; à capitules supportés par des hampes à feuilles rares ou pourvues de bractées, et sensiblement dilatées à leur sommet; à bractées de l'involucre subcampanulé pourvues de longues soies 2-morphes: les intérieures en série unique ou peu nombreuses, conniventes; les extérieures plus petites, sétiformes, ou nulles; réceptacle convexe, alvéolé, à bord des alvéoles élevé et profondément strié. On la trouve en Espagne. (H. BN, *Hist. des pl.*, VIII, 111.) [B. M.]

HISPIDULA. Nom ancien de l'*Antennaria dioica* GÆRTN.

HISTERIUM (DC., in *Mém. Mus.*, III, 316). Pour *Hysterium*.

HISTIOPTERIS (AGH, *Revis. spec. Pterid.*, 76). Section du genre *Pteris* L. (KL., in *Linnæa*, XX, 342). Fée (*Gen. Fil.*, 357) en fait un sous-genre du genre *Pteris* L.

HISTOLOGIE VÉGÉTALE. La partie de la science qui étudie les *tissus* des plantes, et qu'on a aussi nommée *Anatomie végétale*.

HISUTSUA (DC., *Prodr.*, VI, 44). Synonyme de *Boltonia* LHR.

HITCHCOCK (Edw.). Professeur à Amherst, aux Etats-Unis [1793-1864], a donné un *Catalogue of plants growing... in the vicinity of Amherst College* [1829]. (*Cat. sc. pap.*, III, 365.)

HITCHENIA (WALL., in *Trans. Linn. Soc. Calc.*, VII, 215). Genre de Zingibéracées-Zingibérées, voisin des *Curcuma* et distingué par un épi à bractées colorées, comme dans ces derniers, mais plus rigide; les staminodes latéraux semblables aux lobes de la corolle ou plus courts; le filet staminal étroit et compliqué; l'anthère non éperonnée, à 2 loges séparées par un connectif pétaloïde. Ce sont 3, 4 herbes, à port de *Curcuma* et bien peu éloignées de ce genre. (*Bot. Mag.*, t. 4667.) [H. BN.]

HITCHINIA (HORAN.). Par erreur, pour *Hitchenia* WALL.

HITIQUE. Plante parasite du Chili (FEUILLÉE). C'est pour les uns une Myrtacée, pour les autres une Loranthacée douteuse.

HITORI-SHIDZUKA. Nom japonais du *Chloranthus japonicus*.

HITOTSUBA-YOMOGI. Nom japonais d'une variété de l'Armoise.

HITOTSU-BOKURO. Nom japonais du *Listera japonica* BL.

HITSUJIGUSA. Nom japonais du *Nymphæa tetragona*.

HITZERIA (KL., in *Pet. Mossamb.*, *Bot.*, 89.) Synonyme de *Balsamea* GLED. (*Balsamodendron* K.)

HIVOURAHE (THEVET). Fruit américain indéterminé (*Diospyros* ou *Spondias*?)

HIYAKUBU-SO. Nom japonais du *Roxburghia sessilifolia* MIQ., employé comme expectorant, vulnéraire et antiphlogistique.

HIYAKURIKO. Nom japonais d'une variété de Serpolet.

HIYODORIJOGO. Nom japonais du *Solanum lyratum* THUNB.

HIYOKUSO. Nom japonais du *Veronica Thunbergii* A. GRAY.

HIYOTAN. Nom japonais du *Lagenaria vulgaris* SER.

HIYU. Nom japonais de l'*Amarantus melancholicus* L.

HIZOSPERMÆ (RITG., *Schr. Marb. Ges.*, II, 103.) Ordre de Fougères, renfermant de nombreux genres vivants et fossiles.

HJALTALIN (Odd.-Jonss.). Médecin islandais [1782-1840], a écrit, en 1830, *Islenzk Grasafraedi* (in-8 de 379 p.).

HLADNICKIA (MEISSN., *Gen.*, 143). Pour *Hladnikia* REICHB.

HLADNICKIA (KOCH, *Syn. Fl. germ.*, 320, nec MEISSN.). Synonyme de *Pleurospermum* HOFFM.

HLADNIK (Fr.-Hav.). Fut professeur de botanique à Laybach [1773-1844] et n'a rien écrit qui nous soit parvenu.

HLADNIKIA (KOCH, *Syn. Fl. germ.*, ed. 1, 320). Synonyme de *Malabaila* TAUSCH.

HLADNIKIA (REICHB., *Fl. germ.*, 476; *Icon.*, f. 1114, nec KOCH). Synonyme de *Falcaria* RIV.

HLUBECHIA, HLUBECKIA (BRONNER, *Traub. d. Rheinth.* [1857, 11, 20). « Genre » de Vignes de la classe II de l'auteur.

HLUCHA. Nom bohème du Lamier blanc.

HOA. Un des noms chinois de l'Ailante. Désigne aussi en Chine, assure-t-on, le *Broussonetia papyrifera* VENT.

HOA-KO-CHOU. Synonyme de *Tchou*.

HOANG-KIN. Synonyme de *Ko*.

HO-ANG-LIEN. En Chine, la racine du *Justicia paniculata* BURM. (?), le *Chin-len* du pays.

HOANG-NAN. Écorce qui passe au Cambodge pour guérir la lèpre, la rage, le tétanos, etc. C'est celle d'un *Strychnos*, que M. Pierre a nommé *S. Gautheriana* et qui nous paraît très voisin des *S. javanica* et *Nux vomica*. [H. BN.]

HOANTI. Plante médicinale indéterminée.

HOAN-XY. Nom chinois (LOUR.) de la Patate.

HOAREA (SWEET, *Geran.*, t. 18). Section du genre *Pelargonium* LHÉR. (H. BN, *Hist. des plant.*, V, 8, not. 4.)

HOAXACAN (HERNAND.). Le *Guaiacum sanctum* L. (?)

HOAXINUE. Au Mexique, l'un des noms du Tamarinier.

HOBEZÉ. En Egypte, le *Malva rotundifolia* L.

HOBIUS VAN DER VORM. A publié en 1661, à Amsterdam : *Atriplex salsum vulgo dictum Soutenelle... primo descriptum*.

HOBK, HOBOK, HOBOKBOK. Noms arabes de plusieurs Labiées des genres *Mentha*, *Ocimum*, etc.

HOBO. Nom taïtien du *Spondias lutea* L. A la Nouvelle-Grenade, c'est le *Spondias graveolens* MAC FADYEN.

HOBUS. Arbre indien (LÉMERY, in *Dict.*, 362), à fruit tonique et laxatif, à pousses odorantes, tonifiantes.

HOCHAKUSO. Nom japonais du *Disporum sessile* DON.

HOCHBERGIA (POHL, ex *Flora* [1825], I, 183). Genre non décrit.

HOCHSTETTER (Chr.-Fred.). Professeur à Essling [1787-1860], a écrit un *Populäre Botanik* [1831] qui eut trois éditions; *Nova genera plantarum Africæ tum australis tum tropicæ borealis* [1842], in-8 de 32 p.; *Die Giftgewächse Deutschlands und der Schweiz* [1844], in-8 de 56 p. et 24 pl.; *Die Grasspflanze* [1847]; *Naturg. d. Pflanzenreichs in Bildern* [1865], et plusieurs opuscules botaniques (*Cat. sc. pap.*, III, 370).

HOCHSTETTERA (SPACH). Pour *Hochstetteria* DC.

HOCHSTETTERIA (DC., *Prodr.*, VII, 287; *Mém. Compos.*, t. 6). Genre de Composées-Mutisiées, dont nous n'avons pu faire, après en avoir rectifié les caractères, qu'une section du genre *Dicoma* CASS. (*Bull. Soc. Linn. Par.*, 259; *Hist. des pl.*, VIII, 93, not. 7.) [H. BN.]

HOCKEA (LINDL., *Veg. Kingd.*, 626). Pour *Fockea* ENDL.

HOCK-HERB. Nom anglais des *Althæa* et *Malva*.

HOCKINIA (GARDN., in *Hook. Lond. Journ.*, II, 12). Genre de

Gentianacées-Chironiées, voisin des *Curtia* et distingué par des fleurs 2-morphes : les unes à étamines réduites, avec anthères subsessiles, connées, et à long style; les autres à filets staminaux grêles et à tissu stigmatique directement implanté sur le sommet de l'ovaire. Les étamines sont toujours incluses dans la corolle tubuleuse-campanulée. L'*H. montana* est une herbe du Brésil, à cymes terminales lâches. (Prog., in *Mart. Fl. bras.*, VI, t. 63.)

HOCQUART (Léop.). Mort en 1817 à Ath, où il enseignait la botanique, a écrit une Flore du département de Jemmapes [1814].

HOCQUARTIA (Dumort., *Comm. bot.* [1822], 30). Genre d'Aristolochiées. Section (Meissn., *Gen.*, 334) du genre *Aristolochia* T.; synonyme de *Sipho* Endl.

HODGKINSONIA (F. Muell., *Fragm. phyt. Austral.*, II, 132. — Benth., *Fl. Austral.*, III, 420). Synonyme de *Guettarda* L. (H. Bn, *Hist. des pl.*, VII, 424, not. 6.)

HODGSONIA (Hook. f., in *Proc. Linn. Soc.* [1853]). Section du genre *Trichosanthes* L. (H. Bn, *Hist. des pl.*, VIII, 447).

HODGSONIA (F. Muell., *Fragm. phyt. Austral.*, II, 95.) Synonyme de *Hodgsoniola* F. Muell.

HODGSONIOLA (F. Muell., *Fragm. phyt. Austral.*, III, 791). Genre de Liliacées-Asphodélées, à fleurs en grappes simples; à 6 étamines, dont 3 stériles; les 3 fertiles cohérentes en tube autour du style. Les 3 loges ovariennes sont 2-ovulées et le fruit capsulaire. L'*H. junciformis* est une herbe vivace, de l'Australie austro-occidentale. (Benth., *Fl. Austral.*, VII, 45). [H. Bn.]

HODO, HODO-IMO. Noms japonais de l'*Apios Fortunei* Maxim.

HODTHAI. Nom somali du *Balsamodendron Playfairii* Hook. f.

HODZURI. Nom japonais de l'Alkékenge.

HOEFER (Mathias). Religieux bénédictin d'Autriche [1754-1826], a publié, en 1815, *Etymol. Worterb. d. in Oberdeutschland vorzüglich aber in Œsterreich üblichen Mundart.* — Ferd. Hœfer, médecin, compilateur et biographe, a publié en 1850 un petit *Dictionnaire de botanique pratique*.

HOEFFT (F.-M.-S.-V.). Auteur, en 1826, à Moscou, d'un *Catalogue des plantes... du districht de Dmitrieff*, etc.

HOEFLE. Privatdocent à Heidelberg, où il mourut en 1855, a écrit : *Die Pflanzen Systeme von Linné, Jussieu und de Candolle* [1845], *Die Flora der Bodenseegegend*, etc. [1850], et *Grundriss d. angewandten Botanik* [1851], in-8 de 268 p.

HOELEN. Nom, en Chine, d'un Champignon aphrodisiaque, qui est, dit-on, un *Pachyma*.

HOELZELIA (Neck., *Elem.*, III, 62.) Synonyme de *Possira* Aubl. Jussieu écrit *Hölselia*.

HOEMODORACEÆ (A. Rich., *Sert. Astrol.*, *Bot.*, 80). Pour *Hæmodoraceæ*.

HOENELIA (Sch. bip., ex Walp., *Rep.*, II, 974). Synonyme de *Amellus* L.

HOENINGHAUSS (Fred. Wilh.). Auteur, en 1840, de *Ueber fossile Blätter im Süsswasserkalk von Membach* (in-4, 1 fol. et 1 pl.).

HOEPFFNER (Nic.). Auteur, en 1696, à Iéna, du curieux ouvrage intitulé : *Das verkehrte Jahr*, etc. (in-4 de 90 p.).

HOESS (Fr.). A publié en 1830 : *Gemeinfassliche Anleitung die Bäume u. Sträuche Oestreichs aus d. Blättern zu erkennen*, puis : *Das Nöthigste ueber den innern Bau des Organe*, etc. [1833], et une Monographie du *Pinus austriaca* [1831].

HOETER. En Suède, le *Fucus vesiculosus* L.

HOEVEN (J. van der). Enseignait la zoologie à Leyde, où il a écrit, en 1821, un *Commentatio de foliorum plantarum ortu, situ, fabrica et functione* (in-4 de 22 pages).

HOFERIA (Scop., *Introd.*, 194). Synonyme de *Cleyera* Thunb.

HOFFBERG (K.-Fried.). Médecin de Stockholm [1729-1790], auteur de *Anvisning til Wäst-Rikets Kännedom*, qui eut trois éditions, à Stockholm, en 1768, 1784 et 1790.

HOFFMANN (Chr.). Auteur, en 1670, de *Ficus arbor phytologice considerata*. — Il y eut une dizaine d'autres botanistes de ce nom, dont l'un des plus anciens est Fr. Hoffmann, de Halle [1660-1742], parmi les *Opuscula physico-medica* duquel se trouve un moyen de reconnaître les propriétés des plantes, cité par Buxbaum dès 1721. — G.-Fr. Hoffmann [1792-1804], qui enseigna à Göttingue, puis à Moscou où il mourut, est surtout connu par ses travaux sur les Ombellifères : *Syllabus Umbelliferarum* [1814] et *Genera plantarum Umbelliferarum* [1814], avec une deuxième édition en 1816. Il s'occupa beaucoup de Cryptogamie, comme le prouvent ses *Enumeratio Lichenum* [1784], *De vario Lichenum usu* [1786], *Plantæ lichenosæ* [1790-1801], *Vegetabilia cryptogama* [1787-1790] et *Nomenclator Fungorum* [1789-1790]. Son *Historia Salicum* date de 1785-1791. En 1791 parut le commencement de son *Deutschlands Flora*, dont la publication dura jusqu'en 1795 et se termina par la cryptogamie. On lui doit aussi : *Hortus gœttingensis* [1793]; *Vegetabilia* in *Hercyniæ subterraneis collecta* [1797-1811] ; *Syllabus plantarum officinalium* [1802] ; *Phytographische Blätter* [1803] ; *Oratio.... de hortis botanicis* [1807] et *Hortus mosquensis* [1808]. — Jak.-Friedr. Hoffmann, professeur à Varsovie [1758-1830], a écrit *Drei physiologisch-botanische Abhandlungen* [1828]. — Joh.-Mor. Hoffmann [1653-1727] publia *Floræ Altdorfineæ deliciæ hortensis*, etc. [1703]. — Mor. Hoffmann [1622-1698], qui enseigna également la médecine à Altdorf, a donné trois ouvrages sous le même titre que celui du précédent, son fils : *Floræ Altdorfinæ deliciæ*, etc., en 1650, 1662, 1677, avec des appendices, un *Floræ Altdorfinæ deliciæ sylvestres*, puis un *Florilegium Altdorfinum*, etc. [1676] et *Montis Mauritiani in agro Leimburgensium eminentis... descriptio medico-botanica*, etc. [1694].

HOFFMANNIA (Lœfl.). Synonyme de *Ellisia* L. (DC., *Prodr.*, IV, 400.)

HOFFMANNIA (Sw., *Prodr.*, 30; *Fl. ind. occ.*, I, 241, t. 5). Genre de Rubiacées-Génipées, dont les fleurs, ordinairement tétramères, ont un calice gamophylle, à divisions courtes ou allongées, avec languettes stipulaires parfois interposées; une corolle tubuleuse ou subcampanulée, à lobes courts, plus ou moins étroitement imbriqués; autant d'étamines, à anthères introrses, et un ovaire infère, à 2-4 loges multiovulées, surmonté d'un disque et d'un style grêle, à lobes plus ou moins distincts ou subnuls. Le fruit est charnu, coriace ou capsulaire, à graines nombreuses, petites, réticulées ou fovéolées, albuminées. Ce sont des arbustes, des sous-arbrisseaux ou des herbes, parfois épiphytes, à feuilles opposées ou verticillées, stipulées; à fleurs en cymes terminales ou axillaires, stipitées ou subsessiles, ou contractées, avec le pédoncule quelquefois subcharnu. A ce genre nous rapportons les *Xerococcus*, *Ophryococcus* et l'*Euosmia* H. B., dont la place a été si longtemps incertaine. On en distingue environ 25 espèces, des deux Amériques. Quelques-unes sont cultivées dans nos serres, sous le nom de *Campylobotrys* et *Higginsia*. (Voy. H. Bn, in *Bull. Soc. Linn. Par.*, 199; *Hist. des pl.*, VII, 318, 446, n. 106.) [H. Bn.]

HOFFMANNIA (W., in *Usteri Bot. Mag.*, VI, 17). Synonyme de *Psilotum* Sw. (Leman, in *Dict. sc. nat.*, XXI, 271.)

HOFFMANNSEGG (Joh.-Cent., comte d'). Né et mort à Dresde [1766-1849], composa avec Link l'ouvrage splendide intitulé *Flore portugaise* (2 vol. in-fol. et 114 pl.). On lui doit aussi des catalogues des plantes cultivées dans ses jardins de Dresde et de Rammenau; il y en a un spécial pour les Orchidées [1842], qui eut trois éditions.

HOFFMANSEGGIA (Cav., *Icon.*, IV, 63, t. 391, 393). Genre de Légumineuses-Cæsalpiniées, tellement voisin du genre *Cæsalpinia*, qu'il en diffère à peine par son port, ses sépales moins imbriqués et sa gousse à péricarpe plus mince. Trouvant ces caractères insuffisants, M. Baillon (*Hist. des pl.*, II, 80) réunit les *Hoffmanseggia* au genre *Cæsalpinia* à titre de section. Cette section renferme environ 12 espèces, représentées dans l'Amérique méridionale et au Mexique par des plantes herbacées ou suffrutescentes, souvent de petite taille. On en cultive au moins une en Europe en pleine terre. [T.]

HOFFMANSEGGIARIA (Torr. et Gr., *Fl. N.-Amer.*, I, 393). Section du genre *Hoffmanseggia* Cav.

HOFMANN BANG. Mort à Copenhague en 1855, âgé de 79 ans, a écrit : *De usu Confervarum in œconomia naturæ* [1818] et *Skrivelse til Hr Prof. Schouw angaaende*, etc. [1822].

HOFMANNIA (Spreng., *Anl.*, II, 605). Pour *Hoffmannia* Sw.

HOFMANSEGGIA, HOFMANNSEGGIA (SPRENG., *Syst.*, II, 344, n. 1629). Pour *Hoffmanseggia* CAV.

HOFMEISTER (Wilh.-Fred.-Ben.). L'un des plus habiles botanistes de l'Allemagne, était né en 1824 et débuta en 1849 par *Die Entstehung des Embryo der Phanerogamen*. En 1851, il publia son *Vergleichende Unters. der Keimung, Entfaltung u. Fruchtbildung höherer Kryptogamen u. der Samenbildung d. Coniferen*, et en 1852, son *Beiträge z. Kenntniss der Gefässkryptogamen*. De 1859 à 1861 parut son *Neue Beiträge z. Kenntniss d. Embryobildung d. Phanerogamen*. Il publia le premier l'organogénie florale du Gui, mémoire très remarquable pour l'époque où il parut. Il y a beaucoup de faits importants à noter dans son *Allgemeine Morphologie d. Gewachse*, publié à Leipzig en 1868 et pillé audacieusement par des auteurs que nous ne nommerons pas et qui l'ont souvent travesti sans le comprendre. Nous avons ailleurs (*Adansonia*, II, 378) exprimé notre admiration pour les travaux de ce savant si habile et si intelligent, mort trop jeune, et qui ne dédaignait pas de se livrer au commerce de la librairie pour assurer son existence matérielle. (Voy. *Cat. sc. pap.*, III, 397.) [H. BN.]

HOFMEISTERIA (WALP., *Rep.*, VI, 106). Genre (?) de Composées, très voisin des Eupatoires, à fleurs homomorphes; la corolle tubuleuse et valvaire, à anthères appendiculées. Les fruits, à 5 angles, ont 2-15 soies à l'aigrette, alternant avec des écailles courtes, libres ou adnées aux soies. Ce sont 2 sous-arbrisseaux californiens, à feuilles opposées, ou les supérieures alternes, lobées ou disséquées; à capitules longuement pédonculés; le réceptacle finement alvéolé; l'involucre formé de nombreuses bractées inégales. Ce ne sera qu'une section, peut-être, du genre *Eupatorium* T. (Voy. H. BN, *Hist. des pl.*, VIII, 130, n. 98.)

HOFMELDE. En Hollande, l'*Atriplex hortensis* L.

HOG GUM. Nom, à la Jamaïque, du *Symphonia globulifera* L. F. On a, mais à tort, attribué ce nom au *Rhus Metopium* L.

HOGMEAT. Nom anglais des *Boerhaavia* L.

HOG-PLUM. Nom anglais du *Spondias lutea* L.

HOGWEED. En Angleterre, la Berce, le *Polygonum aviculare* L.

HOHENACKER (R.-Fr.). Etait né à Zurich en 1798 et se fit surtout connaître des botanistes par les importantes collections faites dans ses voyages. On lui doit un *Enumeratio plantarum in territ. Elisabethopolensi et in provincia Haraback sponte nascentium* [1833] et un *Enumeratio plantarum quas in itinere per provincia Talysch collegit* [1838].

HOHENACKERIA (FISCH. et MEY., *Ind. sem. Hort. petrop.*, II, 38; in *Bull. sc. nat. Mosc.* [1838], 320). Genre d'Ombellifères-Carées, voisin des *Bupleurum*, dont il a les fleurs, avec 2-5 sépales aigus, inégaux, des stylopodes coniques, et un fruit ovoïde ou déformé, à commissure large, à méricarpes subarrondis, avec des côtes épaisses, subéreuses, subégales, des bandelettes solitaires ou nulles. Ce sont des herbes humbles, glabres, à feuilles opposées, ou les inférieures alternes, linéaires, entières; à fleurs sessiles, réunies en capitules dépourvus de bractées. On en distingue 1 ou 2 espèces, des régions méditerranéenne et caucasique; on les a parfois rapportées au groupe des Saniculées. (Voy. *Hist. des pl.*, VII, 226.) [H. BN.]

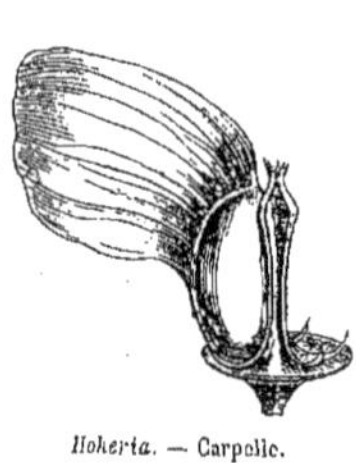

Hoheria. — Carpelle.

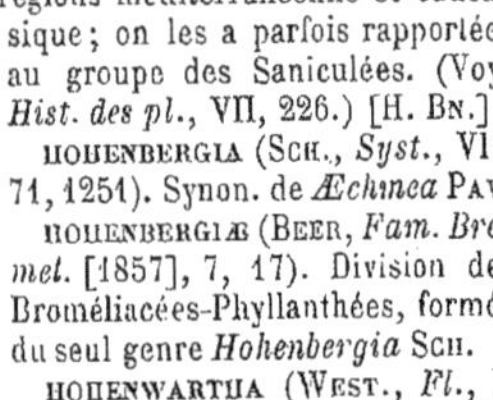

HOHENBERGIA (SCH., *Syst.*, VII, 71, 1251). Synon. de *Æchmea* PAV.

HOHENBERGIÆ (BEER, *Fam. Bromel.* [1857], 7, 17). Division des Broméliacées-Phyllanthées, formée du seul genre *Hohenbergia* SCH.

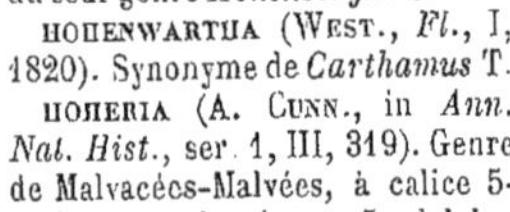

HOHENWARTHIA (WEST., *Fl.*, I, 1820). Synonyme de *Carthamus* T.

HOHERIA (A. CUNN., in *Ann. Nat. Hist.*, ser. 1, III, 319). Genre de Malvacées-Malvées, à calice 5-denté; à corolle tordue, à colonne androcéenne 5-adelphe. Ovaire à 5 loges uniovulées, avec un ovule descendant dans chaque loge, le micropyle en haut et en dedans; 5 carpelles indéhiscents, à aile dorsale cristée. L'*H. populnea* A. CUNN. est un arbuscule glabre, de la Nouvelle-Zélande, à fleurs axillaires, disposées en cymes. (H. BN, *Hist. des pl.*, IV, 141.)

HOHLWURZ. Nom allemand du *Corydalis bulbosa* PERS.

HOHLZANE. En Allemagne, les *Galeopsis* L.

HOH-OH. Nom japonais du *Typha japonica* MIQ., employé dans son pays natal comme astringent, sédatif, diaphorétique, etc.

HOI. Nom hawaïen du *Dioscorea sativa* L.

HOIRIRI (ADANS., *Fam. des pl.*, II, 67). Genre de Zingibérées. Synonyme (?) de *Bromelia* L.

HOITIER. A Maurice, le *Bombax pentandrum* L.

HOITZCOLOTLI. Au Mexique, l'*Eryngium fœtidum* L.

HOITZIA (J., *Gen.*, 136). Synonyme de *Lœselia* L.

HOITZILOXITL. Nom (HERN.), au Mexique, d'un baume qui est une des sortes de baume du Pérou du commerce, et qui s'extrait dans ce pays d'une des formes ou variétés du *Toluifera Balsamum* L., probablement le *Myroxylon Pereiræ*. On doit surtout consulter Hernandez au sujet de ce médicament précieux. [H. BN.]

HOITZMAMAXALLI (HERNANDEZ). Au Mexique, l'*Acacia cornigera* W.

HOJA DE LUCMA. Nom indigène des *Cinchona lanceolata* et *lucumæfolia* PAV.

HOJARANZO. En Espagne, le *Carpinus Betulus* L.

HOJAS DE SAN-PEDRO. Au Mexique, le *Daphne salicifolia* K.

HOJITA DE TENIR. Nom, à Panama, et notamment à Veraguas, du *Lundia Chica* SEEM.

HOKAKESO. Au Japon, le *Clerodendron divaricatum* S. et ZUCC.

HOKAZO. Nom japonais d'un *Aquilegia* indéterminé.

HOKURO. Nom japonais du *Cymbidium virens* LINDL.

HOLACANTHA (A. GRAY, *Pl. Thurber.*, in *Mem. Amer. Acad.*, n. ser., V, 310). Genre de Rutacées-Quassiées, à fleurs dioïques; le calice et la corolle à 5-8-divisions; l'androcée diplostémoné; l'ovaire à 6 lobes, et le fruit formé de 4-6 drupes. C'est un arbuste rameux, aphylle ou à peu près, épineux, du Nouveau-Mexique, à petites fleurs disposées en glomérules sur des rameaux spinescents. (H. BN, *Hist. des pl.*, IV, 493).

HOLANDRE (J.-Jos.-Jacq.). Bibliothécaire à Metz, était né en 1773 et publia une *Flore de la Moselle* en 1829. Elle eut une deuxième édition en 1836 (*Cat. sc. pap.*, III, 401).

HOLANTHUS (REICHB., *Consp.*, 93). Section du g. *Loranthus*.

HOLARGES (EHRH., *Phytoph.*, n. 75). Synon. de *Draba incana*.

HOLARGIDIUM (TURCZ., in *Ledeb. Fl. ross.*, I, 156). Synonyme de *Draba* L.

HOLARRHENA (R. BR., in *Mem. Werner. Soc.*, I, 62). Genre d'Apocynacées-Plumériées, qui, avec les traits généraux de ce groupe, est caractérisé par un petit calice, doublé intérieurement de quelques glandes, avec une corolle hypocratérimorphe, des étamines incluses et pas de disque. Les follicules sont polyspermes, arrondis, et les graines sont pourvues d'une chevelure. Ce sont 7, 8 arbres ou arbustes glabres, de l'Asie et de l'Afrique tropicales, à feuilles opposées, à fleurs disposées en cymes terminales ou faussement axillaires. (WIGHT, *Icon.*, t. 439, 1297, 1298. — BRAND., *For. Fl.*, t. 40.) [H. BN.]

HOLBOELLIA (WALL., in *Hook. Bot. Misc.*, II, 144, t. 76). Synonyme de *Lopholepis* DCNE.

Holbœllia. — Fleur mâle, coupe longitudinale. Fleur femelle, coupe longitudinale.

HOLBOELLIA (WALL., *Tent. Fl. nepal.*, 23, t. 16, 17). Genre de Berbéridacées, série des Lardizabalées, se distinguant par :

Fleurs monoïques, à 6 sépales bisériés; 6 petits pétales; étamines 6, libres ; carpelles 3, ou 4-6; ovules nombreux, plurisériés, insérés sur les parois de l'ovaire, enfoncés dans une pulpe; baies oblongues, indéhiscentes, à graines nombreuses, plongées dans la pulpe. Arbrisseaux grimpants, à feuilles digitées, 3-7-fo-

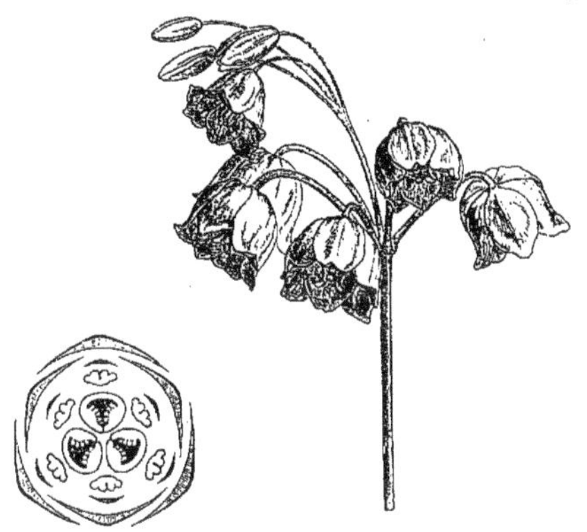

Holbœllia. — Inflorescence. Fleur femelle, diagramme.

liolées; à fleurs en grappes uni- ou bisexuées. On en connaît 2 espèces, qui habitent l'Himalaya et qui toutes les deux portent des fruits comestibles. Ce sont les *H. latifolia* et *angustifolia*. (Voy. H. Bn, *Hist. des pl.*, III, 45, 72, fig. 37-40.) [L.]

HOLBOELLIEÆ (Endl., *Gen.*, Suppl., V, 25). Tribu des Lardizabalées.

HOLCOSORUS. Genre rapporté aux *Grammitis;* synonyme de *Polypodium* L. (Hook. et Bak., *Syn. Fil.*).

HOLCUS (R. Br., *Prodr.*, 198, part.). Synon. de *Chrysopogon*.

HOLCUS (L., *Gen.*, n. 1146). Genre de Graminées-Avénées, dont les épillets sont composés de deux ou trois fleurs pédicellées et écartées les unes des autres, ainsi que des glumes. Celles-ci sont plus longues que les fleurs, presque égales, membraneuses, carénées-naviculaires. La fleur inférieure, quelquefois nulle, est neutre, membraneuse et linéaire-cunéiforme; la moyenne est chartacée, triandre et mutique, et la supérieure est chartacée et mâle. Les glumelles, au nombre de deux, sont membraneuses; l'inférieure de la fleur inférieure est mutique et aristée dans la partie supérieure. Il y a deux glumellules, quelquefois munies d'un lobe latéral. L'ovaire est glabre, surmonté de deux styles très courts, à stigmates plumeux; et le fruit est un caryopse glabre. On en connaît une dizaine d'espèces, de l'Europe, de l'Amérique septentrionale et peut-être de l'Inde orientale. Ce sont des plantes ordinairement vivaces, à feuilles planes. On rencontre fréquemment, aux environs de Paris, les *Holcus lanatus* L. et *mollis* L., dont les tiges sont mangées par tous les bestiaux. (Voy. Steud., *Synops. pl. gram.*, 4.) [T.]

HOLDERLINIA (Neck., *Elem.*, I, 106). Syn. de *Serruria* Salisb.

HOLERACEÆ (L., *Phil. bot.*, 33). Ordre (LIII) du Règne végétal, comprenant un grand nombre de Chénopodées, Amarantacées, etc.

HOLEWORT, HOLLOWORT. Noms anglais du *Corydalis bulbosa*.

HOLGUAHUITL. Au Mexique, le *Castilloa elastica* Cerv.

HOLIGARNA (Ham., ex Roxb., *Pl. coromand.*, III, 79, t. 282; *Fl. ind.*, II, 80). Genre de Térébinthacées-Anacardiées, dont les fleurs, polygames et pentamères, ont un réceptacle concave et sacciforme. Leur calice est supère, à cinq dents imbriquées; et leur corolle, insérée, comme le calice, à l'orifice du réceptacle, est à cinq pétales valvaires, étalés pendant l'anthèse. Leurs étamines, au nombre de cinq, alternipétales, insérées en dehors d'un disque annulaire, ont les anthères biloculaires, introrses et déhiscentes par deux fentes longitudinales. Le gynécée, nul dans la fleur mâle, se compose d'un ovaire infère, adné à la concavité du réceptacle et surmonté d'un style terminal à trois branches capitées à leur extrémité stigmatifère. Cet ovaire renferme un seul ovule, inséré vers le sommet de sa loge, anatrope, à micropyle en haut et en dehors. La drupe a un mésocarpe peu charnu, résineux, à noyau coriace, renfermant une graine descendante, qui sous ses téguments, contient un embryon dépourvu d'albumen. Ce sont des arbres élevés, à feuilles alternes, pétiolées, coriaces, entières, et dont le pétiole est articulé vers le milieu de sa longueur, en un point muni de deux glandes ou de deux soies caduques. Leurs fleurs sont en grappes axillaires ou terminales, composées de glomérules. On en connaît 2 ou 3 espèces, de l'Inde. (Voy. H. Bn, *Hist. des pl.*, V, 325.) [T.]

HOLL (Friedr.). Auteur, en 1835, d'une *Notice sur les plantes officinales*, et, en 1833, d'un *Manuel sur les plantes utiles* (in-8 de 434 p.), collabora avec G. Heynold à une *Flore de Saxe* (in-8 de 862 p.) qui parut en 1842. (*Cat. sc. pap.*, III, 403.)

HOLLI (Marcgr.). Baume d'un arbre brésilien, nommé *Chilli*.

HOLLIA (Endl., *Gen.*, Suppl., II, 103). Synon. de *Blytia* Endl.

HOLLIA (Sieb., in *Flora* [1826], I, 223). Synonyme de *Dicnemon* Schwægr.

HOLLISTERIA (S.-Wats., in *Proc. Amer. Acad.*, XIV, 296). Genre de Polygonacées-Kœnigiées, très voisin des *Nemacaulis*, distingué par son périanthe laineux, 5, 6-fide, son androcée de 5, 6 étamines, et ses bractées florales ovales, couvertes des deux côtés d'une laine abondante. C'est une herbe californienne (*H. lanata*), à feuilles alternes, à glomérules floraux sessiles dans des dichotomies. (*Bot. Calif.*, II, 480.) [H. Bn.]

HOLLOW BERRY OF BUGBY HOLE. Nom, à Montserrat, du *Drypetes glauca* Vahl.

HOLLOW-ROOT. En Angleterre, l'*Adoxa Moschatellina* L.

HOLLOW-STOCK. Nom anglais du *Leonotis nepetæfolia* R. Br. et du *Malvastrum spicatum* Griseb.

HOLLSTEIN (Chr.-Heinr.). Auteur, en 1718, de *Rhabarbari Historia*, publié à Leyde (in-4 de 21 p. et 1 pl.).

HOLLY. Nom anglais des Houx.

HOLLYHOCK. En anglais, l'un des noms de la Rose trémière.

HOLLY ROPE. Nom anglais de l'Eupatoire chanvrin.

HOLLYWORTS. En Angleterre, les Ilicinées.

HOLM. Un des noms anglais du Houx. *Knee-holm* est le Fragon épineux. *Sea-holm* est le Panicaut maritime.

HOLMSKIDIA (Dumort., *Anal.*, 22). Pour *Holmskioldia* Retz.

HOLMSKIOLD (Théod.). Noble danois [1732-1794], auteur de *Afhandling om Anagallis*, etc. [1761], et de *Beata ruris otia Fungis danicis impensa* [1790-1799], 2 vol. in-fol., dont Viborg publia le deuxième volume après la mort de l'auteur. En 1797 parut aussi, augmenté par Persoon, son *Coryphæi Clavarias Ramariasque complectentes*, etc. (in-8 de 239 pages).

HOLMSKIOLDIA (Retz., *Obs.*, VI, 31). Genre de Verbénacées-Viticées, dont la fleur rappelle celle des *Clerodendron*, mais dont le calice fructifère a un tube court, renfermant le fruit, tandis que son limbe, large, coloré ou réticulé, s'étale autour de lui. La corolle irrégulière porte d'ailleurs 4 étamines exsertes; et le fruit est une drupe à 4 sillons ou à 4 lobes. Ce sont des arbustes de l'Inde tempérée et de l'Afrique tropicale, à feuilles opposées, entières ou dentées; à cymes courtement pédonculées, axillaires et terminales. On en distingue 3 espèces, dont une indienne est parfois cultivée dans nos serres. (Bocq., in *Adansonia*, II, 98. — *Bot. Reg.*, t. 692.) [H. Bn.]

HOLOBULBOS (C. Koch, in *Linnæa*, XXII, 226). Section du du genre *Gagea* Salisb. (*G. lutea*, etc.).

HOLOCALYX (Michel., *Contrib. fl. Parag.*, 41, t. 15). Genre de Légumineuses-Cæsalpiniées, à petites fleurs pourvues d'un réceptacle en cupule, se continuant par ses bords avec un calice gamosépale, pentamère, membraneux. Vers les bords du réceptacle s'insèrent cinq pétales subspathulés, non contigus, et plus bas, presque sous le pied de l'ovaire, 10 étamines libres, 2-sériées. L'ovaire stipité est court, subquadrigone, atténué supérieurement en style subulé. Il renferme quelques ovules descendants, souvent 4. Le fruit est charnu, court, à une ou à un très petit nombre de grosses graines, renfermant un volumineux et épais embryon. L'*H. Balansæ* est un arbre du Paraguay (vulg. *Uirapépé*), glabre, à feuilles alternes, composées-pennées; les folioles oblongues, étroites, veinées, insymétriques, très nombreuses. Les fleurs forment de courtes grappes composées, à l'aisselle des feuilles ou au sommet des rameaux. [H. Bn.]

HOLOCARPA (Bak., in *Journ. Linn. Soc.*, XXI, 414). Genre de Rubiacées-Anthospermées, à 5, 6 sépales foliacés, lancéolés. Corolle hypocratérimorphe. Étamines 5. Ovaire infère, à 3-5 loges. Ovules solitaires, dressés. Style à extrémité bifide. Fruit indéhiscent. L'*H. veronicoides* Bak. est une herbe vivace, de Madagascar, à feuilles opposées, à stipules foliacées; à fleurs en cymes terminales, denses et courtement pédonculées. [H. Bn.]

HOLOCARPHA (Reichb.). Pour *Olocarpha* DC.

HOLOCHEILOS (Wittst., *Et. H.*, 447). Pour *Holocheilus* Cass.

HOLOCHEILUS (Cass., in *Bull. philom.* [1818]; in *Dict.*, XXI, 306). Synonyme de *Trixis* Sw.

HOLOCHILOMA (Hochst., in *Flora* [1841], 371). Synonyme (B. H., *Gen.*, II, 1153) de *Premna* L.

HOLOCHILUS (Dalz., in *Hook. Kew Journ.*, IV, 290). Section du genre *Maba* Forst.

HOLOCHLAINA (Walp.). Pour *Hololaina* G. Don.

HOLOCHLOA (Nutt., ex Torr. et Gray, *Fl. N.-Amer.*, I, 580). Section du genre *Heuchera* L.

HOLOCHRYSA (Lindl., in *Journ. Linn. Soc.*, III, 7). Section du genre *Dendrobium* Sw. (Miq., *Fl. ind.-bat.*, III, 635.)

HOLOCHRYSIS, HOLOCHRYSON. Noms anciens des Joubarbes.

HOLOCLAINA (G. Don, *Gen. Syst.*, IV, 420). Section du genre *Solanum* T. (*S. Neesianum*, *Blumeanum*, *bigeminatum*).

HOLOCLINIUM (A. DC., *Prodr.*, XV, p. I, 277). Section du genre *Begonia* L.

HOLOCONYTIS (Hippocr.). Le *Cyperus esculentus* L.

HOLOCORYNE (Fr., *Epicr.*, 676). Troisième tribu des *Clavariei*, comprenant les espèces de Clavaires à réceptacles non confluents et à peine ramifiés.

HOLOCYSTIS (Hass., *Fresch-wat. Alg.*, 387, t. 90). Genre d'Algues unicellulaires, de la famille des Desmidiacées. Synonyme de *Micrasterias* pour la plupart de nos auteurs. [Ch. M.]

HOLODANÆA (Presl, *Suppl. Pterid.*, 297). Section du genre *Danæa* Sm.

HOLOGAMIUM (Nees, in *Edinb. N. Phil. Journ.*, XVIII, 185). Genre proposé pour l'*Ischæmum laxum* R. Br.

HOLOGRAPHIS (Nees, in *DC. Prodr.*, XI, 728). Genre d'Acanthacées-Justiciées, voisin (?) des *Geissomeria*, à gorge de la corolle longuement dilatée; le limbe ringent. Les 4 étamines ont l'anthère uniloculaire et laineuse. C'est un arbuste mexicain, très rameux, à petites feuilles, chargées en dessous d'un duvet blanc, et à fleurs axillaires. [H. Bn.]

HOLOGYMNE (Bartl., *Ind. sem. H. gœtt.*). Syn. de *Lasthenia*.

HOLOLACHNE (Ehrenb., in *Linnæa*, II, 273). Genre de Tamariscinées-Réaumuriées, qui se distingue quelque peu des *Reaumuria* par des fleurs à 5-10 étamines et 2-3 bractées (parfois 0) sous les fleurs. C'est un sous-arbrisseau, des plaines salées de l'Asie centrale. (Ledeb., *Icon. Fl. ross.*, t. 443.) [H. Bn.]

HOLOLACHNE (Reichb., *Consp.*, 166). Pour *Hololachna* Ehrenb.

HOLOLÆNA (Endl., *Gen.*, Suppl., IV, 61). Sous-section du genre *Calyptridium*.

HOLOLEPIS (DC., in *Ann. Mus.*, XVI, 189, t. 6). Section du genre *Vernonia* Schreb. (H. Bn, *Hist. des pl.*, VIII, 24.)

HOLOMERIA (Benth., in *DC. Prodr.*, X, 350). Section du genre *Nycterinia* Don.

HOLOMITRIA (Wallr., *Fl. crypt.*, I, 94). Section du genre *Gymnostomum* Hedw. Synonyme de *Eupotlia* C. Muell.

HOLOMITRIACEÆ (Hampe, in *Linnæa*, XX, 70). Famille d'Acrocarpées, formée du seul genre *Holomitrium* Brid.

HOLONEMA (Aresch., in *Act. Soc. sc. Ups.*, III, 356). Genre que l'auteur a créé pour une Algue qui avait été recueillie à la Vera-Cruz par Liebmann, mais que J.-G. Agardh croit identique au *Dactyurus occidentalis*, et qu'il considère comme synonyme de ce genre. (Voy. J.-G. Agh, *Spec.*, *gen. et ord. Alg.*, IV, 243.) [Ch. M.]

HOLOPEIRA (Miers, in *Ann. Nat. Hist.*, ser. 2, VII, 42). Synonyme de *Cocculus* C. Bauh. (H. Bn, *Hist. des pl.*, III, 2.)

HOLOPETALON (Griseb., in *Linnæa*, XIII, 199). Section du genre *Banisteria* L.

HOLOPETALUM (Reichb., *Consp.*, 208). Section du genre *Monsonia* L. Synonyme de *Olopetalum* DC.

HOLOPETALUM (Turcz., in *Bull. Mosc.*, XVI, I, 51). Synonyme de *Oligomeris* Cambess.

HOLOPHYLLA (G. Don, *Gen. Syst.*, IV, 414). Section du genre *Solanum* T.

HOLOPHYLLÆA (DC., *Prodr.*, V, 670). Section du genre *Meyeria* DC. (non Schreb.). Endlicher écrit *Holophyllea*.

HOLOPHYLLÉES (Roze, in *Bull. Soc. bot. Fr.*, XXIII, 45). Division des Agaricinés, comprenant toutes les espèces à lamelles non fendues, par opposition aux Schizophyllées (voy. ce mot).

HOLOPHYLLUM (Less., *Syn. Comp.*, 262). Syn. de *Athanasia*.

HOLOPHYLLUM (Meissn., *Gen.*, 176). Pour *Hoplophyllum* DC.

HOLOPHYTON. Nom grec ancien du Câprier.

HOLOPLEURA (Casp., in *Ann. sc. nat.*, sér. 4, VI, 216). Genre de Nymphéacées fossiles.

HOLOPLEURA (Reg. et Schmalh, *Descr. pl. nov. a O. Fedtsch. in Turkest. lect.*, 28). Genre d'Ombellifères-Amminées, à fleurs hermaphrodites et polygames. Le limbe du calice est oblitéré; le fruit oblong-cylindrique, non comprimé. Les méricarpes présentent cinq côtes très proéminentes, crispées; vallécules à une seule bandelette; deux bandelettes à la commissure. Herbe du Turkestan, qui diffère des *Rumia* par ses fleurs qui ne sont point dioïques, des *Carum* par la saillie des côtes des méricarpes. [A. Fr.]

HOLOPODIUM (Bak.). Section (?) du genre *Anthericum* L. (B. H., *Gen.*, III, 788.)

HOLOPTELEA (Pl., in *Ann. sc. nat.*, sér. 3, X, 259). Genre indien d'Ulmacées, établi pour l'*Ulmus integrifolia* Roxb., et qui diffère des Ormes par des sépales libres, un androcée diplostémoné et un embryon à cotylédons condupliqués. (Voy. H. Bn, *Hist. des pl.*, VI, 139.)

HOLORACEÆ (L., *Ord. nat.* [1764]). Ordre (VI) des plantes phanérogames (Lauracées, Polygonacées, Chénopodées, etc.).

HOLOREGMIA (Nees, in *Flora* [1821], 300). Synonyme de *Proboscidea* Schm.

HOLOSCHOENUS (Link, *Hort. berol. Descr.*, I, 293). Section du genre *Scirpus* L. (B. H., *Gen.*, III, 1050.)

HOLOSEPALUM (Spach, in *Ann. sc. nat.*, sér. 2, V, 357). Section du genre *Hypericum* T.

HOLOSERICEUS. — Voy. Pubescence.

HOLOSETUM (Steud., *Syn. pl. glum.*, I, 118). Synonyme de *Trichachne* Nees.

HOLOSTÉ. Nom français (Lamk) des *Holosteum* L.

HOLOSTEA (Benth. — Reichb., *Nom.*, 205). Section du genre *Stellaria* L. (*S. Holostea* L.)

HOLOSTEMMA (R. Br., in *Mem. Wern. Soc.*, I, 42). Genre d'Asclépiadacées-Cynanchées, voisin des *Vincetoxicum* et distingué par une corolle subrotacée; une couronne simple, annulaire, tronquée et charnue; un tube staminal pourvu de 10 ailes longitudinales. Ce sont 2 lianes de l'Inde, glabres, à feuilles opposées, cordées; à fleurs axillaires, en cymes lâches et pauciflores. (Wight, *Icon.*, t. 597. — Royl., *Ill. himal.*, t. 66.) [H. Bn.]

HOLOSTEUM. Nom ancien du *Plantago Holostea* Lamk.

HOLOSTEUM (L., *Gen.*, n. 104). Genre de Caryophyllacées-Alsinées; sect. du g. *Cerastium*. (H. Bn, *Hist. des pl.*, IX, 89.)

HOLOSTIGMA (G. Don, *Gen. Syst.*, III, 716). Genre proposé pour le *Lobelia dioica* R. Br.

HOLOSTIGMA (C. Koch, in *Linnæa*, XXII, 629). Section du genre *Echium* L. (*E. rubrum*, *tenue*, etc.)

HOLOSTIGMA (Spach, in *Nouv. Ann. Mus. Par.*, IV, 324). Synonyme de *Sphærostigma* Endl.

HOLOSTION (Lonicer). Le *Myosurus minimus* L.

HOLOSTIUM (Cæsalp., *De plant. lib.* VIII). Synonyme (part.) de *Plantago* T.

HOLOSTIUM (Matth.). Le *Juncus bufonius* L.

HOLOSTIUM (Tabernæm.). L'*Asplenium septentrionale* Sw.

HOLOSTYLA (ENDL., *Gen.*, n. 3225). Synon. de *Olostyla* DC.

HOLOSTYLIS (DUCHTRE, in *Ann. sc. nat.*, sér. 4, II, 33, t. 5; in *DC. Prodr.*, XV, p. I, 431). Genre faux; section du genre *Aristolochia* T. (H. BN, *Hist. des pl.*, IX, 22.)

HOLOTEA (ACHAR., *Meth. Lich.*, 17). Section du genre *Opegrapha* PERS.

HOLOTHRIX (L.-C. RICH., in *Mém. Mus.*, IV, 55). Genre d'Orchidées-Ophrydées, voisin des *Habenaria* et distingué par des sépales subégaux; des pétales, y compris le labelle, plus longs que le calice et dressés. Ce sont des herbes vivaces, 1-2-foliées à la base; la tige chargée de poils étalés ou réfléchis. Elles sont terrestres et ont à peu près le port des *Herminium;* leurs fleurs sont en épis grêles ou denses et rejetées d'un même côté. En faisant rentrer dans ce genre les *Scopularia, Tryphia, Monotris, Saccidium, Bucculina* (B. H., *Gen.*, III, 624), il compte de 16 à 18 espèces africaines. [H. BN.]

HOLOTOME (BENTH., *Enum. pl. Hueg.*, 56. — ENDL., *Gen.*, 766). Section du genre *Actinotus* LABILL.

HOLOTRICHIDÆ (LINDL., *Veg. Kingd.*, 182). Section des Orchidacées-Ophréées.

HOLOXERUS (FRIES, *Epicr.*, 401). Section du g. *Xerotes* R. BR.

HOLQUAHUITL. Au Mexique, le *Castilloa elastica* CERV.

HOLTZACHIUS (Joh.-Cosma). Auteur, en 1556, d'*Annotationes in Dioscoridem* (Lyon, in-12).

HOLTZBOM (Andr.). Auteur, en 1704, de *De Mandragora.*

HOLTZENDORFFIA (KL. et KARST. — NEES, in *DC. Prodr.*, XI, 152). Synonyme de *Ruellia* L.

HOLUBIA (OLIV., in *Hook. Icon.*, t. 1475). Genre de Pédaliacées-Pédaliées, à calice 5-partite; les sépales subulés. Corolle à tube fortement gibbeux en arrière de sa base, à limbe 5-lobé, légèrement 2-labié. Étamines 4, didynames, incluses, à loges subparallèles ou conniventes au sommet. Un staminode. Ovaire accompagné d'un disque oblique, libre, à environ 8 ovules dans chaque loge; style à extrémité stigmatifère bilamellée. Herbe de Transvaal (*H. saccata* OLIV.), à feuilles opposées, palmatilobées; à fleurs axillaires et solitaires. [H. BN.]

HOLY FLOWER. Nom anglais du *Peristeria elata.*

HOLY-GHOST. En Angleterre, l'*Angelica sylvestris* L.

HOLY HERB. En Angleterre, la Verveine officinale.

HOLY ROPE. Nom anglais de l'*Eupatorium cannabinum* L.

HOLY TREE. Un des noms anglais de l'Azederach.

HOLZAPFEL. En Allemagne, le *Pirus acerba* DC.

HOLZBIRNEN. En Allemagne, les Poiriers sauvages.

HOLZFRUCHT. Nom allemand du *Carapa guianensis* AUBL.

HOLZTHEE. Nom allemand du *Guaiacum officinale* L.

HOMACHÆNIUM (SPACH, in *Ann. sc. nat.*, sér. 3, IV, 166). Section du genre *Microlonchus* CASS. (*M. salmanticus* WEBB).

HOMÆANTHESIS (B. H., *Gen.*, III, 1033). Section du genre *Leptocarpus* R. BR.

HOMÆOCLADIA (HARV., *Brit. Alg.* [1841], 208). Pour *Homœocladia* AGH.

HOMÆONEMA (REICHB.). Pour *Homalonema* ENDL.

HOMAID (ADANS., *Fam. des pl.*, II, 470). Synonyme de *Biarum* SCHOTT.

HOMALANTHES (STEUD.). Pour *Homalanthus* A. JUSS.

HOMALANTHUS (BARTL., *Ord. nat.*, 372). Synonyme de *Carumbium* REINW. (I, 640)

HOMALEA (NYLAND., in *Mém. Soc. Cherb.* [1854], II, 14). Genre de Lichens-Lécidinés. (Voy. *Flora* [1854], 235.)

HOMALIA (WITTST., *Et. Handw.*, 449). Pour *Omalia* BRID.

HOMALIACEÆ (LINDL.), HOMALINÆ (R. BR., *Narr. exp. Congo*, App., V, 438), HOMALINEÆ (DC., *Prodr.*, II, 53). Ordre de Polypétales. Série (H. BN) des Saxifragacées.

HOMALIÉES (*Homalieæ*). Série des Bixacées (H. BN, *Hist. des pl.*, IV, 293).

HOMALINEÆ (ENDL., *Gen.*, 922). Synonyme de Homaliées.

HOMALIUM. — Voy. ACOMAS (I, 33).

HOMALLOPHYLLÆ (W.), HOMALLOPHYLLEÆ (REICHB.). Ordre des Cryptogames, comprenant les Corsiniées, Ricciées, Blasiées, Targioniées, Anthocérotées, etc.

HOMALOBUS (NUTT., in *Torr. et Gr. Fl. N.-Amer.*, I, 353). Synonyme de *Astragalus* T.

HOMALOCALYX (F. MUELL., in *Hook. Kew Journ.*, IX, 309). Genre de Myrtacées-Chamælauciées, dont les fleurs, analogues à celles des *Thryptomene*, ont un périanthe caduc, des étamines en nombre indéfini, à anthères versatiles, et un ovaire infère, avec deux ovules attachés à un placenta subbasilaire et excentrique. On ne connaît pas le fruit. Ce sont des arbustes glabres, éricoïdes, à feuilles alternes ou rarement opposées, rapprochées, entières, et à fleurs axillaires, solitaires ou subsessiles. Elles sont accompagnées de deux bractéoles latérales, scarieuses sur les bords ou sur toute leur étendue et ordinairement persistantes. On en connaît 2 espèces, des régions chaudes de l'Australie. (Voy. H. BN, *Hist. des pl.*, VI, 323, 370.) [T.]

HOMALOCARPUS (GAUDIN), HOMALOCARPOS (PRITZ.). Pour *Omalocarpus* DC. Section du genre *Anemone* T.

HOMALOCARPUS (HOOK. et ARN., in *Bot. Misc.*, III, 348). Synon. de *Bowlesia* R. et PAV. (H. BN, *Hist. des pl.*, VII, 240.)

HOMALOCARPUS (SCHUR, *Enum. pl. Transsylv.*, 3). Synonyme de *Anemone narcissiflora* L.

HOMALOCARYUM (A. DC., *Prodr.*, X, 135). Section du genre *Echinospermum* SW.

HOMALOCENCHRUS (MIEG., in *Pollich. Palat.* [1776], 56; in *Act. helv.*, IV, 307). Synonyme de *Leersia* SOLAND.

HOMALOCHILUS (BENTH., in *DC. Prodr.*, XII, 565). Section du genre *Hemigenia* R. BR.

HOMALOCLADOS (HOOK. F., *Icon.*, t. 1128; *Gen.*, II, 122, n. 258). Section du genre *Coussarea* AUBL. (H. BN, *Hist. des pl.*, VII, 414.)

HOMALOCLADIUM. Nom de section du genre *Polygonum*, proposé par M. F. Mueller pour le *P. platycladum*, souvent cultivé sous le nom de *Coccoloba platyclada* (*Bot. Mag.*, t. 5382) et aujourd'hui rapporté aussi au genre *Muelhenbeckia*. M. F. Mueller avait pensé que si la plante constituait un genre nouveau, il pourrait prendre ce nom de *Homalocladium*. [H. BN.]

HOMALOCOCCUS (KUETZ., *Osterprog.* [1863], 6, n. 8). Genre d'Algues, de la famille des *Chroococcaceæ*, de l'ordre des *Cystiphoneæ*. Cette Algue est globuleuse et gélatineuse. Les cellules, internes, sont réunies en une masse oblongue, irrégulière. C'est le docteur Lebel, botaniste normand, qui le premier a trouvé cette plante. (Voy. RABENH., *Fl. eur. Alg.*, II, 69.) [CH. M.]

HOMALODISCUS (BGE, in *Boiss. Fl. or.*, I, 422). Synonyme de *Ochradenus* DEL.

HOMALOGONATA (LYNGB., *Tent. Hydroph. dan.*, XXXI, 177). Section (5) des Hydrophytes (*Diatoma* et *Fragilaria*).

HOMALOLEPIS (TURCZ., in *Bull. Mosc.* [1848], II, 575). Synonyme (PL.) de *Simaba* AUBL.

HOMALOMENA (SCHOTT). Pour *Homalonema* SCHOTT.

HOMALONEMA (SCHOTT, *Melet.*, I, 20; *Gen. Aroid.*, t. 61). Genre d'Aroïdacées-Philodendrées, placé à côté des *Zantedeschia* (*Richardia*) et caractérisé par des fleurs des deux sexes contiguës; un ovaire entouré de staminodes, à 3, 4 loges; les ovules anatropes, adnés aux cloisons; un fruit inclus dans la spathe qui persiste entière; des graines albuminées. Ce sont environ 20 herbes robustes, à feuilles lancéolées ou cordées, de l'Asie et de l'Amérique tropicale. M. Engler (*Arac.*, 332) divise le genre en *Euhomalonema* et *Curmeria* (LIND.).

HOMALONEURON (KL., in *Linnæa*, XX, 354). Section du genre *Asplenium* L. (*A. salicifolium, trapezoides*, etc.).

HOMALOPHYLLÆ (W.). Synonyme (BORY) d'Hépatiques.

HOMALOPHYLLI (CORDA, in *Sturm Jungerm.*, 4, 6). Classe des Phænogames, comprenant la seule tribu des Ricciées.

HOMALOPHYLLUM (KL., in *Ott. Gartenzeit.* [1851], 354). Section du genre *Centradenia* DON (*C. ovata.*)

HOMALOSCHE (EHRH., *Phytophyl.* [1780], 39; *Beitr.*, IV, 147). Synonyme de *Lycopodium complanatum* L.

HOMALOSPERMÆ (DUMORT., *Anal. fam.*, 35). Série des *Umbellatæ* (Ombellifères).

HOMALOSPERMUM (SCHAU., in *Linnæa*, XVII, 242). Synonyme de *Fabricia* GÆRTN.

HOMALOSTOMA (STSCHEGL., in *Bull. Mosc.* [1859], I, 21). Synonyme de *Andersonia* R. BR.

HOMALOTES (ENDL., *Gen.*, 437). Synonyme de *Tanacetum* T.

HOMALOTHECA (ENDL., *Gen.*, 447). Synonyme de *Omalotheca* CASS.

HOMANN (G.-G.-J.). Auteur, en 1828-1835, de *Flora von Pommern oder Beschreibung der in Vor-und Hinterpommern sowohl einheimischen als auch unter Himmel*, etc., 3 vol. in-8.

HOMANTHIS (H. B. K., *Nov. gen. et spec.*, IV, 12). Synonyme de *Perezia* LAG.

HOMBA. A Buenos-Ayres, le *Phytolacca dioica* L.

HOMBAC. Nom, en Arabie (FORSK.), du *Sodada decidua* FORSK. (*Capparis*). D'où *Hombak*, nom donné par Adanson au genre *Sodada* (*Fam. des pl.*, II, 408).

HOMBERG (Guill.). Médecin du duc d'Orléans, né à Batavia en 1652, publia, en 1693, *Observation sur la germination des plantes*, dans les *Mémoires de l'Académie des sciences* (X, 348).

HOM-BI-LO-ZA. Nom chinois d'une variété de *Rhamnus catharticus* L., le prétendu *R. utilis* DCNE.

HOMBRECILLO. Nom espagnol du Houblon.

HOMBRON et JACQUINOT. Publièrent, en 1845-53, la *Botanique du voyage au pôle sud... de l'*Astrolabe *et la* Zélée. Montagne rédigea les plantes cellulaires [1845], et Decaisne donna, en 1853, un fragment de 96 p. des plantes vasculaires.

HOMBRONIA (GAUDICH., *Voy. Bonite*, t. 22). Syn. de *Pandanus*.

HOMEOPLITIS (ENDL., *Gen.*, n. 941). Pour *Homoplitis* TRIN.

HOMERA (ENDL., *Enchir.*, 671). Pour *Hornera* NECK.

HOMERIA. Nom italien du *Moræa collina* THUNB.

HOMERIA (VENT., *Dec. gen. nov.*, 5). Genre d'Iridacées-Morées, voisin des *Ferraria*, caractérisé par un périanthe à tube très court, à lobes étalés-dressés, subégaux; un style à branches indivises ou linéaires, bidentées ou flabellées au sommet. Ce sont 5 herbes, de l'Afrique australe, à bulbes tuniqués, à fleurs en nombre indéfini dans la spathe. On en cultive de très belles espèces ornementales, à fleurs jaunes, orangées ou d'un rouge cuivré. (JACQ., *Ic. rar.*, t. 226; *Hort. schœnbr.*, t. 12. — REDOUT., *Liliac.*, t. 171, 250. — *Bot. Mag.*, t. 1033, 1103, 1283, 1612.) [H. BN.]

HOMERO. A Darien, le *Phytelephas macrocarpa* R. et PAV.

HOMMEAU. Nom ancien de l'Orme.

HOMOBLASTEÆ (A. JUSS., in *Dict. d'Orb.*, XII, 417). Subdivision des Monocotylédones-Périspermées.

HOMOCARPE. Plante à fruits tous semblables.

HOMOCENTRIA (NAUD., in *Ann. sc. nat.*, sér. 2, XV, 308, t. 15). Synonyme de *Oxyspora* DC.

HOMOCHÆTE (BENTH., in *Hook. Icon.*, t. 1110; *Gen.*, II, 331). Section (?) anomale du genre *Inula* L. (H. BN, *Hist. des pl.*, VIII, 158, not. 6.)

HOMOCHILUS (A. DC., *Prodr.*, VII, p. II, 383). Section du genre *Lobelia* L. (REICHB., *Nom.*, 102.)

HOMOCHROANTHUS (SPACH, *Suit. à Buff.*, VI, 409). Section du genre *Cheiranthus* T.

HOMOCHROMA (DC., *Prodr.*, V, 234). Section du genre *Aster* T. (H. BN, *Hist. des pl.*, VIII, 35.)

HOMOCHROMEÆ. Tribu des Astéroïdées. (B. H., *Gen.*, II, 174.)

HOMOCHROOSPERMUM (SCH. BIP., in *Linnæa*, XIX [1846], III, 333). Sous-genre du genre *Carduus* T.

HOMOCLADIA (REICHB., *Consp.*, 212, a). Pour *Homœocladia* AG.

HOMOCNEMIA (MIERS, in *Ann. Nat. Hist.*, ser. 2, VII, 40). Synonyme (B. H., *Gen.*, I, 37) de *Stephania* LOUR.

HOMODROME, HOMODROMIE. Il y a *homodromie*, et les appendices sont *homodromes*, quand ceux d'un axe de degré quelconque sont insérés sur une spire qui tourne dans le même sens que la spire des axes du degré précédent et du degré suivant.

HOMOEANTHERUM (STEUD., *Nom.*). Pour *Homœatherum* NEES.

HOMOEANTHUS (SPRENG., *Syst.*, III, 503). Synonyme de *Scolymanthus* W. L'*Homœanthus* LESS. est syn. de *Homanthis* K.

HOMOEATHERUM (NEES, in *Hook. et Arn. Beech. Voy.*, *Bot.*, 239). Genre proposé pour un *Andropogon* asiatique.

HOMOEOCLADIA (W.-SMITH, *Syn. Brit. Diatom.*, 80, t. 55, fig. 347-48-49). Genre intéressant de Diatomacées, qu'il faut considérer comme synonyme de *Nitschia*, de la tribu des Pseudo-raphidées, consistant en une fronde muqueuse, plane ou filiforme, peu divisée, renfermant des frustules nitschioïdes, habituellement fasciculés, et à stries obscures. La structure de ces frustules a fait séparer les *Homœocladia* des autres genres de cette tribu. Les espèces sont marines ou vivent dans les eaux saumâtres, et elles sont d'ailleurs assez rares. [CH. M.]

HOMOEOCLADIEÆ (TREVIS., *Algh. coccot.*, 97). Section des Bacillariées.

HOMOEOMERICI (KÖRB., *Lichen.* [1855]). Division des Lichens.

HOMOEOTES (PRESL, in *Abh. Bœhm. Ges.* [1848], V, 331). Genre proposé pour le *Trichomanes heterophyllum* H. B.

HOMOEOTRICHUM (KUETZ., *Spec. Alg.*, 638). La première section du genre *Callithamnion*, dont l'auteur a fait cinq divisions, caractérisées par les ramifications diverses du trichome, par l'habitat et par la taille de la fronde. Ce premier groupe, outre les caractères génériques, se distingue par un trichome avec des rameaux et par la petitesse de la fronde. [CH. M.]

HOMOETRICHUM (KUETZ., *Spec. Alg.*, 348). Genre d'Algues-Chlorophyllées, de la famille des *Ulotrichieæ*, caractérisé par un thalle filamenteux, simple, à croissance intercalaire. Ce genre, assez naturel pourtant, n'a pas été admis par Rabenhorst, qui en considère les espèces comme devant appartenir aux *Ulothrix*. Thuret serait de cet avis, partagé d'ailleurs par la plupart des algologistes, qui rangent cette Algue dans le groupe des *Hormiscus*. [CH. M.]

HOMOGENEI (ACHAR., *Lich. univ.*, 19). Ordre des Lichens-Idiothalamés (genres *Calicium*, *Arthronia*, *Lecidea*, *Opegrapha*, *Spiloma*, *Gyrophora*, etc.).

HOMOGÈNES. Désigne les Agarics dans lesquels le parenchyme du chapeau est en continuité avec celui du stipe. (BERTILL., art. AGARIC, in *Dict. encycl. sc. méd.*)

HOMOGLOSSUM (SALISB., in *Trans. Hortic. Soc.*, I, 325). Synonyme de *Antholyza* L.

HOMOGYNE (CASS., in *Dict. sc. nat.*, XXI, 412). Section du genre *Petasites* T. (H. BN, *Hist. des pl.*, VIII, 273). L'*H. alpina* CASS. est une belle plante de nos montagnes.

HOMOIANTHÆ (REICHB., *Consp.*, 97). Tribu des Composées.

HOMOIANTHUS (DC., in *Ann. Mus.*, XIX, 65). Synonyme de *Perezia* LAG.

HOMOIOCELTIS (BL., *Mus. lugd.-bat.*, II, 64). Synonyme de *Aphananthe* PL.

HOMOLOBUS (LINDL., *Veg. Kgd.*, 554). Pour *Homalobus* NUTT.

HOMOLOGUE. Les parties homologues des végétaux sont celles qui ont la même signification, la même valeur morphologique.

HOMOMALLIA (C. MUELL., *Syn. Musc.*, II, 425). Sous-section des *Rigodium*, dont le type est l'*Hypnum rusciforme* WEISS.

HOMOMORPHE. Uniforme; s'applique principalement au capitule des Composées.

HOMONEMEA (FRIES, *Pl. homon.*, 35). Synonyme de *Thallophyta* ENDL.

HOMONIA. Nom grec ancien du *Papaver Argemone* L.

HOMONOEA (SPRENG., *Gen.*, II, 712). Pour *Homonoya* LOUR.

HOMONOYA (LOUR., *Fl. cochinch.* [ed. 1790], 636). Genre d'Euphorbiacées-Ricinées, dont les fleurs, monoïques ou dioïques, sont très analogues à celles des Ricins. Le calice mâle est à trois divisions valvaires. L'androcée polyadelphe est semblable à celui des *Ricinus*, si ce n'est que les filets intérieurs sont souvent dépourvus d'anthères. Celles-ci sont subglobuleuses, à loges confluentes, déhiscentes par des fentes courtes. La fleur femelle a un calice à cinq divisions imbriquées, un ovaire à 2-4 loges, surmonté d'un style à branches simples et garnies de papilles. Le fruit est une petite capsule, à graines lisses, membraneuses et arillées. Ce sont des arbustes rameux, à feuilles sessiles, alternes ou pétiolées, penninerves, entières ou dentées, coriaces et accompagnées de deux stipules. Leurs fleurs, ordinairement munies d'une bractée, sont disposées en épis ou en grappes axillaires. On en connaît 3 espèces, de l'Asie méridionale, continentale et insulaire. (Voy. H. BN, *Hist. des pl.*, V, 179.) [T.]

HOMOPAPPUS (NUTT., in *Trans. Amer. Phil. Soc.*, ser. 2, VII, 330). Synonyme de *Haplopappus* CASS.

HOMOPLITIS (TRIN., *Fundam. Agrostogr.*, 166). Synonyme de *Pogonatherum* PAL.-BEAUV.

HOMOPTERIS (RUPR., *Beitr. Pfl. russ.*, R, Lief. 3, 48). Genre proposé pour les *Allosorus Stelleri* et *gracilis*.

HOMORANTHUS (A. CUNN., ex SCHAU., in *Linnæa*, X, 310; *Myrt. xer.*, 39, t. 13). Genre de Myrtacées, série des Chamælauciées, dont les fleurs, analogues à celles des *Darwinia*, sont pentamères, avec un réceptacle tubuleux et à cinq côtes. Leurs sépales, munis d'une longue pointe à leur extrémité, dépassent longuement les pétales; et leurs étamines, construites comme celles des *Darwinia*, en ont également les glandes alternes. Leur ovaire contient 4-8 ovules, insérés sur un placenta court, basilaire et excentrique. On ne connaît pas le fruit. La seule espèce (*H. virgatus* A. CUNN.), de l'Australie orientale, est un arbuste éricoïde, à feuilles opposées, linéaires, triquètres. Les fleurs, au nombre de 2-4, sont terminales, à l'aisselle d'une bractée, et enveloppées, avant l'anthèse, dans des bractéoles larges, scarieuses et caduques. (Voy. H. BN, *Hist. des pl.*, VI, 321, 367.) [T.]

HOMORGANA (SCHULZ, *Nat. Syst.* [1832]; *Isis* [1834], 522). Division (I) des classes de plantes, comprenant les *Rhizospora*, *Phyllospora*, *Caulospora* et *Florifera*.

HOMOS. Nom arabe (RAUW.) du Pois chiche.

HOMOSTEGIA (FÜCK., *Symb.*, 223). Genre de Sphæriacés, à périthèces celluliformes, enfoncés dans un stroma noir, plan ou hémisphérique, dur, très fragile, laissant voir à la superficie les petits ostioles papillés des périthèces. Les thèques, oblongues, stipitées, à paroi épaisse, contiennent 8 spores, à une ou trois cloisons, déprimées à la hauteur des cloisons, de couleur brune ou jaunâtre. Les 2 espèces connues vivent sur le thalle des Lichens. [DE S.]

HOMOSTYLIUM (NEES, *Del. sem. Hort. vrat.* [1844]; in *Linnæa*, XVIII, 513). Synonyme de *Aster* T.

HOMOTHALAMEÆ (S.-F. GRAY, *Arr. brit. pl.*, I, 277, 394). Famille des Lichens, comprenant les *Collematideæ*, *Usneadeæ* et *Ramalinideæ*.

HOMOTHALAMI (ACHAR., *Lich. univ.*, 19). Ordre des Lichens (*Scutellati* et *Peltati*). (SPRENG., *Anleit.*, II [1817], I, 63.)

HOMOTHALAMII (RITG., *Schr. Marb. Ges.*, II, 88). Ordre des Coryophytes; synonyme de *Homothalami* ACHAR.

HOMOTHALICTRUM (FRIES, *Summ. veg. Scand.*, I, 27). Section du genre *Thalictrum* T. (*T. alpinum* L.).

HOMOTHECIUM (MTGNE, in *Ann. sc. nat.*, sér. 3, XIX, 313). Genre (nouveau?) proposé pour le *Collema opulentum*.

HOMOTROPE. Un embryon est *homotrope*, quand il est dirigé dans le même sens que la graine qui le renferme; ex.: un embryon dressé dans une graine dressée; il faut nécessairement alors que celle-ci soit anatrope.

HOMOTROPIUM (NEES, in *Mart. Fl. bras.*, IX, 47, t. 2). Synonyme de *Stephanophysum* POHL.

HOMOXYLON (HART., in *Bot. Zeit.* [1848], 188, 190). Sous le nom de *H. Blasii*, l'auteur a décrit un genre nouveau et incomplètement connu d'Abiétinées (?) fossiles.

HOMSKIOLDIA (RETZ., *Obs.*, VI, 31). Genre de Verbénacées, placé par H. Bocquillon dans la même série que les *Citharexylum*. Ses fleurs, irrégulières et hermaphrodites, ont un calice membraneux, à cinq dents très courtes, en préfloraison valvaire; une corolle infundibuliforme, subbilabiée, à tube courbe; un androcée didyname, avec des anthères à deux loges inégales; un ovaire globuleux, glanduleux à la base, surmonté d'un style exsert, terminé par deux divisions stigmatiques inégales. Cet ovaire est uniloculaire, avec deux placentas pariétaux, latéraux, bilamellés et biovulés. Le fruit, entouré du calice persistant et membraneux, est une drupe charnue, à deux noyaux latéraux, contenant chacun deux loges monospermes. Les graines sont ascendantes et renferment, sous leurs téguments, un embryon droit, dépourvu d'albumen. La seule espèce décrite (*H. sanguinea* RETZ.), originaire des Indes orientales, est un arbrisseau à rameaux arrondis ou tétragones, à feuilles simples, opposées ou décussées, et à fleurs réunies en grappes de cymes, axillaires et terminales. (Voy. BOCQ., in *Adansonia*, II, 98; III, 230. — SCHAU., in *DC. Prodr.*, XI, 696. — B. H., *Gen.*, III, 1156.) [T.]

HONAY. Nom indien du *Calophyllum Inophyllum* L.

HONCKENEJA (MAXIM.), HONCKENYA (BARTL.), HONKENEJA (ENDL., *Gen.*, n. 5229). Pour *Honkenya* EHRH. (Caryophyllées).

HONCKNEYA (STEUD.), HONCKENIA (PERS. — HEDW.). Pour *Honckenya* W. (Tiliacées.)

HONCKENY (Ger.-Aug.). Bailli de Holm, donna en 1782 un *Catalogue des plantes d'Allemagne* (in-8 de 716 p.), et en 1792-93 un *Synopsis plantarum Germaniæ* (2 vol. in-8). Willdenow lui a dédié le genre *Honkenya*.

HONCKENYA (W., in *Uster. Del.*, II, 200, t. 4). Genre de Tiliacées, série des Tiliées, voisin des *Sparmannia*, des *Entelea* et des *Corchorus*. Ses fleurs tétra- ou pentamères présentent un calice à sépales valvaires, prolongés au sommet en une pointe quelquefois glanduleuse; une corolle à pétales nus et imbriqués; un androcée formé de nombreuses étamines libres, insérées à peine plus haut que le périanthe, autour d'un disque peu apparent. Les extérieures sont stériles, les intérieures, au nombre de 7-10, étant seules fertiles. L'ovaire est à 4-8 loges multiovulées, surmonté d'un style simple, tubuleux, béant à son extrémité stigmatifère, 4-8-dentée. Le fruit est une capsule oblongue, épineuse, déhiscente en 4-8 valves loculicides. Les graines, séparées par des fausses cloisons transversales, renferment sous leurs téguments un embryon épais, à cotylédons plans, entouré d'un albumen charnu. Ce sont des arbres ou des plantes frutescentes, à poils étoilés, à feuilles alternes, dentées ou inégalement 3-5-lobées, à petites stipules lancéolées ou sétacées; à fleurs terminales, disposées en cymes unipares, simples ou ramifiées, et accompagnées de bractées latérales, quelquefois incisées. On en connaît 2, peut-être 3 espèces, originaires de l'Afrique tropicale occidentale. (Voy. H. BN, *Hist. des pl.*, IV, 190.) [T.]

HON-DAKE, MA-DAKE. Noms japonais d'un Bambou.

HONDBESSEN (ADANS., *Fam. des pl.*, II, 158). Synonyme de *Pæderia* L.

HONDSGRASS. En Hollande, les Chiendents.

HONDSMOSS. Nom hollandais du *Peltigera canina* HOFFM.

HONESTY. Nom anglais des Lunaires.

HONEWORT. Nom anglais du *Sisum Amomum*, du *Trinia vulgaris*, du *Cryptotænia canadensis*.

HONEY-BERRY. Nom anglais du *Celtis australis* L. et du *Melicocca bijuga* L.

HONEY-SUCKLE. Nom anglais des Chèvrefeuilles.

HONEY-SUCKLE-TREE. En Australie, le *Banksia marginata*.

HONEY-WARE. En Angleterre, le *Laminaria saccharina*, l'*Alaria esculenta* et d'autres Algues.

HONEYWORT. Nom anglais des Cérinthes.

HONGHEL. Nom de pays de l'*Adenium Honghel*.

HONG-LAN. Dans l'Inde, le *Coptis Teeta* WALL.

HONGLANE. Nom chinois de l'*Helleborus Teeta* H. BN.

HONGO CAMPESINO. En Espagne, l'Agaric champêtre.

HONG-PAT-MOUTAN-WHA. Nom chinois du *Dicentra spectabilis*.

HONIGBERGER (Joh.-Mart.). A publié à Vienne en 1851, *Früchte aus dem Morgenlande* (in-8 de 590 p. et 40 pl.).

HONIGDISTEL. En Allemagne, le *Carduus nutans* L.

HONIGGRAS. Nom allemand de l'*Holcus mollis* L.

HONIG JOHANNES DES TAUFERS. En Allemagne, l'*Alhagi Maurorum* T.

HONKENYA (EHRH., *Beitr.*, II, 180). Synonyme de *Arenaria* et section de ce genre, représentée sur notre littoral par l'*H. peploides* EHRH., remarquable espèce, à feuilles en croix, charnues.

HON-KLOOT. A Sainte-Croix, l'*Andira inermis* Sw.

HONNAY. L'un des noms du Santal rouge.

HONOLTIA (REICHB., *Consp.*, 172). Syn. de *Limnophila* R. BR.

HONOPSIS (ENDL., *G. Suppl.*, II, 52). Pour *Monopsis* SALISB.

HONORIUS (S.-F. GRAY, *Arr. brit. pl.*, II, 177). Synonyme de *Myogalum* LINK.

HONUPHRIIS (Fr. de). Auteur, en 1682, de *Stirpium nomina in pharmacop. Minimarum in monte Pincio reperiendarum*.

HOODIA (SWEET, *Hort. brit.*, 359). Genre d'Asclépiadacées-Stapéliées, à fleurs pourvues d'une large corolle campanulée, finalement étalée en lame orbiculaire, à 5 dents distantes. Entre les lobes de leur couronne, les sinus incombants sont entiers ou obscurément bilobés. Ce sont des plantes grasses, cactiformes, d'Angola et de l'Afrique australe, à tiges multiangulées; les angles découpés en tubercules aculéifères. Leurs grandes fleurs sont d'ordinaire solitaires. On les cultive quelquefois. (MASS., *Stapel.*, t. 40. — HOOK., *Icon.*, t. 605, 625.) [H. BN.]

HOOEH. — Voy. HOY.

HOOEH-OMMAS. A Java, le *Calamus spectabilis* BL.

HOOEH-SELLANG. A Pulo-Pinang, le *Dæmonorops melanochætes* BL.

HOOKE (Rob.). Professeur de botanique de Londres [1635-1703], auteur du bel ouvrage intitulé *Micrographie* [1667].

HOOKER (Sir Will.-Daws.). Botaniste anglais [1785-1865], le créateur du nouveau jardin de Kew, ce splendide établissement qui n'a pas de rival en Europe, fut un des botanistes les plus actifs du commencement de ce siècle. Il débuta par la publication de *Journal of a tour in Iceland* [1811]. En 1816, il donna les *British Jungermanniecæ* et les *Plantæ cryptogamicæ*... recueillies par Humboldt et Bonpland dans l'Amérique équinoxiale. De 1818 à 1820, il publia les *Musci exotici*, et en 1821 un *Flora scotica*. L'année suivante, il écrivit les *Botanical Illustrations;* il y faisait connaître par des figures la valeur des termes employés en botanique. En 1824, il composa une *Notice* sur les plantes récoltées par E. Sabine dans les terres polaires, et en 1825 il donna un *Catalogue du Jardin de Glasgow*, dont il était directeur. On lui doit l'illustration d'un grand nombre de végétaux rares, tels que ceux qu'il fit représenter dans son *Exotic Flora*, au nombre de 232, et dans ses *Icones plantarum* [1837-1854]. Cet ouvrage contenait 1100 planches. Il a été continué après sa mort, par les soins des botanistes de Kew et aux frais de Bentham. Sir W. Hooker dirigea jusqu'à la fin des journaux botaniques périodiques qui ont rendu les plus grands services à la science, tels que : *Botanical Miscellanies* [1830-1833]; *The Journal of Botany*, qui en fut la suite [1834-1842]; *The London Journal of Botany*, continuation du précédent [1844-1848]. On peut rapprocher des précédentes publications *A Century of orchidaceous plants... from Botanical Magazine* [1846], ouvrage dont Bateman a publié une deuxième partie. Hooker dirigea en 1849 la publication du *Niger Flora*, auquel Webb ajouta un *Spicilegia gorgonica*. Il s'est beaucoup occupé des Fougères, sur lesquelles il écrivit en 1829, avec Greville, un *Icones Filicum*, et en 1842 un *Genera Filicum*, avec les dessins de F. Bauer, puis un *Species Filicum* [1846-1864], des *Filices exoticæ* [1859], *A century of Ferns* [1854], *Filices exoticæ* [1849-1857], *The british Ferns* [1861] et *Garden Ferns* [1862]. M. Baker a donné en 1883 une édition nouvelle du *Synopsis Filicum* de Hooker, avec des dessins de Fitch. Dévoué au progrès du Jardin de Kew, Hooker a écrit des guides populaires à ce jardin : *Kew Gardens* [1847], qui eut plusieurs éditions, *Museum of economic botany*, un *Catalogue* des herbes de pleine terre cultivées dans ce jardin [1853], des notices sur le *Victoria regia* qui venait d'y fleurir, etc. Il écrivit dès 1818 un *Muscologia britannica* avec Th. Taylor, et en 1835 un *Companion to the Botanical Magazine*. Il fut plusieurs années le rédacteur du *Botanical Magazine* lui-même. En 1833-1840, parut son *Flora boreali-americana* (2 vol. in-4). Il rédigea en 1841, avec Walker-Arnott, *The Botany of Capt. Beechey's Voyage*, et en 1843 des notes sur la botanique de l'*Antarctic Voyage* des navires l'*Erèbe* et la *Terreur*. On doit encore bien des travaux secondaires (*Cat. sc. pap.*, III, 422) à cet infatigable travailleur, dont l'accueil était charmant pour les débutants, comme nous l'avons éprouvé nous-même, il y a trente ans, contrairement à ce qui se passait à la même époque au Jardin des Plantes de Paris. W. Hooker a laissé la direction de Kew à son fils J.-D. Hooker, qui vient de résilier ses fonctions. L'herbier de W. Hooker fait partie des collections de Kew; ses restes reposent dans la modeste église de Kew-green. [H. BN.]

HOOKERA (SALISB., *Par. lond.* [1809], t. 98, 117). Synonyme de *Brodiæa* SM.

HOOKERIACEÆ (C. MUELL., in *Linnæa*, XXI, 190, 194). Tribu des Mousses.

HOOKHEAL. En Angleterre, le *Prunella vulgaris* L.

HOOKIA (NECK., *Elem.*, I, 70). Synon. de *Rhaponticum* DC.

HOOPER (Rob.). Auteur, en 1797, à Oxford, de *Observations on the structure and economy of plants*, etc. (in-8 de 129 p.).

HOOPESIA (BUCKL., in *Proc. Acad. nat. sc. Philad.*, in *Gray ibid.* [1862], 163). Mauvais genre, formé sur des débris de plantes appartenant à la fois aux genres *Cercidium* et *Acacia*. (B. H., *Gen.*, I, 1002, n. 320.) [T.]

HOOP-PETTICOAT NARCISSUS. Nom anglais du *Narcissus Bulbocodium* L.

HOOREBECKIA (CORNEL., *Mussch. H. gard.*, ex DC.). Synonyme de *Haplopappus* CASS.

HOOREBEKE (Ch.-Jos.). A publié à Gand, en 1818, un *Mémoire sur les Orobanches*, etc., et sur leurs ravages agricoles.

HOOROOA. Nom bengalais de l'*Excæcaria indica* M. ARG.

HOOY KOROT. Nom javanais du *Calamus heteroideus* BL.

HOOY LOELOES ou LELES. A Java, le *Calamus asperrimus* BL.

HOOY MUKKA. Nom javanais du *Calamus ciliaris* BL.

HOOY OMAS. Nom javanais du *Calamus spectabilis* BL.

HOOY PERLAS. A Java, le *Ceratolobus glaucescens* MART.

HOOY TRATLAS, TRITAS ou TERTAS. Noms javanais du *Dæmonorops platyacanthus* MART.

HOP. Nom anglais du Houblon.

HOPE (John). Professeur à Edimbourg [1725-1786], auquel Roxburg a dédié le genre *Hopea*. — Th.-Ch. HOPE [1766-1844] a écrit une *Tentamen inaugurale, quædam de plantarum motibus et vita complectens* (Edimbourg, in-8 de 37 p.).

HOPEA (L., *Mantiss.*, 14). Synonyme de *Symplocos* L.

HOPEA (ROXB., *Pl. coromandel.*, III, 9, t. 210). Genre de Diptérocarpées, dont les fleurs sont analogues à celles des *Vatica*, avec dix ou quinze étamines, mais dont les sépales sont imbriqués; deux d'entre eux se développant plus tard en grandes ailes allongées autour du fruit. Les 10 *Hopea* connus sont des arbres de l'Asie tropicale, ayant le feuillage et le port des Diptérocarpacées en général. (Voy. *Hist. des pl.*, IV, 216.) [H. BN.]

HOPEA (W. — VAHL, *En.*, I, 3). Synonyme de *Pladera* ROXB.

HOPF. Nom germain du Houblon.

HOPFENBUCHE. En Allemagne, les *Ostrya* MICHELI.

HOPFENKLETTE. Un des noms allemands de la Bardane.

HOPKIRK (Thom.). Auteur, en 1813, d'un *Flora Glottiana*, etc. (in-8 de 170 p.) et en 1817 d'un *Flora anomala* (in-8 de 198 p.).

HOPKIRKIA (DC., *Prodr.*, V, 660). Synonyme de *Schkuhria*.

HOPKIRKIA (SPRENG., *N. Prov.*, 23). Synonyme de *Salmea*.

HOPLACHNE (PRESL, in *Reliq. Hænk.*, I, 235, t. 38). Section du genre *Dimeria* R. BR.

HOPLISMENUS (HASSK.). Pour *Oplismenus* PAL.-BEAUV.

HOPLOPHYLLUM (DC., *Prodr.*, V, 73). Genre de Composées-Vernoniées, à fleurs 1-morphes (de *Vernonia*); les anthères longuement auriculées à la base; les fruits villeux, triquètres, à soies de l'aigrette très nombreuses, inégales; les extérieures plus courtes; les intérieures dilatées à la base et persistantes. Ce sont des sous-arbrisseaux de l'Afrique australe, rigides, à feuilles linéaires, aciculaires, piquantes ou épineuses-dentées; à capitules rassemblés au sommet des ramules; l'involucre allongé et formé de nombreuses bractées. On en distingue 2 espèces, qui, n'était leur port, pourraient être considérées comme de véritables *Vernonia*. (H. BN, *Hist. des pl.*, VIII, 119.)

HOPLOPHYTÆ (BEER, *Fam. Bromel.*, 9, 12, 22). Division des Broméliacées-Lépidanthées.

HOPLOPHYTUM (BEER. — E. MORR., *Belg. hort.* [1865], c. ic.; [1873], t. 5). Synonyme de *Pothuava* GAUDICH.

HOPLOTHECA (MART. et GALEOTT., *Enum. pl. mex.*, *Amarant.*, 10). Synonyme de *Frœlichia* MŒNCH.

HOPLOTHECA (SPRENG., *Syst.*, *Cur. post.*, 52). Section du genre *Gomphrena* L.

HOPPE (Dav.-Heinr.). Conseiller aulique bavarois [1760-1846], écrivit, en 1787-1793, *Ectypa plantarum Ratisbonensium*, etc., avec 800 pl., et de 1790 à 1811, *Botanisches Taschenbuck für die Anhänger dieser Wissenschaft und der Apothekerkunst*. En 1818, il écrivit son *Tagebuch einer Reise nach der Küsten des adriatischen Meeres*, etc., et en 1819 *Anleitung Gräser u. grasartige Gewachse nach einer neuen Methode für Herbarien zuzubereiten*, etc. En 1826, parut son *Caricologia germanica;* puis en 1835 un autre ouvrage portant le même titre, en collaboration avec Jac. Sturm. (*Cat. sc. pap.*, III, 430.) — Tob.-Konr. HOPPE fut l'auteur, en 1748, de *Ein. Nachr. v. d. sogenannten Eichen-Weiden- u. Dornrosen*, etc. La même année, il publia à Gera, *Antwort-Screiben auf diejenijen Zweifel*, etc., et en 1773, à Altenburg, *Abh. v. d. Begattung d. Pflanzen*. Son *Geraische Flora* [1774] fut son dernier ouvrage.

HOPPEA (ENDL.). Pour *Hopea* L. et pour *Hopea* ROXB.

HOPPEA (REICHB., *Icon. exot.*, I, 8, t. 10). Synonyme de *Ligularia* CASS.

HOPPEA (W., in *N. Schr. Nat. Fr. Berl.*, III [1801], 404). Synonyme de *Canscora* LAMK.

HOPPIA (NEES, in *Mart. Fl. bras.*, II, I, 199, t. 30). Genre de Cypéracées-Cryptangiées, caractérisé par des spicules groupés en fascicules, eux-mêmes étroitement capités; les capitules pressés dans le groupe général ou disposés en ombelles (?) irrégulières. Les spicules femelles ont 3 écailles unies en un urcéole clos, entourant la fleur et le fruit, et percé au sommet. Ce sont des herbes du Brésil septentrional et de la Guyane, à tige courte, feuillue; à hampes florifères allongées, aphylles, nées entre les feuilles de la base. Il y en a 3, 4 espèces. (BŒCKEL., in *Linnæa*, XXXIX, 11. — RUDGE, *Pl. guian.*, t. 16.) [H. BN.]

HORAIJI-YURI. Nom japonais du *Lilium auratum* LINDL.

HORAN (WITTST., *Etym. Handw.*, 451). Pour *Horau* ADANS.

HORANINOW (Paul). Botaniste russe [1796-1866], auteur de *Primæ lineæ Botanices* [1827], puis de *Fundamenta Botanices* [1841], publia, en 1847, *Characteres essentiales familiarum ac tribuum Regni vegetabilis*, etc., puis *Die Pilze in medizinisch-polizeilicher Beziehung* [1848], et en 1862 un *Prodromus monographiæ Scitaminearum*, etc. (in-fol. de 45 p.).

HORANINOWIA (FISCH. et MEY., *Enum. pl. Schrenk.*, 10). Genre de Chénopodiacées-Salsolées, à fleurs unisexuées ou hermaphrodites, appartenant au groupe dans lequel les graines sont horizontales, avec un embryon à radicule centrifuge; et caractérisé dans ce groupe par des sépales subéreux, gibbeux sur le dos, un disque cupuliforme, 5 staminodes (?) interposés aux étamines fertiles et un fruit inclus dans le calice persistant. Les 2 ou 3 espèces connues, des déserts de la Dzoungarie et de la Caspienne, sont des herbes annuelles, à feuilles opposées et alternes, subulées. (EICHW., *Pl. casp.-cauc.*, t. 12. — MOQ., in *DC. Prodr.*, XIII, p. II, 170.) [H. BN.]

HORARIUS. Qui dure une heure ou environ, comme certains pétales nommés fugaces (Cistes, Hélianthèmes, Lins, etc.).

HORAU (ADANS., *Hist. des pl.*, II, 80). Synonyme de *Laguncularia* GÆRTN. F.

HORÇA BRANCA. En Portugal, l'un des noms de la Bryone.

HORCO MOLLE. Nom argentin du *Bumelia obtusifolia* R. S.

HORDEÆ. Tribu (12) des Graminées. (B. H., *Gen.*, III, 1076.)

HORDEINEÆ (MIQ., *Fl. ind.-bat.*, III, 359). Subdivision des Graminées-Panicées.

HORDEUM. Nom latin des Orges.

HORDIATE. Nom espagnol de l'*Hordeum distichum* L.

HORDY. Nom provençal de l'Orge.

HOREA (W. HARV., in *Trans. Ir. Acad.*, XXII, 555). Genre d'Algues-Floridées, de la famille des Champiées, caractérisé par une fronde inarticulée, tubuleuse, élastique et gélatineuse, comprimée, plane, formée de trois couches cellulaires. Au centre, les cellules sont arrondies, oblongues, peu serrées; la couche intermédiaire est composée de cellules plus petites, entremêlées de filaments qui s'anastomosent; la portion corticale est composée de filaments verticaux, moniliformes et est entourée d'un mucus qui se détruit assez facilement. Les cystocarpes sont dans un péricarpe charnu, angulaire, pourvu d'un carpostome. Ils renferment un nucléus simple, généralement entouré de filaments qui prennent une disposition arachnoïforme. Les sphérospores sont immergées dans le strate cortical peu modifié; ils se divisent en croix. La plupart des espèces qui constituent ce curieux genre sont propres à la Nouvelle-Hollande. [CH. M.]

HOREHOUND. Nom anglais du Marrube blanc.

HOREN, OREN. Dans la Bible, signifie, dit-on, le Câprier.

HORENSO. Nom japonais du *Spinacia inermis* L. (?).

HORESTRANG. En Angleterre, le *Peucedanum officinale* L.

HORG. En Nubie, l'*Acacia vera* L.

HORHOR. Nom espagnol du *Vallea cordifolia* RUIZ et PAV.

HORKEL (Joh.). Professeur de physiologie à Berlin [1769-1846], est surtout célèbre par la théorie dite *Horkelienne*, que défendit Schleiden et qui attribuait au sommet du tube pollinique l'origine de l'embryon végétal. (*Cat. sc. pap.*, III, 433.)

HORKELIA (CHAM. et SCHLCHTL, in *Linnæa*, II, 26). Synonyme de *Potentilla* T. et section de ce genre. (H. BN, *Hist. des pl.*, I, 369, fig. 421, 422.)

HORKELIA (REICHB., ex BARTL., *Ord. nat.*, 76). Synonyme de *Wolffia* HOV.

HORKY. Nom bohême du Ményanthe-Trèfle d'eau.

HORLOGE DE FLORE. Division des heures du jour, basée sur l'ordre d'épanouissement des fleurs. Il y en a un grand nombre, souvent assez inexactes, et chacun pourrait en établir une d'après ses propres observations, s'il ne trouvait toutefois cette occupation un peu puérile. En voici une qui a été souvent reproduite:

3 à 5 heures....	*Tragopogon pratense.*	9 à 10 heures...	*Mesembryanthemum cristallinum.*
4 à 5 —	*Cichorium Intybus.*	10 à 11 heures..	*Mesembryanthemum nodiflorum.*
5 heures.......	*Taraxacum officinale.*	5 heures du soir.	*Mirabilis Jalapa.*
5 à 6 heures...	*Hieracium umbellatum.*	6 heures.......	*Geranium triste.*
6 heures.......	*Hieracium murorum.*	6 heures.......	*Silene noctiflora.*
6 à 7 heures....	*Lactuca sativa.*	9 à 10 heures..	*Cereus grandiflorus.*
7 heures	*Nymphæa alba.*		
8 heures.......	*Anagallis arvensis.*		
9 heures.......	*Calendula arvensis.*		

HORMACTIS (THUR. et BORN., in *Ann. sc. nat.* [1875], 376). Genre d'Algues-Nostochinées, caractérisé par des hétérocytes intercalaires; des ramifications irrégulières, provenant d'un repli du trichome en forme de la lettre V, et qui donnent naissance à deux filaments géminés, distincts à la base, mais qui se transforment à une certaine hauteur, pour la plupart, en un filament unique, composé d'une seule rangée de cellules. La fronde de cette Algue est creuse, dure, plissée, et par son aspect se rapproche de celles du genre *Rivularia*. [CH. M.]

HORMIACTIS (PREUSS, in *Sturm Deutsch. Fl.*, III Abh., 6 B, 113). Genre d'Hyphomycètes, à filaments dressés, formant de petites touffes. Les filaments sporosphores sont rameux, subverticillés; les spores, cylindriques, disposées en chaînettes, sont uni- ou biloculaires. Les 2 espèces décrites se rencontrent sur la Guimauve ou sur les rameaux d'Aune tombés à terre. [DE S.]

HORMIDIEÆ (KUETZ., *Phyc. gen.*, 243). Famille des Algues-Dermatosiphées. Plus tard (*Phyc. germ.*, 191), l'auteur en fit une famille des *Confervinæ*.

HORMIDIUM (KUETZ., *Phyc. germ.*, 193). Genre d'Algues-Chlorophyllées terrestres, qui se développent surtout dans les endroits nus et humides. Leur cytioderme est ténu et même très faible. Pour L. Rabenhorst, les Algues de ce groupe ne doivent point constituer un genre à part. Leur place naturelle se trouve chez les *Ulothrix*, dont elles ont les caractères génériques, et dont elles constituent, selon lui, la seconde division: les *Ulothrix* terrestres. [CH. M.]

HORMIDIUM (LINDL., in *Hook. Journ. Bot.*, III, 81). Genre d'Orchidacées-Epidendrées, caractérisé par: Sépales égaux, presque dressés au début, plus tard étalés: le postérieur libre; les latéraux plus larges, adnés à la base du gynostème formant un court menton; pétales semblables au sépale postérieur ou très étroits. Labelle conné à la base avec le gynostème en forme de coupe ou de godet, à lame dressée, étalée, 3-lobée ou indivise; gynostème court, à bords dilatés jusqu'au sommet et connés jusqu'au sommet avec le labelle; clinandre court, tronqué; anthère terminale, operculaire, incombante, subréniforme, à 2 loges subdivisées chacune en 2 logettes; pollinies 4, céracées, ovoïdes, ou très peu comprimées, distinctes, inappendiculées, fixées à l'anthère déhiscente aux sommets par un peu de viscosité. Capsule ovoïde ou subglobuleuse, non rostrée, à côtes proéminentes. Ce sont des herbes épiphytes, naines, à petits pseudobulbes réunis sur un rhizome, à gaines membraneuses; 1-2-foliés à leur sommet; à feuilles petites, coriaces ou un peu charnues; à fleurs égalcment petites, excepté dans l'*H. Sophronito*, brièvement pédicellées ou disposées en petites grappes lâches, peu nombreuses. On en connaît 7 espèces, toutes originaires de l'Amérique tropicale. (B. H., *Gen.*, III, 524.) [B. M.]

HORMINEÆ (ENDL., *Gen.*, 616). Sous-tribu des Labiées-Monardées.

HORMINIDÆ (LINDL., *Veg. Kingd.*, 661). Tribu des Labiées-Monardées (genre *Horminum* L.).

HORMINUM (BENTH., in *Hook. Bot. Misc.*, III, 973; in *DC. Prodr.*, XII, 277). Section du genre *Salvia* T.

HORMINUM (L., *Coroll.* [1737], 9; *Gen.*, n. 730). Genre de Labiées-Saturéiées, représenté par une plante européenne, croissant des Pyrénées au Tyrol (*H. pyrenaicum* L. — *Melissa pyrenaica* W.), voisine des Mélisses et distinguée par un calice bilabié; une corolle à tube incurvé-ascendant, pourvu d'un anneau de poils intérieurs. Les anthères linéaires ont deux loges confluentes. C'est une herbe odorante, à feuilles basilaires dites subradicales, à grappe subaphylle de verticillastres 6-flores, à androcée didyname. (JACQ., *Hort. vindob.*, t. 183. — REICHB., *Ic. Fl. germ.*, t. 1260.) [H. BN.]

HORMINUM (MŒNCH, *Meth.*, 376). Sous-genre (B. H.) du genre *Mentha* T.

HORMINUM (T., *Inst.*, 178, t. 82). Synonyme de *Salvia* T.

HORMISCINEI (LÉV., in *Dict. d'Orb.*, VIII, 495). Subdivision des Algues-Arthosporées.

HORMISCIUM (KZE, *Myk. kef.*, I, 12). Synonyme de *Torula*.

HORMISCUS (FR., *Flor. Scand.* [1835]. — ARESCH. [1836]). Genre d'Algues-Chlorosporées, de la famille des *Ulotrichaceæ*, caractérisé par des filaments articulés, simples, à croissance intercalaire, et n'émettant jamais de rameaux. Les cellules sont courtes; le cytioderme épais, souvent pourvu de corps lamelleux. Le cytioplasma est vert et pourvu de granules amylacés. La reproduction, d'après les recherches des auteurs les plus modernes, se fait au moyen de grandes et de petites zoogonidies. Les Algues de ce genre diffèrent des *Ulothrix* proprement dits, non seulement par l'épaisseur du cytioderme qui paraît entièrement lamelleux, mais encore par leur station. Elles sont généralement divisées en fluviatiles, marines et submarines. [CH. M.]

HORMISCUS (SPRENG. — REICHB.). Pour *Ormiscus* DC.

HORMOCARPUM (REICHB.), HORMOCARPUS (SPRENG.). Pour *Ormocarpum* PAL.-BEAUV.

HORMOCERAS (KUETZ., *Phyc. gen.*, 370). Algues-Floridées, de la famille des Céramiées pour l'auteur, mais que J.-G. Agardh considère avec juste raison comme synonymes de *Ceramium*.

HORMOCOCCACEÆ (PREUSS, in *Linnæa*, XXVI, 715). Famille des Myélomycètes, formée des genres *Hormococcus* et *Sirococcus*.

HORMOCOCCUS (PREUSS, in *Linnæa* [1851], XXIV, 127). Genre de Mélanconiés, se présentant sous forme de pulvinule globuleux ou déprimé, émergeant à travers l'épiderme, au-dessous duquel il s'est développé. Les filaments sporophores dont se compose le pulvinule, sont simples ou ramifiés et donnent naissance à des spores en chaînettes cylindriques, tronquées, hyalines ou colorées. Les 6 espèces connues de ce genre vivent sur le bois ou les rameaux du Citronnier, de la Vigne, des Peupliers, des Rosiers, etc. [DE S.]

HORMOCULEUM (DE BRÉBISS., in *litt.*, n. 428). Genre d'Algues-Scytonémées, qui n'a pas été admis par la plupart des botanistes actuels, et que Kützing considère comme synonyme de *Calothrix*. (KUETZ., *Sp. Alg.*, 312.) [CH. M.]

HORMOCYSTES (NÆG., in *Kuetz. Tab. phyc.*, II, 28, t. 90, fig. 3). Genre d'Algues-Chlorosporées, de la famille des Ulotrichiées, que L. Rabenhorst n'a pas admis et qu'il considère comme synonyme de *Schizogonium*. [CH. M.]

HORMODENDRON (HOFFM. — SACC.). — Voy. HORMODENDRUM.

HORMODENDRUM (BONORD., *Handb.*, 76). Genre d'Hyphomycètes, voisin des *Penicillium*. L'extrémité sporophore des filaments est moins différenciée; les spores sont plus ovales. M. Tulasne soupçonne les espèces de ce genre d'être l'état conidien des *Stigmatea;* les conidies du *S. Fragariæ* ont en effet de l'analogie avec les *Hormodendrum*. (TUL., *Select. Fung. Carpol.*, II, 286, 292, t. XXXI, fig. 7.) [DE S.]

HORMOGONIE. Nom donné par les physiologistes aux tronçons des filaments qui, dans les Nostochinées, se séparent de la série en chapelet. Ces tronçons sont doués d'une certaine motilité, au moment où ils viennent à se séparer de la plante mère. [CH. M.]

HORMOGYNE (A. DC., *Prodr.*, VIII, 176). Synonyme de *Sideroxylon* L. et section (d'ailleurs mal définie) de ce genre.

HORMOMYCES (BON., *Handb.*, 150). Genre de Champignons, présentant un stroma charnu, comme les Trémellinés. Ce stroma est composé de filaments ramifiés et anastomosés, dont les extrémités portent des chaînes de spores arrondies, qui forment, en se détachant, une poussière blanche à la surface du stroma. Il paraît assez difficile de distinguer ces Champignons des formes conidipares de la Trémelle mésentérique. [DE S.]

HORMOPHYSA (KUETZ., *Phyc. gen.*, 359). Genre d'Algues, de la famille des Cystosirées, d'après l'auteur, et qu'Endlicher (Suppl., III, 30), considère comme un *Monosira;* J.-G. Agardh et les autres algologistes, comme devant faire partie du genre *Cystosira*, dont il a toute la structure. Il ne renferme qu'une espèce, propre à la mer Rouge. [CH. M.]

HORMOSCIADIUM (ENDL., *Gen.*, Suppl., IV, p. III, 16). Synonyme de *Ormosciadium* BOISS.

HORMOSIA (REICHB.). Orthogr. vicieuse pour *Ormosia* JACK.

HORMOSIPHON (KUETZ., *Tab. phyc.*, II, 7, t. 27; *Phyc. gen.*, 209). Genre d'Algues, de la famille des Nostochinées. Ce genre est caractérisé par un thalle moniliforme, recourbé, flexueux, entouré d'une gaine et renfermé dans un périderme commun. Les gaines sont gélatineuses. Ces Algues sont propres aux eaux douces et se trouvent cependant aussi sur la terre humide. Rabenhorst considère ce genre comme synonyme de *Nostoc*. [CH. M.]

Hormosira.

HORMOSIRA (ENDL., *Gen.*, 10). Genre d'Algues, de la famille des Fucacées, tribu des Angiospermées, d'après Kützing, caractérisé par une fronde filiforme, rameuse, se développant en un cordon alternativement étranglé et renflé en forme de chapelet. Réceptacles et vésicules mêlés; feuilles nulles. Les scaphidies sont disposées dans la périphérie des vésicules; elles sont sphériques, dioïques et communiquent à l'extérieur au moyen d'un ostiole. Les spores sont situées dans un périspore hyalin. Les anthéridies presque coniques sont portées par des filaments rameux. Six espèces constituent ce genre. [CH. M.]

HORMOSPERMEÆ (J.-G. AGH, *Spec. Alg.*, II, 1, t. 9). Une des grandes divisions des Floridées, la quatrième, caractérisée par des filaments gemmidifères, articulés d'une manière moniliforme, superficiels ou rayonnants dans un péricarpe. Issus d'une base placentaire, ils reproduisent dans les articles supérieurs des gemmidies arrondies-oblongues. Quatre ordres bien caractérisés constituent cette grande famille, notamment les *Squamariaceæ*, les *Sphærococcoideæ*, les *Delesserieæ*. (Voy. J.-G. AGH, *Spec.*, *gen. et ord. Alg.*, III, 371.) [CH. M.]

HORMOSPHÆRIA (LÉV., in *Ann. sc. nat.*, sér. 4, XX, 297). Genre de Sphériacés foliicoles, à réceptacle contenant 3 ou 4 conceptacles membraneux, à l'intérieur desquels sont des thèques à 2 ou 3 spores semblables aux chaînettes articulées des Nostochinées. L'*H. tessellata* LÉV. a été recueilli au mois de janvier, dans la Colombie, à 2800 mètres d'altitude, sur les feuilles du *Thibaudia floribunda*. [DE S.]

HORMOSPORA (DE BRÉBISS., in *Ann. sc. nat.* [1844], 29). Genre d'Algues fluviatiles, que l'auteur avait placé dans les Nostochinées, section des Pleurococcoïdées, et qui présente dans les eaux des filaments verts, entrelacés, nageant par flocons mêlés aux Conferves. Ces Algues sont caractérisées par des filaments gélatineux et confervoïdes, simples ou rameux, disposés en famille, renfermant des corpuscules ovoïdes ou sphériques, en séries moniliformes. L'endochrome de chaque cellule est vert, lamelleux ou granuleux. La multiplication se fait par la division des cellules. L. Rabenhorst a placé ces Algues dans les Coccophycées, famille des Palmellacées; Kützing, au contraire, dans la division des *Confervineæ*, famille des Ulotrichées. Ce genre renferme deux espèces. [CH. M.]

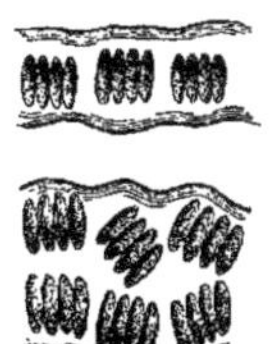
Hormospora.

HORMOSPORA (DESMAZ., in *Ann. sc. nat.*, sér. 3, XVI [1851]). Genre de Sphériacés, qui ne se distingue du genre *Sporormia* DE NOT. que par des caractères insuffisants. Ce dernier nom, étant antérieur, a été généralement adopté, bien que de Notaris (*Sch. dicl. d. Sfer.*, 234) ait choisi plus tard, nous ne savons pourquoi, *Hormospora*.

HORMOTHECA (BON., *Abhandl. aus d. Myk.*, 149). Genre de Sphériacés, à petit périthèce globuleux, muni d'un ostiole. Les thèques sont obovales, et les spores ont 2 loges inégales. La description de l'espèce connue (*H. Geranii*) ne présente d'ailleurs pas de différence avec le *Stigmatea Geranii* TUL. [DE S.]

HORMOTINI (FRIES, *Epicr.*, 1, 436). Section des Polyporés, comprenant des espèces vivant dans les régions tropicales, à chapeau coriace, papyracé, zoné; à pores blancs.

HORNBEAM. Nom anglais du Charme.

HORNEA (BAK., *Fl. Maur. et Seych.*, 59). Genre créé pour le *Thouinia* (?) *mauritiana* BOJ.

HORNEMANN (Jens.-Wilk.). Botaniste danois [1770-1841], débuta par un *Traité des plantes économiques du Danemark* [1795], qui eut trois éditions, et donna en 1807 et 1813 deux Catalogues du Jardin de Copenhague. On lui doit encore : *Om Berberissen kan frembringe Kornrust?* [1816], *De indole plantarum guineensium* [1819], et *Nomenclatura Floræ danicæ emendata* [1827]. (*Cat. sc. pap.*, III, 435.)

HORNEMANNIA (BENTH., in *DC. Prodr.*, X, 428, nec VAHL). Synonyme de *Sibthorpia* L.

HORNEMANNIA (L. et OTT., *Ic. sel.*, I, 9). Syn. de *Vandellia* L.

HORNEMANNIA (SCHOUSB, *mss.*). Genre d'Algues, de la famille des Gélidiées; synonyme, pour J.-G. Agardh et pour Kützing, de *Gelidium* LAMX. [CH. M.]

HORNEMANNIA (VAHL, *Skr. nat. Selsk. Kjobenh.*, VI, 120). Genre d'Éricacées-Vacciniées, tribu des Thibaudiées. Le calice est articulé avec le pédicelle, formé d'un tube épais, hémisphérique et d'un limbe court, à 5-7 dents peu distinctes. La corolle est coriace, cylindrique ou urcéolée, divisée jusqu'au milieu en 5-7 lobes dressés, valvaires, avec les bords infléchis. 10-14 étamines incluses, à anthères renflées, mutiques sur le dos, prolongées en deux tubes droits qui s'ouvrent au sommet par 2 pores. Le fruit est une baie, de la grosseur d'un pois, à 5-6 loges polyspermes. On connaît 2 *Hornemannia*, des Antilles et de la Guyane, arbrisseaux à feuilles alternes, persistantes; à fleurs rouges, en corymbes axillaires et terminaux. [A. FR.]

HORNEMANNIA (W., *Enum. Hort. berol.*, 653, nec VAHL). Synonyme de *Mazus* LOUR.

HORNERA (JUNGH., in *Hœv. et de Vr. Tijdschr.*, VII, 314). Genre douteux (?) de Thyméléacées du Japon.

HORNERA (NECK., *Elem.*, III, 43). Synon. de *Mucuna* ADANS.

HORNIA (DC., *Prodr.*, IV, 500). Section du genre *Coffæa* L.

HORNMAGSÄAMEN. Nom allemand du Pavot cornu.

HORNNGIA (REICHB.). Synonyme de *Hutchinsia* R. BR.

HORN OF PLENTY. En Angleterre, le *Fedia Cornucopiæ* L.

HORNOTINI (FR., *Epicr.*, 436). Section de la tribu des *Mesopus*, à chapeau coriace, papyracé, à spores et tubes blancs.

HORNSBAST, HORNPROSENCHYM. Noms donnés, en Allemagne, au prosenchyme corné (WIGAND.).

HORNSCHUCH (Chr.-Fried.). Professeur à Greifswald [1793-1850], écrivit *De Voitia et Systylio novis Muscorum frondosorum generibus* [1818]. (*Cat. sc. pap.*, III, 439.)

HORNSCHUCHIA (BL., *Cat. Hort. Buitenz.* [1823], ex *Flora* [1825], I, 117). Synonyme de *Cratoxylon* BL.

HORNSCHUCHIA (NEES, in *Denkschr. Bot. Ges. Regensb.*, II, 159, t. 11, 12). Genre douteux, rapporté aux Sapotacées, aux Sapindacées, aux Lardizabalées, aux Ebénacées, etc. MM. Bentham et Hooker, qui en avaient d'abord fait des Styracacées, ont pensé depuis (*Gen.*, II, 663) que c'étaient des Anonacées voisines des *Bocagea*.

HORNSCHUCHIA (SPRENG., *N. Entd.*, III, 64). Genre incertain.

HORNSTEDT (Cl.-Fred.). Voyageur à Java et au Cap, auteur de *Dissertatio de novis generibus plantarum* [1799], in-8 de 28 p.

HORNSTEDTIA (RETZ., *Obs.*, VI, 18). Synonyme de *Amomum* L. Jussieu écrit *Hornstedia*.

HORNUNG [1795-1862], auquel Bernhardi a dédié le genre *Hornungia*, a écrit quelques notices. (*Cat. sc. pap.*, III, 440.)

HORNUNGIA (BERNH., in *Flora* [1840], 392). Genre proposé pour le *Gagea reticulata* RŒM. et SCH.

HORNUNGSDAGG. Nom suédois des *Erysiphe*.

HORNUS. Produit de la même année.

HORNWORT. Nom anglais des Cornifles.

HORSE-BEAN. Nom anglais du *Parkinsonia aculeata* L.

HORSE-CHESNUT. Nom anglais des *Æsculus* L.

HORSE-EYE-SEEDS. Nom anglais des graines du *Mucuna urens*.

HORSE-GRASS. Nom anglais du *Stenotaphrum americanum*.

HORSEHEAL, HORSHELE. Noms anglais de la Grande-Aunée.

HORSEHOOF. En Angleterre, le Tussilage.

HORSEKNOB. Nom anglais du *Centaurea nigra* L.

HORSEPIPE. En Angleterre, les Prêles.

HORSE-RADISH. Nom anglais du Raifort. L'*Horse-radish tree* est le *Moringa pterygosperma* GÆRTN.

HORSETAIL. Nom anglais des Prêles.

HORSEWEED. En Angleterre, l'*Erigeron canadense* L.

HORSEWOOD. A la Jamaïque, le *Calliandra comosa* BENTH.

HORSFIELD (Thom.). Botaniste anglais [1773-1859], connu surtout par les *Plantæ javanicæ* de Bennett, dont il avait recueilli les matériaux, a écrit *Experimental Dissertation on the Rhus Vernix, Rhus radicans and Rhus glabrum*. (*Cat. sc. pap.*, III, 441.)

HORSFIELDA (PERS.), **HORSCHFIELDIA** (TAUSCH). Pour *Horsfieldia* BL.

HORSFIELDIA (BL., *Bijdr.*, 885). Genre d'Ombellifères-Araliées, dont les fleurs ressemblent à celles des *Aralia*, avec un calice court ou nul, des pétales valvaires, un ovaire biloculaire et des styles dilatés insensiblement à la base en stylopodes coniques. Le fruit est ovoïde, comprimé latéralement, et les carpelles 3-costés se détachent à la maturité. Les graines ont un albumen homogène. Ce sont des arbustes élevés, chargés d'aiguillons et de duvet, qui s'écartent cependant un peu du port et des caractères extérieurs de cette famille, à feuilles alternes, pétiolées ou cordées, 3-5-lobées ou palmati-3-9-fides, avec des fleurs disposées en longues grappes de petites ombelles capituliformes. Les 2 espèces connues habitent Java. (BENN., *Pl. jav. rar.*, t. 26. — H. BN, *Hist. des pl.*, VII, 247, n. 97.) [H. BN.]

HORSFIELDIA (W., *Spec.*, IV, 872). Synonyme de *Myristica*.

HORST (Gisb.). Auteur, en 1544, de *De Turpetho et Thapsia*, publié à Rome. — Chr. HORST donna à Cassel, en 1610, un *Hortulus medicus*. — Jac. HORST, professeur à Helmstädt [1537-1600], écrivit : *Opusculum de Vite vinifera* et un *Herbarium Horstianum*, ouvrage posthume [1630]. — J.-D. HORST donna, en 1654, *Malva arborescens lutea*.

HORSTMANNIA (MIQ., *Stirp. surin.*, 167). Synonyme de *Condylocarpon* DESF.

HORTA (VELL., *Fl. flum.*, 48; Atl., I, t. 124). Synonyme de *Clavija* R. et PAV.

HORTELA APIMENTADA. Au Portugal, la Menthe poivrée.

HORTENSIA (COMMERS., ex J., *Gen.*, 214). Syn. de *Hydrangea*.

HORTENSIS. De jardin; cultivé dans les jardins.

HORTIA (VANDELL., in *Ræm. Skr. bras.*, 188). Genre de Rutacées-Zanthoxylées, à fleurs hermaphrodites. Le calice est en forme de coupe obconique, à 5 dents ou à 5 crénelures. Les 5 pétales tout à fait libres, plus longs que le calice, coriaces, barbus en dedans vers le milieu, sont en préfloraison valvaire. 5 étamines alternipétales, insérées sur un disque à 5 lobes, à filets libres. Ovaire libre, à 5 loges biovulées, oppositisépales; style court, conique, à 5 sillons. Le fruit est une baie ovoïde. On en connaît 3 espèces, du Brésil, arbres ou arbrisseaux glabres, à feuilles alternes, simples ou trifoliolées; à fleurs disposées en grappes terminales très composées. (H. BN, *Hist. des pl.*, IV, 478.) [A. FR.]

HORTONIA (WIGHT, *Icon.*, VI, t. 1997, 1998). Genre de Monimiacées, série des Hortoniées, dont il constitue le type. Caractères : Fleurs hermaphrodites ou polygames; réceptacle urcéolé; folioles du périanthe en nombre indéfini, en spirale, imbriquées; les extérieures plus courtes, sépaloïdes; les intérieures plus grandes, pétaloïdes, accrescentes. Étamines en

Hortonia. — Rameau florifère.

nombre indéfini : ou bien toutes stériles, ou bien les 4-10 extérieures fertiles; filets courts, munis à la base de deux glandes latérales stipitées. Anthères biloculaires, extrorses. Carpelles nombreux, libres, insérés dans le fond du réceptacle, stériles ou fertiles. Ovaire uniloculaire, atténué en un style linéaire, contenant un seul ou rarement deux ovules descendants, à micropyle introrse et supère; l'un des deux avorte toujours. Fruit composé de drupes libres, entourées à leur base des vestiges du réceptacle et du périanthe; noyau dur, monosperme. Graine pourvue d'un albumen charnu abondant; d'un embryon inverse, à cotylédons un peu divergents, à radicule supère. Arbrisseaux aromatiques, à feuilles alternes, sans stipules, chargées de ponctuations glanduleuses et translucides; à fleurs axillaires, en cymes. On en connaît 2 ou 3 espèces, qui croissent dans l'Inde et à Ceylan. (Voy. H. BN, *Hist. des pl.*, I, 295, 339, fig. 318-523.) [L.]

HORTONIÉES (*Hortonicæ* H. BN, *Hist. des pl.*, I, 295, 327, 339). Série des Monimiacées, à fruits drupacés, mais tous indépendants les uns des autres et du réceptacle, élargi au sommet, ou irrégulièrement déchiré, ou ouvert par son sommet, à la façon d'un couvercle (genres *Hortonia*, *Peumus*, *Hedycarya*, *Mollinedia*, (?) *Hennecartia*, *Monimia*, *Palmeria*).

HORTUS SICCUS. Synonyme d'Herbier.

HORUTOSO. Nom japonais de l'Épurge.

HORVATOVSKY (Sigism.). Auteur du *Floræ Tyrnaviensis indigenæ pars prima* [1774].

HOSACH (Dav.). Professeur à New-York [1769-1835], a écrit : *Syllabus of a course of lectures on Botany* [1795], *Hortus elginensis* [1806], *A statement... of the Elgin botanic garden* [1811], *An inaugural discourse delivered before the New-York Horticultural Society* [1824]. (*Cat. sc. pap.*, III, 444.)

HOSACKIA (DOUGL., ex BENTH., in *Bot. Reg.*, t. 1257). Genre de Légumineuses-Papilionacées, série des Lotées, sous-série des Eulotées, se distinguant par : Pétales longuement onguiculés, libres par rapport au tube staminal. Ailes auriculées. Carène incurvée, un peu plus courte que les ailes; filets staminaux dilatés au sommet, soit tous, soit seulement les alternipétales. Ovaire sessile. Gousse cloisonnée entre les graines. Herbes ou arbrisseaux, tous de l'Amérique boréale et centrale. On en connaît environ 25 espèces. (Voy. H. BN, *Hist. des pl.*, II, 291.) [L.]

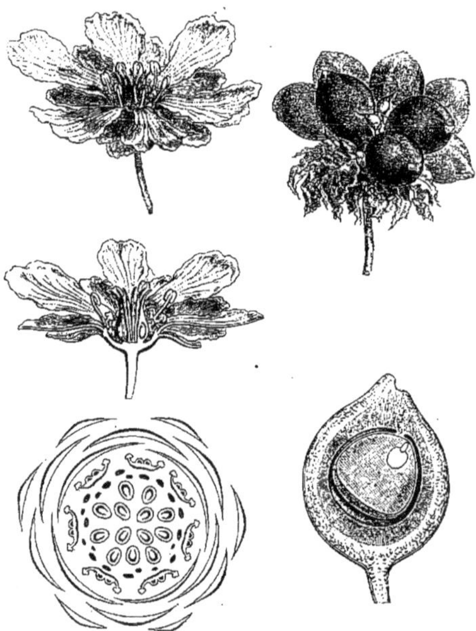

Hortonia. — Fleur, entière et coupe longitudinale. Diagramme. Fruit multiple. Carpelle mûr, coupe longitudinale.

HOSAKI-NO-IKARISO. Nom japonais de l'*Epimedium* (*Aceranthus*) *sagittatus*.

HOSANA. Nom malgache du *Xerophyta pectinata* BAK. et du *X. sessiliflora* BAK.

HOSANGIA (NECK., *Elem.*, I, 225). Synon. de *Maieta* AUBL.

HOSE (Joh.-Alb.). Mort à Heidelberg en 1800, auteur de *Herbarium vivum Muscorum frondosorum*, etc. [1799-1800].

HOSEA (DENNST., *Schl. Hort. malab.*, 31). Genre proposé pour le *Perin-Patsjotti* de Rheede.

HOSENKIVA. Nom japonais de la Balsamine.

HOSER (Jos.). Botaniste et médecin de Prague [1770-1848], a écrit : *De modo plantas juxta Syst. Linneanum determinandi*.

HOSHIKUSA. Nom japonais de l'*Eriocaulon parvum* KAER.

HOSIAM SAMUM. Nom ancien de l'Aigremoine-Eupatoire.

HOSLUNDIA (VAHL, *Enum.*, I, 212). Genre de Labiées-Ocimoïdées, voisin des *Plectranthus*, à lobe antérieur de la corolle dépassant les autres, concave, avec un calice fructifère devenu charnu et un androcée dont les 2 étamines antérieures sont seules parfaites. Ce sont des arbustes ou des sous-arbrisseaux, de Madagascar et de l'Afrique tropicale. (BENTH., in *DC. Prodr.*, XII, 54; *Gen.*, II, 1174, n. 10.) [H. BN.]

HOSOBA-NO-SENTOSO. Nom japonais du *Chamæle Tanakæ* FR.

HOSOBA-NO-YOTSUBA-MUGURA. Au Japon, le *Rubia* (*Galium*) *trifida* H. BN.

HOSOBA-TADE. Au Japon, le *Polygonum gramineum* MEISSN.

HOSONE. Nom, au Japon, d'une variété de Radis *Daïkon*.

HOST (Nic.-Thom.). Médecin de la cour, à Vienne [1761-1834], a écrit : *Synopsis plantarum in Austria... sponte crescentium* [1797], *Icones et descriptiones Graminum austriacorum* [1801-1809], *Flora austriaca* [1827-1831] et *Salix*, volum. 1 [1828], 34 p. et 105 planches coloriées.

HOSTA (JACQ., *Hort. schœnbr.*, I, 60, t. 114). Synonyme de *Cornutia* PLUM.

HOSTA (TRATT., *Arch. Gew.*, I, 55). Synon. de *Funkia* SPRENG.

HOSTANA (PERS., *Ench.*, II, 143). Synonyme de *Hosta* JACQ.

HOSTEA (W., *Spec.*, I, 1274). Synonyme de *Matelea* AUBL.

HOSTIA (MŒNCH, *Meth.*, Suppl., 221). Synonyme de *Crepis*.

HOSTMANNIA (PL., in *Hook. Icon.*, t. 709). Synonyme de *Elvasia* PL.

HOSTMANNIA (STEUD.). Synonyme (NAUD.) de *Comolia* DC.

HOTA. Herbe de Madagascar (FLAC.), qui sert à étancher le sang. Bory dit que c'est « une espèce de Trèfle ».

HOTABUSO. Au Japon, le *Bupleurum sakhalinense* FR. et SAV.

Sermo academicus, quo rei herbariæ historia et fata adumbrantur [1695], et de *Thesaurus phytologicus* [1738].

HOTTONIA (BURM., *Thes. zeyl.*, 121, t. 55, fig. 1). Synonyme de *Limnophila* R. BR.

HOTTONIA (L., *Gen.*, n. 203). Genre de Primulacées, qui a donné son nom à une tribu des Hottoniées, et qui a les fleurs d'une Primevère, avec corolle infundibuliforme. Il s'en distingue par son port. Les deux *Hottonia* connus sont aquatiques, avec des feuilles submergées pectinées, pennatiséquées. Leurs graines ont un embryon cylindrique, orthotrope; et comme le hile est basilaire, cet embryon n'est pas parallèle à son plan. Ce caractère, auquel on a attaché une trop grande valeur, ne permet qu'à peine de distinguer génériquement les *Hottonia*. Notre *H. palustris* L. a de jolies fleurs roses, formant plusieurs verticilles superposés sur l'axe commun de l'inflorescence. (GÆRTN., *Fruct.*, III, t. 198. — REICHB., *Ic. Fl. germ.*, t. 1081.) [H. BN.]

HOTTONIA (VAHL, *Symb.*, II, 26). Synonyme (?) de *Myriophyllum* L.

HOTTONIA (W., *Spec.*, I, II, 814). Synonyme (CASP.) de *Hydrilla* RICH.

HOTTONIACEÆ (REICHB.), HOTTONIDÆ (LINDL.), HOTTONIEÆ (ENDL.). Tribu des Primulacées.

HOTTUYNIA (CRAM.). Pour *Houttuynia* THUNB.

HOUBLON (*Humulus* L., *Gen.*, 304). Genre d'Ulmacées, série des Cannabinées, voisin des Chanvres, dont il a presque les fleurs dioïques : les mâles à 5 sépales et à 5 étamines superposées; les filets courts et les anthères dressées, biloculaires. Dans les fleurs femelles, le calice est gamosépale, persistant,

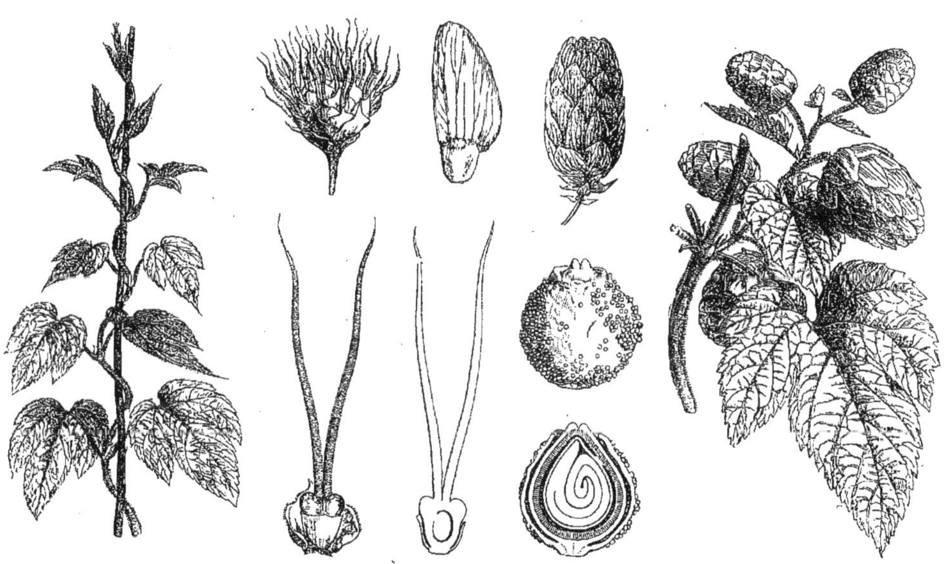

Houblon. — Rameau florifère. Inflorescence femelle. Fleur femelle, entière et coupe longitudinale. Rameau fructifère. Cône. Fruit, entier et coupe longitudinale.

HOTARU-BUKURO. Nom japonais du *Campanula punctata*.

HOTARU-KADZURA. Le *Lithospermum japonicum* A. GRAY.

HOTEIA (C. MORR. et DCNE, in *Ann. sc. nat.*, sér. 2, II, 316, 11). Genre créé à tort pour les *Astilbe* HAMILT.

HOTOKENOSA. Nom japonais du *Lamium amplexicaule* L.

HOTOTOGISU. Nom japonais du *Tricyrtis japonica* MIQ.

HOTOTOGUISSOU. Nom japonais du *Tricyrtis hirta* WALL.

HOTTENTOT-BREAD. Nom anglais du *Testudinaria elephantipes* LINDL.

HOTTON (Pierre). Professeur à Leyde [1649-1709], auteur de

Le gynécée est celui des Chanvres, avec 2 grandes branches stylaires subulées, égales, papilligères. Le fruit est sec, induvié, avec une graine dont l'embryon, non albuminé, est circiné-involuté. Ce sont des herbes, de l'Europe et de l'Asie tempérées, introduites en Amérique, vivaces, odorantes, à rameaux annuels herbacés, volubiles, scabres; les feuilles opposées, pétiolées, entières ou lobées, avec de grandes stipules interpétiolaires, libres ou connées. Les fleurs mâles sont en grappe lâche, simple ou rameuse, avec bractées lancéolées; les femelles sont en groupes contractés, dits cônes ou strobiles, à grandes bractées et stipules distinctes, 2-flores. Les bractéoles entourent plus ou moins les fleurs et les fruits et sont supérieurement allongées en aile. Presque toutes les parties de l'inflorescence sont parsemées de ponctuations jaunes, résineuses, qui constituent le *lupulin* et donnent aux Houblons leurs propriétés aromatiques-amères. Dans notre espèce indigène et cultivée, surtout pour aromatiser la bière, l'*H. Lupulus* L., chaque grain est une glande superficielle, monocystique au début et finalement polycystique, cupuliforme, à court pédicelle. Les parois de la cupule sont formées de nombreux phytocystes qui fabriquent un liquide jaune, huileux, contenant une essence odorante et un principe amer, la *lupuline*. Le liquide sécrété soulève la cuticule dont la paroi concave de la cupule est tapissée et la distend en lui donnant la forme d'un dôme que l'absorption de certains liquides fait même crever. En médecine, le Houblon est un des toniques amers, antidyspepsiques, antiscorbutiques, antiscrofuleux, les plus employés. On cultive quelquefois chez nous, comme ornementale, l'espèce asiatique de Houblon dont l'autonomie avait été longtemps contestée. Les pousses des Houblons se mangent dans le Nord en guise d'Asperges. (Voy. *Hist. des pl.*, VI, 162, 182, 216, fig. 137-145; *Tr. Bot. méd. phanér.*, 1001, fig. 2810-2818.) [H. Bn.]

Houblon. — Glandes du Lupulin.

HOUDIN. L'un des noms vulgaires du *Ruscus aculeatus* L.

HOUETTE (Sonner.). Le *Bombax pentandrum* L.

HOUI. Nom maori du *Plagianthus betulinus*.

HOUKA. Nom maori du *Dracœna australis*.

HOULATCHES. Nom donné par les Malgaches à plusieurs Champignons comestibles.

HOULLETIA (Ad. Br., in *Ann. sc. nat.*, sér. 2, XV, 37). Genre d'Orchidacées-Vandées, dont les fleurs, avec les caractères généraux du groupe, se distinguent par des sépales subégaux et étalés; un labelle étroit, à lobes latéraux bordant l'onglet et prolongés postérieurement en processus arqués en arrière. Les pollinies, au nombre de 2, sont fixées à un pied étroit ou linéaire, sans glande distincte. Ce sont 5 herbes épiphytes, du Brésil et de la Nouvelle-Grenade, à pseudo-bulbes charnus ; à fleurs assez grandes, disposées en grappes lâches. (Lindl., *Sert. Orch.*, t. 43. — *Bot. Mag.*, t. 4072, 6305.) [H. Bn.]

HOULQUE ARISTÉE, VELOUTÉE, LAINEUSE. L'*Holcus lanatus* L.

HOUMIME. Synonyme de *Voamitsa*.

HOUMIMES. Tubercules du *Nepeta madagascariensis* Lamk, qui sont comestibles à Madagascar et aux îles Mascareignes.

HOUMIRI (Aubl., *Guian.*, 564, t. 225). Genre qui, pour nous, se rapporte aux Linacées, où il donne son nom à une série des

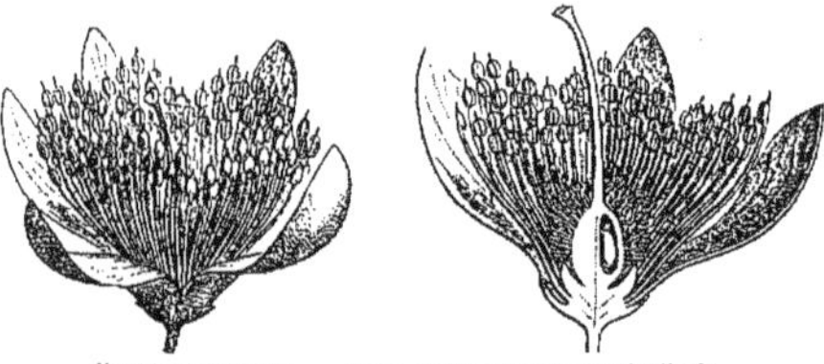

Houmiri (*Vantanea*). — Fleur, entière et coupe longitudinale.

Houmiriées (*Humiriacées* des auteurs). Il comprend, à notre sens, comme simples sections, les *Aubrya*, *Sacoglottis*, *Vantanea* et *Vantaneoides*. Ses fleurs ont un calice pentamère, gamosépale ; cinq pétales tordus ou imbriqués ; de dix à une soixantaine d'étamines, et un gynécée dont l'ovaire a ordinairement cinq loges alternipétales, uni- ou biovulées, surmonté d'un style unique, à tête stigmatifère peu volumineuse et légèrement lobée. Les ovules sont descendants, à micropyle supérieur et extérieur. Les fruits sont des drupes, à noyau osseux, criblé de lacunes

Houmiri. — Branche florifère et fructifère.

résinifères, et les graines albuminées sont à peu près celles des *Erythroxylon*. Les anthères sont très souvent, mais non constamment, remarquables par leur forme : elles ont un grand connectif conique ou pyramidal, charnu, épais, dont les loges occupent la base seulement, à la face interne. Il y a une vingtaine

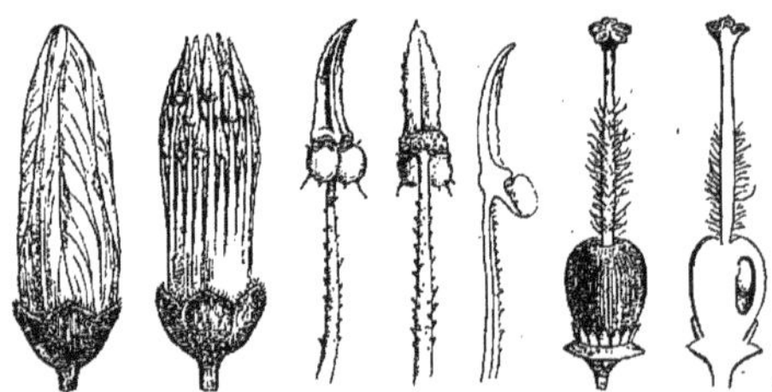

Houmiri. — Bouton. Fleur, sans la corolle. Étamines. Gynécée, entier et coupe longitudinale.

d'*Houmiri* dans l'Amérique tropicale, et une seule espèce dans l'Afrique tropicale occidentale. Tous sont ligneux, à feuilles alternes, simples, coriaces ; à inflorescences en grappes ramifiées, corymbiformes, de cymes. On recherche quelquefois pour l'usage médical leur produit résineux et balsamique. (Voy. *Adansonia*, X, 368 ; *Hist. des pl.*, V, 51, 66, fig. 88-97.) [H. Bn.]

HOUNA-HOUNA. A Madagascar, l'*Hounea madagascariensis*.

HOUND'S-BERRY. En Angleterre, le *Cornus sanguinea* L.

HOUND'S TONGUE. Aux États-Unis, le *Liatris odoratissima* W. C'est aussi le nom anglais des Scolopendres et des Cynoglosses.

HOUNEA (H. Bn, in *Bull. Soc. Linn. Par.*, 301). Genre de Passifloracées-Passiflorées, à fleurs 5-mères, à calice et corolle imbriqués ; à disque coroniforme, formé de soies nombreuses. Étamines 5, insérées au sommet d'un court podogyne, avec l'ovaire 1-loculaire, à 5 placentas pariétaux, multiovulés. Le fruit est une baie à surface veloutée, et les graines ont un arille court. L'*H. madagascariensis* H. Bn est un arbre, haut d'environ 6 mètres, à tronc nu jusqu'à une grande hauteur, à feuilles alternes, oblongues, acuminées ; à fleurs disposées en cymes lâches, entraînées avec les feuilles des rameaux dont elles occupent l'aisselle. (Voy. *Hist. des pl.*, VIII, 474, 487.) [H. Bn.]

HOUO. Nom péruvien des *Paltoria* R. et PAV. Du Jardin (*Drog.*, 183) donne ce nom à un arbre indien indéterminé, dont la sève est, dit-il, odorante, potable, etc.

HOUPALE. L'un des noms de l'*Agaricus procerus* SCOP.

HOUPPE. Faisceau de poils qui se trouve parfois à une ou deux extrémités des graines. L'aigrette des Composées a quelquefois aussi reçu ce nom.

HOUPPE BLANCHE. Nom de plusieurs *Clavaria* et *Hydnum*.

HOUPPE DES ARBRES. Dans les Vosges, l'*Hydnum erinaceum*.

HOUQUE, HOULQUE. Nom français des *Holcus*.

HOUQUE A BALAIS. Le *Sorghum vulgare* W.

HOUR. Nom arabe (DELILE) du Peuplier blanc.

HOUSELEEK. Nom anglais des Joubarbes.

HOUSSON. Le *Ruscus aculeatus* L. Synonyme aussi de Houx.

HOUSTONIA (ANDR., in *Bot. Repos.*, t. 106). Synonyme de *Bouvardia* SALISB.

HOUSTONIA (L., *Gen.*, n. 114). Section du genre *Oldenlandia* PLUM. (H. BN, *Hist. des pl.*, VII, 326.)

HOUSTONIA (W., in *Rœm. et Sch. Syst.*, III, 527). Synonyme de *Declieuxia* H.B.K.

HOUSTOUN (Will.). Botaniste d'origine écossaise, mort aux Antilles [1695-1733], laissa sur les plantes par lui recueillies en Amérique un manuscrit qui fut publié par les soins de Banks [1781], sous le nom de *Reliquiæ Houstounianæ*, et traduit en allemand [1794]. Son curieux herbier est actuellement à Londres, au *British Museum*.

HOUT. Nom, en Abyssinie, d'un Cotonnier.

HOUTOU. A Taïti, l'un des noms du *Barringtonia speciosa* L.

HOU-TOUMOU. A Taïti, l'*Areca oleracea* L.

HOUTOUYNIA (PERS.), **HOUTTOUYNIA** (THUNB.), **HOUTTOYNIA** (GMEL.). Pour *Houttuynia* THUNB.

HOUTTEA (DCNE, in *Rev. hort.* [1842], 462, c. ic.). Genre de Gesnéracées-Gesnérées, voisin des *Gesnera* et des *Isoloma*, dont il se distingue par son port, son duvet apprimé et son calice à divisions lancéolées, valvaires, surmontant un réceptacle à 5 côtes. Le reste de la fleur est d'un *Isoloma*. On cultive les 3 espèces connues, du Brésil; ce sont des arbustes, à feuilles opposées, à fleurs axillaires, solitaires. (HANST., in *Mart. Fl. bras.*, VIII, 393. — *Bot. Mag.*, t. 4121, 4348.) [H. BN.]

HOUTTINIA (STEUD., *Nom.*, I, 777). Pour *Houttinnia* NECK.

HOUTTUYA (PFL.). Synonyme de *Webbia* DC.

HOUTTUYN (Mart.). Auteur, en 1773, de *Houtkunde*, etc., dont deux éditions furent encore publiées en 1791 et 1795, et qui fut traduit en allemand, à Nuremberg, en 1793-1798.

HOUTTUYNIA (HOUTT., *Syst.*, XII, 448, t. 85). Synonyme de *Montbretia* DC.

HOUTTUYNIA (THUNB., *Fl. jap.*, 12, 234). Genre de Pipéracées, série des Saururées, très voisin des *Saururus*, dont il se distingue par : Étamines 3, insérées à une certaine hauteur de l'ovaire, sur les bords d'une cupule réceptaculaire, qui loge la base de l'ovaire. Carpelles 3, avec placentas pluriovulés. Fruit formé de trois follicules polyspermes. Herbes vivaces, croissant

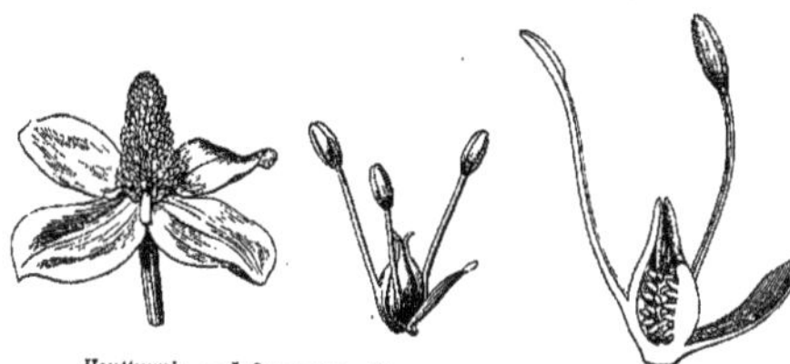

Houttuynia. — Inflorescence. Fleur, entière et coupe longitudinale.

dans les lieux humides. Feuilles alternes, cordées, pétiolées, avec expansions analogues à celles des *Saururus*. Fleurs en épis; bractées petites dans le haut de l'épi, en bas grandes et pétaloïdes. On n'en connaît qu'une seule espèce, de l'Asie tempérée austro-orientale (*H. cordata* THUNB.). Elle est considérée comme emménagogue et employée à ce titre par les Indiens. (Voy. H. BN, *Hist. des pl.*, III, 467, 491, 492, fig. 500-502.) [L.]

HOUTTUYNIEÆ (A. JUSS., in *Dict. d'Orb.*, XI, 387). Tribu des Saururées.

HOUTUYNIA (THUNB.). Pour *Houttuynia* THUNB.

HOUX (*Ilex* L., *Gen.*, n. 91). Genre qui a donné son nom à la famille des Ilicinées ou Aquifoliacées, et qui a des fleurs régulières, hermaphrodites ou unisexuées. Leur réceptacle convexe porte un petit calice persistant, 4-5-fide ou denté. La corolle est rotacée, à 4-6 lobes profonds, obtus, imbriqués, parfois à peu près libres. L'androcée est isostémoné, et ce sont souvent les filets alternes des étamines qui maintiennent unies entre elles les divisions de la corolle. Les anthères sont oblongues, biloculaires, introrses, déhiscentes par deux fentes ; stériles dans les

Houx. — Rameau fructifère. Fleur, entière et coupe longitudinale. Noyau, entier et coupe longitudinale.

fleurs femelles. Le gynécée, sessile, stérile ou nul dans les fleurs mâles, a un ovaire 4-8-loculaire, surmonté d'un style court, épais ou subnul, à dilatation stigmatifère partagée en autant de lobes qu'il y a de loges à l'ovaire. Chacune de celles-ci renferme un ou deux ovules descendants, anatropes, à micropyle intérieur et supérieur. Le fruit est drupacé, à 4-8 noyaux, crustacés ou osseux, 1-2-spermes. Les graines descendantes ont un abondant albumen charnu et un petit embryon supérieur. Les Houx sont des arbres ou des arbustes, à feuilles alternes, entières, dentées ou spinescentes, sans stipules ; à fleurs axillaires, solitaires ou en cymes. On en distingue environ 140 espèces, européennes, asiatiques, américaines, rares en Australie et en Afrique. Plusieurs sont célèbres par leurs propriétés : notre Houx commun ou Alquifoux (*Ilex Aquifolium* L.), à feuilles piquantes dans le type sauvage, mais à variétés nombreuses, dont les feuilles varient beaucoup de forme et de coloration et peuvent devenir inermes. Son écorce fournit de la glu, et ses feuilles sont diaphorétiques, fébrifuges. Son bois est dur, estimé. Le H. de Mahon (*Ilex balearica* DESF.) est cultivé dans nos parcs, de même que le H. du Japon (*I. latifolia*). Le H. apalache ou apalachine est l'*I. vomitoria*, de l'Amérique du Nord. L'*I. paraguayensis*, ou *Maté*, est célèbre comme servant à préparer, dans l'Amérique du Sud, une sorte de thé, le *T. du Paraguay*, boisson d'épargne très usitée. L'*I. Cassine* AIT., de l'Amérique du Nord, est parfois aussi cultivé dans nos jardins botaniques. [H. BN.]

HOUX FRAGON, H. FRELON. Le *Ruscus aculeatus* L.

HOUX HÉRISSON. Variété de l'*Ilex Aquifolium* L., qui porte sur les faces de ses feuilles des pointes analogues à celles des bords.

HOUX VOMITIF, H. APALACHE. L'*Ilex vomitoria* AIT.

HOUX (PETIT-). Le *Ruscus aculeatus* L.

HOVBLAD. Nom scandinave du Tussilage commun.

HOVE. En Angleterre, le *Nepeta hederacea* BENTH.

HOVEA (R. BR., in *Ait. Hort. kew.*, ed. 2, IV, 275). Genre de Légumineuses-Papilionacées, série des Génistées, sous-série des Bossiéées, se distinguant par : Calice à 5 lobes inégaux : les 3 inférieurs étroits; les 2 supérieurs beaucoup plus grands, soudés en une lèvre large. Les anthères de cinq des étamines, les oppositipétales, sont plus courtes et versatiles; les cinq autres plus longues et insérées par la base. Gousse bivalve, courte, ovoïde ou globuleuse. (Voy. H. BN, *Hist. des pl.*, II, 344.) [L.]

HOVEÆ (BENTH., ex LINDL., *Veg. Kingd.*, 553). Division des Légumineuses-Génistées.

HOVÈNE. Nom français (LAMK) des *Hovenia* THUNB.

HOVENIA (THUNB., *Fl. jap.*, 101). Genre de Rhamnacées, série des Rhamnées, dont les fleurs hermaphrodites ont un réceptacle large, profondément déprimé et revêtu intérieurement d'un disque mince et velu. Leur calice est à cinq sépales, valvaires, triangulaires, trinerves et carénés au milieu de leur face interne. Leur corolle est à cinq pétales, cucullés, cachant autant d'étamines dans leur concavité. L'ovaire, en partie adhérent à la coupe réceptaculaire, et surmonté d'un style trifide, est à trois loges semblables à celles des *Rhamnus*. Le fruit, court et ovoïde, entouré à la base de la cupule réceptaculaire, est indéhiscent, et ses graines comprimées sont peu albuminées. La seule espèce décrite (*H. dulcis* THUNB.), originaire de l'Asie tempérée et orientale, est un arbuste dont le port rappelle beaucoup nos tilleuls. Ses feuilles sont alternes, pétiolées, ovales, inégales à la base, trinerves, serrées et accompagnées de petites stipules. Ses fleurs sont disposées en cymes ramifiées, dichotomes, axillaires et terminales. Pendant la maturation, les rameaux de l'inflorescence s'épaississent et deviennent charnus et arqués. On les mange à l'époque de la maturité des fruits; leur saveur est analogue à celle des raisins secs. Ils passent au Japon pour dissiper l'ivresse produite par le *saké*, sorte de bière préparée avec du riz fermenté. L'*Hovenia dulcis* est un bel arbuste d'orangerie et peut même passer chez nous en pleine terre les hivers peu rigoureux. (Voy. H. BN, *Hist. des pl.*, VII, 54, 76, fig. 4.) [T.]

Hovenia. — Fruits.

HOVERDENIA (NEES, in *DC. Prodr.*, XI, 330). Genre d'Acanthacées, tribu des Gendarussées, à anthères biloculaires et mutiques. Le calice coloré est à cinq divisions profondes, longues et larges. La corolle, longuement tubuleuse et plissée, se termine par deux lèvres : la supérieure, large, entière et cucullée; l'inférieure à trois divisions profondes, dont la médiane est plus large. Le palais est renflé et rugueux. L'androcée, aussi long que la lèvre supérieure, est à deux étamines, dont les anthères oblongues, attachées par leur milieu du connectif, ont des loges parallèles et contiguës. L'ovaire est à deux loges biovulées, entouré d'un disque annulaire et surmonté d'un style involuté, renflé et légèrement bilobé à son extrémité stigmatifère. Le fruit n'est pas connu. La seule espèce décrite (*H. speciosa* NEES), originaire du Mexique, est un bel arbrisseau tomenteux, à feuilles ovales; à fleurs jaunes, entourées de bractées purpurines et disposées en cymes opposées et terminales. [T.]

HOVTINNIA (NECK., *Elem.*, III, 291). Synonyme de *Calla* L.

HOW (Will.). Médecin de Londres [1619-1656], a publié en 1650, un *Phytologia britannica natales exhibens*, etc.

HOWARDIA (KL., in *Monatsb. Ac. Berl.* [1859], 607). Section du genre *Aristolochia* T.

HOWARDIA (WEDD., in *Ann. sc. nat.*, sér. 4, I, 60, t. 10). Synonyme de *Pogonopus* KL.

HOWEA (BECC., *Malais.*, I, 67). Genre de Palmiers-Arécées, proposé pour les *Kentia Balmoreana* et *Forsteriana*, et caractérisé par des fleurs mâles à étamines nombreuses, avec anthères basifixes, dressées; des fleurs femelles sans staminodes; l'ovule unique, dressé; un albumen non divisé. Ce sont 1 ou 2 Palmiers de l'île de Lord Howe, inermes, à feuilles pinnatiséquées; les divisions aiguës; à fleurs des deux sexes dans le même spadice. Ces plantes sont aujourd'hui cultivées dans nos serres. (DRUD., in *Bot. Zeit.* [1877], 636, t. 5, fig. 14-15.) [H. BN.]

HOWELLIA (A. GRAY, *Syn. Fl. N.-Am.*, *Suppl.*, 393). Genre de Campanulacées-Lobéliées, à fleurs dimorphes; certaines d'entre elles étant submergées et apétales. L'ovaire est infère, et le calice est formé de 5 sépales subulés ou filiformes. Même dans les fleurs non submergées, la corolle ne dépasse pas le calice; elle a un tube court et est fendue en dessus jusqu'à sa base. Ses 5 lobes sont oblongs et forment deux lèvres. Les étamines, unies en tube, ont des anthères nues, sauf deux d'entre elles qui sont 3-sétulées. L'ovaire uniloculaire a 2 placentas pariétaux, 3-5-ovulés. Le fruit est capsulaire. L'*H. aquatilis* A. GRAY a le feuillage d'un *Naias* et des fleurs axillaires. On ne connaît que ses capsules immergées, longues d'un demi-pouce. C'est une plante des marais stagnants de l'Orégon. [H. BN.]

HOWIEA (BECC.). Pour *Howea* BECC.

HOWITTIA (F. MUELL., in *Hook. Kew Journ.*, VIII, 9). Genre de Malvacées-Malvées, à fleurs sans bractéoles; l'ovaire à 3 loges 2-ovulées et le style à 3 branches capitées. Le fruit est une capsule loculicide et 3-valve. Les embryons ont les cotylédons 3-fides. L'*H. trilocularis* F. MUELL. est un arbuste sarmenteux, à port de *Sida*, à duvet étoilé, à fleurs pourprées, axillaires et solitaires, de l'Australie. (H. BN, *Hist. des pl.*, IV, 144.)

HOXOCOQUOMACLIT. Nom mexicain du *Cassia Sophora* L.

HOY, HOOEH. A Java, le *Dæmonorops oblongus* REINW.

HOYA. Nom espagnol du Hêtre.

HOYA (R. BR., in *Mem. Wern. Soc.*, I [1811], 26). Synonyme de *Sperlingia* VAHL.

HOYACEÆ (G. DON), HOYEÆ (ENDL., *Gen.*, 595). Division des Asclépiadacées.

HOYATS. Sur le littoral de la France, les Graminées traçantes des dunes, telles que le *Psamma arenaria* RŒM., le *Glyceria maritima* M. et K., le *Festuca arenaria* OSB., etc.

HOY-BOGO. Nom javanais du *Calamus adspersus* BL. C'est aussi le *Dæmonorops platyacanthus* MART.

HOYRIRI. Nom (THEVET) d'une Broméliacée (*Ananassa*?).

HOY-SAITTI. Nom javanais du *Calamus ornatus* BL.

HSAY-THAN-PAYA. Nom birman du *Randia longispina* DC.

HTEING-THAY. Nom indien du *Nauclea parvifolia* ROXB.

HUABA DE ALGUNOS. Nom espagnol de l'*Inga vera* W. L'*H. del Peru* est, en Espagne, l'*Inga Feuillei* DC.

HUACAMOTE. Nom espagnol, au Mexique, des Maniocs.

HUACANCA (DOMB., herb.). Mimosée péruvienne indéterminée.

HUACCYANCCACHA. Au Pérou, l'*Alonsoa caulialata* R. et PAV.

HUACO. Synonyme de Guaco.

HUACZARO. Nom péruvien de l'*Acrostichum Huaczaro* R. et PAV. (*A. Ruizianum* MOORE), qui se substituait, dit-on, autrefois, dans le pays, au vrai *Calaguala*.

HUAGE CIRIAN. L'un des noms du *Crescentia alata* H. B. K.

HUAHUAZU. Nom guarayen de l'*Orbignia phalerata* MART.

HUAICH. Nom donné par les Indiens Chiquitos au *Mauritia vinifera* MART.

HUAICHICH. Nom donné par les Indiens Chiquitos au *Trithrinax brasiliensis* MART.

HUAJLE. Nom donné par les Indiens Movimos à l'*Orbignia phalerata* MART.

HUAJOLOTE. Nom mexicain du *Pinus patula* SCHIED.

HUA-KEKER. Nom donné par les habitants d'Amboine à l'*Areca glandiformis* GIS.

HUALANIA (PHIL., in *Linnæa*, XXXIII, 18). Synonyme de *Bredemeyera* W.

HUALHUAL. — Voy. GOMORTEGA.

HUALLÉ. Au Chili, le *Fagus obliqua* MIRB.

HUALLHUA. Au Pérou, le *Psoralea glandulosa* L.

HUAMANRIPA. Le *Cryptochætos andicola*.

HUAMA PINTA. Nom péruvien du *Vaccinium attenuatum* DUN.

HUAMPIT. Aux Philippines, le *Cookia punctata* RETZ.

HUAMPO. Au Pérou, l'*Ochroma Lagopus* SW.

HUANABANO CIMARRON. A Cuba, l'*Anona palustris* L.

HUANACA (CAV., *Icon.*, VI, 18, t. 528). Genre d'Ombellifères-Hydrocotylées, à fleurs analogues à celles des Azorelles et des *Mulinum*. Les fruits sont à peu près ceux de ce dernier genre, à méricarpes moins dilatés, avec des bords anguleux, mais non ailés, plus ou moins concaves sur le dos. La graine a la face à peu près plane. Ce sont des herbes cespiteuses, des deux Amériques extratropicales et de l'Australie. On en distingue 3 ou 4 espèces. Leurs feuilles sont entières, digitinerves ou digitées-5-7-séquées, plus rarement pinnatiséquées (dans la section *Canahua*), avec des stipules scarieuses, glabres ou ciliées, et des ombelles portées par un scape simple, aphylle; ou simples, ou irrégulièrement composées, sur le sommet d'une très longue hampe grêle, avec des involucres formés de nombreuses bractées. (Voy. *Hist. des pl.*, VII, 239, n. 81.) [H. BN.]

HUANACANE. Nom francisé des *Huanaca* CAV.

HUANCARSSACHA. Au Pérou, les *Pourretia* RUIZ et PAV.

HUANITA. Au Mexique, les *Morelosia* LL. et LEX.

HUA-NIVEL. Nom, à Amboine, du *Calyptrocalyx spicatus* BL. (*Rumphia*, II, 103).

HUANUICHIL. Au Mexique, le *Mimosa Unguis-cati* W.

HUAO. A Cuba, les *Comocladia* P. BR.

HUARANGO. Au Pérou, l'*Acacia tortuosa* W.

HUARITURU. Au Pérou, le *Valeriana coarctata* RUIZ et PAV.

HUARORO. Nom, à Taïti, du *Luffa insularum* A. GRAY.

HUATI-QUIOBO. Nom brésilien du *Mauritia armata* MART.

HUAUZONTLE. Au Mexique, le *Chenopodium Bonus-Henricus*.

HUAYCAN. Le *Guaiacum* (*Porliera*) *hygrometricum* H. BN.

HUAYHUAÇO MACHO. Au Pérou, le *Tillandsia recurvata* L.

HUAYO COLORADO. Au Chili, le *Kageneckia oblonga* R. et PAV.

HUBER (Candid.). Bénédictin de Stallwang, né en 1747 et mort en 1813, auteur, en 1808, de *Vollständige Naturgeschichte aller in Deutschland einheimischen und nationalisirten Bau- und Baumhölzer*, publié à Munich (2 vol. in-4). — J.-Chr. HUBER est l'auteur, avec J. Rebon, d'une *Flore de Memminger* [1860]. — Joh.-Jak. HUBER, professeur à Cassel [1707-1778], a écrit, en 1733, *Positiones anatomico-botanicæ*.

HUBERIA (DC., *Prodr.*, III, 165; *Mém. Mélastom.*, t. 10). Genre de Mélastomacées-Mélastomées, à fleurs 4-mères, 8-andres; les anthères incurvées, à loges ondulées en dedans; le connectif non prolongé au-dessous de l'anthère, mais pourvu à sa base d'un appendice extérieur subulé. L'ovaire est libre, sinon tout à fait à sa base; et le fruit est 4-valve, avec graines prolongées en aile aux deux extrémités (sinon dans la section *Opisthocentra*). Ce sont 3 arbustes, du Brésil, glabres ou visqueux, à feuilles entières ou serrées, penninerves; à fleurs en cymes, d'ordinaire 3-flores. (H. BN, *Hist. des pl.*, VII, 59.)

HUBERT (Franç.). Célèbre naturaliste suisse [1750-1831], a écrit avec Senebier un mémoire célèbre « sur l'influence de l'air et de diverses substances gazeuses dans la germination des différentes graines » [1801], traduit en allemand en 1805.

HUBERTIA (BORY, *Voy. Afr.*, I, 334, t. 14). Syn. de *Senecio* T.

HUBI-TCHAGO. Nom chinois d'une Orchidée indéterminée, dont l'action est, dit-on, égale à celle du Kosso contre le ténia.

HUCACOU. Nom caraïbe du *Lippia nodiflora* RICH.

HUCARÉ. Le suc concrété du *Spondias purpurea* MILL.

HUCHINSIA (G. DON). Pour *Hutchinsia* R. BR.

HU-CHU-U. Racine chinoise indéterminée, noircissant les cheveux et considérée, par suite, comme prolongeant la vie.

HUCKBERRY. Nom anglais du *Celtis crassifolia* LAMK.

HUCKLEBERRY. Nom anglais des *Gaylussacia*.

HUDA. Nom, à Ternate, du *Metroxylon Rumphii* MART.

HUDIN. L'Ajonc landier et le *Ruscus aculeatus* L.

HUDSON (Will.). Apothicaire de Londres [1730-1793], auteur d'un *Flora anglica*, etc. [1762], qui eut trois éditions [1762, 1778, 1798]. Linné lui a dédié le genre *Hudsonia*.

HUDSONIA (GRATEL., *mss.*). Algue-Floridée, qui n'a pas été admise comme type de genre et que les botanistes considèrent comme synonyme de *Polysiphonia subulata*. [CH. M.]

HUDSONIA (ROBINS., in *Lun. Hort. jam.*, II [1814], 310). Synonyme de *Bucida* L.

HUDSONIA (L., *Mantiss.*, n. 1263). Genre de Cistacées, dont les fleurs, très analogues à celles des *Helianthemum*, ont cinq pétales très fugaces, trois étamines et un ovaire uniloculaire, avec trois placentas pariétaux, biovulés. La capsule, renfermée dans le calice à sépales connivents, ne contient que peu de graines, souvent une seule, à embryon grêle et unciné-circiné. Ce sont des plantes cespiteuses, éricoïdes, frutescentes ou suffrutescentes, à feuilles petites, acérées, imbriquées et à fleurs de petite taille, terminales. On en connaît 3 espèces, de l'Amérique boréale. (Voy. H. BN, *Hist. des pl.*, IV, 327, 332.) [T.]

HUDUM-BET. Nom indien du *Calamus polygamus* ROXB.

HUE. A la Nouvelle-Zélande, une Cucurbitacée (?) comestible.

HUEBENER (J.-W.-P.). Mort à Hambourg, en 1817, est l'auteur de *Muscologia germania* [1833]; *Hepaticologia germanica* [1834]; *Einleitung in das studium der Pflanzenkunde* [1834], qui eut trois éditions [1834, 1836, 1841]; *Theoretische Anfansgründe d. wiss. Pflanzenkunde* [1835], et *Flora der Umgegend von Hamburg* [1846]. (*Cat. sc. pap.*, III, 455.)

HUEBNERIA (REICHB., *Nom.*, 232, *Ind.*). Syn. de *Webbia* SPACH.

HUEGEL (Ch. baron de). Connu surtout par les *Plantæ Huegelianæ*, mourut en 1870, âgé de soixante-seize ans, et a publié: *Botanisches Archiv d. Gartenbaugesellschaft des österreichischen Kaiserstaates*, etc. [1837]; *Kashmir und das Reich der Siek*; et *Orchideensammlung im Frühjahr* [1845], in-8.

HUEGELIA (BENTH., in *Bot. Reg.*, sub t. 1622). Synonyme de *Gilia* RUIZ et PAV.

HUEGELIA (REICHB., *Consp.*, 144; *Icon. exot.*, t. 201). Synonyme de *Trachymene* RUDGE.

HUEGELIA (R. BR.). Genre attribué aux Rutacées, mais qui n'a pu être observé de nouveau (B. H., *Gen.*, I, 283), et dont la place demeure, par suite, tout à fait incertaine.

HUELE DE NOCHE. Nom espagnol du *Cestrum nocturnum*.

HUENEFELD (Fried.-Ludw.). Professeur à Greifswald, était né en 1799 et a écrit une *Nouvelle méthode végétale* [1831], in-8.

HUENEFELDIA (WALP., in *Linnæa*, XIV, 307). Synonyme de *Calotis* R. BR. (H. BN, *Hist. des pl.*, VIII, 136.)

HUENERWOLF (Jak.-Aug.). Médecin d'Arnstadt [1644-1685], a écrit, en 1680, un *Anatomia Pæoniæ*, etc. (in-8 de 110 p.).

HUERNIA (R. BR., in *Mem. Wern. Soc.*, I, 22). Genre d'Asclépiadacées-Stapéliées, voisin des *Stapelia* et caractérisé par une large corolle campanulée, à lobes larges et courts; les sinus dentifères. La couronne extérieure est annulaire, tandis que l'intérieure est formée d'écailles prolongées en cornes dressées. Ce sont, au nombre d'une dizaine, des plantes grasses de l'Afrique australe, à port de *Stapelia*, rarement cultivées dans nos serres. (*Bot. Mag.*, t. 506, 1227, 1661, 1662, 2401.) [H. BN.]

HUERTA (A. S.-H.), HUERTIA (G. DON). Pour *Huertea* R. et PAV.

HUERTEA (R. et PAV., *Prodr.*, 34, t. 6; *Fl. per.*, III, 5, t. 227, fig. *a*). Genre souvent rapporté aux Térébinthacées-Anacardiées, mais avec doute, et dont nous avons fait (*Hist. des pl.*, V, 404) une Sapindacée, voisine des *Melicocca*, à fleur

5-6-mère, 5-6-andre et autant de glandes alternes que d'étamines. Ovaire à 2 loges incomplètes, à un ovule ascendant. Le fruit est subdrupacé, 1-sperme. C'est un arbre du Pérou et de Cuba, à feuilles alternes, imparipennées; les folioles serrulées; les fleurs disposées en grappes ramifiées, polygames. [H. Bn.]

HUERTO (Garcias del), dit *Garcias ab Horto* (du Jardin). Auteur, en 1563, du *Coloquios dos simples e drogas he cousas medicinais de India*, etc., ouvrage traduit en latin (*Aromatum et simplicium*, etc.), en français, en anglais et en italien.

HUESER (Friedr.). Auteur de *De Carice arenaria* [1802], in-8.

HUESO. A Cuba, les *Xylosma* et les *Drypetes*.

HUET DU PAVILLON (A.). Professeur à Toulon, voyageur et auteur de quelques opuscules. (*Cat. sc. pap.*, III, 458.)

HUETIA (Boiss., *Diagn. pl. or.*, ser. 2, II, 103; *Fl. or.*, II, 897). Genre d'Ombellifères, dont nous n'avons fait qu'une section du genre *Carum*, caractérisée par une graine un peu plus concave en dedans et des stylopodes un peu plus allongés que ceux des *Carum* proprement dits (*Hist. des pl.*, VII, 119.) [H. Bn.]

HUETTENSCHMID (Gust.-Fried.). A publié, en 1824, *Analysis chemica corticis Geoffroyæ jamaicensis*, etc. (in-8 de 35 p.).

HUEVILLHUEVILL. Au Chili, le *Vestia lycioides* W.

HUEVOS DE GALLO. Nom espagnol des *Œufs de coq*.

HUFELANDIA (Nees, in *Laur. Expos.* [1833], 21, cum tab.). Genre de Lauracées, qui a les fleurs des *Apollonias* (H. Bn, *Hist. des pl.*, II, 470) et que les auteurs les plus récents (B. H., *Gen.*, III, 152) font rentrer, à titre de simple section, dans le genre *Beilschmiedia* Nees.

HUFFLATICH. Nom allemand du Tussilage Pas d'âne.

HUGELIA (Benth., in *Bot. Reg.*, n. 1622). Synonyme de *Collomoides* Endl.

HUGELROEA (Steud., *Nom.*, I, 778). Synonyme de *Rœa* Hueg.

HUGHES (Griff.). Auteur, en 1750, de *The natural history of Barbados*, etc. — Will. Hughes publia, en 1672, *The american physician, or a treatise of the roots, plants, trees, shrubs, fruits, herbs growing*, etc..... *in America* (in-12 de 159 p.).

HUGO (Aug.-Joh.). Mort à Hanovre en 1753, auteur de *De var. plant. methodis* [1711]. Linné lui a dédié le genre *Hugonia*.

HUGONE. Nom français (Lamk) des *Hugonia* L.

HUGONIA (L., *Gen.*, n. 831). Genre de Linacées, qui a donné son nom à une tribu ou série (des Hugoniées), et dont les fleurs pentamères sont à peu près celles d'un Lin, avec cinq sépales imbriqués, cinq pétales tordus, dix étamines monadelphes à la base, sans glandes, toutes fertiles, et un ovaire à cinq loges alternipétales, biovulées, surmontées d'autant de styles libres, à extrémité capitée. Le fruit est une baie à cinq noyaux mono- ou dispermes, et les graines sont albuminées. Les *Hugonia* sont des arbustes, souvent grimpants, des pays chauds. On en connaît quinze ou

Hugonia. — Inflorescence. Bouton, sans le calice. Fleur, le périanthe enlevé.

vingt espèces, à feuilles alternes, simples, et à fleurs jaunes, disposées en grappes simples ou ramifiées, ou en épis, axillaires ou terminaux. Un ou deux des pédicelles inférieurs de l'inflorescence sont souvent changés en épines arquées ou spiralées. Ce genre a, suivant nous, pour synonymes : *Durandea* Pl. (?), *Hebepetalum* Benth., *Roucheria* Pl., *Penicillanthemum* Vieill. et *Sarcotheca* Bl. (Voy. *Hist. des pl.*, V, 46, fig. 77-79.) [H. Bn.]

HUGONIACEÆ (Wight et Arn.), **HUGONIEÆ** (Reichb.). — Voy. Hugoniées.

HUGONIÉES (*Hugonieæ*). Série des Linacées. (H. Bn, *Hist. des pl.*, V, 46, 64.)

HUGUENINIA (Reichb., *Ic. Fl. germ.*, t. 81). Synonyme de *Sisymbrium* L.

HUHNERDARM. Un des noms, en Allemagne, du Mouron.

HUIDLOG. Nom scandinave des Aulx.

HUIDOBRIA (C. Gay, *Fl. chil.*, II, 438, t. 26). Synon. de *Loasa* J.

HUIDSTEENBROEK. Nom scandinave du *Saxifraga granulata* L.

HUIGAN. Synonyme de *Huinghan*.

HUILE D'ASPIC. Synonyme d'huile de Lavande.

HUILE DE BEN. Celle des *Moringa*.

HUILE DE BEURRE. Celle des Moutardes.

HUILE DE BOIS. A Maurice, celle des *Elæococca ;* en Cochinchine, c'est surtout celle des Diptérocarpacées. (Voy. Gurjun.)

HUILE DE BRÉSIL. L'oléo-résine de Copahu.

HUILE DE CADE. Celle de l'Oxycèdre.

HUILE DE CARABE. Celle de la graine de l'Anacardier.

HUILE DE CARAPAT. Celle du Ricin commun.

HUILE DE CASTOR. Celle du Ricin commun.

HUILE DE COCO. Le beurre de la graine de Cocotier, quand, au-dessus de 15 degrés, dit-on, il est liquide.

HUILE DE CRABE. Celle du *Carapa guianensis* Aubl.

HUILE DE GINGILI. Celle de Sésame.

HUILE DE KERVA. Celle du Ricin commun.

HUILE DE LAURIER. Celle de l'*Oreodaphne opifera* Nees.

HUILE DE MAPA. Celle du *Carapa guianensis* Aubl.

HUILE DE MARMOTTE. Celle du *Prunus brigantiaca* Vill.

HUILE D'OEILLETTE. Celle du Pavot noir.

HUILE DE PALMA-CHRISTI. Celle du Ricin commun.

HUILE DE PALME. Celle du Cocotier et surtout de l'*Elæis guineensis* Jacq.

HUILE DE PIGNON D'INDE. Celle du *Croton Tiglium* L.

HUILE DE RAZE. Sorte de térébenthine, extraite du Galipot.

HUILE DE TERRE. Celle des graines du Potiron.

HUILE DE TILLI, DE TIGLI. Celle du *Croton Tiglium* L.

HUILE LIQUIDE. Un des noms du *Liquidambar*.

HUILE OMPHACINE. Celle qu'on extrayait des Olives non mûres.

HUILES. — Voy. Phytoblaste, art. J.

HUILES VOLATILES. Synonyme, en général, d'essences.

HUILLET-PLUMO. Nom provençal du *Dianthus plumarius* L.

HUINAR. Au Mexique, le *Malva scoparia* Cav.

HUINCUS. Synonyme de *Chinchilcuma*.

HUINGHAN. Nom indigène du *Duvaua dependens* DC.

HUINH-DAN, HUINGH-DUONG. Noms, en Cochinchine, de l'*Epicharis Loureiri* Pierre, qui donne un bois de Sandal rouge. (Voy. H. Bn, *Tr. Bot. méd. phanér.*, 974.)

HUIQUILITL. Nom mexicain de l'*Indigofera tinctoria* L.

HUISACHI. Nom de l'*Acacia Farnesiana* W.

HUITRES VÉGÉTALES. Fruits du *Jacaranda mimosæfolia* Don.

HUITSIPPA. En Suède, l'*Anemone nemorosa* L.

HUITZ. Au Mexique, le *Solanum Hernandezii* Sess. et Moç.

HULDIE. Dans l'Inde, les *Curcuma* L.

HULÉ. Nom mexicain du *Castilloa elastica* Cervant.

HULGUE (Feuill.). Le *Gratiola peruviana* L.

HULL (John). Auteur, en 1799, d'un *British Flora* qui eut deux éditions, et en 1800, de *Elements of Botany* (2 vol. et 16 t.).

HULLET. — Voy. Chullot.

HULLFIST. Nom anglais des *Bovista*.

HULSE. Nom allemand des Houx.

HULSEA (Torr. et Gray, in *Emor. Exp. Bot.*, 98). Genre de Composées-Héléniées, à capitule solitaire, assez grand ; le réceptacle plan et fovéolé, avec fleurs dimorphes : celles du rayon femelles, nombreuses, 1-sériées, ligulées; celles du disque hermaphrodites, à anthères pourvues de petites dents basilaires, à branches du style dilatées et arrondies au sommet dans les fleurs hermaphrodites. Ce sont 6 herbes californiennes, annuelles ou vivaces, visqueuses ou laineuses, à feuilles alternes ou basilaires, disposées en rosette. (H. Bn, *Hist. des pl.*, VIII, 245, n. 327.)

HULST. Nom flamand du Houx.

HULTHEM (Ch.-Jos.-Emm. v.). Auteur, en 1817, d'un *Discours sur l'état ancien et moderne de l'agriculture et de la botanique dans les Pays-Bas*. Dumortier lui a dédié le genre *Hultheimia*. Il mourut à Gand en 1832.

HULTHEIMIA (Dumort., *Not. Hulthem.*). Genre créé à tort pour le *Rosa berberidifolia* Pall. (H. Bn, *Hist. des pl.*, I, 349.)

HULTEMIA (Reichb.), **HULTENIA** (Reichb.), **HULTHENIA** (Ad. Br.). Pour *Hulthemia* Dumort.

HULUD. Un des noms malais des *Curcuma* L.

HUMALA. Nom esthonien du Houblon.

HUMARIA (Fries, *Syst. mycol.*, II, 42). Sous-section du genre *Peziza*, renfermant les espèces terrestres à petites cupules, ayant les caractères de la section *Aleuria;* Fückel en a fait un genre, adopté par M. Boudier (*Classif. nat. Discom.* [1885], 18).

HUMARIÆ (Fries, *Syst. mycol.*, II, 67). Tribu des *Aleuria*.

HUMARIÉS (Boud., *Nouv. Class. Discom.*, 18). Famille de Pezizés, divisée en 6 genres qui se distinguent les uns des autres par la forme des spores et l'état de la marge du réceptacle : *Humaria, Lamprospora, Boudiera, Coprobia, Pulvinula, Pyronema*. [De S.]

HUMATA (Cav., *Prælect.* [1801], 130). Genre de Fougères. Section du genre *Davallia* Sm. (Hook. et Bak., *Syn. Fil.*, 88.)

HUMBERTIA (Commers., ex J., *Gen.*, 133). Genre de Convolvulacées, tribu des Argyréiées, ayant pour principaux caractères : un calice à cinq sépales, une corolle quinquéfide, des étamines exsertes, incurvées-défléchies, et un ovaire surmonté d'un style creux et aplati à son extrémité stigmatifère. Le fruit est une capsule ligneuse, bacciforme, à deux loges dispermes. La seule espèce décrite (*H. madagascariensis* Lamk), originaire de Madagascar, est un arbre à feuilles obovales, coriaces, courtes, entières, et à fleurs assez grandes, axillaires et solitaires. (Voy. Choisy, in *DC. Prodr.*, IX, 334. — B. H., *Gen.*, II, 869.) [T.]

HUMBLE PLANT. En Angleterre, l'un des noms de la Sensitive.

HUMBLOTIA (H. Bn, in *Bull. Soc. Linn. Par.* [1886], 593). Genre d'Euphorbiacées biovulées, dont les fleurs unisexuées naissent sur l'écorce du tronc et ont un calice quinconcial. Dans la fleur mâle, il y a un disque central, anfractueux, lobé, et un nombre indéfini d'étamines, à grosses anthères biloculaires. Dans la femelle, il y a un disque hypogyne cupuliforme, à bords laciniés, et un ovaire à 3 loges, surmonté d'un style à 3 lobes aplatis, obdeltoïdes, réfléchis sur l'ovaire. Chaque loge renferme 2 ovules descendants, coiffés d'un obturateur commun. Les rameaux de notre *H. comorensis*, chargés de feuilles distiques, ovales, serrées, coriaces et glabres, insymétriques à la base, simulent de grandes feuilles composées-pennées. [H. Bn.]

HUMBOLDT (Fried.-Alex. de). Né et mort à Berlin [1790-1859]. Ce grand savant, chambellan du roi de Prusse, célèbre surtout par ses voyages dans l'Amérique équinoxiale, débuta en botanique par un *Flora Fribergensis* [1793], remarqué surtout à cause de ses *Aphorisma ex doctrina physiologiæ chemicæ plantarum*. Il écrivit en 1805, deux ans après son retour d'Amérique, avec Bonpland, son compagnon de voyage, un *Essai sur la géographie des plantes;* puis en 1817 *De distributione geographica plantarum*, et en 1816-1820 deux dissertations « sur les lois que l'on observe dans la distribution des formes végétales ». Avec Bonpland encore, il publia en 1806-1823 un *Monographia Melastomacearum* et les *Plantæ æquinoctiales* [1805-1818]. Plus tard, ils s'adjoignirent Kunth pour la confection de leur grand ouvrage en 7 vol. : *Nova genera et species plantarum æquinoctialum* [1815-1825]. C'est d'ailleurs Kunth qui écrivit la majeure partie de ce livre célèbre. (*Cat. sc. pap.*, III, 462.)

HUMBOLDTIA (Neck., *Elem.*, II, 16). Synon. de *Voyria* Aubl.

HUMBOLDTIA (R. et Pav., *Fl. per. et chil. Prodr.*, 121, t. 27). Synonyme de *Pleurothallis* R. Br.

HUMBOLDTIA (Vahl, *Symb.*, III, 106). Genre de Légumineuses-Cæsalpiniées, série des Amherstiées, à fleurs plus petites que celles des *Amherstia*, mais construites de la même façon, sauf les étamines qui sont ici libres, au lieu d'être diadelphes. On en connaît 4 ou 5 espèces, de l'Afrique tropicale occidentale, de l'Inde, de Ceylan, arbustes à bractéoles florales colorées. (Voy. H. Bn, *Hist. des pl.*, II, 99, 179.) [L.]

HUMEA (Roxb., *Fl. ind.*, II, 640). Syn. de *Brownlowia* Roxb.

HUMEA (Sm., *Exot. Bot.*, 1, t. 1). Genre de Composées-Inulées, à capitules homogames, pauciflores; les fleurs (1-4) toutes fertiles et hermaphrodites. L'involucre est oblong, formé de bractées paucisériées. Ce sont 4 herbes d'Australie, ou des arbustes à feuilles alternes, entières ; à capitules petits, disposés en grandes grappes composées ou corymbiformes. L'*H. elegans* est souvent cultivé pendant l'été dans nos parterres; il a de loin l'apparence d'une Amarantacée. (H. Bn, *Hist. des pl.*, VIII, 178.)

HUMEÆ (Fenzl, in *Flora* [1839], II, 726]. Division des Composées-Hélichrysées.

HUMECHLE. Nom arabe des Poiriers.

HUMERO. En Espagne, l'*Alnus glutinosa* L.

HUMIDA (Gray, *Brit. pl.*, 135). Genre d'Algues, de la famille des Oscillariées, de l'ordre des Nématogénées; synonyme de *Lyngbya* Agh. [Ch. M.]

HUMIDA (S.-F. Gray, *Arr. brit. pl.*, I, 281). Synonyme (?) de *Ulothrix* Kuetz.

HUMIFUSUS. Couché, étalé sur le sol.

HUMIRI, HUMIRIA (Juss., *Gen.*, 435. — DC., *Prodr.*, I, 619). Synonyme de *Houmiri* Aubl.

HUMIRIACÉES (*Humiriaceæ*). Famille proposée par de Martius et A. de Jussieu, pour les genres *Humirium* (*Houmiri* Aubl.), *Helleria* et *Saccoglottis*. Le *Vantanea* d'Aublet et notre genre *Aubrya* lui appartiennent également. Nous avons proposé de n'en faire qu'une série de la famille des Linacées, voisine des Hugoniées, Érythroxylées et Ixionanthées. (Voy. *Adansonia*, II, 208; X, 368 ; *Hist. des pl.*, V, 51, 66.) [H. Bn.]

HUMIRIEÆ (Reichb., *Handb.*, 314). Division des Hespéridées.

HUMIRIUM (Mart., *Nov. gen.*, II, 142, t. 198, 199). Synonyme de *Houmiri* Aubl.

HUMLE. Nom danois du Houblon.

HUMMATU (Rheed.). Le *Datura Metel* L.

HUMMING-BIRD BUSH. Nom anglais des *Æschynomene* L.

HUMULINÆ (Dumort., *Anal. fam.*, 17). Tribu des Urticacées, comprenant le seul genre *Humulus* T.

HUMULUS. Nom latin des Houblons.

HUN. Nom chinois ancien du Tabac.

HUNAKAI. Nom hawaïen de l'*Ipomœa acetosæfolia* Chois.

HUNAN. Nom arabe des Jujubiers.

HUNDESHAGEN (Joh.-Chr.). Botaniste de Giessen [1783-1834], a écrit un *Lehrbuch der forst- u. landwirthschaftlicher Naturkunde : Die Anatomie, der Chemismus und die Physiologie der Pflanzen* [1829], in-8 de 372 p.

HUNDOO. Au Sénégal, le *Carapa guineensis* Sweet.

HUNDSAUGE. En Allemagne, le *Plantago Cynops* L.

HUNE, HUNIE-PASSIES. A Java, l'*Antidesma montanum* Bl.

HUNEFELDIA (Lindl.). Pour *Huenefeldia* Walp.

HUNEMANNIA (A. Juss.), **HUNNEMANIA** (G. Don). Pour *Hunnemannia* Sweet.

HUNGERREIS. Le *Paspalum exile* Kipp.

HUNGERWEED. En Angleterre, le *Ranunculus arvensis* L.

HUNNEMANNIA (Sweet, *Brit. fl. Gard.*, III, t. 276). Section du genre *Eschscholtzia* Cham. (H. Bn, *Hist. des pl.*, III, 120.)

HUNNEMANNIEÆ (Bernh., in *Linnæa*, VIII, 464). Tribu des Papavéracées (*g. Hunnemannia, Eschscholtzia, Dendromecon*).

HUNTER (John). S'était, entre autres, occupé de botanique, dans ses *Memoranda on vegetation*, publiés à Londres en 1860.

HUNTERIA (Roxb., *Fl. ind.*, ed. Carr., II, 531). Genre d'Apocynacées-Plumériées, voisin des *Alyxia* et caractérisé par des fleurs à corolle hypocratérimorphe, sans disque; 2 carpelles distincts ou connés par la base; des graines solitaires, avec l'albumen lisse. Les 3 vrais *Hunteria* connus sont des arbres indiens, à feuilles opposées ; à cymes composées, terminales ou faussement axillaires. (WIGHT, *Jam.*, t. 428, 1294.) [H. BN.]

HUNTERIA (SESS. et MOÇ., *Fl. mex.*, ex DC., *Prodr.*, V, 649). Section du genre *Porophyllum* VAILL.

HUNTINGDON WILLOW. Un des noms anglais du *Salix alba* L.

HUNTLEYA (BATEM., ex LINDL., in *Bot. Reg.*, sub n. 1991). Synonyme de *Zygopetalum* HOOK.

HUNTSMAN'S CAP. Nom anglais du *Sarracena purpurea* L.

HUNZIL. En Perse, le *Citrullus Colcynthis*.

HUONIA (MONTROUS., in *Mém. Ac. Lyon*, X, 185). Synonyme (B. H.) de *Acronychia* FORST.

HUON PINE. Nom donné par les colons anglais de Tasmanie au *Dacrydium Franklinii* HOOK. F.

HUPERZ (Joh.-Pet.). Ecrivit à Gœttingue, en 1798, *De Filicum propagatione*. Il y admettait de véritables fleurs.

HUPERZIA (BERNH., in *Schrad. Journ.* [1800], II, 126). Section du genre *Lycopodium*, qui répond exactement aux *Arachiobryum* RITG.

HURA (KŒN., in *Retz. Obs.*, III, 49). Synonyme de *Globba* L.

HURA (L., *Hort. Cliff.*, 486, t. 34). Genre d'Euphorbiacées, série des Excœcariées, dont les fleurs, monoïques et apétales, ont un calice mâle, cupuliforme, imbriqué et denticulé; des étamines centrales, monadelphes, à anthères extrorses, sessiles et

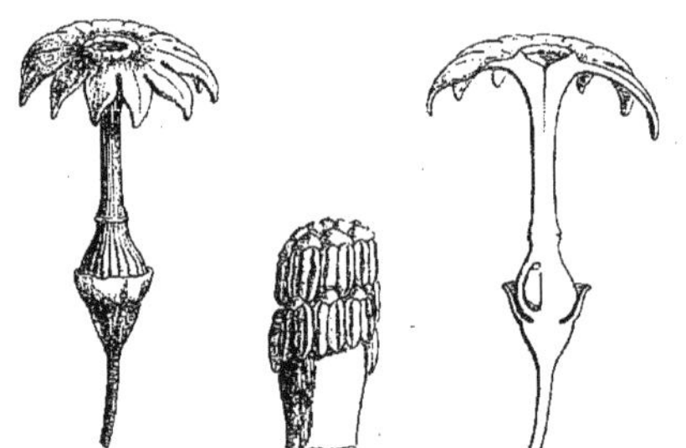

Hura. — Androcée. Fleur femelle, entière et coupe longitudinale.

disposées sur plusieurs verticilles autour d'une colonne centrale. La fleur femelle a un calice gamophylle, entier à son orifice, et enveloppant étroitement un ovaire à 5-20 loges uniovulées, et surmonté d'un long style cylindrique, dilaté au sommet en une tête simulant une corolle charnue, à divisions nombreuses, épaisses, réfléchies et garnies de papilles stigmatiques sur leur face extérieure. Le fruit est orbiculaire, déprimé, garni de nombreuses côtes séparées par autant de sillons et se détachant à la maturité en un grand nombre de coques qui s'ouvrent élastiquement, avec fracas. Chacune de ces coques contient une graine orbiculaire-comprimée, dépourvue d'arille et dont l'embryon inverse a une radicule courte, supère et des cotylédons latéraux, suborbiculaires, auriculés et penninerves à la base. Les *Hura*, qu'on appelle vulgairement Sabliers, sont de beaux arbres, à feuilles alternes, pétiolées, bistipulées, penninerves, munies de deux glandes à la base et dentées-glanduleuses sur les bords. Leurs fleurs mâles, accompagnées d'une bractée formant une sorte d'involucre, sont réunies en épis pédonculés, tandis que les fleurs femelles sont pédonculées, solitaires, dans l'aisselle des feuilles, ou à la base, ou sur le côté des épis mâles. Les épis mâles sont simples dans certaines espèces et deux fois ramifiés dans d'autres : ce qui rend facile les distinctions spécifiques entre deux plantes d'ailleurs extérieurement organisées de même. On en connaît 2 ou 3 espèces, originaires des régions tropicales de l'Amérique et de l'Afrique occidentale, parmi lesquelles nous citerons le Sablier élastique (*H. crepitans* L.), dont le latex est caustique, la graine oléagineuse et purgative, et le bois léger employé à faire des palissades aux Antilles. On le cultive dans les serres de nos jardins botaniques. (Voy. H. BN, *Hist. des pl.*, V, 137, 163, 230, fig. 215-218; *Et. gén. Euphorbiac.*, 541, t. 6, fig. 21-35, in *Adansonia*, I, 77; V, 344.) [T.]

Hura. — Fruit.

HURACEÆ (DUMORT.). Division des Euphorbiacées uniovulées.

HURDA. Nom indien de plusieurs Myrobalans.

HUREÆ (M. ARG., in *Linnæa*, XXXIV, 203; in *DC. Prodr.*, XV, p. II, 1228). Sous-tribu des Euphorbiacées-Hippomanées, correspondant à nos Huridées [H. BN.]

HURECK. A Banda, le *Spondias amara* L.

HUREEK. Nom indien du *Paspalum scrobiculatum* L.

HURIDÉES (*Hurideæ* H. BN, *Et. gén. Euphorbiac.*, 541). Groupe d'Euphorbiacées, comprenant le seul genre *Hura* L.

HURNARIA (FR., *Syst. mycol.*, II, 67; *Summ. veg. Scand.*, 350). Tribu de la section des *Aleuria*, comprenant les Pezizes à cupule peu charnue, de petites dimensions, à marge flocculeuse; espèces dont beaucoup d'auteurs font un genre distinct.

HURRBURR. En Angleterre, l'un des noms de la Bardane.

HURRYALEE. Nom anglais du *Cynodon Dactylon* L.

HURTSICKLE. Nom anglais du Bluet des moissons.

HURTLEBERRY. En Angleterre, l'Airelle Myrtille.

HURUD. Dans l'Afrique centrale, l'un des noms du Sorgho.

HURUWASSA. A la Guyane, le *Sapindus Saponaria* L.

HUSANGIA (J.). Pour *Hosangia* NECK.

HUSARFRAE. Nom scandinave de la Cévadille.

HUSEMANNIA (F. MUELL., in *Wing's S. sc. Rec.* [mai 1883]). Genre de Ménispermacées, qui ne nous est connu que de nom, et a été proposé pour l'*Aristega Husemannii* F. MUELL., coll.

HUSSEIA (BERKEL., *Decad. Fung.*, XV-XIX, 129; in *Ann. and Mag. Nat. Hist.*, *Cent.* II, n. 185, t. 18, fig. 2). Genre de Gastéromycètes, à réceptacle épigé, globuleux, stipité, à péridium stipité. Ce péridium, corné-papyracé, se dédouble en deux enveloppes : l'externe se réfléchit et reste adhérente au pédicule; l'interne s'ouvre au sommet par un orifice déterminé, en forme d'étoile. Les spores, globuleuses, verruqueuses, colorées et échinées, sont disséminées dans un capillitium très serré à l'extérieur, lâche à l'intérieur. L'*H. insignis* est épigé et n'aurait été trouvé jusqu'ici qu'à Ceylan. [DE S.]

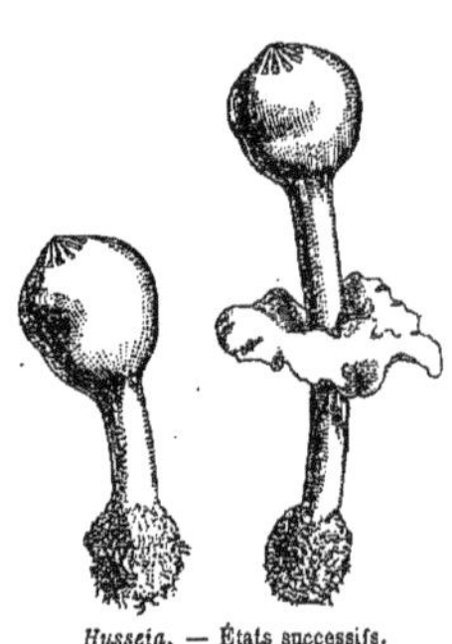

Husseia. — États successifs.

HUSSENOT. Auteur, en 1835, du premier fascicule d'un curieux ouvrage intitulé : *Chardons nancéiens*, prodrome, soi-disant, d'un Catalogue des plantes de Lorraine (in-8 de 213 p.).

HUSSONIA (BOISS., *Diagn. or.*, VIII, 46). Synonyme de *Enarthrocarpus* LABILL. (H. BN, *Hist. des pl.*, III, 254.)

HUSZIA (KL., *Begon.* [1855], 137). Genre de Bégoniacées, proposé pour le *Begonia octopetala* HER. Section du genre *Begonia* L. (H. BN, *Hist. des pl.*, VIII, 493.)

HUTCHINIA (WIGHT et ARN., *Contrib.*, 34). Synonyme de *Boucerosia* WIGHT et ARN.

HUTCHINSIA (C. AGH, *Syst.*, 146). Genre d'Algues-Floridées, qui n'a pas figuré dans nos classifications modernes et dont les espèces ont été placées, notamment par Kützing et autres auteurs, dans le grand genre *Polysiphonia* GREV. [CH. M.]

HUTCHINSIA (R. BR., in *Ait. Hort. kew.*, ed. 2, IV, 82). Genre de Crucifères-Thlaspidées, à sépales subégaux, à 4 petits pétales onguiculés. Étamines 6, 4-dynames, libres, sans appendice. Fruit petit, oblong, obtus, comprimé; style subnul, émarginé au sommet. Valves du fruit carénées, non ailées. Graines 2, dans chaque demi-loge. Cotylédons accombants. Herbe annuelle (*H. petræa*), à feuilles basilaires en rosette, pennatilobées, à fleurs disposées en grappes courtes, subcorymbiformes. On trouve cette petite herbe dans quelques localités des environs de Paris. (Gren. et Godr., *Fl. de Fr.*, I, 148.) [H. Bn.]

HUTCHINSIDEÆ (S.-F. Gray, *Arr. brit. pl.*, I, 331). Division des Algues-Thalassiophytes.

HUTCHINTIA (Bory), HUTSCHINSIA (Rchb.). Pour *Hutchinsia*.

HUTTIA (Drumm. et Harv.). Synonyme de *Pachynema* R. Br.

HUTTIA (Preiss, *mss.*). Synonyme de *Calectasia* R. Br.

HUTTONÆA (Harv., *Thes. cap.*, t. 101). Genre d'Orchidées-Ophrydées, formé de 2 herbes terrestres, à épis lâches; les fleurs caractérisées par des pétales à long onglet, à limbe concave ou cucullé, frangé. Le périanthe est donc ici tout à fait exceptionnel. On y rapporte l'*Hallackia* Harv. (*op. cit.*, t. 102).

HUTTONIA (Sternb., *Verh. Ges. vat. Mus. Böhm.* [1837], 69). Genre fossile, du groupe des Astérophyllitées. (Ung., in *Bot. Zeit.* [1844], 181; *Syn. pl. foss.*, 31; *Chlor. protog.*, XXXII.)

HUTTUM (Adans., *Fam. des pl.*, II, 88). Synonyme de *Barringtonia* Forst.

HUZIZ. Extrait médicinal préparé dans l'Inde avec une espèce du genre *Berberis*. (Voy. Ruzot.)

HWANG-LIEN. Nom chinois de l'*Helleborus* (*Coptis*) *Teeta* H. Bn.

HWANG-NOA. Nom (T.-Dyer) du *Strychnos Gauthieri* Pre.

HYACINTHE. — Voy. Jacinthe.

HYACINTHÉES, HYACINTHEÆ (Endl., *Gen.*, 144). Tribu du sous-ordre des Asphodélées (Liliacées).

HYACINTHELLA (Schur, in *Œstr. Bot. Wochenbl.* [1856], 227). Section du genre *Hyacinthus* T.

HYACINTHE NON ESCRIT (Dodoens). Le *Scilla non scripta* L.

HYACINTHI (Adans.), HYACINTHEÆ (Dumort.), HYACINTHINÆ (Batsch), HYACINTHINEÆ (Ad. Br.). Tribu des Liliacées.

HYACINTHOIDES (Reichb., *Fl. exc.*, 105). Syn. de *Endymion*.

HYACINTHORCHIS (Bl., *Mus. lugd.-bat.*, I, 48, t. 16). Synonyme de *Cremastra* Lindl.

HYACINTHUS. — Voy. Jacinthe.

HYACINTHUS (Matth.). Le *Muscari comosum* L.

HYACINTHUS (P.-F.-C.). Auteur, en 1806, d'un *Index plantarum horti botanici Melitensis* (de Malte).

HYACINTHUS INDICUS. L'un des noms anciens de la Tubéreuse.

HYACINTHUS POETICUS (Pen.). Nom de plusieurs *Iris*.

HYACINTORCHIS (Bl., *Mus. lugd.-bat.*, I, 48, t. 16). Synonyme de *Cremastra* Lindl.

HYACYNTHUS (Scop., *Fl. carn.*, I, 252). Pour *Hyacinthus* T.

HYÆNANCHE (Lamb., *Descr. Cinch.* [1797], 52, t. 10). Synonyme de *Toxicodendron* Thunb.

HYÆNANCHÉES (*Hyænancheæ* H. Bn, *Et. gén. Euphorbiac.*, 565). Division des Euphorbiacées biovulées (genre *Hyænanche*).

HYA-HYA. Le *Tabernæmontana utilis* Wight et Arn.

HYALA (Lhér., herb.). Synonyme de *Polycarpæa* Lamk.

HYALÆA (DC., *Prodr.*, VI, 565). Section (1) du genre *Centaurea* L. Jaubert et Spach (*Ill. pl. or.*, III, 19, t. 214-217, 292) l'ont maintenu comme genre distinct. Endlicher écrit *Hyalea*.

HYALÆNA (Muell.). Pour *Hyalolæna* Bge.

HYALECTRYON (T. Irm., in *Ann. sc. nat.*, sér. 4, VI, 288). Section proposée pour les *Anemone sylvestris* et *baldensis* L.

HYALINA (Stackh., in *Mém. Soc. Mosc.*, II, 58, 88). Synonyme de *Desmaretia* Lamx.

HYALINIA (Boud., *Nouv. Classif. Discom.*, 26). Genre de Pezizés-Calloriés, caractérisé par les dentelures et l'épaisseur de la marge de la cupule et par la disposition filiforme des paraphyses. Ce genre a été constitué aux dépens des *Helotium*. [De S.]

HYALINOPHYTON (Léman). Synonyme de *Dilwina*.

HYALINUS. Hyalin, translucide.

HYALIS (Salisb., in *Trans. Hort. Soc.*, I, 317). Synonyme de *Morphinia* Ker.

HYALIS (D. Don, in *Comp. Bot. Mag.*, I, 108). Section du genre *Chuquiraga* J. (H. Bn, *Hist. des pl.*, VIII, 91.)

HYALISMA (Champ., in *Calc. Journ. Nat. Hist.*, VII, 468). Synonyme de *Sciaphila* Bl. (B. H., *Gen.*, III, 1003).

HYALOCALYX (Rolfe, in *Journ. Linn. Soc.* [1884], 256, t. 7). Synonyme de *Turnera* L. et section (H. Bn) de ce genre.

HYALOCHLAMYS (A. Gray, in *Hook. Kew Journ.*, III, 101). Synonyme de *Angianthus* Wendl.

HYALODERMATICÆ (Wallr., *Fl. crypt. Germ.*, IV, 337). Première division des Myxomycètes du genre *Reticularia*, à péridium friable.

HYALODICTYÆ (Plow., *Fung. of Norf.*, 20). Section quatrième de la famille des *Hysteriaceæ*, contenant des Sphériacés à spores hyalines, cloisonnées dans deux sens perpendiculaires l'un à l'autre.

HYALODIDYMÆ (Plow., *Fung. of Norf.*, 19). Groupe de Sphériacés, à spores hyalines, biloculaires, rangés en sections homologues dans 6 groupes ou familles.

HYALODISCUS (Ehrenb., in *Bericht d. Berl. Akad.* [1844], 78). Genre ancien de Diatomacées, placé d'abord par l'auteur dans la famille des *Melosireæ*, puis considéré plus tard par lui comme synonyme de *Cyclotella*: classification qui n'a pas plus été admise que la première par les diatomophiles modernes. M. Van Heurck en a fait, avec juste raison, une division de la famille des Coscinodiscées, division caractérisée par un disque orbiculaire, hyalin, à ombilic distinct et très finement marqué, ayant des rayons et des lignes décurrentes. (Voy. Van Heurck, *Synops. Diatom. Belg.*, 213, t. 86, fig. 1-2.) [Ch. M.]

HYALOLÆNA (Bge, in *Mém. sav. étr. Ac. Pétersb.*, VII, 304). Genre d'Ombellifères; section du genre *Meum* T., à bractées des involucelles larges, membraneuses, subhyalines. (H. Bn, *Hist. des pl.*, VII, 211.)

HYALOLEPIS (DC., *Prodr.*, VI, 149). Syn. de *Microcephalus*.

HYALOLEPIS (Kze, in *Linnæa* [1850], XXIII, 258). Synonyme de *Hymenolepis* Cass.

HYALOPEZIZA (Fück., *Symb. Myc.*, 297). Genre de Discomycètes, comprenant trois Pezizes à cupule charnue, diaphane, sessile ou presque sessile, à hyménium dépourvu de paraphyses et à spores plus ou moins lancéolées. [De S.]

HYALOPHRAGMIÆ (Plow., *Fung. of Norf.*, 18). Sphériacés à spores hyalines, oblongues, pluriloculaires, formant deux sections homologues dans 2 groupes ou familles.

HYALOPLASME (*Hyaloplasma*). Nom donné à la couche marginale et hyaline, translucide, de certains phytoblastes.

HYALOPUS (Corda, *Anl.*, 58). Genre de Champignons, de la famille des *Stilbini* Corda, à spores uniloculaires, agglutinées en capitule au sommet des sporophores. Fries a, de son côté, rapporté ce genre aux *Botrytis* de la section des *Capitatæ* (*Summ. veg. Scand.*, 491). [De S.]

HYALOPYRENES (Wallr., *Fl. crypt. germ.*, IV, 861). Division comprenant les Pyrénomycètes dont le péridium clos renferme des spores mélangées à une substance gélatineuse, et qui ont pour type le genre *Apiosporium*.

HYALOS. Nom grec ancien du Succin ou Ambre jaune.

HYALOSCYPHA (Boud., *Nouv. Class. Discom.*, 30). Genre de Pezizés, de la famille des Dasyscyphés, comprenant des espèces à cupules moins velues et à paraphyses moins rameuses que celles du genre voisin *Arachnoscypha*: caractères un peu insuffisants pour motiver la formation d'un genre. [De S.]

HYALOSERIS (Griseb., *Symb. Fl. argent.*, 212). Genre de Composées-Mutisiées, à fleurs homomorphes, hermaphrodites; les anthères longuement ciliées à la base; le style à branches filiformes, arrondies au sommet; le fruit 10-costé, surmonté d'une aigrette à soies inégales et simples. L'*H. cinerea* Griseb. est un arbuste inerme, de la République Argentine, à feuilles alternes, à capitules 5-flores, terminaux, avec un involucre de bractées scarieuses et un réceptacle nu. (H. Bn, *Hist. des pl.*, VIII, 101.)

HYALOSIRA (Kuetz., *Bacc.*, 125, t. 18, fig. 3). Genre de Diatomacées, de la famille des Tabellariées, d'après Rabenhorst; de celle des Striatellées, d'après l'auteur. Les modernes le considèrent comme synonyme de *Tessella* et *Rhabdonema*. [Ch. M.]

HYALOSPERMUM (Steetz, *Pl. Preiss.*, I, 476). Synonyme de *Helipterum* DC.

HYALOSPORÆ (Sacc., *Consp. gen. Pyrenom.* [1876], 1). Sphériacés à spores ovoïdes, uniloculaires, hyalines, formant des séries homologues dans 5 familles de ces Pyrénomycètes.

HYALOSTEMMA (WALL., *Cat. pl. ind.*, n. 6434). Synonyme de *Miliusa* LESCH.

HYALOSTILBEÆ (SACC., *Syll. Fung.*, IV, 563). Section de la famille des *Stilbeæ*, à hyphes et conidies incolores ou pâles.

HYALOTHECA (EHRB., in *Berl. Monastb.* [1840]). Genre de Desmidiacées, en série articulée, formée de cellules réunies en une masse gélatineuse, sinuées légèrement vers le milieu. L'aspect de cette Desmidiacée est conferviforme, et la gangue filamenteuse est renfermée en une gaine muqueuse, ample, incolore. Vue de côté, elle est disciforme, orbiculaire; et la masse chlorophyllienne, dans chacune d'elles, prend une disposition rayonnante en 4 ou 8 branches, ou bien en 5 ou 10. Les zygospores de cette Desmidiacée sont arrondies et glabres. Trois espèces, dont l'une douteuse, constituent ce genre, d'après L. Rabenhorst; deux seulement, d'après Ralfs. [CH. M.]

HYAS (DUMORT., *Anal. fam.*, 61). Synonyme de *Caulinia* W.

HYAWA, CONIMA. Noms guyanais de l'*Icica heptaphylla* AUBL., dont la résine odorante est brûlée dans le pays comme parfum.

HYAWABALI. A la Guyane, le Bois de zèbre.

HYBANTHEÆ (REICHB., *Handb.*, 261; *Nom.*, 187). Section des Violacées.

HYBANTHERA (ENDL., *Prodr. Fl. norf.*, 59; *Iconogr.*, t. 63). Synonyme (B. H., *Gen.*, II, 771) de *Tylophora* R. BR.

HYBANTHUS (JACQ., *Amer.* [1763], 77, t. 175, fig. 24, 25). Genre de Violacées, série des Violées, à fleurs presque de *Viola*, se distinguant par : Sépales non prolongés à la base; pétale antérieur plus grand que les autres, muni au-dessus de la base d'une simple gibbosité ou d'un appendice subsacciforme; étamines 5, libres ou plus ou moins connées à la base; les 2 antérieures ou plus rarement les 4, éperonnées, gibbeuses ou glanduleuses en dehors, près de la base; connectifs prolongés en lames; style récurvé, claviforme, terminé par un stigmate antérieur; capsule parfois crustacée, déhiscente en trois valves, avec élasticité. Herbes parfois suffrutescentes ou arbrisseaux dressés, à feuilles alternes, quelquefois opposées; stipules ordinairement petites; fleurs axillaires, pédonculées, solitaires ou fasciculées, parfois en grappes terminales. On en connaît une dizaine d'espèces, qui habitent les régions tropicales des diverses parties du globe (voy. H. BN, *Hist. des pl.*, IV, 352). Les plantes de ce genre sont généralement vomitives et employées comme telles dans plusieurs contrées. C'est à l'*H. Ipecacuanha* H. BN (*Viola Ipecacuanha* L.) qu'il faut rapporter le faux Ipécacuanha du Brésil et de la Guyane, qui est un vomitif énergique (*Poaya branca*, *P. da Praja*, du Brésil; *Ipekaka* de la Guyane). On emploie sa racine non seulement comme vomitive, mais encore comme purgative, antidysentérique, etc.; elle renferme de l'émétine, à laquelle elle doit ses incontestables propriétés. L'*H. microphyllus* H. BN (*Ionidium microphyllum* H. B. K.) fournit la racine de *Cuichunchulli* ou *Cuchunchully* du Pérou, qui est également un vomitif puissant. On emploie encore dans les diverses contrées d'autres espèces du même genre qui possèdent des propriétés analogues. L'*H. parviflorus* H. BN (*Ionidium parviflorum* VENT.) fournit, au Brésil, un vomitif que Guibourt a décrit sous la désignation de « *autre faux Ipécacuanha du Brésil* ». (Voy. H. BN, *Tr. bot. méd. phanér.*, 841). [L.]

HYBEMACE. Synonyme d'Hibernacle.

HYBENTORN. Nom scandinave du *Rosa canina* L.

HYBISCUS (DUMORT.; *Anal. fam.*, 46). Pour *Hibiscus* L.

HYBOTHYA (ENDL., *Syn. Conif.*, 275; *Gen.*, Suppl., IV, 12). Genre de Cupressinées fossiles.

HYBOTROPIS (E. MEY., *Comm. pl. Afr. austr.*, I, 14). Section du genre *Pelecynthis* E. MEY.

HYBOUCOUCHU. Sorte de fruit américain, du volume d'une datte (LÉMERY), tonifiant, vermicide, etc. (Bosc).

HYBRIDATION, HYBRIDE. — Voy. REPRODUCTION, TAXINOMIE.

HYBRIDELLA (CASS., in *Dict.*, XXII, 86). Syn. de *Zaluzania*.

HYCH. Nom (DELIL.) du *Saccharum ægyptiacum*.

HYDASTYLUS (SALISB., in *Trans. Hort. Soc.*, I, 310). Synonyme de *Sisyrinchium* L. et section de ce genre.

HYDATICA (ARTIS, *Antedil. Phyt.*, t. 1). Genre de plantes fossiles, *incertæ sedis* (UNG., *Syn. pl. foss.*, 259; *Chlor. protog.*, 89); peut-être synonyme de *Bechera* STERNB.

HYDATICA (NECK., *Elem.*, II, 387). Section du g. *Saxifraga*.

HYDE (Thom.). Botaniste anglais, né à Billingsley et mort à Oxford [1636-1703], a écrit [1688] *De herbæ Cha*, etc., in-8.

HYDNA (L., *Gen.* [1737], 327). Synonyme de *Hydnum* L.

HYDNACÉES (ROQUES, *Hist. des Champ.*, 42). — Voy. HYDNÉS.

HYDNACEI (FRIES, *Summ. veg. Scand.*, II, 325). Ordre des Hyménomycètes. — Voy. HYDNÉS.

HYDNANGIUM (WALLR. — TUL., *Fung. hypog.*, 74). Genre d'Hyménogastrés, à péridium quelquefois épigé, globuleux, membraneux ou charnu, à gleba gélatineuse, ferme, multiloculaire. Les spores sont petites, sphériques, plus ou moins colorées, échinées, portées sur des basides à stérigmates courts. On en connaît 5 espèces européennes, qu'on trouve dans les parcs et les bois de Chênes, de Charmes et de Pins, en automne. [DE S.]

Hydnangium. — Hyménium.

HYDNANGIUM (WALLR., in *Dictr. Fl. boruss.*, 465). Genre d'Hyménogastrés; section (ZAB., in *Corda Icon. Fung.*, VI, 36) du genre *Octaviania* VITTAD.

HYDNE (*Hydnum*, de ὕδνος). Genre de Champignons, de la famille des Hydnés, à réceptacle piléiforme ou diffus, charnu, subéreux ou membraneux. Le chapeau est tantôt sessile, tantôt porté par un pédicule central ou latéral. Les Hydnes se distinguent des Agarics et des Polypores par la disposition de la partie hyménophore du réceptacle, qui présente des pointes ou aiguillons isolés, au lieu de lamelles ou de tubes. Ces aiguillons, plus ou moins décurrents sur le stipe, sont recouverts par l'hyménium; ils s'allongent quelquefois jusqu'à 4 ou 6 centimètres dans l'*H. erinaceus* BULL., et l'hyménophore se ramifie lui-même au point de prendre l'aspect d'une Clavaire; mais les Hydnés clavariformes sont lignicoles, et leurs aiguillons sont dirigés vers le sol, tandis que les Clavaires sont épigées et ont leurs ramifications disposées de bas en haut. L'hyménium est semblable à celui des Agarics; les spores sont sphériques, incolores ou d'une teinte rouillée, en général lisses; elles sont verruqueuses dans l'*H. nigrum* FR. M. Richon a signalé l'existence de conidies endocellulaires à l'intérieur du réceptacle de l'*H. erinaceus* BULL. La trame de cette espèce prend, lorsqu'elle est traitée par une solution d'iode, une teinte bleue très prononcée, qui rappelle la réaction de l'amidon plutôt que celle de la cellulose. On connaît environ 150 espèces d'Hydnes, rangées en cinq divisions, suivant qu'elles ont le pédicule central, latéral, ou le réceptacle sessile, très divisé ou résupiné. Cette dernière disposition est surtout fréquente dans les espèces exotiques. On n'en connaît pas de malfaisante; plusieurs sont comestibles : la plus connue sous ce rapport et la plus commune est l'Hydne sinué (*H. repandum* L.). D'autres espèces, également comestibles, ont une aire plus limitée : tel est l'*H. erinaceus*, espèce septentrionale, en usage en Lorraine, en Allemagne, et qui ne se montre dans les pays chauds qu'à une certaine altitude; elle est, paraît-il, commune dans l'Himalaya à partir de 2000 mètres. On connaît deux espèces d'Hydnes fossiles, dans les terrains tertiaires. [DE S.]

Hydnum.

HYDNEÆ (DUMORT., *Anal. fam.*, 73). Tribu des Agaricinés (MATH., *Fl. belg.*, II, 321).

HYDNEI (FRIES, *Epicr.*, ed. 2, 598). — Voy. HYDNÉS.

HYDNEI (FRIES, *Pl. homon.*, 80). Sous-ordre des *Pileati*, puis (*Epicr.*, 504, 605), ordre des Hyménomycètes. (Voy. CORDA, *Ic. Fung.*, V, 42. — ENDL., *Gen.*, 39. — REICHB., *Consp.*, 13; *Nom.*, 11. — RABENH., *Krypt.*, I, 400.)

HYDNÉS. Famille de Champignons-Hyménomycètes, basidiosporés, dont le caractère distinctif est d'avoir l'hyménium soutenu par un hyménophore qui présente, au lieu de lames et de tubes, comme dans les genres Agaric et Polypore, des protubérances papilleuses, tuberculeuses ou aciculées. Les basides sont tétraspores, rarement monospores. Le réceptacle n'est piléiforme que dans la moitié à peine des espèces du genre type Hydne; il est en général diffus et le plus souvent résupiné. Cette famille semble donc servir de transition entre les Agaricinés, les Polyporés d'une part, et les derniers Hyménomycètes : Clavariés, Téléphorés, Trémellinés. Les *Hericium*, en effet, rappellent les Clavaires, tandis que les *Tremellodon* ont de grands rapports avec les *Tremella*, et les *Irpex* avec les *Dædalea*. Les *Odontia* ont les tubercules hyménophores divisés en pinceau au sommet. Les *Radula*, *Grandinia* confinent aux Téléphorés, tandis que les *Mucronella*, réduits aux seuls aiguillons hyménifères, rappellent les Polyporés connus sous le nom de *Solenia*. Les détails d'organisation les plus importants sont donnés aux noms des genres ci-dessus. Ces Champignons vivent sous les bois; quelques espèces sont épigées ; d'autres épiphytes. Leur nombre s'accroît à mesure qu'on s'avance vers le nord ou qu'on s'élève dans les montagnes des pays chauds. [De S.]

hydnideæ (S.-F. Gray, *Arr. brit. pl.*, I, 597, 650). Synonyme (part.) de *Hydnei* Fries.

hydnobolites (Tul., in *Ann. sc. nat.*, sér. 2, XIX, 378; *Fung. hypog.*, 126). Genre de Tubéracés, présentant un corps globuleux, charnu, ferme, légèrement fendillé, recouvert d'un tomentum byssoïde, fugace. Des loges sinueuses parcourent la masse interne. Les thèques elliptiques sont dispersées dans tout le parenchyme de cette masse; elles contiennent 8 spores sphériques, colorées, réticulées. On trouve les *Hydnobolites* sous les détritus de feuilles, ordinairement dans les bois épais. [De S.]

hydnocarium (Wallr.). — Voy. Hydnocaryon.

hydnocarpus (Gærtn., *Fruct.*, I, 288, t. 60). Genre de Bixacées, série des Pangiées. Ses fleurs, polygames-dioïques, ont un calice à quatre ou cinq sépales libres et fortement imbriqués; une corolle de cinq pétales imbriqués ou tordus, munis d'une écaille à leur base interne; 5-8 étamines, à filets libres, à anthères basifixes, subréniformes, déhiscentes sur les bords; un ovaire surmonté de 3-6 styles variables et contenant dans sa loge unique autant de placentas pariétaux, multiovulés. Le fruit est une grosse baie, légèrement cortiquée, dont les nombreuses graines ont un albumen oléagineux. Ce sont des arbres, à feuilles alternes, serrées, brièvement pétiolées, accompagnées de stipules latérales caduques; à fleurs axillaires, disposées en grappes ramifiées de cymes, peu nombreuses ou solitaires dans les pieds femelles. On en connaît cinq ou six espèces, de l'Asie tropicale, parmi lesquelles nous mentionnerons l'*H. venenata* Gærtn., dont le fruit, très dangereux et très toxique, sert à empoisonner le poisson, dont l'usage peut alors causer à l'homme de terribles accidents. (Voy. H. Bn, *Hist. des pl.*, IV, 318.) [T.]

hydnocaryon (Wallr., *Fl. crypt. germ.*, IV, 860). Genre de Tubéracés, rapporté par Tulasne (*Fung. hypog.*, 118) aux *Genea* Vittad.

hydnocystis (Tul., *Fung. hypog.*, 116). Genre de Tubéracés, voisin des *Genea*, très rapproché des Pezizés. Le réceptacle hypogé se fend à la partie inférieure et ressemble à une Pezize renversée. L'hyménium, à thèques octospores, est constitué comme celui d'une Pezize; les spores sont globuleuses. Les 2 espèces connues ont été recueillies dans les sables maritimes ombragés des environs d'Hyères et de Bordeaux. [De S.]

hydnoglœa (Curr., in *Ann. and Mag. Nat. Hist.* [1870], n. 1297). Genre d'Hyménomycètes, créé pour l'*Hydnum gelatinosum* Scop. et fondé sur l'existence, chez cet Hydne, de basides semblables à ceux des Trémelles. [De S.]

hydnoideæ (Schulz), **hydnoidei** (Pers.). Division des Champignons-Hyménothéciés.

hydnoidei (Pers., *Syn.*, XVII). — Voy. Hydnés.

hydnon. Nom grec ancien des Truffes.

hydnophytum (Jack, in *Trans. Linn. Soc.*, XIV, 124). Section du genre *Myrmecodia* Jack, à deux noyaux plan-convexes, à stipules entières et caduques. (H. Bn, *Hist. des pl.*, VII, 411.)

hydnopsis (Tul., *Sel. Fung. Carpol.*, III, 26). Genre de Sphériacés, dont les 2 espèces décrites par l'auteur sont originaires du Chili et de la Nouvelle-Grenade. Leur périthèce rappelle le réceptacle des Tubéracés. Les spores, contenues dans des thèques, n'ont pas été vues à l'état de maturité. Des conidies, hyalines ou jaunes, naissent sur les parois des cavités étroites qui sillonnent l'intérieur du périthèce. [De S.]

hydnora (Thunb., in *Act. holm.* [1775], 69; [1777], 144). Genre de Cytinacées, tribu des Hydnorées, se distinguant par : Fleurs hermaphrodites, rarement dioïques; périanthe tubuleux, cylindracé, adhérent par la base avec l'ovaire; limbe plus ou moins élevé au-dessus de l'ovaire, à trois lobes, dressés, libres ou unis en haut, valvaires, parfois munis d'un lobule à la base; étamines nombreuses, réunies en un anneau trilobé ou en une colonne ovoïde insérée sur le tube du périanthe; anthères nombreuses, parallèles et rapprochées, biloculaires, à loges flexueuses, ouvertes par une seule fente; ovaire uniloculaire; stigmate sessile, déprimé, trilobé, à lobes opposés aux divisions du périanthe; placentas nombreux et portant des ovules orthotropes. Herbes fongiformes, à rhizome anguleux, tuberculeux; fleurs subsessiles, sans bractées. On en connaît 4, 5 espèces qui habitent l'Afrique australe et Madagascar. M. H. Baillon croit l'androcée formé seulement de 5 étamines à anthères très sinueuses, comme celles de certaines Cucurbitacées. (Voy. Hook. f., in *DC. Prodr.*, XVII, 108. — H. Bn, in *Bull. Soc. Linn. Par.*, 537; *Hist. des pl.*, IX, 15, 26, n. 10, fig. 43.) [L.]

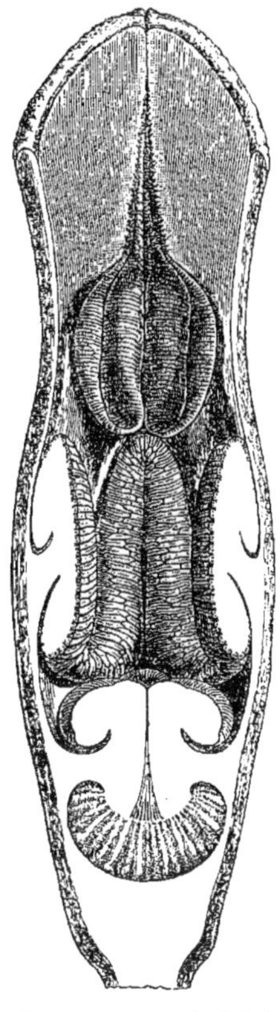

Hydnora. — Bouton, coupe longitudinale.

hydnorées (*Hydnoreæ* R. Br., in *Trans. Linn. Soc.*, XIX, 244). Tribu des Cytinacées. Pour nous, c'est une série des Aristolochiacées (*Hist. des pl.*, IX, 17). [H. Bn.]

hydnorinæ (Agh, *Aphor.*, 88). Ordre de Champignons, comprenant les genres *Hydnora* Thunb. et *Rafflesia* R. Br.

hydnospongos (Wallr., *mss.*, ex Klotzsch). Genre d'Hyménogastrés, rapporté par Tulasne (*Fung. hypog.*, 62) aux *Gautiera*.

hydnostachyon (Liebm., in *Vid. Medd. Kjob.* [1849], 24). Synonyme de *Spathiphyllum* Schott.

hydnotrema (Link, *Handb.* [1833], III). Synonyme de *Sistotrema* Pers.

hydnotria (Berkel. et Br., in *Ann. and Mag. Nat. Hist.*, XVIII, 78. — Tul., *Fung. hypog.*, 127). Genre de Tubéracés, à épiderme papilleux, sillonné; à parenchyme foncé, traversé de lacunes ou canalicules contournés; à thèques oblongues, larges, disposées en série autour des lacunes et renfermant 8 spores sphériques, de couleur foncée, tuberculeuses. On a observé ce genre de Champignons en Angleterre. [De S.]

hydragogon. Nom grec ancien du Petit-Houx.

HYDRALES (LINDL., *Nix. plant.*, 34; *Veg. Kingd.*, 140). Groupe comprenant les Hydrocharidées, Naïadées et Zostéracées.

HYDRANGEA (L., *Gen.*, n. 557 [*Hydrangia*]). Genre de Saxifragacées, série des Hydrangées, dont il constitue le type. Carac-

Hydrangea. — Inflorescence générale.

tères : fleurs le plus souvent dimorphes. Les extérieures offrent un calice à 4 ou 5 folioles pétaloïdes, très développées; une corolle et des organes reproducteurs plus ou moins avortés. Les autres fleurs, fertiles, sont petites : réceptacle concave, souvent sacciforme; calice à 4, 5 sépales; corolle de 4, 5 pétales, à préfloraison valvaire; 8-10 étamines bisériées, à anthères biloculaires, subintrorses ou latérales; ovaire infère, à 2-4 loges, complètes ou incomplètes, pluriovulées; style divisé en 2-4 branches; capsule membraneuse, surmontée du calice et du style, à 2-4 loges s'ouvrant entre les styles; graines nombreuses, ascendantes ou transverses, albuminées. (Voy. H. BN, *Hist. des pl.*, 343, 432, fig. 392, 393.) Ces plantes sont cultivées, sous le nom plus usité d'*Hortensia*, comme ornementales. On connaît environ 30 espèces de ce genre, originaires de Java, de l'Asie orientale et centrale et des régions tempérées des deux Amériques. Ce sont des petits arbres ou des arbustes. [L.]

Hydrangea. — Inflorescence partielle.

HYDRANGEACEÆ (DUMORT.), **HYDRANGEÆ** (PRESL). Division des Saxifragacées. (Voy. HYDRANGÉES.) Siebold écrit *Hydrangieæ*.

HYDRANGÉES (*Hydrangeæ*). Série des Saxifragacées, offrant les caractères suivants : Pétales souvent valvaires; étamines ordinairement épigynes, diplostémonées ou en nombre indéfini; réceptacle toujours concave; ovaire infère en totalité ou en partie, à 3-5 loges, le plus souvent incomplètes; feuilles simples, sans stipules, ordinairement opposées. Plantes frutescentes ou arborescentes. Cette série contient cinq genres : *Hydrangea, Platycrater, Pileostegia, Dichroa, Broussaisia*. (H. BN, *Hist. des pl.*, III, 343, 410, 432).

HYDRANGELLE. Nom français des *Hydrangea* L.

HYDRANTHELIUM (H. B. K., *Nov. gen. et spec.*, VII, 202, t. 646). Genre de Scrofulariacées-Gratiolées, voisin des *Vandellia*, caractérisé par des tiges herbacées, couchées ou rampantes; des feuilles opposées, larges; des fleurs axillaires, pédonculées; un calice 4-partite et une corolle trifide; des étamines au nombre de 2, 3, à loges de l'anthère parallèles; des fruits capsulaires, 2-valves, à cloison avortée. Ce sont 2, 3 plantes colombiennes, sauf une espèce de l'Afrique tropicale. (PŒPP. et ENDL., *Nov. gen. et spec. pl. æquin.*, t. 287). [H. BN.]

HYDRANTHEMA (LINK, in *Nees Hor. phys. berol.* [1820]). Genre d'Algues, qui a été séparé de l'ancien genre *Conferva* et qui paraît constituer un ensemble hétérogène. L'auteur y comprenait les *C. atropurpurea, aurea, ericetorum, fucicola, setacea*. (Voy. LEMAN, in *Dict.* [1821], XXII, 101).

HYDRAPOGON. Le *Ruscus aculeatus* L., dans Dioscoride.

HYDRASTIDEÆ (TORR. et GRAY, *Fl. N.-Amer.*, I, 40). Tribu des Renonculacées, formée du seul genre *Hydrastis* ELL.

HYDRASTIS (ELL. — L., *Spec.*, 784). Genre de Renonculacées, série des Renonculées, se distinguant par : Calice 3-mère, pétaloïde, caduc; étamines en nombre indéfini; anthères s'ouvrant par des fentes latérales; carpelles en nombre indéfini, sessiles, biovulés; ovules ordinairement l'un ascendant, l'autre descendant, à micropyle extrorse et supère. Le fruit est une baie à graines crustacées. (Voy. H. BN, *Hist. des pl.*, I, 52, 87, fig. 88.) La souche de l'*H. canadensis* est odorante et très amère; elle est usitée en Amérique comme tonique; elle renferme, dit-on, de la *berbérine*. [L.]

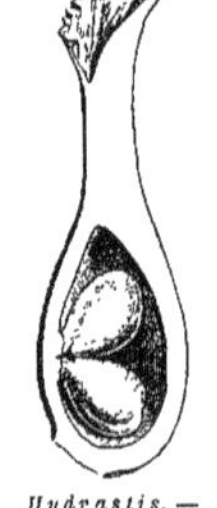

Hydrastis. — Carpelle, coupe longitudinale.

HYDRASTON. Le *Galeopsis Tetrahit* L., à ce qu'on croit, dans Dioscoride.

HYDRASTYLIS (STEUD., *Nom.*, I, 780). Synonyme de *Sisyrinchium californicum*.

HYDRELIS (WEBB et BERTHEL., *Phyt. canar.*, I, 6). Synonyme de *Batrachium* DC.

HYDRERON. Le *Campanula Erinus* L. (?), dans Dioscoride.

HYDRIANUM (RABENH., *Fl. eur. Alg.*, III, 97). Genre d'Algues unicellulaires, de la famille des Protococcacées et de l'ordre des Coccophycées, qui se rapproche beaucoup du genre *Characium*. Comme dans ce groupe, en effet, la cellule est stipitée à la base; mais le cytroderme, homogène d'abord, se contracte ensuite en un corpuscule ovoïde et terminal, comme une spore. Puis de la cellule ouverte à la partie supérieure sortent, produites par la division oblique ou horizontale, 2, 4, ou 8 zoogonidies ovales, portant des cils vibratiles. 7 espèces constituent ce genre, qui, nous le répétons, a de nombreuses affinités avec le genre *Characium*. [CH. M.]

HYDRIASTELE (WENDL. et DRUDE, in *Linnæa*, XXXIX, 180, 190, 208). Genre de Palmiers-Arécées, établi pour le *Kentia Wendlandiana* (BENTH., *Fl. Austral.*, VII, 138) et caractérisé par des fleurs ternées : la médiane femelle; les mâles 6-andres. Dans la femelle, les pétales sont égaux aux sépales, et leurs sommets sont imbriqués. Les graines ont un albumen entier; elles sont descendantes, insérées, comme l'ovule, pariétalement. C'est un Palmier de la Nouvelle-Guinée et de l'Australie tropicale, à feuilles pennatiséquées; les segments du limbe fendus au sommet; à fleurs monoïques, situées dans un même spadice. (B. H., *Gen.*, III, 885.) [H. BN.]

HYDRILLA (RICH., in *Mém. de l'Inst.* [1811], I, 61). Genre d'Hydrocharidées, qui a donné son nom à la tribu des Hydrillées, et dont les fleurs sont monoïques ou (?) dioïques. Les mâles, brièvement pédicellées, entourées d'une spathe uniflore, sessile, subglobuleuse, muriquée et se déchirant en deux valves au sommet, ont un calice à trois sépales obovales; une corolle à trois pétales linéaires; un androcée de trois étamines, à filets courts, filiformes, et à anthères subglobuleuses-réniformes. Les fleurs femelles, sessiles, enveloppées dans une spathe uniflore, sessile, tubuleuse et bidentée au sommet, ont un périanthe à tube (réceptacle) filiforme, allongé, au sommet duquel s'insèrent trois sépales obovales-oblongs et trois pétales plus petits et linéaires-oblongs. L'ovaire, logé dans la concavité du tube du périanthe, est infère et surmonté d'un style très long, libre, capillaire et terminé par trois stigmates filiformes, égaux en longueur au tiers des sépales. Cet ovaire est uniloculaire, à trois placentas pariétaux, chargés de 2-7 ovules anatropes : les inférieurs suspendus; les supérieurs dressés, ou plus rarement tous suspendus. Le fruit est une baie (?) cylindrique, uniloculaire, remplie de pulpe gélatineuse, à 3-7 graines : les supérieures dressées; les inférieures suspendues. Ces graines renferment, sous leurs téguments, un embryon droit et dépourvu d'albumen. On a rapporté à ce genre un certain nombre d'espèces, vivant dans les eaux douces de l'Europe orientale, de l'Asie, de l'Australie et de l'île Maurice. M. Caspary (in *Abh. Berl. Akad.* [janv. 1857], traduct. in *Ann. sc. nat.*, sér. 4, IX, 322), s'appuyant sur l'anatomie de tous les organes de ces différentes espèces, en a conclu qu'elles n'en formaient qu'une seule, présentant sept variétés principales, dont les différences légères peuvent être dues aux influences de milieu. Cette espèce, qu'il a appelée *H. verticillata*, et dont la synonymie est fort nombreuse, est une herbe submergée, à tige arrondie. Celle-ci a pour composition histologique, un faisceau central de cellules conductrices, et, de ce faisceau à la cuticule qui forme la périphérie de la tige, un ou deux cercles de canaux aériens, séparés par 1-4 couches de phytocystes. Les feuilles, opposées ou verticillées par 3-8, sont sessiles et parcourues par une seule nervure médiane. Leur bord est découpé en 8-31 dents, formées chacune de 3-8 cellules, remplies de chlorophylle, saillantes au-dessus du bord et terminées par une très grande cellule apicale, brune et courbée en avant. Chaque feuille est accompagnée de deux stipules, intrafoliacées, oblongues ou oblongues-lancéolées et bordées de 5-9 papilles linéaires. Chaque rameau porte à sa base une feuille unique, ovale, amplexicaule, parcourue par une seule nervure médiane et regardant l'axe primaire par sa face dorsale. Le contenu des phytocystes est gyratoire. A un moment donné, le pédoncule des fleurs mâles se brise ; celles-ci montent alors à la surface de l'eau, et la fécondation est abandonnée au hasard des mouvements du liquide qui rapprochent les fleurs des deux sexes. Pendant l'hiver, ces plantes sont réduites à l'état de bourgeons oblongs et bulbiformes. (C. MUELL., in *Walp. Ann.*, VI, 7. — B. H., *Gen.*, III, 450.) [T.]

HYDRILLÉES (*Hydrilleæ* CASP., in *Monastb. Berl. Ak.* [1857], 39; in *Ann. sc. nat.*, sér. 4, IX, 323, 385). Tribu de la famille des Hydrocharidées, ainsi caractérisée par M. Caspary : « Ovaire uniloculaire; trois stigmates. Tige allongée, à longs entre-nœuds à peu près égaux entre eux. Pas de stolons. Feuilles petites, linéaires-lancéolées, verticillées ou éparses, jamais distiques. Plantes submergées. » Cette tribu est la même qu'Endlicher (*Gen.*, 161) avait appelée Anacharidées, nom rejeté par M. Caspary, parce qu'il réunit les *Anacharis* aux *Elodea*. Elle comprend les *Hydrilla* RICH., *Elodea* RICH. (ayant pour synonymes *Anacharis* RICH., *Udora* NUTT., *Egeria* PLANCH.), *Lagarosiphon* HARV. et *Trianea* KARST. [T.]

HYDROBIÆ (REICHB., *Consp.*, 169). Division des Haloragées (genres *Myriophyllum*, *Proserpinaca*, *Trapa*).

HYDROBRYUM (ENDL., *Gen.*, 1375, excl. sp.). Genre de Podostémacées, tribu des Eupodostémonées, sous-tribu des Néolacidées, se distinguant par : étamines 2, monadelphes ; staminodes 2, situés de chaque côté des étamines fertiles; ovaire courtement stipité; stigmates 2, larges, cunéiformes et inégaux, caducs. Petite herbe vivace, à aspect fucoïde, adhérente aux pierres et aux rochers submergés des ruisseaux. Feuilles des bourgeons florifères squamiformes, distiques, équitantes; celles des bourgeons stériles fasciculées et filiformes ; fleurs terminales. On n'en connaît qu'une espèce, de l'Inde orientale. (WEDD., in *DC. Prodr.*, XVII, 66. — H. BN, *Hist. des pl.*, IX.) [L.]

HYDROCALLIS (PL., in *Ann. sc. nat.*, sér. 3, XIX, 47). Section du genre *Nymphæa* L.

HYDROCALUMMA. Nom ancien du Nostoc.

HYDROCALYX (TRI., herb.). Synonyme de *Sarcophysa* MIERS.

HYDROCARIDES (J.-S.-H., *Expos. fam.*, I, t. 26). Pour *Hydrocharides* J.

HYDROCARPUS (DIETR.). Pour *Hydnocarpus* GÆRTN.

HYDROCARYES (LINK, *Enum.*, I, 141). Synonyme (part.) de *Hydrobiæ* REICHB.

HYDROCERA (BL., *Bijdr.*, 241). Section du genre *Impatiens* L., caractérisée par un fruit charnu. (H. BN, *Hist. des pl.*, V, 19.)

HYDROCERATOPHYLLUM (VAILL., in *Act. Acad. Par.* [1719], t. 2, fig. 2). Synonyme de *Ceratophyllum* L.

HYDROCEREÆ (BL., *Bijdr.*, 241). Famille formée du seul genre *Hydrocera* BL. Synonyme de Balsaminées.

HYDROCHARACEÆ (LINDL.), HYDROCHAREÆ (REICHB.), HYDROCHARIÆ (DUMORT.), HYDROCHARIDACEÆ (VENT.), HYDROCHARIDINÆ (LEUN.). — Voy. HYDROCHARIDÉES.

HYDROCHARIDÉES (DC., *Fl. fr.*, III, 265). Famille de Monocotylédones, dont les fleurs sont régulières, unisexuées, monoïques ou dioïques et exceptionnellement hermaphrodites. Dans ces dernières, le réceptacle est toujours concave, ayant la forme d'un sac dans lequel est logé un ovaire infère et sur le bord duquel s'insère un périanthe épigyne ou périgyne. Ce périanthe est à trois divisions, disposées sur deux rangs alternes. Les trois extérieures sont calicinales; aussi leur a-t-on souvent donné le nom de calice. Les trois intérieures, rarement nulles, sont pétaloïdes et méritent le nom de corolle, qu'on leur donne quelquefois. Elles présentent, dans certains cas, une glande épigyne et déprimée, située à leur base externe. Les étamines, insérées également sur les bords du périanthe, sont en nombre variable : trois, six, neuf, douze, etc., mais formant presque toujours un multiple de 3. Quand la fleur présente trois étamines, elles sont superposées aux divisions du calice. Quand il y en a six, elles peuvent être superposées par paires à ces mêmes divisions; mais plus généralement il y en a une en face de chaque division du périanthe. Quand le nombre dépasse six, il arrive fréquemment que les filets staminaux s'unissent en colonne, et l'ordre de superposition est moins apparent. Ces filets staminaux peuvent donc être libres, ou unis entre eux, ou avec le périanthe; ils supportent des anthères à deux loges, souvent séparées par un épais connectif et déhiscentes par une fente longitudinale, ordinairement introrse. L'ovaire, logé dans la concavité du réceptacle, est surmonté d'un style ordinairement court et terminé par trois ou six stigmates souvent bifides. Cet ovaire est uniloculaire, avec trois ou six placentas pariétaux. Mais dans ce dernier cas il arrive que les placentas, quelquefois plus nombreux, se rejoignent au centre et forment ainsi six loges (ou plus). Quand l'ovaire est uniloculaire, les ovules sont attachés sur les placentas, tandis qu'ils sont fixés sur les cloisons quand il est pluriloculaire. Ces ovules sont tantôt anatropes et tantôt orthotropes, sans que pour cette raison on puisse partager les Hydrocharidées en deux familles (Ottéliacées et Hydrocharidées), comme l'a proposé M. Chatin (!). Ces ovules ont une direction variable, mais le plus ordinairement ils sont ascendants. Le fruit, rarement couronné du périanthe persistant, mûrit toujours sous l'eau; il est souvent charnu, quelquefois capsulaire; mais ce n'est jamais que par la destruction du péricarpe dans l'eau que les graines sont mises en liberté. Celles-ci sont nombreuses, attachées sur les placentas ou sur les cloisons. Leurs téguments sont membraneux et quelquefois hérissés de filets courts, que le microscope démontre être une cellule avec une spiricule intérieure. Ces graines, dépourvues d'albumen, ont un embryon orthotrope, ovoïde ou cylindrique, avec une radicule tournée du côté de l'ombilic et une gemmule plus ou moins développée selon les genres. Les fleurs mâles sont très analogues aux précédentes; si ce n'est que le gynécée y est nul, rudimentaire ou réduit à un ovaire supère, stérile et peu développé. Les fleurs femelles possèdent aussi la même organisation ; si ce n'est que leur androcée est réduit à des filets staminaux stériles et qui ne sont pas toujours en même nombre que les étamines des fleurs mâles. Enfin, il est rare, dans les genres dioïques, que les divisions du périanthe aient exactement la même forme dans les deux sexes.

Les Hydrocharidées sont des herbes, ordinairement vivaces, à tige stolonifère, souvent fort courte et portant des feuilles basilaires, fréquemment rapprochées en rosette. Ces feuilles, plus rarement éparses, opposées ou verticillées, peuvent être flottantes, immergées ou émergées. Leur limbe, assez souvent denté et muni d'une seule nervure médiane ou d'un réseau de nervures, est ordinairement supporté par un pétiole engainant à sa base. Plus rarement ce limbe avorte, et le pétiole se transforme en phyllode. Les fleurs sont toujours enfermées dans une spathe mono- ou diphylle et souvent tubuleuse, qui ne s'ouvre qu'au moment de l'anthèse. Ces fleurs, quelquefois sessiles, sont le plus souvent portées sur un pédoncule, muni lui-même d'une petite spathe, dans certains cas. Tandis que les fleurs femelles sont généralement solitaires, les mâles sont presque toujours groupées en nombre variable et enveloppées dans la même spathe. Les Hydrocharidées sont toutes des plantes aquatiques et souvent complètement submergées. Généralement elles recherchent les eaux douces et peu courantes, bien qu'on en rencontre quelques-unes dans la mer et à l'embouchure des grands fleuves, tels que le Nil et le Gange. Cet habitat est cause que ces plantes sont encore assez mal connues et que la détermination des genres et surtout des espèces y est assez difficile. Il suffira pour s'en convaincre de parcourir celles qui se trouvent dans l'herbier du Muséum de Paris. Ajoutons encore que ces plantes, vivant en général dans les pays chauds, certains genres n'ont été que rarement observés en place; aussi ne trouve-t-on dans les collections que des échantillons souvent incomplets. Leur sexualité, répartie sur des pieds différents, et la variation du nombre des étamines dans le même genre, ont aussi causé beaucoup de confusion ; et il est arrivé ce qui arrive trop fréquemment dans les cas analogues, qu'on a fait avec la même espèce, non seulement des espèces, mais même des genres différents. Cette famille a été divisée en trois tribus par Endlicher (*Gen.*, 160) : ANACHARIDÉES, VALLISNÉRIÉES et STRATIOTIDÉES, division attaquée (!) par M. Chatin (in *Compt. rend.*, XLI [1855], 819; *Anat. comp.*, 4) et cependant adoptée par M. Caspary (in *Ann. sc. nat.*, sér. 4, IX, 305), qui, ayant réuni les *Anacharis* aux *Elodea*, a seulement changé le nom d'Anacharidées en celui d'Hydrillées. Cette division est basée sur le nombre des loges de l'ovaire et des stigmates, ainsi que sur la longueur des tiges. (Voy. WALP., *Ann.*, I, 770; III, 508; VI, 7.) [T.]

HYDROCHARIS (L., *Gen.*, n. 1126). Genre qui a donné son nom à la famille des Hydrocharidées, et dont les fleurs sont dioïques. Les mâles, portées sur des pédicelles nus et situés à l'extrémité d'une hampe courte, sont enveloppées d'une spathe diphylle. Leur périanthe est à six divisions : les extérieures calicinales, ovales; les intérieures pétaloïdes, suborbiculaires et insérées un peu plus haut sur la colonne androcéenne. Celle-ci se termine par un ovaire supère, rudimentaire et trilobé. Les étamines, ordinairement au nombre de douze, ont leurs filets unis en une colonne qui se divise ensuite en deux branches, dont la postérieure est souvent dépourvue d'anthères. Celles-ci sont basifixes, ovales, à loges séparées et situées sur les bords du connectif. Les fleurs femelles, portées sur un long pédicelle et entourées d'une spathe radicale et monophylle, ont un périanthe à six divisions : les extérieures calicinales, ovales; les intérieures pétaloïdes, orbiculaires et munies chacune à leur base externe d'une glande épigyne et déprimée. L'androcée est réduit à six étamines rudimentaires, subulées, superposées par paires aux divisions calicinales du périanthe. L'ovaire est infère et surmonté d'un style court, terminé par trois stigmates oblongs-cunéiformes, divariqués et à deux cornes. Cet ovaire présente six placentas pariétaux qui, se rejoignant au centre, forment ainsi six loges sur les parois desquelles sont insérés de nombreux ovules ascendants et anatropes. Le fruit est une baie ovoïde-arrondie, à 6 loges polyspermes. Les graines renferment, sous leurs téguments charnus, verruqueux, formés de cellules spiralées, un embryon dépourvu d'albumen, orthotrope, à gemmule latérale et à radicule infère. La seule espèce connue est la Morrène (*H. Morsus-ranæ* L.), herbe vivace, stolonifère, à feuilles réniformes, pourvues d'un pétiole engainant et biauriculé à sa base. Cette plante habite les eaux douces de l'Europe. Ses fleurs viennent s'épanouir à la surface. Après la fécondation, ses fruits vont mûrir au fond de l'eau. (Voy. ENDL., *Gen.*, n. 1216.) [T.]

HYDROCHLOA (HARTM., *Gram. Skand.*, 8). Section du genre *Glyceria* R. BR.

HYDROCHLOA (PAL.-BEAUV., *Agrost.*, 135, t. 24, fig. 4). Genre de Graminées-Oryzées, représenté par une plante de la Floride et de la Caroline, grêle, flottante, à inflorescence en épis composés; les épillets subsessiles, monoïques : le mâle terminal et les femelles axillaires. Il y a 2 glumes, pas de paléoles et 6 étamines. Le fruit libre est inclus dans les glumes. [H. BN.]

HYDROCLATHRUS (BORY, in *Dict. class.*, VIII, 419). Algues de la famille des Dyctiotées; division du genre *Asperococcus*, qui possède, outre les caractères génériques, une fronde vermiculaire, creuse et étendue. Agardh et Kützing considéraient ce petit groupe d'Algues comme synonyme de *Encœlium*. (Voy. KUETZ., *Sp. Alg.*, 552.) [CH. M.]

HYDROCLEIS (L.-C. RICH., in *Mém. Mus.*, I, 368, t. 18, 19, fig. 1). Genre d'Alismacées, dont les fleurs sont construites comme celles des Butomes, sinon qu'elles ont les pétales caducs, des étamines en nombre indéfini et 2-6 carpelles à style allongé. Ce sont des herbes aquatiques, stolonifères, à feuilles ovales ou orbiculaires, nageantes; à grandes fleurs jaunes, solitaires (*Bot. Reg.*, t. 1640. — *Bot. Mag.*, t. 3248). Il y en a 3, 4 espèces, de l'Amérique tropicale, dont une est souvent cultivée dans les bassins de nos serres chaudes sous le nom de *Limnocharis*. [H. BN.]

Hydrocleis. — Fleur.

HYDROCLEYS (COMM.). Pour *Hydrocleis* RICH.

HYDROCOCCUS (KUETZ., in *Linnæa* [1833], 380, t. 1, t. 32, fig. 2). Genre d'Algues, de l'ordre des Cytiphorées, de la famille des Chroococcacées (*Oncobyrsa* AGH [1827], nom auquel nous devons donner la préférence puisqu'il est le plus ancien). Cette Algue est formée de phytocystes sphériques, plus ou moins disposés en lignes régulières, réunies en un strate gélatineux, à thalle tantôt globo-vésiculeux, tantôt plan et tantôt globuleux. Son organisation est encore peu connue. (Voy. RABENH., *Fl. eur. Alg.*, II, 67.) [CH. M.]

HYDROCOCCUS (LINK, *Handb.*, III, 268). Syn. de *Undina* FRIES.

HYDROCOLEUM (KUETZ., *Phyc. gen.*, 196). Genre d'Algues-Oscillariacées, de l'ordre des Tiloblastées, caractérisé par des filaments analogues aux filaments des espèces qui constituent le genre *Phormidium*, et plus ou moins fasciculés, souvent contournés et renfermés dans une gaine commune, muqueuse, membraneuse. Ce genre est voisin du genre *Chthonoblastus*, et, à part l'habitat, ils ont l'un et l'autre beaucoup d'affinités réciproques. (Voy. RABENH., *Fl. eur. Alg.*, II, 11, 149.) [CH. M.]

HYDROCOMBRETUM. Nom d'une Conferve, d'après Adanson.

HYDROCORYNE (SCHWABE, *Fl. Anhalt.*, II, 136). Genre d'Algues-Scytonémacées; synonyme de *Schizothrix*. [CH. M.]

HYDROCOTE. Nom français (LAMK) des *Hydrocotyle* T.

HYDROCOTILE (NECK.). Pour *Hydrocotyle* T.

HYDROCOTLE. Nom français (LAMK) des *Hydrocotyle* T.

HYDROCOTYLE (T., *Inst.*, 328, t. 173). Nom latin des Cotylioles.

HYDROCOTYLEÆ (REICHB.), HYDROCOTYLIDÆ (LINDL.), HYDROCOTYLINÆ (SPRENG.), HYDROCOTYLENEÆ (KOCH). — Voy. HYDROCOTYLÉES.

HYDROCOTYLÉES. Série d'Ombellifères, dont les caractères généraux sont les suivants, d'après M. H. Baillon (*Hist. des pl.*, VII, 175) : Fruit dicarpellé ou, plus rarement, à un seul carpelle fertile. Bandelettes nulles ou non, situées dans les vallécules. Herbes à feuilles simples ou composées, à fleurs en cymes ou en ombelles simples ou irrégulièrement composées.

HYDROCYBE (FRIES, *Epicr.*, ed. 2, 386). Section des Cortinaires, à chapeau hygrophane et à stipe nu.

HYDROCYTIUM (A. BRAUN, *Alg. unic. Gen.*, 26, t. 2, fig. A). Genre d'Algues, de la famille des Protococcacées et de l'ordre des Coccophycées, qui, comme le genre *Hydrianum*, se rapproche beaucoup du genre *Characium*. La cellule, atténuée à la base en un pied très court, est comme stipitée. Le cytroplasma est vert, globuleux, amylacé. Les zoogonidies sont dues à la division simultanée et nombreuse du cytroplasma. Elles sont très nombreuses et déjà mobiles dans la cellule-mère; elles en sortent comme un essaim, grâce à la rupture latérale du cytroderme. Deux espèces constituent ce genre. L'une d'elles est propre à l'Autriche; elle y a été trouvée, dit-on, pour la première fois, par le savant Grunow. [CH. M.]

HYDRODICTIDÆ (LINDL.), HYDRODICTÆ (MORR.), HYDRODICTYEÆ (DCNE), HYDRODICTYNEÆ (DUMORT.). Famille d'Algues.

HYDRODICTION (BONNEM.), HYDRODYCTION (DC. — ENDL. — MATTH.). Pour *Hydrodictyon* ROTH.

HYDRODICTYEÆ (KUETZ., *Phyc. gen.*, 281). L'une des divisions de la famille des Protococcacées, d'après Rabenhorst, et l'une des plus intéressantes; de celle des Confervoïdées, d'après

Kützing et Payer. Ces Algues, sous le rapport de leur structure et de leur mode de reproduction, méritent toute l'attention des phycologistes. Elles représentent pour la plupart des sacs allongés, formés de réseaux à mailles pentagonales. Ce réseau est formé par l'association des nombreuses cellules-sœurs, nées de la division totale du corps protoplasmatique de la cellule-mère. Ces cellules se juxtaposent et fusionnent si bien leurs membranes aux faces de contact, que toute ligne de séparation disparaît. Si le tissu ainsi constitué a la forme d'un disque, nous avons le *Pediastrum;* s'il se présente en un réseau creux, en forme de sac, le genre *Hydrodictyon;* en une sphère pleine, nous avons le genre *Sorastrum;* si cette sphère est creuse ou percée à jour, nous avons le genre *Cœlastrum.* Les zoospores de ces Algues perdent leurs cils avant de s'unir à leur congénère, et la colonie est immobile : ce qui n'a pas lieu chez les Volvocinées. La reproduction des Hydrodyctiées a lieu par zoospores et par œufs. Dans les genres *Hydrodictyon* et *Pediastrum,* il se forme, par le même procédé que pour les zoospores, des corps petits et nombreux, pourvus de deux cils. Une cellule d'*Hydrodictyon* peut en produire de 30 000 à 100 000. S'ils sont isolés, ils se détruisent sans germer; en se réunissant par 2-3-5, ils forment des corps à cils vibratiles qui se fixent, s'entourent d'une membrane de cellulose, passent à l'état de vie latente et forment autant d'œufs. Ces œufs produisent de grosses zoospores ciliées, qui s'échappent de la membrane des cellules et se fixent, après avoir pris une forme polyédrique. Dans l'*Hydrodictyon,* le protoplasma de ces corps se partage en zoospores qui sortent bientôt et s'associent en un sac qui devient la première colonie libre. Les Hydrodyctiées comprennent les genres *Scenedesmus, Pediastrum, Sorastrum, Cœlastrum, Hydrodictyon.* (Voy. RABENH., *Fl. eur. Alg.*) [CH. M.]

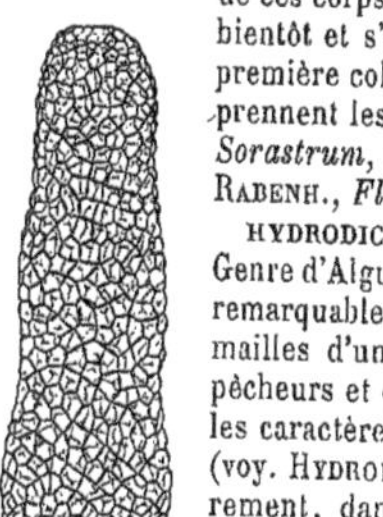
Hydrodictyon.

HYDRODICTYON (ROTH, *Fl. germ.*, 531, t. I). Genre d'Algues, de la famille des Hydrodictyées, remarquable par son tissu, qui représente les mailles d'un de ces filets dont se servent les pêcheurs et qui en a la forme. Cette Algue, dont les caractères ont été développés précédemment (voy. HYDRODICTYEÆ), se trouve, mais assez rarement, dans les eaux stagnantes ou coulant lentement. Elle est propre à toutes les contrées de l'Europe; on la rencontrait jadis assez fréquemment à Paris, notamment dans une portion de la Bièvre. [CH. M.]

HYDRODICTYONEÆ (HASS.), HYDRODICTYONIDEÆ (GRAY), HYDRODYCTIEÆ (MATH.). Division des Confervoïdées, comprenant le seul genre *Hydrodictyon* ROTH.

HYDROFISSIDENS (C. MUELL., *Syn. Musc.*, I, 44). Section du genre *Fissidens* HEDW.; synonyme de *Octodiceras* BRID.

HYDROGASTREÆ (ENDL. et UNG., *Grundz. der Bot.*, 55, f. 47). Famille d'Algues, voisine de la famille des *Vaucheria.* Plantes petites, terrestres, unicellulaires, pyriformes, atténuées à la base, qui est pourvue de radicules excessivement ténues. Itzigsohn affirme avoir vu dans ces Algues ténues des zoogonidies en mouvement. (RABENH., *Fl. eur. Alg.*, III, 265.) [CH. M.]

Hydrogastrum.

HYDROGASTRUM (DESVX, *Journ. Bot.* — BORY, in *Dict. class.*, VIII, 423). Genre d'Algues, de la famille des *Hydrogastreæ,* dont il a tous les caractères. Payer (*Bot. crypt.*, 28) décrit cette plante comme la plus simple des Vauchériacées, consistant en une seule utricule, gonflée en forme de ballon à l'une de ses extrémités, à nombreuses ramifications, mais à cavité contiue. [CH. M.]

HYDROGERA (WIGG., *Prodr. Fl. holsat.*, 110). Synonyme de *Pilobolus* TODE.

HYDROGERA VASA. Nom quelquefois donné à la spiricule des trachées vraies et fausses.

HYDROGETON (LOUR., *Fl. cochinch.* [1790], 244). Synonyme de *Potamogeton* L.

HYDROGETON (PERS., *Syn.*, I, 400). Syn. de *Ouvirandra* TH.

HYDROGETONES (LINK, *Handb.*, I, 282). Ordre des Endogènes; synonyme (part.) de Naïadées.

HYDROGLOSSUM (W., in *Act. Acad. Erford* [1802], 24). Synonyme de *Lygodium* SW. (HOOK. et BAK., *Syn. Filic.*)

HYDROGRAMMI (FRIES, *Summ. veg. Scand.*, 283). Section des Agaricinés du sous-genre *Mycena,* à lamelles très serrées.

HYDROLÆA (DUMORT., *Anal. fam.*, 25). Pour *Hydrolea* L.

HYDROLAPATHA (FRIES, *Summ. veg. Scand.*, I, 51). Synonyme de *Hippolapathum* WALLR.

HYDROLAPATHA (STACKH., in *Mém. Soc. Mosc.* [1809], II, 54, 67). Synonyme de *Delesseria* LAMX.

HYDROLAPATHUM (off.). Le *Rumex aquaticus* L.

HYDROLEA (L.). Nom français des Coutardes (II, 256).

HYDROLÉACÉES (*Hydroleaceæ* R. BR., *Prodr.*, 482; in *Tuck. Congo*, 451). Famille de Dicotylédones-gamopétales et hypogynes. Leurs fleurs, régulières et hermaphrodites, ont un réceptacle convexe; elles sont construites sur le type quinaire pour les trois premiers verticilles floraux et sur le type binaire pour le gynécée. Leur calice est persistant et quinquépartite. Leur corolle est gamopétale, caduque, campanulée, infundibuliforme ou subrotacée, et divisée au sommet en cinq lobes imbriqués. Les étamines sont au nombre de cinq, alternes avec les lobes de la corolle, exsertes ou incluses. Leurs filets, quelquefois élargis ou pubescents à leur insertion sur le tube de la corolle, supportent des anthères biloculaires, introrses et déhiscentes par deux fentes longitudinales. Le gynécée se compose d'un ovaire libre, supère, quelquefois entouré à sa base d'un disque hypogyne, et surmonté d'un style ordinairement partagé en deux branches simples ou renflées à leur extrémité stigmatifère. Cet ovaire a une structure variable suivant les tribus. Dans les Hydroléées, il est biloculaire, avec deux placentas adnés à la cloison et chargés de nombreux ovules anatropes. En un mot, c'est l'ovaire d'un *Solanum.* Dans les Namées, la cloison est incomplète; et chaque moitié porte, vers son bord libre, deux placentas lamelliformes, chargés d'ovules anatropes. Dans les deux cas, le fruit est une capsule déhiscente. Seulement, dans les Hydroléées, la déhiscence est septifrage; et, après la chute des valves, il reste la cloison avec les placentas chargés de graines. Dans les Namées, la déhiscence est loculicide, et chaque valve porte en son milieu la moitié de la cloison à laquelle adhèrent deux placentas lamelliformes, chargés de graines. Celles-ci sont petites, nombreuses, comme étaient les ovules; elles renferment, sous leurs téguments, un embryon droit, situé dans l'axe d'un albumen charnu.

Les Hydroléacées sont des plantes herbacées, annuelles ou quelquefois suffrutescentes, très rarement glabres, ordinairement glanduleuses, pubescentes ou même spinescentes. Leurs feuilles, dépourvues de stipules, sont alternes, quelquefois pétiolées, simples, entières ou lobées; et leurs fleurs souvent disposées en cymes unipares scorpioïdes. Ces plantes habitent principalement les régions chaudes du nouveau monde. On les rencontre rarement entre les tropiques de l'ancien. Le nombre des espèces décrites s'élève à un peu plus de trente, réparties en huit genres, y compris le genre *Codon,* dont les affinités sont encore douteuses. Réunies aux Convolvulacées par Jussieu et beaucoup d'autres auteurs, les Hydroléacées s'en distinguent cependant nettement par leur ovaire à loges polyspermes, la forme des placentas, etc. Leurs organes de végétation rappellent beaucoup les Boraginacées et les Hydrophyllacées. Il ne serait même pas impossible d'adjoindre à ces dernières certaines Namées à ovaire presque uniloculaire. Mais c'est avec les Solanacées que ces plantes paraissent avoir le plus de rapport, et rien ne rappelle plus la fleur d'une Solanacée capsulaire que celle d'un *Hydrolea.* Elles ont, par cela même, aussi de grands rapports avec les Scrofulariacées, si voisines des Solanacées. Choisy, qui a fait la monographie des Hydroléacées (in *DC. Prodr.*, X, 179), les place entre les Boraginacées et les Scrofulariacées. Payer (*Leç. sur les fam. nat. des pl.*, 204) les met entre les

Loganiacées et les Solanacées. M. H. Baillon les croit inséparables des Boraginacées. On n'a signalé dans ces plantes aucune propriété importante qui les rende utiles à la médecine ou à l'industrie. Quelques-unes seulement ont été introduites dans la culture comme plantes d'ornement. Signalons en passant les *Wigandia*, dont la végétation est si rapide, mais dont les poils urticants rappellent assez souvent ceux de l'Ortie. [T.]

HYDROLÉES, HYDROLEÆ (R. BR., *Congo, App.*, V, 451). Tribu des Hydroléacées (genres *Hydrolea*, *Nama* et *Sagonea*).

HYDROLIA (DUP.-TH., *Gen. nov. madag.*, 9). Synonyme (?) de *Hydrolea* L.

HYDROLINEÆ (ENDL., *Gen.*, 2; *Enchir.*, 2). Tribu des Diatomées (REICHB., *Nom.*, 19). Pour Lindley (*Veg. Kingd.*, 13), c'est un sous-ordre du même genre.

HYDROLINUM (LINK, in *Nees Hor. phys. Berol.* [1820], 5). Genre séparé du genre *Conferva*, pour être rapporté aux Diatomacées, caractérisé par des individus linéaires ou elliptiques, situés dans des fils gélatineux, simples ou rameux, libres ou nichés dans une gangue muqueuse, uni- ou plurisériés. On rapporte à ce genre les *Schizonema* AGH, *Monema* GREV., *Monnema* TREV., *Berkeleya* GREV., *Girodella* GAILL. et *Spermogonia* BONNEM. (Voy. LEMAN, in *Dict.*, XXII, 242. — REICHB., *Nom.*, 19. — ENDL., *Gen.*, n. 14; *Enchirid.*, 2.) Dilwynn en faisait des Conferves (t. 27, 104), et Greville des *Gloionema* (*Scot.*, t. 30). On rapporte aussi à ce genre les *Berkeleya* et *Monema* GREV., le *Spermogonia* BONNEM. et le *Girodella* GAILL., figuré par Turpin (Atl., I, t. 27, 28).

HYDROLOPATHA (STACKH.). Pour *Hydrolapatha* FRIES.

HYDROLYTHRUM (HOOK. F., *Gen.*, I, 777). Genre de Lythracées, tribu des Ammanniées, dont le réceptacle, en forme de coupe campanulée, mince et membraneuse, porte sur ses bords un calice à quatre lobes et dépourvu de calicule; une corolle à quatre pétales oblongs, dépassant les sépales; un androcée de quatre étamines incluses, à filets courts et à anthères didymes. L'ovaire, libre au fond du réceptacle, entouré à sa base de huit glandes hypogynes, oblongues et obtuses, surmonté d'un style court, capité ou discoïde dans sa portion stigmatifère, est oblong, parcouru par deux sillons et à deux loges pauciovulées. Le fruit est une petite capsule membraneuse, subglobuleuse et à deux loges, renfermant chacune une ou deux graines. Celles-ci sont légèrement dressées, imbriquées, obovoïdes, planconvexes et rugueuses. La seule espèce connue (*H. Wallichii* HOOK. F.), originaire de Tarry, a été nommée par Wallich (*Cat.*, n. 9059) *Rotala*. C'est une herbe aquatique, débile, très glabre, ayant le port du *Myriophyllum elatinoides*. Ses rameaux tétragones portent des feuilles verticillées : les inférieures submergées, étroites, linéaires, très entières; les supérieures de plus en plus courtes et pétiolées. Ses fleurs sont solitaires dans l'aisselle des feuilles supérieures. (Voy. H. BN, *Hist. des pl.*, VI, 440). [T.]

HYDROMESTES (SCHEIDW., in *Gartenzeit.* [1842], 285). Synonyme de *Strobilorachis* LINK, KL. et OTT.

HYDROMISTRIA (BARTL., *Ord.*, 74). Pour *Hydromystria* MEY.

HYDROMYCUS (RAFIN., in *Desvx Journ. bot.*, II, 178), HYDROMYCES (REICHB.). Synonymes (?) de *Dacrymyces* NEES.

HYDROMYSTRIA (G.-F. MEY., *Prim. Fl. esseq.*, 152). Synonyme de *Limnobium* L.-C. RICH.

HYDRONASTES (REICHB., *Fl. sax.*, 47). Section du genre *Carex* L. (*C. Buxbaumii*).

HYDRONEMA (GRUTH. — COHN, in *Nov. Act.* [1823]). Synonyme de *Saprolegnia*.

HYDRONEMEÆ (TREVIS., *Algh. coccot.*, 101). Tribu des Siphonothallées (genres *Mycocœlium*, *Hydronema*).

HYDROPELTIDEÆ (DC., *Syst.*, II, 36). Tribu des Podophyllées (genres *Cabomba*, *Hydropeltis*). Synonyme de Cabombées.

HYDROPELTIS (MICHX, *Fl. bor.-amer.*, I, 323, t. 29). Synonyme de *Brasenia* SCHREB.

HYDROPEPERI (DODOENS). L'un des noms du Poivre d'eau.

HYDROPHACA (HALL., ex STEUD., *Nom.*, I, 783). Syn. de *Lemna* L.

HYDROPHILA (EHRH., *Phytoph.*, n. 14; *Beitr.*, IV, 146). Synonyme de *Bulliarda* DC. (*Crassula*).

HYDROPHORA (TOD., *Fung. Meckl.*, fasc. II, 5). Genre de Mucorinés, rapporté depuis aux *Mucor* MICHEL.

HYDROPHORUS (BATTAR.). Pour *Hygrophorus* FRIES.

HYDROPHYCÆ (FRIES, *Pl. homon.*, 320). Cohorte (IV) d'Algues (Fucacées, Floridées, Ulvacées et Batrachospermées).

HYDROPHYLACE. Nom français (LAMK) des *Hydrophylax* L. F.

HYDROPHYLAX (BANKS, ex *DC. Prodr.*, IV, 577, nec L. F.). Synonyme de *Scyphiphora* GÆRTN. F.

HYDROPHYLAX (L. F., *Suppl.*, 126). Genre de Rubiacées-Spermacocées, dont les fleurs rappellent celles des *Crusea*, et sont 4-mères ou rarement 5-6-mères. Le réceptacle est anguleux, ou bien ovoïde dans celles des *Ernodea*, que nous avons réunis à ce genre comme section. Le calice a 4 lobes sublancéolés, aigus et persistants. La corolle, tubuleuse-campanulée, est villeuse en dedans, ou glabre dans les *Ernodea*. Il y a 4, ou plus rarement 5, 6 étamines; un ovaire à 2 loges; un style grêle, à sommet stigmatifère entier ou subentier, capitellé. Le fruit est dicoque, subdrupacé, à exocarpe finalement subéreux, à columelle peu distincte, 2-fide, avec un albumen dur ou charnu. Les 3, 4 espèces connues, en y comprenant les *Ernodea*, sont des herbes qui vivent dans les sables maritimes de l'Inde, de l'Afrique tropicale et méridionale, de Madagascar, de la Floride et des Antilles. Leurs feuilles sont opposées, oblongues, glabres, avec des stipules connées en gaine, et des fleurs assez grandes, lilas ou jaunâtres, axillaires, solitaires et subsessiles. (Voy. *Hist. des pl.*, VII, 266, 395, n. 11.) [H. BN.]

HYDROPHYLLACEÆ (LINDL., *Nat. Syst.*, ed. 2; *Veg. Kingd.*, 638). Synonyme de Hydrophyllées.

HYDROPHYLLAX (RAFIN.). Pour *Hydrophylax* L. F.

HYDROPHYLLÉES (*Hydrophylleæ*). Famille de Dicotylédones gamopétales et hypogynes. Leurs fleurs, régulières et hermaphrodites, ont un réceptacle convexe, sur lequel s'insèrent successivement, de la base au sommet, un calice, une corolle, un androcée et un gynécée. Les trois premiers verticilles sont sur le type cinq, tandis que le pistil est sur le type deux. Le calice est gamosépale, persistant, quelquefois accrescent, plus ou moins profondément divisé en lobes quinconciaux dans le bouton et muni dans certains genres de sinus appendiculés. La corolle est gamopétale, caduque ou rarement persistante, tubuleuse, campanulée, subrotacée ou infundibuliforme, à tube muni quelquefois de dix appendices, et à limbe partagé en cinq divisions contournées ou imbriquées en quinconce dans la préfloraison. L'androcée se compose de cinq étamines, insérées sur le tube de la corolle, alternes avec ses lobes et infléchies dans le bouton. Leurs filets, grêles, plus ou moins longs, supportent des anthères biloculaires, introrses et déhiscentes par deux fentes longitudinales. Le pollen affecte des formes variables dont on a quelquefois tiré parti pour la distinction des genres. En dedans de la corolle et immédiatement autour de l'ovaire, on observe généralement un disque hypogyne annulaire, plus ou moins développé, rarement nul, quelquefois divisé en cinq glandes qui sont alternes avec les lobes du calice. Le gynécée se compose d'un ovaire libre, supère, souvent pubescent, excepté à la base, et surmonté d'un style filiforme, à deux divisions stigmatifères simples ou capitées. Cet ovaire est uniloculaire, avec deux placentas pariétaux, situés latéralement, c'est-à-dire l'un à droite, l'autre à gauche, adhérents par un de leurs bords à la paroi ovarienne et portant, sur l'autre bord dilaté et renflé, deux ou plusieurs ovules anatropes, à direction très variable. Le fruit est une capsule, déhiscente en deux valves; elles laissent complètement libres les placentas qui, en se rapprochant, simulent une capsule renfermant les graines dans son intérieur. Celles-ci sont plus ou moins nombreuses, suivant les genres; elles contiennent, sous leurs téguments, un albumen cartilagineux abondant, à l'intérieur duquel est situé un embryon de petite taille. Les Hydrophyllacées sont des herbes des régions tempérées de l'Amérique, ou croissant sur les montagnes dans les parties chaudes. Elles sont pubescentes, hérissées, à feuilles alternes, quelquefois opposées à la base des tiges, et entières ou plus ou moins découpées. Leurs fleurs sont ordinairement disposées en cymes unipares-scorpioïdes. Ces plantes présentent d'étroites affinités avec d'autres familles. Leur inflorescence en cyme unipare scorpioïde, leur port et la composition générale de leurs fleurs les rapprochent des Boraginacées, dont elles s'éloignent, dit-on, d'ordinaire par leurs placentas pariétaux et leur fruit capsulaire. Les Polémoniacées, les Hydroléacées ont aussi de nombreux points de contact avec les Hydrophyllacées. Payer (*Leç. sur les fam. nat. des pl.*, 68), se basant surtout sur la structure de l'ovaire, les place entre les Desfontainéées et les Gentianées. A. de Candolle, qui a publié la monographie des Hydrophyllacées dans le *Prodromus* de son père (IX, 287, 564), les range entre les Cyrtandracées et les Polémoniacées. Il en admet neuf genres, comprenant une cinquantaine d'espèces et distingués entre eux par des caractères quelquefois fort peu importants, tels que la présence de sinus appendiculés au calice, la forme de la corolle, la présence ou l'absence d'appendices à l'intérieur de son tube, la longueur des étamines, la forme ou l'absence du disque, la forme du style, des placentas, le nombre des ovules, la persistance du calice ou de la corolle, etc. Ces genres sont: *Hydrophyllum* T., *Nemophila* NUTT., *Ellisia* L., *Microgenetes* A. DC., *Eutoca* R. BR., *Miltitzia* A. DC., *Cosmanthus* NLTE, *Phacelia* J., *Emmenanthe* BENTH. Ces plantes n'intéressent ni la médecine, ni l'industrie. On ne leur a attribué jusqu'ici aucune propriété bien saillante. Les horticulteurs seuls recherchent quelques espèces, entre autres de *Nemophila*, pour la beauté et la précocité de leurs fleurs. [T.]

HYDROPHYLLIDEÆ (DUMORT.). Synonyme de Hydrophyllées.

HYDROPHYLLON (T., *Inst.*, 81, t. 16). Synonyme de *Hydrophyllum* L.

HYDROPHYLLUM (T., *Inst.*, 81, t. 16). Genre qui a donné son nom à la famille des Hydrophyllacées. Ses fleurs, régulières et hermaphrodites, ont un réceptacle convexe. Leur calice est gamosépale, à cinq divisions quinconciales. Leur corolle est gamopétale, largement tubuleuse, découpée sur le bord en cinq lobes alternes avec les divisions du calice et contournés dans le bouton. Le tube de la corolle porte intérieurement des appendices insérés par paires en face de chaque lobe. L'androcée se compose de cinq étamines, ordinairement exsertes, à filets grêles, souvent barbus, et à anthères biloculaires, introrses et déhiscentes par deux fentes longitudinales. Le gynécée est formé d'un ovaire libre, supère, entouré à sa base d'un disque hypogyne et surmonté d'un style partagé au sommet en deux courtes branches stigmatiques. Cet ovaire est uniloculaire, avec deux placentas pariétaux, situés l'un à droite, l'autre à gauche. Chacun d'eux présente, le long de son bord libre, un épaississement longitudinal; ce qui donne à sa coupe transversale l'apparence d'un T; il supporte deux ovules anatropes, d'une forme assez irrégulière. Le fruit est sec, déhiscent en deux valves, laissant à nu les placentas qui, à ce moment, sont rapprochés et simulent une capsule intérieure, à quatre graines ou moins par avortement. Celles-ci ont une surface aréolée; elles renferment, sous leurs téguments, un albumen dans lequel est placé excentriquement un très petit embryon, à radicule épaisse et à cotylédons peu développés. Ce sont des herbes à feuilles rudes, comme celles des Boraginacées : les basilaires longuement pétiolées, pinnati- ou palmatinerves; les caulinaires alternes. Leurs fleurs sont disposées en cymes unipares-scorpioïdes. Les *Hydrophyllum* habitent l'Amérique boréale, où on en a trouvé 5 espèces. (A. DC., *Prodr.*, II, 289. — PAYER, *Leç. Fam. nat. pl.*, 68.) [T.]

Hydrophyllum. — Branche florifère.

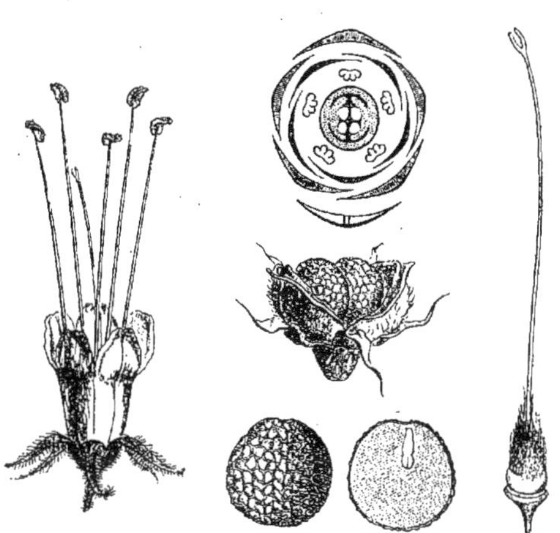
Hydrophyllum. — Fleur. Diagramme. Gynécée. Fruit déhiscent. Graine, entière et coupe longitudinale.

HYDROPHYTA (LYNGB., *Tent.* [1819], 28). Synonyme de *Algæ*.

HYDROPHYTES. Les Algues d'eau douce.

HYDROPHYTUM (SPRENG. — REICHB. — DIETR.). Pour *Hydnophytum* JACK.

HYDROPIPER (BUXB., *Cent.* [1728], II, t. 37, fig. 2). Synonyme de *Pilularia* VAILL.

HYDROPIPER (ENDL., *Gen.*, 1036). Section du genre *Elatine*.

HYDROPIPER (Poivre d'eau). Nom officinal d'un *Polygonum*.

HYDROPITYEÆ (REICHB., *Consp.*, 172). Divis. des Lythrariées.

HYDROPITYON (GÆRTN. F., *Fruct.*, III, 19, t. 183). Synonyme (B. H., *Gen.*, III, 951) de *Limnophila gratioloides* R. BR.

HYDROPOGONEÆ (C. MUELL., in *Linnæa* [1843], XVII, 598). Tribu des Mousses (genres *Hydropogon*, *Cryptangium*).

HYDROPTERIDES (W., *Bem. selt. Farrenkr.* [1802]). Ordre (III) des Cryptogames (*Salvinia*, *Pilularia*, *Isoetes*, etc.).

HYDROPYRUM (LINK, *Hort. berol.*, I, 252). Synonyme de *Hydrochloa* PAL.-BEAUV.

HYDROPYXIS (RAFIN., ex *DC. Prodr.*, III, 364). Genre incertain de Polypétales. (B. H., *Gen.*, I, 156.)

HYDRORHIZA. Nom donné par Commerson à un *Pandanus*.

HYDROSACES (MENTZ.). Synonyme de *Androsace* T.

HYDROSCHOENUS (ZOLL. et MOR., *Verz. Pl. Zoll.*, 95). Synonyme (?) de *Cyperus* T. (B. H., *Gen.*, III, 1045.)

HYDROSELINUM. Nom ancien de l'*Apium graveolens* L.

HYDROSIA (A. JUSS.). Pour *Hidrosia* E. MEY.

HYDROSME (SCHOTT, in *Œstr. Bot. Woch.* [1857], 389; *Gen.*, t. 33). Synonyme de *Amorphophallus* et section de ce genre.

HYDROSOLEN (MART., *Fl. bras.*, I [1825], 10. Synonyme de *Enteromorpha* LINK.

HYDROSPHONDYLUS (HASSK., in *Flora* [1842], II, *Beibl.*, 33). Synonyme de *Hydrilla* L.-C. RICH.

HYDROSTACHYDEÆ (A. JUSS., in *Dict. d'Orb.*, X, 302). Synonyme de *Hydrostachyeæ* TUL.

HYDROSTACHYEÆ (TUL., in *Ann. sc. nat.*, sér. 3, XI, 91). Tribu des Podostémacées (genre *Hydrostachys* DUP.-TH.).

HYDROSTACHYS (DUP.-TH., *Gen. nov. madag.*, 2). Genre de Podostémacées, se distinguant par : Étamine unique, très courte, extrorse, à filet bifide, chaque branche portant une des loges de l'anthère, déhiscente par un bord et réniforme. Style (dans la fleur femelle) nul. Stigmates 2, filiformes, divergents, glabres. Capsule petite. Les autres caractères sont ceux qui ont servi à former la tribu que ce genre compose seul. Herbes vivaces, acaules, adhérentes aux roches par une souche épaisse, ligneuse, tuberculiforme, émettant de nombreuses radicelles par son bord inférieur. Feuilles allongées, naissant des bords supérieur et latéral de la souche, dilatées à la base et munies de languettes larges, membraneuses, intra-axillaires ; scapes en nombre variable, simples, surgissant du milieu de la face supérieure de la souche, portant les fleurs en épi à leur extrémité supérieure. On en connaît 7 ou 8 espèces, des eaux rapides de Madagascar. (WEDD., in *DC. Prodr.*, XVII, 86. — B. H., *Gen.*, III, 115.) [L.]

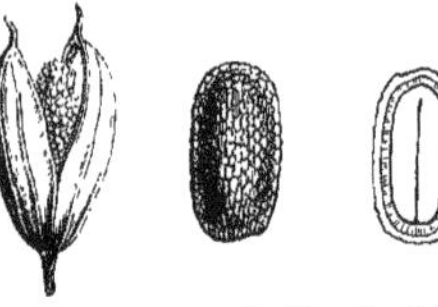

Hydrostachys. — Fleur mâle. Fleur femelle, entière et coupe longitudinale. — Fruit déhiscent. — Graine, entière et coupe longitudinale.

HYDROSTIS (REICHB., ap. *Mössl.*, I, 59). Pour *Hydrastis* L.

HYDROTÆNIA (LINDL., in *Bot. Reg.* [1838], *Misc.*, 67 ; [1842], t. 39). Synonyme de *Tigridia* KER.

HYDROTHROMBIUM (ENDL.). Pour *Sphærothrombium* KUETZ.

HYDROTICHE (A. JUSS.). Pour *Hydrotriche* ZUCC.

HYDROTREMELLINÆ (MEYEN, in *Linnæa* [1827], II, 441). Famille de Champignons, formée du seul genre *Actinomyce*.

HYDROTREMELLINI (REICHB., *Consp.*, 12). Division des Trémellinés.

HYDROTRICHE (ZUCC., in *Abh. Baier. Akad. Wiss.* [1832], 308). Genre de Scrofulariacées-Gratiolées, dont le type est une herbe nageante, de Madagascar, à feuilles opposées; celles qui sont submergées multipartites, avec un calice à divisions subégales, 2 étamines portées par la corolle et une capsule à 2 valves septifères. (BENTH., in *DC. Prodr.*, X, 508.) [H. BN.]

HYDROTRIDA (W., ex STEUD., *Nom.*, I, 753, 783). Synonyme de *Herpestis* GÆRTN.

HYDROTROPHUS (CLKE, in *Journ. Linn. Soc.*, XIV, 8, t. 1). Genre d'Hydrocharidacées-Vallisnériées (B. H., *Gen.*, III, 452), qui a une fleur hermaphrodite, solitaire dans une spathe, avec un double périanthe; l'intérieur à 3 ou souvent 2 folioles; 3 étamines et un ovaire rostré. C'est une herbe submergée, du Bengale, à longues feuilles linéaires. [H. BN.]

HYDROTROPISME. Tendance des parties des plantes vers les milieux humides.

HYDRUREÆ (MENEGH., *Cenn. org. Algh.* [1838], 26). Famille d'Algues. Tribu (TREVIS.) des *Coccothallæ*.

HYDRURUS (AGH). Synonyme de *Cluzella* BORY (*Dict.*, II, 112).

HYEROMYRTON. L'un des noms du *Ruscus aculeatus* L.

HYERONIMA. Pour *Hieronyma* ALLEM.

HYGÆA (HANST., in *Linnæa*, XXVI, 209, fig. 62). Synonyme (?) de *Uroskinnera* LINDL. (B. H., *Gen.*, II, 996.)

HYGROBEÆ (AGH), HYGROBIÆ (RICH.), HYGROBIEÆ (CAMBESS.). Synonyme de Haloragées.

HYGROCHARIS (HOCHST., ex LINDL., *Veg. Kingd.*, 632). Synonyme de *Nephrophyllum* RICH.

HYGROCHROMA (DC., in *Mém. Mus.*, III, 334, 339). Section du genre *Stilbospora* PERS. (*S. Uredo*).

HYGROCROCINÆ (REICHB., *Handb.*, 135). Subdivision des Algues-Oscillatoriées.

HYGROCROCIS (AGH, *Syst.*, XIII, 45). Genre attribué aux Algues. Synonyme de *Mycoderma* PERS.

HYGROCYBE (FRIES, *Epicr.*, ed. 2, 416). Section des *Hygrophori*, caractérisée par la fragilité du réceptacle aqueux et frêle.

HYGROCYBOIDEÆ (FRIES, *System. mycol.*, I, 155). Deuxième section du sous-genre *Mycena* FRIES, comprenant les espèces à chapeau ou à stipe visqueux.

HYGROMITRA (FRIES, *Syst. mycol.*, II, 28). Tribu des *Leotia*.

HYGROMITRA (NEES, *Syst. d. Pilze*, V, 157). Sous-genre formé d'espèces rapportées à tort à des Trémelles, et que leur hyménium thécasporé a fait ranger avec les *Leotia*.

HYGROPHANI (FRIES, *Epicr.*, ed. 2, 820). Section des *Pholiota*, de la série des Agarics à spores rouillées, caractérisée par la nature du chapeau, qui devient aqueux par l'humidité.

HYGROPHILA (R. BR., *Prodr.*, I, 479). Genre d'Acanthacées, qui a donné son nom à la tribu des Hygrophilées. Les fleurs, hermaphrodites et irrégulières, ont un calice gamosépale, à cinq divisions égales, atteignant presque le milieu du tube ; une corolle à deux lèvres, dont l'inférieure est trifide ; quatre étamines didynames, incluses, dont les anthères ont deux loges parallèles, divergentes à leur base mutique ou légèrement mucronée. L'ovaire, entouré d'un disque convexe et surmonté d'un style à extrémité stigmatifère simple, devient, à la maturité, une capsule étroite, arrondie, et renfermant un grand nombre de petites graines, supportées par un rétinacle court et obtus. Ce sont des herbes, à tiges quadrangulaires, dressées ou couchées; à feuilles entières ou légèrement crénelées; à fleurs axillaires, groupées en glomérules formant des verticilles plus ou moins complets. Nous citerons les *H. obovata* NEES, *ringens* R. BR., dont les propriétés astringentes sont utilisées dans le traitement des tumeurs. On en connaît vingt-quatre espèces, des régions chaudes de l'Amérique, de l'Inde orientale et de l'Australie, où, comme leur nom l'indique (ὑγρός, humide; φίλος, ami), on les rencontre sur le bord des fleuves et dans les lieux marécageux. (Voy. NEES, in *DC. Prodr.*, XI, 85. — B. H., *Gen.*, II, 1075.) [T.]

HYGROPHILEÆ (NEES), HYGROPHILIDÆ (LINDL.). Division des Acanthacées-Echmatacanthées.

HYGROPHILES. Les plantes qui recherchent l'humidité.

HYGROPHORUS (FRIES, *Epicr.*, ed. 2, 405). Sous-genre d'Agaricinés, ou tribu comprenant les Agarics dont le tissu se laisse facilement imbiber d'eau.

HYGROPHYLLUM (STREINZ, *Nom.*, 329). Pour *Hypophyllum*.

HYGROPYLA (TAYL., in *Trans. Linn. Soc.* [1836], XVII, p. III, 390, t. 15; in *Isis* [1839], 56). Synonyme de *Dumortiera* NEES.

HYGRORYZA (NEES, in *Edinb. New Phil. Journ.*, XV, 380). Genre de Graminées-Oryzées, voisin des Riz, et qui en a la fleur 6-andre, mais avec des épis simples, unisexués; le terminal mâle et stipité; les femelles axillaires et sessiles. On n'en connaît qu'une espèce indienne, aquatique, nageante ou rampante, à feuilles courtes, planes et obtuses. [H. BN.]

HYGUERILLO. A Bogota, l'un des noms du Ricin commun.

HYJORTRON. Nom suédois du *Rubus Chamæmorus* L.

HYLACIUM (PAL.-BEAUV., *Fl. owar. et ben.*, II, 83, t. 113). Synonyme de *Uragoga* L.

HYLÆA (GRISEB., *Spicil. Fl. rumel.*, II, 167). Section du genre *Asperula* L. (*A. arvensis* L.).

HYLAS (BIGEL., ex ENDL., *Gen.*, n. 6135). Synonyme de *Ptilophyllum* TORR. et GR., section du genre *Myriophyllum* VAILL.

HYLD. Nom scandinave du Sureau noir.

HYLEBIA (KOCH, *Syn.*, 118). Section du genre *Stellaria* L. (*S. nemorum* L.).

HYLETHALE (LINK, *Handb.*, I, 788). Synonyme de *Prenanthes* GÆRTN. (sect. *Euprenanthes* ENDL.).

HYLINE (HERB., in *Bot. Mag.*, sub t. 3779). Genre d'Amaryllidacées, mal connu, représenté par une espèce du Brésil, qui a un tube subnul au périanthe, avec 6 longs lobes linéaires; des étamines à filets très longs, unis en cupule à la base, et un ovaire à 3 loges multiovulées. On dit ses fleurs disposées en ombelle (probablement des cymes). (B. H., *Gen.*, III, 730.) [H. BN.]

HYLOCHARIS (MIQ., *Fl. ind.-bat.*, Suppl., 319). Synonyme de *Oxyspora* DC.

HYLOCOCCUS (R. BR., in *Icon. ined. Bauer.*). Synonyme de *Petalostigma* F. MUELL.

HYLOGETON (SALISB., *Gen. pl. Fragm.*, 92). Synonyme de *Allium* T.

HYLOGYNE (SALISB., in *Knight Proteac.*, 126). Synonyme de *Telopea* R. BR.

HYLOMECON (MAXIM., *Prim. Fl. amur.*, 36, t. 3). Synonyme de *Stylophorum* NUTT. (B. H., *Gen.*, I, 53.)

HYLOMENES (SALISB., *Gen. pl. Fragm.*, 26). Synonyme de *Agraphis* LINK.

HYLONOME (BAK., in *Journ. Linn. Soc.*, XIV, 561, nec WEBB). Synonyme de *Behnia* DIDR.

HYLONOME (WEBB, *Phyt. canar.*, III, 320). Synonyme (?) de *Behnia* DIDR. (B. H., *Gen.*, III, 767.)

HYLOPHILA (LINDL., *Bot. Reg.*, sub t. 1618). Genre d'Orchidées-Néottiées, voisin des *Goodyera*, caractérisé par un sépale postérieur cucullé; les latéraux obliquement adnés à la base du gynostème et au sommet de l'ovaire; un labelle cucullé-sacciforme à sa base, à petit limbe linéaire infléchi. La seule espèce connue, de Malacca et de l'archipel Malais, est une herbe élevée, terrestre, à feuilles basilaires, à fleurs disposées en un long épi pubescent. (BL., *Orchid. arch. Ind.*, t. 35, 36.) [H. BN.]

HYLORA (GRISEB., *Spic. Fl. rumel.*, II, 156). Section du genre *Galium* L. (*G. sylvaticum*, *glaucum*, etc.).

HYLOXYLA (STACKH., in *Mém. Soc. Mosc.* [1809], II, 52). Ordre (?) de la Cryptogamie (*Peziza*, *Clavaria*, *Sphæria*, *Reticularia*, etc.).

HYMANTHALIA (DUMORT., *An.*, 76). Pour *Himanthalia* LYNGB.

HYMENACEÆ (DUMORT., *Comm. bot.*, 70, 82). Famille des *Nudigrariæ*, comprenant beaucoup de genres de Champignons.

HYMENACHNE (PAL.-BEAUV., *Agrostogr.*, 48, t. 10, fig. 8). Section du genre *Panicum* L.

HYMENÆA (L.). — Voy. COURBARIL.

HYMENANDRA (A. DC., in *Trans. Linn. Soc.*, XVII, p. I, 126). Section du genre *Ardisia* SW.

HYMENANGIACEÆ (CORDA, *Ic. Fung.* [1842], V, 28; *Anal. mycol.*, 83; *Anleit.*, part. LXXXIII, 113). Famille de Champignons hypogés, qui rentre dans les *Hymenogastrei* TUL. (*Fung. hypog.*, 61.)

HYMÉNANGIÉES (PAYER, *Bot. crypt.*, 113, *Fam.* 38). — Voy. HYMENOGASTREI.

HYMENANGIUM (CORDA, *Anleit.*, 353). Genre de Champignons hypogés, basidiosporés, qui rentre actuellement dans le genre *Hymenogaster* TUL. (*Fung. hypog.*, 63).

Hymenangium. — États successifs.

HYMENANGIUM (KL., in *Dietr. Fl. boruss.*, 382). Synonyme de *Lycoperdon* DICKS.

HYMENANTHE (FENZL, ex ENDL., *Gen.*, n. 5249 *a*). Section des *Viscaria* (*Lychnis* T.).

HYMENANTHERA (R. BR., *Congo*, 442). Genre de Violacées-Paypayrolées, qui a des fleurs polygames, régulières, à 5 pétales, à 5 étamines monadelphes; le connectif appendiculé en haut et sur le dos. Le gynécée a un ovaire uniloculaire, avec 2 placentas uniovulés, et le fruit est une baie. Ce sont des arbustes, de l'Australie et de la Nouvelle-Zélande, peu élevés, rigides, parfois spinescents, à feuilles alternes ou fasciculées; à fleurs axillaires, solitaires ou en cymes et peu nombreuses. On les cultive rarement dans nos serres. (H. BN, *Hist. des plant.*, IV, 351.)

HYMENANTHEREÆ (REICHB., *Handb.*, 268). Subdivision des Violacées-Alsodinées (genre *Hymenanthera* R. BR.).

HYMENANTHES (BL., *Bijdr.*, 862). Synonyme de *Rhododendron* L.; genre proposé pour le *R. Metternichii* SIEB. et ZUCC.

HYMENATHERUM (CASS., in *Bull. philom.* [1817], 76; [1818], 21; in *Dict.*, XXII, 313). Section du genre *Tagetes* T. (A. GR., in *Mem. Amer. Acad.*, XIX, 40. — H. BN, *Hist. des pl.*, VIII, 253, not. 5.)

HYMÈNE (BERTILL.). — Voy. HYMENIUM.

HYMENEA (BORY. — DCNE). Pour *Hymenæa* L.

HYMÉNÉE (PERS.). — Voy. HYMENIUM.

HYMENELIA (KREMPELH., in *Flora* [1852], 17). Genre de Lichens, lequel a donné son nom aux Hyménéliés, tribu des Urcéolariacés, qui renferme aussi (?) le genre *Stenhammera*. (ARNOLD, in *Flora* [1858], I, 330.)

HYMENELIEÆ (KÖRB., *Syst. Lich. germ.*, 327). Famille de Lichens-Kryoblastés (genres *Hymenelia*, *Petractis*, *Thelotrema*). Arnold (in *Flora* [1858], I, 330) en fait des Urcéolariés.

HYMENELLA (FR., *Syst. myc.*, II, 233). — Voy. HYMENULA.

HYMENELLA (MOÇ. et SESS., ex *DC. Prodr.*, I, 389). Synonyme de *Arenaria* L. (B. H., *Gen.*, I, 150.)

HYMENELLA (FRIES, *Syst. myc.*, II, 233). Genre de Trémellinés; synonyme de *Leioderma* PERS.

HYMENENA (GREV., *Syn.*, XLVIII). — Voy. PLOCAMIUM.

HYMENERIA (LINDL., in *Journ. Linn. Soc.*, III, 663). Section du genre *Eria* LINDL. (MIQ., *Fl. ind. bat.*, III, 663.)

HYMENESTHES (MIERS, in *Trans. Linn. Soc.*, ser. 2, I, 26, t. 6). Synonyme de *Bourreria* P. BR.

HYMENETRON (SALISB., *Gen. pl. Fragm.*, 128). Synonyme de *Strumaria* JACQ.

HYMENIDIUM (LINDL., in *Royl. Ill. himal.*, 233). Synonyme de *Pleurospermum* HOFFM.

HYMÉNIÉS (QUELET, *Champ. Jura et Vosges*). Employé comme simplification de *Hymenomycetes* (voy. ce mot.)

HYMENINI (FRIES, *Syst. mycol.*, I, p. LVI). Ordre des Champignons-Hyménomycètes, divisés en *Clavati* et *Pileati*. Plus tard (RABENH., *Krypt.*, I, 308), l'ordre a été partagé en *Tremellini*, *Clavariacei*, *Helvellacei*, *Pileati*.

HYMENINI (NEES, *System. Pilz.* [1816], 198, 171). Division arbitraire de la famille des Agaricinés, comprenant presque tous les Agarics à hyménium nu; terme employé quelquefois comme synonyme de Hyménomycètes.

HYMÉNION (NOULET et DANIER, *Traité des Champignons comest.* [1838]). — Voy. HYMENIUM.

HYMENIOPHORI (BONORD., *Handb. Allg. Mykol.*, 297). Famille formée aux dépens des Trémellinés, comprenant des genres trop éloignés les uns des autres pour pouvoir être maintenue.

HYMÉNIUM (PERS., *Syn.*, X). Nom donné à la partie séminifère du réceptacle des Champignons, chez lesquels cet organe est comparable à une membrane (*hymen*), étendue sur la portion fertile du réceptacle. La structure des deux dispositions fondamentales, hyménium basidiosporé et hyménium thécasporé, est d'ailleurs décrite à l'article CHAMPIGNONS. [DE S.]

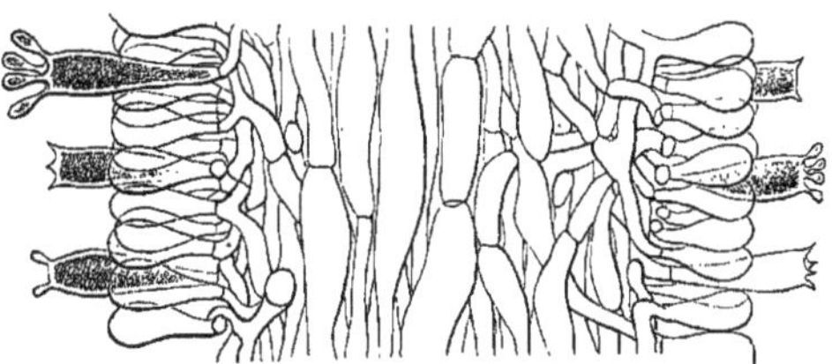

Hymenium d'Agaric.

HYMENOBOLUS (MONT., *Syllog.*, 191; in *Ann. sc. nat.*, sér. 3, IV, 359). Genre de Discomycètes, de la tribu des *Patellariacei* FR. L'*H. Agaves* DR. et MONT., trouvé en Algérie sur les euilles mortes d'*Agave*, présente des cupules naissant sous l'épiderme des feuilles, qui se rompt pour leur livrer passage; elles sont coriaces, fragiles, brunes, de 2 à 4 millimètres de diamètre. Les thèques, fuligineuses, transparentes, brunissant au sommet, contiennent 8 spores oblongues, d'abord hyalines, puis légèrement enfumées. [De S.]

HYMENOBRYCHIS (DC., *Prodr.*, II, 346). Section du genre *Onobrychis* Gærtn.

HYMENOCALLIS (Herb., *App.*, 43; in *Bot. Mag.*, t. 2621). Section du genre *Pancratium*, caractérisée par un périanthe à tube droit, à divisions flasques; par une couronne à six dents égales, allongées, et par des graines peu nombreuses et bulbiformes. Elle comprend vingt-six espèces, spéciales aux régions chaudes de l'Amérique. [T.]

HYMENOCALYCEÆ (Reichb., *Handb.*, 287). Division des Malvacées-Hibiscées.

HYMENOCALYX (Zenk., *Pl. ind.*, 8, t. 10). Synonyme de *Abelmoschus* Medic.

HYMENOCARDIA (Endl., *Gen.*, n. 1899). Genre d'Euphorbiacées biovulées, série des Phyllanthées, dont les fleurs, dioïques, apétales et très analogues à celles des *Antidesma* ou des *Aporosa*, ont un calice à 5-7 dents valvaires ou subimbriquées; autant d'étamines insérées autour d'un gynécée rudimentaire entier, et dont les anthères sont ovoïdes, introrses, déhiscentes par des fentes longitudinales. L'ovaire, comprimé et surmonté d'un style à deux longues branches stigmatifères, est à deux loges biovulées; il devient à la maturité une samare à deux parties comprimées, ailées et se séparant plus ou moins facilement de l'axe. Les graines sont peu albuminées, avec un embryon à cotylédons membraneux et ordinairement latéraux. On en connaît quatre ou cinq espèces, de l'Inde orientale et de l'Afrique tropicale. (Voy. H. Bn, *Hist. des pl.*, V, 147, 245; in *Bull. Soc. bot. de Fr.*, IV, 994; *Tr. gén. Euphorbiac.*, 599, t. 27, fig. 24; in *Adansonia*, I, 82.) [T.]

HYMENOCARPA (Luhnem., in *Schrad. N. Journ.* [1809], III, p. III, 50). Classe (12) de la Cryptogamie, comprenant les *Lytothecia*, *Hymenothecia* et *Dermatothecia*.

HYMENOCARPI (G.-F.-W. Mey., *Entw. Flecht.* [1825], 330). Ordre (12) des Lichens. Pour Link (in *Abh. Berl. Akad.* [1824], 185), c'était un sous-ordre des Lichens. Synonyme de *Hymenothalami* Fries.

HYMENOCARPOIDES (Griseb., *Spic. Fl. rumel.*, I, 16). Section du genre *Medicago* T.

HYMENOCARPOS (Savi, *Fl. pis.*, II, 205). Genre de Légumineuses-Papilionacées, série des Lotées, sous-série des Anthyllidées, ayant presque les fleurs des *Lotus*. Il se distingue par : Lobes profonds et presque égaux du calice; ovaire sessile, biovulé. Gousse large, comprimée, à bord extérieur épanoui, membraneux, entier ou pourvu de dents inégales, indéhiscente. Herbes annuelles, couchées, de la région méditerranéenne. Une espèce, l'*H. circinata*. (Voy. H. Bn, *Hist. des pl.*, II, 293.) [L.]

HYMENOCARPUS (Reichb.). Pour *Hymenocarpos* Savi.

HYMENOCENTRON (Cass., in *Dict.*, XLIV, 37). Synonyme de *Seridia*, section du genre *Centaurea* L.

HYMENOCEPHALUS (Jaub. et Sp., *Ill. pl. or.*, III, 12, t. 209). Synonyme de *Acrolophus*. Section du genre *Centaurea* L.

HYMENOCHÆTA (P.-Beauv., in *Lestib. Ess. Cyper.*, 43). Genre de Cypéracées, dont les caractères sont mal connus et qu'on suppose bien voisin des *Eriophorum*. (B. H., *Gen.*, III, 1051.)

HYMENOCHÆTE (Lév., *Champ. du Mus.*, in *Ann. sc. nat.* [1846], n. 111). Genre de Téléphorés, qui ne se distingue du genre *Telephora* que par les appendices pileux rigides, intercalés entre les éléments de son hyménium. Ce genre n'a pas été généralement adopté. [De S.]

HYMENOCHÆTE (Nees, in *Linnæa*, IX, 293). Genre proposé pour le *Scirpus grossus* L.

HYMENOCHÆTI (Pal.-Beauv., in *Lestib. Ess. Cyper.*). Synonyme de *Scirpus* L., section *Pterolepis*.

HYMENOCHARIS (Salisb., in *Trans. Hort. Soc.*, I, 276). Synonyme de *Ischnosiphon* Kœrn.

HYMENOCHILA (B. H., *Gen.*, III, 529). Section du genre *Epidendrum* L.

HYMENOCLEA (Torr. et Gr., *Pl. Fendl.*, 79). Synonyme de *Ambrosia* T. et section de ce genre. (H. Bn, *Hist. des pl.*, VIII, 66.)

HYMENOCNEMIS (Hook. f., *Gen.*, II, 132, n. 283). Genre de Rubiacées-Uragogées, dont les fleurs 4-mères, peu connues, sont celles d'un *Uragoga*, mais assez grandes, solitaires, axillaires, 4-mères. Mais les feuilles opposées de cet arbuste de Madagascar ont leurs stipules unies en une gaine membraneuse qui enveloppe tout le sommet du rameau et se rompt pour le laisser sortir. Mieux étudiée, cette plante, dont la fleur rappelle par sa taille et sa forme celle de quelques espèces néo-calédoniennes d'*Uragoga*, a cependant l'ovaire complètement ou à peu près supère; aussi l'a-t-on récemment (Bak.) rapportée aux Loganiacées. (H. Bn, *Hist. des pl.*, VII, 289, 413, n. 44.)

HYMENOCRATER (Fisch. et Mey., *Ind. sem. H. petrop.*, II, 39). Genre de Labiées-Népétées, placé près des *Cedronella* et distingué par un calice qui se dilate en haut en un grand limbe veiné; tout le reste est d'un *Cedronella* dans ces sous-arbrisseaux de l'Orient. (Jaub. et Spach, *Ill. pl. or.*, t. 456-458.) [H. Bn.]

HYMENOCYBE (Fries, *Epicr.*, 188). Section du g. *Hebeloma*.

HYMENOCYSTIS (C.-A. Mey., *Verz. cauc. Pfl.*, 229). Synonyme de *Woodsia caucasica* Sm.

HYMENODEA (Benth.). — Voy. le Supplément.

HYMENODES (Pal.-Beauv., *Prodr. Æthéog.*, 38; in *Mém. Soc. Linn. Par.*, I, 459). Section (5) des Mousses (genres *Atrichum*, *Pogonatum*, *Polytrichum*).

HYMENODICTYON (Wall., in *Roxb. Fl. ind.* (ed. Carey), II, 148; *Tent. Fl. nepal.*, I, 31, t. 22; *Pl. asiat. rar.*, t. 188). Genre de Rubiacées-Cinchonées, dont les fleurs sont très analogues à celles des Quinquinas, 5-6-mères, avec une corolle valvaire ou rédupliquée; 5, 6 étamines insérées à la gorge de la corolle; un ovaire infère, à 2 loges multiovulées, surmonté d'un disque et d'un style entier ou à lobes très courts. Le fruit est capsulaire, arrondi ou oblong, souvent obtus au sommet, loculicide, les valves se séparant finalement des placentas, qui portent de nombreuses graines aplaties, dilatées en ailes entières ou déchiquetées, aussi bien en haut qu'en bas; l'inférieure est ordinairement bilobée. L'embryon albuminé a des cotylédons suborbiculaires ou ovales, et une radicule infère. Ce sont des arbres ou arbustes, de l'Asie et de l'Afrique tropicales et de Madagascar, à écorce amère, succédanée du quinquina; à feuilles opposées, stipulées; à grappes axillaires ou terminales, penchées, parfois spiciformes. Le *Bundaroo* de l'Inde est l'*H. excelsum* Wall. (*Cinchona excelsa* Roxb.), dont l'écorce est fébrifuge. (*Hist. des pl.*, VII, 344, 384, 472.) [H. Bn.]

HYMENODIUM (Fée, *Gen. Fil.*, 58). Synonyme (Hook. et Bak., *Syn. Fil.*) de *Acrostichum* L.

HYMENOGASTER (Vittad., *Mon. Tub.*, 20). Genre de Champignons, longtemps confondus avec les Tubéracés, plusieurs espèces étant hypogées. D'autres, simplement lucifuges, vivent sous les feuilles mortes et les débris de bois. Leur péridium est mince, blanchâtre ou coloré, indéhiscent. La gleba, charnue, présente des lacunes irrégulières; les parois de ces lacunes sont tapissées de basides étroits portant deux spores fusiformes, lisses ou chagrinées, fortement colorées à la maturité. Tulasne en a décrit 20 espèces européennes (*Fung. hypog.*, 63). L'*H. luteus*, qui croît en Angleterre et en Italie, se retrouve aux environs de Paris, moins fréquemment toutefois que l'*H. vulgaris*, dont le péridium varie de la grosseur d'une noisette à celui d'une noix, mince, blanc sale, peu charnu, à peu près lisse. La gleba, d'abord blanche, puis grise, brune et enfin noirâtre, présente des spores oblongues-fusiformes, d'un jaune brun. Les basides de l'hyménium portent deux spores. Il y a, dans ce genre, une vingtaine d'espèces, européennes ou exotiques. [De S.]

HYMENOGASTEREÆ (Vittad., *Monog. Tuber.*, 11). — Voy. Hymenogastrei.

HYMENOGASTEREI (Endl., *Gen.*, 28, 30; — Bonord., *Handb.*, 303). — Voy. Hymenogastrei.

HYMENOGASTERES (REICHB.), HYMENOGASTREI (FRIES). Famille des Hyménomycètes-Tubéracés.

HYMENOGASTREÆ (VITTAD. — TUL., *Fl. d'Alg.*, I, 394). — Voy. HYMENOGASTREI.

HYMENOGASTREI (VITTAD., *Mon. Tub.*, 20. — FR., *Summ. veg. Scand.*, 435). Famille de Champignons-Basidiosporés, hypogés, comprenant les *Gautieria, Hydnangium, Octaviana, Hysterangium, Rhizopogon, Melanogaster, Hyperrhiza, Pompholix, Phlyctospora* et *Hymenogaster* (voy. ces mots). [DE S.]

HYMÉNOGASTRÈS (*Hymenogastrei* TUL., *Fung. hypog.*, 61). Division de Champignons-Basidiosporés, comprenant les genres *Gautieria, Hymenogaster, Hydnangium, Octairana, Hysterangium, Rhizopogon, Melanogaster, Hyperrhiza*, etc. [DE S.]

HYMENOGLOSSUM (PRESL, *Hymenoph.*, 127). Genre proposé pour l'*Hymenophyllum cruentum* CAV.

HYMENOGRAMME (BERKEL. et MONT., in *Lond. Journ. Bot.* [1844], 330. — MONT., *Syllog.*, 151). Genre d'Agaricinés épixyles, à réceptacle résupiné, coriace, à lamelles serrées, flexueuses, très ténues, visibles seulement à la loupe. La seule espèce connue, l'*H. javensis* BERKEL. et MONT., est originaire de Java.

HYMENOGYNE (HAW., *Rev. plant. succ.*, 192). Synonyme de *Mesembrianthemum glabrum* AIT.

HYMENOÏDE. Léveillé a désigné par ce terme une forme de mycélium des Champignons, dans laquelle les filaments se rapprochent, de manière à prendre par leur réunion l'apparence d'une membrane. — Voy. MYCÉLIUM.

HYMENOLACIS (TUL., in *Ann. sc. nat.*, sér. 3, XI, 99). Section du genre *Apinagia* TUL.

HYMENOLÆNA (C.-A. MEY., ex FÉE, *Gen. Fil.*, 358). Synonyme de *Hymenocystis* C.-A. MEY.

HYMENOLÆNA (DC., *Prodr.*, IV, 244). Synonyme de *Pleurospermum* HOFFM.

HYMENOLEPIS (CASS., in *Dict.*, XXII, 315). Synonyme de *Athanasia* L. (H. BN, *Hist. des pl.*, VIII, 280.)

HYMENOLEPIS (KAULF., *Enum. Filic.*, 146). Genre de Fougères-Polypodiées, proposé pour l'*Acrostichum spicatum* L.

HYMENOLEPIS (SCH. BIP., in *Webb Phyt. canar.*, II, 293). Synonyme de *Gonospermum* LESS. (B. H., *Gen.*, II, 417.)

HYMENOLOBIUM (BENTH., in *Journ. Linn. Soc.*, IV, Suppl., 84). Genre de Légumineuses-Papilionacées-Sophorées, ayant à peu près les fleurs des *Platymiscium;* le calice tronqué, obscurément denté, et une gousse oblongue, plane, membraneuse, veinée, indéhiscente, monosperme; l'embryon non albuminé. L'*H. nitidum* BENTH. est un arbre de l'Amérique tropicale, à feuilles alternes, imparipinnées; à fleurs en grappes lâches et composées, sur des rameaux aphylles. (Voy. *Mart. Fl. bras.*, *Papil.*, 274, t. 98. — H. BN, *Hist. des pl.*, II, 329, n. 191.)

HYMENOLOBUS (NUTT., ex *Walp. Ann.*, IV, 212). Synonyme de *Capsella* MŒNCH.

HYMENOLYTRUM (NEES, in *Mart. Fl. bras.*, II, I, 174, t. 22). Synonyme de *Scleria* BERG.

HYMENOMENA (LESS., *Syn.*, 133). Pour *Hymenonema* CASS.

HYMÉNOMYCÈTES (FRIES, *Syst. mycol.* [1830], I, 1). Première classe des Champignons, à hyménium nu, comprenant six ordres, dont les types sont : Agaric, Clavaire, Helvelle, Pezize, Trémelle, *Sclerotium*. Cette division, tout à fait hétérogène, a été corrigée depuis par l'auteur et par ses disciples. Ce terme n'a plus été employé que pour désigner les Champignons dont l'hyménium est basidiosporé. (Voy. MYCOLOGIE.) [DE S.]

HYMENOMYCI (ROQUES, *Champ. comest. et vén.*, 33). Division des Champignons, correspondant aux Hyménomycètes et comprenant à la fois des Basidiosporés et des Thécasporés.

HYMENONEMA (CASS., in *Bull. Soc. philom.* [1817]; in *Dict. sc. nat.*, XXII, 316). Section du genre *Catanance* T. (H. BN, *Hist. des pl.*, VIII, 107, not. 4.)

HYMENONEMA (HOOK., *Fl. bor.-amer.*, I, 300, nec CASS.). Synonyme de *Calais* DC.

HYMENOPAPPEÆ (CASS., in *Dict. sc. nat.*, LV, 265; LX, 575). Division des Composées-Héléniées.

HYMENOPAPPUS (L'HÉR., *Diss.* c. ic., ex *DC. Prodr.*, V, 658). Genre de Composées-Hélianthées, du groupe des Héléniées, à fleurs hermaphrodites et fertiles, généralement 1-morphes; le limbe de la corolle 5-denté, subcampanulé; les branches du style linéaires ou dilatées au sommet, à appendice obtus ou aigu. Les fruits sont obpyramidaux, à 4, 5 angles ou à 10-20 côtes, avec une aigrette formée de soies nombreuses, scarieuses et hyalines. Ce sont environ 20 herbes vivaces, de l'Amérique du Nord, à feuilles alternes ou disposées en rosette, une fois ou deux fois pinnatiséquées; les capitules en cymes lâchement corymbiformes; l'involucre formé de 1, 2 rangées de bractées. (H. BN, *Hist. des pl.*, VIII, 244, n. 325.)

HYMENOPHALLUS (NEES, *Syst.*, 251). — Voy. DICTYOPHORA.

HYMENOPHOLIS (GARDN., in *Hook. Lond. Journ.*, VII, 88). Synonyme de *Oligandra* LESS.

HYMÉNOPHORE. Terme par lequel on désigne souvent le réceptacle des Champignons à hyménium, mais qu'il est utile de n'appliquer qu'à la partie du réceptacle qui forme les plis, les lames, les tubes, les aiguillons, pour indiquer que ce n'est pas l'hyménium seul qui constitue ces dispositions de la surface fertile du réceptacle. — Voy. CHAMPIGNONS (p. 744). [DE S.]

HYMENOPHOREÆ (PRESL, *Pterid.*, 64). Groupe de Fougères-Cathétogyratées (tribus : *Peranemaceæ, Aspidiaceæ, Aspleniaceæ, Davalliaceæ, Dicksoniaceæ, Adiantaceæ*).

HYMENOPHYLLACEITES (STERNB., *Vers.*, II [1838], 108). Ordre de Fougères-Gyratées fossiles (genres *Hymenophyllites, Rhodea, Schizopteris* et *Aphlebia*).

HYMÉNOPHYLLÉES (*Hymenophylleæ* BORY. — GAUDICH.), HYMÉNOPHYLLACÉES (*Hymenophyllaceæ* GAUDICH., in *Freyc. Voy., Bot.*, 262). Division des Fougères. Pour Presl, c'est un ordre de Fougères-Pleurogyratées, qui comprend les Trichomanoïdées et les Hyménophylloïdées.

HYMENOPHYLLITES (GŒPP., *Syst. Fil. foss.* [1836], 173, 251; *Gatt. foss. Pfl.*, 53). Genre fossile de Fougères-Sphénoptéridées, ou (STERNB., *Vers.*, II, 108) genre d'*Hymenophyllaceites*. (UNG., *Syn. pl. foss.*, 69; *Chlor. protog.*, 42. — AD. BR., in *Dict. d'Orb.*, XIII, 69.)

HYMENOPHYLLOIDEÆ (PRESL, *Hymenophyll.* [1841], 118). Tribu des Hyménophyllacées.

HYMENOPHYLLON (MIQ., *System. Piper.*, II, 529). Section des *Artanthe* (*Piper* L.).

HYMENOPHYLLUM (L. — SM., in *Rœm. Arch.*, I [1797], II, 56; in *Uster. Ann.*, XVII, 106; *Fl. brit.*, III, 1141). Genre de Fougères, caractérisé par des sores marginaux, exserts ou plus ou moins plongés dans la fronde et terminant une côte ou une veine. L'involucre, inférieur, plus ou moins profondément divisé en 2 lèvres ou 2 valves, est à peu près de la même texture que la fronde, denté, frangé ou entier. Le réceptacle est allongé,

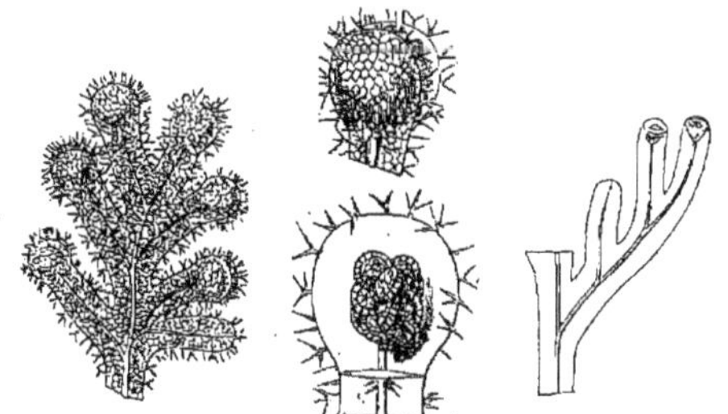

Hymenophyllum. — Portion de fronde. Sores.

columnaire, inclus ou exsert. Le sporange est ordinairement orbiculaire, déprimé, inséré par son centre, pourvu d'un large anneau transverse, qui s'ouvre irrégulièrement au sommet. Ce sont des Fougères de petite taille, quelquefois minimes, qui habitent, au nombre de près de 100, les régions tropicales et tempérées, se fixant au tronc des arbres ou souvent aux roches humides, à frondes délicates, membraneuses, souvent d'un vert olivâtre ou luride, simples ou composées, costées ou pourvues de veines simples, qui ne s'anastomosent jamais. On en cultive dans des serres sombres et humides, un assez grand nombre d'espèces, dont la culture est difficile, mais qui se conservent et se développent bien dans les collections soigneusement dirigées, comme celles, par exemple, du Jardin de Kew. L'*H. tunbridgense* SM. se trouve en Bretagne, en Corse; il est plus commun en Angleterre. (HOOK. et BAK., *Syn. Fil.*, 56, t. 2, fig. 16.) [H. BN.]

HYMENOPHYSA (C.-A. MEY., in *Ledeb. Fl. alt.*, III, 180; *Icon. Fl. ross.*, t. 165). Genre de Crucifères-Thlaspidées, sous-série des Lépidinées, distingué par une silicule globuleuse-ovale, à valves uninerves ou sans nervure, à 2-4 graines. Ce sont deux herbes, de la Perse et de l'Altaï, vivaces, ayant le port des *Lepidium*, dont on ne devrait peut-être pas les séparer génériquement. (H. BN, *Hist. des pl.*, III, 285.)

HYMENOPODIUM (CORD., *Anl.*, 16). Genre de Phragmidiés, à stroma membraneux, diffus, portant des spores dressées, cloisonnées, claviformes ou fusiformes. Fries considère ce genre comme l'état jeune du *Sporidesmium Eremita* CORDA.

HYMENOPOGON (WALL., in *Roxb. Fl. ind.*, ed. CAREY, II, 156; *Pl. as. rar.*, t. 22). Genre de Rubiacées-Cinchonées, à fleurs analogues à celles des Quinquinas, 5-mères, avec les lobes du calice subulés, parfois inégaux; une corolle hypocratérimorphe et valvaire, barbue en dedans; 5 étamines incluses, à anthères introrses, déhiscentes par des fentes longitudinales et pourvues de 2 loges libres inférieurement; un ovaire infère, à 2 loges, surmonté d'un disque orbiculaire, cilié, et d'un style à 2 branches linéaires, papilleuses. Les ovules, nombreux et fusiformes, sont portés sur des placentas subpeltés. Le fruit est une capsule coriace, septicide et loculicide, à 4 segments obcunéiformes; et les graines, nombreuses, imbriquées, sont prolongées aux deux extrémités en une aile caudiforme; albuminées, avec un petit embryon. Ce sont des (1 ou 2) arbustes épiphytes, à feuilles opposées, allongées; à stipules interpétiolaires; à cymes corymbiformes, avec plusieurs bractées de l'inflorescence dilatées en une lame foliiforme, blanche, veinée et pétiolée, rappelant les grands sépales des *Calycophyllum*, *Mussaenda*, etc. On les trouve dans les montagnes de l'Inde. (Voy. *Hist. des pl.*, VII, 344, 481, n. 166.) [H. BN.]

HYMENOPOGONI (DUMORT., *Anal. fam.*, 68). Série des Mousses, comprenant la tribu des Polytrichées.

HYMENOPSORÆ (REICHB., *Consp.*, 21). Groupe d'Ascosporés. Synonyme de *Hymenothalami* FRIES.

HYMENOPTERIS (MANT., *Ill. geol. Sussex* [1827], 55). Synonyme de *Sphenopteris* AD. BR.

HYMENOPUS (BENTH., in *Hook. Journ. Bot.*, II, 212). Section du genre *Licania* AUBL.

HYMENOPYRAMIS (WALL., *Cat.*, n. 774). Genre de Verbénacées, tribu des Viticées, sous-tribu des Caryoptéridées de Schauer. Bocquillon le place dans la même série que les *Verbena*. Ses fleurs, irrégulières, hermaphrodites et tétramères, ont un calice velouté, gamosépale, à quatre dents inégales; une corolle subinfundibuliforme, à quatre divisions inégales : l'antérieure plus grande, la postérieure plus petite; quatre étamines didynames : les antérieures plus longues, avec anthères à deux loges inégales, attachées par leur milieu à un connectif glanduleux. L'ovaire, glanduleux au sommet et surmonté d'un style filiforme, exsert, terminé par deux crochets stigmatiques, inégaux et divergents, est uniloculaire, avec deux placentas pariétaux, latéraux, bilamellés et biovulés. Chaque ovule, attaché à la face externe de la lame placentaire, est ascendant, semi-anatrope, avec le micropyle en bas et en dehors. Le fruit, entouré par le calice considérablement accru et muni de quatre grandes ailes membraneuses, se sépare d'abord en deux parties; puis chacune de celles-ci en deux autres. Les graines renferment, sous leurs téguments, un embryon légèrement courbe et dépourvu d'albumen. La seule espèce connue (*H. brachiata* WALL.), originaire de l'Inde centrale, est un arbrisseau presque grimpant, à rameaux florifères brachiés, à feuilles opposées, simples et entières, et à fleurs réunies en glomérules axillaires ou terminaux. (Voy. BOCQ., in *Adansonia*, III, 208. — SCHAU., in *DC. Prodr.*, XI, 626.) [T.]

HYMENORIA (ACHAR., *mss.*). Synonyme de *Thelotrema* ACHAR.

HYMENOSCYPHÆ (FR., *Summ. veg. Scand.*, 353; *Syst. myc.*, II, 117). Tribu de la section des *Phialea*, comprenant les espèces de Pezizes à cupule membraneuse, stipitée, voisines des *Helotium*.

HYMENOSCYPHUS (NEES, *Syst.*, 266; *Uebers.*, 7. — ENDL., *Gen.*, n. 430, A, *d*). Tribu de Pezizes, à cupule stipitée, mince et presque membraneuse.

HYMENOSPERMUM (BENTH., in *Cat. Wall.* — STEUD., *Nom.*, I, 784). Genre de Scrofulariacées, qui ne paraît pas avoir été conservé par l'auteur.

HYMENOSPHACE (BENTH., in *Hook. Bot. Misc.*, III, 373; in *DC. Prodr.*, XII, 271). Section du genre *Salvia* T.

HYMENOSPORÆ (DUMORT., *Anal. fam.*, 72). Série des Mycosporés, comprenant les ordres des Fungariés, Clathrariés et Trémellariés.

HYMENOSPORANGIÆ (SCHULZ, *Nat. Syst.* [1832]; *Isis* [1834], 523). Ordre des *Homorgani rhizospori* (familles des Helvelloïdés, Hydnoïdés, Bolétoïdés et Agaricinés).

HYMENOSPORUM (F. MUELL., *Fragm.*, II, 77). Genre proposé pour le *Pittosporum flavum* HOOK., mais non conservé. (B. H., *Gen.*, I, 131, n. 2. — H. BN, *Hist. des pl.*, III, 364.)

HYMENOSPRON (SPRENG., *Syst.*, *Cur. post.*, 283). Synonyme de *Dioclea* H. B. K.

HYMENOSTACHYS (BORY, in *Dict. class*, VIII, 462). Synonyme de *Trichomanes* L. (HOOK. et BAK., *Syn. Fil.*, 72).

HYMENOSTEGIA (J. SM., in *Lond. Journ. Bot.*, I, 660). Section du genre *Alsophila* R. BR.

HYMENOSTEMMA (KZE, in *Flora* [1846], 699). Synonyme de *Chrysanthemum* L.

HYMENOSTEPHIUM (BENTH., *Gen.*, II, 382, 1234; in *Hook. Icon.*, t. 1154). Genre de Composées-Hélianthées, rangées avec doute près des *Spilanthus*, à fleurs dimorphes; celles du rayon neutres, ligulées. Anthères légèrement auriculées. Styles à branches aplaties en haut, légèrement appendiculées. Fruit petit, comprimé, noir, surmonté de 2 écailles hyalines, alternant avec 1, 2 squamelles hyalines, frangées ou nulles. Les 2 espèces connues sont colombiennes; ce sont des plantes herbacées ou suffrutescentes, à feuilles opposées, à capitules disposés en cymes corymbiformes. (H. BN, *Hist. des pl.*, VIII, 207.)

HYMENOSTEPHUS (JAUB. et SPACH, *Ill. pl. or.*, I, 133, t. 79). Section du genre *Gaillonia* A. RICH.

HYMENOSTIGMA (HOCHST., in *Flora* [1844], 24). Synonyme de *Vieusseuxia* DELAR. (*Moræa* L.).

HYMENOSTOMIA (WITTST., *Et.*). Pour *Hymenotomia* GAUDICH.

HYMENOSTROME (BERT., in *Dict. sc. méd.*, art. CHAMPIGNONS). Terme appliqué à une forme de Champignons clinidés, chez lesquels le clinide, en forme d'hyménium, recouvre entièrement le stroma ou réceptacle.

HYMENOTA (DC., *Prodr.*, II, 110). Section du g. *Pultenæa*.

HYMENOTHALAMÆ (WAHLENB., *Fl. suec.*, II, 795). Division des « Algues terrestres », renfermant plusieurs Lichens.

HYMENOTHALAMEÆ (LINDL., *Veg. Kingd.*, 50). Division des *Lichenales*.

HYMENOTHALAMI (FRIES, in *Kongl. Vet. Acad. Handl.* [1821], II, 322, 324). Ordre (IV) des Lichens (*Discoidei, Cephaloidei*).

HYMENOTHALLI (TREVIS., *Algh. coccot.*, 100). Sous-ordre des Algues-Ulvacées.

HYMENOTHECA (F. MUELL., *Fragm. phyt. Austral.*, I, 201). Synonyme de *Codonocarpus* A. CUNN.

HYMENOTHECA (SALISB., in *Trans. Hort. Soc.*, I, 268). Synonyme de *Ottelia* PERS.

HYMENOTHECÆ (LEMAN), HYMENOTHECEÆ (GRAY), HYMENOTHECIA (LUHN.), HYMENOTHECIUM (PERS.). Groupe de Champignons-Gymnocarpés.

HYMENOTHECIUM (LAG., *Elench. H. matrit.*, 4). Synonyme de *Ægopogon* H. B.

HYMÉNOTHÈQUES, HYMENOTHECII (PERS., *Syn. Fung.* [1801], XVI). Division des Champignons, comprenant à peu près les mêmes genres que ceux qui ont été réunis plus tard par Fries sous le nom d'Hyménomycètes (voy. ce mot).

HYMENOTHRIX (A. GRAY, *Pl. Fendler.*, 102). Section du genre *Schkuhria* ROTH. (H. BN, *Hist. des pl.*, VIII, 244.)

HYMENOTOMIA (GAUDICH., in *Freycin. Voy.*, *Bot.*, 378). Synonyme (?) de *Stenoloma* FÉE.

HYMENOTRICHI (FR., *Syst. mycol.*, I, *Introd.*, XLVIII). Division des *Byssacei*, comprenant les genres *Ozonium*, *Rhizomorpha*, *Xylostroma*, qui sont considérés aujourd'hui comme des formes de mycélium ou du moins comme des Champignons incomplets. [DE S.]

HYMENOXIS (ENDL. — REICHB.). Pour *Hymenoxys* CASS.

HYMENOXYS (CASS., in *Dict.*, LV, 278). Section du genre *Gaillardia* FOUG. (H. BN, *Hist. des pl.*, VIII, 242.)

HYMENOXYS (TORR. et GR., *Fl. N.-Amer.*, II, 380). Synonyme de *Baeria* FISCH. et MEY.

HYMENULA (FR., *Summ. veg. Scand.*, 471). Genre d'Hyphomycètes, formant des pulvinules arrondis, de couleur claire, dont les filaments simples portent à leur sommet des conidies ovoïdes. On rencontre les espèces de ce genre sur les tiges de Jusquiame, de Capucine et d'autres végétaux, et sur les rameaux ou les feuilles de divers arbres, soit en Europe, soit dans l'Amérique du Nord. [DE S.]

HYMENULACEI (FR., *Summ. veg. Scand.*, 470). Division des Gymnomycètes, comprenant, entre autres, les genres *Hymenula*, *Fusarium* et *Dacryomyces*. M. de Bary donne plus d'étendue à cette division, dans laquelle il comprend les *Tubercularia*, *Bactrydium*, *Conoplea*, etc. [DE S.]

HYMENULARII (BONORD., *Handb. Mykol.*, 142). Famille des *Mycetini*, comprenant, avec les *Hymenula*, des Hyménomycètes, c'est-à-dire les *Cyphella*.

HYMENULI (FRIES, *Plant. homon.*, 94). Tribu des Trémellinés.

HYMMOCHÆTE (LÉV.). Pour *Hymenochæte* LÉV.

HYOBANCHE (THUNB., *Fl. cap.*, 488). Genre de Scrofulariacées-Gérardiées, établi pour une herbe parasite, aphylle et colorée, de l'Afrique australe, qui a une corolle tubuleuse-claviforme, s'ouvrant longitudinalement en avant par une courte fente verticale; son limbe est réduit à 3 dents. Il y a 4 étamines didynames, et les anthères n'ont qu'une loge descendante. Le fruit est une capsule polysperme, à péricarpe déliquescent. C'est l'*H. sanguinea*. (ENDL., *Iconog.*, t. 82. — HOOK., in *Lond. Journ.*, III, t. 3.) [H. BN.]

HYOBANCHEÆ (WALP.), HYOBANCHEEÆ (WIGHT). Division des Orobanchées.

HYOGETON (SPACH. — STEUD.). Pour *Ilyogeton* ENDL.

HYOPHILA (BRID., *Bryol.* [1826], Suppl., 760). Synonyme de *Rottlera* BRID.

HYOPHILACEÆ (HAMPE, in *Bot. Zeit.* [1846], 266). Famille de Mousses (genres *Hyophila*, *Calymperes*, *Orthotheca*, *Syrrhopodon*).

HYOPHILADELPHUS (C. MUELL., *Syn. Musc.*, I, 604). Section du genre *Barbula* HEDW.

HYOPHILIDIUM (C. MUELL., *Syn. Musc.*, I, 528). Section du genre *Syrrhopodon* SCHW.

HYOPHILINA (C. MUELL., *Syn. Musc.*, I, 523). Section du genre *Calymperes* SW.

HYOPHORBE (GÆRTN., *Fruct.*, II, 186, t. 120). Genre de Palmiers, tribu des Arécinées, se distinguant par : Fleurs dioïques; spadices portant les uns seulement des fleurs femelles, les autres des fleurs mâles, avec quelques fleurs femelles interposées; bractées florales très rudimentaires. Calice campanulé, à trois lobes, quelque peu imbriqués. Corolle trifide, valvaire. Fleurs mâles : six étamines, légèrement unies par la base, avec un rudiment de pistil; ovaire (dans les fleurs femelles) triloculaire; rudiment d'androcée 6-fide, cupuliforme; trois stigmates sessiles; baie monosperme (parfois trilobée et trisperme?), à stigmates excentriques. Embryon vertical, dans un albumen régulier. Tige arundinacée, annelée. Port d'*Areca*. Feuilles pennées, à folioles planes ou légèrement rédupliquées. Fleurs blanchâtres. Spadices à un seul degré de ramification; baies oliviformes. On en connaît 2 espèces, qui habitent Bourbon et Maurice. (Voy. MARTIUS, *Hist. nat. Palm.*, 161. — WALP., *Ann.*, V, 806.) [L.]

HYOPHTHALMON. Nom ancien de l'*Aster Amellus* L.

HYOPHYLLOCARPI (BRID.). Pour *Hypophyllocarpi*.

HYOSCIAMUS (HILL). Pour *Hyoscyamus* T.

HYOSCYAMEÆ (REICHB., *Handb.*, 201). Division des Luridées (Solanacées).

HYOSCYAMIDIUM (WALP., *Rep.*, III, 19). Section du genre *Hyoscyamus* T.

HYOSCYAMUS (T.). Nom latin des Jusquiames.

HYOSCYAMUS PERUVIANUS. Dans l'*Hortus floridus*, le Tabac.

HYOSCYAMUS TERTIUS (MATTH.). Le *Nicotiana rustica* L.

HYOSERIDEÆ (CASS., in *Dict. sc. nat.*, XLVIII, 422; LX, 569). Division des Composées-Scorzonérées.

HYOSERIDEÆ. S.-tribu des Cichoriées (B. H., *Gen.*, II, 219).

HYOSERIS (GÆRTN., *Fruct.*, II, 362, t. 160). Synonyme de *Hedypnois* T.

HYOSERIS (L., *Gen.*, n. 916, part.). Genre de Composées, voisin des Chicorées, à bractées de l'involucre finalement concaves et épaissies; à fruit comprimé ou 2-ailé. Ce sont 4, 5 herbes, de l'Europe tempérée et de la région méditerranéenne, à feuilles rapprochées en rosette, à capitules solitaires ou en cymes au sommet d'un axe creux. (H. BN, *Hist. des pl.*, VIII, 106.)

HYOSERIS (RUPP., *Fl. jen.*, 204). Synon. de *Arnoseris* GÆRTN.

HYOSPATHE (MART., *Palm. bras.*, I, t. 1). Genre de Palmiers, tribu des Arécinées, se distinguant par : Fleurs monoïques, réunies sur le même spadice. Spathe double. Fleurs dépourvues de bractées; deux mâles placées ordinairement à la base de chaque femelle. Corolle de la fleur femelle imbriquée; ovaire triloculaire. Baie monosperme. Embryon subbasilaire. Le reste comme dans les *Chamædorea* (voy. ce mot). Tige arundinacée, annelée. Spadices rameux, naissant dans l'aisselle des longues gaines des feuilles pinnatifides; fruits oliviformes. On n'en connaît que 3 espèces, du Brésil. (MART., *Hist. nat. Palm.*, 161; *Fl. bras.*, III, II, 519. — B. H., *Gen.*, III, 898.) [L.]

HYOUA, HYOWA, HYOWAM. A la Guyane, l'*Icica Carana* H. B. K.

HYPÆLYPTUM (VAHL, *Enum.*, II, 283). Synonyme (part.) de *Hypolytrum* RICH.

HYPÆPTUM (POIR., *Dict.*). Synonyme de *Hypolytrum* RICH.

HYPANTHÆ (LINK, *Handb.*, 398). Sous-classe (V) des Exogènes, comprenant beaucoup d'apétales et de gamopétales.

HYPANTHERA (S.-MANS., *Enum. subst. bras.*, 37). Synonyme de *Fevillea* L. (H. BN, *Hist. des pl.*, VIII, 376.)

HYPANTHODIUM. Nom proposé par Link pour désigner l'inflorescence des *Dorstenia*, *Ambora* et *Ficus*.

HYPAPHORUS (HASSK., *Hort. bogor.*, ed. 2, 197). Synonyme de *Erythrina* L.

HYPARETE (RAF., *Fl. tell.*, 43). Syn. de *Hermbstædtia* RCHB.

HYPARRHENIA (ANDERS. — B. H., *Gen.*, III, 1134). Synonyme (?) de *Cymbopogon*.

HYPECHUSA (ALEF., in *Oestr. Bot. Zeitschr.* [1858]). Synonyme de *Vicia* T.

HYPECOEÆ (DUMORT.), HYPECOINÆ (REICHB.). Groupe de Papavéracées. — Voy. HYPECOUM.

HYPÉCOON. Nom français (LAMK) des *Hypecoum* T.

HYPECOUM (MATTH.). L'*Hibiscus Trionum* L.

HYPECOUM (*Hypecoon* T., *Inst.*, 230, t. 115). Genre de Papavéracées, série des Fumariées, dont il constitue le type. Caractères : Fleurs régulières et hermaphrodites; réceptacle convexe; 2 sépales; 4 pétales, dont deux extérieurs, alternes avec les sépales, valvaires; et deux intérieurs, superposés aux sépales, ordinairement trilobés; 4 étamines libres, à anthères biloculaires, extrorses; gynécée libre, dicarpellé. Ovaire uniloculaire, allongé, à deux placentas multiovulés; style à deux branches alternes avec les placentas. Ovules anatropes, ascendants. Fruit sec, divisé par des cloisons transversales en autant de logettes qu'il y a de graines, se partageant le plus souvent en travers, au niveau de chaque cloison, ou bien rarement déhiscent en deux valves longitudinales. Graines ascendantes, albuminées. Embryon arqué, excentrique. Herbes annuelles, à feuilles alternes, multiséquées, à lobes linéaires. Fleurs terminales ou oppositifoliées. On en connaît 4 ou 5 espèces, originaires des régions méditerranéennes de l'Europe et de l'Afrique, et de l'Asie tempérée. (Voy. H. Bn, *Hist. des pl.*, III, 121, 143, fig. 143-150). Les *H. procumbens* L., *littorale* Wulf., *pendulum* L. possèdent un latex, qui, dit-on, est narcotique et contient de l'opium. [L.]

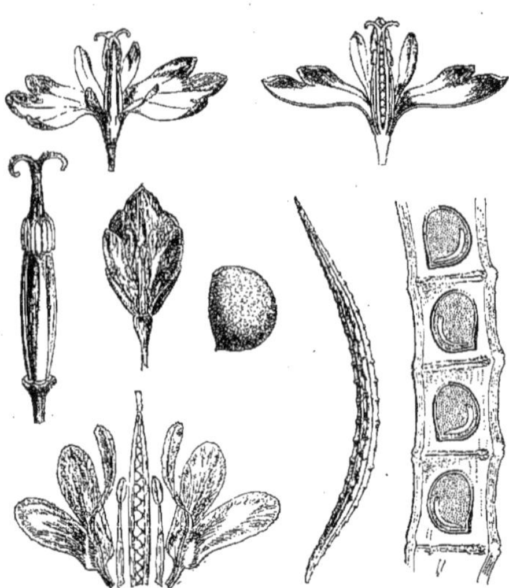

Hypecoum. — Fleur entière, coupe longitudinale, et le périanthe enlevé. Bouton. Parties de la fleur, isolées. Fruit et portion de fruit, coupe longitudinale.

hypelate (P. Br., *Hist. Jam.*, 280). Genre de Sapindacées-Sapindées, à fleurs polygames-dioïques, régulières, 4-5-mères, 8-10-andres, à ovaire 2-ovulé. Fruit sec, coriace ou charnu, indéhiscent. Graines descendantes, sans albumen. Les deux espèces connues sont des Antilles et de la Floride; ce sont des arbres ou arbustes, à feuilles alternes, pennées ou 3-foliolées, à grappes corymbiformes ou allongées, composées et cymigères. (H. Bn, *Hist. des pl.*, V, 408.)

hypelate (Sm., in *Rees Cyclop.*, XIX). Syn. de *Moringa* Burm.

hypelythrum (Dietr.), hypelytrum (Link, *Hort. berol.*, I, 327). Synonyme de *Hypolytrum* Rich.

hypenanthe (Bl., *Mus. lugd.-bat.*, 21). Synonyme de *Medinilla* Gaudich.

hypenantron (Corda, in *Opiz Beitr.*, I, 648). Synonyme de *Fimbriaria* Nees.

hypenia (Mart., ex Benth., *Labiat.*, 136). Sect. du g. *Hyptis*.

hypepidermidocarpa (Luhnem., in *Schrad. N. Journ.* [1809], III, p. III, 344). Classe (X) de Cryptogames, comprenant des Algues et les Trémelles.

hyperanthera (Forsk., *Fl. ægypt.-arab.*, 67). Synonyme de *Moringa* Burm.

hyperanthereæ (Link, *Handb.*, II, 130). Synonyme de Moringées.

hyperbæna (Miers, in *Ann. Nat. Hist.*, ser. 2, VII, 44; ser. 3, XIX, 92). Section du genre *Pachygone* Miers. (H. Bn, *Hist. des pl.*, III, 8.)

hyperhiza (Lindl. — Bonord.). Pour *Hyperrhiza*.

hyperica (J.), hypericaceæ (Lindl.), hypericeæ (J.-S.-H.), hypericæ (Spach), hypericinæ (Pers.), hypericineæ (DC. — Reichb.), hypericoideæ (Vent.). — Voy. Hypéricacées.

hypéricacées (*Hypericaceæ* J., *Gen.*, 254). Famille de plantes dicotylédones, polypétales et hypogynes. Leur réceptacle est toujours convexe, en forme de cône surbaissé. Leurs fleurs, régulières et hermaphrodites, ont un calice à 4-5 sépales, ordinairement imbriqués, et une corolle à autant de pétales imbriqués ou plus souvent tordus. Leur androcée est presque toujours composé d'un nombre indéfini d'étamines, dont les filets sont libres ou ordinairement réunis en 3-5 phalanges oppositipétales; ils supportent des anthères versatiles, rarement basifixes, biloculaires, introrses et déhiscentes par des fentes longitudinales. L'ovaire, entouré à sa base d'un disque ou d'écailles qui en tiennent lieu, est libre, supère et surmonté de styles ordinairement libres ou plus rarement réunis et terminés, à leur extrémité stigmatifère, en tête, en massue ou en bouclier. Sa cavité est plus ou moins complètement partagée en 3-5 loges, contenant dans leur angle interne un nombre indéterminé d'ovules anatropes. Dans quelques cas, ce nombre devient fort réduit; et il y a même des genres, comme l'*Endodesmia*, avec un ovaire uniloculaire et uniovulé. Le fruit est variable, tantôt plus ou moins charnu et indéhiscent, tantôt capsulaire et déhiscent par des valves loculicides ou septicides, ou séparable en coques. Les graines, droites ou courbées et dépourvues d'arille, renferment, sous leurs téguments crustacés, membraneux ou celluleux, un embryon dépourvu d'albumen. Cet embryon a les cotylédons plans, semi-cylindriques ou plus rarement convolutés, plus longs ou plus courts que la radicule.

Les Hypéricacées sont des herbes, des arbustes ou quelquefois des arbres. Leurs feuilles, opposées ou verticillées, sont simples, entières, penninerves, dépourvues de stipules et souvent chargées de points glanduleux-pellucides. Leurs fleurs, terminales ou axillaires, sont assez souvent disposées en cymes plus ou moins ramifiées. Elles sont de couleur jaune ou parfois blanchâtre. Cette famille renferme environ 200 espèces, réparties en sept genres par M. H. Baillon (*Hist. des pl.*, VI, 379), et répandues dans les régions chaudes des deux mondes. Les trois quarts de ce nombre appartiennent au genre *Hypericum;* aussi ne faut-il pas s'étonner des nombreux démembrements dont ce genre a été plusieurs fois l'objet. Les Hypéricacées, réunies pour la première fois en famille par A.-L. de Jussieu (*Gen. pl.*, 254), sous le nom de *Hyperica*, forment un groupe très naturel, que MM. Bentham et Hooker (*Gen.*, I, 164) divisent en trois tribus, Hypéricées, Cratoxylées, Vismiées, d'après la nature du fruit sec ou charnu, la présence ou l'absence d'aile autour des graines, la présence ou l'absence de poils sur les pétales, et la grandeur relative des cotylédons et de la radicule. Ces plantes, placées près des Tamariscinées et des Guttifères, affectent, d'après M. H. Baillon, de nombreux rapports avec les Myrtacées (Tison, *Rech. sur les car. de la placent. et de l'insert. dans les Myrtac.*, 49, t. 1, fig. 2, 7), au point qu'on peut les considérer comme des Myrtacées hypogynes. Leurs propriétés sont peu développées; et à part l'huile essentielle et aromatique contenue dans les nombreuses glandes des *Hypericum*, on trouve à peine quelques espèces donnant un principe amer ou drastique. [T.]

hypericarieæ (Dumort., *Anal. fam.*, 43). Ordre des Toropétalées, comprenant les Hypéricacées, Camelliées, Guttifères, Pirolacées, Chlénacées, Marcgraviées, etc.

hypericeæ (B. H., *Gen.*, I, 164). Tribu des Hypéricacées, comprenant les genres *Hypericum* T. et *Ascyrum* T. La capsule y est septicide, et les graines sont dépourvues d'aile.

hypéricées (*Hypericeæ*). Pour Hypéricacées.

hypéricinées (*Hypericineæ* Chois.). Synon. de Hypéricacées.

hypéricoïde. Nom français (Lamk) des *Hypericoides* Plum.

hypericoides (Plum., *Nov. gen.*, 51, t. 7). Synonyme de *Ascyrum* Link.

hypericon (Gmel., *Syst.*, 1156). Synonyme de *Hypericum* T.

hypericophyllum (Steetz, in *Pet. Moss.*, *Bot.*, 498, t. 50). Synonyme de *Jaumea* Pers.

hypericopsis (Boiss., *Diagn. or.*, ser. 1, VI, 25). Synonyme de *Frankenia* L.

hypericum (T., *Inst.*, 254, t. 131). Genre d'Hypéricacées, qui a donné son nom à cette famille, avec ses caractères généraux et des fleurs 4-5-mères; les sépales égaux ou inégaux, glabres ou glanduleux; les glandes souvent stipitées et noires; en préfloraison imbriquée. Les pétales sont tordus ou imbriqués, parfois glanduleux. L'androcée est formé d'un nombre indéfini d'étamines, disposées en 3, 5, plus rarement en 6-8 phalanges

Hypericum. — Sommité fleurie.

oppositipétales; les filets libres ou connés à la base; les anthères petites et introrses, à 2 loges. Il y a 3 glandes alternes aux faisceaux staminaux, ou bien elles font défaut. L'ovaire est libre, à

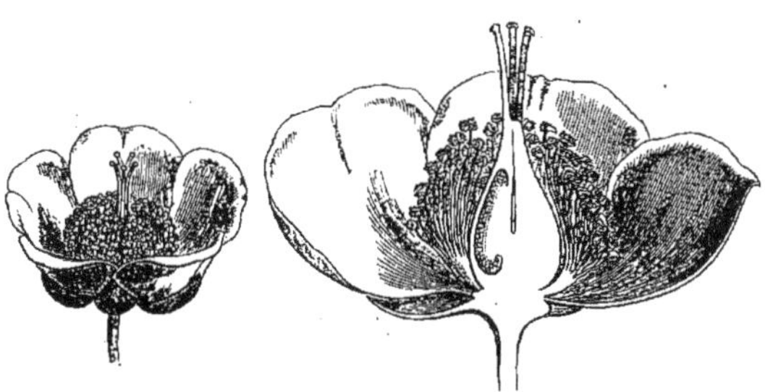

Hypericum. — Fleur entière et coupe longitudinale.

3-5 loges presque complètes ou plus souvent incomplètes, pluriovulées, avec 3-5 styles libres ou rarement connés à la base. Le fruit est capsulaire ou charnu avant la maturité, septicide ou irrégulièrement rompu; les placentas parfois détachés des valves. Les graines ont des téguments d'ordinaire épais, celluleux ou charnus, et un embryon charnu, droit ou arqué, cylindrique ou oblong, à cotylédons plus courts que la radicule. Les 200 *Hypericum* décrits sont des arbustes, des sous-arbrisseaux ou des herbes odorantes, à feuilles opposées ou verticillées, simples, entières ou dentées, serrées, ponctuées de glandes translucides, riches en

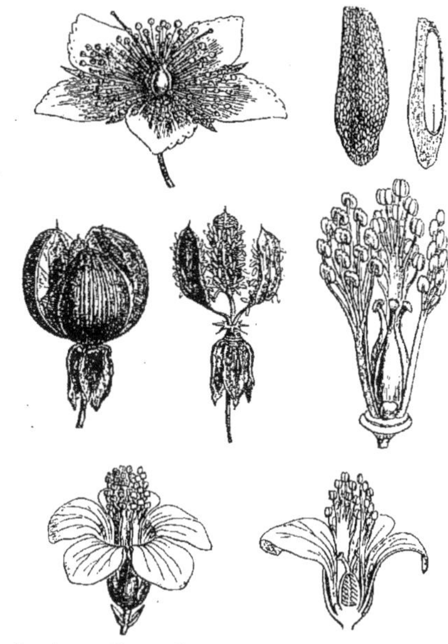

Hypericum. — Fleurs entières et coupe longitudinale. Fleur, le périanthe enlevé. Fruit déhiscent. Graine entière et coupe longitudinale.

essence; sans stipules. Les fleurs sont terminales et rarement axillaires, solitaires ou plus souvent en cymes simples ou rameuses-composées, régulières, ou en partie unilatérales. L'*H. perforatum* L., si commun chez nous, est astringent, vulnéraire, stimulant, vermifuge; on en prépare une huile vulnéraire. L'*H. Androsæmum* L., ou *Toute-saine*, a des propriétés analogues, et ses fruits sont purgatifs. Chez nous, les *H. pulchrum*, *humifusum*, *quadrangulum*, *tetragonum*, *ciliatum*, *montanum*, *Coris*, ont passé pour astringents et balsamiques. L'*H. hircinum* était considéré comme antidysménorrhéique. En Amérique, l'*H. virginicum* s'emploie comme stomachique et l'*H. Sarothra* comme vulnéraire. (H. Bn, *Hist. des plant.*, VI, 380, 387, 391, fig. 339-353; *Tr. Bot. méd. phanér.*, 1027.)

HYPERINEÆ (Spach, *Suit. à Buff.*, V, 342). Section des Hypéricées (genres *Hypericum*, *Olympia*, *Webbia*).

HYPERIONEÆ (Batsch, *Tab. affin.*, 63). Famille des Multisétariées (genres *Hypericum*, *Sauvagesia*, *Parnassia*, etc.).

HYPEROGENEI (Pers., *Syn. Alg.*, XII). Ordre des Idiothalamées (genres *Trypethelium*, *Glyphis*, *Chiodecton*).

HYPEROGYNE (Salisb., *Gen. pl.*, *Fragm.*, 81). Synonyme de *Paradisia* Mazz.

HYPEROMYXA (Cord., *Ic. Fung.*, III; *Anleit.*, 166). Genre d'Hyphomycètes-Sporidesmiacés, rangé d'abord dans les Trémellinés, et dont la place est encore douteuse. D'un stroma diffus gélatineux s'élèvent des filaments sporophores ramifiés, renflés à leur sommet. Les spores sont agglomérées en capitules terminaux. Tulasne a contesté l'autonomie de ce genre, dont les espèces sont souvent associées aux *Asterosporium*. (Voy. Tul., *Sel. Fung. Carpol.*, II, 242, 243.) [De S.]

hyperrhiza (Bosc, sub *Uperhiza*, in *Mag. d. Berl. Gesells.*, V, 88). Genre de Champignons hypogés, du groupe des Hyménogastrés, à péridium subéreux, contenant de petites loges oblongues, tortueuses, dans lesquelles s'accumulent les spores mûres. La seule espèce connue (*H. caroliniensis* Bosc) est originaire de la Caroline du Sud. [De S.]

hyperrhiza (Kl., in *Dictr. Fl. d. Kœn. Pr.*, VII, 468). — Voy. Melanogaster.

hypertelis (E. Mey., ex Fenzl, in *Ann. Wien. Mus.*, I, 352). Sous-genre du genre *Mollugo* L.; synonyme de *Pharnaceum* L. (H. Bn, *Hist. des pl.*, IX, 62.)

hypertrophie. Développement excessif d'un organe ou d'un tissu; il y a des hypertrophies pour ainsi dire normales dans les végétaux; d'autres sont pathologiques.

hyperum (Presl, *Epim.*, 211). Synonyme de *Wendtia* Meyen.

hypha, hyphes. Terme sous lequel on désigne les filaments formés de cellules allongées, cloisonnées ou non, soit isolées, soit rapprochées parallèlement ou enchevêtrées en un lacis plus ou moins dense, et constituant l'élément primordial des organes fongiques, mycélium ou réceptacle. Persoon avait constitué (*Myc. europ.*, I, 63), sous ce nom d'*Hypha*, un genre formé de simples mycéliums, sans organes de reproduction, et qui n'a pu, par conséquent, être conservé. (Voy. Lichens). [De S.]

hyphæne (Gærtn., *Fruct.*, I, 28, t. 18; II, 13, t. 82). Genre de Palmiers, tribu des Borassinées, caractérisé par : Fleurs dioïques; spadice enveloppé de spathes incomplètes; chatons cylindriques, couverts d'écailles imbriquées et réunies. Fleurs mâles insérées par paires dans des fossettes; pourvues d'un calice campanulé, tripartite; d'une corolle de trois pétales étalés, et de six étamines, sans rudiment de pistil. Fleurs femelles solitaires, formées d'un calice et d'une corolle à trois divisions imbriquées, de six étamines stériles, d'un ovaire triloculaire ou rarement biloculaire, surmonté d'autant de stigmates sessiles. Le fruit est une drupe, à deux ou trois loges, parfois uniloculaire par avortement, à mésocarpe fibreux, contenant un albumen corné, lisse ou ruminé, creux, et un embryon vertical. Tige annelée, de hauteur moyenne, parfois dichotomiquement ramifiée, à feuilles terminales, palmées, en éventail, du milieu desquelles s'élève le spadice. On en connaît 5 espèces, des régions tropicales de l'Afrique orientale, l'Égypte supérieure, l'Abyssinie, etc. Les Égyptiens fabriquent avec le bois de l'*H. thebaica* Mart. des barques et divers ustensiles; avec les fruits cuits, ils préparent une boisson désignée sous le nom de *Schorbet dumi.* (Voy. Mart., *Hist. Palm.*, 227.) [L.]

hyphasma (Rebent.). Sorte de mycélium stérile, qui avait été pris pour un genre particulier de Champignons.

hyphe. — Voy. Hypha.

hyphear. Nom arcadien ancien du Gui (*Viscum album* L.).

hyphelia (Fries, *Pl. homon.*, 149). Genre de Champignons-Trichodermés, caractérisé par un péridium diffus, indéterminé, formé d'une villosité cohérente en pellicule très fragile, d'abord clairsemée, puis évanescente. Sporidies lâches, rapprochées en masses, non entremêlées de flocons. Ce sont de petits Champignons qui vivent sur le bois ou rarement sur la terre, à thalle généralement radiant. Pour Persoon (*Obs. myc.*, I, t. 2, fig. 8), c'étaient des *Trichoderma*. Lindley (*Veg. Kingd.*, 44) les range parmi les *Fungales* mal connus. Fries (*Summ. veg. Scand.*, II, 447) y comprend deux sections : *Geohypha* et *Xylohypha*. Wallroth (*Fl. crypt.*, II, 243) en fait des Sporomycètes-Périsporés.

hypheotrix (Kuetz., in *Linnæa*, XVII, 88; *Phyc. gen.*, 229; *Phyc. germ.*, 182). Genre d'Algues-Calotrichées. Montagne l'a placé parmi les Zoospermées douteuses (in *Dict. d'Orb.*, X, 53). En 1849, Kützing (*Spec. Alg.*, 266) en fait définitivement une Leptotrichée.

hyphoderma (Wallr., *Fl. crypt.*, II, 576). Genre d'Hyménomycètes-Gymnosporés; synonyme (part.) de *Thelephora* Ehrh. L'*H. roseum* Fries (*Summ. veg. Scand.*, II, 447) est conservé par l'auteur comme type d'un genre de Trichodermés.

hypho-entomycetes (Wallr., *Beitr. z. Bot.*, II, p. I, 159). Section des Entomophytes, formée du genre *Isaria* Pers.

hypholoma (Fries, *Syst. mycol.*, I, 287). Section des Agaricinés-Chromosporés du genre *Pratella*, caractérisée par la cortine fugace qui rattache le bord du chapeau au stipe, le stipe séparable du chapeau et les lamelles subdéliquescentes. [De S.]

hyphomycetes (Link, *Spec. plant.* [1824], VI, 1). Groupe de Champignons, envisagé tantôt comme famille, tantôt comme classe ou sous-classe, caractérisé par un réceptacle à filaments isolés, simples ou ramifiés, portant à leur extrémité des spores ou conidies, à formation successive. Les limites de ce groupe varient beaucoup, suivant qu'on y fait ou non rentrer les *Coniomycetes* et les *Gymnomycetes*. [De S.]

hyphosporæ (Dumort., *Anal. fam.*, 73). Série des Mycosporés (ordres des *Mucorarieæ*, *Mucedinarieæ*, *Byssarieæ*).

hyphospore. Spore naissant à l'extrémité d'un filament isolé et par développement dit acrogène. En général les auteurs allemands ne distinguent pas ces spores des basidiospores. [De S.]

hyphydra (Schreb., *Gen.*, II, 666). Synon. de *Tonina* Aubl.

hypna (Brid., *Bryol.*, II, 45). Division des Hypnoïdées.

hypnæa [Bory. — J. Agh). Pour *Hypnea* Lamx.

hypnarieæ (Dumort., *Anal. fam.*, 68). Ordre des Mitrogynées (familles des *Musci*, *Sphagnideæ*, *Andrœaceæ*).

hypne. Nom français (Lamk) des *Hypnum* Dill.

hypnea (Lamx, in *Ann. Mus.*, XX, 131). Genre d'Algues, de la famille des Cystoclomées, d'après Kützing; de celle des Hypnéacées, d'après Agardh. La fronde des espèces qui le constituent est filiforme, arrondie, rameuse et formée de trois couches de cellules. La couche médullaire est formée de cellules allongées et assez grandes; le tissu intermédiaire est tout de cellules oblongues-angulaires, et la partie périphérique de cellules plus petites. Les cystocarpes sont contenus dans un péricarpe hémisphérique et dépourvu de carpostome. Les sphærospores, oblongues et réunies en sores, se divisent en zone. Une quinzaine d'espèces constituent ce genre. (Voy. J.-G. Agh, *Spec.*, *gen. et ord. Alg.*, III, 561.) [Ch. M.]

hypneaceæ (J.-G. Agh, *Spec.*, *gen. et ord. Alg.*, III, 357.) L'une des grandes divisions de la famille des Algues-Floridées et de la tribu des Desmospermées, composée d'Algues inarticulées, et dont la fronde est formée d'un tissu filamenteux, réuni par des cellules fort petites. Les cystocarpes sont immergés dans la fronde et situés dans un péricarpe externe. Le nucleus est formé de plusieurs nucléoles disposés sans nul ordre; l'appareil placentaire est réticulé. Les filaments gemmidiformes convergent vers le centre et produisent dans les parties terminales de leurs rameaux des gemmidies pyriformes. Les sphærospores sont divisées en zone. Cette grande division se compose de deux tribus : celle des *Endocladieæ* et celle des *Hypneæ*. [Ch. M.]

hypneaceæ (J. Agh. — Sond., in *Linnæa*, XXV, 683). Famille des Algues-Floridées (genres *Hypnea*, *Acanthococcus*).

hypneæ (J.-G. Agh, *Spec.*, *gen. et ord. Alg.*, III, 557). Famille d'Algues-Floridées, appartenant à la grande division des *Hypneaceæ*, et qui est caractérisée par une fronde celluleuse, solide, et un nucleus composé. Les *Hypneæ* se divisent en deux sections, basées sur la constitution de la partie médullaire de la fronde, et en cinq genres, basés : les deux premiers sur la position du péricarpe, et les trois autres sur la disposition des sphærospores. [Ch. M.]

hypnella (C. Muell., *Syn. Musc.*, II, 208). Section du genre *Hookeria* Sm. (Voy. le Supplément.)

hypnites (Endl., *Gen.*, 58). Section du genre *Muscites* Br.

hypnodendron (C. Muell., *Syn. Musc.*, II, 496). Section du genre *Hypnum* L.

hypnois (Math., *Fl. belg.*, II, 322). Sect. du genre *hypnum*.

hypnon (Dill., *N. gen.*, 85, t. I). Synonyme de *Hypnum* L.

hypnophycus (Kuetz., in *Linnæa*, XVII, 102; *Phyc. gen.*, 404). Synonyme de *Hypnea* Lamx.

hypnophyscus (Kuetz., *Phyc. gen.*, t. 60, 404). Genre d'Algues, de la famille des Hypnéacées, mais que tous les auteurs n'ont pas admis. J.-G. Agardh le considère comme devant se rapporter au genre *Hypnea* LAMX. [CH. M.]

HYPNOTHALIA (GREV., *mscr.*). Algue de la famille des Spyridiées; synonyme, pour J.-G. Agardh, de *Spyridia* SM. [CH. M.]

HYPNOTICON. Nom grec ancien de l'*Hyoscyamus albus* L.

HYPNOTICUM (RODR., ex MIERS, *Ill. South-amer. Bot.*, II, App., 39). Synonyme de *Withania* PAUQ.

HYPNOTICUM (ROD. — PAUQ., *Diss. Bellad.* [1824]. — WALP., *Rep.*, III, 104). Section du genre *Withania* PAUQ. (DUN., in *DC. Prodr.*, XIII, p. I, 453). Reichenbach écrit *Hypnoticon*.

HYPNOTICUS. Nom grec ancien de la Jusquiame.

HYPNUM (DILLEN., ap. AET., *Serm.*, 12-C. 44; *Serm.*, 13-C. 117 et C. 118). Genre de Mousses, établi pour la première fois par Dillenius, remanié depuis par Linné et par Hedwig, et définitivement consacré par les travaux de ces deux auteurs. Le genre a été démembré plus récemment par W. Schimper, qui, dans son *Synopsis*, en a distrait un certain nombre d'espèces anciennes pour former les genres *Hylocomium, Amblystegium, Plagiothecium, Eurhynchium, Rhynchostegium, Thamnium, Hyocomium, Scleropodium, Brachythecium, Camptothecium, Ptychodium, Thuidium* et *Heterocladium* (voy. ces mots). Ainsi délimité, le genre *Hypnum* présente les caractères suivants : Fleurs monoïques ou dioïques, très rarement hermaphrodites. Périchèse porté par un court rameau imbriqué ou simulant une gaine. Vaginule oblongue ou cylindrique, nue ou munie d'une villosité qui résulte de paraphyses desséchées. Coiffe ordinairement étroite et fugace. Capsule lisse, plus ou moins courbée, ovoïde ou cylindrique, coriace, portée par une soie rigide. Anneau simple ou composé, rarement absent. Opercule large, conique, terminé en mamelon ou prolongé en bec. Péristome double, formé de 16 dents, à articulations serrées, sublamelleuses à l'extrémité, et de lanières ordinairement entières. Spores de faibles dimensions. Les *Hypnum* sont des plantes extrêmement variables pour la taille et le port : tantôt délicates et rampantes, tantôt robustes et dressées; elles ont la tige plus ou moins rameuse. Leurs feuilles, disposées suivant les ordres 2/5, 3/8 ou 5/13, munies d'une nervure simple ou bifide, sont formées de cellules étroites, linéaires, souvent flexueuses. Ce genre est le plus nombreux de toute la classe des Mousses : on en connaît plus de 500 espèces, réparties dans toutes les régions du globe, et dont 80 environ habitent l'Europe. Elles se rencontrent dans les stations les plus variées, aux altitudes les plus diverses. Tantôt répandues sur la terre et les rochers, tantôt réunies sur les sables arides, ou au bord de la mer, on les voit former des tapis d'une forte épaisseur dans les dépressions marécageuses du sol, où elles concourent pour une part à la formation de la tourbe : tels sont les *H. fluitans, Schreberi, giganteum*, etc. Plusieurs espèces vivent sur le tronc des arbres; quelques-unes envahissent à la longue le sol des prairies un peu anciennes, et gênent la végétation des plantes fourragères, au point de rendre tôt ou tard nécessaire le labourage de la surface tout entière. Ce grand genre a dû être, pour la facilité de l'étude, subdivisé en un certain nombre de sections dont les limites et les caractères varient un peu suivant les auteurs, mais qui sont généralement basées sur la sexualité des fleurs, sur la forme de la capsule et de l'opercule, sur la nervation des feuilles, le mode de ramification, etc. (Voy. HEDW., *Descr. et adumbr. Musc. frond.* — C. MUELL., *Syn. Musc. frond.* — BRIDEL, *Bryol. univ.* — SCHIMP., *Bryol. europ.* et *Syn. Musc. europ.*) [E. M.]

HYPNUM (SULLIV., *Musc. Unit.-St.* [1856]). Synonyme de *Cupressina* C. MUELL.

HYPOBATHREÆ (MIQ., *Fl. ind.-bat.*, II, 236). Sous-tribu des Rubiacées-Gardéniées.

HYPOBATHRUM (BL., *Bijdr.*, 1007). Genre de Rubiacées-Génipées (dans lequel nous avons compris les *Tricalysia, Empogona, Zygoon, Nescidia, Kraussia, Diplospora, Hyptianthera, Nargedia, Feretia*, etc.), et dont les fleurs, presque toujours hermaphrodites, ont un petit calice entier, denté ou lobé, et une corolle infundibuliforme, hypocratérimorphe ou subcampanulée, glabre en dedans ou plus ou moins chargée de poils, à limbe tordu, 4-6-lobé. Les étamines sont en même nombre, insérées à la gorge ou à l'orifice de la corolle, à filets souvent courts ou nuls; à anthères exsertes ou semi-incluses, dorsifixes, 2-fides à la base, avec le connectif parfois prolongé au-dessus des loges. L'ovaire infère est à 2, rarement à 3 loges, surmonté d'un style à 2 branches, rarement à 3; et quand il y en a 2, l'une d'elles demeure souvent plus petite que l'autre ou même avorte plus ou moins complètement. Chacune des loges de l'ovaire renferme 6-10 ovules, rarement un seul, et le plus souvent 2-5, incomplètement anatropes, ou presque orthotropes, obliques ou verticaux, à micropyle ordinairement tourné en bas et en dehors, avec le placenta souvent plus ou moins proéminent autour des ovules et enchâssant ceux-ci en totalité ou en partie, comme dans une sorte de cadre. Le fruit est une petite baie, à une ou plusieurs graines albuminées, avec la radicule de l'embryon le plus ordinairement inférieure. Ce sont des arbustes dressés ou rarement grimpants, à feuilles opposées, stipulées; à fleurs axillaires, solitaires ou plus souvent nombreuses, en cymes ou en glomérules, avec 2 ou 4-8 bractéoles opposées, libres ou unies par paires en un ou plusieurs calicules superposés, entiers ou dentés. On connaît déjà plus de 45 espèces de ce genre; elles habitent l'Afrique tropicale et australe et ses îles occidentales, l'Asie et l'Océanie tropicales. Leurs fleurs, petites, blanchâtres ou jaunâtres, sont souvent odorantes. (Voy. H. BN, in *Adansonia*, XII, 201; *Hist. des pl.*, VII, 315, 441, n. 98, fig. 304.) [H. BN.]

Hypobathrum. — Ovaire ouvert.

HYPOBLASTE. L'épais cotylédon dorsal des Graminées.

HYPOBLYTTIA (GOTTSCH., in *Linnæa* [1857], XXVIII, 560). Synonyme de *Podomitrium* MITT.

HYPOBRICHIA (M.-O. CURT., in *Torr.* et *Gr. Fl. N.-Amer.*, I, 479). Synon. de *Didiplis* RAFIN., sect. du genre *Ammania* HOUST.

HYPOBRYCHIA (WITTST., *Et. Hdw.*). Pour *Hypobrichia* CURT.

HYPOCALYMNA (ENDL., in *Hueg. Enum.*, 30). Genre de Myrtacées-Leptospermées, qui a les caractères généraux du groupe des Bæckéées auquel il appartient, et qui s'y distingue par des fleurs 5-mères, à étamines nombreuses, unies à la base en un très court anneau, et des ovules solitaires ou géminés, rarement 3-∞ dans chaque loge. Ce sont 10-12 arbustes australiens, à feuilles opposées, à fleurs axillaires, 2-4-nées. Ce n'est qu'une section du genre *Bæckea* L. (H. BN, *Hist. des pl.*, VI, 358.)

HYPOCALYPTUS (THUNB., *Fl. cap.*, 568, part.). Genre de Légumineuses-Génistées, voisin des Genêts, et qui a les dents du calice courtes et intruses, presque égales; une corolle à carène plus courte que l'étendard. C'est un arbuste inerme, de l'Afrique australe, à feuilles trifoliolées; à fleurs pourpres, disposées en grappes. (H. BN, *Hist. des pl.*, II, 336.)

HYPOCARPHA (ENDL.). Pour *Kyphocarpa* FENZL.

HYPOCARPUS (A. DC., *Prodr.*, VIII, 245, 673). Synonyme de *Liriosma* PŒPP. et ENDL.

HYPOCENIA (BR. et COOK, *N.-Amer. Fung.*, n. 423 *bis*. — SACC., *Syll. Fung.*, III, 320). Genre de Sphéropsidés, à périthèce épais, très obtus, contenant des spores fusiformes, enfumées. Une espèce habite les rameaux de divers arbres dans la Caroline et la Pensylvanie. [DE S.]

HYPOCHÆNA (FRIES, *Pl. homon.*, 151). Genre de Champignons, rapporté avec doute par l'auteur aux Pilacrinés et par Léveillé aux Onygénés; synonyme (?) de *Onygena* PERS.

HYPOCHÆRIDEÆ. S.-tribu des Cichoriées (B. H., *Gen.*, II, 221).

HYPOCHÆRIS (VAILL.). — Voy. HYPOCHŒRIS.

HYPOCHILIUM. La portion inférieure du labelle de certaines Orchidées. — Voy. ORCHIDÉES.

HYPOCHLÆNA (SPRENG., *Gen.*, I, 48). Pour *Hypolæna* R. BR.

HYPOCHLAMYS (FÉE, *Gen. Fil.*, 200). Genre de Fougères, proposé pour l'*Asplenium ambiguum* SCHK., etc.

HYPOCHLORINE. Substance oléagineuse, cristallisable, séparée de la chlorophylle par M. Pringsheim, à l'aide de l'acide chlorhydrique. Elle dissout la chlorophylle. Ses cristaux sont des aiguilles rougeâtres. M. Pringsheim (*Ueb. das Hypochlorin*, in *Monatsb. Akad. Wiss. Berl.*, nov. 1879) pense que c'est le premier produit de l'assimilation du carbone et qu'elle se développe après la chlorophylle, mais qu'elle ne peut guère le faire sans l'aide de la lumière. (Voy. H. Bn, *Anat. et phys. vég.*, 39.)

HYPOCHNÆA (Endl.), HYPOCHNÆNA (Wittst., *Et. Handw.*, 464). Pour *Hypochæna* Fries.

HYPOCHNI (Fries, *Syst. mycol.*, I, 45). Section des Mucédinés (genres *Oidium*, *Hypochnus*, *Geotrichum*).

HYPOCHNUS (Fries, *Obs. mycol.*, II, 278). Genre d'Hyménomycètes, voisin des *Corticium*, et comme eux lignicoles, caractérisés par un réceptacle floconneux, étendu, portant un hyménium tomenteux. Les spores, à peu près sphériques, sont échinulées. Une douzaine d'espèces, sur l'écorce des arbres. [De S.]

HYPOCHOERIDEÆ (Cass., in *Dict. sc. nat.*, XLVIII, 422; LX, 569). Subdivision des Composées-Scorzonérées.

HYPOCHOERIS (L., *Gen.*, n. 918). Genre de Composées-Cichoriées. Section du genre *Leontodon* L. (H. Bn, *Hist. des pl.*, VIII, 110, not.). Les *H. radicata* (*Salade de porc*), *glabra* et *maculata* sont des plantes communes de notre pays.

HYPOCISTE. Nom français des *Cytinus* L.

HYPOCISTIS (T., *Inst.*, *Cor.*, 46, t. 477). Synon. de *Cytinus* L.

HYPOCOPRA (Fries. — Fück., *Symb. mycol.*, 240). Genre de Sphériacés-Coprophiles, à périthèce simple; isolés ou agrégés, mais sans stroma, submembraneux, noirs, glabres ou pileux, à ostiole en papille. Les thèques sont cylindriques; les spores ovoïdes, brunes, entourées d'une auréole hyaline. On en rencontre les espèces sur les excréments de divers animaux, rarement sur le bois ou les feuilles pourris, surtout dans les pays septentrionaux. [De S.]

HYPOCOROLLIE (*Hypocorollia*). Groupe de plantes dans lesquelles la corolle est infère.

HYPOCOTYLE. Synonyme de *Axe hypocotylé;* le premier entre-nœud de la tigelle, se terminant en haut aux cotylédons.

HYPOCRATÉRIFORME. Mot hybride, pour *Hypocratérimorphe*.

HYPOCRATÉRIMORPHE (COROLLE). En forme de coupe ou de patère à boire, à tube long, surmonté d'un limbe étalé, perpendiculaire ou à peu près au tube.

HYPOCREA (Fries, *Syst. mycol.*, II, 323; *Summ. veg. Scand.*, 383). Genre de Sphériacés, à stroma coloré, diffus, superficiel, charnu, renfermant des périthèces qui contiennent des thèques et ordinairement pas de paraphyses. Les spores biloculaires se divisent au niveau de la cloison et sont alors au nombre de 16, uniloculaires; elles sont hyalines ou olivâtres. Beaucoup d'espèces présentent des conidies; on en compte au delà de 80 sous toutes les latitudes; elles habitent le bois pourri, les Champignons charnus et les feuilles. [De S.]

HYPOCREOPSIS (Karst., *Fenn.*, II, 251). Genre de Sphériacés, voisin des *Hypocrea* Fries, dont il se distingue par des spores biloculaires, avec les deux loges restant toujours réunies. L'*H. riccioidea* Karst. appartient à la Laponie russe, à l'Angleterre et à la France; on le rencontre sur l'écorce des Bouleaux, des Saules, etc. [De S.]

HYPOCYRTA (Mart., *Nov. gen. et spec.*, III, 48, part.). Genre de Gesnéracées-Cyrtandrées, voisin des *Columnea* et caractérisé par des fleurs irrégulières, à corolle très ventrue en avant; la gorge resserrée, regardant en haut, et les lobes du limbe petits. L'androcée est celui des *Columnea*, et le fruit est finalement 2-valve. Les 10 espèces connues, la plupart brésiliennes, ont des tiges grimpantes ou radicantes, des feuilles opposées, des fleurs axillaires et solitaires. (Hanst., in *Linnæa*, XXXIV, 380.) On en cultive plusieurs dans nos serres.

HYPOCYRTEÆ (Hanst., in *Linnæa*, XXVI, 199). Sous-tribu des Gesnériacées-Besslériées. (Muell., *Ann. bot.*, V, 432.)

HYPODÆURUS (Hochst., in exs. *Schimp.*). Synonyme de *Anthephora* Nees.

HYPODEMA (Reichb., *Consp.*, 70). Section du genre *Cypripedium* L.

HYPODEMATIUM (Kze, in *Flora* [1833], II, 689). Synonyme de *Nephrodium* Rich. (Hook. et Bak., *Syn. Filic.*)

HYPODEMATIUM (A. Rich., *Fl. abyss. Tent.*, I, 348). Genre de Rubiacées. Section du genre *Spermacoce* L., à fruit pyxidiforme. (H. Bn, *Hist. des pl.*, VII, 263).

HYPODERMA (DC., *Fl. franç.*, II, 304; in *Mém. Mus.*, III, 316). Genre de Pyrénomycètes, à périthèce membraneux, ténu, s'ouvrant par une fente longitudinale, se développant immergé dans des feuilles. Les thèques sont claviformes; les paraphyses filiformes, et les spores bacillaires, pluriseptées. Les spermogonies orbiculaires contiennent des spermaties simples et minuscules. Il en existe 25 espèces, presque toutes européennes, vivant sur les feuilles de végétaux très divers. [De S.]

HYPODERME. Couche de l'écorce située sous l'épiderme. — Voy. Sous-épiderme, Tige.

HYPODERMIA (Ehrenb., *Sylv. mycol. berol.*, 9). Groupe de Champignons. Pour Fries (*Syst.*, III, p. II, 460), c'est un ordre de Coniomycètes (*Æcidinei*, *Ustilaginei* et *Uredinei*).

HYPODERMINUS (Fries, *Epicr.*, 211). Section du genre *Crepidotus* Fries. (II, 266.)

HYPODERMIUM (Link, *Spec. pl. fung.*, II, 88). Genre de Champignons, voisin des *Cæoma*, à pulvinules faisant issue à travers l'épiderme des feuilles, de couleur noire, donnant naissance à des conidies ovoïdes, oblongues, hyalines, en chaînettes assez longues, sur les feuilles de Pins et de Sapins. [De S.]

HYPODERRIDEÆ (Hook., *Spec. Fil.*, I, 57). Sous-tribu des Fougères-Dicksoniées.

HYPODERRIS (R. Br., in *Wall. Pl. as. rar.*, I, 16). Genre de Fougères, placé près des *Onoclea*, à sores subglobuleux, disposés en séries parallèles aux veines secondaires. Involucre caliciforme, mince, membraneux, fimbrié sur les bords. Fronde simple, subcordée-hastée, costée, à veines pennées; veines alternativement flexueuses et veinules richement anastomosées. On en distingue 2 espèces, originaires des Antilles et de Nicaragua. (Hook. et Bak., *Syn. Fil.*, 46, 460.) [H. Bn.]

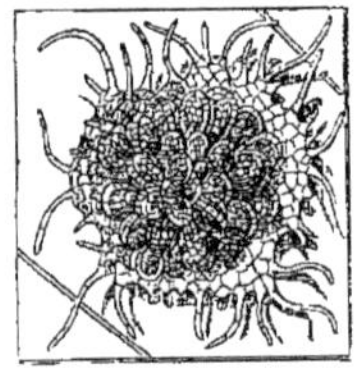
Hypoderris. — Sore.

HYPODICARPÆ (Agh, *Class. pl.*, 16; *Isis* [1826], 590). Classe de Dicotylédones, comprenant surtout des Rubiacées, Caprifoliées, Loranthacées, Saxifragées, Ombellifères.

HYPODISCUS (Nees, in *Lindl. Introd. Nat. Syst.*, ed. 2, 450). Genre de Restiacées, distingué par des épillets mâles, subglobuleux, multiflores, solitaires ou réunis eux-mêmes en épis simples ou composés. Épillets femelles uniflores, solitaires ou réunis en petit nombre en épis composés. Les fleurs ont des glumes aristées et les divisions du périanthe mâle étroites; celles de la fleur femelle courtes et hyalines. Le style est bifide. Ce sont 10, 11 herbes vivaces, de l'Afrique australe, à rameaux aériens jonciformes. (Mast., *Restiac.*, 379, t. 4; in *Journ. Linn. Soc.*, X, t. 7 C.) [H. Bn.]

HYPODRYS (Pers., *Mycol. eur.*, II, 148). Synonyme de *Fistulina* Bull. (Solen., *Cons. med.*, V, 50).

HYPOELIPTUM (R. Br., *Prodr.*, 219). Syn. de *Lipocarpha* Nees.

HYPOELYTREÆ (Presl, *Rel. Hænk.*, I, p. III). Tribu des Cypéracées (genres *Albikia*, *Fuirena*, *Hypolytrum*).

HYPOELYTRUM (H. B. K.). Pour *Hypolytrum* Rich.

HYPOESTES (Soland. — R. Br., *Prodr.*, I, 474). Genre d'Acanthacées-Dicliptérées, à cloison adhérente aux valves de la capsule, à anthères uniloculaires. Il est caractérisé par un calice régulier, quinquéfide ou quinquépartite, quelquefois diphylle par la coalescence des divisions et plus rarement quadripartite; par une corolle à deux lèvres, dont l'inférieure est profondément trilobée; par un style bifide à son extrémité stigmatifère, et par une capsule comprimée inférieurement et à deux loges dispermes dans sa partie supérieure. Ce sont des herbes, des arbrisseaux ou des arbustes, à feuilles très entières ou crénelées-dentées; à belles fleurs purpurines ou rosées, disposées en capitules uniflores, dont l'involucre est formé de quatre bractées en croix. On en connaît 37 espèces, originaires de l'Inde orientale, de l'Asie Mineure, de l'Afrique tropicale et méridionale, et surtout de Madagascar, où ils sont très abondants. (NEES, in *DC. Prodr.*, XI, 501. — B. H., *Gen.*, II, 1122.) [T.]

HYPOESTIS (HOOK. et ARN.). Pour *Hypoestes* SOLAND.

HYPOGÆI (BERKEL. — LINDL., *Veg. Kingd.*, 42). Sous-ordre des Champignons-Gastéromycètes.

HYPOGÆUM (GRAY, *Brit. pl.*, I, 566). Pour *Hypogeum* PERS.

HYPOGÉ (*hypogæus*). Qui est situé, se développe sous terre. S'applique surtout aux cotylédons dans la germination.

HYPOGEUM (PERS., *Tent. disp.*, 7). Genre de *Dermatocarpi*. Synonyme de *Elaphomyces* NEES.

HYPOGLOSSE. Le *Ruscus Hypoglossum* L.

HYPOGLOSSUM (KUETZ., in *Linnæa*, XVII, 106; *Phycol. gen.*, 444; *Phycol. germ.*, 333). Genre d'Algues-Delessériées, à thalle très délicat, non veiné, costé; à conidies placées sur les

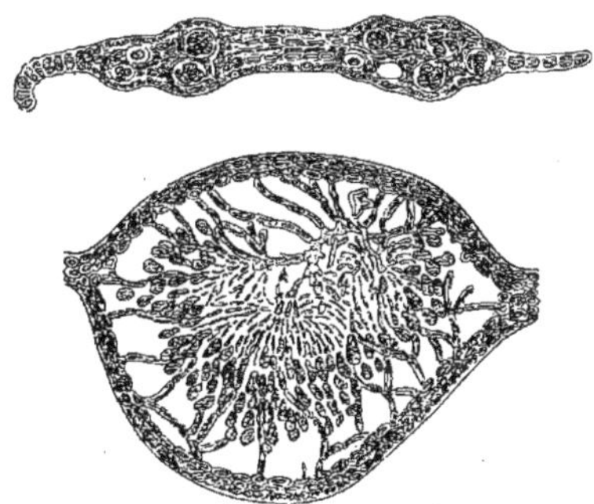

Hypoglossum.

côtes, fermées, avec les sporules subsériées, attachées à un placenta dendroïde. Les thèques agrégées sont immergées dans le thalle (PAYER, *Bot. crypt.*, 47). Pour Harvey (*Ner. bor.-amer.*, II, 96), c'est un sous-genre des *Delesseria* LAMX.

HYPOGOMPHIA (BGE, in *Bull. Ac. Pétersb.*, XVIII, 30; in *Act. petrop.* [1886], 610, t. 10). Genre de Labiées-Népétées, formé de deux (?) humbles herbes annuelles, du Turkestan et de l'Afghanistan, à feuilles entières, à verticillastres 2-4-flores; les fleurs caractérisées par un calice membraneux, subrégulier, 10-nerve; 2 étamines supérieures arquées, montant sous le casque de la corolle, à anthères uniloculaires, et 2 staminodes antérieurs. (B. H., *Gen.*, II, 1201, n. 81.) [H. BN.]

HYPOGYNE, HYPOGYNIE. Se dit de l'insertion du périanthe, des étamines, etc., sous le pistil. D'où l'expression de plantes, fleurs, étamines, etc., hypogynes. L'hypogynie est la conséquence de la forme convexe du réceptacle floral. —Voy. FLEUR.

HYPOGYNIUM (NEES, *Agrost. bras.*, 364). Synonyme de *Anatherum* PAL.-BEAUV.

HYPOLÆNA (R. BR., *Prodr.*, 251). Genre de Restiacées, à fleurs dioïques, entourées d'un périanthe à six divisions herbacées. Les mâles sont disposées en épis multiflores, accompagnés de bractées plurifariées. Les femelles ont un ovaire surmonté d'un style caduc et bi-tri-partite. Le fruit est un achaine osseux, ovoïde ou subglobuleux, monosperme, nu ou ombiliqué au sommet et entouré à la base du périanthe persistant qui termine un épi imbriqué et uniflore. Ce sont des herbes à chaumes ramifiés et à inflorescences terminales et paniculées. Steudel en énumère 4 espèces; mais ce nombre doit être augmenté au moins de deux autres décrites par Nees. Elles sont originaires du Cap de Bonne-Espérance, de l'Australie et de la terre de Van-Diémen. (Voy. STEUD., *Synops. pl. Cyperac.*, 264. — B. H., *Gen.*, III, 1035. — MAST., *Restiac.*, 364). [T.]

HYPOLEPIDEÆ (FÉE, *Gen. Fil.*, 36,145). Sous-tribu des Fougères-Cheilanthées.

HYPOLEPIS (BERNH., in *Schrad. N. Journ.*, I, II, 34). Genre de Fougères, voisin des *Lonchitis*, caractérisé par des sores marginaux, placés d'ordinaire dans les sinus de la fronde, distincts, petits, uniformément subglobuleux. Involucre de même forme que le sore qu'il recouvre, membraneux, formé du bord réfléchi de la fronde. D'après Hooker et M. Baker (*Syn. Fil.*, 128, t. 2, fig. 24), on ne peut comprendre ce genre que réduit aux espèces qui ont des sores également arrondis, situés dans les sinus des divisions ultimes de la fronde. Ils y comprennent 11 espèces, des régions tropicales des deux mondes. [H. BN.]

HYPOLEPIS (PAL.-BEAUV., ex LESTIB., in *Rœm. et Schult. Mantiss.*, II, 4). Synonyme de *Melancranis* VAHL.

HYPOLEPIS (PERS., *Syn.*, II, 598). Synonyme de *Phelypea* THUNB. (*Cytinus* L.).

HYPOLEPIS (PAL.-BEAUV., in *Lestib. Ess. Cyper.*, 38). Synonyme de *Ficinia* SCHRAD.

HYPOLYSSUS (PERS., *Mycol. eur.*, II, 6). Synonyme de *Leotia* HILL. L'*Hypolyssus* BERKEL. (ex LINDL., *Veg. Kingd.*, 41) est un genre d'Auricularinés, connu seulement de nom.

HYPOLYTREÆ (NEES, in *Linnæa*, IX [1834], 287). Tribu des Cypéracées. (B. H., *Gen.*, III, 1038.)

HYPOLYTRUM (L.-C. RICH., in *Pers. Enchirid.*, I, 70). Genre de Cypéracées, qui a donné son nom à la tribu des Hypolytrées. Il est ainsi caractérisé : Épis multiflores, arrondis, réunis en capitules ou en corymbes paniculés; bractées imbriquées de toutes parts, fertiles, excepté les inférieures; deux bractées propres, carénées-comprimées, inférieures et opposées à l'extérieure qui les dépasse. Androcée à deux ou trois étamines. Style bifide. Achaine osseux, lenticulaire ou globuleux, surmonté de la base persistante, conique et spongieuse, du style. Ce sont des herbes, à chaumes feuillés, dont le port rappelle celui des *Fuirena* et des *Cladium*. On en connaît environ 27 espèces, des régions chaudes de l'Amérique, de l'Afrique et de l'Inde. (Voy. STEUD., *Synops. pl. Cyperac.*, 131. — B. H., *Gen.*, III, 1054.) [T.]

HYPOMENOUS. Libre, non adhérent; s'élevant de la partie inférieure d'un organe, sans lui adhérer.

HYPOMONOPETALÆ (WILBR., *Handb.*, 58). Classe (13) des Dicotylédones.

HYPOMYCE (FR., *Pl. homon.*, 105). Section du g. *Hypocrea.*

HYPOMYCES (FR., *Summ. veg. Scand.*, II, 383. — TUL., *Select. Fung. Carpol.*, III, 36, 64). Genre de Champignons-Sphériacés, vivant en parasites sur d'autres Champignons : Agarics, Bolets, Pezizes, etc., dont ils accélèrent la putréfaction et sur lesquels ils développent leurs petits conceptacles globuleux, papillés, de couleur pâle. Les thèques contenues dans ces conceptacles sont longues, linéaires; il n'y a pas de paraphyses. Les spores sont lancéolées, atténuées aux deux extrémités et souvent biloculaires. Le mycélium, abondant, porte des conidies qui l'ont fait prendre pour des espèces d'Hyphomycètes (*Botrytis*, *Aspergillus*, *Verticillium*, *Sepedonium*, etc.). Ces conidies sont souvent de deux sortes: les unes plus grandes, globuleuses, en enveloppe épaissie, sont des macroconidies appelées chlamydospores par M. de Bary; les autres sont plus petites, à enveloppe mince, et leur disposition sur les filaments conidiophores les distingue aussi. Les *H. asterophorus* TUL. et *Baryanus* TUL. se développent sur de petits Agarics parasites, sur des Russules, et ont passé pour être les organes de reproduction de ces Agarics, dont l'hyménium avorte constamment; cet avortement est du reste fréquent chez les Agarics ou les Bolets quand un *Hypomyces* quelconque s'établit sur les lamelles ou les tubes de ces Champignons. On compte environ 50 espèces d'*Hypomyces*, presque toutes européennes. [DE S.]

HYPONASTIE. État de la feuille, quand elle est supérieurement concave, par plus grand développement de sa face inférieure.

HYPONEVRIS (PAULET, *Prosp. Trait. graph. d. Champ.*, 47). — Voy. CHANTERELLE.

HYPOPELTIS (L.-C. RICH., in *Michx Fl. bor.-amer.*, II, 266). Synonyme de *Polystichum* ROTH.

HYPOPERIGONICÆ (WILBR., *Handb.*, 58). Classe (V) de Monocotylédones.

HYPOPÉTALIE. Disposition florale dans laquelle la corolle est hypogyne (le réceptacle étant en pareil cas convexe).

HYPOPHÆSTON (DIOSC.). La Chausse-trape (*Centaurea Calcitrapa* L.), le *Rhamnus oleoides* et le *Salsola Tragus* L.

HYPOPHIALIUM (NEES, in *Sieb. Agrost.*, n. 95). Synonyme de *Acrolepis* SCHRAD. (*Ficinia* SCHRAD.).

HYPOPHYLLA (STACKH., *Ner. brit.*, ed. alt.). Genre douteux d'Algues. (SPRENG., *N. Entd.*, I, 97.— LÉM., in *Dict.*, XXII, 378.)

HYPOPHYLLARION (GRISEB., in *Linnæa* [1839], XIII, 250). Section du genre *Byrsonima* RICH.

HYPOPHYLLINA (REICHB., *Consp.*, 30). Division des Jungermannes.

HYPOPHYLLIUM. Petite feuille ou écaille, située sous un groupe amentiforme d'axes foliiformes.

HYPOPHYLLOCARPA (LUHNEM., in *Schrad. N. Journ.* [1809], III, p. III, 28). Synonyme de Fougères.

HYPOPHYLLOCARPI (BRID., *Bryol.*, II, XL, 709). Classe (VI) des Mousses. Subdivision (HAMPE, in *Linnæa*, XX, 94) des Acromitriées.

HYPOPHYLLOCARPIA (REICHB., *Consp.*, 31). Division des Bryoïdées (*Hypophyllocarpiæ* SCHULZ).

HYPOPHYLLOCARPODENDRON (BOERH., *H. lugd.-bat.* [1720], II, 206). Synonyme de *Mimetes* SALISB.

HYPOPHYLLUM (J.-G. AGH, *Spec.*, *gen. et ord. Alg.*, II, 681). Genre d'Algues, formant la dixième division des Delessériées, caractérisé par des sporophylles propres où se développent les sores. Une seule espèce constitue ce genre. [CH. M.]

HYPOPHYLLUM (PAULET, *Prosp. Trait. graph. d. Champ.*, 47). — Voy. AGARICINÉS.

HYPOPHYSCA (BENTH., in *Hook. Journ. Bot.*, II [1840], 305). Section du genre *Tococa* AUBL.

HYPOPHYSE. Nom donné par Hanstein à la dernière cellule du suspenseur, celle qui tient à la jeune masse de l'embryon.

HYPOPITHYEÆ (KL., in *Linnæa*, XXIV, 12), HYPITHYDES (LINK). Synonymes de Monotropées.

HYPOPITHYS (SCOP.), HYPOPITIS (RUPP.). Pour *Hypopitys* D.

HYPOPITYS (DILL., *Nov. gen.* [1713], 134, t. 7). Synonyme de *Monotropa* L.

HYPOPITYS (SCOP., *Fl. carn.*, I, 285). Genre proposé pour une portion du genre *Monotropa* de Linné et distingué par des fleurs 4, 5-mères, à 4, 5 pétales dilatés en sacs à la base, avec les inflorescences en grappes. Notre *Monotropa Hypopitys*, le vulgaire *Sucepin*, appartiendrait donc à ce genre s'il était maintenu. — Voy. MONOTROPA.

HYPOPLASTA (PREUSS, in *Linnæa*, XXVI, 712). Genre de Sphæronémés, dont le type est l'*H. hysteriæforme*.

HYPOPODIUM. Le pied des carpelles, de l'ovaire.

HYPOPOLYPETALÆ (WILBR., *Handb.*, 58). Classe (XII) de Dicotylédones.

HYPOPOGON (TURCZ., in *Bull. Mosc.* [1858], I, 246). Synonyme (?) de *Symplocos* L.

HYPOPORUM (NEES, in *Linnæa*, IX, 308). Section du genre *Scleria* BERG.

HYPOPTÉRÉ. Qui a une aile ou des ailes à sa base.

HYPOPTERIS (FRIES, *Summ. veg. Scand.*, II, 387). Sous-genre du genre *Dothidea* FRIES.

HYPOPTERON (HASSK., *Cat. Hort. bogor.* [1844], 154). Synonyme de *Liebigia* ENDL.

HYPOPTERYGIACEÆ, HYPOPTERYGIEÆ (C. MUELL.). Tribu des Mousses-Pleurocarpées.

HYPOPTERYGIUM (SCHLCHTL, in *Linnæa*, XVII [1843], 635). Synonyme de *Julіania* SCHLCHTL.

HYPOPYTHIS (SPACH). Pour *Hypopitys* DILL.

HYPORHAMNA (CORDA, *Ic. Fung.*, VI, 13, t. 2, fig. 34). Genre de Trichiacés, proposé pour le *Trichia reticulata* PERS.

HYPORHODIUS (FRIES, *Syst. mycol.*, I, 193). Sous-genre d'Agaricinés, élevé au rang de tribu, comprenant les genres ou sous-genres à spores de couleur rosée. [DE S.]

HYPORRHODIUS (REICHB.). Pour *Hyporhodius* FRIES.

HYPOSATHRIA. État des fruits qui deviennent blets.

HYPOSERPEÆ (MIERS, *Contrib.*, III, 11). Tribu (IV) des Ménispermacées.

HYPOSPIDIA (GRISEB., *Fl. brit. W.-Ind.*, 51). Section du genre *Sebastiana* SPRENG.

HYPOSPILA (FRIES, *Pl. homon.*, 109). Genre d'Hyménomycètes-Dichænés, à périthèces globuleux, couverts d'un voile commun inné et distinct, ouverts par un ostiole oblong; à asques convergents, puis de bonne heure diffluents. Ce sont des Champignons qui se développent sur les branches malades des arbres. Le type du genre est le *Spiloma inustum* ACHAR. (ENDL., *Gen.*, n. 392.) [H. BN.]

HYPOSPILEI (REICHB., *Nom.*, 7). Sous-division des Sphériacés vrais.

HYPOSPORANGIUM. L'*indusium* des Fougères, quand il naît au-dessous des sporanges.

HYPOSTAMINIE, HYPOSTAMINÉ. Il y a *hypostaminie* (JUSS.), quand les étamines sont hypogynes ; et l'androcée est alors dit *hypostaminé*.

HYPOSTASIS. Le suspenseur de l'embryon.

HYPOSTOMI (BRID., *Meth. Musc.*, XVIII, 204). Classe des *Musci frondosi*, formée du seul genre *Dawsonia* R. BR.

HYPOSTROMA. Nom donné à certains mycéliums.

HYPOTHALLE (*Hypothallus*). La couche des rhizines qui fixent les Lichens à leur support.

HYPOTHECIUM. La lame de tissu cellulaire sur laquelle repose le *thalamium* des Lichens.

HYPOTHELE (PAULET, *Pr. Trait. Champ.*, 47). —Voy. HYDNÉS.

HYPOTHRONIA (SCHR., in *Syll. Ratisb.* [1824], I, 85). Synonyme de *Hyptis* JACQ.

HYPOXANTHUS (RICH., ex DC.). Synon. de *Eriosphæria* DC.

HYPOXERUS (FRIES, *Epicr.*, 400). Section du genre *Xerotes*.

HYPOXIDACÉES (*Hypoxidaceæ* LINDL. — BAK., *Syn. Hypoxid.*, in *Journ. Linn. Soc.*, XVII, 97). Famille de Monocotylédones, dont les fleurs, régulières et hermaphrodites, ont un réceptacle concave au fond duquel s'insère un ovaire infère. Au-dessus, le réceptacle se relève en un tube, tantôt très court ou presque nul, tantôt très allongé, sur les bords duquel s'insère un périanthe coloré, à six divisions sur deux rangs: les trois extérieures un peu dissemblables, souvent velues en dehors. Sur la face interne du tube réceptaculaire s'attachent six étamines, superposées aux divisions du périanthe, à filets courts et à anthères introrses, déhiscentes par deux fentes longitudinales. Chez les *Pauridia*, l'androcée est réduit aux trois étamines superposées aux divisions intérieures du périanthe. Le gynécée se compose d'un ovaire infère, à 3 loges pluriovulées, surmonté d'un style, simple à trois divisions stigmatiques cohérentes ou divergentes. Ces divisions sont au nombre de 6 chez les *Pauridia*. Le fruit est tantôt une capsule, s'ouvrant par un opercule ou par des fentes, loculicide, tantôt une baie indéhiscente. Pendant la maturation, les cloisons ovariennes disparaissent souvent, au point que le fruit paraît uniloculaire. Les graines sont anatropes, petites, gonflées et superposées. Leurs téguments, charnus, crustacés, noirs ou bruns, présentent deux proéminences, l'une sur le funicule, l'autre au niveau du micropyle ; ils contiennent un embryon droit, situé dans l'axe d'un albumen charnu. Les Hypoxidacées ont une tige très courte, qui les fait paraître acaules. Ce sont des plantes herbacées, souvent velues, ne fleurissant qu'une fois, ou bien vivaces au moyen de tubercules gros, durs et couverts des débris membraneux ou fibreux des feuilles tombées. Celles-ci sont linéaires-lancéolées, rarement cunéiformes et bifides, sessiles ou pétiolées, persistantes et parfois plissées. Les fleurs, ordinairement jaunes, mais quelquefois blanchâtres et rarement rouges, sont solitaires ou groupées en corymbes et en grappes parfois très serrées et simulant des capitules. Elles sont accompagnées de bractées persistantes, linéaires, sétacées, lancéolées. Telle est l'organisation de cette famille, créée par R. Brown sous le nom d'Hypoxidées (in *Flind. Voy.*, II, 577), avec les deux genres *Hypoxis* et *Curculigo*, et qui comprend actuellement 60 à 70 espèces, réparties entre les 4 genres : *Hypoxis* L., *Molineria* COLLA, *Curculigo* GÆRTN. et *Pauridia* HARV., que l'on distingue facilement les uns des autres par la nature du fruit capsulaire ou bacciforme, le plus ou moins d'allongement au-dessus de l'ovaire du tube réceptaculaire et l'insertion staminale qui en dépend; le nombre des étamines et la forme des feuilles, qui sont sessiles ou pétiolées. Ces plantes habitent les régions chaudes des deux mondes, excepté l'Europe, qui n'en possède aucune espèce. Leur véritable patrie paraît être l'Afrique, puisqu'on en compte 37 au Cap de Bonne-Espérance et 15 dans l'Afrique tropicale. L'Asie et l'Australie en ont chacune 7 espèces, et l'Amérique en possède seulement 4. Tous les caractères floraux les rapprochent des Amaryllidacées, dont elles diffèrent par leurs tubercules caulinaires ou radiculaires (?); leurs feuilles persistantes, graminiformes ou coriaces, jamais charnues; la marcescence du périanthe, la pubescence qu'affectent plus ou moins presque tous les organes; enfin la nature de leurs graines et les deux proéminences de leur surface. Les Hypoxidacées sont aussi très étroitement alliées aux Vellosiées; mais celles-ci ont un port tout différent: elles n'ont pas de tubercules; elles sont couvertes de glandes; leurs fleurs ne sont ni jaunes, ni pubescentes; leurs graines ont des téguments coriaces, et leur embryon occupe une tout autre position. Par les *Pauridia*, dont l'androcée est réduit à 3 étamines, les Hypoxidacées se rapprochent aussi des Hæmodoracées, et par cela même des Iridacées. Est-il nécessaire d'ajouter que M. Bentham (in *Journ. Linn. Soc.*, XV, 491; *Fl. Austral.*, VI, 447) considère les Hypoxidées comme une tribu des Amaryllidacées, au même titre que les Vellosiées et les Hæmodoracées? C'était, du reste, la manière de voir de Lindley. Au point de vue utile et pratique, ces plantes se recommandent peu à notre attention. Cependant quelques-unes ont des tubercules alimentaires ou employés en médecine; et d'autres, comme le *Molineria recurvata*, sont cultivées dans les serres et les appartements, sous le nom de *Curculigo*. [T.]

HYPOXIDEÆ (R. Br., in *Flind. Voy.*, II, App., 3, 576). Synonyme de Hypoxidacées.

HYPOXIS (L., *Gen.*, n. 417). Genre qui a donné son nom à la famille des Hypoxidacées. Ses fleurs, régulières et hermaphrodites, ont un réceptacle concave, dont le fond loge un ovaire infère, tandis que les bords donnent immédiatement naissance à un pé-

Hypoxis. — Inflorescence. Fleur, coupe longitudinale. Fruit. Graine, entière et coupe longitudinale.

rianthe de 6 divisions et à un androcée de 6 étamines, superposées à ces mêmes divisions. L'ovaire, surmonté d'un style court, dont les divisions stigmatifères sont confluentes ou divergentes, renferme 3 loges 4-20-ovulées. Le fruit est une pyxide turbinée ou claviforme, à graines globuleuses et très souvent brillantes. Ce sont des herbes acaules, à petites pousses annuelles ou à tubercules contenant un suc jaune. Leurs feuilles, au nombre de 3-20, sont sessiles, non plissées, graminiformes, tri- ou multifariées et très souvent velues. Les fleurs sont pédonculées, solitaires ou réunies en grappes ou en corymbes. C'est le genre le plus nombreux de la famille, puisqu'il renferme plus de 50 espèces, de l'Afrique tropicale et australe, de l'Asie, de l'Australie et de l'Amérique. Pour plus de commodité, M. Baker (*Syn. Hypox.*, in *Journ. Linn. Soc.*, XVII, 99) les a réparties en 2 sections: *Ianthes*, *Euhypoxis*, suivant que la plante est glabre ou velue. [T.]

HYPOXYLEÆ (Mirb., *Elém.*, I, 414; II, 863). Division (III) des Acotylédones. Pour les auteurs plus récents, ce groupe comprend les *Sphæriaceæ*, *Phacidiaceæ*, *Cytisporeæ*. — Voy. Hypoxylés.

HYPOXYLÉS (DC., *Fl. franç.*, II, 280). Nom donné à une famille de plantes, intermédiaires aux Champignons et aux Lichens, comprenant des Rhizomorphes, des Sphéries et des Lichens, des genres Opégraphe, Verrucaire, etc. Ce nom a été conservé par quelques botanistes, comme synonyme de Pyrénomycètes. (Kickx, *Fl. crypt. Flandr.*, I, 290.) [De S.]

HYPOXYLON (Adans., *Fam. des pl.*, II, 9). Genre de Champignons (*Clavaria* Vaill. — *Lichenagaricus* Micheli), constituant un groupe très hétérogène.

HYPOXYLON (Bull., *Hist. Fung.*, I, 168). Genre de Champignons-Pyrénomycètes, de l'ordre des *Xylariei*, caractérisé par un stroma de couleur sombre, convexe ou étalé, à l'intérieur duquel sont nichés un grand nombre de périthèces ovoïdes, contenant des thèques étroites, allongées. Les spores sont ovales,

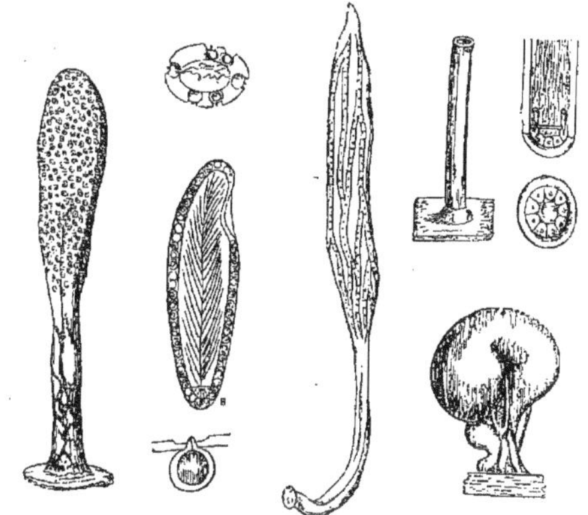

Hypoxylon divers.

courbes, colorées, uniloculaires. Les conidies se montrent souvent sur le stroma des Champignons à l'état jeune, qu'elles recouvrent d'une couche pulvérulente. On en connaît un grand nombre d'espèces, qui se présentent sous l'aspect de verrues noirâtres, plus ou moins petites, sur les branches ou le bois du Chêne, du Sapin, du Hêtre, etc. L'*H. scleroderma* Mtgne, des forêts des environs de Cayenne, est d'un rouge sanguin. [De S.]

HYPOXYLUM (J., *Gen.*, 6). Pour *Hypoxylon* Bull.

HYPPOCASTANEÆ (Dumort.). Pour *Hippocastaneæ* DC.

HYPSANTHUS (Endl., *Gen.*, 337). Section du genre *Isopogon*.

HYPSELA (Presl, *Prodr. Monogr. Lobel.*, 45). Section du genre *Lysipoma* A. DC. (H. Bn, *Hist. des pl.*, VIII, 366).

HYPSÉOCHARIDÉES. Weddell, dans son *Chloris andina*, a établi inutilement cette famille, pour les seuls *Hypseocharis*.

HYPSEOCHARIS (Remy, in *Ann. sc. nat.*, sér. 3, VIII, 238). Genre d'Oxalidées. L'*H. pimpinellifolia*, seule espèce connue, est une petite herbe vivace, des Andes boliviennes, qui a l'aspect d'un *Geranium* à feuilles pennées, multifoliolées, et dont les fleurs, en petit nombre au sommet d'une hampe commune (cyme unipare pauciflore), sont de la couleur de celles d'un *Limnanthes*. Elles sont organisées comme celles d'un *Oxalis*, sinon qu'elles ont, au lieu de dix étamines, et en dedans de petites glandes vertes, en nombre variable, quinze étamines dont nous avons pu étudier sur le frais le mode de disposition. (Voy. *Adansonia*, X, 362; *Hist. des pl.*, V, 26, 41.) [H. Bn.]

HYPSERPA (Miers, in *Ann. Nat. Hist.*, ser. 2, VII, 40; ser. 3, XIV, 365). Synonyme de *Limacia* Lour.

HYPTAGE (Juss.). Orthographe vicieuse pour *Hiptage* Gærtn.

HYPTIANDRA (Hook. f., *Gen.*, I, 293). Genre de Rutacées-Quassiées, voisin des *Castela* et distingué par ses fleurs hermaphrodites, 5-mères, diplostémones; les carpelles libres, uniovulés, les styles unis et les fruits multiples, subdrupacés. C'est un arbuste australien, à feuilles alternes, amères, lancéolées; à fleurs axillaires, solitaires ou en petit nombre. (B. H., *Gen.*, I, 293, 992. — H. Bn, *Hist. des pl.*, IV, 492.)

HYPTIANTHERA (Wight et Arn., *Prodr.*, I, 399). Synonyme de *Hypobathrum* Bl. (H. Bn, *Hist. des pl.*, VII, 442.)

HYPTIDÆ (Lindl.), HYPTIDEÆ (Endl., *Gen.*, 610). Sous-tribu des Labiées-Ocimoïdées.

HYPTIS (Jacq., *Coll.*, I, 101). Genre de Labiées-Ocimoïdées, qui se distingue dans ce groupe par son calice à limbe non dilaté et à dents non peltifères; sa corolle à lobe antérieur abruptement défléchi, sacciforme, contracté à la base. On en a décrit jusqu'à 250 espèces, de l'Amérique tropicale, herbacées, suffrutescentes ou ligneuses, à inflorescences polymorphes. (Benth., in *DC. Prodr.*, XII, 86.) [H. Bn.]

HYPTIS (Reichb., *Nom.*, 106). Synonyme de *Minthidium* Benth.

HYPTISSA (Salisb., *Gen. pl. Fragm.*, 143). Synonyme de *Gladiolus* T.

HYPUDÆURUS (Hochst.). Genre proposé pour l'*Antephora abyssinica* A. Rich. (A. Braun, in *Flora* [1841], 275.)

HYRTANANDRA (Miq., *Pl. Jungh.*, I, 25). Synonyme de *Memorialis* Ham.

HYSOPE, HYSSOPE (*Hyssopus* L., *Gen.*, n. 709). Genre de Labiées-Saturéiées, à fleurs pourvues d'un calice 15-nerve, 5-denté; d'une corolle à limbe bilabié; de 4 étamines didynames, divergentes; d'un disque à peu près régulier et d'un style à 2 branches subulées, subégales. Les achaines sont à peu près

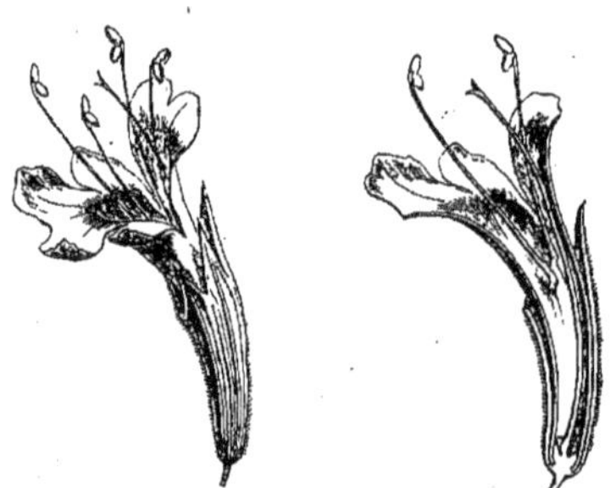

Hysope. — Fleur, entière et coupe longitudinale.

lisses. L'*H. officinalis* L., seule espèce aujourd'hui du genre, est un sous-arbrisseau odorant, à feuilles linéaires ou lancéolées, célèbre comme plante purifiante. C'est un aromatique-amer, comme tant d'autres Labiées. Il est originaire de la région méditerranéenne et de l'Asie moyenne. Ses fleurs varient du bleu au blanc et au rose. On le trouve chez nous sur les ruines, évidemment introduit. Mantes est la localité des environs de Paris où l'on va d'ordinaire le récolter. (H. Bn, *Tr. Bot. méd.*, 1237.)

HYSOPE DE HAIE. La Gratiole officinale.

HYSOPE DE SALOMON. On a dit, avec doute, que c'était une Mousse. D'autres croient que l'Hysope de l'Écriture est le Câprier.

HYSOPE DES GARIGUES. L'*Helianthemum vulgare* L.

HYSSOPEÆ (Reichb.), HYSSOPI (Bartl.), HYSSOPIDÆ (Lindl.). Division des Labiées.

HYSSOPIFOLIA (C. Bauh. — DC., in *Mém. Genèv.*, III, p. II, 78; *Prodr.*, III, 81). Section du genre *Lythrum* L.

HYSSOPUS. — Voy. Hysope.

HYSTERANGIEI (Lév., in *Dict. d'Orb.*, VIII, 489). Tribu des Champignons-Entobasidés.

HYSTERANGIUM (Vittad., *Mon. Tuber.*, 13). Genre d'Hyménogastrés, à péridium indéhiscent, contenant une gleba gélatineuse, tenace, divisée par des cloisons qui supportent de chaque côté l'hyménium. Les basides sont très petits, dépourvus de

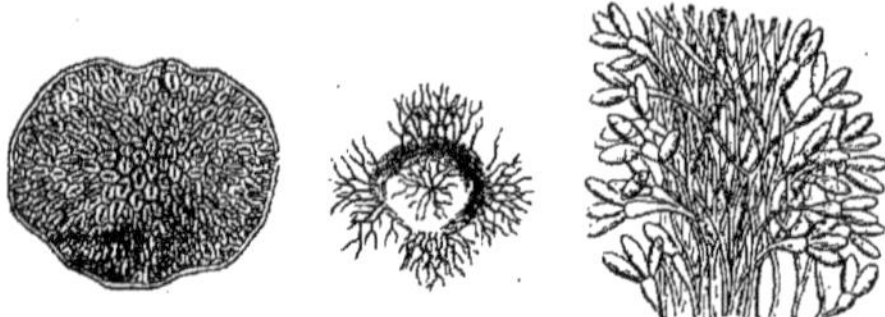

Hysterangium. — Coupe et tissu hyménial.

stérigmate et à deux spores; celles-ci sont petites, elliptiques et remplissent les lacunes circonscrites par les cloisons. Sept espèces souterraines sont connues en Europe et se trouvent en hiver dans les bois sablonneux et dans l'humus. [De S.]

HYSTÉRANTHIE (d'où *Hysteranthus*). Cas où les feuilles des plantes se montrent après leurs fleurs.

HYSTERIA. Employé parfois pour Corymbe.

HYSTERIA (Ehrenb., *Sylv. myc. berol.*, 17). Groupe hétérogène de Champignons (genres *Hysterium*, *Placuntium*, *Solenarium*, *Triblidium*, *Phacidium*).

HYSTERIA (Reinw., in *Bl. Cat. Hort. Buitenz.*, 99). Synonyme de *Corymbis* Dup.-Th.

HYSTERIACEÆ (Corda, *Ic. Fung.*, V, 34). Famille des Champignons-Sclérogastrés.

HYSTERIACEÆ (Corda, *Anl.*, 142). Famille de Champignons-Pyrénomycètes, ayant pour type le genre *Hysterium* Tode. M. Saccardo y a fait rentrer 28 genres, dont beaucoup sont nouveaux. (*Syllog.*, II, 721.) [De S.]

HYSTERIACEI (Rabenh., *Krypt.*, I, 151). Sous-tribu des Phacidiacés.

HYSTERICINA (Steud., *Syn. pl. glum.*, I, 35). Synon. de *Echinopogon* Pal.-Beauv.

HYSTERIDEÆ (S.-F. Gray, *Arr. brit. pl.*, I, 508). Division des Champignons-Sarcothalamés (genres *Hypoderma*, *Actidium*, *Hysterium*).

HYSTERIEI (Lév., in *Dict. d'Orb.*, VIII, 490). Section des Champignons-Rhegmostomés.

HYSTERINA (Achar., *Lich. univ.*, 244; *Syn. Lich.*, 70). Section du genre *Opegrapha* Eschw.

HYSTERINEÆ (Dumort., *Anal. fam.*, 73, 75). Famille des Sphériacées (g. *Hysterium*, *Phacidium*).

HYSTERIONICA (W., in *Berl. Mag.* [1807], 140). Genre de Composées-Astérées, à fleurs toutes fertiles, dimorphes : celles du rayon femelles, à corolle ligulée; celles du disque régulières et hermaphrodites. Fruits comprimés ou 3-5-gones, surmontés d'une aigrette de soies 1-∞-sériées, dissemblables. Dans ce genre américain, qu renferme environ 135 espèces, nous avons compris (H. Bn, *Hist.*

Hysterionica. — Branche florifère.

des pl., VIII, 38, 155, fig. 54) les *Grindelia, Chrysopsis, Pentachæta, Aphantochæta, Heterotheca, Bradburia, Haplopappus, Xanthisma, Chrysothamnus* et (?) *Lessingia*. Ce sont des plantes herbacées ou frutescentes, parfois ornementales, à feuilles alternes, à capitules d'ordinaire solitaires et terminaux. [H. Bn.]

Hysterium.

HYSTERITES (Ung., *Syn. pl. foss.*, 17; *Chlor. protog.*, I, 1, t. 1). Genre de Champignons fossiles.

HYSTERIUM (Tode, *Fung. Meckl.*, II, 4). Genre de Pyrénomycètes, caractérisé par un périthèce superficiel, oblong, allongé, carbonacé, à déhiscence bilabiée ou se fendant longitudinalement. Les thèques claviformes sont accompagnées de paraphyses et contiennent des spores oblongues, à deux ou plusieurs cloisons brunes ou jaunâtres. On en connaît une soixantaine d'espèces, vivant sur l'écorce des arbres et répandues sous toutes les latitudes. [De S.]

HYSTEROCARPUS (Langsd., *mss.*). Synonyme de *Didymochlæna* Desvx.

Hysterographium.

HYSTEROGRAPHIUM (Corda, *Icon.*, V, 34). Genre d'Hystériacés, voisin des *Hysterium* Tode, à spores muraliformes olivacées et à paraphyses filiformes. On en compte 25 espèces, vivant dans les conditions des *Hysterium*. (Preuss, in *Linnæa*, XXVI, 723.) [De S.]

HYSTEROLICHENES (Arnold, in *Flora* [1858], 691). Série (III) des Lichens, comprenant l'ordre des Opégraphacées.

HYSTEROMYCES (Vittad., ex Fries, *Summ. veg. Scand.*, 435). Synonyme de *Rhizopogon* Fr.

HYSTEROMYXA (Sacc. et Ellis, *Michel.*, II, 574). Genre incertain placé, soit dans les Sphéropsidés, soit dans les Myxomycètes. L'*H. effugiens* Sacc. et Ellis se rencontre dans l'Amérique boréale, sur les feuilles mortes de Cyprès; ses petits périthèces, aplatis, rouges, semblent formés d'une cuticule anhiste; ils contiennent des spores globuleuses, lisses et rosées. [De S.]

HYSTERONICA (Endl., *Gen.*, 1391). Pour *Hysterionica* W.

HYSTEROPHORUS (Vaill., in *Act. Acad. par.* [1720], 335). Synonyme de *Parthenium* L.

HYSTEROPHYTA (Fries, *Syst. mycol.*, I, 20). Section des Thallophytes, formée pour l'auteur de la seule classe des *Fungi*. (Ung., *Aphor.; Syn. pl. foss.*, 17; *Chlor. protog.*, XXIX.) — Voy. Acrobrya.

HYSTEROSPHÆROCEPHALOS (Batt., *Fung. agr. arimin.*, 31). Nom de l'*Armillaria Morio* Fr., recueilli dans des vases d'Orangers et sur du marc de raisin.

HYSTRICAPSA (Preuss, in *Linnæa*, XXIV, 140). Genre de Physériées, dont le type est l'*H. trochiformis*. (Preuss, in *Linnæa*, XXV, 61.)

HYSTRIX (Mœnch, *Meth.*, 294). Synonyme de *Asprella* W.

I

IACA INDICA (BAUH.). Nom ancien du Jaquier.

IAÇAPUCAIO (PIS., *Bras.*, 135). Synonyme de *Lecythis* L.

IACARANDA (R. BR.). Pour *Jacaranda* J.

IACARATIA (PIS., *Bras.*, 160). Nom d'un *Papaya* incertain.

IACINTHUS. Pour *Hyacinthus*. — Voy. JACINTHE.

IADOUS. Dans le Bordelais, l'*Agaricus arenarius* LATERR.

IAMACARU (PIS., *Bras.*, 188-190). Nom brésilien des *Cereus*.

IAMBHIRA. Nom sanscrit du Limonier.

IAMBOS (BAUH.). L'un des noms du Jamerosier.

IANGOMAS. Arbre indien (ACOSTA), à fruits dits astringents.

IAN-RAIA (PLUM., *Nov. gen.*, 33, t. 29). Synon. de *Rajania* L.

IANTHA (HOOK., *Exot. Fl.*, t. 113). Syn. de *Ionopsis* H. B. K.

IANTHE (GRISEB., *Spicil. Fl. rumel.*, II, 40). Genre proposé pour le *Verbascum bugulifolium* LAMK. (*Dict.*, IV, 226.)

IANTHE (SALISB., *Gen. pl. Fragm.*, 44). Section du genre *Hypoxis* L. (B. H., *Gen.*, III, 717).

IANTHE (TORR. et GR., *Fl. N.-Amer.*, II, 181). Section du genre *Diplopappus* LESS.

IANTHINOSPORI (QUEL., *Ench. Fung.*, 109). Quatrième série des Agaricinés (*Polyphyllei* QUEL.), à spores brun pourpre, brun violet ou brun lilas, comme dans les Pratelles.

IANTHINUS. De couleur bleuâtre, teintée ou tachée de rouge.

IAPUNA-UAOPÉ. Nom, sur le haut Amazone, des *Victoria* LDL.

IARON. Nom grec du *Dracunculus vulgaris* SCHOTT.

IARUMA. Nom brésilien du *Cecropia peltata* L.

IATA, IATAMARAN. En Chine, les Corossols (*Anona* L.).

IATI. En Malaisie, le *Tectona grandis* L.

IATUS (RUMPH., *Herb. amboin.*, III, 34, t. 18). Synonyme de *Tectona* L. F.

IAUSIBANT. Nom arabe du Muscadier.

IAVORTA. En Hongrie, l'*Acer campestre* L.

IAYAPALA. Synonyme de *Croton Tiglium* L.

IBA. Synonyme, au Gabon, de l'*Oba* (*Irvingia gabonensis* BN).

IBABIRABA (PIS., *Bras.*, 150). Nom d'une Myrtacée brésilienne.

IBA-CURU-PARI (MARCGR.). Au Brésil, le *Bertholletia excelsa* H. B., d'après Jussieu.

IBA-HAY, IBAPOROITY. Noms guaranis de plusieurs *Eugenia*.

IBAMETARA. Au Brésil, le *Spondias Myrobalanus* L.

IBAPURU. Nom guarani de certains *Eugenia*.

IBARA. Au Japon, les Églantiers.

IBATI (MARCGR., *Bras.*, [1648], 19, c. fig.). Synon.? de *Ibatia*.

IBATIA (DCNE, in *DC. Prodr.*, VIII, 599). Synonyme de *Lachnostoma* H. B. K.

IBBERTSONIA (STEUD., *Nom.*, I, 800). Pour *Ibbetsonia* SIMS.

IBBETSON (Agnès). Auteur [1757-1823], en Angleterre, de quelques notices botaniques. (*Cat. sc. pap.*, III, 487.)

IBBETSONIA (SIMS, in *Bot. Mag.*, t. 1259). Section du genre *Cyclopia* VENT.

IBERIDASTRUM (DC., *Prodr.*, II, 181). Section du genre *Iberis*.

IBÉRIDE. Nom français (LAMK) des *Iberis* L.

IBERIDEÆ (WEBB et BERTH., *Phyt. canar.*, I, 92). Division des Crucifères.

IBERIDELLA (BOISS., in *Ann. sc. nat.*, sér. 2, XVII, 188). Genre de Crucifères-Ibéridées, formé de sous-arbrisseaux et d'herbes, à port d'*Eunomia*, caractérisés par des étamines non appendiculées et un fruit elliptique ou oblong, aigu, à valves aptères et carénées. Le style est grêle; et les graines, à cotylédons accombants, sont au nombre de 2-6 dans chaque fausse loge. Ce sont six plantes de l'Orient; une d'entre elles croît sur l'Himalaya. (H. BN, *Hist. des pl.*, III, 281).

IBERIDENDRON (SPACH, *Suit. à Buff.*, VI, 561). Section du genre *Iberis* L. (*I. sempervirens*, *semperflorens* L.).

IBÉRIDINÉES. Division des Crucifères-Thlaspidées, caractérisée par un embryon à cotylédons (ordinairement) accombants.

IBERIDIUM (DC., *Prodr.*, I, 179). Section du genre *Iberis* L.

IBERION (SPACH, *Suit. à Buff.*, VI, 564). Section du genre *Iberis* L. (*I. amara*, *umbellata*).

IBERIS. Nom officinal ancien des Passerages et du Cresson alénois.

IBERIS (CR., *St. austr.*, 20). Synonyme de *Lepidium* L. (part.) et de *Capsella* MED.

IBERIS (DILL., *N. gen.*, 123, t. 6). Synon. de *Teesdalia* R. BR.

IBERIS (L., *Gen.*, n. 804). Genre de Crucifères, à sépales égaux, ou les extérieurs légèrement sacciformes à la base. Pétales inégaux, les deux antérieurs beaucoup plus grands. Étamines 6, à filets non appendiculés. Disque formé de 4 glandes

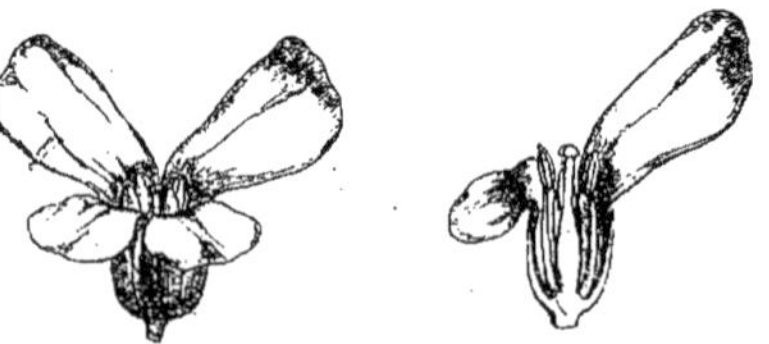

Iberis. — Fleur, entière et coupe longitudinale.

carpellaires développées, libres ou connées, et parfois de 2 glandes placentaires peu volumineuses. Style court ou allongé, à tête stigmatifère émarginée. Fruit (silicule) plan-comprimé, entier ou émarginé au sommet. Graines solitaires, descendantes dans chaque fausse loge. Embryon à radicule accombante et dorsale, ascendante ou subhorizontale. Plantes herbacées ou suffrutescentes, de l'Europe centrale et australe et de l'Asie Mineure, à feuilles entières ou pinnatifides, à fleurs en grappes

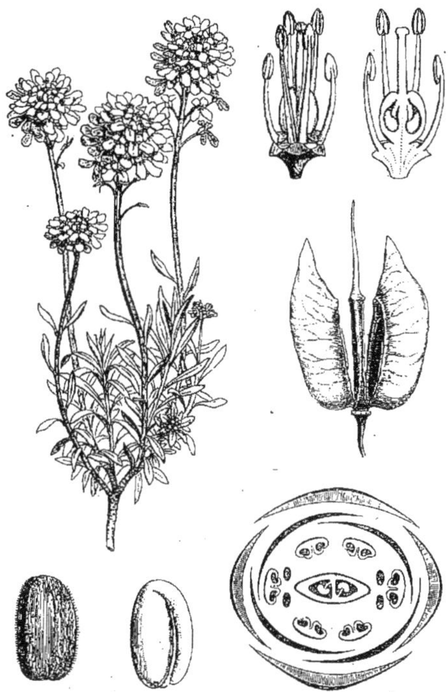

Iberis. — Port. Fleur, sans le périanthe, entière et coupe longitudinale. Diagramme. Fruit déhiscent. Graine. Embryon.

ou en corymbes. Quelques-unes sont ornementales, comme les *I. sempervirens*, *umbellata*. L'*I. amara* de nos champs est dépuratif, antiscorbutique. (H. BN, *Hist. des pl.*, III, 208, 280, fig. 287-295.)

IBERIS (MATTH. — RUPP., *Fl. jen.*, 77). Synonyme (part.) de *Lepidium* L. (*L. ruderale* L., *L. Iberis* L.).

IBI-ARIBA. Au Brésil, l'*Andira inermis* K.

IBIDIUM (SALISB., in *Trans. Hort. Soc.*, I, 291). Synonyme (part.) de *Spiranthes* L.-C. RICH. et de *Stenorhynchus* RICH.

IBIRA (MARCGR., *Bras.*, 99, c., fig.). Synonyme de *Xylopia* L.

IBIRA PAYE. Nom brésilien du *Myrospermum erythroxylum* F. ALLEM.

IBIRAPITANGA (MARCGR.). Au Brésil, l'un des noms du *Cæsalpinia echinata* LAMK.

IBIRAREMA. Végétaux brésiliens (PIS.), à odeur alliacée, à décoction mucilagineuse.

IBISCH. Nom allemand de la Guimauve.

IBISCUS. Nom ancien de la Guimauve.

IBIXUMA. Au Brésil, le *Sapindus Saponaria* L. (?).

IBN-AL-AWAM. Auteur d'un *Livre de l'Agriculture*, traduit de l'arabe par J.-J. Clément Mullet, en 1864-67 (2 vol. in-8).

IBN BATHUTHAH. Botaniste arabe de Tanger [1303-1377], dont parle E. Meyer (*Gesch. d. Bot.*, III, 309).

IBN-BEITHAR. Botaniste arabe de Malaga, mort en 1377 à Damas (voy. E. MEYER, *Gesch.*, III, 227). F.-R. Dietz a publié en 1833 l'*Elenchus Materiæ Ibn Beitharis*, et J. v. Pontheimer a traduit de l'arabe [1840-42] : *Grosse Zusamm. ueber die Kräfte... v. Abu Mohamm. Abd. Ben-Ahmed (Ebn-Beithar)*.

IBN ROSCHID. Nom arabe d'Averrhoès.

IBN SINA. Nom arabe d'Avicenne.

IBOBIUABR. Au Para, le *Britoa triflora* BERG.

IBOGA. Nom, au Gabon, d'un végétal qui passe pour aphrodisiaque, le *Tabernæmontana ventricosa*.

IBO-KUSA. Nom japonais du *Blyxa Roxburghii* REICH.

IBOTO-OUSIJ. Nom, à Mouroundava, du *Buettneria longicuspis* H. BN.

IBRIMY. Nom d'une variété de Dattiers d'Égypte.

IBUKI-BOFU. Nom japonais du *Seseli Libanotis* HOCH.

IBUKI-JAKOSO. Nom japonais d'une variété de Serpolet.

IBUKI-TAIGEKI. Au Japon, l'*Euphorbia lasiocaula* BOISS.

IBUKI-TORA-NO-O. Nom japonais de la Bistorte.

IBUKI-WANIGUCHI. Nom japonais d'un *Polygonatum*.

IBUKI-YOMOGI. Nom japonais de l'Armoise.

IBURI-CHIDORI. Au Japon, l'*Habenaria japonica* A. GRAY.

IBYRA-GIYNHA (Bois de Piment). Nom brésilien du *Dicypellium caryophyllatum* NEES, qui donne la Cannelle-Giroflée.

ICACINA (A. JUSS., in *Mém. Soc. Hist. nat. Par.*, I [1824], 174). Synonyme de *Mappia* J. (H. BN, in *Adansonia*, III, 369).

ICACINACEÆ (MIERS), ICACINEÆ (BENTH. — B. H., *Gen.*, I, 350). Tribu des Olacinées, dont nous avons fait (*Hist. des pl.*, V) une série des Térébinthacées. Synonyme de *Mappieæ*. [H. BN.]

ICACO. Nom espagnol du *Chrysobalanus Icaco* L.

ICACO (PLUM., *Gen.*, [1703], 43, t. 5). Synonyme de *Chrysobalanus* L.

ICACOREA (AUBL., *Guian.*, II, Suppl. I, t. 368). Synonyme de *Ardisia* SW.

ICAJA. Nom, au Gabon, du *Strychnos Icaja* H. BN.

ICAQUE. Fruit de l'Icaquier commun (*Chrysobalanus Icaco* L.).

ICAQUIER. Nom français des *Chrysobalanus* L.

ICARANDA (PERS., *Syn.*, II, 173). Pour *Jacaranda* J.

ICARATIA. Nom d'un *Cactus* brésilien (PISON) qui sert à faire de longues cannes.

ICARUS (WEBB, *Phyt. canar.*, III, 338). Section du genre *Scilla* (*S. iridiflora* WEBB).

ICE-PLANT. En Angleterre, le *Mesembrianthemum crystallinum* L.

ICHIBI. Nom japonais de l'*Abutilon Avicennæ* GÆRTN.

ICHICOULILI. Nom américain du *Tecoma stans* J.

ICHI-HATSU. Nom japonais de l'*Iris germanica* L.

ICHIRINSO. Nom japonais de l'*Anemone nikoensis* MAX.

ICHNANTHUS (PAL.-BEAUV., *Agrost.*, 56, t. 12, fig. 1). Genre de Graminées-Panicées, à peine distinct des *Panicum*, et caractérisé par des inflorescences ramifiées, avec épillets à 4 glumes. Le petit axe de l'épillet est pourvu d'un appendicule membraneux, allongé ou très court, sous chaque côté de la glume fertile. On admet une vingtaine d'espèces de ce genre, toutes américaines ; leur port est celui des *Eupanicum*. (TRIN., *Spec. Gram.*, t. 210-212. — K., *Revis. Gram.*, t. 34, 168.) [H. BN.]

ICHNOCARPUS (R. BR., in *Mem. Werner. Soc.*, I, 61). Genre d'Apocynacées-Echitidées, rangé près des *Apocynum*, et distingué par une corolle hypocratérimorphe, et un disque à lobes entourant le sommet de l'ovaire. Ce sont 8, 9 lianes, de la Malaisie, de l'Asie austro-orientale et de l'Australie, à feuilles opposées, à cymes lâches, réunies en grappes composées terminales. (WIGHT, *Icon.*, t. 395, 430, 440, 1304-1306). [H. BN.]

ICHTHYOMETHIA (P. BR., *Jam.*, 276). Synonyme de *Piscidia* L.

ICHTHYOSMA (SCHLCHTL, in *Linnæa*, II, 671, t. 8 ; III, 194). Synonyme de *Sarcophyte* SPARRM.

ICHTHYOTHERE (MART., *Arzneipfl.*, 27). Genre de Composées-Hélianthées, voisin des *Clibadium* et distingué par des corolles toutes tubuleuses ; des fruits sans aigrette, comprimés ; des capitules globuleux ou ovoïdes, à bractées intérieures de l'involucre et à paillettes réceptaculaires imbriquées. Ce sont 7, 8 plantes herbacées ou suffrutescentes, glabres ou hirsutes, de l'Amérique tropicale, à feuilles opposées et à petits capitules disposés en cymes peu volumineuses. (H. BN, *Hist. des pl.*, VII, 235, n. 305.)

ICHTYOTHERE (DC.). Pour *Ichthyothere* MART.

ICHYAKUSO. Nom japonais de la Pirole à feuilles rondes.

ICICA (AUBL., *Guian.*, I, 337, t. 130-135). Section du genre *Bursera* L. (H. BN, *Hist. des pl.*, V, 262, 297, fig. 275, 276). Les espèces de cette section donnent des gommes-résines aromatiques, souvent désignées sous les noms de Caragnes, Elémis et Tacahamaques.

ICICARIBA (PIS., *Bras.*, 122). Nom, au Brésil, d'un arbre qu'on croyait donner la Résine dite d'*Icica*.

ICINA. Nom italien de la Squine.

ICIQUIER. Nom français (LAMK) des *Icica* AUBL.

ICMA (PHIL., *Descr. nuev. pl.* [1872], 82). Genre de Composées, placé près des *Barnadesia* et distingué par des corolles régulières, 5-fides; un style profondément bifide et un fruit à aigrette formée de soies nombreuses, simples. C'est une plante suffrutescente, de Mendoza, à feuilles linéaires, à capitules disposés en corymbes. Les autres caractères, notamment celui de l'androcée, sont ceux des *Barnadesia*. [H. BN.]

ICMADOPHILA (EHRH., *Phytoph.*, n. 30). Genre de Lichens, établi pour le *Lichen Icmadophila*. Körber (*Syst. Lich. germ.*, 151) en fait une Lécanorinée, et Arnold (in *Flora* [1858], 322) une Lécanorée.

ICMANE. Nom ancien du Laurier Rose.

ICOSANDRA (PHIL., in *Linnæa*, XXIX, 39). Genre de Lauracées-Perséées, à fleurs pentamères, avec 15 étamines fertiles et 5 staminodes, un gynécée et un fruit mal connus. C'est un arbre du Chili, à feuilles opposées. L'ovaire est dit plongé dans le réceptacle. Ce genre est fort incertain (H. BN, *Hist. des pl.*, II, 453, not.). Peut-être est-ce un *Gomortega* (?).

ICOSANDRIE. Classe du Système de Linné, comprenant les plantes à étamines nombreuses (vingt et au-dessus), périgynes.

ICOTORUS (RAFIN., in *Ser. Bull. Bot.* [1830], I). Genre proposé pour le *Spiræa monogyna* TORR. (*Icoturus* WITTST., *Etym.*).

ICTÈRE. Maladie des plantes qui jaunissent sous l'influence du froid et de l'humidité. Il ne faut pas la confondre avec la chlorose. L'ictère peut être aussi produit par la présence de certains Champignons.

ICTHYOTHERA. Nom ancien du *Cyclamen europæum* L.

ICTINUS (CASS., in *Dict.*, XXII, 559). Synonyme de *Gorteria*.

ICTODES (BIGEL., *Med. Bot.* [1819], II, 41, t. 24). Synonyme de *Symplocarpus* SALISB.

IDDA. L'un des noms, dans l'Inde, du *Jasminum Sambac* A.

IDELERIA (K., *Enum.*, II, 310). Sect. du g. *Elynanthus* NEES, comprenant des espèces africaines. (B. H., *Gen.*, III, 1064.)

IDESIA (MAXIM., in *Bull. Acad. sc. Pétersb.*, X (1866), 485; *Mél. biol.*, VI, 19). Genre de Bixacées, série des Flacourtiées. Ses fleurs, dioïques et apétales, ont un réceptacle largement déprimé, qui rend l'insertion périgynique. Il y a 3-6 sépales inégaux, tomenteux, imbriqués et caducs; des étamines en nombre indéfini, à filets libres, séparés par le réceptacle devenu plus ou moins glanduleux à leur base, et à anthères (introrses?) déhiscentes par des fentes longitudinales. L'ovaire est uniloculaire, avec 3-6 placentas pariétaux, surmonté d'autant de styles divergents dès la base. Le fruit, qu'on dit comestible, est une baie globuleuse, contenant un grand nombre de graines, pulpeuses extérieurement. Celles-ci renferment, sous leurs téguments crustacés, un albumen et un embryon. On n'en connaît qu'une espèce, du Japon (*I. polycarpa* MAXIM.), actuellement cultivée dans nos jardins botaniques. C'est un grand arbre, à feuilles alternes, cordées, serrées, 5-nerves à la base, à pétiole glanduleux et assez long, avec deux petites stipules caduques. Les fleurs forment de longues grappes axillaires ou terminales, ramifiées et penchées. (Voy. H. BN, *Hist. des pl.*, IV, 305.) [T.]

IDESIA (SCOP., *Introd.*, 199). Synonyme de *Ropourea* AUBL.

IDIANTHES (DESVX, *Fl. Anj.*, 199). Synonyme de *Phæcasium*.

IDICIUM (NECK., *Elem.*, I, 28). Synon. (?) de *Anandria* SIEG.

IDIOBLASTES. Nom donné aux phytocystes rameux qu'on trouve, notamment dans certaines feuilles, plongées dans un parenchyme ordinaire et qui sont le plus souvent des organes de soutien.

IDIOCARPICÆ (REICHB.). Série des Thalamanthées, comprenant les Hespéridées et une portion des Aspérifoliées.

IDIOGYNUS. Dépourvu de gynécée.

IDIOMYCETES (LÉV., in *Dict. d'Orb.*, VIII, 486). Tribu des Champignons-Ectobasides.

IDIOPHYTA (REICHB., *Fl. exc.*, XLIX). Division du règne végétal (*Chlorophytæ, Acroblastæ, Synchlamydeæ*, etc.).

IDIOPSIS (MOQ., in *DC. Prodr.*, XIII, p. II, 279). Section du genre *Banalia* MOQ. Synonyme de *Nitrophila* S.-WATS.

IDIOTHALAMÆ (WAHLENB. — S.-F. GRAY), IDIOTHALAMI (ACHAR.), IDIOTHALAMIA (LUHNEM.), IDIOTHALAMII (RITG.). Ordre ou famille des Lichens.

IDIOTHALAMUS. Se dit de ceux des Lichens dont certaines portions diffèrent du thalle par la texture ou la couleur.

IDOTHEA (K., *Enum.*, IV, 341). Synonyme de *Drimia* JACQ.

IDOTHEARIA (PRESL, *Bot. Bem.*, 114). Synon. de *Drimia* JACQ.

IDOU-MOULLI (RHEEDE, *Hort. malab.*, IV, t. 18). Nom d'un *Bridelia* indien qui sert à traiter la pleurésie, etc. (AINSLIE).

IÈBLE. — Pour *Hièble*.

IEIE. Nom hawaïen du *Freycinetia arborea* GAUDICH.

IEKO. Au Japon, l'huile du *Paulownia tomentosa*.

IETICA (MARCGR., *Bras.*, 254). Nom brésilien de la Patate.

IF. Nom polynésien du *Bocoa edulis* H. BN (*Inocarpus edulis* FORST.), à fruit alimentaire, le *Mapé* des indigènes.

IF (*Taxus* T., *Inst.*, 589, t. 362). Genre de Conifères, qui a donné son nom au groupe des Taxées ou Taxinées. Ses fleurs sont dioïques : les mâles formées d'une colonne à pied court, qui porte un nombre variable d'étamines. Elles sont composées d'un large connectif pelté, de telle sorte, dit Payer (*Leç. Fam. nat.*, 57), que l'étamine entière ressemble assez à un clou dont le connectif serait la tête. A la face inférieure de ce connectif sont attachées quelques (4-6) anthères, disposées circulairement autour du filet; chacune d'elles est uniloculaire et s'ouvre par une fente longitudinale interne. La fleur femelle est normalement solitaire au bout d'un rameau; elle se compose d'un ovaire dicarpellé, et d'un ovule orthotrope, dressé, réduit au nucelle. Le sommet de l'ovaire est béant, comme d'ordinaire dans les Conifères, et ses deux carpelles alternent avec les deux dernières feuilles du rameau qu'il termine. Le fruit est sec, monosperme, et sa base est entourée d'une cupule charnue, visqueuse, qui représente un disque. Pour les gymnospermistes, cette cupule est un arille, et le fruit est, bien entendu, une graine. Nous ne parlerons pas ici des hypothèses qu'ils ont entassées les unes sur les autres pour justifier cette interprétation, aujourd'hui fort à la mode. La graine contient un albumen charnu et un embryon axile, à radicule supère, à deux courts cotylédons inférieurs. Ce sont des arbres ou arbustes, à feuilles

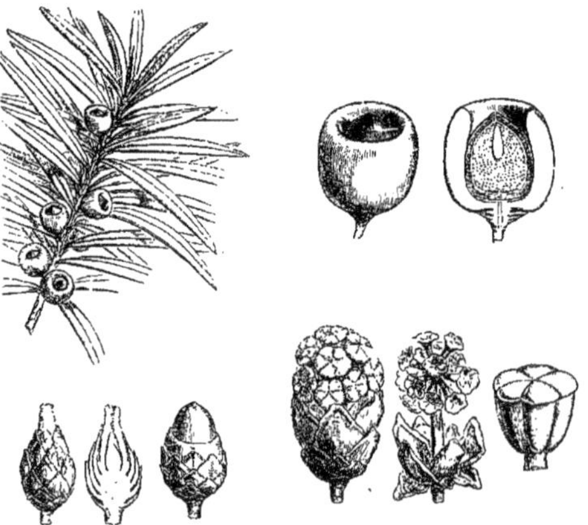

If. — Branche fructifère. Fleur mâle. Étamine. Fleur femelle, entière et coupe longitudinale. Fruit, entier et coupe longitudinale.

persistantes, alternes, subdistiques. On en a admis jusqu'à 8 espèces, qui pour certains auteurs se rapportent toutes à une seule, le *Taxus baccata* L. Son bois est utile; ses cupules charnues se mangent; ses feuilles passent pour vénéneuses; on les a employées, à petite dose, contre les fièvres et les affections rhumatismales. (Voy. *Adansonia*, I, 4, t. 2, fig. 12-15.) [H. BN.]

IF NUCIFÈRE. Le *Podocarpus nucifera*.

IFDREGEA (STEUD.). Synonyme de *Sciothamnus* ENDL.

IFÉ. Nom, à Angola, du *Sanseviera cylindrica* BOJ., plante textile et qui sert à faire de bons cordages.

IFERSCUL. Nom marocain de la racine de *Cistus salvifolius* L.

IFLOGA (CASS., in *Dict.*, XXIII, 13). Section du genre *Filago* T. (H. BN, *Hist. des pl.*, VIII, 185, not.)

IFRETEAU. L'If commun (*Taxus baccata* L.).

IGARI. Nom guarani du *Cedrela odorata* L.

IGASUR, IGASURE (Noix). Noms de la Fève de Saint-Ignace.

IGASUT. Nom, dans l'île de Masbate, aux Philippines, du *Strychnos Ignatia* BERG.

IGE. Au Japon, l'un des noms des Eglantiers.

IGELKRAUT. En Allemagne, la Benoite (*Geum urbanum* L.).

IGINO. Synonyme de *Ige*.

IGNAMAS. A Manille, les racines du *Dolichos bulbosus* L.

IGNAME. Nom français de plusieurs *Dioscorea* à racine charnue.

Igname de Chine.

IGNAME BLANCHE. Le *Dioscorea sativa* L.

IGNAME DE CHINE. Le *Dioscorea Batatas* DCNE.

IGNAME ROUGE. Le *Dioscorea alata* L.

IGNATIA. Genre que Linné fils (*Suppl.*, 20) avait établi pour un échantillon d'herbier, comprenant un fruit de *Strychnos*, des Philippines, et des fleurs d'un *Posoqueria* américain.

IGNATIANA (LOUR., *Fl. cochinch.*, I, 125). Pour *Ignatia* L. F.

IGNATIUSBOHNEN. Nom allemand des Fèves de Saint-Ignace.

IGNEUS. De couleur ardente, rouge de feu.

IGNIS MUSCI. Nom officinal ancien du *Cladonia coccifera* FLK.

IGNIS SYLVESTRIS (CÉSALP., *De plant.* [1583]). Le *Clathrus cancellatus*.

IGONGO. Au Gabon, le *Tephrosia Vogelii* HOOK. F.

IGPECAYA. Nom ancien (PURCHAS) de l'*Uragoga Ipecacuanha* L.

IGUAMA. Nom, aux Philippines, du *Pachyrrhizus angulatus* RICH.

IGUANARA (REICHB., *Nom.*, 58). Pour *Iguanura* BL.

IGUANURA (BL., *Rumphia*, II, 106). Genre de Palmiers, tribu des Arécinées alvéolées, se distinguant par : Fleurs polygames-monoïques : les mâles au nombre de 2 dans chaque alvéole, pourvues d'un calice à 3 folioles imbriquées; d'une corolle à 3 pétales valvaires; de 6, rarement 9 étamines réunies à la base; d'un rudiment de pistil cylindrique ou prismatique, surmonté d'un disque trilobé. Fleurs femelles solitaires dans

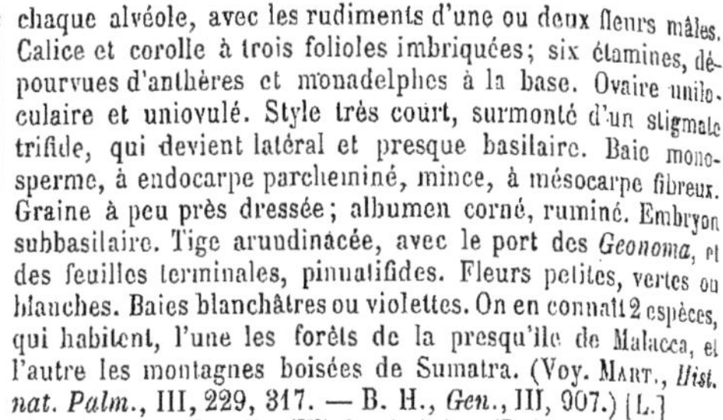

chaque alvéole, avec les rudiments d'une ou deux fleurs mâles. Calice et corolle à trois folioles imbriquées; six étamines, dépourvues d'anthères et monadelphes à la base. Ovaire uniloculaire et uniovulé. Style très court, surmonté d'un stigmate trifide, qui devient latéral et presque basilaire. Baie monosperme, à endocarpe parcheminé, mince, à mésocarpe fibreux. Graine à peu près dressée; albumen corné, ruminé. Embryon subbasilaire. Tige arundinacée, avec le port des *Geonoma*, et des feuilles terminales, pinnatifides. Fleurs petites, vertes ou blanches. Baies blanchâtres ou violettes. On en connaît 2 espèces, qui habitent, l'une les forêts de la presqu'île de Malacca, et l'autre les montagnes boisées de Sumatra. (Voy. MART., *Hist. nat. Palm.*, III, 229, 317. — B. H., *Gen.*, III, 907.) [L.]

IGUANUREÆ. S.-tribu (IX) des Arécées. (B. H., *Gen.*, III, 872.)

IHAPEES. Le *Livistonia Jenkinsiana* GRIFF.

IHLANG-IHLANG. — Voy. ALANGUILAN.

IHUL. Nom, à Bouro, d'un *Borassus* indéterminé.

IKAN. Racine chinoise médicamenteuse, indéterminée, dont parle Murray (*App. medic.*, VI, 163).

IKARISO. Nom japonais de l'*Epimedium macranthum*.

IKEMA. Nom japonais du *Cynoctonum caudatum* MAXIM.

IKEMA. Nom japonais de l'*Endrotropis auriculata* DC.

IKEN (KONR.). Auteur, en 1728, de *Dissertatio de Lilio saronitico, emblemate sponsæ*, etc. (Brême, in-8 de 38 p.).

IKINGUSA. Au Japon, les Joubarbes.

IKSHOO. Nom sanscrit de la Canne à sucre.

ILACHI. Dans le sud de l'Inde, la plante aux Cardamomes.

ILÆA (DUMORT., *Anal. fam.*, 77). Pour *Ilea* FRIES.

ILAN. Nom, au Turkestan, du *Ferula Lehmanni* BOISS.

ILANDA. A Ceylan, le Jujubier.

ILANGAS. Liliacée du Gabon, qui sert « à éloigner la foudre ».

ILANGO. Orchidée du Gabon, qu'on dit vénéneuse.

ILASAGAY-WOOD. Nom, au Cap, du *Curtisia faginea* AIT.

ILATA. A Java, l'un des noms du Henné.

ILATRUM (CÆSALP., *Pl. lib.*, II, c. 36). Synon. de *Phillyræa* T.

ILAVAM-PICINI. Nom tamoul de l'*Eriodendron anfractuosum*.

ILDEFONSIA (GARDN., in *Hook. Lond. Journ.*, I, 184). Genre de Scrofulariacées, placé avec doute parmi les Gratiolées, et fondé pour une herbe vivace, du Brésil, à feuilles opposées, à fleurs axillaires et solitaires; distingué par un calice herbacé, presque régulier, une corolle à tube arqué et 4 étamines didynames, dont les anthères ont les loges divariquées. Le fruit est capsulaire, loculicide, à valves septifères, parfois bifides. (J.-A. SCHM., in *Mart. Fl. bras.*, VIII, t. 52.) [H. BN.]

ILEA (FRIES, *Pl. homon.*, 336). Genre d'Ulvées; section (ENDL., *Enchir.*, 6) du genre *Ulva* L. Syn. de *Enteromorpha*.

ILEINÆ (TREVIS., *Algh. cocc.*, 101). Tribu des Algues-Hyménothallées.

ILE-KALLI. Nom tamoul de l'*Euphorbia neriifolia* L.

ILEOCARPUS (MIERS, in *Ann. Nat. Hist.*, ser. 2, VII, 40). Synonyme de *Stephania* LOUR.

ILEODICTYON (BERK., *Cent.*, 1; in *Hook. Lond. Journ.* [1845]). Genre de Phalloïdés, très voisin des *Clathrus*, dont il diffère par la structure tubuleuse plutôt que cellulaire de son réceptacle. Une seule espèce exotique. [DE S.]

ILEODICTYON (TUL., in *Ann. sc. nat.*, sér. 3, II, 114). Synonyme (PFEIFF.) de *Valentinia* SW.

ILEVOGTIA (REICHB., *Consp.*, 133). Synon. de *Enicostema* BL.

ILEX (PLUK., *Almag.*, 197, t. 196, f. 3). Synonyme de *Valentinia* SW. — C'est aussi le nom latin des Houx.

ILEX (T., *Inst.*, 583, t. 350). Section du genre *Quercus* T.

ILIAHI. Nom hawaïen du *Santalum ellipticum* GAUDICH.

ILICEÆ (DUM.), ILICINÆ (LINDL.), ILICINEÆ (AD. BR.). — Voy. HOUX, ILICINÉES.

ILICINÉES (*Ilicineæ* ENDL., *Gen.*, 1091). Famille formée principalement du genre Houx (*Ilex*), dont elle a les caractères généraux. Elle renferme, en outre, les *Byronia*, qui ont l'ovaire 10-20-loculaire; les *Nemopanthes*, qui l'ont 3-5-loculaire, avec des pétales libres et linéaires; plus le curieux genre austro-calédonien *Sphenostemon* H. BN. Cette famille, qui semble relier la Monopétalie à la Polypétalie, comprend 150 arbres ou arbustes, de toutes les parties du monde. [H. Bn.]

ILICIOIDES (Dum.-Cours., *Bot. cult.* [1802], IV, 127). Synonyme de *Nemopanthes* Rafin.

ILINDAI. A Coromandel, le *Zizyphus sativus* Desf.

ILIODEÆ (Pal.-Beauv., in *Mém. Inst.*, ex Desvx, *Journ. bot.*, I [1808], 124). Section des Algues.

ILIOGETON (Benth., in *DC. Prodr.*, X, 412). Synonyme de *Vandellia* L. (Endl., *Gen.*, 684.)

ILIPÉ. Nom des *Bassia* et, à Singapour, d'un *Shorea*, dont les cotylédons se vendent pour l'extraction d'une matière grasse qui est employée surtout à la fabrication des savons.

ILIXI-SUERGIU. Nom d'un Chêne de Sardaigne, le *Quercus Morizii* Bonz. (in *Nov. Giorn. bot. ital.*, XIII, 5).

ILLA (Adans., *Fam. des pl.*, II, 446). Synonyme de *Tomex* L.

ILLAIREA (Lenné et Koch, ex Pl., in *Fl. serr.*, sér. 1, IX, 145, t. 913). Synonyme de *Loasa* J.

ILLECEBRA (Hall.). Pour *Illecebrum* Rupp.

ILLECEBRA. L'un des noms anciens du *Sedum acre* L.

ILLECEBRACEÆ (Lindl., *Veg. Kingd.*, 499). Synonyme de *Paronychieæ* A. S.-H.

ILLÉCÉBRÉES (*Illecebreæ*). Série des Caryophyllacées (H. Bn, *Hist. des pl.*, IX, 101, 104, 127).

ILLECEBRUM (Rupp., *Fl. jen.*, 89). Synonyme à la fois de *Illecebrum* L., *Paronychia* J., *Ærva* et *Alternanthera* Forsk.

ILLECEBRUM (L., *Gen.*, n. 290, part.). Genre de Caryophyllacées-Illécébrées, à fleurs hermaphrodites ou polygames. Le réceptacle concave, peu développé, porte un périanthe à 5 divisions épaisses, comprimées, valvaires, subéreuses, terminées en arête, finalement conniventes autour du fruit. Il y a 5 étamines fertiles, superposées, petites, alternant avec autant de languettes sétacées. L'ovaire renferme un seul ovule basilaire, qui devient une graine dont l'embryon a la radicule infère. Cet embryon est appliqué contre un albumen farineux. Le fruit est membraneux, déhiscent en 5-10 languettes vers sa base. L'*I. verticillatum*, seule espèce du genre, est une humble herbe annuelle de nos pays, à feuilles opposées et pseudo verticillées, sessiles, avec stipules scarieuses. Ses fleurs, petites et axillaires, sont disposées en faux verticilles. (H. Bn, *Hist. des pl.*, IX, 101, 127.)

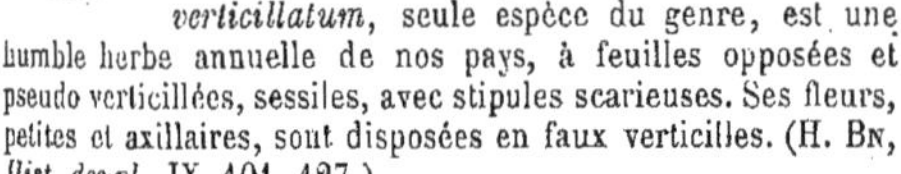

Illecebrum. — Calice.

ILLEHUE. Nom caraïbe du *Cæsalpinia pulcherrima* Sw.

ILLICEÆ (Dumort.), ILLICIEÆ (DC.), ILLICINEÆ (Spach). — Voy. ILLICIÉES.

ILLICIÉES. Série des Magnoliacées, offrant les caractères communs suivants : Axe floral court, rendant l'insertion spirale des diverses parties de la fleur peu apparente. Ovules solitaires et ascendants, ou en plus grand nombre et disposés sur deux séries verticales. Pas de stipules. Cette série est divisée en deux sous-séries : *Euilliciées*, à ovules solitaires, ne contenant que le genre *Illicium*; et *Drimydées*, à ovules multiples, sur deux séries verticales, et à calice valvaire, comprenant les 2 genres *Drimys* et *Zygogynum*. (H. Bn, *Hist. des pl.*, I, 151, 172, 189.)

ILLICIUM (L., *Gen.*, 611). Nom latin des Badianes (I, 347).

ILLIGER (J.-K.-Wilh.). Directeur du jardin de Berlin, où il mourut en 1813, a écrit : *Versuch einer vollständingen systemat. Terminologie...*, etc., in-8 [1800], traduit en suédois [1818].

Illigera. — Diagramme floral.

ILLIGERA (Bl., *Bijdr.*, 1153; *Nov. fam. Expos.*, 14; in *Ann. sc. nat.*, sér. 2, II, 96). Genre de Lauracées, série des Illigérées, qu'il constitue seul. Caractères : Fleurs hermaphrodites, régulières; réceptacle urcéolé, à orifice étroit; périanthe à 10, rarement 8 folioles, caduques, sur 2 verticilles; 5 étamines à

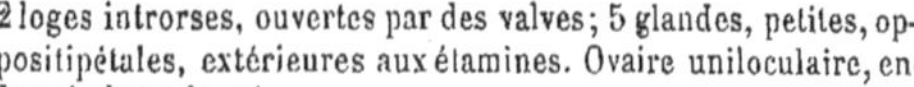

2 loges introrses, ouvertes par des valves; 5 glandes, petites, oppositipétales, extérieures aux étamines. Ovaire uniloculaire, enfermé dans le réceptacle. Fruit coriace, induvié du réceptacle, surmonté de 2 à 4 ailes verticales. Graine unique, sans albumen. Arbrisseaux grimpants, à feuilles alternes, trifoliolées. On en connaît 5 ou 6 espèces, de l'Asie tropicale et des îles de la Malaisie. (Voy. H. Bn, *Hist. des pl.*, II, 447, 485, fig. 270-272.) [L.]

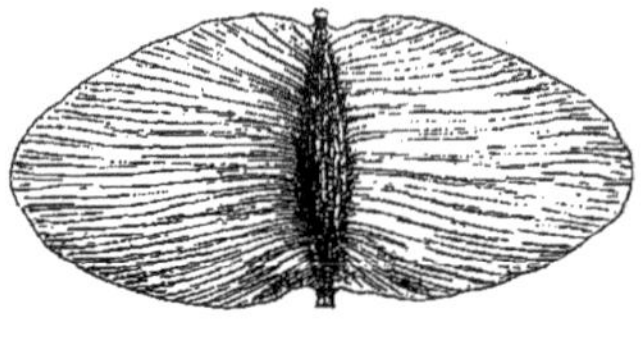

Illigera. — Fleur, coupe longitudinale. Fruit.

ILLIGÉRÉES. Série des Lauracées, se distinguant par les caractères communs qui suivent : Fleurs ordinairement hermaphrodites, à réceptacle bursiforme, avec ouverture étroite. Androcée isostémoné. Fruit induvié du réceptacle, pourvu d'ailes verticales. Graine à embryon charnu, épais, non convoluté. Plantes ligneuses, grimpantes, à feuilles composées-digitées. Cette série comprend le seul genre *Illigera* Bl. Le groupe des Illigérées a aussi été fondu dans les Gyrocarpées (B. H., *Gen.*, I, 689) et placé parmi les Combrétacées. (H. Bn, *Hist. des pl.*, II, 447, 458, 485.)

ILLIPÉ. Nom du *Bassia longifolia* Roxb., de l'Inde.

ILLITERIS. Racine vénéneuse dont les Boschimans frottent leurs flèches. (Campb., *Voy.*, éd. Walk., 304.)

ILLOSPORIACEI (Fries, *Summ. veg. Scand.*, II, 480). Sixième division des Gymnomycètes, ayant pour type le genre *Illosporium* Mart. et comprenant 10 genres.

ILLOSPORIUM (Mart., *Fl. crypt. Erl.*, 325). Genre de Champignons, dont la place est encore douteuse, placé par M. Saccardo dans la quatrième famille des Hyphomycètes, les Tuberculariacés (p. 656). Les espèces de ce genre ont des conidies globuleuses, agglutinées en glomérules par une substance gélatineuse, fragile, de couleur claire et vive. On les rencontre sur les Lichens, les Mousses, les troncs d'arbres, les feuilles et les chaumes dans les pays tempérés. [De S.]

ILLUM. Au Pérou, le *Conanthera bifolia* R. et Pav.

ILLUPNÉ. Synonyme de *Illipé*.

ILLUS (Haw., *Monogr. Narciss.*, 4). Section du genre *Narcissus* T.

ILLYARIE. En Australie, l'*Eucalyptus erythrocorys* F. Muell.

ILMER (Georg.). A écrit en 1669, à Leipzig, une thèse : *De Tilia*.

ILMONI (Imman.). Professeur à Helsingfors [1767-1856], auteur de *Enumeratio plantarum officinalium Fenniam sponte inhabitantium* [1837], in-8 de 90 p.

ILMU (Adans., *Fam. des pl.*, II, 497). Synon. (?) de *Crocus*.

ILOGETON (A. Juss.), ILYOGETHOS (Hassk.). Pour *Ilyogeton*.

ILY. Nom malabare des Bambous.

ILYOGETON (Endl., *Gen.*, 684). Synonyme de *Vandellia* L.

ILYSANTHES (Rafin. — Benth., in *DC. Prodr.*, X, 418; *Gen.*, II, 955, n. 86). Genre de Scrofulariacées-Gratiolées, voisin des *Vandellia* L., dont il diffère uniquement par ses étamines postérieures seules fertiles. Ce sont 8 herbes de marais, annuelles, américaines, africaines, indiennes et australiennes, à feuilles opposées, à fleurs axillaires sessiles ou terminales et disposées en grappes. L'espèce américaine a été introduite dans l'est de la France. Ce sont probablement des *Torenia*. [H. Bn.]

IMAGATOME. Nom japonais de l'*Ilex macropoda* Miq.

IMAICOLA (Griseb., in *DC. Prodr.*, IX, 94). Section du genre *Gentiana* T.

IMANTINA (Hook. f., *Gen.*, II, 120). Section du genre *Morinda* L., à fleurs axillaires peu nombreuses (2, 3), connées par les ovaires, et même solitaires. Espèces de la N.-Calédonie. (H. Bn, in *Bull. Soc. Linn. Par.*, 202; *Hist. des pl.*, VII, 293.)

IMANTOPHYLLUM (Hook., in *Bot. Mag.*, t. 2856). Synonyme de *Clivia* Lindl.

IMATOPHYLLUM (Hook.). Pour *Imantophyllum* Hook.

IMBE. Nom, au Brésil, du *Philodendron Imbe* Schott.

IMBER. Un des noms allemands du Gingembre.

IMBERBIS. Glabre, sans barbe, sans duvet.

IMBIBITION. Faculté qu'ont les parois des phytocystes conducteurs des sucs végétaux, de s'imbiber de ces liquides pour les élever de proche en proche. Certains physiologistes lui ont accordé, peut-être à tort, un grand rôle dans la circulation de la sève.

IMBIRA BRANCA (des Brésiliens). Nom vulgaire du *Funifera utilis* (*Lagetta funifera* Mart.).

IMBOUDI. En Abyssinie, le *Solanum marginatum* L., à fruit dépilatoire, antiteigneux.

IMBRICAIRE. Nom français des *Imbricaria* Commers.

IMBRICARIA (DC.). Le *Lichen parietinus* L. (Voy. le Suppl.)

IMBRICARIA (B. H., *Gen.*, II, 307). Section du genre *Raoulia*.

IMBRICARIA (Commers., ex J., *Gen.*, 152). Genre de Sapotacées, à fleurs pourvues de deux calices de 4 folioles chacun, et d'une corolle gamopétale, à tube court et large, à limbe découpé en 16 lobes 2-3-fides, avec 8 intérieurs, entiers et concaves. L'androcée est formé de 8 étamines, superposées aux pièces intérieures de la corolle, et l'ovaire a 8 loges uniovulées. Le fruit est une baie, le plus souvent 1, 2-sperme; et la graine, construite comme celle des Sapotacées en général, possède un albumen charnu. Ce sont 4, 5 arbres de l'Afrique tropicale, de l'Inde et des îles africaines orientales, à suc laiteux, à feuilles coriaces, veinées; à fleurs en cymes axillaires ou au sommet des rameaux. On leur donne souvent, aux colonies africaines, le nom de *Bois de natte*, et les qualités de leur bois les font rechercher par l'ébénisterie. Quelques espèces donnent aussi une sorte de Gutta-percha. (Gærtn. f., *Fruct.*, III, t. 206. — Endl., *Gen.*, n. 5244. — B. H., *Gen.*, II, 661.) [H. Bn.]

IMBRICARIA (Sm., in *Trans. Linn. Soc.*, III, 259). Synonyme de *Schidiomyrtus* Schau.

IMBRICARIEÆ (Theob., in *Nat. Abh. Geb. Wetter.* [1858], 357). Famille des Lichens-Parméliacés.

IMBRICATÆ (Reichb., *Consp.*, 78). Groupe des *Enerviæ*, comprenant les Lycopodiacées, Balanophorées et Cytinées.

IMBRICATION, IMBRIQUÉ. — Voy. Préfloraison.

IMBURANA. Au Brésil, le *Bursera leptophlœos* Mart.

IMBUREL. Synonyme de *Chaya-ver*.

IMBUSADA. Au Brésil, le *Spondias tuberosa* Arrud.

IMBUTINI. En Italie, le *Campanula Trachelium* L.

IMBUTINI. Nom donné par Micheli à une Pezize indéterminée.

IMBUTONE BLANCO. En Italie, la Stramoine commune.

IMGARA. Un des noms arabes de l'Asa-fœtida.

IMHOF (Fr.-Jak.). A écrit en 1784, *Zea Maydis morbus ad ustilaginem vulgo relatus* (in-4 de 34 p. et 1 pl.).

IMHOFIA (Herb., *App.*, 18; *Amar.*, 290, t. 29). Synonyme (B. H., *Gen.*, III, 720) de *Hessea* Herb.

IMHOFIA (Zoll. et Mor., exs., n. 2979). Synonyme de *Rinorea* Aubl. (H. Bn, *Hist. des pl.*, IV, 349.)

IMLIN (Phil.-Jak.). A donné, en 1760, *De Soda et iode obtinendo peculiari sale* (in-4 de 32 p.).

IMMARGINATUS. Non bordé, non marginé.

IMMATURUS. Se dit du fruit non mûr, des graines, des anthères jeunes, etc.

IMMENBLATT. Nom allemand du *Melittis Melissophyllum* L.

IMMERGÉES. Plantes entièrement plongées dans l'eau.

IMMORTELLES. Nom français des *Xeranthemum*. On l'applique à un grand nombre de Composées à bractées de l'involucre colorées, scarieuses et qui ne changent pas quand la plante se dessèche. L'I. jaune ou à bouquets est l'*Helichrysum orientale* et sert surtout à la confection des couronnes funéraires; l'I. des Alpes ou des neiges, l'*Edelweiss* (*Gnaphalium Leontopodium*) (II, p. 714); l'I. blanche ou de Virginie, l'*Antennaria margaritacea*; l'I. de Belleville, le *Xeranthemum annuum*; l'I. de la Malmaison ou *Fleur de paille*, l'*Helichrysum bracteatum*; l'I. jaune, l'*H. orientale*. Plusieurs *Rhodanthe*, *Waitzia*, *Acroclinium*, reçoivent aussi ce nom, de même qu'une Amarantacée, le *Gomphrena globosa*. [H. Bn.]

IMO. Nom japonais du *Colocasia antiquorum* Schott.

IMPARINERVE. Qui a un nombre impair de nervures. Se dit surtout de la glumelle antérieure (souvent aussi dite uninervée) des Graminées.

IMPARIPENNÉ, IMPARIPINNÉ (*imparipinnatus*). Se dit surtout des feuilles et de leur nervation. Ainsi, une feuille composée-imparipennée est celle qui est à la fois penninerve et terminée par une foliole impaire.

IMPATIENS (L., *Gen.*, n. 1008). Genre de Géraniacées-Balsaminées, à fleurs irrégulières, hermaphrodites; le réceptacle convexe. Il porte 5 sépales inégaux; ou bien les deux antérieurs manquent, et le postérieur est pourvu d'un éperon creux. Les

Impatiens. — Rameau florifère. Fleur, entière et coupe longitudinale. Androcée et gynécée, entiers et coupe longitudinale.

5 pétales sont imbriqués; les 4 postérieurs plus ou moins unis par paires. Il y a 5 étamines, à filets libres ou unis, à anthères introrses, conniventes ou cohérentes. L'ovaire supère a 5 loges multiovulées, et les ovules sont d'ordinaire descendants. Le fruit est une capsule loculicide, à valves élastiques, projetant les graines non albuminées. Dans la section *Hydrocera*, le péricarpe est charnu. Ce sont des plantes herbacées ou suffrutescentes à la base, à feuilles alternes ou opposées, simples; le pétiole souvent glanduleux. Les fleurs sont axillaires, solitaires, ou en cymes, ou en grappes terminales cymifères; les pédicelles souvent nutants. Originaire de l'Europe, de l'Asie tropicale et

A. FAGUET, Pinxt — E. FRAILLERY Imp — PORTAIL Chromolith

ILLICIUM FLORIDANUM

a. Coupe longitudinale de la fleur (grossie). — b. Fruit déhiscent de l'Illicium anisatum.
c. Graine (grossie) du même. — d. Même graine, coupe longitudinale.

tempérée, de l'Afrique continentale et insulaire, et de l'Amérique du Nord, ce genre comprend près de 150 espèces. La plus cultivée est la Balsamine des jardins (*I. Balsamina* L. — *Balsamina hortensis* DESP.), de l'Inde orientale, à fleurs blanches,

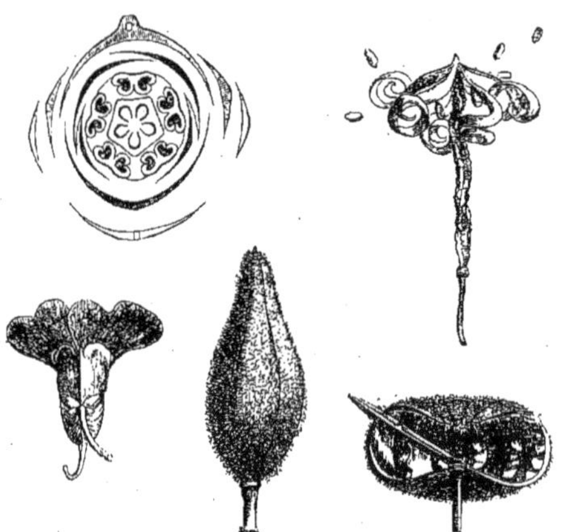

Impatiens. — Diagramme floral. Fleur. Fruits, entier et déhiscents.

rouges ou lilas, doublant par la culture. On voit aussi dans nos jardins l'*I. fulva* NUTT., des États-Unis; l'*I. glandulifera* et l'*I. Royleana*, grande espèce indienne, à fleurs d'un rouge violacé. Les *I. noli-tangere* et *parviflora*, indigènes, passent pour diurétiques. La plus récemment introduite des espèces de serres, l'*I. Sultani*, a des fleurs carminées très ornementales. (Voy. *Hist. des pl.*, V, 17, 39, fig. 40-49.) [H. BN.]

IMPATINEÆ (DUMORT., *Comm. bot.*, 61). Famille formée du genre Balsamine (*Impatiens* L.).

IMPERATA (CYR., *Pl. rar. Icon.*, II, 26, t. 11). Genre de Graminées-Andropogonées, appartenant au groupe des Saccharées, à épillets dits paniculés, homogames dans chaque paire, sans articulation et les pédicelles inégaux. Il y est distingué par une inflorescence totale longuement cylindrique et dense, à ramules dressés, couverte de poils longs et soyeux. Toutes les glumes sont dépourvues d'arêtes. Ce sont 3, 4 Graminées des régions chaudes des deux mondes; il y en a une dans l'Europe méridionale, l'*I. cylindrica* PAL.-BEAUV. (*Saccharum cylindricum* LAMK), qui se trouve en Provence et en Corse. (GREN. et GODR., *Fl. de Fr.*, III, 472.) [H. BN.]

IMPERATIA (MŒNCH, *Meth.*, 60). Synonyme de *Tunica* SCOP.

IMPERATO (Ferrante). Apothicaire de Naples, a publié, en 1599, un in-folio célèbre, sous le titre de : *Della historia naturale libri* 28, qui eut une deuxième édition en 1672, et qui a été traduit en latin, à Cologne ou à Lipse, en 1695. Le véritable auteur de cet ouvrage est Nic.-Ant. Stelliola.

IMPÉRATOIRE (*Imperatoria* T., *Inst.*, 316, t. 168). Genre d'Ombellifères, aujourd'hui considéré comme une section du genre Peucédan, caractérisée par la largeur des segments foliaires et l'absence du calice. L'*I. Ostruthium* L., plante européenne, a été employé en médecine, comme tonique et détersif. On l'a administré aux bestiaux comme les préservant de certaines épizooties. (Voy. H. BN, *Hist. des pl.*, VII, 97, 188.)

IMPÉRATOIRE DE MONTAGNE. Le *Peucedanum Ostruthium*.

IMPERATORIA (KOCH, *Umbell.*, 95, nec *alias*). Synonyme de *Angelicoides* DC., section du genre *Peucedanum* L.

IMPERATORIA. — Voy. IMPÉRATOIRE.

IMPÉRATRICES. Nom d'une variété (BORY) de Prunes.

IMPERFECTÆ (LINDL., *Nix. pl.*, 35). Groupe d'Endogènes, comprenant les *Pandales*, *Arales*, *Typhales*, *Smilales* et *Fluviales*.

IMPÉRIALE. Le *Fritillaria imperialis* L.

IMPERIALIS (J., *Gen.*, 49). Synonyme de *Petilium* L.

IMPIA. En Italie, l'*Erigeron canadense* L.

IMPIA (DOD., *Pempt.* [1616], 67. — BLUFF. et FINGERH., *Fl. germ.*, II, 342). Synonyme de *Filago* L., dont c'est le nom ancien.

IMPLEXUS. Enchevêtré, entrelacé.

IMPRÉGNATION. — Voy. REPRODUCTION.

IMPUBÈRE. Se dit du fruit non mûr.

IMPUDIQUE. Le *Phallus impudicus* L.

IMRICARIA (VENT., *Tabl.*, II, 436). Pour *Imbricaria* COMM.

IMYRA-QUIYNHA. Au Brésil, le *Dicypellium caryophyllatum* NEES.

INACTIS (KUETZ., in *Linnæa* [1843], XVII, 86; *Phyc. gen.*, 202; *Phycol. germ.*, 168; *Spec. Alg.*, 273). Genre d'Algues-Leptotrichées, que Montagne (in *Dict. d'Orb.*, X, 53) a placé parmi les Zoospermées douteuses. (RABENH., *Krypt.*, II, 81.)

INALBUMINÉ. Sans albumen, sans périsperme.

INAME DE ALGUNOS. Nom espagnol du *Pachyrrhizus angulatus* RICH.

INAMORISO. Nom japonais du *Pseudopyxis depressa* MIQ.

INANIS. Se dit des organes sexuels vides ou remplis d'une substance stérile.

INANTHERATUS. Dépourvu d'anthère.

INAPERTUS. Non ouvert, indéhiscent.

INAYUCA. Nom brésilien de l'*Attalea venatorum* MART.

INCANESCENS, INCANUS. Couvert d'un duvet plus ou moins long, blanchâtre ou grisâtre.

INCARVILLE (Le P. d'). Missionnaire à Pékin, a publié un Catalogue des plantes et autres objets d'histoire naturelle en usage en Chine. Il est mort en 1757. On lui doit l'introduction de l'Ailante, et c'est lui qui fit connaître le *Cedrela sinensis*, aujourd'hui cultivé chez nous. Son herbier fut confié aux Jussieu. Decaisne a induit les botanistes en erreur en laissant croire que cette collection avait été autrefois déterminée et publiée. M. Franchet l'a récemment démenti en donnant un catalogue complet de cet herbier, jusque-là à peu près oublié. [H. BN.]

INCARVILLE. Nom français (LAMK) des *Incarvillea* J.

INCARVILLEA (J., *Gen.*, 138). Genre de Bignoniacées-Técomées, du groupe des *Folliculares*, qui ont une tige herbacée. Là il est distingué par un calice à divisions subulées-acuminées, un fruit linéaire, incurvé, s'ouvrant d'un seul côté et par des graines obovoïdes, à aile hyaline et entière. On ne connaissait qu'un *Incarvillea*, l'*I. sinensis*, annuel ou bisannuel, cultivé dans nos jardins (BUR., *Bignon.*, t. 23). On vient d'en décrire une deuxième espèce, du Turkestan, l'*I. Koopmannii* LCHE. (*Deutsch. Gart.* [1880], 39.) [H. BN.]

INCARVILLEÆ (ENDL., *Gen.*, 710). S.-ordre des Bignoniacées.

INCENSARIA. Nom ancien (CAMERAR.) de l'*Inula odorata* et de l'Aurone.

INCHIC. Au Pérou, l'Arachide terrestre.

INCIENSO. Nom, en Colombie, du *Clibadium neriifolium* DC., qui donne une sorte d'encens. C'est aussi le nom chilien du *Vendredia Berterii* H. BN.

INCILIARIA (FRIES, *Pl. homon.*, 281). Genre de Lichens-Coniothalamés, proposé pour les *Graphis deformis* et *inciliata* ACH. Reichenbach (*Consp.*, 19) écrit *Incillaria*.

INCISÉ (*incisus*). Se dit d'un organe, d'une feuille, dont les bords sont découpés irrégulièrement et assez profondément.

INCLUS (*inclusus*). Se dit des étamines ou du style qui ne dépassent pas la corolle, des fruits qui demeurent cachés dans le calice persistant ou accru, etc.

INCOMBANT (*incumbens*). Qui s'applique contre un autre organe, de façon à se placer contre sa face. La radicule d'un embryon est, par exemple, incombante, quand elle se replie contre le dos des cotylédons et non contre leurs bords.

INCOMPLET. Qui manque de quelque organe. Les apétales ont été nommés pour cette raison *Incompletæ*.

INCOMPLETÆ (GMEL., *Fl. sibir.*, III, 7). Classe (IX) de plantes, comprenant surtout des Apétales, les *Chrysosplenium*, *Menispermum*, etc. Pour Scopoli, ce groupe renferme les *Fuci*, *Crustacea*, etc.; pour Batsch, les Amentacées, les *Agrostales* et *Spadicales*, etc.; pour Reichenbach, les Amentacées, Urticées et Nyctaginées, etc. Aujourd'hui, ce nom est assez souvent donné aux Apétales.

INCONSPICUÆ (REICHB., *Consp.* 79). Groupe hétérogène, comprenant les Taxées, les Santalées et Équisétacées.

INCONSPICUUS. Se dit des organes peu visibles, de petite taille, mais s'applique souvent aussi à ceux qui font défaut là où serait théoriquement leur place.

INCRASSATUS. Épaissi, dilaté.

INCRESCENT. Qui s'accroît graduellement avec l'âge.

INCRUSTANTES (NARDO, *Consp. gen. Algh.* [1835]; *Isis* [1837]; 91). Famille d'Algues-Titanioïdées, formée du genre *Nullipora*.

INCRUSTATUM (*semen*). Mœnch (*Meth.*, 2) donne de cette expression la définition suivante : « Tegumentum proprium substantiæ seminis arctissime adnatum : nec in foliaceam formam exploratum : nec a partibus petalorum v. calycis factum. » Une enveloppe séminale quelconque peut être *incrustée*.

INCUBE. Se dit, notamment dans les Jungermannes, des feuilles qui recouvrent en partie la feuille immédiatement supérieure dans la même série.

INCUMBA. A Angola, le *Glycine subterranea* L. F.

INCUMBENS. — Voy. INCOMBANT.

INCURVÉ (*incurvus*). Courbé, la concavité en dedans.

INDACO. Nom italien de l'Indigo.

INDAJA. Au Brésil, l'*Attalea compta* MART.

INDAYAÇU. Au Brésil, le *Johannesia princeps* VELLOS.

INDÉHISCENT (*indehiscens*). Qui ne s'ouvre pas.

INDEL. Nom français (LAMK) des *Elate* L.

INDI (HERM., *Mus. zeyl.*, 69). Synon. de *Phœnix dactylifera* L.

INDIAN CORN. Nom anglais du Maïs.

INDIAN CRESS. Nom anglais des Capucines.

INDIAN HEART. Nom anglais des *Cardiospermum*.

INDIAN HEMP. Aux États-Unis, l'*Apocynum cannabinum* L.

INDIAN KALE. Nom anglais des Colocases.

INDIAN MADDER. Nom anglais du *Munjeeth*.

INDIAN PAINT. Aux États-Unis, la Sanguinaire.

INDIAN PHYSIC. Aux États-Unis, le *Gillenia trifoliata* MŒNCH.

INDIAN PINK-ROOT. Aux États-Unis, le *Spigelia marylandica* L.

INDIAN POKE. Nom, aux États-Unis, du *Veratrum viride* SOL.

INDIAN SARSAPARILLA. Nom anglais du *Nunnari*.

INDIAN SHOT. Nom anglais du *Canna indica* L.

INDIAN SNAKE-ROOT. L'*Ophiorrhiza Mungos* L.

INDIAN TOBACCO. Nom, aux États-Unis, du *Lobelia inflata* L.

INDIAN TURNIP. L'*Arum triphyllum* L.

INDIANILLA. Nom espagnol du *Lablab vulgaris* SAVI.

INDIANSK KARSE. Nom danois des Capucines.

INDICUM. L'un des noms anciens de l'Indigo.

INDIGASTRUM (JAUB. et SP., *Ill. pl. or.*, V, 101, t. 492, 493). Synonyme de *Indigofera* L. et section de ce genre.

INDIGO (ADANS., *Fam. des pl.*, II, 326). Synonyme de *Indigofera* L.

INDIGO BATARD. L'*Amorpha fruticosa* L.

INDIGO BATARD DE CAYENNE. Le *Cassia occidentalis* L.

INDIGO-BERRY. A Sainte-Croix, le *Passiflora suberosa* L.

INDIGOFERA (L., *Gen.*, n. 889). Genre de Légumineuses-Papilionacées, série des Galégées, sous-série des Indigotiers, offrant les caractères suivants : Réceptacle très court ou à peine concave; calice presque hypogyne, gamosépale, à dents ou à lobes quelquefois à peu près égaux, les postérieurs plus souvent plus courts; pétales sessiles ou courtement onguiculés; ailes parfois légèrement soudées à l'androcée; carène dressée, obtuse ou acuminée, gibbeuse ou pourvue d'un casque proéminent. 10 étamines diadelphes (9-1); anthères uniformes, glabres ou velues, à connectif glanduleux; ovaire sessile ou courtement stipité, à 1-2 ou plusieurs ovules; style glabre; stigmate capité, souvent en forme de pinceau. Gousse cylindrique, tétragone ou un peu comprimée, cloisonnée entre les graines, plus rarement monosperme et globuleuse; embryon sans albumen. Arbrisseaux, sous-arbrisseaux ou herbes, couverts de poils, tantôt simples, tantôt ramifiés; à feuilles imparipennées, plus rarement à 3 folioles digitées, ou bien simples (voy. H. BN, *Hist. des pl.*, II, 210, 277). Un certain nombre d'espèces servent à la préparation du bleu d'*Indigo*, notamment les *I. Anil*, *tinctoria* et *argentea*. (H. BN, *Tr. Bot. méd. phanér.*, 637.) [L.]

Indigofera. — Rameau florifère.

INDIGOFEREÆ, INDIGOFERÆ (BENTH.). Sous-tribu des Lotées.

INDIGOFÉRÉES (*Indigofereæ*). Sous-tribu des Galégées, renfermant les genres *Indigofera* L. et *Cyamiopsis* DC.

INDIGOTIER. Nom français des *Indigofera* L.

INDIVIA. Nom latinisé de l'Endive.

INDIVIDU. — Voy. TAXINOMIE.

INDIVIDUALITÉ (des bourgeons). Théorie due à La Hire [1708], et qui consiste à considérer chaque bourgeon comme l'analogue d'une graine implantée sur le végétal, support commun.

INDIVIS (*indivisus*). Entier, non divisé.

INDRAINI. Nom hindou du *Citrullus Colocynthis* SCHRAD.

INDRAJOW. Nom indien du *Wrightia antidysenterica* R. BR.

INDUBITARIA (DUN., in *DC. Prodr.*, XIII, p. I, 123). Sous-section des *Anthopleuris*.

INDUGA. Nom indien du *Strychnos potatorum* L.

INDUMENTUM. — Voy. PUBESCENCE.

INDUPLICATUS, INDUPLICATIVUS. — Voy. INDUPLIQUÉ.

INDUPLIQUÉ. Dont les bords sont rentrés, repliés en dedans. — Voy. PRÉFLORAISON.

INDURESCENS. Qui devient avec l'âge dur, ferme et rigide.

INDUSIE (*indusium*). Enveloppe surajoutée à certains organes. Dans les Goodéniées, etc., on dit le sommet stigmatifère du style *indusié* d'un godet qu'il ne faut pas confondre avec le stigmate. Dans les Fougères, l'*indusie* est un repli membraneux de la fronde, de configuration très diverse, qui recouvre les sores; ceux-ci sont donc *indusiés* (*indusiati*).

INDUSIUM. Terme employé par Ventenat pour désigner l'anneau des Agarics.

INDUVIES (*induvies*). — Voy. FRUIT.

INÉ, INÉE. Nom, au Gabon, du *Strophanthus hispidus* DC. et de quelques espèces voisines, extrêmement vénéneuses.

INEMBRYONÉS. Synonyme (RICH.) de Cryptogames.

INENCHYME (*inenchyma*). Tissu fibro-cellulaire, dont les éléments ont l'apparence de vaisseaux spiralés.

INERME (*inermis*). Dépourvu d'épines ou d'aiguillons.

INFALA. Nom (BURM.) du *Nepeta madagascariensis* LAMK.

INFANTEA (REMY, in *C. Gay Fl. chil.*, IV, 257, t. 8). Synonyme de *Amblyopappus* HOOK. et ARN.

INFÈRE (*inferus*). Placé au-dessous d'un autre organe. L'ovaire est infère quand, le réceptacle étant concave, il est situé plus bas que les autres parties de la fleur. Le micropyle d'un ovule, la radicule d'un embryon sont infères lorsqu'ils sont dirigés vers le bas.

INFLATUS. Renflé, vésiculeux, souvent avec translucidité.

INGEN-HOUS (Jan.). Médecin de Bréda [1730-1799], mort à Londres, où il a publié en 1779 ses célèbres *Experiments upon Vegetables, discovering their great power of purifying the common air in the sunshine*, etc., in-8 de 302 p., traduit, de 1785 à 1790, dans presque toutes les langues de l'Europe. [H. BN.]

INFLORESCENCE (*inflorescentia*). Ce mot s'applique à deux choses : 1° à l'ensemble du groupe floral porté par une plante ; 2° au mode de disposition, sur une plante, de ses fleurs.

Quelquefois, mais assez rarement, les fleurs sont immédiatement appliquées et comme collées sur un axe : on les dit alors *sessiles*.

Plus souvent elles sont supportées par une queue plus ou moins longue, ou *pédoncule* : elles sont alors *pédonculées*. Le pédoncule, au lieu de demeurer simple, peut se diviser en axes secondaires, tertiaires, etc., et ce sont ces petits axes, ou *pédicelles*, qui portent les fleurs, dites en pareil cas *pédicellées*.

Épi de Verveine. Grappe de Réséda.

Il y a des inflorescences uniflores, c'est-à-dire que les fleurs qui les constituent sont *solitaires;* d'autres sont *biflores*, *triflores*, *quadriflores*, ... *pluriflores*, *multiflores*.

Il y a des fleurs solitaires qui terminent la tige ou les branches d'une plante, et qui sont dites *terminales*.

Il y a d'autres plantes où les fleurs solitaires occupent l'aisselle d'une feuille ou d'une bractée; elles sont alors *axillaires*, comme dans la Pervenche, beaucoup de *Diospyros*, etc.

Les inflorescences pluriflores sont divisées en trois catégories : 1° indéfinies; 2° définies; 3° mixtes.

Inflorescences indéfinies. — La plus simple de toutes est l'*épi*. Il présente un axe commun unique sur lequel sont comme collées les fleurs, nées de haut en bas sur ses côtés et insérées là chacune dans l'aisselle d'une bractée. C'est ce qui arrive, par exemple, dans le Plantain commun, la Verveine officinale. Le nombre des fleurs que comprend un semblable épi est impossible à prévoir. Il y a de ces épis qui sont courts et ne portent que peu de fleurs; d'autres qui s'allongent beaucoup plus et en portent un nombre plus considérable : cela dépend de la durée et de la vigueur de l'axe de l'inflorescence.

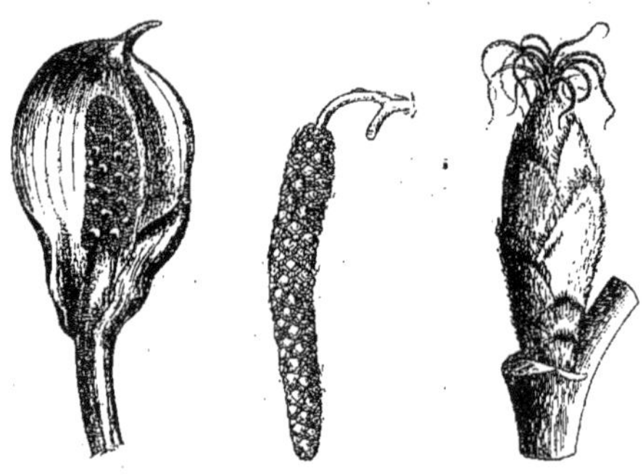

Spadice de *Calla*. Chaton mâle d'Aune. Chaton femelle de Coudrier.

Il y a des plantes de pays uniformément chauds, comme certaines Orchidées par exemple, dont les épis, s'accroissant pendant plusieurs mois de suite, produisent ainsi sur les côtés un nombre indéfini de fleurs.

On observe exceptionnellement des épis dont l'axe se termine par une fleur; mais cela n'empêche point les fleurs latérales d'être en nombre indéfini dans cet épi *terminé*.

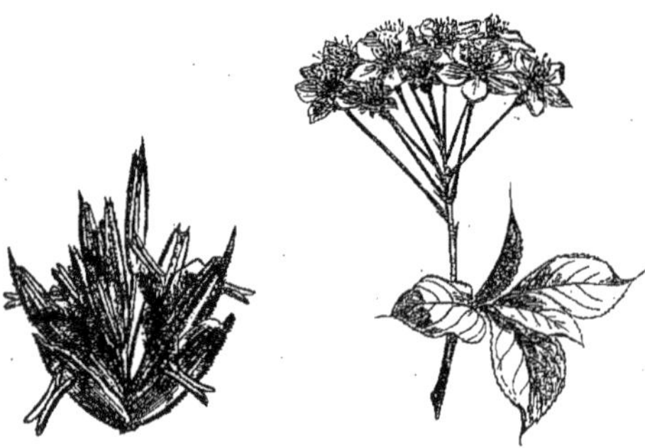

Épillet de Blé. Corymbe de Puliot.

L'épi est simple, quand il ne possède, comme dans les cas précédents, qu'un seul axe. Mais si, comme il arrive dans beaucoup de Graminées, les fleurs d'un épi sont remplacées, soit partout, soit dans une portion de l'inflorescence, par des axes secondaires qui se comportent eux-mêmes comme des épis simples, l'épi est alors dit composé ; il peut l'être ainsi à trois, quatre, cinq degrés, etc., et devient alors décomposé. Il est, dans ce cas, formé d'*épillets* ou *locustes*.

L'épi des Aroïdées, comme le *Calla*, qui renferme le plus souvent des fleurs unisexuées et aussi des fleurs stériles, se nomme un *spadice;* il est accompagné à sa base d'une grande bractée, souvent colorée, dite *spathe*. L'épi des Amentacées, uni sexué et se désarticulant souvent de bonne heure, est un *chaton*.

Celui que dans les Graminées on nomme épillet, se compose d'un nombre variable de fleurs, entourées de deux bractées vertes dites *glumes*. Ce sont autant de variétés de l'épi.

Une grappe est un épi dont les fleurs, au lieu d'être sessiles, sont supportées chacune par un axe secondaire, qui est un pédicelle. Il y a des grappes simples et des grappes composées ou même décomposées ; on peut aussi rencontrer des grappes terminées par une fleur.

Certaines inflorescences tiennent en partie de la grappe et de

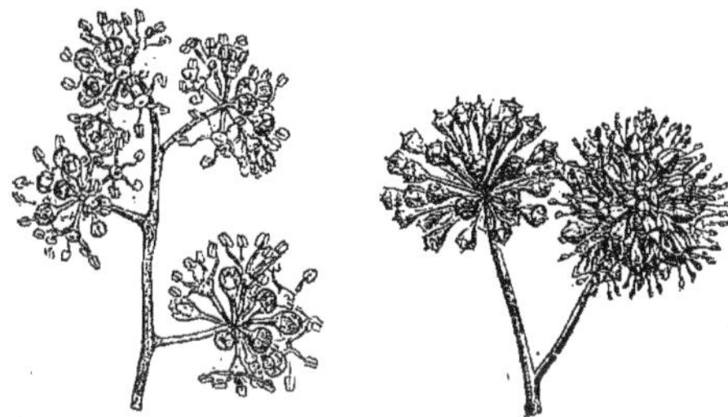

Grappes d'ombelles (*Schefflera* et Lierre).

l'épi, une portion de leurs fleurs, les inférieures par exemple, étant seules pédicellées, tandis que les autres sont sessiles. Ou bien un épi, dont toutes les fleurs sont d'abord sessiles, deviendra plus tard une grappe, les pédicelles s'étant plus ou moins tardivement développés.

Ombelles composées d'Ombellifères.

Les grappes de la plupart des Crucifères sont anormales en ce qu'elles sont dépourvues de bractées.

Les pédicelles d'une grappe peuvent être fort inégaux. S'ils sont d'autant plus longs qu'ils sont portés plus bas sur l'axe principal, ils peuvent, quoique insérés à des niveaux très diffé-

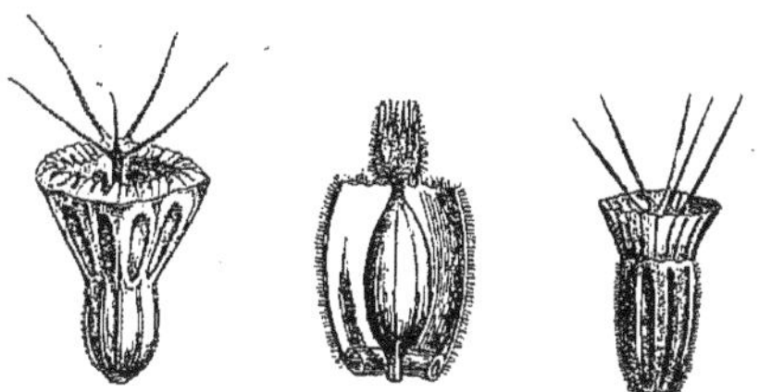

Fleurs de Dipsacées, entourées d'un involucelle

rents, porter toutes les fleurs à peu près à un même niveau horizontal. L'inflorescence est alors un corymbe, et souvent les corymbes des Crucifères ou d'autres plantes passent avec l'âge à l'état de grappes, parce que leur axe principal s'allonge beaucoup plus tardivement et dérange ce niveau horizontal auquel arrivaient d'abord toutes les fleurs.

Comme il y a des épis simples et des épis composés, de même il y a des grappes simples et des grappes composées et décomposées, des corymbes simples et des corymbes composés, etc.

Capitules de Composées et de *Dipsacus*.

Si l'axe principal d'un corymbe demeurait, au contraire, à tout âge très court, surbaissé, de façon que ses fleurs, occupant

Capitule de Chardon bénit.

toutes le même niveau, partissent à peu près toutes de la même hauteur, l'inflorescence serait une *ombelle ;* ses pédicelles portent alors souvent le nom de *rayons*. Ils peuvent être placés dans l'aisselle d'une bractée, ou fréquemment aussi celle-ci fait défaut. Quand elles existent, les bractées, rapprochées les unes des autres, et surtout les plus extérieures d'entre elles, plus déve-

Cymes de capitules de Chardon (inflorescence mixte).

loppées, forment autour de l'origine des pédicelles une collerette qu'on nomme *involucre.*

Dans les Ombellifères, qui tirent leur nom de ce que leur in-

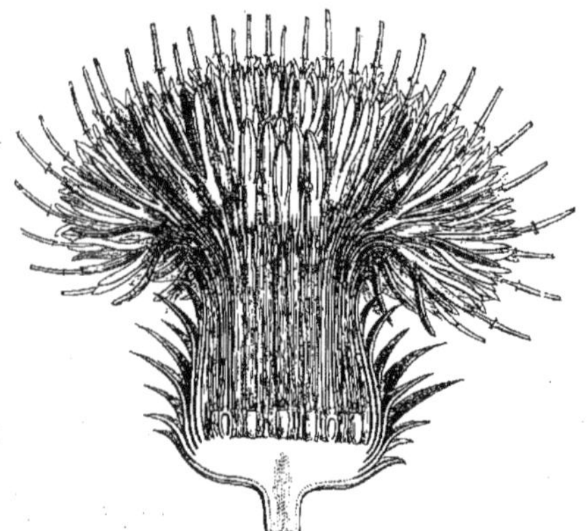
Capitule de Chardon, coupe longitudinale.

florescence est une ombelle, celle-ci est beaucoup plus souvent composée que simple, c'est-à-dire que ses pédicelles se terminent, non par une fleur, mais par une autre ombelle plus petite, ou *ombellule.*

Quand la base de cette dernière est entourée d'une collerette de bractéoles, on nomme celle-ci *involucelle.*

Le *capitule* peut être considéré comme une ombelle dont les fleurs seraient sessiles. Son axe peut souvent se renfler davantage que dans la plupart des ombelles et en même temps varier beaucoup de forme, tantôt conique-surbaissé, tantôt en forme de cône plus ou moins élevé ou étiré, ici ovoïde, et là hémisphérique ou disciforme, à surface supérieure à peine bombée, ou

Cyme bipare de Petite-Centaurée. Cyme unipare de Nivéole.

tout à fait plane, ou même plus ou moins déprimée au centre et en forme de cupule ou même de sac. Les bractées axillantes des fleurs peuvent y prendre un grand développement, surtout les inférieures. Elles constituent en ce cas un involucre, plus développé d'ordinaire que celui des Ombellifères : c'est ce qui arrive surtout dans les plantes du groupe des Composées, dont l'inflorescence est souvent appelée une *fleur composée.* Quant aux bractées des fleurs les plus intérieures, elles font souvent dé-

Cyme unipare de Populage. Cyme bipare de *Genipa americana.*

faut, ou bien elles sont remplacées par des écailles, des paillettes. On nomme ordinairement fleurs du *rayon* celles de la périphérie du capitule, et fleurs du *disque* celles du centre. Or, assez souvent dans les Composées, les fleurs du rayon et celles du disque ne sont pas semblables, comme nous le verrons aux mots POLYGAME, POLYGAMIE. On emploie en médecine certains capitules tout entiers, sous le nom inexact de fleurs, entre autres ceux des Camomilles, des Matricaires, des Armoises, notamment du *Semen-contra.*

Il y a des intermédiaires entre le capitule et l'ombelle. Ainsi les Panicauts sont des Ombellifères dont l'inflorescence rappelle beaucoup celle des Composées ; mais en écartant les bractées de leur involucre, on voit leurs fleurs supportées par de courts pédicelles que cachaient extérieurement ces bractées.

Inflorescences définies. — Ces inflorescences portent en général le nom de *cymes*. Il y a des cymes très peu compliquées et qui ne sont formées que d'une ou deux fleurs, ainsi qu'il arrive parfois dans les plantes vulgaires dont ailleurs les fleurs sont solitaires et terminales, comme certaines Pivoines, Tulipes, Iris, Hellébores, Populages, etc. Si dans ces plantes une branche *terminée* par une fleur porte un peu plus bas une bractée, et que de l'aisselle de celle-ci parte un rameau secondaire, également terminé par une fleur, on a sous les yeux une petite cyme biflore, qui est dite *unipare*, parce que l'axe que l'on considère comme

Fleurs terminales de Pavot.

le principal, l'axe de *première génération*, n'est accompagné que d'un axe secondaire ou de *deuxième génération*, unilatéral, d'après ce que nous venons de voir.

Dans l'inflorescence de certains Cistes, du *Genipa americana*, etc., on trouverait, au-dessous de la fleur la première épanouie et qui termine l'axe principal, deux feuilles ou deux bractées situées en face l'une de l'autre ou un peu plus haut l'une que l'autre, et dans l'aisselle desquelles naît un axe de deuxième génération terminé par un bouton, c'est-à-dire par une fleur qui ne s'ouvrira qu'après celle qui termine l'axe principal. Cette cyme sera triflore, et on la nomme *bipare*, parce que chez elle à un axe d'une génération donnée succèdent deux axes de la génération suivante. La fleur de première génération est dite, en pareil cas, située dans la *dichotomie*, et il est facile de voir, d'après ce qui a été dit à ce mot, qu'il s'agit ici d'une *dichotomie vraie*.

D'après ce qui précède, une cyme est *tripare* quand la fleur qui termine l'axe principal est accompagnée de trois bractées sous-jacentes et fertiles, c'est-à-dire pourvues dans leur aisselle d'une fleur de deuxième génération ; une cyme est *quadripare*, quand elle a, sous sa fleur première, quatre fleurs de la deuxième

Fleurs axillaires de Fritillaire, simulant une ombelle.

génération, et ainsi de suite : de sorte que, lorsqu'il s'agit de cymes simples, les seules qui nous occupent actuellement, une cyme unipare est biflore ; une cyme bipare, triflore ; une cyme tripare, quadriflore ; une cyme quadripare, quinquéflore, etc.

Cymes unipares scorpioïdes de Bourache.

Quand les fleurs d'une cyme sont sessiles, au lieu d'être pédicellées, l'inflorescence contractée se nomme un *glomérule*. Ce dernier est donc à la cyme ce que l'épi est à la grappe, ce que le capitule est à l'ombelle. Il y a de même des glomérules unipares, bipares, tripares, etc.

Ce qui caractérise les inflorescences dont nous venons de parler et qui les distingue des inflorescences indéfinies, c'est, comme on le voit, que tout axe y est terminé par une fleur; qu'après la production et l'épanouissement de cette fleur, son rôle est terminé, *défini;* et cela est aussi vrai pour l'axe principal que pour les axes secondaires, quel que soit d'ailleurs leur nombre et à quelque génération qu'ils appartiennent.

Cependant la ramification de l'inflorescence peut ici, comme dans les épis, les grappes, les corymbes, etc., aller plus loin que

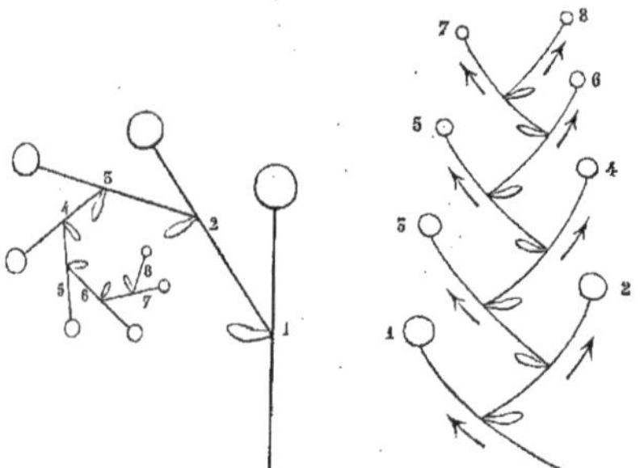

Cyme unipare hélicoïde. Cyme unipare scorpioïde.

le deuxième degré et même se propager jusqu'à un degré très élevé, comme il arrive dans certaines Caryophyllées, notamment dans les Gypsophiles. Certaines cymes ainsi *composées* peuvent être formées de plusieurs milliers de fleurs, et cependant n'être que des cymes bipares; et cela parce qu'un axe, de quelque degré qu'il soit, n'aura jamais sur ses côtés plus de deux axes de la génération suivante. De même une cyme tripare, quadripare, unipare, peut être extrêmement composée et compter un

Cymes unipares simulant des grappes (Lin, Hélianthème).

nombre absolu de fleurs tout à fait considérable, sans que ce caractère soit modifié : qu'à un axe de génération quelconque succèdent, dans la cyme, trois, quatre, ou un seul axe du degré suivant.

Il est même possible que dans une cyme composée, les axes des premières générations étant tels qu'il appartient à une cyme bipare ou tripare, les axes des générations ultimes ne supportent plus que des cymes unipares. C'est la conséquence d'une sorte d'appauvrissement qui tient à la disparition d'une ou deux (sur deux ou trois) des bractées situées au même niveau ou à peu près, ainsi que de leurs fleurs axillaires ou bien le fait est dû à ce que, ces bractées persistant, elles n'ont plus de fleurs dans leur aisselle.

Les cymes unipares sont de deux sortes : les unes dites *hélicoïdes*, les autres *scorpioïdes*.

La cyme unipare hélicoïde se produit de la façon suivante :

Alisier. — Corymbe de cymes (inflorescence mixte).

Un axe primaire (1) est terminé par une fleur, et sous elle, du côté gauche par exemple, il y a une bractée fertile dans l'aisselle de laquelle se développe un axe de deuxième génération (2), également terminé par une fleur. L'axe 2 porte à gauche un axe 3, terminé par une fleur, et ainsi de suite. De la direction

Camomille. — Cyme de capitules (inflorescence mixte).

de tous les axes successifs résulte un ensemble qui prend la forme spirale, et toutes les fleurs des générations successives se trouvent placées d'un même côté, qui est celui de la convexité du système d'axes placés bout à bout. Cette cyme se comporte donc en somme absolument comme un sympode.

Avec la même courbure générale, la cyme unipare scorpioïde présente sur sa convexité deux séries parallèles de fleurs et non une seule. Cette disposition sur deux séries tient à ce que dans les plantes à cymes scorpioïdes il y a hétérodromie pour les feuilles, les bractées et les fleurs. S'il s'agit, par exemple, d'une plante à fraction phyllotaxique 2/5, l'axe primaire de l'inflorescence se terminant par la fleur 1, l'axe qui se termine par la fleur 2 va se porter à droite, par exemple jusqu'à 2/5 de la circonférence à partir du point initial. Puis l'axe 3 se porte vers la gauche, avec la fleur terminale, jusqu'à 2/5 de circonférence, ce qui superpose la fleur 3 à la fleur 1. La fleur 4 va, pour la même raison, se porter à droite et se superposer à la fleur 2; la fleur 5, à gauche, se superpose à la fleur 3; la fleur 6, à droite, se superpose à la fleur 4, et ainsi de suite. De sorte que dans une cyme scorpioïde, toutes les fleurs sont disposées, du côté convexe de l'inflorescence, sur deux rangées courbes, dont l'une est formée des fleurs qui terminent les axes impairs, et l'autre de celles qui terminent les axes pairs. De même qu'une grappe peut se transformer supérieurement en épi, de même aussi une cyme peut se terminer en glomérule, par la suppression complète ou non des pédicelles dans la portion extrême de l'inflorescence.

Sparmannia. — Ombelles de cymes.

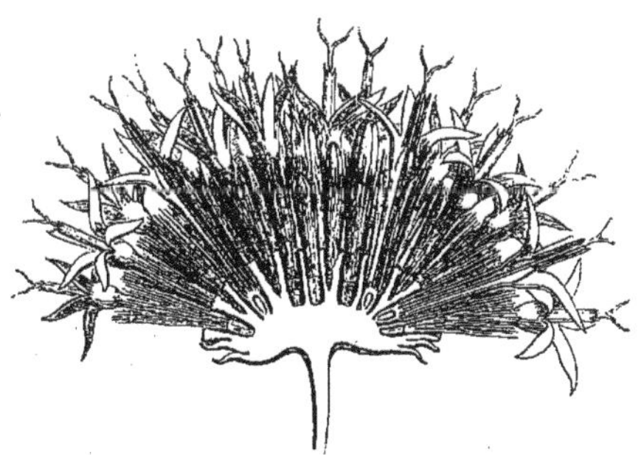

Albertinia. — Capitule, coupe longitudinale.

Les cymes simulent souvent des inflorescences définies. Ainsi le glomérule peut ressembler de loin à un capitule; mais ce dernier a les fleurs les plus âgées à sa périphérie et les plus jeunes à son centre : leur évolution est centripète, tandis que dans un glomérule, dont l'évolution est centrifuge, les fleurs les plus âgées sont intérieures, les plus jeunes se trouvant au contraire rejetées vers la circonférence. Dans beaucoup de Labiées, de Rubiacées exotiques, etc., les glomérules simulent de loin des verticilles de fleurs axillaires; d'où le nom de *verticillastres*.

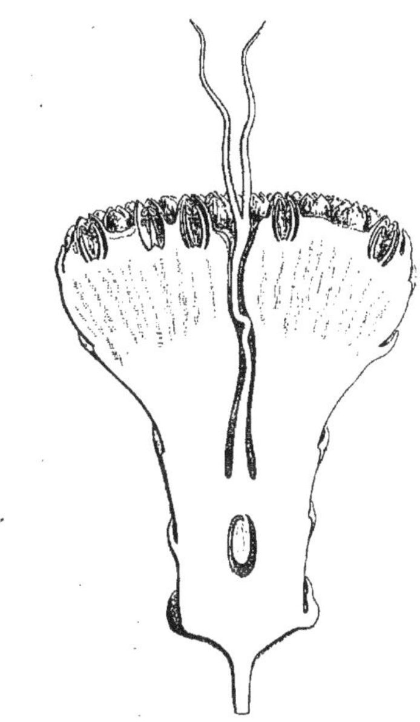

Inflorescence mixte de *Lanessania*. Fleur femelle entourée de glomérules de fleurs mâles

Une cyme unipare est souvent prise pour une grappe, les portions inférieures de tous les axes de générations successives se plaçant *sympodiquement* bout à bout et simulant par leur union un axe principal. Mais, dans la cyme unipare, ou bien il y a en face l'une de l'autre deux feuilles ou deux bractées dont une seule porte une fleur dans son aisselle; ou bien, si les bractées ou les feuilles sont alternes, la fleur est oppositifoliée, avec un autre axe interposé à son pédoncule propre et à la bractée, tandis que dans la grappe vraie le pédicelle floral, placé dans l'ais-

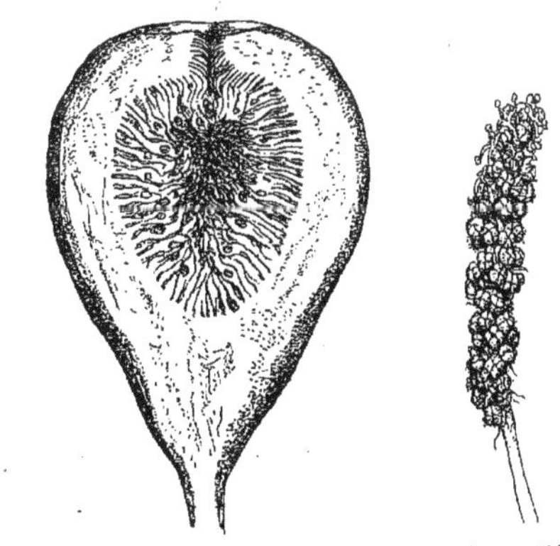

Inflorescences mixtes de Figuier et de Mûrier. Glomérules disposés sur un axe commun.

selle de sa bractée, est interposé à celle-ci et à l'axe principal de la grappe.

Inflorescences mixtes. — Un épi formé de petits épis secondaires ou épillets, en nombre variable, est, nous le savons, une inflorescence indéfinie, non de fleurs, mais d'inflorescences indéfinies.

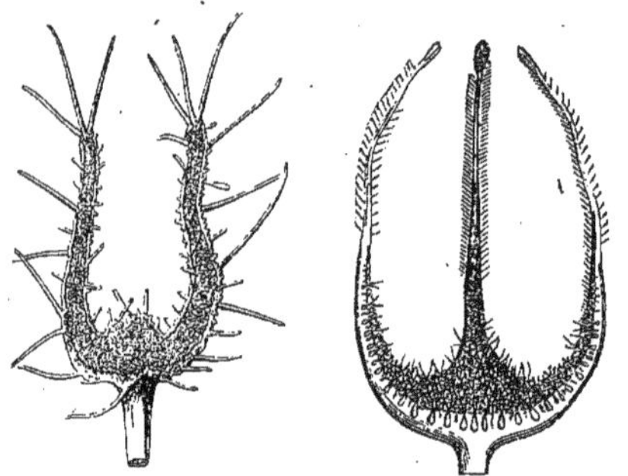

Inflorescences mixtes de *Dorstenia*.

Si cependant nous supposons que les épillets soient remplacés dans cette inflorescence par des glomérules, nous aurons sous les yeux un épi de glomérules, c'est-à-dire une inflorescence indéfinie de petites inflorescences définies. C'est là le caractère d'une *inflorescence mixte*.

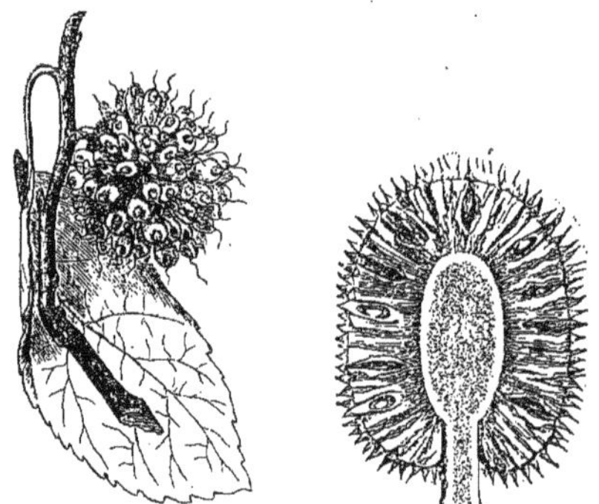

Inflorescences mixtes de *Broussonetia* et d'*Artocarpus*.

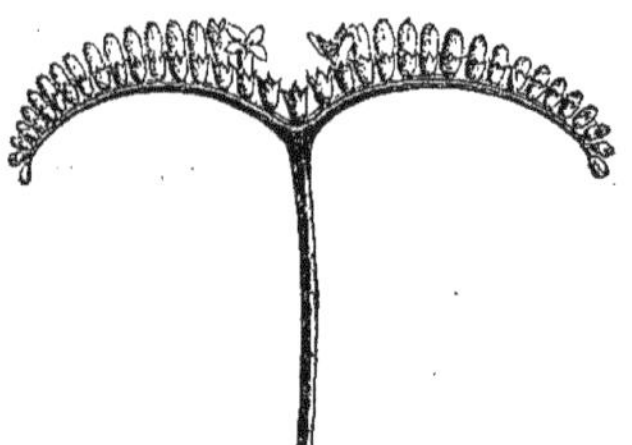

Cyme de *Guettarda*, simulant un épi bifurqué.

L'inverse peut se produire également : l'inflorescence totale d'une Composée affecte très souvent les caractères d'une cyme. Seulement, les axes successifs de cette cyme portent chacun, non pas une fleur, mais un capitule qui est une inflorescence indéfinie; donc l'ensemble constitue une inflorescence définie de petites inflorescences indéfinies. C'est encore là une inflorescence mixte.

Sont de même des inflorescences mixtes : les grappes, corymbes, épis, chatons, spadices, ombelles et capitules de cymes ou de glomérules.

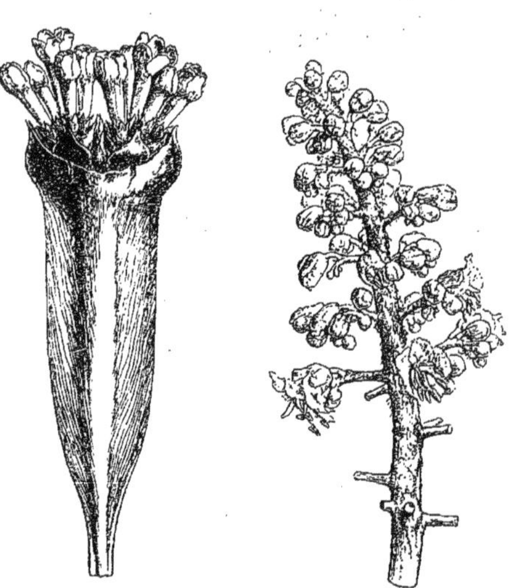

Inflorescence mixte de *Canephora*. Grappe de cymes de Marronnier d'Inde.

Et de même, les glomérules ou cymes d'épis, de grappes, de chatons, de corymbes, d'ombelles, de capitules.

Dans une inflorescence mixte, l'axe principal, au lieu de demeurer étroit et cylindro-conique, peut affecter les formes si variées de cupule ou de sac qu'offre le réceptacle floral des capitules dans les Composées. C'est cette forme qu'il présente dans certaines Ulmacées des genres *Dorstenia*, *Lanessania* et Figuier. Dans ce dernier même, le sac réceptaculaire est souvent complètement clos, sauf au niveau de l'*œil*, qui occupe le sommet de figure de l'inflorescence et qui répond réellement à la base organique de son réceptacle. Sur un axe principal ainsi déformé, les fleurs sont disposées en autant de glomérules qu'il

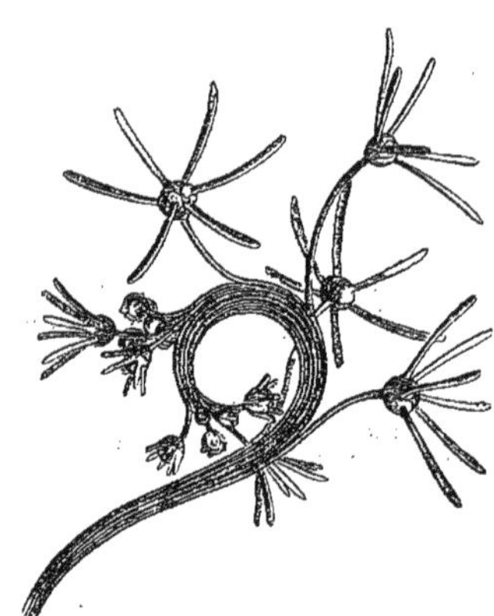

Inflorescence fasciée, racémiforme, d'*Artabotrys*.

y a primitivement de centres disséminés de floraison, constitués par les fleurs de première génération. Autour de celles-ci s'en produisent de deuxième, de troisième, etc., génération; et souvent, finalement, la surface concave du réceptacle est totalement ou à peu près recouverte de fleurs qui arrivent à se toucher.

Il y a des *Dorstenia* dont le réceptacle prend des formes étranges, ou quadrangulaires, avec quatre angles ou quatre lobes presque également saillants, ou avec deux lobes très étirés, plus

Inflorescences entraînées sur les feuilles d'*Helwingia* et de *Phyllonoma*.

développés que les deux autres qui peuvent même disparaître, si bien que l'ensemble a la figure d'une fourche. Les Mûriers ont au contraire un axe principal allongé et aplati en battoir. Le Mûrier à papier (*Broussonetia*) et bien des Jaquiers ont un axe principal sphérique ou ovoïde. Mais tous ces axes, si variables de forme, ont ce caractère commun, qu'ils supportent, non des fleurs à évolution centripète comme dans les capitules, mais de nombreux glomérules ou groupes floraux à évolution centrifuge.

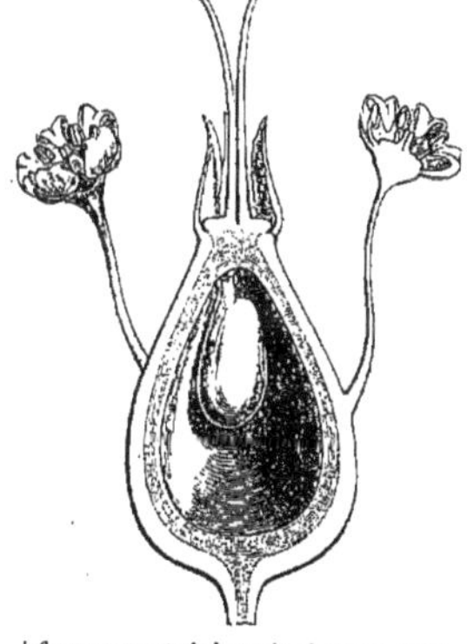
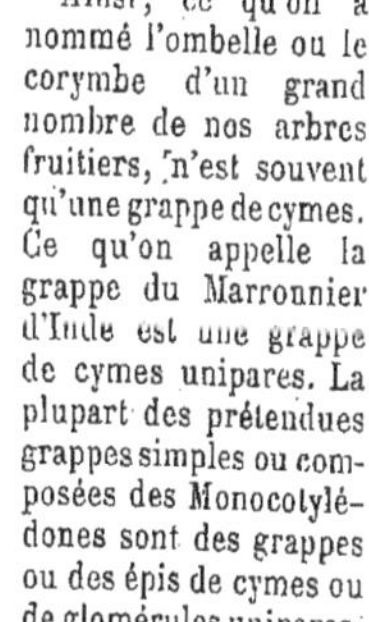

Inflorescence entraînée sur le réceptacle floral du *Petagnia*.

Il ne faut pas, comme on l'a fait si souvent, confondre des inflorescences mixtes avec des inflorescences simples ou composées.

Ainsi, ce qu'on a nommé l'ombelle ou le corymbe d'un grand nombre de nos arbres fruitiers, n'est souvent qu'une grappe de cymes. Ce qu'on appelle la grappe du Marronnier d'Inde est une grappe de cymes unipares. La plupart des prétendues grappes simples ou composées des Monocotylédones sont des grappes ou des épis de cymes ou de glomérules unipares. L'ombelle du *Butomus umbellatus*, celle du *Tacca pinnatifida*, d'un grand nombre d'*Allium*, etc., sont des ombelles de cymes unipares, c'est-à-dire des inflorescences mixtes.

Les phénomènes d'entraînement, plus fréquents encore dans les axes florifères que dans les branches à feuilles, altèrent d'ailleurs très souvent les caractères des inflorescences et la position définitive des fleurs, de façon à constituer ce qu'on a nommé des *inflorescences anormales*.

Une fleur ou une inflorescence née dans l'aisselle d'une feuille, peut ne pas se dégager du fond même de cette aisselle, peut être dès son jeune âge entraînée plus ou moins loin avec la feuille axillante, et ne se séparer d'elle qu'en un point variable de son pétiole, comme dans la plupart des *Dichapetalum* (*Chailletia*), ou vers le milieu de la face supérieure de la nervure principale, comme dans l'*Helwingia*, certains *Polycardia*, ou vers les bords du limbe, comme dans le *P. Hildebrandtii*, ou vers le sommet de la côte, comme dans le *Phyllonoma*. C'est à tort qu'en pareil cas on admet qu'il y a soudure plus ou moins tardive de l'inflorescence avec la feuille dont elle était primitivement indépendante. Ces organes n'ont jamais été indépendants l'un de l'autre et n'ont pu, par conséquent, se souder à une certaine époque de leur évolution.

Ou bien c'est sur l'autre bord de l'angle axillaire, c'est-à-dire du côté de la tige ou de la branche, que se porte l'entraînement de la fleur ou de l'inflorescence.

Alors cette dernière se dégage de la tige, ou un peu au-dessus de l'aisselle (est *supra-axillaire*), ou bien vers le milieu ou à une hauteur très variable de l'entre-nœud, ou bien tout en haut de celui-ci, soit en dessous d'une feuille, soit latéralement, soit même de l'autre côté exactement de l'axe, auquel cas l'inflorescence est *oppositifoliée*. L'*Erythrochiton hypophyllanthus* doit même son nom à ce que son inflorescence, qui répond à l'aisselle d'une feuille placée plus bas, remonte jusque vers le milieu de la face inférieure de la côte d'une feuille superposée. Les inflorescences réellement *épiphylles* ne doivent leur origine qu'à un phénomène d'entraînement. Dans les *Leptaulus*, singulières plantes appartenant au groupe des Mappiées, groupe dans lequel les entraînements sont nombreux et fréquents, on a cru, en voyant une cicatrice sur l'un des côtés de la feuille, qu'elle répondait à la base d'une stipule tombée; elle répond cependant à la base d'une petite inflorescence, entraînée jusque sur le côté d'une feuille et qui, en se détachant par sa base, laisse ainsi sur le rameau une trace du point où elle devenait libre.

Il y a même des ovaires, comme celui du *Petagnia*, petite plante méditerranéenne de la famille des Ombellifères, qui supportent des fleurs ou des inflorescences. Celles-ci sont en réalité entraînées sur la surface d'un réceptacle ou rameau creusé en forme de sac, et dans lequel est enchâssé l'ovaire infère. [H. Bn.]

INFRAAXILLAIRE. Situé au-dessous ou en dehors de l'aisselle des feuilles; se dit des fleurs et surtout des stipules.

INFUNDIBULIFORME (*infundibuliformis*). En entonnoir.

INFUNDIBULIFORMES (L., *Class. pl.* [1747], 325). Classe de végétaux (genres *Ipomœa*, *Menyanthes*, etc.).

INGA (PLUM., *Gen.*, 13, t. 25). Genre de Légumineuses-Mimosées, série des Acaciées. Ses fleurs ont une grande ressemblance avec celles de la section *Albizzia* du genre *Acacia*; elles s'en distinguent par des étamines dont le tube est soudé en bas dans une étendue variable avec la corolle; par une gousse linéaire, droite ou légèrement courbée, à peine déhiscente, tétragone ou arrondie, coriace ou un peu charnue, à sutures dilatées, épaisses, saillantes, parcourues par un sillon longitudinal. Arbres ou arbustes des régions chaudes de l'Amérique, à feuilles simplement composées-pennées; à fleurs hermaphrodites ou plus rarement polygames, insérées sur la tige de façon variable. Ce genre contient environ 150 espèces, divisées par Bentham en 5 sections (B. H., *Gen.*, 599, n. 398. — H. Bn, *Hist. des pl.*, II, 44). Les fruits d'un certain nombre d'*Inga* sont alimentaires; la pulpe qui entoure les graines de l'*I. vera* est laxative; l'*I. marginata*, de la Guyane, possède une écorce riche en tanin, qui sert à teindre les étoffes et les bois. [L.]

INGENHOUSIA (MOÇ. et SESS., in *DC. Prodr.*, I, 474). Synonyme (?) de *Thurberia* A. GRAY. (B. H., *Gen.*, I, 209.)

INGENHOUSIE, INGENHOUSIA (SPACH. — ENDL., *Gen.*, 1415), INGENHOUSSIA (DENNST.) — INGENHOUSZIA (MEISSN.). Pour *Ingenhousia* Moç. et SESS.

INGENHOUSSIA (E. MEY., *Comm. pl. Afr. austr.*, I, 20). Synonyme de *Amphithalea* ZEYH.

INGENHOUZIA (BERTER., mss.). Synonyme de *Balbisia* DC.

INGENHOUZIA (DENNST., *Schl. z. H. mal.*, 33). Syn. de *Vitis*.

INGENHUSIA (VELL., *Fl. flum.*, 351; Atl., VIII, t. 93). Synonyme de *Trichocline* CASS.

INGEN-MAME, INGHI-MAME. Au Japon, le Haricot blanc.

INGEVER. Nom danois du Gingembre.

INGHURU. A Ceylan, l'un des noms du Gingembre.

INGIPIPA. Nom guyanais du *Couratari guianensis* AUBL.

INGLANDÆ (LINDL., *Nix. plant.*). Pour *Juglandeæ*.

INGRAIN. L'Epeautre (*Triticum Spelta* L.).

INGRASSABUE. En Italie, l'*Ervum Ervilia* L.

INGUINALIS. Nom ancien de l'*Aster atticus*, de l'*A. Inula* et du *Buphthalmum spinosum*.

INGUINARIA. Le *Rubia* (*Galium*) *cruciata* H. BN.

INGWER. Nom allemand du Gingembre.

INHAME. Synonyme d'Igname.

INHAPECANGA. Le *Smilax syphilitica* H. B. K.

INIMBOY, INIMBOJA. Noms (?) du *Cæsalpinia Bonducella* ROXB.

INITIALES. Nom donné par Hanstein aux phytocystes générateurs qui constituent un foyer primitif de production pour les trois groupes superposés au niveau du point végétatif des Phanérogames.

INK-BERRY. Aux États-Unis, le *Prinos glaber* L.

INKRUP DOORN. Nom danois, au Cap, du *Monsonia Burmanni* DC.

INNÉ (*innatus*). Adhérent au sommet d'un organe (comme peut l'être l'anthère au sommet du filet).

INNIL. Nom, au Pérou, de l'*Œnothera prostrata*.

INNINGA. Un des noms éthiopiens des Bananiers.

INNOVATION. Jeunes branches des Mousses et d'autres Cryptogames voisines. On nomme aussi chez les Phanérogames, innovations (*innovationes*), les jeunes pousses, les parties jeunes.

INNUMA. Au Sénégal, l'un des noms du Coton.

INOCARPEÆ (REICHB., *Nom.*, 137). Section des « Sapotacées vraies », formée du genre *Inocarpus* FORST.

INOCARPUS (FORST., *Char. gen.*, 65, t. 33). Synonyme de *Bocoa* AUBL. (I, 436). Ce genre avait été rapporté à tort (ENDL., *Gen.*, n. 2107) aux Hernandiées. L'*I. edulis* FORST., dont le fruit est comestible, dans les îles de l'océan Pacifique, sous le nom de *Mapé*, doit donc prendre le nom de *Bocoa edulis* H. BN.

INOCHORION (KUETZ., *Phyc. gen.*, 443, t. 68, fig. 1). Genre d'Algues-Floridées, de la famille des Delesseriées et voisin des *Nitophyllum*, dont il est considéré comme synonyme par quelques auteurs. La fronde est membraneuse, sans nervure, et formée de plusieurs couches de cellules; celles de la couche intérieure sont grandes, anguleuses; les corticales sont petites et ont une teinte rouge. Les cystocarpes sont globuleux. Les tétrachocarpes sont inconnus. Deux espèces, dont une douteuse, constituent ce genre, d'après Kützing (in *Linnæa*, XVII, 106; *Phyc. germ.*, 332; *Spec. Alg.*, 873). Ce genre était admis avec doute par Montagne (in *Dict. d'Orb.*, X, 55) parmi les Floridées incertaines. [CH. M.]

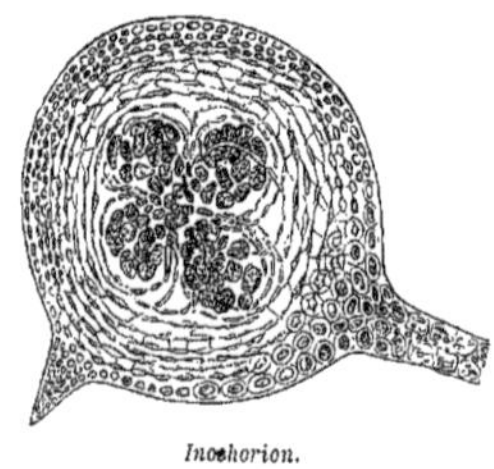

Inochorion.

INOCONIA (LIB., in *Mém. Soc. Linn. Par.*, V [1827], 402). Genre d'Algues, considéré comme voisin des *Trentepohlia*. C'est le *Byssus* n. 19 de Micheli (voy. *Linnæa*, III, *Litt.*, 62). Reichenbach, qui le rangeait avec doute parmi les Racodiées (*Consp.*, 15), et en fit ensuite (*Nom.*, 18) une Leptomitée. Ce genre, également rapporté aux Scytonémacées, est caractérisé par des filaments pseudo-rameux (voy. SCYTONEMA). De Brébisson plaçait ces Algues, non sans quelque raison, dans la famille des Byssoïdées, qui a aujourd'hui disparu. [CH. M.]

INOCROMYON (C. KOCH, in *Linnæa*, XXI, 632). Section du genre *Crocus* T. (*C. aureus, sativus*, etc.).

INOCYBE (FR., *Syst. myc.*, I, 254). Tribu d'Agaricinés-Chromosporés, de la série des *Dermini*, dont M. Quélet a fait un genre (*Enchir. Fung.*, 93). Ses caractères sont: un voile subaranéeux, confluent avec la cuticule du chapeau, des spores brunes, à membrane souvent chagrinée. [DE S.]

INODAPHNIS (MIQ., *Fl. ind. bat.*, Suppl., I, 357). Synonyme (KURZ) de *Grewia* L.

INODERMA (ACHAR., *Lich. univ.*, 294; *Syn. Lichen.*, 96). Ce nom a été primitivement donné à un sous-genre des *Verrucaria* d'Acharius; il était formé de quatre espèces: les *V. byssacea, epigea, spongiosa* et *velutina*, décrits ailleurs (PERS. — BERN.) comme des *Sphæria*. Ce sous-genre a pour caractères un thalle mou, subspongieux ou byssoïde. Kützing en a fait (in *Linnæa* [1833], VIII, 362) un genre d'Algues d'eau douce, sous le nom d'*Inoderma* (*I. lamellosum*). C'est pour Meneghini une Oscillariée. Plus tard Kützing le plaça dans les Palmellées (*Linnæa*, XVII, 84; *Phyc. gen.*, 172), puis parmi les Protodermacées (*Spec. Alg.*, 471). Pour Montagne (in *Dict. d'Orb.*, X, 52), c'est une Coccochlorée, et pour M. Nægeli (*Gatt. einz. Alg.*, 63), une Tétrasporée. Elle est constituée par un thalle étendu, en couche, glissante à la partie supérieure, indéterminée, composé de cellules arrondies-anguleuses fortement serrées. [H. BN.]

INODERMEI (FR., *Epicr.*, ed. 2, 564). Division des Polyporés, comprenant les espèces à chapeau sec et solide, à cuticule mince et fibreuse, à texture interne, colorée ou blanche. [DE S.]

INODERMUS (QUEL., *Ench. Fung.*, 173). Genre de Polyporés, à chapeau sec fibreux, villeux ou hérissé, à pores séparables; épixyles; ce genre ne comprend des *Inodermei* de Fries que les espèces du groupe des *Stupposi*. [DE S.]

INODISUM (NECK., *Elem.*, III, 348). Genre d'Athrosophytés, séparé par l'auteur des Lichens.

INOKODZUCHI. Nom japonais de l'*Achyranthes bidentata* BL.

INOLOMA (FR., *Syst. myc.*, 216). Tribu des Agaricinés-Chromosporés, du genre Cortinaire, comprenant les espèces à chapeau charnu, sec, couvert de squames ou de fibrilles qui le rendent soyeux, à stipe souvent bulbeux et fibrilleux. Plusieurs sont comestibles et utilisés dans la Meuse, dans le midi de la France et en Italie.

INOMERIA (KUETZ., *Phyc. germ.*, 191; *Spec. Alg.*, 343). Genre d'Algues-Nématogénées, de la famille des Rivulariacées, division des *Mastogothricheæ*. Ce genre, douteux pour Rabenhorst, est caractérisé par une fronde dressée, flagelliforme, pourvue d'une gaine filamenteuse. Les gaines, très ténues, se montrent quelquefois en dehors, sous forme de fibrilles très nombreuses. (RŒM., *Alg. Deutschl.*, 28, t. 6, fig. 117. — RABENH., *Fl. europ. Alg.*, II, 223.) [CH. M.]

INOMYCETES (MART., *Fl. crypt. Erlang.*, 346). Section des Champignons-Hyphomycètes.

INOMYCETES (NEES, *Rad. plant. myc.*, 6). Division des Champignons, comprenant, avec quelques genres d'Hyphomycètes, des *Byssus*, *Rhizomorpha*, etc.

INONDO. Nom japonais de l'Aneth (*Peucedanum Anethum*).

INOPHYLLUM (BURM., *Thes. zeyl.*, 130, t. 60). Synonyme de *Calophyllum* L.

INOPHYTES. Groupe hétérogène, comprenant les Lichens et les Champignons.

INOPSIDIUM (REICHB., *Icon.*, VII, 26, t. 649). Pour *Ionopsidium* DC.

INOPSIS (POIR.). Pour *Ionopsis* H. B. K.

INOSCULATION (*inosculatio*). Synonyme de greffe.

INOSITE. Matière sucrée, à cristaux tabuliformes, qui se trouve dans les graines des Légumineuses, avant leur maturité.

INSALATUCCIA. Nom italien du *Picridium vulgare* L.

INSCHI. Au Malabar, le Gingembre.

INSECTE-PLANTE. Nom donné aux insectes attaqués par des Champignons qu'ils portent sur leur corps.

INSECTIVORISME. Propriété attribuée à certains végétaux de retenir les insectes et de les digérer pour s'en nourrir. Cette propriété s'étendant à d'autres animaux que les insectes, ou se manifestant à l'égard d'aliments albuminoïdes de nature très variable, on a souvent préféré le mot de *Carnivorisme*, qui implique qu'un végétal peut avoir, dans certains cas, une alimentation animale. Le fait en lui-même a déjà été étudié au mot DIGESTION (II, p. 418). C'est depuis quelques années, surtout depuis les travaux de Darwin, les discussions auxquelles ils ont donné lieu, et les observations nombreuses publiées par les imitateurs et les continuateurs du grand savant anglais, que la question de l'Insectivorisme a passionné le monde scientifique. La première plante qu'on ait signalée comme *insectivore* est probablement le *Dionæa muscipula* L. (voy. ce mot), dont Diderot écrivait déjà : « Voilà une plante *presque carnivore.* » On l'a encore nommée *Trappe de Vénus* et *Attrape-mouche*. Ellis l'envoyant à Linné, en 1765, des marais de la Caroline, l'appelait un *miraculum naturæ*, et la considérait comme « douée d'un mode de nutrition spécial ». Sa feuille présente, au-dessus d'une portion aplatie et allongée, un rétrécissement que surmonte la trappe ou le piège, formé de deux moitiés symétriques, séparées l'une de l'autre par la nervure médiane du limbe, suivant laquelle elles peuvent se replier comme sur une charnière, et toutes bordées de longues dents de peigne, qui s'entre-croisent quand les deux moitiés sont rapprochées l'une de l'autre. Sur leur face supérieure, ces deux moitiés portent trois processus aigus, encore nommés filaments, plus rarement au nombre de deux ou de quatre, longs d'environ 2 millimètres, et remarquables par leur extrême sensibilité. Quand on touche l'un d'eux, même très légèrement, les deux moitiés de la feuille se rapprochent. La plus grande partie de cette face est d'ailleurs recouverte de petites glandes rouges et polycystiques, formées de 20 à 30 éléments polyédriques. Quand une mouche ou tout autre insecte, se posant sur la feuille, touche légèrement un des trois filaments dont il vient d'être parlé, la feuille, se repliant, emprisonne l'animal; les glandes sécrètent autour de lui un liquide parfois très abondant, et les deux moitiés de la feuille ne se séparent lentement l'une de l'autre qu'après un nombre variable de jours suivant la taille de la proie, et, seulement alors, d'après l'opinion de Darwin et de plusieurs autres naturalistes, que celle-ci a été digérée par la feuille, et que les substances assimilables que la proie renfermait ont été absorbées par le végétal. Darwin a de plus conclu de ses expériences que divers aliments azotés, comme l'albumine, la fibrine, la viande, etc., sont de même dissous et rendus assimilables par la face interne de la feuille avec laquelle on les a mis en contact et qui se referme pareillement sur eux. Le liquide sécrété est acide et renferme, a-t-on dit, de l'acide formique (Dewar). Quelques personnes ont pensé que les Dionées auxquelles on donne ces aliments croissent plus vigoureusement que celles qui en sont privées; mais ce fait, de même que celui de l'absorption des matériaux nutritifs rendus solubles, a été contesté par plusieurs autres auteurs.

Darwin a surtout étendu des observations analogues à celles qui précèdent aux feuilles des *Rossolis* ou *Drosera*, notamment des *D. rotundifolia*, *intermedia*, *anglica*, etc., espèces de nos marais, et à quelques plantes exotiques du même genre. La feuille du *D. rotundifolia*, la plus commune de nos espèces, a un limbe orbiculaire, brusquement rétréci en pétiole. Le limbe porte à sa face supérieure un grand nombre de prolongements qu'on décrivait jadis comme des poils. Les plus extérieurs, nommés par Darwin *tentacules*, représentent probablement des lobes de feuille linéaires, à structure vasculaire, terminés par une glande en forme de tête. Les plus extérieurs, plus courts, non vasculaires, sont plutôt considérés aujourd'hui comme des glandes. Ils sécrètent un liquide abondant dans certaines circonstances, et il en est de même des tentacules, dont la tête est entourée, à certains moments, d'une couche de ce liquide sécrété, ressemblant à une goutte de rosée; d'où est venu le nom de *Rossolis*. Darwin, dans ses observations sur les *Drosera*, s'est proposé de démontrer : « 1° la sensibilité extraordinaire des glandes quand on les soumet à une légère pression ou quand on les traite par des doses infinitésimales de certaines liqueurs azotées, sensibilité qui se traduit par les mouvements des tentacules; 2° la faculté que possèdent les feuilles de rendre solubles ou de digérer les substances azotées, puis de les absorber; 3° les changements qui se produisent à l'intérieur des cellules des tentacules quand on excite les glandes de différentes façons. » On savait depuis longtemps, quoique le fait eût été quelquefois contesté, que, lorsqu'un insecte se pose sur ces feuilles, les tentacules se replient sur lui, l'embrassent pendant un certain temps, en même temps que le suc sécrété par les glandes devient plus abondant, s'acidifie de plus en plus, et Darwin a admis que ce suc digère l'insecte, rend une portion de sa substance assimilable; après quoi elle est absorbée par la feuille. Beaucoup d'autres substances, placées sur cette feuille, produisent des phénomènes analogues, et l'on a remarqué que « les tentacules restent bien plus longtemps fixés sur les corps qui fournissent des substances azotées solubles que sur ceux, organiques ou inorganiques, qui ne fournissent pas de semblables substances ». Des fragments de viande, de fibrine, d'albumine coagulée, etc., sont lentement ramollis et dissous par le suc qu'excrètent les glandes. Au bout d'un certain nombre de jours, la sécrétion diminue ou cesse tout à fait, et les tentacules se redressent peu à peu. Si un insecte se pose sur la portion centrale de la feuille, la sécrétion visqueuse des glandes l'englue; les tentacules s'infléchissent sur lui, l'enserrent de toutes parts; il est bientôt tué par asphyxie, le suc visqueux sécrété bouchant les orifices de ses stigmates. Si l'insecte ne se pose que sur les tentacules marginaux, ceux-ci, en s'infléchissant, tendent à le pousser vers les tentacules plus intérieurs, et ces derniers peuvent graduellement, en s'infléchissant à leur tour, faire passer l'animal jusqu'au centre de la feuille. Darwin croit que la plante se nourrit de la substance assimilable de l'insecte ou des aliments azotés dont nous avons parlé, après les avoir, par suite d'une véritable digestion, transformés en une sorte de peptone; qu'en même temps le protoplasma intérieur des éléments du tentacule s'agrège d'une façon particulière; que les alcalins arrêtent cette sorte de digestion; que le suc acide du *Drosera* agit à peu près comme le suc gastrique, non seulement sur les aliments déjà cités, mais encore sur les cartilages, les fibro-cartilages, la chondrine, la gélatine, le gluten acidifié, etc., mais qu'il n'agit pas sur l'urée, la cellulose, la fécule, les graisses, etc. Les sels d'ammoniaque déterminent une inflexion très énergique des tentacules. Beaucoup d'autres plantes, comme l'*Aldrovandia*, le *Drosophyllum*, les *Pinguicula*, les *Utricularia*, ont été également indiquées comme insectivores. Les uns ont admis que les glandes qui couvrent le centre de la feuille des *Drosera* sont les agents de l'absorption des aliments digérés; les autres leur ont contesté cette faculté. Le carnivorisme a été attribué à un grand nombre d'autres végétaux, aux *Nepenthes*, aux *Sarracena*. Outre les régions qui sécrètent des liquides digestifs, M. J. Hooker a décrit dans ces plantes une zone d'attraction pour les animaux, zone ordinairement caractérisée par une coloration particulière. On a même admis, dans les sucs de toutes ces plantes, un ferment analogue à la pepsine; et l'on sait que, de nos jours, on préconise comme digestif le latex du Papayer (*Papaya Carica*) et la papaïne qui en est extraite. Sans doute il n'y a point de comparaison absolue à établir entre un latex qui demeure enfermé dans des réservoirs internes d'une plante telle que le Papayer, et un liquide excrété au dehors, comme celui des *Drosera*, *Dionæa*, etc., et qui est mis en contact avec le corps d'un insecte. Mais le genre d'action est au fond le même. Directement ou indirectement, les plantes peuvent se nourrir des animaux, sont carnivores; et l'insectivorisme des feuilles ne serait qu'un mode particulier d'un phénomène qui est beaucoup plus général. On a affirmé que les *Drosera*, les Utriculaires, qui ont à leur portée des insectes et les saisissent, végètent plus vigoureusement que celles qui en sont dépourvues; on a constaté que, dans bien des cas au moins, les insectes qui sont mis en contact avec les plantes carnivores et sur lesquelles celles-ci réagissent, ne présentent pas ou présentent à un moindre degré le phénomène de la putréfaction, de même qu'on a constaté que le latex du Papayer conserve longtemps les viandes dans les climats tropicaux; mais il restera toujours un argument à opposer aux partisans du carnivorisme végétal, tant qu'on n'aura pas montré les peptones produites passant dans l'intérieur du végétal qui les aura préparées, et l'on conçoit que cette absorption d'aliments solubles par les feuilles doit être énergiquement repoussée par ceux qui ne veulent même pas admettre que la feuille puisse absorber de l'eau pure. Il y a d'ailleurs des cas d'insectivorisme apparent, comme nous en avons signalé un dans le *Bulletin mensuel de la Société Linnéenne de Paris* (p. 249). [H. Bn.]

INSERTION. Mode d'attache des parties de la fleur. Elle est, suivant la forme du réceptacle floral, hypogyne, périgyne ou épigyne (voy. ces mots).

INSILELLA (Ehrenb., *Ber. d. Berl. Akad.* [1845], 357). Diatomacée que les auteurs modernes ont placée, les uns dans le genre *Melosira*, les autres dans le genre *Biddulphia*. Nous serions de l'avis de ces derniers. Kützing (*Spec. Alg.*, 32) en fait une Mélosirée. [Ch. M.]

INSOLITEGMIA (Dumort., *Comm. bot.*, 66). Groupe des *Decorticalia*, comprenant les ordres des *Glumacia* et *Spadicia*.

INSTINCT. L'*Entéléchie* d'Aristote, qui « détermine l'être vers les fins qui lui sont convenables », et l'instinct que l'Académie définit : « mouvement indépendant de la réflexion et que la nature a donné aux animaux, pour leur faire connaître ou chercher ce qui leur est bon, et éviter ce qui leur est nuisible », existe certainement chez les plantes. Il suffit, pour s'en convaincre, de connaître les propriétés du *Phytoblaste* et d'observer ce qui se passe chez ce *Phytozoaire* (voy. ces mots). [H. Bn.]

INSTITALE (Fr., *Syst. Orb. veg.*, I, 150; *Syst. mycol.*, III, 210). Genre de Gastéromycètes, voisin des *Onygenia*, et d'une autonomie douteuse. Une des espèces admises dans le *Systema mycologicum* est une déformation de l'*Hypoxylon fragiforme* Berk. Le péridium incomplet, tomenteux extérieurement, est rempli d'un tissu de filaments ramifiés, au sein duquel se trouvent dans la partie supérieure des spores formant une poussière. Cette diagnose rappelle beaucoup le *Ptychogaster*, dont Fries n'a pas admis l'autonomie dans son *Summa vegetalium Scandinaviæ*. [De S.]

INSTITIALE (Reichb. — Endl.). Orthographe vicieuse pour *Institale* Fries.

INSYMÉTRIQUE. — Voy. Symétrie, Symétrique.

INTCHIMA. Fruit de Guinée, à suc laiteux, à saveur de prune.

INTEGER. Entier, non divisé. *Integerrimus*, très entier, absolument sans aucune trace de division.

INTEGUMENTA FLORALIA. Le périanthe.

INTEGUMENTUM (tégument). Nom donné aux parties enveloppantes de l'ovule, de la graine, du pollen, etc.

INTERCELLULAIRE. Situé dans l'intervalle des phytocystes : matière intercellulaire, espaces intercellulaires, etc. La matière ou substance intercellulaire, à proprement parler, n'existe pas, sinon dans les travaux de quelques chimistes ignorants des choses de la botanique.

INTERFOLIAIRE (*interfoliaris*), INTERFOLIACÉ. Organes situés dans l'intervalle de deux feuilles opposées : stipules, fleurs, inflorescences, etc., interfoliaires. Les fleurs et les inflorescences interfoliaires, répondant à l'aisselle d'une feuille inférieure, ont été entraînées ou soulevées jusqu'à l'espace interfoliaire qu'elles occupent, comme dans les Asclépiades, etc. [H. Bn.]

INTERNODIUM. Entre-nœud; d'où *internodiaire* : qui occupe un entre-nœud, appartient à l'entre-nœud.

INTERRUPTIPENNÉE (feuille). Celle qui, étant composée-pennée, présente çà et là des folioles plus petites, interposées à de plus grandes; elles peuvent même manquer totalement.

INTERTEXTUS. Enchevêtré, intriqué sans ordre apparent.

INTERVENIUM. Les portions de parenchyme interposées aux veines et aux nervures des feuilles, du calice, etc.

INTESTINEÆ (Dumort., *Comm. bot.*, 69, 79). Famille des *Tectigrania*, renfermant plusieurs genres de Champignons.

INTEXINE. Synonyme d'Intine.

INTINE. Synonyme d'Endhyménine. La membrane interne du grain pollinique.

INTORTUS. Organe tordu sur lui-même, tordu en dedans.

INTOUM. Nom (Jacq.) de l'*Eclypta punctata* L.

INTRAIRE (*intrarius*). Tourné en dedans, vers le centre d'une fleur, ou intérieur, central (*embryo in albumine intrarius*), par opposition à *extraire*.

INTRICATÆ (Nyl., in *Mém. Soc. Cherb.* [1854], II, 11). Série des Lichénacées, comprenant les tribus des Roccellées, Usnéées, Ramalinées, Cétrariées. (Voy. *Flora* [1854], 234.)

INTRIGA BARBA. En Italie, l'*Ononis arvensis* L.

INTRIQUÉ, INTRICATUS. Enchevêtré; se dit de poils entremêlés, de rameaux qui naissent sur la tige, nombreux, serrés, sans ordre possible à déterminer, etc.

INTROFLÉCHI (*introflexus*). Fléchi de dehors en dedans.

INTRORSE (*introrsus*). Tourné, dirigé en dedans. Se dit souvent du micropyle ovulaire et surtout de la *face* de l'anthère, *introrse* quand elle regarde le centre de la fleur.

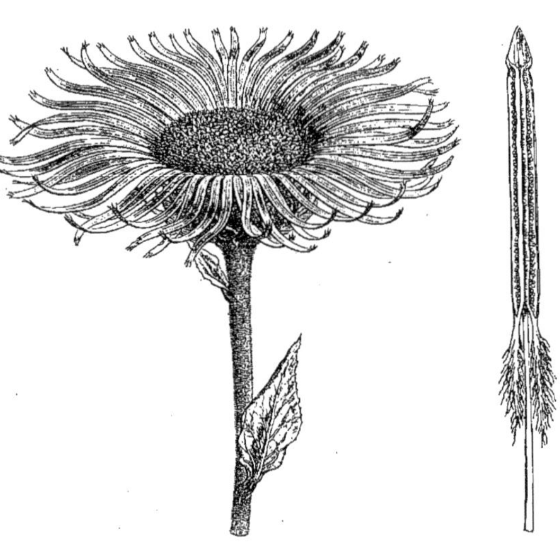

Inula. — Capitule. Étamine appendiculée.

INTROVENIUM. État dans lequel les nervures et veines sont plongées dans le parenchyme et peu visibles à l'extérieur.

INTRUSUS. Replié en dedans et enfoncé à l'intérieur.

INTSI (Poir., *Dict.*, XXIII, 547). Pour *Intsia* Dup.-Th.

INTSIA (Dup.-Th., *Gen. nov. madag.*, 22). Synon. de *Afzelia*.

INTSIEÆ (R. Br., *Dissert. Legum.*, 135). Tribu des Légumineuses-Curvembriées, comprenant une portion des Cæsalpiniées.

INTUBUS MAJOR (Matth.). Le *Cichorium Endivia* L.

INTURIS. L'un des noms anciens du Câprier.

INTUSSUSCEPTION. Mode de nutrition des parois des phytocystes, qui s'accroissent par nutrition intime, et non par le dépôt de couches successives, soit en dehors, soit en dedans d'une membrane préexistante. L'inégalité d'intensité suivant laquelle se produit l'accroissement des divers points de la paroi d'un même phytocyste, est la cause des épaississements inégaux de cette paroi; d'où résultent les dessins variés qui s'aperçoivent à sa surface. (Voy. Phytocyste.)

INTYBELLIA (Cass., in *Bull. philom.* [1821]; in *Dict.*, XXII, 547). Synonyme de *Pterotheca* Cass.

INTYBELLIA (Monn., *Ess. Hierac.*, 78, nec Cass.). Synonyme de *Crepis* L.

INTYBELLIOIDES (Frœl., in *DC. Prodr.*, VII, p. I, 164). Section du genre *Crepis* L. Ledebour a écrit *Intybelloides*.

INTYBUS (C. BAUH., ex HERM., *Hort. lugd.-bat. Cat.*, 338). Synonyme de *Cichorium* T.

INTYBUS (FRIES, *Novit.*, ed. 2, 244). Genre de Composées, proposé pour le *Hieracium præmorsum* L. (*Crepis* L.).

INU-BIYU. Nom japonais de l'*Euxolus viridis* MOQ.

INU-BUDO (*Raisin de chien*). Nom japonais de certains *Vitis*.

INU-CHOROGI. Nom japonais du *Teucrium stoloniferum* HAM.

INU-FUGURI. Nom japonais du *Veronica agrestis* L.

INUGARASHI. Nom japonais du *Nasturtium montanum* WALL.

INUGOMA. Nom japonais du *Stachys japonica* MIQ.

INU-HAGI. Nom japonais du *Lespedeza villosa* PERS.

INU-HODZURI. Nom japonais de la Morelle noire.

INU-NADZUNA. Nom japonais du *Draba nemoralis* L.

INU-TADE. Nom japonais du *Polygonum Posumbu* HAM.

INU-YOMOGI. Nom japonais de l'*Artemisia Keiskeana* MIQ.

INUB. Nom arabe des Vignes.

INUKOJU. Au Japon, une variété de l'*Hedeoma nepalensis* L.

INULA. Nom latin des Aunées (I, 319). (Voy. H. BN, *Hist. des pl.*, VIII, 39, 158, fig. 55, 56; *Tr. Bot. méd. phanér.*, 1128.)

Involucre foliacé de l'Anémone-Sylvie.

INULACEÆ (PRESL, *Del. Prag.* [1822], I). Division des Composées (genres *Pulicaria*, *Gnaphalium*, *Filago*).

INULASTER (SCH. BIP., in *A. Rich. Fl. Abyss.*, III, 399). Section du genre *Inula* L.

INULÉES (*Inuleæ* CASS., in *Bull. Soc. philom.* [1812], 190; [1815], 173). Tribu des Composées.

INULINE. Substance ternaire, analogue à l'amidon, observée primitivement dans les *Inula* et qui a même été signalée dans les Cryptogames. (Voy. PHYTOBLASTE, D.)

INULOIDEÆ. Tribu des Composées. (B. H., *Gen.*, II, 166.)

INULOPSIS (DC., *Prodr.*, V, 394). Section (?) du genre *Aplopappus* CASS. (ENDL., *Gen.*, 386.)

INUNCANS. Chargé de petits poils crochus.

INUNDATÆ (L., *Phil. bot.* [1751], 32). Ordre (XLVIII) de plantes, comprenant des Haloragées, Naïadées, Typhacées, etc. Batsch y a ajouté les *Lemna*, *Chara*, *Callitriche*, etc.

INUNDATUS. Se dit des plantes qui sont tantôt à sec et tantôt inondées, couvertes d'eau.

INUNOHIGE. Nom japonais de l'*Eriocaulon japonicum* KAER.

INURAS-SALEB. Nom arabe de la Belladone.

INUSHOMA. Nom japonais de l'*Actæa* (*Cimicifuga*) *japonica*.

INVERSE (*inversus*). Une graine descendante dans un fruit dressé est dite *inverse*; de même un embryon renversé dans une graine dressée et orthotrope, ou dressé dans une graine orthotrope et descendante, etc.

INVERTENTIA. Se dit des folioles d'une feuille composée, qui se relèvent de façon à se toucher par leur face supérieure.

INVOLUCELLE (*involucellum*). Diminutif d'involucre; involucre secondaire ou partiel. D'où *involucellatus*. — Voy. INFLORESCENCE, INVOLUCRE.

INVOLUCRALIS. Qui appartient à l'involucre.

INVOLUCRARIA (SER., in *DC. Prodr.*, III, 318). Synonyme de *Trichosanthes* L. (H. BN, *Hist. des pl.*, VIII, 446.)

INVOLUCRARIUM (HOOK., ex TORR. et GR., *Fl. N.-Amer.*, I, 317). Section du genre *Trifolium* T. (*T. involucratum*, *microcephalum*, *fimbriatum*, etc.).

INVOLUCRATUS. Pourvu d'un involucre, involucré.

INVOLUCRE (*involucrum*). Ensemble d'appendices qui entoure l'inflorescence et qui est généralement formé de bractées. Dans les Ombellifères, l'involucre est situé à la base des rayons qui naissent de l'axe principal de l'inflorescence. Les organes analogues, situés à la base des axes tertiaires, constituent l'involucelle. On a souvent confondu les involucres avec les calicules; ces derniers accompagnent ou enveloppent une seule fleur. L'involucre du capitule des Composées est aussi formé de bractées, insérées sur le réceptacle dilaté de l'inflorescence, en dessous et en dehors des fleurs. — Voy. INFLORESCENCE.

INVOLUCRELLA. Section du g. *Hedyotis* (B. H., *Gen.*, II, 57).

INVOLUTÉ (*involutus*). Enroulé de dehors en dedans.

IOBAPHES (PHIL., *Fl. atacam.*, 27, t. 4). Synonyme (?) de *Hyalis* D. DON (*Gochnatia* H. B. K.).

IO-BI-SJO. Nom chinois du *Pinus polita* AIT.

IOCASTE (E. MEY., in *Harv. et Sond. Fl. cap.*, III, 160). Synonyme de *Phymaspermum* LESS.

IOCHROMA (BENTH., in *Bot. Reg.* [1845], t. 20; *Gen.*, II, 895). Synonyme de *Chænesthes* MIERS (I, 716). Mais le nom d'*Iochroma* a pour lui la priorité. (H. BN, *Hist. des pl.*, IX.)

IOCHROMEÆ (MIERS, in *Ann. and Mag. Nat. Hist.*, ser. 2, III, 178). Tribu des Solanacées.

IODANTHUS (TORR. et GR., *Fl. N.-Amer.*, I, 72). Genre de Crucifères, voisin des *Pachypodium* NUTT. et qui, vraisemblablement, d'après M. Asa Gray lui-même, ne doit pas en être séparé. (H. BN, *Hist. des pl.*, III, 244, not. 2.)

IODES (BL., *Bijdr.*, 29). Genre de Térébinthacées, série des Phytocrénées, dont les fleurs dioïques, pourvues ou non d'un calicule, ont un périanthe quelquefois muni à la base d'une couronne de soies, et divisé au sommet en 3, ou plus ordinairement 4 ou 5 lobes valvaires, velus en dehors, réfléchis ou révolutés. L'androcée est à 3-5 étamines, alternes avec les divisions du périanthe; leurs filets, quelquefois aplatis, plus souvent courts, insérés au-dessous d'un gynécée rudimentaire, supportent des anthères droites, plus rarement réfléchies, biloculaires, introrses, déhiscentes par des fentes longitudinales. L'ovaire, inséré sur un réceptacle dilaté, renferme 2 ovules, coiffés d'un petit obturateur; il est surmonté d'un style très court, dilaté, charnu, discoïde ou subréniforme, concave et multiradié au sommet. Le fruit est une drupe peu charnue, entourée à sa base du périanthe et du calicule persistants. La graine renferme sous ses téguments un embryon à cotylédons foliacés et entouré d'un albumen charnu. Ce sont des arbrisseaux très développés, grimpants, velus ou tomenteux. Leurs feuilles sont opposées, entières, penninerves, et leurs fleurs sont disposées en cymes composées. On en connaît environ 6 espèces, originaires des régions tropicales de l'Asie, de l'Afrique, de l'Océanie et de Madagascar. (Voy. H. BN, in *Adansonia*, III, 64; X, 262; in *DC. Prodr.*, XVII, 22; *Hist. des pl.*, V, 285, 340.) [T.]

IODINA (HOOK. et ARN., in *Hook. Bot. Misc.*, III, 172). Genre de Santalées-Cervantésiées, distingué par des feuilles anguleuses-rhomboïdales, glabres; les angles spinescents; des fleurs en cymes axillaires; hermaphrodites, à 5 étamines superposées aux 5 lobes triangulaires de la corolle, à 3 ovules insérés sur un placenta central droit. Il n'y en a qu'une espèce, de l'Amérique méridionale extratropicale, l'*Ilex ruscifolia* LAMK. (MIERS, in *Journ. Linn. Soc.*, XVII, t. 4. — REISS., in *Mart. Fl. bras.*, XI, t. 23. — H. BN, in *Adansonia*, III, 68, 126.)

IODOPAPPUS (SCH. BIP., in *Flora* [1844], 781). Section du genre *Lasiopus* CASS.

IORDES (BL., *Bijdr.*, 29). Pour *Iodes* BL.

IO-BUL. En Chine, nom d'une sorte d'Asa-fœtida.

IOLA. Nom bolivien du *Senecio graveolens* WEDD.

ION (MEDIC., *Malv.* [1787], 102). Synonyme de *Melanium* GING. (*Viola tricolor* L.). *Ion* était, chez les Grecs anciens, le nom des Violettes.

IONDRABA (MEDIC., *Pflanzeng.*, 27). Synonyme de *Biscutella*.

IONE (LINDL., *Fol. orchid.* [1852]). Synonyme de *Bulbophyllum* DUP.-TH.

IONIA. Nom ancien de l'Ivette.

IONIDES. Nom ancien du Câprier.

IONIDIA (VENT.), IONIDIEÆ (REICHB.). Division des Violariées.

IONIDION (BORY). Pour *Ionidium* VENT.

IONIDIOPSIS (PRESL, in *Abhand. Böhm. Ges.*, Flge 5 [1845], 443). Synonyme de *Noisettia* H. B. K.

IONIDIUM (VENT., *Malmais.*, t. 27). Syn. de *Hybanthus* JACQ.

IONIRIS (KLATT, in *Bot. Zeit.* [1872], 513). Synonyme de *Iris* T. et section de ce genre.

IONIRIS (SPACH, *Suit. à Buff.*, XIII, 35). Section du genre *Iris* T., dont le type est l'*I. humilis* BIEB. (WALP., *Ann.*, I, 821.)

IONITES. Nom ancien du Câprier.

IONIUM (REICHB., *Consp.*, 188). Section du genre *Viola* T.; synonyme de *Chamæmelanium* GING.

IONOPSIDÆ (LINDL., *Veg. Kingd.*, 182). Section des Vandées.

IONOPSIDIUM (DC., *Prodr.*, I, 174). Section du genre *Cochlearia* L. (*C. acaulis* DESF.).

IONOPSIDIUM (REICHB., *Pl. crit.*, VII, 26, t. 649). Genre de Crucifères-Lépidiées, séparé par l'auteur des *Cochlearia* et caractérisé par une silique oblongue, comprimée, à valves 2, 3-spermes, carénées. Les graines sont rugueuses ou tuberculées. Ce sont deux petites herbes annuelles, de la région méditerranéenne. (H. BN, *Hist. des pl.*, III, 287.)

IONOPSIS (DC., in *Mém. Mus.*, VII, 234; *Syst.*, II, 371). Synonyme de *Ionopsidium* DC.

IONOPSIS (H. B. K., *Nov. gen. et spec.*, I, 348, t. 83). Genre d'Orchidacées-Vandées, du groupe où les feuilles sont rapprochées ou fasciculées, parfois distiques, sur une tige courte ou très courte et non bulbeuse; distingué par des sépales dressés, un labelle à onglet long, à limbe exsert, largement étalé. Le gynostème est court. Les inflorescences ont des pédoncules longs, grêles; les pédicelles sont assez longs et souvent disposés en grappes lâches. Les 5, 6 espèces connues sont de l'Amérique tropicale. (*Bot. Reg.*, t. 1904. — *Bot. Mag.*, t. 5541.) [H. BN.]

IONOPSIS (HOOK. F., *Voy. Terr. et Ereb.*, *Bot.*, 34). Section du genre *Celmisia* CASS.

IONTHLASPI (T., *Inst.*, 210, t. 99). Section du genre *Clypeola* L. (ADANS., *Fam. des pl.*, II, 423. — DC., *Prodr.*, I, 165.)

IONTITIS. L'un des noms de l'Aristoloche-Clématite.

IONYGRON. Nom grec ancien des Pinguicules.

IOSTEPHANE (BENTH., *Gen.*, II, 368, n. 386). Synonyme (?) de *Balsamorhiza* HOOK. (*Wulffia* NECK.).

IOXYLON (RAFIN., in *Amer. Monthl. Mag.* [1819]; in *Journ. Phys.*, LXXXIX, 260). Synonyme de *Maclura* NUTT.

IOZOSTE (NEES, *Laur. Expos.*, 19). Synonyme de *Actinodaphne* NEES.

IPADU. Un des noms péruviens de la *Coca*. Synon. de *Hayo*.

IPE. Nom, au Brésil, des *Tecoma*. L'*Ipe roxo* est le *T. curialis* ALLEM. L'*Ipe tabaco* est (SALDANH.) le *T. insignis*.

IPEBRANCO. Au Brésil, le *Patagonula vulneraria* MART.

IPÉCA SAUVAGE. A Maurice, le *Tylophora asthmatica* W. et ARN.

IPECACOANHA (MARCGR., *Bras.*, 17). IPECACUANHA (PIS., *Bras.*, 321). Synonymes de *Uragoga Ipecacuanha* L.

IPÉCACUANHA. Mot qui signifie *racine odorante rayée*, et qui s'applique à un grand nombre de racines vomitives. Aujourd'hui, on distingue en médecine des *I. vrais* et des *I. faux*, dont l'origine est très variable. Les *I. vrais* sont divisés en *striés*, *ondulés* et *annelés*. Presque tous sont produits par des *Uragoga* (H. BN, *Tr. Bot. méd. phanér.*, 1082), notamment :

L'*I. annelé mineur*, racine de l'*Uragoga Ipecacuanha* L. (*Cephælis Ipecacuanha* RICH.).

L'*I. annelé majeur*, donné par l'*U. granatensis* H. BN.

L'*I. gris cendré glycyrrhizé* de Lémery, ou *I. violet*, est l'*I. strié majeur*.

L'*I. des mines d'or*, de Pelletier, ou *I. strié noir et dur*, est l'*I. strié mineur*.

L'*I. ondulé de Colombie*, donné (?) par l'*U. undata* H. BN.

L'*I. ondulé mineur* est seul produit par une espèce d'un autre genre, le *Richardia scabra* L. (*Richardsonia brasiliensis* GOM.).

L'*I. strié majeur*, produit par l'*U. emetica* H. BN.

L'*I. strié mineur*, dont on ne connaît pas exactement l'origine.

Ipecacuanha annelé mineur (*Uragoga*).

Il y a de faux Ipécacuanhas produits par des Rosacées (*Gillenia*), d'autres par des Euphorbes, des Violacées (*Hybanthus*), etc. A Saint-Domingue, on nomme *Ipecacuanha* la racine du *Pedilanthus anacampseroides* H. BN. Au Mexique, l'*Ipecacuanha del pais* est le *Solea verticillata* SPRENG.

IPECACUANHA (ARRUD., *Dissert.*). Synonyme de *Uragoga* L.

IPÉCACUANHA BATARD. Le *Ruellia tuberosa* L. et le *Pedilanthus tithymaloides* POIT.

IPÉCACUANHA BATARD DES ANTILLES. L'*Asclepias curassavica* L.

IPÉCACUANHA DES ALLEMANDS. Le *Vincetoxicum officinale*.

IPÉCACUANHA D'AMÉRIQUE. Le *Psoralea glandulosa* L.

IPÉCACUANHA DE BOURBON. Le *Periploca mauritiana* POIR.

IPÉCACUANHA DU CANADA, I. DE L'AMÉRIQUE DU NORD. L'*Euphorbia Ipecacuanha* L.

IPÉCACUANHA DE LA CAROLINE. Le *Podophyllum peltatum* L.

IPÉCACUANHA D'EUROPE. Le *Trientalis europæa* L.

IPÉCACUANHA DE LA GUYANE. Le *Boerhaavia diandra* L.

IPÉCACUANHA DE L'ISLE DE FRANCE. Le *Cynanchum vomitorium* LAMK.

IPÉCACUANHA DE VIRGINIE. Le *Triosteum perfoliatum* L.

IPECACUANHA (FAUX), I. DE VIRGINIE. La racine du *Gillenia trifoliata* et celle de l'*Euphorbia Ipecacuanha* L.

IPÉCACUANHA INDIGÈNE. La Bryone dioïque.

IPÉCACUANHA NOIR (RICH., in *Dict. sc. méd.*, XXVI, 4, ic.). Racine du *Psychotria emetica* MUT.

IPÉCACUANHA SPURGO. L'*Euphorbia Ipecacuanha* L.

IPEKAKA. Nom vulgaire, à la Guyane, de la racine de l'*Hybanthus Ipecacuanha* H. BN (*Ionidium Itouboa* VENT. — *Viola Ipecacuanha* L.). Cette racine jouit de propriétés vomitives assez énergiques. Elle est décrite par Guibourt sous le nom de *Faux-Ipécacuanha de Cayenne*.

IPÉ-TABACCO. Nom brésilien de plusieurs Bignonacées sarmenteuses et à bois dur.

IPEUVA. Nom du *Tecoma speciosa* DC., employé en Amérique comme antirhumatismal et antisyphilitique.

IPEX (RABENH., *Krypt.*, I, 402). Pour *Irpex* FRIES.

IPHERSCUL. Nom, au Maroc, de la racine du *Cistus salvifolius* L., employée au traitement des spasmes, des palpitations de cœur, etc. On l'appelle aussi, par corruption, *Effersue*, nom donné également, dit-on, au *Pteris aquilina* L.

IPHIGENIA (K., *Enum.*, IV, 212). Genre de Liliacées-Anguillariées, voisin des *Anguillaria*, des *Gagea* et des *Lloydia*. Il diffère du premier par ses étamines hypogynes, par ses anthères introrses et par son style très court, presque immédiatement divisé en 3 branches révolutées et chargées de papilles stigmatiques sur leur face interne. Il ressemble davantage aux derniers, car il n'en diffère que par la brièveté du style. On en connaît environ 3 espèces, de l'Inde orientale et de l'Australie, bulbeuses, à tige dressée, à feuilles graminiformes, à fleurs terminales; les pédoncules uni- ou triflores. (B. H., *Gen.*, III, 825.) [T.]

IPHIONA (CASS., in *Dict.*, XXIII, 609). Synonyme de *Inula* L. et section de ce genre. (H. BN, *Hist. des pl.*, VIII, 159.)

IPHIONE (BORY). Pour *Iphiona* CASS.

IPHIONEÆ (SCH. BIP., in *Walp. Rep.*, II, 953). Division des Euconyzées.

IPHISIA (WIGHT, *Contrib.*, 52). Synonyme de *Tylophora* R. BR.

IPHYON (THÉOPHR.). L'*Asphodelus ramosus* L.

IPIÉ. Synonyme d'*Illipé*.

IPIL. Nom, aux Philippines, des *Afzelia* SM.

IPNUM (PHIL., *Sert. Mendoc.*, II, 53). Genre de Graminées-Festucées, dont la place est douteuse et qu'on range avec hésitation (B. H., *Gen.*, III, 1187) près des *Eragrostis*. On le distingue par des épillets cylindriques, multiflores, à petit axe fragile. C'est une herbe cespiteuse de Mendoza, à feuilles planes et à inflorescence ramifiée, dont les divisions portent plusieurs épillets étalés. [H. BN.]

IPO (CAMELL., ex *Rai Hist. App.*, III, 87). Synonyme de *Antiaris* LESCHEN. Ce nom a été appliqué aussi au *Strychnos Tieute* LESCHEN.

IPOCISTIDE. Nom italien du *Cytinus Hypocystis* L.

IPOE-HESTER. A Java, le *Strychnos Tieute* LESCH.

IPOFESTO. En Italie, l'un des noms de la Chausse-trape.

IPOMÉE (*Ipomœa* L., *Gen.*, n. 216). Genre de Convolvulacées-Convolvulées, très voisin des Liserons et distingué par son ovaire 4-ovulé, à 2-4 loges, ou plus rarement 6-ovulé, à 3 loges, surmonté d'un style à dilatation stigmatifère épaisse, globuleuse, biglobuleuse ou didyme. Le fruit est capsulaire, 2-4-valve, plus rarement irrégulièrement rompu ou à déhiscence operculaire. Ce sont des arbustes, bien plus ordinairement des herbes, volubiles ou rampantes, à feuilles alternes, entières ou lobées, à feuilles axillaires, solitaires ou en cymes, plus rarement disposées en grappe terminale. On en compte près de 300 espèces, de toutes les régions chaudes du globe. On rapporte aujourd'hui à ce genre les *Pharbitis*, *Quamoclit*, *Calonyction*, *Batatas*, et même les *Exogonium*. Plusieurs espèces sont très ornementales, et l'on cultive partout comme plante grimpante l'*I. purpurea* LAMK. L'*I. Turpethum* est le Turbith végétal. [H. BN.]

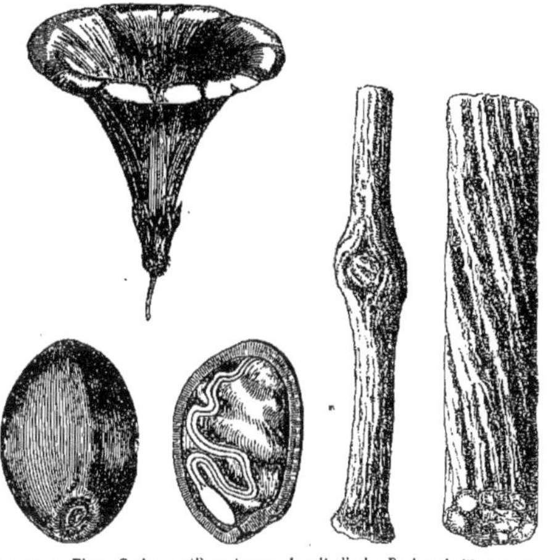

Ipomœa. — Fleur. Graine, entière et coupe longitudinale. Racines de l'*I. Turpethum*.

IPOMERIA (NUTT., *Gen. amer.*, I, 124). Synonyme de *Ipomopsis* RICH.

IPOMOPSIS (MICHX, *Fl. bor.-amer.*, I, 141). Section du genre *Gilia* R. et PAV.

IPPHIA (NORONH., ex DUP.-TH., *Mélang.* [1811], ex MEISSN.). Synonyme de *Psilotum* SW.

IPPOCASTANO. En Italie, le Marronnier d'Inde.

IPRÉAU. Nom vulgaire du Peuplier blanc (*Populus alba* L.).

IPSEA (LINDL., *Gen. et spec. Orchid.*, 124). Synonyme de *Pachystoma* BL. (*Bot. Mag.*, t. 5701.)

IPSUS. Nom grec (MENTZ.) du *Quercus Suber* L.

IPURUMA. Au Brésil, le *Mauritia flexuosa* L.

IQUETAYA. Nom brésilien d'une herbe qui se mélange au Séné.

IQUI. Chez les Indiens Itinos, l'*Orbignya phalerata* MART.

IRAIBA. Palmier brésilien, à moelle comestible, mais d'une saveur désagréable. C'est, dit-on, le *Cocos oleracea* MART.

IRAK. Nom persan du *Salvadora persica* L.

IRAKUSA. Nom japonais de l'*Urtica Thunbergiana* S. et ZUCC.

IRANDJA, IRANJADA. Orange en languedocien; désigne souvent l'*Amanita Cæsarea* SCOP.

IRASEKIA (GRAY). Pour *Jirasekia* SCHM.

IRASSE (BOSC). Nom d'un Palmier américain peu connu, peut-être un *Martinezia*.

IRAUPALOS (RAFIN., in *Ann. gén. phys.*, VI, 87). Synonyme (part.) de *Viburnum* T.

IRAUX-CHER. Synonyme de Vert.

IRAXCHIS. Dans les Landes, l'*Agaricus Palomet* THORE.

IRBOS. L'un des noms de l'*Iris florentina* L.

IRENEIS (MOQ., in *DC. Prodr.*, XIII, p. II, 349). Synonyme de *Rosea* MART.

IREON (BURM., ex SCOP., *Introd.*, 229). Synonyme de *Lightfootia* LHÉR. L'*Ireon* de P. Browne est, croit-on, le *Sauvagesia*.

IREOS. Nom ancien de l'Iris de Florence.

IRESINASTRUM (MOQ., in *DC. Prodr.*, XIII, p. II, 344). Section du genre *Iresine* P. BR.

IRESINE (P. BR., *Jam.*, 358). Genre de Chénopodiacées-Gomphrénées (ordinairement rapporté aux Amarantacées), du groupe à étamines hypogynes, et caractérisé par un style à 2 divisions stigmatifères subulées, et par un fruit membraneux, indéhiscent, à graine lenticulaire ou réniforme, comprimée, dont l'embryon a des cotylédons étroits. Ce sont, au nombre de 16-18, des plantes herbacées ou frutescentes, de l'Amérique tropicale et sous-tropicale, à feuilles opposées, à inflorescence très composèc, ramifiée; les divisions souvent opposées et chargées de petits glomérules multiflores. Quelques espèces sont cultivées comme ornementales, principalement l'*I. Herbstii*, remarquable par la coloration rouge de ses feuilles. Le genre est très voisin des *Hebanthus*. (Moq., in *DC. Prodr.*, XIII, p. II, 344, 350. — *Bot. Mag.*, t. 5499. — H. Bn, *Hist. des pl.*, IX, 213). Il est synonyme de *Cruzeta* Lœft., nom antérieur. [H. Bn.]

IRESINE (H. B. K., *Nov. gen. et spec.*, II, 198). Synonyme de *Iresinastrum* Moq.

IREUM (Steud.). Pour *Iridion* Burm.

IREXHIS. L'*Agaricus Palomet* Thore.

IRIA (Pers., *Enchir.*, I, 65). Synon. de *Abildgaardia* Vahl.

IRIARTEA (R. et Pav., *Prodr. Fl. per. et chil.*, 139, t. 32). Genre de Palmiers, tribu des Arécinées, se distinguant par : Fleurs unisexuées, réunies sur le même spadice; fleurs sessiles, presque entièrement dépourvues de bractées; les mâles beaucoup plus nombreuses. Spathes nombreuses, pédonculées : les extérieures incomplètes, tronquées au sommet; les intérieures ouvertes suivant la longueur; étamines (des fleurs mâles) 12-50, unies à la base; rudiment de pistil; calice et corolle (de la fleur femelle) à trois folioles imbriquées-convolutées; ovaire triloculaire; pas de rudiment d'androcée; baie charnue, monosperme; albumen régulier; embryon subvertical, latéral ou basilaire. Tige élevée, cylindrique ou ventrue vers le milieu de la hauteur, annelée, souvent entourée, à la base, de racines épigées; feuilles terminales, engainantes à la base, à folioles adnées obliquement, plissées et souvent fendues profondément en lanières dentées ou tronquées. Fleurs plus ou moins jaunâtres. Fruit vert ou d'un brun jaunâtre, rarement noirâtre, à graine non oléagineuse. On en connaît cinq espèces, qui habitent les régions intertropicales de l'Amérique du Sud (voy. Mart., *Hist. nat. Palm.*, III, 187. — Walp., *Ann.*, V, 810). Les noyaux du fruit de l'*Iriartea Orbignyana* Mart., petits et durs, sont employés par les habitants de la Bolivie pour faire des grains de chapelet. Les tiges de l'*I. phæocarpa*, qui croît dans le même pays, servent à fabriquer des rames et des ancres, et les Indiens emploient souvent la base engainante des feuilles comme vases destinés à divers usages domestiques; les feuilles entières sont utilisées pour faire des toitures. (B. H., *Gen.*, III, 900.) [L.]

IRIARTEÆ. S.-tribu (IV) des Arécées. (B. H., *Gen.*, III, 872.)

IRIARTELLA (Wendl., in *Bonplandia* [1862], 106). Genre de Palmiers-Arécées, créé pour une espèce de la section *Trachyphyllum* du genre *Iriartea* R. et Pav. (Drud., in *Mart. Fl. bras.*, III, II, 537, t. 127, fig. 1. — Wall., *Palm. Amaz.*, t. 15. — B. H., *Gen.*, III, 901, n. 39.)

IRIBLE. — Voy. Atriplex (I, 313).

IRICA GIALLA. En Italie, l'*Iris Pseudo-Acorus* L.

IRIDACÉES (*Iridaceæ* Lindl., *Nat. Syst.*, ed. 2, 332). Grande famille de Monocotylédones, voisine des Liliacées et des Amaryllidacées, et différant des dernières par son androcée réduit à 3 étamines alternipétales, et des premières par ce même caractère et son gynécée à ovaire infère. Les auteurs les plus récents divisent la famille en *Ixiées*, *Moréées* (Iridacées proprement dites) et en *Sisyrinchiées* (voy. ces mots). [H. Bn.]

IRIDÆA (Bory, *Bot. Coq.* (*excl. sp.*). — J. Agh, in *Act. Holm.* [1847], 87). Algue-Floridée-Coccospermée, de l'ordre des Gigartinées, caractérisée par une fronde plane, carno-gélatineuse, simple ou peu laciniée, constituée par deux couches de cellules. Les plus intérieures sont des cellules cylindriques, peu réticulées et anastomosées; la couche extérieure est constituée par des filaments verticaux, moniliformes, logés dans un mucus qui tend à se gélifier. Les cystocarpes sont renfermés dans la fronde, et, par suite de la solution du thalle, produisent un nucléus composé, entouré d'un plexus particulier. Les gemmidies sont peu nombreuses et arrondies-anguleuses. Les sphérospores, réunies en sores arrondies, répandues dans la fronde, se divisent en croix. On sait que le thalle de ces Algues se convertit dans l'eau bouillante en une gelée épaisse et nutritive. Quelques peuplades pauvres mettent à profit cette substance et s'en servent pour l'alimentation. (Agh, *Spec., gen. et ord. Alg.*, III, 179.) [Ch. M.]

IRIDAPS (Commers.). Synonyme de *Jaca* (*Artocarpus*).

IRIDARIEÆ (Dumort., *Anal. fam.*, 57). Ordre des Gynochlamydées (Iridées, Hypoxidées, etc.).

IRIDEA (Menegh. — Dcne). Orthographe vicieuse pour *Iridæa*.

IRIDÉES (*Irideæ* Vent., *Tabl.*, II, 188). Synonyme d'Iridacées.

IRIDES (B. Juss. — A.-L. Juss., *Gen.*, 57). Synonyme d'Iridacées.

IRIDINE. Nom français des *Vieusseuxia* Roch.

IRIDION (Burm., *Prodr.*, 6). Synonyme de *Roridula* L.

IRIDORCHIS (Bl., *Orchid. jav.*, 90, t. 26). Synonyme de *Cymbidium* Sw.

IRIGENIUM. Nom ancien de la Verveine officinale.

IRILLIUM (Rafin., ex *Steud. Nom.*, I, 821). Synonyme de *Trillium* Mill.

IRIMUSU. Nom cingalais du *Periploca indica* L.

IRIN. Synonyme de *Hirin*.

IRINA (Bl., *Bijdr.*, 230). Synonyme de *Pometia* Forst.

IRINE (Hassk.). Pour *Irina* Bl.

IRIO. Nom ancien du Vélar officinal.

IRIO (DC., in *Mém. Mus.*, VII, 238). Section du genre *Sisymbrium* L.

IRIO ALTERA (Matth.). Le *Sisymbrium polyceratum* L.

IRION (P. Br., *Jam.*, 179, t. 12, fig. 3). Synonyme de *Sauvegesia* L.

IRIPA (Adans., *Fam. pl.*, II, 508). Synon. de *Cynometra* L.

IRIS (T., *Inst.*, 358, t. 186-188). Genre d'Iridacées, qui a donné son nom à la famille et à la série des Iridées ou Moréées.

Iris. — Rhizome feuillé.

Ce sont des plantes à fleurs régulières, le réceptacle concave et l'ovaire infère, à divisions extérieures du périanthe unies en tube, dressées et resserrées à la base, à limbe plus ou moins dilaté, étalé ou réfléchi. Les intérieures sont plus petites, alternes, dressées. Il y a 3 étamines épigynes, dressées, à anthères extrorses, superposées aux folioles extérieures du périanthe.

L'ovaire infère à 3 loges multiovulées, et le style est à 3 branches pétaloïdes, biailées, concaves en dehors, stigmatifères seu-

Iris. — Inflorescence.

lement au fond d'une échancrure terminale et suivant une ligne transversale. Le fruit est infère, capsulaire, loculicide; les graines, globuleuses ou comprimées, sériées, ont un albumen corné, un petit embryon excentrique et un tégument souvent épais et spongieux. Il y a une centaine d'*Iris*, herbes vivaces, à rhizome cylindroïde, rampant ou dressé, bulbiforme, étroit. Les feuilles sont distiques, linéaires ou équitantes, rédupliquées, rectinerves. Les fleurs, accompagnées de bractées formant spathe, sont disposées au sommet d'une hampe commune, souvent pourvue de bractées, en cymes unipares, pluriflores, pauciflores ou réduites même à une seule fleur. Ce sont d'ordinaire des plantes très ornementales, et l'on cultive surtout chez nous celles de l'Europe du Nord, de l'Asie tempérée, de l'Asie septentrionale et de l'Amérique du

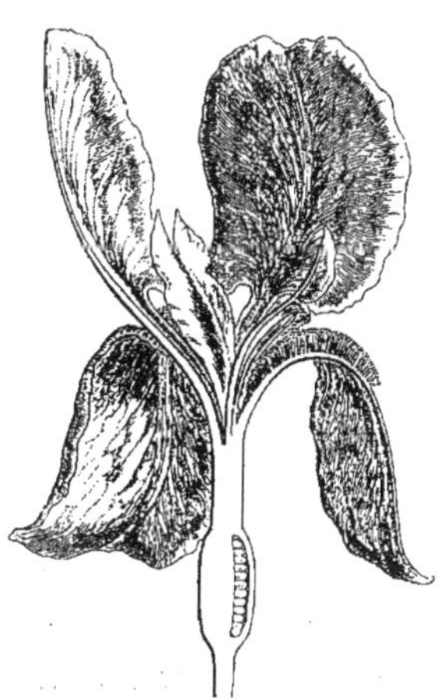

Iris. — Fleur, coupe longitudinale.

Nord. L'I. de Florence (*I. florentina* L.), des régions occidentales et australes de la mer Noire, servait seul en principe à préparer la poudre d'Iris, fabriquée avec son rhizome. En Italie on y ajoute les rhizomes de l'*I. germanica* L., de l'*I. pallida* Lamk. L'*I. versicolor* L. sert en Amérique aux mêmes usages que les précédents. Frais, son rhizome est irritant, purgatif. L'*I. fœtidissima* L. ou *Iris-jambon*, *Iris-gigot* de nos bois, a un rhizome évacuant et a été vanté contre plusieurs névroses. L'*I. Pseudacorus* L., le *Glaïeul jaune* de nos marais, est aussi éméto-cathartique, dangereux. Ses graines ont été parfois substituées à celles du Caféier. (H. Bn, *Tr. bot. méd. phanér.*, 1418.)

IRIS D'ANGLETERRE, IRIS EN GOUTTIÈRE. L'*Iris Xiphium* L.

IRIS DES JARDINS. L'*Iris germanica* L.

IRIS-GIGOT, IRIS-JAMBON. L'*Iris fœtidissima* L.

IRIS JAUNE, IRIS DES MARAIS. L'*Iris Pseudoacorus* L.

IRIS NOSTRAS. Le *Gladiolus communis* L.

IRISH HEATH. Nom anglais du *Daboecia polifolia* Don.

IRISH MOSS. Nom anglais du *Chondrus crispus* Lyngb.

IRLBACHIA (Mart., *Nov. gen. et spec.*, II, 101, t. 179). Synonyme de *Lisianthus* Aubl.

IRMA (Bout., ex *A. DC. Prodr.*, XV, p. I, 406). Synonyme de *Begonia* T.

IRMISCH (Thilo). Longtemps professeur à Sondershausen, débuta dans la science par *Der Anorganismus* [1843], où il s'occupait à la fois des deux Règnes organiques. En 1846, il publia son *Systematisches Verzeichniss* (in-8 de 76 p.). Depuis lors, il fit de nombreuses recherches sur les organes végétatifs, les bulbes, les rhizomes, etc. En 1850, ce fut son *Zur Morphol. d. monoc. Knollen u. Zwiebelgewächse*, avec 10 pl.; en 1856, son *Essai sur les Mélanthacées, Iridées, Aroïdées;* en 1853, *Sur la biologie et la morphologie des Orchidées*; en 1860, son *Beitr. z. Morphol. d. monocot. Gewächse* (in-4, avec 12 pl.). Il publia aussi des *Notices sur une Valériane* [1854], *sur les Potamées* [1858], *sur le Papaver trilobum* [1865]. En 1849, il avait donné des *Bemerk. ueb. d. Auswahl des Stoffes für d. bot. Unterricht auf Gymnasien*, etc., et en 1862 une courte *Histoire de la botanique thuringienne*, contenant des *Notices sur V. Cordus, Camerarius, J. Thalius*, etc. (Voy. *Cat. sc. pap.*, III, 496.)

IRMISCHIA (Schlchtl, in *Linnæa*, XIX, 738). Synonyme de *Metastelma* R. Br. et section de ce genre. (B. H., *Gen.*, II, 755.)

IRODOTYPUS (Dumort., *Fl. belg.*, 137). Section du genre *Iris* T. (*I. graminea*, *Pseudoacorus* L., etc.).

IROGNÉ. Nom provençal des Nigelles.

IROHASO. Nom japonais de la Bistorte.

IRON (P. Br., *Jam.* [1756], 179, t. 12, fig. 3). Synonyme de *Sauvagesia* L.

IRON. En Hongrie, l'Absinthe officinale.

IRON-BARK. Nom, en Australie, de plusieurs *Eucalyptus* à bois très dur, notamment des *E. leucoxylon*, *crebra*, *siderophloia*, *drepanophylle*, *melliodora*, *paniculata*, *bicolor*. Le *Silver leaved Iron-bark* est l'*E. melanophloia*.

IRON-GRASS. Nom anglais du *Spermacoce tenuior* Lamk.

IRON-HEADS. En Angleterre, le *Centaurea nigra* L.

IRON-WEED. Nom anglais des *Vernonia*.

IRONNE. Nom arabe de l'*Arisarum vulgare* Targ.

IRONWORT. En Angleterre, le *Galeopsis Ladanum* L. et les *Sideritis*.

IROUCANA (Aubl., *Guian.*, 329, t. 127). Synon. de *Anavinga*.

IRPEX (Fr., *Elench. Fung.*, 142; *Epicr.*, ed. 2, 619). Genre de Champignons, de la famille des Hydnés, qui semble être un groupe de passage entre les genres *Hydnum*, *Lenzites* et *Dædalea*. Le chapeau, coriace, rarement stipité, plus souvent sessile, pendant ou résupiné, porte inférieurement des dents fermes, coriaces, pointues, disposées en séries ou en réseaux, reliées par des expansions membraneuses qui dessinent des pores plus ou moins irréguliers. L'hyménium, étendu sur l'hyménophore ainsi constitué, présente des basides à 4 stérigmates portant des spores ovoïdes et hyalines. La structure mixte de ces champignons les a souvent fait rapporter par les auteurs aux genres

Hydnum, Dædalea, Sistotrema, Radulum. On en connaît de 15 à 18 espèces, dont la plupart sont européennes et se rencontrent sur les Pins et les Cupulifères. [De S.]

IRRÉGULIER (*irregularis*). Les divers organes des plantes peuvent être irréguliers, notamment les fleurs et leurs divers verticilles. Ainsi un calice est irrégulier quand ses folioles sont inégales ou insérées à des hauteurs diverses ou à des distances inégales dans le plan horizontal. Il en est de même pour une corolle, et les périanthes peuvent être symétriques quoique irréguliers. Les différentes sortes de corolles irrégulières sont importantes à connaître pour la classification (voy. COROLLE). L'androcée est irrégulier quand les étamines sont inégales entre elles ou qu'elles sont insérées à des hauteurs et à des distances inégales, et que les inégalités ne se produisent pas autour du centre selon une loi uniforme. Il en est de même des carpelles. Une feuille, un sépale, un pétale, etc., sont irréguliers quand leurs deux moitiés ne sont pas égales et superposables; il y a alors en même temps insymétrie de ces organes. [H. Bn.]

IRRITABILITÉ. Cette propriété des êtres vivants existe chez les plantes : elle réside dans le phytoblaste ; ce qui n'a rien d'étonnant, puisque c'est, à notre avis, un *phytozoaire* (voy. *Bull. Soc. Linn. Par.*, 313; *Tr. Bot. méd. phanér.*, 235), lequel possède toutes les qualités qui existent chez les animaux inférieurs. Lorsqu'il est irrité, le phytoblaste réagit et produit, entre autres phénomènes, des mouvements qui ont été attribués à sa *contractilité*. Il y a des plantes chez lesquelles ces mouvements ont été depuis longtemps constatés et décrits de préférence, parce qu'ils sont plus intenses et surtout plus rapides (voy. MOUVEMENT). Mais nous avons établi qu'il existait aussi des mouvements relativement très rapides chez certains phytoblastes, et que leur siège réside dans de véritables pseudopodes, comparables à ceux des invertébrés inférieurs. (Voy. *Bull. Soc. Linn. Par.*, 297, et PHYTOBLASTE.) [H. Bn.]

IRRORATUS. Lavé de; ainsi : *Corolla alba purpureo irrorata* signifie : corolle blanche, lavée de pourpre.

IRSIOLA (P. Br., *Jam.* [1756], 147, t. 4, fig. 2). Synonyme de *Vitis*. Aux Antilles, c'est surtout le *Vitis* (*Cissus*) *acida* L.

IRUNGUS. Nom ancien du Panicaut.

IRUPE. Nom guarani des *Victoria* Lindl.

IRVINE (Alex.). Auteur, en 1838, de *The London Flora;* en 1855-63, du *Phytologist*, journal botanique; en 1858, de *The illustrated Handb. of the british plants.* (*Cat. sc. pap.*, III, 499.)

IRVINGIA (F. Muell., *Fragm. phyt. Austral.*, V, 17, nec Hook. f.). Synonyme de *Kissodendron* Seem.

IRVINGIA (Hook. f., in *Trans. Linn. Soc.*, XXIII, 167). Genre de Rutacées-Picramniées, à fleurs 4,5-mères; le calice et la corolle imbriqués ; l'androcée hypogyne et diplostémoné; les étamines à filets nus, et le gynécée libre, à ovaire biloculaire; les loges uniovulées et l'ovule descendant, à micropyle supérieur et extérieur. Le fruit est une drupe, à graine pourvue ou non d'albumen. Ce sont 3, 4 arbres glabres, de l'Afrique tropicale et de la Malaisie, à feuilles alternes, enveloppées d'abord par de grandes stipules unies en cône acuminé ; à fleurs en grappes composées, terminales et axillaires. L'*I. gabonensis* H. Bn (*I. Barteri* Hook. f. — *Mangifera gabonensis* A.-Lec.) est l'arbre qui fournit le pain et le beurre de *Dika* (II, 423), qui sont extraits de ses graines. (H. Bn, in *Adansonia*, VIII, 82.)

IRYA (Hook. f. et Thoms., *Fl. ind.*, I, 159). Section du genre *Myristica* L.

IRYANTHERA (A. DC., *Prodr.*, XIV, p. I, 201). Section du genre *Myristica* L.

ISACANTHUS (Nees, in *DC. Prodr.*, XI, 278). Synonyme de *Sclerochiton* Harv.

ISACHNE (R. Br., *Prodr.*, 196). Genre de Graminées-Panicées, voisin des *Panicum*, distingué par une inflorescence dite paniculée, telle que celle des *Panicum*, de la section *effusi*, avec 4 glumes : les 2 inférieures stériles et persistant sous l'articulation; les 2 supérieures fertiles. Ce sont des herbes annuelles ou plus souvent vivaces, de toutes les régions chaudes des deux mondes. On en décrit une vingtaine d'espèces. (K., *Enum.*, I, 135; *Revis. Gram.*, t. 33, 117. — Dœll, in *Mart. Fl. bras.*, II, II, t. 35.) [H. Bn.]

ISADIS (Batsch). Pour *Isatis* T.

ISANDRA (F. Muell., in *Wing's South. sc. Rec.*, janv. 1883). Genre australien, comparé par l'auteur aux *Duboisia* et *Anthocercis*, et qui en diffère par 5 étamines égales, à anthères extrorses, déhiscentes par 2 fentes longitudinales, et par un ovaire à style subnul, biloculaire. Il y a dans chaque loge deux masses ascendantes qui sont, paraît-il, des placentas multiovulés : ce que ne nous permet pas de déterminer l'échantillon que nous avons à notre disposition. Toute la fleur est d'ailleurs régulière. C'est un petit arbuste visqueux, à feuilles alternes, linéaires-révolutées, à petites fleurs axillaires et solitaires, pédonculées. [H. Bn, *Hist. des pl.*, IX.]

ISANDRA (Salisb., *Gen. pl. Fragm.*, 67). Synonyme de *Thysanotus* R. Br.

ISANDRION (H. Bn, in *Adansonia*, IV, 141). Section du genre *Baccaurea* Lour.

ISANTHERA (Nees, in *Trans. Linn. Soc.*, XVII, 82). Genre de Gesnéracées-Cyrtandrées, de la sous-série des Beslériées, distingué par une corolle presque régulière, subrotato-campanulée, à 5 divisions profondes. Ce sont des plantes herbacées ou suffrutescentes, de l'Inde et de la Malaisie, à feuilles alternes et à cymes axillaires. On en décrit 4 espèces. (Griff., *Icon. pl. asiat.*, t. 435.) [H. Bn.]

ISANTHINA (Reichb., *Consp.*, 59). Sect. du g. *Commelina* L.

ISANTHIUM (Lindl., *Fol. orchid.* [oct. 1852]). Section du genre *Odontoglossum* H. B. K.

ISANTHUS (DC., *Herb.*). Synonyme de *Homoianthus* DC.

ISANTHUS (Less., in *Linnæa* [1830], V, 338; *Syn. Comp.*, 119). Synonyme de *Berniera* DC.

ISANTHUS (Michx, *Fl. bor.-amer.*, II, 3, t. 30). Genre de Labiées-Ajugées, voisin des *Trichostema* L. auxquels l'avait joint Linné, et caractérisé par un calice également 5-fide; une corolle à tube court et à gorge dilatée, avec les 5 lobes du limbe subégaux et étalés. Les 4 étamines sont courtement exsertes. Quant au gynécée et au fruit, ils sont ceux des *Trichostema*. Le seul *Isanthus* connu (*I. cæruleus* Michx) est une herbe annuelle, de l'Amérique du Nord. [H. Bn.]

ISARIA (Pers., *Tent. disp.*, 41). Genre d'Hyphomycètes, présentant un stroma filamenteux, dressé, souvent simple, quelquefois ramifié. Ce stroma porte à sa surface des conidies nées de l'extrémité des filaments qui le composent. Les conidies sont uniloculaires, hyalines, globuleuses ou elliptiques. L'autonomie de ce genre a été entamée par les observations de Tulasne, qui a reconnu la filiation des *Isaria* entomogènes avec des Sphériacés des genres *Torrubia*, *Cordiceps*, etc. La note de Tulasne sur l'*I. crassa* Pers. (in *Ann. sc. nat.*, sér. 4, VIII, 35) indique aussi la parenté de cette espèce avec un Hyphomycète à forme filamenteuse, le *Botrytis Bassiana* Bals. La formation de plusieurs *Isaria* pourrait donc avoir quelque chose d'analogue à celle des *Coremium*, qui résultent de la coalescence des filaments de *Penicillium*. Il arrive qu'à la suite d'une culture prolongée diverses espèces de Mucédinés prennent une tendance à se corémier, si l'on veut bien nous permettre ce

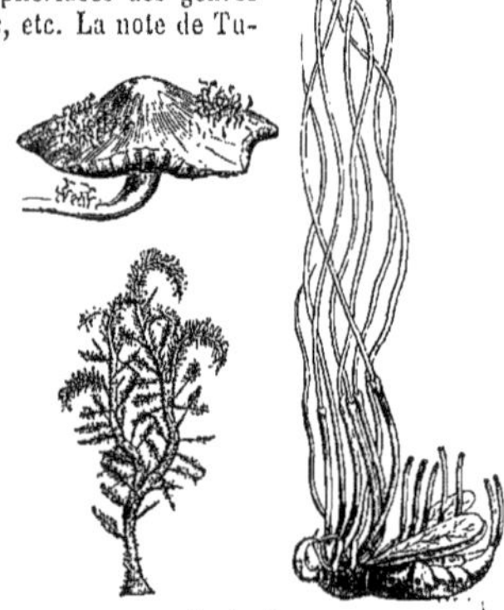
Isaria divers.

néologisme. Ainsi les très nombreuses espèces d'*Isaria* connues (70 environ) pourraient sans doute se réduire de beaucoup. Les espèces authentiques forment, ainsi que le constatait Fries, comme un passage des Hyphomycètes aux Hyménomycètes : la structure des *Pistillaria* offre assez d'analogie avec celle des *Isaria*. On rencontre les *Isaria* sous toutes les latitudes, vivant sur les feuilles, le bois, l'écorce, les Champignons, les insectes, en un mot sur presque tous les substratums qu'affectionnent les Hyphomycètes filamenteux et non pourvus de stroma. [De S.]

ISARIACEI (Fr., *Summ. veg. Scand.*, 464). Division des Gymnomycètes, comprenant les genres *Isaria, Anthina, Byssocaulon, Ceratium*.

ISARIACÉS, ISARIÉS. — Voy. ISARIACEI.

ISARIADEÆ (GRAY), ISARIDEÆ (GRAY), ISARIEÆ (BR.), ISARIEI (LÉV.). Tribu des Champignons. — Voy. ISARIACEI.

ISARIEÆ (CORD., *Anleit.*, 169). Famille d'Hyphomycètes. — Voy. ISARIACEI.

ISARIOPSIS (FR., in *Sacc. Mich.*, II, 33). Genre d'Hyphomycètes, ayant le facies des *Isaria*, mais le stroma plus grêle et les conidies cloisonnées. M. Saccardo en décrit 7 espèces, vivant sur les feuilles, en Europe et en Amérique. (*Syll. Fung.*, IV, 630.) [De S.]

ISARTIA (DUMORT., *Anal. fam.*, 32). Pour *Isertia* SCHREB.

ISATIDÉES (*Isatideæ* ou *Pastels*). Série de Crucifères, qui a pour type le genre *Isatis*. Elle est caractérisée par : une silicule très aplatie perpendiculairement aux placentas, indéhiscente ou s'ouvrant tardivement par une fente qui sépare les deux feuilles carpellaires; elle est souvent amincie et foliacée sur les bords, tandis que le centre est renflé et dur; elle renferme une ou plus rarement deux graines superposées, descendantes, pourvues d'un embryon à radicule supère, incombante ou parfois accombante aux cotylédons. Cette série contient vingt-neuf genres : *Isatis, Pachypterygium, Dipterygium, Tauscheria, Moriera, Clypeola, Thysanocarpus, Peltaria, Tchihatchewia, Tetrapterygium, Boreava, Calepina, Texiera, Schimpera, Myagrum, Sobolewskia, Spirorhynchus, Neslia, Palsmstruckia, Euclidium, Ochthodium, Zilla, Cycloptychis, Boleum, Lachnoloma, Bunias, Pyramidium, Octoceras* et *Pugionium*. (Voy. H. BN, *Hist. des pl.*, III, 199, 222, 258.)

ISATIS (T., *Inst.*, 211, t. 100). Nom latin des Pastels.

ISAURA (COMM., ex POIR., *Dict.*, Suppl., III, 85). Synonyme de *Stephanotis* DUP.-TH.

ISAUXIS (ARN., in *Wight Ill.*, I, 88). Nom proposé pour ceux des *Vatica* qui ont les sépales fructifères presque égaux.

ISCHÆMEÆ (PRESL, *Rel. Hænk.*, I). Sous-tribu des Graminées-Saccharinées, formée du seul genre *Ischæmum* L.

ISCHÆMON (HALL., *Enum. stirp. helv.*, I, 205). Synonyme de *Ischæmum* L.

ISCHÆMOPOGON (GRISEB., *Fl. brit. W.-Ind.*, 560). Genre proposé pour l'*Ischæmum latifolium* K.

ISCHÆMUM (L., *Gen.*, n. 1148). Genre de Graminées-Andropogonées, organisé comme les *Andropogon*, et qui s'en distingue seulement par ses épillets sessiles et biflores; ses épis d'ordinaire plus épais, plus rigides et plus glabres. Ce sont des herbes annuelles ou vivaces, des régions chaudes des deux mondes, à épis solitaires ou 2-∞ au sommet d'un pédoncule terminal; le rachis est souvent légèrement excavé au niveau de ses nœuds. Les *Jardinia* STEUD. paraissent appartenir à ce genre. (K., *Enum.*, I, 511.) [H. BN.]

ISCHALEON (EHRH., *Phytoph.*, n. 43; *Beitr.*, IV, 147). Synonyme de *Cicendia* ADANS.

ISCHAR. En Orient, la racine du *Leontice Leontopetalum* L.

ISCHARUM (BL., *Rumphia*, I, 144, t. 29). Synonyme de *Biarum* SCHOTT et section de ce genre. (ENGL., *Arac.*, 575.)

ISCHAS. Nom ancien des Figues sèches.

ISCHÈME. Nom français (LAMK) des *Ischæmum* L.

ISCHINA (WALP.). Pour *Ischnia* DC.

ISCHNANTHUS (RŒM. et SCH.). Pour *Ichnantus* PAL.-BEAUV.

ISCHNIA (DC., in *Meissn. Pl. vasc. Gen.*, 298; *Comm.*, 206; *Prodr.*, IX, 257). Synonyme de *Tamonea* AUBL.

ISCHNOSIPHON (KŒRN., in *N. Mém. Soc. imp. nat. Mosc.*, XI, 316, t. 10, 11; in *Bull. Mosc.* [1862], I, 80). Genre de Zingibéracées-Marantées, établi pour 16 plantes de l'Amérique tropicale, voisines des *Maranta* et distinguées par une inflorescence spiciforme; des bractées convolutées, entourant étroitement l'axe et les fleurs; une corolle à tube grêle; des fleurs nombreuses en dedans de chaque bractée. (HORAN., *Prodr. Scit.*, 11. — RUDGE, *Pl. guian.*, t. 2, 3, 37.) [H. BN.]

ISCHUROCHLOA (BUSE, in *Pl. Jungh.*, 389). Syn. de *Bambusa*.

ISCHYRANTHERA (STEUD., *Pl. surin.*). Syn. de *Bellucia* NECK.

ISCHYROLEPIS (STEUD., *Syn. pl. glum.*, II, 249). Synonyme de *Restio* L.

ISCHYS. Nom ancien du *Conyza squarrosa* L.

ISEHANABI. Nom japonais du *Strobilanthes japonicus* MIQ.

ISEILEMA (ANDERS., in *Nov. Act. Soc. roy. Upsal.*, II, 250). Synonyme de *Anthistiria* L. F.

ISE-NA. Nom japonais du *Brassica* (*Sinapis*) *chinensis* (L.).

ISE-NADESHIKO. Nom japonais du *Dianthus chinensis* L., var. *hortensis*.

ISENFLAMM (Jak.-Fried.). Professeur à Erlangen [1724-1793], auteur, en 1764, d'un *Methodus plantarum medicinæ clinicæ adminiculum* (in-4 de 42 p.).

ISERT (Paul-Erdm.). Médecin-botaniste danois [1757-1789], fut envoyé en Guinée où il recueillit un certain nombre de plantes précieuses et où il mourut encore jeune.

ISERTA (BATSCH, *Tab. aff.*, 235). Pour *Isertia* SCHRB.

ISERTIA (SCHREB., *Gen.*, 234). Genre de Rubiacées-Génipées, à fleurs hermaphrodites, 4-6-mères (ou plus) avec une corolle tubuleuse, épaisse, coriace, souvent chargée de granulations, de tubercules ou de plis, avec des sinus interlobaires plus ou moins saillants. La préfloraison est valvaire ou imbriquée, suivant les espèces. L'androcée est isostémoné, et l'ovaire infère à 2-6 loges multiovulées, avec un disque épigyne et un style à sommet 2-6-lobé. Le fruit est une baie ou une drupe, à loges ou noyaux au nombre de 2-6. Les graines sont en nombre variable, petites, souvent fovéolées, albuminées. Ce sont des arbres ou des arbustes de l'Amérique tropicale; on en distingue une quinzaine. Leurs feuilles sont opposées ou verticillées, grandes, coriaces, acuminées, avec stipules interpétiolaires connées; et leurs fleurs sont groupées en grappes terminales composées, formées de cymes, avec bractées et bractéoles florales. (Voy. *Hist. des plant.*, VII, 318, 448, n. 108). [H. BN.]

ISERTIÆ (A. RICH.), ISERTIDÆ (LINDL.), ISERTIEÆ (DC.). Division des Rubiacées-multiovulées.

ISERTIE. Nom français (LAMK) des *Isertia* SCHREB.

ISFANADSCH. Nom arabe de l'Épinard.

ISFANY. Nom hindoustani (PIDDINGT.) de l'Épinard.

ISHAL. Nom indigène, dans l'Himalaya, du *Rubus nutans* EDGEW., espèce de Ronce à fruits comestibles.

ISHIMIKAWA. Nom japonais du *Chilocalyx perfoliatus* HASSK.

ISHIMOCHISO. Nom japonais du *Drosera lunata* BUCH.

ISHOR-LANGULA. Nom bengalais des *Gloriosa* L. (*Methonica*).

ISHPINGO. A Quito, le *Nectandra* (?) *cinnamoides* MEISSN.

ISIAS (DE NOT., in *Mem. Ac. sc. torin.*, ser. 2, VI, 413). Genre proposé pour le *Serapias triloba* VIV.

ISICA (MŒNCH, *Meth.*, 504). Pour *Isika* ADANS.

ISIDIEÆ (REICHB., *Nom.*, 14). Famille des Céphalopsorées (genres *Isidium, Siphula*), ou divisions des Lichens imparfaits (RABENH., *Krypt.*, II, p. I, 6), comprenant le g. *Isidium* ACHAR.

ISIDIUM (ACHAR., *Lich. suec.*, 87). Genre de Lichens crustacés, reconnu comme un état imparfait de divers Lichens. (FRIES, in *Kongl. Vet. Ak. Handl.*, II, 323. — RABENH., *Krypt.*, II, I, 6. — BAYR., *Taun.*, 99. — AGH, *Aphor.*, 91.)

ISIDORA (BURG.). « Genre » de Vignes (BRONNER).

ISIDOREA (A. RICH., *Rubiac.*, 204, t. 15, fig. 1. — B. H., *Gen.*, II, 46). Section du genre *Portlandia* P. BR., à feuilles piquantes, à fleurs solitaires, axillaires, à corolle subvalvaire, 5-mère; à graine arillée. Espèce de Saint-Domingue. (H. BN, *Hist. des pl.*, VII, 333.)

ISIDORUS HISPALENSIS. Né à Carthagène en 570, et mort à

Séville en 636, a composé *Etymologiarum libri XX*, dont l'édition princeps fut publiée seulement en 1472. Ses *Opera omnia, denum correcta et aucta...* furent édités à Rome en 1797-1803 par Faust. Arevalo. Une autre édition parut en 1833 (*Lipsiæ*, in-4 de 702 p.).

ISIDROGALVIA (R. et PAV., *Fl. per.*, III, 69, t. 302). Genre proposé pour le *Tofieldia falcata* W.

ISIKA (ADANS., *Fam. des pl.*, II, 501). Synonyme (part.) de *Lonicera* L. Synonyme de *Chamæcerasus* L.

ISINK (Adam-Menson). Auteur en 1712, à Groningue, de *Disputatio philologica de fabis*.

ISIPO-MONOTI. Au Paraguay, le *Chiococca anguifuga* MART.

ISIRIHOALAVO. Nom malgache du *Pandanus microcephalus* BAK.

ISIS (TRATTIN., *Tabul.* [1812], 668). Synonyme de *Iris* L.

ISKIL. Nom arabe de l'*Erythronium indicum* ROTTL.

ISLUMA-BOMOO. A Natal, le *Bruguiera gymnorhiza* LAMK, qui sert à faire des pilotis incorruptibles.

ISLUMA-UMHLOPI. A Natal, l'*Avicennia tomentosa* L.

ISMELIA (CASS., in *Dict.*, XLI, 40). Synonyme de *Chrysanthemum* T.

ISMELIA (SCH. BIP., in *Webb Phyt. canar.*, II, 271). Genre proposé à tort pour le *Chrysanthemum Broussonetii* DC.

ISMELIOIDES (DC., *Prodr.*, VI, 65). Section du genre *Chrysanthemum* T.

ISMENE (SALISB., in *Trans. Hort. Soc.*, I, 342). Section du genre *Hymenocallis* SALISB.

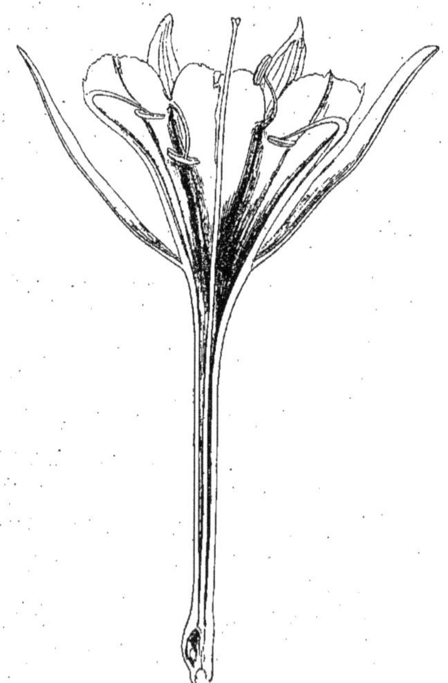

Ismene (Hymenocallis). — Fleur, coupe longitudinale.

ISNARD (Ant.-Trist. DANTY D'). Était professeur à Paris, où il mourut en 1743. C'est à lui que Linné a dédié le genre *Isnardia*, synonyme postérieur de *Dantia*. Il paraît que ce n'est pas à tort, comme nous l'avons cru un moment (II, 353), que nous avons attribué à Petit la figure du *Dantia*, que nous avons trouvée au Muséum, égarée dans un ouvrage de Linné. (Voy. *Bull. Soc. Linn. Par.*, 101.) [H. BN.]

ISNARDA (L., *Phil. bot.*, 31). Pour *Isnardia* L.

ISNARDIA (L., *Gen.*, n. 156). Synonyme de *Ludwigia* L. (H. BN, *Hist. des pl.*, VI, 462 ; in *Bull. Soc. Linn. Par.*, 101).

ISNARDIEÆ (REICHB., *Handb.*, I, LIII). Division des Onagrées.

ISOBRIUS, ISODYNAMUS. Nom donné parfois à l'embryon des Dicotylédones.

ISOCALYX (STEETZ, in *Lehm. Pl. Preiss*, II, 306). Section du genre *Comesperma* LABILL.

ISOCARPEÆ (KUETZ., in *Linnæa*, XVII, 82; *Phycol. gen.*, 145). Classe (I) des Algues (trib. *Angiospermeæ* et *Gymnospermeæ*).

ISOCARPHA (R. BR., in *Trans. Linn. Soc.*, XII, 110). Genre de Composées-Hélianthées, voisin des *Rudbeckia* et caractérisé par un réceptacle allongé et des paléoles embrassant les fleurs; celles du rayon nulles et celles du disque très petites. Les capitules deviennent coniques après l'anthèse, et les fruits sont petits, sans aigrette. Les 5 espèces connues sont américaines. Ce sont des herbes vivaces, à feuilles opposées ou alternes. (DELESS., *Ic. sel.*, IV, t. 37. — H. BN, *Hist. des pl.*, VIII, 274.)

ISOCARPHEIA (REICHB., *Nom.*, 97). Section du g. *Cœlestina*.

ISOCARPHOIDES (DC., *Prodr.*, V, 107). Section du genre *Cœlestina* CASS.

ISOCHILIDÆ (LINDL., *Veg. Kingd.*, 181). Section des Orchidacées-Épidendrées.

ISOCHILUS (R. BR., in *Ait. H. kew.*, ed. 2, V, 209). Genre d'Orchidacées-Épidendrées, du groupe des Læliées, à inflorescence terminale, caractérisé par un labelle contracté à sa base et libre d'adhérence avec le gynostème, avec un limbe sigmoïde-flexueux. Ce sont 4, 5 herbes vivaces, de l'Amérique tropicale, à rhizome rampant, à feuilles distiques, à petites fleurs disposées en grappe unilatérale. (*Bot. Reg.*, t. 745. — *Bot. Cab.*, t. 1341. — REICHB. F., in *Walp. Ann.*, VI, 447.) [H. BN.]

ISOCHOENUS (LINDL.). Pour *Isoschœnus* NEES.

ISOCHORISTE (MIQ., *Fl. ind. bat.*, II, 822). Genre d'Acanthacées-Justiciées, placé près des *Lepidagathis*, et fondé sur une plante herbacée, de Java; caractérisé par un calice 5-partite, des anthères à loges égales, les 4 étamines étant toutes 2-loculaires; des fleurs en grappes terminales, unilatérales, avec des bractées courtement lancéolées. (B. H., *Gen.*, II, 1102, n. 74).

ISOCOMA (NUTT., in *Trans. Amer. Phil. Soc.*, ser. 2, VII, 320). Synonyme de *Chrysothamnus* NUTT.

ISODENDRION (A. GRAY, in *Amer. expl. Exp. Bot.*, I, 92, t. 8, 9). Genre de Violacées, dont les fleurs sont organisées comme celles des *Alsodeia* de la section *Pentaloba*, mais ont des anthères sans prolongement du connectif et des pétales rapprochés étroitement en tube, mais libres. Les trois *Isodendrion* jusqu'ici décrits sont des arbustes des îles Sandwich. (Voy. *Hist. des pl.*, IV, 335.) [H. BN.]

ISODERIS (GRISEB., *Spic. Fl. rumel.*, II, 276). Section du genre *Barkhausia* MŒNCH.

ISODESMIA (GARDN., in *Hook. Lond. Journ.*, II, 339). Genre de Légumineuses-Hédysarées, représenté par deux lianes du Brésil et placé près des *Diphaca*. Il se distingue surtout par les articles de sa gousse, carrés et veinés-réticulés. (H. BN, *Hist. des pl.*, II, 303.)

ISODIAMÉTRIQUES. Se dit des phytocystes ou autres organes qui ont à peu près la même largeur dans tous les sens.

ISODON (SCHRAD. — BENTH., *Labiat.*, 40). Section du genre *Plectranthus* LHÉR.

ISODONTIA (G. DON, *Gen. Syst.*, IV, 459). Section du genre *Lycium* L.

ISOETES (L., *Amœn.*, III [1751]; *Spec.*, II, 1100 [1753]; *Syst.*, ed. 10, 1330). Genre de Lycopodiacées, jadis rapporté aux Mousses et aux Fougères, et caractérisé par une tige courte, épaisse, renflée, simple, portant inférieurement des racines, et supérieurement de nombreuses feuilles rapprochées en faisceau, à base dilatée, longuement rétrécies et subulées plus haut. Ces feuilles, qui rappellent extérieurement celles des Monocotylédones, présentent intérieurement deux paires de longues lacunes, entrecoupées de cloisons transversales formées de tissu étoilé. La portion dilatée de la base des feuilles a été appelée la gaine.

Sa face dorsale est unie, convexe; sa face ventrale est creusée sur la ligne médiane d'une fosse allongée, dans laquelle est enfoncé un sac sporigère (sporocarpe, sporange). Les bords de cette fosse sont dilatés en un *velum* mince, lui-même formé de deux séries de phytocystes comprimés et qui fait quelquefois défaut ou demeure rudimentaire, mais peut, dans certaines espèces, recouvrir totalement le sac sporigère. Au-dessus de la fosse qu'occupe celui-ci, se voit une autre dépression, séparée de la précédente par un *Selle* pourvu d'une lèvre saillante, et jouant le rôle d'une cloison transversale. Cette dépression est la *fovéole*, de laquelle sort une ligule membraneuse qui vient s'appliquer contre la portion inférieure du limbe foliaire, sous forme de saillie cordée. Quant à leurs organes de reproduction, les *Isoetes* sont hétérosporés, possèdent des macrospores et des microspores. Ce sont en général les sporanges des feuilles inférieures qui renferment les macrospores, et ceux des supérieures

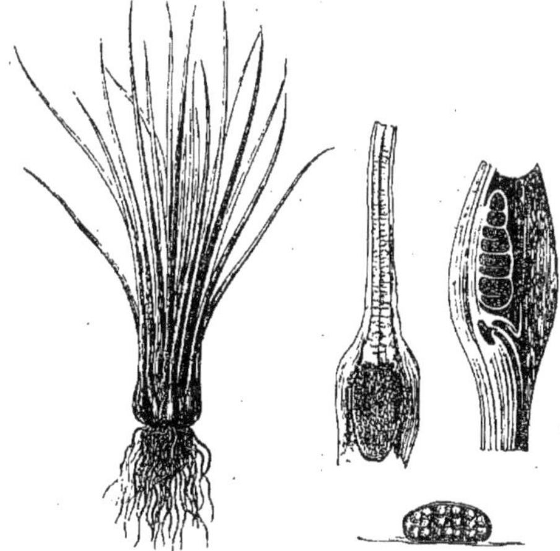

Isoetes. — Port. Feuille, coupe longitudinale. Sporocarpes.

qui contiennent les microspores. Dans la cavité des sporanges se trouvent des trabécules qui la traversent horizontalement en s'étendant du dos au ventre. Le reste de la cavité du sporange est occupé par un parenchyme de la désagrégation duquel résultent les cellules-mères des spores ou des anthéridies. La fécondation et la germination suivent ici la même marche que dans les Lycopodiacées en général, sinon que lorsqu'un archégone développé au sommet des prothalles a été fécondé, il ne s'en forme plus d'autres, et que les anthérozoïdes, renfermés dans les anthéridies, ont la forme d'un filament spiralé, à quelques tours; les deux extrémités pointues portant chacune un pinceau de cils vibratiles allongés. On a cru aussi ces cils espacés sur toute la moitié antérieure des anthérozoïdes. Les *Isoetes* ont donné leur nom aux Isoétées, famille des Lycopodiacées-Hétérosporées. Le genre, riche en espèces, habite les eaux, surtout les mares, les fossés. Quelques-unes sont terrestres et se trouvent dans les gazons. Durieu de Maisonneuve admettait qu'on en pouvait trouver partout et que les espèces sont bien plus nombreuses qu'on ne le croit actuellement. Les *I. Duriæi* et *hystrix* sont terrestres; il y en a aussi dans notre pays cinq ou six espèces aquatiques. [H. Bn.]

ISOÉTÉES (*Isoeteæ*). — Voy. Isoetes.

ISOETINEÆ (Dumort., *Anal. fam.*, 67, 68). Famille des *Lycopodarieæ*, formée du genre *Isoetes* L.

ISOETITES (Munst., *Beitr.*, V, 107, t. 4, fig. 4). Genre d'Isoétées fossiles. (Ung., *Syn. pl. foss.*, 115; *Chor. prolog.*, LIII.)

ISOETOPSIS (Turcz., in *Bull. Mosc.* [1851], I, 174, t. 3). Section du genre *Cotula* T. (H. Bn, *Hist. des pl.*, VIII, 284, not. 4.)

ISOGLOSSA (Œrst., in *Vid. Medd. Nat. For. Kjob.* [1854], 155). Genre d'Acanthacées-Justiciées, voisin des *Beloperone*, caractérisé par un calice à divisions sétacées; une corolle à tube court, large ou dilaté supérieurement; des anthères à 2 loges courtes, sans éperon, subtransversales; des loges ovariennes biovulées et un fruit capsulaire. Ce sont 8, 9 plantes herbacées ou suffrutescentes, de l'Afrique tropicale et australe et de Madagascar. (B. H., *Gen.*, II, 1111.) [H. Bn.]

ISOGONIUM (Kuetz., *Spec. Alg.*, 367; in *Linnæa*, XVII, 90; *Phyc. gen.*, 255). L'une des divisions du genre *Œdogonium*, caractérisée par des cellules fructifères à peine renflées. [Ch. M.]

ISOGYRUS. Formant une spire complète.

ISOLEMENT DES PHYTOCYSTES. Procédé qui consiste à dissocier les éléments d'un parenchyme, en les traitant (Schultze) par le chlorate de potasse et l'acide azotique et en les faisant chauffer; après quoi on les plonge dans l'eau et on les chauffe dans l'alcool.

ISOLEPIS (R. Br., *Prodr.*, 221). Section (B. H., *Gen.*, III, 1050) du genre *Scirpus* L.

ISOLOBUS (A. DC., *Prodr.*, VII, 352). Section du genre *Lobelia* L. (H. Bn, *Hist. des pl.*, VIII, 332.)

ISOLOMA (Basin., in *Bull. Ac. Pétersb.* [1846], IV, 310). Tribu des *Hedysarum* (*Eleutherotion* et *Ganution*).

ISOLOMA (Benth., *Pl. Hartw.*, 230). Section du genre *Gesneria* Mart., nec L.

ISOLOMA (Dcne, in *Rev. Hort.* [1848], 465. — Benth., *Pl. Hartw.*, 229). Genre de Gesnéracées-Gesnérées, voisin des *Gesnera* Mart., distingué par des fleurs à calice ouvert avant l'anthèse; une corolle rouge, orangée, ou tachetée; des étamines à loges distinctes, les anthères ordinairement collées en groupe quadrangulaire, largement ouvertes; un disque de 5 glandes; une capsule en partie infère. Ce sont, au nombre de 60 environ, des herbes vivaces, américaines, cultivées comme ornementales, à rhizome rampant, à feuilles opposées, mollement velues; à fleurs solitaires, axillaires, ou plus souvent en grappes. (*Bot. Mag.*, t. 3725, 3815, 4152, 4342, 4431, 4843.) [H. Bn.]

ISOLOMA (J. Sm., in *Hook. Gen. Fil.*, t. 102). Genre proposé pour les *Lindsaya lanuginosa* et *divergens*. Synonyme (Hook. et Bak., *Syn. Fil.*) de *Lindsaya* Dryand.

ISOLOPHUS (Spach, *Suit. à Buff.*, XI, 112). Synonyme de *Polygala* T.

ISOMÈRE. En nombre égal, d'où *Isomérie, Anisomérie*. L'androcée est isomère au périanthe quand il y a autant d'étamines que de sépales ou de pétales, etc.

ISOMERIA (Don, *mss.*). Synonyme de *Tephrodes* DC.

ISOMERIA (Presl, in *E. Mey. Comm. pl. Afr. austr.*, II, 293). Section du genre *Cyphia* Berg.

ISOMERIA (Torr. et Gr., *Fl. N.-Amer.*, I, 574). Section du genre *Saxifraga* T.

ISOMERIS (Nutt., in *Torr. et Gr. Fl. N. Amer.*, I, 124). Genre de Capparidacées. Section du genre *Cleome* L. (H. Bn, *Hist. des pl.*, III, 148.)

ISOMERIUM (R. Br., *Fl. N.-Holl. Suppl.*, 11). Section du genre *Conospermum* Sm.

ISOMISIA (Rafin., in *Ann. gén. phys.* [1820], VI, 82). Sous-ordre des *Polyspia* (*Polarnia*, *Caprifolia*).

ISONANDRA (Wight, *Icon.*, II, 4, t. 359, 360, 1219, 1220). Genre de Sapotacées, à fleurs 4-mères; les sépales intérieurs et les lobes de la corolle imbriqués; l'androcée formé de 8 étamines, 1-sériées; les graines albuminées. Dans ce genre, les divisions de la corolle sont plus longues que son tube. Les *Isonandra* sont de l'Inde, de la Malaisie, des Sandwich; on en distingue 6 espèces. Ce sont 4, 5 arbres, à feuilles coriaces, veinées. L'*I. Gutta* est un *Palaquium*; mais plusieurs *Isonandra* vrais donnent aussi des *Gutta-percha*. (B. H., *Gen.*, II, 657.) [H. Bn.]

ISONEMA (Cass., in *Bull. philom.* [1817]; in *Dict.*, XXIV, 25). Synonyme de *Cyanopis* Bl.

ISONEMA (R. Br., in *Mem. Wern. Soc.*, I, 63). Genre d'Apocynacées-Échitées, voisin des *Wrightia*, distingué par un calice garni de nombreuses glandes intérieures; une corolle hypocratérimorphe, à tube plus long que le limbe tordu (*dextrorsum*); un disque nul, des carpelles libres. Ce sont 2 arbustes grimpants, de l'Afrique tropicale occidentale, à fleurs disposées en grappes de cymes corymbiformes. [H. BN.]

ISOPAPPUS (TORR. et GR., *Fl. N.-Amer.*, II, 239). Section du genre *Haplopappus* CASS.

ISOPETALOIDEA (DC., *Prodr.*, I, 659). Subdivision du genre *Pelargonium* LHÉR. (ENDL., *Gen.*, 1169.)

ISOPETALUM (ECKL. et ZEYH., *Enum. pl. Afr. austr.*, I, 76). Genre de Pélargoniées; synonyme de *Isopetaloides* ENDL.

ISOPETALUM (SWEET, *Geran.*, n. 126). Section du genre *Pelargonium* LHÉR. (SPACH, *Suit. à Buff.*, III, 318.)

ISOPHLIS (RAFIN., *Car. pl. Sic.*, t. 20, ex LEM., in *Dict.*, XXIV, 26). Genre indéterminé d'Algues.

ISOPHORUS. Susceptible de transformation. En ce sens, les *Actinia* constituent une forme *isophore* des *Dendrobium*; les *Pantonia*, une forme des *Spathoglottis*, etc.

ISOPHYLLON (C. KOCH, in *Linnæa*, XXI, 628). Section du genre *Juncus* T. (*J. bufonius*, *Gerardi*, etc.).

ISOPHYLLON (MIQ., *Syst. Piper.*, II, 501; in *Mart. Fl. bras.*, XI, 55). Section du genre *Artanthe* MIQ.

ISOPHYLLUM (HOFFM., *Umbell.*, 112). Syn. de *Bupleurum* T.

ISOPHYLLUM (SPACH, *Suit. à Buff.*, V, 432). Genre de Brathydées; synonyme de *Hypericum* T.

ISOPHYLLUM. — Voy. DIAPHYLLUM.

ISOPLEXIS (LINDL., *Digit. Mon.*, 2, 25). Section du genre *Digitalis*. Pour Webb (*Phyt. canar.*, III, 144), c'est une section de son genre *Callianassa*. (H. BN, *Hist. des pl.*, IX.)

ISOPOGON (R. BR., in *Trans. Linn. Soc.*, X, 71). Genre de Protéacées-Protéées, à fleurs régulières, 4-mères, dont le périanthe se détache transversalement après la floraison, sa base persistant autour du fruit. Les anthères sont sessiles, et il n'y a pas de glandes. L'ovaire est sessile, et l'ovule est attaché vers le haut de sa loge. Le fruit, sec et dur, est chargé de poils. Ce sont, au nombre de près de 30, des arbustes australiens (BENTH., *Fl. austral.*, V, 336), à feuilles alternes, coriaces, à fleurs en épis ou en capitules denses, accompagnés ou non de bractées autour des fruits. (H. BN, *Hist. des pl.*, II, 426.)

ISOPTERIDES (K., *Syn.*, IV, 214). Section du genre *Begonia* L. (*B. umbellata*, *ferruginea*).

ISOPTERIS (WALL., *Cat.*, n. 7261). Synonyme de *Trigoniastrum* MIQ.

ISOPTERIS (WALL., *Cat.*, n. 7261). Genre non décrit. (ENDL., *Gen.*, 1334.)

ISOPTERYGEÆ (KL., *Begon.*, 246). Tribu des Bégoniacées-Gymnocarpées.

ISOPTERYX (KL., *Begon.*, 131, t. 12, B). Genre de Bégoniacées; section du genre *Begonia* L. (H. BN, *Hist. pl.*, VIII, 493).

ISOPYREÆ (REICHB., *Handb.*, I, LX). Division des Renonculacées-Helléborées.

ISOPYRINEÆ (SPACH, *Suit. à Buff.*, VII, 291, 326). Section des Helléborées.

ISOPYRON (DIOSCOR.). Nom ancien de l'Ancolie.

ISOPYRUM (A. RICH., in *Dict. class.*, IX, 34). Syn. de *Leptopyrum* REICHB.

ISOPYRUM (L., *Gen.*, n. 701). Genre de Renonculacées-Aquilégiées, que nous n'avons conservé « provisoirement et que comme genre de passage entre les Nigelles et les Hellébores, mal défini et peu naturellement délimité ». Les fleurs ont 4-6 sépales pétaloïdes, caducs; des staminodes en nombre variable (ou 0), et de nombreuses étamines fertiles, insérées dans l'ordre spiral. Le fruit est formé de 2-8 follicules, 1-∞-spermes.

Isopyrum. — Fleur. Carpelle, coupe longitudinale.

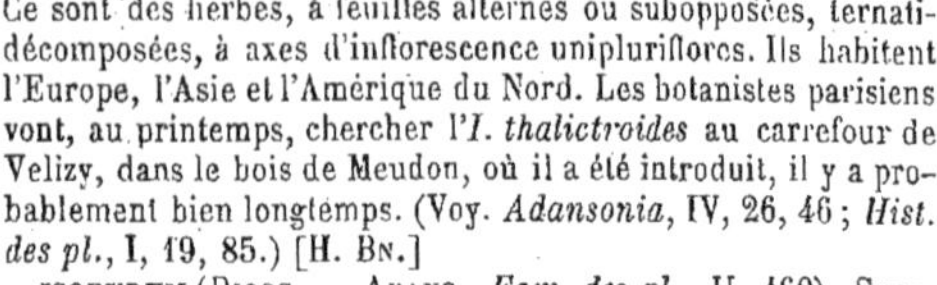

Ce sont des herbes, à feuilles alternes ou subopposées, ternati-décomposées, à axes d'inflorescence unipluriflores. Ils habitent l'Europe, l'Asie et l'Amérique du Nord. Les botanistes parisiens vont, au printemps, chercher l'*I. thalictroides* au carrefour de Velizy, dans le bois de Meudon, où il a été introduit, il y a probablement bien longtemps. (Voy. *Adansonia*, IV, 26, 46; *Hist. des pl.*, I, 19, 85.) [H. BN.]

ISOPYRUM (DIOSC. — ADANS., *Fam. des pl.*, II, 460). Synonyme de *Hepatica* DILL.

ISOPYRUM (MATTH.). Le *Nigella damascena* L.

ISOPYRUM (REICHB., *Consp.*, 192; *Fl. exsc.*, 747; *Handb.*, 277). Synonyme de *Olfa* ADANS. (SPACH, *S. à Buff.*, VII, 326.)

ISORA (PLUM., *Gen.*, 24, t. 37). Section du genre *Helicteres*.

ISOREÆ (REICHB., *Handb.*, 294). Division des Hélictérées.

ISORTHOSIPHON (H. BN, *Hist. des pl.*, V, 234). Section du genre *Stephanopodium* PŒPP. et ENDL., caractérisée par une corolle à tube cylindrique et droit. (Voy. *Mart. Fl. bras.*, *Dichapetal.*)

ISOSCHOENUS (NEES, in *Ann. Nat. Hist.*, ser. 1, VI, 49). Synonyme de *Schœnus* L. et section de ce genre. (B. H., *Gen.*, III, 1063.)

ISOSPORE. Nom donné par M. Rostafinski aux *Zygotes* des Algues.

ISOSTÉMONIE. Disposition de l'androcée dans laquelle les étamines sont en nombre égal à celui des sépales ou des pétales; d'où *Isostémone*.

ISOSTIGMA (LESS., in *Linnæa*, VI, 513; *Syn.*, 235). Genre de Composées, voisin des *Bidens*, dont il a à peu près les fleurs, dimorphes; celles du rayon fertiles ou nulles. Les autres caractères sont ceux des espèces de la section *Coreopsis*. Ce sont des herbes brésiliennes, à feuilles subbasilaires étroites, entières ou disséquées; à tige aphylle, scapiforme. (H. BN, *Hist. des pl.*, VIII, 225.)

ISOSTOMA (DIETR.). Pour *Isotoma* R. BR.

ISOSTYLIS (A. DC., in *Ann. sc. nat.*, sér. 2, XVI, 90). Section du genre *Badula* J. (*B. caribœa*).

ISOSTYLIS (R. BR., *Prodr.*, I, 396). Section du genre *Banksia*.

ISOTACHIS (MITT., in *Hook. f. Fl. N. Zeal.*, II, 148, t. 100, fig. 7). Genre d'Hépatiques foliées, dont les types sont les *I. Lyalli* et *subtrifida* MITT.

ISOTE. Nom français (LAMK) des *Isoetes* L.

ISOTES (NECK., *Elem.*, III, 282). Pour *Isoetes* L.

ISOTHEA (E. MEY., *Comm. pl. Afr. austr.*, I, 17). Section du genre *Priestleya* DC.

ISOTHEA (FR., *Summ. veg. Scand.*, 421). Genre de Pyrénomycètes, dont plusieurs espèces ont été reportées au genre *Phoma*. Il est caractérisé par l'absence de périthèce. Le nucléus de couleur foncée est immergé dans le stroma et se compose de thèques octospores. On ne connaît qu'une espèce de ce genre, se développant dans le parenchyme des feuilles. [DE S.]

ISOTHECIACEÆ (SPRUCE, in *Ann. and Mag. Nat. Hist.*, ser. 2, III, 285). Tribu des Mousses-Pleurocarpées (genres *Climacium*, *Isothecium*, *Leskea*).

ISOTHECIUM (BRID., *Bryol. univ.*, II, 444). Genre de Mousses, établi pour un certain nombre d'espèces, ayant la plupart les plus intimes analogies avec les *Hypnum*, parmi lesquels les *Isothecium* sont rangés par la plupart des auteurs modernes. Quoi qu'il en soit, les caractères attribués au genre en question sont les suivants. Les fleurs sont dioïques. La capsule, dressée, oblongue, ou subcylindrique, symétrique ou un peu courbée, est surmontée d'un opercule conique et assez épais. Le péristome est double; la rangée extérieure étant formée, comme dans presque toutes les Hypnéacées, de dents munies d'articulations transversales, serrées. La rangée interne est représentée par des cils inégaux et imparfaits. Ce sont des plantes à tige grêle, rampante, émettant des rameaux secondaires, robustes, dressés et très ramifiés au sommet. Les feuilles, très rapprochées et étalées sur le vif, se redressent en se courbant par la dessiccation; leur limbe est entier et parcouru par une fine nervure qui disparaît un peu au-dessous du sommet. Les *Isothecium* vivent sur les rochers, au pied des arbres, sur la terre humide. On les rencontre dans presque toutes les parties tempérées du globe, depuis les pays de plaines jusque sur les plus hautes montagnes. On en a décrit une trentaine d'espèces, parmi lesquelles une seule, l'*I. myurum* Brid. (*Hypnum myurum* Poll.), se rencontre assez communément en France. (Voy. C. Muell., *Syn. Musc.*, II, 504. — Schimp., *Synop. Musc. eur.*, II, 628.) [M.]

isothecium (C. Muell., *Syn. Musc.*, II, 356). Sous-section des *Mallacodium*.

isotoma (Lindl., in *Bot. Reg.*, t. 964). Genre de Campanulacées-Lobéliées, distingué par une corolle à limbe peu irrégulier ; le tube entier ou finalement fendu d'un côté. Les étamines ne s'en dégagent que vers le haut ou au moins au-dessus du

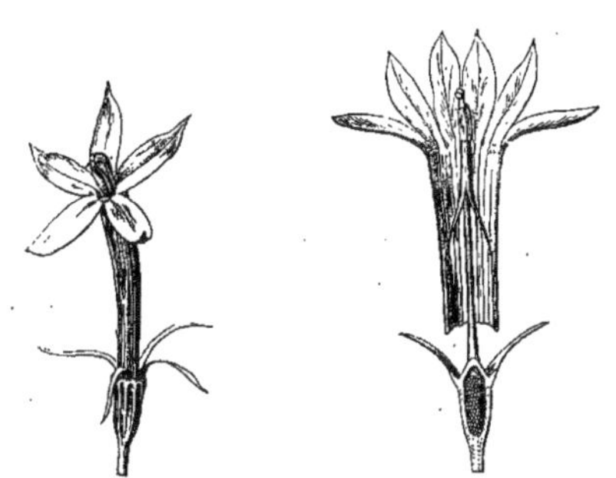

Isotoma. — Fleur, entière et coupe, la corolle étalée.

milieu de sa longueur; elles ont des anthères un peu dissemblables, plusieurs d'entre elles étant surmontées d'une ou plusieurs soies. Le fruit est bivalve. Ce sont des plantes laiteuses, de l'Océanie et de l'Inde occidentale, à feuilles alternes, à fleurs axillaires ou disposées en grappes terminales. (H. Bn, *Hist. des pl.*, VIII, 334, 365, fig. 171, 172.)

isotrema (Rafin., in *Journ. Phys.*, LXXXIX, 102). Synonyme de *Aristolochia* T.

isotria (B. H., *Gen.*, III, 1176). Sect. du g. *Triodia* R. Br.

isotria (Rafin., in *N.-York Med. Repos.* [1808], V, 356). Synonyme de *Pogonia* J.

isotropis (Benth., in *Hueg. Enum.*, 28). Genre de Légumineuses-Papilionacées, placé près des *Gompholobium* et des *Chorizema* auxquels il a été attribué, distingué par ses sépales bien plus longs que le réceptacle et imbriqués, un ovaire sessile et une gousse linéaire-oblongue. Ce sont des arbustes australiens, à feuilles simples ou unifoliolées. On en distingue une demi-douzaine d'espèces. (H. Bn, *Hist. des pl.*, II, 352.)

isotypus (H. B. K., *Nov. gen. et spec.*, IV, 11, t. 307). Section du genre *Lycoseris* Cass. (H. Bn, *Hist. des pl.*, VIII, 95.)

ispanj, ispanaj. Noms persans (Roxb.) de l'Épinard.

ispruk. Poudre préparée, dans l'Inde, avec un *Delphinium*.

isquierda (W.), isquierdia (Poir.). Pour *Izquierdia* Pav.

issalou. Le *Boletus edulis* Bull.

issong. En Guinée, le *Cardiospermum Halicacabum* L.

issopo. Nom italien de l'Hyssope.

isthmia (Agh, *Consp. Diatom.*, 55). Genre de Diatomées, proposé pour certains *Biddulphia* de Gray. Kützing les plaçait dans les *Diatomaceæ liberæ* (*Linnæa*, VIII, 579). Ce sont, pour Harvey (*Gen. S.-afric. pl.*, 407; *Brit. Alg.*, 200), des Fragilariées. Ehrenberg en avait fait des Infusoires (*Inf.*, 209). Plus récemment, Kützing les a maintenus parmi les Biddulphiées (*Bacill.*, 137, t. 19; *Phyc. gen.*, 115; *Sp. Alg.*, 135). Le genre est caractérisé par un frustule comprimé, trapézoïde ou rhomboïdal. Les valves sont munies d'un appendice en forme de goulot et les frustules sont fixés irrégulièrement les uns aux autres. Ce genre est peu abondant en espèces. (Van Heurck, *Syn. Diat. Belg.*, 201.) [Ch. M.]

isthmia (Menegh., in *Linnæa* [1840]). Algues de la famille des Desmidiacées; synonyme de *Sphærozosma* Ralfs.

isthmosira (Kuetz., *Phyc. germ.*, 140; *Spec. Alg.*, 188). Section du genre *Tessararthra* (Rabenh., *Krypt.*, II, II, 56). Synonyme de *Sphærozosma* Ralfs.

isthmovicia (Reichb., *Nom.*, 148). Synon. de *Vicioides* Mch.

istorax. Synonyme de Storax.

ita. A la Guyane, le *Mauritia flexuosa* L., qui sert à préparer une boisson fermentée, le *beelterie*.

itaballi. A la Guyane, le *Vochysia guianensis* Aubl., dont le bois léger sert à faire des canots ou *corials*.

itadori. Nom japonais du *Polygonum cuspidatum* S. et Zucc.

itaka. Le bois du *Machærium Schomburgkii*.

itallahuen. Synonyme de *Medallita*.

itasisa. En Égypte, le Fenu grec.

itchi-djikou. Nom, au Japon, du Figuier.

itchi-itti. Nom tamoul du *Ficus virens* L.

ité. Nom français (Lamk) des *Itea* L.

itea. Nom grec du *Salix alba* L.

itea (Andr., *Bot. Repos.*, t. 314). Synon. de *Bursaria* Cav.

itea (L., *Gen.*, n. 275). Genre de Saxifragacées-Escalloniées, à fleurs régulières ; le réceptacle en coupe peu profonde, portant sur les bords un calice, une corolle et un androcée 5-mères. Le gynécée est en majeure partie ou en totalité libre; il a un ovaire à 2 loges multiovulées ; et le fruit est septicide, bivalve, à graines albuminées. Ce sont 5 arbres ou arbustes, de l'Amérique du Nord et de l'Asie centrale et orientale, à feuilles alternes, à fleurs en grappes. On cultive dans nos jardins botaniques l'*I. virginiana*, élégant arbuste à grappes de fleurs blanches. (H. Bn, *Hist. des pl.*, III, 356, 439, fig. 409, 410.)

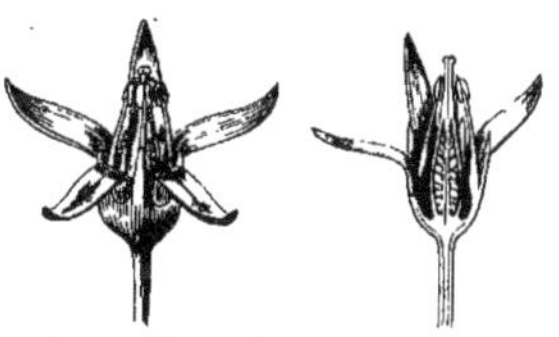

Itea. — Fleur, entière et coupe longitudinale.

iteadaphne (Bl., *Mus. lugd.-bat.*, I, 365). Genre créé pour une Lauracée de l'archipel Malais ; considéré par Meissner comme une section du genre *Aperula*. Mais il a été par d'autres conservé comme type complètement distinct, à cause de ses anthères bilocellées, au nombre de 6 (rarement 7-9), et de ses fleurs d'ordinaire solitaires, dans un petit involucre. C'est un petit arbuste, à feuilles alternes. Section (Miq.) du genre *Polyadenia* Nees. (B. H., *Gen.*, III, 162.) [H. Bn.]

iteoideæ (Leun., *Schul.-Nat.*, II, 174). Ordre des Monochlamydées, comprenant les Salicinées et Balsamifluées.

ithyphallus (Gray). Pour *Ityphallus* Fries.

itiandendros. Nom grec ancien de l'*Equisetum arvense* L.

itier (Jean). Auteur, en 1778, de *Oratio medica de utilitate atque jucunditate botanicæ* (in-4 de 18 p.).

itmo. Nom, aux Philippines, des *Piper*.

itmoitmoan. Plante employée aux Philippines contre la lèpre; ses feuilles sont vésicantes. On l'a attribuée aux Apocynacées.

ito-hagi. Nom japonais du *Lespedeza pilosa* Sieb. et Zucc.

itomo. Nom japonais du *Potamogeton hybridus* Michx.

itoubou. A la Guyane, le *Viola Itubu* Aubl.

itshongwe. Plante cafre fébrifuge, indéterminée.

ittnera (Gmel., *Fl. bad.*, III, 578, 590, t. 4). Synonyme de *Caulinia* W.

itty-alu. Au Malabar, le *Ficus Benjamina* L.

ituro-wallaba. Écorce de la racine de l'*Eperua falcata* Aubl., usitée contre l'odontalgie.

ityphallus (Freis, *Syst. mycol.*, II, 283). Section du genre *Phallus* Michel.

itzcuimpatli. Au Mexique, le *Senecio canicida*.

itzhu cascarilla. Nom péruvien de *Cinchona Calisaya* var. *Josephiana* Wedd.

iuauaqui. Aux Philippines, l'*Albizzia saponaria* Miq.

iudenkirschen. En Allemagne, l'Alkékenge.

IUFA. Nom arabe de l'Hyssope.
IULUS (SALISB., *Gen. pl. Fragm.*). Synonyme de *Allium* T.
IUMAL-GOTA. En Perse, le *Croton Tiglium* L.
IUNGFERWURZEL. En Allemagne, le *Tamus communis* L.
IUQUIRI. Au Brésil, le *Mimosa Sensitiva* L. (?).
IURIPEBA (PIS., *Bras.*, 181). Nom d'un *Solanum* brésilien.
IUTAY (PIS., *Bras.*, 157). Nom du Tamarinier indien.
IVA (L., *Gen.*, n. 1059). Genre de Composées-Ambrosiées, à fleurs monoïques ; les capitules bisexués. Les fleurs sont d'ailleurs celles des *Ambrosia*, avec, dans les fleurs femelles, une corolle tubuleuse, courte ou nulle. Les fruits sont obovés, épais, ou enveloppés de poils, ou immarginés, ou à bord épais ou ailé. Ce sont des herbes annuelles ou vivaces, à feuilles alternes ou opposées, qui ont des capitules en épis ou en grappes plus ou moins ramifiés, avec tous les autres caractères des *Xanthium*. Les fleurs mâles sont centrales dans les capitules ; les femelles périphériques. Nous avons (*Hist. des pl.*, VIII, 67, 287) comparé ces plantes à celles des Armoises dont l'inflorescence est analogue. Les 10, 11 *Iva* connus sont américains. Nous avons aussi rapporté à ce genre les *Dicoria*, *Euphrosyne*, *Oxytenia* et *Cyclachæna* [H. BN.]
IVA. Nom souvent donné à l'*Achillea moschata* JACQ.
IVA (RIV.—RUPP., *Fl. jen.*, 214). Synonyme (part.) de *Ajuga*.
IVA ARTHRITICA. Nom officinal de l'Ivette.
IVA UMBU. Arbre brésilien (MARCGR.), dont les racines incisées donnent une eau potable.
IVACEÆ (REICHB.), IVEÆ (CASS.). Division des Composées-Ambrosiées.
IVESIA (TORR., in *Un.-St. expl. Exped.*, *Bot.*, II, t. 4). Section du genre *Potentilla* T. (H. BN, *Hist. des pl.*, I, 369.)
IVETTE. Nom des *Ajuga* de la section *Chamæpitys*. L'Ivette musquée est l'*Ajuga Iva* SCHREB. La Petite-Ivette est l'*Ajuga Chamæpitys* L.
IVIRA (AUBL., *Guian.*, 694, t. 279). Synon. de *Sterculia* L.
IVONIA (VELL., *Fl. flum.*, III, t. 4). Genre non décrit. (ENDL., *Gen.*, 1334.)
IVORY-PLANT. Nom anglais des *Phytelephas* R. et PAV.
IVRAIE (FAUSSE), IVRAIE DE RAT. Le *Lolium perenne* L.
IVRAIE, IVROIE. Le *Lolium temulentum* L.
IVROGNE. L'un des noms du *Lychnis dioica* L.
IVY. Nom anglais du Lierre.
IVYWORTS. Nom donné par Lindley aux Araliacées.
IWA-CHIDORI. Nom japonais du *Gymnadenia gracilis* MIQ.
IWA-FUGI. Nom japonais de l'*Indigofera decora* LINDL.
IWA-GIKU. Nom japonais du *Tanacetum marginatum* MIQ.
IWAGISIRO. Nom japonais du *Baea primuloides* MIQ.
IWAICHO. Nom japonais du *Villarsia Crista-galli* GRISEB.
IWAKAGAMI. Le *Shortia* (*Schizocodon*) *soldanelloides*.
IWASHOBU. Nom japonais du *Veratrum Maackii* RGL.
IWATABAKO. Le *Conandron ramondioides* SIEB. et ZUCC.
IWA-TAIGEKI. Nom japonais d'un *Euphorbia*.
IWAUCHIWA. Nom japonais du *Shortia uniflora* MIQ.
IWA-YUKINOSHITA. Nom du *Tanakea radicans* FR. et SAVAT.
IWAZAKURA. Variété du *Primula cortusoides* L.
IWAZEKISHO. Nom japonais du *Tofieldia nuda* MAXIM.
IWINGA. Nom polonais du *Teucrium Chamæpitys* L.
IXALUM (FORST., ex STEUD., *Nom.*, I, 840; II, 623). Synonyme de *Spinifex* L.
IXANTHUS (GRISEB., *Gen. et spec. Gent.*, 120). Genre de Gentianacées-Chironiées, établi pour une herbe élevée des Canaries, caractérisée par des fleurs jaunes, à calice semi 5-fide, accompagné de 2 bractées foliacées ; une corolle subrotacée, 5-lobée ; un style à extrémité stigmatifère formée de 2 lames orbiculaires. Ses fleurs sont disposées en cymes composées pyramidales. (*Bot. Mag.*, t. 2135. — SM., *Ic. pict.*, t. 18.) [H. BN.]
IXAUCHENUS (CASS., in *Dict.*, LVI, 176). Synonyme de *Lagenophora* CASS.
IXERBA (A. CUNN., in *Ann. Nat. Hist.*, III, 249). Genre de Saxifragacées, placé près des *Venana* (*Brexia*) et distingué par un réceptacle convexe, un périanthe infère, un androcée isostémoné, un ovaire à 5 loges biovulées. Les ovules sont descendants. Le fruit est une capsule 10-valve. L'*I. brexioides* A. CUNN. est un arbre à feuilles alternes, de la Nouvelle-Zélande. (H. BN, *Hist. des pl.*, III, 360, 442.)
IXERIS (CASS., in *Dict.*, XXIV, 49). Section du genre *Lactuca*. M. A. Gray maintient encore ce genre comme distinct.
IXIA (L., *Gen.*, n. 56). Genre d'Iridacées, dont les fleurs ont un périanthe double, coloré, infundibuliforme ou hypocratérimorphe, régulier ou un peu oblique; les 3 étamines insérées à sa gorge, avec des filets libres ou inférieurement connés ; un ovaire oblong ou ovoïde, surmonté d'un style à 3 branches simples, récurvées, linéaires. Les fleurs sont entourées de spathes courtes et larges, membraneuses-scarieuses, souvent tridentées. Ce sont des herbes vivaces, de l'Afrique australe, à bulbes ou rhizomes courts, tuniqués. On en distingue 25 espèces, dont beaucoup sont cultivées pour l'élégance et l'éclat de leur périanthe, blanc, rose, rouge, lilacé, jaune ou vert; il s'en fait actuellement un assez grand commerce dans les régions chaudes du midi de l'Europe et de l'ouest de la France. (JACQ., *H. schœnbr.*, t. 18-23. — KLATT, in *Linnæa*, XXXIV, 635. — BAK., in *Journ. Linn. Soc.*, XVI, 90, 96.) [H. BN.]
IXIACEÆ (ECKL.), IXIALES (LINDL.). Division des Iridacées.
IXIANTHES (BENTH., in *Comp. Bot. Mag.*, II, 56). Genre de Scrofulariacées-Chélonées, créé pour un arbuste (*I. retzioides*) à feuilles 4, 5-verticillées, à rameaux hirsutes, de l'Afrique australe. Ses fleurs sont caractérisées par un calice 3-partite, valvaire ; la division postérieure 2-fide ; une corolle à large tube ; le limbe 2-labié. Il y a 2 étamines fertiles, et le fruit est septicide. (HARV., *Thes. cap.*, t. 99.) [H. BN.]
IXIAUCHENUS (LESS.). Pour *Ixauchenus* CASS.
IXIDIUM (EICHL., *Fl. bras.*, V, II, 130, t. 31). Section du genre *Eremolepis* GRISEB.
IXIE. Nom français (LAMK.) des *Ixia* L.
IXIEÆ (DUMORT., *Fl. belg.*, 137. — B. H., *Gen.*, III, 684). Tribu des Iridées, dans laquelle l'auteur place le genre *Crocus*. (Voy. REICHB., *Consp.*, 60.)
IXIÉES (*Ixieæ*). Tribu des Iridacées, à spathes uniflores, sessiles ; à fleur sessile, pourvue d'une bractée binerve ou bicarénée, bifide. Ce sont des plantes de l'ancien monde, la plupart africaines, à bulbe ou rhizome court, tuniqué, sauf dans le genre *Schizorhytus*.
IXINE (HILL, *Hort. kew.* [1769], 61). Synonyme de *Cirsium*.
IXINE (THÉOPHR.). Le *Carlina acaulis* L.
IXIOCHLAMYS (F. MUELL. et SOND., in *Linnæa*, XXV, 466). Synonyme de *Podocoma* CASS.
IXIOLIRION (FISCH et MEY. — HERB., *App.*, 37 ; *Amar.*, 125, t. 19, 20). Genre d'Amaryllidacées, rapporté avec doute aux Alstrœmériées, à périanthe supère, infundibuliforme, sans tube, pétaloïde et bleu ; les 6 étamines un peu unies à sa base ; le fruit capsulaire, loculicide, polysperme, avec des graines comprimées-anguleuses. La seule (?) espèce connue, de l'Asie moyenne et occidentale, cultivée dans nos jardins botaniques, a un bulbe tuniqué, des feuilles linéaires et des fleurs disposées en cymes ombelliformes. (*Gartenfl.*, t. 775, 910, 1014.) [H. BN.]
IXIOLOENA (BENTH., in *Hueg. Enum.*, 66). Section du genre *Podotheca* CASS. (H. BN, *Hist. des pl.*, VIII, 177, not. 9.)
IXIONANTHES (ENDL.), IXIONANTHUS (MUELL.). Pour *Ixonanthes* JACK.
IXIOSPORUS (F. MUELL., *Fragm.*, II, 76). Synonyme (?) de *Citriobatus* A. CUNN. (H. BN, *Hist. des pl.*, III, 366, not. 5.)
IXOCHIRON (GRISEB., in *DC. Prodr.*, IX, 40). Section du genre *Chironia* L.
IXODIA (R. BR., in *Ait. Hort. kew.*, ed. 2, IV, 517 ; in *Bot. Mag.*, t. 1534). Genre de Composées, voisin des *Podotheca*, à fleurs hermaphrodites, fertiles ; la corolle régulière ; les anthères appendiculées à la base ; les branches du style tronquées ou subcapitées ; les fruits papilleux, sans aigrette. Ce sont 2 plantes herbacées ou frutescentes, à feuilles alternes, à capitules disposés en cymes ; le réceptacle paléacé ou subnu dans la section *Pithocarpa*. (H. BN, *Hist. des pl.*, VIII, 178, n. 191.)

IXODIA (SOLAND., *mss.*). Synonyme de *Brasenia* SCHREB.

IXONANTHEÆ (ENDL.). Série des Linacées.

IXONANTHES (JACK, *Mal. Misc.*, ex *Hook. Comp. to Bot. Mag.*, I, 154). Genre de Linacées, série des Hugoniées, dont les fleurs pentamères ont un réceptacle en coupe peu profonde, bordée d'un disque; 5 sépales imbriqués; 5 pétales tordus, et de 10 à 20 étamines périgynes. L'ovaire libre a 5 loges alternipétales, avec 2 ovules descendants dans chacune. Leur micropyle s'allonge en tube dans la graine, pendant que sur les côtés de celle-ci se développent 2 appendices descendants, inégaux. Le fruit est une capsule septicide, à loges incomplètement dédoublées par une fausse cloison centripète, et les graines sont périspermées. Les 4 ou 5 *Ixonanthes* connus sont des arbustes de l'Asie tropicale, à feuilles alternes, simples, et à fleurs disposées en cymes ombelliformes pédonculées, axillaires. Ce genre a pour synonymes : *Emmenanthus* HOOK. et ARN., *Brewstera* RŒM., *Ixionanthes* ENDL., *Pierotia* BL., mais non *Macarisia* DUP.-TH., comme le pense à tort M. Planchon. Le *Macarisia* est un genre de Rhizophoracées. (Voy. *Hist. des pl.*, V, 48, 65.) [H. BN.]

IXOPHORUS (SCHLCHTL, in *Linnæa*, XXXI, 420). Genre proposé pour l'*Urochloa unisetum* PRESL (*Setaria?*).

IXORA (L., *Gen* [1737], n. 131). Genre de Rubiacées-Coffées, dont les fleurs sont ordinairement à 5 parties, plus rarement à 4, 6. Leur ovaire infère est couronné d'un calice lobé, entier, caduc ou persistant. La corolle, hypocratérimorphe, a un tube plus ou moins long, quelquefois très allongé et très grêle; sa gorge est glabre ou barbue, et son limbe est tordu dans la préfloraison. Les étamines, en même nombre que ses divisions, ont des anthères de forme variable, incluses ou exsertes, parfois sessiles. Le gynécée se compose d'un ovaire à 2 loges, plus rarement 3, 4, avec un style à sommet ordinairement exsert, fusiforme, entier, ou sillonné, plus rarement partagé en branches stigmatifères étalées ou récurvées. Sa base est entourée d'un disque d'épaisseur variable; et dans chacune des loges ovariennes il y a un ovule, presque toujours ascendant, à micropyle extérieur; plus rarement presque transversal ou descendant, avec le micropyle reporté en dedans et plus ou moins haut. Ailleurs, avec les limites que nous avons données à ce genre, il y a dans chaque loge deux ou plusieurs ovules. Le placenta se prolonge autour de l'ovule ou des ovules, de façon à former à chacun d'eux une sorte de cadre dans lequel il est comme enchatonné. Le fruit est une baie ou une drupe, ordinairement à 2 noyaux, mono- ou polyspermes. Les graines, ascendantes ou descendantes, ont un albumen homogène, ou ruminé, ou découpé en segments par des fentes rayonnantes. Ce sont des arbustes ou de petits arbres, parfois grimpants ou noircissant par la dessiccation, à feuilles opposées, rarement verticillées, pétiolées ou sessiles; à stipules interpétiolaires variables, caduques ou persistantes; à fleurs terminales, plus rarement axillaires ou latérales, rarement peu nombreuses, ordinairement rapprochées en faux capitules ou fausses ombelles qui sont des cymes, avec des bractées, et des bractéoles qui, lorsqu'elles existent, s'insèrent à une hauteur variable des pédicelles et peuvent être connées en cupule. Ce sont, au nombre d'environ 200, des plantes des régions tropicales de tout le globe, surtout de l'ancien monde. Plusieurs ont de belles fleurs ornementales, blanches ou rouges. Plusieurs aussi sont des médicaments astringents, toniques, notamment les *I. indica*, *Bandhucca*, *lanceolata*, *grandiflora*, *congesta*. Les espèces du groupe *Siderodendron* ont le bois dur.

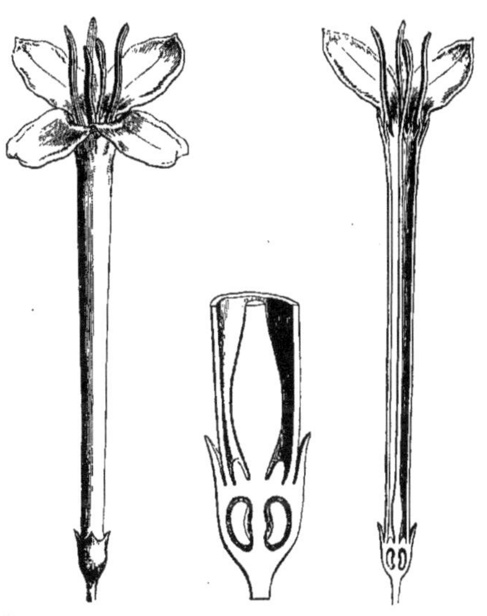

Ixora. — Fleur, entière et coupe longitudinale. Portion inférieure de la fleur, coupe longitudinale.

Nous avons compris dans ce genre les *Pavetta*, *Rutidea*, *Myonyma*, *Chomelia*, *Enterospermum*; ces deux derniers, à loges 2-8-ovulées. (Voy. H. BN, in *Adansonia*, XII, 213; *Hist. des plant.*, VII, 279, 376, 406, n. 33, fig. 257-259.) [H. BN.]

IXORÉES (*Ixoreæ*). Tribu des Rubiacées (B. H., *Gen.*, II, 113). Synonyme de Coffées. (H. BN, *Hist. des pl.*, VII, 365.)

IXORINIA (RAFIN., in *Ann. gén. phys.*, VI, 84). Groupe de Rubiacées.

IXTLI. Nom mexicain de plusieurs *Agave* textiles et qui fournissent une boisson alcoolique.

IYOKADSURA. Au Japon, le *Vincetoxicum japonicum* MORR.

IZARI. Le *Rubia tinctorum* L.

IZOCHILUS (RITG., *Marb.*, II, 125). Pour *Isochilus* R. BR.

IZQUIERDIA (R. et PAV., *Prodr.*, 140, t. 30). Synonyme (STEUD.) de *Samara* L.

IZTAC-COANENE-PILLI. Nom mexicain d'une Ménispermacée (?) et même, a-t-on dit, du *Pareira-brava*.

J

JA. Nom chinois (RUMPH.) du Cocotier commun.

JABALNAIRE. Un des noms arabes du *Cocos nucifera* L.

JABANNISBROED. Nom danois du Caroubier.

JABES. Nom ancien de l'*Hyssopus officinalis* L.

JABLON. Nom russe de la Pomme.

JABLUKA. Nom illyrien de la Pomme.

JADO. En Italie, l'un des noms de l'*Arum maculatum* L.

JADONERA. Nom mexicain de l'*Anagallis arvensis* L.

JABORA, JABOROSE. Noms, d'origine arabe, des Mandragores.

JABORANDI. Nom sous lequel on désigne dans l'Amérique du Sud, principalement au Brésil, des plantes de familles très différentes, mais qui présentent un ensemble de qualités communes, telles que d'être odorantes, aromatiques, chaudes, stimulantes, diurétiques ou sudorifiques, sialagogues, etc. Pison et Marcgraff (*De medicina brasiliensi*) ont distingué quatre *Jaborandi*, dont trois ligneux; ce sont des *Piper*, dont le plus connu est celui qui a été autrefois nommé *Serronia Jaborandi*. Le quatrième *Jaborandi* de Pison est herbacé; c'est une Rutacée-Cuspariée, le *Monniera trifoliata* AUBL. Certains *Jaborandi* appartiennent à la famille des Scrofulariacées; ce sont des *Bramia*, notamment le *B. gratioloides*, le *B. colubrina*, le *B. Monnieria* (*Gratiola Monnieria* L.). Les plus usités actuellement des *Jaborandi* sont des Rutacées-Zanthoxylées, du genre *Pilocarpus*. Il n'y en a jusqu'ici que quelques espèces qui se présentent avec ce caractère, exceptionnel dans le genre, d'avoir les feuilles composées-pennées. C'est surtout le *P. pennatifolius* LEM. (*Ill. hortic.*, III, t. 263), espèce du Brésil méridional, notamment de la province de Saint-Paul. On l'a aussi observé à Corrientes. Il est cultivé dans nos serres et pourrait sans doute l'être en plein air dans plusieurs points de la région méditerranéenne. Le *P. Selloanus* ENGL. est dans le même cas. (Voy. *Journ. Pharm. et Chim.*, sér. 4, XXI, 20. — H. BN, in *Adansonia*, XI, 273; *Tr. bot. méd. phanér.*, 857.) [H. BN.]

JABORANDI DO RIO. Au Brésil, l'*Artanthe mollicoma* MIQ.

JABOROSÆ (MIERS, in *Ann. and Mag. Nat. Hist.*, ser. 2, III, 178). Tribu des Solanacées.

JABOROSE (*Jaborosa* J., *Gen.*, 125). Genre de Solanacées-Solanées, caractérisé dans cette série par un calice 5-fide, non ou à peine accru autour du fruit; une corolle tubuleuse, très longue, à lobes du limbe aigus et valvaires. L'ovaire et le fruit charnu ont 2-5 loges. Ce sont des herbes vivaces, du Mexique et de l'Amérique méridionale tempérée, à tige courte ou rampante; à feuilles dentées, disséquées ou runcinées-pinnatifides; à fleurs blanches, longuement pédonculées. On en décrit 6, 7 espèces. (LAMK, *Ill.*, t. 114. — MIERS, *Ill.*, t. 5. — *Bot. Mag.*, t. 3489. — H. BN, *Hist. des pl.*, IX, 336.)

JABOTA. Nom brésilien de l'*Anisosperma Passiflora* MANS. et du *Feuillea trilobata* L.

JABOTAPITA (PLUM., *Gen.*, 41, t. 32 [1703]). Synonyme de *Ouratea* AUBL. (*Gomphia* L.).

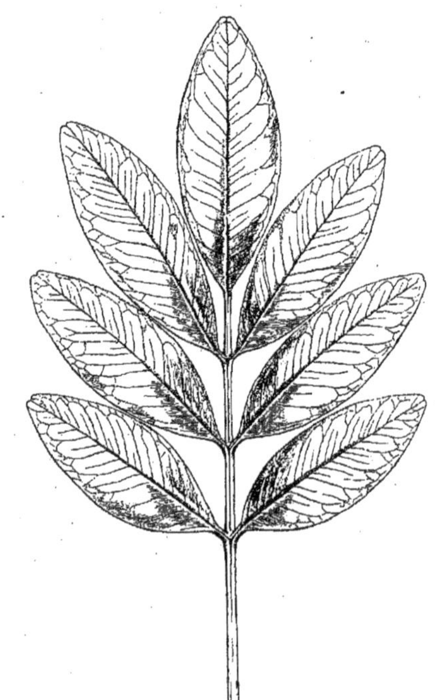

Jaborandi. — Feuille de *Pilocarpus pennatifolius*.

JABOTICABA. Nom brésilien de l'*Eugenia cauliflora* DC.

JABOUQUERO. Nom de l'*Agaricus cylindraceus* DC.

JABROSA (STEUD., *Nom.*, I, 795). Pour *Jaborosa* J.

JABU-MIRSIN. Nom japonais de la Carotte.

JABUTI. Le fruit du *Psidium albidum* CAMBESS.

JACA. Au Brésil, le *Thevetia neriifolia* J.

JACA (ENDL., *Gen.*, 281). Section du genre *Artocarpus*, dont le type est l'*A. integrifolia* L. C'est d'ailleurs le nom vernaculaire indien de l'*Artocarpus integrifolia* L.

JACABANNA. Nom caraïbe du *Maclura tinctoria* DON.

JACAMATCHIHA. Nom donné par les Indiens Guaranis au *Papaya quercifolia* H. BN.

JAÇANGHA. Nom mexicain de l'*Acrocomia mexicana* KARW.

JACAPE. Graminée du Brésil, indéterminée, vantée comme alexipharmaque, parce qu'on lie avec elle les membres des personnes mordues par des serpents venimeux. Pison a fait voir qu'il n'y a là qu'une action mécanique.

JACAPICANGA. Au Brésil, l'un des noms du *Smilax glauca* MART., espèce qui donne le *Salsaparilha de Rios*.

JACEA (GAUD., *Fl. helv.*, V, 391). Synon. de *Crupinia* RUPP.

JACEA TRICOLOR (BAUH.). Nom ancien de la Pensée.

JACÉE DE MONTAGNE. Le *Centaurea montana* L.

JACÉE DE PRINTEMPS. Le *Viola odorata* L.

JACÉE DES PRÉS. Le *Centaurea Jacea* L.

JACÉE (PETITE). L'un des noms vulgaires de la Pensée sauvage.

JACEINEÆ (CASS., in *Dict. sc. nat.*, XLIV, 35; L, 247; LI, 570). Division des Composées-Centauréées.

JACEOIDES. Section (DC.) du genre *Centaurea* L.

JACINTHE (*Hyacinthus* T., *Inst.*, 344, t. 180. — L., *Gen.*, n. 1427). Genre de Liliacées, qui a donné son nom à la tribu des Hyacinthées. Il a pour principaux caractères : un périanthe tubuleux-campanulé, à six divisions étalées, des étamines incluses et un ovaire à trois loges pauciovulées, surmonté d'un

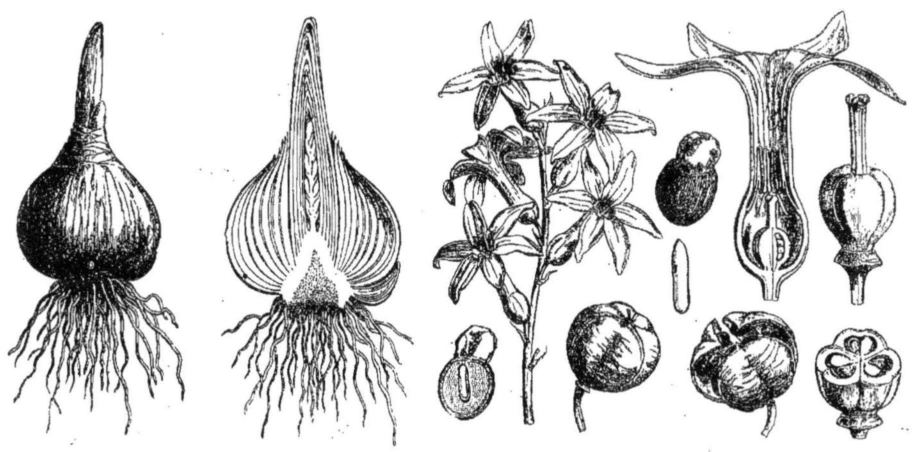

Jacinthe. — Bulbe, entier et coupe longitudinale. Inflorescence. Fleur, coupe longitudinale. Gynécée. Fruit, entier et déhiscent. Graine. Embryon.

style court, trisillonné, à extrémité stigmatique entière ou partagée en trois lobes généralement peu prononcés. Ce sont des plantes bulbeuses, à feuilles linéaires, d'où sort une hampe terminée par une grappe de fleurs. La seule espèce bien légitime est la Jacinthe orientale (*H. orientalis* L.), originaire de la région méditerranéenne et dont l'horticulture a multiplié les nombreuses variétés qui sont fréquemment cultivées, soit dans les appartements, soit dans les jardins, pour la beauté de leurs fleurs douées d'un parfum suave. C'est la Hollande qui fournit les variétés les plus recherchées. On a rattaché quelques autres espèces anomales ou douteuses (K., *Enum.*, IV, 303) à ce genre qui, pour Linné, comprenait aussi les *Muscari*, les *Bellevalia*, les *Agraphis*, etc. (H. BN, *Iconogr. Fl. fr.*, n. 80.) [T.]

JACINTHE DES BOIS. Le *Scilla non scripta* (*nutans* L.).

JACINTHE DES INDES. L'un des noms de la Tubéreuse.

JACINTHE DES PYRÉNÉES. Le *Scilla Lilio-Hyacinthus* L.

JACINTHE MUSQUÉE. Le *Muscari moschatum* W.

JACK, JAQ, JAQUES, JACA. Synonymes de Jaquier.

JACK TREE. Nom anglais de l'*Artocarpus integrifolia* L.

JACK (W.). Né à Aberdeen en 1795, voyagea en Malaisie et étudia les plantes de ce pays. En 1820-22, il fit insérer à Bencoolen, dans les *Malayan Miscellanies*, imprimés par la mission de Malaisie, des *Descriptions of Malayan plants*, que W.-J. Hooker publia successivement à Kew, dans ses *Miscellanies*, son *Journal* et son *Companion to Botanical Magazine*. Jack mourut sur mer près du Cap, en 1822. Ses plantes, la plupart très intéressantes, sont souvent aujourd'hui difficiles à retrouver et à déterminer. (*Cat. scient. pap.*, III, 506.)

JACKAASHAPUCK. Aux États-Unis, le *Vaccinium Myrtillus* L.

JACKAL'S KOST. Au Cap, l'*Hydnora africana* THUNB.

JACKAS-HAPUCH. En Suède, l'*Arctostaphylos Uva-ursi*.

JACARANDA (J., *Gen.*, 138). Genre de Bignoniacées, qui a donné son nom à la tribu des Jacarandées et qui s'y distingue par ses fleurs irrégulières, à petit calice campanulé; par son staminode postérieur allongé, barbu ou claviforme au sommet, et son ovaire biloculaire. Le fruit est court, à 2 valves planes et coriaces qui se séparent finalement l'une de l'autre. Les graines plates sont ailées. Ce sont 30 arbres environ, de l'Amérique tropicale, à feuilles opposées, bipinnées, à belles fleurs bleues ou violettes, en grappes de cymes très composées. Le *J. mimosæfolia* DON, cultivé dans la région méditerranéenne, s'y couvre d'inflorescences superbes. (BUR., *Bignon.*, t. 21.) [H. BN.]

JACARANDA CARUNNA. Nom brésilien du *Myrospermum erythroxylum* F. ALLEM.

JACARANDÉES (*Jacarandeæ*). Tribu des Bignoniacées, dans laquelle l'ovaire est uniloculaire ou biloculaire, sans que, dans ce dernier cas, la cloison s'épaississe ou se résorbe. Les placentas y sont d'ailleurs dits à tort toujours pariétaux. Le fruit est une capsule bivalve (parfois? indéhiscente), à valves placentifères sur la ligne médiane. On a réuni (B. H., *Gen.*, II, 1030) dans ce groupe hétérogène les genres *Jacaranda*, *Parmentiera*, *Digomphia*, *Colea* et *Eccremocarpus*. Les vraies Jacarandées ne sont que des Técomées exceptionnelles.

JACARATIA (MARCGR., *Bras.*, 128, fig.). Synonyme de *Papaya*. M. A. de Candolle conserve à tort ce genre comme distinct.

JACARÉ. Nom vulgaire d'un bois fourni par une Légumineuse-Mimosée, encore inconnue, de l'Amérique tropicale.

JACCA (ENDL.). Pour *Jaca* ENDL.

JACEA (CAMER. — S.-F. GRAY, *Arr. brit. pl.*, II, 649). Section du genre *Viola* (*V. tricolor* L.); synonyme de *Melanium* GING.

JACEA (CASS., in *Dict. sc. nat.*, XLIV, 36). Section du genre *Centaurea* L. (B. H., *Gen.*, II, 479.)

JACKASS-CALALU. A Sainte-Croix, le *Guazuma ulmifolia* LK.

JACK-BY-THE-HEDGE. En Angleterre, l'Alliaire officinale.

JACK-IN-A-BOY. Nom anglais de l'*Hernandia sonora* L.

JACK OF THE BUTTERY. En Angleterre, le *Sedum acre* L.

JACKIA (BL., *Cat. H. Buitenz.* [1823], ex *Flora* [1825], 120). Synonyme de *Xanthophyllum* ROXB.

JACKIA (SPRENG., *Syst. veg.*, III, 85). Synonyme de *Eriolæna* DC.

JACKIA (WALL., in *Roxb. Fl. ind.*, ed. CAREY, II, 321). Genre de Rubiacées-Morindées, dont les fleurs sont à peu près celles d'un *Carphalea*, à calice formé de 3-5 lobes, dont 3 sont plus ordinairement grands, accrescents, étalés, foliacés, veinés et scarieux, persistants au-dessus du fruit; il y en a de petits, dentiformes, interposés. La corolle est à 5 lobes, valvaires-indupliqués. L'androcée est isostémoné, et l'ovaire infère a 2 loges 2-ovulées. Les deux ovules sont insérés en haut d'un placenta subdressé. Le fruit est coriace, 1, 2-sperme. Il y en a une ou deux espèces, arbres élevés de la Malaisie, de Bornéo, etc., dont les feuilles sont opposées, grandes, avec des stipules interpétiolaires unies en gaines, et des fleurs en grappes pédonculées, pendantes, dont les divisions supportent de nombreuses fleurs unilatérales et des bractées foliacées, subdistiques, analogues aux grands sépales. (Voy. H. BN, in *Bull. Soc. Linn. Par.*, 185; *Hist. des plant.*, IV, 296, 418, n. 53.) [H. BN.]

JACKSONIA (R. BR., in *Ait. H. kew.*, ed. 2, III, 12). Genre de Légumineuses-Papilionacées, série des Podalyriées, placé près des *Burtonia*, et caractérisé par un large étendard, un calice valvaire, des graines à funicules minces et longs, une gousse comprimée. Ce sont une trentaine d'arbustes australiens, aphylles, à feuilles remplacées par de petites écailles, à fleurs disposées en grappes ou en épis. Plusieurs sont cultivés dans nos serres tempérées. (H. BN, *Hist. des pl.*, II, 354.)

JACKSONIA (RAFIN.). Synonyme de *Polanisia* RAFIN.

JACOA. Nom indigène du *Sclerocarya caffra* SOND.

JACOB (Edw.). Apothicaire de Faversham [1716-1788], publia en 1777 les *Plantæ Favershamienses* (in-8 de 146 p.).

JACOB (BATON DE). L'un des noms vulgaires de la Raiponce.

JACOBACEÆ (DUMORT., *Fl. belg.*, 65). Groupe de Composées, comprenant les Sénécionées, Astérées, Inulées et Anthémidées.

JACOBÆA (BURM., *Thes. zeyl.*, 124, t. 55, fig. 2). Synonyme de *Vicoa* CASS.

JACOBÆA (T., *Inst.*, 485, t. 276). Synonyme (part.) de *Senecio*.

JACOBÆA (THUNB., *Prodr. Fl. cap. Præf.; Fl.*, 675). Section du genre *Senecio*, à capitules radiés et calyculés. Les *Jacobæa* CASS. (in *Dict.*, XXIV, 110) sont les *Senecio* à ligules étalées de la section *Obejaca* (CASS.).

JACOBÆASTRUM (VAILL., in *Act. Acad. Par.* [1720], 300). Synonyme (part.) de *Solidago* L.

JACOBÉE. Le *Senecio Jacobæa* L.

JACOBÉE BLANCHE, J. MARITIME. Le *Cineraria maritima* L.

JACOBÉES (ADANS., *Fam. des pl.*, II, 123). Synonyme (part.) de Composées.

JACOBIA (DC., *Prodr.*, III, 125). Section du genre *Trembleya*.

JACOBIN (LE) (PAUL., *Trait. des Champ.*, I, 297, 569). Le *Paxillus atrotomentosus* BATSCH.

JACOBINIA (MORIC., *Pl. nouv. Amér.*, 156, t. 92). Genre d'Acanthacées-Justiciées, voisin des *Beloperone* et des *Dianthera*, distingué par une corolle à tube ordinairement long et étroit, avec un limbe à lèvres peu larges, rarement courtes; l'antérieure plus ou moins profondément trifide. Les étamines, au nombre de 2, ont des loges subcontiguës, peu inégales. Le gynécée et le fruit sont ceux des *Beloperone*. Ce sont, au nombre d'une trentaine, des plantes herbacées ou frutescentes, de l'Amérique tropicale ou sous-tropicale, à fleurs jaunes, orangées ou rouges, en belles inflorescences thyrsiformes, riches et compactes, parfois axillaires, souvent très ornementales et cultivées dans nos serres. (B. H., *Gen.*, II, 1114.) [H. BN.]

JACOBOEUS (Joh.-Ad.). Auteur, en 1727, de *De plantarum structura et vegetatione Schedion* (in-8 de 27 p.).

JACOB'S LADDER. En Angleterre, la Polémoine bleue.

JACOSTA (E. MEY., ex *DC. Prodr.*, VI, 76). Synonyme de *Oligoglossa* DC. (pour *Jocaste* ?).

JACQUEMONT (Victor). Voyageur dans l'Inde, connu surtout par sa *Correspondance* [1835] et par son *Voyage dans l'Inde* [1841-44], récolta dans ce pays un grand nombre de plantes qui se trouvent au Muséum de Paris. La Botanique de son voyage a été publiée par Cambessèdes et Decaisne, sous le titre de *Plantæ rariores*, etc. (183 p. et 180 pl.). Né en 1801 à Paris, Jacquemont était mort à Bombay en 1832. On ignore, quoi qu'on en ait dit, où se trouve sa sépulture, qui a peut-être été détruite.

JACQUEMONTIA (CHOIS., *Conv. orient.*, 94; in *DC. Prodr.*, IX, 396). Genre de Convolvulacées-Convolvulées, distingué par des fleurs à style et stigmate de *Calystegia*, avec un ovaire à 2 loges et à 4 ovules. Ce sont des herbes des régions sous-tropicales et tempérées du monde entier, couchées ou volubiles, parfois frutescentes, épineuses. Leurs feuilles sont dentées ou lobées. Leurs fleurs axillaires sont solitaires ou disposées en cymes, avec des bractées de configuration très variable. On en admet environ 150 espèces. [H. BN.]

JACQUEMONTIA (BÉLANG., *Voy. Ind. Ic.*, t. 40). Synonyme de *Psilothamnus* DC.

JACQUEROTTE. Le *Lathyrus tuberosus* L.

JACQUES (Ant.). Jardinier au château de Neuilly, né en 1780, mort en 1866, a donné un *Catalogue glossologique* des plantes cultivées dans ce domaine, etc. [1833], in-12 de 116 p.

JACQUEZ. — Voy. VIGNE.

JACQUIER, JAQUIER. L'*Artocarpus integrifolia* L. F.

JACQUIN (Jos.-Fr., baron v.). Né en 1766 à Chemnitz, mourut en 1839 à Vienne, où il était professeur de botanique et de chimie. Il commença en 1811 ses *Eclogæ plantarum rariorum*, in-folio orné de planches coloriées, dont le volume II ne parut qu'après sa mort, par les soins de sa fille. Ce n'est qu'après son décès que furent également terminés, par Fenzl, les *Eclogæ Graminum rariorum*, etc. (in-fol. de 65 p. et 48 pl.). Il donna, en 1816, un *Synopsis Stapeliarum;* en 1819, un opuscule sur le *Gingko;* en 1825, une brochure sur le Jardin de l'Université à Vienne. — Nic.-Jos. JACQUIN [1727-1817], qui fut professeur également de chimie et de botanique, à Chemnitz, puis à Vienne, fut plus fécond de beaucoup que le précédent; il fit et fit faire de nombreux voyages scientifiques et enrichit de végétaux précieux les jardins et les serres des établissements impériaux et universitaires de Vienne, Schœnbrunn, etc. Ses publications sont parfois d'une splendeur qui n'a été que rarement égalée. Après qu'il eut écrit [1762] un *Enumeratio systematica plantarum quas in insulis Caribæis vicinaque Americes Continente detexit novas*, etc., suivi en 1763 de son *Selectarum stirpium americanarum Historia*, parut, en 1780, un autre ouvrage du même titre orné de 264 pl. peintes à la main; très rare et très cher. En 1764-71 parurent les *Observationum botanicarum*, etc. (4 part. avec 100 pl.), et en 1770-76 les 3 vol. in-folio de l'*Hortus botanicus vindobonensis*, etc. La publication de son *Flora austriaca* (5 vol. in-fol., pl. color.) dura de 1773 à 1778. De 1778 à 1881 parurent les *Miscellanea botanica*, et de 1781 à 1786 les *Icones plantarum rariorum* (3 vol. in-fol., avec pl. color.). En 1785, il donna un *Anleitung z. Pflanzenkenntniss nach Linné 's Method*, qui eut deux éditions et fut traduit en italien. Les *Collectanea* (5 vol. in-4) sont de 1786-96. Jacquin publia en 1794 une Monographie des *Oxalis* (in-4 avec 81 pl.), une illustration des *Stapelia* en 1806, *Genitalia Asclepiadearum controversa* en 1811, et ses *Fragmenta* de 1800 à 1809. Un de ses plus beaux ouvrages est le *Plantarum rariorum Horti cæsarei Schönbrunnensis* (4 vol. in-fol., avec 500 planches coloriées d'une grande beauté). Il a laissé des manuscrits qui sont conservés au Musée botanique de Vienne. [H. BN.]

JACQUINIA (MUT., herb.). Synonyme de *Trilix* L.

JACQUINIA (L., *Gen.*, n. 254). Genre de Primulacées-Théophrastées, à fleurs pentamères : les sépales et les pétales imbriqués. Ces derniers sont unis en une corolle rotato-campanulacée, qui porte 5 étamines oppositipétales et des staminodes pétaloïdes, imbriqués, répondant aux sinus. L'ovaire a un placenta central-libre et est surmonté d'un style à sommet entier ou courtement 5-lobé. Les ovules sont nombreux et ascendants. Le fruit est coriace ou crustacé en dedans. Les graines, plongées dans la substance molle du placenta, ont un albumen cartilagineux, un hile ventral et un embryon excentrique. Ce sont 5, 6 arbres et arbustes, de l'Amérique tropicale, à feuilles alternes, opposées ou subverticillées; à fleurs en grappes plus ou moins corymbiformes. On en cultive quelques jolies espèces dans nos serres chaudes. (PAYER, *Leç. Fam. nat.*, 9.) [H. BN.]

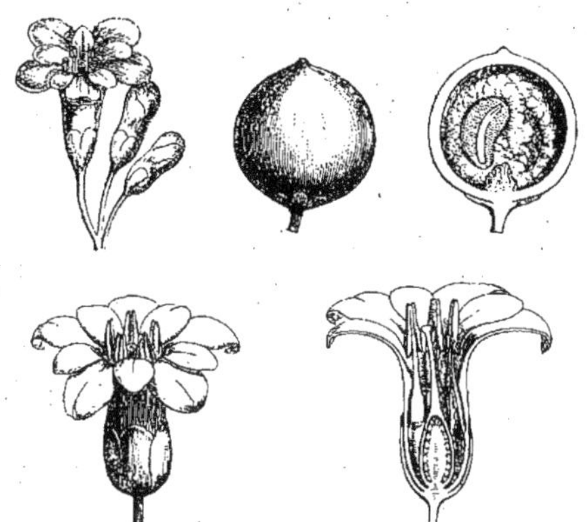

Jacqui 'a. — Inflorescence. Fleur, entière et coupe longitudinale. Fruit, entier et coupe longitudinale.

JACQUINIÉES (*Jacquinieæ*). Tribu des Ardisiacées (Primulacées).

JACQUINIER. Nom français (LAMK) des *Jacquinia* L.

JACQUINOTIA (HOMBR. et JACQUIN., *Voy. Pôle sud, Bot. phanér.*, t. 22 R). Synonyme de *Lebetanthus* ENDL.

JACUAN. Arbre indéterminé, de Madagascar (ROCHON), qui produit de la gomme et des amandes comestibles.

JACUANGA (LESTIB., in *Ann. sc. nat.*, sér. 2, XV, 320, 341). Synonyme de *Costus* L.

JACULARIA (RAFIN., in *Lond. Gard. Mag.* [1839], VIII). Synonyme de *Belis* SALISB.

JADICAI. Nom tamoul des Muscades.

JAEE (MARCGR.). Nom brésilien ancien du *Citrullus vulgaris* SCHRAD.

JAEGER (Georg.-Fred. v.). Médecin de Stuttgart [1785-1866], a écrit : *Ueber die Missbildungen der Gewächse* [1814], *Observationes de effectibus variarum aeris specierum in plantas* [1823], *Ueber die Pflanzenversteinerungen*, etc. [1827], *Observationes de quibusdam Pini sylvestris monstris*, etc. [1828], et *Ueber die Wirkungen des Arseniks auf Pflanzen* [1864], in-8 de 115 p. (*Cat. sc. pap.*, III, 526.)

JÆGERA (GIS., *Prœl.*, 203, 208). Synonyme de *Zingiber* ADANS.

JÆGERA (RŒUSCH., ex *DC. Prodr.*, V, 543). Genre monandre, non décrit; synonyme (?) du précédent.

JÆGERIA (H. B. K., *Nov. gen. et spec.*, IV, 277, t. 400). Genre de Composées, voisin des *Montanoa*, à fleurs fertiles et dimorphes : celles du rayon femelles, à corolle ligulée, entière ou 2-dentée; celles du disque hermaphrodites, à corolle étroitement campanulée, avec divisions stylaires étroites et un peu obtuses; celles des femelles plus longues et plus étroites. Les fruits sont glabres, 3-5-gones, à callosité basilaire, oblique, sans aigrette. Ce sont 5, 6 herbes annuelles, des deux Amériques, à feuilles opposées et dentées, à involucres formés de bractées 1, 2-sériées. (H. BN, *Hist. des pl.*, VIII, 216, n. 269.)

JÆSCHKEA (KURZ, in *Journ. Asiat. Soc. Beng.*, XXXIX, 230, t. 13). Genre de Gentianacées-Swertiées, établi pour 2 herbes des montagnes de l'Asie, qui ont le port du *Gentiana Moorcroftiana* et qui se distinguent par une corolle campanulée, à lobes qu'on dit valvaires; des étamines insérées dans les sinus de la corolle, avec des filets courts. La tige des *Jæschkea* est dressée, et leurs fleurs forment une panicule de cymes. [H. BN.]

JAGAILLES (BOIS DE). Aux Seychelles, le *Gardenia Annæ* WR.

JAGATARA-IMO. Nom japonais de la Pomme de terre.

JAGERA (BL., *Rumphia*, III, 155). Genre de Sapindacées-Sapindées, à fleurs régulières, pourvues de 3-5 sépales et d'un même nombre de pétales, appendiculés à la base. L'androcée est formé de 8 étamines, et le fruit est une baie à 3, 4 loges. Ce sont 3 ou 4 arbres, de l'Asie et de l'Océanie tropicales et de Madagascar, à feuilles pennées, à fleurs réunies en grappes spiciformes et cymigères. (H. BN, *Hist. des plant.*, V, 401.)

JAGGARY. Sucre extrait de la sève du *Cocos nucifera* L.

JAGGERY. Synonyme de *Jagre*.

JAGGOUG. A Sumatra, le Maïs.

JAGNEROTTE. Synonyme de Garnotte.

JAGRE. Le sucre des Palmiers de l'Asie tropicale.

JAGUA. Le *Genipa americana* L.

JAHETUR. Le Gingembre, en langue bali.

JAHN (Aug.-Fred.-W.-Ernst). Auteur [1774] d'une description des plantes nouvelles des environs de Lipse (in-4 de 12 p.).

JAHRI. Nom dalmate (VIS.) de l'Avoine.

JAIFOL. Un des noms arabes du Macis.

JAJIKAIA. Nom tellinga des Muscadiers.

JAKOSO. Nom japonais du *Chelonopsis moschata* MIQ.

JAL. Dans l'Inde, le *Salvadora indica* ROYLE.

JALA. Dans l'Inde, le *Shorea robusta* ROXB.

JALAMBICEA (LLAV. et LEX., *Nov. veg. descr.*, II, 12). Synonyme de *Limnobium* L.-C. RICH.

JALAP. Racines purgatives de plusieurs Convolvulacées. Le meilleur Jalap est celui de l'*Exogonium Jalapa* H. BN, qui est l'*E. purga* WENDER., mais aussi l'*Ipomœa Jalapa* NUTT. (non PURSH). C'est le *J. vrai* ou *tubéreux* des officines. Le *J. fusiforme, ligneux* ou *mâle*, de qualité inférieure, est produit par l'*Ipomœa orizabensis* LEDAN. Le *Convolvulus Jalapa* DESF. (*Batatas Jalapa* CHOIS.) donne aussi une énorme racine de Jalap, de qualité très médiocre. Le *Jalap faux* est le *Mirabilis Jalapa* L. D'autres *Belles-de-nuit* en fournissent aussi. (Voy. EXOGONIUM [II, 586], et H. BN, *Tr. bot. méd. phanér.*, 1263.)

JALAPA (T., *Inst.*, 129, t. 50). Synonyme de *Mirabilis* L.

JALAPA DE QUERETARO. Au Mexique, l'*Ipomœa triflora* VEL.

JALAPÆ (B. JUSS., ex A.-L. JUSS., *Gen.*). Synonyme de Nyctaginées. Batsch (*Tab. aff.*, 324) les nomme *Jalapineæ*.

JALAPE BLANC. Le *Convolvulus Mechoacana* L.

JALAPINEÆ (BATSCH, *Tab. aff.*, 324). — Voy. JALAPÆ.

JALAPPA (BURM. — MEDIC.). Pour *Jalapa* T.

JALAPS (ADANS., *Fam. des pl.*, II, 263). Synonyme de Convolvulacées.

JALENI-SZCZAW. Nom polonais de la Scolopendre commune.

JALOUSIE. Le *Dianthus barbatus* L. C'est aussi la Balsamine.

JALOWIEC. En Pologne, le Genévrier.

JALTOMATA (SCHLCHTL, *Ind. sem. H. Hal.* [1838]). Synonyme de *Saracha* R. et PAV.

JALTONIA (STEUD., *Nom.*, I, 796). Pour *Jaltomata* SCHLCHTL.

JAMABUKI. Nom japonais du *Rhodotypus kerrioides* S. et ZCC.

JAMACARU (PIS., *Bras.*, 99. — MARCGR., *Bras.*, 126, c. fig.). Synonyme de *Cereus* L.

JAMAICA DOGWOOD. Le *Piscidia Erythrina* L. Au Mexique, c'est l'*Hibiscus Sabdariffa* L.

JAMAICA LACE-BARK. Nom anglais du *Lagetta lintearia* LAMK.

JAMAICA PEPPER. Les fruits du *Pimenta officinalis* BERG.

JAMAICA-PLUM. Nom anglais du *Spondias purpurea* L.

JAMALGOTA. Nom indigène du *Croton Tiglium* L.

JAMAREN. Nom caraïbe du *Jatropha multifida* L.

JAMBARANDY. Au Brésil, le *Piper nodosum* L.

JAMBEROSADE. Synonyme de Jamerose.

JAMBIERS (PAULET, *Trait. des Champ.*, II, 210). Nom de l'*Agaricus grammopodius* BULL., d'après Leveillé.

JAMBOA. Aux Philippines, le Citron.

JAMBOJOHNEN. — Voy. JAMBOLANEN.

JAMBOE-MASSON. Synonyme de *Jammani.*

JAMBOLANA (MIQ., *Fl. ind. bot.*, I, 458). Section du genre *Syzygium* GÆRTN.

JAMBOLANA (RUMPH., *Herb. amboin.*, I, 131, t. 42). Synonyme de *Jambolifera* L.

JAMBOLANEN, JAMBOBOHNEN (GÆRTN., *Fruct.*, I, 281, not.). Noms vulgaires de l'*Acronychia pedunculata.*

JAMBOLIFERA (L., *Amœn. acad.* [1747], I; *Gen.*, n. 479). Synonyme de *Achronychia* FORST.

JAMBOLIN. L'un des noms du fruit du Jambosier.

JAMBON DES JARDINIERS, DE SAINT-ANTOINE. Noms vulgaires de l'*Œnothera biennis* L.

JAMBOS (BURM., *Thes. zeyl.*, 124). Synon. de *Jambosa* RUMPH.

JAMBOSA (RUMPH., *Herb. amboin.*, I, 121). Genre de Myrtacées; section du genre *Eugenia*, à fruit et fleurs généralement grands, à inflorescence centrifuge. Les Jamroses, qui sont les fruits de ces plantes, sont des baies comestibles, parfumées, notamment celles des *E. Jambos*, *malaccensis*, *densiflora*, etc. (Voy. *Hist. des pl.*, VI, 341, 355.) [H. BN.]

JAMBOSE. Synonyme de Jamerose.

JAMBOSIER. Nom français (LAMK) des *Eugenia* L.

JAMBUL. L'*Eugenia Jambolana* LAMK.

JAMEROSE, JAMEROSIER. L'*Eugenia Jambos* L. (voy. JAMBOSA).

JAMES (Edw.-P.). Auteur, en 1825, d'un catalogue de plantes des montagnes Rocheuses récoltées en 1820.

JAMESIA (TORR. et GRAY, *Fl. N.-Amer.*, I, 593). Genre de Saxifragacées-Philadelphées, voisin des *Deutzia*, à fleurs 5-mères et diplostémonées. L'ovaire, en grande partie supère, est uniloculaire, à 3-5 placentas pariétaux et multiovulés. Le fruit est une capsule à lignes de déhiscence interstylaires, et les graines sont albuminées. Le *J. americana* est un arbuste des Montagnes-Rocheuses, à feuilles opposées, à fleurs en cymes terminales ramifiées. (H. BN, *Hist. des pl.*, III, 349, 435.)

JAMESIA (NEES, in *Pr. Neuw. Trav.*, App., 516). Synonyme de *Stephanomeria* NUTT.

JAMESONIA (HOOK. et GREV., *Icon.*, t. 178. — FÉE, *Gen. Fil.*, 161). Genre de Fougères, caractérisé par des sores oblongs, situés sur les veines flabellées de la face dorsale des pinnules éloignées des bords. Le genre appartient à la tribu des Grammitidées et a, par conséquent, les sores dorsaux, deux fois aussi longs que larges, sublinéaires. Il n'y a qu'un véritable *Jamesonia*, le *J. imbricata*, et Mettenius en a finalement fait un *Gymnogramme.* (HOOK. et BAK., *Syn. Fil.*, 369, 514.) [H. BN.]

JAMESONIEÆ (FÉE, *Gen. Fil.*, 36, 61). Sous-tribu des Fougères-Cheilanthées.

JAMESTOWN-WEED. Aux États-Unis, la Stramoine commune.

JAMITE. Le *Bunium Bulbocastanum* HUDS.

JAMLONGUE. Nom vulgaire de l'*Eugenia Jambolana* LAMK.

JAMMA-GOBO (KÆMPF., *Amœn. exot.*, 828). Au Japon, les *Phytolacca.*

JAM-MALAC. Synonyme d'*Eugenia malaccensis* L.

JAMMANI. L'*Anacardium occidentale* L., dans l'Inde.

JAMONE (BOIS DE). Le *Cupania americana* L.

JAMPER-EUDER. — Voy. RENDU.

JAMPERT (Chr.-Fried.). Professeur à Halle [1727-1758], a écrit un *Specimen physiologiæ plantarum*, etc., où il essaye de prouver que les végétaux sont dépourvus de vaisseaux.

JAMROSADE. Synonyme de Jamrosier.

JAN. L'un des noms vulgaires de l'Ajonc landier.

JANA-BYLINA. En Bohême, le Millepertuis.

JANAGI. Nom japonais des Saules.

JANAPA. Dans l'Inde, le *Crotalaria juncea* L.

JANCA. Aux Antilles, l'*Amyris toxifera* L.

JANCA-TREE. Nom anglais de l'*Amyris toxifera* L.

JANCÆA (BOISS., *Pl. or. nov. Dec.*, I, 1). Synonyme de *Ramondia* RICH.

JANCOMAS. Arbre de l'Inde (D'ACOSTA), à bois astringent et analogue, dit-on, à celui des Sorbiers.

JANCZEWSKIA. Genre d'Algues parasites. — Voy. le *Supplément.*

JANDINEA (STEUD.). Pour *Jardinia* STEUD.

JANDOU. Nom, au Congo, d'un *Dioscorea* indéterminé.

JANGARACA (RAFIN.). Pour *Tangaraca* ADANS.

JANGGALI KHAJUR. Nom bengalais du *Phœnix acaulis* ROXB.

JANGI. Dans l'Inde, le *Vallisneria alternifolia* ROXB.

JANG-JANG. Nom tamoul du *Sterculia fœtida* L.

JANIA (SCHULT., *Syst.*, VII, 98). Syn. de *Bæometra* SALISB.

JANIA (LAMX, in *Bull. philos.* [1812]; *Hist. des Polyp. flex.*, 266). Genre d'Algues-Floridées, appartenant à la curieuse famille des Corallinées, caractérisé par une fronde fragile, filiforme, articulée, dichotome, couverte d'un dépôt calcaire et constituée par deux couches de cellules distinctes. Celles de la partie corticale sont oblongues, et celles de la partie intérieure filiformes, presque continues et peu resserrées. Les articles sont claviformes et comprimés. Les kéramidies, subelliptiques et comme *urniformes*, sont percées d'une ouverture terminale. Les périspores renferment quatre spores qui se divisent en zones. Le genre *Jania*, qui n'est réellement bien connu que depuis les travaux de Thuret (il a découvert leurs cystocarpes), possède les trois organes reproducteurs essentiels des Floridées : des tétraspores, des cystocarpes ou organes femelles, des anthéridies ou organes mâles. Ces organes ont la plus grande analogie avec les organes de même nature que l'on observe chez les Corallines; mais il faut observer que dans les espèces du genre *Jania* les conceptacles à tétraspores et les cystocarpes se trouvent sur des individus distincts, tandis que les anthéridies et les cystocarpes se trouvent constamment réunis sur le même individu. Les spores des *Jania* germent avec facilité; l'observation de leur développement est des plus intéressantes. (THUR., *Etud. phycol.*, t. LI, 99.) [CH. M.]

Jania.

JANINGIN. Nom japonais du *Cardamine sylvatica* LINK.

JANIPABA (PIS., *Bras.*, 138). Synonyme de *Genipa* PLUM.

JANIPARANDIBA (PIS., *Bras.*, 121, c. fig.). Synonyme de *Japarandiba* MARCGR.

JANIPARANDIRA (MARCGR.) Le *Pirigara tetrapetala* AUBL.

JANIPHA (H. B. K., *Nov. gen. et spec.*, II, 106, t. 109). Synonyme de *Manihot* PLUM.

JANJI. Dans l'Inde, le *Vallisneria alternifolia* ROXB.

JANKÆA (BOISS., *Fl. or.*, IV, 82). Synonyme de *Jancæa* BOISS.

JANLOPES. A Java, le *Boerhaavia diffusa* L.

JANNELET. Le *Cantharellus cibarius* FRIES.

JANNETRODE. L'*Equisetum arvense* L.

JANOGI. Nom japonais des Saules.

JANO HIGE. Nom japonais du *Flueggea japonica* K.

JANOOL. Le *Lagerstrœmia macrocarpa.*

JANOUÈRE, JANOUERAT. Noms foréziens du Genévrier commun.

JANRAJA (PLUM., *Icon.*, 255, fig. 1). Genre dédié à J. Rai; synonyme de *Rajania* L.

JANSANNE, JOUVANSANNE. Noms foréziens du *Gentiana lutea.*

JANSBROOD. Nom hollandais du Caroubier.

JANSONA. Nom languedocien du *Gentiana lutea* L.

JANSONIA (KIPP., in *Trans. Linn. Soc.*, XX, 384, t. 16). Genre de Légumineuses-Papilionacées, série des Podalyriées, placé près des *Brachysema* et des *Oxylobium*, distingué par des fleurs réunies au nombre de 4 dans un involucre commun; des sépales supérieurs très petits. C'est un arbuste australien (*J. formosa* KIPP.), à feuilles simples et opposées et à fleurs disposées en capitules penchés. (H. BN, *Hist. des pl.*, II, 350.)

JANSONNA. En Languedoc, le *Gentiana lutea* L.

JANTHA, JANTHE. Pour *Iantha*, *Ianthe.*

JANTHE (GRISEB., *Spic. Fl. rumel.*, II, 40). Section du genre *Celsia* L. (H. BN, *Hist. des pl.*, IX, 365.)

JANUSIA (A. JUSS., *Malpigh.*, 349, t. 21). Genre de Malpighiacées, de la série des Gaudichaudiées, à fleurs dimorphes, distingué par des pétales entiers et un androcée 6-andre. Toutes les étamines sont fertiles, ou quelques-unes sont sans anthères. Le fruit est formé de 2, 3 samares. Ce sont 4 arbustes grimpants, du Brésil, du Texas et de la Californie, à feuilles opposées, à fleurs jaunes, à corolle de *Malpighia*. Le genre est, à part le dimorphisme des fleurs, très voisin des *Schwannia*. (H. Bn, *Hist. des pl.*, V, 442, 468, fig. 451, 452.)

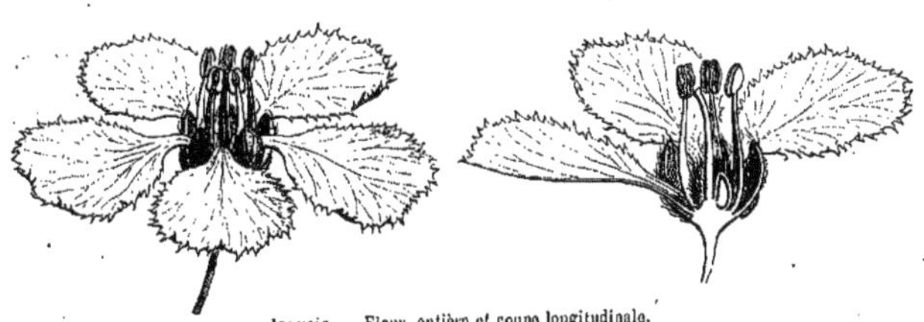

Janusia. — Fleur, entière et coupe longitudinale.

JAONE D'IOOU. Nom languedocien du jaune d'œuf; même signification en botanique cryptogamique que ce dernier terme.

JAOUBER, JAOUVER, JAOUBER, JINIBER. Noms languedociens du Persil cultivé.

JAOUBER DOUS, JAOUVER DOUS. Noms languedociens du *Scandix Pecten-Veneris* L.

JAOUBERTASSA, JAOUVERTASSA. Noms languedociens de la Grande-Ciguë (*Conium maculatum* L.).

JAPALA, JAPALU. Nom sanscrit du *Croton Tiglium* L.

JAPAN-LACQUER. Nom anglais du *Stagmaria verniciflua* Jcq.

JAPANA. Nom vulgaire de l'*Eupatorium triplinervium* Vahl.

JAPARANDIBA (Marcgr., *Bras.*, 109, c. fig.). Synonyme de *Pirigara* Aubl.

JAPATRI. L'un des noms indiens de la Muscade.

JAPICANGA. Nom, au Brésil, du *Smilax glauca* Mart.

JAPOGOMEA (B. H., *Gen.*, II, 127). Pour *Tapogomea* Aubl.

JAPOTAPITA (Endl., *Gen.*, 1142). Pour *Jabotapita* Plum.

JAQ. Synonyme de Jacquier.

JAQUIER. — Voy. Jacquier.

JAQUIERA. Nom brésilien (Gomez) de l'*Artocarpus brasiliensis* Gomez.

JAQUINIA (L., *Amœn. acad.*, V). Pour *Jacquinia* L.

JARAK. Un des noms indiens du Ricin.

JARAMAGO. En Espagne, nom vulgaire des *Erysimum*.

JARAPHA (Steud.). Pour *Jarava* R. et Pav.

JARAPHÆA (Steud.). Pour *Jaravæa* Scop.

JARAT. Synonyme de Garoutte.

JARAVA (R. et Pav., *Prodr. Fl. per. et chil.*, 2, t. 1; *Fl. per. et chil.*, I, 5, t. 6). Genre proposé pour le *Stipa Jarava* K. (*S. eriostachys* H. B. K.), plante américaine textile.

JARAVÆA (Scop., *Introd.*, 215). Synonyme à la fois de *Microlicia* Don, *Spennera* Mart., etc.

JARBAO. Nom brésilien du *Stachytarpheta jamaicensis* Vahl.

JARDINIA (Sch. bip., ex Jard., in *N. Ann. mar. et col.* (1850-1851), 19). Synonyme d'*Erlangea* Sch. bip. (H. Bn, *Hist. des pl.*, VIII, 122, not. 8.)

JARDINIA (Steud., in *Flora* [1850], 229). Synonyme de *Thelepogon* Roth.

JAREE. Dans l'Inde, les Jujubiers.

JARILLA. Nom mexicain du *Senecio vernus* DC.

JARILLA. Nom chilien d'un baume, fourni par l'*Adesmia balsamiflua*, usité pour le traitement des blessures.

JARMUZ. Nom polonais (Moritz.) du Chou.

JARNOTE. Le *Bunium Bulbocastanum* Huds. (*Carum*).

JARNOTTES. Nom des tubercules de l'*Œnanthe pimpinellifolia* et du *Carum Bulbocastanum* Koch.

JAROBA. Plante grimpante des Antilles et du Brésil (*Tanæcium Jaroba* Sw.), recherchée, dit-on, pour ses fruits pectoraux.

JAROSCZ (Fr.-Ed.-Fel.). Auteur, en 1821, à Berlin, de *Plantæ novæ capenses* (in-8 de 24 p.).

JAROSSE. Nom de plusieurs *Lathyrus*, notamment des *L. sativus* L. et *Cicera* L., et de l'Ers (*Ervum Ervilia* L.).

JAROSSE D'AUVERGNE. Nom de l'*Ervum monanthos* L.

JARRA. Synonyme de Jarosse.

JARRA. — Voy. Yeruk.

JARRAH. Nom, dans l'Australie du Sud, de l'*Eucalyptus marginata* Sm. et de l'*E. rostrata* Schlchtl.

JARRINHA. Au Brésil, l'*Aristolochia macroura* Ruiz, et autres, employés jadis au traitement de la morsure des serpents.

JARRITOS. Nom mexicain du *Lobelia laxiflora*.

JARRUS. Nom ancien de l'*Arum maculatum* L.

JARSEAU. Le *Vicia Cracca* L.

JARUBA. Nom vulgaire des *Cecropia*.

JARUK-MANIS. En langue bali, l'Oranger et d'autres *Citrus*.

JARUNG. Nom, à Java (Crawf.), d'une variété du Maïs.

JASERAN. Nom méridional de l'Oronge vraie.

JASERAND. Synonyme de Dorade.

JASIA. Au Japon, les Aulnes.

JASIN. Nom arabe de l'Aunée (*Inula Helenium* L.).

JASIONE (L., *Gen.*, n. 1005). Genre de Campanulacées-Campanulées, à fleurs presque régulières, pentamères, et qui se distingue par l'indépendance complète ou à peu près des pièces de la corolle. Les étamines ont des anthères cohérentes tout à fait à la base; sinon elles sont libres. Le fruit est valvicide. Ce sont 4, 5 herbes vivaces, bisannuelles ou annuelles, peu laiteuses,

Jasione. — Fleur, entière et coupe longitudinale.

à feuilles alternes ou en rosette, à fleurs en ombelles capituliformes et terminales, avec des bractées foliacées formant involucre. Toutes sont européennes ou de la région méditerranéenne. Le *J. montana* L., à fleurs bleues, est commun sur nos pelouses arides; il a parfois été vanté comme astringent et vulnéraire, sous les noms de *Fausse-Scabieuse* et *Herbe à midi*. (H. Bn, *Hist. des pl.*, VIII, 326, 360, fig. 156, 157.)

JASIONEÆ (Dumort. — G. Don), **JASIONIDEÆ, JASIONIDIÆ** (Dumort.). Division des Campanulacées.

JASMIN (*Jasminum* T., *Inst.*, 597, t. 368). Genre d'Oléacées, qui a aussi donné son nom à une famille distincte, et dont les fleurs, quand elles sont tétramères, réduites à leur plus grande simplicité, ont, sur un réceptacle convexe, un calice gamosépale à 4 divisions et une corolle gamopétale, hypocratérimorphe, à tube plus ou moins allongé, à limbe étalé; les 4 lobes imbriqués dans la préfloraison. L'androcée, porté sur le tube de la corolle, est formé de deux étamines alternipétales, à filet court ou nul, à anthère biloculaire. Le gynécée, supère, se compose d'un ovaire à deux loges, alternes avec les étamines, surmonté d'un style dont le sommet stigmatifère est partagé en 2 lobes ou branches. Dans l'angle interne de chaque loge ovarienne, il y a deux ovules, finalement ascendants, incomplètement anatropes, avec le micropyle tourné en bas et en dehors. C'est une minime dépression, difficile à voir, du nucelle, qui à lui seul constitue l'ovule. Le fruit est une baie didyme ou réduite à une seule masse, par avortement de l'autre; et chaque carpelle, charnu ou membraneux, contient une graine ascendante, à embryon charnu, sans albumen; la radicule infère. Il y a des Jasmins à fleurs 5-9-mères. On décrit près de cent espèces dans ce genre, de toutes les régions chaudes et tempérées de l'ancien monde. Le *J. officinale* L., à corolle blanche,

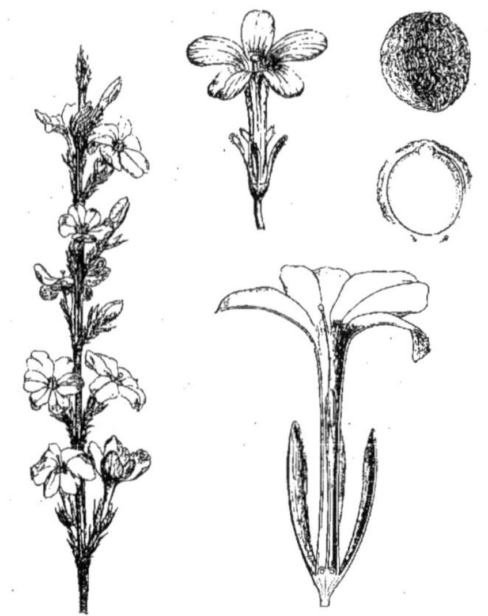

Jasmin. — Branche florifère. Fleur, entière et coupe longitudinale. Graine, entière et coupe longitudinale.

très odorante, est cultivé partout et usité en parfumerie. Il y a aussi beaucoup d'espèces à corolle jaune, inodore ou parfumée, qu'on rencontre dans nos jardins. Ce sont des arbustes, dressés ou grimpants, volubiles, à feuilles opposées, rarement alternes, simples, 3-foliolées ou imparipennées; à fleurs en cymes dichotomes. Les *J. Sambac, pubescens, grandiflorum, undulatum, angustifolium, noctiflorum, revolutum, floribundum, nervosum*, etc., sont les plus beaux ou les plus utiles. [H. Bn.]

JASMIN A FEUILLES DE MYRTE, J. BATARD. Le *Chiococca racemosa* L.

JASMIN AMARILLO. A Caracas, l'*Allamanda cathartica* L.

JASMIN BATARD. Le *Philadelphus coronarius* L. C'est aussi le nom du *Lycium europæum* L.

JASMIN BLANC, J. COMMUN. Le *Jasminum officinale* L.

JASMIN D'AMÉRIQUE, J. D'AFRIQUE. Le Gaïac officinal.

JASMIN D'ARABIE. Le *Jasminum Sambac* Vahl.

JASMIN DE MALABAR, DU CAP, etc. Noms du *Gardenia florida*.

JASMIN DE PERSE. Le *Syringa persica* L.

JASMIN DES BOIS. A la Guadeloupe, le *Chiococca racemosa* L. et l'*Ixora americana* L.

JASMIN DE VIRGINIE. Le *Bignonia radicans* L.

JASMIN D'ITALIE, DE CATALOGNE, J. D'ESPAGNE, J. ROYAL. Le *Jasminum grandiflorum* L.

JASMIN DU CAP, J. FLEURI. Le *Gardenia spinosa* L. F. (*Genipa*).

JASMIN JONQUILLE. Le *Jasminum odoratissimum* Vahl.

JASMIN ROUGE. Nom ancien du *Mirabilis Jalapa* L.

JASMIN-TROMPETTE. Le *Tecoma radicans* J.

JASMINA (B. Juss.), JASMINACIÆ (Lindl.), JASMINACEÆ (G. Don), JASMINEÆ (J. — R. Br.), JASMINIDEÆ (Dumort.). — Voy. Jasminées.

JASMINANTHES (Bl., *Mus. lugd.-bat.*, I, 148, t. 28). Synonyme de *Stephanotis* Dup.-Th.

JASMINARIEÆ (Dumort., *Anal. fam.*, 21). Ordre des Torocoronées, comprenant les Jasminidées, Strychnidées, Ébénacées, Sapotées, Ilicées, etc.

JASMINÉES (*Jasmineæ*). Groupe souvent rapporté aux Oléacées comme tribu, formé des genres *Jasminum, Nyctanthes, Menodora*, et caractérisé par un fruit simple ou didyme, parfois septicide; une corolle très imbriquée et des ovules latéralement attachés, souvent vers le bas des loges. Les graines, dépourvues d'albumen, ont un embryon dressé, à radicule infère.

JASMINEIRA DE GAZENGA. Nom, à Angola (Welw.), d'un *Diplorhynchus*.

JASMINIUM (Dumort.). Pour *Jasminum* T.

JASMINOIDE. Nom vulgaire du *Lycium vulgare* Dun.

JASMINOIDES (Niss., in *Act. Acad. Par.* [1711], 320, t. 12). Synonyme de *Lycium* L.

JASMINO-NERIUM (L., *Fl. zeyl.*, 191). Synonyme de *Carissa* L.

JASMINUM (Burm., *Thes. zeyl.*, 125, t. 57). Synonyme d'*Ixora* L.

JASONIA (Cass., in *Dict.*, XXIV, 200). Section du genre *Pulicaria* Gærtn. (H. Bn, *Hist. des pl.*, VIII, 159, not. 3.)

JASONIEÆ (Sch. bip., in *Walp. Rep.*, II, 954). Section des Composées-Pulicariées.

JATAHY, JATCHY, JATOBA. Noms brésiliens de la résine de l'*Hymenæa Courbaril* L.

JATEORHIZA (Miers, in *Ann. Nat. Hist.*, ser. 2, VII, 38). Genre de Ménispermacées-Tinosporées. Section du genre *Chasmanthera* Hochst. (H. Bn, in *Adansonia*, V, 364; *Hist. des pl.*, III, 3, fig. 16, 17.)

JATIPHALA. Nom sanscrit des Muscadiers.

JATITARA (Marcgr.). Pour *Atitara* Marcgr. (I, 311).

JATOBA. — Voy. Jatahy.

JATOPA. L'*Hymenæa Martiana* Hayne.

JATROPA (Scop. — Neck.). Pour *Jatropha* L.

JATROPHA (L., *Gen.*, n. 288). Genre d'Euphorbiacées, qui a donné son nom à la série des Jatrophées. Les fleurs y sont unisexuées, pentamères. Dans les *Jatropha* proprement dits, il y a 5 pétales libres et tordus, et l'androcée est formé de 10 étamines 2-sériées, monadelphes. Cinq glandes alternent avec les pétales. Dans les fleurs femelles, il y a un gynécée supère, à ovaire

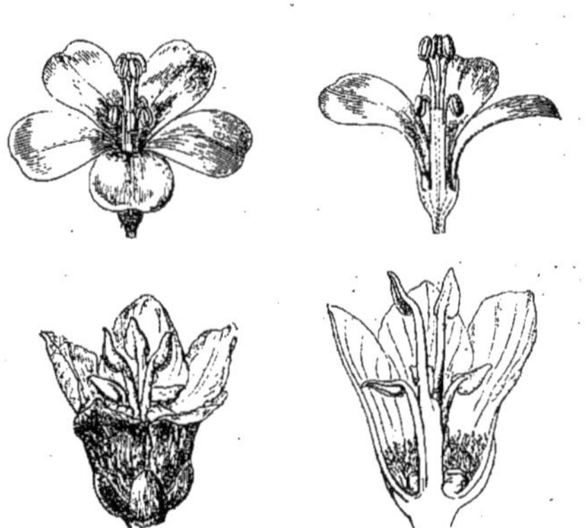

Jatropha. — Fleurs mâles, entières et coupes longitudinales.

3-loculaire, surmonté d'un style à 3 branches bifides. Les loges renferment un ovule descendant, anatrope, coiffé d'un obturateur semblable à celui des Euphorbes. Le fruit est une capsule tricoque, et les graines sont celles des Euphorbes, arillées et albuminées. Il y a des *Jatropha* qui ont 11-30 étamines; d'autres qui sont apétales, à calice coloré, comme les *Cnidoscolus*; d'autres à corolle gamopétale, comme les *Curcas*. Dans le *J. Heudelotii*, de l'Afrique tropicale, avec lequel M. J. Mueller a fait, je crois, son *Ricinodendron africanus*, la gamopétalie est apparente seulement, et le fruit indéhiscent a le mésocarpe plus épais et plus charnu que dans les autres *Jatropha*. Ce sont environ 70 plantes frutescentes ou herbacées, des régions chaudes des deux mondes, à feuilles entières, lobées, digitinerves ou composées-digitées. Leurs fleurs, monoïques ou rarement dioïques, sont disposées en grappes de cymes, et les femelles sont généralement centrales. Les *Jatropha* sont géné-

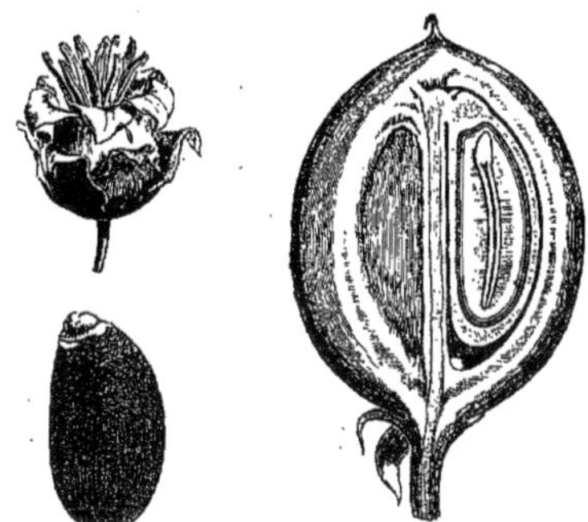

Jatropha Curcas. — Fleur mâle. Fruit, coupe longitudinale. Graine.

ralement riches en huile purgative, résidant dans leurs graines. Le *J. Curcas* L. donne les Grands Pignons d'Inde. Le *J. multifida* L. est le Médicinier d'Espagne. Le *J. gossypifolia* L. est le M. sauvage. Le *J. officinalis* MART. sert de purgatif au Brésil. Les *J. urens*, *herbacea*, *stimulosa*, de la section *Cnidoscolus*, ont des poils brûlants dont l'effet est parfois terrible. On cultive dans nos serres, pour leurs jolies fleurs rouges, les *J. acuminata* et *podagrica* HOOK. (H. BN, *Et. gén. Euphorbiac.*, 294; *Hist. des pl.*, V, 112; *Tr. Bot. méd. phanér.*, 927.) [H. BN.]

JATROPHEÆ (MEISSN.), JATROPHIDEÆ (H. BN). Division des Euphorbiacées-uniovulées. — Voy. JATROPHÉES, JATROPHIDÉES.

JATROPHÉES (*Jatropheæ* H. BN, *Hist. des pl.*, V, 156). Série de la famille des Euphorbiacées, dont les fleurs sont unisexuées, avec ou sans pétales. Leur calice est valvaire ou imbriqué, pourvu ou non d'un disque glanduleux. Leurs étamines, en nombre défini ou indéfini, sont insérées au centre de la fleur ou autour d'un corps central. Les filets staminaux, rectilignes, dressés ou peu inclinés, sont parfois plissés dans le bouton. Leur ovaire est à trois loges uniovulées. Cette série renferme quatre-vingt-huit genres, répartis en plusieurs sous-séries. [T.]

JATROPHIDÉES (*Jatrophideæ* H. BN, *Et. gén. Euphorbiac.*, 294). Groupe d'Euphorbiacées uniovulées, à fleurs diclines et à étamines monadelphes.

JATUS (RUMPH., *Herb. amboin.*, III, 34, t. 18). Synonyme de *Tectona* L. F.

JAUBERT (Hipp.-Fr., comte). Né à Paris en 1798, fut ministre sous le règne de Louis-Philippe et membre libre de l'Institut. Il fut aussi l'un des fondateurs de la Société botanique de France. Il collabora avec Spach aux *Illustrationes plantarum orientalium*, dont il ne fit qu'une minime partie. Il publia surtout un grand nombre de notices littéraires et scientifiques sur l'enseignement de la botanique, les expositions, les chaires du Muséum, etc. (*Cat. sc. pap.*, III, 539). Son herbier et sa bibliothèque botanique sont la propriété de M. Duvergier de Hauranne.

JAUBERTIA (GUILLEM., in *Ann. sc. nat.*, sér. 2, XVI, 60). Synonyme de *Gaillonia* RICH.

JAUBERTIA (SPACH, *Ill. pl. or.*, III, 131, t. 289). Synonyme de *Dipterocome* FISCH. et MEY.

JAUCOU. Le *Lolium perenne* L. et le *Festuca pinnata* BARR.

JAUGE. L'Ajonc landier.

JAUME-SAINT-HILAIRE (J.-Henri). Compilateur laborieux, a débuté par une *Exposition des familles*, etc. [1805]; puis il donna des *Plantes de la France* [1805-1822], un *Traité des arbrisseaux et arbustes cultivés en France* [1825], la *Flore et la Pomone françaises* [1828-1833], et une *Flore parisienne* [1835]. On lui doit en outre un *Mémoire sur les Indigofères*, et d'autres notices botaniques. (*Cat. sc. pap.*, III, 540.)

JAUMEA (PERS., *Syn.*, II, 397). Genre de Composées-Hélianthées, sous-série des Héléniées, voisin des *Cacosmia* H. B. K., distingué par des capitules grands ou moyens, pédonculés, à involucre campanulé, formé de larges bractées, apprimées et membraneuses. Le réceptacle est plan, et l'aigrette est formée de paillettes aiguës ou aristées, unisériées. Ce sont 5 plantes herbacées ou suffrutescentes, du Mexique, de la Californie, de Buenos-Ayres et de l'Afrique tropicale orientale, à feuilles opposées, à capitules terminaux ou occupant l'aisselle des feuilles supérieures. (H. BN, *Hist. des pl.*, VIII, 256.)

JAUMEÆ. Sous-tribu des Composées-Héléniées.

JAUNE D'EAU. Nom vulgaire du *Nuphar luteum* SM.

JAUNE D'ŒUF. Nom vulgaire de l'Oronge vraie (*Amanita cæsarea* SCOP.).

JAUNE D'ŒUF EN ARBRE. Le *Lucuma mammosa* J.

JAUNEAU. Le *Ranunculus acris* L. et la Ficaire commune.

JAUNET. L'*Agaricus sinuatus* FR.

JAUNET D'EAU. Le *Nuphar luteum* SM.

JAUNETROLE. L'*Equisetum arvense* L.

JAUNETTE. En Saintonge, le *Cantharellus cibarius* FR.

JAUNIRE. Synonyme de Chanterelle.

JAUNOTTE (PAUL., *Trait. des Champ.*, II, 170). Synonyme de *Russula fellea* FR.

JAUS. Un des noms arabes des Amandiers.

JAUSIRAND. Un des noms arabes des Muscades.

JAUTIJIE BETUL. Nom javanais de l'*Agapetes varingæfolia* G. DON.

JAUZAJA (PLUM., *Icon.*, 225, f. 1). Synonyme de *Rajania* L.

JAVE. Nom indien de l'*Hevea guianensis* AUBL. (*Siphonia*).

JAVILLA (RŒM., *Fam. nat. Syn.*, II, 113, 116). Section du genre *Fevillea* (*F. Javilla* K.). C'est d'ailleurs le nom américain vulgaire des plantes de ce genre, surtout en Colombie.

JAWA-WUT. A Java, le *Panicum italicum* L.

JAYAMA. Nom américain de l'Ananas.

JAYAPHALA. Au Bengale, le Muscadier.

JAZZOLO. En Italie, l'*Agaricus eburneus* L.

JEAJEAMADOU. Le *Myristica* (*Virola*) *sebifera* SW.

JEAN BRUSC. L'Ajonc landier.

JEANERETTIA (KUETZ., *Spec. Alg.*, 881). Pour *Jeannerettia*.

JEANNELET. La Chanterelle (*Cantharellus cibarius* FR.).

JEANNERETIA (GAUDICH., in *Voy. Bonite*, *Bot.*, t. 25). Synonyme de *Pandanus* L.

JEANNERETTIA (HOOK. et HARV., in *Harv. Ner. austral.*, 20). Algue-Floridée, de la famille des Rhodomélées, caractérisée par une fronde plane, dichotomo-pennatifide, rameuse, nervée à la partie inférieure, et pourvue de veines à la partie supérieure. Les cellules intérieures sont très étroites et constituent comme des filaments répandus dans le thalle; les cellules extérieures, disposées en double série, sont comme hexagonales. Les fructifications se développent dans des processus propres, fasciculés, qui participent de la nature des veines. Les kéramidies arrondies, dans un péricarpe celluleux pourvu d'un carpostome, produisent des gemmidies piriformes dans l'article terminal des filaments qui rayonnent du placenta. Les stichidies, lancéolées, subarticulées, produisent des sphérospores en deux séries. Kützing n'a pas admis ce genre, qu'il considère comme synonyme de *Botryoglossum*. Une seule espèce, de la Nouvelle-Hollande, le constitue. (Voy. J.-G. AGU, *Spec.*, *gen. et ord. Alg.*, IV, 837.) [CH. M.]

JEANNETTE. Le *Narcissus poeticus* L. En Bretagne, c'est aussi le nom de l'*Œnanthe pimpinelloides* L.

JEANPAULIA (UNG., *Syn. pl. foss.*, 112; *Chlor. protog.*, LII). Synonyme de *Baiera* C.-F. BRAUN.

JEBE. Nom vernaculaire du *Castilloa elastica* CERVANT.

JEBET. Un des noms arabes de l'Aneth.

JECA. Nom, au Népaul, d'une variété de Chanvre.

JECORARIA. Nom ancien du *Marchantia polymorpha* L.

JECORARIÆ (NEES, *Eur. Leberm.*, IV, XXIX; *Syn.*, 521).

Sous-tribu des Marchantiées (genres *Marchantia*, *Fegatella*, *Grimaldia*, *Duvalia*, *Fimbriaria*, *Rhacotheca*, etc.).

JÉCOU (Poivre de). Fruit d'un *Amomum* américain, à saveur et à odeur poivrées et aromatiques.

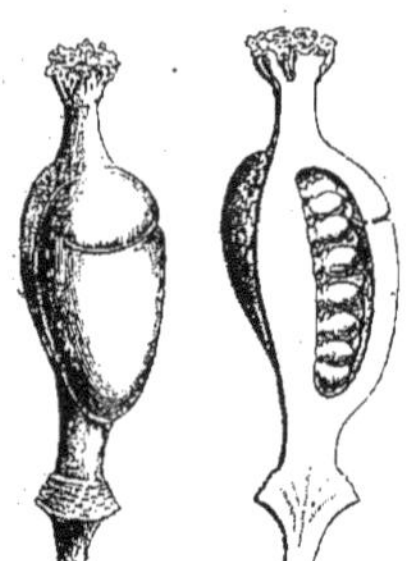

Jeffersonia. — Gynécée, entier et coupe longitudinale.

JEDENBOOM. Nom flamand de l'If (*Taxus baccata* L.).

JEDOGAVA-TSUTSUSI. Au Japon, l'*Azalea ledifolia*.

JEERA. Dans l'Inde, l'un des noms du Cumin.

JEFFERSONIA (BART., in *Act. Soc. amer.*, III, 334, c. ic.). Genre de Berbéridacées-Podophyllées, dont les fleurs sont construites à peu près comme celles des *Podophyllum*, avec 3-6 sépales, environ 8 pétales et 8 étamines hypogynes, à anthères basifixes ; les loges subextrorses, s'ouvrant par un panneau qui répond à une demi-loge de l'anthère, comme dans les *Berberis*. Le fruit capsulaire, en forme d'urne, s'ouvre en travers, et les graines albuminées sont arillées. Le genre existe dans l'Amérique du Nord et dans l'Asie boréale-orientale. Les feuilles sont alternes, pétiolées, digitinerves, bilobées ou bipartites, et les fleurs sont solitaires, pédonculées. On cultive le *J. diphylla* dans nos jardins botaniques ; son rhizome noirâtre est employé comme purgatif, antirhumatismal, antisyphilitique. (H. BN, in *Adansonia*, II, 276, 280, 285, 287, 291 ; *Hist. des pl.*, III, 59, 69, 75, fig. 72, 73.)

JEHLIA. Dans les jardins de l'Allemagne, on a longtemps nommé *J. fuchsioides* une Onagrariée cultivée, le *Lopezia macrophylla* BENTH.

JEISOKU, JEISSOKU. Noms japonais (THUNB.) du Pavot somnifère.

JELLY PLANT. Nom, en Australie, de l'*Euchuma spinosum*.

JEMBIER. En Pologne, l'un des noms du Gingembre.

JEMBUT. Nom arabe du *Prosopis Stephaniana* SPRENG.

JENDIU. Le *Sophora japonica* L.

JENEQUEN. Au Mexique, les *Agave*.

JENKINSIA (HOOK.). Synonyme de *Acrostichum* (HOOK. et BAK., *Syn. Filic.*, 544).

JENKINSIA (GRIFF., in *Calc. Journ.* [1843], IV, 231). Synonyme de *Miquelia* MEISSN.

JENKINSON (James). Auteur [1775] de : *A generic and specific description of british plants* (in-8 de 258 pages).

JENKINSONIA (SWEET, *Geran.*, n. 79). Section du genre *Pelargonium*.

JENKO-SO. Au Japon, le *Trollius (Caltha) palustris* H. BN.

JENOULIADA. Nom languedocien de plusieurs Renouées.

JEPAL. L'un des noms indiens du *Croton Tiglium* L.

JEQUIRITY. L'un des noms de l'*Abrus precatorius* L., employé surtout de nos jours au traitement des affections oculaires.

JERAIN. Un des noms arabes du *Crithmum maritimum* L.

JERCATCHREE. Nom, dans l'Inde, dit-on, de la Noix vomique.

JERDONIA (WIGHT, *Icon.*, t. 1352). Genre de Gesnéracées-Cyrtandrées, du groupe des Didymocarpées, distingué par 5 sépales étroits ; une corolle à tube allongé et dilaté supérieurement ; 4 étamines didynames, à 2 filets pourvus d'un éperon réfléchi. C'est une herbe subacaule de l'Inde, à feuilles basilaires assez longuement pétiolées ; à fleurs lilas, en petit nombre, réunies au sommet d'une hampe commune. (*Bot. Mag.*, t. 5814.) [H. BN.]

JÉRÉCOU. A Cayenne, le *Xylopia frutescens* AUBL.

JERENNE. Nom macassar du *Dæmonorops Draco* MART.

JERILIA. Nom languedocien du *Cantharellus cibarius* FR.

JERMAEE. Nom indien de la Coque du Levant.

JERNOTTE. L'*Œnanthe pimpinelloides* L. C'est aussi un synonyme de Garnotte (II, 673).

JÉROSE. L'*Anastatica Hierochuntia* L.

JERRA. Synonyme de *Yeruk*.

JERRILE. Nom australien de l'*Eucalyptus marginata* SM.

JERSEY-TEA. Nom anglais du *Gaultheria procumbens* L.

JERUK. Nom malais du *Citrus medica* L.

JERUSALEM OAK. Nom anglais du *Chenopodium Botrys* L.

JESION. En Pologne, le Frêne (*Fraxinus excelsior* L.).

JESO-MATSU. Nom japonais du *Pinus Menziezii* DOUGL.

JESSAMINE. Nom anglais des Jasmins.

JESSENIA (KARST., in *Linnæa*, XXVIII, 387 ; XXXIII, 691, t. 3, fig. 6 ; *Fl. Colomb.*, I, 197, t. 98). Genre de Palmiers-Arécées, distingué par des fleurs monoïques ; les mâles pourvues d'un petit calice et de 9-20 étamines à anthères versatiles. Les femelles, plus petites, ont un périanthe qui s'accroît après l'anthèse. Le fruit est ellipsoïde, couronné des styles terminaux. La graine a un albumen ruminé. Ce sont des palmiers inermes, de

Jessenia. — Port.

l'Amérique australe cis-équatorienne, où l'on en compte 3 espèces. Leur tige élevée porte des feuilles pinnatiséquées, à gaine courte et ouverte; les segments du limbe sont acuminés. Les spadices sont disposés comme ceux des *Œnocarpus* dont le genre est très voisin, et demeurent interfoliaires à l'époque de la floraison. (DRUDE, in *Mart. Fl. bras.*, III, II, 472, t. 109. — ENG., in *Linnæa*, XXXIII, 691.)

JESSENIUS A JEKEN (Joh.). Recteur de l'université de Prague, et auteur [1601] de : *De plantis disputatio prior* (in-4 de 10 f.).

JET. Synonyme de Stolon.

JET DE CHOU. En Belgique, le Chou de Bruxelles.

JETA. Nom espagnol du *Boletus edulis* BULL.

JETAIBA (PIS., *Bras.*, 123). Nom du Courbaril.

JETEE. Nom indien du *Marsdenia tenacissima* W. et ARN.

JETERUS. L'ictère des végétaux.

JETICACICA. Résine de l'*Hymenæa Courbaril* L.

JETICUCU. Au Brésil, le Méchoacan et (GOMEZ) le *Convolvulus operculatus* GOM.

JETTIMUD. Nom indien des Réglisses.

JEUKBOL (*Bulbe à gratter*). Nom, au Cap, du *Drimia ciliaris* JACQ., employé dans le pays aux mêmes usages que la Scille.

JEUNOIS. Dans la Haute-Saône, le *Tagetes patula* L.

JEWBUSH. Aux Antilles anglaises, les *Pedilanthus* NECK.

JEW'S MALLOW. Nom anglais du *Corchorus olitorius* L.

JEWUL. Dans l'Inde, la résine de l'*Odina Wodier* ROXB.

JEZABEL (BANKS, ex SALISB., *Gen. pl. Fragm.*, 5). Synonyme de *Freycinetia* GAUDICH.

JEZAR. Nom arabe de plusieurs Ombellifères comestibles, telles que Carotte, Panais, etc.

JEZYNY. En Pologne, les Ronces.

JHARÈGNE. Capparidée (?) médicamenteuse du Sénégal.

JHUR. A Amboine, le *Borassus Jhur* GIS.

JIBARACHISO. Nom japonais du *Liparis Krameri* FR. et SAV.

JICAMA. Au Mexique, le *Dolichos tuberosus* LAMK.

JIGOKUNOKAMANOFUTA. Nom japonais de l'*Ajuga humilis* MIQ.

JIHADE. — Voy. CAHADE (I, 545).

JINBAISO. Nom japonais de l'*Orchis bifolia* L.

JINDOSO. Nom japonais de l'*Ajuga japonica* MIQ.

JINENJO. Nom japonais du *Dioscorea japonica* THUNB.

JINÈS-GRUAS. Nom languedocien du *Sarothamnus scoparius* K.

JINES-REBOUL. Nom languedocien du *Cytisus complicatus* G.

JINGUN. Synonyme de *Jewul*.

JINJILI. Synonyme de *Gingeli*.

JINJISO. Nom japonais du *Saxifraga cortusæfolia* S. et ZUCC.

JINOUSCLA. Nom languedocien de plusieurs *Euphorbia*.

JINTAN. Nom malais du Cumin.

JIOLE. Nom languedocien du *Lolium temulentum* L.

JIPIJAPA. Nom américain du *Carludovica palmata* R. et PAV.

JIRA. Dans l'Inde, le Cumin.

JIRASEK (Fr.-Ant.). A écrit [1806] *Beiträge zu einer bot. Provincial-Nom. v. Salzburg.* — Son père, J. JIRASEK, ingénieur, avait publié [1791] *Beobachtungen auf Reisen nach dem Riesengebirge*, et, avec Th. Haenke [1788] : *Mineralogische u. botanische Bemerkungen auf einer Reise nach d. Riesengebirge.*

JIRASEKIA (W. SCHM., in *Uster. Ann.*, VI, 124). Section du genre *Anagallis* L.

JIRASOL. En Espagne, les *Helianthus*.

JIRBOULETA. Nom languedocien du *Cantharellus cibarius* FR.

JIRUGA. Nom télinga du *Caryota urens* L.

JITO. Au Brésil, le *Trichilia elastica* MART.

JITO. Nom, au Brésil, d'un *Guarea*, le *G. purgans* A. J. ou peut-être le *G. spicæflora* A. J.

JITSÉNÉ, NU-MATTÉ. Anonacée (*Cananga?*) qui entre parfois dans la composition du Curare.

JIUNIHITOYE. Nom japonais d'une variété de l'*Ajuga genevensis* L.

JOACHIMEA (TEN., *Neap.* [1807], 16, t. 5, ex K.). Synonyme de *Beckmannia* HOST.

JOANETTE. L'*Œnanthe pimpinelloides* L.

JOANNEA (SPRENG.), JOANNESIA (PERS.). Pour *Johannia* W.

JOANNESIA (VELLOS., *Alogr.*, 199, c. icon.). Genre d'Euphorbiacées, série des Jatrophées, à fleurs monoïques, analogues à celle des *Jatropha* : le calice campanulé et valvaire; 3-5 pétales imbriqués; 8-10 étamines 2-sériées. La fleur femelle a le même périanthe, 5 glandes hypogynes et un gynécée (rarement rudimentaire dans la fleur mâle) à ovaire 2-loculaire et 2-ovulé. Le fruit est une grosse drupe, à exocarpe 4-valve, à endocarpe dur et 2-loculaire, 2-sperme. Le *J. princeps* VELLOS. (*Anda Gomesii* A. J.) est un bel arbre du Brésil, à feuilles alternes, digitées 5-foliolées, à fleurs en cymes; les femelles dans les dichotomies (H. BN, *Hist. des pl.*, V, 185, n. 14). On emploie souvent ses graines oléagineuses et purgatives. (A.-S.-H., *Pl. us. Brasil.*, t. 54, 55. — MART., *Fl. bras.*, XI, II, t. 43.)

JOANNETTE. Synonyme de Garnotte.

JOAN-SILVER-PIN. En Angleterre, les Coquelicots.

JOAO MOLLE. Au Brésil, le *Pisonia noxia* NETTO.

JOAR. Dans l'Inde, le *Sorghum vulgare* PERS.

JOBAPHES (PHIL.). Pour *Iobaphes*.

JOCAN PRECTOE. Dans l'Inde, le *Cæsalpinia Bonducella* L.

JOCARA. — Voy. JACOURA.

JOCASTE (K., *Enum.*, V, 1). Synonyme de *Smilacina* DESF.

JOCASTE (DC., *Prodr.*, VII, I, 298). Synon. de *Olegoglossa* DC.

JOCASTE (E. MEY. — HARV. et SOND., *Fl. cap.*, III, 160). Synonyme de *Phymaspermum* LESS.

JOCAYENA (RAFIN.). Pour *Tocoyena* AUBL.

JOCHROMA. Pour *Iochroma* BENTH.

JODANTHUS. Pour *Iodanthus* TORR. et GRAY.

JODES. Pour *Iodes* BL.

JODINA. Pour *Iodina* HOOK. et ARN.

JODOPAPPUS. Pour *Iodopappus* SCH. BIP.

JODORIKI. Au Japon, le *Viscum album* L. et (THUNB.) le *Ribes Cynosbati* L.

JOE-PYE-WEED. Aux États-Unis, l'*Eupatorium purpureum*.

JOHANN (Erzherz. v. Œstrich) [1782-1859]. Auteur de : *Icones plantarum austriacarum ineditæ* [1807], in-fol. de 92 pl.

JOHANNESIA. — Voy. JOANNESIA.

JOHANNESIÉES (H. BN, *Hist. des pl.*, V, 116). Division de la série des Euphorbiacées-Jatrophées.

JOHANNIA (W., *Spec.*, III, 1705). Synonyme de *Chuquiraga* PAV.

JOHANNISBROD. En Allemagne, le Caroubier.

JOHANNISKRAUT. Nom allemand du Millepertuis commun.

JOHANNISWURZEL. En Allemagne, la Fougère mâle.

JOHN (J.-Fried.) [1782-1847]. A écrit : *Chemische Tabellen der Pflanzenanalysen*, et *Ueber die Ernährung d. Pflanzen in Allgemeinen u. d. Ursprung d. Pottasche u. andrer Salze*, etc.

JOHN CROW'S NOSE. Nom donné par les colons anglais de la Jamaïque au *Phyllocoryne jamaicensis* HOOK. F.

JOHNIA (ROXB., *Fl. ind.*, ed. WALL., I, 172). Synonyme de *Salacia* L.

JOHNIA (WIGHT et ARN., *Prodr.*, 449). Synonyme de *Glycine* L.

JOHNSBREAD. Nom anglais du Caroubier.

JOHNSON (Thom.). Botaniste anglais, mort en 1644, écrivit en 1629 un *Iter plantarum investigationis ergo susceptum in agrum Cantianum*, avec un *Ericetum Hamstedianum*; en 1632, un autre *Descriptio itineris... in agrum Cantianum*; en 1634, *Mercurius botanicus*, etc., avec un *Pars altera* [1641]. Sur sa biographie, voy. PULTENEY, *Bot. in Engl.*, I, 127. En 1847, T.-S. Ralph a donné une édition des *Opuscula botanica omnia Th. Johnsoni*, aux frais de G. Pamplin.

JOHNSONIA (ADANS., *Fam. des pl.*, II, 343). Synonyme de *Cedrela* P. BR.

JOHNSONIA (CATESB., *Carol.*, II, 47, t. 47). Synonyme de *Callicarpa* L.

JOHNSONIA (NECK., *Elem.*, II, 49). Synonyme de *Lycium* L.

JOHNSONIA (R. BR., *Prodr.*, 287). Genre de Liliacées, qui a donné son nom à une tribu des Johnsoniées, distingué par des fleurs 3-mères et 3-andres, à périanthe turbiné, à loges ovariennes biovulées; par des tiges cespiteuses et junciformes, aphylles, avec seulement des feuilles basilaires. Les fleurs sont en capitules spiciformes. Ce sont 3 herbes d'Australie. (BAUER, *Ill. N.-Holl.*, t. 1. — LINDL., *Swan Riv. App.*, t. 7. — BENTH., *Fl. austral.*, VII, 68.) [H. BN.]

JOHNSONIEÆ (B. H., *Gen.*, III, 756, 795). Synonyme de Aphyllanthées. Tribu (11) des Liliacées. (B. H., *Gen.*, III, 750.)

JOHNSTON (George). Médecin à Berwick, a publié [1829-31] une Flore de ce pays (2 vol. in-8) et *The botany of the eastern borders, with popular names*, etc. (in-12 de 336 p. et 13 pl.).

JOHN'S WORT. Nom anglais du Millepertuis.

JOHREN (Mart.-Dan.). Professeur à Francfort-sur-l'Oder, où il mourut en 1718, est l'auteur du *Vademecum botanicum seu Hodegus botanicus*, etc., le livre préféré, dit-on, de Linné.

JOHRENIA (DC., *Mém. Ombell.*, 54, t. 1; *Prodr.*, IV, 196). Genre d'Ombellifères-Peucédanées, dont les fleurs sont analogues à celles des Berces et des Peucédans, et dont le fruit, ellipsoïde, épais, a des bords épais contigus à la portion creusée des loges, avec des méricarpes oblongs ou suborbiculaires, des côtes épaisses, subéreuses; des bandelettes solitaires dans les vallécules et ordinairement d'autres très ténues dans l'épaisseur des côtes. Ce sont des herbes vivaces, de l'Orient et de la Daourie, à feuilles la plupart dites radicales, pennées ou ternatipennées, décomposées, à bractées des involucres et involucelles peu nombreuses, souvent courtes ou même nulles. Nous avons (*Hist. des plant.*, VII, 206) uni à ce genre les *Ducrosia*, qui n'en constituent pour nous qu'une section. [H. BN.]

JOINCINELLE. Nom français des *Eriocaulon* L. (II, 545).

JOINVILLEA (GAUDICH., *Voy. Bonite, Bot.*, t. 39, 40). Genre de Flagellariées, distingué par des fleurs hermaphrodites, à périanthe formé de 6 folioles rigides et aiguës; à 6 étamines hypogynes; à ovaire 3-loculaire, surmonté de 3 styles entiers. Le fruit supère est une drupe, à 1-3 noyaux. Ce sont 2, 3 plantes à tige robuste, dressée, chargée de gaines foliaires jusqu'à l'inflorescence. Le limbe des feuilles est allongé, plissé-veiné, terminé par une longue pointe rectiligne. Les fleurs sont nombreuses, sessiles sur les divisions d'une grappe composée. Les 2, 3 espèces connues sont de l'archipel Malais, du Pacifique, de la Nouvelle-Calédonie. On en a fait (HOOK. F., in *Hook. Kew Journ.*, VII, 200, t. 6) une section *Chortades* du genre *Flagellaria* L. [H. BN.]

JOL, JIOLE. Noms languedociens du *Lolium temulentum* L.

JOLIBOIS. Le *Daphne Mezereum* L.

JOLI-COEUR. Le *Scnacia undulata* COMMERS.

JOLIFFIA (BOJ., ex DEL., in *Mém. Soc. Hist. nat. Par.*, III, 314, t. 6). Synonyme de *Telfairia* HOOK.

JOLIFFIEÆ (SCHRAD., *Rel.*, in *Linnæa*, XII, 402). Tribu des Cucurbitacées.

JOLLY GRASS. Nom anglais de l'*Anatherum bicorne* P. BR.

JOLY (Pierre). Auteur, en 1588, de : *Raison des anciens en la consécration de certains arbres, herbes et fleurs* (Metz, in-8).

JOLYCLERC (Nic.). Mort à Paris en 1817, auteur de : *Principes de la philosophie du botaniste* [1798], et d'une *Physiologie universelle ou Histoire naturelle et méthodique des plantes* [1799], 5 vol. in-8 et un Atlas de plus de 700 pl.

JOMARIN. L'Ajonc landier.

JOMBARBE, JOMBARDE. Pour Joubarbe.

JON. Pour *Ion*.

JONC (*Juncus* T., *Inst.*, 246, t. 127. — DC., *Fl. fr.*, III, 162). Genre type de la famille des Joncacées; il est constitué par des plantes herbacées, croissant presque toutes dans le voisinage des eaux. Les tiges sont nues ou feuillées, cylindriques ou comprimées à la base. Les feuilles alternes sont écartées ou quelquefois toutes rapprochées, distiques, à la base des tiges, planes, canaliculées en gouttière ou plus souvent cylindriques, avec un sillon sur leur face supérieure, très rarement réduites à une gaine. Dans un grand nombre d'espèces, le limbe est partagé intérieurement par des cloisons transversales, constituant des nodosités sous la pression des doigts. L'inflorescence est toujours terminale, bien que, par suite du prolongement de la feuille bractéale, elle semble pseudo-latérale dans plusieurs espèces; les cymes qui la composent peuvent former par leur réunion une panicule lâche ou très serrée, simulant un capitule. Le périanthe est à 6 pièces glumacées, souvent inégales, verdâtres ou colorées en brun ou en blanc. Le nombre des étamines est normalement de 6; mais il est assez souvent réduit à 3 par l'avortement plus ou moins complet du verticille intérieur; l'ovaire multiovulé est triloculaire, ou plus rarement uniloculaire par le retrait des cloisons; 1 style à 3 stigmates. La capsule, à déhiscence loculicide, s'ouvre en 3 valves et renferme un grand nombre de graines quelquefois appendiculées au sommet ou aux deux extrémités par le prolongement du testa. On a signalé près de 200 espèces de Joncs, qui habitent toutes les parties du globe. Beaucoup de Joncs sont des plantes économiques, textiles, fourragères, etc. [A. F.]

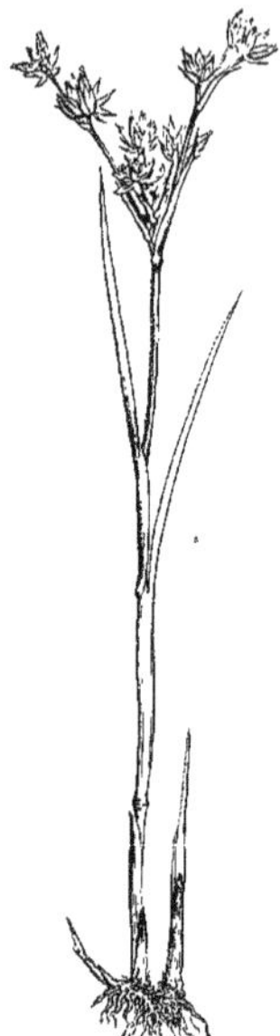
Jonc. — Port.

JONC A LIER, J. DES JARDINIERS. Le *Juncus effusus* HUDS.

JONC A MOUCHES. Le *Senecio Jacobæa* L.

JONC D'EAU. Le *Scirpus lacustris* L.

JONC DE LA PASSION, J. A MAROTTE. Le *Typha latifolia* L.

JONC D'ESPAGNE. L'un des noms du *Genista* (*Spartium*) *juncea* LAMK.

JONC D'ÉTANG, DES CHAISIERS. Les *Scirpus lacustris* L. et *palustris* L.

JONC DU NIL. Nom ancien du *Cyperus Papyrus* L.

JONC FAUX, JONC MARIN. Le Troscart.

JONC FLEURI, J. DE RIVIÈRE. Le *Butomus umbellatus* L.

JONC MARIN, JONC ÉPINEUX. L'Ajonc landier et le Troscart.

JONC ODORANT. L'*Andropogon Schœnanthus* L. et l'*Œnanthe fistulosa* L.

JONC (PETIT) CREUX. Le *Juncus effusus* L.

JONCACEÆ (VENT.). Pour *Juncaceæ*.

JONCACÉES (*Juncaceæ* BARTL., *Ord. nat.*, 37). Famille de Monocotylédones, à fleurs ordinairement hermaphrodites, très rarement dioïques. Le périanthe est formé de 6 pièces, à préfloraison imbricative, brièvement adhérentes à la base, d'une texture un peu coriace, plus rarement pétaloïdes, colorées. Ces pièces sont régulières, persistantes, disposées en 2 cycles: les 3 extérieures tantôt plus longues, tantôt plus courtes que les intérieures. L'androcée est constitué normalement par 6 étamines, libres entre elles, opposées aux pièces du périanthe; mais il arrive assez souvent qu'elles sont réduites à 3 par l'avortement plus ou moins complet de celles qui correspondent aux pièces du cycle intérieur. Les filets sont glabres et plans; les anthères, fixées par leur base ou un peu au-dessus, biloculaires, à loges parallèles, contiguës, s'ouvrant longitudinalement sur un seul ou sur les deux côtés. Le gynécée consiste en un ovaire libre, sessile au fond d'un réceptacle un peu concave et formé de 3 carpelles étroitement réunis. Il est souvent triloculaire; mais il peut arriver que, par suite du retrait plus ou moins complet des cloisons, l'ovaire paraisse subuniloculaire; plus rarement encore il ne reste pas trace de cloisons, et l'ovaire est alors réellement uniloculaire. Les ovules sont ordinairement très nombreux, et dans ce cas insérés sur le bord des cloisons plus ou moins développées; s'ils sont réduits à 3, on les trouve alors dressés au fond de la loge. Il n'y a jamais qu'un style plus ou moins distinct et terminé par 3 stigmates hérissés. La capsule, souvent trigone, s'ouvre plus ou moins profondément en 3 valves qui portent la cloison dans leur milieu; mais dans le cas où la capsule est uniloculaire et seulement à 3 graines, chaque valve porte sa graine insérée à la base. Il peut arriver aussi que, par avortement, la capsule ne renferme qu'une seule graine; dans ce cas elle est ordinairement indéhiscente et peut constituer une baie. Ses graines ont un testa à texture lâche, tantôt étroitement appliqué sur le nucelle, tantôt laissant, à chacune ou à l'une des extrémités, un vide en forme de sac allongé; elles sont dites, dans ce cas, appendiculées. L'embryon, très petit, est pourvu d'un albumen plus ou moins consistant, à la base duquel vient se loger la radicule infère.

Les Joncacées comprennent des herbes polycarpiques, rarement monocarpiques, à tige nue ou pourvue de feuilles graminiformes, planes, canaliculées ou cylindriques, quelquefois noduleuses, par l'épaississement de cloisons transversales. L'inflorescence, toujours accompagnée de bractées, est le plus souvent constituée par des cymes disposées en fausse ombelle, en panicule plus ou moins rameuse ou contractée en tête serrée. Plus rarement les fleurs sont solitaires ou au nombre de 2 à 3; le périanthe est ordinairement petit et entouré à la base de bractéoles scarieuses. Les affinités des Joncacées sont toutes avec les Liliacées, dont elles diffèrent surtout par la nature coriace de leur périanthe, par la disposition et la texture du testa et le mode d'insertion de la radicule. Les plantes de cette famille sont distribuées sur toute la surface du globe et croissent dans les conditions les plus variées de sol et de climat; elles ne fournissent guère de produits utiles; quelques espèces de Joncs sont employées comme liens par les jardiniers. [A. F.]

JONCHÉE. L'un des noms du *Molinia cærulea* PAL.-BEAUV.

JONCINELLE. Nom français (LAMK) des *Eriocaulon* L.

JONCIOLE. Nom français (LAMK) des *Aphyllanthes* L. (I, 234).

JONCQUET (Dionys). Mort en 1671, est l'auteur de *Hortus, sive Index onomasticus plantarum quas excolebat Parisiis*, etc. (in-4), et de *Hortus regius* [1665], in-fol. de 188 (22) p.

JONCQUETIA (SCHREB., *Gen.*, I, 308). Synon. de *Tapiri* AUBL.

JÖNDL (Joh.-Phil.). Auteur, en 1850, de *Ueber Park-Anlagen u. Verschönerung d. Landschaften*, etc. (344 p. et 13 pl.).

JONDLA. Synonyme de *Joar*.

JONDRABA. Pour *Iondraba* (*Biscutella*).

JONE. Synonyme de *Ione*.

JONES (J.-P.). Auteur, en 1820, d'un *Botanical tour through various parts of the counties of Devon and Cornwal*, et, avec Kingston, d'un *Flora devoniensis*, etc. [1829]. — Sir W. JONES a écrit un sermon peu connu : *The religious use of a botanical philosophy* [1784], in-4 de 18 p.

JONESIA (ROXB., in *Asiat. Res.*, IV, 355, c. icon.). Synonyme de *Saraca* L.

JONGE. Nom français (LAMK) des *Jungia*.

JONGERMANNE. — Voy. JUNGERMANNIA.

JONGERMANNIACÉES (*Jungermanniaceæ*). Une des familles que les auteurs modernes reconnaissent dans la sous-classe des Hépatiques (voy. ce mot). Elle comprend des plantes caractérisées par la présence d'une capsule solitaire à l'extrémité d'un pédicelle plus ou moins allongé, s'ouvrant en quatre valves à la maturité, ou plus rarement à déhiscence irrégulière. La tige porte des feuilles accompagnées ou non par des amphigastres; exceptionnellement elle est frondiforme. [M.]

JONGERMANNIÉES (*Jungermannieæ* NEES AB Es.). Synonyme de *Jungermanniaceæ*.

JONGHE (Adr.). Son nom latinisé est *Junius*; il est mort à Leyde en 1575, âgé de soixante-trois ans, et a publié [1564] : *Phalli ex fungorum genere in Hollandiæ sabuletis passim crescentis descriptio et ad vivum expressa pictura* (in-4 de 8 f.).

JONGHEA (LEME, *Jard. fleur.*, II, t. 180). Genre proposé pour le *Billbergia splendida* LEME.

JONQUETIA (BATSCH), JONQUENETIA (E. MEY.). Pour *Joncquetia* SCHREB.

JONQUILLA (HAW., *Monogr. Narciss.*, 7). Synonyme (part.) de *Queltia* HERB.; section du genre *Narcissus* T. On a écrit aussi *Jonquellia* (DC. — ENDL.).

JONQUILLE (PAUL., *Tr. des Champ.*, II, p. 110). Nom d'un Pleurote très voisin de l'*Agaricus mollis* SCHÆFF.

JONQUILLE. Le *Narcissus Jonquilla* L.

JONQUINE. Nom du *Scirpus lacustris* L. et de l'*Helæocharis palustris* RŒM.

JONSTON (Johan.). Médecin de Lissa [1603-1675], a écrit : *Syntagmatis dendrologici specimen* [1645], *Notitia regni vegetabilis*, etc. [1661], et *Dendrographias sive de arboribus*, etc. [1662], in-fol. qui eut une seconde édition [1768].

JONTANEA (RAFIN.). Pour *Tontanea* AUBL.

JONTHLASPI. — Voy. IONTHLASPI.

JOOSIA (KARST., *Fl. colomb.*, 9, t. 5). Synonyme de *Ladenbergia* KL.

JORAMOS. Nom danois du *Lycopodium clavatum* L.

JORDANIA (BOISS., *Diagn. or.*, VIII, 93). Synonyme de *Drypis* MICHELI (H. BN, *Hist. des pl.*, IX, 87, 110).

JORDBROG. En Suède, les Fumeterres.

JORDGALLA. Nom scandinave de la Gratiole officinale.

JORENA (ADANS., *Fam. des pl.*, II, 249). Synonyme d'*Alsinoides* LIPP.

JORLIN (Engelb.). Botaniste scandinave [1733-1810], a écrit : *Specimen botanico-œconomicum de usu quarundam plantarum* [1769], *Partes fructificationis*, etc. [1771], *Specimen... sistens Trifolium hybridum* [1780], et *Avena elatior* [1781].

JORO. Nom, au Japon (KÆMPF.), de plusieurs *Deutzia*.

JOROPE. Palmier américain, de Javita, à fruit comestible.

JOSCH (Ed., ritt. v.). Auteur, en 1853, de *Die Flora von Kärnten*, in-8 de 132 p. (*Cat. sc. pap.*, III, 580.)

JOSEPHA (WIGHT, *Icon.*, V, 19, t. 1742, 1743). Genre d'Orchidées-Épidendrées, formées de 2 plantes épiphytes, de l'Inde et de Ceylan, rapportées au groupe des Cœlogynées et distingué par une inflorescence ramifiée; des sépales latéraux formant à la base une très courte gibbosité; un gynostème apode, à 2 ailes étroites. Les pollinies sont au nombre de 5. [H. BN.]

JOSEPHA (VELL., *Fl. flum.*, 154; Atl., IV, t. 16). Synonyme de *Bougainvillæa* COMMERS.

JOSEPHIA (ARRUD. — STEUD.). Pour *Josepha* VELL.

JOSEPHIA (SALISB., in *Knight Prot.*, 110). Synonyme de *Dryandra* R. BR. Ce dernier nom n'a pas la priorité.

JOSOSMENE (LINDL., *Nat. Syst.*, ed. 2, 202). Synonyme de *Iozoste* NEES.

JOSSE (Bois de). Nom du *Nauclea* (*Mitragyne*) *inermis* H. BN. (Voy. *Bull. Soc. Linn. Par.*, 201.)

JOSSINIA (COMMERS., in *DC. Prodr.*, III, 337). Section du genre *Eugenia* MICHELI. (H. BN, *Hist. des pl.*, VI, 354.)

JOTTE. Le *Beta Cicla* L.

JOTTES. Le *Sinapis arvensis* L.

JOUANELLE. Synonyme de Joannette.

JOUANETTE MÉCHON. L'*Œnanthe pimpinelloides* L.

JOUBARBE. Nom français de plusieurs Crassulacées, telles que *Sempervivum*, *Sedum*, etc.

JOUBARBE ACRE. Le *Sedum acre* L.

JOUBARBE BLANCHE. Le *Sedum album* L.

JOUBARBE DES VIGNES. Le *Sedum Telephium* L.

JOUBARBE (GRANDE). Le *Sempervivum tectorum* L.

JOUBARBE (PETITE). Le *Sedum album* L.

JOUB-MASAL. Nom arabe (IBN BAYTAR) du *Datura alba* NEES, souvent employé dans l'Inde comme sédatif et narcotique.

JOUNKINA. Nom languedocien (?) du *Stipa tenacissima* L.

JOUTAY. L'*Outea guianensis* AUBL.

JOUVEA (FOURN., in *Bull. Soc. bot. Belg.*, XV, 475). Genre de Graminées, rapproché par l'auteur des *Buchloe*, distingué par des épillets femelles disposés en épi cylindrique, plongés dans le rachis et semi-adnés. Le fruit est inconnu, et le genre demeure très douteux. (B. H., *Gen.*, III, 1173.) [H. BN.]

JOUVELLA (E. BONN., *Pet. Fl. par.*, 421). Section du genre *Carex*; synonyme de *Eucarices* GODR.

JOVELLANA (CAV., *Icon.*, 443, fig. 1, 452). Synonyme de *Calceolaria* L.

JOVIBARBA (DC., *Pl. rar. Jard. Genèv.* [1828], n. 21; *Prodr.*, III, 413). Section du genre *Sempervivum* L.

JOVIBARBA (BOISS., in *DC. Prodr.*, XII, 665). Section du genre *Statice* T.

JOVIS-BARBA. Nom ancien des Joubarbes.

JOVIS GLANS. Nom latin ancien de la Châtaigne, de la Noix.

JOWAR. L'un des noms indiens du Sorgho.

JOWARREE. Synonyme de *Joar*.

JOWZ. Nom arabe (AINSL.) du Noyer commun.

JOXYLON. Pour *Ioxylon*.

JOZZOLO. Nom, en Italie, de l'*Agaricus eburneus* BULL.

JUANIA (DRUDE, in *Bot. Zeit.* [1878], 189). Genre de Palmiers-Arécées, voisin des *Ceroxylon*, fondé pour un arbre de l'île Juan Fernandez, à feuilles pinnatiséquées, distingué par un fruit surmonté de 3 stigmates terminaux. Les fleurs mâles sont inconnues; les femelles ont 6 staminodes et un ovaire à 3 loges, dont 2 demeurent stériles. Le fruit est de la grosseur d'une cerise. C'est peut-être le *Ceroxylon? australe* MART. et le *Morenia Chonta* PHIL. (B. H., *Gen.*, III, 905.) [H. BN.]

JUANULLOA (R. et PAV., *Prodr. Fl. per. et chil.*, 27, t. 4). Genre de Solanacées, rapporté à la série des Cestrées, distingué par un calice valvaire, tubuleux ou campanulé; une corolle épaisse et charnue, à tube régulier ou contracté à la gorge, imbriquée, à lobes courts; des tiges dressées, sarmenteuses ou épiphytes. Les feuilles sont alternes, entières, et les fleurs sont solitaires ou en cymes corymbiformes. Tous sont américains, à fleurs ordinairement grandes et belles. On cultive souvent dans nos serres le *J. aurantiaca*, à corolles orangées et charnues. (H. BN, *Hist. des pl.*, IX, 350.)

JUBA. Se disait jadis des panicules lâches, comme on en observe, par exemple, dans les Graminées.

JUBÆA (B. H. K., *Nov. gen. et spec.*, I, 308, t. 96). Genre de Palmiers-Cocoïnées, caractérisé par : spathe double; l'intérieure complète; fleurs unisexuées, réunies dans un même spadice et pourvues de bractées. Fleurs mâles disposées au sommet des ramifications du spadice, courtement pédonculées, formées d'un calice tripartite, d'une corolle à 3 pétales, d'étamines nombreuses (27-30), à filets subulés, insérés sur le fond charnu de la fleur, entourant un très petit rudiment de pistil. Fleurs femelles : calice et corolle à 3 folioles; androcée rudimentaire en forme de petit anneau membraneux; ovaire triloculaire, à 2 loges abortives, surmonté d'un stigmate sessile, trigone. Le fruit est une drupe monosperme, à noyau osseux, muni de 3 pores vers la base et légèrement sillonné entre les pores; albumen régulier, cartilagineux, creux, huileux; embryon basilaire, situé au niveau de l'un des pores. Tige de Cocotier, épaisse, cylindrique, revêtue de la base persistante des feuilles. Feuilles pennées, à pétiole inerme. On en connaît une seule espèce, le *J. spectabilis* H. B. K., qui habite le Chili et qui supporte la pleine terre dans le midi de l'Europe. L'albumen de sa graine passe pour plus savoureux que celui de tous les autres Palmiers du même groupe et fournit également une grande quantité d'huile. (Voy. MART., *Hist. Palm.*, V, 294, 324, t. 161. — GAUDICH., *Voy. Bonite*, t. 51. — B. H., *Gen.*, III, 948.) [L.]

JUBELINA (A. JUSS., in *Deless. Ic. sel.*, III, 19, t. 32; *Malpigh.*, 325, t. 29). Genre de Malpighiacées, de la Guyane et du Nicaragua, que M. Sagot pense ne pas devoir être maintenu. (H. BN, *Hist. des pl.*, V, 466.)

JUBELINIA (ENDL.). Pour *Jubelina* A. JUSS.

JUBULA (DUMORT., *Comm. bot.*, 112). Synonyme de *Frullania* RADD. Le *Jubula* CORDA comprend, en outre, des *Radula*.

JUBULEÆ (DUMORT., *Syll. Jungerm.*, 24, 35). Sous-tribu des Jungermanniées.

JUBULÉES. Tribu de la famille des Jungermanniacées, qui comprend les genres *Lejeunia*, *Scapania*, etc. (Voy. BOULAY, *Flor. crypt.*, 756.) [M.]

JUBULIDÆ (LINDL., *Veg. Kingd.*, 59). Tribu des Jungermanniées.

JUBULOTYPUS (DUMORT., *Syll. Jungerm.*, 36). Section du genre *Jubula* DUMORT.

JUCA. Nom brésilien du *Cæsalpinia ferrea* MART.

JUCA AUCARGA. Nom espagnol du *Manihot utilissima* POHL.

JUCA DULCE. Nom, au Brésil, du *Manihot Aipi* POHL.

JUCH (K.-W.). Professeur à Altdorf [1774-1821], a écrit : *Anleitung z. Pflanzenkenntniss Baierns* [1806], et *Die Giftpflanzen. Zur Belehrung für Jedermann* [1817].

JUCHIA (NECK., *Elem.*, I, 133). Synonyme (?) de *Lobelia* L.

JUCHIA (RŒM., *Synops.*, 11). Synonyme de *Zehneria* ENDL.

JUCUNDA (CHAM., in *Linnæa*, IX, 456). Synonyme de *Miconia* R. et PAV.

JUDÉE (BEN DE). Le *Styrax Benzoin* DRYAND.

JUDIEGA. En Espagne, certaines olives de qualité inférieure.

JUEIL. Le *Lolium temulentum* L.

JUERGENS (G.-H.-Bernh.). Bourgmestre de Jever en Oldenbourg, où il passa sa vie entière [1771-1840], publia, de 1816 à 1825, de nombreux fascicules des Algues desséchées qui croissent dans la Frise orientale.

JUGA. Les paires de folioles d'une feuille composée. Ce sont aussi les bandelettes des Ombellifères.

JUGASTRUM (MIERS, in *Trans. Linn. Soc.*, XXX, 167, 275, t. 35 A). Synonyme (?) de *Lecythis* LOEFL.

JUGE-DE-SAINT-MARTIN. Botaniste de Limoges [1743-1824], fut l'auteur, en 1790, d'une *Notice* des arbres et arbustes qui croissent naturellement ou qui peuvent être élevés en pleine terre dans le Limousin (in-8 de 309 p.).

JUGEOLINE, JUGIOLINE. Le Sésame d'Orient.

JUGIANDINIUM (UNG.). Pour *Juglandinium* UNG.

JUGLANDEACITES (STERNB., *Vers.*, II, 207). Ordre de plantes fossiles, formé du genre *Juglandites* STERNB.

JUGLANDÉES (*Juglandeæ*). — Voy. NOYER.

JUGLANDINIUM (UNG., *Syn. pl. foss.*, 241; *Chlor. protog.*, LXXXV). Genre de Juglandées fossiles. (ENDL., *Gen.*, Suppl., V, 95.)

JUGLANDITES (STERNB., *Vers.*, I, 4, XL; II, 207). Genre fossile, du groupe des *Juglandeacites*, connu seulement par son fruit (ENDL., *Gen.*, 1127; Suppl., V, 95. — UNG., *Syn. pl. foss.*, 240; *Chlor. protog.*, LXXXIV), divisé en deux sections : *Hicorites* et *Eujuglandites*.

JUGLANS. — Voy. NOYER.

JUGLANS CAMIRIUM (LOUR., *Fl. cochinch.*, ed. 1790, 573). Synonyme d'*Aleurites moluccana* W.

JUHASZ (Peter), dont le nom grécisé fut *Melius*, mort à Debrecin en 1572, a écrit un *Herbarium*, etc., qui fut publié à Kolosvar en 1578 (in-4 de 188 fol.), et qui est un traité des plantes de la Hongrie. On a aussi indiqué une édition de 1562.

JUJUBA (BURM., *Thes. zeyl.*, 131, t. 61). Synonyme de *Ziziphus* T.

JUJUBIER (*Zizyphus* T., *Inst.*, 627, t. 403). Genre de Rhamnacées, de la série des Rhamnées, qui a donné son nom à la tribu des Zizyphées. Ses fleurs, analogues à celles des *Paliurus*, sont rarement apétales, avec un disque plan, déprimé, obtus et pentagonal. Les anthères sont introrses, latérales ou subextrorses, et leur ovaire, 2-4-loculaire, est surmonté d'un style plus ou moins profondément divisé en 2-4 branches atténuées à leur extrémité stigmatique. Le fruit est une drupe globuleuse ou ovoïde, souvent accompagnée à la base de la cupule réceptaculaire. Son noyau, osseux ou ligneux, contient une ou deux graines planes-convexes, lisses, qui, sous leurs téguments, renferment un albumen mince, quelquefois nul, et un embryon dressé, épais, à cotylédons charnus. Ce sont des arbres ou des arbrisseaux, dressés, sarmenteux ou couchés, ordinairement armés d'aiguillons crochus. Leurs feuilles sont alternes, entières ou crénelées, coriaces ou membraneuses, glabres ou tomenteuses, ordinairement 3-5-nerves à la base et accompagnées de deux stipules, dont l'une est caduque et dont l'autre se transforme en une épine droite ou arquée. Leurs fleurs sont disposées en cymes axillaires, courtes et subombelliformes. On en connaît de quarante à cinquante espèces, originaires de toutes les régions chaudes du globe. La plupart sont recherchées pour leurs fruits drupacés, dont la pulpe sucrée, mucilagineuse et parfumée, est regardée comme pectorale et adoucissante. On devrait en faire la pâte de Jujubes; mais la pharmacie lui substitue trop souvent de la gomme et des substances aromatiques. Les vrais Jujubes du commerce sont fournis par le *Z. vulgaris* LAMK (*Rhamnus Zizyphus* L.). C'est un arbuste originaire de la Syrie, d'où on l'a apporté en Italie sous le règne d'Auguste. Il s'est depuis répandu dans toute l'Europe méridionale. En France, on le cultive dans le Midi, mais surtout aux îles d'Hyères. Ses drupes font partie des fruits dits pectoraux, dont on fait, outre la pâte, une tisane et un sirop. Le *Z. Jujuba* LAMK, originaire de l'Inde et de la Chine, a des fruits également alimentaires, mais moins estimés que les précédents. Ils servent de nourriture aux Indiens et, comme ceux du *Z. Lotus* LAMK, aux peuplades lotophages de la Libye. Cette espèce serait, d'après Desfontaines, le *Lotus en arbre* des anciens, dont les fruits, d'après Homère, étaient si délicieux, qu'ils faisaient perdre à ceux qui les mangeaient le souvenir de leur patrie. Les fruits de beaucoup d'autres Jujubiers sont également comestibles : tels sont ceux du *Z. Spina Christi* W., en Égypte et en Arabie; du *Z. mucronata* W. et

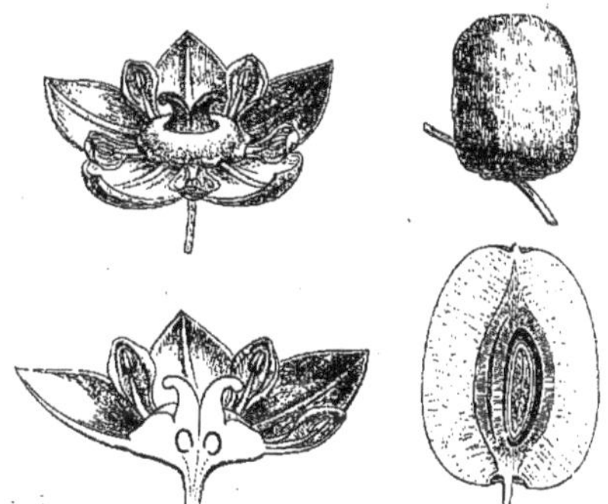

Jujubier. — Fleur, entière et coupe longitudinale. Fruit sec entier et coupe longitudinale.

orthacantha DC., en Sénégambie; des *Z. Napeca* W., *nitida* ROXB., *Œnoplia* MILL., dans l'Inde; du *Z. agrostis* SCHULT., en Cochinchine; du *Z. mauritiana* LAMK, à l'île de France. Le *Z. Xylopyrus* W., de l'Inde, a des fruits peu sucrés et peu aromatiques : il en est de même de ceux du *Z. Joazeiro* MART., du Brésil; mais ce dernier a une écorce amère et astringente, employée contre les fièvres d'accès. Les *Z. exserta* DC., des îles Philippines, et *Sororia* SCHULT., de l'Inde, servent au traitement des dermatoses et de la syphilis. Les noyaux du *Z. soporifera* SCHULT. (*Rhamnus soporifer* LOUR.) servent à préparer une décoction qui calme les douleurs et procure le sommeil. Un certain nombre de ces *Zizyphus*, notamment les *Z. Œnoplia*, *Napeca*, etc., ont des graines oléagineuses. Le nom de *Jujubiers* a parfois été donné à la famille des Rhamnacées. (Voy. H. BN, *Hist. des pl.*, VI, 57, 71, 82, fig. 50-53.) [T.]

JULACIA (DUMORT., *Comm. bot.*, 53). Ordre de plantes, comprenant les Conifères, Amentacées et Pipéracées.

JULELLA (FAB., *Spher. Vaucl.*, 113). Genre de Sphériacés, à périthèce simple, globuleux, papillé, renfermant des thèques à une ou deux grandes spores grillagées, d'un jaune pâle. On trouve les deux espèces de ce genre sur les rameaux à demi morts du Buis et sur le bois des Bouleaux. [DE S.]

JULIA (C. MUELL., *Syn. Musc.*, II, 465). Synonyme de *Myurella*; sous-section des *Rigodium*.

JULIA DE FONTENELLE. Professeur de chimie à Paris [1780-1852], a publié quelques opuscules relatifs aux végétaux. (*Cat. sc. pap.*, III, 589.)

JULIAN. A publié à Lima [1787] : *Dissertacion sobre Hoyo ó Coca.*

JULIANA (SCHLCHTL, in *Linnæa*, XVII, 746). Genre de Térébinthacées, imparfaitement connu et rapporté avec doute à la série des Anacardiées. Ses fleurs sont dioïques et apétales. Dans les mâles, le calice est à 4, 5 folioles inégales et imbriquées, et l'androcée se compose d'autant d'étamines à filets filiformes et à grandes anthères. Dans les femelles, un périanthe (?), dilaté à la base en deux ailes coriaces longuement décurrentes sur le pédicelle, entoure un ovaire uniloculaire, uniovulé et surmonté de trois styles spathulés. Dans l'espèce mexicaine, le fruit est coriace, uniloculaire, monosperme, dilaté à la base en une samare longuement comprimée (est-ce le pédicelle dilaté?). Ce sont des arbres à feuilles rapprochées au sommet des rameaux, alternes, imparipennées, 3-∞-foliolées, et à fleurs disposées en grappes ramifiées. On en connaît 2 espèces, du Mexique, et du Pérou. (Voy. H. BN, *Hist. des pl.*, V, 321.) [T.]

JULIANA (LLAV. et LEX., *Nov. veg. Descr.*, II, 4). Synonyme de *Choisya* H. B. K.

JULIEN (Stan.). Sinologue, professeur au Collège de France, a cité ou traduit quelques notices relatives aux plantes de la Chine. (*Cat. sc. pap.*, III, 590.)

JULIENNE. Nom français de l'*Hesperis matronalis* L.

JULIENNE-ALLIAIRE. L'*Erysimum Alliaria* L.

JULIENNE JAUNE. Le *Barbarea vulgaris* DC.

JULIETA (LESCHEN., herb.). Synonyme de *Lysinema* R. BR.

JULIFLORES (*Juliflorœ*). Synonyme d'Amentacées.

JULITEGMIA (DUMORT., *Fl. belg.*, 9). Ordre de plantes, comprenant les Conifères, Éphédrées, Amentacées.

JULOCROTON (MART., *Herb. bras.*, 119). Genre d'Euphorbiacées, de la série des Crotonées, formé de plantes qui ont tous les caractères des *Croton*, sinon que leur calice est résupiné; deux de ses cinq divisions, ordinairement inégales, étant postérieures, deux latérales et la cinquième antérieure. L'ovaire est triloculaire, et le fruit capsulaire. Tous les *Julocroton* sont américains; ils ont le feuillage et l'inflorescence des *Croton*; on en connaît une quinzaine d'espèces; plusieurs sont aromatiques, stimulantes, diaphorétiques, ont, en somme, les propriétés générales des *Croton*, avec lesquels les *Julocroton* avaient été primitivement confondus. Il est d'ailleurs certain que les espèces de *Croton* dans lesquelles les sépales de la fleur femelle deviennent étroits et inégaux servent de passage entre les *Croton* à calice régulier et les *Julocroton*; mais ces derniers se distinguent encore par la résupination de leur fleur. (Voy. *Étud. gén. Euphorbiac.*, 374; *Hist. des pl.*, V, 226.) [H. BN.]

JULOSEPALÆ (DUMORT., *Anal.*, 9, 11). Classe des *Sepalanthæ*.

JULOSPERMÆ (WIGG., *Prim. Fl. holsat.*, 74). Ordre (4) de la Cryptogamie (genre *Equisetum*).

JULOSTYLES (THW., *Enum. pl. Zeyl.*, 30). Genre de Malvacées-Hibiscées, établi pour un arbre de Ceylan, distingué par une fleur décandre, un ovaire à 2 loges 2-ovulées, et un calicule de 4 bractées légèrement unies à la base. Ses feuilles sont alternes, entières, et ses fleurs sont disposées en une grande grappe ramifiée et cymigère. (H. BN, *Hist. des pl.*, IV, 95, 152.)

JULPAI. Synonyme de *Tulpai*.

JULSI. Nom, au Népaul, du *Wendlandia coriacea* DC.

JULUS. Synonyme de Chaton.

JUMATE. Au Mexique, le *Pedilanthus Pavonis* BOISS.

JUMBEE-BEAD. Nom anglais de l'*Abrus precatorius* L.

JUMEAUX (LES) (PAUL., *Trait. des Champ.*, II, 134). L'un des noms de l'*Agaricus geminus* FR.

JUNCACEÆ (VENT.), JUNCARIÆ, JUNCUS, JUNCI, JUNCINÆ, JUNCINEÆ, JUNCOIDEÆ. — Voy. JONC, JONCACÉES, JONCÉES.

JUNCAGINEÆ. Tribu (1) des Naïadacées. (B. H., *Gen.*, III, 1010.)

JUNCAGO (T., *Inst.*, 266, t. 142). Synonyme de *Triglochin* L.

JUNCALES (LINDL., *Nix. plant.*, 35). Groupe de Monocotylédones, comprenant les Juncées, Philydrées, puis les Orontiées. (*Veg. Kingd.*, 190.)

JUNCARIA (CLUS., *Hist.*, II, 147, fig. 2). Synonyme de *Ortegia* LŒFL. (H. BN, *Hist. des pl.*, IX, 117.)

JUNCELLA (F. MUELL., *Sec. gen. Rep.*, 16). Synonyme de *Trithuria* HOOK. F.

JUNCELLUS (GRISEB., *Fl. brit. W.-Ind.*, 562). Section du genre *Cyperus* L.

JUNCO, JUNQUILLO. Au Mexique, le *Cereus flagelliformis* MILL.

JUNCOIDES (ADANS., *Fam. des pl.*, II, 47. — DILL., *Nov. pl. gen.*, 166). Synonyme de *Luzula* DC.

JUNCOTYPUS (DUMORT., *Fl. belg.*, 142). Section du genre *Juncus* T. (*J. conglomeratus*, *effusus*, etc.).

JUNCUS. — Voy. JONC.

JUNCUS FLORIDUS (MATTH.). Le *Butomus umbellatus* L.

JUNCUS ODORATUS (MATTH.). L'*Andropogon Schœnanthus* L. C'est aussi un synonyme, croit-on, de *Andropogon laniger* DESF.

JUNDZILL (Bonif.-Stan.). Professeur à Wilna [1761-1830], auteur d'*Éléments de botanique* [1804], et d'un *Synopsis des plantes du grand-duché de Lithuanie*, en polonais [1791].

JUNDZILLIA (ANDRZ., mss.). Synonyme de *Cardaria* DC.

JUNE-BERRY. Aux États-Unis, les *Amelanchier*.

JUNERA. Synonyme de *Joar*.

JUNG (G.-Seb.). Médecin de Vienne, mort en 1682, a écrit un livre in-8 de 268 pages, sur les *Propriétés et usages des Coings*. — Joachim JUNG, qui mourut à Hambourg en 1657, y fut professeur de botanique au *Johanneum*. Sa biographie a été écrite [1657] par Martin Fogel. Ses principaux traités sont : *Isagoge phytoscopica* [1678], *Opuscula botanico-physica* (in-4 de 183 p.), et *Doxoscopiæ physicæ minores*, etc. [1662].

JUNGEÆ (D. DON, in *Trans. Linn. Soc.*, XVI, p. II, 224). Tribu des Composées-Mutisiées.

JUNGERMANN (Ludw.). Professeur à Giessen, puis à Altdorf, où il mourut en 1653, a écrit un Catalogue des plantes des environs d'Altdorf [1615], un autre des plantes du Jardin médical de cette ville [1635], un troisième [1646] : *Plantarum quæ in horto medico et agro Altdorphino reperiuntur* [1635], et *Cornucopiæ Floræ Giessensis*, etc. [1623].

JUNGERMANNARIEÆ (DUMORT., *Anal. fam.*, 68). Ordre des Mitrogynées, comprenant les *Jungermanniæ*, *Cephalotheceæ*, *Anthoceroteæ*, *Targionaceæ*.

JUNGERMANNIA. Genre de plantes acotylédones, de la sous-classe des Hépatiques, établi par Ruppius, modifié plus tard par Dillen et Linné. Le genre linnéen a été, dans ces derniers temps, démembré en un certain nombre d'autres, basés sur des caractères plus ou moins importants. Tel qu'il est admis par la plupart des auteurs modernes, le genre *Jungermannia* se reconnaît à l'organisation suivante. L'involucre est formé de folioles ordinairement plus grandes que les feuilles proprement dites. Le périanthe est terminal, de forme un peu variable, et toujours plissé-anguleux vers l'orifice, lequel est plus ou moins denté ou lobé. La coiffe est incluse; la capsule petite et solitaire. Les Jungermannes sont des herbes de très petites dimensions, dont la tige, radicante ou stolonifère, se ramifie plus ou moins. Leurs feuilles sont extrêmement variables dans leurs formes et leur disposition; elles sont assez fréquemment accompagnées d'amphigastres qui, dans quelques espèces, prennent un grand développement. Ces petites plantes se rencontrent abondamment dans les lieux humides ou frais, sur les rochers et les pierres, sur la terre, le bois pourri, dans les tourbières. Elles habitent les régions tempérées et froides du globe, où elles s'élèvent sur les plus hautes montagnes. On en connaît en France plus de trente espèces. (Voy. PAYER, *Bot. crypt.*, 145. — LINDENB. et GOTTSCHE, *Spec. Hepat.* — BOULAY, *Fl. crypt.*). On a souvent à tort donné le nom de Jungermannes à un grand nombre d'Hépatiques de groupes tout différents. [M.]

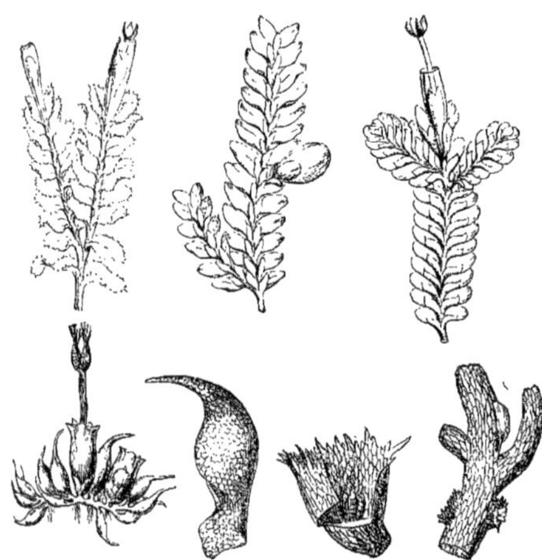

Jungermannia divers.

JUNGERMANNIOIDEI (BRID., *Bryol.*, II, XLVI). Famille des *Hypophyllocarpi*.

JUNGERMANNIOTYPÆ (DUMORT., *Obs. Jungerm.* [1835], 11). Série des Jungermanniées.

JUNGHANS (Phil.-Kasp.). Professeur à Halle, a publié un *Index plantarum Horti botanici Halensis* [1771]; *Icones plantarum rariorum*, ne contenant que le *Bulbocodium vernum* [1787], et *Icones plantarum officinalium* [1787], *Centuria* I, réduit au *Daphne Mezereum*.

JUNGHANSIA (GMEL., *Syst.*, 259). Synonyme (part.) de *Curtisia* AIT.

JUNGHAUSIA (DC.). Pour *Junghansia* GMEL.

JUNGHUHN (Fr.-W.). Voyageur à Java, Sumatra, etc., né à Mansfeld, mort en 1864 à Lemberg, à l'âge de cinquante-deux ans, a écrit un premier fascicule, publié à Batavia [1838], de *Præmissa in Floram cryptogamicam Javæ insulæ* (in-8 de 86 p. et 15 pl. color.), des *Nova genera et species plantarum Floræ javanicæ* [1840]. Les *Plantæ Junghunianæ*, description de ses récoltes [1851-1855], sont de Miquel, Bentham, van den Bosch, Hasskarl, Montagne, Molkenboer, etc.

JUNGHUNHIA (CORDA, *Anleit.*, 195). Syn. d'*Hymenogramme*.

JUNGHUNIA (MIQ., *Fl. ind. bat.*, I, p. II, 412). Synonyme (M. ARG.) de *Codiæum* RUMPH.

JUNGIA (GÆRTN., *Fruct.*, I, 175, t. 35). Synonyme de *Bæckea* L.

JUNGIA (GÆRTN., *Fruct.*, I, 175, t. 35, fig. 5). Synonyme de *Schidiomyrtus* SCHAU.

JUNGIA (HEIST. — MŒNCH, *Meth.*, 378). Synonyme de *Calosphace* BENTH., sous-genre (B. H.) du genre *Mentha*.

JUNGIA (L. F., *Suppl.*, 58). Section du genre *Trixis* P. BR. (H. BN, *Hist. des pl.*, VIII, 100, not. 1.)

JUNGIA (LŒFL., ex *DC. Prodr.*, VII, p. I, 55). Synonyme de *Ayenia* L.

JUNGK (Chr.-Ludw.). Auteur, en 1807, de : *Observationes botanicæ in Floram Halensem* (in-8 de 26 p.).

JUNGUHNIA (LÉV.). Pour *Junghuhnia* CORDA.

JUNIA (ADANS., *Fam. des pl.*, II, 165). Synonyme de *Clethra* L.

JUNIA (DUMORT., *Comm. bot.*, 82). Synonyme de *Hymenophallus* NEES.

JUNIPA (ROCHEF., *Hist. Ant.*, 52). Synonyme de *Genipa* PLUM.

JUNIPER. Nom anglais du *Juniperus communis* L. A Sainte-Croix; c'est le *Bourreria succulenta* JACQ.

JUNIPEREÆ (SPRENG., *Anleit.*, II, p. 1, 214). Ordre de Conifères.

JUNIPERINÆ (ENDL., *Syn. Conif.*, 5). Division des Conifères-Cupressinées.

JUNIPERUS (T., *Inst.*, 588, t. 361). Genre de Conifères-Cupressinées, connu en France sous le nom de Genévrier (quoique ce nom ait aussi été appliqué à des *Cupressus*, *Thuya*, etc.), à fleurs monoïques ou dioïques. Les mâles sont semblables à celles des Cyprès. Leur axe allongé soutient des étamines à connectif pelté ou semi-orbiculaire, portant en dessus 4 anthères uniloculaires, introrses, s'ouvrant par une fente longitudinale, et plus rarement 2 ou 6. Les inflorescences femelles se composent le plus souvent de 6 écailles, disposées sur deux verticilles trimères, dans l'ordre alterne, bientôt épaissies et plus ou moins unies par leur base. Avec 3 d'entre elles alternent autant de fleurs femelles, formées d'un ovaire uniloculaire, béant, et d'un style plus ou moins bilabié. Au fond de l'ovaire se trouve un ovule orthotrope, dressé, réduit au nucelle. Il y a des espèces où les bractées femelles sont décussées sur plusieurs verticilles. Il n'est pas besoin de dire que les gymnospermistes considèrent l'ovaire comme un tégument séminal. Les fruits sont secs, monospermes, à graine dressée, albuminée, et l'embryon a de 2 à

5 cotylédons inférieurs et une radicule supère. Autour du fruit, les écailles s'épaississent et deviennent charnues. C'est l'ensemble de l'inflorescence ainsi modifiée, fruits et écailles, qu'on appelle à tort la *baie* des Genévriers. Ce sont des arbres ou des arbustes, à feuilles persistantes, qui habitent, au nombre de 25 environ, les régions tempérées et froides de l'hémisphère boréal,

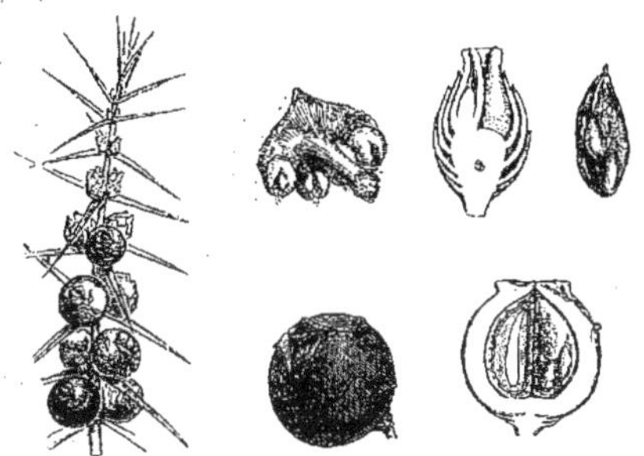

Juniperus communis. — Rameau fructifère. Fleur mâle. Fleur femelle, entière et coupe longitudinale. Fruit composé, entier et coupe longitudinale.

ou les montagnes des deux mondes dans les régions tropicales. Leurs feuilles sont opposées ou verticillées par 3, linéaires, aciculaires, ou décurrentes-adnées. Les inflorescences sont terminales ou occupent le sommet d'un petit rameau axillaire. Endlicher a divisé le genre en 3 sections : *Sabina*, *Oxycedrus* et *Caryocedrus*. Beaucoup de *Juniperus* sont utiles. Le *J. communis* L. a des fruits employés à préparer une boisson alcoolique, une essence volatile, un extrait résineux, stomachique et diurétique. Le genièvre devrait être, en principe, aromatisé avec ces fruits. Le

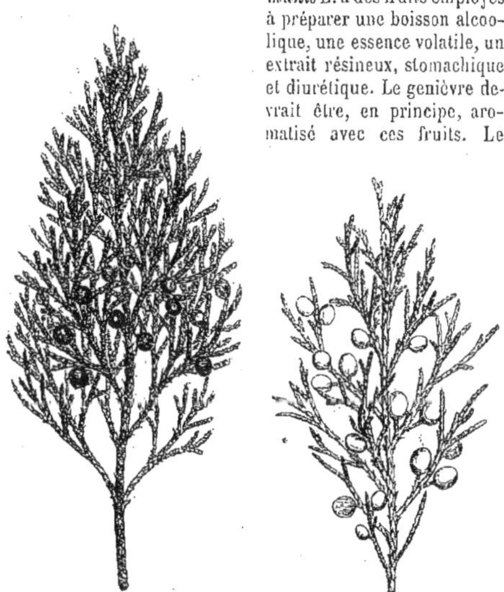

Juniperus. — Rameaux fructifères.

J. Sabina L. est célèbre comme abortif, et le *J. prostrata*, une de ses formes, a la même propriété. Ce sont des plantes âcres, corrosives, dépilatoires. Le *J. Oxycedrus* L. fournit l'*huile de Cade* par distillation de son bois. Le *J. virginiana* sert aux mêmes usages que le *J. communis;* son bois s'emploie dans la fabrication des crayons. Beaucoup de *Juniperus* sont aussi cultivés dans nos parcs. (H. Bn, *Tr. Bot. méd. phanér.*, 1357.)

JUNKIA (Ritg.). Pour *Funkia* Spreng.

JUNO (Trattin., ex Steud., *Nom.*, I, 821, 835. — Bak., in *Gardn. Chron.* [1876], I, 692). Section du genre *Iris* (*I. persica*, *scorpioides*, etc.).

JUNQUILLO. Synonyme de *Junco*.

JURGENSENIA (Turcz., in *Bull. Mosc.*, XIX, 157). Synonyme de *Befaria* Mut.

JURIBALI (Écorce de). Celle du *Trichilia moschata* Sw.

JURINÆA (Steud.). Pour *Jurinea* Cass.

JURINE (André), de Genève [1780-1804], a écrit des Recherches sur l'organisation des feuilles. (*Journ. phys.*, LVI, 159.)

Jusquiame. — Branche florifère. Calice. Fruit déhiscent. Graine, entière et coupe longitudinale.

JURINEA (Cass., in *Bull. philom.* [1821]; in *Dict.*, XXIV, 287). Genre de Composées-Carduées, distingué par des fleurs homogènes, à filets staminaux glabres, et par des fruits à aigrette formée de soies rigidules, scabres, barbelées ou plumeuses. Ce sont 35-40 herbes européennes et asiatiques, à port très variable, à capitules étroits, disposés en cymes corymbiformes, ou plus larges et supportés par de longs pédoncules, ou bien solitaires sur un axe court. Les involucres des capitules sont inermes, et les bractées qui les constituent sont mutiques ou parfois aristées ou bien pourvues d'un appendice lancéolé. (H. Bn, *Hist. des pl.*, VIII, 80, n. 8.)

JURINELLA (Jaub. et Sp., *Ill. pl. or.*, II, 101). Section du genre *Jurinæa* Cass. (H. Bn, *Hist. des pl.*, VIII, 81, not. 1.)

JURIPEBA (Pis., *Bras.*, 84, fig.). Sous-section des *Solana Euleptostemona* (Dun., in *DC. Prodr.*, XIII, p. I, 197).

JURUBEBA. Nom, au Brésil, du *Solanum paniculatum* L., médicament altérant, diurétique, hydragogue et tonique.

JURUMA (MARCGR.). Synonyme de *Cucurbita* L.

JURUMBEBA. Au Brésil, le *Solanum insidiosum* MART., médicament anticatarrhal.

JURUMU (PIS., *Bras.* [1658], 264). Nom brésilien (MART.) du Potiron.

JURUPARY-TEANHA. Nom, sur le Bas-Amazone, des *Victoria*.

JUSCLA. Nom languedocien de plusieurs *Euphorbia*.

JU-SIANG (*parfum de lait*). Nom chinois de l'Oliban.

JUSIOUVO. Nom provençal du *Narcissus Tazetta* L.

JUSQUIAME (*Hyoscyamus* T., *Inst.*, 117, t. 42). Genre de Solanacées, à fleurs hermaphrodites, un peu irrégulières : le calice gamosépale, pentamère, persistant autour du fruit; la corolle irrégulièrement campanulée, à 5 lobes plus ou moins inégaux, imbriqués. Les étamines, au nombre de 5, sont alternes avec les divisions de la corolle sur laquelle elles s'insèrent; elles ont des filets inégaux et des anthères biloculaires, introrses, à loges libres inférieurement et déhiscentes par des fentes longitudinales. L'ovaire, à disque nul ou mince, a 2 loges multiovulées, et le style a une tête stigmatifère obtusément 2-lobée. Le fruit est une pyxide, et les graines renferment un embryon courbe et un albumen charnu. Les 6, 7 espèces connues appartiennent à toutes les régions tempérées; elles ont des feuilles alternes, molles, sinuées ou pinnatiséquées, des fleurs solitaires ou plus souvent disposées en cymes unipares-scorpioïdes. La J. noire et la J. blanche sont employées en médecine et doivent leurs propriétés médicamenteuses et toxiques à l'hyoscyamine. (H. BN, *Hist. des pl.*, IX, 309, 351, fig. 437-442; *Tr. Bot. méd. phanér.*, 1206, 3117-3120.)

JUSQUIAME DU PÉROU. L'un des noms anciens du Tabac.

JUSSIA (ADANS.). Pour *Jussiæa* L.

JUSSIÆA (FORSK., *Fl. æg.-arab.*, 210). Synonyme de *Antichorus* L.

JUSSIÆA (L., *Hort. upsal.* [1748], 103; *Spec.* [1753], I, 388). Synonyme de *Ludwigia* L. (H. BN, *Hist. des pl.*, VI, 463.)

JUSSIÆÆ (LINDL.), JUSSIDIEÆ (DUMORT.), JUSSIEÆ (DC.), JUSSIEUEÆ (REICHB.), JUSSIEVEÆ (SPACH). Division des Onagrariées.

JUSSIE. Nom français (LAMK) des *Jussiæa* L.

JUSSIEU (DE). Famille de botanistes, originaire de Lyon, qu'on s'accorde généralement à regarder comme les fondateurs de la Méthode naturelle. Le premier, dans l'ordre des dates, fut Antoine de Jussieu [1686-1758], qui occupa au Jardin du Roi la place de Tournefort; il a écrit : *Discours sur les progrès de la botanique au Jardin royal de Paris*, etc. (in-4 de 24 p.), imprimé en 1728, et un *Traité des vertus des plantes*, ouvrage posthume [1771]. — Son frère, Bernard DE JUSSIEU [1699-1776], est surtout connu par la plantation, en 1759, du Jardin de Louis XV à Trianon. La liste de ses *Ordines naturales* figure au commencement du *Genera* de son neveu. On ne connaît d'ailleurs de lui qu'une plaquette : *Questio medica an compar animantium et vegetantium perspiratio?* [1777]. — Joseph DE JUSSIEU [1704-1779] n'a rien écrit; on sait seulement qu'il accompagna Bouguer et Lacondamine au Pérou, d'où il revint mourant en Europe; il a récolté des plantes intéressantes, qui existent à Paris dans l'herbier des Jussieu. — Antoine-Laurent DE JUSSIEU [1748-1836] est l'auteur du célèbre *Genera plantarum secundum ordines naturales disposita* [1789]. On lui doit aussi : *Principes de la méthode naturelle des végétaux* [1824], in-8 de 51 p., et *Introductio in historiam plantarum*, publié en 1837 par Adr. de Jussieu (in-8 de 111 p.). Il a, ultérieurement à 1789, modifié de beaucoup la classification établie au *Genera*, dans une suite de mémoires et de notes, publiés la plupart dans les *Mémoires* et les *Annales du Muséum*, et dont on trouve la liste complète dans Pritzel (p. 160). Son éloge historique a été écrit, entre autres, par Flourens [1838]. — Son fils, Adrien DE JUSSIEU [1797-1853], porté par son goût particulier vers la littérature, a cependant publié quelques monographies : celle des Euphorbiacées [1824], thèse pour le doctorat en médecine; celles des Rutacées [1825], des Méliacées [1830], et la meilleure, celle des Malpighiacées [1843]. Il rédigea, en 1843, une petite *Botanique* pour les collèges, qui fut longtemps classique. Spirituel, bienveillant, indifférent et sans défiance, Adr. de Jussieu eut le malheur de protéger quelques faux savants, dont il reconnut, mais trop tard, l'incapacité et l'ingratitude et qui ont fait le plus grand tort à la botanique française dans ce siècle. Decaisne a publié sur lui une notice biographique, dans le vol. I du *Bulletin de la Société botanique de France*. — Christ. DE JUSSIEU fut l'auteur, en 1708, d'un *Nouveau Traité de la thériaque*, publié à Trévoux (in-12 de 174 p.). [H. BN.]

JUSSIEUA (L.), JUSSIENA (REICHB.), JUSSIEUIA (THUNB.), JUSSIEVA (GLED.), JUSSIEVIA (L.). Pour *Jussiæa* L.

JUSSIEUÆA (ROTTL., ex DC., *Prodr.*, III, 22). Synonyme de *Lumnitzera* W.

JUSSIEVIA (HOUST., *Reliq.* [1781], t. 15). Synonyme de *Cnidoscolus* POHL.

JUSTA RAZOU. En Colombie, le *Zanthoxylum ochroxylum* DC.

JUSTANDER (Joh.-Gust.). Publia à Abo, en 1791, *Observationes hist. plantarum fennicarum illustrantes* (in-4 de 16 p.).

JUSTICA (NECK.), JUSTITIA (HILL. — HEDW.). Pour *Justicia* L.

JUTE. Nom de la filasse textile des *Corchorus olitorius*, *tridens*, *acutangulus*, *trilocularis*, *capsularis*, etc.

JUTE DE MANTCHOURIE. L'*Abutilon Avicenniæ*, plante textile.

JUSTICIA (L., *Gen.*, n. 27). Genre d'Acanthacées, qui a donné son nom à une série des Justiciées, et qui y est caractérisé par un calice de 4, 5 sépales; une corolle à tube plus court que le limbe ou à peine plus long que lui, dilaté supérieurement. L'androcée est formé de 2 étamines fertiles, à anthères biloculaires. Le fruit capsulaire renferme 1-4 graines qui sont aplaties, nues sur les bords. Ce sont, au nombre d'une centaine, des herbes ou rarement des arbustes, des régions chaudes des deux mondes, à feuilles opposées et entières, à fleurs solitaires, disposées en cymes ou en épis simples ou composés. On en cultive plusieurs dans les jardins botaniques. Nees d'Esenbeck a partagé le genre linnéen *Justicia* en presque autant de genres qu'il contenait d'espèces. (B. H., *Gen.*, II, 1108, n. 93). [H. BN.]

JUSTICIA (NEES, in *Wall. Pl. asiat. rar.*, III, 76, nec L.). Synonyme de *Ecbolium* KURZ.

JUSTICIADÆ (LINDL.), JUSTICIEÆ (DUMORT. — NEES). Division des Acanthacées.

JUSTICIÉES (*Justicieæ*). Groupe de la famille des Acanthacées, fondé par Nees d'Esenbeck, qui ne l'a toutefois pas conservé dans ses travaux plus récents sur cette famille.

JUVANCE. L'un des noms du *Carum Ajowan* H. BN.

JUWAR. Nom, à Sumatra, du *Cassia florida* VAHL.

JYNTEE. Dans l'Inde, le *Sesbania ægyptiaca* PERS.

K

KA, KIA. Au Japon, le *Solanum æthiopicum* L.

KAAD. En Arabie (Forsk.), le suc du *Cacalia procumbens*.

KAADSI-NOKI. Synonyme de *Sjo*.

KAAL. Nom norvégien du Chou.

KAASBOL (Hil.-Chr.). Pasteur à Copenhague [1682-1754], auteur, en 1702, de *De arboribus sodomæis* (in-4 de 12 p.).

KAASI. Synonyme de *Sjo*.

KAASURT. Nom danois des Seneçons.

KAATE. Dans l'Inde, l'*Acacia Catechu* W.

KABBE (Herm., ex J., in *Dict.* [1827], XLVII, 330). Synonyme de *Ornitrophe* Commers.

KABERA (Reichb., *Consp.*, 185). Section du genre *Sinapis* T.; synonyme de *Ceratosinapis* DC.

KABERES (d'où Cubèbe). En Arabie, le *Piper Cubeba* L.

KABSCH (Wilh.). Mort en 1864 à Appenzell, avait publié en 1855 : *Das Pflanzenleben der Erde. Eine Pflanzengeographie für Laien und Naturforscher*, in-8. (*Cat. sc. pap.*, III, 599.)

KABU. Au Japon, nom de certaines Raves.

KABUKO. Nom vernaculaire du *Metroxylon filare* Mart.

KABURA. Nom japonais du Colza.

KACHERYGNI. En Égypte, le *Phaseolus Mungo* L.

KACHLER (Joh.). Savant viennois [1782-1863], auteur de : *Encyclopädisches Pflanzenwörterbuch*, etc. [1829]; de *Grundriss der Pflanzenkunde*, etc. [1830], et de *Alphabetisch-tabellarisch-scientifisches Samenverzeichniss*, in-8 de 205 p. [1839].

KACKEIS. Nom, à Libéria, de l'*Oldenlandia globosa* Hiern, encore nommé *Plante à la dysenterie*, et qui paraît avoir des propriétés antidiarrhéiques analogues à celles de l'Ipécacuanha.

KACLA. — Voy. Cachla.

KAD. — Voy. Cad.

KADAGAROGANIE. En Tamoul, l'Hellébore noir.

KADAGHOO. Nom tamoul du *Sinapis chinensis* L.

KADALI. Arbrisseau oléagineux de l'Inde, indéterminé, usité contre les aphtes, certaines névroses, etc.

KADALI (Adans., *Fam. d. pl.*, II, 234). Synon. de *Osbeckia* L.

KADANAKU. Au Malabar, l'*Aloe perfoliata* L.

KADD. Nom, au Sénégal, de l'*Acacia albida* Del. (*A. Senegal* W.), pulvérisé et usité comme expectorant.

KADDIG. En Allemagne, le Genévrier commun.

KADE-CANNY. En Tamoul, le *Panicum miliaceum* L.

KADELÉ. Non, à Java et à Balé, de plusieurs *Phaseolus*.

KADENA. En Afrique centrale, le *Butyrospermum Parkii* Ktch.

KADENARO. — Voy. Cadenaco.

KADH. En Égypte, le *Medicago arborea* L.

KADIDLO. En Bohême, l'Oliban.

KADIS MANIS. En langue hali, l'Anis vert.

KADOUKAI. Nom tamoul du *Terminalia Chebula* Retz.

KADRAGI. Aux îles Fidji, le *Pleiosmilax vitiensis* Seem.

KADSI-NOKI. Au Japon, le *Broussonetia papyrifera* Vent.

KADSURA (Kæmpf., ex J., in *Ann. Mus.* [1810], 340). Synonyme de *Schizandra* Michx. (H. Bn, *Hist. des plant.*, I, 149.)

KADT. Nom arabe (?) du Melon (Ebn Baithar).

KADUA (Cham. et Schlchtl, in *Linnæa*, IV, 157, part.). Section du genre *Oldenlandia* Plum., à corolle 4-mère, allongée, à capsule coriace, loculicide au sommet, à graines anguleuses ou ailées. Espèces des Sandwich. (H. Bn, *Hist. des pl.*, VII, 326.)

KADUKAI. En Tamoul, le *Terminalia Chebula* Retz.

KADZOU. Pour *Kadzu*.

KADZU. Le *Daphne papyrifera*, plante qui sert au Japon à la fabrication des bons papiers. C'est aussi le nom du *Wikstrœmia japonica* (*Daphne*), dont la qualité est, dit-on, encore supérieure.

KAEHBLI. En Égypte, le Souci officinal.

KAEHNLEIN (Ulr.). Auteur, en 1763, de *Verzeichniss einiger um Wittenberg befindlichen Kräuter* (in-8 de 16 p.).

KAEJAN. Un des noms arabes des Jasmins.

KÆLERIA (Boiss., ex Pfeiff., *Nom.*). Pour *Kœleria* Pers.

KÆMPFER (Engelb.). Médecin du comte de Lipse, né et mort à Lemgo [1651-1716], après avoir publié, en 1694, *Decas miscellanearum observationum*, se rendit célèbre par la rédaction de ses *Amœnitates exoticæ*, contenant ses principales observations sur les mœurs, la politique, les monuments, les animaux et les plantes de l'Asie, depuis l'occident jusqu'au Japon [1712], avec figures nombreuses. Banks a publié des *Icones* des plantes que Kæmpfer avait récoltées et dessinées au Japon [1791].

KÆMPFERA (Houst., *Rel.*, 3, t. 2). Synon. de *Tamonea* Aubl.

KÆMPFERIA (L., *Gen.*, n. 7; *H. Cliff.*, t. 3). Genre de Zingibéracées, distingué par des fleurs disposées en épi au sommet d'une tige feuillée, ou situées sur un scape aphylle, avec des bractées imbriquées, membraneuses et uniflores. L'étamine fertile, unique, a un filet court. L'anthère a un connectif nu à la base, pétaloïde et d'ordinaire prolongé au-dessus des loges. Le fruit est capsulaire, avec des graines arillées. Ce sont 17, 18 herbes vivaces, à rhizomes pourvus de racines souvent renflées et tubéreuses. Les feuilles sont d'ordinaire peu nombreuses sur de courts rameaux aériens. Tous sont de l'Asie et de l'Afrique tropicales. Le *K. Galanga* L. est l'espèce la plus célèbre.

KAFAL. Résine d'Abyssinie, produite par un *Bursera* (?).

KAFFERNBROD. Nom allemand de l'*Encephalartos caffer* Miq., à cause de la fécule alimentaire que fournit cette Cycadée.

KAF-MARJAM. En Égypte, l'un des noms de la Rose de Jéricho.

KAFUR. Dérivé persan de *Karpura*.

KAFUR-KACHRI. En hindoustani, l'*Hedychium spicatum* Sm.

KAGABUTA. Au Japon, le *Limnanthemum indicum* GRISEB.
KAGA-NO BENKEISO. Nom japonais du *Sedum hæmatodes* DC.
KAGARI-BI-SOO. Au Japon, le *Monochasma Sheareri* MAXIM.
KAGENACKIA (STEUD.), KAGENEKIA (DC.). Pour *Kageneckia*.
KAGENECKIA (R. et PAV., *Prodr.*, 134, t. 37). Genre de Rosacées, série des Quillajées, voisin des *Quillaja*, distingué par son fruit multiple, formé de 5 follicules polyspermes. Ce sont 3, 4 arbres du Chili et du Pérou, à suc mucilagineux, à feuilles

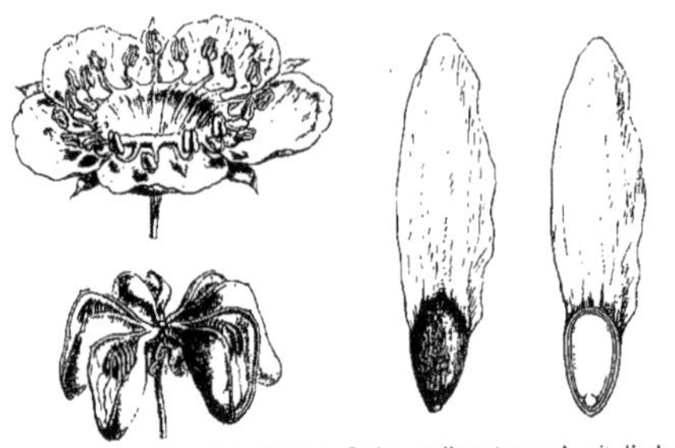

Kageneckia. — Fleur mâle. Fruit déhiscent. Graine, entière et coupe longitudinale.

alternes, persistantes; les fleurs mâles disposées en grappes ou en corymbes; les femelles solitaires. (H. BN, *Hist. des pl.*, I, 396, 472, fig. 448-451; *Tr. Bot. méd. phanér.*, 556.)
KAGO KADSURA. — Voy. KADSI-NOKI.
KAGURASO. Nom japonais du *Rostellularia procumbens* NEES.
KAHA. A Ceylan, les *Curcuma*.
KAHERI. Chez les Toulbes, le *Butyrospermum Parkii* KOTSCH.
KAHINAHA. Synonyme de *Caïnça*.
KAHIRIA (FORSK., *Fl. æg.-arab.*, 153). Synon. de *Ethulia* CASS.
KAHITUTANKAI. Nom sundaïque du *Saprosma dispar* HASSK.
KAHKKARI. Dans l'Inde, le *Solanum Jacquini* W.
KAHLEH. En Arabie, le *Calendula arvensis* L.
KAHLEYSS (Jakob-Gotfr.-Benj.). Médecin de Gröbzig, auteur [1802] de : *De vegetabilium et animalium differentiis*.
KAHO. Nom, aux îles Fidji, du *Linum monogynum* FORST.
KAHOU. Nom indien moderne (ROXB.) du *Lactuca sativa* L.
KAHRUB. L'un des noms indiens du Caroubier.
KAIANTAGARIE. En Tamoul, l'*Eclipta prostrata* L.
KAIBY. Variété de Dattier de la Haute Égypte.
KAIDA. Au Malabar, les Vaquois (*Pandanus*).
KAIDODUKHOU. Nom tamoul du *Tiaridium indicum* SCHM.
KAIJINDO. Nom japonais de l'*Ajuga genevensis* L.
KAIMANIS. En Malaisie, la Cannelle de Ceylan.
KAINCA. Pour *Caïnça*.
KAIR, COIR. Noms donnés aux fibres grossières du Cocotier.
KAIROLI. — Voy. CAIROL.
KAISERWURZEL. En Allemagne, l'Impératoire officinale.
KAJRA-CHE-LAKOR. Synonyme de *Goagurru*.
KAJU-GARU. Bois odorant de l'Archipel indien, de qualité inférieure. C'est celui du *Gonistylus Miquelanius*, plante alliée aux *Aquilaria*. A Singapour, on vend sous ce nom (?) le vrai Bois d'Aloès. (HANB., in *Pharm. Journ.* [1862], 317.) [H. BN.]
KAJU-KULIE. A Banda, la variété *aspera* du *Parasponia parviflora* MIQ.
KAKA, KAUKA. Noms arabes des *Caucanthus* FORSK.
KAKAHO. A la Nouvelle-Zélande, l'*Arundo conspicua* FORST.
KAKAPU. En Tamoul, le *Torenia asiatica* L.
KAKA-PULLA. Le *Tylophora asthmatica* W. et ARN.
KAKERLAKKA-BERRY. A Sainte-Croix, le *Solanum polygamum*.
KAKI. Le *Diospyros Kaki* L.
KAKIBI. Au Japon (THUNB.), le *Panicum Crus-corvi* L.
KAKICH. En Hongrie, le *Sonchus oleraceus* L.
KAKIDOSEI. Nom japonais du Lierre terrestre.
KAKINO-HA-GUSA. Nom japonais du *Polygala Senega* L.
KAKI-RAN. Nom japonais de l'*Epipactis Thunbergii* A. GRAY.
KAKKOSO. Nom japonais du *Primula kisoana* MIQ.
KAKOME-GIKU. Nom japonais du *Pyretrum sceticuspe* MAXIM.
KAKOSMANTHUS (HASSK.). — Voy. CACOSMANTHUS (I, 540).
KAKUL. Synonyme de *Talch*.
KAKURE-MINO. Nom japonais du *Viola pinnata* L.
KAKUSJU. Au Japon, les *Catalpa*.
KALA. Nom arabe des Euphorbes.
KALADANA. Nom indien de la graine du *Pharbitis Nil* CHOIS., et aussi de la résine purgative qu'on en extrait.
KALA-JIRA des Indiens. Plante à graines condimentaires, qui est le *Nigella indica* ROXB., variété (?) du *N. sativa* L.
KALAKOIA. Nom hawaïen du *Cæsalpinia Bonducella* FLEM.
KALAKUSTURI. En hindou, l'*Hibiscus Abelmoschus* L.
KALAMAKKIAN. Dans l'Inde, l'un des noms du *Croton Tiglium* L.
KALANCHOE (ADANS., *Fam. des pl.*, II, 248). Genre de Crassulacées, très voisin des *Cotyledon*, à fleurs 4-mères; les sépales libres ou à peu près; la corolle tubuleuse, hypocratérimorphe, souvent renflée à sa base. Ce sont des herbes ou sous-arbrisseaux de l'Asie, de l'Afrique tropicale et australe et du Brésil. On en compte une vingtaine, à feuilles opposées, à fleurs disposées en grappes de cymes. Le *K. laciniata* DC. sert à traiter les ulcères sanieux. Le *K. brasiliensis* CAMBESS. a à peu près les mêmes usages. (H. BN, *Hist. des pl.*, III, 311, 323.)
KALANDURU. A Ceylan, l'*Andropogon Schœnanthus* L.
KALASARAS. Nom, au Zambèse, du *Pycnostachys urticifolia*.
KALA-TIL. Le Sésame, variété à graine rougeâtre.
KALA-UEGH. Au Bengale, l'*Andrographis paniculata* NEES.
KALAWAEL (ADANS., *Fam. pl.*, II, 344). Syn. de *Connarus* L.
KALAWEL. A Ceylan, un Ptérocarpe à suc rouge et astringent.
KALAYARA (RŒM., *Fam. nat. Syn.*, II, 16, 94). Section du genre *Trichosanthes* L. (*T. tricuspidata* LOUR.).
KALBENASE. En Allemagne, le Muflier des jardins.
KALBFUSSIA (SCH. BIP., in *Flora* [1833], 723). Section du genre *Leontodon* L.
KALCHBERG (Alb. chevalier de). Auteur, à Vienne [1828], de *Ueber die Natur, Entwickelungs- und Eintheilungsweise der Pflanzenauswüchse* (in-8 de 39 p.).
KALENCHOE (HAW.). Pour *Kalanchoe* ADANS.
KALENGI (RHEED., *H. malab.*, X, t. 60). Synonyme de Chanvre.
KALENICZENKIA (TURCZ., in *Bull. Mosc.* [1853], I, 252). Synonyme de *Brachysema* R. BR. et section de ce genre. (H. BN, in *Adansonia*, IX, 297, t. 7.)
KALERA-SINGHI. Nom indien de certaines galles astringentes, qu'on dit analogues à celles du Pistachier atlantique.
KALERIA (ADANS., *Fam. des pl.*, II, 506). Synonyme (part.) de *Silene* L.
KALESJAM. Arbre du Malabar (RHEEDE), à écorce astringente, usitée contre les angines, les aphtes et même les convulsions, etc.
KALI (MATTH.). Le *Salicornia herbacea* L.
KALI (S.-F. GRAY, *Arr. brit. pl.*, II, 286). Section du genre *Chenopodium*, comprenant le *C. maritimum* L., etc.
KALI (T., *Inst.*, 247, t. 128). Section du genre *Salsola* L.
KALICHIKAI, KAYARTIKAI. Noms du *Cæsalpinia Bonducella*.
KALIDIUM (MOQ., in *DC. Prodr.*, XIII, p. II, 146). Genre de Chénopodiacées-Salicorniées, analogue aux Salicornes et distingué par des fleurs à périanthe naviculaire, 4-denté, plongées dans les cavités d'un axe d'inflorescence non articulé, connées avec lui. L'embryon a une radicule infère. Ce sont 4 arbustes à feuilles alternes, décurrentes, de l'Asie centrale et de la Russie méridionale. (H. BN, *Hist. des pl.*, IX, 142, 186.)
KALIFORMIA (STACKH., in *Mém. Soc. Mosc.* [1809], II, 56, 78). Synonyme (part.) de *Lomentaria* LYNGB.
KALI GENICULATUM. Nom ancien des Salicornes.
KALIMERIS (CASS., in *Dict.*, XXIV, 324). Synonyme de *Aster*.
KALIPHORA (HOOK. F., *Gen.*, 951, n. 10; in *Hook. Icon.*, t. 1023). Genre de Cornacées, à fleurs unisexuées, analogues à celles des *Cornus*; l'ovaire à 2 loges 2-ovulées; les pétales au nombre de 4, valvaires ou légèrement imbriqués, et l'androcée isostémoné, contrairement à ce qu'a dit Decaisne, qui a probablement parlé de ce genre sans le connaître. Le *K. madagasca-*

riensis est un arbuste à feuilles alternes. (H. Bn, *Hist. des pl.*, VII, 69, 80.)

KALKAHO. A Socotora, le *Lochia bracteata* Balf. f.

KALL (Nic.-Chr.). A écrit à Copenhague, où il était professeur, en 1782-83, *De duplici plantarum sexu Arabibus cognito Programma* I et II.

KALLI. Vernis préparé avec le suc de l'*Euphorbia Tirucalli*.

KALLIAS (Cass., in *Dict.*, XXIV, 326). Synonyme de *Heliopsis*.

KALLIDIE. Nom donné par quelques auteurs aux cystocarpes de quelques Cigartinées : *Callophyllis*, *Gymnogongrus*, etc.

KALLIMÉNIÉES. Orthographe adoptée par M. Stenfort dans son travail sur les *Algues marines* (p. 81 et seq.). [Ch. M.]

KALLSTROEMIA (Scop., *Introd.*, 212, n. 937). Synonyme de *Tribulus* L.

KALLYMENA (Wittst., *Et. Hdw.*). Pour *Kallymenia* J. Agh.

KALLYMENIA (J.-G. Agh, *Alg. Medit.*, 98). Algues-Floridées, appartenant à la famille des Kallyméniées, de la tribu des Gigartinées. Les espèces qui constituent ce genre sont caractérisées par une fronde plane, charnue, sans nervure, quelquefois perforée, irrégulièrement découpée, et partagée en lobes déterminés au pourtour. Cette fronde est constituée par trois couches distinctes. A l'intérieur se trouvent des filets articulés, rameux, souvent très resserrés, s'anastomosant vers la périphérie avec des cellules arrondies-anguleuses. Les cellules corticales sont arrondies et presque en série. Les cystocarpes, ou kallidies, qui se forment sur le milieu de la fronde, sont hémisphériques, d'abord immergés; puis en se gonflant ils deviennent proéminents. Clos à l'origine, ils deviennent libres par la rupture de la partie ambiante du tissu; ils sont composés de plusieurs nucléoles qui protègent des gemmidies disposées sans ordre dans un périsperme gélatineux et hyalin. Les sphærospores sont formées par les cellules superficielles; elles sont rondes et se divisent en croix. Le genre *Kallymenia*, qui est constitué par une vingtaine d'espèces, est d'ailleurs pour Kützing un simple synonyme de *Euhymenia*. [Ch. M.]

KALLYMÉNIÉES (Harv.). L'une des tribus des Algues-Floridées, appartenant à la grande famille des Gigartinées. Les Kallyméniées sont caractérisées par une fronde à cellules rondes. Les nucleus sont enveloppés, et les sphærospores sont éparses dans les cellules corticales. Deux genres constituent pour quelques auteurs cette famille : *Kallymenia* et *Callophyllis*. [Ch. M.]

KALM. Né à Nerpis, mort à Abo [1715-1779], professeur d'économie politique, est surtout célèbre par son voyage dans l'Amérique du Nord, dont il publia la relation de 1753 à 1761. En 1754, il donna trois opuscules : *Adumbratio Floræ; Erica vulgaris* et *Pteris aquilina; Possibilitas varia vegetabilia exotica fabricis nostris utilia in Finlandia colere*. En 1755, il écrivit une brochure sur le Café et, après avoir publié diverses notices, il s'adonna à l'étude des plantes de son pays, comme le montrent son *Floræ fennicæ pars prior* [1763], in-4 de 10 p., et ses *Genera compendiosa plantarum fennicarum* [1771].

KALMIA (L., *Gen.*, n. 545). Genre d'Éricacées, qui a été attribué aux Rhodorées et qui a aussi donné son nom à une série des Kalmiées. Les fleurs y sont régulières, à réceptacle convexe, avec 5 sépales quinconciaux; une corolle largement hypocratérimorphe ou campanulée, à 5 lobes imbriqués. Les 10 étamines superposées : 5 aux sépales et 5 aux divisions de la corolle, sont hypogynes et pourvues d'une anthère introrse, à 2 loges qui s'ouvrent en haut de chaque loge par des fentes courtes. Les filets staminaux n'ont le plus souvent aucune adhérence avec la corolle. Le gynécée, entouré d'un disque hypogyne, 10-crénelé, est formé d'un ovaire libre, à 5 loges oppositipétales, surmonté d'un style dont le sommet stigmatifère présente 5 petits lobes septaux et encadrés. Il y a, dans l'angle interne des loges ovariennes, un placenta plus ou moins pelté et multiovulé. Le fruit est une capsule septicide, et les graines sont albuminées, avec un placenta axile. Les *Kalmia* sont des arbustes à feuilles alternes, opposées ou verticillées; à fleurs axillaires ou plus souvent en grappes ou en corymbes terminaux; chaque pédicelle étant 2-bractéolé. Ils habitent, au nombre de 4, 5, l'Amérique du Nord et Cuba. On les cultive comme plantes d'ornement, surtout en terre de bruyère et à l'ombre. Les *K. latifolia* L.,

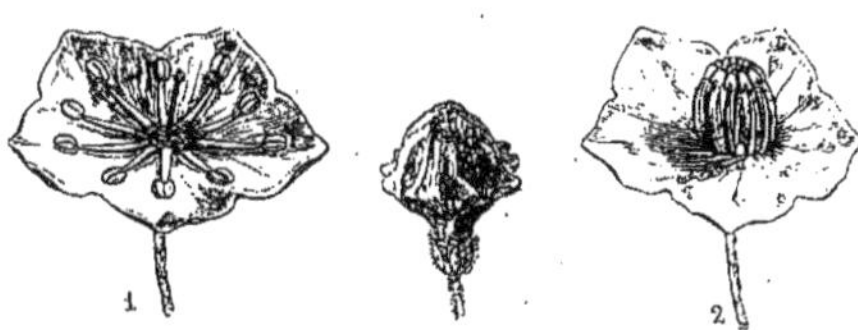

Kalmia. — Bouton. Fleur, les étamines étalées (1), puis rapprochées (2).

angustifolia L. et *glauca* Ait. sont surtout recherchés pour l'élégance de leurs corolles, blanches ou roses. Les physiologistes ont beaucoup insisté sur les mouvements brusques de leurs étamines, qui, d'abord accrochées par leurs anthères à 10 fossettes que porte la corolle, se détachent brusquement en

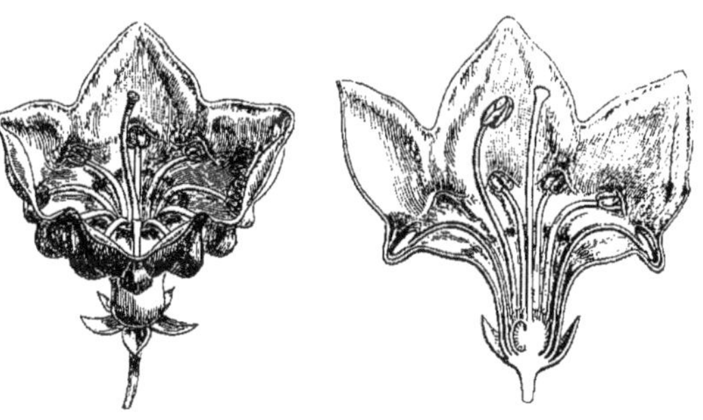
Kalmia latifolia. — Fleur, entière et coupe longitudinale.

lançant leur pollen, pour se rassembler autour du gynécée. Ce sont des plantes suspectes, et l'on a cité plusieurs cas non douteux d'empoisonnement produit par les *Kalmia* chez l'homme ou chez les animaux. [H. Bn.]

KALMUSIA (Niewl., *Beitr.*, 54). Genre de Sphériacés, à stroma lignicole, contenant des périthèces munis d'ostioles plus ou moins proéminents. A l'intérieur, les thèques, entremêlées de paraphyses filiformes, contiennent des spores multiloculaires, oblongues-ovales ou fusiformes, d'un brun foncé. On en distingue 8 espèces, vivant sur le bois de Chêne, de Châtaignier, de Sureau, de Peuplier, décrites comme distinctes et qui se trouvent en Europe et dans l'Amérique septentrionale. [De S.]

KALOEDRON (Miq., *Fl. ind. bat.*, I, 609). Section du genre *Combretum* L. (*C. trifoliatum* Vent.).

KALOMIKTA (Reg., in *Bull. Acad. Pétersb.*, XV, 219). Synonyme de *Actinidia* Lindl.

KALOPANAX (Miq., in *Ann. Mus. lugd.-bat.*, I, 16). Synonyme de *Plectronia* Lour. (nec L.).

KALOPHYLLODENDRON (Vaill., in *Act. Ac. Par.* [1722], 207). Synonyme de *Calophyllum* L.

KALOPRASUM (C. Koch, in *Linnæa* [1849], XXII, 234). Section du genre *Allium* T. (*A. caspium*).

KALOSANTHES (DC.). Pour *Calosanthes* Bl.

KALOSANTHES (Haw., *Rev. pl. succ.*, 6). Synonyme de *Franciscaria* DC. (*Rochea* DC.).

KALPANDRIA (Walp.). Pour *Calpandria* Bl.

KALUMB. Nom africain du Colombo.

KALUMBA. Synonyme de *Colombo*.

KALUND. Nom, dans l'Inde, du *Pastinaca glauca* Dalz.

KALUP-NATH (Roi des amers). Nom bengalais de l'*Andrographis paniculata* NEES.

KALYMENIA (J.-G. AGH, *Spec., gen. et ord. Alg.*, III, 716). Synonyme de *Kallymenia* J.-G. AGH.

KALYMOPETALON (POHL). Genre incertain.

KAMA. A Bagdad, sorte de truffe blanchâtre, alimentaire.

KAMA-I-ANGUZA. Nom persan du *Ferula Asa-fœtida* L.

KAMAL. A Java, les fruits du Tamarinier.

KAMALA. Nom, dans l'Inde, de l'*Echinus philippinensis* H. BN (*Rottlera tinctoria* ROXB.) et de la poussière tinctoriale et anthelminthique que porte son fruit. (Voy. H. BN, *Tr. bot. méd. phanér.*, 934, fig. 2666.)

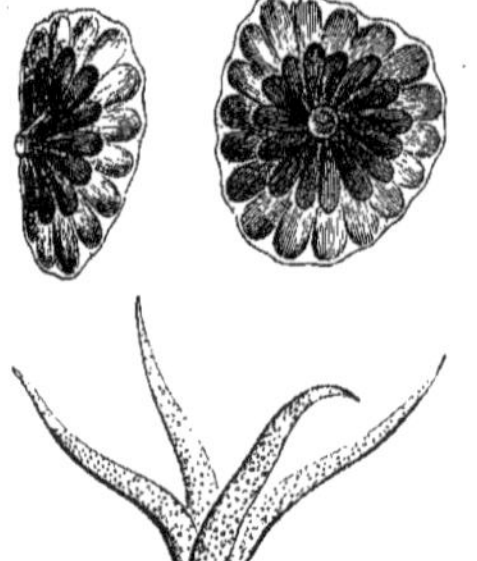
Kamala. — Glandes et poil étoilé.

KAM-ALOO. Dans l'Inde, le *Dioscorea globosa* ROXB.

KAMANDRÉ. A Macassar, le *Croton Tiglium* L.

KAMARA-YOMOGI. Au Japon, l'*Artemisia capillaris* THUNB.

KAMARON. — Voy. CAMARON.

KAMASSIHOUT. — Voy. GONIOMA.

KAMBANG. Nom malais du *Pandanus odoratissimus* L. F., dont les fleurs servent souvent à parfumer les appartements.

KAMBÉ. L'un des noms de l'*Inée* (*Strophanthus Kambe* OLIV.).

KAMBU. Nom tamoul du *Penicillaria spicata* CLEPH.

KAMEACTIS. Nom arabe de l'Hièble.

KAMEELA. Synonyme de *Kamala*.

KAMEL (G.-Jos.). Plus connu sous le nom de *Camellus* ou *Camelli*, missionnaire jésuite aux Philippines, mort à Manille en 1708, a publié : *Herbarum aliarumque stirpium in insula Luzone*, etc., avec 260 pl. Plusieurs de ses plantes et de ses mémoires inédits existent au *British Museum* de Londres.

KAMERUP (THUNB.). Racine (?) alimentaire des Hottentots.

KAMETTIA (KOST.). Genre douteux, attribué aux Échitées.

KAMI-EN-PUNT. Nom égyptien ancien de la Gomme arabique.

KAMI-NOKI. Nom japonais du Mûrier à papier.

KAMMALCELP. Chez les Indiens Cawschaus, l'*Acer macrophyllum*.

KAMMOUN. En Arabie, le Cumin. *Kammoun-asouad* est le nom de la Nigelle cultivée.

KAMO-AOI. Nom japonais de l'*Asarum caulescens* MAX.

KAMO-URI. Nom japonais du *Lagenaria dasystemon* MIQ.

KAMOME-RAN. Le *Goodyera Schlechtendahliana* REICHB.

KAMOTE. Le *Furcroya Cabouse*, plante à fibres textiles.

KAMPMANIA (RAFIN., in *Desvx Journ. bot.*, II, 170). Synonyme de *Ochroxylum* SCHREB.

KAMPMANNIA (STEUD., *Syn. pl. glum.*, I, 34). Genre de Graminées, dont la place est incertaine (B. H., *Gen.*, III, 1096).

KAMPTZIA (NEES, in *Nov. Act. nat. Cur.*, XVIII, Suppl. Præf., 8, t. 1). Synonyme de *Syncarpia* TEN.

KANAB. Nom celte (REYFIER) du Chanvre.

KANA-BICHU. Au Pundjab, les *Morchella semilibera* et *deliciosa* FRIES.

KANABIKIO. Nom japonais du *Corchorus capsularis* L.

KANA GORAKA, KANA GOKATU. Le *Garcinia Morella* DESRX.

KANAHIA (R. BR., in *Mem. Wern. Soc.*, 30). Genre d'Asclépiadacées-Cynanchées, voisin des *Holostemma*, distingué par une corolle rotacée-campanulée; une couronne insérée vers le sommet d'un tube lâchement annulaire, à 5 lobes dressés, larges et assez épais, ligulés au sommet, carénés en bas et en dedans, avec des sinus larges. Ce sont 2, 3 arbustes dressés, de l'Afrique chaude, à feuilles opposées; à fleurs disposées en cymes racémiformes. (B. H., *Gen.*, II, 760, n. 70.) [H. BN.]

KANAHL. En Arabie, l'*Asclepias lamiflora* FORSK.

KANA-MUGURA. Nom japonais de l'*Humulus japonica* S. et ZUCC.

KAN-AOI. Nom japonais de l'*Asprum Blumei* DUCH.

KANARA-PULA, KAVALAM-PULA. Au Malabar, les *Sterculia*, notamment le *S. Balanghas* L.

KANARI. Arbre indien (AINSLIE), à huile alimentaire et médicale, extraite des graines.

KANARIKI-SO. Nom japonais du *Thesium decurrens* BL.

KANASCH. En Perse, les Plantains.

KANAWA. A Amboine, le Sébestier et d'autres *Cordia*.

KANDA. Le *Macaranga tomentosa* WIGHT.

KANDAL. Nom afghan de la Gomme ammoniaque.

KANDAL-KÉMA. Nom afghan du *Peucedanum Ammoniacum*.

KANDANGATTERIKAI. En Tamoul, le *Solanum Jacquini* W.

KANDEL. Au Malabar, les *Rhizophora*.

KANDELIA (W. et ARN., *Prodr.*, I, 310). Genre de Rhizophoracées, très voisin des *Rhizophora*, distingué par des fleurs 5, 6-mères, des pétales laciniées, des étamines en nombre indéfini et un ovaire subuniloculaire, 6-ovulé. Le *K. Rheedii* W. et ARN. (*Rhizophora Kandel* L.) est un petit arbre de l'Inde orientale, à feuilles opposées, à stipules interpétiolaires, caduques; à cymes axillaires, pauciflores. (H. BN, *Hist. des pl.*, VI, 288, 300.)

KANDEN, KANDEN-KARA. Arbre du Malabar, que Lamarck (*Dict.*, III, 346) compare à la fois aux *Canthium* et à l'*Azima*.

KANDIS (ADANS., *Fam. des pl.*, II, 422). Synonyme de *Dileptium* DC. (*Lepidium perfoliatum* L.).

KANDOLU. Dans l'Inde, l'*Avicennia tomentosa* L.

KANDURU. A Java, le *Caryota propinqua* BL.

KANEDIS. Synonyme de *Kanab*.

KANI-KAMORO. Nom japonais du *Senecio bulbiferum* MAX., variété *reniformis*.

KANILIA (BL., *Mus. lugd.-bat.*, I, 140). Synonyme de *Bruguiera* LAMK.

KANIMIA (GARDN., in *Hook. Lond. Journ.*, VI, 446). Synonyme de *Eupatorium* T. et section de ce genre. (H. BN, *Hist. des pl.*, VIII, 129.)

KANIOR. A Java, les *Curcuma*.

KANIRAM (DUP.-TH., in *Desvx Journ. bot.*, I, 247). Synonyme de *Strychnos* L. (H. BN, *Hist. des pl.*, IX, 292).

KANJANG-HEEDJAH. Au Japon, le *Phaseolus radiatus* L.

KANJURUKA. Nom sanscrit (ROXB.) d'une Canne à sucre rouge.

KANKERBLIREN. Au Cap, le *Ranunculus pubescens* L.

KAN-LACHU. L'*Excœcaria* (*Stillingia*) *sebifera*.

KANKI. Nom vulgaire, dans l'Inde, des *Mimusops*.

KANNA. Nom égyptien (V. LORET) de l'*Acorus Calamus* L.

KANNAWA-KORAKA. Le *Xanthochymus cambogioides*.

KANNENKRANT. En Allemagne, l'*Equisetum arvense* L.

KANO. Nom mandingue du *Pterocarpus erinaceus* POIR.

KANOKO-SO. Nom japonais de la Valériane.

KANOKO-YURI. Variété du *Lilium speciosum* THUNB.

KANOTSUMESO. Au Japon, le *Carum* (*Pimpinella*) *calycinum*.

KANSI. Synonyme de *Sjo*.

KANSJIRA. Nom indien du *Strychnos Nux vomica* L.

KANSO. Synonyme de *Kansi* (*Sjo*).

KANTA-ALOO. Dans l'Inde, le *Dioscorea pentaphylla* W.

KANTIA, KANTIUS (S.-F. GRAY, *Arr. brit. pl.*, I, 679, 706). Synonyme de *Calypoeia* RADDI.

KANTO. Nom africain d'un *Zanthoxylum*? indéterminé.

KANTORISO. Nom javanais du Lierre terrestre.

KANTUFFA (BRUCE, *Voy.*). Synonyme de *Pterolobium* R. BR.

KANUB. Un des noms arabes du Chanvre.

KANVISTO. Arbre des Moluques (PERROTT.), à fruit comestible.

KAOLI-AWAHIA. Nom hawaïen de l'*Ipomœa insularis* CHOIS.

KAORI, KAURI. A la Nouvelle-Zélande, le *Dammara australis* A. CUNN. et le *Dammara lanceolata* LINDL.

KAPA-MAVA. Nom, à Amboine (RUMPH.), de l'Anacardier.

KAPA-TSJAKKA. Nom donné par Rheede à l'Ananas.

KAPINIE. Le *Sloetia Sideroxylon* TEYSM. et BINN., l'un des bois de fer de Java.

KAPOK. Nom malgache (BOJER) du *Nepenthes madagascariensis* POIR.

KAPOK-BOSCH. Nom, au Cap, des *Eriocephalus* L.
KAPOL. A Java, les Cardamomes.
KAPOST. Nom lettonien du Chou.
KAPOSTA. Nom hongrois (MORITZ.) du Chou.
KAPOURBARROS. Nom, d'après Correa de Serra, du *Shorea robusta* ROXB.
KAPP (Chr.-Ehrh.). Auteur [1763] de : *Motum humorum in plantis cum motu humorum in animalibus comparat.* (in-4).
KAPPA-KELENGU. Au Malabar, le *Batatas edulis* CHOIS.
KAPPES KRAUT. Nom allemand ancien (BAUH.) du Chou.
KAPPUST. Nom esthonien du Chou.
KAPSTA. Nom tartare du Chou.
KAPUR-BARUS. Nom, à Bornéo, du camphre du *Dryobalanops*.
KARA-ANGOLAM (ADANS., *Fam. pl.*, II, 84). Nom emprunté à Rheede (*Hort. malab.*, IV, t. 25). Synonyme de *Alangium* L.
KARAB. L'*Acacia nilotica* L.
KARABÉ. Le Succin, les Copals, les *Liquidambar*.
KARABÉ-FAUX. Résine du *Rhus copallinum* L.
KARABUBISHAKU. Nom japonais du *Pinellia tuberifera* TEN.
KARADAIO. Nom japonais du *Rheum undulatum* L.
KARAEBU. A Ceylan, le *Coix Lacryma* L.
KARAGE. Nom, dans l'Afrique australe, de l'*Acacia Giraffæ*.
KARAHANASO. Nom japonais de l'*Humulus cordifolius* MIQ.
KARAKA. A la Nouvelle-Zélande, le *Corynocarpus lævigatus* FORST.
KARAKALLI. A la Guyane, le *Lecythis Ollaria* L.
KARAM. Nom, à Bombay, de la Myrrhe véritable.
KARAMATS BANNA. Nom, au Japon, du *Citrus trifoliata* L.
KARAMATSUSO, KARAMATSU. Nom japonais des Pigamons.
KARAMIGUSA. Nom japonais du *Vitis pentaphylla* THUNB.
KARAMI-KADSURA (THUNB.). Synonyme de *Saisin*.
KARAMYSCHEWIA (FISCH. et MEY., in *Bull. Mosc.* [1838], 266). Synonyme de *Oldenlandia* PLUM.
KARAMYSCHOVIA (STEUD.). Pour *Karamyschewia* F. et M.
KARA-NADESHIKO. Nom japonais du *Dianthus chinensis* L.
KARAON. Nom somali d'une sorte d'encens.
KARAS. Nom, à Bornéo, de l'*Hibiscus esculentus* L.
KARA-SENDAN. Nom japonais de l'*Idesia polycarpa* MAXIM.
KARASHI-NA. Nom japonais du *Brassica* (*Sinapis*) *cernua*.
KARASS. Nom négritien du *Corchorus olitorius* L.
KARASU-MAME. Nom japonais du *Dumasia truncata* S. et ZUCC.
KARASU-NO-YENDO. Nom japonais du *Vicia sativa* L. (?)
KARASU-URI. Au Japon, le *Trichosanthes cucumeroides* SER.
KARATA. Nom de l'*Agave americana* L., var. *vivipara*.
KARATAS (ADANS., *Fam. des pl.*, II, 67). Genre de Broméliacées-Broméliées, voisin des Ananas, distingué par des fleurs à sépales oblongs ou étroits, groupées en une sorte de capitule terminal et dense, sessile entre les feuilles supérieures qui forment involucre. Ces feuilles sont très souvent colorées en rouge, surtout chez ceux que l'on cultive sous le nom de *Nidularium*. Les fruits sont oblongs, charnus. A ce genre se rapporte le *Bromelia Pinguin*, cultivé en Europe, qui est le *K. Plumieri* ED. MORR. Les *Karatas* peuvent avoir des fibres textiles, des phytocystes à suc savonneux et purgatif. On nomme *Tol* la moelle des tiges, usitée comme amadou. (Voy. H. BN, in *Dict. enc. sc. médic.*, art. KARATAS. — B. H., *Gen.*, III, 660.)
KARATAS BANNA (KÆMPF., *Amœn.*, 801). Le *Kara-tatsi*.
KARA-TATSI. Nom japonais du *Citrus trifoliata* L.
KARAUGOU. Dans l'Afrique centrale, une Euphorbe qui, dit-on, sert à empoisonner les flèches.
KARAWYA. Nom arabe des fruits du *Carum Carvi* L.
KARDANOGLYPHOS (SCHLCHTL, in *Linnæa*, XXVIII, 472). Synonyme de *Cardamine* T.
KARE-KANDEL (ADANS., *Fam. des pl.*, II, 88). Nom générique emprunté à Rheede (*Hort. malab.*, V, t. 13); synonyme de *Carallia* ROXB. (*Diatoma* LOUR. — *Barraldeia* DUP.-TH.).
KARELINIA (LESS., in *DC. Prodr.*, V, 375). Syn. de *Pluchea*.
KARENGIA. Nom négritien du *Pennisetum distichum* BARTH., alimentaire pour le bétail, mais garni d'épines dangereuses.
KARET-MUNDIENG. Le *Cacosmanthus macrophyllus* HASSK.
KARIGANESO. Nom japonais du *Clerodendron divaricatum*.
KARIL. — Voy. ZALICO.
KARIN. Nom, au Japon, du Cognassier.
KARIN-NJOTI. Dans l'Inde, le *Samandura indica* H. BN.
KARI-SHUTUR. Nom boukhare de l'*Alhagi Maurorum* T.
KARIVIA (ARN., in *Hook. Journ. Bot.*, III, 275). Synonyme de *Melothria* L. (H. BN, *Hist. des pl.*, VIII, 410, not. 1.)
KARI-VITANDI. Nom indien du *Smilax indica*.
KARIVI-VALLI (RHEED., *Hort. malab.*, VIII, 51, t. 26). Synonyme de *Melothria heterophylla* COGN.
KARKAR-PUKWA. Nom indien, à la baie d'Hudson, du *Ledum latifolium* L.
KARKOM. Nom hébreu (ROYLE) du Safran.
KARMAN. Racine d'Amyridée (?) indéterminée, employée par les Indiens en guise de goudron.
KARNABOOM. A Surinam, l'*Avicennia nitida* JACQ.
KARO. Nom, à la Nouvelle-Zélande, des *Pittosporum*. *Karokirii* est le nom du *P. crassifolium* BANKS.
KAROOB (d'où *Carat*). Graines de Légumineuses, servant de poids aux Maures; on a dit que c'étaient des semences d'*Erythrina*, celles du Caroubier, de l'*Acacia arabica* L., etc.
KAROS. — Voy. AMBA-AMBO.
KAROUBA. Le Caroubier et son fruit.
KARPASI. Nom sanscrit du Cotonnier.
KARPATIA (RAFIN., in *Ann. gén. phys.*, VI, 83). Sous-famille des Caprifoliées (genre *Karpaton* RAFIN.).
KARPATON (RAFIN., *Fl. ludov.*, 78). Genre incertain; synonyme (?) de *Diervilla* T.
KARPONEPOADON. Le *Lepidagathis cristata* L.
KARPOURA-VALLI. Nom tamoul de l'*Anisochilus carnosus*.
KARPURA. Nom sanscrit du Bornéol.
KARRERIA (C.-MUN., in *C. rend. Ac. sc. Par.*, 29 oct. 1877). Genre (non décrit) d'Algues calcaires, Dasycladées.
KARRODOORN. Nom, au Cap, de l'*Acacia horrida* W.
KARRODOORN. Synonyme de *Wittedoorn*.
KARROO. Nom, au Cap, d'une plante fourragère, excellente pour les mérinos, qui est le *Phymaspermum parvifolium* (*Adenachæna parvifolia* DC.).
KARSCHIA. Kœrber a fait sous ce nom un genre de Lichens, avec des espèces de Champignons appartenant aux *Patellaria*.
KARSTENIA (GŒPP., *Syst. Filic. foss.*, 171, 451, t. 33). Genre de Fougères fossiles.
KARSTENULA (SPEG., in *Sacc. Syll. Fung.*, II, 240). Genre de Sphériacés, voisin des *Pleospora*, à périthèces isolés, dont l'ostiole obtus est blanc ou rosé, et qui contiennent des thèques et des paraphyses. Les spores sont pluriloculaires, muriformes, fuligineuses. On en rencontre deux espèces européennes, sur le *Lycium barbarum* et le *Rhamnus Frangula*. [DE S.]
KARTAM. En Arabie, le *Carthamus tinctorius* L.
KARTAN, KARTHAM. Synonyme de *Chartam*.
KARTHEMIA (SCH. BIP.). Pour *Varthemia* DC.
KARTOFFEL. En Allemagne, la Pomme de terre.
KARUA (RHEED., *Hort. malab.*, I, 107, t. 57). Nom du *Cinnamomum zeylanicum*, var. *Cassia* NEES.
KARUMB. Nom arabe des Choux.
KARUP. Racine d'un *Lobelia* (THUNB.), dont se nourrissent, dit-on, les Hottentots.
KARWINSKIA (ZUCC., *Nov. stirp. fasc.*, I, 349, t. 16). Genre de Rhamnacées-Rhamnées, à fleurs de *Rhamnidium*, distingué par des loges ovariennes biovulées. Ce sont 2, 3 arbustes de l'Amérique du Nord occidentale, à feuilles opposées, tachées de points glanduleux-translucides. (H. BN, *Hist. des pl.*, VI, 75.)
KARWINSKY VON KARWIN. Mort à Munich en 1855, célèbre par ses voyages botaniques dans l'Amérique tropicale.
KARYOPHYLLON (Καρυόφυλλον). Nom grec ancien du Girofle.
KASAILO (DENNST., *Schl. z. Hort. malab.*, 30). Synonyme de *Ambelania* AUBL.
KASAMOCHI. Au Japon, le *Nothosmyrnium japonicum* MIQ.
KASCHA. *Poa* alimentaire de la Nigritie.
KASH. — Voy. CAISSES.

KASHI. Nom hindoustani (PIDDINGT.) de l'Endive.

KASHIU-IMO. Nom japonais du *Dioscorea japonica* THUNB., var. *bulbifera*.

KASHIWABA-LAGUMA. Le *Macroclinidium robustum* MAXIM.

KASI. Nom japonais du *Quercus acuta*.

KASIWA. Nom japonais du *Quercus dentata*.

KASKATI. Nom vulgaire du Cachou de Pégu.

KASMIRAJAMMA. Nom sanscrit du Safran.

KASNI. Nom hindoustani (ROYLE) de l'Endive.

KASSA. Le *Memecylon tinctorium* KŒN.

KASSNIH. Nom, en Perse, du *Peucedanum galbaniflıum* H. BN.

KASSUR-BARRAS. A Sumatra, le Bornéol.

KASTILEZ. Nom breton des Groseilles rouges.

KASTNERA (SCH. BIP., in *Flora* [1853], 37). Section du genre *Liabum* ADANS.

KASUMAGUSA. Nom japonais du *Vicia tetrasperma* MŒNCH.

KATABAMI. Nom japonais de l'*Oxalis corniculata* L.

KATABAMI-OREN. Nom japonais du *Coptis trifolia* SALISB.

KATAF. Résine balsamique produite, dit-on, par un *Bursera*.

KATAKO-YURI, KATAKURI. Noms japonais de l'*Erythronium grandiflorum* PURSH.

KATAMANAKOU. Le *Jatropha Curcas* L., en tamoul.

KATAPAL-VALLI (RHEEDE). Le *Periploca mauritiana* POIR.

KATARSIS (MEDIC., *Malv.*, 111). Syn. de *Gypsophila arborea*.

KATA SIRO GOUSA. Au Japon, le *Saururus chinensis* H. BN.

KATCHANDAN. Nom hindou du Santal blanc.

KATCHEBOURIÉ. Nom, au Kashmyr, d'une variété de Vigne.

KATCHUNG-OIL. Nom, en Angleterre, de l'huile d'Arachide.

KATDOON. Au Cap, le *Scutia capensis* AD. BR.

KATE-AVRY. Nom tamoul de l'*Indigofera trita* L.

KATENSO. Nom japonais du *Nanocnide japonica* BL.

KATON-JAKA (RHEED., *Hort. malab.*, III, t. 33). Synonyme de *Sarcocephalus Cadamba*.

KATOU-CONA. Arbre du Malabar, prescrit contre la lèpre.

KATOU-INDEL (RHEED.). Le *Phœnix sylvestris* ROXB.

KATOU-KARUA (RHEED., *H. malab.*, V, t. 53). Nom d'un *Cinnamomum*, que Guibourt croit être le *Malabathrum*.

KATOUTHEKA (ADANS., *Fam. des pl.*, II, 159). Synonyme (?) de *Ardisia* L.

KATOU-TSJEROE (ADANS., *Fam. des pl.*, II, 84). Nom emprunté à Rheede (*Hort. malab.*, IV, t. 9); syn. de *Holigarna* ROXB.

KATRAN. Nom cosaque du Crambé de Tartarie.

KATSIRA. Nom arabe de l'*Astragalus Tragacantha* L.

KATTA-KAMBU. Cachou impur de l'*Areca Catechu* L.

KATTANE. Nom arabe du Lin.

KATTI-KATTI. Nom malais du *Cæsalpinia Bonduc* ROXB.

KATU. — Voy. CATU.

KATURALA (ADANS., *Fam. d. pl.*, II, 67). Synon. de *Canna* L.

KAUFMANNIA (REG., *Descr. pl. nov.*, III, 13). Genre de Primulacées, placé près des *Primula*, à fleurs 5-mères, distinguées par une corolle assez grande, à tube allongé; un androcée monadelphe; un long style exsert et une capsule 5-valve. C'est une herbe de Turkestan, à feuilles basilaires, réniformes, disposées en rosette, à fleurs jaunes, réunies en ombelles. [H. BN.]

KAUILA. Nom hawaïen de l'*Alphitonia excelsa* REISS.

KAULFUS (G.-Fred.). Mort en 1830 à Halle, où il était professeur de botanique, a écrit une Enumération des Fougères recueillies par Chamisso [1824]; *Erfahrungen uber d. Keimen d. Charen*, etc. [1825], et *Das Wesen der Farrenkräuter* [1827].

KAULFUSSIA (BL., *Enum. pl. jav.*, II, 260). Genre de Fougères, voisin des *Danæa*, caractérisé par des capsules sessiles, au nombre de 10-15, concrètes, disposées en masses circulaires, qui sont creuses dans le centre, avec de longues ouvertures sur la face interne des sporanges. Le *K. æsculifolia* BL. est une belle Fougère de la Malaisie et de l'Assam, à frondes digitées, ternées ou quinées. (HOOK. et BAK., *Syn. Fil.*, 444.)

KAULFUSSIA (DENNST., ex STEUD., *Nom.*, I, 844; II, 790). Synonyme de *Xanthophyllum* ROXB.

KAULFUSSIA (NEES, *Hor. phys. berol.*, 53, t. 11). Synonyme de *Charieis* CASS.

KAULFUSSIEÆ (PRESL, in *Corda Fl. Vorw.*, 92; *Suppl. Pterid.*, 277). Sous-ordre des Fougères-Marattiées.

KAULOME, CAULOME. Nom donné à certaines tiges.

KAUN. Nom tartare du Melon.

KAUWA. Dans l'Inde, l'un des noms du Café.

KAVA, KAVA-KAVA, KAWA. Noms polynésiens du *Piper methysticum* FORST. (H. BN, *Tr. Bot. méd. phanér.*, 781.)

KAVAURY. Nom, au Cachemire, d'une variété de Vigne.

KAWAHONE. Nom japonais du *Nuphar japonicum* DC.

KAWAI. Aux Fidji, le *Dioscorea aculeata* L.

KAWA-JISA. Nom japonais du *Veronica Anagallis* L.

KAWA-MIDORI. Nom japonais du *Lophanthus rugosus* FISCH.

KAWAR. Nom boukhare du *Peucedanum Asa fœtida* H. BN.

KAWARA-HAKAKO. Nom japonais du *Gnaphalium margaritaceum* L., var. *angustifolium* FRANCH. et SAV.

KAWARA-KETSUMEI. Nom japonais du *Cassia mimosoides* L.

KAWARA-MATSURA. Nom japonais du *Rubia* (*Galium*) *vera*.

KAWARA-NINJIN. Nom japonais de l'*Artemisia apiacea* HCE.

KAWARASAIKO. Nom japonais du *Potentilla chinensis* SER.

KAWA-TADE. Nom japonais de plusieurs *Polygonum*.

KAWATUMBA. Synonyme de *Kawatuwa*.

KAWATUWA. Au Japon, l'*Andrographis echioides* NEES.

KAWAURI. Nom, au Cachemire, d'une variété de Vigne.

KAWAZENGO. Nom japonais du *Cicuta virosa* L.

KAYA-RAN. Nom japonais du *Sarcochilus japonicus* MIQ.

KAYARTHIKAR. En tamoul, le Brésillet-Bonduc.

KAYATAGAREI. Nom tamoul de l'*Eclipta prostrata* L.

KAYEA (WALL., *Pl. as. rar.*, III, 5, t. 210). Genre de Clusiacées-Mammées, distingué par des fleurs construites à peu près comme celles des *Mammea*, hermaphrodites ou polygames, 4-mères, ∞-andres, à ovaire 1-loculaire, avec 4 ovules dressés. Le fruit est subdrupacé, 1-4-sperme. Ce sont 4 arbres de l'Asie tropicale, à feuilles opposées, oblongues, à fleurs solitaires et grandes, ou petites et, dans ce cas, disposées en grappes terminales de cymes. (H. BN, *Hist. des pl.*, VI, 406, 424.)

KAYENSO. Nom japonais du *Manettia cordifolia* MART.

KAYO RANGAS. Nom malais du *Gluta Benghas* L.

KAYON-DJELONTONG. Nom malais d'une Sapotacée indéterminée, dont le suc sert, dit-on, à falsifier les bonnes *gutta*.

KAYU-PUTI. Nom indigène du *Melaleuca minor* SM.

KAZI. Au Japon, une variété du *Broussonetia papyrifera* VENT.

KDAULE. Nom bohême du Coing.

KEAKI, KEIAKI. Synonyme de *Keia-Ki*.

KEBETT. Nom nègre de l'*Hippocratea senegalensis* DC.

KEBIR. Nom persan du Câprier épineux.

KECKIA (GLOCK., in *N. Act. Leop.* [1841], XIX, p. II, 319). Genre de plantes fossiles, rapporté avec doute aux Algues. (UNG., *Syn. pl. foss.*, 16; *Chlor. protog.*, XXVIII).

KE-DAIMONJISO. Nom japonais du *Saxifraga cortusæfolia* S. et ZUCC., form. *pauciflora*.

KEDISSUNE. Nom d'une variété de Radis-Daïkon du Japon.

KEDJURE. Nom bengalais du *Phœnix sylvestris* ROXB.

KEDONDON. Arbre de Java, indéterminé (PERROTT.), à fruit aigre, mais cependant comestible.

KEDROSTIS (MEDIK., *Phil. bot.*, II, 69). Genre de Cucurbitacées; synonyme de *Corallocarpus* WELW. (II, 206), et qui n'est pour nous qu'une section de ce genre, à fruit déhiscent, les vrais *Kedrostis* (dont le nom a pour lui l'antériorité) ayant un fruit indéhiscent. (Voy. *Hist. des pl.*, VIII, 452, n. 57.) [H. BN.]

KEEANANIA (HOOK. F., *Fl. brit.-Ind.*, III, 101). Genre de Rubiacées, placé par l'auteur près des *Lecananthus*, établi pour un arbuste subherbacé, à fleurs en capitules terminaux, solitaires, pourvus de bractées, 5-6-mères, avec une corolle valvaire, 5 étamines et 2 loges ovariennes ∞-ovulées. La place de ce genre est incertaine, et son fruit est inconnu. [H. BN.]

KEE-KOCK. Nom japonais du *Citrus fusca* LOUR., employé en Cochinchine comme désobstruant et stomachique.

KEERLIA (DC., *Prodr.*, V, 309, part.). Synonyme de *Aphanostephus* DC. (H. BN, *Hist. des pl.*, VIII, 146.)

KEERLIA (A. GRAY, *Pl. Lindheim.*, II, 221; *Pl. Wright.*, I,

92). Genre de Composées-Eupatoriées, distingué par des fleurs dimorphes ; une aigrette nulle ou peu développée; un involucre étroit, à bractées imbriquées, paucisériées. Les 2 espèces connues sont mexicaines, herbacées et annuelles, à feuilles alternes, à capitules terminaux ou axillaires. (H. BN, *Hist. des pl.*, VIII, 145.)

KEESOV. Synonyme de *Tisso*.

KEFERSTEINIA (REICHB. F., in *Bot. Zeit.* [1852], 633). Synonyme de *Zygopetalum* HOOK.

KEGEL (A.-H.-H.). Jardinier de l'Université de Halle, où il est mort en 1856, avait fait un voyage d'exploration [1844-46] à Surinam, d'où il a rapporté une belle collection de plantes.

KEGELIA (REICHB. F., in *Bot. Zeit.* [1852], 670; *Xen. orchid.*, I, 45, t. 20). Genre d'Orchidées, voisin, dit l'auteur, des *Lacæna* et distingué par un labelle plan et immobile, un rostellum 3-denté et des pollinies planes, simples, sans sillon. L'espèce connue est de Surinam. [H. BN.]

KEGELIA (SCH. BIP., in *Linnæa*, XXI, 245). Synonyme de *Eleutheranthera* POIT.

KEGLER. Nom arabe de la Noix vomique.

KEIA-KI. L'*Abelicea* (*Zelkova*) *acuminata* H. BN.

KEIMELDE. Nom allemand des *Halimus* WALLR.

KEIMODRACON (BENTH., *Labiat.*, 492). Section du genre *Dracocephalum* L. Endlicher écrit *Keimadracon*.

KEIRI (C. BAUH. — RUPP., *Fl. jen.*, 69). Synonyme de *Cheiranthus* L.

KEIRIA (BOWD., *Madeir.*, 396). Genre incertain.

KEISKEA (MIQ., in *Ann. Mus. lugd.-bat.*, II, 105). Genre de Labiées-Saturéiées, voisin des *Elsholtzia* et s'en distinguant par son calice campanulé, profondément 5-fide, à lobes subégaux. C'est une herbe (suffrutescente?) du Japon, à feuilles dentées et à verticillastres 2-flores, disposés en grappes axillaires courtes. [H. BN.]

KEISSOUM. — Voy. CATHSUM.

KEITH (Patrik). Savant écossais [1769-1830], auteur de : *A System of physiological Botany* [1816], et de : *A botanical Lexicon* [1837]. (Voy. *Cat. scient. pap.*, III, 628.)

KEITHIA (BENTH., *Labiat.*, 409 ; *Gen.*, II, 1180, n. 50). Genre de Labiées-Saturéiées, voisin des *Hedeoma*, distingué par un calice tubuleux, une corolle à tube allongé, sans anneau intérieur, et 2 étamines fertiles. Ce sont 7, 8 herbes ou sous-arbrisseaux du Brésil, à rameaux virgés, parfois subnus, à verticillastres pauciflores. (MART., *Fl. bras.*, VIII, t. 34.) [H. BN.]

KEITHIA (SPRENG.). Genre douteux de Capparidées.

KEITIA (RGL, in *Act. H. petrop.*, V, 639). Genre d'Iridacées-Sisyrinchiées, voisin des *Libertia*, distingué par des spathes pédonculées et ovales. Les 3 étamines ont des filets connés tout à fait à la base. Les branches des styles sont aplaties. C'est une herbe de Natal, vivace, à tige bulbeuse, à fleurs disposées en épis denses. C'est peut-être, a-t-on dit, un *Bobartia*. [H. BN.]

KEITO. Nom japonais du *Celosia cristata* L.

KEKER. A Amboine, le *Seaforthia Rumphiana* MART.

KEKLISMENÆ (SPRENG., *Anl.*, II, 330). Synon. de *Ceclismenæ*.

KELCH (W.-Gott.). Médecin de Kœnigsberg, où il mourut en 1813, écrivit en 1805 un *Flora medica borussica* (in-8 de 70 p.).

KELENN. Nom celtique, dit-on, du Houx.

KELEPOUKÉ, KETIKOUPÉ. Noms, à Mouroundava, du *Grewia Grevei* H. BN.

KELIN. Nom donné par Lamarck (*Dict.*, III, 347) au *Glans terrestris costensis* de Rumphius. (*Herb. amboin.*, V, 372.)

KELL. Nom, au Sénégal (ADANS.), d'un *Grewia* usité contre les maladies vénériennes. C'est aussi le *Sapindus senegalensis*.

KELLANDER (Dan.). Médecin de Götheburg, où il mourut en 1724, auteur de : *De Seminibus* [1720], in-4 de 14 p.

KELLAUA (A. DC., *Prodr.*, VIII, 289). Synonyme de *Euclea*.

KELLERIA (ENDL., *Gen.*, Suppl., IV, p. II, n. 2095). Genre de Thymélées, formé d'un petit nombre de plantes suffrutescentes, muscoïdes, débiles, cespiteuses, à feuilles opposées, sessiles, imbriquées, et à capitules terminaux pauciflores. Leurs petites fleurs hermaphrodites ont un périanthe coloré, infundibuliforme, à quatre lobes étalés, et quatre étamines alternes, exsertes. En face de chaque lobe, la gorge du périanthe porte une ou une paire d'écailles. Le gynécée et le fruit sont ceux des Thymélées en général. Les *Kelleria* habitent la Tasmanie, la Nouvelle-Zélande et Bornéo. MM. Bentham et Hooker les ont réunis aux *Drapetes*. Ils en diffèrent, en effet, fort peu; mais ces derniers n'ont pas d'écailles à la gorge du périanthe; et ce caractère, quoique en lui-même de peu de valeur, en a reçu une assez grande dans cette famille très étroitement naturelle pour distinguer les unes des autres jusqu'à des tribus. (MEISSN., in *DC. Prodr.*, XIV, 495.) [H. BN.]

KELLERMANNIA (ELL. et EV., *Journ. Myc.* [1886], 153). Genre de Sphéropsidés, à périthèces membraneux, immergés sous l'épiderme, à spores larges, cylindracées, pluriloculaires, appendiculées. Il y en a 3 espèces exotiques, sur des feuilles. [DE S.]

KELLETTIA (SEEM., *Herald Bot.*, 85, 254). Synonyme (B. H.) de *Prockia* L.

KELLOGGIA (TORR., *Un.-St. expl. Exp.*, *Bot.*, II, 322, t. 6). Genre de Rubiacées-Anthospermées, dont les fleurs 4-mères sont à peu près celles des *Galopina*, avec la corolle valvaire, un style partagé supérieurement en deux branches, et un ovaire que couronne un calice à 4 lobes aigus, tout couvert d'aiguillons crochus, rappelant ceux des Circées. Le fruit est dicoque. Ce sont des herbes californiennes (1 ou 2 espèces?), à feuilles opposées, à stipules interpétiolaires aiguës; à fleurs en cymes terminales pauciflores. (Voy. *Hist. des pl.*, VII, 269, 399, n. 18.) [H. BN.]

KELLR. Nom nègre du *Sapindus senegalensis* POIR.

KELTH. Au Maroc, la plante qui produirait, croyait-on, la Gomme ammoniaque.

KELUM. Nom persan (AINSLIE) du Chou.

KEMA, KEMHA (PAULET, *Trait. d. Champ.*, I, 517). Nom, dans Avicenne des Tubéracés du genre *Terfezia* TUL.

KÉMA. Nom afghan des Férules, etc.

KEMANSO. Nom japonais du *Dicentra spectabilis* BORKH.

KÊMÉ. Nom cafre de la Pastèque.

KEMPFERA (ADANS., *Fam. des pl.*, II, 198). Synonyme de *Tamonea* AUBL.

KEMPFERIA (NECK.). Pour *Kæmpferia* L.

KENANDROU. Nom sakalave du *Desmodium latifolium* DC.

KENDRICKIA (HOOK. F., *Gen.*, I, 751, n. 63). Genre de Mélastomacées-Mélastomées, à fleurs 4-mères, 8-andres; les étamines pourvues d'un éperon conique extérieur. L'ovaire a 4-6 loges multiovulées; il est adné jusqu'au milieu au réceptacle. Le fruit est capsulaire, sub-1-loculaire, 4-6-valve, avec de petites graines prismatiques. Le *K. Walkeri* est de la Nouvelle-Zélande, grimpant, à feuilles un peu charnues, à cymes ombelliformes, vers le sommet des rameaux. (H. BN, *Hist. des pl.*, VIII, 49.)

KENEPPY-TREE. Nom anglais du *Melicocca bijuga* L.

KENGOUÉ. Nom cafre de la Pastèque.

KÉNIGE. Nom français (LAMK) des *Kœnigia* L.

KEN-NAB. Synonyme de *Kanab*.

KENNEDIEÆ (BENTH., in *Ann. Wien. Mus.* [1838], II, 112). Sous-tribu des Légumineuses-Phaséolées.

KENNEDYA (VENT., *Jard. Malm.*, t. 104-106). Genre de Légumineuses-Phaséolées-Glycinées, distingué par des lobes calicinaux séparés jusqu'à la base, sauf les deux supérieurs; par une carène généralement égale aux ailes ou plus longue; par des graines arillées. Ce sont, en y joignant les *Hardenbergia*, une douzaine d'herbes vivaces, ou suffrutescentes, dressées ou volubiles, toutes australiennes, dont plusieurs sont cultivées en serre froide comme ornementales. (H. BN, *Hist. des pl.*, II, 252.)

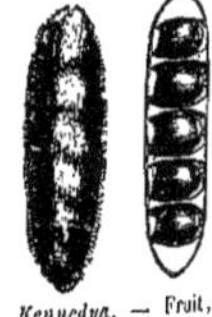

Kennedya. — Fruit, entier et coupe longitudinale.

KENNEDYNELLA (STEUD., *Nom.*, I, 845). Synonyme de *Leptocyamus* BENTH.

KENT (Miss). A publié à Londres [1825] : *Sylvan sketches; or a companion to the parkand the shrubbery*. (*Cat. sc. pap.*, III, 638.)

KENTAURIS. Nom grec ancien de l'*Erythræa Centaurium* L.

KENTIA (ADANS., *Fam. des pl.*, II, 508). Synonyme de *Buceras* SER., section du genre *Trigonella* L.

KENTIA (BL., *Fl. Jav. Anon.*, 71, t. 38). Synonyme de *Melodorum* DUN.

KENTIA (BL., *Rumphia*, II, 94, t. 106, 160). Genre de Palmiers-Arécées, distingué par des fleurs 3-nées; la médiane femelle. Les mâles ont 6 folioles connées au périanthe; elles sont comprimées et irrégulières. Les 6 étamines sont aussi connées à la base. Les femelles ont des pétales plus longs de beaucoup que les sépales et valvaires au sommet. L'ovaire 1-loculaire est surmonté de 3 branches stigmatifères. Il n'y a qu'un ovule basilaire. Le fruit est fibreux, et la graine dressée a un albumen homogène. Ce sont 3 Palmiers de l'Océanie tropicale, à feuilles pinnatiséquées, à spadices étalés. On en cultive quelques-uns. (MART., *Hist. nat. Palm.*, III, 312. — DRUD., in *Linnæa*, XXXIX, 179, 190. — BECC., *Males*, t. 2, fig. 23-32.) [H. BN.]

KENTIA (MOL.). Synonyme de *Gomortega* R. et PAV.

KENTIA (STEUD., *Nom.*, I, 845). Synonyme de *Fagræa* THUNB.

KENTIOPSIS (AD. BR., in *C. rend. Acad. sc. Par.*, LXXVII, 398). Genre de Palmiers-Arécées, voisin des *Kentia*, mais à fleurs insymétriques, disposées en spirale sur les branches de l'inflorescence; caractérisées d'ailleurs par des sépales orbiculaires-3-angulaires, imbriqués largement, et des étamines nombreuses, à filets courts. Dans la fleur femelle, les pétales sont courts et imbriqués au sommet. Ce sont 3, 4 Palmiers de la Nouvelle-Calédonie, à feuilles pinnatiséquées; leurs segments sont obtus, atténués ou dentés au sommet. Les fleurs des deux sexes réunies dans un même spadice. [H. BN.]

KENTMANN (Theoph.). A écrit : *Tabula locum et tempus quibus uberius plantæ potissimum spontaneæ vigent et proveniunt, exprimens* [1629], in-4 de 10 p.

KENTRANTHUS (NECK., *Elem.*, I, 122). Syn. de *Centranthus* L.

KENTROPHYLLUM (NECK., *Elem.*, I, 86). Syn. de *Carthamus*.

KENTROPHYTA (NUTT., in *Torr. et Gr. Fl. N.-Amer.*, I, 353). Synonyme de *Astragalus* T.

KENTROPSIS (MOQ., *Chen. En.*, 83). Syn. de *Sclerolæna* R. BR.

KENTROSPORIUM (WALLR., *Beitr. z. Bot.*, II, 163). Genre de Pyrénomycètes, rapporté aujourd'hui aux *Claviceps*.

K'EOGH (John). Auteur [1735] d'un *Botanica universalis hibernica or a general Irish herbal* (in-4 de 145 p.).

KEPPLERIA (MART., ex ENDL., *Gen.*, 251). Synonyme de *Bentinckia* BERR.

KEPPLERIA (MEISSN., *Gen.*, 355). Synonyme de *Oncosperma* BL.

KER (J.-Bellenden), encore nommé GAWLER, publia, en 1818, *Strelitzia depicta*, et, en 1827, *Iridearum Genera*. Il est l'auteur d'un grand nombre de descriptions de plantes cultivées, illustrées dans le *Botanical Register* (*Cat. sc. pap.*, III, 638).

KERACIA (COSS., in *Ann. sc. nat.*, sér. 4, V, 140). Section du genre *Hohenackeria* FISCH. et MEY.

KERAMIDIE. Dans les Algues, pour J.-G. Agardh, le conceptacle dont l'endochrome de la cellule terminale se métamorphose en sporidies. [CH. M.]

KERAMOCARPUS (FENZL, *Ill. pl. nov. syr. et taur.*, 80, t. 20). Section du genre *Coriandrum* T.

KERANDRENIA (STEUD.). Pour *Keraudrenia* J. GAY.

KERANTHUS (LOUR., herb.). Synonyme de *Dendrobium* SW.

KERAPS. Nom arabe de l'Ache.

KERASELMA (NECK., *Elem.*, II, 354). Synon. de *Euphorbia* L.

KERATION. Nom grec ancien (DIOSCOR.) du Caroubier.

KERATOPHORUS (HASSK., *Retzia*, 100). Synonyme (B. H., *Gen.*, II, 659) de *Payena* A. DC.

KERAUDRENIA (J. GAY, in *Mém. Mus.*, VII, 461, t. 23). Genre de Malvacées-Lasiopétalées, voisin des *Seringia*, distingué par un calice coloré et accru, des graines ellipsoïdes et un embryon arqué. Ce sont 5, 6 arbustes australiens, à port élégant de *Lasiopetalum*. (H. BN, *Hist. des pl.*, IV, 137.)

KERAUDRENIEÆ (STEETZ, in *Lehm. Pl. Preiss.*, II, 317, 346). Sous-tribu des Malvacées-Lasiopétalées.

KERCHOVEA (JORISS., in *Belg. hort.* [1882], 201, t. 8). Synonyme de *Stromanthe* SOND.

KEREINEDONDORBARTO. Nom, au Japon, d'un *Cotyledon*?.

KÉRÉRÉ. Nom galibi de plusieurs Bignoniacées.

KERI. L'un des noms de la Giroflée jaune.

KERIA (SPRENG.). Pour *Kerria* DC.

KERIZONOMA (STEUD., *Syn. pl. glumac.*, 358). Genre de Graminées, mal connu, à place incertaine et qu'on pense (B. H., *Gen.*, II, 1096) devoir être rapporté à l'*Ischæmum muticum* L.

KERKUM. Nom persan du Safran.

KERMADECIA (AD. BR. et A. GR., in *Ann. sc. nat.*, sér. 5, I, 344; in *N. Arch. Mus.*, IV, t. 4). Genre de Protéacées, formé de 3, 4 espèces néo-calédoniennes, voisines des *Roupala*, distinguées par un calice presque droit, 4-mère; 4 anthères subsessiles sur les lames; un disque unilatéral, sur un réceptacle oblique; un fruit indéhiscent. Ce sont des arbres à feuilles alternes, à fleurs géminées, en grappes simples ou composées. [H. BN.]

KERMÈS. Nom arabe du *Quercus coccifera* L.

KERMÈS VÉGÉTAL. On a donné ce nom, non à un produit végétal, mais au *Kermès animal* (*Kermes Ilicis*), qui vit, dans l'Europe méridionale, sur le *Quercus coccifera* L.

KERMESEN. Plante du Levant, employée (BELON) contre les maladies des yeux. On a supposé que c'est le *Cassia Absus* L.

KERMESIA (ENDL., *Gen.*, 977). Section du genre *Phytolacca*.

KERMULA (NORONH.). Synonyme de *Fleurya* GAUDICH.

KERNER (J.-Sim.). Botaniste wurtembergeois [1755-1830], auteur d'un *Flora stuttgardiensis* [1786] et de l'*Hortus sempervirens* [1795-1830], écrivit de nombreux essais sur les arbres cultivés, les plantes économiques, le Raisin, les Melons, et commença la publication de plusieurs ouvrages iconographiques, non terminés, sauf son *Genera illustrata* [1811-1828] qui compte onze volumes et 220 planches coloriées.

KERNERA (MEDIK., ex DC., *Syst. veg.*, II, 359). Synonyme de *Cochlearia* L.

KERNERA (W., *Spec.*, IV, 947). Synonyme de *Posidonia* KŒN.

KERNERIA (MŒNCH, *Meth.*, 595). Synonyme de *Bidens* T.

KERONIA. Dans Théophraste, le Caroubier.

KEROPAGÆ (SPRENG., *Anleit.*, II, p. I, 281). Pour *Ceropagæ*.

KEROUNTA. Nom abyssin du *Sium simense* GAY.

KERPA. — Voy. CERPA.

KERPÉ. Écorce dite fébrifuge (?), du Sénégal, indéterminée.

KERRIA (DC., in *Trans. Linn. Soc.*, XII, 156; *Prodr.*, II, 541). Genre de Rosacées-Spirées, à fleurs pourvues d'un réceptacle en cupule peu profonde, portant sur ses bords 5 sépales, 5 pétales, ∞ étamines, et autant de carpelles superposés que de sépales, ou plus ou moins. Ils sont libres et renferment un ovule descendant, à micropyle extérieur. Le fruit est un achaine multiple. Le *K. japonica*, de la Chine et du Japon, est cultivé chez nous sous le nom erroné de *Corchorus*, souvent à fleurs doubles, jaunes, parfois à feuilles panachées. Celles-ci sont alternes, avec deux stipules latérales. (H. BN, *Hist. des pl.*, I, 391, 470.)

KERSTENS (Joh.-Chr.). Professeur de Kiel [1713-1802], auteur de *Primitiæ Floræ holsaticæ* [1780], in-8 de 112 p.

KERUA. — Voy. CERUA.

KERVA (HUILE DE). Celle du Ricin.

KES. Nom japonais (THUNB.) des Pavots.

KESA-PROOM. Dans l'Inde, l'*Agapetes vacciniacea*.

KESAREE. Synonyme de *Tisso*.

KESHI. Nom japonais du Pavot sommifère.

KESSELMEYER (Joh.). A écrit : *De quorundam vegetabilium principio nutriente* [1759], in-4 de 31 p.

KESSLER (Herm.-Fried.). A écrit à Cassel [1859] : *Landgraf Wilhelm IV als Botaniker* [1859], et *Das älteste und erste Herbarium Deutschlands*, etc. [1870]. — Fr.-Ant. KESSLER est l'auteur [1763] de : *De Viola* (in-8 de 55 p.).

KESSUTH. Nom du *Cuscuta epithymum* L.

KETAGGONG. A Banca, les *Nepenthes*.

KETELEERIA (CARR., in *Rev. hort.* [1866], 449). Genre créé pour l'*Abies Fortunei* LINDL. L'autonomie de ce genre ayant été plusieurs fois contestée, M. Carrière vient de la défendre dans le même recueil [1887], auquel nous renvoyons (p. 207).

KETEPISE. Chez les Indiens Paiconecas, l'*Acrocomia Totai*.

KETMIA (T., *Inst.*, 99, t. 26). Synonyme de *Hibiscus* L.

KETMIA (WALLR., *Syll. Ratisb.* [1822], I, 140). Section du genre *Malva* T.

KETMIE (*Hibiscus* L., *Gen.*, n. 846). Genre de Malvacées, qui a donné son nom à la série des Hibiscées, et dont les fleurs,

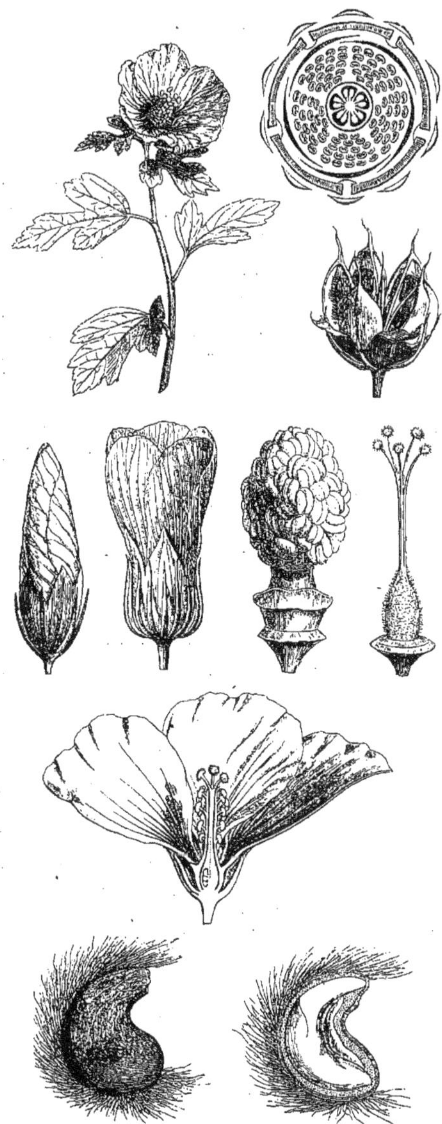

Ketmie. — Rameau florifère. Bouton. Fleur, entière et coupe longitudinale. Diagramme. Androcée. Gynécée. Fruit déhiscent. Graine, entière et coupe longitudinale.

régulières et pentamères, ont un calice valvaire, une corolle tordue, un androcée monadelphe et un gynécée 5-mère, avec 5 dents au tube de l'androcée, des loges ovariennes multiovulées et un calicule de 3-∞ bractées. Le fruit capsulaire est loculicide ; et les graines, glabres ou velues, sont construites comme celles des *Gossypium*. Ce sont environ 150 herbes, arbustes ou arbres, de tous les pays chauds du globe, parfois des régions tempérées. On cultive chez nous en pleine terre l'*Hibiscus syriacus* ; les *H. militaris*, *palustris*, etc., vivaces ; l'*H. trionum*, espèce annuelle. L'*H. tiliaceus*, type du genre *Paritium*, a une écorce textile. La K. Rose de Chine (*H. Rosa sinensis* L.) est une des plus belles plantes de nos serres, à fleurs d'un rouge éclatant. Quelques espèces de Ketmies ont des feuilles potagères. (H. BN, *Hist. des pl.*, IV, 91, 114, 149, fig. 152-161.)

KETMIE ACIDE. L'*Hibiscus Sabdariffa* L.

KETMIEÆ (REICHB., *Consp.*, 202). Division des Hibiscées.

KETSECH. Nom hébreu du Pois-chiche.

KETTANE. Nom arabe du Lin.

KETTMIA (MEDIC.). Pour *Ketmia* T.

KETTULE. Nom (KNOX) du *Caryota urens* L.

KETZ-MAY-SEE. Nom japonais du *Cassia Tora* L.

KEUCHERA (ENDL.). Pour *Heuchera* L.

KEUERR. Nom nègre du *Sapindus senegalensis* POIR.

KEUKA. Nom polonais d'un *Hypoxylon*. (PAULET, *Traité des Champ.*, I, 105 ; II, 432.)

KEULE. Synonyme de *Hualhual*.

KEULIA (MOL., ex NEES). Synonyme de *Gomortega* R. et PAV.

KEURA (FORSK., *Fl. æg.-arab.*, 95, 122, 173). Synonyme de *Pandanus* L.

KEURBOOM. Nom donné au Cap par les colons hollandais au *Calpurnia capensis* BENTH.

KEURVA (ENDL.). Pour *Keura* FORSK.

KEWER. Le *Sapindus senegalensis* POIR.

KEX. — Voy. CAISSES.

KEYAKI. — Voy. KEIAKI.

KEYOLELAO. Nom donné par les Indiens Muchojcones à l'*Acrocomia Totai* MART.

KHAATH. Synonyme (HERB. DE JAGER) de Cachou.

KHADIS, KHOEDIR. Noms sundaïques de l'*Acacia Catechu* L.

KHAJUS. Au Bengale, le *Phœnix sylvestris* ROXB.

KHAJVOR, KEDJURE. Synonymes de *Khajus*.

KHAL. Nom ouolof du *Cucumis Melo* L.

KHARCHEF. Nom arabe de l'Artichaut.

KHAR-I-BUSI. Nom afghan de l'*Alhagi Camelorum* FISCH.

KHARROUB. Nom arabe du Caroubier.

KHASSUIK. Nom persan, d'après M. Borszczow, du *Ferula rubricaulis* BOISS.

KHAT. Nom, en Arabie, du *Catha edulis* FORSK.

KHATTA. Variété d'Orange, employée dans l'Inde comme tonique et fébrifuge.

KHAWAN-PICAN. Racine de Siam (AINSL.), indéterminée et dite résolutive, apéritive et expectorante.

KHAYA (A. JUSS., *Mém. Mél.*, 97, t. 10). Genre de Méliacées-Swiéténiées, distingué par des fleurs 4-mères, un androcée 8-andre, à tube urcéolé, dont les 8 divisions sont imbriquées. L'ovaire 4-loculaire est entouré d'un disque annulaire ; et le fruit, capsulaire, septicide, renferme des graines comprimées, à bords épais, pourvues d'un albumen. Le *K. senegalensis* A. JUSS., seule espèce du genre, est un grand arbre à feuilles paripinnées et à inflorescences de *Swietenia*. Son bois est utile, et son écorce est tonique, fébrifuge. C'est le *Swietenia senegalensis* DESRX. (H. BN, *Hist. des pl.*, V, 480, 505.)

KHAYEÆ (REICHB., *Handb.*, 313). Section des Swiéténiées.

KHED, KHRED. En Sénégambie, le *Cratæva religiosa* FORST., que les indigènes mâchent comme stomachique et digestif.

KHEECH. Nom ouolof du *Rhizophora Mangle* L.

KHILBIZ. Nom arabe, dérivé du persan et désignant le Melon.

KHILMI. Nom arabe de l'*Alcea ficifolia* L.

KHIROUA. Nom arabe du *Ricinus communis* L.

KHITHSI. Synonyme de *Ko*.

KHOBAIZEH. Nom, au Maroc, de plusieurs *Malva* et *Lavatera* médicinaux.

KHORA-KEMA. Nom afghan du *Peucedanum fœtidum* H. BN.

KHORASAMI-AJWAN. Nom, dans l'Inde, des graines de l'*Hyoscyamus niger* L.

KHORCHEF. Nom touareg des *Cinara acaulis* et *spinosissima*.

KHOSS. Nom ouolof du *Cephalanthus africanus*.

KHOCKH. Nom arabe du Pêcher.

KHOULLA. Nom arabe du *Scandix infesta*.

KHROUA. — Voy. CERUA.

KHURBOOJA. Nom persan du Melon.

K'HURJURA. Nom sanscrit du *Phœnix sylvestris* ROXB.

KHUST-KHASH. Nom arabe (AINSLIE) du Pavot somnifère.

KHYSARAN. — Voy. CHAISARAN.

KIAMBEAU. — Voy. CIAMBAU.

KIAMPTAL. — Voy. CIAMPTAL.

KI APIT. Nom sundaïque du *Pelunga variabilis* HASSK.

KIBANA-NO-KOMANOTSUME. Nom japonais du *Viola canadensis* L.

KIBANA-NO-RENRISO. Nom japonais du *Lathyrus pratensis* L.

KIBANA-NO-SEKIKOKU. Le *Dendrobium moniliforme* THUNB.

KIBARA (ENDL., *Gen.*, n. 2016). Genre de Monimiacées, dont nous n'avons pu faire (*Hist. des pl.*, I, 303) qu'une section du genre *Mollinedia* R. et PAV., à fleurs mâles 5-8-andres, avec des languettes qui sont peut-être des staminodes. Les *Kibara* sont tous de l'Océanie tropicale. Les divisions du périanthe de leur fleur femelle, dont le nombre varie de 4 à 6, sont doublées de quelques languettes déchiquetées et infléchies, qui représentent probablement des staminodes et qui sont en nombre égal à celui des folioles extérieures, plus fréquemment en nombre supérieur. Les *Kibara* sont arborescents. Leurs feuilles sont opposées, et leurs fleurs sont groupées en cymes axillaires et terminales, multiflores. [H. BN.]

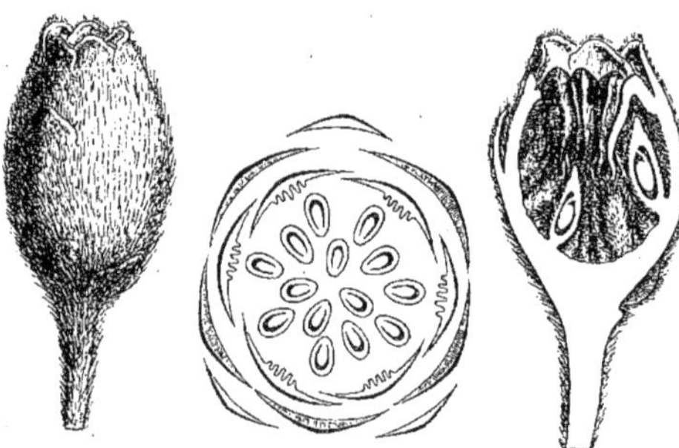

Kibara. — Fleur femelle, entière et coupe longitudinale. Diagramme.

KIBAROPSIS (H. BN, in *Adansonia*, IX, 124; *Hist. des pl.*, I, 305). Section du genre *Mollinedia* R. et PAV., à fleurs mâles 6-andres, dont deux staminodes. Le type est le *M. macrophylla* TL., arbre australien dont les fleurs femelles sont les mêmes que dans les autres *Mollinedia* et *Kibara*. Quatre de ses étamines ressemblent à une sorte de selle : ce qui ôte toute valeur au genre *Ephippiandra* DCNE.

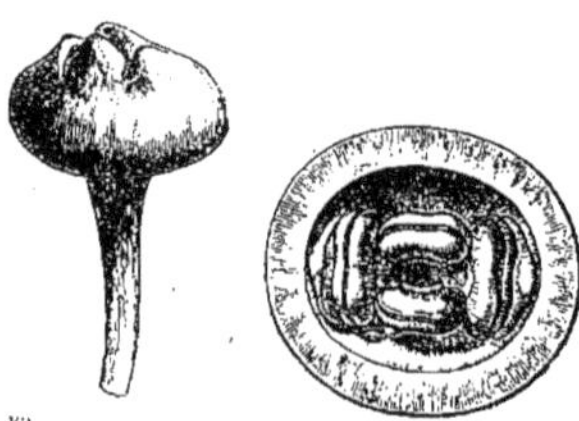

Kibaropsis. — Fleur mâle, entière et coupe transversale.

KIBATALIA (G. DON, *Gen. Syst.*, IV, 86). Synonyme de *Kickxia* BL.

KIBBESIA (WALP., *Rep.*, II, 148). Pour *Kibessia* DC.

KIBERA (ADANS., *Fam. des pl.*, II, 417). Section du genre *Sisymbrium* L.

KIBESSIA (DC., *Prodr.*, III, 196). Genre de Mélastomacées; section, pour nous, du genre *Pternandra*, à calice se détachant en forme de coiffe conique, ou bien se déchirant irrégulièrement ou en 4 lobes peu profonds. Le style s'épaissit plus que dans les *Pterandra* proprement dits, et le réceptacle est extérieurement chargé ou d'aiguillons, ou de crocs. Ce sont des arbustes de la Malaisie. (Voy. H. BN, *Hist. des plant.*, VII, 24, fig. 35-38.)

Kibessia. — Bouton, entier et coupe longitudinale.

KIBESSIEÆ (NAUD., in *Ann. sc. nat.*, sér. 3, XII, 201; XVIII, 260). Sous-ordre des Mélastomacées.

KIBUNE-GIKU. Nom indigène de l'*Anemone japonica* SIEB. et ZUCC.

KI-CHI. Nom, en Chine, du *Trapa bicornis* L. F.

KICHIJISO. Synonyme de *Fukkiso*. C'est le nom japonais du *Reineckia carnea* K.

KICKX (Jean). Botaniste de Bruxelles [1775-1831], auteur, en 1812, d'un *Flora bruxellensis*. — J. KICKX, son fils [1803-1864], a écrit une *Flore cryptogamique des environs de Louvain* [1835], une *Description des plantes officinales et vénéneuses de Louvain* [1827], un *Clavis Bulliardiana, seu Nomenclator Bulliardi Icones Fungorum*, etc. [1857], et plusieurs Notices sur les Cryptogames de Belgique. Il avait préparé une *Flore cryptogamique des Flandres* qui ne parut qu'après sa mort [1867].

KICKXELLA (COEM., *Spic. mycol.* [1862], 3). Genre de Mucédinés parasites, dont les filaments dressés, issus du mycélium, portent à leur sommet une couronne d'appendices sporophores fusiformes et légèrement infléchis en dedans. A leur surface se développent des conidies elliptiques, hyalines. L'extrémité des rameaux mycéliens peut aussi donner naissance à des chlamydospores sphériques dont l'enveloppe est épaisse et incolore. Des périthèces dont la continuité avec le mycélium de la forme mucédinéenne paraît s'établir de plus en plus, rattacheraient les *Kickxella* aux Périsporiacés. Ces périthèces sont membraneux, blancs, globuleux et sans ostioles; ils avaient déjà été figurés par Coemans (*Spic. mycol.*, 3, fig. 7, a). On rencontre l'espèce la plus connue de ce genre (*K. alabastrina* COEM.) sur la vase des égouts, les crottes de rats et autres excréments, en compagnie des *Mucor* dont elle est parasite. [DE S.]

KICKXIA (BL., *Fl. Jav. Præfat.*; *Rumphia*, IV, 25, t. 179). Genre d'Apocynacées-Échitées, voisin des *Mascarenhasia*, distingué par un petit calice, pourvu d'écailles ou de glandes nombreuses; une corolle subinfundibuliforme, à gorge tubuleuse ou étroitement campanulée; un disque à 5 lobes; des follicules allongés, à graines sans chevelure apicale, mais à longue arête basilaire chargée de poils rabattus en arrière. Ce sont 2 arbres de Java, à feuilles opposées, à fleurs disposées en cymes subsessiles et pauciflores. (MIQ., *Fl. ind. bat.*, II, 435.) [H. BN.]

KICKXIA (DUMORT., *Fl. belg.*, 35). Synonyme de *Elatinoides* CHAV.

KICOKA AMARA. Nom malgache (?) d'un *Synchodendron*.

KIDACHI-HAKUKA. Nom japonais de la Sarriette potagère.

KIDACHI-TOGARASHI. Nom japonais d'un *Capsicum*.

KIDAR-PATRI. Dans l'Inde, le *Limonia Laureola* DC., plante aromatique et qui donne, dit-on, l'odeur de musc au Chevrotain qui s'en nourrit.

KIDZI YO RAN. Nom japonais du *Marsdenia tomentosa* R. BR.

KI-DZUISEN. Nom japonais de la Jonquille et autres Narcisses.

KIEHL (G.-Fred.-Wilh.). Auteur [1801] de : *De Cassiæ speciebus officinalibus* (in-8 de 30 p.).

KIE KIE. A la Nouvelle-Zélande, le *Freycinetia Banksii* CUNN.

KIELBOUL (ADANS., *Fam. des pl.*, II, 31). Synonyme de *Arthratherum* PAL.-BEAUV.

KIELMEYER (K.-Fried. v.). Mort à Stuttgart en 1844, âgé de soixante-dix-neuf ans, écrivit en 1804 : *Observata quædam de vegetatione in regionibus alpinis*, puis : *Observata quædam de materierum quarundam oxydatarum in germinationem efficientia*, etc. [1805], des Notices sur l'accroissement des végétaux, l'action de l'arsenic et de divers narcotiques sur les plantes. En 1814, il composa une Dissertation inaugurale sur une décade de plantes rares du Jardin de Tubinge. G. Jaeger a publié sur lui une notice biographique.

KIELMEYERA (MART., *Nov. gen. et spec.*, I, 109, t. 68-72). Genre de Ternstrœmiacées-Bonnétiées, distingué par des fleurs régulières, à 4, 5 sépales ; à 5 pétales, imbriqués-contournés ; des étamines libres, en nombre indéfini, à anthères courtes. L'ovaire a 3-5 loges multiovulées ; et les ovules sont larges, aplatis, imbriqués sur 2 séries. Ce sont environ 15 arbustes résineux, du Brésil, à feuilles persistantes, à fleurs souvent élégantes, disposées en grappes simples ou composées de cymes. (H. BN, *Hist. des pl.*, IV, 236, 259.)

KIELMIERA (G. DON). Pour *Kielmeyera* MART.

KIEPER. En Allemagne, le *Pinus sylvestris* L.

KIERSCHLEGERIA (SPACH, in *N. Ann. Mus.*, IV, 330 ; *Suit. à Buff.*, IV, 403). Section du genre *Fuchsia* (*F. lycioides* ANDR.).

KIESER (Dietr.-G.). Professeur d'Iéna [1779-1862], auteur d'*Aphorismes sur la physiologie* [1808], d'un *Mémoire sur l'organisation des plantes* [1812], couronné à Haarlem, et [1815] d'un *Grundzüge der Anatomie der Pflanzen*, in-8 de 264 p. et 6 pl. (*Cat. sc. pap.*, III, 650.)

KIESERA (REINW., *Syllog. plant. Ratisb.*, II, 11). Synonyme de *Tephrosia* PERS.

KIESERIA (NEES, in *Pr. Neuw. Reise*, I, 104). Synonyme de *Bonnetia* MART. et ZUCC.

KIESLING (Chr.-Gotth.). Médecin de Leipzig [1724-1754], a écrit [1752] : *De succis plantarum*, in-4 de 40 p.

KIF, KIFF. Noms, en Algérie, du *Cannabis sativa* L., var. *Kif*.

KIFUN-GIK (*Etoile de Kifun*). Nom indigène de l'*Anemone japonica*.

KIGELIA (DC., *Prodr.*, IX, 247). Genre de Bignoniacées-Crescentiées, à calice coriace, inégalement déchiré, à étamines didynames, avec un staminode. L'ovaire a 2 placentas pariétaux qui sont reliés par des tractus gommeux, pris pour une cloison complète par Decaisne et autres. Les deux loges n'existent qu'en bas dans certaines fleurs. Le fruit est grand, oblong, cortiqué, à pulpe pleine de graines semblables à celles des *Crescentia*. Ce sont de grands arbres africains, à feuilles imparipennées. On en a décrit 3, 4 espèces, qui ne sont probablement que des variétés d'une seule espèce, le *Bignonia africana*. Il y en a cependant une espèce distincte à Madagascar. (H. BN, in *Bull. Soc. Linn. Par.*, 695 ; *Hist. des plant.*, X.)

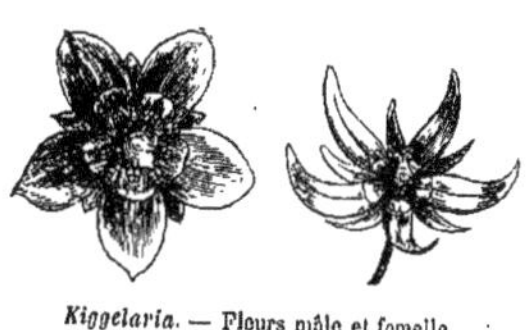
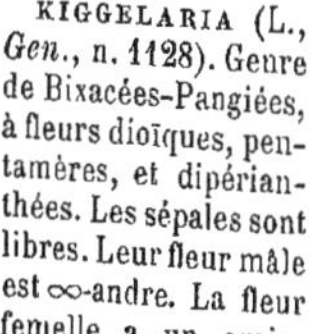
Kiggelaria. — Fleurs mâle et femelle.

KIGGELARIA (L., *Gen.*, n. 1128). Genre de Bixacées-Pangiées, à fleurs dioïques, pentamères, et dipérianthées. Les sépales sont libres. Leur fleur mâle est ∞-andre. La fleur femelle a un ovaire uniloculaire, à 2-5 placentas pariétaux, avec autant de branches stylaires. La capsule est 2-5-valve. Ce sont 3 arbustes de l'Afrique australe, à feuilles alternes, à grappes pauciflores. Le *K. africana* est assez souvent cultivé dans nos jardins botaniques. (H. BN, *Hist. des pl.*, IV, 282, 319, fig. 330, 331.)

KIGGELAER (Fr.). Auteur, en 1690, d'un *Catalogue du Jardin de Beaumont*, à la Haye (in-8 de 42 p.).

KIGGÉLAIRE. Nom français (LAMK) des *Kiggelaria* L.

KIGGELLARIA (SCOP. — NECK. — J. — POIR. — VENT. — KIGELLARIA (ENDL. — AD. BR.). Pour *Kiggelaria* L.

KIGGELARIACEÆ (LINK), KIGGELARICÆ (DC.). Division des Bixacées.

KIGNEZ. Nom, en Bretagne, des Cerises douces.

KIHURA. A Java, le *Wallichia porphyrocarpa* MART.

KIJANELLI. Nom tamoul du *Phyllanthus Niruri* L., usité dans l'Inde comme diurétique et dépuratif.

KIJIKAKUSHI. Nom japonais des Asperges.

KIJIMUSHIRO. Nom japonais du *Potentilla fragarioides* L.

KIJORAN. Nom japonais du *Marsdenia tomentosa* MORR.

KIKALEYO. Nom sundaïque de l'*Erioglossum edule* BL.

KIKAR. Nom, dans le Pundjab, de l'*Acacia arabica* W.

KIKARAMATSU. Nom japonais du *Thalictrum simplex* L.

KI-KARASU-URI. Nom japonais du *Trichosanthes japonica* RGL.

KIKASHIGUSA. Nom japonais de l'*Ameletia uliginosa* MIQ.

KIKEMAN. Nom japonais du *Corydalis Wilfordi* RGL.

KIKEN-SHOMA. Nom japonais de l'*Actæa obtusiloba*.

KIKI. — Voy. CICI.

KIKILOUN. Aux Mariannes, l'*Achyranthes fruticosa* RUMPH.

KIKKO-HAGUMA. Nom japonais de l'*Ainsliæa apiculata* SCH. BIP.

KI-KOPPI. Nom sundaïque de l'*Hypobathrum frutescens* BL.

KIKU. Nom japonais du *Pyrethrum chinense* SAB.

KIKUBA-DAIMONJISO. Nom japonais du *Saxifraga cortusæfolia* SIEB. et ZUCC.

KIKUBA-DOKORO. Au Japon, le *Dioscorea quinqueloba* TH.

KIKUBA-NO-JUINIHITOYE. Au Japon, l'*Ajuga genevensis* L.

KIKUBUKI. Nom japonais du *Saxifraga fusca* MAXIM.

KIKUGARAKUSA. Nom japonais de l'*Ellisiophyllum reptans* MAXIM.

KIKU-MUGURA. Nom japonais du *Rubia* (*Galium*) *triflora* H. BN.

KIKU-YOMOGI. Nom japonais de l'*Artemisia Keiskeana* MIQ.

KIKUZAKI-ICHIRINSO. L'un des noms japonais de l'*Anemone altaica* FISCH.

KIKYO. Nom japonais du *Platycodon grandiflorum* DC.

KILAGIDAY. A Java, l'*Agapetes coriacea* G. DON.

KILAM. Nom chinois d'un Bois d'Aloès.

KILANGIT. Nom, à Java, de l'*Aralia nodosa* BL.

KILCH. Nom marocain de l'*Elæoselinum humile*.

KILLIANA (SCH. BIP., in *hb. berol.*, ex B. H.). Synonyme de *Pulicaria* GÆRTN. (H. BN, *Hist. des pl.*, VIII, 160.)

KILLINGIA (ADANS., *Fam. des pl.*, II, 498). Synonyme (part.) de *Athamantha* L.

KILLYNGIA (HAM.). Pour *Kyllingia* L. F.

KI-MAME. Nom japonais du *Crotalaria laburnifolia* L.

KIMAN. Nom de la variété à fruits ronds du *Citrus japonica*.

KIMDA VARY. Nom malgache du *Symphonia clusioides* BAK.

KIMIKAKESO. Nom japonais du Muguet de mai.

KIMKECA. L'arbre à beurre des Achantis.

KIMTI. Arbre du genre *Lonchocarpus*, à ce qu'on croit, et qui fournit, d'après Surian, le Bois gris ou Bois de savonnettes.

KINA. Pour *Quinquina*. S'emploie aussi pour Écorce.

KINA BICOLORADA. Au Brésil, le *Solanum Pseudochina* MART.

KINA DU BRÉSIL. Écorce du *Discaria febrifuga* MART.

KINBAISO. Nom japonais du *Trollius japonicus* MIQ.

KINBAIZASA. Nom japonais de l'*Hypoxis minor* DON.

KINGIA (R. BR., in *King Voy.*, II, 535, t. C). Genre de Monocotylédones, rapporté aux Joncées, aux Calectasiées, etc., et qui probablement trouvera sa place parmi les Liliacées. Les sépales, au nombre de 6, sont glumacés et soyeux. Il y a 6 étamines hypogynes et un ovaire sessile, à 3 loges, avec un ovule sessile et dressé dans chaque loge. Le fruit est triquètre, indéhiscent ; et les graines renferment, d'après R. Brown, un embryon subglobuleux, occupant la base de la graine, mais non plongé dans l'albumen. Le *K. australis* a une tige ligneuse, des feuilles linéaires et rigides, rassemblées au sommet de la tige, et des fleurs en capitule terminal et sessile, avec des bractées scarieuses au sommet. Son port rappelle celui de certains *Dracæna* et *Yucca*. [H. Bn.]

KINGIACEÆ (Endl., *Gen.*, 132). Famille voisine des Joncées, comprenant les genres *Kingia* et *Dasypogon*.

KINGJEÆ (Reichb., *Nom.*, 46). Division des Joncées.

KINGIN-SO. Nom japonais du *Gymnadenia conopea* R. Br.

KING-PINE. Nom anglais du *Pinus Webbiana* Wall.

KINGSBOROUGHIA (Liebm., in *Vid. Medd. Kjobenh.* [1850], 67, 69). Synonyme de *Meliosma* Bl.

KINGSTONIA (S.-F. Gray, *Arr. brit. pl.*, II, 531). Synonyme de *Saxifraga* T.

KINIKENNIK. Nom de l'*Arctostaphylos Uva-ursi* Spreng., pour les Indiens qui fument souvent ses feuilles en guise de tabac.

KINKAN (Kæmpf., *Amœn. exot.*, V, 801). Nom japonais du *Citrus Aurantium* L., var. *japonica* (*C. japonica* Thunb.), figuré dans le *Botanical Magazine*, t. 6128 (sous-var. *inermis*).

KIN-KEE. Nom japonais du *Malva sylvestris* L.

KINKINA (Adans., *Fam. pl.*, II, 147). Synon. de *Cinchona* L.

KINMIDZUHIKI. Nom japonais de l'*Agrimonia viscidula* Bge.

KINNAH. Nom arabe du *Galbanum*.

KINO D'AMÉRIQUE. Le suc astringent du *Coccoloba uvifera* L.

KINO D'AUSTRALIE. Suc durci de l'*Eucalyptus resinifera* Sm.

KINPOGE. Nom japonais du *Ranunculus acris* L.

KIN-RAN. Nom japonais du *Cephalanthera falcata* Lindl.

KINREI-KUWA. Nom japonais du *Patrinia palmata* Maxim.

KINSBOROUGHIA (Liebm., *Medd. nat. For. Kjob.* [1850], 67). Synonyme ? de *Meliosma* Bl.

KINSEI-RAN. Nom japonais du *Calanthe Textori* Miq.

KINSENKWA. Nom japonais du Souci.

KIN SUNG, KIN SJO. Noms chinois du *Sciadopitys verticillata*.

KINUTA-SO. Nom japonais du *Rubia* (*Galium*) *borealis* H. Bn.

KIOMHAN. Nom, à Socotora, du *Cocculus Balfouri* Schweinf.

KION. Nom japonais du *Senecio nemorensis* L.

KIPADESSA. — Voy. Cipadessa.

KIPPIST (Rich.). Fut longtemps conservateur de l'herbier et de la bibliothèque de la Société Linnéenne de Londres et a publié quelques descriptions de genres. (*Cat. sc. pap.*, III, 658.)

KIPPISTIA (F. Muell., *Rep. Babb. Exped.*, 12). Synonyme de *Minuria* DC.

KIRACAGUERO. Nom, à Jovisa, du *Strychnos Curare* H. Bn.

KIRAI. A Java, le *Metroxylon inerme* Mart.

KIRANSO. Nom japonais de l'*Ajuga humilis* Miq.

KIRATA-TIKTA. Nom sanscrit de l'*Ophelia Chirata* Griseb.

KIRCHMAIER (G. Casp.). Professeur à Wittemberg [1635-1700], auteur de : *De raris atque admirandis arboribus quibusdam* [1660]; *De Corallo, Balsamo et Saccharo* [1661]; *De Papyro veterum* [1666]; *De Tribulis potissimum aquaticis* [1692].

KIREY-KEBOTH. A Java, le *Metroxylon Rumphii* Mart.

KIRGANELIA (A. Juss., *Euphorb.*, 21, t. 4, fig. 4). Genre d'Euphorbiacées biovulées (H. Bn, *Et. gén. Euphorbiac.*, 612, t. 23, 24). Section du genre *Phyllanthus* L. (H. Bn, *Hist. des pl.*, V, 253.)

KIRGANELLA (Gmel.), KIRGANELLIA (Dum.). Pour *Kirganelia* J.

KIRI-ASA. Nom japonais de l'*Abutilon Avicennæ* Gærtn.

KIRI-IMO. Au Japon, le *Dioscorea Decaisneana* Carr.

KIRILOVIA (Bge, *Del. sem. H. dorpat.* [1843-47]). Genre de Chénopodiacées-Camphorosmées, à fleurs polygames, caractérisées par un calice à 4, 5 dents égales; les dents nues sur le dos. Ce sont des herbes annuelles, soyeuses, de l'Asie centrale et de l'Afghanistan, dont l'organisation est d'ailleurs celle des *Camphorosma*. Il y en a 3, 4 espèces. (H. Bn, *Hist. d. pl.*, IX, 181.)

KIRIN-GIKU. Nom japonais du *Pyrethrum seticuspe* Maxim.

KIRINSO. Nom japonais du *Sedum Aizoon* L.

KIRITSURO. Nom japonais du *Plectranthus longitubus* Miq.

KIRO. Nom japonais (Kæmpf.) du *Rohdea japonica* Roth (*Orontium japonicum* Thunb.).

KIRONDROU. Nom sakalave du *Dalbergia? toxicaria* H. Bn.

KIRRI. Au Japon, le *Paulownia tomentosa* H. Bn (*imperialis*).

KIRSCHLEGER (Fried.). Pasteur de Strasbourg [1804-1869], auteur de nombreux travaux sur la flore d'Alsace, de notices botaniques, d'un Essai de tératologie, de plusieurs opuscules sur Gœthe, etc. En 1870 parut sa *Flore vogéso-rhénane* (in-8).

KIRSCHLEGERA, KIRSCHLEGERIA (Reichb.). Pour *Kierschlegeria* Spach.

KIRSCHPFLAUME. Le fruit du *Prunus cerasifera* Ehrh.

KIRSTEN (Andr.-Jak.). Écrivit, en 1739, *De Areca Indorum*. — G. Kirsten, de Stettin [1613-1660], est l'auteur de : *Exercitationum phytophilologicarum ex sacris*, etc. — J.-Jak. Kirsten, d'Altdorf [1710-1765], a publié : *Exercitatio de Styrace* [1736], et un opuscule sur ce vers de Virgile : « *Alba ligustra cadunt, vaccinia nigra leguntur.* »

KI-SANG. Nom chinois du *Morus alba* L., var. *latifolia*.

KISAN-RAN. Synonyme de *Kin-ran*.

KISARI-DAL. Dans l'Hindoustan, le *Lathyrus sativus* L.

KISEROUET. Nom sundaïque du *Streblus asper* Lour.

KISEUNT. A Java, le *Streblus asper* Lour.

KISEWATA. Nom japonais du *Leonurus japonicus* Miq.

KI SHÊH HIANG (Épice en forme de langue de volaille). Nom chinois ancien du clou de Girofle.

KISO-YEBINE. Nom japonais du *Calanthe striata* R. Br.

KISSAMPANG GUMUNG. A Java, le *Wendlandia densiflora* DC.

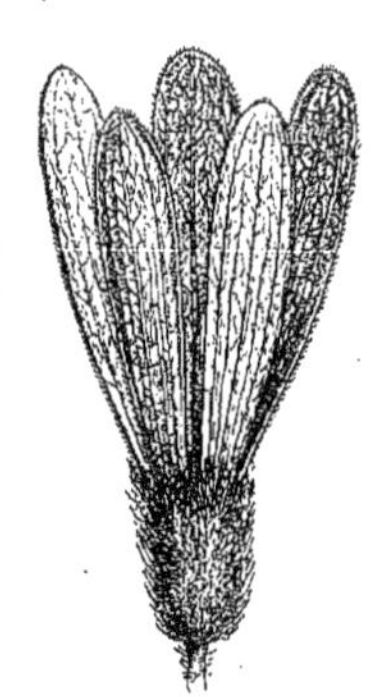
Kissenia. — Fruit.

KISSENIA (R. Br., ex Endl., *Gen.*, Suppl., II, 76). Genre de Loasacées, à fleurs 5-mères, ∞-andres, exceptionnelles par leur calice qui persiste au-dessus du fruit, sous forme de 5 ailes rigides. Les loges ovariennes n'y renferment qu'un ovule descendant. Le *K. spathulata* R. Br. (*Cnidone mentzelioides* E. Mey. — *Fissenia capensis* Endl.) est africain, à feuilles lobées et à cymes unipares serrées, terminales. (H. Bn, *Hist. des pl.*, VIII, 462, 467, fig. 312.)

KISSI (Endl., *Gen.*, 1023). Section du genre *Camellia* L.

KISSODENDRON (Seem., in *Journ. Bot.*, III, 201; V, 129; VI, 79). Section du genre *Hedera* L., qui a des feuilles pennées. (H. Bn, *Hist. des plant.*, VII, 253.)

KISSOSYCEÆ (Miq., in *Lond. Journ. Bot.*, VII [1848], 452). Section du genre *Ficus* (*F. scandens, fruticosa* Roxb., etc).

KISTAKI. — Voy. Taki.

KISTOUS. Le *Ladanum* et, par extension, les Cistes ladanifères.

KITAIBEL (Paul). Célèbre professeur de Pesth [1757-1817], dont M. Kanitz a publié les ouvrages posthumes : *Reliquiæ Kitaibelianæ* [1862-63] et *Additamenta ad Floram hungaricam* [1864]. Son grand ouvrage, auquel il collabora avec Waldstein, a pour titre : *Descriptiones et icones plantarum rariorum Hungariæ* (3 vol. in-fol., avec pl. color.) et fut publié à Vienne, de 1802 à 1812.

KITAIBELA (Batsch). Pour *Kitaibelia* W.

Kitaibelia. — Gynécée.

KITAIBELIA (W., in *N. Schr. Nat. Fr. Berl.*, II, 107). Genre de Malvacées-Malopées, établi pour une grande plante vivace danubienne, dont les fleurs sont celles des *Malope*, sinon que leur calicule est formé de 6-9 folioles unies à la base. Le *K. vitifolia* W. est cultivé dans nos jardins botaniques et avait même été, à une certaine époque, planté dans le bois de Meudon. Ses carpelles fertiles sont indéhiscents. Sa corolle, blanche et tordue, est celle d'une Mauve. (H. Bn, *Hist. des pl.*, IV, 90, 145.)

KITAIBELIEÆ (Reichb., *Handb.*, 287). Division des Malopées.

KITAIBELLA (Reuss.). Pour *Kitaibelia* W.

KITEDJA. Nom, à Java, du *Cryptocarya densiflora* Bl., dont l'écorce aromatique est employée contre certaines névroses.

KI-TEOU. Nom chinois de l'*Euryale ferox* SALISB.

KITHRAN. Nom arabe du Cèdre.

KITRA. Nom, dans l'Inde, du *Berberis aristata* DC.

KITRAM. — Voy. CHITRAM.

KITSUNE-NO-BOTAN. Nom japonais du *Ranunculus Vernyi* FR. et SAV. et du *R. ternatus* THUNB.

KITSUNE-NO-KAMISORI. Nom japonais du *Lycoris radiata* HERB.

KITSUNENO-O. Nom japonais du *Myriophyllum ussuriense* MAX.

KI-TSURIFUNE. Nom japonais de l'*Impatiens Noli-tangere* L.

KITTAN, KITTANE. Noms arabes du Lin.

KITTEL (Mart.-Bald.). Auteur d'un Rapport sur la classification des Mousses et, de 1837 à 1853, de deux ouvrages intitulés : *Taschenbuch der Flora Deutschlands*. (*Cat. sc. pap.*, III, 667.)

KITTELIA (REICHB., *Pfl. Syst.*, 186). Synonyme de *Cyanea* GAUDICH (*Delissea*).

KITUL. A Ceylan, le *Caryota urens* L.

KI-URI. Nom japonais du Concombre.

KIVAKU-RAN. Nom japonais du *Dendrobium japonicum* LINDL.

KIVA-RAN. Nom japonais du *Calanthe discolor* LINDL.

KIWACH. Nom indien moderne du *Mucuna prurita* HOOK.

KIWATA. Nom japonais du *Gossypium indicum* LAMK.

KIXIA (BL., *Fl. Jav. Præf.*, VII). Synonyme de *Hasseltia* BL.

KIXIA (DUMORT., *Comm. bot.*, 215). Pour *Kickxia* DUMORT.

KIYOMASA-NINJIN. Nom japonais du Céleri.

KIYO-WO. Nom japonais du Curcuma.

KJONKOMM. Au Cayor, le *Phœnix spinosa* THÖNN., ou *Djonkomm*, *Fionkomm* des nègres.

KLADNIA (SCHUR, *En. pl. transs.*, 53). Synon. de *Hesperis* T.

KLAGA. Sorte de Canne à sucre de Java.

KLAGOE. Nom javanais des *Petunga* DC.

KLANDERIA (F. MUELL., in *Linnæa*, XXV, 426). Synonyme (B. H.) de *Prostanthera* LABILL.

KLANG-HOUT. A Sainte-Croix, le *Plumeria alba* L.

KLAPROTHIA (H. B. K., *Nov. gen. et spec.*, VI, 121, t. 537). Genre de Loasacées, voisin des *Mentzelia*, à fleurs 4, 5-mères, avec 15-20 étamines en phalanges oppositipétales et autant de staminodes alternes. L'ovaire a 4, 5 placentas pariétaux, ∞-ovulés. Le fruit, obconique, 4, 5-valve, est chargé de poils glochidiés. Le *K. mentzelioides* est une herbe volubile, de la Colombie et du Vénézuela. (H. BN, *Hist. des pl.*, VIII, 462, 466.)

KLASEA (CASS., in *Dict.*, XXXV, 179). Synon. de *Serratula*.

KLATTIA (BAK., in *Journ. Linn. Soc.*, XVI, 109). Genre d'Iridacées-Sisyrinchiées, établi pour le *Witsenia partita* KER, et qui a, en effet, le port et l'inflorescence d'un *Witsenia*, mais dont la fleur a un tube court, avec les lobes du périanthe dressés, allongés, grêles, analogues à des filets d'étamines, sinon que leur sommet se dilate un peu. C'est une plante du Cap.

KLAUSEA (ENDL.). Pour *Klasea* CASS.

KLEIN (Jak.-Theod.). Botaniste prussien [1685-1759], auteur de : *Fascicul. plant. rariorum et exoticarum ex horto Dantisci* (de Dantzig), et de : *An Tithymaloides frutescens*, etc.? [1730].

KLEINHOFIA (SCHREB. — W. — PERS. — LINK), KLEINHOVEA (ROXB.), KLEINHOWIA (AD. BR.). Pour *Kleinhovia* L.

KLEINHOVE. Nom français (LAMK) des *Kleinhovia* L.

KLEINHOVIA (L., *Gen.*, n. 1024). Genre de Malvacées, série des Hélictérées, distingué par des fleurs construites comme celles des *Helicteres* et un fruit membraneux et enflé, à 5 lobes loculicides. Le *K. hospita* L. est un arbre de l'Inde, à fleurs roses disposées en grappe composée de cymes. On l'emploie en médecine dans les îles de la Sonde. (H. BN, *Hist. des pl.*, IV, 123.)

KLEINHOVIEÆ (W. et ARN., *Prodr.*, I, 68). Tribu des Buettnériacées.

KLEINIA (HAW., *Syn. pl. succ.*, 312). Synonyme de *Senecio* T. (section comprenant des espèces de l'Afrique australe).

KLEINIA (J., in *Ann. Mus.*, II, 424, t. 61). Syn. de *Jaumea*.

KLEINIA (JACQ., *St. am.*, 215, t. 127). Syn. de *Porophyllum*.

KLEIOWEISSIA (BAYRH., *Taunus* [1849], 1, 3). Genre proposé pour le *Phascum rostellatum*.

KLEISTROCALYX (STEUD., in *Flora* [1850], I, 229). Synonyme de *Calyptrolepis* STEUD.

KLEMON (Joh.-Konr.). Mort à Tubinge en 1718, à l'âge de soixante-deux ans, a écrit : *De Olea, dissert. physico-philologica*.

KLEMPANG. Nom malais du *Sterculia fœtida* L.

KLENZEA (SCH. BIP., in *Walp. Rep.*, II, 973). Synonyme de *Athrixia* KER.

KLETTE. Nom allemand des Bardanes?

KLINSMANN (Ernst-Fried.). Médecin de Dantzig [1794-1865], auteur de : *De Emetino et Cephæli Ipecacuanha, Psychotria emetica, Richardsonia brasiliensi* [1823], et de : *Clavis Dilleniana ad hortum Elthamensem* [1856]. (*Cat. sc. pap.*, III, 677.)

KLIPPATEINIA (UNG., *Syn. plant. foss.*, 234; *Chlor. protog.*, LXXXIII). Genre d'Aurantiacées (?) fossiles.

KLIPSTEIN (Joh.-Chr.-Gott.). A écrit [1784] : *De nectariis plantarum* (in-4 de 18 p.), publié à Iéna.

KLOBACH. Nom, à Java, du *Pangium edule* REINW.

KLOEDENIA (GŒPP., in *Leonh.* et *Bronn Jahrb.* [1839], 518). Genre fossile, établi pour un bois analogue à celui du Chêne; synonyme (?) de *Quercinium* UNG.

KLOEK. Arbre de la Malaisie (PERROT.), à amandes alimentaires.

KLOPSTOCKIA (KARST., in *Linnæa*, XXVIII, 251 ; *Fl. colomb.*, I, t. 1). Synonyme de *Ceroxylon* H. B.

KLOTSCHIA (ENDL. — LINDL.). Pour *Klotzschia* CHAM.

KLOTZSCH (Joh.-Fried.). Fut longtemps conservateur de l'herbier de Berlin. Il était né en 1805 et mourut du diabète en 1860. Il a écrit en 1857 un opuscule sur les Quinquinas; en 1857, une brochure sur les *Tricoccées* (Euphorbiacées) de l'herbier de Berlin ; des opuscules sur les Aristolochiées [1859], le *Pistia* [1852], les Bégoniacées [1854]. Il a établi un grand nombre de genres d'Euphorbiacées dans les Archives de Wiegmann, décrit les plantes du cap Palmas de Schœnlein, et publié la botanique du *Voyage du prince Waldemar de Prusse*, celle du *Voyage de Peter à Mosambique*, etc. Il avait une grande tendance à multiplier les genres; mais la plupart de ses coupes génériques sont aujourd'hui tombées dans l'oubli.

KLOTZSCHIA (CHAM., in *Linnæa*, VIII, 327). Genre d'Ombellifères-Hydrocotylées, très voisin des *Azorella*, dont il a les fleurs, avec des stylopodes coniques et des styles subulés. Le fruit est ovoïde, strié, à carpophore simple, à côtes primaires obtuses, subégales, dont 3 dorsales et commissurales, à bandelettes intrajugales minces ou nulles. Ce sont des herbes glabres, à feuilles peltées, digitinerves, 3-5-angulaires, lobées ou denticulées ; à inflorescences cymiformes, parfois uniflores : la fleur centrale sessile et fertile ; les périphériques mâles et pédicellées, ou, en petit nombre, pédicellées et hermaphrodites. On en connaît une ou deux espèces, du Brésil tropical. (Voy. ENDL., *Atakt.*, t. 19. — H. BN, *Hist. des pl.*, VII, 237, n. 76.) [H. BN.]

KLOTZSCHIPHYTUM (H. BN, *Et. gén. Euphorbiac.*, 382; *Hist. des pl.*, V, 130). Section du genre *Croton* L. (*C. mauritianum*).

KLOUKEWA. Nom russe de l'*Oxycoccos palustris* PERS.

KLOUKRA. Nom lapon du *Rubus arcticus* L.

KLUGIA (SCHLCHTL, in *Linnæa*, VIII, 248). Genre de Gesnéracées-Cyrtandrées, bien distingué par sa corolle, dont le tube est cylindrique, à gorge presque fermée, avec une lèvre postérieure dressée, puis étalée, et une antérieure convexe, très grande, trilobée. Le calice est 5-fide ; l'androcée didyname, et le fruit inclus, bivalve. Les 3, 4 *Klugia* admis sont américains, indiens et océaniens; ce sont des herbes radicantes, à feuilles alternes, à grappes terminales ou oppositifoliées, à jolies fleurs bleues et pendantes. (*Bot. Mag.*, t. 4620.) [H. BN.]

KLUK (Christoph). Botaniste polonais [1739-1796], auteur [1777-1780] de *Roślin potrzebnych, wygodnych osobliwie Krajowych*, etc., 4 vol. in-8, et d'un *Lexicon botanicum secundum Linnæi Systema concinnatum*, etc. [1785-88], 3 vol. in-8.

KLUKIA (ANDRZ., *Cruc.*, ex *DC. Syst. veg.*, II, 459). Section du genre *Sisymbrium* L.; synonyme de *Velarum* DC.

KNAPP (Jos.) Médecin de Kommotau [1801-1861], auteur de quelques opuscules botaniques (*Cat. sc. pap.*, III, 683).

KNAPP (J.-Léon). Botaniste anglais [1767-1845], auteur de *Gramina britannica* [1804] et du *Journal of the Naturalist*.

KNAPPIA (F. BAUER, mss.). Synonyme de *Rhynchoglossum* BL.

KNAPPIA (SM., *Engl. Bot.*, t. 1127). Synon. de *Mibora* ADANS.

KNAU. Nom breton ancien du Noyer.

KNAUL. Nom allemand des *Scleranthus* L.

KNAUT (Chr.). Médecin de Halle [1638-1694], auteur de *Enumeratio plantarum circa Halam Saxonum...*, etc., qui eut deux éditions. — Son fils Chr. KNAUT a écrit un *Dissertatio præliminaris*, etc. [1705], in-4, et un *Methodus plantarum genuina*, etc. [1716], in-8 de 267 p.

KNAUTIA (L., *Gen.*, n. 116). Synonyme de *Scabiosa* T.; section à peine distincte du genre. (H. BN, *Hist. des pl.*, VII, 531.)

KNAUTIA (L., *Gen.*, n. 116). Synonyme de *Dipsacus* T.

KNAVEL (RIV. — TRAG. — HALL., in *Rupp. Fl. jen.*, 3). Synonyme de *Scleranthus* L.

KNEIFFIA (FR., *Epicr.*, ed. 1, 529). Genre d'Hydnés, dont on ne connaît qu'une espèce, le *K. setigera* FR. Le réceptacle amphigène est étendu comme une membrane molle sur le tronc mort des Bouleaux. Sa surface libre présente des poils rigides, isolés ou en faisceaux. Les basides de l'hyménium ne portent qu'une seule spore, elliptique et hyaline. Ces Champignons sont abondants, dit-on, en Norvège, au printemps. [DE S.]

KNEIFFIA (SPACH, *Suit. à Buff.*, IV, 373). Synonyme de *Œnothera* L. et section de ce genre.

KNEMA (LOUR., *Fl. cochinch.*, 604). Section du genre *Myristica* L. (H. BN, *Hist. des plant.*, II, 501.)

KNÉPIER. Nom français (LAMK) des *Melicocca* L.

KNESEBECKIA (KL., *Begon.*, 41, t. 2, C). Synonyme de *Begonia* T. (H. BN, *Hist. des plant.*, VIII, 493.)

KNEUT. Le *Prunus Mahaleb* L.

KNIFA (ADANS., *Fam. des pl.*, II, 444). Synonyme (part.) de *Hypericum* et de *Ascyrum*. Ventenat écrit *Kniffa*.

KNIGGE (Thom.). Auteur [1789] d'un opuscule : *De Mentha Piperitide* (in-4 de 40 p.), publié à Erlangen.

KNIGHT (Jos.). Horticulteur à Chelsea, composa en 1809 un travail sur la culture des Protéacées, et, en 1850, un *Synopsis* des Conifères. — Th.-Andr. KNIGHT [1758-1838], qui fut président de la Société d'horticulture de Londres, écrivit en 1811 un *Pomona herefordiensis*, etc., et en 1841 un Choix des mémoires parus dans les *Transactions* de cette société, in-8 de 379 p. et 7 pl., avec son portrait. (*Cat. sc. pap.*, III, 687).

KNIGHTIA (R. BR., in *Trans. Linn. Soc.*, X, 193, t. 2). Synonyme de *Rymandra* SALISB.

KNIGHTIEÆ (REICHB., *Consp.*, 82). Division des Protéacées.

KNIPHOF (W.). Professeur à Erfurth [1704-1763], a écrit : *Lebendig officinal Kräuterbuch; De gramine levidensi* [1747]; *Physikalische Unters. d. Peltzes*, etc. [1753]; *Botanica in originali seu Herbarium vivum*, etc., in-folio [1747].

KNIPHOFIA (MŒNCH, *Meth.*, 631). Genre de Liliacées-Hémérocallées, caractérisé par un périanthe coloré, en forme de tube étroit, à limbe découpé en 6 lobes courts; 6 étamines hypogynes et une capsule loculicide et polysperme. Ce sont une quinzaine d'herbes vivaces, de l'Afrique tropicale et australe, et de Madagascar, à rhizome épais et court; à feuilles basilaires allongées et rectinerves, rassemblées en touffe; à fleurs en grappes ou en épis. On en cultive aujourd'hui un grand nombre de belles espèces ou variétés, à fleurs rouges, le plus ordinairement sous le nom de *Tritoma*, et très ornementales. (*Bot. Mag.*, t. 758, 764, 4816, 5946, 6116, 6167, 6553, 6569.) [H. BN.]

KNIPHOFIA (SCOP., *Introd.*, 327). Synon. de *Catappa* GÆRTN.

KNOBBEN. Nom des excroissances qui se développent sur la cupule du fruit du *Quercus Robur* L., à la suite de la piqûre du *Cynips Quercus calycis*, et qui sont riches en tannin.

KNOBHOUT. Nom, au Cap, du *Fagarastrum capense* DON.

KNOBLOCH (Tobias). Auteur [1603] d'un *Dissertatio physica de plantis* (in-4), publié à Wittenberg.

KNOOP (J.-Herm.). Horticulteur, né à Amsterdam [1769], auteur d'un *Pomologia* [1758-63] et d'un *Dendrologia* [1790]. — KNOOP (W.) fut l'auteur, en 1853, de *Ueber das Verhalten einiger Wasserpflanzen zu Gasen* (in-8 de 63 p.).

KNORPELAST. Nom allemand des *Chondria* AGH.

KNORPELKRAUT. Nom allemand des *Polycnemum* L.

KNORR (G.-Wolfg.). Érudit de Nuremberg [1705-1761], auteur d'un *Thesaurus Rei herbariæ hortensisque universalis exhibens figuras florum, herbarum*, etc. [1770-72], 2 vol. in-fol.

KNORREA (SESS. et MOÇ., *Fl. mexic. ined.*). Synonyme (?) de *Hedwigia* SW.

KNORRIA (STERNB., *Vers.*, I, 4, XXXVII). Genre fossile, attribué aux Lépidodendrées (UNG., *Syn. pl. foss.*, 136; *Chor. protog.*, LVIII. — GŒPP., *Gatt. foss. Pfl.*, 345. — AD. BR., in *Dict. d'Orb.*, XIII, 92).

KNOTENBLUME. Nom allemand des *Leucoium* L.

KNOTERIG. Nom allemand des Renouées.

KNOTGRASS. Nom anglais du *Polygonum aviculare* L.

KNOTWORTS (LINDL., *Veg. Kingd.*, 499). Nom anglais des *Illecebrum* L.

KNOWLES (Gibb.). A publié à Londres, en 1723, un *Materia medica botanica*, etc. (in-4 de 256 p.). Il collabora avec Westcott au *Birmingham Botanic Garden* [1836-37], et surtout au *Floral Cabinet and Magazine* (3 vol. in-4, avec 137 pl. col.).

KNOWLESIA (HASSK., *Comm. ind.*, 5). Synon. de *Tradescantia*.

KNOWLTONIA (SALISB., *Prodr.*, 372). Genre de Renonculacées; section du g. *Anemone*. (H. BN, *Hist. des pl.*, I, 49, not. 3.)

KNOWLTONIEÆ (REICHB., *Handb.*, 276). Sous-section des Renonculacées-Anémonées.

KNOXIA (L., *Gen.*, n. 123). Genre de Rubiacées-Chiococcées, donné aussi comme type d'une tribu des Knoxiées, et dont les fleurs 4, 5-mères sont hermaphrodites ou polygames, dimorphes, à dents du calice inégales, parfois en partie foliacées (dans la section *Pentanisia*); la corolle valvaire; les 4, 5 étamines incluses ou exsertes, à anthères souvent subsessiles; l'ovaire 2-loculaire, à long style indivis ou 2-lobé à son sommet. Un seul ovule descendant dans chaque loge, à raphé dorsal. Fruit dicoque, avec ou sans columelle et une coque souvent avortée. Graine descendante, arillée, albuminée; embryon à radicule supère. Herbes, parfois suffrutescentes, à feuilles opposées, pétiolées ou sessiles, à stipules connées en gaine; à cymes terminales, souvent plus ou moins contractées, parfois même spiciformes et en partie unipares. On distingue 8-10 espèces de ce genre, originaires de l'Afrique, de l'Asie et de l'Océanie tropicales. (Voy. *Hist. des pl.*, IV, 305, 432, n. 79.) [H. BN.]

KNOXIA (P. BR.). Synonyme de *Ernodea* (DC., *Prodr.*, IV, 569).

KNOXIEÆ (B. H., *Gen.*, II, 21). Tribu (14) des Rubiacées.

KO. Synonyme chinois de *Kudzu*.

KOAL. A Bornéo, le *Licuala Rumphii* MART.

KOANOPHYLLUM (ARRUD.). Genre inconnu de Composées?

KO-ATSUMORISO. Nom japonais du *Calypso borealis* SALISB.

KOBA. Nom japonais (THUNB.) du Sésame.

KOBA-GIBOSHI. Nom japonais du *Funkia ovata* SPRENG., var. *lancifolia*.

KO-BAIKEI. Nom japonais du *Zygadenus japonicus* MIQ.

KO-BAIMO. Nom japonais du *Fritillaria japonica* MIQ.

KOBA-NO-IWA-RENGE. Nom japonais, dit-on, d'un *Cotyledon*.

KOBA-NO-RIUKINKWA. Nom japonais de la Ficaire.

KOBA-NO-SENNA. Nom japonais du *Cassia chinensis* W.

KOBA-NO-TSUMEKUSA. Nom japonais de l'*Alsine verna* BART.

KOBA-NO-YENGOSAKU. Nom japonais du *Corydalis bulbosa* DC.

KOBO. A Sierra Leone, le *Copaifera copallina* H. BN.

KOBRESIA. — Voy. COBRESIA.

KOBRESIEÆ (LESTIB., *Ess. Cypérac.* [1819]; in *Flora* [1821], I, 19). Division des Cypéracées (genres *Kobresia*, *Elyna*, *Catagyna*, *Opetiola*, *Diaphora*, etc.).

KOBUS (BANKS, ex *DC. Prodr.*, I, 81). Synonyme de *Gwillimia* ROTTL. (*Magnolia*).

KOCH. Nom de plusieurs botanistes allemands. — J.-Fr.-W. KOCH, de Magdebourg [1759-1831], fut l'auteur du *Botanisches Handbuch zum Selbstunterricht*, qui eut deux éditions; la dernière [1824-26] en 3 vol. — W.-Dan.-Jos. KOCH [1771-1849], professeur à Erlangen, composa le *Synopsis Floræ germanicæ et helveticæ*, qui eut trois éditions et sur lequel ont été calquées tant de flores, notamment celle de Grenier et Godron. On lui doit aussi des opuscules sur les Saules d'Europe [1828], les

Labiées [1833] et un *Taschenbuch der deutschen u. schweizer Flora* [1844]. — Karl Koch, professeur à Berlin, était né en 1809 à Weimar; il écrivit beaucoup de compilations, de notes horticoles, etc., sur la flore d'Iéna [1839], etc., un *Hortus dendrologicus* [1853], un *Dendrologia* [1869], *Die Botanischen Gärten* [1860], un essai sur la *Flore d'Orient*, etc.

KO CHAIE. Nom chinois, d'après Miquel, du *Broussonetia papyrifera* Vent.

KOCHIA (R. Br., *Prodr.*, 409). Synon. de *Echinopsilon* Moq.

KOCHIA (Roth, in *Schrad. Journ.*, I, 307, t. 2). Genre de Chénopodiacées, qui a des fleurs hermaphrodites ou polygames; le calice de forme variable, à lobes horizontalement ailés autour du fruit. Étamines 5. Ovaire 1-loculaire. Fruit sec ou coriace, à graine horizontale; l'embryon annulaire, vert, entourant son albumen souvent peu volumineux. Ce sont des herbes ou des plantes ligneuses, glabres ou à duvet varié, à feuilles alternes ou subopposées; à fleurs axillaires, sessiles, solitaires ou en glomérules, accompagnées de 2 bractéoles latérales. On les trouve dans les régions chaudes et tempérées du monde entier. Le genre renferme une trentaine d'espèces. (H. Bn, *Hist. des pl.*, IX, 137, 177, fig. 184, 185.)

Kochia. — Fleur. Fruit induvié.

KOCHIEÆ (Endl., *Gen.*, 295). Sous-tribu des Chénopodées (Moq., in *DC. Prodr.*, XIII, p. II, 127).

KOCYTO. Nom mandingue du *Dialium nitidum* Gll. et Perr.

KODDA-PAIL (Rheed., *Hort. malab.*, t. 4564). Synonyme de *Pistia Stratiotes* L.

KODUKKA-POULY. Nom tamoul du *Garcinia pedunculata* Roxb., espèce dont on dit les fruits condimentaires.

KOEBERLINIA (Zucc., in *Flora* [1832], *Beibl.*, II, 73, 74). Genre de Rutacées-Quassiées, à fleurs 4-mères, pétalées et 8-andres, sans disque, à ovaire 2-loculaire; les loges ∞-ovulées, et à fruit charnu. C'est un arbuste subaphylle, du Texas et du Mexique, à écailles alternes, à fleurs en grappes terminales ou latérales. (Voy. H. Bn, *Hist. des pl.*, IV, 413, 503.)

KOECHLÆA (Endl., *Gen.*, Suppl., II, 48). Genre de Composées, fondé sur une plante mal connue, jadis cultivée; synonyme (?) de *Stæhelina* L. (H. Bn, *Hist. des pl.*, VIII, 79, not. 5.)

KOEHLERIA (Reg., in *Flora* [1848], 250). Synonyme (B. H.) de *Isoloma* Benth.

KOEHLREUTERA (Roth), KOELREUTERA (Spreng.). Pour *Kœlreuteria* Laxm.

KOELDERER (J.-G.). Écrivit, en 1747, *Viscum plerarumque arborum planta parasitica* (in-4 de 32 p.).

KOELER (G.-Ludw.). Professeur à Mayence, où il mourut en 1807, est surtout connu par son ouvrage sur les Graminées (*Descriptio graminum in Gallia et Germania tam sponte nascentium*, etc.), publié en 1802, et par sa lettre à Ventenat « sur les boutons et ramifications des plantes », etc. [1805], in-4 de 28 p.

KOELERA (W., *Spec.*, IV, 750). Synonyme de *Roumea* Poit.

KOELERIA (Pers.). — Voir le *Supplément*.

KOELLE (J.-L.-Chr.). Médecin de Bayreuth [1763-1797], auteur de : *Spicilegium observationum de Aconito* [1786] et d'un *Flora des Fürstenthums Bayreuth* [1798], in-8 de 354 p.

KOELLEA (Biria, *Hist. Renonc.*, 21). Synon. de *Eranthis* Sal.

KOELLENSTEINIA (Reichb. f., in *Bonplandia* [1854], 17). Synonyme de *Aganisia* Lindl.

KOELLIA (Mœnch, *Meth.*, 407). Syn. de *Pycnanthemum* Michx.

KOELLIKERIA (Reg., in *Flora* [1848], 249). Genre de Gesnériacées-Gesnérées, créé pour un *Achimenes* des auteurs (*Bot. Mag.*, t. 4175) et distingué par des petites fleurs alternes sur une grappe aphylle, avec une corolle à limbe distinctement bilabié. C'est une herbe vivace, cultivée en serre, qui croît du Mexique au Pérou. (Hanst., in *Linnæa*, XXXIV, 431.) [H. Bn.]

KOELPIN (Alex.-Bernh.). Médecin de Stettin [1739-1801], a écrit : *Commentatio... de stylo* [1764], *Oratio historiæ naturalis* [1766], *Floræ Gryphicæ Supplementum* [1769], et des remarques pratiques sur le *Rhododendron chrysanthum* [1779].

KOELPINIA (Pall., *Reis.*, III, 755, t. L, fig. 2). Genre de Composées-Carduées. Synonyme de *Hedypnois* L. et section de ce genre. (H. Bn, *Hist. des pl.*, VIII, 112, not. 5.)

KOELPINIA (Scop., *Intr.*, n. 1047). Syn. de *Acronychia* Forst.

KOELREUTER (Jos.-Gottl.). Professeur de Carslruhe [1733-1806], débuta par un opuscule sur les insectes et sur quelques plantes rares [1755], puis écrivit un *Vorläufige Nachricht v. einingen das Geschlecht der Pflanzen betreffenden Versuchen*, etc. [1761-1766], et *Das entdeckte Geheimniss der Kryptogamie* [1777], in-8 de 155 p. (*Cat. sc. pap.*, III, 724.)

KOELREUTERA (Murr., in *Nov. Comm. Gœtt.*, III, t. 2, f. 1, nec Hedw., nec Laxm.). Synonyme de *Gisekia* L.

KOELREUTERA (Hedw., *Fund. Musc.*, II, 95). Nom donné primitivement par Hedwig à un genre de Mousses qui comprenait certaines espèces acrocarpes, lesquelles ont été plus tard placées par le même auteur dans le genre *Funaria*. (Voy. Mueller, *Synops. Musc.*, I, 107.) [M.]

KOELREUTERIA (Laxm., in *N. Comm. petrop.*, XVI, 561, t. 18). Genre de Sapindacées-Pancoviées, à fleurs polygames; le calice valvaire; 3, 4 pétales onguiculés et pourvus d'une écaille 2-partite. Étamines 5-8, intérieures au disque. Ovaire à 3 loges

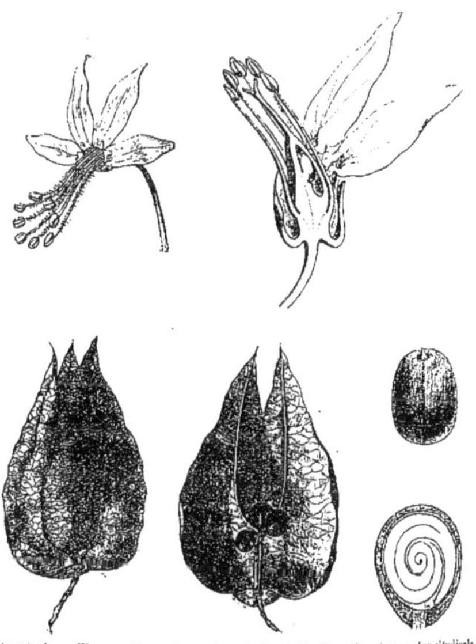
Kœlreuteria. — Fleur, entière et coupe longitudinale. Fruit, entier et coupe longitudinale. Graine, entière et coupe longitudinale.

2-ovulées; un ovule ascendant et l'autre descendant. Capsule enflée, vésiculaire, loculicide. Graines globuleuses, sans arille. On n'a longtemps connu que le *K. paniculata*, arbre chinois, à feuilles alternes, imparipennées, à fleurs jaunes, cultivé dans nos parcs et jardins. M. Franchet vient d'en décrire un autre, de la Chine. (H. Bn, *Hist. des pl.*, V, 363, 420, fig. 385-390.)

KOELREUTERIA (Medic., *Bot. Beob.* [1782], 22). Synonyme de *Marsdenia* R. Br.

KOEME. A Zanzibar, le *Telfairia pedata* Hook., Cucurbitacée à graines oléagineuses et alimentaires.

KOEMIES, KOETJING. Noms de l'*Orthosiphon stamineus*, Labiée qui a la réputation, à Java, de guérir de la pierre.

KOENE (Joh.-Rottg.). Auteur, en 1840, à Munster, d'un *Abhandlung ueb. formund Bedeutung d. Pflanzennamen*, etc.

KOENIG (Emm.). Professeur à Bâle [1658-1731], auteur d'une thèse sur les généralités du Règne végétal et d'un *Regnum vegetabile*, etc. [1680]. — Son fils, Emm. Kœnig [1698-1742], écrivit, outre sa thèse, des *Adversaria* [1731]. — J.-Gerh. Kœnig, missionnaire à Tranquebar, où il mourut en 1785, avait écrit : *De remediorum indigenorum ad morbos... endemicos expugnandos*, etc. — Karl Kœnig, qui fut conservateur au *British Museum*, rédigea avec Sims les *Annals of Botany*, 2 vol. [1805-1806]. — Sam.-Fr. Kœnig écrivit, en 1742, *De Lamio Plinii*.

KOENIGA (R. Br., in *Clappert. Voy. Append.*, 214). Synonyme de *Lobularia*, section du genre *Alyssum* L.

KOENIGIA (L., *Mantiss.*, n. 1241). Genre de Polygonacées, qui a donné son nom au groupe des Kœnigiées et qui s'y distingue par ses fleurs 3- ou 2-4-mères, à calice simple, à androcée isostémoné. Ce sont deux petites herbes des régions arctiques des deux mondes et des montagnes de l'Asie et de l'Amérique, à feuilles alternes ou opposées; à petites fleurs en glomérules, accompagnées chacune d'une bractée transparente, adnée à la base du pédicelle. (Payer, *Leç. Fam. nat.*, 43). [H. Bn.]

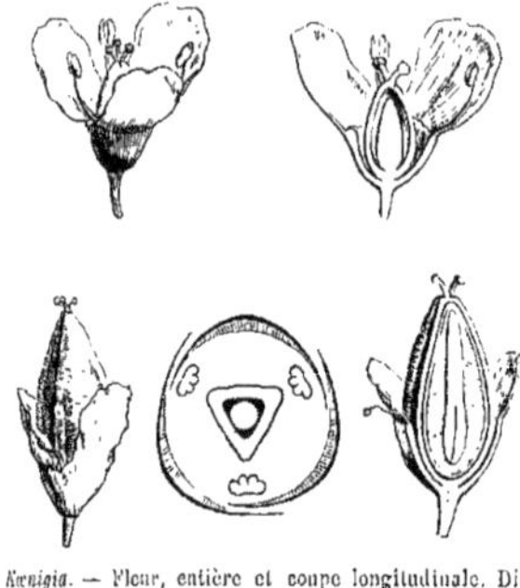
Kœnigia. — Fleur, entière et coupe longitudinale. Diagramme. Fruit, entier et coupe longitudinale.

KOENIGIA (Commers., mss.). Synonyme de *Assonia* Cav.

KOERBER. Célèbre lichénographe, né en 1817 et professeur à Breslau, a écrit : *De gonidiis Lichenum* [1839]; *Lichenographiæ germanicæ Specimen* [1846]; *Grundriss der Kryptogamen-Kunde* [1848]; *Systema Lichenum Germaniæ* [1855], in-8 de 458 p. et 4 pl. col.; *Parerga lichenographica* [1859], in-8 de 501 p. (*Cat. sc. pap.*, III, 732.)

KOERNICKIA (Rgl, *Ind. sem. H. petrop.*; *Gartenfl.* [1858], 309). Synonyme (B. H.) de *Mandirola* Dcne (*Achimenes*).

KOFFIJBAUM. Nom hollandais du Caféier.

KOGANEBANA. Nom japonais du *Scutellaria lanceolaria* Miq. et du *Lotus corniculatus* L.

KOGANE-ICHIGO. Nom japonais du *Potentilla centigrana* Max.

KOGOMEGUSA. Nom japonais de l'Euphraise officinale.

KOHAUTIA (Cham. et Schlchtl, in *Linnæa*, IV, 156). Synonyme de *Oldenlandia* Plum.

KOHE-KOHE. A la N.-Zélande, le *Dysoxylon spectabile* Hook. f.

KOHL. Nom allemand du Chou.

KOHLHAAS (Joh.-Jak.). Médecin de Regensburg, auteur [1805] de : *Giftpflanzen auf Stein abgedruckt mit Beschreibungen*.

KOHLRABI. Nom indigène du Chou-rave ou de Siam.

KOHLRAUSCHIA (K., ex Endl., *Gen.*, 971). Syn. de *Tunica* Scop.

KOHOKO. A la Nouvelle-Zélande, le *Solanum aviculare*.

KOHUHU. A la Nouvelle-Zélande, le *Pittosporum tenuifolium*.

KOHUTUPUTU. A la Nouvelle-Zélande, le *Fuchsia excorticata*.

KOILODEPAS (Hassk., ex *Bot. Zeit.* [1856], 802). Pour *Cœlodepas* Hassk.

KO-IWAKAGAMI. Nom japonais d'un *Shortia* (*Schizocodon*).

KOJA-MAKI. Nom japonais du *Sciadopitys verticillata* S. et Z.

KOJI. Au Japon, l'*Aspergillus Oryzæ*, qui, mélangé au riz, sert à déterminer la fermentation du *Saké*, boisson alcoolique.

KO-KAKITSUBATA. Nom japonais de l'*Iris cristata* Ait.

KOKER (Ægid. v.). Auteur de : *Plantarum usualium Horti medici Harlemensis Catalogus* [1702], in-8 de 154 p.

KOKERA (Adans., *Fam. pl.*, II, 269). Syn. de *Chamissoa* H.B.K.

KOKE-RINDO. Nom japonais du *Gentiana Thunbergii* Griseb.

KOKINBAI. Nom japonais du *Waldsteinia sibirica* Tratt.

KO-KINPOGE. Nom japonais du *Ranunculus Zuccarinii* Miq.

KOKIO, KEO-KEO. Nom hawaïen de l'*Hibiscus Arnottianus*.

KOKKOROKOU. Synonyme de *Kola*.

KOKOONA (Thw., in *Hook. Kew Journ.*, V, 379; *Enum. pl. Zeyl.*, 52). Genre de Célastracées-Évonymées, distingué par des fleurs hermaphrodites, à ovaire triloculaire; par des graines sans albumen et sans arille, mais pourvues d'une aile. Les 2 espèces connues sont de grands arbres de l'Inde, à feuilles opposées, à cymes axillaires. (H. Bn, *Hist. des plant.*, VI, 4, 32.)

KOKOSCHKINIA (Turcz., in *Bull. Mosc.* [1849], II, 33, t. 2). Genre proposé pour le *Tecoma Gaudichaudi* DC.

KOKRA. Nom hindou du *Lepidostachys Roxburghii* Wall., qui est un *Scepa* (*Aporosa* Bl.), et dont le bois est utilisé.

KOKUM. Nom indigène du *Garcinia indica* Chois., du *G. celebica* Bl. et de l'huile qu'on en tire et qu'on nomme souvent le beurre de *Kokum*.

KOLA, KOLAT. Noms du *Cola acuminata* R. Br.

KOLA MALE, K. FAUX, K. BITTER. Noms du *Garcinia Kola* Heck.

KOLBE (Peter). Mort à Neustadt en 1726, à l'âge de cinquante et un ans, auteur de *Beschreibung d. Vorgebirgs d. guten Hoffnung u. d. Hottentotten*, publié à Nuremberg en 1719.

KOLBEA (Schlchtl, in *Linnæa*, I, 80). Synonyme de *Bæometra* Salisb.

KOLBIA (Adans., *Fam. des pl.*, II, 164). Synonyme de *Blæria*.

KOLBIA (Pal.-Beauv., *Fl. owar. et ben.*, II, 91). Synonyme de *Modecca* Lamk.

KOLBING (E.-W.). Auteur [1828] d'un *Flora der Oberlausitz*, publié à Görlitz (in-8 de 118 p.).

KOLENATI (Fried.-Aug.). Professeur à Brunn [1813-1864], auteur de *Versuch einer systematischen Anordnung d. in Grusien einheimischen Reben* [1846]. (*Cat. sc. pap.*, III, 714.)

KOLEROGA. Nom, à Mysore, d'un Champignon qui attaque le Caféier et qu'on croit être le *Pellicularia Koleroga* Cke.

KOLGYDA (Dumort., *Fl. Belg.*, 55). Section du genre *Galium*.

KOLI. A Timor, le *Borassus flagelliformis* Mart.

KOLKOUAL. Nom de l'*Euphorbia abyssinica* Rœusch.

KOLLERIA (Presl, *Symb.*, 24, t. 4). Synonyme de *Galenia* L. (*Gen.*, 492), dont le nom a pour lui l'antériorité (mais qui n'a pas été traité à son rang). C'est un genre de Portulacacées-Aizoïdées, aussi rapporté aux Ficoïdes. Les *Galenia* sont des herbes ou de petits arbustes de l'Afrique centrale, à feuilles opposées ou alternes, sans stipules; à fleurs pourvues d'un réceptacle concave, avec 4-5 sépales et un nombre double d'étamines alternes, géminées. L'ovaire est à 1-5 loges 1-ovulées, avec 1-5 styles. Le fruit est indéhiscent ou 2-5-valve. On en décrit 17 espèces distinctes. (Harv. et Sond., *Fl. cap.*, II, 473. — H. Bn, *Hist. des pl.*, IX, 60, 75.)

KOLMAU, KOLKIR (Adans., *Fam. des pl.* [1763]). Champignons ou Lichens (?), d'une autonomie très douteuse.

KOLOCUNIN. Au Japon, le *Trichosanthes cucumerina* L.

KOLOGA. Nom indien de l'*Elæagnus Kologa* Schlchtl.

KOLOKO. Nom hawaïen du *Vitex trifolia* L., var. *unifoliata*.

KOLOKOLO-KUAHIVI. Nom hawaïen du *Lysimachia Hillebrandii* Hook. f.

KOLOWRATIA (Presl, *Rel. Hænk.*, I, 113, t. 20). Synonyme de *Alpinia* L.

KOLPAKOWSKIA (Reg., in *Gartenflora*, XXVII, 249, t. 953). Synonyme de *Ixiolirion* Herb.

KOMAKOU (Théoph., ex Adans., *Fam. des pl.*, II, 345). Synonyme de *Myristica* L.

KOMANA (Adans., *Fam. des pl.*, II, 444). Synonyme (?) de *Hypericum* L.

KOMBÉ. Synonyme, dit-on, de *Inée*.

KOMBO. Nom, au Gabon, du *Myristica Kombo* H. Bn, ou *Arbre à suif* du Gabon, dont la matière grasse est comestible et sert aussi, dans ce pays, au traitement des affections cutanées.

KOMETSUBU-MAGOYASHI. Nom japonais de la Lupuline.

KOMIN. L'*Ervum Ervilia* L.

KOMORISO. Nom japonais du *Senecio bulbiferum* Maxim., var. à feuilles hastées.

KONAGI. Nom japonais du *Monochoria plantaginea* K.

KONANTINO. Nom abyssin (ROCHET D'HÉRICOURT) du *Mœrua angolensis* DC.

KONASUBI. Nom japonais du *Lysimachia japonica* THUNB.

KONGEEA. Nom, au Népaul, du *Wendlandia coriacea* DC.

KONIAKU. L'*Amorphophallus Rivieri* DUR.

KONIG (ADANS., *Fam. des pl.*, II, 420). Synon. de *Kœnigia* L.

KONIGIA (COMMERS., mss., ex CAV.). Synonyme de *Ruizia* CAV.

KONIOPAGEÆ (SPRENG., *Anl.*, II, I, 292). Pour *Coniopageæ*.

KONJAK. Nom, au Japon, d'un *Conophallus* comestible.

KONKAKU. Au Japon, l'*Hydrangea japonica* à fleurs bleues.

KONKIKU. Nom japonais de l'*Aster trinervius* ROXB.

KON-NAB. Synonyme de *Kanab*.

KONNIYAKU. Nom japonais du *Conophallus Konjak* SCHOTT.

KONNYAKOU. Pour *Koniaku*.

KONOTEGA-SIWA. Nom japonais du *Thuya orientalis* L.

KONRADI. Nom, dans l'Inde, du *Grewia orientalis* L., usité comme astringent, dépuratif, antigoutteux et aphrodisiaque.

KONROSO. Nom japonais des *Cardamine macrophylla* MAXIM. et *dasyloba* MIQ.

KOOALUNIN. Au Japon, le *Trichosanthes cucumerina* L.

KOOF. Nom, au Japon, du Riz cuit.

KOOGAH. Le *Valeriana edulis*, dont les Indiens de l'Amérique du Nord font, dit-on, une sorte de pain, dans les cas de disette.

KOOKI. Arbre japonais qui sert à faire une infusion potable.

KOOKIA (PERS.). Pour *Cookia* SONNER.

KOOKNAR. Nom persan du Pavot.

KOOKOMBOYA. Nom africain du *Sterculia cinerea* A. RICH.

KOOKOOR-ALOO. Dans l'Inde, le *Dioscorea anguina* ROXB.

KOO-KOTZ. Synonyme de *Firaggi*.

KOOL. Le *Ziziphus Jujuba* LAMK.

KOOMA. Plante des Mandingues (MUNGO-PARK), qui sert, dit-on, à empoisonner leurs flèches.

KOOMPASSIA (MAING., ex BENTH., in *Hook. Icon.*, t. 1164). Genre de Légumineuses-Cæsalpiniées-Cassiées, à tube réceptaculaire très court, à 5 pétales et 5 étamines courtes, alternes. L'ovaire est uniovulé, et le fruit indéhiscent renferme une graine sans albumen. Le *K. malaccensis* MAING. est un arbre à feuilles imparipennées, à grappes cymigères, terminales et axillaires.

KOON (GÆRTN., *Fruct.*, II, 486, t. 180). Syn. de *Schleichera* W.

KO-ONI-YURI. Au Japon, une variété de *Lilium tigrinum* GAWL.

KOOSIA. A la Guyane, l'un des noms du *Luffa operculata*.

KOOSO. Nom japonais du *Tagetes patula* L.

KOOSUMBIA. Le *Schleichera trijuga* W., qui porte une sorte de Gomme laque, dans l'Inde.

KOOT. Dans les bazars indiens, le *Costus* (voy. APLOTAXIS), qui, en Chine, se fume comme l'opium.

KOOU-SCHOU. Nom, en Chine, de l'*Aralia papyrifera* HOOK. On peut voir dans le *Tour du monde* ([juillet 1882], 55) la manière dont on fabrique ce papier.

KOPEE. Nom bengali du Chou.

KOPI. Nom hindostani (PIDDINGT.) du Chou.

KO-POO. Nom chinois du *Pachyrhizus sinensis*.

KOPS (Jan). Professeur à Utrecht [1765-1849], a écrit un *Index* des plantes cultivées au Jardin de cette ville [1822], et un *Flora batava* [1800-1868], en 13 vol. in-4. (*Cat. sc. pap.*, III, 732.)

KOPSIA (BL., *Bijdr.* [1823], 1030; *Rumphia*, IV, 27, t. 181). Genre d'Apocynacées-Plumériées, dont le nom devra être abandonné (voy. KOPSIA *Dumort.*) et remplacé par celui de *Calpicarpum* DON (*Gen. Syst.*, IV [1818], 100). On distingue ce genre, voisin des *Ochrosia*, par la longueur du tube de sa corolle, les 2 écailles de son disque, un calice non glanduleux, les lobes de la corolle tordus *dextrorsum*. Ce sont 4 arbres ou arbustes de l'archipel Indien et de la Malaisie, à feuilles opposées, à cymes terminales composées de fleurs blanches ou roses. (WIGHT, *Icon.*, t. 431. — *Bot. Reg.*, t. 391.) [H. BN.]

KOPSIA (DUMORT., *Comm. bot.*, 16). Genre de Gesnéracées-Orobanchées, voisin des Orobanches, distingué par un calice 4-5-fide, à lobes inégaux et aigus. Ce sont des herbes parasites, colorées, à fleurs en grappes simples, avec des écailles uniflores. Ce genre est plus connu sous le nom de *Phelipæa*. [H. BN.]

KOPSIEÆ (G. DON, *Gen. Syst.*, IV, 100). Tribu des Apocynacées.

KORAK-BET. Dans l'Inde, le *Calamus latifolius* ROXB.

KORALLENMOOS. En Allemagne, la Coralline officinale.

KORAPAT. — Voy. CARAPAT.

KORARI. Synonyme, à la Nouvelle-Zélande, de *Harareke*.

KORBERIA (MASSAL.). Genre de Lichens. (Voy. le *Supplément*.)

KORDELESTRIS (ARRUD., in *Kost. Voy.*, I, 508). Synonyme de *Jacaranda* J.

KORDERA (ADANS., *Fam. des pl.* [1763]). Production fongique, voisine des *Byssus*, mal déterminée.

KORELINIA (REICHB.). Pour *Karelinia* LESS.

KORIMUKA. Synonyme, à la Nouvelle-Zélande, de *Koromiko*.

KORINKWA. Nom japonais du *Senecio campestris* DC.

KORJANDER. Nom, au Japon, de la Coriandre (MIQ.).

KORKEICHE. Nom allemand du *Quercus Suber* L.

KORNERPLASMA. Nom allemand du protoplasma granuleux.

KOROHA. Nom japonais du Fenu-grec.

KOROKIA. A la Nouvelle-Zélande, le *Corokia Cotoneaster*.

KOROLKOWIA (REG., in *Gartenfl.* [1873], 161, t. 760). Synonyme de *Liliorhiza* KELL. (B. H., *Gen.*, III, 818.)

KOROMB. Synonyme de *Karumb*.

KOROMIKO. A la Nouvelle-Zélande, le *Veronica salicifolia*.

KOROSVEL (ADANS., *Fam. des pl.*, II, 442). Synonyme de *Delima* L.

KOROVIK. — Voy. BOROVIK.

KORRA (Noix de) Syn. de Noix de *Cola*.

KORRAT. Nom arabe (FORSK.) du Poireau (*Allium Porrum* L.).

KORRET EL AÏN. Nom arabe de la Berce commune et du Cresson.

KORSARIA (STEUD.). Pour *Kosaria* FORSK. (*Dorstenia*).

KORTHALS (P.-W.). Connu par ses explorations dans l'Inde néerlandaise, a écrit en 1839 des *Observationes de Naucleis indicis*, et en 1839-42, *Verhandelingen over d. natuurlijke Geschiedenis d. Nederlandsche*, etc. (*Cat. sc. pap.*, III, 736.)

Kopsia. — Port. Fleur, entière et coupe longitudinale. Fruit déhiscent. Graine.

KORTHALSIA (BL., *Rumphia*, II, 106, t. 130, fig. 2). Genre de Palmiers, de l'Océanie tropicale, rapproché des *Zalacca*, dans la série des Lépidocaryées, distingué par une tige allongée et grimpante, des feuilles à divisions trapéziformes, avec les nervures flabellées. Les fleurs sont en groupes amentiformes, pressés, sur les divisions de nombreux spadices vaginés, interposés aux feuilles. Ces fleurs sont dioïques ou peut-être hermaphrodites. Les feuilles sont pinnatiséquées. On en distingue une quinzaine d'espèces, dont quelques-unes sont cultivées. (MART., *Hist. nat. Palm.*, III, 210, 343, t. 172, fig. 1.) [H. BN.]

KORYCARPUS (ZEA, in *Act. matr.* [1806]. — LAGASC., *Elench. Hort. matrit.*, 4). Synonyme de *Diarrhena* RAFIN.

KOSAR. Nom donné par les Abyssins au *Dorstenia radiata* LAMK (*Kosaria Forskhalii* GMEL.), employé, dit-on, par eux avec succès au traitement de certaines dermatoses rebelles.

Kosaria. — Port.

KOSARIA (FORSK., *Fl. Æg.-arab.*, 164). Synon. de *Dorstenia*.

KOSATEC. — Voy. COSATEC.

KO-SHIOGAMA. Nom japonais du *Phtheirospermum chinense*.

KO-SHION. Nom japonais de l'*Aster hispidus* THUNB.

KOSHIRONE. Nom japonais du *Lycopus europæus* L.

KOSPOTH (K.-Freich. v.). Auteur [1802], à Erfurth, de *Beschreibung u. Abbildung aller in Deutschland Wildwachsenden Bäume u. Sträucher*, etc. (in-4, 5 1/2 plag., 1 tab.).

KOSS. Synonyme de *Josse*.

KO-SUMIRE. Nom japonais du *Viola prionantha* BGE.

KOSTÉLETSKYA (AD. BR.). Pour *Kosteletzkya* PRESL.

KOSTELETZKY (Vinc.-Fr.). Professeur à Prague, auteur [1824] d'un *Clavis* de la Flore de Bohême; d'un *Allgemeine medizinisch-pharmaceutische Flora*, etc. [1831-36], et d'un *Index plantarum Horti cæsarei botanici Pragensis* [1844], in-8, 144 p.

KOSTELETZKYA (PRESL, *Rel. Hænk.*, II, 130, t. 70). Genre de Malvacées, série des Ketmies, distingué par des loges ovariennes à un seul ovule et une capsule à 5 angles. Ce sont 7, 8 herbes ou arbustes, d'Amérique et de Madagascar, à feuilles anguleuses ou sagittées; à fleurs axillaires ou disposées en grappes terminales, simples ou composées. (H. BN, *Hist. des pl.*, IV, 151.)

KOSTRZEWSKI (Jak.). Auteur [1775] de : *De Gratiola* (in-8).

KOTCHUBEA (FISCH., ex *DC. Prodr.*, IV, 373). Genre de Rubiacées-Génipées, à fleurs dioïques. On ne connaît que les fruits drupacés, à 6, 7 noyaux monospermes, et les fleurs mâles qui ont un court réceptacle conique, un calice entier, une longue corolle infundibuliforme, coriace, à tube étroit et à limbe ordinairement partagé en 8 lobes épais, acuminés et tordus. L'androcée est formé de 8 étamines; et le centre de la fleur est occupé, quoiqu'il n'y ait pas d'ovaire, par un style à 2 lobes oblongs, papilleux. Le *K. insignis* FISCH., qui est le *Gardenia integra* A. RICH. (*Rubiac.*, 161) et le *Patima? laxiflora* BENTH., est un bel arbre glabre de la Guyane, à feuilles opposées, pétiolées, oblongues, avec stipules intrapétiolaires, connées en cupule, et à belles fleurs mâles réunies en cymes corymbiformes peu ramifiées. (Voy. *Hist. des pl.*, VII, 312, 436, fig. 302.) [H. BN.]

KO-TEN. Nom, en Chine, d'une Légumineuse (*Pueraria?*) dont les fibres servent à faire des toiles.

KO-TEN. Nom chinois du *Pachyrhizus Kæmpferi*.

KOTOJISO. Nom japonais du *Salvia nipponica* MIQ.

KOTREE-SEE. Nom japonais de la Coriandre.

KOTROKOTROBATO. Nom malgache du *Kitchingia miniata* BAK.

KOTSCHY (Theor.). Conservateur adjoint de l'herbier de Vienne, connu surtout par ses voyages d'exploration en Orient, mort en 1866, à l'âge de cinquante-trois ans, a écrit: *Die Eichen Europas u. d. Orients* [1858]; *Die vegetation und der Canal auf dem Isthmus von Suez* [1858]; *Die vegetat. d. westlichen Elbrus in Nordpersien* [1861]; *Die Sommerflora d. Antilibanon u. hohen Hermon* [1864]; *Der Libanon u. seine Alpenflora* [1864]; *De plantis nilotico-æthiopicis quas coll. Knoblecher* [1864]; *Plantæ Binderianæ niloticæ* [1865]; *Pl. Arabiæ*, etc. [1865]; *Plantæ Tinneanæ*, etc. [1867]. (*Cat. sc. pap.*, III, 738.)

KOTSCHYA (ENDL., *Stirp. nov. Dec.*, 4; *Iconogr.*, t. 125). Synonyme de *Smithia* AIT.

KOTSJILETTI (ADANS., *Fam. d. pl.*, II, 60). Syn. de *Xyris* L.

KOTZI (Ign.-Val.). Auteur [1776] d'un *De generibus plantarum* (in-8 de 30 p.).

KOTZU. Au Japon, le *Broussonetia papyrifera* VENT., qui sert à la fabrication de papiers, en général de qualité secondaire.

KOU. Nom hawaïen du *Cordia subcordata* LAMK.

KOUA. Nom mandingue (MUNGO-PARK) d'une Apocynée (*Echites?*) dont le suc sert à empoisonner les flèches et dont on enduit un brin de coton avec lequel on entoure le fer (DESVX).

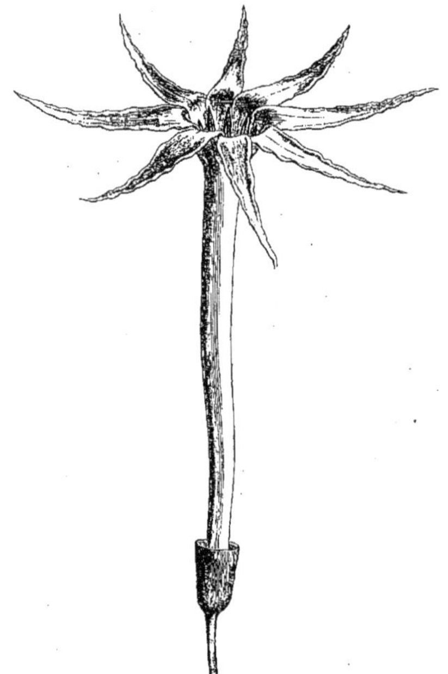

Kotchubea. — Fleur mâle.

KOUCH KOUMAX (littéralement, dit-on, la plante sur laquelle l'oiseau ne se perche pas). Nom turc de l'Asperge officinale.

KOU-CHU. Arbre chinois, indéterminé, dont le latex visqueux sert, dit-on, à appliquer l'or en feuilles, notamment sur le bois.

KOUDIRÉPIDOUKOU. Nom tamoul du *Sterculia fœtida* L.

KOUDU-KOUDU-BATOU. Nom malgache du *Kalanchoe miniata*.

KOUÉMÉ. A Zanzibar, le *Telfairia pedata* HOOK.

KOUIMP. Au Cap, l'*Hydnora africana* THUNB.

KOUKA. Dans l'Afrique centrale, l'un des noms du Baobab.

KOUKI (Κοῦκι). Nom (THÉOPHR.) du fruit du *Doum* (V. LORET).

KOUKOULOU. A la Guyane, l'*Hibiscus esculentus* L.

KOULEMBÉNÉ. Au Gabon, le *Combretum* (*Cacoucia*) *bracteatum*. (Voy. H. BN, in *Adansonia*, XI, 379.)

KOULIKA-PAKOU. Nom tamoul de l'*Areca Catechu* L.

KOULIRI. Nom tamoul du *Damasonium indicum* L.

KOULKAS. Nom égyptien (DEL.) du *Colocasia antiquorum* S.

KOUMANGO DE MÉNABÉ. L'*Erythrophlœum Couminga* H. BN.

KOUMIS, KOUTJING. A Java, l'*Orthosiphon stamineus*.

KOURÉ. Nom, à la Nouvelle-Calédonie, d'un *Laurus* (?) à très beau bois d'ébénisterie. (PANCH. et SIEB., *Bois N. Caléd.*, 178.)

KOURNERDOU. Nom indien de l'*Agapetes arborea* DC.

KOUROUSANIE-OMUM. En tamoul, les semences de la Jusquiame noire.

KOUSE. Sur l'Orégon, le *Peucedanum ambiguum*, plante qui produit, dit-on, une farine alimentaire.

KO-UTSUGI. Nom japonais du *Vaccinium hirtum* THUNB.

KOWAL. Nom, en Laponie, du *Melampyrum arvense* L.

KOWALEWSKIA (TURCZ., in *Bull. Mosc.* [1859], I, 263). Synonyme de *Clethra* L.

KOWHAI. Nom, à la Nouvelle-Zélande, du *Sophora tetraptera* AIT. (*Edwarsia grandiflora* SALISB.).

KOWHAI-NGUTUKAKA. A la N.-Zélande, le *Clianthus puniceus*.

KOWRIE. Synonyme de *Kauri*.

KOYA-BOKI. Nom japonais du *Pertya scandens* SCH. BIP.

KOYENDORO. Nom japonais de la Coriandre.

KOZAK A PRACHIEN (Joh.-Sophr.). Mort à Brême en 1865, auteur de : *Septimanæ horologii macrocosmi liber quartus de vegetabilium speciebus, partibus et signaturis* (in-4).

KRAFFT (G.-Wolfg.). Professeur de Tubinge [1701-1754], a écrit : *De vegetatione plantarum experimenta et consectaria*.

KRAFT (Joh.). Auteur [1711-94] d'un *Pomona austriaca*, etc.

KRALIKIA (COSS. et DUR., in *Bull. Soc. bot. Fr.*, XIV, 89). Genre de Graminées-Hordéées, fondé pour une herbe vivace d'Algérie, qui a une inflorescence rigide, grêle, chargée d'épillets 2-flores, avec 2 glumes, 2 glumelles carénées, 3-mucronées, 3 étamines et 2 styles plumeux. On l'a cependant rangée près des *Nardus*. [H. BN.]

KRALIKIA (SCH. BIP., in *Schweinf. Beitr. Fl. æthiop.*, 151). Synonyme de *Chiliocephalum*.

KRALITZ (Heinr.). A écrit [1636] un Catal. du Jardin de Leyde.

KRAMER (Joh.-G.-Heinr.). Médecin militaire à Temesmar, auteur, en 1728, d'un *Tentamen botanicum sive methodus Rivino-Tournefortiana*, etc. — W.-H. KRAMER a écrit à Vienne, en 1756, un *Elenchus vegetabilium et animalium per Austriam inferiorem observatorum* (in-8 de 400 p.).

KRAMÈRE. Nom français (LAMK) des *Krameria* LŒFL.

KRAMERIA (LŒFL., *It.*, 195. — L., *Gen.*, n. 161). Genre de la famille des Polygalacées, dont les fleurs sont irrégulières, résupinées et hermaphrodites. Leur réceptacle convexe porte quatre ou cinq sépales imbriqués, dont un antérieur enveloppant tous les autres, plus petits que lui, dans la préfloraison. Les pétales sont au nombre de trois, tous placés au côté postérieur de la fleur, étroits, surtout à la base, où ils sont unis en une portion commune plus ou moins allongée. Leur limbe, plus dilaté, est imbriqué de telle façon que les latéraux recouvrent, dans le bouton, le médian, qui peut même disparaître. Les étamines, monadelphes dans une étendue variable, sont aussi rejetées du côté postérieur de la fleur; il y en a ou bien quatre, dont deux antérieures, plus grandes, ou plus rarement trois, dont une médiane, plus courte, ou moins souvent encore cinq. Leurs filets, libres supérieurement, supportent chacun une anthère basifixe, à deux loges latérales, s'ouvrant toutes deux supérieurement dans une sorte d'entonnoir à bords dilatés et déchiquetés, qui se produit au sommet de l'anthère. Le gynécée est libre et supère. Son ovaire, qu'accompagnent à sa base deux larges glandes antérieures, squamiformes, charnues, aplaties, striées ou réticulées en dehors, a primitivement deux loges, dont une seule, l'antérieure, subsiste à l'âge adulte, contenant un placenta postérieur saillant, qui supporte deux ovules descendants, collatéraux, anatropes, à micropyle primitivement dirigé en haut et en avant. Le fruit est sec, à peu près globuleux, indéhiscent,

Krameria. — Rameau florifère. Fleurs, entière et coupe longitudinale. Diagramme. Fruit, entier et coupe longitudinale.

tout chargé en dehors d'aiguillons rigides terminés par des crocs réfléchis, et il renferme une seule graine dont les téguments

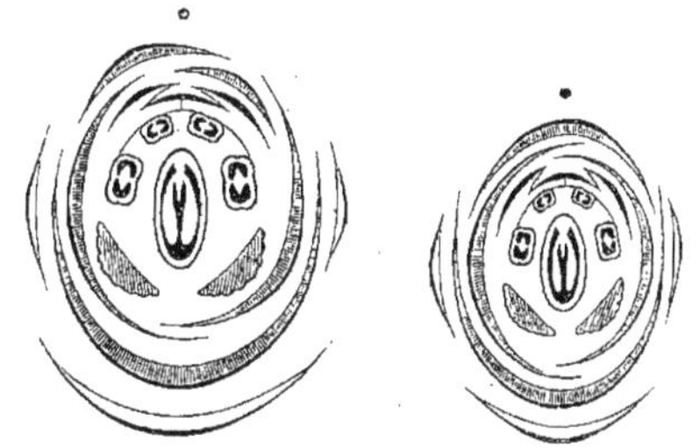

Krameria. — Diagrammes floraux.

recouvrent un embryon charnu et dépourvu d'albumen. Les cotylédons épais, plan-convexes, entourent de leur base auriculée une courte radicule supère. Les *Krameria* sont d'humbles arbustes qui croissent dans les régions chaudes des deux Amériques, du Mexique et des Antilles, jusqu'au Chili et au Brésil méridional. On en compte une douzaine d'espèces. Leurs racines, épaisses, ligneuses, colorées en rouge ou en brun, supportent

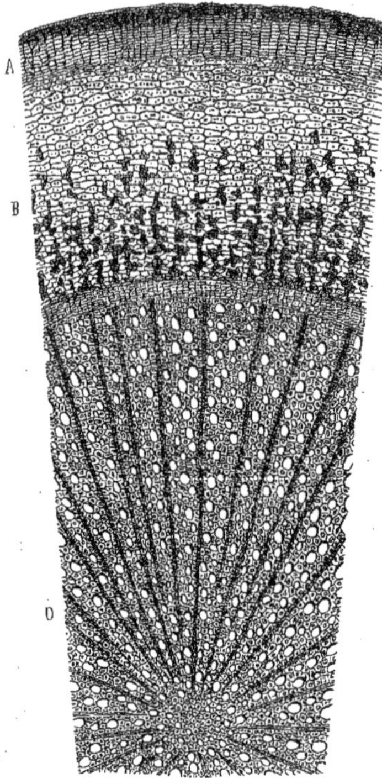

Krameria. — Tissu de la racine : A, suber. B, liber. D, bois.

des tiges grêles, ordinairement fort ramifiées. Les branches, couvertes d'un duvet blanchâtre, sont chargées de feuilles alternes, sans stipules, simples, sauf dans une seule espèce, le *K. cytisoides*, où beaucoup d'entre elles sont composées de trois

Krameria. — Fleur, entière et coupe longitudinale. Fleur, sans le calice.

folioles articulées. Les fleurs sont solitaires, dans l'aisselle des feuilles ou des bractées qui, succédant à celles-ci, occupent le sommet des rameaux; elles sont portées par un pédoncule plus ou moins allongé, chargé vers le milieu de sa hauteur de deux bractéoles latérales. Les espèces les plus célèbres du genre sont celles qui fournissent des *Ratanhia*, savoir : le *K. triandra* R. et PAV., du Pérou, qui fournit en effet le R. du Pérou ; le *K. ixina* LŒFL., dont les diverses formes, originaires des Antilles, du Mexique, du Vénézuela, du Brésil, donnent, entre autres, le R. de Savanilles ou de la Nouvelle-Grenade. Les *K. tomentosa* A. S. H., *grandifolia* BERG et *argentea* MART. se rapportent sans doute à cette espèce. Aux États-Unis et au Mexique, le *K. secundiflora* MOÇ. et LESS. (*K. lanceolata* TORR.) donne un *Ratanhia* brun qui n'est pas usité chez nous. (H. BN, in *Adansonia*, XI, 1; *Hist. des pl.*, V, 77, 92, fig. 113-123; *Tr. Bot. méd. phanér.*, 909, fig. 2626-2638.) [H. BN.]

KRAMERIACEÆ (DUMORT.), **KRAMERIEÆ** (REICHB.). — Voy. KRAMÉRIÉES.

KRAMÉRIÉES. Tribu ou série de la famille des Polygalacées, formée du seul genre *Krameria* LŒFL.

KRAMPORT. Nom scandinave du *Coronopus Ruellii* GÆRTN.

KRANZAST. En Allemagne, le *Cladostephus macrophyllus* AGH.

KRAOUEN. Nom breton du Noyer.

KRAPF (Karl v.). Auteur [1782] de : *Ausführliche Beschreib. d. in Unterrösterreich, sonderlich um Wien... Schwämme*, etc.

KRAPFIA (DC., *Syst.*, I, 228). Synonyme de *Ranunculus* T.

KRASCHENINIKOVIA, KRASCHENINNIKOWIA (FENZL). Pour *Krascheninikowia* TURCZ.

KRASCHENINIKOWIA (TURCZ., in *Endl. Gen.*, 968). Genre de Caryophyllacées, réduit avec raison à l'état de section dans le genre *Stellaria*, parce que ses fleurs inférieures sont dépourvues de corolle ou n'en ont que des rudiments, tandis que les supérieures ont des pétales bien développés, mais sont d'ordinaire stériles. (H. BN, *Hist. des pl.*, IX, 113.)

KRASCHENINNIKOWIA (GULDENST., in *N. Comm. petrop.*, XVI, 548, t. 17). Synonyme de *Eurotia* ADANS.

KRASNOI-KATRAN. Synonyme de *Katran.*

KRATZMANN (Ed.). Médecin de Teplitz [1810-1855], auteur de *Die Lehre von Samen der Pflanzen* (in-8 de 98 p. et 4 pl.).

KRAUER (J.-G.). Professeur à Lucerne [1794-1845], a écrit [1824] un *Prodromus Floræ lucernensis*, etc. (in-12 de 105 p.).

KRAUNHIA (RAFIN., in *Desvx Journ. bot.*, II [1809], 71). Synonyme de *Wistaria* NUTT.

KRAUSBEERE. Nom allemand de la Groseille à grappes.

KRAUSE. Pharmacien à Breslau, où il est mort en 1858, auteur de quelques opuscules (*Cat. sc. pap.*, III, 745). — Chr.-L. KRAUSE, jardinier à Berlin, où il est mort en 1773, a écrit un Catalogue des plantes dont les graines se vendaient de son temps. — J.-W. KRAUSE [1764-1842] est l'auteur d'un in-folio avec 48 pl., publié en 1835-37 : *Abbildungen und Beschreibung aller bis jetzt bekannten Getreidearten*, et en 1840 : *Das Getraidebuch oder neuste Wanderungen durch das wissensch. Gebiet d. Getraide.* — Rud.-W. KRAUSE, professeur à Iéna [1642-1718], a écrit : *De Rosa* [1674] ; *De studio botanico* [1681] ; *De signaturis vegetabilium* [1697] ; *De Cardamomis* [1704] ; *De naturæ in regno vegetabili lusibus* [1706]. — J.-C. KRAUSS est connu par ses *Icones* de plantes médicinales, publiés à Amsterdam, de 1796 à 1800, et dont Oskamp a écrit le texte. On lui doit aussi un *Afbeeldingen der... Boomen en Heesters*, etc. [1803-1808], dont les 21 fascicules ont une grande valeur commerciale.

KRAUSSIA (HARV., in *Hook. Lond. Journ.*, I, 21). Synonyme de *Hypobathrum* BL. (H. BN, in *Adansonia*, XII, 206).

KRAUSSIA (SCH. BIP., ex *Walp. Rep.*, II, 955). Synonyme de *Hänelia* WALP.

KRAUSSIELLA (H. BN, in *Adansonia*, XII, 204; *Hist. des plant.*, VII, 442). Section du genre *Hypobathrum* BL., à loges ovariennes seulement uniovulées.

KRAUT. Nom allemand du Chou et de divers herbes vulgaires, potagères et autres.

KREBS (F.-L.). Auteur [1827-35] de : *Wollständige Beschreibung und Abbildung der sämmtlichen Holzarten*, etc.

KREBSIA (ECKL. et ZEYH., *Enum.*, 170). Synon. de *Lotononis*.

KREBSIA (HARV., *Gen. south-afric. pl.*, ed. 2, 233). Synonyme (B. H., *Gen.*, II, 754) de *Gomphocarpus* R. BR.

KREBSBLUME. Nom allemand des Héliotropes.

KREIDEK (ADANS., *Fam. des pl.*, II, 225). Syn. de *Scoparia*.

KREMA GOENOENG. Nom sundaïque du *Nertera depressa* BANKS.

KREMERIA (DUR., in *Revue bot.*, I, 364). Synonyme de *Chrysanthemum* T. (H. BN, *Hist. des pl.*, VIII, 276.)

KREMERIA (COSS., in *Bull. Soc. bot. Fr.*, III, 671). Synonyme de *Muricaria* DESVX.

KREMPELHUBERIA (MASSAL., in HEUFL., *Crypt. Venet.*, 73). Synonyme de *Hystericum*.

KREN. En Illyrie, le Raifort sauvage.

KRENAI. En Lithuanie, le *Cochlearia Armoracia* L.

KRETZSCHMAR (Sam.). Mort à Dresde en 1774, auteur d'un *Beschreibung der in Dresden ohnlängst erzeugten Martyniæ annuæ villosæ; nebst einer Abhandlung*, etc. [1764].

KRETZSCHMARIA (FRIES, *Summ. veg. Scand.*, 409). Genre de Pyrénomycètes, voisin des *Hypoxylon*, à stroma cespiteux, se divisant en clavules courtes, noires, carbonacées, quelquefois brièvement ramifiées. Les thèques sont cylindriques, et les spores ovales-fusiformes, uniloculaires, fuligineuses. Une dizaine d'espèces, du Brésil, de Ceylan, de l'Afrique occidentale, de Bornéo et de la Nouvelle-Zélande, hantant les arbres pourris. [DE S.]

KREUPELBOOM. Nom que les colons du Cap donnent au *Leucospermum conocarpum* R. BR.

KREUZDORN. Nom allemand du Nerprun purgatif.

KREYSIG (Fried.-Ludw.). Médecin de Dresde [1769-1839], auteur [1796] de : *Momenta quædam vitæ vegetabilis cum animali convenientiam illustrantia* (in-4 de 8 p.).

KREYSIGIA (REICHB., *Icon. exot.*, III, 11, t. 229). Genre de Liliacées-Uvulariées, établi pour le *Schellamera multiflora* LODD. (*Bot. Cab.*, t. 1511), qui est aussi le *Tripladenia Cunninghami* DON, herbe vivace d'Australie; distingué par une tige simple, des fleurs axillaires et un périanthe 6-mère, étalé dès sa base. (*Bot. Mag.*, t. 3905.) [H. BN.]

KRIECHENDER ERDBOHRER. Nom allemand du *Voandzeia subterranea* DUP.-TH.

KRIGIA (SCHREB., *Gen.*, 532). Section du genre *Cichorium* T. (H. BN, *Hist. des plant.*, VIII, 20.)

KRIGIEÆ (SCH. BIP., in *Linnæa*, X, 256). Tribu des Composées-Cichoriées.

KRISHNALA. — Voy. GUNJA RACTICA.

KRISHUM. Nom de l'*Iris ensata* THUNB. (*Pallasii* FISCH.) qui, dans l'Inde, sert de fourrage aux moutons.

KROCKER (Ant.-J.). A écrit un *Flora silesiaca renovata*, etc. [1787-1823], en 4 vol. in-8. — Ant. KROCKER, de Breslau, publia en 1800 : *De plantarum epidermide*, avec préface de C. Sprengel. — Herm. KROCKER a aussi donné à Breslau [1833] un travail sur l'épiderme : *De plantarum epidermide Observationes*.

KROCKERIA (REICHB.). Pour *Krokeria* NECK.

KROEBER (Heinr.). A écrit [1830] : *Ueber Ruta graveolens*.

KROKERIA (NECK., *Elem.*, n. 1097). Synonyme de *Uvaria* L.

KROMADA. Arbre à fruit comestible (BELON), cultivé en Turquie.

KROMBHOLZ (Jul.-Vinc. v.). Mort à Prague en 1843, âgé de soixante et un ans, auteur de : *Conspectus fungorum esculentorum* [1821], et d'un *Traité sur les Champignons utiles, comestibles*, etc., publié à Prague de 1831 à 1847 (10 fasc. in-fol.).

KROMBHOLZIA (E. FOURN., in *Bull. Soc. bot. Belg.*, XV, 463). Synonyme de *Zeugites* SCHREB.

KROYER (Chr.-Karl). A publié [1761] : *De sexualitate plantarum ante Linnæum cognita* (in-4 de 12 p.).

KRUBERA (HOFFM., *Umbell.*, 103). Genre d'Ombellifères; section du genre *Capnophyllum* GÆRTN., à fruit ovale-oblong, comprimé par le dos, à bord des méricarpes très épais. (Voy. *Hist. des pl.*, VII, 212.) [H. BN.]

KRUEGER (Joh.-Fried.). Auteur en 1833, à Quedlimbourg, de *Lateinisch-deutsches Handwörterbuch der Botanischen Kunstsprache und Pflanzennamen*, et en 1835 de *Das Pflanzenreich*.

KRUEGERIA (SCOP., *Introd.*, 314). Synonyme de *Vouapa* AUBL.

KRUHSEA (REG., *Fl. Ajan*, 281). Syn. de *Streptopus* MICHX.

KRUING. Nom malais des *Dipterocarpus*.

KRULLFARRNBLATT. En Allemagne, le *Gincko biloba* L.

KRUMB. Synonyme de *Karumb*.

KRYNITZKIA (FISCH. et MEY., *Ind.* (7) *sem. Hort. petrop.*, 46). Synonyme de *Eritrichum* SCHRAD. (B. H., *Gen.*, II, 851. — A. GRAY, *Bot. Contr.* [1884], 85.)

KRYOBLASTI (KŒRB., *Syst. Lich. german.*, XXII). Ordre des Lichens-Hétéromériciés, comprenant les familles des *Lecanoreæ*, *Lecideæ*, *Boeomyceæ*, *Graphideæ*, *Calycieæ*, *Dacampieæ*, *Hymenelieæ*, *Vemicarieæ* et *Pertusarieæ*.

KTENOSACHNE (STEUD., *Syn. pl. glumac.*, I, 150). Genre de Graminées, rapporté avec doute (B. H., *Gen.*, III, 1155) aux *Prionachne* NEES.

KTENOSPERMUM (LEHM., *Del. sem. Hort. hamburg.* [1837]). Synonyme de *Pectocarya* DC.

KUA (RHEED., *Hort. malab.*, IX, t. 7). Synonyme de *Curcuma* (MEDIC., in *Act. Ac. Theod.-Palat. Phys.*, VI [1790], 394).

KUALA (KARST. et TRI., ex B. H., *Gen.*, I, 300). Synonyme de *Esenbeckia* NEES.

KUARA. Graines de l'*Erythrina Corallodendron* L.

KUCHILA. Nom bengalais du *Strychnos Nux vomica* L.

KUCHINAWA ICHIGO. Nom japonais du *Fragaria indica* ANDR.

KUCHINAWA JOGO. Nom japonais du *Pellionia involucrata* FR.

KUCHOO. Nom sanscrit du *Colocasia antiquorum* SCHOTT.

KUDDA-MULLA. Nom indien du Sambac.

KUDOO. Nom sanscrit (ROXB.) du *Lagenaria vulgaris* SER.

KUDZU. Au Japon, le *Pueraria Thunbergiana* BENTH.

KUECHELBECKER (Georg.-Gottl.). Auteur [1756] de : *De spinis plantarum* (in-4 de 36 p.), publié à Leipzig.

KUEHWA. Nom arabe du Caféier.

KUEMA (ADANS., *Fam. des plant.* [1763]). Dénomination qui paraît devoir s'appliquer aux Agarics du groupe des Pleurotes.

KUENI. Nom, dans l'Inde, du suc astringent du *Butea frondosa*.

KUERTA ADAGI. Nom de la Carotte, en Abyssinie.

KUETZINGIA (SOND., *Alg. Preissianæ*, 37). Genre d'Algues-Floridées, de la famille des Rytiphlœacées, d'après Kützing, caractérisé par une fronde plane, coriace, à côte distique, pinnée. L'axe central longitudinal est entouré de cellules très petites; puis se voient d'autres cellules grandes, vides, coordonnées transversalement, et formant le strate intermédiaire du parenchyme. Les cellules corticales et sous-corticales sont très petites et forment plusieurs couches; les plus petites, très resserrées, sont les cellules superficielles. Les tétrachocarpes globuleux, avec des spores divisées en quatre et bisériées, sont fixés dans des carpostomes près de la côte médiane et à la face inférieure de l'Algue. Les cystocarpes sont inconnus. Une seule espèce, de la Nouvelle-Hollande, constitue ce genre. [CH. M.]

KUGELDISTEL. Nom allemand des *Echinops* L.

KUGELSTRAUCH. Nom allemand du *Cæsalpinia* (*Guil.*) *Bonduc*.

KUGIA (BERTERO, ex ENDL., *Gen.*, 1334). Genre non décrit.

KUHLIA (H. B. K., *Nov. gen. et spec.*, VII, 234, t. 652, 653). Genre de Bixacées-Banarées, distingué par un calice imbriqué, à 3, 4 divisions; 3, 4 pétales, et un fruit coriace. Ce sont 2, 3 arbres de la Colombie, à feuilles alternes, pourvues de serratures glanduleuses. (H. BN, *Hist. des plant.*, IV, 311.)

KUHLIA (BL., *Bijdr.*, 777). Synonyme de *Fagræa* THUNB.

KUHNIA (L., *Gen.*, n. 237). Genre de Composées (dans lequel nous avons fait rentrer le genre *Liatris* SCHREB.) et qui appartient aux Eupatoriées. Il a des fleurs 1-morphes, à corolle 5-fide et valvaire; un fruit 10-costé, à soies de l'aigrette nombreuses, scabres, barbelées ou plumeuses. Ce sont environ 25 herbes vivaces, de l'Amérique du Nord, à feuilles alternes; à capitules en cymes racémiformes ou corymbiformes; l'involucre formé de nombreuses bractées, d'autant plus courtes qu'elles sont plus extérieures. On en cultive de jolies espèces dans les jardins botaniques. (H. BN, *Hist. des pl.*, VIII, 131.)

KUHNIEÆ (SCHULTZ BIP., in *Flora* [1850], 420). Division des Composées-Eupatoriacées

KUHNISTERA (LAMK, *Dict.*, III, 370). Synonyme de *Petalostemon* MICHX. Endlicher écrit *Kuhnistra*.

KUIAKOWSKA (J. v.). Auteur [1823], à Vienne, de : *Erste Anfangsgründe d. Botanik in Briefen* (in-8 de 87 p. et 1 pl.).

KUIEP. A la Nouvelle-Calédonie, le *Gardenia Urvillei* MONTR.

KUJAKUSO. Nom japonais du *Tagetes patula* L.

KUJIRAGUSA. Nom japonais du *Sisymbrium Sophia* L.

KUKAI-SO. Nom japonais du *Veronica virginica* L.

KUKASUGIKADSURA. Au Japon, l'*Asparagus lucidus* LINDL.

KU-KUI. A Noukahiva, l'*Aleurites moluccana* W.

KUKUKSSPEICHEL. En Allemagne, le *Nostoc commune* VAUCH.

KUKUMMER. Nom allemand du Concombre.

KULIT-LAWANG (Écorce-Giroflée). Nom malais du *Culilawan*.

KULLAK. A Madura, l'*Anomianthus heterophyllus* ZOLL.

KULLBERG (Dan.). Pasteur à Winberg, a écrit [1796] : *De affinitate generum plantarum in classibus Systematis Linnæi*.

KULLHEMIA (KARST., *Symb. myc. Fenn.*, IV, 182). La seule espèce décrite de ce genre de Sphériacées, démembré des *Dothidea*, habite le vieux bois de Tremble ou de Saule, en Suède, Norvège et Allemagne. Le *K. moriformis* présente un stroma subglobuleux, noirâtre, tuberculeux, de consistance cornée. A l'intérieur sont des thèques claviformes et des paraphyses filiformes, ténues; des spores distiques allongées, hyalines. [DE S.]

KULM (Joh.-Ad.), dont le nom latinisé est *Kulmus* [1689-1745], professeur à Dantzig, a écrit : *De plantis carumque nutritione* [1728], et *De literis in ligno Fagi repertis* [1730], in-4 de 29 p.

KULPAHOOOCHUM. Nom sanscrit du *Borassus dichotoma* WH.

KUMA. Nom persan du *Peucedanum ovinum* H. BN.

KUMAGAYESO. Au Japon, le *Cypripedium japonicum* THUNB.

KUMALAK. Nom tartare du Houblon.

KUMARA (MEDIK., *Theod.*, 69, t. 4). Synonyme de *Aloe* L. (*A. plicatilis* MILL.).

KUMARA. A la Nouvelle-Zélande, l'*Ipomœa chrysorrhiza*.

KUMATAKE-RAN. Nom japonais de l'*Alpinia Galanga* W.

KUMATSUDZURA. Nom japonais de la Verveine officinale.

KUMBANZO. Sur le Zambèze, l'*Holarrhena febrifuga* KL., succédané, dit-on, dans cette région, du Quinquina.

KUMBAYA (ENDL., *Gen.*, 562). Section du genre *Gardenia* L. (*Genipa*); synonyme de *Bertucchia* DENNST.

KUMMEL. Nom allemand du Carvi et aussi du Cumin.

KUMMERIA (MART., *Herb. Fl. bras.* [1837], n. 1276). Genre de Térébinthacées-Mappiées, à 5 pétales valvaires, à 5 étamines, et à ovaire 2-ovulé, surmonté d'un style épais et discoïde. Le fruit est drupacé, comme celui des *Lasianthera* dont ce genre a presque tous les caractères. Le *K. brasiliensis* MART. (*Discophora guianensis* MIERS) est un arbre à feuilles alternes, à fleurs disposées en grappes composées, cymigères et axillaires. (H. BN, *Hist. des pl.*, V, 279, 330.)

KUMOCHIRISO, KUMOKIRISO. Au Japon, le *Liparis nervosa* L.

KUMQUAT. Synonyme de *Kinhan*.

KUM-QUAT. Nom indigène du *Citrus japonica* THUNB.

KUNDA. Nom sanscrit des *Amorphophallus* BL.

KUNDAMANNIA (STEUD.). Pour *Kundmannia* SCOP.

KUNDAR-RUMI. Nom, dans l'Inde, du Mastic du Lentisque.

KUNDARUM. Nom persan du faux mastic du *Pistacia cabulica*.

KUNDMANNIA (SCOP., *Introd.*, 116). Section du genre *Athamantha* L., à sépales obtus, à côtes primaires dures, épaisses, à sommet du fruit un peu obtus. (H. BN, *Hist. des pl.*, VII, 219.)

KUNIE. Nom français (LAMK) des *Kuhnia* L.

KUNTH (Ch.-Sigism.). Né à Leipzig en 1788 et suicidé en 1850 à Berlin, où il était professeur et directeur du Jardin botanique, débuta [1813] par un *Flora berolinensis*. Il fut ensuite associé à la grande publication des plantes recueillies par Humboldt et Bonpland dans leur célèbre voyage de l'Amérique équinoxiale. En 1819-24, il en rédigea les Mimosées et autres Légumineuses; en 1822-25, un *Synopsis* des plantes par eux récoltées; en 1815-25, les *Nova genera et species plantarum æquinoctialium*, etc. (7 vol. in-fol.) à la rédaction desquels il prit une part prépondérante. Il avait, en 1822, donné une revue des Malvacées, Buettnériées et Tiliacées, établissant à ce propos la famille des Bixinées. En 1831 parut son *Handbuch der Botanik*, traduit en hollandais; puis, en 1831, *Vier botanische Abhandlungen*, et en 1832, *Zwei botanische Abhandlungen*. En 1834, il publia un traité sur la Pharmacopée prussienne. En 1833-50, il mit au jour une portion de l'immense œuvre dont il avait conçu le plan sous le titre de : *Enumeratio plantarum omnium hucusque cognitarum*, etc. Quatre volumes seulement furent publiés, comprenant la plupart des Monocotylédones. En 1835, avait paru une *Distribution méthodique des Graminées*. En 1840, fut publié un opuscule sur les Pipéracées; en 1842, un autre sur le genre *Eichornia*; en 1817, un *Lehrbuch der Botanik* (in-8), dont la première partie fut seule éditée. (*Cat. sc. pap.*, III, 773.)

KUNTHIA (H. B., *Pl. æquin.*, II, 128, t. 122). Synonyme de *Nunnerhazia* R. et PAV.

KUNTHIA (DENNST., *Schl. Hort. malab.*, IV, 33). Synonyme de *Garuga* ROXB.

KUNTIA (DUMORT.). Pour *Kunthia* H. B.

KUNZE (Gustav.). Professeur de Leipzig [1793-1851], auteur des *Plantarum acotyledonearum Africæ australioris*, des *Analecta pteridographica* et de *Farrenkräuter in colorirten Abbildungen*, etc. [1848-51]. En 1840-50, il publia des Suppléments sur les *Carex*; en 1844, un *Chloris austro-hispanica*; en 1850, un *Index Filicum*. — K.-Seb.-Heinr. KUNZE [1774-1820] fut l'auteur de : *Deutschlands Kryptogamische Gewächse* [1795], in-8 de 102 p.; il enseignait la botanique à Flensburg.

KUNZEA (ENDL.). Pour *Kunzia* SPRENG.

KUNZEA (REICHB., *Consp.*, 175). Genre de Myrtacées australiennes, voisin des *Callistemon*, distingué par un calice d'ordinaire persistant, un ovaire à 2-5 loges, avec des ovules 2-∞-sériés et des graines descendantes. Ce sont une quinzaine d'arbustes, souvent éricoïdes, à feuilles alternes, à fleurs solitaires ou rapprochées en capitules. Quelques espèces élégantes de ce genre sont cultivées dans nos serres. (H. BN, *Hist. des pl.*, VI, 361.)

KUNZEEÆ (REICHB., *Nom.*, 176). Section des Mélaleucées.

KUNZIA (SPRENG., *Anl.*, II, p. II, 869). Synon. de *Purshia* DC.

KURAGI. — Voy. TAKI.

KURARA. Nom japonais du *Sophora angustifolia* S. et ZUCC.

KURDOO. A Pinang, le *Seaforthia malagana* MART.

KURENO-OMO. Nom japonais du Fenouil.

KURI. Nom japonais du Châtaignier.

KURIKURI. Nom indigène de l'*Aciphylla Colensoi*.

KURINSO. Nom japonais du *Primula japonica* A. GRAY.

KURKOLAM. Nom tamoul de l'*Illicium anisatum* L.

KURKUTI. Au Bengale, le *Licuala peltata* ROXB.

KURNÉ-KÉMAR. Synonyme de *Khora-kema*.

KURO-GIBIOSI. Nom japonais du *Funkia Sieboldiana* HOOK.

KUROKUMOSO. Nom japonais du *Saxifraga fusca* MAY.

KURO-SHOMA. Synonyme de *Sarashina-soma*.

KURO-YURI. Au Japon, le *Fritillaria kamschatcensis* GAWL.

KURR (Joh.-Gottl.). Professeur à Stuttgard [1798-1870], a écrit un Traité des Nectaires [1838], et *Beiträge zur fossilen Flora der Juraformation Würtembergs* [1845], in-4 de 21 p.

KURRATH. Nom arabe (EBN BAITHAR) du Poireau.

KURRIA (HOCHST. et STEUD., in *Flora* [1842], 233). Synonyme de *Hymenodictyon* WALL.

KURRIMIA (WALL., *Cat.*, n. 4334). Genre de Célastracées-Célastrées, distingué par son gynécée libre; l'ovaire barbu au sommet et 2-loculaire; les loges 2-ovulées, à ovules ascendants, et 2 branches stylaires. Ce sont 3 arbres de l'Asie et de l'Océanie tropicales, à feuilles alternes, à fleurs disposées en grappes axillaires, simples ou composées. (H. BN, *Hist. des pl.*, VI, 39.)

KURROO. Nom himalayen de plusieurs Gentianes.

KURST. En Arabie, le *Costus arabicus* L.

KURTAROO. Nom sanscrit (ROXB.) des *Lagenaria* SER.

KURUMA-BANA. Nom japonais du *Calamintha chinensis* L.

KURUMABA-SO. Nom japonais de l'*Asperula odorata* L.

KURUMABA-TSUKUBANESO. Le *Paris hexaphylla* CHAM.

KURUMA-GANPI. Nom japonais du *Lychnis grandiflora* JACQ., variété à feuilles verticillées.

KURUMA-GIKU. Nom japonais de l'*Aster hispidus* THUNB.

KURUMA-HAGUMA. Le *Macroclinidium verticillatum.*

KURUMA-YURI. Nom japonais du *Lilium medeoloides* A. GRAY.

KURUP. Synonyme de *Kurkuti.*

KURZ (Sulpiz). Auteur, en 1867, d'un *Report on the vegetation of the Andaman Islands*, réimprimé à Calcutta en 1870, aux frais du gouvernement anglais, avec des additions. S. Kurz, mort trop jeune, très laborieux, a beaucoup contribué à nos connaissances sur la flore de l'Asie et de l'Océanie tropicales.

KUSA-AJISAI. Au Japon, le *Cardiandra alternifolia* S. et ZUCC.

KUSA-BIYO. Nom japonais de l'*Hypericum Ascyron* L.

KUSA-FUGI. Nom japonais du *Vicia Cracca* L.

KUSA-GAKU. Au Japon, le *Cardiandra alternifolia* S. et ZUCC.

KUSA-GI. Nom japonais du *Clerodendron trichotomum* THUNB.

KUSA-MAO. Nom japonais du *Boehmaria nivea*, var. *herbacea.*

KUSA-NEMU. Nom japonais du *Cassia mimosoides* L.

KUSANO-O. Nom japonais du *Chelidonium majus* L.

KUSA-REDAMA. Nom japonais du *Lysimachia davurica* LED.

KUSA-RENGE. L'*Actæa (Anemonopsis) macrophylla* H. BN.

KUSA-TACHIBANA. Nom japonais d'un *Vincetoxicum.*

KUSA-VATSUDE. Nom japonais de l'*Ainsliæa uniflora* SCH. BIP.

KUSHMUL. Dans l'Inde, le *Berberis Lycium* ROYL.

KUSO-NINJIN. Nom japonais de l'*Artemisia annua* L.

KUSSEMETH. Nom hébreu de l'Épeautre.

KUSTERA (REG., in *Gartenflora*, VI, 345). Synonyme (B. H., *Gen.*, II, 1111) de *Beloperone* NEES.

KUTAJA. Nom sanscrit du *Wrightia antidysenterica* R. BR.

KUTAKAN. Nom indien de l'*Hydrocotyle asiatica* L.

KUTAKAN (*Codagam*). L'*Hydrocotyle asiatica* L.

KUTAN. Nom persan (ROYLE) du Lin.

KUTCHUBÆA (FISCH.). Pour *Kotchubœa* FISCH. (p. 179).

KUTELEGEE. Au Bengale, le *Cæsalpinia (Guil.) Bonducella.*

KUTHAR-CHARA. Synonyme de *Kidar Patri.*

KUTNA. Nom bohême du Cognassier.

KUTOO-TOMBEE (ROXB.). Variété de *Lagenaria vulgaris* SER.

KUTRELLOO. Nom vernaculaire du *Guizotia abyssinica* CASS.

KUTSCHI-NASI GUSA. Le *Monochasma Sheareri* MAXIM.

KUTS-YELOO. Nom vernaculaire du *Guizotia abyssinica* CASS.

KUUNGIRD. Nom persan d'une variété de Dattier.

KUWADZU-IMO. Nom japonais du *Richardia africana* K.

KUWAGATA. Nom japonais des Véroniques.

KUWAGATA-SO. Nom japonais du *Veronica cana* WALL.

KUWAI. Nom japonais du *Sagittaria sagittata* L., var. *edulis.*

KUWA-KUSA. Nom japonais du *Fatoua aspera* GAUDICH.

KUYPER (J.-A.-B.). A écrit à Breda [1826], *Eerste naamlijst v. zightb. plaanten welcke in de omstreken v. Breda gevonden.*

KWA, KOK ZJOU TSJO. Noms japonais, d'après Miquel, du *Broussonetia papyrifera* VENT.

KWUGAI-SAI. Nom japonais du *Porophyllum japonicum* DC.

KYAR. Nom persan (ROXB.) du Concombre.

KYBER (Dav.). Médecin de Strasbourg [1525-1553], est l'auteur d'un curieux livre, publié l'année de sa mort et intitulé : *Lexicon rei herbariæ trilingue ex variis qui de stirpium historia scripserunt authoribus concinnatum*, etc. (in-8 de 548 p.).

KYBERIA (NECK., *Elem.*, I, 42). Synonyme de *Bellis* L.

KYDIA (ROXB., *Pl. corom.*, III, 11, t. 215, 216). Genre de Malvacées-Malvées, à fleurs unisexuées, accompagnées d'un calicule de 4-6 folioles, avec un calice 5-fide et des étamines 5-adelphes. Le gynécée est formé d'un ovaire à 2, 3 loges, avec 2 ovules ascendants dans chacune d'elles, et le fruit est loculicide. Ce sont 2, 3 arbres indiens, à poils étoilés, à feuilles entières ou lobées, digitinerves. (WIGHT, *Icon.*, t. 879-881. — H. BN, *Hist. des pl.*, IV, 88, 144.)

KYLINGA (RŒM. et SCHULT.). Pour *Kyllingia* ROTTB.

KYLLING (Peder). Mort à Copenhague en 1696, à 56 ans, a écrit un *Viridarium danicum*, etc. [1688], in-4 de 174 p.

KYLLINGIA (ROTTB., *Descr. et ic. pl.*, 12, t. 14). Genre de Cypéracées-Scirpées, distingué par des épillets à 1, 2 fleurs, avec 3 glumes : les 2 supérieures plus grandes que l'inférieure. Elles enveloppent étroitement les fleurs et une quatrième écaille vide, ou une fleur mâle. L'ovaire ne porte pas de soies hypogynes. Les fleurs sont terminales, et l'inflorescence est capituliforme. Les 20-25 espèces de ce genre habitent toutes les régions chaudes du globe. (BŒCKEL., in *Linnæa*, XXXV, 403. — B. H., *Gen.*, III, 1045.) [H. BN.]

KYLLINGOIDES. Section (B. H., *Gen.*, III, 1054) du genre *Ascolepis* NEES.

KYMAPLEURA (NUTT., in *Trans. Amer. Phil.*, ser. 2, VII). Synonyme de *Troximon* NUTT.

KYNDEL. Nom scandinave de la Sarriette potagère.

KYPHI. Mélange de Myrrhe, encens et autres aromates, employé par les anciens Égyptiens pour les embaumements, etc.

KYPHOCARPA (FENZL, in *Linnæa*, XVII, 323). Section du genre *Sericocoma* FENZL.

KYRLIK. Nom russe du *Polygonum tataricum* L.

KYRSTENIA (NECK., *Elem.*, I, 81). Synonyme de *Eupatorium.*

KYRTANDRA (GMEL. — BLANCO). Pour *Cyrtandra* FORST.

KYRTANTHUS (GMEL., *Syst.*, 362). Synonyme de *Cyrtanthus* SCHREB. (*Posoqueria*).

KYRTENIA (NECK., *Elem.*, I, 81). Genre de *Siphoniphyti*, distingué des *Eupatorium* ; synonyme (?) de *Batschia* MŒNCH.

L

LAAMANAK. Nom scandinave du *Rubus Chamæmorus* L.

LABAN-SHEHERI. Le *Boswellia Carteri* BIRDW.

LABAT (Le P. J.-B.). Né à Paris, en 1663, dominicain, voyagea aux Antilles et publia, en 1722, son *Nouveau voyage aux îles de l'Amérique*, contenant l'histoire naturelle de ce pays (6 vol. in-12). Il mourut en 1738. — **LABAT** (Léon), médecin français [1803-1847], fut conseiller aulique en Perse, où il prit le nom de *Mirza Labat Khan*, et publia en 1834 un mémoire sur l'irritabilité des plantes, l'analogie qu'elle présente avec la sensibilité organique des animaux, etc. (in-8 de 188 p.).

LABATIA (SCOP., *Introd.*, 197). Synonyme de *Ilex* L.

LABATIA (SW., *Prodr.*, 32; *Fl. ind. occ.*, I, 273, t. 6). Synonyme de *Pouteria* AUBL.

LABATIA (MART., *Nov. gen. et spec.*, II, 70, t. 161, 162). Genre de Sapotacées, mal défini, distingué actuellement par des fleurs 4-mères, à calice 2-sérié; les pièces extérieures subvalvaires, et les intérieures plus minces, enveloppées. Il y a 4 étamines fertiles et 4 staminodes attachés sous les lobes de la corolle. Le fruit est, dit-on, une grosse baie, et les graines ont un testa ligneux, sans albumen. Ce sont 3 arbres de l'Amérique tropicale, à suc laiteux, à feuilles rapprochées du sommet des rameaux, avec des veines transversales. Les fleurs occupent, en fascicules, l'aisselle des feuilles tombées. (MIQ., in *Mart. Fl. bras.*, VII, 61, t. 24.) [H. BN.]

LABAYO. Aux Philippines, le *Commersonia platyphylla* AND.

LABDANUM. — Voy. LADANUM.

LABELLE. Pétale de forme et de taille, souvent de coloration spéciale, qui occupe la ligne médiane de la fleur des Orchidées et qui est finalement antérieur et descendant dans celles qui sont résupinées. Sa configuration est très variable. Dans les Dicotylédones, une division du périanthe a quelquefois aussi reçu ce nom. Dans les Zingibéracées, le labelle, simple ou double, a pour origine une portion pétaloïde de l'androcée.

LABEN. *Calophyllum* (?) malgache, à graine comestible.

LABER. Synonyme (SÉRAPION) d'Aloès.

LABEUM (FRIES, *Obs. myc.*, I, 120). Section du genre *Polyporus* (*P. frondosus*, *giganteus*, *lucidus*, *platyporus*, etc.).

LABI, LIBBIE. Noms du *Metroxylon Rumphii* MART.

LABIACEÆ (NECK.), **LABIATÆ** (B. JUSS. — A.-L. JUSS., *Gen.*, 110), **LABIATI** (J.). — Voy. LABIÉES.

LABIALES (LINDL., *Nix. plant.*, 30). Groupe comprenant les Labiées, Verbénacées, Myoporinées, Sélaginées et Stilbées.

LABIATIFLORES. Les Composées à corolle bilabiée.

LABICHEA (GAUDICH., in *Freycin. Voy.*, 485, t. 112). Genre de Légumineuses-Cæsalpiniées, voisin des *Cassia*, distingué par un androcée diandre, avec filets courts et anthères déhiscentes par 2 pores. Ce sont 5 arbustes ou sous-arbrisseaux d'Australie, à feuilles imparipennées, subdigitées ou unifoliolées, à fleurs

Labichea. — Fleur, entière et coupe longitudinale.

jaunes, en grappes axillaires et pauciflores. Ils sont quelquefois cultivés. (H. BN, *Hist. des pl.*, II, 129, 188, fig. 106, 107.)

LABIÉES (*Labiatæ*). Famille de Dicotylédones-gamopétales, caractérisée en général par des branches jeunes carrées, des feuilles opposées, une corolle labiée, un androcée didyname et un tétrachaine, avec style gynobasique. Ce sont en général des plantes odorantes, riches en huile essentielle et douées de propriétés stimulantes. On peut se faire une idée de leur organisation en général, en étudiant chez nous l'Ortie blanche, la Sauge, les Menthes, la Mélisse, etc. (voy. LAMIER, etc.).

LABIENA (LINDL., *Orchid. Gen.*, 284, 292). Section du genre *Platanthera*, rapporté parfois aux *Habenaria*.

LABILLARDIERA (RŒM. et SCH., *Syst.*, V, 330). Synonyme de *Billardiera* SM.

LA BILLARDIÈRE (Jacq.-Julien Houton de). Né à Alençon en 1755, mort à Paris en 1834, fut désigné pour prendre part comme naturaliste au voyage à la recherche de La Pérouse prescrit par l'Assemblée constituante, et en publia la relation en 1799 (2 vol. avec atlas). En 1804-1806, il donna 2 vol. de *Novæ-Hollandiæ plantarum Specimen*, puis en 1791-1802, ses *Icones plantarum Syriæ rariorum*. Il avait fait un court séjour en Nouvelle-Calédonie et fit le premier [1824-25] connaître la flore de cette île dans un beau volume intitulé : *Sertum austro-caledonicum* (in-4 de 83 p. et 80 pl.). Son herbier faisait partie des riches collections Delessert. La Billardière fut membre de l'Académie des sciences. (*Cat. sc. pap.*, III, 784.)

LABIOSUS. Corolle dialypétale, qui a la forme bilabiée.

LABISIA (LINDL., in *Bot. Reg.* [1845], t. 48). Genre de Primulacées-Myrsinées, distingué par une corolle indupliquée, dont les lobes enveloppent les étamines. Le fruit est drupacé. Ce sont 3, 4 arbustes de l'archipel Malais, à port de *Pothos*, à fleurs fasciculées sur l'axe d'une grappe terminale. Presque toutes les parties de ces plantes sont résineuses. [H. BN.]

LABIUM. — Voy. LÈVRE. D'où *Labiée* (voy. COROLLE).

LABKA. En Hongrie, l'un des noms du *Plantago major* L.

LABLAB. — Voy. DOLICHOS.

LABLAVIA (LOUD., ex STEUD., *Nom.*, II, 1). Synonyme de *Lablab* ADANS.

LABNI. Aux Philippines, le *Calamus maximus* BLANCO.

LABNIS. Nom, aux Philippines, des *Boehmeria*.

LABORDIA (GAUDICH., in *Freycin. Voy.*, *Bot.*, 449, t. 60). Section du genre *Geniostoma* FORST. [H. BN.]

LABORDIEÆ (ENDL., *Gen.*, 575). Tribu des Strychnées. C'est pour nous une portion des Géniostomées. [H. BN.]

LABOU-AYER. Nom malais des *Lagenaria*.

LABOUCHERIA (F. MUELL., in *Journ. Linn. Soc.*, III, 158). Synonyme de *Erythrophlœum* AFZEL.

LABOULBENIA (ROB., *Hist. nat. vég. paras.*, 622). Genre de Sphéropsidés, parasite sur des insectes, à périthèce membraneux, claviforme, brun, supporté par un pédicule clair et s'ouvrant au sommet par un ostiole d'où s'échappent des spores hyalines et allongées. [DE S.]

LABOURDONNÆA (WITTST., *Et.*). Pour *Labourdonnaisia* BOJ.

LABOURDONNAISIA (BOJ., in *Mém. Soc. phys. Genèv.*, IX, 294, c. icon.). Genre de Sapotacées, comprenant 6, 7 espèces des îles orientales de l'Afrique tropicale, mal défini et formé d'arbres à fleurs pourvues de 6 sépales, de corolles à 12-18 divisions, avec même nombre d'étamines. Le fruit est une baie à 6 loges (ou moins par avortement), et les graines ont un albumen corné. Les fleurs sont axillaires et longuement stipitées (A. DC., *Prodr.*, VIII, 194). Ce genre a besoin d'une revision soignée. [H. BN.]

LABOURDONNEIA (REICHB.). Pour *Labourdonnaisia* BOJ.

LABRADIA (SWIED., *Mat. med.*, n. 394). Synon. de *Mucuna*.

LABRAMIA (A. DC., *Prodr.*, VIII, 672). Genre de Sapotacées, de valeur douteuse, établi pour un arbre des îles Mascareignes, voisin des *Labourdonnaisia*, mais distingué par les divisions des lobes extérieurs de sa corolle, 6 étamines seulement et un ovaire 2-loculaire. [H. BN.]

LABRELLA (FR., *Syst. orb. veg.*, I, 364). Genre de Sphéropsidés, voisin des *Leptostroma*, à périthèces globuleux, noirs, immergés dans l'épiderme, s'ouvrant par une fente. Les spores hyalines sont globuleuses, oblongues ou fusiformes. Une dizaine d'espèces habitent sur des feuilles, tiges ou rameaux. [DE S.]

LABRELLEI (LÉV., in *Dict. d'Orb.*, VIII, 492). Section des Champignons-Endoclinés.

LABRELLULINI (CORDA, *Icon. Fung.*, V, 35; *Anleit.*, 146). Section des Phragmotrichiés, à spores uniloculaires (genres *Labrella*, *Endotrichum*, *Schizoxylon*, *Schizothecium*).

LABRUM VENERIS (MATTH.). Le *Dipsacus fullonum* L.

LABRUSCA. Pour les Latins, la Vigne sauvage.

LABUN. Nom arabe, dit-on, du *Ladanum*.

LABUNITA. En Syrie, l'Oliban.

LABURNOIDES (BUEK, *Ind. Cand.*, I, 201). Pour *Alburnoides*.

LABURNUM (BAUH. — RIV. — GRISEB., *Spic. Fl. rumel.*, I, 7). Genre qui a dû être établi pour les Cytises dits Faux-Ebéniers, parce que leur graine n'a pas d'arille. Ce n'est pour nous qu'une section du genre *Genista*. (H. BN, in *Bull. Soc. Linn. Par.*, 325; *Tr. Bot. méd. phanér.*, 663.)

LABURNUM. Nom donné à l'*Edwarsia pulchella*.

LABYRINTHE-ÉTRILLE. Nom du *Dædalea quercina* PERS.

LACÆNA (LINDL., *Bot. Reg.* [1843], *Misc.*, 68; [1844], t. 50). Genre d'Orchidacées-Vandées, de l'Amérique centrale, distingué par un labelle à lobes latéraux étroits ou courts; le médian stipité et large. La colonne a un pied court, et le pied des pollinies est linéaire, simple. Ce sont des herbes épiphytes et pseudobulbeuses, à hampe allongée et à grappe lâche. On en cultive quelques-unes dans nos serres. (*Bot. Mag.*, t. 6516.) [H. BN.]

LACARA (THÉOPHR.). Le *Prunus Mahaleb* L.

LACARA (SPRENG., *N. Entd.*, III, 56). Synon. de *Schnella*.

LACARIS (HAMILT., ex *Cat. Wall.*, n. 7119). Synonyme de *Pterota* P. BR.

LACATHEA (SALISB., ex *DC. Prodr.*, I, 528). Section du genre *Gordonia* ELL.

LAC-BEET. Fruit antidiarrhéique (indét.) de Siam (AINSLIE).

LACCODISCUS (RADLK.). Genre de Sapindacées, établi en 1879 pour le *Cupania ferruginea* BAK., de l'Afrique tropicale occidentale. (DUR., *Ind. gen. phanerog.*, 78.)

LACCOPTERIS (GŒPP., *Gatt. foss. Pfl.*, I, 7, t. 5, 6). Genre de Fougères fossiles (AD. BR., in *Dict. d'Orb.*, XIII, 78). Pour Unger, c'est un genre de Gleichéniacées fossiles (*Syn. pl. foss.*, 41; *Chlor. protog.*, XXXV. — CORDA, *Fl. Vorw.*, 89. — F. BRAUN, in *Flora* [1847], I, 83.)

LACCOSPADIX (WENDL. et DRUD., in *Linnæa*, XXXIX, 178, 189, 205, t. 2). Synonyme de *Calyptrocalyx* BL.

LACCOSPERMA (MANN et WENDL., in *Kerch. de Dent. Palm.*, 249). Section du genre *Ancistrophyllum* MANN et WENDL.

LACE-BARK. En Angleterre, le *Lagetta lintearia* J.

LACE-LEAF. Nom anglais, à Madagascar, des *Ouvirandra*.

LACELLIA (VIV., *Fl. lib. spec.*, 58; in *Flora* [1824], II, 638). Sous-section du genre *Cyanopsis*. (DC., *Prodr.*, VI, 559. — ENDL., *Gen.*, 471.)

LACENO. En Provence, le *Rapistrum rugosum*.

LACEPEDEA (H. B. K., *Nov. gen. et spec.*, V, 142, t. 144). Synonyme de *Turpinia* VENT.

LACERDÆA (BERG, in *Linnæa*, XXVII, 435; XXX, 713). Synonyme de *Campomanesia* R. et PAV.

LACERÆ (QUEL., *Enchir. Fung.*, 94). Deuxième division des Agaricinés du genre *Inocybe*, comprenant les espèces à stipe fibrilleux, avec chapeau à épiderme squameux ou feuillé.

LACERI (FR., *Epicr.*, 2ᵉ, 228). Section des Agaricinés, du groupe des *Dermini* et du sous-genre *Inocybe*.

LACERON. Synonyme de Laiteron.

LACERON DOUX. Le *Sonchus tenerrimus* L.

LACERUS. Profondément découpé d'incisures inégales.

LACHANODENDRON (REINW., *Cat. Hort. Buit.* [1823]). Genre incertain.

LACHANODES (DC.). Synonyme de *Senecio*.

LACHANOSTACHYS (ENDL., *Gen.*, Suppl., III, 64). Pour *Lachnostachys* HOOK.

LACHARA (L., *Syst.*, ed. 2 [1740], 22). Syn. de *Lachnæa* ROY.

LACHASSOU, LACHENCA. Noms languedociens des *Sonchus*.

LACH DE PUTA. Nom languedocien des Euphorbes.

LACHÉE. Aux Antilles, l'*Aakesia*.

LACHEIROUN. Nom provençal des Laiterons.

LACHENAL (Werner de). Professeur à Bâle, où il naquit et mourut [1736-1800], écrivit en 1759 sa thèse inaugurale d'*Observations botaniques*, et en 1776 des *Observationes botanico-medicæ* (sur les Ancolies).

LACHÉNALE. Nom français (LAMK) des *Lachenalia* JACQ.

LACHENALIA (JACQ., *Ic. rar.*, t. 381-404). Genre de Liliacées-Hyacinthées, dont le périanthe coloré présente 6 divisions campanulées-conniventes, dissemblables : les trois extérieures dressées, plus courtes et gibbeuses au sommet, les trois intérieures inégales et étalées. Les six étamines, insérées sur la gorge du périanthe, sont ascendantes-rapprochées, et l'ovaire a trois loges multiovulées. Le fruit est une capsule membraneuse, ailée, triquètre, loculicide; et les graines sont enchâssées à leur base dans l'extrémité renflée et creusée du funicule. Ce sont des plantes bulbeuses, à fleurs penchées, formant une grappe. On en connaît plus de trente espèces, du Cap de Bonne-Espérance. Quelques-unes sont très élégantes et cultivées dans nos serres comme ornementales. (K., *Enum.*, IV, 283. — B. H., *Gen.*, III, 807.) [T.]

LACHERI. Dans l'Inde, l'*Oxalis Sensitiva* L.

LACHETA. Nom languedocien des *Sonchus* et des *Senecio*.

LACHEYRON, LACHASSOU, LACHETA. En Languedoc, le *Prunus* (*Cerasus*) *semperflorens* DC.

LACHMAN (FRIES). Pour *Lachnum* RETZ.

LACHMANN (Heinr.). Médecin de Brunswig, où il était né en 1797, fut l'auteur d'un *Flora brunsvicensis*, etc., en 2 vol. in-8. (*Cat. sc. pap.*, III, 791.) — Joh. LACHMANN, également de Brunswig [1832-1860], publia quelques notices botaniques. (*Cat. sc. pap.*, III, 791.)

LACHNAGROSTIS (TRIN., *Fund. Agrostogr.*, 128; *Spec. Gram.*, t. 242, 243). Synonyme de *Deyeuxia* CLAR.

LACHNANTHES (ELL., *Bot. S.-Carol. and Georg.*, I, 47). Genre d'Amaryllidacées-Hæmodorées, à inflorescence laineuse, en cyme compacte, à ovaire 3-loculaire, infère; les loges 5, 6-ovulées. Le fruit est une capsule globuleuse, à graines peltées. Figurée par Michaux sous le nom d'*Heritiera* (*Fl. bor.-amer.*, t. 4), cette herbe est vivace, à feuilles distiques. [H. BN.]

LACHNASTOMA (KORTH.). Pour *Lachnostoma* KORTH.

LACHNEA (V. ROY. — L., *Gen.*, n. 490). Genre de Thyméléacées-Thymélées, formé d'espèces de l'Afrique australe, à fleurs hermaphrodites, 4-mères, souvent groupées en capitules, avec 8 étamines et un périanthe qui se détache circulairement au-

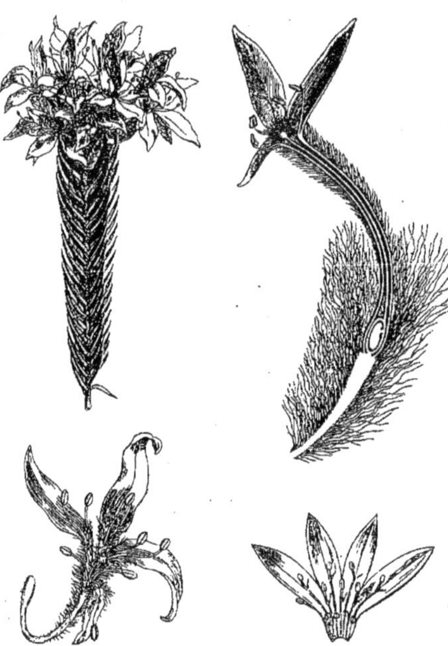

Lachnea. — Inflorescence. Fleur, entière et coupe longitudinale. Périanthe étalé et portant l'androcée.

dessus du fruit sec. Il y a 8 écailles à la gorge, et le périanthe est presque toujours irrégulier. Ce sont des arbustes éricoïdes, à feuilles opposées ou alternes, et dont quelques-uns sont cultivés dans les jardins botaniques. (H. BN, *Hist. des pl.*, VI, 126.)

LACHNEA (FR., *Syst. mycol.*, II, 77). Série (2) des Champignons-Thécasporés du genre *Peziza*, comprenant les *Sarcoscyphæ*, *Dasyscyphæ*, *Tapesia*, *Fibrina*.

LACHNELLA (FR., *Summ. veg. Scand.*, 365). Sous-genre de Patellariacés, à réceptacle coriace, villeux extérieurement, d'abord fermé, puis s'ouvrant en présentant un disque plus clair que l'extérieur. Les thèques et les spores sont organisées comme chez les Pezizes. [DE S.]

LACHNOBOLUS (FR., *Syst. mycol.*, III, 177). Tribu de Myxomycètes, renfermant les espèces du genre *Arcyria*, à péridium écailleux et très fugace. Fries en a fait plus tard un genre admis par Rostafinski dans sa Monographie des *Mycetozoa* [1875]. Deux espèces de ce genre sont connues en Europe. [DE S.]

LACHNOCAPSA (BALF. F., *Diagn. pl. socotr.*, 5). Genre de Crucifères, voisin peut-être des *Lepidium*, à sépales dilatés en sac à leur base, à silique courte, plane-comprimée, subcordée ou orbiculaire, tomenteuse, à logettes elles-mêmes parfois biloculées; 1-3-sperme, avec les valves aptères, spongieuses, comprimées perpendiculairement à la fausse cloison; à style subnul; les papilles stigmatiques formant 2 lobes sur le sommet de l'ovaire. Les graines, descendantes et non marginées, renferment un embryon à radicule incombante. Le *L. spathulata* BALF. F. est un petit arbuste de Socotora, rameux et couvert d'un duvet blanc, à feuilles alternes, entières; à fleurs jaunes, axillaires et subsessiles. [H. BN.]

LACHNOCAULON (K., *Enum.*, III, 497). Genre d'Ériocaulées, distingué par des fleurs sans périanthe intérieur, 3 étamines (dans les fleurs 3-mères), et un ovaire 3-loculaire dont le style porte 3 petits appendices alternes avec ses divisions. Ce sont des herbes de l'Amérique du Nord, d'ailleurs semblables à des *Eriocaulon*. (KŒRN., in *Linnæa*, XXVII, 564.) [H. BN.]

LACHNOCEPHALUS (TURCZ., in *Bull. Mosc.* [1849], II, 36). Synonyme de *Mallophora* ENDL.

LACHNOCHLOA (STEUD., *Syn. pl. glum.*, I, 15). Genre douteux (B. H.) de Graminées.

LACHNOCLADIUM (BERK., *Dec. Fung.*, in *Hook. Journ.* [1851]). Genre de Clavariés, établi sur une espèce de l'Himalaya, caractérisée par un mycélium durci en sclérote et qui donne naissance à un stipe épais, divisé en rameaux épais, subdivisés en ramuscules courts, irréguliers, émarginés au sommet. [DE S.]

LACHNOLEPIS (MIQ., in *Ann. Mus. lugd.-bat.*, I, 132). Synonyme de *Gyrinops* GÆRTN.

LACHNOLOMA (BGE, in *Linnæa*, XVIII, 154; *Enum. pl. Lehm.*, 41, t. 8). Genre de Crucifères-Isatidées, voisin des *Boleum*, distingué par un fruit ovoïde, crustacé, sans aile, surmonté d'un long style, très velu, à 2 logettes contenant des graines descendantes, à cotylédons plans et incombants. C'est une herbe de la région Caspienne. (H. BN, *Hist. des pl.*, III, 266.)

LACHNOPETALUM (TURCZ., in *Bull. Mosc.* [1848], II, 571). Synonyme de *Lepidopetalum* BL.

LACHNOPHYLLUM (BGE, *Rel. Lehm.*, 151). Section du genre *Erigeron* L. (H. BN, *Hist. des pl.*, VIII, 143.)

LACHNOPODIUM (BL., *Mus. lugd.-bat.*, I, 56). Synonyme de *Otanthera* BL.

LACHNOPYLEÆ (A. DC., *Prodr.*, IX, 22). Tribu des Loganiées.

LACHNOPYLIS (HOCHST. — A. DC., *Prodr.*, IX, 22; X, 59). Synonyme de *Nuxia* LAMK.

LACHNORHIZA (A. RICH., *Fl. cub.*, II, 34). Section du genre *Vernonia*. (H. BN, *Hist. des pl.*, VIII, 25.)

LACHNOSIPHONIUM (HOCHST., in *Flora* [1842], 236). Synonyme de *Randia* HOUST.

LACHNOSPERMEÆ (FENZL, in *Flora* [1839], II, 728). Subdivision des Composées, comprenant le genre *Lachnospermum* W.

LACHNOSPERMUM (W., *Spec.*, III, 1787). Genre de Composées, voisin des *Stœbe*, du groupe des Relhaniées, distingué par des capitules homogames et multiflores, avec des involucres turbinés, dont les bractées ont le sommet scarieux. Les fruits ont des côtes élevées, chargées de poils villeux; l'aigrette est formée de soies grêles, et toutes les fleurs de chaque capitule sont fertiles. La seule espèce du genre est le *L. fasciculatum* H. BN, de l'Afrique australe. (H. BN, *Hist. des pl.*, VIII, 183.)

LACHNOSTACHYS (HOOK., *Icon.*, t. 414, 415). Genre de Verbénacées-Chloanthées, établi pour 5 arbustes australiens, à duvet épais et laineux, dont les fleurs, en épis épais, laineux, sont 5-8-mères, à corolle campanulée, tronquée ou courtement lobée, avec un androcée isostémoné, des étamines marginales, un style presque entier et 2 loges 2-ovulées à l'ovaire. Le fruit est dur, ordinairement monosperme. (F. MUELL., *Fragm.*, IX, 3.) [H. BN.]

LACHNOSTOMA (H. B. K., *Nov. gen. et spec.*, III, 198, t. 232). Genre d'Asclépiadacées-Gonolobées, de l'Amérique tropicale, à fleurs de *Matelea*; la couronne 5-10-lobée, de forme très variable. (DELESS., *Ic. sel.*, V, t. 78.)

LACHNOSTOMA (KORTH., in *Ned. Kruidk. Arch.*, II, 202). Section du genre *Coffea*, à gorge de la corolle (ordinairement 4-lobée) garnie de poils abondants, à bractées florales connées en calicule, à pédicelles courts, à branches stylaires grêles, à ovule très incomplètement anatrope. Ce sont des arbustes de Sumatra. (H. BN, *Hist. des pl.*, VII, 277.)

LACHNOSTOMUM (POIR.). Pour *Lachnostoma* H. B. K.

LACHNOSTYLIS (TURCZ., in *Bull. Mosc.* [1846], 503). Genre d'Euphorbiacées biovulées, à fleurs dioïques, pétalées : les étamines à filets connés à la base, avec un rudiment de gynécée; l'ovaire accompagné d'un disque très velu, avec 3 divisions stylaires 2-fides, courtes. Le fruit est 3-coque, avec des graines à albumen mince et un embryon à cotylédons contortupliqués. Ce genre, qui ne pourra peut-être pas être conservé, est représenté par un arbuste de l'Afrique australe, à feuilles alternes et à cymes axillaires. (*Hook. Icon.*, t. 1279.) [H. BN.]

LACHNOSYPHONIUM (LINDL.). Pour *Lachnosiphonium* HOCHST.

LACHNOTHALAMUS (F. MUELL., *Fragm. phyt. Austral.*, III, 156). Synonyme de *Chthonocephalus* STEETZ (II, 38).

LACHNUM (RETZ., *Fl. scand.*, 329). Nom donné au *Peziza virginea* BATS., de la section *Lachnea*.

LACHOLEBRÉ. En Provence, le *Lactuca juncea*.

LACHOUGO. En Provence, les Laitues.

LACHOUSCLO. Nom provençal des Euphorbes.

LACHUGA. En Languedoc, les Laitues. *Lachugetta* est la Mâche.

LACHUGUETO. Nom provençal de la Mâche hérissée.

LACIDEÆ (CORDA, in *Sturm Jungerm.*, 114). Sous-tribu des Podostémonées (genre *Lacis*).

LACIDIUM (TUL., in *Ann. sc. nat.*, sér. 3, XI, 94). Section du genre *Marathrum* (*M. pauciflorum*).

LACINARIA (HILL, *Hort. kew.* [1769], 70). Synonyme de *Serratula scariosa* L. (*Euliatris* DC.).

LACINIA (d'où lacinié, *laciniatus*, *laciniosus*). Incision profonde, à sommet aigu. *Lacinula* est une petite incisure de même forme. Se dit aussi de la languette terminale, infléchie, des pétales des Ombellifères, etc.

LACIS (LINDL., *Introd. Nat. Syst.*, ed. 2, 442, non SCHREB.). Genre de Podostémonacées-Mourérées, qui a des fleurs semblables à celles des *Mourera* et 6-10-andres, mais à étamines monadelphes. On n'en connaît qu'une espèce, le *L. monadelpha* BONG. (*L. Bongardi* TUL., *Podost. Monogr.*, 69), herbe flottante du Brésil, à feuilles flabellées-pennées. (H. BN, *Hist. des pl.*, IX, 260, 269.)

LACIS (SCHREB., *Gen.*, 366). Synonyme de *Mourera* AUBL.

LACISTEMA (SW., *Prodr.*, [1788], 12; *Fl. ind. occ.*, II, 1001, t. 21). Genre qui a donné son nom à la série des Lacistémées (Bixacées). Ses fleurs, ordinairement hermaphrodites et apétales, ont un réceptacle légèrement conique, à la base duquel s'insère un calice de 4-6 sépales inégaux, persistants ou caducs. En dedans du calice se trouve un disque glanduleux,

Lacistema. — Bouton. Fleur, vue de face et de dos, et coupe longitudinale.

régulièrement ou irrégulièrement lobé sur ses bords. L'androcée est réduit à une seule étamine, située au côté antérieur de la fleur. Le filet libre se dilate supérieurement en deux branches courtes, supportant chacune une loge d'anthère déhiscente longitudinalement par une fente marginale ou introrse. L'ovaire, atténué en un style bientôt divisé en trois branches stigmatiques, inégales, est uniloculaire, avec trois placentas pariétaux, portant chacun un ou deux ovules descendants, avec le micropyle en haut et en dedans. Le fruit est une capsule loculicide. Les graines ont un tégument superficiel charnu et un testa crustacé. Elles possèdent un albumen charnu, enveloppant un embryon droit, à radicule longue et supère et à cotylédons foliacés. Ce sont de petits arbres ou des arbustes, à feuilles alternes, simples, penninerves, quelquefois munies de points pellucides, dont le pétiole articulé à la base est accompagné de deux stipules latérales caduques. Les fleurs forment de petits épis amentiformes, groupés dans l'aisselle d'une feuille entière. On en connaît une quinzaine d'espèces, toutes de l'Amérique tropicale. (Voy. H. BN, *Hist. des pl.*, IV, 314, fig. 316-319.) [T.]

LACISTÉMÉES, LACISTEMACEÆ (*Lacistemeæ*). Série des Bixacées. Certains auteurs cependant (B. H., *Gen.*, III, 412) les conservent comme famille distincte de l'Apétalie.

LACMELLIA (KARST., in *Linnæa*, XXVIII, 449; *Fl. Colomb.*, II, 101, t. 152). Genre d'Apocynacées-Carissées, établi pour 7, 8 arbustes de l'Amérique tropicale, voisin des *Ambelania*, distingués par des cymes axillaires, des étamines placées sous le sommet du tube de la corolle, et un fruit charnu qui est d'ordinaire peu volumineux et monosperme. L'*Hancornia floribunda* PŒPP. et ENDL. appartient à ce genre. [H. BN.]

LACMUS. L'un des noms du *Roccella tinctoria* ACHAR.

LACQUER-TREE. Nom anglais du *Carica erythrocarpa*.

LACRIA. Un des noms latins des Aloès.

LA CROIX (Demetr. de), dont le nom écossais est *Mac Encroe*, fut l'auteur [1828] d'un poème latin, *Connubia florum*, etc., qui eut deux éditions. Dès 1827, il avait écrit à son frère une lettre sur le même sujet, où il glorifie les doctrines de Vaillant.

LACROUSCLO. En Provence, les Euphorbes.

LACRYMA (MEDIC.), LACRYMA JOB (T., *Inst.*, 531, t. 306), LACRYMARIA. Synonymes de *Coix* L.

LACRYMA PAPAVERIS (CELSE). Synonyme d'Opium.

LACTAIRE (*Lactarius* FR., *Epicr.*, 1re, 333). Genre d'Agaricinés, qui forme avec les Russules un groupe très distinct. Son nom vient de la présence, dans le tissu de ces Champignons, d'un liquide lactescent qui s'épanche en gouttelettes quand on rompt le réceptacle. Ce liquide est si abondant au niveau de l'hyménophore, que les gouttes se rejoignent en nappe. Ce latex existe chez beaucoup d'autres Champignons, tantôt avec le caractère lactescent, comme chez plusieurs Mycènes, tantôt sous un aspect aqueux et plus ou moins translucide; ce n'est donc pas un caractère exclusif. Le réceptacle présente un chapeau ombiliqué ou déprimé au centre, quelquefois dès le début, à marge souvent involutée. Le stipe est court, large, ferme, plein; puis il se creuse au centre. Les lamelles serrées, inégales, deviennent d'ordinaire décurrentes. L'hyménium présente des cystides fusiformes et des basides portant des spores sphériques, verruqueuses, hyalines, blanches en masse. Les teintes du chapeau et du stipe varient du blanc au brun, en passant par le jaune, l'orangé, le fauve plus ou moins jaune ou rougeâtre. Un peu plus d'une centaine d'espèces ont été rangées par Fries en quatre séries : *Piperites*, à lamelles toujours blanches; *Dapetes*, à lait coloré; *Russulares*, à lamelles fonçant ou jaunissant avec l'âge; *Pleuropus*, à stipe latéral. Une trentaine d'espèces ont été rencontrées dans l'Amérique du Nord; sept en Afrique, en Asie et en Océanie. Les espèces comestibles et les malfaisantes sont assez voisines; l'âcreté du suc laiteux n'est pas toujours un signe de leurs qualités nocives. L'une des plus faciles à distinguer est une espèce comestible, le *L. deliciosus* L., d'une teinte jaune orangé, à lait orangé rouge, et se tachant de vert bleuâtre par la pression des doigts ou d'un corps dur; elle se trouve surtout sous les Conifères (pays scandinaves, France méridionale, Espagne, Italie); elle est remplacée par deux variétés très voisines dans l'Amérique septentrionale. [DE S.]

LACTAIRE DORÉ. Nom de l'*Agaricus Volemus* FR.

LACTAIRE RAFFAULT. L'*Agaricus necator* BULL.

LACTARIA (HASSK., in *Ned. Kruidk. Arch.*, IV, 8). Synonyme de *Ochrosia* J.

LACTARIA (RUMPH., *Herb. amboin.*, II, 255, t. 84). Synonyme de *Bleekeria* HASSK.

LACTARIUS. — Voy. LACTAIRE.

LACTERON (PLINE). On croit que c'est le *Sonchus oleraceus* L.

LACTESCENT (*lactescens*). Qui renferme un suc laiteux.

LACTEUS. D'un blanc de lait.

LACTIFLUUS (PERS., *Syn. Fung.*, 429). Septième section des Agarics, répondant aux Lactaires de Fries.

LACTIPEDES (FR., *Epicr.*, 2ᵉ, 148). Sixième section des Agarics du genre *Mycena*, présentant des lamelles et un stipe lactescents, quand on les brise.

LACTORIS (PHIL., in *Verh. Zool.-Bot. Ver. Wien*, XV, 521, t. 13). Genre attribué d'abord aux Magnoliacées, puis, faute de mieux, aux Saururées (B. H., *Gen.*, II, 127). C'est un petit arbuste diffus, du Chili, à feuilles alternes et obovales, avec stipules; à petites fleurs hermaphrodites qui ont 3 sépales, 6 étamines 2-sériées et 3 carpelles à peu près libres, qui deviennent autant de follicules polyspermes, à graines albuminées. Les fleurs sont axillaires, solitaires ou disposées sur un petit axe commun. Ce genre a des affinités avec les Rutacées (?). [H. BN.]

LACTUCA. Nom latin des Laitues.

LACTUCACEÆ (SCH. BIP.), LACTUCÆ (ADANS.), LACTUCEÆ (CASS.). — Voy. LACTUCÉES.

LACTUCA MARINA. Nom ancien des Ulves.

LACTUCA PAPAVERACEA. La Laitue vireuse.

LACTUCARIUM. Le suc desséché des Laitues.

LACTUCA SYLVESTRIS (MATTH.). Le *Lactuca quercina* L.

LACTUCÉES (*Lactuceæ*). Division des Composées-Cichoriées.

LACTUCOPSIS (SCH. BIP., in *Vis. Pl. Serb. rar.*, *dec.* II, 5). Synonyme de *Lactuca* L.

LACTUCOSONCHUS (SCH. BIP., in *Webb et Berth. Phyt. canar.*, II, 444). Sous-genre du genre *Sonchus* (*S. Webbii*).

LACUNES. Espaces compris entre les phytocystes. — Voy. MÉAT. Dans les Prêles, on distingue des lacunes valléculaires et des lacunes carénales, suivant leur situation; et ce sont ces dernières que Duval-Jouve a nommées lacunes essentielles.

LACURIS (WALL., *Cat.*). Pour *Lacaris* HAMILT.

LADA. Nom malais du *Piper nigrum* L. *Lada-barekor* est le nom malais du Cubèbe.

LADA CHILI (BONT., *Hist. nat. et med.*, 130). Synonyme de *Capsicum*. A Java, c'est le *Capsicum frutescens* W.

LADANIUM (SPACH, in *Ann. sc. nat.*, sér. 2, VI, 366). Synonyme de *Cistus* L. (H. BN, *Hist. des pl.*, IV, 323.)

LADANOPSIS (DC., *Prodr.*, III, 136). Section du genre *Arthrostemma*.

LADANUM (RIV. — L., *Fl. lapp.*, 193). Synonyme (part.) de *Galeopsis* L.

LADANUM. Substance résineuse, récoltée sur les Cistes, et considérée comme un médicament puissant, stimulant, antiulcéreux, tonique, antiménorrhagique, etc. On le trouvait en Crète sur la barbe des chèvres qui broutaient les feuilles des *Cistus*, notamment celles du *C. creticus* L. Les *C. Ledon*, *cyprius*, *laurifolius*, *monspeliensis*, etc., passent aussi pour en produire. C'est une sécrétion des poils multicellulés dont ces plantes sont chargées. En Espagne, il y a un ladanum qui s'obtient en faisant bouillir les sommités du *C. ladaniferus*. Aujourd'hui, à Candie, le ladanum est récolté avec une sorte de fouet ou de martinet dont on promène les lanières sur les Cistes, après quoi on les racle avec un couteau. Le ladanum du commerce, qui se montre en masses renfermées dans des vessies ou spiralées (tortil), est si fréquemment falsifié avec des résines, du sable, de la terre, qu'il a perdu presque toutes ses qualités, odeur forte, balsamique, saveur amère, aromatique, et qu'il ne se dissout presque plus dans l'alcool. Aussi cette substance est-elle tombée en discrédit parmi les médecins; les parfumeurs l'emploient à fabriquer des cosmétiques, des onguents, des clous fumants, etc. (Voy. *Tr. Bot. méd. phanér.*, 836.) [H. BN.]

LADANY. A Chypre, les Cistes qui donnent le *Ladanum*.

LADA-PANDJAAG. Nom malais du *Piper longum* L.

LADEMANN (J.-Matt.-Fried.). Auteur [1785] d'une brochure in-4 de 24 p. : *De systematibus plantarum*.

LADENBERGIA (KL., in *Hayn. Arzn. Gew.*, XIV, t. 15, not. (part.). — B. H., *Gen.*, II, 34, n. 16). Genre de Rubiacées-Cinchonées, à fleurs 5-mères, avec un calice en cupule, denté; une corolle à tube allongé, à lobes du limbe obovales ou obcordés-2-lobulés-valvaires, indupliqués ou rédupliqués; cinq étamines insérées sur le tube de la corolle; un ovaire infère, à deux loges multiovulées, et un fruit capsulaire, subcylindrique en longueur et claviforme, souvent tordu, septicide de haut en bas, avec des graines nombreuses, imbriquées, peltées, prolongées aux deux extrémités en une aile allongée; l'inférieure bifurquée. Ce sont des arbres pubescents, dont l'écorce est amère; les feuilles opposées, allongées, avec stipules interpétiolaires, et les fleurs disposées en grappes ramifiées chargées de cymes; souvent unilatérales, sessiles, sans bractéoles. Il y en a une ou deux espèces, du Pérou et de la Colombie. Ce sont des faux-quinquinas, à écorce tonique. Le *L. ovalifolia* KL. produit le *Cascarilla peluda* de Cuença. Beaucoup de *Ladenbergia*, également employés comme médicaments, sont des *Lasionema* ou des *Cascarilla*. (Voy. *Hist. des pl.*, VII, 343, 383, 480.) [H. BN.]

LADICH. En Laponie, l'*Oxycoccos palustris* PERS.

LADIES-HAIR. La Capillaire, en Angleterre.

LADIES-THISTLE. Le Chardon-Marie.

LADIES'TRESSES. Nom anglais du *Spiranthes autumnalis*.

LADLEWOOD. Au Cap, le *Cassine Colpoon*.

LADOICEA (MIQ.). Pour *Lodoicea* COMMERS.

LADYBUS. Nom anglais du *Pancratium caribæum* L.

LADY FERN. Nom anglais de l'*Athyrium Filix-femina*.

LADY'S BOWER UPRIGHT. Le *Clematis Vitalba* L.

LADY'S CUSHION. Nom anglais des *Armeria*.

LADY'S LACES. Nom anglais des Cuscutes.

LADY'S NOVEL. En Angleterre, l'*Umbilicus pendulinus* DC.

LADY'S SLIPPER. N. anglais des Balsamines et *Cypripedium*.

LAEA (AD. BR.). Orthographe vicieuse pour *Leea* L.

LÆLIA (DESVX, *Journ. bot.*, III, 160). Syn. de *Bunias* R. BR.

LÆLIA (LINDL., *Gen. et spec. Orchid.*, 115). Genre d'Orchidacées-Epidendrées, qui a tous les caractères extérieurs des *Cattleya*, mais avec 8 pollinies au lieu de 4. M. Reichenbach fils en a fait des *Bletia*. C'est à ce genre que se rapporte la figure de *Cœlia* donnée par erreur au tome II (p. 118).

LÆLIOPSIS (LINDL., in *Paxt. Fl. Gard.*, III, 155, t. 105). Genre d'Orchidacées-Epidendrées, voisin des *Cattleya*, dont il a la fleur, mais avec 8 pollinies 2-sériées. Ce sont 3, 4 herbes épiphytes, à pseudo-bulbes, des Antilles, surtout de Cuba. Le type du genre est le *Lælia Lindenii* A. RICH. (*Fl. cub.*, III, t. 82).

LAENECIA (SCH. BIP.). Pour *Laennecia* CASS.

LAENNECIA (CASS., in *Dict.*, XXI, 91). Synonyme de *Conyza* L. (H. BN, *Hist. des pl.*, VIII, 143.)

LÆSTADIA (K., in *Less. Syn. Comp.*, 203). Genre de Composées-Astérées, formé de 4 plantes de l'Amérique andine, placé près des *Grangea* et distingué par des capitules hétérogames. Le réceptacle y a une surface supérieure à peu près plane. Les fruits sont dépourvus d'aigrette, et les fleurs femelles donnent des achaines à 7-10 côtes, à peine comprimés. Ce sont des herbes à duvet cendré, à feuilles alternes, avec le port des *Dichrocephalum*. (H. BN, *Hist. des pl.*, VIII, 148.)

LÆSTADIA (AUERSW., in *Hedwigia* [1869], 177). Genre de Sphériacés, à périthèce lenticulaire, membraneux, immergé, s'ouvrant par un pore simple. Les thèques claviformes contiennent 8 spores oblongues, uniloculaires, hyalines; pas de paraphyses. Ces Pyrénomycètes minuscules, voisins des *Spherella*, mais à spores hyalines et uniloculaires, sont d'ordinaire foliicoles. On en compte environ 75 espèces, dont une dizaine douteuses, dans presque toutes les parties du monde. [DE S.] Si ce genre est conservé, nous proposerons, à cause du genre ci-dessus, de le nommer *Stadælia*. [H. BN.]

LÆSTADIUS (Lars-Levi). Pasteur de Karesuando, en Laponie, né en 1800, est l'auteur d'un *Botaniska Anmärkningar, gjorda i Lappmarken*, etc. [1823], et d'un *Bidrag till Kännedomen om växtligheten i Torneo Lappmark* [1860], in-8 de 16 p.

LÆTIA (LŒFL., *It.*, 252). Genre de Bixacées, série des Flacourtiées. Il est caractérisé par ses fleurs hermaphrodites, apétales, ses 4-5 sépales pétaloïdes et fortement imbriqués, son ovaire surmonté d'un style simple, à extrémité stigmatique capitée ou trilobée et contenant dans sa loge unique trois placentas pariétaux, pluriovulés. Le fruit est une baie, déhiscente tardivement en trois valves. Les graines, pulpeuses extérieurement, renferment, sous leurs téguments coriaces, un albumen et un embryon droit, à cotylédons larges, foliacés ou légèrement charnus. Ce sont des arbustes à feuilles alternes, serrées ou crénelées, souvent pourvues de ponctuations pellucides, à fleurs axillaires ou terminales en cymes ou en corymbes, et accompagnées de petites bractéoles devenant quelquefois assez grandes pour former un involucelle caliciforme entier ou crénelé. On en a décrit environ dix espèces, de l'Amérique tropicale. Aux Antilles, les *L. apetala* et *resinosa* passent pour purgatifs, et donnent une sorte de sandaraque qui jouit de propriétés drastiques. (Voy. H. BN, *Hist. des pl.*, IV, 305.) [T.]

LAETJI (OSB. — STEUD.). Pour *Litchi*.

LÆVIGATUS. Lisse et comme poli.

LAFITAU (Le P. Jos.-Fr.). Né et mort à Bordeaux [1670-1740], missionnaire dans l'Amérique du Nord, écrivit en 1718, un « Mémoire..... concernant la précieuse plante du Gin Seng de Tartarie, découverte en Canada », qui eut une deuxième édition à Montréal en 1858.

LAFOENSEA (REICHB.). Pour *Lafoensia* VANDELL.

LAFOENSIA (VAND., in *Rœm. Scr.*, 112, t. 7, fig. 13, ex *DC. Prodr.*, III, 93). Genre de Lythrariacées-Lythrées, dont le calice, formé de 8-12 dents, est accompagné d'un même nombre de dents accessoires ou nulles. Les pétales, au nombre de 8-12, sont onguiculés et corrugués. L'androcée comprend 16-24 étamines, insérées vers le milieu de la hauteur du tube réceptaculaire ; elles sont unisériées, avec des filets filiformes et des anthères versatiles, courbées. L'ovaire est stipité, subglobuleux, surmonté d'un style très long, filiforme et capité à son extrémité stigmatique ; il contient deux loges imparfaites, avec des placentaires basilaires, chargés d'un grand nombre d'ovules. Le fruit, entouré du réceptacle devenu accrescent, est une capsule cortiquée, oblongue, déhiscente en deux valves loculicides ou se déchirant irrégulièrement au sommet. Les graines, dressées, nombreuses et imbriquées, renferment sous leurs téguments ailés un embryon à cotylédons orbiculaires et biauriculés à la base. Ce sont de beaux arbres ou arbustes, très glabres, à rameaux arrondis, à feuilles opposées, oblongues ou obovales, aiguës ou obtuses, très entières, luisantes et glanduleuses au sommet. Leurs fleurs sont belles, axillaires, solitaires ou disposées en courtes panicules terminales. On en connaît six à huit espèces, originaires du Brésil et de la Nouvelle-Grenade. (Voy. H. BN, *Hist. des pl.*, VI, 454.) [T.]

LAFUENTEA (LAG., *Nov. gen. et spec.*, 19). Genre de Scrofulariacées-Gratiolées, à fleurs très irrégulières, caractérisées par un calice 5-partite ; une corolle très irrégulière ; un androcée didyname et une capsule oblongue, à 2 valves 2-fides, abandonnant les placentas séminifères. C'est une herbe velue, d'Espagne, à port de Labiée. Ses feuilles sont orbiculaires-subréniformes, dentées. (WILLK. et LGE, *Prodr. Fl. hisp.*, II, 591 ; *Ill. Fl. hisp.* — H. BN, *Hist. des pl.*, IX, 462.)

LAGAGNO. En Provence, l'*Euphorbia segetalis* L.

LAGAIA DE PERRO. Nom argentin du *Cæsalpinia Gilliesii*.

LAGAINA. Nom languedocien du Pissenlit et de la Renoncule.

LAGARINTHUS (E. MEY., *Comm. pl. Afric. austr.*, 202). Synonyme de *Schizoglossum* E. MEY.

LAGAROPYXIS (MIQ., in *Ann. Mus. lugd.-bat.*, I, 198). Synonyme de *Radermachera* ZOLL. et MOR.

LAGAROSIPHON (HARV., in *Hook. Journ. bot.* [1842], IV, 230, t. 22). Genre d'Hydrocharidées, tribu des Hydrillées, dont les fleurs sont dioïques. Les mâles, pédicellées et entourées d'une spathe sessile, ovale, axillaire, solitaire et multiflore, ont trois sépales ovales et trois pétales un peu plus étroits et un peu plus courts. L'androcée est à trois étamines alternes avec pétales et accompagnées de 2-4 filets stériles et oppositisépales. La fleur femelle, entourée d'une spathe sessile, axillaire, solitaire, oblongue et uniflore, a un périanthe analogue à celui de la fleur mâle et un androcée réduit à trois ou six (ENDL. — HARV.) filets staminaux stériles. L'ovaire infère, filiforme, allongé, à trois stigmates filiformes et bipartites, est uniloculaire, avec trois placentas pariétaux, chargés de 3-∞ ovules orthotropes, dressés, munis de deux enveloppes et attachés à des funicules obliques, presque aussi longs qu'eux. Le fruit est une capsule ovale, membraneuse, uniloculaire, contenant un plus ou moins grand nombre de graines, dressées, cylindriques, avec un funicule coriace et renflé à la base. Elles renferment, sous leurs téguments, un embryon droit, dépourvu d'albumen, et à radicule supère. Ce sont des herbes aquatiques et submergées. Leur tige, ramifiée et dépourvue de vaisseaux spiralés (?), contient un faisceau central de cellules conductrices, entouré d'une gaine protectrice, de cellules fortement épaissies. Leurs feuilles sont éparses, linéaires, rectinerviées et dentées ; quelquefois on en trouve deux ou trois au même niveau, ce qui leur donne l'apparence opposée ou verticillée. Elles sont accompagnées de deux stipules ovales-aiguës, très petites, blanchâtres, parenchymateuses, dépourvues de vaisseaux et de cellules conductrices, très entières ou munies au sommet de trois ou quatre papilles assez courtes. Les rameaux présentent à leur base deux ou trois feuilles membraneuses et connées en gaine. On en connaît deux espèces originaires de l'Afrique. La première, le *L. muscoides* HARV., est l'*Hydrilla Dregeana* PRESL et l'*H. muscoides* PLANCH. La seconde, le *L. cordofanum* CASP., est l'*Udora cordofana* HOCHST. (CASP., in *Ann. sc. nat.*, sér. 4, IX, 379, t. 11, fig. 29. — C. MUELL., in *Walp. Ann.*, VI, 14.) [T.]

LAGASCA (Mariano). Né en Aragon, à Encinacorva [1776], mourut à Barcelone [1839] et publia en 1811 ses *Amenidades naturales de las Españas*, etc., qui renferment des listes de plantes des colonies introduites en Espagne. Son *Elenchus plantarum quæ in horto regio botanico matritensi colebantur anno* 1815, etc., est de 1816, et de la même année ses *Genera et species plantarum*, etc. (in-4 de 35 p.). Ses *Amenidades* renferment des études sur les Ombellifères, dont en 1826 il fit l'objet de ses *Observaciones* (in-8 de 43 p.).

LAGASCEA (CAV., in *Ann. cienc. nat.*, VII, 233, t. 44). Genre de Composées, placé avec doute près des *Ichthyothere* et distingué par des capitules uniflores, unis en glomérule à peu près globuleux, avec involucelle propre, tubuleux et 5-fide. Ce sont des herbes ou des arbustes, scabres ou velus, de l'Amérique tropicale, à feuilles opposées, ou les supérieures alternes. On en distingue 7 espèces, et l'une d'elles a été introduite dans l'ancien monde. (H. BN, *Hist. des pl.*, VIII, 235.)

LAGASCEÆ, LAGASCINEÆ (REICHB.). Division des Composées.

LAGATEA (in *Amer. Phil. Trans.*, n. ser., VII [1841], 299). Sous-genre du genre *Encephalus*.

LAGAYNA. Nom languedocien du *Taraxacum officinale* WALL. Se dit aussi, d'après de Sauvages, du *Ranunculus acris* L.

LAGENAGA. Nom ancien (PLINE) de la Bourache.

LAGENALIA (DOCHN., *Obstk.*, II, 139). « Genre », pour l'auteur, de Poiriers (vulg. Poires-calebasses).

LAGENANDRA. Nom donné par Dalzell (in *Hook. Kew Journ.*, IV, 289) à 4 Aroïdacées-Arées, de l'Inde, herbes aquatiques qui se distinguent des *Cryptocoryne* par des fleurs femelles disposées sur plusieurs cercles et par des fruits charnus. (ENGL., *Arac.*, 620. — SCHOTT, *Gen. Aroid.*, t. 2.) [H. BN.]

LAGENARIA (SER., in *DC. Prodr.*, III, 299 ; in *Mém. Soc. phys. Genèv.*, III, p. I, t. 2). Genre de Cucurbitacées-Cucurbitées, à fleurs unisexuées, distinguées par des anthères glabres au sommet, avec les loges condupliquées, et des feuilles à pétiole biglanduleux. On ne connaissait de ce genre qu'une espèce, le *L. vulgaris* SER., ou Gourde, Courge, etc. Nous y avons adjoint les *Sphærosicyos* HOOK. F. et *Adenopus* BENTH. Tous sont des régions tropicales, grimpants ; on en cultive plusieurs dans nos jardins. (Voy. *Hist. des pl.*, VIII, 445.) [H. BN.]

LAGENIAS (E. MEY., *Comm. pl. Afr. austr.*, 186). Genre proposé pour le *Sebæa pusilla* ECKL.

LAGENIPHORA (CASS.). Pour *Lagenophora* CASS.

LAGENIUM (BRID., *herb.*). Synonyme de *Pohlia* HEDW.

LAGENOCARPUS (NEES, in *Linnæa*, IX, 304; in *Mart. Fl. bras.*, II, 1, 164, t. 20, 21). Genre de Cypéracées, voisin des *Cryptangia*, dont il se distingue par ses grandes inflorescences ramifiées et son fruit sec, non anguleux, presque subéreux. (BŒCKEL., in *Linnæa*, XXXVIII, 422.) [H. BN.]

LAGENOCARPUS (KL., in *Linnæa*, XII, 215). Synonyme de *Salaxis* SALISB.

LAGENOPHORA (CASS., in *Bull. Soc. philom.* [1818], 34; in *Dict.*, XXV, 109). Section du genre *Bellis* T. (H. BN, *Hist. des pl.*, VIII, 144.)

LAGERSTROEMIEÆ (DC.), LAGERSTREMEÆ (LINDL.). Division des Lythrariacées.

LAGERSTOMIA (J.). Pour *Lagerstrœmia* L.

LAGERSTROEMIA (L., *Gen.*, n. 667). Genre de Lythrariacées, tribu des Lythrées, qui a donné son nom au groupe des Lagerstrœmiées. Son réceptacle est profondément concave, turbiné-campanulé, lisse ou sillonné sur sa face externe. Sur ses bords s'insèrent un calice à six lobes obovales, subaigus; une corolle de six pétales obovales-oblongs, onguiculés et ondulés-crispés; un androcée formé d'un grand nombre d'étamines à filets exserts, égaux, ou les six extérieurs plus longs, et à anthères versatiles, didymes ou oblongues et récurvées. L'ovaire, renfermé dans le tube réceptaculaire, est sessile et surmonté d'un style filiforme, flexueux et légèrement capité à son extrémité stigmatique; il renferme trois à six loges, contenant dans leur angle interne des placentas chargés de nombreux ovules ascendants et anatropes. Le fruit, accompagné du réceptacle et du calice persistants, est une capsule oblongue, épaisse, coriace, lisse et déhiscente en 3-6 valves loculicides. Les graines, oblongues, comprimées, imbriquées, ascendantes ou horizontales, renferment sous leurs téguments membraneux et ailés supérieurement, un embryon à cotylédons orbiculaires, droits, arqués ou contortupliqués, et à radicule cylindrique. Ce sont des arbres ou arbustes, à branches opposées ou verticillées, à jeunes rameaux tétragones. Leurs feuilles, opposées sur deux rangs, ou les supérieures alternes, sont pétiolées, oblongues ou ovales, très entières et souvent glauques à la face inférieure. Leurs fleurs, ordinairement fort belles, bibractéolées et portées sur des pédicelles munis de deux bractées à leur sommet, sont disposées en panicules axillaires et terminales, souvent trichotomes et ramifiées. On en connaît environ quatorze espèces, des régions chaudes de l'Asie. De Candolle (*Prodr.*, III, 93) qui eu décrit la moitié de ce nombre, les répartit en trois sections : *Sibia*, *Munchausia* et *Adambea*, fondées sur la longueur relative des étamines et la surface lisse ou plissée du réceptacle. C'est à la première qu'appartient le *L. indica* L., belle espèce de la Chine, de la Cochinchine et du Japon, cultivée dans nos jardins pour ses fleurs de couleur incarnat. On recherche pour la même raison les *L. speciosa* PERS. (*Munchausia speciosa* L.) et *reginæ* ROXB. (*Adambea glabra* LAMK). (Voy. H. BN, *Hist. des pl.*, VI, 452, fig. 405, 406.) [T.]

Lagerstrœmia. — Fleur.

Lagerstrœmia. — Fleur, coupe longitudinale.

LAGET. Nom français (LAMK) des *Lagetta* J.

LAGETTA (MART., *Nov. gen. et spec.*, I, 63, t. 39). Synonyme de *Funifera* LEANDR.

LAGETTA (J., *Gen.*, 77). Genre de Thymélacées, série des Thymélées (sous-série des Eudaphnées), dont les fleurs, hermaphrodites et pentamères, analogues à celles des *Lasiadenia*, ont un périanthe coloré, ovale-oblong, rétréci, à large gorge, divisé au sommet en quatre lobes imbriqués. Les étamines, au nombre de huit, sont bisériées et incluses. L'ovaire, dépourvu de disque, sessile, hérissé, surmonté d'un style terminal, capité ou subclaviforme à son extrémité stigmatique, renferme dans sa loge unique, un seul ovule descendant. Le fruit, entouré du calice entier et fendu, ou seulement de sa base persistante, est sec, très velu; il renferme une graine charnue à l'extérieur et contenant un embryon avec un albumen peu abondant, quelquefois nul. La seule espèce connue (*L. lintearia* LAMK), originaire des Antilles, est un arbre à rameaux alternes, glabres; à feuilles alternes, ovales-cordées, luisantes, réticulées, et à fleurs disposées en épis terminaux, pauciflores, simples et dépourvus de bractées. Son liber, textile et réticulé, lui a fait spécialement donner le nom de *Bois-dentelle*. On en obtient, par macération et compression, une sorte d'étoffe qui imite assez bien un tulle à mailles irrégulières; on en fabrique des manchettes, des cols, des cocardes, des nattes fines et des fouets. (Voy. LUN., *Jam.*, I, 473. — H. BN, *Hist. des pl.*, VI, 108, 119, 129.) [T.]

LAGETTEÆ (MEISSN., *Gen.*, 330 [243]). Tribu des Thymélacées.

LAGETTO. Le Bois-dentelle (*Lagetta lintearia* LAMK).

LAGGER (Franz). Médecin à Fribourg en Suisse, mort en 1870, auteur de quelques notices botaniques. (Voy. *Cat. sc. pap.*, III, 802.)

LAGGERA (SCH. BIP., in *Walp. Rep.*, II, 953). Section du genre *Placus* LOUR. (H. BN, *Hist. des pl.*, VIII, 189.)

LAGIOCHYMENI. A Lemnos, le *Lagoecia cuminoides* L.

LAGMI. Nom donné à la sève des Dattiers.

LAGNA. Nom, aux Philippines, des *Conocephalus* BL.

LAGOCHILUS (BGE, in *Benth. Labiat. gen. et spec.*, 640). Genre de Labiées-Bétonicées, établi pour une quinzaine d'herbes de l'Orient, souvent réunies aux *Molucella*, distinguées par leur port, un calice plus étroit, et 4 étamines ascendantes sous le casque de la corolle. (LEDEB., *Ic. Fl. ross.*, t. 436. — EICHW., *Pl. cauc.-casp.*, t. 35; *Sert. petrop.*, t. 27.) [H. BN.]

Lagoecia. — Port.

LAGOCHILIUM (NEES, in *Mart. Fl. bras.*, IX, 85, t. 10). Synonyme de *Aphelandra* R. BR.

LAGOCHYMANY. A Lemnos, le *Lagoecia cuminoides* L.

LAGOCI. Nom français (LAMK) des *Lagoecia* L.

LAGOECIA (L., *Gen.*, n. 285). Genre d'Ombellifères-Saniculées, représenté par une seule espèce annuelle, méditerranéenne, herbe à ovaire uniloculaire, par arrêt de développement d'une de ses loges. Ses feuilles sont pennées, et ses ombelles simples, à bractées pectinées. (H. BN, *Hist. des pl.*, VII, 151, 243, fig. 181-184; in *Bull. Soc. Linn. Par.*, 135.)

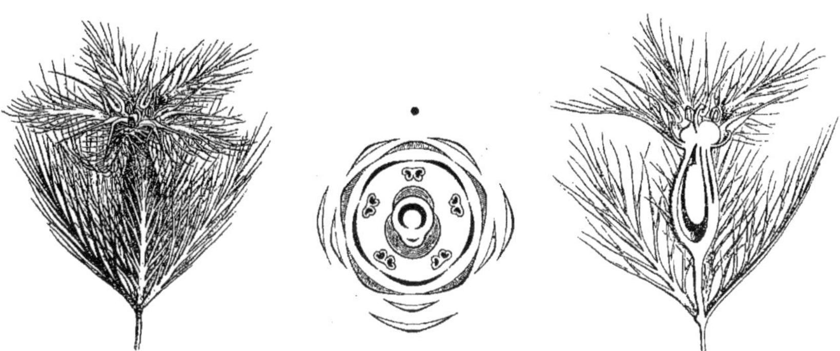

Lagoecia. — Fleur, entière et coupe longitudinale. Diagramme.

LAGOECIEÆ (REICHB.). Section des Panacées (genre *Lagoecia*).

LAGONDI. En Malaisie, le *Vitex Negundo* L. et autres.

LAGONYCHIEÆ (REICHB., *Nom.*, 156). Division des Mimosées.

LAGONYCHIUM (BIEB., *Fl. taur.-cauc.*, III, 288). Synonyme de *Prosopis* L. (H. BN, *Hist. des pl.*, II, 29.)

LAGOPHORA (MOQ., in *DC. Prodr.*, XIII, p. II, 298). Section du genre *Lachnostachys* HOOK.

LAGOPHTHALMUS. Nom ancien de la Benoite.

LAGOPHYLLA (NUTT., in *Trans. Amer. Phil. Soc.*, ser. 2, VII, 390). Section du genre *Madia* MOL. (H. BN, *Hist. des pl.*, VIII, 230.)

LAGOPO. En Italie, le *Trifolium arvense* L.

LAGOPODIUM (GRAY, *Arr. brit. pl.*, II, 600.) Section du genre *Trifolium* (*T. arvense, maritimum*, etc.).

LAGOPSIS (BGE, *Gen. Molucc. ined.*). Section du genre *Marrubium*. (BENTH., *Gen.*, II, 1206.)

LAGOPUS (DIOSC.). Plante rapportée au *Plantago Lagopus* L., au *Gnaphalium dioicum* L., au *Trifolium arvense* L., etc.

LAGOPUS (DOD. — RUPP. — SER., in *DC. Prodr.*, II, 189). Section du genre *Trifolium*.

LAGOPUS (GREN. et GODR., *Fl. de Fr.*, II, 726). Section du genre *Plantago* (*P. lanceolata, Lagopus*, etc.).

LAGOPUS (MATTH.). Le *Trifolium arvense* L.

LAGOPYRON (DIOSC.). Le *Gnaphalium* (*Antenn.*) *dioicum* L.

LAGOSERIS (LINK, *Enum. H. berol.*, II, 289). Synonyme de *Crepis* L. (H. BN, *Hist. des pl.*, VIII, 108.)

LAGOTHAMNUS (NUTT., in *Trans. Amer. Phil. Soc.*, ser. 2, VII, 416). Synonyme de *Tetradymia* DC.

LAGOTIA (MUELL.). Pour *Lagotis* GÆRTN.

LAGOTIS (E. MEY., in exs. *Drège*, ex B. H., *Gen.*, II, 141). Synonyme de *Carpacoce* SOND.

LAGOTIS (GÆRTN. [1770], in *Nov. Comm. Ac. petrop.*, XIV, 533, t. 18). Synonyme de *Gymnandra* PALL., qui est postérieur [1778]. Genre rapporté aux Sélaginées, parce que ses loges ovariennes sont uniovulées, mais qui a d'ailleurs tout à fait les fleurs des *Wulfenia*, de la famille des Scrofulariacées, et ne peut être écarté de ce dernier genre. Le fruit est dicoque. Ce sont 7, 8 herbes vivaces et subacaules, originaires de l'Asie moyenne et boréale. (H. BN, *Hist. des pl.*, IX, 468.)

LAGOWSKIA (TRAUTV., in *Bull. Ac. petrop.* [1857], 620). Synonyme de *Coluteocarpus* BOISS.

LAGRÈZE-FOSSAT (Adr.). Avocat à Moissac, publia en 1838 une Notice géologico-botanique sur cet arrondissement, et en 1847 une *Flore de Tarn-et-Garonne* (in-8 de 527 p.).

LAGREZIA (MOQ., in *DC. Prodr.*, XIII, II, 252). Synonyme (part.) de *Celosia* (H. BN, *Hist. des pl.*, IX, 156).

LAGRIMAS DE CRISTO. Nom, à Caracas, du *Russelia juncea*.

LAGUAAN. Nom, d'après le P. Camelli, de l'arbre qui donne l'Elémi de Manille. Ce doit être le *Garuga floribunda*.

LAGUNA (Andrès). Médecin de Jules III, était né à Ségorie en 1494. Il publia en 1554 des *Annotationes in Dioscoridem* (in-12).

LAGUNÆA (CAV., *Diss.*, 173, t. 71, fig. 1). Syn. de *Hibiscus* L.

LAGUNÆA (AGDH), LAGUNÆNA (RITG.). Pour *Lagunea* LOUR.

LAGUNÆEÆ (REICHB., *Consp.*, 202). Division des Hibiscées.

LAGUNARIA (DON, *Gen. Syst.*, I, 485). Genre de Malvacées-Hibiscées, voisin des Ketmies, distingué par un calicule de 3 folioles ou nul; un ovaire à 5 loges multiovulées et les sommets stigmatifères du style libres et rayonnants. Le fruit est capsulaire, loculicide, et son exocarpe se sépare de l'endocarpe. Les 2 espèces connues sont océaniennes, arborescentes et à fleurs axillaires. (H. BN, *Hist. des pl.*, IV, 95.)

LAGUNCULARIA (GÆRTN., *Fruct.*, III, 209, t. 217). Genre de Combrétacées-Combrétées, à fleurs polygames, distinguées par un réceptacle turbiné, non prolongé au-dessus de l'ovaire infère, un androcée 10-andre, inclus et un ovaire infère, uniloculaire, à 2 ovules. C'est un arbuste des régions littorales de l'Amérique tropicale et de l'Afrique occidentale, à feuilles opposées et à épis axillaires et terminaux. (H. BN, *Hist. des pl.*, VI, 278).

LAGUNCZIA (ENDL.). Pour *Lagunezia* SCOP.

LAGUNDI. Nom, aux Philippines, des *Vitex*.

LAGUNEA (LOUR., *Fl. coch.*, 220). Section du g. *Polygonum*.

LAGUNEZIA (SCOP., *Introd.*, 216). Synonyme de *Homalium*.

LAGUNOA (POIR.). Pour *Llagunoa* R. et PAV.

LAGURANTHEA (REICHB.). Pour *Laguranthera* C.-A. MEY.

LAGURANTHERA (C.-A. MEY. — DC., *Prodr.*, VI, 532). Sous-section des *Lagurostemon* CASS. (ENDL., *Gen.*, 468.)

LAGUROSTEMON (C.-A. MEY., ex *DC. Prodr.*, VI, 532). Synonyme de *Cyathidium* LINDL.

LAGURUS (L., *Gen.*, n. 92). Genre de Graminées-Agrostidées, représenté par une seule espèce de la région méditerranéenne, d'Orient et des îles Canaries, le *L. ovatus* L. On la retrouve jusqu'aux îles Jersey. Ses fleurs sont celles d'un *Agrostis*, et ses épillets uniflores sont groupés en une inflorescence ovoïde ou oblongue, à glumes étroites, longuement plumeuses-ciliées, tandis qu'une des glumelles a 2 arêtes latérales ténues et une longue arête dorsale rigide. (NEES, *Gen. Fl. germ.*, *Monoc.*, I, n. 45. — SIBTH., *Fl. græc.*, t. 90.) [H. BN.]

LAGUZI (Vinc.). Auteur [1743] d'un *Erbuario italo-siciliano*, etc. (in-4 de 302 p.).

LAGYNIAS (E. MEY., ex SOND., *Fl. cap.*, III, 14). Synonyme de *Fadogia* SCHWEINF.

LAHANAH. Nom hébreu de l'Absinthe.

LA HARPE (Jean). Auteur [1825] d'un *Essai d'une Monographie des vraies Joncées* (in-4 de 93 p.).

LAHAYA (R. et SCH., *Syst.*, V, 30). Synonyme de *Polycarpea*.

LAHIA (HASSK., *H. bogor.*, ed. nov., 99). Genre de Malvacées-Bombacées, voisin des *Durio*, distingué par un calice sub-3-fide, 5 pétales, et de nombreuses étamines, à filets presque libres, bifurqués au sommet et ∞-anthérifères; les anthères réniformes et libres. C'est un arbre de Bornéo. (H. BN, *Hist. pl.*, IV, 158.)

LA HIRE (J.-Nicol.). Né et mort à Paris [1625-1727], est demeuré célèbre par sa théorie de l'accroissement des tiges.

LAICHARTING (Joh.-Nepom. v.). Professeur à Innspruck [1754-1797], écrivit *Vegetabilia europæa*, etc. [1770-1791], 2 vol. in-8, et *Manuale botanicum*, etc. [1794], in-8 de 631 p.

LAICHE. Nom français des *Carex* (I, 629). C'est aussi le nom donné quelquefois au *Sparganium ramosum* HUDS.

LAICHE DES SABLES. Le *Carex arenaria* L.

LAICHKRAUT. Nom allemand des Potamots.

LAINE VÉGÉTALE. Le duvet des fruits des *Eriodendron*, etc.

LAINEUX, LAINÉ (*lanatus*). — Voy. PUBESCENCE.

LAINGOKALANA. A Madagascar, l'un des noms du *Crotalaria xanthoclada* BOJ.

LAIREN. A Cuba, synonyme de *Lerenes*.

LAIS (SALISB., *Fragm.*, 134). Synon. de *Hippeastrum* HERB.

LAISSERON. Pour Laitron. Le *Sonchus oleraceus* L.

LAIT (ARBRE A) DE DEMERARA. Le *Tabernæmontana utilis* L.

LAIT-BATTU. Nom vulgaire des Fumeterres.

LAIT (BOIS-). Le *Rauwolfia canescens* L.

LAIT (BOIS DE). Le *Plumeria alba* L.

LAIT-D'ANE. Les *Sonchus*.

LAIT DE COULEUVRE. L'*Euphorbia helioscopia* L.

LAIT DE COULEUVRE BATARD. Le *Linaria vulgaris* L.

LAIT DE TIGRE. Suc laiteux d'un Champignon chinois, dont les usages comme contrepoison ont été indiqués par Breynius.

LAITERON. Le *Sonchus oleraceus* L., etc.

LAITEROU. Nom toulousain de l'*Agaricus acris* BD. C'est encore, dans le bas Languedoc, l'*A. subdulcis*, espèce très suspecte.

LAITEUX. Nom vulgaire de plusieurs Agarics.

LAITEUX (BOIS) FRANC. Le *Tabernæmontana citrifolia* L.

LAITIER COMMUN. Le *Polygala vulgaris* L.

LAITRON. Nom français des *Sonchus*.

LAIT SAINTE-MARIE. Le *Carduus* (*Silybum*) *Marianus* L.

LAITUE (*Lactuca* T., *Inst.*, 473, t. 267). Genre de Composées-Cichoriées, qui a les fleurs des Chicorées, hermaphrodites et homomorphes, distinguées par des corolles bleues, blanches ou jaunes, et par des fruits plus ou moins comprimés, surmontés

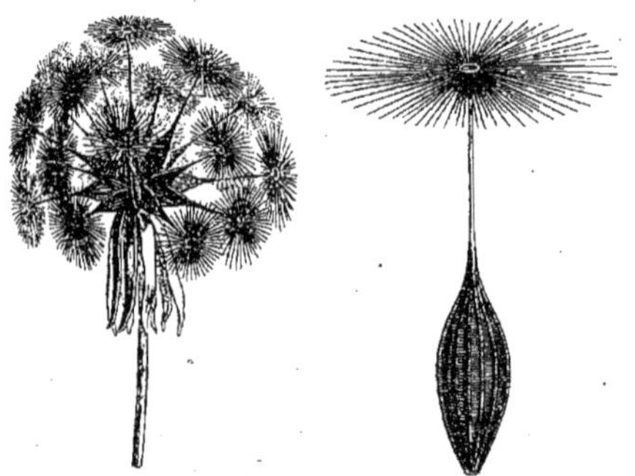

Laitue. — Fruit composé. Achaine isolé.

d'un rostre court ou long, avec des côtes nombreuses, rarement subsolitaires, et lisses. L'aigrette est formée de soies persistantes ou se détachant ensemble par la base commune. Ce sont des herbes à suc laiteux, à port très variable, à capitules terminaux ou latéraux, souvent étroits et dressés, disposés en cymes lâches ou corymbiformes. Nous avons fait rentrer dans ce genre (*Hist. des pl.*, VIII, 115) les *Sonchus*, *Prenanthes*, *Chondrilla*, *Heterachæna*, *Microrhynchus*, *Stephanomeria* et (?) *Dianthoseris*. Le genre comprend ainsi environ 140 espèces. Les plus connues sont le *Lactuca sativa* L. et les espèces comestibles voisines, et le *L. virosa* L., extrêmement vénéneux, dit-on. Toutes appartiennent aux régions chaudes et tempérées de l'ancien monde. (H. BN, *Hist. des pl.*, VIII, 21, 69, fig. 33, 34.)

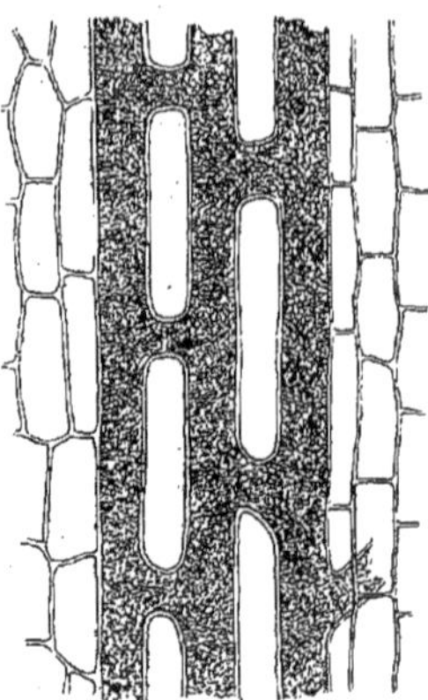

Laitue. — Laticifères.

LAITUE D'ANE. Le *Dipsacus sylvestris* DC.

LAITUE DE BREBIS. L'un des noms de la Mâche.

LAITUE DE BRUYÈRE. Le *Lactuca perennis* L.

LAITUE DE CHIEN. Le *Triticum repens* L. et le Pissenlit.

LAITUE DE LIÈVRE, L. DE LIERRE, L. DE MURAILLE. Noms du *Sonchus oleraceus* L.

LAITUE DE MER. L'*Ulva Lactuca* L.

LAITUE DES CHAMPS. Nom (DALECH.) de la Mâche.

LAITUE-ÉPINARD. Nom donné au *Lactuca sativa* L., var. *palmata*.

LAITUE PAPAVÉRACÉE. Le *Lactuca virosa* L.

LAITUE SAUVAGE. Le *Lactuca Scariola* L. et le *L. virosa* L.

LAIT VÉGÉTAL. Le latex; quelquefois en particulier celui qui est alimentaire, comme dans l'Arbre à la vache (*Piratinera utilis* H. BN). Le *lait* de Coco représente la portion liquide encore de l'albumen de la graine du Cocotier.

LAJARD (Félix), né à Lyon en 1783, donna [1847] des *Recherches sur le culte du Cyprès pyramidal chez les peuples civilisés de l'antiquité* (in-8 de 75 p.).

LAKA. Nom malgache du *Bernieria madagascariensis* H. BN, type d'un genre établi après la publication de ce dictionnaire. C'est aussi, dit-on, le nom de l'*Inocarpus edulis* FORST.

LAKABY. En Afrique, la sève du Dattier.

LAKMUS. Synonyme de *Lacmus*.

LAKRITZENHOLZ. En Allemagne, la Réglisse.

LALAGE (LINDL., in *Bot. Reg.*, t. 1722). Synonyme de *Bossiæa* VENT. (H. BN, *Hist. des pl.*, II, 343.)

LALANG. L'*Andropogon caricosus* L.

LAL CHUDENB. Nom dukanais des Santals rouges.

LALE VITSIT. Nom (FLAC.) du *Piper borbonense* C. DC.

LALIA. En Malaisie, le *Terminalia Catappa* L.

LALIONIA (REICHB., *Nom.*, 69). Section du genre *Allionia*.

LA LLAVE (Pablo) et LEXARZA (Juan). Auteurs [1824-25] de deux petites brochures assez rares, intitulées *Novarum vegetabilium Descriptiones* (in-8), publiées à Mexico, et qui renferment des notices sur bien des plantes intéressantes du Mexique, assez souvent difficiles aujourd'hui à assimiler et à reconnaître.

LALLEMANDIA (WALP.). Pour *Lallemantia* FISCH. et MEY.

LALLEMANTIA (FISCH. et MEY., *Ind. sem. H. petrop.*, VI, 52). Genre de Labiées-Népétées, établi pour 4 herbes annuelles ou bisannuelles, de l'Orient et de l'Inde, voisines des *Dracocephalum*, mais distinguées par leur corolle dont le casque est intérieurement pourvu d'un pli élevé. Leur calice est 15-nerve; leurs fruits sont ovoïdes et lisses; leurs fleurs sont axillaires et généralement disposées en glomérules 3-flores, avec des pédicelles floraux dressés et comprimés. [H. BN.]

LAL MIRCHIE. Nom hindou du *Capsicum frutescens* L.

LALO. Nom malgache du *Weinmannia cladoxylon* TUL. Au Sénégal, c'est le Baobab, souvent employé comme médicament.

LAL TOOR. Nom hindou du *Cajanus flavus* DC.

LAMAN. A Saint-Domingue, le *Solanum nigrum* L.

LAMANONIA. Genre de Saxifragacées-Cunoniées, qui a la fleur des *Geissois*, à peu de chose près : cinq ou six sépales, sans corolle, et des étamines nombreuses, disposées en cinq ou six phalanges, et de telle façon qu'il y en a une plus grande que les autres en face de la ligne médiane de chaque sépale ; celles qui sont interposées étant plus courtes. L'ovaire est libre, construit comme celui des *Weinmannia ;* de même le fruit capsulaire. Les *Lamanonia* ont été surtout étudiés par Cambessèdes, qui a créé pour eux le genre *Belangera*, dans le *Flora Brasiliæ meridionalis* (II, 203, t. 115-117). Ce sont des arbres à feuilles opposées, composées-digitées, à stipules amples et à fleurs nombreuses, blanches, disposées en grappes axillaires. On en a décrit quatre espèces. Les *Polystemon* de Don se rapportent également à ce genre. (Voy. H. Bn, *Hist. des pl.*, III, 449.)

LAMARA (Reichb., *Handb.*, I, XLII). Pour *Samara* L.

LAMARCHEA (Gaudich., in *Freycin. Voy.*, *Bot.*, 483, t. 110). Genre de Myrtacées, représenté par un arbuste australien qui a les caractères des *Melaleuca*, avec les faisceaux staminaux connés. (H. Bn, *Hist. des pl.*, VI, 359.)

LAMARCK (J.-Bapt.-Ant.-Pierre Mounet de). Né en Picardie, à Bazentin, le 1er août 1744, fut une des grandes figures scientifiques de notre pays. Nous renvoyons à la préface de ce Dictionnaire pour l'appréciation que nous avons cru devoir faire de son génie. Sans parler ici de ses éclatants travaux zoologiques, nous signalerons comme son premier essai en botanique la *Flore française*, qui date de 1778 (3 vol. in-8), et dont en 1792 il donna un *Extrait*. Il fut chargé de la publication de la botanique dans l'*Encyclopédie botanique*, et en donna, de 1783 à 1797, les 4 premiers volumes. Poiret continua la publication du 5e au 13e volume, jusqu'en 1816. L'ensemble, avec les Illustrations, comprend 13 vol. in-4 et 900 pl. L'*Illustration des genres* parut de 1791 à 1823, et Poiret termina l'ouvrage à partir du volume 3. En 1802, Lamarck entreprit, chez Déterville, la publication d'une grande *Histoire naturelle des végétaux*, faisant partie des *Suites à Buffon*. B.-Mirbel a écrit les volumes 3-15 de ce grand ouvrage, qui comprend 120 pl. En 1806, Lamarck publia, avec A.-P. de Candolle, un *Synopsis plantarum in Flora gallica descriptarum* (in-8 de 432 p.). Guillemin a donné, dans ses *Archives de Botanique* (I, 86), une étude biographique sur Lamarck. Cuvier a inséré son éloge dans les *Mémoires de l'Académie des sciences* (XIII, 1-31). Nous sommes heureux de constater qu'après avoir été acquis par des étrangers et avoir longtemps été comme séquestré par Rœper, l'important herbier de Lamarck vient de rentrer à Paris, dans cet établissement où le grand naturaliste fut tant martyrisé, et où sa fille, après sa mort, attachait des plantes sèches pour ne pas mourir de faim.

LAMARCKEA (Steud.). Pour *Lamarkea* Pers.

LAMARCKIA (Olivi, *Zoolog. adriat.* [1792], 258, t. 7. — Stackh., *Ner. brit.*, ed. 2). Synonyme de *Codium* Stackh. (Trevis., *Algh. cocc.*, 102. — Kuetz., *Sp. Alg.*, 502.)

LAMARCKIA. Ce nom est donné, dans plusieurs jardins botaniques de l'Europe, à des *Elæodendron* cultivés.

LAMARCKIA (Mœnch, *Meth.*, 201). Genre de Graminées-Festucées, placé près des Crételles et qui ne s'en distingue que par son inflorescence, souvent de forme un peu différente, ainsi que par son port, la configuration de ses épillets stériles et ses épillets fertiles uniflores. Mais il sera probablement bien difficile de le conserver autrement que comme section des *Cynosurus*. Persoon l'a nommé *Chrysurus*. Le *L. aurea* est une espèce méditerranéenne, assez souvent cultivée dans nos jardins botaniques. (Pal.-Beauv., *Agrostogr.*, t. 22, fig. 5. — Nees, *Gen. Fl. germ.*, *Monoc.*, I, n. 77.)

LAMARCKIEÆ (Trévis., *Algh. cocc.*, 102). Tribu des Algues-Siphonothallées (genres *Lamarckia*, *Avrainvillea* et *Udotea*).

LAMARKEA (Reichb., *Consp.*, 175). Pour *Lamarchea* Gaudich.

LAMARKEA (Pers., *Syn.*, I, 218, nec Mœnch). Synonyme de *Markea* L.-C. Rich.

LAMARKIA (Endl.). Pour *Lamarckia* Olivi.

LAMARKIA (Medic., *Vorles.*, IV [1789], I, 183). Genre proposé pour le *Sida humilis* β (DC.).

LAMARKIA (G. Don, *Gen. Syst.*, IV, 487). Synonyme de *Marckea* Rich.

LAMATOSPORA (Reichb.). Pour *Lomaspora* DC.

LAMBERGEN (Tiber.). Auteur [1754], à Groningue, de : *Oratio inauguralis, exhibens encomia botanices ejusque in re medica utilitatem singularem* (in-4 de 72 p.).

LAMBERT (Aylm.-Bourke). Né à Bath en 1761, écrivit en 1803 une *Description of the genus Pinus*, etc. (in-fol. de 91 p. et 44 pl.), puis, en 1828, *Description of the genus Pinus, illustrated*, etc. (2 vol. in-fol.), ouvrage très cher, tiré seulement à 25 exemplaires. En 1797, il donna *A description of the genus Cinchona* (in-4 de 54 p. et 13 pl.), puis, en 1821, *An illustration of the genus Cinchona* (in-4). Il possédait un superbe herbier, en partie acquis par B. Delessert et actuellement à Genève ; il avait, entre autres, réuni un grand nombre de plantes rares, récoltées par Ruiz et Pavon, par Swartz, etc., et qui auraient pu faire partie de l'herbier du Muséum de Paris. Lambert fut vice-président de la Société Linnéenne de Londres ; il mourut à Kew en 1842. — Wilh. Lambert, de Wetzlar, mort en 1860, a écrit : *De geographia plantarum in Wetteravia et Marchia brandenburgica indigenarum* (in-8).

LAMBERTIA (Sm., in *Trans. Linn. Soc.*, IV, 214, t. 20). Genre de Protéacées-Embothriées, caractérisé par un périanthe presque droit, avec 4 écailles hypogynes et 4 étamines sessiles. L'ovaire renferme 2 ovules descendants et orthotropes. Le fruit est un follicule, et les graines sont marginées. Ce sont 8 arbustes australiens, à feuilles verticillées et à fleurs solitaires ou au nombre de 2-7, enveloppées de bractées colorées. Quelques-uns étaient cultivés en serre froide comme ornementaux ; mais leur culture difficile, comme celle d'un très grand nombre de Protéacées, les a fait malheureusement abandonner presque partout. (H. Bn, *Hist. des pl.*, II, 391, 416. — *Bot. Reg.*, t. 528.) [H. Bn.]

LAMBERTIEÆ (Lamk, *Consp.*, 82). Division des Protéacées.

LAMBKILL. Nom américain du *Kalmia angustifolia* L.

LAMBOTTIELLA (Sacc., *Syll. Fung.*, II, 677). Section du genre *Lophiosphæra*, à spores appendiculées.

LAMBOURDES. Les bourgeons à fleurs, surtout dans nos arbres fruitiers, notamment les Poiriers.

LAMBOURDO. En Languedoc, le *Typha latifolia* L.

LAMBRALI. Nom du *Vitis sicyoides*.

LAMBRUSQUE, LAMBRUSCA. La Vigne sauvage.

LAMB'S TONGUE. En Angleterre, le *Plantago media* L.

LAMBURON. Nom vulgaire du *Lactarius piperatus* Scop., de l'*Agaricus acris* Bull., de l'*Agaricus piperatus* Scop., etc.

LAMBURON. Synonyme d'Emburon.

LAME (*Lamina*). Synonyme de *limbe*. S'applique aux feuilles et aux organes qui en dérivent : sépales, pétales, etc.

LAMELLE. Nom donné parfois aux appendices de la corolle, ceux dont la réunion constitue la coronule ou couronne. Ce sont aussi les divisions de l'hyménophore, les lames que recouvre l'hyménium des Agarics, etc.

LAMELLERIA (Lindl.). Section du genre *Vanda* R. Br. (B. H., *Gen.*, III, 578).

LAMELLULÆ (Cord., *Anleit.*, p. XXIX). Lamelles irrégulières des Champignons tels que les *Sistotrema*, etc.

LAME PROLIGÈRE. Nom parfois donné à l'*Hymenium*.

LA MÉTHERIE (J.-Cl. de). Ce grand savant [1743-1817] a écrit [1804] des *Considérations sur les êtres organisés*, comprenant une partie botanique (p. 120-283).

LAMIA (Endl.). Pour *Lemia* Vandell.

LAMIA (Vand., in *Rœm. Scr.*, 116). Synon. de *Portulaca* T.

LAMIACEÆ (Lindl., *Nat. Syst.*, ed. 2, 275 ; *Veg. Kingd.*, 659). Synonyme de Labiées.

LAMIEÆ (Endl., *Gen.*, 624. — Benth., in *DC. Prodr.*, XII, 408). Division des Labiées-Stachydées.

LAMIER (*Lamium* T., *Inst.*, 183). Genre de Labiées, souvent pris chez nous comme type de la famille et qui en a l'organisation générale. On le rapporte aux Bétonicées, ou Stachydées, qui pourraient tout aussi bien s'appeler Lamiées, et on l'y distingue par sa corolle bilabiée, à tube exsert; la gorge dilatée et la lèvre

Lamier. — Branche florifère.

antérieure du limbe pourvue de lobes dentiformes, oblongs ou très courts. Son androcée didyname a des anthères à 2 loges divariquées, souvent hérissées sur le dos. Les fruits (achaines) sont tronqués au sommet, souvent à angles aigus. Le calice a 5 dents peu inégales, et on les distingue de celles de nos Agripaumes (qui ne sont probablement que des *Lamium*) en ce qu'elles n'ont pas leur sommet rigide et piquant. Ce sont environ 40 herbes de l'ancien monde, à feuilles opposées; peu odorantes; à glomérules axillaires, multiflores; les fleurs parfois dimorphes. On distingue les principales espèces, vulgairement et à tort appelées *Orties*, par la couleur de leur corolle. Ainsi, le *L. album* est l'*O. blanche;* le *L. purpureum*, l'*O. rouge;* le

Lamier. — Fleur, entière et coupe longitudinale de sa base. Calice. Étamine. Fruit, entier et coupe longitudinale.

L. (*Galeobdolon*) *luteum*, l'*O. jaune*. Le *L. Orvala* a été fort usité en médecine. (GREN. et GODR., *Fl. de Fr.*, II, 678. — REICHB., *Icon. Fl. germ.*, t. 1203-1208. — H. BN, *Iconogr. Fl. fr.*, n. 11, 48, 90.) [H. BN.]

LAMINA. Le limbe. — Voy. LAME, LAMELLE.

LAMINAIRE (*Laminaria* LAMX, in *Ann. Mus.*, XX, 41. — MTGNE, in *Ann. sc. nat.* [juillet 1840]). Algues-Floridées, de la famille des Laminariées, d'après nos auteurs modernes, et que Decaisne a placées dans la grande division naturelle des Algues Aplosporées. Les espèces qui constituent ce genre sont caractérisées par une fronde, généralement de grandes dimensions, dépourvue de nervure, tantôt de forme palmée, tantôt entière et portée sur un pied plus ou moins long, très souvent simple, arrondi, solide ou fistuleux, et qui se fixe sur les rochers par des fibres généralement nombreuses, simples ou rameuses, resserrées en une masse scutiforme. Les sores sont disposées par plaques sur la surface de la plante; elles se dénotent par une plus grande épaisseur de la fronde, qui, par suite de leur développement, présente aux points sorifères une couleur plus foncée. Les spores sont allongées ou ellipsoïdes; elles sont renfermées dans un péricarpe hyalin, entourées de paranémates obtusiformes, inarticulés, très serrés et disposés en paquets sur la superficie plane de la fronde. Ces organes ont une grande analogie avec les paraphyses des Lichens. Les Laminaires sont généralement des Algues de grande taille; elles croissent par touffes et constituent par leur abondance comme des forêts sous-marines. Nous en avons vu des quantités considérables sur la digue de Cherbourg, et nous avons la certitude qu'elles ont contribué à la rendre plus solide. Les principes nutritifs que l'on rencontre chez les Algues-Iridées, par suite surtout de la présence de l'*inuline*, se trouvent également dans les espèces du genre *Laminaria*. Le *L. saccharina* fournit une matière sucrée. Bien plus souvent les efflorescences qui se produisent sur la fronde des Laminaires desséchées, sont de nature saline. Les Laminaires constituent d'abondantes sources de soude, d'iode, de gelée, etc. (Voy. J.-G. AGH, *Spec., gen. et ord. Alg.*, III, 507.) [CH. M.]

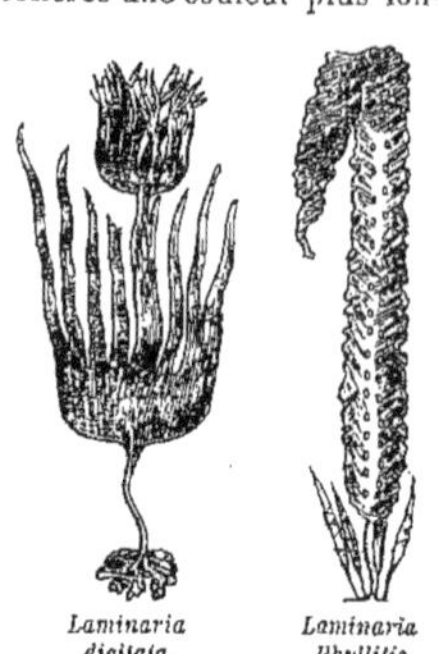

Laminaria digitata. *Laminaria Phyllitis.*

LAMINARIACEÆ (REICHB.), **LAMINARIDÆ** (LINDL.), **LAMINARIEÆ** (BORY), **LAMINARINÆ** (REICHB.). Division des Algues-Fucacées.

LAMINARIÉES (*Laminarieæ* BORY, in *Dict. class.*, IX, 190. — J. AGH, *Symb.*, I, 4). L'une des grandes divisions des Fucoïdées, appartenant à la famille naturelle des Algues-Phéosporées. La fronde de ces plantes, généralement fort développée, est de couleur olive; elle est inarticulée, celluleuse, cylindrique, ou le plus souvent plane, entière, ou divisée en forme de feuille plus ou moins étroite. Elle est composée de plusieurs séries de phytocystes, pourvue de cryptonémates, et porte des sores, réunis en plaques superficielles circulaires, indéfinis et répandus de chaque côté de la lame. Les spores sont allongées, ellipsoïdes, et renfermées dans un périspore hyalin; elles sont entourées de paranémates claviformes, simples, inarticulés, très denses, stipités, situés verticalement sur la surface plane de la fronde. Les propagules, chez certains individus, réunies en masses assez petites, parmi des filaments articulés, auxquelles elles sont fixées, sont siliquiformes. Diverses couches de cellules constituent la fronde. Les plus extérieures sont arrondies et courtes. Les cellules qui occupent la partie centrale se prolongent en fibres très resserrées. Ces Algues, rarement parasites sur d'autres plantes marines, se fixent aux rochers par une masse scutiforme de radicelles très souvent fibro-rameuses. Leurs frondes sont généralement très grandes, et habitent surtout les mers glaciales. Celles que l'on rencontre dans la zone torride sont le plus souvent petites ou de moyenne taille. Cette famille comprend une douzaine de genres distingués par la disposition des sores sur la fronde, et par les diverses modifications de la fronde elle-même, qui peut être pinnatifide, laciniée ou entière, pourvue ou non de nervures. Les principaux genres qui constituent

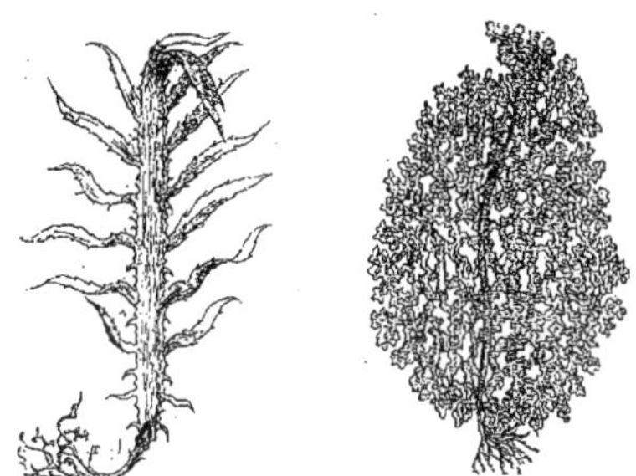

Laminariées. — *Capea. Agarum.*

cette famille sont les genres *Laminaria, Saccorhiza, Scytosiphon*, etc. Payer, dont nous aimons toujours à citer le nom, y avait placé les genres *Lessonia, Macrocystis, Nereocystis, Laminaria, Capea, Haligenia, Alaria, Thalassiophyllum, Agarum* et *Costaria*. (Voy. J.-G. AGH, *Spec., gen. et ord. Alg.*, 121.) [CH. M.]

LAMINARITES (AD. BR., in *Dict. sc. nat.*, LVII, 32). Genre de Fucoïdées fossiles, rapporté aux *Fucoidites* (STERNB., *Vers.*, II, 34). Unger (*Syn. pl. foss.*, 6; *Chlor. protog.*, XXVI) en fait une Phycée fossile (MTGNE, in *Dict. d'Orb.*, X, 57). Cependant on avait considéré longtemps les empreintes de ces plantes comme des traces d'animaux. Les nouvelles recherches nous permettent de les classer dans la famille des *Siphonées*. [CH. M.]

LAMINARIUS (ROUSS., *Fl. Calvad.* [1796]). Synonyme de *Laminaria* LAMX.

LAMINASTRUM (DUB., *Bot. gall.*, II, 940). Synonyme de *Laminaria* LAMX.

LAMINIDIÆ (DUMORT., *Comm. bot.*, 72). Famille d'Algues (*Fartiniæ*), formée du genre *Laminaria* LAMX.

LAMIOPSIS (LEDEB.). Pour *Lamiotypus* DUMORT.

LAMIOPSIS. Section (B. H.) du genre *Lamium* T.

LAMIOTYPUS (DUMORT., *Fl. belg.*, 45. — BENTH., *Labiat.*, 513). Section du genre *Lamium* T.

LAMIUM. — Voy. LAMIER.

LAMIYO. Nom, aux Philippines, des *Dracontomelum*.

LAMMERSDORFF (Joh.-Ant.). Auteur [1781], à Gœttingue, de *Plantarum cryptogamicarum fructificationis historiæ Prodromus, de Filicum fructificatione* (in-8 de 35 p.).

LAMOTTE (Martial). D'abord pharmacien à Riom, puis directeur du Musée Lecoq à Clermont-Ferrand et du jardin municipal de la ville, débuta [1847] par un *Catalogue des plantes vasculaires de l'Europe centrale*, puis donna des études sur les *Sempervivum* [1864], des notes sur les plantes du plateau central [1855], et divers opuscules (*Cat. sc. pap.*, III, 822). Il n'eut malheureusement le temps de publier que le premier volume de sa remarquable *Flore du plateau central de la France*.

LAMOTTEA (POM., *Mat. Fl. atl.*, 3). Syn. de *Carduncellus* AD.

LAMOUROUX (J.-Vinc.-Fél.). Professeur à Caen, où il mourut en 1825, était né en 1779 à Agen. C'est un des algologues les plus distingués de la France. En 1805, il avait écrit un *Essai sur plusieurs espèces de* Fucus *peu connues*. En 1813, il publia un *Essai sur les genres de la famille des Thalassiophytes non articulées* (in-4 de 84 p. et 7 pl.), et en 1816, une *Histoire des Polypiers coralligènes flexibles* (in-8 de 559 p. et 19 pl.), traduit en anglais en 1824 (*Cat. sc. pap.*, III, 822). Une *Notice bibliographique* sur ses travaux fut publiée en 1829 à Paris, par J.-F. Lamouroux. — Just.-P. LAMOUROUX, médecin à Paris, donna à Paris un *Résumé complet de botanique* [1826] et un *Résumé de Phytographie* [1828], en 2 vol. in-12.

LAMOUROUXELLA (BORY, ex *Reichb. Nom. Syn. red.*). Genre complexe d'Algues, comprenant à la fois des *Conferva* et d'autres types mal définis.

LAMOUROUXIA (AGH, *Syst. Alg.*, 253). Genre d'Algues-Floridées, de la famille des Rhodomélées, et que Kützing considère comme synonyme de *Claudea*; mais dont les espèces ont été reportées pour la plupart dans le genre *Polysiphonia*, dont elles ont d'ailleurs les principaux caractères. [CH. M.]

LAMOUROUXIA (H. B. K., *Nov. gen. et spec.*, II, 335, t. 167-169). Genre de Scrofulariacées-Rhinanthées, voisin des *Bartsia*, distingué par des fleurs irrégulières, à calice 4-fide, comprimé; une corolle souvent élégante, rose ou rouge, à tube ample, comprimé, ventru. Son casque postérieur est dressé, entier ou émarginé. Le fruit est une capsule ovoïde, polysperme. Il y a une vingtaine d'espèces dans ce genre, originaire des deux Amériques. Ce sont des herbes annuelles ou vivaces, à feuilles opposées, à fleurs axillaires ou disposées en grappes terminales. (SEEM., *Her. Bot.*, t. 33. — H. BN, *Hist. des pl.*, IX, 479.)

LAMOUROUXIA (BONNEM., herb.). Synonyme de *Callithamnion* LYNGB. et de *Polysiphonia* GREV.

LAMPARAHAN. Liane des Philippines, stomachique, vantée contre les coliques, le choléra, les morsures des vipères, etc.

LAMPARILLA. Nom espagnol du Tremble.

LAMPATAN. En Chine, la Squine.

LAMPAZO. En Espagne, les Bardanes.

LAMPÉE. Le *Rumex acutus* L.

LAMPETIA (RŒM., *Syn.*, 42). Synonyme de *Sclerostylis* BL.

LAMPETTE. Le *Lychnis Flos-Cuculi* L. et le *Githago segetum* DESF.

LAMPETTE DE CALCÉDOINE, L. DE JÉRUSALEM, L. DE CONSTANTINOPLE. Noms du *Lychnis chalcedonica* L.

LAMPOCARPYA (SPRENG.). Pour *Lampocarya* R. BR.

LAMPOCARYA (R. BR., *Prodr.*, 238). Sect. du g. *Gahnia* FORST.

LAMPONE. En Italie, le Framboisier.

LAMPOURDA. Désigne, en languedocien, l'*Arctium Lappa* L., et en général les plantes à fruits garnis d'appendices crochus.

LAMPOURDE. Nom français des *Xanthium*.

LAMPOURDO ESPINOSO. Nom, en Provence, du *Xanthium spinosum* L.

LAMPOURDO BOUTON D'OR. Le *Trifolium agrarium* L.

LAMPRA (LINDL., ex *DC. Prodr.*, IV, 72). Synonyme de *Trachymene* RUDGE.

LAMPRA (BENTH., *Pl. Hartw.*, 95). Syn. de *Weldenia* SCHULT.

LAMPRACHÆNIUM (BENTH., *Gen.*, II, 225, n. 9). Genre de Composées, voisin des *Vernonia*, distingué par des fruits lisses, sans côtes, arrondis au sommet, surmontés d'une aigrette de soies peu nombreuses. C'est une plante de l'Inde, herbacée, à fleurs disposées en petits capitules. Le *L. microcephalum* BENTH. (*Decaneurum microcephalum* DALZ.) a, dit-on, l'odeur de la Camomille. (H. BN, *Hist. des pl.*, VIII, 121.)

LAMPRETTE. Synonyme de Lampette.

LAMPROCAPNOS (ENDL., *Gen.*, Suppl., V, 32). Synonyme de *Capnorchis* BORCKH.

LAMPROCARPUS (BL., in *Schult. Syst.*, VII, 1615, 1726). Synonyme de *Pollia* THUNB.

LAMPROCAULOS (MAST., *Restiac.*, 249, t. 3). Synonyme de *Elegia* L. (B. H., *Gen.*, III, 1032.)

LAMPROCHLÆNA (F. MUELL., *Fragm. phyt. Austral.*, III, 157). Syn. de *Hyalolepis* DC. (H. BN, *Hist. des pl.*, VIII, 180.)

LAMPROCOCCÆ (BEER, *Fam. Bromel.* [1857], 9, 20, 21). Division des Broméliacées-Lépidanthées.

LAMPROCOCCUS (BEER, *Bromel.*, 103). Syn. de *Æchmea* PAV.

LAMPROCOCCUS (LEME, *Jard. fleur.*, II, t. 127). Genre de Broméliacées. Section du genre *Pitcairnia* (C. KOCH, *Pl. nov. H. berol.* [1856]; in *Ann. sc. nat.*, sér. 4, VI, 358). Synonyme de *Phlomostachys* BEER.

LAMPRODERMA (ROSTAF., *Mon.*, 202). Genre de Myxomycètes, démembré des *Stemonitis*. Sporange globuleux ou ellipsoïde, à stipe se prolongeant en columelle dans l'intérieur; capillitium fasciculé. La membrane du sporange est délicate et à reflets métalliques. On en connaît 5 espèces. [De S.]

LAMPRODITHYROS (Hassk., in *Pet. Moss., Bot.*, 520). Synonyme de *Aneilema* R. Br.

LAMPROLEPIS (Pl., in *Ann. sc. nat.*, sér. 3, IX, 93, 285). Section du genre *Drosera* (*D. platystigma* et *pulchella* Lehm.).

LAMPROLOBIUM (Benth., *Fl. austral.*, II, 202). Genre de Légumineuses-Galégées, établi pour un arbuste australien, distingué par 5 lobes subégaux au calice; les 2 supérieurs connés dans une grande étendue; une carène obtuse et incurvée; des étamines monadelphes. Les feuilles sont imparipinnées, et les fleurs ordinairement solitaires. (H. Bn, *Hist. des pl.*, II, 280.)

LAMPROPHYLLÆ (Bartl., *Ord. nat.*, 333). Classe (53) des *Gymnoblasti*. Spach (*Suit. à Buff.*, IV, 51) nomme ce groupe *Lamprophylleæ*.

LAMPROPHYLLUM (Miers, in *Trans. Linn. Soc.*, XXI, 249, t. 26). Synonyme de *Rheedia* L.

LAMPROSANTHA (Dcne, in *DC. Prodr.*, XIII, p. I, 697). Section du genre *Plantago* T.

LAMPROSPORA (De Not., *Discom.*, in *Comm. Soc. crittog. ital.* [1863], 357). Genre de Pezizes, à spores réticulées, dont Fückel avait fait le genre *Crouania* et que M. Cooke (*Mycogr.*, t. 5, fig. 17) range dans les *Peziza* (*Humaria*). [De S.]

LAMPROSTACHYS (Boj., herb.). Syn. de *Achyrospermum* Bl.

LAMPROTHAMNUS (Hiern, *Fl. trop. Afr.*, III, 130; in *Hook. Icon.*, t. 1220). Genre de Rubiacées-Chiococcées, dont les fleurs 4-7-mères, à corolle tordue, sont celles d'un *Coffea*, sinon que l'ovule qui occupe chacune de leurs deux loges ovariennes, est descendant, avec le raphé dorsal. Le *L. zanguebaricus* est un arbuste, à feuilles de Caféier, à cymes terminales corymbiformes. (H. Bn, *Hist. des plant.*, VII, 305, 432, n. 78.) [H. Bn.]

LAMPROTIS (Don). Synonyme de *Erica*.

LAMPSANA. — Voy. Lapsana. C'était, pour Dioscoride et Pline, le *Raphanus Raphanistrum* L.

LAMPSANE. Le *Lapsana communis* L.

LAMPSANEÆ (Cass., in *Dict. sc. nat.*, XXVIII, 422; LX, 568). Division des Composées-Crépidées.

LAMPSAQUE. Synonyme de Lampsane.

LAMPUIUM, LAMPAJUM. Le *Zingiber Zerumbet* Rosc.

LAMPUJANG (Rumph., *Herb. amboin.*, V, 148, t. 64). Synonyme de *Zingiber* Gærtn.

LAMPUZIUM (Hor., *Prodr. Mon. Scitam.*, 27). Section du genre *Zingiber* Adans.

LAMYELLA (Fr., *Summ. veg. Scand.*, 410). Genre peu défini de Périsporiacés, à conceptacle carbonacé, celluleux, rempli à l'intérieur de très petites spores qui s'échappent par un ostiole.

LAM-YIP. Acanthacée de Chine, qui sert à teindre les paillassons en vert.

LAMYRA (Cass., in *Dict.*, XXV, 218). Synonyme de *Cnicus* T. (H. Bn, *Hist. des pl.*, VIII, 5.)

LAMYREÆ (Cass., in *Dict.*, XLI, 312; L, 463; LX, 572). Division des Composées-Carduinées.

LAMYXIS (Rafin., in *Ann. of nat.* [1820], ex Leman). Genre de Champignons, mal défini et non adopté.

LANA. A Goa, la Noix de Coco. A la Guyane, c'est le nom du *Genipa americana* L.

LANAN. Aux Philippines, le *Dipterocarpus thurifera*, qui fournit un bon bois de construction pour la marine.

LANA PRATENSIS. Le *Gnaphalium dioicum* L.

LANARIA (Ait., *Hort. kew.*, I, 462). Genre d'Amaryllidacées-Hæmodorées, voisin des *Phlebocarya*, distingué par son inflorescence en cyme, plumeuse et laineuse; ses étamines à filet longuement adné aux folioles du périanthe; son ovaire en grande partie infère, à loges 2-ovulées. C'est une plante de l'Afrique australe, à rhizome ligneux. (Lamk, *Ill.*, t. 34. — Schnizl., *Iconogr.*, I, t. 62.) [H. Bn.]

LANARIA (Adans., *Fam.*, II, 255). Synon. de *Gypsophila* L.

LANARIEÆ (Herb., *Amaryll.*, 86). Division des Hypoxidées.

LANATI. Nom caraïbe des Ignames.

LANATULI (Quel., *Enchir. Fung.*, 124). Section des Coprins, à flocons fugaces, ornant la surface externe du chapeau.

LANATUS. — Voy. Pubescence.

LANCEA (Hook. f. et Thoms., in *Hook. Kew Journ.*, IX, 244, t. 7). Genre de Scrofulariacées-Gratiolées, formé d'une herbe glabre, peu élevée, à feuilles basilaires, et distingué par une fleur irrégulière, à androcée didyname, et un fruit globuleux, subcharnu, indéhiscent. On n'en connaît qu'une espèce, du Thibet. (H. Bn, *Hist. des pl.*, IX, 452.)

LANCE (BOIS DE) FRANC. Le *Randia aculeata* Lamk. Le *Bois de lance bâtard* est le *R. mitis* L.

LANCE DE CHRIST. Le *Lycopus europæus* L. et l'*Ophioglossum vulgatum* L.

LANCELÉE. Le *Plantago lanceolata* L.

LANCEOLA (Cæsalp., *De plant. lib.* 8). Synon. de *Plantago* T.

LANCEOLARIA (DC., in *Mém. Mus.*, VII, 247; *Syst.*, II, 695). Section du genre *Heliophila* L. (*Prodr.*, I, 235).

LANCÉOLE. Synonyme de Lancelée.

LANCETA. Au Brésil, le *Solidago vulneraria* Mart.

LANCETO. Nom provençal du *Stipa pennata* L.

LANCE-WOOD. Le bois du *Duguetia quitarensis* et, à la Jamaïque, celui des *Lycium*.

LANCISI (Giov.-Maria). Grand médecin romain [1654-1720], a écrit [1714] *Dissertatio epistolaris de ortu, vegetatione et structura Fungorum* (in-fol. de XVIII p.).

LANCISIA (Lamk, *Ill.*, t. 701, fig. 3, 4). Synonyme de *Lidbeckia* Berg.

LANCISIA (Gærtn., *Fruct.*, II, 422). Syn. de *Actinocenia* DC.

LANCISIA (Pers., *Enchir.*, II, 463). Syn. de *Lidbeckia* Berg.

LANCISIA (Ponted., *Diss.* [1720]. — L., *Class. plant.*, 530). Synonyme de *Cotula* Gærtn.

LANÇO DOU CHRIST. En Provence, l'Ophioglosse et le Lycope.

LANCRETIA (Del., *Fl. Eg.*, 69, t. 25). Synonyme de *Bergia* L.

LANCRETIEÆ (Reichb., *Nom.*, 188). Sous-section des Léchéées, comprenant le genre *Lancretia* Del.

LANCUAS. A Java, le Galanga.

LANDE, L. ÉPINEUSE, LANDIER. Noms de l'Ajonc landier.

LANDERSIA (Macfad., *Fl. jam.*, II, 142). Genre proposé pour le *Melothria pervaga* Griseb.

LANDIA (Commers., ex A. Rich., *Rubiac.*, 165). Synonyme de *Mussaenda* L.

LANDOLFIA (Dietr. — Lindl.). Pour *Landolphia* P.-Beauv.

LANDOLPHIA (Pal.-Beauv., *Fl. ow. et ben.*, I, 54, t. 34). Synonyme de *Vahea* Lamk. M. Radlkoffer conserve cependant les deux genres comme distincts.

LANDOLPHIE. Nom français (Lamk) des *Landolphia* Beauv.

LANDSBOROUGH (Dav.). Ministre protestant [1782-1854], auteur [1847] de *Treasures of the Deeps*, Algues marines d'Écosse (in-4), et d'une *Histoire populaire des Algues* [1849].

LANDSBURGIA (Harv., ex *Ind. gen. Alg.*, I, 8). Algue de la famille des Fucacées; synonyme de *Phyllospora*?

LANDTIA (Less., *Syn. Comp.*, 37). Section (?) du genre *Arctotis* L. (H. Bn, *Hist. des pl.*, VIII, 197.)

LANEASAGUM (Bedd., in *Madr. Journ. sc.*, ser. 2, VI, 71). Synonyme de *Cyclostemon* Bl.

LANESSANIA (H. Bn, in *Adansonia*, XI, 298; *Hist. des pl.*, VI, 207). Genre d'Ulmacées-Artocarpées, dont les fleurs sont groupées sur un réceptacle en forme de cône renversé. Sur sa base, qui est supérieure, sont disposées, en petits glomérules, les fleurs mâles, qui ont un petit calice gamosépale, et 2, 3 étamines à court filet dressé. Au centre de la base est un profond canal dont le fond est occupé par le gynécée, à ovaire uniovulé, adhérent; et le style, parcourant toute la longueur du canal, vient épanouir au dehors ses 2 branches stigmatifères allongées. Le type du genre est un arbuste du Brésil septentrional, à suc laiteux, à feuilles alternes, à courtes bractées involucrales, insérées autour des bords des réceptacles qui sont axillaires et solitaires. Bentham en signale une deuxième espèce douteuse.

LANETE. Nom, aux Philippines, des *Wrightia* R. Br.

LANG (Ad.-Franz). Publia à Pesth [1822] une *Énumération*

de la flore hongroise. — O.-Fried. LANG [1817-1847] a écrit quelques notices botaniques. (*Cat. sc. pap.*, III, 839. — *Bot. Zeit.* [1851], 686.)

LANGE (Joh.). Fut à Heidelberg [1485-1565] professeur de botanique; il écrivit des *Epistolæ medicinales;* Hartmann a écrit sa vie. — J.-Mich. LANGE [1664-1731] fut professeur à Altdorf; il a publié *Dissertatio... de herba Borith* [1705].

LANGEFELDIA (STEUD.). Pour *Langeveldia* GAUDICH.

LANGEOLE. L'*Euphrasia officinalis* L. et le *Melampyrum arvense* L.

LANGERMANNIA (ROSTKOV., in *Sturm's Deutsch. Fl.*, III, 23). Genre de Gastéromycètes, comprenant des *Lycoperdon*, des *Bovista* et des *Scleroderma.*

LANGERSTRÆMIA (CRAM., *Disp.*, 126). Pour *Lagerstrœmia* L.

LANGEVELDIA (GAUDICH., *Voy. Uran.*, *Bot.*, 493). Synonyme de *Elatostema* FORST.

LANGE VLIER. En Hollande, le *Sambucus Ebulus* L.

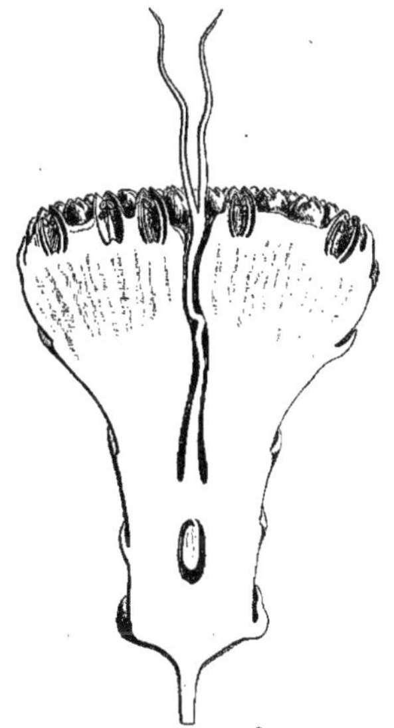

Lancssania. — Inflorescence, coupe ongitudinale.

LANGGUTH (Georg.-Aug.). Savant de Wittenberg [1711-1782], y enseigna l'anatomie et la botanique. Il a écrit : *Antiquitates plantarum feralium*, etc. [1738], et *Programma de plantarum venenetarum arcendo scelere* [1770], in-4 de 12 p.

LANGHANSS (Gottfr.). Auteur, à Landshut [1736], de *Programm von einem versteinerten Baume* (in-4).

LANGHEINRICH (Georg.-Nic.). Professeur à Leipzig [1650-1680], auteur de : *De sensu plantarum* [1672], in-4 de 16 p.

LANGIA (ENDL., *Gen.*, 304). Synon. de *Hermbstædtia* REICHB.

LANGIL. Nom, aux Philippines, des *Albizzia.*

LANGIT. Nom français des *Ailantus.*

LANGLEIA (SCOP., *Introd.*, 231). Synon. de *Anavinga* RHEED.

LANGODIUM (RUMPH.). Les *Vitex Negundo* et *trifolia* L.

LANGON. Synonyme de Miellin. C'est le nom vulgaire du *Polyporus squamosus* SCHÆFF.

LANGOU. Le *Boletus Juglandis* BULL.

LANGSDORF (G.-Heinr. v.). Était consul de Russie au Brésil et mourut en 1852; il a publié, avec F.-E.-L. Fischer, les plantes de l'expédition de Krusenstern. (*Cat. sc. pap.*, III, 843.)

LANGSDORFFIA (MART., in *Eschwege Journ. Bras.*, II, 178; *Nov. gen. et spec.*, III, 181, t. 298, 299). Genre de Balanophoracées, à fleurs dioïques ou parfois monoïques : les mâles à périanthe 3-lobé et à 3 étamines; les femelles à périanthe supère, tubuleux, et à ovaire infère, 1-loculaire, avec un ovule descendant. Le fruit est composé. C'est une herbe parasite, colorée, charnue, puis dure, cérifère, à fleurs rouges, qui croît en parasite dans l'Amérique tropicale australe. Les mâles forment une sorte de spadice oblong, et les femelles une masse hémisphérique. (EICHL., in *Mart. Fl. bras.*, IV, p. II, t. 1-3. — KARST., in *N. Act. nat. cur.*, XXVI, II, t. 63, 64. — HOOK. F., in *Trans. Linn. Soc.*, XXII, t. 2. — WEDD., in *Ann. sc. nat.*, sér. 5, XIV, t. 11, fig. 48-57.) [H. BN.]

LANGSDORFIA (LEANDR., in *Denkschr. Acad. Münch.*, VII [1821], 229). Synonyme de *Pohlana* ENDL. (*Zanthoxylum*).

LANGSDORFIA (AGH, *Aphor.*, 203). Pour *Langsdorffia* MART.

LANGSDORFIA (RADDI, in *Mem. Soc. ital.*, XVIII, 349). Synonyme de *Cocos* L.

LANGSDORFIA (W., herb.). Synon. de *Diaseuxis* DON. (PFEIFF.)

LANGSDORFIEÆ (SCHOTT et ENDL., *Melet.*, 12). Tribu des Balanophorées (genres *Langsdorffia* et *Balanophora*).

LANGSOLE. L'*Euphrasia officinalis* L.

LANGSTEDT (Fried.-Ludw.). Auteur [1801-1805] de *Allgemeines botanisches Repertorium*, etc. (2 vol. in-8).

LANGUAS. A Java, les *Galanga.*

LANGUAS (KŒN. — RETZ., *Obs.* [1783], III, 67). Synonyme de *Hellenia* W.

LANGUE. Nom vulgaire donné à des Polyporées ou à des Agaricinées épixyles. La *L. de bœuf*, *L. de Châtaignier* est, dans nos campagnes, le *Fistulina hepatica* FR.; la L. de Noyer, le *Lentinus umbellatus* FR.

LANGUE D'AGNEAU. Le *Plantago media* L.

LANGUE DE BOEUF. L'*Anchusa italica* RETZ, l'*Arum maculatum* L., le *Carduus anglicus* LAMK, la Fistuline hépatique, la Scolopendre officinale.

LANGUE DE CERF. Le *Botrychium Lunaria* SW. et la Scolopendre officinale.

LANGUE DE CHAT. L'*Eupatorium atriplicifolium* L., le *Bidens tripartita* L. A la Guadeloupe, c'est le nom de l'*Eupatorium odoratum* L.

LANGUE DE CHATAIGNIER, L. DE CHÊNE. La Fistuline hépatique.

LANGUE DE CHEVAL. Le *Ruscus Hypoglossum* L.

LANGUE DE CHIEN. La Cynoglosse officinale, le *Potamogeton natans* L.

LANGUE DE CHRIST, L. DE SERPENT. L'*Ophioglossum vulgatum* L., la Consoude, le *Scabiosa* (*Knautia*) *arvensis* L.

LANGUE DE PASSEREAU. Le *Polygonum aviculare* L.

LANGUE DE SERPENT. L'Ophioglosse.

LANGUE DE VACHE. L'*Eupatorium rotundifolium* L., la Grande-Consoude et le *Scabiosa* (*Knautia*) *arvensis* L.

LANGUE DE VEAU. Les *Scolopendrium.*

LANGUE D'OIE. Le *Pinguicula vulgaris* L., l'*Echium vulgare* L. et l'*Anchusa italica* RETZ.

LANGUE D'OISEAU. La samare du Frêne commun et le *Stellaria Holostea* L.

LANGUE DOUBLE. Le *Ruscus Hypoglossum* L.

LANGUETTE. Synonyme de Ligule et de Lamelle.

LANGULISHA. Nom bengalais des *Gloriosa* L. (*Methonica*).

LANHA. Nom, à Goa, des noix de Coco.

LAN-HO. Synonyme de *Ko.*

LAN-HOA. Nom chinois de l'*Olea fragrans* L.

LANIDO AMARGASCO. Au Brésil, le *Geissospermum læve* H. BN ou *Pao-pereira.*

LANIGERA (C. KOCH, in *Linnæa*, XXII, 225). Section du genre *Tulipa* (*T. Julia*).

LANIGEROSTEMMA (CHAPEL., herb.). Synonyme (ENDL., *Gen.*, 1035) de *Eliæa* CAMBESS.

LANIPILA (BURCH., *Trav.*, I, 259). Section du genre *Lasiospermum.*

LANISIUM (ORB., *Dict.*, VII, 241). Pour *Lansium* RUMPH.

LANIUM (LINDL., in *Hook. Journ. Bot.*, III, 81). Section du genre *Epidendrum*, élevée au rang de genre (BENTH., in *Hook. Icon.*, t. 1334, 1335; *Gen.*, III, 522) et distinguée par un labelle uni à la colonne et 4 pollinies (2 dans chaque loge), superposées et séparées par une fausse cloison. Ce sont 2 herbes humbles, épiphytes, de l'Amérique tropicale. [H. BN.]

LANIUM (LINDL., in *Hook. Journ. Bot.*, III, 81). Sous-genre du genre *Epidendrum* L. (ENDL., *Gen.*, Suppl., II, 16).

LANKAB. A Java, l'*Arenga obtusifolia* MART.

LANKESTERIA (LINDL., *Bot. Reg.* [1845], *Misc.*, 86; [1846], t. 12). Genre d'Acanthacées-Ruelliées, voisin des *Dædalacanthus*, dont il se distingue par ses étamines insérées vers le haut du tube de la corolle et par le sommet non dilaté de ce tube. Il y en a 3 espèces dans l'Afrique tropicale. Palisot-de-Beauvois (*Fl. owar. et ben.*, t. 50) en a fait des *Eranthemum*. On les cultive parfois pour leurs belles fleurs rouges ou orangées. (*Bot. Mag.*, t. 5533.) [H. BN.]

LANNEA (GUILLEM. et PERR., *Fl. Seneg. Tent.*, I, 153, t. 42). Synonyme de *Odina* ROXB.

LANNEOMA (DEL., in *Ann. sc. nat.*, sér. 2, XX, 91, t. 1, fig. 2). Synonyme de *Poupartia* COMMERS.

LANON. L'*Asphodelus luteus* L.

LANOPHILA (STREINZ, *Nom. Fung.*). — Voy. LANOPILA.

LANOPILA (FR., *Fung. natal.*, 31). Genre de Lycoperdacés, à péridium sessile, simple, mince et papyracé, renfermant un capillitium constitué par des filaments intriqués et serrés, formant une masse compacte et élastique. Spores sphériques, fuligineuses. Une seule espèce est connue, originaire de Natal. [DE S.]

LANOSA (FR., *Syst. Orb. veg.*, 317; *Summ. veg. Scand.*, 495). Genre d'Hyphomycètes, rangé par Corda parmi les *Byssus*, *Fibrillaria* et autres mycéliums. Toutefois, dans une note du *Summa vegetabilium*, Fries insiste sur les caractères des spores du *L. nivalis*, dont le mycélium s'étend sur les champs de céréales qu'il détruit, dans les environs d'Upsal. [DE S.]

LANQUAS. En Malaisie, l'un des noms du Grand-Galanga.

LANQUETTE. Nom français des *Aizoon* L.

LANSA, LANSEH. Le fruit du *Lansium domesticum* BL.

LANSBERGIA (DE VR., *Epimetr. Ind. sem. Hort. lugd.-bat.* [1846], 2). Synonyme de *Trimezia* SALISB.

LANSIUM. Aux Moluques, le *Cookia punctata* SONN.

LANSIUM (RUMPH., *Herb. amboin.*, I, 151, t. 54). Genre de Méliacées-Trichiliées, à fleurs 5-mères; les pétales imbriqués, avec 10 étamines et un ovaire à 3-5 loges 1, 2-ovulées. Le fruit est une baie 3-5-loculaire, et les graines sont arillées. Ce sont des arbres de l'Inde et de l'archipel Indien, à feuilles imparipinnées, à inflorescences axillaires et à fleurs dioïques. (H. BN, *Hist. des pl.*, V, 501.)

LANTANA. Nom ancien de la Viorne Lantane.

LANTANA (L., *Gen.*, n. 765). Genre de Verbénacées-Verbénées, qui a les fleurs des Verveines, avec un calice tronqué,

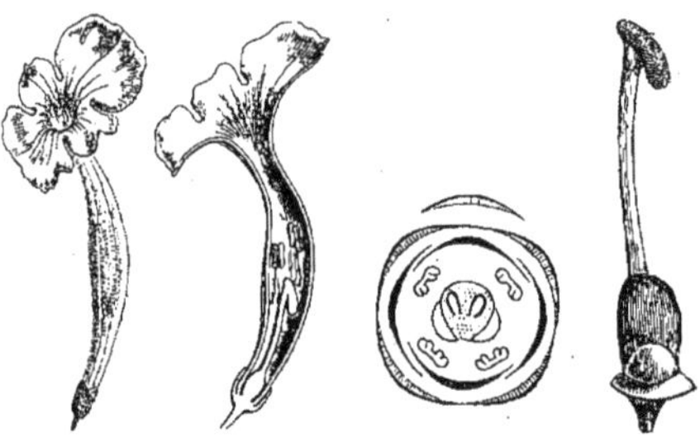

Lantana. — Fleur, entière et coupe longitudinale. Diagramme. Gynécée.

sinué ou denté; une corolle à 4, 5 lobes; un fruit drupacé, avec un noyau 2-loculaire ou 2 noyaux 1-loculaires. Ce sont des arbustes de l'Amérique chaude, plus rarement d'Afrique ou d'Asie, à feuilles opposées, avec des poils simples. Les inflorescences sont en capitules denses ou en épis. Il y a une quarantaine de *Lantana;* plusieurs sont odorants et employés, comme les Labiées, en infusions théiformes. Beaucoup sont ornementaux, notamment les *L. Camara*, *lilacina*, *Sellowii*.

LANTANA (SPACH, *Suit. à Buff.*, VIII, 309). Section du genre *Viburnum* T.

LANTANEÆ (ENDL., *Gen.*, 635). Tribu des Verbénacées.

LANTANOPSIS (WRIGHT, ex GRISEB., in *Mem. Amer. Acad.*, ser. 2, VIII, 513). Section du genre *Clibadium* L. (H. BN, *Hist. des pl.*, VIII, 238.)

LANTAR. Synonyme de *Lontar*.

LANTERNE. Le Coqueret-Alkékenge.

LANTERNO. Nom landais de l'*Agaricus attenuatus*.

LANTHORUS (PRESL, *Epim.*, 256). Synonyme de *Loranthus*.

LANTIM. Au Brésil, le *Calophyllum Inophyllum* L.

LANTOCHIL. Nom espagnol de l'Osmonde.

LANTOR. — Voy. LONTAR.

LANTZIUS-BÉNINGA (Bojung-Scato-Georg.). Auteur [1844] de : *De evolutione sporidiorum in capsulis Muscorum;* de *Beitr. z. Kenntn. d. Flora Ostfrieslands* [1849], et de : *Die unterscheidenden Merkmale d. deutschen Pflanzenfamilien* [1866]. Il mourut à Gœttingue en 1871. (*Cat. sc. pap.*, III, 845.)

LANZA BLANCA. Synonyme de *Duraznillo blanco*.

LANZAN (BUCH. — SPRENG.). Pour *Launzan* BUCH.

LANZONES. Nom, aux Philippines, des *Lansium* RUMPH.

LANZONI (Guis.). Professeur de Ferrare [1663-1730], auteur d'un *Citrologia s. curiosa Citri Descriptio* [1690], 107 p. in-12.

LAONG. Nom hindou des Clous de Girofle.

LAOO. Nom sanscrit (ROXB.) du *Lagenaria vulgaris* SER.

LAOURIOLA. Nom languedocien des *Daphne*.

LAOUZERDA (LA). Nom languedocien qui désigne en général les *Medicago* non cultivés, particulièrement le *M. orbicularis* ALL.

LAOUZERDO. Nom méridional de la Luzerne cultivée.

LAPACENDRO INFARINATO. Nom toscan du *Lactarius deliciosus* L., envahi par l'*Hyphomyces lateritius* TUL.

LAPACHILLO. Nom argentin du *Blepharocalyx cisplatensis*.

LAPAGERIA (R. et PAV., *Fl. per. et chil.*, III, 64, t. 297). Genre de Liliacées, qui a donné son nom à un groupe des Lapa-

Lapageria. — Rameau florifère. Fleur, coupe longitudinale.

gériées et qui a aussi été attribué à celui des Philésiées, puis des Luzuriagées. Ses belles fleurs sont celles des Liliacées en général, à double périanthe rouge ou blanc, à 6 étamines; mais celles-ci sont monadelphes, et l'ovaire a 3 placentas pariétaux. On a confondu (B. H., *Gen.*, III, 767) ce que nous avons indiqué comme arille produit sous l'ovule avec le funicule gélatineux; ce qui est une erreur. Il y a bien une saillie placentaire qui se forme sous l'ovule lui-même, quelque nom qu'on lui donne, et elle se retrouve dans les *Philesia*. Le fruit est une baie. La seule espèce connue, dont les fleurs varient de couleur dans les cultures, est une liane rameuse du Chili. Ses feuilles sont alternes, coriaces, 5-nerves; ses fleurs sont solitaires ou disposées en cymes unipares et pauciflores. (*Bot. Mag.*, t. 1447, 4892. — H. Bn, in *Adansonia*, I, 44.) [H. Bn.]

LAPAGERIACEÆ, LAPAGERIEÆ (K.). Synonyme de *Philesieæ*.

LAPAGÉRIÉES. Série des Liliacées, caractérisée par des étamines monadelphes et des placentas pariétaux (*Lapageria*, *Philesia*).

LAPAS. Nom provençal du *Rumex crispus* L.

LAPASSOUN. En Provence, l'*Echinospermum Lappula* Lehm.

LAPATHUM (T., *Inst.*, 504). Synonyme de *Rumex* et section de ce genre (DC., *Fl. fr.*, III, 372. — Spach, *Suit. à Buff.*, X, 524. — Meissn., in *DC. Prodr.*, XIV, p. I, 42). C'est encore le nom officinal de la Grande-Patience.

LAPATUM (Hall.). Pour *Lapathum* T.

LAPEIROUSIA (Thunb. — W. — Pers.), LAPEYROUSA (Poir.). Pour *Lapeyrousia* Thunb.

LAPETHEA (Lindl.). Pour *Lapithea* Griseb.

LA PEYROUSE (Phil. Picot de). Savant toulousain [1744-1818], auteur [1795-1801] des *Figures de la Flore des Pyrénées*, etc., avec 43 belles pl. de Redouté, et [1813-1818] de l'*Histoire abrégée des plantes des Pyrénées*, etc. (in-8 de 859 p., avec le supplém.). Il a laissé beaucoup de notes et de planches inédites.

LAPEYROUSIA (Thunb., *Fl. cap. Præf.; Fl. cap.*, 700). Synonyme de *Peyrousea* DC.

LAPEYROUSIA (Pourr., in *Mém. Acad. Sc. Toul.* [1786]; in *Journ. phys.*, XXXV, 425). Genre d'Iridacées-Ixiées, dont beaucoup d'espèces ont été longtemps rapportées au genre *Ixia* et qui en est très voisin. Il se distingue par un périanthe régulier ou un peu irrégulier, à tube grêle, droit ou arqué, à gorge courte, à limbe formé de 6 folioles semblables ou dissemblables. Les filets staminaux sont courts. Le fruit est loculicide. Ce sont 16-18 herbes de l'Afrique australe et tropicale, à bulbe variable, à spathes herbacées, à cymes unipares. L'*Anomatheca cruenta* Ker est l'espèce de ce genre qu'on cultive le plus fréquemment dans nos jardins botaniques. (Klatt, *Erg. u. Ber.*, 25. — Bak., in *Journ. Linn. Soc.*, XVI, 154.) [H. Bn.]

Lapeyrousia. — Inflorescence.

LAPHAMIA (A. Gray, *Pl. Wrigt.*, I, 99, t. 9). Section du genre *Perityle* Benth. (H. Bn, *Hist. des pl.*, VIII, 249.)

LAPIA. L'un des noms indiens des Sagoutiers.

LAPI (DÉ). Nom provençal de l'*Apium graveolens* L.

LAPICAUNE (Endl.). Pour *Lepicaune* Lapeyr.

LAPIEDRA (Lag., *Elench. H. matrit.*, 14). Genre d'Amaryllidacées-Amaryllées, établi pour une espèce espagnole, voisine des *Leucoium*, avec un périanthe à 6 divisions égales, mais des anthères sagittées-2-lobées jusqu'au milieu de leur hauteur. (Boiss., *Voy. Esp.*, 604, t. 171.) [H. Bn.]

LAPINOU. Un des noms languedociens de l'*Antirrhinum majus*.

LAPIS (Sterb., *Theatr. Fung.*, 225, t. 24, A). Champignon qui paraît être le *Coprinus radiatus* Fr.

LAPIS FUNGARIUS (Battar., *Fung. agr. arim.*, 59). Le *Polyporus tuberaster* Fr.

LAPITHEA (Griseb., in *DC. Prodr.*, IX, 48). Genre de Gentianacées-Chironiées, à fleurs 7-10-mères; la corolle rotacée; les anthères finalement tordues, comme dans les *Erythræa*, dont cette plante de l'Amérique du Nord a d'ailleurs les caractères. C'est une herbe qui a le port des *Sabbatia*, avec des fleurs solitaires ou en cymes subcapitées. C'est même pour nous une section du genre *Sabbatia*. (B. H., *Gen.*, II, 809.) [H. Bn.]

LAPLACEA (H. B. K., *Nov. gen. et spec.*, V, 207, t. 461). Genre de Ternstrœmiacées-Gordoniées, à fleurs hermaphrodites, 5-mères, distinguées par leurs styles courts, divergents et libres dès la base, ou bien par des stigmates sessiles. Ce sont des arbres ou des arbustes de l'Amérique tropicale et de l'archipel Indien, dont les caractères sont d'ailleurs ceux des *Gordonia*. — Voy. Hæmocharis. (H. Bn, *Hist. des pl.*, IV, 229, 253.)

LAPLACEÆ (DC., *Prodr.*, I, 526). Tribu des Ternstrœmiacées.

LAPOLAPO. Nom, aux Philippines, des *Gyrocarpus*.

LAPORTEA (Gaudich., in *Freycin. Voy.*, *Bot.*, 498). Genre d'Urticacées-Urticées, à fleurs unisexuées, distingué par des fleurs mâles 4-andres et un périanthe femelle à 4 lobes inégaux ou égaux, persistant sans s'accroître sous le fruit et se réfléchissant souvent sous lui. L'ovaire uniovulé est surmonté d'un style à région stigmatifère filiforme. Ce sont des herbes ou des arbres, parfois gigantesques, à poils brûlants, à feuilles alternes, à glomérules floraux disposés en grappes souvent ramifiées. On les trouve dans tous les pays tropicaux du monde, et l'on en distingue 25 espèces. (Wedd., *Mon. Urtic.*, t. 2. — H. Bn, *Hist. des pl.*, III, 519.)

LAPOUN. Nom provençal de plusieurs Varecs.

LAPOURDIÉ. En Provence, les Bardanes.

LAPPA (Matth.). Le *Xanthium strumarium* L.

LAPPA (T., *Inst.*, 450, t. 256). Synonyme (part.) de *Arctium* L. Nom latin des Bardanes (I, 369).

LAPPACEUS. Se dit de surfaces chargées d'aiguillons crochus.

LAPPAGINEÆ (Link, *Hort. berol.*, I [1827], 11). Famille des Graminées, formée du seul genre *Lappago* Schreb.

LAPPAGO. Nom ancien du *Rubia* (*Galium*) *Aparine* H. Bn.

LAPPAGO (Schreb., *Gen.*, 55). Synonyme de *Tragus* Hall.

LAPPAGOPSIS (Steud., *Syn. pl. glum.*, I, 112). Genre proposé pour le *Paspalum dissitiflorum* Trin.

LAPPAJOLA. Nom, en Italie, de l'*Agaricus campestris* L.

LAPPA MINOR. Nom officinal du *Xanthium strumarium* L.

LAPPE. La Bardane.

LAPPEÆ (Sch. bip., in *Linnæa*, XIX, p. III, 328). Division des Composées-Serratulées.

LAPPETAS. Nom languedocien des Bardanes.

LAPPOLA. Nom italien des Lampourdes.

LAPPULA (DC., *Prodr.*, I, 506). Section du genre *Triumfetta*.

LAPPULA (Mœnch, *Meth.*, 416). Syn. de *Echinospermum* Sw.

LAPPULIER. Nom français (Lamk) des *Triumfetta* L.

LAPSANA (T., *Inst.*, 479, t. 272). Genre de Composées-Cichoriées, caractérisé par des capitules petits et disposés en cymes lâches, dont l'involucre est glabre, d'ordinaire pauciflore, et le réceptacle nu. Les corolles sont ligulées, jaunes. Les fruits sont oblongs, pluricostés, un peu comprimés. Ce sont 3, 4 herbes de l'hémisphère boréal du vieux monde, glabres ou poilues, à feuilles alternes. Le *L. communis*, plante vulgaire de notre pays, est émollient, guérit, dit-on, les fissures mammaires, et ses pousses sont comestibles en Orient. (H. Bn, *Hist. pl.*, VIII, 111.)

LAPSANA (Cæsalp., *De pl. lib.* 8). Synonyme de *Raphanus* T.

LA PYLAIE (B. de). Auteur de quelques notices botaniques (*Cat. sc. pap.*, III, 852), a exploré Terre-Neuve et a laissé un intéressant herbier, qui existe aujourd'hui au Muséum de Paris.

LAQUEARIA (Fr., *Summ. veg. Scand.*, 366). Genre de Discomycètes, démembré des *Stictis*, à conceptacle corné, urcéolé, foncé à l'intérieur, qui est tapissé par un hyménium céracé. Les spores sont ovales. Deux espèces de ce genre se rencontrent sur les écorces du Frêne et du Hêtre.

LA QUINTINIE (Jean de). Célèbre architecte de jardins [1626-1686], a écrit : *Instruction pour les jardins fruitiers et potagers*, avec un *Traité des Orangers* [1690], traduit en anglais et en italien. Briquet a publié son éloge à Niort, en 1807.

LARANGELIO. En Portugal, les Orangers.

LARANGERIO DO MATO. Nom brésilien de l'*Esenbeckia febrifuga* MART., qui fournit l'écorce d'Angusture du Brésil ou *China-Piavi*, médicament tonique, digestif et antipériodique.

LARBREA (SER., in *DC. Prodr.*, I, 395). Syn. de *Malachium*.

LARBREA (A. S.-H., in *Mém. Mus.*, II, 287). Synonyme de *Stellaria* L. et section de ce genre.

LARCH. Nom anglais des Mélèzes.

LARDIZABALA (R. et PAV., *Prodr.*, 143, t. 37). Genre de lianes, à fleurs dioïques, dont le réceptacle convexe porte 6 sépales, 6 pétales, 6 étamines monadelphes (rudimentaires dans les fleurs femelles), et 3 carpelles libres (stériles dans les fleurs mâles).

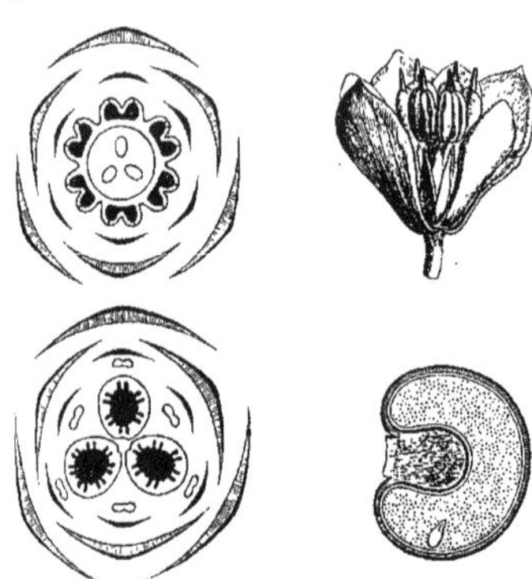

Lardizabala. — Diagrammes floraux mâle et femelle. Fleur mâle. Graine, coupe longitudinale.

Les ovules sont nombreux et insérés sur les parois latérales de l'ovaire, comme dans les Butomes. Il y a 2 espèces du genre au Chili; elles ont des feuilles 2-3-ternées, les fleurs femelles solitaires et les mâles en grappes. On cultive ces plantes dans quelques jardins botaniques. (H. BN, *Hist. des pl.*, III, 43, 71.)

LARDIZABALÉES (*Lardizabaleæ*). Série des Berbéridacées (H. BN, *Hist des pl.*, III, 43, 63, 71). On a cru pouvoir, à l'aide de la méthode que nous nommons parasite, éloigner les Lardizabalées des Berbéridacées pour les reporter vers les Ménispermacées. Cette puérilité n'aurait pu être admise si l'on eût comparé aux Lardizabalées les *Berberidopsis* et les *Erythrospermum*, qui ne peuvent être logiquement écartés, ni des Berbéridées, ni des Lardizabalées. [H. BN.]

LARDIZABALIA (SPRENG.). Pour *Lardizabala* R. et PAV.

LAREMOUR. Racine de Syrie, dite (ROUILLÈRE, in *Bull. pharm.*, II, 406) *Thériaque des pauvres*.

LARENTIA (KLATT, *Erg. u. Bericht.*, 28). Genre proposé pour le *Moræa linearis* H. B. K.; synonyme de *Alophia* HERB.

LARETIA (GILL. ex HOOK. et ARN., in *Bot. Misc.*, I, 329, t. 65). Genre d'Ombellifères-Hydrocotylées, voisin des *Azorella*, dont il a la fleur, avec des sépales triangulaires, persistants; des pétales entiers, imbriqués; des branches stylaires longues, grêles; des stylopodes coniques. Le fruit est subovoïde, comprimé sur le dos, resserré à la commissure, à carpophore simple, à méricarpes cunéiformes en dedans. Les côtes primaires sont filiformes; la dorsale et les intermédiaires placées sur le dos du méricarpe, et les latérales bordant les méricarpes, avec des bandelettes intrajugales fines. La graine est aplatie sur le dos. Le *L. acaulis* (*Mulinum acaule* PERS.), seule espèce du genre, est une petite herbe vivace, cespiteuse, du Chili, à feuilles alternes, en rosette, entières; à ombelles simples, avec des bractées scarieuses et des pédicelles articulés. (Voy. *Hist. des pl.*, VII, 238, n. 77.) [H. BN.]

LARGA. Nom italien de la Térébenthine du Mélèze.

LARGALO. En Espagne, le *Rubia* (*Galium*) *Aparine* H. BN.

LARICA (DIOSC.). Nom de la Térébenthine du Mélèze.

LARICITES (ENDL., *Gen.*, Suppl., IV, 12). Genre fossile.

LARIX (T., *Inst.*, 586, t. 357). — Voy. MÉLÈZE.

LARME DE DÉ. L'*Orchis mascula* L.

LARME DE JOB. Le *Coix Lacryma* L.

LARMILLE. Nom français des *Coix*.

LARMILLE DES CHAMPS. Le Grémil officinal.

LARMISE. La Tanaisie.

LARMO DE LA VIERGO. Nom, en Provence, de l'*Ornithogalum arabicum* L.

LARMZON (ROXB.). Pour *Launzan*.

LARNAX (MIERS, in *Ann. Nat. Hist.*, ser. 2, IV, 37). Synonyme de *Athenæa* SENDTN.

LARNOSPERMIA (RAFIN., in *Ann. gén. sc. phys.* [1820], VI, 83). Synonyme (part.) de Rubiacées.

LAROCHEA (PERS., *Enchir.*, I, 337). Synonyme de *Rochea* DC.

LARRAGOZA. En Colombie, l'*Aristolochia ringens* VAHL.

LARREA (CAV., in *Ann. cienc. nat.*, II, 110, t. 18, 19; *Icon.*, VI, 39, t. 559, 360). Genre de Rutacées-Zygophyllées. Section du genre *Guaiacum* PLUM. (H. BN, *Hist. des pl.*, IV, 508.)

LARRÉATEGUI (Jos.-Dion.). Auteur de : *Descripciones de plantas*, discours prononcé en 1795 au Jardin royal de Mexico. Il est surtout connu par la description du genre *Chiranthodendron*, traduite en 1805 par Lescallier (in-4 de 28 p. et 2 pl. col.).

LARYSACANTHUS (ŒRST., in *Vid. Medd. Nat. For. Kjoben.* [1854], 123). Genre établi pour le *Ruellia ciliata* HORN.

LASALLIA (MÉR., *Fl. Par.* [1813], 202). Syn. de *Umbilicaria*.

LASCADIUM (RAFIN., *Fl. ludov.*, 114). Genre jusqu'ici mal connu et attribué avec doute aux Euphorbiacées.

LASCH (Wilh.). Apothicaire de Driesen [1786-1863], auteur de quelques notices botaniques. (*Cat sc. pap.*, III, 857.)

LASCHIA (FR., *Linn.*, 533; *Epicr.*, 1re, 499). Genre de Trémellinés, rapproché des *Favolus* par la disposition alvéolaire de la surface inférieure fertile du réceptacle. Ce genre n'a été signalé que dans les régions tropicales. Le genre *Laschia* de Junghuhn a été rapporté aux *Hymenogramme* BERK. [DE S.]

LASCHIA (JUNGH., *Verh. Bat. Gen.* [1839]; in *Ann. sc. nat.*, sér. 2, XVI, 317). Synonyme de *Aschersonia* ENDL.

LASCI. En Provence, les *Rapistrum* et la Lampsane.

LASÈGUE (Ant.). Auteur de quelques œuvres littéraires, fut, avec Guillemin, puis seul, conservateur de l'herbier et de la bibliothèque B. Delessert. Il en a publié le *Musée botanique* [1845], ouvrage précieux par la quantité de documents qu'il renferme sur les voyages et les collections botaniques. C'était un poète estimable, un homme excellent, érudit et d'une inépuisable obligeance.

LASEGUEA (A. DC., *Prodr.*, VIII, 481; in *Ann. sc. nat.*, sér. 3, I, 260). Genre d'Apocynacées-Échitées, très voisin des *Echites*, distingué par des sépales étroits, presque égaux en longueur à la corolle; les lobes de celle-ci courts, avec un limbe tubuleux; des tiges dressées ou volubiles; des grappes simples et denses. Ce sont 3, 4 plantes brésiliennes et boliviennes, frutescentes ou suffrutescentes. Il faudra probablement arriver un jour à réunir ce genre aux *Echites*, dont il ne se distingue guère que par le port. [H. BN.]

LASER. Nom français (LAMK) des *Laserpitium* T.

LASER. Ombellifère incertaine de la Cyrénaïque (voy. SILPHIUM). Le *Laser de Chiron* est l'*Inula Helenium* L. Le *L. d'Esculape* est le *Thapsia Asclepium* L., nommé aussi *L. d'Hercule*. Le *L. de Théophraste* est le *Laserpitium latifolium* L.

LASER (BAUMG., *Enum. pl. transsylv.*, t. 227). Synonyme (?) de *Laserpitium* T.

LASER (BORCKH. — GÆRTN., MEY. et SCHREB., *Fl. Wetter.*, I, 244, 384). Synonyme de *Siler* SCOP.

LASERPITIEÆ (TAUSCH, in *Flora* [1834], I, 346). Sous-tribu des Ombellifères-Ptérygospermées.

LASERPITIÉES (*Laserpitieæ* B. H., *Gen.*, I, 329). Tribu des Ombellifères. (Voy. H. BN, *Hist. des pl.*, VII, 174.)

LASERPITIUM (T., *Inst.*, 324, t. 172). Genre d'Ombellifères, série des Daucées, dont les fleurs ressemblent beaucoup à celles des Carottes, asépales ou à calice peu développé; à stylopodes coniques ou déprimés, non marginés ou à peine bordés. Les fruits sont oblongs, avec une commissure à peine resserrée, des côtes primaires peu visibles, et des secondaires, au contraire, développées en ailes verticales entières, sinuées, ondulées ou dentées. Les latérales se continuent avec la commissure et sont

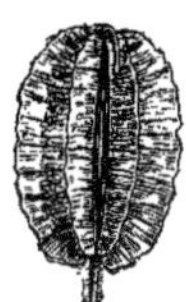
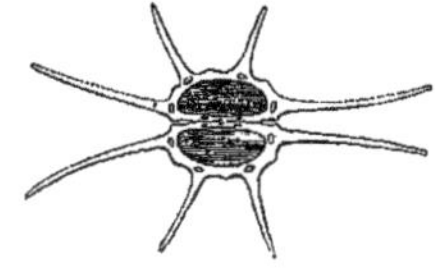

Laserpitium. — Fruit, entier et coupe transversale.

d'ordinaire les plus larges. Les bandelettes sont solitaires. La graine a la face plane ou légèrement concave. Ce sont des herbes vivaces, à feuilles pinnati- ou ternati-décomposées, avec un nombre indéfini de bractées linéaires ou membraneuses aux involucres et aux involucelles. Elles habitent l'Europe, l'Asie occidentale et l'Afrique du Nord, et sont souvent aromatiques-amères. Les *L. Archangelica, Siler, asperum, gummiferum, gallicum, pruthenicum, glabrum*, etc., ont été employés pour cette raison, comme toniques, stimulants, emménagogues, diurétiques, etc. (Voy. *Hist. des pl.*, VII, 190, 202.) [H. BN.]

LASERPITIUM GERMANICUM. Le *Ligusticum Levisticum* L.

LASER SERMONTAIN. Nom du *Laserpitium Siler* L.

LASIA (LOUR., *Fl. cochinch.*, 81). Genre d'Aroïdacées-Orontiées, qui a donné son nom à la division des *Lasieæ* et s'y distingue par un ovaire uniloculaire; l'ovule descendant du haut de la loge, et un style épais. C'est une herbe chargée d'aiguillons, à feuilles pédalées-pennatifides, à spathe allongée et tordue. Les étamines sont au nombre de 4-6, dans un périanthe tronqué. On trouve la plante dans l'Inde et la Malaisie. (WIGHT, *Icon.*, t. 777. — SCHOTT, *Gen. Aroid.*, t. 82.) [H. BN.]

LASIA. Genre de Mousses, créé par Bridel, et qui n'a pas été conservé. Ce nom a servi depuis à désigner une section du genre *Neckera*, laquelle contient les espèces dont la tige montre une ramification pennée, avec les ramuscules droits; dont les feuilles sont acuminées, légèrement pliées, et formées de cellules oblongues; dont enfin le périchèse est exsert. (Voy. BRID., *Mant.*, I et II. — C. MUELL., *Syn. Musc. frond.* — SCHIMP., *Syn. Musc. europ.*) [E. M.]

LASIACES (GRISEB.). Section du genre *Panicum* L.

LASIADENIA (BENTH., in *Hook. Lond. Journ.*, IV, 632). Genre de Thyméléacées-Thymélées, à fleurs polygames, d'ordinaire 5-mères, avec un disque formé d'écailles ou de lobes longuement ciliés; le gynécée des *Dais* et un style grêle; 10 étamines; un fruit sec et un albumen nul ou peu abondant. Ce sont 5 arbres des Antilles et de la Guyane, à feuilles alternes, à fleurs en capitules. (MEISSN., in *Mart. Fl. bras.*, V, I, 69, t. 29.)

LASIAGROSTIS (LINK, *H. berol.*, I, 99). Section du genre *Stipa*.

LASIANDRA (DC., *Prodr.*, III, 127). Syn. de *Tibouchina* AUBL.

LASIANDRALES (NAUD., in *Ann. sc. nat.*, sér. 3, XII, 273). Tribu des Mélastomacées.

LASIANDRELLA (NAUD., in *Ann. sc. nat.*, sér. 3, XIV, 228). Section du genre *Chætogastra* DC.

LASIANTHÆA (DC., *Prodr.*, V, 607). Synonyme de *Zexmenia* LL. Endlicher écrit *Lasianthea*.

LASIANTHERA (PAL.-BEAUV.). — Voy. STEMONURUS.

LASIANTHUS (ADANS., *Fam. des pl.*, II, 398). Section du genre *Gordonia* ELL.

LASIANTHUS (JACK, in *Trans. Linn. Soc.*, XIV, 125). Genre de Rubiacées-Uragogées, dont les fleurs sont à peu près celles des *Uragoga*, 4-6-mères, hermaphrodites ou 1-sexuées, disposées en faux verticilles axillaires, formées de glomérules, avec des étamines incluses ou exsertes. Leur ovaire a 4-10 loges dans les vrais *Lasianthus*, et deux loges dans les *Saldinia*, espèces de Madagascar. Ce sont des arbustes, à odeur souvent fétide, à feuilles opposées, à stipules interpétiolaires; on en compte environ 75 espèces, asiatiques, africaines, plus souvent américaines. (Voy. *Hist. des pl.*, VII, 288, 410, n. 39.) [H. BN.]

LASIANTHUS (ZUCC., herb.). Pour *Lasianthæa* DC.

LASIÉES (*Lasieæ*). Sous-tribu des Aroïdées-Orontiées, caractérisée par une spathe allongée ou courte, souvent tordue, persistante, et un spadice s'épanouissant de haut en bas. L'ovaire est à 1-5 loges, avec un seul ovule dans chacune d'elles, complètement ou à moitié anatrope. [H. BN.]

LASIELLA (QUEL., *Champ. Jura et Vosges*, 3e part. [1875], 88). Genre de Sphériacés, à périthèce sphérique, membraneux, villeux, à ostiole souvent papillé, à spores ovales ou linéaires, colorées ou hyalines, uni- ou pluriloculaire. Les caractères disparates des spores ont fait ranger les différentes espèces de ce genre, autrefois comprises dans les *Sphæria*, parmi les *Lasiosphæria, Leptosphæria, Diaperthe, Venturia*, etc. [DE S.]

LASIERPA (TORR., in *Geol. Rep. N. York; Fl. N. York*, I, 450, t. 68). Synonyme de *Chiogenes* SALISB.

LASIMORPHA (SCHOTT, in *Bonplandia*, V, 127). Synonyme de *Cyrtosperma* GRIFF.

LASIOBEMA (MIQ., *Fl. ind. bat.*, I, p. I, 71). Synonyme de *Bauhinia* L. et section de ce genre. (H. BN, *Hist. pl.*, II, 118).

LASIOBOTRYS (K., *Myc.*, 2, 88. — WALLR., *Fl. germ.*, IV, 748). Genre de Périsporiacés, à périthèces globuleux, très petits, bruns, sans ostioles, groupés en grappes dans un stroma cupuliforme et pileux. Les thèques cylindriques contiennent des spores hyalines, oblongues. Une seule espèce connue (*L. Loniceræ* K.) se retrouve sur les feuilles flétries des Chèvrefeuilles, en France et en Algérie, en Angleterre, en Allemagne et en Sibérie. [DE S.]

LASIOCARPUS (LIEBM., in *Vidd. Medd. Kjoben.* [1853], 90). Genre mal connu de Malpighiacées.

LASIOCEPHALA (PL., in *Ann. sc. nat.*, sér. 3, IX, 94, 289). Section du genre *Drosera* (*D. petiolaris, Banksii* DC.). L'auteur a écrit incorrectement *Lasyocephala*.

LASIOCEPHALUS (SCHLCHTL, in *Ges. N. Fr. Berl. Mag.*, VIII, 308). Synonyme de *Culcitium* H. B.

LASIOCHLOA (K., *Rev. Gramin.*, II, 555, t. 192-194). Genre de Graminées-Festucées, du groupe des Eufestucées, où il se distingue par une inflorescence composée, spiciforme, dense ou interrompue; des glumes d'ordinaire hispides; des glumelles mutiques, plus courtes et plus minces. Ce sont 3, 4 herbes cespiteuses, de l'Afrique australe, annuelles (?), voisines des *Kœleria*, mais ayant plutôt l'inflorescence des *Dactylis*. [H. BN.]

LASIOCLADUS (BOJ. — NEES, in *DC. Prodr.*, XI, 510). Genre mal connu d'Acanthacées-Justiciées (?), voisin des *Hypoestes*, dont la fleur est inconnue, mais qui possède un involucre de 4-6 bractées et une capsule contractée à sa base. Les involucres forment de faux capitules terminaux et axillaires. Les 2 espèces connues sont malgaches. [H. BN.]

LASIOCOCCA (HOOK. F., *Icon.*, t. 1587). Genre d'Euphorbiacées, de l'Himalaya, dit par l'auteur voisin des *Homonoia*.

LASIOCORYS (BENTH., *Labiat. gen. et spec.*, 600; *Gen.*, II, 1213). Genre de Labiées-Bétonicées, voisin des *Leucas*, mais avec un calice 5-denté et un port spécial. Arbrisseaux d'Afrique et d'Arabie. (JAUB. et SP., *Ill. pl. or.*, t. 383, 384.) [H. BN.]

LASIOCROTON (GRISEB., *Fl. brit. W.-Ind.*, I, 46). Genre d'Euphorbiacées-Jatrophées, voisin des *Adriana* et des *Trewia*, dont il a les fleurs. Il se reconnaît au disque qui se trouve dans la fleur femelle et à la structure de son fruit qui est capsulaire. La seule espèce connue (*L. macrophyllus* GRISEB.), originaire de la Jamaïque, est un arbre à feuilles alternes, pétiolées, penninerves, digitinerves à la base et à nervures réticulées et couvertes de poils simples et ferrugineux. Les fleurs mâles sont en épis courts et serrés; les femelles, en grappes allongées, dénudées inférieurement. (Voy. H. BN, *Hist. des pl.*, 121, 206.) [T.]

LASIODERMA (MONT., in *Ann. sc. nat.*, sér. 3, IV, 364; *Fl. Alg.*, 398). Genre de Gastéromycètes-Trichodermacés, à péridium piriforme, formé d'un tissu lâche de filaments cloisonnés, ramifiés. D'innombrables et très petites spores olivâtres agglutinées remplissent l'intérieur. Une seule espèce (*L. flavovirens* DUR. et MONT.), trouvée en Espagne et en Algérie, sur la face inférieure des feuilles sèches de Chêne vert ou de C. liège. [DE S.]

LASIODES (H. BN, in *Adansonia*, X, 268; in *DC. Prodr.*, XVII, 24). Section du genre *Iodes* BL.

LASIODISCUS (HOOK. F., *Gen.*, I, 381). Genre de Rhamnacées-Rhamnées, qui a à peu près la fleur des *Phylica*, avec l'ovaire à demi ou en grande partie infère; un calice pubescent ou strigilleux, à lobes réfléchis et des fleurs en cymes lâches. Ce sont des arbustes, l'un de l'Afrique occidentale, l'autre de Madagascar, à grandes feuilles opposées, à fleurs en cymes lâches et composées. (H. BN, *Hist. des pl.*, VI, 86.)

LASIOGYNE (KL., in *N. Act. Ac. Leop.* [1843], XIX, Suppl., I, 418). Genre d'Euphorbiacées-Crotonées, dont nous n'avons fait (*Et. gén. Euphorbiac.*, 370; *Hist. des pl.*, V, 130) qu'une section du genre *Croton*. [H. BN.]

LASIOLEPIS (BŒCKEL., in *Flora* [1873], 90). Synonyme (part.) de *Eriocaulon* L.

LASIOLEPIS (BENN., in *Horsf. Pl. jav. rar.*, 202, t. 42). Synonyme de *Harrisonia* R. BR.

LASIOLYTRUM (STEUD., in *Flora* [1846], 18). Synonyme de *Arthraxon* P.-BEAUV.

LASIONEMA (DON, in *Trans. Linn. Soc.*, XVII, 141). Synonyme de *Macrocnemum* P. BR.

LASIOPERA (LINK et HFFMSG, *Fl. Portug.* [1809], t. 58). Section du genre *Trixago* STEV. (WEBB, *Phyt. canar.*, III, 151.)

LASIOPÉTALÉES (*Lasiopetaleæ* J. GAY). Série des Malvacées.

LASIOPETALUM (SM., in *Trans. Linn. Soc.*, IV, 216). Genre de Malvacées, qui a donné son nom aux Lasiopétalées. Les fleurs y sont 5-mères, à pétales nuls ou petits, avec 5 étamines oppositipétales et autant de staminodes alternes. L'ovaire a 3-5 loges 2-∞-ovulées, et le fruit est loculicide. Ce sont environ 25 arbustes australiens, à feuilles alternes, à poils étoilés, à cymes pauciflores, souvent disposées en grappes. Les sépales sont unis à la base et dépourvus de côtes; les étamines s'ouvrent par 2 pores ou 2 fentes courtes. (J. GAY, in *Mém. Mus.*, VII, t. 18, 19. — H. BN, *Hist. des pl.*, IV, 81, 134.)

LASIOPHYTON (HOOK. et HARV., ex HOOK., *Journ. Bot.*, III, 44). Synonyme de *Micropsis* DC.

LASIOPOA (EHRH., *Phytoph.*, n. 42; *Beitr.*, IV, 147). Genre proposé pour le *Bromus asper* L.

LASIOPOGON (CASS., in *Bull. Soc. philom.* [1818], 75; in *Dict.*, XXV, 302). Section du genre *Gnaphalium* L. (H. BN, *Hist. des pl.*, VIII, 169.)

LASIOPTERA (ANDRZ., ex J., in *Dict.*, XXV, 303). Synonyme de *Lepia* DC. (*Lepidium*).

LASIOPUS (CASS., in *Bull. philom.* [1817]; in *Dict.*, XXV, 198). Synonyme de *Gerbera* GRON.

LASIOPUS (D. DON, *Brit. fl. Gard.*, ser. 2, 346). Synonyme de *Ponchidium* DC. (*Dubyæa*).

LASIORHEGMA (VOG., in *Linnæa* [1837], XI, 609). Sect. du g. *Cassia*. Miquel écrit *Lasioreghma*; Wittstein, *Lasiorreghma*.

LASIORHIZA (DC.). Pour *Lasiorrhiza* LAG.

LASIORRHIZA (LAG., *Amen.*, I, 32). Synon. de *Leuceria* LAG.

LASIOS (TARG., ex BERTOL., *Amœn. ital.* [1819], 303). Genre d'Algues, dont le type est le *Fucus musciformis* WULF.; synonyme de *Hypnea* LAMX.

LASIOSIPHON (FRES., in *Flora* [1838], 602). Genre de Thyméléacées-Thymélées, à fleurs de *Gnidia*, mais 5-mères, à péricarpe membraneux. Ce sont environ 25 arbustes de l'Afrique australe, de Madagascar, de l'Asie tropicale. Section du genre *Gnidia* L. (H. BN, *Hist. des pl.*, VI, 125.)

LASIOSPARTUM (SPACH, in *Ann. sc. nat.*, sér. 3, III, 141). Section des *Stenocarpus* SPACH (*Genista*).

LASIOSPERMUM (H. BN, in *Adansonia*, X, 377). Section du genre *Rinorea* AUBL.

LASIOSPERMUM (FISCH., *Ind. sem. H. gœtt.* [1808], 34). Synonyme de *Lasiospora* CASS.

LASIOSPERMUM (FISCH., *Cat. H. Gorenk.*). Synonyme de *Gelasia* CASS.

LASIOSPERMUM (LAG., *Elench. H. matrit.*, 31). Synonyme de *Athanasia* L.

LASIOSPHÆRIA (CESAT. et DE NOT., *Sch. Sfer.*, in *Comm. d. Soc. crittog. ital.* [1863], 229). Genre de Sphériacés, démembré des *Sphæria*, à périthèce plus ou moins villeux, globuleux ou ovoïde, avec ou sans ostiole papilleux. Les thèques claviformes, allongées, sont entremêlées de paraphyses fugaces. Les spores, cylindriques, hyalines ou rarement un peu enfumées, sont courbes ou flexueuses et deviennent pluriloculaires à leur maturité. On en connaît une cinquantaine d'espèces, vivant sur les bois et les chaumes pourris, accidentellement sur la terre et rarement sur des feuilles. Une quinzaine sont exotiques. [DE S.]

LASIOSPORA (CASS., in *Dict.*, XXV, 306). Synonyme de *Gelasia* CASS.

LASIOSPRON (BENTH., in *Ann. Wien. Mus.* [1838], II, 140). Section du genre *Phaseolus* T.

LASIOSTELMA (BENTH., *Gen.*, II, 776, n. 119). Genre d'Asclépiadacées-Marsdéniées, établi pour 3 herbes, dressées et peu rameuses, de Natal, distinguées par une corolle campanulée, profondément 5-fide, une double couronne membraneuse: l'extérieure à 10 ligules papilleuses; l'intérieure à 5 ligules glabres; des anthères rétuses, sans appendices. [H. BN.]

LASIOSTEMON (NEES et MART., in *N. Act. nat. cur.*, XI, 152, 171, t. 19, 26). Genre proposé pour le *Galipea sylvestris*.

LASIOSTEMON (SCHOTT, herb.). Synonyme de *Esterhazya* MIK.

LASIOSTOMA (BENTH., in *Hook. Lond. Journ.*, II, 224). Genre de Rubiacées (Génipées?). (H. BN, *Hist. des pl.*, VII, 459.)

LASIOSTOMA (SCHREB., *Gen.*, 75). Synonyme de *Strychnos* L.

LASIOSTOMA (SPRENG., *Syst.*, I, 422). Synonyme, en partie, de *Hydnophytum* JACK.

LASIOSTYLES (PRESL, *Bot. Bem.*, 149). Synon. de *Cleidion* BL.

LASIOTHALIA (W. HARV., in *Mar. Bot. of West. Austr.*, n. 275). Algue-Floridée, que M. J.-G. Agardh considère, non sans raison, comme synonyme de *Callithamnion*, de la famille des Céramiées. (Voy. J.-G. AGH, *Spec., gen. et ord.*, III, 45.) [CH. M.]

LASIOTRACHYPHYLLA (BERNH., in *Linnæa*, VIII, 463). Section du genre *Papaver* (*P. alpinum*, *nudicaule*, *pyrenaicum*).

LASIOTRICHOS (LEHM., ex STEUD., *Nom.*, I, 642; II, 12). Synonyme de *Fingerhutia* NEES.

LASIURUS (BOISS., *Diagn. or.*, ser. 2, IV, 145). Genre proposé pour le *Rottbœllia hirsuta* VAHL.

LASS. Écorce du Sénégal, probablement celle d'un *Sesbania*.

LASS (ADANS., *Fam. des pl.*, II, 400). Synonyme de *Sida* L.

LASSAF. Nom nubien du *Capparis galeata*.

LASSERON. Pour Laiteron.

LASSIA (H. BN, *Et. gén. Euphorb.*, 464, t. 4). Genre d'Euphorbiacées, dont M. J. Mueller d'Argovie a fait un *Tragia*.

LASSULATA. Nom ancien du Baume-coq.

LASSUN. Nom indien de l'Ail.

LASTARRIÆA (REMY, in *C. Gay Fl. chil.*, V, 289, t. 58). Genre de Polygonacées-Kœnigiées, à fleurs pourvues d'un périanthe à 6 dents, analogues aux bractées florales et, comme elles, étroites, rigides, cuspidées-récurvées. L'androcée est 3-andre. C'est une petite herbe de la Californie et du Chili. M. Parry vient d'insister sur la nécessité de maintenir ce genre. [H. BN.]

LASTHENIA (CASS., *Opusc. phyt.*, III, 88). Genre de Composées, voisin des *Schkuhria*, à fleurs du centre fertiles et hermaphrodites; à fleurs du rayon ligulées, 1-sériées; l'involucre gamophylle, 5-∞-denté. Le fruit est pourvu ou non d'aigrettes. Le genre, tel que nous l'avons limité (*Hist. des pl.*, VIII, 246), est formé de 5 espèces herbacées, du Chili et de la Californie, à feuilles alternes ou opposées. [H. BN.]

LASTILA. L'un des genres (non admis) séparés par M. Alefeld des *Lathyrus* L.

LASTREA (PRESL, *Pterid.*, 73). Synonyme de *Dryopteris* ENDL. Pour Hooker et Baker (*Syn.*, ed. 2, 259), c'est une section du genre *Nephrodium* RICH., caractérisée par les veines des frondes toutes libres.

LASYNEMA (POIR.). Pour *Lysinema* R. BR.

LASYOCEPHALA (PL.). Pour *Lasiocephala* PL.

LATAIE. Nom, en Algérie, du *Paronychia argentea*.

LATANIEÆ (MEISSN., *Gen.*, 357 [266]). Sous-tribu des Palmiers-Borassinées.

LATANIER (*Latania* COMMERS. — J., *Gen.*, 39). Genre de Palmiers-Borassées, auquel on rapportait jadis la plupart des Palmiers à feuilles palmées. Réduit aujourd'hui à 3 espèces des îles Mascareignes, il est distingué par des fleurs dioïques; les mâles solitaires dans les alvéoles des divisions du spadice, et un androcée formé d'un nombre indéfini d'étamines. L'ovaire a 3 loges, avec un seul ovule ascendant dans chacune d'elles, et le fruit est une drupe à 1-3 noyaux. Les graines ont un albumen corné et homogène. (JACQ., *Fragm.*, t. 8. — LEME, *Illustr. hortic.*, t. 229. — MART., *Hist. nat. Palm.*, III, 223, t. 148, fig. 4; 154, 161, t. 2.)

LATANIER DE LA CHINE. Nom, à Maurice, du *Livistona chinensis* MART.

LATAPIE (Fr. de Paule). Botaniste bordelais [1739-1823], a écrit [1784] un *Hortus burdigalensis* (in-8 de 83 p.).

LATARKA. Nom sanscrit (PIDDINGT.) de l'*Allium Cepa* L.

LATÉRINERVÉ. Synonyme de Rectinerve.

LATERIPES (REICHB., *Nom.*, 12). Pour *Lateripedes* FRIES.

LATERNEA (TURP., *Atl.*, fig. 2. — BRONGN., *Ess. class.*, 92). Genre de Phalloïdés, qui ne diffère des *Clathrus* que par la disposition des branches simples, non rameuses, du réceptacle, comme le genre *Coleus*; ce sont de simples sections du genre *Clathrus* (voy. ce mot). [DE S.]

LATERRADE (G.-Fr.). Botaniste bordelais [1784-1858], auteur [1811] d'une *Flore bordelaise* qui eut quatre éditions. Ch. Desmoulins a écrit son éloge. (*Cat. sc. pap.*, III, 868.)

LATERRADEA (RASP. et ENDL., *Enchirid.*, 17). Genre formé de Gastéromycètes, tels que les *Sterbeechia*, *Actinodemium*, etc., qui ont été revisés et placés dans divers autres genres : *Geaster*, *Mycenastrum*, etc.

LATEX. Le suc propre des végétaux. — Voy. PHYTOCYSTE, N.

LATHAGRIUM (ACHAR., *Lich. univ.*, 646; *Syn. Lich.*, 321). Section du genre *Collema* (FLOT., in *Linnæa* [1850], XXIII, 159). Genre de Collémacées, pour Arnold (in *Flora* [1858], I, 90). Synonyme de *Synechoblastus* TREVIS. [CH. M.]

LATHERON. Synonyme d'Emburon. C'est le nom vulgaire du *Lactarius piperatus* SCOP.

LATHRÆA (L., *Gen.*, n. 743). Genre d'Orobanchées, qui a aussi été rapporté aux Scrofulariacées, mais qui diffère de ces

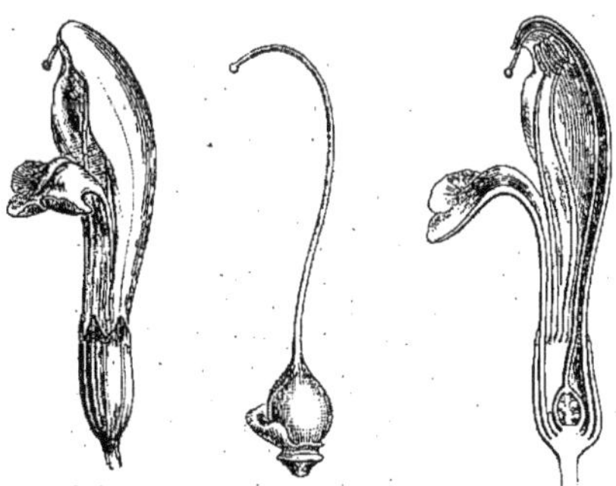

Lathræa. — Fleur, entière et coupe longitudinale. Gynécée.

dernières par ses deux placentas pariétaux, doubles et multiovulés. Le calice y est gamosépale, et la corolle bilabiée, blanche, rosée ou violacée, avec un androcée didyname. Le disque est représenté par une grosse glande antérieure. Le fruit est une capsule bivalve, et les graines ont un petit embryon albuminé. Ce sont des herbes parasites, à écailles colorées et à fleurs en grappes, qui habitent, au nombre de 3, l'Europe et l'Asie. Notre pays n'en possède qu'une : le *L. squamaria*, à fleurs violettes (REICHB., *Ic. Fl. germ.*, t. 1764, 1765. — H. BN, *Hist. des pl.*, X, 75, 109). Il ne faut pas confondre avec ce genre les véritables Clandestines, dont nous avons fait une série à part de la grande famille des Gesnériacées, et dont le type est le *Lathræa Clandestina* L.

LATHRÆACEÆ (WIGHT, *Icon.*, IV. — WALP., *Ann.*, III, 204). Section des Orobanchées.

LATHRÆOPHILA (LEANDR. D. SACRAM., in *Ann. sc. nat.*, sér. 2, VIII, 32). Synonyme de *Helosis* RICH.

LATHRÆOPHILACEÆ (LEANDR.). Division des Balanophorées.

LATHRIOGYNE (ECKL. et ZEYH., *Enum.*, 170). Genre de Légumineuses-Génistées, voisin des *Amphithalea*, distingué par 5 pétales plus courts que le calice, une carène rostrée, l'étamine vexillaire libre et un ovaire uniovulé. Ce sont des arbustes, velus ou glabres, de l'Afrique australe. (H. BN, *Hist. des pl.*, II, 347). La principale espèce du genre (*L. parvifolia* ECKL. et ZEYH.) est un arbuste villeux et soyeux, éricoïde, qui a des feuilles alternes, simples et entières, et des fleurs rapprochées en capitules terminaux et feuillés. [H. BN.]

LATHRISIA (SW., *Annot. bot.*, 49). Synonyme de *Bartholina* R. BR.

LATHROPHYTUM (EICHL., in *Bot. Zeit.* [1868], 513, t. 9). Genre rapporté aux Balanophorées-Lophophytées et distingué par des spadices androgynes.

LATHYRÆA (GLED.). Pour *Lathræa* L.

LATHYRIS (GREN. et GODR., *Fl. de Fr.*, III, 98). Section du genre *Euphorbia* L. C'est aussi le nom officinal de l'Épurge.

LATHYROCARPUM (G. DON, *Gen. Syst.*, IV, 436). Section du genre *Solanum* T. (WALP., *Rep.*, III, 88.)

LATHYROIDEÆ (GRAY, *Arr. brit. pl.*, II, 609). Section des Légumineuses-Papilionacées.

LATHYRON. L'*Agaricus acris* BULL.

LATHYROSTYLIS (GRISEB., *Spicil. Fl. rumel.*, I, 74). Section du genre *Orobus* L. (*O. sessiliflorus*, *Jordani* TESS.).

LATHYRUS (T., *Inst.*, 394, t. 216, 217). Nom latin des Gesses. Genre de Légumineuses-Papilionacées-Viciées, à fleurs analogues à celles des *Vicia*, avec la gaine des filets staminaux coupée droit en travers au sommet et non obliquement, et un style large, aplati d'avant en arrière, rigide et induré; la surface postérieure barbue. Ce sont environ 90 herbes de l'hémisphère boréal des deux mondes. Il y a des *Lathyrus* comestibles, cultivés comme plantes fourragères. Quelques-uns sont vénéneux. Les *L. odoratus*, *perennis*, etc., sont cultivés comme ornementaux. (H. BN, *Hist. des pl.*, II, 201, 238.)

LATICEÆ (DUMORT., *Comm. bot.*, 70, 81). Famille de Champignons, renfermant les genres *Clathrus*, *Phallus*, *Junia*, etc.

LATICIFÈRES. Réservoirs (vaisseaux, lacunes, phytocystes divers, etc.) qui renferment le latex.

LATIPES (K., *Rev. Gramin.*, I, 261, t. 42). Genre de Graminées, voisin des *Tragus* HALL. (auxquels Steudel l'a réuni), distingué par des épillets pédicellés, solitaires ou géminés, uniflores, avec deux glumes dont l'inférieure est muriquée, très concave. C'est une herbe annuelle, de l'Afrique chaude et de l'Inde occidentale, à inflorescence simple et lâche. [H. BN.]

LATISEPTA (C.-A. MEY., in *Ledeb. Fl. alt.*, III, 175). Division des Crucifères-Notorhizées (Camélinées).

LATISTIGMA (A. DC., *Prodr.*, XV, I, 315). Sect. du g. *Begonia.*

LATOCH. En Laponie, le *Rubus Chamæmorus* L.

LATOUREA (BL., *Rumphia*, IV, 41, t. 195, 199 C). Genre d'Orchidacées-Épidendrées, fondé sur une plante mal connue, de la Nouvelle-Guinée (*Dendrobium*?), que Latour a seul vue et dessinée, et qui se distinguerait surtout par des auricules du labelle unies à la colonne. (B. H., *Gen.*, III, 501.) [H. BN.]

LATOURIA (ENDL., *Gen.*, 508). Sect. du g. *Leschenaultia* BR.

LATOURRETTE (M.-Ant. Louis Claret de). Botaniste lyonnais [1720-1793], auteur de *Démonstrations élémentaires de botanique* (2 vol. in-8), d'un *Voyage au Mont-Pilat*

[1770] et d'un *Chloris lugdunensis* [1770], in-8 de 43 pages.

Latanier.

LATREILLEA (DC., *Prodr.*, V, 504). Synonyme de *Ichthyothere* MART. (H. BN, *Hist. des pl.*, VIII, 235.)

LATROBEA (MEISSN., in *Pl. Preiss.*, II, 219). Genre de Légumineuses-Podalyriées, voisin des *Eutaxia*, distingué par un calice à 5 divisions égales, un fruit ovale-oblong ou lancéolé, bivalve, comprimé, à graines arillées. Ce sont 6 arbustes éricoïdes d'Australie, à feuilles alternes, simples, concaves, sans stipules, avec ou sans bractéoles distantes du calice. Les fleurs sont disposées en corymbes, en capitules ou solitaires. (H. Bn, *Hist. des pl.*, II, 358.)

LATTAJUOLO. A Florence, les Agarics laiteux.

LATTHYMO. En Chine, le *Teucrium Marum* L.

LATTICE-LEAF. Nom anglais des *Ouvirandra* Dup.-Th.

LATUA (Phil., in *Bot. Zeit.* [1858], 241). Genre de Solanacées-Solanées, à calice gamosépale, valvaire, accru sous le fruit qui est une baie. La corolle a un tube ventru, une gorge contractée et un limbe à 5 lobes courts, indupliqués. C'est un arbuste chilien, souvent spinescent, à feuillage de *Lycium*, à fleurs assez grandes, d'ordinaire solitaires. (*Bot. Mag.*, t. 5373 (*Lycioplesium*). — H. Bn, *Hist. des pl.*, IX. 334.)

LATYSON. Nom de l'*Agaricus (Lactarius) piperatus* Scop.

LAUAN. Nom, aux Philippines, des *Anisoptera*.

LAUBERT (Ch.-Jean). Médecin de Naples, mort à Paris en 1834, connu par ses recherches botaniques, chimiques et pharmaceutiques sur le Quinquina. (*Cat. sc. pap.*, III, 873.)

LAUBERTIA (A. DC., *Prodr.*, VIII, 486). Genre d'Apocynacées-Échitées, à 5 sépales non glanduleux, à corolle infundibuliforme-cylindracée, à écailles du disque connées deux à deux; la cinquième libre; à sommet stigmatifère du style annulaire. C'est un arbuste volubile, du Pérou (?), glabre, à feuilles verticillées et opposées, à fleurs nombreuses, en grappe composée. Nous n'en avons fait (*Hist. des pl.*, X) qu'une section du genre *Echites*. (B. H., *Gen.*, II, 724.) [H. Bn.]

LAUCH. Nom allemand des *Allium* T.

LAUCHEA (Kl., *Begon.*, 121). Synonyme de *Begonia* L.

LAUDANUM. Nom donné à un *Datura* du Maroc.

LAUDONIA (Nees). Pour *Loudonia* Lindl.

LAUDTIA (Wittst., *Etym. Hdw.*). Pour *Landtia* Less.

LAUGERIA (Vahl, *Ecl.*, 26, t. 10). Synonyme de *Guettarda* L.

LAUGIERIA (Jacq., *St. amer.*, 64, t. 177, fig. 21). Synonyme de *Guettarda* L. Lamarck nomme ce genre *Laugier*.

LAUNÆA (Cass., in *Dict.*, XXV, 321). Synonyme de *Microrhynchus* Less.

LAUNAYA (Reichb.), LAUNEA (Endl.). Pour *Launæa* Cass.

LAUNZAN (Buchan., in *Asiat. Res.* [1799], V, 123). Synonyme de *Buchanania* Roxb.

LAUNZEA (Endl., *Enchir.*, 599). Pour *Launzan* Buchan.

LAUPANKE. Synon. de *Uaupanke* (*Francoa appendiculata*).

LAURACÉES. Famille de plantes dicotylédones, dont l'établissement est relativement récent. Adanson rangeait les Lauriers à la fin de la famille des Pavots, et plaçait les *Cassytha* dans la famille des Garous. A.-L. de Jussieu fit des Lauriers un ordre particulier, sous le nom de *Lauri*. Nees d'Esenbeck, dans son *Systema Laurinarum* (1836), admettait dans cette famille trente-quatre genres, qu'il partageait en treize tribus. D'autres genres furent ajoutés depuis par divers auteurs; et enfin dans le travail le plus récent sur cette famille, M. H. Baillon y admet cinquante-deux genres, non compris ceux qui sont mal connus ou qui n'appartiennent qu'avec doute à cette famille. Meissner (1864), dans sa Monographie des Lauracées (*Prodr.*, XV), avait admis 1050 espèces; mais ce nombre peut sans doute être réduit. Les caractères communs qui constituent les traits généraux appartenant d'une manière absolue à cette famille, sont les suivants : absence de stipules; régularité de la fleur; concavité du réceptacle, entraînant la périgynie du périanthe et de l'androcée; périanthe double; déhiscence des anthères par des panneaux; présence dans l'ovaire d'un seul ovule anatrope et descendant, avec micropyle en haut et en dedans, sous le point d'attache; fruit indéhiscent et monosperme; absence d'albumen dans la graine adulte. Les autres caractères sont plus ou moins variables. Les fleurs sont hermaphrodites ou polygames. Elles sont ordinairement construites sur le type 3; mais on observe parfois les types 2, 4, 5. L'androcée est ordinairement formé de plusieurs verticilles, fréquemment quatre, dont les pièces alternent entre elles; les étamines sont les unes introrses, les autres extrorses. Dans la même fleur, les unes sont pourvues de glandes à la base, les autres dépourvues de ces glandes. Les panneaux de déhiscence varient de nombre : tantôt il y en a quatre, d'autres fois deux seulement. Presque toujours un certain nombre d'étamines sont stériles; quand toutes avortent, la fleur devient dicline. La forme du stigmate varie; il peut être obtus, discoïde ou obscurément 2-3-lobé. Le pédicelle floral tantôt demeure cylindrique au-dessous du fruit, tantôt se renfle en massue. Le réceptacle est plus ou moins concave; il forme parfois une bourse profonde, s'accroît et persiste à la base ou autour du fruit qu'il peut même envelopper tout entier. D'autres fois il se détache du pédicelle, soit par sa base, soit à un niveau variable, formant ainsi autour du fruit une induvie de hauteur variable ou nulle. Cette induvie est souvent ligneuse, parfois charnue. Le fruit est ordinairement une baie, plus rarement une drupe. Les Lauracées sont généralement des arbres ou des arbrisseaux, souvent aromatiques, quelquefois fétides; plus rarement ce sont des herbes aphylles, parasites, volubiles (*Cassytha*). Leurs feuilles sont habituellement simples, à nervation souvent pennée, plus rarement palmée, et fréquemment épaisses et coriaces, persistantes ou caduques. Les fleurs sont souvent en grappes ramifiées de cymes ou en cymes, plus rarement en grappes ou en épis simples. Les Lauracées se rapprochent beaucoup des Monimiacées, dont elles ont très fréquemment les feuilles opposées sans stipules, les organes aromatiques, le réceptacle floral concave, les anthères à panneaux. Elles se rapprochent aussi beaucoup des Élæagnacées et des Protéacées. Elles touchent plus ou moins aux Berbéridacées et aux Myristicacées, dont on a fait autrefois des Lauracées. Les Lauracées habitent généralement les pays chauds et tempérés des deux mondes. On les trouve surtout dans l'Asie tropicale, l'Amérique tropicale et extratropicale, l'Australie, les parties chaudes de l'Europe. Leurs propriétés sont nombreuses et parfois importantes; elles sont dues aux principes aromatiques que contiennent presque toutes ces plantes. Elles seront signalées à propos de chaque genre. Les Lauracées se distribuent d'une façon artificielle, il est vrai, mais commode pour la description, en huit séries : Cinnamomées (13 genres), Cryptocaryées (12 genres), Ocotéées (12 genres), Tétranthérées (10 genres), Cassythées (1 genre), Gyrocarpées (2 genres), Illigérées (1 genre), Hernandiées (1 genre). (H. Bn, *Hist. des plant.*, II, 451.) [L.]

LAURADIA (Juss.). Pour *Lavradia* Vell.

LAUREA (Gaudich., *Voy. Bonite*, t. 88). Syn. de *Bagassa* Aubl.

LAUREL. Nom argentin (Griseb.) du *Strychnodaphne suaveolens* Griseb. En Pensylvanie, c'est le *Kalmia latifolia* L.

LAUREL BLANCO. Au Paraguay, l'*Oreodaphne suaveolens*.

LAURELIA (J., in *Ann. Mus.*, XIV, 134). Section du genre *Atherosperma* Labill. (H. Bn, *Hist. des pl.*, I, 321.)

LAURELLE. Nom français (Lamk) des *Cansjera* Juss. C'est aussi le *Nerium Oleander* L.

LAUREL-OAK. Aux États-Unis, le *Quercus imbricaria* Michx.

LAUREL-REAL. En Espagne, le Laurier-Cerise.

LAUREMBERG (Pet.). Auteur [1632] de : *Horticultura libris II*, etc.; de l'*Apparatus plantarius primus*, etc. [1632]. Il enseigna la botanique à Hambourg et à Rostock. — Wilh. Lauremberg a écrit [1626] un *Botanotheca* (in-12 de 48 fol.).

LAUREMBERGIA (Berg., *Fl. cap.*, 350). Syn. de *Serpicula* L.

LAURENCIA (Lamx, *Ess.*, p. 42. — J. Agh, *Spec. Alg.*, 740). Famille d'Algues-Floridées, de la grande division des *Chondreæ*, dédiée à M. de la Laurencie, naturaliste français. Les espèces qui font partie de ce genre sont caractérisées par une fronde cylindrique, comprimée, filiforme, pinnatifide ou pinnée, et obtuse aux extrémités. Elle est rameuse, subpinnée, à rameaux plus ou moins obtus, à structure cartilagineuse, de couleur jaune ou rouge, et composée de deux couches cellulaires bien caractérisées. Les cellules intérieures sont oblongues-anguleuses; les extérieures arrondies, anguleuses, et comme disposées en une seule série. Les kéramidies sont ovales, sphériques; elles sont entourées d'un péricarpe celluleux, pourvu d'un carpostome, et logent des gemmidies piriformes qui se développent dans un article terminal des filets. Les sphærospores, réunies sans ordre, en zone transversale vers l'extrémité des rameaux, et formées d'ailleurs dans des cellules infracorticales, sont arrondies, et se divisent triangulairement. Les anthéridies sont réunies dans un réceptacle scutellé et terminal. Quelques espèces de ce genre présentent une grande variété de forme. Ces Algues se rencontrent le plus généralement dans l'Atlantique, les mers tropicales et même au cap Horn. Leur couleur varie d'ordinaire avec l'habitat. (Voy. J.-G. AGH, *Spec., gen. et ord. Alg.*, III, 345.) [CH. M.]

LAURENCIACEÆ (HARV.), LAURENCIEÆ (HOOK. F. et HARV.) Ordre des Algues-Desmiospermées.

LAURENTIA (GRAY). — Pour *Laurencia* LAMX.

LAURENTIA (MICHELI, *Nov. gen.*, 18, t. 14). Genre de Campanulacées-Lobéliées, très voisin des *Lobelia* (dont on ne devrait peut-être pas le séparer). On le distingue, il est vrai, par des pédoncules uniflores et par des étamines libres de la corolle gamopétale. Mais les pétales ne sont en réalité unis que par l'intermédiaire des filets staminaux qui les collent les uns aux autres. On admet 8-10 *Laurentia*, humbles herbes de la région méditerranéenne, de l'Amérique du Nord et de l'Afrique australe. (H. BN, *Hist. des pl.*, VIII, 363.)

LAUREOLA (C. BAUH. — RUPP., *Fl. jen.*, 39). Section du genre *Daphne* L. (SPACH, *Suit. à Buffon*, X, 444.)

LAUREOLA (RŒM., *Fam. nat. Syn.*, I, 36, 74). Genre proposé pour le *Limonia Laureola* DC.

LAURÉOLE, L. MALE. Le *Daphne Laureola* L.

LAURÉOLE FEMELLE, L. GENTILLE. Le *Daphne Mezereum* L.

LAUREOLOIDES (SPACH, *Suit. à Buff.*, X, 445). Section du genre *Daphne* L. (*D. pontica* L.).

LAURERIA (SCHLCHTL, in *Linnæa*, VIII, 513). Synonyme de *Juanulloa* R. et PAV.

LAURETIN. Synonyme de Laurier-Tin.

LAURIDIA (ECKL. et ZEYH., *Enum.*, 124. — HARV. et SOND., *Fl. cap.*, I, 462). Genre de Célastracées, que MM. Bentham et Hooker (*Gen.*, I, 363, n. 13) ont conservé comme distinct, mais qui, quoique bien incomplètement connu, nous semble presque identique avec l'*Hartogia* THUNB. Le seul *Lauridia* connu est un arbuste du Cap, à feuilles opposées ou très rarement presque alternes. (Voy. *Hist. des pl.*, VI, 34.) [H. BN.]

LAURIER (*Laurus* L., *Gen.*, 503). Genre auquel on a jadis rapporté la plupart des Lauracées. Aujourd'hui il se trouve réduit à 2 arbres de la région méditerranéenne et des îles occidentales de l'Afrique, caractérisés par un périanthe dimère-répété, avec

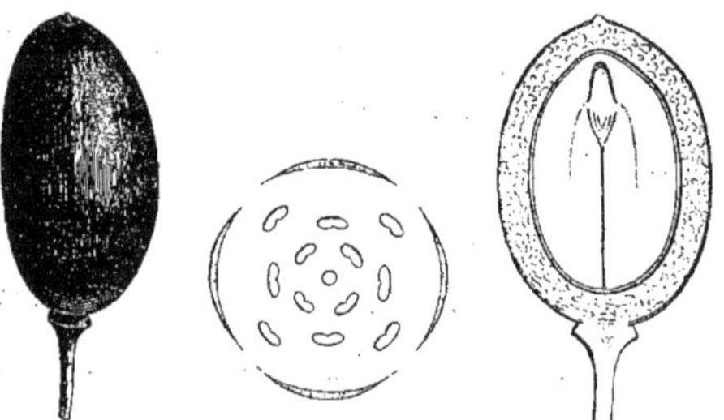

Laurier. — Diagramme floral. Fruit, entier et coupe longitudinale.

8-12 étamines dans la fleur mâle, et, dans la fleur femelle, des staminodes avec un gynécée de Lauracée. Le fruit est une baie libre, à graine descendante, à gros embryon. Les feuilles sont alternes, odorantes, penninerves, persistantes, et les fleurs sont groupées, dans l'aisselle des feuilles, en grappes de glomérules. Le *L. nobilis* L., ou Laurier d'Apollon, L. à jambons, L. à sauce, L. franc, est très employé comme plante d'ornement et comme condiment. Ses fruits fournissent une huile usitée en médecine. (H. BN, *Hist. des plant.*, II, 442, 465, 483, fig. 261-263; *Tr. Bot. méd. phanér.*, 694, fig. 2247-2250.)

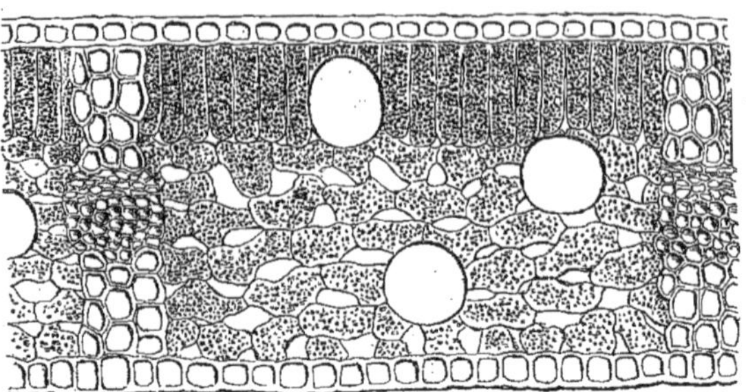

Laurier. — Feuille, coupe transversale.

LAURIER ALEXANDRIN, L. D'ALEXANDRIE, L. DE CHEVAL. Le *Ruscus Hypoglossum* L.

LAURIER ALEXANDRIN DES ALPES. Nom vulgaire du *Streptopus amplexifolius* PERS.

LAURIER AMANDIER, L. AU LAIT, L. IMPÉRIAL, L. DE TRÉBIZONDE. Le *Prunus Lauro-Cerasus* L.

LAURIER-AVOCATIER. Le *Persea gratissima* L.

LAURIER-BENJOIN. Le *Lindera Benzoin* NEES.

LAURIER-CERISE. Le *Prunus Lauro-Cerasus* L.

LAURIER DE MISSISSIPI. Le *Prunus caroliniana* AIT.

LAURIER DE PORTUGAL. Le *Prunus lusitanica* L.

LAURIER DE SAINT-ANTOINE. L'*Epilobium spicatum* L.

LAURIER DES IROQUOIS. Le *Sassafras officinale* NEES.

LAURIER DE TRÉBIZONDE. Le *Prunus Laurocerasus* L.

LAURIER ÉPURGE, L. PURGATIF, L. DES BOIS. Le *Daphne Laureola* L.

LAURIER GREC. L'Azederach.

LAURIER NAIN, L. FAUX, L. ROSE-FAUX. L'*Epilobium spicatum* L.

LAURIER PUTIET. Le *Prunus Padus* L.

LAURIER ROSE. Le *Nerium Oleander* L.

LAURIER ROSE DES ALPES. Le *Rhododendron ferrugineum* L.

LAURIER ROUGE. Le *Laurus Borbonia* L., le *Plumeria rubra* L.

LAURIER SAUVAGE. L'un des noms du *Myrica cerifera* L.

LAURIER-TIN. Le *Viburnum Tinus* L.

LAURIER-TULIPIER. Le *Magnolia grandiflora* L.

LAURIFOLIA ARBOREA (SLOANE, *Jam.*, 137). Synonyme de *Lagetta lintearia* LAMK.

LAURINÉES (*Laurineæ*). — Voy. LAURACÉES.

LAURINIUM (UNG., *Syn. pl. foss.*, 225; *Chlor. protog.*, LXXXI). Genre de Lauracées fossiles.

LAUROCERASUS (T., *Inst.*). Section du genre *Prunus* T. (H. BN, *Hist. des pl.*, I, 420.)

LAUROPHILLUS (RŒM. et SCHULT.). Pour *Laurophyllus* THUNB.

LAUROPHYLLUS (THUNB., *Fl. cap.*, 153). Synonyme de *Botryceras* W.

LAUROSE. Nom français (LAMK) des *Nerium* L.

LAURUS (BURM., *Thes. zeyl.*, t. 62). Synonyme de *Bobua* DC.

LAURUS ALEXANDRINA (MATTH.). L'*Uvularia amplexifolia* L. Le *L. alexandrina altera* (MATTH.) est le *Ruscus Hypoglossum*.

LAUSESAMEN. Nom anglais de la Staphisaigre.

LAUSONIA (JUSS.). Pour *Lawsonia* L.

LAUTEMBERGIA (H. BN, *Et. gén. Euphorbiac.*, 451, pour *Laurembergia*). Synonyme de *Diderotia* H. BN.

LAUTH (Thomas). Botaniste et professeur de Strasbourg [1758-1826], a écrit [1781] : *De Acere* (in-4 de 40 p.).

LAUVAN (CAMELLI). Synonyme de *Laguaan*.

LAUZAN (SPRENG.). Pour *Launzan* BUCHAN.

LAVAGNON. Le *Lutraria elliptica* L.

LAVALLEA. Genre que nous avions dédié (in *Adansonia*, II, 359) à Alph. Lavallée. Il a été réuni par MM. Bentham et Hooker (*Gen.*, I, 996) aux *Strombosia*, dont il diffère par son ovaire infère, tandis que celui des *Strombosia* est supère : différence qui seule cependant permet aujourd'hui d'écarter les Santalacées des Olacinées. [H. Bn.]

LAVALLÉE (Alphonse). Riche botaniste amateur, débuta en 1864 par une notice sur le Brome de Schrader, écrivit aussi un opuscule sur la Rose verte, et entra à la Société centrale d'horticulture de Paris, dont il fut secrétaire général et président. Il avait réuni dans son vaste jardin de Segrez la plupart des plantes ligneuses susceptibles d'être cultivées chez nous en pleine terre ; il en publia d'abord un catalogue (*Arboretum Segrezianum*), puis il commença de faire paraître les descriptions illustrées de ces végétaux; mais son œuvre fut malheureusement arrêtée de bonne heure par une mort prématurée. Son dernier essai fut relatif aux Clématites à grandes fleurs.

LAVANDE. D'après Jones, la plante indienne que les anciens nommaient ainsi, est le *Nardostachys Jatamansi* DC.

LAVANDE (*Lavandula* T., *Inst.*, 198, t. 93). Genre de Labiées-Ocymées, distingué par un calice tubuleux, 13-15-nerve, avec 5 dents courtes, sauf la postérieure souvent dilatée. La corolle a des lobes peu inégaux, ou la lèvre postérieure bifide et

Lavande. — Branche florifère. Fleur, entière et coupe longitudinale.

l'antérieure trifide. Les étamines didynames sont incluses, et le fruit est formé de 4 achaines insérés au réceptacle par une aréole oblique en dehors. Ce sont environ 20 herbes vivaces ou suffrutescentes, de la région méditerranéenne, à feuilles variables, entières ou découpées, à verticillastres groupés en épis terminaux et stipités, cylindriques ou ovoïdes. On emploie comme très aromatiques la *L.* vraie (*L. vera* DC.), le *L. latifolia* Vill., dont Linné avait fait avec la précédente une seule espèce sous le nom de *L. Spica*, et le *L. Stœchas* L. ou *Stœchas arabique*. (H. Bn, *Tr. Bot. méd. phanér.*, 1234, fig. 3160-3162.)

LAVANDE FEMELLE. Le *Lavandula latifolia* Vill.

LAVANDE MALE. La Lavande officinale.

LAVANDON. En Chine, le Petit-Galanga.

LAVANDULA (T.). Nom latin des Lavandes.

LAVANDULEÆ (Endl.. *Gen.*, 611). Sous-tribu des Labiées-Ocimoïdées.

LAVANÈSE. Le *Galega officinalis* L.

LAVANGA (Meissn.). Pour *Luvunga* Hamilt.

LAVA-RAVINE. Nom malgache du *Spirospermum penduliflorum* Dup.-Th.

LAVATERA (L., *Gen.*, n. 842). Genre de Malvacées; section pour nous (*Hist. des pl.*, IV, 138) du genre *Althæa*, distinguée par son réceptacle saillant en plateau au-dessus des carpelles. On cultive dans nos jardins, comme plante annuelle, le *L. trimestris* L., ou *Mauve royale*, à fleurs roses ou blanches. (H. Bn, *Iconogr. Fl. franç.*, n. .)

LAVATEREÆ (Reichb., *Consp.*, 202). Division des Malvées.

LAVAUXIA (Spach, *Suit. à Buff.*, IV, 366). Genre d'Œnothérées ; section du genre *Œnothera* L. (*Œ. triloba* Nutt.).

LAVENDER. Nom anglais des Lavandes.

LAVENDER-COTTON. En Angleterre, la Santoline.

LAVENDER THRIFT. En Angleterre, le *Statice Limonium* L.

LAVENDULA (L.). Pour *Lavandula* T.

LAVENIA (Sw., *Fl. Ind. occ.*, 1329). Synonyme de *Adenostemma* Forst.

LAVOIR DE VÉNUS. L'un des noms du *Dipsacus sylvestris* L.

LAVOISERIA (Spreng.). Pour *Lavoisiera* DC.

LAVOISIERA (DC., *Prodr.*, III, 102). Genre de Mélastomacées-Mélastomées, distingué par son calice subégal au tube floral, ses 5-8 pétales arrondis ou tronqués, ses 10-16 étamines et un ovaire à 4-8 loges. Ce sont, en y comprenant les *Microlicia*, une centaine d'arbustes brésiliens, à petites feuilles ordinairement imbriquées ; à fleurs généralement solitaires, terminales ou axillaires. Nous en avons fait une section du genre *Microlicia*. (H. Bn, *Hist. des pl.*, VII, 41.)

LAVOISIEREÆ (DC., *Prodr.*, III, 100). Tribu des Mélastomées.

LAVOLA (Écorce de). Celle de l'*Illicium religiosum* Sieb., brûlée, dit-on, dans les temples, en Chine et au Japon.

LAVRADIA (Velloz., ex Vandell., in *Rœm. Script.*, 88, t. 6, fig. 6). Genre de la famille des Violacées, tribu des Sauvagésiées, dont les fleurs sont construites en général comme celles des *Sauvagesia*, mais en diffèrent en ce que leurs cinq étamines fertiles y sont enveloppées par un tube d'une seule pièce, à ouverture supérieure entière, ou 5-10-dentée, qui est pour les uns un disque, et pour les autres le résultat de l'union de staminodes extérieurs. Les *Lavradia*, dont on connaît une demi-

Lavradia. — Fleur, entière et coupe longitudinale.

douzaine d'espèces, sont de petits végétaux brésiliens, souvent éricoïdes, à feuilles alternes, glabres, rapprochées, avec des stipules entières ou glanduleuses-pénicillées. Leurs fleurs, élégantes, rosées ou violacées, sont disposées en grappes terminales; simples ou composées. Ces plantes ont surtout été étudiées par A. Saint-Hilaire (*Mém. du Mus.*, XI, 107, t. 7-10; *Pl. rem. des Bras.*, t. 5-8; *Fl. Bras. mer.*, II, 111). (Voy. *Hist. des pl.*, IV, 341, 355, fig. 376, 377.) [H. Bn.]

LAVRADIEÆ (Reichb., *Handb.*, 270). Section des Sauvagésiées.

LAVY (Jean). Médecin de Turin, auteur [1801] de : *Stationes plantarum Pedemontis indigenarum*; d'un *Genera plantarum subalpinam exornantium*, etc. [1802]; d'une *Phyllographie piémontaise* [1816], et d'un *État général des végétaux originaires* [1830], in-8 de 408 p.

LAW. Malvacée antisyphilitique du Sénégal, dont parle Ferrein (*Mat. méd.*, III, 334, 339).

LAWANG. Nom malais du Girofle.

LAWANGA-PUTTAY. Nom tamoul du *Cassia lignea* (offic.).

LAWER. En Angleterre, le *Porphyra vulgaris* Ach.

LAWGERS. Nom donné par les colons anglais au *Tataramoa*.

LAWIA (Tul., in *Ann. sc. nat.*, sér. 3, XI, 112). Genre de Podostémonacées, qui donne son nom à la série des Lawiées (Tristichées des auteurs). Les fleurs sont hermaphrodites, régulières, trimères. Leur calice est gamosépale, trilobé et imbriqué. Les étamines hypogynes, alternisépales, sont au nombre de 3, et le gynécée libre a trois loges ovariennes multiovulées et

3 branches stylaires. Le fruit est capsulaire, septifrage, 3-valve. Ce sont 6, 7 herbes flottantes de l'Inde, à tiges et feuilles alternes, frondiformes, à fleurs pédonculées, vaginées inférieurement de

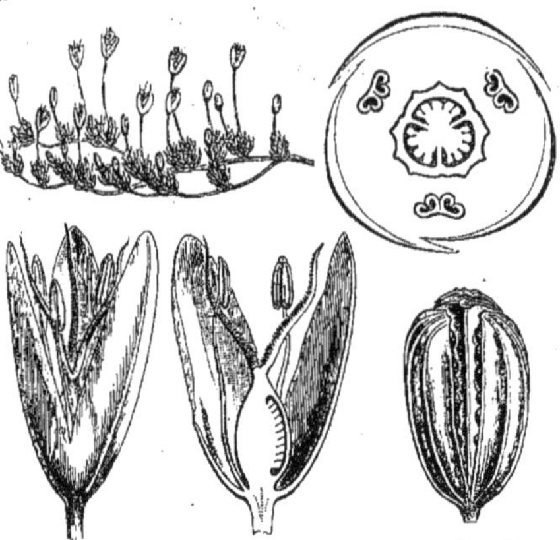
Lawia. — Port. Fleur, entière et coupe longitudinale. Diagramme. Fruit déhiscent.

plusieurs bases foliaires. (H. Bn, *Hist. des pl.*, IX, 256, 267, fig. 310-314.)

LAWIA (Wight, in *Calc. Journ. Nat. Hist.*, VI). Synonyme de *Adenosacme* Wall.

LAWIÉES (*Lawieæ* H. Bn, *Hist. des pl.*, IX, 256, 267). Série des Podostémacées, à fleurs hermaphrodites, 1-3-andres, à ovaire 3-loculaire.

LAWRANCE (Mary). Professeur de dessin botanique à Londres, publia [1799] *A collection of Roses from nature*, avec 90 pl. col.

LAWRENCELLA (Lindl., *Swan-River App.*, 23). Section du genre *Helichrysum* Gærtn. (H. Bn, *Hist. des pl.*, VIII, 174.)

LAWRENCIA (Hook., *Icon.*, t. 261, 417). Synonyme de *Plagianthus* Forst.

LAWSONIA (L., *Gen.*, n. 482). Genre de Lythrariacées-Lythrées, à petites fleurs 4-mères, 8-andres, sans dents accessoires au calice, et à fruit capsulaire, globuleux, se rompant irrégulièrement à la maturité. Le *L. alba* Lamk (*inermis* L.), petit arbuste glabre, à feuilles opposées, à fleurs en cymes axillaires, corymbiformes, est la plante au *Henné*. On le croit originaire de l'Afrique du Nord-Est, de l'Arabie, de la Perse et de l'Inde occidentale. (H. Bn, *Hist. des pl.*, VI, 433, 453, fig. 407-409.)

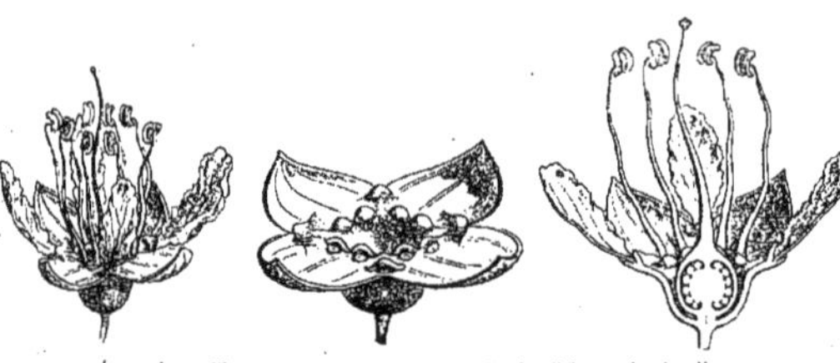
Lawsonia. — Fleur, entière et coupe longitudinale. Réceptacle et calice.

LAXMANNIA (R. Br., *Prodr.*, 285). Genre de Liliacées-Johnsoniées, voisin des *Tricoryne*, avec des fleurs disposées en capitules, sessiles ou pédicellées ; 6 folioles au périanthe, 6 étamines, des loges ovariennes à 2-4 ovules, des tiges rameuses ou cespiteuses, des feuilles rapprochées, étroites. Ce sont 8 herbes vivaces, d'Australie (Endl., *Iconogr.*, t. 97. — Benth., *Fl. austral.*, VII, 63). Le nom de *Laxmannia* doit, d'après M. F. Mueller (*Fragm.*, VI, 88), céder le pas à *Bartlingia*.

LAXMANNIA (Forst., *Char. gen.*, 94, t. 47). Synonyme de *Petrobium* R. Br.

LAXMANNIA (Gmel., ex Endl., *Gen.*, n. 3102). Synonyme de *Crucianella* L.

LAXMANNIA (Fisch., herb.). Synonyme de *Coluria* R. Br.

LAYA (Endl.). Pour *Layia* Hook. et Arn.

LAYIA (Hook. et Arn., in *Beech. Voy. Bot.*, 148 [nec 182]). Section du genre *Madia* Molin. (H. Bn, *Hist. des pl.*, VIII, 230.)

LAYIA (Hook. et Arn., *Beech. Voy. Bot.*, 182, t. 38). Synonyme de *Ormosia* Jacks.

LAYTIRON. Nom, à Toulouse, de l'*Agaricus subdulcis* Bull.

LAZAROLUS (Medic., *Phil. bot.*, I, 135, 155). Genre créé pour le *Pyrus Pollveria* L. (*Mant.*, 244), qui est bien un Poirier.

LAZZAROLO. Nom italien des *Cratægus* T.

LEACHEA (DC.). Pour *Leachia* Cass.

LEACHIA (Cass., in *Dict.*, XXV, 388). Synon. de *Coreopsis* L.

LEAD PLANT. Aux États-Unis, l'*Amorpha canescens* Nutt.

LEAD-WOOD. Synonyme de *Leather-wood*.

LEADWORT. Nom anglais des Dentelaires.

LEÆBA (Forsk., *Fl. æg.-arab.*, 172). Synonyme de *Cocculus*.

LEANDRA (Radd., in *Att. Soc. ital. scienz.*, XVIII, 6). Genre de Mélastomacées. Section du genre *Miconia* R. et Pav. (H. Bn, *Hist. des pl.*, VII, 54).

LEANDRARIA (DC., *Prodr.*, III, 153). Section du genre *Leandra* Radd.

LEANDRIA (A. Gr., ex B. H., *Gen.*, I, 714). Section du genre *Myrtus* T., à loges ovariennes incomplètes.

LEANDRO DO SACRAMENTO. Directeur du Jardin botanique de Rio-de-Janeiro, a récolté de nombreuses plantes brésiliennes et publié en 1820, à Munich : *Nova plantarum genera e Brasilia*.

LEANDROIDES (DC., *Prodr.*, III, 155). Section du genre *Leandra* Radd.

LEANGIUM (Link, *Obs.*, I, 26). Genre de Champignons-Myxomycètes, à péridium stipité ; genre qui n'est plus admis aujourd'hui, et dont les espèces ont été dispersées dans les genres *Leocarpus*, *Chondrioderma*, *Lepidoderma*. [De S.]

LEANTRIA (Forst., in *Comm. Gœtt.* [1789], IX, 45). Synonyme de *Myrtillus*, section des *Leucomyrtus*. (Endl., *Gen.*, 1232.)

LÉARD. En Anjou, le Peuplier noir.

LEAROSA (Reichb., *Nom.*, 69). Synonyme de *Doryphora* Endl.

LEATHER-FLOWER. En Angleterre, le *Clematis Viorna* L.

LEATHER-JACKET. En Australie, l'*Eucalyptus resinifera* Sm.

LEATHER-WOOD. Nom, aux États-Unis, du *Dirca palustris* L.

LEATHESIA (Gray, *Arr. brit. pl.*, I, 301). Genre d'Algues, fort intéressant, de la famille des Mésogloeacées, d'après Kützing ; de celle des Chordariées, d'après J. Agardh et W. Harvey. La fronde est essentiellement variable quant à la grandeur ; elle est globuleuse, hémisphérique, charnue, plissée, creuse au centre, et de couleur olivâtre. Sa partie centrale est, à l'état jeune, remplie de cellules assez grandes. Ces phytocystes se déchirent lorsque l'Algue se développe, et bientôt la plante ne représente plus qu'une espèce de sac, dont la périphérie est formée de filets rayonnants qui semblent partir d'un point central. Ces filets sont dichotomes, claviformes, articulés et moniliformes. Les spores ovales ou piriformes sont cachées dans les filaments périphériques. (Voy. J.-G. Agh, *Spec.*, *gen. et ord. Alg.*, I, 51.) [Ch. M.]

LEATHINA (Lindl., *Veg. Kingd.*, 20). Pour *Leathesia* Gray.

LEAVENWORTHIA (Torr., in *Ann. Lyc. N.-York*, III, 87, t. 5). Genre de Crucifères-Arabidées, voisin des Giroflées, à silique subenflée, contractée entre les semences qui sont ailées. Il n'y a probablement qu'une espèce de ce genre, herbe annuelle de l'Amérique du Nord, à feuilles lyrées et à fleurs jaunes. (H. Bn, *Hist. des pl.*, III, 235.)

LEAWENWORTHIA (Dietr.). Pour *Leavenworthia* Torr.

LEBAKL. Le *Balanites ægyptiaca* Del.

LEBECKIA (Thunb., *Fl. cap.*, 561). Genre de Légumineuses-Papilionacées-Génistées, distingué par un androcée monadelphe, la gaine des filets fendue en dessus, et par un fruit linéaire, bivalve. Ce sont 25 arbustes ou sous-arbrisseaux de l'Afrique australe, spinescents ou inermes, à feuilles 1-3 foliolées, ou subaphylles. Il y en a aussi une espèce douteuse à Madagascar. (*Bot. Mag.*, t. 1699, 2502. — H. Bn, *Hist. des pl.*, II, 340.)

LEBENSHOLZ. Nom allemand du *Guaiacum officinale* L.

LE BERRYAIS (Louis-René). Né à Avranches [1722], mort en 1807, passe pour avoir écrit presque seul le *Traité sur les arbres fruitiers*, de Duhamel. Il a aussi composé un *Traité des jardins* ou le *Nouveau La Quintinie* (4 vol. in-8), et a laissé de nombreuses planches relatives aux Haricots.

LEBETANTHUS (Endl., *Gen.*, 749). Genre d'Épacridées, établi pour un petit arbuste de Patagonie, à feuilles distiques, à fleurs axillaires et solitaires; la corolle subcampanulée; les étamines libres, hypogynes, à anthères 2-loculaires; les placentas allongés, décurvés, avec d'assez grandes bractées lancéolées. Les ovules sont nombreux, et le fruit est capsulaire, loculicide, avec des graines fusiformes, à albumen charnu, à embryon grêle. (Hombr. et Jacquin., *Voy. pôle sud*, *Dicot.*, t. 22 R, 22 *bis*.)

LEBETINA (Cass., in *Dict.*, XXV, 394). Synonyme de *Adenophyllum* Pers. (H. Bn, *Hist. des pl.*, VIII, 253.)

LEBIDIERA (H. Bn, *Et. gén. Euphorbiac.*, 581, t. 27). Section du genre *Amanoa* Aubl. (H. Bn, *Hist. des pl.*, V, 236.)

LEBIDIEROPSIS (M. Arg., in *Linnæa*, XXXII, 79). Genre d'Euphorbiacées, proposé pour le *Clutia collina* Roxb., que nous rapportons au genre *Amanoa* Aubl., et qui se distingue comme section dans ce genre par son calice valvaire et ses graines albuminées, à cotylédons épais, non plissés. (Voy. *Et. gén. Euphorbiac.*, Atl., 50, t. 27, fig. 1-4; *Hist. des pl.*, V, 236.) [H. Bn.]

LEBITINA (Steud.). Pour *Lebetina* Cass.

LEBLOND (J.-Bapt.). Médecin français à Cayenne [1747-1815], a récolté à la Guyane des plantes qui se trouvent dans l'herbier du Muséum, et ont été en partie décrites par Richard. Il a écrit sur l'Indigotier, le Cannellier, la culture du coton, etc.

LEBO. Dans l'océan Pacifique, les feuilles de l'Arbre à pain.

LEBOURINO. Nom provençal du *Serapias Lingua* L.

LEBRETON (F.). Auteur [1787] d'un *Manuel de botanique*.

LEBRETONIA (Schranck, *Pl. rar. H. monac.*, t. 90. — DC., *Prodr.*, I, 446). Synonyme de *Pavonia* Cav. (H. Bn, *Hist. des pl.*, IV, 147). L'espèce type, à belles fleurs rouges, est cultivée dans quelques jardins botaniques.

LEBUCK. En Arabie, le *Cordia Myxa* L.

LECANACTIS (Eschw., *Syst. Lich.*, 14, fig. 7. — Fries, *Lich. europ.*, 375). Genre de Lichens, que beaucoup d'auteurs n'ont pas admis, entre autres Schærer, qui considère les espèces de ce genre comme appartenant aux Graphidés, et qui, pour cette raison, l'a placé parmi les *Opegrapha*. [Ch. M.]

LECANANTHUS (Jack, in *Mal. Misc.*, II, n. VII, 83). Genre de Rubiacées-Génipées, dont les fleurs, disposées en faux capitules, axillaires et pédonculés, de cymes, ou sessiles et penchés, entourés d'un involucre gamophylle, ont un calice campanulé, irrégulier, 2-labié; une corolle à 5 lobes valvaires, infundibuliforme; cinq étamines à filets courts, à anthères introrses, et un ovaire infère, à 2 loges multiovulées, surmonté d'un disque et d'un style à sommet bilobé. Le fruit est, dit-on, membraneux, mucilagineux à l'intérieur, à graines nombreuses, cunéiformes, avec un embryon claviforme, bifide et albuminé. Ce sont des arbustes de l'archipel Indien (2 ou 3 espèces), grimpants et glabres, à feuilles opposées, lancéolées, acuminées, avec stipules connées par paires. (Voy. *Hist. des pl.*, VII, 321, 454, n. 116.) [H. Bn.]

LECANARIA (Achar., *Meth. Lich.*, XXXIII). Section du genre *Parmelia* Achar.

LECANIDION (Endl. — Crouan, *Fl. Finist.*, 45). Type ballotté entre les Lichens et les Champignons, mais qu'il faut considérer comme appartenant au genre *Peziza* Dill. [Ch. M.]

LECANIDION (Rabenh., *Fung. europ. exs.*, I, n. 33). Synonyme de *Tympanis* Tode.

LECANIODISCUS (Pl., in *Hook. Niger Fl.*, 251). Genre de Sapindacées-Sapindées, distingué par des fleurs apétales, 5-mères, 10-andres, et une drupe presque globuleuse. C'est un arbre de l'Afrique tropicale occidentale, à feuilles pennées, à grappes simples ou composées à la base. (H. Bn, *Hist. des pl.*, V, 401.)

LECANIUM (Presl, *Hymenoph.*, 103). Synonyme de *Trichomanes* L. Walpers nomme *Lecanium* une section des *Dorstenia*.

LECANOCARPUS (Nees, *Pl. H. Bonn.*, 4, t. 2). Synonyme de *Acroglochin* Schrad.

LECANOCNIDE (Bl., *Mus. lugd.-bat.*, II, t. 12). Synonyme de *Maoutia* Wedd.

LECANODAPHNE (Bl., *Mus. lugd.-bat.*, II, 11). Section du genre *Cylicodaphne* Nees. Section des *Lepidadenia* Nees. (Miq., *Fl. ind. bat.*, I, 935.)

LECANOPTERIDEÆ (Presl, *Pterid.*, 202). Section des Fougères-Polypodiacées (genres *Lecanopteris*, *Calymmodon*).

LECANOPTERIS (Reinw., in *Flora*, *Beil.* [1825], 48). Synonyme de *Polypodium* T.

LECANORA (Achar., *Lich. univ.*, 77, t. 7, fig. 37). Genre de Lichens, renfermant de nombreuses espèces; de la famille des Lécanorés, de l'ordre des Placodées, d'après M. Nylander. Ce genre avait été placé par Montagne dans la famille des Parméliés, à côté du genre *Placodium*; et Payer en avait fait une division des Parméliacés. Il est caractérisé par un thalle crustacé, de couleur variée, tantôt diffus, tantôt déterminé et marginé, d'une teinte variable, plus ou moins foncée. Les apothécies sont sessiles, scutelliformes, à teinte pâle, jaunâtre, brune ou noirâtre. Les thèques renferment de quatre à huit spores et même plus. Ces spores sont rarement cloisonnées; elles sont ou ovoïdes, ou ovales-allongées. Les spermogonies sont tantôt immergées dans le thalle, avec une ouverture étroite, et tantôt soulevées sous forme de tubercules noirs. Les spermaties sont droites ou recourbées. Les *Lecanora* sont parasites sur les troncs des arbres, sur le sol, ou sur les rochers. Ils sont répandus dans la zone torride et tempérée; quelques rares espèces se trouvent encore dans la zone boréale. Ce genre a été divisé par M. Nylander en six groupes. Il renferme des espèces tinctoriales et des espèces comestibles : le *L. esculenta* a passé pour être la Manne des Hébreux. [Ch. M.]

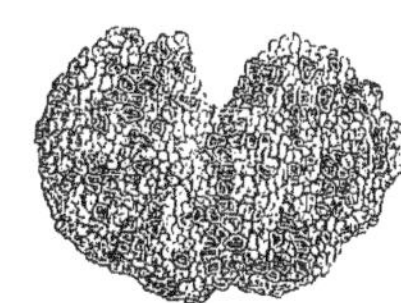

Lecanora Villarsii.

LECANORCHIS (Bl., *Mus. lugd.-bat.*, II, 188; *Orchid. Arch. Ind.*, t. 62, 63, 66). Genre d'Orchidacées-Néottiées, voisin des *Aphyllorchis* et des *Stereosandrum*, mais distingué par l'urcéole qui surmonte l'ovaire et rappelle celui des *Epistephium*. Ce sont 2 herbes terrestres et aphylles, l'une de Java, l'autre du Japon, d'ailleurs assez mal connues jusqu'à ce jour. [H. Bn.]

LECANOREÆ (Körb., *Lich. germ. Spec.*, 4). Famille des *Lichenes heteromerici acramphiblasti*. En 1855, l'auteur (*Syst. Lich. germ.*, 104) en fait une famille des *Kryoblasti*, comprenant comme sous-familles les *Pannarinæ*, *Placodinæ*, *Lecanorinæ* et *Urceolarinæ*. M. Nylander (in *Mém. Soc. Cherb.* [1854], II, 13) en fait une tribu des Placodés, comprenant les *Lecanora*, *Dirina*, *Pyrenopsis*, *Thelotrema* et *Phlyctis*.

LECANORÉS (Nyl., *Syn. Meth. Lich.*, 66). L'une des grandes familles de Lichens, la plus riche en genres, et qui constitue la première section des Lichens-Placodés. Elle se distingue des autres divisions de cette série par des apothécies lécanorines, bien que dans quelques espèces les scutelles aient une forme lécidéine. Les spores sont variables. Les spermogonies sont portées par des stérigmates articulés (arthrostérigmates); mais dans quelques genres, les Pannariés, les Placodés et les Psoromés, les stérigmates sont simples. La tribu des Lecanorés est riche en genres, qui renferment plus de trois cents espèces, distribuées dans toutes les parties du globe. M. Nylander a divisé cette tribu en vingt-trois genres, parmi lesquels il faut citer, comme les plus remarquables, les genres *Psoroma*, *Pannaria*, *Placodium*, *Coccocarpia*, *Amphiloma*, *Squamaria*, *Lecanora*, *Thelotrema*, etc., qui diffèrent entre eux par des caractères bien tranchés, et dont la distribution géographique est toute spéciale. (Voy. Nyl., *Synop. Meth. Lich.*, II, 20.) [Ch. M.]

LECANORINE. On donne ce nom aux apothécies discoïdes et orbiculaires, entourées d'un *rebord thallin*, qui se relève quelquefois pour former une espèce de cupule saillante. On donne assez souvent aussi à cette forme le nom de *Scutelle*. [CH. M.]

LECANORINI (SCHÆR., *Enum. crit. Lich. europ.*, XXXV). Groupe de Lichens, qui forme la cinquième division des Lichens discoïdes, et dans laquelle l'auteur a fait entrer les genres *Lecanora*, *Dirina*, *Urceolaria*. Cette division n'a pas été admise par M. Nylander, qui considère la grande famille des Lécanorés comme la première tribu des Lichens-Placodés. [CH. M.]

LECANOTIS (REICHB.). Pour *Lecanactis* ESCHW.

LECANTHEÆ (WEDD., in *Ann. sc. nat.*, sér. 4, I, 174). Tribu des Urticées (genres *Pilea*, *Lecanthus*, *Elatostema*, *Pellionia*).

LECANTHUS (WEDD., in *Ann. sc. nat.*, sér. 4, I, 187; *Mon. Urtic.*, t. 9). Genre d'Urticacées-Procridées, distingué par un calice femelle à trois divisions inégales, devenant autour du fruit lâche et plus court que le péricarpe. Le stigmate est pénicillé; l'albumen peu abondant. C'est une herbe indienne, souvent décrite comme un *Procris* (ROYL., *Himal.*, t. 83) ou un *Elatostemma*. (H. BN, *Hist. des pl.*, III, 526.)

LECASSENO. Nom agenais du *Cantharellus cibarius* FRIES.

LECCI. En Italie, les Chênes à feuilles persistantes.

LECCINO. En Italie, le *Boletus edulis* L.

LECCIO. Nom italien du *Quercus Ilex* L.

LECEACEI (FRIES, *Summ. veg. Scand.*, II, 458). Division des Champignons-Myxogastres (BONORD., *Handb.*, 211). Ce sont les *Lecei* LÉV. (in *Dict. d'Orb.*, VIII, 489).

LECHÆA (HILL, *Hort. kew.*, 159). Synonyme (?) de *Lechea* L.

LECHE (Joh.). Professeur à Abo [1704-1764], a écrit : *Primitiæ Floræ scanicæ* [1744], in-4 de 54 p.

LECHEA (L., *Gen.*, n. 109). Genre de Cistacées, à très petites fleurs, réduites à 3 pétales, ou apétales, à placentas 2-ovulés, à divisions stigmatifères fimbriées. La capsule est 3-valve, et la

Lechea. — Rameau florifère. Fleur, coupe longitudinale. Fleur, le périanthe enlevé.

graine a un embryon presque droit ou spiralé. Ce sont, au nombre de 4, 5, de petites herbes, parfois suffrutescentes, de l'Amérique du Nord. (H. BN, *Hist. des pl.*, IV, 327, 332, fig. 349-351.)

LECHEA (ENDL.). Pour *Leachia* CASS.

LECHEA (LOUR., *Fl. cochinch.*, I, 60). Syn. (?) de *Commelina*.

LECHEEÆ (REICHB., *Handb.*, 272). Division des Cistées.

LECHENAUTIA (J.). Pour *Lechenaultia* R. BR.

LECHEOIDES (DUN., in *DC. Prodr.*, I, 269). Section du genre *Helianthemum* T.

LECHEOIDES (ENDL.). Pour *Lechidium* SPACH.

LECHEOPSIS (REICHB., *Nom.*, 188). Section du genre *Lechea* L.

LECHE Y MIEL. Nom, en Colombie, d'une Apocynée indéterm.

LECHIDIEÆ (SPACH, in *Ann. sc. nat.*, sér. 2, VI, 371). Tribu des Cistacées (genres *Lechea* et *Lechidium*).

LECHIDIUM (SPACH, in *Ann. sc. nat.*, sér. 2, VI, 372). Synonyme de *Lechea* L. (H. BN, *Hist. des pl.*, IV, 327.)

LECHISTICUM. Nom ancien du *Vitex Agnus castus* L.

LECHLER (Wilibald). Botaniste-voyageur [1814-1856], mourut à Guayaquil. Il avait composé [1844] un *Supplément de la Flore de Wurtemberg*, et il a décrit les *Berberis* de l'Amérique centrale [1857], en y ajoutant une énumération de ses récoltes dans l'Amérique méridionale (*Cat. sc. pap.*, III, 913). Beaucoup de ses plantes ont été décrites avec celles de M. Philippi.

LECHLERA (GRISEB., in *Lechl. Fl. chil. exs.*, n. 2966). Synonyme de *Solenomelus* MIERS.

LECHLERA (MIQ., ex *Pfeiff. Nom.*, II, 48). Genre douteux de Zanthoxylées.

LECHLERA (STEUD., mss. ol.). Synonyme de *Relchela* STEUD.

LECHLERIA (PHIL., ex *Linnæa*, XXXIII, 94). Synonyme de *Huanaca* CAV.

LECHOCENDRÈS. Nom méridional du *Cantharellus cibarius*.

LECHUGA. Nom mexicain vulgaire du *Lactuca sativa* L.

LECIDEA (ACHAR., *Lichen. univ.*, 32, 153, t. II, fig. 1-7). Genre de Lichens, nombreux en espèces, de la division des Lichens homogènes, d'après l'auteur; de la famille des Lécidinés, d'après M. Nylander, série des Placodés. Ce genre est caractérisé par un thalle crustacé, variable ou uniforme, et par un apothécium orbiculaire, marginé, plan, convexe, sessile. Le *Lecidea* diffère du *Lecanora* en ce que la substance marginale de l'apothécium est formée par la partie périphérique de l'hypothécium, tandis que la substance du thalle n'y entre pour rien : ce qui s'observe dans les *Lecanora*. Mais nous devons ajouter que cette partie marginale n'est pas toujours distincte; elle s'efface même assez fréquemment, surtout lorsque les fruits offrent une forme convexe. De nombreuses espèces constituent ce genre. (NYL., *Synop. Meth. Lich.*, pass.) [CH. M.]

Lecidea.

LECIDEÆ (PAYER, *Bot. crypt.*, éd. H. Baillon, 94). L'une des grandes tribus des Lichens, dans laquelle l'auteur a placé les genres *Stereocaulon*, *Cladonia*, *Bæomyces*, *Lecidea*. Ce groupe se rapproche des *Lecidineæ* de Montagne. [CH. M.]

LÉCIDÉINE. Nom donné aux apothécies discoïdes des Lichens qui sont pourvues d'une marge propre, formée *par la partie périphérique de l'hypothécium*, mais dans la composition de laquelle le thalle n'entre pas. Ces apothécies sont typiquement orbiculaires; on les a encore désignées sous le nom de *Patelle*. [CH. M.]

LECIDEINEI (NYL., *Synop. Meth. Lich.*, 66). Deuxième tribu de Lichens, appartenant à la grande série des Placodés, ou Lichens à thalle crustacé, rarement pelté. Les apothécies des espèces qui constituent cette division sont lécidéines. Elle compte, d'après l'auteur, six familles : les *Ænoyonium*, *Byssocaulon*, *Lecidea*, *Gyrothenium*, *Odontotrema* et *Gomphyllus*. [CH. M.]

LECIDELLA (KŒRB., *Syst. Lich. gen.*, 242). Genre de Lichens, qu'il faut considérer comme synonyme de *Lecidea* ACHAR.

LECIDINEÆ (MONT., *Syll. gen. spec. plant. crypt.*, 336). Famille de Lichens, placée par l'auteur dans l'ordre des Gymnocarpés, et dans laquelle il a fait figurer, entre autres genres, les *Cladonia*, *Biatora*, *Heterothecium*, etc. [CH. M.]

LECIDINES (SCHÆR., *Enum. crit. Lich. europ.*, 93). Classe de Lichens, de la grande famille des Discoïdes, à thalle crustacé ou foliacé, avec un excipulum propre, constamment orbiculaire, ouvert dès le jeune âge et souvent oblitéré dans l'âge adulte par le développement centrifuge de la lame proligère. Le thalamium est solide, plan ou tumescent. L'auteur avait divisé cette classe de Lichens en deux sections : les *Gyalecta* et les *Lecidea*. Cette division n'a pas été admise par les lichénographes plus modernes. Montagne avait fait figurer dans les Lécidinés les genres *Stereocaulon*, *Sphyridium*, *Cladonia*, *Bæomyces*, *Biatora*, *Lecidea*, et les deux genres *Pycnothelia* et *Megalospora*, qu'il rejeta lui-même plus tard. La classification méthodique de M. Nylander a fait disparaître toutes les divisions qui l'avaient précédée. [CH. M.]

LECIOGRAPHA (TH. FR., *Lich. Arct.*, p. 234). Genre de Lichens qui se rapprochent du genre *Buellia*, et dont une espèce, le *L. convexa* TH. FR., a été trouvée parasite sur le thalle du *Calophaca elegans*. [CH. M.]

LECISCIUM (GÆRTN. F., ex *Steud. Nom.*, II, 20). Genre dont la place est incertaine.

LECITHITES (J. AGH, *Spec.*, 636). Genre d'Algues; synonyme de *Mychodea*, de la famille des Hypnéacées. (Voy. J.-G. AGH, *Spec., gen. et ord. Alg.*, III, 572.) [CH. M.]

LECITHUS. Nom ancien du Pois.

LECOCARPUS (DCNE, *Voy. Vénus, Bot.*, 20, t. 14). Section (?) du genre *Melampodium* L. (H. BN, *Hist. des pl.*, VIII, 231.)

LÉCOCENDRES. En languedocien, le *Cantharellus cibarius* FR.

LECOCKIA (MEISSN. — ENDL.). Pour *Lecokia* DC.

LECOKIA (DC., *Mém. Ombell.*, 67, t. 2; *Prodr.*, IV, 240). Synonyme de *Cachrys* T. et section de ce genre. (H. BN, *Hist. des pl.*, VII, 216.)

LECONTEA (A. RICH., *Rubiac.*, 115, t. 10, fig. 1). Synonyme de *Siphomeris* BOJ. (*Pæderia*).

LECONTIA (TORR., *Comp.*, 358). Synonyme de *Peltandra* RAFIN.

LECOQ (Henri). Né en 1882 à Avesnes, fit fortune dans l'industrie à Clermont-Ferrand et y devint directeur du Jardin de la ville. Il y fonda un Musée qui porte aujourd'hui son nom. Il y publia d'abord des *Recherches sur la reproduction des végétaux* [1827], un *Précis de botanique* [1828]. Avec Juillet, il donna un *Dictionnaire des termes de botanique* [1831], puis un *Traité des plantes fourragères* [1844], et un livre sur la *Fécondation naturelle et artificielle*. Ses *Études sur la géographie botanique de l'Europe*, etc. (9 vol.) sont d'une grande clarté, très utiles à consulter et bien préférables à certaines compilations indigestes et obscures sur le même sujet, dont la lecture est à peu près impraticable. On lui doit aussi une *Botanique populaire* [1862], *La vie des fleurs* [1861]. Il avait étudié la flore du Plateau central avec Lamotte, et composé avec lui un *Catalogue raisonné des plantes*, etc., de ce plateau.

LECOSA. Nom espagnol des Papayers.

LECOSTEMON (MOÇ. et SESS., ex *DC. Prodr.*, II, 639). Genre de Rosacées-Chrysobalanées, à fleurs polygames; les 5 étamines pourvues d'un filet grêle, et le gynécée formé d'un carpelle, avec style excentrique. Il y a deux ovules ascendants ou presque horizontaux et parallèles; c'est là ce qui démontre l'inanité de l'opinion de Decaisne, plaçant cette plante parmi les Nyctaginées: il n'y a pas de Nyctaginées biovulées. Le fruit est une drupe dans les *Lecostemon*, qui sont des arbustes de l'Amérique tropicale. (H. BN, *Hist. des pl.*, I, 429, 480, fig. 491.)

LECOTHECIEÆ (KŒRB., *Syst. Lich. germ.* [1855], 397). Famille des Lichens gélatineux (genres *Collolechia*, *Lecothecium* (?), *Micaræa*).

LECOTHECIUM (KŒRB., *Syst. Lich. germ.* [1855]). Genre de Lichens-Ascosporés, de la famille des Gymnocarpés, à thalle homœomère et gélatineux. Nous pensons que les espèces qui constituent ce genre seraient mieux placées parmi les *Collema* et les *Leptogium*. [CH. M.]

LE COURT (Benoît), dont le nom latinisé est *Curtius*, a écrit [1560] *Hortorum libri triginta*, à Lyon (in-fol. de 683 p.).

LECRISTICHUM. Nom ancien du Gattilier.

LECYTHEA (LÉV., in *Ann. sc. nat.*, sér. 2, VIII, 373). Genre d'Urédinés. — Voy. EPITEA FR.

LÉCYTHÉES (*Lecytheæ* H. BN, *Hist. des pl.*, VI, 334). Sous-série, comprenant les Barringtoniées à androcée irrégulier.

LÉCYTHIDACÉES (*Lecythidaceæ* LINDL., *Veg. Kingd.*, 739, Ord. 283), LECYTHIDEÆ (RICH.). Synonyme de Lécythées.

LECYTHIS (LŒFL., *It.*, 189). Genre de Myrtacées, série des Barringtoniées, qui a donné son nom à la sous-série des Lécythidées. Les fleurs 3-6-mères sont très analogues à celles des *Couratari* et des *Couroupita*. Elles diffèrent de ces dernières par leur ligule couverte de staminodes papilliformes et non d'étamines fertiles. L'ovaire, infère ou en partie supère, est à 2-6 loges. Le fruit, entouré du calice persistant, est globuleux ou cupuliforme, quelquefois subcylindrique, coriace ou ligneux, déhiscent par un opercule conique, convexe ou concave à sa face inférieure. Les graines, peu nombreuses et accompagnées d'un funicule arilliforme et charnu, sont étroites, allongées, glabres, très rugueuses ou réticulées. Elles ont un embryon indivis et dépourvu d'albumen. Ce sont des arbres, quelquefois élevés, à feuilles alternes, entières ou serrées, et à fleurs disposées comme celles des *Couroupita*. On en connaît une cinquantaine d'espèces, de l'Amérique tropicale, continentale et insulaire, et de l'Afrique.

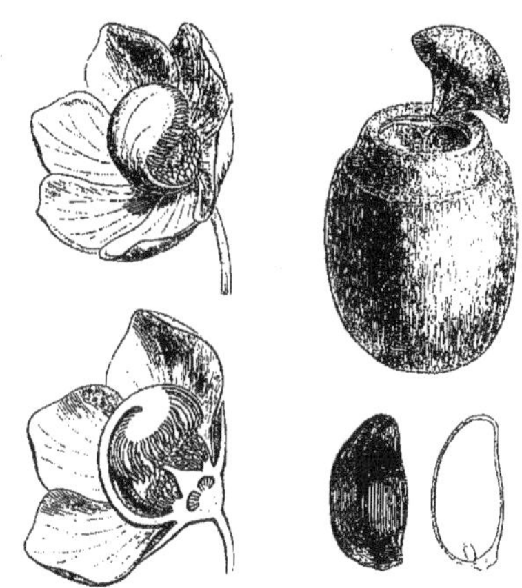

Lecythis. — Fleur, entière et coupe longitudinale. Fruit déhiscent. Graine, entière et coupe longitudinale.

Mais elles ont peut-être été introduites dans ce dernier pays. La plupart ont des graines alimentaires et oléagineuses; telles sont celles des *L. Ollaria* L., *lanceolata* POIR., *parvifolia* BERG et *grandifolia* BERG. D'autres (*L. amara*, *Idatimon* et *parviflora* AUBL.) les ont amères; elles sont mangées par les singes. Le liber de plusieurs d'entre elles est textile et propre à fabriquer du papier, des liens pour différents objets et surtout pour les cigares. Tel est le cas du *L. Ollaria* L., dont le fruit s'appelle vulgairement *Quatelé* ou *Marmite de Singe*. (Voy. H. BN, *Hist. des pl.*, VI, 327, 346, 376, fig. 322-325.) [T.]

LECYTHOPSIS (SCHRANCK, in *Densk. Ak. Münch.*, VII, 241). Synonyme de *Couratari* AUBL. (H. BN, *Hist. des pl.*, VI, 375.)

LEDA (BORY, *Arthrod.*, in *Dict. class.*, 591, fig. 8). Genre d'Algues-Chlorospermées et Conjuguées, formé d'espèces qui ont été reportées les unes dans le genre *Zygogonium*, et quelques autres dans le genre *Staurospermum*. (Voy. FR., *Pl. homon.*, 239. — RABENH., *Fl. eur. Alg.*, III.) [CH. M.]

LEDADENDRON (NUTT., in *Amer. Phil. Trans.*, n. ser., VIII [1843], 270). Section du genre *Ledum* (*L. glandulosum*).

LEDE. Nom des *Cistus* à ladanum.

LEDEÆ (REICHB., *Handb.*, 207. — DC., *Prodr.*, VII, 729). Division des Éricacées-Rhodorées.

LEDEBOUR (Karl.-Fried. v.). Botaniste russe [1785-1851], fut longtemps [1811-1836] professeur à Dorpat et a publié : *Enumeratio plantarum horti botanici Gryphici* [1806-10], *Observationes in Floram rossicam* [1814], *Monographia generis Paridum* [1827], *Flora altaica* [1829-34], 4 vol. in-8; des *Icones plantarum novarum* [1829-34], un *Commentarius in Gmelini Floram sibiricam* [1841], et un *Flora rossica* [1842-53], 4 vol. in-8. Il avait eu pour collaborateurs de son *Flora altaica* K.-A. Meyer et M. de Bunge. Il écrivit avec Adlerstam [1805] une Décade de plantes de Saint-Domingue. (*Cat. sc. pap.*, III, 921.)

LEDEBOURIA (ROTH, *Nov. pl. Spec.*, 104). Sect. du g. *Scilla* T.

LEDEBURIA (LINK, *Enum. Hort. berol.*, I, 286). Synonyme de *Tragium* SPRENG.

LEDELL (Joh.-Sam.). Auteur [1733] de *Succincta Mannæ excorticatio*, etc. (in-8 de 74 p.).

LEDENBERGIA (KL., ex MOQ., in *DC. Prodr.*, XIII, p. II, 14). Genre de Phytolaccacées-Rivinées, formé d'une seule plante volubile de l'Amérique centrale, caractérisée par un calice tétramère et des étamines nombreuses; le périanthe s'étalant autour du fruit en une large induvie desséchée. (H. BN, *Hist. des pl.*, IV, 34, 53.)

LEDERMÜLLER (Mart.-Frob.). Magistrat à Bayreuth [1719-1769], a écrit : *Mikroskopische Gemüths- u. Augenergötzungen... u. illuminirten Kupertafeln*, etc. [1759-62], *Physik.-mikr. Zergliederung des Korns oder Rokens*, etc. [1764], etc.

LEDGERIA (F. MUELL., *Fragm. phyt. Austral.*, I, 238). Synonyme de *Galeola* LOUR.

LEDINÆ (LINK, *Enum.* [1821], I, 391). Synonyme de *Rhododendra* J.

LEDMYE. Nom scandinave du *Veronica Beccabunga* L.

LEDOCARPÉES (*Ledocarpeæ* MEYEN, *Reis.*, I, 308). Division des Géraniacées.

LEDOCARPON (DESF., in *Mém. Mus.*, IV, 250). Synonyme de *Balbisia* CAV.

LEDOCARPUM (DC. — ENDL. — LINDL.). Pour *Ledocarpon* DESF.

LEDON (REICHB., *Fl. exc.*, 716). Section du genre *Cistus* L. Synonyme de *Ledonia* SPACH.

LEDON (TAUSCH, *Hort. Canal.*, f. I). Section du genre *Cistus* L. (*C. roseus*).

LÉDON. Nom français des *Ledum*.

LEDON LATIFOLIUM (CLUS.). Le *Cistus populifolius* L.

LEDONELLA (SPACH, in *Ann. sc. nat.*, sér. 2, VI, 368). Section du genre *Cistus* L. (*C. cymosus* DUM.).

LEDONIA (DUMORT., in *DC. Prodr.*, I, 265). Section du genre *Cistus* L.

LEDONIA (SPACH, in *Ann. sc. nat.*, sér. 2, VI, 369). Genre de Cistacées, dont le type est le *Cistus salvifolius* L.

LEDOTHAMNUS (MEISSN., in *Mart. Fl. bras.*, VII, 172). Genre d'Éricacées-Rhodorées, établi pour un arbuste éricoïde de la Guyane, à feuilles imbriquées, à fleurs caractérisées par 5, 6 pétales libres, érosés, des anthères déhiscentes par des fentes longitudinales, et une capsule ovoïde-conique. Les fleurs sont axillaires et d'ordinaire solitaires. [H. BN.]

LEDRO. Nom ancien du Lierre.

LEDRU (André-Pierre). Voyageur français [1761-1825], fut attaché à l'expédition de Baudin comme naturaliste. Ses plantes sont en partie au Muséum de Paris. C'est à lui que fut dédié par de Candolle le genre *Drusa*.

LEDUM (L., *Gen.*, 546). Genre d'Éricacées, souvent rapporté aux Rhodorées, mais distingué surtout par l'indépendance de ses pétales. Les fleurs sont 5-mères, et l'androcée iso- ou diplostémoné. L'ovaire libre a 5 loges pluriovulées, et le fruit est septicide. Ce sont 4, 5 arbustes de l'hémisphère boréal des deux mondes, à feuilles alternes, à inflorescences terminales, ombelliformes. Le *L. latifolium* LAMK sert à préparer des infusions digestives, les *thés de James* ou *du Labrador*. Le *L. palustre* L., odorant, aromatique, passe pour donner au cuir de Russie son odeur; il entre dans la fabrication de certaines bières et sert à détruire la vermine. (H. BN, in *Adansonia*, I, 200.)

LEDUM (MICHEL., *Nov. pl. gen.*, 224, t. 106). Synonyme de *Rhododendron* T.

LEDUM (REICHB., *Handb.*, I, L). Pour *Sedum*.

LEDUM ALPINUM (CLUS.). Nom ancien du Rosage des Alpes.

LEE (Jam.). Auteur [1760] de *An introduction to Botany* (in-8 de 320 p.), qui eut 6 éditions. (*Cat. sc. pap.*, III, 925.)

LEEA (L., *Mantiss.*, 124). Genre généralement rapporté aux Ampélidées et dont les fleurs sont à peu près construites comme celles des Vignes; les 5 pétales valvaires, révolutés, plus ou moins unis à l'androcée monadelphe. Les 5 étamines sont superposées aux pétales, et l'ovaire supère est 3-6-loculaire, avec un ovule ascendant dans chaque loge. Le fruit est charnu, et les graines albuminées. On distingue une vingtaine de *Leea*, arbres ou arbustes, à feuilles alternes, pennées ou décomposées, à fleurs disposées en grappes de cymes. Ces plantes habitent l'Asie, l'Océanie et l'Afrique; on en cultive quelques-unes dans nos serres. (WIGHT, *Icon.*, t. 78, 1154; *Ill.*, t. 58.) [H. BN.]

Leea. — Fleur, entière et coupe longitudinale.

LEEACEÆ (DC., *Prodr.*, I, 635). Tribu des Ampélidées.

LEEÆ (LINDL., *Veg. Kingd.*, 440). Tribu des Vitacées.

LEEBOO. Nom hindoustani du Citronnier.

LEEDLING. En Saxe, l'*Agaricus edulis* BULL.

LEEK. Nom anglais des Poireaux.

LEEMOO. Nom hindoustani du Citronnier.

LEERS (Joh.-Dav.). Apothicaire d'Herborn [1727-1774], auteur d'un *Flora herbornensis* (in-8 de 288 p.), qui eut 2 éditions.

LEERSIA. Genre de Mousses, établi par Hedwig, dans ses premiers travaux sur ces plantes. Abandonné plus tard par son auteur, ce genre n'a pas été conservé, et les espèces qu'il contenait ont été réparties entre divers genres, tels que *Encalypta*, *Blindia*, *Pottia*, *Grimmia*, etc. (voy. ces mots). (HEDW., *Musc. frond.* — BRIDEL, *Musc. Rec.*, I. — C. MUELL., *Syn. Musc. frond.* — SCHIMP., *Syn. Musc. eur.*) [M.]

LEERSIA (SW., *Nov. gen. et spec.*, 21). Genre de Graminées-Oryzées, formé de 5 espèces de l'Amérique (les *L. oryzoides* et *hexandra* se trouvent aussi en Europe et en Asie), distingué du Riz par des épillets comprimés, à fleurs hermaphrodites, avec 2 glumes carénées, compliquées et de 2 à 6 étamines. (K., *Rev. Gram.*, t. 1, 2, 201.) [H. BN.]

LEEUWENHOCKIA (STEUD.), LEUWENHOCKIA, LEEUWENHOOKIA (REICHB.-SPRENG.). Pour *Levenhookia* R. BR.

LEEUWENHOECKIA (E. MEY., ex ENDL., *Gen.*, 1002). Synonyme de *Xeropetalum* DEL.

LEEUWENHOEK (Anton v.). Ce grand homme naquit et mourut à Delft [1632-1723]. Ses *Arcana naturæ* sont de 1695. Ses *Opera omnia* (4 vol. in-4) ont été publiés à Leyde [1715-22].

LEEUVENHOEKIA (DC., *Prodr.*, VII, 338). Pour *Levenhookia*.

LEFACH. Le fruit de l'*Achanaca* (LÉMERY).

LEFÉBURE (E.-A.). A publié à Strasbourg [1801] des *Expériences sur la germination*. — Louis-F.-H. LEFÉBURE [1754-1839] a écrit : *Méthode signalementaire pour servir à l'étude du nom des plantes*, etc. [1814-15]; *Concordance des trois systèmes de Tournefort, Linnæus et Jussieu par le système foliaire* [1816], et une *Flore de Paris* [1835].

LEFEBUREA (ENDL.), LEFEBURIA (LINDL.). Pour *Lefebvria*.

LEFEBURIA (B. H., *Gen.*, I, 921). Pour *Lefebvria* A. RICH.

LEFEBVRIA (A. RICH., in *Ann. sc. nat.*, sér. 2, XIV, 260, t. 5; *Fl. abyss.*, I, 328, t. 55). Genre d'Ombellifères, dont nous n'avons fait (*Hist. des pl.*, VII, 206) qu'une section du genre *Malabaila*, à sinus apical du fruit profond, à bandelettes solitaires, dont quatre dorsales. Ce sont des espèces de l'Afrique tropicale. [H. BN.]

LEFLINGE. Nom français (LAMK) des *Lœflingia* L.

LEGAMANE. En Italie, le *Luzula campestris* DESVX.

LÉGAPOU. Variété de Pastèque, de la Cafrerie.

LEGENDREA (WEBB, *Phyt. canar.*, III, 26, t. 137). Genre de Convolvulacées-Convolvulées, établi pour un arbuste volubile des Canaries (?), à feuilles alternes et cordées, et dont les fleurs, voisines de celles des *Ipomœa*, sont distinguées par un ovaire à 2 loges 2-ovulées, tandis que le fruit est sec, membraneux et indéhiscent, accompagné du calice subscarieux et étalé. [H. BN.]

LEGITIMUS. Proprement dit. *Mimosæ legitimæ* signifie, par exemple, les *Mimosa* vrais.

LEGNAN. Nom (?) du *Convolvulus scoparius* L. F.

LEGNEPHORA (MIERS, in *Ann. Nat. Hist.*, ser. 3, XIV, 88). Synonyme de *Pericampylus* MIERS.

LÉGNOTIDÉES (*Legnotideæ* BARTL., *Ord. nat.*). Synonyme de Macarisiées. (Voy. BENTH., in *Journ. Linn. Soc.*, III, 65.)

LEGNOTIS (SW., *Prodr.*, 5, 84; *Fl. ind. occ.*, II, 968, t. 17). Synonyme de *Cassipourea* AUBL.

LEGOUIXIA (M. ARG., in *V. Heurck Pl. nov.*, 145). Synonyme de *Epigynum* WIGHT.

LEGOUZIA (DURAND, *Fl. Bourg.*, II, 26). Synonyme de *Specularia* HEIST.

LÉGUME. Synonyme de Gousse. C'est aussi le nom de la plupart des plantes potagères.

LEGUMEN. — Voy. GOUSSE.

LEGUMINARIA (BUR., *Mon. Bignon.*, 42). Synonyme de *Memora* MIERS.

LÉGUMINEUSES (*Leguminosæ* J., *Gen.*, 345). Famille de plantes dicotylédonées, contenant un très grand nombre de genres dont les caractères communs, peu nombreux, sont les suivants : Fruit presque constamment représenté par une gousse ; gynécée presque toujours formé d'un seul carpelle excentrique, libre ; ovaire uniloculaire, à placenta pariétal, ordinairement pluriovulé ; graine dépourvue de périsperme. Les Légumineuses sont tantôt des herbes, tantôt des arbrisseaux ou même des arbres, à feuilles alternes, très souvent composées, stipulées. Les autres caractères de cette famille sont variables. Le grand nombre des genres qui la composent ont été partagés en plusieurs sous-familles. M. H. Baillon (*Hist. des plant.*, II, 21) en admet trois : Mimosées, Cæsalpiniées, Papilionacées (voy. ces mots). Les plantes utiles de cette famille sont extrêmement nombreuses. Le nom de la famille vient de *Legumen* qui signifie gousse ; mais il ne faudrait pas croire que, suivant la définition classique de ce mot, les Légumineuses soient toujours caractérisées par un fruit sec, polysperme et déhiscent en deux valves par deux fentes. Il y a des genres à fruits indéhiscents et monospermes ; le péricarpe peut être entièrement charnu, pulpeux, et il y a des genres parmi les Dalbergiées où le fruit est une véritable drupe, comparable à celle des Prunées, de la famille d'ailleurs si voisine des Rosacées. [L.]

LEGUMINOSÆ. — Voy. LÉGUMINEUSES.

LEGUMINOSITES (BOWERB., *Foss. fruits* [1840], I, 125). Genre de Légumineuses-Papilionacées fossiles. (UNG., *Syn. pl. foss.*, 245; *Chlor. protog.*, LXXXVI.)

LEHA. L'*Arbor albuminosa* de Rumphius, le *Decadia* LOUR.

LEHMANN (Joh.-Fried.). Auteur [1809] de *Primæ Lineæ Floræ herbipolensis* [1809]. — Joh.-G.-Chr. LEHMANN [1792-1860] fut directeur du jardin de Hambourg et professeur au Johanneum. On lui doit : une *Monographie des Primula* [1817], un travail sur les Aspérifoliées [1817], un autre sur les Aspérifoliées nucifères [1818], sur les *Nicotiana* [1818], les Potentilles [1820], des *Icones novæ* [1828-1837], 10 vol. in-4; un mémoire sur les Cycadées [1834], divers travaux complémentaires sur les Potentilles, et les *Plantæ Preissianæ* [1844-48].

LEHMANNA (CASSEB. et THEOB., *Fl. Wetter.*, ed. 2 [1847], 32). Genre proposé pour le *Gentiana ciliata* L.

LEHMANNIA (JACQ., ex STEUD., *Nom.*, 21). Synonyme de *Ocymum polycladium*.

LEHMANNIA (JACQ. F., *Ecl.*, t. 108). Syn. de *Moschosma* REICHB.

LEHMANNIA (SPRENG., *Anleit.* (ed. 2), II, 458). Genre proposé pour le *Nicotiana tomentosa* R. et PAV.

LEHMANNIA (TRATTIN., ex STEUD., *Nom.*, 21). Synonyme de *Potentilla lignosa*. (H. BN, *Hist. des pl.*, I, 368.)

LEHR (Fried.-Aug.). Médecin de Wiesbaden [1771-1831], auteur de *De carbone vegetabili*. — G.-Phil. LEHR, de Francfort-sur-le-Mein, a écrit [1779] *De Olea europæa* (in-4 de 70 p.).

LEIACHÆNA (DC., *Prodr.*, VI, 257). Sect. du g. *Disparago* G.

LEIACHÆNIUM (DC., *Prodr.*, V, 346). Sect. du g. *Aplopappus*.

LEIACHENA (ENDL.), **LEIACHENIUM** (ENDL. — REICHB.). Pour *Leiachæna*, *Leiachænium* DC.

LEIACHNÆA (STEUD.). Pour *Leiachæna* DC.

LEIANTHERA (GRISEB., in *Linnæa* [1839], XIII, 191). Section du genre *Banisteria* L.

LEIANTHOSTEMON (MIQ., *Stirp. surin.*, 147). Synonyme de *Voyria* AUBL.

LEIANTHUS (GRISEB., *Gen. et spec. Gent.*, 196). Genre de Gentianacées-Chironiées, à fleurs 5-mères, caractérisées par une corolle longuement tubuleuse-infundibuliforme ; des étamines exsertes ou subincluses ; une capsule septicide, à bords des valves fortement involutés. Ce sont, au nombre d'une dizaine, des herbes assez élevées ou des arbustes, à fleurs disposées en cymes lâches, composées, d'ordinaire ombelliformes ou corymbiformes. Elles habitent les deux Amériques. (HOOK., *Icon.*, t. 687. — *Bot. Mag.*, t. 4043, 4169, 4243.) [H. BN.]

LEIAPARINE (DC., *Prodr.*, IV, 607). Section du genre *Galium*.

LEIBLEINIA (ENDL., *Gen.*, n. 57). Genre d'Algues-Chlorospermées, de la famille des Lyngbiées ; synonyme de *Lyngbia*. Payer considérait ce genre comme synonyme de *Microcoleus*. (Voy. RABENH., *Fl. eur. Alg.*, II, 142.) [CH. M.]

LEIBLENIA (MONT. — LEPRIEUR, *Gui. cent. Coll.*, 54). Algues recueillies près de Cayenne par Leprieur dans son voyage à la Guyane [1835]. Synonyme de *Lyngbia*. [CH. M.]

LEIBNITZ (Gottfr.-Wilh. v.). A écrit [1768] un *Epistola ad A. C. Gackenholtzium de Methodo botanica*, en onze parties.

LEIBNITZIA (CASS., in *Dict. sc. nat.*, XXV, 420). Synonyme de *Anandria* SIEG.

LEIBOLDIA (SCHLCHTL., ex *Walp. Ann.*, I, 388). Synonyme de *Vernonia* L.

LEICESTERIA (WITTST., *Et. Hdw.*). Pour *Leycesteria* WALL.

LEICHHARDTIA (R. BR., in *App. Sturt Voy.*, 18). Synonyme de *Marsdenia* R. BR.

LEICHHARDTIA (STEPH., *Cat. pl. cult. Sydn.* [1851], ex F. MUELL.). Synonyme de *Octoclinis* F. MUELL.

LEICHHARDTIA (F. MUELL., *Fragm.*, X, 67). Genre de Ménispermacées australiennes dont l'auteur ne connaissait que la fleur mâle, à 6 sépales, 3 pétales charnus, réniformes, et 3 étamines, connées entièrement en une colonne courte ; les 3 anthères réunies en tête et oppositipétales. C'est un arbuste glabre et grimpant. [H. BN.]

LEIDESIA (M. ARG., in *DC. Prodr.*, XV, p. II, 792). Genre d'Euphorbiacées, voisin des Mercuriales et qui doit peut-être leur être uni ; fondé sur 2 petites herbes de l'Afrique australe, distingué par des fleurs à 5-7 étamines, dont les anthères sont globuleuses, et dont le fruit est à 1, 2 coques. Leurs petites feuilles sont alternes. (BENTH., in *Hook. Icon.*, t. 1284.) [H. BN.]

LEIGHIA (CASS., in *Dict.*, XXV, 435). Syn. de *Viguiera* H. B. K.

LEIGHIA (SCOP., *Introd.*, 128). Synonyme de *Ethulia* CASS.

LEIGHTONIEÆ (TREVIS., in *Flora* [1855], I, 180). Famille des Parméliacées-Angiocarpées. Ce nom serait tiré de celui d'un genre *Leightonia*, cité par Pfeiffer, sans indication d'auteur.

LEIMANTHEMUM (RITG.). Pour *Leimanthium* W.

LEIMANTHIUM (W., in *Ges. Naturf. Fr. Berl. Mag.*, II, 24). Synonyme de *Melanthium* GRENOV.

LEIMONASTES (REICHB., *Fl. sax.*, 45). Section du genre *Vignea*.

LEIN. Nom allemand du Lin.

LEINCKER (Joh.-Sig.). Auteur [1746] de *Horti medici Helmstadiensis... e plantis rarioribus*, etc. (in-4 de 23 p.).

LEINCKERIA (NECK.). Pour *Leinkeria* SCOP.

LEINDOTTES. Nom allemand de la Caméline.

LEINKERIA (SCOP., *Introd.*, 345). Synonyme de *Roupala* AUBL.

LEIOBULBOS (C. KOCH, in *Linnæa*, XXII, 225). Section du genre *Tulipa*, dont le type est le *T. Biebersteiniana* RŒM.

LEIOCALYX (PL., ex BENTH., *Nig. Fl.*, 350). Section du genre *Heterotis* BENTH. (*H. segregata*).

LEIOCARPÆA (C.-A. MEY., in *Ledeb. Fl. alt.*, III, 246). Sous-genre du genre *Bunias* R. BR. (*B. cochlearioides* MURR.).

LEIOCARPÆA (DC., *Prodr.*, III, 484). Pour *Leiocarpum* DC.

LEIOCARPÆA (BENTH., in *DC. Prodr.*, X, 251). Section du genre *Angelonia* H. B.

LEIOCARPI (EHRENB., *Sylv. myc. berol.*, 14). Groupe de Champignons.

LEIOCARPUM (DC., *Prodr.*, VII, p. I, 38). Section du genre *Perdicium* LAG.

LEIOCARPUS (BL., *Bijdr.*, 581). Synonyme de *Aporosa* BL.

LEIOCARPUS (DC., *Prodr.*, III, 16). Section du genre *Conocarpus* GÆRTN.; synonyme de *Anogeissus* WALL.

LEIOCARYA (HOCHST., in *Flora* [1844], 30). Synonyme de *Trichodesma* R. BR.

LEIOCARYON (G. DON, *Gen. Syst.*, IV, 321). Section du genre *Lithospermum* L.; synonyme de *Margarospermum* REICHB.

LEIOCARYUM (A. DC., *Prodr.*, X, 172). Pour *Leiocarya* HOCHST.

LEIOCHILUS (HOOK. F., *Gen.*, II, 116, n. 241). Genre de Rubiacées-Ixorées, représenté jusqu'ici par une seule espèce de Madagascar (*L. resinosus*), qui est un arbre glabre, à feuilles opposées, à stipules intrapétiolaires, connées en gaines, et à extrémités garnies d'un suc résineux qui a valu à la plante son nom. Ses fleurs, à 5, 6-parties, assez analogues à celles des Caféiers, ont une corolle tordue, des étamines à anthères subsessiles et un ovaire infère à deux loges uniovulées. L'ovule est appliqué contre la cloison et tourne son micropyle en bas. Le fruit, mal connu, est oblong, coriace, 1, 2-sperme. Les fleurs sont axillaires et disposées en petites cymes pauciflores. (Voy. *Hist. des pl.*, VII, 405.) [H. BN.]

LEIOCHILUS (KNOWL. et WEST., *Fl. Cab.*, II, 143). Genre d'Orchidacées-Vandées, voisin des *Brassia* et établi pour 4, 5 plantes épiphytes de l'Amérique tropicale, distinguées par un labelle étalé dès sa base; un gynostème court et nu ou pourvu en haut de 2 auricules. L'anthère se prolonge longuement à son sommet. Les fleurs sont petites et disposées en grappes simples ou composées. (*Bot. Reg.* [1842], *Misc.*, 22. — *Bot. Mag.*, t. 3845.) [H. BN.]

LEIOCHRYSUM (DC., *Prodr.*, VI, 216). Section du genre *Helipterum* DC.

LEIOCLUSIA (H. BN, in *Bull. Soc. Linn. Par.*, 244). Genre de Clusiacées, fondé sur une plante de Madagascar (*L. Boiviniana*), à fleurs dioïques, disposées en cymes composées; 5-mères, avec le calice imbriqué et 2 loges ovariennes incomplètes, renfermant chacune 2 ovules collatéraux et peltés. Le fruit est une baie, et les feuilles sont opposées. [H. BN.]

LEIOCYATHUS (TUL.). — Voy. OLLA.

LEIODENDRA (DUN., *Solan. Syn.*, 20). Section du genre *Solanum* T. (RŒM. et SCH., *Syst.*, IV, 602.)

LEIODERMA (PERS., *Myc. eur.*, I, 109). Section du genre *Peziza* DILL.

LEIOGALIUM (DC., *Prodr.*, IV, 593). Section du genre *Galium* (*Linogalium* FRIES. — *Heleogalium* FRIES).

LEIOGONIA (DC., *Prodr.*, V, 127). Section du genre *Kuhnia*.

LEIOGRAMMATE (ESCHW.-MOTG., *Cuba Crypt.*, 175). Genre de Lichens-Gymnocarpés, placé par l'auteur dans les Graphidés, et qu'il considère comme synonyme de *Graphis*. [CH. M.]

LEIOGRAMME. Orthographe employée par Montagne (*Sylloge Crypt.*, 486) pour désigner le Lichen précédent.

LEIOGYNE (D. DON, in *Trans. Linn. Soc.*, XIII, 344; *Prodr. Fl. nepal.*, 209). Section du genre *Saxifraga* T.

LEIOLABIA (REICHB.). Pour *Leiolobia* REICHB.

LEIOLEA (SPACH, *Suit. à Buff.*, VIII, 266). Section du genre *Olea* (*O. americana* L.).

LEIOLOBIA (REICHB., *Handb.*, II, 1144). Section du genre *Camelina* L. (*C. austriaca* PERS.).

LEIOLOBIUM (DC., *Prodr.*, II, 343). Section du genre *Hedysarum* T.

LEIOLOBIUM (REICHB., *Consp.*, 184). Synonyme de *Pseudolinum* DC. (*Camelina*).

LEIOPHALLUS (FR., *Syst. myc.*, II, 284). Sous-genre des *Phallus*, établi pour le *Satyrus rubicundus* de Bosc, mais auquel son auteur lui-même a renoncé. (*Summ. veg. Scand.*, 434, n. 3.)

LEIOPHALLUS (K., *Enum.*, III, 33). Section du genre *Amorphophallus* (*A. zeylanicus*, *variabilis*, etc.).

LEIOPHAMIOS (CHAM. et SCHLCHTL, in *Linnæa*, VI, 387). Synonyme de *Voyria* AUBL.

LEIOPHYLICA (DC., *Prodr.*, II, 37). Section du genre *Phylica*.

LEIOPHYLLON (MIQ., *Syst. Piper.*, II, 486). Section du genre *Artanthe*. (ENDL., *Gen.*, Suppl., IV, 17.)

LEIOPHYLLUM (PERS., *Syn.*, I, 477). Genre d'Éricacées, voisin des *Ledum*, distingué par 5, 6 pétales libres; 10 étamines, à anthères déhiscentes par des fentes longitudinales et un fruit capsulaire, 2-5-mère, sphérique. Le genre est de l'Amérique du Nord et représenté par deux très petits arbustes qu'on cultive dans nos jardins botaniques. Leurs feuilles sont alternes, et leurs petites fleurs sont disposées en corymbes terminaux. (*Bot. Reg.*, t. 531. — H. BN, in *Adansonia*, I, 198.)

LEIOPHYLLUM (NAUD., in *Ann. sc. nat.*, sér. 3, XVII, 368). Sous-section des *Clidemiopsis*.

LEIOPHYLLUM (EHRH., *Phytoph.*, n. 11; *Beitr.*, IV, 146). Synonyme de *Blysmus* PANZ.

LEIOPHYLLUM. Subdivision du genre *Neckera* (voy. ce mot). Les Mousses qui y sont admises se distinguent de leurs congénères par leur ramification distique, par leurs feuilles disposées sur quatre rangées verticales, oblongues, uni-bi-nerviées, et toujours dépourvues des rugosités transversales qu'on observe chez d'autres espèces voisines. Cette section comprend une dizaine d'espèces environ, qui habitent l'Australie, le Mexique, Java, etc. (Voy. C. MUELL., *Syn. Musc. frond.*, II, 41.) [E. M.]

LEIOPITYS. Section (B. H., *Gen.*, III, 402) du genre *Casuarina*.

LEIOPOTERIUM (DC., *Prodr.*, II, 594). Section du genre *Sanguisorba* L. (H. BN, *Hist. des pl.*, II, 360). Reichenbach écrit *Leiopterium*.

LEIOPYRENA (SPACH, *Suit. à Buff.*, XI, 128). Section du genre *Celtis* T.

LEIOPYXIS (MIQ., *Fl. ind. bat.*, Suppl., 445). Genre d'Euphorbiacées; synonyme de *Cleistanthus* HOOK. F. et, par conséquent, pour nous d'une section du genre *Amanoa* AUBL. [H. BN.]

LEIOSCHIZOCARPICÆ (REICHB., *Handb.*, 188). Division des Labiées, comprenant les Salviariées, Népétariées et Prasiées.

LEIOSCYPHUS (MITT., in *Hook. f. Fl. N. Zeal.*, II, 134). Genre d'Hépatiques feuillées.

LEIOSPERMA (PERS., *Enchir.*, II, 102). Section du genre *Ranunculus*; synonyme de *Hecatonia* LOUR.

LEIOSPERMUM (DON, in *Edinb. N. Phil. Journ.*, IX, 91). Synonyme de *Weinmannia* L.

LEIOSPERMUM (SCH. BIP., *Ueb. Tanacet.* [1844], 34). Section du genre *Tripleurospermum*. (WALP., *Rep.*, VI, 197.)

LEIOSPERMUM (WALL., *Cat. ind.*, n. 6923). Synonyme de *Psilotrichum* BL.

LEIOSPHÆRA (DC., *Prodr.*, III, 179). Section du genre *Miconia*. Crüger écrit *Leiosphæria*.

LEIOSPORA (C.-A. MEY., in *Ledeb. Fl. alt.*, III, 28). Sous-genre du genre *Parrya*, dont le type est le *P. exscapa*.

LEIOSTEGIA (BENTH., in *Hook. Journ. Bot.*, II, 294). Synonyme de *Comolia* DC.

LEIOSTROMA (FR., *Epicr.*, 2e, 651). Section du genre *Corticium*, contenant des espèces, les unes à réceptacle épais, céracé, fertile, les autres imparfaites et stériles.

LEIOSYCEA (MIQ., in *Lond. Journ. Bot.*, VII [1848], 454). Section du genre *Ficus* T.

LEIOTHAMNUS (GRISEB., *Gen. et spec. Gent.*, 205). Synonyme de *Symbolanthus* G. DON.

LEIOTHECA. Genre de Mousses, établi par Bridel, et dont les espèces, au nombre d'une douzaine environ, ont été plus récemment réparties entre les genres *Drummondia* HOOK. et *Macromitrium* BRID. (Voy. BRID., *Mant.*, I. — C. MUELL., *Syn. Musc. frond.*, I, 687, 720, etc.) [M.]

LEIOTULUS (EHRENB., in *Linnæa*, IV, 399). Synonyme de *Malabaila* HOFFM.

LEIPE. L'*Alnus glutinosa* L.

LEIPHAIMOS (CHAM. et SCHLCHTL, in *Linnæa*, VI, 387). Synonyme de *Voyria* AUBL.

LEITNERIA (CHAPM., *Fl. S.-Un.-St.*, 426). Genre qui a donné son nom au groupe des Leitnériées, et qu'on rapporte avec doute à la famille des Castanéacées. Ses fleurs sont amentacées et dioïques. Les chatons sont formés d'un grand nombre de bractées alternes et d'abord imbriquées. Dans les mâles, chaque bractée porte dans son aisselle 2-10 étamines, à filets libres, dressés, et à anthères biloculaires, introrses et déhiscentes par deux fentes longitudinales. Ces étamines, ordinairement nues,

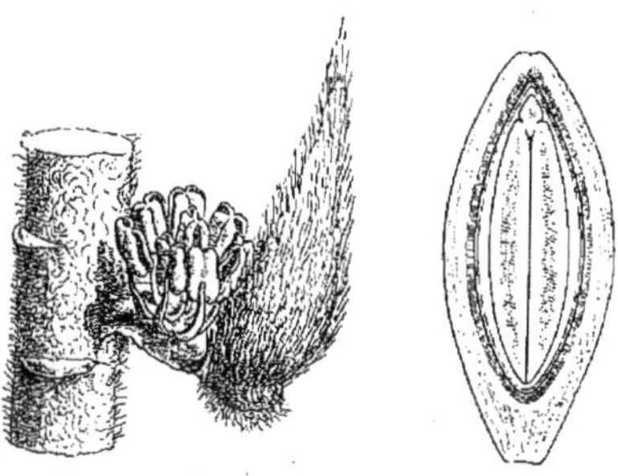

Leitneria. — Fleur mâle. Fruit, coupe longitudinale.

sont parfois entourées de quelques écailles. A l'aisselle des bractées femelles se trouvent également quelques écailles, quelquefois assez développées et entourant un ovaire surmonté d'un long style, révoluté au sommet, papilleux et stigmatique sur la face qui regarde l'axe du chaton. Cet ovaire est uniloculaire, avec un placenta pariétal auquel est attaché un seul ovule, incomplètement anatrope, suspendu, à micropyle tourné en haut et en dehors. Le fruit est une drupe oblongue, peu charnue, et à noyau dur, renfermant une seule graine qui, sous ses téguments, contient un albumen mince et un embryon droit, à radicule courte, à cotylédons charnus, plans-convexes et verdâtres. La seule espèce connue (*L. floribunda* CHAPM.) croît dans les marais du sud des États-Unis. C'est un arbuste dont les feuilles alternes, pétiolées et accompagnées de stipules latérales, rappellent assez celles des Saules et des Châtaigniers. Les fleurs, paraissant avant les feuilles, forment des chatons situés à l'aisselle des feuilles tombées de l'année précédente. (Voy. H. BN, *Hist. des pl.*, VI, 239, 258.) [T.]

Leitneria. — Inflorescence femelle, coupe longitudinale.

LEITNERIEÆ (B. H., *Gen.*, III, 397). Ordre (155) proposé pour le seul genre *Leitneria* CH.

LEITNÉRIÉES (*Leitnerieæ*). Série (?) de la famille des Castanéacées, que l'on a aussi élevée au rang d'ordre (B. H., *Gen.*, III, 396). Elle renferme pour nous les genres *Leitneria* et *Didymeles* et se trouve à la fois très voisine des Salicacées et des Bétulinées. On ne croira jamais que, grâce à la méthode que nous avons nommée parasite, on ait pu, de notre temps, rapprocher ce groupe des Diptérocarpacées. [H. BN.]

LEJEUNE (Al.-L.-Sim.). Médecin de Verviers [1779-1858], est surtout connu par sa *Flore des environs de Spa* [1811-13], une *Revue* de cette flore et un *Compendium Floræ belgicæ* [1828-36], 3 vol. in-8. Il a aussi publié [1820] *De quarundam indigenarum plantarum virtutibus Commentarii* (in-4).

LEJEUNEA (HAMPE). Pour *Lejeunia* NEES.

LEJEUNEÆ (HAMPE, in *Linnæa*, XI, 92). Famille des « Mousses-Hépaticées », comprenant les genres *Lejeunea*, *Radula*, *Jubula*, *Ptilidium* et *Tricholea*.

LEJEUNIA. Genre d'Hépatiques, établi par Nees d'Esenbeck, aux dépens de quelques espèces autrefois comprises dans les Jungermannes. Les fleurs sont dioïques, et les mâles n'offrent rien de particulier à noter. Dans les fleurs femelles, on n'observe jamais qu'un seul oosporange : ce qui constitue le caractère essentiel du genre. La coiffe demeure incluse dans le périanthe. La capsule, portée par un pédicelle articulé, est très petite, globuleuse, formée de deux assises de cellules ; elle s'ouvre jusqu'au milieu de sa hauteur en quatre valves, conniventes après l'émission des spores, et portant à leur sommet des élatères persistantes. Les *Lejeunia* sont des plantes ordinairement très grêles, irrégulièrement ramifiées, étroitement appliquées et fixées par des radicelles nées du dos des amphigastres, sur les pierres humides, les écorces des arbres, les Mousses, etc. Leurs feuilles sont ordinairement très rapprochées, bilobées, le lobe inférieur (*lobule*) étant longuement adhérent au supérieur. On ne connaît qu'un petit nombre d'espèces de ce genre. (NEES, *Leberm.*, III, 261. — DICKS., *Crypt.*, IV. — *Ann. sc. nat.*, VI, 373.) [M.]

LEJEUNIACEÆ (DUMORT.), **LEJEUNIÆ** (NEES), **LEJEUNIEÆ** (DUMORT.). Divisions des Jungermannes, comprenant les genres *Lejeunia*, puis *Codonia* et *Madotheca*.

LEJEUNIOTYPUS (DUMORT., *Syll. Jungerm.*, 32). Section du genre *Lejeunia* NEES (*L. serpyllifolia*, etc.).

LEJICA (HILL, *Exot. Bot.*, t. 29). Synonyme de *Zinnia* L.

LEJOLISIA (BORN., in *Ann. sc. nat.*, sér. 4, XI, 91). Genre d'Algues-Floridées, de la famille des Wrangeliées et de l'ordre des Corynospermées (de la famille naturelle des Spyridiées). Ces Algues sont caractérisées par une fronde articulée, filiforme, monosiphonée, composée, d'une part, de filaments radiants, rameux, et d'autre part de filaments verticaux et simples. Ces derniers émettent de courts rameaux fructifères, souvent opposés à la base. Les tétraspores se trouvent dans les rameaux latéraux et terminaux, formées d'une cellule terminale modifiée; elles sont obovales, nues et se divisent triangulairement. Les cystocarpes, terminaux dans le rameau latéral, sont formés par la transformation de la cellule apicale, dans un péricarpe ovalo-sphérique, pourvu d'un carpostome, et fournissent des spores piriformes qui rayonnent d'un placenta central. Le péricarpe est constitué par des rameaux articulés, réunis et resserrés entre eux par une gélatine propre. Les anthéridies, oblongues, coniques, recouvertes d'une enveloppe, se trouvent dans les rameaux latéraux. Une seule espèce constitue ce genre. (Voy. J.-G. AGH, *Spec., gen. et ord. Alg.*, III, 614.) [CH. M.]

LEJOPHALLUS (BAIL). Pour *Leiophallus* FRIES.

LEJOPHLOEA (ACHAR., *Lich. univers.*, 274). L'une des grandes divisions de l'ordre des *Verrucaria*, caractérisée par des Lichens à thalle membraneux, uni, cartilagineux. Seize espèces y avaient été placées dans ce genre par l'auteur. Mais il ne reste plus trace de cette classification. Les *Verrucaria* ont été reportés par M. Nylander dans la tribu des Pyrénocarpés. [CH. M.]

LEJOSTROMA (FRIES). Pour *Leiostroma* FR.

LELEBA (RUMPH., *Herb. amb.* [1743], t. 1). Syn. de *Bambusa*.

LE LECTIER. Magistrat d'Orléans, a écrit [1628] un Catalogue des arbres cultivés dans son verger et plant (in-8 de 35 p.).

LÉLOPA. Variété de Pastèque, de la Cafrerie.

LELOUTRIA (GAUDICH., *Voy. Bonite*, *Bot.*, t. 110). Synonyme de *Dolia* LINDL. (H. BN, *Hist. des pl.*, IX, 352.)

LEMAIRE (Ch.). Botaniste-horticulteur, s'est surtout occupé des Cactées et a fini par en publier une *Iconographie* [1841-47], avec 16 pl. col. Il rédigea, de 1839 à 1844, *l'Horticulteur universel* (6 vol. in-8), puis une *Flore des serres et des jardins de l'Europe*, sous la direction de L. Van Houtte (7 vol.), ouvrage continué depuis par une réunion d'auteurs. De 1851 à 1854, il dirigea à Gand la publication du *Jardin fleuriste* (4 vol. in-8), et de 1854 à 1870, l'*Illustration horticole*. Lemaire était lettré et humaniste; comme botaniste il laissait à désirer.

LEMAIREA (DE VR., *Gooden.*, 189, t. 38). Genre attribué aux

Goodéniées, mais hétérogène, dit-on (B. H., *Gen.*, II, 537), et à supprimer.

LEMAIRE-LISANCOURT. Auteur [1813] de *Notions générales et remarques particulières sur la physique végétale* (in-8 de 20 p.). (*Cat. sc. pap.*, III, 948.)

LEMALIS (FR., *Summ. veg. Scand.*, 360). Genre de Discomycètes, à réceptacle en cupule ou suburcéolé, membraneux, ou à peine charnu, à spores globuleuses ou oblongues. Deux espèces connues de ce genre vivent sur des tiges sèches de l'*Alisma Plantago* et sur les vieux troncs des Pins. [DE S.]

LEMAN (Dom.-Seb.). Fut l'auteur d'un grand nombre d'articles sur la Cryptogamie dans le *Dictionnaire des sciences naturelles*. Il publia aussi une notice sur les Roses, dans le *Journal de physique* pour 1818 (LXXXVII, 359).

LEMANEA (BORY, in *Berl. Mag.*; in *Ann. Mus.* [1802], t. 21, fig. 2). Genre d'Algues-Floridées, propre aux eaux fluviatiles, que Bory considérait comme devant appartenir à la famille des Conferyées. C. Agardh (*Syst. Alg.*) l'a rangé dans la famille des Fucoïdées, Rabenhorst dans les Lémanéacées, et Kützing dans les Lémaniées, ordre des Cryptospermées; mais la place naturelle des Algues de ce genre se trouve plutôt parmi les Batrachospermées, famille des Némaliées. Le thalle de cette Algue est tubuleux, non cloisonné, olivâtre, toruleux, coriace et renflé de distance en distance. Les cellules intermédiaires sont assez grandes, arrondies, vésiculiformes, et se transforment peu à peu en filaments *médullaires*, articulés, rameux. Les cellules corticales sont fortement resserrées et forment une couche corticale qui est due à l'union intime, vers la périphérie, des rameaux horizontaux, qui, partant du filament, sont assez rapprochés et assez ramifiés pour que les petits corymbes qu'ils forment se touchent et s'unissent intimement. Les anthéridies naissent par petits bouquets, au sommet des branches rayonnantes qui forment la couche corticale. Les oogones, qui sont nus dans ce genre, se trouvent à l'extrémité de courts ramules enfoncés dans la couche corticale, et attachés latéralement sur les filaments rayonnants. Le trichogyne est renflé en massue. Ces plantes, que les anciens considéraient comme des Vauchériacées, forment dans les eaux courantes des touffes de filaments bruns, coriaces, fortement attachés aux pierres. Elles sont surtout communes sur les chaussées des moulins et au barrage des écluses. (Voy. SIROD., in *Ann. sc. nat.*, sér. 5, XVI [1872], 5, fig. 1-8.) [CH. M.]

Lemanea.

LEMANEACEÆ (RABENH., *Fl. europ. Alg.*, III). Famille d'Algues fluviatiles, rangée avec juste raison, par les auteurs modernes, dans la grande division des Floridées, et que l'on rencontre le plus communément dans les eaux froides à cours rapide. Leur couleur est généralement olivâtre, violacée, foncée et noircissant par la dessiccation. Le thalle est sétacé, creux, noduleux, moniliforme, communément simple, quelquefois fasciculé. Les nœuds sont comme munis d'une couronne de papilles. Les polyspores sont nombreuses, moniliformes, agrégées, fasciculées, nues dans le tube médullaire. Quant aux autres caractères, ce sont ceux du genre *Lemanea*. [CH. M.]

LEMANEÆ (REICHB., *Handb.*, 136). Division des Céramiées.

LEMANIA (RABENH., *Krypt.*, II, p. II, 95). Pour *Lemanea*.

LEMANIA (BORY, in *Ann. Mus.*, XII, 181). Synonyme de *Lemanea*. Kützing, dans son *Species Algarum*, a adopté la même orthographe pour désigner l'une des divisons des *Lemaniæ*, section des Cryptospermées. [CH. M.]

LEMANIDÆ (LINDL.), LEMANIDEÆ (GRAY), LEMANIEÆ (AGH). Division des Algues.

LEMANIEÆ (KUETZ., *Phyc. gen.*, 46). Synonyme de Lémanéacées.

LE MAOUT (Emm.). Médecin à Paris et professeur dans diverses institutions, était né à Guingamp en 1800. On lui doit un excellent livre pour les débutants, intitulé *Leçons élémentaires de botanique, fondées sur l'analyse de 50 plantes vulgaires*, etc. [1844]. Plus tard, il collabora avec Decaisne, et sa personnalité disparut dans cette association, à laquelle on doit l'*Atlas élémentaire de botanique* [1846], la *Flore élémentaire des jardins et des champs*, ouvrage absolument médiocre, et le grand *Traité général de botanique* [1868], édité par Didot, qui eut deux éditions et fut traduit et arrangé par sir J. Hooker.

LEMAPTERIS (RAFIN., in *Journ. phys.*, LXXXIX [1819], 262). Synonyme de *Pteris*.

LEMATIUM (SPACH). Pour *Lemmatium* DC.

LEMBIDIUM (KÖRB., *Syst. Lich. germ.*, 358). Genre détaché des *Verrucaria* WIGG.

LEMBOSIA (LÉV., in *Ann. sc. nat.*, sér. 3 [1845], III, 58. — SACC., *Syll. Fung.*, II, p. 741; *Addit.*, I-IV, p. 266). Genre de Champignons-Hystérinés, à périthèce ovoïde ou allongé, s'ouvrant par une fente longitudinale, porté par un stroma rameux, irradié; thèques subglobuleuses; spores biloculaires, colorées. Une dizaine d'espèces, vivant en parasites sur les feuilles de Myrtacées, de *Drimys*, de Ricin, de plusieurs Palmiers. [DE S.]

LEMBOTROPIS (GRISEB., *Spicil. Fl. rumel.*, I, 10). Synonyme de *Cytisus* L.

LEMÉ-LEMÉ. Plante purgative indéterminée, de Sénégambie.

LÉMERY (Nicolas). Pharmacien de Rouen [1645-1715], fut membre de l'Institut et composa un *Dictionnaire ou traité universel des drogues simples*, etc. [1698], qui eut trois éditions et fut traduit en allemand.

LEMIA (VANDELL., *Dicc.* [1788]; in *Rœm. Scr.*, 116, t. 7, fig. 15). Synonyme de *Portulaca* T.

LEMMA (THEOPHR., ex B. JUSS., in *Act. Acad. Par.* [1740], 270, t. 15). Synonyme de *Marsilea* L.

LEMMAPHYLLUM (PRESL, *Epim.*, 517). Synonyme (FÉE) de *Drymoglossum* PRESL.

LEMMATIUM (DC., *Prodr.*, V, 669). Synonyme de *Calea* L.

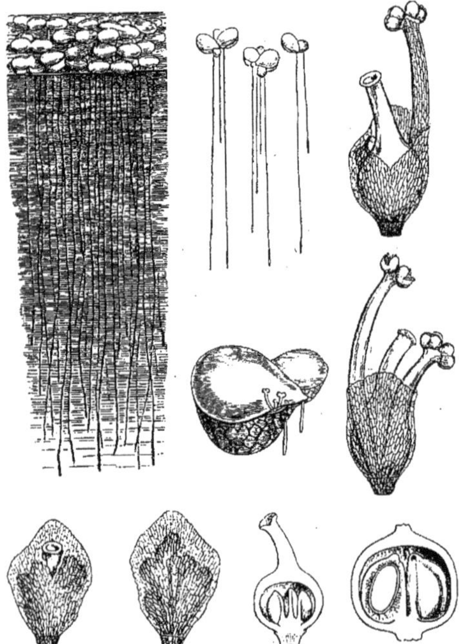

Lemna. — Port. Boutons. Fleurs mâles et femelles. Gynécée, coupe longitudinale. Fruit, coupe longitudinale.

LEMNA (L., *Gen.*, n. 1038). Genre de Monocotylédones, formé de 7 espèces qui appartiennent aux régions tropicales et tempérées des deux mondes et qui sont des herbes nageantes, à frondes ovoïdes ou lancéolées, pourvues de racines. Leurs fleurs mâles sont géminées ou disposées en cyme unipare; elles sont formées de 1, 2 étamines, à anthère biloculaire, déhiscente par des fentes transversales. La fleur femelle, contiguë à la fleur mâle et sortant comme elle d'une fente marginale de la fronde, est formée d'un ovaire 1-7-ovulé. Les ovules sont dressés, orthotropes, ou complètement ou incomplètement anatropes. Le fruit est sec, et les graines ont un albumen charnu ou nul et un embryon ovoïde ou conique. [H. Bn.]

LEMNACÉES (*Lemnaceæ*). Famille qui a tiré son nom de celui des *Lemna* et qui ne renferme, avec ce genre, que les *Wolffia*.

LEMNISCATUS (de *Lemniscus*, ruban). En bandelette colorée.

LEMNISCEÆ (Dumort., *Comm. bot.*, 114). Division des Jungermanniées.

LEMNISCIA (Schreb., *Gen.*, I, 358). Synonyme de *Vantanea* Aubl. Willdenow a écrit *Lemnescia*.

LEMNISCIUM (Wallroth [1827], *Naturg. d. Flecht.*, II, p. 215). Genre de Lichens, que l'auteur a considéré comme une section des *Patellaria*.

LEMNISCOA. Nom proposé par M. J. Hooker (*Bot. Mag.*, sub t. 5961) pour le *Bolbophyllum lemniscatum* Par.

LEMNISCUS (Targ., ex Bertol., *Amœn. ital.*, 302). Synonyme (part.?) de *Laurencia* Lamx.

LEMNIUS (*Levinus*). Médecin de Zierikzee en Zélande [1505-1568], a écrit : *Occulta naturæ miracula* [1561] et *Similitudinum ac parabolarum quæ in Bibliis ex herbis atque arboribus desumuntur*, etc. [1568].

LEMNOPSIS (Zipp., in *Flora* [1829], I, 284). Synonyme de *Halophila* Dup.-Th.

LEMNOS (TERRE DE). Nom de la pulpe du fruit du Baobab.

LEMON. Nom anglais du Citron.

LEMON GRASS. Nom anglais de l'*Andropogon Nardus* L. et de l'*Andropogon Schœnanthus* L.

LEMONIA (Lindl., *Bot. Reg.* [1840], t. 59). Synonyme de *Ravenia* Vell. (Voy. H. Bn, *Hist. des pl.*, IV, 456.)

LEMONIA (Pers., *Syn.*, I, 44). Synonyme de *Lomenia* Pourr. Section du genre *Gladiolus*.

LE MONNIER (Louis-Guill.). Médecin [1717-1799], fut professeur au Jardin des plantes de Paris. On lui doit les observations botaniques sur les Pyrénées qui se trouvent dans l'ouvrage de Cassini sur la Méridienne de Paris. Cuvier a écrit son éloge.

LEMPHOLEMMA (Korb. [1855], *Syst. Lich. Germ.*, 400). Genre de Lichens; synonyme de *Collema* Ach.

LEN. Nom bohême du Lin, d'après Bauhin.

LENCYMMÆA (Presl, *Epim.*, 211). Genre attribué aux Mélastomacées, mais dont la place est incertaine.

LENGACANO. En Provence, le *Cynoglossum pictum* Ait.

LENGANA, ENGANA. Noms languedociens du *Chenopodium fruticosum* L.

LENGUA DE BOU (Langue de Bœuf). Nom, dans le midi de la France, notamment à Nice, du *Fistulina hepatica* Fr.

LENGUA DE CIERVO. Nom, au Mexique, du *Polypodium lanceolatum* L.

LENGUA DE VACA. Nom mexicain du *Rumex obtusifolius* L.

LENGUO. Nom provençal des Glaïeuls.

LENIDIA (Dup.-Th., *N. gen. mad.*, 57). Syn. de *Wormia* Rottb.

LENNEA (Kl., *herb.*). Synonyme de *Marianthus* Hueg.

LENNEA (Kl., in *Link, Kl. et Ott. Ic. pl.*, II, 65, t. 26). Genre de Légumineuses-Papilionacées-Galégées, distingué par des fleurs à large étendard, à étamines « monadelphes vers le milieu », et à style à extrémité stigmatifère involutée-circinée. On en décrit 2 espèces américaines, ligneuses, à feuilles imparipennées. (H. Bn, *Hist. des plant.*, II, 270.)

LENNOA (Ll. et Lex., *Nov. veg. descr.*, I, 7). Genre de Gamopétales, qui a donné son nom à la famille des Lennoacées. Son calice, plus court que la corolle, est 8-mère, à divisions étroites. La corolle a un tube cylindrique et un limbe à 8 lobes courts, étalés ou récurvés. Il y a 8 étamines insérées sur le tube, à filets très courts et à anthères attachées vers le sommet; les loges divergentes. L'ovaire supère est creusé de 20 à 30 logettes qui renferment chacune un ovule horizontal, et dont le style porte un stigmate subcapité, à peine dilaté. Le fruit est déprimé, presque drupacé; il s'ouvre en pyxide, et laisse échapper 20-30 coques, entourant une columelle épaisse. Les graines renferment un petit embryon albuminé. Les 2, 3 *Lennoa* connus sont mexicains; ce sont des herbes colorées, parasites, humbles, à feuilles squamiformes, à petites fleurs en cymes composées, corymbiformes. C'est M. de Solms-Laubach qui a découvert l'identité de ce genre avec les *Corallophytum* de Kunth. Le vol scientifique dont il fut victime a fait beaucoup de bruit à cette époque. (Solms, *Lennoac.*, t. 2, 3; in *DC. Prodr.*, XVII, 37. — *Just Jahresb.* [1884], 136.) [H. Bn.]

LENNOACÉES (*Lennoaceæ*). Petit groupe de Dicotylédones gamopétales, dont Torrey avait fait (in *Ann. Lyc. Hist. nat. N. York*, VIII) un sous-ordre des Monotropées, et dont M. de Solms-Laubach a fait (in *Abh. Nat. Ges. Halle*, XI) une famille distincte. Elle renfermait, outre les *Lennoa* (voy. ce mot), les *Ammobroma* et *Pholisma*. Elle est formée de plantes sans chlorophylle; elle a été distinguée des Monotropées par les étamines portées sur la corolle, et elle devra peut-être définitivement se placer comme section dans la même famille qu'elles (Ericacées parasites). [H. Bn.]

LENORMAND (René). Originaire de Vire, protégea les collecteurs qui lui envoyaient des plantes exotiques, publia un catalogue de celles que M. Deplanche lui adressait de la Nouvelle-Calédonie (*Bull. Soc. Linn. Norm.*, IV). Ami de Brébisson, il s'occupa surtout, de concert avec ce savant, des Algues, des Mousses et des Lichens, et légua ses précieuses collections au Jardin de Caen, où elles se trouvent actuellement.

LENORMANDIA (Del., in Desmaz., *Pl. cryptog.*). Genre de Lichens, dédié à René Lenormand. Synonyme de *Normandina* Nyl., de la famille des Lichens Pyrénocarpés. [Ch. M.]

LENORMANDIA (Hook., ex Arnold, in *Flora* [1858], II, 236). Synonyme de *Normandina* Nyl.

LENORMANDIA (Sond., in *Bot. Zeit.* [1845], 54; *Alg. Preiss.*, 36). Genre d'Algues-Floridées, dédié, comme l'indique son nom, à notre compatriote Lenormand. De la famille des *Rytiphlœaceæ* pour Kützing, ce genre a été rattaché avec raison à celle des Rhodomélées par J.-G. Agardh. La fronde est plane, rameuse, par suite de prolifications plus ou moins nombreuses. Les cellules intérieures qui la constituent sont disposées en une seule série et sont rhombiformes. Les organes de fructification sont formés par des prolifications plus ou moins modifiées de la fronde; elles sont marginales ou sur la lame. Les kéramidies urcéolo-globuleuses se trouvent dans un péricarpe celluleux, pourvu d'un carpostome et renfermant des gemmidies piriformes dans un article terminal. Les stichidies sont seules ou fasciculées, lancéolées, linéaires, portant des sphærospores en double série. Ce genre a été divisé en deux sections et renferme cinq espèces. (Voy. J.-G. Agh, *Spec., gen. et ord. Alg.*, IV, 1102.) [Ch. M.]

LENORMANDIA (Steud., in *Flora* [1850], 229). Synonyme de *Mandelornia* Steud.

LENS (T., *Inst.*, 390, t. 210. — Gren. et Godr., *Fl. de Fr.*, I, 476). Genre de Papilionacées, formé de 2, 3 herbes de l'Orient et de la région méditerranéenne, distingué des *Ervum* par des ailes adhérentes à la carène, un androcée à gaine oblique, un style légèrement comprimé par le dos, portant en dedans une bande de poils courts. L'ovaire est biovulé. Le type de ce genre est l'*Ervum Lens* L. (*Cicer Lens* W. — *Lens esculenta* Mœnch), la Lentille commune. (H. Bn, *Hist. des pl.*, II, 200, 238.)

LENS PALUSTRIS (Matth.). Le *Lemna vulgaris* L. Le *L. palustris altera* Matth. est le *Marsilea quadrifolia* L.

LENS PALUSTRIS PATAVINA (Bauh.). Le *Salvinia natans*.

LENS PALUSTRIS QUADRIFOLIA (Bauh.). Les *Marsilea*.

LENTAGINIA (Rafin., in *Ann. gén. phys.* [1820], VI, 87). Sous-famille des Viburnidées.

LENTAGO (Rafin. — DC., *Prodr.*, IV, 324). Section du genre *Viburnum* T. (Spach, *Suit. à Buff.*, VIII, 311.)

LENTAS. Nom languedocien des Luzernes non cultivées.

LENTE. La Luzerne cultivée.

LENTÉ. En Provence, le *Medicago falcata* L.

LENTEJILLA. Nom vulgaire mexicain du *Lemna trisulca* L.

LENTEN-ROSE. Nom anglais des Hellébores.

LENTEX (RAFIN., in *Ser. Bull. bot.*, I). Sous-genre du genre *Carex* L.

LENTIBALES (LINDL., *Nix. pl.*, 31). Groupe des Personées, comprenant l'ordre des Lentibulariées.

LENTIBULAIRE. L'*Utricularia vulgaris* L.

LENTIBULARIA (GESN. — RIV. — RUPP., *Fl. jen.*, 232 [1718]. — VAILL.). Synonyme de *Utricularia* L.

LENTIBULARIACEÆ (LINDL.), LENTIBULARIÆ (R. BR.), LENTIBULARIEÆ (RICH.). Synonyme de Utriculariées.

LENTICELLES. Organes de l'écorce. — Voy. TIGE.

LENTICULA (DILL., *Nov. gen.* [1719], 118, t. 6. — REICHB. — ENDL.). Section du genre *Lemna* (*L. minor* L.).

LENTICULA (LOESEL, *Fl. pruss.* [1703], t. 38). Synonyme de *Callitriche* L.

LENTICULA. Plukenett a donné ce nom, dans son *Almagestum botanicum*, à l'*Aldrovandia*, d'après Monti.

LENTICULACEÆ (DUMORT., *Comm.*, 67). Synon. de Lemnacées.

LENTICULA MARINA. Nom ancien de plusieurs *Fucus*.

LENTICULARIA (MICHELI, *Nov. pl. gen.*, 15). Syn. de *Lemna*.

LENTICULE. Nom français (LAMK) des *Lemna* L.

LENTICULES. Désigne les compartiments sporifères de certains Champignons.

LENTIGINOSUS. Couvert de points pulvérulents.

LENTIHO. Nom provençal de la Lentille.

LENTILLE. — Voy. LENS.

LENTILLE D'EAU. Nom des *Lemna* L.

LENTILLE DE CANADA. Le *Vicia sativa nigra*.

LENTILLE DE CANARD, L. DE CANE. Le *Lemna minor* L.

LENTILLE DU SOUDAN. Nom du *Cajanus indicus* SPRENG.

LENTILLE ERVILIÈRE. L'*Ervum Ervilia* L.

LENTILLE MARINE. Nom de plusieurs *Fucus* vulgaires.

LENTILLE SUISSE, L. D'ESPAGNE. Le *Lathyrus sativus* L.

LENTILLIN. Le *Lathyrus sativus* L.

LENTILLON. L'*Ervum Lens*, var. *minor*.

LENTINUS (FR., *Elench.*, 45). Genre d'Agaricinés coriaces, à tissu tenace, voisin des Marasmiés, mais d'une texture encore plus ferme. Leur teinte générale est terne. Les lamelles inégales, membraneuses, ne sont pas séparables. Les spores blanches sont lisses et à peu près globuleuses. On en connaît un peu plus de 200 espèces épixyles, habitant surtout les régions tropicales. Leur nombre décroît en allant de l'équateur aux pôles, et leur texture se modifie et devient moins coriace. On les groupe en *Mesopodes*, à stipe central, et en *Pleuroti*, à stipe latéral ou nul. Les *Mesopodes* sont eux-mêmes subdivisés en : *Lepidei*, à chapeau squameux; *Pulverulenti*, à chapeau pulvérulent ou villeux; et *Cochleati*, à chapeau glabre. [DE S.]

LENTISCEÆ (REICHB., *Consp.*, 147). Section des Cassuviées.

LENTISCUS (PIS., *Bras.*, 132). Nom du *Schinus Molle* L.

LENTISCUS (T., *Inst.*, 580, t. 345). Synonyme de *Pistacia* L.

LENTISCYPHI (FRIES, *Syst.*, I, 174). Synonyme de *Lentinus* FRIES.

LENZ (Harald-Othmar). Auteur [1831] de *Die nützlichen, schädlichen und verdächtigen Schwämme*, et [1859] de *Botanik der alten Griechen und Römer deutsch in Auszügen aus deren Schriften*, etc. (in-8 de 776 p.).

LENZIA (PHIL., in *Linnæa*, XXXIII, 222). Genre mal connu, voisin, d'après l'auteur, des *Ærua*.

LENZITES (FRIES, *Epicr.*, 403; *Summ. veg. Scand.*, II, 315). Genre d'Agaricinés; synonyme (?) de *Dædalea* PERS. (RABENH., *Krypt.*, I, 414.)

LEO (Jul.). Auteur d'un *Taschenbuch der Arzneipflanzen*, publié à Berlin en 1826-27 (in-8 de 820 pl. col.).

LEOBORDEA (DEL., *Fragm. Fl. Arab.*, 23, fig. 1). Synonyme de *Lotononis* DC.

LEOCARPUS (LINK, *Obs.*, I, 25. — ROSTAF., *Mon.*, 132). Genre de Myxomycètes, à double péridium : l'extérieur corné, fragile; l'intérieur membraneux, très mince. Le capillitium coloré est épais, réticulé, fragile; les spores, de couleur foncée, sont spinulescentes. L'espèce la plus répandue, dans les gazons, la mousse, les bois pourris, etc., est le *L. vernicosus* LINK. [DE S.]

LEOCHILUS (KNOWL. et WESTC.). Pour *Leiochilus*.

LEONHARD (Phil.-Konr.). A écrit [1753], à Gœttingue : *De novo aquæ salsæ fonte detecto*, avec des observations (pp. 11-16) sur les plantes des sources salines.

LEONHARDIA (BRONNER, *Traub. Reinth.*, 11). « Genre », pour l'auteur, de Vignes (classe 2).

LEONHARDTIA (OPIZ, *Lotos*, VII, 88). Pour *Nepa* WEBB.

Leonotis. — Branche florifère.

LEONIA (LL. et LEX., *Nov. veg.*, II, 6). Synonyme (?) de *Salvia*. (Voy. *Just Jahresb.* [1884], 148.)

LEONIA (MUT. — K., *Syn.*, I, 462. — NUTT.). Synonyme de *Citrosma* (*Siparuna* AUBL.).

LEONIA (R. et PAV., *Fl. per.*, II, 69, t. 222). Genre de Violacées, dont les caractères sont ceux des *Alsodeia*, mais dont le fruit est une baie et dont les étamines monadelphes ont des anthères mutiques. Les deux ou trois espèces connues de ce genre sont des arbres ou des arbustes de l'Amérique tropicale. (Voy. *Hist. des pl.*, IV, 350.) [H. BN.]

LEONIACEÆ. Ordre formé du genre *Leonia* (Violacées) par M. A. de Candolle (*Prodr.*, VIII, 668, not.) et considéré par lui, on ne voit pas trop pourquoi, comme intermédiaire aux Théophrastées, Sapotacées et Ilicinées.

LEONICENIA (SCOP., *Introd.*, 212). Synonyme de *Tamonea*

Aubl. et de *Fothergilla* Aubl. Ce nom serait antérieur et préférable à *Miconia* R. et Pav.

LEONICENO (Nic.). Professeur de Ferrare [1428-1524], a écrit : *De Plinii et aliorum medicorum erroribus*, où il s'agit des noms erronés donnés par Pline à diverses plantes [1509]. Ant. Agostini a écrit [1844] sa biographie.

LEONIE. Nom français (Lamk) des *Leonia* R. et Pav.

LEONIEÆ (Meissn., *Gen.*, 253 [162]). Tribu des Myrsinées.

LEONITIS (Spach). Pour *Leonotis* Pers.

LEONOTIS (Pers., *Syn.*, II, 127). Genre de Labiées-Bétonicées, voisin des *Leucas*, à fleurs caractérisées par une corolle à casque (lèvre supérieure) allongé, avec une lèvre antérieure bien plus courte. Tous les autres caractères sont ceux des *Leucas*. Ce sont environ 12 herbes ou arbustes, de l'Asie tropicale et australe, des îles Mascareignes et de l'Inde, à feuilles opposées, dentées, à verticillastres axillaires, denses et multiflores, parfois solitaires et terminaux, à corolle jaune ou coccinée : ce qui rend certaines espèces très ornementales ; tel est le *L. Leonurus*. (*Bot. Reg.*, t. 281, 850. — *Bot. Mag.*, t. 478, 3700.) [H. Bn.]

LEONTIA (Reichb.). Pour *Luntia* Neck.

LEONTICE (L., *Gen.*, n. 423). Genre de Berbéridacées, série des Berbéridées, se distinguant par : sépales 6-9, pétaloïdes ; les extérieurs plus petits, à préfloraison imbriquée ; pétales 6, beaucoup plus petits, nectariformes ; étamines 6, libres ; anthères mutiques, s'ouvrant par deux valves qui se soulèvent ; carpelle unique ; ovules 2 ou 4-8, ascendants, anatropes, insérés sur un placenta basilaire ou un peu latéral. Capsule membraneuse, indéhiscente ou bien ouverte au sommet, même avant la déhiscence (sect. *Gymnospermium*), ou plus rarement évanescent (sect. *Caulophyllum*) ; graines stipitées, tantôt nues avant la maturité (*Caulophyllum*), tantôt à téguments plus ou moins charnus en dehors. Herbes vivaces, à rhizome tubéreux ; feuilles radicales pinnatiséquées ou pennées, bi- ou triséquées ; fleurs en grappes ramifiées sur une hampe nue ou portant un petit nombre de feuilles ou de bractées. On en connaît quatre ou cinq espèces, qui habitent l'Asie moyenne ou orientale (voy. H. Bn, *Hist. des pl.*, III, 53, 74, fig. 58-60). Les *Leontice* offrent des propriétés utiles. Le *L. Leontopetalum* L., qui croît sur les bords de la Méditerranée, est employé en Orient contre la gale ; on s'en servait autrefois contre les névralgies et la morsure des serpents ; les Orientaux le désignent sous le nom de *Moiadé* et emploient sa racine savonneuse sous le nom d'*Ischar* (Saponaire du Levant), pour dégraisser les laines et les cachemirs. Le *L. Chrysogonum* L. possède également un tubercule mucilagineux et savonneux. Il représente peut-être le *Leontice* de Dioscoride ; ses feuilles sont recherchées par les Arabes comme légume. Le *L. thalictroides* L., de l'Amérique du Nord, possède une racine considérée par les Indiens comme adoucissante et emménagogue et employée par eux contre les rhumatismes, les névralgies et pour faciliter l'accouchement. [L.]

Leontice. — Fleur, entière et coupe longitudinale. Fruit déhiscent.

LEONTICINEÆ (Spach, *Suit. à Buff.*, VIII, 33, 62). Section des Berbérées (genres *Leontice*, *Bongardia*, *Gymnospermium*, *Caulophyllum*).

LEONTICOIDES (DC., *Syst.*, II, 114). Section du g. *Corydalis*.

LEONTOBOTANOS. Nom ancien de l'*Orobanche major* L.

LEONTOCHIR (Phil., *Descr. nuev. pl.*, II [1873], 68). Genre d'Amaryllidacées-Alstrœmériées, à port d'Alstrœmère, distingué par une inflorescence dense, un périanthe régulier dont toutes les folioles sont atténuées en onglet, et des loges ovariennes incomplètes. C'est une plante chilienne. [H. Bn.]

LEONTODON (Adans., *Fam.*, II, 112). Syn. de *Taraxacum* Hall.

LEONTODON (L., *Gen.*, n. 912). Genre de Composées-Cichoriées, dont les fleurs ligulées sont à peu près celles des Chicorées, avec aigrette formée de 5-∞ soies simples ou plumeuses. Ce sont des herbes annuelles ou vivaces, à feuilles alternes, disposées en rosette ; les capitules solitaires ou en cymes, avec un involucre de bractées inégales, ∞-sériées et un réceptacle nu, fovéolé, villeux, fimbrié ou paléacé. Tel que nous l'avons limité, ce genre, qui renferme les *Taraxacum*, *Hypochæris*, *Troximon*, *Calycoseris*, *Malacothryx*, *Anisocoma*, comprend environ 110 espèces, de tous les pays tempérés, dont la plus connue est le Pissenlit. (Voy. *Hist. des pl.*, VIII, 109.) [H. Bn.]

LEONTODONTEÆ (Sch. bip., in *Flora* [1831], II, 471). Soustribu des Chicoracées. Koch (*Syn.*, 417) en fait une tribu.

LEONTODONTOIDES (Micheli, *Nov. gen.*, 31, t. 28). Synonyme de *Aposeris* Neck.

LEONTOGLOSSUM (Hance, *Diagn. pl. nov. austr. chin.*, ex *Walp. Ann.*, II, 18 ; III, 812). Synonyme de *Delima* L.

LEONTOMITA (Niewl., in *De Not. Pyr.*, 44). Genre de Sphériacés, à périthèce presque membraneux ou un peu coriace, atténué en un rostre plus ou moins distinct. Les thèques ont leur membrane épaissie au sommet ; elles sont entremêlées de paraphyses. Les spores sont hyalines, biloculaires. M. Saccardo (*Syll. Fung.*, I, 584) en compte 8 espèces, dont une douteuse (*Diaporthe*) ; elles sont toutes européennes et vivent sur le bois mort du Chêne, de l'Érable, du Bouleau, etc. [De S.]

LEONTONYX (Cass., in *Dict.*, XXV, 466). Section du genre *Helichrysum* Gærtn. (H. Bn, *Hist. des pl.*, VIII, 175.)

LEONTOPETALOIDES (Amm., in *Comm. Ac. petrop.*, VIII [1736], 211, t. 13). Genre incertain.

LEONTOPETALON. Nom ancien du *Corydalis bulbosa* DC.

LEONTOPETALON (Dod.). Le *Leontice Leontopetalum* L.

LEONTOPETALUM (Matth.). Le *Statice Leontopetalum* L.

LEONTOPETALUM (T., *Cor.*, 484). Synonyme de *Leontice* L.

LEONTOPHTHALMUM (W., in *Ges. Nat. Fr. Berl.* [1807], 140). Synonyme de *Calea* L. (H. Bn, *Hist. des pl.*, VIII, 227.)

LEONTOPODIEÆ (Cass., in *Dict. sc. nat.*, XLIX, 224 ; LX, 580). Section des Composées-Sériphiées.

LEONTOPODIOIDES (B. H., *Gen.*, II, 311). Section du genre *Helichrysum* Gærtn.

LEONTOPODIUM (R. Br., in *Trans. Linn. Soc.*, XII, 124). Section du genre *Gnaphalium* L. (H. Bn, *Hist. des pl.*, VIII, 169), dont le type est l'Immortelle des neiges ou *Edelweiss*. C'est aussi le nom officinal ancien de l'Alchimille.

LEONTOPODIUM VERUM (Matth.). L'*Edelweiss*.

LEONTOSTEMON, LEONTOSTOMON. Noms anciens de l'Ancolie.

LEONTOSTOMIUM (Reichb., *Nom.*, 115). Section du genre *Linaria* T.

LEONURA (Uster., ex Steud., *Nom.*, II, 25, 506). Synonyme de *Salvia leonuroides* Lhérit.

LEONURUS (L., *Gen.*, n. 722). Genre de Labiées-Bétonicées, formé d'une dizaine d'espèces, européennes et asiatiques, qui ont tous les caractères des *Lamium* (et qu'il faudrait probablement réunir à ceux-ci comme section), sinon que leurs sépales sont subulés ou durs et acérés au sommet. Le *L. Cardiaca* L., peu usité aujourd'hui, a été jadis célèbre comme médicament, sous les noms de *Cardiaque* et *Agripaume*. [H. Bn.]

LÉOPARD (Bois de). Celui du *Brosimum Aubletii* Pœpp.

LEOPARDANTHUS (BL., *Mus. lugd.-bat.*, I, 47, t. 15). Synonyme de *Dipodium* R. BR.

LEOPARD'S-BANE. Nom anglais des Doronics.

LEOPOLD (Joh.-Dictr.). Botaniste d'Ulm [1702-1736], auteur de *Deliciæ silvestris Floræ ulmensis* (in-8 de 180 p.).

LEOPOLDIA (HERB., in *Bot. Mag.*, sub t. 2113). Synonyme de *Hippeastrum* HERB.

LEOPOLDIA (PARL., *Fl. palerm.*, I, 435). Syn. de *Muscari*.

LEOPOLDINIA (MART., *Hist. nat. Palm.*, II, 58, t. 52, 53, 100, fig. 1, 2; III, 165). Genre de Palmiers-Arécées, formé de 4 espèces brésiliennes, à feuilles pennées, avec de petites fleurs monoïques ou dioïques, sur les mêmes spadices interfoliaires, ou sur des spadices distincts. Les fleurs mâles sont régulières, 6-andres, et les femelles ont un ovaire 3-loculaire, avec 3 petits stigmates excentriques. Les fruits sont globuleux, gibbeux à la base, monospermes. (WALL., *Palm. Amaz.*, 12, t. 2, fig. 6, t. 4-6. — SPRUCE, in *Journ. Linn. Soc.*, IV, 58.) [H. BN.]

LEOTIA (PERS., *Syn.*, 611. — FR., *Syst. myc.*, II, 25). Genre de Discomycètes, de la famille des Helvellacés, dont le réceptacle est de l'ordre des *Pileati*. Le chapeau, orbiculaire, plus ou moins ondulé ou plissé, de couleur jaunâtre ou verdâtre, est porté par un pied ou stipe cylindrique, souvent atténué à la base, creux, dont le tissu se confond avec celui du chapeau. L'hyménium tapisse la surface externe du chapeau; il est formé de thèques cylindriques, atténuées à la base et de paraphyses grêles. Les spores sont oblongues et très allongées dans certaines espèces. On n'en connaît que quatre ou cinq espèces, vivant dans les climats tempérés, sur le sol des bois humides. [DE S.]

Leotia. — Port. Thèques.

LEOTIACEÆ (CORDA, *Ic. Fung.*, V, 37; *Anleit. myc.*, XCVII, 156). Famille des Champignons-Ascophorés. (PREUSS, in *Linnæa*, XXIV, 147.)

LEOTIOIDEA (FR., *Syst. myc.*, II, 22). Division du genre *Helvella*, à stipe lisse et à chapeau veiné par-dessous.

LÉOUNO. Nom provençal de l'*Hedera Helix* L.

LEPACH. Fruit de l'*Achanaca* (LÉMERY), qu'on croit être le *Balanites ægyptiaca* DEL.

LEPACHIS (RAFIN.). Synonyme de *Rudbeckia* L.

LÉPALE (*Lepalum*). Synonyme de Staminode. Nom proposé, avec beaucoup de réserve, par A. de Saint-Hilaire (*Morphol. vég.*, 46) pour désigner les différentes pièces ou parties du disque.

LEPAN. Nom birman du *Bombax malabaricum* DC.

LEPANTHES (SW., in *K. Vet. Ac. N. Handl. Stock.*, XXI, 249, t. 8; *Fl. ind. occ.*, III, 1555). Genre d'Orchidacées-Épidendrées, voisin des *Pleurothallis*, à petits pétales oblongs en travers, à labelle 2-lobé, à 2 pollinies. Ce sont environ 40 petites plantes américaines, épiphytes, à fleurs en grappes. (REICHB. F., *Xen. orchid.*, I, 40, t. 49, 50. — *Bot. Mag.*, t. 4112, 5259.) [H. BN.]

LEPARGYREIA (RAFIN.), LEPARGYRÆA (STEUD.). Synonymes de *Shepherdia* NUTT.

LEPECHINIA (W., *Hort. berol.*, t. 21). Genre de Labiées-Saturéiées, formé de 2 herbes mexicaines. Il a donné son nom aux Lépéchiniées, parmi lesquelles il se distingue par un calice subenflé, fermé par ses dents aristées et infléchies; sa corolle à tube nu en dedans; ses anthères à loges oblongues et parallèles; ses verticillastres axillaires ou groupés en épi terminal et 6-10-flores. (*Bot. Reg.*, t. 1292.) [H. BN.]

LEPECHINIEÆ. Sous-tribu des Labiées-Saturéiées, à calice largement tubuleux ou campanulé; à tube de la corolle généralement large, avec limbe sub-2-labié, à lobes larges et plats. L'androcée est didyname, et toutes les étamines sont fertiles (genres *Lepechinia*, *Horminum*, *Sphacele* et (?) *Dekinia*). (BENTH., *Gen.*, II, 1166.) [H. BN.]

LEPELHOUT. Nom, au Cap, de l'*Hartogia capensis* THUNB. et du *Cassine Colpoon* THUNB.

LEPEOCERCIS (TRIN., *Fund. Agrostogr.*, 203). Genre proposé pour l'*Andropogon serratum* RETZ.

LEPEOSTEGERES (ENDL., *Gen.*, 802). Section du g. *Loranthus*.

LEPERIZA (HERB., *App.*, 41). Synonyme de *Urceolina* REICHB.

LEPIA (HILL, *Hort. kew.*, 18). Synonyme de *Zinnia* L.

LEPIA (DESVX, *Journ. bot.*, III, 166). Synon. de *Lepidium* L.

LEPICAUNE (LAPEYR., *Hist. pl. Pyr.*, 478). Synonyme de *Soyeria* MŒNCH.

LÉPICÈNE. Synonyme de Glume.

LEPICEPHALUS (LAG., *Nov. gen. et spec.*, 7). Synonyme de *Cephalaria* SCHRAD.

LEPICHOSMA (J. SM., in *Hook. Journ. Bot.*, IV, 56). Section du genre *Notholæna* R. BR. (*N. sinuata* KAULF., etc.).

LEPICLINE (CASS., in *Bull. Soc. philom.* [1818], 31; in *Dict.*, XXVI, 49). Synonyme de *Helichrysum* GÆRTN.

LEPICYSTIS (SM., in *Hook. Journ. Bot.*, IV, 56). Section du genre *Gonophlebium*; synonyme (part.) de *Marginaria* BORY.

LEPIDADENIA (NEES et ARN., in *Edinb. New Phil. Journ.* [1834], 261). Synonyme de *Cylicodaphne* NEES.

LEPIDAGATHIS (W., *Sp. pl.*, III, 400). Genre d'Acanthacées-Justiciées, formé d'une cinquantaine d'espèces asiatiques, océaniennes et africaines, herbacées ou suffrutescentes, et distingué par un calice à lobe postérieur plus grand que les autres; 4 étamines fertiles, à loges attachées à des niveaux différents; des fleurs en épis souvent denses, unilatéraux, solitaires ou groupés en fascicules, axillaires, terminaux ou occupant la base de la tige, accompagnés de bractées. Il y en a aussi 2 espèces dans l'Amérique tropicale, et quelques-unes sont cultivées comme ornementales. (WIGHT, *Icon.*, t. 445-447, 1530, 1620. — DELESS., *Ic. sel.*, III, t. 84. — BEDD., *Ic. pl. ind. or.*, t. 227-229. — NEES, in *Mart. Fl. bras.*, IX, t. 8 (*Teliostachya*).) [H. BN.]

LEPIDANCHE (ENGELM., in *Sillim. Journ.*, XLIII, 343, t. 6). Synonyme de *Cuscuta* L.

LEPIDANTHEÆ (BEER, *Fam. Bromel.*, 8, 19). Sous-tribu des Broméliées.

LEPIDANTHEMUM (KL., in *Pet. Moss.*, *Bot.*, 64). Synonyme de *Dissotis* BENTH.

LEPIDANTHUS (NEES, in *Linnæa*, V, 665). Synonyme (?) de *Hypodiscus* NEES.

LEPIDANTHUS (NUTT., in *Amer. Phil. Soc. Trans.*, V, 175). Synonyme de *Andrachne* L.

LEPIDANTHUS (NUTT., in *Amer. Phil. Soc. Trans.*, n. ser., VII [1841], 396). Synonyme de *Lepidotheca* ENDL. (Composées).

LEPIDAPLOA (CASS., in *Dict.*, XXXVI, 16). Section du genre *Vernonia* SCHREB. (H. BN, *Hist. des pl.*, VIII, 24.)

LEPIDEILEMA (TRIN., in *Mém. Ac. Pétersb.*, sér. 6, I, 93). Synonyme de *Streptochæta* SCHRAD.

LEPIDELLA (OLIV. et HIERN, *Fl. trop. Afr.*, III, 267). Synonyme de *Polydora* FENZL.

LEPIDIASTRUM (DC., in *Mém. Mus.*, VII, 241; *Prodr.*, I, 207). Section du genre *Lepidium* L.

LEPIDIDÆ (LINDL.), LEPIDIEÆ (REICHB.), LEPIDINEÆ (DC.). Division des Crucifères.

LÉPIDINÉES. Sous-série, à cotylédons incombants ou condupliqués, des Crucifères-Thlaspidées. (H. BN, *Hist. pl.*, III, 223.)

LEPIDIO. Nom mexicain du *Lepidium latifolium* L.

LEPIDION (DIOSC.). La Grande-Passerage.

LEPIDIUM. Nom latin des Passerages.

LEPIDIUM (LOUR., *Fl. coch.*, 395). Synonyme de *Hutchinsia*.

LEPIDIUM PIPERITIS (MATTH.). Le *Lepidium latifolium* L.

LEPIDOBALANUS (ENDL., *Gen.*, Suppl., IV, 24). Section du genre *Quercus* T.

LEPIDOBOLUS (NEES, in *Pl. Preiss.*, II, 66). Genre de Restiacées, à fleurs dioïques, 3-andres, analogues à celles des *Elegia*, mais disposées en épis. Le *L. chætocephalus* est australien, de même que deux autres espèces. (MAST., *Restiac.*, 346, t. 3, 5.)

LEPIDOCARPODENDRON (BOERH., ex H. BN, *Hist. des pl.*, II, 423). Synonyme de *Mimetes* SALISB. [T.]

LEPIDOCARPUS (ADANS., *Fam.*, II, 284). Synon. de *Protea* L.

LEPIDOCARYA (MART., *Palm. Fam.* [1824], 7). Série (3) des Palmiers, comprenant les genres *Lepidocaryum*, *Mauritia*, *Calamus*, *Sagus* et *Nipa*. (Voy. *Flora* [1824], I, 352.)

LEPIDOCARYA (KORTH., *Ned. Kruidk. Arch.*, III, 386). Synonyme de *Parinari* AUBL.

LEPIDOCARYEÆ. Tribu (4) des Palmiers. (B. H., *Gen.*, III, 872.)

LEPIDOCARYINÆ (MART. — ENDL.), LEPIDOCARYNEÆ (SPACH). Tribu des Palmiers.

LEPIDOCARYUM (MART., *Palm. bras.*, 49, t. 45, 46, 47). Genre de Palmiers-Lépidocaryinées, caractérisé par : Spadice pourvu d'une spathe complète et de plusieurs incomplètes. Fleurs mâles disposées en chatons comprimés, formées d'un calice campanulé, tridenticulé, d'une corolle à trois pétales, de six étamines, sans rudiment de pistil. Fleurs hermaphrodites ou plutôt femelles, à calice campanulé, tridenté; à corolle tripartite, à six étamines ordinairement stériles, à ovaire triloculaire, surmonté de trois stigmates sessiles, linéaires, connés. Le fruit est une baie monosperme, couverte d'écailles recourbées en dehors; albumen régulier, corné; embryon dorsal. Tige courte, mince, revêtue au sommet par la base persistante des pétioles; feuilles flabelliformes, pennées. On en connaît cinq espèces qui habitent le Brésil. (Voy. MART., *Hist. Palm.*, 217, 344.) [L.]

LEPIDOCEPHALÆ (BATSCH, *Tab. aff.*, 249). Synonyme de Composées-Semiflosculeuses.

LEPIDOCERAS (HOOK. F., *Fl. antarct.*, II, 293; *Gen.*, III, 216, n. 12). Genre de Loranthacées. Syn. de *Tupeia* CHAM. et SCHLCHTL et section de ce genre (H. BN, in *Adansonia*, III, 105). Les *Lepidoceras* 3-mères sont des *Eremolepis*. (H. BN, *loc. cit.*, 107.)

LEPIDOCEREUS (ENGELM., *Syn. Cactac.* [1856], 287). Sous-genre du genre *Cereus* L. (*C. giganteus* et *Thurberi*).

LEPIDOCOCCA (TURCZ., in *Bull. Mosc.* [1848], I, 588). Synonyme de *Caperonia* A. S.-H.

LEPIDOCOCCUS (H. WENDL. et DRUD., in *Kerch. Palm.*, 249). Synonyme de *Diplorhipis* DR.; section du genre *Mauritia* L. F.

LEPIDOCOMA (JUNGH., *Reiş.*, ex *Flora* [1847], 508). Synonyme de *Flemingia* ROXB.

LEPIDOCROTON (PRESL, *Epimel.*, 213). Synon. de *Tournesolia*.

LÉPIDODENDRÉES (*Lepidodendreæ* ENDL., *Gen.*, 70). Ordre des Sélaginées, ou, pour Brongniart (in *Dict. d'Orb.*, XIII, 90), div. des Lycopodiacées, représentée par des végétaux fossiles.

LEPIDODENDRON (STERNB., *Vers.*, I, 23). Genre de plantes fossiles, que l'auteur a rapportée aux Fougères, puis aux Lycopodiacées. Synonyme de *Sagenaria* AD. BR. Endlicher (*Gen.*, 70) n'en fait qu'une section des *Lepidodendron* AD. BR., caractérisée par des troncs dichotomes, à cicatrices losangiques. Pour lui ce sont des Lépidodendrées, famille qu'il place à la suite des Lycopodiacées, à la fin des Cryptogames.

LEPIDODERMA (DE BARY, in *Rostaf. Monogr.*, 187). Genre de Myxomycètes, à péridium sessile ou stipité, simple, recouvert d'écailles dans le tissu desquelles entre une grande quantité de calcaire. Columelle ordinairement apparente. [DE S.]

LEPIDOFLOYOS (STERNB., *Vers.*, I, 3, XIII). Genre fossile de Fougères vraies. Endlicher (*Gen.*, 70) n'en fait qu'une section des *Lepidodendron*. (UNG., *Syn.*, 143; *Chlor. protog.*, LX.)

LEPIDOGONUM (WIMM., *Fl. siles.*, ed. 2, 75). Synonyme de *Lepigonum* WAHLENB.

LEPIDOGYNE (BL., *Orchid. Arch. ind.*, 93, t. 25). Genre d'Orchidacées-Néottiées, à port de *Spiranthes*, à fleurs analogues à celles des *Goodyera*; les sépales libres, connivents; le labelle adné à la base du gynostème et l'embrassant par ses lobes latéraux; le clinandre cyathiforme. La seule espèce du genre, mal connue, est une herbe cespiteuse de Java. [H. BN.]

LEPIDOLEPIS (STERNB., *Vers.*, I, p. III, 39). Synonyme (?) de *Knorria* STERNB. (UNG., *Syn. pl. foss.*, 126, 136.)

LEPIDOMA (ACH., *Lich. Univers.*, 211). Division des Lichens Lécidés, dans laquelle l'auteur avait placé les Lichens à apothécies lécidéines, à thalle crustacé, à contours apparents et comme foliacés. Cette division, qui s'appuyait toute sur le faciès, n'a pas été admise par M. Nylander. [CH. M.]

LÉPIDONEVRON (FÉE, *Gen. Fil.*, 301). Genre proposé pour l'*Aspidium punctulatum* et autres espèces voisines.

LEPIDOPAPPUS (SESS. et MOÇ., ex DC., *Prodr.*, V, 655). Synonyme de *Florestina* CASS.

LEPIDOPELMA (KL., in *Pr. Waldem. Reise*, *Bot.*, 118, t. 22). Synonyme de *Sarcococca* LINDL.

LEPIDOPETALUM (BL., *Rumphia*, III, 171). Synonyme de *Ratonia* DC.

LEPIDOPHLOYOS (ENDL. — AD. BR.). Pour *Lepidofloyos* ST.

LEPIDOPHORA (FISCH. et MEY., *Sert. petrop.*, I, t. 6, not.). Section du genre *Nemophila* BART. (WALP., *Ann.*, III, 100).

LEPIDOPHORUM (NECK., *Elem.*, I, 14). Synonyme de *Anthemis* L. (H. BN, *Hist. des pl.*, VIII, 275.)

LEPIDOPHYLLEÆ (CASS., in *Dict. sc. nat.*, XXXVII, 460; LX, 581). Division des Composées-Solidaginées.

LEPIDOPHYLLUM (AD. BR., in *Dict.*, LVII, 93; *Prodr. foss.*, 87). Genre de fossiles, que Brongniart a rapporté aux Lycopodiacées; caractérisé par des feuilles sessiles, simples, lancéolées ou linaires, 1-3-nerves, très entières. (ENDL., *Gen.*, 70. — UNG., *Syn. pl. foss.*, 138; *Chlor. protog.*, LIX. — J., in *Dict. d'Orb.*, VII, 293. — LINDL. et HUTT., *Foss. Fl.*, t. 7, 152.)

LEPIDOPHYLLUM (CASS., in *Bull. Soc. philom.* [1816], 199; in *Dict.*, XXVI, 36). Genre de Composées, voisin des *Histerionica*, formé de 4, 5 arbustes ou sous-arbrisseaux très rameux, de l'Amérique andine et extratropicale, distingués par des capitules petits et radiés, à involucre étroit, et par des fruits du rayon comprimés, à aigrette de soies nombreuses et non barbelées. Leurs feuilles sont étroites, opposées ou plus rarement alternes. (H. BN, *Hist. des pl.*, VIII, 154.)

LEPIDOPHYTON (HOOK. F., in *Lindl. Veg. Kingd.*, ed. 2, 90). Synonyme de *Lophophytum* SCH. et ENDL.

LEPIDOPILEÆ (C. MUELL., in *Bot. Zeit.* [1848], 767; in *Linnæa*, XXI, 192, 195). Famille des Mousses (genres *Lepidopilum*, puis *Eriopus*).

LEPIDOPILUM. Genre de Mousses, établi par Bridel (*Mant.*, II, 267), et qui n'a pas été conservé. Les espèces, d'ailleurs peu nombreuses, et presque toutes tropicales, en ont été depuis rapportées au genre *Hookeria* (voy. ce mot au Supplément), où elles forment une section désignée sous le même nom, et caractérisée par la forme étroitement allongée des cellules du parenchyme foliaire, par les feuilles non bordées, à nervures fines ou nulles, par la ramification pennée des tiges. [M.]

LEPIDOPIRONIA (A. RICH., *Fl. abyss.*, II, 442, t. 101). Genre de Graminées-Chloridées, établi pour une plante mal connue, annuelle, dressée, à épi solitaire et terminal, lâche, à glumelles entières, très velues, à arête dorsale. On a remarqué les analogies de cette plante avec le *Tripogon abyssinicum*. (B. H., *Gen.*, III, 1170). [H. BN.]

LEPIDOPLOA (SCH. BIP.). Pour *Lepidaploa* CASS.

LEPIDOPODII (PERS., *Mycol. eur.*, II, 145). Section de Polyporés, comprenant des espèces de *Boletus* à stype nu ou légèrement écailleux.

LEPIDOPOGON (TAUSCH, in *Flora* [1829], 37; [1831], 224). Synonyme de *Cylindrocline* CASS.

LEPIDOSERIS (REICHB., in *Mœsl. Handb.*, II, 408). Section du genre *Barkhausia* (*Crepis*).

LEPIDOSPERMA (LABILL., *Pl. N.-Holl.*, I, 14, t. 11-16). Genre de Cypéracées-Rhynchosporées, à épillets 1-3-flores, souvent noirâtres; la fleur supérieure fertile. Chaque épillet a des glumes subdistiques, avec des fleurs dont le gynécée est celui d'un *Schœnus*, avec 3-5 étamines hypogynes et 6 soies, ou moins, sétiformes ou hyalines, accrues après l'anthèse, cartilagineuses, spongieuses ou sétifères. Il y a une quarantaine de *Lepidosperma*, en Océanie, en Malaisie, en Chine, à la Nouvelle-Zélande; ce sont des herbes vivaces, à épillets groupés de façons très diverses. (HOOK. F., *Fl. tasm.*, t. 146, 147.) [H. BN.]

LEPIDOSPERMA (SCHRAD., *Analect.*, 35, t. 4, fig. 4, 5). Synonyme de *Sclerochætium* NEES.

LEPIDOSPERMUM (SPACH, *Suit. à Buff.*, VII, 341). Section des *Delphinastrum* (*D. puniceum*, *ochroleucum*, *fissum*, etc.).

LEPIROSPORÆ (SCHULT., *Nat. Syst.; Isis* [1834], 524). Famille des *Synorgani sporiferi*, comprenant les Lycopodes.

LEPIDOSTACHYS (WALL., *Cat.*, n. 6816). Genre que Wallich attribuait aux Amentacées, et Lindley aux Scépacées. C'est nous qui avons, en 1857 (*Bull. Soc. bot. de Fr.*, IV, 993), rapporté ce genre aux *Scepa*, comme nous avons, à la même époque, montré que les Scépacées étaient des Euphorbiacées. [H. BN.]

LEPIDOSTEMON (HASSK.). Pour *Lepistemon* BL.

LEPIDOSTEMON (HOOK. F. et THOMS., in *Journ. Linn. Soc.*, V, 131). Genre de Crucifères-Cheiranthées, établi pour une herbe de l'Himalaya, distinguée par des étamines libres, toutes pourvues d'une large écaille. Ses fleurs sont jaunes et longuement pédicellées. (H. BN, *Hist. des pl.*, III, 245.)

LEPIDOSTEPHANUS (BARTL., *Ind. sem. Hort. gœtt.* [1837], ex *Linnæa*, XII, *Lit. Ber.*, 82). Synonyme de *Achyrachæna* SCHAU.

LEPIDOSTEPHIUM (OLIV., in *Hook. Icon.*, XI, t. 1030). Genre de Composées-Anthémidées, établi pour une herbe vivace de l'Afrique australe, qui a le port d'un Seneçon et que caractérisent des capitules à fleurs du rayon fertiles, et des fruits scabres-glanduleux, à paléoles courtes, incisées ou partites, subconnées et formant aigrette. (H. BN, *Hist. des pl.*, VIII, 282.)

LEPIDOSTROBUS (AD. BR., in *Dict. sc. nat.*, LVII, 93; *Prodr. foss.*, 87). Genre de Lycopodiacées fossiles (CORDA, in *Sternb. Vers.*, II. — LINDL., *Foss. Fl.*, I, t. 20; III, t. 162, 163, 198). Endlicher (*Gen.*, 70; *Enchir.*, 48) en fait un genre de Lépidodendrées. (UNG., *Syn. pl. foss.*, 139; *Chlor. protog.*, LIX.)

LEPIDOTA (STERNB., *Vers.*, I, 23). Tribu des *Lepidodendrum*.

LEPIDOTÆ (QUEL., *Ench.*, 103), LEPIDOTI (FR.). Troisième section des Agaricinés, de la tribu des *Naucoria* FR., caractérisée par la surface écaillée ou furfuracée du chapeau.

LEPIDOTHAMNUS (PHIL., in *Linnæa*, XXX, 730). Synonyme de *Dacrydium* SOLAND.

LEPIDOTHECA (NUTT., ex *Walp. Rep.*, II, 639). Synonyme de *Lepidanthus* NUTT.

LEPIDOTIA (REICHB., *Nom.*, 197). Section du genre *Phebalium* VENT.; synonyme de *Eriostemoides* ENDL.

LEPIDOTIS (PAL.-BEAUV., *Prodr. Æthéog.*, 101, 107). Genre proposé pour les *Lycopodium clavatum*, *annotinum*, etc.

LEPIDOTUM (DUMORT., in *DC. Prodr.*, XIII, p. I, 123). Soussection des *Anthopleuris*.

LEPIDOTURUS (H. BN, *Et. gén. Euphorb.*, 448). Genre d'Euphorbiacées uniovulées. Section du genre *Alchornea*. (H. BN, *Hist. des pl.*, V, 212.)

LEPIDOTUS. Couvert de poils pellés, squamiformes.

LEPIDOTUS (FRIES, *Epicr.*, 199). Section du genre *Naucoria*.

LEPIDOZAMIA (REG., in *Act. H. petrop.*, IV, 317). Section du genre *Macrozamia* MIQ.

LEPIDOZIA. Genre d'Hépatiques, établi par Nees d'Esenbeck dans la famille des Jungermanniacées. Les fleurs sont monoïques, et les deux sexes occupent de tout petits rameaux nés à la face inférieure de la tige. La fleur femelle est entourée d'un involucre à folioles assez nombreuses, distinctes. Le périanthe est ovoïde-allongé, cilié au bord, et marqué de trois plis longitudinaux, obtus. La coiffe est incluse et libre. La capsule, portée par un long pédicelle, devient brune à la maturité et s'ouvre en quatre valves qui restent droites. Ce sont des plantes élégamment ramifiées-pennées, à tiges et rameaux stolonifères. Leurs feuilles, formées de cellules épaisses, se terminent par trois ou quatre lobes lancéolés. Les amphigastres sont bien développés, nombreux et incisés comme les feuilles. On ne connaît de ce genre qu'un petit nombre d'espèces, qui croissent sur la terre humide, sur le bois pourri, et habitent surtout les forêts des montagnes. (Voy. NEES AB ESENB., *Leberm.*, III, 31. — LINDENB. et GOTT., *Spec. Hep.*, V. — L., *Spec.*, n. 49.) [M.]

LEPIEDRA (REICHB.). Pour *Lapiedra* LAGASC.

LEPIGONEÆ (FRIES, *Summ. veg. Scand.*, I, 38). Division des Alsinées (genres *Spergula* et *Lepigonum*).

LEPIGONUM (FRIES, *Fl. hall.*, 259). Synonyme de *Tissa* ADANS.

LEPILÆNA (DRUMM., ex HARV., in *Hook. Kew Journ.*, VII, 58). Genre de Naïadacées-Zanichelliées, formé de 3 plantes australiennes, submergées, distinguées par un périanthe de 3 écailles, une colonne androcéenne sessile, portant 2, 3 anthères, un gynécée de 3 carpelles droits, un embryon à extrémité cotylédonaire terminale, indupliquée. (BENTH., *Fl. austral.*, VII, 179.) [H. BN.]

LEPINIA (DCNE, in *Ann. sc. nat.*, sér. 3, XII, 194, t. 9). Genre d'Apocynées-Vincées, établi pour un arbre de Taïti, à feuilles alternes, distingué par l'absence du disque et 3, 4 carpelles uniovulés, finalement unis par leur sommet et supportés par de longs pieds divergents. [H. BN.]

LEPIONURUS (BL., *Bijdr.*, 1148; *Mus. lugd.-bat.*, I, 246). Section du genre *Opilia* ROXB. (Voy. H. BN, in *Adansonia*, II, 370; III, 123.)

LEPIOSTEGERES (MIQ., *Fl. ind. bat.*, I, I, 833). Synonyme de *Loranthus* L.

LEPIOTARIA (FRIES, *Syst. mycol.*, I, 179). Sous-tribu des *Pleurotus* FRIES.

LÉPIOTE (*Lepiota* PERS., *Syn. Fung.*, 257). Genre d'Agaricinés, voisin des Amanites. Renfermé d'abord dans une valve fugace, le réceptacle développé présente un chapeau campanulé ou umboné; un stipe cylindrique, droit, élancé, souvent bulbeux à la base, muni d'un anneau persistant, mobile ou fixe. Les lamelles sont inégales, libres; elles n'atteignent que très rarement le stipe; elles laissent parfois un intervalle assez sensible, limité par un bourrelet appelé *collarium*. Le tissu du chapeau et celui du stipe ne sont pas continus, et dans les espèces types ils se séparent facilement l'un de l'autre. Les spores, blanches vues en masses, sont légèrement teintées dans quelques espèces, souvent grandes, ovoïdes et même fusiformes. Certaines espèces presque membraneuses rappellent le port des Coprins; d'autres, charnues, voisines des Amanites, sont alimentaires; quelques-unes, d'une odeur nauséeuse, passent pour suspectes. On en connaît 180 espèces, la plupart exotiques et dont on voit certains types apparaître dans les serres chaudes. Il n'y a guère de pays qui ne compte quelques représentants de ce genre; ils abondent surtout aux Indes et à Ceylan. [DE S.]

LEPIPHERUM (G. DON, *Gen. Syst.*, III, 845). Section du genre *Rhododendron* (*R. dahuricum*, *lapponicum*, etc.).

LEPIPOGON (BERTOL., in *Mém. Acad. Bologn.*, IV [1853], 539, t. 21). Genre de Rubiacées; synonyme de *Randia*. (H. BN, in *Bull. Soc. Linn. Par.*, 243.)

LEPIRODIA (JUSS.). Pour *Lepyrodia* R. BR.

LEPIRONIA (L.-C. RICH., in *Pers. Syn.*, I, 70). Genre de Cypéracées-Hypolytrées, établi pour une herbe vivace, de l'Asie et de l'Océanie tropicale et de Madagascar, caractérisée par des fleurs toutes hermaphrodites, à 2 écailles hypogynes extérieures carénées; les intérieures nombreuses et étroites; 8-∞ étamines; un ovaire uniovulé, surmonté d'un style bifide; un fruit sec, sans bec ni côtes. (MIQ., *Ill. Fl. Arch. ind.*, t. 20.) [H. BN.]

LEPISANTHES (BL., *Bijdr.*, 238; *Rumphia*, III, 151). Genre de Sapindacées-Sapindées, à fleurs régulières, formé de 3 arbres et arbustes de l'archipel Indien, distingué par 3, 4 sépales et pétales; ces derniers pourvus d'une écaille cucullée; 8 étamines et une drupe à noyau triloculaire. (H. BN, *Hist. des pl.*, V, 401.)

LEPISANTHUS (REICHB.). Pour *Lepisanthes* BL.

LEPISCLINE (CASS., in *Bull. Soc. philom.* [1818], 31). Synonyme de *Lepicline* DC.

LEPISIA (PRESL, *Symb.*, I, 9, t. 5). Synon. de *Elytranthus* NEES.

LEPISIPHON (TURCZ., in *Bull. Mosc.* [1851], I, 80). Synonyme de *Osteospermum* L. (H. BN, *Hist. des pl.*, VIII, 195.)

LEPISMA. Disque cupuliforme.

LEPISMIUM (PFEIFF., in *Ott. Gartenz.* [1835], 314). Synonyme de *Rhipsalis* GÆRTN. et section de ce genre. (H. BN, *Hist. des pl.*, IX, 40.)

LEPISTA (FR., *Epicr.*, 315; 2e, 401). Première tribu des Agaricinés, du genre *Paxillus*, à stipe central et à spores de teinte claire, presque hyalines. Quelques auteurs en ont fait un genre. (GILLET, *Champ. France*, I, 195.) [DE S.]

LEPISTELMA (G. DON, *Gen. Syst.*, IV, 145). Synonyme de *Acerates* ELL.

LEPISTEMON (Bl., *Bijdr.*, 722). Genre de Convolvulacées-Convolvulées, voisin des *Ipomœa*, formé de 2, 3 herbes volubiles de l'Afrique et de l'Asie tropicales, à feuilles velues, à ovaire biloculaire et 4-ovulé, avec un style d'Ipomée et un fruit 4-valve, mais des étamines à filets dilatés en écaille forniquée. (Wight, *Icon.*, t. 1362.) [H. Bn.]

LEPISTEMONEÆ (Miq., *Fl. ind. bat.*, II, 629). Tribu des Convolvulacées (genre *Lepistemon* Bl.).

LEPISTOMA (Bl., *Fl. Jav. Præf.*, 7). Syn. de *Cryptolepis* R. Br.

LEPITOMA (Torr., ex Steud., *Nom.*, II, 29, 355). Synonyme de *Pleuropogon* R. Br.

LEPIURUS (Math.). Pour *Lepturus* R. Br.

LEPODIUM (Trev., in *Riv. Acc. Padov.*, I [1855], 267). Sous-genre des *Berengeria*.

LEPORHABDOS (Endl.). Pour *Leptorhabdon* Schrenk.

LEPOSMA (Bl., *Bijdr.*, 1049). Synonyme de *Cryptolepis* R. Br.

LEPOSTEGERES (Bl., *Fl. Jav. Loranth.*, 18). Section du genre *Loranthus*. Spach écrit *Lepostegeris*; Endlicher, *Lepeostegeres*.

LEPOUZIA (Dur., *Fl. Bourg.*, II, 26). Synonyme de *Specularia* Heist.

LEPRA (Hall., *Hist.*, III, 102). Genre de Lichens, à thalle léproso-pulvérulent, placé par Schærer dans la grande famille des Lichens crustacés, mais que M. Nylander n'a pas admis. Montagne considère les espèces qui constituaient ce genre, ainsi que celles du genre *Lepraria*, comme des états pathologiques d'autres Lichens bien connus et bien déterminés, où sont confondus ensemble les gonidies et les autres éléments organiques qui constituent le Lichen en général. Cet état pathologique est dû à la désagrégation des cellules qui composent le thalle du végétal: désagrégation qui commence généralement par le centre et qui présente alors un lichen qui peut être foliacé ou crustacé sur les bords ou à la partie périphérique, et pulvérulent à la partie centrale. La désagrégation se propageant peu à peu, le lichen devient, par la suite, essentiellement pulvérulent, et ne représente plus qu'une masse de poussière verdâtre ou jaunâtre, selon l'espèce. Les botanistes anciens ignoraient ces transformations, et considéraient ces diverses formes, non comme des états pathologiques d'une même plante, mais comme appartenant à des êtres différents et très distincts. De là les genres *Lepra* et *Variola*, et même le genre *Lepraria*. [Ch. M.]

LEPRANTHA (Duf., *herb.* — Schær., *Enum. crit. Lich. europ.*, 92). Genre de Lichens discoïdes, de la famille des Lécanorés d'après Schærer, mais qu'il faut plutôt considérer comme synonyme des *Urceolaria*.

LEPRARIA (Achar., *Lich. univ.*, X, 666). Genre de Lichens, non admis aujourd'hui, que l'auteur considérait comme dépourvu de thalle, mais que l'on doit regarder comme appartenant à la division mal définie des *Lepra*. [Ch. M.]

LEPRARIA (*Engl. Bot.*, t. 2471). Genre d'Algues-Chlorospermées. Synonyme de *Chroolepus* en partie et de *Protococcus* pour une espèce bien connue, le *L. nivalis*, que l'on rencontre assez fréquemment au sommet des Alpes et dans les régions arctiques. [Ch. M.]

LEPREVOSTIA (Crouan, in *Ann. sc. nat.*, sér. 3, X, 367). Genre d'Algues, dont on ne connaît que le nom.

LEPROCAULON (Nyl., *Fl.* [1876], 578). Genre de Lichens, de la famille des Stéréoscaulées, créé par M. Nylander, et qui ne renferme qu'une espèce, le *Stereoscaulon nanum*, qui se présente parfois couvert de granules pulvérulents d'un blanc verdâtre, ce qui permet de considérer cette petite espèce comme un *Lepra* fruticulescent, et un état pathologique de cette espèce. [Ch. M.]

LEPROCERCIS (Trin., *Fundam. Agrost.*, 203). Genre fondé pour l'*Andropogon serratum* Retz.

LEPROPHORA (Dun., *Sol. Syn.*, 26). Section du genre *Solanum*.

LEPROSÆ (Agh, *Aphor.* [1821], 91). Division des Lichens crustacés (genres *Lepraria*, *Variolaria*, *Isidium*). [Ch. M.]

LEPROSUS. A surface verruqueuse, lépreuse.

LEPSIA (Kl., *Begon.*, 181). Genre de Bégoniacées; section du genre *Begonia* L. (B. H., *Gen.*, I, 842.)

LEPTA (Lour., *Fl. cochinch.*, 82). Synonyme de *Evodia* Forst.

LEPTACANTHUS (Nees, in *Wall. Pl. as. rar.*, III, 90). Synonyme de *Strobilanthes* Bl.

LEPTACTINIA (Hook. f., *Icon.*, t. 1092 (*Leptactina*); *Gen.*, II, 85). Section du genre *Genipa* (*Gardenia*), à cymes terminales corymbiformes, à sépales développés, à larges stipules. Espèces de l'Afrique tropicale, à fleurs pourvues de longues corolles. (H. Bn, *Hist. des pl.*, VII, 310.)

LEPTADACTYLON (Benth.). Pour *Leptodactylon* Hook. et Arn.

LEPTADAPHNE (Nees, *Laur. Exp.*, 16). Genre de Lauracées; synonyme de *Ocotea* Aubl.

LEPTADENIA (R. Br., in *Mem. Werner. Soc.*, I, 34). Genre d'Asclépiadacées-Céropégiées, formé de 10-12 arbustes dressés ou volubiles, de l'Asie et de l'Afrique tropicales, distingués par une corolle rotacée, à double couronne; les lobes de la corolle filiformes. La couronne se prolonge, près des anthères appendiculées, en cinq ligules étroites. Les tiges sont grêles et les feuilles sont filiformes. [H. Bn.]

LEPTADENIEÆ (Endl., *Gen.*, 597). Section des Asclépiadacées-Stapéliées. (Reichb., *Nom.*, 130.)

LEPTALEA (Don, ex Hook. et Arn., *Comp. Bot. Mag.*, I, 102). Synonyme de *Facelis* Cass.

LEPTALEUM (DC., *Syst.*, II, 510). Genre de Crucifères-Camélinées, établi pour une herbe annuelle de l'Orient; distingué par des sépales et des pétales linéaires, et un fruit indéhiscent ou à peu près, linéaire, polysperme. (Deless., *Ic. sel.*, II, t. 68. — H. Bn, *Hist. des pl.*, III, 278.)

LEPTAMNIUM (Rafin., in *Amer. Mont. Mag.* [jan. 1818], 194). Synonyme de *Epiphegus* Spreng. Steudel écrit *Leptaminium*.

LEPTANDRA (Nutt., *Gen.*, I, 7). Synonyme de *Veronica* T.

LEPTANGIUM. Genre de Mousses, proposé d'abord par Montagne, pour une plante de Sénégambie, qu'il a lui-même rapportée plus tard au genre *Schistidium*. (Voy. *Ann. sc. nat.*, IX [1838], 51. — C. Muell., *Syn. Musc. frond.*, II, 185.) [M.]

LEPTANTHE (Kl., in *Waldem. Reis.*, *Bot.*, 95, t. 63). Synonyme de *Macrotomia* DC.

LEPTANTHELE (Trin. et Rupr., in *Mém. Pétersb.*, sér. 6, V [1848], 87). Sect. du g. *Lasiagrostris*. (Steud., *Glum.*, I, 132.)

LEPTANTHUS (Michx, *Fl. bor.-amer.*, I, 24, t. 5). Synonyme de *Heteranthera* R. et Pav.

LEPTARRHENA (R. Br., in *Parr. First Voy. Suppl.*, 273). Genre de Saxifragacées-Saxifragées, créé pour une herbe à port de Pyrole, du Kamtschatka et de l'Amérique du Nord, distingué par un double périanthe pentamère et 2 carpelles presque libres. (H. Bn, *Hist. des pl.*, III, 333, 428.)

LEPTASEA (Haw., *Enum. Saxifr.*, 39). Synonyme de *Saxifraga*, sect. *Hirculus* Tausch (part.).

LEPTASPIS (R. Br., *Prodr.*, 211). Genre de Graminées-Panicées, formé de 2, 3 grandes herbes africaines, asiatiques et australiennes, à épillets monoïques, groupés en grappes composées, 2-3-nés sur leurs axes; le terminal mâle, et les 1, 2 inférieurs femelles. La glumelle fructifère est globuleuse-enflée et membraneuse. Les feuilles, longuement pétiolées, ont un large limbe lancéolé. (Benn., *Pl. jav. rar.*, t. 6.) [H. Bn.]

LEPTATHERUM (Nees, in *Proc. Linn. Soc.*, I [1841], 92). Genre proposé pour le *Pollinia lancea* Nees.

LEPTAULUS (Benth., *Gen.*, 351, n. 19). Genre de Térébinthacées, série des Mappiées, dans laquelle il se distingue facilement par sa corolle gamopétale. Les fleurs hermaphrodites ont un calice à cinq lobes profonds et imbriqués; une corolle gamopétale, plus ou moins longuement tubuleuse, à lobes valvaires, infléchis au sommet, réfléchis pendant l'anthèse et quelquefois munis d'une glande proéminente et velue, sur le milieu de leur face interne; un androcée de cinq étamines, insérées presque à la gorge de la corolle et dont les filets courts supportent des anthères à deux loges, quelquefois séparées, introrses et déhiscentes par des fentes longitudinales. L'ovaire, entouré d'un disque parfois nul, est surmonté d'un style excentrique, allongé, grêle, à peine capité à son extrémité stigmatique, et quelquefois muni à sa base de deux cornes glanduleuses, dressées et connées,

Dans sa loge unique, il renferme deux ovules collatéraux, disposés comme ceux des Mappiées. Le fruit est drupacé, ovoïde; son noyau mince renferme une seule graine, à embryon petit, apical, et à albumen abondant et divisé en plusieurs lobes. Ce sont des arbrisseaux glabres, à feuilles alternes, entières, penninerves, dépourvues de stipules; à fleurs disposées en cymes conlractées, soulevées avec l'axe et émergeant sur le côté d'une feuille située plus haut que celle à l'aisselle de laquelle l'inflorescence a pris naissance. (Voy. H. BN, *Hist. des pl.*, V, 280, 332; in *Adansonia*, III, 374; X, 264.) [T.]

LEPTEMON (RAFIN., in *N. York Med. Repos.*, II, hex. V, 350). Synonyme de *Crotonopsis* RICH.

LEPTERANTHUS (NECK., *Elem.*, I, 73). Synonyme de *Centaurea* L. (H. BN, *Hist. des pl.*, VIII, 84.)

LEPTHORMUS (REICHB.). Pour *Leptormus* DC.

LEPTHOTAMNIUM (KUETZ., *Sp. Alg.*, 896). Genre douteux d'Algues-Floridées, de la famille des Céramiées, à fronde rameuse, à cystocarpes comme axillaires, mais dont le tétrachoscarpe est inconnu. Une seule espèce constitue ce genre, que tous les algologues n'admettent pas; peut-être serait-il mieux placé dans le genre *Callithamnion* (voy. ce mot). [CH. M.]

LEPTIDIUM (GING., in *DC. Prodr.*, I, 304). Section du genre *Viola* T.; synonyme de *Erpetion* DC.

LEPTIDIUM (PRESL, in *Abh. Böhm. Ges.*, Flge 5, III, 479). Pour *Leptis* E. MEY.

LEPTILIX (RAFIN., *Nov. gen.* [1814], 3). Synonyme (part.) de *Tofieldia* HUDS.

LEPTINELLA (CASS., in *Bull. Soc. philom.* [1822], 127; in *Dict.*, XXVI, 66). Syn. de *Cotula* T. (H. BN, *Hist. pl.*, VIII, 284.)

LEPTINGA (BENTH., in *Lond. Journ. Bot.* [1845], IV, 579). Section du genre *Inga* PLUM. (WALP., *Rep.*, V, 623.)

LEPTIOLA (FRIES, *Summ. veg. Scand.*, II, 496). Sous-genre du genre *Collarium* LINK (*C. flavum*).

LEPTIS (BENTH., in *Lond. Journ. Bot.*, II, 607). Section du genre *Lotononis* DC. (WALP., *Rep.*, II, 5.)

LEPTIS (ECKL. et ZEYH., *Enum.*, 174, part.). Synonyme de *Lotononis* DC.

LEPTOBÆA (BENTH., *Gen.*, II, 1025). Genre de Gesnériacées-Cyrtandrées, formé de deux herbes indiennes, frutescentes, à étamines didynames, à anthères confluentes, à capsule linéaire. (C.-B. CLKE, *Cyrtandr.*, 164. — H. BN, *Hist. des pl.*, IX, 100.)

LEPTOBALANUS (BENTH., in *Hook. Journ.*, II, 212). Synonyme de *Moquilea* AUBL. (H. BN, *Hist. des pl.*, I, 427.)

LEPTOBARBULA. Genre de Mousses, créé par Schimper et rangé dans sa tribu des Pottiacées. Les fleurs sont dioïques; les mâles terminales et gemmiformes. Le périchèse est engainant; la coiffe étroite et allongée, cuculliforme. L'anneau est large et roulé en dehors, plurisérié. Le péristome est simple, formé de 16 dents indivises, lâchement enroulées. Les spores sont ténues et lisses. Ce sont des plantes de très petite taille, à feuilles menues, linéaires, très rugueuses; le parenchyme serré. Elles vivent sur les pierres, sur les vieux murs, où elles forment des sortes de coussinets assez serrés. On n'en connaît qu'un petit nombre d'espèces, confinées dans le midi de l'Europe. Le genre est très voisin par son organisation du genre *Trichostomum*, dont il diffère surtout par la structure des dents du péristome. (Voy. SCHIMP., *Syn. Musc. europ.*, 181). [M.]

LEPTOBLÆRIA (BENTH., in *DC. Prodr.*, VII, p. II, 697). Section du genre *Blæria*. (ENDL., *Enchir.*, 369.)

LEPTOBOTRYS (H. BN, *Et. gén. Euphorb.*, 478, t. 2). Genre d'Euphorbiacées, réuni aux *Tragia* comme section. (*Hist. des pl.*, V, 217.)

LEPTOBOTRYUM (BR., SCHIMP. et GUMB., *Bryol. eur.*, f. 46, 47). Sous-genre du genre *Bryum* (*B. pyriforme*).

LEPTOBRYUM. Genre de Mousses, établi par Schimper (in *Coroll. Bryol. europ.*), et rangé dans la tribu des Bryacées. Les fleurs sont hermaphrodites; la coiffe est très petite; la capsule est lisse, luisante, penchée ou pendante, avec un sporange pédicellé, retenu aux parois de celle-ci par des filaments déliés. L'opercule est mammilliforme, et le péristome double, avec les dents intérieures munies de processus entremêlés de cils. Ce sont des plantes grêles, à tige simple, à feuilles étroites (les supérieures étant les plus longues), formées de deux assises de cellules, dont la supérieure comprend des éléments losangiques-linéaires, tandis que ceux de l'inférieure sont rectangulaires ou hexagonaux. Leur nervure est simple et large. On n'en connaît que deux espèces, dont une est commune en Europe sur les rochers, sur les murs ou sur la terre humide, souvent associée au *Funaria hygrometrica*. Par leur mode de végétation, les *Leptobryum* se rapprochent tout à fait des *Webera*. C'est particulièrement la petitesse de leur sporange par rapport à la capsule, qui les distingue des *Bryum*. Linné les rangeait parmi les *Mnium*. (Voy. SCHIMP., *Cor. Bryol. europ.*; *Syn. Musc. europ.*, 389. — C. MUELL., *Syn. Musc. frond.*, I, 330.) [M.]

LEPTOCALLIS (G. DON, *G. Syst.*, IV, 260). Syn. de *Ipomæa* L.

LEPTOCALLISIA. Section (B. H., *Gen.*, III, 854) du genre *Callisia* L.

LEPTOCARPÆA (DC., *Syst.*, II, 201). Syn. de *Sisymbrium* L.

LEPTOCARPEÆ (FÉE, *Gen. Fil.*, 35, 65). Division des *Cathetogyratæ* (tribus des Lomariées, Pseudolomariées, Pleurogrammées et Ptéridinées).

LEPTOCARPHA (DC., *Prodr.*, V, 495). Section du genre *Eclipta* L. (H. BN, *Hist. des pl.*, VIII, 211.)

LEPTOCARPUS (R. BR., *Prodr.*, 250). Genre de Restiacées, formé d'une vingtaine d'herbes vivaces, de presque toutes les parties du monde, distinguées par des épillets des deux sexes multiflores, rarement uniflores, disposés en inflorescence variable, avec 2, 3 étamines, un fruit d'ordinaire triquètre, indéhiscent et monosperme, rarement déhiscent suivant les angles. Les feuilles ont des gaines persistantes, et les bractées spathacées sont souvent peu développées. (MAST., *Restiac.*, 329, t. 2.) [H. BN.]

LEPTOCARPUS (W., in *Link Jahrb.*, III, 51). Synonyme de *Tamonea* AUBL.

LEPTOCARYA. Dans Dioscoride, le Noisetier.

LEPTOCARYDION (HOCHST., in *exs. Schimp.*, n. 2308). Synonyme de *Triodia plumosa* BENTH.

LEPTOCAULIS (NUTT., ex DC., *Mém. Ombell.*, 39, t. 10; *Prodr.*, IV, 107). Section du genre *Apium*, à côtes primaires âpres ou hispidules, à bractéoles des involucres nulles. (Voy. H. BN, *Hist. des pl.*, VII, 222.)

LEPTOCERAS (LINDL., *Gen. et spec. Orchid.*, 415). Synonyme de *Caladenia* R. BR.

LEPTOCERATIUM (GRISEB., *Spic. Fl. rumel.*, I, 271). Section du genre *Aurinia*.

LEPTOCEREUS (RAFIN., in *Journ. Phys.*, LXXXIX, 262). Synonyme de *Lepturus*.

LEPTOCHILUS (KAULF., *Enum. Filic.*, 147). Synonyme de *Acrostichum*. Sprengel écrit *Leptochilos* (*Gen.*, II, 722).

LEPTOCHLÆNA. Genre de Mousses-acrocarpes, établi par Montagne (in *Ann. sc. nat.* [1845], IV, 105) pour une espèce découverte au Chili par C. Gay sur l'écorce des arbres. Les fleurs sont monoïques. Les mâles consistent en anthéridies sessiles à l'aisselle des feuilles florales, souvent entremêlées aux archégones. Les fleurs femelles sont terminales et gemmiformes. La coiffe est linéaire-subulée, très caduque, fendue à la base. Le péristome est double : l'externe formé de 16 dents courtes, linéaires-lancéolées, articulées, dressées quand elles sont humides; l'interne consistant en une membrane étroite, divisée en autant de cils filiformes, alternes avec les dents externes. La capsule est insymétrique, sans apophyse. Les feuilles, rapprochées au sommet de la tige et des rameaux, sont ovales-lancéolées, munies d'une nervure assez épaisse à la base, à peine denticulées, et formées de cellules qui vont en diminuant de largeur de la base de l'organe vers le sommet, où elles se montrent très étroites et serrées. Ce genre est très voisin des *Mielichhoferia*, qui s'en distinguent par leur péristome simple. (Voy. MTGNE, in *C. Gay Fl. chil.*, *Bot. crypt.*, t. 4. — C. MUELL., *Syn. Musc. frond.*, I, 237.) [M.]

LEPTOCHLÆNA (SPRENG. — DIETR.). Pour *Leptolæna* DUP.-TH.

LEPTOCHLOA (PAL.-BEAUV., *Agrost.*, 71, t. 15, fig. 1). Genre de Graminées-Chloridées, formé d'une douzaine d'herbes des deux mondes, distingué par des épis grêles, épars sur un axe commun, des épillets alternes, petits, 1-∞-flores, comprimés, des glumes mutiques, plus courtes que les glumelles également mutiques (*Fl. bras.*, II, III, t. 26). On a rapproché de ce genre et l'on a même voulu lui réunir à titre de section le genre *Dinebra* JACQ., qui n'a pas été étudié en son lieu, et qui est bien plus voisin des *Bouteloua*. (B. H., III, 190.) [H. BN.]

LEPTOCHLON (LINK). Pour *Leptochloa* PAL.-BEAUV.

LEPTOCIONIUM (PRESL, *Hymenoph.*, 118). Synonyme de *Hymenophyllum*.

LEPTOCLADIUM (NAUD., in *Ann. sc. nat.*, sér. 3, XVII, 365). Sous-section des *Clidemiopsis*.

LEPTOCLADUS (OLIV., in *Journ. Linn. Soc.*, VIII, 160, t. 12). Synonyme de *Mostuea* DIDRICHS.

LEPTOCLINIUM (GARDN., in *Hook. Lond. Journ.*, V, 461). Genre de Composées, dont l'autonomie est douteuse et qui doit probablement être rapporté comme section ou aux *Eupatorium*, ou aux *Liatris*. (H. BN, *Hist. des pl.*, VIII, 129, 133.)

LEPTOCLONIA (KUETZ., in *Linnæa*, XVII, 104 [1843]; *Phyc. gen.*, 422). Genre d'Algues-Floridées, de la famille des *Cœlosiphonieæ*, que nous devons considérer comme synonyme de *Polysiphonia* AGH. [CH. M.]

LEPTOCNEMIA (NUTT., ex TORR. et GR., *Fl. N.-Amer.*, I, 624). Section du genre *Cymopterus* RAFIN.

LEPTOCNIDE (BL., *Mus. lugd.-bat.*, II, 193, t. 57). Synonyme de *Pouzolzia* GAUDICH.

LEPTOCODON (HOOK. F. et THOMS., in *Journ. Linn. Soc.*, II, 17). Section du genre *Codonopsis* WALL. (H. BN, *Hist. des pl.*, VIII, 355.)

LEPTOCODON (SOND., *Fl. cap.*, III, 584). Synonyme de *Treichelia* VTKE.

LEPTOCOMA (LESS., in *Linnæa*, VI, 130; *Syn.*, 188). Synonyme de *Rhynchospermum* REINW. (H. BN, *Hist. des pl.*, VIII, 146.)

LEPTOCORYPHIUM (NEES, *Agrost. bras.*, 83). Synonyme de *Anthænantia* PAL.-BEAUV.

LEPTOCRAMBE (DC., *Syst.*, II, 655; *Prodr.*, I, 226). Section du genre *Crambe* L.

LEPTOCYAMUS (BENTH.). Synonyme de *Leptolobium* BENTH.

LEPTOCYSTINEMA (ARCH., in *Pritch. Inf.*, 721). Genre d'Algues-Conjuguées, de la division des Desmidiacées, solitaires quelquefois, le plus souvent articulées, et formées de cellules très fragiles, cylindriques et brusquement tronquées à l'un et à l'autre pôle. [CH. M.]

LEPTOCYTISUS (MEISSN., in *Pl. Preiss.*, II, 211). Synonyme de *Latrobea* MEISSN.

LEPTODACTYLON (HOOK. et ARN., in *Beetch. Voy. Bot.*, 369, t. 89). Synonyme de *Gilia* R. et PAV.

LEPTODAPHNE (NEES, *Exp. Laur.*, 16). Synonyme de *Ocotea* AUBL. (H. BN, *Hist. des pl.*, II, 437.)

LEPTODENDRON (BENTH., in *DC. Prodr.*, VII, p. II, 679). Sous-section des *Euerica*.

LEPTODERIS (DC., *Prodr.*, V, 373). Section du genre *Grangea*. Endlicher écrit *Leptoderris*.

LEPTODERMA (EHRH., in *Flora* [1849], I, 251). Sous-section du genre *Correa* SM.

LEPTODERMIS (WALL., in *Roxb. Fl. ind.* (ed. CAR.), II, 191). Synonyme de *Hamiltonia* ROXB. et section de ce genre. On cultive dans nos jardins le *L. lanceolata*. (H. BN, *Hist. des pl.*, VII, 273, fig. 246, 247.)

LEPTODESMIA (BENTH., in *Pl. Jungh.*, I, 221). Genre de Légumineuses-Hédysarées, d'abord décrit comme section des *Desmodium*, et formé de deux (?) plantes de l'Inde et de Madagascar, vivaces ou suffrutescentes, distinguées par une gousse bivalve, monosperme et des feuilles trifoliolées. (H. BN, *Hist. des pl.*, II, 317.)

LEPTODON. Genre de Mousses pleurocarpes, établi par Mohr pour un certain nombre d'espèces du genre *Neckera*, et dont les caractères principaux se résument comme il suit : Les fleurs sont dioïques. L'opercule est simple, formé de 16 dents menues, équidistantes, pourvues d'articulations d'autant plus écartées qu'elles sont plus voisines du sommet, finement papilleuses et perforées entre les articulations. Les spores, de grandeur médiocre, sont d'un rouge brun. Il n'y a pas d'anneau. Les *Leptodon* sont des plantes de petite taille, rameuses, à feuilles obtuses, entières, lisses ou papilleuses, formées de cellules presque arrondies, riches en chlorophylle. On les rencontre sur les troncs d'arbres, plus rarement sur les murs et les rochers. Une seule espèce est européenne, et habite les régions alpine et océanique. (Voy. MOHR, *Observ.* — C. MUELL., *Syn. Musc. frond.*, II, 118 et suiv. — SCHIMP., *Syn. Musc. europ.*, 562.) [M.]

LEPTODON. Sous-division du genre *Neckera*, comprenant les espèces à périchèse exsert, à tige comprimée, à ramuscules plus ou moins incurvés, à feuilles obtuses, formées de cellules arrondies. (Voy. BRID., *Mant.*, II, 197. — C. MUELL., *Syn. Musc. frond.*, II, 118 et suiv.) [M.]

LEPTODON (QUEL., *Ench. Fung.*, 191). Genre d'Hydnés lignicoles, à chapeau coriace, subéreux, à aiguillons grêles, à spores sphériques ou ovoïdes, blanches, échinulées; démembré du genre *Hydnum* et comprenant 7 espèces, parmi lesquelles l'ancien *Hydnum auriscalpium* L. [DE S.]

LEPTODONTACEÆ (SCHIMP.), LEPTODONTEÆ (RAFIN.). Division des Mousses-Pleurocarpées.

LEPTODONTÉES (*Leptodonteæ*). Famille de Mousses pleurocarpes, établie par Schimper et rangée dans sa tribu des Neckéracées. Les plantes qu'elle contient présentent les caractères généraux suivants : Les fleurs mâles se rencontrent sur tous les ramuscules indifféremment; les fleurs femelles sur la tige secondaire seulement. Le périchèse est polyphylle; la vaginule bien distincte, poilue, ainsi que la coiffe, qui est cuculliforme. La capsule, brièvement pédicellée, est ovale-oblongue, surmontée d'un opercule à bec droit. Le péristome est simple, à 16 dents. Dans cette famille, comme dans les plus voisines, la tige proprement dite est rampante et émet des rameaux (tiges secondaires) plus ou moins divisés et florifères, tantôt courts et dressés, tantôt longs et pendants. Les feuilles, disposées en réalité sur huit rangs, s'étalent ordinairement dans un même plan, de manière à paraître distiques; elles sont molles, d'un beau vert, munies d'une nervure qui n'atteint pas le sommet. Cette famille, très voisine de celle des Neckérées, comprend un assez grand nombre de genres, tous exotiques, sauf le *Leptodon*, qui lui a donné son nom. (Voy. BRUCH et SCHIMP., *Bryol. europ.* — SCHIMP., *Musc. eur.*, 563.) [M.]

LEPTODONTIUM. Genre de Mousses acrocarpes, proposé par Hampe, et qui ne paraît pas avoir été admis par la généralité des bryologistes. Les espèces que l'auteur y rangeait sont réparties dans les genres *Didymodon*, *Trichostomum*, etc. C. Müller en fait une section de ce dernier genre, comprenant quelques plantes européennes, asiatiques ou américaines, caractérisées par leurs fleurs dioïques, leurs feuilles raides, réfléchies, dont les cellules ne contiennent de chlorophylle que vers le sommet de l'organe; ce qui leur donne une couleur jaunâtre ou brunâtre. (Voy. HAMPE, in *Linnæa*, XX, 70. — C. MUELL., *Syn. Musc. frond.*, I, 577.) [M.]

LEPTOGIEÆ (KÖRB., *Syst. Lich. germ.*, 416). Famille de Lichens gélatineux (genres *Leptogium*, *Mallotium*, *Polychidium*). Pour Arnold (in *Flora* [1858], I, 91), c'est une tribu des Collémacées, formée du genre *Leptogium* ACHAR. [CH. M.]

LEPTOGIUM (ACHAR., *Lichen. univers.*, 654). Genre de Lichens, de la famille des Collémacées, caractérisé par un thalle foliacé, de forme variable, gélatinoso-membraneux lorsqu'il est mouillé, et renfermant intérieurement, dans cette substance gélatineuse, des granules en série moniliforme, et des lacunes comme tubuleuses. Le strate cortical est distinct, et formé de cellules en série simple. Les apothécies sont lécanorines, généralement biatorines. Les spores se divisent d'une façon très variable, et la plupart sont comme celle des *Collema*, très rarement simples, fusiformes. Presque dans toutes les espèces qui constituent ce genre, la gélatine hyméniale bleuit par la réaction iodée. Les spermogonies immergées sont pourvues de stérigmates articulés. Ce genre comprend 36 espèces, dont 18 sont propres à l'Europe. M. Nylander l'a divisé en quatre sections, caractérisées par la constitution du thalle, sa forme et les diverses modifications des apothécies. Ces Lichens se développent surtout dans les terres chaudes. (Voy. NYL., *Syn. meth. Lich.*, 119.) [CH. M.]

LEPTOGLOSSA (DC., *Prodr.*, VI, 258). Section du genre *Amphiglossa* DC. (ENDL., *Gen.*, 450.)

LEPTOGLOSSUM (COOKE, *Mycog.*, 250). Sous-genre du genre *Geoglossum*, à spores hyalines.

LEPTOGLOTTIS (BENTH., *Sulph. Bot.*, 143, nec DC.). Genre de Solanacées-Nicotianées, très voisin des *Petunia* et distingué par le tube grêle de sa corolle, ses étamines au nombre de 4, 5, inégales, deux d'entre elles étant parfois pourvues d'anthères stériles, et un style dont le sommet est en croissant, réfléchi des deux côtés. Ce sont 3 herbes grêles, de l'Amérique australe intratropicale et occidentale. (H. BN, *Hist. des pl.*, IX, 355.)

LEPTOGONEÆ (MIERS, in *Ann. and Mag. Nat. Hist.*, ser. 2, VII, 36). Tribu des Ménispermacées, renfermant les *Eleutharrhenæ* et *Cissampelideæ*.

LEPTOGONUM (BENTH., *Gen.*, III, 103, n. 26). Genre de Polygonacées-Triplaridées, établi pour un arbuste de Saint-Domingue, à feuilles alternes, rigides, pourvues d'un ocréa, et à petites fleurs, en épis, solitaires ou géminées dans l'aisselle d'une bractée cupulée, caractérisées par leur hermaphroditisme, un périanthe à 6 divisions, 3 étamines, et un ovule descendant d'un funicule dressé, comme celui des *Brunnichia*. [H. BN.]

LEPTOGRAMMA (J. SM., in *Hook. Journ. Bot.*, IV [1842], 51). Synonyme de *Gymnogramme* KZE.

LEPTOGRAMMEÆ (FÉE, *Gen. Fil.*, 37, 163, 178). Tribu des Fougères-Cathétogyratées.

LEPTOGYNE (ELLIOTT, *Sk. S.-Carol.*, II, 322). Synonyme de *Stylimnus* (*Pluchea*).

LEPTOHYMENIUM Genre de Mousses pleurocarpes, créé par Schwægrichen, et qui n'a pas été conservé, comme étant formé d'éléments hétérogènes. C. Müller désigne sous ce nom une section du genre *Neckera*, comprenant les espèces dont la capsule est exserte; dont les feuilles sont formées d'un parenchyme à éléments linéaires; dont les tiges sont filiformes, à ramification irrégulière. (Voy. SCHWÆGR., *Suppl.*, IV. — C. MUELL., *Syn. Musc. frond.*, II, 80.) [M.]

LEPTOLÆNA (DUP.-TH., *Hist. vég. isl. austr. Afr.*, 41, t. 11). Genre que nous avons pris pour type de la famille des Chlænacées. Ses fleurs pentamères ont un calice de 3 sépales, 5 pétales tordus, et sont enveloppées chacune d'un sac charnu qui s'épaissit autour du fruit. L'androcée est formé de 10 étamines bisériées, entourées d'un tube membraneux à bord supérieur entier ou dentelé. Le gynécée est trimère. Chaque loge ovarienne renferme 2 ovules collatéraux, descendants, à micropyle extérieur, et le style creux se dilate en une grosse tête stigmatifère à trois lobes entourés d'un rebord circulaire et qui sont d'origine septale. Le fruit est sec, indéhiscent, monosperme, induvié, et la graine descendante est albuminée. Les *Leptolæna* sont des arbustes malgaches, à feuilles alternes, à fleurs disposées en grappes ramifiées de cymes, terminales ou axillaires. (Voy. *Hist. des pl.*, IV, 220, 225, fig. 222-234.) [H. BN.]

LEPTOLOBIEÆ (BENTH., in *Hook. Journ. Bot.*, II, 72; III, 133). Tribu des Légumineuses-Cæsalpiniées.

LEPTOLOBIUM (BENTH., in *Ann. Wien. Mus.*, II, 124). Synonyme de *Leptocyamus* BENTH.

LEPTOLOBIUM (VOG., in *Linnæa*, XI, 388). Synonyme de *Sweetia* SPRENG. (H. BN, *Hist. des pl.*, II, 367.)

LEPTOMERIA (R. BR., *Prodr. N.-Holl.*, 353). Genre de Santalacées-Osyridées, établi pour une douzaine d'arbustes australiens, rameux et rigides, à feuilles linéaires ou réduites à des écailles; à fleurs en épis ou grappes, hermaphrodites, 4, 5-mères; l'ovaire infère, à 2, 3 ovules descendants d'un placenta central; le fruit drupacé, et la graine albuminée. (ENDL., *Iconogr.*, t. 74. — BENTH., *Fl. austral.*, VI, 220. — H. BN, in *Adansonia*, II, 372; III, 113.)

LEPTOMITEÆ (AG., *Syst. Alg.*, p. XXII). Famille d'Algues-Chlorospermées, composé d'espèces à trichome articulé, très petit, incolore, subhyalin. L'auteur y avait fait figurer les deux genres *Hygrocrocis* et *Leptomitus* seulement; mais Kützing y a joint plusieurs genres, entre autres les *Ereboneima*, *Mycothamnium*, *Nematococcus*, etc. (Voy. KUETZ., *Spec. Alg.*, 4.) [CH. M.]

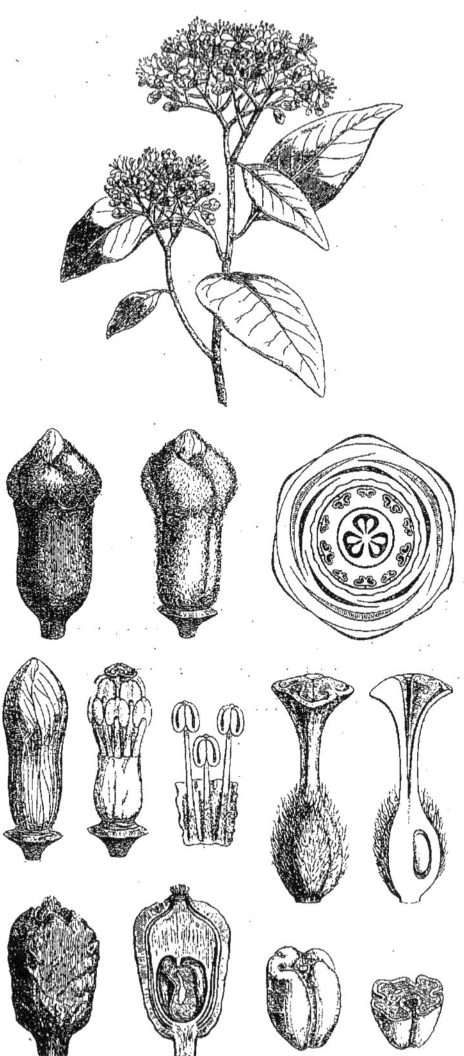

Leptolæna. — Rameau florifère. Fleur, avec et sans l'involucre. Corolle. Androcée. Gynécée, entier et coupe longitudinale. Diagramme floral. Fruit, entier et coupe longitudinale. Graine, entière et coupe transversale.

LEPTOMITRIUM (WALLR., *Fl. crypt.*, I, 170). Section du genre *Trichostomum* HEDW.

LEPTOMITUS (AGH, *Syst. Alg.* [1824], p. XXIII). Ce genre d'Algues, primitivement de la famille des *Leptomiteæ*, a été reporté dans la famille, plus nouvelle, des Saprolégniées. Le genre *Leptomitus*, que Kützing avait admis, n'a pas été maintenu par Rabenhorst, qui le considère comme synonyme de *Sapro-*

legnia. Toutefois il est bon de remarquer que les espèces qui constituent le genre *Saprolegnia* vivent en parasites sur les corps d'animaux ou de végétaux en décomposition, tandis que les *Leptomitus* vivent dans les liquides chargés de substances organiques. La propagation dans ces Algues se fait par des zoospores qui se développent dans un sporange, formé à l'extrémité d'un filament de l'Algue renflé en massue, et s'échappent par un orifice terminal. (Voy. KUETZ., *Spec. Alg.*, 154.) [CH. M.]

LEPTOMITUS (BORY, in *Moug. et Nestl. Vosg.*, n. 899). Genre d'Algues, de la famille des *Lyngbieæ;* synonyme de *Calothrix.*

LEPTOMON (STEUD. — WITTST.). Pour *Leptemon* RAFIN.

LEPTOMORPHA (DC., *Prodr.*, VI, 513). Section du genre *Gazania* GÆRTN.

LEPTOMYCES (MONT., *Syll. crypt.*, 128). Syn. de *Hiatula* FR.

LEPTOMYRTUS (MIQ., *Fl. ind.-bat.*, I, 436). Section du genre *Eugenia*, sect. *Jambosa.*

LEPTON. Dans Pline, la Petite-Centaurée.

LEPTONEMA (HOOK., *Ic. pl.*, t. 692). Syn. de *Stenomena* HOOK.

LEPTONEMA (A. JUSS., *Tent. Euph.*, 19, t. 4). Genre d'Euphorbiacées biovulées, que nous avions d'abord conservé comme distinct (*Euphorb.*, 605), ainsi que l'a fait plus tard Bentham (*Gen.*, III, 275, n. 35), par suite d'observations incomplètes, mais dont nous avons dû faire une simple section du genre *Antidesma* L. (*Hist. des pl.*, V, 275.) [H. BN.]

LEPTONEMA (RABENH., *Alg.*, n. 653). Algues de la famille des *Oscillarieæ*, d'après l'auteur; synonyme de *Beggiatoa* TREVIS. (Voy. RABENH., *Flor. europ. Alg.*, II, 94.) [CH. M.]

LEPTONEMEÆ (M. ARG., in *Linnæa*, XXXIV, 64; in *DC. Prodr.*, XV, p. II, 445). Sous-tribu des Phyllanthées.

LEPTONIA (FR., *Syst. mycol.*, I, 201; *Epicr.*, 2ᵉ, 201). Sous-genre d'Agaricinés-Rhodosporés, à stipe tubuleux, cartilagineux, creux ou plein, à chapeau mince, ombiliqué, dont la marge s'incurve au début. Lamelles se séparant facilement. On en compte une quarantaine d'espèces, en général terrestres et presque toutes européennes. Certains auteurs en font un genre distinct. (SACC., *Syll. Fung.*, V, 706.) [DE S.]

LEPTONIDEI (FR., *Epicr.*, 2ᵉ, 192). Deuxième section des Agaricinés de la tribu des *Entoloma*, caractérisée par la présence de petites écailles à la surface du chapeau.

LEPTONIUM (GRIFF., in *Calc. Journ.*, IV, 236). Synonyme de *Lepionurus* BL.

LEPTONYCHIA (TURCZ., in *Bull. Mosc.* [1858], I, 222). Genre de Dialypétales, qui a été rapporté aux Tiliacées, puis aux Buettnériées (B. H., *Gen.*, I, 225, 983). Ses fleurs pentamères ont 5 phalanges oppositipétales d'étamines unies en urcéole à la base, avec 5 lobes alternes, répondant à des staminodes stériles. L'ovaire a 3-5 loges multiovulées. Le fruit est capsulaire, 3-5-valve. Ce sont 4 arbres ou arbustes de l'archipel Indien et de l'Afrique tropicale, à feuilles alternes, à fleurs disposées en cymes axillaires courtes. (H. BN, *Hist. des pl.*, IV, 132.)

LEPTOPÆTIA (HARV., *Gen. pl. s.-afr.*, ed. 2, 231). Synonyme (B. H., *Gen.*, III, 742) de *Pentapetia* DCNE.

LEPTOPAPPUS (B. H., *Gen.*, II, 307). Section du genre *Raoulia.*

LEPTOPETALUM (HOOK. et ARN., in *Beech. Voy. Bot.*, 295, t. 61). Synonyme de *Hedyotis* L.

LEPTOPETION (SCHOTT, *Gen. Aroid.*, t. 8). Synonyme (ENGL.) de *Biarum*, sect. *Ischarum.*

LEPTOPHOBA (EHRH., *Phytoph.*, n. 22; *Beitr.*, IV, 146). Synonyme de *Aspris* ADANS.

LEPTOPHRAGMA (BENTH. — DUN., in *DC. Prodr.*, XIII, p. I, 578). Synonyme de *Petunia* L.

LEPTOPHRAGMA (R. BR., in *Benn. Pl. jav. rar.*, 185). Genre australien, rapporté (?) aux Méliacées, et qui répond peut-être au *Turræa pubescens* HELLEN. (H. BN, *Hist. des pl.*, V, 483.)

LEPTOPHYLLI (FR., *Epicr.*, 2ᵉ, 382). Section des Cortinaires de la division *Telamonia* FR.

LEPTOPHYLLIDIA (REICHB., *Nom.*, 167). Section du genre *Cliffortia* L. (§ 3 DC.).

LEPTOPHYLLIS (J. AGH, *mscr.*). Genre d'Algues-Floridées, de la famille des *Chondrieæ*, d'après Agardh. Il est caractérisé par une fronde plane, linéaire, pourvue de côtes nervées et comme pennatifides. La fronde est formée de trois couches bien distinctes. La côte ou nervure principale est parcourue par un tube central unique, longuement articulé et entouré des cellules rotondo-angulaires du strate moyen. Les kéramidies, comme en protubérance sur la partie plane de la fronde, produisent un nucléus dans un péricarpe subovale et pourvu d'un carpostome. Les filaments gemmidifères, libres entre eux, sont nombreux, rayonnent d'un placenta basilaire, et renferment dans leur article terminal des gemmidies assez grandes et clavato-piriformes. Les spores sont produites par des cellules corticales, modifiées en filaments courts et verticaux, plus tard arrondis, elles se divisent en croix. Une seule espèce constitue ce genre; elle est propre à la Nouvelle-Hollande. (Voy. J.-G. AGH, *Spec.*, *gen. et ord. Alg.*, 674.) [CH. M.]

LEPTOPHYLLUM (EHRH., *Phytoph.*, n. 25; *Beitr.*, IV, 147). Genre proposé pour l'*Arenaria tenuifolia.*

LEPTOPHYLLUM (GAUD., *Fl. helv.*, IV, 206). Section du genre *Lepidium* (*L. alpinum, petræum*); syn. (part.) de *Hutchinsia.*

LEPTOPHYLLUM (NÆG., *Alg. Syst.*, p. 236). Genre d'Algues, de la famille des *Sphærococceæ*, d'après Kützing; de celle des *Rhodymeniaceæ*, d'après W. Harvey. Ce genre est considéré par les algologistes modernes comme syn. de *Rhodophyllis.* [CH. M.]

LEPTOPHYTA (DC., *Prodr.*, VI, 279). Sect. du g. *Leyssera* L.

LEPTOPHYTUS (CASS., in *Dict.*, XXVI, 77). Synonyme de *Leysera* L. (H. BN, *Hist. des pl.*, VIII, 167, not. 1.)

LEPTOPILOS (DUBY. — MATH., *Fl. belg.*, II, 347). Section du genre *Cantharellus.*

LEPTOPLEURA (JAUB. et SPACH, *Ill. pl. or.*, ex *Flora* [1842], *Lit.*, 66). Sous-genre du genre *Tunica* RUPP.

LEPTOPLEURIA (PRESL, *Pterid.*, 136). Synon. de *Dicksonia.*

LEPTOPODA (NUTT., *Gen. pl. N.-Amer.*, II, 174). Synonyme de *Helenium* L. (H. BN, *Hist. des pl.*, VIII, 241, not. 1.)

LEPTOPODIUM (WALLR., *Fl. crypt.*, I, 573). Section du genre *Calycium* ACHAR.

LEPTOPTERIS (BL., *Mus. lugd.-bat.*, I, 240, t. 34). Synonyme de *Gelsemium* J.

LEPTOPTERIS (PRESL, *Suppl. Pterid.*, 330). Genre proposé pour le *Todea Fraseri* HOOK. et GREV.

LEPTOPUCCINIA (PLOWR., in *Grevillea* [1883], 116). Division du genre *Puccinia* MICHELI, comprenant les espèces qui ne possèdent que des téleutospores à germination prompte.

LEPTOPUS (DCNE, in *Jacquem. Voy.*, *Bot.*, 155, t. 156). Genre d'Euphorbiacées, établi, on ne sait pourquoi, pour la mieux caractérisée des espèces d'*Andrachne*, ainsi que nous l'avons établi en 1858 (*Et. gén. Euphorbiac.*, 577). [H. BN.]

LEPTOPUS (KL. et GRCKE, *Tricocc.*, 249). Section du genre *Euphorbia* L.

LEPTOPUS (SPACH, in *Ann. sc. nat.*, sér. 2, XIX, 113). Section du genre *Amygdalus* (*A. pedunculata* PALL.).

LEPTOPYRUM (RAFIN., in *Desvx Journ.*, II, 168). Synonyme de *Avena* L.

LEPTOPYRUM (REICHB., *Consp.*, 192). Genre de Renonculacées, établi pour l'*Isopyrum fumarioides* L.

LEPTORACHIS (H. BN). Pour *Leptorhachis* KL.

LEPTORCHIS (BL., *Bijdr.*, 388). Section du genre *Malaxis* SOLAND. (*M. Rheedii, montana, tradescantifolia*).

LEPTORDERMIS (DC., *Pr.*, IV, 462). Pour *Leptodermis* WALL.

LEPTORHABDOS (SCHRENK, in *Fisch. et Mey. Pl. Schrenk*, I, 23). Genre de Scrofulariacées-Gérardiées, formé de 4, 5 espèces de l'Asie moyenne, et distingué des autres types de la série par son ovaire à loges 2-ovulées. (H. BN, *Hist. des pl.*, IX, 472.)

LEPTORHACHIS (KL., in *Erichs. Arch.* [1841], 189). Genre d'Euphorbiacées uniovulées, à fleurs monoïques; les mâles polyandres; les femelles à 5-7 sépales, avec le gynécée des *Tragia* et les autres caractères des *Zuckertia*. On a méconnu (BENTH.) ce genre, qui renferme pour nous une espèce brésilienne, le *L. hastata* KL. et le *Ctenomeria* HARV. (Voy. *Hist. des pl.*, V, 218, n. 81.) [H. BN.]

LEPTORHIZA (DC., *Prodr.*, VI, 169). Section du genre *Argyrea.*

LEPTORHIZÆ (FR., *Epicr.*, 2ᵉ, p. 684). Division des *Typhula*, à sclérote caché ou nul.

LEPTORHOEO (HEMSL. — C.-B. CLKE, *Commel.*, 317). Genre de Commélinacées-Tradescantiées, établi pour une herbe de l'Amérique tropicale, grêle, ramifiée, à petites cymes supportées par des pédoncules filiformes, avec des fleurs à 3 sépales, 3 pétales, 6 étamines à loges d'anthères bordant un connectif assez large. L'ovaire a 3 loges uniovulées, et le fruit est une capsule loculicide. La seule espèce du genre est le *Tradescantia filiformis* MART. et GAL. [H. BN.]

LEPTORHYNCHUS (LESS., *Syn. Comp.*, 273). Synonyme de *Helichrysum* GÆRTN. et section de ce genre. (H. BN, *Hist. des pl.*, VIII, 174, not. 6.)

LEPTORMUS (ECKL. et ZEYH., *Enum.*, 8). Synonyme de *Heliophila* L. et section de ce genre. (DC., in *Mém. Mus.*, VII, 246; *Prodr.*, I, 231. — H. BN, *Hist. des pl.*, III, 247, not. 8.)

LEPTORRHABDOS (WITTST., *Et.*). Pour *Leptorhabdos* SCHRENK.

LEPTORRHYNCHUS (WITTST., *Etym.*). Pour *Leptorhynchos* LESS.

LEPTOSCELA (HOOK. F., *Icon.*, t. 1149. — B. H., *Gen.*, II, 59). Section du genre *Oldenlandia*, à ovaire et à fruit septicide en partie supères. (H. BN, *Hist. des pl.*, VII, 326.)

LEPTOSCHOENUS (NEES, in *Hook. Journ. Bot.*, II, 303). Genre proposé pour le *Scirpus Schomburgkianus* BŒCKEL.

LEPTOSCYPHUS (MITT., in *Hook. Kew Gard. Misc.*, III, 358). Synonyme de *Leioscyphus* MITT.

LEPTOSEMA (BENTH., in *Ann. Wien. Mus.*, II, 84). Synonyme de *Kaleniczenkia* TURCZ.

LEPTOSERIS (NUTT., in *Trans. Amer. Phil. Soc.*, ser. 2, VII, 438). Synonyme de *Malacothryx* DC.

LEPTOSIPHON (BENTH., in *Bot. Reg.*, sub t. 1622). Synonyme de *Gilia* R. et PAV.

LEPTOSOLENA (PRESL, *Rel. Hænk.*, I, 111, t. 18). Genre de Zingibéracées, établi pour une herbe vivace des Philippines, à feuilles étroites, à inflorescence terminale ramifiée; le tube de la corolle allongé; l'étamine unique à filet allongé, à connectif plus court que les loges de l'anthère ou prolongé en un court et large appendice. Le fruit de ce genre, mal connu, et bien analogue à celui du *Burbidgea*, est une capsule globuleuse et 3-loculaire. (B. H., *Gen.*, III, 647, n. 18.) [H. BN.]

LEPTOSOMUS (SCHLCHTL, *Pont.*, 26). Synonyme de *Eichornia* K.

LEPTOSPARTUM (SPACH, in *Ann. sc. nat.*, sér. 3, II, 256). Section du genre *Spartocarpus* SPACH.

LEPTOSPERMA (HASSK.). Pour *Leptospermum* FORST.

LEPTOSPERMÉES (*Leptospermeæ* DC., in *Dict. class.*, XI; *Prodr.*, III, 209). Tribu des Myrtacées.

LEPTOSPERMOIDES (DC., *Prodr.*, V, 17). Section du genre *Vernonia* SCHREB (*Leptospermidia* REICHB.).

LEPTOSPERMUM (FORST., *Char. gen.*, 71, t. 36). Genre de Myrtacées, qui a donné son nom à la série des Leptospermées (Xérocarpées). Il comprend environ 25 arbres ou arbustes océaniens qui ont des fleurs souvent polygames, à réceptacle concave et à fruit infère, devenant une capsule loculicide et polysperme, à graines nues, ailées ou ciliées. Les fleurs sont pentamères, à pétales blancs, à étamines nombreuses, unisériées, ne dépassant pas les pétales. Ce sont des plantes aromatiques, à feuilles alternes, rigides et ponctuées; à fleurs sessiles ou courtement pédicellées, solitaires ou 2-3-nées aux aisselles des feuilles supérieures des rameaux (H. BN, *Hist. des pl.*, VI, 311, 342, 357, fig. 290-293). Les *L. Thea*, *flavescens*, *scoparium*, etc., servent à préparer des infusions aromatiques, digestives, antiscorbutiques. [H. BN.]

LEPTOSPHÆRIA (CES. et DE NOT., *Sch. Sferiac.*, in *Comm. Soc. crittog. ital.* [1863], 234). Genre de Sphériacés, à périthèce coriace, globuleux ou globuleux-déprimé, muni d'un pore au sommet ou d'un ostiole papilleux. Thèques cylindriques ou claviformes; spores ovoïdes ou fusiformes, bi- ou multiloculaires, colorées. On connaît un grand nombre d'espèces, environ 280, de ces petits Sphériacés, vivant sur les tiges herbacées, les chaumes, les sarments d'un grand nombre de végétaux. Quelques espèces sont foliicoles, fructicoles, et même fimicoles; d'autres enfin s'implantent sur des Cryptogames : Fougères, Lycopodes, *Equisetum*, Lichens et Algues (*Lemanea fluviatilis*). Une cinquantaine d'espèces ont été récoltées à Ceylan, à Cuba, au Cap, en Algérie, en Australie, en Amérique et surtout dans l'Amérique septentrionale (33). [DE S.]

LEPTOSPHÆRITES (RICHON, in *Bull. Soc. bot. Fr.*, XXXII, VIII). Genre de Sphériacés, voisin des *Leptosphæria*, à périthèce lisse, isolé, hémisphérique, muni d'un large ostiole, à spores fusiformes, quadriloculaires Les spermogonies sont de même forme que les périthèces et contiennent de très petites spermaties. Habite les feuilles et les chaumes d'une Monocotylédonée fossile, dans des argiles à lignite tertiaire. [DE S.]

LEPTOSPILA (FRIES, *Summ. veg. Scand.*, II, 371). Section du genre *Rhytisma* FR. (*R. punctatum*).

LEPTOSPORIUM (BORR., in *Bot. Zeit.* [1857], t. 4 c.). — Voy. SAREA.

LEPTOSPRON (BENTH., in *Ann. Wien. Mus.*, II [1838], 138). Section du genre *Phaseolus* L.

LEPTOSTACHYA (MITCH., in *Act. phys.-med. Soc. nat. Cur.*, VIII [1748], 212). Synonyme de *Phryma* L.

LEPTOSTACHYA (NEES, in *DC. Prodr.*, XI, 376). Synonyme de *Sarotheca* NEES.

LEPTOSTACHYA (NEES, in *Wall. Pl. as. rar.*, III, 105). Synonyme (part.) de *Dianthera* L.

LEPTOSTACHYS (DCNE, in *DC. Prodr.*, XIII, p. I, 720). Section du genre *Plantago* T.

LEPTOSTACHYS (EHRH., *Phytoph.*, n. 48; *Beitr.*, IV, 147). Genre proposé pour le *Carex leptostachys*.

Leptospermum. — Rameau florifère. Fleur, entière et coupe longitudinale. Fruit.

LEPTOSTACHYS (G.-F. MEY., *Prim. Fl. esseq.*, 73). Synonyme de *Leptochloa* PAL.-BEAUV.

LEPTOSTEGIA (D. DON, *Prodr. Fl. nepal.*, 14). Synonyme de *Davallia* SM.

LEPTOSTELMA (DON, in *Sweet Fl. gard.*, II, t. 38). Synonyme (?) de *Erigeron* L.

LEPTOSTEMMA (BL., *Bijdr.*, 1057). Syn. de *Dischidia* R. BR.

LEPTOSTEMONUM (DUN., in *DC. Prodr.*, XIII, p. I, 183). Section du genre *Solanum* T.

LEPTOSTIGMA (ARN., in *Hook. Journ. Bot.*, III, 201). Synonyme de *Nertera* BANKS et SOL.

LEPTOSTOMA (MTGNE, in *Dict. d'Orb.*, II, 752). Section des Bryacées. Les *Leptostomeæ* du même auteur (*op. cit.*, VIII, 401) sont une tribu des Acrocarpées, formée du *Leptostomum*.

LEPTOSTOMUM. Genre de Mousses acrocarpes, créé par R. Brown pour un certain nombre de plantes de l'Amérique méridionale, de l'Australie et de l'Océanie. Les fleurs sont tantôt monoïques, tantôt dioïques. La coiffe est très fugace; la capsule est ovale, elliptique ou cylindrique. Le péristome est simple, formé d'une membrane plus ou moins haute, très délicate, munie de seize plis longitudinaux, sans jamais se terminer par des dents ni des cils. Il n'y a pas d'anneau. Les *Leptostomum* sont des plantes de très petite taille en général, formant des touffes serrées, à feuilles oblongues ou lancéolées, souvent acuminées par un prolongement de leur nervure. On en connaît six ou sept espèces, qui vivent sur les rochers, sur la terre humide ou sur l'écorce des arbres. Ce genre est voisin des genres *Polytrichum*, *Timmia*, etc., desquels il se distingue facilement par la structure très spéciale de son péristome. (Voy. R. Br., in *Act. Soc. Linn.*, X, 130. — Brid., *Meth. Musc.*, 24. — C. Muell., *Syn. Musc. frond.*, I, 184.) [M.]

LEPTOSTROMA (Fr., *Obs. myc.*, II, 357). Genre de Sphéropsidés, à périthèce dimidié, allongé, présentant une fente avec bandelettes, ou une carène longitudinale, à la manière des *Hysterium*. Les spores, ovoïdes, oblongues, uniloculaires, sont hyalines ou très légèrement teintées. M. Saccardo en énumère une cinquantaine d'espèces, rangées suivant leurs stations ramicole, foliicole ou fructicole sur les Monocotylédonés et sur les Dicotylédonés, dans les régions tempérées, Europe et Amérique du Nord. [De S.]

LEPTOSTROMACEÆ (Sacc., *Syll. Fung.*, III, 625). Famille de Sphéropsidés, divisée en quatre sections, d'après les caractères des spores hyalines, colorées, pluriloculaires ou filiformes. Les périthèces sont dimidiés, scutiformes, souvent sans ostiole, et s'ouvrent par une fente. [De S.]

LEPTOSTROMATEI (Reichb., *Nom.*, 6). Division des Xylomacées.

LEPTOSTROMELLA (Sacc., *Mich.*, II, 632; *Syll. Fung.*, III, 659). Genre formé pour six espèces de *Leptostroma*, dont les spores sont filiformes ou bacillaires et distinctes des spores de *Leptostroma* Fr.

LEPTOSTYLIS (Benth., *Gen.*, II, 659, n. 16). Genre de Sapotacées, proposé pour 2 arbustes de la Nouvelle-Calédonie, à feuilles opposées ou alternes; à fleurs distinguées par un calice tétramère, une corolle 5-8-lobée, à tube très longuement exsert, et un androcée isostémoné. L'ovaire a 4 loges, à ovules attachés latéralement; il est surmonté d'un style grêle et longuement exsert. [H. Bn.]

LEPTOSTYLIS (Meissn., in *DC. Prodr.*, XIV, p. I, 331). Section du genre *Persoonia* Sm.

LEPTOSTYLIS (C.-A. Mey., in *Ledeb. Fl. alt.*, III, 19, 22). Section du genre *Arabis* L.

LEPTOSURA (Bl., *Mus. lugd.-bat.*, II, 83). Section du genre *Maclura* Nutt.

LEPTOSYNE (DC., *Prodr.*, V, 531). Synonyme de *Coreopsis* L. A. Gray (in *Proc. Amer. Acad.*, VIII, 659) conserve néanmoins ce genre comme distinct.

LEPTOTÆNIA (Nutt., in *Torr. et Gr. Fl. N.-Amer.*, I, 639). Genre d'Ombellifères, rapporté par A. Gray aux *Ferula*, c'est-à-dire, pour nous, au genre Peucédan. (Voy. *Hist. des pl.*, VII, 98, not. 3.) [H. Bn.]

LEPTOTES (Lindl., *Sert. orchid.*, t. 11). Synonyme (B. H., *Gen.*, III, 533) de *Tetramicra* Lindl. et section de ce genre.

LEPTOTHAMNIA (B. H., *Gen.*, II, 575). Section du genre *Vaccinium* L.

LEPTOTHAMNION (Kuetz., *Spec. Alg.*, 896). Genre d'Algues-Floridées, que caractérise un trichome rameux et dont les cystocarpes sont axillaires et recourbés en cornes. Les tétrachoscarpes sont inconnus. Les auteurs plus modernes, avec raison, ont placé ce genre parmi les *Callithamnion*, famille des Céramiés. [Ch. M.]

LEPTOTHAMNUS (DC., *Prodr.*, V, 367). Synonyme de *Nolletia* Cass. (H. Bn, *Hist. des pl.*, VIII, 148.)

LEPTOTHECA. Genre de Mousses acrocarpes, établi par Schwægrichen. Les fleurs sont hermaphrodites ou dioïques. La coiffe est subulée-tordue; la capsule terminale et symétrique. Le péristome est double : l'extérieur formé de 16 dents lancéolées-linéaires, dressées, continues avec la paroi interne de la capsule; l'intérieur consistant en une membrane délicate, fendue en autant de cils linéaires, entremêlés de cils rudimentaires. Les *Leptotheca* sont des plantes dressées, plus ou moins rameuses, à feuilles lâchement imbriquées, d'un jaune verdâtre, tantôt mutiques, tantôt acuminées par un prolongement de la nervure, formées de cellules rectangulaires, carrées ou hexagonales. On n'en connaît que deux espèces : l'une originaire de Port-Jackson; l'autre de la Jamaïque. Encore cette dernière a-t-elle les divisions du péristome interne fort irrégulières. (Voy. Schwægr., *Suppl.*, II, 135. — Reichb., *Nom.*, 26. — C. Muell., *Syn. Musc. frond.*, I, 183.) [M.]

LEPTOTHECA (Nutt., in *Amer. Phil. Trans.* [1841], VII, 436). Section du genre *Crepis* L.

LEPTOTHERIUM (Dietr.). Pour *Leptothrium* K.

LEPTOTHRICHÆ (Kuetz., *Phycol. gen.*, 197). Genre d'Algues, de l'ordre des *Nematogeneæ*, famille des *Oscillariaceæ*, à trichome non mobile ou possédant un mouvement oscillatoire peu apparent, très ténu, continu ou indistinctement articulé, assez souvent vaginé, seul ou fasciculé, réuni en un strate compact, souvent diffus. Les cellules propres de la reproduction sont inconnues, comme l'acte lui-même; il est probable que les connaissances que l'on pourrait acquérir sur ce point modifieraient considérablement la composition du genre. Cette famille, d'après Rabenhorst, devrait renfermer le genre *Hypheotrix*. Kützing y avait associé les genres : *Asterothrix*, *Symploea*, *Dasygloea*. (Voy. Kuetz., *Sp. Alg.*, 263.) [Ch. M.]

LEPTOTHRICHEÆ (Trevis., *Algh. cocc.*, 99). Tribu des Algues-Oscillariées.

LEPTOTHRIUM (K., *Enum.*, I, 470, t. 38, fig. 2). Genre de Graminées-Andropogonées, mal connu, voisin des *Zoysia*, dont il se distingue par 2 glumes inférieures vides dans l'épillet. La seule espèce connue est une herbe cespiteuse de l'Amérique tropicale. C'était pour R. Brown une espèce du genre *Isochilus*. (B. H., *Gen.*, III, 1124.) [H. Bn.]

LEPTOTHRIX (Kuetz., *Phyc. gen.*, 198). Algue très ténue, de la famille des *Leptothrichæ*, à trichome non rameux, indistinctement articulé, souvent vaginé d'une manière assez distincte. Le cytioplasma est homogène. Plusieurs espèces du genre intéressent la médecine; tel est le *Leptothrix buccalis*, abondant d'ordinaire dans les interstices des dents. (Rabenh., *Fl. eur. Alg.*, II, 73.) [Ch. M.]

LEPTOTHYRIUM (Kze, *Mykol.*, *Heft* V, *Neue Pilzgat.*, 79). Genre de Sphéropsidés, à périthèce scutiforme, carbonacé, membraneux, noir. Spores ovoïdes, oblongues ou fusiformes, uniloculaires, hyalines. L'espèce type de Kunze a été rencontrée sur les tiges et les siliques du *Lunaria rediviva*. Une cinquantaine d'espèces ont été décrites depuis, elles s'observent dans toutes les contrées de l'Europe, en Algérie, dans l'Amérique du Nord, etc. [De S.]

LEPTOTHYRSA (Hook. f., *Gen.*, I, 284). Genre de Rutacées-Cuspariées, établi pour un arbuste du Rio Uaupès, distingué par des feuilles alternes et simples; des fleurs à calice court, à pétales valvaires, à quatre étamines dont les filets sont filiformes, et à ovaire sessile. Le fruit est une capsule 1-2-coque. (H. Bn, *Hist. des pl.*, IV, 454.)

LEPTOTICHUS. A parois ténues.

LEPTOTREMA (Montg. et Van de Bosch, *Plant. Jungh.* mss.). Genre de Lichens, de la famille des Angiocarpés, composé d'espèces corticoles exotiques, propres aux îles de Java et de Cuba, caractérisées par un thalle crustacé-cartilagineux, plan, étendu, épais, fragile à l'état sec, uniforme. Le strate médullaire est souvent ponctué de taches rouges. L'excipuline est ovoïde, urcéolé. Ce genre, qui ne se composait, d'après l'auteur, que de trois espèces, nous paraît synonyme de *Thelotrema*. [Ch. M.]

LEPTOTRICHACÉES (*Leptotrichaceæ*). Tribu établie dans les Mousses-acrocarpées par C. Müller, à côté de celle des Dicranacées, et caractérisée comme il suit. Plantes cespiteuses, plus ou moins élevées, souvent de petite taille. Feuilles lancéolées ou subulées, ordinairement concaves et munies d'une nervure lisse, formées de cellules en grande partie prosenchymateuses, souvent épaissies vers le sommet de l'organe. Archégones longuement apiculés; anthéridies claviformes. Capsule ovale ou cylindrique, arquée ou rectiligne, à opercule conique ou subulé. C'est surtout par la structure du tissu foliaire que cette tribu diffère de celle des Dicranacées. Elle correspond à peu près aux Cératodontacées et Séligériacées de Schimper. (Voy. C. Muell., *Syn. Musc. frond.*, I, 415.) [M.]

LEPTOTRICHE (Turcz., in *Bull. Mosc.* [1831], II, 73). Synonyme de *Gnephoris* Cass. (H. Bn, *Hist. des pl.*, VIII, 180, not. 1).

LEPTOTRICHÉES (*Leptotricheæ*). Famille de Mousses acrocarpes, établie par Schimper dans sa tribu des Cératodontacées, qui comprend en outre celle des Cératodontées et des Distichiées. Les Leptotrichées se caractérisent ainsi : Coiffe cuculliforme. Capsule ovale ou cylindrique, à pédicelle droit ou flexueux. Anneau composé. Péristome simple, formé de 16 dents assez longues, fendues jusqu'en bas, à divisions filiformes, articulées, ordinairement rouges, peu hygroscopiques. Spores très petites, lisses. Plantes cespiteuses, vivant sur la terre et les rochers, à feuilles lancéolées, subulées, lisses et luisantes, formées de cellules hexagonales ou rectangulaires à la base, étroitement rectangulaires au sommet. (Voy. Schimp., *Syn. Musc. eur.*, 138.) [M.]

LEPTOTRICHEÆ (Kuetz., in *Linnæa* [1843], XVII, 86 ; *Phycol. gen.*, 197). Famille des Algues-Gloiosiphées (genres *Leptothrix*, *Arachnotrix*, *Symphyothrix*, *Symploca*, *Dictyothrix*, *Entothrix*, *Inactis*). Pour Rabenhorst (*Krypt.*, II, p. II, 79), c'est une subdivision des Oscillatorinées. [Ch. M.]

LEPTOTRICHELLA. C. Müller a formé sous ce nom une section du genre *Seligeria*, où il réunit quelques espèces exotiques (Madagascar, Antilles, Australie, etc.), qui se distinguent assez nettement par l'organisation de leur péristome dont les dents deviennent bifides avec l'âge, tandis qu'elles demeurent entières dans les autres espèces du genre. (Voy. C. Muell., *Syn. Musc. frond.*, I, 421.) [M.]

LEPTOTRICHUM (Cord., *Ic. Fung.*, V, t. 51 ; *Anleit.*, 36). Le *L. glaucum* Cord., la seule espèce de ce genre d'Hyphomycètes, se présente sous la forme de petits stromas subglobuleux, hérissés de longs filaments simples, hyalins, autour desquels se trouvent des conidies allongées, biloculaires, étranglées au niveau de la cloison, glaucescentes. Se trouve sur des débris de bois. [De S.]

Leptotrichum.

LEPTOTRICHUM. Genre de Mousses acrocarpes, établi par Hampe, et présentant comme caractères essentiels : une coiffe étroite et légèrement tordue; un péristome simple, formé de 16 dents subulées, rouges, marquées d'une ligne médiane longitudinale, et se divisant à la fin chacune en deux cils, de manière à simuler 32 dents filiformes, rapprochées par paires. Les *Leptotrichum* sont des plantes monoïques ou dioïques, souvent réunies en gazons serrés, à feuilles subulées, plus ou moins lisses et luisantes, formées de cellules rectangulaires, étroites vers le sommet, à peu près hexagonales à la base. Leur capsule, munie d'un anneau composé, surmonte un pédicelle ordinairement droit; elle est ovale ou cylindrique. On en a décrit une douzaine d'espèces, dont huit existent en Europe en même temps que dans d'autres parties de l'ancien et du nouveau monde. Parmi les types indigènes, les plus répandus sont les *L. homomallum* Hmp. et *L. tortile* Hmp., que l'on trouve communément sur la terre argileuse, au bord des routes et des fossés, quelquefois sur les vieux murs. (Voy. Hampe, in *Linnæa* [1847]. — C. Muell., in *Bot. Zeit.* [1847] ; *Syn. Musc. frond.*, I, 446. — Schimp., *Syn. Musc. eur.*, 139.) [M.]

LEPTOTRINA (Wittst., *Et. Hdw.*, 518). Pour *Leptrina* Rafin.

LEPTRANTHUS (Steud.). Pour *Lepteranthus* Neck.

LEPTRINA (Rafin., in *DC. Prodr.*, III, 362). Synonyme (?) de *Montia* Micheli.

LEPTUBERIA (Rafin., in *Desvx Journ. Bot.*, II [1809], 167). Synonyme de *Pulveraria* Achar. (Endl., *Gen.*, 12.)

LEPTUREÆ. S.-tribu (?) des Hordéécs. (B. H., *Gen.*, III, 1077.)

LEPTUROMYCES (Plowr., in *Grevillea*, XI [1883], p. 116). Division des *Uromyces*, comprenant les espèces qui n'ont que des téleutospores à germination prompte.

LEPTUROPSIS (Steud., *Syn. pl. glum.*, I, 357). Genre mal défini de Graminées, de la Guinée, rapporté avec doute aux Andropogonées. (B. H., *Gen.*, III, 1096.)

LEPTURUS (R. Br., *Prodr. N.-Holl.*, I, 207). Genre de Graminées-Hordéées, dont les épillets uni- ou biflores sont enchâssés dans les logettes dont est creusé un axe unique. Chaque épillet comporte 1, 2 glumes et 1, 2 glumelles plus minces et hyalines, formant périanthe à une fleur 1-3-andre, dont le gynécée a un ovaire uniloculaire, à ovule ascendant, surmonté de 2 styles plumeux. On distingue 5, 6 espèces de *Lepturus*, de l'Europe, l'Asie, l'Afrique et l'Océanie; ce sont de petites herbes annuelles (ou vivaces?), à inflorescence terminale. (Nees, *Gen. Fl. germ.*, *Monoc.*, I, n. 89 (*Ophiurus*). — Reichb., *Ic. Fl. germ.*, t. 2, 3. — Host, *Gram. austr.*, I, t. 23.) [H. Bn.]

LEPURANDRA (Grah., *Cat. pl. Bomb.*, 193). Synonyme de *Antiaris* Lesch.

LEPUROPETALON (DC., *Prodr.*, IV, 53). Genre de Saxifragacées-Saxifragées, établi pour une plante des États-Unis et du Chili, herbacée, annuelle, distinguée par des fleurs 5-mères, 5-andres, à ovaire semi-infère; les placentas opposés aux divisions du style. Les feuilles sont alternes, et les fleurs sont axillaires et solitaires. (H. Bn, *Hist. des pl.*, III, 333, 428.)

LEPYRODIA (R. Br., *Prodr.*, I, 247). Genre de Restiacées, formé d'une quinzaine d'herbes vivaces, océaniennes, distinguées par des épillets lâches et pluriflores de fleurs unisexuées, rarement hermaphrodites, disposés en épis composés ou interrompus, à glumes plus ou moins écartées; les fleurs souvent pédicellées, avec ordinairement 2 bractéoles. Les 3 étamines ont des anthères uniloculaires, stériles ou nulles dans les fleurs femelles; et l'ovaire est à 3 loges. (Mast., *Restiac.*, 224, t. 1.) [H. Bn.]

LEPYRODICLIS (Fenzl, in *Endl. Gen.*, 966). Synonyme (?) de *Arenaria*. (B. H., *Gen.*, I, 150. — H. Bn, *Hist. pl.*, IX, 113.)

LEPYRONIA (Ag. — Lestib.). Pour *Lepironia* Rich.

LEPYROPHYTUM (Neck., *Elem.*, III, 264). Groupe hétérogène de Conifères.

LEQUÉE. Nom français (Lamk) des *Lechea* L.

LÉRA BLANCA. Nom niçois de l'*Agaricus ovoideus* Bull.

LÉRA BLANCA PICOTADA. Nom niçois de l'*Agaricus phalloides*.

LÉRA BRUNA. Nom niçois de l'*Agaricus excelsus* Fr.

LÉRA COULOU DE VIN. Nom niçois de l'*Agaricus emeticus* et de l'*Agaricus fragilis* Pers.

LÉRA NEGRÉ. Nom niçois de l'*Agaricus pantherinus* et de l'*Agaricus adustus*.

LÉRA VERDA. Nom niçois de l'*Agaricus phalloides* Phœb.

LÉRADA ROUSSA. Nom niçois de l'*Agaricus muscarius* L.

LERCHE (Joh.-Jak.). Médecin militaire russe [1703-1780], a publié [1773] une *Description de plantes rares d'Astrakan et des provinces persanes voisines de la Caspienne* (in-4 de 46 p.).

LERCHEA (L., *Mantiss.*, 155). Genre de Rubiacées-Oldenlandiées, à fleurs analogues à celles des *Oldenlandia*, 4, 5-mères, avec un réceptacle concave, une corolle tubuleuse-infundibuliforme, valvaire, à gorge velue ou glabre (dans la section *Xanthophytum*); 4, 5 étamines incluses, à connectif parfois dilaté ou pénicillé en haut, et un ovaire infère à 2 loges multiovulées, avec un placenta subglobuleux, inséré en dedans et des branches stylaires grêles ou épaisses et courtes; à fruit globuleux ou subdidyme et dicoque, polysperme. Ce sont des arbustes ou arbrisseaux, glabres ou à pubescence rousse; à feuilles opposées, pétiolées, ovales ou oblongues, à cymes ou glomérules, tantôt sessiles, tantôt pédonculés (*Xanthophytum*) ou échelonnés sur les axes grêles et allongés de grappes composées, étirées, axillaires ou terminales. On en décrit 5, 6 espèces, de Java, de Bornéo et des îles Viti. (Voy. *Hist. des plant.*, VII, 329, 465, n. 137.) [H. Bn.]

LERCHENFELDIA (Schur, *Enum. pl. Transs.*, 753). Genre proposé pour l'*Aira flexuosa* L.

LERCHIA (Endl.). Pour *Lerchea* Hall.

LERCHIA (Reichb.). Pour *Leachia* Cass.

LERENES. A Porto-Rico, le *Maranta Allonya* Aubl.

LERÈS. A Cuba, synonyme de *Lerenes*.

LERESCHIA (Boiss., in *Ann. sc. nat.*, sér. 3, I, 127). Genre d'Ombellifères, proposé pour le *Cryptotænia Thomasii* DC., plante napolitaine, et dont on a fait une section du genre *Carum*. (H. Bn, *Hist. des pl.*, VII, 121.)

LERETIA (Vell., *Fl. flum.*, III, t. 2). Syn. (?) de *Mappia* Jacq.

LERIA (Adans., *Fam. pl.*, II, 190). Synonyme de *Sideritis* L.

LERIEÆ (Less., *Syn. Comp.*, 120). Sous-tribu des Mutisiées.

LEROUXIA (Mér., *Fl. par.*, 77). Genre non adopté, proposé pour le *Lysimachia nemorum* L.

LEROY (Alph.-Ant.). Médecin de Paris, auteur [1808] d'un *Mémoire sur le Kinkina français* (in-8, 16, 4 p.).

LESCAILLEA (Griseb., *Cat. pl. cub.*, 156). Section du genre *Porophyllum* Vaill. (H. Bn, *Hist. des pl.*, VIII, 256.)

LESCHENAULT-DE-LA-TOUR (Louis-Théod.). Voyageur naturaliste, directeur du Jardin de Pondichéry [1773-1826], a écrit des notices sur le Cannellier de Ceylan, sur l'Upas-Tieute, l'Antiar de Java, sur la végétation de l'Australie et de Van Diemen, etc. Son herbier, fort intéressant, fait actuellement partie de celui du Muséum de Paris.

LESCHENAULTIA (R. Br., *Prodr.*, I, 581). Genre de Campanulacées-Goodéniées, dont les fleurs, analogues à celles des *Goodenia*, ont l'ovaire infère, avec une corolle irrégulière, valvaire-indupliquée. Les anthères sont ordinairement collées. L'ovaire a 2 loges ∞-ovulées. Le style est, à son sommet stigmatifère, entouré d'un indusium bilabié, avec une lèvre parfois petite ou glanduleuse. Le fruit est 4-valve. Ce sont 15, 16 herbes australiennes, parfois frutescentes, à feuilles ordinairement éricoïdes, à fleurs solitaires ou disposées en corymbes terminaux et foliés. On en cultive dans nos serres quelques jolies espèces. (*Fl. serr.*, t. 176, 219. — *Bot. Mag.*, t. 2600, 4256, 4265. H. Bn, *Hist. des pl.*, VIII, 341, 370, fig. 187.)

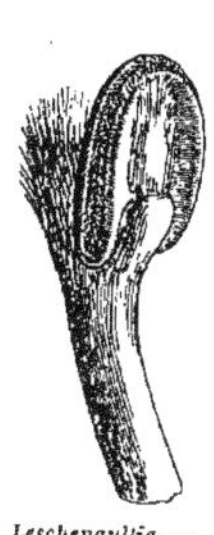

Leschenaultia. — Sommet du style.

LESCURÆA. Genre de Mousses Pleurocarpes, établi par Schimper pour deux espèces rapportées par la plupart des bryologues aux genres *Pterigynandrum* et *Neckera*, et rangé par lui dans la famille des Orthothéciées, de la division des Hypnacées. Voici ses caractères principaux : Les rameaux périchétiaux ne sont jamais radicants ; la coiffe, longue et étroite, presque cylindrique, est très fugace. L'anneau est étroit. Les dents du péristome, teintées de rouge orangé, sont confluentes à la base, où elles se doublent d'une membrane, étroitement lancéolées, et relevées d'une sorte de réseau vermiculé. Les processus, nés d'une membrane étroite, sont égaux aux dents ou plus courts qu'elles, de couleur jaune. Les *Lescuræa* sont à tige rampante, à rameaux fertiles plus ou moins divisés, ascendants. Leurs feuilles sont étalées-dressées, lisses, fortement nervées, formées de cellules étroitement ovales ou rhomboïdales, devenant carrées vers les angles de l'organe. Des deux espèces connues, l'une est propre à l'Amérique du Nord ; l'autre habite les montagnes de l'Europe où on l'observe sur les troncs d'arbres, du Hêtre particulièrement ; c'est le *L. striata* Sch. (*Pterigynandrum striatum* Brid.) (Voy. *Bryol. eur.*, V, t. 459. — Schimp., *Syn. Musc. eur.*, 620. — C. Muell., *Syn. Musc. frond.*, II, 81.) [M.]

LESKE (Nathan.-Gottfr.). Professeur à Leipzig [1751-1786], a écrit : *De generatione vegetabilium* [1773], in-4 de 32 p.

LESKEA. Genre de Mousses Pleurocarpes, établi par Hedwig, et dont Schimper a fait le type de sa famille des Leskéées, comprise elle-même dans la tribu des Leskéacées. Les *Leskea* ont la capsule dressée, oblongue et cylindracée, rectiligne ou arquée ; leur péristome est double et la membrane qui réunit à la base les dents internes n'atteint pas leur milieu. Ce sont des plantes à tige principale rampante, plus ou moins rameuse, à rameaux dressés ou étalés. Leurs feuilles, ovales-lancéolées et étalées-divariquées, sont molles, papilleuses sur les deux faces. Elles croissent sur les rochers, sur l'écorce des arbres. Le genre dont il est question diffère certainement très peu du genre *Hypnum*, tel que Linné et Hedwig le concevaient ; et bien qu'il ait été admis par un grand nombre de bryologistes, ce n'est pas sans doute à tort que C. Müller réunit à ce dernier type les espèces qu'on a l'habitude de lui attribuer. (Voy. Hedw., *Fund. Muscol.* — Brid., *Mant.*, II. — C. Muell., *Syn. Musc. frond.*, II, 223. — Schimp., *Syn. Musc. europ.*, 594.) [M.]

LESKÉACÉES (*Leskeaceæ* Rabenh.). Tribu établie par Schimper dans la série des Mousses-Pleurocarpes, et comprenant trois familles : les Leskéées, les Pseudoleskéées et les Thuidiées. Les caractères généraux des Leskéacées peuvent se résumer comme il suit : La vaginule est complète ; la coiffe nulle et cucultiforme. Le péristome est double : l'externe comprenant 16 dents lancéolées ou linéaires, formées d'une double membrane, et montrant une ligne scissurale bien marquée ; l'interne consistant en 16 processus carénés, souvent entremêlés de cils, et réunis à la base en une membrane plus ou moins haute. Les spores sont de petite dimension. Les Leskéacées ont la tige rampante, rameuse. Les branches fructifères sont tantôt dressées, tantôt couchées. Les feuilles sont disposées sur plusieurs rangs, molles et charnues, opaques, formées de cellules gorgées de chlorophylle, étroites et hexagonales vers le sommet de l'organe, hexagonales-rectangulaires vers sa base. Très voisine des Hypnacées, la tribu des Leskéacées n'en diffère guère que par la structure de son péristome interne ; et encore ce caractère paraît-il à peine suffisant pour établir une distinction aussi tranchée. (Voy. Schimp., *Syn. Musc. eur.*, 591. — C. Muell., *Syn. Musc. frond.*, II, 223 et pass.) [M.]

LESKÉÉES (*Leskeeæ*). Famille de Mousses-Pleurocarpes, établie par Schimper dans sa tribu des Leskéacées. Elle comprend les genres *Leskea*, *Myurella* et *Anomodon*, lesquels se distinguent par les caractères généraux suivants : Capsule dressée ; coiffe atteignant le milieu de celle-ci. Dents du péristome interne réunies à la base en une membrane plus courte que la moitié de leur longueur, et n'étant pas habituellement de même grandeur que les processus. Cils nuls. Les Leskéées sont des plantes irrégulièrement rameuses ; leurs feuilles sont entremêlées de nombreuses paraphylles, très variables de forme, le plus souvent hérissées de papilles saillantes. Un petit nombre d'espèces seulement habite l'Europe ; on les rencontre sur la terre humide, sur les rochers, et surtout appliquées au tronc des arbres. (Voy. Schimp., *Syn. Musc. eur.*, 592. — Bruch et Schimp., *Bryol. eur.* — C. Muell., *Syn. Musc. frond.*, II, pass.) [M.]

LESKIA (W.). Pour *Leskea* Hedw.

LESKIÆ (Brid.), LESKIEÆ (Hampe). Tribu des Hypnoïdées.

LESOURDIA (Fourn., in *Bull. Soc. Bot. Fr.*, XXVII, 102, t. 3, 4). Genre faux ; synonyme de *Scleropogon* Phil.

LESPEDEZA (Michx, *Fl. bor.-amer.*, II, 70, t. 39, 40). Genre de Légumineuses-Papilionacées, série des Hédysarées, sous-série des Desmodiées, se distinguant par : les deux lobes supérieurs du calice en grande partie unis ; carène incurvée, obtuse ou en forme de bec ; 10 étamines diadelphes (9-1) ; ovaire uniovulé ; style grêle, incurvé ; gousse presque sphérique ou ovale, réticulée et un peu comprimée, indéhiscente. Herbes ou arbrisseaux de l'Asie tempérée, de l'Australie et de l'Amérique boréale. Environ 25 espèces. (Voy. H. Bn, *Hist. des pl.*, II, 318.) [L.]

LESPEDEZARIA (Torr. et Gr., *Fl. N.-Am.*, I, 368). Section du genre *Lespedeza* Michx (*L. hirta*, *capitata*, etc.).

LESQUEREUXIA (Boiss., *Diagn. pl. or.*, ser. 1, XII, 43 ; sér. 2, VI, 132). Synonyme de *Siphonostegia* Benth.

LESSER-GALANGAL. Souche de l'*Alpinia officinarum* Hance.

LESSERTIA (DC., *Astrag.*, 37 ; *Prodr.*, II, 271). Genre de Légumineuses-Galégées, formé d'une trentaine d'espèces de l'Afrique australe, à feuilles imparipennées, à fleurs en grappes axillaires, distinguées par un style barbu tout à l'entour de sa portion supérieure, ou aux bords seulement; et par un fruit membraneux, enflé ou comprimé. (DC., *Mém. Légum.*, t. 46. — *Bot. Mag.*, t. 2064. — H. Bn, *Hist. des pl.*, II, 276.)

LESSING (Chr.-Fried.). Né en 1810 à Wartenburg (Silésie), a écrit [1831] une *Relation de voyage en Suède et en Norwège*. Il s'est livré spécialement à l'étude des Composées, publiant une notice sur les Cynarocéphales [1832] et, la même année, son *Synopsis generum Compositarum earumque dispositionis novæ Tentamen* (in-8 de 473 p. et 1 pl.). (*Cat. sc. pap.*, III, 971.)

LESSINGIA (CHAM., in *Linnæa*, IV, 203, t. 2, fig. 2). Section (?) du genre *Hysterionica* W. (H. Bn, *Hist. des pl.*, VIII, 156.)

LESSON (René-Primevère). Médecin de la marine, professeur à l'école de Rochefort, où il est mort en 1849, âgé de cinquante-trois ans, fit, comme naturaliste, le voyage de la *Coquille* avec l'amiral Duperrey. Il a composé [1836] une *Flore Rochefortine*, et a écrit sur la végétation des Malouines.

LESSONIA (BERTER., in *Deless. Icon. sel.*, III, 45, t. 78). Synonyme de *Eryngium* T.

LESSONIA (BORY, *Voy. Coq.*, 75; in *Dict. class. Hist. nat.*, IX, 322). Genre d'Algues-Floridées, classé par Kützing dans la section des *Macrocysteæ*, famille des *Laminarieæ*, dont il fait encore partie. Les espèces qui constituent ce genre sont caractérisées par une fronde solide, arborescente, dressée, foliacée à la partie supérieure, non vésiculeuse, à folioles dichotomes et terminales. Les sores, irrégulièrement distribués, sont superficiels sur la partie moyenne de la lame foliacée, et répandus çà et là. Leur présence est facilement reconnaissable par l'opacité que produit sur la fronde leur agglomération. Les spores sont de forme ellipsoïde-allongée, incluses dans un périspore hyalin, au milieu de nombreux paranémates claviformes, articulés, stipités. Ces végétaux, pour la plupart remarquables par leur taille, se rencontrent dans l'Océan Pacifique, sur les rivages du Chili, au cap Horn, aux îles Malouines, etc., où ils forment comme de véritables forêts sous-marines. (Voy. J.-G. AGH, *Spec., gen. et ord. Alg.*, I, p. 149.) [CH. M.]

LESTADIA (DC., *Prodr.*, V, 374). Pour *Læstadia* K.

LESTIBODEA (NECK., *Elem.*, I, 40). Synonyme de *Dimorphotheca* VAILL.

LESTIBOUDOIS (J.-B.). Botaniste lillois [1715-1804], auteur d'un *Abrégé élémentaire de botanique* [1774]. — Son fils, Fr.-Jos. LESTIBOUDOIS, également professeur à Lille, a écrit une *Botanographie belge* [1781], qui eut deux éditions, et *De viribus plantarum* [1783]. — Thémistocle LESTIBOUDOIS, fils du précédent, né en 1797, député, conseiller d'État, etc., fut suppléant de Payer à la Sorbonne en 1848; il a écrit une *Botanographie élémentaire*, un *Essai sur les Cypéracées* [1819], un *Mémoire sur la structure des Monocotylédonés* [1823], une *Botanographie belge* [1827], des travaux sur les Scitaminées, une *Phyllotaxie anatomique* [1848], et un grand nombre de notes et opuscules botaniques (*Cat. sc. pap.*, III, 975). Ses *Études sur l'anatomie et la physiologie des végétaux* [1840] sont intéressantes à consulter. Il fut associé de l'Académie des sciences de Paris.

LESTIBUDÆA (J.). Pour *Lestibudesia* DUP.-TH.

LESTIBUDESIA (DUP.-TH., *Hist. végét. isl. Afr. austr.*, 53, t. 16). Synonyme de *Celosia* L.

LESUBA. Nom hindou du *Cordia Myxa* L.

LESURA. Dans l'Inde, le Libertier.

LETCHERO. Euphorbe (?) de Colombie, qui sert à faire des clôtures qu'on dit impénétrables.

LETEFOLIO. En Espagne, un des noms de l'Orpin.

LETELLIER (J.-B.-Louis). S'est occupé des propriétés des Champignons, notamment des espèces alimentaires et vénéneuses des environs de Paris [1826], a donné des figures supplémentaires à l'ouvrage de Bulliard [1829-42] et a fait [1866], en collaboration avec Spencry, des expériences sur les espèces vénéneuses de Champignons. (*Cat. sc. pap.*, III, 978.)

LETENDRÆA (SACC., *Michel.*, II, 73; *Syll. Fung.*, II, 538). Genre de Sphériacés, voisin des *Nectria*, à périthèce mou, blanchâtre, globuleux, papilleux, contenant des thèques et des paraphyses. Les spores didymes sont brunes. Des espèces de *Coniothyrium* leur sont associées et paraissent être les spermogonies du genre. Deux espèces de ce genre croissent sur les rameaux morts de Ronce, d'Aulne, de Saule. [DE S.]

LETHAGRIUM (ARNOLD). Pour *Lathagrium* ACHAR.

LETHEA (NORONH., mss.). Synonyme de *Drapiezia* BL.

LETHEDON (SPRENG., *Anleit.*, II, 884). Genre proposé pour le *Tetranthera tannensis*.

LETOURNEUX (H.). Magistrat vendéen, auteur [1827] de *Lettres à Nanine sur la botanique* (in-12 de 181 p. et 1 pl.).

LETSOMIA (REICHB.). Pour *Lettsomia* R. et PAV.

LETTSOM (John-Coakley). Médecin de Londres [1744-1815], a écrit [1772] *The natural history of the Tea-Tree*, etc., qui eut deux éditions et fut traduit en français [1773] et en allemand [1776]. Son dernier ouvrage est l'*Hortus uptonensis* [1781], description des plantes cultivées chez Fothergill (in-8 de 44 p.).

LETTSOMIA (ROXB., *Fl. ind.*, II, 75). Syn. de *Argyreia* LOUR.

LETTSONIA (R. et PAV., *Prodr.*, 77, t. 14). Section du genre *Eroteum* SW. (H. BN, *Hist. des pl.*, IV, 257, not. 1.)

LETTUCE. Nom anglais des Laitues.

LETUCU (PIS., *Bras.*, 253). Nom d'une Convolvulacée purgative, donnant une sorte de *Mechoacan*.

LE-TURQUIER-DELONCHAMP. Auteur [1816-1825] d'une *Flore des environs de Rouen* (in-12 de 583 p.), publia, avec Levieux, les concordances des principales classifications des cryptogamistes anciens et modernes. (*Cat. sc. pap.*, III, 979.)

LEU. L'un des noms du *Lolium perenne* L.

LEUCACANTHA (WITTST., *Etym. Hd.*). Pour *Leucacantha* GRAY.

LEUCACTIS (K. KOCH, in *Linnæa*, XXIV, 339). Section du genre *Gymnocline*.

LEUCADENDRITES. — Voy. PROTÉACÉES.

LEUCADENDRON (R. BR., in *Trans. Linn. Soc.*, X, 50). Genre de Protéacées, formé d'environ 70 arbres ou arbustes africains, distingué, dans la série des *Protea*, par des fleurs unisexuées, capitées, et des capitules fructifères strobiliformes, à larges bractées imbriquées. Les fleurs sont tétramères, et les anthères sont stériles dans les femelles. Le genre *Leucadendron* est d'Hermann (ex PLUK., *Phyt.*, t. 200, fig. 1; mais il a été modifié par R. Brown, et le *Leucadendron* L. est synonyme de *Protea* (voy. H. BN, *Hist. des pl.*, II, 424. — B. H., *Gen.*, III, 169. — *Bot. Mag.*, t. 878, 881, 1650). Ces plantes, peu recherchées aujourd'hui, étaient jadis cultivées en serre froide. [H. BN.]

Leucadendron. Diagramme floral.

LEUCADENDRON (SALISB., *Parad. lond.*, sub t. 67; in *Knight Prot.*, 52). Synonyme de *Leucospermum* R. BR.

LEUCADENDRUM (POIR.). Pour *Leucadendron* L.

LEUCADENIA (KL., ex H. BN, in *Adansonia*, IV, 336, 197). Section du genre *Croton* L.

LEUCÆNA (BENTH., in *Hook. Journ. Bot.*, IV, 416). Genre de Légumineuses-Mimosées-Eumimosées, créé pour 7, 8 arbres et arbustes tropicaux, distingués par une gousse linéaire, assez large, comprimée-aplatie, coriace et bivalve, à graines transversales. Les inflorescences sont globuleuses. On connaît surtout le *L. alba*, arbuste ornemental. (H. BN, *Hist. des pl.*, II, 70.)

LEUCÆRIA (DC.). Pour *Leuceria* LAGASC.

LEUCAMPELOS (RŒM., *Fam. nat. Syst.*, II, p. II, 41). Section du genre *Bryonia* (*B. dioica* L.).

LEUCAMPIS (A. GRAY, ex BENTH., *Gen.*, II, 422). Section (?) du genre *Matricaria* T. (H. BN, *Hist. des pl.*, VIII, 275.)

LEUCANATIS (DIETR.). Pour *Leuconotis* JACK.

LEUCANDRA (KL., in *Erichs. Arch.* [1841], 188). Section du genre *Tragia* PLUM. (H. BN, *Et. gén. Euphorbiac.*, 477, t. 4, fig. 6-9; *Hist. des pl.*, V, 217.)

LEUCANDRUM (NECK., *Elem.*, I, 106). Synonyme (part.) de *Protea* L. Steudel écrit *Leucandron*.

LEUCANGIUM (QUEL., *Enchir. Fung.*, 259). Genre de Tubéracés, à péridium globuleux, granuleux, souvent fendillé, tomenteux, parcouru à l'intérieur par un réticulum de veines blanches formé par l'hyménium. Les thèques renferment chacune 6 spores hyalines, légèrement teintées et ocellées. [De S.]

LEUCANTHA (S.-F. Gray, *Arr. brit. pl.*, II, 443). Genre créé pour le *Centaurea solstitialis* L.

LEUCANTHA (Zipp.). Genre douteux (Endl., *Gen.*, 1334).

LEUCANTHEA (Scheel., in *Linnæa*, XXV, 248). Synonyme de *Bouchetia* DC.

LEUCANTHEMOIDES (DC., *Prodr.*, VI, 49). Section du genre *Adenachæna* DC.

LEUCANTHEMUM (T., *Inst.*, 492). Synonyme de *Pyrethrum* Gærtn. (*Chrysanthemum* T.). Le *L. vulgare* est la Grande-Marguerite des champs. (H. Bn, *Hist. des pl.*, VIII, 276, not. 6.)

LEUCANTHOS (Lehm., in *Otto's Hamb. Gartenzeit.* [1853]). Section du genre *Nymphæa* L.

LEUCAS. Plante indéterminée, qui guérit (Diosc.) les morsures des serpents et d'autres animaux venimeux.

LEUCAS (R. Br., *Prodr.*, I, 504). Genre de Labiées-Bétonicées, formé d'une cinquantaine d'herbes ou sous-arbrisseaux, de l'Asie, de l'Afrique et de l'Amérique, à verticillastres pauciflores ou multiflores, axillaires ou rapprochés vers le sommet des axes, avec des fleurs à calice tubuleux ou enflé, à 6-10 dents; des étamines à loges d'anthère finalement confluentes, et un style à 2 divisions, dont la postérieure est très courte. Les achaines ont le sommet à peine tronqué. Le *L. martinicensis* est une plante médicinale. (Jaub. et Sp., *Ill. pl. or.*, t. 385-387, 445. — Wight, *Icon.*, t. 337, 338, 1452-1455.) [H. Bn.]

LEUCASTER (Chois., in *Mém. Soc. phys. Gen.*, XII, 167; in *DC. Prodr.*, XIII, p. II, 457). Genre de Chénopodiacées, qui nous paraît relier cette famille aux Nyctaginacées. Ses fleurs ont un calice campanulé, valvaire-indupliqué en apparence, en réalité entier et plié en cinq angles rentrants. Ses étamines, au nombre de 2, ont un filet hypogyne et une épaisse anthère basifixe dont la face interne ne porte qu'en haut les 2 loges déhiscentes par une fente longitudinale. L'ovaire, comprimé entre les 2 étamines latérales, est presque orbiculaire, uniloculaire, surmonté d'un cimier stigmatique. Il renferme un ovule basilaire, campylotrope. Son fruit sec, enveloppé du calice accru, a une graine albuminée, à embryon périphérique. C'est un arbuste subvolubile, du Brésil, à feuilles alternes, à fleurs disposées en cymes lâches et composées. (H. Bn, *Hist. des pl.*, IX, 149, 199, fig. 214-216.)

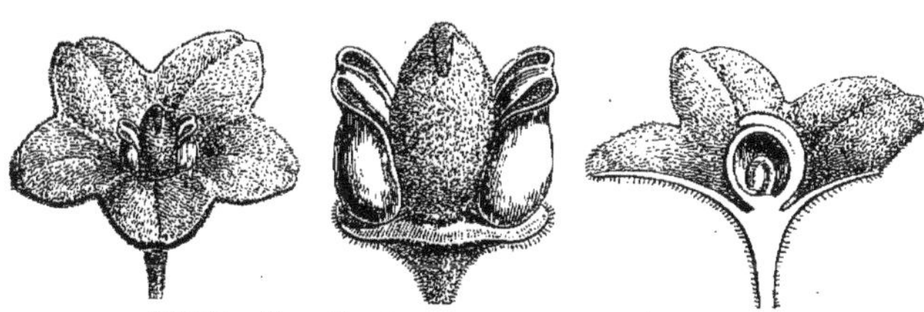

Leucaster. — Fleur, entière et coupe longitudinale. Fleur, le périanthe enlevé.

LEUCASTÉRÉES (*Leucastereæ* B. H., *Gen.*, III, 10). Série pour nous (*Hist. des pl.*, IX, 149, 160, 199) des Chénopodiacées. Les autres auteurs les rapportent généralement aux Nyctaginacées.

LEUCATHON (Diosc.). Nom (?) d'un *Œnanthe*.

LEUCE (Duby, *Bot. gall.*, 427). Section du genre *Populus* T. (Spach, *Suit. à Buff.*, X, 379. — Reichb., *Fl. exc.*, 173.)

LEUCEA (Presl). Pour *Leuzea* Cass.

LEUCECHITES. Section du genre *Dipladenia* A. DC. (B. H., *Gen.*, II, 726.)

LEUCENA. Nom, en Crète, du Châtaignier.

LEUCERIA (Lag., *Amen. nat.*, 32). Genre de Composées-Mutisiées, formé d'environ 25 espèces américaines, distinguées par leur pubescence laineuse ou glanduleuse et des capitules multiflores, dont l'involucre est formé de bractées 2-4-sériées, avec un réceptacle souvent paléacé sur les bords. Les fruits, surmontés d'aigrettes à soies scabres, serrulées, barbelées ou plumeuses, sont obovés. La tige est indivise, terminée par un seul capitule, ou ramifiée. (H. Bn, *Hist. des pl.*, VIII, 102.)

LEUCERIOIDES (DC., *Prodr.*, VII, p. I, 59). Section du genre *Chabræa* (*Leuceriopsis* Reichb.).

LEUCESTERIA (Meissn.). Pour *Leycesteria* Wall.

LEUCHERIA (Lag.), LEUCHÆRIA (Less.). Pour *Leuceria* Lag.

LEUCHTENBERGIA (Hook., in *Bot. Mag.*, t. 4393). Genre de Cactacées-Cérées, qui a à peu près les fleurs d'un *Mamillaria*, mais plus grandes, avec un port spécial. La tige est couverte de cicatrices dans sa portion inférieure; et supérieurement, au lieu des petits tubercules des *Mamillaria*, elle porte de gros tubercules pyramidaux, au sommet desquels se trouvent des ligules inégales. Le *L. Principis*, seule espèce du genre, parfois cultivée dans nos serres, est d'origine mexicaine. (H. Bn, *Hist. des pl.*, IX, 45.)

LEUCHTENBERGIACEÆ (Salm-Dyck, in *Otto's Hamb. Gartenzeit.* [1854], 188). Famille dite voisine des Cactées, formée du seul genre *Leuchtenbergia* Hook.

LEUCINA (Fries, *Summ. veg. Scand.*, II, 467). Section du genre *Doratomyces* Corda.

LEUCITES. Nom donné inutilement aux *Plastides* de A.-F.-W. Schimper. On a admis des *Leucites de réserve*, comme l'Aleurone. On décrit même des *Leucites colorés*, c'est-à-dire des corps « à la fois blancs et colorés ».

LEUCOBATRACHIUM (Webb et Berthel., *Phyt. canar.*, I, 6). Section du genre *Ranunculus* T.

LEUCOBLEPHARIS (Arn., in *Mag. Zool. and Bot.*, II, 422). Synonyme de *Blepharispermum* Wight.

LEUCOBRYACÉES (*Leucobryaceæ*). Tribu des Mousses-acrocarpes, comprenant des plantes particulièrement remarquables par la structure de leurs feuilles. Celles-ci, en effet, sont formées de deux sortes de cellules tout à fait dissemblables : les unes, grandes et épaisses, à parois perforées, dépourvues de chlorophylle, disposées sur deux ou plusieurs assises; les autres, plus étroites, gorgées de matière verte, interposées, sur un seul rang, aux premières entre lesquelles elles forment des traînées qui simulent des méats. Très voisines des Sphagnacées par leur organisation foliaire, les Leucobryacées s'en séparent au contraire très nettement par les caractères des organes de reproduction, qui ne diffèrent en rien, dans leur ensemble, de ce qui s'observe dans les Mousses proprement dites (notamment chez les Dicranées). Leurs fleurs sont ordinairement dioïques, rarement monoïques; les archégones, longs et étroits, sont presque dépourvus de paraphyses; les anthéridies, volumineuses et claviformes, en sont au contraire largement pourvues. Les Leucobryacées sont fort reconnaissables à distance par leur couleur glaucescente, blanchâtre, due à l'absence de chlorophylle dans leurs cellules superficielles. Elles forment cinq genres, assez peu nombreux en espèces, et presque exclusivement propres aux îles de l'Archipel Indien. Ce sont les genres *Leucobryum* Hampe, *Schistomitrium* Dz. et M., *Leucophanes* Brid., *Arthrocormus* Dz. et M., et *Octoblepharum* Hedw. (Voy. Rabenh., *Krypt.*, III, 119. — C. Muell., *Syn. Musc. frond.*, I, 73. — Schimp., *Syn. Musc. eur.*, 108; in *Linnæa*, XIII.) [M.]

LEUCOBRYÉES (*Leucobryeæ*). Famille de Mousses-acrocarpes, établie par Schimper dans la tribu des Leucobryacées, et présentant les caractères généraux suivants : Les fleurs sont dioïques, gemmiformes et terminales (sauf dans quelques espèces où on les voit latérales : ce qui rapproche la tribu en question des Mousses-pleurocarpes). La coiffe est grande, cuculliforme, enflée, blanchâtre. La capsule, longuement pédicellée et penchée, est ovale-oblongue, courbée, munie sur le vif de stries longitudinales qui se transforment par la dessiccation en sillons profonds; son col est court; son opercule muni d'un bec subulé. Il n'y a pas d'anneau. Le péristome, semblable à celui des *Dicranum*, est formé de 16 dents solides, d'un beau rouge pourpre, inégalement bifides jusqu'au-dessous de leur milieu, munies d'articulations rapprochées. Les spores sont petites, arrondies et brunes. Les Leucobryées sont des plantes très hygroscopiques, croissant en groupes serrés; molles et d'un jaune verdâtre quand elles sont humides, devenant par la dessiccation très fragiles et blanchâtres. Leurs feuilles sont disposées sur plusieurs rangs, très serrées, dressées, lancéolées, d'une structure particulière (voy. LEUCOBRYACÉES). Elles habitent la terre humide ou la base des troncs d'arbres, dans presque toutes les parties du monde, mais surtout les régions chaudes et humides. (Voy. SCHIMP., *Syn. Musc. europ.*, 108. — BRUCH et SCHIMP., *Bryol. europ.*) [M.]

LEUCOBRYUM. Genre de Mousses-acrocarpes, établi par Hampe, et rangé par les auteurs modernes dans la tribu des Leucobryacées (voy. ce mot), dont il peut être considéré comme le type. Ses caractères généraux sont ceux qui ont été résumés à propos de la famille des Leucobryées, à laquelle le lecteur est prié de se reporter. Ce sont des plantes ordinairement terrestres, à feuilles privées de nervures, et formant des gazons plus ou moins serrés, réunies quelquefois en coussinets serrés. On en connaît une douzaine d'espèces environ, dont une seule (*L. glaucum* SCHIMP. — *L. vulgare* HAMPE) se rencontre en Europe, sur la terre humide des bois, où elle fructifie rarement, bien qu'elle y soit fort commune. Pour les anciens, les *Leucobryum* étaient des *Bryum* ou des *Dicranum*, avec lesquels ils ont des affinités évidentes par les organes reproducteurs, mais dont ils se séparent nettement par la structure de leurs feuilles. (Voy. HAMPE, in *Linnæa*, XIII, 42. — BRUCH et SCHIMP., *Bryol. eur.*, fasc. XLI. — C. MUELL., *Syn. Musc. frond.*, I, 74. — SCHIMP., *Syn. Musc. eur.*, 109.) [M.]

LEUCOCARPON (A. RICH., *Voy. Astrol.*, *Bot.*, 46). Synonyme de *Denhamia* MEISSN.

LEUCOCARPUS (DON, in *Sweet Brit. fl. Gard.*, ser. 2, t. 124). Genre de Scrofulariacées-Scrofulariées, très analogue aux *Mimulus*, mais distingué par ses fruits, qui sont des baies blanches, analogues à celles des Symphorines, mais supères, à graines réticulées. Le *S. alatus*, seule espèce du genre, est une herbe à tige quadriailée, de l'Amérique centrale, à feuilles opposées et à cymes axillaires de petites fleurs jaunes. On le cultive parfois dans nos serres. (*Bot. Mag.*, t. 3067. — H. BN, *Hist. des pl.*, IX, 386, 439, fig. 533, 534.)

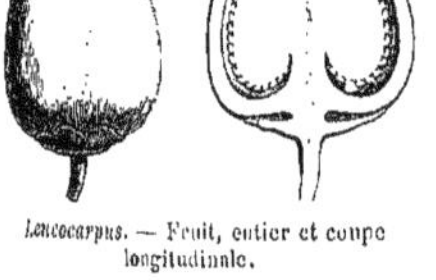

Leucocarpus. — Fruit, entier et coupe longitudinale.

LEUCOCASIA (SCHOTT, in *Œstr. Bot. Woch.* [1854], t. 37; *Gen.*, t. 38). Synonyme de *Colocasia* SCHOTT.

LEUCOCCUS (LIEBM., *Mex. Urtic.* [1851]; in *K. dansk. Selsk. Skr. Kjob.*, V [1852], II, 311). Synonyme de *Pouzolzia* GAUDICH.

LEUCOCENTRA (BGE, in *Mém. sav. étr. Ac. Pétersb.* [1854], VII, 363). Section du genre *Microlonchus* CASS.

LEUCOCEPHALA (BENTH., in *DC. Prodr.*, XII, 89). Section du genre *Hyptis* JACQ.

LEUCOCEPHALA (ROXB., *Fl. ind.*, III, 612). Synonyme de *Eriocaulon* MART.

LEUCOCERA (TURCZ., in *Bull. Mosc.* [1848], I, 582). Synonyme de *Calycera* CAV.

LEUCOCHILIUM (REICHB. F., in *Walp. Ann.*, I, 789). Section du genre *Odontoglossum* H. B. K.

LEUCOCHLAMYS (PŒPP., herb.). Syn. de *Massowia* C. KOCH.

LEUCOCHRYSUM (DC., *Prodr.*, VI, 215). Section du genre *Helipterum* DC.

LEUCOCISTUS (PRESL, *Fl. sicul.*, I, 116). Section du genre *Cistus*; synonyme de *Ledonia* SPACH.

LEUCOCNIDE (MIQ., *Pl. Jungh.*, I, 36). Synonyme (part.) de *Debregeasia* GAUDICH. et de *Leucosyke* ZOLL. et MOR.

LEUCOCOCCA (C.-A. MEY., in *Bull. Ac. Pétersb.*, IV, 71). Section du genre *Gymnococca* C.-A. MEY.

LEUCOCODON (GARDN., in *Calc. Journ. Nat. Hist.*, VII, 5). Genre de Rubiacées-Génipées, à fleurs 5-mères, disposées en un faux capitule terminal de glomérules, entouré d'un grand involucre campanulé et blanchâtre. Le calice est gamophylle, irrégulièrement fendu lors de l'anthèse, et la corolle est valvaire. Le *L. reticulatum*, seule espèce connue, est un arbuste grimpant et épiphyte, de Ceylan, à feuilles opposées, à longues stipules intrapétiolaires et connées. (Voy. *Hist. des pl.*, VII, 321, 455, n. 119.) [H. BN.]

LEUCOCOMA (EHRH., *Phytoph.*, n. 2; *Beitr.*, IV, 146). Synonyme de *Trichophorum* PERS.

LEUCOCONIUS (REICHB., *Nom.*, 12). Section du genre *Boletus*.

LEUCOCORYNE (LINDL., *Bot. Reg.*, t. 1293). Genre de Liliacées-Alliées, formé de 3, 4 plantes bulbeuses du Chili, distingué par un périanthe tubuleux, pourvu à la gorge de 3 staminodes squamiformes. Les étamines fertiles ne sont donc qu'au nombre de 3. L'inflorescence simule une ombelle. Le *L. Gayi* est aujourd'hui rapporté au genre *Tristagma*. (C. GAY, *Fl. chil.*, t. 69. — *Bot. Mag.*, t. 2382.) [H. BN.]

LEUCOCRINUM (NUTT. — A. GRAY, in *Ann. Lyc. N. York*, IV, 110). Genre de Liliacées-Asphodélées, établi pour une herbe vivace de l'Amérique du Nord, à rhizome descendant, à fleurs situées entre les feuilles basilaires : ce qui donne à la plante un port tout à fait anormal. Le périanthe a un long tube étroit et un limbe hypocratérimorphe. Les loges ovariennes sont ∞-ovulées. Le fruit est loculicide. (S.-WATS., *Bot. fourt. parall.*, 349, t. 36.) [H. BN.]

LEUCOCROTON (GRISEB., *Pl. amer. trop.*, 21; *Pl. Wright.*, 160). Genre d'Euphorbiacées-Jatrophées, placé (M. ARG., in *DC. Prodr.*, XV, p. II, 756) dans la sous-tribu des Caperoniées. Les fleurs, dioïques et apétales, ont un calice mâle à 3, 4 divisions valvaires et autant de glandes oppositipétales et ordinairement courtes. Les étamines, au nombre de 6-10, et insérées sous un gynécée rudimentaire, ont des filets légèrement connés à la base et des anthères déhiscentes par deux fentes introrses. La fleur femelle a un calice à 5, 6 divisions valvaires et autant de glandes oppositipétales. Son ovaire est à trois lobes uniovulés et surmonté d'un style à trois branches divisées chacune en 3-5 rameaux flabellés et couverts d'un grand nombre de papilles stigmatiques. Le fruit est une capsule tricoque, à graines lisses et dépourvues d'arille. Ce sont des arbustes pâles ou jaunâtres, couverts de poils déprimés ou étoilés. Leurs feuilles sont alternes, pétiolées, penninerves ou quintuplinerves, subcoriaces et quelquefois accompagnées de très petites stipules. Les fleurs mâles sont disposées en grappes ou en épis simples ou ramifiés, et les femelles en épis. Ces dernières sont solitaires au sommet d'un rameau muni de bractées latérales stériles; et les premières, portées sur des pédicelles articulés, sont réunies au nombre de 1-5 dans l'aisselle d'une bractée. On en connaît trois espèces, de Cuba. (Voy. H. BN, *Hist. des pl.*, V, 120, 199.) [T.]

LEUCOCYCLUS (BOISS., *Diagn. or.*, XI, 13). Synonyme de *Anacyclus* L. (H. BN, *Hist. des pl.*, VIII, 275, not. 3.)

LEUCOCYTISUS (REICHB., *Nom.*, 150). Section du genre *Cytisus*; synonyme de *Alburnoides* DC.

LEUCODERMIS (PL., in herb. *Hook.*, ex B. H., *Gen.*, I, 357). Synonyme de *Ilex* L.

LEUCODICTYON (DALZ., in *Hook. Kew Journ.*, II, 264). Synonyme de *Galactia* P. BR.

LEUCODICTYON (GRISEB.). Pour *Leucodyction* DALZ.

LEUCODON. Section du genre *Neckera*, d'après C. Müller (*Syn. Musc. frond.*, II, 91), correspondant assez exactement au genre *Leucodon* de Schwægrichen.

LEUCODON. Genre de Mousses-Pleurocarpes, établi par Schwægrichen, et rangé par Schimper dans la tribu des Neckéracées, où il est le type de la famille des Leucodontées. Ses caractères essentiels se résument ainsi. Les périchèses occupent des ramuscules très courts, jamais radicants; il n'y a pas trace de vaginule. La coiffe, cuculliforme, dépasse en bas la capsule, qui est plus ou moins exserte au sommet d'un pédoncule droit, ovale-oblongue ou cylindracée et coriace à la maturité. L'anneau est fragile et se détache par fragments isolés. Le péristome est simple, et formé de dents minces, bi-trifides, papilleuses, munies d'articulations écartées et blanchâtres (d'où le nom du genre). Les *Leucodon* sont des plantes à tige rampante, émettant des rameaux ordinairement dressés, peu ramifiés. Leurs feuilles, largement ovales-lancéolées, sont décurrentes, privées de nervure et fortement striées en long. Leur parenchyme comprend des cellules étroitement linéaires et contournées au milieu et au sommet de l'organe, à peu près arrondies sur les bords et à la base. On en connaît un assez grand nombre d'espèces, dont une seule (*L. sciuroides* SCHWG.) se rencontre en Europe, sur l'écorce des Chênes, où elle fructifie rarement. Linné rangeait les plantes dont il s'agit dans le genre *Hypnum;* Hedwig les considérait comme des *Fissidens;* C. Müller ne les sépare pas des *Neckera*. (Voy. SCHWÆGR., *Suppl.* — C. MUELL., *Syn. Musc. frond.*, II, 91. — SCHIMP., *Syn. Musc. eur.*, 573.) [M.]

LEUCODONIUM (REICHB., *Fl. exc.*, 798). Section du genre *Cerastium* L. (*C. arvense, campanulatum, repens*, etc.).

LEUCODONTACEÆ (SCHIMP., *Bryol. eur.*, V). Famille des Mousses, comprenant les genres *Leucodon* et *Antitrichia*.

LEUCODONTEÆ (HAMPE, in *Linnæa* [1847], XX, 90). Famille des Mousses-Pleurocarpées (*Leucodontina* REICHB. [part.]).

LEUCODONTÉES (*Leucodonteæ*). Famille de Mousses-pleurocarpes, établie par Schimper dans la tribu des Neckéracées. Les genres compris dans cette famille ont les fleurs dioïques. La vaginule est longue, glabre ou poilue. La coiffe est grande, assez solide, cuculliforme ou prolongée au-dessous de la capsule. Celle-ci, à peine émergente ou assez longuement exserte, est symétrique, tantôt dressée, tantôt un peu oblique sur le pédoncule et courbée. Le péristome est simple ou double, parfait ou imparfait. Les Leucodontées ont la tige rampante, émettant des rameaux dressés, ascendants, simples ou divisés. Leurs feuilles, étroitement serrées sur plusieurs rangs, ovales-oblongues, lancéolées, ont une nervure mince, simple ou double, qui manque assez souvent. Leur surface est ordinairement brillante et striée en long. Leur parenchyme est formé de cellules rhomboïdales ou linéaires sur la face supérieure, linéaires-contournées sur le milieu de la face inférieure, arrondies-punctiformes vers les bords. Cette famille, qui paraît assez imparfaitement caractérisée, comprend un grand nombre de genres, exotiques pour la plupart. Elle n'est représentée en Europe que par quelques espèces appartenant aux genres *Leucodon* SCHWÆGR., *Pterogonium* Sw. et *Antitrichia* BRID. (Voy. SCHIMP., *Syn. Musc. eur.*, 573. — Sw., *Disp. Musc.* — BRID., *Bryol. univ.* — C. MUELL., *Syn. Musc. frond.*, II, 91 et seq.) [M.]

LEUCODRABA (DC., *Prodr.*, I, 168). Section du genre *Draba*.

LEUCOGASTER (HESSE, in *Pringsh. Jahrb. f. wiss. Bot.*, XIII, 189). Genre de Gastéromycètes hypogés, du groupe des Hyménogastrés, voisin des *Melanogaster*. Les basides, en se détruisant, remplissent d'une sorte de gélatine les chambres de la gleba; les spores présentent deux enveloppes distinctes et s'entourent d'une enveloppe gélatineuse et transparente. On rencontre ces champignons sous les feuilles de Hêtre, dans l'humus, en compagnie de *Rhizopogon* et d'*Octaviana*. [DE S.]

LEUCOGLOCHIN (EHRH., *Phytophil.*, n. 8; *Beitr.*, IV, 146). Section du genre *Carex* L.

LEUCOGLOSSA (DC., *Prodr.*, VI, 53). Section du genre *Pyrethrum*.

LEUCOGLOSSUM (LINDL., *Fol. orchid.* [14 oct. 1852]). Section du genre *Odontoglossum* H. B. K.

LEUCOGRAPHIS. Dans Pline, le Chardon-Marie.

LEUCOGYMNOCLINE (SCH. BIP., *Ueb. Tanac.*, 46). Section du genre *Tanacetum* L.

LEUCOHYLE (KL., in *App. sem. H. berol.* [1854]). Synonyme de *Trichopilia* LINDL.

LEUCOIDEÆ (DUMORT., *Comm. bot.*, 65). Famille formée du seul genre *Leucoium* L.

LEUCOIDES (SPACH, in *Ann. sc. nat.*, sér. 2, XV, 30). Section du genre *Populus* T.

LEUCOION. Nom ancien des Giroflées.

LEUCOIUM. Nom latin des Nivéoles (voy. ce mot).

LEUCOIUM ALBUM, L. PURPUREUM (MATTH.). Le *Cheiranthus incanus* L.

LEUCOIUM AUREUM (MATTH.). Le *Cheiranthus Cheiri* L.

LEUCOIUM LUTEUM. Nom officinal ancien de la Giroflée jaune (*Cheiranthus Cheiri* L.)

LEUCOJUM (GLED., in *Mém. Ac. Berl.* [1751], 124). Synonyme de *Leucoium* L.

LEUCOJUM (T. — MEDIC., *Phil. bot.*, I, 189). Synonyme de *Cheiranthus* et (part.) de *Matthiola*.

LEUCOLÆNA (R. BR., in *Flind. Voy. App.*, II, 557). Synonyme de *Xanthosia* RUDGE.

LEUCOLOMA. Genre de Mousses-acrocarpes, établi par Bridel, et qui n'a pas été conservé par les auteurs modernes. C. Müller en fait une simple section du genre *Dicranum*, dans laquelle sont réunies les espèces qui présentent les particularités suivantes: Fleurs ordinairement dioïques. Feuilles à nervure mince, jaunâtre, formées de cellules étroitement quadrangulaires à la face supérieure, allongées à l'inférieure, devenant très longues, presque filiformes sur les bords, où elles ne contiennent pas de chlorophylle (voy. DICRANUM). (Voy. C. MUELL., *Syn. Musc. frond.*, I, 352. — BRID., *Bryol. univ.*, II, 218.) [M.]

LEUCOLOMA (FÜCK., *Symb. myc.*, 338). Genre de Discomycètes, créé pour le *Peziza* (*Humaria*) *araneosa* BULL.

LEUCOMALLA (PHIL., *Sert. Mendoc. alt.*, 31). Synonyme de *Evolvulus* L.

LEUCOMELA (NUTT., in *Ann. Phil. Trans.*, n. ser., VII [1841], 442). Section du genre *Mulgedium* CASS.

LEUCOMERIS (BL., ex PFEIFF.). Synonyme de *Strobocalyx* DC. (*Vernonia* SCHREB.).

LEUCOMERIS (DON, *Prodr. Fl. nepal.*, 169). Section (?) du genre *Chuquiraga* J. (H. BN, *Hist. des pl.*, VIII, 91.)

LEUCOMPHALUS (BENTH., in *Hook. Nig. Fl.*, 322, t. 31). Genre de Légumineuses-Sophorées, établi pour un arbuste de l'Afrique tropicale, à feuilles unifoliolées, à fleurs analogues à celles des *Baphia*, mais avec des anthères linéaires et plus longues que le filet. Le fruit est court, turgide, 1, 2-sperme, longuement stipité. Le seul est le *L. capparideus*. (H. BN, *Hist. des pl.*, II, 365.)

LEUCOMYCES (BATT., *Fung. agr. arim.*, 27, 30). Désigne divers Agarics, parmi lesquels l'*Amanita ovoidea* BULL., *Psalliota campestris* L. Sans doute l'*Agaricus laqueatus* FR. est le *Leucomyces* BATT., *loc. cit.*, t. 10, fig. C.

LEUCONOTIS (JACK, in *Trans. Linn. Soc.*, XIV, 121, t. 4). Genre d'Apocynacées-Carissées, formé de 2 arbustes lactescents de l'archipel Malais, distingués par des fleurs 4-mères, à ovaire biloculaire; les loges biovulées. Le fruit est charnu, et les graines n'ont pas d'albumen. (B. H., *Gen.*, II, 691. — H. BN, *Hist. des pl.*, X.)

LEUCONYMPHÆA (BOERH., *H. lugd.-bat.* [1720], 364). Synonyme de *Nymphæa* L.

LEUCOPAPPUS (C. KOCH, in *Linnæa*, XXIV, 416). Section des *Centaurium*.

LEUCOPHAE (WEBB, *Phyt. canar.*, III, 99). Synonyme de *Marrubiastrum* MŒNCH.

LEUCOPHAE (WEBB, *Phyt. canar.*, III, 99, t. 168-172). Synonyme de *Sideritis* L.

LEUCOPHANEÆ (HAMPE, in *Linnæa*, XIII, 42). Tribu des Mousses, puis (in *Linnæa*, XX, 67) famille des Acrocarpées.

LEUCOPHANES. Genre de Mousses-acrocarpes, établi par Bridel, et rangé dans la tribu des Leucobryacées, parmi lesquelles il se distingue par les caractères suivants : La capsule est symétrique; le péristome est formé de 16 dents courtes, linéaires-lancéolées, à articulations peu visibles. Les feuilles comportent deux assises de cellules incolores. (Pour les détails de cette structure, voy. LEUCOBRYACÉES). Les *Leucophanes* vivent sur la terre et sur les écorces. On en a décrit cinq ou six espèces, toutes propres aux régions les plus chaudes du globe, telles que Java, les Moluques, etc. (Voy. BRID., *Bryol. univ.*, I, 763. — C. MUELL., *Syn. Musc. frond.*, II, 81.) [M.]

LEUCOPHOBE (EHRH., *Phytoph.*, n. 73; *Beitr.*, IV, 148). Synonyme de *Luzula* DC.

LEUCOPHOLIS (GARDN., in *Hook. Lond. Journ.*, II, 10). Section du genre *Helichrysum* GÆRTN. (H. BN, *Hist. pl.*, VIII, 175.)

LEUCOPHYLLEÆ. Tribu (B. H., *Gen.*, II, 926) des Scrofulariacées. (H. BN, *Hist. des pl.*, IX, 406.)

LEUCOPHYLLUM (H. B., *Pl. æquin.*, II, 95, t. 109). Genre de Scrofulariacées, à fleurs pourvues d'un calice gamosépale profondément divisé, à 5 lobes d'abord imbriqués, et d'une corolle subcampanulée, imbriquée; les deux lobes postérieurs recou-

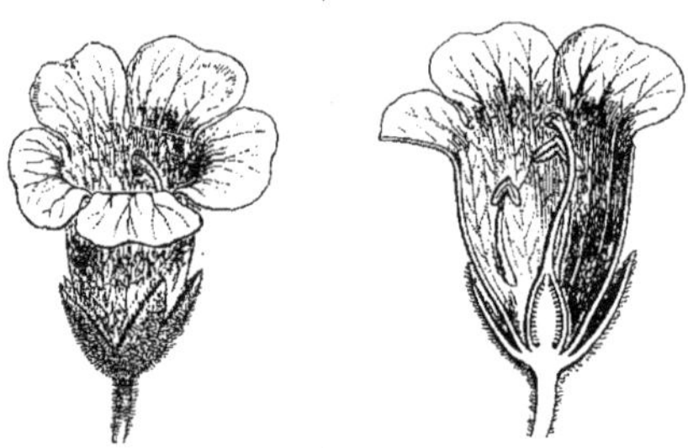

Leucophyllum. — Fleur, entière et coupe longitudinale.

verts. Il y a 4 étamines didynames (parfois 5). Le gynécée est libre, à ovaire biloculaire et ∞-ovulé. Le fruit est septicide, à graines nombreuses, albuminées. L'embryon est droit ou arqué. Ce sont 3 arbustes blanchâtres, tomenteux, à poils rameux, à feuilles alternes, à fleurs axillaires, solitaires et pédonculées. Tous habitent le Mexique et le Texas. (H. BN, *Hist. des pl.*, IX, 368, 419, fig. 485, 486.)

LEUCOPHYTA (R. BR., in *Trans. Linn. Soc.*, XII, 106). Synonyme de *Calocephalus* R. BR.

LEUCOPHYTON (LESS., *Syn. Comp.*, 109). Sect. du g. *Dicoma*.

LEUCOPLÆUS (NEES, in *Lindl. Introd. Nat. Syst.*, ed. 2, 450). Synonyme de *Hypodiscus* NEES.

LEUCOPLASTIDES. Les plastides blancs (SCHIMP.), c'est-à-dire les Amylogènes.

LEUCOPOA (GRISEB., in *Ledeb. Fl. ross.*, IV, 383). Genre proposé pour le *Poa albida* TURCZ.

LEUCOPODON (GARDN., in *Hook. Lond. Journ.*, IV, 124). Synonyme de *Chevreulia* CASS.

LEUCOPOGON (R. BR., *Prodr.*, I, 541). Genre de Styphéliées, qui ne comprend pas moins que 125 à 130 arbres ou arbustes australiens, et dont la fleur 5-mère, à corolle valvaire, est celle des Épacridées en général, à ovaire 2-10-loculaire; les loges uniovulées et l'ovule descendant. Les fleurs sont en épis, plus rarement en grappe. Le fruit est drupacé. Ce sont des plantes à feuilles sessiles ou pétiolées, striées-nervées, et pouvant avoir l'apparence de celles de certaines Monocotylédonées. (PAYER, *Organogr.*, 579, t. 120. — H. BN, in *Payer Leç. Fam. nat.*, 223. — *Bot. Mag.*, t. 3162, 3251.)

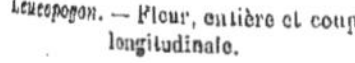

Leucopogon. — Fleur, entière et coupe longitudinale.

LEUCOPORUS (QUEL., *Ench. Fung.*, 165). Genre de Champignons-Polyporés, constitué avec les espèces de Polypores leucospores, de la section des *Lenti* FRIES.

LEUCOPSIDIUM (DC., *Prodr.*, VI, 43). Synonyme de *Aphanostephus* DC.

LEUCOPSIS (DC., *Prodr.*, V, 348). Section du genre *Haplopappus* CASS.

LEUCOPSYLLIUM (DCNE, in *DC. Prodr.*, XIII, p. I, 704). Section du genre *Plantago* T.

LEUCORAPHIS (NEES, in *DC. Prodr.*, XI, 96, 97). Synonyme de *Brillantaisia* P.-BEAUV.

LEUCORCHIS (BL., *Mus. lugd.-bat.*, I, 31). Synonyme de *Didymoplexis* GRIFF. (II, 415).

LEUCORCHIS (E.-H.-F. MEY., *Preuss. Pfl. Gatt.*, 50, nec BL.). Genre proposé pour l'*Habenaria albida* R. BR.

LEUCORESEDA (DC., in *Dub. Bot. gall.*, 67). Section du genre *Reseda* (*R. glauca*, etc.). (M. ARG., *Mon. Resed.*, 99.)

LEUCORHODION (SPACH, *Suit. à Buff.*, XI, 60). Section du genre *Halimium* (*Cistus*). Steudel écrit *Leucorhodium*.

LEUCORYPHE (ENDL., *Gen.*, 484). Section du genre *Proustia*.

LEUCOSCEPTRUM (SM, *Exot. Bot.*, II, 113, t. 116). Synonyme de *Teucrium* L.

LEUCOSERIS (NUTT., in *Trans. Amer. Phil. Soc.*, ser. 2, VII, 439). Synon. de *Malacothryx* DC. (H. BN, *Hist. pl.*, VIII, 110.)

LEUCOSIDEA (ECKL. et ZEYH., *Enum. pl. cap.*, 265). Genre de Rosacées-Fragariées, établi pour un arbuste de l'Afrique australe, à feuilles alternes et imparipinnées, à calice 10-12-lobé; 5 pétales; 10-12 étamines et 2, 3 carpelles à un ovule descendant. Le fruit est formé de 2, 3 achaines, inclus dans le réceptacle floral induré. (H. BN, *Hist. des pl.*, I, 353, 462.)

LEUCOSIE (LAMK), LEUCOSIA (DUP.-TH., *Gen. nov. madag.*, n. 79). Synonyme de *Dichapetalum* (*Chailletia*).

LEUCOSINAPIS (DC., in *Mém. Mus.*, VII, 243). Section du genre *Brassica* (*Sinapis alba* L.).

LEUCOSMIA (BENTH., *Sulph. Bot.*, 179, t. 57). Synonyme de *Phaleria* JACK. (H. BN, in *Adansonia*, XI, 316; *Hist. des pl.*, VI, 102). Bentham, le créateur de ce genre, qui l'avait avec raison abandonné, le reprit plus tard, on ne sait pourquoi (*Gen.*, III, 199), et d'après des notions erronées; mais il l'avait, en tout cas, inexactement analysé. [H. BN.]

LEUCOSPERMUM (R. BR., in *Trans. Linn. Soc.*, X, 95). Genre de Protéacées-Protéées, placé près des *Protea*, et qui se distingue par son périanthe à 3 lobes anthérifères, devenant libres et récurvés dans l'anthèse. Ce sont, au nombre de 24 environ, des arbustes de l'Afrique australe et d'Abyssinie, à feuilles alternes, coriaces, à capitules fructifères globuleux ou rarement ovoïdes, strobiliformes, avec les bractées persistantes ou rarement caduques. (Voy. *Hist. des pl.*, II, 422.) [H. BN.]

LEUCOSPHÆROCEPHALUS (BATT., *Fung. Agr. arimin.*, 32, t. VII, fig. D). Agariciné, que sa description et sa figure incomplètes rendent difficile à déterminer, mais qui semble se rapprocher surtout de l'*Agaricus* (*Psallotia*) *cretaceus* FR., d'autant plus que l'auteur donne cette espèce comme comestible.

LEUCOSPORA (NUTT., in *Journ. Ac. Philad.*, VII, 87). Synonyme de *Conobea* AUBL.

LEUCOSPORE (*Leucosporus* FR., *Syst. myc.*, 12). Première série des Agaricinés, caractérisée par la couleur blanche des spores vues en masse hyaline au microscope. (Voy. AGARICINÉS.)

LEUCOSPORIUM (CORDA, in *Sturm Deutschl. Fl.*, *Fung.*, III, 67, t. 34). Synonyme (CORDA) de *Phymatostroma* CORDA. — Voy. PACTILIA.

LEUCOSPORUS. — Voy. LEUCOSPORE.

LEUCOSTACHYS (HOFFM., *Preisv. Orchid.* [1842], ex *Linnæa*, XVI, *Littb.*, 234). Synonyme de *Goodyera* R. BR.

LEUCOSTEGIA (PRESL, *Pterid.*, 94). Synonyme de *Davallia*.

LEUCOSTEMMA (BENTH., in *Royl. Ill. himal.*, 81, t. 21). Synonyme de *Stellaria* L.

LEUCOSTEMMA (DON, in *Mem. Wern. Soc.*, V, 540). Synonyme de *Helichrysum* GÆRTN. (H. BN, *Hist. des pl.*, VIII, 174.)

LEUCOSTOMON (G. DON). Pour *Lecostemon* MOÇ. et SESS.

LEUCOSYKE (ZOLL. et MOR., *Verz. Pl. Zoll.*, 76). Genre d'Urticées, formé d'arbres et arbustes du Pacifique et de l'archipel Malais, à feuilles alternes, à glomérules floraux globuleux, axillaires, solitaires ou en courtes grappes ou cymes; l'ovaire surmonté d'un style à stigmate pénicillé; le fruit accompagné d'un petit périanthe. Plus ordinairement décrit sous le nom de *Missiessia*, ce genre compte 8 ou 9 espèces à feuilles alternes. [H. Bn.]

LEUCOTHAMNUS (Lindl., *Swan Riv. veg. App.*, 19). Synonyme de *Thomasia* J. Gay. (H. Bn, *Hist. des pl.*, IV, 136.)

LEUCOTHEA (Moç. et Sess., *Fl. mex. ined.*). Synonyme (part.) de *Saurauja* W.

LEUCOTHOE (Don, in *Edinb. N. Phil. Journ.*, XVII, 159). Genre d'Ericacées-Andromédées, détaché des *Andromeda*, distingué par un calice à 2 ou sans bractéoles, des fleurs à anthères mutiques ou 2-cuspidées sur le dos et à larges ouvertures poriformes. Le fruit est membraneux, loculicide, et les graines sont ailées. Ce sont 7, 8 arbustes du Japon et de l'Amérique du Nord-Ouest. Plusieurs sont ornementaux et cultivés en terre de bruyère dans nos jardins. (*Bot. Mag.*, t. 1955, 2337.) [H. Bn.]

LEUCOXYLUM (Bl., *Bijdr.*, 1169). Synonyme de *Diospyros* L.

LEUCOYUM (Link). Pour *Leucoium* L.

LEUGE. Le Chêne-Liège.

LEUKERIA (Endl.). Pour *Leuceria* Lagasc.

LEUNIS (Joh.). Professeur à Hildesheim, né en 1802, auteur de *Analytischer Leitfaden*, etc. [1853], et d'un *Synopsis der Pflanzenkunde Hannover* [1864-67], in-8 avec fig. sur bois.

LEUNISIA (Phil., in *Linnæa*, XXXIII, 120). Genre de Composées-Mutisiées, mal connu, établi pour un arbuste du Chili, caractérisé par des capitules multiflores, avec un involucre de bractées multisériées, égales, acuminées et foliacées. Ses feuilles sont sessiles, nombreuses et pressées, pubescentes et visqueuses. On croit d'ailleurs le genre très voisin des *Perezia*.

LEURONEMA (Wall., *Flor. germ.*, 1833). Genre d'Algues-Conjuguées, de la grande famille des Desmidiacées, et confondu par W. Harvey avec le genre *Spondylosium* de Brebisson. Ce dernier genre a disparu lui-même, et les espèces qui le composaient ont été toutes reportées au genre *Spirotenia*. [Ch. M.]

LEU-SUNG-KWO (*fruit de Luçon*). Nom, en Chine, de la Fève de Saint-Ignace, fruit du *Strychnos Ignatia*.

LEUWENHOEKIA (Bartl.). Pour *Levenhookia* R. Br.

LEUZEA (DC., *Fl. fr.*, IV, 109; in *Ann. Mus.*, XVI, t. 14). Synonyme de *Rhacoma* Adans. (*Centaurea* L.). (H. Bn, *Hist. des pl.*, VIII, 85.)

LEUZEÆ (Sch. bip., in *Linnæa*, XIX, p. III, 330). Division des Composées-Serratulées.

LEUZETTE, LEUZEUTTE. Le *Mercurialis annua* L.

LEUZITES (Fr., *Epicr.*, 1re, 403). Genre d'Agaricinés coriaces, subéreux, épixyles, persistants, dimidiés, rarement stipités. Les lamelles coriaces, inégales, sont quelquefois anastomosées à leur point d'émergence : ce qui donne à ces Champignons l'aspect des *Dædalea*. La plupart des espèces sont exotiques. Sur 70 connues, on en compte à peine une vingtaine en Europe. [De S.]

LÉVEILLÉ (Jos.-Henri). Médecin de Paris [1796-1870], s'occupa de mycologie, notamment des Agarics [1825-1840], donna, dans le *Dictionnaire universel*, des articles sur les Champignons, avec une nouvelle classification et, en 1855, une Iconographie des Champignons de Paulet. Il décrivit les Champignons du voyage de la *Bonite* et ceux des voyages de Zollinger, Démidoff, etc. Ses travaux les plus importants sont le mémoire sur l'organisation de l'Hyménium et sa détermination de la nature des *Sclerotium*.

LEVEILLEA (Dcne, in *Class. Alg.*, 67). Genre douteux d'Algues-Floridées, considéré par quelques auteurs comme faisant partie des *Rytiphleæ*, et qui a été réuni par M. Agardh fils au genre *Polyzonia*, qui est certainement le genre le plus voisin, et avec lequel il a les plus grandes affinités sous le rapport des fonctions essentielles de la reproduction. En ce qui concerne la forme, il diffère des genres voisins par des frondes enroulées en crosse au sommet, et par ses divisions sessiles, subdécurrentes, présentant l'aspect d'une forme laminaire, entière de toutes parts. Payer en avait fait un synonyme de *Polyzonia*. (J.-G. Agh, *Spec.*, *gen. et ord. Alg.*, III, 1164, 1171.) [Ch. M.]

LEVEILLEA (Fr., *Summ. veg. Scand.*, 409). Genre de Pyrénomycètes, à conceptacle carbonacé, épais, divisé en logettes par des parois membraneuses; spores uniloculaires, elliptiques, renfermées dans des thèques obovales qui se dissolvent et forment une masse gélatineuse qui agglutine les spores. Une seule espèce connue, croissant en Guyane, sur le bois vert. [De S.]

LEVEILLINEI (Fr., *Summ. veg. Scand.*, 408). Division des Pyrénomycètes, de la série des *Cytisporacei*, comprenant six genres démembrés des *Sphæria*.

LEVENHOOKIA (R. Br., *Prodr.*, I, 572). Genre de Campanulacées-Stylidiées, qui se rapproche beaucoup par sa fleur des *Stylidium*, mais dans lequel le pétale nommé labelle prend la forme d'un capuchon ; les 2 étamines ayant leurs deux loges à peu près superposées, vers le haut du style, et la cloison interloculaire devenant si peu de chose, que l'ovaire paraît uniloculaire, avec un placenta central-libre, multiovulé. La plante représente alors comme la forme irrégulière d'un *Samolus*. Il y a en Australie 7 espèces de ce genre; ce sont de très petites herbes annuelles, dont quelques-unes ont été parfois cultivées dans nos serres. (Bauer, *Ill.*, t. 15. — H. Bn, in *Adansonia*, XII, 354, t. 1; *Hist. des pl.*, VIII, 346, 373, fig. 205, 206.) [H. Bn.]

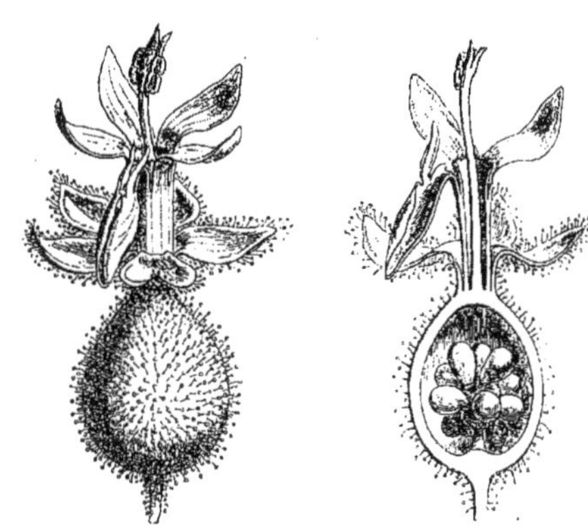

Levenhookia. — Fleur, entière et coupe longitudinale.

LEVERWOOD. Aux États-Unis, l'*Ostrya virginiana* W.

LEVESSE. Nom ancien des Macerons.

LEVI (M.-G.). Auteur, à Venise [1819], de *Della maniera di formare e conservare gli erbari botanici*, etc. (in-8 de 65 p.).

LEVIERIA (Beccar., *Males.*, 192). Genre de Nonimiacées-Monimiées, à fleurs monoïques ; les mâles à périanthe 8-mère, et ∞-andres ; les femelles à périanthe 4-denté et à ∞ carpelles ; l'ovule descendant. C'est un arbuste d'Amboine et de la Nouvelle-Guinée, à feuilles alternes ; à grappes axillaires, simples ou peu ramifiées. Ce genre nous est totalement inconnu et n'a pas été figuré. [H. Bn.]

LEVIEUXIA (Fries, *Fung. Natal.*, in *Act. Acad. sc. Holm.* [1848], 32). Genre de Sphéropsidés, à périthèce stipité, claviforme, carbonacé, se fendant irrégulièrement. Les spores pédicellées sont noirâtres. La seule espèce connue (*L. natalensis* Fr.) se trouve sur les écorces à Port-Natal. [De S.]

LEVINA (Adans., *Fam.*, II, 190). Synonyme de *Prasium* L.

LEVISANUS (Schreb., *Gen.*, I, 149). Synon. de *Staavia* Thunb.

LEVISIA (Steud.). Pour *Lewisia* Pursh.

LEVISTICUM (Koch, *Umbell.*, 101, fig. 41). Genre d'Ombellifères, dont nous avons fait une section du genre *Angelica*, caractérisée par des côtes latérales dilatées en ailes épaisses, prismatiques; des bandelettes solitaires; des involucres à bractées nombreuses, et des involucelles à bractéoles connées par la base. La plus connue des espèces est l'*Angelica Levisticum* H. Bn (*Levisticum officinale* Koch), qui est la Livêche ou Ache de montagne. (Voy. *Hist. des pl.*, VII, 208.) [H. Bn.]

LÈVRE (*labium*). Portions, en forme de lèvre, des corolles, etc., dites *labiées*.

LÈVRE DE VÉNUS. Le *Dipsacus sylvestris* DC.

LEVRETONIA (REICHB.). Pour *Lebretonia* SCHR.

LEVYA (BUR., ex H. BN, *Hist. des pl.*, X, 28). Genre de Bignoniacées-Bignoniées, voisin des *Bignonia*, établi pour une liane de Nicaragua, distinguée par un calice entier ou à peine denté, des anthères à connectif décurrent en 2 glandes, un ovaire poilu, surtout sur 3 bandelettes dorsales. [H. BN.]

LEWISIA (PURSH, *Fl. bor.-amer.*, II, 368). Genre de Portulacacées-Portulacées, composé de 2 herbes de l'Amérique du Nord, à fleurs formées de 5-8 sépales, 6-10 pétales, de nombreuses étamines, et un gynécée libre, 5-8-mère. Les ovules sont nombreux, sur un placenta central, et le fruit est coriace, incomplètement déhiscent. On en cultive quelquefois une belle espèce à fleurs roses, rarement blanches. (*Bot. Mag.*, t. 5395. — H. BN, *Hist. des pl.*, IX, 58, 72.)

LEWISIEÆ (HOOK. — TORR. et GR., *Fl. N.-Am.*, I. 677). Sous-ordre des Portulacées, formé du genre *Lewisia* PURSH.

LEXARSA (LL., *Nov. veg. descr.*, II, 7). Synonyme de *Myrodia* Sw. (Voy. *Just Jahr.* [1884], 148.)

LEXARZA. — Voy. LA LLAVE.

LEYCESTERA (REICHB.), LEYCESTRIA (ENDL.). Pour *Leycesteria* WALL.

LEYCESTERIA (WALL., in *Roxb. Fl. ind.* (ed. CAR.), II, 181). Genre de Rubiacées-Capifoliées, à fleurs régulières, représentant le type le plus parfait de ce groupe. L'ovaire infère a 5 loges multiovulées; la corolle est en entonnoir ou en cloche; elle

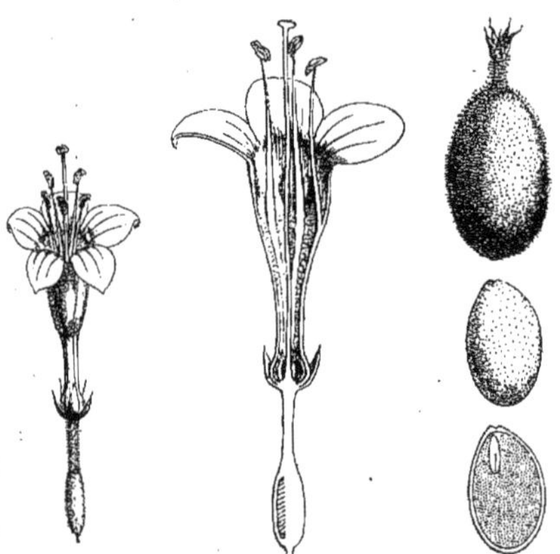

Leycesteria. — Fleur, entière et coupe longitudinale. Fruit. Graine, entière et coupe longitudinale.

porte l'androcée, formé de cinq étamines à anthères biloculaires et introrses; l'androcée est donc isostémoné; le fruit charnu. Le *L. formosa* WALL., seule espèce du genre, cultivée dans nos jardins, est un arbuste des montagnes de l'Inde, à feuilles opposées; la base parfois reliée par une collerette stipulaire; les fleurs en épis penchés. (H. BN, in *Adansonia*, I, 355; in *Payer Fam. nat.*, 235; *Hist. des pl.*, VII, 354, fig. 360-364; in *Bull. Soc. Linn. Par.*, 707.)

LEYDOLT (Fr.). Professeur de Vienne [1810-1859], a écrit [1836] une étude sur les Plantaginées (in-8 de 54 p.).

LEYDOUR. Au Sénégal, les fruits de l'*Acacia arabica* L. et du *Cassia obovata* L.

LEYMUS (HOCHST., in *Flora* [1848], I, 118). Genre proposé pour l'*Elymus arenarius* L.

LEYSEREÆ (CASS., in *Dict. sc. nat.*, XLIX, 223). Division des Composées-Gnaphaliées.

LEYSSER (Fried.-W. v.). Auteur [1783] d'un *Flora halensis* (in-8 de 224 p.), qui eut deux éditions et à laquelle J.-F. Wohlleben a donné un Supplément en 1796.

LEYSSERA (L., *Gen.*, n. 965). Genre de Composées-Inulées, formé de 3, 4 herbes ou sous-arbrisseaux africains, à feuilles étroites, entières, à capitules pourvus d'un involucre campanulé ou turbiné; les bractées scarieuses et translucides au sommet, rigides et apprimées. Les aigrettes des fleurs hermaphrodites y sont formées de soies plumeuses en haut; celles des fleurs femelles se composent d'écailles courtes et étroites. (H. BN, *Hist. des pl.*, VIII, 167.)

LEYSSEREÆ (DC., *Prodr.*, VI, 276). Division des Gnaphaliées.

LEYSSERIEÆ (LESS., *Syn. Comp.*, 363). Sous-tribu des Composées-Sénécionidées.

LÉZARDELLE. Nom français (LAMK) des *Saururus* L.

L'FUELY. Nom (?) au Maroc, du *Raphanus sativus* L.

LHA. En Crète, le *Vitex Agnus castus* L.

LHÉRITIER DE BRUTELLE (Ch.-Louis). Botaniste amateur [1746-1800], auteur [1787] d'un *Geraniologia* et [1784-85] de *Stirpes novæ*, voyagea en Angleterre à une époque où la botanique de ce pays nous était peu connue, et publia [1788] un *Sertum anglicum*. Il a donné beaucoup de notices, en général fort imparfaites, sur les genres *Cadia*, *Louichea*, *Kakile*, *Buchozia*, *Cornus*, etc. Ses défaillances lui ont été vertement reprochées par Cavanilles. Il était d'ailleurs de l'Institut. Ses manuscrits et ses dessins sont conservés dans la bibliothèque des De Candolle. (*Cat. sc. pap.*, IV, 1.)

L'HERITIERA (H. B. K.), LHERITIERA (PERS.). Pour *Heritiera* DRYAND.

LHODRA (ENDL.). Pour *Lodhra* DON.

LHOTZKYA (SCHAU., in *Linnæa*, X, 309; in *Lindl. Introd.*, ed. 2, 493; *Myrtac. xerocarp.*, t. 7). Genre de Myrtacées, série des Chamælauciées, dont les fleurs pentamères ont un réceptacle lagéniforme, dilaté inférieurement pour loger l'ovaire, puis prolongé en un très long col, étalé au sommet en une cupule qui porte sur ses bords des sépales obtus ou rétus et dépourvus d'arête, des pétales et de nombreuses étamines multisériées. L'ovaire est infère, avec une seule loge contenant deux ovules ascendants, insérés sur un placenta qui occupe toute la longueur de la loge. Le fruit, surmonté du calice, est sec et indéhiscent; il contient une seule graine à embryon droit et dépourvu d'albumen. Ce sont des arbustes éricoïdes, à feuilles alternes ou quelquefois opposées. Les autres caractères sont ceux des *Calythrix*, dont les *Lhotzkya* ne se distinguent que par leurs sépales dépourvus d'arête, comme ceux des *Darwinia* et des *Homoranthus*. On en connaît huit espèces, de l'Australie. (Voy. H. BN, *Hist. des pl.*, VI, 322, 368.) [T.]

LIABEÆ (CASS., in *Dict.*, LVII, 338). Division des Composées-Vernoniées. Pour De Candolle et les auteurs plus récents, c'est une division des Pectidées et Eupatoriées.

LIABUM (ADANS., *Fam.*, II, 131). Genre de Composées-Sénécionées, formé d'herbes américaines, à feuilles opposées, et caractérisé, dans le groupe des Labiées dont l'involucre est formé de bractées ∞-sériées, et dont le style rappelle celui des Vernoniées, par des capitules radiés ou à fleurs ligulées très petites, et un réceptacle d'inflorescence nu. (H. BN, *Hist. des pl.*, VIII, 270.)

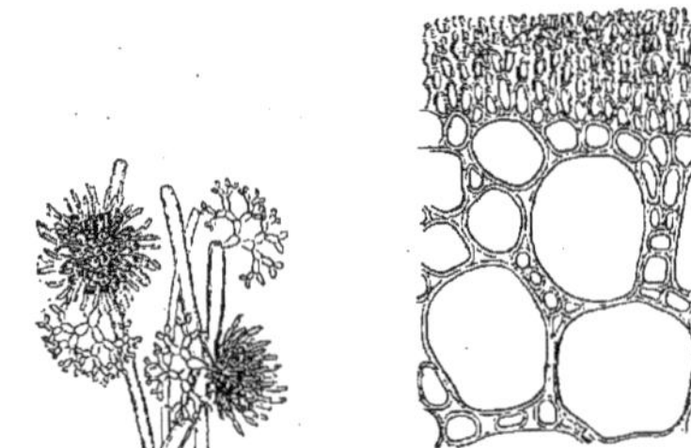

Liagora. — Fructifications. Tissu.

LIAGORA (LAMX, *Polyp. flex.*, 237). Ce genre d'Algues, qui appartient à la famille des Liagorées, faisait partie de la tribu des Batrachospermées, section des Algues-Aplosporées, d'après

Decaisne; mais J.-G. Agardh les a placées, avec plus de raison dans la famille naturelle des Némaliées, section des Helminthocladiées. La fronde est arrondie ou comprimée, dichotome, à rameaux épars, divariqués. L'axe se compose d'un faisceau de filets tubuleux, transparents, lâchement unis. Puis ce faisceau produit perpendiculairement des branches filamenteuses, articulées, rayonnantes, en disposition polydichotomique, et dont les extrémités, après s'être soudées, se durcissent et donnent à la tige une consistance coriace. Les cystocarpes se développent parmi les filets périphériques de la fronde. Le glomérule fructifère est entouré d'une couronne de filaments stériles qui se développent après les premiers effets de la fructification. Les spores sont réunies par quatre. Une douzaine d'espèces constituent ce genre. [CH. M.]

LIAGOREÆ (KUETZ., *Phyc. germ.*, 321). Cette famille de Floridées fluviatiles n'a pas été admise par tous nos botanistes. L'auteur, en la créant, avait pris pour type le genre *Liagora*. Plus tard, Payer, non sans raison, y adjoignit le genre *Thorea*. Le thalle de ces Algues est composé de plusieurs tubes articulés, réunis entre eux par la base, libres dans la partie supérieure, par suite de leur inégalité de longueur. Ces tubes se détachent de l'axe principal à des hauteurs différentes, et, comme le dit Payer, nous présentent l'aspect d'une gerbe de blé. Les organes de fructification sont latéraux et agrégés. La place naturelle des Liagorées se trouve dans la division des Némaliées. [CH. M.]

LIAGOREÆ (KUETZ., in *Linnæa*, XVII, 96; *Phyc. gen.*, 328). Sous-ordre des Algues-Helminthocladées (HARV.).

LIAMBA. Synonyme de *Riamba*.

LIANE A BARILS. Le *Rivina octandra*.

LIANE A BLESSURES. Le *Vanilla claviculata* SW.

LIANE A BOEUF. L'*Entada scandens* BENTH.

LIANE A CAFÉ. Nom, aux Mascareignes, du *Periploca mauritiana* POIR. (*Camptocarpus*).

LIANE A CALEBASSE, A COULEUVRE, A SAVONNETTE. Le *Fevilla Javilla* K.

LIANE A CALEÇON. Le *Murucuia ocellata* PERS.

LIANE A CHAT, L. DE SAINT-DOMINGUE. Le *Bignonia Unguis* L.

LIANE A CORDES, L. BLANCHE, L. JAUNE, L. A CRABES, L. A PANIERS. Le *Bignonia æquinoctialis* L.

LIANE A MÉDECINE. L'*Ipomœa cathartica* POIR.

LIANE A MINGUET. L'*Ipomœa macrorhiza* L.

LIANE A POIVRE. A Bourbon, le *Piper geniculatum*.

LIANE A POMMES. Aux Antilles, le *Passiflora laurina* L.

LIANE ARABIQUE. Le *Clematis mauritiana*.

LIANE A RAVES. Le *Dioscorea sativa* L.

LIANE A RÉGLISSE. L'*Abrus precatorius* L.

LIANE A SERPENTS, L. A GLACER L'EAU. Le *Cissampelos Pareira* L.; aux Antilles, ce sont les *Fevillea*.

LIANE A TONNELLES. L'*Ipomœa tuberosa* L.

LIANE AU VOYAGEUR. — Voy. CISSUS.

LIANE A VERS. Le *Cereus flagelliformis* L.

LIANE BAMBOCHE. A la Guadeloupe, plusieurs *Smilax*.

LIANE-BOEUF. Synonyme de *Liane jaune*.

LIANE BRULANTE. Le *Colocasia antiquorum*, le *Tragia urens* L.

LIANE-COCHON. L'*Ipomœa angulata*.

LIANE CONTREPOISON. Le *Fevillea cordata* L.

LIANE DE BEDEAU. L'un des noms de l'*Abrus precatorius* L.

LIANE DE BOEUF. Synonyme de *Liane jaune*.

LIANE JAUNE. A Maurice, le *Danais fragrans* COMM., dont la racine est tonique et fébrifuge. C'est aussi le *Cassyta filiformis* L.

LIANE LARDIZABALE. Le *Lardizabala biternata* R. et PAV.

LIANE NOIRE. Le *Stigmaphyllum puberum*.

LIANE POPAYE. Nom, aux Antilles, de l'*Omphalea diandra* L.

LIANE PURGATIVE A BAUDUIT. L'*Ipomœa cathartica* POIR.

LIANE-RÉGLISSE. L'un des noms de l'*Abrus precatorius* L.

LIANE ROUGE. Nom, à Cayenne, du *Tetracera Tigarea* DC., dont la décoction se prescrit comme antisyphilitique.

LIANES. Végétaux à tige sarmenteuse, grêle, grimpante, souvent très longue et présentant souvent des anomalies de tissu dans son bois, comme dans nos Clématites, certaines Légumineuses, Bignoniacées, Ménispermacées, Malpighiacées, etc.

LIARD, LÉARD, LIARDIER. Noms du Peuplier noir.

LIATHRIS (MUELL.). Pour *Liatris* SCHREB.

LIATRIDEÆ (L.-C. RICH., *Cat. pl. Jard. méd. Par.* [1801]). Section des Synanthérées-Monostigmatiées.

LIATRIS (SCHREB., *Gen.*, 542). Section du genre *Kuhnia* L. (H. BN, *Hist. des pl.*, VIII, 134). Pour Gardner, les *Leptoclinium* GARDN. sont aussi des *Liatris*.

LIAUPANKE (FEUILL.). Les *Francoa* CAV.

LIAVERD. L'*Iris Pseudo-Acorus* L.

LIBADION. Nom grec ancien de la Petite-Centaurée.

LIBAN. Nom arabe de l'encens.

LIBANIUM. Nom ancien de la Buglosse.

LIBANOTHAMNUS (ERNST, *Vargasia* [1870], 186). Synonyme de *Espeletia* MUT. (H. BN, *Hist. des pl.*, VIII, 234, not.)

LIBANOTIS (CRANTZ, *Stirp. austr.*, ed. 2, 210). Synonyme de *Seseli* L.

LIBANOTIS (MATTH.). Le *Cachrys Libanotis* L.

LIBANOTIS (SCOP., *Fl. carniol.*, n. 315, t. 9). Synonyme de *Tribula* HILL.

LIBANUS (COLEBR., in *Asiat. Res.*, IX, 377). Synonyme de *Boswellia* ROXB.

LIBAS. En Orient, le *Rheum Ribes* L.

LIBER. — Voy. TIGE.

LIBER DUR. La portion des faisceaux libériens qui est formée des fibres dites libériennes.

LIBER MOU. Le liber, sauf les fibres libériennes, notamment les tubes cribreux, les cellules grillagées, etc.

LIBÉRO-LIGNEUX. Se dit des faisceaux composés de liber et de bois.

LIBERT (Marie-Anne). Née et morte à Malmédy [1782-1865], cette botaniste s'est occupée de cryptogamie et a publié [1826] : *Mémoires sur les Cryptogames observées aux environs de Malmédy* (in-8 de 7 p. et 1 pl.). (*Cat. sc. pap.*, IV, 5.)

LIBERTELLA (DESMAZ., in *Ann. sc. nat.*, XIX, 277). Genre de Pyrénomycètes, à stroma nucléiforme, non défini, recouvert par l'épiderme de la plante hospitalière que traversent les conidies filiformes, courbées, hyalines, agglutinées en cirrhes de couleur vive. On en connaît une douzaine d'espèces européennes, qui se trouvent dans l'écorce des rameaux de Hêtres, de Chênes, d'Érables, de Bouleaux, de Rosiers, etc. [DE S.]

LIBERTIA (DUMORT., *Comm.*, 9). Synonyme de *Funkia* SPRENG.

LIBERTIA (LEJ., in *N. Act. Nat. Cur.*, XII, 755, t. 65). Synonyme de *Bromus* L.

LIBERTIA (SPRENG., *Syst. veg.*, I, 127, 168). Genre d'Iridacées-Sisyrinchiées, formé de 7, 8 plantes du Chili, de l'Australie et de la Nouvelle-Zélande, à rhizome d'*Iris*, avec les bractées de l'inflorescence formant des spathes courtes, membraneuses, lâches; des inflorescences ramifiées, des cymes unipares, parfois capituliformés; des sépales et des pétales égaux, ou les derniers un peu plus grands; des étamines libres ou unies à la base; des branches stylaires linéaires-filiformes ou étroitement membraneuses. Quelques espèces sont ornementales et cultivées. (*Bot. Mag.*, t. 3294, 6263.) [H. BN.]

LIBERTIELLA (SPEG. et ROUMEG., *Rev. mycol.* — SACC., *Syll. Fung.*, III, 617). Genre de Pyrénomycètes, à périthèce subcharnu, blanc ou de couleur claire, muni d'un large ostiole. Les spores uniloculaires sont elliptiques et hyalines. Une seule espèce, parasite sur le thalle du *Peltigera polydactyla*. [DE S.]

LIBHNEN. Nom hébreu du *Populus alba* L.

LIBIDIBI. Synonyme de *Dividivi*.

LIBIDIBIA (CHAM., in *Linnæa*, V, 192). Section du genre *Cæsalpinia* PLUM. (H. BN, *Hist. des pl.*, II, 79, not. 2.)

LIBIUM. Nom, en Égypte, du Genévrier.

LIBOCEDRITES (ENDL., *Syn. Conif.*, 42; *Gen.*, Suppl. IV, p. III, 12, n. 1816[10]). Genre de Cupressinées fossiles.

LIBOCEDRUS (ENDL., *Syn. Conif.*, 42). Genre de Conifères, très voisin des *Thuya*, distingué par des cônes à 2 écailles fertiles, avec 2 inférieures et parfois 2 supérieures stériles, et surtout par des fruits samaroïdes. On en a décrit 8 espèces, dont une du Japon et une de la Chine, 4 d'Amérique et 2 d'Océanie. (*Hook. Lond. Journ.*, I, t. 18; II, t. 4; III, t. 4.) [H. Bn.]

LIBONIA (C. Koch, in *Linden Pr. cour.* [1863]). Genre proposé pour le *Sericographis pauciflora* Nees.

LIBONIA (Leme, *Ill. hort.*, II, t. 48). Genre proposé pour le *Billbergia marmorata* Leme.

LIBOSCHITZ (Jos.). Médecin, mort en 1824 à Saint-Pétersbourg, a écrit, avec K.-B. Trinis, une Flore des environs de Saint-Pétersbourg et de Moscou. On lui doit des recherches sur les Mousses, les Champignons de Russie, et [1814] un *Tableau botanique des genres observés en Russie*, etc.

LIBRA. Nom, à Cuba, d'une qualité supérieure de Tabac.

LIBRALIA (Dochn., *Obstk.*, II, 183). « Genre », pour l'auteur, de Poiriers (*Poires de livre*).

LIBRIFORME. Tissu qui a l'apparence du liber, comme celui qui constitue l'élément essentiel de consolidation du bois. Il est formé de fibres dites *libriformes*. Les trachéides ont aussi reçu ce nom. Il y a des libriformes continus et cloisonnés.

LIBYCE. Synonyme de *Libanium*.

LICÆTHALIACEÆ (Rostaf., *Syst. d. Mycet.*, 4). Genre de Myxomycètes, comprenant les genres *Lindbladia* et *Licæthalium*.

LICÆTHALIUM (Rostaf., *Syst. d. Mycet.*, 4). Genre de Myxomycètes, que l'auteur a rangé lui-même plus tard parmi les *Enteridium* Ehr. (Rostaf., *Mon.*, 227.)

LICANI. — Voy. Caligni.

LICANIA (Aubl.). Nom latin des *Caligni* (I, 567).

LICARIA (Aubl., *Guian.*, 313, t. 121). Genre douteux de Lauracées, qui produit le bois dit de *Licari*. (H. Bn, *Hist. des pl.*, II, 452, not.)

LICAVANA (Endl., *Gen.*, 1204). S.-section des *Cochlidotropis*.

LICCA. Le *Sapindus spinosus*.

LICEA (Schrad., *Nov. plant. gen.*, 16). Genre de Myxomycètes, à péridium membraneux, mince, sessile, à déhiscence irrégulière, et rempli de spores sans capillitium. [De S.]

LICEACEÆ (Rostaf., *Syst. d. Mycet.*, 4). Tribu (?) des Myxomycètes, de l'ordre des *Anemeæ*.

LICEOIDEI (Fries, *Syst. mycol.*, I, XLIX). Section des Trichospermés.

LICHEN (Achar. — L., *Sp. plant.*, II, 1683). Synonyme de *Chroolepus*. (Voy. Rabenh., *Fl. europ. Alg.*, 371.) [Ch. M.]

LICHEN (Matth.). Le *Marchantia polymorpha* L.

LICHÉNACÉES (Nyl., *Syn. meth. Lich.*, 65). L'une des trois grandes familles de Lichens, et formée de six grandes subdivisions. Les Lichens qui la composent sont extrêmement variables par leur couleur, qui est tantôt blanchâtre, jaune, rouge ou noirâtre, et plus encore par leur forme : ils sont filamenteux ou foliacés, squameux, crustacés ou pulvérulents. Quelques-uns de ces derniers ont un thalle qui ne présente plus aucune apparence de stratification ; tous les systèmes sont réduits en quelque sorte à des éléments anatomiques qui tendent à se confondre. La structure des Lichénacées est hétéromère, et ils présentent le plus souvent une couche gonidiale nettement distincte. Les apothécies sont tantôt stipitées, tantôt lécanorines, patelliformes ou endocarpées. La structure de l'hyménium est ordinairement différente de celle du thalle. Comme nous l'avons dit, les Lichénacées ont été divisés en six séries par M. Nylander : Épiconiodés, Cladoniodés, Ramalodés, Phyllodés, Placodés, Pyrénodés. C'est de beaucoup la famille la plus importante des Lichens sous le rapport de l'organisation, comme par les genres et espèces utilisés. C'est dans cette famille, en effet, que se trouvent les genres *Cladonia*, *Cetraria*, *Ramalina*, *Parmelia*, etc. [Ch. M.]

LICHEN AGARICUS (Micheli). Désigne des *Hypoxylon* ou des *Xylaria*.

LICHENASTRUM (Dill., *Nov. pl. gen.*, 83, t. 1; *Hist. Musc.*, 479, t. 69-67). Synonyme de Hépatiques.

LICHEN BARBU. On a donné ce nom à une espèce d'éponge lichéniforme. (Lamk, *Ann.*, t. 20, 372.)

LICHEN BRODÉ. Le *Parmelia saxatilis* L.

LICHEN DE GRÈCE. Le *Roccella tinctoria* Ach.

LICHEN DES RENNES. Le *Cladonia rangiferina* Achar.

LICHEN D'ISLANDE. Le *Cetraria islandica* DC.

LICHENES (Montg., *Syll. gen. spec. Crypt.*, 317). Division de la classe des *Aérophycés*, et que l'auteur a partagée en deux grandes sections : les Gymnocarpés et les Angiocarpés. La classification de M. Nylander a fait table rase de cette division, et aucun des auteurs modernes ne l'a admise. [Ch. M.]

LICHEN FRANÇAIS. Le *Roccella tinctoria* Achar.

LICHENOIDEÆ (Agh, *Syst. Alg.*, p. XXI). L'une des grandes divisions de l'ordre des *Confervoideæ*, dans laquelle l'auteur avait placé les genres *Chroolepus*, *Trentepohlia* et *Scytonema*.

LICHENOIDES (Bisch., in *Nov. Act. Leop.*, XVII [1835], II, 1040). Section du genre *Riccia* Micheli.

LICHENOIDES (Hoffm., *Pl. Lich.*, t. IX, fig. 1). Synonyme de *Cetraria*, *Umbilicaria*, etc.

LICHENOIDES (Micheli, *Nov. pl. gen.*, 105, t. 56). Classe (XVI) de plantes.

LICHENOMYCES (Trevis., *Enum. crypt. prov. Patav.*). Synonyme de *Homostegia* B. et Br.

LICHENOMYCES (Trevis., in *Linnæa*, XXVIII, 297). Synonyme (?) de *Celidium* Massal.

LICHENOPSIS (Schw., *Syn. N.-Amer. Fung.*, 308). Genre de Sphéropsidés, à périthèce immergé, muni d'un opercule caduc. Le contenu se dessèche et se détache, en laissant la cupule vide. Les sporophores, bacillaires, hyalins, cloisonnés, portent les spores ellipsoïdes, brunes, pluriloculaires. La seule espèce connue, le *L. sphæroboloidea*, a été trouvée à Bethlehem, dans l'Amérique du Nord, sur le bois et l'écorce de rameaux de *Cornus* et de *Celtis*. [De S.]

LICHENORA (Wight, *Icon.*, t. 1738). Synonyme de *Eria* Lindl.

LICHEN PETRÆUS LATIFOLIUS, L. STELLULATUS. Noms anciens du *Marchantia polymorpha* L.

LICHENS (Hoffm. — Ach., *Lich. univ.*, 1). Les Lichens sont des végétaux cellulaires, vivaces, très avides d'humidité, et dont la vie semble interrompue par la sécheresse. La plante est composée d'un thalle qui n'offre guère de formes précises et arrêtées, ni de proportions exactes et constantes. Ce thalle est tantôt foliacé, tantôt crustacé, tantôt cylindrique. Visible dans la plupart de ces végétaux, il se cache parfois sous l'épiderme des arbres, entre les fibres du bois desséché, ou même dans les interstices superficiels de certaines roches peu compactes : il est appelé dans ces circonstances *thalle hypophléode*. Quelques espèces même en sont absolument dépourvues ; et leurs organes de fructification sont parasites, soit sur les thalles, soit sur les apothécies d'autres Lichens.

Ces végétaux sont très répandus dans la nature. On les trouve sur tous les corps, partout où leur *substratum* rencontre un air pur : les arbres, le sol, les rochers, les pierres ; tout leur est bon, pourvu qu'ils y trouvent un point d'appui ; mais hâtons-nous d'ajouter qu'ils ne vivent point aux dépens de leur support. On a trouvé les Lichens sur des feuilles mortes, sur les vieux chaumes des Graminées, sur du crottin de mouton desséché, sur les débris animaux, cuirs, os, etc., sur les métaux. S'il s'en trouve qui aient quelque habitat de prédilection, et affectionnent une station unique, il en est aussi qui vivent indifféremment sur les pierres, la terre, les écorces des arbres. Quelques espèces même vivent dans l'eau ; elles appartiennent au genre *Verrucaria*. Il en est de ce genre qui vivent dans l'eau salée : tel le *Verrucaria consequens*, que l'on rencontre sur les Balanes vivantes et sur les Patelles. Une observation à noter toutefois, c'est que, quel que soit le substratum d'un Lichen, l'exposition au nord offrant plus de fraîcheur et d'humidité, est la condition la plus favorable au développement de la plante.

Mais s'il y a des Lichens propres à tel ou tel habitat, il y a aussi des régions et des stations géographiques particulières à tel ou tel Lichen. Plus une région fournira de rochers granitiques et de forêts, plus elle fournira d'espèces aux botanistes. Les endroits incultes semblent être l'objet de leur prédilection, et ils paraissent vouloir vivre là où les phanérogames ne montreront point leurs parures variées. La situation de la mer, l'altitude d'une montagne, la constitution du terrain, la nature de la végétation, sont autant de causes qui tendent à modifier le nombre des espèces propres à une station. Le voisinage des grandes villes leur est contraire; et M. Nylander citait comme exception le jardin du Luxembourg, à Paris, où les Lichens semblaient donner « à leur manière la mesure de la salubrité de l'air et constituaient, si l'on peut dire ainsi, une sorte d'*hygiomètre* très sensible ».

Si nous considérons le support de ces végétaux, nous les diviserons en Lichens *corticoles* et Lichens *saxicoles*. Il y a bien aussi les Lichens *lignicoles;* mais ces derniers sont presque tous corticoles. Quant aux espèces terrestres, on les voit souvent sur les rochers ; elles sont aussi saxicoles.

Les conditions les plus favorables à la végétation des Lichens, comme à celle de toutes les plantes d'ailleurs, sont l'air, la lumière, la chaleur et l'humidité; cette dernière condition surtout est essentielle. Quant à la chaleur, lorsqu'elle est tempérée, elle favorise leur évolution ; si au contraire elle est excessive et accompagnée de sécheresse, elle l'arrête complètement. Mais nous devons ajouter, dès ce moment, que ces plantes conservent très longtemps la faculté végétative, et qu'elles recouvrent la vie après une longue période de mort apparente. Leur durée paraît donc à peu près indéfinie, et leur destruction peut être considérée comme dépendante de causes extérieures.

Historique. — Les Lichens ont été peu connus avant la fin du siècle dernier. Dans l'antiquité, Pline et Théophraste en ont dit quelques mots ; mais il faut remonter jusqu'à Ricellius pour en voir quelques descriptions, et encore bien imparfaites. Dans les dix-septième et dix-huitième siècles, comme dans les siècles précédents d'ailleurs, on les désignait sous le nom de *Muscus*, et plusieurs espèces nous ont été décrites sous cette dénomination par Bauhin, Morison et Ray. Tournefort et Vaillant s'en sont peu occupés ; c'est à Micheli qu'il faut arriver pour suivre l'analyse microscopique de la fructification de ces végétaux et la germination de leurs sporidies. Nous n'aurions pas dû omettre de dire que Dillen avait créé une ébauche de disposition systématique des espèces. Quelque imparfaite que fût cette disposition, Linné n'en admit pas d'autres dans son *Species plantarum*. Mais le nombre des espèces augmentait avec le perfectionnement des instruments d'examen et les recherches des botanistes. Acharius, qui peut être considéré comme le véritable fondateur de cette grande famille, établit les bases de nouvelles divisions plus méthodiques, appuyées tantôt sur les formes du thalle, tantôt sur l'organisation du fruit. Fries, le compatriote d'Acharius, n'accepta pas telles quelles les divisions du fondateur ; il s'en est constitué, à juste titre, il faut le reconnaître, le réformateur. Cependant il est bon de remarquer que ces classifications reposent sur des principes artificiels, arbitraires, et qu'elles manquent de bases anatomiques, puisées dans l'étude attentive des appareils organiques.

L'histoire lichénographique a été divisée en sept périodes ; notre cadre, forcément restreint, ne nous permet pas de les passer en revue. Toutefois aux noms déjà cités il convient d'ajouter ceux des botanistes qui ont apporté leur pierre à l'édifice ; ce sont principalement : Dickson, Hagen, Swartz, Wulfen, Smith, Hedwig, Adanson, Weber, Jolyclerk, Willdenow, Hoffmann, Persoon, Schrader, Flœrke, Ramond, de Candolle, Luyken, Eschweiler, Delise, Lichnemann, Chevalier, Sommerfelt, Gray. Nous ajouterons les noms des auteurs plus modernes que nous avons connus, tels sont : Borrer, Bory, de Notaris, Dufour (Léon), Fée, de Flotow, Fries, Garovaglio, Hochstetter, Hooker, de Humboldt, de Martius, Meyer, Schærer, Taylor, Tuckermann, Wallroth, Endlicher, Gœbel, L. Rabenhorst, Montagne, de Brébisson, Nægeli, Krempelhuber et tant d'autres qu'il serait trop long d'énumérer. Mais il serait injuste de ne pas citer tout particulièrement M. Nylander, notre savant lichénographe, qui a jeté sur l'étude de ces végétaux une clarté des plus remarquables, tant sur l'organisation physiologique que sur la description des espèces; et qui de plus nous a donné une classification naturelle, basée sur la considération générale de toutes les parties des Lichens, et sur les caractères fournis par les spermogonies, qui jusqu'à lui avaient été tout à fait négligées dans l'établissement d'une classification. D'un autre côté, le savant lichénographe a tenu compte de la double affinité que les Lichens inférieurs peuvent avoir, les uns avec les Algues, les autres avec les Champignons. Il a placé les formes les plus développées au centre de son système. Puis il est descendu de ce groupe central par une double échelle, conduisant, d'un côté, aux formes qui se rapprochent de la classe des Algues, et de l'autre à celles qui se rapprochent de celle des Champignons.

Après cet exposé aussi succinct qu'il a été possible de le faire, nous allons étudier successivement les organes que l'examen nous permet de distinguer dans un Lichen, savoir : le *thalle*, que nous pouvons considérer comme organe de *nutrition* (ou plutôt comme un appareil nutritif ou végétatif); les *apothécies* ou fruits thécasporés, appareils reproducteurs femelles, et les *spermogonies*, qui peuvent être considérées comme un organe reproducteur mâle.

Thalle. — Le thalle des Lichens est aussi variable par ses formes extérieures que par sa constitution intime et par sa forme; quelquefois il atteint les plus grandes dimensions, comme dans le genre *Usnea ;* d'autres fois, comme dans les *Graphis* et

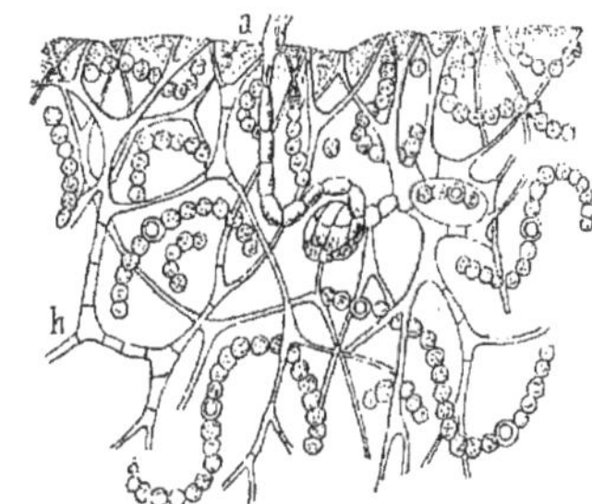

Section d'un thalle de *Collema microphyllum*. — *h*, hyphes entremêlés de chapelets de gonidies; *a*, trichogyne, à base pelotonnée et segmentée en cellules nombreuses formant le carpogone.

les *Lecanora*, il est fort souvent peu apparent, quelquefois à peine visible. Dans le genre *Collema*, il est mou et charnu, mais le plus souvent il est coriace, et rappelle la consistance du parchemin. Il est parfois très dur, lorsqu'il est incrusté de sels

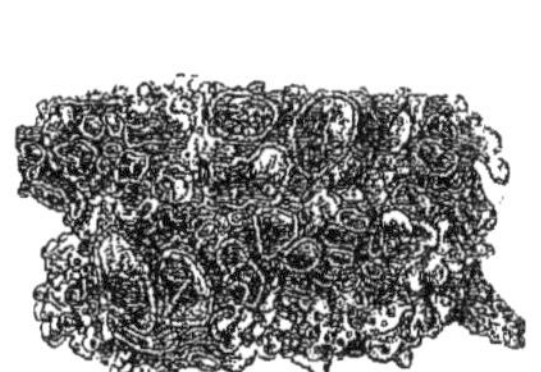

Thalle foliacé du *Parmelia Acetabulum*.

Thalle fruticuleux du *Cladonia bellidiflora*.

calcaires. Cet organe est susceptible de deux grandes divisions : il est *stratifié :* c'est la modification la plus fréquente; ou bien sans stratification distincte, et alors à tissu homogène. S'il est stratifié, quelques auteurs l'ont appelé *thalle hétéromère;* si au contraire les éléments qui le constituent sont entremêlés sans distinction de couche, le thalle est alors nommé *homœomère*.

En ce qui concerne la forme, nous remarquons : 1° le thalle *foliacé :* tel celui des *Sticta*, des *Parmelia*. Ce thalle a encore reçu le nom de fronde. Dans ce cas, la lame plissée adhère aux corps sur lesquels elle est fixée généralement par un seul point; elle peut conséquemment s'en détacher avec facilité.

Le thalle foliacé peut être lobé, lacinié, pelté.

2° Le *thalle fruticuleux :* tel est celui des *Cornicularia*, des *Cladonia*, des *Cetraria*, des *Usnea*, des *Stereocaulon*, etc. Lorsque le thalle est filiforme, dressé ou pendant, à fruits terminaux, il porte le nom de *podetium ;* exemple, les genres *Cladonia*, *Sphærophoron*.

3° Le *thalle crustacé*, qui est tantôt *squameux* (*Squamaria*), *radié* ou *aréolé*.

4° Le *thalle hypophléode*, dont nous avons déjà parlé, est généralement caché sous l'épiderme des arbres, entre les fibres des bois, ou entre les particules des pierres où croissent les Lichens.

Les thalles *crustacés* et *hypophléodes* sont *indéterminés*, c'est-à-dire étalés largement, mal définis; ou *déterminés*, à contours bien circonscrits et souvent indiqués par une lisière hypothaline de couleur foncée ou noirâtre.

Le thalle est tantôt blanc, tantôt gris, jaunâtre, citron, orange, verdâtre, brun ou noirâtre. Nous devons ajouter que la couleur propre à chaque espèce varie avec le degré d'humidité, et qu'il arrive souvent de voir un thalle humide verdâtre, alors qu'à l'état de siccité il sera du plus beau blanc. D'un autre côté, la couleur peut encore varier selon la composition chimique du corps qui porte les Lichens (*substratum*), surtout chez les espèces saxicoles. En effet, on a remarqué que sur des roches calcaires les thalles crustacés gris, jaunes ou bruns deviennent souvent blanchâtres ou blancs. Mais, si la nature chimique du sol a quelque influence sur les couleurs du réceptacle commun, nous devons ajouter que la lumière est aussi parfois pour

Thalle fruticuleux ou *Podetium* du *Sphærophoron coralloides*.

Thalle crustacé du *Lecidea cinerea*.

beaucoup dans la variation des couleurs du thalle; et il est même difficile d'expliquer comment cette influence agit en sens contraire sur des Lichens différents. Certaines espèces, le *Parmelia chrysophthalma* entre autres, pâlissent à la lumière, tandis que d'autres, telles que le *Parmelia parietina*, l'une de nos espèces les plus communes, se foncent davantage. D'autres espèces, venant des lieux retirés et froids, sont très colorées; d'autres le sont très faiblement, quoique venant des tropiques.

La surface du thalle est tantôt lisse ou luisante, mate et pulvérulente. Il est comprimé comme dans certaines Ramalinées, cylindrique comme dans les Usnées. Dans les *Cladonia*, il est à la fois horizontal et foliacé, vertical et fruticuleux.

En ce qui concerne les anomalies que présentent certains thalles, on doit considérer d'abord :

Les *cyphelles*, ou excavations urcéolées, blanchâtres ou jaunes, que l'on remarque à la face inférieure des *Sticta*. On ne connaît pas le rôle de ces organes;

Les *céphalodies* (*cephalodium*), renflements tuberculeux, ou excroissances difformes, que l'on rencontre chez les *Usnea*, chez les *Ramalina* et les *Pilophoron*. Leur couleur diffère de celle du thalle. Elle est généralement plus pâle. Par leur texture, les *céphalodies* diffèrent aussi du reste de la surface thalline et ont l'aspect d'excroissances morbides;

Les *isidium*, excroissances dressées, stipitées, parfois rameuses, épaisses, mais ayant la couleur et la structure du thalle normal.

Le *soredium* est un amas pulvérulent de la couche corticale, qui se présente, ou sous la forme de glomérules arrondis, épais, ou sous celle de lisières qui couvrent les bords de la fronde. Les Lichens pourvus de *soredium* sont appelés *soridifères*. Les *Lepraria*, les *Variolaria*, sont considérés comme un état pathologique du Lichen. Les *Phloma* sont des taches qui s'observent sur les thalles de la plante, et résultent de la présence de petits champignons comparables aux *Urédinés* des Phanérogames. Les sorédies sont considérées comme un amas de gonidies et de parties moléculaires, auxquelles se joignent des éléments filamenteux.

Les Lichens soridifères, comme les Lichens céphalodifères, sont généralement stériles. Il ne faut pas conclure de là que les céphalodies et les sorédies soient des organes de reproduction. Elles peuvent être cependant, jusqu'à un certain point, comparées aux bulbilles des végétaux supérieurs.

On donne le nom de *rhizines* aux filaments, souvent ramifiés, qui servent de crampons ou de griffes aux Lichens, pour les fixer aux corps sur lesquels ils croissent. Les rhizines sont noirâtres ou blanchâtres, et ne s'observent que pendant les premières phases de l'existence du végétal. Les éléments qui constituent les rhizines sont généralement filamenteux, articulés, soudés entre eux ou simples, comme dans les genres *Sticta* et *Nephroma*, mais toujours alors articulés.

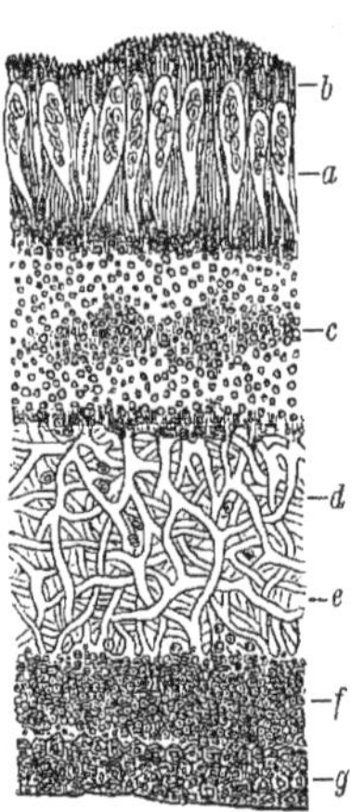

Lichen. — *a*, thèques avec les spores; *b*, paraphyses; *c*, hypothecium; *d*, couche gonidiale, avec gonidies; *f*, *g*, zone corticale; *e*, couche médullaire, dépourvue de gonidies.

En ce qui concerne la structure anatomique du thalle, dans la plupart des Lichens, trois couches ou trois systèmes d'éléments divers le constituent, savoir : 1° une *couche corticale;* 2° une *couche gonidiale;* 3° une *couche médullaire*. Quelquefois une quatrième couche se joint à celles-ci : c'est la *couche hypothalline*. Nous allons examiner, comme le comporte notre cadre, chacune de ces couches. Nous suivrons M. Nylander dans cet examen, et nous n'accepterons, comme bien l'on pense, que les résultats des recherches de cet illustre lichénographe.

C'est un tissu cellulaire qui constitue en général la *couche corticale* du Lichen. Ce tissu est incolore, et ses cellules offrent des parois d'autant plus épaisses, et des cavités d'autant plus petites, qu'elles sont plus rapprochées de la surface du thalle. Dans quelques cas, cette couche constitue toute la surface externe; dans d'autres, elle se trouve aussi bien à la face inférieure qu'à la face supérieure. Sa partie la plus superficielle, amorphe et colorée, a été appelée *épithalle* par M. Nylander : expression mieux appropriée pour le Lichen que le mot épiderme conservé par quelques auteurs. Les cellules sous-jacentes à l'épithalle sont souvent les plus rétrécies et les moins distinctes du *cortex*, réduit à l'épithalle (*Collema*, *Myriangium*) (?). L'épithalle ne présente qu'une coloration pâle sur les individus ou les parties thallines non exposées à la lumière. Il fait parfois défaut, et, dans ce cas, l'aspect du Lichen est pulvérulent.

Collema crispum.

Au-dessous de la couche corticale est la *couche gonidiale*, qui se trouve ainsi située entre la couche corticale et la couche médullaire. Cette couche n'est pas toujours continue. Les éléments qui la constituent se distribuent fort inégalement. Les gonidies thallines offrent deux formes principales : celle de cellules et celle de grains sans membrane cellulaire propre. La coloration verdâtre que présentent certains Lichens, lorsqu'ils sont humectés, est due à la présence des gonidies. Cette couche n'existe guère qu'à la face supérieure des thalles crustacés et foliacés. Elle paraît être la suite de la couche corticale ; et dans les thalles fruticuleux elle forme une assise périphérique bien facile à observer.

La *couche médullaire* ou *médulle*, qui ne diffère souvent de la précédente que par l'absence de gonidies, comporte trois modifications principales : la *médulle feutrée*, la *médulle crétacée* et la *médulle celluleuse*. La première est formée d'éléments filamenteux blancs, lâchement entre-croisés et feutrés. On la trouve dans les Lichens fruticuleux et foliacés. Dans les *Usnea*, elle se complique d'une partie centrale, axillaire, solide, incolore, composée de filaments disposés suivant la direction longitudinale.

Le *podetium* des *Cladonia* est constitué par un axe médullaire creux ; celui des *Stereocaulon*, par un axe plein.

La médulle crétacée est une modification propre aux Lichens crustacés : elle est assez compacte, et se caractérise par une apparence crétacée. Elle est blanche ; les éléments filamenteux plus rares ; les granulations moléculaires plus abondantes sont entremêlés de cristaux octaédriques d'oxalate de chaux.

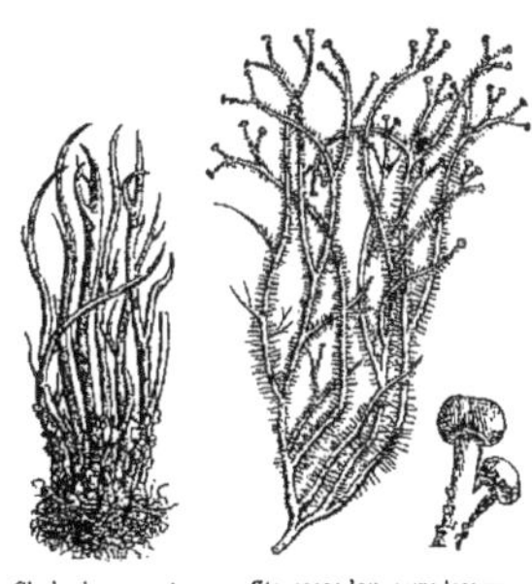
Cladonia cornuta. *Stereocaulon ramulosum.*

La *médulle celluleuse* est formée par un tissu cellulaire qui contient des gonidies dans l'intérieur des cellules ou dans leurs interstices. Tels sont les *Pannaria* et les *Endocarpon*. Parfois, comme cela se remarque dans le *Verrucaria fuscula*, les cellules ont une tendance à se réunir en filaments ; mais ces filaments n'offrent aucune similitude avec ceux de la médulle feutrée ou de la médulle crétacée, qui sont presque solides ou munis de parois épaisses et ressemblent, sauf la couleur, aux filaments de l'hypothalle ou des rhizines d'un grand nombre de Lichens.

L'*hypothalle* ou *couche hypothalline* est une couche souvent foncée ou noirâtre, rarement blanche. C'est la lame la plus inférieure du thalle ; mais elle n'est pas toujours visible et manque dans certaines espèces. Elle précède, dans la genèse du Lichen, la formation des autres couches thallines. Toutefois son développement s'arrête de bonne heure et peut être considéré comme un système végétatif rudimentaire. Il a été comparé au mycélium des Champignons. Le tissu de l'hypothalle est filamenteux ou cellulaire.

Cette couche présente deux variations principales, savoir : l'hypothalle proprement dit, et les rhizines dont nous avons déjà dit quelques mots. Dans les Lichens crustacés, la couche hypothalline est représentée par une ligne noire ou bleuâtre, qui constitue les bords du thalle.

Les rhizines forment une partie de l'hypothalle et sont, comme cette couche, soustraites à l'action de la lumière. Ces organes se rencontrent surtout chez les Lichens foliacés et à leur face inférieure.

Les Lichens *à thalle homœomère*, dont nous avons parlé, sont généralement des Lichens d'un ordre inférieur. Il n'y a plus dans le thalle de ces végétaux aucune trace de stratification. La couche gonidiale seule reste distincte. Dans les Collémacés, les grains gonidiaux forment généralement des chapelets distribués sans ordre dans une substance gélatineuse, et qui nous rappellent, par leur disposition, ce que nous avons remarqué chez les Nostocs.

L'épithalle varie beaucoup, quant à sa constitution anatomique, dans ce groupe de Lichens. L'hypothalle, généralement peu distinct, consiste en rhizines peu abondantes.

En ce qui concerne l'épaisseur des couches qui constituent le thalle d'un Lichen, stratifié ou non stratifié, nous ferons remarquer que l'état hygrométrique de l'air peut apporter dans leur rapport des modifications considérables. On comprendra sans peine que dans certains végétaux de cet ordre, tels que les Collémacés, la turgescence du thalle imbibé d'eau peut faire varier de deux à cinq fois celle du thalle à l'état sec. Sans donner tous les résultats des patientes recherches de M. Nylander, nous prendrons l'exemple le plus frappant : le *Collema auriculatum*, à l'état sec, a une épaisseur totale de thalle de 0^{mm},044 ; et lorsqu'il est imbibé d'eau, son épaisseur est de 0^{mm},230.

Apothécies. — Les appareils de reproduction les plus apparents chez les Lichens sont sans contredit les *apothécies*, qui doivent être considérées comme les organes femelles de ces végétaux.

Ces organes sont tantôt situés à la surface supérieure du thalle, tournée vers la lumière, et tantôt enfoncés dans le tissu de la plante. Dans le premier cas, le Lichen a été dit *gymnoscarpe ;* dans le second cas, il a été dit *angiocarpe*. Cette division n'est nullement rigoureuse, attendu que tous les fruits à l'état jeune présentent généralement le caractère des fruits angiocarpes. Les Collémacés offrent de nombreux exemples où, dans la même espèce, les fruits se trouvent tantôt enfermés dans le thalle, ils sont alors endocarpés ; tantôt à l'état de disque étalé, et ils sont gymnoscarpés.

Les apothécies sont quelquefois irrégulières et rameuses. Ordinairement sessiles, elles peuvent être plus ou moins *pédicellées*. Généralement elles se présentent sous deux formes : celle d'un disque (*Lichenes disciferi* Fr.) ou celle d'un noyau arrondi (*Lichenes nucleiformi* Fr.). Il en résulte que les fruits des Lichens sont plats ou nucléiformes, et souvent fort irréguliers. Leur couleur diffère souvent de celle du thalle : elle est plus intense ou plus tranchée. Les Lichens à thalle pâle ont des apothécies de couleur plus caractéristique et plus foncée. Les espèces à thalle foncé ont généralement des apothécies d'une coloration plus pâle. Les principales couleurs varient du noir au brun, au bistre, au jaune, au rose, au rouge. On a donné le nom d'apothécies *biatorines* à celles dont la couleur est autre que la noire.

La grandeur des apothécies, qui joue un rôle considérable dans la détermination de certaines espèces, est très variable. Elles diffèrent, comme nous l'avons dit, au point de vue de la couleur ; mais elles ne sont pas moins variables en ce qui concerne leurs dimensions : il en est qui peuvent atteindre la largeur d'un pouce (*Nephroma arcticum*), et d'autres qui peuvent se réduire à 0^{mm},1 (*Endococcus*). Quant à la forme, nous parlerons d'abord des *apothécies discoïdes*. Elles sont :

1° *Peltées*. Apothécies larges, mais dépourvues de rebord distinct formé aux dépens du thalle.

2° *Lécanorines* (ou *Scutelles*). Elles sont orbiculaires, entourées d'un rebord *thallin*, qui se relève quelquefois pour former une cupule saillante. Elles simulent parfois des apothécies *endocarpes ;* mais elles n'ont pas leur forme globuleuse, et elles en diffèrent par l'organisation de leur *épithalle*.

3° *Lécidéines* (ou *Patelles*). Elles sont orbiculaires généralement, comme les scutelles ; mais ont une marge propre (*margo proprius*), formée par la partie périphérique de l'*hypothecium*, et dans la composition de laquelle le thalle n'entre pour rien ; elles sont planes, concaves ou convexes. Leur marge n'est pas toujours des plus distinctes, et s'efface même complètement, surtout lorsque les fruits offrent une forme convexe.

4° *Lirellines* (Lirelles). Elles sont semblables, quant à leur constitution anatomique, aux patelles ou lécidéines, mais affectent des formes irrégulières allongées, rameuses et variables dans la même espèce (*Opegrapha*).

Les apothécies *nucléiformes*, *pyrénocarpes* ou *endocarpes* sont plus ou moins enfoncées dans le thalle, plus ou moins superficielles. Le disque est entouré d'un rebord *thallin rétréci*, que l'on a nommé *ostiolum thallinum*, ou tout simplement *ostiole*. Ce rebord est formé par la marge souvent peu saillante qui entoure leur *epithecium*.

Les systèmes anatomiques qui constituent les apothécies sont les suivants : 1° un *conceptacle* (*Hypothecium*); 2° le *thalamium*, ordinairement constitué par des paraphyses : les *thèques* (*sporangia*) qui contiennent les spores ou semences des Lichens. On a encore appelé *thecium* l'ensemble des paraphyses et des thèques qui constituent une couche apothéciale.

L'expression *epithecium* sert à désigner la superficie du thecium, superficie formée par les sommets agglutinés, resserrés des paraphyses. Ces sommets sont souvent colorés. Souvent aussi s'y joignent des granulations de la même couleur que les paraphyses, et il peut arriver que l'epithecium soit formé par une couche particulière de ces granulations. L'epithecium est plus ou moins distinct du thecium. Dans les apothécies lécidéines et lirellines, il est circonscrit par le bord latéral de l'hypothecium; dans les apothécies lécanorines, il est entouré par la substance thalline elle-même.

D'un autre côté, les apothécies, considérées d'une manière générale et comparées avec le thalle, présentent trois couches analogues, savoir :

L'epithecium, correspondant à l'*épithalle* ;

Le *thecium*, correspondant à la couche gonidio-médullaire ;

L'hypothecium, correspondant à l'hypothalle.

L'epithecium est presque toujours coloré; le *thalamium* le plus souvent incolore ; l'*hypothecium*, toujours coloré dans sa partie émergée, est incolore ou coloré dans sa partie inférieure.

Opegrapha atra, avec les lirelles rameuses.

Opegrapha sulphur, avec les lirelles peu rameuses.

Le mot *hypothecium* est généralement employé pour désigner le conceptacle des fruits thécasporés; et l'hypothecium des fruits nucléaires a reçu le nom de *perithecium*.

L'hypothecium est constitué par un tissu cellulaire dense, à cellules petites et distinctes. Il présente assez souvent des apparences de stratification vague, résultat des différences de densité et de couleur. Dans les Lécidés particulièrement, on peut facilement distinguer trois couches, dont la troisième, extérieure, forme au contour des fruits lécidéins et lirellins la marge ou le rebord dont ils sont généralement entourés. Nous avons dit que le tissu de l'hypothecium diffère du tissu thallin par des cellules plus petites, plus denses et souvent colorées. Toutefois M. Nylander fait remarquer que dans quelques *Pannaria* l'hypothecium est composé de cellules plus grosses, semblables à celles du thalle : ce qui ne permet plus d'observer aucune ligne de démarcation entre le thalle et le fruit.

Le *thecium* comprend le *thalamium* et les *thèques*. Il est pénétré d'une substance gommeuse, incolore, très avide d'eau : la *gélatine hyméniale*, formée par la lichénine.

Le *thalamium* est généralement constitué par des *paraphyses*, ou filaments de longueur égale, incolores, rapprochés, assez souvent articulés et comme soudés à la base avec les petites cellules de la partie sous-jacente de l'hypothecium. Les paraphyses sont rameuses ou anastomosées, et jouissent d'une certaine élasticité. Leur épaisseur est très variable ; leur hauteur varie également selon les espèces. Elles sont creuses, remplies de protoplasma, qui dans quelques espèces se divise en gouttelettes. Leur sommet est ordinairement coloré et dilaté, parfois claviforme. Ces organes, qui jouent un rôle purement mécanique dans l'acte de l'expulsion des spores, peuvent être considérés, dans la plupart des cas, comme des thèques avortées et stériles. On ne les découvre pas dans les espèces du genre *Endocarpon*, ni chez plusieurs Verrucaires. Mais on rencontre dans l'abondante gélatine hyméniale dont ces espèces sont pourvues, des lignes filamenteuses fines, dirigées perpendiculairement, et que l'on peut considérer comme des apophyses rudimentaires. Le thalamium sert de récipient aux thèques, et il contribue à effectuer l'expulsion des spores arrivées à l'état de maturité.

Voici comment s'opère cette expulsion . le thalamium venant à s'imbiber d'eau, les paraphyses se gonflent considérablement; elles exercent une certaine pression sur les thèques, et ces dernières, qui ont subi elles-mêmes la même influence, forcées alors de se rompre, se vident aussitôt de leur contenu. Du reste, la gélatine hyméniale, par sa propriété lubrifiante, facilite cet acte d'expulsion, ainsi que le prouve l'examen au microscope d'une tranche mince du fruit d'un *Verrucaria* quelconque. Quelquefois cependant la pression des paraphyses n'a pas été suffisante, même avec l'influence de la gélatine hyméniale, pour permettre aux spores de franchir l'epithecium, et d'être expulsées en dehors du fruit. On a vu alors ces spores germer dans le thalamium et émettre des filaments germés assez longs.

Les *thèques* ou sporanges sont des espèces de paraphyses plus développées que les autres, formées de grosses cellules cylindriques ou ovoïdes, à base atténuée, libres de toute adhérence avec les parties voisines, et disposées perpendiculairement par rapport à l'hyménium entre les paraphyses et les éléments du thalamium. Leur grandeur et leur forme varient avec l'âge et avec les espèces. On comprendra facilement que le nombre, la forme et les dispositions respectives des spores doivent modifier considérablement la forme des thèques.

La paroi est formée par une membrane. Cette membrane est épaisse, surtout au sommet, si la thèque est jeune; mais plus elle est avancée, plus les traces d'épaississement disparaissent. Le contenu des thèques est un protoplasma granuleux, renfermant parfois des gouttelettes huileuses. Les thèques de quelques espèces sont colorées en bleu par l'iode ; mais c'est surtout vers le sommet qu'a lieu cette coloration.

Spores. — Le nombre des spores est variable : normalement, il est de 8, mais il peut n'être que de 1, 2, 3, 4, 6. Quelques espèces ont des thèques polyspores, contenant de 20 à 100 corpuscules reproducteurs. Tels sont les genres *Bactrospora*, *Acarospora*, *Larcogyne*. Les spores se reproduisent dans les thèques aux dépens du protoplasma que celles-ci renferment, et elles se forment lorsque les thèques ont atteint leur maximum de développement. Alors le protoplasma se partage en sections, et chaque section formera une spore. Les spores sont réunies entre elles dès le principe, mais bientôt elles deviennent libres et absolument distinctes. Leurs dimensions présentent des variations considérables : quelques-unes ont une longueur de 0^{mm},001 sur une largeur de moitié moindre, d'autres atteignent 0^{mm},004 à 0^{mm},007, et leur épaisseur varie de 0^{mm},002 à 0^{mm},018.

Leurs principales formes sont ovoïdes, ellipsoïdes, fusiformes, oblongo-cylindriques ou sphéroïdes. Quant à la couleur, elles sont blanches ou incolores, noirâtres, brunes ou bleuâtres. Cette coloration a son siège dans l'*épispore*.

Toutes les spores de couleur foncée sont d'abord incolores; ce n'est qu'en vieillissant, généralement, qu'elles deviennent brunes ou noirâtres.

Le protoplasma contenu dans la spore est homogène; il renferme des granulations moléculaires ou des gouttelettes d'huile. Les spores des *Pertusaria*, soumises à l'influence de l'acide sulfurique, produisent des raphides qui indiquent la présence de la chaux parmi les principes que contiennent les spores.

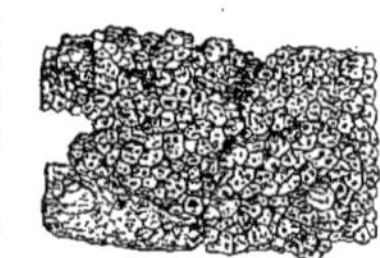

Pertusaria.

La paroi des spores est formée de deux couches: l'une externe, distincte, appelée *épispore*, qui prend, avec la période d'avancement, une coloration foncée; l'autre enveloppe, interne, très mince, incolore et composée d'une substance de nature gélatineuse, est appelée *endospore*. C'est une enveloppe d'un examen difficile, à cause de son excessive ténuité.

Les spores sont simples, mais elles sont aussi parfois cloisonnées; elles peuvent être, dans ce cas, biloculaires, quadri- ou pluriloculaires. Celles d'une forme allongée sont très souvent partagées par une, trois, cinq ou un plus grand nombre de cloisons transversales. Les spores dites *murales* sont les plus remarquables, en ce qui concerne la disposition de leur segmentation et sous le rapport du nombre de leurs cloisons; céla dépend généralement de leur degré d'évolution. En effet, après un examen comparatif, on a pu voir que, dans certaines thèques, toutes les spores sont simples; que, dans d'autres plus développées, toutes sont à une cloison, et dans d'autres plus âgées, toutes à trois cloisons. Le nombre des cloisons semble donc dépendre du temps plus ou moins long que les spores ont séjourné dans les thèques.

L'iode colore en bleu les spores d'un grand nombre d'espèces appartenant aux *Graphis, Lecanactis*, etc.; en rose ou rose lilas, celles du *Trypethelium uberinum* par exemple; mais, dans cette coloration, c'est l'épispore seule qui est affectée par la liqueur réactive, comme le fait observer M. Nylander.

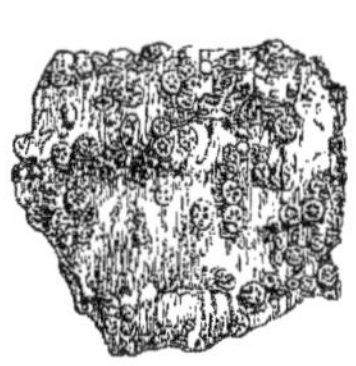
Trypethelium.

Spermogonies. — Les spermogonies sont des organes d'une extrême petitesse, que l'on voit à peine sur le thalle, découverts par Tulasne, et qui doivent être, ainsi que les apothécies, considérés comme organes reproducteurs des Lichens. Ils sont analogues aux conceptacles mâles de quelques Algues et aux spermogonies des Champignons. Ce sont des appareils creusés dans le thalle, en général fort petits, arrondis ou oblongs, nucléiformes, tantôt visibles, comme dans le *Physcia parietina* où l'on peut les observer à la loupe; tantôt visibles à l'œil nu et apparaissant alors comme autant de petites taches noires disséminées sur le tissu gris du thalle, comme dans plusieurs variétés du *Roccella tinctoria;* enfin on les trouve quelquefois indistincts, incolores, immergés dans les couches superficielles du thalle. Les spermogonies ressemblent de loin aux fruits des Lichens pyrénocarpés; mais l'examen au microscope fait disparaître cette ressemblance. Du reste, leur vitalité se continue indéfiniment, comme celle des apothécies.

Les spermogonies se composent essentiellement d'un conceptacle, tapissé et presque rempli par les *stérigmates* et les *spermaties*, qui en constituent le nucléus. Le conceptacle des spermogonies, analogue d'ailleurs à celui des apothécies, est formé d'un tissu composé de petites cellules unies entre elles, et à parois épaisses. La face externe se confond avec la partie environnante de la surface du thalle. La face interne est garnie primitivement de cellules qui se transforment en organes particuliers, appelés plus haut *stérigmates*, cellules simples ou ramifiées, formées en séries linéaires dirigées perpendiculairement à la paroi, et produisant à leur extrémité ou sur leur côté des spermaties.

Les conceptacles sont le plus souvent simples; mais parfois on es voit réunis par groupe de deux ou par groupes de plusieurs; ils deviennent alors lobulés. Ils renferment dans leur intérieur une quantité de substance gélatineuse, incolore, d'un rouge pâle dans quelques *Cladonia*, mais qui ne se colore pas par l'iode.

A leur sommet, les conceptacles des spermogonies s'ouvrent par un orifice que bouche à l'état sec la gélatine spermatique. C'est un principe gommeux, destiné à lubrifier et à faciliter 'éjaculation des spermaties. Les spermaties sont toujours enveoppées de cette substance, qui est essentiellement avide d'eau et généralement incolore. On ne sait quel est l'organe sécréteur de cette substance; mais l'éjaculation des spermaties s'opère sous l'influence de l'humidité. Nous avons dans ce cas un phénomène absolument analogue à celui que l'on a observé dans les apothécies, où la gélatine hyméniale remplit, pour l'expulsion des spores, le même rôle que la substance spermatique pour l'expulsion des spermaties.

Les stérigmates sont, comme nous l'avons dit, des cellules d'une nature particulière, qui produisent et portent les spermaties: on les divise en *stérigmates simples* et en *stérigmates articulés*. Ces organes sont formés de cellules généralement allongées, à parois minces. Ils garnissent la face interne du conceptacle et, s'ils sont composés, cet état vient de cellules allongées, réunies et placées bout à bout. L'intérieur des spermogonies en est tout hérissé. La modification la plus importante est celle où le stérigmate se trouve composé de filaments courts, aussi épais que longs, et porteurs de petites spermaties cylindriques, constamment droites. Ces stérigmates sont appelés *arthrostérigmates*. Il est des espèces où l'on ne les rencontre jamais; tels sont les *Lécidinés*, les *Graphidés* et la plupart des *Pyrénocarpés*.

Les cellules des stérigmates finissent par s'atténuer à leur sommet; il s'y produit une légère protubérance saillante, oblongue ou aciculaire. Cette protubérance, arrivée à son développement, se détache du stérigmate et devient libre: c'est une spermatie, qui sera expulsée au dehors par l'orifice des spermogonies. Chaque cellule stérigmatique possède la propriété de produire des spermaties, mais une seule à la fois. Dans les stérigmates composés (arthrostérigmates), chaque article peut donner naissance, par son bord supérieur, à un de ces corpuscules. Il semblerait prouvé que la même cellule stérigmatique serait capable de produire successivement plusieurs spermaties. D'un autre côté, il est probable que c'est la paroi cellulaire des stérigmates qui a contribué seule à la formation des spermaties.

Outre les stérigmates, on rencontre, dans le conceptacle des spermogonies, de longs filaments articulés, stériles, comparables aux paraphyses des apothécies. Ils s'observent dans les *Ramalina*, le *Parmelia physodes*, etc. Les spermaties, à l'opposé des spores, sont invariables quant à la forme et quant à la grandeur dans une même espèce; mais elles présentent, dans les espèces différentes, des modifications, dont les principales sont les suivantes:

1° Spermaties un peu épaissies, en fuseau (*Platysma glaucum, juniperinum*); 2° spermaties aciculaires, peu épaissies au voisinage de leurs extrémités; épaisseur moindre au milieu; extrémités assez pointues (*Alectoriæ, Evernia, Parmeliæ*); 3° spermaties aciculaires ou cylindriques, droites (*Lécanorés, Lécidéinés, Graphidés, Pyrénocarpés*); 4° spermaties aciculaires, cylindriques, courbées; elles sont souvent très longues et atteignent la longueur la plus considérable (40 millimètres); on les rencontre dans divers Lécanorinés-Lécidéinés, et dans les *Roccella*, *Pilophoron* et plusieurs *Stereocaulon*, etc.; 5° spermaties ellipsoïdes; elles sont portées sur des stérigmates simples et généralement assez courts. Tels sont les *Sphærophorés*. Il n'en est pas connu de sphériques. Les spermaties ont, depuis leur découverte, été considérées comme les organes mâles des Lichens, et l'opinion est de plus en plus portée à leur attribuer le rôle que l'on donne aux anthérozoïdes et spermatozoïdes des autres Cryptogames. Leur ténuité, relativement à la grandeur des spores, leur nombre considérable, comparé à celui des spores, leur état de corpuscule solide, leur forme allongée, analogue à celle des spermatozoïdes, leur égalité de grandeur, leur manque de toute faculté germinative, l'absence de coloration, sont autant de preuves de leur analogie avec les éléments fécondateurs en général. Il est vrai que les spermaties ne paraissent être douées d'aucun mouvement, et qu'elles ne possèdent aucun organe de locomotion; mais l'on a remarqué seulement, chez les plus petites, un mouvement de trépidation semblable au mouvement brownien. Une chose aussi qui n'échappe à aucun observateur, c'est le rapport intime qui existe entre les apothécies et les spermogonies, rapport qui est manifesté par l'analogie des sièges des deux appareils. En effet, les spermogonies se trouvent généralement à côté, dans le voisinage des fruits, dans une partie du thalle correspondant.

Cependant il s'est rencontré des auteurs qui ont pensé que les spermaties n'étaient que des spores particulières; mais nous devons dire que leurs observations n'ont pas été vérifiées, et que M. Nylander les regarde absolument comme erronées. Nous n'entrerons point dans les discussions qui ont pu être soulevées sur cette question, et, jusqu'à nouvelles preuves, nous acceptons sans conteste l'opinion du savant lichénographe que nous sommes heureux de considérer comme nôtre.

Pycnides. — Les *pycnides* sont des organes qui ressemblent aux spermogonies par leurs conceptacles, leurs modes extérieurs et l'insertion de leurs produits (les *stylospores*). Elles en diffèrent par la plus grande épaisseur de leurs basides, par des produits à contenu au moins partiellement huileux, par leur forme et leur grandeur, qui sont variables dans la même espèce. Enfin, les stylospores jouissent d'une propriété germinatrice que ne possèdent pas les spermaties. Tulasne a remarqué dans les *Peltigera* une anomalie assez bizarre : c'est que les fruits qui sont marginaux, présentent aussi des pycnides au bord des frondes, et même sur le limbe ; mais les fonctions des pycnides et des stylospores sont encore inconnues.

Nature des Lichens. — Après avoir passé en revue la description du thalle du Lichen, l'épithalle, la couche gonidiale, la couche médullaire, l'hypothalle, les apothécies avec leur constitution anatomique, les spores, les spermogonies avec les spermaties et les stérigmates, nous allons nous occuper des Lichens au point de vue pratique ; nous examinerons ensuite la nature de ces végétaux et la classification méthodique établie par M. Nylander. Le cadre que nous nous sommes tracé ne nous permet pas de discuter les diverses classifications qui ont précédé celle qu'a établie ce savant naturaliste.

Comme nous l'avons dit à plusieurs reprises, la classe des Lichens est intermédiaire entre celle des Algues et celle des Champignons ; elle offre avec l'une et avec l'autre des affinités considérables ; mais de là à les réunir aux Algues et aux Champignons, c'est-à-dire à les considérer comme le résultat d'une association hasardée entre une Algue et un Champignon, il y a loin. Sans doute, nous avons vu nous-même de bien grands rapports entre les Algues unicellulaires, telles que les *Chroococcus*, *Glœocapsa*, etc. Nous avons considéré, avec Lenormand, de Brébisson, Rabenhorst et Kützing, ces Algues comme un état primitif du Lichen, sans y voir toutefois autre chose qu'une plante imparfaite. Nous n'hésitons pas cependant à reconnaître que, s'il existe des affinités entre les Lichens et les Champignons, les rapports entre les Algues et les Lichens sont d'une observation plus délicate, attendu que les *Gonionema* et les *Ephebe* sont des Lichens très voisins des *Scytonema* et des *Sirosiphon*, et que les *Collema* et les *Nostoc* ont entre eux de grandes analogies ; mais généralement ces plantes ambiguës sont observées stériles et ne sont pas décrites avec un soin suffisant pour qu'il soit permis de se prononcer en ce moment.

Les rapports des Lichens avec les Champignons thécasporés sont certainement plus manifestes, et nous sommes des premiers à reconnaître qu'il est quelquefois difficile de classer certaines espèces que l'une et l'autre famille pourraient réclamer comme sienne à juste titre. Certains auteurs n'ont pas même hésité à ranger les Lichens dans la famille des Champignons. Payer, dans sa *Cryptogamie*, en 1849, en faisait une famille de Champignons thécasporés, qu'il plaçait, non sans quelque raison, près des Pezizes. Malgré cette haute autorité, les exemples sont exceptionnels, et trop rares pour motiver la réunion des Lichens aux Champignons thécasporés. D'ailleurs les Lichens s'en distinguent par leur vitalité, leur mode de nutrition qui se fait presque exclusivement aux dépens de l'atmosphère, leur thalle, avec des gonidies, et leur hyménium que l'iode colore en bleu, bien qu'il y ait, il faut le reconnaître, quelques exceptions. Les Lichens renferment en outre des cristaux d'oxalate de chaux à forme octaédrique ; souvent des grains discoïdes d'amidon se rencontrent aussi dans leur thalle. Rien de cela n'existe chez les Champignons thécasporés.

Aux principes que nous venons de signaler comme caractères distinctifs de ces végétaux, il convient d'en ajouter d'autres qui ont été en réalité peu étudiés, mais que nous devons citer. Sans parler de la lichénine, substance très avide d'eau et dont nous avons dit quelques mots, sans parler de cette substance que les chimistes appellent *squeletta ficulacea*, et qui n'est autre chose que de la cellulose, ni de la chlorophylle qui se trouve, il est vrai, dans les Lichens en quantité relativement petite, nous citerons particulièrement le phosphate de chaux ; la picrolichéine, la variolarine, l'orcéine, etc. ; l'acide gyrophorique (*Umbilicaria*) ; l'acide érythrique ; l'acide usnéique (*Usnea*) ; l'acide cétrarique (Lichen d'Islande) ; le sucre non cristallisable ; l'acide orcellique (*Roccella Montagnei*) ; les grains d'amidon lenticulaires, assez gros, l'acide chrysophanique (*Physcia parietina*), et une substance graisseuse particulière à ces végétaux.

Enfin l'inuline a été reconnue dans les Lichens par John et Payen, et Gœbel en a trouvé des traces dans le *Lecanora esculenta*.

C'est ici qu'il convient de parler, à propos de la nature des Lichens, d'une théorie fort attrayante par elle-même, qui n'a manqué ni d'apôtres, ni d'adeptes sérieux, mais qui aussi a rencontré des contradicteurs non moins sérieux. Nous voulons parler de la doctrine algo-lichénique de Schwendener, que nous nous efforcerons de faire connaître au lecteur aussi brièvement que possible. Nous avons précédemment fait remarquer les affinités anatomiques qui existent entre les Champignons de l'ordre des Ascomycètes et les Lichens.

Les premiers botanistes qui ont étudié comparativement la structure de ces végétaux, ainsi que les plus modernes, sans oublier notre maître Payer, avaient remarqué l'analogie qui existait, non pas dans leurs organes de nutrition, ni dans leur manière de vivre, où tout diffère, mais dans leurs organes essentiels, ceux de la reproduction. Un grand nombre n'hésitèrent pas à faire des Lichens une division de la famille des Champignons.

D'autres, plus circonspects, prenant en considération les principes intimes qui constituent ces végétaux, tels que la chlorophylle qui constitue les gonidies des Lichens, et dont on ne voit pas trace chez les Champignons, regardèrent avec juste raison les Lichens comme devant continuer à former une classe à part dans le règne végétal, mais une classe bien distincte de celle des Champignons. Ces deux opinions, aussi opposées et aussi discutables l'une que l'autre, portèrent naturellement les botanistes à faire des recherches sur l'origine et sur la nature des gonidies, ainsi que sur les hyphes incolores que l'on a remarqués dans la composition du thalle des Lichens.

M. Tulasne avait démontré l'origine des hyphes, mais il était resté muet sur celle des gonidies. Bagroffer, dans un travail plus moderne, fit voir les rapports qui existent entre les deux éléments du thalle lichénique. Mais c'est le professeur Schwendener qui le premier s'étendit sur la multiplication des gonidies dans l'intérieur du thalle, et fut conduit à les comparer à certaines Algues unicellulaires, telles que les Protococcacées, les Palmellacées, les *Pleurococcus*, etc., familles ambiguës, et qui ont été constamment ballottées d'une place à l'autre.

Ces végétaux douteux se trouvent généralement réunis en colonies, dans une substance gélatineuse, amorphe, souvent incolore ; et au sujet de leur nature, qu'il nous soit permis en passant de citer l'opinion de Brébisson et celle de Lenormand, qui les considéraient l'un et l'autre, non pas comme des Algues, mais bien comme des gonidies de Lichens. De Bary, en 1866, fut plus circonspect que Schwendener ; mais MM. Famintzin et Baranetzky observèrent que les gonidies isolées dans l'eau donnent naissance à des zoospores. Partant de là, le champion de la théorie algo-lichénique voulut établir une différence entre les hyphes et les gonidies des Lichens. D'après Schwendener, les hyphes sont le résultat de la germination d'un Champignon ; les gonidies, au contraire, sont des Algues Protococcacées, Palmellacées, Nostocinées, Rivulariées, etc., envahies, entourées par les hyphes qui les enserrent, comme l'araignée enserre la mouche, pénètrent dans leur tissu et, tout en restant *Champignon*, se nourrissent du travail d'autrui, « tout en laissant cependant à l'Algue prise dans son réseau une activité qui lui permet de prendre un accroissement vigoureux ».

Tel est, aussi rapidement que possible, l'exposé de la doctrine algo-lichénine, théorie qui détruit complètement la famille des Lichens, pour enrichir celle des Champignons *seulement*.

Les recherches de M. Bornet semblèrent confirmer jusqu'à un certain point celles de M. Schwendener; mais celles de M. Woronine jetèrent au contraire quelques doutes sur une théorie si bien patronnée. Les contre-expériences se multiplièrent alors. Celles de MM. Rees, Bornet, Treub, et surtout celle de M. Stahl sur l'*Endocarpon pusillum*, parurent faire tomber les derniers doutes opposés à la théorie schwendenérienne; mais elles ne détruisirent point les opinions appuyées de l'autorité des plus savants botanistes. MM. Nylander, Fries, Krempelhuber, Berkeley, Müller, Richard n'ont point cessé en effet de s'occuper d'une question aussi intéressante, ni de combattre par des objections solides les arguments que soulevaient leurs adversaires.

Nous ne ferons que citer les faits donnés par les partisans de l'autonomie de la famille lichénique.

Nous ne nous étendrons pas sur la nature des hyphes que l'on rencontre dans les Lichens, organes beaucoup plus fermes et plus élastiques que ceux des Champignons, puisque les premiers résistent à la potasse, tandis que ceux des Champignons se dissolvent immédiatement dans ce réactif, mais nous ferons remarquer que les derniers savants dont nous venons de citer les noms, présentent trois chefs principaux d'arguments pour combattre la théorie schwendenérienne. Ces chefs sont tirés : 1° de l'anatomie des Lichens; 2° du mode de développement de ces végétaux; 3° de considérations théoriques, moins importantes que celles qui constituent les deux premiers chefs, mais qui ne manquent certes pas de valeur.

Nous avons succinctement fait l'historique de la théorie algo-lichénine, dit quelques mots de ses partisans et de ses adversaires; mais notre prétention n'est point d'entrer dans le vif de la question, ni de discuter tout ce qui a été dit ou écrit pour la combattre ou la faire admettre par tous.

Un mot seulement. La prédominance du Champignon sur l'Algue, ou celle de l'Algue sur le Champignon, nous semble une double hypothèse bien hasardée. Car, d'après certains auteurs, si nous supposons une espèce d'Algue prédominante que nous nommerons A, enlacée dans les hyphes d'un Champignon *inconnu, non prédominant*, que nous désignerons par la lettre B, il résulterait de cette association anormale un Lichen à thalle *homœomère*. Renversons les rôles de deux végétaux si peu faits l'un pour l'autre; représentons encore l'Algue par A et le Champignon *prédominant* par B, tout en conservant, bien entendu, les mêmes espèces : l'on obtiendrait un Lichen (foliacé ou fruticuleux) à thalle *hétéromère*. Si l'on ne sait établir une loi de cette association jusqu'ici pleine d'anomalies, est-ce une raison pour dire qu'un Lichen est l'état pathologique d'une Algue enserrée dans le mycélium d'un Champignon ou d'un Champignon parasite sur une Algue qui le prédomine? Et quel Champignon? Car, si vous avez détruit ce dernier pour connaître l'espèce d'Algue qui lui servait d'esclave, ne pourriez-vous pas aussi détruire cette dernière pour connaître quelle est l'espèce du tyran auquel cette Algue était asservie? Ne pourriez-vous pas aussi cultiver le mycélium du Champignon, comme vous avez cultivé l'Algue qu'il enserrait? Cette étude ferait avancer, ce nous semble, considérablement la question algo-lichénique, ou même en serait la solution.

Nous devons ajouter toutefois que les dernières recherches de MM. Richard et Nylander sur cette question sont de nature à combattre victorieusement le schwendenérisme. Le premier a parfaitement bien démontré que, dans les filaments formés par suite de la germination d'une spore de Lichen, on ne trouve trace de gonidie ni à l'intérieur, ni à l'extérieur (journal *le Naturaliste*, 25 septembre 1883). M. Nylander observe des germinations naturelles de spores de Lichens sur des surfaces polies, telles que débris de verres et cassures de rognons de silex, et il a vu, comme M. Richard, l'évolution normale de la spore sans la moindre trace de gonidies autour d'elle. On voit donc, d'après ces expériences, que les spores n'ont point besoin de gonidies pour germer. De plus, les filaments sortis de la spore et formant l'hypothalle ne sont point le résultat d'une absorption de gonidies, mais au contraire ils en ont fabriqué de toutes pièces. « L'hypothalle n'est point né de gonidies : ce sont les gonidies qui naîtront de l'hypothalle. » En effet, on les voit apparaître dans l'*intérieur des petits glomérules thallins, épars sur la surface de l'hypothalle, qui pourtant n'en contient pas la moindre trace*. Après une telle déclaration faite par le maître de la Lichénographie, les doutes disparaissent. M. Bonnier nous dira que le mélange cultivé d'une Algue dans des appareils spéciaux, avec les spores des *Physcia parietina, stellaris, obscura*, etc., donne après quelque temps ces mêmes Lichens résultant d'une synthèse entre cette « Algue » et les « spores ». « Mais, dit M. Nylander (et à ce sujet il fait pour l'Algue l'objection que nous avons faite après lui pour le Champignon), quelle est cette Algue bonne à tout faire? A quelle espèce appartient-elle? Et comment se fait-il qu'elle peut former les gonidies de tous ces Lichens? A cela il y a cependant un grand obstacle : c'est la malice des Lichens, qui s'obstinent à n'avoir pas tous des gonidies absolument pareilles. Presque chaque espèce a son type gonidique particulier et les différences sous ce rapport font partie des caractères spécifiques. De cette circonstance il résulte aussi que les gonidies ne se rencontrent que dans l'intérieur des thalles et qu'on les cherche en vain ailleurs. »

Nous laisserons les partisans du schwendenérisme étendre dans d'autres régions leurs intéressantes recherches, examiner les rapports des Lichens avec les Mousses, les Lycopodes, les Fougères, etc., et, sans entrer dans d'autres considérations, nous pensons que la théorie de Schwendener, soutenable par elle-même, n'est pas aujourd'hui démontrée, ne reposant que sur des faits trop peu nombreux et fort douteux. Les observations de développement direct des Lichens, aux dépens des spores seules, sont loin d'être réfutées, et elles sont d'une importance capitale. D'ailleurs M. Nylander, l'auteur de ces recherches, pense, comme de Brébisson, que ces Algues inférieures à l'état libre, qui ressemblent à des gonidies, pourraient bien réellement être des gonidies errantes, des rejetons vagabonds et dégradés du monde des Lichens, et végétant d'une manière anormale par suite de l'avortement du thalle. C'est l'opinion de M. Richard; c'est aussi celle d'un savant lichénographe, M. Krempelhuber, qui admettrait en outre que les faits avancés par M. Schwendener, fussent-ils vrais, ne prouveraient que peu de chose, attendu que les gonidies, après leur séparation du tissu lichénique, pourraient bien vivre d'une manière indépendante, et être par erreur prises pour des Algues unicellulaires.

Pour terminer, laissons le dernier mot à M. Nylander sur ce sujet. Voici ce qu'il en dit, sous le titre de *Theoria algo-lichenica* : « Decaisne gonidia Lichenum sicut Algas admittens e sensu Schwendeneriano, declaravit : *le parasitisme des Lichens paraît un fait parfaitement démontré, et le mémoire de M. Bornet ne peut laisser aucun doute sur le parasitisme* (*Bull. Soc. bot.*, 23 mai 1873). Dr Nylander hypothesin illam Schwendeneri absurdissimam indicavit, demonstravitque gonidia manifeste in cellulis thalli Lichenum oriri, nullamque adesse parasitismum. Decaisne igitur etiam hic in summo errore versatur et de rebus loquitur sibi minime familiaribus; ignorantia parum juvat. Preparationes microscopicæ optimæ, indubie confirmantes originem intrathallinam gonidiarum et gonidimisam haberi possunt apud J. Bourgogne, prope Merdignac (Côtes-du-Nord). Tales præparationes prestant figuris, quas plus minusve schematicas facile faciunt auctores, arte sæpius magis occupati quam simplici veritate. »

Lichens utiles. — Les Lichens ont été employés en médecine, et ils doivent leurs propriétés à la lichénine qu'ils renferment en assez grande quantité, et à un principe amer qui leur donne une propriété tonique. L'espèce la plus employée est le *Cetraria islandica*. Le *Sticta pulmonacea* avait une certaine réputation en médecine pour guérir les affections de poitrine; le *Peltigera canina* passait pour guérir la rage; l'*Usnea barbata* était préconisé pour faire pousser les cheveux ; le *Physcia parietina* était employé contre la jaunisse ; mais tout cela avait pour base le charlatanisme, et non des résultats réels. Ne parlons que des propriétés pratiques. Dans le Nord, le *Cladonia rangiferina* sert de nourriture principale aux rennes, et nous avons tout lieu de croire que le *Lecanora esculenta*, qui a été employé en cer-

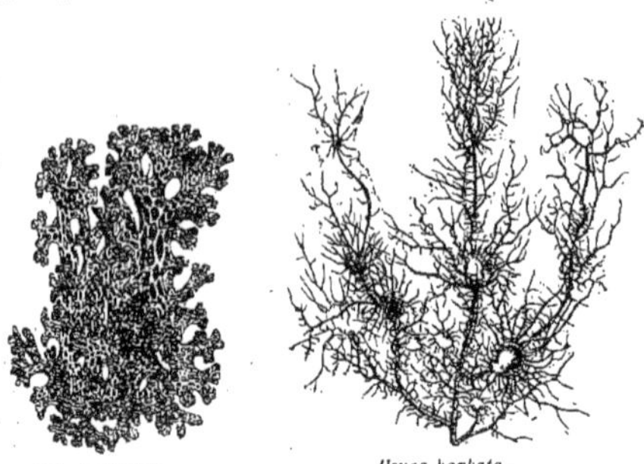

Cladonia retipora. *Usnea barbata.*

tains pays, dans les temps modernes, à la nutrition des chevaux, était la manne des Hébreux, qui sert encore d'aliment aux habitants des steppes de l'ouest de l'Asie et du nord de l'Afrique, et qui renferme une quantité considérable d'oxalate de chaux : 65 pour 100, d'après Gœbel.

En ce qui concerne l'industrie, c'est surtout pour leurs principes tinctoriaux que beaucoup de Lichens sont employés. A Lyon, on remplace la gomme arabique par une décoction mucilagineuse de Lichen. La Pulmonaire a été employée pour tanner les cuirs. Les Orseilles de mer sont constituées par des *Roccella exotiques*; les Orseilles de terre sont formées par des espèces indigènes. Les unes donnent une teinte rouge, purpurine, violacée ou jaune. La couleur rouge est fournie par les *Roccella tinctoria*, *Roccella fusiformis*, *Evernia Prunastri*, *Usnea barbata*, *U. florida*, etc. Les *Sticta pulmonacea*, *Parmelia saxatilis*, *Umbilicaria pustulata*, etc., donnent une teinte brune. La teinte jaune est fournie principalement par les *Physcia parietina*, *P. candelaria*, *Ramalina calicaris*, *Parmelia Acetabulum*, *Placodium murorum*. Le *Lecanora Parella* (Orseille d'Auvergne) est un Lichen à thalle crustacé, formant de petites rugosités d'un gris jaunâtre et qui croît sur les rochers dans les montagnes d'Auvergne et du Limousin. Il se développe aussi sur les troncs d'arbres, où nous l'avons rarement trouvé fructifié. Il est compté au nombre des Orseilles de terre, et sert à préparer le Tournesol en pains.

Bory de Saint-Vincent pense que la pourpre de Tyr était de l'Orseille; il assure que c'est un Lichen tinctorial, dont parle Pline, lorsqu'il dit : *Phycos thalassion... tertium crispis foliis quo in Creta vestes tingunt.*

Après avoir parlé de l'utilité des Lichens, nous devons faire observer que ces plantes ne sont point des parasites proprement dits; car, ainsi que nous l'avons déjà fait remarquer, ils ne sont point nuisibles aux arbres sur lesquels ils végètent (ce qui les distingue encore des Champignons), c'est-à-dire qu'ils n'absorbent aucun des principes nécessaires à la nutrition de leur *substratum*. S'ils peuvent nuire en quelque façon aux plantes qui leur servent de soutien, c'est en diminuant chez elles, par le développement de leur thalle, la surface de respiration, ou en entretenant à leur surface une humidité qui, prolongée, pourrait devenir nuisible.

On a remarqué avec raison que les Lichens n'offrent guère de formes précises et arrêtées, de proportions exactes, où l'on a l'habitude de puiser des ressources pour la détermination des espèces; mais en se familiarisant peu à peu avec les formes et les modifications de ces végétaux, en opérant dès l'origine d'une manière un peu empirique, si l'on veut bien nous permettre ce mot, si l'on ajoute à cela une certaine habitude du microscope, il sera aussi facile au naturaliste d'étudier la lichénographie que la plupart des autres parties de la botanique. C'est même une de celles dont la connaissance est des plus accessibles.

Sans doute, les apothécies peuvent subir de bien grandes modifications qui résultent de leur état de développement. Les thalles eux-mêmes changent d'aspect, et cela dépend de leur *substratum*, comme de l'état hygrométrique dans lequel on les observe. Ils se développent en réalité davantage sur des surfaces égales, et les apothécies qu'ils produisent sont dans ce cas plus écartées les unes des autres; mais le contraire a lieu sur une surface inégale, et le thalle devient parfois indéterminé.

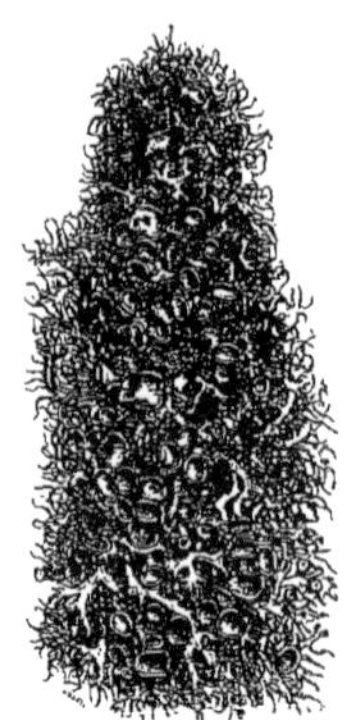

Parmelia ciliaris.

La variation des couleurs, dans cette partie de la plante, est plus rare que chez les apothécies; toutefois des thalles crustacés gris, jaunes ou bruns deviennent souvent blanchâtres ou blancs sur les roches calcaires.

Les thalles dits crustacés, eux aussi, subissent des modifications qui dépendent de la conformation de leur *substratum*; mais, quand il s'agit de la détermination des espèces, toutes les parties du Lichen, le *thalle*, les *apothécies* et les *spermogonies*, présentent des caractères bien tenus, et tantôt c'est l'une, tantôt c'est l'autre de ces parties, qui décide du diagnostic dans les cas ambigus. En ce qui concerne les Lichens supérieurs, tels que les *Peltigera*, les *Sticta*, les *Parmelia*, etc., la vue simple ou la loupe suffisent pour la détermination des espèces; mais, lorsqu'il s'agit des *Collemés*, *Graphidés*, etc., il faut avoir recours au microscope pour chercher la nature du thalle, celle du fruit et des spermogonies.

Nous devons ajouter que la solution aqueuse de l'iode est très utile, à cause des colorations variées qu'elle produit : ce qui peut aider puissamment le naturaliste à la détermination des espèces.

Classification. — Beaucoup de systèmes de classification ont été tentés. Les principaux sont ceux d'Acharius, Fée, Fries, Flotow, Scnærer, Norman, Nægeli, etc. Il serait fastidieux d'entrer dans ces détails, d'ailleurs assez inutiles. Ces classifications reposent en effet sur des bases artificielles et arbitraires; elles manquent d'une étude anatomique sérieuse, appuyée sur un examen attentif de toutes les parties du végétal, et surtout sur l'étude des appareils organiques essentiels. C'est le système opposé que M. Nylander a adopté. Il a pris en considération toutes les parties de la plante, sans négliger les spermogonies, dont on n'avait jusque-là tenu aucun compte, mais qui, comme les autres organes essentiels, ont une importance qui ne pouvait échapper au chercheur aussi patient que savant, dont nous aimons à consulter les travaux, malheureusement inachevés, sur la Lichénographie en général. C'est aussi ce naturaliste qui le premier a su tirer un parti considérable de l'influence de plusieurs réactifs sur les principes immédiats qui existent dans les végétaux dont nous nous occupons, influence dont on a obtenu d'excellents résultats pour la détermination de certains Lichens qui jusqu'à ce jour avaient pu facilement être confondus avec d'autres espèces voisines. Les réactifs employés le plus communément sont la *potasse caustique*, le *chlorure de chaux*, l'*iode* avec addition d'*iodure de potassium*; mais nous pensons que d'autres réactifs pourraient parfaitement être utilisés. L'auteur a d'ailleurs publié, dans le *Flora*, une série de mémoires dans lesquels il indique les différentes réactions des Lichens, d'après la méthode qu'il a formulée le premier, et ces notes ont été d'un grand secours aux botanistes dans bien des cas. Une notation chimique particulière a été adoptée par ceux-ci pour indiquer les modifications subies par ces végétaux, surtout sous l'influence de la potasse et du chlorure de chaux.

M. Nylander a divisé les Lichens en trois grandes familles : les *Collemacés*, les *Myriangiacés* (?) et les *Lichénacés*.

La première de ces familles comprend deux tribus :

1° Les *Lichénés*, qui ont de l'analogie avec les Algues (*Scytonema* et *Sirosiphon*).

2° Les *Collemés*, qui offrent une structure thalline différant quelquefois peu de celle des *Nostoc* et des *Glœocapsa* (?).

La famille des *Myriangiacés* semble être intermédiaire entre celle des Lichénacés et celle des Collemacés, mais elle n'offre que deux espèces. Leur faciès rappelle les *Collema*, mais leur tissu thallin et thalamial les rapproche des Lichénacés; d'ailleurs l'auteur a plus tard placé ces végétaux dans la classe des Champignons.

La famille des *Lichénacés* renferme tous les autres Lichens, et elle est très riche. Elle se divise en six familles secondaires :

1° Les *Épiconiodés*. Les spores sorties des thèques s'amassent à la surface de l'hyménium, forment une couche plus ou moins épaisse, et leur dispersion successive s'effectue à l'aide de l'eau pluviale.

2° *Cladoniodés* (Lichens à thalle stipitiforme, fruticuleux, muni de squamules ou folioles, à apothécies lécidéines ou convexes). Le *podetium* de certaines espèces de Lichens de cette famille porte à sa surface des granules arrondis ou diversement modifiés, au lieu des squamules que l'on remarque dans la plupart des tribus formant ce groupe.

Ramalina fraxinea.

3° Les *Ramalodés* (Lichens à thalle fruticuleux; comprimé ou cylindrique, sans folioles ou squamules horizontales, à fruits lécanorins et plats).

4° Les *Phyllodés* (Lichens à thalle foliacé, à apothécies généralement lécanorines, et pourvus d'arthrostérigmates). Dans les *Pyxinés* qui appartiennent à cette famille, les apothécies sont lécidéines; et dans les *Gyrophorés*, elles sont ou patelliformes ou plissées en spire.

5° Les *Placodés* (Lichens à thalle crustacé, rarement pelté, à apothécies lécanorines, lécidéines ou lirelliformes).

6° Les *Pyrénodés* (Lichens à thalle pelté, souvent crustacé, à apothécies pyrénocarpes ou immergées dans le thalle).

Ces grandes familles se subdivisent : la première, celle des *Collemacés*, en quinze genres; la seconde, celle des *Myriangiacés*, en un seul, et encore nous ne devrions pas nous en occuper.

La troisième, qui comprend, comme nous l'avons dit, six familles secondaires, se divise, d'après le *Synopsis methodica*, en dix-neuf tribus et en 97 genres, parmi lesquels nous citerons comme les plus remarquables les genres *Calicium*, *Sphærophoron* et les *Bæomyces*, que Payer avait classés dans la famille des Lécidés; les Cladoniés, qui presque tous ont le sol pour substratum, et dont les espèces les plus communes dans nos contrées sont les *Cladonia cornuta*, *fimbriata*, *verticillata*, *sylvatica*, *cornucopoides*; le *Stereocaulon*, qui avait été primitivement placé près des *Bæomyces*, dans la famille des *Lecideæ*, et qui constitue en ce moment un genre à part et parfaitement caractérisé; le genre *Roccella*, dont l'une des espèces fournit l'Orseille d'herbe; le genre *Usnea*, représenté surtout par l'*Usnea barbata* (Barbe de capucin), et qui se fait remarquer par ses dimensions quelquefois considérables; les genres *Evernia* et *Ramalina*, voisins des *Usnées*; les *Cetraria*, représentés principalement par le *C. islandica*, dont les propriétés ne sont plus contestées, et que l'on administre sous forme de pastilles, de pâte, de gelées, etc.; le genre *Peltigera*, qui faisait autrefois partie de la famille des Parmeliées.

Calicium trachelinum.

Bæomyces roseus.

Parmi les Lécanorés, le *Lecanora subfusca*, avec ses variétés : le *Lecanora Parella*, le *Lecanora tartarea* et *L. tinctoria*. Les genres *Thelotrema*, *Urceolaria*, ont aussi leurs représentants en France, surtout le dernier.

Thelotrema Auberianum.

Les Lécidés et les Opégraphés se trouvent, plusieurs espèces du moins, en abondance dans nos régions. Il en est de même des genres *Endocarpon*, *Verrucaria*. D'ailleurs M. Nylander, dans un tableau synoptique des Lichens à la surface du globe, a établi que, sur 650 de ces végétaux propres à l'Europe, 540 végètent en France et 372 seulement en Scandinavie.

Le nombre de nos Lichens étant de 540, celui des Phanérogames de 3400, le rapport est donc de 16 pour 100 entre les nombres des représentants de ces familles dans notre pays. Le nombre des Lichens corticoles est de 133; celui des Lichens saxicoles de 265. Ces derniers, on le voit, sont de beaucoup les plus nombreux. Quant aux Lichens lignicoles, ils sont presque toujours corticoles. Nous ne citerons que pour mémoire les quelques Lichens fossiles dont les géologues ont trouvé des traces. Ils appartiennent aux genres *Graphis*, *Opegrapha*, *Verrucaria*, *Parmelia*, *Ramalina* et *Usnea*, et sont tous de l'époque tertiaire. [Ch. M.]

LICHEN TERRESTRE. Le *Peltigera canina* Hoffm.

LICHINA (Agh, *Spec.*, 105. — Grev., *Scot. Flor.*, IV, 221). Genre douteux, sur la nature duquel les avis sont partagés. Des auteurs le rangent dans la grande famille des Algues; d'autres, avec plus de raison, ce nous semble, le considèrent comme appartenant à celle des Lichens. La fronde est constituée par deux couches de cellules distinctes : l'une, corticale, est formée de cellules hexagonales; l'autre, médullaire, de filaments moniliformes, entourés d'une ou plusieurs couches d'utricules remplis d'une matière verte, analogue à la chlorophylle. Elle est cartilagineuse, dichotome, étroite, à tubercules terminaux scutellés, dilatés et ouverts par un carpostome. Payer range, avec raison selon nous, le genre *Lichina* auprès des *Collema*. [Ch. M.]

LICHINACEÆ (Nyl., in *Mém. Soc. Cherb.* [1854], II, 8; in *Flora* [1854], 232). Famille de Lichens, la plus nombreuse, et que l'auteur a divisée en cinq grandes séries (voy. Lichen). [Ch. M.]

LICHINÉS (Nyl., *Synop. Meth. Lich.*). Tribu de Lichens, de la famille des Collemacés, à thalle le plus souvent fruticuleux, noirâtre, fragile, filiforme. Ces Lichens commencent la série systématique, par des formes qui ressemblent aux Algues, des genres *Scytonema*, *Sirosiphon* et *Stigonema*. Les granules gonimiques sont de couleur glauque ou bleuâtre, souvent moniliformes ou diversement répandus. Les apothécies sont endocarpées, biatorines ou lécanorines; les spermogonies sont accompagnées de stérigmates simples ou articulés. Cette tribu est composée de cinq genres, entre autres les *Ephebe* et les *Lichina*. [Ch. M.]

LICHMOCLIDE (Kuetz., *Phyc. gen.*, 203). Algues de la famille des *Nostoceæ*, d'après l'auteur, caractérisées par un trichome non rameux, mobile, non engainé, très petit, agrégé latéralement en prolifications plumeuses. Ce trichome est pourvu vers le milieu de spermaties distinctes, allongées. Ce genre n'a pas été admis par Rabenhorst; il le considère comme synonyme de *Sphærozyga*; nous serions porté à le placer dans les *Aphanizomenon* Morr. (Voy. Rabenh., *Fl. eur. Alg.*, II, 191.) [Ch. M.]

LICHTBUME. Nom allemand des Bulbocodes.

LICHTENSTEIN (Aug.-Gerh.-Gottfr.). Médecin d'Helmstaedt [1780-1851], auteur d'un Synopsis des genres admis par Willdenow et Persoon [1814]. — H.-G.-Rud. LICHTENSTEIN a écrit un *Anleitung zur medicinischen Kraüterkunde* [1782], in-8 de 208 p. et 8 pl.

LICHTENSTEINIA (WENDL., *Coll.*, II, p. I, 4, t. 39). Synonyme de *Tapeinanthus* ENDL. (*Loranthus*).

LICHTENSTEINIA (CHAM. et SCHLCHTL, in *Linnæa*, I, t. 5, fig. 3). Genre d'Ombellifères-Carées, à fleurs hermaphrodites et polygames, avec des sépales aigus, assez développés; des pétales entiers, à long acumen infléchi. Style court; stylopodes coniques, longuement adnés. Fruit oblong ou ovoïde, comprimé perpendiculairement à la commissure, où il est parfois légèrement resserré; méricarpes subarrondis ou 5-gones. Côtes primaires subégales, épaisses, obtuses, parcourues en dedans par des bandelettes épaisses, cylindriques, remplies de matière oléo-résineuse concrétée. Bandelettes des vallécules peu visibles ou nulles. Carpophore 2-partite. Graine subarrondie, un peu aplatie en dedans, souvent sillonnée en long au niveau des bandelettes. Herbes vivaces, aromatiques, à tige dressée, nue ou paucifoliée; à feuilles dites radicales simples, dentées, triséquées ou pinnatifides, ou disséquées pennées; à ombelles composées. Bractées et bractéoles des involucres et involucelles nombreuses. On en compte 7 ou 8 espèces, du Cap et de Sainte-Hélène. (HARV. et SOND., *Fl. cap.*, II, 542. — H. BN, *Hist. des pl.*, VII, 224.) [H. BN.]

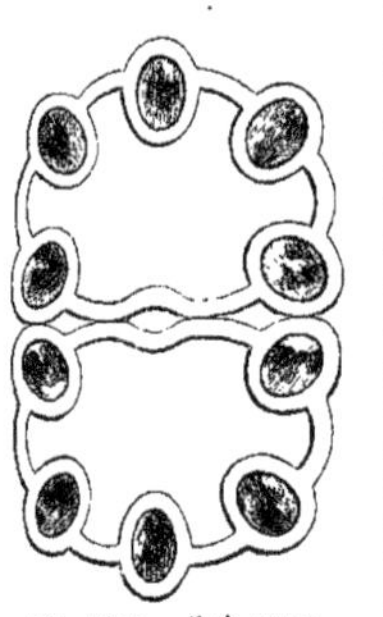
Lichtensteinia — Fruit, coupe transversale.

LICHTENSTEINIA (W., in *Ges. Naturf. Fr. Berl. Mag.*, II, 19, t. 1). Synonyme de *Ornithoglossum* SALISB.

LICIET. Nom français (LAMK) des *Lycium* L.

LICMOPHORA (AGH, in *Bot. Zeit.* [1827]). Genre d'Algues-Conjuguées, de la grande tribu des Diatomacées, section des Pseudo-Raphidées et de la famille des *Fragillarieæ*. Ce genre est caractérisé par un frustule cunéiforme, à marges lisses; par des valves hyalines, finement striées, ayant une ligne médiane. Le pseudo-raphé est peu apparent, et les frustules laissent voir sous le microscope des cloisons internes. L'endochrome est granuleux, épars à la surface interne des frustules. Ces Diatomacées se présentent sous les formes les plus gracieuses. Ce sont des éventails réguliers, aux plus belles couleurs : ce qui avait porté Rabenhorst à placer les *Licmophora* dans la famille des *Meridiaceæ*. Kützing avait rangé le *Licmophora* dans la famille créée par lui des *Lichmophoreæ*. (VAN HEURCK, *Diat.*, 158.) [CH. M.]

LICMOPHOREÆ (KUETZ., *Bacill.*, p. 119; *Phyc. germ.*, 106). Famille d'Algues-Conjuguées, de la tribu des Diatomacées. Elle se compose d'espèces essentiellement marines. Leurs frustules sont cunéiformes, solitaires, en série ou flabelliformes, sessiles ou stipités. Cette famille de Diatomacées était formée primitivement des genres *Podosphenia*, *Rhipidophora*, *Licmophora*, *Climacosphenia* et *Styllaria*; ce dernier genre fort douteux. Admise par Rabenhorst, qui la considère comme une division des Méridiacées, cet auteur fait entrer dans cette famille les genres *Podosphenia*, *Licmophora*, *Climacosphenia* et *Sceptroneis*. [CH. M.]

LICOCHET. Le *Lactuca perennis* L.

LICOPERSICUM (NECK., *Elem.*, II, 61). Synonyme (part.) de *Lycopersicum* T.

LICORNE VRAIE. L'*Aletris farinosa* L.

LICTORIA (J. AGH, *Symb.*, I, p. 23). Genre d'Algues-Floridées, de la famille des *Chondrieæ*; synonyme de *Asparagopsis*. (Voy. J.-G. AGH, *Spec.*, *gen. et ord. Alg.*, 775.) [CH. M.]

LICUALA (THUNB., in *Act. holm.* [1782], 84). Genre de Palmiers-Coryphées, formé d'une trentaine de petites espèces frutescentes, de l'Asie et de l'Australie tropicales, à feuilles flabellées ou lobées, à fleurs hermaphrodites; les carpelles trigones, courtement adhérents, surmontés d'un style unique et grêle. Les graines ont un albumen continu, à cavité ventrale profonde, avec un embryon dorsal. La spathe a un rachis vaginé. Les fleurs sont quelquefois très grandes pour la famille. (BL., *Rumphia*, t. 82, 88-93. — DRUDE, in *Linnæa*, XXXIX, t. 3; in *Bot. Zeit.* [1877], t. 6.) [H. BN.]

LIDBECK (Andr.). Démonstrateur de botanique à Lund [1772-1829], a écrit : *De limitibus inter regna naturæ* [1790], *Observ. circa horticulturam academicam*, etc. [1791], *De plantis in Suecorum memoriam nominatis* [1792]. — Er.-Gust. LIDBECK [1724-1803], professeur à Lund, a publié un *Dissertatio Fungos regno vegetabili vindicans* [1776], in-4 de 16 p., et des opuscules sur le Mûrier blanc et l'Aune.

LIDBECKIA (BERG., *Fl. cap.*, 306, t. 5, fig. 9). Section du genre *Matricaria* T. (H. BN, *Hist. des pl.*, VIII, 275, not. 3.)

LIDBECKIA (PERS., *Enchir.*, II, 463). Synonyme de *Lanipila* BURCH. Sprengel écrit *Lidbekia*.

LIEBENTANTZ (Mich.). Homme d'église de Breslau [1636-1678], auteur de *De Rachelis deliciis Dudaim ad Gen.* 30, *comma* 14, ouvrage qui eut, dit-on, six éditions.

LIEBERKUHNA, LIEBERKUHNIA (REICHB.), LIEBERKUHNIA (LESS.). Pour *Lieberkuhnia* CASS.

LIEBERKUHNIA (CASS., in *Dict.*, XXVI, 286). Synonyme de *Chaptalia* VENT. (H. BN, *Hist. des pl.*, VIII, 95.)

LIEBIGIA (ENDL., *Gen.*, 1407). Synonyme de *Tromsdorffia* BL.

LIEBLEIN (Fr.-Kasp.). Professeur à Fulda [1744-1810], a écrit [1784] un *Flora Fuldensis* (in-8 de 482 p.).

LIEBMANN (Fred.-Mich.). Mort à Copenhague en 1856, à l'âge de trente-huit ans, est surtout connu par son voyage scientifique au Mexique, qui lui donna lieu de publier, en 1849, son *Mexicos Bregner*. Il donna ensuite une description des Cypéracées, puis des Urticacées de ce pays, et une Iconographie des Chênes de l'Amérique tropicale. Beaucoup de ses plantes ont été ultérieurement étudiées à Copenhague et distribuées aux principaux herbiers d'Europe. Œrsted a écrit une notice sur sa vie et spécialement sur son voyage en Amérique. (*Cat. sc. pap.*, IV, 21.)

LIEBRECILLA. En Espagne, le Bleuet.

LIÈGE. — Voy. TIGE.

LIÈGE (Chêne). Le *Quercus Suber* L.

LIÈGE (BOIS DE). L'*Hibiscus tiliaceus* L.

LIE-GLANE. Le *Polygonum aviculare* L.

LIEN-KIEN. Nom chinois de l'*Euryale ferox* SALISB.

LIERÉE. Nom français (LAMK) des *Hedera* T. (III, 21).

LIERNE. Le *Clematis Vitalba* L.

LIERRE. Nom français des *Hedera* T. (III, 21).

LIERRE DE CILICIE. Le *Smilax aspera* L.

LIERRE DU CANADA. Le *Rhus Toxicodendron* L.

LIERRE FLEURI, L. DES MURAILLES. La Cymbalaire.

LIERRE GRIMPANT, L. D'EUROPE, L. EN ARBRE. L'*Hedera Helix* L.

LIERRE TERRESTRE. Le *Nepeta* (*Glechoma*) *hederacea* BENTH.

LIEVENA (REG., in *Gartenflora* [1880], 289, t. 1024). Synonyme de *Quesnelia* GAUDICH.

LIF, LIEF. Les fibres de la base des feuilles du Dattier.

LIFE-OAK. Aux États-Unis, le *Quercus virens* AIT. et le *Q. oblongifolia* TORR.

LIGA. Nom espagnol du Gui.

LIGAS. Dans l'Inde, l'*Anacardium officinarum* GÆRTN.

LIGASAN. Nom, aux Philippines, des *Ceriops*.

LIGEA (TUL., in *Ann. sc. nat.*, sér. 3, XI, 96; *Podost. Monogr.*, 87, t. 4-7). Synonyme de *Œnone* TUL. (H. BN, *Hist. des pl.*, IX, 269, not. 5.)

LIGERIA (DCNE, in *Rev. hort.* [1848], 463). Synonyme de *Sinningia* NEES. (H. BN, *Hist. des pl.*, X, 83.)

LIGERIEÆ (HANST., in *Linnæa*, XXVI, 199). Sous-tribu des Gesnérées.

LIGHTFOOT (John). Auteur [1777] d'un *Flora scotica* qui eut deux éditions, mourut à Uxbridge en 1778.

LIGHTFOOTEÆ (LINDL., *Veg. Kingd.*, 691). Tribu des Campanulacées.

LIGHTFOOTIA (LHÉR., *Sert. angl.*, 4, t. 4, 5). Section du genre *Wahlenbergia* SCHRAD. (H. BN, *Hist. des pl.*, VIII, 354, not. 1.)

LIGHTFOOTIA (SCHRED., *Gen.*, 122). Syn. de *Rondeletia* PLUM.

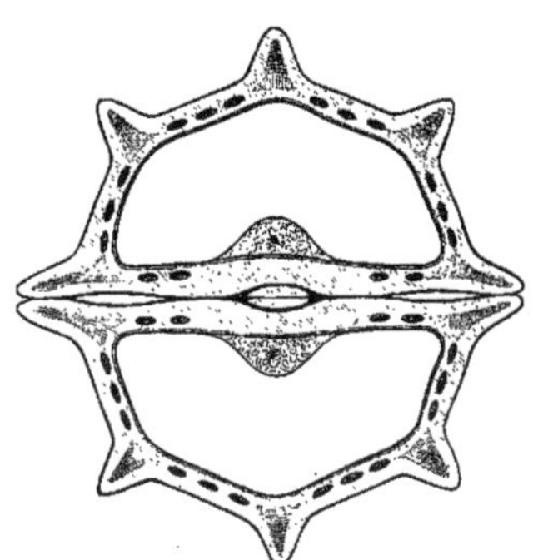

Ligusticum. — Fruit, coupe transversale.

LIGHTFOOTIA (SW., *Prodr.*, 5, 83; *Fl. ind. occ.*, II, 947). Synonyme de *Aphloia* BENN.

LIGHTFOOTIEÆ (ENDL., *Gen.*, 514). Sous-tribu des Campanulacées-Wahlenbergiées.

LIGHTIA (SCHOMB., in *Linnæa*, XX, 757). Genre de Vochysiacées-Trigoniées, formé de 2 espèces de la Guyane et de l'Amazone, très voisin des *Trigonia*, qu'il relie aux Vochysiacées vraies, mais distingué par un réceptacle bien plus concave, 3 pétales périgynes, 4 étamines didynames et des loges ovariennes 2-ovulées. (H. BN, *Hist. des pl.*, V, 99, 104.)

LIGNALOE. Synonyme de *Linaloe*.

LIGNEUSES (PLANTES). Celles dont la tige est durcie en bois.

LIGNEUX. Le tissu du bois. — Voy. PHYTOCYSTE, TIGE.

LIGNIDIUM (LINK, *Obs.*, I, 24), LIGNYDIUM (CORDA, *Anleit.*, 79). Genre de Myxomycètes, rapporté depuis aux *Reticularia*.

LIGNIFICATION. La modification que subissent les phytocystes pour devenir durs (ligneux), comme dans le bois, etc.

LIGNIN (NÆGELI). Substance composée de dysourghis et plus rarement de mésalughis. Elle reste dure à l'état humide et ne se modifie pas au contact de l'acide sulfurique étendu. Le même acide concentré l'attaque peu ou pas du tout, à moins qu'on ne la traite préalablement par l'acide nitrique ou les alcalis caustiques.

LIGNONIA (SCOP., *Introd.*, 292). Synonyme de *Paypairola*.

LIGNUM. Nom latin du bois.

LIGNUM FOETIDUM JAVANICUM. Nom du bois du *Saprosma arboreum* BL.

LIGNUM NEPHRETICUM. Nom du bois de l'*Erithalis fruticosa* L.

LIGNUM SANCTUM. Nom ancien du Gaïac, des Salsepareilles, etc.

LIGNUM VITÆ. Nom officinal ancien des Gaïacs. C'est aussi le nom que les missionnaires anglais de la Nouvelle-Zélande ont donné au *Metrosideros buxifolia* A. CUNN. En Australie, c'est encore l'*Eucalyptus polyanthemos*.

LIGNYOTA (FR., *Summ. veg. Scand.*, 459). Genre douteux de Myxomycètes, qui n'a généralement pas été adopté.

LIGTU (ADANS., *Fam.*, II, 20). Nom, au Pérou, d'un *Alstrœmeria* comestible, l'*A. Ligtu* L., qui produit probablement la fécule dite *Chuno*.

LIGULACIA (DUMORT., *Comm. bot.*, 55). Ordre de plantes, comprenant les Globulacées, Chicoracées et *Biligulares*.

LIGULARIA. Section du genre *Schlotheimia*, comprenant les espèces à tige robuste, à feuilles très rapprochées, apprimées et contournées en spirale. (Voy. C. MUELL., *Syn. Musc. frond.*, I, 754.) [E. M.]

LIGULARIA (J. AGH, *Fuc.*, 275). Tribu des *Eusargassum*.

LIGULARIA (CASS., in *Bull. Soc. philom.* [1816], 198; in *Dict.*, XXVI, 401). Synonyme de *Senecillis* GÆRTN. (H. BN, *Hist. des pl.*, VIII, 259.)

LIGULARIA (DUV., *Pl. succ.*, 11). Section du genre *Saxifraga*; synonyme de *Hydatica*. (HAW., *Saxifr.*, 50.)

LIGULARIA (ECKL. et ZEYH., *Enum.*, 69). Section du genre *Pelargonium* LHÉR. (H. BN, *Hist. des pl.*, V, 8.)

LIGULATÆ (HILL. — GÆRTN.). Division des *Compositifloræ*.

LIGULE (*Ligula*), LIGULÉ. Dans les Graminées, etc., la ligule est une lame saillante qui se trouve en dedans de la feuille, au point de réunion du limbe et de la gaine. Les fleurs irrégulières des Composées sont dites *ligulées*; d'où *Liguliflores*.

LIGULIFLORÆ (DC., *Prodr.*, V, 9; VII, p. I, 74). Sous-ordre des Composées. — Voy. LIGULE.

LIGUSTICUM (MATTH.). Le *Laserpitium peucedanoides* L. Le *L. alterum* MATTH. est le *Laserpitium latifolium* L.

LIGUSTICUM (T., *Inst.*, 323, t. 171). Genre d'Ombellifères; section du genre *Meum* T., à bandelettes nombreuses dans chaque vallécule, souvent ténues ou peu visibles. (H. BN, *Hist. des pl.*, VII, 210.)

LIGUSTRIDIUM (SPACH, *Suit. à Buff.*, VIII, 271). Genre proposé pour le *Ligustrum japonicum* THUNB.

LIGUSTRINA (RUPR., *Beitr. Pfl. Russ. Reich.*, XI, 55). Genre proposé pour le *Syringa amurensis* RUPR.

LIGUSTRINÆ (BARTL.), LIGUSTRINEÆ (SPACH). Groupe comprenant les Jasminées et Oléinées.

LIGUSTRUM (T., *Inst.*, 596, t. 367). — Voy. TROËNE.

LIGUSTRUM ÆGYPTIACUM. Nom ancien du Henné.

LIJNDENIA (ZOLL. et MOR., *Verz.*, 10). Genre douteux, que l'on rapporte avec hésitation aux *Memecylon*, quoique dioïque.

LIKANGO. Nom africain d'un *Sanseveria* (?) textile.

LILAC (T., *Inst.*, 601, t. 372). Synonyme de *Syringa* L.

LILACEÆ (VENT., *Tabl.*, II, 306). Ordre 15 de la classe 8 de l'auteur) comprenant les genres *Nyctanthes*, *Lilac*, *Fontanesia*, *Fraxinus*. Koch (*Syn.*, 482) y place les *Syringa* et les *Fraxinus*.

LILACINEÆ (SPACH, *Suit. à Buff.*, VIII, 258, 277). Section des Oléacées.

LILACUM (RENAULT, ex STEUD., *Nom.*, II, 656). Synonyme de *Syringa* RUPP. (*Liliacum* REYN.).

LILÆA (H. B., *Pl. æquin.*, I, 221, t. 63). Genre de Naïadacées-Juncaginées, à fleurs monoïques et nues, ou polygames.

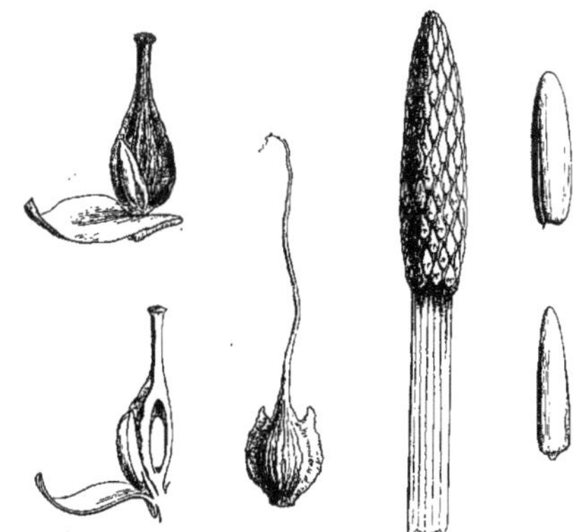

Lilæa. — Inflorescence. Bractée. Fleur hermaphrodite, entière et coupe longitudinale. Ovule. Graine.

Les fleurs mâles sont monandres, et les femelles se composent d'un gynécée à style dilaté au sommet, et à ovaire uniloculaire, avec un seul ovule dressé, anatrope. Les fleurs mâles sont en épis; et les fleurs femelles sont ou en épis, ou solitaires et axillaires. Dans ce dernier cas, leur gynécée est bien plus grand. Enfin, il y a des fleurs qui présentent une étamine fertile entre le gynécée et la bractée axillante. (SCHNIZL., *Iconogr.*, I, t. 49. — H. BN, in *Bull. Soc. Linn. Par.*, 743.) [H. BN.]

LILAS. Nom de quelques *Syringa*.

LILAS DES INDES, L. DES ANTILLES. Le *Melia Azederach* L.

LILAS DE TERRE. Le *Centranthus ruber* DC. et le *Muscari comosum* W.

LILEÆ (SALISB.). Synonyme (part.) de Liliacées.

LILENIA (BERTERO, in *Bull. sc. nat.*, XX, 108). Synonyme de *Azara* R. et PAV.

LILIA (BATSCH, *Tab. aff.*, 146). Famille des *Coronales*, formée d'un grand nombre de Liliacées actuelles.

LILIACÉES (*Liliaceæ*). Une des familles les plus importantes de la Monocotylédonie; car, telle que nous la comprenons, elle renferme environ 200 genres et 2500 espèces de plantes à bulbe, à rhizome ou à tige aérienne. La fleur type y présente 2 périanthes 3-mères, 2 verticilles de 3 étamines et un ovaire supère à 3 loges. Mais les déviations de ce type sont nombreuses aux confins de la famille; et c'est à peine si, par l'insertion, on peut distinguer absolument les Liliacées des Amaryllidacées par l'ovaire infère de ces dernières. Les auteurs les plus récents (B. H.) ont divisé les Liliacées en 20 tribus : Smilacées, Asparagées, Luzuriagées, Polygonatées, Convallariées, Aspidistrées, Hémérocallées, Aloïnées, Dracénées, Asphodélées, Johnsoniées, Alliées, Scillées, Tulipées, Colchicées, Anguillariées, Narthécées, Uvulariées, Médéolées, Vératrées. Nous nous verrons probablement forcé d'y joindre les Calectasiées, Aphyllanthées, Juncées, Flagellariées, Stémonées, Xérotées, Gilliésiées, Astéliées, Ériospermées, Pontédériées, etc. (voy. ces mots). [H. BN.]

LILIAGO (SALISB., *Fragm.*, 70). Synonyme de *Anthericum* L.

LILIASPHODELUS (CLUS.). Synonyme de Hémérocalle.

LILIASTRUM (LINK, *Handb.*, I, 173). Synonyme de *Paradisia*.

LILIASTRUM (T., *Inst.*, 369, t. 194). Synonyme de *Czackia*.

LILIO-ASPHODELUS (T., *Inst.*, t. 179). Syn. de *Hemerocallis*.

LILIO-HYACINTHUS (T., *Inst.*, t. 196). Synonyme de *Scilla* L.

LILIO-NARCISSUS (T., *Inst.*, t. 207). Synon. de *Amaryllis* L.

LILIORHIZA (KELL., in *Proc. Calif. Acad.*, II, 46, fig. 1). Section? (B. H., *Gen.*, III, 818) du genre *Fritillaria* L.

LILIUM. — Voy. LIS.

LILIUM CONVALLIUM (T., *Inst.*, 77, t. 14). Synonyme de *Convallaria* ADANS.

LILIUM NON BULBOSUM. Nom ancien des Hémérocalles.

LILIUM PERSICUM (DOD.), LILIUM SUSIANUM (CLUS.). Le *Fritillaria persica* L.

LILJENROTH (Franz). A écrit à Lund [1797] *Anmärkningar om Växternas födande ämnen* (in-4 de 30 p.).

LILLACH (DOD.). Le *Syringa vulgaris* L.

LILLACH, LILLAKE. Noms arabes du Lilas.

LILLIA (UNG., in *Endl. Gen.*, Suppl., II, 102; *Syn. pl. foss.*, 263; *Chlor. protog.*, XC). Genre de bois fossile, dont les affinités sont douteuses. Corda (*Fl. de Worw.*, 49) en fait un genre de Zygophyllées.

LILLIUM (HILL). Pour *Lilium* T.

LIMA. Le *Citrus Limetta* Riss.

LIMACIA (LOUR., *Fl. cochinch.*, 620). Section du genre *Cocculus* BAUH. (H. BN, *Hist. des pl.*, III, 4, not. 1.)

LIMACIA (DIETR., ex ENDL., *Gen.*, 921). Synon. de *Roumea*.

LIMACINI (FR., *Epicr.*, 2ᵉ, 47). Section des Agaricinés-Leucospores du sous-genre *Tricholoma*.

LIMACIUM (FR., *Syst. myc.*, I, 31). Tribu des Agaricinés-Leucospores; espèces visqueuses, à voile très fugace.

LIMAÇON. Nom vulgaire du fruit des *Medicago orbicularis*, etc.

LIMALIA (HAM., in *M. Wern. Soc.*, V, II, 312). Pour *Licuala*.

LIMAOUCA. Nom languedocien du *Cynodon Dactylon* RICH.

LIMATODES (BL., *Bijdr.*, 375). Synonyme de *Phajus* LOUR. (BL., *Orch. Arch. Ind.*, t. 4, 11).

LIMAX, LIMACE. Noms de certains Bolets, d'après Sterbeeck.

LIMBARDA (ADANS., *Fam. des pl.*, II, 125). Synonyme de *Inula* L. (H. BN, *Hist. des pl.*, VIII, 158.)

LIMBARDAS (LAS). Nom languedocien de l'*Inula crithmoides* L.

LIMBATÆ (REICHB., *Consp.*, 120). Groupe comprenant les Polygalées, Personées, Solanées et (*Nom.*, 114) Globulariées.

LIMBE. La portion étalée et généralement membraneuse des appendices, feuilles, sépales, pétales, etc.

LIMBIFLORÆ (REICHB., *Handb.*, 177). Ordre de végétaux, comprenant les *Crateriflorœ* et *Stelliflorœ*.

LIMBORCHIA (SCOP., *Introd.*, 139). Syn. de *Coutoubea* AUBL.

LIMBORIA (ACH., *De Fung. Succ.*). Synonyme de *Peziza* DIL.

LIMBORIA (ACH., *Emend. ab Eschw.*, *Syst. Lich.*, fig. 16, p. 16). Genre de Lichens, que Schærer a placé dans la famille des Verrucarioïdés, et Montagne dans la famille des Limboriés. M. Nylander en a fait une division des Pyrénoïdés, tribu des Pyrénocarpés. Ce genre est caractérisé par un thalle crustacé, un excipulum simple, carnéo-carbonacé, clos d'abord et s'ouvrant par la suite d'une manière fort irrégulière. [CH. M.]

LIMBORIDÆ (LINDL.). Groupe de Lichens angiocarpés.

LIMBORIÉS (*Limborieæ* FRIES). Cinquième tribu des Lichens-Angiocarpés de Schrader, caractérisée par un excipulum propre, carbonacé, clos, s'ouvrant ensuite d'une manière irrégulière. Le thalle est crustacé. Montagne, qui avait introduit cinq genres dans cette famille, n'en a admis définitivement que trois, savoir : les genres *Cliostomum*, *Limboria* et *Strigula*. [CH. M.]

LIMBOURG (Rob.). Mort en 1792, âgé de soixante et un ans, fut couronné à Bordeaux en 1757 pour une dissertation sur l'influence de l'air sur les végétaux, attribuée parfois aussi à son frère Jean-Philippe.

LIMBOWY DREWO. Plante oléifère, indéterminée, dont a traité Brückmann en 1727.

LIME. Le *Phalaris canariensis* L.

LIMEÆ (ENDL., *Gen.*, 976). Tribu des Phytolaccacées.

LIMEASTRUM (MOQ., in *DC. Prodr.*, XIII, p. II, 21). Section du genre *Limeum* L.

LIME DOUCE, LIMETTE. Le fruit du *Citrus Limetta* Risso.

LIMÈGE. En Charente-Inférieure, le *Pleurotus Eryngii* FR.

LIMÉOLE. Nom français (LAMK) des *Limeum* L.

LIME-TREE. En Angleterre, les Tilleuls.

LIMETTIER. Le *Citrus Limetta vulgaris* Risso.

LIMETTIER-BERGAMOTTE. Le *Citrus Bergamia vulgaris* Risso.

LIMEUM (FORSK., *Fl. æg.-arab.*, 79). Synon. de *Andrachne*.

LIMEUM. Nom ancien du *Ranunculus Thora* L.

LIMEUM (L., *Gen.*, n. 463). Genre de Phytolaccacées (rapporté aussi aux Ficoïdes, aux Mollugínées, etc.), à fleurs hermaphrodites ou polygames, 5-mères, avec ou sans pétales, 5 ou 6-10 étamines et un gynécée formé de 2 carpelles. L'ovaire de chacun d'eux est uniloculaire. Il renferme un ovule presque dressé et campylotrope, à micropyle latéral. Chaque carpelle a son style à sommet stigmatifère renflé. Le fruit est formé de 2 coques articulaires, comprimées, qui se séparent l'une de l'autre et qui, dans les espèces de la section *Semonvillea*, sont pourvues d'une aile marginale réticulée. La graine dressée a un embryon annulaire qui entoure un albumen farineux. Ce sont des herbes annuelles ou vivaces, à branches grêles, à feuilles alternes, sans stipules; à fleurs axillaires, disposées en cymes; celles-ci parfois groupées en grappes terminales. Il y en a une dizaine d'espèces, de l'Asie et de l'Afrique tropicales. (H. BN, *Hist. des pl.*, IV, 28, 51, fig. 31-40.)

LIMIA (VANDELL., *Fl. lus. et bras. Specim.*, 42, t. 3, fig. 21; in *Rœm. Scr.* [1796], 126, t. 7). Synonyme de *Vitex* T.

LIMITES GÉOGRAPHIQUES. — Voy. TOPOGRAPHIE VÉGÉTALE.

LIMMER (Konr.-Phil.). Médecin de Zerbst [1658-1730], a écrit, en 1691, *De plantis in genere* (4 p.).

LIMMINGHE (Alfr. de). Mort à Rome en 1861, auteur d'une *Flore mycologique de Gentines* [1857], in-8 de 90 p.

LIMNACTIS (KUETZ., *Phyc. gen.*, 237). Genre d'Algues, de la famille des *Rivularieæ*, d'après Kützing et Rabenhorst, et dont la fronde est toute semblable à celle des *Gloiotrichæ*, mais fasciculée et différente en longueur. Les gaines, distinctes à la base, sont beaucoup plus amples, non gonflées en sac, et ne sont jamais comprimées. La partie supérieure des filaments nage dans un mucus achromatique, gélatineux et hyalin. (Voy. RABENH., *Fl. europ. Alg.*, II, 210.) [CH. M.]

LIMNANTHE (KUETZ., in *Linnæa*, XVII, 86). Genre d'Algues, de la famille des *Nostoceæ;* synonyme de *Limnochlide* KUETZ.

LIMNANTHEÆ (KUETZ., in *Linnæa*, XVII, 86). Synonyme de *Limnoclideæ* KUETZ.

LIMNANTHÉES (*Limnantheæ* R. BR.— *Limnanthaceæ* LINDL.). Synonyme de Floerkéées.

LIMNANTHEMEÆ (REICHB., *Handb.*, 210). Section des Gentianacées-Ményanthées.

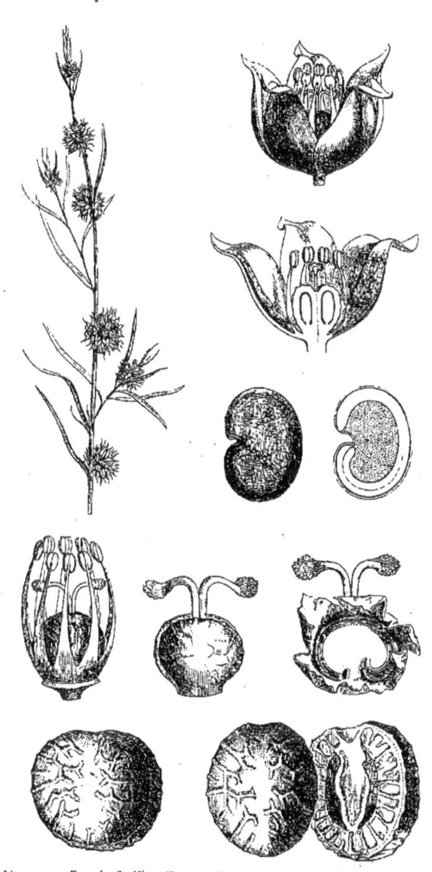

Limeum. — Branche florifère. Fleur, entière et coupe longitudinale. Fleur, sans le périanthe. Ovaire, entier et ouvert, avec l'ovule basilaire. Fruit, entier et ouvert. Graine, entière et coupe longitudinale.

LIMNANTHEMUM (GMEL., in *N. Act. petrop.* [1769], 527). Genre de Gentianacées-Ményanthées, à fleurs de *Menyanthes;* le réceptacle moins concave, à peu près plan; les 5 pétales jaunes ou blancs, frangés et indupliqués. Le fruit est indéhiscent ou se rompt irrégulièrement. On en distingue 24 espèces, des régions tropicales et tempérées des deux mondes. Ce sont des plantes aquatiques, souvent nageantes, à feuilles rappelant d'ordinaire en petit celles des Nénufars. Les fleurs sont solitaires ou en cymes au niveau des nœuds. Le *Villarsia nymphoides* de nos eaux douces appartient à ce genre. Ce sont des plantes amères, ayant les propriétés des Gentianacées en général. (GRISEB., in *DC. Prodr.*, IX, 138. — H. BN, *Hist. des pl.*, X; *Iconogr. Fl. fr.*, n. 12.) [H. BN.]

LIMNANTHES (R. BR., in *Lond. et Edinb. Phil. Mag.* [1833], II, 70). Synonyme de *Floerkea* W. (H. BN, *Hist. des pl.*, V, 20, fig. 50-54.)

LIMNANTHES (STOK., *Bot. med. mat.*, 300, ex GRAY, *Arr. brit. pl.*, II, 340). Synonyme de *Limnanthemum* GMEL.

LIMNANTHUS (NECK., *Elem.*, II, 27). Synonyme de *Limnanthemum* GMEL.

LIMNAS (EHRH., *Phytoph.*, n. 16; *Beitr.*, IV, 146). Synonyme de *Malaxis* SW.

LIMNAS (TRIN., *Fund. Agrost.*, 116, t. 6; *Spec. Gram.*, t. 18). Genre de Graminées-Tristéginées, établi pour une herbe cespiteuse de l'Asie russe, à 2 glumes stériles, avec une glumelle fertile, aristée sur le dos; les branches du style connées à la base, et une inflorescence ramifiée, courte, étroite, lâche, à épillets peu nombreux sur les divisions de l'inflorescence. (K., *Enum.*, I, 520.) [H. BN.]

LIMNESION. Nom ancien de la Petite-Centaurée.

LIMNESIUM. Nom ancien du *Gratiola officinalis* L.

LIMNETIS (L.-C. RICH., in *Pers. Enchir.*, I, 72). Synonyme de *Spartina* SCHREB.

LIMNIA (L., in *Act. upsal.* [1746], 130, t. 5). Synonyme de *Claytonia* L.

LIMNIRION (REICHB.). Pour *Limniris* TAUSCH.

LIMNIRIS (TAUSCH. — REICHB., *Consp.*, 59). Section du genre *Iris* (*I. Pseudacorus, sibirica*, etc.).

LIMNOBIÆ (REICHB., *Consp.*, 43; *Handb.*, 141; *Nom.*, 31). Groupe comprenant les Isoétées, Potamées, Zostérées et Aroïdées.

LIMNOBIUM (L.-C. RICH., in *Mém. Inst. Par.* [1811], 32, 66, t. 8). Genre d'Hydrocharidacées-Stratiotées, à spathes diphylles : les mâles 2, 3-flores, et les femelles uniflores. La fleur a double périanthe et 3-9 étamines. L'ovaire est 2-6-loculaire, surmonté de 2, 3 styles. Le fruit, ovoïde ou oblong, est surmonté des restes du périanthe. Les 3, 4 espèces de ce genre sont de l'Amérique du Nord et du sud de l'Amérique méridionale. Ce sont des herbes nageantes, parfois très petites, à feuilles fasciculées, à hampes courtes, naissant entre les feuilles. On cultive une de ces plantes dans nos serres, sous le nom de *Trianæa*. [H. BN.]

LIMNOBIUM. Genre de Mousses-Pleurocarpes, établi par Bruch et Schimper, mais non conservé. C'est aujourd'hui une simple division du genre *Hypnum*, qui comprend les espèces remarquables par leur capsule penchée, largement ovale, ou oblongue, courbée; leur opercule convexe ou leur anneau ordinairement très développé. Plusieurs d'entre elles sont communes dans les lieux humides des montagnes. (Voy. BRUCH et SCHIMP., *Bryol. eur.* — SCHIMP., *Syn. Musc. europ.*, 771.) [E. M.]

LIMNOCHARIS (H. B. K., *Pl. æquin.*, I, 116, t. 34). Genre d'Alismacées-Butomées, voisin des *Hydrocleis*, avec double périanthe, mais des étamines nombreuses; 15-20 carpelles ovoïdes-dimidiés, rapprochés en sphère, à stigmate sessile. Ce sont 3, 4 herbes aquatiques, de l'Amérique tropicale, à feuilles lancéolées ou ovales-cordées, à inflorescence ombelliforme, protégée par de larges bractées spathacées. Ce genre a souvent été réuni aux *Hydrocleis*. (M. MICHELI, *Butom.*, 89.) [H. BN.]

LIMNOCHLIDEÆ (KUETZ., *Phycol. gen.*, 203). Famille des Oscillariées, puis des Nostochinées, formée du genre *Limnochlide* KUETZ. (RŒM., *Alg. Deutschl.*, 47.)

LIMNOCHLOA (PAL.-BEAUV., in *Lestib. Ess. Cyper.*, 41). Synonyme de *Heleocharis* R. BR.

LIMNODICTYON (KUETZ., *Phyc. germ.*, 153). Genre d'Algues, et l'une des divisions du genre *Palmogloea* pour l'auteur, dont Rabenhorst a fait un genre distinct, qu'il a placé dans la grande famille des *Protococcaceæ*. A l'état jeune, la cellule qui constitue cette plante est sphérique. Plus tard, par la pression qu'exercent mutuellement ses congénères, elle devient anguleuse, polyédrique. Ces cellules sont entourées de téguments épais, lamelleux et associés dans un strate membraneux. Le cytioplasma est granuleux et vert. La propagation se fait au moyen de gonidies, dues à une modification intime du cytioplasma. (Voy. RABENH., *Fl. europ. Alg.*, III, 15.) [CH. M.]

LIMNOGENNETON (SCH. BIP., in *Walp. Rep.*, VI, 146). Synonyme de *Siegesbeckia* L. (H. BN, *Hist. des pl.*, VIII, 211.)

LIMNOGETON (EDGEW., in *Lindl. Veg. Kingd.*, 210). Synonyme de *Aponogeton* THUNB.

LIMNONESIS (KL., in *Abhand. K. Akad. Wiss. Berl.* [1853], 351, 352, t. 1-3). Synonyme de *Pistia* L.

LIMNOPEUCE (VAILL., in *Act. Acad. Par.* [1719], 13). Synonyme de *Hippuris* L.

LIMNOPHILA (R. BR., *Prodr.*, 442). Genre de Scrofulariacées-Gratiolées; synonyme de *Ambulia* LAMK [1783], dont le nom doit être préféré. Les fleurs 5-mères, très analogues à celles des *Stemodia*, ont les loges de l'anthère moins séparées. La capsule est septicide et loculicide, et sa cloison forme aile persistante de chaque côté des placentas. Ce sont 20 herbes, souvent aquatiques, de l'Asie, de l'Afrique et de l'Océanie tropicales. (WIGHT, *Icon.*, t. 860, 861, 1409. — H. BN, in *Bull. Soc. Linn. Par.*, 698; *Hist. des pl.*, IX, 453.)

LYMNOPHYTON (MIQ., *Fl. ind. bat.*, III, 242). Genre d'Alismacées-Alismées, qui a le port et les fleurs des *Echinodorus*, mais avec des fleurs polygames, à réceptacle d'*Alisma*, et des fruits comme dans ce genre. Il n'y en a qu'une espèce, en Asie et en Afrique tropicales, parfois décrite comme un *Alisma*. (BAK., in *Trans. Linn. Soc.*, XXIX, t. 102.) [H. BN.]

LIMNOSERIS (PETERM., *Fl. Lips. exc.*). Genre proposé pour le *Crepis biennis* L.

LIMNOSIPANIA (HOOK. F., *Icon. pl.*, t. 1050; *Gen.*, II, 53). Section du genre *Sipanea* AUBL., à sépales lancéolés, à anthères exsertes, à tiges radicantes dans la vase ou l'eau des marais, à feuilles verticillées. (H. BN, *Hist. des pl.*, VII, 478.)

LIMNOSTACHYS (F. MUELL., *Fragm. phytogr. Austral.*, I, 24). Genre proposé pour le *Monochoria cyanea* F. MUELL.

LIMO (RUMPH., *Herb. amboin.*, I, 96). Le Pamplemousier.

LIMODOREÆ (B. H., *Gen.*, III, 463). S.-tribu (6) des Néottiées.

LIMODORUM (L.-C. RICH., in *Mém. Mus.*, IV, 50). Genre aujourd'hui réduit à une seule espèce, notre *L. abortivum* L., quoiqu'on y ait introduit un grand nombre de plantes exotiques diverses. Notre unique espèce est une herbe parasite, colorée en violet, à feuilles remplacées par des écailles. Ses fleurs violettes sont celles des Néottiées-Limodorées en général, avec 3 sépales colorés, incurvés, un labelle uni en cupule avec la base de la colonne, et pourvu d'un long éperon. La colonne est allongée, à deux ailes dorsales. Les fleurs forment un long épi. Le pollen est à peu près pulvérulent. La matière verte se voit dans cette plante à l'œil nu. (NEES, *Gen. Fl. germ.*, *Monoc.*, III, n. 22. — REICHB., *Ic. Fl. germ.*, t. 481. — GREN. et GODR., *Fl. de Fr.*, III, 273. — BARLA, *Ic. Orch. Alp. marit.*, t. 1. — H. BN, in *Bull. Soc. Linn. Par.*, 534.) [H. BN.]

LIMOINE. Nom ancien des Pyroles.

LIMON (T., *Inst.*, 621, t. 397). Synonyme (part.) de *Citrus* L.

LIMON. Le fruit du Limonier.

LIMONCILLO. Au Mexique, le Jalap tubéreux.

LIMON DOUX. Le fruit du Limettier.

LIMONÆTES (EHRH., *Phytoph.*, n. 68; *Beitr.*, IV, 148). Synonyme de *Carex pallescens* L.

LIMONANTHE (LINK, *Enum.*, I, 327). Sous-g. du genre *Scilla*.

LIMONANTHUS (K., *Enum.*, IV, 194). Pour *Leimanthius*.

LIMONCILLO. Au Mexique, le *Dalea citriodora* W.

LIMONEÆ (W. et ARN.), LIMONIEÆ (REICHB.). Tribu des Aurantiacées (Rutacées).

LIMONELLIER. Nom français (LAMK) des *Limonia* L.

LIMONELLUS (RUMPH., *Herb. amboin.*, I, 107). Synonyme (part.) de *Citrus* L.

LIMONIA (L., *Gen.*, n. 534). Genre de Rutacées-Aurantiées, à fleurs hermaphrodites, 3-5-mères; à pétales imbriqués; à androcée diplostémoné; les étamines insérées sous un disque. L'ovaire a 2-5 loges 1, 2-ovulées; et l'ovule est descendant, à micropyle extrorse. Le fruit est une baie, à 1-5 graines non albuminées. Ce genre, dans lequel nous avons fait rentrer les *Glycosmis* et *Triphasia*, est formé d'arbres et arbustes, glanduleux-ponctués, à feuilles alternes, 1-3-foliolées ou imparipennées, à fleurs axillaires ou terminales, disposées en cymes, parfois réduites à une fleur. Il habite l'Asie, l'Afrique et l'Australie tropicales, et compte 6 ou 7 espèces. (H. BN, *Hist. des pl.*, IV, 398, 485, fig. 452-454.)

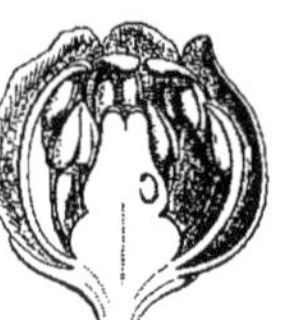

Limonia. — Fleurs, entière et coupes longitudinales.

LIMONIA (GÆRTN., *Fruct.*, I, 278, t. 58, fig. 4). Synonyme de *Phoberos* LOUR.

LIMONIA MALA (MATTH.). Nom ancien du Citronnier.

LIMONIAS (EHRH., *Phytoph.*, n. 47; *Beitr.*, IV, 147). Synonyme de *Epipactis* R. BR.

LIMONIASTRUM (MŒNCH, *Meth.*, 423). Genre de Plumbaginées-Staticées, établi pour 2 arbrisseaux de la région méditerranéenne, distingués par une corolle en entonnoir à laquelle les filets staminaux sont adnés jusqu'au moins au milieu de son tube. Les styles sont unis jusqu'au milieu. Le fruit, membraneux et indéhiscent, est inclus dans le calice. Les fleurs bleues sont groupées en cymes bipares composées. (*Bot. Reg.* [1841], t. 54; [1842], t. 59.) [H. BN.]

LIMONIER (*Citrus Limonum* RISSO. — *Citrus medica Limon* GALLES., *Traité du Citrus*, 105). Espèce du genre *Citrus*, qui donne pour fruit les *Citrons* communs et qui se distingue, parmi les autres espèces du genre, par ses jeunes pousses anguleuses et violettes, ses feuilles ovales à pétiole nu ou faiblement ailé, ses fleurs violettes ou rougeâtres en dehors, son fruit allongé, avec un mamelon saillant, et sa pulpe pâle et acide. [H. BN.]

LIMONIER SAUVAGE. Le *Citrus Limonium sylvaticum*.

LIMONIO CONGENER (CLUS.). Le *Sarracena purpurea* L.

LIMONION. Nom ancien des Pyroles.

LIMONIOPSIS (PL., in *Lond. Journ. Bot.*, VI, 598). Série des *Syllinum* (section des *Linum*).

LIMONIUM (BOISS., in *DC. Prodr.*, XII, 635). Sect. du g. *Statice*.

LIMONIUM (MATTH.). Le *Statice oleæfolia* L.

LIMOO. Nom de certaines Algues, dans le Pacifique.

LIMOSELLE (*Limosella* L., *Gen.*, n. 776). Genre de Scrofulariacées-Gratiolées, à fleurs irrégulières, mais qui, à force d'irrégularité, peuvent devenir, comme nous l'avons fait voir (in *Adansonia*, I, 305), sensiblement régulières. Elles ont un

Limosella. — Port. Fleur, entière et coupe longitudinale.

calice et une corolle gamopétale-sucampanulée 4,5-mères. Il y a 4 étamines didynames ou subégales et un ovaire à 2 loges qui devient une capsule polysperme, à valves abandonnant finalement les placentas. Ce sont 2, 3 petites herbes aquatiques, par-

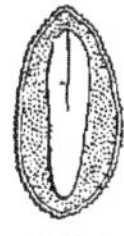

Limosella. — Fruit déhiscent. Graine, entière et coupe longitudinale.

fois flottantes, à feuilles basilaires en rosette, ou alternes, à petites fleurs blanches ou rosées, pédonculées. Le genre habite tous les pays chauds et tempérés. On trouve chez nous le *L. aquatica* L. (H. Bn, *Hist. des pl.*, IX, 394, 455, fig. 553-558.)

LIMOSELLEÆ (REICHB., *Fl. exc.*, 380). Division des Scrofulariacées-Linderniacées, puis (*Nom.*, 118) des Gratiolées.

LIMOSTELLA (LEDEB., *Fl. ross.*, III, 226). Pour *Limosella* L.

LIMOUN. Nom arabe du Citronnier.

LIMOUNETO. En Provence, le *Lippia citriodora* K.

LIMPIA TUNA. Nom mexicain du *Ferdinanda augusta* LAG.

LIN (*Linum* DILL.). Genre qui a donné son nom à la famille des Linacées, et qui a des fleurs régulières, le plus souvent

Lin. — Port. Inflorescence. Graine, entière et coupe longitudinale.

à 5 sépales imbriqués, et à 5 pétales tordus, fugaces. Il y a 10 étamines monadelphes, hypogynes; mais 5 d'entre elles sont réduites à des filets stériles. Les oppositisépales ont seules une anthère, introrse, à 2 loges. L'ovaire supère a 5 loges oppositipétales, surmontées d'un même nombre de branches stylaires. Chaque loge renferme 2 ovules descendants, à micropyle supérieur, extérieur et coiffé d'un obturateur. Mais entre les 2 ovules d'une même loge se développe une fausse cloison centripète.

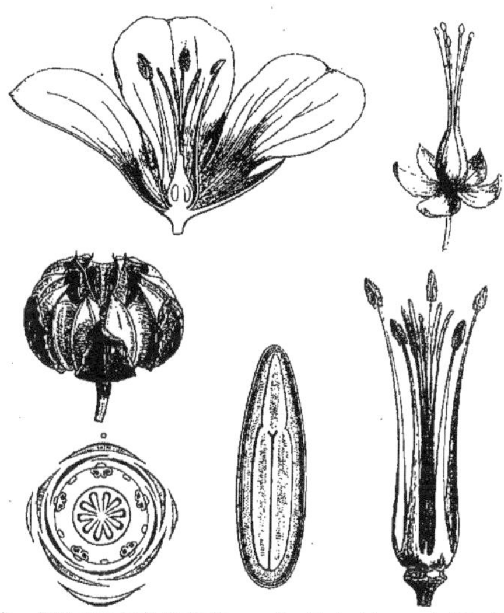

Lin. — Fleur, coupe longitudinale. Fleur sans le périanthe. Diagramme floral. Gynécée. Fruit déhiscent. Graine, coupe longitudinale.

La fleur est souvent pourvue de 5 glandes. Le fruit est sec, septicide, à 10 logettes monospermes. Les graines ont un albu-

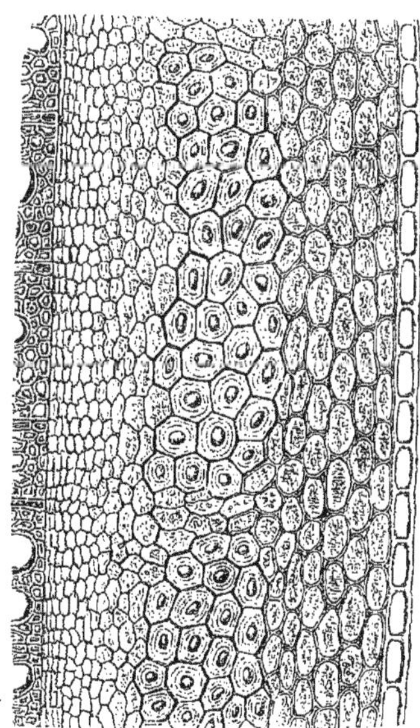

Lin. — Faisceau libérien, coupe transversale.

men mince ou nul et un embryon à radicule supère. Les *Reinwardtia* sont des Lins qui n'ont que 3 carpelles, quoique leur fleur soit 5-mère; et les *Radiola*, des Lins tétramères, à ovaire 4-loculaire et 8-locellé. Il y a environ 80 Lins, herbes ou sous-arbrisseaux des régions tempérées et chaudes de tout le

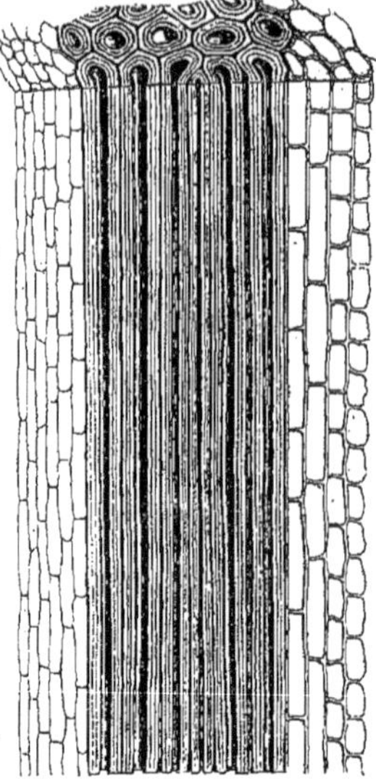
Lin. — Faisceau libérien; coupe longitudinale.

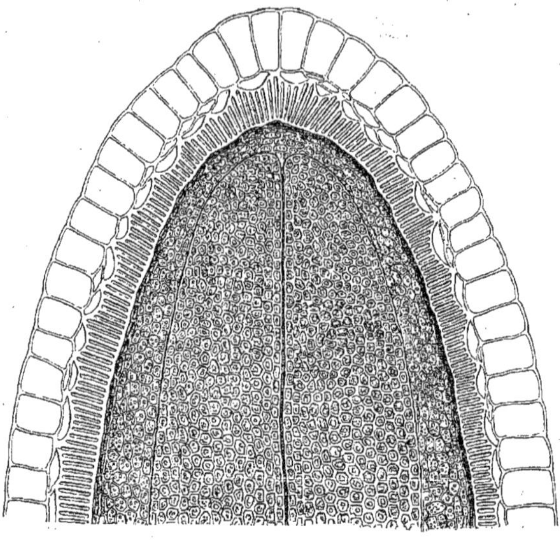
Lin. — Graine, coupe transversale.

globe. Ils ont des feuilles alternes ou opposées, simples, et des fleurs en cymes. Le *L. catharticum*, type d'une section *Cathartolinum*, est une herbe grêle de nos pays, à petites fleurs blanches et à propriétés laxatives. On cultive comme ornementaux les *L. perenne, grandiflorum*, etc. Le *L. usitatissimum* fournit des fibres textiles par son liber, et ses graines sont riches en mucilage et en huile; aussi sont-elles très employées en médecine et dans l'industrie. (H. Bn, *Hist. des pl.*, V, 42, 59, 63, fig. 69-76; *Tr. Bot. méd. phanér.*, 897.)

Linaire. — Inflorescence.

LINA (Wahlenb., *Fl. suec.*, I, 193). Section des *Gruinales*, comprenant le seul genre *Linum* Dill.

LINACÉES (*Linaceæ*). Famille de Dicotylédones-Dialypétales, que nous avons accrue en y comprenant les séries suivantes : *Linées, Hugoniées, Érythroxylées, Houmiriées*, et qui, de la sorte, renferme 8 genres et 175 espèces. (*Hist. des pl.*, V, 42, 56.)

LINACUÉ. Synonyme de *Linaloe*.

LINAGROSTIS (T., *Inst.*, 664). Synonyme de *Eriophorum* L.

LINAIGRETTE. Nom français des *Eriophorum* L.

LINAIRE (*Linaria* T., *Inst.*, 168, t. 76). Genre de Scrofulariacées, qui se distingue des Mufliers par la présence d'un éperon, au lieu d'une gibbosité, à la base de la corolle. Comme cet éperon peut devenir court et obtus, il serait peut-être préférable de ne faire des *Linaria*, à l'exemple de certains auteurs, qu'une section du genre *Antirrhinum*. Nous n'avons cependant pas adopté cette manière de voir, parce qu'elle entraînerait la suppression de la plupart des genres d'Antirrhinées. On admet environ 120 espèces de Linaires, de toutes les régions chaudes et tempérées du globe. Ce sont des herbes, parfois suffrutescentes, à feuilles opposées, verticillées ou alternes. On dit les *L. vulgaris, minor, Cymbalaria, Elatine, spuria*, etc., émollients et résolutifs. (*Hist. des pl.*, IX, 382, 410, 428, fig. 522.) [H. Bn.]

LINAIRE AURICULÉE. Le *Linaria Elatine* L.

LINAIRE BATARDE. Le *Linaria spuria* L.

LINALOE. Nom d'une sorte de « Bois d'Aloès » mexicain, produit du *Bursera Delpechiana* Poiss.

LINANTHUS (Benth., in *Bot. Reg.*, sub t. 1622). Synonyme de *Gilia* R. et Pav.

LINANTHUS. — Voy. Gilia.

LIN AQUATIQUE. Nom vulgaire des Conferves.

LINARIASTRUM (Chav., *Antirrh.*, 115). Section du g. *Linaria*.

LINARIEÆ (Reichb., *Nom.*, 115). Section des Antirrhinées.

LINARIOIDES (A. DC., *Mon. Campanulac.*, 158). Section du genre *Walhenbergia* Schrad.

LINARIOPSIS (Welw., in *Trans. Linn. Soc.*, XXVII, 53). Genre de Scrofulariacées-Sésamées, à fleurs de Sésame, avec un ovaire uniloculaire, incomplètement septé et 2 ovules basilaires parallèles. Le fruit est sec, nucamentacé, à 2 graines dressées. Le *L. prostrata* est une herbe vivace du Benguela, à feuilles opposées et à fleurs axillaires, solitaires. Toutes ses parties développent au contact de l'eau un abondant mucilage. (H. Bn, *Hist. des pl.*, IX, 389, 442.)

LINASTRUM (Pl., in *Lond. Journ. Bot.*, VI, 597). Sous-genre du genre *Linum* Dill.

LIN BATARD, L. SAUVAGE. Synonyme de Garou ou Bois saint.

LINCANIA (G. Don). Pour *Licania* Aubl.

LINCKIDEÆ (S.-F. Gray, *Arr. brit. pl.*, I, 350). Division des Thalassiophytes (genres *Carrodorus, Nostoc*).

LINCONIA (L., *Mantiss.*, 148). Genre de Saxifragacées-Bruniées, qui a la fleur des *Audouinia*, avec des anthères surmontées d'un prolongement conique du connectif, duquel descendent les loges divariquées. L'ovaire a 2 loges, avec 1 ou 2 ovules; l'une d'elles peut même être stérile. Ce sont 3 arbustes de l'Afrique australe, à fleurs disposées en courts épis terminaux et calyculées. (Sw., in *Mag. Ges. Naturf. Fr. Berl.* [1810], 85, t. 4. — H. Bn, *Hist. des pl.*, III, 386, 455.)

LIND. Nom, dans plusieurs langues, des Tilleuls.

LINDACKERA (SIEB., mss.). Synonyme de *Sodada* (*Capparis*).

LINDACKERIA (PRESL, *Rel. Hænk.*, II, 89, t. 65). Synonyme de *Mayna* AUBL.

LINDA TARDE. Au Mexique, les Œnothères.

LINDBLADIA (FR., *Summ. veg. Scand.*, 449). Genre de Myxomycètes, voisin des *Æthalium*, à péridium indéterminé, membraneux, divisé à l'intérieur par des cloisons membraneuses en logettes tubuleuses, régulières, dénuées de capillitium. [DE S.]

LINDBLOM (Alex.-Eduard). Professeur à Lund [1807-1853], auteur de *Stirpes agri rotnoviensis*, d'un essai sur les *Draba* scandinaves, d'observations sur la géographie botanique de la Suède, et d'un *Botaniska Notiser* [1839-45], 7 vol. in-8.

LINDBLOMIA (FRIES, *Bot. Notis.* [1843]; in *Bot. Zeit.* [1846], 381). Synonyme de *Cœloglossum* LINDL.

LIN DE LA NOUVELLE-ZÉLANDE. Le *Phormium tenax* FORST.

LIN DE LIÈVRE. Le *Cuscuta epithymum* THUILL.

LINDELOFIA (LEHM., in *Hamb. Gartenz.* [1850], 352). Genre de Boraginacées-Boragées, voisin des Cynoglosses et qui s'en distingue par ses étamines exsertes et sa corolle à tube plus long que les lobes étalés de son limbe. C'est une herbe vivace de l'Inde. (*Bot. Reg.* [1840], t. 50.) [H. BN.]

LIN DE MER. Le *Chorda Filum* LAMX.

LINDENBERG (J.-Bern.-Wilh.). Mort en 1851 à Bergedorf, a écrit un *Synopsis Hepaticarum*, etc. [1829], une Monographie des Ricciées [1836], puis, avec Gottsche, un *Species Hepaticarum* [1839-51], in-8 de 833 pages.

LINDENBERGIA (LEHM., in *Link et Ott. Ic. pl. rar.*, 95, t. 48). Genre de Scrofulariacées-Gratiolées, comprenant 8 herbes de l'Asie, l'Afrique et l'Océanie tropicales, distingué par un calice campanulé et des valves entières au fruit; le placenta inséré au milieu de la concavité des valves. (HOOK., *Icon.*, t. 875. — H. BN, *Hist. des pl.*, IX, 455.)

LINDENBLOOMS (LINDL.). Les Tiliacées.

LINDENIA (BENTH., *Pl. Hartweg.*, 84, 351). Genre de Rubiacées-Portlandiées, dont les fleurs sont à peu près celles des *Exostema*, sinon que leur corolle est tordue. Elle est hypocratérimorphe, avec un tube fort allongé et étroit. Les anthères sont exsertes, et l'ovaire infère, surmonté d'un disque fort peu visible et d'un long style grêle et claviforme, est à deux loges multiovulées. Les placentas sont allongés et supportés par un pied court inséré sur la cloison. Le fruit est une capsule septicide, dont l'endocarpe se sépare de l'exocarpe, et les graines albuminées sont inégalement anguleuses. Des deux espèces, l'une est mexicaine et l'autre néo-calédonienne et des Viti. Ce sont des arbustes à feuilles opposées, lancéolées, stipulées; à cymes terminales courtes et pauciflores. Peut-être devrait-on faire rentrer ce genre dans les *Exostema*, à titre de simple section. (Voy. *Hist. des plant.*, VII, 336, 476, n. 156.) [H. BN.]

LINDENIA (MART. et GAL., in *Bull. Ac. Brux.*, X, p. I, 357). Synonyme de *Tinantia* MART. et GAL.

LINDER (Johan.). Mort à Stockholm en 1723, à l'âge de quarante-sept ans, a publié un *Flora Wiksbergensis* [1716], in-8 de 42 pages.

LINDERA (ADANS., *Fam. des pl.*, II, 499, nec THUNB.). Synonyme de *Myrrhis* T.

Lindera. — Fleur mâle. Fleur femelle, entière et coupe longitudinale.

LINDERA (THUNB., *Fl. jap.*, 9, 145, t. 21). Genre de Lauracées, série des Tétranthérées, à fleurs dioïques, involucrées, souvent 9-andres, à anthères biloculaires, valvicides. Le type du genre est le *L. Benzoin*. Bentham a fait rentrer dans ce genre les *Daphnidium*, *Polyadenia*, *Aperula* en partie, etc. Aussi peut-on dire qu'il est devenu méconnaissable. Ce sont des arbres de l'Asie et de l'Amérique du Nord. Le *L. Benzoin*, cultivé dans nos jardins botaniques, est aromatique et stimulant. (H. BN, *Hist. des pl.*, II, 442, fig. 258-260.)

LINDÈRE. Nom français (LAMK) des *Lindera* THUNB.

LINDERN (Fr.-Balth.). Mort à Strasbourg en 1755, à l'âge de soixante-treize ans, a écrit : *Tournefortius alsaticus cis et transrhenanus*, qui est une flore de Strasbourg, et *Hortus alsaticus* (in-8 de 302 p.).

LINDERNIA (ALL., *M. taur.*, III, 178, t. 5). Syn. de *Vandellia*.

LINDERNIACEÆ (REICHB., *Consp.*, 123). Division des Scrofulariées (*Lindernieæ* BENTH., in *DC. Prodr.*, X, 407).

LIN DES MARAIS. L'*Eriophorum polystachyum* L.

LINDHEIMERA (A. GRAY et ENGELM., in *Journ. Bost. Nat. Hist. Soc.*, VI, 225). Section du genre *Silphium* L. (H. BN, *Hist. des pl.*, VIII, 235, not.)

LINDLEY (John). Botaniste anglais, d'une grande activité [1799-1865], débuta [1820] par un *Rosarum Monographia* et commença en 1821 la publication de ses *Collecta botanica* (I-VIII). La même année il donna une monographie des Digitales, avec dessins de F. Bauer, et en 1829 un *Synopsis of the British Flora*. Son *Nixus plantarum* date de 1833. Lors de la floraison à Londres du *Victoria regia* [1837], il publia une superbe notice in-folio sur cette splendide Nymphæacée. On lui doit aussi un ouvrage sur la végétation de Swan River, en Australie [1840], et un *Pomologia britannica* [1841]. Il affectionnait particulièrement l'étude des Orchidées, dont il fit une très belle collection botanique, acquise après sa mort par l'herbier de Kew. Dès 1830, il publiait *The genera and species of Orchidaceous plants*, avec une plus grande édition illustrée de 40 pl. de F. Bauer, et en 1826 les *Orchidearum sceleti*. En 1846, il écrivit les *Orchideæ Lindenianæ*, dont il donna une deuxième édition en 1848, et une troisième en 1853. Ses *Folia orchidacea* parurent de 1852 à 1859, et son *Sertum orchidaceum* en 1858. Il toucha à toutes les parties de la science, car il composa même avec W. Hutton un *Fossil Flora of Great Britain* [1831-1837]. Il s'attacha surtout à appliquer la botanique à l'horticulture et composa en 1840 *The theory of horticulture*. Avec Paxton il écrivit, de 1851 à 1853, *The Flower Garden*, et donna longtemps ses soins à la publication du *Botanical Register*. Ses travaux sur la botanique systématique et pédagogique sont très nombreux. Ce sont principalement : *An introduction to the natural system of Botany* [1830], *An outline of the first principles of Botany* [1830], qui devinrent dans la 4ᵉ édition [1841] ses *Elements of Botany; An introduction to Botany* [1832], un *Ladies' Botany* [1834], *A key to structural, physiological and systematical Botany* [1835] pour l'usage des classes, un *Descriptive Botany* [1860]. Il composa même un *Flora medica* [1838] et un *Medical and economical Botany* [1859]. Avec Th. Moore il écrivit *The treasury of Botany* [1866], petit dictionnaire populaire très utile. Son ouvrage le plus complet est le *Vegetable Kingdom* [1846], qui comprend une classification par *Alliances*, la caractéristique des familles, la liste des genres, l'indication des affinités, de la distribution géographique et des propriétés de tous les végétaux connus. Lindley a longtemps dirigé la Société royale d'Horticulture de Londres et a contribué à l'introduction dans nos jardins d'un grand nombre de plantes exotiques. Il a essayé, notamment dans son *Vegetable Kingdom*, de substituer des noms modernes aux noms latins attribués aux groupes naturels par la plupart des botanistes, et c'est sous des dénominations anglaises qu'il a présenté ses diverses *Alliances*. Il ne semble pas, et nous ne savons pourquoi, que cet essai ait réussi; car c'est un des reproches les plus ordinaires des gens du monde aux botanistes que les plantes portent un nom latin et non une dénomination empruntée aux langues actuelles. [H. BN.]

LINDLEYA (H. B. K., *Nov. gen. et spec.*, VI, 239, t. 562 *bis*). Genre de Rosacées-Quillajées, comprenant un seul arbuste mexicain (*L. mespiloides*), parfois cultivé, distingué par des fleurs à réceptacle concave, à 5 pétales, 15-20 étamines et une capsule loculicide, à 5 valves 2-spermes. Les feuilles sont simples, alternes, et les fleurs solitaires, blanches. (*Bot. Reg.* [1844], t. 27. — H. Bn, *Hist. des pl.*, I, 399, 472.)

LINDLEYA (K., *Diss. Malv.*, 10). Synonyme de *Crateria* Pers.

LINDLEYA (Nees, in *Flora* [1821], I, 299). Synonyme de *Laplacea* H. B. K.

LINDNERA (Reichb., *Consp.*, 209). Section du genre *Tilia* T.

LINDSAY (Archib.). Auteur [1781], à Édimbourg, de *De plantarum incrementi causis*. — W.-Lauder Lindsay, médecin de Dumfries, a écrit *A popular history of british Lichens* [1858], et, la même année, des Contributions à la flore de la Nouvelle-Zélande. (*Cat. sc. pap.*, IV, 34.)

LINDSAYA (Dryand.), LINDSÆA (Sm., in *Mem. Ac. torin.*, V, 413). Genre de Fougères, à sores marginaux ou submarginaux, placés au sommet des veines et en unissant deux ou un plus grand nombre. Involucre double, s'ouvrant en dehors, par 2 valves, dont l'intérieure est membraneuse, et l'extérieure formée du bord plus ou moins modifié de la feuille. C'est un genre formé d'une quarantaine d'espèces, la plupart tropicales, dont les pinnules ont souvent un côté coriace ou translucide et se rapprochent en forme de quart de cercle (Hook. et Bak., *Syn. Fil.*, 104, 471, t. 2, fig. 20. — Kaulf., *Enum. Fil.*, 218). Synonyme de *Lindsæa* Sm. A. Saint-Hilaire écrit le nom du genre *Lindsea*. [H. Bn.]

Lindsaya. — Foliole sorifère.

LINDSÆACEÆ (Presl), LINDSÆÆ (J. Sm.), LINDSÆEÆ (Hook.). Division des Fougères.

LINDSEA (A. S.-H.). Pour *Lindsaya* Dryand.

LINE. — Voy. Cine.

LINÉAIRE (*linearis*). Étroit et allongé, les bords parallèles.

LINEN. Nom anglo-saxon du Lin.

LINEOLARIA (Ser., in *Ann. sc. phys.* [1838], I, 308). Section du genre *Sigillaria* Ad. Br.

LINETO. En Provence, l'*Alsine tenuifolia* Cr.

LING. Nom, en Chine, du *Trapa bicornis* L. f.

LINGHIROUTS. Herbe de Madagascar (Flac.), dite vermifuge.

LINGOA MERA. Nom malais du *Pterocarpus indicus* L.

LINGON. Nom suédois du *Vaccinium Vitis-idæa* L.

LINGOUM. Un des noms du Saudragon.

LINGUA, LINGUÆ. Noms donnés par Césalpin à la Fistuline hépatique; elle était déjà en usage du temps des Romains.

LINGUA AVIS. Le fruit du Frêne.

LINGUA BOVINA. Le *Fistulina hepatica* Fr.

LINGUA CERVINA. La Scolopendre officinale.

LINGUA DE FIN. — Voy. Guidonia.

LINGUAN-TREE. Nom anglais du *Capparis cynophallophora* L.

LINGUE (GROSSE). A Bourbon, le *Mussaenda arcuata*.

LINGUE (PETITE). A Bourbon, le *Piper caudatum* Vahl.

LINGUO DE CAN. Nom provençal du *Plantago lanceolata* L.

LINGUO DE BUI. En Provence, le Plantain d'eau et la Buglosse officinale.

LINHARRA (Arrud., in *Kost. Trav.*, 493). Synonyme (?) de *Umbellularia* Nees. (Lindl., *Veg. Kingd.*, 537.)

LINICOLA (Griseb., *Spic. Fl. rumel.*, I, 178). Section du genre *Silene* L. (*S. critica*).

LINIDION (H. Bn, in *Adansonia*, VI, 291). Section du genre *Monotaxis* Ad. Br.

LINIPHYLLUM (Less., *Syn.*, 112). Synon. de *Cherina* Cass.

LINK (Heinr.-Fried.). Botaniste prussien [1767-1851], longtemps professeur à Berlin, écrivit en 1789 un *Floræ gœttingensis Specimen*, et en 1791 les *Annalen der Naturgeschichte*. Ses *Dissertationes botanicæ* sont de 1795, et son *Philosophiæ botanicæ... Prodromus*, de 1798. Il écrivit ensuite : *Grundlehren der Anatomie und Physiologie* [1807], *Nachträge zu den Grundlehren der Anatomie und Physiologie* [1809], *Die Urwelt und das Alterthum*, etc. [1820-22], un *Enumeratio plantarum Horti regii botanici berolinensis* [1821-22], et, avec F. Otto, des *Icones* et une monographie des *Melocactus et Echinocactus* [1827]. La même année parut son *Hortus regius botanicus berolinensis*, et en 1829-33 son *Handbuch zur Erkennung der nutzbarsten und am häufigsten vorkommenden Gewächse*. On lui doit encore : *Ueber Pflanzenthiere*, etc. [1831], des *Icones anatomico-botanicæ* [1837-42], un *Filicum species* [1841], des *Abietinæ* [1841], un *Anatomia plantarum iconibus illustrata* [1843-47]. Il publia aussi, avec Klotzsch et Otto, des *Icones plantarum rariorum Horti berolinensis* [1841-44] et le *Jahresberichte ueber die Arbeiten für physiologische Botanik in den Jahren* 1840-43; plus, de 1843 à 1845, le *Vorlesungen über die Kräuterkunde für Freunde der Wissenschaft, der Natur und der Gärten*. [H. Bn.]

LINKIA (Cav., *Icon.*, IV, 61, t. 389). Synon. de *Persoonia* Sm.

LINKIA (Hall. — Ritg.). Pour *Linckia* Micheli.

LINKIA (Lyngb., *Hydroph.*, 195, t. 65). Genre d'Algues, non admis par les auteurs actuels et dont les espèces ont été reportées par portions dans les *Nostoc*, *Zonothrichia*, *Gloiothrichia*, *Myrionema*. (Voy. Rabenh., *Fl. europ. Alg.*, II, 313.) [Ch. M.]

LINKIA (Pers., *Syn.*, I, 219). Syn. de *Desfontainea* R. et Pav.

LINKIE. Nom français (Lamk) des *Linkia* Pers.

LIN-KIO. En Chine, une Macre alimentaire.

LIN MAUDIT, L. DE LIÈVRE. Le *Cuscuta major* DC.

LINNÆA (Gronov.). Nom latin des Linnées.

LINNÆACEÆ (Reichb., *Nom.*, 73). Division des Lonicérées.

LINNÉ (Charl). Né à Rashult en Smolande, le 23 mai 1707, fut le plus célèbre des botanistes des temps modernes. Il était né pauvre, d'un pasteur de campagne qui le mit en apprentissage chez un cordonnier, jusqu'à ce qu'un médecin ami lui procura les moyens d'étudier. Il suivit à Upsal les leçons d'O. Rudbeck, fut envoyé en Laponie par la Société royale d'Upsal, puis fut assez maltraité dans son pays par quelques botanistes jaloux (il y en avait dans ce temps-là), pour se décider à quitter la Suède. Il alla se faire en Hollande l'élève de Boerhaave et reçut de Cliffort la mission de diriger son musée et ses jardins. Il passa de là en Angleterre, puis en France, et, revenu à Upsal, il y fut nommé en 1741 professeur de botanique. Il devint aussi médecin du roi de Suède, et occupa sa chaire avec grand succès pendant trente-sept ans. Nous renvoyons à la préface de ce Dictionnaire pour l'appréciation du grand rôle qu'il joua dans la botanique moderne. Il appliqua aussi les principes de sa classification aux animaux et aux minéraux. Les grands ouvrages botaniques de Linné, connus de presque tous les botanistes, sont, à peu près dans l'ordre de publication, les suivants : *Systema naturæ* [1740], *Fundamenta botanica* [1736], *Bibliotheca botanica* [1736], *Hortus Cliffortianus* [1737], *Flora lapponica* [1737], *Genera plantarum* [1737], *Classes plantarum* [1738], *Critica botanica* [1737], *Flora suecica* [1745], *Flora zeylanica* [1748], *Hortus upsaliensis* [1748], *Materia medica* [1749], *Philosophia botanica* [1751], *Species plantarum* [1753], *Mantissa plantarum* [1767], *Systema vegetabilium* [1774]. La plupart de ces ouvrages eurent plusieurs éditions et ont été traduits dans plusieurs langues, commentés, annotés et développés par d'autres botanistes. Après la mort de Linné, Reichard publia son *Systema plantarum* [1779-80]; Richter réunit en un volume ses *Systema*, *Genera* et *Species* [1835]; Gisecke fit connaître ses *Terminici botanici* [1781] et ses *Prælectiones* [1792]. Dans ses *Amœnitates academicæ* [1749-79], en 10 volumes, Linné a réuni un grand nombre de sujets relatifs à la botanique pure et appliquée. On possède aussi une collection d'environ 100 *Dissertationes academicæ*, écrites sous son inspiration ou avec ses conseils et soutenues sous sa présidence par ses principaux élèves, tels que Rudberg, Tursen, Wahlbom, Habselquist, Lœfling, Montin, Bergius, Forsskhal, Dahlberg, Martin, Printz, Sparrman, Westring, etc., et dont Pritzel a donné la liste complète. La correspondance de Linné a été publiée en 1792; elle contient des lettres des plus célèbres botanistes de l'Europe. Linné les eut tous, ou pour amis, ou pour adversaires. Beaucoup de reproches lui ont été adressés et beaucoup de louanges lui ont été prodiguées. Ces dernières furent rassemblées par Linné lui-même, vers la fin de sa vie, dans un curieux et rare opuscule intitulé : *Orbis eruditi judicium de C. Linnæi scriptis* [1741]. Linné mourut à Upsal, comblé d'honneurs et de gloire, le 10 janvier 1778. Il eut beaucoup de biographes. Le plus complet, en France, fut Fée, dont la *Vie de Linné* renferme de très intéressants détails. — Son fils Carl v. LINNÉ [1741-1783] fut aussi professeur à Upsal. Il publia des *Decas plantarum rariorum Horti Upsaliensis* [1762-63], des dissertations sur les Graminées [1779], la Lavande [1780] et présida la thèse de Swartz : *Methodus Muscorum illustrata* [1781].

LINNEA (NECK. — REICHB.). Pour *Linnæa* GRONOV.

LINNEDIA (RAFIN., in *Ann. gén. sc. phys.*, VI, 83). Sous-famille des Caprifoliées, formée du seul genre *Linnæa* GRON.

LINNÉE (*Linnæa* GRONOV., in *L. Gen.*, n. 774). Genre de Rubiacées-Caprifoliées, fondé pour une petite plante suffrutescente de l'Europe, l'Asie et l'Amérique boréales (*L. borealis*), à fleurs 5-mères, avec 4 étamines et un ovaire à 3 loges, dont

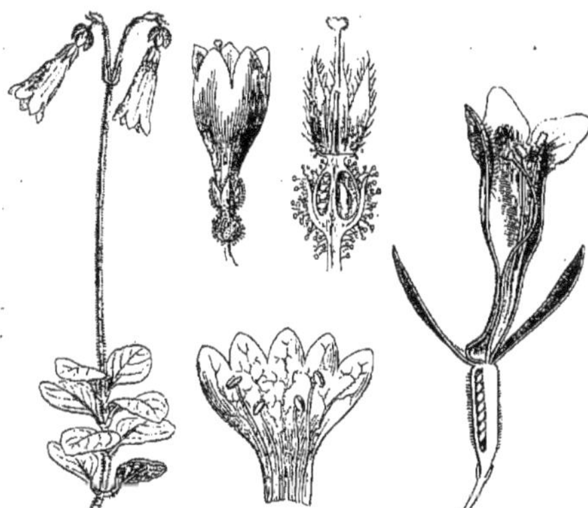

Linnæa. — Rameau florifère. Fleur. Gynécée, coupe longitudinale. *L.* (*Abelia*). Fleur, coupe longitudinale.

2 ∞-ovulées; la troisième ne contenant qu'un ovule descendant. Le fruit est une baie coriace. Les feuilles sont opposées, et les fleurs, petites et roses, odorantes, sont portées, ordinairement au nombre de 2, sur un pédoncule grêle et long. On cultive assez souvent le *L. borealis* dans les jardins botaniques. On le dit tonique-amer, et ses baies servent à préparer des conserves. Nous avons adjoint à ce genre comme section les *Abelia*, dont le port est seul, en général, différent. (Voy. *Hist. des pl.*, VII, 358, 501, fig. 380.) [H. BN.]

LINOCARPUM. Pour *Linokarpum* MICHELI.

LINOCARPUS. Nom ancien du *Linum catharticum* L.

LINOCHILUS (BENTH., *Pl. Hartweg.*, 197). Synonyme de *Diplostephium* CASS.

LINOCHIRON (GRISEB., in *DC. Prodr.*, IX, 41). Section du genre *Chironia* L.

LINOCIERA (SW., *Fl. ind. oc.*, I, 49, t. 2). Genre d'Oléacées-Olécées, à fleurs de Chionanthe; les pétales étroits, libres ou unis deux à deux. Le fruit est drupacé, et les graines sont ou non pourvues d'un albumen. Ce sont des (40) arbustes des régions tropicales des deux mondes, à fleurs en cymes composées, latérales ou plus rarement terminales. [H. BN.]

LINOCIRIA (NECK., *Elem.*, III, 366). Synonyme de *Gonocarpus* THUNB.

LINOCODONIA (REICHB., *Nom.*, 103). Section du genre *Wahlenbergia* SCHRAD.

LINODENDRON (GRISEB., in *Mem. Amer. Acad.*, ser. 2, VIII, 187; *Cat. pl. cub.*, 109). Synonyme de *Lasiadenia* BENTH.

LINODESMON. Nom ancien des Cuscutes.

LINOGALIA (FRIES, *Summ. veg. Scand.*, I, 10). Section du genre *Galium* (*G. verum, sylvaticum*, etc.).

LINOGENISTA. Nom ancien du *Genista tinctoria* L.

LINOIDEÆ (LINK, *Enum.*, I, 298). Synonyme de Linées.

LINOIDES (RIV. — RUPP., *Fl. jen.*, 81). Syn. de *Radiola* DILL.

LINOKARPUM (MICHELI, *Nov. pl. gen.*, 22, t. 21). Synonyme de *Radiola* DILL.

LINOPHYLLUM (GRISEB., *Gen. et spec. Gentian.*, 104). Section du genre *Chironia* L.

LINOPHYLLUM (PONTED., *Anth.* [1720], 262). Synonyme de *Thesium* L.

LINOPSIS (REICHB., *Handb.*, 306). Genre proposé pour le *Linum æthiopicum* THUNB. Section des *Linastrum* (PL., in *Hook. Journ. Bot.*, VI, 598).

LINOPTERIS (STERNB., *Vers.*, II, 167). Genre fossile de *Filicites*, établi pour le *Dictyopteris Brongniartii* GUTB.

LINOSPADICEÆ. S.-tribu (6) des Arécées. (B. H., *Gen.*, III, 872.)

LINOSPADIX (BECC., *Malais.*, I, 62). Genre de Palmiers-Arécées, établi pour 3 arbres de la Nouvelle-Guinée, voisins des *Bacularia*, et qui en diffèrent par leur spathe coriace, leurs spadices bien des fois plus courts et leurs anthères dorsifixes. (B. H., *Gen.*, III, 903, n. 44.) [H. BN.]

LINOSPADIX (WENDL. et DRUD., in *Linnæa*, XXXIX, 188, 198, t. 2, fig. 2). Synonyme de *Bacularia* F. MUELL.

LINOSPARTON (ADANS., *Fam. des pl.*, II, 34). Synonyme de *Lygeum* LŒFL. Steudel écrit *Linospartum*.

LINOSPORA (FÜCK., *Symb. myc.*, 123). Genre de Sphériacés, à périthèce niché dans un pseudostroma noir, clypéiforme, à rostre proéminent, plus ou moins allongé. Les thèques cylindriques renferment les spores filiformes, hyalines ou teintées de jaune, placées parallèlement. Les vingt espèces décrites par M. Saccardo (*Syll. Fung.*, II, 254; *Add.*, 190) se rencontrent sur les feuilles mortes des Saules, Trembles, Chênes, Hêtres, Platanes, etc., en Europe et dans l'Amérique du Nord. [DE S.]

LINOSTACHYS (KL., in *Linnæa*, XIX, 325). Section du genre *Acalypha* L. (H. BN, *Hist. des pl.*, V, 212, not.)

LINOSTIGMA (KL., in *Linnæa*, X, 438). Synonyme de *Viviania* CAV. (H. BN, *Hist. des pl.*, V, 13, not. 4.)

LINOSTOMA (WALL., *Cat.*, n. 4203). Genre de Thymélacées, qu'on peut regarder comme le type le plus complet des Thymélées. Ses fleurs ont un tube obconique, caduc, divisé au sommet en 5 lobes égaux, imbriqués d'abord, étalés ensuite. A

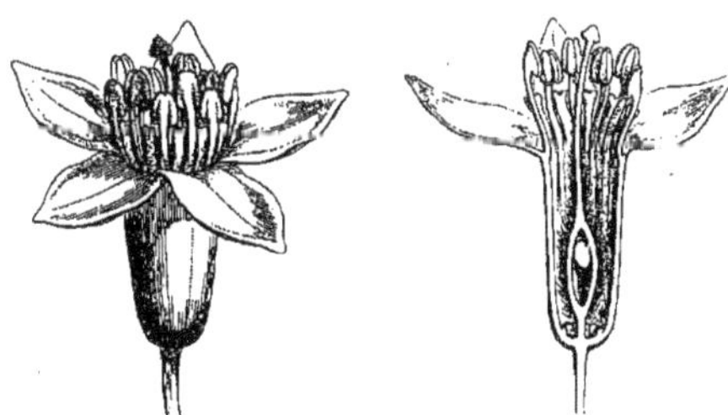

Linostoma. — Fleur, entière et coupe longitudinale.

sa gorge s'insèrent dix étamines, dont cinq alternes avec les divisions du périanthe et un peu plus longues, et cinq superposées; toutes ont des filets libres, exserts, subulés et des anthères biloculaires, oblongues, obtuses et déhiscentes par deux fentes longitudinales. Dans l'intervalle des étamines se trouvent dix écailles oblongues-linéaires, atténuées à la base, entières ou incisées au sommet, dressées et exsertes. Au fond du tube est un ovaire entouré de dix petites glandes hypogynes, superposées aux étamines, surmonté d'un style grêle, exsert, capité à son extrémité stigmatique. Cet ovaire est à une seule loge, avec un placenta pariétal, auquel est suspendu un ovule anatrope dont le micropyle regarde en haut et en dehors. Le fruit est sec (drupacé?), nu et indéhiscent; il contient une seule graine qui, sous ses téguments, renferme un albumen charnu, peu abondant et un embryon à radicule supère. Ce sont des arbrisseaux, quelquefois sarmenteux, à feuilles opposées, entières, penninerves et dépourvues de stipules et à fleurs disposées en ombelles (?) terminales et accompagnées de feuilles florales membraneuses, de forme variable. On en connaît 1, 2 espèces, de l'Inde. (Voy. H. Bn, *Hist. des pl.*, VI, 103, 123, fig. 73, 74.) [T.]

LINOSTYLES (Fenzl, in *Linnæa*, XXIII, 94). Synonyme de *Calophanes* Don.

LINOSYRIS (Cass., in *Dict.*, XXXVII, 476). Synonyme (part.) de *Aster* T. (H. Bn, *Hist. des pl.*, VIII, 32.)

LINOSYRIS (Riv. — Rupp., *Fl. jen.*, 85). Synonyme de *Thesium* L.

LINOSYRIS (Torr. et Gr., *Fl. N.-Amer.*, II, 232). Synonyme de *Chrysothamnus* Nutt. (H. Bn, *Hist. des pl.*, VIII, 156.)

LINOUFAR. Nom arabe du *Nymphæa cærulea* Sav.

LINOZOSTEÆ (Spreng., *Anleit.*, II, p. I, 372). Ordre des Tricoccées (Euphorbiacées).

LINOZOSTIS (Endl., *Gen.*, n. 5786 a). Sect. du g. *Mercurialis* T.

LIN SAUVAGE. La Ptarmique et le *Linaria vulgaris* L.

LINSCHOTTENIA (De Vr., *Gooden.*, 119, t. 22). Synonyme de *Dampiera* R. Br.

LINSCHOTTEN (Jan Huyghen v.). Né à Haarlem en 1563, voyagea dans les Indes portugaises, dont il fit connaître les principales productions dans son curieux ouvrage *Itinerarium*, etc. [1596 et 1644]. Il mourut en 1611.

LINSCOTIA (Adans., *Fam.*, II, 269). Synonyme de *Limeum* L.

LINSECOMIA (Buckl., in *Proc. Ac. Philad.* [1861], 451). Synonyme de *Helianthus* L. (H. Bn, *Hist. des pl.*, VIII, 46).

LINZIA (Sch. bip., in *Flora* [1841], I, *Intellbl.*, 26). Synonyme de *Gymnanthemum* Cass.

LIOCHLÆNA. Genre d'Hépatiques, établi par Nees d'Esenbeck pour quelques espèces jusqu'alors comprises dans le genre *Jungermannia*. Les *Liochlæna* se différencient uniquement par leur périanthe qui, au lieu d'être droit, plissé en long et denticulé à l'orifice, comme celui des Jungermannes, est arqué, lisse et déprimé au sommet, où se trouve un petit trou central. Une espèce de ce genre, le *L. lanceolata* Nees, est assez commune dans les montagnes de la France, sur le bois pourri, au bord des ruisseaux, dans les marécages. (Nees, *Syn. Hepat.*, 150.) [M.]

LION-DENT. L'un des noms vulgaires du Pissenlit.

LIONNOCHARIS (K., *Cyper.*, 153). Pour *Limnochloa* P.-Beauv.

LIOYDIA (Neck., *Elem.*, I, 4). Synonyme de *Printzia* Cass.

LIPA. Nom, aux Philippines, des *Laportea* Gaudich.

LIPANDRA (Moq., *Chenop. Enum.*, 19). Synonyme de *Oligandra* Less.

LIPARENE (Poit., ex H. Bn, *Hist. des pl.*, V, 248). Synonyme de *Drypetes* Vahl.

LIPARIA (L., *Mantiss.*, II, n. 1319). Genre de Légumineuses-Papilionacées, série des Genêts, établi pour 4 arbustes de l'Afrique australe, à feuilles simples, à fleurs capitées, accompagnées de grandes bractées formant involucre. Le calice a un lobe inférieur très développé et pétaloïde, et les étamines sont diadelphes. On en cultive une couple d'espèces en serre. (*Bot. Mag.*, t. 1241, 4034. — H. Bn, *Hist. des pl.*, II, 345.)

LIPARIDÆ (Lindl., *Veg. Kingd.*, 181). Section des Orchidacées-Malaxidées.

LIPARIEÆ (Benth., in *Lond. Journ. Bot.*, II, 441). Sous-tribu des Lotées.

LIPARIS (L.-C. Rich., in *Mém. Mus.*, IV, 52, t. 5, fig. 10). Genre d'Orchidacées-Épidendrées, caractérisé par des fleurs peu volumineuses, disposées en grappes, avec 4 pollinies dans l'anthère, et une colonne assez allongée, semi-cylindrique ou pourvue en haut de 2 ailes. Leur tige est souvent pseudo-bulbeuse, avec une ou un petit nombre de feuilles, contractées en bas en un pétiole engainant. Il y a des *Liparis* dans toutes les régions chaudes et tempérées des deux mondes. On en compte une centaine d'espèces. En France, nous possédons le *L. Lœselii*

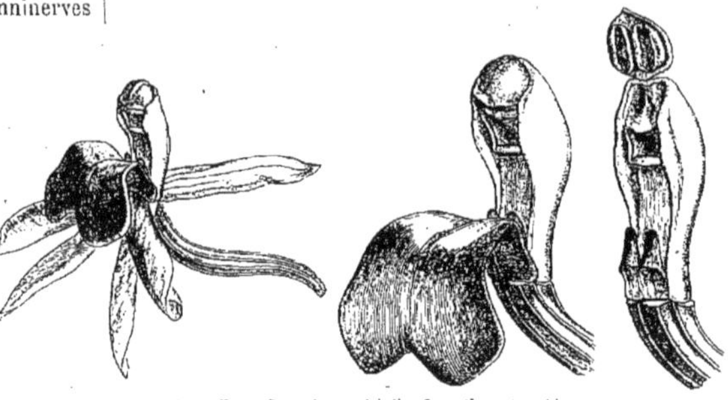

Liparis. — Fleur. Gynostème et labelle. Gynostème et anthère.

Rich. (*Orchis Lœselii* L.), petite espèce des lieux humides, aujourd'hui si rare aux environs de Paris. (Lœs., *Pruss.*, t. 58. — *Fl. dan.*, t. 877).) [H. Bn.]

LIPAROPHYLLUM (Hook. f., in *Hook. Lond. Journ.*, VI, 472; *Fl. tasm.*, I, 272, t. 87). Genre de Gentianacées-Ményanthées, établi pour une petite herbe de Tasmanie, bien voisine des *Limnanthemum*, distingué par un fruit pulpeux, indéhiscent, des tiges rampantes, des feuilles linéaires, fasciculées, des fleurs solitaires. (*Hist. des pl.*, X, 123, 145.) [H. Bn.]

LIPEOCERCIS (Nees). Pour *Lepeocercis* Trin.

LIPERIZA (Lindl.). Pour *Leperiza* Herb.

LIPO. En Pologne, les Tilleuls.

LIPOCARPHA (R. Br., *App. Tuckey Congo*, 459). Genre de Cypéracées-Scirpées, comprenant 6, 7 herbes tropicales des deux mondes, à fleurs toutes hermaphrodites, avec 2 écailles hypogynes, transparentes, parallèles aux glumes et pressées contre le fruit. Les épillets multiflores y sont réunis, au nombre de 3-5, en un faux capitule terminal. Ce genre est bien voisin aussi des *Hypolythrum*. [H. Bn.]

LIPOCHÆTA (DC., *Prodr.*, V, 610). Section du genre *Dimerostemma* Cass. (H. Bn, *Hist. des pl.*, VIII, 202, not.)

LIPOCHLORE. Nom donné par M. Pringsheim à la graisse chlorophyllienne.

LIPOPHRAGMA (Schott et Kotsch., *Anal. bot.*, fasc. 3). Synonyme de *Moriera* Boiss.

LIPOPHYLLUM (Miers, in *Trans. Linn. Soc.*, XXI, 251, t. 26). Synonyme (?) de *Clusia* L.

LIPOSTOMA (Don, in *Edinb. Phil. Journ.* [1830], I, 168). Synonyme de *Coccocypselum* P. Br.

LIPOTACTES (Bl., *Fl. jav. Loranth.*, 13). Genre proposé pour le *Loranthus pauciflorus* Sw.

LIPOTRICHE (R. Br., in *Trans. Linn. Soc.*, XII, 118). Synonyme de *Wulffia* Neck. (H. Bn, *Hist. des pl.*, VIII, 202.)

LIPOTRICHUM (Mtgne, in *Dict. d'Orb.*, VIII, 400). Sous-genre du genre *Polytrichum* Dill.

LIPOZYGIS (E. Mey., *Comm. pl. afr. austr.*, 76). Synonyme (part.) de *Lotononis* DC.

LIPP (Fr.-Jos.). Professeur à Fribourg en Brisgau [1734-1775], a écrit un *Enchiridion botanicum*, etc., qui eut deux éditions [1765, 1779].

LIPPAYA (Endl., *Atakt.*, 13, t. 13). Syn. de *Dentella* Forst.

LIPPAYEÆ (Meissn., *Gen.*, 157 [112]). Ordre de Rubiacées, formé du *Lippaya*, puis abandonné plus tard par l'auteur (*Comm.*, 360).

LIPPI. Nom français (Lamk) des *Lippia* L.

LIPPI (Augustin). Voyagea en Égypte et périt en Abyssinie en 1704, à l'âge de vingt-six ans. Il écrivit d'Orient à Fagon, Bourdelot, Dodart, des lettres scientifiques, avec des descriptions de plantes, mentionnées par Tournefort dans ses *Institutiones*. La bibliothèque du Muséum de Paris possède un manuscrit d'Isnard comprenant la « description des plantes observées en Égypte par M. Lippi en 1704 ». Son herbier est aussi au Muséum.

LIPPIA (L., *Gen.*, n. 781). Genre de Verbénacées-Verbénées, formé d'environ 90 espèces tropicales, principalement américaines, herbacées, suffrutescentes ou frutescentes, distinguées par un petit calice denté ou fide, à 2-4 divisions; une corolle 4-lobée, et un fruit sec et indéhiscent. Les fleurs sont en épis allongés ou capituliformes. Le *L. citriodora* est cultivé pour sa douce odeur de Citronnelle; il est stimulant (*Herba Aloysiæ*). Les *L. medica* et *graveolens* servent à préparer des infusions digestives. [H. Bn.]

Lippia. — Rameau florifère.

LIPPIUS (Gray, *Arr. brit. pl.*, I, 679). Synonyme de *Saccogyna* Dumort.

LIQUIDAMBAR (L., *Gen.*, n. 1076). Genre qui a donné son nom au groupe des Liquidambarées ou Styracifluées, rapporté par nous, comme tête de série, à la famille des Saxifragacées. Ce sont des arbres à fleurs monoïques, en épis ou capitules. L'axe de l'inflorescence mâle est souvent allongé. Le périanthe est réduit à un petit bourrelet et entoure des étamines en nombre indéfini. Les fleurs femelles ont souvent des étamines stériles, et un ovaire infère, enchâssé dans une cavité du réceptacle globuleux de l'inflorescence, et à 2 loges, complètes ou

Liquidambar. — Rameau florifère.

incomplètes, ∞-ovulées. Le style est formé de deux branches récurvées. Le fruit est composé, formé de nombreuses capsules, en partie enchâssées dans l'axe du capitule devenu ligneux. Ces capsules sont septicides et polyspermes. Les graines sont ailées. Les *Liquidambar* sont des arbres à suc balsamique, à feuilles alternes, palmatilobées, à stipules caduques. On en connaît 4 espèces : le *L. orientale* Mill. (*L. imberbe* Ait.), de l'Asie Mineure, dont s'extrait le Baume Storax liquide; le *L. styraciflua* L., de l'Amérique du Nord, qui produit le Baume Copalme d'Amérique, ou *Ambra liquida*; le *L. Altingiana* Bl., ou *Rasamalla*, et le *L. formosana* Hnce, qui donne, en Chine, une sub-

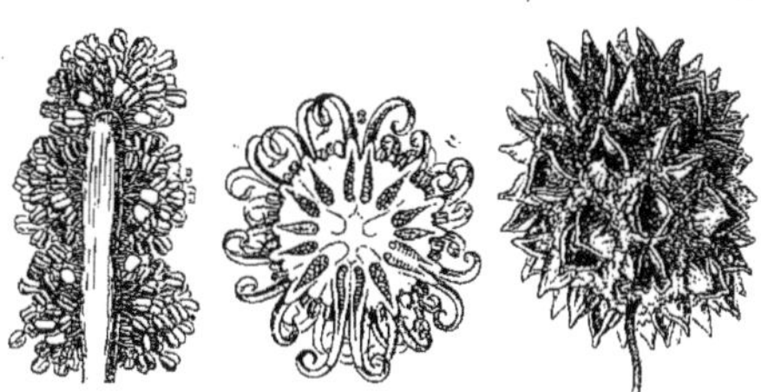

Liquidambar. — Inflorescences mâle et femelle, coupe longitudinale. Fruit composé.

stance balsamique usitée. Les *L. orientale* et *styraciflua* sont fréquemment cultivés dans nos jardins botaniques. (H. Bn, *Hist. des pl.*, III, 397, 461, fig. 471-474; *Tr. Bot. méd. phanér.*, 769).

LIQUIDAMBAREÆ (Dumort., *Anal. fam.*, 112). Synonyme de *Balsamifluæ* Bl.

LIQUIDE SÈVEUX. Synonyme de Sève.

LIQUIRITIA. Nom officinal des Réglisses.

LIQUIRITIA (Medic., *Vorles.*, II, 367). Synonyme (part.) de *Glycyrrhiza* L.

LIQUORICE. Nom anglais des Réglisses. *Wild Liquorice* est l'*Abrus precatorius* et le *Galium circæzans*.

LIQUORICE-TREE. Nom anglais du *Cassia grandis* L.

LIRELLE. Nom donné, dans l'étude des Lichens, aux apothécies discoïdes de forme irrégulière, allongée, rameuse, souvent très variable, même dans les mêmes espèces. Cette forme d'apothécie est notamment propre aux *Opegrapha*. [Ch. M.]

LIRELLINÉ. Même signification que le mot Lirelle; expression qui s'applique aux apothécies des *Opegrapha* et des *Xylographa*.

LIRIANTHE (Spach, *Suit. à Buff.*, VII, 485). Synonyme (part.) de *Magnolia* L.

LIRIO DEL MONTE. Nom mexicain du *Lælia majalis* Lindl.

LIRIODENDREÆ (Reichb.), LIRIODENDRINEÆ (Spach). Section des Magnoliées, formée du seul genre *Liriodendron* L.

LIRIODENDRON (L., *Spec.* [1753], I, 535). Nom latin des Tulipiers. Linné a écrit aussi *Liriodendrum* (*Coroll.*, 9).

LIRIOIDEÆ (Ad. Br., *Enum.*, XV, 17). Classe des Monocotylédones, comprenant les Liliacées, Amaryllidées, Iridées, etc.

LIRIO PARASITO. Nom, dans la vallée de Mexico, du *Lælia anceps* Lindl.

LIRIOPE (Herb., *App.*, 41). Synonyme de *Elisena* Herb.

LIRIOPE (Lour., *Fl. cochinch.*, 200). Genre créé pour une plante de la Chine et du Japon, qu'on cultive souvent comme ornementale (*Bot. Mag.*, t. 5348), et qui a, dans ses fleurs, tous les caractères et les affinités des *Ophiopogon*, mais avec un réceptacle aplati et un ovaire à peu près libre. [H. Bn.]

LIRIOPE (Salisb., *Fragm.*, 74). Synonyme de *Reineckia* K.

LIRIOPSIS (Reichb., *Consp.*, 62). Synonyme de *Elisena* Herb.

LIRIOPSIS (Spach, *Suit. à Buff.*, VII, 460). Genre proposé pour le *Magnolia Figo* (*M. fuscata* Andr.).

LIRIOSMA (Pœpp. et Endl., *Nov. gen. et spec.*, III, 33, t. 239). Genre d'Olacinées, voisin des *Olax*, formé d'une dizaine d'arbustes de l'Amérique tropicale, distingué par un calice accrescent autour du fruit drupacé auquel il est adné. L'androcée présente les mêmes dédoublements que dans les *Olax*; il n'a normalement que 3 pièces fertiles. L'ovaire est en partie infère. (Deless., *Icon. sel.*, V, t. 41. — H. Bn, in *Adansonia*, II, 380, t. 9, fig. 7, 8; III, 51, 119.)

LIRIOTHAMNUS (Nutt., in *Hook. Kew Gard. Misc.*, V, 361). Section du genre *Rhododendron* L. (*R. Aucklandii*?).

LIS (*Lilium* L., *Gen.*, n. 410). Genre qui a donné son nom à la famille des Liliacées, dont il peut être considéré comme l'un des principaux types. Les fleurs hermaphrodites et régulières ont un périanthe à six folioles faiblement connées à la base où elles portent souvent un sillon nectarifère, campanulées-connivéntes, étalées ou révolutées au sommet. L'androcée se compose de six étamines, faiblement adhérentes avec les folioles du

Lis. — Inflorescence.

périanthe. Le gynécée est formé d'un ovaire à trois loges multiovulées, surmonté d'un style droit ou courbé, trilobé à son extrémité stigmatique. Le fruit est une capsule triloculaire, à trois angles et à six sillons, déhiscente en trois valves loculicides.

Lis. — Fleur.

Les graines, bordées d'une aile membraneuse contenant le raphé, renferment sous leurs téguments un albumen charnu dans l'axe duquel est un petit embryon monocotylédoné. Ce sont des herbes bulbeuses, à feuilles alternes ou subverticillées, à belles et grandes fleurs penchées ou dressées. On en connaît quarante-cinq espèces, originaires des régions tempérées de l'hémisphère boréal. Plusieurs sont cultivées dans nos jardins pour la beauté de leurs fleurs; tels sont le Lis Martagon (*L. Martagon* L.), pour ses fleurs tachetées, et le Lis blanc (*L. candidum* L.), de Syrie, qui doit à sa blancheur remarquable d'être pris comme le symbole de la pureté. Dans les campagnes on emploie encore quelquefois ses bulbes cuits sous la cendre comme émollients et maturatifs. (K., *Enum.*, IV, 256. — ELWES, *Mon. Lil.*) [T.]

Lis. — Fleur, coupe longitudinale.

LISÆA (BOISS., in *Ann. sc. nat.*, sér. 3, II, 54; *Fl. or.*, II, 1087). Genre d'Ombellifères-Daucées, dont nous n'avons fait qu'une section du genre Carotte. (*Hist. des pl.*, VII, 89.) [H. BN.]

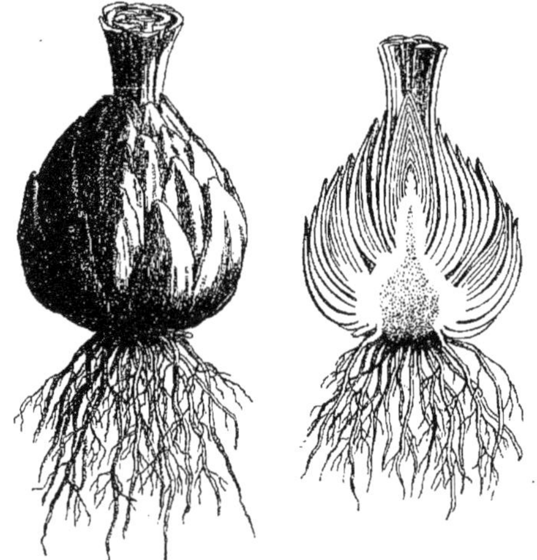

Lis. — Bulbe, entier et coupe longitudinale.

LISCIA. Nom polonais du Séné.

LIS D'EAU, L. D'ÉTANG. Le *Nymphæa alba* L.

LIS DE GUERNESEY. L'*Amaryllis sarniensis* RŒUSCH.

LIS DE MAI, L. DES VALLÉES. Le Muguet de mai.

LIS DE SAINT-ANTOINE. Le *Lilium candidum* L.

LIS DE SAINT-BRUNO. L'un des noms de l'*Anthericum* (*Paradisia*) *Liliastrum* GAWL.

LIS DE SAINT-JACQUES. L'*Amaryllis formosissima* L.

LIS DES ÉTANGS. Nom vulgaire du *Nymphæa alba* L.

LIS DES INCAS. L'*Alstrœmeria Ligtu* L.

LIS D'ESPAGNE. L'*Iris Xyphium* L.

LIS DES SEINS. Le *Lilium candidum* L.

LIS DES TEINTURIERS. Le *Lysimachia vulgaris* L. et le *Reseda Luteola* L.

LIS DU JAPON. L'*Amaryllis sarniensis* RŒUSCH.

LISEA (SACC., *Mich.*, I, 43, 300; *Syll. Fung.*, II, 517). Genre de Pyrénomycètes, à périthèces isolés ou agrégés, globuleux, se ridant et d'une texture presque molle, bleuâtres ou violets. Les spores sont didymes et subhyalines. Trois espèces européennes sur les rameaux de Cytises, de Buis, de Vigne; une quatrième douteuse, originaire de la République Argentine. [DE S.]

LISERET. Synonyme de Liset.

LISEROLLE. Nom français (LAMK) des *Evolvulus* L.

LISERON (*Convolvulus* L., *Gen.*, n. 214). Genre qui a donné son nom à la famille des Convolvulacées et à la tribu des Convolvulées. Ce genre, qui comprenait pour Linné le plus grand nombre des plantes de cette famille, a le réceptacle convexe, avec des fleurs régulières et hermaphrodites. Son calice est à

Liseron Scammonée. — Port.

cinq sépales inégaux, quinconciaux; et sa corolle, campanulée, à bord entier, est à cinq plis contournés dans le bouton. L'androcée se compose de cinq étamines exsertes. Leurs filets inégaux, insérés sur le tube de la corolle, supportent des anthères biloculaires, introrses et déhiscentes par deux fentes longitudinales. L'ovaire est supère, entouré à sa base d'un disque hypogyne, et surmonté d'un style simple, à deux lobes stigmatiques. Il renferme deux loges, dans chacune desquelles on trouve deux ovules anatropes, dressés, collatéraux, avec le micropyle en bas et en dehors. Le fruit est une capsule, déhiscente en deux valves septicides. Elle renferme ordinairement quatre graines qui, sous leurs téguments, contiennent un albumen mucilagineux, entourant plus ou moins complètement un embryon recourbé, à cotylédons larges et plusieurs fois repliés sur eux-mêmes. Les *Convolvulus* sont des plantes herbacées ou suffrutescentes, qui doivent leur nom à la propriété que présentent la plupart des espèces, de s'enrouler autour des corps étrangers de droite à gauche (*sinistrorsum*). Un certain nombre, composant la section *Orthocaulos* DON, ont les tiges dressées. C'est parmi elles que se place la Belle de Jour (*C. tricolor* L.). Leurs feuilles sont alternes, dépourvues de stipules, simples et en général hastées-cordiformes. Leurs fleurs sont axillaires, solitaires ou groupées en cymes. Ainsi délimité, ce genre comprend une centaine d'espèces, originaires de tous les pays du globe. Plusieurs sont cultivées dans nos jardins pour la beauté de leurs fleurs ou de leur feuillage; mais la plus importante au point de vue pratique est le *C. Scammonia* L., originaire de la région méditerranéenne et de l'Asie Mineure, et qu'on cultive dans nos jardins botaniques. C'est de sa racine qu'on retire la résine purgative si employée en médecine sous le nom de Scammonée. Loiseleur-Deslongchamps a constaté des propriétés purgatives analogues dans le *C. althæoides* L., belle espèce méditerranéenne. C'est une autre espèce, le *C. Jalapa* L., originaire de l'Amérique centrale, du Mexique et des Antilles, qui a joué un grand rôle au siècle dernier, car c'était elle, croyait-on, qui produisait le Jalap. Sa racine, très développée et atteignant la taille d'une grosse betterave, est purgative; mais on ne l'emploie pas chez nous. Citons encore le Liseron des champs (*C. arvensis* L.), si commun dans nos campagnes et qui croît également dans toute l'Europe, une partie de l'Asie, de l'Afrique, de l'Amérique et jusqu'à l'île

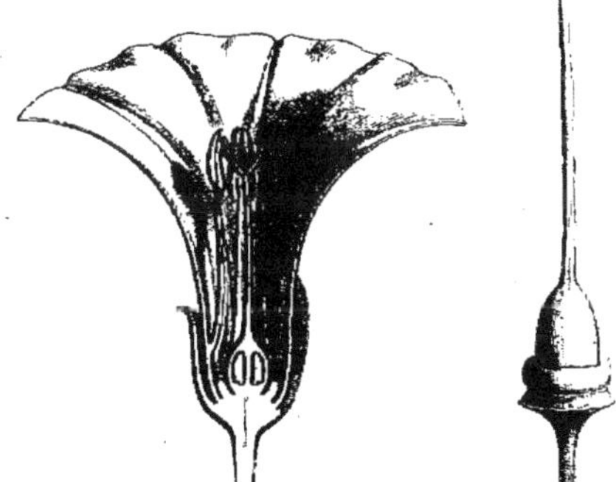

Liseron Scammonée. — Fleur, coupe longitudinale. Gynécée.

Maurice. Lorsqu'on coupe ses tiges, on voit s'écouler un latex blanc. C'est à ce latex que beaucoup de Convolvulacées doivent leurs propriétés médicinales. Le Liseron des haies (*Convolvulus sepium* L.) est devenu le type du genre *Calystegia* R. BR. (Voy. CHOISY, in *DC. Prodr.*, 399, IX). [T.]

LISERON DE PORTUGAL. Le *Convolvulus tricolor* L.

LISERON DES HAIES. Le *Calystegia sepium* R. BR.

LISERON DES TEINTURIERS. Le *Convolvulus palmatus* MILL.

LISERON ÉPINEUX. Nom du *Smilax aspera* L.

LISERON (GRAND). Le *Calystegia sepium* R. BR.

LISERON (PETIT). Le *Convolvulus arvensis* L.

LISERON RUDE. Le *Smilax aspera* L.

LISET. Le *Convolvulus arvensis* L.

LISETA. Nom languedocien de l'*Ervum tetraspermum* L.

LISET PIQUANT. Nom vulgaire du *Smilax aspera* L.

LISETTE. Synonyme de Lizet.

LIS FLAMME. Nom vulgaire du *Lilium croceum* L.

LISIANTHEÆ (G. DON, *Gen. Syst.*, IV, 175, 207). Sous-tribu des Gentianées.

LISIANTHUS (P. BR., *Jam.*, t. 9). Syn. de *Leianthus* GRISEB.

LISIANTHUS (AUBL., *Guian.*, I, 201). Genre de Gentianacées-Chironiées, formé d'une soixantaine d'herbes et d'arbustes de l'Amérique tropicale, à fleurs souvent belles; le calice campanulé, à divisions apprimées, obtuses; à corolle en entonnoir, avec le tube exsert. L'inflorescence est variable. On cultive quelques *Lisianthus* dans nos serres (*Bot. Mag.*, t. 4424); mais certains d'entre eux, comme le *L. Russelianus* des horticulteurs, sont des *Eustoma* (Voy. *Hist. des pl.*, X, 138). [H. BN.]

LISIANTHUS (HOOK., in *Bot. Mag.*, t. 3626). Synonyme de *Eustoma* DON.

LISIANTHUS (VELL., *Fl. flum.*, II, t. 78). Synonyme de *Metternichia* MIK.

LISIMACHIA (NECK.). Pour *Lysimachia* T.

LISIONOTUS (REICHB. — DIETR.). Pour *Lysionotus* DON.

LIS-JACINTHE. Le *Scilla Lilio-Hyacinthus* L.

LIS JAUNE DES ÉTANGS. Le *Nuphar luteum* SIBTH.

LIS MATHIOLE. Le *Pancratium maritimum* L.

LISOSYRIS (AD. BR.). Orthographe vicieuse pour *Linosyris*.

LIS ROSE DU NIL. Le *Nelumbo speciosa* H. BN.

LIS ROUGE. L'*Amaryllis brasiliensis* ANDR.

LIS DE SAINT-JACQUES. L'*Amaryllis formosissima* L.

LIS SAINT-JEAN. Le *Gladiolus communis* L.

LISSANTHE (R. BR., *Prodr.*, 540). Genre d'Éricacées-Styphéliées, formé de 3 arbustes australiens, à feuilles alternes, obtuses et piquantes, à fleurs en grappes ou en épis, avec une corolle à tube glabre ou poilu et à limbe valvaire, 5-lobé. Il y a 5 étamines et un ovaire à 5 loges uniovulées. Le fruit est drupacé. (*Bot. Reg.*, t. 1275. — *Bot. Mag.*, t. 3147.) [H. BN.]

LISSANTHE (WITTST., *Et. Hdw.*). Pour *Lysanthe* KN. et SOLAND.

LISSOCARPA (BENTH., *Gen.*, II, 671, n. 6). Genre de Styracées, fondé pour un arbuste du nord du Brésil, à feuilles alternes, à fleurs 4-mères, 8-andres; l'ovaire à 4 loges 2-ovulées; le fruit indéhiscent. On dit les étamines unisériées; leurs filets sont monadelphes. Les ovules sont descendants. [H. BN.]

LISSOCHILUS (R. BR., in *Lindl. Coll.*, t. 31). Genre d'Orchidacées-Vandées, formé d'une trentaine d'herbes terrestres, des portions chaudes de l'Afrique, à pseudo-bulbes ovoïdes; les fleurs souvent grandes et belles, à pétales ordinairement plus larges et plus colorés que les sépales; un labelle prolongé à sa base en éperon ou en sac. Les autres caractères sont ceux des Eulophiées en général, et les axes d'inflorescences sont aphylles. (*Bot. Mag.*, t. 2931, 5486, 5861.) [H. BN.]

LISSOSCHILUS (HORNSCH.). Pour *Lissochilus* R. BR.

LISSOSTYLIS (R. BR., in *Trans. Linn. Soc.*, X, 169). Section du genre *Grevillea* R. BR.

LISTEA (MEYEN, in *Nov. Act.*, VI, 2, p. 478). Genre d'Algues-Chlorospermées; synonyme de *Schizosiphon* KUETZ. [CH. M.]

LISTERA (ADANS., *Fam.*, II, 321). Syn. (part.) de *Genista* L.

LISTERA (R. BR., in *Ait. H. kew.*, ed. 2, V [1813], 201). Genre d'Orchidacées-Néottiées, voisin des *Neottia*, mais se distinguant par ses 2 grandes feuilles subopposées, vertes, comme toutes les parties de la plante, son grand labelle pendant et bilobé et une lame qui s'élève sur le dos de l'anthère, parallèlement à elle. *Listera* est synonyme de *Diphryllum* RAFIN., qui a pour lui l'antériorité [1808]. Donc le *L. ovata*, la plus commune et la moins belle de nos Orchidées indigènes, doit prendre le nom de *D. ovatum*. C'est aussi l'*Ophrys ovata* de Linné.

LISTERIA (NECK., *Elem.*, n. 456). Syn. de *Oldenlandia* PLUM.

LISTERIDÆ (LINDL.), LISTERIDEÆ (MEISSN.). Division des Orchidacées-Néottiées.

LISTIA (E. MEY., *Comm. pl. afr. austr.*, 80). Genre de Légumineuses-Papilionacées-Génistées, établi pour une herbe de l'Afrique australe, qui a les fleurs des *Lotononis* et ne se distingue guère de ceux-ci que par sa gousse flexueuse et plissée. (H. BN, *Hist. des pl.*, II, 342.)

LISTROSTACHYS (REICHB. F., in *Bot. Zeit.* [1852], 930). Genre d'Orchidées: section (B. H., *Gen.*, III, 583) du g. *Angræcum*.

LISYANTHEÆ (GRISEB., *Gent.*, 69, 72). Tribu des Gentianées.

LITA (SCHREB., *Gen.*, 795). Synonyme de *Voyria* AUBL.

LITACHNE (P.-BEAUV, *Agrost.*, 135, t. 24, fig. 2). Synonyme de *Olyra* L. et section de ce genre.

LITAMMANI. *Bauhinia* africain (BURCHELL), à racines et à graines qu'on dit comestibles.

LITANTHUS (HARV., in *Hook. Lond. Journ.*, III, 314, t. 9). Genre de Liliacées-Scillées, fondé sur une plante bulbeuse de l'Afrique australe, qui a une fleur solitaire, pédonculée, à périanthe cylindrique, avec 6 étamines, un ovaire à 3 loges ∞-ovulées, un fruit capsulaire. (*Bot. Mag.*, t. 5095.) [H. BN.]

LITCHI (SONNER., *Voy.*, t. 129). Synonyme de *Nephelium* L. C'est aussi le nom français (LAMK) des *Euphoria* JUSS.

LITHAGROSTIS (GÆRTN., *Fruct.*, I, 7, t. 1). Synon. de *Coix* L.

LITHI. Au Chili, le *Laurus caustica*. Synonyme de *Litre*.

LITHOBIUM (BONG., in *Mém. Ac. Pétersb.*, sér. 6, II, *Bot.*, 140, t. 8, fig. 2). Genre de Mélastomacées-Mélastomées, établi pour une toute petite herbe du Brésil, voisine des *Castratella* et des *Eriocnema*, mais à fleurs 3-mères et 6-andres, à fruit capsulaire 3-loculaire. (H. BN, *Hist. des pl.*, VII, 43.)

LITHOBROCHIA (AD. BR.). Pour *Litobrochia* PRESL.

LITHOCARPELLA (REICHB., *Consp.*, 56). Section du genre *Scleria* BERG.

LITHOCARPUS (BL., *Hort. buitenz.*, ex BISCH.). Synonyme de *Styrax Benzoin* L.

LITHOCARPUS (BL., *Fl. jav.*, *Cupul.*, 34, t. 20). Section du genre *Quercus* T. (H. BN, *Hist. des pl.*, VI, 230.)

LITHOCARPUS (TARG., ex STEUD., *Nom.*, I, 170; II, 56). Nom générique proposé pour le *Cocos lapidea* GÆRTN.

LITHOCIA (GRAY). Pour *Lithoicea* ACHAR.

LITHOCYSTIS (W. HARV., *Phyc. brit.*, t. CLXVI). Genre d'Algues, de la famille des *Spongiteæ*, d'après Kützing; mais en réalité de la grande tribu des Corallinées, famille des *Melobesieæ*. Le *Lithocystis* est une Algue essentiellement parasite, et que l'on rencontre surtout sur le *Chrysymenia clavellosa*. Pour certains auteurs, le *Lithocystis* serait pour les eaux marines ce que le genre *Coleochæte* est pour les eaux douces. Kützing considère ce genre comme synonyme de *Harpalidium*. [CH. M.]

LITHODERMOMYCES (BATT., *Fung. agr. arimin.*, 62, XXIV). Le *Schizophyllum commune* FR., développé sur une pierre.

LITHODESMIUM (EHRENB., *Leb. Kreidethierchen* [1840], 75). Genre d'Algues-Conjuguées, de la famille des Néodiatomacées. Kützing les avait placées dans l'ordre des *Anguliferæ*; nos auteurs modernes en ont fait avec raison une division des Biddulphiées, section des Crypto-Raphidées. Les valves du frustule sont triangulaires, à angles renflés, élevés et terminés par un piquant robuste. Les frustules sont à peine siliceux, réunis en un long filament et reliés en série par une cellulose. Une seule espèce marine constitue ce genre. (Voy. VAN HEURCK, *Synops. Diat. Belg.*, 202; *Atl.*, CXVI, fig. 8, 11.) [CH. M.]

LITHODORA (GRISEB., *Spicil. Fl. rumel.*, II, 85). Synonyme de *Lithospermum* L.

LITHOFRAGMA (NUTT., in *Journ. Ac. Philad.* [1834], VII, 26). Section du genre *Tellima* R. BR.

LITHOGRAPHA (NYL., *Class. Lich.*, *Synop. Meth. Lich.*, 66). Genre de Lichens, qui constitue, avec les *Xylographa* et *Agyrium*, la tribu des Xylographidées, des Lichens-Placoïdes. Les apothécies de ces Lichens ont deux ou trois millimètres; elles sont oblongues, saillantes, très ouvertes, noires, dures. Les thèques sont larges, suboblongues, à spores ovoïdes, incolores, petites, nombreuses; les paraphyses sont filiformes. Les *Lithographa* se rencontrent sur l'écorce des Ormes. [CH. M.]

LITHOICEA (RABENH., *Exs.*, fasc. 16, n. 466). Genre de Lichens, que nous devons simplement considérer comme synonyme de *Verrucaria* WIGG.

LITHONEMA (HASS., *Freshw. Alg.*, 265, n. 1, t. LXV, f. 2). Genre d'Algues, appartenant à la famille des *Rivulariaceæ* et synonyme de *Zonotrichia* AGH. [CH. M.]

LITHONTRIBION. Nom ancien de la Turquette.

LITHOPHILA (SW., *Fl. ind. occ.*, I, 47, t. 1). Section du genre *Alternanthera* FORSK.

LITHOPHRAGMA (TORR. et GR., *Fl. N.-Amer.*, I, 583). Synonyme de *Tellima* R. BR. et section de ce genre (H. BN, *Hist. des pl.*, III, 329.)

LITHOPHRAGMELLA (TORR. et GR., *Fl. N.-Amer.*, I, 585). Section du genre *Lithophragma* TORR. et GR., dont le type est le *Saxifraga californica* NUTT.

LITHOPHYLLEÆ (ZANARD., *Riv. Corall.*, 37. — TREVIS., *Algh. coccot.*, 108). Tribu des Algues-Centrothalamées.

LITHOPHYLLUM (PHIL., in *Wiegm. Arch.* [1837], III, 738). Ce genre d'Algues, de la famille des Corallinées, a été formé, partie des espèces enlevées au genre *Melobesia*, partie des espèces séparées du genre *Spongites*. Il renferme des espèces qui croissent les unes sur les pierres, les autres en parasites sur d'autres plantes marines. La fronde calcaire de ces Algues est plus épaisse que celle des *Melobesia;* elle est primitivement orbiculaire. Ses lobes sont imbriqués, dressés; et, par leur disposition, la fronde rappelle assez le thalle des Lichens des genres *Parmelia* et *Sticta*. Elle est composée de plusieurs couches de cellules superposées. Celles des couches supérieures sont subhexagonales; les plus inférieures allongées régulièrement, superposées en zones transversales. Les conceptacles renferment des spores hémisphériques, répandues sur toutes les parties de la fronde, et qui se dressent du fond du cystocarpe. Ces spores se divisent en croix. (Voy. ROSANOFF, *Rech. sur les Melobésiées*, in *Mém. Soc. Cherb.* [1866], XII, 24.) [CH. M.]

LITHOPHYTON, LITHOPHYTOIDES (MARCH., in *Mém. Ac. sc. Par.* [1711], 100). Sphériacés du genre *Hypoxylon*.

LITHOPHYTON (T., *Inst.*, 573, t. 341). Syn. de *Lithoxylum* L.

LITHOPHYTON. Nom ancien du *Corallina officinalis* L.

LITHOSANTHUS (WALP.). Pour *Litosanthes* BL.

LITHOSCIADIUM (TURCZ., *Fl. baic.-dahur.*, I, 489). Synonyme de *Selinum* L. et section du genre *Meum* T. (H. BN, *Hist. des pl.*, VII, 210.)

LITHOSMUNDA (LLUID., *Lithoph. brit. Icon.*, 12, t. 4, fig. 189). Synonyme de *Nevropteris* AD. BR.

LITHOSPERMA (HASSK.). Pour *Lithospermum* T.

LITHOSPERMÉES (*Lithospermeæ* D. DON, in *Edinb. N. Phil. Journ.* [1832], XIII, 240). Tribu des Boraginacées.

LITHOSPERMUM (T., *Inst.*, 137, t. 55). Voy. GRÉMIL.

LITHOSPERMUM (SPACH, *Suit. à Buff.*, IX, 31). Synonyme de *Ægonychon* GRAY.

LITHOSPERMUM ARUNDINACEUM (DALECH.). Le *Coix Lacryma* L. ou *Larme de Job*.

LITHOTHAMNION (PHIL., in *Wiegm. Arch.* [1837], I, 387). Algues-Floridées, de la famille des Corallinées, de la tribu des *Melobesieæ*. Les espèces de ce genre sont caractérisées par une fronde horizontale dans laquelle se trouvent les kéramidies, qui sont comme immergées. Elle est, comme chez toutes les Corallinées, chargée d'une substance calcaire, dressée, avec un hypothalle crustiforme, et constituée par deux couches de cellules. Le strate cortical est formé de cellules hexagonales, et le strate intérieur de cellules oblongues, allongées, superposées et placées en zones transversales. Le périspore est oblong et renferme des spores qui se divisent par quatre et en zones. Le *Lithothamnion polymorphum* ARESCH. possède des corpuscules mâles absolument semblables à ceux des Corallines. Une douzaine d'espèces constituent ce genre. (Voy. ROSANOFF, in *Mém. Soc. Cherb.* [1866], XII, 33.) [CH. M.]

LITHOXYLON (ENDL., *Gen.*, 1122). Synon. (?) de *Actephila* BL.

LITHOXYLUM (L., *Hort. Cliff.*, 480). Genre de Lithophytes. (GLED., *Berl.* [1749], V, 135.)

LITHRÆA (MIERS, *Trav. Chil.*, II, 529). Synonyme de *Rhus* L.

LITHYMENIA (ZANARD., *Icon. Adr.*, 127, t. XXX). Genre d'Algues-Floridées, de la famille des *Squammarieæ*, voisin du genre *Peyssonnelia* DCNE; caractérisé par une fronde calcaire, encroûtée, horizontale, suborbiculaire et présentant les fructifications à la partie supérieure. Elle est composée de deux couches : les cellules qui forment la première série de la base horizontale sont rayonnantes, flabelliformes; les cellules supérieures sont verticalement superposées, comme des filets articulés et atténués inférieurement, dichotomes, fastigiés et entourés d'un mucus peu dense. Les organes de fructification sont développés dans des némathécies dénudées qui se produisent à la surface et qui ont l'aspect de taches. Les cystidies sont oblongues, stipitées, à spore obovoïde unique ou quelquefois double. (J.-G. AGH, *Spec., gen. et ord. Alg.*, III, 385.) [CH. M.]

LITOGYNE (HARV., *Thes. cap.*, III, 48). Synonyme de *Epaltes* CASS. (H. BN, *Hist. des pl.*, VIII, 190, not. 6.)

LITONGS. Nom africain du *Strychnos (Brehmia) spinosa* LK.

LITOPHILA (J. — AGH. — REICHB.). Pour *Lithophila* SW.

LITOSANTHES (BL., *Bijdr.*, 994. — B. H., *Gen.*, II, 131). Section du genre *Uragoga* L., à petites fleurs, solitaires ou géminées, axillaires, à ovaire 4-loculaire. Espèce de Java. (H. BN, in *Adansonia*, XII, 334; *Hist. des pl.*, VII, 286.)

LITOSIPHON (W. HARV., *Phyc. brit.*, I, 10). Genre d'Algues, série des *Melanospermeæ*, caractérisé par une fronde non ramifiée, cylindrique, filiforme, cartilagineuse, puis tubulaire. Elle est composée de plusieurs couches de cellules : la surface est aréolée; les sporanges uniloculaires sont répandus irrégulièrement sur la fronde, et ils sont globuleux. On rapproche ce genre des *Asperococcus;* il nous paraît plutôt voisin des *Punctaria*. (THUR. et BORN., *Et. phyc.*, 15, 17.) [CH. M.]

LITOTHECIUM (PERS., *Tent. disp.*, 17). Ordre des *Gymnothecii*, comprenant plusieurs genres de Champignons.

LITRE. Nom brésilien du *Lithræa venenosa* MIERS.

LITRIA (HOOK.). Pour *Lithræa* MIERS.

LITSÆA (K. — PERS. — BL.). Pour *Litsea* LAMK.

LITSÆEÆ (REICHB., *Nom.*, 70). Division des Lauracées.

LITSÉ. Nom français (LAMK) des *Litsea*. — Voy. TETRANTHERA.

LITTÆA (BRIGN., in *Bibl. ital.*, I, 100). Synonyme de *Agave*.

LITTANELLA (ROTH). Pour *Littorella* L.

LITTLE UMBELLED CABBAGE-TREE, LITTLE BASTARD GUMWOOD. Noms, à Sainte-Hélène, de l'*Aster gummiferus* HOOK. F.

LITTORELLEÆ (REICHB.), **LITTORELLIDEÆ** (GRAY). Division des Plantaginées (genre *Littorella*). — Voy. PLANTAIN.

LITTY. Nom, au Soudan, d'une variété de Gomme.

LITUARIA (RIESS, in *Bot. Zeit.* [1853], 136). Genre d'Hyphomycètes-Tuberculariés. Le *L. stigmatea* RIESS, la seule espèce connue, se rencontre sur les vieilles écorces d'Ormeau tombées à terre; elle se présente sous la forme d'un globule blanc, punctiforme, hérissé de sporophores simples et portant des conidies hyalines, courbées en fer à cheval. [DE S.]

LIUNG. Nom scandinave des Bruyères.

LIUTO. Synonyme de *Ligtu*.

LIVÈCHE, L. OFFICINALE. Noms de l'*Angelica Levisticum* ALL.

LIVERKRIND. En Hollande, l'*Agrimonia Eupatoria* L.

LIVISTONA (R. BR., *Fl. Nov.-Holl.*, 267). Genre de Palmiers-Coryphinées, caractérisé par : spathes en nombre variable, incomplètes; fleurs hermaphrodites, sessiles ou courtement pédicellées, formées d'un calice trifide, d'une corolle tripartite, valvaire, de six étamines à filets unis ou bien plus ou moins distincts, d'un ovaire tricarpellé, surmonté de styles filiformes et de stigmates capités plus ou moins adhérents. Les ovules sont solitaires et dressés. Le fruit est une baie, ordinairement formée d'un seul carpelle arrivé à maturité, contenant une seule graine à albumen corné, creux, à embryon dorsal ou sub-basilaire. Tige rarement élevée, à feuilles terminales, engainantes, flabelliformes. On en connaît une douzaine, qui habitent, les unes la Nouvelle-Hollande, les autres la Chine australe, l'Inde, la Cochinchine, etc. Le *L. inermis* R. BR., de la Nouvelle-Hollande, nommé par les Anglais *Cabbage-Palm*, offre des bourgeons comestibles. Ses jeunes feuilles sont employées pour tresser des chapeaux. (Voy. MART., *Hist. Palm.*, 209, 319.) [L.]

LIVISTONIA (POIR. — SPRENG.). Pour *Livistona* R. BR.

LIZARI. Nom levantin de la Garance tinctoriale.

LIZET. Nom ancien des Liserons.

LIZIUM (GMEL., *Fl. sibir.*, I, 41). Synonyme de *Lilium* T.

LIZONIA (CES. et de NOT., *Schem. Sfer.*, 41). Genre de Sphériacés, à périthèce ovoïde, glabre, coriace, membraneux, muni d'un très petit ostiole. Les thèques claviformes contiennent de grandes spores disciques, oblongues, inéquilatérales, d'abord hyalines, puis teintées de brun. On ne connait qu'un petit nombre d'espèces de ce genre, foliicoles, d'Europe et de la Nouvelle-Zélande. [DE S.]

LLAGUNOA (R. et PAV., *Prodr.*, 126, t. 28). Genre de Sapindacées-Sapindées, comprenant 3 herbes du Chili, du Pérou et de la Colombie, à fleurs monoïques,

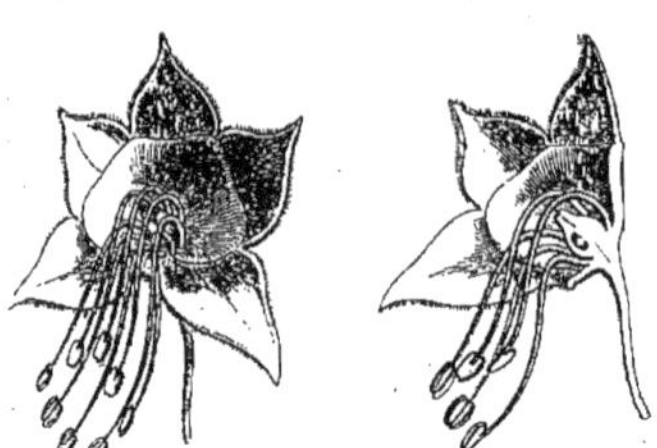

Llagunoa. — Fleur, entière et coupe longitudinale.

apétales, 8-andres; l'ovaire à 3 loges 2-ovulées. Le fruit est capsulaire. Les feuilles sont alternes, 3-foliolées, et les fleurs sont disposées en courtes grappes axillaires. (C. GAY, *Fl. chil.*, t. 11. — H. BN, *Hist. des pl.*, V, 357, 412, fig. 370, 371.)

LLARETA. Nom chilien des *Laretia* GILL. et HOOK.

LLARETA DE COQUIMBO. Au Chili, l'*Azorella madreporica*.

LLAUPANKE (FEUILL., *Journ.*, II [1714], 742, t. 31). Synonyme de *Francoa* CAV.

LLAVEA (LIEBM., in *Kjoben. Ved. Meddel.* [1853], 95). Genre mal connu, rapporté avec doute aux Célastracées et fondé pour deux arbustes rameux du Mexique, à fleurs pentamères, apétales, à ovaire 3-loculaire et ∞-ovulé. Le fruit sec est pourvu de 3 larges ailes. (H. BN, *Hist. des pl.*, VI, 21, not. 11.)

LLAVEA (PL., in *Fl. des serres* [1849]). Synonyme de *Meliosma* BL.

LLERASIA (TRI., in *Ann. sc. nat.*, sér. 4, IX, 37). Synonyme de *Vernonia* SCHREB.

LLITHI (FEUILL., *Obs.*, III, t. 23). Synonyme de *Lithræa* ENDL.

LLOYDIA (NECK., *Elem.*, I, 4). Synon. (?) de *Printzia* CASS.

LLOYDIA (SALISB., in *Trans. Hort. Soc. Lond.*, I, 328). Genre de Liliacées-Tulipées, formé de 2 herbes bulbeuses, d'Europe, d'Asie et d'Amérique, distingué par un périanthe à 6 folioles, finalement étalées, pourvues à leur base d'une fossette ou d'un pli transversal. Les 6 étamines ont des anthères dressées, basifixes, ovales-oblongues. La tige est humble, grêle, 1, 2-flore au sommet. Le *L. serotina* se trouve en France dans les Alpes. (REICHB., *Ic. Fl. germ.*, t. 440. — HOOK., *Icon.*, t. 834.) [H. BN.]

LO. A Ualang, l'*Hibiscus* (*Paritium*) *tiliaceus* L.

LOADWORT. En Angleterre, le *Plumbago europæa* L.

LOÆJA. En Arabie, l'*Aristolochia sempervivens* L. et l'*Ophiorrhiza lanceolata* FORST.

LOASA (ADANS., *Fam. des pl.*, II, 501). Genre de Dicotylédones-Dialypétales, à fleurs hermaphrodites, le réceptacle tubuleux, ovoïde ou subglobuleux, logeant l'ovaire infère et portant sur les bords 5 sépales, 5 pétales, cucullés ou sacciformes, imbriqués, parfois connivents en corolle campanulée. Les étamines sont nombreuses et disposées en 5 faisceaux oppositipétales. Il y a de plus 2-5 écailles alternipétales, et 10 staminodes opposés par paires à ces écailles. Il y a 3-5 placentas pariétaux, ∞-ovulés. Le fruit est capsulaire, droit ou tordu, à 5-10 valves. Les graines sont albuminées. Ce sont des herbes dressées ou volubiles, hispides, à soies souvent brûlantes. Les

Loasa. — Branche florifère.

feuilles sont opposées ou alternes, entières, lobées ou décomposées. Les fleurs sont axillaires ou latérales, souvent disposées en grappes ou en cymes plus ou moins composées. On

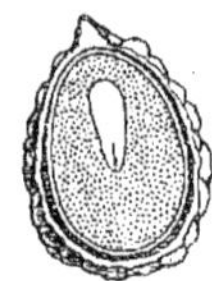

Loasa. — Fleur. Graine, entière et coupe longitudinale.

cultive plusieurs *Loasa* dans nos jardins botaniques. Tous sont de l'Amérique chaude. (H. BN, *Hist. des pl.*, VIII, 458, 465, fig. 305-308.)

LOASACÉES (*Loasaceæ* J., in *Ann. Mus. Par.*, V, 18). Famille placée près des Cucurbitacées, quoique la corolle y soit assez souvent gamopétale. Mais l'ovaire est infère, et la placentation souvent pariétale. Les graines y sont albuminées, et les étamines groupées en faisceaux, sauf toutefois dans les Gronoviées, série de la famille à androcée isostémoné. Nous n'y avons conservé que 9 genres, distribués dans deux séries des Loasées et des Gronoviées. (H. BN, *Hist. des pl.*, VIII, 458, *Fam.* 69.)

LOASELLA (H. BN, in *Bull. Soc. Linn. Par.*, 650). Genre de

Loasacées, créé pour une petite herbe hispide du Mexique qui croît dans les rochers et qui se distingue par une corolle tubuleuse, à limbe 5-lobé. Les étamines, en nombre considérable, s'insèrent à toutes hauteurs sur le tube de la corolle. Elles ont un filet court et une courte anthère biloculaire, introrse. La plante hispide a des feuilles lobées de *Geranium* et des cymes unipares pauciflores. Ce genre semble rappeler le *Sympetaleia*, qui aurait, dit-on, beaucoup moins d'étamines.

LOASIBEGONIA (A. DC., *Prodr.*, XV, part. I, 389). Section du genre *Begonia* L.

LOBADIUM (RAFIN., in *Journ. Phys.*, LXXXIX, 98). Synonyme de *Rhus* L.

LOBAG. Racine des Philippines (CAMELLI), purgative, fébrifuge, alexipharmaque, etc.

LOBANTHES (DUN., in *DC. Prodr.*, XIII, p. I, 174). Sous-section du genre *Polymeria* R. BR.

LOBARIA (DC., *Fl. franç.*, II, 404). Genre de Lichens, qui n'a pas été admis, et dont les nombreuses espèces ont été réparties dans les genres *Parmelia*, *Physcia*, *Sticta*, etc. Acharius avait placé les *Lobaria* parmi les Lichens foliacés.

LOBARIA (HAW., *Enum. Saxifr.*, 18). Synonyme de *Miscopetalum* HAW.

LOBBIA (PL., in *Hook. Lond. Journ.*, VI, 144, t. 3). Synonyme de *Thottea* ROTTB.

LOBE, d'où LOBÉ (*lobus*, *lobatus*). Divisions des organes végétaux, plus profondes que les dents et de configuration variable.

L'OBEL (Mathias de), en latin *Lobelius*, né à Lille en Flandre [1538], mort à Londres en 1616, a écrit en 1576 son *Plantarum seu stirpium Historia*, imprimé à Anvers par Plantin. En 1581, il donna son *Plantarum seu stirpium Icones*, dont une deuxième édition [1591] porte le titre de *Icones stirpium s. plantarum tam exoticarum quam indigenarum*, etc. En 1665, parut son livre posthume : *Stirpium illustrationes*, publié par G. How.

LOBELEÆ (LINDL., *Veg. Kingd.*, 693). Tribu des Lobéliacées.

LOBELIA (PRESL, *Mon. Lobel.*, 33). Synonyme de *Siphocampylus* POHL.

LOBÉLIACÉES, LOBÉLIÉES. On a fait des Lobéliacées une famille de plantes gamopétales. Aujourd'hui, ce sont des Lobéliées, tribu de la famille des Campanulacées, à fleurs irrégulières, parfois résupinées, avec des étamines souvent unies par le bord des anthères. L'ovaire est infère ou en partie supère, à 1, 2 loges. Le fruit est sec ou charnu. Ce sont des plantes herbacées ou plus rarement ligneuses, laiteuses, à feuilles ordinairement alternes, à fleurs solitaires ou disposées en grappes terminales. Le groupe comprend 12 genres. (H. BN, *Hist. des pl.*, VIII, 318.)

LOBÉLIE (*Lobelia* L., *Gen.*, n. 1006). Genre de Campanulacées irrégulières, à fleurs hermaphrodites ou polygames, d'ordinaire résupinées, ordinairement à ovaire infère. Plus rarement il ne l'est qu'en partie. Le calice est 5-mère, comme la corolle irrégulière, qui est valvaire ou subindupliquée, gamopétale ou dialypétale. Les étamines, à anthères souvent dissemblables, sont collées par le bord de celles-ci en un tube que traverse le style. L'ovaire a 2 loges ∞-ovulées, et le fruit est, comme lui, 2-loculaire, loculicide. Les graines sont nombreuses et albuminées. Les Lobélies habitent, au nombre de 250, toutes les régions chaudes et tempérées du globe. Elles sont herbacées ou suffrutescentes, à suc laiteux, à feuilles alternes, à fleurs axillaires ou en grappes. Le *L. urens* L., espèce indigène, est âcre et vénéneux. Les *L. inflata*, *syphilitica*, etc., de l'Amérique du Nord, ont une grande réputation comme médicaments. (H. BN, *Hist. des pl.*, VIII, 328, 351, 362, fig. 162-169 ; *Tr. Bot. méd. phanér.*, 1152, fig. 3009-3016.)

LOBELIOIDES (A. DC., *Monogr. Campanul.*, 157). Section du genre *Wahlenbergia* SCHRAD.

LOBIFLORÆ (REICHB., in *Mœsl. Handb.*, I, XXX). Ordre des *Sympetalæ*, comprenant les *Tubiferæ* et *Limbatæ*.

LOBIOLATÆ (AGH., *Aphor.*, 92). Division des Lichens.

LOBIOLE. Les petits lobes du thalle de certains Lichens.

LOBLOLLY. Nom, aux États-Unis, du *Pinus Tæda* L. et du *Pisonia subcordata* Sw.

LOBOCARPUS (WIGHT et ARN., *Prodr.*, 7). Synonyme de *Glochidion* FORST.

LOBOCHLÆNA (FÉE, *Gen. Fil.*, 315). Sous-genre du genre *Cardiochlæna* FÉE.

LOBOLOBO. Au Brésil, un *Conohoria* potager.

LOBON. Nom grec ancien du *Genista* (*Sarothamnus*) *scoparia*.

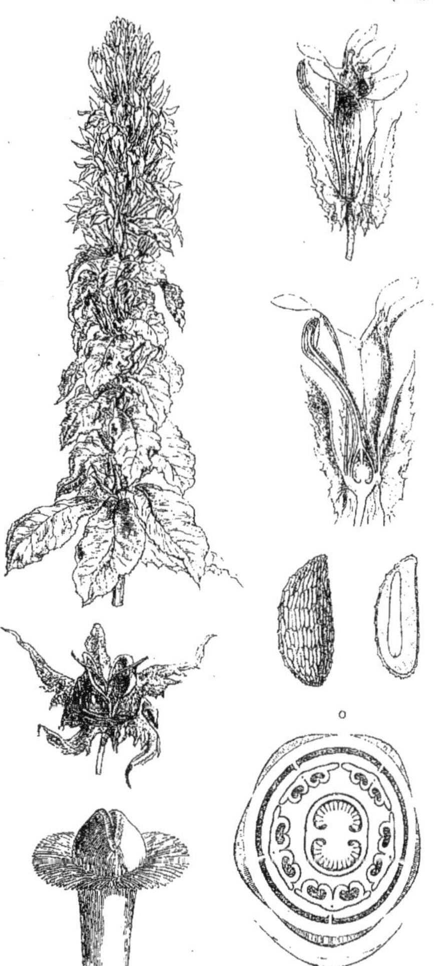

Lobélie. — Branche florifère. Fleur, entière et coupe longitudinale. Diagramme. Sommet du style. Fruit déhiscent. Graine, entière et coupe longitudinale.

LOBONDRO. Nom provençal des *Lavandula*.

LOBOPHYLLUM (F. MUELL., in *Hook. Kew Journ.*, IX, 21). Synonyme de *Coldenia* L.

LOBOPOGON (SCHLCHTL, in *Linnæa*, XX, 620). Synonyme de *Brachyloma* SOND.

LOBOPTERA (COLLA, in *Mem. Tor.*, X, 221). Synonyme de *Columnea* PLUM.

LOBOSPERMUM (RŒM., *Fam. nat. Syn.*, II, 16, 94). Section du genre *Trichosanthes* L.

LOBOSPIRA (ARESCH., *Phyc. scand.* [1850]). Genre d'Algues-Floridées, de la famille des Dictyotées, qui présente cette particularité que les spores et les anthéridies naissent sur des individus distincts : ce qui ne se rencontre point dans la plupart des genres. (Voy. THUR. et BORN., *Etud. phyc.*, 55.) [CH. M.]

LOBOSTEMON (ENGELM.). — Voy. CUSCUTE.

LOBOSTEMON (LEHM., in *Linnæa*, V, 378, t. 5). Genre de Boraginacées-Boragées, comprenant une cinquantaine d'herbes ou de sous-arbrisseaux de l'Afrique australe, distingués par une corolle tubuleuse-infundibuliforme, à gorge nue ; des étamines exsertes, à filets souvent pourvus à la base d'écailles ou de poils ; un style entier. Les achaines sont dressés et ont une aréole basilaire large et plane. On a souvent décrit ces plantes sous le nom d'*Echium*, et De Candolle (*Prodr.*, X, 5, 13) n'en a fait qu'une section de ce genre. [H. BN.]

LOBULARIA (DESVX, *Journ. Bot.*, III, 172). Section du genre *Alyssum* L.

LOBUS. Nom ancien de plusieurs gousses, notamment de celles du Courbaril et des *Guilandina*. Le *L. brasilianus ingens* BAUH. est l'*Entada Gigalobium* DC.

LOBUS AROMATICUS. Nom donné par Clusius à la Vanille.

LOBUS ECHINOIDES. Nom (CLUSIUS) du *Cæsalpinia* (*Guilandina*) *Bonducella* ROXB.

LOCALISÉES (inflorescences). Nom que nous donnons à celles dont l'axe, au lieu de se détruire après la floraison, persiste et reproduit ultérieurement des fleurs au même lieu (*Sperlingia*, *Erythrochiton*, *Cusparia*, *Pleurothallis*, etc.). [H. BN.]

LOCANDI (ADANS., *Fam. des pl.*, II, 449). Synonyme de *Samandura* L. Steudel écrit *Locardi*.

LOCELLINA (GILLET, *Champ. Fr.*, II, 429). Genre d'Agaricinés, voisin des *Volvaria*, à volve persistante, et à collier aranéeux, comme dans les Cortinaires. Il diffère des *Volvaria* par la disposition adnée des lamelles et la couleur fuscescente des spores. On peut en compter deux espèces, dont une française et l'autre australienne. Quant à l'*A. acetabulosus* Sow., rapporté comme synonyme, c'est un Coprin. [DE S.]

LOCELLUS (*logette*). Subdivisions des loges.

LOCHE. Pour Laiche.

LOCHEMIA (ARN., in *Ann. sc. nat.*, sér. 2, XI, 172). Synonyme de *Riedlea* VENT.

LOCHERIA (NECK., *Elem.*, I, 41). Synon. (?) de *Verbesina* L.

LOCHERIA (RGL, in *Flora* [1848], 251). Synonyme de *Achimenes* P. BR. (H. BN, *Hist. des pl.*, X, 82.)

LOCHIA (BALF. F., in *Proc. Roy. Soc. Edinb.*, XIII [1883], 409; *Bot. of Socot.*, 252, t. 84). Genre de Caryophyllacées, voisin des *Gymnocarpos*, à fleurs 5-mères; le réceptacle (?) obconique-anguleux, avec 5 sépales mucronés ; 5 étamines périgynes, alternant avec autant de staminodes sétiformes ; un ovaire uniloculaire, surmonté d'un style à sommet bifide, et un seul ovule, supporté par un long funicule basilaire. Le fruit est membraneux et se rompt finalement à sa base. Le *L. bracteata* est un petit arbuste de Socotora, à feuilles opposées, sessiles, épaisses, étroites ; à stipules interpétiolaires connées, hyalines ; à petites fleurs disposées en cymes terminales, accompagnées de bractées brunes qui rendent, dit-on, la plante très jolie. (H. BN, *Hist. des pl.*, IX, 124.)

LOCHMOCYDIA (MART., herb.). Synonyme de *Nouletia* ENDL.

LOCHNER (Mich.-Fried.). Mort à Nuremberg en 1720, à l'âge de cinquante-huit ans, écrivit [1713] Μηκωνοπαίγνιον, *sive Papaver*, etc. (In-4 de 182 p. et 30 pl.), *Mungos animalculum et radix descripta* [1715], *Nerium sive Rhododaphne*, etc. [1716], *Commentatio de Ananasa*, etc. [1716], de *Acriviola*, etc. [1717], et *Schediasma de Parreira brava*, etc. [1719], in-4 de 86 p. et 6 pl.

LOCHNERA (REICHB., *Consp.*, 134). Synon. de *Vinca* et sect. de ce genre; le type est le *V. rosea*, Pervenche de Madagascar.

LOCHNERIA (SCOP., *Introd.*, 271). Syn. de *Elæocarpus* GÆRTN.

LOCKHARTIA (HOOK., in *Bot. Mag.*, t. 2715). Genre d'Orchidacées-Vandées, comprenant une dizaine d'herbes épiphytes, non bulbeuses, de l'Amérique, dont la fleur a les caractères généraux de celles des Sarcanthées, avec un labelle plus long que les sépales et étalé dès la base ; un clinandre court; des pollinies souvent libres. Les grappes sont composées ou subsolitaires. (*Bot. Reg.*, t. 1806. — *Bot. Mag.*, t. 5592.) [H. BN.]

LOCO (PIS.). Plante maritime du Brésil, indiquée comme remède de la pierre, des ulcères, des tumeurs syphilitiques, etc.

LOCRO. — Voy. ABATI.

LOCULAMENTUM. Synonyme de *Loculus*.

LOCULAR. Le *Triticum monococcum* L.

LOCULICIDE (*loculicidus*). Déhiscence dans laquelle les loges s'ouvrent suivant leur ligne médiane ; elle est complète ou incomplète.

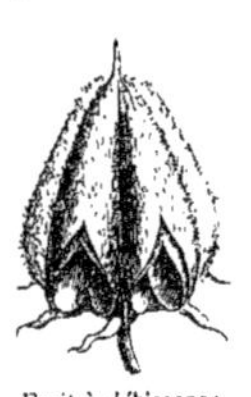
Fruit à déhiscence loculicide incomplète.

LOCUSTA (RIV. — MED., *Phil. Bot.*, I, 55). Synonyme de *Valerianella* T. Nom ancien de la Mâche potagère.

LOCUSTE (*Locusta*). Synonyme d'Épillet. — Voy. GRAMINÉES.

LOCUST-TREE. Nom anglais du Caroubier, du Courbaril, du *Robinia Pseudoacacia* L.

LODDIGES (Conrad). Célèbre horticulteur de Londres, publia des Catalogues des plantes cultivées dans son établissement [1814-1836], les Orchidées de ses collections [1818-24], et surtout le *Botanical Cabinet* [1818-24], recueil de figures coloriées des végétaux cultivés les plus intéressants.

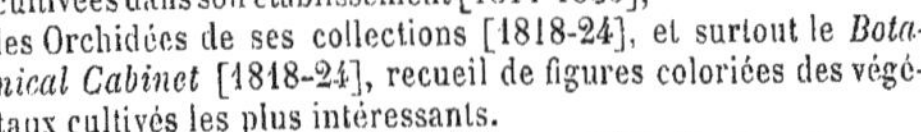

LODDIGESIA (SIMS, in *Bot. Mag.*, t. 965). Section du genre *Hypocalyptus* THUNB., à étendard plus court que la carène. (H. BN, *Hist. des pl.*, II, 336.)

LODHRA. Section du genre *Symplocos* (B. H., *Gen.*, II, 668). Pour Guillemin, le genre *Lodhra* était distinct (*Ann. sc. nat.*, sér. 2, XV, 161). C'est aussi un synonyme de *Boba* ADANS.

LODICULARIA (PAL.-BEAUV., *Agrostogr.*, 108, t. 21, fig. 6). Synonyme (?) de *Hemarthria* R. BR.

LODICULE (*Lodicula*). Synonyme de Glumellule ou Paléole.

LODOICEA (LABILL., in *Ann. Mus.*, IX, 140, t. 13). Genre de Palmiers-Borassées, voisin des *Borassus*, avec les mêmes fleurs mâles logées en grand nombre dans les alvéoles des ramifications du spadice, mais avec de nombreuses étamines (24-36). Le fruit de la seule espèce connue (*L. Seychellarum*) est gros, à 1-3 loges, souvent bilobé (*Cul de négresse*), à noyau 2-6-lobé, à graine pourvue d'un albumen corné et creux. Ce Palmier a des feuilles palmées-flabellées, et d'énormes spadices sortant des fentes des gaines foliaires. Son fruit se nomme encore *Coco de mer*, *C. des Seychelles* (*Nuces indicæ*). Il sert à fabriquer la *Vaisselle de l'île Praslin*, c'est-à-dire des récipients solides et de formes variées. L'albumen est comestible, astringent, aphrodisiaque, dit-on. Les fibres de ces arbres, aujourd'hui assez rares, servent à tisser une foule d'objets de luxe, très délicats. (MART., *Hist. nat. Palm.*, t. 109, 122. — *Bot. Mag.*, t. 2734-2738. — H. BN, in *Dict. enc. sc. méd.*, sér. 2, III, 2.)

LODONO. Nom espagnol du Micocoulier.

LOEFLING (Pehr). Né en 1729 à Tollforsbrug, fit partie de la mission de Merercuri au Venezuela et y mourut en 1756. Il a publié le résultat de son voyage sous le nom de *Iter hispanicum*, etc. [1758], traduit en allemand par Kœlpin. Il fut en correspondance avec Linné, auquel on attribue encore aujourd'hui à tort la plupart des genres établis par Lœfling.

LOEFLINGA (HEDW.). Pour *Lœflingia* L.

LOEFLINGIA (L., *Gen.*, n. 52). Genre de Caryophyllacées-Polycarpées, formé de 2, 3 herbes annuelles de la région méditerranéenne, de l'Asie et de l'Amérique boréale, distingué par des fleurs 5-mères, à 3-5 pétales minimes (ou nuls); les sépales rigides et portant une dent de chaque côté. (A. GRAY, *Gen. ill.*, t. 106. — H. BN, *Hist. des pl.*, IX, 117.)

LOEFLINGIACEÆ (WALP.). Synonyme de *Lœflingieæ* REICHB.

LOEFLINGIEÆ (REICHB., *Handb.*, 235). Section des Illécébrées.

LOEHR (Matt.-Jos.). Apothicaire de Cologne [1800-1864], auteur d'un *Flora von Coblenz* [1838] et d'un *Taschenbuch der Flora von Trier und Luxemburg* [1844]. En 1852, il publia un *Enumeratio der Flora von Deutschland*, etc., et en 1860 un *Botanischer Führer zur Flora von Köln* (in-8 de 323 p.).

LOENDRO. En Portugal, le Laurier-Rose (*Nerium Oleander* L.).

LOEOIPEDES (FR., *Epicr.*, 2e, 119). Section des Agaricinés-Leucosporés, du sous-genre *Collybia*.

LOERTSCH. Nom, en Suisse, de la Térébenthine du Mélèze.

LOESÈLE. Nom français (LAMK) des *Lœselia* L.

LOESELIA (L., *Gen.*, n. 348). Genre de Polémoniacées, voisin des Polémoines, distingué par des étamines nues et déclinées; un calice à 5 angles, accompagné de bractées dentées ou épineuses-ciliées; une corolle à limbe irrégulièrement étalé, et 2-∞-ovules dans chaque loge. Ce sont des herbes des deux Amériques, parfois suffrutescentes, à feuilles alternes, dentées, à fleurs axillaires ou en épis terminaux. On en distingue 6, 7 espèces, parfois cultivées dans nos jardins. (REG., *Gartenfl.*, t. 643. — KN. et WESTC., *Fl. Cab.*, t. 99.) [H. BN.]

LOESELIUS (Joh.). Professeur de Kœnigsberg [1605-1655], écrivit en 1654 un Catalogue des plantes de Prusse, d'après un manuscrit de son père. Son *Flora prussica* (in-4 de 294 p. et 85 pl.) fut publié posthume [1703], par les soins de J. Gottsched.

LOEUILLART-D'AVRIGNI (A.-E.-C.). A écrit, à Paris [1821], des *Principes de botanique médicale* (in-12 de 371 p.).

LŒVIGIA (KARST. et TRI., in *Linnæa*, XVIII, 434). Genre proposé pour le *Monochætum Bonplandi* NON.

LOEW (K.-Fried.). Médecin de Vienne [1699-1741], a composé une Lettre aux botanistes sur la flore de Pannonie [1739].

LOEWE (Joh.-K.-Khr.). Auteur [1787] d'un *Handbuch der theoretischen und praktischen Kraüterkunde* (in-8 de 509 p.).

LŒWENFUSS. En Allemagne, l'*Alchemilla vulgaris* L.

LOEWIS (Andr. v.). A écrit [1824] *Ueber die ehemalige Verbreitung der Eichen in Liv.- und Estland* (in-8 de 275 p.).

LOEZELIA (ADANS.). Pour *Lœselia* L.

LOG. Nom danois de l'*Allium Cepa* L.

LOGAHEM. A Socotora, le *Balsamodendron socotranum* BALF. F.

LOGAN (James). Né en 1674, fut gouverneur de la Pensylvanie et y mourut en 1751. Son seul ouvrage est intitulé : *Experimenta et meletemata de plantarum generatione* [1739].

LOGANEÆ (R. BR.). Synonyme de Loganiacées.

LOGANIA (GMEL.). Pour *Loghania* SCOP.

LOGANIA (R. BR., *Prodr.*, 454). Genre de Solanacées-Loganiées, qui a donné son nom à la famille des Loganiacées, et dont les fleurs sont hermaphrodites ou polygames-dioïques, 4, 5-mères, isostémonées, à corolle gamopétale, imbriquée. Le gynécée (stérile dans les fleurs mâles) est supère, à ovaire pluriovulé, 2-loculaire. Le fruit est capsulaire, septicide; chaque valve se partageant en deux; et les graines sont peltées, albuminées, à embryon droit. Il y a une vingtaine de *Logania*, en Australie et à la Nouvelle-Zélande. Ce sont des plantes herbacées, suffrutescentes ou frutescentes, à feuilles opposées, avec ou sans stipules; à cymes composées terminales et axillaires, parfois capituliformes. (H. BN, *Hist. des pl.*, IX, 299, 344, fig. 399, 406.)

LOGANIACÉES (*Loganiaceæ* LINDL., *Nat. Syst.*, Ord. 194). Famille de Gamopétales, établie pour des genres que l'on ne savait où placer parmi les Solanacées, les Gentianacées, les Apocynacées, etc., ayant des loges complètes à l'ovaire, avec des feuilles opposées et des stipules ou du moins une ligne saillante réunissant les deux feuilles d'une même paire. Nous avons supprimé cette famille, qui n'a aucune raison d'être, reportée par fragments dans celles que nous venons d'énumérer (H. BN, in *Bull. Soc. Linn. Par.*, 238; *Hist. des pl.*, IX, 299, 320). M. Bureau, qui a écrit en 1856 une *Monographie des Loganiacées*, avait déjà exclu de ce groupe un assez grand nombre de types génériques.

LOGANIALES (LINDL., *Nix. pl.*, 29). Groupe comprenant, pour l'auteur, les Loganiacées et Potaliacées.

LOGANIEÆ (MART., *Nov. gen.*, II, 133). Synonyme de Loganiacées.

LOGANIÉES (*Loganieæ*). Série des Solanacées. (H. BN, *Hist. des pl.*, IX, 320, 344.)

LOGE (*Loculus*). Compartiments des anthères, ovaires, etc.

LOGFIA (CASS., in *Bull. Soc. philom.* [1819], 143; in *Dict.*, XXXV, 448). Synonyme de *Filago* T. et section de ce genre (H. BN, *Hist. des pl.*, VIII, 184.)

LOGHANIA (SCOP., *Introd.*, 236). Synonyme de *Ruyschia* JACQ.

LOGWOOD. Nom anglais du Bois de Campêche.

LOHAJOE. Cucurbitacée (?) comestible, d'Arabie (FORSK.).

LOHBLIITE. Nom allemand de l'*Æthalium septicum* LINK.

LOHENSCHIOD (Otto-Chr. v.). Professeur de Tübinge [1720-1761], a écrit : *De floribus Lygiis vulgo Lilia vocatis regni Galliæ insignibus* [1756], in-4.

LOISELERIA (REICHB.). Pour *Loiseleuria* REICHB.

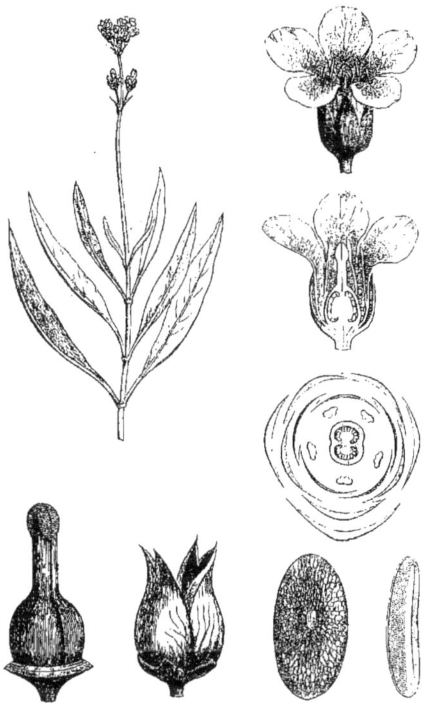

Logania. — Branche florifère. Fleur femelle, entière et coupe longitudinale. Diagramme. Gynécée. Fruit déhiscent. Graine, entière et coupe longitudinale.

LOISELEUR-DESLONCHAMPS (Jean-Louis-Aug.). Né à Dreux en 1774, mort à Paris en 1849, fut l'auteur, en 1806-1807, d'un *Flora gallica*. De 1816 à 1827, il publia son *Herbier général de l'amateur* (124 livrais. et 248 pl.). En 1817 parut son *Nouveau voyage dans l'empire de Flore*. Son *Manuel des plantes usuelles indigènes* date de 1819. De 1828 à 1832 furent publiées les livraisons 1-8 de sa *Flore générale de la France*. Il a donné une *Histoire du Cèdre du Liban* [1837], des *Considérations sur les céréales* [1842-43], et *La Rose, son histoire, sa culture et sa poésie*, en 1844. (*Cat. sc. pap.*, IV, 76.)

LOISELEURIA (DESVX, *Journ.*, I [1843], 35). Genre d'Éricacées-Rhododendrées, établi pour un tout petit arbuste des Alpes de l'Europe et de l'Amérique, qui a des fleurs organisées comme celles des Azalées, avec une corolle campanulée, portant 5 étamines. Ses petites feuilles sont opposées. Le *L. procumbens* (*Azalea procumbens* L.) se trouve en France, dans les Hautes-Alpes et dans les Pyrénées. (GREN. et GODR., *Fl. de Fr.*, II, 435. — LAMK, *Ill.*, t. 110. — TURP., in *Dict. sc. nat.*, Atl., t. 71. — REICHB., *Ic. Fl. germ.*, t. 1159.) [H. BN.]

LOISELEURIA (REICHB., *Fl. exc.*, 416, not.). Genre proposé pour les *Azalea indica*, etc.

LO-KAO. Le vert de Chine, extrait de plusieurs *Rhamnus*.

LOKRO. Au Pérou, le *Dicliptera acuminata*.

LOLADE. Nom malais du *Colocasia esculenta* SCHOTT.

LOLIACEÆ (LINK, *Hort. berol.* [1827], I, 6). Division des Graminées, proposée pour le genre *Lolium* L.

LOLIE. Le *Lolium perenne* L.

LOLIN. A Amboine, le *Diospyros Ebenaster* L.

LOLIUM (L., *Gen.*, n. 95). Genre de Graminées-Hordéées, du groupe des Triticées, dont les fleurs ont tous les caractères, mais qui se distingue en ce que ses épillets distiques, multiflores, comprimés, regardent le rachis par un de leurs bords et non par une face. Ce sont des herbes annuelles ou vivaces, à inflorescence terminale, spiciforme. Il n'y en a vraisemblablement que 2, 3 espèces, fort variables, dans toutes les régions tempérées du globe. Le *L. temulentum* L. est l'Ivraie, et passe pour vénéneux. Le *L. perenne* est une des plantes les plus usitées pour la confection des gazons. (REICHB., *Ic. Fl. germ.*, t. 4-6. — NEES, *Gen. Fl. germ.*, *Monoc.*, I, n. 78.) [H. BN.]

LOLIUM (MICHELI, *Nov. pl. gen.*, 35). Genre (?) de Graminées.

LOLO. Synonyme de Papaye.

LOLUPE, PINGO-PINGO. Au Chili, l'*Ephedra americana* BERTER., dont on fait des cordages.

LOMAGRAMME (J. SM., in *Hook. Journ. Bot.*, III, 402). Synonyme de *Acrostichum* (HOOK. et BAK., *Syn. Fil.*)

LOMANDRA (LABILL., *N.-Holl.*, I, 92, t. 119, 120). Synonyme de *Xerotes* R. BR.

LOMARIA (W., in *Berl. Mag.*, III, 160). Genre de Fougères, à sores linéaires, parallèles à la nervure médiane et couvrant presque tout l'espace compris entre elle et les bords. Indusie formée par le bord révoluté de la fronde. Frondes dimorphes. Le genre est voisin des *Blechnum*; il renferme une quarantaine d'espèces, surtout du sud de la zone tempérée. (HOOK. et BAK., *Syn. Filic.*, 174, t. 4, fig. 33.)

LOMARIDIUM (PRESL, *Epim.*, 514). Section du g. *Lomaria* W.

LOMARIOPSIS (FÉE, *Acrost.*, 10, 66). Synonyme de *Stenochlæna* SM.

LOMASPORA (DC., *Syst.*, II, 234). Section du genre *Arabis* L.

LOMATIA (R. BR., in *Trans. Linn. Soc.*, X, 199). Synonyme de *Tricondylus* SALISB.

LOMATIUM (RAFIN., in *Journ. Phys.*, LXXXIX, 101). Genre d'Ombellifères, mal connu; peut-être synon. de *Ferularia* DC.

LOMATOCARPUM (WALP.). Pour *Lomatocarum* FISCH. et MEY.

LOMATOCARUM (FISCH. et MEY., *Ind. sem. Hort. petrop.*, VI, 59). Genre d'Ombellifères, rapporté par MM. Bentham et Hooker aux *Selinum* et qui forment pour nous une section du genre *Carum*, voisine des *Falcaria*, remarquable par la longueur des fruits. (*Hist. des pl.*, VII, 119.) [H. BN.]

LOMATOFLOIOS (COND., ex STERNB., *Vers.*, II, 206). Genre fossile, proposé pour le *Cycadites Cordai* STERNB.

LOMATOGONIUM (A. BRAUN, in *Flora* [1830], 221). Synonyme de *Pleurogyne* ESCHSCH.

LOMATOLEPIS (CASS., in *Dict.*, XLVIII, 424). Synonyme de *Microrhynchus* LESS.

LOMATOPHYLLUM (W., in *Ges. Naturf. Fr. Mag. Berl.*, V, 166). Genre séparé des Aloès, dont il a la fleur, avec les étamines un peu plus courtes que le périanthe, et un fruit charnu, coriace, indéhiscent ou tardivement loculicide. On cultive assez souvent les 2, 3 espèces des îles Mascareignes qui sont connues. [H. BN.]

LOMATOPODIUM (FISCH. et MEY., in *Bull. phys.-math. Ac. Pétersb.*, III [1845], 306). Section du genre *Seseli* L. (H. BN, *Hist. des pl.*, VII, 217.)

LOMBOC, LOMBOK. A Java, le *Capsicum frutescens* L.

LOMBOI. Nom, aux Philippines, des *Eugenia*.

LOMBRERERA. En Espagne, le *Petasites vulgaris* DESF.

LOMENIA (POURR., in *Mém. Ac. sc. Toul.* [1786]). Synonyme (B. H., *Gen.*, III, 706) de *Watsonia* MILL.

LOMENTACEÆ (L., *Phil. bot.*, 34). Ordre de plantes, formé surtout de Légumineuses. Pour Reichenbach, les *Lomentaceæ* sont une division des Crucifères.

LOMENTACÉE (Gousse). Celle qui est formée d'articles monospermes, séparables les uns des autres en travers.

LOMENTAREÆ (LINDL., *Veg. Kingd.*, 25). Sous-ordre des Céramiées.

LOMENTARIA (J.-G. AGH, *Spec.*, 724. — LYNGB., *Hydr.*, 101). Genre d'Algues-Floridées, de la famille des *Champieæ* d'après Kützing; de celle des *Lomentarieæ*, d'après J.-G. Agardh. Les espèces de ce genre sont caractérisées par une fronde arrondie, rameuse, tubuleuse, articulée et pourvue d'un diaphragme celluleux. La couche périphérique de la fronde est formée de cellules arrondies, anguleuses. Dans les couches intérieures, les cellules sont plus grandes. Les cystocarpes, formés d'une partie enflée de la fronde, sont extérieurs, pourvus d'un péricarpe sphérique, qui semble clos à l'origine, mais bientôt se trouve pourvu d'un carpostome. Ils logent un nucléus, simple en apparence, dans une substance gélatineuse, et comme enveloppé dans une toile arachnoïde. Il est constitué de gemmidies propres, coniques et stipitées. Les sphærospores sont éparses sur les rameaux, agrégées, immergées dans des cellules infracorticales et arrondies. Elles se divisent régulièrement en croix. J.-G. Agardh a divisé ce genre en trois sections, basées sur les dispositions de la fronde. (J.-G. AGH, *Sp.*, *gen. et ord. Alg.*) [CH. M.]

Lomentaria.

LOMENTARIACEÆ (PAYER, *Bot. crypt.*, 51). L'une des divisions des Floridées, établie par Payer, qui, en tenant compte de la disposition des thèques sur la plante, des diverses modifications qu'elles présentent, de celles des coccidies, avait divisé les Floridées en six familles. Celle des Lomentariacées était basée sur la différence qui existe entre les portions du thalle qui renferment les thèques à leur intérieur et celles qui sont stériles : il donne aux premières le nom de stichidies. L'auteur avait d'ailleurs divisé cette grande famille en quatre tribus : Lomentariées, Polysiphoniées, Rytiphlœées et Delessériées. [CH. M.]

LOMENTARIEÆ (J.-G. AGH, *Spec.*, *gen. et ord.*, II, p. X). Famille d'Algues-Floridées, de l'ordre des *Chondrieæ*, et que caractérise un thalle filiforme, fistuleux à l'intérieur, avec des coccidies renflées, toujours pourvues d'un carpostome, et des spores arrondies, resserrées sur un placenta dendroïde. Payer (*Cryptogamie*, édition H. Baillon) considère cette tribu comme une division des *Lomentariaceæ*, et y place les *Champia*, *Lomentaria* et *Catenella*. [CH. M.]

LOMENTOSÆ (SPACH, *Suit. à Buff.*, VI, 322). Tribu des Crucifères.

LOMOGRAMME (FÉE). Pour *Lomagramme* SM.

LOMOSPORA (G. DON). Pour *Lomaspora* DC.

LONAS (ADANS., *Fam.*, II, 118). Synonyme (?) de *Athanasia* L. et section de ce genre. (H. BN, *Hist. des pl.*, VIII, 281.)

LONCHESTIGMA (DUN., in *DC. Prodr.*, XIII, 1, 476). Synonyme de *Jaborosa* J.

LONCHITIDEÆ (PRESL, *Pterid.*, 161). Section des Fougères-Adiantacées.

LONCHITIDIUM (FÉE, *Gen. Fil.*, 126). Section du genre *Pteris* L.

LONCHITIS. Fougère indéterminée, que Dioscoride vante contre les ulcères et les plaies enflammées.

LONCHITIS (T., *Inst.*, 534, t. 314). Genre de Fougères, caractérisé par des soies marginales, situées dans les sinus des frondes, plus ou moins distinctement réniformes, parfois très allongés. L'indusie a la même forme, est membraneuse et formée des bords réfléchis de la fronde. Mettenius en faisait des *Pteris*. On en conserve aujourd'hui 2 espèces africaines. (HOOK. et BAK., *Syn. Fil.*, 128, t. 2, fig. 23.)

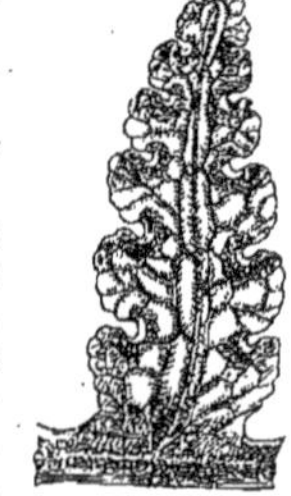
Lonchitis. — Pinnule.

LONCHITIS ASPERA MINOR (MATTH.). Le *Blechnum Spicant*.

LONCHOCARPUS (H. B. K., *Nov. gen. et spec.*, VI, 383). Genre de Légumineuses-Papilionacées-Dalbergiées, formé d'une cinquantaine d'arbres et d'arbustes grimpants, dont les caractères sont très analogues à ceux des *Milletia*. Ils sont distingués par des fleurs à corolle papilionacée; les ailes adhérentes vers le milieu de la carène; les étamines diadelphes (9-1), avec un tube béant en bas, et une gousse plane, comprimée, coriace ou membraneuse, indéhiscente; la suture supérieure parcourue de part et d'autre par une nervure, ou épaissie et dilatée, mais sans aile dorsale. Le bois de plusieurs espèces est utile. Le *L. sericeus*, l'*Osani* des Gabonais, est purgatif. Il y a des *Lonchocarpus* en Amérique, dans l'Afrique tropicale, et aussi une espèce en Australie. (H. Bn, *Hist. des pl.*, II, 327.)

LONCHOMERA (Hook. f. et Thoms., *Fl. brit. Ind.*, I, 94). Synonyme de *Mezzettia* Becc.

LONCHOPHORA (Dur., in *Rev. bot.*, II, 432). Genre de Crucifères-Cheiranthées-Arabidinées, établi pour 2 herbes algériennes, annuelles, analogues aux *Matthiola*, distinguées par un fruit tétragone, à déhiscence tardive; les valves septifères en dedans et prolongées à leur base en cornes subulées et ascendantes. (Voy. *Fl. alger.*, t. 72. — H. Bn, *Hist. des pl.*, III, 238.)

LONCHOPHYLLUM (Ehrh., *Phytoph.*, n. 57). Genre proposé pour le *Serapias Lonchophyllum*.

LONCHOPTERIS (Ad. Br., in *Dict.*, LVII, 68; *Prodr.*, 69). Synonyme de *Polypodites* Gœpp.

LONCHOSTEPHUS (Tul., *Podost. Monogr.*, 198; in *Mart. Fl. bras.*, IV, I, t. 73). Genre de Podostémacées, dont nous n'avons fait qu'une section du genre *Mourera*, distinguée par des divisions stylaires ovales-rectangulaires, à angles arrondis. Le *M.* (*L.*) *elegans* est brésilien. (H. Bn, *Hist. des pl.*, IX, 260.)

LONCHOSTOMA (Wikstr., in *Act. holm.* [1818], 349, t. 40). Genre de Saxifragacées-Bruniées (?), formé de 2, 3 arbustes du Cap, à ovaire en partie infère; les 5 pétales collés par l'intermédiaire des étamines. L'ovaire a 2 loges, à 2-4 ovules descendants; et le fruit 2-4-valve s'ouvre de bas en haut. (H. Bn, *Hist. des pl.*, III, 388, 456.)

LONCHOSTYLIS (Torr., in *Ann. Lyc. N.-York*, III, 370). Synonyme de *Rhynchospora* Vahl.

LONDERSEEL (Assuer. v.). Auteur d'un curieux ouvrage conservé au British Museum et datant de 1625 (*Icones animalium et plantarum*).

LONDES (Fried.-W.). Privatdocent à Göttingue, a écrit un *Manuel de botanique*, un *Traité de botanique économique*, une thèse sur le Cerfeuil bulbeux, etc. Il est mort au Caucase en 1807, à l'âge de vingt-sept ans.

LONDESIA (Fisch. et Mey., *Ind. 2 sem. H. petrop.*, 40). Synonyme de *Chenolea* Thunb.

LONGANIER, LONGANE. L'*Euphoria Longana* Lamk.

LONGAZA. A Madagascar (Flac.), le Grand Cardamome.

LONGCHAMPIA (W., in *Ges. Nat. Fr. Berl. Mag.* [1811], 159). Synonyme de *Leysscra* L.

LONGCHAMPSIA (Wittst., *Et. Hdw.*). Pour *Lonchampsia* W.

LONGERKRUID. Nom flamand de la Pulmonaire.

LONGETIA (H. Bn, in *Adansonia*, II, 228; VI, 352, t. 9; XI, 100; *Hist. des pl.*, V, 148, 249). Genre d'Euphorbiacées biovulées, de la série des Phyllanthées, à fleurs monoïques, pourvues de 6 sépales 2-sériés et de 2-6 ou ∞ étamines; à fleurs femelles pourvues de 6 sépales; les 3 extérieurs décurrents, et d'un ovaire à 3 styles périphériques. Les ovules sont descendants, avec le micropyle extérieur et coiffé d'un gros obturateur. Le fruit est tricoque, et les graines sont albuminées. Les 2 espèces connues sont de la Nouvelle-Calédonie, frutescentes, avec des feuilles opposées et des fleurs disposées en cymes. [H. Bn.]

LONG GRASS. Nom anglais du *Trichalaena insularis* Griseb.

LONGISTYLE. — Voy. Hétérostylé.

LONG-LEAVED PINE. Aux États-Unis, le *Pinus australis* Michx.

LONGLO. Nom du *Tribulus maximus* L.

LONG-NAOU-KIANG (Cervelle de dragon parfumée). Nom, dans le *Pentsao*, du Camphre de Bornéo.

LONGOSA. A Madagascar (Flac.), le Grand Cardamome.

LONICER (*Lonicerus*). — Pour *Lonitzer*.

LONICERA (L.). Nom latin des Chèvrefeuilles (I, 778).

LONICERA (Plum., *Gen.*, 17, t. 33). Synonyme de *Loranthus* L.

LONICEREÆ (R. Br., *Narr. Journ. Abel App.*, 376). Section des Caprifoliacées.

LONICÉRÉES. Série (13) des Rubiacées. (H. Bn, *Hist. des pl.*, VII, 354, 367, 497.)

LONICEROIDEÆ (Ad. Br., *Enum.*, 47). Classe de Gamopétales-périgynes.

LONICEROIDES (Spach, *Suit. à Buff.*, VIII, 312). Section du genre *Caprifolium* T.

LONITZER (Adam). Né à Marbourg en 1528, mort en 1586 à Francfort-sur-le-Mein, connu surtout par son *Naturalis historiæ opus novum, in quo tractatur de natura et viribus arborum, fruticum, herbarum animantiumque terrestrium*, etc. [1551-1555], 2 vol. in-fol. Son *Krauterbuch* (in-fol. de 342 fol.) eut de nombreuses éditions. — Joh. Lonitzer, qui fut aussi médecin et professeur à Marbourg [1499-1569], a écrit une nouvelle « scolie » sur la matière médicale de Dioscoride [1543]. Il mourut à Marbourg.

LONTANUS (Gærtn., *Fruct.*, I, 21, t. 8). Synonyme de *Borassus* L.

LONTAR. Le *Borassus flabelliformis* et parfois aussi l'*Arenga saccharifera* Labill.

LONTARUS DOMESTICA (Gærtn.). Le *Borassus flabelliformis* L.

LONTAS. Nom tamoul du *Baccharis indica* L.

LOOF, LOOFAH. Noms indigènes du *Luffa ægyptiaca* Mill.

LOOGKRUID. En Hollande, le *Salsola Soda* L.

LOOK (Gomme de). Résine du Japon, a aspect de [illegible] lutive et fondante (Murray).

LOOSA (Jacq.). Pour *Loasa* Adans.

LOOSJES (Adr.). Auteur [1779] d'un *Flora* [illegible].

LOOURIÉ. Nom provençal du *Laurus nobilis* L.

LOPADOCALYX (Kl., in *Pl. Preiss.*, I, 178). Synonyme de *Olax* L.

LOPANTHUS (Vitm., ex Steud.). Pour *Lophanthus* [illegible].

LOPESIA (J.). Pour *Lopezia* Cav.

LOPEZ (Racine de Juan). Celle du *Toddalia aculeata* Pers.

LOPÉZIE (*Lopezia* Cav., *Icon.*, I, 12, t. 18). Genre d'Onagrariacées-Circéées, à réceptacle concave, logeant l'ovaire infère et portant sur ses bords 4 sépales et 4 pétales [illegible], avec 2 étamines dont une seule est fertile, pourvue d'une anthère à 2 loges, tandis que l'autre, l'antérieure, est transformée en pétale. Le filet de l'étamine fertile est libre ou, dans la section *Semeiandra*, hautement uni au style. L'ovaire a 4 loges pluri-ovulées, et le fruit est loculicide. Ce sont des herbes, à feuilles opposées et alternes, du Mexique et du Guatemala. Leurs fleurs sont en grappes. On en connaît 7, 8 espèces, dont plusieurs sont ornementales, cultivées, comme les *L. macrophylla* et *racemosa*. (H. Bn, *Hist. des pl.*, VI, 471, 496, fig. 447-452.)

LOPHANDRA (Don). Synonyme de *Erica* L.

LOPHANDRA (Kl.). Section (B. H., *Gen.*, II, 591) du genre *Erica* L.

LOPHANTE. Nom français (Lamk) des *Lophanthus* Benth.

LOPHANTHA (Miq., *Fl. ind. bat.*, I, 29). Sect. du g. *Albizzia*.

LOPHANTHERA (A. Juss., *Mon. Malpigh.*, 61, t. 6). Genre de Malpighiacées-Malpighiées, voisin des *Spachea*, distingué par des étamines à filets glabres ou hirsutes à la base, et des anthères à loges surmontées d'une crête aliforme. Leurs 3 carpelles ont une base renflée et creuse. Ce sont 2 arbres du Brésil boréal et de la Guyane, à feuilles opposées et à fleurs jaunes, terminales, en grappes de cymes. (H. Bn, *Hist. des pl.*, V, 456.)

LOPHANTHUS (Benth., in *Bot. Reg.*, t. 1282). Genre de Labiées, qui n'est peut-être qu'une section des *Nepeta* et qui s'en distingue par des étamines exsertes, divergentes ou dressées; les loges des anthères parallèles ou divergentes. Il y en a 6 espèces dans l'Amérique du Nord. Jacquin (*H. vindob.*, t. 69, 182) en a fait des *Hyssopus*. [H. Bn.]

LOPHANTHUS (Forst., *Char. gen.*, 27, t. 14). Synonyme de *Waltheria* L.

LOPHARINA (Neck., *Elem.*, I, 215). Synonyme de *Erica* L.

LOPHATHERIUM (WTST., *Et.*, 534). Pour *Lophatherum* A. BR.

LOPHATHERUM (AD. BR., in *Duperr. Voy. Coq.*, *Bot.*, 49, t. 8). Genre de Graminées-Festucées, établi pour 1, 2 herbes de l'Asie et de l'Océanie tropicales, à port de *Centrotheca*, avec des inflorescences ramifiées et des épillets uniflores ; les glumes mucronées ou subaristées ; les supérieures stériles et rapprochées en une sorte de crête unilatérale. [H. BN.]

LOPHERINA (J.). Pour *Lopharina* NECK.

LOPHIA (DESVX, in *Ham. Prodr. Fl. ind. occ.*, 47). Synonyme de *Alloplectus* MART.

LOPHIDIUM (RICH., in *Act. Soc. Hist. nat. Par.* [1792], 114). Section du g. *Schizæa* SALISB. (HOOK. et BAK., *Syn. Fil.*, 429).

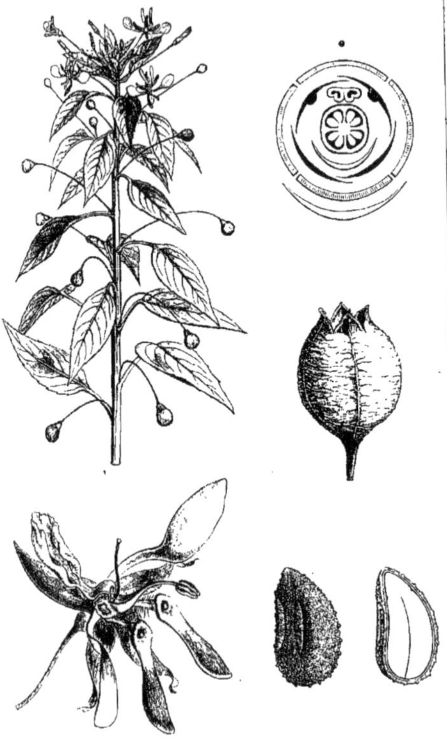

Lopézie. — Rameau florifère. Fleur. Diagramme. Fruit déhiscent. Graine, entière et coupe longitudinale.

LOPHIDIUM (SACC., *Mich.*, I, 340; *Syll. Fung.*, II, 710). Genre de Sphériacés, à périthèce immergé par la base ou plus profondément, noir, carbonacé, à large ostiole déprimé. Les thèques sont entremêlées de paraphyses. Les spores brunes sont oblongues, pluriloculaires, à cloisons muriformes. Environ trente-huit espèces, sur lesquelles cinq ou six sont américaines ou africaines, habitent les rameaux morts et souvent décortiqués d'arbres, d'arbustes et de plantes très diverses. [DE S.]

LOPHIELLA (SACC., *Mich.*, I, 337; *Syll. Fung.*, II, 673). Genre de Sphériacés, créé pour le *Sphæria cristata* PERS., différant des *Lophium* par la déhiscence du périthèce qui est muni d'un ostiole chez les *Lophiella*, et par la couleur brune des spores naviculaires. Le *L. cristata* se rencontre en Europe, sur les rameaux de Frênes, de Pruniers et de Chèvrefeuilles. [DE S.]

LOPHIOCARPUS (MICHELI, *Alism.*, 60). Synonyme de *Sagittaria* L. et section de ce genre.

LOPHIOCARPUS (TURCZ., in *Bull. Mosc.*, XVI, 55). Synonyme de *Pallinia* MOQ.

LOPHIODERMA (FR., *Summ. veg. Scand.*, 371). Genre d'Hystériacés, dont la légitimité n'est point établie. D'après Tulasne, les spores ne seraient pas filiformes, comme les décrit Fries, et elles ne différeraient pas de celles des *Hysterium*. [DE S.]

LOPHIODON. Genre de Mousses-Acrocarpes, de la tribu des Leptotrichacées, établi par Hooker et Wilson. La coiffe est cuculliforme. Le péristome, simple, comporte 16 dents courtes, pyramidales, rapprochées par paires et conniventes sur les capsules desséchées. Les feuilles sont formées de cellules très étroites, à parois assez épaisses, réunies en une membrane consistante. La seule espèce connue du genre est une plante dioïque, des îles Auckland et Campbell, assez semblable par son port aux *Blindia*. (Voy. HOOK. et WILS., in *Lond. Journ. Bot.* [1844], 543. — C. MUELL., *Syn. Musc. frond.*, I, 455.) [M.]

LOPHIOLA (KER, in *Bot. Mag.*, t. 1596). Genre d'Hæmodoracées-Conostylées, établi pour une plante vivace de l'Amérique du Nord, à feuilles distiques et équitantes, à inflorescence ramifiée et cymifère, chargée de petites fleurs 3-mères et 6-andres, à gynécée presque libre. Le fruit est capsulaire, inclus dans le périanthe persistant et adné à sa base. Pursh en faisait un *Conostylis* (*Fl. bor.-amer.*, t. 6). [H. BN.]

LOPHIOLEPIS (CASS., in *Dict.*, XXVII, 180). Synonyme de *Cnicus* L.

LOPHION (SPACH, *Suit. a Buff.*, V, 516). Section du genre *Viola* T.

LOPHIONEMA (SACC., *Syll. Fung.*, II, 717). Genre de Sphériacés, démembré des *Lophiostoma*, et caractérisé par un périthèce globuleux, muni d'un ostiole déprimé. Les thèques claviformes contiennent des spores filiformes, comme chez les *Lophium*, mais avec de rares cloisons et quelquefois légèrement colorées. Le *L. vermisporum* ELLIS se rencontre sur la tige morte de l'*Œnothera biennis*, dans l'Amérique du Nord. [DE S.]

LOPHIOSPHÆRA (TREV., in *Bull. Soc. bot. Belg.*, XVI, 19. — SACC., *Syll. Fung.*, II, 675). Genre de Sphériacés, ayant les principaux caractères des *Lophiostoma*, dont il diffère par les spores oblongues, biloculaires, hyalines et quelquefois appendiculées aux deux extrémités. Une dizaine d'espèces, presque toutes européennes, se rencontrent sur le Chêne, le Poirier, la Vigne, le Robinier ou les tiges d'Armoise et d'Aconit. [DE S.]

LOPHIOSTOMA (BERK., *Outl. brit. Fung.*, 397. — SACC., *Syll. Fung.*, II, 689). Genre de Sphériacés, à périthèce muni d'un ostiole large et comprimé, émergeant, plus ou moins carbonacé ou coriace. Les spores, oblongues ou fusiformes, sont pluriloculaires, brunes ou olivâtres, quelquefois appendiculées. Ce caractère fournit à M. Saccardo les deux dernières divisions du genre ; les deux premières sont fondées sur le nombre de cloisons que présentent les spores. Environ cent espèces, dont une vingtaine originaires des deux Amériques et quatre africaines. [DE S.]

LOPHIOSTOMACEÆ (SACC., *Syll. Fung.*, II, 672). Famille de Sphériacés, comprenant les *Lophiella*, *Schizostoma*, *Lophiosphæra*, *Lophiotrema*, *Lophiostoma*, *Lophidium*, *Lophionema*.

LOPHIOTREMA (SACC., *Mich.*, I, 338; *Syll. Fung.*, II, 678). Genre de Sphériacés, très voisin des *Lophiosphæra*, dont il ne paraît différer que par l'existence d'une cloison de plus dans les spores. La fondation de ce genre est une conséquence du principe adopté par M. Saccardo pour les Pyrénomycètes; mais il paraît difficile de ne pas rattacher les 35 espèces de ce genre aux *Lophiostoma* ou aux *Lophiosphæra*. [DE S.]

LOPHIOTRICHA (RICHON, in *Bull. Soc. bot. de Fr.*, XXXII, p. XI). Genre de Sphériacés, à périthèce simple, carbonacé, noir, velu, à ostiole munie de soies dressées et rigides. Les thèques allongées, entremêlées de paraphyses, contiennent des spores distiques, fusiformes, biloculaires, hyalines. L'espèce décrite a été trouvée sur les rameaux morts du *Viburnum Lantana*. [DE S.]

LOPHIRA (BANKS, in *Gærtn. Fruct.*, III, 52, t. 188). Genre de Diptérocarpacées, qui a donné son nom à une série exceptionnelle des *Lophirées*, et dont les fleurs régulières ont 5 sépales, 5 pétales, de nombreuses étamines, et un ovaire supère, uniloculaire, à placenta central-libre, portant de chaque côté 2 rangées d'ovules anatropes. Le fruit est sec, indéhiscent, ordinairement monosperme. Le seul *L. alata* BANKS constitue ce genre; il doit son nom aux ailes que forment autour de son fruit ses sépales inégalement accrus. C'est un bel arbre de

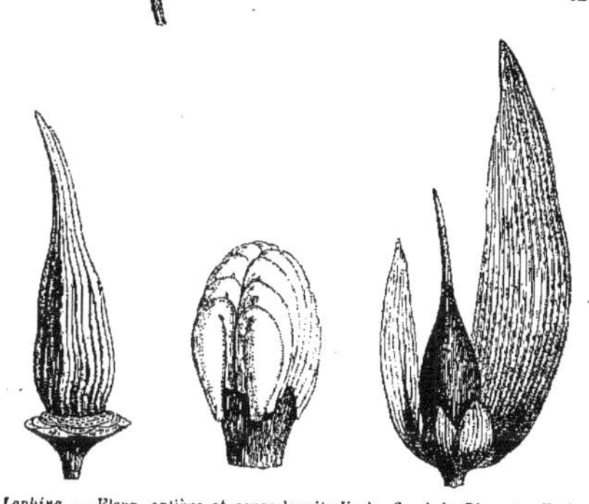

Lophira. — Fleur, entière et coupe longitudinale. Gynécée. Placenta. Fruit.

l'Afrique tropicale occidentale, à feuilles alternes, simples, allongées, parallélinerves, à fleurs disposées en grappes composées. (H. BN, *Hist. des pl.*, IV, 207, 218, fig. 217-221.)

LOPHIRACEÆ (ENDL., *Gen.*, 1014). Famille des Guttifères.

LOPHIRIS (TAUSCH, ex *Reichb. Consp.*, 59). Sect. du genre *Iris*.

LOPHIROS (ENDL., *Gen.*, 8). Pour *Lophyros* TARG.

LOPHIUM (FR., *Obs. mycol.*, I, 191). Genre d'Hystériacés, à périthèce conchiforme, dressé, comprimé, fragile, s'ouvrant par une fente très étroite. Les spores sont allongées-filiformes. On en compte sept espèces, tant en Europe qu'en Amérique; on les rencontre sur l'écorce et les rameaux de Poiriers, d'Aulnes, de Citronniers, de Lauriers, de Pins et d'autres Conifères. [DE S.]

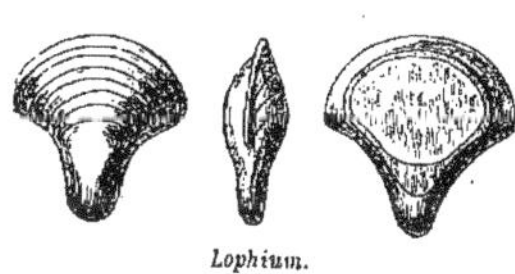

Lophium.

LOPHOBRYUM (ARN., in *Mém. Soc. Linn. Par.*, V, 297). Section du genre *Hookeria* SM.

LOPHOCACHRYS (BERTOL., *Fl. ital.*, III, 455). Synonyme de *Hippomarathrum* LINK.

LOPHOCARYA (NUTT., ex MOQ.). Synonyme de *Obione* GÆRTN.

LOPHOCHLÆNA (NEES, in *Ann. Nat. Hist.*, ser. 1, I, 283). Synonyme de *Pleuropogon* R. BR.

LOPHOCHÆNA (TORR. et GR., *Fl. N.-Amer.*, II, 315). Section du genre *Lepachys* RAFIN.

LOPHOCHLOA (REICHB., *Fl. germ. exc.*, 42). Section du genre *Kœleria* PERS.

LOPHOCLINIUM (ENDL., in *Bot. Zeit.* [1843], 457). Synonyme de *Podotheca* CASS.

LOPHOCLINIUM (SCH. BIP., in *Linnæa*, XIX, 332). Section du genre *Megaspermum* SCH. BIP.

LOPHOCOLEA. Genre d'Hépatiques, établi par Nees d'Esenbeck dans la famille des Jungermanniacées. Les fleurs sont monoïques ou dioïques; les mâles disposées en épis terminaux. Les fleurs femelles ont un périanthe subcylindrique à la base, triquêtre et trilobé au sommet. La coiffe est incluse et libre. La capsule, de forme variable, s'ouvre en quatre valves. Les spores sont jaunes ou brunes, ordinairement papilleuses. Ce sont des herbes, ordinairement peu ramifiées, appliquées sur leur support. Leurs feuilles, molles et délicates, sont bifides au sommet, et décurrentes par leur bord antérieur. La tige et ses divisions portent en outre des amphigastres bien développés, souvent bifides au sommet. Les *Lophocolea* vivent sur la terre humide, sur l'écorce des arbres, sur les Mousses, au pied des murs. On les rencontre un peu partout; mais ils sont particulièrement abondants dans les montagnes de médiocre altitude. (Voy. NEES, *Leberm.*, II. — *Schrad. Journ.*, I, 66. — L., *Spec.*). [N.]

LOPHODERMIUM (CHEVALL., *Fl. Par.*, I, 436). Genre d'Hystériacés, à périthèce oblong, membraneux, ténu, s'ouvrant par une fente longitudinale. Les thèques claviformes, entremêlées de paraphyses grêles, contiennent des spores filiformes, parallèlement disposées. Une trentaine d'espèces se rencontrent sous toutes les latitudes, sur les feuilles sèches de Chênes, d'Aubépine, de Conifères et sur des chaumes de Graminées. [DE S.]

LOPHODON (BGE, in *Bull. sc. Ac. Pétersb.*, VIII, n. 16). Section du genre *Pedicularis* T.

LOPHOGYNE (TUL., in *Ann. sc. nat.*, sér. 3, XI, 99; *Podost. Monogr.*, 109, t. 8, fig. 2). Genre de Podostémonacées, qui a tous les caractères des *Apinagia*, avec des fleurs à 2-4 étamines unilatérales, libres, et 2 branches stylaires aplaties, larges et membraneuses, dentées et lobées en crête. Ce sont 2 herbes brésiliennes, flottantes et colorées. (TUL., in *Mart. Fl. bras.*, IV, I, t. 73, fig. 4. — H. BN, *Hist. des pl.*, IX, 261, 270.)

LOPHOLÆNA (DC., *Prodr.*, VI, 335). Genre de Composées-Sénécionées, ayant à peu près la fleur des Séneçons et formé de 2 arbustes de l'Afrique australe; distingué par des capitules homogames, avec involucre de 5, 6 bractées seulement, pourvues sur le dos d'un appendice foliacé. Les capitules sont en grappes de cymes denses. (H. BN, *Hist. des pl.*, VIII, 266.)

LOPHOLEPIS (DCNE, in *Arch. Mus.*, I, 147). Genre de Graminées-Zoysiées, qui est l'*Holbœllia* WALL. (in *Hook. Bot. Misc.*, II, 144, t. 16), et qui comprend une herbe annuelle de l'Inde, à épillets uniflores, très petits, pédicellés, avec 3 écailles dont l'inférieure est grande, pourvue en dehors à sa base d'une bosse cristée; son sommet est aussi cilié-cristé. Son inflorescence est très longue et très grêle. [H. BN.]

LOPHOLEPIS (J. SM., in *Hook. Journ. Bot.*, IV, 56). Section du genre *Goniophlebium* BL.

LOPHOLOMA (CASS., in *Dict.*, XLIV, 37). Genre proposé pour le *Centaurea Scabiosa* L. et autres espèces affines.

LOPHOLOMOIDES (DC., *Prodr.*, VI, 587). Sous-section des *Acrocentron* CASS.

LOPHOPETALUM (ENDL.). Pour *Loropetalum* R. BR.

LOPHOPETALUM (WIGHT, in *Ann. Nat. Hist.*, III, 151; *Icon.*, t. 162). Genre de Célastracées-Célastrées, que beaucoup d'auteurs conservent comme distinct, à cause de ses ovules au nombre de 4-∞ dans chacune de ses 3-4 loges ovariennes, et de son fruit coriace, loculicide, à 3-4 angles. Nous n'en avons fait qu'une section à pétales frangés et cristés du genre *Evonymus*. Ce sont 5, 6 arbres et arbustes de l'Inde. (Voy. *Hist. des pl.*, VI, 3.) [H. BN.]

LOPHOPHYLLUM (GRIFF., *Notul.*, IV, 313, t. 491). Synonyme de *Peraphora* MIERS.

LOPHOPHYTÆ (SCHOTT, *Melet.*, 11). Tribu des Balanophoracées.

LOPHOPHYTIDEÆ (LINDL., *Veg. Kingd.*, 90). Synonyme de *Lophophytæ* SCHOTT.

LOPHOPHYTUM (SCHOTT et ENDL., *Melet.*, 1, t. 1). Genre rapporté par la plupart des auteurs aux Balanophoracées, dont il a le port, mais qui nous paraît devoir être rapporté à un tout autre groupe, parce que son ovaire infère a un placenta primitivement central-libre, avec 2 ovules apicaux et pendants. Les fleurs mâles sont nues et 2-andres. Le fruit est sec et monosperme. On admet

4 espèces de ce genre; ce sont des plantes parasites, à rhizome épais, à spadices terminaux. Toutes sont de l'Amérique australe tropicale. (HOOK. F., in *Trans. Linn. Soc.*, XXII, t. 9. — EICHL., in *Mart. Fl. bras.*, IV, II, t. 9-15.) [H. BN.]

LOPHOPODIUM (KUETZ., *Spec. et tab.* [1849]). Genre d'Algues, en quelque sorte équivoque. Le *Lophopodium* diffère de l'*Amphitrix* par ses gaines généralement plus épaisses, souvent composées de plusieurs couches, les externes se réduisant parfois en fibrilles. Trois espèces, d'après Rabenhorst, constituent ce genre. Voyez cet auteur (*Fl. europ. Alg.*, II, 231). [CH. M.]

LOPHOPTERYS (A. JUSS., *Mon. Malpigh.*, 99, t. 11). Genre de Malpighiacées-Banistériées, établi pour un arbre de la Guyane, qui a des fleurs de *Banisteria*, avec un calice à 4 grandes glandes et des ovaires presque libres, avec des stigmates tronqués et obliques. Grisebach a écrit *Lophopteris*. (DELESS., *Icon. sel.*, t. 29. — H. BN, *Hist. des pl.*, V, 461.)

LOPHOPYXIS (HOOK. F., *Icon.*, t. 1714). Genre d'Euphorbiacées, suivant l'auteur, à fleurs monoïques : les mâles à 5 pétales et 5 étamines; les femelles pourvues d'un disque et d'un ovaire à 5 loges 2-ovulées; devenant un fruit oblong, à 5 sillons. Le *L. Maingayi* est un arbuste grimpant de Malacca. C'est probablement une Saxifragacée, voisine des *Schizomeria*, plutôt qu'une véritable Euphorbiacée. [H. BN.]

LOPHOSCIADIUM (DC., *Mém. Ombell.*, 57, t. 2; *Prodr.*, IV, 207). Genre d'Ombellifères, réuni par M. Boissier aux *Ferulago*, tandis que d'autres auteurs (B. H., *Gen.*, 905, n. 91) le conservent comme distinct et allié aux *Crithmum* et aux *Prangos*. (Voy. *Hist. des pl.*, VII, 98.) [H. BN.]

LOPHOSORIA (PRESL, in *Abh. Böhm. Ges.*, V [1848], 344). Genre établi pour l'*Alsophila pruinata* KARST. (FÉE, *Gen.*, 346.)

LOPHOSPERMUM (DON, in *Trans. Linn. Soc.*, XV, 350). Genre de Scrofulariacées; section du genre *Maurandia* ORT. (H. BN, *Hist. des pl.*, IX, 429). Le *L. erubescens* ZUC. est ornemental.

LOPHOSTACHYS (POHL, *Pl. bras. Icon.*, II, 93, t. 161, 162). Genre d'Acanthacées-Justiciées, formé de 8 à 10 plantes brésiliennes, distinguées par un calice à division postérieure très grande; les latérales étroites et l'antérieure 2-lobée. Dans l'androcée didyname, les anthères postérieures ont 2 loges; les antérieures une seule, ou bien elles avortent. Les fleurs sont disposées en épis unilatéraux, denses, avec des bractées également unilatérales. [H. BN.]

LOPHOSTEMON (SCHOTT, in *Wien. Zeitschr.*, III [1830], 772). Section du genre *Tristania* R. BR.

LOPHOSTEMONEÆ (SCHAU., in *Linnæa*, XVII, 242). Tribu des Myrtacées.

LOPHOSTEPHUS (HARV., *Thes. cap.*, II, 9, t. 113). Synonyme de *Anisotome* FENZL.

LOPHOSTOMA (MEISSN., in *DC. Prodr.*, XIV, 600). Synonyme (B. H., *Gen.*, III, 198) de *Linostoma* WALL. Nous avons cependant cru devoir maintenir comme distinct ce genre du Brésil septentrional. (*Hist. des pl.*, VI, 105, 124.) [H. BN.]

LOPHOSTYLIS (HOCHST., in *Flora* [1842], 229). Synonyme de *Securidaca* L.

LOPHOTÆNIA (GRISEB., *Spic. Fl. rumel.*, I, 377). Synonyme de *Malabaila rectistylis* BOISS.

LOPHOTALIA (W. HARV., *Nereis austr.*, 64). Genre d'Algues-Floridées, de la famille des *Dasyeæ*, d'après Kützing; de celle des *Rhodomelaceæ*, ordre des *Rhodospermeæ*, d'après l'auteur. La seule espèce qui constituait ce genre est avec raison considérée comme devant faire partie du genre *Dasya* AGH. [CH. M.]

LOPHOTHAMNUS (KUETZ., *Spec.*, 912). Pour *Lophothalia* HV.

LOPHOTROPIS (JAUB. et SPACH, *Ill. pl. or.*, I, 91, not.). Section du genre *Pisum* T., proposée pour le *P. sativum* et quelques espèces affines.

LOPHOXERA (RAFIN.). Synonyme de *Celosia* L.

LOPHOZIA. Genre d'Hépatiques, proposé par Dumortier pour quelques espèces du genre *Jungermannia*, dont il ne paraît pas différer sensiblement. (DUMORT., *Cogn. Hepat. Belg.*, 30.)

LOPHOZONIA (TURCZ., in *Bull. Mosc.* [1858], I, 396). Synonyme de *Nothofagus* MIQ.

LOPHURA (KUETZ., *Phyc. gen.*, 435, t. 53, fig. 4). Genre de la famille des *Chondrieæ*, d'après l'auteur, mais que les algologistes modernes ont fait disparaître pour placer la plus grande partie des espèces qui le constituaient dans le genre *Rhodomenia* GREV. [CH. M.]

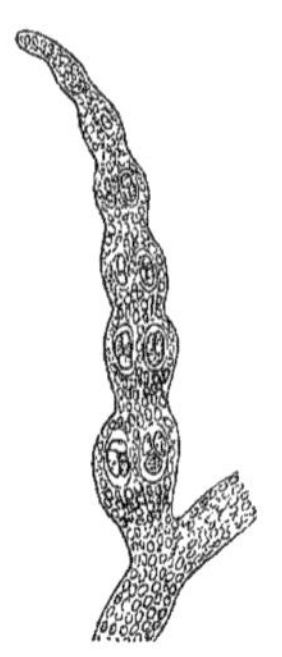

Lophura.

LOPHYROS (TARG.-TOZZ., fid. BERTOL., *Am. ital.* [1819]). Genre d'Algues-Floridées. Synonyme de *Rytiphlœa*. [CH. M.]

LOPIDIUM (HOOK. et WILS., *Fl. N. Zeal.*, II, 119). Genre de Mousses, établi pour l'*Hypopterygium concinnum* BRID.

LOPIMA. L'un des noms anciens du Châtaignier (*Castanea vulgaris* LAMK).

LOPIMIA (NEES et MART., in *N. Act. nat. cur.*, XI, t. 96). Synonyme de *Pavonia* CAV.

LO-PO, LO-PE. En Chine, certains Radis.

LOPOLO. Nom italien du Houblon.

LOQUE. La Douce-amère et le *Carlina acaulis* L.

LOQUHAT, LOQUAT-TREE. L'*Eriobotrya japonica* LINDL.

LORANTEA (J.). Pour *Lorentea* ORTEG.

LORANTHACÉES (*Loranthaceæ*, LINDL., *Introd.*, ed. 2, 49). Famille de Dicotylédones, qui a tous les caractères généraux des Santalacées, et que nous avons (*Adansonia*, II, III) réunie à cette famille, mais qui s'en distingue pour la plupart des auteurs par son ovaire plein avant la fécondation et ne montrant ordinairement à ce moment aucune trace d'ovule; comme il arrive, par exemple, dans les Loranthes. [H. BN.]

LORANTHE (*Loranthus* L., *Gen.*, n. 443). Genre qui a donné son nom aux Loranthacées et qui est formé d'arbustes parasites ou rarement terrestres, à fleurs hermaphrodites ou unisexuées. Leur périanthe peut être double; le calice étant généralement très court, souvent nul ou à peu près. Leur corolle, souvent de couleur brillante, jaune ou rouge, est formée de 4-6 pétales, libres ou unis, valvaires. Leur androcée compte un même nombre d'étamines superposées, à anthère de forme variable, introrse. L'ovaire est infère, adné à la concavité du réceptacle, surmonté d'un style ordinairement simple. Il renferme un ou peu d'ovules, qu'on considère comme réduits à leur sac embryonnaire. Le fruit est une baie ou une drupe; et la graine a un albumen charnu ou ténu et un embryon axile, droit, à radicule supère. On admet plus de 300 espèces de *Loranthus*, de toutes les régions chaudes du globe, rares dans les pays tempérés, surtout en Europe. M. Oliver (in *B. H. Gen.*, III, 207), qui a beaucoup étudié ce genre, le divise en 20 sections. Nous y avons également fait entrer à ce titre le genre *Nuytsia*, qui ne diffère que par son fruit moins charnu et ailé. [H. BN.]

LORANTHÉES (J., in *Ann. Mus.*, XII, 292). Synonyme de Loranthacées.

LORANTHIA (RAFIN., in *Ann. phys.*, VI, 79). Famille des *Nantiandriæ*.

LORANTHIDEÆ (GRAY, *Arr. brit. pl.*, II, 394, 492). Famille des Calyciflores (*Viscum*, *Adoxa*).

LOREK (C.-G.). Auteur [1826-30] d'un *Flora prussica* (in-8).

LOREK-WUTU. A Java, l'*Adhatoda vasica* NEES.

LORENTE (VIC.-ALF.). Né à Jarafuel en 1758 et mort à Valence en 1813, écrivit en 1796 un *Nova generum Polygamiæ Classificatio*. En 1797-98, il donna un *Carta* sur les observations botaniques de Cavanilles, et en 1799 un *Systema botanicum Linnæano-anomalisticum* (in-4 de 31 p.).

LORENTEA (LAG., *El. H. matrit.*, 28). Synonyme de *Pectis* L.

LORENTEA (LESS., in *Linnæa*, VI, 717). Synonyme de *Stammarium* DC.

LORENTEA (ORTEG., *Dec.*, IV, t. 5). Synonyme de *Sanvitalia* GUALT. (H. BN, *Hist. des pl.*, VIII, 219.)

LORENTIA (SWEET). Pour *Lorentea* LESS.

LORENTZIA (GRISEB., *Pl. Lorentz.*, 135). Genre de Composées, mal connu, placé avec doute près des *Eleutheranthera*, et établi pour une plante de l'Amérique méridionale extratropicale

(*L. pascalioides*), distingué par un réceptacle très étroit, avec toutes les fleurs tubuleuses; celles du rayon femelles et fertiles; celles du disque stériles. L'aigrette du fruit est comparée à celle des *Weddelia*. (H. BN, *Hist. des pl.*, VIII, 209.)

LORENZ (Joh.-Fried.). Auteur [1781] d'un *Grundriss der theoretischen und praktischen Botanik* (in-8 de 128 p.).

LORENZEANA (LIEBM., in *Vid. Medd. Kjobenh.* [1850], 67). Synonyme de *Meliosma* BL.

LORETIA (DUV.-JOUV., in *Rev. sc. nat.*, sér. 2, II, 38). Genre proposé pour le *Festuca setacea* GUSS. et les espèces affines.

LOREY et DURET. Auteurs [1825] d'un *Catalogue des plantes de la Côte-d'Or* (in-8 de 47 p.) et [1831] d'une *Flore de la Côte-d'Or* (2 vol. in-8 de 1131 p. et 7 pl.).

LOREYA (DC., *Prodr.*, III, 178). Synonyme de *Bellucia* NECK. et section de ce genre. (H. BN, *Hist. des pl.*, VII, 27.)

LORICARIA (WEDD., *Chlor. andin.*, I, 165). Synonyme de *Tafalla* DON. (H. BN, *Hist. des pl.*, VIII, 172.)

LORIFERI (MART., *Hist. Palm.*, 332). Sect. du g. *Calamus* L.

LOTIER BLANC A FEUILLES DE FRÊNE. L'Azéderach commun.

LOTIER D'ÉGYPTE. Le *Nymphæa Lotus* L.

LOTIER DES LOTOPHAGES. Le *Zizyphus Lotus* DESF.

LOTIER DES PRÉS, L. D'ALLEMAGNE. Le *Lotus corniculatus* L.

LOTIER HÉMORRHOIDAL. Le *Dorycnium hirsutum* DC.

LOTIER ODORANT. Le *Trigonella cærulea* DC.

LOTIER ROUGE, L. CULTIVÉ. Le *Lotus tetragonolobus* L.

LOTONONIS (DC., *Mém. Légum.*, 223; *Prodr.*, II, 166). Genre de Légumineuses-Papilionacées-Génistées, formé d'une soixantaine d'herbes et arbustes africains, orientaux et espagnols, à fleurs distinguées par une carène incurvée et à fruit court ou allongé, droit ou oblique. Les feuilles sont digitées-3-foliolées, et les stipules sont libres, unilatérales ou nulles. (H. BN, *Hist. des pl.*, II, 341.)

LOTOPISOS. En Crète, le *Lotus edulis* L.

LOTOS (PLINE). Synonyme de *Celtis australis* L.

LOTOS AQUATIQUE. Le *Nymphæa Lotus* L.

LOTSUGO. Nom provençal du *Sonchus oleraceus* L.

Loranthe. — Rameau florifère.

LORINSER (Gust.). Médecin de Vienne, mort en 1863, auteur d'un *Conspectus Stachyopteridum in Bohemia sponte nascentium* [1837], et d'un *Botanisches Excursionsbuch* (in-8 de 450 p.). — Fried. LORINSER publia avec le précédent [1847] un *Taschenbuch der Flora Deutschlands und der Schweiz* (in-8).

LORINSERIA (PRESL, *Epimel.*, 432). Section du genre *Woodwardia* (HOOK. et BAK., *Syn. Fil.*, 189).

LORINSORIA (FÉE). Pour *Lorinseria* PRESL.

LORIQUE (*Lorica* MIRB.). Synonyme de *Testa*.

LOROGLOSSUM (L.-C. RICH., in *Mém. Mus.*, IV, 47). Genre proposé pour l'*Orchis hircina* L.

LOROPETALUM (R. BR., in *Abel's Chin.*, App., 375, c. ic.). Section du genre *Hamamelis*. (H. BN, *Hist. des pl.*, III, 390.)

LORULUM. Le thalle rameux de certains Lichens.

LOSANA (Matt.). Botaniste piémontais [1738-1833], auteur d'une notice sur le charbon du Maïs [1828] et de *Delle malattei del grano in herba non curete, o ben conosciute* [1811], in-8.

LOSCHOUN. Nom indien moderne de l'Ail (PIDDINGT.).

LOSTEAU, LOUSTEAU (BOIS DE). Le *Guettarda* (*Antirrhœa*) *borbonica* H. BN (*Tr. Bot. méd. phanér.*, 1090).

LOTEA (MEDIC., *Vorles.*, II, 84). Synonyme de *Lotus* L.

LOTEA (SER. — WEBB, *Phyt. canar.*, II, 80). Section du genre *Lotus* L.

LOTÉES (*Loteæ*). Série de la famille des Légumineuses. (Voy. H. BN, *Hist. des pl.*, II, 289.)

LOTIER. Nom français des *Lotus* L.

LOTIER-BAUMIER. Le *Trigonella cærulea* DC.

LOTUS (L., *Gen.*, n. 897). Genre de Légumineuses-Papilionacées, qui a donné son nom à la série des Lotées et dont les fleurs ont des sépales subégaux, ou l'inférieur plus long; le tube plus court que les portions libres: une corolle à carène rostrée

Lotus. — Fruits déhiscents.

un androcée diadelphe (9-1); une gousse linéaire ou oblongue, arrondie ou plane, turgide. Ce sont, au nombre d'une centaine, des herbes ou des sous-arbrisseaux, à feuilles 4, 5-foliolées; les folioles supérieures apicales; les autres placées tout en bas et simulant des stipules. Les fleurs sont solitaires ou plus souvent en ombelles pédonculées. Le *L. corniculatus* est une herbe très commune chez nous. (H. Bn, *Hist. des pl.*, II, 214, 289, fig. 168.)

LOTUS (MATTH.). Le Micocoulier.

LOTUS ODORATA, L. URBANA (MATTH.). Le Mélilot officinal.

LOTUS SYLVESTRIS (MATTH.). Le Mélilot bleu.

LOU. Synonyme de *Ki-sang*.

LOUBAN-MAITEE. Le suc résineux du *Boswellia Frereana* BDW.

LOUDETIA (HOCHST., in *Steud. Syn. pl. glum.*, I, 238). Synonyme de *Trichopteryx* NEES.

LOUDONIA (LINDL., *Swan Riv. App.*, 42, c. ic.). Genre d'Onagrariacées-Haloragées, dont les fleurs sont très analogues à

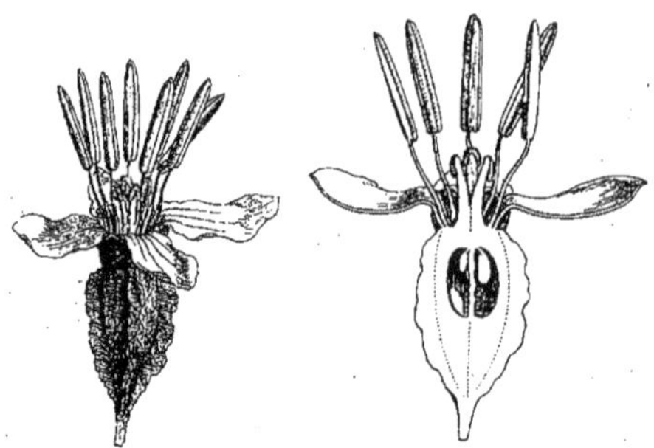

Loudonia. — Fleur, entière et coupe longitudinale.

celles des *Haloragis*, mais plus grandes, 2- ou 4-mères et 4- ou 8-andres, avec ovaire infère, ailé, à 2-4-loges incomplètes. Ce sont 3 herbes australiennes, à feuilles alternes et à fleurs jaunes, disposées en corymbe de cymes. (H. Bn, *Hist. des pl.*, VI, 476, 497, fig. 462-464.)

Loudonia. — Gynécée.

LOUFA DE LOUP. Nom languedocien des *Lycoperdon*.

LOUFO. En Languedoc, les *Lycoperdon*.

LOUICHEA (LHÉR., *Stirp. nov.*, I, 135, t. 65). Synonyme de *Pteranthus* FORSK.

LOUISETTE. Le *Lathyrus tuberosus* L.

LOUP (Fruit de). Au Brésil, le *Solanum grandiflorum*, var. *pulverulentum*. M. D. Freire en a extrait [1888] un alcaloïde, la *Grandiflorine*.

LOURA. Nom brésilien du *Cordia alliodora* CH.

LOUREA (NECK., ex *Desvx Journ.*, I, 122, t. 5). Genre (?) de Papilionacées-Hédysarées, séparé des *Desmodium* et comprenant 2, 3 herbes d'Asie et d'Océanie, dont les fleurs sont distinguées par un calice largement campanulé, courtement 5-lobé, accrescent après l'anthèse. (H. Bn, *Hist. des pl.*, II, 315.)

LOUREIRA (CAV., *Icon.*, V, 17, t. 429). Syn. de *Curcas* ADANS.

LOUREIRA (MEISSN., *Gen.*, *Comm.*, 53). Synonyme de *Toluifera* LOUR.

LOUREIRO. En Portugal, le Laurier.

LOURYA (H. BN, in *Bull. Soc. Linn. Par.*, 743). Genre du groupe des *Peliosanthes*, dont il a les organes de végétation, avec des épis de fleurs à périanthe campanulé ; le réceptacle concave logeant l'ovaire adné. Celui-ci est surmonté d'un diaphragme horizontal, perforé au centre et à la face inférieure duquel s'attachent 6 anthères. Les 3 loges ovariennes renferment chacune 4-6 ovules dressés. Le *L. campanulata* est une plante vivace de la Cochinchine, à feuilles de *Peliosanthes*. [H. BN.]

LOUSEWORT. Nom anglais des *Pedicularis* T.

LOU-TEOU. Nom, à Pékin, du *Phaseolus radiatus* L.

LOUZ. Nom arabe (DEL.) de l'Amande et de l'Amandier.

LOVAN. Un des noms arabes des arbres à encens.

LOVE-APPLE. L'un des noms anglais des Tomates.

LOVE-IN-A-MIST. Nom anglais des Nigelles.

LOVE IN THE MIST. Nom anglais du *Passiflora fœtida* L.

LOVE-WEED. Nom anglais de certaines Cuscutes.

LOWEA (LINDL., *Bot. Reg.*, t. 1261). Synonyme de *Hulthemia* DUMORT.

LOWELLIA (A. GRAY, *Pl. Fendler.*, 89). Synonyme de *Thymophylla* LAG.

LOXANTHERA (BL., *Fl. jav. Lor.*, t. 20, 23 C). Synonyme de *Loranthus* L. et section (B. H.) de ce genre.

LOXANTHES (SALISB., *Gen. pl. Fragm.*, 117). Synonyme de *Nerine* HERB.

LOXANTHUS (NEES, in *Wall. Pl. as. rar.*, III, 76). Synonyme de *Phlogacanthus* NEES.

LOXOCARPUS (R. BR., in *Benn. Pl. jav. rar.*, 120). Synonyme de *Didymocarpus* WALL.

LOXODISCUS (HOOK. F., in *Hook. Kew Journ.*, IX, 200, t. 6). Genre de Sapindacées-Sapindées, établi pour un arbre de la Nouvelle-Calédonie (*L. coriaceus* HOOK. F.), à feuilles alternes, imparipennées, à fleurs pétalées, 8-andres ; l'ovaire à 3 loges 2-ovulées ; le fruit loculicide, à graines arillées. (H. BN, *Hist. des pl.*, V, 422.)

LOXODON (CASS., in *Dict.*, XXVII, 253). Synon. de *Gerbera* GRON. et section de ce genre. (H. BN, *Hist. des pl.*, VIII, 95.)

LOXONIA (JACK, in *Trans. Linn. Soc.*, XIV, 40). Genre de Gesnériacées-Cyrtandrées, établi pour une plante de Sumatra, à fleurs 4-andres ; la corolle à tube court et à lèvres peu inégales ; le fruit loculicide, à valves droites. (C-B. CLKE, *Cyrt.*, 157.)

LOXOPHYLLUM (BL., *Bijdr.*, 750). Synon. de *Loxonia* JACK.

LOXOPHYLLUM (KL., in *Hook. Misc.*, II, 150, t. 79). Synonyme de *Cyclomyces* KZE.

LOXOPTERYGIUM (HOOK. F., *Gen.*, I, 419). Genre établi parmi les Anacardiées, pour un arbre de la Guyane, voisin des *Astronium*, à fleurs polygames et 5-mères ; le calice lobé ; les pétales imbriqués ; le fruit samaroïde et falciforme. (H. BN, *Hist. des pl.*, V, 318.)

LOXOSTOMA. Sect. (B. H., *Gen.*, II, 1213) du g. *Leucas* R. BR.

LOXOSTYLIS (SPRENG., ex *Reich. Ic. exot.*, t. 205). Genre d'Anacardiées, établi pour un arbre du Cap, à feuilles alternes,

Loxostylis. — Fleur mâle, entière et coupe longitudinale.

imparipennées, distingué par des fleurs 5-mères, à calice accrescent, à androcée isostémoné ; les filets inégaux, à 3 styles, à fruit drupacé. (H. BN, *Hist. des pl.*, V, 318.)

LOXOTIS (R. BR., in *Benth. Scroph. ind.*, 57). Synonyme de *Rhynchoglossum* BL.

Loxsoma. — Portion de fronde. Sore. Sporanges.

LOXSOMA (ENDL., *Gen.*, n. 658[1], Suppl. I). Genre de Fougères-Hyménophyllées, à sores marginaux, dans les sinus des dents de la fronde et terminant une nervure. L'involucre est suburcéolé, coriace et tronqué. Le réceptacle, allongé et exsert, porte de nombreux sporanges stipités, mêlés de soies. L'anneau est incomplet. Le *L. Cunninghami* R. Br. est une belle Fougère de la Nouvelle-Zélande, à port de *Dicksonia*. R. Brown, le vrai auteur du genre, avait écrit *Loxoma*.

LOZANIA (S. Mut., ex *DC. Prodr.*, III, 30). Synonyme (?) de *Lacistema* Sw.

LUA. En Cochinchine, l'un des noms du Riz.

LUBAN (lait). Nom arabe du véritable encens, extrait du *Boswellia Carterii* Birdw.

LUBAN-MEYETI. Nom d'une sorte de myrrhe ou d'encens, et plutôt de l'Élémi d'Afrique.

LUBENIKA. Nom slave (?) du Melon.

LUBIA. En Arabie, les Haricots.

LUBINE (bois). Nom, à Rodrigues, du *Psychotria? lanceolata* Balf. f. (*Uragoga*).

LUBINIA (Vent., *Jard. Cels*, t. 98). Synonyme de *Lysimachia*.

LUBINIE. Nom français (Lamk) des *Lubinia* Vent.

LUBRICÆ (Quél., *Ench. Fung.*, 70). Division des Agaricinés du sous-genre *Flammula*, à chapeau visqueux. [De S.]

LUCÆA (K., *Rev. Gramin.*, II, 489, t. 150). Synonyme de *Arthraxon* Pal.-Beauv.

LUCBÁN. Nom, aux Philippines, des *Citrus*.

LUCCIOLE. Nom de l'*Ophioglossum vulgatum* L.

LUCEMA. Nom que les Quechas donnent au Sapotillier.

LUCET. Plante indéterminée des Malouines (Bougainville), à odeur d'oranger, qui rend le lait désagréable au goût.

LUCIANEA (Endl., *Gen.*, n. 3282). Synonyme de *Lucinæa* DC.

LUCILIA (Cass., in *Bull. Soc. philom.* [1817]; in *Dict.*, XXVII, 263). Section du genre *Gnaphalium* L. (H. Bn, *Hist. des pl.*, VIII, 168.)

LUCILIOPSIS (Wedd., *Chlor. andin.*, I, 159, t. 26 A). Genre de Composées-Inulées, formé de 2 petites herbes des Cordillères, à feuilles opposées; à capitules solitaires, sessiles et dioïques; les bractées de l'involucre imbriquées et paucisériées; le fruit muni d'une aigrette de soies connées en anneau à leur base. (H. Bn, *Hist. des pl.*, VIII, 171.)

LUCINÆA (DC., *Prodr.*, IV, 368). Genre de Rubiacées-Mussaendées, dont les fleurs, disposées en faux-capitules axillaires et terminaux, rappellent par là tout à fait celles des *Morinda*. Mais, en outre, elles ont tout à fait leur organisation, sinon que les deux loges de leur ovaire sont multiovulées, au lieu de ne renfermer qu'un nombre défini d'ovules. Leurs fruits sont des baies polyspermes. Les trois espèces connues de ce genre sont des arbustes de l'archipel Indien, glabres, dressés ou grimpants, à feuilles coriaces, à stipules inter- ou intrapétiolaires. (Voy. *Hist. des pl.*, VII, 455.) [H. Bn.]

LUCINIUM. Un des noms de l'*Amyris balsamifera* L. f.

LUCIOLA (Sm., *Engl. Fl.*, II, 177). Synonyme de *Luzula* DC.

LUCIOLA. Nom ancien de l'Ophioglosse et des Luzules.

LUCULIA (Sweet, *Brit. Fl. Gard.*, t. 145). Genre de Rubiacées-Cinchonées, à fleurs 5-mères, avec un calice à lobes foliacés, inégaux, imbriqués et caducs. La corolle est hypocratérimorphe, imbriquée. Les étamines, en grande partie incluses, sont insérées à la gorge de la corolle, et l'ovaire infère a deux loges multiovulées. Les placentas sont à deux lobes révolutés, et le style a deux branches grêles, incluses. Le fruit est septicide, et ses valves se partagent en deux moitiés. Les graines, nombreuses, sont prolongées aux deux extrémités en une aile étroite et déchiquetée. Ce sont 2 arbustes des montagnes de l'Inde tempérée, à feuilles opposées, stipulées, rappelant beaucoup celles des *Cinchona*; à cymes terminales composées et corymbiformes. Le *L. gratissima* Sweet (*Cinchona gratissima* Wall.) donne une écorce fébrifuge, vantée comme faux quinquina de l'Inde (*Cortex Chinæ nepalensis* offic.). C'est une espèce à fleurs charmantes, d'un rose tendre et d'une odeur délicieuse, qu'on cultive trop rarement dans nos serres froides, où il fleurit l'hiver. Le *L. Pinceyana* est aussi, dit-on, une fort belle plante d'ornement. (Voy. *Hist. des pl.*, VII, 347, 384, 492, n. 186.) [H. Bn.]

LUCULI-SWA. Nom indien du *Luculia gratissima* Sweet.

LUCUMA (J., *Gen.*, 152). Genre de Sapotacées, composé d'une cinquantaine d'arbres américains, quelques-uns océaniens, à feuilles alternes, coriaces; les nervures primaires fines et parallèles; les fleurs 4, 5-mères, à sépales égaux ou inégaux, à 4, 5 étamines fertiles, avec staminodes alternes, souvent plus haut insérés, parfois nuls. Le fruit est charnu, et les graines sont dépourvues d'albumen. On dit délicieux le fruit du *L. mammosa*. Ce genre se distingue mal des *Sideroxylon* et des *Chrysophyllum*. (Miq., in *Mart. Fl. bras.*, VII, t. 23-37.) [H. Bn.]

LUCYA (DC., *Prodr.*, IV, 434. — B. H., *Gen.*, II, 61). Section du genre *Oldenlandia* Plum. (H. Bn, *Hist. des pl.*, VII, 325.)

LUDIA (Lamk, *Dict.*, III, 612; *Ill.*, t. 466). Genre de Bixacées-Flacourtiées, à fleurs hermaphrodites, apétales, 5-7-mères; les étamines nombreuses, et l'ovaire uniloculaire, à 3, 4 placentas pariétaux, 2-∞-ovulés. Ce sont 3, 4 arbustes des îles orientales de la côte d'Afrique, à fleurs axillaires. (H. Bn, *Hist. des pl.*, IV, 310.)

LUDIER. Nom français (Lamk) des *Ludia* Lamk.

LUDISIA (A. Rich., in *Dict. class. Hist. nat.*, VII, 437). Synonyme de *Hæmaria* Lindl.

LUDOLFIA (W., in *Ges. Nat. Fr. Berl. Mag.*, II, 320). Synonyme de *Arundinaria* Michx.

LUDOVIA (Pers., *Syn.*, II, 576). Synonyme de *Carludovica*.

LUDOVICIA (Coss., in *Bull. Soc. bot. Fr.*, III, 674). Synonyme de *Hammatolobium* Fenzl.

LUDUIGE. Nom français (Lamk) des *Ludwigia* L.

LUDWIGIA (L., *Gen.*, n. 153). Genre d'Onagrariacées-Œnothérées, très voisin des Onagres, mais avec des fleurs dont le réceptacle ne se prolonge pas au delà de l'ovaire et porte immédiatement le calice et la corolle 3-6-mères. L'androcée est diplostémoné dans les espèces de la section *Jussiæa*; mais les plus petites étamines peuvent demeurer stériles; elles disparaissent dans les *Ludwigia* vrais; ou bien, quand elles existent çà et là, elles sont grêles et stériles. Les *Isnardia* sont des *Ludwigia* à corolle peu développée. Le fruit est poricide ou septicide. Ce sont des herbes, parfois suffrutescentes, souvent aquatiques, à feuilles alternes ou opposées, à stipules peu développées, à fleurs axillaires. Environ 40 espèces, des deux mondes, même de l'Europe tempérée. (H. Bn, *Hist. des pl.*, VI, 462, 491.)

LUEDEMANNIA (Reichb. f., in *Bonplandia* [1854], 281). Synonyme de *Cychnoches* Lindl.

LUETKEA (Bong., *Veg. Sitch.*, in *Mém. Ac. Pétersb.*, VI, sér. II, 130, t. 2). Synonyme de *Eriogynia* Hook.

LUF. Nom arabe du *Dracunculus vulgaris* Schott.

LUFFA (T., in *Act. Ac. par.* [1706], 84, t. 6). Genre de Cucurbitacées-Cucurbitées, à fleurs unisexuées, considérées comme type de celles de la famille, parce que leurs étamines, fertiles ou stériles, peuvent être superposées ou à peu près aux sépales. Les pétales sont imbriqués. Le fruit est sec, cylindrique ou oblong, lisse ou anguleux, formé en grande partie d'un tissu fibreux ou réticulé, qu'on isole dans la pratique pour former ce qu'on appelle *Torchon végétal*. Les *Luffa*, souvent cultivés dans nos jardins, sont annuels, grimpants, originaires de l'ancien

Luffa. — Rameau florifère. Fleur mâle.

monde, sauf une espèce américaine. Leurs fruits verts sont potagers. On en distingue 6 espèces. (H. BN, *Hist. des pl.*, VIII, 405, 441, fig. 283, 284.)

Luffa. — Fleur femelle, entière et coupe longitudinale.

LUGOA (DC., *Prodr.*, VI, 84). Section du genre *Athanasia* L. (H. BN, *Hist. des pl.*, VIII, 281.)

LUGONIA (WEDD., *Chlor. andin.*, II, 49, t. 54). Genre d'Asclépiadacées-Cynanchées, formé de 2 sous-arbrisseaux des Andes péruviennes et boliviennes, distingués par des fleurs à larges divisions calicinales ; une corolle subrotacée et semi-5-fide ; une couronne formée d'écailles charnues et latéralement comprimées ; un style terminé par un rostre bifide. Ce sont des plantes à tiges basses ou volubiles. [H. BN.]

LUHEA (W., in *N. Schr. Ges. Nat. Fr. Berl.*, III, 409, t. 5). Genre de Tiliacées-Tiliées, formé d'une quinzaine d'arbres américains, à fleurs en cymes, caractérisées par des étamines très nombreuses ; les extérieures stériles, et un fruit capsulaire à 5 valves, déhiscent par sa partie supérieure. Les graines y sont ailées et albuminées. (A. BN, *Hist. des pl.*, IV, 881.)

LUHEA (W. SCHM., in *Ust. Ann.*, VI, 118). Synonyme (?) de *Stilbe* BERG.

LUINA (BENTH., in *Hook. Icon.*, t. 1139). Genre de Composées-Sénécionées (?), établi pour une herbe de l'Amérique du Nord, d'affinités douteuses ; distingué par des capitules homogames, avec branches stylaires obtuses ; des anthères portant 2 soies basilaires ; des fruits glabres et couronnés d'une aigrette blanche. Ses capitules sont disposés en cymes corymbiformes. (H. BN, *Hist. des pl.*, VIII, 273.)

LUISET. L'*Ervum hirsutum* L.

LUISET DES PRÉS. Le *Vicia Cracca* L.

LUISIA (GAUDICH., in *Freyc. Voy.*, *Bot.*, 426, t. 27). Genre d'Orchidacées-Vandées, formé d'une dizaine de plantes épiphytes, asiatiques et océaniennes, à tiges feuillées, sans pseudo-bulbes ; à sépales et pétales connivents ou parfois subétalés, à labelle concave ou convexe supérieurement, à pollinies de Sarcanthées. Les fleurs, petites ou médiocres, sont subsessiles, disposées en épis courts. Plusieurs espèces sont cultivées dans nos serres. (*Bot. Mag.*, t. 3648, 5558.) [H. BN.]

LUISKRUID. En Hollande, la Staphisaigre.

LUJULA. Nom ancien de l'*Oxalis Acetosella* L.

LUKRABO (Graines de). — Voy. DAI-PHONG-TU.

LUKRABO (Graines de). Semences de l'*Hydnocarpus anthelminthica* PIERRE, de la Cochinchine, substituées peut-être parfois à la Fève de Saint-Ignace.

LUMA (A. GRAY, *Un.-St. expl. Exp.*, *Bot.*, I, 535, t. 66). Synonyme de *Myrceugenia* O. BERG.

LUMANAJA (BLANC., *Fl. filip.*, 821). Syn. de *Homonoia* LOUR.

LUMBAN. Nom, aux Philippines, des *Aleurites* FORST.

LUMBO. Nom, à Sainte-Croix, de l'*Euxolus oleraceus* MOQ.

LUMBRICIDIA (VELL., *Fl. flum.*, t. 104, 105). Synonyme de *Andira* LAMK.

LUMBRICORUM SEMEN. Nom ancien (BAUH.) du Semen-contra

LUMBUSH. Nom anglais du *Solanum nodiflorum* JACQ.

LUME. Au Chili, le *Lycium humile* PHIL., à fruits comestibles.

LUMILETTE. Nom ancien des Euphraises.

LUMINET. L'un des noms de l'*Euphrasia officinalis* L.

LUMNITZERA (SPRENG., *Syst.*, II, 687). Synonyme de *Moschosma* REICHB.

LUMNITZERA (W., in *N. Schr. Ges. Nat. Fr. Berl.*, IV, 186). Genre de Combrétacées-Combrétées, formé de 4, 5 arbres à feuilles alternes, des rivages tropicaux de l'Asie, de l'Afrique et de l'Océanie ; à réceptacle longuement étiré au-dessus de l'ovaire ; à 5-10 étamines exsertes ; à 2-5 ovules ; à fruit ligneux, comprimé et anguleux. (H. BN, *Hist. des pl.*, VI, 263, 278.)

LUNAIRE (*Lunaria* T., *Inst.*, 105, t. 218). Genre de Crucifères, qui a donné son nom à la série des Lunariées, et dont les sépales sont dissemblables deux à deux. Les étamines tétradynames ont quelquefois une dent au filet (dans la section *Brachypus*). Le fruit est stipité, oblong ou elliptique, très comprimé parallèlement à la large cloison blanchâtre sur laquelle s'appliquent les semences, comprimées et marginées-ailées. Les

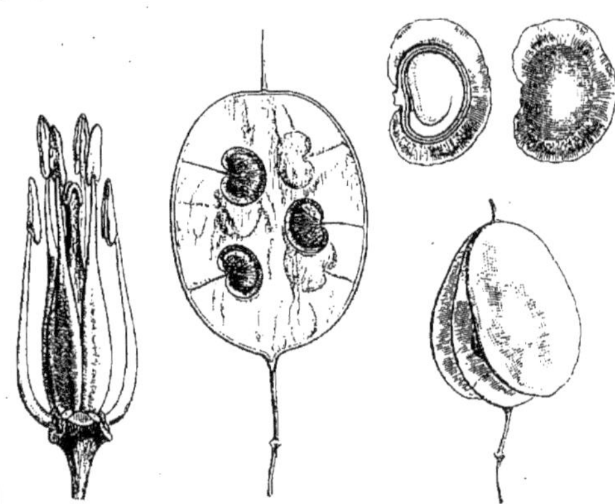

Lunaire. — Androcée. Fruit déhiscent. Fruit, les valves enlevées. Graine, entière et coupe longitudinale.

cotylédons foliacés ont une radicule incombante. Ce sont 2 herbes vivaces ou bisannuelles, cultivées dans nos parterres, originaires d'Europe et d'Asie, à feuilles alternes, à fleurs rosées ou violacées, disposées en grappes terminales, sans bractées. Le *L. biennis* se trouvait au parc de Saint-Maur, il y a encore quelques années. Le fruit desséché des Lunaires, souvent dans les valves, se conserve l'hiver comme ornemental. (H. BN, *Hist. des pl.*, III, 201, 268, fig. 270, 271.)

LUNAIRE (GRANDE). Le *Lunaria annua* L.

LUNAIRE (PETITE). Nom du *Botrychium Lunaria* Sw.

LUNANEA (DC., *Prodr.*, II, 92). Synonyme de *Cola* SCHOTT.

LUNANIA (HOOK., in *Lond. Journ. Bot.*, III, 317, t. 11, 12). Genre de Bixacées-Samydées, comprenant 5 arbres américains, à fleurs apétales ; le calice valvaire ; les étamines (6-10) à anthères extrorses ; l'ovaire à 3 placentas pariétaux. Le fruit est capsulaire, 3-valve. Les feuilles sont alternes, et les fleurs sont disposées en grappes. (H. BN, *Hist. des pl.*, IV, 308.)

LUNAS. Nom, aux Philippines, des *Gonocaryum* MIQ.

LUNASIA (BLANCO, *Fl. de Filip.*, 783). Genre de Rutacées, série des Zanthoxylées, à fleurs 3-mères, à 3 étamines et 3 loges ovariennes, contenant chacune un ovule descendant. Le fruit est obpyramidal, les angles prolongés en ailes, à 3 coques monospermes. Ce sont des arbustes de l'Archipel Indien, ponctués et à poils écailleux, à feuilles alternes et à fleurs dioïques, disposées en grappes ou en épis. Il y en a 1, 2 espèces. (H. Bn, *Hist. des pl.*, IV, 477.)

LUNDIA (DC., *Rev. Bignon.*, 11). Genre de Bignoniacées-Bignoniées, à fleurs analogues à celles des *Bignonia*, à calice tronqué ou s'ouvrant par un opercule; à corolle bilabiée; à étamines didynames; les anthères divariquées. Le disque est nul ou peu développé. Le fruit est une capsule allongée, à valves planes, 2-costées ou 2-ailées; à graines ailées, 1-sériées de chaque côté de la cloison. Ce sont des arbustes grimpants, du Brésil, à feuilles 3-foliolées; la foliole terminale nulle ou changée en vrille; à fleurs disposées en cymes axillaires ou terminales. (H. Bn, *Hist. des pl.*, X, 5, 32.)

LUNDIA (Schum. et Thönn., *Beskr. pl. guin.*, 231). Synonyme de *Oncoba* Forsk.

LUNE D'EAU. Le *Nymphæa alba* L.

LUNE DU CANADA. Le *Rhus radicans* L.

LUNETIÈRE. Nom français (Lamk) des *Biscutella* L.

LUNETTE D'EAU. Le *Nymphæa alba* L.

LUNON. L'*Asphodelus ramosus* L.

LUNTIA (Neck., *Elem.*, II, 335). Genre séparé des *Croton* L.

LUNULA (Bory, *Encyc. méth.; H. nat. des Zooph.* [1824]). Genre d'Algues-Conjuguées, de la famille des Desmidiacées, généralement solitaires. Synonyme de *Closterium* Nitsch. [Ch. M.]

LUNULARIA (Bory, in *Dict. class.*). Genre de Diatomacées, dont les espèces ont été, avec juste raison, reportées dans les genres *Cocconema* et *Cymbella*. [Ch. M.]

LUNULARIA. Genre d'Hépatiques, établi par Nees d'Esenbeck, dans la famille des Marchantiacées. Ses fleurs sont dioïques ou quelquefois monoïques. Les mâles sont portées par des disques sessiles. Les femelles sont réunies (2-6) au sommet d'une hampe assez élevée; elles ont un involucre et jamais de périanthe; ce qui distingue le genre en question des *Marchantia* dont la fleur

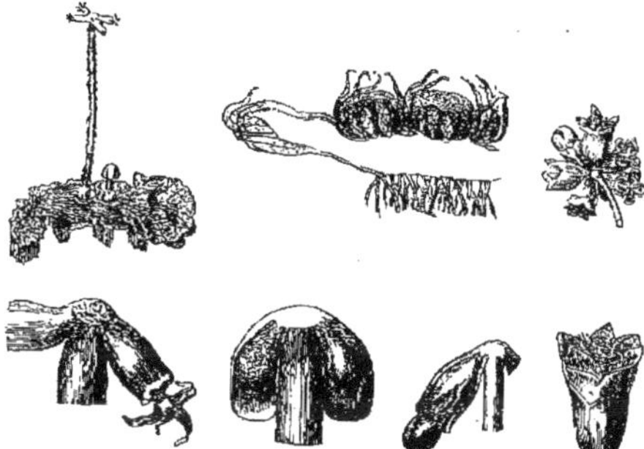

Lunularia. — Port. Fronde. Organes reproducteurs.

est périanthée. Les *Lunularia* n'ont pas de tige, ni de feuilles proprement dites. Leurs organes végétatifs consistent en frondes aplaties, entières ou lobées, appliquées sur leur support, auquel elles adhèrent par de nombreuses radicelles. La face supérieure de ces frondes est souvent pourvue de cupules semi-lunaires, contenant des propagules. (Voy. Nees, *Leberm.*, IV, 29, 11.) [M.]

LUNULARIÉES (*Lunularieæ*). Tribu établie par Nees d'Esenbeck dans la famille des Marchantiacées. Elle comprend les Hépatiques dont la fructification est supportée par une hampe assez élevée et entourée d'une gaine à sa base. Cette hampe porte à son sommet un certain nombre d'involucres adhérents entre eux par leur partie inférieure, et dont chacun contient une capsule qui s'ouvre en quatre ou huit valves. [M.]

LUNULINA (Bory, *Dict. class.*, IX, 542). Genre de Diatomacées. Synonyme de *Lunularia* Nees.

LUOI NOI. Synonyme de *Tambayca*.

LUPARIA. Nom ancien de l'*Aconitum Lycoctonum* L.

LUPIN (*Lupinus* T., *Inst.*, 392, t. 213). Genre de Légumineuses-Papilionacées-Génistées, à fleurs distinguées par un calice à divisions bien plus longues que le tube; une corolle à carène rostrée; des étamines monadelphes, à filets tous unis en un tube clos; une gousse comprimée, épaisse ou coriace; des graines généralement assez volumineuses, à hile allongé. Ce sont, au nombre d'une cinquantaine, des plantes herbacées ou suffrutescentes, à feuilles simples ou digitées, ∞-foliolées, à fleurs en grappes terminales, alternes ou verticillées. Elles sont souvent odorantes. Plusieurs Lupins sont cultivés pour leurs

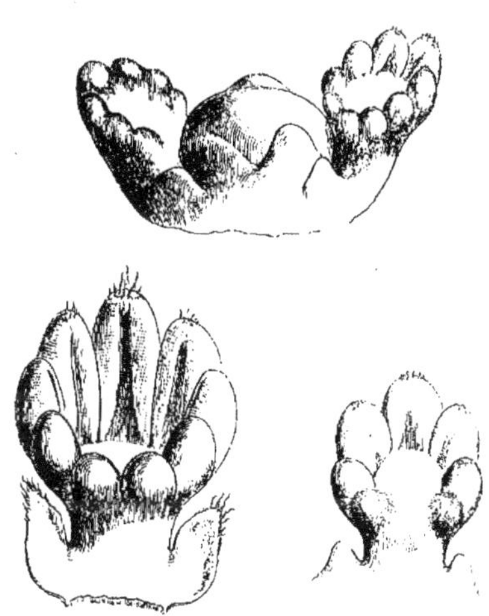

Lupin. — Développement des feuilles.

graines comestibles, nutritives; beaucoup d'autres le sont pour leurs fleurs ornementales. (H. Bn, *Hist. des pl.*, II, 227, 331.)

LUPINASTER (Presl, *Symb.*, I, 46). Synonyme de *Trifolium* T.

LUPINETTE. Le Trèfle incarnat.

LUPOLO. Nom italien du Houblon.

LUPSIA (Neck., *Elem.*, I, 71). Syn. (?) de *Galactites* Mœnch.

LUPULIN. — Voy. Houblon, Sécrétions.

LUPULINE. Le *Medicago Lupulina* L.

LUPULUS (Gærtn., *Fruct.*, I, 358, t. 75). Syn. de *Humulus*.

LUPUS SALICTARIUS. Nom que Pline donne au Houblon.

LURCHON. Nom gascon de l'*Hydnum repandum* L.

LUS AIRÈS. Nom provençal de l'Airelle-Myrtille.

LUSETTE. Le *Salix viminalis* L.

LUSSACIA (Spreng., *Syst.*, II, 294). Synonyme de *Gaylussacia* H. B. K.

LUSTRE D'EAU. Nom vulgaire des *Chara*, qui servent quelquefois à polir les ustensiles de ménage.

LUTEA CRETICA. Nom ancien du *Datisca cannabina* L.

LUTHERA (Sch. Bip., in *Linnæa*, X, 257). Synonyme de *Krigia* Schreb. (H. Bn, *Hist. des pl.*, VIII, 20.)

LUTROSTYLIS (G. Don, *Gen. Syst.*, IV, 391). Synonyme de *Rochefortia* Dup.-Th.

LUTUM. Nom latin ancien de la Gaude.

LUVUNGA (Ham., in *Wall. Cat.*, n. 6582). Genre de Rutacées-Citrées, formé de 3, 4 arbustes grimpants, de l'Asie tropicale, à fleurs de *Limonia*, avec un calice cupuliforme; des étamines souvent monadelphes à la base, à anthères linéaires; les feuilles trifoliolées et ponctuées. (H. Bn, *Hist. des pl.*, IV, 400, 487.)

LUVUNGALUTA. Nom sanscrit du *Luvunga scandens* Ham.

LUXEMBURGIA (A. S.-H., in *Mém. Mus.*, IV, 351). Genre qui a donné son nom à une famille distincte, aujourd'hui rapportée aux Violacées par les uns, et par les autres aux Ochnacées, dont on en fait le type d'une tribu spéciale, celle des Luxemburgiées. Les fleurs sont pentamères, hermaphrodites, irrégulières quant à l'insertion excentrique du gynécée et à la disposition de l'androcée qui manque à la partie antérieure de la fleur. Le réceptacle est convexe; les cinq sépales sont imbriqués, caducs, et les cinq pétales alternes, tordus-convolutés dans la préfloraison. Les étamines, au nombre de six à huit, ou en nombre indéfini, entourent le gynécée en arrière et sur les côtés. Chacune d'elles est formée d'un filet hypogyne, court, uni aux filets voisins en une masse unilatérale, et d'une anthère biloculaire, linéaire, déhiscente au sommet par deux pores. Le gynécée

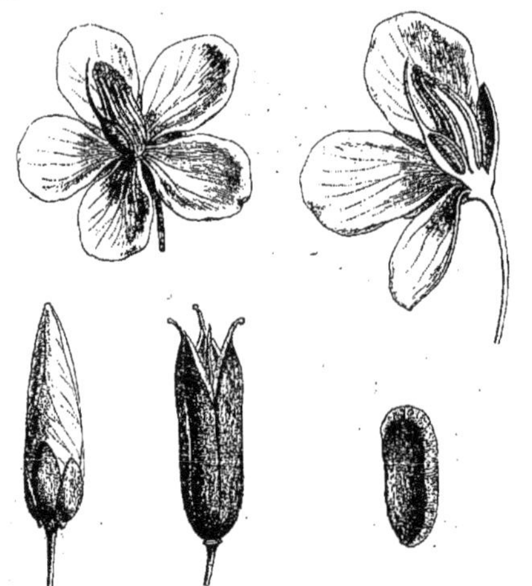

Luxemburgia. — Bouton. Fleur, entière et coupe longitudinale. Fruit déhiscent. Graine.

excentrique est formé d'un ovaire libre, uniloculaire, avec trois ou cinq placentas pariétaux plus ou moins proéminents et dont les bords portent de nombreux ovules. Le fruit est une capsule 3-5-valve, avec des graines marginées ou ailées sur les bords des valves. Elles renferment un embryon droit, entouré d'un albumen charnu peu abondant. Les six ou sept *Luxemburgia* connus sont de jolis arbres ou arbustes brésiliens, glabres, à feuilles alternes, simples, dentées ou serrulées, avec des nervures pennées nombreuses, parallèles. Les fleurs sont jaunes, élégantes, groupées en grappes terminales; leur pédicelle est articulé et accompagné de deux bractéoles. (Voy. *Hist. des pl.*, IV, 361, 369, fig. 386-390.) [H. Bn.]

LUXEMBURGIÉES. Tribu ou série de la famille des Ochnacées, dont les fleurs ont ordinairement un gynécée excentrique, des étamines non disposées circulairement avec régularité autour du gynécée, des staminodes souvent nombreux en dehors des étamines stériles, des loges ovariennes multiovulées, et, par suite, des fruits polyspermes, dont le péricarpe est fréquemment capsulaire; l'endocarpe se séparant, en tous cas, en un nombre de portions égal à celui des loges ovariennes. Les *Luxemburgia* ont donné leur nom à ce groupe, dans lequel on place à côté d'eux les *Godoya*, *Cespedezia*, *Pœcilandra*, *Blastemanthus*, *Wallacea*; il se rapproche en même temps beaucoup d'une tribu des Violacées, celle des Sauvagésiées, et on lui a même attribué le genre *Schuurmansia*. [H. Bn.]

LUXFORD (George). Auteur d'une flore des environs de Reigate, dans le comté de Surrey [1838] et de *The Phytologist*, recueil populaire de mélanges botaniques [1844-1854], gr. in-12.

LUYKEN (Joh.-Alb.). A écrit à Gœttingue [1809] un *Tentamen historiæ Lichenum in genere*, etc. (in-8 de 102 p.).

LUYUSIN. Nom, aux Philippines, des *Parinari* Aubl.

LUZ. Nom hébreu (Hill) de l'Amande.

LUZÆA (Dietr.). Pour *Lucœa* K.

LUZEAU. L'*Ervum hirsutum* L. et le *Vicia Cracca* L.

LUZERNE (*Medicago* T., *Inst.*, 412, t. 231). Genre de Légumineuses-Papilionacées-Trifoliées, distingué dans ce groupe par une corolle à carène obtuse, et par son fruit qui est falciforme, contourné en spirale, circiné ou cochléaire. Ce sont des herbes ou des arbustes, à feuilles composées-pennées, 3-foliolées. On en connaît une quarantaine, d'Europe, d'Asie et du nord de l'Afrique. La L. cultivée (*Medicago sativa* L.) est une des plantes qui jouent chez nous le plus grand rôle dans la culture

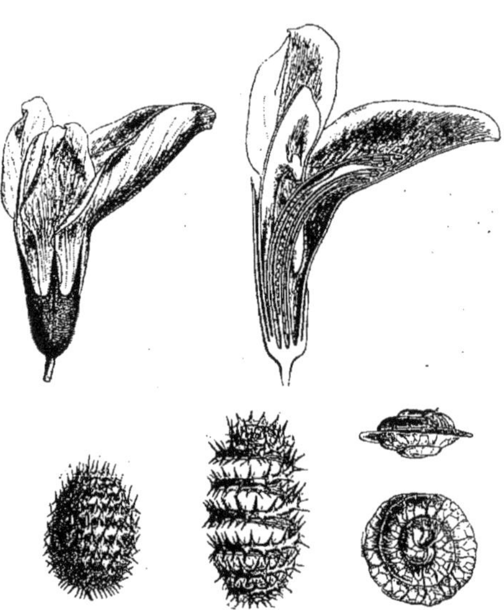

Luzerne. — Fleur, entière et coupe longitudinale. Fruits divers.

des prairies artificielles. Le *M. Lupulina* L. est à peu près dans le même cas. (H. Bn, *Hist. des pl.*, II, 218, 294.)

LUZERNE DE SUÈDE. Le *Medicago falcata* L.

LUZERNE JAUNE. Le *Medicago Lupulina* L.

LUZETTE. Synonyme de Luzeau.

LUZIOLA (J., *Gen.*, 33). Genre de Graminées-Oryzées, formé de 5, 6 espèces américaines, nageantes ou rampantes, à inflorescences lâches; les épillets petits, ovales, unisexués. Les étamines sont au nombre de 6-∞, et les inflorescences sont unisexuées ou plus rarement androgynes. (Dœll, in *Mart. Fl. bras.*, *Gramin.*, t. 5.) [H. Bn.]

LUZOTTE. La Mercuriale annuelle.

LUZULE (*Luzula* DC., *Fl. fr.*, III, 158). Genre de Juncacées, qui diffère uniquement des Joncs par l'organisation de l'ovaire, uniloculaire, avec un placenta basilaire qui porte trois ovules dressés, anatropes, à micropyle extérieur et inférieur. On distingue environ 25 Luzules dans les diverses régions tempérées du globe ou dans les montagnes des pays tropicaux. Ce sont des herbes vivaces et souvent cespiteuses. (Gren. et Godr., *Fl. de Fr.*, III, 352. — Buchen., in *Abh. Nat. Brem.*, VI, 413.) [H. Bn.]

LUZURIAGA (R. Br., *Prodr.*, 281). Synonyme de *Geitonoplesium* A. Cunn.

LUZURIAGA (R. et Pav., *Fl. per. et chil.*, III, 64, t. 297). Genre de Liliacées, qui a donné son nom à une série des Luzuriagées, et qui a des fleurs régulières, à 6 folioles étalées, avec 6 étamines et 3 loges ovariennes ∞-ovulées. Le fruit est une baie oligosperme, et l'albumen est corné. Ce sont 3 plantes du Chili, de Magellan et de la Nouvelle-Zélande, à tige frutescente, rameuse; à feuilles alternes, subsessiles, 3-∞-nerves; à fleurs axillaires, solitaires ou peu nombreuses, blanches; les pédicelles accompagnés de bractées brunes. Les *Callixene* Commers. et *Enargea* Soland. (II, 516) sont synonymes de *Luzuriaga*. (Hook., *Icon.*, t. 632, 674. — *Bot. Mag.*, t. 5192, 6465.) [H. Bn.]

LUZURIAGEÆ. Tribu (3) des Liliacées. (B. H., *Gen.*, III, 749.)

LYALLA (Hook. f., *Fl. antarct.*, II, 548, t. 122). Genre douteux de Caryophyllacées (Polycarpées? ou Cérastiées?), à fleurs inconnues. (H. Bn, *Hist. des pl.*, IX, 118.)

LYARRE. Nom ancien du Lierre.

LYBION. Dans Virgile, c'est, croit-on, le *Melilotus cærulea* L.

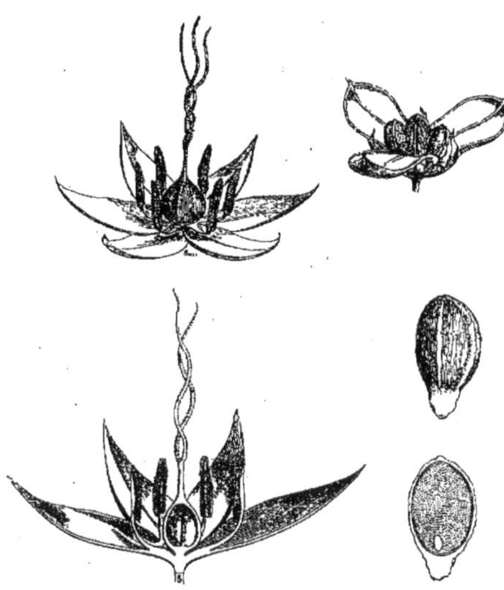

Luzule. — Fleur, entière et coupe longitudinale. Fruit déhiscent. Graine, entière et coupe longitudinale.

LYCAPSUS (Phil., in *Bot. Zeit.* [1870], 499, t. 8). Section (?) du genre *Adenostemma* Forst. (H. Bn, *Hist. des pl.*, VIII, 131.)

LYCHÆTE (J. Agh, *Ic.*, t.9). Genre d'Algues-Chlorosporées, de la famille des Confervées. Plus tard l'auteur l'assimila au *Conferva;* mais les espèces qui le constituaient ont été reportées en partie dans les *Cladophora* et les *Chætomorpha*. [Ch. M.]

LYCHINA (Gray). Pour *Lichina* Agh.

LYCHNANTHOS (Gmel., in *N. Comm. petrop.*, XIV, 525). — LYCHNANTHUS (Gmel., *Fl. bad.*, II, 249). Synon. de *Cucubalus*.

LYCHNI-CUCUBALUS (Kœlr., in *N. Comm. Ac. petrop.*, XX, 431). Genre fondé pour un hybride de *Lychnis dioica* et *viscosa*.

LYCHNIS (T., *Inst.*, 333, t. 175). Genre de Caryophyllacées, qui a donné son nom à une série des Lychnidées. Ses fleurs sont hermaphrodites ou parfois dioïques, à calice gamosépale, 5-denté, imbriqué. La corolle est caryophyllée ; les pétales souvent pourvus d'une double écaille à la base du limbe. L'androcée est diplostémoné. L'ovaire, libre, a 5 loges alternipétales, et est surmonté de 5 styles, plus rarement 3, 4. Les ovules sont nombreux dans chaque loge, et la placentation est axile. Mais les cloisons se résorbant plus ou moins tardivement, la placentation devient en apparence centrale-libre. Le fruit est une capsule à 5 dents ou 5 valves. Les graines sont nombreuses, lisses ou rugueuses, avec un embryon périphérique qui entoure un albumen farineux. Ce sont, au nombre de 30 environ, des herbes à rameaux souvent noueux, visqueux ; à feuilles opposées ; à fleurs disposées en cymes terminales. Le *L. dioica* est l'espèce la plus commune de nos pays. On cultive dans nos jardins les *L. viscaria*, *coronaria*, *chalcedonica*, *grandiflora*, etc. (H. Bn, *Hist. des pl.*, IX, 81, 108, fig. 101-107.)

Lychnis. — Tige florifère.

LYCHNI-SCABIOSA (Boerh., *Lugd.-bat.*, 191). Synonyme de *Knautia* L.

LYCHNOCEPHALUS (Mart., in *DC. Prodr.*, V, 83). Synonyme de *Lychnophora* Mart.

LYCHNOIDES (DC., *Prodr.*, IV, 650). Synonyme de *Knautia* L.

LYCHNONTEMON (Griseb., in *Mart. Fl. bras.*, *Diosc.*). Section du genre *Dioscorea* L.

LYCHNOPHORA (Mart., in *Dkr. Bot. Ges. Regensb.*, II, 148, t. 4-10). Genre de Composées-Vernoniées, formé d'au moins 15 arbustes brésiliens, à feuilles alternes, à capitules d'*Haplostephium*, terminaux sur un réceptacle commun épais, avec des paléoles dimorphes : les extérieures courtes et persistantes ; les intérieures étroites, plus ou moins tordues, caduques. (H. Bn, *Hist. des pl.*, VIII, 123.)

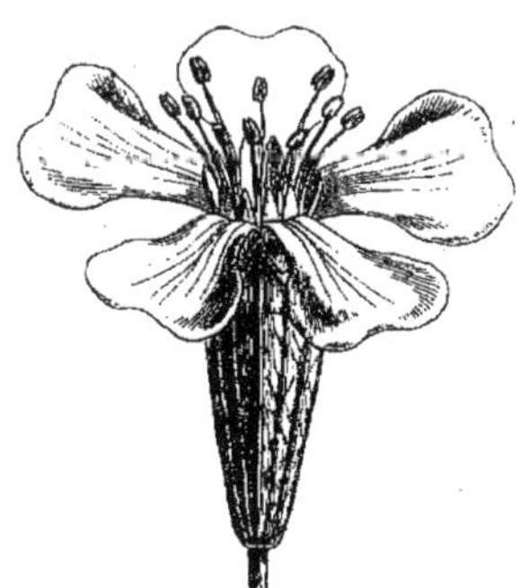

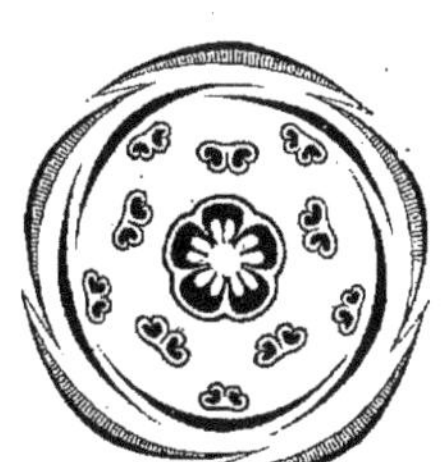

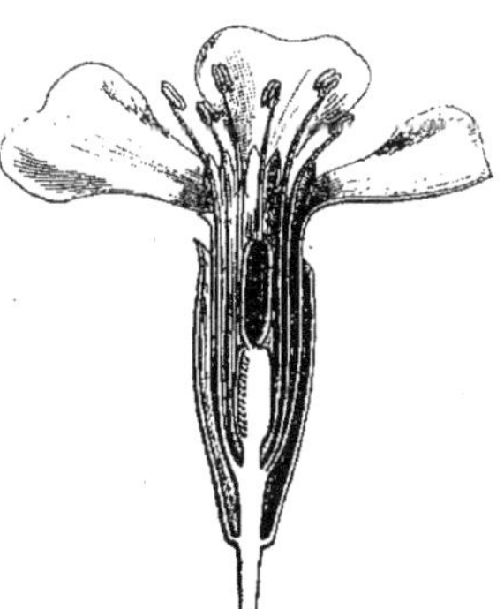

Lychnis. — Fleur, entière et coupe longitudinale. Diagramme floral.

LYCHNIDEA (Burm., *Afr.*, 138). Synonyme de *Manulea* L.

LYCHNIDEA (Dill., *H. eltham.*, t. 166). Synonyme de *Phlox* L.

LYCHNIDÉES. Série des Caryophyllacées. (H. Bn, *H. pl.*, IX, 103.)

LYCHNIOIDES (Gren. et Godr., *Fl. de Fr.*, I, 220). Section du genre *Silene* L.

LYCHNOPHORIOPSIS (SCH. BIP., in *Pollichia* [1863], 375). Section du genre *Lychnophora* MART.

LYCHNOTHAMNUS (RUPRECHT, *Beitr.*, 1845). Genre d'Algues, pour les auteurs qui considèrent les *Chara* comme appartenant à cette famille. Ce sont les *Chara barbata* de Kützing. [CH. M.]

LYCIET. Nom français des *Lycium* L.

LYCIMNIA (HNCE, in *Walp. Ann. bot.*, III, 30). Synonyme de *Melodinus* FORST.

LYCIOBATOS (ENDL., *Gen.*, 667). Section du genre *Lycium* L.

LYCIOIDES (DUN., *Solan. Syn.*, 22). Sect. du g. *Solanum* T.

LYCIOIDES (L., *H. Cliff.*, 488). Synonyme de *Bumelia* Sw.

LYCIOIDES (SPACH, in *Ann. sc. nat.*, sér. 2, XIX, 120). Section du genre *Amygdalus* T.

LYCIOPLESIUM (MIERS, in *Hook. Lond. Journ.*, IV, 330; *Ill.*, I, t. 29). Syn. de *Acnistus* SCHOTT. (H. BN, *Hist. pl.*, IX, 334.)

LYCIOPSIS (SPACH, in *N. Ann. Mus.*, IV, 329). Synonyme de *Fuchsia* L.

LYCIOTHAMNOS (ENDL., *Gen.*, 667). Section du genre *Lycium*.

LYCIUM (L., *Gen.*, n. 262). Genre de Solanacées-Atropées, formé d'une soixantaine d'arbustes des deux mondes, à corolle subcampanulée ou en entonnoir, ou urcéolée; le calice 3-5-denté ou lobé; les 5 étamines incluses ou exsertes; le fruit charnu, peu pulpeux, souvent oligosperme. Les branches ont souvent des nœuds spinifères. Les feuilles sont entières, petites, planes

Lycium. — Rameau florifère. Fleur, coupe longitudinale. Graine, entière et coupe longitudinale.

ou cylindriques. Les fleurs sont solitaires ou en cymes. Le *L. barbarum*, à baies rouges, est commun dans nos haies. (H. BN, *Hist. des pl.*, IX, 290, 339, fig. 369-372.)

LYCIUM ITALICUM (MATTH.). Le *Rhamnus saxatilis* L.

LYCOGALA (MICHEL., *Gen. pl.*, 216). Genre de Champignons, placé par divers auteurs, Corda entre autres, avec les *Lycoperdon* et les *Bovista* dans les Lycoperdacés, mais qui appartient aux Myxomycètes. Leur péridium papyracé est double, globuleux, sessile; l'intérieur, très mince, est diaphane. Le capillitium, prenant naissance dans l'enveloppe externe, traverse l'enveloppe interne et se ramifie à l'intérieur de la gléba en formant un lacis lâche à terminaisons brusques. Les spores, très petites, lisses, sont colorées. Le *L. epidendrum* BUXB., l'espèce la plus répandue, passe par une belle teinte rouge vif avant de prendre la couleur brun métallique. On en rencontre un assez grand nombre d'espèces dans les pays chauds; elles vivent sur les troncs d'arbre, sur le bois, l'écorce. [DE S.]

LYCOGALOPSIS (FISCH., *Berich. deutsch. Bot. Gessell.* [1886], 192). Genre de Gastéromycètes, de petite taille, rappelant les *Lycogala*, à péridium gris, de 5 à 6 millimètres, s'ouvrant par un orifice par lequel s'échappent les spores brunes. Le capillitium est rudimentaire. Les basides à 6 stérigmates tapissent des loges visibles avant la maturité. Une espèce, de Java, au jardin botanique, sur un fruit de *Parinarium scabrum*. [DE S.]

LYCOMELA. La Tomate.

LYCOMORMIUM (REICHB. F., in *Bot. Zeit.* [1852], 833; in *Walp. Ann.*, VI, 611). Genre d'Orchidacées-Vandées, établi pour 2, 3 plantes américaines, épiphytes, pseudo-bulbeuses, qui ont le port des *Peristeria*, mais avec le périanthe des Cyrtopodiées et des anthères à 2 pollinies. Pœppig et Endlicher (*Nov. gen.*, t. 74) en ont fait des *Anguloa*. (Voy. REICHB. F., *Xen. orchid.*, t. 64.) [H. BN.]

LYCOPERDACEÆ (CORD., *Anleit.*, 90), LYCOPERDACÉES (AD. BR., *Class. Champ.*, 60). Famille de Gastéromycètes, comprenant aussi des genres appartenant aux Myxomycètes.

LYCOPERDACEI (CORD., *Anleit.*, 91). Tribu de la famille des *Lycoperdaceæ* (genres *Lycoperdon*, *Bovista*, *Goupilia*).

LYCOPERDASTRUM (MICHELI, *Nov. gen.*, 219). Genre de Gastéromycètes, comprenant des espèces qui appartiennent aux genres *Scleroderma*, *Elaphomyces*, etc.

LYCOPERDEÆ (AD. BR., in *Fl. Alg.*, 374). Tribu des *Trichospermi*.

LYCOPERDEI, LYCOPERDÉS (FR., *Syst. myc.*, III, 5). Section des Champignons-Gastéromycètes, comprenant les *Bovistoides* et les *Proteoides*.

LYCOPERDINÉES (AD. BR., *Class. Champ.*, 68. — TUL., *Fung. hypog.*). Division des Lycoperdacés, comprenant les *Lycoperdon* et les genres voisins.

LYCOPERDINEI (FR., *Summ. veg. Scand.*, 441), LYCOPERDINÉS (QUÉL., *Enchir.*, 236). Deuxième section de la tribu des Lycoperdacés et, pour M. Quélet, famille de Gastéromycètes.

LYCOPERDOIDES (MICHELI, *Nov. gen.*, 219, t. 98). — Voy. POLYSACCUM.

LYCOPERDON (T., *Inst.*, 563). Genre de Gastéromycètes, caractérisé par un péridium globuleux, allongé ou piriforme, de dimensions très variables, composé d'une couche épidermoïde plus ou moins persistante et d'une couche interne d'un tissu plus ferme, dense et résistant, qui se colore avec l'âge en jaune, gris, fauve ou brun plus ou moins foncés. A l'intérieur, la glèbe

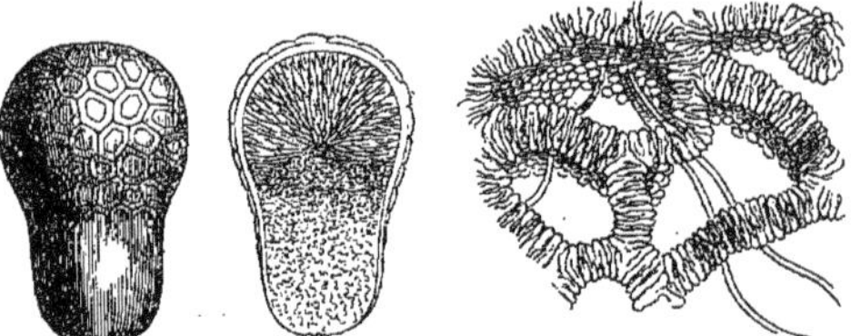

Lycoperdon, entier et coupe longitudinale. Tissu.

est d'abord blanche et présente des logettes tapissées par l'hyménium. On ne trouve à la maturité qu'une masse spongieuse, colorée, composée d'un grand nombre de spores entremêlées de filaments intriqués qui forment le capillitium. En arrivant à la maturité, le réceptacle tout entier passe par un ramollissement pendant lequel se liquéfient les cellules de l'hyménium et la plupart de celles du revêtement externe. Puis se produit une dessiccation et la formation de pores ou de fentes, ou une desquamation qui permettent aux spores d'être répandues à l'extérieur. Les basides sont en général courts, globuleux, à longs stérigmates. Une partie des stérigmates reste attachée aux spores et leur forme une sorte de pédicelle, long chez les *Bovista*, court et parfois nul chez les Lycoperdons. La séparation entre ces deux genres est restée confuse : ce qui a porté un auteur récent, M. Quélet, à supprimer ces deux dénominations pour en adopter de nouvelles qu'il a cherché à mieux circonscrire : *Globaria*, *Utraria* (voy. ces mots). Le genre *Lycoperdon* comprend au moins trente-cinq espèces, dont environ une quinzaine européennes, africaines ou américaines, et une vingtaine originaires des Indes, de Ceylan, de la Chine et du Japon. [DE S.]

LYCOPERSICON (T., *Inst.*, 150, t. 63). Nom latin des Tomates. Section du genre *Solanum* T. (H. BN, *Hist. des pl.*, IX, 328.)

LYCOPODE (*Lycopodium*). Genre de Lycopodiacées, borné aujourd'hui à des plantes isosporées (voy. LYCOPODIACÉES), herbacées, annuelles ou vivaces, parfois suffrutescentes, à feuilles polystiques, toutes semblables entre elles, les supérieures devenant plus petites et constituant des épis, avec les microsporanges qui occupent leur aisselle et qui sont un peu entraînés avec la feuille ou bractée axillante. Les plus grandes espèces sont tropicales, souvent épiphytes. En France croissent les *L. clavatum* L. et *Chamæcyparissus* AL. BRAUN. Les macrospores des *L. clavatum* et *Selago* constituent la poudre de Lycopode,

Lycopodium. — Port. Sporanges.

qui sert à poudrer les jeunes enfants, à enrober les pilules et aussi à imiter les éclairs au théâtre, à cause de leur combus-

Lycopodium. — Port. Inflorescence. Sporanges.

tibilité instantanée. Le *L. clavatum* est assez rare aux environs de Paris. Le *L. Saururus* est le *Piligan* de l'Amérique du Sud, purgatif violent. (Voy. *Tr. Bot. méd. crypt.*, 28, 31.) [H. BN.]

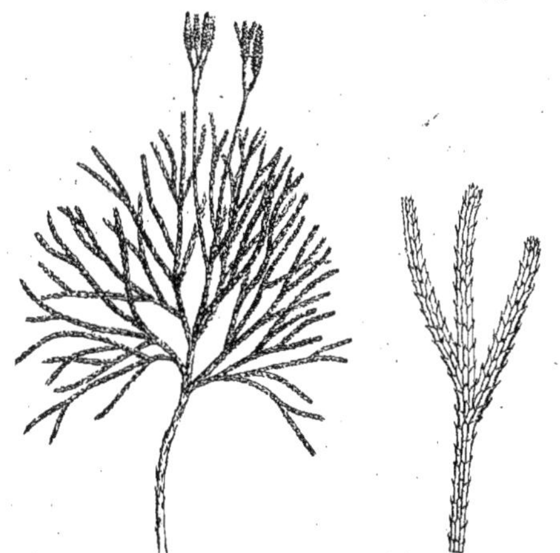

Lycopodium. — Port. Branche.

LYCOPODIACÉES (*Lycopodiaceæ*). Famille de Cryptogames, constituée par l'ancien genre Lycopode, aujourd'hui fort réduit. Elle est formée de plantes qui offrent une certaine ressemblance avec les Mousses, la plupart du temps vivaces, divisées, fixées au sol ou à quelque autre corps par des racines adventives. La tige et ses divisions portent des feuilles peu volumineuses, en général sessiles, avec une nervure médiane, tantôt verticillées, tantôt disposées en spirale. Elles sont rangées sur quatre files longitudinales dans les Sélaginelles ; mais celles des deux ran-

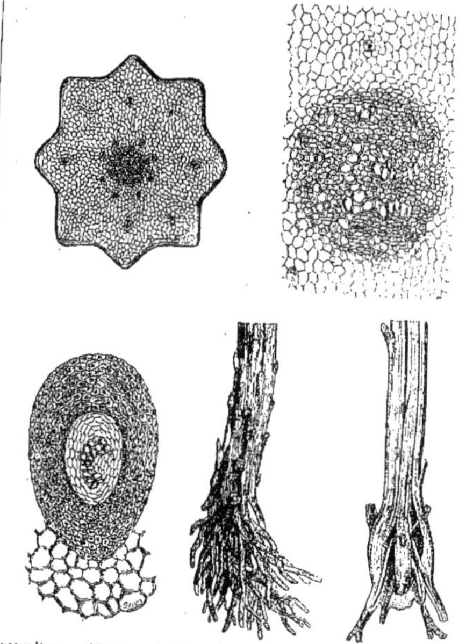

Lycopodium. — Tige (base de la), entière et coupe longitudinale. Coupe transversale. Tissu et faisceaux fibro-vasculaires.

gées inférieures sont, dans une grande étendue de la plante, plus grandes que celles des rangées supérieures. Dans les *Isoetes* (voy. ce mot), la disposition et l'organisation des feuilles sont tout à fait spéciales. Les organes reproducteurs sont des spo-

Lycopodiacée. — Sélaginelle.

ranges axillaires ou, plus souvent, un peu supra-axillaires, c'est-à-dire portés sur la base de la feuille. Les feuilles fertiles sont souvent modifiées comme taille, plus petites, disposées en épi. Il y a deux sortes de sporanges : des *macrosporanges* ou *sphérothèques*, pourvus de 4 bosselures et contenant chacun 4 grosses spores ou *macrospores*; et des *microsporanges* ou *coniothèques*, plus nombreux, plus petits, plus aplatis, contenant un grand nombre de *microspores*. Il y a à la fois des macrospores et des microspores dans les *Isoetes* et les *Selaginella*; les autres genres n'ont que des microspores. De là les noms de Lycopodiacées hétérosporées ou anisosporées, et isosporées. Les macrospores représentent des organes femelles, germent et produisent des prothalles qui portent des oosporanges ou archégones. Les microspores sont mâles et développent dans leur intérieur des anthérozoïdes. Les prothalles sont uni- ou bisexués. Ils se développent sous le sommet des macrospores, dont le reste est occupé par une sorte d'albumen. Par suite du gonflement du prothalle, la macrospore éclate et laisse apercevoir au dehors la surface convexe de ce prothalle sur laquelle sont disséminés les orifices des oosporanges. Ceux-ci ont un col, avec canal au fond duquel se trouve l'oosphère jusqu'à laquelle arrive un anthérozoïde qui la féconde; d'où résulte l'oospore qui se divise en deux phytocystes d'abord, puis en un plus grand nombre dont l'ensemble constitue le jeune parenchyme de l'embryon. Les microspores, dans les Sélaginelles, par exemple, se partagent en deux phytocystes à paroi résistante, dont l'un a été considéré comme un prothalle mâle rudimentaire. L'autre se cloisonne et forme un nombre restreint de phytocystes secondaires, qui sont des cellules-mères d'anthérozoïdes.

Les Lycopodiacées anisosporées ont reçu le nom de Sélaginellées; elles comprennent les *Selaginella* et *Isoetes*. Les Lycopodiacées isosporées ou Lycopodiées comprennent les *Lycopodium*, *Psilotum*, *Tmesipteris* et *Phylloglossum*. Il y a eu dans les périodes géologiques un très grand développement de cette famille. Les végétaux, souvent de grande taille, qui la représentaient, étaient les *Lepidodendron*, *Ulodendron*, *Halonia*, *Megaphytum*, *Lepidopholos*, *Knorria*, à tige arborescente; les *Isoetites*, à tige bulbiforme; les *Lycopodites*, à tige herbacée, avec des sporanges déhiscents. [H. Bn.]

LYCOPSIDE (*Lycopsis* L., *Gen.*, n. 190). Genre de Boraginacées-Boragées, formé de 3 ou 4 herbes européennes, asiatiques et africaines, voisines des Buglosses, distinguées par leur corolle dont le limbe est à peu près régulier, mais dont le tube est extrêmement irrégulier par suite de la double flexion qu'il subit sur lui-même. Le *L. arvensis* L., herbe si commune de nos moissons, est la *Fausse-Buglosse*. (Nees, *Gen. Fl. germ.* — Sibth., *Fl. græc.*, t. 178. — Gren. et Godr., *Fl. de Fr.*, II, 515.) [H. Bn.]

LYCOPSIS (Gærtn., *Fruct.*, I, t. 67). Syn. de *Nonea* Medic.

LYCOPSIS. Nom ancien de la Vipérine.

LYCOPUS (L., *Gen.*, n. 23). Genre de Labiées-Menthées, formé de 3, 4 espèces d'herbes des endroits humides des régions tempérées, distinguées par un calice 4, 5-denté; une corolle à limbe 4-fide et 2 étamines fertiles, antérieures, à loges d'anthère finalement divergentes. Les achaines sont tronqués au sommet et ont des angles aigus. Les fleurs sont disposées en glomérules axillaires. Le *L. europæus* L., si commun chez nous, est réputé aromatique et stimulant. (Nees, *Gen. Fl. germ.* — Reichb., *Ic. Fl. germ.*, t. 1291. — Sibth., *Fl. græc.*, t. 12. — Gren. et Godr., *Fl. de Fr.*, II, 655.) [H. Bn.]

LYCORIS (Herb., *App.*, 20; *Amar.*, 229). Genre d'Amaryllidacées, voisin des *Amaryllis*, distingué par des cymes ombelliformes ∞-flores et un périanthe en entonnoir, à 6 divisions étroites. On en connaît 3 espèces asiatiques. (Red., *Liliac.*, t. 61. — *Bot. Reg.*, t. 596, 611. — *Bot. Mag.*, t. 409.) [H. Bn.]

LYCORUS (Loud.). Pour *Lycoris* Herb.

LYCOSERIS (Cass., in *Dict.*, XXXIII, 474). Genre de Composées-Mutisiées, formé d'une dizaine d'arbustes américains, dressés ou volubiles, à feuilles alternes; à capitules dioïques, avec involucre presque globuleux ou campanulé; des fruits glabres, à aigrette de soies simples, ∞-sériées. (H. Bn, *Hist. des pl.*, VIII, 95.)

LYCOTIS (Hffmsg., *Verz.*, 99). Synonyme de *Arctotis* Gærtn.

LYCOTROPE. Ovule orthotrope dont la base seule est arquée.

LYCURUS (H. B. K., *Nov. gen. et spec.*, I, 141, t. 45). Genre de Graminées-Agrostidées, formé de 2 espèces peu distinctes, américaines, ayant l'organisation générale des Phléoïdées, et distinguées par une glume inférieure 2-3-aristée; l'autre 1-aristée; la glumelle plus grande et longuement aristée. L'inflorescence est allongée, et les épillets fertiles et stériles sont entremêlés. [H. Bn.]

LYELLA. Genre de Mousses-Acrocarpes, établi par R. Brown et rangé dans la tribu des Mnioïdées. Ses fleurs sont dioïques. La coiffe est dimidiée, nue. Il n'y a pas trace de péristome; la capsule est fermée par une sorte de diaphragme épais, déprimé, dont le centre, qui se sépare du pourtour au moment de la maturité, reste adhérent à la columelle. On ne connaît qu'une espèce appartenant avec certitude à ce genre. C'est une plante du Népaul, à tige simple, munie à sa base de feuilles très réduites, squamiformes, très feuillue au sommet, où les feuilles se montrent longuement engainantes, lancéolées et dentées vers la pointe. (Voy. R. Br., in *Trans. Linn. Soc.*, XII, II, 561. — C. Muell., *Syn. Musc. frond.*, I, 227.) [M.]

Lygeum. — Inflorescence, entière coupe longitudinale.

LYGEUM (L., *Gen.*, n. 70). Genre anormal de Graminées-Panicées, formé d'une plante vivace (*L. Spartum* L.), célèbre comme textile et surtout comme servant à fabriquer des *sparteries*; originaire de la région méditerranéenne. Ses fleurs, au nombre de 2, 3, forment un épi solitaire, terminal, se dégageant d'une gaine foliaire. Elles ont 3 étamines, enveloppées d'abord par une glumelle involutée, et un ovule descendant, tout à fait exceptionnel, car il est orthotrope, et son micropyle se dirige en bas (H. Bn, in *Bull. Soc. Linn. Par.*, 700). Il en est de même de sa radicule embryonnaire. Le *L. Spartum* se cultive quelquefois dans les jardins botaniques. Il porte, dans la région méditerranéenne, le nom vulgaire d'*Atocha*. [H. Bn.]

LYGIA (Fasan., in *Att. neap.*, ex Meissn., in *DC. Prodr.*, XIV, 551). Synonyme de *Thymelæa* Endl.

LYGINIA (R. Br., *Prodr.*, 248). Genre de Restiacées, établi pour une plante australienne, qui a des épillets mâles peu nombreux, groupés en épi, avec des étamines monadelphes; les anthères biloculaires, et les épillets femelles ordinairement solitaires et uniflores. Le fruit est une capsule déprimée, qui s'ouvre suivant ses 3 angles. (Mast., *Rest.*, t. 1, 5, fig. 3.) [H. Bn.]

LYGISTES (J. Agh, *mscr.*). Genre d'Algues-Floridées, de la famille des *Cryptonemiaceæ*, d'après J.-G. Agardh. La fronde de ces plantes est arrondie, gélatineuse, rameuse, avec un axe et des filaments périphériques. A l'origine elle est entourée d'un filet articulé, comme polysiphoné, et de filaments graduellement décurrents. Plus tard, des tubes nombreux, en dehors de l'axe, s'anastomosent de toutes parts d'une manière comme réticulée. Les filaments périphériques, verticillés d'abord, s'éloignent de l'axe, se présentent en verticille ombellé, rameux, dichotomique, articulé, moniliforme, et réunis en un strate propre gélatineux. Les cystocarpes sont logés dans les filaments périphériques; le nucléus paraît simple et se trouve sur un filament à peine modifié. Les gemmidies sont nombreuses, arrondies, anguleuses, réunies en masse sans ordre apparent et dans une substance muqueuse. (Voy. J.-G. Agh, *Spec.*, *gen. et ord. Alg.*, III, 118.) [Ch. M.]

LYGISTIDIA (Rafin., in *Ann. phys.*, VI, 83). Sous-famille des Larnospermiées.

LYGISTOIDES (DC., *Prodr.*, IV, 436). Synonyme de *Buena* Cav.

LYGISTUM (LAMK, *Ill.*, I, 286, n. 1477). Synonyme de *Gonzalagunia* R. et PAV.

LYGISTUM (P. BR., *Jam.* [1756], 142, part.). Synonyme (part.) de *Manettia* MUT. [1767], etc.

LYGNIDIUM (DUMORT.). Pour *Lignydium* LINK.

LYGODESMIA (DON, in *Edinb. N. Phil. Journ.* [1828-29], 311). Section du genre *Scorzonera* T. (H. BN, *Hist. des pl.*, VIII, 114.)

LYGODIACEÆ (PRESL, *Suppl. Pterid.*, 358). Ordre des Fougères (genres *Lygodium* et *Hydroglossum*).

LYGODIEÆ (AD. BR., *Enum.*, 5). Tribu des Fougères.

LYGODISODEA (R. et PAV., *Prodr.*, 32, t. 5; *Fl. per. et chil.*, II, 48, t. 188). Synonyme de *Pæderia* (H. BN, *Hist. des pl.*, VII, 404; in *Bull. Soc. Linn. Par.*, 190). Espèces américaines.

LYGODIUM (SW., in *Schrad. Journ.* [1800], II, 7, 106). Genre de Fougères, caractérisé par des sporanges solitaires ou géminés, placés dans l'aisselle de larges involucres imbriqués qui forment des épis, soit sur des pinnules séparées, soit en larges cercles, le long de feuilles spéciales. On en compte une quinzaine d'espèces, bien caractérisées par leurs axes grimpants, sarmenteux. Le *L. japonicum* est fréquemment cultivé dans les serres. (HOOK. et BAK., *Syn. Filic.*, 436, t. 9, fig. 68.)

Lygodium. — Portion de fronde. Épi de sores, entier et coupe longitudinale.

LYGODYSODEACEÆ (BARTL., *Ord. nat.*, 207). Ordre des *Rubiacinæ*.

LYGOS. Nom grec du Gattilier.

LYGPS (ADANS., *Fam. des pl.*, II, 321). Synonyme de *Spartium* L.

LYGURUS (DIETR.). Pour *Lycurus* H. B. K.

LYMNANTHEÆ (LINDL., *Nix. pl.*, 16). Pour *Limnanthea* R. BR.

LYMNOPHILA (BL.). Pour *Limnophila* R. BR.

LYMPHATIQUES. — Voy. VAISSEAUX.

LYNCEA (CHAM. et SCHLCHTL, in *Linnæa*, V, 108). Synonyme de *Melasma* BERG.

LYNCKIA (ENDL., *Gen.*, Suppl., III, 12). Pour *Linckia* LYNGB.

LYNGBIA (AGH, *Syst. Alg.*, 73). Ce genre appartient à la famille des Lyngbiées. Il est caractérisé par un trichome distinct, vaginé, à gaine souvent colorée, non rameux et non tordu en spirale, à cellules terminales sensiblement semblables aux autres. Des auteurs modernes n'ont pas admis la division de Thuret, qui avait, avec raison, rapproché le genre *Lyngbia* de la grande famille des Nostochinées et qui avait divisé les *Lyngbieæ* en deux sections : les *Spirulina* et les *Lyngbia*. Ils ont rapproché ce genre des Oscillariées-Chlorophyllées. Tels sont Rabenhorst et, avant lui, Payer. Nous ne pouvons admettre cette place pour le genre *Lyngbia*, et nous lui trouvons un rang tout naturel dans la famille des Nostochinées. D'ailleurs ce genre renferme maintenant de nombreuses espèces empruntées aux genres de Kützing : *Phormidium*, *Siphoderma*, *Leptothrix*, *Hypheothrix*, *Amphithrix*, *Leibleinia*. (Voy. RABENH., *Fl. eur. Alg.*, II, 10, 135.) [CH. M.]

LYNGBIA (HASS., *Brit. freshw. Alg.*, 223). Synonyme de *Ulothrix* KUETZ.

LYNGBYE (Hansen-Christian). Prêtre zélandais [1782-1837], auteur de *Tentamen Hydrophytologiæ danicæ* [1819], in-4 de 248 p. et 70 pl.

LYNGBYEÆ (KUETZ., *Phyc. gen.*, 219). Famille d'Algues, de l'ordre des Tiloblastées, à fronde peu ou point mobile, à gaine distincte, ouverte; à cellules spermatiques latérales, d'après Kützing. Les filaments sont dépourvus d'hétérocystes. D'après les travaux spéciaux de MM. Thuret et Bornet, la famille des *Lyngbieæ* n'aurait que 2 genres : les genres *Spirulina* et *Lyngbia*. D'après Kützing, elle aurait compris 6 genres distincts. Nous ne sommes pas de cet avis. [CH. M.]

LYNGBYELLA (BORY, *Dict. class.*, III, 140). Genre d'Algues. Synonyme de *Sphacellaria* et *Ectocarpus* LYNGB.

LYON (P.). Auteur [1816?] d'un *Treatise on the physiology and pathology of trees*, publié à Londres, en 1816 (?), in-8.

LYONELLA (RAFIN., in *Journ. Phys.*, LXXXIX, 259). Synonyme de *Polygonella* MICHX.

LYONETTIA (ENDL.). Pour *Lyonnetia* CASS.

LYONIA (ELL., *Bot. S.-Carol. et Georg.*, I, 316). Synonyme de *Seutera* REICHB.

LYONIA (NUTT., *Gen. amer.*, I, 266). Genre d'Éricacées-Andromédées, séparé des *Andromeda*, distingué par une corolle globuleuse ou urcéolée; des anthères (8-10) tronquées, déhiscentes par deux larges pores; des placentas descendants, stipités, ∞-ovulés; une capsule dont la columelle persiste après la chute des valves. Ce sont 7, 8 arbres ou arbustes américains, assez souvent cultivés dans les jardins botaniques. (*Bot. Mag.*, t. 4273.) [H. BN.]

LYONIA (RAFIN., in *Journ. Phys.*, LXXXIX, 259). Synonyme de *Polygonella* MICHX.

LYONNETIA (CASS., in *Dict.*, XXXIV, 106). Syn. de *Anthemis*.

LYONOTHAMNUS (A. GRAY, in *Proc. Amer. Acad.*, XX, 291; XXI, 410). Genre considéré comme intermédiaire aux Rosacées et aux Saxifragacées, et dont le fruit est décrit comme formé de 2, 3 follicules glanduleux, à 1, 2 graines, dont le raphé est étroitement ailé. A. Gray est porté à le placer plutôt parmi les Saxifragacées, malgré sa ressemblance avec les *Vauquelinia*. [H. BN.]

LYONS (Isr.). Professeur à Oxford [1739-1775], a écrit un *Fasciculus plantarum circa Cantabrigiam nascentium* [1763].

LYONSIA (R. BR., in *Mem. Werner. Soc.*, I, 66). Genre d'Apocynacées; section (H. BN, in *Bull. Soc. Linn. Par.*, 764, *Hist. pl.*, X) du genre *Parsonsia* R. BR., à lobes de la corolle très faiblement recouvrants par leur bord droit.

LYPERANTHUS (R. BR., *Prodr.*, 325). Genre d'Orchidacées-Néottiées, formé de 4, 5 herbes terrestres, océaniennes, à rhizome rampant, à sépales latéraux étroits; le médian large et concave. Le labelle, ovale ou lancéolé, entier, papilleux, a un large onglet. Les fleurs sont en grappes, et les feuilles peu nombreuses, parfois solitaires. (ENDL., *Iconogr.*, t. 7.) [H. BN.]

LYPERIA (BENTH., in *Comp. Bot. Mag.*, t. 377; in *DC. Prodr.*, X, 358; *Gen.*, II, 945). Genre de Scrofulariacées-Chænostomées, dont les fleurs sont à peu près celles des *Chænostoma*, avec des sépales non membraneux; une corolle gibbeuse en arrière ou incurvée; des étamines didynames et un fruit septicide. Ce sont environ 30 herbes ou sous-arbrisseaux africains, à fleurs disposées en grappes ou en épis. (H. BN, *Hist. des pl.*, IX, 445.)

LYPERIA (SALISB., *Gen. pl. Fragm.*, 56). Synonyme de *Theresia* C. KOCH.

LYPROLEPIS (STEUD., *Syn. pl. glum.*, II, 130). Synonyme (B. H., *Gen.*, III, 1054) de *Ascolepis* NEES.

LYRÆA (LINDL., *Gen. et spec. Orchid.*, 46). Synonyme de *Bulbophyllum* DUP.-TH.

LYRÉ (*lyratus*). En forme de lyre; pinnatifide, avec les lobes d'autant plus grands qu'ils sont plus élevés.

LYRINGIUM. Nom ancien des Panicauts (*Eryngium* T.).

LYRIODENDRON (DC.). Pour *Liriodendron* L.

LYROCARPA (HARV., in *Hook. Lond. Journ.*, IV, 76, t. 4). Genre de Crucifères-Thlaspidées, formé d'une herbe californienne vivace, à pétales linéaires et tordus; à fruits en forme de lyre, un peu comprimés latéralement; à feuilles alternes, roncinées-pinnatifides. (H. BN, *Hist. des pl.*, III, 282.)

LYRON. Nom grec ancien de l'*Alisma Plantago* L.

LYROSONCHUS (SCH. BIP., in *Berth. et Webb Phyt. canar.*, II, 425). Section des *Dendrosonchus* WEBB.

LYS. Aux Antilles, le *Crinum americanum*, le *Pancratium caribæum* JACQ. et l'*Amaryllis formosissima* L.

LYSANTHE (SALISB., in *Knight Proteac.*, 116). Synonyme de *Grevillea* R. BR.

LYSIANTHIUS (P. BR., *Jam.*, t. 9, fig. 1, 2). Synonyme de *Leianthus* GRISEB.

LYSIANTHUS (NEES et MART.). Pour *Lisianthus* AUBL. (265).

LYSIAS (SALISB., in *Trans. Hort. Soc. lond.*, I, 288). Synonyme de *Platanthera* L.-C. RICH.

LYSICHITUM (SCHOTT, in *Œsterr. Bot. Wochenbl.* [1857], 62; *Gen. Aroid.*, t. 91). Genre d'Aroïdacées-Orontiées, formé d'une herbe des marais de l'Asie orientale et de l'Amérique du Nord, à fleurs d'*Orontium*; l'ovaire à 2 loges 1-2-ovulées; les ovules suspendus et orthotropes. Le spadice est cylindrique-allongé. (ENGL., *Arac.*, 209.) [H. BN.]

LYSIGÈNE. Mode de formation des lacunes, parfois sécrétantes, par dissociation ou résorption des phytocystes.

LYSIGONIEÆ (TREVIS., *Alg. coccot.*, 95). Tribu des Algues *Amphiphractæ*.

LYSIGONIUM (LINK, *Hor. phys. berol.* [1820], 4). Genre de Diatomacées; synonyme de *Melosira* SPRENG. [CH. M.]

LYSIMA (MED., *Phil. Bot.*, II, 59, 107). Synonyme (part.) de *Lysimachia* T.

LYSIMACHIA (T., *Inst.*, 141, t. 59). Genre de Primulacées, qui a donné son nom à une tribu des Lysimachiées. Les fleurs, 5, 6-mères, sont distinguées par une corolle partite, tordue, plus longue que le calice. Les étamines, superposées à ses divisions, s'attachent tout à sa base. Le fruit est capsulaire et s'ouvre en long. Les graines ont une enveloppe superficielle dure. Ce sont des herbes à feuilles alternes, opposées ou verticillées; à fleurs en grappes ou solitaires. Il y en a une soixantaine d'espèces, surtout dans l'hémisphère boréal des deux mondes. On observe aussi le genre en Afrique, en Océanie et dans l'Amérique du

Lysimachia. — Branche florifère. Fleur, coupe longitudinale. Graine, entière et coupe longitudinale.

Sud. Le *L. vulgaris* L., à fleurs jaunes, à feuilles opposées ou verticillées, est très commun dans les lieux humides. Le *L. Nummularia* L., la Monnoyère, est aussi vulgaire. Le *L. nemorum*, dont on a fait le type d'un genre *Lerouxia*, est plus rare autour de Paris. On dit ces plantes astringentes et vulnéraires. [H. BN.]

LYSIMACHIA ALTERA (MATTH.). La Salicaire.

LYSIMACHIACEÆ (REICHB.), LYSIMACHIA (B. JUSS.), LYSIMACHIEÆ (REICHB.). Divisions des Primulacées.

LYSIMACHIE BLEUE. Le *Scutellaria galericulata* L.

LYSIMACHIE ROUGE. La Salicaire (*Lythrum Salicaria* L.).

LYSIMACHIUM (MAGNOL, *Char.*, 4). Synonyme de *Lythrum* L.

LYSIMACHOIDES (BAUDO). Tribu des *Anagallideæ*.

LYSIMANDRA (ENDL., *Gen.*, 732). Section du g. *Lysimachia*.

LYSIMAQUE GRANDE. Le *Lysimachia vulgaris* L.

LYSIMASTRUM (DUBY, *Bot. gall.*, 380). Section du genre *Lysimachia* T.

LYSIMIA (BAUD., in *Ann. sc. nat.*, sér. 2, XX, 347). Section du genre *Lysimachia* T.

LYSINEMA (R. BR., *Prodr.*, 552). Genre d'Épacridées, formé de 5 arbustes australiens, distingués par une corolle tordue, ayant d'ailleurs les caractères des *Epacris*. (*Bot. Mag.*, t. 1199.)

LYSINEMACEÆ (REICHB.), LYSINEMEÆ (REICH.). Division des Épacridées.

LYSIONOTEÆ (A. DC., *Prodr.*, IX, 263). Sous-tribu des Didymocarpées.

Lythrum. — Inflorescence.

LYSINOTHUS (DIETR.). Pour *Lysionotus* D. DON.

LYSIONOTUS (DON, in *Edinb. Phil. Journ.*, VII, 85). Genre de Gesnériacées-Cyrtandrées, formé de 3 espèces de l'Indo-Chine, dont les fleurs et les fruits sont construits comme dans les *Æschynanthus* et les *Agalmyla*, mais avec des graines pendantes d'un funicule grêle, et des corolles lilas ou pourprées. (C.-B. CLKE, *Cyrtandr.*, 57. — H. BN, *Hist. des pl.*, X, 87.)

LYSIONUTUS (BL., *Bijdr.*, 764). Syn. de *Æschynanthus* JACK.

LYSIOSEPALUM (F. MUELL., *Fragm. phyt. Austral.*, I, 142). Genre de Malvacées-Lasiopétalées, établi pour un arbuste australien, à feuilles étroites; à fleurs analogues à celles des *Lasiopetalum*, avec les sépales déjà libres avant l'anthèse, 5 étamines et un gynécée 3-mère. (H. Bn, *Hist. des pl.*, IV, 136.)

LYSIPOMA (H. B. K., *Nov. gen. et spec.*, III, 318, t. 266, fig. 2; 267). Genre de Campanulacées-Lobéliées, formé de 6, 7 herbes naines des Andes, à fleurs de *Lobelia*, avec des étamines attachées à la base du tube de la corolle; deux anthères couronnées d'une soie ou pénicillées au sommet; un ovaire 2-loculaire, à loges plus ou moins incomplètes et dont une peut disparaître (dans les *Eulysipoma*). Le fruit est une pyxide. (H. Bn, *Hist. des pl.*, VIII, 365.)

LYSIS (BAUD., in *Ann. sc. nat.*, sér. 2, XX, 349). Synonyme de *Apochoris* DUB.

LYSISTEMMA (STEETZ, in *Pet. Moss.*, *Bot.*, 364). Synonyme de *Vernonia* SCHREB. (H. Bn, *Hist. des pl.*, VIII, 24.)

manices et en Lythrées. On lui a rapporté comme genres anomaux les *Heteropyxis*, *Axinandra* et même les *Olinia* et les *Punica*. (Voy. H. Bn, *Hist. des pl.*, VI, 426.)

LYTHRATÆ (NECK., in *Act. Theod.-Palat.*, II [1770], 490). Ordre comprenant le genre *Peplis* (*Ammania*).

LYTHROPSIS (REICHB., *Nom.*, 172). Synonyme de *Ammanioides* DC.

LYTHRUM (L., *Gen.*, n. 604). Genre qui a donné son nom aux Lythrariacées, et qui a un calice (?) tubuleux, à 8-12 côtes, partagé supérieurement en 4-6 dents, avec lesquelles alternent un même nombre de dentelures secondaires. En face de ces dernières sont 4-6 pétales qui peuvent manquer. L'androcée diplostémoné est inséré sur le tube. Les fleurs sont ordinairement dichogames. L'ovaire est libre au fond du tube, 2-loculaire et multiovulé, à placentation axile. Le fruit est capsulaire, 1, 2-loculaire, et les graines nombreuses n'ont pas d'albumen. Les espèces connues, au nombre de 12 environ, sont herbacées ou frutescentes, à feuilles opposées ou verticillées, à fleurs axillaires,

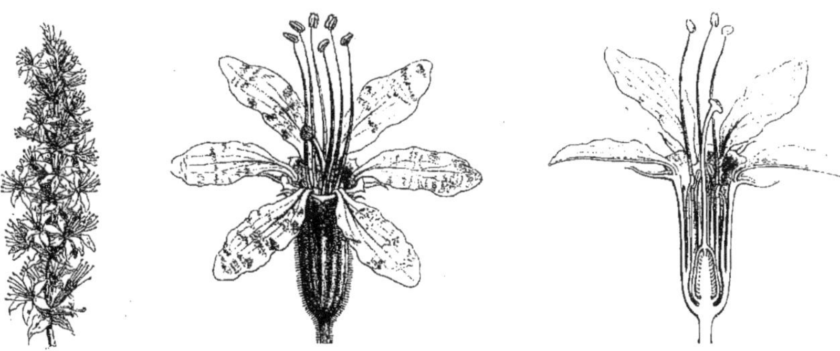

Lythrum. — Portion d'inflorescence. Fleur, entière et coupe longitudinale.

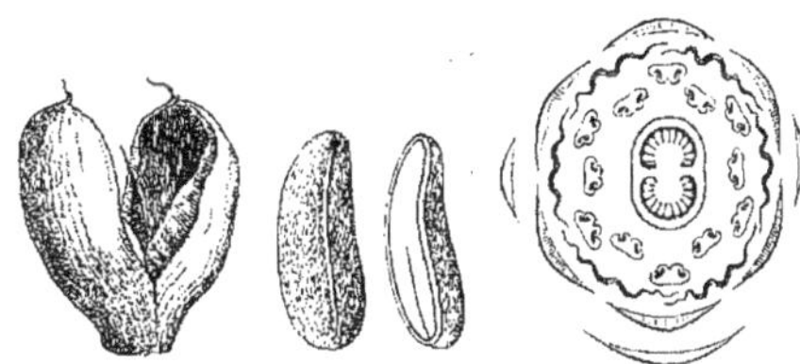

Lythrum. — Fruit déhiscent. Graine, entière et coupe longitudinale. Diagramme floral

solitaires ou en cymes. La Salicaire (*L. Salicaria* L.) est une espèce très commune chez nous, dans les localités aquatiques. C'est une plante astringente et tinctoriale. (H. Bn, *Hist. des pl.*, VI, 426, 443, 446, fig. 386-393.)

LYSISTIGMA (SCHOTT, in *Bonplandia*, X, 222). Synonyme de *Taccarum* AD. BR.

LYS SANS BULBES. Nom ancien des Hémérocalles.

LYSUROIDEÆ (CORD., *Anleit.*, 116). Famille de Gastéromycètes, dans laquelle rentrent le genre *Lysurus* et le genre *Aseroe* (*Ascroe* par faute d'impression).

LYSURUS (FR., *Syst. myc.*, II, 285). Genre de Phalloïdés, intermédiaire entre les *Phallus* et les *Aseroe*. De la valve rompue s'élève un stipe épais, celluleux, fistuleux, prismatique, qui, au lieu de se terminer en capitule conique, se divise en branches courtes, conniventes. La première espèce connue est le *L. Mokusin* (*Phallus Mokusin* L.), trouvé par Cibot (*Nov. Comm. Petrop.*, XIX, 373, t. 5) en Chine, sur les racines de Mûriers, dans les endroits humides. D'autres sont des Indes. [DE S.]

LYTHOPHYTOIDES (MARCH., in *Comm. Acad. sc. Par.* [1711]). Synonyme de *Hypoxylon* BULL.

LYTHOPHYTON. — Voy. LYTHOPHYTOIDES.

LYTHOTHECII (PERS., *Syn. Fung.*, p. XV). Ordre des Gymnocarpes, caractérisé par la liquéfaction de l'hyménium, et correspondant à la famille des Phalloïdés. [DE S.]

LYTHRACEÆ (LINDL.), LYTHRARIÆ (J. S.-H.), LYTHRARIEÆ (DC.). — Voy. LYTHRARIACÉES.

LYTHRARIACÉES (*Lythrariaceæ*). Famille de plantes dicotylédones-dialypétales, qui est voisine à la fois des Myrtacées et des Onagrariées, mais dans laquelle le gynécée est libre au fond du tube du périanthe, plus rarement adhérent. On la divise en Am-

LYTHRUM (MEDIC., *Vorles.*, IV, I, 216). Syn. de *Cuphea* P. BR.

LYTOGOMPHUS (JUNGH., ex *Pfeiff. Nom.*, II, 190). Synonyme de *Rhopalocnemis* JUNGH.

LYTONEURON (KL., in *Linnæa*, XX, 343). Syn. de *Cassebeera* SM.

LYTROSTYLIS (WITTST., *Et. Hdw.*). Pour *Lutrostylis* D. DON

M

MA. Nom japonais du Chanvre cultivé, de la Ramie, etc.

MAACKIA (RUPR. et MAXIM., in *Bull. Ac. Pétersb.* — MAXIM., *Prim. Fl. amur.*, 87, t. 5). Synonyme de *Cladrastis* RAFIN. Le *M. amurensis* est quelquefois cultivé dans nos jardins.

MAAKRUID. En Hollande, l'*Helleborus niger* L.

MAALOK. Nom indigène de l'*Eucalyptus obcordata* TURCZ., espèce australienne, du Stirling's Range et du Philipp's Range.

MAANA. Nom, à Ceylan, de l'*Andropogon Nardus* L.

MAANENBONEN. Nom donné par les colons hollandais à l'*Amerimnum horridum* DENNST., du Malabar.

MAASA (RŒM. et SCHULT.). Pour *Mæsa* FORSK.

MABA (FORST., *Char. gen.*, 121, t. 61). Genre d'Ébénacées, formé d'une soixantaine d'arbres et d'arbustes des régions tropicales des deux mondes, distingué par des fleurs dioïques, presque toujours 3-mères, à calice parfois accrescent, à corolle tordue, à 3-∞ étamines. La fleur femelle a 3-∞ staminodes. Le gynécée est 3-mère, à 3 branches stylaires libres ou unies inférieurement, avec 3 loges biovulées ou 6 logettes uniovulées. Le fruit est charnu ou sec. Les feuilles sont alternes, et les fleurs sont axillaires ou latérales, solitaires ou en cymes. (HIERN, *Eben.*, 106.) [H. BN.]

MABA. L'un des noms africains de l'*Elæis guineensis* JACQ.

MABEA (AUBL., *Pl. guian.*, 867, t. 334). Genre d'Euphorbiacées-Jatrophées, à fleurs monoïques, apétales; le calice 3-6-mère. Les fleurs mâles ont de très nombreuses étamines, et la fleur femelle un ovaire à 3 loges 1-ovulées, avec un long style partagé supérieurement en 3 longues branches simples. Le fruit est tricoque, et les graines descendantes sont albuminées. Ce sont des arbres ou lianes de l'Amérique tropicale, à feuilles alternes, à fleurs en grappes terminales, simples ou composées; les femelles, peu nombreuses, à la base; les bractées accompagnées d'ordinaire de 2 larges glandes latérales. Les *M. Piriri* et *Taquari* AUBL., à rameaux creux, portent à la Guyane le nom de *Bois-pipe*. (H. BN, *Et. gén. Euphorb.*, 412, t. 13, fig. 19-28; *Hist. des pl.*, V, 207.)

MABEE-BARK. Nom anglais du *Colubrina reclinata* AD. BR.

MABI. Nom, aux Antilles, du *Gouania domingensis* L., dont l'écorce sert à préparer une sorte de bière fermentée.

MABIER. Nom français (LAMK) des *Mabea* AUBL.

MABO (Noix de). Au Gabon, le fruit du *Parinari Mobola*.

MABOKÉ. Fruit indéterminé du Congo.

MABOLO. Nom, à Maurice, du *Diospyros discolor* W. et à Manille, du *Cavanillea philippinensis* LAMK.

MABONIA (PAUL., *Trait. Champ.*, I, 211). Nom sous lequel les Caraïbes désignent une Pezize voisine du *P. œnotica* ou du *P. macropus*.

MABOUIA. Nom caraïbe de diverses plantes à épines ou aiguillons : le *Morisonia americana* L., le *Capparis cynophallophora* L., etc.

MABOUIER. Nom français (LAMK) des *Morisonia* L.

MABRI-COCO. Plante des Antilles, indétermin., aphrodisiaque.

MABUHUC. Aux Philippines, le *Cassytha filiformis L.*

MABURNIA (DUP.-TH., *Gen. nov. madag.*, 4). Synonyme de *Burmannia* L.

MACA. Palmier (?) indien, à fruits comestibles.

MACABINGAO. Synonyme de *Playen.*

MACABUHAY. Aux Philippines, le *Menispermum rimosum.*

MACACASSÉ. Synonyme de *Fédégose.*

MACACHI. Nom argentin de l'*Oxalis Martiana* ZUCC.

MACADAMIA (F. MUELL., in *Trans. Phil. Inst. Vict.*, II, 72; *Fragm.*, VI, 191). Section du genre *Andripetalum* SCHOTT. (H. BN, in *Adansonia*, IX, 258.)

MACAGLIA (VAHL, in *Skr. Nat. Selsk. Kjoben.*, VI [1810], 107). Synonyme de *Aspidosperma* MART. et ZUCC. [1824]. Ce dernier nom n'a pas pour lui l'antériorité. (H. BN, *Hist. des pl.*, X, 154.)

MACAHANIA (AUBL., *Guian.*, Suppl., 6, t. 371). Genre attribué avec doute aux Clusiacées.

MACAHUBA. Au Brésil, l'*Acrocomia sclerocarpa* MART.

MACAIRE PRINSEP (Is.-Franç.). Mort à Gand en 1796, a fait de nombreuses recherches de physiologie végétale, souvent citées, notamment par P. de Candolle. (*Cat. sc. pap.*, IV, 146.)

MACAIREA (DC., *Prodr.*, III, 109). Genre de Mélastomacées. Section du genre *Tibouchina* AUBL. (H. BN, *Hist. des pl.*, VII, 39.)

MACALEB. Nom ancien (SERAP.) du *Phyllirœa latifolia* L.

MACALLO. Au Mexique, l'*Andira excelsa* K.

MACANANGA (REICHB.). — Pour *Macaranga* A. JUSS.

MACAQUE (graine). L'amande du *Moutabea guianensis* AUBL.

MACAQUE (BOIS). Le *Melastoma Tococa* LAMK.

MACARANGA (DUP.-TH., *Gen. nov. madag.*, 26, 88). Genre d'Euphorbiacées, à fleurs généralement dioïques. Le calice mâle y est valvaire et entoure un nombre indéfini d'étamines libres, à anthères tri- ou quadriloculaires, quelquefois très peu nombreuses (d'une à trois); elles ont une insertion peltée sur le filet et s'ouvrent en autant de petits panneaux qu'elles ont de loges. Dans la fleur femelle, le calice enveloppe un gynécée libre, sans disque. Dans les premiers *Macaranga* connus, ce gynécée se composait d'un ovaire à une seule loge, surmonté d'un style à insertion excentrique. Mais depuis lors on a cru devoir réunir à ce genre les *Mappa*, qui ont un ovaire bi- ou triloculaire, avec un style central, à un même nombre de branches, et les *Pachystemon*, qui ont un plus grand nombre encore de loges ovariennes, avec un style également central. Le genre *Macaranga* comprend encore une autre section (*Dimorphanthera*), dans laquelle l'ovaire a deux ou trois loges, les anthères étant les unes à trois et les autres à quatre valves. Dans les *Macaranga* proprement dits (*Eumacaranga*), le fruit est sec, uniloculaire, déhiscent ou non; dans les autres sections, c'est une capsule à deux ou plusieurs loges. Les *Macaranga* sont des arbres ou arbustes, à feuilles alternes, stipulées, souvent lobées, peltées, digitinerves ou penninerves à la base. Leurs fleurs sont en grappes ou en épis simples ou plus ou moins ramifiés. La plupart des organes de ces plantes sont chargés de points glanduliformes, résineux, jaunes ou bruns. Il y en a environ 80 espèces, toutes originaires des régions chaudes de l'ancien monde. (M. ARG., in *DC. Prodr.*, XV, p. II, 987. — H. BN, *Hist. des pl.*, V, 208.) [H. BN.]

MACARISIA (DUP.-TH., *Hist. vég. isl. Afr.*, 49, t. 14). Genre rapporté à tort par Planchon aux Ixonanthées et constituant la tête d'une série (*Macarisiées*) de la famille des Rhizophoracées. Les fleurs y ont un réceptacle cupuliforme, 5 sépales valvaires, 5 pétales, 10 étamines, un disque à 10 dents et un ovaire libre

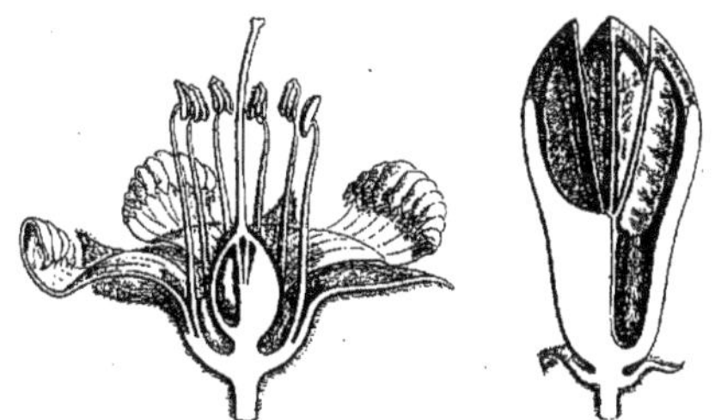

Macarisia. — Fleur, coupe longitudinale. Fruit, coupe longitudinale.

au fond du réceptacle, à 5 loges 2-ovulées. Les ovules sont descendants, le micropyle extérieur et supérieur. Le fruit est capsulaire, loculicide, ou 10-valve. Les graines albuminées sont surmontées d'une aile. Ce sont des arbustes de Madagascar, à feuilles opposées, à fleurs disposées en cymes axillaires composées. (H. BN, in *Adansonia*, III, 15, 19, t. 2; *Hist. des pl.*, VI, 290, 302, fig. 270, 271.)

MACARON DES PRÉS (PAUL., *Trait. Champ.*, I, 295, 555). Désigne un Mousseron rapporté par Fries à l'*Agaricus* (*Armillaria*) *scruposus*. C'est aussi l'*Agaricus scriblita* CORD. et le Faux-Mousseron (*Agaricus* [*Marasmius*] *oreades* BOLT.).

MACARTHURIA (ENDL., *Enum. pl. Hueg.*, 11; *Gen.*, n. 6889). Genre de Portulacacées Molluginées, à fleurs pourvues de 5, 6 pétales, parfois nuls; de 8 étamines unies en cupule à la base, et d'un ovaire libre, à 3, 4 loges pauciovulées. Les ovules (1-3) sont insérés sur un placenta basilaire. Le fruit est capsulaire. Ce sont 3 arbuscules australiens, à feuilles alternes, à fleurs disposées en cymes. (H. BN, *Hist. des pl.*, IX, 77.)

MACARTNEY-ROSE. Aux États-Unis, le *Rosa bracteata* WENDL.

MACARY-BITTER. Le *Picramnia Antidesma* SW.

MACASSO. La Noix de Cola.

MACATA. Le *Cæsalpinia pulcherrima* SW.

MACAVALLO. En Portugal, la Cynoglosse officinale.

MACAW. Les *Acrocomia*.

MACAW-BUSH. Le *Solanum mammosum*.

MACAW-FAT. L'huile de l'*Elæis guineensis* JACQ.

MACAXOCOTLIFERA. Arbre du Mexique (RAY), indéterminé, à fruits laxatifs, à écorce détersive, à feuilles condimentaires et à cendres cosmétiques.

MACAY. Au Congo, l'un des noms du Tabac.

MACBRIDEA (ELL., *Bot. S.-Carol. et Georg.*, II, 86). Genre de Labiées-Bétonicées, formé de 2 herbes américaines, distingué par un calice trilobé et des anthères à loges divariquées. Les verticillastres sont à peu près 6-flores, solitaires et terminaux ou superposés en épis. (BENTH., in *DC. Prodr.*, XII, 434; *Gen.*, II, 1204, n. 90.) [H. BN.]

MACCALIUM. Synonyme de *Averrhoa Carambola* L.

MACCOYA (F. MUELL., *Fragm. phyt. Austral.*, I, 127). Synonyme de *Rochelia* REICHB.

MACDONALDIA (LINDL., *Swan River App.*, 50, t. 9). Synonyme de *Thelymitra* FORST.

MACEDONICO. Nom byzantin du Persil.

MACEIRA. En Portugal, le Pommier.

MACELLA (C. KOCH, in *App. Ind. sem. H. berol.* [1855]). Synonyme de *Jægeria* H. B. K.

MACELLA. En Portugal, la Camomille romaine.

MACER. Substance aromatique connue des Romains, et qu'on a supposée être la Muscade; c'était, au contraire, d'après Acosta, une écorce du Malabar (Lauracée ?).

MACERET. Le *Vaccinium Myrtillus* L.

MACER FLORIDUS. Auteur [1487] du poème *De viribus herbarum*, publié à Naples, qui eut de nombreuses éditions et fut traduit en français [1588], sous le titre de : *Les fleurs du livre des vertus des herbes*, composé jadis en vers latins par Macer Floride, et illustré des commentaires de M. Guillaume Guéroult, médecin à Caen, traduit en vers français par Lucas Tremblay, Parisien, professeur ès bonnes sciences mathématiques. Rouen, Martin et Honoré Mallard (in-8).

MACERIA (DC., ex *Fl. mex. ined.*). Synonyme de *Ischnia* DC.

MACERON. Le *Smyrnium Olusatrum* L.

MACFADYEN (James). Né à Glasgow [1800], mort à la Jamaïque [1850], auteur de *The Flora of Jamaica* [1837] et d'une description du *Nelumbium jamaicense*. (*Cat. sc. pap.*, IV, 157.)

MACFADYENA (A. DC., *Prodr.*, IX, 179). Genre de Bignoniacées-Bignoniées, très voisin des *Bignonia* dont il a toute l'organisation, mais distingué par un calice membraneux, valvaire, d'abord clos, s'ouvrant d'un côté, à la façon d'une spathe, par une fente, ou inégalement lobé. C'est un arbuste grimpant (*M. uncinata*), de l'Amérique tropicale. (BUR., *Mon. Bignon.*, 42. — H. BN, *Hist. des pl.*, X, 25.)

MAC GILLIVRAY (Will.). Professeur à Aberdeen, où il mourut en 1852, a écrit *Manual of Botany*. (*Cat. sc. pap.*, IV, 159.)

MACHA. Racine du Pérou (?), qui rend les femmes fécondes.

MACHADOA (WELW., in *Trans. Linn. Soc.*, XXVII, 29, t. 10). Genre de Passifloracées-Modeccées, à fleurs de *Modecca*, hermaphrodites, sans collerette. Il est représenté par une petite herbe dressée, d'Angola, à grosse racine pivotante, à feuilles étroites dont les courtes grappes occupent l'aisselle. C'est le *M. huillensis* WELW. (H. BN, *Hist. des pl.*, VIII, 476, 490.)

MACHÆRANTHERA (NEES, *Gen. et spec. Aster.*, 224). Synonyme de *Aster* T. (H. BN, *Hist. des pl.*, VIII, 35.)

MACHÆRINA (VAHL, *Enum.*, II, 238). Syn. de *Cladium* P.BR.

MACHÆRIUM (PERS., *Syn.*, II, 276). Genre de Légumineuses-Papilionacées-Dalbergiées, très voisin des *Dalbergia*, distingué par un calice à base obtuse, une corolle à étendard ordinairement soyeux, un ovaire 1, 2-ovulé. Le fruit est monosperme à la base; il s'atténue supérieurement en une aile à veines réticulées, terminée par le style. Ce sont environ 60 arbres et arbustes de l'Amérique tropicale, dressés ou grimpants, à feuilles imparipennées. Plusieurs donnent de beaux bois d'ébénisterie, parfois odorants, plus ou moins analogues au Palissandre. (H. BN, *Hist. des pl.*, II, 320.)

MACHÆROPHORUS (SCHLCHTL, in *Linnæa*, XXVIII, 469). Synonyme de *Mathewsia* HOOK. (H. BN, *Hist. des pl.*, III, 277.)

MACHALEB. Le *Moringa aptera* GÆRTN.

MACHAONE. Nom français (LAMK) des *Machaonia* H. B.

MACHAONIA (H. B., *Pl. æquin.*, I, 101, t. 29). Genre de Rubiacées-Chiococcées, à fleurs 4-5-mères, à calice et corolle imbriqués; à 5 étamines, incluses ou exsertes, dont les anthères sont introrses. L'ovaire infère est surmonté d'un disque épigyne, entier ou bilobé, et d'un style à 2, 3 branches courtes, aiguës, récurvées. Dans chacune des 2, 3 loges ovariennes se trouve un ovule descendant, à raphé dorsal. Le fruit, oblong ou obovoïde, comprimé, peu charnu, est à 2, 3 coques indéhiscentes, souvent appendues finalement à la columelle, et monospermes. L'albumen des graines est ordinairement mince. Ce sont des arbres ou arbustes, parfois sarmenteux, à branches assez souvent spinescentes; à feuilles opposées ou fasciculées, pétiolées, parfois petites ou nulles, avec des stipules interpétiolaires, quelquefois peu visibles; à fleurs petites (jaunes ou blanches), disposées en grappes composées, corymbiformes ou formées de petites cymes. On en compte une douzaine d'espèces, des deux Amériques tropicales, en comprenant dans ce genre, comme nous l'avons fait, les *Tertrea*, *Schiedea* et *Microsplenium*. (Voy. *Bull. Soc. Linn. Par.*, 198, 203; *Hist. des pl.*, VII, 299, 421, n. 60.) [H. Bn.]

MACHE. Le *Valerianella olitoria* L.

MACHE D'ITALIE, M. COURONNÉE. Le *Valerianella coronata* DC.

MACHE NOIRE. L'*Ononis Natrix* L.

MACHE ROUGE. L'*Œnothera biennis* L.

MACHILUS (NEES, in *Wall. Pl. as. rar.*, II, 70). Genre de Lauracées, voisin des *Cinnamomum*, dont il a les fleurs, et formé d'une quinzaine d'arbres de l'Asie et de la Malaisie; distingué par la persistance autour du fruit du réceptacle et du périanthe réfléchi. (H. Bn, *Hist. des pl.*, II, 469.)

MACHIR. Synonyme de *Macer*. Nom ancien (?) de la Muscade.

MACHLIS (DC., *Prodr.*, VI, 140). Synonyme de *Cotula* T. (H. Bn, *Hist. des pl.*, VIII, 284.)

MACHOMOS. Au Kamstchatka, l'*Agaricus acris* L.

MACHOOTI. Nom indien de la Renouée des oiseaux.

MACHURA (STEUD.). Pour *Maclura* NUTT.

MACHU-SISAC (grande fleur). Nom, sur les bords de l'Ucayali, de l'*Euryale* (*Victoria*) *amazonica* PŒPP. (*regia*).

MACIELLA (VAND., *Fl. lusit. et bras. Spec.*, 14). Synonyme (?) de *Cordia* L.

MACINTYRIA (F. MUELL., *Fragm. phyt. Austral.*, V, 8, 57). Synonyme de *Xantophyllum* ROXB. (H. Bn, *Hist. des pl.*, V, 76.)

MACION. Le *Lathyrus tuberosus* L.

MACIS. — Voy. GRAINE (II, 731).

MACJON. Le *Lathyrus tuberosus* L.

MACKAGA (ARN., in *Jard. Mag. Zool. et Bot.*, II, 550). Synonyme de *Erythropalum* BL.

MACKAY (Jam.-Towns.). Mort à Dublin [1862], auteur d'un *Catalogue of the plants found in Ireland* (in-4 de 98 p.) et d'un *Flora hibernica* [1836], in-8 de 272 p.

MACKAYA (HARV., *Thes. cap.*, I, 8, t. 13). Synonyme de *Asystasia* BL.

MACKAY-BEAN. La graine de l'*Entada Gigalobium* DC.

MACKENIA (HARV., *Gen. S.-afric. pl.*, ed. 2, 233). Synonyme (?) de *Schizoglossum* E. MEY.

MACKENZIEA (NEES, in *DC. Prodr.*, XI, 308). Genre créé pour le *Strobilanthes sexennis* NEES.

MACKINLAYA (F. MUELL., *Fragm. phyt. Austral.*, IV, 120). Genre d'Ombellifères-Araliées, dont les fleurs polygames ont des sépales aigus; des pétales d'Ombellifère, onguiculés, valvaires, à acumen allongé et indupliqué. Les anthères se logent dans des cavités que forment les pétales deux à deux par leur rapprochement. Le fruit est orbiculaire-subdidyme, arrondi-cordé ou réniforme, fortement comprimé perpendiculairement à la cloison. La graine a un albumen corné. Le *M. macrosciadea* (*Panax macrosciadeus* F. MUELL.) est un arbuste australien, glabre, à feuilles alternes, composées-digitées, à fleurs en ombelles décomposées, à pédicelles articulés. C'est un des genres qui relient intimement les Ombellifères vraies aux Araliées. (Voy. *Hist. des pl.*, VII, 246, n. 94.) [H. Bn.]

MACKLOTTIA (KORTH., in *Ned. Kruidk. Arch.*, I, 196). Synonyme de *Leptospermum* FORST.

MACLE. Nom donné à certains cristaux. — Voy. PHYTOCYSTE, O.

MACLE. Le *Trapa natans* L., ou Châtaigne d'eau.

MACLEANIA (HOOK., *Icon.*, t. 109). Genre d'Éricacées-Vacciniées, voisin des *Psammisia*, et qui s'en distingue par l'anthère terminée par un seul tube fendu. Ce sont environ 12 arbustes des Andes, à feuilles alternes et entières. (*Bot. Reg.* [1841], t. 25. — *Bot. Mag.*, t. 3979, 4426, 5453, 5465.) [H. Bn.]

MACLEAYA (MONTROUZ., in *Mém. Ac. Lyon*, X, 199). Synonyme de *Psilorhegma* VOG.

MACLEDIUM (CASS., in *Dict.*, XXXIV, 39). Genre établi pour le *Dicoma Burmanni* LESS.

MACLELLANDIA (WIGHT, *Icon.*, t. 1966). Synonyme de *Pemphis acidula* FORST.

MACLEYA (R. BR., *App. Denh. et Clappert.*, 218). Section

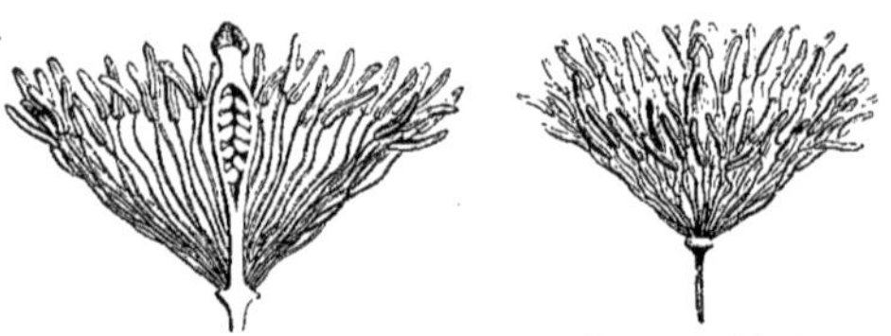

Macleya cordata. — Fleur, coupe longitudinale. Fleur sans le périanthe.

du genre *Bocconia* L. Le *M. cordata* est cultivé dans nos jardins comme ornemental. (H. Bn, *Hist. des pl.*, III, 115, fig. 130.)

MACLOU. Le *Delphinium* (*Aconitum*) *Anthora* H. Bn.

MACLURA (NUTT., *Gen. amer.*, II, 233; *N. Amer. Sylv.*, I, t. 37-38). Genre d'Ulmacées-Morées, à fleurs dioïques : les mâles, 4-mères, en racemules de glomérules; les femelles en capitules de glomérules; le gynécée construit comme celui des Mûriers, à long style papilleux, filiforme. Le fruit est un syncarpe charnu, renfermant beaucoup de petites drupes à noyau coriace, à sarcocarpe peu épais. Les graines renferment un embryon courbe, sans albumen. Le *M. aurantiaca*, l'*Oranger des Osages*, souvent cultivé chez nous, et y fructifiant quelquefois, est un arbre à suc laiteux, de la région de l'Arkansas, souvent spinescent, à feuilles alternes. Il est riche en matière colorante jaune. (H. Bn, *Hist. des pl.*, VI, 144, 179, 193.)

MAC MAHON (Bern.). A publié à Philadelphie [1806] un *Catalogue de graines américaines* (in-8 de 30 p.). Nuttall lui a dédié le genre *Mahonia*.

MAC NAB (Will.). Jardinier en chef à Édimbourg, a écrit [1832] un *Treatrise on the propagation... of Capeheats*.

MACNABIA (BENTH., in *DC. Prodr.*, VII, 612). Genre d'Éricacées-Éricées, comprenant un arbuste du Cap, à fleurs 4-mères, avec des sépales bien plus longs que la corolle partite, et 8 étamines à anthère mutique; les fentes de déhiscence allongées. Les feuilles sont 3-nées, et les fleurs subsessiles au sommet des rameaux, avec 3 bractées plus courtes que le calice. [H. Bn.]

MACNEMARÆA (WILLEM., in *Ust. N. Ann.* [1796], 34). Genre incertain.

MACO. L'*Eclipta prostrata* L.

MACODES (BL., *Bijdr.*, 407, t. 2). Genre d'Orchidées-Néottiées, créé pour une herbe terrestre de Java, à port d'*Anœctochilus*, avec des fleurs à sépales libres, à labelle dressé, largement ventru à sa base; la colonne pourvue de 2 lames verticales antérieures et parallèles; le clinandre en forme de coupe. L'inflorescence est une longue grappe. [H. Bn.]

MACONO. Nom, aux Philippines, des *Xanthostemon*.

MACOU. Nom, aux îles Viti, du *Cinnamomum pedatinervium* MEISSN.

MACOUBEA (AUBL., *Pl. guian.*, Suppl., 19, t. 378). Genre douteux, rapporté parfois aux Clusiacées; synonyme probablement de *Platonia* MART. (qui est postérieur).

MACOUCOA (AUBL., *Pl. guian.*, I, 88, t. 34). Synonyme de *Ilex* L.

MACOUCOU. Nom, à Cayenne, d'un *Chrysophyllum* (AUBL.).

MACOULODO. Nom malgache du *Dombeya Coria* H. Bn.

MACOUMEOU. Nom languedocien de l'Ambrette.

MACOW. Le *Cinnamomum pedatinervium*, aux îles Fidji.

MACOWANIA (KALCHBR., in *Gardn. Chron.* [1876], 785). Genre de Gastéromycètes, à péridium épigé, stipité, hémisphérique, lisse à la partie supérieure et présentant inférieurement autour du pédicule des vacuoles tapissées par l'hyménium. Les basides portent deux spores hyalines et verruqueuses. Le *M. agaricinus* KALCHBR., le seul connu, habite le cap de Bonne-Espérance, au pied des Acacias. [DE S.]

MACOWANIA (OLIV., in *Hook. Icon.*, t. 1062). Genre de Composées, à fleurs semblables à celles des *Leyssera;* distingué par un large involucre campanulé, à bractées ∞-sériées, apprimées et scarieuses au sommet. Les fleurs hermaphrodites sont stériles, et les fruits sont surmontés d'une aigrette de soies peu nombreuses et caduques. C'est un arbuste de l'Afrique australe, à feuilles alternes, à capitules solitaires ou disposés en cyme feuillée (H. BN, *Hist. des pl.*, VIII, 168). Le nom générique de *Macowania*, étant employé en cryptogamie, pourrait ici être changé en *Mawaconia*. [H. BN.]

MACOWANITES (SACC., *Syll. Fung.*, VII, 179). — Voy. MACOWANIA.

MACOYA. L'*Acrocomia sclerocarpa* MART.

MACPALXOCHIQUAUHITL (HERNAND.). Nom mexicain des *Cheirostemon* (*Chiranthodendron* LARR.).

MACPHERSONIA (BL., *Rumphia*, III, 156). Genre de Sapindacées-Sapindées, formé de quelques arbustes de Madagascar, à feuilles bipinnées; à fleurs polygames, 8-andres, avec un ovaire à 2, 3 loges uniovulées, et un petit fruit piriforme, indéhiscent, à graine dressée et arillée. (H. BN, in *Adansonia*, XI, 240; *Hist. des pl.*, V, 402.)

MACQUART (Jean). A publié à Lille [1053-55]: *Les plantes herbacées d'Europe et leurs insectes*. (*Mém. Soc. Lille* [1853]).

MACQUERIA (COMMERS., ex K., *Syn.*, III, 324). Synonyme de *Pohlana* NEES et MART.

MACRACHÆNIUM (HOOK. F., *Fl. antarct.*, II, 321). Section du genre *Gerbera* GRONOV. (H. BN, *Hist. des pl.*, VIII, 95, not.)

MACRADENIA (R. BR., in *Bot. Reg.*, t. 612). Genre d'Orchidacées-Vandées, formé d'une ou deux herbes des Antilles, à port de *Notylia;* le labelle à 2 lobes latéraux qui embrassent la colonne; une anthère longuement acuminée, à 2 pollinies; des grappes axillaires, simples et lâches. On les cultive quelquefois dans nos serres. (*Bot. Reg.*, t. 1815.) [H. BN.]

MACRÆA (HOOK. F., in *Trans. Linn. Soc.*, XX, 209). Synonyme de *Lipochæta* DC.

MACRÆA (LINDL., in *Brand. Journ.*, XXV, 104). Synonyme de *Viviania* CAV.

MACRÆA (WIGHT, *Icon.*, IV, II, 27, t. 1901, 1902). Synonyme de *Phyllanthus* L. et section de ce genre.

MACRANDRIA (WIGHT et ARN., *Prodr.*, I, 406). Section du genre *Hedyotis* L.

MACRANOPLON (REUT., in *DC. Prodr.*, XI, 42). Synonyme de *Anblatum* ENDL.

MACRANTHELA (C. KOCH, in *Linnæa*, XXI, 404). Section du genre *Poa* L.

MACRANTHERA (TORR., ex BENTH., in *Hook. Comp. Bot. Mag.*, I, 203). Genre de Scrofulariacées-Gérardiées, formé de 2 herbes vivaces des États-Unis, à feuilles opposées, pinnatifides, noircissant par la dessiccation; distingué par un calice à lobes plus longs que son tube; une corolle peu irrégulière, bilabiée, à tube longuement cylindrique; des anthères imberbes, longuement exsertes. (H. BN, *Hist. des pl.*, IX, 469.)

MACRANTHOSEBÆA (GRISEB., *Gen. et spec. Gentian.*, 164). Section du genre *Sebæa* R. BR.

MACRANTHUS (LOUR., *Fl. cochinch.*, 460). Synonyme (?) de *Mucuna* ADANS. L'auteur a écrit, par erreur, *Marcanthus*.

MACRAUCHENIUM (BRID., *Bryol.*, II, 44). Genre de Mousses-Bryoïdées, proposé pour les *Webera flexuosa, longicollis*, etc. Synonyme de *Bryum* DILL. (REICHB., *Consp.*, 647.)

MACRE. Nom français des *Trapa* L.

MACREIGHTIA (A. DC., *Prodr.*, VIII, 220). Synonyme de *Maba* FORST.

MACRIA (TEN., in *Mem. Soc. ital. Moden.*, XXIV, 366). Synonyme de *Cordia* L.

MACRIER. L'un des noms du *Ranunculus arvensis* L.

MACRIVAR (John). Auteur à Édimbourg [1824] de *Observations on the germination of the Filices*. (*Cat. sc. pap.*, IV, 172.

MACROBELIUM (SCHOTT, *Syn. Aroid.*, I, 96). Division du genre *Philodendron* SCHOTT.

MACROBIA (WEBB, *Phyt. canar.*, I, 183). Section du genre *Aichryson* WEBB.

MACROBLEPHARUS (PHIL., in *Linnæa*, XXIX, 100). Synonyme de *Eragrostis* PAL.-BEAUV.

MACROBOTRYS (DC., *Prodr.*, VII, I, 58). Sect. des *Leuceria*.

MACROCALYX (TREW, in *Act. nat. cur.* [1761], II, 332). Synonyme de *Ellisia* L.

MACROCAPNOS (ROYLE, in *Lindl. Introd.*, ed. 2, 439). Synonyme de *Dicentra* BORKH. (H. BN, *Hist. des pl.*, III, 123.)

MACROCARPA (BONNEM., in *Enum. phys.*, XCIV, 103). Algue de la famille des Ectocarpées. Synonyme de *Ectocarpus* LYNGB.

MACROCARPA (MIQ., *Fl. ind. bat.*, I, 354). Section du genre *Parinari* AUBL.

MACROCARPÆA (GRISEB., *Gentian.*, 173). Section du genre *Lisianthus* AUBL.

MACROCARPHUS (NUTT., in *Trans. Amer. Phil. Soc.*, ser. 2, VII, 376). Section du genre *Hymenopappus* LHÉR. (H. BN, *Hist. des pl.*, VIII, 244.)

MACROCARPUS (BONNEM., ex J.-G. AGH, *Spec. gen.*, I, 14). Algues de la famille des Ectocarpées; synonyme de *Ectocarpus* LYNGB. [CH. M.]

MACROCENTRON (BOISS., in *DC. Prodr.*, XII, 674). Section du genre *Armeria* DC.

MACROCENTRUM (HOOK. F., *Gen.*, 756). Synonyme de *Aulacidium* RICH., section du genre *Bertolonia* RADDI. (H. BN, *Hist. des pl.*, VII, 45.)

MACROCENTRUM (PHIL., *Sert. Mendoc.*, II, 42). Synonyme (?) de *Habenaria* W.

MACROCEPHALUS. Les organes, notamment les embryons, les inflorescences, etc., à tête renflée et volumineuse.

MACROCEPHALUS (LINDL.). Pour *Macrocarphus* NUTT.

MACROCERAS (MORR. et DCNE, in *Ann. sc. nat.*, sér. 2, II, 352). Section du genre *Epimedium* T.

MACROCERATIDES (RADDI, *Quar. piant.*, 13). Synonyme de *Mucuna* ADANS.

MACROCERATIUM (DC.). Synonyme de *Andrzejowskia* REICHB.

MACROCHATIUM (STEUD., *Syn. pl. glum.*, II, 159). Section du genre *Elynanthus* NUTT.; synonyme de *Cyathocoma* NEES.

MACROCHETON (BL. *Bijdr.*, 175). Section du genre *Dysoxylum* BL. (*Epicharis* BL.).

MACROCHILUS (KNOWL. et WESTC., *Fl. Cab.*, t. 45). Synonyme de *Miltonia* LINDL.

MACROCHILUS (PRESL, *Prodr. Mon. Lobel.*, 47). Synonyme de *Cyanea* GAUDICH.

MACROCHLÆNA (WALP., *Rep.*, II, 682). Section du genre *Trixis* BR.

MACROCHLAMYS (DCNE, in *Rev. hort.* [1849], 243). Synonyme de *Alloplectus* MART.

MACROCHLOA (K., *Rev. Gram.*, I, 58). Section du genre *Stipa* L., dont le type est le *S. tenacissima* L., et renfermant aussi le *S. arenaria* de Brotero (*Phyt. lusit.*, t. 7, 8.)

MACROCHORDIÆ (BEER, *Bromel.*, 9, 19, 22). Section des Broméliacées-Lépidanthées.

MACROCHORDIUM (DE VRIESE. — BEER, *Bromel.*, 145). Synonyme de *Pothuana* GAUDICH.

MACROCLADUS (GRIFF., in *Calc. Journ. Nat. Hist.*, V, 489; *Palm. Brit. Ind.*, 177, t. 239 A, B). Synonyme de *Orania* ZIPP.

MACROCLINE (TORR. et GR., *Fl. N.-Amer.*, II, 312). Section du genre *Rudbeckia* L.

MACROCLINIDIUM (MAXIM., in *Bull. Ac. Pétersb.*, XV, 375). Section du genre *Ainsliæa* DC. (H. BN, *Hist. des pl.*, VIII, 92.)

MACROCNÈME. Nom français (LAMK) des *Macrocnemum* P.B.

MACROCNEMUM (P. BR., *Jam.*, 165). Genre de Rubiacées-Cinchonées, dont les fleurs sont analogues à celle des Quinquinas; 5-mères, avec une corolle à limbe étalé et valvaire, souvent rédupliqué, et un androcée de 5 étamines inégales, dont les anthères sont courtes, arrondies. L'ovaire infère a deux loges multiovulées, et le fruit est une capsule loculicide, avec des graines imbriquées, ailées aux deux extrémités. Ce sont des arbres et arbustes de l'Amérique tropicale, à feuilles opposées, stipulées, à grappes très ramifiées de cymes, axillaires et terminales. On en compte 7, 8 espèces, à jolies fleurs blanches ou rosées, dont une assez commune aux Antilles. Le *M. roseum* a donné longtemps une écorce de faux Quinquina, aujourd'hui peu employée. (Voy. *Hist. des pl.*, VII, 344, 481, n. 165.) [H. Bn.]

MACROCNEMUM (Vahl, *Symb.*, II, 38). Synonyme de *Calycophyllum* DC.

MACROCNEMUM (Velloz., in *Vandell. Fl. lusit. et bras. Spec.*, 14). Synonyme de *Remijia* DC.

MACROCOMA (Hornsch. — C. Muell., *Syn. Musc.*, I, 720). Section du genre *Macromitrium* Brid.

MACROCONIDIE. Désigne les conidies de grande dimension, et s'emploie surtout pour les espèces fongiques qui ont des conidies de plusieurs sortes.

MACROCOPE (Walp., *Ann.*, V, 583). Section du genre *Lycium*.

MACROCYMBIUM (Walp., in *Flora* [1853], 149). Genre proposé pour l'*Erythrina Vogelii* Hook. f.

MACROCYSTE. Le gros phytocyste qui, dans les *Pyronema*, devient le scolécite (Tul.), et qui, dans les *Pyronema*, paraît entrer en copulation avec les paracystes. (Voy. Champignons.)

MACROCYSTEÆ (Kuetz., *Spec. Alg.*, 581). L'une des grandes divisions des Algues-Laminariées. Les espèces qui constituent cette section sont caractérisées par une fronde inarticulée, caulescente, munie d'expansions foliacées. Quatre divisions, d'après l'auteur, constituent cette famille : les genres *Lessonia*, *Macrocystis*, *Nereocystis* et *Pinnaria*. [Ch. M.]

MACROCYSTIDES (Agh, *Spec. Alg.*, 46). Algues-Floridées ; synonyme de *Macrocystis* Agh.

MACROCYSTIS (Agh, *Syst. Alg.*, 292). Genre d'Algues-Floridées, que l'auteur avait placé dans l'ordre des *Fucoideæ* et dans la section des *Fucaceæ*, mais qu'il pensait devoir être réuni aux Laminariées, dont il compose aujourd'hui une division. Il appartient à la famille des *Macrocysteæ*. Ces Algues sont caractérisées par une fronde solide, caulescente, sans nervure, munie d'expansions folifères, unilatérales, allongées, planes et denticulées, simples ou avec quelques divisions à la partie supérieure. Ces expansions sont pourvues d'aérocystes à leur base pétiolaire. Les sores sont épars assez irrégulièrement ; ils contiennent des spores allongées, ellipsoïdes, renfermées dans un périspore hyalin et entre des paranémates très resserrés, stipités, inarticulés, clavato-tronqués. Les *Macrocystis* ont été divisés en deux sections, suivant que leur fronde est plane et très comprimée, ou arrondie. Une dizaine d'espèces constituent ce genre. (Voy. Kuetz., *Spec. Alg.*, 582.) [Ch. M.]

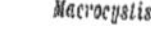
Macrocystis.

MACRODICTYA (Massal., *Mem. Lich.* [1853], 59). Synonyme de *Umbilicaria* Hoffm.

MACRODIPLODIA (Sacc., *Syll. Fung.*, III, 374). Genre de Sphéropsidés, qui ne diffère du genre *Diplodia* que par la dimension plus grande du périthèce, et dont les espèces connues sont considérées comme des pycnides de *Massaria*.

MACRODISCUS (Bur., *Mon. Bignon.*, 46, t. 11). Genre de Bignoniacées-Bignoniées, voisin des *Distictis*, à calice membraneux, à disque large, aplati ou conique en dessus. Le fruit est ellipsoïde ou courtement oblong, avec les valves parallèles à la cloison plane, légèrement convexes et un peu glanduleuses. Ce sont des arbustes grimpants, pourvus de vrilles ; à fleurs disposées en grappes simples ou à peu près. Il y en a 3, 4 espèces de l'Amérique tropicale, entre autres le *Bignonia lactiflora* Vahl. (H. Bn, *Hist. des pl.*, X, 35.)

MACRODON (Arn., in *Mém. Soc. Linn. Par.*, V, 290). Synonyme de *Leucoloma* C. Muell.

MACROGLENA (Presl, *Epimel.*, 378). Section du genre *Trichomanes* L.

MACROGONIDIE. Expression employée pour désigner, chez quelques Algues, les zoospores qui ont la propriété de reproduire les thalles de l'Algue dont ils sont issus en un temps très court, et toujours moins long que les *Microgonidies* (voy. Hydrodictyon). Synonyme de Macrozoospore. [Ch. M.]

MACROGYNE (Fr., in *Bull. Soc. bot. Fr.* [1886], 432). Section du genre *Arenaria* L.

MACROGYNE (Link et Ott., *Icon. pl. sel.*, t. 31). Synonyme de *Aspidistra* Ker.

MACROHOUSTONIA (A. Gray, in *Proc. Amer. Acad.*, IV, 26). Synonyme de *Houstonia* L.

MACROHYMENIUM (C. Muell., in *Bot. Zeit.* [1847], 825). Synonyme de *Rhegmatodon* Brid.

MACROLACIS (Tul., in *Ann. sc. nat.*, sér. 3, XI, 101). Section du genre *Dicræa* Dup.-Th.

MACROLENES (Naud., in *Ann. sc. nat.*, sér. 3, XV, 311). Synonyme de *Marumia* Bl. (H. Bn, *Hist. des pl.*, VII, 52.)

MACROLEPIRONIA (Miq., *Ill. Fl. Arch. ind.*, 60). Section du genre *Lepironia* Rich. ; synonyme de *Mapania* Aubl.

MACROLEPIS (A. Rich., *Voy. Astrol.*, 25, t. 19). Genre d'Orchidacées, rapporté aux Dendrobiées. (Endl., *Gen.*, 192.)

MACROLINUM (Kl., in *Linnæa*, XII, 242). Synonyme de *Simocheilus* Kl.

MACROLINUM (Reichb., *Handb.*, 306). Synonyme de *Reinwardtia* Dumort.

MACROLOBIUM (Schreb., *Gen.*, 30). Synon. de *Vouapa* Aubl.

MACROLOMIA (Schrad. — Nees, in *Mart. Fl. bras.*, II, 1, 181, t. 24). Genre proposé pour le *Scleria bracteata* Cav.

MACROLOPSIUM (Spach, *Suit. à Buff.*, VII, 124). Section du genre *Polygala* T.

MACROMELISSA (Benth., *Labiat.*, 394). Sect. du g. *Melissa* L.

MACROMERIA (Don, in *Edinb. N. Phil. Journ.*, XIII, 239). Genre de Boraginacées-Boragées, formé de 7, 8 herbes américaines et distingué par une corolle à tube allongé, à gorge nue et à 5 lobes étalés. Les 5 étamines sont ordinairement exsertes, et les achaines sont lisses, avec une aréole plane et de taille moyenne (*Bot. Reg.* [1847], t. 26). Le genre est à peine distinct des *Onosmodium* Michx. [H. Bn.]

MACROMERUM (Burch., *Trav.*, I, 388). Syn. de *Schepperia* Nck.

MACROMISCUS (Turcz., in *Bull. Mosc.* [1846], II, 507). Synonyme de *Æschynomene* L.

MACROMITRIUM (Brid., *Meth. Musc.*, 132 ; *Bryol.*, I, 306). Genre de Mousses-Orthotrichées, à coiffe mitriforme, conique, campanulée, lisse ou striée, multifide à la base. L'urne terminale a un opercule droit, aciculiforme. Le péristome est double, et l'extérieur a 16 dents, rapprochées par paires ; l'intérieur en forme de couronne membraneuse, déchirée-multifide. Ce sont des Mousses arboricales, tropicales et subtropicales (C. Muell., *Syn. Musc.*, I, 719). On a aussi écrit *Macromitrion* (Schw.).

MACROMOS. Au Kamschatka, l'*Agaricus acris* L.

MACROMYRTUS (Miq., *Fl. ind. bat.*, I, p. I, 439). Synonyme (?) de *Clavimyrtus* Bl.

MACRONAX (Rafin., in *New York Med. Rep.*, V, 350). Synonyme de *Arundinaria* Michx.

MACRONEMA (Nutt., in *Trans. Amer. Phil. Soc.*, ser. 2, VII, 317). Synonyme de *Chrysopsis* Nutt., section du genre *Hysterionica* W. (H. Bn, *Hist. des pl.*, VIII, 155, not.)

MACRONEMEÆ (Sacc., *Syll. Fung.*, IV, 496). Subdivision des Hyphomycètes, à mycélium apparent, à conidies distinctes.

MACRONEPETA (Benth., *Labiat.*, 482). Section du genre *Nepeta* L.

MACRONYX (Dalz., in *Hook. Kew Journ.*, II, 35). Synonyme de *Tephrosia* Pers.

MACROON (Cord., ap. *Sturm Fl.*, 43, I, t. f. 13, 93). Genre d'Hyphomycètes, démembré à tort des *Helminthosporium* Pers.

MACROPANAX (Miq., *Fl. ind. bat.*, I, p. I, 763 ; in *Ann. Mus. lugd.-bat.*, I, 13). Genre d'Araliées, dont nous avons fait une section du genre *Aralia*. (Voy. *Hist. des pl.*, VII, 155.) [H. Bn.]

Macropelma (Kl., in *Linnæa*, XXIV, 59). Section du genre *Vaccinium* L.

Macropetalum (Burch. — Dcne, in *DC. Prodr.*, VIII, 626). Genre d'Asclépiadacées-Céropégiées, formé de 2 herbes glabres de l'Afrique australe, distinguées par des branches grêles et dressées, des feuilles linéaires, des corolles à petit tube et à limbe découpé en lobes linéaires, filiformes; une couronne prolongée en 5 ligules au dos des anthères. [H. Bn.]

Macrophoma (Sacc., *Syll. Fung.*, III, 90; *Addit.*, 306). Genre de Sphéropsidés, à périthèce membraneux, un peu coriace ou carbonacé, glabre, globuleux, à très petit ostiole. Les spores, grandes, ovoïdes, fusiformes ou cylindriques, sont hyalines et uniloculaires, portées sur de courts filaments dressés. M. Saccardo en énumère une centaine d'espèces, presque toutes rangées autrefois dans le genre *Phoma*, et destinées à disparaître à mesure que l'on constatera l'espèce de Sphériacés dont les *Phoma* ne sont que les pycnides. C'est ainsi que le *Macrophoma viticola* Sacc., auquel est due la maladie de la Vigne appelée *Black Rot*, vient d'être rattaché à une espèce de Sphériacés, le *Læstadia Bidwilli*. [De S.]

Macrophthalmum (Gasp., *Ric. Caprific. e Fic.*, 82). Synonyme de *Urostigma* Gasp.

Macropidia (Drumm., in *Hook. Kew Journ.*, VII, 57). Genre de Conostylées, établi pour une herbe vivace de l'Australie, à port d'*Anigozanthus*, à épis plumeux de fleurs pourvues d'un périanthe tubuleux, avec l'ovaire infère, à 3 loges uniovulées. Les valves du péricarpe se séparent des cloisons avec les graines. C'est peut-être un *Anigozanthus*. (*Bot. Mag.*, t. 4291.)

Macropiper (Miq., *Comm. phyt.*, 35; *Ill. Piper.*, t. 25). Section du genre *Piper* L. (H. Bn, *Hist. des pl.*, III, 472.)

Macroplacis (Bl., *Mus. lugd.-bat.*, I, 7, fig. 3). Synonyme de *Kibessia* DC.

Macroplethus (Presl, *Epimel.*, 501). Genre établi pour l'*Hymenolepis platyrhynchos* Kz.

Macroplodia (Westd., *Not. sur les Hypoxyl. Belg.*, 19). Genre de Sphéropsidés, démembré des *Diplodia*, à cause de la dimension des spores. M. Saccardo a réuni ces deux genres et s'est servi du terme de *Macroplodia* pour désigner la deuxième section des *Sphæropsis*, dont les spores sont grandes et à surface visqueuse. (Sacc., *Syll. Fung.*, III, 305.) [De S.]

Macropode. Se dit des organes à base dilatée et renflée, notamment de l'embryon dont la portion radiculaire est épaisse.

Macropodia (Fück., *Symb. myc.*, 331). Genre démembré des *Peziza* pour le *P. macropus* Pers., caractérisé par un long pédicule, de longues thèques, des paraphyses filiformes.

Macropodium (R. Br., in *Ait. H. kew.*, IV, 108). Genre de Crucifères-Cheiranthées, établi pour une herbe annuelle de l'Altaï, à port de *Stanleya*, distingué par des siliques longuement stipitées. Les feuilles sont alternes, et les inflorescences sont spiciformes. (H. Bn, *Hist. des pl.*, III, 235.)

Macropsidium (Bl., *Mus. lugd.-bat.*, I, 85). Synonyme (B. H.) de *Myrtus* L.

Macropteranthes (F. Muell., *Fragm. phyt. Austral.*, III, 91). Genre de Combrétacées, voisin des *Laguncularia*, à réceptacle prolongé au-dessus de l'ovaire; le calice 5-denté. Les bractées forment ailes autour du fruit. Ce sont 3 arbustes australiens, à feuilles opposées ou fasciculées, à fleurs axillaires, géminées et pédonculées. (H. Bn, *Hist. des pl.*, VI, 279.)

Macropteris (Webb, *Phyt. canar.*, III, 450). Section du genre *Pteris* L.

Macroptilium (Benth., in *Ann. Wien. Mus.*, II, 140). Section du genre *Phaseolus* L.

Macrorhamnus (H. Bn, in *Adansonia*, XI, 273). Genre de Rhamnacées, mal connu, mais probablement très voisin des Nerpruns. Le *M. decipiens*, seule espèce décrite, est un arbre de Madagascar, à grandes feuilles subopposées, 5-7-nerves à la base, et à fruit supère, formé d'un mésocarpe charnu, rouge, finalement détaché d'un endocarpe formé de trois coques à déhiscence élastique, analogues à celles des Euphorbiacées et renfermant chacune une graine dressée et semblable à celle des Nerpruns. Les fleurs sont jusqu'ici inconnues. (Voy. *Hist. des pl.*, VI, 75.) [H. Bn.]

Macrorhynchium (Reichb.). Pour *Macrorhynchus* Less.

Macrorhynchus (Less., *Syn. Comp.*, 139). Synonyme de *Troximon* Nutt.

Macroscepis (H. B. K., *Nov. gen. et spec.*, III, 200, t. 233). Genre d'Asclépiadacées-Cynanchées, formé de 3, 4 espèces suffrutescentes et volubiles, de l'Amérique tropicale; voisin des *Arauja* et distingué par une corolle à tube épais, à limbe semi-5-fide, très étalé. La couronne est formée de 5 écailles infléchies sous la gorge et charnues. L'extrémité du style est déprimée. Ce sont des plantes hirsutes, à corolle d'assez grande taille. [H. Bn.]

Macroselinum (Schur, *Enum. pl. Transsylv.*, 266). Synonyme de *Selinoides* DC.

Macrosema (Stev., in *Nouv. Mém. Mosc.*, III, 105). Section du genre *Astragalus* T.

Macrosepalum (Reg. et Schmalh., *Desc. pl. nov. a O. Fedtschenko in Turkest. lect.*, 25). Genre de Crassulacées, voisin des *Tillæa*, groupe des *Bulliarda*. C'est une petite herbe du Turkestan, à feuilles alternes. Ses fleurs sont tétramères, solitaires à l'aisselle des feuilles et dépourvues de glandes squamiformes. Chaque carpelle contient plusieurs ovules. [A. Fr.]

Macrosiphon (Hochst., in *Flora* [1841], 373). Synonyme de *Rhamphicarpa* Benth.

Macrosiphon (Miq., in *Linnæa*, XIX, 442). Synonyme de *Hindsia* Benth.

Macrosiphonia. Genre d'Apocynacées, série des Nériées, très voisin des *Echites* et distingué par ses nombreuses glandes intracalicinales, son disque de 5 glandes, dont 4 plus ou moins unies deux à deux, et ses corolles à très long tube; le limbe campanulé. Ce sont 9, 10 lianes du Brésil, à grandes fleurs blanches, jaunes ou coccinées. (H. Bn, *Hist. des pl.*, X, 160.)

Macrosiphonia (Dub., *Mém. Primul.*, 34, t. 2). Synonyme de *Dionysia* Fenzl.

Macrosolen (Miq., *Fl. ind. bat.*, I, I, 827). Synonyme de *Loranthus* L.

Macrospatha (Don, ex *Sch. Syst.*, VII, 1036). Section du genre *Allium* T. (B. H., *Gen.*, III, 803.)

Macrosperma (Endl., *Gen.*, 930). Sect. du g. *Mentzelia* L.

Macrospermum (Steud.). Pour *Macrospermum* DC.

Macrosphyra (Hook. f., *Gen.*, II, 86). Section du genre *Genipa* (*Gardenia*), à cymes contractées, terminales, à corolle longue et étroite, à style très long et capité au sommet. Espèces de l'Afrique tropicale. (H. Bn, *Hist. des pl.*, VII, 309.)

Macrospora (Fück., *Symb. myc.*, 140, t. III, fig. 12). Genre de Sphériacés, à grandes spores murali-divisées, dont la seule espèce décrite a été rapportée au genre *Pleospora*. (Voy. Saccardo, *Syll. Fung.*, II, 265.) [De S.]

Macrosporange. On a désigné sous ce nom, dans quelques familles de Cryptogames, les conceptacles à macrospores.

Macrospore. On appelle macrospores dans les Rhizocarpées des spores dont le volume est relativement considérable, et qui peuvent atteindre cent fois le volume des microspores. Chaque macrospore produit un prothalle qui ne se sépare point d'elle, et qui produit un ou plusieurs archégones. Les macrospores sont considérées à juste titre comme organes femelles. Les Sélaginelles, les *Isoetes* sont également pourvus de macrospores. Ce terme est également employé en mycologie pour désigner une spore de grande dimension chez les espèces qui ont deux sortes de spores de taille différente. [Ch. M.]

Macrosporium (Fr., *Syst. myc.*, III, 373). Genre d'Hyphomycètes, à filaments multiseptés, dressés, souvent de couleur enfumée, portant de grosses spores (conidies) oblongues, murali-cloisonnées. Les nombreuses espèces de ce genre vivent sur des substances inertes, des débris de plantes mortes ou en putréfaction et de végétaux vivants, qu'elles mortifient. On en connaît à peu près sous toutes les latitudes. [De S.]

Macrosporum (DC., ex *Pfeiff. Nom.*, II, 201). Synonyme de *Sobolewskia* Bieb.

Macrostachys (Miq., *Syst. Piper.*, II, 391). Synon. de *Piper*.

MACROSTEGIA (TURCZ., in *Bull. Mosc.* [1852], II, 177). Synonyme de *Pimelæa* BANKS.

MACROSTEMA (PERS., *Syn.*, I, 185). Syn. de *Quamoclit* MŒNCH.

MACROSTEMMA (SWEET, ex *Steud. Nom.*, I, 649). Synonyme de *Fuchsia* PLUM.

MACROSTIGMA (HOOK., *Icon.*, t. 412). Synonyme de *Stylobasium* DESF.

MACROSTIGMA (K., *Enum.*, V, 319). Genre proposé pour le *Tupistra macrostigma* BKR.

MACROSTOMA (GRIFF., herb.). Synonyme de *Kaulfussia* BL.

MACROSTOMÆ (PERS., *Synops.*, 58). Sous-section du genre *Sphæria*, de la division des *Simplices*, comprenant les espèces dont le périthèce est muni d'un ostiole en tube allongé.

MACROSTOMUM (BL., *Bijdr.*, 335, t. 37). Syn. de *Dendrobium*.

MACROSTYLIS (BARTL. et WENDL., *Diosm.*, 191, t. B). Genre de Rutacées-Diosmées, établi pour 8 arbustes de l'Afrique australe, distingués par des fleurs à 5 pétales onguiculés, transversalement barbus, et des ovaires libres, surmontés d'un style commun allongé, capité à son sommet stigmatifère. Les inflorescences terminales sont des glomérules ou capitules. (H. BN, *Hist. des pl.*, IV, 459.)

MACROSTYLIS (BRED., *Orch. Kuhl et v. Hass.*, c. tab.). Synonyme de *Corymbis* DUP.-TH.

MACROSTYLIUM (REICHB., *Consp.*, 187). Syn. de *Stylaria* DC.

MACROTHECIUM (BRID., *Bryol.*, II, 44). Synonyme de *Megalangium* BRID.

MACROTHRICHUM (KUETZ., *Spec. Alg.*, 64). L'une des cinq sections de la famille des *Callithamnieæ*. Elle est composée d'Algues caractérisées par une fronde à rameaux épars et ténus, et dont les articles sont plus ou moins utriculés. [CH. M.]

MACROTHUYA. Section (B. H., *Gen.*, III, 427) du g. *Thuya*.

MACROTHYRSUS (SPACH, in *Ann. sc. nat.*, sér. 2, II, 61). Section du genre *Æsculus* L. (H. BN, *Hist. des pl.*, V, 369.)

MACROTOMIA (DC., *Prodr.*, X, 26). Genre de Boraginacées-Boragées, formé de 7, 8 herbes d'Orient et de l'Himalaya, distinguées par un calice à longues divisions linéaires ; une corolle à long tube, à gorge nue, à limbe étalé ; 5 étamines incluses ; un style entier ; des achaines dressés, à aréole basilaire, large et plane. Ce sont des plantes vivaces, à cymes scorpioïdes touffues. [H. BN.]

MACROTRICHUM (GREV., in *Edinb. Phil. Journ.*, III, 64). Genre d'Hyphomycètes, mal défini, dont les espèces ont été rapportées aux *Sporotrichum*, *Trichosporium* ou *Cladotrichum*.

MACROTRICHUM (KUETZ., *Phyc. gen.*, 374). L'une des cinq divisions de la famille des *Callithamnieæ*, la seconde. Les Algues qui la composent sont caractérisées par une fronde plus ou moins régulièrement rameuse, à rameaux ténus, et par des articles plus ou moins utriculés. (KUETZ., *Sp. Alg.*, 641.) [CH. M.]

MACROTROPIS (DC., *Prodr.*, II, 98). Synonyme (?) de *Ormosia* JACK. (B. H., *Gen.*, I, 556.)

MACROTYLOMA (W. et ARN., *Prodr.*, I, 248). Section du genre *Dolichos* L.

MACROTYS (RAFIN., in *New York Med. Repos.*, II, hex. V, 350). Genre proposé pour l'*Actæa racemosa* L. (H. BN, *Hist. des pl.*, I, 60.)

MACROZAMIA (MIQ., *Mon. Cycad.*, 36, t. 4, 5 ; in *Linnæa*, XVII, t. 2 ; XIX, t. 2, 3). Genre de Cycadacées-Encéphalartées, formé de 6, 7 espèces australiennes ; distingué par des écailles peltées au cône femelle ; la dilatation en forme de bouclier, ascendante et ordinairement prolongée en une lame acuminée et dressée. Les feuilles sont pennées. Plusieurs belles espèces de ce genre sont cultivées dans nos serres. (REG., in *Bull. Mosc.* [1871], I, t. 4, fig. 20, 21 ; *Gartenfl.* [1857], t. 186, fig. 23, 31 ; [1870], t. 660.) [H. BN.]

MACROZOOSPORE. On donne ce nom, dans la fécondation de certaines Algues, des Hydrodictyées surtout, aux zoospores qui reproduisent immédiatement de nouveaux réseaux. Ces zoospores, après s'être mues pendant moins d'une heure dans la cellule mère, s'arrêtent, s'accolent et forment sur place un petit réseau qui atteint sa taille complète en trois ou quatre semaines. Pour arriver à ce développement, chacune des cellules qui le constituent doit s'allonger de 500 fois au moins. [CH. M.]

MACUBEA (A. S.-H.). Pour *Macoubea* AUBL.

MACUCUA (GMEL.). Pour *Macoucoa* AUBL.

MACULARIA (DUN., in *DC. Prodr.*, I, 271). Section du genre *Helianthemum* T.

MACULE (*Macula*). Tache ; d'où maculé (*maculatus*). *Macule-germe* (*Keimfleck*) est la tache claire que le contact de l'anthérozoïde détermine dans les phytoblastes femelles. *Macule réceptrice* (*Empfängnisfleck*) est le lieu hyalin de la zoospore où se fixe l'anthérozoïde.

MACUMBA. Au Congo, le *Solanum Melongena* L.

MACUNA (MARCGR. — SCOP., *Introd.*, 309). Synonyme de *Stizolobium* P. BR.

MACUPA. Nom, aux Philippines, des *Eugenia* MICHELI.

MACUQUE. Le *Moutabea guianensis* AUBL.

MACUSSON. Le *Lathyrus tuberosus* L.

MADABLOTA (SONNER., *Voy.*, II, 135). Synon. de *Hiptage* G.

MADACARPUS (WIGHT, *Icon.*, t. 1152). Synonyme de *Senecio* T. (H. BN, *Hist. des pl.*, VIII, 258.)

MA-DAKE. Nom japonais d'un Bambou.

MADAIO. Nom japonais du *Rumex aquaticus* L.

MADALÉNA. Nom niçois de l'*Agaricus virgineus* PERS.

MADALUM-VAYR. Nom tamoul du Grenadier.

MADAME TOMBÉ. Nom, à Rodrigues, du *Trichodesma zeylanicum* R. BR.

MADAN. Dans l'Inde, le *Calyptranthes caryophyllifolia* W.

MADAO. Nom somali de l'encens produit par (?) le *Boswellia Carterii* BIRDW.

MADAR. Synonyme de *Mudar*.

MADARACTIS (DC., *Prodr.*, VI, 322). Synonyme de *Senecio* T. (H. BN, *Hist. des pl.*, VIII, 258.)

MADARIA (DC., in *Mém. Gen.*, VII, 280). Synonyme de *Madia* MOLIN. (H. BN, *Hist. des pl.*, VIII, 229.)

MADARIOIDES (DC., *Prodr.*, V, 692). Section des *Hemizonia*.

MADARIOPSIS (NUTT., in *Trans. Amer. Phil. Soc.*, ser. 2, VII, 387). Synonyme de *Madia* MOLIN.

MADAROGLOSSA (DC., *Prodr.*, V, 694). Synonyme de *Madia* MOLIN. (H. BN, *Hist. des pl.*, VIII, 230.)

MADAROSPERMA (BENTH., *Gen.*, II, 1241). Genre d'Asclépiadacées-Cynanchées, à corolle urcéolée ; les lobes oblongs, les languettes de la couronne subulées ; les graines sans aigrette. C'est une plante volubile du Rio-Negro, à feuilles opposées, à cymes subsessiles, dont le port est celui des *Metastelma* [H. BN.]

MADDENIA (GÆRTN., *Fruct.*, I, 218, t. 46). Genre de Rosacées-Prunées, formé d'une dizaine d'arbres et arbustes asiatiques, océaniens et africains, à feuilles alternes, fimbriées, à fleurs 5-8-mères ; les pétales peu développés ; les carpelles (de *Prunus*) solitaires dans les fleurs hermaphrodites, géminés dans les femelles. Le fruit est une drupe à noyau dur. (H. BN, *Hist. des pl.*, I, 478.)

MADDENIA (NUTT., in *Hook. Kew Misc.*, V, 351). Synonyme de *Rhododendron* L.

MADDER. Nom anglais des *Rubia*. Le *Wild Madder* est le *R. Mollugo* H. BN ; l'*Indian Madder*, l'*Oldenlandia umbellata*.

MADEA (SOLAND., herb.). Synonyme de *Boltonia* LHÉR.

MADERAN-PULLI. Nom malabare du Tamarinier.

MADÈRE. Aux Antilles, l'*Arum peltatum* L. (*Colocasia*).

MADHUCA (HAMILT., in *As. Res.*, I, 300). Synon. de *Bassia* L.

MADHUKO. Nom sanscrit de la Réglisse.

MADI. L'*Areca Catechu* L. Au Chili, c'est le nom du *Madia sativa* MOLIN., cultivé pour ses graines oléagineuses.

MADIA (MOLIN. — CAV., *Icon.*, III, 50, t. 298). Genre de Composées-Hélianthées, à capitules radiés et hétérogames ; distingué par un involucre profondément sillonné, avec des folioles enveloppant étroitement les fruits du rayon. Ceux du disque sont fertiles ou vides, sans aigrette. Ce sont environ 45 herbes, annuelles ou vivaces, à feuilles alternes ; les inférieures parfois pinnatifides. Les capitules sont terminaux et axillaires ; les corolles jaunes. Le *M. sativa* MOLIN. est souvent cultivé pour ses graines oléagineuses. (H. Bn, *Hist. des pl.*, VIII, 229, 306.)

MADIEÆ (DC., in *Mém. Gen.*, VII, II, 279). Division des Composées-Héléniées.

MADIRA CANIRAM (RHEED., *Hort. mal.*, VIII, t. 24). Synonyme de *Strychnos colubrina* L.

MADJUN. Nom turc de l'opium.

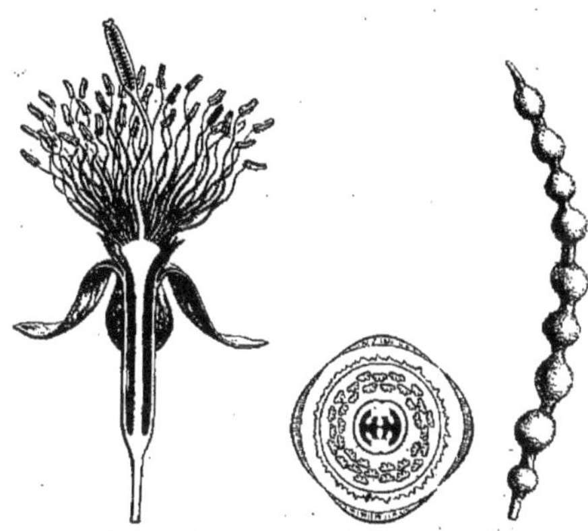

Mærua. — Fleur, coupe longitudinale. Diagramme. Fruit.

MADONIA. Nom (THÉOPHR.) d'un Nénuphar.

MADOOR-KATI. Dans l'Inde, le *Cyperus Pandorei.*

MADORELLA (NUTT., in *Trans. Amer. Phil. Soc.*, ser. 2, VII, 387). Synon. de *Madia* MOLIN. (H. Bn, *Hist. des pl.*, VIII, 229.)

MADOTHECA (DUMORT., *Comm. bot.*, 111). Genre de Jungermanniées-Lejeuniées, formé d'espèces composées-pennées ou décomposées, à rameaux sortant latéralement de la tige sous les feuilles; à fructification femelle subsessile sur des rameaux latéraux. L'involucre a 2-4 feuilles, avec un amphigastre basilaire unique. La coiffe est globuleuse. Les organes mâles sont sur d'autres pieds, entourés de feuilles involucrales distiques. Les anthéridies sont sphériques, solitaires, axillaires. (NEES, *Leberm.*, III, 157; IV, XXVI. — ENDL., *Gen.*, n. 472[12].) [H. Bn.]

MADRATE. Synonyme de Clandestine.

MADREPORA (T.). Synonyme (part.) d'Algues.

MADRESELVA. Nom mexicain du *Lonicera Caprifolium* L.

MADRESELVAS. Nom, aux Philippines, des Chèvrefeuilles.

MADRE-SILVA. A Rio-de-Janeiro, l'*Alstrœmeria Salsilla* L.

MADRE-SYLVA. En Portugal, le Chèvrefeuille.

MADRIETTE. L'un des noms de l'Aconit Napel.

MADRONA. Aux Canaries, l'*Arbutus canariensis* VEILL.

MADRONHO. En Espagne, l'*Arbutus Unedo* L.

MADRURE. — Voy. EXOSTOSE.

MADUGA. La gomme du *Butea frondosa* ROXB.

MADVIGIA (LIEBM., in *Ann. sc. nat.*, sér. 4, II, 373). Synon. de *Cryptanthus* OTT. et DIETR.

MADWORT. En Angleterre, les *Alyssum* et les *Asperugo.*

MAELAEKE. Nom arabe de plusieurs Euphorbes.

MÆLA-HOLA. Nom, à Ceylan, de l'*Olax zeylanica* L., arbuste dont les feuilles se mangent en salade et dont le bois, à odeur excrémentitielle, sert assez souvent au traitement des fièvres.

MÆLENIA (DUMORT., in *Mém. Ac. Brux.*, IX, c. ic.). Synonyme de *Cattleya* LINDL.

MÆMACYLON. Dans Oribase, le fruit de l'Arbousier.

MAERKLIN (Georg.-Fried.). Auteur, à Heidelberg [1823], de *Betrachtungen über die Urformen der niedern Organismen.*

MAERLENSIA (VELL., *Fl. flum.*, V, t. 112). Syn. de *Corchorus.*

MAERTER (Fr.-Jas.). A écrit [1780] *Verzeich. d. östreichischen Gewächse* et *Verzeich. d. östreichischen Bäume*, etc. [1781]. On lui doit aussi : *Vorstell. ein. ökonomischen Gartens*, etc. [1782] et *Fundamenta et termini botanici* [1789].

MÆRUA (FORSK., *Fl. æg.-arab.*, 104). Genre de Capparidacées, qui a donné son nom à une série des *Mæruées*, parce que ses fleurs, d'ailleurs construites comme celles d'un Câprier, ont un réceptacle concave et tubuleux. L'insertion y est donc périgynique. La gorge du réceptacle y est nue ou pourvue d'une collerette déchiquetée. Le centre du tube réceptaculaire est occupé par une colonne qui supporte le pied atténué de l'ovaire. Le fruit est ordinairement cylindroïde et toruleux. Ce sont environ 20 arbustes inermes, de l'Inde, de l'Afrique tropicale et de Madagascar, à feuilles 1-3-foliolées, à fleurs axillaires ou disposées en grappes terminales. (H. Bn, *Hist. des pl.*, III, 160, 178, fig. 181-183.)

MÆRVA (ENDL.). — Pour *Mærua* FORSK.

MÆSA (FORSK., *Fl. æg.-arab.*, 66). Genre de Primulacées, qui a donné son nom à la série des *Mæsées*, et qui, avec les caractères généraux des Ardisiées, se distingue par un ovaire infère. Le fruit est sec ou charnu. Ce sont des arbustes asiatiques, africains, australiens. Quelques-uns d'entre eux sont helminthicides. (PAYER, *Leç. fam. nat.*, 9.) [H. Bn.]

MÆSEA (A. DC., in *Trans. Linn. Soc.*, XVII, I, 132). Tribu des Myrsinées.

MÆSIA (GÆRTN., *Fruct.*, I, 344, t. 70). Syn. de *Walkera* SCHREB.

MÆSOBOTRYA (BENTH., in *Hook. Icon.*, t. 1296). Genre d'Euphorbiacées-Phyllanthées, établi pour une plante ligneuse de l'Afrique tropicale, à fleurs en grappes simples ou composées: les mâles 5-andres, avec 5 glandes et un rudiment d'ovaire; les femelles à ovaire 2-loculaire; les loges 2-ovulées; les 2 styles 2-fides. (B. H., *Gen.*, III, 284, n. 62.) [H. Bn.]

Magnolia. — Rameau florifère.

MAFUREIRA (BERTOL., *Misc. bot.*, IX, t. 2). Syn. de *Trichilia.*

MAGALEP. Synonyme de *Mahaleb.*

MAGALLANA (COMMERS., herb.). Synonyme de *Drimys* FORST.

MAGANGO. Nom égyptien d'une Buettnériacée (?) indéterminée, dont l'écorce sert aux indigènes à faire des vêtements.

MAGANGO. Substance comestible fournie par le Baobab.

MAGARSA (DC., *Prodr.*, VI, 65). Sect. du g. *Chrysanthemum.*

MAGELLAN (ÉCORCE DE) (*Cortex magellanicus*). Le *Drimys Winteri* FORST.

MAGELLINE (POIRE). Pour *Magallana* COMMERS.

MAGENWURZEL. Nom allemand de l'*Arum maculatum* L.

MAGGIORENA. En Italie, la Marjolaine.

MAGHANIA (STEUD., *Nom.*, II, 89). Pour *Moghania* A. S.-H.

MAGHET. Nom anglais du *Pyrethrum Parthenium* SM.

MAGISTRANTIA. Nom ancien de l'Impératoire.

MAGJON. Le *Lathyrus tuberosus* L.

MAGNIOC. Synonyme de Manioc.

MAGNOL (Pierre). Né et mort à Montpellier [1638-1715], auteur [1676] du *Botanicon Monspeliense* et [1686] du *Botanicum Monspeliense*. En 1689 parut son *Prodromus historiæ generalis plantarum*, et, en 1697, son *Hortus regius Monspeliensis*. Le genre *Magnolia* lui a été dédié par Plumier, qui dit de lui : « Cl. D. Petrus Magnol, regis Consiliarius, in alma Monspeliensium medicorum Academia professor regius, necnon ejusdem Horti præfectus et professor botanicus per triennium a Lodovico Magno designatus. Inter botanicos nostri ævi fama magnus et magna mercede dignus, ut quia juvenilibus annis

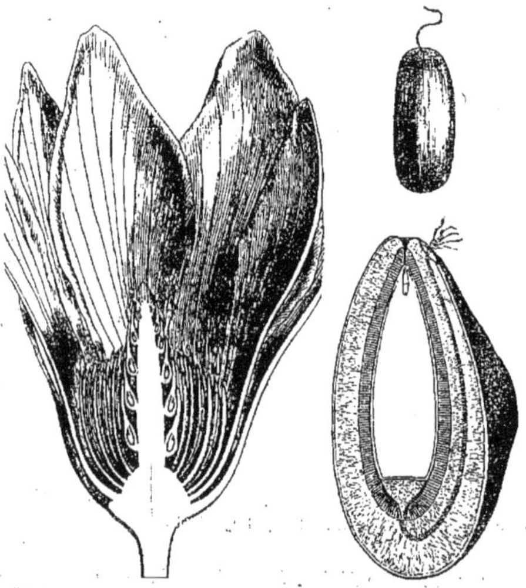

Magnolia. — Fleur, coupe longitudinale. Graine, entière et coupe longitudinale.

tum in medicina ediscenda, tum in re botanica amplificanda et illustranda, non sine fructu magno contulerit operam. Quam magnus sit ejus labor testatur Hortus regius Monspeliensis sive Catalogus plantarum quæ in Horto regio Monspeliensi ab ipso sunt demonstratæ, in quo obscura multa illustravit, novarum aliquot plantarum icones et descriptiones dedit ac virtutes etiam justa Neotericorum principia breviter explicavit. » — Son fils, Antoine MAGNOL, publia, en 1720, l'ouvrage posthume *Novus character plantarum* (in-4 de 340 p.). Il fut, comme son père, professeur à l'Académie de Montpellier. [H. BN.]

MAGNOLIACÉES (*Magnoliaceæ*). Famille de Dicotylédones-dialypétales-hypogynes, voisine des Renonculacées, et formée des quatre séries des Magnoliées, Schizandrées, Illiciées et Canellées. Les Eupteléées, qui y avaient été également rapportées, nous paraissent actuellement plus voisines des Hamamélidées. (H. BN, *Hist. des pl.*, I, 133.)

MAGNOLIARIÆ (REICHB., *Handb.*, 278). Sect. des Magnoliées.

MAGNOLIASTRUM (DC., *Prodr.*, I, 80). Section du genre *Magnolia* L.

MAGNOLIÉES (*Magnolieæ*). Série de la famille des Magnoliacées, à axe floral cylindro-conique, souvent très allongé. Appendices floraux en ordre spiral très marqué. Pièces du périanthe imbriquées. Fleurs hermaphrodites. Ovules 2-∞, horizontaux ou descendants, à micropyle supérieur et extérieur. Feuilles à dilatations souvent stipuliformes. (H. BN, *Hist. des pl.*, I, 171.)

MAGNOLIER (*Magnolia* L., *Gen.*, n. 690). Genre de Magnoliacées, à fleurs pourvues d'un réceptacle cylindro-conique, sup-

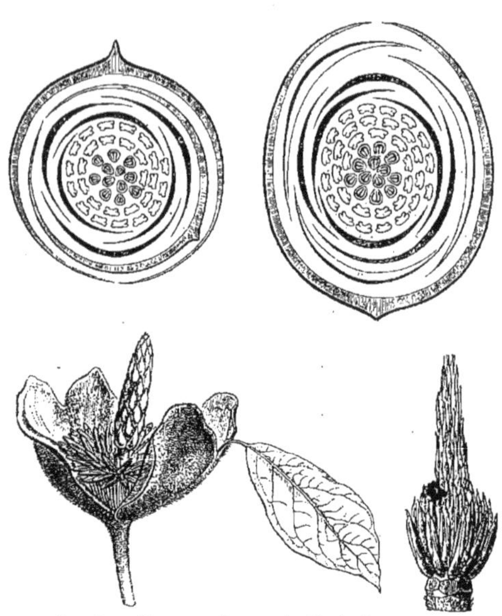

Magnolia. — Diagrammes. Fleur sans le périanthe. Organes sexuels.

portant 3 sépales et 6-12 pétales imbriqués, 2-4-sériés. Les étamines, hypogynes, nombreuses, sont insérées en spirale et ont des anthères à loges adnées. Les carpelles renferment 2-∞-ovules, insérés dans l'ongle interne. Le fruit est multiple, formé

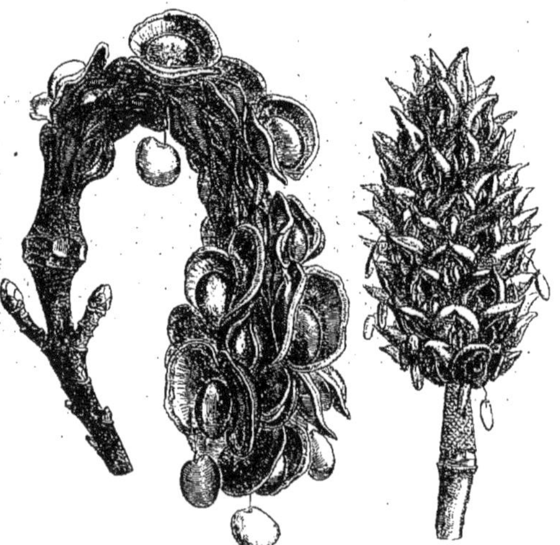

Magnolia. — Fruits déhiscents.

de follicules ou de baies, et les graines sont albuminées. Ce sont de beaux arbres et arbustes, de l'Asie et de l'Amérique, à feuilles alternes, persistantes ou caduques, à fleurs solitaires. La plupart sont aromatiques, très ornementaux. Nous avons uni à ce genre les *Michelia*, *Manglietia* et *Talauma*. (Voy. ces mots et H. BN, *Hist. des pl.*, I, 134, 188, fig. 165-174.)

MAGNOLIER BLEU, M. DES MARAIS. Le *Magnolia glauca* L.

MAGNOLINEÆ (SPACH). Section des Magnoliées. Ad. Brongniart donne ce nom à toute une classe de la Dialypétalie.

MAGNUSIA (KL., *Begon.*, 101, t. 9 B). Synonyme de *Begonia*.

MAGNUSIA (SACCARD., *Michel.*, I, p. 123; *Syll. Fung.*, I, 38). Genre de Périsporiacés, formé pour une espèce trouvée à Berlin, sur du bois de Pin pourri, avec le *Chætomium calvescens* SACC., dont elle diffère par la couleur jaune olivâtre de ses spores et le périthèce glabre, accompagné seulement par des filaments partant de la base et circinnés au sommet. [DE S.]

MAGO-MUIOAU. Nom languedocien du *Centaurea Jacea* L.

MAGOMYCES (ENDL., *Gen.*, 35). Section du genre *Exidia* FR.

MAGONÆA (G. DON). — Pour *Magonia* A. S.-H.

MAGONIA (A. S.-H., in *Mém. Mus.*, XII, 336, t. 12, 13; *Pl. rem. Brés.*, 238, t. 23, 24). Genre de Sapindacées-Sapindées, à fleurs subrégulières, polygames, 8-andres. Le calice est imbriqué. La corolle a 5 pétales peu inégaux. L'ovaire a 3 loges ∞-ovulées; et le fruit est gros, loculicide, à 6-8 graines dans chaque loge, imbriquées et entourées d'une aile marginale, avec un embryon droit, à grands cotylédons arrondis. Il y a un grand disque unilatéral. Ce sont 2 arbres brésiliens, à feuilles alternes et paripennées, à fleurs disposées en grappes simples ou composées. (H. BN, *Hist. des pl.*, V, 366, 423, fig. 399-403.)

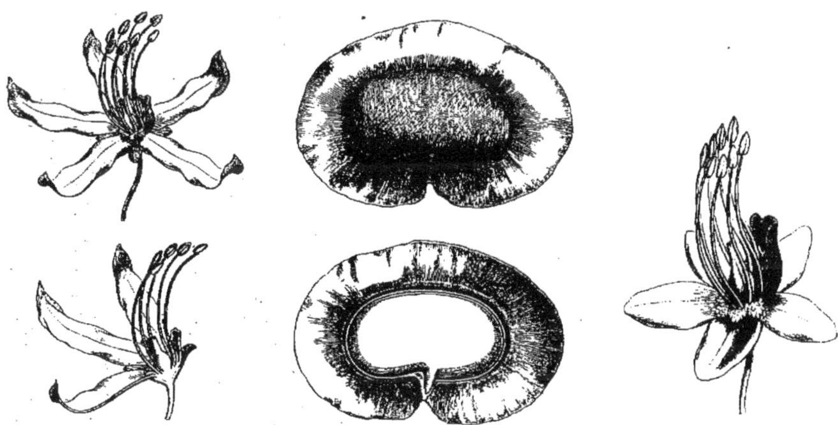

Magonia. — Fleur, entière et coupe longitudinale. Fleur, à corolle enlevée. Graine, entière et coupe longitudinale.

MAGONIA (VELL., *Fl. flum.*, IV, t. 60). Synonyme de *Ruprechtia* C.-A. MEY.

MAGOSTAN (ADANS., *Fam.*, II, 445). Synon. de *Garcinia* L.

MAGOUDEN. Dans l'Inde, le *Mimusops Elengi* L.

MAGOYASHI. Nom japonais du *Medicago denticulata* W.

MAGRAYT D'SHECHAZ. Nom d'une variété du *Boswellia Carteri* BIRDW., donnant un encens de qualité supérieure.

MAGUEY. Les *Agave americana* L. et *mexicana* LAMK.

MAGUEY MANTO. Au Mexique, l'*Agave potatorum* ZUCC.

MAGUEY MECO. Au Mexique, l'*Agave lutea*.

MAGYDARIS. Nom ancien du *Laser*.

MAGYDARIS (KOCH, ex DC., *Mém. Omb.*, 68; *Prodr.*, IV, 241). Section du genre *Cachrys* T. (H. BN, *Hist. des pl.*, VII, 216.)

MAGYDARIS (DIETR.). Pour *Magydaris* KOCH.

MAHAGONI (ADANS., *Fam.*, II, 343). Synonyme de *Cedrela*.

MAHAINDI. A Ceylan, le Dattier.

MAHALEB. Le *Prunus Mahaleb* L.

MAHALEB (RŒM., *Synops.*, III, V, 79). Section des *Cerasus*.

MAHAPENALA. A Ceylan, le *Cardiospermum Halicacabum* L.

MAHARAMOMBY. Nom malgache du *Polygonum brachypodum*.

MAHARANGA (DC., *Prodr.*, X, 71). Synonyme de *Onosma* L.

MAHAULT. A Bourbon, les *Dombeya* CAV.

MAHAWA. Le *Khaya senegalensis* GUILLEM. et PERR.

MAHEIRIHEZA. L'un des noms de la Coque du Levant.

MAHERNE. Nom français (LAMK) des *Mahernia* L.

MAHERNIA (L., *Mantiss.*, n. 1255). Section du genre *Hermannia* L. (H. BN, *Hist. des pl.*, IV, 73, fig. 114, 115.)

MAHK. Nom turcoman des Réglisses.

MAHLIB. Les fruits du *Prunus Mahaleb* L.

MAHMIRA. Au Scinde, l'*Helleborus* (*Coptis*) *Teeta* H. BN.

MAHOE. Synonyme de *Abutilon indicum* DON et de *Hibiscus tiliaceus* L.; à Rodrigues, de *Thespesia populnea* CORR.

MAHOE (HILLEBR., *Fl. haw.*, 86). Genre (?) de Sapindacées.

MAHOE-PIMENT. Les fruits du *Daphnopsis caribæa*.

MAHOGANY. En Australie, l'*Eucalyptus marginata* SM.

MAHOGANI. Le bois d'Acajou.

MAHOGONY. Le *Swietenia Mahogony* L.

MAHOMETA (DC., herb.). Synonyme de *Monarrhenus* CASS.

MAHON. Le *Melampyrum arvense* L. et le Coquelicot.

MAHONIA (NUTT., *Gen.*, I, 211). Section du genre *Berberis*, distinguée par des feuilles pennées. (H. BN, *Hist. pl.*, III, 52.)

MAHONILLE. Le *Malcomia maritima* L.

MAHOREE. Au Bengale, les fruits de l'Anis.

MAHOT. Aux colonies, nom vulgaire de plusieurs Malvacées, *Hibiscus*, *Bombax*, *Dombeya*, etc.

MAHOT (GRAND). L'*Hibiscus* (*Paritium*) *tiliaceus* L.

MAHOT (PETIT). L'*Abutilon palustre*.

MAHSWER. Le *Bassia longifolia* ROXB.

MAHURA. Nom indien de l'*Ægle Marmelos* L.

MAHURA. — Voy. BILVA.

MAHUREA (AUBL., *Pl. guian.*, 558, t. 222). Genre de Ternstrœmiacées-Bonnétiées, à fleurs 5-mères, ∞-andres; les pétales tordus. Les anthères sont oblongues, glandulifères au sommet, subbasifixes; leurs filets sont à peu près libres. Les 3 loges, souvent incomplètes, de l'ovaire, renferment des ovules nombreux, ∞-sériés. Ce sont 3, 4 arbres, à feuilles alternes, de l'Amérique tropicale. (H. BN, *Hist. des pl.*, IV, 260.)

MAHURI. Nom français (LAMK) des *Mahurea* AUBL.

MAHURIA (B. H.). Pour *Mahurea* AUBL.

MAHWA. Nom, dans l'Inde, du *Bassia latifolia* W., à fleurs odorantes et propres à la nourriture de l'homme et des animaux.

MAHY. Nom mexicain du *Zea Mays* L.

MAI. Synonyme d'Aubépine.

MAIA (SALISB., *Gen. pl. Fragm.*, 64). Synonyme de *Maianthemum* WIGG.

MAIANTHEMUM (WIGG., *Prim. Fl. holsat.*, 15). Genre créé pour le *Convallaria bifolia*, herbe de l'hémisphère boréal, qui se distingue des Muguets par ses fleurs à type binaire et par ses grappes qui occupent le sommet des branches feuillées. Le *M. bifolium* est en général assez rare dans la flore parisienne. (H. Bn, *Iconogr. Fl. fr.*, n. 230.)

MAID-APPLE. Nom anglais des *Momordica* T.

MAIDENHAIR. Nom anglais des Capillaires.

MAIDENHAIR TREE. En Angleterre, le *Gingko biloba* L.

MAIDZURU-TENNANSHO. Au Japon l'*Arisæma Thunbergii* Bl.

MAIETA (Aubl., *Pl. guian.*, I, 443, t. 176). Genre de Mélastomacées-Mélastomées, à fleurs 4-8-mères; le réceptacle glabre ou couvert d'aiguillons et de soies, ou pourvu d'ailes dentées.

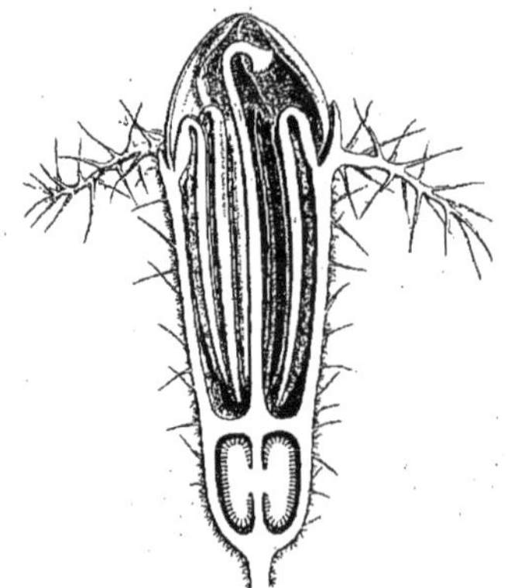

Maieta. — Bouton, coupe longitudinale.

Il y a 8-10 étamines, un ovaire d'ordinaire entièrement adné au réceptacle. Ce sont des arbustes, parfois des herbes, des deux Amériques, à fleurs disposées en cymes ou en grappes. (H. Bn, *Hist. des pl.*, VII, 56.)

MAIL-ÁNSCHI. Nom malabar du Henné.

MAILELOU (Adans., *Fam.*, II, 200). Synonyme (?) de *Vitex* T.

MAIL-ÉLOU. Arbre du Malabar (Rheede), dont les feuilles bouillies procurent, croit-on, la délivrance.

MAILLARDIA (Frappier et Duchtre, in *Maill. Not. Réun.*, Ann. P, 3). Genre d'Ulmacées-Morées, qui a des fleurs mâles 4-andres et des fleurs femelles solitaires, encloses dans un réceptacle concave auxquelles elles sont adnées. C'est un arbre de Bourbon, à fruit charnu. La fleur femelle est mal connue; elle semble rapprocher cette plante des *Trophis*. Les fleurs mâles sont en épis de glomérules. (H. Bn, *Hist. des pl.*, VI, 143.)

MAILLE. A Cayenne, nom d'une sorte de Manioc.

MAILLEA (Parlat., *Pl. nov.*, 31). Genre de Graminées, établi pour une plante maritime, des îles de la Méditerranée, naine, annuelle, à petits épis ovoïdes et sessiles; les glumelles non aristées, comme les glumes, dont la carène est largement ailée. Les glumelles sont un peu plus courtes que les glumes. [H. Bn.]

MAIN. Synonyme de Vrille.

MAIN (James). Auteur d'un *Popular Botany* [1836] et d'*Illustrations of vegetable Physiology* [1833], in-8 de 27 p. et xyl.

MAINATTE. Le *Clavaria coralloides* L.

MAIN DE DIEU. Nom de l'embryon des Pins.

MAIN DE GLOIRE. La Mandragore.

MAIN DE MARS. Le *Potentilla reptans* L.

MAIN DE MER. Le *Fucus palmatus* L.

MAINE. Nom français (Lamk) des *Mayna* Aubl.

MAINEA (Vell., *Fl. flum.*, VII, t. 8). Syn. de *Trigonia* Aubl.

MAINGAYA (Oliv., in *Trans. Linn. Soc.*, XXVIII, 517, t. 44). Genre de Saxifragacées-Hamamélidées, de la Malaisie.

MAINOMYCES (Lév.). — Pour *Miainomyces* Corda.

MAINOTTE, MENOTTE (Pers., *Champ. com.* [1818], 253). Noms des Clavaires, notamment du *Clavaria coralloides* L.

MAINS. — Voy. Vrilles.

MAIORE. A Taïti, le fruit de l'Arbre à pain.

MAIRAC. Au Cambodge, le suc des *Melanorrhœa* Wall.

MAIRANIA (Neck., *Elem.*, I, 219). Synon. de *Arctostaphylos*.

MAIRE, MOIRE. Noms vulgaires du Chèvrefeuille commun.

MAIREANA (Moq., in *Ann. sc. nat.*, sér. 2, XV, 97, t. 13). Synonyme de *Kochia* Roth.

MAIRERIA (Scop., *Introd.*, 192). Syn. de *Mouroucoua* Aubl.

MAIRIA (Nees, *Aster.*, 247). Genre de Composées-Astérées, du groupe des Hétérochromées, à aigrettes de soies 1-plurisériées. Dans le premier cas, ces soies sont toutes plumeuses; dans le dernier, celles seulement de la série intérieure. Le style a 2 branches étroites, longuement appendiculées. Ce sont 9, 10 herbes ou plantes suffrutescentes de l'Afrique australe. (H. Bn, *Hist. des pl.*, VIII, 138.)

MAÏS (*Zea* L., *Gen.*, n. 1042). Genre de Graminées, qui a donné son nom à la série des Maïdées, et qui est caractérisé par des fleurs monoïques : les mâles disposées en grappe

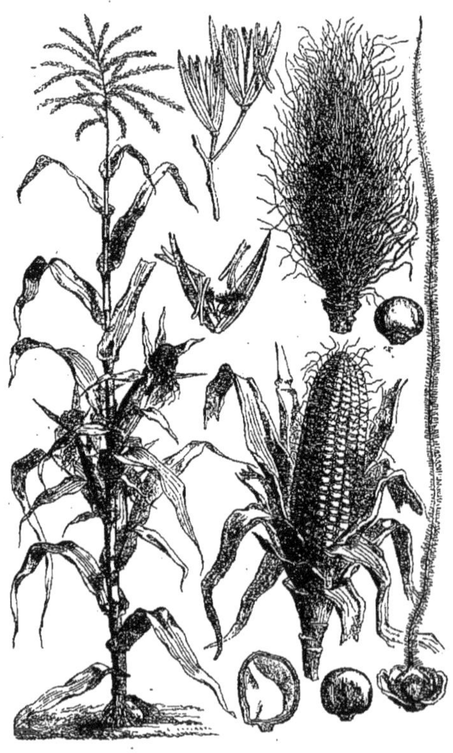

Maïs. — Port. Inflorescence. Épillet. Fleur. Gynécée. Fruit, entier et coupe longitudinale.

terminale ramifiée d'épillets; les femelles groupées en épillets courts sur l'axe commun, épais et rigide, de ce qu'on appelle communément l'épi du Maïs. Les épillets sont 2-flores, et les fleurs ont 2 glumelles, 3 étamines, 2 glumellules. Les fleurs femelles renferment, outre l'ovaire, des étamines rudimentaires, surtout au jeune âge, et l'ovule est ascendant. Le style très long, grêle, pendant au dehors de l'inflorescence, a valu, dit-on, à cette plante le nom de Blé de Turquie, à cause des panaches qu'il forme avec les styles voisins. Ces styles sont aujourd'hui employés contre les affections des voies urinaires. Le fruit est un caryopse, comprimé, suborbiculaire. Le M. commun (*Zea Mays* L.), qui est probablement la seule espèce du genre, mais qui comprend aujourd'hui un grand nombre de variétés, est originaire, croit-on, de l'Amérique centrale. C'est une grande herbe annuelle, à racines adventives basilaires, nombreuses, à chaume dressé, à grandes feuilles alternes. [H. BN.]

MAÏS (ADANS., *Fam. des pl.*, II, 39). Synonyme de *Zea* L.

MAIS DE AGUA. Nom espagnol de l'*Euryale amazonica* PŒPP.

MAÏS D'EAU. L'*Euryale (Victoria) amazonica* PŒPP.

MAÏS DE GUINÉE. Le *Sorghum vulgare* W.

MAÏS NOIR. Le *Penicillaria spicata* W.

MAITEN (FEUILL., *Obs.*, III, 39, t. 27). Synon. de *Maytenus* J.

MAITUNG. En Chine, le bulbe de l'*Ophiopogon japonicus* KER, usité comme tonique et narcotique.

MAIUDZURU-SO. Au Japon, le *Maianthemum bifolium* DC.

MAIZ, MAHIZ. Synonymes de Maïs.

MAIZ DE TEJA. Au Mexique, l'*Helianthus annuus* L.

MAIZILLA (SCHLCHTL, *Ind. sem Hort. hal.* [1850]). Genre proposé pour le *Paspalum stoloniferum* Bosc.

MAJA (WEDD., *Chlor. andin.*, I, 228, t. 27). Section du genre *Gnaphalium* L. (H. BN, *Hist. des pl.*, VIII, 169.)

MAJACA (BATSCH). Pour *Mayaca* AUBL.

MAJAH. Dans l'Inde, le *Cannabis indica* LAMK.

MAJANA (RUMPH., *H. amb.*, V, 296, t. 102). Syn. de *Coleus*.

MAJANTHEMOPHYLLUM (VIS. et MASSAL., *Pl. foss. nov.*, 23). Genre fossile, attribué aux Smilacées. (Voy. *Flora* [1854], 115.)

MAJAUFE. Nom provençal de certaines fraises.

MAJIDEA (KIRK, in *Hook. Icon.*, t. 1097). Syn. de *Cossignia*.

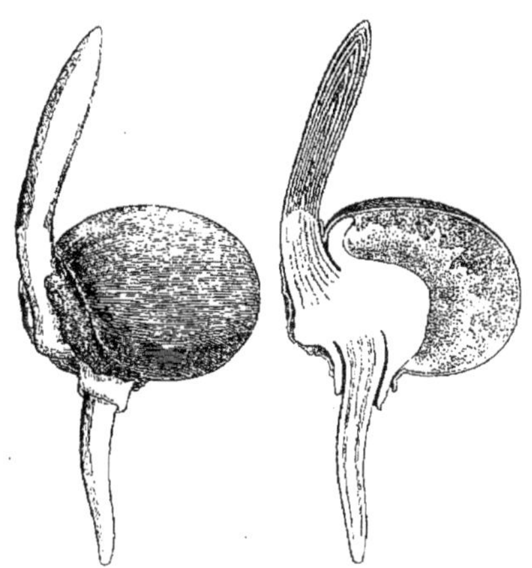

Maïs. — Plante en germination, entière et coupe longitudinale.

MAJOR (Joh.-Dan.). Professeur à Kiel [1634-1693], auteur de diverses notices et programmes, de dissertations sur la Myrrhe, Jésus-Christ médecin, les lunatiques, les paralytiques, et d'un catalogue des plantes de Werner Rolfinck, etc.

MAJORANA (GLED., *Syst.*, 189). Genre de Labiées; section du genre *Origanum* T.

MAJOUFFÉ. Nom languedocien du Fraisier.

MAJOURANA. Nom languedocien de l'*Origanum vulgare* L.

MAJOURENA, MAJURENA. Noms languedociens de la Marjolaine.

MAJOUSIÉ. Nom languedocien du *Fragaria vesca* L.

MAJU. Arbrisseau chilien (FEUILL.), dit antipédiculaire.

MAJUS (Joh.-Heinr.). Professeur à Giessen [1653-1719], auteur d'une thèse in-4 sur la Manne [1706].

MAKANA. L'*Euryale ferox* SALISB.

MAKEBATE. Nom anglais de la Polémoine.

MAKETA. Amomacée indéterminée du Gabon, qui donne une sorte de Gingembre doré.

MAKHAL. Nom bengali du *Citrullus Colocynthis* SCHRAD.

MAKI. Le *Ficus tinctoria* FORST.

MAKIGE-HAGI. Nom japonais du *Lespedeza virgata* DC.

MAKO. A la Nouvelle-Zélande, l'*Aristotelia racemosa*.

MAKOMAKO. Synonyme de *Mako*.

MAKOMO. Nom japonais de l'*Hydropyrum latifolium*.

MAKOUPA. Nom indigène de l'*Eugenia Makupa*.

MAKOUSHUDA. Nom sanscrit (ROXB.) de l'*Allium sativum* L.

MA-KOWA, M.-OURI. Noms, au Japon, d'un melon dont l'intérieur est, dit-on, pulpeux et comestible.

MAKUTA. A Sierra-Leone, l'*Oxyanthus? sulcatus* HIERN.

MALA ÆTHIOPICA. Nom ancien des Tomates.

MALAANONAN. Nom, aux Philippines, des *Shorea* ROXB.

MALA AUREA. Nom ancien des Coings, peut-être des Oranges.

MALABAGUIO. Nom aux Philippines, des *Olax*.

MALABAILA (HOFFM., *Umbell.*, 125, nec TAUSCH). Genre d'Ombellifères-Peucédanées, dont les fleurs, analogues à celles des Berces, ont les sépales développés, petits ou nuls; des pétales jaunes ou rarement blancs; un fruit obovale ou ellipsoïde, très comprimé, souvent creusé au sommet d'un sinus au fond duquel sont situés les stylopodes coniques, et à bords renflés, égaux en épaisseur au disque ou plus épais que lui, assez souvent séparés de la saillie des loges par une zone lisse plus ou moins large. Les bandelettes sont solitaires dans les vallécules, rarement 2, 3-nées, égales en longueur aux méricarpes ou seulement à leur moitié. Les graines sont généralement planes en dedans. Ce sont des herbes glabres ou pubescentes, hérissées, vivaces, à feuilles pennées ou décomposées-pennées; à ombelles composées, avec des bractées nombreuses aux involucres et aux involucelles, minces, ou courtes, ou même nulles. On les trouve dans l'Europe austro-orientale, l'Orient, l'Afrique boréale et orientale. Nous avons uni à ce genre les *Opopanax*, *Anatyrium*, *Zozimia*, *Tetratænia*, *Lefeberia*, *Stenotænia*. (Voy. *Hist. des pl.*, VII, 102, 206.) [H. BN.]

MALABAILA (TAUSCH, in *Flora* [1834], 356, nec HOFFM.). Synonyme de *Pleurospermum* HOFFM.

MALABAR (BOIS). A Rodrigues, le *Pittosporum Senacia* PUTT.

MALABAR NUT. Nom anglais du *Justicia Adhatoda* L.

MALABAR CARDAMUM. Nom anglais de la souche de l'*Elettaria Cardamomum* MATON (*E. repens* H. BN).

MALABAR (ÉCORCE DE). Le *Wrightia antidysenterica* R. BR.

MALABATHRUM. Le *Laurus Malabathrum* LAMK.

MALABATHRUM (BURM., *Fl. ind.*, 214). Synonyme de *Cinnamomum* BURM.

MALABUNGA. Nom, aux Philippines, des *Mespilodaphne*.

MALACAPAI. Nom, aux Philippines, des *Diospyros*.

MALACARNE (Vinc.). A écrit à Vérone [1814] : *Di un fungo della classe de' Licoperdi, formato a guiso di tempietto*, etc.

MALACATMON. Liane des Philippines, à sève médicinale.

MALACCA-SCHAMBU (RHEEDE). Nom malabar du Jamrosier.

MALACCOCISSUS (RUPP., *Fl. jen.*, 61). Synonyme de *Vitis*.

MALACH. En Turquie, le Chanvre.

MALACHA (HASSK.). Pour *Malachra* L.

MALACHADENIA (LINDL., *Bot. Reg.* [1830], *Misc.*, 67). Synonyme (?) de *Bulbophillum* DUP.-TH.

MALACHARIA (FÉE, *Mém. sur l'Ergot* [1843], 37, t. 2, fig. 6). Production organique mal déterminée, attribuée par l'auteur à un champignon et qui pourrait bien être des grains de pollen.

MALACHE (TREW, *Ehret.*, 50). Section du genre *Pavonia* L.

MALACHIACEÆ (C. KOCH), MALACHIEÆ (FENZL). Division des Caryophyllacées.

MALACHIUM (FRIES, *Fl. hall.*, 77). Synonyme de *Stellaria* L.

MALACHOCHÆTE (NEES, in *Linnæa*, IX, 292). Genre proposé pour le *Scirpus littoralis* SCHRAD.

MALACHODENDRON (CAV., *Diss.*, V, 302, t. 158). Synonyme de *Steuartia* CATESB. (H. BN, *Hist. des pl.*, IV, 254.)

MALACHODES (FRIES, *Summ. veg. Scand.*, I, 36). Section du genre *Stellaria* L.

MALACHRA (L., *Mantiss.*, n. 1266). Genre de Malvacées-Urénées, à fleurs d'*Urena*, entremêlées parfois de bractéoles irrégulièrement disposées, à fleurs pressées en capitules axillaires ou terminaux. Il y en a 4, 5 espèces en Amérique; et il serait peut-être préférable de ne faire des *Malachra* qu'une section du genre *Urena*. (H. Bn, *Hist. des pl.*, IV, 147.)

MALACHREÆ (Reichb., *Handb.*, 287). Section des Sidées.

MALA CITRIA. Les Limons.

MALACLAC. Nom, aux Philippines, des *Clethra* L.

MALACMÆA (Griseb., in *Linnæa*, XIII, 248). Synonyme de *Bunchosia* Rich.

MALACOCARPUS (Fisch. et Mey., *Ind. sem. H. petrop.*, IX, 78). Synonyme de *Peganum* L.

MALACOCARPUS (Salm-Dyck, *Cact.*, 24). Synonyme de *Echinocactus* Link et Ott. et section de ce genre.

MALACOCEPHALUS (Tausch, in *Flora* [1828], 481). Synonyme de *Centaurea* L. (H. Bn, *Hist. des pl.*, VIII, 84.)

MALACOCISSOS. Nom ancien du Lierre terrestre.

MALACODERMUM (Fr., *Symb. myc.*, fasc. I, p. 95). Section du genre *Stereum* Pers.

MALACOIDE. A structure mucilagineuse.

MALACOIDES (T., *Inst.*, 98, t. 25). Synonyme de *Malope* L.

MALACOLEPIS (Ledeb., *Fl. ross.*, II, 754). Section du genre *Alfredia* Cass.

MALACOMELES (Dcne, in *N. Arch. Mus.*, X, 177). Section du genre *Cotone aster* Med.

MALACOMERIS (Nutt., in *Trans. Phil. Amer. Soc.*, ser. 2, VII, 435). Synonyme de *Malacothryx* DC.

MALACOPHYCEÆ (Kuetz., *Spec. Alg.*, 145). Division des Algues-Isocarpées, qu'il faut considérer comme synonyme des *Chlorophyceæ* du même auteur, dont il fait deux grandes tribus : les *Gymnospermeæ* et les *Angiospermeæ*. [Ch. M.]

MALACOTHRYX (DC., *Prodr.*, VII, 192). Section du genre *Leontodon* L. (H. Bn, *Hist. des pl.*, VIII, 110.)

MALA COTONEA, M. CYDONIA. Noms anciens des Coings.

MALACOXYLON (Jacq., ex *Steud. Nom.*, II, 91). Genre incertain.

MALAGH. En Languedoc, le Merisier.

MALAGO-COD (Rheed., *Hort. malab.*, VII, 23, t. 12). Le *Piper nigrum* L.

MALA-GOESIA. L'*Averrhoa Carambola* L.

MALA GRANULA. Les Grenades.

MALAGUE, MALAGUÉ. Le *Prunus Mahaleb* L.

MALAGUETTE, MALAQUETTE. Synonymes de Maniguette.

MALA INSANA. Les Tomates et les fruits de la Belladone.

MALAIROSAS. Nom languedocien du *Rosa gallica* L.

MALAIROSOS. En Languedoc, la Rose de Provins.

MALAISIA (Blanco, *Fl. d. Filip.*, 789). Genre d'Ulmacées-Morées, à fleurs dioïques : les mâles en épis de glomérules, 3, 4-andres ; les femelles en capitules globuleux de glomérules, avec un style à 2 longues branches ; les fruits inclus ; les graines à albumen nul ou peu abondant. C'est un arbuste de la Malaisie, de l'Australie, du Pacifique, à feuilles alternes (H. Bn, *Hist. des pl.*, VI, 193). C'est, pour Loureiro, un *Caturus*, et ce nom est plus ancien, quoiqu'on ne puisse l'appliquer au genre d'Euphorbiacées *Acalypha*. [H. Bn.]

MALAITMO. Nom, aux Philippines, des *Celtis*.

MALAJILLO. Nom, à Caracas, de l'*Andropogon citratum* DC.

MALAMBO (Écorce de). Celle du *Croton Malambo* Karst., espèce américaine, aromatique, amère et tonique.

MALANEA (Aubl., *Guian.*, 1, 106, t. 41). Section du genre *Guettarda* L., à corolle valvaire ou subvalvaire. Plantes américaines. (H. Bn, *Hist. des pl.*, VII, 424.)

MALANGA. Aux Antilles, le *Colocasia esculenta* Schott.

MALANGUAY. Les *Moringa* Burm.

MALANI. Nom français des *Malanea* Aubl.

MALAN-KUA (Rheed., *Hort. malab.*, XI, 17, t. 9). Synonyme de *Kæmpferia rotunda* L.

MALAOMANGUIT. Nom malgache du *Myristica acuminata*.

MALAPARIUS (Miq., *Fl. ind. bat.*, I, p. I, 1082). Genre créé pour le *Pterocarpus flavus* Lour.

MALA PERUVIANA. Nom ancien des Tomates.

MALAPOENNA (Rheed., *Hort. malab.*, V, t. 9*). Synonyme de *Litsæa* Lamk.

MALAPOO. Les fleurs sèches du *Cedrela Toona* Roxb.

MALA PUNICA. Nom ancien des Grenades.

MALAQUIE. Nom français des *Malachium* Fries.

MALASAMBON. Nom, aux Philippines, des *Vernonia*.

MALASPINÆA (Presl, *Rel. Hænk.*, II, 68, t. 61). Synonyme de *Ægiceras* Gærtn.

MALASSEZIA (H. Bn, *Tr. Bot. médic. crypt.*, 234). Genre de Champignons, établi pour le *Microsporon furfur* Ch. Rob.

MALATAPAI. Aux Philippines, le *Diospyros pilosanthera*.

MALAVACI. — Voy. Uromorus.

MALAVAJA. Nom sanscrit du Santal blanc.

MALAVI. A Maurice, l'*Heritiera minor* DC.

MALAWARI. Aux Fidji, le *Trophis anthropophagorum* Seem.

MALAXEÆ (Lindl.), MALAXIDÆ (A. Rich.). Division des Orchidacées.

MALAXIS (Dup.-Th., *Orchid. afric.*, t. 25-27). Synonyme de *Sturmia* Reichb.

MALAXIS (Sw., in *Kœn. Vet. Acad. Nya Handl.*, XXI, 233, part.). Genre d'Orchidacées-Épidendrées, aujourd'hui réduit à une seule espèce, le *M. paludosa*, plante européenne, qui croît dans les marais, pseudo-parasite sur les Sphaignes, et qui est caractérisée par des tiges à 1-3 feuilles, des fleurs en grappes, de petits pétales, une corolle à labelle cordé à la base et embrassant la colonne. (Nees, *Gen. Fl. germ.*, *Monoc.*, III, n. 14. — Reichb., *Ic. Fl. germ.*, t. 494. — Gren. et Godr., *Fl. de Fr.*, III, 275.) [H. Bn.]

MALAY-APPLE. Nom anglais du *Jambosa malaccensis* DC.

MALBEC. Nom d'une variété de Vigne.

MALBRANCHEA (Sacc., *Syll. Fung.*, IV, 11). Genre d'Hyphomycètes. La seule espèce connue, le *M. pulchella* Sacc. et Penz., a été trouvée sur du carton humide. Les hyphes hyalines ou subhyalines s'y développent et donnent de temps en temps des rameaux arqués d'où naissent des sporophores portant des spores cylindriques tronquées, d'un jaune clair ou hyalines.

MALBRANCIA (Neck., *Elem.*, II, 366). Synon. de *Roureu* Aubl.

MALBRÉ. Nom provençal du *Malca rotundifolia* L.

MALCOLMIA (R. Br., in *Ait. H. kew*, IV, 121). Genre de Crucifères-Sisymbriées, à fleurs pourvues de 4 sépales longs, dressés ; à extrémité stylaire dressée, bilamellée ; les lames conniventes ou unies en cône vertical. Ce sont environ 20 herbes rameuses, à poils simples et étoilés, à feuilles entières ou pinnatifides, à grappes lâches. Le *M. maritima* R. Br. est communément cultivé comme plante annuelle d'ornement, sous le nom de *Giroflée de Mahon*. (H. Bn, *Hist. des pl.*, III, 245.)

MAL DE OJO. Nom vulgaire mexicain du *Zinnia uniflora* L.

MAL DE OJOS. Synonyme de *Lagaïa de perro*.

MALE (FLEUR). — Voy. Fleur (II, 618).

MALE FOU. L'*Orchis mascula* L.

MALESHERBIA (R. et Pav., *Prodr. Fl. per.*, 45 ; *Fl. per.*, III, t. 254). Genre de Passifloracées, qui constitue à lui seul la série des Malesherbiées et qui en a, par conséquent, les caractères. Il est formé de 2 espèces du Pérou et du Chili, herbacées ou suffrutescentes, à feuilles alternes, parfois pinnatifides ; à fleurs disposées en grappes ou en cymes composées. (H. Bn, *Hist. des pl.*, VIII, 479, 491, fig. 340-345.)

MALESHERBIÉES (DC.). Série de la famille des Passifloracées, à fleurs hermaphrodites ; le tube du périanthe allongé, régulier ou à peu près. Pétales membraneux. Couronne mince et membraneuse. Étamines insérées sur le pied du gynécée. Styles 3, distants dès la base. Graines oblongues. (H. Bn, *Hist. des pl.*, IX, 481.)

MALETTE, MALLETTE A BERGER. La Bourse à pasteur.

MAL-FAMÉE. L'*Euphorbia pilulifera* L.

MALHAM. Au Turkestan, le *Populus euphratica* Oliv.

MALHERBE. Le *Thapsia villosa* L.

MALHERBE. Le *Matricaria Parthenium* L.

MALHERBE. Le *Plumbago europæa* L.

MALHERBE (Alfr.). Auteur de notices sur les Chênes [1838], in-8, et le *Papyrus* [1840], in-8 de 7 p., mourut à Metz en 1866.

MALIBEU, MALIBOT. Noms du *Tragopogon pratense* L.

MALICA. Nom ancien de la Rose trémière.

MALICOPE (VITM., ex *Steud. Nom.*, II, 92). Genre incertain.

MALICORIUM. — Voy. GRENADIER (II, 739).

MALI-MALI. Nom caraïbe du *Cassia Fistula* L.

MALINATALAM (THEOPHR.). Nom ancien de la Tomate.

MALINATHALLA. Le *Cyperus esculentus* L.

MALINVERNIA (RABH., *Hedw.*, I, t. 15, f. 4). Genre de Sphériacés, qui n'a pas été maintenu. M. Saccardo a désigné sous ce nom la deuxième section des *Sordaria*, contenant les espèces à thèques tétrasporées. (SACC., *Syll. Fung.*, I, 238.) [DE S.]

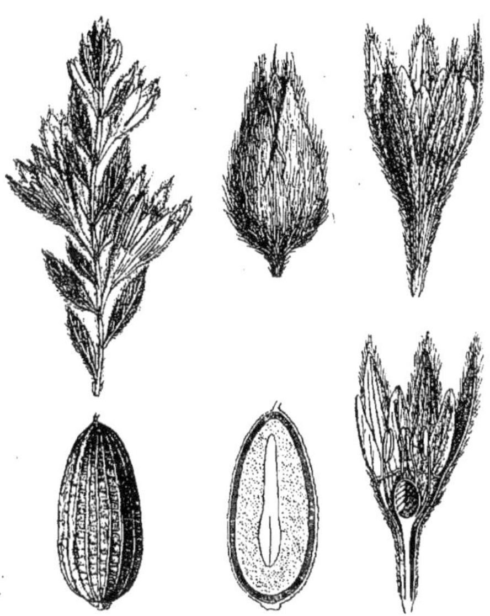

Malesherbia. — Rameau florifère. Fleur, entière et coupe longitudinale. Fruit, enveloppé du calice. Graine, entière et coupe longitudinale.

MALINY. En Bohême, le Framboisier.

MALION, MALIUM. Noms anciens de la Camomille.

MALISTACHYS (ENDL., *Gen.*, 209). Section du genre *Pimelea*.

MALKUNGI, MALKUNGUNEE. Dans l'Inde, le *Celastrus paniculatus* WIGHT.

MALLA. Au Chili, la Grande Capucine.

MALLACODIUM (C. MUELL., *Syn. Musc.*, II, 320). Section du genre *Hypnum* L.

MALLAM-TODALI. Nom tamoul du *Celtis orientalis* L.

MALLEA (A. JUSS., *Mém. Méliac.*, 69, t. 2). Genre de Méliacées-Métiées, comprenant 1, 2 arbres, de l'Inde et de l'Océanie tropicale, à feuilles alternes, imparipennées ; à fleurs 5-mères ; le calice denté ; les pétales courts, valvaires ; le tube de l'androcée court et 10-partite, portant 10 anthères. Le disque est cupuliforme. Le fruit est une drupe à 5 noyaux cartilagineux, et les graines ont un albumen charnu. (H. BN, *Hist. des pl.*, V, 493.)

MALLEA MOTHA. Dans l'Inde, l'*Ixora Paretta* ROXB.

MALLEASTRUM (H. BN, in *Adansonia*, XI, 256 ; *Hist. des pl.*, V, 500). Section du genre *Cipadessa* BL.

MALLEE. Nom australien de l'*Eucalyptus dumosa* A. CUNN.

MALLINGTONIA (W.). Pour *Millingtonia* L. F.

MALLOCOCCA (FORST., *Char. gen.*, 77). Synonyme de *Grewia*.

MALLOGONUM (FENZL, in *Ann. Wien. Mus.*, I, 353). Synonyme de *Psammotropha* ECKL. et ZEYH.

MALLOPHORA (ENDL., *St. nov. Dec.*, 64). Genre de Verbénacées-Chloanthées, créé pour un sous-arbrisseau australien, tomenteux, distingué par des capitules de fleurs solitaires ou rapprochés en corymbes, avec un calice, une corolle et un androcée 4-mères, un style 2-fide et un fruit sec. (BENTH., *Fl. austral.*, V, 41.) [H. BN.]

MALLOSTOMA (KARST., *Fl. Colomb.*, II, 9, t. 105). Section du genre *Oldenlandia* PLUM. (H. BN, *Hist. des pl.*, VII, 325.)

MALLOTA (A. DC., *Prodr.*, IX, 514). Sect. du g. *Tournefortia*.

MALLOTIUM (ACHAR., *Lich. univ.*, 644). L'une des grandes divisions du genre *Collema*. Les Lichens qu'elle renferme sont caractérisés par un thalle foliacé, à lobes arrondis, tomenteux en dessous ou munis de fibres. Cette division n'a pas d'ailleurs été admise par M. Nylander. [CH. M.]

MALLOTUS (LOUR., *Fl. cochinch.*, 635). Synonyme de *Echinus* LOUR. Il n'y a, quoi qu'on en ait dit, aucune raison valable pour substituer le premier de ces noms au dernier.

MALLOW. Nom anglais des Mauves.

MALLU-KEH, MALLU-KONG, MALLU-KANG. Le *Polygala varifolia* DC., à graines riches en huile.

MALMA DIRILLO. En Portugal, le *Viburnum Tinus* L.

MALMAISON. L'*Astragalus glycyphyllos* L.

MALNAREGAM (RHEEDE, *H. malab.*, IV, t. 12). Synonyme (part.) de *Limonia* L. Rafinesque a écrit *Malnerega*.

MAL-NOMMÉE. L'*Euphorbia pilulifera* L. Aux Antilles, c'est aussi l'*E. parviflora* L.

MALOCCHIA (SAVI, *Diss.* [1824], 15). Synonyme de *Canavali*.

MALOERT. Nom scandinave de l'Absinthe.

MALON (PUNÉ). Synonyme (?) de Filipendule.

MALOPE (L., *Gen.*, n. 841). Genre de Malvacées, qui a la fleur des Mauves, enveloppée de 3 bractées, mais qui donne son nom à une série des *Malopées*, parce que ses carpelles, en nombre indéfini, sont indépendants et disposés sur le réceptacle en séries verticales. L'ovule est solitaire, ascendant. Le fruit multiple est formé de nombreux achaines. Ce sont des herbes annuelles de la région méditerranéenne, à feuilles alternes, avec stipules, à fleurs pédonculées. Le *M. trifida* est

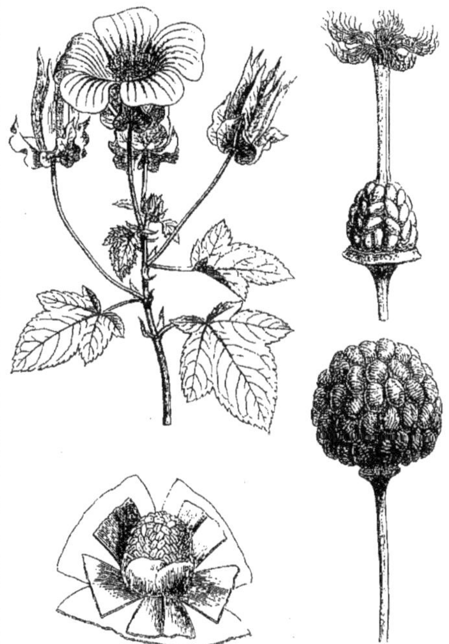

Malope. — Branche florifère. Fleur. Gynécée. Fruit.

ornemental, à fleurs pourprées ou plus rarement blanches. (H. Bn, *Hist. des pl.*, IV, 88, 145, fig. 145-148.)

MALOPÉES (*Malopeæ*). Séries des Malvacées, à carpelles indépendants. (H. Bn, *Hist. des pl.*, IV, 88, 104.)

MALORTIEA (H. Wendl., *Ind. Palm.*, 28; in *Bot. Zeit.* [1859], 5). Genre de Palmiers-Arécées, formé de 5 espèces américaines, à feuilles simples ou bifides; leurs segments confluents; à fleurs des deux sexes réunies dans le même spadice; les fleurs mâles 6-12-andres; l'ovaire à 3 loges incomplètes. (*Bot. Mag.*, t. 5247, 5291.)

MALORTIEÆ. Sous-tribu (8) des Arécées. (B. H., *Gen.*, III, 872.)

MALOSMA (Nutt., ex *Torr. et Gr. Fl. N.-Amer.*, I, 219). Synonyme de *Rhus* L.

MALOUETIA (A. DC., *Prodr.*, VIII, 378). Genre d'Apocynacées-Nériées, formé d'environ 40 arbres ou arbustes américains et africains; distingué dans la série par des graines que Bentham et Hooker (*Gen.*, II, 687) disent dépourvues d'aigrette, quoique plus loin (709) ils lui en accordent une, apicale et caduque. La corolle est hypocratérimorphe, à gorge munie de 5-10 écailles. (Deless., *Ic. sel.*, V, t. 47. — M. Arg., in *Mart. Fl. bras.*, VI, t. 29.) [H. Bn.]

MALPIGHEÆ (Lindl.), MALPIGHIÆ (J.), MALPIGHIEÆ (Spreng.). — Voy. Malpighiacées.

MALPIGHI (Marcello). Né près de Bologne en 1628, mort à Rome en 1694, est l'un des pères de l'histologie végétale. Son livre, *Anatome plantarum*, est de 1675. Ses *Opera omnia* furent publiés à Leyde en 1687, et ses *Opera posthuma* à Londres, en 1697. Plumier dit de lui, en lui dédiant le genre *Malpighia*: « Cl. D. Marcellus Malpighi Bononiensis, professor medicus, Innocentis XII, summi pontificis, archiater, philosophus præstantissimus, Regiæ Societatis Anglicanæ socius, ac tandem naturæ operum explorator accuratissimus. Veram plantarum anatomen instituit, opus sane admiratione dignum, scilicet thesaurum locupletissimum botano-medico-anatomicum, viginti quatuor tractatus complectentem. Extat opus Londini apud R. Scott et G. Wells, ann. 1686, in-fol. et Lugduni-batav. apud P. Vander Aa, ann. 1687, in-quarto. Obiit Romæ præclarissimus doctor anno 1694, 29 novemb., apoplexia correptus. » [H. Bn.]

MALPIGHIA (L., *Gen.*, n. 572). Genre qui a donné son nom aux Malpighiacées et dont les fleurs pentamères ont des sépales à 1, 2 glandes; une corolle imbriquée; 10 étamines hypogynes, et un ovaire libre, à 3 loges bi-ovulées. Le fruit est une drupe à 3 noyaux, et les graines descendantes n'ont pas d'albumen. Ce sont des arbres et arbustes de l'Amérique tropicale, au nombre de 20 environ. Leurs feuilles sont opposées, et leurs fleurs sont disposées en cymes corymbiformes, axillaires et terminales. Leurs fruits sont parfois comestibles, sous le nom de *Moureilles*. Plusieurs espèces sont ornementales et assez souvent cultivées en serre. (H. Bn, *Hist. des pl.*, V, 433, 456).

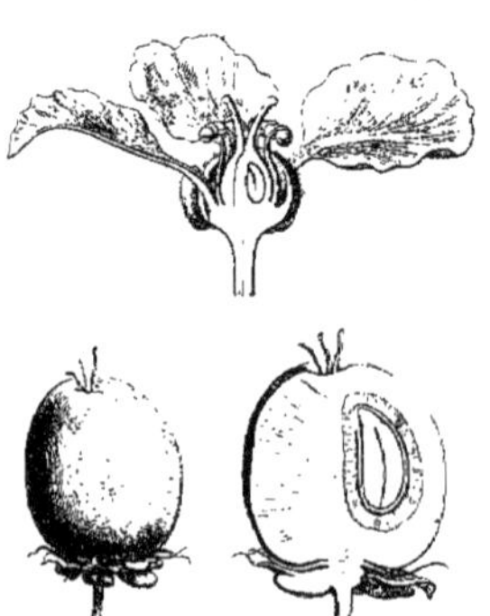

Malpighia. — Fleur, coupe longitudinale. Fruit, entier et coupe longitudinale.

MALPIGHIA (Plum., *Nov. gen.*, 46). Synonyme de *Valentinia* Sw.

MALPIGHIACÉES (*Malpighiaceæ*). Famille de Dicotylédones-dialypétales, à fleurs hermaphrodites ou polygames; l'androcée souvent diplostémoné; le gynécée supère, à 3 (2-4) loges 2-ovulées. Ce sont des arbres ou arbustes, souvent grimpants, des pays tropicaux. Leurs feuilles opposées portent souvent des poils en navettes, attachés par le milieu et dits *malpighiacés*. Le fruit est variable; et c'est surtout lui qui sert à diviser la famille en séries des Malpighiées, Banistériées, Hiræées et Gaudichaudiées. (H. Bn, *Hist. des pl.*, V, 429.)

MALPIGHINÆ (Bartl., *Ord.*, 357). Cl. (57) des *Gymnoblasti*.

MALPIGIA (P. Br.). Pour *Malpighia* L.

MALT. L'Orge germée.

MALTEBRUNIA (K., *Rev. Gram.*, I, 183, t. 3). Synonyme de *Potamophila* R. Br.

MALTHÉ (Gottl.-Fried.). Auteur, à Gœttingue [1787], de *De generatione Muscorum* (in-8 de 32 p.).

MALTRASTÉ. Nom provençal du *Marrubium vulgare* L.

MALUCHIA (DC., *Prodr.*, I, 435). Section du genre *Malva* T.

MALUCO. Nom, aux Philippines, des *Pisonia*.

MALULUCBAN (Blanc., *Fl. filip.*, 188; ed. 2, 133). Synonyme de *Champereia* Griff.

MALUM ARMENIACUM. Nom romain de l'Abricot.

MALUM ASSYRIÆ. Nom ancien du Citron.

MALUM COTONEUM. Nom ancien du Coing.

MALUM PERSICUM. Nom romain de la Pêche.

MALUM PUNICUM. Nom romain de la Grenade.

MALUNGAY. Nom, aux Philippines, des *Moringa* Burm.

MALUS. — Voy. Poirier.

MALUS COTONEA. Nom ancien du Cognassier.

MALUS PUNICA. Nom ancien du Grenadier.

MALVA. Nom latin des Mauves.

MALVACÉES (*Malvaceæ*). Famille de Dicotylédones-dialypétales-hypogynes, à laquelle les Mauves donnent leur nom. La corolle y est cependant quelquefois gamopétale à la base et unie à ce niveau à l'androcée. Le réceptacle y est parfois un peu concave. Nous avons partagé cette famille (*Hist. des pl.*, IV, 103) en 12 séries des Sterculiées, Hélictérées, Dombeyées, Chiranthodendrées, Hermanniées, Buettnériées, Lasiopétalées, Malvées, Malopées, Urénées, Hibiscées et Bombacées. [H. Bn.]

MALVA DEL MONTE. Au Chili, l'*Hydrocotyle Chamæmorus*.

MALVA DO CAMPO. Au Brésil, le *Kielmeyera speciosa* A. S.-H.

MALVA HORTENSIS. Nom ancien des Guimauves (*Althæa* L.).

MALVALES (Lindl., *Nix. pl.*, 20). Alliance des *Syncarpæ*.

MALVA MAJOR (Matth.). L'*Alcea rosea* L.

MALVA MAJOR ALTERA (Matth.). Le *Lavatera arborea* L.

MALVA REAL. Nom, à Caracas, de l'*Althæa rosea* Cav.

MALVASTRUM (DC., *Prodr.*, I, 430. — A. Gray, *Pl. Fendl.*, 25; *Gen. ill.*, t. 121, 122). Section du genre *Malva* T. (H. Bn, *Hist. des pl.*, IV, 86, 140, not. 4.)

MALVAVISCEÆ (Reichb.). Tribu des Malvées.

MALVAVISCO. Nom espagnol de la Guimauve.

MALVAVISCOIDES (Endl., *Gen.*, 982). Sect. du g. *Pavonia*.

MALVAVISCUS (Dill., *Fl. elth.*, 210, t. 170, fig. 208). Genre de Malvacées-Urénées, à calice 5-fide, valvaire; à 5 loges ovariennes uniovulées, avec 10 branches stylaires, dont 5 alternes avec les loges, à fruit charnu; la graine ascendante. Ce sont des arbustes américains, à fleurs entourées d'un verticille de ∞ bractées formant involucelle. (H. Bn, *Hist. des pl.*, IV, 148.)

MALVAVISCUS (Gærtn., *Fruct.*, II, 253, t. 135). Synonyme de *Thespesia* Corr. (H. Bn, *Hist. des pl.*, IV, 150, not. 4.)

MALVA VISPA. Nom argentin du *Malvastrum glomeratum*.

MALVELLA (Jaub. et Sp., *Ill. pl. or.*, V, 47, t. 441). Synonyme de *Malvastrum* DC. — A. Gray. (H. Bn, in *Adansonia*, X, 188; *Hist. des pl.*, IV, 140, not. 4.)

MALVINDA (Dill., *Fl. eltham.*, 212). Synonyme de *Sida* L.

MALVO DO CAMPO. Au Brésil, le *Kielmeyera speciosa* A. S.-H.

MALVOIDEÆ (Ad. Br., *Enum.*, 76). Classe des Dialypétales.

MALVONE. En Italie, le *Malva sylvestris* L.

MALY (John.-Karl). Médecin de Gratz, où il mourut en 1866, a écrit: *De analogia plantarum affinium viribus* [1823], un *Flora styriaca* [1838], un *Flora von Steiermark* [1868], et de nombreux traités de botanique économique et médicale.

MAMA. Nom égyptien du *Doum* (V. Lobet). *Mama en Khanen* signifie *Doum* à noyaux.

MAMA KONA. Nom japonais du *Melampyrum ciliare* MIQ.

MAMAKONOSHIRINIGUI. Au Japon, le *Chilocalyx senticosus*.

MAMALI. Nom, aux Philippines, des *Pittosporum* BANKS.

MAMANE. Nom malais des *Cleome* L.

MAMANGA (PISO). Légumineuse brésilienne, dite cicatrisante.

MAMAO. Nom brésilien du fruit du Papayer.

MA-MARAM-PANÉ. Nom tamoul de l'Orseille.

MAMBI. Cendres du *Chenopodium Quinoa* W.

MAMBODO. Nom mandingue du *Detarium senegalense* GMEL.

MAMBOG. Nom, aux Philippines, des *Stephegyne* KORTH.

MAMBOGA (BLANCO, *Fl. Filip.*, 279). Genre incertain, attribué avec doute par Endlicher aux *Nauclea*.

MAMBOYA (ENDL.). Pour *Mamboga* BLANCO.

MAMBU (PIS., *Mant. Arom.*, 185). Synonyme de Rotang.

MAME. Au Japon, le *Soja hispida* MŒNCH.

MAMEE, MAMMEE. Aux colonies, le *Mammea americana* JACQ.

MAMEI. Nom que donne Plumier aux *Mammea* (*Nov. pl. amer. gen.*, 44). « *Mamei*, dit-il, est nomen americanum apud Gonzalez d'Oviedo, Hist. Ind., lib. 8, cap. 20. »

MAMELON. C'est sous forme de mamelon qu'apparaissent la plupart des organes des plantes; les folioles du périanthe, les étamines, les ovules, etc. Le sommet du nucelle est parfois nommé le M. nucellaire ou M. d'imprégnation.

MAMERA. Nom portugais du Papayer.

MAMESELLE (Fleur de). A Maurice, l'*Anoda hastata* CASS.

MAMEY. Au Mexique, le *Lucuma Bonplandi* K.

MAMI. Nom, aux îles Viti, de l'*Antiaris Bennettii* SEEM.

MAMIANIA (DE NOT., *Schem. di Classif.*, in *Com. Soc. crit-tog. ital.*, n. 4 [1863], 210). Genre de Sphériacés, dont les espèces ont été reportées dans les genres *Valsa* et *Diaporthe*.

MAMILIER. L'*Anona reticulata* L.

MAMILLA. Sommet du nucelle ovulaire.

MAMILLARIA (HAW., *Syn. pl. succ.*, 177). Genre de Cactacées, détaché de l'ancien genre *Cactus*, et qui en a les fleurs. Ce sont des plantes grasses, à tige chargée de tubercules mammiformes, ou bien allongés en cônes ou en pyramides anguleuses. Plus rarement ils confluent en cônes épais et sont ter-

Mamillaria. — Port.

minés par un coussinet aculéifère. Les fleurs naissent dans l'aisselle des tubercules et forment d'ordinaire une zone annulaire autour de la portion supérieure de la tige. Il y en a environ 150 espèces, originaires d'Amérique, souvent cultivées par les amateurs de plantes grasses, à fleurs quelquefois élégantes. (H. BN, *Hist. des pl.*, IX, 35, 43, fig. 56-59.)

MAMIN. Le *Piper Betle* L.

MAMIRAN (RHAZÈS). Synonyme de *Mahmira*.

MAMITHEA. Nom arabe de l'Absinthe.

MAMMARIA (CES., in *Flora* [1854], 207). Genre d'Hyphomycètes, dont la seule espèce a été rapportée aux *Trichosporium* LEM.

MAMMEA (PLUM. — L., *Gen.*, n. 656). Genre de Clusiacées, qui a donné son nom à une série des *Mamméées*, et qui a des fleurs polygames, à calice valvaire, à 4-6 pétales, avec beaucoup d'étamines et un ovaire libre, à 2 loges 2-ovulées. Les ovules sont ascendants. Le fruit est drupacé, 1-4-sperme. Dans le *M. americana*, il est recherché comme comestible. Son gros noyau est

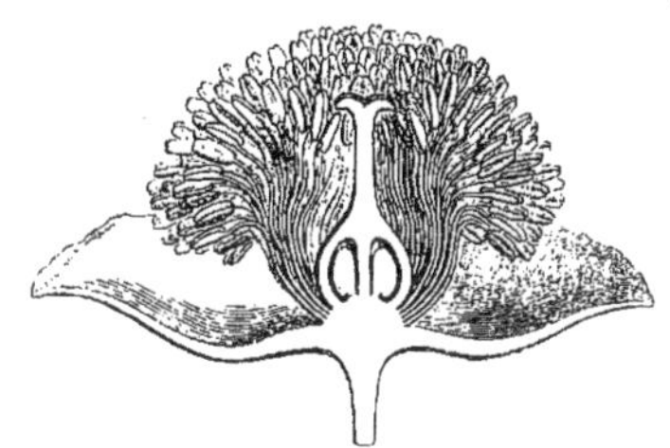

Mammea. — Fleur, coupe longitudinale.

fibreux à l'extérieur. Ce sont de beaux arbres, à feuilles alternes, ponctuées, à fleurs axillaires, solitaires ou disposées en cymes. (H. BN, *Hist. des pl.*, 405, 423, fig. 379.)

MAMMEA (J. AGH, *Symb.*, I, 21). Genre d'Algues-Floridées, de la famille des *Gelidieæ*; synonyme de *Thysanocladia* ENDL. et de *Lenormandia* MONT. Le genre *Mammea*, d'après Decaisne, aurait dû faire partie de la famille des *Sphærococcoideæ*. Il se composait d'une seule espèce, propre à la Nouvelle-Hollande. (Voy. KUETZ., *Spec. Alg.*, 769.) [CH. M.]

MAMMEARIÆ (REICHB., *Handb.*, 311). Sect. des *Mangostaneæ*.

MAMMEE. Le *Lucuma mammosa* GÆRTN. En Angleterre, le *Mammee-tree* est le *Mammea americana* L.

MAMMEI-SAPOTE. Aux Antilles, le *Lucuma mammosa* GÆRTN.

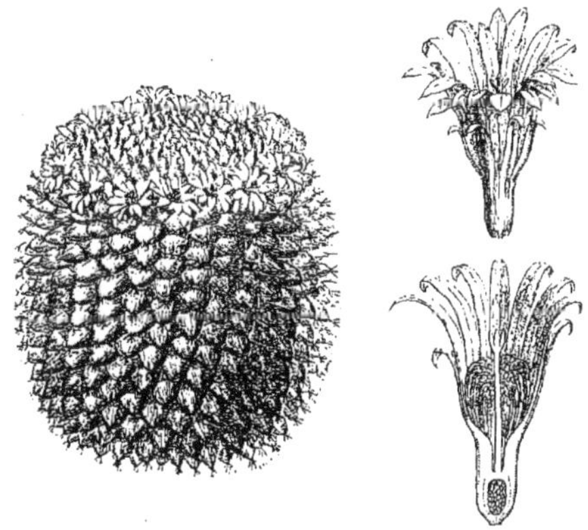

Mamillaria. — Port. Fleur, entière et coupe longitudinale.

MAMMELLES (PAUL., *Trait. Champ.*, II, 241, 243, 258). Nom ancien conservé par Paulet pour diverses espèces d'Agaricinées très éloignées les unes des autres.

MAMMELONS, MAMMELONÉS (PAUL., *Trait. Champ.*, II). Nom attribué à divers Agarics, d'après la forme du chapeau.

MAMMOLA. En Italie, d'après Paulet, l'*Agaricus Prunulus* SCOP.

MAMMOLE. L'*Opuntia Tuna* MILL.

MAMMOLE. Nom italien des Violettes.

MAMMON. Le *Melicocca bijuga* L.

MAMMOTH TREE. Le *Sequoia gigantea* ENDL.

MAMOEIRA. Nom portugais (MARCGR.) de la Papaye.
MAMOEIRO. Nom brésilien du Papayer.
MAMOTE. Le *Solanum Thönningianum.*
MAMPELAAN (RUMPH.). Nom malais du Manguier.
MAMPOO. Nom anglais du *Pisonia subcordata* Sw.
MAMUSHIGUSA. Au Japon, l'*Arisæma serratum* SCHOTT.
MANA. Dans l'Inde, le *Paspalum scrobiculatum* L.
MANABEA (AUBL., *Guian.*, I, 61, t. 23, 25). Synonyme de *Ægiphila* JACQ.
MANACA. Nom du *Franciscea uniflora* POHL, employé au Brésil comme emménagogue, purgatif, antisyphilitique, etc.
MANAGA (AUBL., *Guian.*, Suppl., 3, t. 369). Genre douteux, qui doit être rapporté aux Aurantiacées, d'après Miers (in *Journ. Linn. Soc.*, XVII, 341).
MANARDUS (Johan.). Professeur à Ferrare [1462-1536], auteur des *Epistolæ medicinales* [1517], qui ont eu plusieurs éditions, notamment en 1540, à Bâle.
MANASSI. A Madagascar, l'Ananas.
MANAWA. A la Nouvelle-Zélande, l'*Avicennia tomentosa* L.
MANDELLA. A Angola, le Sarrasin.
MANÇANILLA (PLUM., *Gen.*, 49, t. 30). Syn. de *Hippomane* L.
MANÇANILLA DEL CAMPO. Le *Gaillardia aromatica* H. BN.
MANCENILIER (*Hippomane* L., *Gen.*, n. 1088). Genre d'Euphorbiacées uniovulées, de la série des *Excæcaria*, distingué par des fleurs monoïques; les mâles 2-andres; les femelles formées d'un petit calice 2-mère et d'un ovaire à 6-9 loges, qui devient une drupe, analogue extérieurement à une pomme d'api, mais avec un gros noyau rugueux, pluriloculaire, à graines albuminées. Ce sont 1, 2 arbres à suc laiteux, des Antilles et de l'Amérique centrale, à feuillage et à port d'*Excæcaria;* les fleurs en épis dont les femelles occupent la base et forment un glomérule dans l'aisselle de leur bractée. L'*H. Mancinella* L. est une plante très dangereuse à l'état frais. Les animaux qui mangent ses fruits ont souvent la chair vénéneuse. Mais on a beaucoup exagéré ses propriétés quand on a dit que les vapeurs dégagées par cet arbre produisent la mort, et même quand on a parlé de graves accidents dus au contact de nos organes avec la pluie qui a coulé le long de ses feuilles. (H. BN, *Et. gén. Euphorbiac.*, 539, t. 6, fig. 12-20; *Hist. des pl.*, V, 228.)
MANCENILIER DE BARRIÈRE. Aux Antilles, l'*Euphorbia myrtifolia* L.
MANCHETTE DE LA VIERGE. Le *Calystegia sepium* R. BR.
MANCHETTES GRISES (PAUL., *Trait. Champ.*, II, 137). L'*Agaricus craspedius* FR.
MANCHIBOCÉE. Le fruit du *Mammea americana* L.
MANCIENNE, MANSIENNE. Le *Viburnum Lantana* L.
MANCINELLA (TUSS., *Fl. Antill.*, III, 21, t. 5, d'où *Mancinelleæ* LINK). Synonyme de *Hippomane* L.
MANCOA (RAFIN., *Fl. tell.*, n. 632). Synon. de *Mohlana* MART.
MANCOA (WEDD., *Chlor. andin.*, t. 86 D). Genre de Crucifères, voisin des *Capsella*, fondé sur une petite herbe des Andes du Pérou, à fruit elliptique, indéhiscent; la cloison étroite. Les feuilles sont lyrées, et les fleurs sont disposées en corymbes. (H. BN, *Hist. des pl.*, III, 288.)
MANÇONE. Nom portugais de l'*Erythrophlœum guineense* AF.
MANCUS. Se dit d'un organe absent ou imparfait.
MANDAPOULLÉ, CAMACHEO-PILLOU. Noms tamouls de l'*Andropogon Schœnanthus* L., plante fourragère dans l'Inde.
MANDARA. — Voy. CANCHENAPOU.
MANDARINIER. Variété de l'Oranger cultivé.
MANDARU-VALLI. Au Malabar, le *Bauhinia scandens* L.
MANDAVALLI. Dans l'Inde, le *Convolvulus reptans* L.
MANDEGLOIRE DE CHINE. Synonyme de Ginseng.
MANDEL. Nom germanique et scandinave de l'Amandier.
MANDELORNA (STEUD., *Syn. pl. glum.*, I, 359). Synonyme de *Vetiveria* DUP.-TH.
MANDERI. En Malaisie, la Pastèque.
MANDEVILLEA (LINDL., in *Bot. Reg.* [1840], t. 7). Section du genre *Echites* L. (H. BN, *Hist. des pl.*, X).
MANDIANE. Le *Matricaria Parthenium* L.
MANDIHOCA (PIS., *Bras.*, 52, 555). Synon. de *Manihot* PLUM.
MANDIJBA. Le Manioc amer.
MANDIOC, MANDIOCCA, MANDIHRA. Pour Manioc.
MANDIOCCA (LINK, *Handb.*, II, 436). Synonyme de *Manihot*.
MANDIROLA (DCNE, in *Rev. hort.* [1848], 468). Synonyme de *Achimenes* P. BR. (H. BN, *Hist. des pl.*, X, 82.)
MANDLIN. En Angleterre, l'*Achillæa Ageratum* L.
MANDOBI. Nom portugais de l'Arachide.
MANDOL. A Angola, l'*Arachis hypogæa* L.
MANDON (Gust.). Médecin français, mort à Poitiers en 1866, a surtout exploré les Andes boliviennes, et ses plantes ont été en partie décrites par son ami H.-A. Weddell.
MANDONIA (HASSK., in *Flora* [1871], 260). Synonyme de *Tradescantia* L.
MANDONIA (SCH. BIP., in *Linnæa*, XXXIII, 757). Synonyme de *Stenotheca* MONN.
MANDONIA (WEDD., in *Bull. Soc. bot. Fr.*, XI, 50, t. 1). Synonyme de *Ptiloctephium* H. B. K.
MANDORI. Au Brésil, le *Glycine subterranea* L.
MANDOULA. Nom forézien de l'Amande.
MANDRAGORE (*Mandragora* T., *Inst.*, 76, t. 12). Genre de Solanacées, jadis rapporté aux *Atropa*, distingué par son port (car ce sont des herbes vivaces, subacaules, à feuilles basilaires en rosette) et par une corolle campanulée. Le fruit est une baie à suc odorant, née de la base de la plante, comme les feuilles. Ce sont 3, 4 herbes méditerranéennes, jadis confondues dans une seule espèce, mais que Bertoloni a séparées (in *N. Comm. Bologn.*, II, t. 23-25). Ce sont des plantes très vénéneuses. Nous ne parlerons pas des superstitions sans nombre auxquelles a donné naissance la forme plus ou moins humaine de leur racine, etc. (H. BN, *Hist. des pl.*, IX, 338.)
MANDRAGORE DE CHINE. Le Ginseng.
MANDRAGOREÆ (REICHB., *Handb.*, 201). Div. des Solanacées.
MANDRAKE. Synonyme de *May-Apple*.
MANDRIGOULA. Nom languedocien des *Mandragora* T.
MANDRINETTE GENÈVE. A Maurice, l'*Hibiscus Genevii* BOJ.
MANDSIADI. Nom malabare du *Condori*.
MANDUBI. A Caracas, l'*Arachis hypogæa* L.
MANDUBI D'ANGOLA. Nom, au Brésil, du *Voandzou*.
MANDUY. Les fleurs du Coquelicot.
MANE. Dans le Centre, l'Ergot du Seigle.
MANECILLAS MANETAS. En Espagne, le *Clavaria coralloides*.
MANEKA. Le *Mesembryanthemum edule* L.
MANELLE, MANINE, MANUZZE. Noms italiens appliqués à plusieurs espèces de Clavaires.
MANERETTE. Synonyme de Pois-chiche.
MANETAS. Nom vulgaire du *Clavaria Botrytis* PERS.
MANETOS. — Voy. MANETTE.
MANETTE. Le *Phleum pratense* L.
MANETTE. Nom, à Saint-Jean-d'Angély, d'après J. Mousnier, de l'*Hydnum repandum* L.
MANETTE, MANETOS. A Toulouse, le *Clavaria coralloides* L.
MANETTI (Saverio). Médecin florentin [1723-1784], auteur du *Viridarium florentinum* [1717], in-8 de 109 p., et d'une édition du *Regnum vegetabile* de Linné [1756].
MANETTIA (ADANS., *Fam. des pl.*, II, 242). Synonyme (part.) de *Mesembryanthemum* L.
MANETTIA (MUT., in *L. Mantiss.*, 558). Genre de Rubiacées-Cinchonées, dont les fleurs, hermaphrodites ou rarement polygames, 4, 5-mères, ont un calice lobé, avec des dents ou des glandes souvent interposées à ses lobes; une corolle longuement infundibuliforme-tubuleuse ou subcampanulée, glabre ou poilue, à lobes valvaires et triangulaires; 4, 5 étamines insérées à la gorge de la corolle, avec des filets courts et des anthères introrses, versatiles; un ovaire infère, à 2 loges multiovulées, surmonté d'un disque et d'un style grêle, à sommet souvent claviforme, entier ou bilobé. Les placentas sont ascendants et s'insèrent par un pied court vers le bas de la cloison. Le fruit est capsulaire, septicide, à valves coriaces ou parcheminées; et les graines, nombreuses, imbriquées, dilatées en une aile inégale-

ment dentée sur les bords, ont un embryon droit dans l'axe d'un albumen dur. Ce sont, au nombre de 25 à 30, des herbes, parfois suffrutescentes; de l'Amérique tropicale et sous-tropicale, à tige souvent grêle, volubile; à feuilles pétiolées, souvent ovales-acuminées, avec des stipules aiguës et courtes; et des fleurs axillaires, blanches, rouges ou bleuâtres, souvent fort élégantes, solitaires ou groupées en cymes, avec des pédicelles souvent 2-bractéolés. (Voy. *Bot. Mag.*, t. 3202, 5495. — H. Bn, *Hist. des pl.*, VII, 344, 483, n. 170.) [H. Bn.]

MANETTIEÆ (Cham. et Schlchtl, in *Linnœa*, IV, 168). Section des Rubiacées.

MANFREDA (Salisb., *Fragm.*, 78). Synonyme de *Agave* L.

MAN FUNGUS. En Angleterre, les *Geaster* Micheli.

MANGA (Rumph., *Hb. amb.*, I, t. 25). Synon. de *Mangifera* L.

MANGA, MANJAS, MANGEIRA. Noms de la Mangue.

MANGABA. Au Brésil, l'*Hancornia speciosa* Gom., plante exploitée pour le caoutchouc de son latex abondant.

MANGABATIA. Nom brésilien du Gingembre.

MANGABEIRA. Au Brésil, l'*Hancornia speciosa* Gom.

MANGACHAPOI. Nom, aux Philippines, des *Vatica* L.

MANGADI. Au Brésil, le *Dolichos Lablab* L.

MANGA-IBA. Au Brésil, l'*Hancornia speciosa* Gom.

MANGA-NARI (Rheed., *Hort. malab.*, X, 11, t. 6). L'*Ambulia aromatica* Lamk.

MANGARA. Au Brésil, nom de plusieurs Aroïdées comestibles.

MANGARATIA (Pis., *Bras.*, 227). Synonyme de Gingembre.

MANGAREIBA. Au Brésil, l'*Hancornia speciosa* Gom.

MANGAS (Bauh.). Le Manguier.

MANGASIRIQUI. Synonyme de *Playan*.

MANGE, MANGLE. — Voy. Manglier.

MANGEL WURZEL. Le *Beta vulgaris* L., var. *macrorhiza*.

MANGELBOOM. A Sainte-Croix, le *Rhizophora Mangle* L.

MANGER-DES-DIEUX. L'*Asa-fœtida*.

MANGE TOUT. Le *Pisum sativum* L., var. *ecorticum*.

MANGI. A la N.-Zélande, le *Tetranthera calycaris* Hook. f.

MANGIER. Pour Manguier.

MANGIFERA (L.). Nom latin des Manguiers.

MANGILA. A Ceylan, le *Condori*.

MANGIUM (Rumph., *Herb. amboin.*, II, t. 68-70, 78). Synonyme de *Bruguiera* Lamk.

MANGIUM ALBUM (Rumph., *Herb. amb.*, III, 76). Nom, à Amboine, du *Jambosa bifaria* Wight (*Eugenia*).

MANGIUM PORCELLANICUM (Rumph., *Herb. amb.*, III, t. 84). Synonyme de *Pemphis acidula* Forst.

MANGKA. Nom malais du Manguier.

MANGLE. Les *Rhizophora*. Les *M. blanc* et *gris* sont des *Conocarpus*. Le *M. rouge* est le *Kandelia*. Le *M. cantivo* est l'*Excœcaria* (*Sapium*) *aucuparia*.

MANGLE NOIR. Le *Rhizophora Mangle* L.

MANGLES (Plum., *Gen.*, 13, t. 15). Synon. de *Rhizophora* L.

MANGLESIA (Endl., *N. st. Dec.*, 25). Synonyme de *Grevillea*.

MANGLESIA (Lindl., *Veg. Swan-River App.*, t. 3 A). Synonyme de *Schizopleura* Lindl.

MANGLESIOIDES. Section (B. H., *Gen.*, III, 182) du genre *Hakea* Schrad.

MANGLIER. Les *Rhizophora*. Le *M. flibustier* ou *M. noir* est le *Terminalia* (*Conocarpus*) *erecta* H. Bn.

MANGLIER VÉNÉNEUX. Le *Cerbera Manghas* L.

MANGLIETIA (Bl., *Bijdr.*, 8; *Fl. Jav. Magnol.*, 20, t. 6). Section du genre *Magnolia* L. (H. Bn, *Hist. des pl.*, I, 142.)

MANGLILLA (J., *Gen.*, 151). Synonyme de *Myrsine* L.

MANGO, MANGUE. Fruit du Manguier.

MANGOLD (Joh.-Casp.). Auteur, à Bâle [1716], de *Prœliminaria de conciliandis methodis Tournefortii, Rivini, Hermanni* et *Raji* (in-4).

MANGOLD. En Allemagne, le *Beta vulgaris* L.

MANGONIA (Schott, in *Œstr. Bot. Wochenbl.* [1857], 77; *Gen. Aroid.*, t. 64). Genre d'Aroïdées-Dieffenbachiées, établi pour une herbe de la République Argentine, à fleurs monoïques; l'ovaire à 3 loges 2-ovulées; le stigmate 3-lobé et les ovules anatropes. Les feuilles sont alternes et sagittées; les spadices sont monoïques. (Engl., *Arac.*, 518.) [H. Bn.]

MANGOREICA. Le *Jasminium Sambac* L.

MANGOSE. — Voy. Colier (faux).

MANGOSTAN, MANGOUSTAN. Le *Garcinia Mangostana* L.

MANGOSTANA (Gærtn., *Fruct.*, II, 105, t. 105). Synonyme de *Garcinia* L.

MANGO-TREE. Nom anglais du Manguier.

MANGOUSTAN FAUX. Le fruit du *Sandoricum indicum* L.

MANGROVE. Synonyme de Manglier.

MANGUE AMARELLO. Au Brésil, l'*Avicennia nitida* Jacq.

MANGUERA. Les fleurs du Manguier, remède aphrodisiaque.

MANGUIER (*Mangifera* L., *Gen.*, n. 279). Genre de Térébinthacées-Anacardiées, à fleurs polygames-dioïques, 4, 5-mères, avec des pétales imbriqués. Des 4, 5 étamines, connées au disque, le plus souvent une seule est fertile. L'ovaire est uniloculaire, à style latéral, avec un ovule d'*Anacardium*, ascendant, funiculé. Le fruit est une drupe, à noyau fibreux, indéhiscent ou bivalve. Ce sont de beaux arbres de l'Asie tropicale, à feuilles alternes, simples, à fleurs disposées en grappes ramifiées de cymes. Le *M. indica* L. a un fruit excellent, la Mangue. On en cultive aujourd'hui dans les tropiques de très nombreuses variétés. (H. Bn, *Hist. des pl.*, V, 273, 323, fig. 318-320.)

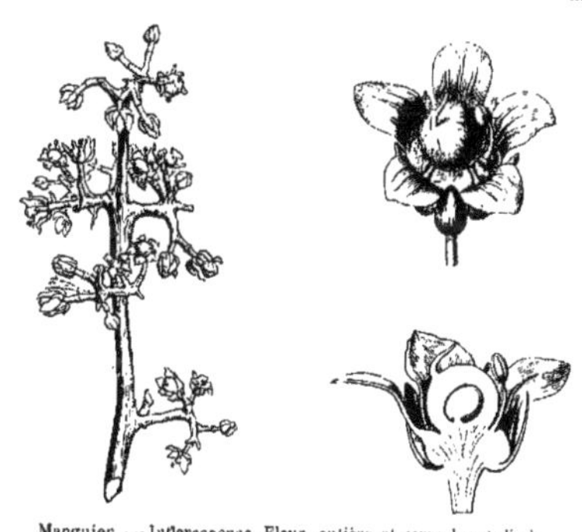

Manguier. — Inflorescence. Fleur, entière et coupe longitudinale.

MANGUIER A GRAPPES. — Voy. Sorindeia.

MANGUIER SAUVAGE. Nom de l'*Irvingia gabonensis* H. Bn, qui donne au Gabon le *pain* et le *beurre de Dika*.

MANGUIT. Nom, aux Philippines, des *Ehretia* L.

MANGUITO. Nom brésilien du *Tapura amazonica* P. et Endl.

MANI (Résine). Celle du *Moronobea coccinea* Aubl.

MANI. Nom américain (Acosta) de l'Arachide.

MANIAN. Nom tali du Benjoin.

MANICAIRE. Nom français (Lamk) des *Manicaria* Gærtn.

MANICARIA (Gærtn., *Fruct.*, II, 468, t. 176). Genre de Palmiers-Arécées (?), formé de 2, 3 espèces de l'Amérique du Sud, inermes, à feuilles pinnatiséquées; les fleurs monoïques, sessiles dans des cavités du rachis disposées en spirale; les mâles supérieures; les femelles inférieures, plus grandes; à 24-30 étamines. Les femelles ont des pétales valvaires, un ovaire 3-loculaire. Le fruit est 1-3-sperme, verruqueux-tesselé. Les graines ont un albumen creux, non ruminé. (Lamk, *Ill.*, t. 774. — Mart., *Hist. nat. Palm.*, t. 98, 99. — Wallace, *Palm. Amaz.*, t. 2, fig. 2, 3 et t. 26.) [H. Bn.]

MANIGUETTE. — Voy. Malaguette.

MANIGUETTE. L'*Amomum Granum Paradisi* Sm. C'est aussi le nom du Poivre de Guinée. — Voy. Méléguette.

MANIHOT (DC., *Prodr.*, I, 448). Section du genre *Hibiscus* L.

MANIHOT (Plum. — Adans., *Fam. des pl.*, II, 356). Genre détaché des *Jatropha*, dont il a les caractères, avec des fleurs mâles 10-andres, sinon que son périanthe est unique, gamophylle, à 5 divisions courtes, avec un gros disque dans les fleurs des deux sexes. Ce sont environ 75 herbes ou arbustes améritains, à feuilles alternes, digitées, lobées ou partites. Leur racine est souvent renflée, riche en fécule, comme il arrive notamment dans les plantes à Manioc et à Cassave, cultivées aujourd'hui dans tous les tropiques. (H. Bn, *Et. gén. Euphorb.*, 305, t. 19, fig. 12-17; *Hist. des pl.*, V, 115, 180.)

MANILAHANF. Nom allemand du *Musa textilis* Nees.

MANILKARA (Rheede, *Hort. malab.*, IV, 53). Synonyme (?) de *Mimusops* L.

MANILTOA (Scheff., in *Ann. Jard. Buitenz.*, I, 20). Genre créé pour le *Cynometra? grandiflora* A. Gray.

MANIN. Au Chili, le *Podocarpus nubigena* Lindl.

MANINA. Nom ancien du *Clavaria coralloides* L.

MANINE GRISE. Nom vulgaire du *Clavaria cinerea* Bull.

MANIOC. Les *Manihot utilissima* Pohl et *dulcis* H. Bn.

MANIOC BATARD. Le *Jatropha Curcas* L.

MANIPUERA (Pis., *Bras.*, 305). Nom du suc du Manioc.

MANISCHAR. En Arménie, les Violettes.

MANISURE. Nom français (Lamk) des *Manisuris* L.

MANISURIS (L., *Mantiss.*, 164). Genre de Graminées-Andropogonées, représenté par une herbe annuelle des régions tropicales, ayant l'organisation des Rottbœlliées, avec des épis subcylindriques et des épillets géminés : l'un pédicellé et stérile ; l'autre sessile, fertile, globuleux. (Roxb., *Pl. corom.*, t. 118. — Pal.-Beauv., *Agrost.*, 119, t. 21, fig. 10; *Fl. owar. et ben.*, t. 14. — Doell, in *Mart. Fl. bras.*, II, II, t. 46.)

MANITAMBOU. A la Guyane, le Sapotilier.

MANITHONDI. A Ceylan, le Henné.

MANITIA (Gis., *Prælect.*, 209). Synonyme de *Globba* L.

MANIUM (Scop., *Pl. subterr.*, t. 10). Syn. de *Bidens* Adans.

MANJA KUA. Au Malabar, le *Curcuma rotunda* L. (Kæmpf.).

MANJAPUMERAM (Rheede, *Hort. malab.*, I, 35, t. 12). Synonyme de *Nyctanthes arbor-tristis* L.

MANJITH. Nom indien d'une Garance.

MANJUS HAKE. Nom japonais du *Nerine japonica* Miq.

MANLILIA (Salisb., *Fragm.*, 17). Synonyme de *Polyxena* K.

MANN (Horace). Auteur [1868] d'un Catalogue des plantes phanérogames des États-Unis. — Wenceslas Mann a écrit sur les Lichens de la Bohême [1825].

MANNA (D. Don, *Pr. Fl. nep.*, 246). Synonyme de *Alhagi* T.

MANNA-GRASS. Le *Glyceria fluitans* R. Br.

MANNE. L'inflorescence de la Vigne.

MANNE AQUATIQUE, M. D'ALLEMAGNE, M. DE PRUSSE, M. DE POLOGNE. Noms du *Glyceria fluitans* R. Br.

MANNE DE BRIANÇON. Le suc sucré du Mélèze.

MANNE DE PERSE. Le suc sucré de l'*Alhaji maurorum* DC.

MANNE TERRESTRE. Synonyme de Jannelet.

MANNENGUSA. Nom japonais du *Sedum lineare* Thunb.

MANNHARDT (Joh.). A écrit [1818] sur l'analyse chimique du *Lobaria parietina* (in-4 de 24 p.).

MANNIA (Corda, in *Opiz Beitr.*, 646). Synonyme (part.) de *Grimaldia* Radd.

MANNIA (Hook. f., *Gen.*, I, 309, 992). Genre de Rutacées-Quassiées, à fleur 5-mère, 15-20-andre, avec un ovaire 5-lobé, plongé dans le disque ; les lobes uniovulés. C'est un bel arbre de l'Afrique tropicale occidentale, à feuilles alternes et pennées, à cymes disposées sur des axes florifères axillaires. Les styles du *M. africana* Hook. f. sont unis en une seule colonne, et les étamines s'insèrent sous un épais disque cupuliforme. (Oliv., *Fl. trop. Afr.*, I, 313. — H. Bn, *Hist. des pl.*, IV, 491.)

MANNIELLA (Reichb. f., *Ot. hamburg.*, 109). Genre d'Orchidacées, rapporté par Bentham (*Gen.*, III, 605) aux Néottiées, et établi pour une herbe terrestre de l'Afrique tropicale, à onglets des sépales et pétales unis en tube. La colonne est adnée au tube, allongée. Les fleurs sont disposées en longs épis, au bout d'une tige simple. (B. H., *Gen.*, III, 605.) [H. Bn.]

MANNIOPHYTON (M. Arg., in *Flora* [1864], 530; in *DC. Prodr.*, XV, p. II, 719). Genre d'Euphorbiacées-Jatrophées, voisin des Médiciniers, formé de 2, 3 arbustes grimpants de l'Afrique tropicale, à fleurs dioïques, gamopétales; le calice valvaire et inégalement rompu dans la fleur mâle; le disque de 5 glandes poilues. Les feuilles sont alternes, entières ou 3-5-lobées, et les fleurs sont en grappes composées. (H. Bn, *Hist. des pl.*, V, 198.)

MANNITE. Nom donné à la poudre blanche que l'on recueille sur le *Laminaria saccharina*, en Bretagne, dans l'île de Molène, et près du cap Saint-Mathieu. Cette poudre, dont les insulaires se servent, après l'avoir fait sécher à l'air, pour sucrer le café, est un purgatif très doux et inoffensif quand on a contracté l'habitude de s'en servir comme succédané du sucre. [Ch. M.]

MANOBI. Nom indien de l'Arachide terrestre.

MANO DE SAPO. Au Mexique, les *Dorstenia* employés contre la morsure des serpents venimeux.

MANOPAPPUS (Sch. bip., in *Flora* [1844], II, 677). Genre d'Hélichrysées (Walp., *Rep.*, VI, 239); synon. de *Helichrysum*.

MANOPLOGA (Bge). Synonyme de *Lepidium* L.

MANOTÆ (Cesalpin). Synonyme de Clavaires.

MANOTE. Le *Clavaria coralloides* L.

MANOTE NOIRE. Le *Clavaria digitata* Bull.

MANOTES (Sol., ex Pl., in *Linnæa*, XXIII, 438). Genre de Connaracées-Cnestidées, formé d'arbres et arbustes africains, à feuilles imparipennées, à fleurs 5-mères ; les sépales valvaires ; les pétales pubescents; les 5 carpelles portés par un pied central. Leurs capsules, solitaires et stipitées, sont glabres en dedans et s'ouvrent longitudinalement. Les graines ont un arille généralisé et un albumen presque corné. (H. Bn, in *Adansonia*, VII, 241 ; *Hist. des pl.*, II, 8, 19, fig. 12, 13).

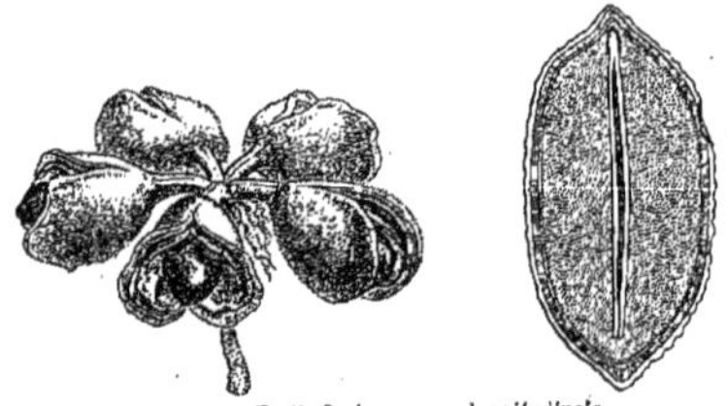

Manotes. — Fruit. Graine, coupe longitudinale.

MANOUSE. Le Lin cultivé.

MANPATA. Le *Parinari excelsum* Don.

MANSANA (Gmel., *Syst.*, 580). Synonyme de *Zizyphus* L.

MANSANA DE CORONA. Nom vulgaire, en Colombie, de l'*Axinanthera Bellucia* Karst., qui est un *Bellucia* Neck.

MANSHU-IMO. Au Japon, l'*Alocasia macrorhiza* Schott.

MANSOA (DC., *Prodr.*, IX, 182). Genre de Bignoniacées-Bignoniées, mal connu, voisin des *Bignonia* et des *Cuspidaria*, distingué par les divisions plus ou moins acuminées de son calice bilabié, mais dont on ne peut à coup sûr déterminer la place, parce que son fruit est inconnu. Ce sont des lianes du Brésil, à corolle de *Bignonia*. (H. Bn, *Hist. des pl.*, X, 3, 26.)

MANTANGOURRÉ. — Voy. Grewia.

MANTANNE. Synonyme de Mancienne.

MANTEAU. Nom donné à une enveloppe de quatre phytocystes qui s'observe dans le développement des sporanges du *Salvinia*.

MANTEAU. Les organes calicinaux, légèrement modifiés, des Anémones doubles. (DC., in *Mém. Soc. d'Arc.*, III, 389.)

MANTEAU, MANTELET DE DAMES. L'*Alchemilla vulgaris* L.

MANTEAU DE LA VIERGE, M. DE SAINTE-MARIE. L'*Arum maculatum* L.

MANTEAU DE SAINTE-MARIE. La Colocase comestible.

MANTEAU DU CHRIST. Le *Datura fastuosa* L.

MANTEAU ROYAL. L'Ancolie commune.

MANTELLIA (Ad. Br., *Prodr.*, 96). Syn. de *Clathraria* Mant.

MANTEMA. Nom japonais du *Silene quinquevulnera* L.

MANTIENNE. Pour Mancienne.

MANTIRIA (Sims, in *Bot. Mag.*, t. 1320). Genre de Zingibéracées-Zingibérées, formé de 2 herbes de l'Inde, à branches feuillées stériles, à axes florifères aphylles, portant des fleurs très irrégulières, à corolle allongée; les staminodes filiformes opposés au milieu d'un long filet et étalés. On cultive le curieux

M. saltatoria, à fleurs étranges, violacées et jaunes, sortant directement de terre; jadis rapporté au genre *Globba*. (ROXB., *Pl. corom.*, t. 230. — ANDR., *Bot. Repos.*, t. 615. — ROSC., *Scitam.*, t. 112.) [H. BN.]

MANTISALCA (CASS., in *Bull. philom.* [1818]). Synonyme de *Microlonchus* CASS.

MANTODDA (RHEED., *Hort. malab.*, IX, t. 22). Synonyme (?) de *Æschynomene* L.

MANTO DE LA VIRGEN. Au Mexique, le *Pharbitis violacea*, cultivé comme ornemental.

MANUBRIE (*Manubrium*). Nom donné aux phytocystes en forme de manche de fouet à plusieurs lanières, qui se trouvent dans l'anthéridie des *Chara*.

MANUKA. Nom cafre de l'*Oreodaphne bullata* NEES.

MANUKA. À la Nouvelle-Zélande, le *Leptospermum scoparium*.

MANULEA (L., *Mantiss.*, n. 1264). Genre de Scrofulariacées-Chænostomées, à fleurs construites à peu près comme celles des *Chænostoma*, distinguées par un calice à 5 divisions plus ou moins profondes; une corolle peu irrégulière, à tube étroit, presque dressé, à limbe partagé en 5 lobes émarginés ou bifides. L'androcée est tétradyname, et l'ovaire supère a 2 loges multiovulées; il est surmonté d'un style entier. Ce sont 23, 24 herbes de l'Afrique australe, à feuilles opposées et alternes, à fleurs disposées en grappes simples ou plus ou moins composées; les bractées indépendantes de leurs fleurs axillaires. (Voy. *Bot. Mag.*, t. 322. — H. BN, *Hist. des pl.*, IX, 391, 446.) [H. BN.]

MANUNGAL. Nom, aux Philippines, des *Samandura* L.

MANUNGALA (BLANCO, *Fl. Filip.*, 306). Synonyme de *Samandura* L.

MANZANA SYLVESTRE. Dans l'Équateur, les *Cratægus stipulosa* JAM. et *quitensis* BENTH.

MANZANILLA. Nom espagnol de l'Absinthe.

MANZANILLO. Synonyme de *Pedro-Hernandez*.

MANZANITA. L'*Arctostaphylos glauca* DOUGL.

MANZANITAS. Nom, aux Philippines, des Jujubes.

MANZANO. En Espagne, le Pommier.

MANZIZANION. Synonyme (AETIUS), dit-on, de Coloquinte.

MAO. Nom hawaïen du *Gossypium tomentosum* NUTT.

MAO, MAHOU. Pour Mahot.

MAO, MAU. Noms indiens du Manguier.

MA-OO. Nom birman des *Sarcocephalus* AFZEL.

MAOU. Nom argentin du *Gynerium saccharoides* H. B.

MAOULA. Nom languedocien de la Mauve.

MAOULA BLANCA. Nom languedocien de la Guimauve.

MAOURELA. Nom languedocien du *Tournesolia tinctoria* SCOP.

MAOURELLO. En Languedoc, le *Tournesolia tinctoria* SCOP.

MAOUTIA (MONTROUZ., in *Mém. Acad. sc. Lyon*, X, 241). Synonyme? (B. H., *Gen.*, II, 1155) de *Oxera* LABILL.

MAOUTIA (WEDD., in *Ann. sc. nat.*, sér. 4, I, 193). Genre d'Urticacées-Procridées, formé de 8 arbustes de l'Asie et de l'Océanie, à feuilles alternes, à fleurs monoïques ou dioïques, en grappes composées de glomérules; le sommet stigmatifère pénicillé, et le calice de la fleur femelle nul ou très peu développé. (H. BN, *Hist. pl.*, III, 532.)

MAOUVITJE. Nom languedocien du *Lamium amplexicaule* L.

MAPA (VELL., *Fl. flum.*, 59; Atl., I, t. 153). Synonyme de *Petiveria* L.

MAPANIA (AUBL., *Guian.*, I, 47, t. 17). Genre de Cypéracées-Hypolytrées, formé d'une trentaine d'herbes vivaces des régions tropicales des deux mondes; distingué par deux écailles hypogynes extérieures, latérales, compliquées-carénées, et 4 intérieures, étroites ou ∞-nerves, planes ou convexes. Il y a 3 étamines et un style trifide. (MIQ., *Ill. Arch. Ind.*, t. 21-27.) [H. BN.]

MAPARO. En Colombie, le *Rollinia edulis* TRI.

MAPATO. Synonyme de Ratanhia.

MAPÉ. — Voy. IF et INOCARPUS (III, 129).

MAPLE. Nom anglais des Érables.

MAPOLA. Nom, aux Philippines, des Ketmies.

MAPOU BLANC. Le *Mapouria guianensis* AUBL.

MAPOURIA (AUBL., *Guian.*, 175, t. 167). Section du genre *Uragoga* L., à albumen intérieurement plan, ou à peu près, sur sa face; à larges stipules caduques, souvent membraneuses. Espèces américaines. (H. BN, *Hist. des pl.*, VII, 285.)

MAPOURIOPSIS (GRISEB., *Fl. brit. W.-Ind.*, 342). Section du genre *Uragoga* L.

MAPPA (A. JUSS., *Tent. Euphorb.*, 44, t. 14, fig. 44). Genre d'Euphorbiacées, qui a les caractères des *Macaranga*, sinon que son gynécée a un ovaire à deux, ou plus rarement, à trois loges. C'est pourquoi, de nos jours, les *Mappa* ne sont plus considérés que comme formant une section ou sous-genre des *Macaranga*. Leur fruit est capsulaire. (H. BN, *Et. gén. Euphorbiac.*, 428, t. 20, fig. 1-7; *Hist. des pl.*, V, 209.)

MAPPAM. L'un des noms du Mancenilier.

MAPPIA (ADANS., *Fam. pl.*, II, 193). Synonyme de *Cunila* L.

MAPPIA (JACQ., *Ht. schœnbr.*, 22, t. 47). Genre de Térébinthacées, qui a donné son nom à la série des Mappiées. Ses fleurs sont hermaphrodites ou polygames, à court réceptacle convexe, avec un petit calice et 5 pétales valvaires; 5 étamines alternes et un gynécée libre, qui a un ovaire uniloculaire, surmonté d'un style excentrique, avec souvent deux styles rudimentaires. Il y a deux ovules descendants, à raphé dorsal, et le fruit est drupacé, à graine albuminée. Ce sont des arbustes des régions tropicales des deux mondes, à tige parfois grimpante, à feuilles alternes, à cymes axillaires, mais plus ou moins haut entraînées sur les branches. (H. BN, *Hist. des pl.*, V, 277, 328.)

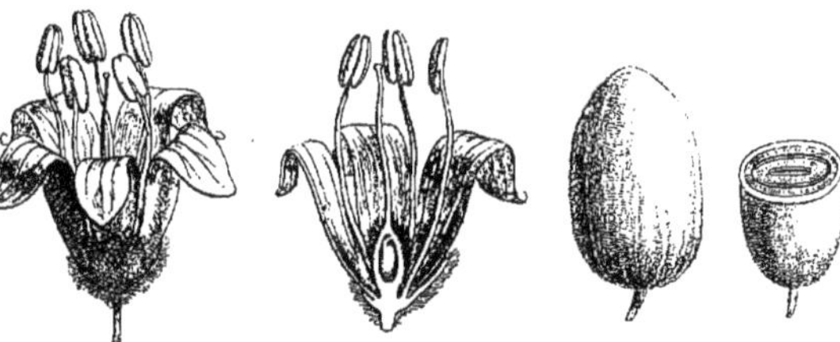

Mappia. — Fleur, entière et coupe longitudinale. Fruit, entier et coupe transversale.

MAPPIA (SCHREB., *Gen.*, II, 806). Synon. de *Doliocarpus* ROL.

MAPPIÉES (*Mappieæ* H. BN, in *Adansonia*, III, 354; X, 261; XI, 187; *Hist. des pl.*, V, 288). Série des Térébinthacées.

MAPIRA (ADANS., *Fam. des pl.*, II, 39). Synonyme de *Olyra* L.

MAPOU. Les *Bombax* et parfois même le Baobab.

MAPPUS (Marcus). Professeur à Strasbourg [1632-1701], a écrit un Catalogue du jardin de cette ville [1691], sur la Rose de Jéricho [1700] et un *Historia plantarum alsaticarum*, in-4.

MAPROUNEA (AUBL., *Guian.*, 895, t. 342). Genre d'Euphorbiacées; section (H. BN, *Hist. d. pl.*, V, 134) du g. *Excœcaria* L.

MAPROUNIA (HAM., *Prodr.*, 53). Syn. de *Maprounea* AUBL.

MAPRUNEA (GMEL.). Pour *Maprounea* AUBL.

MAPUEY. À Porto-Rico, le *Dioscorea sativa* L.

MAPUEY MORADO. Nom, à Caracas, du *Dioscorea triphylla* L., plante alimentaire.

MAPUREIRA (BERTOL., *Misc. bot.*, IX, t. 2). Section du genre *Trichilia* L.

MAPURIA (GMEL.). Pour *Mapouria* AUBL.

MAQUEDONNIS. Nom arabe du Persil.

MAQUERIA (COMMERS., herb.). Synon. de *Pohlana* N. et MART.

MAQUI. Nom français (LAMK) des *Aristotelia* LHÉR. (I, 265).

MAQUINÆ (MART. — LINDL.). Famille proposée pour l'*Aristotelia Maqui* LHÉR.

MAQUIRA (AUBL., *Guian.*, Suppl., 36, t. 389). Genre d'Ulmacées-Artocarpées, à fleurs dioïques, analogues à celles des *Castilloa*, 4-andres; les femelles posées sur un réceptacle commun. Avec M. Trécul, nous avons (*Hist. des pl.*, VI, 206) considéré ce genre comme distinct, réduit au *M. guianensis*

AUBL. Mais Bentham (*Gen.*, III, 372) en fait un synonyme de *Helicostylis* TRÉC., et propose, nous ne savons pourquoi, de détruire le nom de *Maquira*, qui date de 1775. [H. BN.]

MARA. Nom, à Taïti, des *Nauclea* (*Ourouparia* AUBL.).

MARABELLI (Franç.). Auteur [1793-94] de *De Zea Mays planta analytica Disquisitio* (in-8 de 71 p.).

MARABOU CHÊRIF. Nom d'une variété de Chêne-Liège.

MARACHEMIN. Le *Lamium album* L.

MARADEE. Nom tamoul du *Terminalia tomentosa* ARN.

MARAICHER. Le *Cucumis Melo* L., var. *reticulatus*.

MARAINOPHYLLUM (POHL, in *Flora* [1825], I, 183). Genre non décrit.

MARAKA. Le *Crescentia Cujete* L.

MARALIA (DUP.-TH., *Gen. nov. madag.*, 13). Section du genre *Panax* L. (H. BN, *Hist. des pl.*, VII, 251.)

MARANA. Nom arabe du *Datura Metel* L.

MARANG. Nom, aux Philippines, des *Litsea* LAMK.

MARANON. Au Mexique, l'*Anacardium occidentale* L.

MARANTA (Barthol.). Mort à Naples, auteur de *Methodi cognoscendorum simplicium libri tres* [1559]. En lui dédiant le genre *Maranta*, Plumier dit de lui : « Bartholomæus Maranta, Venusinus medicus, condidit methodi cognoscendorum simplicium medicamentorum libros tres elegante profecto et erudite, atque ad Dioscoridis innumera loca recte intelligenda summe utiles. Subtili acrique ingenio fuit, et in stirpium observatione, iisque in examinandis diligentia profecto admirabilis. Obiit anno 1554. »

MARANTA (L., *Gen.*, n. 5). Genre de Zingibéracées, réduit aujourd'hui à une dizaine d'espèces, américaines d'origine, distingué dans la famille par des inflorescences à axes grêles et pauciflores. Les bractées, dont leurs divisions occupent les aisselles, sont étroites, involutées et enveloppent étroitement les axes. Les fleurs sont pédicellées, sans bractées; elles sont remarquables par le tube du périanthe, leurs staminodes pétaloïdes, leur demi-anthère, et la présence d'un seul ovule dressé dans la loge ovarienne. Le *M. arundinacea* L., cultivé dans tous les tropiques, est la plante qui fournit le véritable *Arrow-Root*. (H. BN, *Tr. Bot. méd. phanér.*, 1430.)

MARANTACÉES. Synonyme de Marantées.

MARANTÉES (*Maranteæ*). Tribu (B. H., *Gen.*, III, 638) des Scitaminées. Série des Zingibéracées.

MARANTELLA. Section (B. H., *Gen.*, III, 640) du genre *Globba* L.

MARANTHES (BL., *Bijdr.*, 89). Synonyme de *Parinari* AUBL.

MARANTOPSIS (KŒRN., in *Bull. Soc. Mosc.* [1862], I, 97). Genre proposé pour le *Maranta lutea* JACQ.

MARARA (KARST., in *Linnæa*, XXVIII, 389). Section du genre *Martinezia* R. et PAV. (B. H., *Gen.*, II, 944.)

MARASCA. En Dalmatie, variété de Cerisier à Marasquin.

MARASME (*Marasmius* FR., *Epicr.*, 372). Genre d'Agaricinés-Leucospores, caractérisé par la nature du tissu résistant, cartilagineux, du réceptacle qui se dessèche au lieu de pourrir. Si on l'humecte quand il est desséché, le réceptacle reprend sa forme et son aspect de fraîcheur. Cette propriété l'a fait appeler reviviscent, bien qu'il n'y ait pas ici reprise d'un fonctionnement vital, ni reviviscence au sens propre du mot. Issu d'un mycélium souvent radiciforme, le réceptacle présente un stipe mince, élancé, régulièrement cylindrique ou subbulbeux et lisse, sauf à la base velue dans quelques espèces. Le chapeau, continu au stipe, est mince, étalé ou umboné à la maturité, rarement conique, à surface supérieure lisse, glabre, ridée ou sillonnée en séchant, parfois hygrophane. Les lamelles, inégales, coriaces, à bord tranchant non denté, sont un peu espacées, libres ou atteignant le stipe, mais rarement un peu décurrentes. Chez quelques espèces, elles se réunissent entre elles avant d'atteindre le stipe et forment une couronne autour de lui. La couleur du réceptacle est très uniforme : c'est d'ordinaire un fauve clair tournant tantôt au gris ou au blanc, tantôt au rouge ou au brun. Les lamelles sont céricolores, tantôt pâles, tantôt enfumées. Les spores sont lisses et ovales. Une odeur alliacée, plus ou moins atténuée, est commune à beaucoup d'espèces. Aucune n'a l'odeur de farine fraîche fréquente dans d'autres groupes. La consistance des Marasmes, qui devient encore plus coriace et dure dans les genres voisins *Lentinus*, *Panus*, se retrouve chez les *Collybia* et les *Pleurotus*; elle donne à ces Agarics des traits communs, une physionomie spéciale qui m'avaient conduit à les rapprocher plus qu'ils ne le sont dans la classification de Fries (*Fl. mycol. reg. Montp.* [1863], 137-144). M. Roze a fait rentrer ces divers genres dans une grande division primordiale, sous le nom de CHONDROPODÉES (voy. ce mot), et il a fondu avec les *Collybia* le plus grand nombre des espèces de *Marasmius*. Il a réservé ce dernier nom aux espèces munies de la couronne formée par les lamelles autour du stipe. Ces espèces, en général petites, à stipe filiforme et souvent corné, forment, dans les systèmes Friesiens, une tribu, sous le nom de *Mycena*, à cause de leur ressemblance avec les Mycènes. Une seconde tribu emprunte son nom aux *Collybia*. Les subdivisions sont fondées sur la présence ou l'absence de villosités à la base du stipe, sur sa tendance à former ou non une légère tubérosité ou à devenir creux à la maturité. Parmi les espèces de Marasmes, un petit nombre sont épigées; la plupart végètent dans les couches de feuilles mortes tombées à terre, sur le bois pourri, les rameaux morts, la base ou les racines des arbres. Plusieurs sont comestibles. L'une d'entre elles, le *M. oreades* BOLT., appelée Faux-Mousseron, est très répandue; on conserve cet Agaric desséché. Le stipe se tord en spirale en séchant; caractère qui lui a fait donner le nom spécifique de *tortilis*, et qui se retrouve chez plusieurs autres espèces. Les *M. cepaceus* FR., *fœniculatus* FR., *scorodonius* FR. ont une odeur forte et persistante qui permet de les employer comme condiment. On connaît un peu plus de 300 espèces, sur lesquelles 80 en Europe, 160 dans les deux Amériques; une soixantaine en Asie, dont la moitié nous viennent de Ceylan; une trentaine en Océanie. Les six ou huit espèces d'Afrique sont communes à d'autres contrées. C'est entre l'Europe et l'Amérique du Nord que se rencontrent le plus grand nombre d'espèces communes. L'activité des botanistes des États-Unis et le nombre plus grand des chercheurs est une cause d'augmentation d'espèces dont il faut tenir compte dans les conclusions qu'on pourrait tirer au point de vue de la géographie botanique; de même que le petit nombre d'espèces africaines, comparé au nombre de celles de Ceylan ou de Cuba, doit être attribué à l'inégale proportion dans laquelle la flore mycologique de ces divers pays a été explorée. Il y a cependant un fait qui se confirme de plus en plus: c'est la prédominance des Marasmes dans les régions chaudes; l'Amérique du Sud, le Mexique et l'île de Cuba comptent 106 espèces, tandis que la moitié seulement a été constatée dans les États-Unis et le Canada. Les flores françaises en mentionnent de 40 à 50 espèces. [DE S.]

MARASMIÉES (ROZE, in *Bull. Soc. bot. Fr.*, XXIII [1876]). Famille des Agaricinés, composée d'un petit nombre d'espèces du genre *Marasmius* FR. — Voy. MARASME.

MARASMIUS. — Voy. MARASME.

MARASMODES (DC., *Prodr.*, VI, 136). Section du genre *Athanasia* L. (H. BN, *Hist. des pl.*, VIII, 281.)

MARAT (KELL., in *Proc. Calif. Acad.*, ed. 1, 38; ed. 2, 37). Synonyme de *Echinocystis* TORR. et GR.

MARATHRINEÆ (DUMORT., *Anal. fam.*, 62). Synonyme de *Podostemonaceæ*.

MARATHRUM (H. B., *Pl. æquin.*, I, 39, t. 11). Genre de Podostémonacées-Mourérées, qui a les fleurs des *Mourera*, à 5-30 étamines libres, et qu'on en distingue uniquement par le mode d'inflorescence; les fleurs pédicellées étant disposées çà et là sur la tige adnée, au lieu d'être insérées sur les deux côtés d'une hampe aplatie. Ce caractère n'a évidemment qu'une valeur tout à fait secondaire. Il y a environ six *Marathrum* dans les régions tropicales des deux Amériques. (TUL., *Podost. Monogr.*, t. 1, 2. — H. BN, *Hist. des pl.*, IX, 260, 268.)

MARATHRUM (RAFIN., in *Journ. phys.*, LXXXIX, 101). Synonyme de *Euseseli* DC.

MARATTI (Giov.-Franc.). Professeur à Rome, mort en 1777, a écrit : *Descriptio de vera florum existentia..... in plantis dorsiferis s. epiphyllospermis v. Capillaribus* [1760] ; *Plantarum Romuleæ et Saturniæ in agro romano*, etc. [1772], et un *Flora romana* posthume, publié par Oliveri en 1822.

MARATTIA (Sw., *Prodr.*, 8, 128; *Syn. Fil.*, 168). Genre de Fougères, caractérisé par 4-12 capsules, sessiles ou stipitées, unies en une masse naviforme, consistant en deux rangées opposées de capsules qui s'ouvrent par des fentes suivant leur bord interne. Ce genre, très nettement caractérisé, s'étend dans le monde entier, dans la zone tropicale et un peu au delà vers

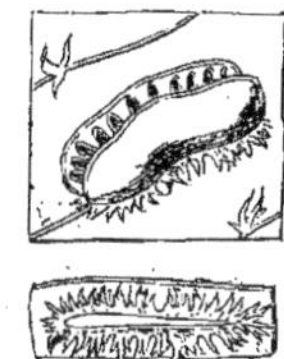

Marattia. — Portion de fronde. Sores.

le sud. On y compte actuellement 7 espèces, distribuées en trois sections des *Eumarattia*, *Gymnotheca* (Presl) et *Eupodium* (Sm.). Le genre a donné son nom à un groupe des *Marattiacées* ou *Marattiées*, parfois considéré comme famille ou comme ordre tout distinct, dont les sporanges s'ouvrent par une fente ou par un pore apical, sans anneau, ordinairement unis en masses concrètes. Ce sont le plus souvent des arbres, à frondes circinées dans la vernation. (Hook. et Bak., *Syn. Fil.*, 439, 440, t. 9, fig. 70.) [H. Bn.]

MARAVIGNA (Carmelo). A écrit [1829] *Saggio di una Flora medica catanese*, etc. (in-4 de 104 p. et 4 pl.).

MARAVILLA. Nom mexicain du *Mirabilis dichotoma* L.

MARAVILLA, M. DEL CAMPO. Noms chiliens de l'*Helianthus thuriferus* Mol., dont la résine s'emploie comme encens.

MARA-YEUNEY. Nom indien du *Dipterocarpus turbinatus* Gr.

MARBA-AKANE. Nom japonais du *Rubia cordifolia* L.

MARBRÉ (Paul., *Trait. Champ.*, II, 373-375). Nom attribué à plusieurs Bolets à surface du chapeau habituellement gercée.

MARCANTHUS (Lour., *Fl. cochinch.*, 460). Synonyme de *Macranthus* Poir.

MARCEAU, MARSEAU, MARSOT. Noms du *Salix Capræa* L.

MARCELIA (Cass., in *Dict.*, XXXIV, 107). Syn. de *Anthemis* L.

MARCELLIA (H. Bn, in *Bull. Soc. Linn. Par.*, 625). Genre de Chénopodiacées, série des Amarantées, et qui paraît relier celles-ci aux Cométées. Il est fondé sur une herbe annuelle (?) d'Angola, le *M. mirabilis*, dont les glomérules quadriflores sont disposés dans l'aisselle des bractées d'un long épi et involucrées. Il y a dans chaque involucre 2 fleurs stériles, réduites à des baguettes linéaires, et 2 fleurs fertiles, 5-mères, à ovaire contenant un ovule campylotrope, et surmonté d'un style à tête courtement pénicillée. (H. Bn, *Hist. des pl.*, IX, 154, 209.)

MARCELLIA (Mart., ex Chois., in *Mém. Gen.*, X, 443). Synonyme de *Ipomœa* L.

MARCELLUS EMPIRICUS. Auteur d'un ouvrage, *De medicamentis empiricis*, in-fol., publié à Bâle en 1536 par Janus Comarius.

MARCELLUS VERGILIUS. Botaniste mort à Florence en 1521, et dont parle E. Meyer (*Gesch. d. Botan.*, IV, 229.)

MARCESCENT (*marcescens, marcidus*). Qui se fane et dure.

MARCET (Jane). Morte à Londres en 1858, a écrit : *Conversations on the vegetable physiology*, qui eut trois éditions et fut traduit en français et en allemand.

MARCETIA (DC., *Prodr.*, III, 124). Synonyme de *Tibouchina* Aubl. et section de ce genre. (H. Bn, *Hist. des pl.*, VII, 39).

MARCGRAF. L'un de ceux qui, avec Pison, ont les premiers fait connaître les productions utiles, végétales et autres, du Brésil. En lui dédiant le genre *Marcgravia*, Plumier dit : « Georgius Marcgravius de Liebstadt Misnicus Germanus Historiam rerum naturalium Brasiliæ libris octo (quorum tres priores de plantis) conscripsit, per sexcennium mediterraneorum locorum explorator sedulus fuit, in Africam tandem transfretans succubuit. Opus ejus in ordinem digessit Joannes de Laet, Antwerpianus, annotationes multas addidit et varia ab Auctore omissa supplevit et illustravit. Extat cum Historia Brasiliæ Pisonis Lugd. Bat. et Amstel. opus Elzevirium, 1546, in-fol. »

MARCGRAVE. Nom français (Lamk) des *Marcgravia* L.

MARCGRAVIA (H. B. K., *Nov. gen. et spec.*, VII, 277). Synonyme de *Cespedesia* Goud.

MARCGRAVIA (L., *Gen.*, n. 640). Genre de Ternstrœmiacées (?), qui a donné son nom à une série des *Marcgraviées*, et qui a des fleurs 5-mères, ∞-andrés, avec un ovaire ∞-loculaire et des loges ∞-ovulées. Le calice est imbriqué, et les pétales unis

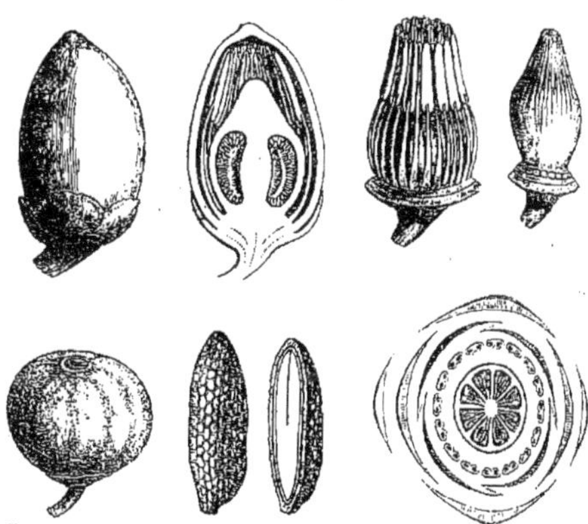

Marcgravia. — Bouton, entier et coupe longitudinale. Diagramme floral. Androcée. Gynécée. Fruit. Graine, entière et coupe longitudinale.

en une coiffe qui tombe d'une seule pièce. Le fruit est charnu, ∞-sperme. Les *Marcgravia* sont des arbustes grimpants ou épiphytes, de l'Amérique tropicale. Ils ont des feuilles souvent dimorphes, plus petites sur les branches stériles et collées aux troncs d'arbres, aux roches. Leurs fleurs forment des grappes, souvent ombelliformes, et leurs pédicelles sont accompagnés de bractées libres, stipitées et ascidiées. On cultive le *M. umbellata* L. (H. Bn, *Hist. des pl.*, IV, 239, 262, fig. 269-277.)

MARCGRAVIÉES (*Marcgravieæ*). Série des Ternstrœmiacées. (H. Bn, *Hist. des pl.*, IV, 247.)

MARCHALANTHUS (Nutt., *Fl. arkans.*). Syn. de *Andrachne*.

MARCHANT (Nicolas). Directeur des jardins de Gaston d'Orléans à Blois, mourut en 1678. C'est à lui qu'a été dédié le genre *Marchantia*. — Son fils, Jean Marchant [1650-1738], fut membre de l'Académie de Paris, dans les mémoires de laquelle [1693-1735] ont été insérées ses Notices botaniques.

MARCHANTIA (March. f., in *Act. Par.* [1713], 307, t. 5). Genre d'Hépatiques, qui a donné son nom à l'ordre des *Marchantiacæ* ou *Marchantieæ* Nees ; formé de plantes vivaces, à fronde lobée, souvent poreuse, avec des fleurs mâles immergées dans la fronde, ou disciformes, sessiles, parfois peltiformes, pédicellées. Les femelles sont placées sur un capitule pédonculé, florifère en dessous ou plus rarement à la périphérie, avec un involucre et des involucelles. Les sporanges sont pourvus d'un pédicelle souvent immergé, et s'ouvrent de façons diverses. Les spores sont mélangées d'élatères. Quant au genre *Marchantia* lui-même, il a des fleurs mâles disciformes, submarginales, ou peltiformes, à limbe crénelé ou lobé. Les capitules femelles ont un rachis radié; les rayons reliés entre eux par une membrane frondiforme et florifère en dessous. Les involucres, alternes avec les rayons, sont 1-6-flores. Les involucelles sont 4, 5-fides. La coiffe se rompt et est subbifide, persistante. Les sporanges s'ouvrent en lanières qui se révolutent finalement, avec un pédicelle exsert. Le *M. polymorpha* est une plante commune dans les endroits humides et obscurs. Elle a été rendue célèbre par le mémoire de B.-Mirbel (in *Nouv. Ann. Mus.*, I, 55, c. icon.). Ce grand observateur a étudié en détail, outre les appareils de reproduction sexuée, les corbeilles à propagules qui se trouvent à la surface des frondes, ou conceptacles renfermant beaucoup de petits corps verts, lenticu-

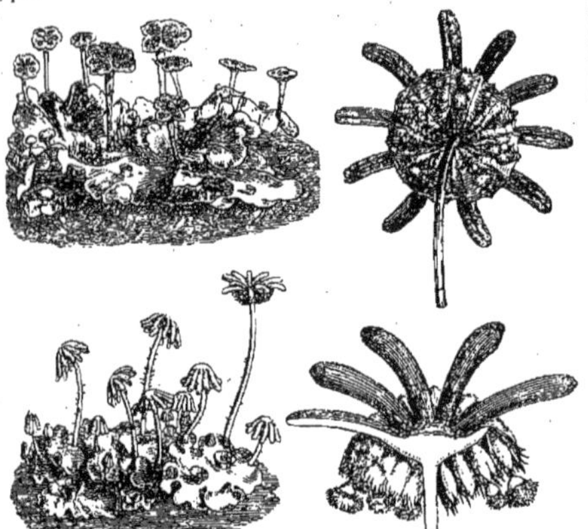

Marchantia. — Pieds mâle et femelle, Inflorescence femelle, entière et coupe longitudinale.

laires qui se sèment et reproduisent la plante. Le *M. polymorpha* est vulgairement nommé *Hépatique terrestre* et *H. des fontaines*. Il a été vanté contre les affections du foie, les dermatoses chroniques, les hydropisies, la phthisie pulmonaire, etc. (H. Bn, *Tr. Bot. méd., crypt.*, 52.)

MARCHESINIUS (Gray, *Arr. brit. pl.*, I, 679). Synonyme de *Phragmicoma* Nees.

MARCIDÆ (Batsch, *Tab. aff.*, 223). Ordre des Monopétales.

MARCIELIA (Steud.). Pour *Macileia* Vandell.

MARCKHAMIA (Seem., *Journ. Bot.* [1863], 226). Synonyme de *Dolichandrone* Fenzl, d'après la plupart des auteurs. Nous avons cependant conservé le genre comme distinct (*Hist. des pl.*, X, 47). Le type en est le *Spathodea stipulata* Wall.

MARCORELLA (Neck., *Elem.*, II, 122). Synon. de *Rhamnus* T.

MARCOTTE. Procédé horticole qui consiste à faire développer sur une plante des racines adventives, avant que la partie sur laquelle elles se produisent soit séparée de la plante mère. Il y a aussi des marcottages naturels, comme dans les Fraisiers et un grand nombre d'autres plantes à stolons.

MARCUCCIA (Becc., in *N. Giorn. bot. ital.*, III, 184). Genre d'Anonacées-Uvariées, établi pour une plante de Bornéo, rangé près des *Sphærothalamus*. (Dur., *Ind. phanér.*, 5.)

MAREDOC. Nom tamoul de l'*Ægle Marmelos* Corr.

MAREILP. Nom indien du *Pinus amabilis* Dougl.

MARENGA (Endl.). Pour *Maragna* Salisb.

MARENTERIA (Noronh., ex Dup.-Th., *Nov. gen. madag.*, 18, n. 60). Section du genre *Uvaria* L. (H. Bn, in *Adansonia*, VIII, 304, 325; *Hist. des pl.*, I, 200.)

MAREYA (H. Bn, in *Adansonia*, I, 73; *Hist. des pl.*, V, 73). Genre d'Euphorbiacées uniovulées, voisin des *Alchornea* et *Acalypha*, distingué par des fleurs mâles à 10-20 étamines et des femelles à 4-6 sépales, accompagnées d'une petite bractée. Les inflorescences sont de longs épis de glomérules. Ce sont quelques arbustes de l'Afrique tropicale, alternifoliés. [H. Bn.]

MARFIL VÉGÉTAL. Nom espagnol du Corozo.

MARFOURÉ. En Provence, l'*Helleborus fœtidus* L.

MARFUMA. Au Congo, la farine de Manioc.

MARGACOLA (Buckl., in *Proc. Acad. Philad.* [1861], 457). Synonyme de *Trichocoronis* A. Gray.

MARGAL. Nom languedocien du *Lolium arvense* Schr.

MARGALEIA (Rafin., in *Ser. Bull.*, I, 219). Sect. du g. *Scleria*.

MARGALLION VELU. Les racines du Palmier nain.

MARGARANTHUS (Schlcht., *Hort. hal.*, I, t. 1). Genre de Solanacées-Solanées, établi pour quelques herbes mexicaines, qui se distinguent dans le groupe par une corolle urcéolée, à orifice étroit et tronqué. Le calice persiste et devient enflé, globuleux, autour du fruit. (H. Bn, *Hist. des pl.*, IX, 331.)

MARGARETTA (Oliv., in *Trans. Linn. Soc.*, XXIX, 111, t. 76). Genre d'Asclépiadacées-Cynanchées, établi pour une plante de l'Afrique tropicale, à tige tubériforme et à branches dressées, dont la corolle est rotacée et dont la couronne est formée de 5 larges écailles pétaloïdes, étalées, pourvues en dedans de 2, 3 squamelles. Les feuilles sont opposées et étroites. (B. H., *Gen.*, II, 759, n. 67.) [H. Bn.]

MARGARIDA. Nom languedocien de la Grande-Marguerite.

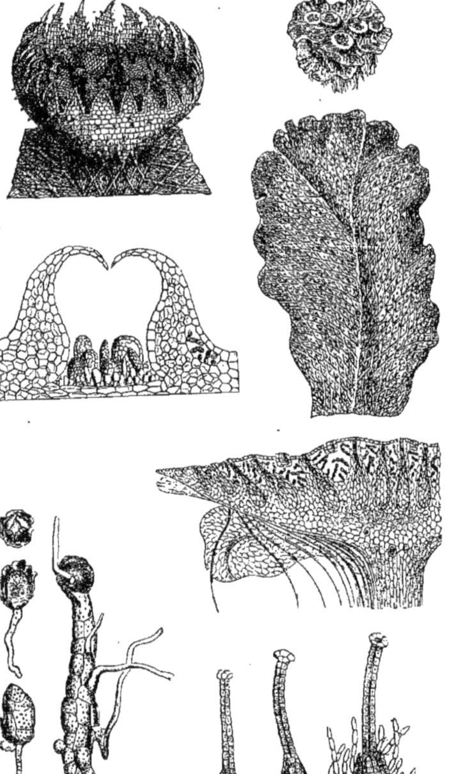

Marchantia. — Portion de fronde. Corbeilles à propagules. Portion du chapeau mâle Sporanges. Germination.

MARGARIDÉTA. Nom languedocien du *Bellis perennis* L.

MARGARIDIÉ. Nom languedocien du *Chamomilla nobilis* God.

MARGARIPES (DC., *Prodr.*, VI, 270). Sect. du g. *Antennaria*.

MARGARIS (DC., *Prodr.*, IV, 483). Synon. de *Chiococca* P. Br.

MARGARIS (Griseb., *Cat. pl. cub.*, 134, nec DC.). Synonyme de *Margaritopsis* C. Wright.

MARGARITA (Gaud., *Fl. helv.*, V, 10, 325). Synonyme de *Bellidiastrum* Mich.

MARGARITARIA (L. f., *Suppl.*, 66). Genre hétérogène, formé d'une Combrétacée et peut-être de la fleur femelle du *Cicca antillana* J.

MARGARITARIA (KOCH, *Syn.*, 364). Synon. de *Margaripes* DC.

MARGARITOPSIS (C. WRIGHT, in *Sauv. Fl. cub.*, 68. — B. H., *Gen.*, II, 133, 1229). Section du genre *Uragoga* L., à petites fleurs axillaires et terminales, solitaires, à ovaire 2-loculaire. On n'en connaît qu'une espèce de Cuba. (H. BN, in *Adansonia*, XII, 334; *Hist. des pl.*, VII, 286.)

MARGARITOXON (JAN., in *Verh. d. Schles. Ges.* [1861]). Genre de Diatomacées marines, de la famille des Tabellariées, d'après Rabenhorst. Synonyme de *Entopyla* EHRB. pour quelques diatomistes, et pour certains de *Gephyria* (Fragillariées). [CH. M.]

MARGAROCARPUS (WEDD., in *Ann. sc. nat.*, sér. 4, I, 203). Synonyme de *Pouzolzia* GAUDICH. (B. H., *Gen.*, III, 388.)

MARGAROSPERMUM (DCNE, in *Jacquem. Voy., Bot.*, 122). Synonyme de *Rhytispermum* LINK et *Batschia* GMEL.

MARGAROSPERMUM (REICHB., *Fl. exc.*, I, 337). Section du genre *Lithospermum* T.

MARGAU. Le *Lolium perenne* L.

MARGINAIRE (*marginarius*). Nom donné par B.-Mirbel aux cloisons des fruits septicides.

MARGINAL (*marginalis*). Qui occupe le bord, qui concerne le bord des organes.

MARGINARIA (BORY, *Dict.*, VI, 587). Section du genre *Polypodium* L. (ENDL., *Gen.*, Suppl., I, 1311.)

Marginaria (*Polypodium*). — Sporanges fertiles et stériles.

MARGINARIA (A. RICH., *Fl. Nov.-Zel.*, 10). Genre d'Algues-Fucacées, des *Sargasseæ*, d'après Kützing. La fronde, à racine fibreuse, est plane, coriace, cartilagineuse, pinnée. Ses divisions sont linéaires ou lancéolées, dichotomes, spino-dentées, sans nervures; elles émettent de leurs bords supérieurs des vésicules et des réceptacles formés par l'évolution des expansions marginales. Les vésicules sont globuleuses ou piriformes, pétiolées. Les réceptacles sont stipités, assez grands, simples, cylindriques ou comprimés. Les spores sont grandes et entourées d'un mucus mucilagineux; elles sont nombreuses, sphéroïdales. Les scaphidies sont pourvues d'un ostiole. (Voy. J.-G. AGH, *Spec., gen. et ord. Alg.*, I, 255.) [CH. M.]

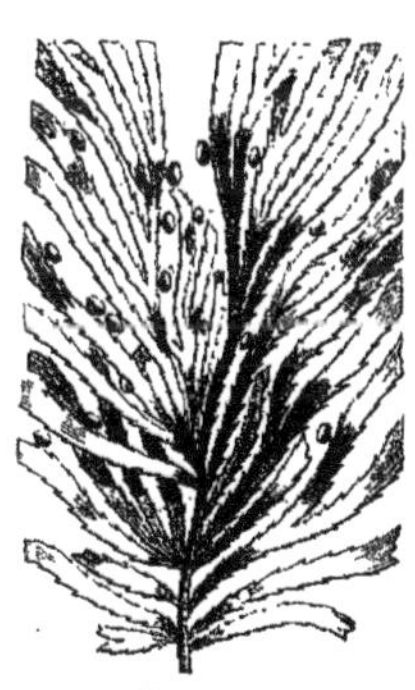

Marginaria.

MARGO. Le bord ou marge des organes.

MARGOSA. En Portugal, le *Momordica Charantia* L.

MARGOSE. Nom vulgaire du *Momordica Balsamina* L.

MARGOSIER. L'*Azadirachta indica* A. JUSS.

MARGOTIA (BOISS., *Elench. pl. Hisp. austr.*, 52; *Voy.*, 263, t. 79). Genre d'Ombellifères-Daucées, dont nous n'avons fait (*Hist. pl.*, VII, 202) qu'une section du genre *Thapsia*. [H. BN.]

MARGOTS. Les fruits des *Viburnum canadense* et autres.

MARGOUSIER. Le *Melia Azederach* L.

MARGUERITE (Reine-). L'*Aster chinensis* L. La Grande-Marguerite est le *Chrysanthemum Leucanthemum* L.; la Petite est le *Bellis perennis* L.

MARGUERITE BLEUE. Le *Globularia vulgaris* L.

MARGUERITE DES CHAMPS, M. DES PRÉS. Le *Chrysanthemum Leucanthemum* L.

MARGUERITE DORÉE. Le *Chrysanthemum segetum* L.

MARGUERITELLE. Le *Bellis perennis* L.

MARGYRICARPUS (R. et PAV., *Prodr.*, VII, t. 33; *Fl. per.*, I, 28, t. 8 A). Genre de Rosacées - Sanguisorbées, à fleurs 4, 5-mères, apétales, 2, 3-andres, avec un seul carpelle uniovulé, qui devient un fruit sec autour duquel persiste le réceptacle charnu, coriace ou ailé. Ce sont 3 arbustes rigides, de l'Amérique méridionale, à feuilles dimorphes, spinescentes, imparipennées ou simples. (WEDD, *Chlor. andin.*, II, t. 77. — H. BN, *Hist. pl.*, I, 464.)

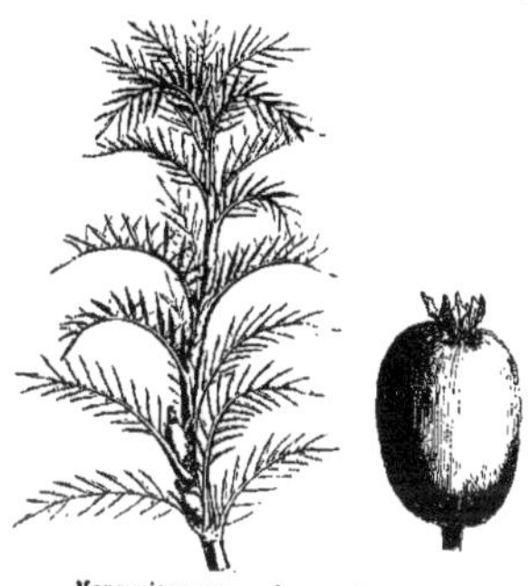

Margyricarpus. — Rameau florifère. Fruit.

MARI. Le *Ceanothus reclinatus*.

MARIA (DC., *Prodr.*, VII, part. II, 602). Section du genre *Leucothoe* DC.

MARIA ANTONIA (PARLAT., *Mar.-Anton.*, *nov. gen.* [1814], c. ic.). Synonyme de *Crotalaria* L.

MARIALVA (VANDELL., ex *DC. Prodr.*, I., 560). Synonyme de *Tovomita* AUBL.

MARIANA (HILL, *Hrt. kew.*, 61). Synonyme de *Silybum* VAILL.

MARIANTHEMUM (SCHRANK, *Hort. monac.*, ex DC.; *Denkr. Reg. Ges.*, II). Genre proposé pour le *Campanula crispa* LAMK.

MARIANTHUS (HUEG., *Enum. N.-Holl.*, 8). Genre de Pittosporées, formé de 12-15 sous-arbrisseaux australiens, à fleurs 5-mères; le gynécée 2, 3-mère; à capsule coriace ou membraneuse, épaisse ou un peu comprimée; à graines nombreuses, non ailées. Les branches sont souvent volubiles ou flexueuses. On en cultive quelques-uns. (H. BN, *Hist. des pl.*, III, 444, fig. 426, 427.)

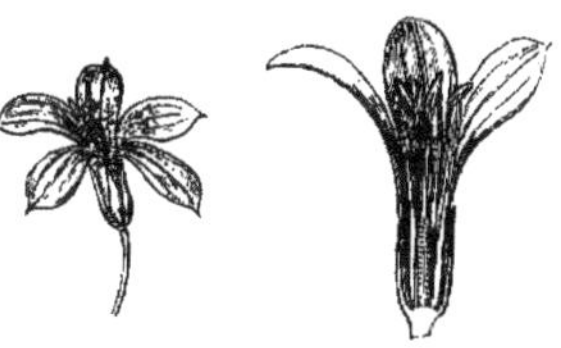

Marianthus. — Fleur, entière et coupe longitudinale.

MARIA PRETA. Au Brésil, le *Blanchetia heterotricha* DC. et le *Melanoxylon Brauna* SCHOTT.

MARIARMO. En Provence, l'*Hyssopus officinalis* L.

MARIBLÉ. Nom languedocien du *Marrubium vulgare* L.

MARICA (KER, in *Bot. Mag.*, t. 654, non 655). Genre d'Iridacées-Moréées, formé de 8, 9 herbes vivaces, américaines et africaines; distingué par des fleurs à tube nul; les pétales dressés, récurvés ou flexueux; les styles à branches prolongées en 2, 3 lobes dressés, ronds ou aplatis. Quelques espèces sont cultivées. (*Bot. Mag.*, t. 654, 3713, 3809, 6380). [H. BN.]

MARICA (SCHREB., *Gen.*, 37). Synonyme de *Cipura* AUBL.

MARICACAO. Nom, aux Philippines, des *Gliricidia* H.B.K.

MARICÉ. Le *Lotus corniculatus* L.

MARICHA. A Java, le *Piper nigrum* L.

MARI DE LA PUNAISE. Nom vulgaire de la Coriandre.

MARIE-BAISE. Nom français de l'*Anona squamosa* L.

MARIE-GALANTE. L'*Exostema caribœum* RŒM. et SCH.

MARIE-GOUJU. Le *Passiflora fœtida* L.

MARIETTA COLOMBO. Nom anglais du *Swertia Walteri* H. BN.

MARIETTE. Le *Campanula Medium* L.

MARIETTE (HERBE DE, COLOMBO DE). Le *Swertia Walteri* H. BN.

MARIE VULGAIRE, M. ÉPINEUSE. Le *Salsola Soda* L.

MARIGNAN. Synonyme d'Aubergine.

MARIGNIA (COMMERS., ex K., in *Ann. sc. nat.*, sér. 1, II, 351). Section du genre *Bursera* L.

MARIGOLD. En Angleterre, le Souci et plusieurs Ficoïdes.

MARIGOUJA. Aux Antilles, le *Passiflora fœtida* L.

MARIGOULE. Nom, en Roussillon, du *Morchella esculenta* P.

MARILA (SW., *Prodr.*, 84). Genre de Ternstrœmiacées-Bonnétiées, formé de 4 arbres de l'Amérique méridionale, à feuilles opposées, persistantes; les nervures pennées et parallèles; à grappes axillaires de fleurs 4, 5-mères, ∞-andres; à capsules linéaires. (H. BN, *Hist. des pl.*, IV, 237, 261.)

MARILLEN. Nom allemand ancien de l'Abricot.

MARIMINNA (UNG., *Chlor. protog.*, 58, 66, t. 18; *Syn. pl. foss.*, 177). Genre de Naïadacées (?) fossiles.

MARINA (LIEBM., in *Vid. Meddel. Kjob.* [1853], 103). Genre de Légumineuses-Papilionacées-Galégées, établi pour une herbe annuelle du Mexique; distingué par des fleurs à lobes calicinaux dentés et à peine accrus, et à graine libre dans le péricarpe. (H. BN., *Hist. des pl.*, II, 286.)

MARINÆ. Série 2 (B. H., *Gen.*, III, 449) des Hydrocharidées.

MARINCLIN. Nom vulgaire du *Marrubium vulgare* L.

MARINHEIRO. Nom brésilien du *Guarea purgans* A. JUSS.

MARINHEIRO DA FOLHA MINDA (MARCGR.). Nom, au Brésil, du *Trichilia cathartica* MART. Le *M. de folha larga* est le *T. havanensis* JACQ.

MARIOTTE (Edme). Mort en 1684, était prieur de l'abbaye de Saint-Martin-sous-Beaune. Il a écrit, en 1679, un *Premier essay de la végétation des plantes*, lettre à M. Lantin (in-12).

MARIPA (AUBL., *Guian.*, 141, t. 54). Syn. de *Mouroucoa* AUBL.

MARIPOSA LILIES. En Angleterre, les *Calochortus*.

MARIRICO. Au Brésil, le *Sisyrinchium galerioides* GOM.

MARISCUS (EHRH., *Phytoph.*, n. 21). Synon. de *Cladium* BR.

MARISCUS (GÆRTN., *Fruct.*, I, t. 2). Genre complexe, comprenant des *Schœnus* et des *Kyllingia*.

MARISCUS (MŒNCH, *Meth.*, 350). Synon. de *Scirpidium* NEES.

MARISCUS (VAHL, *Enum.*, II, 372). Section du genre *Cyperus*.

MARISMA. En Espagne, l'*Atriplex Halimus* L.

MARISQUE. Le *Cladium Mariscus* R. BR.

MARITONDI. Nom cingalais du Henné.

MARIWAYANA. A la Guyane, les *Copaifera pubiflora* et *bracteata* BENTH.

MARJOLAINE. L'*Origanum Majorana* L., dont on a aussi fait un genre, sous le nom de *Majorana*. Le *Genista tinctoria* L.

MARJOLAINE BATARDE. Le *Cypripedium Calceolus* L.

MARJOLAINE D'ANGLETERRE (GRANDE), M. BATARDE, M. SAUVAGE. L'*Origanum vulgare* L.

MARJOLAINE (PETITE) SAUVAGE. L'*Origanum Majorana* L.

MARJORAM. Nom anglais de la Marjolaine.

MARKEA (L.-C. RICH., in *Act. Soc. Hist. nat. Par.* [1792], 107). Genre de Solanacées-Cestrées, distingué par des fleurs à calice valvaire, une corolle imbriquée, à tube dilaté supérieurement, un fruit charnu, à péricarpe finalement membraneux. Ce sont 4 arbustes épiphytes de l'Amérique tropicale, parfois cultivés, à feuilles entières, à belles fleurs jaunes ou coccinées, disposées comme en grappes sur un rachis noueux. (H. BN, *Hist. des pl.*, IX, 354.)

MARKÉE. Nom français (LAMK) des *Markea* RICH.

MARKLINIA (BRONN, *Traub. Reinth.*, 11). « Genre » de Vignes.

MARLEA (ROXB., *Pl. coromand.*, III, 79, t. 283). Section du genre *Alangium* LAMK. (H. BN, in *Adansonia*, V, 195; *Hist. des pl.*, VI, 270.)

MARLEG. Aux îles Feroë, le *Conferva Ægagropila* L.

MARLIERIA (CAMBESS., in *A. S.-H. Fl. Bras. mer.*, II, 373, t. 156). Genre de Myrtacées, voisin des *Myrtus* et *Myrcia*, distingué par des fleurs 4, 5-mères, avec ou sans corolle; un ovaire à 2, 3, rarement 4 loges, avec 2 ovules dans chaque loge. Le réceptacle floral, après avoir enveloppé l'ovaire, se prolonge en un tube évasé sur lequel s'échelonnent les étamines nombreuses. Le calice s'ouvre par déchirure dans les vrais *Marlieria*. Ce sont, au nombre de plus de 50, des arbres et des arbustes de l'Amérique tropicale. Leur fruit est quelquefois comestible. (H. BN, *Hist. des pl.*, VI, 308, 352.)

MARLOTHIA (ENGL., in *Bot. Jahrb.*, X, 39). Genre de Rhamnacées, très voisin des *Helinus*, à 5 sépales aigus, étalés, à pétales concaves; l'ovaire à 2, 3 loges uniovulées. Le *M. spartioides* est un sous-arbrisseau africain, à feuilles lancéolées, à cymes 1-3-flores. [H. BN.]

MARMARITIS. Nom ancien des Fumeterres.

MARMELADE, M. NATURELLE. Le fruit du *Lucuma mammosa*.

MARMELEIRA. Nom portugais du Cognassier.

MARMELEIRO DO CAMPO. Au Brésil, le *Maprounea brasiliensis* A. S.-H. (*Excœcaria*.)

MARMELEIRO DO MATO. — Voy. GUIDONIA.

MARMELOS. Nom espagnol du Cognassier.

MARMITE DE SINGE. Le fruit des *Lecythis*.

MARMOLIER. Nom français des *Duroia*. C'est aussi le *Genipa americana* PLUM.

MARMORARIA. Nom ancien des Acanthes.

MARMORITES (BENTH., in *Hook. Bot. Misc.*, III, 377). Synonyme de *Glechoma* L.

MARMOTTES (HUILE DE). Celle du *Prunus brigantiaca* VILL., comestible comme l'huile d'olives.

MARO. Le *Cocos nucifera* L.

MARO CORTUSO. Nom espagnol de la Sclarée et du *Teucrium Marum* L.

MAROC (GOMME DE). Celle de l'*Acacia Senegal* W.

MAROGNA (Nicolas). Auteur [1608] d'un Commentaire sur Dioscoride et Pline, *de Amomo* (in-4 de 75 p.).

MAROGNA (SALISB., in *Trans. Hort. Soc.*, I, 282). Synonyme de *Amomum* L.

MAROHI. Synonyme de *Roi*.

MARONC. Le *Mimusops Elengi* L.

MARONGAIE. Plante de Sumatra, à saveur de Raifort (MARSD.)

MARONI, MAROUT. Noms, au Maroc, du Marrube blanc. Le *M. Zarbe* est le *Salvia triloba* L.

MARONION. Nom ancien (APULÉE) de la Grande Centaurée.

MARONNE. Synonyme de Maroute.

MAROON JANCOLE. A S.-Croix, l'*Anthurium cordifolium* K.

MAROPOTLA. Le *Kigelia africana* H. BN.

MAROPSIS (POM., *Nouv. matér. Fl. atl.*, 121). Genre proposé pour le *Marrubium deserti* DE NOÉ.

MAROSSE. Nom malgache (BOJ.) du *Pittosporum ochrosiæfolium* BOJ.

MAROTTE. Nom vulgaire, dans le nord de la France, des *Typha*, à cause de la forme de leur inflorescence.

MAROTTI (RHEED., *Hort. malab.*, I, t. 36). Synonyme de *Hydnocarpus* GÆRTN.

MAROTTIA (RAFIN., *Fl. tell.*, 155). Syn. (?) de *Marotti* RHEED.

MAROU. A Coromandel, la Marjolaine.

MAROUI, MAROUT, M'ROI. Noms marocains du *Marrubium vulgare* L.

MAROULLA. Nom crétois des Laitues.

MAROUNE. Synonyme de Maroute.

MAROUT. — Voy. MAROU.

MAROUT ZARBE. Nom marocain du *Salvia triloba* L.

MAROUTE, M. PUANTE. L'*Anthemis Cotula* L.

MARQUARTIA (HASSK., in *Flora* [1842], *Beibl.*, II, 14). Synonyme de *Pandanus*.

MARQUARTIA (VOG., in *Pl. Meyen.*, 35, t. 1, 2). Synonyme de *Milletia* W. et ARN.

MARQUES DES CELLULES. — Voy. PHYTOCYSTE.

MARQUET (Fr.-Nicol.). Mort à Nancy en 1759, a écrit [1773] un *Venimecum* de botanique (2 vol. in-12 de 776 p.).

MARQUET. Le *Sedum acre* L.

MARQUETTE. L'*Arum maculatum* L.

MARQUIS (Al.-Louis). Professeur à Rouen [1777-1828], auteur d'un *Essai sur les Gentianes*, de *Recherches sur le Chêne*, a tracé [1820] une *Esquisse du règne végétal*, et [1821] des *Fragments de philosophie botanique* (in-8 de 207 p.).

MARQUISIA (A. RICH., *Rub.*, 112). Synonyme de *Coprosma*.

MARQUOIS. Synonyme de Foirolle.

MARRÈNE. Nom français des *Hydrocharis*.

MARROCHEMIN. Le Marrube blanc.

MARRON (BOIS). Nom, à Bourbon, du *Frappiera montana* J. DE CORDEM. (*Psiadia*).

MARRON D'EAU. Le *Trapa natans* L.

MARRON DE COCHON. Le *Cyclamen europæum* L.

MARRON D'INDE. La graine de l'*Æsculus Hippocastanum* L.

MARRON DU CAP. Le fruit de l'*Anacardium occidentale* L.

MARRON, M. D'EUROPE. Le fruit du *Castanea vulgaris* LAMK.

MARRONNIER D'INDE. L'*Æsculus Hippocastanum* L.

MARROUKAREI-KAI. Le *Genipa* (*Gardenia*) *dumetorum* H. BN.

MARROYO NEGRO. En Portugal, la Ballote.

MARRUBE (*Marrubium* L., *Gen.*, n. 721). Genre de Labiées-Bétonicées, formé d'une trentaine de plantes de l'ancien monde et de l'Amérique du Nord, herbacées et vivaces, distinguées par un calice 5-10-denté; une corolle à tube inclus; la lèvre postérieure concave ou presque plane; des loges d'anthères finalement confluentes; des achaines arrondis au sommet. Les fleurs sont disposées en faux verticilles axillaires. Le M. blanc ou commun, herbe vivace, très commune, dont le *M. Vaillantii* n'est qu'un état monstrueux, a été employé en médecine, mais doit être peu actif. (NEES, *Gen. Fl. germ.* — GREN. et GODR., *Fl. de Fr.*, II, 699. — H. BN, *Tr. Bot. méd. phanér.*, 1251, fig. 3185, 3186.) [H. BN.]

MARRUBE (FAUX). Le *Sideritis montana* L.

MARRUBE AQUATIQUE. Le *Lycopus europæus* L.

MARRUBE NOIR, M. FÉTIDE. Le *Ballota fœtida* LAMK.

MARRUBIASTRUM. Anciennement, la Ballote et la Cardiaque.

MARRUBIASTRUM (JACQ., *Fl. austr.*, t. 405). Synonyme de *Chaiturus* MŒNCH.

MARRUBIASTRUM (MŒNCH, *Meth.*, 391). Syn. de *Sideritis* L.

MARRUBIEÆ. Sous-tribu des Labiées-Bétonicées-Stachydées. (BENTH., in *DC. Prodr.*, XII, 407.)

MARRUBIN. Le *Ballota nigra* L.

MARRUBIUM AQUATILE (DOD.). Le *Lycopus europæus* L.

MARSAN. Le *Murraya exotica* L.

MARSANA (SONN., *Voy.*, t. 139). Synonyme de *Murraya* KŒN.

MARSAULT, MARSOT, MARSEAU. Le Saule Marceau.

MARSCHAL VON BIEBERSTEIN (Fried.-Aug.). Est célèbre par la publication de son *Flora taurico-caucasica* [1808-1819], 3 vol. in-8. On lui doit aussi : *Centuria plantarum rariorum Rossiæ meridionalis* [1810], et *Beschreibung des Länder zwischen den Flüssen Terek und Kur am Kaspichen Meere* [1800], in-8 de 211 p. Il enseignait à Charkow et mourut à Maref près de cette ville. (*Cat. sc. pap.*, IV, 249.)

MARSDENIA (R. BR., in *Mem. Werner. Soc.*, I, 28). Genre d'Asclépiadacées, qui a donné son nom à la série des *Marsdéniées*, et qui est formé de plantes ordinairement volubiles, à feuilles opposées, à fleurs en cymes généralement ombelliformes. Les fleurs sont distinguées par une corolle presque rotacée, campanulée, hypocratérimorphe ou urcéolée; une couronne de 5 écailles planes, à face adnée, à sommet libre dans une courte étendue, rarement plus allongées, parfois tout à fait adnées. Les étamines ont des anthères dressées, à pollinies solitaires dans chaque loge, et ascendantes. Ce sont, au nombre d'une soixantaine, des plantes des régions chaudes des deux mondes; on en cultive quelques-unes dans les jardins botaniques. (*Bot. Mag.*, t. 3289, 4299.) [H. BN.]

MARSEA (ADANS., *Fam.*, II, 122). Syn. de *Fimbrillaria* CASS.

MARSEICHE. L'*Hordeum distichum* L.

MARSELLE. Le *Clematis Vitalba* L. Synonyme de Mancienne.

MARSETTE. Le *Phleum pratense* L.

MARSHALL (Humphry). Auteur [1785] d'un *Arbustum americanum* (in-8 de 174 p.), traduit en français et en allemand.

MARSHALLIA (GMEL., *Syst.*, 836). Synon. de *Homalium* JACQ.

MARSHALLIA (SCHREB., *Gen.*, II, 810). Section du genre *Tridax* L. (H. BN, *Hist. des pl.*, VII, 227.)

MARSH-ELDER. Nom, aux États-Unis, de l'*Iva frutescens* L.

MARSH ROSEMARY. Nom anglais du *Statice caroliniensis*.

MARSIGLI (Luig.-Fern., comte de). Auteur [1714], à Rome, de *Dissertatio de generatione Fungorum* (in-fol. avec 31 pl.).

MARSILÆA (NECK., in *Act. Theor.-Pal.*, III, 296, t. 21). Synonyme de *Salvinia* MICHELI.

MARSILE. Nom français (LAMK) des *Marsilea* L.

MARSILEA (L., *Gen.* [1737], n. 709). Genre de Rhizocarpées, représenté par des herbes à tige rampant dans la vase ou sur le sol et émettant des racines adventives. Elle porte des feuilles pétiolées, à limbe formé de 4 folioles disposées en 2 paires croisées. On voit, en outre, au moment de la fructification, des sacs ovoïdes, généralement géminés sur un pédoncule assez long, conné avec le pétiole de la feuille axillante. Ce sont des conceptacles, finalement bruns, déhiscents par une fente longitudinale qui est incomplète d'un côté. Leur cavité est partagée en deux par une cloison verticale, et chaque moitié est décomposée en

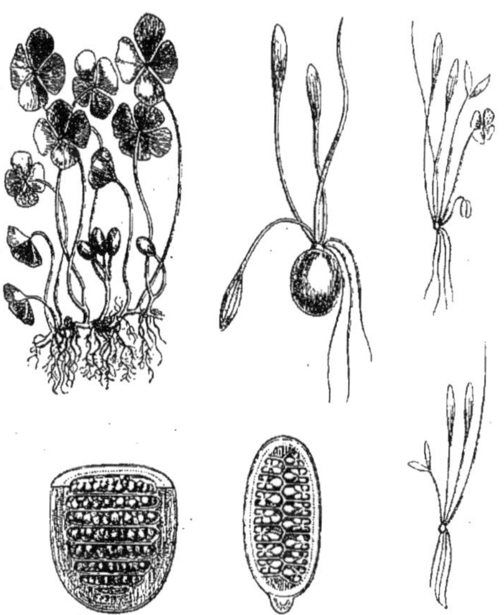

Marsilea. — Port. Conceptacles. Germination.

logettes par des cloisons horizontales. Celles-ci sont formées par l'union des parois d'autant de sacs creusés en travers, et ces parois sont formées de grands phytocystes mucilagineux, se gonflant beaucoup sous l'influence de l'eau. Chaque logette renferme trois files de sporanges. Ceux des deux files marginales sont des microsporanges sessiles; ceux de la file moyenne, des macrosporanges stipités et claviformes. Ils contiennent les uns des microspores, les autres des macrospores. Au moment de la déhiscence du sporocarpe, le tissu qui enveloppe les sporanges, gonflé par l'humidité, fait saillie au dehors, s'étale et constitue un ensemble (anneau) déployé, qui figure une sorte d'épi unilatéral, fixé par sa base dans le conceptacle béant et portant sur deux lignes parallèles, latérales, les sacs ou logettes renfermant les sporanges. Il se forme dans les microsporanges des anthérozoïdes enroulés en spirale, avec une douzaine de tours. Ils portent antérieurement plusieurs cils vibratiles et adhèrent de ce côté à une vésicule pleine de granules amylacés. Les macrospores produisent un prothalle peu volumineux, qui ne porte qu'un oosporange terminal, dont le col est court et au fond duquel se trouve l'oosphère, transformée en oospore après la fécondation par les anthérozoïdes. La plantule qui résulte du développement de l'oospore produit des racines en bas et des feuilles en haut. Les premières feuilles sont simples et linéaires, sans limbe. Dans les suivantes, le sommet du pétiole se dilate en une petite lame unique. Un peu plus loin, les feuilles ont deux folioles, et plus loin encore quatre; elles rappellent celles des Trèfles. A. Braun connaissait déjà 37 *Marsilea* en 1863. Chez nous, l'espèce commune est le *M. quadrifolia* L. Les conceptacles de la plupart des espèces renferment une matière amylacée alimentaire, qui a pu rendre des services dans les cas de disette. De là le nom du *M. salvatrix*. [H. Bn.]

MARSILEA (MICHELI, *Nov. gen.*, 5, t. 4). Genre de Cryptogames, comprenant à la fois des *Pellia*, *Metzgeria* et *Aneura*.

MARSILEACEÆ (R. BR., *Prodr.*, I, 166). Ordre comprenant les *Marsilea* et *Azolla*. L'auteur le rapportait aux Monocotylédones. Aujourd'hui on en fait des Cryptogames-Rhizocarpées.

MARSILI (Giov.). Professeur à Padoue, a écrit *Fungi carrariensis Historia* [1766] et une *Notice sur le jardin des simples de Padoue*, qui date de 1771 et n'a été imprimée qu'en 1840.

MARSIOURE. Nom languedocien de l'*Helleborus fœtidus* L.

MARSIPPOSPERMUM (DESVX, *Journ. Bot.*, I, 328, t. XII, [1808]). Genre établi pour le *Juncus grandiflorus* L. Il n'est pas distingué des Joncs par Kunth et par Steudel. Le seul caractère qu'on puisse invoquer pour l'autonomie générique du *Marsippospermum* est le mode de déhiscence de la capsule, qui s'ouvre seulement dans sa moitié supérieure et non jusqu'à la base. Il a ses tiges uniflores, et son périanthe atteint jusqu'à 0m,03 de longueur; il offre les plus grandes fleurs de toute la famille; sa capsule est dans les mêmes proportions. Desvaux invoque comme distinction générique le grand développement du testa aux deux extrémités du nucelle; mais il est évident qu'il n'y faut voir que l'exagération d'un caractère qui se retrouve dans les graines de tous les Joncs et de toutes les Luzules. Il n'est connu qu'à Magellan et dans les parages voisins. [A. F.]

MARS-MALLOW. Aux Antilles anglaises, l'*Abutilon lignosum*.

MARSONIA (SACC., *Michel.*, II, 11. — RABENH., *Fl. eur. Alg.*, n. 1857). Genre de Mélanconiés, formé pour les *Glœosporium* à conidies biloculaires. Le stroma discoïde, de couleur pâle, reste longtemps ou toujours recouvert par l'épiderme des feuilles qu'il habite. Les conidies sont ovoïdes ou ovales, biloculaires, hyalines. M. Saccardo en a décrit 19 espèces, vivant sur les feuilles de Peuplier, d'Érable, de Noyer, de Fusain et de plusieurs plantes herbacées; la plupart sont européennes. (SACC., *Syll. Fung.*, III, 767; *Addit.*, 367.)

MARSSONIA (KARST., *Fl. colomb.*, I, 97, t. 48). Synonyme de *Napeanthus* GARDN. (H. BN, *Hist. des pl.*, X, 94.)

MARSUPELLA (DUMORT., *Comm. bot.*, 114). Synonyme (part.) de *Sarcoscyphus* et de *Chiloscyphus* CORDA. Les types du genre sont les *Jungermannia polyanthos* et *emarginata*.

MARSUPIA (DUMORT., *Syll. Jung.*, 77). Synonyme de *Sarcoscyphus* CORDA.

MARSYPIANTHES (MART., in *Benth. Labiat.*, 64). Genre de Labiées-Ocimoïdées, dont les fleurs sont construites comme celles des *Hyptis*, mais dont le fruit est formé d'achaines ovoïdes et comprimés, à face intérieure concave; les bords membraneux et involutés. Ce sont des herbes américaines, à verticillastres souvent capituliformes. (HOOK., *Icon.*, t. 457. — G.-A. SCHM., in *Mart. Fl. bras.*, VIII, t. 16.)

MARSYPOCARPUS (NECK., *Elem.*, III, 91). Syn. de *Capsella*.

MARSYPOPETALUM (SCHEFF., *Obs. phyt.*, II, 30). Genre d'Anonacées, rangé près des *Rollinia*. (DUR., *Ind. phanér.*, 6.)

MARTAGON (SALISB., *Gen. pl. Fragm.*, 56). Syn. de *Lilium*.

MARTEAU. Le *Narcissus Pseudo-Narcissus* L.

MARTELLA (ADANS., *Fam. des pl.*, II, 5). — Voy. HYDNUM.

MARTELLI (Nicc.). Enseignait la botanique à Rome, où il mourut en 1829, et a écrit une brochure rare : *Braschiæ plantæ novi generis descriptio*, etc., relative à deux *Sedum* (20 p. et 1 pl.).

MARTENS (Fréd.). A publié un *Voyage scientifique fait, en 1671, au Spitzberg et au Groenland*. — Martin MARTENS, professeur à Louvain, mort en 1863, a écrit une liste des plantes mexicaines de Galeotti et, avec ce dernier, un *Mémoire sur les Fougères du Mexique* [1842], in-4 de 99 p. et 23 pl.

MARTENSELLA (COEM., in *Bull. Acad. Belg.* [1863], 536). Genre d'Hyphomycètes, dont les filaments myceliens, ramifiés et cloisonnés, rampent en compagnie des *Mucor* sur lesquels ils se fixent en parasites. Ces filaments donnent naissance à des conidiophores dressés, gris, jaunâtres, portant latéralement des branches courbées qui se terminent en forme de nacelle. La concavité de cette sorte de nacelle porte une double rangée de conidies allongées, fusiformes, hyalines. Une seule espèce de ce genre est connue. [DE S.]

MARTENSELLÉES (COST., *Mucéd. simpl.* [1888], 51). Famille d'Hyphomycètes, que l'auteur forme des quatre genres *Coronella*, *Martensella*, *Coemansia*, et *Kickxella*, qui ont les spores portées sur des appareils en forme de nacelle. [DE S.]

MARTENSIA (HERING, in *Ann. nat. hist.*, VIII, 92). Algues-Floridées, de la famille des *Claudieæ* (Dcne), de celle des Gastérocarpées d'après Kützing et Payer; de celle des Rhodomelées d'après J.-G. Agardh. La fronde de ces Algues est plane, dichotome, subimbriquée et pourvue de lobes excroissants, à segments subcunéo-flabelliformes. La partie inférieure est aréolée, celluleuse; mais dans la portion supérieure elle est perforée et pourvue de zones concentriques qui résultent de la disposition particulière de nervures trabéculaires. La fructification s'opère dans lesdites nervures. Les kéramidies sont arrondies, comprimées; le péricarpe est celluleux, muni d'un carpostome. Les gemmidies sont piriformes, placées dans l'article terminal de filaments qui rayonnent d'un placenta central. Les sphærospores, réunies dans un tissu peu resserré, dans les trabécules, sont divisées triangulairement. J.-G. Agardh a divisé le genre *Martensia* en deux sections, caractérisées par les dispositions diverses de la fronde. (J.-G. AGH, *Spec., gen. et ord. Alg.*, IV, 826.) [CH. M.]

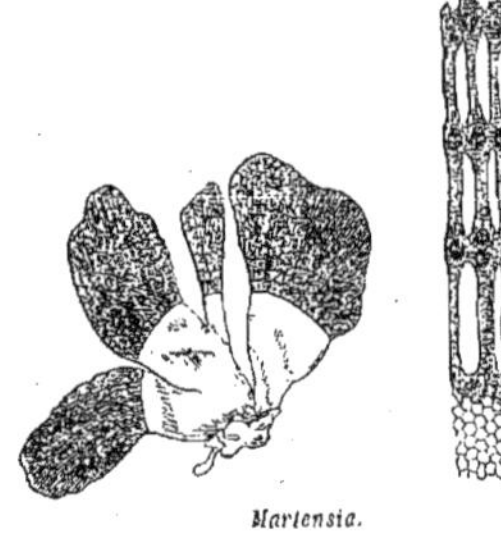

Martensia.

MARTENSIA (GIS., *Prælect.*, 207). Synonyme de *Alpinia* L.

MARTENSIA (REICHB., *Nom.*, 128). Synonyme de *Otaria* K.

MARTERSTECK (Joh.-Clem.). Auteur, à Bonn [1792], d'un *Bonnischer Flora*, non terminé (in-8 de 475 p.).

MARTHE (Fr.). Auteur [1801] d'un *Catalogue des plantes du jardin médical de Paris* (in-8 de 144 p.).

MARTHINGOS. — Voy. DANGHEDI.

MARTI (Ant. de). Auteur, à Barcelone [1791], de *Exper. y observacion sobre los sexos y fecundacion de las plantas*, etc.

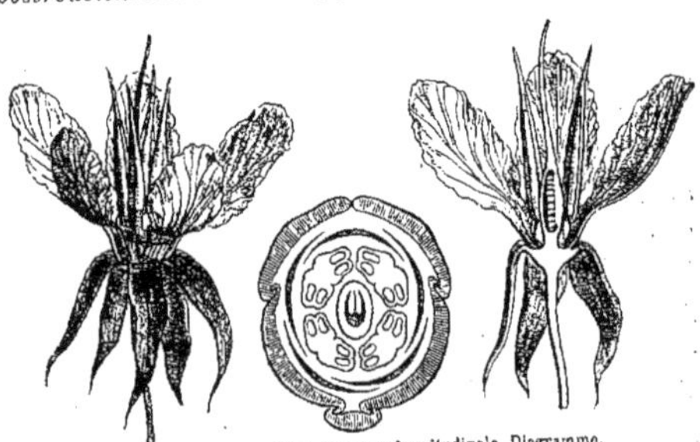

Martia. — Fleur, entière et coupe longitudinale. Diagramme.

MARTIA (BENTH., in *Hook. Journ. Bot.*, II, 146). Genre de Légumineuses-Cæsalpiniées, qui a des fleurs analogues à celles des *Cassia*, avec un réceptacle convexe, 5 sépales un peu inégaux, épais, légèrement imbriqués; 5 pétales peu inégaux; 4 étamines épaisses, à grosse anthère introrse, s'ouvrant par de courtes fentes. Le fruit est ovale ou oblong, indéhiscent, et à bords ailés. Ce sont 2 arbres du Brésil et de la Guyane, à feuilles imparipennées, à grappes composées. (H. BN, *Hist. des pl.*, II, 130, 189, fig. 108-110.)

MARTIA (LEANDR., in *Denkschr. Akad. Münch.*, VII, 233, t. 12). Synonyme de *Clitoria* L.

MARTIA (SPRENG., *Anleit.*, II, 788). Synonyme de *Elodes* SP.

MARTIA (ZUCC., in *Abh. Münch. Akad.*, I, 339, t. 14, 15). Synonyme de *Cologania* K.

MARTIN (Jos.). Directeur du jardin colonial à Cayenne, a récolté de nombreuses plantes qui se trouvent actuellement au Muséum de Paris, etc., et a écrit, en 1802, une *Notice sur la culture des arbres à épiceries introduits à Cayenne.*

MARTIN (Pehr.). Médecin d'Upsal, mort en 1728, a publié un *Catalogue des plantes de Joachim Burser* et une *Lettre à Hérard*, insérés dans les *Acta litter. Sueciæ* pour 1722 (p. 340).

MARTINDALIA (SACC. et ELLIS, *Misc. myc.*, II, 16. — SACC., *Syll. Fung.*, IV, 578). Genre d'Hyphomycètes, dont la seule espèce connue a été rencontrée à Newfield, dans l'Amérique septentrionale, sur des douves de tonneau en bois d'ormeau. Le *M. Spironema* forme des touffes blanches de filaments dressés, portant de longs conidiophores hyalins, spiralés, munis de denticules ou stérigmates qui servent de pédicelles aux conidies globuleuses, hyalines, puis d'un rose pâle. [DE S.]

MARTINELLIUS (GRAY, *Arr. brit. pl.*, I, 679, 690). Synonyme (part.) de *Radula* et de *Plagiochila* DUMORT.

MARTINELLO (Cechino). A écrit, à Venise [1604], *Raggionamento sopra l'Amomo e Calamo aromatico*, etc. (in-4 de 8 fol.).

MARTINERIA (VELL., *Fl. flum.*, V, t. 114). Synonyme de *Kielmeyera* MART.

MARTINEZIA (R. et PAV., *Fl. per. et chil. Prodr.*, 148, t. 32). Genre de Palmiers-Coccoïnées, formé de 6, 7 arbres à feuilles pennatiséquées, de l'Amérique tropicale. Les fleurs, monoïques et dans un même spadice, dans lequel les mâles ne sont pas immergées, ont des anthères incluses. Le calice est valvaire dans les fleurs femelles. Les divisions des fleurs sont cunéiformes, prémorses. Plusieurs espèces sont cultivées dans nos serres. (GÆRTN., *Fruct.*, II, t. 139, fig. 5. — MART., *Hist. nat. Palm.*, III, 283, 322, t. 161. — DRUDE, in *Mart. Fl. bras.*, III, II, t. 85.) [H. BN.]

MARTINI. Auteur, à Wolfenbüttel [1751], de *Dissertatio epistolaris de oleo Wittnebiano seu Kajuput* (in-4 de 31 p.). — Jakob MARTINI a écrit [1681] sur le *Botrychium Lunaria.*

MARTINIERA (GUILLEM., in *Deless. Ic. sel.*, III, 23, t. 40). Synonyme de *Wendtia* MEYEN.

MARTINIERA (VELL., *Fl. flum.*, V, t. 114). Synonyme de *Kielmeyera* MART.

MARTINIS (Bartol. de). A publié [1707] un *Catalogue* des plantes récoltées par lui sur le Monte Baldo (in-4 de 24 p.).

MARTINSIA (GODR.). Synonyme de *Boreava* JAUB. et SPACH.

MARTIUS (K.-Fried.-Phil. v.). L'un des plus célèbres botanistes de l'Allemagne dans ce siècle, naquit à Erlangen en 1794 et écrivit, dès 1814, un Catalogue du Jardin de cette ville, et, en 1817, une Flore cryptogamique de la localité. Il commença alors ses immenses travaux sur les Palmiers. Son *Historia naturalis Palmarum*, grand et superbe ouvrage in-folio, dans lequel H. v. Mohl a traité la portion histologique, date de 1831-1850. Il renferme les caractères génériques, l'étude des Palmiers fossiles, la distribution géographique et la systématique des genres, avec 180 planches. De Martius s'illustra alors par ses nombreux travaux sur la flore du Brésil. Il avait exploré une partie de ce pays, quand il publia son *Die Physiognomie des pflanzenreiches in Brasilien* [1824], puis [1824] un *Specimen Materiæ medicæ brasiliensis.* De 1817 à 1820, il donna, avec Zuccarini, les *Nova genera et species* des plantes par lui observées au Brésil (3 vol. in-fol.). Ce n'était qu'une préparation à cette immense publication du *Flora brasiliensis*, à laquelle ont concouru la plupart des botanistes de notre temps, et qui fut dirigée, après la mort de De Martius, par son élève Eichler, mort en 1887. Un grand nombre de familles ont été décrites dans ce recueil, mais il en reste encore beaucoup à connaître. De Martius a donné un assez grand nombre de travaux monographiques : sur les Amarantacées [1825], le *Sœmmeringia* [1828], les Ériocaulées [1832], les *Erythroxylon* [1840]. On lui doit aussi la description des Palmiers du voyage d'Alc. d'Orbigny, des notices sur les jardins d'Erlangen, de Munich, etc. C'était un homme très érudit, très affable, plein de dignité et de rectitude; un savant qui a honoré la science et qui pensait que la botanique consiste avant tout dans la connaissance des plantes et non dans des digressions sonores et creuses sur des questions transcendentales de mots ambitieux et obscurs. Il eut pour collaborateurs intimes C.-G. Nees d'Esenbeck, Schrank, Endlicher, etc. Il mourut en 1868, à Munich, dont il dirigeait depuis longtemps le Jardin botanique. — Theod.-W.-Chr. MARTIUS, d'Erlangen, s'est surtout occupé de botanique pharmaceutique, dans son *Grundriss der Pharmakognosie* [1842] et son *Die ostindisch Rohwaareusammlung... Erlangen* [1837]. — Ern.-W. MARTIUS, également originaire d'Erlangen [1756-1849], a écrit [1785] *Anweisung, Pflanzen nach dem Leben abzudrucken*, et [1792] *Gesam. Nachricht. über den Macassarischen Giftbaum.* — Heinr. v. MARTIUS [1781-1831], botaniste saxon, est l'auteur d'un *Prodromus Floræ mosquensis* [1812], qui eut deux éditions (in-8).

MARTIUSA (BENTH., in *Hook. Journ. Bot.*, II, 84). Synonyme de *Martia* BENTH.

MARTIUSIA (SCHULT., *Martius.*, I, 69). Synonyme de *Neurocarpum* DESVX.

MARTRASIA (LAG., *Amen. nat.*, I, 36). Synon. de *Jungia* L. F.

MARTYN (Thomas), professeur à Cambridge, mort en 1825, fut l'auteur de *Plantæ cantabrigienses* [1763], de plusieurs catalogues du jardin de cette ville, de *Letters on the elements of botany*, d'un *Flora rustica* [1792-94], de *The language of botany*, etc., qui eut trois éditions [1793, 1796, 1807].

MARTYNIA (L., *Gen.*, n. 753). Genre attribué d'ordinaire aux Pédaliacées, mais dont nous avons fait la tête d'une série des Gesnériacées (*Martyniées*). Nous y avons fait rentrer les *Proboscidea*, *Carpoceras* et *Craniolaria.* Leurs fleurs sont caractérisées par une corolle irrégulière, un androcée didyname ou diandre et un ovaire à 2 placentas pariétaux, latéraux, bilobés et multiovulés. Le fruit est sec, surmonté de 2 longs becs, et les graines sont albuminées. Ce sont des herbes annuelles ou vivaces, de l'Amérique tropicale ou extratropicale, à feuilles opposées ou alternes, à fleurs en grappes terminales, avec ou sans deux bractéoles latérales, parfois très développées. On cultive dans nos jardins botaniques les *M. lutea, proboscidea, fragrans*, etc. (H. BN, *Hist. des pl.*, X, 69, 106, fig. 72-78.)

MARUA. Nom malabare du *Cinnamomum Cassia* NEES.

MARUBA. Nom, au Brésil, du *Simaruba amara* AUBL.

MARUBANO-HOROSKI. Au Japon, une sorte de Douce-amère.

MARUBA-NO-MANNENSO. Nom japonais du *Sedum subtile* MIQ.

MARUBA-NO-NINJIN. Nom japonais de l'*Adenophora pereskiæfolia* RŒM. et SCH.

MARUBA-RUKO. Nom japonais du *Quamoclit coccinea* L.

MARUBA-SAIKO. Nom japonais du *Bupleurum sachalinense.*

MARUBA-TABACO. Nom, au Japon, du *Nicotiana Tabacum* L.

MARU-DOKOBO, MARUBA-DOKOBO. Noms japonais du *Dioscorea sativa* L., *foliis rotundis.*

MARUGEM. En Portugal, l'*Anagallis arvensis* L.

MARULION. Nom grec de la Laitue.

MARUM (Martin van). Né à Gröningen en 1750 et mort à Harlem en 1837, a fait d'assez nombreuses expériences sur les végétaux. En 1773, il publia : *De motu fluidorum in plantis et Dissertatio, qua disquiritur, quo usque motus fluidorum, et cætera quædam animalium et plantarum functiones consentiunt* (in-4 de 32 p.). En 1810, il donna le catalogue des plantes cultivées au printemps dans son jardin de Haarlem.

MARUM (RUPP., *Fl. jen.*, 214). Section du genre *Teucrium* T.

MARUM (VESL., *Fl. ægypt.*, 75, t. 76). Synonyme de *Salvia*.

MARUM (MATTH.). Le *Teucrium Marum* L.

MARUM D'ÉGYPTE. Le *Salvia æthiopis* L.

MARUM VRAI. Le *Teucrium Marum* L.

MARUMIA (BL., *Flora* [1831], 503; *Mus. lugd.-bat.*, I, 33). Genre de Mélastomacées-Mélastomées, à fleurs 4-mères, analogues à celles des *Medinilla*, distingué par les larges lobes de son calice tomenteux ou plumeux. Les anthères, au nombre de 8, ont un

Marumia. — Fleur.

connectif plus ou moins prolongé à la base et portant en avant 2 soies; en arrière il est nu ou chargé de soies. Ce sont des arbustes grimpants des îles Philippines et de l'Archipel malais, à cymes latérales. (H. BN, *Hist. des pl.*, VII, 52, fig. 25.)

MARUMIA (REINW., *Syll. pl. Ratisb.*, II, 10). Synonyme de *Saurauja* W.

MARU-NERIMA. Au Japon, un Radis Daïkon cylindrique.

MARUPA (MIERS, in *Trim. Journ.* [1873]; in *Journ. Linn. Soc.*, XVII, 148, t. 9, 10). Genre proposé pour l'*Odina Francoana* NETTO (in *Ann. sc. nat.*, sér. 5, V, 85).

MARURANG (RUMPH., *Herb. amboin.*, IV, t. 49). Synonyme de *Bellevalia* SCOP?

MARURU. Nom, sur l'Amazone, de l'*Euryale* (*Victoria*) *amazonica* PŒPP.

MARUSSE. En Bohême, le *Morus nigra* L.

MARUTA (CASS., in *Bull. philom.* [1818]; in *Dict.*, XXIX, 174). Synonyme de *Anthemis* L.

MARVEL OF PERU. En Angleterre, les Belles-de-nuit.

MARVISIO. En Espagne, le Raifort sauvage.

MARYGOLD. Nom anglais des Soucis, des *Tagetes*, etc.

MARZANA. En Pologne, la Garance des teinturiers.

MARZARI-PENCATÉ (Gius., comte). A écrit [1802] un *Elenco delle piante... di Vicenza*, et [1815] un *Memoria sull' introduzione del Lichene Islandese come alimento in Italia*. On a renvoyé (I) à *Marzari* pour Baccio BALDINI, mort en 1585, dont l'ouvrage parut posthume [1586], *Tractatus de Cucumeribus*.

MASCA. Le *Monnina polystachya* R. et PAV.

MASCAGNIA (BERTER., ex COLLA, *Hort. ripul.*, 86. — A. JUSS., *Malpigh.*, 295). Section du genre *Hiræa* JACQ.

MASCALANTHUS (NUTT., *Fl. arkans.*). Syn. de *Andrachne* L.

MASCARENHASIA (A. DC., *Prodr.*, VIII, 487). Genre d'Apocynacées-Nériées, dont la fleur est organisée comme celle des *Echites*, mais avec une corolle, qui, outre sa torsion, a les lobes plus ou moins indupliqués. Leur disque est variable. Ce sont 10-12 arbustes malgaches, à feuilles opposées et à fleurs solitaires ou en cymes, axillaires ou terminales. (DELESS., *Icon. sel.*, V, t. 54. — H. BN, *Hist. des pl.*, X, 160.)

MASCARON DES PRÉS (PAULET). L'*Agaricus scruposus* FR.

MASCHALANTHE (BL., *Fl. Jav. Pr.*, VI). Syn. de *Axanthes* BL.

MASCHALANTHUS (A. DC., *Prodr.*, X, 161). Section du genre *Omphalodes* T.

MASCHALANTHUS. Section (B. H., *Gen.*, III, 211) du genre *Loranthus* L.

MASCHALANTHUS (SCHULTZ, *St. arg.*, 356). Synonyme de *Leptochymenium* MUELL.

MASCHALIGALIUM (DC., *Prodr.*, IV, 605). Sous-section des *Eugalium* (*Rubia*).

MASCHALLARDEN (SPRENG.). Syn. de *Arrhenopterum* HEDW.

MASCHALOCARPA (LUCHNEM., in *Schradr. N. Journ.*, III, III, 27). Classe (2) de la Cryptogamie.

MASCHALOCARPUS (SPRENG., *Anleit.*, II, I, 33). Synonyme de *Leptohymenium* MUELL.

MASCHALOSPERMÆ (LINK, *Filic. Hort. berol.* [1841], 155). Synonyme de Lycopodiacées.

MASCHALOSTACHYS (BENTH., *Labiat.*, 443). Section du genre *Scutellaria* L.

MASCULUS, MASCULIFLORUS. Fleur mâle, à fleur mâle.

MASDEVALLIA (R. et PAV., *Fl. per. et chil. Prodr.*, 122, t. 27; *Syst.*, 238). Genre d'Orchidacées-Épidendrées, formé d'environ 80 plantes américaines épiphytes, sans pseudo-bulbe, à tiges 1-foliées, distinguées par des sépales prolongés en pointe ou en queue, connivents inférieurement en tube ou étalés. Les pétales sont ordinairement petits, et le labelle, variable de forme, est articulé à sa base. Il y a 2 pollinies, souvent dédoublées. On cultive beaucoup de ces curieuses Orchidées, qui ont des formes bizarres et se contentent d'ordinaire d'une serre à température peu élevée. (*Bot. Mag.*, t. 4921, 5476, 5505, 5739, 5962, 5990, 6152, 6159, 6171, 6190, 6208, 6258, 6262, 6273, 6368, 6372.) [H. BN.]

MASHIPUTIE. En tamoul, l'*Artemisia indica* W.

MASHUA. Dans l'Équateur, le *Tropæolum tuberosum* DC.

MASIUS (Georg.-Heinr.). Auteur, à Rostock [1820], de *Tentamen pharmacopœæ pauperum una cum catalogo plantarum medicinalium in terris Megapolitanis*, etc. (in-8 de 54 p.)

MASKROSOR. Nom scandinave du Pissenlit.

MASPETON (DIOSC.). Nom ancien de la tige du *Laser*.

MASR. Nom nigritien du Maïs.

MASSAKOUA. Nom nigritien de l'*Holcus cernuus*.

MASSALONGIELLA (SPEG., *Fung. argent.*, I, 180). Genre de Sphériacés. Le *M. bonariensis*, trouvé le long du Rio de la Plata, sur des tiges pourries de *Jussiæa*, présente de petits périthèces disséminés sous l'épiderme qu'ils soulèvent plus tard, d'une consistance membraneuse, d'une couleur olive foncée, munis d'un ostiole. Les thèques, de forme variée, contiennent huit spores cylindriques, obtuses, courbes, hyalines. [DE S.]

MASSALONGO (Abrah.-Bartol.). Professeur au Lyceum de Vérone [1824-1860], auteur de nombreux travaux sur les plantes fossiles et les Lichens : la flore du Monte Bolca [1850], le tertiaire du Vicentin [1851], les Sapindacées fossiles [1852], l'autonomie des Lichens crustacés [1852], le *Lecidea Hookeri* [1853]. On lui doit : *Memorie lichenografiche* [1853], *Prodromus Floræ fossilis Senegalliensis* [1854], *Geneacæna Lichenum* [1854], *Neagenia Lichenum* [1854], *Dombeyacee fossili* [1855], *Enumerazione delle piante fossili miocene* [1855], *Zoophycos* [1855], *Plantæ fossiles.... tert. regni Veneti* [1855], *Symmicta Lichenum novorum* [1855], *Schedulæ criticæ in Lichenes exsicc. Italiæ*, *Miscellanea lichenologica* [1856], des travaux sur les flores fossiles de Sinigaglia, du Monte Colle, de Zovengedo, une monographie des *Silphidium*, la flore fossile de la *Senigalliese*, les *Lichenes capenses* [1861], les Musacées et Palmiers fossiles de la province de Vérone [1861] etc., etc. (*Cat. sc. pap.*, IV, 277.)

MASSAMBEC. Synonyme de *Cleome pentaphylla* L.

MASSAN. Le *Murraya exotica* L.

MASSANGEA (MORR., in *Belg. hort.* [1877], 59, 199, t. 8). Synonyme de *Caraguata* LINDL.

MASSAPAREN. Nom languedocien du *Boletus luridus* SCHÆFF.

MASSARA (GUIS.-FIL.). Auteur, à Sondrio [1834], d'un *Prodromo della flora valtelinese* (in-8 de 219 p. et 1 pl.).

MASSARANDUBA. Nom, au Brésil, du *Mimusops elata*, qui donne une sorte de *Gutta-percha*.

MASSARIA (De Not., in *Giorn. bot. ital.*, I, 333). Genre de Sphériacés, à périthèces coriaces, globuleux, papillés, noirs, soulevant l'épiderme sous lequel ils se développent. Les thèques, entremêlées de longues paraphyses filiformes, sont grandes ; elles contiennent le plus souvent 8 spores oblongues, pluriloculaires, brunes, entourées d'un épispore gélifié. Plusieurs espèces possèdent des pycnides présentant des conidies d'une forme et d'une couleur analogues à celles des spores. Ces pycnides étaient considérées comme des espèces de Mélanconiés appartenant aux genres *Stilbospora* ou *Steganosporium* (Tul., *Sel. Fung. Carp.*, II). Une trentaine d'espèces de ce genre se rencontrent en Europe et se trouvent en hiver sur les rameaux morts ou l'écorce de beaucoup d'arbres, parmi lesquels l'Ormeau, le Platane, le Tilleul, l'Érable ; 5 de ces espèces vivent aussi dans l'Amérique septentrionale. [De. S.]

MASSARIEÆ (Fuck., *Symb. myc.*, 150). Tribu de Sphériacés, comprenant les genres *Enchnoa* et *Massaria*.

MASSARIELLA (Speg., *Fung. argent.* — Sacc., *Syll. Fung.*, I, 716). Genre formé aux dépens des *Massaria* à spores biloculaires, et qui ne paraît devoir former qu'une section de ce dernier genre. [De S.]

MASSARINA (Sacc., *Syll. Fung.*, II, 153). Genre de Sphériacées, constitué aux dépens d'une dizaine d'espèces de *Massaria*, à spores hyalines. Les autres caractères sont les mêmes dans les deux genres. On les rencontre sur le Hêtre, le Noisetier, l'Érable, etc. [De S.]

MASSARIOVALSA (Sacc., *Syll. Fung.*, II, *Addend.*, LV). Genre de Sphériacés, constitué par l'auteur pour deux *Massaria* à périthèces disposés en cercle, comme chez les *Valsa*. [De S.]

MASSASPORA (Peck., *Rep. st. Mus. New-York*, 44). Genre d'Hyphomycètes, dont la seule espèce connue, le *M. cicadina*, consiste en conidies globuleuses ou ovales, hyalines ou cornées, libres et sans trace de mycélium, agglomérées dans la cavité abdominale de la Cigale. Ce parasite a été rencontré dans plusieurs localités de l'Amérique septentrionale. [De S.]

MASSE A BEDEAU. Le *Bunias Erucago* L.

MASSE D'EAU, M. A BEDEAU. Noms du *Typha latifolia* L.

MASSE POLLINIQUE. Synonyme de Pollinie.

MASSETTE. Nom français des *Typha*.

MASSITU. En Savoie, l'*Helleborus fœtidus* L.

MASSOI. Le *Laurus Massoy* Duct.

MASSOIA (Becc.). Genre de Lauracées de la Malaisie. (Voy. Massoy et *Kew Gard. Rep.* [1880], 50.)

MASSON (Francis). Auteur, à Londres [1796], de *Stapeliæ novæ*, in-fol. de 24 p. et 41 pl. col. (*Cat. sc. pap.*, IV, 279.)

MASSON. L'un des noms du Jujubier.

MASSONE. Nom français (Lamk) des *Massonia* Thunb.

MASSONIA (Thunb., *Nov. gen.*, 39). Genre de Liliacées-Alliées, formé d'une vingtaine de plantes bulbeuses, de l'Afrique australe, caractérisé par un périanthe à tube régulier, cylindrique, à lobes étalés et réfléchis, avec 6 étamines dont les filets sont unis en anneau à la base et dont les anthères dépassent le périanthe. Les fleurs, groupées en fausses ombelles capituliformes, sont enveloppées d'un involucre de 3-∞ bractées. (*Bot. Mag.*, t. 559, 642, 736, 848.) [H. Bn.]

MASSONIEÆ (B. H., *Gen.*, III, 750). Sous-tribu (3) des Alliées.

MASSONNIER. Nom, à Maurice, du *Zizyphus Jujuba* Lamk.

MASSOSPORA (Sacc., *Syll. Fung.*, IV, p. 10). Voy. Massaspora.

MASSOVIA (C. Koch, in *Bot. Zeit.* [1852], 277). Synonyme de *Spathiphyllum* Schott.

MASSOY (ÉCORCE DE). Cette écorce aromatique, de la Nouvelle-Guinée, vient d'une Lauracée. M. Beccari la nomme *Massoia aromatica*. C'est le *Sassafras Goesianum* du jardin de Buitenzorg.

MASSUE D'HERCULE. Les *Zanthoxylum fraxineum* W. et *Clava Herculis*.

MASSUE GOMMEUSE (*Gummi Keule*). Nom donné par Meyen aux cystolithes.

MASSULA (L.-C. Rich., in *Mém. Mus.*, IV). Organe de la fleur des Orchidées.

MASSULATÆ (Agh, *Aphor.*, 187). Division des Orchidées.

MASTACANTHUS (Endl., *Gen.*, 638). Syn. de *Caryopteris* Bge.

MASTAKI. — Voy. Taki.

MASTERSIA (Benth., *Gen.*, I, 535, 1002 ; in *Trans. Linn. Soc.*, XXV, t. 34). Genre de Légumineuses-Papilionacées-Phaséolées, dédié à M. Maxwell Masters ; voisin des *Galactia* et distingué par une gousse aplatie, indéhiscente, dont le bord supérieur est subailé. C'est une plante volubile de l'Annam, à feuilles trifoliolées, à fleurs disposées en grappes de cymes ; le rachis noueux. (H. Bn, *Hist. des pl.*, II, 246.)

MASTER-WORT. Nom anglais de l'Impératoire.

MASTIC. La résine du Lentisque.

MASTICHIMA (Adans., *Fam. des pl.*, II, 194). Synonyme (part.) de *Satureia* L.

MASTICHINA. La Manne en petits grains.

MASTICHINA (Benth., *Labiat.*, 341). Section du g. *Thymus*.

MASTICHODENDRON (Jacq.). Synonyme (?) de *Bumelia* Sw.

MASTICHONEMA (Schwabe, in *Linnæa* [1837], 112). Genre d'Algues, de la famille des *Mastigothricheæ*, de l'ordre des *Tiloblasteæ*. Ces Algues sont caractérisées par un trichome articulé, flagelliforme ou subulé à la partie supérieure, simple ou pseudo-rameux, vaginé, et pourvu à la base d'une cellule persistante, à cellules continues ou avec traces d'interruption ; atténué à la base, et se prolongeant souvent en un long filament. La gaine, muco-membraneuse, est généralement resserrée et homogène, ample ou plus ou moins distincte du trichome, surtout à la base ; elle est d'une apparence lamelleuse, souvent ouverte à la partie supérieure et parfois laciniée. Six espèces, d'après Kützing, constituent ce genre ; neuf d'après Rabenhorst ; sans tenir compte des variétés créées par ce dernier auteur. (Voy. Rabenh., *Fl. europ. Alg.*, II, 226.) [Ch. M.]

MASTICHOTHRICHEÆ (Kuetz., *Phyc. gen.*, 231). Famille d'Algues *Tiloblasteæ*, de l'ordre des *Oscillarineæ*, d'après l'auteur ; de la classe des *Phychochromophyceæ* et de la section des *Rivulariaceæ*, d'après Rabenhorst. Les Algues qui constituent cette famille sont caractérisées par un trichome pourvu à la base d'une cellule végétative que Kützing a nommée *spermatophore*. Le trichome est articulé et se termine parfois en un article piliforme. Il est renfermé dans un thalle qui se présente sous une forme indéterminée et qui est souvent crustacé. D'après l'auteur, cinq genres constituent cette famille ; savoir : les genres *Merizomyria*, *Mastichothrix*, *Mastigonema*, *Schizosiphon* et *Geocyclus*. Rabenhorst n'a pas suivi Kützing de point en point ; d'après ce savant, la famille des *Mastigothricheæ*, outre les genres déjà cités, se composerait des genres *Capsosira*, *Inomeria*, *Amphithrix*, *Arthrotilum*, *Lophopodium*. Cette nouvelle division nous paraît parfaitement appuyée sur des recherches modernes, et nous sommes de l'avis de Rabenhorst. (Voy. Rabenh., *Fl. europ.*, *Alg.*, II, 2, 223). [Ch. M.]

MASTICHOTHRIX (Kuetz., *Phyc. gen.*, p. 232). Genre d'Algues *Oscillarineæ*, de la famille des *Mastichothricheæ*, caractérisé par un trichome généralement solitaire, pourvu à la base d'une cellule persistante, à gaine très ténue, très resserrée, se terminant en une pointe longuement pilifère, cuspidée, et parfaitement hyaline. Le thalle est généralement parasite sur les *Chætophoreæ*, *Batrachospermeæ*, etc. Deux espèces constituent ce genre ; elles sont propres à notre pays. (Voy. Kuetz., *Spec. Alg.*, 325.) [Ch. M.]

MASTICK TREE. Nom anglais du *Schinus Molle* L.

MASTIGOBRYUM (Nees, *Eur. Leberm.*, III, 43). Section du genre *Herpetium*. Pour Mitten (in *Hook. f. Fl. N. Zeal.*, II, 1116), c'est un genre d'Hépatiques foliacées.

MASTIGOCLADUS (Cohn, *In Verh. der Schles. Gesellsch. für Vaterl. Cultur.* [1864]). Algue de la famille des *Sirosiphoniacæ*, caractérisée par un trichome non vaginé, souvent dichotome, impliqué dans un strate carnoso-spongieux, pourvu de rameaux moniliformes à ramules ténus, flagelliformes, seconds. (Voy. Rabenh., *Fl. eur. Algar.*, III, 26.) [Ch. M.]

MASTIGONEMA (RABENH., *Fl. eur. Alg.*, II, 226). Pour *Mastichonema* KUETZ.

MASTIGOPHORA (NEES, *Eur. Leberm.*, I, 101). Synonyme de *Lepidozia* DUMORT.

MASTIGOPHORUS (CASS., in *Dict.*, XXXIV, 222). Synonyme de *Nassauvia* J.

MASTIGOSCLERIA (NEES, in *Mart. Fl. bras.*, II, I, 177). Synonyme de *Scleria* BERG.

MASTIGOSPORIUM (RIESS, in *Fresen. Beit. z. Mycol.*, 46). Genre d'Hyphomycètes, dont la seule espèce connue, le *M. album*, a été rencontrée sur des feuilles vivantes de Graminées, dans les Ardennes et en Allemagne. Elle présente de petites touffes blanches de filaments dressés, non cloisonnés, à conidies hyalines, grandes, allongées, fusiformes, cloisonnées, munies à l'extrémité libre de 2, 3 appendices filiformes. [DE S.]

MASTIGOTHRIX (RABENH., *Fl. eur. Alg.*, II, 225). Pour *Mastichothrix* KUETZ.

MASTIGOTRICHEÆ (RABENH., *Fl. eur. Alg.*, II, 223). Pour *Mastichotricheæ* KUETZ.

MASTIX ANKATHI. Nom, en Grèce, du faux Mastic extrait de l'*Atractylis gummifera* L.

MASTIXIA (BL., *Bijdr.*, 654; *Mus. lugd.-bat.*, I, 256, t. 58). Genre d'Ombellifères-Araliées, dont les fleurs 4, 5-mères sont celles des *Arthrophyllum*, avec un ovaire infère et uniovulé. L'ovaire est surmonté d'un disque épigyne épais et d'un court style à sommet stigmatifère indivis. Le fruit est drupacé, et son noyau présente d'un côté un sillon vertical, répondant à une saillie intérieure qui pénètre dans un sillon correspondant de la graine. L'albumen de cette dernière est charnu et homogène. Ce sont des arbres ou des arbustes glabres, rapportés à bien des familles diverses : les Nyssacées, les Aquifoliacées, les Cornacées. J. Decaisne, qui a écrit sur ces plantes les choses les plus absurdes, les plaçait parmi les Cornées. Il faut ne les avoir point observées pour nier que, soit comme section d'un même genre, soit comme genre très voisin, elles sont absolument inséparables des *Arthrophyllum*. On les a pourtant de nos jours, ce qui ne manquera pas de surprendre les botanistes, rapprochées des Diptérocarpées. Leurs feuilles sont alternes ou opposées, entières, et leurs fleurs sont disposées en grappes composées, avec les pédicelles articulés. On en compte six ou sept espèces, de l'Inde, de Ceylan, de Java, etc. (Voy. *Adansonia*, III, 80; *Hist. des pl.*, VII, 168, 255, n. 112.) [H. BN.]

MASTOCARPUS (KUETZ., *Phyc. gen.*, 398). Genre d'Algues-Floridées, de la Famille des *Gigartineæ*, d'après l'auteur, mais que M. J.-G. Agardh considère comme synonyme de *Gigartina*. Il fait en partie exception pour le *M. Klenzeanus* et le *M. marginalis*, deux espèces propres à l'Océan pacifique. (Voy. J.-G. AGH, *Spec.*, *gen. et ord. Alg.*, III, 205.) [CH. M.]

MASTOCEPHALUS (BATT., *Fung. Agr. arim.*, 30). Nom donné à un *Lepiota*, voisin du *procera* ou du *mastoidea*. [DE S.]

MASTODIA (HOOK. F., *Crypt. antarct.*, II, 193). Genre d'Algues, de l'ordre des *Nemotophyceæ* et de la famille des *Ulvaceæ*. Pour Rabenhorst, l'espèce est synonyme de *Prasiola tessellata*; elle nous semble douteuse. On la trouve dans l'île de Kerguelen, sur les rochers du rivage. [CH. M.]

MASTODISCUS (BAIL, *in litt.*). Synonyme de *Aulacodiscus*.

MASTOGLOIA (THWAITES, in *Ann. Nat. Hist.* [1847]). Genre de Diatomacées, de la famille des Raphidées, de la sous-tribu des Naviculées. Les frustules composés sont naviculiformes, munis de logettes, renfermés dans un thalle gélatineux, translucide, tantôt informe, tantôt allongé en tube, comme dans le genre *Colletonema*. Ils sont pourvus de fortes côtes marginales, très proéminentes, dénudées, qui s'arrêtent à deux lignes ondulant parallèlement au raphé. Entre ces côtes et dans une couche siliceuse inférieure, s'aperçoivent de fines stries parallèles qui atteignent le raphé. En tenant compte de l'habitat des espèces, le genre avait été divisé en deux sections : les espèces d'eau douce et les espèces marines ou saumâtres. Les auteurs modernes, M. Van Heurck en tête, en ont fait également deux divisions, mais plus naturelles. Elles sont basées sur l'interruption ou la non-interruption des stries. Cette interruption serait due à des sillons dont l'ensemble figure une lyre. D'un autre côté, l'auteur que nous venons de citer a pris en considération les espèces dont les *valves sont lancéolées et à logettes disposées en lignes arquées*, ainsi que celles *dont les valves sont linéaires-elliptiques, à logettes disposées en lignes droites*. D'après les recherches de Rabenhorst, vingt espèces constituent ce genre. Six seulement se rencontrent en Belgique; mais nous devons ajouter que M. Van Heurck a séparé de ce genre quelques espèces qu'il a placées parmi les *Orthoneis* et les *Cocconeis*. (*Syn. Diatom. Bel.*, 69.) [CH. M.]

MASTOGONIA (EHREND., *Bericht. d. Berl. Akad.* [1844], 263). Genre de Diatomacées fossiles, qui dès l'abord avait été classé dans la famille des *Melosireæ*, mais dont les espèces ont été reportées dans les genres *Craspelodiscus* (GREV.), *Liradiscus* (GREV.), *Melosira* (EHR.) et *Sphærotænia* (EHR.). Les auteurs modernes, M. Van Heurck entre autres, ont conservé ce genre, qui a été placé dans la tribu des Crypto-Raphidées, famille des Astérolamprées, que caractérisent des valves hyalines, avec large bord divisé en rayons simples, avec centre hyalin, ou granules réticulés ou finement ponctués. La plupart de ces Diatomacées fossiles ont été recueillies dans l'Amérique du Nord, dans la Patagonie et dans le Maryland. [CH. M.]

MASTOLEUCOMYCES (BATT., *Fung. agr. arim.*, 31). Désigne l'*Agaricus naucinus* FR.

MASTOMYCES (MONT., in *Ann. sc. nat.*, sér. 3, 134). Genre de Sphéropsidés, à périthèce noir, oblong, muni d'un ostiole papilliforme, renfermant des conidies fusiformes, hyalines, triseptées, longuement pédicellées, qui sont expulsées par le gonflement de la substance gélifiée issue de l'intérieur du périthèce. Se trouvent sur les rameaux de Ronce ou de Saule, dont ils soulèvent l'épiderme. [DE S.]

MASTOPHINIA (SCHOUSB. ex HARV., *Ind. gen. Alg.*, II). Algue-Floridée, que nous devons considérer, avec W.-H. Harvey, comme synonyme de *Fauchea*. [CH. M.]

MASTOPHORA (DCNE, in *Ann. sc. nat.* [1842], vol. II, 126). Algue-Floridée de la famille des *Mastophoreæ*, dont elle a tous les caractères (voy. MASTOPHORA). [CH. M.]

MASTOPHORA (DCNE, in *Ann. sc. nat.* [1842], II, 126). Genre d'Algues-Floridées, de la famille des *Corallineæ*, d'après l'auteur; pour Lamouroux, synonyme des *Zonarieæ*, et pour Kützing, de l'ordre des *Epiblasteæ* et de la famille des *Spongiteæ*. La fronde de ces Algues est généralement calcaire; elle est fragile, mais flexible, arrondie, caulescente à la partie inférieure, plane, foliacée, flabelliforme, dichotome à la partie supérieure. Les cellules constituantes sont presque isomorphes, comme cubiques et rayonnantes. Les kéramidies, éparses vers le milieu de la fronde, sont mamelliformes et hémisphériques, pourvues d'un carpostome. Les périspores, dressées de la base des kéramidies, sont oblongues et renferment des spores qui se divisent en quatre. Le *Mastophora* a beaucoup de rapport avec le *Melobesia*, et Decaisne le considérait même comme une division de ce dernier genre; mais Kützing et Harvey en ont fait un genre distinct, et non sans des raisons sérieuses. Toutefois, si nous avions à nous prononcer, par la structure de sa fronde, le genre *Mastophora* aurait une parenté plus rapprochée avec les Corallinées qu'avec le *Melobesia*. La plupart des espèces qui constituent ce genre sont exotiques; elles sont peu nombreuses, elles appartiennent à la Nouvelle-Hollande. (Voy. J.-G. AGH, *Spec.*, *gen. et ord. Alg.*, II, 525.) [CH. M.]

MASTORSIUM. Nom ancien du Cresson de fontaine.

MASTOS. Nom ancien des Scabieuses.

MASTOSTIGMA (DCNE, in *Ann. sc. nat.*, sér. 2, IX, 335, t. XII D). Synonyme de *Glossonema* DCNE.

MASTRACCO DE PARA. En Portugal, la Capucine.

MASTRANZO. En Espagne, le *Mentha rotundifolia* L.

MASTRUCIUM (CASS., in *Dict.*, XXXII, 173). Synonyme de *Serratula* L.

MASTUERZO. Au Mexique, la Grande Capucine.

MASUS (G. DON). Pour *Mazus* LOUR.

MASZLAG. Nom magyar de la Stramoine.

MATA. En Espagne, le Lentisque.

MATABA. Synonyme (?) de *Matomé*.

MATADE. Nom japonais du *Polygonum japonicum* THUNB.

MATAGUSANOS. Au Pérou, le *Flaveria Contrayerva* PERS.

MATA-HIANG. L'un des noms indiens du *Cæsalpinia Nuga*.

MATAI. Nom d'un *Ficus* tinctorial de Taïti.

MATA-IKAN (Œil de poisson). Aux Célèbes, les *Hernandia*.

MATALLO. En Italie, le *Pyrus Aria* EHRH.

MATAMBA. Palmier vinifère de Loango.

MATAMBALA. *Coleus* malgache, à tubercule comestible.

MATAMORES. « Espèces inoffensives qui ont pris l'aspect d'espèces dangereuses : *Lamium album*, ressemblant à l'*Urtica dioica*, etc. » (ERRERA.)

MATAMORIA (LL. et LEX., *Nov. gen.*, I, 8). Synonyme (B. H., *Gen.*, II, 237) de *Elephantopus* L.

MATAMUCHACOS. Au Mexique, le *Jatropha cordata* M. ARG.

MADA NEGRA. Nom argentin (GRISEB.) du *Ruprechtia salicifolia* C.-A. MEY.

MATANG-OLANG. Nom, aux Philippines, des *Salacia* L.

MATANGOURRÉ. — Voy. GREWIA (II, 741).

MATAOJO. Nom uruguayen du *Lucuma Sellowii* A. DC.

MATAPALO (Tue-bois). Nom, dans l'Amérique équinoxiale, des *Ficus* qui enserrent les troncs d'arbres.

MATAPO. Au Pérou, le *Krameria triandra* R. et PAV.

MATARRABIA. En Espagne, le *Quercus Ilex* L.

MATAXA (SPRENG., *Syst.*, *Cur. post.*, 297). Synonyme de *Lasiospermum* LAG. (*Athanasia*).

MATAYBA (AUBL., *Pl. Guian.*, I, 331, t. 128). Synonyme de *Ratonia* DC. (B. H., *Gen.*, I, 400.)

MATAYBE. Nom français (LAMK) des *Matayba* AUBL.

MATE. Nom espagnol de l'*Abrus precatorius* L.

MATÉ. L'*Ilex paraguaiensis* A. S.-H., célèbre pour les propriétés d'épargne qui se retrouvent dans l'infusion dite *Thé du Paraguay*. (Voy. HOUX.)

MATEATIA (VELL., *Fl. flum.*, IX, t. 95). Synonyme de *Chichœa* PRESL.

MATELÉ. Nom français (LAMK) des *Matelea* AUBL.

MATELEA (AUBL., *Guian.*, I, 277, t. 109). Genre d'Asclépiadacées-Gonolobées, voisin des *Gonolobus* et ne s'en distinguant guère que par le port. Il est formé de 5, 6 sous-arbrisseaux grimpants ou dressés, de l'Amérique tropicale. La corolle y est subrotacée ; et la couronne annulaire, occupant la base du tube, est lobée, dentée ou crénelée. (DELESS., *Ic. sel.*, V, t. 76.)

MATERE. Nom, à Zanzibar, du *Landolphia Kirkii*.

MATES DE INDIA. Nom ancien du Cniquier-Bonduc.

MATÉVÉ (GRAND). A la Guyane, le *Potalia amara* AUBL.

MATFELLON. Le *Centaurea nigra* L.

MATHEA (VELL., *Fl. flum.*, 22 ; Atl., I, t. 51). Synonyme de *Schwenkia* L.

MATHEI. Dans l'Inde, le Fenu-grec.

MATHER. En Angleterre, la Maroute puante.

MATHEWSIA (HOOK., *Bot. Misc.*, III, 140, t. 96). Genre de Crucifères-Camélinées, établi pour 2, 3 sous-arbrisseaux pubescents, du Pérou et du Chili, distingués par des sépales dressés, carénés et une silique elliptique ou lancéolée, à valves planes. Le sommet stigmatifère du style est conique ou globuleux. (H. BN, *Hist. des pl.*, III, 277.)

MATHIEUA (KL., in *Allg. Gartenz.* [1853], 337). Synonyme (?) de *Eucharis* PL. (B. H.).

MATHIOLA (SCOP., *Introd.*, 143). Pour *Matthiola* PLUM.

MATHURINA (BALF. F., in *Journ. Linn. Soc.*, XX, 159 ; *Bot. Rodr.*, 41, t. 20). Section du genre *Turnera* PLUM.

MATICO. Le *Piper angustifolium* (H. BN, *Tr. Bot. méd. phanér.*, 52, 780). A Quito, c'est le nom de l'*Eupatorium glutinosum* ; à Panama, du *Waltheria glomerata*. Les *Piper aduncum* L. et *lanceæfolium* K. sont aussi des *Matico*.

MATIÈRE ENVELOPPANTE (*Hüllonasse*). Nom donné à la couche qui, dans les grains d'aleurone, enveloppe les cristalloïdes.

MATIÈRE VERTE. Synonyme de chlorophylle.

MATIÈRES COLORANTES. — Voy. PHYTOBLASTE.

MATI-MATI. L'*Uromorus tahitensis* BUR.

MATISIA (H. B., *Pl. æquin.*, I, 9, t. 2, 3). Section du genre *Quararibea* AUBL. (H. BN, *Hist. des pl.*, IV, 155.)

MATIZADILLA. Nom mexicain vulgaire du *Lantana Camara* L.

MAT JE. Nom, en Australie, de l'*Hæmodorum edule* LEHM.

Maté. — Rameau florifère.

MATNAM. Nom arabe du *Passerina hirsuta* L., dont les fibres textiles servent à faire des mèches de fusil.

MATOMÉ. Palmier indéterminé du Congo.

MATONIA (R. BR., in *Wall. Pl. as. rar.*, I, 16). Genre de Fougères-Polypodiées, caractérisé par un réceptacle sorifère épanché en un involucre stipité, ferme, membraneux, en forme

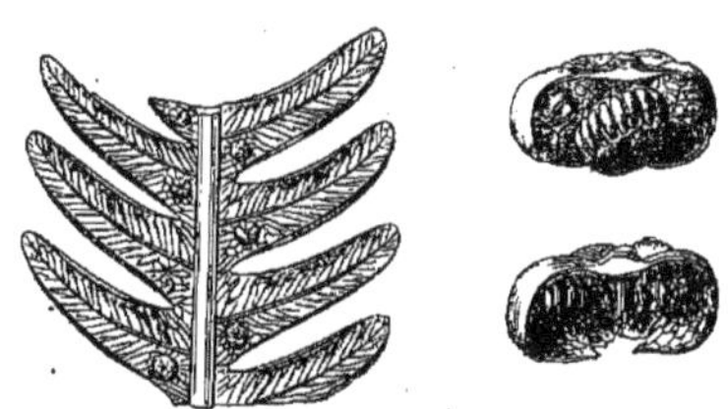

Matonia. — Portion de fronde. Sores.

d'ombrelle et obscurément 6-lobé, couvrant et renfermant 6 larges sporanges sessiles. Le *M. pectinata* R. BR., seule espèce du genre, est de Bornéo et de Malacca ; c'est une Fougère non arborescente, à veines fourchues, libres, excepté celles qui entourent les sores et qui sont étroitement réticulées. (Hook. et Bak., *Syn. Fil.*, 45, t. 1, fig. 8.) [H. Bn.]

MATORIUM. Nom ancien du *Galbanum*.

MATOS. Aristolochiée incertaine de la Nouvelle-Grenade, employée comme remède contre la morsure des serpents.

MATOUREA (Aubl., *Guian.*, II, 641, t. 259). Synonyme de *Achetaria* Cham. et Schlchtl et de *Beyrichia* Cham. et Schlchtl (I, 414). Mais le nom de *Matourea* a pour lui l'antériorité et doit être respecté. (H. Bn, in *Bull. Soc. Linn. Par.*, 699; *Hist. des pl.*, IX, 108.)

MATOURI. Nom français (Aublet) des *Matourea* Aubl.

MATOUSI. Nom sanscrit du Lin.

MATRAS (Écorce de), ou *Matras Bark* des Anglais. L'Écorce de *Malambo*.

MATRELLA (Pers., *Syn.*, I, 73). Synonyme de *Zoysia* W.

MATRICAIRE (*Matricaria* T., *Inst.*, 493, t. 281). Genre de Composées-Hélianthées-Anthémidées, à fleurs dimorphes; celles du rayon femelles, neutres, stériles ou fertiles, 1-sériées; la corolle ligulée; celles du disque régulières et hermaphrodites; les anthères obtuses à la base. Les fruits sont 4-5-gones ou 8-10-costés, surmontés d'une courte aigrette paléacée, coroniforme, auriculiforme ou dimidiée. Ce sont des herbes annuelles ou vivaces, souvent odorantes, à feuilles très découpées, à capitules terminaux ou en cymes lâches; le réceptacle varié de forme, nu, fimbrié ou chargé d'écailles variables. Nous avons uni à ce genre les *Anthemis*, *Anacyclus*, *Cladanthus*, *Lidbeckia*, *Thaminophyllum*, etc. (*Hist. des pl.*, VIII, 274.) [H. Bn.]

MATRIMONY-VINE. En Angleterre, les Lyciets.

MATRIS SALVIA. La Sclarée ou Toute-bonne.

MATRIS SYLVA. L'Aspérule odorante.

• **MATROJO.** Nom, dans la République argentine, du *Lucuma neriifolia* Hook. et Arn.

MATRONALE. Nom ancien de la Julienne.

MA-TSIN. En Chine, la Noix vomique.

MATSO, DOUCETTO. Noms provençaux des Mâches (*Valerianella*).

MATSUKAZE-SO. Nom japonais du *Ruta albiflora*.

MATSUMOSHI-SO. Nom japonais du *Scabiosa japonica* Miq.

MATSUMUTO-SENNO. Au Japon, le *Lychnis grandiflora* Jacq.

MATSUNGA. Nom japonais du *Salsola asparagoides* Miq.

MATSUYOIGUSA. Nom japonais de l'*Œnothera suaveolens* L.

MATTA-MATTA. Synonyme de *Ulgejabba*.

MATTÉ. Pour *Maté*.

MATTENKUMMEL. Nom allemand du Carvi.

MATTHÆA (Bl., *Mus. lugd.-bat.*, II, 89, t. 10). Genre de Monimiacées. Section du genre *Mollinedia* R. et Pav., caractérisée par un androcée tétrandre. (H. Bn, in *Adansonia*, IX, 118, 124; *Hist. des pl.*, I, 306, fig. 331, 332.)

MATTHÆUS SYLVATICUS. Auteur [1478] du *Liber pandectarum medicinæ*. Blume lui a dédié le genre *Matthæa*. Plumier dit de lui : « Immensa etiam promovit opera Rev. Pater Joanes Matthæus Neapolitanus, Ordinis Carmelitarum discalceatorum, integræ et probæ vitæ Religiosus, apud Indias orientales missionarius apostolicus, cui Deus infirmos sanandi virtutem usu plantarum orientalium dederat. In plantis orientalibus scientia et earum virtutum longa experientia excellens; nullatenus tamen sui apostolatus neglecto munere, plantas 745 in præfato Horto malabarico contentos, iconibus et descriptionibus expressit. » (Voy. E. Mey., *Gesch.*, IV, 167.)

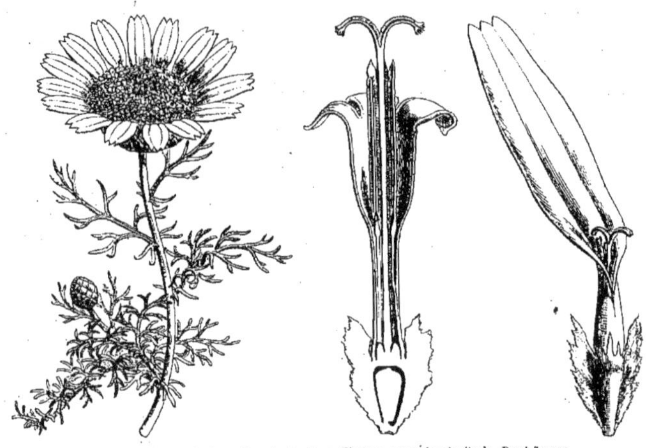

Matricaria (*Anacyclus*). — Branche florifère. Fleuron, coupe longitudinale. Demi-fleuron.

MATTHEWS (Alex.). Explorateur du Pérou et du Chili, mort en Amérique [1841]. Ses herbiers existent surtout à Kew.

MATTHEWSIA (Reichb.). Pour *Mathewsia* Hook. et Arn.

Matricaria. — Camomilles dites à fleurs (capitules) simples et doubles.

MATTHIOLA (Plum., *Gen.*, 16, t. 6). Synonyme de *Guettarda*.

MATTHIOLA (Reichb., *Handb.*, 260). Syn. de *Pachynotum* DC.

MATTHIOLA (R. Br., in *Ait. H. kew.*, IV, 119). Genre de Crucifères-Cheiranthées-Arabidinées, formé d'une trentaine d'herbes ou de sous-arbrisseaux européens, asiatiques et africains, distingués par une silique allongée et polysperme; nu sommet stylaire stigmatifère, ordinairement épaissi ou cornigère sur le dos. Ces plantes sont ornementales et communément cultivées, vulgairement désignées sous les noms de Giroflées blanches ou roses. (H. BN, *Hist. des pl.*, III, 238.)

MATTHIOLE (*Matthiolus*). — Voy. MATTIOLI.

MATTHISONIA (RADD., *Quar. pl. nov.*, 11, fig. 7, in *Mem. Soc. ital.*, XVIII). Synonyme de *Schwenkia* L.

MATTI. Sorte de Truffe chinoise.

MATTIA (SCHULT., *Obs.*, 30, 32). Synonyme de *Rindera* PALL.

Mauritia. — Port.

MATTIASTRUM (BOISS., *Diagn. or.*, II, 130). Section des *Paracaryum*.

MATTIOLI (Pierandrea). Né à Sienne en 1500, mort à Trente en 1577. Son premier ouvrage est l'*Apologia adversus Amatum lusitanicum* [1558]. La même année, il écrivit : *Epistola de Bulbocastaneo, Placonitide, Mamire*, etc., et, vingt ans après, les *Epistolarum medicinalium libri* 5. En 1562 parut l'*Adversus 20 problemata M. Guilandini Disputatio*, et, en 1569, l'*Opusculum de simplicium medicamentorum facultatibus secundum locos et genera*. Le *Compendium de plantis omnibus* est de 1571, et le *De plantis Epitome utilissima*, etc., de 1586. On publia à Bâle, en 1598, ses *Opera quæ exstant omnia*, etc., avec les nombreuses gravures sur bois des ouvrages précités, et il s'en fit beaucoup d'éditions et de traductions en latin, en Italie, en Allemagne, en France, en Bohême Plumier a écrit de lui, en lui dédiant un genre *Matthiola* (Rubiacée) : « Petrus Andreas Matthiolus Senensis, Francisco Matthiolo et Lucretia Bonninsegnia natus, anno 1500, magni nominis fuit Medicus, et imprimis famoso illo botanico opere toties recuso clarus. Archiater Cæsareus, in Antiquorum lectione apprime versatus, medicamenta quam plurima non contemnenda docuit. Non defuerunt tamen ejus operum censores et critici. Quid mirum, si cum ipse alios atro petebat dente, inulti non flebant ut pueri, sed tollebant asperrimi in mordentem parata carnua. Tridenti, ubi sedem fixerat, obiit anno 1577. »

MATTUSCHKA (Heinr.-Gottfr. von). Né à Jauer [1734] et mort [1779] à Pitschen, en Silésie, auteur d'un *Flora Silesiaca* [1776-77], et d'un *Enumeratio stirpium in Silesia sponte crescentium in usum herborisantium* [1779], in-8 de 538 et 468 p.

MATTUSCHKÆA (SCHREB., *Gen.*, 788). Synonyme de *Perama* AUBL.

MATTUSCHKIA (GMEL., *Syst. nat.*, II, 589). Synonyme de *Saururus* L.

MATURA. Nom indien du *Sethia indica* DC.

MATURATION, MATURITÉ. La maturité est l'état de complet développement du fruit. La maturation est la période qui s'étend du moment où le fruit noue à celui de sa maturité. On dit aussi quelquefois maturité des anthères, du pollen, etc. *Maturité germinative* se dit de celle des graines qui peuvent germer, quoique le fruit qui les renferme ne soit pas encore bien mûr.

MATURI. Nom indou du Fenouil.

MATUTINUS. Qui s'épanouit le matin.

MATWEED. En Angleterre, l'*Ammophila arenaria*. L'*Hooded Matweed* est le Spart. Le *Small Matweed* est le *Nardus stricta* L.

MATZATLI. Nom mexicain de l'Ananas.

MAU. La Mangue.

MAUCHART (B.-D.). A publié [1805] *Schönbrunn's botanischer Reichthum* (in-12 de 461 p.).

MAUCHARTIA (NECK., *Elem.*, n. 286. — DC., *Prodr.* IV, 104). Synonyme de *Helosciadium* KOCH.

MAUÇURANDUBA. Au Brésil, le *Sapota Muelleri* BL.

MAUDLIN. En Angleterre, l'*Achillæa Ageratum* L.

MAUDRAKE. Aux États-Unis, le fruit du *Podophyllum peltatum* L.

MAUDUITA (COMMERS., herb.). Synonyme de *Samadera* GÆRTN.

MAUERPFEFFER. En Allemagne, le *Sedum acre* L.

MAUHLIA (DAHL, *Obs. Syst. Linn.*, 25). Synonyme de *Abumon* ADANS. (*Agapanthus*).

MAUKE (Joh.-Gottl.). Auteur, à Leipzig [1801], de *Grasbüchlein, oder Anweisung,... die Gräser*, etc.

MAUKEA (REICHB., *Fl. Sax.*, 434). Section du genre *Mœhringia* L.

MAUKSCH (Joh.-Dan.). Auteur, à Tyrnau [1776], de *De partibus plantarum* (in-8 de 34 p.). — Sur Thom. MAUKSCH, mort en 1831, à Käsmark, voy. *Isis* [1834], 656.

MAUKSCHIA (HEUFF., in *Flora* [1844], 527). Synon. de *Carex*.

MAULBERBAUM. Nom allemand des Mûriers.

MAULE. Nom anglais de la Grande-Mauve.

MAULNY. A publié à Avignon [1786] : *Plantes observées aux environs de la ville du Mans* (in-8 de 242 p.).

MAULOUTCH. Nom malgache des Muscadiers ; d'où le nom de *Mauloutchia* (H. BN, in *Bull. Soc. Linn. Par.*, 435) donné à une section du genre *Myristica*.

MAUNDIA (F. MUELL., *Fragm. phytogr. Austral.*, I, 23). Synonyme de *Triglochin* L.

MAUNEIA (DUP.-TH., *Gen. nov. madag.*, 6). Synonyme de *Ludia* COMMERS.

MAUPASINA (MUN., in *C. rend. Ac. sc.*, 29 oct. 1877). Genre non décrit d'Algues calcaires Dasycladées.

MAURANDIA (ORTEG., *Dec.*, II, 21). Genre de Scrofulariacées-Antirrhinées, formé de 5 herbes grimpantes, du Mexique, distinguées par une grande corolle, à gorge ouverte, à tube légèrement gibbeux à sa base. Les étamines didynames ont des loges d'anthères finalement confluentes. Le fruit est sec et s'ouvre en travers ou irrégulièrement. Nous avons fait rentrer dans ce genre les *Lophospermum* et les *Rhodochiton*. Le *M. Barclayana* est cultivé comme ornemental et sert souvent à garnir les tonnelles. (Voy. *Hist. des pl.*, IX, 382, 429.) [H. BN.]

MAURELLA (DUN., *Sol. Syn.*, 12). Section du genre *Solanum*.

MAURELLE. Le *Tournesolia tinctoria* SCOP.

MAURET, MAURETTE. Noms vulgaires du fruit du Myrtille.

Mauve. — Branche florifère.

MAURI (ERN.). Auteur [1820] de *Romanarum plantarum centuria* 13, a écrit, avec Orsini et Tenore, un *Enumeratio plantarum quas itinere per Aprutium vel per pontificiæ ditionis provincias*, etc. [1830]. Tenore lui a consacré un article nécrologique dans l'*Omnibus* de Naples (juin 1836).

MAURIA (K., in *Ann. sc. nat.*, sér. 1, II, 338). Section du genre *Sorindeia* DUP.-TH. (H. BN, *Hist. des pl.*, V, 315.)

MAURICON (WITST., *Et. Hdw.*, 562). Pour *Mouricou* ADANS.

MAURILLE DE SAINT-MICHEL (Le P.). Auteur, à Angers [1664], d'une *Phytologie sacrée* (in-4 de 787 p.).

MAURITIA (L. F., *Suppl.*, 70). Genre de Palmiers-Lépidocaryinées, formé de 6, 7 arbres de l'Amérique tropicale, à feuilles flabellées-pennées, à fleurs monoïques ou polygames, distinguées par des spadices à branches amentiformes, cylindracées; les fleurs spiralées, fortement pressées les unes contre les autres. L'ovaire a 3 loges, et le fruit renferme une graine à embryon ventral. (DRUDE, in *Mart. Fl. bras.*, III, II, 287, t. 61-65, 67.) [H. BN.]

MAURITIUS WEED. En Angleterre, le *Roccella fuciformis* ACH.

MAUROCAPROS. Le Storax, d'après Belon.

MAUROCENIA (MILL., *Dict.*, ex L., *Gen.*, ed. 1 [1737], n. 244). Genre de Célastracées, formé d'une seule espèce du Cap, cultivée dans les jardins botaniques, ordinairement sous le nom de *Cassine Maurocenia*. Les fleurs 5-mères ont un disque cupuliforme, sinué-5-lobé. L'ovaire a 2, 3 loges à 2 ovules descendants; le raphé dorsal. Le fruit est une drupe. C'est un arbuste glabre, à feuilles opposées et à cymes axillaires. (*Cassine* L., *Gen.*, ed. 6, n. 371 est synonyme de *Maurocenia*.) (H. BN, *Hist. des pl.*, VI, 33.)

MAUROCŒNIUS (GRAY., *Arr. brit. pl.*, I, 678). Synonyme de *Fossombronia* RADD.

MAUROMARSON. Nom ancien de la Ballote fétide.

MAUSANE. Synonyme de Mancienne.

MAUSEÆRE. Nom allemand de l'Épervière Piloselle.

MAUVE (*Malva* T., *Inst.*, 94, t. 23, 24). Genre qui a donné son nom à la famille des *Malvacées* et à la série des *Malvées*. Ses fleurs régulières ont un calice valvaire ou réduppliqué, et une corolle tordue, dont la base est unie avec celle de l'androcée. Celui-ci est monadelphe, à nombreuses étamines, dont l'anthère extrorse est uniloculaire. L'ovaire comprend un

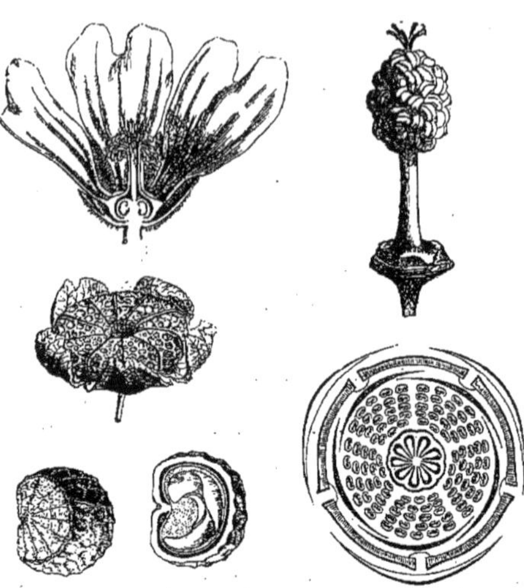

Mauve. — Fleur, coupe longitudinale. Androcée. Diagramme floral. Fruit. Carpelle isolé, entier et coupe longitudinale.

verticille de ∞ loges uniovulées, et l'ovule ascendant a le micropyle en bas et en dehors. Le fruit comporte un verticille d'achaines séparables, à graine ascendante. L'embryon est contortupliqué, avec un albumen mucilagineux presque nul. Ce sont environ 80 plantes des régions tempérées, mucilagineuses, à feuilles alternes, à fleurs solitaires ou en cymes axillaires. Chaque fleur est accompagnée d'un involucelle de 3 bractées libres. (H. BN, *Hist. des pl.*, IV, 83, 138, fig. 134-140; *Tr. Bot. méd. phanér.*, 795.)

MAUVE DE JARDIN. La Rose-trémière.

MAUVE DES ANTILLES. Le *Pavonia coccinea* CAV.

MAUVE DES JUIFS. Le *Corchorus olitorius* L.

MAUVE EN ARBRE. L'*Hibiscus syriacus* L.

MAUVE JAUNE. Le *Sida Abutilon* L.

MAUVE RONDE (PETITE). Le *Malva rotundifolia* L.

MAUVE VERTE (GRANDE). Le *Malva sylvestris* L.

MAUVISQUE. Nom français des *Malvaviscus* GÆRTN.

MAUVRE. Le *Samolus Valerandi* L.

MAUZ. En Égypte, le Bananier.

MAUZ (Eberh.-Fried.). Auteur, à Tübinge [1822], de *Versuche und Beobachtungen über das Geschlecht der Pflanzen*, etc.

MAVA. Le *Bassia butyracea* ROXB.

MAVACURE. Liane indéterminée, qui fait partie du Curare.

MAVAVÉ, MAVÉVÉ. A la Guyane, le *Racoubea* AUBL.

MAVENA. Le *Mangifera indica* L.

MAVIA (BERTOL. F., *Ill. piant. Mossamb.*, I, 10, t. 3). Synonyme de *Erythrophlœum* AFZEL.

MAVOLO. Synonyme de *Maybulu*.

MAVOR (Will.). Auteur, à Londres [1800], de *The Lady and Gentleman's botanical pocket-book* (in-12 de 185 p. et 2 pl.).

MAVROCARPUS (NAUD., in *Ann. sc. nat.*, sér. 3, XIII, 131). Section du genre *Lasiandra* DC. (*Tibouchina* AUBL.).

MAVU NI TOGA. Nom, aux Viti, de l'*Antiaris Bennettii* SEEM.

MAWHAHA (FORST.). Tubercule alimentaire de l'île des Pins.

MAWNA-TREE (BANCR., *N. Hist. Guian.*, 74). Nom, à la Guyane, du *Symphonia globulifera* L. F.

MAWSEED. Nom anglais du Pavot somnifère.

MAXILLARIA (R. et PAV., *Prodr. Fl. chil. et per.*, 116, t. 25; *Syst.*, 219). Genre d'Orchidacées-Vandées, distingué dans le groupe des *Maxillariées*, auquel il a donné son nom, par des sépales étalés ou parfois presque dressés; le labelle dressé et concave, à lobes latéraux ascendants. Le gynostème est épais, et les pollinies ont un caudicule court, aplati. Ce sont des plantes à pseudo-bulbes portant 1, 2 feuilles planes, à rhizome parfois allongé en tige disticophylle. Les fleurs sont solitaires et pédonculées. On distingue une centaine d'espèces, toutes américaines, souvent cultivées dans nos serres. (*Bot. Mag.*, t. 2729, 3154, 3613, 3614, 3945, 3966, 4374, 4434, 5296, 6477; fig. dans les *Trois règnes* [1864], 132.) [H. BN.]

Maxillaria. — Fleur.

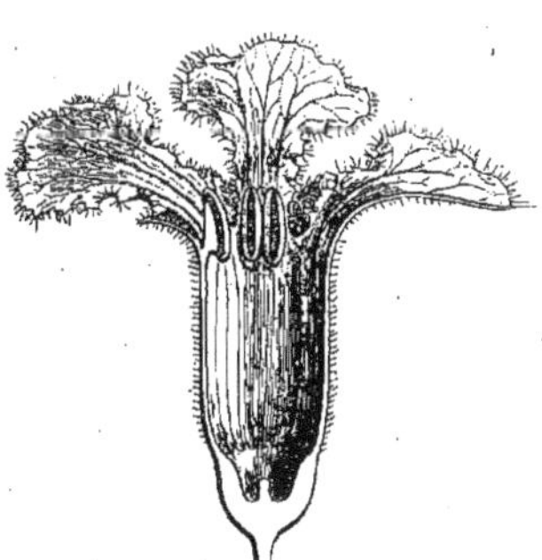

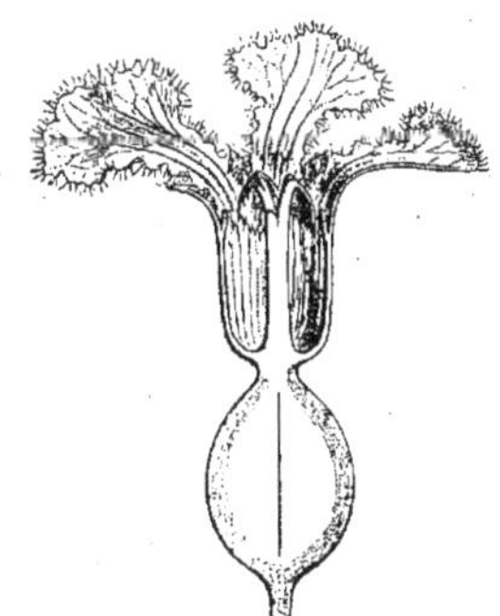

Maximowiczia. — Fleur mâle, entière et coupe longitudinale. Fleur femelle, coupe longitudinale.

MAXILLARIEÆ (B. H., *Gen.*, III, 463). Sous-tribu (5) des Orchidacées-Vandées.

MAXIMILIANA (MART., in *Flora* [1819], 451). Synonyme de *Cochlospermum* K.

MAXIMILIANA (MART., *Hist. nat. Palm.*, I, 131, spec. 1, t. 91-93; III, 295 (part.); *Palm. d'Orbign.*, 109, spec. 1, t. 15, fig. 2, 31 A). Genre de Palmiers-Cocoïnées, formé de 3 espèces du Brésil et des Antilles, inermes, à feuilles pinnatiséquées, à fleurs monoïques ou dioïques; les spadices simplement-rameux; les fleurs mâles 6-andres, avec 3 petits pétales et les étamines exsertes; les femelles à périanthe accrescent; l'ovaire à 3 loges, dont 2 stériles; le fruit ovoïde, monosperme, à endocarpe osseux, creusé de 3 trous à sa base. (WALLACE, *Palm. Amaz.*, 120, t. 3, fig. 2, 3; t. 47.) [H. BN.]

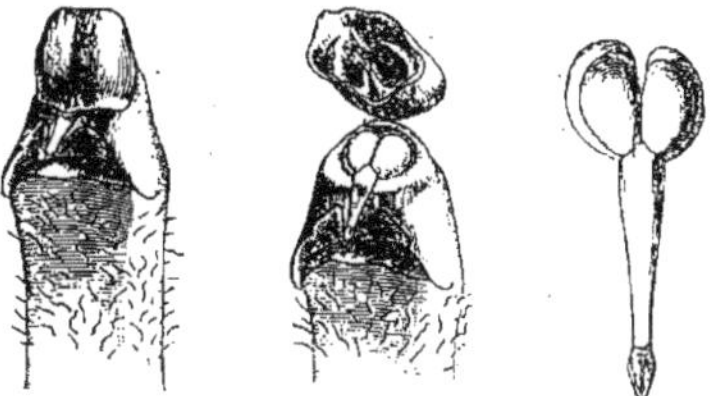

Maxillaria. — Gynostème, l'opercule en place et relevé. Pollinies.

MAXIMOVITZIA (RUPR.). Synonyme de *Schizandra* MICHX.

MAXIMOWICZIA (COGN., *Cucurb.*, 726). Genre de Cucurbitacées-Mélothriées, établi pour 2 plantes du Mexique et du Texas, à fleurs dioïques; le réceptacle cylindrique ou à peu près, avec des pétales ciliés, subvalvaires ou imbriqués; un style à 3 lobes pétaloïdes et un fruit globuleux, charnu, à graines marginées. Ce sont des herbes vivaces, à branches grimpantes, à fleurs femelles solitaires; les mâles en grappes ou en cymes. (H. BN, *Hist. des pl.*, VIII, 413, 455, fig. 296-298.)

MAXINE. Cucurbitacée du Brésil, à fruits comestibles.

MAXWELLIA (H. BN, in *Adansonia*, X, 98). Genre de Malvacées-Buettnériées, à fleurs 5-mères; les sépales valvaires-rédupliqués; les pétales linguiformes; 10 étamines, opposées par paires aux pétales, et un ovaire à 3-5-loges ∞-ovulées. Le fruit est oblong, coriace-subéreux, et les graines sont albuminées. Le *M. lepidota* H. BN est un arbre (?) de la Nouvelle-Calédonie, à feuilles alternes, squameuses; à fleurs disposées en grappes de cymes composées. [H. BN.]

MAY. En Angleterre, les fleurs de l'Aubépine.

MAYA (BENTH., in *Ann. Wien. Mus.*, II, 87). Section du genre *Sophora* L.

MAYACA (AUBL., *Guian.*, I, 42, t. 15). Genre américain, qui constitue à lui seul la famille des *Mayacacées*, et qui a des fleurs hermaphrodites, à double périanthe 3-mère, avec 3 étamines hypogynes, à anthères dressées, 4-locellées, et un ovaire supère, à 3 placentas pariétaux, pluriovulés. Les ovules sont orthotropes. Le fruit est une capsule à 3 valves placentifères, et les graines ont un embryon et un albumen farineux. Ce sont 6, 7 herbes grêles, des marais, à feuilles linéaires, à fleurs axillaires et solitaires. (SCHOTT et ENDL., *Melet.*, t. 3. — SEUB., in *Mart. Fl. bras.*, III, I, t. 31.) [H. BN.]

MAYANAITARA. Nom argentin du *Trichilia Hieronymi* GR.
MAYAPIS. Synonyme de *Panao*.
MAY-APPLE. Nom anglais du *Podophyllum peltatum* L.
MAYAQUE. Nom français des *Mayaca* AUBL.
MAY-ATÉ. Nom, à Mouroundava (Madagascar), de l'*Hibiscus macrogonus* H. BN.
MAYBULU. Le *Cavanillesia philippinensis* L.
MAYCOCK (James Dottin). Auteur d'un *Flora barbadensis*, publié à Londres en 1830 (in-8 de 446 p. et 2 pl.).
MAYCOCKIA (A. DC., *Prodr.*, VIII, 324). Synonyme de *Condylocarpon* DESF.
MAY-DA. Nom annamite du *Calamus petræus* LOUR.
MAYDEÆ. Tribu (?) des Graminées. (B. H., *Gen.*, III, 1075.)
MAY-DUKE. Variété anglaise de Cerisier.
MAYENNE. Synonyme d'Aubergine.
MAYEPEA (AUBL., *Guian.*, I, 81, t. 31). Synonyme (?) de *Linociera* SW.
MAYER (Johan.). Auteur [1776-1801] du *Pomonia franconica*, d'un *Abhandlung von d. Nutzen de syst. Bot. in d. Arzneiund Hanshaltungskunst* [1772], de *Mein Garten* [1778], de *Einheimisch Giftgewächse*, etc. [1798-1800], et [1801] de *Vorzügliche einheimisch essbare Schwämme*.
MAYNA (AUBL., *Pl. guian.*, 921, t. 352). Genre de Bixacées, rapporté aujourd'hui par M. Oliver, à titre de section, au genre *Oncoba* de Forskhal. Cette section renferme des espèces américaines et africaines (voy. *Fl. trop. Afric.*, I, 119). Les *Mayna* de Raddi sont synonymes de *Carpotroche* ENDL.
MAYNA (RADDI). — Voy. MAYNA *Aubl.*
MAYOTTE. Nom, en Dauphiné, d'une variété de Noix.
MAYR (Anton.). Auteur, à Vienne [1783], de *De venenata Ranunculorum indole* (in-8 de 28 p. et 1 pl.).
MAYRAN. La Marjolaine.
MAYS (GÆRTN., *Fruct.*, I, 6, t. 1). Synonyme de *Zea* L.
MAYS DEL MONTE. Nom vulgaire, au Pérou, de l'*Ombrophytum peruvianum* PŒPP. et ENDL.
MAYTEN. Le *Maytenus Boaria* MOL.
MAYTENSILLO (FEUILL.). Plante purgative du Chili.
MAYTENUS (FEUILL., ex J., *Gen.*, 449). Genre de Célastracées. Section du genre *Celastrus* L. (H. BN, *Hist. des pl.*, VI, 37). Les feuilles du *M. chilensis* DC. sont, dit-on, employées dans le pays en guise de Sené.
MAYWORT. Nom anglais de la Croisette (*Rubia Cruciata* H.BN).
MAZÆA (BORN. et GRUN., in *Bull. Soc. bot. Fr.*, XXVIII, 287, t. 7). Genre d'Algues-Cryptophycées, fondé sur une plante d'eau douce, découverte au Brésil par M. Puiggari. Le genre est caractérisé par une fronde gélatineuse, subglobuleuse, avec trichomes disposés en rayonnant, rameux, formés d'une simple série de cellules, avec des hétérocystes latéraux, très souvent pédicellés.
MAZATELES. Au Mexique, le *Valeriana toluccina* DC.
MAZEDIATI (FRIES, in *K. Vet. Ac. Handl.* [1821], II, 323). Division des Lichens.
MAZEUTOXERON (LABILL., *Voy.*, II, 11). Synonyme de *Correa* SM., d'après Smith lui-même. Le nom de *Mazeutoxeron* aurait donc le droit d'antériorité.
MAZI. Nom turc des galles de Chêne.
MAZORCA CUERVO. Au Mexique, le *Conophilla americana*.
MAZORQUILLA. Nom mexicain du *Phytolacca octandra* DC.
MAZU. Nom persan des Noix de galle.
MAZUS (LOUR., *Fl. cochinch.*, 385). Genre de Scrofulariacées-Gratiolées, formé de 4 herbes de l'Asie et de l'Océanie tropicales, souvent traçantes, à feuilles opposées et alternes, à fleurs en grappes terminales, sub-1-latérales, avec un calice 5-fide, campanulé, une corolle élégante et un fruit bivalve. Les graines sont nombreuses et recouvrent les placentas charnus. Le *M. bicolor* est ornemental. (H. BN, *Hist des pl.*, IX, 451.)
MAZZA D'ERCOLE (massue d'Hercule). Nom du *Clavaria pistillaris* L. *M. da tamburo* est le nom de l'*Agaricus procerus* SCOP., dans le nord de l'Italie.
MAZZANTIA (MONT., *Syll. crypt.*, 245). Genre de Sphériacés, du groupe des Dothidéées, à stroma noir, oblong, clypéiforme, semblable à un sclerotium, dans lequel sont logés un petit nombre de périthèces blanchâtres. Les périthèces sont tapissés de filaments libres qui donnent naissance, soit à des microconidies (spermaties), soit à des thèques à 8 spores, hyalines, ovoïdes. Huit espèces connues vivent sur les tiges mortes de *Galium*, d'*Aconitum*, de *Rumex*, etc., en Europe, en Colombie et en Algérie. [DE S.]
MAZZENGO. Nom des Mousserons, dans l'Italie septentrionale.
MAZZUCATO (Giov.). A écrit à Padoue [1807] : *Sopra alcune specie di frumenti*, etc., un *Viaggio botanico all' Alpi Giulie* [1811] et *Triticorum definitiones atque synonyma* [1812].
M'BALL. Euphorbiacée (*Euphorbia*?) du Sénégal, qui s'applique sur les plaies comme cicatrisante.
M'BARIMBOT. Champignon comestible et laxatif du Sénégal.
MBEMBU. Le *Parinari Mobola*.
M'BENTABARÉ. Synonyme de *Fédégose*, médicament purgatif, fébrifuge, etc., qui est le *Cassia occidentalis* (II, 496).
MBOUNDOU. Synonyme de *Icaja* (*Strychnos*).
MBUNGU. Nom, à Zanzibar, d'un *Landolphia* (*Vahea*) à caoutchouc (*L. florida*).
M'DID. Plante de Sénégambie, indéterminée, irritante.
MEADIA (CATESB., *Car.*, III, t. 1). Synon. de *Dodecatheon* L.
MEADOW-GRASS. Nom anglais des *Poa*.
MEADOW SAFFRON. En Angleterre, le Colchique d'automne.
MEALUM-MA. Nom indien du *Laportea crenulata* GAUDICH., Urticée dont la piqûre est des plus dangereuses et a pu même, assure-t-on, produire la mort.
MEANDRIFORMIS. Très sinueux, comme les anthères des Courges, certains albumens ou embryons (*Phytocrene*, etc.).
MÉATS, M. INTERCELLULAIRES. Espaces vides entre les phytocystes. Plus grands, ils reçoivent souvent le nom de *lacunes*.
MEBOKI. Nom japonais du Basilic.
MEBOREA (AUBL., *Guian.*, II, 825, t. 323). Synonyme de *Phyllanthus* L.
MÉBORIER. Nom français (LAMK) des *Meborea* AUBL.
MECARDONIA (R. et PAV., *Fl. per.*, 95). Synonyme de *Herpestis* GÆRTN. F.
MECAXOCHITL. Sorte de Poivre du Mexique (HERNANDEZ).
MECERY. Sorte blanchâtre d'Opium.
MÈCHE (BOIS DE). L'*Agave cubensis* JACQ.
MECHINUM. Variété de Gingembre noir.
MECH-MECH. Nom arabe de l'Abricotier.
MÉCHOACAN BLANC. Le *Convolvulus Mechoacana* L.
MÉCHOACAN DU CANADA. Le *Phytolacca decandra* L.
MÉCHOACAN NOIR. Le *Convolvulus Jalapa* L.
MECHOCAN. Nom argentin (GRISEB.) de l'*Ipomæa sericophylla* MEISSN.
MÉCHONS. Les tubercules de l'*Œnanthe pimpinelloides* L.
MECISTOSA (BL., *Bijdr.*, 835). Section du genre *Ocimum* T.
MECKELIA (MART., ex GRISEB., in *Mart. Fl. bras. Malpigh.*, 25). Section du genre *Spachea* J., à gynécée 3-carpellé.
MECLATIS (SPACH, *Suit. à Buff.*, VII, 257). Section du genre *Clematis* T. (H. BN, *Hist. des pl.*, I, 57).
MECOMISCHUS (CASS., in *Bull. Soc. philom.* [1816], 153; in *Dict.*, IX, 342, t. 87). Section (?) du genre *Matricaria* T. (H. BN, *Hist. des pl.*, VIII, 275, not. 3.)
MECON. Le Pavot, chez les Grecs.
MECONELLA (NUTT., in *Torr. et Gr. Fl. N.-Amer.*, I, 64). Section du genre *Platystigma* BENTH.
MECONES (BERNH., in *Linnæa*, VIII, 463). Section des Pavots.
MECONIDIUM (SPACH, *S. à Buff.*, VII, 21). Sect. du g. *Papaver*.
MECONIUM (SPACH, *S. à Buff.*, VII, 12). Section du g. *Papaver*.
MECONIUM. Nom ancien du suc extrait des feuilles et des fruits broyés du *Papaver somniferum* L.
MECONOPSIS (VIG., *Diss.* — DC., *Syst.*, II, 86; *Prodr.*, I, 120). Genre de Papavéracées, de peu de valeur, voisin des Pavots et des Argémones, formé de 9 herbes d'Europe, d'Asie et d'Amérique; distingué par un style à sommet claviforme, à lignes stigmatifères radiantes-défléchies. Le fruit est ovoïde ou oblong, déhiscent par de courtes valves. L'espèce européenne,

assez rare en France, est le *M. cambrica* VIG., assez souvent cultivé dans les jardins botaniques, et dont la corolle est jaune. (H. BN, *Hist. des pl.*, III, 140.)

MÉCONOSTIGMA (SCHOTT, *Mel.*, 20). Sect. du g. *Philodendron*.

MECOPUS (BENN., *Pl. jav. rar.*, 154, t. 32). Genre de Légumineuses-Papilionacées-Hédysarées, établi sur une herbe grêle de l'Asie tropicale, à feuilles 1-foliolées, à fleurs de *Desmodium*, à gousse formée de 2 articles et portée sur un long pied, de façon à aller se nicher entre les bractées que porte l'axe de l'épi. (H. BN, *Hist. des pl.*, II, 315.)

MECOSA (BL., *Bijdr.* 403, t. 1). Synon. de *Platanthera* RICH.

MECOSAURUS (KL., in *Linnæa*, XX, 404). Genre de Fougères, que Fée a rapporté au genre *Grammitis* SW.

MECOSORI (KL., in *Linnæa*, XX, 404). Tribu des Fougères-Polypodiacées.

MECOSTYLIS (KURZ, ex TEIJSM. et BINN., in *Bat. Nat. Tijdschr.*, XXVII, 44). Synonyme de *Macaranga* DUP.-TH.

MECRANIUM (HOOK. F., *Gen.*, I, 767, n. 115). Genre de Mélastomacées-Miconiées, à fleurs d'*Ossæa* ou à peu près, 4-5-mères; les divisions du calice surmontant un tube arrondi, courtes et lisses. Les inflorescences sont composées, axillaires et latérales, et les anthères s'ouvrent par un grand pore, avec un connectif allongé entre les loges. Ce sont 7 arbustes des Antilles, décrits par Grisebach, dans son *Flora of British West India*, 261, comme des espèces de *Cremanium*. (H. BN, *Hist. des pl.*, VII, 58.)

MÉDAILLE DE JUDAS, M. SATINÉE. Noms vulgaires du fruit du *Lunaria annua* L.

MEDALLITA. Au Chili, le *Sarmienta repens* RUIZ et PAV.

MEDATA. Dans Apulée, la Ballote noire ou fétide.

MEDEA (KL., in *Wiegm. Arch.*, VII, 198). Section du genre *Croton* L. (H. BN, *Et. gén. Euphorb.*, 349.)

MEDEDUSIUM. Nom ancien du *Spiræa Ulmaria* L.

MEDEMIA (P. G. V. WÜRT., ex WENDL., in *Bot. Zeit.* [1881], 93). Genre de Palmiers-Borassées, proposé pour l'*Hyphæne Argun* MART., de l'Afrique tropicale orientale, et dont la place est encore douteuse. (B. H., *Gen.*, III, 882.)

MEDEOLA (L., *Gen.*, n. 455). Genre de Liliacées-Médéolées, formé d'une herbe vivace de l'Amérique du Nord, à rhizome épais, à feuilles verticillées par 6-9 et à fleurs en fausse-ombelle terminale; 3-mères; le double périanthe marcescent; à 6 étamines hypogynes, à ovaire 3-loculaire. Le fruit est une baie pulpeuse, à graines albuminées. (*Bot. Mag.*, t. 1316). [H. BN.]

MÉDÉOLE. Nom français (LAMK) des *Medeola* L.

MEDEOLEÆ. Tribu (18) des Liliacées. (B. H., *Gen.*, III, 750.)

MEDIATUS. Insertion à laquelle la feuille plus ou moins modifiée sert d'intermédiaire. L'insertion de l'inflorescence des *Helwingia* est dite *médiate*. De même celle des étamines sur la corolle gamopétale, etc. [H. BN.]

MEDICA. Nom ancien de la Luzerne.

MEDICA (COTH., *Disp. veg.*, 7). Synonyme de *Tourretia* J.

MEDICA (T., *Inst.*, 410). Synonyme (part.) de *Medicago* L.

MEDICAGO (T., *Inst.*, 412, t. 231). Nom latin des Luzernes.

MEDICA MALUS (MATTH.). Nom ancien du Cédrat.

MEDICA-TALLI. Nom brahme du *Cassytha filiformis* L.

MÉDICÉE ou CATHERINAIRE. Noms proposés pour le Tabac par Jacques Gohory.

MEDICIA (GARDN., in *Hook. Kew Journ.*, I, 324). Synonyme de *Gelsemium* J.

MÉDICINIER. Nom français des *Jatropha*. Le M. d'Espagne est le *J. multifida* L. Le Grand Médicinier est le *J. Curcas* L.

MÉDICINIER BATARD. Le *Jatropha multifida* L.

MEDICK. Nom anglais des Luzernes.

MEDICOSMA (HOOK. F., *Gen.*, I, 296, 991). Genre de Rutacées-Zanthoxylées, établi pour l'*Acronychia Cunninghami* HOOK., plante australienne, qui fleurit dans nos serres, et qui a des fleurs 4-mères, diplostémonées, et 4 carpelles 2-ovulés. Le fruit est 4-coque. Les feuilles sont opposées, odorantes, et les fleurs sont disposées en cymes axillaires. (H. BN, *Hist. des pl.*, IV, 393, 471, fig. 439-442.)

MEDICULA (MEDIC., *Vorles.*, II, 386). Genre proposé pour le *Medicago Lupulina* L.

MEDICUS (Ludw.-Wallrad). Professeur à Munich [1771-1850], auteur de *Zur Geschichte des künstlichen Futterbaues*, etc.

MEDICUSIA (MŒNCH, *Meth.*, 536). Synonyme de *Picris* L.

MEDIFIXUS. Se dit d'un organe (anthère, style, etc.) attaché à un autre par sa partie moyenne.

MEDIKUS (Fried.-Cas.). Né à Grumbach en 1736, fut directeur des jardins de Schwetzingen et de Mannheim; il écrivit, en 1771, un *Index plantarum Horti electoralis Manhemiensis*; en 1782, *Beitrage zur schönen Gartenkunst*; des *Botanische Beobachtungen des Jahres* 1782, puis [1783] un travail sur la famille des *Contortæ* (Apocynées et Asclépiadées) [1782]; *Theodora speciosa, ein neues Pflanzengeschlecht* [1786], un travail sur les Malvacées [1787]; une *Philosophische Botanik* [1789-91]; une *Lettre à de la Metherie sur l'origine des Champignons* [1790]; *Pflanzengattungen* [1792]; *Ueber nordamerikanische Bäume und Sträucher* [1792]; *Geschichte der Botanik unsrer Zeiten* [1798]; *Kritische Bemerkungen über Gegenstände aus dem Pflanzenreiche* [1793]; *Beiträge zur Pflanzenanatomie, Pflanzenphysiologie*, etc. [1799-1801]; *Pflanzenphysiologische Abhandlungen* [1803], et un *Essai sur la culture des végétaux exotiques*, qui renferme, en outre, un catalogue de tous ses travaux [1806].

Medinilla. — Étamine.

MEDINILLA (GAUDICH., in *Freycin. Voy.*, *Bot.*, 484, t. 106). Genre de Mélastomacées-Mélastomées; type pour certains auteurs d'une tribu des *Médinillées*, et caractérisé par des fleurs 4-6-mères; le réceptacle concave; le calice denté; les pétales aigus, et 8-12 étamines 2-sériées, à anthères de forme variable, s'ouvrant par 1, 2 pores ou par de courtes fentes. L'ovaire 4-6-loculaire est plus ou moins adné au réceptacle. Le fruit est une baie. Ce genre, auquel nous avons rattaché comme sections les *Carionia*, *Pachycentria*, *Hypenanthe*, est formé d'une soixantaine d'espèces des régions tropicales de l'ancien monde. (H. BN, *Hist. des pl.*, VII, 49.)

MEDIUM (T., *Elem.*, I, 90). Synonyme de *Campanula* L.

MEDO-HAGI. Nom japonais du *Lespedeza juncea* PERS.

MEDORA (K., *Enum.*, V, 155). Synonyme de *Smilacina* DSF.

MEDRONHEIRO. En Portugal, l'Arbousier.

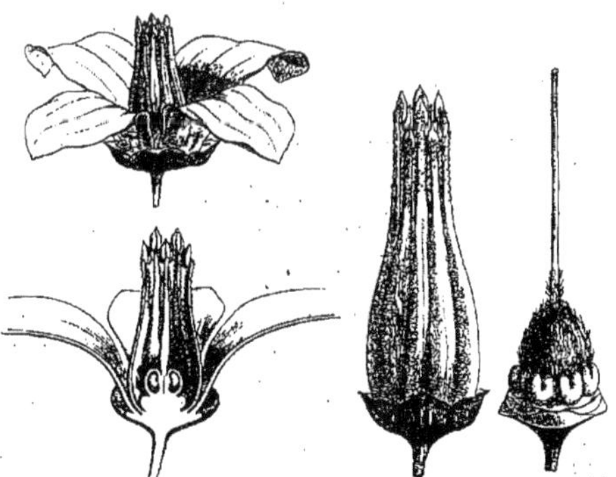

Medicosma. — Fleur, entière et coupe longitudinale. Fleur, sous la corolle. Gynécée et disque.

MÉDULLAIRE (*medullaris*). Qui dépend de la moelle. L'*Étui médullaire* est la zone qui entoure la moelle. Les *Rayons médullaires* sont des lames de parenchyme qui partent en rayonnant de la moelle vers l'écorce, etc.

MÉDULLE. On donne ce nom à la couche médullaire des Lichens située entre la couche gonidiale et le plus souvent la couche

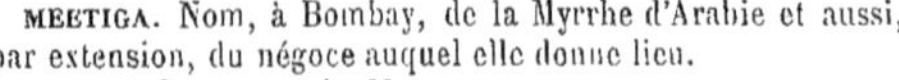

hypothallïne. La médulle comporte trois modifications essentielles : elle est *feutrée*, *crétacée* ou *celluleuse* : feutrée, lorsqu'elle est formée d'éléments filamenteux, blancs, lâchement entre-croisés; crétacée, lorsqu'elle devient compacte et qu'elle renferme des filaments plus rares et des granulations plus nombreuses; celluleuse, lorsqu'elle est formée de phytocystes qui contiennent des gonidies dans leur enveloppe ou dans leurs interstices. [Ch. M.]

MÉDULLE (*Medulla*). La moelle (*M. interne* ou *centrale*). La *M. corticale* de Dutrochet est la Couche herbacée.

MÉDULLIN. Substance formée (Nægeli) de mésamylin, dysamylin et amyloïde, devenant molle sans gonflement dans l'eau.

MEDULLOSA (Cott., *Dendrol.*, 49). Genre de Cycadacées (?) fossiles (Ung., *Syn. pl. foss.*, 164; *Chor. protog.*, 45.)

MEDULLOSUS. Riche en moelle; de la nature de la moelle.

MEDULLOXYLON (Hart., in *Bot. Zeit.* [1848], 140). Genre de Conifères fossiles, proposé pour le *Dadoxylon Withanii* Lindl.

MEDUNIZA. En Russie, la Pulmonaire officinale.

MEDUNKA. En Bohême, la Mélisse officinale.

MEDUSA (Lour., *Fl. cochinch.*, 406). Syn. de *Rinorea* Aubl.

MEDUSAGYNE (Bak., *Fl. maurit.*, 16; in *Hook. Icon.*, t. 1252). Le *M. oppositifolia* Bak. est un arbuste des Seychelles, rapporté aux Ternstrœmiacées, qui a des fleurs 5-mères, à pétales imbriqués, à étamines nombreuses et à ovaire 17-24-loculaire, surmonté d'un même nombre de branches stylaires capitées. Chaque loge renferme 2 ovules, l'un ascendant et l'autre descendant. Les inflorescences sont terminales. [H. Bn.]

MEDUSA-HEADORCHIS (Ldl.). Nom anglais des *Cirrhopetalum*.

MEDUSANTHERA (Seem., in *Journ. Bot.*, II, 74). Synonyme de *Lasianthera* Pal.-Beauv.

MEDUSEA (Haw., *Syn. pl. succ.*, 133). Section du genre *Euphorbia* L.

MEDUSINA (Chevall., *Fl. paris.*). Synon. de *Hericium* Pers.

MEDUSULA (Tode, *Fung. Meckl.*, 17, III, 28). Genre d'Hyphomycètes, incertain, rapporté quelquefois aux *Sporotrichum*, qui pourrait bien être un Myxomycète. Les descriptions de Corda s'appliqueraient plutôt à des *Trichostroma*. [De S.]

MEENA-HARMA. Résine de qualité secondaire, qui arrive souvent à Bombay, mélangée à la Myrrhe du pays des Somalis.

MEERBURGH (Nicol.). A écrit, à Leyde [1775], *Afbeeldingen v. zeldsaame gewassen*, puis [1782] *Naamlyst der boom en heestergewassen*, etc., et [1789] *Plantæ et papiliones rariores vivis coloribus depictæ* (55 pl. col.). Ses *Plantarum selectarum Icones pictæ* (28 pl. col. in-fol.) datent de 1789.

MEERBURGIA (Mœnch, *Suppl.*, 116). Syn. de *Pollichia* Sol.

MEEREICHE. En Allemagne, le *Fucus vesiculosus* L.

MEERRETTIG. Nom allemand du Raifort sauvage.

MEERTRUBLI. Nom, à Soleure, de la Groseille.

MEERU (Pis., *Bras.*, 212). Synonyme de *Canna* L.

MEERZWIEBEL. Nom allemand des Scilles.

MEESE (David). Jardinier de Franeker, auquel Hedwig a dédié le genre *Meesia*, écrivit [1760] une *Flora frisica*, un travail sur la syngénésie [1761], et des *Plantarum rudimenta* [1763], avec une méthode tirée de leurs caractères séminaux, des cotylédons, etc. N. Mulder a publié [1823] un *Oratio de meritis D. Meese*.

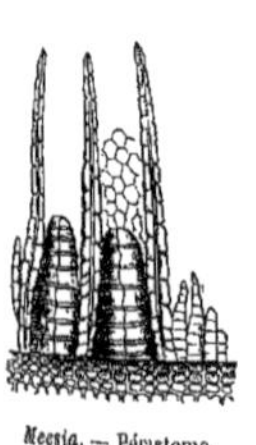

Meesia. — Péristome.

MEESEA (C. Muell., *Syn. Musc.*, I, 464). Pour *Meesia* Hedw.

MEESIA (Hedw., *Fund. Hist. Musc.*, II, 97; *Spec. Musc.*, 173). Genre de Mousses-Bryacées, à coiffe étroite, cucullée, surmontant une urne insymétriquement piriforme, dont l'opercule est légèrement convexe. Le péristome est double : l'extérieur à 16 dents courtes; l'intérieur à 16 cils lacuneux, unis par une membrane réticulée fugace. Ce sont

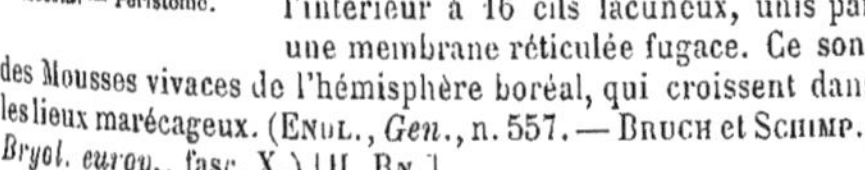

des Mousses vivaces de l'hémisphère boréal, qui croissent dans les lieux marécageux. (Endl., *Gen.*, n. 557. — Bruch et Schimp., *Bryol. europ.*, fasc. X.) [H. Bn.]

MEETIGA. Nom, à Bombay, de la Myrrhe d'Arabie et aussi, par extension, du négoce auquel elle donne lieu.

MEETLÉ. Synonyme de *Met*.

MEGABOTRYA (Hance, in *Walp. Ann.*, II, 259). Synonyme de *Evodia* Forst.

MEGACARPÆA (DC., *Syst.*, II, 417; *Prodr.*, I, 183). Genre de Crucifères-Thlaspidées, formé de 3 espèces asiatiques, herbacées, vivaces, à sépales égaux à la base, à fruits didymes, fortement comprimés de côté, indéhiscents, à 1, 2 graines comprimées. Les étamines sont généralement didynames; mais une des espèces en a, par exception, un nombre indéfini. (H. Bn, *Hist. des pl.*, III, 283.)

MEGACARPHA (Hochst., in *Flora* [1844], 551). Synonyme de *Oxyanthus* DC.

MEGACARYON (Boiss., *Pl. or. Dec.*, I, 7). Genre de Boraginacées, voisin des *Echium*, formé d'une herbe hispide, d'Arménie, ne différant des Vipérines que par des divisions calicinales allongées, une corolle à limbe presque régulier, et des achaines volumineux, lisses et brillants. [H. Bn.]

MEGACHLOA (Gren. et Godr., *Fl. de Fr.*, III, 553). Section du genre *Glyceria* R. Br.

MEGACISTA (A. DC., *Prodr.*, VIII, 3). Sect. du g. *Utricularia* L.

MEGACLINIUM (Lindl., *Bot. Reg.*, t. 989; *Gen. et spec. Orchid.*, 47; in *Journ. Linn. Soc.*, VI, 128). Genre d'Orchidacées-Épidendrées, formé d'une dizaine d'herbes épiphytes de l'Afrique tropicale et australe, pseudo-bulbeuses et à fleurs de *Bulbophyllum*, mais distinguées par une inflorescence à rachis aplati et longuement lancéolé, sur les deux faces duquel les fleurs sont unisériées suivant la ligne médiane costiforme. (*Bot. Reg.*, t. 1959. — *Bot. Mag.*, t. 4028, 5936.) [H. Bn.]

MEGADENUS (Rafin., in *Ser. Bull.* [1830]). Syn. de *Scirpus*.

MEGALACHNE (Thw., *Enum. pl. Ceyl.*, 372). Genre proposé pour l'*Eriachne triseta* Nees.

MEGALANGIUM (Brid., *Bryol.*, II, 28). Genre de Mousses, créé pour certains *Bryum* Dill.

MEGALANTHE (Gaud., *Fl. helv.*, II, 270). Synonyme de *Thylacites* Griseb.

MEGALASTRUM (A. Gray, *Pl. Wright.*, II, 75). Section (?) du genre *Aster* T.

MEGALONECTRIA (Speg., *Fung. argent.*, IV, 82). Genre de Sphériacés, voisin des *Nectria*, à périthèce globuleux, assez noir, coloré, portant à sa base des filaments conidifères (*Stilbum*). Les thèques, larges, contiennent 8 spores ovales, pluriloculaires, muraliseptées, hyalines. Les deux espèces connues habitent le Brésil, l'île de Ceylan, la Nouvelle-Zélande, et se développent sur l'écorce de diverses plantes. [De S.]

MEGALOTHECA (F. Muell., *Fragm. phyt. Austral.*, VIII, 98). Synonyme de *Restio* L.

MEGAMILA (Dochn., *Obstk.*, I, 71). « Genre » de Pommiers.

MEGAPHYLLÆA (Hemsl., in *Hook. Icon.*, t. 1708). Genre de Méliacées-Trichiliées, fondé pour un arbre élevé de Perak, qui a de grandes feuilles pennées, des fleurs 5-mères, à 10 pétales ligulés, 2-sériés, 10 étamines monadelphes, et un ovaire à 7-9 loges. Le fruit est capsulaire, globuleux, à graines sans albumen. Les fleurs sont disposées en grappes. [H. Bn.]

MEGAPHYLLUM (Spruce, herb., n. 6230). Synonyme de *Pentagonia* Benth. (H. Bn, *Hist. des pl.*, VII, 457.)

MEGAPHYTON (Artis, *Anted. Phyt.*, 20). Genre de plantes fossiles (Lindl. et Hutt., *Foss. pl.*, II, 43). Endlicher (*Enchir.*, 48) en fait une Lépidodendrée. — Sous le nom de *Megaphytum*, Sternberg (*Vers.*, II, 186) cite un genre de Lycopodiacitées, qu'il attribue à Artis. (Voy. Ad. Br., in *Dict. d'Orb.*, XIII, 91.)

MEGAPTERIUM (Spach, *Suit. à Buff.*, IV, 378). Section du genre *Œnothera* L.

MEGARRHIZA (Torr., *Pacif. Railw. Rep.*, 6, 74). Synonyme de *Echinocystis* Torr. et Gr.

MEGASANTHES (DC., *Prodr.*, VII, 424). Section du genre *Wahlenbergia* Schrad.

MEGASANTHES (G. Don, *Gen. Syst.*, III, 736). Synonyme de *Glossocomia* Don.

MEGASEA (HAW., *Enum. Saxifr.*, 43). Section du genre *Saxifraga* T.

MÉGASIPHON (A. DC., *Prodr.*, VIII, 471). Section du genre *Echites* L.

MÉGASON, MÉGUSON. Le *Lathyrus tuberosus* L.

MEGASPERMUM (SCH. BIP., in *Linnæa*, XIX, 332). Section des *Spilotospermum* SCH. BIP.

MEGASTACHYA (FOURN., *Mex. Gram.*, 118). Genre hétérogène, formé (B. H.) de plusieurs *Platystachya* et *Pteroessa* à épillets plus ou moins dioïques.

MEGASTACHYA (PAL.-BEAUV., *Agrostogr.*, 74, t. 15, fig. 5). Synonyme de *Eragrostis* PAL.-BEAUV.

MEGASTEGIA (G. DON, *Gen. Syst.*, II, 468). Synonyme de *Brongniartia* H. B. K.

MEGASTIGMA (HOOK. F., *Gen.*, I, 299, n. 57). Genre de Rutacées-Zanthoxylées, établi pour un arbuste du Mexique, à feuilles imparipennées, à fleurs en grappes terminales de cymes, distinguées par 4 pétales imbriqués, 8 étamines, 1 ovaire didyme, un large stigmate. C'est le *M. Skinneri*, du Mexique. Nous en avons décrit (in *Adansonia*, X, 331) une autre espèce, le *M. Galeottii* H. BN. (Voy. *Hist. des pl.*, IV, 475.) [H. BN.]

MEGASTOMA (COSS. et DUR., in exs. *Balansa*). Synonyme de *Eritrichium* SCHRAD.

MEGASTYLIS (BL., *Bijdr.*, 587). Section du g. *Glochidion* FR.

MEGENBERG (Konrad v.). Auteur, à Augsbourg [1475], d'un curieux ouvrage, dont Franz Pfeiffer a donné en 1861 une édition sous le titre de *Das Buch der Natur von Konrad von Megenberg* (in-8 de 807 p.).

MEGERLE VON MUEHLFELD (Joh.-Georg.). Auteur, à Vienne [1813], de *Oestreichs Färbepflanzen* (in-8 de 121 p.).

MEGISTOCARPUS (BERNH., in *Linnæa*, XIII, 361). Section du genre *Physalis* L.

MEGISTOSTIGMA (HOOK. F., *Icon.*, t. 1592). Genre d'Euphorbiacées uniovulées, qui paraît voisin des *Sphærostylis* et qui en a le style, avec des fleurs monoïques, en grappes, un calice trimère, trois étamines et un ovaire trilobé. C'est un arbuste à feuilles alternes, volubile (*M. malaccense* HOOK. F.). [H. BN.]

MEGUSA. Nom japonais du *Mentha arvensis* L.

MÉGUSON. En Néerlande, le *Lathyrus tuberosus* L.

MEHAJIKI. Nom japonais du *Leonurus sibiricus* MIQ.

MEHENBETENE. Nom ancien du *Canarium commune* L.

MEH-NO-ME. Nom japonais de l'Abricotier.

MEIA. A Taïti, l'un des noms du Bananier.

MEIADENIA (A. DC., *Prodr.*, VIII, 432). Section du genre *Aganosma* DON.

MEIBOM (Brandanus). Professeur à Helmstaedt [1678-1740], auteur [1718] de *Botanica generalia* (in-4).

MEIBOMIA (HEIST., ex ADANS., *Fam. des pl.*, II, 509). Synonyme (part.) de *Hedysarum* T.

MEIDOORN. Nom flamand de l'Aubépine.

MEIER (Karl-Gottl.). Auteur, à Francfort [1772], de *De Caria arenaria*. — Georg. MEIER (en latin *Marius*), né à Würzbourg en 1533, est cité par Gesner (*Hort. germ.*, 278), Dodoens, etc.

MEIGEN (Joh.-Wilh.). Mort à Stollberg, près d'Aix-la-Chapelle, a écrit une *Deutschlands Flora* [1836-42], 3 vol. in-8. Il avait précédemment publié, soit seul, soit avec Weniger, des travaux sur les plantes de diverses régions de l'Allemagne.

MEIGETSUSO. Au Japon, le *Polygonum cuspidatum* S. et ZUCC.

MEINARDUS (Franç.). Auteur, à Poitiers [1614], de *De Visco Druidarum Orationes* (in-8).

MEINECKE (Joh.-Ludw.-Georg.). Professeur à Halle [1781-1823], a écrit *Ueber das Zahlenverhältniss in den Fruktifikations-organen der Pflanzen*, etc. [1809] et *Der Botaniker ohne Lehrer* [1809], in-8 de 361 p.

MEINECKIA (H. BN, *Et. gén. Euphorb.*, 586). Section (B. H.) du genre *Securinega* J.

MEIOGYNE (MIQ., in *Ann. Mus. lugd.-bat.*, II, 12). Synonyme (B. H., *Gen.*, I, 956) de *Unona* L.

MEIOMÉRIE. Cas où un verticille de la fleur possède un nombre de parties moindre de celui des verticilles voisins.

MEIOMERIS (DUN., in *DC. Prodr.*, XIII, I, 156). Section des *Lycianthes* (*Solanum*).

MEIONECTES (R. BR., in *Flind. Voy. App.*, II, 550). Genre d'Haloragées, proposé pour un petit *Haloragis* à verticilles floraux 2-mères. Les feuilles sont alternes et subpinnatifides dans cette herbe d'Australie. (HOOK., *Icon.*, t. 306. — H. BN, *Hist. des pl.*, VI, 476.)

MEIOPANAX (H. BN, in *Adansonia*, XII, 147). Section du genre *Schefflera* FORST. (H. BN, *Hist. des pl.*, VII, 248.)

MEIOSIPHON (A. DC., *Prodr.*, VIII, 414). Section du genre *Holarrhena* R. BR.

MEIOSTEMONES (A. JUSS.). Synonyme de Gaudichaudiées.

MEIRACYLLIUM (REICHB. F., *Xen. orchid.*, I, 12, t. 6; III, 13, t. 209). Genre d'Orchidacées-Épidendrées, établi pour 3 herbes de l'Amérique centrale, à port de Pleurothallées, mais avec un gynostème dont le rostellum allongé est postérieur, et des pollinies céracées au nombre de 8, que Bentham (*Gen.*, III, 493) compare à celles des *Eria*. Il a une feuille large et courte et des pédoncules 1-2-flores. [H. BN.]

MEISNER OU MEISSNER (Karl-Fried.). Professeur à Bâle, avait écrit [1826] une Monographie des *Polygonum* et fut appelé à rédiger dans le *Prodromus* de De Candolle les familles des Polygonacées, Thymélées, Protéacées, Lauracées; il a traité les mêmes familles dans la *Flora brasiliensis* de Martius, plus les Convolvulacées et Éricacées. De 1836 à 1843, il publia son grand ouvrage classique : *Plantarum vascularium genera secundum ordines naturales digesta*, etc., suivi d'un *Commentarius*, et qui n'est le plus souvent qu'une compilation. On lui doit aussi : *Ueber die geographischen Verhältnisse der Lorbeergewächse* (in-4 de 34 p.). (*Cat. sc. pap.*, IV, 325.)

MEISSARRHENA (R. BR., in *Salt Abyss.*, App., 63). Synonyme de *Anticharis* ENDL.

MEISSAS (Napoléon). A publié une *Petite botanique* (in-12 de 143 p.) et des *Résumés d'histoire naturelle* [1839], in-8 de 304 p.

MEISSNERIA (DC., *Prodr.*, III, 114; *Mém. Mélast.*, 26). Section du genre *Tibouchina* AUBL. (H. BN, *Hist. des pl.*, VII, 40.)

MEISTER (Georg.). Auteur, à Dresde [1692], de *Der orientalische-indianische Kunst- und Lustgärtner*, etc. (in-4 de 310 p. et pl.). Linné fils lui a dédié le genre *Meisteria*.

MEISTERA (GIS., *Prælect.*, 205). Synonyme de *Amomum* L.

MEISTERIA (SCOP., *Introd.*, 868). Synon. de *Pacourina* AUBL.

MEISTERIA (S. et ZUCC., *Fl. jap. Fam.*, II, 3, t. 3). Synonyme de *Enkianthus* LOUR.

MEISTERWURZ. En Allemagne, l'Impératoire.

MEIZOMIRA (GREV., *Introd. of nat. Syst. of Bot.*). Genre d'Algues, fort douteux selon nous, qui doit être retranché de cette famille et placé dans celle des Champignons. [CH. M.]

MEJIRO-HODZURI. Nom japonais d'un *Solanum* indéterminé.

MEJRAM. En Suède, la Marjolaine.

MEKKEI. Nom persan d'une variété de Dattier.

MEL. Le *Panicum miliaceum* L.

MEL, MIL. Noms languedociens du Maïs.

MELACHNE (SCHRAD., ex NEES, in *Linnæa*, IX, 304). Synonyme de *Gahnia* FORST.

MELACHROIA (BOUD., *Discom. charnus* [1885], 24). Genre de Pezizés, du groupe des Ombrophilés, établi pour les espèces terrestres à cupule granuleuse extérieurement, à marge membraneuse lacérée-dentée.

MELADENIA (TURCZ., in *Bull. Mosc.* [1848], I, 576). Synonyme de *Psoralea* L.

MELAGUETTE. — Voyez MALAGUETTE.

MELAKODENDRON (DC., *Prodr.*, V, 279). Section du genre *Commidendron* BURCH. (H. BN, *Hist. des pl.*, VIII, 142.)

MELALEMA (HOOK. F., *Fl. ant.*, II, 311). Genre de Composées-Sénécionées, établi pour une humble herbe de Magellan, à feuilles alternes, à tiges cespiteuses, à involucre formé de bractées sphacélées, avec de grandes feuilles florales extérieures, semblables aux caulinaires, et des capitules terminaux et sessiles. (B. H., *Gen.*, II, 443.)

MELALEUCA (L., *Mantiss.*, 14). Genre de Myrtacées-Leptospermées, à fleurs 5-mères, construites comme celles des Myrtacées en général, avec des étamines nombreuses, groupées en 5 phalanges libres, oppositipétales. L'ovaire infère a des ovules ∞-sériés, et les graines sont linéaires ou cunéiformes, dressées

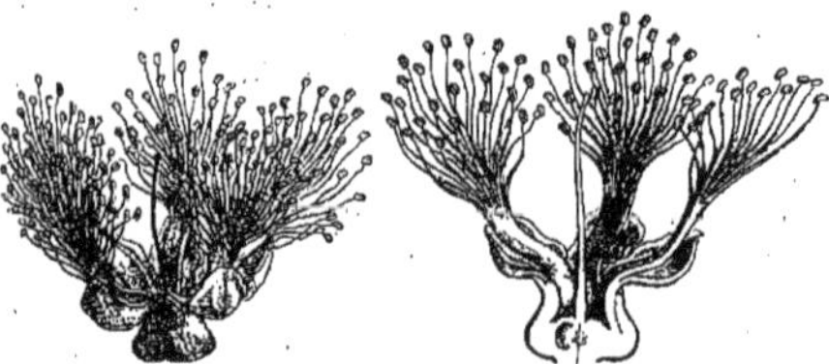

Melaleuca. — Fleur, entière et coupe longitudinale.

ou horizontales. Ce sont environ 100 arbres ou arbustes odorants, à feuilles alternes ou opposées. Il y a des espèces à fleurs polygames. Le *M. Leucadendron* fournit l'essence dite Huile de Cajeput, dont la production est encore attribuée aux *M. minor* et *trinervis*. Les *M. viridiflora* et *latifolia* donnent une substance analogue qui sert, à la Nouvelle-Calédonie, à un grand nombre d'usages domestiques, sous le nom de *Niaouli*. M. Balansa a établi que là où pousse cet arbre, les terres sont cultivables en ce pays. (H. Bn, *Hist. des pl.*, VI, 314, 342, 359, fig. 295, 296; *Tr. Bot. méd. phanér.*, 1017.)

MELAMIRI (Endl., *Gen.*, n. 1820 *a*). Section du genre *Piper*.

MÉLAMPELON. Nom grec de la Pariétaire.

MELAMPODIEÆ. Sous-tribu des Composées-Hélianthoïdées. (B. H., *Gen.*, II, 190.)

MELAMPODIUM (L., *Gen.*, n. 989). Genre de Composées-Hélianthées, formé d'une vingtaine d'herbes américaines; distingué par

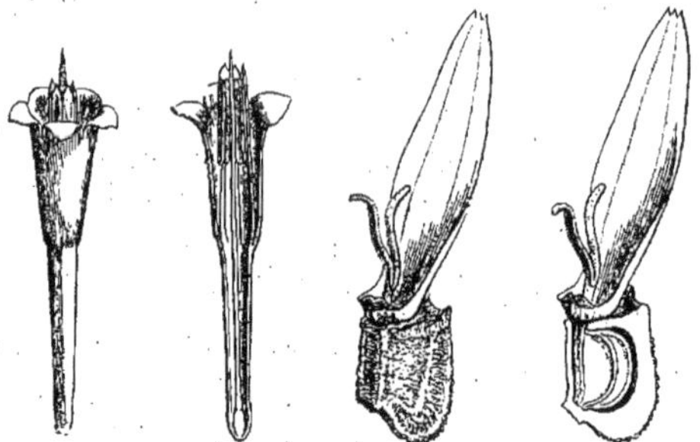

Melampodium. — Fleuron, entier et coupe longitudinale. Demi-fleuron, entier et coupe longitudinale.

des feuilles opposées, indivises; des capitules pédonculés; des bractées souvent rugueuses, enveloppant les fruits, parfois membraneuses, non appendiculées, aristées, mucronées, acuminées de diverses façons. (H. Bn, *Hist. des pl.*, VIII, 231.)

MELAMPRASION (Diosc.). Nom ancien du *Ballota nigra* L.

MELAMPSORA (Cast., *Observ.* [1842-43]). Genre d'Hyphomycètes-Tuberculariés, épiphylles, à stroma céracé, corné; très voisin du g. *Phyllœdia* Fr. [De S.]

MÉLAMPYRE (*Melampyrum* T., *Inst.*, 173, t. 78). Genre de Scrofulariacées-Rhinanthées, distingué dans ce groupe par 2 loges à 2 ovules incomplètement anatropes; le micropyle supérieur. Leur calice a 4 divisions, et leur corolle est bilabiée; les 2 lobes

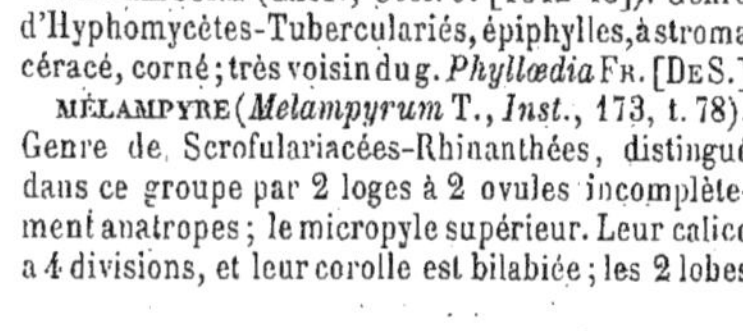

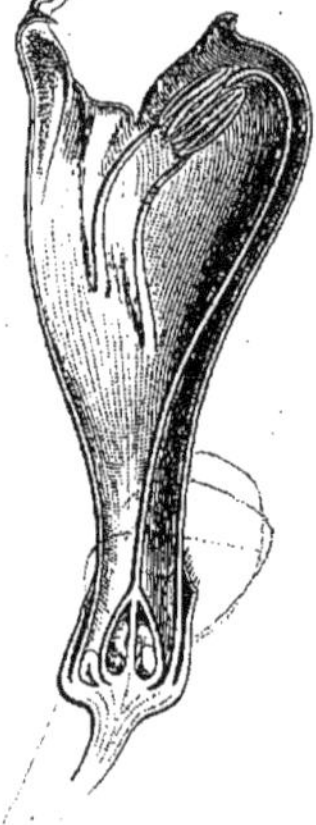

Mélampyre. — Port. Fleur, coupe longitudinale. Gynécée et disque, coupe longitudinale.

MELALEUCA (Pat., *Hymen. d'Eur.* [1887], 96). Genre d'Agaricinés-Leucosporés, formé pour quelques espèces de *Tricholoma* à spores verruqueuses. [De S.]

MELALEUCEÆ (DC., *Prodr.*, III, 210). Sous-tribu des Myrtacées-Leptospermées.

MÉLALEUQUE. Nom français (Lamk) des *Melaleuca* L.

postérieurs formant un casque. L'androcée est didyname. Ce sont des herbes annuelles et parasites, communes dans nos pays, où l'on distingue surtout les *M. arvense*, *pratense* et *cristatum*. Ils ont des feuilles vertes, opposées, et des fleurs en épis; les bractées florales souvent colorées. (H. Bn, *Hist. des pl.*, IX, 405, 484, fig. 592-594.)

MELAMPYREÆ. Section des Scrofulariacées-Euphrasiées. (BENTH., in *DC. Prodr.*, X, 528.)

MELAMPYRON. Chez les Grecs, le Sarrasin.

MELAN. Nom arabe (RAUW.) du Pois-chiche.

MELANAMPELOS (RŒM., *Syn.*, II, II, 34). Sect. du g. *Bryonia.*

MELANANANTHERA (L.-C. RICH., ap. MICHX). — Pour *Melanthera* ROHR.

MELANANTHOS (POHL, *Flora* [1825], I, 183). Genre non décrit.

MELANANTHUS (WALP., in *Bot. Zeit.* [1850], 788). Genre douteux de Verbénacées. (B. H., *Gen.*, II, 1137.)

MELANCHANIS (VAHL, *Enum.*, II, 239). Section du genre *Ficinia* SCHRAD.

MELANCHONIUM (RITG.). — Pour *Melanconium* LINK.

MELANCHRYSUM (CASS., in *Bull. philom.* [1817], in *Dict.*, XXIX, 441). Synonyme de *Gazania* GÆRTN.

MELANCIO DE CAMPO. Au Brésil, le *Melancium campestre.*

MELANCIUM (NAUD., in *Ann. sc. nat.*, sér. 4, XVI, 175). Genre de Cucurbitacées-Mélothriées, à fleurs monoïques ; le réceptacle des mâles obconique ou campanulé et, dans les deux sexes, des sépales linéaires ou dentiformes et des pétales auriculés. Le fruit est une baie, et les autres caractères sont ceux des *Kedrostis*. Le *M. campestre* NAUD. est une herbe brésilienne, couchée, à racine vivace. (Voy. H. BN, *Hist. des pl.*, IX, 453.)

MELANCONIACEÆ (CORDA, *Anleit.*, 138). Famille de l'ordre de *Myelomycetes* et du second sous-ordre des *Sclerogasteres*, comprenant les genres *Cryptosporium*, *Nemaspora*, *Melanconium*, *Steganosporium*, *Dilophospora*. [DE S.]

MELANCONIDEÆ (FUCK., *Symb. myc.*, 186). Sous-division de la division des *Compositi*, des *Sphæriacei*, comprenant les genres *Hercospora*, *Aglaospora*, *Melanconis*, *Calospora*, *Fenestrella* et *Thyridium.*

MELANCONIDIUM (SACC., *Syll. Fung.*, I, 604). Division des *Melanconis*, comprenant les espèces à spores appendiculées.

MELANCONIELLA (SACC., *Syll. Fung.*, I, 740). Genre de Sphériacés, formé aux dépens du genre *Melanconis*, pour deux espèces dont les spores sont colorées au lieu d'être hyalines, et dont les périthèces se rapprochent de ceux des *Valsa*. [DE S.]

MELANCONIS (TUL., *Sel. Fung. Carp.*, II, 115). Genre de Sphériacés, caractérisé par un stroma orbiculaire-conique, charnu, d'épaisseur variable. Des conidies uniloculaires ou pluriloculaires, de plusieurs dimensions, naissent sur tout ou partie de la surface. Les périthèces globuleux, à col étroit, sont logés dans le tissu du stroma et disposés en cercle ; les ostioles réunis au sommet du stroma. Entre les paraphyses linéaires se trouvent les thèques oblongues, obtuses, contenant rarement moins de 8 spores pluriloculaires, nues ou appendiculées aux deux extrémités, tantôt presque hyalines, tantôt colorées (*Melanconiella*). Ce genre compte une dizaine d'espèces, qui se développent sous le périderme du bois mort, vers la fin de l'été, donnant d'abord des conidies. Les périthèces se montrent plus tard, en automne et surtout en hiver. [DE S.]

MELANCONIUM (LINK, in *Berl. Mag.*, III, 9). Ce genre, que Fries appelait déjà *Genus ambiguum*, dans le *Summa*, a été définitivement rayé, à la suite des recherches de Tulasne, qui a reconnu dans les espèces de ce genre l'état conidien de divers Sphériacés réunis par lui dans son genre *Melanconis*. [DE S.]

MELANCRANIDEÆ (FENZL, ex ENDL., *Gen.*, 116). Division des Cypéracées.

MELANCRANIS (VAHL, *Enum.*, II, 239). Syn. de *Ficinia* SCHRAD.

MELANDRION (PLINE). Le *Cucubalus Behen* L.

MELANDRIUM (RŒHL., *Deutsch. Fl.*, II, 37. — ENDL., *Gen.*, 972). Synonyme de *Lychnis* L. (H. BN, *Hist. d. pl.*, VIII, 83.)

MELANDRYUM (REICHB.). Pour *Melandrium* RŒHL.

MELANELLA (BORY, *Dict. class.* [1826]). Genre d'Algues, de la famille des *Oscillariaceæ*, mais qu'il faut considérer, avec Rabenhorst, comme synonyme de *Vibrio* (division des Algues (?) *Spirillineæ*). Deux espèces constituaient ce genre. (Voy. RABENH., *Fl. europ. Alg.*, II, 71.) [CH. M.]

MELANERYTHROTHECA (SCHUCH., *Syn. Tremandr.*). Section du genre *Tetratheca* SM.

MELANGULA. En Toscane, les Citronniers à gros fruit.

MÉLANION. Nom ancien des Violettes, même des Pinguicules.

MELANIUM (P. BR., *Nat. Hist. Jam.*, 215). Synonyme de *Cuphea* P. BR. (auquel le nom devrait être préféré).

MELANIUM (GING., in *DC. Prodr.*, I, 301). Sect. du g. *Viola.*

MELANIUM (ZIPP., ex *Bijdr. nat. Wet.*, V, 142). Genre non décrit.

MELANIUM FRUTICOSUM (SPRENG., *Syst.*, II, 455). Synonyme de *Pemphis acidula* FORST.

MELANOCALAMUS (BENTH., in *Journ. Linn. Soc.*, XIX, 134 ; *Gen.*, III, 1212, n. 290). Genre de Graminées-Bambusées, établi pour le *Pseudostachyum compactiflorum* de S. Kurz (*Forest Flora british Burma*, II, 567 ; *Bambus.*, t. 2, fig. 13).

MELANOCALYX (ENDL., *Gen.*, 518). Section du g. *Symphyandra.*

MELANOCANNA (TRIN., in *Spreng. N. Entd.*, II, 43). Genre de Graminées-Bambusées, décrit par Roxburgh comme *Bambusa* (*Pl. corom.*, t. 243) ; formé d'une plante arborescente de l'Inde, qui se cultive aux Mascareignes, et dont les épillets, pourvus de bractées, sont disposés en nombreux épis unilatéraux dont le rachille ne dépasse pas les fleurs. Il y a en bas beaucoup de glumes vides. L'ovaire est accompagné de 2 lodicules. Le fruit est grand, et son péricarpe très épais est charnu. [H. BN.]

MELANOCARPUM (HOOK. F., *Gen.*, III, 24, n. 2). Synonyme de *Pleuropetalum* HOOK. F. (H. BN, *Hist. des pl.*, IX, 216.)

MELANOCARYA (TURCZ., in *Bull. Mosc.* [1858], I, 453). Synonyme de *Evonymus* T.

MELANOCENCHRIS (NEES, in *Proc. Linn. Soc.*, I, 94). Genre de Graminées-Chloridées, formé de 3 herbes annuelles de l'Asie et de l'Afrique tropicales, à épis nombreux, courts, unilatéraux, articulés et caducs. Les 2 glumes sont linéaires, plumeuses-ciliées, et la glumelle florifère est 3-aristée. Les supérieures sont vides et diminuent graduellement de taille de bas en haut. (JAUB. et SP., *Ill. pl. or.*, t. 325, 326.) [H. BN.]

MELANOCHYLA (HOOK. F., *Fl. brit. Ind.*, II, 38). Genre malais de Térébinthacées-Anacardiées, voisin des *Holigarna*, représenté par quatre arbres à feuilles simples, entières, à fleurs unisexuées, 5-mères ; le calice dilaté en coupe à la base du fruit drupacé ; l'ovule unique, descendant dans un ovaire uniloculaire et surmonté de trois styles. Le calice est doublé d'un disque. [H. BN.]

MELANOCOCCA (BL., *Mus. lugd.-bat.*, I, 236). Genre que l'auteur a rapporté aux Anacardiées et qui a ensuite été attribué aux Zanthoxylées. Il est fondé sur un arbuste de la Nouvelle-Guinée, à feuilles imparipinnées, et a des fleurs à calice valvaire, 5, 6-andres. Le fruit est formé de 1-4 drupes. (H. BN, *Hist. des pl.*, IV, 473.)

MELANOCOCCA (C.-A. MEY., in *Bull. Ac. Pét.* [1846], IV, 71). Section du genre *Gymnococca* C.-A. MEY.

MELANOCRANIS (ENDL.). Pour *Melancranis* VAHL.

MELANOCROMMYUM (WEBB, *Phyt. canar.*, III, 347). Section du genre *Allium* T.

MELANOCYBE (FR., *Summ. veg. Scand.*, II, 400). Groupe de Sphéronémés, à périthèces coniques et carbonacés, à nucléus noir ; ayant pour type le *Sphæronema pyriforme* PERS. [DE S.]

Melanogaster. — Basides et spores.

MELANODENDRON (DC., *Prodr.*, V, 279). Section du genre *Commidendron* BURCH. (H. BN, *Hist. des pl.*, VIII, 142.)

MELANODISCUS (RDLK., in *Dur. Ind. Phanér.*, 75). Genre de Sapindacées africaines, dit voisin des *Crossonophelis*.

MELANOGAHNIA (ENDL., *Gen.*, 115). Section du genre *Gahnia* FORST.

MELANOGASTER (CORDA, in *Sturm Deutsch. Fl.*, III, fasc. 11, 1). Genre d'Hyménogastrés, à peridium épais, lisse ou tomenteux, non séparable de la gléba. Celle-ci présente des logettes décroissant en nombre du centre à la périphérie, séparées par des cloisons épaisses, opaques, tapissées de filaments hyalins qui se terminent par des basides obovales. Les spores, portées, au nombre de 3 ou 4, sur ces basides, sont presque sessiles, ovales ou lisses, hyalines ou colorées. Les espèces de ce genre de Champignons hypogés se rencontrent dans les bois, sous les feuilles et les détritus de rameaux morts. [De S.]

MELANOGASTREÆ (Tul., in *Fl. d'Algér.*, I, 396). Deuxième sous-tribu des *Hymenogastreæ*.

MELANOGASTRES, MELANOGASTREI (Bail, *S. Pilz.*, II. — Tul., *Fung. hypog.*, 92). Tribu des Hyménogastres, comprenant les genres *Melanogaster*, *Hyperrhiza*, *Pompholyx*, *Phlyctospora*.

MELANOJA (Batsch, *Tab. aff.*, 134). Famille des *Radiales*.

MELANOLEPIS (Reichb. et Zoll., in *Linnæa*, XXVIII, 324). Synonyme de *Echinus* Lour.

MELANOLOMA (Cass., in *Dict.*, XXIX, 472). Synonyme de *Centaurea* T.

MELANOMMA (Fuck., *Symb. mycol.*, 159. — Saccard., *Syll. Fung.*, II, 98). Genre de Sphériacés, à périthèces agrégés, globuleux, durs, tantôt glabres et tantôt villeux. Les thèques allongées, souvent entremêlées de paraphyses, contiennent 8 spores oblongues, un peu fusiformes, pluriloculaires, olivâtres ou brunes. On en compte une soixantaine, dont trois de Bornéo et de l'Amérique du Sud. Les autres appartiennent à l'Europe et un petit nombre à l'Amérique du Nord, sur le bois ou l'écorce d'un grand nombre d'arbres ou d'arbustes. [De S.]

MELANOPHLOMUS (Griseb., *Spic. Fl. rumel.*, II, 43). Section du genre *Verbascum* T.

MELANOPHYCEÆ (Rabenh., *Flor. europ. Alg.*, I, 2; III, 393). L'une des grandes divisions des Algues, comprenant des espèces fluviatiles ou marines, multicellulaires, monoïques ou dioïques, à végétation terminale, non limitée, et pourvues de rameaux. Ces Algues, ordinairement olivâtres ou brunes, noircissent généralement par la dessiccation. Leur thalle est parenchymateux, arrondi et filamenteux, ou comprimé et foliacé, à divisions souvent dichotomiques, composé, et recouvert de cellules en séries ou variées. Le cytioplasma, coloré par une phéophylle, est mucilagineux; il renferme des granules amylacés. L'auteur a divisé cette grande famille d'Algues en deux grandes sections : *Pheosporeæ* de Thuret, et *Fucaceæ*. [Ch. M.]

MELANOPHYLLA (Bak., in *Journ. Linn. Soc.*, XXI, 352). Genre de Cornacées, établi pour quatre arbustes de Madagascar, à feuilles alternes, à fleurs hermaphrodites. L'ovaire infère a 2, 3 loges, avec un ovule descendant. La corolle est formée de 5 pétales imbriqués, et l'androcée est isostémoné, épigyne. Les inflorescences sont des grappes, parfois très ramifiées. Les *M. Humblotii* et *lævigata* sont de Madagascar oriental; les deux autres espèces (*M. alnifolia* et *aucubæfolia* Bak.) sont du centre de l'île. [H. Bn.]

MELANOPODI (Fr., *Nov. Symb. mycol.*, 34). Tribu des Polypores, comprenant des espèces affines au *Polyporus melanopus*. (Fr., *Epicr.*, 439.)

MELANOPS (Nits. — Fuck., *Symb. myc.*, 225). Genre de Sphériacés, peu défini. Le *M. mirabilis* présente un stroma lenticulaire, noir, à périthèces globuleux, renfermant de grandes thèques oblongues, entremêlées de nombreuses paraphyses brunes de même longueur. Les spores sont oblongues, triloculaires, hyalines. Le stroma est en connexité avec des réceptacles de *Cytispora pisiformis*, qui seraient, d'après Fuckel, les spermogonies du *Melanops*. [De S.]

MELANOPSAMMA [Niessl. — Sacc., *Michel.*, I, 347). Genre de Sphériacés, à périthèce globuleux ou conique, aplati, papillé, glabre ou portant au début des poils conidiophores. Les thèques, entremêlées de paraphyses, renferment de 4 à 8 spores ovales ou à peine fusiformes, hyalines, biloculaires. Une vingtaine d'espèces de ce genre se développent sur le bois mort ou les rameaux de beaucoup de plantes ligneuses, en Europe et dans l'Amérique septentrionale. [De S.]

MELANOPSIDIUM (Cels, nec Poit.). Synonyme de *Billiottia* DC. (H. Bn, *Hist. des pl.*, IV, 437.)

MELANOPSIDIUM (Poit., ex Rich.). Synonyme de *Amaioua* Aubl. (H. Bn, *Hist. des pl.*, VII, 434.)

MELANOPUS (Pat., *Hymen. d'Eur.*, 137). Genre de Polyporés, à chapeau charnu, coriace, élastique, à stipe latéral, noir à la base, à tubes courts, blanchâtres. Il comprend plusieurs espèces, rangées par Fries dans les *Pleuropus*, subdiv. des *Lenti*. [De S.]

MELANORRHOEA (Wall., *Pl. as. rar.*, I, 9, t. 11, 12). Genre de Térébinthacées-Anacardiées, dont le nom vient d'un suc résineux, de couleur foncée, qui sert dans l'Asie tropicale à enduire un grand nombre d'objets, et qui est caractérisé par des fleurs à étamines nombreuses et un grand calice accrescent au-dessous du fruit qui est stipité et drupacé. Ce sont 3, 4 arbres à feuilles alternes et simples. (H. Bn, *Hist. des pl.*, V, 318.)

MELANOSCHOENUS (Micheli, *Nov. gen.*, 46). Synonyme de *Cyperus* L.

MELANOSELINUM (Hoffm., *Umbell.* [ed. 2], 156). Genre d'Ombellifères, série des Daucées, dont les fleurs (blanches?) sont à peu près celles des *Thapsia*, avec un calice court ou nul, des stylopodes coniques-déprimés. Le fruit est ovoïde ou ovoïde-oblong, comprimé par le dos, avec une commissure large. Les côtes primaires et secondaires sont visibles : ces dernières plus saillantes; les premières déprimées ou filiformes. Les primaires latérales sont cachées dans la commissure. Les quatre secondaires sont dans chaque méricarpe à peu près également saillantes, obtuses, non allongées en aile. Les marginales sont épaisses et inégalement dentées. Tantôt, comme dans les *Eumelanoselinum*, il y a des dents de la base au sommet. Dans la section *Monizia*, les dents supérieures sont les plus développées. Dans les *Tornabenia*, autre section du genre, ces dents

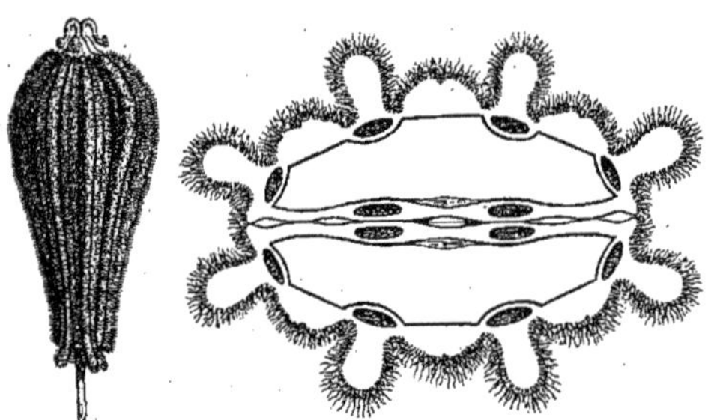

Melanoselinum. — Fruit, entier et coupe transversale.

sont obscures. Les bandelettes sont solitaires sous les nervures secondaires. Ce sont des herbes ou des plantes frutescentes ou arborescentes, à tige durcie, simple ou peu ramifiée, rappelant un peu de loin les Palmiers. Les feuilles sont décomposées-pennées, souvent très grandes, et les ombelles composées ont à l'involucre et aux involucelles de nombreuses bractées, parfois petites. Les quatre ou cinq espèces connues habitent Madère et les îles du Cap-Vert. (Voy. Hook. f., in *Bot. Misc.*, t. 5670 (*Thapsia*). — H. Bn, *Hist. d. pl.*, VII, 92, 203, fig. 77, 78.) [H. Bn.]

MELANOSERIS (Dcne, in *Jacquem. Voy.*, *Bot.*, 101, t. 109). Synonyme de *Lactuca* T. (H. Bn, *Hist. des pl.*, VIII, 115.)

MELANOSINAPIS (DC., *Syst.*, II, 608). Section du genre *Sinapis* (*Brassica*), dont le type est la Moutarde noire.

MELANOSORUS (De Not. in Parlat., *Ephem. Bot. ital.*, II, 50). — Voy. Rhytisma.

MELANOSPERMÉES (W. Harv., *Man. brit. Alg.*, 17). L'auteur a divisé la vaste famille des Algues en trois grandes séries : les *Chlorospermées*, les *Rhodospermées* et les *Mélanospermées*, dont les caractères essentiels reposent sur la couleur des organes reproducteurs. Les Mélanospermées, qui se composent d'Algues à spores gris olivâtre, tournant au brun, sont monoïques ou dioïques. Les spores, tantôt nues, tantôt contenues dans des conceptacles, proviennent le plus souvent de la division de l'endochrome en deux, quatre ou huit parties. Les anthéridies renferment des spermatozoïdes. La propagation se fait par des zoospores. Cette grande division compte comme familles principales celles des *Fucaceæ*, des *Sporochneæ*, des *Laminariaceæ*, des *Dictyoteæ*, des *Chordarieæ*, des *Ectocarpeæ*. Elle n a pas été admise par tous, bien qu'assez naturelle. J.-G. Agardh la considère comme synonyme des *Fucoideæ;* pour Decaisne, elle est synonyme d'*Aplosporeæ;* pour Endlicher, de *Phyceæ.* [Ch. M.]

MELANOSPERMUM. Nom donné par les Latins aux Nigelles.

MELANOSPORA (Corda, *Icon.*, I, 25; *Anleit.*, 131). Genre de Sphériacés, à périthèce noir, transparent, muni d'un ostiole à col allongé, quelquefois lacinié en pinceau au sommet. Les thèques contiennent 8 spores brunes. Une quinzaine d'espèces vivent, soit sur des feuilles mortes, soit sur l'hyménium de divers Champignons : Pezizes, Polypores, Truffes, etc. [De S.]

MELANOSPORES, MELANOSPORI. Agaricinés à spores noires. M. Quélet (*Enchir.*, 118) a formé sous ce nom une division comprenant 3 genres : *Coprinarius, Montagnites, Coprinus.*

MELANOSTICTA (DC., *Prodr.*, II, 85). Section du genre *Cæsalpinia* L. (H. Bn, *Hist. des pl.*, II, 81.)

MELANOSTICTE (Renealm., *Spec.*, 65). Synonyme de *Swertia* L.

MELANOSTROMA (Corda, *Icon.*, I, 5; *Anleit.*, 160). Genre d'Hyphomycètes-Tuberculariés, à stroma corné, recouvert de très petits coniodophores diffluents, à conidies hyalines, uniloculaires. N'a guère été maintenu que par Bonorden. [De S.]

MELANOTÆNIUM (De Bary, *Beitr. z. Kenntn. d. Ustilag.* [1882], 30). Genre d'Ustilaginés, démembré des *Entyloma;* ne s'en distingue que par des caractères insuffisants. [De S.]

MELANOTIS (Neck., *Elem.*, I, 281). Genre (?) de Boraginacées.

MELANOTRICHUM (Corda, in *Sturm Deutsch. Fl.*, III, 13, t. 45). Genre d'Hyphomycètes; synon. de *Trichosporium* Fr.

MELANOXYLON (Schott, ex Spreng., *Syst.*, *Cur. post.*, 406). Genre de Légumineuses-Cæsalpiniées-Sclérolobiées, à réceptacle obliquement campanulé, avec 5 pétales orbiculaires, imbriqués, 10 étamines libres, un ovaire sessile, à style court, un fruit comprimé, largement falciforme, 2-valve, avec de grosses graines transversales, ailées. Le *M. Brauna* Schott est un grand arbre du Brésil, à feuilles imparipennées, portant un duvet ferrugineux. Ses fleurs forment une vaste grappe composée. C'est le *Guarauna*, très recherché pour son bois noir et dur, considéré comme incorruptible. (H. Bn, *Hist. des pl.*, II, 94, 177.)

MELANTHACEÆ (R. Br., *Prodr.*, I, 272). Ordre des Monocotylédones. Synonyme de Colchicacées.

MELANTHALIA (Mtgne, in *Ann. sc. nat.* [novembr. 1843], 33). Algue-Floridée, de la famille des *Sphærococceæ*, d'après Kützing ; de celle des *Melanthalieæ*, ordre des *Sphærococcoideæ*, d'après J.-G. Agardh. La fronde de ces Algues a beaucoup d'analogie avec celle des *Sphærococcus;* elle est coriace, à divisions dichotomes partagées, et à segments étroits, linéaires. Elle est constituée par trois couches de cellules : celles de l'axe central sont allongées, étroites, les intermédiaires plus courtes, flexueuses, et les plus extérieures petites, presque cubiques, et constamment en séries verticales. Les cystocarpes, à nucléus simple, sont hémisphériques, entourés d'un péricarpe celluleux, épais, constitué par des cellules resserrées, concentriques, en séries verticales; il est pourvu d'un carpostome. Les filets gemmidifères, cylindriques, très resserrés inférieurement, deviennent peu à peu moins serrés et moniliformes. Ce sont les articles supérieurs qui contiennent des gemmidies oblongues, arrondies. Les sphærospores se développent à l'extrémité des rameaux et dans les articles supérieurs des filaments; elles sont plus ou moins nettement claviformes. Quelques espèces constituent ce genre ; elles sont propres à la Nouvelle-Zélande et à la Nouvelle-Hollande. (Voy. J.-G. Agh, *Spec., gen. et ord. Alg.*, III, 403.) [Ch. M.]

MELANTHALIEÆ (J.-G. Agh, *Sp., gen. et ord.*, III, 394). L'une des divisions des Algues *Sphærococcoideæ*. Se caractérise par des filaments gemmidifères, rayonnants en tous sens, sur un placenta hémisphérique. Ces filaments, très resserrés à leur partie inférieure, forment des séries simples d'articles cylindriques. A leur partie supérieure, ils deviennent moniliformes et libres, et produisent des gemmidies d'abord oblongues, mais qui peu à peu s'arrondissent. La famille des *Melanthalieæ* a été divisée par l'auteur en trois sections caractérisées par les sphærospores, qui se divisent tantôt en croix, tantôt en zone. [Ch. M.]

MÉLANTHE. Nom français (Lamk) des *Melanthium* L.

MELANTHEÆ (Reichb., *Consp.*, 63). Division des Juncacées.

MELANTHERA (Rohr, in *Skr. N. Selsk. Kjob.*, II, 213). Synonyme de *Wulffia* Neck. (H. Bn, *Hist. des pl.*, VIII, 202.)

MELANTHESA (Bl., *Bijdr.*, 590). Synonyme de *Breynia* Forst. (H. Bn, *Hist. des pl.*, V, 255.)

MELANTHESOPSIS (M. Arg., in *Linnæa*, XXXII, 74; in *DC. Prodr.*, XV, II, 436). Section du genre *Breynia* Forst.

MELANTHIA (Batsch, *Tab. aff.*, 133). Famille des *Radiales*.

MELANTHIEÆ (K., *Enum.*, IV, 152). Synonyme (part.) de Colchicées.

MELANTHIUM (K., *Enum.*, IV, 155). Syn. de *Dipidax* Salisb.

MELANTHIUM (L., *Gen.*, n. 454). Genre de Liliacées-Vératrées, formé de 3 herbes vivaces, de l'Amérique du Nord, à rhizome court ; à fleurs polygames, 6-andres; le fruit membraneux, septicide; les graines entourées d'une membrane circulaire. Le caractère le plus tranché du genre est que les divisions du périanthe sont onguiculées. Les feuilles sont étroites et pourvues d'un long pétiole. (S.-Wats., in *Proc. Amer. Acad.*, XIV, 276. — *Bot. Mag.*, t. 985.) [H. Bn.]

MELANTHIUM SATIVUM (Matth.). Le *Nigella sativa* L.

MELANTHIUM SYLVESTRE (Matth.). Les *Nigella arvensis* L. et *damascena* L.

MELANTHUS (Weig., *Physiogr. Handl.*, I, 42). Genre douteux.

MÉLANZANE. Le *Solanum esculentum* Dun.

MELAO. En Portugal, le Melon.

MELAO DO BABOCLO. Au Brésil, le *Cucurbita* (*Sicana*) *odorifera* Vellos., espèce à fruit considéré comme antifébrile.

MELAO DO MATO. Nom, au Brésil, du *Momordica Charantia* L.

MELAPHRODITOS. Herbe indéterminée (Aetius), qui guérissait, assurait-on, de la morsure des vipères.

MÉLARDE. Plusieurs Céréales : Avoine, Orge, Seigle, etc.

MELARHIZA (Kell., in *Proc. Calif. Acad.*, I, ed. 2, 37). Synonyme (B. H.) de *Wyethia* Nutt.

MELAROSA. Sorte de Citron, à odeur de rose.

MELARTIN (Erich-Gabr.). Archevêque d'Upsal [1780-1847], auteur [1804] de *Ueber die Gewächskunde Finnlands* (in-4).

MELASANTHUS (Pohl, *Pl. bras. Icon.*, I, 75, t. 60-65). Synonyme de *Stachytarpheta* Vahl.

MELASCYPHA (Boud., *Discom. charnus* [1885], p. 15). Genre de Pézizés, du groupe des Calopézizés, à spores globuleuses, à réceptacle glabre et pédiculé; ayant pour type le *Peziza melæna* Fr.

MELASMA (Berg., *Fl. cap.*, 162, t. 3, fig. 4). Genre de Scrofulariacées-Gérardiées, formé de 2, 3 herbes de l'Afrique australe et du Brésil, qui ont les caractères généraux des *Gerardia* et se distinguent par un calice largement ovale-campanulé, anguleux, finalement enflé ; une corolle à large tube subcampanulé, à limbe presque régulier; des fleurs disposées en grappes feuillées. (H. Bn, *Hist. des pl.*, IX, 475.)

MELASMIA (Lév., in *Ann. sc. nat.*, sér. 3, 252). Genre de Sphéropsidés, à périthèces membraneux, portés par un stroma mince, étendu en forme de tâche noire. Les petites conidies, linéaires, hyalines, sont expulsées dans un globule gélatineux par le sommet des périthèces. On en connaît 7 espèces, développées sur des feuilles vivantes ou languissantes d'Érable, d'Ormeau, d'Arbousier, en Europe et dans l'Amérique du Nord. [De S.]

MELASPHÆRULA (Ker, in *Bot. Mag.*, t. 615). Genre d'Iridacées-Ixiées, dont le nom a pour lui l'antériorité, mais qui a été traité à son synonyme *Diasia* DC. (II, 393).

MELASTEMON (Salisb. — Benth., in *DC. Prodr.*, VII, 683). Sous-section du genre *Erica* T.

MELASTIZA (Boud., *Discom. charnus* [1885], p. 18). Genre de Pézizés, de la division des Lenticulés ciliariés ; comprenant des espèces épigées, à spores réticulées et de couleur rouge.

MÉLASTOMACÉES. Famille de Dicotylédones-Dialypétales, que nous avons (*Hist. des pl.*, VII, 137) divisée en Mélastomées, Astroniées et Blakéées. (Voy. *Adansonia*, XII, 70.)

MELASTOMASTRUM (Naud., in *Ann. sc. nat.*, sér. XIII, 296, t. 5). Synonyme de *Heterotis* Benth.

MÉLASTOME (*Melastoma* BURM. — L., *Gen.*, n. 544 part). Genre qui a donné son nom à la famille des Mélastomacées, et qui se distingue par son réceptacle concave, ses anthères inégales, au nombre de 10-14; les plus grandes pourvues d'un connectif 2-tuberculé ou 2-éperonné en avant. Le fruit est une

Melastoma. — Branche florifère.

baie, couverte de poils souvent soyeux, à 5-7 loges polyspermes. Ce sont des arbustes de l'Asie et de l'Océanie tropicales, de Madagascar et des Seychelles. Le suc noir des baies de plusieurs espèces teint les lèvres (d'où le nom du genre). Ces baies sont

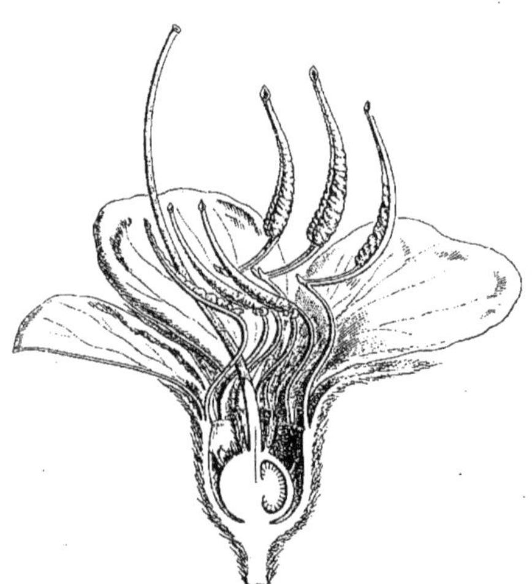

Melastoma. — Fleur, coupe longitudinale.

souvent comestibles. Ce sont généralement des plantes astringentes, dont plusieurs sont aussi cultivées comme ornementales. (H. BN, *Hist. des pl.*, VII, 1, 33, 37, fig. 1-7.)

MÉLASTOMÉES (*Melastomeæ*). Série des Mélastomacées (H. BN, *Hist. des pl.*, VII, 31), partagée en 10 sous-séries.

MELAXIS (STEUD.). Pour *Malaxis* SW.

MELDE. Nom allemand des *Atriplex* T.

MELEAGRINEX (ARRUD., ex *Steud. Nom.* [1841], II, 118). Genre incertain, du Brésil.

MELEAGRIS. La Fritillaire damier.

MÉLÉGUETTE, MANIGUETTE. La vraie Méléguette serait l'*Amomum Meleguetta* ROSC. La M. bâtarde de Pereira serait l'*A. Danielli*, ou, d'après Hanbury, l'*A. angustifolium* SONN. D'après Guibourt, la M. la plus commune (Graine du cap des Palmes et de Sierra-Leone) est le fruit de l'*A. Granum Paradisi* SM., et la M. d'Acra est l'*A. Meleguela* ROSC. Ce serait aussi la Grande M. de Démérari. On a nommé encore Maniguette le fruit du *Xylopia æthiopica* RICH.

MELÉN (Erik-Gust.). Auteur, à Upsal [1826], de *De Erythræis suecanis* (in-4 de 8 p.).

MELENERINA (SCH. BIP., in *Webb Phyt. canar.*, II, 349). Sous-genre du genre *Atractylis* L.

MELEOS. Nom grec ancien du Frêne à manne.

MÉLETTE. Variété de Figue.

MÉLÈZE (*Larix* MILL. — SALISB., in *Trans. Linn. Soc.*, VIII, 313). Genre de Conifères-Pinées, dont beaucoup d'auteurs ne font qu'une section du genre *Pinus* ou *Abies*, caractérisée par des feuilles non persistantes. Les chatons mâles sont solitaires dans un bourgeon écailleux, et les anthères sont dépourvues de saillie apicale du connectif. Les cônes sont réfléchis et à écailles persistantes, égales aux bractées ou plus courtes qu'elles. Le M. commun (*Larix europæa* DC. — *Pinus Larix* L.), souvent cultivé dans nos parcs, donne une térébenthine et la Manne de Briançon. Il y en a 6, 7 autres espèces. (REICHB., *Ic. Fl. germ.*, t. 531. — H. BN, *Tr. Bot. méd. phanér.*, 1356, fig. 3370-3374.)

MELGA. L'un des noms espagnols de la Luzerne.

MELHANIA (FORSK., *Fl. æg.-arab.*, 64). Genre de Malvacées-Dombeyées, formé d'une vingtaine d'herbes ou sous-arbrisseaux des régions chaudes de l'Asie, l'Australie et l'Afrique,

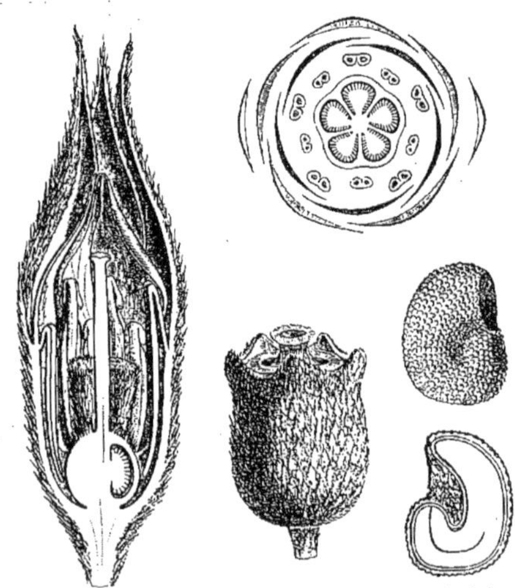

Melastoma. — Bouton, coupe longitudinale. Diagramme floral. Fruit. Graine, entière et coupe longitudinale.

distingué par des fleurs accompagnées de 3 bractées persistantes, et un androcée formé de 5 étamines fertiles avec lesquelles alternent 5 staminodes. La fleur est d'ailleurs celle des *Dombeya*. (WIGHT, *Icon.*, t. 23. — HOOK., *Niger Fl.*, t. 4, 5. — H. BN, *Hist. des pl.*, IV, 127).

MELI. Le *Detarium senegalense* GMEL.

MELIA. Chez les Grecs, c'était, croit-on, le *Fraxinus Ornus* L.

MELIA (L., *Gen.*, n. 576). Genre qui a donné son nom à la famille des Méliacées et à la série des Méliées. Ses fleurs 5, 6-mères ont des sépales libres et imbriqués, des pétales libres et tordus, et 10-12 étamines, unies en tube cylindrique; un disque annulaire et un ovaire à 3-6 loges biovulées. Le fruit

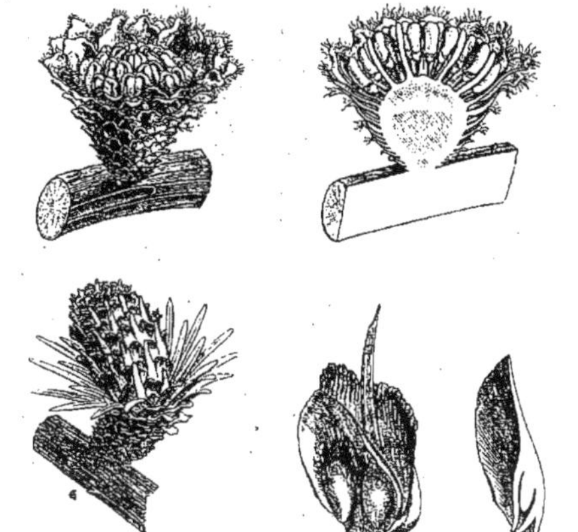

Mélèze. — Inflorescence mâle, entière et coupe longitudinale. Inflorescence femelle. Écaille florifère, entière et coupe longitudinale.

est une drupe subéreuse, à noyau 1-5-loculaire; les loges monospermes, et les graines peu ou point albuminées. Les 2, 3 espèces connues sont des arbres océaniens et asiatiques, à feuilles pennées ou décomposées. Le *M. Azederach* L. est cultivé dans le Midi. Son écorce est insecticide et anthelminthique. Le *M. Azadirachta* L. est amer et fébrifuge. (H. Bn, *Hist. des pl.*, V, 470, 486, 493, fig. 462-464.)

MÉLIACÉES (*Meliaceæ*). Famille de Dicotylédones-Dialypétales, à fleurs régulières, ordinairement hermaphrodites; la corolle valvaire; l'androcée souvent diplostémoné et monadelphe; le disque souvent développé. L'ovaire est supère, à 3-5 loges, ordinairement 2-ovulées. Les ovules sont généralement descendants, à micropyle supérieur et extérieur. Plus rarement ils sont solitaires ou ∞. Le fruit est variable. Ce sont des plantes ligneuses, rarement subherbacées, des pays chauds, à feuilles sans stipules, presque toujours composées (C. DC., *Mon. phanér.*, I, 399). Nous avons partagé cette famille en 4 sections : Méliées, Trichiliées, Swiéténiées, Cédrélées. (Voy. *Hist. des pl.*, V, 478.) [H. Bn.]

MÉLIANTHE (*Melianthus* L., *Gen.*, n. 795). Genre de Sapindacées, qui a donné son nom à une série des *Mélianthées*, et qui

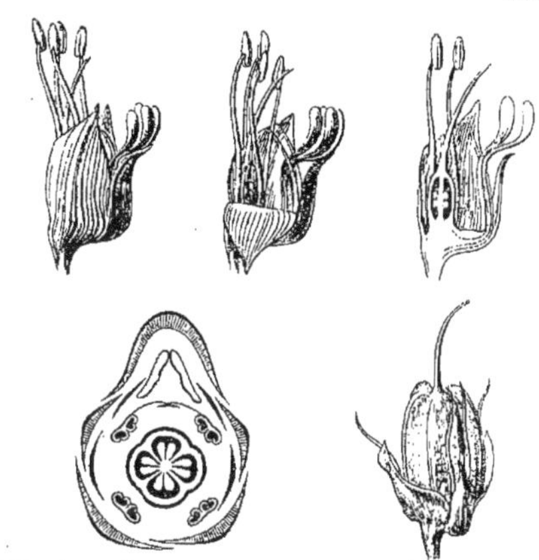

Melianthus. — Fleur, entière et coupe longitudinale. Diagramme floral. Fruit.

a des fleurs hermaphrodites et irrégulières. Leur réceptacle forme un cuilleron postérieur qui porte le plus petit des 5 sépales. Les pétales sont réduits à des languettes étroites, et le disque est très développé en arrière. Il y a 4 étamines et 4 loges pauciovulées à l'ovaire. Le fruit est capsulaire, papyracé. Il y a dans l'Afrique australe une demi-douzaine de Mélianthes; ce sont des arbustes à branches herbacées, à feuilles imparipennées, avec 2 grandes stipules libres ou connées. Le *M. major*, plante médicinale, a dans ses fleurs un nectar abondant qui, au Cap, sert de miel. On le cultive dans nos

Melia. — Branche florifère. Portion d'inflorescence. Fleur, coupe longitudinale.

jardins botaniques. (H. BN, *Hist. des pl.*, V,369, fig. 409-413.)

MÉLIANTHÉES (*Melianthеæ*). Série des Sapindacées. (H. BN, *Hist. des pl.*, V, 369, 378, 425.)

MELIAOUCA, MILIAOUCA. Noms languedociens du Grand Chiendent (*Cynodon Dactylon* RICH.).

MELICA. Nom ancien du Sorgho, et nom latin des Méliques.

MELICEÆ. Sous-tribu (6) des Festucées. (B. H., *Gen.*, III,1076.)

MELICHO (SALISB., *Fragm.*, 130). Synon. de *Hæmanthus* L.

MELICHRUS (R. BR., *Prodr.*, 539). Genre d'Éricacées-Épacrées, formé de deux arbuscules australiens, à tube de la corolle court et large, pourvu de 5 écailles glanduleuses; les cinq lobes valvaires, puis étalés. Cavanilles en faisait des *Ventenatia*. (*Icon.*, IV, 28, t. 349, fig. 1, part.)

MELICOCCA (L., *Gen.*, n. 47). Genre de Sapindacées-Sapindées, à fleurs polygames-dioïques, 4, 5-mères; les pétales sans écailles internes. L'androcée est 8-andre, et l'ovaire 2, 3-lobé. Le fruit est drupacé. Ce sont 2, 3 arbres américains, à feuilles

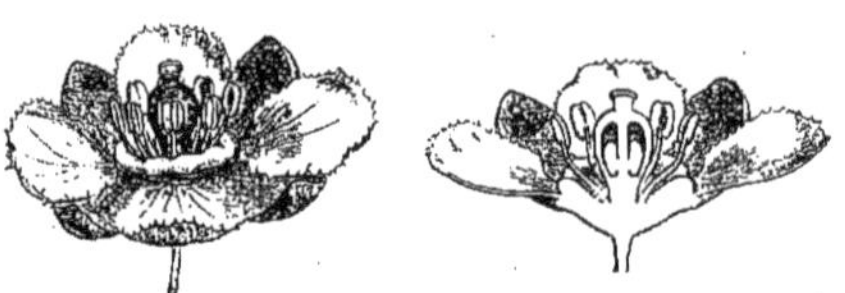

Melicocca. — Fleur, entière et coupe longitudinale.

imparipennées. L'arille qui accompagne la graine est pulpeux, assez souvent savoureux. Les écorces de quelques espèces sont astringentes. (JACQ., *St. amer.*, t. 72. — H. BN, *Hist. des pl.*, V, 354, 387, 403, fig. 363, 364.)

MELICOPE (FORST., *Char. gen.*, 28). Section du genre *Evodia* FORST. (H. BN, *Hist. des pl.*, IV, 469.)

MELICYTUS (FORST., *Char. gen.*, 123, t. 62). Genre de Violacées-Paypayrolées, formé de 4 arbustes océaniens, à feuilles alternes, à étamines appendiculées sur le dos; les anthères libres; l'ovaire à 3 placentas pariétaux, 1-∞-ovulés. Le fruit est une petite baie globuleuse. (H. BN, *Hist. des pl.*, IV, 336.)

MELIDA (FRIES, ex STREINTZ, *Nom. Fung.* [1861], 375). Synonyme de *Sphæria* HALL.

MELIDEPAS (ENDL., *Gen.*, 747). Section du genre *Melichrus*.

MELIDIUM (ESCHW., *de Fruct. Rhizom.* [1822], 33). Synonyme de *Thamnidium* LINK.

MELIDORA (SALISB., in *Trans. Hort. Soc. Lond.*, II, 156). Synonyme (part.) de *Enkianthus* LOUR.

MÉLIÉES (*Melieæ*). Série des Méliacées. (H. BN, *Hist. des pl.*, V, 470, 485, 493.)

MÉLIER. Nom ancien du Néflier.

MÉLIER. Nom français (LAMK) des *Blakea* L.

MELIGA. Céréale connue au temps des croisades et qu'on a supposée, à tort probablement, être le Maïs.

MELIGLOSSUM (SCHLCHTL, in *Linnæa* [1826], 1, 84). Section du genre *Melanthium* L.

MÉLIGUETTE. Synonyme de Méléguette.

MELILOBUS. Nom ancien du *Gleditschia triacanthos* L.

MELILOBUS (MITCH., in *Ann. nat. cur.*, VIII, App., 215). Synonyme de *Gleditschia* L.

MÉLILOT (*Melilotus* T., *Inst.*, 406, t. 229). Genre de Légumineuses-Papilionacées-Trifoliées, distingué dans la série à laquelle il appartient par sa corolle à carène obtuse et par son fruit, subglobuleux ou obovoïde, épais, petit, indéhiscent ou s'ouvrant difficilement et tardivement en 2 valves. Ce sont des herbes des deux mondes, annuelles ou dicarpiennes, à feuilles pennées, trifoliolées, à fleurs jaunes ou blanches en grappe. La dessiccation donne à ces herbes une odeur toute spéciale. Le M. officinal, indigène, herbacé, aromatique, est souvent prescrit en infusions et surtout en collyres. (H. BN, *Hist. des pl.*, II, 219, 294, fig. 180; *Tr. Bot. méd. phanér.*, 650.)

MELILOTA (MEDIC., *Vorles.*, II, 382). Syn. de *Gyrorytis* KOCH.

MÉLILOT DE SIBÉRIE. Le *Melilotus alba* LAMK.

MÉLILOT ODORANT, M. BAUMIER. Le *Trigonella cærulea* DC.

MÉLILOT OFFICINAL, M. CITRIN. Le *Melilotus officinalis* L.

MÉLILOT (PETIT) DES CHAMPS. La Luzerne Lupuline ou Minette dorée.

MELILOTUS (MATTH.). Le *Trigonella corniculata* L.

MÉLILOT VRAI. Le *Trigonella cærulea* DC.

MELIMELUM. Conserve de Coings au miel.

MELINDRES. Nom, aux Philippines, des *Lagerstrœmia* L.

MÉLINE, MELLE. Le *Panicum miliaceum* L.

MÉLINET (*Cerinthe* T., *Inst.*, 79, t. 56). Genre de Boraginacées-Boragées, formé de 4, 5 herbes européennes, asiatiques et africaines, souvent glabres ou parsemées de points tuberculeux; à cymes scorpioïdes accompagnées de bractées foliacées, à anthères linéaires, sagittées, acuminées, à corolle tubuleuse, souvent jaune, à fruit formé de nucules groupés par paires en achaines biloculaires et dispermes. (REICHB., *Ic. Fl. germ.*, t. 1295-1297. — GREN. et GODR., *Fl. de Fr.*, II, 508.) [H. BN.]

Mélilot. — Branche florifère.

MELINIA (DCNE, in *DC. Prodr.*, VIII, 588). Genre d'Asclépiadacées-Asclépiadées, formé de 2, 3 lianes de l'Amérique tropicale, distinguées par une corolle campanulée et semi-5-fide; une couronne de 5 écailles courtes, larges ou triquètres, assez épaisses; un style à sommet rostré, allongé et presque entier. (B. H., *Gen.*, II, 757.) [H. BN.]

MELINIS (PAL.-BEAUV., *Agrost.*, 54, t. 11, fig. 4). Genre de Graminées-Tristéginées, établi pour une herbe brésilienne et africaine, décrite comme un *Panicum* dans le *Flora brasiliensis* (t. 33); distingué par une glume inférieure très petite; la seconde vide, subégale; l'une des glumelles mutique; l'autre souvent aristée. Les épillets sont groupés en grand nombre et pressés sur les axes d'une inflorescence rameuse. [H. BN.]

MELINONIA (AD. BR., ex MORR., *Cat. Bromel. Jard. Liège* [1873]). Synonyme de *Pepinia* AD. BR.

MELINOSPERMUM (WALP., in *Linnæa*, XIII, 527). Synonyme de *Dichilus* DC.

MÉLINOT. Le *Caucalis grandiflora* L.

MELINUM (LINK, *Handb. Nutzb. Gew.*, I, 96). Synonyme de *Zizania* L.

MELINUM (MEDIK., *Phil. bot.*, II, 40). Genre de Labiées, non admis, créé pour le *Salvia pinnata* L.

MELIOBLASTIS (GRIFF., ex *Bot. Zeit.* [1846], 158). Synonyme de *Cryptocoryne* FISCH.

MELIOCARPUS (BOISS., in *Ann. sc. nat.*, sér. 3, II, 84). Synonyme de *Colladonia* DC.

MELIOIDES (ENDL., *Gen.*, 573). Section du genre *Fraxinus* T.

MELIOLA (FR., *Elench. Fung.*, II, 109). Genre de Périsporiacés, dont le mycélium répandu à la surface des feuilles forme des taches noires. Les périthèces globuleux, membraneux, carbonacés, foncés, portent à leur base des appendices rayonnants et redressés, plus ou moins longs et élégants, comme chez les *Erysiphe*. Les thèques, larges, pédicellées, non entourées de paraphyses, contiennent de 2 à 8 spores allongées, pluriloculaires et le plus souvent colorées. Les espèces de ce genre, au nombre d'environ 50, sont très répandues dans les régions australes (Afrique, Chili, Brésil, Ceylan, Surinam). Elles semblent représenter dans ces pays les *Erysiphe* de nos régions et y jouer le même rôle. Il existe cependant en Europe 3 ou 4 représentants de ce genre. [De S.]

MELIOLOPSIS (Sacc., *Syll. Fung.*, I, 68). Section du genre *Meliola* Fr., comprenant les espèces à spores hyalines ou peu colorées, souvent uniloculaires. [De S.]

MELIOPSIS (Reichb., *Nom.*, 135). Synon. de *Melioides* Endl.

MELIOSMA (Bl., *Fl. jav. Præf.*, 7). Genre de Sapindacées-Sabiées, distingué des *Sabia* par leur ovaire 2, 3-loculaire. Les loges sont 2-ovulées; et les pétales, valvaires ou imbriqués, au nombre de 3, sont pourvus en dedans d'appendices compliqués. Leurs 2, 3 étamines sont remarquables par une dilatation cupulaire de leur connectif, entourant en partie l'anthère. Ce sont des arbres à feuilles simples ou pennées, de l'Asie et de l'Océanie tropicales, même de l'Amérique (*Phoxanthus*, *Ophiocaryon*). (H. Bn, *Hist. des pl.*, V, 346, 393, fig. 344-350.)

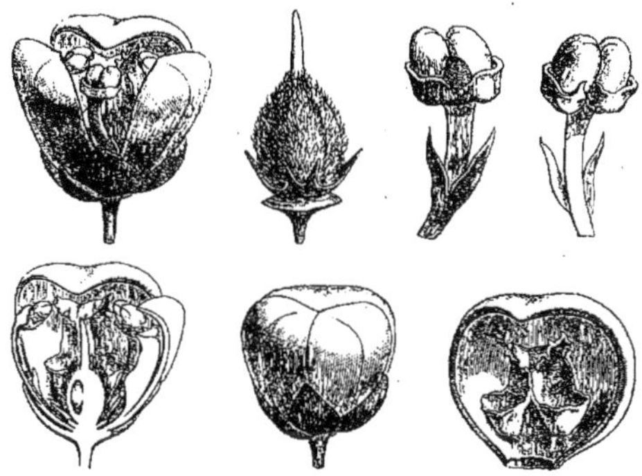

Meliosma. — Bouton. Fleur, entière et coupe longitudinale. Pétale avec son appendice. Étamine, vue de face et de dos. Gynécée.

MELIOSMEÆ (Endl., *Gen.*, 1075). Synonyme de *Sabieæ*.

MELIPHLEA (Zucc., *Pl. nov.*, fasc. II, 51). Section du genre *Sphæralcea* A. S.-H.

MELIPHYLLUM (Benth., *Labiat.*, 393). Section du genre *Melissa* T.

MÉLIQUE (*Melica* L., *Gen.*, n. 82). Genre de Graminées-Festucées, formé d'une trentaine d'herbes de toutes les régions tempérées, et qui a donné son nom à une sous-tribu des Mélicées, dont les glumelles sont 3-∞-nerves, enveloppées, et les feuilles étroites, sans veines transversales. Le genre est distingué par une inflorescence composée, étroite, unilatérale ou diffuse et lâche. Les épillets sont pauciflores. Les glumelles sont souvent rassemblées en une masse claviforme, et quelquefois lâchement rapprochées, graduellement plus grandes de bas en haut. Les *M. ciliata*, *uniflora*, *nutans*, *nebrodensis*, *Magnolii*, etc. sont des espèces caractéristiques de nos régions. (K., *Enum.*, I, 375; *Rev. Gramin.*, t. 89. — Gren. et Godr., *Fl. de Fr.*, III, 550. — H. Bn, *Iconogr. Fl. fr.*, n. 117.)

MELISPHYLLA, MELISPHYLLUM. Noms de la Mélisse officinale.

MÉLISSE (*Melissa* T., *Inst.*, 193 (part.), t. 91). Genre de Labiées-Saturéiées, formé de 3, 4 herbes de l'Europe et de l'Orient, à calice légèrement comprimé et plan sur le dos; à corolle souvent blanche ou jaunâtre, pourvue d'un tube exsert, recourbé sous le milieu de sa hauteur; à étamines didynames, avec des anthères à loges divergentes. Les feuilles sont opposées, aromatiques; et les verticillastres floraux sont axillaires, pauciflores, souvent déjetés d'un côté. La M. officinale est stimulante, carminative, digestive, antispasmodique; elle est fort employée en médecine et sert à préparer un hydrolat aromatique et les alcoolats dits Eau de Mélisse des Carmes et Eau vulnéraire spiritueuse. Le *M. Calamintha* L. est un *Calamintha* pour Mœnch. (H. Bn, *Tr. Bot. méd. phanér.*, 1244.)

MÉLISSE BATARDE. Le *Melittis Melissophyllum* L.

MÉLISSE CITRONÉE. Le *Melissa officinalis* L.

MÉLISSE DE CONSTANTINOPLE (*Melissa constantinopolitana* Matth.). Le *Molucella lævis* L.

MÉLISSE DE MONTAGNE, M. PUANTE, M. DE TRAGUS, M. SAUVAGE, M. FAUSSE. Le *Melittis Melissophyllum* L.

Melissa Calamintha — Branche florifère. Fleur, entière et coupe longitudinale.

MÉLISSE DES CANARIES. Le *Dracocephalum canariense* L.

MÉLISSE DES MOLUQUES. Le *Molucella lævis* L.

MÉLISSE DE TURQUIE, M. DE CONSTANTINOPLE, M. DE MOLDAVIE, M. TURCIQUE. Le *Dracocephalum moldavica* L.

MÉLISSE ÉPINEUSE. Le *Molucella spinosa* L.

MÉLISSE SAUVAGE. La Cardiaque.

MÉLISSIÈRE. Le *Melittis Melissophyllum* L.

MELISSITUS (Medic., *Vorl.*, II, 32). Synon. de *Pocockia* Ser.

MELISSOIDES (Benth., *Labiat.*, 39). Sect. du g. *Plectranthus*.

MELISSOPHYLLUM (Riv. — Rupp., *Fl. jen.*, 226). Synonyme de *Melittis* L.

MELISTAURUM (Forst., *Char. gen.*, 143, t. 72). Synonyme de *Guidonia* Plum.

MELITA. En Abyssinie, le *Brucea antidysenterica* Mill.

MÉLITE. Nom français des *Melittis* L.

MELITHOCHORTON. La Mousse de Corse.

MELITOXYLON (Hart., in *Bot. Zeit.* [1848], 171). Genre de Cupressinées fossiles. On a aussi écrit à tort *Melitroxylon*.

MELITTEÆ. Sous-tribu (Benth.) des Labiées-Bétonicées.

MELITTIS (L., *Gen.*, n. 731). Genre de Labiées-Bétonicées, formé du seul *M. Melissophyllum*, plante de l'Europe tempérée; distingué par son calice 3-lobé, sub-2-labié, ses étamines à loges d'anthères divergentes et ses verticillastres ordinairement 6-flores. Ses belles corolles blanches, tachées de rose, en font la plus belle de nos Labiées vulgaires, et on peut le cultiver. (Reichb., *Ic. Fl. germ.*, t. 1202; *Ic. bot.*, t. 241, 242. — Gren. et Godr., *Fl. de Fr.*, II, 700.) [H. Bn.]

MELITTOSPORIUM Fr. — Voyez Mellitiosporium.

MELLA (Vandell., *Fl. lus. et bras. Spec.*, 43, fig. 13). Synonyme de *Bramia* Lamk.

MELLA-HOLA. A Ceylan, l'*Olax zeylanica* L.

MELLAROSE. — Voy. Bergamotte.

MELLESINUS (Joh.-Sigfr.). Connu par son *Carmen heroicum de virtutibus et proprietatibus Scordii herbæ nuper in Germania a* Valero Cordo *inventæ*, publié « *anno* 3 *Olympiadis* 787 ».

MELLICHAMPIA (S.-WATS., in *Proc. Amer. Ac.*, XXII [1887]). Genre d'Asclépiadacées, de l'Amérique du Nord.

MELLIER. Le Néflier.

MELLIGO. L'huile extraite de la Noix d'Acajou.

MELLISSIA (HOOK. F., in *Hook. Icon.*, t. 1021 ; *Gen.*, II, 891, n. 8). Genre de Solanacées-Solanées, établi pour le *Physalis begonifolia* ROXB., de Sainte-Hélène, qui a la fleur d'un *Physalis* et un fruit charnu, mais avec un calice non dilaté en vessie et des branches ligneuses, tortueuses, à feuilles ovales. (H. BN, *Hist. des pl.*, IX, 320.)

MELLITIOSPORIUM (CORDA, *Icon. Fung.*, II, 37 ; *Anleit.*, 151). Genre de Discomycètes-Phacidiacés, à capsule charnue, s'ouvrant en soulevant l'épiderme sous lequel elle a pris naissance. L'hyménium est formé de nombreuses paraphyses filiformes et de thèques claviformes, renfermant des spores muraliseptées. Plusieurs espèces de ce genre ont été rapportées aux *Propolis* FR. [DE S.]

MELLOA (BUR., in *Adansonia*, VIII, 379). Genre de Bignoniacées-Bignoniées, à fleurs irrégulières ; le calice subspathacé, à orifice oblique ; la corolle sub-2-labiée. Le fruit est oblong, subcylindrique, atténué aux deux extrémités, septifrage et loculicide, s'ouvrant en 4 valves épaisses. Ce sont 1, 2 arbustes sarmenteux du Brésil, à feuilles 2-foliolées. (H. BN, *Hist. des pl.*, X, 3, 26.)

MELLOBIUM (A. JUSS.). Pour *Melolobium* ECKL. et ZEYH.

MELLOCA (LINDL., in *Gard. Chron.* [1847], 685 ; [1848], 828, c. fig.). Synonyme de *Ullucus* CALDAS.

MELLOSA. Synonyme de *Madi*.

MELO. En Italie, la Pastèque.

MELO (T., *Inst.*, 104, t. 32). Synonyme de *Cucumis* L.

MELOBESIA (LAMX, *Polyp. flexibl.*, 313). Algue-Corallinée, connue de haute antiquité, appelée par Hésiode *Océanide*, mais dont la description présente des erreurs où la fable et les préjugés jouent le principal rôle. Il faut arriver à Lamouroux pour acquérir les premières connaissances sérieuses sur ces Algues corallifères. Les frondes des plantes qui appartiennent à ce genre sont planes, adhérentes, dans toute leur étendue, au substratum, dont elles reproduisent la configuration. A l'état frais, leur couleur est d'un rose plus ou moins intense. Elles sont parcourues par des stries saillantes, disposées d'une façon concentrique et dans le sens des rayons. Variables de forme à l'état adulte, elles sont orbiculaires à l'état jeune. Les frondes des *Melobesia* sont au moins composées de deux couches. La couche inférieure, continue et parenchymateuse, domine ; la couche supérieure est composée de phytocystes beaucoup plus petits et de forme variable. Chacune des cellules, dans la plupart des espèces, correspond à une cellule frondale dont le développement détermine l'épaississement de la fronde. Le bord est formé par des cellules apposées l'une contre l'autre, et chacune d'elles représente la cellule terminale d'une série cellulaire ; de sorte que toute la fronde est composée de séries qui se ramifient et vont en divergeant du centre organique de la fronde pour aller jusque sur le bord. Cette fronde, plus ou moins ramifiée, est lobée, réniforme ou semi-circulaire. Les cystocarpes, les tétraspores et les anthéridies se développent avec le même aspect, sous forme de petites protubérances coniques, à la surface supérieure de la fronde. Les conceptacles qui renferment les anthéridies sont un peu plus petits et ils sont pourvus d'un orifice visible à la loupe. On n'en aperçoit point aux conceptacles qui renferment des tétraspores et des cystocarpes jeunes. La cavité du cystocarpe est tapissée par des cellules transparentes, libres, gonflées. Au centre et au fond, sous l'ostiole, ces cellules sont plus longues, gonflées à l'extrémité supérieure et resserrées à leur base en une espèce de bouquet que M. Rosanoff appelle columelle. Ces productions sont analogues aux paraphyses des Lichens, et aux poils qui tapissent les conceptacles des Fucacées. Les tétraspores sont divisées transversalement (zonation) et formées sur une étendue de la fronde assez limitée. Une dizaine d'espèces constituent ce genre, parmi lesquelles il convient de placer le *Corallina squamosa*. (Voy. ROSANOFF, in *Mém. Soc. de Cherb.*, XII [1866]. — THUR. et BORN., *Etud. phycol.*, t. L.) [CH. M.]

Melobesia.

MELOBESIEÆ (J.-G. AGH, *Spec.*, *gen. et ord.*, II, 508). L'une des divisions des Algues-Corallinées. Les genres qui la composent sont caractérisés par une fronde étendue horizontalement. Cette fronde est composée d'une ou de plusieurs couches de cellules : dans le premier cas nous avons le genre *Hapalidium* ; dans le second cas, le genre *Melobesia*. Si la fronde est verticale, arrondie, tuberculeuse, rameuse, avec des kéramidies immergées, c'est le genre *Lithothamnion*. Si, au contraire, les kéramidies sont mamillaires, c'est le genre *Mastophora*. Telle est la division établie par J.-G. Agardh, et que le docteur Rosanoff a admise. (Voy. *op. cit.*, 508, II.) [CH. M.]

MÉLOCACTÉES. S.-série des Céréées. (H. BN, *Hist. pl.*, IX, 33.)

MELOCACTUS (T., *Inst.*, 653, t. 425 [part.]. — LINK et OTT., in *Verh. Preuss. Gartenb. Verein*, III, 417, t. 11, 12, 21, 25). Genre de Cactacées-Céréées, dont les fleurs sont à peu près celles des *Cereus*, mais dont la tige charnue est subglobuleuse ou conoïde, large et plane à la base, avec des côtes longitudinales et un sommet florifère capituliforme, plus étroit, chargé de poils laineux. L'ovaire est immergé, et le fruit finalement émergé. Les fleurs sortent de l'aisselle des tubercules que portent les côtes et leur adhèrent légèrement par la base. Ce sont, au nombre d'une trentaine, des plantes des deux Amériques et de leur région tropicale. On les cultive souvent dans les serres. (Voy. H. BN, *Hist. des pl.*, IX, 43.)

MELOCARDUUS (TAB., *Eicon.*, 703). Synon. de *Melocactus* DC.

MELOCARPALI (THEVET). Fruit laxatif, indéterm., des Indes.

MELOCARPUS. Le fruit de l'*Aristolochia Clematitis* L.

MELOCHÆTA (SACC., *Syll. Fung.*, III, 322). Tribu (2) des Sphéropsidés du genre *Chætomella*, à spores hyalines.

MELOCHIA (MEDIC., *Malv.*, 9). Synonyme de *Riedlea* VENT.

MELOCHRUS (R. BR., *Prodr.*, I, 539). Genre d'Épacridées, formé de 2 arbustes australiens, à feuilles sessiles, à fleurs axillaires et solitaires, distinguées par une corolle à tube court et large, pourvu, au-dessous du milieu de sa hauteur, de 5 écailles glanduleuses ; les lobes du limbe valvaires, puis étalés. (CAV., *Icon.*, IV, 28, t. 349, fig. 1.)

MELODIN. Nom français (LAMK) des *Melodinus* FORST.

MELODINUS (FORST., *Char. gen.*, 37, t. 19). Genre d'Apocynacées, série des Arduinées, dont les fleurs sont celles des *Arduina* (*Carissa*) ; les 2 loges ovariennes ∞-ovulées ; la corolle pourvue à sa gorge d'une couronne simple ou double d'écailles. Ce sont des arbustes, au nombre d'une vingtaine, de l'Asie et surtout de l'Océanie, à feuilles opposées, à fleurs en cymes composées, terminales ou parfois axillaires. Leur fruit est charnu, parfois comestible. (H. BN, *Hist. des pl.*, X, 148.)

MELODORUM (DUN., *Mon. Anon.*, 115). Section du genre *Unona* L. (H. BN, in *Adansonia*, VIII, 296, 306, 328 ; *Hist. des pl.*, I, 211.)

MELOENIA (ENDL.). Pour *Mælenia* DUMORT.

MELOGRAMMA (FR., *Summ. veg. Scand.*, 386. — TUL., *Sel. Fung. Carp.*, II, 81). Genre de Sphériacés, dont le mycélium corticole, coloré, tantôt clairsemé, tantôt abondant, porte des stromas subéro-charnus, en cônes tronqués, dans lesquels sont plongés des périthèces à parois peu distinctes, portant un long col tubuleux et renfermant des thèques oblongues, entremêlées de paraphyses linéaires. Les spores sont fusiformes, pluriloculaires, fuligineuses, quelquefois courbes. De petites conidies, longues et arquées, ou courtes et droites, se développent dans des logettes du stroma semblables aux périthèces, et sont expulsées avec une substance gommeuse formant des cirrhes colorés. Une dizaine d'espèces corticoles, dont 4 exotiques. [DE S.]

MELOGRAMMEÆ (NITS. — FUCK., *Symb. myc.*, 224). Tribu des Sphériacés, contenant les genres *Fuckelia*, *Phæosperma*, *Melanops*, *Endothia*, *Melogramma*, *Myrmæcium*.

MELOLOBIUM (ECKL. et ZEYH., *Enum. pl. afr. austr.*, 186). Genre de Légumineuses-Papilionacées-Génistées, comprenant une dizaine d'arbrisseaux épineux, de l'Afrique australe, à feuilles digitées-3-foliolées, à fleur pourvue d'une carène plus courte que l'étendard; la gousse linéaire, aplatie et souvent glanduleuse. (H. BN, *Hist. des pl.*, II, 338.)

MELOMASTIA (NKE. — FUCK., *Symb. myc.*, *App.*, I, 306). Genre de Sphériacés, à périthèce globuleux, légèrement carbonacé, papillé, renfermant des paraphyses linéaires, entremêlées de thèques cylindriques, à huit spores hyalines, pluriloculaires. Une seule espèce épixyle, sur les Saules, Frênes, Aulnes, Chèvrefeuilles, en Europe et dans l'Amérique du Nord. [DE S.]

MELONANTHUS (MUELL.). Pour *Chelonanthus* GRISEB.

MELON-CARDON. Nom vulgaire des *Melocactus* T.

MELONCILLO. Au Paraguay, le *Capparis Tweediana* EICHL.

MELON D'EAU, M. DE MOSCOVIE. Le *Citrullus vulgaris* SCHR.

MELON D'EAU DES HOTTENTOTS. L'*Hydnora africana* THUNB.

MELON DES HOTTENTOTS. Le *Ceropegia tuberosa* ROXB.

MELON D'ESPAGNE VERT. Le *Cucumis Melo* L. var. *viridis*.

MELON DES TROPIQUES. L'un des noms du Papayer.

MELONGENA (MATTH.). Le *Solanum ovigerum* L.

MELONGENA (T., *Inst.*, 151, t. 65). Synonyme de *Solanum* T.

MELONGÈNE. Le *Solanum esculentum* DUN.

MÉLONKIE. L'un des noms du *Corchorus olitorius* L.

MELONIA (HIERN, in *Trans. Cambr. Phil. Soc.*, XII; *Mon. Eben.*, 144). Section du genre *Diospyros* L.

MELON-THISTLE. Nom anglais des *Melocactus* T.

MELOPEPO (T., *Inst.*, 106, t. 34). Synonyme de *Cucurbita* L.

MÉLOPÉPON. Le *Cucurbita Melopepo* L.

MELOPEPONES (MATTH.). Le *Cucumis Melo* L.

MELOPHIA (SACC., *Syll. Fung.*, III, 658). Genre de Sphéropsidés, démembré des *Melasmia* LEV., formé pour les espèces à conidies courbes au nombre de 2, et assez rapprochées des autres *Melasmia* pour n'en faire qu'une section de ce genre. [DE S.]

MELOPYRA (DOCHN., *Obstk.*, II, 148). « Genre » de Poiriers.

MELOSEIRA (C. AGH, *Syst. Alg.*, XIV, 8). Orthographe adoptée par le créateur du genre, mais que les algologistes modernes n'ont pas admise. La plupart des auteurs, à tort, ce nous semble, ont cru mieux d'adopter l'expression de *Melosira* pour désigner le genre créé par C. Agardh. [CH. M.]

MELOSIRA (C. AGH, *Syst. Alg.*, XIV, 8) (de μέλος, articlo, et σειρά, corde). Algue-Diatomacée, que C. Agardh définit ainsi : « Fila articulata ad genicula constricta, fragillima et facile secedentia, differt à *Fragillaria* ut *Conferva* ab *Oscillatoria*. » Ces végétaux avaient été considérés par Dillwin et Jurgens comme des Confervées dont ils ont l'aspect; par Lyngbie comme des Fragillariées. En 1828, quatre ans après la création du genre, De Candolle rejeta ce genre, qu'il considéra comme synonyme de *Gaillonella* (BORY). Kützing, en l'adoptant, le divisa en deux sections : *Lysigonium* et *Gaillonella*. Cette nouvelle division était basée sur la forme des articles globuleux ou elliptiques, avec carène annuliforme, ou cylindriques et non munis de carène. Rabenhorst divisa le genre *Melosira* en quatre sections, dont les caractères sont basés sur la forme des articles qui sont *carénés* ou non, *arrondis aux bords* ou constituant par l'union de leurs articles un *cylindre continu*. W.-Smith, dans son *Synopsis*, en fit un genre de la cinquième tribu des Diatomacées. M. Van Heurck en fait un genre de la famille des Mélosirées, appartenant aux Diatomacées-Cryptoraphidées. Le frustule est composé de deux valves circulaires, planes ou convexes, munies quelquefois de petites dents à leur jonction; vu de côté, il est cylindrique, rarement globuleux, muni ou non d'un ou deux sillons transversaux; de face, il paraît discoïde, avec ou sans stries radiantes sur les bords. Unis par leurs faces valvaires, les frustules forment des filaments cylindriques, articulés ; ou bien, s'ils sont arrondis aux bords, le filament est d'aspect moniliforme. La longueur de chacun d'eux présente des caractères distinctifs de peu de valeur. Ce développement peut être la conséquence d'une dislocation plus ou moins grande de la bande connective, ou du développement plus ou moins grand de la substance annulaire interposée qui unit les articles. Quelques auteurs, W.-Smith entre autres, avaient considéré comme devant être séparé du *Melosira* le genre *Orthosira*. Ce n'est pas notre avis ; et, bien que les faces de suture diffèrent chez l'une et l'autre Diatomacée, nous pensons qu'elles doivent être réunies dans un même genre. M. Van Heurck a fait deux grandes divisions du genre *Melosira* : il a conservé ce nom aux espèces dont les valves sont simplement ponctuées, et il a appelé, avec Hiberg, *Parallia* la seule espèce dont les valves sont ponctuées et aréolées. [CH. M.]

MELOSIREÆ (KUETZ., *Bacill.*, 48). Grande famille de Néodiatomacées-Cryptoraphidées, caractérisée par un frustule *disciforme*, généralement cylindrique, globuleux ou apiculé. La valve valvaire, munie d'un anneau orbiculaire, est plane, convexe, lisse ou pourvue de stries rayonnant des bords. Vu de côté, le frustule est tubuleux, ordinairement ponctué ou denté sur les bords. Les articles sont généralement soudés deux par deux ou en plus grand nombre, et forment des cylindres ressemblant assez, quant à la forme seulement, au *Zygnema*. L'endochrome est granuleux, épars, à la surface interne des valves. Kützing avait divisé la famille des *Melosireæ* en treize genres, parmi lesquels figurent les *Cyclotella*, *Stephanodiscus*, *Pyxidicula*, *Mastogonia*, *Melosira*, *Gomothecium*, etc. Un grand nombre de genres établis par cet auteur sont fossiles et certainement contestés. Rabenhorst, plus économe que son devancier, a divisé cette famille en sept genres, que nous n'admettons pas tous. La classification de M. Van Heurck, dans son *Synopsis*, nous paraît devoir être admise provisoirement. Un assez grand nombre d'espèces des genres *Odontidium*, *Cymatopleura*, *Mastogonia*, *Podosira* (partim *Cyclotella*) doivent maintenant appartenir aux *Melosireæ*. [CH. M.]

MELOSPERMA (BENTH., in *DC. Prodr.*, X, 374). Genre de Scrofulariacées-Gratiolées, formé d'une seule plante du Chili (*M. andicola*), herbe vivace ou suffrutescente, à feuilles généralement opposées; la corolle irrégulière ; l'androcée didyname; le fruit capsulaire, loculicide, 4-valve, avec quelques grosses graines lisses. (H. BN, *Hist. des pl.*, IX, 452.)

MELOSPINUS. Nom ancien de la Stramoine.

MELOTHRIA (L., *Gen.*, n. 50). Genre de Cucurbitacées, à fleurs mono- ou dioïques, à pétales entiers, avec 6 étamines ou plus souvent 5 (2-2-1) ; les anthères droites ou arquées, oblongues ou suborbiculaires; le connectif prolongé ou non au sommet. L'ovaire, rudimentaire dans les fleurs mâles, est logé dans

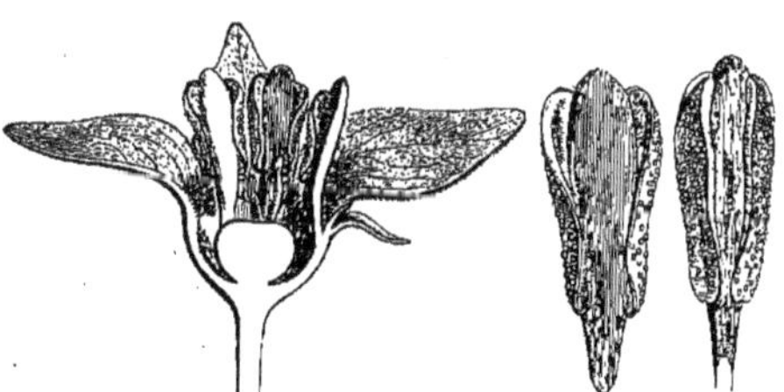

Melothria. — Fleur mâle, coupe longitudinale. Étamine vue de dos et de face.

un réceptacle dilaté, sous un col étroit, en un sac globuleux, ovoïde ou fusiforme. Cet ovaire est à 2, 3 placentas ∞-ovulés. Le fruit est une baie. Ce sont environ 50 herbes des régions tropicales, couchées ou grimpantes, à vrilles simples ou bifides, parfois nulles. (H. BN, *Hist. des pl.*, VIII, 410, 448, fig. 293-295.)

MÉLOTHRIÉES (*Melothrieæ*). Série des Cucurbitacées, dans laquelle les fleurs sont celles des Cucurbitées, mais avec des anthères rectilignes ou arquées, non flexueuses. (H. BN, *Hist. des pl.*, VIII, 410, 418, 448.)

MÉLOTHRON (THÉOPHR.). Le *Bryonia alba* L.

MÉLOU. Nom provençal du *Cucumis Melo* L.

MELUB. Dans l'Inde, les fruits du *Prunus Mahaleb* L.

MELUNGU. Au Brésil, l'*Erythrina Melungu* BENTH.

MELVILLA (ANDERS., ex LINDL., in *Bot. Reg.*, t. 852). Synonyme de *Cuphea* P. BR.

MELYA. Synonyme de *Meliga*.

MÉLYCITE. Nom français (LAMK) des *Melicytus* FORST.

MEMÆCYLON (MITCH., in *Act. nat. cur.* [1748], 113). Synonyme de *Euepigœa* DC.

MEMBO-VITSKI. Nom malgache du *Pittosporum polyspermum* TUL.

MEMBRANE ÉPIDERMOÏDALE. Nom donné à tort par M. Chatin à la couche des racines des Orchidées que M. Oudemans nomme *Endoderme*.

MEMBRANE GÉNÉRATRICE (V. TIEGH.). Synonyme de *Pericambium* (NÆG.) et de *Phlœmscheide* (RUSS.).

MEMBRANE PILIFÈRE. Nom donné à tort à l'épiderme villeux des racines.

MEMBRANE PROTECTIVE, M. PROTECTRICE. Synonymes de *Gaine protectrice*.

MEMBRANE RHIZOGÈNE. L'un des noms du *Pericambium*.

MEMBRE D'ÉVÊQUE, M. DE PRÊTRE. L'*Arum maculatum* L.

MEMBRES. Nom donné aux organes des plantes, tels que racines, feuilles, et même aux tiges. Il n'y a aucun avantage et souvent beaucoup d'inconvénients à employer ce mot.

MEMBRICO BACO. En Colombie, le *Gustavia superba* BERG.

MEMBRILLA. En Espagne, le Cognassier.

MEMBROCQ. Le *Pareira brava*.

MÉMÉCYLÉES (*Memecyleæ* DC.). Tribu des Mélastomacées. Synonyme de *Blakéées*. (H. BN, *Hist. des pl.*, VII, 24, 32.)

MEMECYLON (L., *Gen.*, n. 481). Genre de Mélastomacées, dont on avait fait le type d'une tribu des Mémécylées, mais qui ne diffère des *Mouriri* que par son ovaire 1-loculaire. Les fleurs y sont 4-mères, à androcée 8-andre; les anthères dolabriformes,

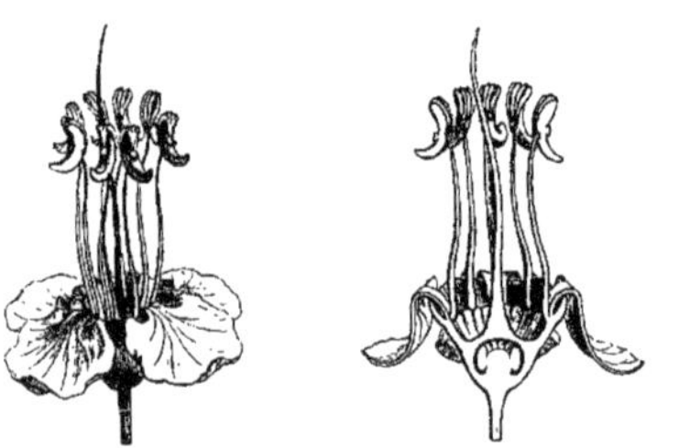

Memecylon. — Fleur, entière et coupe longitudinale.

à glande dorsale et à prolongement basilaire du connectif. Ce sont une centaine d'arbres et d'arbustes tropicaux de l'ancien monde (H. BN, *Hist. des pl.*, VII, 28, 65, fig. 44, 45). Les *M. grande, capitellatum, intermedium* sont tinctoriaux. Les fruits des *M. edule, sphærocarpum, grandifolium* sont comestibles.

MEMECYLUM (MITCH., *Gen.*, 13). Section du genre *Epigæa* SW.

MEMEREN. Synonyme de *Mahmira*.

MEMISAM. Nom arabe de la Chélidoine ou Grande Éclaire.

MEMNONIUM (CORDA, *Anleit.*, 28). Genre de Champignons-Hyphomycètes. — Voy. TRICHOSPORIUM FR.

MEMNONIUS. De couleur brun noirâtre.

MÉMOG, MÉMOI. Noms languedociens du *Viola odorata* L.

MEMORA (MIERS, in *Proc. Roy. Hort. Soc. lond.*, III, 185). Synonyme de *Adenocalymma* MART.

MEMORIALIS (HAM., in *Wall. Cat. ind.*, n. 4598, 4601). Genre d'Urticacées-Bœhmériées (WEDD., *Mon. Urtic.*, 415, t. 13 B. — H. BN, *Hist. des pl.*, III, 527), rapporté ultérieurement (B. H., *Gen.*, III, 388) au genre *Pouzolzia* GAUDICH.

MENAIS (L., *Gen.*, n. 239). Genre américain, mal connu, rapporté avec doute aux *Ehretia* L.

MENAMOMI. Nom japonais du *Siegesbeckia orientalis* L.

MENANTHES (THÉOPHR.). Le Trèfle d'eau.

MENAPHRONOCALYX (POHL, ex *Flora* [1825], I, 183). Genre non décrit.

MENARDA (A. JUSS., *Tent. Euphorb.*, 23, t. 6, fig. 18). Genre d'Euphorbiacées, proposé pour des Phyllanthées à fleurs 5, 6-andres et à gynécée trimère. Toutes les espèces sont africaines, arabes ou cubaines. On les a depuis rapportées comme section au genre *Phyllanthus*. Les principales sont les *P. multiflorus* POIR., *coluteoides* H. BN, *Goudotianus* H. BN, *cryptophilus* A. JUSS., *pentandrus* SCHUM., *nummulariæfolius* POIR., *capillaris* SCHUM. (Voy. *Hist. des pl.*, V, 254.) [H. BN.]

MENA-VOGEN. Nom saccalave (PERVILLÉ) du *Pittosporum Pervillei* BL.

MENCOA. Nom, à la Guyane, du *Minquartia guianensis* AUBL.

MENDANHA. Au Brésil, le *Strychnos Pseudo-China* A. S.-H.

MENDEE. Le Henné.

MENDEZIA (DC., *Prodr.*, V, 532). Synonyme de *Spilanthus*.

MENDI. Nom tamoul de l'*Ophiorrhiza Mungos* L.

MENDO. A Java, le *Wallichia Horsfieldi* BL.

MENDO. Pomme de terre sauvage, douce, et comestible, dit-on de l'Amérique du Nord.

MENDONCIA (VELL., in *Vandell. Fl. lus. et bras.*, 43, t. 3, fig. 22). Genre d'Acanthacées-Thunbergiées, formé d'une vingtaine d'espèces américaines, et représenté aussi, dit-on, à Madagascar. Ce sont des plantes volubiles, ayant à peu près les fleurs des *Thunbergia*, involucrées de 2 grandes bractées foliacées, avec un fruit drupacé. (NEES, in *Mart. Fl. bras.*, IX, 9. — PRESL, *Symb.*, t. 80.) [H. BN.]

MENDONI. Au Malabar, le *Gloriosa* (*Methonica*) *superba* L.

MENDOZIA (R. et PAV., *Prodr. Fl. per. et chil.*, 89, t. 17). Synonyme de *Mendoncia* VELL.

MENEGAZZIA (MASSAL., in *litt.*, ex MONT., *Syll. Fung.*, 237). Genre de Pyrénomycètes, d'abord placé parmi les *Sphæria*, et rapporté par M. Saccardo aux *Rebentschia* KARST.

MENEGHINIA (ENDL., *Gen.*, 648). Synonyme de *Arnebia* FORSK.

MENESCHENA. Le *Capsicum frutescens* L.

MENESTORIA (DC., *Prodr.*, IV, 390, part.). Synonyme de *Adenosacme* WALL.

MENESTRATA (VELL., *Fl. flum.*, 109; Atl., V, t. 2). Synonyme (?) de *Persea* GÆRTN.

MENGEA (SCHAU., in *Pl. Meyen.*, 405). Synonyme de *Euxolus*.

MEN-HO. En Chine, l'un des noms du Riz.

MENI. L'Arachide et son huile.

MENIANTHES (NECK.). Pour *Menyanthes* T.

MENICHEA (SONN., *Voy.*, 132). Synonyme de *Stravadium* J.

MENILIA (PERS., *Myc. eur.*, I, 21). Section du genre *Torula*.

MENING. Sorte de Ricin de Guinée.

MENINIA (FUA — HOOK. F., in *Bot. Mag.*, t. 6043). Synonyme (B. H., *Gen.*, II, 1098) de *Cystacanthus* T. ANDERS.

MENIOCUS (DESVX, *Journ. bot.*, III, 173). Section du genre *Alyssum* L.

MENISCATUS. De forme semi-cylindrique.

MENISCIUM (SCHREB., *Gen.*, II, 757). Genre de Fougères, voisin, d'après Hooker et Baker (*Syn.*, 390), des *Polypodium*, section *Goniopteris*, dont il diffère seulement par ses sores allongés et confluents. Ils sont linéaires ou oblongs et occupent les veines conniventes transversales de la fronde. Celle-ci est simple ou rarement pennée. Les 10 espèces admises dans le genre sont toutes tropicales. [H. BN.]

MENISCOTA (BL., *Bijdr.*, 28). Synonyme de *Sabia* COLEBR.

MENISPERMACÉES (*Menispermaceæ*). Famille de Dicotylédones-Polypétales, à fleurs dioïques, généralement 3-mères, à double calice, double corolle, avec 3-9-∞ étamines hypogynes, stériles ou nulles dans la fleur femelle. Celle-ci a souvent 3 carpelles libres, rarement plus ou moins, avec 1, 2 ovules descendants dans chaque carpelle. Le fruit est formé de drupes libres, sessiles ou stipitées. Le noyau a une cavité droite ou arquée en fer à cheval ou spiralée. La graine a un albumen charnu, homogène, abondant ou presque nul, parfois ruminé. Ce sont des lianes des pays chauds, à feuilles alternes, sans stipules. Nous avons admis dans cette famille 4 séries (Cocculées, Pachygonées, Chasmanthérées, Cissampélidées), avec 30 genres et environ 300 espèces. (*Hist. des pl.*, III, 1.) [H. BN.]

MÉNISPERME (*Menispermum* L., *Gen.*, n. 1131). Genre qui a donné son nom aux Ménispermacées et à leur série des Ménispermées, mais qui est exceptionnel par ses étamines en nombre indéfini. D'ailleurs ses fleurs sont construites comme celles des *Cocculus*. Le genre comprend 2 espèces, les *M. canadense* et

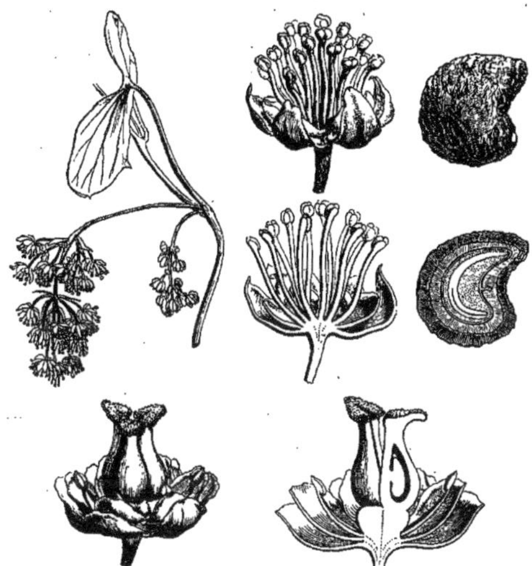

Menispermum. — Rameau florifère. Fleur mâle, entière et coupe longitudinale. Fleur femelle, entière et coupe longitudinale. Fruit, entier et coupe longitudinale.

dahuricum, cultivées dans nos jardins botaniques. Ce sont des lianes à feuilles digitinerves, anguleuses ou lobées, parfois subpeltées. (H. Bn, *Hist. des pl.*, III, 4, 33, fig. 5-11.)

MENISPORA (Pers., *Myc. eur.*, I, 32). Genre d'Hyphomycètes, à mycélium grêle, rampant, portant des filaments dressés, cloisonnés, de couleur enfumée, dont le sommet et de courts rameaux latéraux donnent naissance aux conidies fusiformes, hyalines, souvent conglutinées en glomérules par une substance gommeuse. M. Saccardo a éliminé les espèces de Preuss, à filaments conidiophores non cloisonnés, et il distribue les autres espèces en deux groupes, suivant que les conidies ont ou n'ont pas d'appendices sétiformes. Les 12 espèces de ce genre vivent sur le bois mort ou sur divers corps en putréfaction, en Europe et dans l'Amérique du Nord. [De S.]

MENKE (Karl-Theod.). Auteur, à Gœttingue [1814], de *De leguminibus veterum, particula prima* (in-4 de 32 p.).

MENKEA (Lehm., *Ind. sem. H. hamburg.* [1843], 8). Genre de Crucifères-Camélinées, établi pour 2 herbes australiennes, annuelles, à port d'*Alyssum ;* distingué par un fruit court, largement elliptique, très comprimé, à valves très aplaties, à graines pourvues d'un long funicule. (Hook., *Icon.*, t. 610, 617. — H. Bn, *Hist. des pl.*, III, 275.)

MENNANDER (Carl.-Fred.). Évêque d'Upsal et professeur à Abo [1712-1786], a écrit : *De nutrimento plantarum* et *De foliis plantarum* [1786]; *De radicibus* [1787]; *De transpiratione* [1750]; *De seminibus plantarum* [1752], in-4 de 22 p.

MENOANTHES (Hall., *Helv.*, II, 487). Pour *Menyanthes* T.

MENOCERUS (R. Br., *Prodr.*, I, 580). Section du g. *Velleia*.

MENODORA (H. B., *Pl. æquin.*, II, 88, t. 110). Genre d'Oléacées-Jasminées, formé d'au moins douze herbes ou plantes suffrutescentes, américaines et africaines, ayant tous les caractères floraux des Jasmins, avec un fruit sec, didyme, s'ouvrant en travers. (*Fl. bras.*, VI, t. 85.) [H. Bn.]

MENODOROIDES. Section du genre *Menodora* H. B. (B. H., *Gen.*, II, 674.)

MENODOROIDES (Scheel., in *Linnæa*, XXV, 254). Section du genre *Bolivaria* Cham. et Schlchtl.

MENONVILLEA (DC., *Syst.*, II, 419). Genre de Crucifères-Lépidiées, formé de 4 herbes du Chili et du Pérou, distingué par un fruit subindéhiscent ou tardivement déhiscent, à valves pourvues d'ailes latérales, tétraptère. (Deless., *Ic. sel.*, II, t. 56. — H. Bn, *Hist. des pl.*, III, 291, fig. 307.)

Menonvillea. Fruit.

MENOTRICHE (Steetz, in *Pet. Moss.*, *Bot.*, 472). Synonyme de *Wedelia* Jacq.

MENOTTE BLANCHE, M. JAUNE. Le *Clavaria coralloides* L.

MENOUOVATI. Au Caire, nom d'une variété de Dattier.

MENOURRON. Nom (Leschenault) du *Piper officinarum* DC.

MENOW-WEED. Nom anglais du *Ruellia tuberosa* L.

MENSANA. Nom arabe de l'Épurge.

MENTASTRA. Nom languedocien des Menthes, et plus spécialement du *Mentha Pulegium* L.

MENTASTRE. Nom méridional du *Mentha sylvestris* L.

MENTHA BALSAMITA, M. ROMANA, M. SARACENICA. Noms officinaux du Baume-Coq (*Chrysanthemum Balsamita* H. Bn).

MENTHA SARRACENICA (Gerarde). Le *M. viridis* L.

MENTHASTRE. Les *Mentha crispa* L. et *rotundifolia* L.

MENTHASTRUM (Matth.). Le *Mentha sylvestris* L.

MENTHASTRUM (Rupp., *Fl. jen.*, 222). Syn. (part.) de *Mentha*.

MENTHASTRUM (Sloan., *Hist. Jam.*, I, 171, t. 102, fig. 2). Synonyme de *Hyptis* Jacq.

Menthe. — Rameau florifère.

MENTHE (*Mentha* T., *Inst.*, 188, t. 89). Genre de Labiées, rapporté d'ordinaire aux Saturéiées, à fleurs caractérisées par un calice tubuleux ou campanulé, 10-nerve, à 5 dents égales

MENTZELIA ORNATA

ou inégales; une corolle peu irrégulière, à tube inclus, à gorge campanulée, à limbe 4-lobé; le lobe postérieur souvent émarginé; à androcée didyname; les loges parallèles et distinctes; à disque égal, peu découpé. Les fruits sont des achaines lisses. Ce sont des herbes à feuilles opposées, à verticillastres 2-∞-flores, axillaires, mais souvent disposés en épis terminaux. Les fleurs sont souvent dimorphes. On trouve surtout les Menthes dans les régions tempérées des deux mondes. Ce sont des

Menthe. — Fleur, entière et coupes longitudinales.

plantes odorantes, très aromatiques, stimulantes, riches en essence. On cultive beaucoup la M. poivrée pour l'extraction de cette essence. La M. du Japon est aussi très usitée; c'est une variété de notre *M. arvensis*, aujourd'hui cultivée chez nous. La M. Pouliot est aussi une espèce indigène; on dit qu'elle est insecticide. (SOLE, *Menth. brit.* [1798]. — GREN. et GODR., *Fl. de Fr.*, II, 648. — H. BN, *Tr. Bot. méd. phanér.*, 1239, fig. 3167-3169.)

MENTHE A BOUQUETS, M. SARRASINE. Le Baume-Coq.

MENTHE A ÉPI, M. DE NOTRE-DAME. Le *Mentha viridis* L.

MENTHE A GRENOUILLES, M. ROUGE. Le *Mentha aquatica* L.

MENTHE ANGLAISE. Le *Mentha piperita* L.

MENTHE AU CHAT. Le *Nepeta cataria* L.

MENTHE ROMAINE, M. DES JARDINS. Le *Mentha gentilis* L.

MENTHE-COQ. Le *Chrysanthemum Balsamita* H. BN.

MENTHE DE CIMETIÈRE. Le *Malva rotundifolia* L.

MENTHE DU JAPON. Le *Mentha arvensis* L., var. *piperascens*.

MENTHE GRECQUE, M. NOTRE-DAME, M. A BOUQUETS. Le Baume-Coq (*Chrysanthemum Balsamita* H. BN).

MENTHE-POULIOT. Le *Mentha Pulegium* L.

MENTHE ROMAINE. Le *Mentha verticillata* L. et le Baume-Coq.

MENTHE SIMPLE, M. DE CHEVAL. Le *Mentha crispa* L.

MENTHIDIUM (DON). — Voy. MINTHIDIUM.

MENTHOIDEÆ (BENTH., in *DC. Prodr.*, XII, 149). Sous-série des Labiées-Saturéiées.

MENTO. Nom provençal des *Mentha* T.

MENTONI. Nom, en malais, du *Leea hirta* HORNEM.

MENTOOLOO. Dans l'Inde, le Fenugrec.

MENTUM. Saillie du pied de la colonne des Orchidées.

MENTZ (Fried.). Professeur à Leipzig [1673-1749], auteur [1705] de *De plantis quas... magicam facere credider. veteres*.

MENTZEL (Albert et Philippe). Publièrent en 1618, à Ingolstadt, leur *Synonyma plantarum*. — Christ. MENTZEL, médecin de Berlin [1622-1701], auquel Linné a dédié le genre *Mentzelia*, est l'auteur [1682] du Πίναξ βοτανιώνυμος πολύγλωττος καθολικός (in-fol. de 331 p. et 11 pl.). Plumier a dédié à ce dernier le genre *Mentzelia*, en disant : « Cl. D. Christianus Mentzelius, Furstenwald March. philosophus et medicin. D. sereniss. electoris Brandenburgici Consiliarus et Archiater, indicem nominum plantarum multi-linguem, Latinorum, Græcorum et Germanorum litteris per Europam usitatis conscripsit et construxit; cui adjecit pugillum plantarum rariorum, cum figuris aliquot æneis, quibus intertextus est indiculus plantarum nonnullarum Brasiliæ nondum editarum. Prostat opus Berolini apud Dan. Reichelium bibliop. ex officina Rungiana, 1682, in-fol. »

Mentzelia. — Inflorescence.

MENTZELIA (L., *Gen.*, n. 670). Genre de Loasacées-Loasées, à fleurs analogues à celles des *Loasa*, distinguées par un androcée formé d'ordinaire de pièces nombreuses, sans écailles, avec des staminodes pétaloïdes, filiformes ou nuls. Ce sont des herbes ou des arbustes peu élevés, à feuilles alternes, qui croissent dans les régions chaudes de l'Amérique. On en distingue une trentaine, et quelques-uns sont cultivés dans nos jardins botaniques. (H. BN, *Hist. des pl.*, VIII, 461, 465, fig. 309-311.)

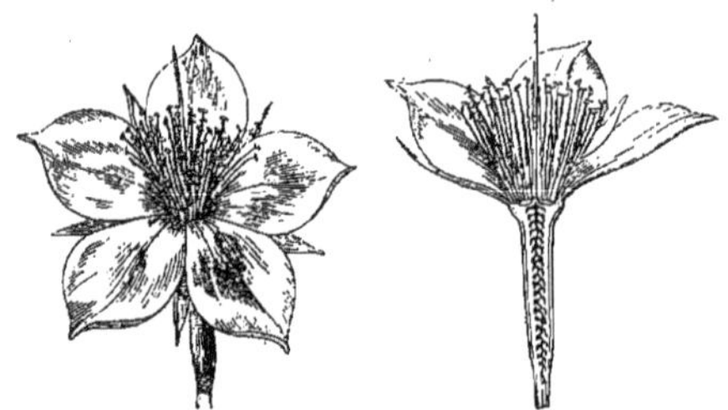

Mentzelia. — Fleur, entière et coupe longitudinale.

MENTZIES (Archib.). Mort en 1842 à Kensington, âgé de quatre-vingt-huit ans, explorateur de l'Amérique du Sud, fut l'auteur de

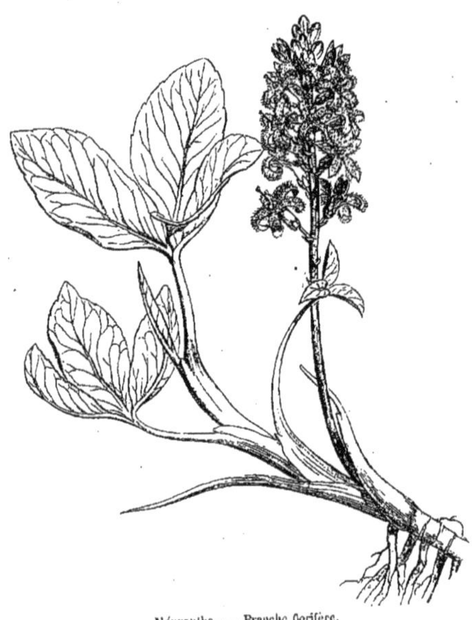

Ményanthe. — Branche florifère.

quelques notices botaniques (*Cat. sc. pap.*, IV, 345). Il a introduit dans nos cultures beaucoup de végétaux importants et curieux.

MENUCHON ROUGE. Synonyme de Menuet.

MENUET. L'*Anagallis arvensis* L.

MENUIAM. Nom arabe de la Chélidoine. Le suc jaune que Dioscoride appelle *Memithe* est peut-être, a-t-on dit, son latex.

MENYA. Dans l'Inde, le *Paspalum scrobiculatum* L.

MÉNYANTHE (*Menyanthes* T., *Inst.*, 117, t. 15). Genre de Gentianacées, qui donne son nom à une série anormale, caractérisée par des feuilles alternes et des fleurs à réceptacle plus ou moins concave : ce qui rend l'insertion périgyne. Le calice est pentamère; et la corolle gamopétale, courtement infundibuliforme, est à 5 divisions valvaires, garnies en dedans, surtout vers les bords, de languettes étroites, linéaires, en nombre variable. L'ovaire uniloculaire est accompagné, au point où il émerge du réceptacle, d'une couche annulaire glanduleuse. Les

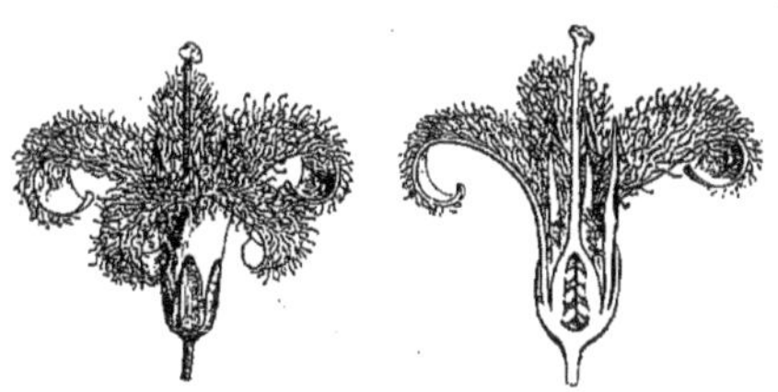

Ményanthe. — Fleur, entière et coupe longitudinale.

2 placentas pariétaux sont multiovulés, et le style est renflé et courtement bilobé à son sommet stigmatifère. Ce sont des herbes vivaces, aquatiques, à rhizome rampant dans la vase, à branches aériennes annuelles, portant des feuilles alternes, à limbe composé-digité et à pétiole dilaté en gaine dans sa portion inférieure. Les fleurs sont disposées en grappes. Le *M. trifoliata* L., assez commun dans nos eaux, est renommé, sous le nom de Trèfle d'eau, comme diurétique et antiscorbutique. Ses fleurs, d'un blanc rosé, sont d'une grande élégance. (H. BN, *Hist. des pl.*, X, 122, 144, fig. 104-106; *Iconogr. Fl. fr.*, n. 67.)

MENYANTHIS (LINN.). Synonyme de *Menyanthes* T.

MENZIÈSE. Nom français (LAMK) des *Menziesia* SM.

MENZIESIA (SM., *Icon. ined.*, 3, t. 36). Genre d'Éricacées-Rhododendrées, dont les fleurs 4, 5-mères sont construites comme celles des *Erica*, mais dont le fruit est septicide. La corolle est courte, et les étamines au nombre de 5-10. Les anthères s'ouvrent par des pores ou des fentes courtes. L'ovaire a 4 ou 5 loges. Ce sont des arbustes du Japon et de l'Amérique du Nord, au nombre de sept. Le *M. polifolia* J. est un *Daboecia*. (SALISB., *Par. lond.*, t. 44. — *Bot. Mag.*, t. 1571.) [H. BN.]

MENZIESIA (SW., in *Trans. Linn. Soc.*, X, t. 30, A). Synonyme de *Phyllodoce* SALISB.

MEON. Nom ancien (MATTH.) de l'*Athamantha Matthioli* L.

MÉON. Nom français des *Meum* T.

MÉON BATARD. Nom de l'*Angelica Levisticum* ALL.

MEONGA PEMBE. Au Nil blanc, l'*Alvardia arborescens* FENZL.

MEOSCHIUM (PAL.-BEAUV., *Agrost.*, 107, t. 21, fig. 5). Synonyme de *Ischæmum* PAL.-BEAUV.

MÉOUVE. Synonyme de Mélèze.

MEPHITIDIA (REINW., ex BL., *Bijdr.*, 995). Synonyme de *Lasianthus* JACK.

MÉPLIER. Le Néflier. Le *M. épineux* est le Houx commun.

MÉPOLE. Synonyme de Méplier.

MERANA. Nom malgache de plusieurs *Vernonia*.

MÉRANGÈNE. Le *Solanum esculentum* DUN.

MÉRAT (Fr.-Victor). Médecin à Paris [1780-1851], est surtout connu par sa *Flore des environs de Paris* [1812], qui a eu de nombreuses éditions. Il a aussi publié des *Éléments de botanique*, un *Synopsis* de sa Flore, une notice sur le *Nemoursia tuberculata* et une *Revue de la flore parisienne* où il donne les noms linnéens des plantes du *Botanicon parisiense* de Vaillant. Il a écrit, avec Delens, le savant *Traité de Matière médicale*, dans lequel sont réunis en nombre considérable des renseignements utiles sur les médicaments d'origine végétale, etc.

MERATHREPTA (RAFIN., in *Ser. Bull. bot.*, I). Genre proposé pour l'*Avena spicata* (*Linnæa*, VIII, *Litt.*, 85).

MERATIA (A. DC., *Prodr.*, X, 104). Synonyme de *Moritzia* DC.

MERATIA (CAV., in *Dict.*, XXX, 65, 67). Syn. de *Elvira* DC.

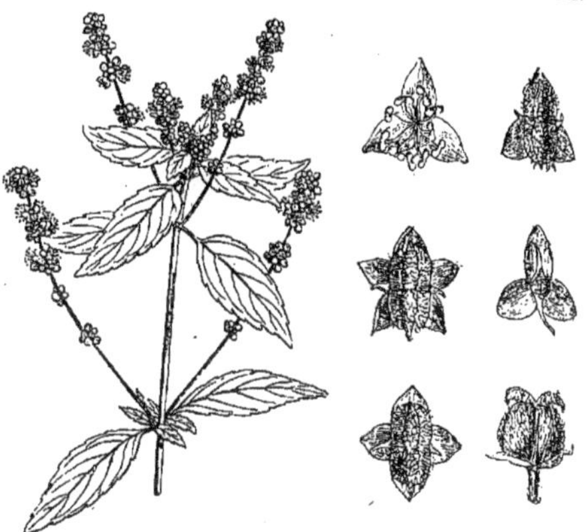

Mercuriale annuelle. — Pied mâle. Fleur mâle. Fleurs femelles.

MERATIA (LAUN. et NEES, in *N. Act. nat. cur.*, XI, 107, t. 10). Synonyme de *Chimonanthus* LINDL.

MERCADELA. Nom mexicain du *Calendula officinalis* L.

MERCADOA (NAVES, in *Fl. Filip. August.*, t. 463). Synonyme de *Sumbavia* H. BN.

Mercuriale vivace. — Pied mâle.

MERCIERA (A. DC., *Mon. Campan.*, 369, t. 5). Genre de Campanulacées-Campanulées, formé de 3, 4 sous-arbrisseaux de l'Afrique australe, à feuilles rigides, linéaires; distingué par un fruit subglobuleux, indéhiscent et monosperme. Les fleurs y sont 4, 5-mères. (H. BN, *Hist. des pl.*, VIII, 361.)

MERCKIA (FISCH., ex CHAM. et SCHLCHTL, in *Linnæa*, I, 59). Synonyme de *Arenaria* L.

MERCKLINIA (REG., in *Gartenzeit.* [1857], 155). Section du genre *Hakea* SCHRAD.

MERCORET. Synonyme de Marquois.

MERCURE VÉGÉTAL. Le *Lobelia syphilitica* L. et les *Calotropis gigantea* et *procera* R. BR., à cause de leurs vertus dépuratives.

MERCURIALE (*Mercurialis* T., *Inst.*, 534, t. 308). Genre d'Euphorbiacées uniovulées, à périanthe simple, ordinairement

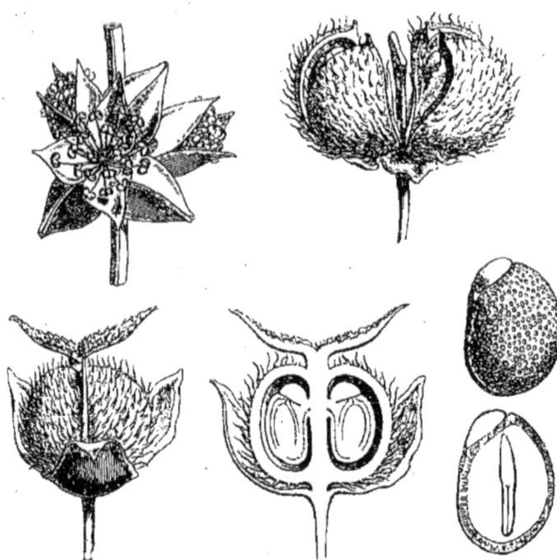

Mercuriale vivace. — Fleurs mâles. Fleur femelle, entière et coupe longitudinale. Fruit déhiscent. Graine, entière et coupe longitudinale.

trimère; les fleurs dioïques ou monoïques; les mâles à ∞ étamines, plus rarement (*Trismegista*, *Seidelia*) à étamines définies (2, 3); les femelles à ovaire 2, 3-loculaire, avec disque souvent linéaire. Nous avons uni à ce genre les *Adenocline*, *Linozostis*, *Erythrococca*, et même, par un enchaînement que ne peuvent comprendre ceux qui n'ont point étudié toutes ces

Mercuriale annuelle. — Pied femelle.

plantes à fond, les *Claoxylon*, qui sont des arbustes ou des arbres. Les feuilles sont opposées ou alternes, et les inflorescences sont des épis simples, rameux ou chargés de glomérules. Ce sont des plantes à matière colorante rouge ou violacée. Nos *M. annua* et *perennis* sont des herbes communes, douées de vertus laxatives. (H. BN, in *Adansonia*, III, 175; *Et. gén. Euphorbiac.*, 488, t. 9; *Hist. des pl.*, V, 122, 210, fig. 177-184; *Tr. bot. méd. phanér.*, 936; *Iconogr. Fl. fr.*, n. 39, 46.)

MERCURIALE SAUVAGE, M. DES BOIS, M. DE MONTAGNE. Le *Mercurialis perennis* L.

MERCURIALIS (Hieron.). Professeur à Pise [1530-1604], auteur de *Variarum lectionum libri* 4, etc., où il rectifie beaucoup de notions anciennes relatives aux plantes médicinales.

MERCURIALIS MAS DES OFFICINES. L'individu femelle du *M. annua* L.

MERCURIALO. Nom provençal des *Mercurialis* T.

MERCURIO DO CAMPO. Nom brésilien de l'*Erythroxylon suberosum* A.-S. H.

MERCURIO VEGETAL. Au Brésil, le *Franciscea uniflora*.

MERDE DE COUCOU. Les *Nostoc*, surtout le *N. ciniflonum* T.

MÈRE DE FAMILLE. Le *Bellis perennis* L. prolifère.

MÈRE DE GIROFLE. Le fruit du Giroflier.

MEREDICK. Le Raifort sauvage.

MÈRE DU BOIS. Le *Prunus spinosa* L.

MÉRENCHYME. Nom donné par Meyen au parenchyme formé de phytocystes arrondis.

MERENDERA (RAM., in *Bull. Soc. philom.* [1798]). Genre de Liliacées-Colchicées, formé d'une dizaine de plantes de l'Europe, de l'Orient et de l'Afrique méditerranéenne, ayant tous les caractères des Colchiques, mais avec les 6 pièces du périanthe distinctes jusqu'à leurs onglets et conniventes. Le *M. Bulbocodium*, espèce des hauts pâturages pyrénéens, se cultive dans les jardins botaniques. (K., *Enum.*, IV, 148.) [H. BN.]

MERETIC. Le Raifort sauvage.

MERETRICIA (NÉR., ex GAUDICH., in *Freycin. Voy.*, *Bot.*, 28). Genre de Rubiacées, des îles Mascareignes, dont le nom seul est connu. (H. BN, *Hist. des pl.*, VII, 364.)

MERETTIA (TREVIS., *Algh. coccot.*, 46, n. 86). Genre d'Algues, de l'ordre des *Coccophyceæ*, de la famille des *Palmellaceæ*, que la plupart des auteurs n'ont pas admis, et que l'on doit considérer comme synonyme de *Palmella*. [CH. M.]

MÉRIAN (Marie-Sibylle de). Auteur [1705] d'un curieux livre, peint à Surinam où elle était allée à la recherche d'insectes nouveaux, et qui porte le titre de *Dissertatio de generatione et metamorphosibus insectorum Surinamensium*, etc. Les plantes, fleurs et fruits, dont se nourrissent les insectes y sont figurés. L'édition princeps parut à Amsterdam, et c'est G. Commelyn qui a fait les déterminations. S. de Mérian est morte à Amsterdam en 1717, à l'âge de soixante-dix ans; elle était née à Francfort-sur-le-Mein, fille d'un sculpteur célèbre, Math. Mérian, et elle était partie pour Surinam avec ses deux filles, Hélène et Dorothée-Marie. Son livre a été traduit en français, sous le nom de *Recueil de plantes des Indes*. Buch'oz y a ajouté et l'a divisé en plantes de Surinam et plantes de l'Europe.

MERIANA (TREW, *Ehr.*, II, t. 49). Synon. de *Watsonia* MILL.

MERIANA (VELL., *Fl. flum.*, 128; Atl., III, t. 109). Section du genre *Evolvulus* L.

MERIANDRA (BENTH., in *Bot. Reg.*, sub t. 1289). Genre de Labiées-Monardées, formé de 2 arbustes de l'Inde et de l'Abyssinie, à feuilles rugueuses et laineuses, à verticillastres multiflores; voisin des Sauges et distingué par un calice ouvert autour du fruit, des loges d'anthères suspendues à un connectif linéaire, égales. Les verticillastres forment des épis denses, parfois ramifiés. (*Jacquem. Voy.*, *Bot.*, t. 139.) [H. BN.]

MERIANIA (SW., *Fl. ind. occ.*, II, 823, t. 15). Genre de Mélastomacées-Mélastomées, formé d'environ 45 arbres ou arbustes grimpants de l'Amérique tropicale, à inflorescences terminales composées ou latérales; les fleurs 4, 5-mères; les 8-10 étamines pourvues d'un connectif éperonné ou appendiculé en arrière; l'ovaire glabre, 4, 5-loculaire; le fruit capsulaire, et les graines oblongues, anguleuses-pyramidales. Nous avons joint à ce genre les *Axinæa*, *Adelobotrys* et *Pachymeria*. (*Hist. des pl.*, VII, 40, fig. 28, 29.) [H. BN.]

MERIANIEÆ (REICHB.). Tribu des Mélastomacées-Mélastomées.

MERICARPÆA (BOISS., *Diagn. or.*, III, 51; *Fl. or.*, III, 83). Section du genre *Rubia*, dont le type est le *Galium cristatum* JAUB. et SPACH. (H. BN, *Hist. des pl*, VII, 239, 390.)

MÉRICARPES. Nom donné aux deux achaines dont l'ensemble

constitue le fruit des Ombellifères. De Candolle les avait d'abord nommés *Hémicarpes;* mais il a préféré ensuite « le mot plus général de *Méricarpe*, qui signifie partie du fruit, et que je destine, dit-il, à désigner toutes les portions séparables d'un fruit qui sont composées d'un carpelle entier et d'une portion du calice ». Aussi applique-t-il ce mot aux Rubiacées, Araliacées, etc., pour lesquelles il est peu employé. [H. Bn.]

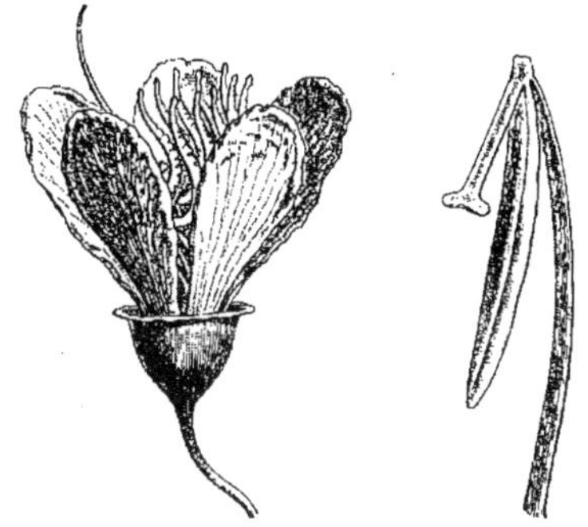

Meriania. — Fleur. Étamine.

MÉRICHE. L'un des noms, dans l'Inde, du *Piper nigrum* L.

MERICHEA (Wittst., *Etym. Hdw.*). Pour *Menichea* Sonner.

MERIDA (Neck., *Elem.*, II, 382). Syn. (part.) de *Portulaca* T.

MERIDEMA (Don, in *Edinb. N. Phil. Journ.*, IX, 94). Section du genre *Ceratopetalum* Sm.

MERIDIACEÆ (Rabenh., *Fl. eur. Alg.*, I, 295). Grande famille de Néodiatomacées, caractérisée par des frustules cunéiformes, en éventail et dépourvues de nodule central. L'auteur a divisé les Méridiacées en deux familles : les formes d'eau douce, *Meridieæ;* les formes d'eaux marines, *Lichmophoreæ*. [Ch. M.]

MERIDIANA (Hill, *H. kew.*, 26). Synonyme de *Gazania* Gærtn.

MERIDIEÆ (Kuetz., *Bacill.*, 40). Famille de Néodiatomacées, qui se présente presque toujours réunie sous l'aspect le plus intéressant d'éventail ou de disque circulaire. Les frustules sont cunéiformes de face et de côté, et sessiles par leur côté étroit sur un thalle en coussinet muqueux. L'endochrome divisé en nombreuses lames devient ensuite granuleux. La face valvaire est arrondie aux deux extrémités et pourvue de côtes transversales nettes, distantes. La face connective est tronquée aux deux extrémités et bordée de dents correspondant aux côtes. Il n'y a ni nodule central, ni raphé. L'auteur avait divisé cette famille en trois sections : *Meridion, Eumeridion, Oncosphenia*. La première seule reste; encore est-elle bien ballottée. [Ch. M.]

MERIDION (Agh, *Syst. Alg.*, 2). Troisième division de l'ordre des Diatomacées pour l'auteur; division admise par Kützing et par la plupart des auteurs, mais non sans modification. Pour Rabenhorst et Kützing, ce genre fait partie de la famille des *Meridieæ*. M. Van Heurck le classe, avec de Brébisson, dans la grande famille des *Fragillarieæ*. Les valves sont cunéiformes, et la disposition non complètement symétrique des frustules fait que le résultat de leur réunion en série affecte la forme d'un filament en spirale, surtout si cette série est tant soit peu prolongée. Ce genre est constitué par une espèce et deux variétés. (V. Heurck, *Syn. Diat. Belg.*, 161.) [Ch. M.]

MERINGEANE. Le *Solanum esculentum* Dun.

MÉRINGIE. Nom français (Lamk) des *Mœhringia* L.

MÉRIGOULE. Nom gascon du *Morchella esculenta* Pers.

MERIMEA (Cambess., in *A. S.-H. Fl. Bras. mer.*, II, 160, t. 107). Synonyme de *Bergia* L.

MERINGIUM (Presl, *Hymenoph.*, 116). Genre de Fougères, proposé pour l'*Hymenophyllum pectinatum* Nees et Bl.

MERIOLYX (Rafin., in *Amer. Mthl. Mag.* [1819], ex Endl., *Gen.*, 1190). Synonyme de *Calylophus* Spach (*Œnothera*).

MERIONE (Salisb., *Gen. pl. Fragm.*, 12). Syn. de *Dioscorea*.

MERISACHNE (Steud., *Syn. pl. glum.*, 117). Synonyme de *Uralepis* Nutt.

MERISE. Fruit du Merisier. Ce n'est pas lui qui, quoi qu'on en pense, sert en général à la préparation du kirsch.

MERISIER. Le *Prunus* (*Cerasus*) *avium* L.

MERISIER A GRAPPES. Le *Prunus Padus* L.

MERISIER DORÉ. Le *Byrsonima spicata* L.

MERISIER DU CANADA. Le *Betula lenta* L.

MERISMA (Pers., *Syn.*, 582). Genre formé aux dépens du genre Téléphore, pour certaines espèces profondément laciniées, et qui n'a pas été accepté par Fries. Léveillé a observé qu'il existait des Hyménomycètes à réceptacle coriace, comme celui des Téléphores, mais à disposition de Clavaires et présentant, comme ces derniers, un hyménium fertile sur toute leur surface. Les espèces de *Merisma* appartiennent aux pays tropicaux. On en compte une dizaine. Fries s'est servi du terme de *Merisma* pour établir des divisions de *Polyporus*, *Hydnum*, *Stereum*, pour les espèces à réceptacle ramifié ou très divisé. [De S.]

MERISMOPÆDIA (Meyen, in *Wiegm. Archiv.* [1839], II, 67). Genre d'Algues, de la famille des Ulvacées, d'après Kützing; de celle des *Chroococaceæ*, ordre des *Cystophoreæ*, d'après Rabenhorst. Les cellules de ces Algues sont arrondies, oblongues, au moment de la division qui est quaternaire; elles sont associées en famille en un strate tubulaire, formant un thalle plan de forme quadrangulaire, nageant librement. Neuf espèces constituent ce genre d'après Kützing; quatorze d'après Rabenhorst. Elles ont été observées chez l'homme, notamment dans l'estomac. Ce sont, pour les auteurs actuels, des Schizomycètes. (Voy. H. Bn, *Tr. Bot. méd. crypt.*, 184.) [Ch. M.]

MÉRISMOPÉDIÉES (Rabenh., *Fl. eur. Alg.*, II, 056). Divisions de *Chroococcaceæ*, de l'ordre des *Nostocaceæ*, et dont le caractère essentiel serait basé sur la double direction du cloisonnement des cellules et sur le thalle membraneux qui est dissocié. Cette famille comprendrait dix genres, d'après les auteurs les plus modernes. D'après Rabenhorst, qui ne la considère que comme une division des *Chroococcaceæ*, elle ne renfermerait que le genre *Merismopædia* Meyen. [Ch. M.]

MERISMOTRICHE (Arch., in *Journ. Linn. Soc.*, V, 17). Section du genre *Olearia* Mœnch.

MERISTA (Banks et Sol., herb.). Synonyme de *Myrsine* L.

MÉRISTÈME. M. Nægeli nomme ainsi le parenchyme de la jeune tige qui conserve un temps variable la faculté de se diviser, généralement en tous sens. Il le distingue en primitif (*Urmeristem*) et en conséculif (*Fölgemeristem*).

MERISTOSTIGMA (Dietr., *Spec. pl.*, II, 593). Synonyme de *Lapeyrousia* Pourr.

MERISTOSTYLUS (Kl., in *Pet. Moss.*, *Bot.*, 267). Synonyme (?) de *Kalanchoe* Adans.

MERISTOTHECA (J. Agh., *Bidr. Fl. syst.*, p. 36). Genre d'Algues-Desmiospermées, de la famille des *Solieriew*, caractérisé par une fronde plane gélatino-membraneuse, laciniée, avec dents et tubercules, tubuleuse à l'intérieur, pourvue d'un tube traversé par des filaments articulés et anastomosés. La couche périphérique à l'intérieur est d'abord constituée par des cellules grandes, arrondies, qui deviennent plus petites en se rapprochant de la surface où, devenues plus petites encore, elles forment par leur réunion des filets courts et verticaux. Les cystocarpes se développent dans des tubercules renfermés dans un strate cortical plus développé et produisent dans un plexus particulier un nucleus composé. Les nucléoles, disposés autour d'un placenta, séparés par des filaments stériles, sont constitués par des filets gemmidifères, rameux, libres, fasciculés, rayonnant dans la direction de la périphérie. Les gemmidies clavalo-oblongues sont situées dans les articles terminaux des rameaux. Les sphérospores se divisent en croix. Ils sont épars et immergés dans le strate cortical. Les quelques espèces qui constituent ce genre sont toutes des plantes exotiques. (J.-G. Agh, *Spec. gen. et ord. Alg.*, III, 583.) [Ch. M.]

MERISTOTROPHIS (Fisch. et Mey., *Ind. sem. H. petrop.*, IX, 95). Synonyme de *Glycyrrhiza* L.

MÉRITHALLE (*Merithallium*). Synonyme de Entre-nœud.

MERIZOMYRIA (POLLINI — KUETZ., *Phyc. gen.*, 231). Genre d'Algues, de la famille des *Mastigothricheæ*, de l'ordre des *Tiloblasteæ*. Le trichome est moniliforme, pourvu d'une gaine très resserrée, et muni à la base de cellules plus grosses, persistantes. La partie supérieure est atténuée en une pointe subuliforme, très ténue. Elle est entourée d'une substance muqueuse qui constitue avec les filaments qu'elle enveloppe une espèce de thalle amorphe. Ce genre se compose de six espèces, que l'on trouve sur le rivage, sur les murs, et même à l'état de parasitisme sur d'autres Algues. (Voy. RABENH., *Flor. europ. Alg.*, II, 18, 224.) [CH. M.]

MERKH. Nom saharien du *Genista Saharæ*.

MERKIA (BONGKH. — A. BRAUN, in *Flora* [1821], II, 756). Genre proposé pour les *Jungermannieæ frondosæ* des auteurs.

MERKUSIA (DE VR., *Gooden.*, 45, t. 11). Section du genre *Scævola* L.

MERLET DE LA BOULAYE (Gabr.-Eleon.). Botaniste angevin [1736-1807], a écrit des *Herborisations dans le département de Maine-et-Loire*, publiées en 1809 par Davy de La Roche.

MERLIER. Synonyme de Néflier.

MERLOT. Nom d'une variété cultivée de Vigne.

MERMAID-WEED. Aux États-Unis, nom des *Proserpinaca* L.

MERMAN'S SHAVING BRUSHES. Aux États-Unis, plusieurs Graminées à inflorescences pénicillées.

MERMEX. Nom arabe ancien de l'Abricot.

MEROPE (RŒM., *Syn.*, 44). Synonyme (?) de *Atalantia* CORR.

MEROPE (WEDD., *Chlor. andin.*, I, 160, t. 24-26). Synonyme de *Gnaphalium* L.

MEROSPORIUM (CORD., in *Sturm Deutschl. Fl.*, III, 45, t. 23; *Anleit.*, 28). Genre d'Hyphomycètes, mal défini.

MEROSTACHYS (SPRENG., *Syst.*, I, 132). Genre de Graminées-Bambusées, formé de 7, 8 plantes arborescentes, de l'Amérique tropicale et sous-tropicale, distingué dans le groupe des Arundinariées par des épillets sessiles sur un épi unilatéral, et uniflores, avec 3-5 glumes inférieures stériles. (DŒLL, in *Mart. Fl. bras.*, II, III, 207, t. 55.) [H. BN.]

MERRAIN. Le *Quercus pedunculata* W.

MERREM (Blas.). Professeur à Marbourg [1761-1824], auteur d'un *Index plantarum Horti academici marburgensis*, d'un *Handbuch der Pflanzenkunde* [1809] et d'un *C. v. Linne's vollständiges Pflanzensystem*, qui eut deux éditions [1811-1823]. — Karl-Theod. MERREM a écrit, à Cologne [1828], *Ueber den Cortex adstringens brasiliensis* (in-8 de 106 p. et 1 pl.).

MERREMIA (DENNST., *Schl. Hort. malab.*, 34). Synonyme de *Convolvulus* T.

MERRETTIA (GRAY, *Arr. brit. pl.*, I, 318). Genre complexe d'Algues (*Palmogloea*, *Gloeocapsa*, *Hypheothryx*).

MERRETTIA (SOLAND., herb.). Syn. de *Corynocarpus* FORST.

MERSIER. Synonyme de Merisier.

MERTENS (Fr.-Karl). Directeur de l'*Handelsschule* de Brême, auquel Kunth a dédié le genre *Mertensia*, a écrit quelques notices botaniques. (Voy. *Nov. Act. Leop.*, XIII, 773. — *Biogr. Skizzen verstorbner Bremischer Aerzte*, 239.)

MERTENSIA (GRATEL., herb.). Synonyme de *Phlebothamnion* KUETZ.

MERTENSIA (H. B. K., *Nov. gen. et spec.*, II, 3, t. 103). Synonyme de *Mourisia* DUMORT.

MERTENSIA (ROTH, *Cat.*, III, tab. 10). Genre d'Algues-Floridées, placé d'abord dans la famille des Gastérocarpées, plus tard dans celle des Claudéées, puis par Kützing dans la famille des *Champieæ*, et qu'il considère même comme synonyme de *Champia*. Cette dernière opinion a d'ailleurs été admise par M. J.-G. Agardh; elle l'est également par la plupart des auteurs contemporains. (Voy. *Schrad. Journ.*, II, 1, t. 1.) [CH. M.]

MERTENSIA (ROTH, *Cat. bot.*, I, 34). Genre de Boraginacées-Boraginées, formé d'une quinzaine d'herbes vivaces de l'Europe, de l'Asie et de l'Amérique du Nord, très voisines des Pulmonaires, distinguées par une corolle à gorge subnue, tubuleuse-infundibuliforme, et des fruits lisses ou rugueux, à aréole peu large, souvent oblique. (REICHB., *Ic. Fl. germ.*, t. 1317. — *Bot. Mag.*, t. 160, 1743, 2680.) [H. BN.]

MERTENSIA (W., in *Act. holm.* [1804], 65). Section du genre *Gleichenia* SM. (HOOK. et BAK., *Syn. Filic.*, 12).

MERU. Le *Mæruа uniflora* VAHL.

MÉRULE. Nom français (LAMK) des *Merulius* HALL.

MERULIDEÆ (GRAY, *Arr. brit. pl.*, I, 596). Division des *Hymenothecæ*.

MERULIUS (HALL., *Helv.*, 250. — FRIES, *Syst. mycol.*, I, 326). Genre d'Hyménomycètes, à réceptacle plus ou moins épais ou membraneux, tantôt formant un chapeau sessile, tantôt résupiné et diffus. L'hyménophore est plissé, réticulé, et porte un hyménium dont les basides donnent naissance à des spores ovales ou courbes et hyalines, ou rouillées et globuleuses; d'où l'on a formé deux sections : les *Leptospori* et les *Coniophori*, qui comprennent un assez grand nombre d'espèces toutes épixyles. Quelques-unes détruisent les bois ouvrés sur lesquels elles s'établissent; la plus commune et la plus redoutée de ces dernières est le *M. lacrymans* WULF. [DE S.]

Merulius.

MERVEILLE. Synonyme de Momordique et de *Impatiens noli tangere* L. Le *M. du Pérou* est le *Mirabilis Jalapa* L.

MERYTA (FORST., *Char. gen.*, 119, t. 60). Genre d'Ombellifères-Araliées, dont les fleurs sont dioïques, asépales, 3-6-mères, avec des pétales épais et valvaires. Les étamines sont en même nombre que les pétales, alternes avec eux et à anthères introrses. L'ovaire infère est 2-6-loculaire, avec les loges oppositipétales et un ovule dans chacune d'elles. Les branches stylaires sont récurvées ou révolutées. Le fruit est drupacé, à 3-6 loges monospermes, et les graines descendantes ont un albumen homogène. Dans les fleurs mâles, le gynécée est rudimentaire ou nul,

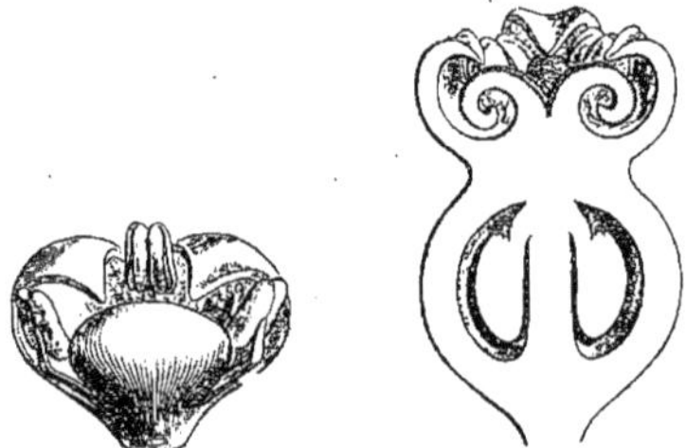
Meryta. — Fleur mâle. Fleur femelle, coupe longitudinale.

et le réceptacle demeure petit et convexe. Dans les femelles, les étamines, quand elles existent, sont stériles, avec ou sans anthères vides de pollen. Ce sont des arbres ou arbustes océaniens, glabres, à feuilles alternes, parfois gigantesques, simples, sinuées ou à peine dentées, à fleurs disposées en épis ou en grappes, simples ou capitulifères, avec des bractées courtes et squamiformes ou foliacées et plus grandes que les fleurs. On en connaît déjà une dizaine d'espèces. Souvent leur tige est indivise et porte à son sommet un groupe de feuilles qui donne à la plante l'aspect d'un palmier. (Voy. H. BN, in *Adansonia*, XII, 152; *Hist. des pl.*, VII, 168, 254, n. 110, fig. 218, 219.) [H. BN.]

MERZ (Chr.-Fried.). Auteur, à Erlangen [1784], de *De Caricibus quibusdam medicinalibus Sarsaparillæ succedaneis* (in-8).

MESADENIA (RAFIN., in *Loud. Gard. Mag.*, VIII). Synonyme (part.) de *Cacalia* T.

MESALOGHIS. — Voy. LIGNIN.

MÉSAMYLIN (NÆGELI). Substance cellulosique, ne se colorant pas par l'iode, mais par celui-ci et l'acide sulfurique, et bleuissant également par le chloroiodure de zinc.

MESANTHEMUM (KŒRN., in *Linnæa*, XXVII, 572). Genre

d'Ériocaulées, formé de 3 espèces africaines et malgaches, distinguées par un périanthe intérieur tubuleux dans la fleur mâle, 3-mère, avec 6 étamines. Le port est celui des *Eriocaulon*. Les bractées de l'involucre sont radiantes, et le style est dépourvu d'appendice. Les hampes portent un seul capitule hémisphérique. [H. Bn.]

MESANTHUS (Nees, in *Lindl. Introd. Nat. Syst.*, ed. 2, 451). Synonyme de *Cannomois* Pal.-Beauv.

MÈSE. Nom français (Lamk) des *Bæobotrys* Forst.

MESECHITES (M. Arg., in *Mart. Fl. bras.*, VI, 150, t. 46). Synonyme de *Echites* L. Miers a conservé ce genre.

MÉSEMBRYACÉES, MÉSEMBRYANTHÉMACÉES. Famille de Dicotylédones-Dialypétales qui, pour les uns, n'est formée que du genre Ficoïde (*Mesembryanthemum* L.). D'autres y renferment les Aizoïdées et Mollnginées. Nous n'y conservons que les deux séries des Ficoïdes et les Tétragones. (Voy. *Hist. des pl.*, IX, 46, 49, fam. 74.) [H. Bn.]

MESEMBRYANTHEMUM (L., *Gen.*, n. 628). Genre qui a donné son nom à la famille des Mésembryanthémacées et qui, pour Fenzl, la constitue à lui seul. Ses fleurs sont généralement hermaphrodites, avec un réceptacle concave, en coupe. L'ovaire y est logé en totalité, ou en partie. Parfois même il est presque totalement exsert. Les bords de la coupe réceptaculaire portent un calice de 5 sépales imbriqués, et un grand nombre d'étamines. Les intérieures sont formées d'un filet et d'une petite anthère biloculaire. Les extérieures sont transformées, comme

Mesembryanthemum. — Rameau florifère. Diagramme floral.

l'a démontré Payer, en staminodes pétaloïdes, étroits, allongés, de couleur souvent éclatante, roses, violacés, jaunes ou blancs. L'ovaire, souvent accompagné d'un disque épigyne ou périgyne, est à 5 loges oppositisépales, surmontées d'autant de styles à riches papilles stigmatiques. Le nombre des loges et des branches stylaires peut s'élever jusqu'à une vingtaine. Le

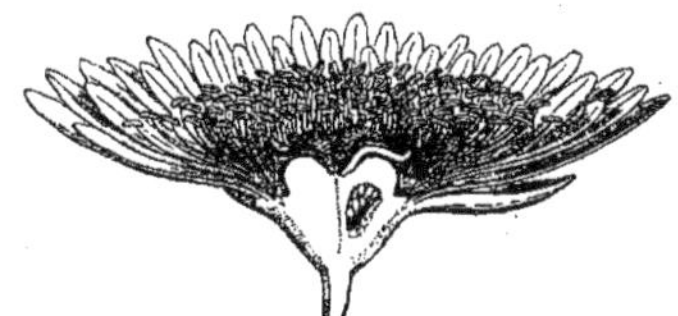

Mesembryanthemum. — Fleur, coupe longitudinale.

fruit est capsulaire, loculicide, parfois un peu charnu. Les graines sont disposées comme les ovules dans l'ovaire. Or le placenta peut bien, dans celui-ci, occuper l'angle interne des loges; mais souvent aussi, et suivant les espèces, il descend vers leur plancher, ou bien il remonte plus ou moins haut sur leur paroi extérieure ou dorsale. Les ovules sont supportés par des funicules, souvent grêles; et ils sont arqués, plus ou moins campylotropes, comme les semences, dont les téguments crustacés recouvrent un albumen farineux qu'encadre plus ou moins un embryon périphérique et courbe. On admet 300 espèces environ dans ce genre, la plupart cultivées pour la beauté de leurs fleurs ou la forme curieuse de leurs feuilles opposées, plus rarement alternes, ordinairement charnues, à coupe transversale circulaire, triangulaire, etc. Presque toutes sont de l'Afrique australe; il y en a quelques-unes dans l'Afrique tropicale, les îles de la côte africaine, la région Méditerranéenne, l'Australie, la Nouvelle-Zélande. Leur inflorescence est très variable; leurs feuilles n'ont pas de stipules. Souvent les feuilles sont chargées de papilles ou poils modifiés, cristallins, contenant un suc transparent. Il y a quelques espèces utiles, à feuilles comestibles. D'autres passent pour narcotiques, diurétiques, hydragogues. Quelques-unes servent à l'extraction de sels alcalins pour la verrerie. On mange le fruit de quelques espèces. (H. Bn, *Hist. des pl.*, IX, 46, 50, 52, fig. 60-62.)

MESEMBRYANTHUS (Neck., *Elem.*, II, 81). Synonyme (part.) de *Mesembryanthemum* L.

MESEMBRYNIA (Dcne, in *DC. Prodr.*, XIII, I, 701). Section du genre *Plantago* T.

MESEMBRYON (Adans., *Fam. des pl.*, II, 563). Synonyme de *Mesembryanthemum* L.

MESENTERICA (Tode. — Pers., *Syn. Fung.*, 706). Genre de Champignons, qui n'a pas été conservé; il ne désigne que des plasmodes de Myxomycètes. [De S.]

MÉSENTÉRIFORMES (Fr., *Epicr.*, 2e, 590). Première section des Trémelles, comprenant cinq espèces foliacées, à replis sinueux. [De S.]

MESENTERINA, MÉSENTÉRINE (Chev., *Fl. env. Par.*, I, 98). — Voy. Mesenterica.

ME-SHIRONE. Nom japonais du *Lycopus lucidus* Turcz.

MESIDIUM. Nom, dans la fleur des Orchidées, d'une portion moyenne du labelle.

MÉSIER. Nom français (Lamk) des *Meesia* Hedw.

MESIOE. En Turquie, le *Quercus Robur* L.

MESITIS (Vog., in *Linnæa*, XI, 391). Sect. du g. *Leptolobium*.

MESLIER. Synonyme de Néflier.

MESLIER ÉPINEUX. Le Houx (*Ilex Aquifolium* L.).

MESOBOTRYS (Sacc., *Michel.*, II, 27). Genre formé pour les espèces de *Chætopsis* à filaments dressés, bruns, à conidies ovoïdes, hyalines; assez difficiles d'ailleurs à distinguer des vrais *Chætopsis*. [De S.]

MÉSOCARPE. — Voy. Fruit.

MESOCARPEÆ (Rabenh., *Flor. europ. Alg.*, III, 56). Cette famille d'Algues a une grande analogie avec celle des Zygnémées. Toutefois elle en diffère par la longueur des articles, généralement plus grande, par les zygospores placées entre les cellules conjuguées, et par la disposition du corps chlorophyllien. Chez les Zygnémées, il se présente en deux lames rayonnantes; ici, il se présente au contraire comme une lame axillaire. Les Mésocarpées diffèrent encore des Zygnémées par le mode de formation de l'œuf. Les articles copulateurs des filaments se joignent comme dans les Zygnémées. Les deux contenus protoplasmatiques se rencontrent au milieu du canal de communication, pour former la zygospore; après quoi la masse fusionnée se sépare par une cloison de chaque côté des deux cellules mères. [Ch. M.]

Mesocarpus.

MESOCARPUS (Hass., in *Ann. and Mag. Nat. Hist.*, XV [1843], 185). Genre d'Algues-Conjuguées, de la famille des *Chlorophyllophyceæ* et de l'ordre des *Zygophyceæ;* de la famille des Thwaitésiées d'après Payer; de celle des Zygnémacées d'après Kützing. Les espèces de ce genre sont articulées, à articles généralement allongés. La masse chlorophyllienne est agglomérée à l'origine; plus tard elle se présente en forme de bandelette longitudinale, renfermant en elle un nucléus central et un grain amylacé, quelquefois deux. La conjugaison est scalariforme. Les cellules sont les mêmes que dans le genre *Mougeotia*. Les zygospores sont entre deux articles opposés, droits ou légèrement recourbés. Ce genre renferme une dizaine d'espèces, sans compter de nombreuses variétés. Il appartient à la famille des *Zygnemaceæ*, section des *Mesocarpeæ*. (Rabenh., *Fl. europ. Alg.*, sect. III, 256.) [Ch. M.]

mesocena. Diatomacées (?) de la famille des *Actiniseeæ*, d'après Rabenhorst; mais qui n'ont que l'enveloppe siliceuse de commune avec cette grande famille, dont elles doivent être exclues selon nous. Pour ceux qui admettent ce genre, ils en font une section du *Dictyocha*. (Ehrenb., in *Ber. Akad. Berl.* [1840], 208). [Ch. M.]

mesocentron (Cass., in *Dict.*, XLIV, 35). Section du genre *Centaurea* L.

mesochlæna (R. Br., in *Horsf. Pl. jav. rar.*, I, 5). Genre de Fougères; synonyme de *Didymochlæna* Desvx (Hook. et Bak., *Syn. Fil.*, 547).

mesoclastes (Lindl., *Gen. et spec. Orchid.*, 44). Synonyme de *Luisia* Gaudich.

mesocope (Miers, *Ill.*, II, 94). Section du genre *Lycium* L.

mesodactylus (Wall. — Endl., *Gen.*, 221). Section du genre *Apostasia* Bl.

mésoderme. Couche de l'écorce extérieure à l'endoderme, mais sur les limites de laquelle les auteurs actuels varient. Ce nom est d'ailleurs inutile.

mesodetra (Rafin., *Fl. ludov.*, 141). Syn. de *Tetrodus* Cass.

mesogloea (Kuetz., *Spec. Alg.*, 544). Orthographe employée par l'auteur pour *Mesogloia*.

mesogloeaceæ (Kuetz., *Spec. Alg.*, 539). Orthographe de l'auteur pour *Mesogloiaceæ*.

mesogloia (Agh, *Systema Algarum*, 51). Genre d'Algues-Chlorospermées, primitivement de la famille des *Confervoideæ*, et de la section des *Batrachospermeæ*, et que l'auteur caractérise par une fronde filiforme, cylindrique, gélatineuse, à rameaux submoniliformes, resserrés, constitués par des filaments médullaires rayonnants. Plus tard, de Candolle plaça le genre *Mesogloia* dans la famille des *Chætophoroideæ;* Payer dans celle des *Chordarieæ*. J.-G. Agardh en fit un genre de la famille des *Mesogloiaceæ*, qu'il créa, et plus tard Farney en fit un genre des *Chordariaceæ*. Les espèces qui le constituent sont des plus intéressantes. Leur fronde est cylindrique, rameuse, filamenteuse, solide, recouverte de filaments périphériques rayonnants.

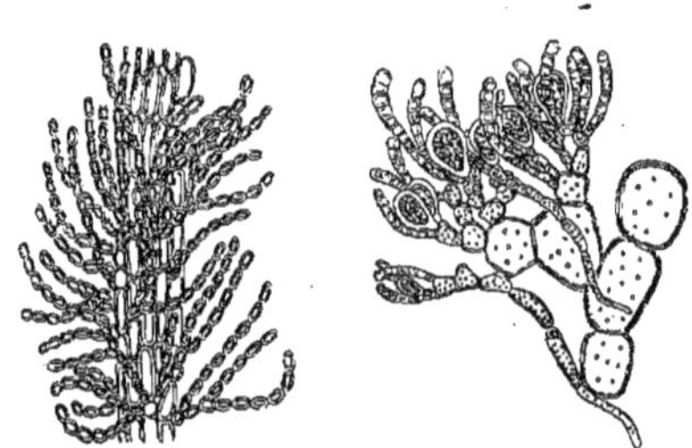

Mesogloia. — Fronde. Filaments fructifères.

Ceux du centre sont anastomosés en réseau à mailles irrégulières et plus ou moins écartées. Ils se resserrent en approchant de la périphérie et finissent par devenir en rayonnant des filaments articulés, dichotomes, colorés et entourés d'un mucus. Les spores olivâtres sont obovoïdes ou elliptiques et fixées aux filaments de la périphérie ; elles sont entourées d'un périspore hyalin. Un assez grand nombre d'espèces constituent ce genre, mais plusieurs ont été réparties dans d'autres familles. Les genres *Batrachospermum*, *Liagora*, *Helminthocora* ont de nombreuses affinités avec ce genre sous le rapport de la fructification. (Voy. J.-G. Agh, *Spec.*, *gen. et ord. Alg.*, I, 56.) [Ch. M.]

mesogloiaceæ (J.-G. Agh, *Spec.*, *gen. et ord.*, I, 47). Algues qui forment la première tribu des *Chordarieæ* de l'auteur et qui constitue pour Kutzing la troisième division des Algues-Cryptospermées. Les divers groupes qui composent cette famille sont caractérisés par des filaments périphériques, qui rayonnent d'un axe central et qui sont entourés d'un mucus caractéristique. La fronde est formée de deux couches de cellules. Les spermaties sont solitaires et elles sont situées à la base des filaments qui partent de l'enveloppe corticale. J.-G. Agardh avait établi six genres dans cette famille : *Myrionema*, *Leathesia*, *Myriocladia*, *Cladosiphon*, *Mesogloia*, *Liebmannia*. Kützing l'a enrichie de sept genres, parmi lesquels les *Myriactis*, *Elachista*, etc. [Ch. M.]

mesogramma (DC., *Prodr.*, VI, 304). Section du genre *Senecio* L. (H. Bn, *Hist. des pl.*, VIII, 258.)

mesogyne (Sternb., *Rev. Saxifr.*). Section du genre *Saxifraga* T.

mesomelæna (Nees, in *Pl. Preiss.*, II, 88). Genre de Cypéracées-Rhynchosporées, à épillets 1, 2-flores. Les épillets sont rapprochés en un capitule, souvent noirâtre, à bractées rigides formant involucre. Sous le gynécée, qui est celui d'un *Schœnus*, se voient 3 soies égales et 3 étamines. Ce sont 5, 6 herbes vivaces et australiennes, à organes végétatifs analogues à ceux de nos Cypéracées. (Benth., *Fl. austral.*, VII, 377. — Hook. f., *Fl. tasm.*, t. 142.) [H. Bn.]

mesona (Bl., *Bijdr.*, 838). Genre de Labiées-Ocimoïdées, formé de trois plantes indo-chinoises et malaises ; distingué des *Ocimum*, type très voisin, par un calice décliné autour du fruit, à lèvres entières ; l'antérieure infléchie ; par des étamines postérieures à filet appendiculé à sa base ; et par des glomérules 3-flores, disposés en face l'un de l'autre sur un axe commun spiciforme. [H. Bn.]

mesophellia (Berk., in *Trans. Linn. Soc.* [1859]). Genre de Gastéromycètes, à péridium coriace, s'ouvrant au sommet par des aréoles régulières. La glèbe sans capillitium est formée de spores presque hyalines. Les espèces sont exotiques. [De S.]

mesophloeum (Link). Synonyme de Parenchyme cortical.

mesophylla (Dumort., *Comm. bot.*, 112). Genre proposé pour les *Jungermannia scalaris*, *compressa*, etc.

mésophylle. Forme particulière du tissu fondamental des plantes ou des organes des plantes, notamment des feuilles. Le mésophylle est caractérisé par la chlorophylle et la minceur des parois cellulaires qui la contiennent. Dans le langage le plus ordinaire, on nomme *Mesophyllum* le parenchyme foliaire interposé aux deux épidermes.

mésopodes (Fr., *Epicr.*, 2e, 481). Première division des Agaricinés du genre *Lentinus* (espèces à pédicule central).

mesopodes (Rabenh., *Krypt.*, I, 398). Syn. de *Mesopus* Fr.

mesoptera (Hook. f., *Gen.*, II, 130, n. 277). Genre de Rubiacées, qui a les caractères d'un *Uragoga* et qui s'en distinguerait (?) par un grand stigmate capité, 10-lobé. C'est un arbre de Malacca, à cymes axillaires. (H. Bn, *Hist. des pl.*, VII, 287.)

mesopus (Fr., *Epicr.*, 2e, 523). Première division du genre *Polyporus*, comprenant les espèces à pédicule central.

mesopus (Fries, *Obs. myc.*, II, 253). Section (Rabenh.) du genre *Hydnum* L.

mesoregma (Corda, ex *Pfeiff. Nom.*, II, 291). Synonyme (?) de *Reboulia* Nees.

mesosetum (Steud., *Syn. pl. glum.*, I, 118). Synonyme (?) de *Trichachne* Nees.

mesospermum. Le tégument moyen de la graine.

mesosphæria (Benth., *Labiat.*, 122). Section du genre *Hyptis* Jacq.

mesosphærum (P. Br., *Jam.*, 257). Synonyme (part.) de *Mesosphæria* Benth.

mesospinidium (Reichb., in *Bot. Zeit.* [1852], 929). Synonyme (?) de *Odontoglossum* H. B. K.

mesosteirus (DC., *Prodr.*, VI, 93). Sect. du g. *Stilpnophytum*.

mésostylée. Fleur hétérostyle trimorphe, à pistil intermédiaire comme longueur aux deux verticilles de l'androcée (*Lythrum*, *Oxalis*, etc.).

MESOTÆNIUM (NÆG., *Einz. Alg.*, 109, t. VI, *B*). Genre de Desmidiacées, que Rabenhorst n'a pas admis et a considéré, à juste titre, comme synonyme de *Palmogloea*, bien que quelques auteurs actuels semblent vouloir maintenir ce genre, s'appuyant sur la disposition de l'endochrome, axillaire et unique, comme dans les genres *Docidium* et *Euastrum*. [CH. M.]

MESOTHEMA (PRESL, *Epim.*, 471). Genre proposé pour le *Blechnum hastatum* KAULF.

MESOTREMA (J. AGH, *Ofvers. af Vet. Ak. Förh.* [1854], 110). Genre d'Algues-Floridées, de la famille des Rhodomelées, mais que J.-G. Agardh considère à juste titre comme devant appartenir au genre *Martensia* HER. [CH. M.]

MESOTRICHA (STSCHEGL., in *Bull. Mosc.* [1859], I, 9). Synonyme de *Stenanthera* R. BR.

MESPEL. L'un des noms du *Sapota Achras* MILL.

MESPILI (MEDIC., *Phil. bot.*, I, 155). Famille de plantes.

MESPILODAPHNE (NEES, *Syst. Laur.*, 192, 235). Genre de Lauracées, série des Cryptocaryées, dans lequel le réceptacle, logeant l'ovaire dans sa concavité, est obconique, obpyramidal ou presque campanulé. Il porte sur ses bords deux verticilles trimères du périanthe, et trois verticilles d'étamines fertiles. Toutes sont quadrilocellées. Celles du verticille intérieur sont seules extrorses. Des glandes latérales accompagnent la base des étamines des verticilles extérieurs. Le gynécée est celui de toute Lauracée proprement dite. Le fruit est accompagné du réceptacle devenu plus ou moins charnu et dans lequel il est logé en totalité ou en partie. On observe au sommet de l'indusie un double repli circulaire (qui représente la cicatrice du périanthe). Les *Mespilodaphne* sont des Lauracées de l'Amérique tropicale et des îles orientales de l'Afrique tropicale. Leurs feuilles sont alternes ou subverticillées, et leurs fleurs sont réunies en grappes de cymes axillaires et terminales, plus ou moins ramifiées. Toutes les parties de ces plantes sont très aromatiques. Une espèce des îles Mascareignes, décrite autrefois comme un *Agathophyllum* (*A. cupulare* BL.), fournit le *Bois de cannelle* des îles Mascareignes, substance éminemment aromatique, excitante, digestive, stomachique, antidysentérique, sudorifique. C'est le *M. pretiosa* NEES, qui, au Brésil, donne le *Pao pretiosa*, ou *Canelhina*, *Canelilla*, *Pereiora* des médecins brésiliens, excellent médicament tonique, digestif, stimulant, employé contre les affections rhumatismales et syphilitiques. Le *M. Sassafras* MEISSN., du même pays, est également très aromatique et employé comme stimulant, sous le nom de *Cannela Sassafras*. On a aussi (B. H.) rapporté ce genre comme section aux *Ocotea* AUBL. (Voy. *Hist. des pl.*, II, 462, 464, 476.) [H. BN.]

MESPILOPHORA (NECK., *Elem.*, II, 73). Synon. de *Mespilus* T.

MESPILUS. Nom latin des Néfliers. C'est pour nous une simple section du genre *Cratægus*. [H. BN.]

MESPILUS (WAHLENB., *Fl. suec.*, I, 310). Synonyme de *Cotoneaster* BAUH.

MESPILUS PRIMA (MATTH.). L'Azerolier. Le *M. altera* du même auteur est le Néflier commun.

MESPLE, MESPLIER, MESPOULIER. Synonymes de Néflier.

MESPOULIÉ. Nom languedocien du Néflier.

MESQUIT BEANS (Fèves Mesquit). Graines des *Prosopis juliflora* DC. et *pubescens*, propres à l'alimentation du bétail.

MESQUITO. L'*Algarobia glandulosa* TORR., du Mississipi, arbuste à gomme assez soluble, analogue à celle des *Acacia*.

MESSEL. — Voy. MÉTEL.

MESSERSCHMID (Dan.-Gottl.). Né à Dantzig en 1685, est surtout connu par son voyage scientifique en Sibérie (PALLAS, *N. nordl. Beitr.*, III, 97). Linné lui a dédié le genre *Messerschmidia*. Il est mort près de Saint-Pétersbourg en 1735.

MESSERSCHMIDIA (ASS., *Syn. st. arag.*, 162). Synonyme de *Rochelia* REICHB.

MESSERSCHMIDIA (L. — GÆRTN., *Fruct.*, II, 129, t. 109). Synonyme de *Tournefortia* L. (MIERS, *Contrib.*, II, 203, t. 53 B).

MESSIRE-JEAN. Variété de Poire.

MESTERNA (ADANS., *Fam. des pl.*, II, 448). Genre des Cistes.

MESTIQUE. Le *Tabaschir* du Cocotier.

MESTIZO. Nom colombien du *Guarea trichilioides* L.

MESTOTES (SOLAND., ex R. BR., *Congo*. — DC., *Prodr.*, II, 57). Synonyme de *Dichapetalum* R. BR.

MESUA (L., *Gen.*, n. 665). Genre de Clusiacées-Mammées, formé de 3 arbres asiatiques, à grandes fleurs axillaires et solitaires; distingué par un ovaire à 2 loges et à 4 ovules, et l'extrémité stigmatifère du style peltée. Les *M. ferrea* et *speciosa* ont des feuilles mucilagineuses et des écorces amères, sudorifiques. Leur tronc donne une sorte de bois de fer. (WIGHT, *Icon.*, t. 117-119, 961. — H. BN, *Hist. des pl.*, VI, 406, 424, fig. 380.)

Mesua. — Fleur.

MESUAK. En Égypte, le *Salvadora persica* L.

MESUE (Joh.). Célèbre par son ouvrage publié à Venise en 1561 et intitulé *Jos. Mesvæ Opera, quæ exstant, omnia, ... in Simplicia cum imaginibus desideratis*, etc., in-fol. avec grav. s. bois. J.-G. Hahn a écrit : *De veris Mesvæ scriptis non deperditis, sed sub Jani Damasceni nomine conservatis*. (E. MEY., *Gesch. d. Bot.*, III, 178.)

MET. L'*Agave americana* L.

METABASIS (DC., *Prodr.*, VII, 97, 307). Section du genre *Hypochæris* L.

METABOLOS (BL., *Bijdr.*, 990). Synonyme de *Hedyotis* L.

METABOLOS (DC., *Prodr.*, IV, 435, part., nec BL.). Synonyme de *Xanthophytum* REINW. Richard a écrit *Metabolus*.

METACHILUM (LINDL., *Gen. et spec. Orchid.*, 74). Synonyme de *Appendicula* BL.

METACHROMA (W.-H. HARV., *Ind. gen. Algar.*, 3). Genre d'Algues-Floridées, de la famille des *Dictyotaceæ*, que l'on a rapproché à juste titre du genre *Lobospira*, dont il fait partie maintenant. [CH. M.]

METAGNANTHUS (ENDL., *Gen.*, n. 2689). Synonyme de *Athanasia* L. (H. BN, *Hist. des pl.*, VI, 280.)

METAGONIA (NUTT., in *Trans. Amer. Phil. Soc.*, ser. 2, VIII, 264). Synonyme (part.) de *Macropelma* KL.

METAKARAKO. Nom japonais du *Senecio stenocephalus* MAX.

ME-TAKE. Bambou femelle, en langage japonais.

METALACTER (PERTY, *Kleinst Lebensf.*, 180, t. XIV, fig. 8 et 12). Algue unicellulaire, de l'ordre des *Nematogeneæ*, famille des *Oscillarieæ*, et de la subdivision des *Spirillineæ*, d'après Rabenhorst qui n'a pas admis le genre créé par Perty. [CH. M.]

METALASIA (R. BR., in *Trans. Linn. Soc.*, XII, 124). Section du genre *Relhania* L'HÉR. (H. BN, *Hist. des pl.*, VIII, 182.)

MÉTAMORPHISME (BERTILL., in *Dict. enc. sc. méd.*, art. *Champignons*, § 104). Terme proposé pour désigner la succession des formes diverses des corps reproducteurs chez les Champignons. — Voy. POLYMORPHISME.

MÉTAMORPHOSE. Doctrine formulée au dix-huitième siècle par M. G.-F. Wolff qui établit que les organes divers portés par l'axe des plantes « sont de nature identique, si variée que soit leur forme ». Tous ces organes, notamment les appendices floraux, sont donc des feuilles plus ou moins modifiées. Cette théorie a surtout été défendue avec génie par Gœthe, en 1790, dans son *Versuch die Metamorphosen der Pflanzen zu erklæren*. Gœthe admet une *M. ascendante*, une *M. descendante* et une *M. irrégulière*. (Pour les détails et les exemples, voy. H. BN, *Anat. et Phys. vég.*, 151.)

METANARTHECIUM (MAXIM., in *Bull. Pétersb.*, XI, 438; *Mél. biol.*, VI, 213). Genre de Liliacées-Narthéciées, établi pour une herbe vivace du Japon, à fleurs en grappe spiciforme, simple ou peu ramifiée, à feuilles membraneuses; les 6 folioles du périanthe linéaires, portant 6 étamines; l'ovaire à 3 loges

∞-ovulées, et la capsule loculicide. (BAK., in *Journ. Linn. Soc.*, XV, 285.) [H. BN.]

METANECTRIA (SACC., *Mich.*, I, 300; *Syll. Fung.*, II, 517). Genre de Pyrénomycètes, formé pour le *Nectria citrum* MONT. Les caractères distinctifs sont peu appréciables; il n'y a guère de bien net que celui du nombre de spores dans chaque thèque: ce nombre est indéfini, tandis qu'il est de 8 dans la thèque des *Nectria*. [DE S.]

MÉTAPION. Nom ancien de la plante à la Gomme-ammoniaque.

MÉTASPERMES (STRASBURG.). Synonyme de Angiospermes.

METASPHÆRIA (SACC., *Syll. Fung.*, II, 156). Genre de Sphériacés, voisin des *Leptosphæria* CES. et DE NOT. Les espèces de ce genre sont des *Leptosphæria* à spores hyalines. M. Saccardo en décrit plus de 120 espèces, groupées d'après le nombre des loges de la spore, qui varie de 3 à 11, et d'après l'habitat sur des chaumes, des tiges herbacées ou ligneuses, des feuilles ou des fruits. Quelques-unes paraissent spéciales aux végétaux monocotylédonés, d'autres aux Cryptogames. Le plus grand nombre d'espèces connues sont européennes; beaucoup sont de l'Amérique septentrionale; une dizaine d'Afrique et surtout de l'Algérie; un très petit nombre, deux ou trois seulement, des régions équatoriales. [DE S.]

METASTACHYS. Sect. (B. H., *Gen.*, III, 211) du g. *Loranthus*.

METAXILLARES (WIGG., *Prodr. Fl. holsat.*, 75). Ordre (5) de la Cryptogamie.

METAXYA (PRESL, *Pterid.*, 59). Genre de Fougères, proposé pour le *Polypodium rostratum* W. Synonyme de *Cyathea* SM. (HOOK. et BAK., *Syn. Fil.*, 546.)

MÉTAXYLÈME. — Voy. PROTOXYLÈME.

METAZANTHUS (MEYEN, *Reis.*, I, 356). Synonyme de *Senecio* T. (espèces du Chili).

MÉTEIL, MÉTEL, MESSEL. Culture simultanée de Froment et de Seigle ou d'Orge.

METEL, METELLA. La Noix vomique, dans les anciens auteurs.

METEORICI (REICHB., *Consp.*, 5). Subdivision des *Byssacei spurii*.

METEORICUS. Se dit des fleurs dont l'épanouissement est lié à l'état de l'atmosphère.

METEORINA (CASS., in *Bull. philom.* [1818]; in *Dict.*, XXX, 319). Synonyme de *Dimorphotheca* VAILL.

METEORIUM (BRID., *Bryol.*, II, 264). Section des *Pilotrichum*.

METEORUS (LOUR., *Fl. cochinch.*, 410). Synonyme de *Barringtonia* FORST.

METHI. Nom sanscrit du Fenu-grec.

METHONICA (HERM., *H. lugd.-bat.*, 688, t. 689). Synonyme de *Gloriosa* L.

METHYSCOPHYLLUM (ECKL. et ZEYH., *Enum. pl. Afr. austr.*, 152). Synonyme de *Catha* FORSK.

METL. Synonyme de *Met*.

METL, MEETLÉ. L'*Agave americana* L.

MÉ-TLÉ-BA. En annamite, l'*Amomum hirsutum*.

MÉTODILE. Nom russe du *Sedum acre* L.

METOOS. Nom indien des Peupliers, à la baie d'Hudson.

METOPION. Nom que Pline donne à la plante qui produisait, croyait-on, en Afrique la Gomme ammoniaque.

METOPIUM (DIOSC.). Synonyme, dit-on, de *Galbanum*.

METOPIUM (P. BR., *Jam.*, 177, t. 13). Section du genre *Rhus*.

METRACYLLIUM (REICHB. F., *Xen. orchid.*, I, 12, t. 6; III, 13, t. 200). Genre d'Orchidacées-Épidendrées, placé avec doute par Bentham (*Gen.*, III, 493) près des *Octomeria*, et formé de 3 espèces américaines, épiphytes, à tiges très courtes, avec une large feuille sessile et cordée. Les fleurs, peu nombreuses et courtement pédicellées, ont un clinandre presque caché sous le rostelle récliné. [H. BN.]

METREMYCES (HOOK.). — Voy. MITREMYCES.

METROCYNIA (DUP.-TH., *Gen. nov. madag.*, 22). Synonyme de *Cynometra* L.

METROPHORUM. Synonyme inusité de Gynophore.

METROSIDEREÆ. Sous-tribu des Myrtacées-Leptospermées (B. H., *Gen.*, I, 694).

METROSIDEROS (BANKS, in *Gærtn. Fruct.*, I, 70, t. 34, part.). Genre de Myrtacées-Leptospermées, formé d'une vingtaine d'arbres et arbustes, océaniens pour la plupart; distingué dans la sous-série des Métrosidérées, à laquelle le genre a donné son nom, par des étamines en nombre indéfini, libres; des

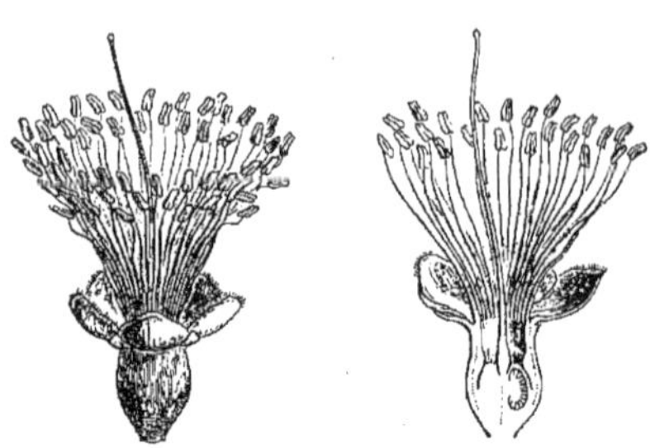

Metrosideros. — Fleur, entière et coupe longitudinale.

ovules nombreux, horizontaux ou ascendants; des feuilles opposées. Les fleurs sont 5-mères et ont des pétales étalés; elles sont disposées en cymes 2, 3-chotomes. (*Bot. Mag.*, t. 4471, 4488, 4515. — H. BN, *Hist. des pl.*, VI, 362.)

METROXYLON (L., *Gen.*, ed. SPRENG., 283). Synonyme de *Raphia* COMMERS.

METROXYLON (ROTTB., in *N. Saml. Dansk. Viden. Selsk. Skrift.*, II, 525, t. 1). Genre de Palmiers-Lépidocaryées, formé d'une demi-douzaine de plantes dressées, à tiges robustes, souvent cespiteuses, de l'Océanie tropicale, à feuilles pinnatiséquées; les fleurs hermaphrodites ou polygames, disposées sur les rameaux étalés et récurvés du spadice terminal. Il y a 3 pétales allongés, 6 étamines, un ovaire à 3 loges incomplètes, 3-ovulé; un fruit uniloculaire, à péricarpe chargé d'écailles imbriquées et réfléchies de haut en bas les unes sur les autres, qui ne sont autre chose que des poils peltés modifiés. La graine a un albumen dur et ruminé. Ce sont pour Blume des *Sagus*; leur moelle est riche en fécule (voy. SAGOUTIER). (GRIFF., *Palm. brit. Ind.*, t. 181. — MART., *Hist. nat. Palm.*, III, t. 102, 159. — KOEN., in *Ann. Bot.*, I, t. 4.) [H. BN.]

METROXYLON (SPRENG., *Gen.*, 283). Syn. de *Raphia* P.-BEAUV.

METSCH (Joh.-Chr.). Auteur, à Schleusingen [1845], d'un *Flora Hennebergica* (in-8). Il mourut en 1856.

METS DES DIEUX. L'Asa-fœtida.

METTENIA (GRISEB., *Fl. brit. W.-Ind.*, 43). Genre d'Euphorbiacées uniovulées (?), rapporté aux Crotonées, établi pour deux plantes ligneuses des Antilles, à fleurs dioïques et apétales: les mâles à calice 3-mère, avec 7 (?) étamines monadelphes; le gynécée 3-mère, à styles 2-partites; le fruit tricoque, échinétuberculeux. Les feuilles sont alternes; et les fleurs axillaires, en glomérules, forment une grappe terminale feuillée. Ce genre est très mal connu. (H. BN, *Hist. des pl.*, V, 152, not.)

METTENIUS (Georg.-Heinr.). Professeur à Leipzig [1823-1866], cryptogamiste célèbre, s'est surtout occupé des Fougères (*Filices horti lipsiensis. — F. Lechlerianæ chilenses ac peruanæ. — Ueb. den Bau v. Angiopteris. — Ueb. d. Hymenophyllaceæ. — Ueb. einige Farngattungen*). Il a aussi écrit sur les *Salvinia*, les Rhizocarpées, les Cycadées. (*Cat. sc. pap.*, IV, 355.)

METTONI. Nom malais du *Leea hirta*.

METY. En Malaisie, la Coriandre.

METY. Nom brahme du Henné.

METZGER (Joh.). Directeur du jardin d'Heidelberg, mort en 1852, a écrit: *Europäische Cerealien* [1824]; *Syst. Beschr. d. kultiv. Kohlarten* [1833], divers ouvrages sur les minéraux et les fossiles, et *Landwirthschaftliche Pflanzenkunde* [1841].

METZGERIA (RADDI, *Jungerm.*, 34). Genre de Jungermanniées-Frondacées, dont bien des auteurs ne font qu'une section du genre *Gymnomitrium* CORDA (ENDL., *Gen.*, n. 472), distinguée par un involucre très court et gamophylle, subcyathiforme;

une coiffe exserte, lisse ou échinée, perforée au sommet. Le *M. furcata* est l'espèce la plus commune de nos contrées; elle se trouve sur les arbres et les rochers. [H. Bn.]

MEU. Les fruits de l'*Athamantha Meum* L.

MEUM (T., *Inst.*, 312, t. 165). Genre d'Ombellifères, série des Peucédanées, dont les fleurs sont hermaphrodites, ou plus rarement polygames, avec un calice nul ou peu développé et des pétales entiers ou plus ordinairement 2-lobés, à sommet infléchi. Les stylopodes sont coniques ou déprimés. Le fruit, ovale ou ovale-oblong, à section transversale subarrondie, ou comprimé sur le dos, a les côtes dorsales élevées, plus rarement toutes, quelquefois saillantes en ailes, ailleurs courtes ou presque nulles.

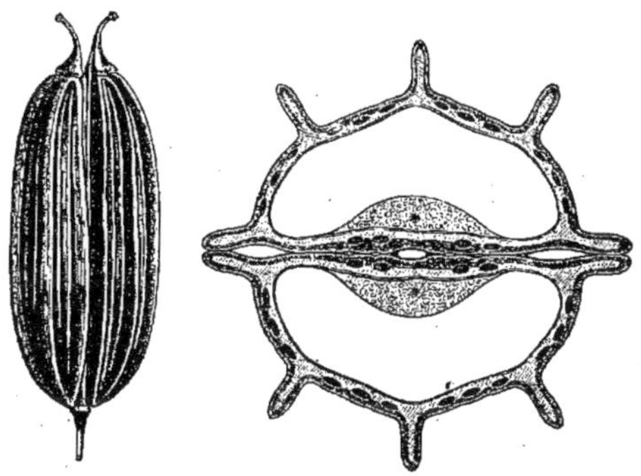

Meum (Eumeum). — Fruit, entier et coupe transversale.

La commissure est large, et les bandelettes sont larges ou nulles, plus ordinairement nombreuses, parfois minces ou obscures. Il peut y en avoir aussi de ténues dans les côtes. Le carpophore est bipartite, et la graine plate ou légèrement concave en dedans. Les *Meum* sont des herbes, souvent glabres, vivaces, à feuilles pinnées ou 3-natipinnées, décomposées, parfois bi- ou tripinnées; à ombelles composées, avec les bractées de l'involucre et des involucelles ou nombreuses, ou peu nombreuses, ou subnulles,

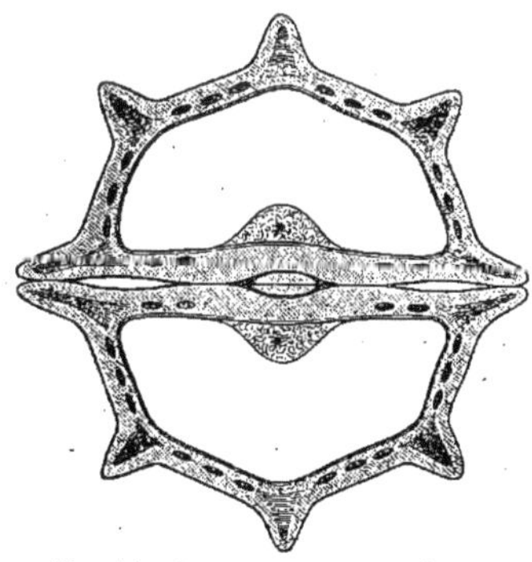

Meum (Ligusticum). — Fruit, coupe transversale.

parfois connées à la base ou membraneuses, ou hyalines, ou foliacées, quelquefois disséquées. Ce sont des plantes de l'hémisphère boréal des deux mondes, surtout de ses régions tempérées. Plusieurs espèces sont célèbres comme aromatiques, notamment les *M. scoticum* H. Bn, *Silaus*, *athamanthicum*, *resinosum*, *nodiflorum* H. Bn. Nous avons (*Hist. des plant.*, VII, 106, 191, 210, fig. 100-102) fait rentrer dans ce genre les *Bonannia*, *Cortia*, *Ligusticum*, *Schultzia*, *Trochiscanthes*, *Silaus*, *Pleurospermum*, *Cyathoselinum*, *Pachypleurum*, *Lomatocarum* et *Siler*. [H. Bn.]

MEUM BATARD. Le *Seseli montanum* L.

MEUNIER. Nom d'une variété de Vignes.

MEUNIER. Nom vulgaire sous lequel on désigne les taches blanches, souvent très étendues, formées sur les feuilles et les parties vertes des plantes par les *Erysiphe*, genre de Périsporiacés, dont le nom remonte à Linné et à Hedwig fils, d'après de Candolle (*Fl. franç.*, II, 272). Les filaments mycéliens rampent et donnent naissance à des filaments dressés, incolores, produisant des conidies en chapelets qui ont passé longtemps pour appartenir à des *Oidium*. Les périthèces jeunes sont peu colorés, puis ils brunissent et deviennent noirs; ils sont globuleux ou hémisphériques, astomes, membraneux, ornés d'appendices filiformes, longs et flexueux, ou courts et rigides, simples ou terminés par d'élégantes arborisations. Les thèques ovoïdes, sans paraphyses, contiennent des spores ovales, hyalines, au nombre de 4, 8 ou 12. On en compte un grand nombre d'espèces dans toutes les contrées; mais elles deviennent rares à mesure qu'on approche des régions équatoriales. Le mycélium de ces espèces, étendu comme une toile d'araignée sur les feuilles de beaucoup de végétaux, exerce sur leur nutrition une influence fâcheuse et cause des maladies à diverses plantes cultivées, Houblon, Rosier, Vigne, etc. [De S.]

MEUNIER DES LAITUES. Maladie déterminée sur ces plantes par la présence du *Peronospora gangliiformis* Berkel.

MEURE, MEURIER. — Pour Mûre, Mûrier.

MEURON. L'un des noms du fruit des *Rubus* indigènes.

MEURS (Jan). Auteur, à Leyde [1642], d'un *Arboretum sacrum* (in-8 de 140 p.). Il mourut à Soröe, en 1654.

MEURTHE. Synonyme de Myrte.

MEVA. Le *Bassia butyracea* Roxb.

MEWUZ. Un des noms persans des Raisins.

MEX. Nom arabe ancien (Bauh.) de l'Abricot.

MEYEN (Fr.-Jul.-Ferd.). Professeur à Berlin [1804-1840] et l'un des plus féconds botanistes de l'Allemagne. A l'âge de 22 ans, il écrivit *De primis vitæ phenomenis in fluidis formativis*, et en 1828, *Anatomisch-physiologische Untersuchungen über den Inhalt der Pflanzenzellen*. Sa *Phytotomie* date de 1830. En 1834, il donna *Ueber die Bewegung der Säfte in den Pflanzen;* en 1836, *Ueber die neusten Forstschritte der Anatomie und Physiologie der Gewächse*, et en 1837, *Ueber die Sekretionsorgane der Pflanzen*. En 1836, parut son *Grundriss der Pflanzengeographie;* et en 1837-39, son *Neues System der Pflanzenphysiologie*. Il rédigea de 1836 à 1839 un *Jahresberichte über die Resultate der Arbeiten im Felde der physiologischen Botanik*. En 1840, il écrivit *Noch einige Worte über den Befruchtungsact und die Polyembryonie*, et en 1841, une *Pflanzenpathologie*. Le *Beitrage zur Botanik gesammelt auf einer Reise um die Erde*, dû à la collaboration de plusieurs auteurs, est de 1843. (*Cat. sc. pap.*, IV, 357.)

MEYENBERG (Heinr.-Jul.). Auteur [1712], à Gœttingue, d'un *Flora Einbeccensis* (in-8 de 103 p.).

MEYENIA (Nees, in *DC. Prodr.*, XI, 60). Synonyme de *Thunbergia* L. (B. H., *Gen.*, II, 1073).

MEYENIA (Schlchtl, in *Linnæa*, VIII, 251, nec Nees). Synonyme de *Habrothamnus* (*Cestrum*).

MEYENITES (Ung., in *Endl. Gen.*, 102; *Syn. pl. foss.*, 261; *Chlor. protog.*, 89). Genre de bois fossile.

MEYER. Nom d'un grand nombre de botanistes, en général allemands. — Andr. Meyer [1742-1807] a publié à Moscou en 1781-82 un *Botanicum copiosum Dictionarium, seu herbarium continens ordine alphabetico descriptionem*, etc. — Bernh. Meyer, mort en 1836, fut, avec P.-G. Gærtner et Scherbius, auteur du *Flora der Wetterau*. — Ernst-Heinr. Meyer [1791-1858] était professeur à Kœnigsberg. Il a écrit une Monographie des *Juncus*, un *Synopsis* des Joncs et des Luzules, des brochures sur les plantes de Surinam; *De Houttuynia atque Saurureis;* sur les plantes du Labrador. Il est surtout connu par son *Commentarium de plantis Africæ australioris* [1835-37]. Il a écrit sur les Conifères, l'Amidon, la Géographie botanique, et publié des Éléments et des Manuels pour les étudiants. —

Fr.-Alb. MEYER est l'auteur [1790] d'une thèse sur l'Angusture. — G.-Fried.-Wilh. MEYER a écrit [1818] : *Primitiæ floræ essequeboensis*, un *Chloris hanoveranus*, un *Flora hanoverana excursoria*; *Beiträge zur chlorographischen Kenntniss des Flussgebiets der Innerste in den Fürstenthümern Grubenhagen und Hildesheim*; des travaux sur la Métamorphose, etc. Il était professeur à l'université de Gœttingue. — G.-Andr. MEYER a écrit [1694] sur le « Sycomore » de Zachée. — J.-C. MEYER est l'auteur, avec Fr. Schmidt, de *Flora des Fichtelgebirges* [1854]. — K.-Ant. MEYER fut directeur du Jardin impérial de Saint-Pétersbourg. Il en a décrit beaucoup de plantes avec Fischer. Il composa [1844] une florule de Tambow, une autre de la province de Wialka. Il a publié les résultats de ses voyages au Caucase. Ses derniers ouvrages [1850-54] furent un *Kleine Beiträge... der Flora Russlands*... et un nouvel essai sur les plantes du gouvernement de Tambow. — Léop. MEYER a écrit [1830] un opuscule : *De Fuco vesiculoso*.

MEYERA (ADANS., *Fam.*, II, 257). Synonyme de *Holosteum* L.

MEYERA (DC., *Prodr.*, V, 670). Section du genre *Calea* L.

MEYERA (SCHREB., *Gen.*, 570). Synonyme de *Enhydra*.

MEYERICH. En Allemagne, l'*Alsine media* L.

MEYNIA (LINK, *Jarb.*, III, 32). Synonyme de *Vangueria* VAHL.

ME-YUKINOSHITA. Nom japonais du *Mitella japonica* MIQ.

MÉZAIRE (P.-F.). A publié un *Projet élémentaire d'un cours de botanique au jardin de l'académie de Rouen* [1793].

MEZERÉON. Le *Daphne Mezereum* L. et le *Cneorum tricoccum* L.

MEZEREUM (C.-A. MEY., in *Bull. Pétersb.*, IV, n. 4). Section (SPACH) du genre *Daphne* L.

MEZEREUM. Le Bois-gentil et le *Cneorum tricoccum* L.

MEZIEREA (GAUDICH., *Voy. Bonite, Bot.*, t. 32). Synonyme de *Begonia* L. et section de ce genre.

MEZLERIA (PRESL., *Prodr. Mon. Lobel.*, 7). Section du genre *Lobelia* L. (H. BN, *Hist. des pl.*, VIII, 333).

MEZONEURUM (DESF., in *Mém. Mus.*, IV, 245, t. 10, 11). Genre de Légumineuses-Cæsalpiniées, qui a la fleur des *Cæsalpinia*, avec insertion très oblique des sépales sur le réceptacle, et un fruit comprimé, mince, indéhiscent; le bord supérieur garni d'une aile longitudinale; indéhiscent ou tardivement bivalve, 2-∞-sperme. Ce sont une douzaine d'arbres ou d'arbustes grimpants, à feuilles décomposées, de toutes les régions tropicales de l'ancien monde. (H. BN, *Hist. des pl.*, II, 172.)

MEZQUITE. L'*Algarobia glandulosa* TORR. et GRAY.

MEZZETTIA (BECC., in *N. Giorn. bot. ital.*, III, 187). Genre d'Anonacées, à petites fleurs en fascicules axillaires, à 6 pétales; les 3 extérieurs lancéolés; les intérieurs plus petits, avec 8-12 étamines cunéiformes, et un seul carpelle à deux ovules. Le *Lonchomera leptopoda* H. F. et TH. est de ce genre. Scheffer a aussi fait voir les rapports de ce type avec les *Monocarpia* MIQ. (OLIV., in *Hook. Icon.*, t. 1560.) [H. BN.]

MHAN-HPYOO. Nom birman du *Randia uliginosa* DC.

MIAH. L'*Altingia excelsa* NOR.

MIAINOMYCES (CORD., in *Sturm Deutschl. Fl.*, III, 13, 83, fig. 42). Genre d'Hyphomycètes, trop peu déterminé pour pouvoir être maintenu. [DE S.]

MIAKOGUSA. Nom japonais du *Lotus corniculatus* L.

MIA SHIGE. Au Japon, une des variétés du Radis *Daïkon*.

MIATA. En Russie, la Menthe crépue.

MIBIHUÉ. Le *Dioscorea sativa* L.

MIBORA (ADANS., *Fam.*, II, 195). Genre de Graminées-Agrostidées, formé du seul *M. minima* ou *verna*, petite herbe annuelle de nos terrains sablonneux, à épis chargés de petits épillets uniflores, articulés au-dessus de leurs glumes. La fleur est hermaphrodite. Une des glumelles est 5-nerve, et l'autre 2-nerve, poilue. Il y a 5 étamines, et le fruit est elliptique, comprimé. (TRIN., *Spec.*, t. 17. — H. BN, *Icon. Fl. fr.*, n. 257).

MICACEI (FR., *Summ. veg. Scand.*, 298. — QUÉL., *Ench. Fung.*, 123). Division des Agaricinés du genre *Coprinus*, comprenant les espèces à chapeau recouvert de granulations brillantes et fugaces. [DE S.]

MICACOULIER. Pour Micocoulier.

MICADANIA (R. BR., *App. Denh. et Clapp. Voy.*, 239). Synonyme de *Butyrospermum* KOTSCH.

MICAGROSTIS (D'ANTH., ex J., in *Dict.*, XXXI, 17). Synonyme de *Mibora* ADANS.

MICAMBE (ADANS., *Fam.*, II, 407). Synonyme de *Cleome* L.

MICAREA (FRIES, *Pl. homon.*, 256). Genre de Lichens discoïdes, que la plupart des auteurs n'ont pas admis. Schærer le considère, non sans raison, comme un *Lecidea*. [CH. M.]

MICCIA. Nom ancien du *Daphne Thymelæa* L.

MICÈNES. Les Agarics à pied nu et creux.

MICH. Nom grec de l'*Anagallis arvensis* L.

MICHAELIS (Joh.-Dav.). Professeur à Gœttingue [1719-1791]. Auteur [1762] de *Fragen an eine Gesellschaft gelehrter Männer, die auf Befehl des Königes von Dänemark nach Arabien reisen*, publié à Francfort (in-8).

MICHAELMAS-DAISY. Nom anglais des *Aster*.

MICHAR. En Perse, une variété de Dattier.

MICHAULT (J.-B.). A écrit [1738] une : *Lettre sur la situation de la Bourgogne par rapport à la botanique* (in-8).

MICHAUX. Voyageurs français, célèbres par leurs excursions en Amérique et les arbres qu'ils en ont introduits en Europe. Le père, André MICHAUX [1746-1802], né à Satory, avait écrit une *Histoire des Chênes d'Amérique*, que son fils publia en 1801. — Le fils, François-André MICHAUX [1770-1855], écrivit en 1805 un *Mémoire sur la naturalisation des arbres forestiers de l'Amérique septentrionale*. De 1810 à 1813, il publia son *Histoire des arbres forestiers de l'Amérique septentrionale* (3 vol. in-4). En 1831, il donna aussi un opuscule sur le *Zelkova* (*Planera crenata*). L'herbier des Michaux est actuellement au Muséum de Paris. Beaucoup d'arbres introduits par eux existent encore dans divers parcs, notamment à Trianon. M. Sargeant doit prochainement publier, aux États-Unis, des manuscrits de Michaux le père, qui n'étaient pas jusqu'ici connus. L'ouvrage du fils a été traduit en anglais, sous le nom de *The Northern American Sylva*. Nuttall a décrit, sous ce nom, les arbres qui ne figurent pas dans l'ouvrage de Michaux le fils.

MICHAUXIA (L'HÉR., *Mon. ined.* [1788]. — LAMK, *Ill.*, t. 295). Synonyme de *Mindium* ADANS.

MICHAUXIA (NECK., *Elem.*, I, 12). Synonyme de *Relhania*.

MICHEL (Étienne). Auteur [1816] d'un *Traité du Citronnier* (in-fol. de 81 p. et 21 pl.). — Rud.-W. MICHEL, a écrit à Prague [1834] un *Tentamen botan.-medic. de Artemisiis usitatis*.

MICHELARIA (DUMORT., *Agrost. belg.*, 77). Synonyme de *Libertia* LEJ.

MICHELI (Pier' Antonio). Directeur des jardins de Florence [1679-1737], célèbre par son *Nova plantarum genera juxta Tournefortii methodum disposita*, etc., publié en 1729 (in-4 de 234 p. et 108 pl.). La suite de cet ouvrage fut publiée par Targioni-Tozetti, son élève, l'héritier de ses manuscrits et de son herbier. Le *British Museum* possède les cuivres des 60 planches (*Icones plantarum submarinarum*) relatives à cette seconde partie. Micheli a aussi donné un opuscule sur l'Orobanche et des relations de voyage. Son *Catalogus plantarum Horti cæsarei florentini* a paru après sa mort [1748].

MICHELIA (AMM., in *Comm. Acad. petrop.* [1736], VIII, 218, t. 18). Synonyme de *Gmelina* L.

MICHELIA (L., *Gen.*, n. 691). Section du genre *Magnolia* L. (H. BN, in *Adansonia*, VII, 7; *Hist. des pl.*, I, 139, fig. 173, 174). Le *M. Champaca* L., espèce de l'Indo-Chine, souvent cultivée dans cette région comme ornementale, est célèbre comme stimulant, aromatique, astringent, etc.

MICHENER (Ezra). Mort en 1887, a écrit la liste des Lichens de l'expédition arctique de Hayes.

MICHETUS (Eug.). Auteur [1675] d'un *Lexicon botanicum*, etc., ouvrage rare, imprimé à Rome (in-12 de 47 p.).

MICHIEA (F. MUELL., *Fragm. phyt. Austral.*, IV, t. 28). Synonyme de *Coleanthera* STSCHEGL.

MICHIEL. Est connu par un opuscule de Marsili, intitulé : *Di Pier Antonio Micheli botanico insigne del seculo XVI e di una sua opera manuscritta* [1845]. Ses manuscrits sont conservés à la bibliothèque Marcienne (Pritzel). S'agit-il de Micheli?

MICHOTTE. Le *Boletus edulis* BULL.

MICOCOULIER. Nom français des *Celtis*. Le Micocoulier des Antilles est le *C. obliqua* MŒNCH.

MICONANTHERA (A. DC., *Prodr.*, XV, p. I, 379). Section du genre *Begonia* L.

MICONIA (R. et PAV., *Prodr. Fl. per.*, 60). Genre de Mélastomacées-Mélastomées, à fleurs 4-5-mères, rarement 6-8-mères; le réceptacle en cloche, en gourde, ou presque sphérique, parfois ailé. Le calice se rompt irrégulièrement ou circulairement; ailleurs les sépales sont libres. Il y a 4-8 pétales et 8-16 étamines, parfois ∞, à anthère de forme variable, s'ouvrant par 1-4 pores ou rarement par des fentes courtes. L'ovaire est plus ou moins adné au réceptacle, à 2-6 loges ordinairement ∞-ovulées. Il n'y a parfois que 2, 3 ovules. Le fruit est charnu ou coriace et se rompt irrégulièrement. Ce sont environ 500 arbres ou arbustes des deux Amériques tropicales, à tige dressée ou grimpante, à feuilles de Mélastomacées, à cymes très variables. Nous avons compris dans ce genre (*Hist. des pl.*, VII, 16, 54) les *Charianthus*, *Pterocladon*, *Chitonia*, *Lauraria*, *Pachyanthus*, *Tschudya*, *Leandra*, *Calycogonium*, *Pleiochiton*, *Tetrazygia*, *Cremanium*. Le nom générique *Leonicenia* SCOP. est d'ailleurs antérieur à celui de *Miconia*. [H. BN.]

MICONIASTRUM (NAUD., in *Ann. sc. nat.*, sér. 2, XV, 341; XVI, t. 25). Synonyme de *Tetrazygia*.

MICRACTIS (DC., *Prodr.*, V, 619). Genre de Composées, formé d'une espèce malgache qui nous est inconnue. Ses fleurs dimorphes le rapprochent des *Siegesbeckia*. C'est une herbe annuelle. (H. BN, *Hist. des pl.*, VIII, 212.)

MICRADINA (H. BN, in *Adansonia*, XII, 314). Section du genre *Nauclea*, à corolle subvalvaire, à ovules solitaires ou très peu nombreux, à très petits capitules. Cette section relie les *Cephalanthus* aux *Nauclea*. (Voy. *Hist. des pl.*, VII, 494.)

MICRÆA (MIERS, *Trav. Chil.*, II, 529). Genre de Gentianacées (?), qui n'est connu que de nom.

MICRALOA (BRÉBISS. — KUETZ., *Phyc. gen.*, 169). Genre d'Algues, de la famille des Palmellées, voisin du *Protococcus* et synonyme, pour Kützing, de *Microhaloa*, genre qu'il a créé dans sa *Phycologie générale*. Rabenhorst l'a rejeté également et en a placé les espèces dans les *Microcystes*, *Polycystes* et *Merismopedia* (voy. RAB., *Flor. europ. Alg.*, sect. II, 51). [CH. M.]

MICRAMPELIS (RAFIN., in *Desvx Journ. Bot.* [1809], 167). Genre douteux de Cucurbitacées.

MICRANDRA (BENTH., in *Hook. Kew Journ.*, VI, 371). Genre d'Euphorbiacées uniovulées, de la série des Jatrophées, à fleurs monoïques, pourvues de pétales valvaires ou imbriqués; l'androcée 5-andre; l'ovaire 3-loculaire; le fruit s'ouvrant tard ou à peine. Ce sont 3, 4 arbres du Brésil, à feuilles alternes, à suc riche en caoutchouc. (H. BN, in *Adansonia*, IV, 216; *Et. gén. Euphorb.*, 333; *Hist. des pl.*, V, 189; in *Bull. Soc. Linn. Par.*, 528.)

MICRANDRA (R. BR., in *Benn. Pl. jav. rar.*, 237). Synonyme de *Hevea* AUBL.

MICRANTHEA (M. ARG., in *DC. Prodr.*, XV, p. II, 709). Soustribu des Euphorbiacées-Crotonées.

MICRANTHEA (WALP., *Rep.*, III, 399). Section des *Odontites*.

MICRANTHEIA (DUP.-TH., ex MARCH., *Anac.*, 173). Synonyme de *Campnosperma* THW.

MICRANTHELA (C. KOCH, in *Linnæa*, XXI, 402). Section du genre *Poa* T.

MICRANTHELLA (NAUD., in *Ann. sc. nat.*, sér. 2, XIII, 347). Synonyme de *Pleroma*.

MICRANTHEMUM (L.-C. RICH., in *Michx Fl. bor.-amer.*, I, 10). Genre de Scrofulariacées-Gratiolées, formé d'une quinzaine d'humbles herbes américaines, à petites feuilles opposées, à petites fleurs axillaires, subsessiles, 4, 5-mères; les filets staminaux dilatés ou appendiculés en bas; les anthères à loges parallèles; le fruit à peine déhiscent, avec une cloison qui disparaît et 2 valves parallèles. (H. BN, *Hist. des pl.*, IX, 457.)

MICRANTHERA (A. DC., *Prodr.*, VIII, 121). Section du genre *Ardisia* Sw.

MICRANTHES (BERTOL., *Misc. bot.*, XIX, 8, t. 4). Synonyme de *Hoslundia* VAHL.

MICRANTHES (HAW., *Syn. pl. succ.*, 320). Section du genre *Saxifraga* T.

MICRANTHEUM (DESF., in *Mém. Mus.*, IV, 253, t. 14). Genre d'Euphorbiacées-Phyllanthées, voisin des *Caletia*, avec lequel plusieurs auteurs l'ont confondu, et distingué par 3 étamines superposées aux folioles extérieures du périanthe et à rudiment de gynécée dont les 3 lobes se superposent aux mêmes folioles. Le *M. ericoides* est australien. (H. BN, *Et. gén. Euphorb.*, 555, t. 26, fig. 19; *Hist. des pl.*, V, 145, 240).

MICRANTHEUM (PRESL, *Symb.*, I, 45). Genre proposé pour les *Trifolium glomeratum* et *suffocatum* L.

MICRANTHIS (H. BN, *Euphorb.*, 355). Section du genre *Croton*.

MICRANTHUS (PERS., *Syn.*, I, 46). Synon. de *Watsonia* MILL.

MICRANTHUS (ROTH, *Nov. pl. sp.*, 282). Genre dit voisin des *Torenia* L.

MICRANTHUS (WENDL., *Obs.*, 38). Synonyme de *Phaylopsis* W.

MICRARGERIA (BENTH., in *DC. Prodr.*, X, 509). Genre de Scrofulariacées-Gérardiées, formé de deux herbes scabres de l'Inde et de Mozambique; distingué par un calice campanulé, à 5 dents; des anthères à 2 loges subégales; un ovaire libre à 2 loges ∞-ovulées. Les feuilles sont linéaires, entières ou 3-fides; les inférieures opposées. (H. BN, *Hist. des pl.*, IX, 471.)

MICRASTER (HARV., *Gen. pl. afr. austr.*, ed. 2, 242). Synonyme de *Brachystelma* R. BR.

MICRASTERIAS (AGH, in *Regensb. Flora* [1827]). Genre de la famille des Desmidiacées et dont les espèces sont toutes des plus remarquables. Peu nombreux d'abord, il s'est enrichi aux dépens des genres *Cosmarium* et *Euastrum*. M. Ralfs l'avait placé dans sa seconde section des Desmidiacées, que caractérisait une fronde simple, de forme variée, de couleur verte, dont les corpuscules sont rarement hyalins, ayant la forme d'une étoile à rayons plus ou moins orbiculaires, lorsqu'ils sont vus de face. Si, au contraire, ils sont vus de côté, ces corpuscules sont fusiformes, aigus aux deux extrémités, à pointes quelquefois bifides. La face, qui est plus longue que large, et qui représente généralement un disque étoilé, se divise en deux demi-cellules, appelées *hémisomates*, pourvues de lobes plus ou moins incisés ou bidentés. Les sporanges sont tubuleux, et jamais lisses. La masse chlorophyllienne et axillaire prend la forme de la cellule et renferme épars des granules amylacés. Le cytioderme est plus ou moins délicat, selon les espèces. Ces végétaux se recueillent surtout au printemps, flottant au milieu des autres Hydrophytes. Ils se rencontrent surtout dans les enduits muqueux qui recouvrent souvent les feuilles vertes plongées dans les eaux des ruisseaux des bois. De Brébisson avait divisé les *Micrasterias* en deux sections : les *M.* à corpuscules verts et ceux à corpuscules hyalins. Cette division n'a pas été admise par Kützing ni par Rabenhorst. Ralfs, qui fait autorité, en a proposé une plus pratique, basée sur l'aspect général de la fronde, qui est circulaire, subelliptique, orbiculaire, oblongue, ou pourvue de lobes horizontaux, atténués, bidentés. Rabenhorst, tout en modifiant considérablement cette division, l'a cependant acceptée. La multiplication déduplicative, ou par division, de cette Desmidiée, s'opère par l'écartement des deux hémisomates. La partie étroite, ou de suture, s'allonge en même temps que la couche épaisse et externe de la membrane s'ouvre d'une façon annulaire. Les deux moitiés de la cellule s'écartent alors l'une de l'autre et se relient par un court canal dont l'enveloppe est formée par l'enveloppe externe des deux hémisomates mères. Dans le canal de réunion apparaît bientôt une cloison qui partage la masse chlorophyllienne en deux cellules filles : de sorte que chaque hémisomate primitive se trouve pourvue d'une hémisomate fille qui se développe rapidement, de manière à égaler en dimensions l'hémisomate mère à laquelle elle est fixée. [CH. M.]

MICRAUCHENIA (DC., *Prodr.*, VII, I, 259). Syn. de *Dubyæa* DC.

MICRELIUM (FORSK., *Fl. æg.-arab.*, 152). Synonyme de *Eueclipta* DC.

MICREMBRYEÆ (B. H., *Gen.*, III, IV). Série des Apétales, comprenant les familles hétérogènes des Pipéracées, Myristicées, Chloranthées et Monimiacées.

MICREREMIA (BENTH., in *DC. Prodr.*, VII, 700). Section du genre *Eremia* D. DON.

MICROASCUS (ZUKAL, ex SACC., *Syll. Fung.*, Add., 37). Genre de Sphériacés, dont la seule espèce connue (*M. longirostris*) a été rencontrée en Autriche sur des excréments. Les périthèces globuleux, noirs, sont surmontés d'un ostiole cylindrique, allongé, muni de poils rigides. Les thèques globuleuses contiennent 8 spores brunes, arquées, atténuées aux extrémités. [DE S.]

MICROBACTERIA (COHN. — DUB., *Man. Microbiol.*, 66). L'auteur, à l'origine, avait rattaché les Bactéries aux Algues, bien qu'elles ne possèdent pas de chlorophylle. Il les avait divisées en quatre sections. Les *Microbacteria* constituaient la seconde. Cette division a naturellement disparu. [CH. M.]

MICROBALANUS (BL., *Mus. lugd.-bat.*, II, 92). Sous-genre du genre *Moquilea* AUBL.

MICROBASIS. Dans les Labiées, synonyme de *Gynobase*.

MICROBLEPHARIS (W. et ARN., *Prodr.*, I, 353). Sous-genre du genre *Modecca* LAMK.

MICROBOTRYON, MICROBOTRYUM (LÉV., art. *Urédinés*, in *Dict. d'Orbigny*). Sous ce nom, l'auteur comprend les trois espèces d'*Ustilago* à spores simples et nues; mais cette désignation générique n'a pas été adoptée. [DE S.]

MICROBROCHIS (PRESL, *Epim.*, 411). Genre proposé pour l'*Aspidium apiifolium* SCHK.

MICROBRYUM (BRUCH et SCHIMP.). Genre, d'après Montagne (in *Dict. d'Orbigny*, VIII, 402), de Mousses-Weissiées.

MICROCACHRYS (HOOK. F., in *Lond. Journ. Bot.*, IV, 149). Genre de Conifères-Podocarpées, établi pour un arbuste de Tasmanie, à chaton mâle pourvu d'écailles hémisphériques; à ovaire renversé au sommet de l'écaille. Les feuilles sont opposées-décussées et imbriquées. Parlatore en a fait un *Podocarpus*. (HOOK., *Icon.*, t. 569. — *Bot. Mag.*, t. 5576.)

MICROCALA (LINK et HFFMSG, *Fl. port.*, I, 359). Genre de Gentianacées-Chironiées, à fleurs peu nombreuses, petites, longuement pédonculées, 4-mères, à fruit 2-valve; les bords placentifères à peine rentrés en dedans. Ce sont 2 herbes annuelles et naines, peu ramifiées, de l'Europe et de l'Amérique du Sud. (H. BN, *Hist. des pl.*, X, 130.)

MICROCALETIA (M. ARG., in *Linnæa*, XXXIV, 55). Section du genre *Caletia* H. BN.

MICROCALIA (A. RICH., *Fl. N. Zél.*, 230, t. 30). Synonyme de *Lagenophora* CASS.

MICROCALYX (C. KOCH, in *Linnæa*, XXII, 725). Section du genre *Verbascum* T.

MICROCARPA (GUY., n. 83). Genre de Lichens, que Montagne a placés dans les Lichinées et qu'il considère comme synonyme de cette famille. (Voy. MTGNE, *Syll. gen. crypt.*, 338.) [CH. M.]

MICROCARPÆA (R. BR., *Prodr.*, 435). Genre de Scrofulariacées-Gratiolées, établi pour une petite herbe australienne, à feuilles opposées, à fleurs axillaires, sessiles; le calice tubuleux, 5-fide; les 2 étamines à anthères 1-loculaires par confluence, à fruit capsulaire; les 2 valves perpendiculaires à la cloison. (H. BN, *Hist. des pl.*, IX, 458.)

MICROCARPIUM (SPACH, *Suit. à Buff.*, VIII, 92). Section du genre *Cornus* T.

MICROCARYA (RŒM., *Syn.*, III, 14). Section des *Amygdalus*.

MICROCENTRON (CASS., in *Dict.*, XXXVI, 146). Synonyme de *Cirsium* T.

MICROCEPHALON (GAUD., *Fl. helvet.*, V, 178). Section des *Cirsium*.

MICROCERA (DESM., in *Ann. sc. nat.* [1848], 359). Genre de Tuberculariés, à stroma mince, charnu, conique ou pulviné, présentant des conidies étroites, falciformes, pluriloculaires, portées sur les ramifications de filaments filiformes. Ce genre, très voisin des *Fusarium*, ne contient que deux espèces, qui paraissent être les états conidiens de *Sphærostilbe*, *Calonectria* ou *Massaria*. [DE S.]

MICROCERAS (MOHR. et DCNE, in *Ann. sc. nat.*, sér. 2, II, 255). Section du genre *Epimedium* T.

MICROCERASUS (WEBB, *Phyt. canar.*, II, 19). Genre créé pour le *Prunus prostrata* LABILL.

MICROCHÆTA (BENTH., *Pl. Hartweg.*, II, 196, 209). Synonyme de *Sphæroschœnus* ARN.

MICROCHÆTA (NUTT., in *Trans. Amer. Phil. Soc.*, ser. 2, VII, 450). Synonyme de *Lipochæta* DC.

MICROCHÆTE (BENTH., *Pl. Hartweg.*, 209). Synonyme de *Senecio* T. (espèces andines).

MICROCHÆTE (BORN., *Ess. Classif. des Nostoch.*, 378). Genre d'Algues, de la famille des *Nostochineæ*, à hétérocystes terminaux, c'est-à-dire placés à chaque extrémité du trichome. Les filaments, libres, sont plongés dans un mucilage amorphe. Ils n'ont point de gaine distincte du trichome dont les cellules sont plus longues que larges, et ils sont dépourvus de spores. [CH. M.]

MICROCHARIS (BENTH., *Gen.*, I, 501, n. 117). Genre de Légumineuses-Papilionacées-Galégées, établi pour des herbes grêles de l'Afrique tropicale, à feuilles simples, subsessiles; à fleurs en grappes axillaires, avec un style glabre dont le sommet stigmatifère est largement capité. Le fruit est une gousse mince. (H. BN, *Hist. des pl.*, II, 273.)

MICROCHILUS (PRESL, *Rel. Hænk.*, I, 94). Synonyme de *Physurus* L.-C. RICH.

MICROCHLOA (TRIN., in *Mém. Ac. Pétersb.*, sér. 6, IV, 97). Synonyme de *Oropetium* TRIN.

MICROCLADIA (GREV., *Alg. brit.*, 99). Algues-Floridées, de la famille des Céramiées, pour Kützing; de celle des Chordariées, pour J. Agardh; de la tribu des Hypoglossées, d'après Payer. Decaisne en avait fait une division de la famille des Batrachospermées. La fronde de ces Algues est filiforme, comprimée, vaguement dichotome ou rameuse, traversée par un tube large, articulé, qu'entourent de nombreuses cellules, larges, colorées, angulaires. L'enveloppe externe est formée par de petites cellules réticulées, d'où sortent des filaments périphériques, presque libres, comme moniliformes, et entourés d'un mucus. La fructification se fait de deux façons. Les favelles sont sessiles sur des rameaux entourés de quelques ramules analogues aux rameaux. Elles recouvrent, comme dans un sac hyalin, des gemmidies nombreuses et anguleuses. Les sphérospores, formées par la modification des cellules infra-corticales, situées dans les segments presque terminaux, sont plus ou moins proéminentes. Elles sont entourées d'un périspore hyalin et de forme sphérique. Elles se divisent triangulairement ou en croix. Ces Algues sont quelquefois parasites. Harvey fait remarquer que l'une d'elles, le *M. glandulosa*, d'après l'observation de Griffith, enserre les Algues sur lesquelles elle est fixée, à la manière des Cuscutes. (HARV., *Phyc. brit.*, III, t. 29.) [CH. M.]

MICROCLINIUM (MEISSN., in *Linnæa*, XIV, 416). Section du genre *Lachnæa* L.

MICROCNEMUM (UNG.-STERNB., in *Att. Congr. bot. Fir.* [1874], 272, fig. 8; 280). Genre de Chénopodiacées-Salicorniées, établi pour une petite herbe espagnole, à port et fleur de Salicorne, sans périanthe et à graine albuminée. Le type du genre est le *Salicornia fastigiata* LOSC. et PARD. (H. BN, *Hist. des pl.*, IX, 184.)

MICROCOCCA (BENTH., *Niger Fl.*, 503). Genre d'Euphorbiacées, proposé pour le *Tragia Mercurialis* L., qui n'est autre que le *Mercurialis alternifolia* de Desrousseaux (*Dict.*, IV, 120). Nous avons pensé que cette plante ne peut être considérée que comme formant une section du genre Mercuriale, à feuilles alternes, à fleurs mâles pourvues de glandes et à fruits tricoques. Ses organes sont imbus d'une substance colorante pourprée. Elle habite les régions tropicales de l'Asie et de l'Afrique. (Voy. *Adansonia*, III, 167; *Hist. des pl.*, V, 210.) [H. BN.]

MICROCOCCIA (HOOK. F., in *Trans. Linn. Soc.*, XX, 209). Synonyme de *Elvira* CASS.

MICROCOCCUS (BECKM., *Sex.*, 145). L'une des divisions des Bactéries chromogènes, isolées ou unies en chapelet ou en zooglées. Ces productions sont absolument dépourvues de chlorophylle. Elles jouent, comme agent, un rôle considérable dans certaines réactions. Nous serions disposé à les considérer comme devant appartenir à la famille des Champignons et non à celle des Algues. (Voy. H. BN, *Tr. Bot. méd. crypt.*, 138.) [CH. M.]

MICROCOCHLE (BENTH., in *Ann. Wien. Mus.*, II, 836). Section du genre *Phaseolus* L.

MICROCOCOS (PHIL., in *Bot. Zeit.* [1859], 362). Synonyme de *Jubæa* H. B. K.

MICROCODON (A. DC., *Mon. Camp.*, 127, t. 19; *Prodr.*, VII, 421, 788). Genre de Campanulacées, formé de 3, 4 herbes annuelles de l'Afrique australe; voisin des *Wahlenbergia* et distingué par une corolle à tube étroit et à limbe étalé, des anthères libres et un style à lobes stigmatifères étroits. Le fruit est capsulaire, avec 5 valves alternipétales. (H. BN, *Hist. des pl.*, VIII, 354.)

MICROCŒLIA (J.-G. AGH, *mscr.*). Genre d'Algues-Floridées, de la famille des *Coccospermeæ*, ordre des *Gigartineæ*, tribu des *Halymenieæ*. Ces plantes ont pour caractères essentiels une fronde gélatineuse, plane, largement étendue, constituée par deux couches de cellules arrondies, disposées en plusieurs séries et entourées d'un réseau de filaments anastomosés qui se terminent en se rapprochant du tissu cortical, en filaments disposés verticalement et moniliformes. Les cystocarpes, immergés dans la partie muqueuse de la fronde, produisent un nucléus composé, dans un plexus de filaments qui l'entourent. Les nucléoles, situés entre les cellules arrondies du strate intérieur, contiennent des gemmidies arrondies-angulaires. Une seule espèce constitue ce genre. (Voy. J.-G. AGH, *Spec., gen. et ord. Alg.*, III, 226.) [CH. M.]

MICROCOLEUS (DESMAZ, *Catal. plant. orn.*, 7. — HASS., *Freschwat. Alg.*, 250). Genre d'Algues, de la famille des Oscillariées, l'ancien genre *Vaginariæ* de Bory, que Kützing, et après lui Rabenhorst, ont regardé comme synonyme du genre *Chthonoblastus*, mais qui a été rétabli par suite d'études particulières faites par M. Bornet, et placé à juste titre dans l'ordre des Nostochinées, famille des Lyngbiées. Ce genre, connu de Brébisson, avait été placé par ce savant dans la tribu des Oscillariées, division des Algues articulées. Les filaments du *Microcoleus* sont dépourvus d'hétérocystes, ne sont pas tordus en spirale. Les trichomes sont colorés, renfermés dans une gaine transparente, d'où ils sortent pour reproduire de nouveaux filaments qui croissent en mèches épaisses, rampantes, dressées ou flottantes. (Voy. BORN., *Ess. Classif. Nostoc.*, 375.) [CH. M.]

MICROCOMA (DC., *Prodr.*, VII, I, 306). Section du genre *Dicoma* CASS.

MICROCONIDIE. Terme qui désigne en Mycologie des conidies de petites dimensions; employé surtout dans le cas où la même espèce fongique présente des conidies inégales. [DE S.]

MICROCORYS (R. BR., *Prodr.*, 502). Genre de Labiées-Prostanthérées, formé d'une quinzaine d'espèces australiennes, frutescentes; distingué par un calice 5-denté, subrégulier; une corolle à lèvre postérieure concave ou forniquée; 2 étamines fertiles, à anthère dimidiée; le connectif allongé et dilaté à sa base en appendice barbu. L'*Anisandra* BARTL. fait partie de ce genre. (*Pl. Preiss.*, I, 361.) [H. BN.]

MICROCOS (L., *Gen.*, 662). Synonyme de *Grewia* L. et section de ce genre.

MICROCRATER (BAIL, *Syst. d. Pilze*, 77, t. 20). Genre de Champignons, figuré mais non décrit par l'auteur, et qui paraît se rapporter à un *Spheronema* ou à un *Tubercularia*. [DE S.]

MICROCRATER (ENDL., *Gen.*, 32). Section du g. *Cenangium*.

MICROCROTON (GRISEB., *Pl. cub. Wright.*, 159). Section du genre *Croton* L.

MICROCYCAS (MIQ., *Fl. serres*, VII, 141). Section du genre *Zamia*, élevée au rang de genre (B. H., *Gen.*, II, 447), formée d'une petite plante de Cuba, à tronc cylindrique, chargé d'écailles et de bases pétiolaires, avec des feuilles pennées et des inflorescences de *Cycas*; les écailles femelles dilatées en un large bouclier tomenteux. [H. BN.]

MICROCYSTIDIS (BRÉBISS., in *litt.*). Genre d'Algues-Chroococcacées, qui n'a pas été admis d'une manière générale et qui est considéré comme synonyme de *Polycystis* KUETZ.

MICROCYSTIS (KUETZ., in *Linn.*, VIII, p. 342). Genre d'Algues, de l'ordre des *Cystiphoreæ*, famille des *Croococcaceæ*, d'après Rabenhorst; de celle des Palmellées pour Kützing. Les cellules sont sphériques, nombreuses, très rapprochées et renfermées dans une enveloppe matricule, globuleuse, très ténue, achrome, hyaline. La division des cellules, en direction alternante, se fait dans trois dimensions (Voy. RABENH., *Flor. europ. Alg.*, sect. II, 51.) [CH. M.]

MICRODENDRON (NAUD., in *Ann. sc. nat.*, sér. 3, XVII, 367). Sous-section des *Clidemiopsis* NAUD.

MICRODERIS (DC., *Prodr.*, VI, 205). Section des *Erechtites*.

MICRODESMIA (BENTH., in *Hook. Journ. Bot.*, II, 212). Section du genre *Licania* AUBL.

MICRODESMIÆ (J.-G. AGH, *Spec., gen. et ord. Alg.*, II, 136). Algues-Floridées; l'une des divisions du genre *Acanthococcus*, de la tribu des *Caulacantheæ*, famille des *Hypneaceæ*. La fronde de ces Algues est arrondie, rameuse en tous sens. Les rameaux sont subulés. Les cystocarpes sont nus, renflés sur les rameaux d'une façon unilatérale. Quelques espèces constituent ce genre: elles sont propres aux îles Malouines, à la Nouvelle-Hollande, aux mers du Canada. [CH. M.]

MICRODESMIS (J. PL., in *Hook. Icon.*, t. 758). Genre attribué aux Euphorbiacées-Jatrophées. L'espèce africaine occidentale est bien de cette famille. Ses fleurs sont dioïques, pétalées; les mâles 5-andres. Les femelles ont un ovaire à 2, 3 loges, avec un ovule descendant; le micropyle en dehors et en haut. Ceci s'applique à l'espèce de l'Afrique tropicale, qui est une Euphorbiacée. Mais l'espèce de l'Asie tropicale, introduite dans le genre par Planchon, ne nous paraît pas devoir y être rapportée et n'a pas les mêmes caractères. (H. BN, in *Adansonia*, I, 65; *Euphorb.*, 668; *Hist. des pl.*, V, 189.)

MICRODICTYON (DCNE, *Pl. Arab.*, 183). Genre d'Algues, que Kützing a rangé dans la famille des Anadyoménées et que Payer plaçait dans les Hydrodictyées, mais auquel nous trouvons une place plus naturelle dans la famille des Cladophorées. Le thalle, d'un aspect membraneux-réticulé, est constitué de séries de cellules articulées, rameuses, anastomosées. Le réseau ombiliqué qu'elles forment est le résultat de la soudure des articles. Deux espèces, pour Kützing, constituent ce genre, qui est fort intéressant. [CH. M.]

MICRODON (CHOIS., *Mém. Sélag.*, 27; in *DC. Prodr.*, XII, 22). Genre de Scrofulariacées-Sélaginées, voisin des *Selago*, distingué par son calice constamment 5-mère et sa loge ovarienne postérieure stérile. De ce côté se trouve une glande à la base du gynécée. L'ovule de la loge antérieure a le micropyle introrse ou finalement latéral. Ce sont 3, 4 arbustes de l'Afrique australe, à bractées florales adnées au calice. (H. BN, *Hist. des pl.*, IX, 422.)

MICRODONTA (NUTT., in *Trans. Amer. Phil. Soc.*, sér. 2, VII, 369). Synonyme de *Heterospermum* W.

MICROELUS (WIGHT et ARN., in *Edinb. N. Phil. Journ.*, XIV, 298). Synonyme de *Bischoffia* BL.

MICROGALIUM (GRISEB., *Spic. Fl. rumel.*, II, 161). Section du genre *Rubia* et du sous-genre *Galium*.

MICROGENETES (A. DC., *Prodr.*, IX, 291). Syn. de *Phacelia* J.

MICROGESNERA (HANST., in *Linnæa*, XXVI, 203). Sous-genre du genre *Gesnera* MART.

MICROGILIA (BENTH., in *DC. Prodr.*, IX, 315). Section du genre *Gilia* R. et PAV. (B. H., *Gen.*, II, 823.)

MICROGLOCHIDION (M. ARG., in *DC. Prodr.*, XV, p. II, 276). Section du genre *Phyllanthus* L.

MICROGLOSSA (DC., *Prodr.*, V, 320). Synonyme de *Glyciderras* CASS. (H. BN, *Hist. des pl.*, VIII, 150.)

MICROGLOSSUM (SACCARD. — BOUD., *Discom. charnus*, 22). Géoglosse à spores uniloculaires et hyalines.

MICROGOMPHUS (BENTH., in *DC. Prodr.*, VII, II, 705). Section du genre *Sempieza* LICHST. (B. H., *Gen.*, II, 504.)

MICROGONIDIE. Nom que Pringsheim a employé, en opposition avec l'expression *Macrogonidie* du même auteur, pour désigner, dans la famille des Hydrodyctiées surtout, les zoospores qui, plus petites et plus mobiles que les autres, rompent la membrane de la cellule matriciale. Elles sont douées de deux cils vibratiles et pourvues d'un point latéral rouge. Ce nom nous paraît synonyme de *Microzoospores*. [CH. M.]

MICROGONIUM (PRESL, *Hymenoph.*, 111). Genre proposé pour le *Trichomanes cuspidatum* W.

MICROGRAMMA (PRESL, *Pterid.*, 213). Genre créé pour le *Polygonum persicariæfolium* SCHRAD.

MICROGYNÆCIUM (HOOK. F., *Gen.*, III, 56). Genre de Chénopodiacées-Chénopodiées, attribué avec doute au groupe des Camphorosmées et établi pour une humble herbe du Thibet, analogue aux *Atriplex* par ses fleurs femelles et aux *Exomis* par ses bractées, mais pourvu des fleurs mâles, de l'utricule et des graines des *Axyris*. Les fleurs sont monoïques; le périanthe mâle 3-5-mère. (H. BN, *Hist. des plant.*, IX, 139, 181.)

MICROGYNE (CASS., *Dict.*, XL, 493). Syn. de *Cryptogyne* CASS.

MICROGYNE (LESS., *Syn. Comp.*, 190). Synonyme de *Vittadinia* RICH. (H. BN, *Hist. des pl.*, VIII, 143.)

MICROHALOA (KUETZ., *Phyc. gen.*, 169). Algues unicellulaires, réunies en famille dans un strate commun, de la famille des Protococcacées et de la division des Chlorococcacées. Rabenhorst considère ce genre, qu'il connaissait à peine, comme très douteux et place les espèces qui le constituent dans la famille des Chlorococcées. [CH. M.]

MICROJAMBOSA (BL., *Mus. lugd.-bat.*, I, 117). Synonyme de *Syzygium* GÆRTN.

MICROKENTIA (WENDL., ex B. H., *Gen.*, III, 895). Genre de Palmiers-Arécées, établi pour 6 *Cyphokentia* de Brongniart, à feuilles pennées, à fleurs 6-andres; le périanthe ne se modifiant pas après l'anthèse; le péricarpe crustacé; l'albumen non ruminé. Tous sont de la Nouvelle-Calédonie. [H. BN.]

MICROLABIUM (LIEBM., in *Vid. Medd. Kjobenh.* [1853], 104). Synonyme de *Apoplanesia* PRESL.

MICROLÆNA (R. BR., *Prodr. Fl. N.-Holl.*, 210). Genre de Graminées-Phalaridées, dont *Diplax* est synonyme et dont les caractères ont été donnés à ce mot. Mais *Microlæna* a pour lui l'antériorité.

MICROLÆNA (WALL., *Cat.*, n. 1173). Syn. de *Eriolæna* DC.

MICROLECANA (SCH. BIP., in *Flora* [1842], 440). Section du genre *Chrysanthellum* RICH. (H. BN, *Hist. des pl.*, VIII, 225.)

MICROLEPIA (PRESL, *Pterid.*, 124). Synonyme de *Davallia*.

MICROLEPIDIUM (F. MUELL., in *Linnæa*, XXV, 371). Synonyme (B. H.) de *Capsella* MŒNCH.

MICROLEPIS (MIQ., in *Linnæa*, XXII, 541). Synonyme de *Tibouchina* AUBL. (H. BN, *Hist. des pl.*, VII, 39.)

MICROLEUCONYMPHÆA (BOERH., *Lugd.-bat.*, 282). Synonyme de *Hydrocharis* L.

MICROLICIA (DON, in *Mem. Werner. Soc.*, IV, 301). Genre de Mélastomacées-Mélastomées, à fleurs 4-8-mères; les sépales généralement étroits; l'androcée diplostémone; les anthères déhiscentes par un pore terminant un tube; le connectif prolongé au delà de l'insertion et là entier ou bilobé. L'ovaire est à 3-8 loges, et le fruit capsulaire, 4-8-valve. Ce genre, auquel nous avons réuni les *Lavoiseria* et les *Rhynchanthera*, compte ainsi environ 135 espèces américaines tropicales. (Voy. *Hist. des pl.*, VII, 41.) [H. BN.]

MICROLISIA (BENTH., *Gen.*, I, Add., 435, n. 27 a). Synonyme de *Pleogyne* MIERS.

MICROLOBIUM (LIEBM., in *Vid. Meddel. Kjob.* [1853], 104). Synonyme de *Apoplanesia* PRESL.

MICROLOBIUS (PRESL, in *Abh. Böhm. Ges.*, III [1845], 496). Genre douteux de Légumineuses-Mimosées.

MICROLOMA (R. BR., in *Mem. Werner. Soc.*, I, 53). Genre d'Asclépiadacées-Asclépiadées, formé de 5 lianes de l'Afrique australe, à corolle urcéolée, pourvue de 5 faisceaux de poils, sans collerette; les étamines unies en tube resserré sous les anthères. (HARV., *Thes. cap.*, t. 92.) [H. BN.]

MICROLONCHUS (CASS., in *Bull. philom.* [1818]; in *Dict.*, XXXIX, 80). Section du genre *Centaurea* L. (H. BN, *Hist. des pl.*, VIII, 84.)

MICROLOPHIUM (SPACH, *Suit. à Buff.*, VII, 125). Section du genre *Polygala* T.

MICROLOPHUS (CASS., in *Dict.*, XLIV, 37). Section du genre *Centaurea* T. (B. H. *Gen.*, II, 482.)

MICROLOTUS (BENTH., in *Trans. Linn. Soc.*, XVII, 364). Section du genre *Lotus* L.

MICROMA (DC., *Fl. fr.*, V, 155). Section du genre *Xyloma*.

MICROMEGA (AGH, in *Bot. Zeit.* [1827]). Genre de Diatomacées, que Kützing a admis, mais que Rabenhorst a rejeté, et dont toutes les espèces ont été reportées dans le genre *Schizonema*. C'est à tort que Kützing a maintenu ce genre qui était appelé à disparaître, comme les genres *Colletonema* et *Encyonema*. M. Van Heurck les considère comme synonymes de *Nannula* [CH. M.]

MICROMELES (DCNE, *Pom.*, ex *Nouv. Arch. Mus.*, 168, t. 12). Genre sans valeur de Rosacées-Pomacées. Synonyme (part.) de *Pyrus*, *Aria*, etc.

MICROMELUM (BL., *Bijdr.*, I, 137). Genre de Rutacées-Citrées, qui a les fleurs des *Limonia*, avec un calice entier ou lobé; des pétales valvaires ou à peu près; 10 étamines et des loges ovariennes à 2 ovules superposés. Ce sont 3, 4 arbres asiatiques et océaniens, à feuilles pennées, sans épines, à corymbes de cymes terminaux. (H. BN, *Hist. des pl.*, IV, 486.)

MICROMERIA (BENTH., in *Bot. Reg.*, sub n. 1282; *Gen.*, II, 1188). Genre de Labiées-Saturéiées, voisin des Sarriettes et formé d'une soixantaine d'espèces des régions tempérées des deux mondes; distingué par un calice tubuleux ou campanulé, à 5 dents non acérées et à androcée didyname. Ce sont des herbes, parfois frutescentes, variables de port et d'inflorescence; leurs fleurs sont généralement petites. [H. BN.]

MICROMORPHES. Petits groupes naturels de formes affines qui se distinguent les uns des autres dans une espèce et qui seraient à l'espèce ce que celle-ci est au genre.

MICROMYCES (DANG., *Mém. s. les Chytrid.*, 55). Genre de Chytridinés, dépourvus de mycélium et unicellulés. La cellule sphérique, à membrane échinée, produit un sporange pluriloculaire, dont chaque loge donne naissance à des zoospores ciliés. Une seule espèce connue vit en parasite à l'intérieur des cellules des *Zygogonium*. [DE S.]

MICROMYCÈTES (DE NOT., *Micr. ital. nov.* [1839-45]). Terme désignant les Champignons de très petite dimension, quelle que soit du reste la place qu'ils occupent dans la classification.

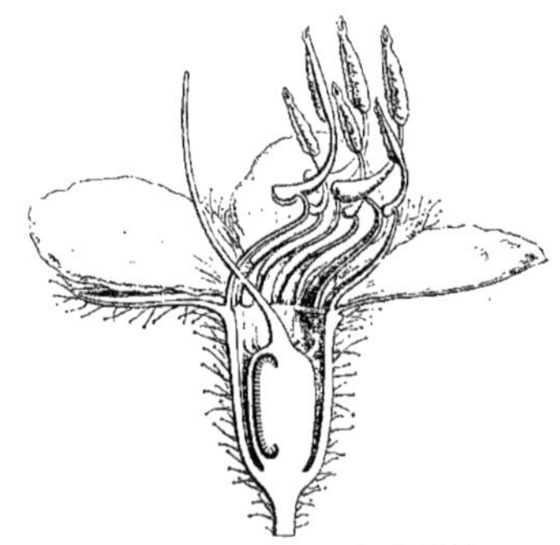

Microlicia. — Fleur, coupe longitudinale.

MICROMYRTUS (BENTH., *Fl. austral.*, III; *Gen.*, I, 700). Genre de Myrtacées-Chamelauciées, établi pour 6 arbustes éricoïdes d'Australie, à petites feuilles opposées, à fleurs 5-10-andres, analogues à celles des *Tryptomene*, avec 2-4-ovules descendant d'un placenta grêle, tendu verticalement dans l'ovaire (H. Bn, *Hist. des pl.*, VI, 370.)

MICROMYRTUS (Schau., in *Lehm. Pl. Preiss.*, I, 146). Section du genre *Melaleuca* L.

MICRONECTRIA (Speg., *Fung. guaran.*, I, n. 252). Genre de Pyrénomycètes, à périthèce mou, comme celui des *Nectria*, contenant des thèques à 8 spores filiformes, cloisonnées d'une manière plus ou moins apparente. Une seule espèce, de l'Amérique du Sud. [De S.]

MICRONEMEÆ (Sacc., *Syll. Fung.*, IV, 496). S.-section des Hyphomycètes, à spores septées ou articulées, comprenant les espèces à filaments conidiophores courts, à peine distincts. [De S.]

MICRONEPETA (Benth., in *DC. Prodr.*, XII, 394). Section du genre *Nepeta* L.

MICRONOMA (Wendl., ex B. H., *Gen.*, III, 882). Genre douteux de Palmiers, fondé sur un fruit du Pérou.

MICRONYCHIA (Oliv., in *Hook. Icon.*, t. 1337). Genre de Térébinthacées-Anacardiées, établi pour un arbre malgache, à feuilles alternes, à fleurs polygames, 5-mères; l'androcée à 5 étamines; l'ovaire oblique, surmonté d'un style à 3 branches, avec un seul ovule descendant. [H. Bn.]

MICRONYMPHA. Nom ancien du Ményanthe ou Trèfle d'eau.

MICROPAPPUS (Sch. bip., in *Linnæa*, XX, 517). Section du genre *Elephantopus* L.

MICROPELTIS (Mont., *Syllog.*, 244). Genre de Sphériacés, à périthèce dimidié, scutiforme, à pore central. Les thèques sont claviformes et contiennent des spores hyalines, pluriloculaires. Trois espèces se rencontrent dans les pays tropicaux, sur les feuilles de Palmiers, Lauriers, et autres plantes. [De S.]

MICROPEPLIS (Bge, *Rel. Lehm.*, 474, 479). Synonyme de *Halogeton* C.-A. Mey.

MICROPERA (Dalz., in *Hook. Kew Journ.*, III, 282). Synonyme de *Sarcochilus* R. Br. (B. H., *Gen.*, III, 575.)

MICROPERA (Lév., in *Ann. sc. nat.*, sér. 3, V, 254). Genre de Sphéropsidés, à périthèces agglomérés, charnus, coriaces, coniques, jaunâtres, lisses. Les conidies fusiformes ou linéaires, hyalines, sont portées par de courts filaments. Dix espèces, qui croissent sur les rameaux de Cerisiers, de Pruniers, de Sorbiers, paraissent être les pycnides de divers *Cenangium*. [De S.]

MICROPETALON (Pers., *Syn.*, I, 509). Synonyme de *Spergulastrum* Michx.

MICROPETALUM (Haw. — DC., *Prodr.*, IV, 43). Section du genre *Saxifraga* T.

MICROPETALUM (Poit., herb.). Synonyme de *Amanoa* Aubl.

MICROPEUCE (Spach, *Suit. à Buff.*, XI, 424). Section du genre *Abies* T.

MICROPEZIZA (Fuck., *Symb. myc.*, 292). Genre de Pézizés, comprenant les Pézizes minuscules, à réceptacle charnu, à disque obscur et limité par une marge crénelée, dont les spores hyalines sont cylindriques et arquées. [De S.]

MICROPHŒNIX (Naud., ex Carr., in *Rev. hort.* [1885], 513). Genre, suivant l'auteur, établi « pour un hybride de *Phœnix* et de *Chamærops* ».

MICROPHYES (Phil., *Fl. atacam.*, 20, t. 1 F). Genre de Caryophyllacées-Polycarpées, établi pour deux petites herbes chiliennes, à stipules scarieuses; à sépales non carénés, scarieux, sans corolle; à style trifide et à capsule trivalve. (H. Bn, *Hist. des pl.*, IX, 120.)

MICROPHYSA (Schrenk, in *Bull. Ac. sc. Pétersb.*, II, 115). Synonyme de *Galium* T.

MICROPHYSCA (Naud., in *Ann. sc. nat.*, sér. 3, XVI, 99; XVIII, t. 3). Section du genre *Maieta* Aubl. (H. Bn, *Hist. des pl.*, VII, 56.)

MICROPIPER (Miq., in *Bull. néerl.* [1839]). Section du genre *Piper* L.

MICROPLEURA (Lagasc., *Oc. esp. emigr.*, 15). Genre d'Ombellifères, dont nous avons fait (*Hist. des pl.*, VII, 141) une section du genre *Hydrocotyle*, et qui se distingue par des inflorescences plus ou moins ramifiées, portant des fleurs fertiles qui terminent leurs divisions, et, immédiatement au-dessus d'elles, deux ou un nombre peu élevé de fleurs plus jeunes et presque toujours stériles, mâles et pédicellées. Ce sont des herbes mexicaines, qu'on dit avoir aussi été trouvées dans l'est de l'Amérique du Sud. [H. Bn.]

MICROPLODIA (Hoffm., *Ind. Fung.*, 77). Attribué à Westendorp. (Voy. Macroplodia.) [De S.]

MICROPODIA (Boud., *Discom. charnus*, 30). Genre de Pézizés, du groupe des Mollisiés, à réceptacle stipité.

MICROPODISCUS (Grun. — V. Heurck, in *Typ. Syn. Diat. Belg.*, n. 11, 416). Diatomacée de la famille des Cryptoraphydées, de la tribu des *Eupodisceæ*, que caractérise un frustule dont le bord des valves est muni d'une couronne de points et d'un appendice allongé. Ces valves sont à ponctuations très fines et indistinctement radiantes, avec un cercle de points plus gros vers la partie centrale. Une seule espèce constitue ce genre; elle appartient aux eaux saumâtres. [Ch. M.]

MICROPOGON (Spreng., *Syst.*, I, 270). Genre incertain de Graminées.

MICROPORA (Hook. f., *Icon.*, t. 1547). Genre de Lauracées-Perséées, établi pour un arbre de Penang, à fleurs hermaphrodites; le périanthe 6-mère; l'androcée à 6 anthères épaisses, 2-locellées; l'ovaire surmonté d'un style court, aigu. Les fleurs sont axillaires, disposées en grappes simples ou composées, dans le *M. Curtisii*. [H. Bn.]

MICROPORUS (Pal.-Beauv., in *Pers. Myc. eur.*, II, 39). Sous-section du genre *Polyporus* Fr., à pores petits et arrondis. [De S.]

MICROPSIS (DC., *Prodr.*, V, 450). Section du genre *Filago* T. (H. Bn, *Hist. des pl.*, VIII, 185, not.)

MICROPSYLLIUM (Dcne, in *DC. Prodr.*, XIII, 1, 696). Section du genre *Plantago* T.

MICROPTELEA (Spach, in *Ann. sc. nat.*, sér. 2, XV, 358). Genre d'Ulmacées, conservé par J.-E. Planchon comme section du genre *Ulmus* et caractérisé par des fleurs 4-8-mères, pédicellées, fasciculées, naissant de l'aisselle des feuilles de l'année précédente. Celles-ci subsistent plus ou moins pendant l'hiver. Les *U. parvifolia* Jacq. et *crassifolia* Nutt. sont les plus connus de ce petit groupe. (Voy. *DC. Prodr.*, XVII, 161.)

MICROPTERIS (Desvx, in *Mém. Soc. Linn. Par.*, VI, 217). Synonyme de *Xiphopteris* Kault.

MICROPTERYGIUM (Lindenb., in *Nees Syn. Hepat.*, 233). Genre séparé des *Jungermannia*. Pour Mitten (in *Hook. f. Fl. N. Zeal.*, II, 148), c'est un genre d'Hépatiques foliées.

MICROPTERYX (Walp., in *Linnæa*, XXIII, 739). Section du genre *Erythrina* L.

MICROPUCCINIA (Schrœt. — Sacc., *Syll. Fung.*, VII (2), 677). Section du genre *Puccinia*, comprenant les espèces dont on ne connaît que les téleutospores. [De S.]

MICROPUS (L., *Gen.*, n. 996). Section du genre *Filago* T. (H. Bn, *Hist. des pl.*, II, 185, not.)

MICROPYLE. L'orifice du sommet organique de l'ovule, qui permet l'introduction du tube pollinique ou le passage du sac embryonnaire.

MICROPYRUM (Gaud., *Fl. helv.*, I, 366). Section du genre *Triticum* L.

MICROPYRUM (Link, in *Linnæa*, XVII, 397). Synonyme de *Catapodium* Link.

MICROPYXIS (Dub., *Mém. Primul.*, 39, t. 4). Synonyme de *Centunculus* L. Le *M. rubricaulis* est un *Anagallis*.

MICRORACHIS (DC., *Prodr.*, VI, 85). Section du genre *Hymenolepis* Cass.

MICRORAVENELIA (Sacc., *Syll. Fung.*, VII (2), 772). Section du genre *Ravenelia*, comprenant les espèces dont on ne connaît que les téleutospores.

MICRORHAMNUS (A. Gray, *Pl. Wright.*, I, 33). Genre proposé pour une Rhamnacée épineuse de l'Amérique du Nord, voisine des *Zizyphus*, et que nous avons reconnue pour un *Condalia*, différant seulement des espèces normales de ce genre par la présence de cinq petits pétales. [H. Bn.]

MICRORHAMNUS (MAXIM., ex H. BN, *Hist. des pl.*, VI, 52, not.). Synonyme de *Rhamnella* MIQ.

MICRORHYNCHUS (LESS., *Syn.*, 139). Section du genre *Lactuca* T. (H. BN, *Hist. des pl.*, VIII, 116.)

MICRORRHINUM (ENDL., *Gen.*, 673). Section du genre *Linaria* T.

MICROSACCUS (BL., *Bijdr.*, 367). Genre d'Orchidacées-Vandées, à fleurs de *Saccolabium*, avec 4 pollinies. Ce sont 3, 4 herbes épiphytes, à port d'*Aporum*, avec des feuilles nombreuses et de courts pédoncules latéraux, 1, 2-flores. Toutes sont de la Malaisie. (LINDL., *Gen. et spec. Orchid.*, 218.) [H. BN.]

MICROSANTHES (G. DON, *Gen. Syst.*, III, 736). Synonyme de *Codonopsis* A. DC.

MICROSCIADIUM (BOISS., in *Ann. sc. nat.*, sér. 3, I, 141; *Fl. or.*, II, 890). Genre d'Ombellifères, que nous avons (*Hist. des pl.*, II, 118) rapporté aux *Carum*, comme section à fruit allongé, étroit, avec des côtes peu saillantes et des stylopodes irrégulièrement concaves. [H. BN.]

MICROSCIADIUM (HOOK. F., in *Hook. Lond. Journ.*, VI, 468). Section du genre *Azorella* LAMK. (H. BN, *Hist. des pl.*, VII, 237.)

MICROSCORDUM (MAXIM., in *Mél. biol. Ac. sc. Petersb.*, XII, 553). Section du genre *Allium*, établie pour l'*A. monanthum* MAXIM.

MICROSECHIUM (NAUD., in *Ann. sc. nat.*, sér. 5, VI, 25). Genre douteux de Cucurbitacées-Séchiées, établi pour une herbe monoïque du Mexique, à fleurs mâles 4-mères et à fleurs femelles ordinairement 3-mères, avec un gynécée de Chayotte et 2 étamines à anthère 2-loculaire. (H. BN, *Hist. des pl.*, VIII, 429.)

MICROSEMMA (LABILL., *Sert. austro-caled.*, 58, t. 57). Genre jusqu'ici mal connu, que nous avions, avec tous les auteurs, rapporté aux Ternstrœmiacées, et qui appartient aux Aquilariées, de même que le *Solmsia*. Il a un ovaire à 10-12 loges uniovulées, qui devient une capsule. Les sépales imbriqués sont doublés d'écailles laciniées, et les feuilles sont alternes. Les fleurs sont polygames. Le genre compte déjà 3, 4 espèces. (H. BN, *Hist. des pl.*, IV, 255; in *Bull. Soc. Linn. Par.*, 128.)

MICROSEPALA (MIQ., *Fl. ind. bat.*, Suppl., 444, 471). Synonyme de *Baccaurea* LOUR.

MICROSERIS (DON, in *Phil. Mag.*, XI, 388). Section du genre *Cichorium* T. (H. BN, *Hist. des pl.*, VIII, 20.)

MICROSORIUM (LINK, *H. berol.*, II, 110). Genre proposé pour le *Polypodium iridioides* HOOK. (?). Synonyme de *Nephrodium*.

MICROSPERMA (HOOK., *Icon. pl.*, t. 234). Section du genre *Mentzelia* L. (H. BN, *Hist. des pl.*, VIII, 465.)

MICROSPERMÆ (B. H., *Gen.*, III, VIII). Série (1) des Monocotylédones (Orchidées, Burmanniées et Hydrocharidées).

MICROSPERMUM (LAG., *Elench. pl. H. matrit.*, 25). Genre de Composées-Hélianthées-Héléniées, formé de 1, 2 herbes grêles du Mexique, à feuilles opposées; distingué, dans le groupe des Bæriées, par ses capitules homogames, avec des bractées étroites, 2-sériées, à l'involucre; des styles à branches aiguës et des achaines dépourvues d'aigrette. (H. BN, *Hist. des pl.*, VIII, 252.)

MICROSPHACE (BENTH., *Labiat.*, 244). Section du g. *Salvia*.

MICROSPHÆRA (LÉV., in *Ann. sc. nat.*, sér. 3, XV, 381). Synonyme de *Calocladia* LÉV. Pour Tulasne (*Sel. Fung. Carpol.*, I, 192), ce sont des *Erysiphe*.

MICROSPLENIUM (HOOK. F., *Gen.*, II, 4, n. 4). Genre de Caprifoliacées, d'après l'auteur. Synonyme de *Machaonia* H. B. (H. BN, in *Bull. Soc. Linn. Par.*, 203; *Hist. des pl.*, VII, 421.)

MICROSPORA. Genre de Conferves (HASS.), rejeté par l'auteur lui-même (*Brit. freswat. Alg.*).

MICROSPORA (THUR., *Rech. sur les zoosp. des Algues*, 12, t. 17). Algues-Chlorospermées, de la famille des Confervacées, d'après Rabenhorst et de la section des *Glœotileæ*. Les filaments de ces Algues sont simples, articulés. La masse endochromique, pariétale à l'origine, se divise d'abord, prend une configuration cassée et se contracte ensuite, de manière à former une masse centrale. Tous les articles sont fructifères. La reproduction se fait par zoogonidies. Ces zoogonidies sont le résultat de la division du cytioplasma. Elles sont petites, nombreuses, ovales-elliptiques, pourvues de deux cils, rarement de trois ou de quatre. Une demi-douzaine d'espèces constituent ce genre. (RABENH., *Flor. eur.*, *Alg.*, III, 320.) [CH. M.]

MICROSPORA (THUR., in *Ann. sc. nat.*, sér. 3, XIV, 221). Genre créé pour le *Conferva floccosa* AGH.

MICROSPORANGE. Nom que l'on a donné à certains organes que l'on rencontre chez quelques Cryptogames, et dont les fonctions sont d'abriter et de développer les organes de reproduction appelés *microspores*.

MICROSPORE. Désigne une spore de petite dimension dans les espèces fongiques présentant deux sortes de spores de dimensions différentes. Il y en a aussi dans les Lycopodiacées. [DE S.]

MICROSPORE. — Voy. LYCOPODIACÉS.

MICROSPORON (GRUBY, *Catt. mic. corp. rum.*, 128, in *C. rend. Acad. sc.* [1843], XVII, 301). Genre de Torulacés, à filaments mycéliens ténus et ramifiés, portant des spores transparentes. Les espèces de ce genre se développent à la surface des poils et des cheveux. On leur attribue diverses maladies du système pileux, vulgairement désignées sous le nom de Teignes. (ROB., *Hist. nat. vég. par.* [1853]. — H. BN, *Tr. Bot. méd. crypt.*, 225, fig. 293.) [DE S.]

MICROSPORUM (GRUBY). Pour MICROSPORON.

MICROSTACHYS (A. JUSS., *Euphorb. Tent.*, 48, t. 15). Section du genre *Excæcaria* L. (H. BN, *Hist. des pl.*, V, 135.)

MICROSTAPHUS (JAUB. et SPACH, in *Ann. sc. nat.*, sér. 2, XX, 32). Sous-genre du genre *Gaillonia* A. RICH.

MICROSTAPHYLA (PRESL, *Epim.*, 520). Genre créé pour le *Gymnogramma bifurcata* KZ. Synonyme de *Acrostichum* L.

MICROSTEGIA (PRESL, *Epim.*, 450). Genre créé pour le *Diplazium sylvaticum* SW.

MICROSTEGIUM (NEES, in *Steud. Syn. pl. glum.*, I, 411). Synonyme de *Pollinia* TRIN.

MICROSTEMMA (R. BR., in *Mem. Werner. Soc.*, I, 25). Genre d'Asclépiadacées-Stapéliées-Céropégiées, formé de 2 herbes australiennes, dressées ou grimpantes, à fleurs dont la couronne est simple, sinuée-crénelée; la corolle rotacée. (ENDL., *Iconogr.*, t. 60.) [H. BN.]

MICROSTEMON (ENGL., *Bot. Jahrb.*, I, 376; *Anac.*, 294, t. 9, fig. 37-41). Genre établi pour le *Pentaspadon? velutinus* HOOK. F., et qui ne diffère guère des *Pentaspadon* que par la profondeur des lobes du disque. Aussi est-il douteux que ce genre puisse être maintenu. [H. BN.]

MICROSTEPHIUM (LESS., in *Linnæa*, VI, 92). Synonyme de *Cryptostemma* R. BR.

MICROSTICTA (DESMAZ., in *Ann. sc. nat.* [1849], 360; *Pl. crypt.*, I, 958). Genre incertain de Périsporiacés, à très petits périthèces noirs, elliptiques, s'ouvrant en coupe, et à conidies légèrement colorées. [DE S.]

MICROSTIGMA (TRAUTV., *Pl. imag.*, 34, t. 25). Genre proposé pour le *Matthiola deflexa* BGE.

MICROSTOMA (BRUCH, SCHIMP. et GÜMB., *Bryol. eur.*). Section du genre *Hymenostomum* R. BR.

MICROSTOMA (MILDE, in *Bot. Zeit.* [1852], 208). Genre de Pezizés, à cupule s'ouvrant en plusieurs dents, portée sur une base rhizoïde et présentant un hyménium à paraphyses rameuses et colorées. [DE S.]

MICROSTROMA (NIESSL, *Mähr-Crypt. Fl.*, 163). Genre d'Hyphomycètes, à filaments très courts, non cloisonnés, très rapprochés, formant des pulvinules aplatis. Les conidies, portées sur ces filaments, sont ovoïdes et hyalines. Les deux espèces connues végètent à la face inférieure des feuilles de Chênes ou de Noyers, en Europe, dans l'Amérique septentrionale et l'Afrique australe. [DE S.]

MICROSTYLIS (NUTT., *Gen. amer.*, II, 196). Genre d'Orchidacées-Épidendrées, très voisin des *Malaxis*, formé d'une quarantaine d'herbes terrestres d'Europe, d'Asie et d'Amérique, à tiges 1-3-foliées; les pétales étroits; le labelle cordé ou auriculé, embrassant. (*Bot. Mag.*, t. 5403, 6668.) [H. BN.]

MICROSYPHUS (PRESL, *Bot. Bem.*, 91). Synon. de *Striga* L.

MICROTE. Nom français (LAMK) des *Microtea* SW.

MICROTEA (Sw., *Prodr.*, 53; *Fl. ind. occ.*, 1, 542, t. 12). Genre de Chénopodiacées, qui a donné son nom à une série des *Microtéées*, et que beaucoup d'auteurs rapportent aux Phytolaccacées. Il a le gynécée d'un *Chenopodium;* l'ovaire uniloculaire, avec un seul ovule basilaire, campylotrope; et le fruit sec, glochidié, renferme une graine à albumen farineux, entouré par l'embryon. Il y a un périanthe simple, hypogyne, et de 5 à 8 étamines.

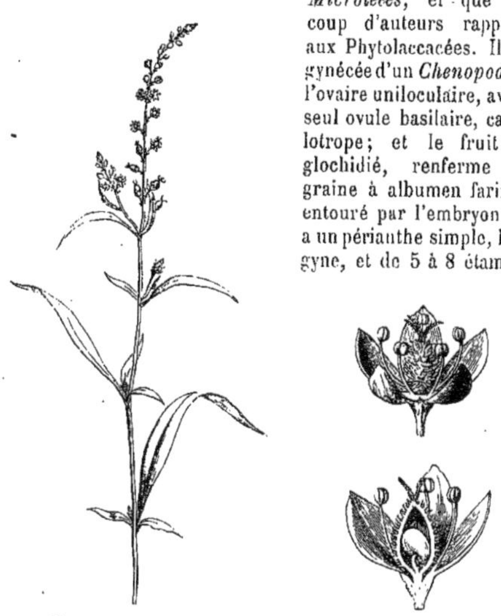

Microtea. — Branche florifère. Fleur, entière et coupe longitudinale.

Le genre comprend 8, 9 espèces, de l'Amérique tropicale, herbes annuelles, grêles, à feuilles alternes ou opposées, à grappes simples ou composées. (H. Bn, *Hist. des pl.*, IX, 148, 198, fig. 211-213.)

MICROTERUS (Presl, *Epim.*, 484). Genre proposé pour le *Polypodium neglectum* Bl.

MICROTHAMMON (Næg., in *litt.*). Genre d'Algues-Némalophycées, de la famille des *Chætosporeæ*, d'après Rabenhorst; de celle des *Ulotrichæ*, d'après Kützing. Ces végétaux microscopiques sont renfermés dans une masse plus ou moins muqueuse. La plupart ont une couleur vert tendre. Les filaments articulés sont très rameux, de forme di- ou trichotomique. Les articles sont plus longs que le diamètre et peu renflés. Les cellules terminales sont obtuses, non pilifères comme dans le genre *Chætophora;* elles se gonflent et se métamorphosent en sporange. La propagation se fait par des zoospores. Quelques auteurs, entre autres W.-H. Harvey, n'ont pas admis ce genre, qu'ils considèrent comme devant faire partie des *Draparnaldia*. Nous ne sommes pas de cet avis. (Rabenh., *Fl. eur. Alg.*, s. III, 375.) [Ch. M.]

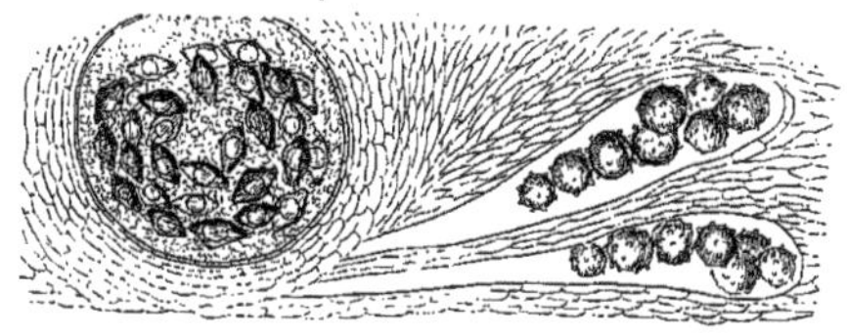

Microthecium. — Sporanges et spores.

MICROTHECIUM (Corda, *Anleit.*, 125). Genre mal défini de Pyrénomycètes, dont les spores noires, à épispore conné, agglutinées et renfermées dans un périthèce membraneux très ténu, avaient été rencontrées par Zobel dans le tissu du *Rhizopogon albus* Cord. Tulasne y a reconnu un Sphériacé du groupe des *Hypocræa* (*Fung. hypog.*, 186), que Fuckel et M. Saccardo ont définitivement rapporté aux *Melanospora*. Le *M. Zobelii* est en effet parasite dans les Tubéracés ou les Pézizés. (Voy. Fuck., *Symb. myc.*, 127. — Sacc., *Syll. Fung.*, II, 463.) [De S.]

MICROTHEIA (Ehrenb., *Inf.*, 164, t. XII, fig. X). Genre d'Algues, de la famille des Desmidiacées, que Kützing, non sans raison, considère comme très douteux. [Ch. M.]

MICROTHELIA (Fr., *Lich. arct.*, 368). Genre de Lichens.

MICROTHOE (Dcne, in *Ann. sc. nat.*, sér. 2, XVIII, 116). Section du genre *Galaxaura* Lamx.

MICROTHUAREIA (Dup.-Th., *Gen. nov. madag.*, 3). Synonyme de *Thuarea* Pers.

MICROTHYRIACEÆ (Sacc., *Syll. Fung.*, II, 658). Famille de Pyrénomycètes, à périthèce dimidié, aplati, souvent radié, à thèques contenant de 4 à 8 spores, d'ordinaire courtes. [De S.]

MICROTHYRIUM (Desmaz., in *Ann. sc. nat.*, sér. 3, XV, 137). Genre de Pyrénomycètes, à périthèce membraneux, scutiforme, muni d'un pore central, contenant des thèques obovales, sans paraphyses; à spores ovales ou fusiformes, biloculaires, hyalines. On en connaît une vingtaine d'espèces, sur les feuilles mortes, les aiguilles de Pins, les chaumes et les rameaux, sous toutes les latitudes. Les espèces à spores colorées ont été groupées par M. Saccardo sous le nom de *Seynesia*. [De S.]

MICROTHYRIUM (Fr., *Summ. veg. Scand.*, II, 426). Pour *Microthecium* Corda.

MICROTINUS (Œrst., in *Vid. Medd. Nat. For. Kjob.* [1860], 293, t. 6, fig. 7-101). Section du genre *Viburnum* T.

MICROTREMA (Kl., in *Linnæa*, XII, 499). Synon. de *Erica*.

MICROTRICHIA (DC., *Prodr.*, V, 366). Section du genre *Grangea* Adans. (H. Bn, *Hist. des pl.*, VIII, 147, not. 4.)

MICROTRIPHRAGMIUM (Sacc., *Syll. Fung.*, VII (2), 769). Section du genre *Triphragmium* Link, comprenant les espèces dont on ne connaît que les téleutospores.

MICROTROCHILA (Karst., *Mon. Peziz. fenn.*, 178). Section du genre *Peziza*, comprenant les espèces épiphytes, à cupule sessile, molle, minime, et à spores le plus souvent fusiformes, allongées, et de couleur blanche ou hyaline. [De S.]

MICROTROPIS (E. Mey., *Comm. pl. afr. austr.*, 65). Synonyme de *Euchlora* Eckl. et Zeyh.

MICROTROPIS (Wall., ex Arn., in *Ann. Nat. Hist.*, III, 152). Genre de Célastracées-Célastrées, formé de 7, 8 arbres ou arbustes indiens, glabres, à feuilles opposées; les fleurs 5-mères, à pétales connés, non fovéolés, parfois nuls; avec un ovaire 2, 3-loculaire; les loges 2-ovulées. Le fruit est oblong, coriace et finalement 2-valve. (H. Bn, *Hist. des pl.*, VI, 4, 31.)

MICROULA (Benth., *Gen.*, II, 853, n. 37). Genre de Boraginacées-Boragées, voisin des *Asperugo*, mais à calice fructifère égal et étalé. C'est une herbe naine et subacaule, du Thibet, à feuilles basilaires en rosette, à cymes scorpioïdes, pourvues de bractées foliacées, plus grandes que les fleurs. [H. Bn.]

MICROUROMYCES (Sacc., *Syll. Fung.*, VII (2), 567). Section du genre *Uromyces*, dont on ne connaît que les téleutospores.

MICROWEISIA (Bruch, Schimp. et Gumb., *Bryol. eur.*). Section du genre *Weisia* Hedw.

MICROZAMIA (Corda, in *Reuss. Verst. böhm. Kreidef.*). Genre de Cycadacées fossiles. (Ad. Br., in *Dict. d'Orb.*, XIII, 113.)

MICROZOOSPORE. Le nom de Microzoospore, chez certaines Algues et surtout chez les Hydrodictyées, a été donné aux zoospores de très petites dimensions qui abandonnent la cellule mère et se dispersent dans le liquide ambiant, où elles se meuvent pendant trois heures environ. Les microzoospores sont ovales, et leur extrémité hyaline porte de longs cils. [Ch. M.]

MICROZYMA. Nom donné par M. Béchamp aux particules élémentaires des phytocystes et en général des éléments organiques. Pour l'auteur du mot, les microzymes s'agrègent au moyen des zymases qu'ils sécrètent; et après la mort, ils se transforment en microphytes. [H. Bn.]

MICRURUS (Endl., *Gen.*, 104). Section du g. *Lepturus* R. Br.

MICULA (Kl., *Herb. myc.*, II, n. 636; in *Hedwigia* [1858]). Genre de Sphériacés, qui n'a pas été généralement admis et que M. Saccardo rapporte aux *Didymosphæria*. [De S.]

MIDA (A. Cunn., in *Ann. Nat. Hist.*, ser. 4, I, 376). Synonyme (part.) de *Santalum* et de *Fusanus* R. Br.

MIDDENDORFIA (TRAUTV., in *Mém. sav. étr. Ac. Pétersb.*, IV, 489, t. 4). Synonyme de *Peplis* L.

MIDI (Fleurs de). Les Ficoïdes.

MIDORI-SASAGE. Nom japonais du *Dolichos umbellatus* L.

MIDOTIS (FR., *El.*, II, 29; *Summ. veg. Scand.*, 362). Genre de Pézizés épiphytes, de forme auriculée, à hyménium infère ou latéral, à thèques claires, filiformes. Très voisin des *Dermatea*.

MIDSU-NARA. Nom japonais du *Quercus grosseserrata* BL.

MIDYON. Nom ancien (THÉOPHR.) d'un Chêne.

MIDZU. Nom japonais du *Pilea petiolaris* BL.

MIDZU-ASAGAO, M.-OBACO. Au Japon l'*Ottelia japonica* MIQ.

MIDZU-AVI. Nom japonais du *Monochoria vaginalis* PRESL.

MIDZU-BASHO. Au Japon, le *Lysichiton kamschatcense* SCHW.

MIDZUFUDE. Nom japonais de l'*Actæa* (*Cimicifuga*) *japonica*.

MIDZU-HAKOBE. Nom japonais du *Callitriche verna* KUETZ.

MIDZUHIKIMO. Nom japonais du *Polygonum filiforme* THUNB.

MIDZUHIKIMO. Au Japon, le *Potamogeton hybridus* MICHX.

MIDZUICHO. Nom japonais du *Villarsia Crista-galli* GRISEB.

MIDZUKINBAI. Au Japon, le *Ludwigia* (*Jussiæa*) *repens* H. BN.

MIDZU-KUGURI. Nom japonais d'une des formes du *Glycine hispida* (*Soja hispida* MŒNCH).

MIDZU-MATSUBA. Nom japonais de l'*Elatine Alsinastrum* L.

MIDZUMO-RAN. Synonyme de *Jinbaiso*.

MIDZU-NA. Nom japonais du *Brassica* (*Sinapis*) *chinensis*.

MIDZU-TABIRAKO. Au Japon, l'*Eritrichium brevipes* MAX.

MIDZU TAGARASHI. Nom japonais du *Cardamine lyrata* BGE.

MIDZUTAMASO. Nom japonais de l'*Eriocaulon parvum* KAER.

MIDZUTAMA-SO. Au Japon, le *Circæa quadrisulcata* MAX.

MIDZU-TONBO. Au Japon, l'*Habenaria sagittifera* REICHB.

MIDZU-TORANOWO. Au Japon, le *Lysimachia leucantha* MIQ.

MIDZU-TORANOWO. Au Japon, le *Dysophylla japonica* MIQ.

MIDZU-YUKINOSHITA. Nom japonais du *Ludwigia ovalis* MIQ.

MIEG (Ach.). Professeur à Bâle, auteur [1753] de *Specimen I, II observationum botanicarum* (in-8 de 16 p.).

MIEGIA (NECK., *Elem.*, I, 49). Synonyme de *Hieracium* T.

MIEGIA (PERS., *Syn.*, I, 101). Syn. de *Arundinaria* MICHX.

MIEGIA (SCHREB., *Gen.*, 786). Synonyme de *Remirea* AUBL.

MIELGA. L'un des noms espagnols de la Luzerne.

MIELICHHOFERIA (HORNSCH., *Bryol. germ.*, 179). Genre de Mousses-Bryacées, à coiffe cuculliforme. L'urne est terminale, pourvue d'une apophyse, avec un opercule conique et rostellé-submucroné. Le péristome est simple, à 16 dents équidistantes, largement lancéolées dès la base, solides et incurvées. Ce sont des Mousses grêles, natives de l'Europe moyenne, fastigiées-rameuses, vivaces et croissant sur les roches humides des montagnes. (ENDL., *Gen.*, n. 520.) [H. BN.]

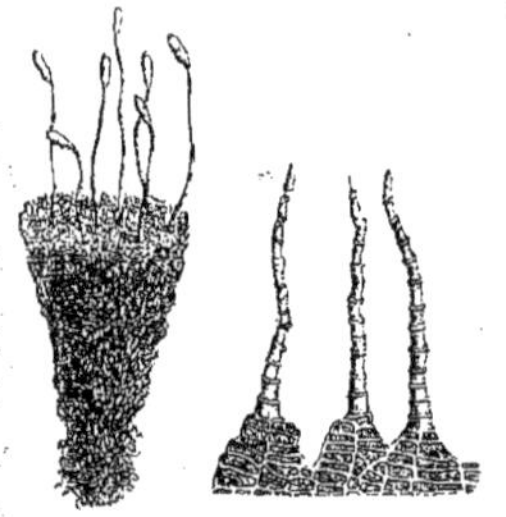

Mielichhoferia. — Port. Péristome.

MIELICHHOFERIEÆ (BRUCH, SCHIMP. et GÜMB., *Bryol. eur.*, fasc. 24). Famille des Mousses, comprenant les genres *Mielichhoferia* et *Schishymenium*.

MIELLAT. Liquides sucrés, produits par les plantes, sous l'influence de la piqûre d'insectes variés.

MIELLIN. Le *Boletus Juglandis* BULL. C'est aussi le nom du *Polyporus squamosus* SCHÆFF.

MIENGOU. Fruit du Tonkin (GROSIER), qui guérit la migraine.

MIEOPYTHIS (CORDA, *Fl. d. Worw.*, 30, t. 11). Genre de Sigillariées (AD. BR., in *Dict. d'Orb.*, XIII, 106).

MIERA. En Espagne, l'huile de Cade.

MIERGE. Le *Githago segetum* DESF. C'est aussi l'un des noms du *Panicum viride* L.

MIERIA (LLAV. et LEX., *Nov. veg. descr.*, II, 9). Synonyme de *Schkuhria* ROTH.

MIERS (JOHN). Voyagea beaucoup dans l'Amérique du Sud et en fit connaître un grand nombre de plantes, d'abord dans les 2 vol. de ses *Illustrations* [1846-1857], puis dans les 3 volumes de ses *Contributions* [1851-71]. Il y étudia surtout monographiquement les Solanacées, les Rhamnacées, les Ménispermacées, les Olacinées, les Apocynacées, etc. C'était un travailleur scrupuleux et infatigable; il avait des opinions tout à fait particulières sur la distinction des genres, la structure des graines, etc. (*Cat. sc. pap.*, IV, 382). Ses collections font aujourd'hui partie du *British Museum*.

MIERSIA (LINDL., in *Miers Trav.*, II, 529; in *Bot. Reg.*, sub t. 992). Genre de Gilliésiées, formé de 2 herbes bulbeuses du Chili, distingué des *Gilliesia* par 6 folioles subégales au périanthe, une couronne de 6 écailles entières ou bifides. Les étamines sont unies en urcéole. (C. GAY, *Fl. chil.*, t. 68.) [H. BN.]

MIGAUDE, MIGOTTE. Noms foréziens du *Fragaria vesca* L.

MIGNA-MIGNA. Arbre fabuleux du Congo.

MIGNARDISE. Le *Dianthus plumarius* L.

MIGNONET, M. BLANC. Le *Trifolium arvense* L.

MIGNONET JAUNE. Le *Trifolium procumbens* L.

MIGNONNETTE. Le *Reseda odorata* L., le *Draba verna* L., la Lupuline et le Poivre blanc concassé.

MIGNOTICE DES GENEVOIS. Le Thym commun.

MIGRAINE. Le *Punica Granatum* L.

MIHA. Nom arabe du Styrax.

MIHIBUÉ. Nom caraïbe du *Dioscorea sativa* L.

MIJAMI SKIMMI. Nom japonais du *Skimmia japonica* THUNB.

MIKAN (Jos.-Gottp.). Professeur à Prague [1743-1814], écrivit [1776] un Catalogue du Jardin de Prague. — Son fils, Joh. Chr. MIKAN [1769-1844], qui lui a succédé dans sa chaire, est plus connu que lui, grâce à ses *Delectus Floræ et Faunæ brasiliensis* [1820], in-fol. de 42 p. Il a décrit (in *N. Act. leop.-palat.*, XVII, 569) l'*Apteranthes Gussoniana*.

MIKANIA (NECK., *Elem.*, II, 217). Synonyme de *Perebea* AUBL.

MIKANIA (W., *Spec.*, III; 1742). Section du genre *Eupatorium* T. (H. BN, *Hist. des pl.*, VIII, 128). Le *M. Guaco* H. B. K. (*Eupatorium parviflorum* AUBL.) est le plus célèbre comme remède, dans l'Amérique équinoxiale, de la morsure des serpents venimeux. (H. BN, *Tr. Bot. méd. phanér.*, fig. 2972.)

MIKURI. Nom japonais du *Sparganium longifolium* TURCZ.

MIL. — Voy. MILLET.

MIL. Le *Panicum miliaceum* L. Le *M. à épi* ou *M. d'Italie*, *M. des oiseaux*, est le *P. italicum* L. Le *M. à chandelles* est l'*Holcus spicatus* L. (*Penicillaria spicata* W.)

MIL (GROS). Le *Sorghum vulgare* W.

MIL (PETIT). Le *Panicum italicum* L. et le *P. miliaceum* L.

MILAX. Nom de l'If (DIOSC.), du *Quercus coccifera* (BELON) et quelquefois aussi des *Smilax*.

MIL COMMUN, D'INDE, EN BRANCHES. Le *Panicum miliaceum* L.

MIL D'AFRIQUE. Le Sorgho.

MILDE (Jul.). Né à Breslau [1824], a surtout étudié les Équisétacées et les Fougères. Son *Monographia Equisetorum* est de 1865. Il donna aussi des monographies des Ophioglosses [1856], des Osmondes [1868], des *Botrychium* [1869], et en 1869, un *Bryologia silesiaca* (in-8 de 410 p.). (*Cat. sc. pap.*, IV, 385.)

MILDEA (GRISEB., *Cat. cub.*, 63). Synon. de *Verhuellia* MIQ.

MIL DES CANARIES. Le *Phalaris canariensis* L.

MIL DES MAURES. Le Sarrasin.

MIL D'ESPAGNE. Le Maïs.

MIL D'ÉTHIOPIE, M. D'INDE. Le *Sorghum vulgare* W.

MILDEW. Nom donné par les Américains à la maladie des Vignes, aujourd'hui si répandue dans notre pays et causée par le *Peronospora viticola* BERK. (Pour son traitement, voy. la br. de M. Bellot des Minières, sur l'Ammoniure de cuivre).

MIL D'INDE. Le *Panicum miliaceum* L.

MILDIOU. Orthographe francisée de *Mildew*.

MILEROSA (DOCHN., *Obstk.*, I, 89). « Genre » de Pommiers.

MIL FLORES. Nom, à Caracas, du *Clerodendron fragrans* W.

MILFOIL. Nom anglais des Achillées.

MILHANIA (NECK., *Elem.*, II, 24). Synonyme (?) de *Ipomœa*.

MILHAU. Auteur de dissertations : sur le Caffeyer, et sur le Cacayoer [1746]. — Joh. Ludw. MILHAU a écrit [1740] *Dissertatio inauguralis de Carvi* (in-4 de 26 p.).

MILHO DE TURQUIE. En Portugal, le Maïs.

MIL-HOMENS (Racine de). Celle de l'*Aristolochia cymbifora* MART. et d'espèces voisines, astringentes et réputées anguifuges. (H. BN, *Hist. des pl.*, IX, 18.)

MILIARIA (TRIN., in *Mém. Acad. Pétersb.*, sér. 6, III, 285). Section du genre *Panicum* L.

MILIARIUM (MŒNCH, *Meth.*, 304). Synonyme de *Milium* L.

MILIOSACCHARUM (HOOK. et ARN. — NEES, in *Beech. Voy. Bot.*, V, 237). Synonyme de *Arundinella* RADD.

MILITARIS (*Herba*). Herbe qui, selon Pline, guérit les blessures. On a dit que c'était un *Hieracium*.

MILIUM (L., *Gen.*, 70, part.). Genre de Graminées-Agrostidées, restreint à 5, 6 espèces européennes et asiatiques, annuelles ou vivaces, à glumelle-fructifère indurée autour du caryopse, ovoïde et non aristée, de même que l'écaille interne. L'inflorescence est très composée. (NEES, *Gen. Fl. germ.*, *Monoc.*, I, n. 17. — REICHB., *Icon. Fl. germ.*, t. 45, fig. 1456-1458.) [H. BN.]

MILIUM. Nom ancien (MATTH.) du *Panicum miliaceum* L.

MILIUM INDICUM (MATTH). Le Sorgho.

MILIUM SOLIS. Nom ancien du *Coix Lacryma* L.

MILIUM SOLIS. Nom officinal ancien du Grémil.

MILIUSA (LESCH., ex A. DC., *Mém. Anon.*, 37, t. 3). Genre d'Anonacées, qui a donné son nom à une série des *Miliusées*, et qui est remarquable par ses deux périanthes extérieurs, formés de folioles étroites, tandis que celles du troisième périanthe sont larges, pétaloïdes, libres ou unies inférieurement. Les étamines sont nombreuses, à anthères surmontées d'un prolongement conique du connectif. Chaque ovaire renferme un ou deux ovules ascendants, et le fruit multiple est formé de baies. Plus rarement les ovules sont en nombre indéfini. Dans la section *Saccopetalum* de ce genre, la base des folioles du troisième périanthe est plus ou moins dilatée en sac au-dessus de sa base. Le genre renferme 6, 7 espèces asiatiques et océaniennes. (H. BN, *Hist. des pl.*, I, 242, 287, fig. 291-294.)

Miliusa. — Fleur, entière et coupe longitudinale. Fleur, le périanthe enlevé. Diagramme.

MILK-BUSH. Nom anglais du *Rauvolfia nitida* L.

MILKWORT. Nom anglais des *Polygala*.

MILLA (CAV., *Icon.*, II, 76, t. 196). Genre de Liliacées-Alliées, réduit à une herbe bulbeuse du Mexique, à hampe aphylle, à fleurs en cyme ombelliforme; le périanthe cylindrique, un peu resserré vers la gorge. Les 6 étamines, insérées près de celle-ci, ont des filets courts et sont exsertes (*Bot. Reg.*, t. 1555). Les autres *Milla* des auteurs seraient des *Hookera*. [H. BN.]

MILLAFFO. Au Congo, le vin de Palme.

MILLANGUE, MILLANQUE. Le *Sorghum vulgare* W.

MILLARAL. Nom méridional du Maïs.

MILLARD. Le *Panicum Crus-galli* L.

MILLARGO, MILLARGOU. Synonymes de Millaral.

MILLARGOU. Dans le Sud-Ouest, le charbon du Maïs.

MILLAWAPAMULE. Nom indien, à la baie d'Hudson, du *Cornus sericea* LHÉR.

MILLEA (W.). Pour *Milla* CAV.

MILLEFEUILLE. L'*Achillæa Millefolium* L.

MILLEFEUILLE A FEUILLES DE CORIANDRE. La Phellandrie.

MILLEFEUILLE AQUATIQUE. Le *Ranunculus aquatilis* L.

MILLEFEUILLE CORIANDRE. La Phellandrie. La *M. des marais* est l'Utriculaire. La M. ptarmique est l'*Achillæa Ptarmica* L.

MILLEFEUILLE MARINE. Le *Plocamium coccineum* LYNGB.

MILLEFLEUR. Le *Capsella Bursa-pastoris* L.

MILLEFOLIUM (T., *Inst.*, 495, t. 283). Syn. de *Achillæa* L.

MILLEFOLIUM AQUATICUM. Nom ancien des *Myriophyllum*.

MILLEGRAINE (*Millegrana*). Matthiole croit que cette plante de Dioscoride est le *Chenopodium Botrys* L. On a donné aussi ce nom au *Radiola* et à l'Herniaire.

MILLE-GRAINES. Le *Sedum Rhodiola* DC.

MILLEGRANA (ADANS., *Fam.*, II, 269). Syn. de *Radiola* DILL.

MILLEGRANA (B. H., *Gen.*, III, 1061). Section du genre *Rhynchospora* VAHL.

MILLEGRANA (SUR., ex DC.). Synonyme de *Cypselea* TURP.

MILLEPERTUIS. Nom de plusieurs *Hypericum* T. (III, 103).

MILLEPIEDS. Aux Antilles, le *Clusia rosea* L.

MILLEPORA (ELL. et SOL., *Zooph.*, t. 23). Synonyme de *Mastophora* DCNE.

MILLEPORA (L., *H. Cliff.*, 480). Synon. de *Spongites* KUETZ.

MILLEPORUM (SPACH, in *Ann. sc. nat.*, sér. 2, V, 357). Section du genre *Hypericum* T.

MILLEPORUS (BATSCH., *Elench.*, 103). Synonyme de *Microporus* PAL.-BEAUV.

MIL LEQUAS. Nom, aux Philippines, des *Pergularia*.

MILLER (Philip.). Mort en 1771, âgé de 80 ans, à Chelsea, dont il était le jardinier; écrivit en 1724 *The Gardeners and Florists Dictionary*, et en 1731 *The Gardeners Dictionary*, qui eut 9 éditions, dont une posthume, et dont il donna [1735] un abrégé. Il publia un Catalogue du jardin de Chelsea, un *Gardener's Kalender*, des *Figures* (300 pl.) des plus belles plantes décrites dans son Dictionnaire [1760]. — Jos. MILLER fut l'auteur [1722] d'un *Botanicum officinale*, et, avec G. LAWSON de *Wild flowers of North America* [1867]. — G.-Fred. MILLER publia [1776-1794] un recueil de planches d'animaux et de plantes, dessinées et gravées par lui (60 pl.).

MILLERAN. Maladie de la Vigne qui arrête le développement des fruits et des pépins. On l'a attribuée à l'épuisement des ceps et à un refroidissement subit de la température.

MILLERIA (L., *Gen.*, n. 985, part.). Genre de Composées-Héliantheés, ne comprenant plus aujourd'hui qu'une herbe de l'Amérique tropicale, à capitules hétérogames, réduits à une fleur femelle fertile, et à 2, 3 fleurs hermaphrodites et stériles, occupant le disque. Le fruit est un achaine renfermé dans le réceptacle subcharnu. Les feuilles sont opposées, et les capitules sont disposés en cymes lâches. (H. BN, *Hist. des pl.*, VIII, 236.)

MILLERIA (PECK, in *Ann. Rep. New-York S.-Mus.* [1879]). Genre de Gastéromycètes, très voisin des *Polysaccum*, dont il diffère par la petitesse des sporangioles que renferme un péridium ressemblant à celui du *Lycoperdon calyptriforme*. Les spores, globuleuses, colorées, sont très petites. Une espèce, des États-Unis d'Amérique. [DE S.]

MILLERIEÆ. Sous-tribu des Composées-Hélianthoïdées. (B. H., *Gen.*, II, 190.)

MILLESPÈLE. Le Calamint.

MILLET. Le *Panicum miliaceum* L. — Le M. d'Afrique est le Sorgho; le M. de Cafrerie, l'*Holcus saccharatus* L.; le M. à épi ou M. des oiseaux, le *Panicum italicum* L.; le M. jaune, le *Melampyrum pratense* L.

MILLET A BALAIS, M. D'AFRIQUE, M. DE TURQUIE. Le *Sorghum vulgare* W.

MILLET A CHANDELLES. Le *Penicillaria spicata* W.

MILLET D'AMOUR, M. GRIS, M. PERLÉ, M. DE SOLEIL. Le Grémil officinal.

MILLET DE CAFRERIE, M. GROS. Le *Sorghum saccharatum* W.

MILLET DE HONGRIE. Le *Panicum germanicum* W.

MILLET (GROS) DES INDES. Le *Zea Mais* L.

MILLET D'ITALIE, M. DES OISEAUX, M. EN ÉPI. Le *Panicum italicum* L.

MILLET JAUNE, M. SAUVAGE. Le *Melampyrum pratense* L.

MILLET LONG. Le *Phalaris canariensis* L.

MILLET ROND. Le *Panicum miliaceum* L.

MILLETTIA (WIGHT et ARN., *Prodr.*, I, 263). Genre de Légumineuses-Papilionacées-Galégées, où l'on fait entrer une cinquantaine d'arbres et arbustes, parfois grimpants, des tropiques de l'ancien monde. Son androcée diadelphe a l'étamine postérieure libre ou en partie unie aux autres. Son style est glabre, et son fruit comprimé, ligneux ou coriace, s'ouvre par deux valves, mais ordinairement tard ou très imparfaitement. C'est par là qu'on croit surtout pouvoir distinguer le genre des *Lonchocarpus*, qu'on en place généralement assez loin. Mais, en l'absence fréquente du fruit, cette distinction devient souvent bien difficile dans la pratique. (H. BN, *Hist. des pl.*, II, 266.)

MILLIETTE. Synonyme de *Millargou*.

MILLIGANIA (HOOK. F., in *Hook. Kew Journ.*, V, 296, t. 9). Genre de Liliacées-Dracœnées, formé de 4 herbes vivaces, de Tasmanie, à rhizome court, à fleur pourvue d'un périanthe à tube campanulé; les lobes étalés; les loges ovariennes ∞-ovulées, et le fruit loculicide au sommet. Les fleurs sont petites, hermaphrodites, et les feuilles sont duveteuses. [H. BN.]

MILLIGANIA (HOOK. F., in *Hook. Icon.*, t. 299). Synonyme de *Gunnera* L.

MILLINA (CASS., in *Dict.*, XXXI, 89). Section du genre *Leontodon*.

MILLINGTONIA (L. F., *Suppl.*, 45, 291). Genre de Bignoniacées-Bignoniées, établi pour un arbre de l'Asie tropicale, à feuilles opposées, 2, 3-pinnées, et à fleurs pourvues d'un petit calice cupuliforme et d'une corolle presque régulière, à long tube grêle; l'androcée didyname et le fruit allongé, à 2 valves planes et coriaces, parallèles à la cloison. (BUR., *Mon. Bignon.*, t. 8. — H. BN, *Hist. des pl.*, X, 9, 39.)

MILLINGTONIA (ROXB., *Fl. ind.*, 102). Syn. de *Meliosma* BL.

MILLINGTONIA (ROXB. — DON, *Prodr. Fl. nep.*, 242). Synonyme de *Flemingia* ROXB.

MILLINOIDES (B. H., *Gen.*, II, 522). Sect. du g. *Leontodon*.

MILLOTIA (CASS., in *Dict.*, LX, 292). Genre de Composées-Inulées, formé de 2 herbes australiennes, annuelles, à feuilles alternes, voisines des *Podotheca*, distinguées par des involucres à bractées étroites, un peu inégales, herbacées, non appendiculées, et des fruits rostrés. (H. BN, *Hist. des pl.*, VIII, 177.)

MILNE (Colin). Recteur de *Porth-Chapel*, auteur [1770] de *A botanical Dictionary*, et [1771] des *Institutes of Botany*. En 1773, il publia un Catalogue de plantes rares provenant de graines de l'Inde, et, avec Al. Gordon [1793], un *Indigenous Botany*, dont le premier volume seul a paru. — MILNE (Will.-Grant) explora l'Afrique australe, où il mourut en 1866, à Creek-Town. (*Cat. sc. pap.*, IV, 396.)

MILNEA (ROXB., *Fl. ind.*, I, 637). Section du genre *Aglaia* LOUR. (H. BN, *Hist. des pl.*, V, 501.)

MILO. Nom hawaïen du *Thespesia populnea* CORR.

MILOFEILLO. Nom provençal de l'*Achillea Millefolium* L.

MILOPERTUIT. Nom provençal de l'*Hypericum perforatum* L.

MILOS. Synonyme (DIOSC.) de *Taxus baccata* L.

MILOWIA (MASSEE, in *Sacc. Syll. Fung.*, IV, 222). Genre d'Hyphomycètes. Le mycélium rameux, cloisonné, y porte des filaments agglomérés en pulvinules, dont la partie supérieure renflée porte des conidies cylindriques, pluriloculaires, hyalines, se désarticulant en autant d'articles qu'il y a de cloisons. Une espèce, trouvée en Angleterre, sur des feuilles mortes. [DE S.]

MILOWIA (SACC., *Syll. Fung.*, IV, 222). Genre d'Hyphomycètes, à mycélium rampant, d'où s'élèvent çà et là de courts sporophores à deux cloisons, renflés au sommet, portant des conidies stipitées, cylindriques, hyalines, à plusieurs articles qui se séparent les uns des autres. La seule espèce connue, le *M. nivea* SACC., forme de petits pulvinules globuleux sur les feuilles mortes de *Blysmus compressus*. [DE S.]

MILOWIEÆ (SACC., *Syll. Fung.*, IV, 222). Tribu des *Mucedineæ*, à spores pluriloculaires, ayant pour type le *Milowia*. [DE S.]

MILTANTHA (BERNH., in *Linnæa*, VIII, 463). Section du genre *Papaver* T.

MILTIANTHUS (BGE, *Enum. pl. Lehm.*, 58, t. 9). Section du genre *Zygophyllum*, à fleurs apétales. (H. BN, *Hist. des pl.*, IV, 417.)

MILTITZ (Fried. v.). Mort à Dresde en 1840, fut l'auteur d'un *Handbuch der botanischen Literatur* (in-8 de 544 p.).

MILTITZIA (A. DC., *Prodr.*, IX, 296). Synonyme de *Emmenanthe* BENTH.

MILTONIA (LINDL., *Bot. Reg.*, sub t. 1976, 1992; *Fol. orchid.* [1853]). Genre d'Orchidacées-Vandées, qui ne devrait peut-être pas être séparé des *Oncidium*, et qu'on distingue par le labelle d'ordinaire sessile à la base de la corolle, large, étalé et indivis. On en cultive quelques belles espèces du Pérou et du Brésil. (*Bot. Mag.*, t. 3793, 4109, 4425, 5436, 5572, 5843.) [H. BN.]

MILTUS (LOUR., *Fl. cochinch.*, 302). Synonyme de *Gisekia* L.

MILZFARN. Nom allemand du *Ceterach officinarum* W.

MIMETES (SALISB., *Par. lond.*, sub n. 67; in *Knight Prot.*, 64). Genre de Protéacées-Protéées, formé de 14 arbustes de l'Afrique australe, à fleurs capitées, 4-mères, 4-andres; l'ovule unique, descendant ou attaché de côté; les feuilles entières, planes ou éricoïdes; les capitules sessiles et involucrés. Ce genre est d'ailleurs bien voisin des *Leucospermum*. (H. BN, *Hist. des pl.*, II, 423.)

MIMEUSE. Les *Mimosa*, en particulier la Sensitive.

MIMINAGUSA. Nom japonais du *Cerastium vulgatum* L.

Mimosa. — Feuille.

MIMOSA (L., *Gen.*, n. 1158, part.). Genre de Légumineuses, qui a donné son nom aux Mimosées et à la sous-série des Eumimosées. Ses fleurs sont hermaphrodites ou polygames, à 4, 5 parties, avec ou sans calice. Il y a des *M.* asépales, comme la Sensitive (*M. pudica* L.). Cette espèce est isostémonée. Mais d'autres sont diplostémonées. Le fruit est une gousse, à valves entières ou articulées, se séparant des bords formant un *replum* plus étroit qu'elles. Ce sont des herbes, parfois des arbres, quelquefois grimpants, à feuilles composées ou décomposées. Leurs inflorescences sont cylindriques ou sphériques. Ce sont des plantes tropicales des deux mondes, au nombre d'environ 225. (H. Bn, *Hist. des pl.*, II, 32, 66, fig. 22, 23.)

MIMOSA-BARK. — Voyez WATTLE-BARK.

MIMOSÉES (*Mimoseæ*). Sous-famille des Légumineuses, caractérisée par des fleurs régulières ou à peu près. Les étamines y sont en nombre défini ou indéfini; la corolle valvaire ou imbriquée. On les divise en Adénanthérées, Eumimosées, Parkiées et Acaciées. (H. Bn, *Hist. des pl.*, II, 22, 51.)

Mimosa. — Diagramme.

MIMOSITES (Bowerb., *Foss. fr.*, 140. — Ung., *Syn. pl. foss.*, 247; *Chlor. protog.*, 86). Genre de Mimosées fossiles.

MIMULOIDES (Benth., in *DC. Prodr.*, X, 394). Section du genre *Herpestis* Gærtn. f. (*Bramia* Lamk).

MIMULOPSIS (Schweinf., in *Verh. Zool.-Bot. Ges. Wien*, XVIII, 677). Genre d'Acanthacées-Ruelliées, formé de 2, 3 grandes herbes d'Afrique et de Madagascar, à corolle subcampanulée, presque régulièrement 5-lobée; les fleurs jaunes, disposées en cymes ramifiées, ou axillaires, et tous les autres caractères des *Ruellia*. [H. Bn.]

MIMULUS (L., *Gen.*, n. 783). Genre de Scrofulariacées-Gratiolées, à calice tubuleux ou subenflé, à corolle bilabiée, imbriquée, à androcée didyname; les loges des anthères distinctes ou confluentes. Le style est surmonté de 2 lamelles libres ou connées, parfois irritables. Le fruit est capsulaire, loculicide, à 2 valves abandonnant les placentas. Ce sont des plantes d'Amérique, d'Asie, d'Afrique et d'Océanie, herbacées ou suffrutescentes, à feuilles opposées, à fleurs axillaires ou disposées en grappes terminales. Le *M. moschatus* est cultivé pour son parfum musqué; les *M. luteus, cardinalis, ringens*, etc., pour l'élégance de leurs fleurs. (H. Bn, *Hist. des pl.*, IX, 393, 450, fig. 551, 552.)

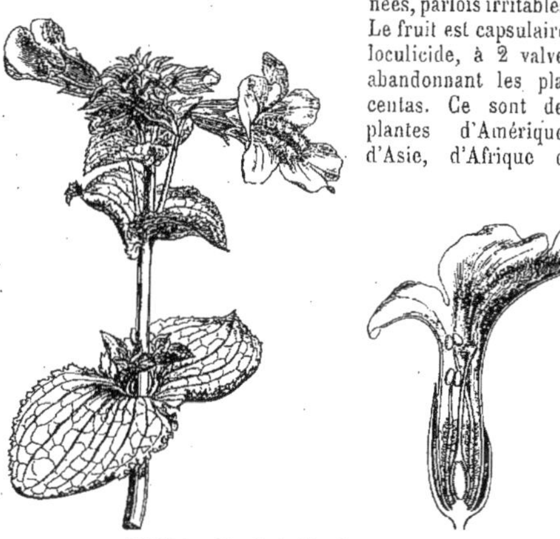

Mimulus. — Branche florifère. Fleur, coupe longitudinale.

MIMUSOPE. Nom français (Lamk) des *Mimusops* L.

MIMUSOPS (L., *Gen.*, n. 478). Genre de Sapotacées, actuellement mal délimité, formé d'une trentaine d'arbres ou arbustes laiteux, des régions tropicales des deux mondes. On s'accorde provisoirement à comprendre dans ce genre les espèces à calice 6-8-mère, à lobes de la corolle entiers et trois fois aussi nombreux, avec des staminodes alternes aux étamines fertiles qui sont elles-mêmes en nombre égal à celui des lobes de la corolle. Le fruit est charnu, et les graines sont albuminées. Le *M. Elengi* est une des plantes les plus usitées de l'Asie tropicale. Il y a des *Mimusops* qui, dans les deux mondes, produisent de bonne *Gutta-percha*. (Wight, *Icon.*, t. 1586-1588. — *Bot. Mag.*, t. 3157.) [H. Bn.]

MINA (Llav. et Lex., *Nov. veg. descr.*, 3). Synonyme de *Quamoclit* Mœnch.

MINÆA (Lojac., in *N. Giorn. bot. ital.*, XIII). Genre de Crucifères, proposé pour le *Bivonea Saviana* Car. et le *Thlaspi Prolongoi* Boiss.

MINAMOTOSO. Nom japonais du *Potentilla Cryptotæniæ* Max.

MINARI. Légumineuse fébrifuge de l'Inde (Ray).

MINDELA (L., *Fl. zeyl.*, 203). Genre incertain.

MINDERER (Raim.). Médecin d'Augsbourg [1750-1821], composa en 1816 son *Aloetarium marocostinum* (in-8 de 235 p.), qui eut trois éditions.

MINDERERA (Ramond). Pour *Menderera*.

MINDI. Synonyme de Henné.

MINDIUM (Adans., *Fam. des pl.*, II, 134). Section du genre *Campanula*, formée de 4 plantes d'Orient, à fleurs 7-10-mères dans tous les verticilles, avec les pétales plus ou moins indépendants. On en cultive parfois une belle espèce dans les jardins botaniques. (H. Bn, *Hist. des pl.*, VIII, 319.)

MINE D'OR. Nom ancien de certains Ipécacuanhas.

MINETTE. Le *Medicago Lupulina* L.

MINGUAR. Le fruit du *Minquartia guianensis* Aubl.

MINJAK-KENENGAN. Nom, à Java, de l'*Artabotrys intermedia* Hassk., qui donne une huile très odorante.

MINJAK-LAGAM. Nom d'une essence produite par des Diptérocarpacées et analogue au *Gurjum*, qui en diffère surtout par sa résine acide.

MINKELERSIA (Mart. et Gal., in *Bull. Ac. Brux.*, X, p. II, 200). Genre de Légumineuses-Papilionacées-Phaséolées, établi pour une herbe du Mexique, qui a les caractères des Haricots, mais dont les lobes calicinaux sont allongés et dont les pédoncules uniflores appartiennent à une plante à souche rampante, plus ou moins renflée. (H. Bn, *Hist. des pl.*, II, 241.)

MINON. Les *Eriophorum*.

MINOTS. Le *Trifolium arvense* L.

MINQUART (Bois de). Celui du *Minquartia guianensis* Aubl.

MINQUARTIA (Aubl., *Pl. Guian.*, II, Suppl., 4, t. 370). Genre longtemps douteux, rapporté aux Euphorbiacées par M. Mueller d'Argovie, sous le nom de *Secretania*, et qui, d'après nous (in *Bull. Soc. Linn. Par.*, 585), appartient aux Olacinées, voisin des *Heisteria*, dont il se distingue surtout par ses cloisons ovariennes presque complètes. [H. Bn.]

MINSON. Le *Lathyrus tuberosus* L.

MINT. Nom anglais des Menthes.

MINTHIDIUM (Benth., *Labiat.*, 118). Section du genre *Hyptis* Jacq.

MINTHOSTACHYS (Benth., *Labiat.*, 325). Section du genre *Bystropogon* Lhér.

MINTOULOUS. Nom, dans l'Inde, du Fenu-grec.

MINUART. Nom français (Lamk) des *Minuartia* L.

MINUART (Juan). Botaniste espagnol (1693-1768), écrivit : *Cerviana* [1739] et *Cotyledon hispanica*, plaquettes rares qui figuraient dans la bibliothèque des Jussieu.

MINUARTA (Spreng.). Pour *Minuartia* Lœfl.

MINUARTIA (L., *Gen.*, n. 107). Synonyme de *Arenaria* L.

MINURIA (DC., *Prodr.*, V, 298). Genre de Composées-Astérées, voisin des *Aster* et formé de 5 herbes ou sous-arbrisseaux d'Australie, à feuilles alternes et étroites; les achaines pourvus d'une aigrette formée de soies scabres ou barbelées. Dans les fleurs du disque, qui sont stériles, les soies peu nombreuses sont plumeuses-barbelées, dilatées en paléoles à la base ou entremêlées de paléoles, ou unies en une sorte de cupule. (H. Bn, *Hist. des pl.*, VIII, 136.)

MINUROTHAMNUS (DC., *Prodr.*, VII, 286). Genre de Composées-Hélianthées-Inulées, placé près des *Bojeria*, *Carpesium*, etc., établi pour un sous-arbrisseau australien, imparfaitement connu, à capitules radiés; les bractées de l'involucre 2-sériées; les extérieures acuminées; les intérieures plus longues, presque membraneuses aux bords; les fruits très velus; l'aigrette formée de soies 2-sériées. (H. Bn, *Hist. des pl.*, VIII, 161.)

MINUTALIA (FENZL, in *Flora* [1844], 312). Synonyme de *Antidesma* BURM.

MINUTIA (VELL., *Fl. flum.*, 19; Atl., I, t. 47). Synonyme (?) de *Linociera* SW.

MINYRANTHES (TURCZ., in *Bull. Mosc.* [1851], I, 180). Synonyme de *Siegesbeckia* L.

MINYTHODES (PHIL., *Fl. chil. exs.*). Synonyme de *Chætanthera* R. et PAV.

MIOCARPUS (NAUD., in *Ann. sc. nat.*, sér. 3, II, 146). Synonyme de *Dicrananthera* PRESL.

MIOGA. Nom, au Japon, d'une Zingibéracée à pousses comestibles, l'*Amomum Mioga* THUNB.

MIOLIANE. Le *Myrica Gale* L.

MIO-MIO. Nom urugayen d'un *Baccharis* qui passe pour la plante la plus vénéneuse du pays.

MIONANDRA (GRISEB., *Pl. Lorentz.*, 53). Genre de Malpighiacées, voisin des *Heladena*, à fleurs 5-andres, axillaires et solitaires, naissant entre deux feuilles florales pourvues de stipules interpétiolaires. On en décrit deux espèces, de la République Argentine. [H. BN.]

MIOUGANIER. Nom provençal du Grenadier.

MIOUGRANIÈ. Nom languedocien du Grenadier.

MIQUEL (Fried.-Ant.-Wilh.). Botaniste hollandais [1811-1871], qui fut professeur à Utrecht et, en même temps, directeur de l'herbier de Leyde, l'un des plus laborieux auteurs de son pays, débuta [1832] par un *Germinatio plantarum*. L'année suivante il donna un *Commentatio de organorum in vegetabilibus ortu et metamorphosi*. Vinrent ensuite : *De nord-nederlandsche vergiftige Gewassen* [1836]; *Disquisitio... de plantarum regni batavi distributione* [1837]; un *Leerboek* des plantes médicinales, etc. [1838]; des *Commentarii phytographici* [1838-40], qui traitent du Cubèbe, des Pipéracées, des Mélastomacées, des Araliacées, Cactacées, Cycadées, Urticées, etc. En 1839, il imprima un *Genera Cactearum*, etc. (in-8 de 32 p.), et en 1841 une *Monographie des Melocactus* (in-4 de 120 p. et 11 pl.). Sa *Monographie des Cycadées* est de 1842; son *Systema Piperacearum*, de 1843-44; ses *Illustrationes Piperacearum* (92 pl.), de 1844; sa *Revision des Casuarina*, de 1848; son *Over de Afrikaansche Fijdeboomen*, de 1849; ses *Stirpes surinamenses selectæ*, de 1850; ses *Analecta botanica indica*, de 1850-52; ses *Cycadeæ quædam americanæ*, de 1851. Son ouvrage capital est le *Flora Indiæ batavæ* (3 vol. avec suppl.), publié de 1855 à 1861. Puis il commença un grand ouvrage périodique, sous le titre de *Annales Musei botanici lugdunobatavorum*, 4 vol. in-fol. avec pl. [1863-69]. Plus tard, il s'occupa activement de la flore du Japon et publia un *Prolusio Floræ japonicæ*, description du remarquable herbier des plantes de ce pays qui existe à Leyde. Il avait aussi commencé un *Journal de botanique néerlandaise*, qui n'eut qu'un volume [1861]. Son activité se porta sur un grand nombre d'autres sujets secondaires, et il publia les *Plantæ Junghunianæ* avec de Vriese, Molkenbauer et Spring. Il avait commencé un classement sérieux du très riche herbier de Leyde, par ordre alphabétique.

MIQUELIA (BL., in *Bull. sc. phys. et nat. Neerl.* [1838], 94). Synonyme de *Stauranthera* BENTH.

MIQUELIA (MEISSN., *Gen.*, 152; *Comm.*, 100). Genre de Térébinthacées-Phytocrénées, formé d'une demi-douzaine de lianes de l'Asie et de l'Océanie tropicales, à feuilles alternes, à fleurs ombellées ou subcapitées, construites comme celles des *Phytocrene*; les étamines à filets courts; le fruit drupacé, peu charnu; le noyau rugueux; l'albumen séminal rugueux en dehors. Le périanthe valvaire est 4, 5-mère dans ce genre. (H. BN, *Hist. des pl.*, V, 337; in *DC. Prodr.*, XVII, 13.)

MIQUELIA (NEES, in *Pl. Meyen.*, 177). Syn. de *Garnotia* AD. BR.

MIQUENOT. Nom, dans le Tarn, du Cèpe.

MIRABELLE. Sorte de Prune. La *M. de Corase* est l'Alkékenge.

MIRABELLIA (BERTER., ex H. BN, *Euphorb.*, 435). Synonyme de *Dysopsis* H. BN.

MIRABILIS (L., *Gen.*, n. 139). Genre que Jussieu a nommé *Nyctago*; d'où *Nyctaginacées*, et dont l'organisation est celle de cette famille en général, avec des fleurs solitaires ou au nombre de 3-∞ (dans la section *Giramoclidium*) dans un involucre formé de 5 folioles. Le périanthe unique, coloré, pétaloïde, est allongé, parfois campanulé, plissé et caduc. Les 5 étamines sont unies à la base en une courte cupule, et le gynécée

Mirabilis. — Branche florifère.

est unicarpellé, avec un ovaire uniloculaire, contenant un seul ovule presque dressé, anatrope, à micropyle inférieur. Le fruit est un achaine autour duquel persiste la base indurée du périanthe. La graine renferme un embryon condupliqué et un épais albumen farineux. Ce sont, au nombre d'une quinzaine,

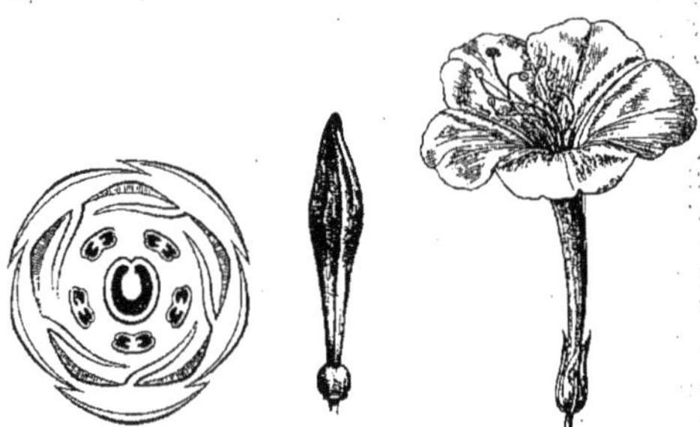

Mirabilis. — Diagramme. Bouton. Fleur.

des herbes américaines, à tiges 2, 3-chotomes, à feuilles opposées, souvent grandes, belles, odorantes, s'ouvrant le soir; ce qui fait cultiver comme ornementaux les *M. Jalapa* ou Belle-de-Nuit, le *M. longiflora*, etc. La racine tubéreuse de la première constitue un des Faux Jalaps parfois employés en médecine. (H. BN, *Hist. des pl.*, IV, 1, 15, 16, 18, fig. 1-10.)

MIRACLE (BLÉ DE). Le *Triticum turgidum* W.

MIRADORIA (SCH. BIP., in *Comp. mex. Liebm.*, ex B. H., *Gen.*, II. 407). Synonyme de *Microspermum* LAG.

MIRAGUANO. A Cuba, les *Thrinax*.

MIRASOLE. En Italie, le Ricin.

MIRASOLIA (SCH. BIP., in *Seem. Her. Bot.*, 305). Section du genre *Wullfia* NECK.

MIRBEL (Ch.-Franç. de), dit *Brisseau-Mirbel*, le plus habile, le plus ingénieux et le plus célèbre des botanistes-anatomistes français dans notre siècle, fut professeur de culture au Muséum de Paris et enseigna la botanique à l'École normale. Il était né à Paris le 27 mars 1776. En 1801, il prononça un discours : *De l'influence de l'histoire naturelle sur la civilisation*. Son *Traité d'anatomie et de physiologie végétales* (2 vol. in-8) le rendit célèbre [1802]. En 1802-6, il publia, comme faisant suite aux œuvres de Buffon, une grande *Histoire naturelle et générale et particulière des plantes* (18 vol. in-8 av. 142 pl.), ouvrage trop peu consulté de nos jours. En 1808, il écrivit une *Exposition et défense de la théorie de l'organisation végétale* (traduite en allemand par Bilderdyk), et en 1809 une *Exposition de la théorie de l'organisation végétale*, servant de réponse aux questions proposées par la Société royale de Gœttingue. Ses *Éléments de physiologie végétale et de botanique* [1815] sont remarquables par la précision des descriptions et par l'élégance des dessins, qui sont tous de sa main. Son talent artistique était considérable. En 1827, il écrivit, dans les *Mémoires du Muséum*, des *Recherches sur la distribution géographique des végétaux phanérogames de l'ancien monde*, etc. Mirbel a, en outre, publié un grand nombre de mémoires, surtout dans les *Annales des sciences naturelles* et les *Comptes rendus de l'Académie des sciences*, sur les Conifères, la structure des tiges, leur accroissement, etc. Son plus grand titre de gloire est certainement la découverte, on peut dire, de la nature de la cellule végétale. Il soutint, notamment avec Gaudichaud, de grandes luttes sur l'organisation et l'accroissement des tiges; il démontra l'inanité de la théorie dite Gymnospermie; il fut, partout et en toutes circonstances, un parfait modèle de clarté, de rectitude scientifique, d'indépendance et de dignité. Son élève de prédilection fut J.-B. Payer. Mirbel mourut en 1854, à Champerret, près Paris. Son éloge historique fut écrit par Payen [1858]. (Pour ses travaux et mémoires d'importance secondaire, voy. *Catalogue of scientific papers*, IV, 406.)

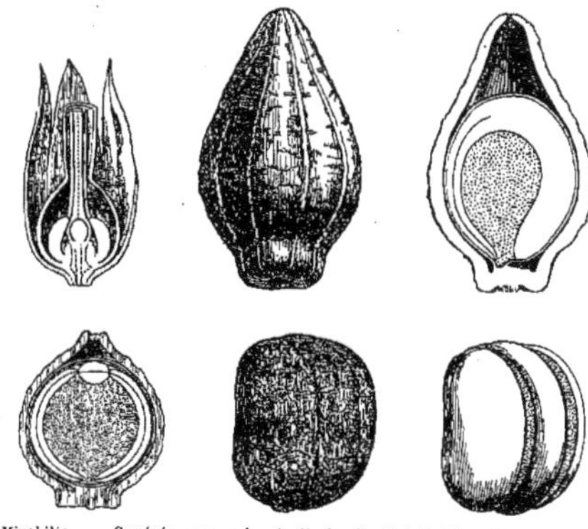

Mirabilis. — Gynécée, coupe longitudinale. Fruit induvié, entier et coupes longitudinales. Graine. Embryon.

MIRBELIA (SM., in *Ann. Bot.*, I, 511). Genre de Légumineuses-Papilionacées-Podalyriées, formé d'une quinzaine d'arbustes australiens, à feuilles alternes, opposées ou verticillées, à lobes calicinaux égaux au tube ou plus courts, à carène plus large et plus courte que les ailes, rarement de même longueur; à ovaire 2-∞-ovulé ; à gousse partagée en deux compartiments, comme l'ovaire, par une fausse cloison longitudinale. Plusieurs espèces, de serre froide, sont ornementales. (*Bot. Mag.*, t. 1211, 2771, 4419. — H. BN, *Hist. des pl.*, II, 353.)

MIRBELLITES (UNG., *Syn. pl. foss.*, 241; *Chlor. protog.*, 85). Genre de Juglandacées fossiles. (ENDL., *Gen.*, n. 5892⁵.)

MIRECOUTOIS. Nom languedocien du Pêcher.

MIRETTE. Le *Campanula* (*Prismatocarpus*) *Speculum* L.

MIRGOULO. Dans l'Hérault, le *Morchella esculenta* PERS.

MIRICI, MURITI. Au Brésil, le *Mauritia vinifera* MART.

MIRIOFLE. Nom français (LAMK) des *Myriophyllum* L.

MIRKOOA (W. et ARN., *Prodr.*, I, 306). Sous-genre du genre *Ammania* HOUST.

MIRLIROT. Le Mélilot officinal et la Lupuline.

MIRLITONS. Le *Scabiosa arvensis* L. et le Souci des Vignes.

MIRMAU (ADANS., *Fam. des pl.*, II, 491). Synonyme (part.) de *Lycopodium* L.

MIRMIS. Nom arabe ancien (DANH.) de l'Abricot.

MIRO. Nom, à Taïti, du *Thespesia populnea* CORR.

MIROBALANS D'AMÉRIQUE. Les fruits purgatifs de l'*Hernandia guianensis* AUBL.

MIROBALANUS (STEUD.). — Pour *Myrabolanus* GÆRTN.

MIROBOLAN. — Voy. MYRABOLAN.

MIROIR DE VÉNUS. Le *Campanula* (*Prismatocarpus*) *Speculum* L. et la Lunaire.

MIROIR DU TEMPS L'*Anagallis arvensis* L.

MIROSPERME. Nom français (LAMK) des *Myrospermum* JACQ.

MIRTHE. Pour Myrte.

MIRTO ROJO. Nom mexicain du *Salvia microphylla* KUNTH.

MISANDRA (COMMERS., ex J., *Gen.*, 405). Synonyme de *Gunnera* L. et section de ce genre.

MISANDRA (DIETR.). Synonyme de *Bonapartea* R. et PAV.

MISANDROPSIS (ŒRST., in *Nat. For. Vid. Medd. Kjob.* [1857], 192). Genre établi pour le *Gunnera monoica* RAOUL.

MISANTECA (CHAM. et SCHCHTL, in *Linnæa*, VI, 367). Genre de Lauracées, voisin des *Persea*, formé de 4 arbres ou arbustes américains, à feuilles alternes, à fleurs hermaphrodites; les anthères connées autour du gynécée, en formant une colonne, et appartenant au troisième verticille de l'androcée. (BENTH., in *Hook. Icon.*, t. 1259. — H. BN, *Hist. des pl.*, II, 475.)

MISCANTHUS (ANDERSS., in *Ofv. K. Vet. Akad. Stock.* [1855], 165). Genre de Graminées-Andropogonées, formé de 8 herbes africaines, asiatiques et malaises, à grande inflorescence soyeuse ou glabre, les rameaux étalés; les fleurs semblables à celle des *Imperata*, avec la glumelle florifère aristée, rarement mutique. (LABILL., *Sert. austro-caled.*, t. 18. — HACK., *Andropogoneæ*, 101, n. 3.) [H. BN.]

MISCARO RABUDO. Nom portugais du *Polyporus lucidus* FR.

MISCELLANÆ (L., *Ord. nat.* [1764]. Ordre (54) des plantes. Pour Schreber, *Miscellaneæ* est un ordre confus de la Cryptogamie (*Gen.*, II, 753).

MISCHMICH. Nom persan (ROXB.) de l'Abricot.

MISCHOCARPON (ENDL., *Gen.*, 338). Sect. du g. *Sorocephalus*.

MISCHOCARPUS (BL., *Bijdr.*; *Rumphia*, III, 166). Synonyme de *Ratonia* DC.

MISCHOCOCCUS (NÆG., *Einzell.*, *Alg.*, 82, t. II, D). Genre d'Algues, de la classe des Chlorophyllophycées, de l'ordre des *Coccophyceæ* et de la famille des *Palmellaceæ*. Le thalle des espèces qui constituent ce genre est rameux et dichotome; il porte des cellules terminales géminées ou quaternées à l'extrémité des rameaux. La division des cellules se fait dans une seule direction, et la propagation de ces Algues a lieu par zoogonidies. (Voy. RABENH., *Fl. eur. Alg.*, III, 54.) [CH. M.]

MISCHODON (THW., in *Hook. Kew Journ.* [1854], 299, t. 10; *Enum. pl. Ceyl.*, 275). Genre d'Euphorbiacées, rapporté aux Jatrophées, puis aux Phyllanthées, depuis qu'on a dit ses loges 2-ovulées, et fondé sur un arbre à feuilles verticillées, 3, 4-nées, à fleurs dioïques et apétales ; les sépales au nombre de 5-8 ; les 5-10 étamines, à filets grêles ; les 3 branches stylaires aplaties, étalées, obovales. (H. BN, *Et. gén. Euphorb.*, 335 ; *Hist. des pl.*, V, 190. — BEDD., *Fl. sylv.*, t. 290.)

MISCHODONTEÆ (M. ARG., in *Linnæa*, XXXIV, 202; in *DC. Prodr.*, XV, p. II, 1124). Division des Jatrophées.

MISCHOSPORA (BŒCKEL., in *Flora* [1860], 113). Genre de

Cypéracées, établi pour le *Fimbristylis cylindrocarpa* WALL.

MISCLO. Nom espagnol du *Lactarius deliciosus* L., très recherché dans la péninsule ibérique.

MISCOLOBIUM (VOG., in *Linnæa*, XI, 200). Synonyme de *Amerimnum* P. BR.

MISCOPETALUM (HAW., *Syn. pl. succ.*, 323). Section du genre *Saxifraga* T.

MISCOPHLOEUS (SCHEFF., in *Ann. Jard. Buitenz.*, I, 115, 134, 152, t. 11, 12). Genre de Palmiers-Arécées, voisin des Arecs, établi pour un arbre inerme de Ternate, distingué par des fleurs inférieures ternées sur les divisions du spadice; la médiane femelle. Il y a 9 étamines dans la fleur mâle, et l'albumen est ruminé. [H. BN.]

MISEBAYA. Nom japonais du *Sedum Sieboldi* SWEET.

MISELIA (REICHB., *Nom.*, 81). Synonyme de *Ismelioides* DC.

MISHIMA-SAIKO. Nom japonais du *Bupleurum falcatum* L.

MISHMI BITTER. Dans l'Inde, l'*Helleborus Teeta* (*Coptis Teeta* SALISB.). On a écrit *Mishmee-bitter*. Mais *Mishmi* est le nom du pays où l'on a vu cette plante employée pour la première fois contre les ophtalmies, et comme tonique, stomachique.

MISMALVAS. Nom sous lequel Charlemagne désignait la Guimauve, dont il prescrivait la culture dans les monastères.

MISO. Fromage, préparé au Japon avec le *Soja hispida* MCH.

MISODENDRON (BANKS). Pour *Myzodendron* BANKS.

MISOHAGI. Nom japonais du *Lythrum virgatum* L.

MISO-HODZURI. Nom japonais du *Mimulus nepalensis* BENTH.

MISO-KAKUSKI. Nom japonais de l'*Isolobus radicans* DC.

MISO-KUSA, M.-NAOSHI. Nom japonais du *Desmodium laburnifolium* DC.

MISON (ADANS., *Fam. des pl.*, II, 10). Synonyme de la section *Polysticta* (FRIES) du genre *Polyporus* FRIES.

MISON (PLINE, *Hist. nat.*, l. XIX, cap. III). Désignerait plusieurs *Terfezia*.

MISPATLE. Au Mexique, le *Buddleia verticillata* K.

MISPERO. En Espagne, le Néflier.

MISPOULIÉ, MISPOULO. Noms provençaux du Néflier.

MISSERON. Nom vulgaire de l'*Agaricus albellus* DC.

MISSIÉ. En Lorraine, l'*Agaricus rubescens* PERS.

MISSIÉ (FAUX). Nom lorrain de l'*Agaricus pantherinus* DC.

MISSIESSIA (GAUDICH., *Voy. Bonite*, *Bot.*, t. 93). Synonyme de *Leucosyke* ZOLL. et MOR.

MISSIN. En Provence, l'*Hydnum imbricatum* L.

MISTEL. Nom anglais et allemand du Gui.

MISTLETOE. Nom anglais du Gui.

MISTOL. Nom, au Paraguay, d'un Jujubier.

MISU-GIKU. Nom japonais de l'*Aster microcephalus* MIQ.

MISUMIGO. Nom japonais de l'*Anemone Hepatica* L.

MISY. — Voy. MISON.

MITA. Sorte de Souchet odorant, indéterminé, de Madagascar.

MITCHAMITCHO. Synonyme de *Tschokko*.

MITCHELL (John). Mort en 1768, était médecin en Virginie; il a écrit [1769] un *Dissertatio brevis de principiis botanicorum*, etc., avec un appendice, contenant des indications sur les plantes de Virginie. — John MITCHELL fut, à Londres [1828], l'auteur d'un *Dendrologia* (in-8), avec un abrégé du *Sylva* d'Evelyn. — Thom.-Liv. MITCHELL, colonel anglais [1792-1855], mort à Sydney, a écrit [1839]: *Three expeditions into the interior of Eastern Australia*, ouvrage dans lequel les descriptions botaniques sont de Lindley (9 espèces), et [1848] *Journal of an expedition into the interior of tropical Australia*, avec une liste de plantes par W. Hooker, Lindley et Bentham.

MITCHELLA (L., *Gen.*, n. 134). Genre de Rubiacées-Chiococcées, très voisin des *Damnacanthus* (qui n'en sont peut-être qu'une section) et qui en a les fleurs. Mais celles-ci (3-6-mères) sont, comme celles de nos *Xylosteum*, unies deux à deux et connées par leurs ovaires infères au sommet d'un pédoncule commun, axillaire ou terminal. Les ovaires ont 4 loges, avec, dans chacune d'elles, un ovule descendant et presque orthotrope; si bien que son micropyle est presque apical et infère ou légèrement introrse. Le fruit composé est formé d'une double drupe à 4 noyaux; et l'embryon, entouré d'un albumen abondant, a sa radicule infère. Ce sont des herbes ou d'humbles plantes suffrutescentes, rampantes, à petites feuilles opposées, ovales ou suborbiculaires, stipulées. On en connaît 2 espèces,

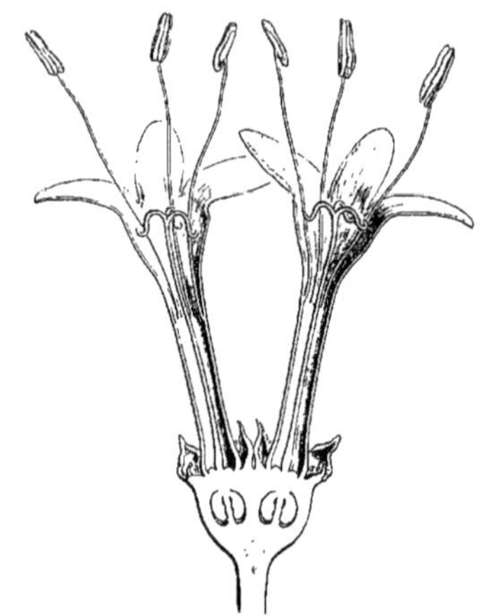

Mitchella. — Fleurs géminées, coupe longitudinale.

dans l'Amérique du Nord et le Japon; l'une d'elles, le *M. repens*, est quelquefois cultivée chez nous. (Voy. H. BN, in *Adansonia*, XII, 321; *Hist. des pl.*, VII, 303, 428, fig. 294.) [H. BN.]

MITELLA (T., *Inst.*, 241, t. 126). Genre de Saxifragacées-Saxifragées, formé de quelques herbes de l'Amérique du Nord, à fleurs pourvues de 5 pétales 3-fides ou pinnatifides et de

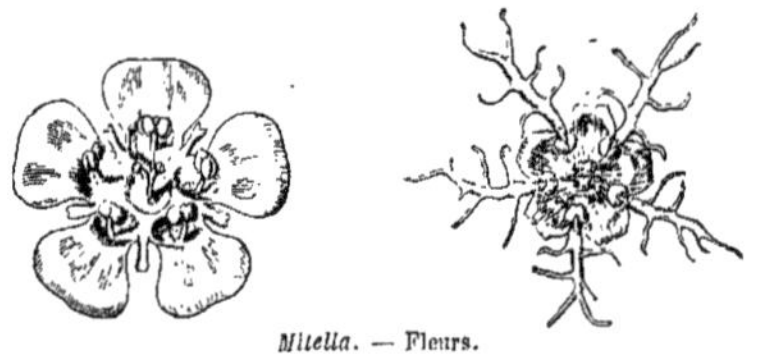

Mitella. — Fleurs.

5-10 étamines. Le fruit est libre, capsulaire, non rostré. Ce sont des plantes à feuilles alternes ou basilaires, à petites fleurs en grappes; on en cultive quelques-unes dans les jardins botaniques. (H. BN, *Hist. des pl.*, III, 330, 425, fig. 369, 370.)

MITELLARIA (MEISSN., *Gen.*, 136). Section du g. *Mitellopsis*.

MITELLASTRA (TORR. et GR., *Fl. N.-Amer.*, I, 586). Section du genre *Mitella* T.

MITELLINA (MEISSN., *Gen.*, 186). Section du g. *Mitellopsis*.

MITELLOPSIS (MEISSN., *Gen.*, 136; *Comm.*, 100). Section du genre *Mitella* L.

MITHON. Onagrariée indéterminée du Chili (FEUILLÉE), dite résolutive et vulnéraire.

MITHRIDATEA (COMMERS., ex SCHREB., *Gen.*, II, 783). Synonyme de *Tambourissa* SONNER.

MITHRIDATIUM. Nom ancien de l'*Erythronium Dens canis* L.

MITINA (ADANS., *Fam. des pl.*, II, 116). Genre établi pour le *Carlina corymbosa* L.

MITOLEPIS (BALF. F., in *Proc. Roy. Soc. Edinb.*, XII, 78; *Bot. Socot.*, 165, t. 48). Genre d'Asclépiadacées-Périplocées, voisin des *Ectadium*, à écailles de la couronne unies au tube de la corolle qui est campanulée. Ces écailles sont filiformes, plus courtes que la corolle. Les caudicules sont elliptiques-oblongs. Le *M. intricata* est un arbuste de Socotora, très rameux, à petites feuilles opposées-fasciculées, à fleurs solitaires. [H. BN.]

MITONS. Synonyme de Minots.

MITOPETALUM (Bl., *Fl. jav. Præf.*, 8; *Orch. Arch. ind.*, 157, t. 50, 51, 54). Synonyme de *Tainia* Bl.

MITOSTEMMA (Mast., in *Trim. Journ. Bot.* [1883], 33). Genre de Passifloracées-Passiflorées, voisin des *Paropsia*, dont il a à peu près la fleur, 4, 5-mère, avec des sépales et des pétales imbriqués; 8-10 étamines, entourées d'une couronne 2-sériée, formée de nombreux filaments; un ovaire à peine stipité, 1-loculaire, surmonté de 4, 5 styles grêles, avec 4, 5 placentas pariétaux et des ovules peu nombreux (souvent 2) sur chacun d'eux. Le *M. Glaziovii* Mast. est un arbuste brésilien, à feuilles alternes, lauriformes, et à fleurs disposées en grappes et de médiocre taille. (Voy. *Hist. des pl.*, VIII, 487.) [H. Bn.]

MITOSTIGMA (Bl., *Mus. lugd.-bat.*, II, 189). Synonyme de *Habenaria* W.

MITOSTIGMA (Dcne, in *DC. Prodr.*, VIII, 507). Genre d'Asclépiadacées-Asclépiadées, formé d'une plante bolivienne, volubile, frutescente, à corolle campanulée, tordue; le tube staminal court; le style terminé par 2 longues branches exsertes, filiformes. Toutes les parties de la plante sont tomenteuses-villeuses. (Deless., *Ic. sel.*, V, t. 59.) [H. Bn.]

MITRA (Fries. — Endl., *Gen.*, 38). Section du g. *Helvella*.

MITRA (Houst.). Pour *Mitreola* L.

MITRACARPUM (Zucc., in *Schult. Mantiss.*, III, 210). Section du genre *Spermacoce*, à sépales inégaux, à fruits pyxidiformes. (H. Bn, *Hist. des pl.*, VII, 264.)

MITRACEA (Dumort., *Comm.*, 69). Famille des *Nudigraniæ*.

MITRAGYNE (Korth., *Obs. Naucl. ind.*, 19). Section du genre *Nauclea* L., à corolle valvaire, à bractées et bractéoles paléacées interposées aux fleurs. (Voy. H. Bn, in *Adansonia*, XII, 313; *Hist. des pl.*, VII., 494).

MITRAGYNE (R. Br., *Prodr.*, 452). Section du genre *Mitrasacme* Labill.

MITRALIS, MITRÆFORMIS. En forme de mitre.

MITRANTHES (Berg, in *Linnæa*, XXVII, 316). Synonyme de *Calyptranthes* Sw.

MITRANTHUS (Hochst., in *Flora* [1844], 103). Synonyme de *Vandellia* L.

MITRARIA (Cav., in *Ann. cienc. nat.*, III, 230, t. 31; *Icon.*, VI, 57, t. 579). Genre de Gesnériacées-Cyrtandrées, représenté par une herbe sarmenteuse du Chili, à corolle supère, coccinée, ventrue, portant 4 étamines didynames. Le fruit est une baie. Le *M. coccinea* est une plante élégante, qui fleurit dans nos serres. Son calice est enveloppé par un involucre sacciforme, formé par les bractéoles latérales connées et portées en haut du pédoncule grêle. (H. Bn, *Hist. des pl.*, X, 103.)

MITRARIA (Sonner., *It. Nov. Guin.*, 14, t. 8). Synonyme de *Barringtonia* Forst.

MITRARIEÆ. Sous-tribu (Hanst.) des Besleriées.

MITRASACME (Labill., *Pl. N. Holl.*, I, 35, t. 49). Genre de Solanacées-Spigéliées (H. Bn, *Hist. des pl.*, IX, 345), formé de 27, 28 herbes océaniennes et asiatiques, à feuilles opposées; caractérisé par des fleurs hermaphrodites, 4-mères; la corolle valvaire ou rédupliquée; un fruit capsulaire, se séparant en 2 carpelles qui s'ouvrent en dedans et laissent échapper des graines albuminées, à embryon droit. (Wight, *Icon.*, t. 1601. — Hook. f., *Fl. tasm.*, t. 88.) [H. Bn.]

MITRASTIGMA (Harv., in *Hook. Lond. Journ.*, I, 20). Synonyme de *Canthium* Lamk.

MITRATI (Fr., *Syst. myc.*, II, p. 3). Division (1) des Helvellacés, comprenant les espèces ayant un disque en forme de chapeau coiffant le pédicule. [De S.]

MITRE. L'un des noms vulgaires de l'*Helvella Mitra* L.

MITRE D'ÉVÊQUE. L'un des noms de l'*Helvella lacunosa* Holm.

MITRELLA (Miq., in *Ann. Mus. lugd.-bat.*, II, 38). Synonyme de *Melodorum* Dun.

MITREMYCES (Nees, *Syst. Pilz.*, 136). Genre de Gastéromycètes, décrit par Bosc (*Mém. sur quelq. Champ. d'Amér.*, 5, VI, fig. 10), sous le nom de *Vesseloup hétérogène*. Un double péridium, dont l'extérieur glutineux se détache par le bas, tombe et laisse à nu le péridium interne, plus petit, ouvert au sommet, est porté sur un gros pédicule squameux. La glèbe ne contient que des spores presque hyalines ou jaunâtres, sans capillitium. On en connaît 7 espèces épigées, de l'Amérique du Nord, de l'Inde et de l'Australie. [De S.]

MITREOLA (L., *Hort. Cliff.*, 492; *Gen.*, n. 932). Genre de Rubiacées-Oldenlandiées, rapporté par la plupart des auteurs aux Loganiacées, parce que son ovaire et son fruit sont libres, en grande partie du moins. Les fleurs sont d'ailleurs à peu près celles d'un *Oldenlandia*, avec un réceptacle en forme de très courte cupule, cinq sépales lancéolés, une corolle urcéolée ou subrotacée, à 5 lobes valvaires, 5 étamines incluses, et un ovaire à 2 loges multiovulées, dont le style a 2 branches à sommets stigmatifères capitellés. Le fruit est sec, obcordé ou tronqué au sommet, bilobé ou didyme, comprimé perpendiculairement à la cloison étroite, et déhiscent en haut sur les bords. Les graines, lisses ou tuberculées, sont petites, nombreuses, albuminées. Ce sont des herbes annuelles ou vivaces, à feuilles opposées, à pétioles dilatés à la base en une membrane connée avec les stipules; à fleurs en cymes terminales. Les cymes sont 2-pares, ou 1-pares dans la portion supérieure, et les fleurs 1-latérales sont sessiles ou pourvues d'un court pédicelle. On distingue 3, 4 espèces de ce genre, américaines, asiatiques et océaniennes. A part l'indépendance totale ou presque totale de l'ovaire, ce genre nous semble inséparable des *Ophiorrhiza* et ne pouvait être placé que dans la même famille qu'eux. (Voy. *Hist. des pl.*, VII, 328, 462, n. 133.) [H. Bn.]

MITREPHORA (Bl., *Fl. jav.*, *Anon.*, 13). Genre d'Anonacées, qui a donné son nom à la série des *Mitréphorées*, et qui est formé d'une dizaine d'espèces ligneuses de l'Asie et de l'Océanie tropicales. Les fleurs ont 3 sépales; 6 pétales 2-sériés, valvaires : les extérieurs ovales; les intérieurs rapprochés en mitre, onguiculés. Les étamines et carpelles sont nombreux; les ovaires multiovulés. Les fleurs sont quelquefois diclines. (H. Bn, *Hist. des pl.*, I, 238, 286.)

MITRIOSTIGMA (Hochst., in *Flora* [1842], 235. — Hiern, *Fl. trop. Afr.*, III, 111). Section du genre *Genipa*, à stipules aiguës, libres ou peu connées, à fruit coriace, subfusiforme, turbiné à la base. Afrique. (H. Bn, *Hist. des pl.*, VII, 307.)

MITROCARPA (Luhnem., in *Schrad. N. Journ.*, III, III, 35). Synonyme de *Musci frondosi*.

MITROCARPA (Torr. — Steud., *Nom.*, I, 546). Synonyme de *Heleocharis* R. Br.

MITROPHORA (Lév., in *Ann. sc. nat.*, sér. 3, V, 249). Genre de Discomycètes, proposé pour les espèces de Morilles chez lesquelles le disque n'est point soudé dans toute son étendue avec le pédicule. Il n'offre d'adhérence que dans la partie supérieure, et il est libre dans sa moitié inférieure, comme chez les *Verpa*. M. Cooke en a fait avec raison une sous-section du genre *Morchella*, sous le nom de *Pileatæ* (*Mycogr.* [1879], 247). [De S.]

MITROPHORA (Neck., *Elem.*, I, 123). Syn. de *Fedia* Mœnch.

MITROSICYOS (Maxim., *Prim. Fl. amur.*, 112, t. 7). Synonyme de *Actinostemma* Griff.

MITROSPORA (Nees, in *Linnæa*, IX, 295). Synonyme de *Rhynchospora* Vahl.

MITROUILLET. L'un des noms du *Lathyrus tuberosus* L.

MITRULA (Fr., *Syst. myc.*, I, 491). Genre de Discomycètes, rangé d'abord par Fries dans les Hyménomycètes. Le réceptacle grêle, charnu, en forme de massue, est composé d'un pédicule allongé et d'un capitule renflé, en général ovoïde, à la surface duquel se trouve l'hyménium à thèques allongées, à basides filiformes. Huit espèces, croissant dans les bois humides et marécageux, sur les débris de rameaux ou de feuilles. [De S.]

MITSA (Chep., ex *Pfeiff. Nom.*, II, 330). Synonyme de *Solenostemon* Schum.

MITSCHERLICH (Gust.-Alfr.). Professeur à Berlin, a écrit deux brochures [1857-1859] sur le Cacao.

MITSCHERLICHIA (Kl., *Begon.*, 73, t. 6 A). Synonyme de *Begonia* L. et section de ce genre.

MITSCHERLICHIA (K., in *Abh. Berl. Akad.* [1831], 209; [1832], t. 3). Synonyme de *Need* R. et PAV.

MITSUBA-GUSA. Nom japonais du *Carum* (*Pimpinella*) *sinicum* H. BN.

MITSUBA, M. ZERI. Au Japon, le *Cryptotænia canadensis* DC.

MITSUBA-NO-BENKEISO. Au Japon, le *Sedum verticillatum* L.

MITSUBA-SHOMA. Nom japonais du *Cimicifuga japonica*.

MITSUGASHIWA. Nom japonais du Trèfle d'eau.

MITSU-MATA. Nom, au Japon, du *Daphne papyrifera* et surtout du *D. Bholua*, qui servent à fabriquer les papiers de qualité supérieure. Ce nom signifie *arbre à trois branches*, et vient du mode de ramification de l'arbuste.

MITSUMOTO. Nom japonais du *Potentilla Cryptotæniæ* MAX.

MITSUBA-OREN. Nom japonais du *Coptis trifolia* SALISB.

MITZU-GIKU. Nom japonais de l'*Inula britannica* L. (?).

MIXOTRICHUM (FUCK., *Symb. myc.*, in tab.). — Voy. MYXOTRICHUM.

MIXTE (*mixtus*). Se dit des bourgeons à la fois à feuilles et à fleurs, et de certaines inflorescences.

MIYAMA-DAIKONSO. Nom japonais du *Geum rotundifolium*.

MIYAMA-GARASHI. Nom japonais de la Barbarée.

MIYAMA-GIKU. Nom japonais du *Pyrethrum chinense*.

MIYAMA-HAKOBE. Nom japonais du *Malachium aquaticum*.

MIYAMA-KARAMATSU. Au Japon, le *Thalictrum acteæfolium*.

MIYAMA-KATABAMI. Nom japonais de l'*Oxalis Acetosella* L.

MIYAMA-KEMAN. Nom japonais du *Corydalis racemosa* PERS.

MIYAMA-MIDZU. Nom japonais du *Pilea articulata*.

MIYAMA-OTOGIRISO. Nom japonais de l'*Hypericum patulum*.

MIYAMA-SENTOSO. Au Japon, le *Chamœle Tanakæ* FR. et SAV.

MIYAMA-TAGOBO. Nom japonais du *Lysimachia acroadenia*.

MIYAMA-TANI-TADE. Nom japonais du *Circæa alpina* L.

MIYAMA-TOBANA. Nom japonais de l'*Hedeoma micrantha*.

MIYAMA-TSURIFUNE. Nom japonais de l'*Impatiens parviflora*.

MIYAMA-UDRURA. Synonyme de *Kamome-Ran*.

MIYOGA. Nom japonais de l'*Amomum Mioga* THUNB.

MIZAULD (Ant.), dont le nom latinisé est *Mizaldus*, né vers 1520 à Montluçon, mort à Paris en 1578, est l'auteur de l'*Alexikepus seu auxiliaris hortus*, etc., ouvrage rare de botanique médicale, publié à Paris [1565], puis à Cologne [1576] et traduit [1577] en allemand. En 1573, il écrivit un *Opusculum de Sena, planta inter omnes quotquot sunt hominibus beneficentissima et saluberrima*.

MIZCALO, MIZCANO. Noms espagnols du *Lactarius deliciosus* L.

MIZO-KOJU. Nom japonais de l'*Hedeoma nepalensis* L.

MIZO-SOBA. Nom japonais du *Polygonum Thunbergii* MEISSN.

MJOUDOR. Écorce médicinale usitée chez les Maures.

MNASIUM. Nom (THÉOPHR.) d'une espèce de Bananier.

MNASIUM (SCHREB., *Gen.*, 214). Synonyme de *Rapatea* AUBL.

MNEMION (SPACH, *Suit. à Buff.*, V, 510). Section du genre *Viola* T.

MNEMOSILLA (FORSK., *Fl. æg.-arab.*, 122). Synonyme de *Hypecoum* T.

MNESITEON (RAFIN., *Fl. ludov.*, 67). Synonyme (?) de *Eclipta* L.

MNESITHEA (K., *Enum.*, I, 465). Synon. de *Ophiurus* R. BR.

MNIACEA (BRID., *Bryol.*, II, 45). Division des *Mnioidei*.

MNIACEÆ (C. MUELL., *Syn. Musc.*, I, 152). Sous-tribu des *Mnioideæ*.

MNIANTHUS (WALP., *Ann.*, III, 443). Synonyme de *Terniola* TUL.

MNIAR. Nom français (LAMK) des *Mniarum* FORST.

MNIARUM (FORST., *Ch. gen.*, I, t. 1). Section du genre *Scleranthus* L.

MNIE. Nom français (LAMK) des *Mnium* DILL.

MNIOBRYUM (BRUCH, SCHIMP. et GUMB., *Bryol. eur.*). Sous-genre du genre *Bryum* DILL.

MNIODES (A. GRAY, in *Proc. Amer. Acad.*, V, 138). Section du genre *Gnaphalium* L. (H. BN, *Hist. des pl.*, VIII, 169.)

MNIŒCIA (BOUD., *Discom. charnus* [1885], 26). Genre de Pezizés, de la famille des Collariés, formé pour le *Peziza Jungermanniæ* NEES, dont les paraphyses sont épaisses et claviformes; les thèques et les spores relativement grandes. [DE S.]

MNIOIDEÆ (C. MUELL., *Syn. Musc.*, I, 152). Tribu des Mousses-Acrocarpées, comprenant les sous-tribus des *Mniaceæ* et des *Polytricaceæ*.

MNION (DILL.). — Voy. MNIUM.

MNIOPSIS (DUMORT., *Syll. Junghun.*, 75). Synonyme de *Haplomitrium* NEES.

MNIOPSIS (MART. et ZUCC., *Nov. gen. et spec.*, I, 3, t. 1). Genre de Podostémonées. Section, pour nous, du genre *Podostemon*, à divisions stylaires courtes, larges, plurifides, étalées, dans la plupart des cas, mais çà et là simples, comme l'a vu M. Warming. (H. BN, *Hist. des pl.*, IX, 263.)

MNIUM (DILL. — L., *Gen.*, n. 1193). Genre de Mousses-Bryacées, caractérisé par une coiffe cuculliforme et une urne terminale, gibbeuse ou presque symétrique à la base, avec un opercule convexe et subacuminé. Le péristome est double : 16 dents, assez larges, dressées, à la rangée extérieure; l'intérieure formée d'une membrane carénée, fendue en 16 prolongements perforés d'une façon variable, souvent 2-partites à la fin. Ce sont des Mousses vivaces, épigées, des localités humides de l'hémisphère boréal, dans les deux mondes. (BRID., *Bryol.*, II, 3. — ENDL., *Gen.*, n. 540. — C. MUELL., *Syn. Musc.*, I, 154.)

MOA. Nom chinois du Sésame.

MOACURRA (ROXB., *Fl. ind.*, II, 69). Synonyme de *Dichapetalum* R. BR. (*Chailletia* DC.).

MOBARKHA. Dans l'Inde, l'*Adiantum lunulatum*.

MOBÉRO. Nom africain du *Modecca lobata*.

MOBOLA. Synonyme de *Mabo*.

MOCAN. A Madère, le *Visnea Mocanera* L.

MOCANERA (J., *Gen.*, 318). Synonyme de *Visnea* L. F.

MOCCASSON-FLOWER. Nom américain des *Cypripedium*.

MOCE. Nom chinois d'un *Equisetum* (LOUR.).

MOCHAYET. En Égypte, le *Cordia Myxa* L.

MOCHUS. Nom toscan du Pois-chiche.

MOCINIA (DC. herb.). Synonyme de *Augusta* LEANDR.

MOCINNA (LAG., *Elench. pl. H. matrit.*, 31). Synonyme de *Calea* L.

MOÇINO. — Voy. SESSE.

MOC-MOCO. Herbe d'Abyssinie (BRUCE), qui conserve le beurre.

MOCOITA. Nom arabe ancien du Sébestier.

MODAGAM (RHEED., *Hort. malab.*, IV, 59). Synonyme (?) de *Fagræa malabarica* WIGHT.

MODECCA (LAMK, *Dict.*, IV, 208). Genre de Passifloracées, qui a des fleurs unisexuées : les mâles 4, 5-mères, avec ou sans corolle. L'androcée est isostémoné, et les 4, 5 étamines sont insérées à la gorge du réceptacle. Il y a à ce niveau une colle-

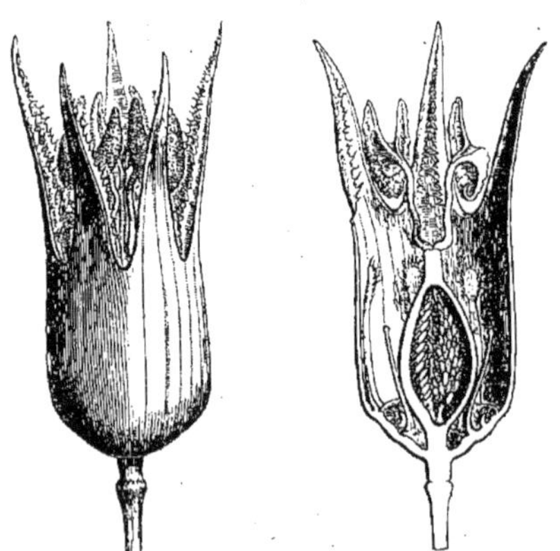

Modecca. — Fleur femelle, entière et coupe longitudinale.

rette qui peut manquer. L'ovaire est libre (rudimentaire dans les fleurs mâles); il a une loge, avec 3 placentas pariétaux, ∞-ovulés. Le fruit est une capsule trivalve, ou indéhiscente, et les graines sont arillées. Ce sont 25-30 plantes, dressées ou grimpantes, de l'Asie, de l'Afrique et de l'Océanie tropicales, à feuilles alternes, souvent pourvues de vrilles, et à fleurs axillaires. (H. BN, *Hist. des pl.*, VIII, 475, 489, fig. 326-328.)

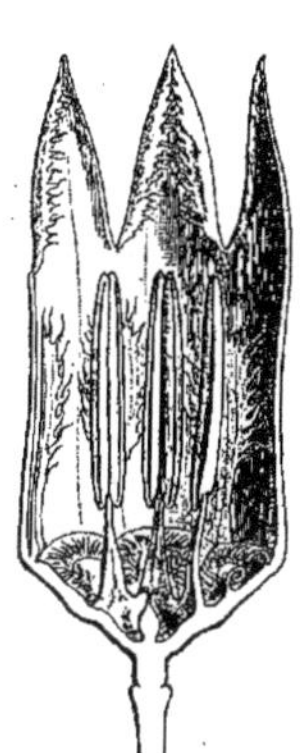

Modecca. — Fleur mâle, coupe longitudinale.

MODECCÉES. Série de la famille des Passifloracées (H. BN, *Hist. des pl.*, VIII, 475).

MODECCOPSIS (GRIFF., *Notul.*, IV, 633, t. 628). Synonyme de *Erythropalum* BL.

MODERA-CANNI (RHEED.). L'*Hugonia Mystax* L.

MODESTE. A Maurice, le *Dombeya* (*Astrapæa*) *Wallichii*.

MODIOLA (MŒNCH, *Meth.*, 620). Genre de Malvacées-Malvées, établi pour une herbe américaine et africaine, dont les fleurs sont celles des *Sphæralcea* (qui est peut-être congénère), avec des fausses cloisons interposées aux graines. Le type est le *Malva caroliniana* L. (H. BN, *Hist. des pl.*, IV, 144.)

MODIRA-CANIRAM (RHEED., *Fl. malab.*, VIII, 47, t. 24). Synonyme de *Strychnos colubrina* L.

MODOROS. Nom, au Japon, des Fusains.

MOEGLING (Joh.-Ludw.). Auteur [1612] de *Prœludia Rei herbariæ*, et [1683] de *Palingenesia, sive resurrectio plantarum, ejusque ad resurrectionem corporum nostrorum futuram applicatio*, brochure singulière (in-4 de 20 p.).

MOEHNIA (NECK., *Elem.*, I, 9). Synonyme de *Gazania* GÆRTN.

MOEHRING (Paul-Hénir.-Ger.). Né et mort à Jever [1710-1792], a écrit : *Primæ lineæ horti privati in proprium et amicorum usum per triennum.* (Voy. *N. Act. nat. cur.*, IX.)

MOEHRINGIA (L., *Gen.*, n. 494). Section du genre *Arenaria* L. (H. BN, *Hist. des pl.*, IX, 113.)

MOELLE D'ÉGYPTE. L'un des noms anciens de la Casse.

MOELLE DE TERRE. Synonyme de Jannelet.

MOELLENBROCK (Val.-Andr.). Mort à Halle [1675], auteur, l'année précédente, de *Cochlearia curiosa, cum indice rerum et verbarum locupletissimo* (in-8 de 140 p.).

MOELLER (Herm.). Auteur [1755] de *Utkast till Föreläsningarna öfver Principia botanica.* — G.-Friedr. MOELLER est cité par Gotthef et Sprengel pour ses expériences relatives à la fécondation.

MOELLERIA (SCOP., *Introd.*, 335). Synonyme de *Guidonia* PLUM.

MOEMOÉ. Nom, à la Nouvelle-Calédonie, du *Phyllanthus virgatus*.

MOENCH (Konr.). Professeur à Marburg [1744-1805], écrivit en 1777 : *Enumeratio plantarum indigenarum Hassiæ*, etc.; en 1785, un *Verzeichniss ausländischer Bäume und Standen des Lustschlosses Weissenstein bei Cassel*, et en 1798 un *Enleitung zur Pflanzenkunde.* Il est surtout connu par son *Methodus plantas horti botanici et agri Marburgensis a staminum situ describendi*, ouvrage où il a beaucoup modifié la circonscription des genres linnéens.

MOENCHIA (EHRH., *Beitr.*, II, 177). Synonyme de *Cerastium*.

MOENCHIA (MEDIC., in *Act. Ac. theor.-pal.*, VI, 493). Synonyme de *Moly* RUPP.

MOENCHIA (ROTH, *Fl. germ.*, I, 273). Synonyme de *Berteroa* DC.

MOENCHIA (WENDER., ex *Steud. Nom.*, II, 153). Synonyme de *Panicum* L.

MOERENHOUTIA (BL., *Orchid. Arch. ind.*, 99, t. 28, 42). Genre d'Orchidacées-Néottiées, formé de 2 (?) espèces d'herbes terrestres vivaces, à rhizome rampant, à feuilles en partie basilaires; les fleurs construites comme celles des *Helairia*, avec les sépales libres ou connés à la base; le labelle plus ou moins adné à la corolle, avec un limbe entier ou trilobé. (B. H., *Gen.*, III, 604.) [H. BN.]

MOESSLER (Joh.-Chr.). Auteur [1806-88] de *Botanicke Blätter*, etc., publié à Hambourg; de [1805] *Taschenbuch der Botanik zur Sellbstbelehrung*, et [1815] d'un *Gemeinnützige Handbuch der Gewächskunde*, etc., qui eut trois éditions.

MOESSLERA (REICHB., in *Mössl. Hendb.*, L.). Synonyme de *Tittmannia* AD. BR.

MOESTINGIA (SCHOUSB., *mscr.*). Genre d'Algues-Floridées-Polysiphonées; les auteurs modernes en ont fait un *Polysiphonia*. Il se rencontre sur les côtes d'Espagne. [CH. M.]

MOETOE. Au Malabar, le *Physalis pubescens* L.

MOGENOPLUM (DUN., in *DC. Prodr.*, XIII, I, 335). Section du genre *Asterotrichotum* DUN.

MOGGRIDE (J.-Tragerne). Auteur [1864-68] d'un élégant ouvrage : *Contributions to the Flora of Mentone and to a Winter Flora of the Riviera*, etc. (75 pl. col.).

MOGHANIA (J.-S.-H., in *Desvx Journ. bot.*, I (III), 61). Synonyme de *Flemingia* ROXB.

MOGIPHANES (MART., *Nov. gen. et spec.*, II, 29, t. 129-135). Section du genre *Telanthera* R. BR.

MOGORI. Nom français (LAMK) des *Mogorium* J.

MOGORIUM (J., *Gen.*, 106). Synonyme de *Jasminum*. Le *M. Sambac*, à fleurs souvent très doubles, est cultivé pour son parfum énergique.

MOHA. En Hongrie, le *Setaria germanica* PAL.-BEAUV.

MOHAVEA (A. GRAY, in *Bot. Whippl. Exp.*, 66 (122); in *Proc. Amer. Acad.*, VII, 377). Genre de Scrofulariacées-Antirrhinées, formé d'une herbe annuelle, de l'Amérique du Nord, à fleurs d'*Antirrhinum;* la corolle à tube court, gibbeuse en bas, avec de très grandes lèvres; le palais saillant. Les étamines sont didynames; les postérieures sans anthère fertile. (H. BN, *Hist. des pl.*, IX, 429.)

MOHINTLI. Le *Sericographis Mohintli* NEES, employé, au Mexique, contre la dysenterie.

MOHLANA (MART., *Nov. gen. et spec.*, III, 170, t. 290). Genre de Phytolaccacées-Rivinées, formé de 4 herbes annuelles, américaines et africaines, qui ont la fleur des *Rivina*, mais avec 4 étamines et un périanthe irrégulier, dont les 3 folioles postérieures sont unies en une sorte de lèvre. (HOOK., *Icon.*, t. 130. — *Fl. bras.*, XIV, II, t. 77. — H. BN, *Hist. des pl.*, IV, 34, 53.)

MOHLANELLA (MOQ., in *DC. Prodr.*, XIII, II, 15). Section du genre *Mohlana* MART.

MOHN. En Allemagne, les Pavots.

MOHNKAPSELN. Nom allemand des Têtes de Pavot.

MOHO. Nom espagnol de diverses Moisissures, des genres *Aspergillus* ou *Mucor*.

MOHR (Dan.-Matt.-Heinr.). Assistant de l'Université à Kiel, où il mourut en 1808, est l'auteur de *Observationes botanicæ, quibus plantarum cryptogamarum ordinis*, etc. (*Cat. sc. pap.*, IV, 426). — H. MOHR, botaniste danois, avait écrit [1786] *Forsög til en Islands Naturhistorie.*

MOHR ADD. Nom somali du *Boswellia Bhau Dajiana* BIRDW.

MOHRIA (SW., *Syn. Fil.*, 159). Genre de Fougères, voisin des *Anemia* et formé d'une seule espèce (*M. caffrorum* DESVX), caractérisé par des sporanges sessiles, placés près du bord de la face inférieure des pinnules. Le port est à peu près celui des *Cheilanthes*. Linné en faisait un *Polypodium*. (HOOK. et BAK., *Syn. Fil.*, 438, t. 8, fig. 66.)

Mohria. — Pinnule.

MOHR LAFOD. Nom somali de la résine du *Boswellia Carterii* BIRDW.

MOHR MADOW. Nom somali du *Boswellia Carterii* BIRDW.

MOHR MEDDU. Synonyme de *Mor madow.*

MOIADÉ. Nom levantin du *Leontice Leontopetalum* L.

MOILLE. Le *Schinus Molle* L.

MOI-MOI. Cucurbitacée du Sénégal, à fruits vomitifs.

MOINE. L'*Orchis Morio* L., l'*Arum maculatum* L., le *Delphinium Consolida* L. et le Coquelicot.

MOINSINNE. Synonyme de Mancienne.

MOIRE. Le *Lonicera Caprifolium* L.

MOIRON. Pour Mouron.

MOISISSURE. Nom français des Mucorinés et Mucédinés qui se développent sur des substances organiques humides.

MOISSIN. En Provence, les *Hydnum imbricatum* et *lævigatum* FR.

MOJARDON, MOSERNON. Noms espagnols des Mousserons.

MOJIDZURI. Synonyme de *Nejibana.*

MOKAJUNA. Nom télinga du Maïs.

MOKAL. Nom d'un *Scævola* d'Amboine, employé contre la cataracte et comme alexipharmaque, etc.

MOK-FEI. Au Japon, l'*Olea fragrans* THUNB.

MOKKA. Nom bengali du Maïs.

MOKO. A la Nouvelle-Zélande, l'*Aristotelia racemosa* HOOK. F.

MOKOKF (KÆMPF., *Amœn.*, 873). Synonyme de *Hoferia* SC.

MOKUESSA. Nom abyssin du *Malabaila abyssinica* BOISS.

MO-KU-SIN (CIB., in *N. Comm. petrop.*, XIX, 373). Synonyme de *Lysurus.* C'est le nom d'un *Lysurus* avec lequel les Chinois traitent les ulcères et même les cancers.

MOL. Nom languedocien. État avancé du *Boletus edulis* BULL.

MOLAGO. Au Malabar, le *Capsicum annuum* L.

MOLANGA (VIS., *Mant. arom.*, 180). Synonyme de *Lada.*

MOLAVE. Aux Philippines, les *Vitex altissima* et *geniculata* BL., arbustes à bois très résistant.

MOLAVI. Nom indigène de l'*Heritiera littoralis* AIT.

MOLDAVICA (T., *Inst.*, 184, t. 85. — MŒNCH, *Meth.*, 410). Synonyme de *Dracocephalum* L.

MOLDAVICUM. Le *Dracocephalum Moldavica* L.

MOLDENHAUERA (SCHRAD., in *Gœtt. Anzeig.* [1821], 718). Genre de Légumineuses-Cæsalpiniées-Eucæsalpiniées, formé de 2 arbres brésiliens, à feuilles bipinnées et simplement imparipinnées; les pièces du calice connées, puis se séparant valvairement; les étamines au nombre de 10, petites, sauf l'inférieure, allongée, et l'anthère stérile; le fruit aplati et bivalve. (POHL, *Pl. bras. Icon.*, t. 160. — H. BN, *Hist. des pl.*, II, 133, 190, fig. 111.)

Moldenhauera. — Fleur.

MOLDENHAUERA (SPRENG., *Syst.*, I, 373). Synonyme de *Pyrenacantha* HOOK.

MOLDENHAWER (Joh.-Heinr.-Dan.), de Kœnigsberg, auteur [1779] de *Dissertatio anatomica vasis plantarum* (in-4 de 85 p.). — Joh.-Jak. Paul MOLDENHAWER, professeur à Kiel, où il mourut en 1827, âgé de 61 ans, a écrit [1791] *Tentamen in Historiam plantarum Theophrastw*, et [1812] *Beitrage zur Anatomie der Pflanzen* (in-8 de 151 p.).

MOLÈNE (*Verbascum* T., *Inst.*, 166, t. 41). Genre de Scrofulariacées, tribu des Verbascées, laquelle a été aussi rapportée aux Solanées et est, en réalité, intermédiaire aux deux familles. Les fleurs des Molènes sont hermaphrodites et irrégulières. Leur court réceptacle convexe porte d'abord un calice de cinq sépales, disposés dans le bouton en préfloraison quinconciale; puis une corolle gamopétale, presque régulière et en roue. Ses cinq lobes, peu inégaux, alternes avec les pièces du calice, sont imbriqués dans le bouton de telle façon que généralement le lobe antérieur, qui est le plus grand, est recouvert par les deux latéraux qui, à leur tour, sont enveloppés par les postérieurs dont l'un recouvre l'autre. L'androcée est formé de cinq étamines, insérées sur la corolle et alternes avec ses divisions. Elles sont inégales, mais toutes fertiles; et leurs anthères, très variables, souvent réniformes, uniloculaires, s'ouvrent par une fente qui longe leur contour extérieur. Le gynécée est supère, formé d'un ovaire à deux loges (antérieure et postérieure), surmonté d'un style dont l'extrémité renflée est chargée de papilles stigmatiques. Dans l'angle interne de

Molène. — Rameau florifère. Fleur, entière et coupe longitudinale. Fruit déhiscent. Graine, entière et coupe longitudinale.

chaque loge, il y a, contre la cloison, un gros placenta chargé d'un grand nombre de petits ovules anatropes. Le fruit est une capsule à déhiscence septifrage; et les graines, petites et nombreuses, contiennent sous leurs téguments un albumen charnu qui enveloppe un embryon droit. Les Molènes sont des herbes, souvent vivaces, à feuilles alternes, simples, sans stipules. Leurs fleurs sont réunies sur une grappe, généralement allongée, terminale, où elles sont disposées en cymes alternes, plus ou moins compliquées. Elles sont généralement de couleur jaune et sont presque toujours très odorantes. La plus importante des espèces, au point de vue médical, est la Molène Bouillon-blanc, plante bisannuelle. (H. BN, *Hist. des pl.*, IX, 364, 417, fig. 476-481; *Tr. Bot. méd. phanér.*, 1229.)

MOLETTE DE BERGER. La Bourse-à-pasteur.

MOLINA (CAV., *Diss.*, 435, t. 263). Syn. de *Hiptage* GÆRTN.

MOLINA (GAY, *Fl. chil.*, V, 345). Synon. de *Dysopsis* H. BN.

MOLINA (Jean-Ignace). Père jésuite, né au Chili en 1740 et mort à Bologne en 1829, publia dans cette ville [1782] son *Saggio sulla storia naturale de Chile*, qui eut une deuxième édition en 1810 et fut traduit en français et en allemand.

MOLINA (R. et PAV., *Prodr. Fl. per. et chil.*, III, t. 24). Synonyme de *Baccharis* L.

MOLINÆA (BERTERO, in *Merc. chil.*; in *Linnæa*, VII, *Littb.*, 36). Synonyme de *Jubæa* H. B. K.

MOLINÆA (COMMERS., herb.). Synonyme de *Retanilla* AD. BR.

MOLINÆA (COMMERS. — J., *Gen.*, 245). Synonyme de *Cupania* L. (H. BN, *Hist. des pl.*, V, 398). D'autres considèrent le genre comme distinct. (RADLK., in *Dur. Ind.*, 78.)

MOLINÉE. Nom français (LAMK) des *Molinæa* COMMERS.

MOLINERIA (COLL., *H. ripul.*, App., in *Mém. Ac. Turin*, XXI, 333, t. 18). Section du genre *Curculigo* GÆRTN.

MOLINERIA (PARLAT., *Fl. ital.*, I, 236). Genre proposé pour l'*Aira minuta* LŒFL.

MOLINIA (SCHRANK, *Baier. Fl.*, I, 100, 334). Genre de Graminées-Festucées, formé du seul *M. cærulea*, herbe vivace et cespiteuse, commune chez nous; les fleurs groupées en une inflorescence composée, mais étroite et allongée. Les épillets sont 2-4-flores, petits, avec des glumes mutiques, un peu plus longues que les glumelles. (PAL.-BEAUV., *Agrost.*, 68, t. 14, fig. 6. — REICHB., *Ic. Fl. germ.*, t. 78. — GREN. et GODR., *Fl. de Fr.*, III, 560.) [H. BN.]

MOLIUM (DON. — SCH., *Syst.*, VII, 1090). Synonyme de *Moly* RUPP. Section du genre *Allium* T.

MOLKENBOER (Jul.-Hendr.). Auteur, à Leyde [1840], de *De Colocynthide*. En 1840, il publia un *Flora leidensis* (in-8 de 389 p.) avec C. Kerbert.

MOLKENBOERIA (DE VRIES, *Gooden.*, 38, t. 7). Synonyme de *Scævola* L.

MOLLAVI. Aux Philippines, l'*Heritiera littoralis* AIT.

MOLLE (CLUS., *Exot.*, 322). Le *Schinus Molle* L.

MOLLE A BEBER. Nom argentin (GRISEB.) du *Lithræa Gilliesii*.

MOLLE DEL MONTE. Nom argentin du *Bumelia obtusifolia*.

MOLLE DE SIERRA. Nom argentin du *Duvaua latifolia* GILL.

MOLLERIELLA (WINTER, in *Hedwig.* [1886], Heft II-III, 102). Genre de Discomycètes, à très petits réceptacles membraneux, bulbeux à la base, innés dans le tissu des feuilles vivantes, à hyménophore convexe et campanuliforme. Les thèques globuleuses, entremêlées de paraphyses ténues, contiennent des spores oblongues, pluriloculaires, hyalines. Une espèce exotique, trouvée sur des feuilles de Convolvulacées. [DE S.]

MOLLIA (GMEL., *Syst.*, 420). Synonyme de *Bæckea* L.

MOLLIA (MART. et ZUCC., *Nov. gen. et spec.*, I, 96, t. 60). Genre de Tiliacées-Tiliées, formé d'une demi-douzaine d'arbres américains, dont les fleurs ont 5 pétales et 5 phalanges d'étamines nombreuses, toutes fertiles. Le fruit est bivalve, et les graines, avec ou sans albumen, ne sont pas ailées. (H. BN, *Hist. des pl.*, IV, 189.)

MOLLIA (SCHRANK, *Fl. salisb.*, n. 832). Syn. de *Barbula* HEDW.

MOLLIA (W., *H. berol.*, II, t. 11). Synonyme de *Polycarpæa* LAMK.

MOLLINE. Pour Molène.

MOLLINEDIA (R. et PAV., *Prodr. Fl. per.*, 72, t. 15; *Syst.*, I, 142). Genre de Monimiacées-Hortoniées, à fleurs monoïques

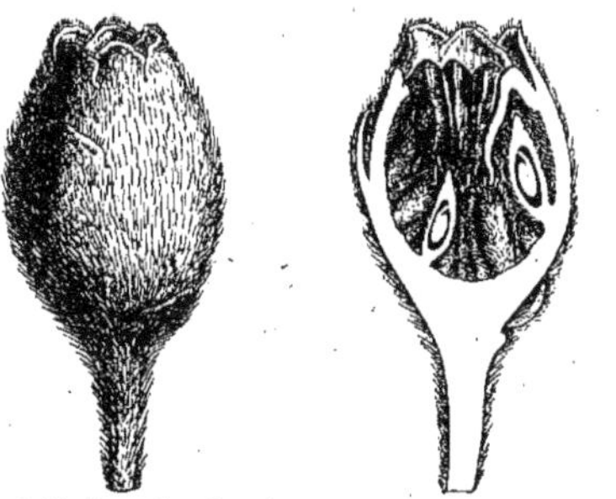

Mollinedia. — Fleur femelle, entière et coupe longitudinale.

ou dioïques; le réceptacle concave, et le périanthe 4-6-mère, avec 4-40 étamines dans les mâles; les anthères déhiscentes par des fentes, et, dans les femelles, ∞-carpelles, avec un ovule et des fruits d'*Hedycarya*. Ce sont des arbres ou arbustes de tous les pays tropicaux du monde, à feuilles opposées ou verticillées. (H. BN, *Hist. des pl.*, I, 302, 340, fig. 328-336.)

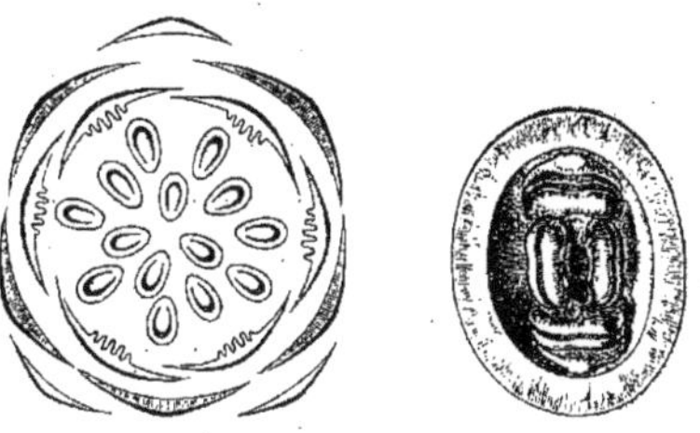

Mollinedia. — Diagramme femelle. Fleur mâle, coupe transversale.

MOLLIS. Flexible. Se dit aussi des organes végétaux doux au toucher.

MOLLISIA (FR., *Syst. mycol.*, II, 137). Neuvième tribu des Pezizés, comprenant des espèces épiphytes de consistance molle et aqueuse, dont M. Boudier et M. Quélet ont fait un genre (*Enchir. Fung.*, 317). Les spores sont fusiformes, aciculaires, rarement elliptiques, hyalines, uniloculaires. [DE S.]

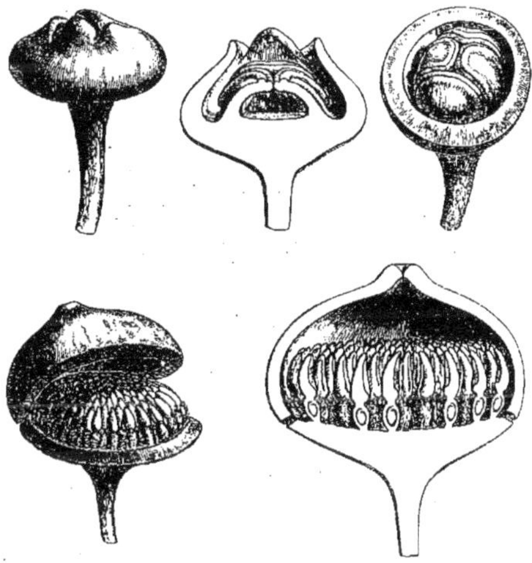

Mollinedia. — Fleur mâle, entière et coupes longitudinale et transversale. Fleur femelle entière et coupe longitudinale.

MOLLISIA (FRIES, *Syst. myc.*, II, 137). Tribu des *Phialea*.

MOLLISIELLA (BOUD., *Discom. charnus* [1885], 32). Genre de Pezizés, voisin des *Mollisia*, à réceptacle granuleux et à marge non fimbriée; rangé dans la famille des Urcéolés. [DE S.]

MOLLISIÉS (BOUD., *Discom. charnus* [1885], 30). Groupe de Pezizés, de la famille des Urcéolés.

MOLLO. Synonyme de *Molle*.

MOLLOYA (MEISSN., in *DC. Prodr.*, XIV, 348). Synonyme de *Strangea* MEISSN.

MOLLUGINARIA (FRIES, *Ind. sem. Hort. upsal.* [1858]). Sous-genre des *Lepigonum*.

MOLLUGINEA (REICHB., *Fl. exc.*, 208). Sous-section des *Galium* (*Rubia*).

MOLLUGINÉES (*Mollugineæ*). Série des Portulacacées, à calice 5-partite, avec 3-∞ ou 0 pétales; 3-∞ étamines et un ovaire libre à 2-5 loges 1-∞-ovulées. (H. BN, *Hist. des pl.*, IX, 65, 77.)

MOLLUGINÉES, MOLLUGINEÆ (SPRENG., *Anleit.*, II, II, 835). Série des Portulacacées. (H. BN., *Hist. des pl.*, IX, 65.)

MOLLUGO (L., *Gen.*, n. 106). Genre de Portulacacées-Mollu-ginées, à fleurs hermaphrodites, apétales, 5-mères, avec 3-5 étamines hypogynes ou subpérigynes et parfois 2-∞ staminodes. L'ovaire libre a 3-5 loges ∞-ovulées, et le fruit capsulaire est loculicide, avec des graines albuminées, à embryon périphé-

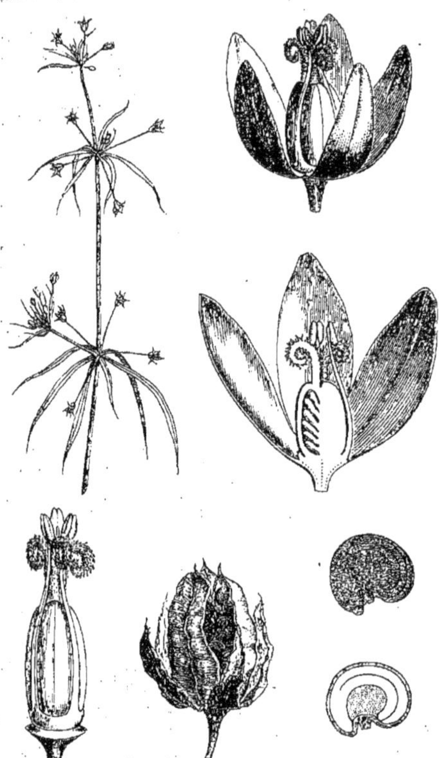

Mollugo. — Branche florifère. Fleur, entière, coupe longitudinale et sans le périanthe. Fruit déhiscent. Graine, entière et coupe longitudinale.

rique. Ce sont 30 herbes annuelles, vivaces ou suffrutescentes, des régions chaudes des deux mondes, à feuilles basilaires, alternes ou faussement verticillées ; à fleurs en cymes. (H. BN, in *Adansonia*, V, 381, t. 9; *Hist. des pl.*, IX, 61, 77.)

MOLO. Nom colombien du *Xanthoxylum ochroxylon* DC.

MOLOCHIA. Nom (SÉRAPION) de l'*Anagallis arvensis* L.

MOLON. Nom ? (PLINE) de la Filipendule.

MOLOPANTHERA (TURCZ., in *Bull. Mosc.* [1848], I, 580). Genre de Rubiacées-Cinchonées, dont les fleurs 4, 5-mères ont un calice caduc, denté; une corolle à bouton claviforme, à 4, 5 lobes imbriqués, un peu inégaux; 4, 5 étamines insérées vers la base de la corolle, à anthères apiculées, aiguës à la base; un ovaire infère, à 2 loges pauciovulées, surmonté d'un petit disque et d'un style court, épais, à 2 lobes obtus. Les ovules sont portés sur un placenta presque globuleux, à pied court, transversal ou ascendant. Le fruit est une capsule loculicide, globuleuse-subdidyme; et les graines, petites, peltées, orbiculaires, imbriquées, ont le bord prolongé, à aile inégalement dentée. Ce sont deux arbres ou arbustes, à feuilles opposées, pétiolées, stipulées; à fleurs disposées en grappes terminales et axillaires; les divisions ramifiées et cymifères, avec bractées et bractéoles. (Voy. *Hist. des pl.*, VII, 347, 491, n. 183.) [H. BN.]

MOLOPOSPERMUM (KOCH, in *N. Act. nat. cur.*, XII, 108). Genre d'Ombellifères-Carées, dont les fleurs sont polygames, avec de courts sépales caducs; des pétales oblongs, entiers, à sommet acuminé, incurvé; des stylopodes coniques. Le fruit est oblong-obovoïde, resserré à la commissure, avec des méricarpes dont la section transversale est inégalement 4-gone. Les côtes primaires dorsales et intermédiaires sont dilatées en ailes prismatiques épaisses; les latérales sont petites et parfois incurvées, avec des bandelettes larges et solitaires, et un carpophore 2-partite. La graine est convexe sur le dos, concave en dedans, profondément sillonnée au niveau des bandelettes. Le *M. cicutarium*, seule espèce du genre cultivée dans nos jardins, est une herbe vivace, glabre, à feuilles pennées-décomposées, à ombelles composées, avec les bractées, des involucres et involucelles nombreuses et parfois foliacées, pinnatifides. (Voy. *Hist. des pl.*, 131, 228, n. 57, fig. 141.) [H. BN.]

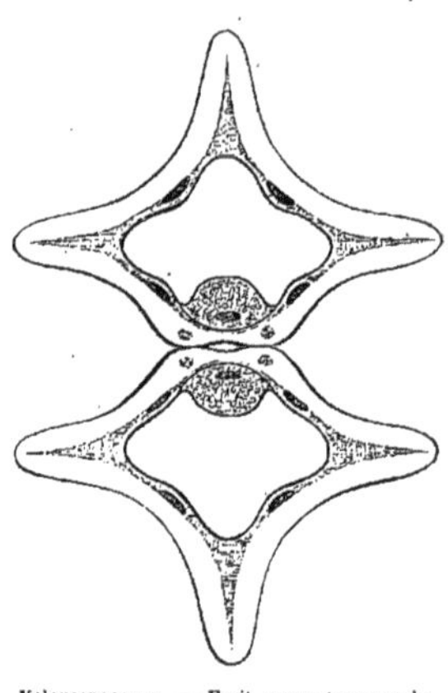

Molopospermum. — Fruit, coupe transversale.

MOLPADIA (CASS., in *Bull. Soc. philom.* [1818]; in *Dict.*, XXXII, 400). Synonyme de *Buphthalmum* L.

MO-LT. En Chine, le *Peziza Auricula* L.

MOLTA. En Norvège, le *Rubus Chamæmorus* L.

MOLTKIA (LEHM., in *N. Schr. Nat. Ges. Halle*, III, 3; *Asperif.*, 339, t. 43, 44). Genre de Boraginacées-Borragées, formé de 6, 7 herbes vivaces, d'Europe et d'Asie, à feuilles étroites, à corolle tubuleuse-infundibuliforme; la gorge nue ou poilue; les 5 lobes du limbe dressés ou subétalés; les étamines exsertes; les fruits obliques ou arqués, lisses ou rugueux, laissant une large aréole sur le réceptacle. (REICHB., *Ic. Fl. germ.*, t. 1315. — *Bot. Mag.*, t. 5942.) [H. BN.]

MOLUCCA (T., *Inst.*, 187, t. 88). Synonyme de *Molucella* L.

MOLUCCELLA (L., *Gen.*, n. 724). Genre de Labiées-Bétonicées, formé de 2 herbes annuelles, de la région méditerranéenne, à feuilles pétiolées, crénelées ou incisées; le calice dilaté, à limbe oblique, membraneux, découpé de 5-13 dents épineuses, inégales. La corolle est bilabiée; et les 4 étamines didynames ont des anthères à loges divariquées. Les achaines sont tronqués au sommet, anguleux. Les verticillastres floraux sont axillaires. (*Bot. Reg.*, t. 1244.) [H. BN.]

MOLUCCO. Nom portugais ancien du *Croton Tiglium* L.

MOLUCHIA (MEDIK., *Malv.*, 10). Synonyme de *Melochia* L.

MOLUGINE. Nom français (LAMK) des *Mollugo* L.

MOLY. Nom ancien de plusieurs *Allium*.

MOLY (MŒNCH, *Meth.*, 286). Synonyme de *Molium* DON.

MOLY. Nom ancien, en Cappadoce, de l'Harmel.

MOLY (MATTH.). L'*Allium subhirsutum* L. (?).

MOLYBDENA. Nom (PLINE) du *Plumbago europæa* L.

MOLY DE VIRGINIE. Le *Tradescantia virginica* L.

MOLYZA. Nom (HIPPOCR.) d'un Ail cultivé.

MOLYZA (SALISB., *Fragm.*, 93). Synonyme de *Allium* T.

MOMBIN. Nom français des *Spondias* L.

MOMEN-DZURU. Nom japonais de l'*Astragalus reflexistipulus*.

MOMIJIGASA. Nom japonais du *Senecio Zuccarini* MAXIM.

MOMIJI-HAGUMA. Au Japon, l'*Ainsliæa acerifolia* SCH. BIP.

MOMIJI-KARAMATSU, MOMIJI-SHOMA. Noms japonais de l'*Actæa* (*Trautvetteria*) *palmata*.

MOMISIA (DUMORT., *Anal. fam.*, 17). Synonyme de *Celtis* T.

MOMISIOPSIS (BL., *Mus. lugd.-bat.*, II, 69). Sous-genre du genre *Momisia* DUMORT.

MOMO, MOMU. Noms, au Japon, des Pêchers.

MOMORDICA (T., *Inst.*, 103, t. 29, 30). Genre de Cucurbitacées-Cucurbitées, à fleurs monoïques ou dioïques; le réceptacle concave, pourvu en dedans d'un tissu glanduleux ou de 2, 3 écailles décurrentes des pétales; la corolle subrotacée ou campanulée, à pétales libres ou unis en bas. L'androcée est 4, 5-andre, avec étamines ou subéquidistantes, ou 4 groupées par paires (2-2-1); les loges droites ou flexueuses. Les femelles ont l'ovaire infère, avec staminodes. Les ovules sont ∞ ou rarement peu nombreux (*Raphanistrocarpus*), ou seulement au nombre de 2 (*Raphanocarpus*). En pareil cas, le fruit est étroit, ailleurs

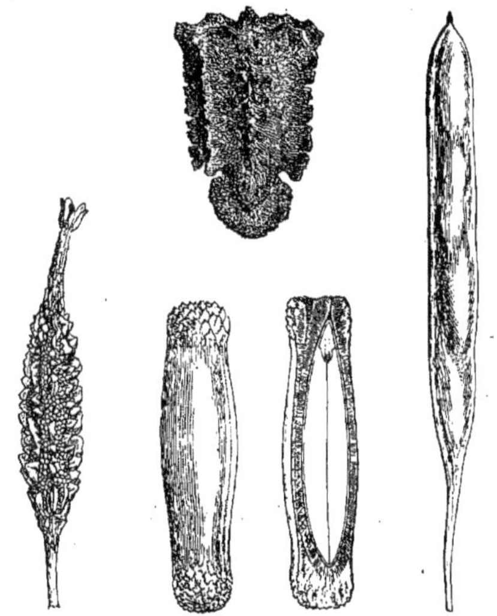

Momordica. — Fruits. Graines, entières et coupe longitudinale.

fusiforme ou plus large, verruqueux ou lisse, sec ou charnu, indéhiscent ou 3-valve. Les graines (2-∞) sont lisses ou rugueuses, chargées de saillies. Ce sont des herbes annuelles ou vivaces, à vrilles simples ou bifides. Elles habitent les régions chaudes des deux mondes. Leurs fruits sont souvent alimentaires, oléifères ou médicinaux, notamment ceux du *M. Charantia* L. (*Papavel, Paperi*) et du *M. Balsamina* L. (*Pommes de merveille*). (H. Bn, *Hist. des pl.*, VIII, 406, 423, 441, fig. 285-291.)

MONACELLA. En Italie, les Helvelles.

MONACHÆNA (Torr. et Gr., *Fl. N.-Amer.*, II, 288). Section du genre *Iva* L.

MONACHANTHUS (Lindl., in *Bot. Reg.*, sub t. 1538). Synonyme de *Catasetum*, et genre établi pour les individus à fleurs femelles de ce genre.

MONACHATER (Steud., *Syn. pl. glum.*, I, 247). Genre créé pour le *Danthonia bipartita* F. Muell.

MONACHILUS (Bl. — Endl., *Ench.*, 113). Pour *Monochilus*.

MONACHNE (Pal.-Beauv., *Agrost.*, 49, t. 10). Synonyme de *Eriochloa* H. B. K.

MONACHYRON (Parlat., in *Hook. Niger Fl.*, 190). Genre de Graminées-Avénées, fondé sur une herbe grêle du Cap-Vert, à épillets 2-flores; la fleur supérieure mâle, et l'inférieure hermaphrodite; les glumes distantes; la supérieure 2-lobée et à sinus aristé; les glumelles bifides au sommet. Les pédicelles sont épaissis et villeux au sommet. [H. Bn.]

MONACILLO. Au Mexique, l'*Hibiscus pentacarpus* L.

MONACROSPORIUM (Oud., *Aann. Myc. Nederl.*, IX-X, p. 48). Genre d'Hyphomycètes, à filaments stériles, rampants, ramifiés et cloisonnés, donnant naissance à des sporophores dressés, portant une seule conidie fusiforme, pluriloculaire, hyaline ou de couleur claire. Trois espèces, originaires des Pays-Bas, ont été vues se développant sur des excréments. [De S.]

MONACTINEIRMA (Bory, in *Ann. gén. sc. phys.*, II, 138). Synonyme de *Passiflora* L.

MONACTINIUM (Braun, *Alg. unicell. gen. nov.*, 1855). Genre d'Algues-Conjuguées, de la famille des Desmidiacées, que nous devons considérer, ainsi que le *Monactinus*, comme synonyme de *Pediastrum*. [Ch. M.]

MONACTINUS (Corda, *Alman. de Carlsb.*, 1839). Genre de Desmidiacées, que Kützing a admis avec hésitation, mais que Rabenhorst a fait disparaître pour mettre les cinq espèces dont il était composé dans le genre *Pediastrum*.

MONACTIS (H. B. K., *Nov. gen. et spec.*, IV, 286, t. 403). Genre de Composées-Hélianthées, formé de 2 plantes ligneuses de l'Amérique du Sud, à feuilles alternes; les fleurs du rayon au nombre seulement de 1-4; le réceptacle étroit et plan. Les capitules sont groupés en grappes composées et corymbiformes. (H. Bn, *Hist. des pl.*, VIII, 215.)

MONADELPHANTHUS (Karst., *Fl. columb.*, 67, t. 33. — B. H., *Gen.*, II, 38, n. 28). Synonyme (?) de *Capirona* Spruce. (H. Bn, *Hist. des pl.*, IV, 486.)

MONADELPHE, MONADELPHIE. Union des étamines par leurs filets en un seul faisceau. C'est le nom d'une des classes du Système de Linné.

MONADENIA (Lindl., *Gen. et spec. Orchid.*, 356). Genre d'Orchidacées-Ophrydées, formé d'une douzaine d'herbes terrestres, de l'Afrique australe, à fleurs analogues à celles des *Disa*, éperonnées; le style pourvu d'un ample rostellum membraneux, sous lequel est une large surface stigmatifère pulvinée, à la base du labelle. Les pollinies n'ont qu'une glande. Les fleurs sont disposées en épis serrés. [H. Bn.]

MONADENUS (Salisb., *Gen. pl. Fragm.*, 51). Synonyme de *Zygadenus* Michx.

MONADINEÆ (Cienk.-Schult., *Arch.*, I, 203). M. Saccardo range ce groupe à la suite des Myxomycètes, dans son *Sylloge* (VII, *par.* I, 453). On ne peut jusqu'à nouvel ordre admettre à titre de Champignons les genres de microzoaires ou de microphytes voisins des Algues dont la nature est encore mal déterminée et qui se rencontrent côte à côte dans cette sorte de *caput mortuum* de la nomenclature, que M. Dangeard s'est donné la tâche de débrouiller. [De S.]

MONANDRAIRA (E. Desvx, in *C. Gay Fl. chil.*, VI, 341, t. 79). Section du genre *Deschampsia* Pal.-Beauv.

MONÆRANTHUS (Ledeb., *Fl. ross.*, IV, 128). Section du genre *Smilacina* Desf.

MONANDRIE (*Monandria*). Classe du Système de Linné, dans laquelle les fleurs ont une étamine, sont *monandres*.

MONANTHEMUM (Griseb., *Fl. brit. W.-Ind.*, 354). Synonyme (B. H., *Gen.*, II, 232) de *Piptocarpha* R. Br.

MONANTHEMUM (Scheel., in *Flora* [1843], 314). Genre créé pour le *Sisymbrium acaule* Sieb.

MONANTHES (Haw., *Rev. pl. succ.*, 68). Section du genre *Sempervivum* L. (H. Bn, *Hist. des pl.*, III, 309.)

MONANTHIUM (Ehrh., *Phytoph.*, n. 54). Synon. de *Monæses*.

MONANTHOCALEA (Less., *Syn.*, 242). Sous-genre du g. *Calea*.

MONANTOCHLOE (Engelm., in *Trans. Ac. sc. St-Louis* [1859], 436, t. 13, 14). Genre de Graminées-Festucées, formé d'une herbe rampante du Texas, à épillets 2, 3-flores, unisexués, géminés dans un faisceau de feuilles, sessiles et en partie cachés. Les glumes sont foliiformes, et les glumelles membraneuses et transparentes. Le fruit est étroit, allongé, enfermé dans la glumelle supérieure. Les feuilles sont distiques, à limbe court et convoluté. [H. Bn.]

MONARDA (L., *Gen.*, n. 37). Genre de Labiées, qui a donné son nom à la série des *Monardées*, à fleurs irrégulières; le calice 15-nerve et 5-denté. La corolle est bilabiée et porte 2 étamines antérieures fertiles, ascendantes, à anthères médifixes, linéaires, à 2 loges confluentes, avec 2 petits staminodes postérieurs, souvent nuls. Le fruit est celui des Labiées en général. Ce sont 6, 7 herbes vivaces, de l'Amérique du Nord, à feuilles en général dentées; à fleurs en verticillastres terminaux, capituliformes, solitaires ou superposés; les bractées souvent colorées. Quelques-uns sont médicinaux aux États-Unis. (H. Bn, *Tr. Bot. méd. phanér.*, 1255.)

MONARDÉES (*Monardeæ*). Tribu des Labiées, à fleurs 2-andres. (Benth., *Labiat.*, 190.)

MONARDELLA (Benth., *Labiat. gen. et spec.*, 331, part.). Genre de Labiées-Saturéiées, formé d'une dizaine d'herbes de l'Amérique du Nord, à fleurs irrégulières, didynames ; le calice régulier ou subbilabié ; la corolle bilabiée, à lobes linéaires ou oblongs. Les verticillastres sont solitaires, multiflores, denses et sphériques. (Benth., *Bot. Sulph.*, t. 21.) [H. Bn.]

MONARDES (Nicolas). Né et mort à Séville [1493-1588], est célèbre par son *Historia medicinal de las cosas que se traern de nuestras Indias occidentales, que sieven in medicina*, in-4 [1569], qui eut trois éditions et qui fut traduit en français, en anglais, en italien et plusieurs fois en latin. Clusius donna quatre éditions de la traduction latine, remarquable par ses gravures sur bois, et imprimées par les Plantin à Anvers.

MONAURHENUS (Cass., in *Bull. philom.* [1817] ; in *Dict.*, XXXII, 433). Genre de Composées-Inulées, formé de 3 arbustes malgaches, à feuilles alternes, à fleurs de *Laggera* ; les capitules groupés en cymes corymbiformes. (H. Bn, *Hist. des pl.*, VIII, 193.)

MONAS (Muell., *Infus.*, t. I, fig. I, 1786). Algues unicellulaires, à cellules très petites. Ce genre a été adopté par Ehrenberg ; mais Rabenhorst a placé les deux espèces qui le constituaient dans le genre *Palmella*. Et encore, selon nous, l'une d'elles trouverait mieux sa place dans la famille des Champignons. [Ch. M.]

MONASCUS (V. Tiegh., in *Bull. Soc. bot. Fr.*, XXXI, 226). Genre de Périsporiacés, à mycélium diffus, rameux, cloisonné, donnant naissance à des filaments courts, conidifères, et à des filaments portant une thèque globuleuse, renfermée dans un périthèce formé de la fusion de filaments périphériques nés à sa base. Les spores globuleuses ou ovoïdes, hyalines, très petites, sont en nombre variable suivant la dimension de la thèque. Deux espèces, développées en laboratoire sur des résidus de lin ou de pomme de terre. [De S.]

MONASELLA (Gaill. [1843], *Aperc. Hist. nat.*). Synonyme de *Pleococcus* Kuetz.

MONATHERA (Rafin., in *Journ. Phys.*, LXXXIX, 262). Synonyme de *Ctenium* Panz.

MONAVIA (Adans., *Fam.*, II, 211). Synonyme de *Mimulus* L.

MONBIN (Plum., *Gen.*, 44, t. 22). Synonyme de *Spondias* L.

MONBIN BATARD. Le *Spondias purpurea* Lamk.

MONBIN DE MALABAR. Le *Spondias dulcis* L.

MONBRIN. Le *Phyllanthus Emblica* L.

MONDO (Adans., *Fam.*, II, 496). Synonyme (part.) de *Carex*.

MONDO. Clusiacée (?) cultivée à Java.

MONECHMA (Hochst., in *Flora* [1841], 374). Synonyme de *Justicia* L. et section de ce genre.

MONELLA (Herb., *App.*, 29). Synonyme de *Cyrtanthus* Ait.

MONEMA (Berk., *Glean. of Brit. Algæ*, t. 4, fig. 3). Genre de Diatomacées, dont les espèces ont été reportées dans les genres *Encyonema* et *Schizonema*.

MONENCYANTHES (A. Gray, in *Hook. Kew Journ.*, IV, 227). Sect. du g. *Helichrysum* Gærtn. (H. Bn, *Hist. pl.*, VIII, 174.)

MONENTELES (Labill., *Sert. austro-caled.*, 42, t. 43, 44). Synonyme de *Oligolepis* Cass.

MONERMA (Pal.-Beauv., *Agrostogr.*, 116, t. 20, fig. 10). Synonyme (part.) de *Psilurus* Trin.

MONEROLECHIA (Trevis., in *Linnæa*, XXVIII, 296). Genre proposé pour le *Lecidea Bayrhofferi* Schær.

MONESES (Salisb., in *S.-F. Gray Arr. brit. pl.*, II, 403). Genre d'Éricacées-Pyrolées, qui ne doit vraisemblablement constituer qu'une section à fleurs solitaires du genre *Pyrola*. (Reichb., *Ic. Fl. germ.*, t. 1156.) [H. Bn.]

MONETARIA (Bronn, *Legum.*, 62, 134). Synonyme de *Ecastaphyllum* P. Br.

MONETIA (Lhér., *Stirp.*, I, t. 1). Synonyme de *Azima* Lamk ; section qui comprend les espèces de ce genre dont les deux loges sont uniovulées. (Voy. *Hist. des pl.*, VI, 10). [H. Bn.]

MONEUS. Au Cambodge, l'Ananas.

MONEY-WORT. En Angleterre, l'un des noms vulgaires de la Lysimaque Nummulaire.

MONGELAS. Synonyme de Mongette.

MONGETTE. Synonyme de Faverolle.

MONGETTES. Nom méridional des Haricots.

MONGEZIA (Vell., *Fl. flum.*, Atl., V, t. 105, 106). Synonyme de *Samyda* L.

MONGIPASINA. Nom malgache du *Croton myriaster* Bak.

MONGORI. Le *Jasminum Sambac* Vahl.

MONGUIA (Chapel., ex H. Bn). Section du genre *Croton* L.

MONIAT. Nom arabe de la Matricaire.

MONIÈRE. Nom français (Lamk) des *Monniera* P. Br.

MONIERMOS (Hook. f., in *Lond. Journ. Bot.*, VI, 124). Sous-genre du genre *Scorzonera* T.

MONIGOTE. Nom, à Caracas, du *Vinca rosea* L.

MONILIA (A. Rich., *Voy. Astrol.*, *Bot.*, 19). Synonyme de *Hormosira* Endl.

MONILIA (Pers., *Syn. Fung.*, 693). Genre d'Hyphomycètes, à filaments dressés et réunis en touffes portant des branches sporophores sur lesquelles les conidies se présentent en chaînettes. Ce genre, assez voisin du genre *Oidium*, compte un assez bon nombre d'espèces européennes et exotiques, vivant sur le bois ou l'écorce en putréfaction, les fruits ou les Champignons pourris.

MONILIFERA (Vaill., in *Act. Ac. par.* [1720], 289. — Stackh., in *Mém. Mosc.* [1809], II, 57, 82). Synonyme (part.) de *Osteospermum* L.

MONILIFERMIA (Bory, *Bot. Voy. Coq.*, 133). Genre d'Algues. Synonyme de *Hormosira* Endl.

MONILIFORME (*moniliformis*). En forme de chapelet. Se dit surtout des fruits (*Unona*, *Mœrua*) et de certains poils. Telle peut être aussi la disposition des conidies ou spores portées à la file l'une de l'autre par leur sporophore, en présentant l'aspect d'un chapelet.

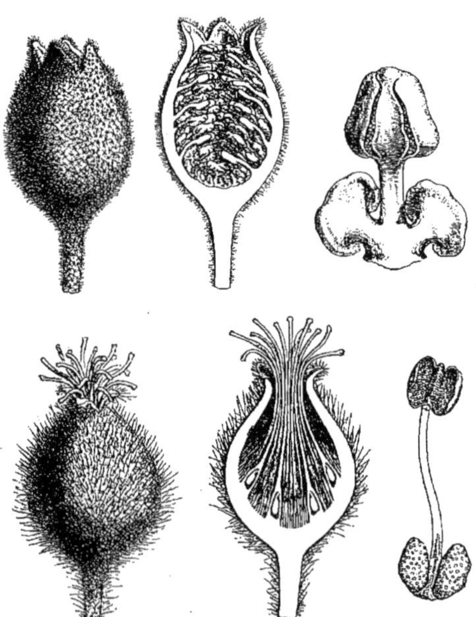

Monimia. — Fleurs mâles et femelles, entières et coupe longitudinale. Étamines.

MONIME (*Monimia* Dup.-Th., *Hist. vég. Afr. austr.*, 35, t. 9). Genre de Monimiacées, à fleurs dioïques ; les mâles formées d'un sac à 4-6 divisions courtes et de ∞ étamines accompagnées de 2 glandes latérales stipitées; les femelles à périanthe entier et creux, persistant autour des carpelles (4-∞), à ovules solitaires, descendants; le micropyle intérieur et supérieur. Les fruits sont des drupes qui finalement deviennent libres par la déchirure du réceptacle qui les englobait. Ce sont des arbres des îles orientales de l'Afrique tropicale, à feuilles opposées, avec souvent des poils étoilés. (H. BN, *Hist. des pl.*, I, 307, 340, fig. 337-343.)

MONIMIACÉES (*Monimiaceæ*). Famille de Dicotylédones-Dialypétales qui, à notre avis, ne se sépare de celle des Lauracées que par ses carpelles au nombre de plus d'un (et qui devraient peut-être leur être réunies). Ce sont des plantes ligneuses, à feuilles opposées et plus rarement alternes, souvent odorantes et aromatiques. Nous les avons divisées en Calycanthées, Hortoniées, Tambourissées, Athérospermées et Gomortégées. (H. BN, *Hist. des pl.*, I, 289.)

MONIN. L'*Uvaria* (*Asimina*) *triloba* HOOK. et ARN.

MONIZIA (LOWE, in *Hook. Kew Journ.*, VIII, 295; *Man. Fl. mader.*, 365; in *Bot. Mag.*, t. 5724). Le *M. edulis* est une Ombellifère de Madère, à tige élevée et ligneuse, dont les caractères se rapprochent beaucoup de ceux des *Thapsia*, auxquels MM. Bentham et Hooker (*Gen.*, I, 931) l'ont même réunie. Pour nous, cette plante ne peut constituer qu'une section dans le genre *Melanoselinum*, se distinguant du *M. decipiens* seulement en ce que les deux ailes marginales des méricarpes sont moins développées en largeur, surtout dans leur portion inférieure, et présentent dans leur portion supérieure des dentelures moins prononcées. La racine sert, dit-on, d'aliment aux pauvres dans les disettes. (Voy. *Hist. des pl.*, VII, 203.) [H. BN.]

MONJOLI. Nom français des *Varronia* L.

MONJÓLLO-FERRO. Bois d'une Mimosée indéterminée.

MONKA (ADANS., *Fam.*, II, 5). Syn. de *Microsporus* P.-BEAUV.

MONKEWITZ (Joh.-Heinr.). Auteur à Dorpat [1817] de *Chemisch medizinische Untersuchung über die Wandflechte*, c'est-à-dire le *Parmelia parietina* ACH. (in-8 de 38 p.).

MONKEY-APPLE. Aux Antilles, l'*Anona palustris* L.

MONKEY-BREAD TREE. Nom anglais de l'*Adansonia digitata* L.

MONKEY-FLOWER. Nom anglais des *Mimulus* L.

MONKEY-POT. Nom anglais du *Lecythis Ollaria* L.

MONK-FLOWER. Nom anglais des *Monacanthus* LINDL.

MON-KIN. Nom chinois de l'*Hibiscus syriacus* L.

MONKO HOOD. Un des noms anglais des Aconits.

MONNAIE DU PAPE. Le *Lunaria annua* L.

MONNARD (J.-Pierre). Auteur [1826] d'observations sur quelques Crucifères du *Systema* de De Candolle.

MONNEMA (GREV., *Scot.*, t. 286, 297, 302, 358. — TREVIS., *Algh. coccot.*, 97. — MENEGH.). — Genre de Diatomacées. — Voy. MONEMA.

MONNIERA (P. BR., *Hist. Jam.*, 269, nec L.). Synonyme de *Ambulia* LAMK (*Herpestis* GÆRTN. F.).

MONNIERIA (L., *Gen.*, n. 850). Genre de Rutacées-Cuspariées, formé de 2 herbes annuelles, américaines, à feuilles alternes, 3-foliolées; les fleurs 5-mères, isostémonées; les deux sépales extérieurs cachant la corolle bilabiée, et 2, 3 étamines stériles. Le *M. trifolia* L. est l'*Alfavaca de cobra* des Brésiliens, un des *Jaborandi* de l'Amérique tropicale, vanté outre mesure par Marcgraff comme remède et contrepoison. (H. BN, *Hist. des pl.*, IV, 383, 456.)

MONNINA (R. et PAV., *Fl. per. Syst.*, I, 169). Genre de Polygalacées-Polygalées, à fleurs de *Polygala*, avec 2 grands sépales aliformes et un fruit indéhiscent, sec ou charnu. Ce sont 40-50 herbes ou arbustes de l'Amérique méridionale. (H. BN, in *Adansonia*, I, 175; in *Payer Fam. nat.*, 310; *Hist. des pl.*, V, 75, 89.)

MONNOYÈRE. Le *Thlaspi arvense* L. et le *Lysimachia Nummularia* L.

MONO. L'*Enallagma cucurbitina* H. BN.

MONOBLEPHARIS (CORNU, in *Bull. Soc. bot. Fr.*, XVIII, 59; *Monog. Saprol.*, 82). Genre de Saprolégniés, à filaments portant des oogones à une seule oospore sphérique, hyaline. Les zoospores et les anthérozoïdes uniciliés sont semblables. [DE S.]

MONOBOTHRIUM (HOCHST., in exs. abyss. *Schimp.*). Synonyme de *Swertia* L.

MONOCALLIS (SALISB., *Gen. pl. Fragm.*, 27). Genre proposé pour le *Scilla monophylla* LINK.

MONOCAPSA (ITZ., in *Rabenh. Krypt. Fl. v. Sachs*, 72). Algue de l'ordre des Cystiphorées, de la famille des Chroococcacées, que l'on considère généralement comme devant appartenir au genre *Gloecocapsa* KUETZ.

MONOCARPIA (MIQ., in *Ann. Mus. lugd.-bat.*, II, 12). Section à gynécée unicarpellé du genre *Unona* L. F. (H. BN, *Hist. des pl.*, I, 210.)

MONOCARYUM (R. BR., in *App. Voy. Denh. et Clapp.*, 243). Genre proposé pour une forme du *Colchicum montanum* L.

MONOCENTRA (DC., *Prodr.*, III, 131). Section du genre *Chætogastra* DC.

MONOCERA (ELL., *Bot. S.-Carol. and Georg.*, I, 176). Synonyme de *Ctenium* PANZ.

MONOCERA (JACK, in *Mal. Misc.*; in *Hook. Bot. Misc.*, II, 85). Section du genre *Elæocarpus* JACQ.

MONOCHÆTE (DŒLL, in *Mart. Fl. bras.*, II, III, 78, t. 22). Genre de Graminées-Chloridées, que l'auteur dit très voisin des *Gymnopogon*, n'en différant que par le rachis de ses épillets non prolongé au delà des fleurs. C'est une herbe du Brésil, à feuilles étroites et convolutées. [H. BN.]

MONOCHÆTUM (DC., *Prodr.*, III, 138). Genre de Mélastomacées-Mélastomées (autrefois section du genre *Osbeckia*), formé d'une vingtaine d'arbustes américains, à fleurs 4-mères; les

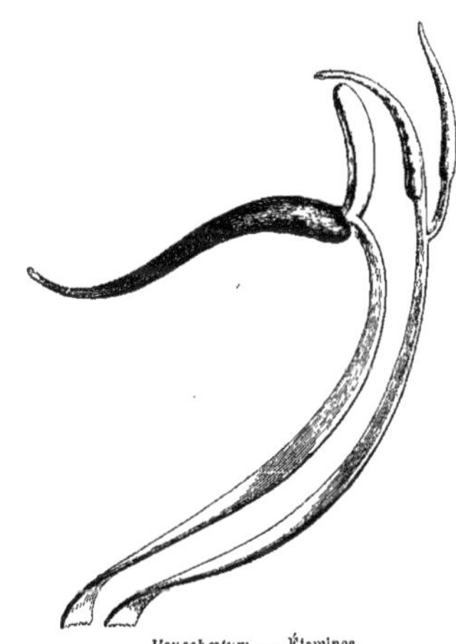

Monochætum. — Étamines.

8 anthères presque égales; les grandes pourvues d'un connectif prolongé en arrière en appendice claviforme. L'ovaire est à 4 loges. On cultive quelques-unes de ces plantes élégantes dans nos serres. (H. BN, *Hist. des pl.*, VII, 15, 52, fig. 26.)

MONOCHASE, MONOCHASIUM. Synonymes de Cyme unipare.

MONOCHASMA (MAXIM. in *Franch. et Sav. Enum. pl. jap.*, II, 458). Genre de Scrophulariacées-Rhinanthées, remarquable par sa capsule qui ne s'ouvre que d'un côté. C'est le seul caractère qui le différencie des *Bungea* et des *Cymbaria*, dont il a les fleurs et les deux bractéoles. On en connaît deux espèces, habitant la Chine et le Japon. (Voy. H. BN, *Hist. des pl.*, IX, 481). [A. FR.]

MONOCHILA (G. DON, *G. Syst.*, III, 725). Sect. du g. *Goodenia*.

MONOCHILEÆ (SCHAU., in *DC. Prodr.*, XI, 526). Groupe de Verbénacées.

MONOCHILUS (FISCH. et MEY., *Ind. sem. H. petrop.*, I [1835], 34). Genre de Verbénacées-Verbénées, établi pour une humble herbe du Brésil, distinguée par une corolle à limbe très oblique et à tube fendu longitudinalement en arrière. Les grappes sont terminales. (SCHAU., in *Mart. Fl. bras.*, IX, 172, t. 32.) [H. BN.]

MONOCHILUS (WALL., ex LINDL., *Gen. et spec. Orchid.*, 486). Synonyme de *Zeuxine* LINDL.

MONOCHLÆNA (CASS., in *Dict.*, I, 491). Genre créé pour l'*Eriocephalus racemosus* GÆRTN. (*Athanasia* L.).

MONOCHLAMYDÉES. Plantes pourvues d'une seule enveloppe florale (DC.). Synonyme de Apétales et de Monopérianthées.

MONOCHORIA (PRESL, *Rel. Hænk.*, I, 127). Genre de Pontédériacées, formé d'une demi-douzaine d'herbes vivaces, de l'Asie, l'Océanie et l'Afrique tropicales, distinguées des *Pontederia* par un périanthe campanulé, sans tube ; 6 étamines à anthères dressées ; un ovaire à 3 loges multiovulées. (K., *Enum.*, IV, 132. — ANDR., *Bot. Repos.*, t. 490.)

MONOCOCCUS (F. MUELL., *Fragm. phyt. Austral.*, I, 47). Genre de Phytolaccacées, très voisin des *Petiveria* et qui ne s'en distingue que par ses fleurs polygames, polyandres, son albumen farineux, beaucoup plus abondant, et la surface de son fruit. Celui-ci est, en effet, tout couvert d'aiguillons glochidiés, au lieu de n'en porter supérieurement qu'un nombre très restreint. Le port, le feuillage et l'inflorescence sont d'ailleurs les mêmes. On ne connaît de ce genre qu'une espèce, le *M. echinophorus* F. MUELL. (Voy. *Hist. des pl.*, IV, 36.) [H. BN.]

est une herbe chilienne annuelle, voisine d'ailleurs des *Claytonia*, le *M. monandra* H. BN (*M. corrigioloides* FENZL). (Voy. *Hist. des pl.*, IX, 72, fig. 86.)

MONOCOTYLÉDONES. Plantes dont l'embryon n'a qu'un cotylédon ; d'où *Monocotylédonie*, *Monocotylées*. — Voy. TAXINOMIE.

Monocosmia. — Fleur.

MONOCYSTACEÆ (ZOPF, *Pilzth.*, 112. — SACCARD., *Syll. Fung.*, VII, 459). Famille de Monadinées, parasites dans les Algues, comprenant les *Entoromyxa* et les *Myxastrum*.

MONOCYSTEÆ (HASS., *Brit. freshw. Alg.* [1845]). Famille des Algues filiformes.

MONOCYSTIS (LINDL., *Introd. Nat. Syst.*, ed. 2, 445). Genre proposé pour l'*Hellenia abnormis*, rapporté aux *Alpinia*.

MONODERMA (ROST., *Mon. Mycet.*, 169). Sous-division de Myxomycètes, comprenant les espèces du genre *Chondrioderma* dont le sporange est à enveloppe simple, recouverte d'une couche de petits granules calcaires. [DE S.]

MONODONTA (DC., *Prodr.*, V, 559). Section du g. *Obeliscaria*.

MONODORA (DUN., *Mon. Anon.*, 79). Genre anormal d'Anonacées, qui a donné son nom à la série des *Monodorées*, et qui se distingue dans la famille par son ovaire uniloculaire à placentas pariétaux. Ce sont 5, 6 arbres et arbustes de l'Afrique tropicale et de Madagascar. C'est sur une espèce de ce genre que M. A. de Candolle a fondé son genre *Hexalobus*. Le *M. Myristica* est une plante à épices des nègres, le *Calabash Nutmeg* des colons anglais. (Voy. *Hist. des pl.*, I, 246, 277, 288, fig.

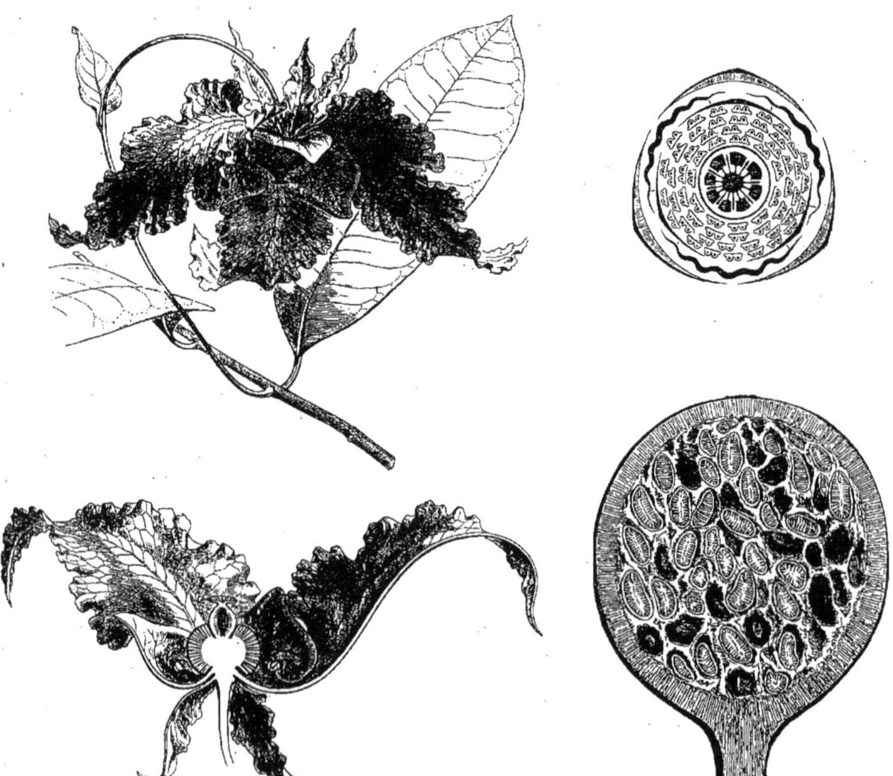

Monodora. — Fleur, entière et coupe longitudinale. Diagramme. Fruit, coupe longitudinale.

MONOCODON (SALISB., *Gen. pl. Fragm.*, 56). Genre proposé pour le *Fritillaria pyrenaica* L.

MONOCOSMIA (FENZL, in *Nov. stirp. Dec. Mus. vindob.*, 84). Genre de Portulacacées-Portulacées, à fleurs monandres ; la corolle formée de 2 verticilles de 2 pétales. La seule espèce

296-299; *Adansonia*, VIII, 299, 344; *Fl. Madag.*, t. 11.)

MONODYNAMIS (GMEL., *Syst.*, 10). Synonyme de *Usteria* W.

MONODYNAMUS (POHL, *Pl. bras.*, II, 67, t. 144). Synonyme de *Anacardium* ROTTB.

MONOESTES (SALISB., *Gen. pl. Fragm.*, 21). Synonyme de *Orchiops* SALISB.

MONOGAMUS. Nom donné par Cassini aux capitules dont les fleurs sont toutes d'une même sorte.

MONOGONE (MAXIM., in *Bull. Ac. Pét.*, *Mél. biol.*, X, 579). Section du genre *Arenaria* L., à fruits monospermes.

MONOGRAMMA (EHRB., in *Akad. der Wiss. zu Berl.*, 1843). Genre de Diatomacées, de la famille des Achnanthées, caractérisé par des frustules ayant une ligne médiane transversale sur l'une des valves. Ce genre n'a pas été admis par Rabenhorst ni par les auteurs modernes qui le fusionnent avec l'*Achnanthes*.

MONOGRAPHIDIUM (PRESL, *Epim.*, 562). Genre établi pour le *Cliffortia obcordata* L.

MONOGRAPHOS (FUCK., *Symb. myc.*, III, 24). Genre d'Hypocréacés, à stroma subépidermique lirelliforme, contenant des périthèces en une série, blancs, papillés, à petit ostiole. Les thèques renferment 8 spores fusiformes, hyalines. Sur les pétioles de *Pteris* et d'*Aspidium*, en France et en Allemagne. [DE S.]

MONOGYNE (*Monogynus*), d'où *Monogynie*. Fleur à un seul pistil, à gynécée formant une seule masse.

MONOGYNELLA (DESMOUL., *Et. Cusc.*, 65). Syn. de *Cuscuta* L.

MONOGYRIA (DC., *Prodr.*, V, 325). Section du g. *Neja* DON.

MONOÏQUE (*Monoicus*, *Monœcus*). Plante qui, sur un même pied, porte des fleurs mâles et femelles. D'où *Monœcie*.

MONOLENA (TRI., *Melast.*, 81, t. 6, fig. 84). Section du genre *Bertolonia* RADD.

MONOLEPIS (SCHRAD., *Ind. sem. H. gœtt.* [1830]; in *Linnæa*, VI, *Litt. Ber.*, 73). Genre de Chénopodiacées-Chénopodiées, à fleur de *Chenopodium*, avec 1-3 sépales inégaux (ou nuls) et une étamine. Ce sont des herbes polygames de l'Asie et de l'Amérique du Nord. (H. BN, *Hist. des pl.*, IX, 167.)

MONOLOPHUS (WALL., *Pl. as. rar.*, I, 24, t. 24). Synonyme de *Kæmpferia* L.

MONOLOPIA (DC., *Prodr.*, VI, 74). Section du genre *Lasthenia* CASS. (H. BN, *Hist. des pl.*, VIII, 246.)

MONOMERIA (LINDL., *Gen. et spec. Orchid.*, 61). Genre d'Orchidacées-Épidendrées, très voisin des *Bulbophyllum*, formé de 2 herbes pseudo-bulbeuses de l'Asie tropicale, distingué par de larges sépales latéraux, très distants du postérieur. Les pollinies sont subcohérentes en une masse globuleuse. Les fleurs sont en grappes lâches. (REICHB. F., in *Trans. Linn. Soc.*, XXX, t. 28.)

MONOMYCES (BATT., *Fung. agr. arim.*, 40). Désigne diverses espèces d'Agaricinés solitaires.

MONOON (MIQ., in *Ann. Mus. lugd.-bat.*, II, 15). Synonyme de *Polyalthia* (*Unona*). (H. BN, *Hist. des pl.*, I, 212.)

MONOPÉTALE (*Monopetalus*). Synonyme de Gamopétale; d'où *Monopétalie*.

MONOPHALACRUS (CASS.). Synonyme de *Phalacromerus* CAS.

MONOPHYLLÆA (R. BR., in *Benn. Pl. jav. rar.*, 121). Genre de Gesnériacées-Cyrtandrées, formé de 5, 6 herbes de la Malaisie, à grande feuille unique, à fleurs en cymes régulières ou scorpioïdes, avec calice imbriqué et placentas stipités inférieurement. (C.-B. CLKE, *Cyrtandr.*, 181, t. 20. — H. BN, *Hist. des pl.*, X, 103.)

MONOPHYLLUM (A. DC., *Prodr.*, XV, p. I, 353). Synonyme de *Begonia* L.

MONOPLECTRUM (RAFIN., *Fl. ludov.*, 106). Synonyme (?) de *Sesbania* PERS.

MONOPLOCA (BGE, *Pl. Preiss.*, I, 259). Synonyme (B. H., *Gen.*, I, 88) de *Lepidium* L.

MONOPLODIA (WESTEN., in *Bull. Ac. Belg.*, 1859, VII, 366, f. 19). — Voy. DIPLODIA.

MONOPOGON (PRESL, *Rel. Hœnk.*, I, 324, t. 44). Synonyme de *Tristachya* NEES.

MONOPORANDRA (THW., in *Hook. Journ.*, VI, 69, t. 2). Genre de Diptérocarpées, qui présente tous les caractères des *Vateria* dans le fruit, comme dans la fleur, sinon que celle-ci n'a que cinq étamines alternipétales. Les trois espèces connues sont des arbres de Ceylan, décrits par Thwaites dans son *Enumeratio plantarum Zeylaniæ* (p. 39). [H. BN.]

MONOPORINA (PRESL, in *Oken Isis*, XXI, 274). Synonyme de *Marila* SW.

MONOPORUS (A. DC., in *Ann. sc. nat.*, sér. 2, XVI, 91; *Prodr.*, VIII, 112). Synonyme (B. H.) de *Icacorea* AUBL.

MONOPSIS (SALISB., in *Trans. Hort. Soc. lond.*, II, 37, t. 2. — URB., in *Jahrb. Mus. bot. Berl.*, I, 470). Genre établi pour le *Lobelia lutea* et des espèces voisines. (H. BN, *Hist. des pl.*, VIII, 331.)

MONOPTERA (SCH. BIP., in *Webb Phyt. canar.*, II, 253). Synonyme de *Argyranthemum* WEBB.

MONOPTERIX (SPRUCE, ex BENTH., in *Mart. Fl. bras. Papil.*, 307, t. 122). Genre de Légumineuses-Papilionacées-Sophorées, établi pour deux beaux arbres brésiliens, à feuilles imparipinnées; les 2 sépales supérieurs très grands et connés; les 3 autres formant une petite lèvre. Le port et les autres caractères sont ceux des *Coumarouna*. (H. BN, *Hist. des pl.*, II, 364.)

MONOPTILON (TORR. et GR., in *Bost. Journ. Nat. Hist.*, V, 106, t. 13). Genre de Composées-Astérées, formé pour une herbe annuelle, de l'Amérique du Nord, à fleurs d'*Aster*; la soie unique de l'aigrette plumeuse, surtout au sommet, avec anneau extérieur formant couronne. (H. BN, *Hist. des pl.*, VIII, 136.)

MONOPYLE (MOR., ex BENTH., *Gen.*, II, 997). Genre de Gesnériacées-Gesnériées, à fleurs de *Gloxinia*, avec un fruit infère, sec, s'ouvrant sous le calice par une fente dorsale. Ce sont 5, 6 herbes du Pérou et de la Colombie, à feuilles opposées, souvent inégales. (H. BN, *Hist. des pl.*, X, 84.)

MONORCHIS (EHRH., *Beitr.*, IV, 147). Syn. de *Herminium* L.

MONORCHIS (MENTZ., *Pugill.*, t. 5). Syn. de *Microstylis* NUTT.

MONORMIA (BERKEL., *Glean of Alg.*, 46, t. XVIII). Genre d'Algues, de la famille des Nostocées d'après Kützing, des Spermosirées d'après Rabenhorst. Synonyme pour l'un et pour l'autre des *Anabæna*. M. Bornet considère les espèces qui le constituaient comme appartenant au genre Nostoc. Nous sommes de cet avis. [CH. M.]

MONOSOMA (GRIFF., *Not.*, IV, 502). Syn. (?) de *Amoora* ROXB.

MONOSPERMALTHÆA (IDM., in *Act. Acad. Par.* [1721], 271). Synonyme de *Waltheria* L.

MONOSPORA (HOCHST., in *Flora* [1841], 660). Synonyme de *Trimeria* HARV.

MONOSPORA (SOLIER, *ap. Cast. Catal. pl. Mars*, 242, t. 7 et *Supp.*, p. 119). Ce genre d'Algues Floridées, que Kützing n'a pas admis et qu'il considère comme synonyme des *Callithamnieæ*, classe des *Heterocarpeæ*, a été maintenu par M. J.-G. Agardh. Cet auteur considère le genre *Monospora* comme devant appartenir à l'ordre des *Wrangelieæ*, de la famille des *Corynospermeæ*. MM. Thuret et Bornet ont trouvé sa place plus naturelle dans la famille des Céramiacées, tribu des Spermothamniées. Les Algues du genre *Monospora* sont caractérisées par une fronde filiforme, dichotome, chargée de ramules pinnés, articulés, monosiphonés. Les filaments gemmidifères sont nus, épars, sur des rameaux à peine modifiés, épars ou plus ou moins rapprochés. Les cystocarpes propres sont nuls. Les gemmidies sont séparées. Les sphærospores, qui proviennent d'un côté intérieur de rameaux ténus et comme décomposés, se divisent triangulairement. Les *Monospora* se partagent d'abord en deux sections : les espèces dont les ramules ou rameaux se détachant en tous sens d'un axe principal épaissi, sont allongés, mous, corymbifères et pourvus de pointes forment la première section. Les espèces dont les ramules se détachant en tous sens de l'axe principal moins épaissi, sont courtes, peu subulées, moins atténuées aux extrémités, forment la seconde division. Ce genre compte 6 ou 7 espèces; quelques-unes sont propres à la Nouvelle-Hollande, d'autres aux mers de l'Europe. (Voy. AGH, *Spec., gen. et ord. Alg.*, III, 610.)

MONOSPORIUM (BONORD., *Handb. Allg. Mykol.*, 95). Genre d'Hyphomycètes, à mycélium rampant, à sporophores dressés ramifiés, dendroïdes, et dont les rameaux portent chacun une conidie hyaline ou de couleur claire. M. Saccardo en décrit 20 espèces européennes, se développant sur des feuilles mortes, des écorces, des Champignons, du foin, du papier, etc. [De S.]

monostachya (A. Braun, in *Flora*, II, 713). Synonyme (part.) de *Tristachya* Nees.

monostèle, monostélie. — Voy. Polystèle.

monostemma (Spach, in *Ann. sc. nat.*, sér. 3, V, 237). Sous-genre du genre *Cardopatium* J.

monostemma (Turcz., in *Bull. Mosc.* [1848], I, 255). Synonyme de *Sarcostemma* R. Br.

monostichæ (Pers., *Syn. Fung.*, 28). Section 4 du genre *Sphæria* Hall.

monostiche (Kœrn., in *Gartenfl.*, t. 167, 515). Section du genre *Calathea* G.-F.-W. Mey.

monostigmatia (L.-C. Rich., *Præl. publ.*). Ordre de la Synanthérie.

monostylis (Tul., *Pod. Mon.*, 201). Syn. de *Apinapia* Tul.

monotassa (Salisb., *Gen. pl. Fragm.*, 36). Genre proposé pour l'*Ornithogalum secundum* Jacq.

monotaxideæ (H. Bn, *Hist. des pl.*, V, 115). Sous-série des Euphorbiacées-Jatrophées.

monotaxis (Ad. Br., in *Ann. sc. nat.*, sér. 1, XXIX, 386; in *Duperr. Voy. Coq.*, *Bot.*, 223, t. 49). Genre d'Euphorbiacées-Jatrophées, dont le nom repose sur une erreur d'observation de Brongniart; car l'androcée est 2-sérié, avec 4, 5 pétales et sépales. Dans la fleur femelle, à ovaire 3-loculaire, les pétales peuvent manquer. Ce sont 6, 7 petits sous-arbrisseaux australiens, à feuilles alternes, opposées ou ternées, à petites cymes florales terminales ou pseudo-latérales. (H. Bn, *Et. gén. Euphorb.*, 307, t. 16; *Hist. des pl.*, V, 183.)

monotheca (A. DC., *Prodr.*, VIII, 152). Syn. de *Reptonia* DC.

monothecium (Hochst., in *Flora* [1841], 374). Genre d'Acanthacées-Justiciées, formé de 2 herbes suffrutescentes, de l'Inde et de l'Abyssinie; la corolle à 2 longues lèvres; l'antérieure courtement 3-lobée. Les fleurs sont petites, rapprochées en épis denses, avec des bractées et des bractéoles étroites. (Bedd., *Icon. pl. ind. or.*, t. 269.) [H. Bn.]

monothecium (Lib.). — Voy. Mastigosporium.

monothis (Lindl., *Gen. et spec. Orchid.*, 303). Synonyme de *Holothrix* L.-C. Rich.

monothrix (Torr., in *Stansb. Utah Exped.*, 389, t. 7). Synonyme de *Laphamia* A. Gray.

monothylacium (G. Don, *Gen. Syst.*, IV, 116). Synonyme de *Hoodia* Sweet.

monotospora (Corda, *Icon. Fungor.*, I, 11). Genre d'Hyphomycètes, à filaments rampants, donnant naissance à des sporophores dressés, non ramifiés, bruns, qui portent chacun une conidie de même couleur, plus grosse que le sporophore. Onze espèces, sur le bois, les tiges, les feuilles. [De S.]

monotosporeæ (Sacc., *Syll. Fungor.*, IV, 299). Tribu des Dématiés, comprenant les genres *Monotospora, Hadrotrichum, Acremoniella.*

monotrema (Thuret, in *Mém. Soc. Cherb.*, 1854). Algues de la famille des Palmellacées, que Rabenhorst a placées dans la famille des *Tetraspora*. Est-ce une place bien certaine? Nous en doutons, attendu que nous ne devons guère considérer les *Tetraspora* comme des végétaux. [Ch. M.]

monotropa, monotropées. — Voy. Sucepin.

monotrope. Nom français (Lamk) des *Monotropa* L.

monotropsis (Schwein., ex Elliott, *Sk. bot. S.-Carol.*, I, 478.). Synonyme de *Schweinitzia* Ell.

monotylæa (Vog., in *N. Act. Leop.* [1843], XIX, Suppl., I, 32). Section du genre *Scytalis* E. Mey.

monoxène. Appliqué aux Champignons, dans le sens de Monoïque.

monoxora (Wight, *Ill.*, II, 12, t. 97', fig. 5). Synonyme de *Rhodamnia* Jack.

monrad (Jerem.-Wolffg.). Auteur, à Copenhague [1751], de *De Verbena ejusque usu in sacris et incantationibus veterum.*

monroa (Torr.). Pour *Munroa* Torr.

monrovia. — Voy. Café.

monsone. Nom français (Lamk) des *Monsonia* L.

monsonia (L., *Mantiss.*, n. 1268. — Harv. et Sond., *Fl. cap.*, I, 214). Genre de Géraniacées, voisin des Géraines, dont il a à peu près la fleur, sinon que ses étamines sont au nombre de quinze, au lieu de dix. Ces étamines paraissent groupées à l'âge adulte en trois faisceaux alternipétales : ce qui tient à ce qu'il y a une grande étamine en face de chaque sépale et une paire d'étamines plus petites en face de chaque pétale. Chacune de ces deux petites étamines vient s'unir à l'étamine alternipétale qui est à côté d'elle. Les *Monsonia* sont des plantes de l'Afrique boréo-orientale et australe; elles ont le port des *Geranium* et des fleurs souvent très belles et recherchées dans les cultures. Quelquefois les tiges deviennent charnues, les feuilles se réduisant en petits organes spinescents; c'est ce qui caractérise la section *Sarcocaulon*, considérée parfois comme un genre distinct. A part cette section, le genre renferme encore deux sections : les *Holopetalum* et les *Odontopetalum*. On connaît une quinzaine d'espèces de *Monsonia*. (Voy. *Hist. des pl.*, V, 6, 36.) [H. Bn.]

monstera (Adans., *Fam. des pl.*, II, 470). Genre d'Aroïdacées-Callées, formé d'une douzaine d'espèces américaines, frutescentes, grimpantes, rameuses, à feuilles distiques, parfois perforées; les spadices sessiles; l'ovaire 2-loculaire, à ovules ascendants, insérés sur la base de la cloison. Le fruit composé est formé de baies cohérentes, et les graines ont un embryon macropode, sans albumen. Le péricarpe est parfois comestible, aromatique, comme il arrive dans le *M. deliciosa*, cultivé dans nos serres chaudes. (Engl., *Arac.*, 255.) [H. Bn.]

monstruosités. — Voy. Tératologie.

montabea (Rœm. et Sch.). Pour *Moutabea* Aubl.

montagnæa (DC., *Prodr.*, V, 564). Synonyme de *Montanoa* Llav. et Lex.

montagnea (Fries). — Voy. Montagnites.

montagnella (Speg., *Fl. carg. Pug.*, IV, n. 188). Genre de Sphériacés, très voisin des *Dothidea*, à stroma noir, orbiculaire, d'où proéminent des conceptacles globuleux. Les thèques allongées contiennent des spores hyalines, biloculaires, brunissant et devenant triloculaires à l'extrême maturité. En faisant rentrer quelques *Dothidea* dans ce genre, M. Saccardo y a décrit huit espèces toutes exotiques et se développant à la surface des feuilles. [De S.]

montagnites (Fr., *Epicr.*, 240). Genre d'Agaricinés, dont le réceptacle présente un pédicule de 10 à 14 centimètres de hauteur, épais au sommet, atténué vers la base, qui se termine par un renflement bulbiforme. Ce renflement offre une marge circulaire au point où s'est rompue la volve, et porte les traces fibrilleuses de la cortine qui s'y rattachait aussi. Le pédicule s'épanouit au sommet en formant un collarium sur lequel sont insérées les lamelles qui ne sont pas recouvertes et réunies entre elles par un chapeau. Appliquées d'abord par leur marge contre le pédicule, elles se relèvent à la maturité en rayonnant et formant une ombelle plane. Les spores vues en masse sont noires, et par transparence d'un brun foncé. L'atrophie du chapeau est le principal caractère qui différencie cet Agariciné des grands Coprins, dont il se rapproche par beaucoup d'autres. On en connaît deux espèces des sables maritimes, sur les bords de la Méditerranée et de la mer Caspienne. [De S.]

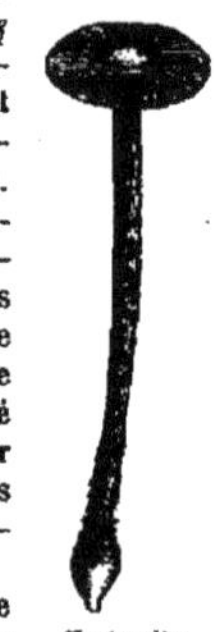
Montagnites.

montalbani (Ovid.). Professeur à Bologne [1601-1671], a écrit un *Index* de son herbier [1624], un *Bibliotheca botanica* [1657], et un *Hortus botanographicus* [1660]. En 1660, il donna son *Nova antepræludialis dendranatomes, arboreæ scilicet resolutionis adumbratio*, que Malpighi traite de *puerile opus*; et en 1668, l'*Ulyssis Aldrovandi Dendrologia naturalis, scilicet arborum historiæ libri duo*. Cet ouvrage d'Aldrovand eut trois éditions, avec figures sur bois.

MONTALBANIA (NECK., *Elem.*, I, 273). Syn. de *Siphonanthus*.

MONTANOA (LL. et LEX., *Nov. veg. descr.*, II, 11). Genre de Composées-Hélianthées, formé d'une douzaine d'arbres ou sous-arbrisseaux américains, à réceptacle portant des paillettes qui enveloppent les fleurs, puis les fruits, membraneuses ou presque charnues. Les feuilles sont opposées et les capitules en grappes de cymes. On en cultive quelques-uns dans nos jardins. (*Rev. hort.* [1857], fig. 165. — H. BN, *Hist. des pl.*, VIII, 216.)

MONTBRETIA (DC., in *Bull. Soc. philom.*, II [1803], 151 bis). Synonyme de *Tritonia* KER.

MONTBRISON (Louis-Bernard de). A écrit [1802] : *Lettres à Mme de C. sur la botanique...*, suivies d'une méthode élémentaire de botanique.

MONTE. Nom malgache du Tamarinier.

MONTE-AU-CIEL. Le *Polygonum orientale* L.

MONTELIA (MOQ., in *DC. Prodr.*, XIII, II, 277). Section du genre *Acnida* L.

MONTE-PIGATI (Giov.-Ant.). Auteur à Padoue [1757] de *Nova... universæ botanices rudimenta* (in-4 de 54 p.).

MONTEVERDIA (A. RICH., *Fl. cub.*, I, 346). Syn. de *Maytenus*.

MONTEZUMA (DC., *Prodr.*, I, 477). Genre de Malvacées, mal connu, qui doit peut-être se rapporter aux *Hampea* SCHLCHTL. (H. BN, *Hist. des pl.*, IV, 158, not. 1.)

MONTI (Guis.). Professeur à Bologne [1682-1760], écrivit en 1719 un *Catalogue des plantes des environs de Bologne*, et en 1724 son *Plantarum varii indices ad usum demonstrationum*, etc. Son *Exoticorum simplicium medicamentorum varii indices*, etc. (in-4) eut deux éditions. — Lor. MONTI publia [1817] un *Dizionario botanico Veronese* (in-8 de 159 p.).

MONTI. Nom français (AUBL.) des *Montira* AUBL.

MONTIA (MICHELI, *Nov. gen.*, 17, t. 13. — L., *Gen.*, n. 101). Genre de Portulacacées-Portulacées, formé d'une petite herbe annuelle, glabre, à feuilles en partie opposées, avec 2, 3 sépales, 5 pétales hypogynes, 3-5 étamines portées sur le tube de la corolle. L'ovaire est 3-ovulé, et le fruit sec est 3-valve, à graines comprimées; l'embryon périphérique. Plusieurs auteurs ont élevé au rang d'espèce les 3, 4 variétés de cette plante, commune en France et qui se trouve dans les deux mondes. (*Engl. Bot.*, t. 1206. — H. BN, *Hist. des pl.*, IX, 57, 71, fig. 83-85.)

Montia. — Fruit, entier et déhiscent. Graine.

MONTIN (Lars-Jonas). Élève de Linné, qui lui dédia le genre *Montinia*, mourut à Helmstad en 1785. Thunberg a écrit une notice sur sa vie. (Voy. *Act. holm.*, XXVII, 234.)

MONTIN. Nom français (LAMK) des *Montinia* L. F.

MONTINIA (L. F., *Suppl.*, 427). Genre d'Onagrariacées-Œnothérées, considéré comme anormal, parce que ses fleurs sont dioïques. Il est formé d'un arbuste du Cap, à 4, 5 pétales insérés sur le réceptacle immédiatement au-dessus de l'ovaire, et à 4, 5 étamines insérées de même. L'ovaire a 2 loges ∞-ovulées, et le fruit bivalve est septicide. (SMITH, *Spicil.*, t. 15. — H. BN, *Hist. des pl.*, VI, 466, 492.)

MONTIRA (AUBL., *Guian.*, II, 637, t. 257). Syn. de *Spigelia* L.

MONTJOLI. Nom français de plusieurs *Cordia* L.

MONTOLIVÆA (REICHB. F., *Otia hamb.*, 107). Synonyme (B. H., *Gen.*, III, 627) de *Habenaria* W.

MONTRICHARDIA (KRUEG., in *Bot. Zeit.* [1854], 25). Genre d'Aroïdacées-Philodendrées, formé de 2, 3 arbustes à suc laiteux, de l'Amérique tropicale, à fleurs mâles et femelles contiguës dans le spadice; l'ovaire uniloculaire, à 2 ovules ascendants, anatropes. Le fruit composé est formé de nombreuses baies dont les graines renferment un embryon macropode, sans albumen. (ENGL., in *Mart. Fl. bras.*, III, II, t. 25. — SCHOTT, *Gen. Aroid.*, t. 49.) [H. BN.]

MONTROUZERIA (PANCH., ex PL. et TRI., in *Ann. sc. nat.*, sér. 4, XIV, 292). Genre de Clusiacées-Symphoniées, très voisin des *Symphonia*, avec des boutons globuleux, de nombreuses étamines disposées en 5 phalanges, avec dans chacune d'elles 8-10 anthères linéaires et distinctes. Ce genre néo-calédonien, à feuilles opposées ou verticillées, comprend une demi-douzaine d'arbustes, à fleurs solitaires, pourprées, parfois très belles, notamment dans le *M. Gabriellæ* H. BN. (H. BN, in *Adansonia*, XII, 366; *Hist. des pl.*, VI, 401, 421.)

MONTSAINT (Thom.). Chirurgien-barbier de Sens, auteur [1604] du *Jardin senonois, cultivé naturellement d'environ six cents plantes diverses*, etc. (in-12 de 26 p.).

MONTTEA (C. GAY, *Fl. chil.*, IV, 416, t. 51). Genre de Scrofulariacées, attribué à des familles diverses, formé de 2 arbustes chiliens et argentins, à feuilles opposées ou alternes, ou subaphylles, à fleurs de Mimulée, à fruit sec, s'ouvrant au sommet en 4 valves, ou indéhiscent, avec 1, 2 grandes semences. (BUR., in *Bull. Soc. bot. Fr.* [1863]. — H. BN, *Hist. des pl.*, IX, 452.)

MOODOOGA (Huile de). Celle des embryons des *Butea*.

MOOLUKA. Roxburgh donne ce nom comme étant, en sanscrit, celui du Radis; mais il dit que la racine du *Mooluka* est grosse comme la jambe; c'est donc probablement une autre plante.

MOON. Dans l'Inde anglaise, le *Prunus Armeniaca* L.

MOONIA (ARN., in *N. Act. nat. Cur.*, XVIII, 348). Synonyme de *Chrysogonum* L.

MOONWORT. Nom anglais des *Botrychium* SW.

MOORCROFTIA (CHOIS., *Convolv. or.*, 49, t. 1). Synonyme de *Lettsomia* ROXB.

MOORIA (MONTROUZ., in *Mém. Ac. Lyon*, X, 207). Synonyme de *Cloezia* AD. BR.

MOOSBEERE. En Allemagne, le *Vaccinium Oxycoccos* L.

MOQUILEA (AUBL., *Pl. guian.*, I, 521). Section du genre *Licania*. (H. BN, *Hist. des pl.*, I, 427, fig. 489, 490. — MIERS, in *Journ. Linn. Soc.*, XVII, 371.)

MOQUILIER. Nom français (LAMK) des *Moquilea* AUBL.

MOQUINIA (DC., *Prodr.*, VII, 22; *Mém. Comp.*, 34, t. 13, part.). Section du genre *Chuquiraga* J. (H. BN, *Hist. des pl.*, VIII, 91.)

MORA. Nom argentin (GRISEB.) du *Maclura Mora* GRISEB.

MORA (SCHOMB., in *Trans. Linn. Soc.*, XVIII, 207, t. 16, 17). Synonyme de *Dimorphandra* SCHOTT.

MORAC. Synonyme de *Mairac*.

MORADILLA. Le *Triguera ambrosiaca* CART.

MORÆA (L., *Gen.*, n. 60). Genre d'Iridacées, qui a donné son nom à une tribu des *Morées*, formé d'une quarantaine d'herbes vivaces, d'Afrique ou d'Australie, à bulbe ou rhizome, à fleurs d'*Iris*, avec les folioles du périanthe libres, pétaloïdes; les pétales ordinairement bien plus petits, parfois 3-fides. On en cultive quelques espèces comme ornementales. (*Bot. Mag.*, t. 577, 613, 750, 759, 771, 1012, 1045, 1061, 1238, 1276, 1284, 5785.) [H. BN.]

MORÆÆ (B. H., *Gen.*, III, 682). Tribu (1) des Iridées.

MORAT. Nom espagnol des Mûriers.

MORANDI (Giambatt.). Auteur, à Milan [1743], de *Osservationi intorno al sinonimo alfabetico del l'erbe piu usuali che si legge nell' antidotaria Milanese*. Il a aussi publié un *Riposta alle obsservazioni de Cæsare Carini* [1743] et un *Historia botanica practica* [1744].

MORANDINO. Nom italien du *Picoa Juniperi* VITT.

MORA-RATI. Nom ancien des Ronces.

MORCHELLA. — Voy. MORILLE.

MORCHELLEI, MORCHELLINI. — Voy. MORCHELLÉS.

MORCHELLEN. Synonyme de Morille.

MORCHELLÉS (BOUD., *Discom. charnus* [1885], 9). Famille des Discomycètes, de la division des Mitrés (*Mitrati* FR.), que M. Boudier sépare des Helvellés, parce que le chapeau ou hyménophore alvéolé du réceptacle est stérile sur les côtes formant les alvéoles, tandis que les veines ou côtes des Helvellés sont fertiles. [DE S.]

MORCHELON. Le *Morchella esculenta* PERS.

MORCHEVAL. Le *Ranunculus bulbosus* L.

HACHETTE & Cie PARIS

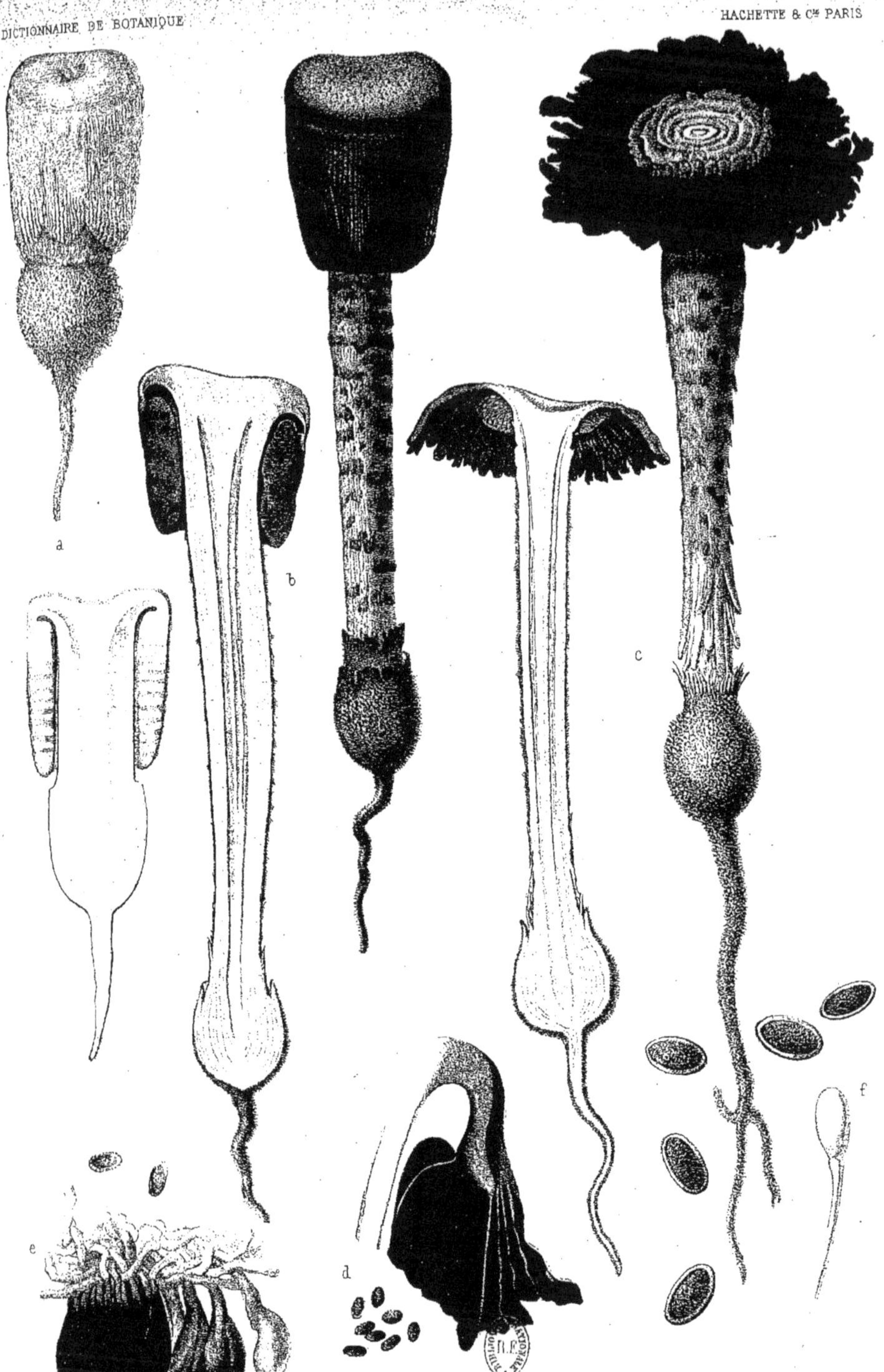

A. FAGUET, Pinxt d'après NOBE VÉRAN et DE SEYNES
E. FRAILLERY Imp
PORTAIL Chromolt

MONTAGNITES CANDOLLEI

Réceptacles entier et en coupe : — a. jeune et encore sous terre. — b. plus avancé et hors de terre c. tout-à-fait developpé. — d. Fragment d'une coupe indiquant les rapports des lamelles avec le pied, spores faiblement grossies. — e. Hymenium et trame sous hyméniales, spores (gr. 350). — f. Spores dont une en germination (gr. 540).

MORDANT DE LAUNAY. Bibliothécaire au Jardin des Plantes, mort au Havre en 1816, a composé, avec Loiseleur-Deslongchamps, un *Herbier général de l'amateur* [1816-28], in-4 de 572 pl. col.

MORDOGO (Huile de). Celle qui s'extrait des graines de *Butea*.

MOREAU DE JONNÈS (Alex.): Auteur [1825] de *Recherches sur les changements produits dans l'état physique des contrées par la destruction des forêts*, ouvrage traduit en allemand par Widenmann [1828].

MOREL (J.-F.-Nicol.). A publié [1805] à Besançon un *Catalogue du jardin botanique de cette ville* (in-8 de 112 p.).

MORELIA (A. RICH., in *Mém. Soc. Hist. nat. Par.*, V, 232). Synonyme de *Randia* L.

MORELIA (A. RICH., *Rubiac.*, 152. — HIERN, *Fl. trop. Afr.*, III, 112). Section du genre *Genipa*, à fleurs de *Griffithia*, avec un ovaire 4-loculaire. Espèces de l'Afrique tropicale. (H. BN, *Hist. des pl.*, VII, 307.)

MORELLA (LOUR., *Fl. coch.*, 548). Synonyme (?) de *Myrica*.

MORELLE. Le *Melampyrum arvense* L.

MORELLE. Nom français des *Solanum*.

MORELLE A QUATRE FEUILLES. Le *Paris quadrifolia* L.

MORELLE DE MADAGASCAR. Le *Solanum pyracanthum* LAMK.

MORELLE DE MURAILLE. La Pariétaire officinale.

MORELLE DES CANNIBALES. Le *Solanum anthropophagorum*.

MORELLE EN GRAPPE. Le *Phytolacca decandra* L.

MORELLE FURIEUSE. La Belladone.

MORELLE (GRANDE) DES INDES. Le *Phytolacca decandra* L.

MORELLE GRIMPANTE. La Douce-amère.

MORELLE MOLLE. Le *Solanum mammosum* L.

MORELLE NOIRE, M. COMMUNE. Le *Solanum nigrum* L.

MORELLE PARMENTIÈRE. La Pomme de terre.

MORELOSIA (LLAV. et LEX., *Nov. veg. descr.*, I, 1). Synonyme de *Bourreria* P. BR.

MORELOTIA (GAUDICH., in *Freycin. Voy.*, *Bot.*, 416, t. 28). Synonyme de *Lampocarya* R. BR.

MORENA (ENDL., *Gen.*, 654). Pour *Morenoa* LLAV. et LEX.

MORÈNE. Nom français des *Hydrocharis* L.

MORENIA (R. et PAV., *Prodr. Fl. per. et chil.*, 150, t. 32). Synonyme de *Nunnezharia* R. et PAV. et section de ce genre, à calice plan, 3-denté et à larges pétales ovales.

MORENOA (LLAV. et LEX., *Nov. veg. descr.*, 5). Synonyme de *Quamoclit* MŒNCH.

MORENOELLA (SPEG., *Fung. Guar.*, I, 258). Genre d'Hystériacés, à périthèce discoïde, fendu; à thèques ovoïdes, contenant des spores brunes et didymes. Une seule espèce décrite se rencontre sur les feuilles vivantes de *Nectandra*, dans la République Argentine. [DE S.]

MORET. Le *Vaccinium Myrtillus* L.

MORETTE, MOURETTE. Synonymes de Morelle.

MORETTIA (DC., *Syst.*, II, 426). Genre de Crucifères-Cheiranthées-Arabidinées, formé de 5 herbes d'Afrique et d'Arabie, distinguées par un fruit subcylindrique, arqué, dont les valves, à leur maturité, portent une trace de cloison. La tige est rameuse, feuillée, et toutes les parties de ces plantes sont tomenteuses, blanchâtres. (H. BN, *Hist. des pl.*, III, 236.)

MORFEA (ROZE, in *Bull. Soc. bot. Fr.*, 21). Genre de Périsporiacés, dont les caractères sont trop rapprochés de ceux des *Fumago* pour en être utilement séparé. — Voy. FUMAGO.

MORFÉE. — Voy. FUMAGINE.

MORGAGNIA (BUB., in *Nov. Ann. sc. Bologn.* [1843], IX, 92). Synonyme de *Simethis* K.

MORGANIA (R. BR., *Prodr.*, 441). Section du genre *Stemodia* L. (H. BN, *Hist. des pl.*, IX, 453.)

MORGELINE. Nom français des *Arenaria* L. La *M. d'été* est le Mouron rouge (*Anagallis arvensis* L.).

MORIBO. Au Brésil, le fruit de plusieurs *Mahonia*.

MORICAND (Moïse-Etienne). Botaniste de Genève [1780-1854], auteur d'un *Flora veneta* [1820] et de *Plantæ americanæ rariores* (in-8 de 10 pl.). De 1833 à 1846, il publia dix fascicules de ses *Plantes nouvelles d'Amérique* (100 pl.).

MORICANDIA (DC., *Syst.*, II, 626). Genre de Crucifères-Cheiranthées-Brassicinées, formé de 5, 6 espèces, herbacées ou frutescentes, à feuilles entières ou pinnatiséquées, distinguées par un style à cône stigmatifère dressé, un fruit (silique) allongé, avec un style court. L'*Orychophragmus* BGE appartient à ce genre, qui est à la fois européen, asiatique et africain. (REICHB., *Ic. Fl. germ.*, II, t. 90. — *Bot. Mag.*, t. 4947, 6243. — H. BN, *Hist. des pl.*, III, 250.)

MORICHE (DRUDE. — B. H., *Gen.*, III, 938). Section du genre *Mauritia* L. F.

MORIERA (BOISS., in *Ann. sc. nat.*, sér. 2, XVI, 380). Genre de Crucifères-Isatidées, formé de 5 herbes d'Orient, ligneuses à la base, distinguées par un fruit orbiculaire, obcordé ou oblong, épais, crustacé, largement ailé aux bords, avec une seule graine. Il y a 1-3 ovules. (H. BN, *Hist. des pl.*, III, 259.)

MORIERINA (VIEILL., in *Bull. Soc. Linn. Norm.* [1865]). Genre de Rubiacées-Portlandiées, extrêmement voisin des *Bikkia*, ayant le même feuillage et le même port; des cymes terminales composées et corymbiformes; un calice court, à 5 dents; une corolle allongée et étroite dans le bouton, à 5 lobes valvaires, allongés; des étamines insérées tout en bas de la corolle, monadelphes à la base; un ovaire infère, à 2 loges multiovulées; les ovules imbriqués, les inférieurs recouvrant les supérieurs; un disque épigyne conique, épais, et un style à extrémité stigmatifère presque entière. Le fruit est une capsule allongée, à graines dilatées en une aile épaisse, orbiculaires, réticulées. L'endocarpe se sépare finalement de l'exocarpe, comme dans les *Bikkia* (dont ce type ne sera peut-être qu'une section). Les *Morierina* (1 ou 2 (?) espèces) sont des arbustes glabres de la Nouvelle-Calédonie, à feuilles coriaces, opposées, allongées, stipulées. Les indigènes emploient comme fébrifuge leur écorce amère, qui mérite d'être étudiée au point de vue chimique. (Voy. *Hist. des plant.*, VII, 334, 470, n. 146.) [H. BN.]

MORILANDIA (NECK., *Elem.*, II, 99). Synonyme (part.) de *Cliffortia* L.

MORILLA (QUÉL., *Enchir.*, 270). — Voy. MORILLE.

MORILLE (*Morchella* DILL., *Gen.*, 74). Genre de Discomycètes, à réceptacle charnu, épais, claviforme, creux à l'intérieur et formé d'une portion stérile lisse ou sillonnée, formant pédicule et d'une portion supérieure renflée en dôme ou campaniforme, creusée de lacunes ou alvéoles, qui porte l'hyménium. Cet hyménophore est d'une couleur jaune-brun verdâtre ou olivâtre, presque toujours plus foncée que le pédicule; il est tantôt continu dans toute sa longueur avec le pédicule, tantôt libre dans une portion plus ou moins grande de son étendue; de là deux divisions, les *Clavatæ* et les *Pileatæ*; cette dernière a été élevée au rang de genre sous les noms de *Eromitra* ou *Mitrophora* LÉV. Les côtes saillantes qui limitent les alvéoles de la surface sont stériles, d'après M. Boudier, qui compare les Morilles, à cause de cette disposition, à des Pezizes composés; chaque alvéole correspondant à un réceptacle de Pezize simple. L'hyménium qui tapisse les alvéoles se compose de grandes thèques allongées, cylindriques, très peu atténuées à la base, un peu aplaties au sommet qui s'ouvre en opercule pour laisser échapper les spores. Des paraphyses étroites de même longueur que les thèques sont entremêlées à celles-ci. Les spores, au nombre de 8 dans chaque thèque (sauf une variété bispore du *M. bohemica*), sont grandes, ovales, lisses, transparentes. Le protoplasma qu'elles contiennent est mélangé à

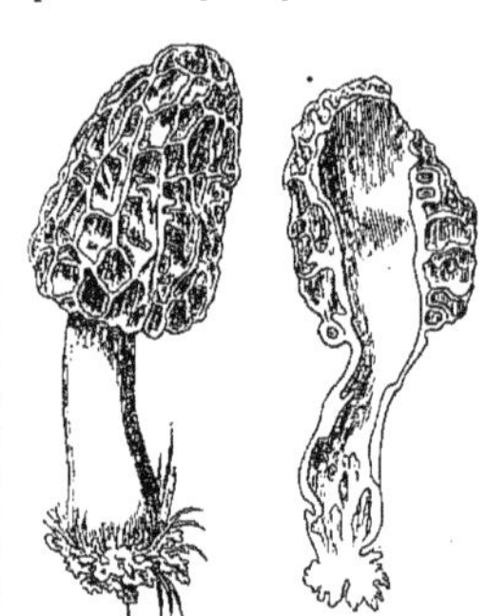
Morille, entière et coupe longitudinale.

une substance huileuse, souvent jaune, qui fait paraître jaunes les spores incolores vues en masse. Elles germent facilement dans l'eau et même lorsqu'elles sont contenues dans la thèque. Cette faculté jointe à leur dimension les rend très utiles pour l'étude des différentes phases de la germination de la spore fongique. On connaît environ 25 espèces de Morilles, toutes épigées et apparaissant surtout au printemps; certaines sont très recherchées à cause de leurs qualités comestibles. On ne connaît pas d'espèces vénéneuses; mais il faut se méfier des individus avancés ou des accidents que leur digestion difficile peut causer. Il ne faut pas non plus les confondre avec les *Gyromitra*, dont les espèces sont suspectes. (Voy. H. Bn, *Tr. Bot. méd. crypt.*, 121, fig. 141-143.) [De S.]

MORILLE. Nom français (Lamk) des *Phallus*.

MORILLE DE LOUP. Le *Morchella pleopos*.

MORILLE EN MITRE. Les *Helvella Mitra* et *lacunosa* Holm.

MORILLETTES. Helvelles comestibles. — Voy. Helvelle.

MORILLON. Nom d'une variété de Vigne.

MORIN (Pierre). Auteur [1651] de : *Catalogues de quelques plantes à fleurs, qui sont de présent au jardin de Pierre Morin le jeune, dit troisième, fleuriste;* puis [1658] de : *Remarques nécessaires pour la culture des fleurs*, et [1674] de : *Instruction facile pour connaître toutes sortes d'orangers et citronniers*, etc. — René Morin avait donné [1621] *Catalogus plantarum horti Renati Morini*, etc. — Louis Morin, auquel Tournefort dédia le genre *Morina*, était un académicien de Paris aujourd'hui fort inconnu [1636-1715].

MORINA (T., *Inst.*, *Cor.*, 48, t. 480). Genre de Dipsacacées-Dipsacées, à fleurs irrégulières; le calice supère, 2-labié; la corolle à limbe oblique ou bilabié, portant 4 étamines didynames; l'ovaire infère et uniovulé. Le fruit sec, entouré d'une involucelle, est ordinairement couronné du calice, et la graine

Morina. — Fleur. Corolle et androcée. Fruit, coupe longitudinale.

descendante a un albumen. Ce sont 6, 7 herbes vivaces, de l'Orient, à feuilles opposées ou verticillées, souvent épineuses, pinnatifides, à fleurs souvent roses et élégantes, disposées en glomérules, formant des verticillastres sur un axe commun. On en cultive 2, 3 jolies espèces dans nos jardins. (H. Bn, *Hist. des pl.*, VII, 523, 531, fig. 423-425.)

MORINDA (Vaill., in *Act. Ac. par.* [1722], 275). Genre de Rubiacées, dont les fleurs, hermaphrodites ou polygames, sont celles d'un *Uragoga*, 4, 5-mères, à corolle valvaire, mais avec les ovaires (réceptacles) des diverses fleurs d'une inflorescence, adnés et réunis en une seule masse capituliforme ou spiciforme. La corolle est en entonnoir ou en coupe, et parfois ses pièces sont libres ou à peu près, rattachées seulement les unes aux autres par l'intermédiaire des filets des étamines alternes. L'androcée est isostémone, et les anthères sont introrses, incluses ou exsertes. L'ovaire, surmonté d'un disque et d'un style à 2 branches, est 2-loculaire, et dans chaque loge se trouvent un seul ovule ascendant, à micropyle inférieur et extérieur, ou deux ovules collatéraux, souvent séparés l'un de l'autre, dans une logette ou demi-loge plus ou moins complète, par une fausse cloison centripète née de la paroi dorsale de la loge. Les fruits, réunis en syncarpe, ont chacun 2-4 noyaux 1-loculaires, ou 2 noyaux 2-locellés, chaque locelle renfermant une graine ascendante, à albumen charnu, avec un embryon axile dont la radicule est infère. Ce sont des arbrisseaux ou des arbustes, parfois grimpants, ou épiphytes, dont les feuilles sont opposées ou verticillées, stipulées, avec des fleurs en cymes capituliformes, pédonculées ou sessiles, axillaires ou terminales, solitaires ou réunies en corymbes ou en fausses ombelles. Chaque inflorescence renferme ou des fleurs en nombre indéfini, ou 2, 3 (*Dibrachya*, *Tribrachya*), ou, sur un même pied tantôt quel-

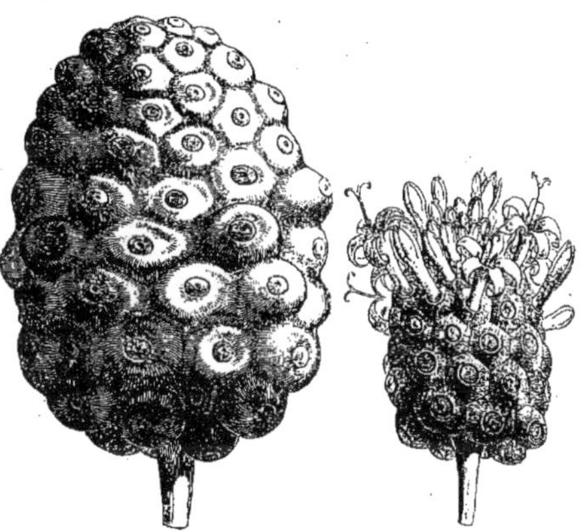

Morinda. — Inflorescence. Fruit composé.

ques fleurs connées, et tantôt une seule (*Imantina*). Les 60 espèces environ que renferme ce genre appartiennent aux régions tropicales des deux mondes, surtout de l'ancien. Ce sont souvent des plantes tinctoriales, astringentes. Les *M. umbellata*, *citrifolia* servent au traitement des dysenteries. Le *M. Royoc*, espèce américaine, est, dit-on, un violent purgatif. (Voy. H. Bn, in *Adansonia*, 372, XII, 232; in *Bull. Soc. Linn. Par.*, 205; *Hist. des pl.*, VII, 291, 372, 414, n. 47, fig. 275, 276.) [H. Bn.]

MORINDE. Nom français (Lamk) des *Morinda* T. — Vaill.

MORINDÉES. Série (6) des Rubiacées. (H. Bn, *Hist. des pl.*, VII, 366.)

MORINDELLA (H. Bn, in *Adansonia*, XII, 231; *Hist. des pl.*, VII, 293). Section du genre *Morinda* T. — Vaill., à glomérules floraux axillaires.

MORINDINA (H. Bn, in *Adansonia*, XII, 231; *Bull. Soc. Linn.*, 205; *Hist. des pl.*, VII, 293). Section du genre *Morinda* T., à fleurs axillaires et sessiles, à loges ovariennes 2-ovulées.

MORINDOPSIS (Hook. f., *Gen.*, II, 93, n. 179). Genre de Rubiacées-Génipées, dont les fleurs sont dioïques. Leur calice est court, imbriqué, 4-denté, et leur corolle subcampanulée a 4 lobes tordus. Les 4 étamines ont des anthères sessiles, acuminées, insérées à la gorge de la corolle. Le gynécée est stérile, et cependant il y a un style à 2 branches et un épais disque convexe. Dans la fleur femelle, le réceptacle oblong, sillonné, loge l'ovaire infère et est surmonté d'un calice cupuliforme quadridenté. Il y a une corolle semblable à celle des fleurs mâles et portant 4 staminodes. L'ovaire infère a 2 loges ∞-ovulées; et le fruit, couronné du calice, droit ou arqué, est oblong-fusiforme, indéhiscent. Les graines sont comprimées et imbriquées. Ce sont des arbustes de l'Inde, de la Malaisie, de la Cochinchine, à feuilles opposées, stipulées; à fleurs axillaires ou supraaxillaires, pédonculées; les femelles solitaires ou à peu près; les mâles en cymes contractées, capituliformes. On en distingue 2, 3 espèces. (Voy. *Hist. des pl.*, VII, 314, 440, n. 95.) [H. Bn.]

MORINE. Nom français (Lamk) des *Morina* T.

MORINGA (Burm., *Zeyl.*, 162, t. 75). Genre qui a donné son nom à une petite famille des Moringées, placée par divers auteurs au voisinage de groupes naturels bien divers, tels que les Légumineuses, les Résédacées, les Papavéracées, et même les Bignoniacées. Ce sont des plantes à fleurs régulières, à réceptacle en forme de coupe doublée d'un disque glanduleux. Sur ses bords s'insèrent cinq sépales un peu inégaux, cinq pétales alternes, imbriqués-cochléaires, inégaux. Il y a dix étamines périgynes, superposées, cinq aux sépales, et cinq aux pétales. Les premières sont généralement stériles, et les autres ont une anthère introrse. Plus les étamines se rapprochent du côté antérieur de la fleur, plus elles sont développées. Le gynécée se com-

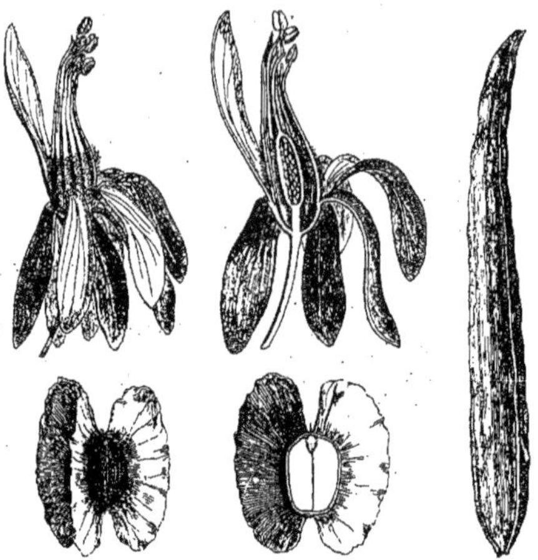

Moringa. — Fleur, entière et coupe longitudinale. Fruit. Graine, entière et coupe longitudinale.

pose d'un ovaire stipité, à trois placentas pariétaux pluriovulés, surmonté d'un style à sommet stigmatifère non dilaté. Les fruits sont des capsules allongées, siliquiformes, trigones. Elles s'ouvrent à la maturité suivant les bords en trois panneaux dont la face interne porte les graines. Celles-ci, souvent désignées sous le nom de *Noix de Ben*, sont nombreuses, ou dépourvues d'ailes, ou chargées sur leurs angles d'ailes verticales minces, membraneuses, blanchâtres, peu résistantes et imbriquées avant la dissémination avec les ailes des graines voisines. Sous les téguments se voit un gros embryon charnu, huileux, à courte radicule supère. Les *Moringa* sont des arbres ou des arbustes, à feuilles alternes, bi- ou tripinnées, avec impaire. Les folioles sont entières, nombreuses, caduques, articulées comme les pétioles et les pétiolules, sans stipules. Les fleurs sont nombreuses et rapprochées en grandes grappes très ramifiées de cymes. Tous les *Moringa* connus, au nombre de trois espèces, sont originaires des régions les plus chaudes de l'Asie et de l'Afrique septentrionale. Le *M. aptera* tire son nom de ce que ses semences sont dépourvues d'ailes. Avec le *M. pterygosperma*, il produit l'*Huile de Ben*, extraite de ses semences. (Voy. *Hist. des pl.*, III, 163, 179, fig. 186-190.) [H. Bn.]

MORINGÉES. Série des Capparidacées (?), formée du seul genre *Moringa*, et dont la méthode parasite ne pourra discuter la véritable position, encore fort incertaine, que quand nous l'aurons déterminée. (H. Bn, *Hist. des pl.*, III, 163, 167, 179.)

MORIO (Fr., *Summ. veg. Scand.*, I, 61). Section du g. *Orchis.*

MORION. La Belladone (Pline) et la Mandragore (Diosc.).

MORIS (Gius.-Giacinto). Professeur à Turin [1796-1869], auteur [1827-29] de *Stirpium sardoarum Elenchus*, puis de nombreuses listes des graines du Jardin de Turin; d'*Illustrationes rariorum stirpium* de ce jardin [1833], et enfin [1837-59] du *Flora sardoa* (3 vol. in-4). Il composa, avec De Notaris [1839], un *Flora Caprariæ*. (*Cat. sc. pap.*, IV, 473.)

MORISIA (Gay, in *Coll. H. ripul.*, App. IV, 50). Genre de Crucifères-Cakilées, établi pour une herbe hispide de Corse et de Sardaigne, distinguée par un fruit à articles globuleux; l'inférieur déhiscent, grand, à loges polyspermes; le supérieur petit, à deux cavités collatérales, 1-spermes. (Moris, *Fl. sard.*, t. 7. — H. Bn, *Hist. des pl.*, III, 258.)

MORISIA (Nees, in *Linnæa*, IX, 295). Synonyme de *Rhynchospora* Vahl.

MORISON (Rob.). Botaniste anglais [1620-1683], appelé à Blois pour y diriger le jardin botanique de Gaston d'Orléans, est l'auteur des *Præludia botanica* [1669], dont la première partie est intitulée : *Hortus regius Blesensis auctus*, etc. En 1672, il donna son *Plantarum Umbelliferarum distributio nova*, etc., et en 1680 ses *Plantarum historiæ universalis Pars secunda*, etc. Le *Pars tertia* parut posthume [1699] par les soins de Bobart, à qui l'on doit une biographie de Morison (*Hist. pl.*, III). Celui-ci enseigna longtemps la botanique à Oxford. C'est à lui que Plumier a dédié le genre *Morisonia*, en disant : « Robertus Morisonus Aberdonensis Scotus, M. D. Botanices professor Oxoniensis et horti medici Præfectus, edidit Hortum Blæsensem auctum, una cum plantarum ibi contentarum nemini huc usque scriptarum brevi et succincta delineatione. Plantarum etiam Umbelliferarum distributionem per tabulas cognationis et affinitatis. Oxonii, 1672, in-folio. Item Historiam plantarum universalem, 1680, in-folio. Obiit Londini ann. 1683 (ut aiunt) e rheda præcipitatus et rheda capite contritus. »

MORISONIA (Plum., *Gen.*, 63, t. 23). Section du genre *Capparis* T. (H. Bn, *Hist. des pl.*, III, 154.)

MORITZ (Karl). Botaniste-voyageur, né en 1796, mourut à Tovar (Venezuela) en 1866. Ses collections font partie des principaux herbiers de l'Europe. (*Cat. sc. pap.*, IV, 474.)

MORITZI (Alex.). Professeur à Coire [1807-1850], a écrit *Die Pflanzen der Schweitz*, etc. [1832]; *Die Pflanzen Graubündens* [1839], des *Réflexions sur l'espèce en histoire naturelle* [1842], *Die Flora der Schweiz* [1844], ouvrage sur lequel O. Heer a écrit des observations. En 1845-46, Moritzi donna, avec Zollinger, un *Systematisches Verzeichniss* des plantes récoltées à Java par ce dernier pendant les années 1842-44.

MORITZIA (DC., in *Meissn. Gen.*, 280; *Prodr.*, X, 56). Genre de Boraginacées-Boraginées, formé de 4 herbes américaines, vivaces, placées près des *Myosotis*; la corolle à tube cylindrique, à gorge poilue ou écailleuse et le limbe étalé. Les fruits sont brillants, avec une petite aréole basilaire. [H. Bn.]

MORITZIA (Hampe, in *Linnæa*, XX, 82). Synonyme de *Eucryphæa* C. Muell.

MORITZIA (Sch. bip., *Pl. Mor. col. ens.*, n. 1311). Synonyme de *Podocoma* Cass.

MORLAND (Sam.). Mort à Hammersmith, près Londres, en 1695, à l'âge de 75 ans, a publié, dans les *Philosophical Transactions* (XXIII, 275), des observations sur les parties des fleurs et leur usage.

MORMODES (Lindl., *Introd.*, ed. 2, 446). Genre d'Orchidacées-Vandées, formé d'une quinzaine d'herbes épiphytes, des deux Amériques, à belles fleurs en grappes lâches; les sépales souvent étroits, défléchis; le labelle convexe, à côtés réfléchis, contracté à sa base; la colonne assez épaisse et le clinandre longuement acuminé. Les pollinies ont un pied fusiforme et un grand et épais rétinacle. On en cultive plusieurs espèces élégantes dans nos serres. (*Bot. Mag.*, t. 3879, 3900, 4214, 4455, 4577, 5802, 5840, 6496.) [H. Bn.]

MORMOLYCE (Fenzl, *N. gen. et spec.*, I, t. 2). Genre d'Orchidacées-Vandées, formé d'une herbe mexicaine, épiphyte, du groupe des Maxillariées, avec des sépales étalés; un labelle à lobe médian court; les latéraux dressés, la colonne arquée; les pollinies pourvues d'une glande en fer à cheval et non stipitées. Les fleurs sont solitaires, et les pseudo-bulbes ne portent qu'une feuille. (Reichb. f., in *Walp. Ann.*, VI, 504.) [H. Bn.]

MORMORAPHIS (Jack, ex *Steud. Nom.*, II, 161). Le *Panax Jackianum* Wall.

MORNA (Lindl., *Bot. Reg.*, t. 1941). Syn. de *Waitzia* Wendl.

MORNING GLORY. Nom anglais des *Ipomœa*.

MORO. Nom espagnol de l'Ergot de Seigle.

MOROBATINDUM (VAILL., in *Act. Acad. par.* [1722], 202). Synonyme de *Lantana* L.

MOROCARPUS (MŒNCH, *Meth.*, 342). Synonyme de *Blitum* L.

MOROCARPUS (SIEB. et ZUCC., *Fl. jap. Fam. nat.*, II, 94). Synonyme de *Debregeasia* GAUDICH.

MOROCHA. Au Kamtschalka, le *Rubus Chamœmorus* L.

MOROCHEN. Nom, aux États-Unis, d'une variété de Maïs.

MOROGULLES. Nom espagnol des Morilles.

MOROKOSHISO. Nom japonais du *Lysimachia Sikokiana* MIQ.

MORON, MOIRON. Pour Mouron.

MORONGUE. Nom vulgaire des *Moringa* BURM.

MORONOA. Synonyme horticole de *Corynanthelium* KZE.

MORONOBEA (AUBL., *Pl. guian.*, 788, t. 313, part.). Genre de Clusiacées-Symphoniées, formé d'un ou deux arbres de l'Amérique tropicale, qui ont les caractères des *Symphonia*, avec lesquels on les avait à tort confondus. Ils ont des boutons plus allongés, un disque extérieur ou inférieur à l'androcée, des étamines en faisceaux de 4-6, avec une portion anthérifère grêle, allongée, d'abord tordue en spirale. Les feuilles sont opposées, et les fleurs grandes, terminales, solitaires. Le *M. coccinea* a un beau bois dur; on lui a attribué la Résine de *Mané*. (H. BN, *Hist. des pl.*, VI, 400, 415, 421.)

MOROPHORUM (NECK., *Elem.*, III, 255). Synonyme de *Morus* T.

MOROSPORES (BERTILL., art. *Champ.*, in *Dict. encycl. sc. méd.* [1869], 144). Spores formant des capitules latéraux, comme dans les *Botryosporium*. Les Champignons qui offrent cette disposition sont dits *morosporés*.

MOROT. Nom scandinave des Carottes.

MORPHIXIA (KER, *Gen. Irid.*, 105). Synonyme de *Ixia* L.

MORPHOLOGIE VÉGÉTALE. Portion de la Botanique qui consiste en l'étude des organes, avec examen spécial des diverses formes qu'ils peuvent revêtir.

MORRÈNE. Nom français des *Hydrocharis* L.

MORRIS (Rich.). Auteur [1824] de *Botanist's Manual*, et [1830] de *Flora conspicua* (60 pl.).

MORROUGNÉ. En Provence, l'*Æsculus Hippocastanum* L.

MORS DU DIABLE. Le *Scabiosa succisa* L., et la Bryone.

MORSUS DIABOLI (MATTH.). Synonyme de *Succisa*.

MORSUS RANÆ (BAUH.). Les *Lemna*.

MORT A CABRI. Aux Antilles, l'*Isotoma longiflora* PRESL.

MORT A POISSONS. Le *Galega piscatoria* L.

MORT AU CHANVRE. L'*Orobanche ramosa* L.

MORT AU CHIEN. Le Colchique d'automne.

MORT AUX PANTHÈRES. Le *Doronicum Pardalianches* L.

MORT AUX POULES. La Jusquiame noire.

MORT AUX POUX. La Staphisaigre.

MORT AUX RATS. L'*Hamelia patens* L. Nom, à Rodrigues, du *Mucuna gigantea* DC.

MORT AUX SERPENTS. L'*Aristolochia anguicida* JACQ.

MORT AUX VACHES. Le *Ranunculus sceleratus* L.

MORT DE FROID. La Colemelle ou Goimelle.

MORT DE RED OU DE FRED. Nom landais de la Coulmelle (*Agaricus procerus* SCOP.).

MORTHIERA (FUCK., *Symb. myc.*, 382). Genre de Sphéropsidés, intermédiaire entre les *Phyllosticta* et les *Leptothyrium*, à périthèce scutiforme, astome. Les conidies stipitées, à loges inégales et ciliées, diffèrent beaucoup de celles des deux genres précédents, au moins chez le *M. Mespili* FUCK., la seule espèce connue. Cette espèce se rencontre en Europe sur les feuilles du Néflier, du Poirier, des *Cotoneaster*. [DE S.]

MORTIERELLA (COEM., in *Bull. Acad. Belg.*, sér. 2, XV, 536). Genre de Mucorinés, à mycélium ramifié, anastomosé, présentant des chlamydospores échinés. Les sporanges globuleux, sans columelle, sont portés sur un pédicule renflé à sa base, simple ou ramifié en grappe ou en cyme. Les spores petites sont renfermées en grand nombre dans chaque sporange. M. Van Tieghem en a fait connaître plusieurs espèces, qui croissent sur les crottes de rats, le fumier de cheval, les Champignons pourris; leur nombre s'élève aujourd'hui à 17, de l'Europe et de l'Amérique du Nord. [DE S.]

MORTIERELLÉES, MORTIERELLEÆ (V. TIEGH., *Nouv. rech. sur les Mucor.*, 94). Tribu des Mucorinés (*Mortierella*).

MORTILLA (FEUILL.). Sorte de *Vaccinium* (?) chilien.

MORTINA. Nom, en Colombie, du *Vaccinium Martinia* BENTH.

MORTON (John). A publié [1712] *The natural history of Northamptonshire* (in-fol. de 551 p. et 14 pl.).

MORTON, MORTOU. Noms de l'*Agaricus torminosus* SCHÆFF.

MORTONIA (A. GRAY, *Pl. Wright.*, I, 35, t. 4; II, 28). Genre de Célastracées-Évonymées, formé de 3, 4 arbustes du Mexique et du Texas, à feuilles alternes, persistantes; la fleur caractérisée par un réceptacle très concave; l'ovaire en grande partie libre, à 5 loges incomplètes, 2-ovulées. Le fruit est sec et monosperme. Les inflorescences sont des grappes terminales composées. (H. BN, *Hist. des pl.*, VI, 7, 41.)

MORTOU. L'*Agaricus necator* BULL.

MORTUES. Au Pérou, la Grande Capucine.

MORUGHE. Nom français des *Moringa* BURM.

MORUM. La Mûre.

MORUS. Nom latin des Mûriers.

MORUSIA (AD. BR., *Enum. pl.*, 39). Pour *Morysia* CASS.

MORVIAUX. Les fruits de l'If (*Taxus baccata* L.).

MORYSIA (CASS., in *Dict.*, XXXIII, 59). Syn. de *Athanasia* L.

MOSAMBÉ, MOSAMPE. Noms français (AUBL.) des *Cleome*.

MOSANGKAWAOK. Synonyme de *Myniak-tangkawauk*.

MOSCATELLA (CORD. — ADANS., *Fam. des pl.*, II, 243). Synonyme de *Adoxa* L.

MOSCATELLE. L'*Adoxa Moscatellina* L.

MOSCATELLINE. Nom français des *Adoxa*, qui leur vient de leur odeur légèrement musquée.

MOSCATELLO. Nom d'une variété de Melon.

MOSCATI (Pietro). A écrit [1772] *Dissertazioni sopra una graminea che nella Lombardia infesta la Secale* (in-4, 366 p.).

MOSCH. L'Ambrette (*Hibiscus Abelmoschus* L.).

MOSCHARIA (R. et PAV., *Prodr. Fl. per.*, 103). Genre de Composées-Mutisiées, formé d'une herbe annuelle du Chili, à feuilles alternes, pinnatifides; les capitules ∞-flores, à bractées de l'involucre peu nombreuses; les fruits extérieurs inclus dans des paillettes indurées; l'aigrette formée de soies courtes et subplumeuses. Il n'y a point d'aigrette aux fruits extérieurs. (*Bot. Reg.*, t. 1564. — H. BN, *Hist. des pl.*, VIII, 98.)

MOSCHARIA (SALISB., *Fragm.*, 25). Synon. de *Muscari* MILL.

MOSCHATELLINA (T., *Inst.*, 156, t. 68). Synonyme de *Adoxa* L.

MOSCHIFERA (MOL., *Chil.*). Pour *Moscharia* R. et PAV.

MOSCHKOWITZIA (KL., *Begon.*, 76, t. 8). Syn. de *Begonia* L.

MOSCHOSITERON. Le Fenu-grec.

MOSCHOSMA (REICHB., *Consp.*, 171, not.). Genre de Labiées-Ocimoïdées, formé de 6 herbes des tropiques de l'ancien monde; le calice peu accru autour du fruit, souvent décliné; les filets staminaux nus. Les verticillastres sont disposés en épis ou en grappes composés et sont pauciflores. (JACQ. F., *Ecl. amer.*, t. 108.) [H. BN.]

MOSCHOXYLUM (A. JUSS., *Meliac.*, 86, t. 8, n. 19). Syn. de *Odontandra* H. B. K. (*Trichilia*). (H. BN, *Hist. des pl.*, V, 475.)

MOSCO (IMPER., *Hist. natur.*, 600). Genre d'Algues, placé primitivement dans la famille des Corallinées, mais qui appartient plutôt à la famille des *Spongites*.

MOSENGUSA. Nom japonais du *Drosera rotundifolia* L.

MOSIGIA (SPRENG., *Syst.*, III, 366). Syn. de *Moscharia* R. et PAV.

MOSINA (ADANS., *Fam.*, II, 272). Synonyme de *Ortegia* LŒFL.

MOSKOKARTON (DIOSC.). La Muscade.

MOSLA (HAMILT. — MAXIM., in *Bull. Pet.*, XX; *Mél. biol.*, IX, 430). Genre de Labiées-Menthées, formé d'une demi-douzaine d'herbes annuelles, odorantes, de l'Inde et du Japon, à fleurs de *Perilla*, avec les deux étamines postérieures seules fertiles. [H. BN.]

MO-SO. Nom japonais d'un Bambou.

MOSOBOTRYS (SACC., *Syll. Fung.*, IV, *Hyph.*, in tab.). — Voy. MESOBOTRYS.

MOSPILA. Nom ancien des feuilles du *Laser*.

MOSQUETA Nom mexicain du *Philadelphus mexicanus*.

MOSSE. A Ualan, l'*Artocarpus incisa* L.

MOSSY-CUP WHITE-OOK. Aux États-Unis, le *Quercus macrocarpa* MICHX.

MOSSY STONECROP. Nom, aux États-Unis, du *Sedum acre* L.

MOSTUEA (DIDR., in *Vid. Medd. Nat. For. Kjob.* [1853], 86). Genre d'Apocynacées-Gelsémiées, formé de 7, 8 arbustes de la Guyane, de l'Afrique tropicale et de Madagascar, à feuilles opposées, à fleurs régulières et 4, 5 mères, isostémonées; distingué surtout par le fruit sec qui, très comprimé perpendiculairement à la cloison, est émarginé-bifide et comme prolongé en deux ailes verticales. (HOOK., *Icon.*, t. 1196. — ENGL., *Journ.* [1886], 339. — H. BN, in *Bull. Soc. Linn. Par.*, 244; *Hist. des pl.*, X, 220.)

MOSTWORTA. Nom, en Colombie, du *Prosopis reptans* BENTH., employé dans ce pays comme antidysentérique.

MOSUL. Nom, à Smyrne, d'une sorte de gomme, d'origine indéterminée, qui se mélange parfois aux Adragantes.

MOSYLLON. Nom (GALIEN) de la Cannelle de qualité supérieure.

MOTA MORADA. Au Mexique, le *Cœlestina ageratoides* K.

MOTANDRA (A. DC., *Prodr.*, VIII, 423). Genre d'Apocynacées-Nériées, établi pour une liane de l'Afrique tropicale, à corolle en entonnoir, avec étamines de Nériées et à sommet des anthères couronné d'un appendice en pinceau de poils. Ce caractère, bien marqué dans l'espèce type, s'atténue beaucoup dans deux autres récoltées par Welwitsch. (H. BN, *Hist. des pl.*, X, 206.)

MOTHER OF THYME. En Angleterre, le Serpolet.

MOTHERWORT. Nom anglais de la Cardiaque.

MOTITA. Nom mexicain du *Pinaropappus roseus* ZEP.

MOT-MOT (ADANS., *Hist. nat. Sénég.*, 159). Synonyme de *Coccinia Moghadd* ASCH.

MOTSIGI. Au Transvaal, le *Bidens pilosa* L.

MOU. A la Nouvelle-Calédonie, le *Chisia pedicellata* FORST.

MOUCELET. En Provence, le *Thlaspi perfoliatum* L.

MOUCERON. — Voy. MOUSSERON.

MOUCHE-PLANTE (BOSC, in *N. Dict. hist. nat.* [1818], XXI, 444). Se rapporte, d'après Tulasne, au *Torrubia sobolifera*.

MOUCHE VÉGÉTANTE (HOLM., in *Nov. act. Acad. sc. Hafniensis* [1781], I, 302). D'après Tulasne, le *Torrubia sobolifera*.

MOUCHE VÉGÉTANTE DES CARAIBES. Le *Sphæria militaris*.

MOUCHIGO. Synonyme de *Moussigot*.

MOUCHU. Plante du Chili (FEUILL.), indéterminée, carminative et masticatoire.

MOUE. L'un des noms arabes des Bananiers.

MOUFETTE. La Bourse-à-pasteur.

MOUFFETTA (NECK., *Elem.*, I, 124). Synonyme (qui a pour lui la priorité) de *Patrinia* J.

MOUFFO DE BARRICO. Nom languedocien du *Racodium cellare*.

MOUGEOT (J.-B.). Médecin à Bruyères [1776-1858], auteur de *Considérations générales sur la végétation spontanée du département des Vosges* [1845].

MOUGEOTIA (AGH, *Syst. Alg.*, XXVI). Algue-Conjuguée, de la famille des *Zygnemaceæ*, section des *Zygnemæ*. Les articles filamenteux qui constituent cette Algue sont recourbés, géniculés, fragiles, d'ordinaire cylindriques. L'endochrome, de couleur verte, remplit d'abord les loges presque entièrement, se condensant ensuite en masses étroites, centrales, puis en gemmes ovoïdes ou globuleuses, situées au milieu des filaments transversaux qui unissent les tubes au moment de l'accouplement. Les espèces de ce groupe sont assez communes dans les mares; elles y forment des masses d'un vert plus ou moins jaunâtre, au moment de la conjugaison. Elles viennent alors à la surface des eaux et prennent un aspect particulier, dû à l'entrelacement des articles. Une douzaine (?) d'espèces constituent ce genre, qui a subi de bien grandes dislocations. [CH. M.]

MOUGEOTIA (H. B. K., *Nov. gen. et spec.*, V, 326, t. 483, 484). Synonyme de *Riedleia* VENT.

MOUGETAS. Nom languedocien des Haricots.

MOUILLET. Nom du *Boletus edulis* BULL.

MOUJHES. Nom languedocien du *Cistus ladaniferus* L.

MOUKA. Le *Phormium tenax* L.

MOUKL. Nom, au Belouchistan, du *Balsamea Mukul* H. BN.

MOUK-SE. *Equisetum* chinois, employé fréquemment, dit-on, comme astringent.

MOULARD. Le *Salix viminalis* L.

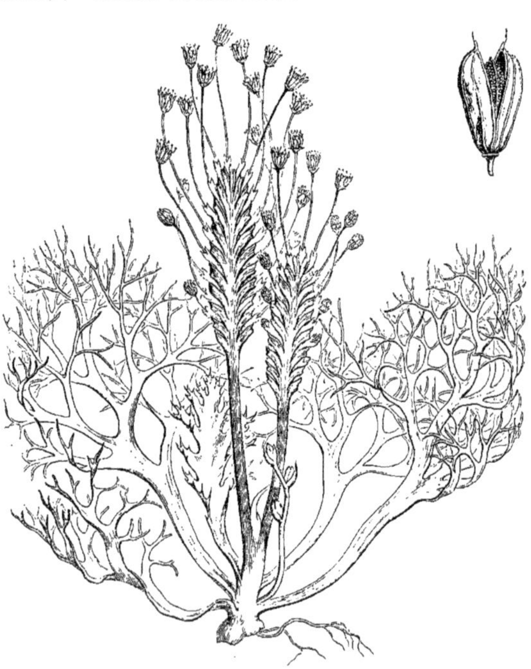

Mourera. — Port. Fruit déhiscent.

MOULINSIA (CAMBESS., in *Mém. Mus.*, XVIII, 27, t. 2). Synonyme de *Pancovia* W.

MOULLAVA (ADANS., *Fam. des pl.*, II, 318). Synonyme de *Almeloveenia* DENNST.

MOULLERA. Plante indienne, indéterminée (RAY), dont la fumée passe pour dissiper les vertiges.

MOULONGUI. Nom, au Brésil, de l'*Erythrina Corallodendron* L., plante hypnotique et calmante.

MOULON-SANGOU. Dans l'Inde, l'*Azima tetracantha* LAMK.

MOUNIER (Aug.). Professeur à Nancy, auteur [1829] d'un *Essai monographique sur les* Hieracium, etc.

MOUNSEIGNA. Nom languedocien du *Melilotus alba* LAMK.

MOUNTAIN-ASH. En Australie, l'*Eucalyptus virgata*. En Angleterre, c'est encore le Sorbier.

MOUNTAIN-CABBAGE Nom anglais de l'*Oreodoxa regia* K.

MOUNTAIN-CINNAMON. Nom, aux Antilles anglaises, du *Cinnamodendron corticosum* MIERS.

MOUNTAIN-LAUREL. Nom anglais des *Oreodaphne* NEES.

MOUNTAIN MAHOGONY. Nom anglais du *Cercocarpus ledifolius* NUTT., dont le bois est plus lourd que l'eau, très résistant.

MOUNTAIN-PLANTAIN. Nom anglais du *Musa Troglodytarum* L.

MOUNTAIN-TEA. Nom anglais du *Gaultheria procumbens* L.

MOUNTAIN TOBACCO. Nom anglais de l'Arnica des montagnes.

MOUNTAIN-WHITE GUM. L'*Eucalyptus Gunnii*.

MOUNT LEBANON TOBACCO. L'un des noms, aux États-Unis, du *Lobelia inflata* L.

MOUNTSILS, MOUNTSETTOS. Noms provençaux du Haricot.

MOURALIOUS. En Languedoc, le Mouron rouge.

MOURAOU. Nom languedocien de l'Olivier.

MOUREILA. A la Guyane, le *Malpighia verbascifolia* AUBL.

MOUREILLER. Les *Malpighia*.

MOURERA (AUBL., *Guian.*, I, 582, t. 233). Genre de Podostémonacées, qui a donné son nom à une série des *Mourérées*. Ses fleurs hermaphrodites ont un gynécée dimère, analogue à celui des *Podostemon*, et qu'entourent de 10 à 40 étamines formant un verticille complet. En dehors d'elles se trouvent tout autant de petites languettes (sépales?) alternes. Le fruit a 2 valves égales. Ce sont des herbes des rivières et torrents de la Guyane et du Brésil septentrional, à tige épaisse, portant des feuilles ulviformes, déchiquetées, souvent rouges. Les fleurs sont disposées en épis aplatis, et chacune d'elles, placée entre des bractées (?) latérales biconcaves, est, en outre, entourée dans son jeune âge d'un sac membraneux, d'abord clos, puis se déchirant et formant une gaine à la base du pédoncule floral. On en distingue trois espèces. (TUL., *Podost. Monogr.*, t. 1. — H. BN, *Hist. des pl.*, IX, 259, 268, fig. 319, 320.)

MOUREROU. Nom galibi des *Mourera* AUBL.

MOURETIER. Le *Vaccinium Myrtillus* L.

MOURICAUDE. Nom de l'*Helvella esculenta* PERS.

MOURICOU (ADANS., *Fam.*, II, 326). Synonyme de *Erythrina* L.

MOURILLE. Dans la Charente-Inférieure, le *Morchella esculenta* PERS.

MOURILLON. Nom languedocien du *Morchella esculenta* PRS.

MOURILLONS, MOURILLOUS. Noms languedociens de l'*Anagallis arvensis* L.

MOURINGOU. La Noix de Ben.

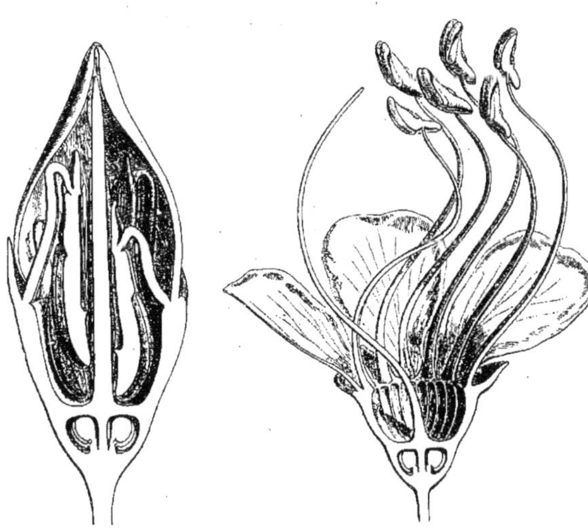

Mouriri. — Bouton, coupe longitudinale. Fleur, coupe longitudinale.

MOURIRI (AUBL., *Guian.*, I, 452, t. 180). Genre de Mélastomacées-Blakéées, dont on a fait une tribu des *Mouririées*, et qui est très voisin des *Bellucia*. Mais ses 3-5 loges ovariennes renferment un petit placenta portant des ovules peu nombreux, ascendants. L'androcée est diplostémoné, et le fruit est une baie. Tous les *Mouriri* sont de l'Amérique tropicale. Le *M. guianensis* est astringent. Le *M. rhizophoræfolia* a des graines comestibles. (H. BN, *Hist. des pl.*, VII, 27, 36, 64, fig. 41, 42.)

MOURIRIA (J., *Gen.*, 320). Synonyme de *Mouriri* AUBL.

MOUROMSKI. Nom russe d'un Concombre.

MOURON D'ALOUETTE. Le *Cerastium arvense* L.

MOURON D'EAU (GRAND). Le *Veronica Anagallis* L.

MOURON D'EAU (PETIT). Le *Samolus Valerandi* L.

MOURON DES OISEAUX. L'*Alsine media* L. C'est aussi le *M. blanc*. Le *M. d'eau* est le *Samolus Valerandi* L.; le *M. rouge*, l'*Anagallis arvensis* L.; le *M. femelle*, sa variété à fleurs bleues.

MOURONGUE. Le Ben aptère.

MOURON JAUNE. Nom ancien du *Lysimachia nemorum* L.

MOURON MALE. L'*Anagallis arvensis* L., var. *phœnicea*.

MOURON ROUGE. L'*Anagallis arvensis* L.

MOUROUCOA (AUBL., *Guian.*, I, 141, t. 54). Synonyme de *Maripa* AUBL.

MOUROUCOU. Nom français des *Muroucoa* AUBL.

MOUROUNGUE. Nom, à l'île Rodrigues, du *Moringa pterygosperma* GÆRTN.

MOURRIDE. L'*Arum maculatum* L.

MOURSE. Le *Boletus edulis* BULL.

MOURVENC. L'Oxycèdre.

MOURVIS. Nom languedocien du *Juniperus phœnicea* L.

MOUSCADE. Nom ancien de la Muscade.

MOUSE-EAR CHICKWEED. Nom anglais du *Cerastium vulgatum* L.

MOUSOU. En Chine, l'*Elæococca verniciflua* J.

MOUSSACHE. La fécule du Manioc.

MOUSSACHE DES BARBADES. Le *Phrynium Allouya* ROSC.

MOUSSAIRIGO. En Provence, le Mousseron.

MOUSSAIRIGO. Nom, à Toulouse, de l'*Agaricus Albellus* DC.

MOUSSAIRON. Nom toulousain de l'*Agaricus Albellus*.

MOUSSAR. En Languedoc, les *Boletus edulis* et *scaber* BULL.

MOUSSE. Le *Clavaria coralloides* L.

MOUSSE D'ARBRE, M. DE CHÊNE. L'*Usnea plicata* HOFFM.

MOUSSE DE CHIEN. Le *Peltigera canina* HOFFM.

MOUSSE DE CORSE. Médicament employé en médecine comme vermifuge et très improprement appelé *Mousse de Corse*. C'est un mélange d'Algues de petites dimensions, très rameuses, touffues, dont la récolte s'est étendue des côtes de la Corse sur tous les bords français de la Méditerranée, et surtout en Provence. De Candolle, qui avait examiné avec soin cette prétendue Mousse, avait reconnu qu'elle se composait d'une vingtaine d'espèces d'Algues distinctes, parmi lesquelles deux ou trois Corallines. Dans ce nombre, l'illustre botaniste ne tenait pas compte des Diatomacées, qui s'y trouvent presque toujours mêlées en grande quantité et sur lesquelles de Brébisson a fait une étude intéressante, qui a été publiée après sa mort. (Voy. H. BN, *Tr. Bot. méd. crypt.*, 295.) [CH. M.]

MOUSSE DE L'ACACIA. L'*Evernia Prunastri*.

MOUSSE DE MER, M. MARINE. Synonymes de Mousse de Corse.

MOUSSE DE PAON. L'*Amarantus caudatus* L.

MOUSSE DE ROCHER. La Coralline officinale.

MOUSSE DES RENNES. Le *Cenomyce rangiferina* ACHAR.

MOUSSE D'IRLANDE, M. PERLÉE. Le *Carragahen*.

MOUSSE D'IRLANDE. Le *Chondrus crispus* LYNGB.

MOUSSE D'ISLANDE. Le *Cetraria islandica* DC. ou *Lichen islandicus* L.

MOUSSE DORÉE. Les écailles dorées du *Cibotium Barometz* KZE.

MOUSSE DU NORD, M. DES NEIGES. Le *Cenomyce rangiferina*.

MOUSSE GRECQUE. Le *Statice Armeria* L.

MOUSSELET. Synonyme de Moucelet.

MOUSSELINE. Synonyme de Jannelet. C'est aussi le nom vulgaire de la Chanterelle.

MOUSSEMBEY. Crucifère (?) comestible des Antilles (LABAT).

MOUSSERON. Nom vulgaire donné à plusieurs espèces d'Agarics comestibles, venant souvent parmi les Mousses. Les principales appartiennent aux *Tricholoma* et *Hyporrhodius;* le Faux Mousseron aux *Marasmius* (voy. ces mots).

MOUSSERON, MISSERON. Noms des *Agaricus Albellus* DC., *amethystinus* BULL., *graveolens* PERS., *Prunulus* SCOP.

MOUSSERON BLANC, M. GRIS, M. DE PROVENCE. L'*Agaricus Albellus* SCHÆFF.

MOUSSERON D'ARMAS, M. D'ANNAS. L'*Agaricus scriblita* CORD.

MOUSSERON D'AUTOMNE. L'*Agaricus tortilis* DC.

MOUSSERON GODAILLE, M. DE DIEPPE, M. PIED-DUR. Noms de l'*Agaricus* (*Marasmius*) *oreades* BULL.

MOUSSERON PETITE-OREILLE. L'*Agaricus virgineus* PERS.

MOUSSES. Groupe de plantes Cryptogames (*Musci*), aujourd'hui rangé, avec les Sphaignes (*Sphagna*) et les Hépatiques (*Hepaticæ*), dans la subdivision des Acotylédones connue sous le nom de *Muscinées*.

Les Mousses ont une certaine analogie d'aspect avec quelques Phanérogames, en ce sens qu'elles possèdent des racines, une tige et des rameaux garnis de feuilles. Quant à leurs organes reproducteurs, ils montrent des rapports manifestes avec ceux de beaucoup d'autres Acotylédones; mais ils s'en distinguent par des particularités bien tranchées qui séparent nettement ces végétaux de tous ceux du même embranchement. Ces plantes sont d'ailleurs entièrement cellulaires.

Nous essayerons de donner un aperçu sommaire de leur organisation, indiquant seulement les points essentiels.

Les racines ne font jamais défaut dans les Mousses, même les plus petites, quel que soit le milieu où elles vivent; mais il est vrai qu'elles peuvent disparaître quand la sécheresse devient excessive. L'absence des racines n'est ordinairement, dans ce cas, que momentanée, et ces organes ne tardent pas à réapparaître quand l'humidité reprend un taux normal. C'est assez dire qu'il s'agit surtout ici de racines adventives. La tendance à leur production est si grande, qu'il n'est pas rare d'en voir se former sur toute la longueur de la tige. Elles se montrent alors avec l'apparence d'une sorte de feutre blanchâtre ou plus ou moins brun, qui réunit en touffes serrées et inextricables les individus vivant en société (plusieurs *Dicranum*, *Bryum*, etc.). Elles servent non seulement à consolider les tiges, mais elles les préservent encore des intempéries, et transportent par capillarité l'eau jusqu'à leur sommet.

Examinées au point de vue anatomique, les racines des Mousses se montrent constamment formées d'une seule file de phytocystes allongés, séparés par des cloisons obliques; et, si les tubes ainsi produits sont simples dans le jeune âge, ils se ramifient plus tard, avec une abondance variable suivant les conditions de milieu et suivant les espèces. Il faut se garder de prendre pour des racines composées de plusieurs couches de phytocystes les racines rapprochées et comme tordues ensemble que l'on observe dans quelques genres.

La tige des Mousses est tantôt simple, tantôt ramifiée. Chez les unes, la tige primaire, après avoir atteint une longueur propre à l'espèce considérée, fleurit et fructifie à son extrémité, sans montrer de divisions latérales; et, si l'espèce est annuelle, tout disparaît bientôt. Si l'espèce est vivace, un (ou plusieurs) rameau naît au-dessous du fruit et se comportera comme la tige primitive. Il s'établira donc une sorte de pseudo-tige formée d'axes de générations différentes, placés les uns au bout des autres, et dont le nombre indiquera à un moment donné l'âge de la plante. On nomme *acrocarpes* les Mousses qui ont ainsi la fleur terminale. Chez celles dites *pleurocarpes*, la fructification est toujours axillaire, et la tige se ramifie dès le jeune âge. N'étant pas déterminée, elle montre un accroissement en longueur théoriquement au moins indéfini. La ramification y est tantôt irrégulière et confuse, tantôt, au contraire, très régulière et symétrique, de manière à mériter le titre de pinnée, bi-tripinnée, etc. On voit souvent les rameaux inférieurs se courber vers le sol et s'y enraciner. Quelquefois ce sont des rameaux souterrains, véritables stolons, qui viennent à un moment donné sortir à l'extérieur, pour former de nouveaux individus. La taille, la direction des tiges et des rameaux sont d'ailleurs trop variables pour qu'il soit utile d'y insister ici.

La structure de la tige est peu compliquée. Dans les espèces annuelles qui restent molles et charnues pendant toute leur vie, on n'observe que des phytocystes lâches, à parois minces, presque tous semblables entre eux. Chez les Mousses vivaces, les éléments superficiels se renforcent d'assez bonne heure, par une sorte de lignification des phytocystes, et forment un étui protecteur aux cellules centrales demeurées parenchymateuses et succulentes. Cette modification des éléments extérieurs peut gagner le corps tout entier dans les individus très âgés.

Toutes les Mousses possèdent des feuilles sessiles et plus ou moins embrassantes, à insertion horizontale (quelquefois un peu oblique). Celles-ci ne sont jamais opposées, ni verticillées, mais alternes et dans un ordre variable. Les formules 1/2, 2/5, 3/8 s'observent fréquemment; mais on en rencontre aussi d'autres, telles que 5/11, 11/28, etc. Il n'est d'ailleurs pas rare de voir l'ordre phyllotaxique changer sur le même individu; l'hétérodromie est commune.

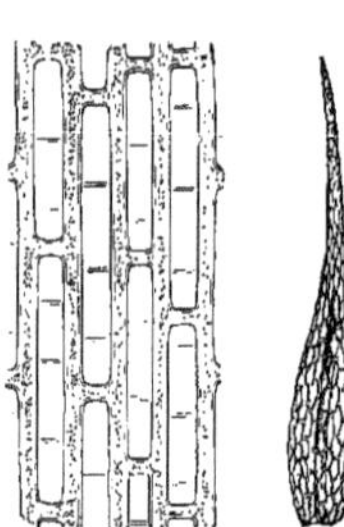
Mousse. — Feuilles.

Les feuilles sont toujours simples, mais très diverses quant à leur forme. Tantôt entières, tantôt dentées ou crénelées, elles ne se montrent jamais pourvues de véritables poils, bien que leur surface puisse présenter de petites aspérités, de petits granules translucides. Elles offrent le plus souvent une côte médiane, simple, atteignant le sommet, ou disparaissant avant d'y arriver. Elles ne tombent jamais, mais se détruisent sur place; et leurs côtes, plus résistantes, demeurent souvent sur les vieilles tiges qui leur doivent une apparence spinescente. La constitution anatomique de ces organes est des plus simples. Une seule assise de cellules forme d'ordinaire le limbe, sauf à la côte. Quelques espèces montrent deux et même trois assises. Quant à la nervure, elle consiste en un cône effilé de cellules ordinairement allongées, qui peuvent être uniformes, ou différentes, les extérieures étant plus grandes et plus consistantes que celles du centre. Les cellules du limbe, très variables quant à la forme, la grandeur, l'agencement, etc., forment un réseau plus ou moins serré. Presque toutes renferment de la chlorophylle; cependant celles qui occupent le bord de l'organe peuvent avoir une coloration spéciale. Le contenu des cellules peut se montrer exceptionnellement incolore, et la feuille paraître blanche, comme cela s'observe dans le *Bryum argenteum*, par exemple. Tous ces caractères de détail jouent un rôle considérable dans la diagnose des espèces; mais nous ne pouvons que les indiquer sommairement.

La manière dont se forme la feuille est analogue à ce qui se passe dans les autres Muscinées. Une cellule unique, placée latéralement au sommet végétatif de l'axe, en est le point de départ. Cette cellule se divise par une cloison partie obliquement de la paroi basilaire. La cellule externe ainsi produite se cloisonne elle-même en sens inverse de la cellule mère, et la multiplication continue ainsi pendant quelque temps. C'est seulement quand toutes les cellules appelées à constituer la feuille se sont produites, qu'elles commencent à se différencier pour prendre leurs caractères définitifs. C'est aussi à ce moment que la chlorophylle y apparaît. Quand il doit se former une nervure, les éléments qui occupent l'axe de la feuille se cloisonnent de manière à produire plusieurs assises superposées.

Indépendamment de la reproduction sexuée dont il sera bientôt question, les Mousses possèdent plusieurs moyens de multiplication qui sont d'ordre végétatif. C'est ainsi que, dans bon nombre d'espèces, certains rameaux se détachent à un moment donné et, tombés sur le sol, s'y enracinent bientôt pour former autant d'individus distincts. D'autres fois ce sont les racines

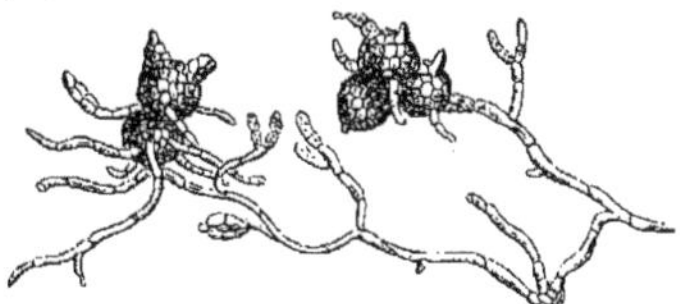

Mousse. — Protonéma gemmipare.

elles-mêmes qui sortent de terre, se ramifient en s'emplissant de chlorophylle, et constituent bientôt un réseau filamenteux sur lequel apparaîtront de nouvelles plantes. C'est ce qu'on appelle *prothalle radiculaire*. Les genres *Ephemerum*, *Mnium*, *Pogonatum*, etc., en offrent de fréquents exemples.

Des sortes de tubercules apparaissent quelquefois en grand

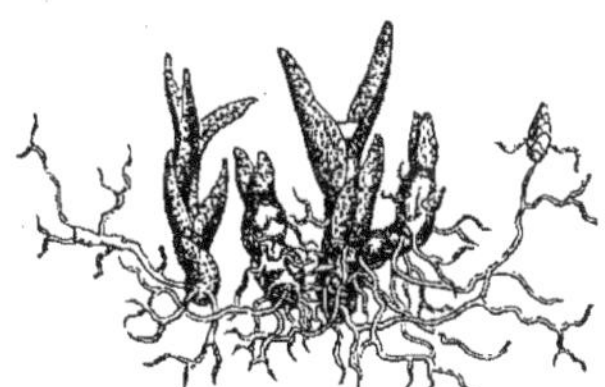

Mousse. — Protonéma gemmipare.

nombre sur les racines; ce sont en somme des bourgeons adventifs, qui peuvent donner des individus nouveaux; ex. : *Bryum*, *Barbula*, etc. C'est ainsi que paraît bientôt une nouvelle végétation dans les lieux où l'on a arraché ces Mousses, végétation issue des racines brisées et demeurées en place.

De véritables bulbilles peuvent naître à l'aisselle des feuilles, qu'ils abandonnent bientôt pour aller continuer leur évolution autour du pied mère. Ailleurs ce sont de petits corps lenticulaires, nés sur les feuilles de rameaux stériles, qui remplissent la même fonction.

Mousse. — Anthéridies et paraphyses.

Bien différents se montrent les organes de la fructification proprement dite, que nous étudierons brièvement.

Toutes les Mousses produisent à un moment donné des corps particuliers, dont les uns sont considérés comme organes femelles, les autres comme mâles, et dont le rapprochement est nécessaire pour qu'il se forme des semences capables de reproduire l'espèce. Ces organes sexuels sont ordinairement accompagnés de parties accessoires, destinées à les contenir et à les protéger, comme le périanthe des Phanérogames recouvre et protège les étamines et les pistils.

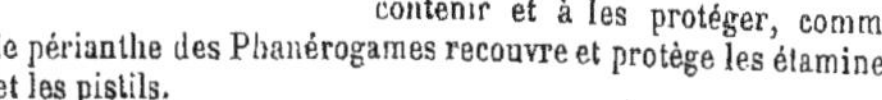

Pour certains auteurs, la réunion de tous ces organes mérite le nom de *fleur;* d'autres y voient une *inflorescence*. Nous ne pensons pas qu'il y ait grand intérêt à discuter ici cette double manière d'envisager les faits; et, sans rien préjuger, nous emploierons l'expression de *fleur*, uniquement parce qu'elle est plus simple et plus commode.

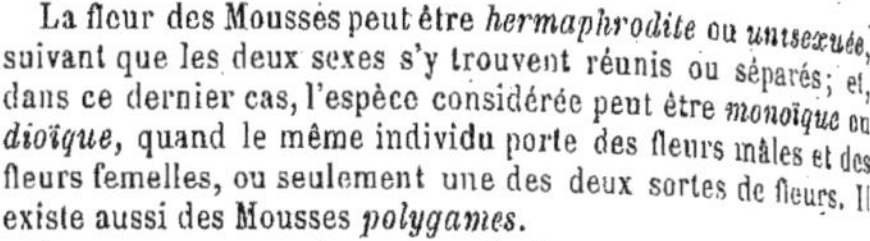

La fleur des Mousses peut être *hermaphrodite* ou *unisexuée*, suivant que les deux sexes s'y trouvent réunis ou séparés; et, dans ce dernier cas, l'espèce considérée peut être *monoïque* ou *dioïque*, quand le même individu porte des fleurs mâles et des fleurs femelles, ou seulement une des deux sortes de fleurs. Il existe aussi des Mousses *polygames*.

Les organes sexuels sont ordinairement entourés par des feuilles plus ou moins modifiées, très rapprochées, sorte de bractées qui constituent un véritable involucre, connu sous le nom de *périchèse* (*perichætium*). Les folioles de cet involucre ne sont pas toutes semblables, car les plus intérieures, peu nombreuses, tardivement développées, sont plus petites et plus délicates. Certains auteurs les distinguent sous le nom de *folioles périgoniales* et appellent *périgone* (*perigonium*) leur ensemble. Schimper a même proposé des appellations différentes pour

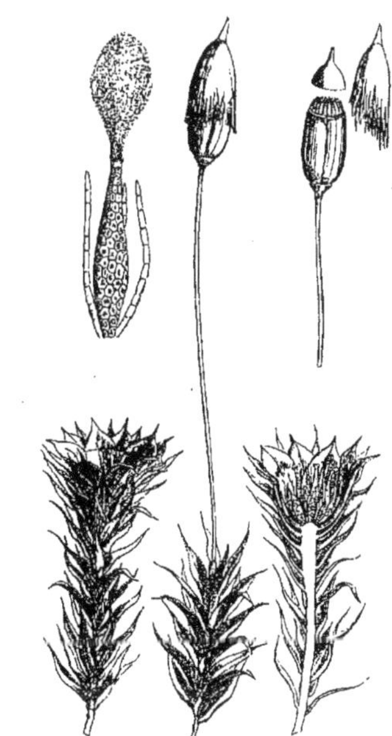

Mousse. — Pieds mâle et femelle. Anthéridie et urnes.

l'involucre des fleurs mâles, femelles ou hermaphrodites. Il nous semble que ces termes divers, appliqués à des organes dont le rôle est probablement le même, ne peuvent que surcharger inutilement la science.

Fleur mâle. — L'involucre des fleurs mâles affecte deux formes différentes principales, suivant que les folioles sont plus petites que les feuilles voisines, dressées et étroitement imbriquées, ou bien plus grandes, horizontalement étalées, de manière à figurer une sorte de rosace. Dans le premier cas, il est dit *gemmiforme;* on l'appelle *discoïde* dans le second. Les fleurs mâles étant, comme nous l'avons dit, axillaires ou terminales, c'est surtout dans les premières que s'observe la disposition gemmiforme.

L'organe essentiel de la fleur mâle se nomme *anthéridie* (*antheridium*), à cause de son analogie physiologique avec l'anthère des Phanérogames. C'est tout d'abord une petite masse de tissu cellulaire, de forme variable et pédicellée, à éléments uniformes. Mais bientôt les cellules du centre se différencient, et l'on peut voir se former dans chacune d'elles un filament épaissi à une des extrémités, muni de deux cils à l'autre et enroulé en spirale. Les parois des cellules mères de ces filaments nommés *anthérozoïdes* (ou *spermatozoïdes*) se résorbent à un moment donné, et l'anthéridie se trouve par là même creusée d'une cavité centrale, remplie d'un liquide muqueux, où nagent les filaments devenus libres. Au moment de la maturité, le sommet de l'anthéridie s'ouvre, et le contenu est expulsé par un mouvement assez brusque. On voit alors les anthérozoïdes cheminer en divers sens par un mouvement de progression héliçoïdal. La mise en contact de ces corpuscules mobiles avec l'organe femelle paraît nécessaire pour qu'il y ait production de semences fertiles.

On voit communément une sorte de vésicule adhérente au filament et entraînée par lui. Quelques auteurs, M. Roze notamment, pensent que cette vésicule est le véritable agent fécondateur, la spiricule ciliée devant être considérée comme un simple organe de transport. L'origine nucléaire des anthérozoïdes rend douteuse cette interprétation.

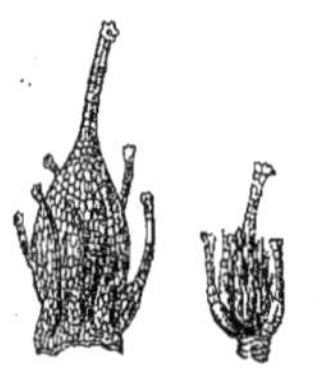
Mousse. — Archégones.

Le nombre des anthéridies réunies dans la même fleur varie beaucoup d'une espèce à l'autre, et quelquefois dans la même espèce; on en peut observer depuis deux ou trois jusqu'à une centaine. Elles sont souvent entremêlées de corps allongés et minces, filiformes ou conformés en massue, tantôt verts ou jaunâtres, tantôt rouges ou hyalins, que l'on appelle *paraphyses* (*paraphysis*). On a beaucoup discuté sur la nature de ces organes, que les uns considèrent comme des feuilles modifiées, les autres comme des anthéridies arrêtées dans leur développement, tandis que quelques auteurs pensent qu'il faut voir là des corps spéciaux sans analogie avec les autres parties de la plante. Nous ne discuterons point ici ces interprétations diverses; nous ferons seulement remarquer que les paraphyses semblent surtout destinées, par leur consistance molle et succulente, à entretenir autour des anthéridies une humidité nécessaire, car on ne les observe presque jamais dans les espèces qui vivent dans l'eau ou dans les milieux très humides.

Fleur femelle. — La fleur femelle est terminale dans toutes les Mousses dites, pour cette raison, *acrocarpes*; elle est axillaire chez les *pleurocarpes*. Nous ne reviendrons pas sur ce qui a été dit de l'involucre à propos des fleurs mâles. Nous ajouterons seulement qu'il est ici d'ordinaire semblable à un petit bourgeon plus grêle, plus allongé que dans ces dernières.

Mousse. — Urne, coupe longitudinale.

L'organe femelle, nommé *archégone* (*archegonium*), consiste en un corps celluleux, ovoïde ou oblong, fixé au réceptacle par une base atténuée et surmonté d'une petite colonne qui rappelle par son apparence le style des Phanérogames, comme la base en représente l'ovaire. Le nombre des archégones dans la même fleur est fort variable, mais il est rare de n'en voir qu'une seule. C'est au contraire la règle qu'un archégone seulement soit fécondé, tandis que les autres, demeurés stériles, se dessèchent sur le réceptacle. Les archégones sont mêlés ou non à des paraphyses.

Le centre de l'archégone est occupé par une grosse cellule, de bonne heure reconnaissable, qui a reçu différents noms; c'est la *cellule germinative*. On aperçoit, à l'approche de la fécondation, le col traversé par un *canal*, évasé en entonnoir au sommet, et fortement coloré en rouge-pourpre par la substance muqueuse qui le remplit. Il est admis que la fécondation ne se produit qu'à la condition qu'un anthérozoïde au moins s'engage dans ce canal pour arriver au contact de la cellule germinative.

A partir de ce moment, l'archégone va montrer des modifications d'une nature toute particulière. La cellule germinative se segmente rapidement, et c'est ainsi que commence le développement du fruit. Celui-ci, s'accroissant d'abord vers le bas, perfore bientôt la base de l'archégone et s'implante dans le réceptacle, lequel se relève un peu autour de lui en une sorte de collerette qui a reçu le nom de *vaginule*. A mesure qu'il s'allonge de bas en haut, le jeune fruit distend les couches extérieures de l'archégone qui ne tarde pas à se rompre au niveau de son insertion sur le réceptacle, et est soulevé sous la forme d'un cylindro-cône cellulaire qui se retrouvera sur la capsule adulte, où il est désigné sous le titre de *coiffe* (*calyptra*). Le fruit s'élève ainsi peu à peu, porté par une sorte de support plus ou moins long suivant les espèces, et dont il se distingue à peine pendant les premiers temps. Ce support est le *pédicelle* ou *soie* (*seta*) des bryologistes.

L'allongement de la soie une fois terminé, le fruit proprement dit (*capsule, capsula*) grossit rapidement et prend en quelques jours la forme et les dimensions définitives. Il est alors constitué par des cellules disposées par rangées concentriques. Les plus extérieures de ces rangées formeront les parois mêmes de la capsule, et se consolideront de plus en plus. Les cellules plus intérieures subiront des modifications diverses suivant les espèces, et dans l'étude détaillée desquelles nous ne saurions entrer.

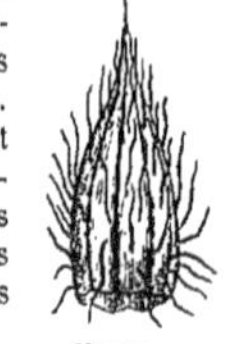
Mousse. — Opercule.

La plus importante de ces modifications consiste en ce que certaines cellules donneront naissance, par formation interne, à des corps reproducteurs, les *spores* (*spora*). Dans les *Ephemerum*, par exemple, tout le parenchyme intérieur de la capsule se transforme en spores; mais le plus souvent le processus est plus compliqué. Les cellules centrales demeurent à l'état de tissu proprement dit, suivant l'axe de la capsule, et forment une *columelle* (*columella*). C'est entre celle-ci et les parois que s'organise le *sporange* (*sporangium*), sorte de sac à section transversale annulaire, dans lequel s'observeront les corps reproducteurs nés quatre par quatre dans chacune des *cellules mères* qui sont comprises entre les deux membranes de ce sac, et devenus à la fois libres par suite de la résorption des cellules. Tantôt le sporange adhère d'une part à la columelle, de l'autre aux parois du fruit; tantôt il est plus ou moins écarté de ces dernières, auxquelles il se relie par de légers filaments cellulaires (*Funaria*). Le même fait peut aussi s'observer du côté de la columelle (*Polytrichum*).

Mousse. — Péristome.

En résumé, le fruit mûr de la plupart des Mousses comprend une capsule portée sur un pédicelle et munie d'une coiffe. Autour de la base du pédicelle, il y a une vaginule. La capsule contient un sporange, comme suspendu entre les parois et la columelle, et renfermant les spores. De toutes ces parties, la capsule et la coiffe sont regardées comme les plus importantes pour la classification. Leur forme et leurs particularités extérieures sont en effet décrites avec beaucoup de détails dans les ouvrages descriptifs.

Il est rare que la capsule proprement dite s'unisse brusquement au pédicelle. On observe souvent à sa base un amincissement obconique, nommé *col* (*collum*), qui relie insensiblement les deux parties. En ce point il existe quelquefois un renflement très nettement appréciable, sur lequel la capsule semble reposer; c'est ce qu'on appelle l'*apophyse* (*apophysis*).

Quand la capsule a atteint tout son développement et que le travail intérieur de formation des spores est terminé, ces dernières doivent sortir pour reproduire l'espèce. Le mode de déhiscence qui les met en liberté est variable. Quelquefois la capsule se rompt irrégulièrement, et les Mousses qui présentent ce caractère sont dites *Cleistocarpes*. Bien plus ordinairement, l'ouverture de la capsule se fait par la chute d'une petite calotte supérieure, dite *opercule* (*operculum*); c'est le cas de la plupart des Mousses proprement dites et des *Sphagnum*.

La déhiscence est favorisée par l'existence d'un cercle de tissu très délicat (*anneau, annulus*), formé de cellules hyalines et vésiculeuses. Très hygroscopiques, ces cellules se contractent beaucoup par la sécheresse, et se séparent de la partie qui sera l'opercule. Vienne ensuite une période d'humidité, elles se gonflent subitement; et l'opercule, détaché peu à peu par ces mouvements alternatifs, finit par tomber. Les débris de l'anneau demeurent adhérents au pourtour de la capsule ouverte; ils subissent des modifications diverses, dont on tire un assez bon parti pour la diagnose des genres et des espèces.

Après la chute de l'opercule, la plupart des Mousses montrent l'orifice de la capsule orné de denticules et de cils qui forment une bordure très élégante, nommée *péristome* (*peristomium*). Cette disposition peut faire défaut, et le bord de l'orifice rester nu : ce qui a valu aux plantes ainsi constituées le titre de *gymnostomes* (*gymnostomi*).

Mousse. — Péristome.

Les *dents* du péristome tirent leur origine d'un tissu particulier situé entre la capsule et l'opercule, en dedans de l'anneau. Elles sont toujours en nombre déterminé pour la même espèce, et forment une ou deux (très rarement trois à quatre) rangées concentriques. Quand le péristome est *simple*, il provient de la paroi interne de la capsule. Quand il est *double*, la rangée extérieure de dents représente le péristome simple. La rangée interne tire son origine de la membrane externe du sporange; et ses appendices, ordinairement plus grêles, portent le nom de *cils* (*cili*) ou de *processus*. Quant à la structure intime de toutes ces parties, à leur direction, leurs formes, etc., nous ne pouvons que renvoyer le lecteur aux ouvrages spéciaux.

Les spores sont à la maturité de dimensions très variables, mais toujours fort réduites. On peut dire qu'elles sont d'autant plus volumineuses que leur nombre est plus petit. Ainsi dans les *Ephemerum*, qui n'en possèdent qu'une centaine, elles atteignent 50 à 60 millièmes de millimètre; elles mesurent à peine 10 millièmes chez les *Polytrichum*, où elles sont innombrables.

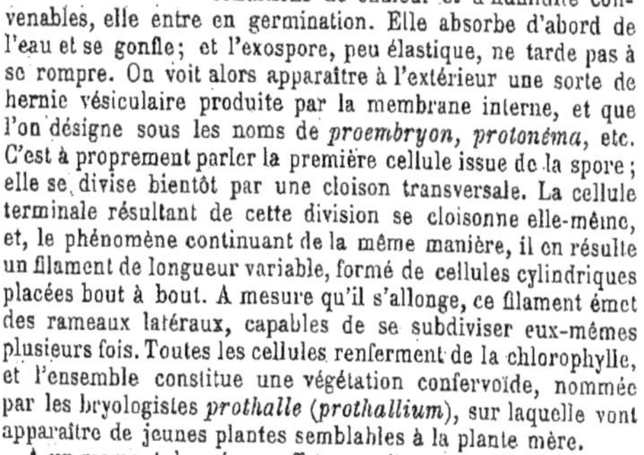
Mousse. — Péristome double.

La spore est en somme une cellule à double paroi. La membrane externe, nommée *périspore* (*perisporium*) ou *exospore* (*exosporium*), est relativement épaisse, souvent rugueuse à la surface et diversement colorée. L'interne, accolée à la précédente, se montre au contraire mince et transparente. Le contenu, de consistance mucilagineuse, tient en suspension diverses substances, telles que granules amylacés, gouttelettes huileuses, etc.

Germination des spores. — Quand la spore parfaitement mûre rencontre des conditions de chaleur et d'humidité convenables, elle entre en germination. Elle absorbe d'abord de l'eau et se gonfle; et l'exospore, peu élastique, ne tarde pas à se rompre. On voit alors apparaître à l'extérieur une sorte de hernie vésiculaire produite par la membrane interne, et que l'on désigne sous les noms de *proembryon, protonéma*, etc. C'est à proprement parler la première cellule issue de la spore; elle se divise bientôt par une cloison transversale. La cellule terminale résultant de cette division se cloisonne elle-même, et, le phénomène continuant de la même manière, il en résulte un filament de longueur variable, formé de cellules cylindriques placées bout à bout. A mesure qu'il s'allonge, ce filament émet des rameaux latéraux, capables de se subdiviser eux-mêmes plusieurs fois. Toutes les cellules renferment de la chlorophylle, et l'ensemble constitue une végétation confervoïde, nommée par les bryologistes *prothalle* (*prothallium*), sur laquelle vont apparaître de jeunes plantes semblables à la plante mère.

A un moment donné, en effet, certaines cellules du prothalle commencent à se segmenter en divers sens et donnent ainsi naissance à une petite masse parenchymateuse au sommet de laquelle apparaît le rudiment de la tige, tandis que sa partie inférieure produit quelques filaments hyalins et ténus qui représentent les premières racines. La tige, s'allongeant peu à peu, se couvre de feuilles de plus en plus nombreuses, et de sa base sortent plus tard de nouvelles racines. Au bout de quelques mois, la plante est devenue apte à fleurir, et on peut voir se succéder les organes dont nous avons esquissé l'histoire.

Le prothalle né par germination de la spore n'a le plus souvent qu'une durée limitée et disparaît avant l'évolution complète des jeunes plantes. Il importe de ne pas le confondre avec la prolifération radiculaire dont il a été question ci-dessus, et qui lui ressemble beaucoup au premier coup d'œil. On les distingue assez facilement à ce que les filaments du prothalle vrai ont les cloisons perpendiculaires aux parois latérales des tubes, tandis que dans le prothalle issu des racines ces cloisons sont obliques.

La germination de la spore présente au début les mêmes phénomènes chez toutes les Muscinées; mais le processus est tel que nous venons de le voir dans les Mousses proprement dites seulement. Il subit dans les autres groupes des modifications qui constituent des caractères importants. C'est ainsi que le prothalle des Sphaignes prend la forme d'une membrane verte, diversement lobée, et c'est toujours une cellule située dans les découpures qui donne naissance à une nouvelle plante (voy. SPHAGNUM, SPHAIGNES).

Végétation et distribution géographique. — Les Mousses sont des plantes essentiellement sociales, et on en compte à peine quelques espèces vivant par pieds isolés. Elles forment le plus souvent des gazons étendus ou des coussinets tellement serrés que les individus, entrelacés par leurs racines adventives, ne peuvent être séparés sans se briser plus ou moins, surtout par un temps sec. Les Mousses s'accommodent pour vivre des circonstances et des supports les plus divers. Les vieux murs, les toits de chaume ou de tuiles, les charbonnières abandonnées, les rives des fleuves, les marais, les rochers, le tronc des arbres et la terre leur prêtent un asile. Bien que peu exigeantes en général, on ne rencontre pas cependant toutes les espèces sur toute sorte de terrain; et la composition chimique de celui-ci semble quelquefois avoir une grande importance pour la nature des plantes qu'il nourrit. Certains genres, en effet (*Hedwigia, Grimmia*, etc.), vivent exclusivement sur les roches siliceuses. Les Mousses silicoles sont d'ailleurs beaucoup plus nombreuses que celles qui s'observent seulement sur les pierres ou la terre calcaire. Aucun genre ne présente dans son ensemble ce dernier caractère d'habitat exclusif que l'on ne constate que pour quelques espèces appartenant à des genres divers. Telles espèces se fixent aux rochers, quelle que soit leur composition chimique; telles autres, et ce sont les plus nombreuses, végètent sur la terre, diverses d'ailleurs suivant que celle-ci est sableuse, argileuse ou limoneuse. Un très petit nombre (*Splachnum*) se développent sur les cadavres en décomposition ou sur les excréments.

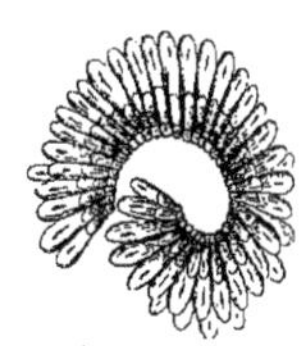
Mousse. — Anneau.

Les Mousses présentent également une grande facilité d'adaptation sous le rapport du climat; aussi possèdent-elles un des plus vastes champs de végétation que l'on connaisse, tant au point de vue de la latitude qu'à celui de l'altitude. Abondantes dans les vallées, dans les plaines basses, arides ou fertiles, elles se rencontrent aussi très communes sur les plus hautes montagnes, jusqu'à la limite des neiges éternelles. Il est toutefois important de remarquer que les espèces, et quelquefois même les genres, varient suivant le climat. C'est ainsi que la partie de l'hémisphère boréal située entre la mer Arctique et le 64° parallèle, a pu mériter le titre de zone des Polytrics, tandis qu'on a appelé zone des Hypnes celle comprise entre la première et le 38° parallèle.

Pour les Mousses, comme pour la plupart des autres végétaux, l'influence de l'altitude sur la répartition des espèces est à peu près la même que celle de la latitude. Ainsi la végétation mycologique des plaines arctiques est presque identique à celle des montagnes élevées.

Le nombre des espèces décroît sensiblement pour chaque hémisphère, à mesure qu'on s'éloigne du pôle ou de l'équateur, si bien qu'elles sont le plus abondantes dans les régions tempérées. Ce fait s'explique sans doute par l'influence heureuse qu'exerce sur le développement de ces végétaux une température douce unie à un certain degré d'humidité dans l'atmosphère. L'observation montre en même temps que l'aridité du sol et la sécheresse de l'air sont plus nuisibles aux Mousses que la diminution de la température et de la lumière, car les espèces des climats méridionaux sont moins nombreuses que celles des zones circompolaires.

L'étude comparée de la distribution des Mousses suivant l'altitude, dans un pays donné comme l'Europe, par exemple, présente un vif intérêt; mais on comprend que les limites de cet article ne nous permettent pas d'insister sur les détails de la question.

Nous sommes obligé, pour la même raison, de laisser de côté l'histoire si instructive de la classification, depuis le système proposé par Hedwig, justement surnommé le Père de la Bryologie, jusqu'à ceux adoptés, après des perfectionnements successifs, par les auteurs les plus récents.

Utilité des Mousses. — Les usages auxquels on peut employer les Mousses, sans être comparables à ceux des plantes phanérogames, ne sont cependant pas sans présenter quelque intérêt. Un certain nombre d'espèces eurent anciennement de la réputation comme médicaments; mais aujourd'hui elles sont à peu près complètement abandonnées.

Par leur résistance à la décomposition, les Mousses sont précieuses pour assurer l'étanchéité de quelques constructions, telles que canaux souterrains destinés à l'écoulement des eaux, puits de mines, etc.; comprimées entre les matériaux, elles remplacent souvent avec avantage le mortier, et en assurent la consolidation. On s'en sert aussi pour calfeutrer les fentes des habitations bâties en pierres sèches ou en bois, où elles empêchent la pénétration de l'air froid. Les Mousses peuvent servir de litière pour les animaux; et il n'est pas rare de les voir utilisées pour remplacer économiquement le crin ou la laine dans la confection des coussins, des portières, etc. Avec les soies des Politrices on fabrique des sortes de brosses usitées chez les tisserands de quelques pays, pour préparer et lisser les fils destinés au tissage. Chacun connaît l'emploi des Mousses pour emballer les plantes ou d'autres objets, pour garnir les jardinières d'appartement et les vases à fleurs.

Le rôle des Mousses dans la nature semble être considérable. Vivant avec d'autres plantes (surtout les Lichens) sur les roches les plus arides, elles concourent par leurs détritus à la production initiale de la terre végétale sur laquelle s'installera bientôt une flore plus variée. Ce sont aussi les Mousses qui contribuent pour une large part à la formation de la tourbe, par certaines espèces abondamment répandues dans les lieux inondés, telles que *Hypnum giganteum*, *H. Schreberi*, *Aulacommium palustre*, *Campylopus turfaceus*, et d'autres encore.

Le tissu des Mousses est capable d'absorber une grande quantité d'eau en peu de temps, et de restituer ensuite peu à peu le liquide à l'atmosphère par voie d'évaporation. Sous ce rapport, ces plantes doivent sans doute être considérées comme des agents efficaces pour la répartition de l'eau à la surface du globe. D'après des expériences précises, 1 kilogramme de Mousse sèche peut absorber en quelques minutes jusqu'à 6 kilogrammes de liquide, qui disparaissent à peu près totalement dans l'espace de dix à douze jours, par un temps sec. Le poids des Mousses vivant par mètre carré sur la terre des forêts, surtout en pays montagneux, peut de 1 kilogramme s'élever après une forte pluie à 6 ou 7 kilogrammes; et si l'on admet, ce qui paraît près de la vérité, que la moitié du sol est couverte d'un épais tapis de ces plantes, on voit facilement quelle énorme masse d'eau peut ainsi être retenue momentanément après les orages si fréquents dans ces régions.

Non seulement les Mousses, en vertu de leur pouvoir absorbant, empêchent l'écoulement trop rapide de l'eau et préviennent ainsi des ravinements inévitables sur un sol dénudé et fortement incliné, mais en même temps on doit admettre qu'elles favorisent la végétation de la forêt, en y entretenant une humidité presque constante et en produisant incessamment de nouvelles quantités d'humus. (HEDWIG, *Descriptio et adumbrat. Muscor. frondos.* — BRIDEL, *Bryologia universalis.* — BRUCH, SCHIMPER et GUMBEL, *Bryologia europ.* — C. MUELLER, *Synops. Muscor. frondos.* — SCHIMPER, *Synops. Muscor. europ.* — DE NOTARIS, *Epilog. Bryol. ital.*) [E. M.]

MOUSSE TERRESTRE. Le *Sargassum vulgare* AGH.

MOUSSIGNES. Fruits chinois, épineux, dits sudorifiques.

MOUSSIGOT ROUGE. Nom, à Cayenne, d'un Muscadier.

MOUSSIL. Sorte d'Ail, condimentaire en Perse.

MOUSSONIA (RGL, in *Flora* [1848], 248). Synonyme de *Isoloma* BTH.

MOUTABEA (AUBL., *Guian.*, 679, t. 274). Genre anormal de Polygalacées (?), formé de 5 arbres de l'Amérique tropicale, à feuilles alternes, coriaces, à fleurs 5-mères, 8-andres; les filets monadelphes. L'ovaire a 2-5 loges, à ovules solitaires et descendants. Le fruit est une baie, et les graines sont dépourvues d'albumen. (MART., *Fl. bras.*, *Ebenac.*, 13, t. 5, 6. — PŒPP. et ENDL., *Nov. gen. et spec.*, II, t. 186. — H. BN, *Hist. des pl.*, V, 76.)

MOUTABIÉ. Nom français (AUBL.) des *Moutabea* AUBL.

MOUTAN (DC., *Prodr.*, I, 65). Section du genre *Pæonia* L.

MOUTANIA (REICHB.). Pour *Moutan* DC.

MOUTARDE BLANCHE (DALECH.). L'*Arabis sagittata* L. et le *Turritisglabra* L. — Voy. SINAPIS.

MOUTARDE DE CAPUCIN. Le *Cochlearia Armoracia* L.

MOUTARDE DE CHIEN. Le *Sisymbrium Sophia* L.

MOUTARDE DE MITHRIDATE, M. SAUVAGE. La Bourse-à-pasteur.

MOUTARDE DES ALLEMANDS. Le Raifort sauvage.

MOUTARDE DES ANGLAIS. Le *Lepidium latifolium* L.

MOUTARDE DES HAIES. Le Vélar officinal.

MOUTARDELLE. Le *Cochlearia Armoracia* L.

MOUTARDE NOIRE. Le *Brassica* (*Sinapis*) *nigra* KOCH.

MOUTARDE SAUVAGE. La Bourse-à-pasteur (VERLIND.). C'est aussi le *Pugionium cornutum* GÆRTN.

MOUTARDE SAUVAGE. Le *Sinapis arvensis* L.

MOUTARDIN. Le *Brassica* (*Leucosinapis*) *alba*.

MOUTON. Dans la Meuse, l'*Hydnum repandum* L.

MOUTON-FONTENILLE (J.-Phil.). Né à Montpellier en 1769, a écrit un *Tableau des systèmes de botanique* [1798]; un *Dictionnaire des termes techniques de botanique* [1803]; *Coup d'œil sur la botanique* [1810]; *Tableaux de concordance des genres d'un Pinax des plantes européennes* [1814].

MOUTON ZONÉ. L'*Agaricus torminosus* SCHÆFF.

MOUTOUCHI (AUBL., *Guian.*, II, 748, t. 299). Synonyme de *Pterocarpus* L. On a le plus souvent écrit *Moutouchia*.

MOUVEMENT. On a souvent cité cette phrase de Cl. Bernard, que certains organismes végétaux possèdent « non seulement le mouvement, mais le mouvement approprié à un but déterminé, les apparences, en un mot, du mouvement volontaire ».

Ce mouvement peut consister en un déplacement total du végétal; il possède alors la *locomotilité*. Une Algue jeune, à l'état de spore, nage dans l'eau à l'aide de cils vibratiles. Certains Schizomycètes sont mobiles dans le liquide qu'ils habitent, sans qu'on ait le plus souvent réussi à observer les instruments de leur déplacement. Les Myxomycètes, dont nous avons déjà parlé, occupent aujourd'hui une place et demain une autre. Leur déplacement s'est accompagné d'une déformation et de la production temporaire de bras, de pseudopodes, comme il arrive dans le règne animal chez les Rhizopodes, etc. Les anthérozoïdes des Algues et d'autres Cryptogames, qui ne sont qu'un produit de ces plantes, sont doués de locomotilité et se dirigent à l'aide de cils vibratiles vers les organes femelles qu'ils doivent féconder.

Quand les phytoblastes se sont enfermés dans un phytocyste, ils ne peuvent que rarement former en dehors de leur masse des prolongements mobiles, analogues à des pseudopodes ; mais ces bras, ces tractus, ces filaments, ces traînées protoplasmiques se produisent, comme nous l'avons vu, à l'intérieur, et leur mouvement, lent d'ordinaire, peut être quelquefois beaucoup

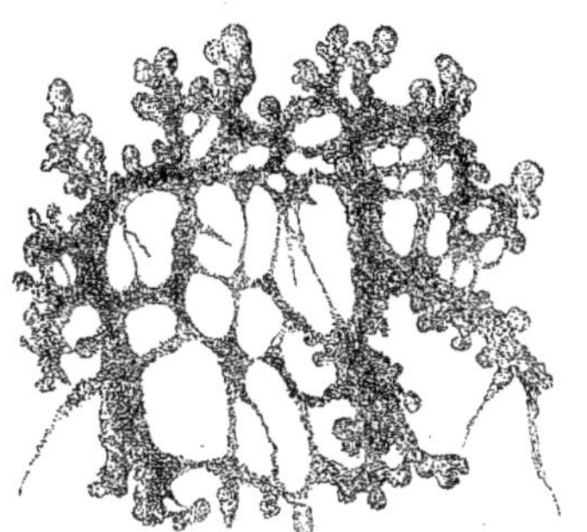

Myxomycète, Champignon mobile.

plus rapide. C'est à des mouvements amiboïdes de ces tractus que paraissent dus les phénomènes circulatoires constatés dans le liquide qui constitue, à notre sens, leur véritable fluide nourricier, et peut-être aussi les déplacements du noyau, qui, on le sait, exécute parfois une sorte de tournée dans l'intérieur du phytoblaste. Sous l'influence de la lumière ou de l'obscurité, les masses protoplasmiques chlorophyllées du phytoblaste se déplacent vers telle ou telle paroi du phytocyste.

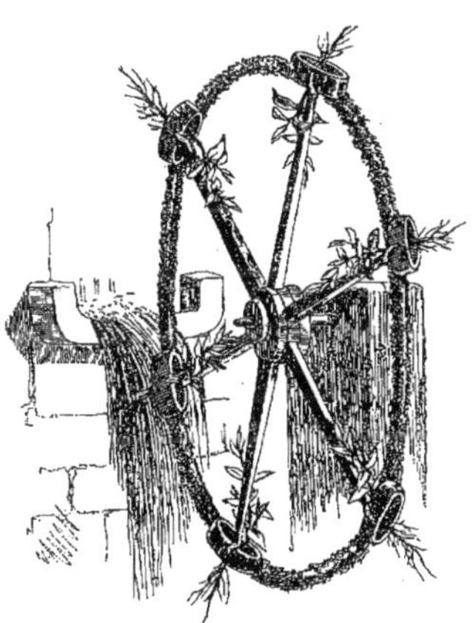

Roue de Knight, verticale.

Les tiges des plantes se dirigent le plus souvent de bas en haut, et les racines, de haut en bas, à peu près suivant la verticale. Knight, dont la roue et les expériences sont demeurées célèbres, établit que la pesanteur était leur cause directrice. Il y a d'assez nombreuses exceptions. Exemples : les racines des Palmiers et d'autres Monocotylédones, qui remontent à la surface de la terre et se dirigent dans l'air, tout à fait verticalement, leur sommet en haut ; ou les racines adventives qui montent verticalement dans l'eau d'un aquarium pour venir porter leur extrémité à la surface du liquide.

Il s'en faut qu'on ait donné une explication entièrement satisfaisante des phénomènes qui se produisent dans ces expériences de Knight, si fréquemment décrites et si diversement interprétées depuis plus d'un demi-siècle. On sait qu'il fixait des graines de Haricot dont la germination était commencée, au pourtour d'une roue de 11 pouces anglais de diamètre et qu'il pouvait faire tourner dans le plan vertical à l'aide d'un courant d'eau qui lui imprimait un mouvement rotatoire d'au moins 150 tours par minute. Toutes les jeunes plantes dirigèrent leur tige vers le centre de la roue et leur racine vers l'extérieur, suivant le prolongement des rayons. En laissant les tiges arriver jusqu'au delà du centre, le mouvement de la roue

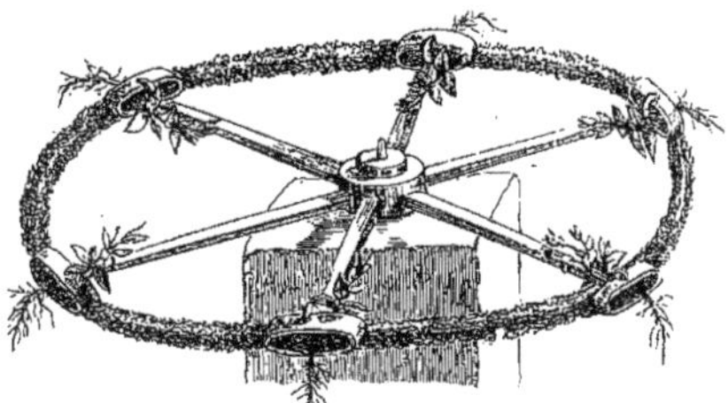

Roue de Knight, horizontale.

continuant, ces tiges se replièrent sur elles-mêmes pour regagner le centre.

Dans une autre expérience, la roue tournait horizontalement. En lui faisant faire 250 tours par minute, Knight vit les jeunes plantes « malgré la rapidité du mouvement, rester toujours dans la même direction relativement à l'attraction terrestre, dont l'influence était partiellement supprimée » ; mais, comme elles étaient soumises en même temps à la force centrifuge agissant horizontalement et à l'action de la pesanteur s'exerçant dans la direction verticale, elles prirent une direction oblique, inclinée de 10 degrés sur l'horizon. La force centrifuge, vu la rapi-

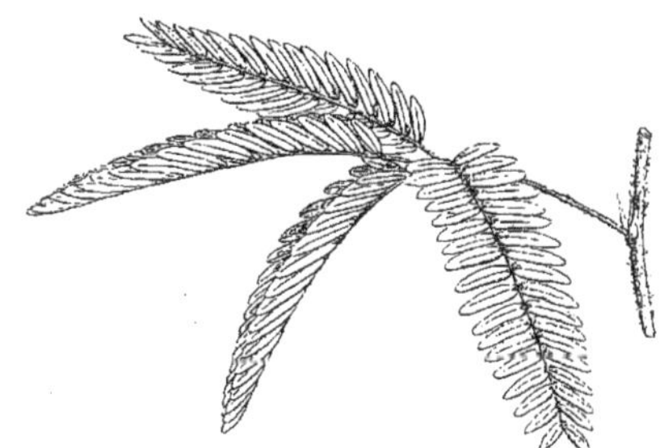

Feuille mobile de Sensitive.

dité du mouvement de rotation, l'emportait sur l'action verticale de la pesanteur. Mais, en ralentissant le mouvement de la roue, de manière qu'elle ne fît plus que 80 tours par minute, Knight observa que l'inclinaison de l'axe total des plantes fut de 45 degrés. « Je pense avoir prouvé de la sorte, dit-il, que les racines des plantes en germination sont portées à descendre, et leurs tiges à s'élever, par une certaine cause externe et non par une cause inhérente à la vie végétale ; et je n'ai guère de raison de douter qu'en pareil cas la pesanteur est le principal, sinon l'unique agent qu'emploie la nature. » Dans les expériences faites avec la roue verticale, il considère les plantes comme soumises à des changements constants de position qui suppriment pour elles l'action de la pesanteur à laquelle est substituée la force centrifuge.

Cette tendance de la tige à s'élever et de la racine à descendre, a été nommée *Géotropisme, positif* pour la racine, et *négatif* pour la tige. Si l'on place une plante dans la direction horizontale ou oblique, le plus souvent la tige et la racine exécutent un mouvement angulaire, lent, pour prendre de nouveau la direction

Sensitive. Feuilles dormant et étalées.

Feuilles d'*Oxalis* dormant.

verticale. On a expliqué ce mouvement par des inégalités d'accroissement et par l'*Héliotropisme*. On désigne sous ce nom le phénomène qui se produit sur les organes qui reçoivent sur leurs diverses faces des lumières d'intensité inégale; ils se courbent souvent en tournant la concavité de la courbure du côté de la lumière la plus intense. Ce mouvement de flexion a été attribué au plus grand développement que prennent les tissus du côté qui est le moins éclairé et qui devient convexe; toujours est-il qu'il se produit là un mouvement. Or, dans certaines plantes, il se produit aussi un mouvement d'incurvation en sens inverse, c'est-à-dire que c'est le côté le moins éclairé qui devient concave; et c'est là ce qu'on a nommé l'héliotropisme

Feuilles mobiles de Sainfoin oscillant.

négatif (*aphéliotropique*), par rapport au mouvement d'incurvation inverse, qui est dit *positif*.

Les feuilles sont le siège d'un grand nombre de mouvements divers. Les plus anciennement connus ont été désignés sous le nom de *Sommeil* des feuilles. Ils sont très fréquents, avec des intensités diverses, dans les feuilles composées-pennées des plantes de la famille des Légumineuses; ils se produisent aussi dans certaines feuilles simples et dans certaines branches à cladoles qui simulent des feuilles composées par la disposition de leurs parties. Dans les feuilles composées-pennées, par exemple, on voit les folioles, au lieu d'être étalées, comme dans la veille, se rabattre en descendant les unes contre les autres, ou s'appliquer en remontant contre le rachis commun, ou encore se coucher sur lui en portant leur sommet du côté de sa base. Dans la Sensitive, si remarquable à cet égard, et dont les feuilles sont décomposées, à l'approche de la nuit, les folioles se redressent et s'appliquent contre les nervures secondaires; les nervures secondaires convergent les unes vers les autres, à la façon d'un éventail qu'on ferme, et le pétiole commun se porte, comme sur une articulation, vers la partie inférieure (quitte, il est vrai, à se relever au bout de quelque temps). Au retour du jour, toutes ces parties reprennent, bien entendu, leur direction de la veille. Certaines lumières artificielles réveillent, dit-on, les feuilles de la Sensitive; et l'on a dit que, dans la lumière blanche composée, ce sont les rayons rouges qui provoquent le plus tôt le sommeil et le plus difficilement le réveil.

Le mouvement qui produit l'état dit de sommeil dans la Sensitive, peut être *provoqué* par un choc léger, une coupure, un souffle même. Il suffit, pour produire ce mouvement, de toucher le renflement de la base du pétiole, qu'on a appelé *renflement moteur;* mais en touchant isolément les folioles on provoque aussi leur sommeil.

On explique ces mouvements, soit spontanés, soit provoqués, par des phénomènes dont les renflements moteurs seraient le siège. Ces renflements étant formés de deux moitiés, dont l'une, l'inférieure, est la seule sensible, car on peut enlever la moitié supérieure sans que la feuille perde ses propriétés, M. Pfeiffer pense que, sous l'influence d'une excitation, les phytocystes de la moitié inférieure déversent l'eau qu'ils contiennent dans les méats interposés, et que les gaz contenus dans ceux-ci sont alors refoulés dans d'autres parties du pétiole; si bien qu'alors le renflement inférieur, vidé en partie, devient flasque et ne peut plus supporter le pétiole qui s'abaisse. S'il se relève bientôt,

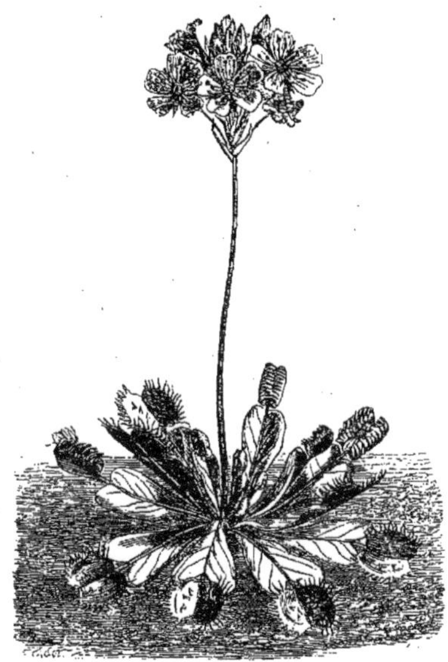

Dionée attrape-mouche.

c'est que ses éléments ont repris de l'eau et sont redevenus turgescents. Il est probable que si le renflement se vide ainsi, sous l'influence de la plus légère excitation, du contenu d'une partie de ces phytocystes, cela est dû à ce que cette excitation porte sur le phytoblaste qui expulse, en diminuant de volume, une portion du liquide qu'il renferme. P. Bert a pensé que les mouvements périodiques diurne et nocturne sont dus à l'accumulation et à la destruction alternative de glucose dans les éléments de renflement. Mais autant, dans ces questions, l'observation des faits est facile, autant l'explication qu'on en donne semble insuffisante et obscure.

Feuille de Dionée.

Un assez grand nombre de Légumineuses et de plantes d'autres groupes, comme les *Phyllanthus*, les *Oxalis*, etc., se comportent, quoique avec moins d'intensité, comme la Sensitive. Une autre plante de la même famille, le Sainfoin oscillant, présente dans ses feuilles un autre genre de mouvement. Elles possèdent trois folioles inégales, la médiane bien plus grande que les latérales. Celle-ci s'élève et s'abaisse alternativement suivant que l'action de la lumière est plus intense ou plus faible, tandis que les deux petites folioles latérales exécutent, en sens inverse, sur leur base, tant que la température est suffisamment élevée, un mouvement tel, que leur sommet décrit une ellipse à plan oblique. On ne connaît point la cause première de ces mouvements, dont le siège paraît être le pétiole tordu sur lui-même.

La Dionée attrape-mouche exécute aussi, mais sous l'influence d'une excitation, un mouvement tout différent. Le limbe de ses feuilles est formé de deux moitiés égales qui s'unissent au niveau d'une côte médiane et portent sur leurs bords de profondes dentelures. Ce limbe étant étalé, si un insecte vient se poser sur sa face supérieure, ses deux moitiés se rapprochent brusquement l'une de l'autre, la nervure médiane jouant le rôle de charnière, et les longues dents des bords s'entre-croisent; de sorte que l'insecte est souvent emprisonné et meurt dans ce piège où l'on a même admis qu'il est digéré, la Dionée ayant été rangée parmi les plantes insectivores. Le siège précis de l'irritabilité paraît être représenté par trois gros poils qui font saillie vers le milieu de la face supérieure de chacune des moitiés du limbe.

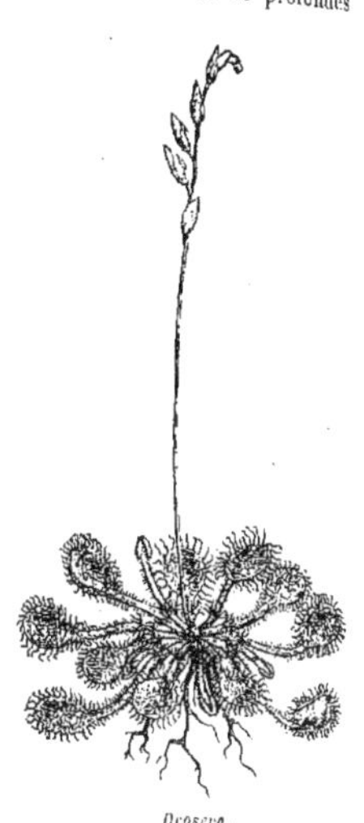

Drosera.

Nos *Drosera* ont aussi été classés parmi les plantes insectivores. Le piège dans lequel ils retiennent les insectes est représenté par la face supérieure de la feuille, toute garnie de poils ou de lobes particuliers en forme de gros poils capités, vasculaires, dont la tête est glanduleuse. Les insectes qui se posent sur ces feuilles sont lentement enfermés dans la concavité de leur limbe et dans celle de leurs poils incurvés, en même temps que retenus par le liquide visqueux que ces poils sécrètent et qui devient à ce moment d'une acidité assez prononcée. On l'a aussi considéré comme un suc capable de digérer les aliments albuminoïdes, qu'absorberait ensuite la

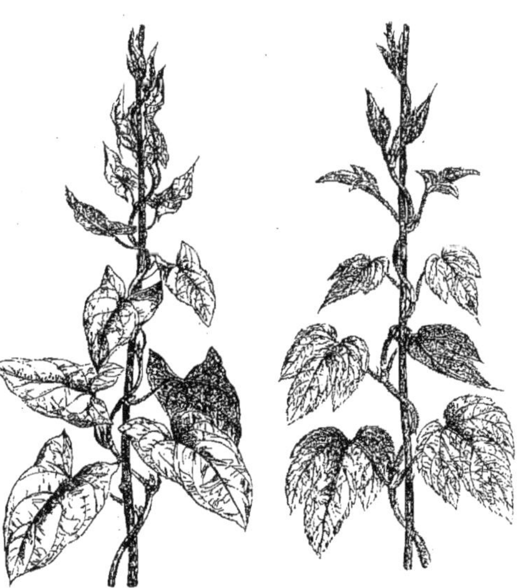

Tiges volubiles de Liseron et de Houblon.

surface supérieure de la feuille ; phénomène mentionné à propos des plantes insectivores.

Les vrilles, qui peuvent être aussi bien formées par une

feuille ou une portion de feuille que par un rameau ou une tige modifiés, exécutent des mouvements d'une tout autre nature lorsque, dans le but de s'enrouler, elles saisissent un corps sur lequel elles doivent s'appuyer. Ces phénomènes ont été étudiés avec le plus grand soin par Darwin. Les tiges qui vont s'enrouler exécutent un mouvement de nutation circulaire et tâtonnent, pour ainsi dire, pour aller à la rencontre de leur support. Les vrilles demeurent souvent, mais non toujours, droites

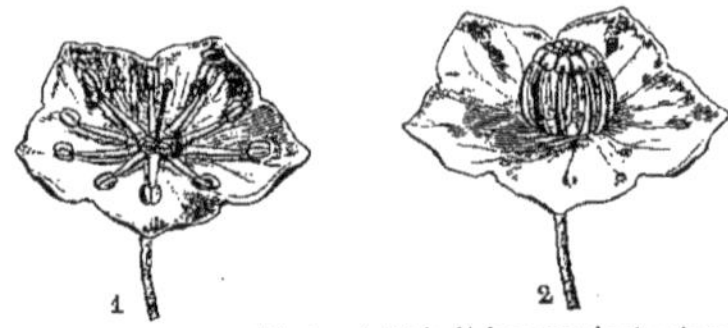

Kalmia. — Fleur, avant (1) et après (2) le déplacement des étamines.

quand elles ne sont pas arrivées au contact de l'objet autour duquel elles s'enrouleront. Dans le cas où le contact se produit, la vrille devient concave du côté où elle est touchée, et c'est ainsi que commence l'enroulement, qui se propage ensuite au delà. On l'explique, à partir de ce point, par l'accroissement plus considérable que prend le côté de la vrille qui n'est pas au contact du support; mais ici, comme pour les mouvements de

Pariétaire et Épine-vinette. — Étamines mobiles.

la Sensitive, il sera nécessaire de faire intervenir, comme cause première, les propriétés vitales du phytoblaste lui-même.

Un grand nombre de parties de la fleur exécutent des mouvements qui paraissent avoir le plus souvent pour but de faciliter ou de produire la pollinisation. Les étamines des Rues, des Géraniums, etc., se rapprochent ou s'éloignent tour à tour du gynécée. Celles des *Kalmia* se portent brusquement en dedans

Rue. — Fleur à étamines mobiles, entière et coupe longitudinale.

et se dégagent d'une fossette de la corolle qui retenait d'abord leur anthère. Celles de la Pariétaire, accrochées d'abord par le calice, se redressent aussi avec élasticité en lançant leur pollen. Couchées d'abord dans la concavité des pétales, celles de l'Épine-Vinette se portent subitement vers le pistil quand un léger contact les irrite, surtout en certains points de la surface de leur filet. Les exemples analogues sont très nombreux, et diverses parties de l'organe femelle sont aussi le siège de mouvements très variés.

Il est inutile de faire remarquer que les mouvements, dont nous avons donné quelques exemples, sont de nature très diverse : les uns spontanés, les autres provoqués, les uns actifs et les autres passifs; ce n'est pas ici le lieu d'une classification de ces phénomènes, que nous avons donnée dès 1856.

C'est dans certains mouvements des plantes qu'on a, comme nous l'avons vu, cherché la preuve de leur sensibilité. Les Algues mobiles ou leurs corps reproducteurs se dirigent vers la lumière ou plus rarement la fuient. Certaines, qui recherchent la lumière diffuse, s'écartent des rayons solaires directs. D'autres qui, pendant la période végétative, semblent avides de lumière, se portent vers l'obscurité à l'époque de leur reproduction. Dans un assez grand nombre de plantes dont les feuilles pâlissent à la lumière vive du soleil, le protoplasma chargé de corpuscules chlorophylliens abandonne la face supérieure des phytocystes frappés par la lumière et se réfugie vers leurs parois latérales : ce qui produit un affaiblissement dans la teinte verte des surfaces. Très ordinairement les plantes qui présentent ces mouvements du protoplasma, jaunissent et souffrent quand on ne les cultive pas à l'ombre. On voit d'ailleurs, dans les Phanérogames comme dans les Cryptogames, les agents de la fécondation se porter vers le point exact de l'organe femelle où elle doit s'opérer, le rechercher plus ou moins longtemps et l'atteindre; et l'on sait que les agents anesthésiques, tels que l'éther, le chloroforme, qui, appliqués aux animaux, suppriment pour un certain temps leur sensibilité, rendent également ceux des organes des plantes que nous avons vus doués de mouvements, passagèrement insensibles aux excitations qui pourraient les déterminer. C'est en 1856 que nous avons démontré l'action des anesthésiants sur le mouvement des organes sexuels des plantes, dans notre thèse d'agrégation. M. Heckel, dans son travail spécial sur les mouvements des plantes, les a d'abord distingués en spontanés (autonomes) et en provoqués. Quand ces derniers sont produits par des causes externes, ils ont été nommés induits ou paratoniques.

Darwin donne au géotropisme négatif le nom d'*apogéotropisme*. M. Frank nomme le géotropisme ordinaire *longitudinal*; il en distingue par suite un géotropisme *transversal* ou *diagéotropisme*. [H. BN.]

MOWAH, MOWALI. Le *Bassia butyracea* L.

MOXERNON, MUXARNUM. Noms des Mousserons, en Catalogne.

MOZAN. Synonyme de *Mocan*.

MOZINNA (ORTEG., *Nov. aut rar. pl. Dec.*, VIII, 104, t. 13). Synonyme de *Curcas* ADANS. (H. BN, *Hist. des pl.*, V, 114, not. 1.)

MOZULA (RAFIN., in *Journ. Phys.*, XCI, 71). Synonyme de *Hyssopifolia* DC.

MPAFU. Arbre à huile de l'Afrique tropicale. Cameron dit l'huile extraite du fruit. On croit que c'est un *Canarium*.

M'PANO. Au Gabon, le *Baphia laurina* H. BN.

M'POGA. Fruit du Gabon, attribué au *Parinari M'poga*.

M'POLONÉ. Nom manganja de l'*Alvardia arborescens* FENZL.

M'ROY. — Voy. MARONI.

MTOLIA, MTORIA. Noms, à Zanzibar, du *Landolphia Petersiana* (*Vahea*), liane à caoutchouc.

MU. L'*Athamantha Meum* L.

MU, MÉU. Noms vulgaires anciens du *Meum athamanthicum* JACQ.

MUBAFO. Nom du *Canarium edule* HOOK. F., auquel on attribue la production de l'*Elémi africain*.

MUBANGO. Nom, à Angola, du *Croton Mubango* M. ARG.

MUCAGO-IRAKUSA. Nom japonais du *Laportea bulbifera* BL.

MUCAGO-NISIN. Au Japon, le Chervi.

MUCANANA. Le *Pterocarpus Draco* L.

MUCEDINEÆ (LK. — SACC., *Syll. Fung.*, IV, 2). Famille d'Hyphomycètes, comprenant un grand nombre de genres. — Voy. MUCÉDINÉS.

MUCEDINES (LINK. — NEES, *Syst.* — FRIES, *Syst. mycol.*, III, 380; *Summ. veg. Scand.*, 489). — Voy. MUCÉDINÉS.

MUCÉDINÉS, MUCEDINEI. Famille d'Hyphomycètes, ayant pour caractère commun de présenter un réceptacle formé de filaments simples, non distincts du mycélium ou issus de ce dernier en se différenciant par la direction ou la forme. Les Mucorinés en ont été détachés pour former une famille distincte, nettement définie. Les genres très nombreux qui font partie des Mucédinés présentent des espèces qui ont perdu leur autonomie, parce qu'elles ont été reconnues n'être que des modes de fructification d'autres Champignons. Toutefois, tant que toutes les espèces d'un genre n'ont pas été rattachées à d'autres types, ce genre doit trouver une place dans la classification; il importe donc de conserver le groupe des Mucédinés, malgré ce qu'il peut présenter d'hétérogène (voy. COSTANT., *Les Muédinées simples*, Paris [1888]). Éliminer tous les genres plus ou moins entamés pour les placer dans un groupe à part (*Fungi imperfecti*), comme l'ont voulu quelques botanistes, est un expédient qui est de nature à retarder la connaissance de ces végétaux et qui ne paraît avoir d'avantage ni au point de vue des affinités que la classification cherche à mettre en relief, ni au point de vue du but pratique dont la taxonomie doit se préoccuper. [DE S.]

MUCEDO (PERS., *Tent. disp. Fung.* [1797], 14). — Voy. MUCOR.

MUCHOI. Nom, à Chiloe, du *Berberis Darwinii* HOOK.

MUCHO-MOSC. Au Kamtschatka, la Fausse-Oronge.

MUCHU. Nom chilien de l'*Asteriscium chilense* CHAM.

MUCHU CUNDA. Espèce de *Pentapetes*, antigonorrhéique (DC.).

MUCIDULA (PAT., *Hymen. d'Eur.* [1887], 95). Genre d'Agaricinés-Leucospores, formé pour l'*Armillaria mucidus* PERS. et fondé sur la différence que présentent ses spores avec celles des *Armillaria* et sur les ressemblances de cette espèce avec les *Collybia*, dont elle diffère par l'existence de l'anneau. [DE S.]

MUCILAGES. — Voy. PHYTOBLASTE.

MUCILAGO (HALL., *Helv.*, n. 2130). — Voy. ISARIA.

MUCILAGO (MICH., *Plant. Gen.*, 216, t. 96). Nom donné à des Champignons qui appartiennent à divers genres de Myxomycètes (voy. ce mot).

MUCIZONIA (DC., *Prodr.*, III, 399). Section du g. *Umbilicus*.

MUCOR (MICHEL., *Nov. pl. gen.*, 215). Genre de Mucorinés, à cellules mycéliales rampantes, larges, cloisonnées, formant des chlamydospores, à filaments sporangifères dressés, simples ou rameux, à sporanges globuleux ou hémisphériques, munis d'une columelle centrale et se colorant parfois en brun plus ou moins foncé. Les endospores qui remplissent le sporange sont globuleuses, hyalines ou colorées. Dans plusieurs espèces, on connaît aussi des oospores formées par la copulation de deux filaments mycéliens qui se renflent, arrivent au contact. La membrane des filaments se résorbe au point où ils se touchent; mais une cloison s'est formée auparavant dans chaque filament. Ces deux cloisons circonscrivent alors une loge où s'effectue le mélange des deux protoplasmas et qui deviendra l'oospore. L'oospore, l'endospore et les différentes formes de chlamydospores germent et reproduisent l'espèce dont elles proviennent. Ce genre compte un grand nombre d'espèces, plusieurs peu définies; M. Saccardo en a décrit 78. On les groupe d'après les caractères tirés de la forme ou de la couleur du sporange, d'après la forme de la columelle renflée ou aplatie, la disposition simple ou ramifiée du filament sporangifère, la forme des endospores. On les rencontre sur les matières organiques en décomposition, les excréments et même sur les corps inorganiques humides, comme les divers Mucédinés connus sous le nom de moisissures. (Voy. H. BN, *Tr. Bot. méd. crypt.*, fig. 294-298.) [DE S.]

MUCORACEÆ (DE BARY. — SACC., *Syll. Fung.*, VII, 182). — Voy. MUCORINÉS.

MUCOREÆ (SACC., *Syll. Fung.*, VII, 190). Sous-famille des Mucorinés, comprenant les genres à sporange polyspore, diffluent ou persistant.

MUCORÉES (V. TIEGH., *Nouv. rech. Mucor.*, in *Ann. sc. nat.*, sér. 5, XVII). Tribu des Mucorinés, comprenant les genres à membrane sporangiale diffluente ou indéhiscente, et qui ont pour type le genre *Mucor*.

MUCORINEÆ, MUCORINÉES. — Voy. MUCORINÉS.

MUCORINÉS (*Mucorini* FRIES, *Syst. myc.*, III, 296). Famille comprenant des genres longtemps confondus avec les Mucédinés, dans la division des Hyphomycètes. Ils s'en distinguent par plusieurs caractères, mais surtout par la faculté reconnue dans plusieurs espèces de former des oospores par la conjugation ou copulation de deux filaments. Ils se rapprochent ainsi des Saprolégniés, des Péronosporés, avec lesquels ils doivent être rangés dans une sous-classe, les Oosporés (*Oomycètes* de plusieurs auteurs). Les genres de Mucorinés se groupent en 5 tribus : Pilobolés, Mucorés, Chætocladiés, Mortierellés, Syncéphalidés, établis par M. Van Tieghem et généralement admis aujourd'hui. Les Mucorés comprennent le plus grand nombre des genres : *Mucor*, *Phycomyces*, *Spinellus*, *Sporodisia*, *Chætostylum*, *Helicostylum*, *Thamnidium*, *Rhizopus*, *Absidia*, *Tieghemella*, *Circinella*, *Pirella*. [DE S.]

MUCOROIDEI. — Voy. MUCORINÉS.

MUCRONEA (BENTH., in *Trans. Linn. Soc.*, XVII, 419, t. 20). Section du genre *Chorizanthe* R. BR.

MUCRONELLA (FR., *Hymen. europ.*, 629). Genre d'Hydnés, dont le réceptacle ne consiste plus que dans l'hyménophore en forme d'aiguillons isolés, simples, aigus. Les basides ne portent en général qu'une spore globuleuse, hyaline. Les 3 ou 4 espèces connues sont épixyles. Le sommet des aiguillons, pendant vers la terre, distingue ces Champignons des Clavaires simples, qui sont toujours dressées. [DE S.]

MUCRONIA (FR., *Summ. v. Scand.*, 329). — Voy. MUCRONELLA.

MUCROSPORIUM (PREUSS, *Fl. Hoyers.*, n. 97). Genre d'Hyphomycètes, à filaments rampants, cloisonnés, donnant naissance à des filaments dressés qui produisent des rameaux verticillés, apiculés au sommet. Les conidies hyalines, pluriloculaires, sont disposées en capitules à l'extrémité des rameaux. Cette disposition est le seul caractère qui distingue ce genre des *Dactylium*, dont les conidies sont solitaires. [DE S.]

MUCUNA (ADANS. — DC., *Prodr.*, II, 404). Genre de Légumineuses-Papilionacées-Phaséolées, formé d'environ 25 plantes volubiles, rarement dressées, herbacées ou ligneuses, à fleurs de *Phaseolus*; la carène très développée, aiguë, à sommet souvent cartilagineux; l'étendard plus court que la carène; les anthères dimorphes. On les trouve dans les tropiques des deux mondes. Ce sont souvent des *Pois pouilleux* ou *Poils à gratter*. Les poils brûlants du fruit des *M. prurita* et *urens* sont souvent fort dangereux. (H. BN, *Hist. des pl.*, II, 248; *Tr. Bot. méd. phanér.*, 634, fig. 2196.)

Mucuna. — Fruit.

MUCURA. Au Brésil, le *Petiveria alliacea* L.

MUCURA-CA-HA ou EONÉ. Noms du *Petiveria* qui entre dans la confection du Curare.

MUDA (ADANS., *Fam. pl.*, II, 13). Synonyme de *Gigartina* STACK.

MUDAH. Le *Ficus religiosa* L.

MUDAR. Nom indien du *Calotropis gigantea* R. BR.

MUDGEE. En Australie, l'*Eucalyptus dealbata*.

MUDIE (Rob.). Auteur de *The botanic annual*, etc. [1832].

MUEHLENBECK (Heinr.-Gust.). Botaniste de Mulhouse [1798-1845]. Une notice a été publiée sur ses travaux, à Mulhouse, en 1845.

MUEHLENBECKIA (MEISSN., *Gen.*, 316; *Comm.*, 227). Genre de Polygonacées-Coccolobées, formé d'une quinzaine d'arbustes ou sous-arbrisseaux de l'Océanie et de l'Amérique du Sud, à fleurs polygames-dioïques et à achaine qu'entoure le calice devenu charnu. L'albumen est souvent ruminé. Les tiges sont grimpantes, parfois aplaties en cladodes; les feuilles alternes ou nulles. On en cultive plusieurs dans les jardins botaniques, notamment le singulier *M. platyclada*, des îles Salomon. (ENDL., *Iconogr.*, t. 87. — *Bot. Mag.*, t. 3145.) [H. BN.]

MUEHLENBERG (Heinr.-Ludw.). Ministre évangélique à Lancastre en Pensylvanie, né en 1776, a écrit : *Catalogus plantarum Americæ septentrionalis hucusque cognitarum*, etc. [1813], et *Descriptio uberior graminum et plantarum calamariarum Americæ septentrionalis* [1817], ouvrage posthume.

MUEHLENBERGIA (SCHREB., *Gen.*, 44). Genre de Graminées-Agrostidées, formé d'une soixantaine d'herbes des deux mondes, distinguées par des glumes petites ou égales aux glumelles; la glumelle supérieure étroite, ordinairement à arête capillaire. Les inflorescences composées sont variables de configuration. Genre peu distinct à la fois des *Epicampe* et des *Stipa*. (W., *H. berol.*, t. 12. — *Fl. bras.*, II, III, t. 9.) [H. BN.]

MUEHLPFORT (Heinr.), en latin *Mylphortus*. Auteur [1627] de *Medizinisches Spaziergänglein*, etc., in-8.

MUELLERA (L. F., *Suppl.*, 53). Synonyme de *Coublandia* AUBL. (H. BN, *Hist. des pl.*, II, 328.)

MUELLERIA (LECL., in *Mém. Mus.*). Synonyme de *Closterium*.

MUENCHHAUSEN (Otto-Freik. v.), né à Landdrost [1716-1774], auteur de *Neues vorläufiges Verzeichniss derer in Seinem Garten zu Schwoebbern in Jahr.* 1748... *Baüme*, et de *Der Hausvater, eine ökonomische Schrift* [1765-74].

MUENTER (Andr.-Heinr.-Aug.-Jul.). Professeur à Greifswald, né en 1815, auteur de *Observationes phytophysiologicæ* [1841]; de *Die Krankheiten der Kartoffeln* [1846]; de *Jahresb. ueb. d. Leistungen im Gebiete der phys. Bot. während des Jahres* 1846; de *Ueber Tuscarora-Rice* (*Hydropyrum palustre* L.), et de *Die Gründ. d. bot. Gart. d. Kön. Univ. Greifswald* [1864].

MUENTERIA (SEEM., *Journ. Bot.* [1865], 329, t. 35, 36). Synonyme de *Newbouldia* SEEM. (H. BN, *Hist. des pl.*, X, 147.)

MUENTERIA (WALP., *Rep.*, V, 398). Syn. de *Picræna* LINDL.

MUERDAGO. Au Mexique, le *Loranthus calyculatus* DC.

MUFFLO. Nom portugais des Moisissures.

MUFLE DE LOUP, M. DE CHIEN, M. DE BOEUF, M. DE VEAU. L'*Antirrhinum majus* L.

MUFLIER, MUFLAUDE. L'*Antirrhinum majus* L. (I, 228).

MUFLIER AURICULÉ. Le *Linaria Elatine* L.

MUGA, MOUJÈS. En Languedoc, le *Cistus monspeliensis* L.

MUGAN. Nom languedocien du *Cistus albidus* L.

MUGARANGO. Nom donné, d'après Peters, par les habitants de Mozambique à l'*Hyphæne crinita* GÆRTN.

MUGIGUWAI. Nom japonais de l'*Orythya edulis* MIQ.

MUGNAIO. En Italie, plusieurs Agarics comestibles.

MUGUÉ. Nom languedocien du *Hyacinthus orientalis* L.

MUGUENGE I MUCHITO. Le *Bosqueia angolensis* H. BN.

MUGUENKE. Au Congo, le *Spondias lutea* L.

MUGUET ANGULEUX. Le *Polygonatum vulgare* RED.

MUGUET DES PARISIENS. Le *Convallaria maialis* L.

MUGUET (PETIT) DES BOIS. L'*Asperula odorata* L.

MUHL (Servat.). A écrit [1828] *Das Pflanzenreich nach natürlichen Familien* (in-8 de 183 p.).

MUILLA (S.-WATS., in *Proc. Amer. Acad.*, XIV, 235). Genre de Liliacées-Alliées, créé pour une herbe bulbeuse de la Californie, voisine des *Nothoscordium* et qui est l'*Allium maritimum* TORR. Ses filets staminaux sont dilatés vers le bas, et son bulbe est fibreux-tuniqué. Les fleurs sont groupées en fausse-ombelle terminale. La plante est dépourvue d'odeur. [H. BN.]

MUITLE. Au Mexique, le *Sericographis Mohuitli* DC.

MUIVA. Nom, à Rio-de-Janeiro, du *Melastoma coccinea* VELLOZ.

MUJOLO BLANCO. Nom toulousain de l'*Agaricus ovoideus* BLL.

MUJOLO FOLO. Nom toulousain de l'*Agaricus muscarius* L.

MUJOLO, MYJOLO. Noms toulousains de l'*Agaricus cæsareus*.

MUKAGO-NINJIN. Nom japonais du *Sium Ninsi* THUNB.

MUKAGO-SO. Nom japonais du *Liparis longicruris* WR.

MUKALLA. Le *Cassia lignea* des officines.

MUKASHI-YOMOGI. Nom japonais du *Conyza ambigua* DC.

MUKIA (ARN., in *Hook. Journ. Bot.*, III, 271). Synonyme de *Melothria* L. (H. BN, *Hist. des pl.*, VIII, 410.)

MUKOKF. Synonyme de *Mokokf* KÆMPF.

MULBERRY. Nom anglais des Mûriers.

MULDER (Claas). Professeur à Groningue, où il mourut en 1867, auteur [1818] d'un *Elenchus plantarum quæ prope urbem Leidam nascuntur* (in-4 de 127 p.).

MULDERA (MIQ., *Comm. phyt.*, 34; *Ill. Piper.*, t. 59, 60). Synonyme de *Piper* L. et section de ce genre.

MULE (John.). Né à Salling-Herred, mort en 1787, auteur, à Copenhague [1739], de *De ficu arefacta meditationes* (in-4)

MULENSCHENA. — Voy. SCHENA.

MULE-WEED. Nom anglais du *Parthenium hysterophorus* L.

MULGEDIUM (CASS., in *Dict.*, XXXIII, 296). Section du genre *Lactuca* T. (H. BN, *Hist. des pl.*, VIII, 115.)

MU-LIEN. Drogue chinoise, qu'on croit être le *Hivang-lien*.

MULINÉES (*Mulineæ* DC.). Tribu des Ombellifères. (Voy. H. BN, *Hist. des pl.*, VII, 174.)

MULINUM (PERS., *Enchir.*, I, 309). Genre d'Ombellifères-Hydrocotylées, dont les fleurs sont celles des *Laretia*, polygames, avec des sépales aigus; un fruit très resserré au niveau de la commissure, 2-scutellé, ayant la forme d'une croix sur la coupe transversale, à méricarpes anguleux-concaves sur le dos, aliformes sur les bords; à carpophore simple ou nul. Les côtes primaires sont très minces; les latérales occupent la face et se trouvent distantes de la commissure. Il y a de fines bandelettes intrajugales. La graine est comprimée ou déprimée sur le dos. Ce sont des sous-arbrisseaux, cespiteux, rameux, à feuilles rigides, piquantes, 3-5-fides ou séquées, à pétiole dilaté en gaine scarieuse; à ombelles simples, avec des bractées courtes, libres ou connées, formant involucre. On en distingue 3, 4 espèces, de l'Amérique arctique et andine. (Voy. *Hist. des plant.*, VII, 144, 238, n. 78, fig. 167.) [H. BN.]

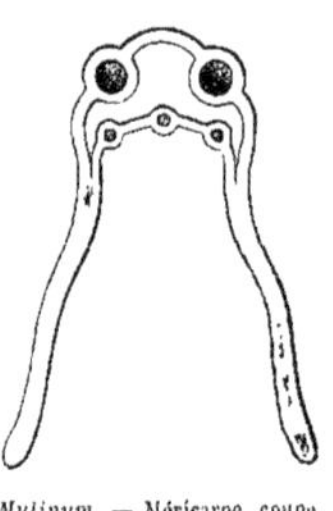
Mulinum. — Méricarpe, coupe transversale.

MULLA. Au Malabar, le Jasmin.

MULLAR. L'un des noms du *Reaumuria vermiculata* L.

MULLE. Garance de qualité inférieure.

MULLER (LAMK). Nom français des *Muellera* L. F.

MULLERELLA (HEPP., ex MULL., in *Mém. Soc. phys. Hist. nat. Genève*, XVI). Genre de Sphériacés, à périthèce globuleux, noir, muni d'un ostiole et plus ou moins immergé. Les thèques renferment plusieurs spores oblongues et brunes. Une seule espèce, vivant sur le thalle du *Biatora luteola*, observée en Allemagne. [DE S.]

MULLEY. Nom vulgaire, en Égypte, du *Caroxylon fœtidum* DC., Salsolacée à odeur de *Chenopodium Vulvaria*.

MULLI (FEUILL., *Per.*, 43, t. 30). Synonyme de *Schinus* L.

MULOLO. En Afrique le *Tetrapleura andongensis* WELW.

MULONGO (Bois de). Celui du *Malouetia furfuracea*, var. *grandiflora*, dont M. Oliver a donné une figure, dans son travail sur la tige des Dicotylédones (*Nat. Hist. Rev.* [1862], 318).

MULOS. Nom ancien de l'If (*Taxus baccata* L.).

MULTIJUGUÉE. — Voy. FEUILLE (II, 602).

MULTINERVIA. Nom ancien du *Plantago major* L.

MULTIOVULATÆ AQUATICÆ (B. H., *Gen.*, III, IV). Les Podostémacées.

MULTIOVULATÆ TERRESTRES (B. H., *Gen.*, III, IV). Série des Apétales, formée des Cytinées, Népenthées et Aristolochiées.

MULTIPLIANT. Le *Ficus religiosa* L.

MULTIPLICATION. Les phytoblastes, les noyaux et les phytocystes se multiplient de la façon qui est indiquée à l'article qui les concerne. Dans la fleur, on nomme *multiplication* l'augmentation du nombre des verticilles; l'un d'eux, appartenant au périanthe ou aux organes sexuels, se trouvant remplacé par un certain nombre. En horticulture, la *multiplication* consiste à former avec un sujet un nombre plus ou moins considérable d'autres plantes, soit par le semis, le couchage ou marcottage, le bouturage, etc. Aussi y a-t-il des *multiplications naturelles* des plantes. Chez les Mousses, on observe fréquemment la *multiplication végétative*, c'est-à-dire par les organes de végétation.

De même dans les Characées, les Algues. Les Schizophytes se multiplient le plus souvent par scissiparité et aussi assez fréquemment par des spores, etc. [H. Bn.]

MULTISETARIÆ (Batsch, *Tab. aff.*, 59). Ordre des Rosacées.

MULTISILIQUÆ (L., *Phil. bot.*, 30). Ordre de plantes.

MULUNGU. Nom d'un *Erythrina*, employé comme sédatif.

MUMA-MITSUBA. Nom japonais du *Sanicula elata* Ham.

MUMANO-ASHIGATA. Nom japonais du *Ranunculus acris* L.

MUME. Nom, au Japon, de plusieurs *Prunus*.

MUMEBACHISO. Nom japonais du *Parnassia palustris* L.

MUMEGASASO. Au Japon le *Pirola (Chimaphila) japonica*.

MUMEIZ. Nom arabe du *Ficus Sycomorus* L.

MUNAMAI. Nom indien du *Mimusops Elengi* L.

MUNBYA (Boiss., *Diagn. pl. or.*, ser. 1, XI, 114). Synonyme de *Macrotomia* DC.

MUNCHAUSIA (L., *Mantiss.*, 153). Syn. de *Lagerstrœmia* L.

MUNDELLA (Aloys.). Auteur [1538], à Bâle, de *Epistolæ medicinales*, réédité en 1543 (in-4).

MUNDELSTRUP (Jan.-Niol.). Recteur à Aarhuus, dans le Jutland, mort en 1701, a écrit [1683] *De pomis sodomiticis* (in-4).

MUNDI (Racine de). A Natal, celle du *Chlorocodon Whitei* Hook. f., usitée comme stomachique.

MUNDTIA (K., *Nov. gen. et spec.*, V, 392, not.). Genre de Polygalacées-Polygalées, formé de 2 arbustes spinescents de l'Afrique australe et du Brésil, à fleurs de *Polygala*, avec un fruit drupacé. (A. S.-H., *Fl. Bras. mer.*, II, t. 92. — H. Bn, *Hist. des pl.*, V, 88.)

MUNDUBI. La Pistache de terre. Le *M. d'Angole* est le *Voandzeia subterranea* Dup.-Th. Au Brésil, le *M. Guacu* est le *Jatropha Curcas* L.

MUNDULEA (DC., *Mém. Lég.*, 266). Genre de Légumineuses-Papilionacées-Galégées, formé de 5, 6 arbustes d'Asie, d'Afrique et de Madagascar, à feuilles imparipinnées, à androcée diadelphe; l'étamine vexillaire souvent collée vers le milieu aux autres; les filets dilatés en haut; le style glabre; la gousse plate, étroite, à sutures épaisses, s'ouvrant à peine. (H. Bn, *Hist. des pl.*, II, 265.)

MUNDUY-GUAÇU (Pis., *Bras.*, 179). L'un des noms du *Curcas*.

MUNGFI. A Java, le *Carum Anisum* H. Bn.

MUNGO (Kæmpf., *Amœn. exot.*, 573, 577). Nom de l'*Ophiorrhiza Mungos* L.

MUNGOS (Adans., *Fam.*, II, 225). Synonyme de *Mitreola* L.

MUNGSI. A Java, l'Aneth.

MUNIS. En Arabie, l'*Inula odorata* L.

MUNJEETAN-MADDER. Dans l'Inde, le *Rubia cordifolia* L.

MUNJIL. Nom tamoul du *Curcuma*.

MUNKIELLA (Speg., *Fung. guaran.*, I, 248). Genre de Pyrénomycètes, voisin des *Dothidea*, mais à spores inéquilatérales, à deux loges, dont une, très petite, paraît un appendice de la plus grande. [De S.]

MUNNICHIA (Reichb., *Consp.*, 85). Syn. de *Bragantia* Lour.

MUNNOSIA (R. et Pav., *Prodr.*, 108, t. 23). Synonyme de *Liabum* Adans. (H. Bn, *Hist. des pl.*, VIII, 270.)

MUNROA (Torr., *Whippl. Exp. Bot.*, 102 [158]). Genre de Graminées-Festucées, formé de 3, 4 herbes annuelles, des deux Amériques, à épillets généralement 3-flores, subsessiles et peu nombreux dans l'aisselle des feuilles; avec glumelles mucronées, 3-nerves; les 1-3 supérieures aristiformes ou stériles. Les tiges sont stolonifères ou rampantes, dichotomes ou ramifiées en faisceaux. (Benth., in *Hook. Icon.*, t. 1372.) [H. Bn.]

MUNRONIA (Wight, *Ill.*, I, 147, t. 54; *Icon.*, t. 91). Genre de Méliacées-Méliées, formé de quelques espèces de l'Asie et de l'Océanie tropicales, suffrutescentes, à tige simple; le calice subfoliacé, à 5 sépales; la corolle adnée inférieurement à l'androcée; le disque tubuleux. Les feuilles sont composées-pennées ou trifoliolées. (H. Bn, *Hist. des pl.*, V, 472, 494.)

MUNSTERIA (Schofh. — Sap., *Monde des plant.*, 252, fig. 60). Algue fossile, que nous croyons se rapprocher de la famille des Corallinées et dont on retrouve les traces dans les sédiments qui ont reçu le nom de *Flysch* ou schistes à fucoïdes, appartenant à l'époque tertiaire *oligocène*. Ces schistes, qui, soit dit en passant, ne contiennent aucune trace de coquille, sont comme pétris d'impressions d'Algues, dont les eaux fortement salées et peu profondes de ces lagunes avaient favorisé la multiplication. Les Algues du Flysch ont des rapports éloignés avec celles de nos mers actuelles; elles se lieraient plutôt à la flore algologique des terrains secondaires. Aussi disparurent-elles pour toujours lorsque les dernières lagunes du Flysch achevèrent de se dessécher. [Ch. M.]

MUNTING (Abrah.). Professeur à Groningue [1626-1683], composa [1672] un grand ouvrage, *Waare Oeffening der Planten*, etc., publié à Amsterdam (in-4 de 652 p. et 40 pl.), qui eut deux éditions; puis *De vera antiquorum Herba britannica*, etc. [1681]; *Aloidarium* [1680]; *Phytographia curiosa*, etc. [1702], 2 vol. in-fol. av. 245 pl.; enfin, *Hortus et universæ materiæ medicæ gazophylacium*, etc. [1646]. On trouve dans les *Viridaria* de Simon Pauli [1646] son *Catalogue des plantes du Jardin de Groningue*. Le genre *Muntingia* lui a été dédié par Plumier qui dit de lui : « Cl. D. Abrahamus Munting Groninga-frisius, medicinæ doctor atque in patria Groningæ et Omlandiæ Academiæ Botanices professor, multis botanicis operibus insignis, præcipue dissertatione historico-medica de vera antiquorum Herba Britannica ejusdemque efficacia contra stomacacem, seu Scelotyrhen. Historiam etiam generalem plantarum (inter quas plurimæ rarissimæ pretiosis iconibus expressæ), sed belgico-hollandico sermone conscriptam edidit, in-folio, Lugd.-Batav. apud Petrum Vander Aa et Franc. Alma, 1696. »

MUNTINGIA (Plum. — L., *Gen.*, n. 651). Genre créé pour un arbuste de l'Amérique tropicale, rapporté aux Tiliacées-Tiliées et qui a des fleurs 5-7-mères, avec des pétales sans appendice, ∞-étamines et un fruit charnu, polysperme. Le *M. Calabura* est une plante mucilagineuse, émolliente. (Jacq., *Ic. st. amer.*, I, 107. — H. Bn, *Hist. des pl.*, IV, 186.)

MUNYCHIA (Cass., in *Dict.*, XXXVII, 483). Synonyme de *Detris* Adans.

MUR. Nom arabe de la Myrrhe.

MURA (Rach). Pour *Myra* Salisb.

MURAGES. Synonyme de Mûres.

MURALIS HERBA. Nom ancien de la Pariétaire.

MURALT (Joh. v.). Médecin de Zurich [1645-1733], auteur de *Physicæ spec. p. 4*, *Botanologia, seu Helvetiæ paradisus* [1710].

MURALTA (Adans., *Fam. des pl.*, II, 460). Synonyme de *Viorna* Pers.

MURALTIA (Neck., *Elem.*, III, 62). Genre de Polygalacées-Polygalées, à fleurs de *Polygala*; les sépales glumacés, un peu inégaux; l'androcée 8-andre; le fruit comprimé, souvent surmonté de 4 bosses ou cornes. Ce sont 50 arbustes ou sous-arbrisseaux de l'Afrique australe. (H. Bn, *Hist. des pl.*, V, 88.)

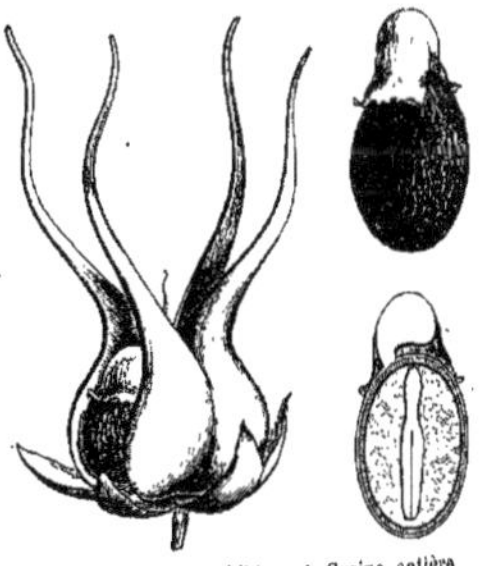

Muraltia. — Fruit déhiscent. Graine, entière et coupe longitudinale.

MURARIA (Riv. — Rupp., *Fl. jen.*, 326). Synon. de *Asplenium*.

MURASAKI. Nom japonais du *Lithospermum officinale* L.

MURASAKI-KEMAN. Nom japonais du *Corydalis incisa* Pers.

MURASAKI-OMOTO. Nom japonais du *Tradescantia discolor* W.

MURASAKI-TANPO. Nom japonais du *Gerbera anandria* Sch.

MURASAKKI. Au Japon, le *Basella rubra* L.

MURAYER. Le *Cheiranthus Cheiri* L.

MURCIA (L., *Fl. zeyl.*, 81). Synonyme (?) de *Myrcia* DC.

MURDANNIA (Royl., *Ill. himal.*, 403, t. 95, fig. 3). Genre proposé pour l'*Aneilema scapiflorum* Wight.

MURE A POUX. Le fruit des Ronces.

MURER. La Giroflée jaune.

MURES, MURAYERS. Noms du *Cheiranthus Cheiri* L.

MURETIA (BOISS., in *Ann. sc. nat.*, sér. 3, I, 143; *Fl. or.*, II, 858). Genre d'Ombellifères, dont on a fait une section du genre *Carum*, dans laquelle le fruit est court, les stylopodes rapprochés en une sorte de dôme, et la coupe transversale du fruit à peu près circulaire. La graine a la face plus ou moins concave. (Voy. H. BN, *Hist. des pl.*, VII, 121.)

MUREX (L., *Fl. zeyl.*, 205). Synonyme (?) de *Pedalium* L.

MURGULA, MURUGULA. Noms espagnols des Morilles.

MURICH. Nom bengalais du Poivre noir.

MURICHI. Nom caraïbe du *Mauritia flexuosa* L.

MURICULARIA (SACC., *Michel.*, I, 95; *Syll. Fung.*, III, 218). Genre de Sphéropsidés, à périthèce globuleux, membraneux, chagriné, renfermant des spores polymorphes, hyalines. Une espèce a été trouvée, en compagnie de l'*Aspergillus virens*, dans des nids de guêpes en putréfaction, à Padoue. [DE S.]

MURIER (*Morus* T., *Inst.*, 589, t. 362). Genre d'Ulmacées-Morées, à fleurs unisexuées, disposées en faux épis qui sont, comme nous l'avons démontré, des amas de glomérules disposés irrégulièrement à la surface d'un réceptacle commun, plus épais et plus court dans les femelles. Le calice a 4 sépales et il y a 4 étamines superposées (de Morée). Dans les fleurs femelles,

Mûrier. — Rameau florifère.

l'androcée est plus ou moins développé, et l'ovaire, à une seule loge fertile, est surmonté de 2 branches stylaires stigmatifères. Dans le fruit composé, l'ovaire est devenu une drupe à chair peu épaisse, et les sépales persistants sont surtout devenus charnus autour du fruit. La graine descendante a un embryon plus ou moins enroulé sur lui-même. Les *Morus* sont des arbres,

Mûrier. — Fleur mâle. Fleur femelle. Fruit composé.

au nombre d'une demi-douzaine, des régions chaudes des deux mondes, à feuilles alternes, avec stipules. Les fruits composés sont comestibles. Ceux du *M. nigra* servent comme astringents en médecine. Les feuilles de quelques espèces, notamment celles du *M. alba*, servent à l'alimentation des Vers à soie. (H. BN, in *C. rend. Ac. sc.* [1861], LII, 19; in *Adansonia*, I, 214, t. 8; *Hist. des pl.*, VI, 141, 190, fig. 98-101.)

MURIER DE CHINE, M. A PAPIER. Le *Broussonetia papyrifera*.

MURIER DE HAIES. Le *Rubus fruticosus* L.

MURIER DE JAVA. Le *Broussonetia tinctoria* K.

MURIER DE RENARD. Le *Rubus cæsius* L.

MURIER DES OSAGES. Le *Maclura aurantiaca* NUTT.

MURIER VERT. L'*Ampalis madagascariensis* BOJ.

MURIGUTI. Au Malabar, l'*Hedyotis Auricularia* L.

MURILLO Y VELARDE (Tomas de). Auteur [1674], à Madrid de *Tratado de raras y peregrinas yerras*, etc. (in-4 de 50 p.).

MURITH. Prieur de Martigny [1742-1818], a écrit : *Le guide du botaniste qui voyage dans le Valais*, etc. [1810].

MURR. Synonyme de Myrrhe.

MURRAI, MURRAYA (L.). — Voy. le Supplément.

MURRAPA (Paille de). Celle du *Carludovica palmata* PAV.

MURRAY (Joh.-Andr.). Né à Stockholm en 1740, professeur à Groningue, où il mourut en 1791, est surtout connu par son *Apparatus medicaminum*, etc. [1776-92], en partie posthume. Il écrivit aussi un *Enumeratio vocabulorum* [1756]; *De amico insectorum scrutinii cum re herbaria connubio* [1764]; un *Prodromus designationis stirpium Gottingensium* [1770]; *Dissertatio Dulcium naturam et virtutes expendens* [1779]; *Vindiciæ nominum trivialium* [1782]; *Succi Alois amari initia* [1785]; des *Opuscula* [1785-86], et un *Memorial für den Herrn Paul Usteri in Zürich* [1790].

MURRITHIA (ZOLL., in *Nat. und Gen. Arch. Neerl. Ind.*, II, 576). Synonyme de *Petrosciadium* EDG.

MURTE, MUSTRE. Synonymes de Mûrier.

MURTILLA. Synonyme de *Myrtilla*.

MURTILLA (FEUILL., *Obs.*, III, 44, t. 31). Nom chilien de l'*Eugenia Ugni* HOOK. et ARN.

MURTILLO. Au Chili, le *Gaultheria cæspitosa* VOPP.

MURTRE. Pour Myrte.

MURUCUJA. L'un des noms du *Passiflora laurifolia* L., dont les fruits sont comestibles.

MURUCUJA (PERS., *Syn.*, II, 222). Section du genre *Passiflora* L. (H. BN, *Hist. des pl.*, VIII, 472.)

MURUCULU. Le *Chirongia glabra* HAM?

MURUME. Le *Borassus flabelliformis* L.

MUSA. Nom latin des Bananiers (I, 359).

MUSACÉES (*Musaceæ* MASS., in *Dict.*, IV [1804], 9). Famille de Monocotylédones, à laquelle on a donné le nom des Bananiers (*Musa*). Aujourd'hui elle est souvent reliée comme tribu (*Museæ*) aux Scitaminées (Zingibéracées), et renferme les genres *Musa*, *Strelitzia*, *Ravenala*, *Heliconia*.

MUSÆFOLIA (STACKH., in *Mém. Mosc.* [1809], II, 53). Synonyme de *Laminaria* LAMY.

MUSÆITES (STERNB., *Vers.*, II, 191). Genre de Scitaminées fossiles. (UNG., *Syn. pl. foss.*, 174; *Chlor. protog.*, 58.)

MUSANGA (R. BR., *App. Tuck. Congo*, 453). Genre d'Ulmacées-Artocarpées, à fleurs dioïques; les mâles 1-andres, disposées en grappes composées de capitules globuleux; les femelles rassemblées en masses ovoïdes ou obovoïdes de glomérules, à périanthe perforé au sommet et à ovaire uniloculaire, avec un ovule dressé, orthotrope. C'est un bel arbre (*M. Smithii*), à port de *Cecropia*, de l'Afrique tropicale occidentale, à feuilles alternes, peltées, digitées, avec 10-15 divisions très profondes. Les inflorescences sont axillaires; les femelles géminées. (H. BN, *Hist. des pl.*, VI, 159, 214.)

MUSASHIABUMI. Nom japonais de l'*Arisæma ringens* SCHOTT.

MUSC (Bois de). L'*Olearia argophylla*.

MUSCADE AMÉRICAINE. Le *Monodora Myristica* DUN.

MUSCADELO. Nom provençal du *Tuber moschatum* BONNET.

MUSCADE DE PARA. La Fève Pichurim.

MUSCADES DE SANTA-FÉ. Graines du *Myristica Otoba* H. B.

MUSCADIER (*Myristica* L., *Gen.*, n. 1399). Genre qui a donné son nom à la famille des Myristicacées. Ses fleurs sont dioïques. Les mâles ont un petit périanthe valvaire, à 2-4 lobes. Les étamines sont au nombre de 4-∞, à anthères très variées de forme, unies ou indépendantes, disposées aussi d'une façon variable. Le périanthe femelle enveloppe un ovaire à une loge, avec un ovule ascendant, subbasilaire, anatrope. Le fruit est charnu, et cependant il s'ouvre en 2-4 valves. La graine est accompagnée d'un arille à la fois ombilical et micropylaire, à découpures variées, et l'embryon très petit est logé dans un albumen ruminé. Ce sont des arbres ou arbustes aromatiques, à feuilles distiques, à fleurs solitaires ou en cymes ou grappes. On en compte au

Muscadier. — Branche fructifère; le fruit déhiscent.

moins 80 espèces, tropicales et des deux mondes. Le *M. fragrans* est le plus employé. On désigne sous le nom de Noix Muscade son albumen contenant l'embryon. Le *M. sebifera* donne en Amérique une matière grasse. (H. Bn, *Hist. des pl.*,

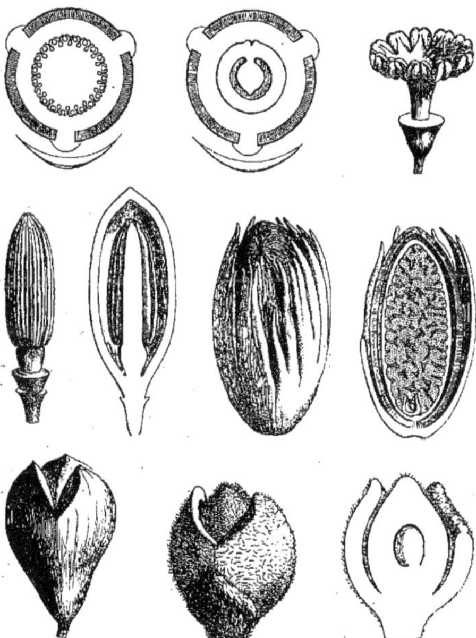

Muscadier. — Diagrammes floraux, mâle et femelle. Fleurs mâles, sans le périanthe et coupe longitudinale. Androcée. Fleurs femelles, entière et coupe longitudinale. Graine arillée, entière et coupe longitudinale.

II, 498, 505, fig. 298-308; *Tr. Bot. méd. phanér.*, 697; in *Bull. Soc. Linn. Par.*, 435.) [H. Bn.]

MUSCADIER DE CAYENNE. Le *Myristica sebifera* Sw.

MUSCADIER FAUX. Le *Monodora Myristica* L.

MUSCALES (LINDL., *Nix. pl.*, 37). Groupe d'*Esexuales*.

MUSCARDINE. Maladie du Ver à soie (*Bombyx* [*Sericaria*] *Mori*), causée par un *Botrytis* (voy. ce mot).

MUSCARI (T., *Inst.*, 347, t. 180). Genre de Liliacées-Scillées, formé d'une quarantaine d'herbes bulbeuses, des régions tempérées de l'Europe, l'Asie et l'Afrique, à périanthe gamophylle, ovoïde ou urcéolé, resserré à la gorge, avec 6 dents et 6 étamines attachées au tube du périanthe, à filet court. L'ovaire est libre, à 3 loges 2-ovulées; les ovules ascendants. Le fruit est loculicide, 3-quètre ou sub-3-ptère, et les graines ont un albumen dur. Les feuilles sont linéaires, et l'inflorescence est un épi ou une grappe à hampe nue. Les *M. racemosum* et *botryoides* sont de jolies espèces de notre pays, à fleurs bleues; celles du premier à odeur de prune. Le *M. comosum* est remarquable par ses fleurs supérieures, stériles et violettes, tandis que les inférieures, fertiles, sont brunes. (GREN. et GODR., *Fl. de Fr.*, III, 218. — H. BN, *Iconogr. Fl. fr.*, n. 227, 228.)

MUSCARIA (HAW., *Enum. Saxifr.*, 36). Section du genre *Saxifraga* T.

MUSCARIMIA (KOSTEL., *Ind. sem. H. prag.* [1844]). Synonyme de *Muscari* K.

MUSCATELLA (DOCHN., *Obstk.*, II, 26). « Genre » de Poiriers.

MUSCATELLE, MUSCATELLINE. L'*Adoxa Moschatellina* L.

MUSC HYACINTH. En Angleterre, le *Muscari ambrosiacum*.

MUSCICOLÆ (FR., *Epicr.*, 2e, 663). Sous-division du genre *Cyphella*, à espèces qui se développent sur les Mousses.

MUSCIGENI (FR., *Epicr.*, 2e, 226). Sous-division des Agarics-Chromospores, appartenant aux *Pholiota* et comprenant les espèces qui croissent parmi les Mousses et les Sphaignes.

MUSCIPULA. Le *Lychnis Viscaria* L. et autres plantes visqueuses, qui engluent et retiennent les insectes.

MUSCLES (des plantes). Tournefort nomme ainsi, dans un curieux Mémoire (*Ac. sc. Par.*, X, 406), les faisceaux qui, suivant lui, déterminent la déhiscence des fruits.

MUSCO-FUNGUS. Nom ancien de quelques Lichens.

MUSCULIA. A Samos, le *Muscari ambrosiacos* MŒNCH.

MUSCUS ARBOREUS. Le *Lichen Prunastri* L.

MUSCUS ARBOREUS (MATTH). Nom ancien des *Usnea*.

MUSCUS AUREUS. Le Polytric commun.

MUSCUS CARTHARTICUS. Le *Cetraria islandica* ACH.

MUSCUS CLAVATUS. Le *Lycopodium clavatum* L.

MUSCUS CORALLINUS. La Coralline officinale.

MUSCUS CRANII HUMANI. Lichens divers (*Usnea*, *Physcia*, etc.) développés sur le crâne humain.

MUSCUS ERECTUS. Le *Lycopodium Selago* L.

MUSCUS MARINUS (MATTH.). La Coralline? Le *M. marinus alter* MATTH. est l'*Ulva latifolia* L.

MUSCUS PULMONARIUS. Le *Lobaria pulmonacea* HOFFM.

MUSCUS PYXIDATUS. Le *Lichen cocciferus* L.

MUSCUS QUERCUS ALBUS. Le *Lichen plicatus* L.

MUSCUS TERRESTRIS (MATTH.). Le *Lycopodium clavatum* L.

MUSCUS URSINUS. Le Polytric commun.

MUSEÆ (B. H., *Gen.*, III, 609). Tribu (4) des Scitaminées.

MUSENIUM (NUTT., in *Torr. et Gr. Fl. N.-Amer.*, I, 642). Genre d'Ombellifères-Carées, à fleurs hermaphrodites, pourvues de 5 sépales inégaux, persistants, et de 5 pétales onguiculés, subentiers ou émarginés, à acumen ordinairement longuement indupliqué. Branches stylaires allongées ou courtes; stylopodes déprimés ou squamiformes. Fruit ovoïde, rugueux ou muriqué, légèrement comprimé sur les côtés; carpelles 5-gones, à dos comprimé, à côtes primaires saillantes; les marginales étroitement au contact. Bandelettes multiples dans les vallécules. Carpophore simple ou bifide. Herbes vivaces, parfois cespiteuses, glabres, de l'Amérique du Nord, à feuilles décomposées-pennées, avec des segments pennatifides. Ombelles composées, sans involucres. Bractées des involucelles sétacées, d'ordinaire peu nombreuses. On en distingue 2, 3 espèces, à fleurs blanches ou jaunes. (Voy. H. BN, *Hist. des plant.*, VII, 230.) [H. BN.]

MUSHA-RINDO. Au Japon, le *Dracocephalum Ruyschianum* L.

MUSHI-KUSA. Nom japonais d'une Véronique.

MUSINEON (RAFIN., in *Journ. phys.*, LXXXIX, 101). Synonyme de *Euseseli*.

MUSKATNUSS. Nom allemand de la Muscade.

MUSK-HYACINTH. Nom anglais du *Muscari moschatum* W.

MUSOCARPUM (AD. BR., in *Dict.*, LVII, 138). Genre de Scitaminées fossiles. (ENDL., *Gen.*, n. 1654. — UNG., *Syn. pl. foss.*, 174; *Chlor. protog.*, 68. — *Dict. d'Orb.*, VIII, 449.)

MUSQUÉE, MUSQUÉE (PETITE). L'*Adoxa Moschatellina* L.

MUSSÆNDA (L., *Gen.*, n. 241). Genre de Rubiacées-Génipées, dont les fleurs, hermaphrodites ou polygames, 5, 6-mères, ont un calice à divisions égales ou inégales, dont une est assez souvent dilatée en une lame foliiforme pétiolée et colorée. La corolle infundibuliforme, à tube souvent allongé, dilaté parfois supérieurement, a la gorge glabre ou velue, et 5, 6 lobes valvaires, parfois rédupliqués. L'androcée est isostémone, avec des filets insérés sur la corolle ou à sa base et, dans ce dernier cas, unis parfois avec elle, par l'intermédiaire de poils nombreux. L'ovaire, surmonté d'un disque et d'un style à extrémité entière ou 2-lobée, est à 2 loges complètes ou incomplètes et multiovulées. Le fruit est oblong, indéhiscent, charnu, coriace, ou sec et loculicide; et les graines, nombreuses et petites, ont un albumen charnu ou corné. Ce sont des arbustes, sous-arbrisseaux ou herbes, parfois grimpants, à feuilles alternes ou opposées, stipulées, à fleurs ordinairement en grappes ramifiées de cymes. Celles-ci sont parfois contractées. Leur lobe calicinal pétaloïde

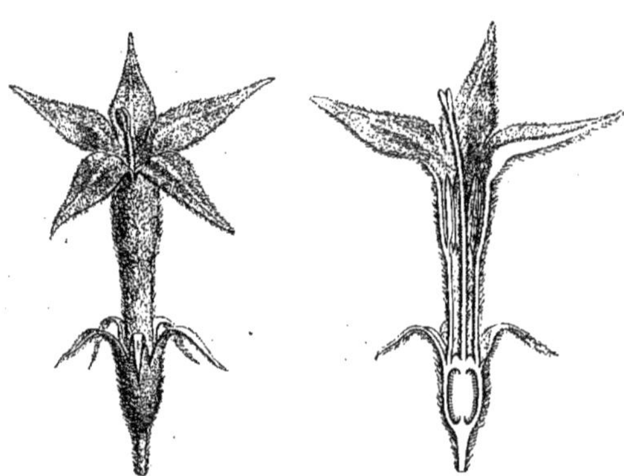

Mussænda. — Fleur, entière et coupe longitudinale.

rend parfois ces plantes très ornementales. Les *M. Landia, frondosa, glabra, lutea* sont employés comme médicaments. On en connaît une cinquantaine d'espèces, des régions tropicales de l'ancien monde. (Voy. *Hist. des plant.*, VII, 318, 380, 449, n. 109, fig. 308, 309.) [H. BN.]

MUSSÆNDOPSIS (H. BN, in *Adansonia*, XII, 282; *Hist. des plant.*, VII, 346, 489, n. 180). Genre de Rubiacées-Cinchonées, dont le nom vient de ce que les 5 lobes du calice sont inégaux, et l'un d'eux est souvent foliacé et pétiolé, comme dans les *Mussænda*. Mais ici la corolle est presque polypétale, étroitement tordue. Il y a 5 étamines, insérées sur le réceptacle, sous le disque épigyne, et non sur la corolle; et l'ovaire infère a 2 loges multiovulées. Le style a la forme d'une courte massue et est surmonté de 2 lobes stigmatifères. Le fruit est une capsule septicide, à graines nombreuses, prolongées à leurs deux extrémités en une aile étroite. C'est un arbre (?) de Bornéo, glabre, à feuilles opposées, elliptiques, acuminées, penninerves, à veines subtransversales, à stipules interpétiolaires membraneuses enveloppant le bourgeon terminal du rameau; à petites fleurs disposées en cymes axillaires pédonculées, à divisions opposées cymifères. Le *M. Beccariana* est la seule espèce connue. [H. BN.]

MUSSARD (BOIS DE). Nom, aux îles Mascareignes, du *Canthium oleoides* H. BN (*Pyrostria oleoides* LAMK).

MUSSCHE (J.-Henri). Auteur [1810] d'un *Catalogue du Jardin de Gand*, et [1817] d'un *Hortus gandavensis* (in-8 de 164 p.).

MUSSCHIA (DUMORT., *Comm.*, 28). Genre de Campanulacées-Campanulées, formé de 2 herbes vivaces ou suffrutescentes de Madère; caractérisé par un grand calice; une corolle à tube cylindrique et à limbe étalé; un fruit sec, qui s'ouvre entre les nervures par de nombreuses fentes transversales, résultant d'une résorption du parenchyme. Ce sont des plantes à fleurs jaunes ou ocracées, assez souvent cultivées dans nos serres. (*Bot. Mag.*, t. 5606, 6656. — H. BN, *Hist. des pl.*, VIII, 325, 358, fig. 155.)

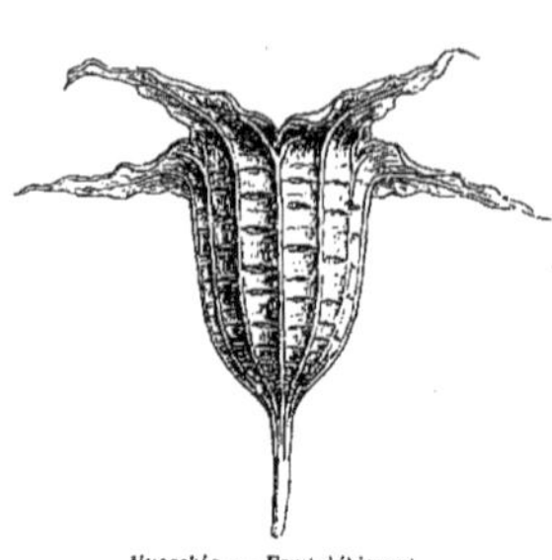

Musschia. — Fruit déhiscent.

MUSSENDE. Nom français (LAMK) des *Mussænda* L.

MUSSINIA (W., *Spec.*, III, 2263). Synon. de *Gazania* GÆRTN.

MUSSONDO. Au Congo, le *Spondias microcarpa*.

MUSSULA-CANJANGA. Nom, dans l'Afrique centrale, du *Diplorhynchus psilopus* WELW.

MUSTAGI-RUMI (*Mastic romain*). Nom, dans l'Inde, du Mastic des *Pistacia cabulica* et *Khinjuk*.

MUSTANG. Nom, aux États-Unis, du *Vitis candicans* ENGELM.

MUSTEL. Auteur [1781-84] d'un *Traité théorique et pratique de la végétation* (4 vol. in-8), ouvrage qui contient de nombreux faits relatifs à la physiologie et le récit des expériences dues à l'auteur.

MUSTELIA (SPRENG., in *Trans. Linn.*, VI, 152). Synonyme de *Stevia* CAV.

MUSUBIRI. Au Bengale, l'un des noms du *Myrianthus arboreus* PAL.-BEAUV.

MUTEL. Le *Triticum sativum* L., var. *hybernum*.

MUTEL (Aug.). Officier d'artillerie, écrivit [1830] une *Flore du Dauphiné*, qui eut deux éditions, puis une *Flore française* [1833-38], en 5 vol. in-8; des *Éléments de botanique* [1857], et deux Mémoires sur les Orchidées [1838-1842]. Il est mort à Vincennes en 1847 et était né à Arras en 1795.

MUTELIA (GREN., in *Mut. Fl. fr.*, III, 21). Synonyme de *Melissa* T.

MUTELLINA. Nom officinal de l'*Athamantha Meum* L.

MUTINUS (FR., *Summ. veg. Scand.*, 434). Genre de Phalloïdés, correspondant aux *Cynophallus* FR. M. Saccardo y a joint les *Corynites* BERTR. et *Dictyophallus* PERR. Le réceptacle consiste en une colonne de tissu lacuneux, émergeant d'une valve plus ou moins dilatée au sommet qui porte l'hyménium. C'est la disposition générale des *Phallus*, avec des dimensions moindres. Sur 7 ou 8 espèces, une seule, le *M. caninus*, croît en Europe. La plupart des espèces et le genre lui-même ne paraissent pas bien établis. [DE S.]

MUTISE. Nom français (LAMK) des *Mutisia* L. F.

MUTISIA (L. F., *Suppl.*, 57). Genre de Composées, qui a donné son nom à la série des *Mutisiées*, et qui en a les caractères généraux; formé d'environ 35 arbustes dressés ou grimpants, de l'Amérique du Sud; distingué par des feuilles alternes, entières ou découpées; des involucres à bractées apprimées, ou les plus extérieures squarreuses en haut. Les fleurs du rayon sont femelles, et les fruits sont couronnés d'une aigrette à soies plumeuses. Les inflorescences sont solitaires et grandes; les fleurs longuement exsertes. On a vanté le *M. viciæfolia* contre la phthisie. (H. BN, *Hist. des pl.*, VIII, 12, 88, fig. 18-22.)

MUTISIASTRUM (LESS., *Syn. Comp.*, 104). Sous-genre du genre *Mutisia* L. F.

MUTISIÉES (CASS.), MUTISIACÉES (LESS.). Série des Composées, à capitules homogames ou hétérogames; les fleurs bilabiées, ou celles du rayon seules nettement irrégulières. Corolle 5-fide. Réceptacle nu, rarement paléacé. Bractées de l'involucre imbriquées, ∞-sériées, inermes ou spinescentes. Anthères souvent prolongées inférieurement en queue. Style à 2 branches, souvent courtes, obtuses, arrondies ou tronquées au sommet, non appendiculées. Fruit surmonté ou non d'une aigrette. Plantes herbacées ou ligneuses, assez souvent grimpantes, à feuilles le plus souvent alternes. On y compte actuellement 39 genres. (H. BN, *Hist. des pl.*, VIII, 12, 69, 88.) [H. BN.]

MUTONHA. Nom, à Mozambique (LOUR.), du *Sterculia Triphaca* R. BR. (*Triphaca africana* LOUR.).

MUZONIA (WEDD., in *Ann. sc. nat.*, sér. 3, XI, 272). Section du genre *Cascarilla* WEDD.

MVOOCHI. Nom, sur le Niger, d'un arbre à caoutchouc, qui passe pour une forme du *Landolphia owariensis* PAL.-BEAUV. (*Vahea*).

MWAI. L'*Erythrophlœum guineense* AFZEL.

MYACANTHA (WEBB, *Phytogr. canar.*, III, 325). Section du genre *Asparagus* T.

MYACANTHOS. Dans Théophraste, la Chausse-trape.

MYACANTHOS (VAILL., ex DC.). Synonyme de *Calcitrapa* CASS.

MYAGRIM (DOD.). Synonyme de Caméline.

MYAGROIDES (VENT., *Tabl.*, III, 113). Section des Crucifères.

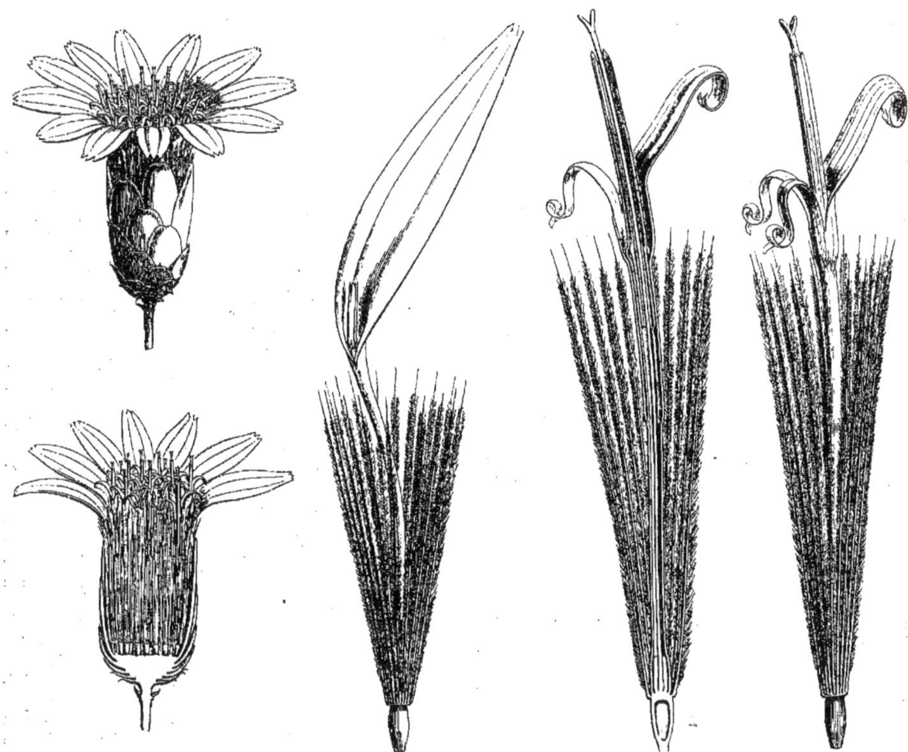

Mutisia. — Capitule, entier et coupe longitudinale. Fleur femelle. Fleur hermaphrodite entière et coupe longitudinale.

MUTTERKORN. Nom allemand de l'Ergot de Seigle.

MUTUCHI (GMEL.). Pour *Moutouchi* AUBL.

MUTUMOCARPON (POHL, ex *Flora* [1825], I, 183). Genre non décrit.

MUTZENNUSS. Nom allemand des *Tiaridium*.

MUWA. Nom, à Ceylan (MOON), du Maïs (*Zea Mays* L.).

MUXILIO. Au Bengale, un *Vitex* à fruit comestible.

MUYOCOPRON (SPEG., *Fung. Argent.*, IV, 54). Genre de Sphériacés, à petits périthèces noirs, disséminés, semblables à des excréments de mouches, avec un ostiole assez large. Les thèques claviformes, intercalées entre des paraphyses flexueuses, contiennent des spores elliptiques, hyalines. Une seule espèce, décrite par l'auteur, a été trouvée sur les feuilles et les tiges mortes d'*Oncidium*, dans les bois de Corrientes. Sous le nom de *Myiocopron*, M. Saccardo en a réuni douze autres, dont six sont de l'Europe méridionale; les autres de Ceylan ou de Cuba. [DE S.]

MYAGROPSIS (KUETZ., *Phyc. gen.*, 368). Genre d'Algues-Floridées, de la famille des *Fucaceæ* d'après J.-G. Agardh, mais de celle des *Largoneæ* d'après l'auteur. Ce genre est caractérisé par une fronde dépourvue d'expansions foliacées. Les aérocystes, distincts, pétiolés, mucronés, sont spiniformes. Ce genre n'a pas été admis par tous les auteurs. [CH. M.]

MYAGRUM (L., *Gen.*, n. 976). Genre de Crucifères-Isatidées, formé d'une herbe (*M. perfoliatum*) annuelle, indigène; distingué par un fruit sublyré, un style court, avec 3 logettes, dont la moyenne est seule fertile. (REICHB., *Ic. Fl. germ.*, II, t. 4. — H. BN, *Hist. des pl.*, III, 263, fig. 263-266.)

MYANTHE (SALISB., *Gen. pl. Fragm.*, 34). Synonyme de *Ornithogalum*, section *Caruelia*.

MYANTHIUM (LINDL., *Fol. orchid.* [1852]). Section du genre *Odontoglossum* H. B. K.

MYANTHUS (LINDL., in *Bot. Reg.*, sub t. 1538). Genre établi pour les fleurs hermaphrodites des *Catasetum*, qui présentent, comme l'on sait, un très curieux exemple de trimorphisme.

MYARIS (PRESL, in *Abh. Böhm. Ges.* [1845], *Flge* III, 470, 553). Synonyme de *Clausena* L.

MYCARANTHUS (BL., *Bijdr.*, 352, t. 57). Synonyme de *Eria* LINDL.

MYCARIDANTHES (BL., *Fl. Jav. Præf.*, VII). Pour *Mycaranthes* BL.

MYCASTRUM (RAFIN, in *Journ. bot.*, III, 236). Synonyme de *Actigea* RAFIN.

MYCÉLIOMYCÈTES (BERTILL., art. *Champ.*, in *Dict. enc. sc. méd.*, 119). Champignons pourvus de mycélium, ou Champignons proprement dits.

MYCELIOPHORI (FUCK., *Symb. myc.*, 13). Champignons à mycélium ou proprement dits, par opposition aux Champignons à plasmode.

MYCELIS (CASS., in *Dict.*, XXXIII, 483). Synonyme de *Ixeris* CASS. (H. BN, *Hist. des pl.*, VIII, 115.)

MYCÉLIUM. Ensemble de filaments cellulaires (*Hyphes*) simples, ou accolés en cordelettes, ou feutrés en membrane, formant la partie végétative des Champignons; on l'a souvent pris pour des Champignons complets et on a donné à de simples mycéliums les dénominations de *Byssus*, *Rhizomorpha*, *Himantia*. — Voy. ces mots et CHAMPIGNONS. [DE S.]

MYCENA. — Voy. MYCÈNE.

MYCENARIA (FR., *Syst. myc.*, I, p. 162). Tribu des Agaricinés (*Omphalia*, *Pleurotus*, à forme de Mycènes). Pour Fries, c'est une sous-tribu des *Omphalia*.

MYCENARII (FR., *Epicr.*). Même signification que *Mycenaria*.

MYCENASTRUM (DESVX, in *Ann. sc. nat.*, sér. 2, XVII, 143). Genre de Gastéromycètes, à péridium globuleux ou piriforme, devenant sec, tubéreux, cassant, lisse à l'extérieur, renfermant une gléba à capillitium tantôt lisse, tantôt échinulé, presque toujours coloré. Les spores, de dimensions variables, sont aussi colorées, échinulées ou lisses, et quelquefois pédicellées. La déhiscence du péridium, qui se fend en rayonnant à partir du sommet, rappelle celles des *Geaster* et du *Scleroderma Geaster* FR.; mais la structure et la consistance de l'enveloppe du péridium éloignent les *Mycenastrum* de ces deux genres. On peut en compter onze espèces, dont cinq appartiennent à l'Afrique, une aux Indes, au Mexique, au Chili, à Montévidéo, aux États-Unis; enfin une, le *M. Corium* DESVX, a été recueillie en Europe, dans l'Asie septentrionale et l'Australie; son aire pourra s'augmenter par l'adjonction de deux ou trois espèces qui ont avec cette dernière de très grands rapports. Les *Mycenastrum* viennent en terre. Leur péridium très résistant se conserve longtemps après la maturité. [DE S.]

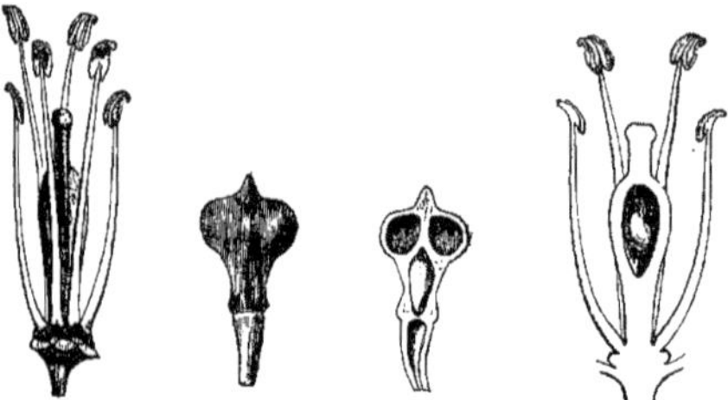

Myagrum. — Fleur, sans le périanthe, entière et coupe longitudinale. Fruit, entier et coupe longitudinale.

MYCÈNE (*Mycena* PERS., *Fl. eur.*, III, 237. — FR., *Syst. myc.*, I, 152). Tribu du genre *Agaricus*, dont on a fait depuis un genre. Le réceptacle, ordinairement de petite taille, d'un aspect grêle, présente un pédicule allongé, cylindrique, mince, fistuleux, de consistance cartilagineuse, un chapeau presque membraneux, conique ou convexe, à marge droite, appliquée à l'état jeune contre le pédicule. Les lamelles, qui dans la section des *Calodontes* ont la tranche denticulée et d'une couleur différente des faces, ne sont pas décurrentes, mais adhèrent quelquefois au pédicule par un petit onglet. La surface externe, tantôt lisse et d'aspect fibrilleux, tantôt mate, est quelquefois hygrophane. La couleur en est très variée. Une espèce de Polynésie, le *M. chlorophos* BERT., est phosphorescente. Le tissu, composé de cellules allongées-étroites, parallèles dans le pédicule, offre parfois dans le chapeau des cellules en forme de cornues. Le système des réservoirs laticifères est assez développé chez quelques espèces pour que la cassure du réceptacle laisse apparaître des gouttes lactescentes, comme chez les Lactaires. Ces réservoirs forment un réseau nettement déterminé, à proximité de la surface extérieure du chapeau. L'hyménium présente des cystides de forme variable. Les spores, obovales, atténuées vers le stérigmate, deviennent à la maturité ovoïdes, ovales ou même globuleuses, comme dans le *M. galericulatus* SCOP. 230 espèces sont connues, dont plus de la moitié habitent l'Europe, l'Amérique du Nord. Les régions montagneuses de l'Inde en comptent de 30 à 50 espèces; l'Amérique du Sud, les Antilles, l'Océanie, l'Afrique, ont aussi des représentants de ce genre. Les Mycènes vivent surtout dans les bois, à terre, parmi les Mousses ou les feuilles mortes, souvent aussi sur des débris de bois ou sur l'écorce des arbres. [DE S.]

MYCÉNÉES (ROZE, *Classif. Agar.* in *Bull. Soc. bot. Fr.*, XXIII). Famille d'Agaricinés-Chondropodés, comprenant des Leucospores (*Mycena*) et des Chromospores (*Nolanea*, *Galera*, *Bolbitius*, *Psathyra*, *Psathyrella*, *Panæolus*), réunis par les caractères tirés des dispositions du réceptacle.

MYCENI (ACHAR., *Meth.*, 27). Famille de Cryptogames.

MYCETALES (BERK., *Intr. Crypt. Bot.*, 235). Classe ou Alliance de végétaux cryptogames, comprenant en sous-classe les Champignons (*Fungales*) et les Lichens (*Lichenes*).

MYCETANTHE (REICHB., ex ENDL., *Gen.*, Suppl., II, 6). Synonyme de *Brugmansia* BL.

MYCÈTES. Synonyme de Champignons. On sait que ce mot entre dans la composition de beaucoup de termes employés dans leur classification.

MYCÉTIDE (BOUD., *Des Champ.* [1866], 45). Substance fondamentale du suc extrait des Champignons charnus; se présentant sous forme de plaques brillantes noires et complètement solubles dans l'eau. [DE S.]

MYCETINI (BONORD., *Abh. Myk.*, 69). Ordre de Champignons, répondant en partie aux Clinosporés-ectoclines de Léveillé.

MYCÉTOLOGIE. — Voy. MYCOLOGIE.

MYCETOZOA (DE BARY, *Zeitsch. f. wiss. Zool.*, X [1859]. — ROSTAF., *Vers. eines System.* [1873]). — Voy. MYXOMYCÈTES.

MYCÉTOZOAIRES. Nom donné aux Myxomycètes par A. de Bary, qui les avait pris pour des animaux.

MYCHODEA (HARW., in *Lond. Journ.*, VI, p. 407). Genre d'Algues-Floridées, de l'ordre des *Hypneaceæ*, de la tribu des *Hypnea*, à fronde charnue et gélatineuse, ronde ou presque plane, formée de trois couches de cellules. La couche médullaire est constituée par des filaments allongés, dichotomes, anastomosés, qui pénètrent en couches parmi les cellules grandes, arrondies du strate moyen. Les cellules du strate externe se développent en filament et comme verticalement à l'axe. Les cystocarpes immergés dans la fronde, se logent dans un péricarpe. Le nucléus est composé. Les nucléoles sont entourées de filaments réticulés. Les sphérospores placées dans la fronde à peine modifiée, se divisent en zones (*zonatim*). Ce genre a été placé par J.-G. Agardh dans la famille des *Hypneaceæ*. Il la divise en deux genres, le genre *Mychodea* et le genre *Leithilea*. Les deux sections sont basées sur la constitution de la fronde et sur la disposition de ses rameaux. Il a été placé par Kützing dans la famille des *Halymenieæ*, de l'ordre des *Peublasteæ*. Harvey en a fait un genre de l'ordre des *Gigartineæ*. (Voy. J.-G. AGH, *Spec.*, *gen. et ord. Alg.*, III, 569.)

MYCLONIUM (KUETZ. — HARV., *Ind. gen. Alg.*, 9, fam. XV, 6). Genre d'Algues-Floridées, de la famille des Helminthocladiées, que nous considérons comme devant être fusionné avec le genre *Xinaia*. [Ch. M.]

MYCLOTHAMNIA (Wallr., *Fl. crypt.*, II, 73). Division des *Coccophyceæ*.

MYCOBANCHE (Pers., *Champ. com.*, 133). — Voy. Mycogone.

MYCOCELLULOSE. Nom donné à la cellulose fongique ou fongine de Braconnot. On a dit (Richter) que c'était de la cellulose ordinaire, mélangée de quelque matière albuminoïde. Elle ne se dissout pas dans l'ammoniure de cuivre.

MYCOCOELIUM (Kuetz., *Phyc. gener.*, p. 158). Genre d'Algues, de la famille douteuse des *Saprolegnieæ*, composé d'une seule espèce. Aucun botaniste n'a admis ce genre. (Voy. Kuetz., *Sp., Alg.*, 160.) [Ch. M.]

MYCODERMA (Pers., *Myc. europ.*, I, p. 96). Genre d'Algues, de la famille des *Liptomateæ*?, mais que Duby (*Bot. gall.*) a placé à tort dans la famille des *Diatomeæ*. Ce genre pouvait renfermer une dizaine d'espèces, créées par l'auteur et par Desmazières, et caractérisées par des filaments hyalins, arachnoïdes, rameux, moniliformes ou articulés, se développant dans une masse gélatineuse, informe, diaphane ou colorée, quelquefois membraneuse. Elles ont été pour la plupart réparties dans le genre *Hycrocrocis* (Agh) par Kützing, dans son *Species Algarum*. [Ch. M.]

MYCODERME (*Mycoderma* Pers., *Myc. eur.*, I, 96). Nom donné à une production fongique, d'apparence membraneuse, hétérogène, développée à la surface des liquides fermentés exposés à l'air. La base primitive de cette production est un voile léger, formé par un Champignon unicellulaire auquel seul convient le nom de *Mycoderma*. Les cellules de ce genre, ovoïdes et quelquefois allongées, se développent par bourgeonnement, comme celles des levures. Elles peuvent aussi dans certaines conditions former des endospores dont la paroi se soude avec celle de la cellule mère et qui sont mises en liberté par la destruction de celle-ci au niveau de l'intervalle qui sépare deux endospores. C'est par ce caractère que les *Mycoderma* se distinguent des *Saccharomyces*, avec lesquels on les confond assez souvent. [De S.]

MYCOGALA (Sacc., *Syll. Fung.*, III, 185). Genre de Sphéropsidés, pris à tort pour des Myxomycètes (Rostaf.); caractérisé par des périthèces subcarbonacés, fragiles, sans ostiole, à déhiscence irrégulière. Les spores sont globuleuses, d'un jaune très clair. La seule espèce connue, le *M. parietinum*, est le *Didymium parietinum* de Schrader. [De S.]

MYCOGENE (Fr., *Summ. veg. Scand.*, 497. — Tul., *Sel. Fung. Carpol.*, III, 213). — Voy. Mycogone Lk.

MYCOGONE (Lk, *Sp. pl. Fung.*, I, 29). Genre d'Hyphomycètes, à filaments rameux, touffus. Les conidies à deux loges inégales sont portées sur de courts rameaux latéraux; la surface d'une des deux loges souvent échinulée. La plupart des espèces ont été rapportées à d'autres genres (*Hypomyces, Pilobolus*), à titre d'appareil conidien ou de chlamydospores. [De S.]

MYCOGRAPHIE. — Voy. Mycologie.

MYCOÏDES (Bertill., art. *Champ.*, in *Dict. enc. sc. méd.*, 114). Désigne les Champignons sans mycélium filamenteux, comme les Ferments, Chytridés, Myxomycètes.

MYCOLOGIE (μύκης, λόγος). Terme employé pour désigner la science des Champignons. A l'exemple de Léveillé, dans le *Dictionnaire de d'Orbigny*, on aurait pu résumer sous ce titre tout ce qui concerne la connaissance de ces végétaux; mais leur domaine s'est accru d'une manière sensible, et l'on a dû reporter au mot Champignons l'anatomie et la physiologie, pour ne traiter ici que l'histoire et la taxonomie.

Il est impossible de savoir le moment précis où l'homme a cherché à connaître les Champignons pour utiliser leurs propriétés alimentaires ou médicinales. Paulet a consacré une grande partie de son *Traité des Champignons* à fixer l'état des connaissances acquises à leur sujet depuis Théophraste jusqu'à la fin du siècle dernier. Léveillé a prolongé cet historique jusque vers 1840 (*Dict. d'hist. nat. de d'Orbigny*, art. Mycologie). Celui que M. Roze a placé en tête de l'*Atlas des Champignons comestibles et vénéneux*, par MM. Richon et Roze, bien que restreint aux limites indiquées par le titre, est un des plus clairs et des mieux conçus parmi les travaux de ce genre; on le consultera avec fruit pour se rendre compte de la genèse et de l'évolution des idées qui ont dominé les tentatives de classification.

Au dix-septième siècle, les naturalistes, Clusius surtout (*Plant. rarior. Hist.*), décrivent des Champignons et les classent en comestibles et en vénéneux. De 1680 aux premières années du dix-huitième siècle, la croyance à la génération spontanée de ces organismes est ébranlée; on leur soupçonne des semences. Les uns les voient dans les petits réceptacles des *Cyathus* (Rai); les autres, dans la poussière que laissent échapper les *Lycoperdon* (Magnol). En 1729, Micheli, le premier, reconnaît et figure les spores, auxquelles il attribue le rôle d'organes de reproduction. Depuis la publication de son *Genera plantarum*, l'étude des formes extérieures du réceptacle chez les espèces les plus apparentes fit de grands progrès, ainsi qu'en témoignent les iconographies remarquables à divers points de vue de Schæffer, d'Holmskjold, de Bulliard, de Sowerby. Les planches de Bulliard surtout atteignent un grand degré de précision. En 1837, le mémoire de Léveillé sur l'*Hyménium des Champignons*, et les *Icones Fungorum* de Corda, collection très importante d'analyses micrographiques, ouvrent la voie à des travaux qui perfectionnent de plus en plus la connaissance de l'organisation fongique et qui profitent des progrès accomplis dans les autres domaines : chimie, physiologie générale, micrographie. Trois questions ont depuis lors attiré l'attention des observateurs; elles sont comme les jalons autour desquels se groupent les plus nombreux et les plus importants des travaux mycologiques du dernier demi-siècle: 1° le polymorphisme des organes qui remplissent chez les Champignons les fonctions d'organes reproducteurs; 2° la recherche des origines de la levure; 3° celle de la sexualité et de la fécondation.

De ces trois questions, les deux dernières n'ont pas encore reçu de solution certaine; mais elles ont donné lieu à tant d'observations, d'expériences, de controverses, que le jour s'est fait sur nombre d'autres points et que les méthodes en ont reçu des perfectionnements et une précision inconnus jusque-là. Léveillé disait : « On aurait sans contredit résolu le problème le plus curieux et peut-être le plus difficile de la Mycologie, si on était parvenu à faire lever, croître et fructifier une spore. » Ce problème est aujourd'hui résolu, grâce aux recherches de M. Pasteur sur la levure de bière, de M. van Tieghem sur les Mucorinés, de M. Brefeld sur les Mucédinés et les Hyménomycètes (voy. en particulier : *Unters. aus d. gesam. d. Mykol.*, VII Heft, 1888; VIII Heft, 1889). Les procédés de culture de semences pures sont même entrés dans la pratique, soit pour la fabrication de la bière (Hansen, *Meddel. Carlsberg labor.*, 1888), soit pour permettre à l'expérimentation médicale de se procurer des organismes supposés pathogènes, plus ou moins rapprochés des Champignons, et d'étudier leurs propriétés.

J'ai indiqué dans le paragraphe *Fécondation* de l'article Champignons quelques-uns des travaux les plus importants sur ce sujet, et les résultats, certains pour quelques groupes, contradictoires pour d'autres, auxquels ces travaux nous ont amenés. M. Fisch a apporté une donnée nouvelle dans ce sujet (*Ueb. d. Verh. d. Zellkerne, Versam. deutsch. Naturforsch. in Strassburg*, sept. 1885). Il a remarqué que le protoplasma se comporte différemment chez les cellules rapprochées l'une de l'autre, suivant qu'il y a copulation ou simple anastomose. Dans le premier cas, les noyaux des deux cellules se fusionneraient: ce qui est d'accord avec ce qui se passe dans la fécondation chez les végétaux chlorophylliens (Strasburger, *Man. d'Anat. végét.*); dans le second cas, les noyaux restent distincts. L'existence de tels noyaux dans le protoplasma des Champignons n'était guère signalée qu'à l'état de présomption et d'après une seule observation de de Bary (*Morphol. und Biol. d. Pilze* [1884]); mais M. Strasburger en signala chez les Hyménomycètes (*Das bot. practicum*); en 1886, M. Eidam les a décrits et figurés chez un *Basidiobolus*. La même année, M. Rosenvinge a fait, dans les *Annales des sciences naturelles*, une démonstration complète de l'existence du noyau au sein du protoplasma fongique. Un an après, Belzung découvrait la production transitoire de l'amidon dans le protoplasma des cellules de sclérotes en voie de donner naissance au réceptacle (*Rech. morph. et physiol. sur l'amidon, Ann. sc. nat.*, sér. 7, V, 179). Ainsi se trouvait affirmée l'unité fondamentale de nature et de fonctions que le protoplasma des Champignons présente avec celui que renferme la cellule des autres végétaux. La cellulose fongique, étudiée de plus près, montrait, avec celle des plantes à chlorophylle, des rapports plus étroits qu'on ne l'avait pensé.

Parmi les travaux, impossibles à citer tous ici, qui ont influé sur les progrès de l'anatomie et de la physiologie fongiques, il faut signaler ceux qui ont eu pour objet de reconnaître la nature des Myxomycètes (voy. ce mot) et celle des Lichens. Les travaux de M. Schwendener et de M. Bornet, sur la théorie appelée algo-lichénique, ainsi que ceux de leurs contradicteurs, ont provoqué des recherches dont l'importance est très grande. M. Hartig a fait aussi avancer l'étude de l'action parasitique des Champignons et de leurs procédés de nutrition par ses travaux sur les Champignons qui vivent aux dépens de la cellulose et de ses dérivés (*Die Zersetzungsersch. d. Holzes*, 1878), tandis que les fonctions de la respiration et de la transpiration étaient heureusement revisées par le mémoire sur ce sujet de MM. Bonnier et Mangin (*Ann. sc. nat.*, sér. 7, 1884, XVII, 210).

Les diverses formes que les appareils de reproduction affectent chez une même espèce, ont fait l'objet de l'œuvre considérable de Tulasne (*Selecta Fungorum Carpologia* [1861-1865]); elle est devenue le point de départ de recherches qui dominent la marche de la mycologie dans la période actuelle. On a vu à l'article Champignons en quoi consiste ce polymorphisme ou pléomorphie des organes reproducteurs. La découverte de ce phénomène a apporté dans la classification un vrai bouleversement. Nombre d'espèces se sont trouvées déchues et ont dû être rayées pour figurer comme fructifications secondaires d'autres espèces; quelques genres ont ainsi disparu, d'autres sont compromis. La division des Hyphomycètes, les groupes des Tuberculariés, des Isariés, des Sphéropsidés, etc., ont été entamés. Aussi plusieurs auteurs ont-ils cru devoir simplifier la classification en admettant que les Champignons doivent être divisés en groupes complets (*Fungi perfecti*) et en groupes de genres et d'espèces dont l'autonomie est devenue suspecte (*Fungi imperfecti*). Ces derniers sont même souvent passés sous silence comme des objets à l'étude qui n'ont pas de place dans une classification bien ordonnée. La prétention de faire à l'heure actuelle une classification parfaite et sans aucune catégorie de formes transitoires nous semble peu justifiée, surtout quand on songe au nombre si considérable de ces dernières. Tout en exprimant l'état de la science, une classification a aussi un caractère pratique : elle doit être un instrument de travail et de progrès; elle ne peut remplir ce but si elle contient des omissions, qui prennent un caractère purement théorique, quand on les généralise au delà du petit nombre d'espèces rattachées avec certitude à d'autres formes fongiques. Dans son *Traité sur les Mucédinées simples* [1888], M. Costantin a très justement réagi contre cette tendance, en ramenant l'attention des observateurs sur des formes que leur absence des classifications modernes tendrait à faire négliger.

Renvoyant à l'historique de M. Roze mentionné ci-dessus pour les origines des systèmes et méthodes employés dans la classification des Champignons, je ne remonterai pas au delà du dix-neuvième siècle. En 1801, Persoon essaya, dans son *Synopsis methodica Fungorum*, de ranger systématiquement les espèces connues, « afin, dit-il, qu'on ne puisse plus dire avec Linné que l'ordre des Champignons est un véritable chaos, l'opprobre de la méthode ». Il divise les Champignons en deux grandes classes : les Angiocarpes portant leurs semences à l'intérieur du réceptacle, et les Gymnocarpes qui les présentent sur un *hymenium* placé à la surface externe. Cette distinction primordiale, déjà indiquée par Bulliard, subsistera désormais dans toutes les classifications, à travers les changements des dénominations adoptées. Les caractères de groupes secondaires sont tirés de la forme du réceptacle ou de ses diverses parties. En 1817, Nees donna, dans son *System der Pilze*, une classification en 5 ordres, désignés sous les noms de *Coniomycetes*, *Hyphomycetes*, *Gasteromycetes*, *Pyrenomycetes* et *Hymenomycetes*, qui servit de base à celle de Fries devenue classique et suivie aujourd'hui dans le plus grand nombre des flores. Le *Systema mycologicum* de Fries parut de 1821 à 1829; les mêmes noms y sont donnés aux mêmes groupes. Seulement les Pyrénomycètes ne figurent que comme sous-ordre des Gastéromycètes; le caractère fondamental des uns et des autres étant d'être angiogastres, c'est-à-dire d'avoir les spores contenues à l'intérieur du réceptacle. Les Hyménomycètes comprennent des types hétérogènes que Fries lui-même en séparera plus tard en adoptant l'élément si important de diagnose que Léveillé avait mis en lumière, le caractère de la cellule mère des spores. En effet, dans le *Summa vegetabilium* (t. II, 1849), Fries range les Champignons en 6 familles : 1° les Haplomycètes, genres les plus simples, à réceptacle filamenteux; 2° les Gymnomycètes, à filaments agrégés en stroma étalé ou dressé; 3° les Gastéromycètes comprennent les genres à réceptacle plus ou moins globuleux avec des spores à l'intérieur (*Lycoperdon*, *Cyathus*, Phalloïdés, Tubéracés, Myxomycètes, sous le nom de Myxogastres); 4° les Pyrénomycètes ont le même caractère fondamental que les Champignons angiogastres; mais les réceptacles durs, analogues à des noyaux sont souvent immergés dans un stroma commun ou dans le tissu des plantes qu'ils habitent (Sphériacés, Sphéropsidés, etc.); 5° les Discomycètes ont les spores renfermées dans des thèques groupées en hyménium sur des réceptacles discoïdes, cupuliformes ou contournés (Pezizés, Helvelles, etc.); 6° les Hyménomycètes ont un hyménium à spores acrogènes, étalé à l'extérieur d'un réceptacle dont la surface est tantôt lisse, tantôt munie d'appendices.

Corda avait déjà, en 1842, divisé l'ancien groupe des Hyménomycètes en *Basidiophori* et *Ascophori*. Mais, en introduisant la clarté dans ce groupe, il l'a fait suivre d'un autre des plus confus, celui des *Myelomycetes*, où se rencontrent pêle-mêle des Mucorinés, Phalloïdés, Pyrénomycètes et Myxomycètes.

La classification de Léveillé [1846], tenant compte de tous les éléments qu'apportait à la taxonomie la connaissance micrographique des organes essentiels des Champignons, prit comme caractère primordial le mode de développement de la spore et les rapports qu'elle conserve avec la cellule mère, et comme caractère de second ordre la situation de ces organes à l'intérieur ou à l'extérieur du réceptacle. Il en résulte un système presque régulièrement dichotomique, très précis, et formant des groupes naturels, bien que ce cadre paraisse purement systématique. Les trois premiers ordres, Basidiosporés, Thécasporés, Clinosporés, sont ainsi divisés chacun en deux sections. Les trois autres ordres sont les Cystosporés (Mucorinés), les Trichosporés correspondant aux Hyphomycètes, et les Arthrosporés aux Coniomycètes. Cette classification, supérieure à celles qui l'avaient précédée, et très commode, a été employée dans beaucoup d'ouvrages systématiques. On la trouvera dans tous ses détails à l'article Mycologie du *Dictionnaire de d'Orbigny*. Les termes ont été adoptés dans leur signification, sinon avec la même désinence; les Allemands ont fait Basidiomycètes de Basidiosporés et Ascomycètes de Thécasporés. La distinction entre le baside et la thèque ou asque a dominé ainsi toutes les classifications. De Bary a maintenu les deux divisions Basidiomycètes et Ascomycètes; et, sans s'astreindre pour les autres groupes à une vue systématique, il a mis en série 8 autres divisions : les *Pyrenomycetes spurii* (Sphéropsidés) faisant suite aux Ascomycètes (les vrais Pyrénomycètes compris). Les sept autres divisions qui précèdent les Basidiomycètes sont : les Péronosporés, les Protomycètes, les Mucorinés, les Hyphomycètes, les Gymnomycètes, les Ustilaginés et les Urédinés (voy. à la fin du *Nomenclator Fungorum* de Streinz). En 1857, M. Berkeley, adoptant le principe qui fait des organes reproducteurs le centre des caractères de classification, a distingué deux sortes de spores. Les spores à développement endogène renfermées dans une thèque ont reçu le nom de *sporidies*, et il a constitué sous le nom de *Sporidiferi* une sous-classe comprenant les Ascomycètes et les Physomycètes (Mucorinés). Les spores nues à développement exogène ont conservé le nom de *spore*; et les Champignons munis de ces spores ont été rangés, sous le titre de *Sporiferi*, dans une sous-classe comprenant les Hyphomycètes, les Coniomycètes, les Gastéromycètes et les Hyménomycètes (Berk., *Introd. Crypt. Bot.*, 269). Les deux termes de sporidies et de spores compris dans ce sens ont été maintenus par la plupart des auteurs anglais.

Les progrès imprimés à la classification des Champignons par les travaux modernes n'ont pas modifié l'importance des deux groupes qui, sous des noms divers, renferment, l'un les genres à spores endothèques, l'autre les genres à spores exobasides; avec des circonscriptions plus ou moins étendues, ils conservent toute leur valeur. Les changements principaux ont porté sur la place des Myxomycètes, rangés autrefois dans les Gastéromycètes et qui forment aujourd'hui une sous-classe; sur les Mucorinés et les familles voisines, que leur reproduction par oospores a dû séparer des Hyphomycètes et qui forment aussi une sous-classe; enfin sur la formation d'une autre sous-classe pour les Ustilaginés et les Urédinés qui ne peuvent non plus être confondus avec les Hyphomycètes et dont les relations avec les Hyménomycètes inférieurs s'affirment de plus en plus par suite des observations faites sur les Urédinés. La classification suivie par M. van Tieghem (*Trait. Bot.* [1884]) s'est inspirée de la nécessité de ces changements; elle passe sous silence les groupes transitoires et par suite incommodes à classer, mais dont il est important de connaître les caractères au point de vue taxonomique et morphologique. Dans le *Dictionnaire encyclopédique des sciences médicales*, Bertillon a introduit dans la classification de Léveillé des améliorations judicieuses, en tenant compte de faits acquis depuis 1846, mais en bannissant le groupe des *Fungi imperfecti* que la découverte de ces faits tendait à faire admettre par beaucoup de botanistes. Il pense avec raison que ce sont exclusivement les caractères objectifs, anatomiques, tombant sous les sens, qui doivent servir à une classification; les qualificatifs tirés de considérations philosophiques ou de notre ignorance actuelle ne sauraient répondre au but qu'elle se propose. Pour pouvoir grouper d'une manière précise les formes transitoires ou incomplètes, sinon imparfaites, il devenait utile de remettre en relief un caractère invoqué par Léveillé : la disposition en pseudo-hyménium ou clinode des cellules reproductrices d'un certain nombre d'Hyphomycètes. Bertillon est même allé plus loin : il a demandé l'adoption du terme de *clinide* pour désigner l'élément cellulaire simple dont la réunion forme le clinode. Rien de plus justifié si l'on veut bien caractériser les Sphéropsidés et beaucoup d'Hyphomycètes, et ne pas les laisser dans le chaos dû au système de Fuckel et à la terminologie allemande qui confond sous le même terme de *baside* la cellule spécialisée donnant naissance simultanément à plusieurs spores, et le filament cellulaire, individualisé ou non, qui donne naissance à des spores à développement successif. Un baside peut, il est vrai, être monospore et former ainsi une sorte d'intermédiaire avec le clinide de Bertillon. Partout on a trouvé et on trouvera de plus en plus de pareilles formes de transition; on ne le conteste pas. Mais ce qu'il est permis de contester, c'est la mesure dans laquelle ces formes de transition doivent nous porter à effacer les termes qui servent à établir des distinctions taxonomiques générales. On serait bientôt conduit à la négation même de toute terminologie; et, d'autre part, rien n'est plus facile que de tenir compte de ces formes dans les subdivisions de groupes. Le terme de *clinide* est plus commode que les périphrases et plus euphonique, plus court que le terme de *sporophore* dont on est obligé de se servir pour les Champignons à spore portée sur un filament non spécialisé.

Le nombre des espèces appartenant à des groupes transitoires qui passent dans d'autres groupes s'accroît tous les jours, mais il est encore assez restreint pour qu'on soit obligé de conserver et de perfectionner le classement de ces espèces. Le tableau que je donne ci-dessous s'est inspiré de ces idées et des notions contenues dans les classifications antérieures qui m'ont paru exprimer le mieux l'état actuel de la science ou avoir une utilité pratique. J'ai tenu compte aussi de l'avantage que présente à tous les points de vue la simplification des termes. Cette amélioration, dont M. Quélet a donné, comme Bertillon, d'excellents exemples, ne peut s'obtenir tout d'un coup, quelque sobriété qu'on y apporte. J'ai ajouté entre parenthèses les noms anciens ou récents adoptés à cause de leur terminaison uniforme (*mycète*), en vue d'introduire une certaine symétrie utile dans les divisions supérieures; j'ai cherché à éviter les termes nouveaux. Les caractères des diverses divisions ne sont pas tous tirés du même ordre d'organes ou de dispositions morphologiques. Le système que je présente n'est donc pas enchaîné comme celui de Léveillé : c'est le défaut que présentent les classifications les plus récentes et dont il faut bien prendre son parti dans l'état actuel de la science. J'ai adopté le groupe des ***Hypodermés*** de de Bary, qui repose sur le caractère endophyte de ces Champignons, au lieu d'être défini comme les autres par la nature des organes de reproduction. Les limites que je dois respecter ici ne permettaient pas de détailler la caractéristique de chacune des divisions de tout ordre inscrites à ce tableau. Pour le même motif je n'ai pas indiqué toutes les familles et tous les genres; je n'ai mentionné, à titre d'exemples, que quelques types autour desquels viennent naturellement se grouper tous ceux de la classe des Champignons. Les détails donnés aux noms de genres, de familles ou de divisions supérieures, suppléeront à ce qui manque ici.

I. PLASMODIÉS (*Myxomycètes*).	Exosporés (*Plasmodia*).	1. *Agregata*	Acrasiés	*Plasmodiophorum*, *Acrasis*, etc.
		2. *Confusa*	Cératiés	*Ceratium*.
	Endosporés.	....	Trichiés	*Trichia*, *Lycogala*, etc.
		....	Physarés	*Physarum*, *Fuligo*, etc.
II. OOSPORÉS (*Oomycètes*).	Zoosporés (*Phycomycètes*).	....	Saprolégniés ...	*Saprolegnia*, etc.
		....	Péronosporés ..	*Peronospora*, *Cystopus*, etc.
		....	Chytridinés ...	*Chytridium*, *Rhizidium*, etc.
	Sporophorés.	....	Entomophthorés	*Entomophthora*, etc.
		....	Mucorinés	*Mucor*, *Piptocephalis*, etc.
III. HYPODERMÉS (*Endophytomycètes*).	Coniosporés (*Coniomycètes*, *pro parte*).	....	Ustilaginés ...	*Tilletia*, *Urocystis*, etc.
	Clinosporés (*Æcidiomycètes*).	....	Urédinés	*Uromyces*, *Gymnosporangium*, etc.
IV. BASIDIÉS (*Basidiomycètes*)	Ectobasides (*Hyménomycètes*)	Septobasidiés (*Protobasidiomycètes*).	Trémellinés ...	*Dacrymyces*, *Exidia*, etc.
		Homobasidiés (*Autobasidiomycètes*).	Clavariés	*Clavaria*.
			Polyporés.	*Polyporus*, etc.
			Agaricinés. ...	*Amanita*, *Russula*, etc.
	Endobasides (*Gastéromycètes*)	*Epigei*.	Lycoperdinés ..	*Bovista*, etc.
		Hypogei.	Hyménogastrés	*Rhizopogon*, etc.
V. ASCIDÉS (*Ascomycètes*).	Apothèques	....	Schizomycés ...	*Saccharomyces*, etc.
	Ectothèques (*Discomycètes*).	*Verticales*.	Morchellés	*Helvella*, etc.
		Horizontales.	Pezizés	*Ascobolus*, *Peziza*, etc.
	Endothèques (*Perithecia*).	*Carnosa*.	Tubéracés	*Tuber*, etc.
		Scariosa (*Pyrénomycètes*).	Sphériacés	*Valsa*, *Nectria*, *Hysterium*, etc.
VI. CLINIDÉS (*Gymnomycètes*).	Endoclines.	....	Sphéropsidés ..	*Phoma*, *Diplodia*, *Septoria*, etc.
	Ectoclines.	*Verticales*.	Isariés	*Isaria*, *Sporocybe*, etc.
		Horizontales.	Tuberculariés ..	*Tubercularia* etc.
VII. NÉMATÉS (*Hyphomycètes*).	Trichosporés.	....	Mucédinés	*Gonatobotrys*, *Didymaria*, *Menispora*, etc.
	Arthrosporés (*Coniomycètes*, *pro parte*).	....	Torulacés	*Oidium*, *Torula*, *Microsporon*, etc.

Le nombre des espèces fongiques s'est accru dans des proportions considérables; deux revisions générales nous permettent de le constater. Le *Systema* de Fries, terminé en 1829, comprend 3250 espèces. Le *Sylloge* de M. Saccardo en compte aujourd'hui [1889] 27608 sans les Discomycètes, les Tubéracés et quelques nouveaux *Addenda* qui porteront sans doute ce chiffre à 30000 environ; ainsi le nombre des espèces connues aura décuplé en soixante ans. Ce résultat est dû aux recherches et aux travaux d'un grand nombre de botanistes, parmi lesquels il faut citer Desmazières, Montagne, Fuckel, Kalchbrenner, MM. Berkeley, Cooke, Plowright, Saccardo, Spegazzini, Peck, Ravenel, Schulzer, Winter, Eidam, Boudier, Gillet, Quélet, Richon, Patouillard, et nombre d'observateurs français qui se sont groupés en Société mycologique.

Il faut mentionner aussi les progrès accomplis dans la connaissance des propriétés alimentaires, toxiques ou thérapeutiques des Champignons, grâce aux observations de Roques, Letellier, Réveil, de MM. Quélet, Boudier, L. Planchon, Bohm (*Archiv. f. pathol. experim.*, 1885), et aux nombreux travaux spéciaux sur l'Ergot de Seigle, le Champignon du Muguet et les autres Champignons parasites dont l'action s'exerce sur l'homme, les animaux et les plantes. Ils formeraient presque à eux seuls les éléments d'une science spéciale, dont on ne peut donner à cette place même une idée sommaire. [De S.]

MYCOMATER (Fr., *Summ. veg. Scand.*, 486, 496, 520). Premier état de Champignons indéterminés.

MYCOMYCÈTES (*Mycomyceten* Brefeld, *Unters. aus d. Gesaunnt. d. Mykol.*, Helft VIII, Basidiom., III, 276). Division des Champignons, comprenant tous ceux qui ne se reproduisent pas par oospores ou par zygospores. [De S.]

MYCONIA (Lapeyr., *Hist. abr. pl. Pyr.*, 115). Synonyme de *Ramondia* Rich.

MYCONIA (Neck., *Elem.*, I, 22). Synonyme de *Chrysanthemum* T. (H. Bn, *Hist. des pl.*, VIII, 276.)

MYCOPROTÉINE. Matière albuminoïde observée dans les phytocystes des Schizophytes.

MYCORHIZE (*Mycorhiza* Franck, *Deutsch. bot. Ges.*, III, 128). Mycélium brun, souterrain, qui se fixe sur les radicelles des arbres et en particulier des Cupulifères, en formant un lacis quelquefois assez dense. La fructification quelquefois conidienne est à forme de *Torula*. Des pycnides (*Diplodia*) et des périthèces (*Melanomnia*) ont été également rapportés à ce Champignon par M. Gibelli (*Sulla malat. del Castagno* [1883]). A peu près inoffensif pour certaines espèces, ce mycélium pénètre chez d'autres dans les cellules endodermiques de la racine, s'y nourrit aux dépens du protoplasma et peut occasionner la mort des végétaux attaqués. Ayant eu souvent l'occasion de le constater, je ne puis, pas plus que M. Hartig (*Die pfl. Wurzelpuras.*, *Centralbl. f. Bacter. und Paras.*, III [1888], admettre la théorie de M. Franck, d'un échange nutritif (Symbiose) entre ce Champignon et les radicelles de l'arbre. C'est à ce *Mycorhiza* et nom à l'*Agaricus melleus* qu'il faut rapporter la maladie du Châtaignier. [De S.]

MYCOSPHÆRELLA (Johans., *Svamp. fran. Hland.*, in *Hedwigia* [1886], Heft II, III, 121). Genre de Sphériacés. — Voy. Sphærella.

MYCOTHAMNION (Kuetz., *Phyc. german.*, p. 126). Genre d'Algues?, de la famille des *Leptomiteæ*, caractérisé par un trichome inarticulé, achromatique, etc., rameux, dont les extrémités d'après Kützing donnent naissance à des spermaties? Ne serait-ce point plutôt quelque mycélium de Champignon? Ce genre n'a généralement pas été admis par les algologues. [Ch. M.]

MYDONOSPORIUM (Corda, in *Sturm Deutsch. Fl.*, Heft XIII, 95; *Anleit.*, 40). Genre d'Hyphomycètes, à filaments dressés, cloisonnés, enveloppés de mucilage et portant des spores didymes. [De S.]

MYDONOTRICHUM (Corda, in *Sturm Deutsch. Fl.*, Heft 12, 37; *Anleit.*, 36). Genre d'Hyphomycètes, à filaments dressés, rigides, opaques, portant des spores fusiformes, pluriloculaires colorées, immergées dans un mucilage. [De S.]

MYELOCARPI (F.-F. Mey., *Ehtw. Flecht.*, 325). Ordre (2) des Lichens.

MYELOMICI (Spreng.— F. Nees, *Prad. plant. Mycet.* [1820], in tab.). — Voy. Myélomycètes.

MYÉLOMYCÈTES (Nees. — Corda, *Anleit.*, 67). Sous ce nom, Nees avait formé une famille comprenant les Sphériacés et les Sphéronémés. Corda en a fait un ordre comprenant les familles des Mucorinés, Pilobolés, Æcidiacés, Physarés et autres Myxomycètes, les Gastéromycètes, les Sphériacés. [De S.]

MYGALURUS (Link, *H. berol.*, I, 92). Synonyme de *Vulpia* Gmel.

MYGINDA (L., *Gen.*, n. 178). Synonyme de *Rhacoma* L.

MYGRAINE. Nom ancien du Grenadier.

MYIOCOPRON (Sacc.). — Voy. Muyocopron.

MYIOPHYTON (Leb.). — Voy. Emprisa.

MYJOLO. L'un des noms de l'Oronge vraie.

MYLANCHE (Wallr., *Orob.*, 75). Synon. de *Epiphegus* Nutt.

MYLE (Galien). Synonyme de *Moly*.

MYLIA (Leman, in *Dict.*, XXXIV, 13). Synonyme de *Frullania*.

MYLINUM (Gaud., *Fl. helv.*, II, 344). Synon. de *Selinum* L.

MYLITTA (Fr., *Syst. myc.*, III, 225). Genre de Champignons, dont la place est encore indécise, faute d'en avoir reconnu la fructification. Il consiste en une masse globuleuse de tissu blanc, veiné par des cloisons plus denses, recouvertes d'une enveloppe colorée ou noire et rugueuse. Les *Mylitta* sont hypogés. Une espèce est comestible en Australie. [De S.]

MYLIUS (Gray, *Arr. brit. pl.*, I, 679). Synonyme (part.) de *Chiloscyphus*.

MYLOCARYUM (W., *En. H. berol.*, 454). Syn. de *Cliftonia* Bks.

MYLOSPHORA (Neck., *Elem.*, II, 280). Syn. de *Singana* Aubl.

MYNIALK-TANGKAWAUK. Nom sundaïque de la matière grasse extraite de plusieurs *Hopea*.

MYOBROMA (Stev., in *N. Mém. Mosc.* [1834], III, 107). Section du genre *Astragalus* T.

MYOCTONON (Pline). L'Aconit Napel.

MYODA (Lindl., *Gen. et spec. Orchid.*, 480). Synonyme de *Hæmaria* Lindl.

MYODIUM (Salisb., in *Trans. Hort. Soc.*, I, 289). Genre proposé pour l'*Ophrys aranifera* Sm.

MYODOCARPUS (Br. et Gr., in *Bull. Soc. bot. de Fr.*, VIII, 123; in *N. Arch. Mus.*, IV, 38, t. 15). Genre d'Ombellifères-Araliées, dont les fleurs sont celles d'un *Aralia* à corolle imbriquée, et dont les fruits obovés, comprimés perpendiculairement à la cloison, sont prolongés inférieurement en deux ailes larges, tronquées, continuant le dos des carpelles et descendantes, veinées-réticulées. Le péricarpe est farci de vésicules inégales, pleines d'oléo-résine aromatique et proéminant dans l'intérieur même des graines. Celles-ci sont descendantes, avec un albumen dur et un petit embryon subapical. A la maturité, les méricarpes se détachent et sont disséminés par leur aile dorsale. Ce sont des arbres et des arbustes de la Nouvelle-Calédonie, à feuilles alternes, simples ou composées-pennées, avec des stipules adnées au pétiole, peu saillantes, et des fleurs disposées en grappes composées, chargées d'ombelles, avec des pédicelles articulés sous la fleur. On en distingue 5 ou 6 espèces. (Voy. *Hist. des pl.*, VII, 156, 245, n. 91, fig. 191, 193.) [H. Bn.]

Myodocarpus. — Fleur.

MYOGALUM (Link, *Handb.*, I, 163). Sect. du g. *Ornithogalum* L.

MYOMYCES (Batt., *Fung. agr. arim.*, 48). Agarics rangés, d'après la couleur du chapeau, en un groupe comprenant des espèces assez éloignées les unes des autres.

MYON. Nom grec ancien de l'Asperge.

MYONIMA (Commers., ex J., *Gen.*, 206). Syn. de *Ixora* et sect. de ce g. (H. Bn, in *Adansonia*, XII, 214; *Hist. des pl.*, VII, 406.)

myopordon (Boiss., *Diagn. or.*, VI, 107; *Fl. or.*, III, 565). Sect. (?) du g. *Centaurea* L. (H. Bn, *Hist. des pl.*, VIII, 85.)

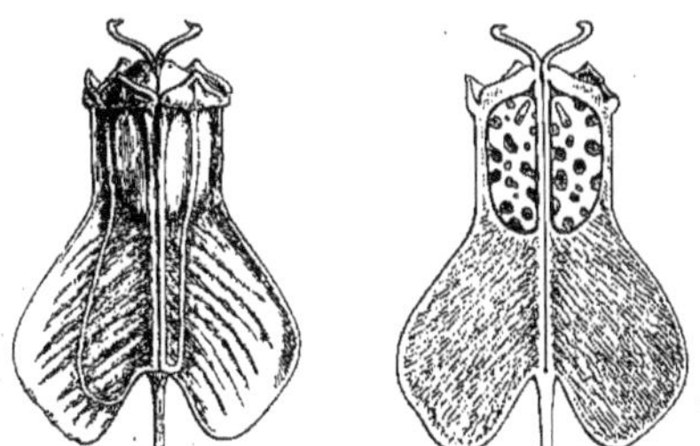

Myodocarpus. — Fruit, entier et coupe longitudinale.

myoporum (Banks et Sol., in *Forst. Prodr.*, 44). Genre de Scrofulariacées, qui a donné son nom à la série quelque peu

Myoporum. — Rameau florifère. Fleur, entière et coupe longitudinale.

anormale des *Myoporées*, et qui a été le plus souvent considéré comme le type d'une famille des *Myoporacées*. Ce genre est formé d'une vingtaine d'espèces, qui ont des fleurs hermaphrodites, légèrement irrégulières, avec un réceptacle convexe et un calice 5-fide ou subpartite, ne s'accroissant pas autour du fruit. La corolle est rotacée, subcampanulée ou subinfundibuliforme, à tube court ou cylindrique, à limbe partagé en 5, 6 lobes inégaux, imbriqués. Les étamines, ordinairement didynames, sont portées sur la corolle, avec ou sans staminode postérieur. Leur anthère introrse a les deux loges souvent confluentes en haut. L'ovaire est supère, épaissi en disque à sa base, avec 2 ou plus rarement 3-10 loges. Chacune d'elles renferme 1, 2 ovules descendants, à micropyle supérieur et intérieur. Le style est simple; son sommet stigmatifère entier ou lobulé. Le fruit est drupacé, avec un noyau 2-10-loculaire ou divisé en autant de logettes qu'il y a de graines. Celles-ci ont un albumen charnu et membraneux et un embryon droit ou arqué. Les tiges sont frutescentes ou suffrutescentes, à feuilles alternes ou opposées, entières ou dentées, ponctuées de réservoirs glanduleux. Les fleurs, ordinairement petites, sont axillaires, solitaires ou en cymes. Le genre appartient à l'Australie, la Malaisie, la Nouvelle-Zélande, les îles Mascareignes, celles de l'océan Pacifique, et même à la Chine et au Japon. Plusieurs espèces sont ornementales, et le *M. tenuifolium* donne, en Océanie, un faux bois de Santal. (F. Muell., *Myop. pl. Austr.*, t. 56-72. — H. Bn, *Hist. des pl.*, IX, 369, 412, 420, fig. 487-490.)

Myoporum. — Fruit.

myopsis (Presl., *Prodr. Mon. Lobel.*, 8). Synonyme de *Heterotoma* Zucc.

myopteron (Spreng., *Gen.*, II, 517). Syn. de *Berteroa* DC.

myortochons. Synonyme de *Myoton*.

myoschilos (R. et Pav., *Prodr.*, 41, t. 34; *Syst.*, 73; *Fl. per. et chil.*, t. 242). Genre de Santalées, formé d'un seul arbuste chilien, à fleurs hermaphrodites, 5-mères, le disque épigyne aplati. Les inflorescences sont des chatons sessiles, insérés sur les nœuds foliaires dénudés. (Miers, in *Journ. Linn. Soc.*, XVII, t. 5. — H. Bn, in *Adansonia*, III, 114.)

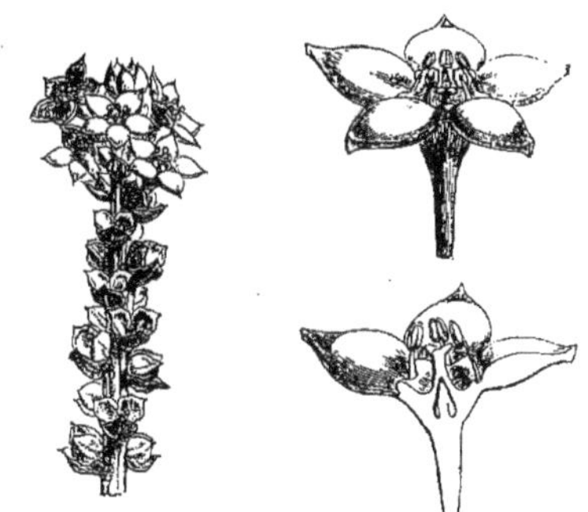

Myoschilos. — Rameau florifère. Fleur, entière et coupe longitudinale.

myoseris (Link, *Enum. H. berol.*, II, 291). Synonyme de *Pterotheca* Cass.

myosote. Nom français (Lamk) des *Myosotis* T.

myosotidium (Hook., in *Bot. Mag.*, t. 5137). Genre de Boraginacées, souvent rapporté aux *Myosotis*, formé d'une herbe charnue de la Nouvelle-Zélande, à tube de la corolle court, avec un limbe étalé, des étamines incluses; des fruits adnés en dedans à une columelle, larges et bordés d'une étroite aile entière. La plante est cultivée comme ornementale. [H. Bn.]

Myosurandra. — Inflorescences mâle et femelle.

myosotis (T., *Inst.*, 244, t. 126. — L., *Gen.*, n. 180). Genre de Boraginacées-Boragées, qui a des fleurs analogues à celles des Buglosses, mais avec une corolle tordue. La gorge est nue ou pourvue de bosses ou d'écailles. Le fruit est formé de 4 achaines ovoïdes, dressés, durs, attachés par une petite aréole au réceptacle. Ce sont 30-40 herbes annuelles ou vivaces, des régions tempérées de l'ancien monde, à feuilles alternes, à fleurs bleues, blanches ou roses, en cymes scorpioïdes. L'espèce la plus connue est le *M. palustris* L. ou *Ne m'oubliez pas*. On trouve aussi communément chez nous les *M. versicolor*, *hispida*, *intermedia*, *sylvatica*. On cultive dans les parterres le *M. alpestris* Schm., à jolies fleurs bleues ou blanches. (Gren. et Godr., *Fl. de Fr.*, II, 528.) [H. Bn.]

MYOSOTOIDES (A. DC., *Prodr.*, X, 49). Section du genre *Anchusa* L.

MYOSTEMMA (Salisb., *Gen. pl. Fragm.*, 135). Synonyme (part.) de *Habranthus* Herb.

MYOSTOMA (Miers, in *Trans. Linn. Soc.*, XXV, 474, t. 57). Synonyme de *Thismia* Griff.

MYOSURANDRA (H. Bn, in *Adansonia*, IX, 325, t. 8, 9). Genre de Saxifragacées, qui a donné son nom à une série des *Myosurandrées*, voisine des Hamamélidées. C'est un arbuste résineux de Madagascar, à rameaux noueux, à feuilles opposées, flabellées-cunéiformes, connées par paires à la base, et à épis terminaux, solitaires. Les fleurs dioïques sont nues; les mâles 4-andres; et les femelles sont formées d'un ovaire à 4 loges, surmonté d'autant de branches stylaires et renfermant des ovules en nombre indéfini, insérés dans l'angle interne. Le fruit est formé de 4 follicules, et les graines ont un albumen épais. Le *M. moschata* H. Bn est aromatique, stimulant, usité comme tel dans la médecine malgache. (*Ht. des pl.*, III, 403, 463, fig. 482-488.)

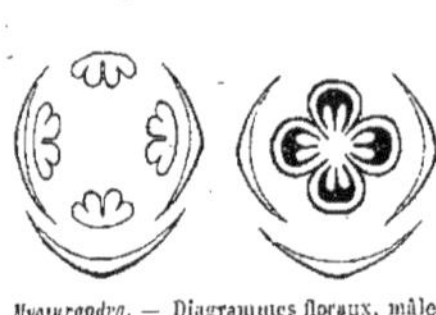
Myosurandra. — Diagrammes floraux, mâle et femelle.

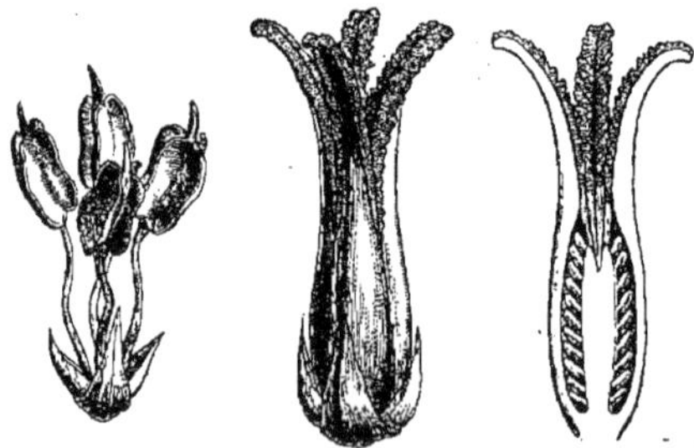
Myosurandra. — Fleur mâle. Fleur femelle, entière et coupe longitudinale.

MYOSURUS (Dill. — T., *Inst.*, 293. — L., *Gen.*, n. 394). Genre de Renonculacées-Renonculées, à fleurs verdâtres, construites comme celles des Renoncules, sinon que la portion du réceptacle qui porte le gynécée est très allongée, que l'ovule est descendant, avec le micropyle intérieur, et que les pétales sont très étroits, à onglet grêle et à limbe tubuleux, nectarifère. Le *M. minimus* L. est une petite herbe annuelle de nos moissons. (H. Bn, *Hist. des pl.*, I, 42, 86, fig. 71-75.)

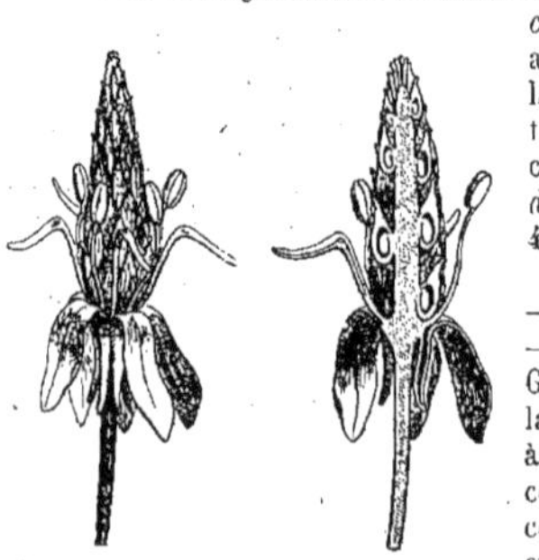
Myosurus. — Fleur, entière et coupe longitudinale.

MYOTOCA (Griseb., in *Pl. Phil.*). Section du g. *Collomia*.

MYOTON. Nom ancien de l'Épervière Pisoselle.

MYOXANTHUS (Pœpp. et Endl., *Nov. gen. et spec.*, I, 50, t. 88). Synonyme de *Pleurothallis* R. Br.

MYRA (Salisb. — Benth., in *DC. Prodr.*, VII, II, 640). Sous-section des *Stellanthe*.

MYRACANTHOS. Nom ancien du Panicaut.

MYRACRODRUUM (Allem., in *Trib. Comm. sc. de expl.*, *Sect. bot.*, 3, t. 1, 2). Synonyme de *Astronium* Jacq. (H. Bn, *Hist. des pl.*, V, 318.)

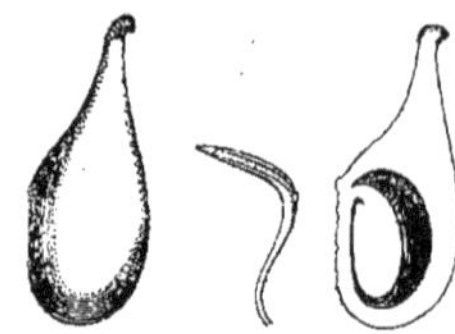
Myosurus. — Pétale. Carpelle, entier et coupe longitudinale.

MYRAPIA (Dochn., *Obstk.*, II, 11). « Genre » de Poiriers.

MYRCIA (DC., in *Dict. class.*, XI; *Prodr.*, III, 242). Genre de Myrtacées-Myrtées, formé d'environ 300 arbres ou arbustes de l'Amérique tropicale, à feuilles opposées, à fleurs analogues à celles des Myrtes, avec 2, 3 et rarement 4, 5 loges à l'ovaire; les loges biovulées. Le fruit charnu renferme une ou quelques graines dont l'embryon arqué a de larges cotylédons contortupliqués. Les fleurs sont disposées en cymes plus ou moins composées. (H. Bn, *Hist. des pl.*, VI, 350.)

MYRCIANTHES (O. Berg, in *Linnæa*, XXVII, 315). Synonyme de *Myrtus* T.

MYRCIARIA (O. Berg, in *Linnæa*, XXVII, 320; XXIX, 249; XXX, 702; XXXI, 250; in *Mart. Fl. bras.*, *Myrtac.*, 358, t. 36, 37). Section du genre *Eugenia*, à ovules peu nombreux (2-4). (H. Bn, *Hist. des pl.*, VI, 354.)

MYRCIENGENIA (O. Berg, in *Linnæa*, XXVII, 131; XXX, 669). Synonyme de *Luma* A. Gray.

MYREPSODORA (Reichb., *Nom.*, 154). Synonyme de *Balanus* Endl.

MYRIACHÆTA (Zoll. et Mor., *Verz.*, 101). Synonyme de *Thysanolæna* Nees.

MYRIACTIS (Kuetz., *Phyc. gen.*, 330). Genre d'Algues-Ectocarpées, que l'on considère comme devant faire partie du genre *Elachista*. Le *Myriactis pulvinata* a été l'objet de recherches intéressantes faites par M. Thuret. C'est une petite Algue, commune pendant l'été et l'automne, parasite sur diverses espèces du *Cystosira*. (Voy. Thur. et Born., *Alg.* 18, t. VII.)

MYRIACTIS (Less., in *Linnæa*, VI, 127; *Syn.*, 193). Section du genre *Grangea* Adans.

MYRIADENIA (Dcne, in *Ann. sc. nat.*, sér. 2, XVII, 330). Synonyme de *Myriadesma*. C'est à tort selon nous que M. J.-G. Agardh a adopté cette dernière orthographe. Il fallait tenir compte de celle adoptée par le créateur du genre.

MYRIADENUS (Cass., in *Bull. Philom.* [1817]; in *Dict.*, XXIII, 565). Synonyme de *Jasonia* Cass. (H. Bn, *Hist. des pl.*, VIII, 159.)

MYRIADENUS (Desvx, *Journ. bot.*, I [III], 121, t. 4). Synonyme de *Zornia* Gmel.

MYRIADOPORUS (Peck, *Bull. Torr. Cl.* [1884], 27). Genre de Polyporés résupinés, à tubes de deux formes : les uns réguliers, superficiels; les autres inégaux, formant des logettes à l'intérieur de la substance du réceptacle. M. Saccardo remarque avec raison la similitude de ces caractères avec ceux des *Ceriomyces*, qui ne sont pas des types autonomes, mais qui se rattachent à des formes définies de Polyporés. [De S.]

MYRIANDRA (Spach). Synonyme de *Hypericum* T.

MYRIANGIUM (Berk. et Mont., in *Lond. Journ. Bot.* [1845], 72. — Mont., *Syllog.*, 380). Genre de Sphériacés, autrefois rangé parmi les Lichens. Le périthèce consiste en un petit tubercule noirâtre, allongé, irrégulier, indéhiscent, présentant des rugosités prises à tort pour des apothécies et formé d'un tissu de cellules scléreuses isodiamétriques. Les thèques ovales s'élargissent, deviennent presque globuleuses et sont disséminées dans le tissu du périthèce; elles contiennent de grandes spores oblongues, hyalines, pluriloculaires et murali-divisées. Les genres *Phymatosphæra* PASSER. et *Pyrenotheca* PAT. paraissent devoir rentrer dans le genre *Myriangium*. L'*Eurytheca* DE S. s'en distingue par le cloisonnement parallèle, au

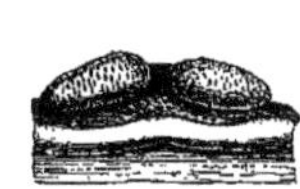
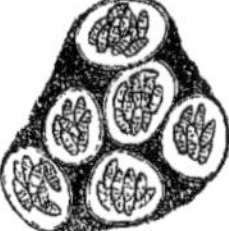

Myriangium. — Port. Organes reproducteurs.

lieu d'être muraliforme, des spores; mais il se pourrait que l'*E. monspeliensis* fût un état jeune de *Myriangium*. Ces Champignons sont surtout répandus dans les régions chaudes et le midi de l'Europe; ils se développent sur le bois des rameaux de divers arbustes. Les périthèces fendent l'écorce pour faire issue au dehors. [DE S.]

MYRIANTHUS (NUTT., in *Amer. Phil. Trans.* [1841], VII, 330). Sous-genre des *Homopappus* NUTT.

MYRIANTHUS (PAL.-BEAUV., *Fl. owar. et ben.*, I, 16, t. 11, part.). Genre d'Ulmacées-Artocarpées, formé de 4 arbres de l'Afrique tropicale, à fleurs mâles 3, 4-andres; le calice 3, 4-mère; à fleur femelle pourvue d'un périanthe en sac perforé au sommet; l'ovaire uniloculaire à ovule descendant. Les feuilles sont alternes, entières ou 3-5-lobées; l'inflorescence mâle très ramifiée, avec les divisions alternes portant de petits épis; les fleurs femelles en glomérules disposés sur un axe globuleux, solitaire. (H. BN, *Hist. des pl.*, VI, 214.)

MYRIASPORA (DC., *Prodr.*, III, 165). Section du genre *Maieta* AUBL. (H. BN, *Hist. des pl.*, VII, 56.)

MYRICA (L.). Nom latin des Ciriers (II, 77).

MYRICACÉES, MYRICÉES. Série de la famille des Castanéacées (H. BN, *Hist. des pl.*, VI, 241, 259), distinguée par certains auteurs (B. H., *Gen.*, III, 400) comme famille.

MYRICARIA (DESVX, in *Ann. sc. nat.*, sér. 1, IV, 348). Section du genre *Tamarix*, dont le type est le *T. germanica*. (H. BN, *Hist. des pl.*, IX, 236, fig. 267-274.)

MYRICA SYLVESTRIS. Nom ancien des *Tamarix*.

MYRIN (Cl.-Gust.). Professeur à Upsal [1803-1835], auteur de *Historia Rei herbariæ in Suecia* [1833] et [1834] d'un *Corollarium Floræ upsaliensis* (in-8 de 123 p.).

MYRINIA (LILJA, ex *Pfeiff. Nom.*, II, 390). Synonyme de *Encliandra* ZUCC.

MYRIOBLASTUS (TREVIS., in *Linnæa*, XXVIII, 289). Synonyme de *Biatorella* NOT.

MYRIOBLASTUS (WALL., herb.). Synonyme de *Cryptocoryne* FISCH.

MYRIOCARPA (BENTH., *Bot. Sulph.*, 168, t. 55). Genre d'Urticacées-Urticées, formé de 6 arbustes de l'Amérique tropicale, à feuilles alternes, à fleurs très nombreuses, dioïques ou rarement monoïques, disposées en glomérules le long d'un long axe commun filiforme. La fleur femelle n'a pas de calice; deux bractéoles le remplacent, et le style a une portion stigmatifère oblique ou oblongue. (WEDD., *Mon. Urt.*, t. 16. — H. BN, *Hist. des pl.*, III, 532.)

MYRIOCARPA (FUCK., *Symb. myc.*, 116). Genre de Sphériacés, rattaché par M. Saccardo au genre *Anthostomella* (*Syll. Fung. pyren.*, I, 290), à pycnides sous-épidermiques, disséminés, bruns, noirs, remplis de conidies hyalines, pluriloculaires, et à périthèces globuleux, quatre fois plus grands que les pycnides, noirs. Les thèques brièvement pédicellées, larges, oblongues, renferment huit spores distiques, oblongues, hyalines ou brunes, uniloculaires. [DE S.]

MYRIOCARPIUM (BON., *Abhand. Geb. Mykol.* [1864], 154). Genre de Sphériacés, formé pour le *Sphæria myriocarpa* FR. et les espèces affines. Le nom de *Melanomma* (voy. ce mot) a prévalu, bien que donné postérieurement par Fuckel (*Symb. myc.* [1869], 159).

MYRIOCEPHALUM (DE NOT., *Microm. ital.*, dec. III, 13). — Voy. THYRSIDIUM MONT.

MYRIOCEPHALUS (BENTH., in *Hueg. Enum.*, 61). Synonyme de *Hyalolepis* DC. (H. BN, *Hist. des pl.*, VIII, 180.)

MYRIOCHÆTA (DC., *Prodr.*, I, 515). Section du genre *Sloanea* L.

MYRIOCOCCUM (FR., *Syst. myc.*, II, 304). Genre de Périsporiacés, présentant un mycélium blanc, répandu sur le bois, la mousse, les brindilles, et de petits périthèces globuleux agrégés, nichés dans le mycélium. Les thèques se dissolvent. Les spores hyalines, globuleuses sont seules visibles, analogues à celles des *Eurotium*. Se rencontre en Norvège, en Allemagne, en Italie et en Algérie. [DE S.]

MYRIOCOCELI (FR., *Summ. veg. Scand.*, 433). Division des Gastéromycètes-Angiogastrés, ayant pour type le *Myriococcum*.

MYRIODESMA (DCNE, in *Arch. Mus.*, II, 158). Genre d'Algues-Fucacées, dont le type est le *Dictyopteris serrulata* LAMX, et qu'on distingue par une fronde rameuse, à bractées foliiformes pennées, serrées-incisées et costées. Les conceptacles sont longitudinalement unisériés de chaque côté des côtes des branches, tuberculiformes et déhiscents par un ostiole. Cette Algue australienne est coriace-membraneuse, d'une couleur brun-olivâtre. [H. BN.]

Myriodesma.

MYRIOFLE. L'un des noms vulgaires des *Myriophyllon* VAILL.

MYRIOGOMPHUS (DIDR., in *Vid. Medd. Nat. For. Kjob.* [1857], 143). Synonyme de *Croton* L.

MYRIOGYNE (LESS., in *Linnæa*, VI, 219). Synonyme de *Centipeda* LOUR.

MYRIOLEPIS (BOISS., in *DC. Prodr.*, XII, 667). Section du genre *Statice* T.

MYRIOMELES (LINDL., in *Bot. Reg.*, n. 1956). Section du genre *Photinia* LINDL.

MYRIONEMA (GREV., *Crypt. Fl. Scot.*, n. 300). Algues marines, de la famille des Chordariées, de la tribu des *Mesogloiaceæ*, ordre des Cryptospermées. D'après Harvey, ce serait de l'ordre des Mélanospermées. La fronde de ces Algues est plane, hémisphérique; elle est constituée par une masse de filaments courts, dressés, simples; elle est olivâtre, muqueuse, gélatineuse. Les spores sont oblongues et issues de filaments dressés inférieurs, entourées d'un périspore hyalin. Les propagules sont siliquiformes et issus de filaments verticaux. Ce genre a beaucoup d'affinités avec les genres *Elachistea* et *Ectocarpea*. Il est constitué par une demi-douzaine d'espèces. (Voy. W.-H. HARV., *Phyc. brit.*, VI, 69.)

MYRIONÉMÉES (*Myrionemeæ* FRIES, *Summ. veg. Scand.*, I, 124). Division des Algues-Épisporées. Pour M. Nægeli, c'est une tribu des Mésogloiacées. (TREVIS., *Alg. cocc.*, 103.)

MYRIONEURON (R. BR., in *Wall. Cat.*, n. 6225). Genre de Rubiacées-Génipées, dont les fleurs hermaphrodites, 5-mères, sont disposées en inflorescences de glomérules composés, capituliformes, terminales ou axillaires. La corolle est valvaire, et le calice a des divisions allongées, à peu près comme dans les *Mussænda*. L'ovaire infère a 2 loges pluriovulées, et le fruit est ou charnu ou membraneux, parfois même tardivement et incomplètement déhiscent. Ce sont, au nombre de 5, 6, des arbustes de l'Inde et de Bornéo, à écorce spongieuse, à grandes feuilles opposées, pétiolées, nervées et veinées, à stipules interpétiolaires allongées. (Voy. *Hist. des pl.*, VII, 322, 458.) [H. BN.]

MYRIOPHYLLITES (STERNB., *Vers.*, I, III, 36). Genre d'Haloragées fossiles. (ARTIS, *Anted. Phyt.*, t. 12; *Flora* [1827], I, 131. — UNG., *Chlor. protog.*, 44, t. 15; *Syn. pl. foss.*, 243.)

MYRIOPHYLLON (VAILL., in *Act. Ac. Par.* [1719], t. 2, fig. 3). Genre d'Onagrariacées-Haloragées, à fleurs polygames-monoïques, construites comme celles des *Haloragis*, 4-mères, avec le calice 4-denté ou entier; 2-4 pétales ou 0; 2-8 étamines et un ovaire infère à 2-4 loges, avec autant de branches stylaires. Ce sont environ 15 herbes aquatiques, à feuilles opposées, alternes ou verticillées, linéaires, entières ou dentées, serrées ou pectinées-pinnatifides. Les fleurs sont axillaires et solitaires ou en épis de glomérules; les supérieures mâles. Les *M. spicatum* L., *alternifolium* DC. et *verticillatum* L. sont des herbes communes de nos marais, vulgairement nommées *Volants-d'eau*. (H. BN, *Hist. des pl.*, VI, 477, 498, fig. 465.)

Myriophyllon. — Fleur, coupe longitudinale.

MYRIOPHYLLUM (L., *Gen.*, n. 1066). Pour *Myriophyllon*.

MYRIOPHYLLUM (RIV. — RUPP., *Fl. jen.*, 21). Synonyme de *Hottonia* L.

MYRIOPHYSA (FR., *Summ. veg. Scand.*, 481). Genre de Tuberculariés, dont une seule espèce connue, le *M. atra*, présente un stroma gélatineux noir, donnant naissance à de grandes conidies hyalines. S'observe sur les aiguilles de Pin, en Suède.

MYRIOPTERON (GRIFF., in *Calc. Journ. Nat. Hist.*, IV, 385). Genre d'Asclépiadacées-Périplocées, formé d'une liane de l'Inde orientale, à corolle subrotacée, tordue, avec les écailles de la couronne acuminées-sétacées. Les ovaires sont supères, multiovulés, et les fruits ∞-ailés. Les fleurs sont disposées en cymes 3-chotomes. Le type du genre est le *Streptocaulon extensum* WIGHT. (WIGHT, *Ill.*, t. 182, fig. 2.) [H. BN.]

MYRIOSPORA (HEPP). Synonyme de *Acarospora* MASSAL.

MYRIOSTACHYA (B. H., *Gen.*, III, 1187). Section du genre *Eragrostis* PAL.-BEAUV.

MYRIOSTOMA (DESVX, *Journ. bot.*, t. II. — CORDA, *Anleit.*, 105). — Voy. GEASTER.

MYRIOTHECA (COMMERS. — J., *Gen.*, 15). Syn. de *Marattia* SW.

MYRIOTHECIUM. — Voy. MYROTHECIUM.

MYRIOTHEMA (DE LA PYL., in *Harv. Index gen. Algar.*, 2). Genre d'Algues de la famille des *Laminarieæ*, et qu'il faut considérer comme synonyme de *Agarum* GREV.

MYRIOTRICHE (TURCZ., in *Bull. Mosc.* [1863], I, 554). Synonyme de *Abatia* R. et PAV.

MYRIOTRICHUM (MONT., *Syll. crypt.*, 307). — Voy. MYXOTRICHUM.

MYRIPNOIS (BGE, *Enum. pl. chin. bor.*, 38). Section du genre *Ainsliæa* DC. (H. BN, *Hist. des pl.*, VIII, 92.)

MYRISTICA. Nom latin des Muscadiers.

MYRISTICACÉES. Famille formée du seul genre Muscadier, que la plupart de ses caractères rapprochent des Lauracées et, par suite, des Monimiacées. (H. BN, *Hist. des pl.*, II, 498.)

MYRMÆCIUM (NITS. — FUCK. — SACCARD., *Michel.*, II, 138; *Syll.*, I, *Pyr.*, 600). Genre de Sphériacés, caractérisé par un stroma déprimé sur lequel sont agrégés des périthèces glabres, bruns, contenant des thèques cylindriques, entremêlées de paraphyses. Les spores, ovoïdes-oblongues, sont hyalines et biloculaires. Une seule espèce caractérisée est admise par M. Saccardo; elle est originaire du Texas. [DE S.]

MYRMECHIS (BL., *Orchid. Arch. ind.*, 76, t. 21). Genre d'Orchidacées-Néottiées, établi pour les *Ramphidium alsinæfolium* et *grandiflorum* LINDL.

MYRMECIA (SCHREB., *Gen.*, 74). Synonyme de *Tachia* AUBL.

MYRMECODIA (JACK, in *Trans. Linn. Soc.*, XIV, 122). Genre de Rubiacées-Uragogées, dont les fleurs 4-mères sont celles des *Uragoga*, 4-andres, avec un fruit à 2-noyaux. Le calice est tronqué et la corolle valvaire. N'étaient leurs organes de végétation, on les aurait sans doute réunis aux *Psychotria*. Ce sont des arbustes épiphytes, glabres et coriaces ou charnus, dont la tige courte, renflée, rugueuse ou échinée, se dilate à sa base creusée de cavités qu'habitent des fourmis ou d'autres petits animaux. Les feuilles sont opposées, stipulées, analogues à celles des *Rhizophora*, et les fleurs sont axillaires, solitaires ou en cymes. On en distingue 5, 6 espèces, y compris les *Hydrophytum*, toutes de l'Océanie tropicale. (Voy. *Hist. des pl.*, VII, 288, 411, n. 41.) [H. BN.]

MYRMIDONE (MART., *Nov. gen. et spec.*, III, 149, t. 279). Section du genre *Maieta* AUBL. (H. BN, *Hist. des pl.*, VII, 57.)

MYROBALAN. Nom du *Prunus Myrobalana* DESF.

MYROBALAN BELLERIC. Le *Terminalia Bellerica* ROXB.

MYROBALAN CHÉBULE. Le *Terminalia Chebula* ROXB.

MYROBALAN CITRIN. Le *Terminalia citrina* ROXB.

MYROBALAN D'AMÉRIQUE. L'*Hernandia sonora* L.

MYROBALAN D'ÉGYPTE. Fruit du *Balanites ægyptiaca* DEL., cueilli avant sa maturité, et employé comme amer, purgatif.

MYROBALAN EMBLIC. Le *Phyllanthus Emblica* L.

MYROBALANEÆ (J.). Synonyme de Combrétacées.

MYROBALANIER BATARD. L'*Hernandia sonora* L.

MYROBALANIFERA (HOUST., *Syst.*, I, 667). Genre incertain.

MYROBALAN MONBIN. Le *Spondias lutea* L.

MYROBALAN MYREPSIQUE. Le *Moringa aptera* GÆRTN.

MYROBALAN PLUM. Nom anglais du *Prunus cerasifera* EHRH.

MYROBALANUS (GÆRTN., *Fruct.*, II, 90, t. 97). Synonyme de *Terminalia* L.

MYROBROMA (SALISB., *Par. lond.*, t. 89). Synonyme de *Vanilla* SW.

MYROCARPUS (ALLEM., *Diss.* [1847-48], c. icon.). Genre de Légumineuses-Papilionacées-Sophorées, voisin des *Toluifera* et des *Sweetia*, formé de 2 arbres brésiliens, à réceptacle concave, à 10 étamines. Le fruit est allongé, très comprimé, atténué-subailé aux deux bords, indéhiscent, avec une ou quelques graines, et des lacunes pleines d'une résine balsamique dans le péricarpe. Les feuilles sont imparipennées, et les fleurs sont disposées en grappes. Le bois est dur, et l'écorce résineuse. (H. BN, *Hist. des pl.*, II, 284.)

MYRODENDRON (SCHREB., *Gen.*, 358). Syn. de *Houmiri* AUBL.

MYROPYXIS (CESAT., in *Flora* [1851], 73. — KLOTZSCH, *Herb.*, 1429). Genre de Tuberculariés, à stroma concave, formé de filaments ramifiés qui portent des conidies petites aussi et nombreuses, formant une masse molle à consistance cornée quand elle est sèche. Deux espèces, sur les Graminées et les *Carex*, dans l'Europe méridionale. [DE S.]

MYROSMA (L. F., *Suppl.*, 8, 80). Genre de Zingibéracées-Marantées, qui répond aux sections *Saranthe* et *Xerolepis* KRNKE du genre *Maranta* L.

MYROSMODES (REICHB. F., *Xen. orchid.*, I, 19, t. 8). Synonyme (B. H.) de *Altensteinia* H. B. K.

MYROSPERMUM (JACQ., *St. amer.*, 120, t. 174, fig. 34). Genre de Légumineuses-Papilionacées-Sophorées, voisin des *Toluifera*, et qui s'en distingue en ce que ses étamines ont des filets plus longs que les anthères, et que son fruit monosperme est ailé à la base. La seule espèce connue (*M. frutescens* JACQ.), de l'Amérique centrale et des Antilles, n'est pas employée en médecine. Ce genre est d'ailleurs fort peu caractérisé. (H. BN, *Hist. des pl.*, II, 368.)

MYROSPORIUM (CORDA, in *Sturm Deutschl. Fl.*, XII, 63). Genre de Champignons, mal connu, placé par Corda dans les Myxomycètes, attribué par Fries à un état anormal des *Perichæna*. (*Summ. veg. Scand.*, 458.)

MYROTHAMNUS (WELW., *Apont. phyt.* [1858], 578; in *Trans. Linn. Soc.*, XXVII, t. 8). Genre de Saxifragacées-Myosurandrées, formé d'un arbuste de l'Afrique tropicale et australe, voisin des *Myosurandra*, mais à fleurs femelles 3-mères, et à fleurs mâles pourvues de 3-8 étamines unies en une colonne centrale et non libres. (H. BN, *Hist. des pl.*, III, 405, 463.)

MYROTHECIUM (TODE, *Fung. Meckl.*, 25, t. 5). Genre de Champignons cupuliformes, rapporté par Corda aux Tuberculariés, aux Gastéromycètes par Fries, et aux Ascobolés par M. Boudier. Les diverses espèces de ce genre hétérogène et qui ne peut être conservé, ont des caractères qui les placent dans des familles très éloignées les unes des autres. [DE S.]

MYROXYLON (FORST., *Char. gen.*, 125, t. 63). Synonyme de *Xylosma* FORST.

MYROXYLON (L. F., *Suppl.*, 34). Synonyme de *Toluifera* L.

MYRRHA (MITCH., in *Act. nat. cur.* [1748], VIII, *App.*, 217). Genre incertain d'Ombellifères.

MYRRHA IMPERFECTA. L'un des noms du *Bdellium*.

MYRRHIDA (PLINE). Le *Geranium moschatum* L.

MYRRHIDE, MYRIDE. Nom français des *Myrrhis* T.

MYRRHIDIUM (DC., *Prodr.*, I, 657). Section du genre *Pelargonium* L'HÉR.

MYRRHIDIUM (ECKL. et ZEYH., *Enum.*, 72). Section du genre *Pelargonium* L'HÉR. (H. BN, *Hist. des pl.*, V, 9.)

MYRRHINE. Nom ancien du Myrte.

MYRRHINIUM (SCHOTT, in *Spreng. Syst.*, *Cur. post.*, 404). Genre de Myrtacées-Myrtées, formé d'un arbuste de l'Amérique tropicale, distingué par des fleurs 4-mères à 4-8 longues étamines; un ovaire infère, à 2 loges ∞-ovulées; une graine à embryon arqué et des fleurs disposées en cymes latérales. Le *M. atropurpureum* SCHOTT a des feuilles opposées. (H. BN, *Hist. des pl.*, VI, 353.)

MYRRHIS (T., *Inst.*, 315 (part.), t. 166). Genre d'Ombellifères-Carées, dont les fleurs polygames ressemblent beaucoup à celles des Cerfeuils. Leurs stylopodes sont coniques ou pulvinés, d'ordinaire entiers. Le fruit est allongé-linéaire ou linéaire-oblong, comprimé latéralement, à méricarpes 5-gones. Les côtes primaires sont égales, proéminentes, parfois ciliées (dans les *Osmorhiza*); les bandelettes sont nulles ou très minces, ou multiples (*Osmorhiza*), et la graine porte en dedans un sillon

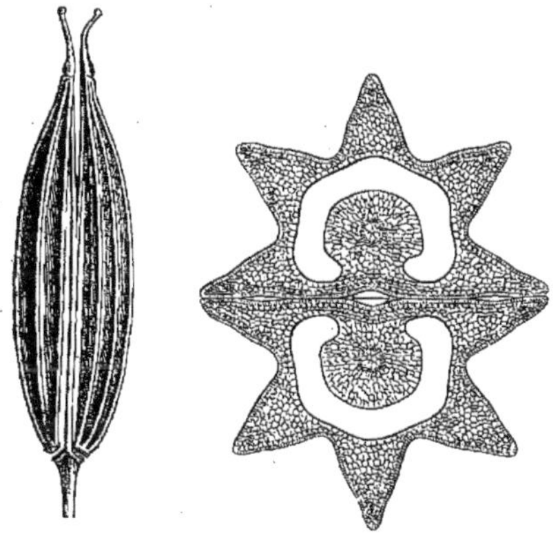

Myrrhis. — Fruit, entier et coupe transversale.

plus ou moins profond. Ce sont des herbes vivaces, glabres ou hérissées, très aromatiques, comme l'est surtout le *M. odorata* (Cerfeuil musqué), communément cultivé, à feuilles pennées ou décomposées-3-natipennées, avec des segments dentés ou pinnatifides. Les ombelles sont composées; les involucres sont nuls ou formés de bractées très peu nombreuses. Les bractéoles des involucelles sont membraneuses, caduques ou nulles. Ces plantes habitent les montagnes de l'Europe, l'Asie boréale et orientale, l'Inde, l'Amérique du Nord, et les régions tempérées et andines de l'Amérique du Sud. (Voy. *Hist. des pl.*, VII, 138, 233, n. 68, fig. 154, 155.) [H. BN.]

MYRSIDIEÆ (TREVIS., *Alg. cocc.*, 101). Tribu des Algues-Siphonothallées.

MYRSIDIUM (RAFIN., *Caratt.*, t. 26, fig. 12). Algue de la famille des *Valonieæ*. Synonyme de *Dasycladus* AGH.

MYRSINOIDES. Nom ancien de la Pervenche.

MYRSIPHYLLUM (W., in *Ges. Naturf. Fr. Berl. Mag.*, II, 25). Synonyme de *Asparagus* T.

MYRSTIPHYLLUM (P. BR., *Jam.*, 152). Synonyme (part.) de *Uragoga* L.

MYRTACANTHA. Nom ancien du Petit-Houx.

MYRTE, MYRTACÉES. Le genre Myrte (*Myrtus* T., *Inst.*, 640, t. 409) donne son nom à la famille des Myrtacées, des Polypétales-épigynes, partagée aujourd'hui en 6 séries des Myrtées, Leptospermées, Chamælauriées, Barringtoniées, Napoléonées, Punicées. Formé de 60 espèces environ, ligneuses, de la plupart des régions chaudes du globe, le genre est caractérisé par des fleurs régulières, à réceptacle concave, dont les bords por-

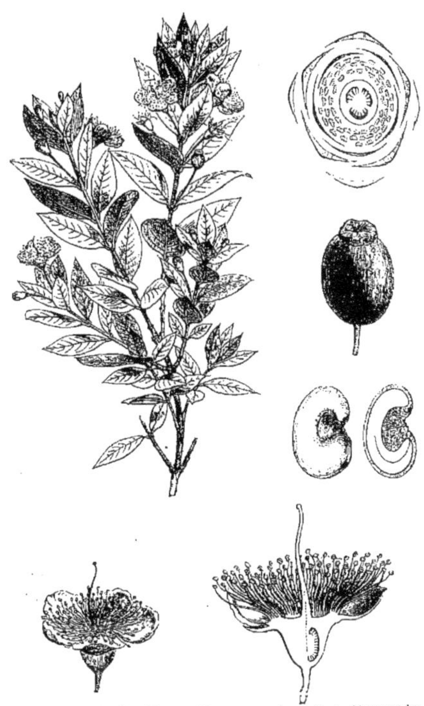

Myrte. — Rameau florifère. Fleur, entière et coupe longitudinale. Diagramme floral. Fruit. Graine, entière et coupe longitudinale.

tent 4, 5 sépales, foliacés, souvent imbriqués, et 4, 5 pétales imbriqués, étalés, le plus souvent blancs. Les étamines sont nombreuses, libres et à anthère introrse. L'ovaire infère est partagé en 2-5 loges ∞-ovulées, et le fruit est une baie polysperme, avec des graines arquées, sans albumen. Ce sont des arbres ou des arbustes odorants, à feuilles opposées, sans stipules; à fleurs axillaires, solitaires ou en cymes. Le *M. communis*, l'arbre des poètes, est aromatique. L'*Eau d'ange* s'obtient de ses fleurs et feuilles distillées. Le *M. Ugni* a des fruits comestibles. Il y a beaucoup d'espèces aromatiques, amères, stimulantes, etc., surtout en Amérique. (H. BN, *Hist. des pl.*, VI, 305, 340, 341, 349, fig. 277-283.)

MYRTE BATARD, M. ÉPINEUX, M. DES MARAIS, M. DE BRABANT. Le *Myrica Gale* L.

MYRTE ÉPINEUX, M. SAUVAGE. Le *Ruscus aculeatus* L.

MYRTE-PIMENT. Le *Pimenta communis* L.

MYRTHUS (SCOP. — NECK.). Pour *Myrtus* T.

MYRTILLA. Nom chilien de l'*Eugenia Ugni* HOOK. et ARN.

MYRTILLE. Le *Vaccinium Myrtillus* L.

MYRTILLE ROUGE. Le *Vaccinium Vitis idæa* L.

MYRTLE. Nom anglais des Myrtes.

myrtle-tree. Le *Fagus obliqua* Mirb.

myrto-balanus. Le Myrobalan Emblic.

myrtobium (Miq., in *Linnæa*, XXV, 652). Synonyme de *Lepidoceras* Hook. f.

myrtoessa (Reichb., *Nom.*, 177). Syn. de *Myrtillus* Endl.

myrtopetalum. Nom ancien du *Polygonum aviculare* L.

myrhyde odorante. Le *Myrrhis odorata* Scop.

mystillus (Presl, *Symb.*, I, 49). Synonyme de *Trifolium* T.

mystrosporella (Sacc., *Syllog. Fung.*, 542). Deuxième section du genre *Mystrosporium* Cord. (espèces à spores hyalines). [De S.]

Mystrosporium.

mystrosporium (Cord., *Icones Fung.*, I, 12). Genre d'Hyphomycètes, à filaments simples, dressés, peu ramifiés, cloisonnés ou toruleux, enfumés, portant des conidies solitaires ou groupées, pluriloculaires et généralement de couleur foncée. 14 espèces, d'Europe et surtout de l'Amérique septentrionale, sur les rameaux, les tiges et les feuilles mortes. [De S.]

mystroxylon (Eckl. et Zeyh., *Enum.*, 125). Synonyme de *Elæodendron* Jacq.

mytilidion (DC. — Duby, *Mém. Hyster.*, 22, t. I). Genre d'Hystérinés, à périthèces libres, comprimés, fragiles, munis d'une fente à bords très minces et rapprochés. Les thèques contiennent huit spores allongées, pluriloculaires, colorées. Une quinzaine d'espèces, sur l'écorce ou le bois de Conifères, en Europe et en Californie. [De S.]

mytilinidion (Duby, *Mém. Hyster.*, 22). — Voy. Mytilidion.

mytilostoma (Karst., *Symb. myc. Fenn.*, VI, in *Hedwig.* [1880]). Genre de Pyrénomycètes, formé aux dépens du genre *Lophiostoma* et rapporté depuis au genre *Lophidium*. (Voy. Saccardo, *Syll. Fung.*, II, 710.) [De S.]

myurus (Endl., *Gen.*, 104). Section du genre *Lepturus* Br.

myxa (Cæsalp., *De pl.*, lib. II, 50). Synonyme de *Cordia* L.

myxa, myxaria. Noms anciens du Sébestier.

myxacium (Fr., *Epicr.*, 2e, 354). Division des Cortinaires, à surface visqueuse.

myxarium (Wallr., *Fl. crypt. Germ.*, IV, 260). Genre de Champignons, mal déterminé, que l'auteur rapproche des *Nœmatelia* Fr. Pour Bonorden, c'est un Sphéronémé. [De S.]

myxastrum (Haebk. — Zopf, *Pilzth.*, 113). Genre de Moradinés, des îles Canaries, dont la place dans le règne végétal est douteuse.

myxocladium (Cord., *Icon. Fung.*, I, 12, t. III, f. 172; *Anleit.*, 33). Genre d'Hyphomycètes, peu déterminé, rapporté d'ordinaire aux *Helminthosporium*. [De S.]

myxocyclus (Riess, in *Fresen. Beitr.* [1850-63], 62). Genre de Sphéropsidés, établi sans motif suffisant pour le *Steganosporium muricatum*.

myxoecii (Wallr., *Fl. crypt. Germ.*, IV, 260). Division des Sporomycètes, formée d'Urédinés à consistance mucilagineuse.

myxogastereæ (Durieu, *Fl. d'Alg.*, 400). — Voy. Myxomycètes.

myxogasteres (Endl., *Enchir.*, 16. — Lév., *Champ.*, in *Ann. sc. nat.* [1846]). — Voy. Myxomycètes.

myxogastres (Fr., *Summ. veg. Scand.*, 448). — Voy. Myxomycètes.

myxomphalos (Wallr., *Fl. crypt. Germ.*, IV, 520). — Voy. Tremella.

myxomyceteæ (Sacc., *Syll. Fung.*, VII, § 1, 323). — Voy. Myxomycètes.

myxomycètes (*Myxomycetes*) Wallr., *Fl. cryptog. Germ.*, IV, 333). Champignons longtemps rangés parmi les Gastéromycètes, à cause de l'analogie présentée par leur réceptacle sporifère. Ils se présentent le plus souvent sous la forme d'une gleba composée de spores et des éléments d'un capillitium qui manque quelquefois. Cette gleba est entourée d'une couche membraneuse, lisse ou ridée, tantôt unique, tantôt séparable en plusieurs feuillets distincts. Ce pseudo-péridium, presque toujours de petite dimension, est sessile ou pédiculé, fragile, friable et fugace. Les spores ne sont pas portées sur des basides formant un hyménium; et quand on les fait germer, au lieu de donner naissance à un filament cellulaire destiné à produire un mycélium, elles laissent échapper leur contenu protoplasmatique comme une parcelle de gelée qui se divise en fractions plus petites appelées plasmodes ou myxamibes. Ces petits corps sont doués, comme les amibes animaux, de mouvements de contraction et de translation. Après quelque temps, si les circonstances atmosphériques sont défavorables, ils s'enkystent. Si au contraire le milieu ambiant est propice, les plasmodes se rapprochent, se fusionnent ou s'agrègent en restant distincts, en formant une masse réticulée ou boursouflée appelée plasmodie, qui se meut également parmi les branches et brindilles de bois mortes, les feuilles tombées, s'élève même le long de plantes vivantes, puis s'organise en corps isolés ou agrégés, de forme sphérique, ovoïde, cylindrique ou indéterminée. La surface extérieure de ces corps proéminents se durcit en sporange membraniforme, porté ou non sur un pédicelle de même nature, privé ou muni d'une mince colonne centrale appelée columelle, faisant suite au pédicelle quand il existe. Le sporange

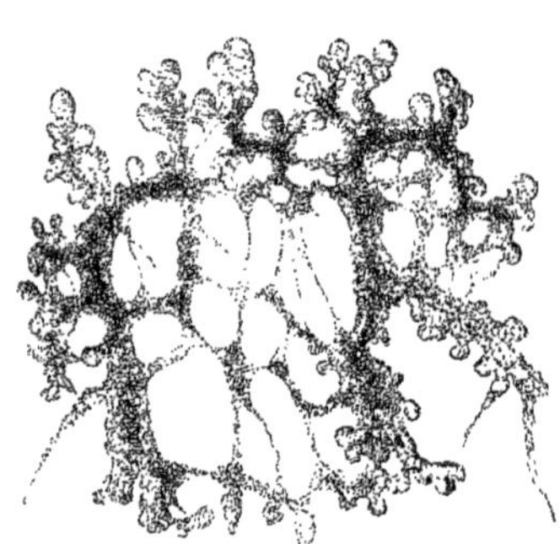

Myxomycète.

ainsi formé diffère complètement du péridium pluricellulé des Gastéromycètes; il s'incruste souvent de carbonate de chaux granulé ou cristallisé. A l'intérieur se développent les spores sphériques ou ovales, à membrane plus ou moins épaisse, lisse ou présentant de fines aspérités piliformes. Souvent ces spores sont entremêlées de filaments lisses, hérissés, grillagés ou entortillés, tantôt libres, tantôt rattachés à la columelle à l'extrémité du pédicelle ou à la surface interne du pseudo-péridium.

La motilité du protoplasma libre des myxamibes et des plasmodies donne au premier âge de ces Champignons l'apparence de microzoaires et les a fait considérer par plusieurs auteurs comme participant de la nature animale; d'où le nom de *Mycetozoa*, en allemand *Mycetozoen*, donné par de Bary. Les Mycétozoaires seraient, d'après ce savant, « des Champignons en voie de devenir animaux »; cette opinion a été également soutenue par plusieurs observateurs, parmi lesquels MM. Zopf et Rostafinski. On doit à ce dernier une importante classification des espèces de Myxomycètes, qui a servi de base à celles qui sont usitées aujourd'hui (Rost., *Vers. ein Syst. d. Mycetoz.* [1873]. — *Sluz. Monogr.*, 1875). Sous le nom de Mycétozoaires douteux, de Bary avait réuni aux Myxomycètes des Vampyrelles et diverses Monadinées, formant un groupe destiné à être démembré, puisque des animaux s'y rencontrent à côté de plantes. Si l'on exclut ce groupe, les Myxomycètes présentent avec les animaux les mêmes rapports que nombre de Champignons et de végétaux supérieurs. L'enkystement des plasmodies et la production de zoospores se rencontrent chez beaucoup de vrais Champignons. Quant à la motilité des plasmodies, c'est une conséquence générale des propriétés du protoplasma dans l'ensemble du règne végétal. Il est doué d'une contractilité et d'une motilité qui ne sont pas apparentes, parce que les mouvements sont emprisonnés dans les parois solides des cellules; mais ces mouvements n'en ont pas moins été constatés et ne peuvent plus faire l'objet d'un doute. La place des Myxomycètes ne nous semble donc plus devoir donner lieu à de nouvelles contestations. Le développement et la disposition de leurs spores par rapport au réceptacle permet de grouper sous trois divisions les 43 ou 45 genres qu'ils contiennent.

1° MYXOSPORÉS. — Les spores, réunies par la matière gélatineuse, ne sont pas renfermées dans un sporange ou pseudopéridium.

a. Un seul plasmode. — *Plasmodiophorum*.

b. Plasmodie formée de plasmodes agrégés. — *Guttulina*, *Copromyxa*, *Acrasis*, *Dictyostelium*.

2° EXOSPORÉS. — Plasmodie formée de plasmodes fusionnés. Spores développées sur des stérigmates à l'extérieur du réceptacle. — *Ceratium*.

3° ENDOSPORÉS. — Plasmodie formée de plasmodes fusionnés. Spores développées à l'intérieur d'une enveloppe ou pseudopéridium (*Myxogastres* FRIES). Cette division comprend le plus grand nombre des Myxomycètes. Les sous-groupes peuvent en être établis de la manière suivante :

LAMPROSPORÉS Spores de couleur claire ou incolores; pas de dépôts calcaires.	Pas de capillitium, ATRICHÉS.	....	*Bursulla*, *Licea*, *Tubulina*, *Cribraria*, *Dictydium*, *Heterodyctium*, *Linbladia*, *Enteridium*.
	Capillitium, TRICHOPHORÉS.	....	*Perichæna*, *Arcyria*, *Cornuvia*, *Hemiarcyria*, *Lachnobolus*, *Lycogala*. — *Reticularia*.
AMAUROSPORÉS Spores violettes ou de couleur sombre, presque toujours un capillitium. Peridium.	Muni de columelle, COLUMELLÉS.	Pas de dépôts calcaires.	*Stemonitis*, *Orthotrichia*, *Lamproderma*, *Comatricha*, *Enerthenema*, *Raciborskia*. — *Amaurochæte?*
		Avec dépôts calcaires.	*Caterium*, *Chondrioderma*, *Didymium*, *Lepidoderma*, *Diachæa*, *Spumaria*.
	Sans columelle, ACOLUMELLÉS.	....	*Protodemium*, *Cienkowskia*, *Badhamia*, *Physarum*, *Leocarpus*, *Tilmadoche*, *Fuligo*, *Rostafinskia*.

On trouvera les caractères complémentaires et spéciaux à chaque genre au nom des genres énumérés dans cet article. Les Myxomycètes vivent sur le bois pourri, la tannée; on les rencontre aussi sur des plantes vivantes. Les plasmodies englobent des corps de diverse nature, sans qu'on puisse en conclure qu'elles se nourrissent de ces corps par une digestion interne, comme les amibes. Il semblerait plutôt que cet englobement est tout à fait passif, analogue à celui de fragments de bois ou de feuillages par le pseudo-parenchyme en voie d'accroissement chez les Champignons polycellulés (Voy. à ce sujet et sur la nature des Myxomycètes : ROZE, *Des Myxom. et de leur place; Bull. Soc. bot.*, XX, 320. — DANGEARD, *Recherches sur les org. infér.*, 1886). Les Myxomycètes se rencontrent sous toutes les latitudes. Les *Plasmodiophorum* sont parasites. Ils n'ont pas d'emploi utile, sauf une grande espèce corticole de Nouméa, voisine du *Reticularia atra*, mais à spores lisses, comme celles des *Lycogala*. Les indigènes de la Nouvelle-Calédonie s'en frottent le corps pour se donner un coloris plus à leur goût. [DE S.]

MYXONEMA (CORD., *Icon. Fung.*, I, 10. — *Anleit.*, 27). Genre mal déterminé, voisin des *Ulothrix* et des *Higeoclonium*, auxquels Kützing les réunit. (Voy. KUETZ., *Sp. Alg.*, 352.)

MYXONEMA (FRIES, *Syst. Orb. veget.*, pars I [1825]). Genre d'Algues, de l'ordre des *Nematophyceæ*, famille des *Chætophoreæ*, qui n'a pas été admis par tous les auteurs et dont les espèces ont été reportées dans le genre *Stigeoclonium*.

MYXONEMEI (BONORD., *Abhandl. d. Mykol.* [1864], 71). Famille de l'ordre des *Tremellini*, comprenant les genres *Podisoma*, *Collarium*, *Dacrymyces*, *Cylindrocolla*, *Coryne*, *Fusicolla*. [DE S.]

MYXORMIA (BERK. et BR., in *Ann. Nat. Hist.*, XII, f. 9). Genre de Mélanconiés, à stroma discoïde, à filaments serrés. Les conidiophores dressés sont grêles, cloisonnés. Les conidies sont en chapelet, hyalines ou colorées, enveloppées d'une substance gélatineuse. Deux espèces, sur des feuilles mortes, dans l'Amérique du Nord. [DE S.]

MYXOSPORELLA (SACC., *Michel.*, II, 381). Genre de Mélanconiés, qui diffère des *Myxosporium* parce que les conidies sont en chaînettes au lieu d'être solitaires. Le *M. miniata* SACC. se trouve sur les rameaux décortiqués de Platane. [DE S.]

MYXOSPORIUM (LINK, *Sp. plant.*, II, 99). Genre de Mélanconiés, à stroma aplati ou globuleux, de couleur pâle ou rougeâtre, dont les filaments dressés, bacillaires, portent des conidies ovoïdes, hyalines ou de couleur claire. 38 espèces se développent sous l'écorce des rameaux, plus rarement sur des feuilles ou des fruits, surtout dans les pays tempérés. [DE S.]

MYXOTHECIEI (FR., *Summ. veg. Scand.*, 407). Tribu 4e des Périsporiacés, comprenant les genres *Zasmidium*, *Myxothecium*, *Couturea*, *Zythia*.

MYXOTHECIUM (KUNZE. — FR., *Syst. myc.*, III, 231). Genre de Périsporiacés, mal déterminé et qui se rapporte sans doute aux *Eurotium*.

MYXOTHRICEI (FR., *Summ. veg. Scand.*, 502). Groupe de Dématiés, comprenant des genres ambigus, voisins des Périsporiacés : *Myxotrichum*, *Ophiotrichum*, *Ospreosporium*, *Mydonotrichum*, *Scolicotrichum*, *Trichægum*.

MYXOTHRIX (FRIES, ex part. — KUETZ., *Sp. Alg.*, 345). Genre d'Algues-Chlorospermées, que l'on considère comme devant appartenir aux *Ulothrichæ* et que Kützing regarde même comme synonyme du genre *Ulothrix*.

MYXOTRICHUM (KUNZE, *Myc.*, Heft II, 64). Genre d'Hyphomycètes, à filaments stériles, brunâtres, enroulés, donnant naissance par leur base à des ramifications qui portent des spores hyalines ou peu colorées, en glomérules. La place de ce genre est encore un peu incertaine. État conidien des *Chætomium* pour Fuckel, ces Champignons seraient pour d'autres auteurs des Mucorinés, les glomérules de spores étant à l'origine entourés d'une membrane sporangiale. M. Saccardo en décrit 17 espèces, qui se développent sur le papier, la toile, les résidus de toute espèce, humides ou en décomposition, et sur le vieux bois, surtout dans les régions septentrionales de l'Europe et de l'Amérique. [DE S.]

MYXOTRIX (FRIES, *St. fenn.*, 44). Synonyme de *Myxonema* FRIES. Pour Kützing, synonyme de *Ulothrix* KUETZ.

MYXUS. Le *Melia Azederach* L.

MYZOCYTIUM (SCHENK, *Alg. Mittheil.*, 12). Genre de Saprolégniés, à filaments simples, à oogones intercalaires. Les anthéridies ne sont pas portées sur un rameau latéral du même filament. Les oospores, à leur maturité, sont hérissées de denticules. Les deux espèces connues sont parasites dans le corps des Anguillules ou dans les cellules de plusieurs Algues. [DE S.]

N

NA. Nom japonais des *Brassica*.

NA. Nom languedocien du Navet.

NAAPAKA. Nom hawaïen du *Scævola Kœnigii* VAHL.

NAATS-GI. Au Japon, le *Styrax serrulatum* ROXB.

NAATSJONI. Nom indien de l'*Eleusyne coracana* GÆRTN.

NABA. Nom, au Japon, d'un Agaric comestible.

NABALUS (CASS., in *Dict.*, XXXIV, 94). Synonyme de *Prenanthes* L. (H. BN, *Hist. des pl.*, VIII, 116.)

NABCA (P. ALP., *Pl. æg.*, II, 10). Synonyme de *Ziziphus* T.

NABEA (LEHM., *Ind. sem. H. hamburg.* [1831]). Synonyme de *Macnabia* BENTH.

NABI. Nom copte (LORET) de l'*Arundo Donax* L.

NABLONIUM (CASS., in *Dict.*, XXXIV, 101). Genre de Composées-Inulées, formé d'une herbe naine de Tasmanie, à capitules homogames, à aigrette de 2 soies rigides et en forme de corne. Les feuilles sont basilaires, et les capitules sont ordinairement solitaires, pédonculés. (H. BN, *Hist. des pl.*, VIII, 163.)

NACASCOL. Au Guatemala, le *Cæsalpinia coriaria* W.

NACCARI (Fort.-Luigi). Vice-consul à Chioggia, a écrit [1826-28] un *Flora veneta* en 6 vol. in-4 ; un *Algologia adriatica* [1828], et des *Aggiunte alla Flora veneta* [1824].

NACCARIA (ENDL., *Gen.*, 6. — J. AGH, *Spec. Alg.*, 711). Algue-Floridée, de l'ordre des Corynospermées, famille des Wrangeliées, d'après J.-G. Agardh ; de la famille des Gigartinées d'après d'autres auteurs. La fronde est filiforme, rameuse, gélatineuse, à rameaux opposés ou épars, et pourvue de filaments assez nombreux, assez abondamment ramifiés pour se toucher, s'unir intimement à la périphérie et former ainsi comme une couche corticale. Ces Algues sont de couleur rose, à cellules centrales larges et dépourvues d'endochrome ; les cellules corticales sont petites. Les rameaux sont formés de filaments dichotomes verticillés. La fructification a lieu au moyen de cystocarpes qui se forment dans la partie renflée et moyenne des rameaux. Les gemmidies sont piriformes. Quelques espèces intéressantes constituent ce genre, et plusieurs sont propres aux mers de la France. (Voy. J.-G. AGH, *Spec., gen. et ord. Alg.*, III, 625.) [CH. M.]

NACHAL. Nom égyptien des Dattiers.

NACHI. Nom, au Japon, des Poiriers.

NACIBE. Nom français (LAMK) des *Nacibea* AUBL.

NACIBEA (AUBL., *Pl. guian.*, I, 95, t. 37). Synonyme de *Manettia* MUT.

NACUMA. Nom colombien du *Carludovica palmata* R. et PAV.

NADELTANG. En Allemagne, le *Gigartina acicularis* LAMX.

NADERMANN (Herm.-Ludw.). Auteur [1846] à Munster, de *Hortensia* (in-4 de 16 p.).

NADESHIKO. Nom japonais des Œillets, notamment du *Dianthus superbus* L.

NADO. En Espagne, le Navet.

NADZUNA. Nom japonais de la Bourse-à-pasteur.

NÆGELIA (RABENH., *Deutschl. crypt. Flor.*, n. 803). — Voy. SCHINZIA.

NÆGELIA (REG., in *Flora* [1848], 249). Section du genre *Achimenes* P. BR. (H. BN, *Hist. des pl.*, IX, 82.)

NÆGELIA (ZOLL. et MOR., *Verz.*, 20). Synon. de *Gouania* L.

NÆGELO-ACHIMENES. Nom d'un prétendu genre, donné par M. Vallerand aux hybrides de *Nægelia* et d'*Achimenes*. (Voy. *Rev. hort.* [1884], 542.)

NÆMACYCLUS (FUCK., *Symb. myc.*, III, 49). Genre de Phacidiés, proposé pour une espèce de *Propolis*, le *P. Pinastri*, qui présente des disques conidifères en même temps que des réceptacles thécasporés.

NÆMASPORA (PERS., *Syn. Fung.*, 108). Genre de Mélanconiés, dont les pulvinules irréguliers, de couleur claire, se développent sous le périderme et portent des conidiophores filiformes, souvent ramifiés, et de petites conidies hyalines, expulsées du réceptacle en formant des cirrhes. On en a décrit 19 espèces, dont plusieurs ont été considérées par Tulasne comme des spermogonies de Sphériacés. [DE S.]

NÆMATELIA (FR., *Syst. myc.*, II, 227). Genre de Trémellinés, à réceptacle convexe, épais, gélatineux, plus ferme au centre. Les basides globuleux portent des spores ovoïdes. Les caractères qui peuvent différencier ces Champignons des Trémelles sont difficiles à saisir et ont paru insuffisants à M. Brefeld. Il convient donc de reporter aux Trémelles les 12 ou 13 espèces de *Næmatelia* décrites. Leur habitat est le même : sur les rameaux morts, sous toutes les latitudes. [DE S.]

NAEZÉN (Dan.-Erich). Médecin d'Umea où il mourut en 1808, a publié une liste des plantes rares trouvées par lui à Ulrichœhamn en Westrogothie.

NAFÉ. Plante prétendue pectorale, dont on vend des pâtes, sirops, etc. C'est, a-t-on dit, le *Gombo* (*Hibiscus esculentus* L.).

NAGA-DOKORO. Nom japonais du *Dioscorea sativa* L.

NAGAHA-NO-KOYA-BOKI. Nom japonais du *Pertya scandens* SCH. BIP., *foliis fasciculatis*.

NAGA-IMO. Au Japon, le *Dioscorea japonica* THUNB., var. *culta*.

NAGA-JIRAMI. Nom japonais de l'*Osmorhiza japonica* ZUCC.

NAGAMI-KANKAN. Nom japonais du *Citrus japonica* THUNB.

NAGA-MUSADIE. L'un des noms du Bois de couleuvre.

NAGARUNGA. Nom sanscrit du Bigaradier.

NAGAS (BOIS DE). Le *Mesua ferrea* L.

NAGASSARI (RUMPH.). — Voy. NAGASSARIUM.

NAGASSARIUM (RUMPH., *Herb. amboin.*, VII, 3, t. 2). Synonyme de *Mesua* L.

NAGATAMPO (ADANS., *Fam. des plant.*, II, 444). Synonyme de *Mesua* L.

NAGA-VALLI (RHEEDE). Le *Bauhinia scandens* L.

NAGEIA (GÆRTN, *Fruct.*, I, 191). Synonyme (?) de *Myrica*.

NAGEIA (ROXB., *Fl. ind.*, III, 766). Synonyme de *Putranjiva* WALL.

NAGELIA (LINDL., in *Bot. Reg.* [1845], *Misc.*, 40). Synonyme de *Cotoneaster* MEDIK.

NAGELKRAUT. Nom allemand des *Paronychia*.

NAGHAS (MIRB., ex *Steud. Nom.*, II, 136). Synonyme de *Mesua* L.

NAGHAWALLI. L'*Ophiorrhiza Mungos* L.

NAGI (KÆMPF., *Amœn. exot.*, 773, 874). Synonyme de *Podocarpus Nageia* R. BR. C'est aussi le nom, au Japon, du *Myrica Nagi* THUNB.

NAGINATA-KOJU. Nom japonais de l'*Elsholtzia cristata* W.

NAGU. Dans les Écritures, le Noyer.

NAHAND (SERAP.). Le *Moringa aptera* GÆRTN.

NAHUSIA (SCHNEEV., *Icon.*, n. 21). Synonyme de *Fuchsia* PL.

NAHUYS (Alex.-Pet.). Professeur à Utrecht, auteur [1775] de *Oratio inauguralis de religiosa plantarum contemplatione*, etc. (in-4 de 56 p.).

NAIADACÉES (*Naiadaceæ*). Famille de Monocotylédones aquatiques, actuellement formée des 8 séries des Naïadées, Zostérées, Cymodocéées, Posidoniées, Zannichelliées, Aponogétées, Potamées et Juncaginées.

NAIADE. Nom français des *Najas* L.

NAIADÉES (*Naiadeæ*). Tribu (7) des Naïadacées (B. H., *Gen.*, III, 1011), formée du seul genre *Naias* L.

NAIAS (L., *Gen.*, n. 1096). Genre de Monocotylédones, qui a donné son nom à la famille des Naïadacées et à la tribu des Naïadées. Ses fleurs sont monoïques ou dioïques. Les mâles, sessiles ou pédicellées, ont un double périanthe et une étamine. Dans les femelles, il n'y a pas de périanthe, ou l'on admet qu'il est adné au carpelle. Celui-ci est unique, sessile, à ovaire surmonté de 2-4 branches stylaires stigmatifères, et renfermant un ovule anatrope, dressé. Le fruit est indéhiscent, crustacé ou subdrupacé, avec une graine dressée. Ce sont 9, 10 herbes submergées, à feuilles alternes, opposées ou verticillées, à fleurs solitaires ou en glomérules. (MAGN., in *N. Giorn. bot. ital.*, II, 187.) [H. BN.]

NAI CORANA (RHEED., *Hort. malab.*, VIII, 61, t. 65). Synonyme de *Mucuna prurita* HOOK.

NAIOCRENE (TORR. et GR., *Fl. N.-Amer.*, I, 201). Section du genre *Claytonia* L.

NAIRONI (Ant.-Faust.). Professeur au Collège de la Sagesse, à Rome, où il mourut en 1707, était né au Liban en 1636. Il écrivit [1671] *De saluberrima potione* Cahve *seu* Cafe *nuncupata discursus*, dédié au cardinal De Comitibus.

NAIZONI. Dans les Écritures, le Café (?).

NAJADE. Nom allemand des *Naias* L.

NAKA. En Égypte, variété d'Orange.

NA-KAU-WA. Nom, aux Fidji, du *Pleiosmilax vitiensis* SEEM.

NALAGU (ADANS., *Fam. des plant.*, II, 445). Synonyme de *Aralia* L.

NALCA. Synonyme de *Panke*.

NALLA-MULLA (RHEED.). Le *Jasminum Sambac* VAHL.

NALODAKADI. Le *Nicotiana Tabacum* L.

NALTAN. Au Japon, le *Nandina domestica* L.

NAM. En Cochinchine, la plupart des Champignons.

NAMA (L., *Gen.*, n. 317). Genre d'Hydrophyllées, qui a donné son nom à une tribu des *Namées*, et qui est formé de 12-14 herbes annuelles ou vivaces, de l'Amérique et des Sandwich, à fleurs pourvues d'une corolle infundibuliforme, imbriquée; d'étamines ordinairement incluses, avec un fruit capsulaire, 2-valve. Les fleurs sont solitaires au niveau des feuilles ou disposées en cymes. (CHOISY, *Hydrol.*, t. 2. — H. B. K., *Nov. gen. et spec.*, t. 218.) [H. BN.]

NAM-BÉE. Sorte d'Agaric comestible de Cochinchine.

NAMBOK. Au Japon, le *Cinnamomum Camphora* NEES.

NAME BLANCO. Synonyme espagnol de *Mapuey*.

NAME-FUSI. Nom japonais du *Stachyurus præcox* S. et ZUCC.

NAMIKISO. Nom japonais du *Scutellaria scordiifolia* FISCH.

NAMIZIN GORO. Nom, en Haoussâ, du *Kola mâle*.

NAM-NAM. Nom, dans l'Inde, du *Cynometra cauliflora* L.

NAM-TIEN. En Cochinchine, l'*Arum trilobatum* L.

NAM-TRAM. L'*Helvella amara* LOUR.

NANA (DALECH.). Pour Ananas.

NANA. Nom arabe du *Mentha sativa* L.

NANA (PIS., *Bras.*, 194). Nom brésilien des Ananas.

NANANTHEA (DC., *Prodr.*, VI, 45). Section du genre *Cotula* T. (H. BN, *Hist. des pl.*, VIII, 284.)

NANARIS. Le *Pimela oleosa* LOUR.

NANASTRUM (TORR. et GR., *Fl. N.-Amer.*, II, 186). Section du genre *Townsendia* HOOK.

NANBAN-HAKOBE. Nom japonais du *Cucubalus bacciferus* L.

NANCA. Synonyme de *Rima*.

NANCE-BARK. Écorce du Mexique, très astringente, qui est peut-être, a-t-on dit, celle du *Byrsonima crassifolia* K. (HOLM., in *Amer. Journ. Pharm.* [1886], 239.)

NANDHIROBA. Pour *Nhandiroba* PLUM.

NANDHIROBÉES (*Nandhirobeæ*). Pour Nhandirobées.

NANDI. Nom américain du *Piper aduncum* L.

NANDINA (THUNB., *Diss.*; *Nov. gen.*, I, 14). Genre de Berbéridacées-Berbéridées, à carpelle de *Berberis*, 2-ovulé, et à fruit charnu; 6 étamines hypogynes et un périanthe formé de ∞ bractées, sépales et pétales imbriqués, qui vont en grandissant de bas en haut et qui deviennent de plus en plus pétaloïdes, blancs. Le *N. domestica*, arbuste du Japon, à feuilles 2, 3-pinnatiséquées, est cultivé chez nous et présente quelques variations de forme assez remarquables. (*Bot. Mag.*, t. 1109. — H. BN, *Hist. des pl.*, III, 57, 74.)

NANDINE. Nom français (LAMK) des *Nandina* THUNB.

NANDOUCK. Nom ouoloff du *Sarcocephalus esculentus* AFZ.

NANDU-APYZA. Nom guarani du *Psidium Apysa* PAROD.

NANDUBEY. Nom argentin du *Prosopis Nandubey* LOR.

NANEA. Nom hawaïen du *Vigna lutea* A. GRAY.

NANFA. En Italie, les fleurs de l'Oranger.

NANGAPIRI. Nom guarani de plusieurs espèces d'*Eugenia*.

NANGHA (ZIPPEL., ex MACKL., in *Bijdr. tot nat. Wet.*, V, 142). Genre non décrit.

NANGOUÉ. Synonyme de *Kola*.

NANIA (MIQ., *Fl. ind. bat.*, I, p. I, 399). Synonyme de *Metrosideros* BANKS.

NANKHAH. Nom persan de l'*Ammi*.

NANKIN-KORAKURA. Au Japon, le *Primula macrocarpa* MAX.

NAN-MU. Arbre chinois qui fournit un bois de construction très estimé et incorruptible, dont sont faites les colonnes des tombeaux des empereurs de la dynastie des *Ming*, depuis trois siècles. On croyait que c'est une Lauracée, voisine, sinon identique, du *Phœbe pallida* NEES. On sait aujourd'hui que c'est le *Persea Nan-mu* OLIV.

NANNOGLOTTIS (MAXIM., in *Mél. biol. Bull. Acad. imp. des sc. St-Pétersb.*, XI, 235). Genre de Composées-Inulées, à capitules multiflores, hétérogames. L'involucre est formé de deux séries d'écailles, les externes foliacées; réceptacle convexe, alvéolé; fleurs du rayon ligulées et femelles; celles du disque campanulées, à 5 dents; anthères obtuses à la base; akènes du rayon pourvus d'une aigrette formée de quelques soies plumeuses; aigrette des akènes du disque à soies très inégales, et dont deux sont bien plus développées que les autres. Herbe de la Chine occidentale, ressemblant au *Carpesium cernuum*. Les anthères, inappendiculées à la base, sont une anomalie dans la tribu des Inulées. [A. FR.]

NANNORHOPS (H. WENDL., in *Bot. Zeit.* [1879], 147). Genre de Palmiers-Coryphées, comprenant une espèce humble de l'Inde, de l'Afghanistan, du Béloutchistan et de la Perse, à feuilles rigides, cunéiformes-flabellées; les fleurs polygames-monoïques; l'ovaire à 3 loges, avec un court style subulé; la graine avec un albumen continu, profondément creusé à la face dorsale, avec un embryon dorsal. (AITCHINS., in *Journ. Linn. Soc.*, XIX, 140, t. 26.) [H. BN.]

NANOCNIDE (BL., *Mus. lugd.-bat.*, II, 154, t. 17). Genre d'Urticacées-Urticées, formé de 2 herbes asiatiques annuelles, à feuilles alternes, à port d'Ortie; le calice femelle 4-partite, avec 2 folioles extérieures carénées et plus larges. Le style est terminé par une tête pénicillée. (WEDD., *Mon. Urtic.*, t. 9. — H. BN, *Hist. des pl.*, III, 518.)

NANOCYNARA (REICHB., *Nom.*, 99). Section du g. *Leuzea.*

NANODEA (BANKS. — GÆRTN. F., *Fruct.*, III, 251, t. 225). Genre de Santalacées, établi pour une petite herbe multicaule, de la région Magellanique, à fleurs généralement hermaphrodites, au nombre de 1-3 entre les feuilles supérieures; 4-6-mères, avec un disque concave et un ovaire infère, 2-ovulé. Les ovules s'insèrent, bien entendu, sur un placenta central-libre. Le fruit est drupacé. (GAUDICH., in *Ann. sc. nat.*, sér. 1, V, t. 2, fig. 3. — H. BN, in *Adansonia*, III, 114.)

NANODES (LINDL., *Bot. Reg.*, t. 1541). Section du genre *Epidendrum* L. (B. H., *Gen.*, III, 531.)

NANODIA (NUTT., in *Amer. Phil. Trans.* [1841], VII, 305). Section du genre *Townsendia* HOOK.

NANOLIRION (BENTH., *Gen.*, III, 793). Genre de Liliacées-Asphodélées, formé d'une herbe cespiteuse du Cap, à port d'*Herpolirion*, à fleurs pourvues d'un périanthe 6-partite et tordu après l'anthèse; de 6 étamines à filets aplatis et d'un ovaire à 3 loges 2-ovulées. Les feuilles linéaires sont tournées chacune de leur côté. [H. BN.]

NANON. Nom ancien des Ananas.

NANOPETALUM (HASSK., in *Verh. Kon. Acad. Amsterd.*, IV, 140). Genre d'Euphorbiacées à loges ovariennes biovulées, proposé pour une plante qui a tous les caractères des *Amanoa* américains, mais dont le réceptacle est un peu plus concave, et dont le fruit est nettement capsulaire. C'est en même temps un *Cleistanthus* dont l'embryon, comme celui des *Amanoa* américains, est dépourvu d'albumen. Le *N. myrianthum* HASSK. habite Bornéo et Java. Nous n'en faisons, bien entendu, qu'une section du genre *Amanoa*. (Voy. *Adansonia*, XI, 116; *Hist. des pl.*, V, 237.) [H. BN.]

NANOPHYTON (LESS., *Syn.*, 382). Synonyme de *Rhynchopsidium* DC.

NANOPHYTUM (LESS., in *Linnæa*, IX, 197). Genre de Chénopodiacées-Salsolées, fondé sur un arbuscule de la Soongarie et des régions voisines, à petites feuilles alternes, à fleurs de *Petrosimonia*; les 5 sépales scarieux, subhyalins, s'accroissant finalement beaucoup; les 5 étamines à anthères pourvues d'un appendice conique. Le *N. erinaceum* BGE était pour Pallas (*Ill.*, t. 48) un *Polycnemum*. (H. BN, *Hist. des pl.*, IX, 191.)

NANOSILENE (OTTH, in *DC. Prodr.*, I, 367). Section du genre *Silene* L.

NANOTHAMNUS (THOMS., in *Journ. Linn. Soc.*, IX, 342, t. 3). Genre de Composées-Hélianthées-Inulées, établi pour une petite herbe vivace de l'Inde, à feuilles alternes, mucronées, serrées; à petits capitules hétérogames; les fleurs femelles à corolle filiforme; les fleurs hermaphrodites à corolle bilabiée; les fruits sans aigrette. Les capitules sont petits, axillaires et terminaux. (H. BN, *Hist. des pl.*, VIII, 192.)

NANSIATUM (MIQ.). Pour *Natsiatum* HAMILT.

NANTEN-HAGI. Nom japonais du *Lathyrus Messerschmidii.*

NANTI. Le Pavot de la Thébaïde.

NANTIANDRIA (RAFIN., in *Ann. phys.* [1820], 79). Ordre de la Chorisanthérie.

NANTILLE, NENTILLE. Par corruption, pour Lentille.

NANTON-FOUTSI. Nom malgache du *Pittosporum polyspermum* TUL. Synonyme de *Membo-Vitski.*

NANTOR. Le Cresson alénois.

NAPA (PETIV., herb., 246). Synonyme de *Stilbe* BERG.

NAPÆA (L., *Gen.*, n. 838). Genre de Malvacées-Malvées, formé de 1, 2 herbes vivaces de l'Amérique du Nord, cultivées dans nos jardins botaniques; à fleurs de *Malva*, mais dioïques et sans bractées florales. Les carpelles sont secs et légèrement déhiscents. (A. GRAY, *Gen. ill.*, t. 119. — H. BN, *Hist. des pl.*, IV, 139.)

NAPATA. Écorce cicatrisante d'une plante indét. de Tahiti.

NAPEANTHUS (GARDN., in *Hook. Lond. Journ.*, II, 13). Genre de Gesnériacées-Cyrtandrées, formé de 5, 6 herbes américaines, vivaces, à feuilles rapprochées; à fleurs pourvues de sépales 3-5-nerves; d'une corolle irrégulière ou presque régulière, rotacée; de 4, 5 étamines. L'ovaire est supère, et le fruit capsulaire, à 2 valves placentifères sur le milieu de leur face interne, à graines nombreuses; l'albumen nul ou mince. (H. BN, *Hist. des pl.*, IX, 94.)

NAPECA (BELON). Synonyme de *Œnoplia* PERS.

NAPÉE. Nom français (LAMK) des *Napæa* L.

NAPELLUS (RIV.). Section du genre *Aconitum* T.

NAPELLUS MOSIS (MATTH.). L'*Aconitum Anthora* L.

NAPHAUR. A Constantinople, le Tilleul.

NAPIMOGA (AUBL., *Guian.*, I, 592, t. 237). Synonyme de *Homalium* JACQ.

NAPINDAI. Dans l'Uruguay, l'*Acacia bonariensis* GILL.

NAPKELETI-ZAB. Nom hongrois (BAUMG.) de l'Avoine.

NAPOBRASSICA (L.). Le Navet, rapporté comme variété au *Brassica oleracea* L.

NAPOLEONA (PAL.-BEAUV., *Fl. owar. et ben.*, II, 29, t. 78). Genre de Myrtacées, qui a donné son nom à une série des *Napoléonées*, et qui est formé d'une espèce variable (dont on a fait 6, 7), de l'Afrique tropicale occidentale, ligneuse, à feuilles

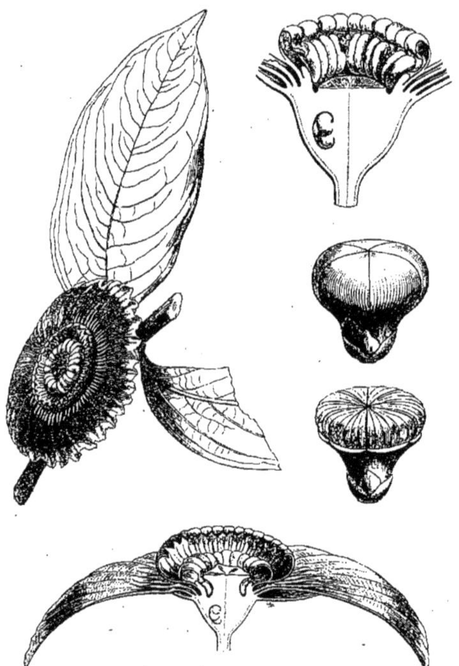

Napoleona. — Rameau florifère. Fleur, coupes longitudinales. Bouton, avec et sans le calice.

alternes, à calice valvaire; le réceptacle concave; la corolle gamopétale, doublée en dedans de deux collerettes pétaloïdes qui rappellent celles des Passiflores. L'androcée est formé de 5 faisceaux d'étamines, généralement à 4 pièces chacun, dont 2 fertiles. L'ovaire, enchâssé dans le réceptacle, est à 5 loges oppositipétales, ∞-ovulées. Le fruit est charnu, infère, à graines sans albumen. Les fleurs sont axillaires, solitaires ou en glomérules. (H. Bn, *Hist. des pl.*, VI, 328, 377, fig. 329-333.)

NAPOLEONE (Rob., *Voyag. Louis.*, I, 355). Synonyme de *Nelumbo* T. (DC., *Prodr.*, I, 114.)

NAPOLIER. La Bardane (*Arctium Lappa* L.).

NAPUS (Schimp. et Spenn. — Koch, *Syn. Fl. germ.*, ed. 1, 55). Synonyme de *Brassica* T.

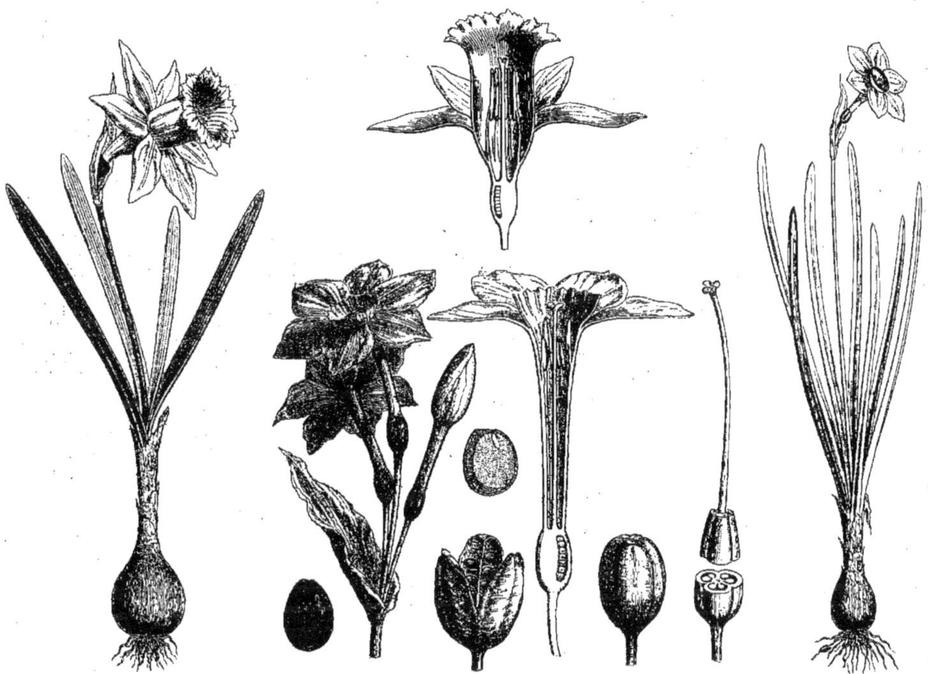

Narcisse. — Ports. Inflorescences. Fleurs, entières et coupe longitudinale. Gynécée. Fruits. Graine, entière et coupe longitudinale.

NAPUS (T., *Inst.*, 229). Synonyme (part.) de *Brassica* L.

NAPY (Théophr.). La Moutarde.

NAR. Nom turc du Grenadier.

NARA. Synonyme de *Naras*.

NARANJILLO. Nom, au Chili, du *Villaresia mucronata* R. et Pav., c'est-à-dire du *Citrus chilensis* Mol.

NARANJILLO. Nom, au Paraguay, du *Capparis speciosa* Griseb. et du *C. pruinosa* Griseb.

NARANJO. Nom espagnol de l'Oranger.

NARANZI. Nom italien du Bigaradier.

NARAS (Lindl., in *Hort. Soc. Journ.* [1846], I, 199). Nom d'un fruit de l'Afrique tropicale, porté par un arbuste épineux, l'*Acanthosicyos horrida* Welw.; il est charnu, gros deux fois comme une orange et rempli d'un suc rafraîchissant, mais brûlant avant sa maturité.

NARAVEL (Adans., *Fam. des pl.*, II, 460). Synonyme (part.) de *Clematis* L.

NARAVELIA (DC., *Syst.*, I, 187). Section du genre *Clematis* L. (H. Bn, *Hist. des pl.*, I, 56.)

NARAVOLO. Le *Ben Moenja* de Rheede.

NARAWAEL (Herm., *Zeyl.*, 26). Synonyme de *Naravel* Adans.

NARCAPHTUM (Diosc.). Synonyme (?) de *Tigname*.

NARCISO. Nom, à Caracas, de la Tubéreuse simple.

NARCISO AMARILLO. Au Mexique, le *Thevetia Iccotli* DC.

NARCISSE (*Narcissus* T., *Inst.*, 353, t. 185). Genre d'Amaryllidacées-Amaryllées, dont les fleurs, avec l'organisation générale de celles de ce groupe, ont un périanthe hypocratérimorphe; une collerette pétaloïde, entière, tubuleuse, en coupe, en cloche, ou réduite à un anneau linéaire peu prononcé. Ce sont des herbes à bulbe tuniqué, à feuilles linéaires, à fleurs solitaires ou en cymes ombelliformes. On en compte une vingtaine, de l'Europe, de la région méditerranéenne et de l'Asie tempérée, souvent cultivées comme ornementales. Le *N. Pseudo-Narcissus*, si commun au printemps dans nos bois, est une plante vomitive. Le *N. poeticus* est remarquable par ses fleurs blanches, odorantes. Salisbury a divisé ce genre en sept autres, dans un travail inséré dans le volume I des *Transactions of the Horticultural Society*. Burbidge a écrit à Londres, en 1875, une Monographie du genre, avec 48 planches. En 1869, M. Baker a rétabli le genre Narcisse dans son intégrité première, avec 21 espèces, partagées en 3 séries, d'après les rapports de la collerette avec le limbe du périanthe. [H. Bn.]

NARCISSEÆ (Herb., *Amar.*, 292-320). Synon. de *Narcissus*.

NARCISSE D'AUTOMNE. Le Colchique d'automne.

NARCISSE DE CONSTANTINOPLE, N. A BOUQUETS. Le *Narcissus Tazetta* L.

NARCISSE DE MER. Le *Pancratium maritimum* L.

NARCISSE DES JARDINS, DES POÈTES. Le *Narcissus poeticus* L.

NARCISSE INDIEN. L'*Hæmanthus coccineus* L.

NARCISSE JAUNE, N. DES PRÉS, N. SAUVAGE. Le *Narcissus Pseudo-Narcissus* L.

NARCISSO-LEUCOIUM. Nom ancien du Perce-neige.

NARCISSUS LATIFOLIUS (Clus.). Le Lis de Saint-Jacques.

NARCISSUS V (Matth.). Le *Tulipa Gesneriana* L. Le *N.* VI est le Perce-neige. Le *N.* VII est le *Leucoium vernum* L.

NARD AGRESTE, N. DE CRÈTE. Le *Valeriana Phu* L.

NARDA (Vell., *Fl. flum.*, 108; Atl., III, t. 24). Synonyme de *Strychnos* L.

NARD CELTIQUE. Les *Valeriana celtica* L. et *Saliunca* L.

NARD CHAMPÊTRE. Nom du *Valeriana dioica* L.

NARD COMMUN, N. SAUVAGE. L'*Asarum europæum* L.

NARD DE LA MAGDELEINE, N. INDIQUE, N. SYRIAQUE. L'*Andropogon Nardus* PERS.

NARD DE LOBEL. Le *Doronicum* (*Arnica*) *montanum* LAMK.

NARD DE MONTAGNE. Le *Valeriana pyrenaica* L.

NARD D'ITALIE, N. FAUX. La Lavande officinale.

NARD FAUX. L'*Allium victoriale* L.

NARDGILL. Synonyme de *Narges*.

NARD INDIEN, N. INDIQUE. Le *Nardostachys Jatamansi* DC.

NARDIUS (GRAY, *Arr. brit. pl.*, I, 679). Synonyme (part.) de *Alicularia* et *Sarcoscyphus* CORDA.

NARDJIL. Le *Cocos nucifera* L.

NARDO. Nom, à Caracas, de la Tubéreuse double.

NARDOPHYLLUM (HOOK. et ARN., *Comp. Bot. Mag.*, t. 109). Sect. du g. *Lepidophyllum* CASS. (H. BN, *Hist. des pl.*, VIII, 154.)

NARDOSMIA (CASS., in *Dict.*, XXXIV, 186). Synonyme de *Petasites* T. Le *N. fragrans* est cultivé, sous le nom d'Héliotrope d'hiver, à cause du parfum de ses fleurs. On l'a planté dans les environs de Paris. (H. BN, *Hist. des pl.*, VIII, 272.)

NARDOSTACHYS (DC., *Mém. Valér.*, 4, t. 1, 2; *Prodr.*, IV, 624). Genre de Valérianacées, que nous avons considéré comme le type le plus complet de cette famille. Les fleurs y sont irrégulières, hermaphrodites, avec un ovaire infère; un calice (?)

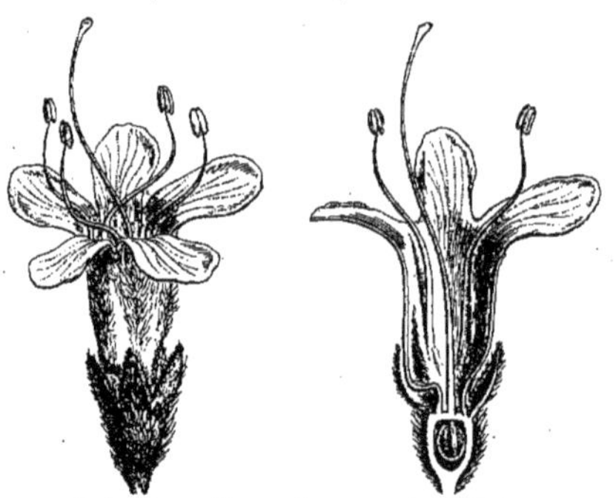

Nardostachys. — Fleur, entière et coupe longitudinale.

membraneux, accrescent, 5-lobé, imbriqué; une corolle légèrement irrégulière, à 5 lobes imbriqués, légèrement gibbeuse au côté antérieur et pourvue de ce côté d'une glande intérieure déprimée. L'androcée est formé de 4 étamines insérées sur la corolle; la postérieure fait défaut. Elles ont des filets peu inégaux, plus longs que la corolle, et des anthères introrses, exsertes, 2-loculaires. L'ovaire infère est à trois loges; l'une d'entre elles, latérale et fertile, renferme un ovule descendant, à raphé primitivement dorsal. Les deux autres sont vides ou ne contiennent qu'un ovule rudimentaire. Le style exsert a un sommet stigmatifère légèrement dilaté et presque entier. Le fruit est sec, surmonté du calice, triloculaire, avec une graine sans albumen dans la loge fertile. L'embryon charnu a des cotylédons elliptiques et une radicule supère. Il y a deux *Nardostachys*; ils habitent l'Himalaya et sont quelquefois cultivés chez nous. Ce sont des herbes vivaces, à rhizome épais et court, chargé des restes filamenteux des pétioles des anciennes feuilles. Les autres feuilles sont opposées, entières, sans stipules, et le sommet des axes aériens porte les inflorescences, petites, capituliformes, formées en réalité de cymes contractées. Le *N. Jatamansi* DC. fournit le Nard indien vrai, parfum précieux, stimulant, autrefois célèbre. On croit que le *N. grandiflora* DC. produit un des faux Spicanards du même pays. (Voy. *Hist. des pl.*, VII, 504, 512, 514, fig. 397-399.) [H. BN.]

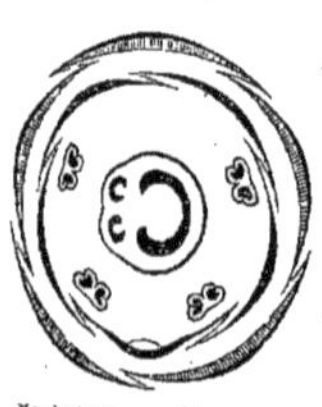

Nardostachys. — Diagramme.

NARD SAUVAGE. L'*Asarum europæum* L.

NARDURUS (REICHB., ex GODR., *Fl. Lorr.*, ed. 2, II, 458). Genre proposé pour le *Festuca unilateralis* SCHRAD. Pour Reichenbach, c'est une section du genre *Festuca*.

NARDUS (L., *Gen.*, n. 69). Genre de Graminées-Hordéées, formé d'une seule curieuse herbe indigène, vivace (*N. stricta*), à épillets uniflores, tous situés d'un même côté de l'axe, avec des fleurs 3-andres et un style simple, allongé et entier. Le *N. stricta*, assez rare dans la flore parisienne, se trouve à Rambouillet, Saint-Léger, etc. (NEES, *Gen.*, *Monoc.*, I, n. 86. — REICHB., *Ic. germ.*, t. 110. — P.-BEAUV., *Agrost.*, t. 20.) [H. BN.]

NARDUS CELTICA. Nom ancien du *Valeriana celtica* L.

NARDUS GANGITIS. Nom du *Nardostachys Jatamansi* DC.

NARDUS INDICA. Nom ancien du *Nardostachys Jatamansi* DC.

NARDUS ITALICA (MATTH.). Le *Lavandula Spica* L.

NARDUS MONTANA (MATTH.). Le *Valeriana tuberosa* L.

NAREGAMIA (W. et ARN., *Prodr.*, 116). Genre de Méliacées-Méliées, formé d'un petit arbuste de l'Inde, à feuilles 3-foliolées; les fleurs solitaires, assez grandes, 5-mères, à pétales longs et libres; les 5 étamines longuement monadelphes; l'ovaire 3-loculaire, entouré d'un disque annulaire; le fruit 3-valve. (H. BN, *Hist. des pl.*, V, 472, 494.)

NAREL-NAGUAI. A Pondichéry, le *Mentha ocimoides* L.

NARE-WARI. Nom japonais du *Croomia japonica* MIQ.

NARGEDIA (BEDD., *Fl. sylv.*, t. 328). Synonyme de *Hypobathrum* BL. et section de ce genre. (H. BN, *Hist. des pl.*, VII, 442.)

NARGES. Le Cocotier.

NARIEL. Nom hindoustani du Cocotier.

NARIG. Nom arabe (d'origine, dit-on, indienne) du Cocotier.

NARIKELA. Nom sanscrit du Cocotier.

NARI-KUDUM. Nom telinga du Cocotier.

NARING. Nom arabe de l'Oranger.

NARINGI (ADANS., *Fam. des pl.*, II, 341). Synonyme (?) de *Limonia* L.

NARON (MEDIC., in *Act. theod.-palat.*, VI [1790], 419). Synonyme de *Moræa* L.

NARON. Nom arabe des Rosiers.

NARRA. Nom, aux Philippines, des *Pterocarpus* L.

NARRÉ. A Taïti, le *Pteris esculenta* FORST.

NARRHA. Nom tamoul du *Laurus involucrata* ROXB.

NARTHÈCE. Nom français (LAMK) des *Narthecium* MŒHR.

NARTHECIEÆ. Tribu (17) des Liliacées. (B. H., *Gen.*, III, 750.)

NARTHECIUM (DALECH., *Lugd.*, 754). Synonyme de *Ferula* T.

NARTHECIUM (GERARD, *Fl. gallo-prov.*, 142). Synonyme de *Tofieldia* HUDS.

NARTHECIUM (MŒHR., in *Act. Ac. nat. cur.* [1742], 384, t. 5). Genre de Liliacées, qui a donné son nom à une tribu des *Narthéciées*, et qui comprend 4 espèces de l'hémisphère boréal, à fleurs régulières; le périanthe rotacé, à 6 folioles jaunes, étalées, rigides; 6 étamines hypogynes, à loges sub-introrses; un ovaire libre, à 3 loges ∞-ovulées. Le fruit est une capsule loculicide. Les feuilles sont rapprochées de la base de la tige, distiques, équitantes; et les fleurs sont en grappes simples ou peu ramifiées. Le *N.*

Narthecium. — Port.

ossifragum doit son nom à des propriétés imaginaires. Il est assez rare dans notre pays. (REDOUTÉ, *Liliac.*, t. 218. — REICHB., *Icon. Fl. germ.*, t. 421.) [H. BN.]

NARTHEX (FALC., in *Trans. Linn. Soc.*, XX, 285). Synonyme de *Ferula* L. (*Peucedanum*).

NARUKILA (ADANS., *Fam. des pl.*, II, 54). Synonyme de *Pontederia* L.

NARUKO-YURI. Au Japon, le *Polygonatum Thunbergii* MORR.

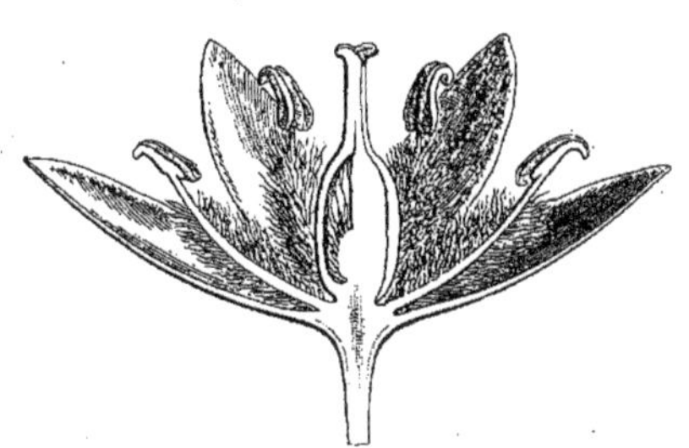

Narthecium. — Fleur, coupe longitudinale.

NARUM (ADANS., *Fam.*, II, 365). Section du genre *Uvaria* L.

NARUM. Au Malabar, l'*Uvaria zeylanica* L.

NARUNGEE (ROYL.). Nom hindoustani du Bigaradier.

NARUNJ. Nom arabe (GALLESIO) du Bigaradier.

NARVALINA (CASS., in *Dict.*, XXXVIII, 17). Genre de Composées-Hélianthées, établi pour une plante ligneuse de Saint-Domingue, à feuilles opposées, à capitules hétérogames, avec des fleurs analogues à celles des *Bidens*; celles du rayon 1-3, femelles; celles du disque peu nombreuses et fertiles; le fruit couronné de 2 arêtes caduques, portant des aiguillons réfléchis. (H. BN, *Hist. des pl.*, VIII, 224.)

NAS. Au Japon, les Poiriers.

NASELLA (ENDL., *Gen.*, 88). Pour *Nassella* TRIN.

NASI. Au Japon, le *Pyrus ussuriensis*.

NASITAR, NASITOR, NASITORT. Le Cresson alénois. Le *N. sauvage* est le *Lepidium Iberis* L. et le *Lepidium ruderale* L.

NASMYTHIA (HUDS., *Fl. angl.*, ed. 2, 414). Synonyme de *Eriocaulon* L. (espèce européenne).

NASONIA (LINDL., in *Benth. Pl. Hartweg.*, 150). Synonyme de *Centropetalum* LINDL.

NASSÆA (DC., *Prodr.*, VII, I, 49). Section du g. *Nassauvia*.

NASSAUVE. Nom français (LAMK) des *Nassauvia* J.

NASSAUVIA (J., *Gen.*, 175). Genre de Composées-Mutisiées, qui a donné son nom aux *Nassauviacées* ou *Nassauviées*, et qui est formé d'environ 25 espèces américaines, suffrutescentes, céspiteuses, à rameaux ascendants, avec des capitules sessiles, 3-5-flores; l'involucre formé de bractées disposées en séries peu nombreuses; le réceptacle nu, les fruits non rostrés, surmontés d'une aigrette de soies rigides ou plumeuses. Les capitules sont solitaires ou rapprochés en glomérules. (DC., *Mém. Comp.*, t. 14. — LAMK, *Ill.*, t. 721. — PŒPP. et ENDL., *Nov. gen. et spec.*, t. 20-22. — WEDD., *Chlor. andin.*, t. 11, 12. — H. BN, *Hist. des pl.*, VIII, 15, 97, fig. 23, 24.)

NASSAVIA (ARRAB., *Fl. flum.*, III, t. 155). Synonyme de *Schmidelia* L.

NASSELLA (DESVX, in *C. Gay Fl. chil.*, VI, 263, t. 75, fig. 1). Synonyme (B. H.) de *Caryochloa* SPRENG.

NASSELLA (TRIN., in *Mém. Acad. S. Pétersb.*, sér. 6, I, 73). Section du genre *Stipa* L.

NASSO. En Italie, le *Taxus baccata* L.

NASSOVIA (BATSCH. — PERS.). Pour *Nassauvia* COMMERS.

NASTANTHUS (MIERS, *Contrib.*, II, 12, t. 43-44). Section du genre *Boopis* J., à pédoncules courts, épais, aphylles et surmontés d'une seule masse de fleurs. (H. BN, *Hist. pl.*, VII, 526.)

NASTURTIASTRUM (GREN. et GODR., *Fl. de Fr.*, I, 151). Synonyme de *Dileptium* DC.

NASTURTIOIDES (DC., *Prodr.*, I, 748). Section du g. *Hutchinsia*.

NASTURTIOIDES (MEDIC., *Pflanzeng.*, I, 81). Genre proposé pour le *Lepidium ruderale* L.

NASTURTIOLA (GRISEB., *Spic. Fl. rum.*, I, 265). Section du genre *Roripa*.

NASTURTIOLUM (BOBART. — GRAY, *Arr. brit. pl.*, II, 692). Synonyme de *Petrochamela* FENZL.

NASTURTIOLUM (MEDIC., *Pflanzeng.*, I, 82). Synonyme de *Coronopus* HALL.

NASTURTIOPSIS (BOISS., *Fl. or.*, I, 237). Synonyme (B. H.) de *Roripa* BESS.

NASTURTIUM. Quelquefois, en Angleterre, les Capucines.

NASTURTIUM (MATTH.). Le *Lepidium sativum* L.

NASTURTIUM (R. BR., *H. kew.*, IV, 109). Genre de Crucifères-Cheiranthées-Arabidinées, formé d'une vingtaine d'herbes des deux mondes, dont les affinités avec les *Cochlearia* sont étroites, et dont la fleur a 4 sépales égaux, une corolle cruciforme, un androcée tétradyname. La silique, de forme variable, a des valves turgides, et des graines également turgides, 2-sériées. Les feuilles sont souvent pinnatiséquées, et les fleurs jaunes ou blanches. Le Cresson de fontaine est le *N. officinale* R. BR., potager et antiscorbutique. On trouve communément chez nous les *N. amphibium*, *sylvestre*, etc., à fleurs jaunes. (H. BN, *Hist. des pl.*, III, 226, 232; *Tr. Bot. méd. phanér.*, 748.)

NASTURTIUM HORTENSE. Nom officinal du Cresson alénois. C'est aussi la Grande Capucine.

NASTUS. Nom latin du Bambou.

NASTUS (J., *Gen.*, 34). Genre de Graminées-Bambusées, formé de 2, 3 espèces arborescentes des îles Mascareignes et de Madagascar, à rameaux florifères fasciculés au niveau des nœuds, avec des feuilles de Bambou; les épillets 1-flores, disposés en capitule ou en grappe composée courte. Les étamines, au nombre de 6, ont les filets libres; l'ovaire est glabre, et il y a sous la fleur ∞ glumes stériles. Munro en avait fait un *Bambusa*. (K., *Rev. Gram.*, t. 75.) [H. BN.]

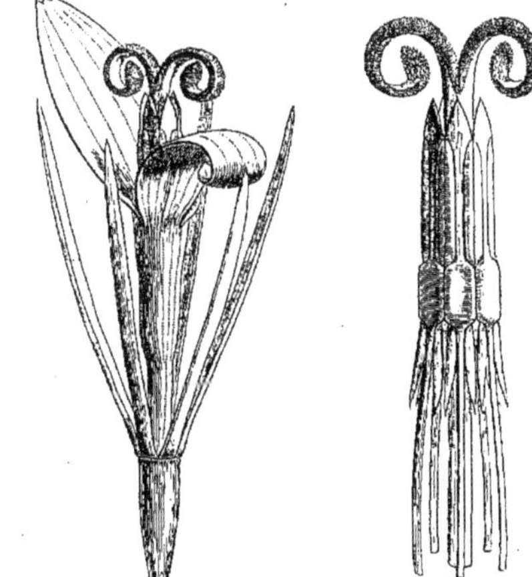

Nassauvia. — Fleur. Androcée et style.

NASTY-TREE. Nom donné par Leguat au *Clerodendron laciniatum* BALF. F., de Rodrigues, à cause de son odeur infecte.

NASUBI. Nom japonais de l'Aubergine.

NATALANTHE (SOND., in *Linnæa*, XXIII, 52). Synonyme de *Hypobathrum* BL.

NATALIA (HOCHST., in *Flora* [1841], 663). Synonyme de *Bersama* FRES.

NATA-MAME. Nom japonais du *Canavalia incurva* DC.

NATCHOULY. Le *Gendarussa vulgaris* NEES.

NATHUSIA (A. RICH., *Fl. abyss.*, II, 29, t. 67). Synonyme de *Schrebera* ROXB.

NATI (Pietro). Auteur [1674] de *Florentina phytologica observatio de malo Limonia citrata-aurantia Florentinæ vulgo La Bizarria* (in-4 de 18 p. et 1 pl.).

NATI-SCHAMBA (RHEED., *Hort. malab.*, I, t. 18). Synonyme de *Jambosa malaccensis* DC. (*Eugenia*).

NATIVE BREAD. Nom donné par les colons australiens à un Champignon hypogé et comestible, le *Mylitta australis* BERK.

NATOTO. Nom océanien de l'*Excæcaria Agallocha* L., dont le suc est employé à empoisonner les flèches.

NATRAGALIA (MATH. BEL., *Hung. ant. et nov. Prodr.*, 194). Synonyme de Belladone.

NATRE. Le *Solanum crispum* R. et PAV.

NATRI. Nom chilien du *Witheringia crispa* DUN.

NATRIDIUM (DC., *Prodr.*, II, 161). S.-sect. des *Euononis*.

NATRIX (PLINE). La Fraxinelle.

NATRIX (RIV. — RUPP., *Fl. jen.*, 265). Synonyme de *Ononis*.

NATRO. Nom africain du *Dolichos Lablab* L.

NATSIASTAM. La Coque du Levant.

NATSIATUM (HAM., in *Cat. Wall.*, n. 4252). Genre de Térébinthacées-Phytocrénées, formé d'une liane de l'Inde, à fleurs dioïques, 4-6-mères; les pétales valvaires; les étamines alternes; l'ovaire uniloculaire, surmonté d'un style court, à 2 lobes divergents, avec 2 ovules descendants; le micropyle en dedans et en haut. Le fruit est une drupe, avec une graine à embryon albuminé, pourvu de cotylédons foliacés. (H. BN, in *DC. Prodr.*, XVII, 17; *Hist. des pl.*, V, 284, 338).

NATSOUMÉ. Nom, au Japon, du Jujubier.

NATSU-ADZUKI. Au Japon, le *Phaseolus radiatus* L.?

NATSU-DRUISEN. Nom japonais du *Lycoris aurea* HERB.

NATSUNO-TAMUSARO. Nom japonais du *Salvia japonica* THUNB.

NATSU-SUKASHI-YURI. Au Japon, le *Lilium Thunbergianum*.

NATSU-TADE. Nom japonais du *Polygonum Persicaria* L.

NATSU-TODAI. Nom japonais de l'*Euphorbia Sieboldiana* MORR.

NATSU-YEBINE. Nom japonais du *Calanthe Textori* MIQ.

NATSU-YUKISO. Nom japonais du *Spiræa palmata* THUNB., var. *hortensis*.

NATTAMAME (BKS, *Ic. Kæmpf.*, t. 39). Syn. de *Malochia* E. MEY.

NATTE (BOIS DE). Le *Mimusops Balata* GÆRTN., l'*Imbricaria borbonica* GÆRTN. et d'autres Sapotacées.

NATTERMILCH. En Allemagne, le *Scorzonera humilis* L.

NATTIER. Nom français des *Imbricaria* J.

NATZU-HAZE. Nom japonais du *Vandellia crustacea* BENTH.

NAUCHEA (DESC., in *Mém. Soc. Linn. Par.*, IV, 3). Synonyme de *Clitoria* L.

NAUCIFERÆ (WALLR., *Schred. crit.*, I, 332). Division des *Siliquosæ*.

NAUCLÉ. Nom français (LAMK) des *Nauclea* L.

NAUCLEA (L., *Gen.*, n. 223). Genre de Rubiacées-Cinchonées, dont les fleurs sont réunies en faux capitules globuleux (formés en réalité d'un grand nombre de glomérules rapprochés). Elles sont 5-mères, avec les divisions du calice variables, parfois claviformes, persistantes ou caduques. Leur corolle, infundibuliforme-tubuleuse, a cinq lobes valvaires, subvalvaires ou imbriqués, et quelquefois leur dos porte supérieurement un petit appendice en forme de baguette. Les étamines, insérées à la gorge de la corolle ou au-dessous, ont des anthères mutiques, exsertes et introrses. L'ovaire infère, libre d'adhérence avec ceux des fleurs voisines, est 2-loculaire, surmonté ou non d'un disque, et le style grêle, exsert, est dilaté vers son sommet en massue, en fuseau ou en mitre. Il y a dans chacune des loges ovariennes un placenta plus ou moins descendant, portant des ovules nombreux, ou peu nombreux, ou même subsolitaires, le plus souvent descendants, avec le micropyle supère. Les fruits composés, capituliformes, sont capsulaires, 2-coques; et les coques, se séparant l'une de l'autre, se divisent ordinairement en deux moitiés. Il y a 1-∞ graines imbriquées, plus ou moins largement ailées aux deux extrémités, avec un embryon albuminé. Ce sont des arbres ou arbustes de l'Asie, de l'Afrique et de l'Océanie tropicales. On en distingue une cinquantaine d'espèces, à bois souvent très dur, à feuilles opposées, stipulées; à inflorescences axillaires et terminales, parfois disposées en grappes, avec des bractées et des bractéoles interposées aux fleurs et souvent indurées. Ce sont des plantes astringentes. Le *N. purpurea* est, dans l'Inde, employé comme tel. Le *Koss* du Sénégal est l'écorce du *N. inermis*. Le bois de plusieurs espèces asiatiques, incorruptible, très résistant, pourrait servir aux mêmes usages que le Buis; on cite notamment celui des *N. cordifolia*, *excelsa*, *orientalis*, *rotundifolia*, *sessilifolia*, etc. (Voy. *Hist. des pl.*, VII, 348, 388, 493, n. 188, fig. 344.) [H. BN.]

Nauclea. — Fruit.

NAUCLEARIA (DC., *Prodr.*, IV, 343). Section du g. *Ourouparia*.

NAUCLEOIDES (DC., *Prodr.*, IV, 539). Section du genre *Cephalanthus* L.

NAUCLEOPSIS (MIQ., in *Mart. Fl. bras.*, IV, I, 120, t. 35). Section (B. H.) du g. *Noyera* TRÉC. (H. BN, *Hist. pl.*, VI, 205).

NAUCOGASTERES (WALLR., *Fl. crypt.*, II, 403). Division des Champignons-Myxomycètes.

NAUDINIA (A. RICH., *Fl. cub.*, I, 561, t. 44 *bis*). Synonyme de *Tetrazygia* RICH.

NAUDINIA (DCNE, ex TRI., in *Seem. Fl. vit.*, 86). Synonyme de *Astronia* BL.

NAUDINIA (PL. et LINDL., in *Ann. sc. nat.*, sér. 3, XIX, 79). Section (?) du genre *Galipea* AUBL., à tube de la corolle allongé. (H. BN, *Hist. des pl.*, IV, 455.)

NAUENBURGIA (W., *Spec.*, III, 2393). Synonyme (B. H.) de *Flaveria* J.

NAUIA (BORKH., *Tent. disp. pl. Germ.*, 151). Synonyme de *Brachytrichum* ROEHL.

NAUMBURG (Joh.-Sam.). Professeur à Erfurth [1768-1799], auteur de *Delineationes Veronicæ Chamædryos*, *Dianthi Carthusianorum*, etc. [1792], et [1798] de *Lerbuch der reinen Botanik nach auf Erfahrungswiss. angew. Principien*, etc.

NAUMBURGIA (MŒNCH, *Meth.*, Sppl., 23). Syn. de *Lysimachia*.

NAUMENA (EHRB., *Infus.* [1838], tab. XX, fig. XIV). Genre ancien de Diatomacées, que n'admettent point, avec juste raison, la plupart de nos auteurs modernes. On l'a donné comme synonyme de *Rhaphidoglœa* KUETZ. [CH. M.]

NAUPLIUS (CASS., in *Dict.*, XXXIV, 272). Synonyme de *Odontospermum* NECK.

NAUTA. Chez les Hottentots, nom vulgaire du *Zygophyllum herbaceum*.

NAUTEA. Dans Plaute, l'*Anagyris fœtida* L.

NAUTILOCALYX (LINDEN, *Cat.*, ex HANST., in *Linnæa*, XXVI, 207). Synonyme de *Episcia* MART.

NAUTILOCALYX. Nom de jardin des *Centrosolenia* BENTH.

NAUTONIA (DCNE, in *DC. Prodr.*, VIII, 509). Genre d'Asclépiadacées-Asclépiadées, créé pour une plante pubescente et subvolubile du Brésil austral, à fleurs de *Peristelma*, sinon que la couronne y fait défaut. (Voy. *Hist. des pl.* X, 266.) [H. BN.]

NAVÆA (WEBB, *Phyt. canar.*, I, 32, t. 1). Synonyme de *Lavatera* L.

NAVARÈTE. Nom français (LAMK) des *Navarretia* R. et PAV.

NAVARRETIA (R. et PAV., *Prodr.*, 20). Synonyme de *Gilia* R. et PAV. *Navarretia* devrait, à ce qu'il semble, être préféré.

NAVAU. Le Navet. En Anjou, le *N. rouge* est la Bryone.

NAVAU-BOURGE. La Bryone.

NAVE (Joh.). Auteur [1864] d'un *Anleitung zum Eisammeln, Präpariren und Untersuchen der Pflanzen*, etc., traduit en anglais [1867]. (*Cat. sc. pap.*, IV, 579.)

NAVENIA (KL., in *Allgem. Gartenzeit.* [1853], 193). Synonyme de *Lacæna* LINDL.

NAVET. Le *Brassica Napus* L.

NAVET DE SUÈDE. Le *Rutabaga*.

NAVET GALANT, N. DU DIABLE. La Bryone dioïque.

NAVET-TURNEPS. Le *Brassica Rapa* L.

NAVETTE. Le *Brassica Rapa*, var. *oleifera*. C'est aussi le nom de l'Œnanthe safranée, à cause de la forme de sa racine. La *N. d'été* est le *Brassica præcox* WALDST., et la *N. des serins* est le *B. arvensis*. L'huile de Navette est extraite de l'embryon.

NAVETTE D'HIVER. Le *Brassica Napus oleifera*.

NAVICULA (BORY, *Dict. class.*, XI, 472). La famille la plus nombreuse des Diatomacées et l'une des plus intéressantes. Son nom vient du mot *navis* (bateau). Les frustules des quelque deux cents espèces qui constituent ce genre sont de la forme d'une nacelle ou d'une navette régulière et plane. Ils sont le plus souvent libres, quelquefois renfermés dans des tubes, rarement réunis en bande. La face valvaire est pourvue de trois nodules, l'un central, plus gros que les deux nodules terminaux; elle est partagée en deux parties égales et symétriques par le raphé. Les stries sont linéaires, lisses ou granulées; elles sont convergentes ou parallèles. La face connective est en bandelette rectiligne bombée ou bibombée; elle laisse voir à son milieu et sur ses flancs des nodules médians. La substance endochromique est divisée en deux lames reposant sur chacun des côtés de la zone avec deux lignes de séparation sur les valves. Le mouvement des *Navicula* est généralement assez rapide. Ces Diatomacées ont été l'objet de divisions bien diverses, basées sur leurs formes en général, sur la disposition et la composition de leurs stries, sur la manière dont les frustules se terminent, etc. (KUETZ., *Bacill.*, 91. — A. BR., *Alg. unic.*, 11). Nous renvoyons le lecteur à la classification de M. Van Heurck (*Diat. Belg.*). [CH. M.]

NAVICULACEÆ (RABENH., *Flor. europ. Alg.*, I, 169). Grande famille de Diatomacées, caractérisée par un frustule dont la face valvaire, plus ou moins en navette, est rectiligne ou recourbée en S. Le frustule est dépourvu de carène marginale et est strié transversalement. Le nodule central, plus apparent que les nodules terminaux, est plus ou moins arrondi, plus ou moins oblong, linéaire ou comprimé vers le milieu. L'area, plus ou moins large, diffère quelquefois d'aspect, par suite de l'examen microscopique : c'est ainsi qu'il nous paraît se dilater en croix dans le genre *Stauroneis*. La bande connective est plus ou moins large suivant l'âge de la Navicule. Chez quelques espèces, telles que le *Navicula retusa*, cette membrane égale deux fois en largeur celle d'une valve. Les stries, granulaires ou à côtes, sont quelquefois parallèles, mais quelquefois convergentes; souvent peu apparentes à un faible grossissement, quelquefois visibles à des grossissements considérables. Ces Diatomacées constituent la famille la plus nombreuse de l'ordre, dont elles sont pour ainsi dire le type, à cause de leur forme particulière. Elles abondent sous toutes les latitudes, à toutes les hauteurs, au sommet des plus hautes montagnes du globe et dans les couches les plus profondes de l'Océan; elles sont communes aux eaux douces, aux eaux saumâtres et aux eaux des mers. Les principaux genres qui constituent cette famille sont le genre *Navicula*, avec une forme valvaire plus ou moins en navette et un nodule central très prononcé; le genre *Amphipleura*, avec une forme naviculaire plus ou moins allongée et un nodule central peu apparent; le genre *Mastogloia*, avec des valves munies de logettes marginales; le genre *Stauroneis*, avec valves munies d'une bandelette siliceuse transversale, non située dans le même plan que le reste de la face valvaire; le *Pleurosigma*, muni de valves à face de suture contractée, avec des stries particulières, et ayant la forme de la lettre S. Les genres admis par Kützing et par Rabenhorst diffèrent en plusieurs points de cette incomplète division, où M. Van Heurck a fait figurer, à juste raison, les genres *Vanheurckia*, *Scoliopleura*, *Donkinia*, *Berkeleya* et *Amphiprora*. Inutile d'ajouter que cette classification diffère essentiellement de celle de W.-Smith et de celle que Kützing avait lui-même adoptée. (VAN HEURCK, *Diatom. Belg.*) [CH. M.]

NAVICULEÆ (KUETZ., *Bacill.*, 88; *Phycol. germ.*, 90; *Sp. Alg.*, 69). Famille de l'ordre des Diatomacées, la dixième, dans laquelle l'auteur a placé les genres *Navicula*, *Amphipleura*, *Ceratoneis*, *Stauroneis*, etc. Cette division a été considérablement modifiée depuis par nos auteurs modernes. [CH. M.]

NAVIDURA. L'un des genres que M. Alefeld a séparés des *Lathyrus*.

NAVUCE ROUGE. Le *Brassica* (*Melanosinapis*) *nigra*.

NEÆRA (SALISB., *Fragm.*, 109). Syn. de *Stenomesson* HERB.

NEBUKA. Nom japonais de la Ciboule.

NECHA. Synonyme de *Havilla*.

NECHAMANDRA (J.-E. PL., in *Ann. sc. nat.*, sér. 3, XI, 78). Synonyme de *Lagarosiphon* HARV.

NECKERIA (GMEL., *Syst.*, II, 16). Syn. de *Pollichia* SOLAND.

NECKIA (KORTH., in *Ned. Kruidk. Arch.*, I, 358). Genre (?) de Violacées-Sauvagésiées, formé de 3 arbustes de l'archipel Indien, à fleurs de *Sauvagesia*, avec les staminodes 2-morphes: les extérieurs glanduliformes ou sétacés; les intérieurs unis, au nombre de 10 environ, aux étamines fertiles. (H. BN, *Hist. des pl.*, IV, 355.)

NECTAIRE (*Nectarium*). Organes glanduleux des fleurs. On a étendu ce nom à toute portion de la fleur qui sécrète un *nectar*, et même à des organes non sécréteurs, tels que des staminodes, des squames de collerette, etc. Le disque, qui sécrète souvent, a parfois aussi été rangé parmi les nectaires. Le nom est surtout applicable aux fossettes, casques ou éperons du périanthe dont la concavité renferme du tissu glanduleux qui sécrète un liquide généralement sucré, destiné à attirer les insectes qui assurent la fécondation.

NECTANDRA (ROLAND., in *Rottb. Descr. pl. surin.*, 10). Genre de Lauracées, type d'un groupe des *Nectandrées* et rapporté aussi (B. H.) aux Perséées. Ce sont environ 70 arbres ou arbustes de l'Amérique tropicale et sous-tropicale, à feuilles généralement alternes; les fleurs hermaphrodites ou polygames-dioïques, avec des staminodes d'*Ocotea* ou nuls. Les étamines

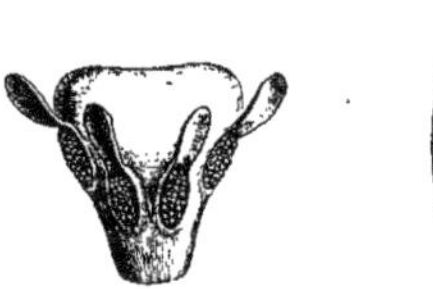

Nectandra. — Étamine. Cotylédon.

fertiles sont au nombre de 9; les 3 extérieures à anthères courtes, subsessiles et à large base, avec les logettes à panneaux formant une ligne ou un arc transversal. Le réceptacle, en tube court ou en cupule, tronqué, persiste autour du fruit. Les espèces de ce genre ont souvent un bois utile. Les *N. Puchury major* et *minor* produisent respectivement les cotylédons dits en thérapeutique *Fèves Pichurim grande* et *petite*. Le *Beeberu* ou *Sipiri*, de la Guyane, vanté comme succédané du Quinquina, est le *N. Rodiæi* SCHOMB. (H. BN, *Hist. des pl.*, II, 438, fig. 251; *Tr. Bot. méd. phanér.*, 691, fig. 2243.)

NECTANDRA (ROXB., *Fl. ind.*, II, 425). Synonyme de *Linostoma* WALL.

NECTAR. Le liquide sucré sécrété par certaines parties des fleurs, notamment par les nectaires (voy. ce mot) et quelquefois même par des organes glanduleux variés, portés par les organes de végétation. — Voy. SÉCRÉTIONS.

NECTARINE. Nom d'une variété de Pêche à surface lisse.

NECTAROBOTHRIUM (LEDEB., *Fl. alt.*, II, 36). Synonyme de *Lloydia* SALISB.

NECTAROSCILLA (PARL., *Nov. gen. Monoc.*, 27). Genre proposé pour le *Scilla hyacinthoides* L.

NECTAROSCORDIUM. Section du genre *Allium* T. (B. H., *Gen.*, III, 804.)

NECTOUXIA (H. B. K., *Nov. gen. et spec.*, III, 10, t. 93). Genre de Solanacées-Solanées, établi pour une herbe fétide du Mexique, à feuilles entières; les fleurs solitaires, à 5 sépales étroits; la corolle à tube cylindrique, à gorge pourvue d'un anneau saillant, à limbe valvaire-indupliqué. On dit que le fruit est une baie. (MIERS, *Ill.*, II, t. 40. — H. BN, *Hist. pl.*, IX, 237.)

NECTRIS (SCHREB., *Gen.*, I, 237). Synon. de *Cabomba* AUBL.

NEDSHI-AYAME. Nom japonais de l'*Iris ensata* THUNB.

NEDZUMI. Nom, au Japon, d'un Radis *Daïkon*.

NEEA (RUIZ et PAV., *Fl. per. et chil. Prodr.*, 52, t. 9). Genre de Nyctaginacées, formé de plantes américaines qui ont tous les caractères des *Pisonia* et qui n'en diffèrent essentiellement que par ceci : que leurs étamines sont incluses. Nous n'avons (*Hist. des pl.*, IV, 10) fait des *Neea* qu'une section du genre *Pisonia*, pour cette raison que plusieurs de ceux-ci ont les étamines incluses et que, dans certains *Neea*, une portion des anthères dépasse le sommet du périanthe. Choisy a énuméré et décrit, dans le *Prodromus* (XVI, sect. II, 447), 11 espèces de *Neea*. [H. BN.]

NEEBO. Nom bengali du Citronnier.

NEEDHAMIA (CASS., in *Dict.*, XXXIV, 325). Synonyme de *Narvalina* CASS.

NEEDLE (ADAM'S). Nom anglais des *Yucca* (Aiguille d'Adam).

NEEM. — Voy. NIM.

NEEMOO. Nom hindoustani du Citronnier.

NEERIJA (ROXB., *Fl. ind.*, I, 646). Syn. de *Elæodendron* JACQ.

NEESBERRY. Nom anglais du fruit de l'*Achras Sapota* L. Le *Neesberry Bullet-tree* est l'*Achras Sideroxylon*.

NEESIA (BL., in *Nov. Act. nat. cur.*, XVII, 75, t. 6). Genre de Malvacées-Bombacées, formé de 2 beaux arbres de Java et de Malacca, à feuilles entières, chargées de poils écailleux en dessous; les fleurs à calice déprimé, avec 5 pétales, de nombreux filets staminaux, 1, 2-anthérifères au sommet; les anthères annulaires. Le fruit est muriqué, 5-valve. (H. BN, *Hist. des pl.*, IV, 101, 159. — MAST., in *Journ. Linn. Soc.*, XIV, 503.)

NEFFLEA (JACQ.). Section du genre *Celsia* L.

NÈFLE (BOIS DE). A Maurice, le *Myrtus orbiculata* SPRENG.

NÉFLIER. Le *Cratægus* (*Mespilus*) *germanica* H. BN.

NEFUEN. Nom chilien du *Guevina Avellana* MOL.

NEGI. Nom japonais de la Ciboule.

NEGO-HAGI. Nom japonais du *Lespedeza pilosa* SIEB. et ZUCC.

NEGRETIA (R. et PAV., *Prodr.*, 98, t. 21). Synonyme de *Mucuna* ADANS.

NEGRIA (F. MUELL., *Fragm. phyt. Austral.*, VII, 151). Genre de Gesnériacées-Cyrtandrées, formé d'un arbuste de l'île de Lord Howe, à feuilles alternes et verticillées, à fleurs en cymes axillaires pédonculées, semblables à celles des *Rhabdothamnus;* la corolle bilabiée, à large tube; les étamines didynames et exsertes. (H. BN, in *Compt. rend. Ass. fr. avanc. sc.*, VII, 646, t. 9; *Hist. des pl.*, IX, 99.)

NEGRO COFFEE (Café nègre). Nom des graines du *Cassia occidentalis* L. et de quelques autres espèces voisines, du même genre. (Voy. WITTM., in *Sitz. bot. Ver. Brand.*, XX, 126.)

NEGUNDO (MŒNCH, *Meth.*, 334). Section du genre *Acer* T. (H. BN, *Hist. des pl.*, V, 375.)

NEGUNDIUM (RAFIN., ex DC.). Pour *Negundo* MŒNCH.

NEHOEMEKA (RHEED., *Hort. malab.*, VIII, 37, t. 19). Synonyme de *Bryonia laciniosa* L.

NEIGE (ARBRE DE). Le *Chionanthus virginica* L.

NEILLIA (DON, *Prodr. Fl. nepal.*, 228). Genre de Rosacées-Spiréées, formé d'une demi-douzaine d'arbustes d'Asie, de l'Amérique du Nord et de Java, à fleurs de *Spiræa;* les feuilles entières ou lobées; les carpelles au nombre de 1-5; les graines turgides, à albumen abondant, à tégument crustacé et luisant. On cultive chez nous le *N. opulifolia*. (OLIV., in *Hook. Icon.*, t. 1540. — H. BN, *Hist. des pl.*, I, 390, 470.)

NEIPPERGIA (MORR., in *Ann. Soc. agr. Gand*, V, 375, t. 282). Synonyme (LINDL.) de *Acineta* LINDL.

NEIREICHIA (FENZL, in *Denkschr. Akad. Wiss. Wien*, I, 258, t. 30). Synonyme de *Schistocarpha* LESS.

NEIVIRA (GRISEB., *Symb. Fl. argent.*, 133). Section du genre *Daphnopsis* MART.

NEJA (D. DON, in *Sweet Brit. fl. Gard.*, ser. 2, t. 78). Synonyme de *Hysterionica* W.

NEJIBANA. Nom japonais du *Spiranthes australis* LINDL.

NEKONOME. Au Japon, le *Chrysosplenium macrocarpum* CHAM.

NELITRIS (GÆRTN., *Fruct.*, I, 134, t. 27). Synonyme de *Guettarda* L. (H. BN, *Hist. des pl.*, VII, 424.)

NÉLITTE. Nom français (LAMK) des *Æschynomene* L.

NELKENSTIELE. Nom allemand des Griffes de Girofle.

NELLI-CAMARAM (RHEED.). Synonyme de *Emblica* GÆRTN.

NELSONIA (R. BR., *Prodr.*, 480). Genre d'Acanthacées-Nelsoniées, formé d'une herbe des tropiques, dans les deux mondes; à feuilles opposées, à fleurs 2-andres; le calice 4-partite; la corolle bilabiée; le fruit capsulaire, prolongé en bec vide. Les fleurs sont en épis serrés, ovoïdes ou cylindriques, sessiles, avec bractées imbriquées. (ENDL., *Iconogr.*, t. 79.) [H. BN.]

NELUMBIUM (J.). Pour *Nelumbo* T. (*Inst.*, 261).

NELUMBO (T.). Genre de Nymphéacées, qui a donné son nom à la série des *Nélumbées* ou *Nélumbonées*. Les fleurs ont un réceptacle obconique, dont la base, supérieure, est creusée de trous contenant chacun un carpelle. Inférieurement s'insèrent

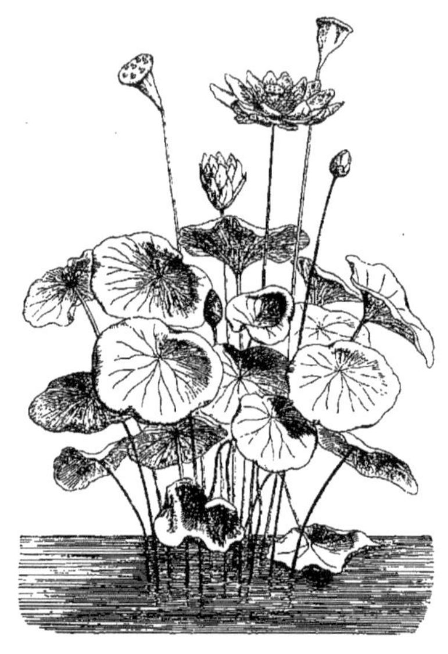

Nelumbo. — Port.

sur ce réceptacle un périanthe, rose ou jaune, et un androcée de Nymphéée. Chaque ovaire renferme 1, 2 ovules descendants, à micropyle supérieur. Le fruit multiple est formé du réceptacle desséché et des carpelles logés dans ses fossettes, c'est-à-dire d'un nombre indéfini d'achaines. Ce sont des herbes aquatiques vivaces, l'une de l'ancien monde (*N. nucifera* ou *speciosa*), l'autre du nouveau (*N. lutea*). Leurs organes de végétation sont ceux des *Nymphæa*, mais avec feuilles peltées, un peu concaves. Les fleurs sont portées par un long pédoncule, et leur mode d'insertion sur le rhizome est tout à fait exceptionnel. Les graines des *Nelumbo* sont alimentaires. Ce sont de très belles plantes d'ornement. (Voy. H. BN, in *Adansonia*, X, 1, t. 3; *Hist. des pl.*, III, 77, 98, 101, fig. 74-81.)

NEMACAULIS (NUTT., in *Journ. Ac. Philad.*, ser. 2, I, 168). Genre de Polygonacées-Kœnigiées, formé d'une herbe californienne, annuelle, à fleurs capitées, 3-mères, 2-3-andres, avec des bractées ovales, laineuses en dedans et nues en dehors. Leur périanthe est glabre, 6-mère. [H. BN.]

NEMACLADUS (NUTT., in *Trans. Amer. Phil. Soc.*, ser. 2, VIII, 254). Genre de Campanulacées-Cyphiées, établi pour une petite herbe californienne, annuelle, à feuilles basilaires en rosette, à fleurs en grappes composées; les pétales formant 2 lèvres, mais presque libres; les étamines monadelphes, sans adhérence avec la corolle; l'ovaire infère, ∞-ovulé, et le fruit 2-valve au sommet. (Torr., *Emor. Exp. Bot.*, t. 35.)

NEMACONIA (Knowl. et Westc., *Fl. Cab.*, II, 127). Synonyme de *Ponera* Lindl.

NEMALEON. Orthographe adoptée par H.-W. Harvey, dans le *Phycologia Britannica*, pour *Nemalion*. [Ch. M.]

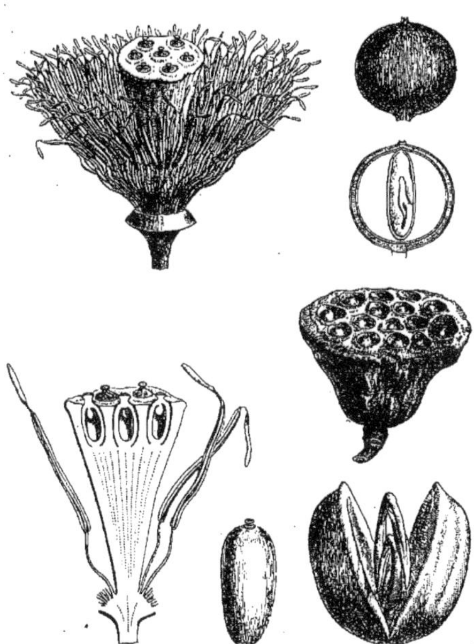

Nelumbo. — Fleur, sans le périanthe, et coupe longitudinale. Fruit composé. Achaine, entier et coupe longitudinale. Embryon.

NEMALIEÆ (Thuret, *Études phycol.*, 65). Famille d'Algues, de l'ordre des Floridées, à thalle pourvu de filaments, comme le *Nemalion*, abondamment ramifiés. Les genres qui constituent cette famille diffèrent les uns des autres par des caractères bien tranchés. Les *Chantransia* ont leurs filaments nus. Dans le genre *Batrachospermum*, il part des ramuscules de la base des rameaux verticillés. Ces ramuscules descendent le long de la tige, ce que nous avons remarqué dans le genre *Nemalion*, s'y appliquent, et elle se trouve ainsi recouverte d'une couche continue. Dans le genre *Lemanea*, un filament principal porte des rameaux corymbifères. Ces corymbes, après avoir rayonné, se rejoignent de manière à former une enveloppe continue à quelque distance du filament axillaire. Partout ailleurs les filaments sont associés parallèlement autour de l'axe, puis donnent naissance à une cellule terminale et produisent, latéralement et perpendiculairement à l'axe, des branches filamenteuses, rayonnantes, dont les extrémités se soudent entre elles de manière à former une sorte de couche corticale. Deux tribus constituent cette intéressante famille : 1° celle des *Batrachospermeæ*, qui comprend les genres *Chantransia*, *Batrachospermum*, *Thorea* et *Lemanea*; 2° celle des *Helminthocladieæ*, comprenant les genres *Nemalion*, *Helminthocladia*, *Helminthora*, *Liagora* et *Scinaia*. [Ch. M.]

NEMALION (Targioni-Tozetti, ex Bertol., *Amœn. ital.*, 300). Algue-Floridée, de l'ordre des *Helminthocladieæ* et de la tribu des *Gloiocladieæ*. Plante gélatineuse, glissante, à l'égal des *Batrachospermeæ*. La fronde est arrondie, élastique, vermiforme, pleine, ou se creusant par la croissance, presque simple, ou dichotomique. Les filaments qui en rayonnent sont articulés, verticaux et forment par leur ensemble comme une couche ou zone périphérique. C'est dans cette couche extérieure que se développent les procarpes sur le côté et, comme nous l'avons dit, dans la partie moyenne. Le fruit, appelé *Desmiocarpe*, se compose d'un glomérule de filaments en disposition subdichotomique, qui rayonnent du sommet de la cellule placentaire. Le glomérule fructifère est nu. Les sphérospores prennent naissance dans les articles terminaux et se divisent triangulairement. Les tétraspores n'ont été rencontrées sur aucune espèce du genre. On les a au contraire recueillies pourvues d'anthéridies et de cystocarpes; et, règle générale, la présence de ces deux organes exclut celle des tétraspores. (Voy. Thuret, *Études phycol.*, 65.) [Ch. M.]

NEMALIUM. Orthographe adoptée par Decaisne, dans sa *Classification des Algues*, 1842, pour *Nemalion*. [Ch. M.]

NEMASTACHYS (Steud., *Syn. pl. glum.*, I, 357). Synonyme (?) de *Leptatherum* Nees.

NEMASTOMA (J. Agh, *Alg. medit.*, 66, 89; *Spec. Alg.*, 162). Genre d'Algues-Floridées, de la tribu des *Nemastomeæ* et de la famille des *Cryptonemiaceæ*. Les Algues qui constituent ce genre sont caractérisées par un thalle généralement comprimé, plan, carnoso-gélatineux, rameux, dont la disposition est dichotomique. Il est constitué par deux couches de cellules, et à la rigueur, on pourrait en considérer une troisième. La couche intérieure est formée par de nombreux filaments, simples ou peu ramifiés, allongés, resserrés. Une seconde couche, que l'on peut appeler médiane, se compose de filaments relativement grands d'où partent d'autres filaments plus petits, verticaux, dichotomiques, corticaux, ténus, logés dans un mucus qui se solidifie, et enveloppent pour ainsi dire le massif central dans une gaine unique et corticale. C'est dans ce strate cortical que sont logés les cystocarpes. Ces organes sont constitués par un nucléus qui paraît simple; et les sphérospores, situées dans la même couche, se divisent en croix. On a divisé ce genre en deux sections basées sur la destruction plus ou moins apparente qui existe entre les filets de la couche intermédiaire et ceux de la couche corticale et sur leur rayonnement. (Voy. J.-G. Agh, *Spec., gen. et ord. Alg.*, 125.) [Ch. M.]

NEMASTOMEÆ (J.-G. Agh, *Spec., gen. et ord.*, III, 113). Algues-Floridées, grande tribu des *Cryptonemiaceæ*. Elles sont caractérisées par une fronde carnoso-gélatineuse, dont les diverses couches sont constituées par des tissus filamenteux plus ou moins resserrés. Les intérieurs sont longitudinalement articulés, vaguement rameux; les extérieurs au contraire sont développés verticalement et submoniliformes. Le nucléus des cystocarpes est petit, constitué par des lobes rayonnants du centre qui se resserrent d'une manière bien prononcée, où se trouvent des gemmidies arrondies entre les lobes, sans ordre apparent. Les *Nemastomeæ* ont été divisés en cinq genres : les genres *Lygistes*, *Lalosiphonia*, *Gloiosiphonia*, *Schizomenia* et *Nemastoma*. [Ch. M.]

NEMASTYLIS (Nutt., in *Trans. Amer. Phil. Soc.*, V, 157). Genre d'Iridacées-Sisyrinchiées, formé de 5, 6 herbes bulbeuses, américaines, à spathes oblongues, solitaires ou formant grappe; l'organisation florale est celle des *Cipura*, avec des étamines plus ou moins hautement monadelphes; un style à branches 2-partites. On en cultive parfois une jolie espèce. (*Fl. de serres*, t. 2171.) [H. Bn.]

NEMATANTHUS (Mart., *Nov. gen. et spec.*, III, 46, t. 220). Genre de Gesnériacées-Cyrtandrées, à fleurs de *Columnea*; le calice obconique, à 5 lobes allongés; la corolle à tube ventru; l'ovaire à 4 placentas pariétaux égaux; le fruit à 2 valves pourvues d'une fine crête dorsale. Ce sont 3, 4 arbustes grimpants ou épiphytes, charnus, du Brésil, à fleurs axillaires, solitaires ou 2-nées, longuement pédonculées. On les cultive en serre chaude. (*Bot. Mag.*, t. 4018, 4080, 4460. — H. Bn, *Hist. des pl.*, X, 89.)

NEMATANTHUS (Nees, in *Linnæa*, V, 661). Synonyme de *Willdenowia* Thunb.

NÉMATHÉCIES. On a donné ce nom, en algologie, à un plexus externe, délié, verruciforme, hémisphérique, spongieux, formé de filaments rayonnants d'où naissent les sphérospores, qui, à leur maturité, s'échappent de la pointe des filets et se divisent généralement en croix. [CH. M.]

NEMATHOSA (FÉE, *Ess.*, XCIV, t. 2, fig. 4). Lichen angiocarpé de la tribu des *Limboucæ* et qu'il faut considérer comme synonyme de *Prigula*. [CH. M.]

NEMATOCERAS (HOOK. F., *Fl. N. Zeland.*, I, 249, t. 57). Synonyme de *Corysanthes* R. BR.

NEMATOCOCCUS (KUETZ., in *Linnæa*, VIII, 381). Algue de la famille des *Leptomiteæ*, qu'il faut considérer comme synonyme de *Hypheotrix*, de l'ordre des *Nematogeneæ*. Decaisne considérait au contraire ce genre comme l'une des divisions des *Nostochineæ*. [CH. M.]

NEMATOGENEÆ (RABENH., *Flor. europ. Alg.*, II, 1-70). Ordre d'Algues-Phycochromophycées, dont la fronde est composée de plusieurs cellules; leur division, dans l'acte de la propagation, s'opère dans une seule direction. Après cette division, les cellules-mères et les cellules-filles constituent un filament ou trichome renfermé dans une gaine. Ces Algues ont été divisées par Rabenhorst en cinq familles : les *Oscillarieæ*, les *Nostochaceæ*, les *Rivulariaceæ* sont les principales. Par suite de nouvelles recherches, cette division n'a pas été généralement admise. [CH. M.]

NEMATOGONUM (DESMAZ., in *N. Ann. sc. nat.*, II, 69, t. 9, fig. 1). Synonyme (ENDL., *Gen.*,18) de *Sporotrichum* LINK.

NÉMATOIDE. Le proembryon filamenteux des Mousses.

NEMATOLEPIS (TURCZ., in *Bull. Mosc.* [1852], II, 158). Genre de Rutacées-Boroniées, comprenant une plante australienne, frutescente, qui a des fleurs 5-mères, à sépales libres, à 10 étamines dont la base est pourvue d'une écaille barbue. Les feuilles sont alternes et odorantes, et les fleurs (rouges) axillaires et solitaires. (H. BN, *Hist. des pl.*, IV, 465.)

NEMATOPHYCEÆ (RABENH., *Flor. europ. Alg.*, III, 2-286). L'une des divisions des Algues *Chlorophyllophyceæ*, formée d'Algues multicellulaires, plus ou moins ramifiées, à végétation terminale. Les cellules se trouvent réunies en filaments. La reproduction s'opère par des zoospores ou des gonidies. Cette division est composée de sept familles, dont les principales sont les Ulvacées (*Ulveæ* et *Prasioleæ*), les Confervacées, les *Ulotricheæ* et les *Chætophoreæ*. [CH. M.]

NEMATOPHYLLUM (F. MUELL., in *Hook. Kew Journ.*, IX, 20). Synonyme de *Templetonia* R. BR.

NEMATOPLATA (BORY, in *Dict. class.*, I, 593; XI, 499). Genre de Diatomacées, que nos auteurs modernes considèrent avec juste raison comme synonyme de *Melosira*, *Fragillaria*, *Grammatonema*. [CH. M.]

NEMATOPYXIS (MIQ., *Fl. ind. bat.*, I, p. I, 630). Synonyme de *Ludwigia* L.

NEMATORRHIZEÆ (DCNE, *Classif. Alg.* [1842]). L'une des divisions des Algues-Zoosporées, composée des Caulerpées, Halymédées, Siphonées, Acétabulariées, toutes Algues qui offrent des sortes de radicelles très ténues, fort nombreuses, blanches, composées de filets tubuleux, libres, simples. Cette division, par suite des recherches modernes, n'a pas été admise. [CH. M.]

NEMATOSPERMEÆ (J.-G. AGH, *Spec., gen. et ord. Alg.*, II, 6). Algues de la grande famille des Floridées, que caractérise un cystocarpe dont le nucléus est composé de filets gemmidifères articulés, plus ou moins rameux, donnant naissance dans quelques articles à des gemmidies qui sont formées par la division transversale et longitudinale des articles, arrondies, oblongues, de forme angulaire par suite d'une pression mutuelle, logées quelquefois dans un mucus ambiant. Le nucléus est immergé dans la fronde ou le plus souvent dans un péricarpe émergé; il est simple ou formé de plusieurs nucléoles. Il est peu variable dans les divers ordres de cette série d'Algues, qui sont pour la plupart riches en espèces. Les genres principaux sont les Dumontiacées et les Dudresnayacées. [CH. M.]

NEMATOSPERMUM (RICH., in *Act. Soc. Hist. nat. Par.* [1792], 105). Synonyme de *Lacistema* Sw.

NEMATOSTIGMA (DIETR., *Spec. pl.*, II, 509). Synonyme de *Libertia* SPRENG.

NEMATOSTIGMA (PL., in *Ann. sc. nat.*, sér. 3, X, 265). Synonyme de *Gironniera* GAUDICH.

NEMATOSTYLIS (HOOK. F., *Gen.*, II, 110, n. 226). Genre de Rubiacées-Chiococcées, dont les fleurs 5-mères ont les plus grandes affinités avec celles des *Ixora* (dont ce genre devrait peut-être ne faire qu'une section), mais en diffèrent par leur ovule descendant et par un de leurs 5 lobes calicinaux développé en feuille. Le *N. anthophylla* H. BN (*N. loranthoides* HOOK. F.) est le *Pavetta anthophylla* A. RICH. (*Rubiac.*, 101), arbrisseau de Madagascar, à feuilles opposées, à cymes terminales rapprochées en une masse corymbiforme, avec des bractées en partie foliacées. Son gynécée est construit comme celui d'un *Machaonia*. (Voy. H. BN, in *Bull. Soc. Linn. Par.*, 198; *Hist. des pl.*, VII, 304, 432, n. 77.) [H. BN.]

NEMATURIS (TURCZ., in *Bull. Mosc.* [1848], I, 254). Synonyme (B. H., *Gen.*, II, 757) de *Enslenia* NUTT.

NEMAUCHENES (CASS., in *Dict.*, XXXIV, 362). Genre créé pour le *Crepis aspera* L.

NEMEDRA (A. JUSS., *Méliac.*, 71, t. 3). Syn. (?) de *Amoora* ROXB.

NEMESIA (VENT., *Jard. Malm.*, t. 41). Genre de Scrofulariacées-Alonsoées, formé d'une vingtaine d'espèces de l'Afrique australe; annuelles ou vivaces, à fleurs d'*Alonsoa*, à corolle pourvue d'un tube court, avec éperon ou bosse antérieure; la lèvre antérieure convexe en dessus; le fruit septicide et comprimé. (*Bot. Reg.* [1838], t. 39. — H. BN, *Hist. des pl.*, IX, 426.)

NEMEXIA (RAFIN., *Fl. Un.-St.* [1830], II, 264). Genre de Smilacées. Section, pour les auteurs actuels, du genre *Smilax*, à fleurs hexandres, à loges ovariennes biovulées.

NEMIA (BERG., *Fl. cap.*, 160). Synonyme de *Manulea* L.

NEMOPANTHES (RAFIN., in *Journ. phys.* [1819], 96). Genre d'Ilicinées, formé d'un arbuste de l'Amérique du Nord, à feuilles alternes, oblongues, non persistantes, à fleurs de Houx, avec des pétales linéaires et libres; l'ovaire 3-5-loculaire. Les fleurs sont axillaires et solitaires. (MICHX, *Fl. N.-Amér.*, t. 49. — DC., *Pl. rar. Jard. Gen.*, 8, t. 3.) [H. BN.]

NEMOPHILA (NUTT., in *Journ. Ac. Philad.*, II, 179). Genre de Boraginacées-Hydrophyllées, formé de 7, 8 herbes annuelles de l'Amérique du Nord, à feuilles alternes ou opposées; à fleurs régulières; la corolle subrotacée ou largement campanulée, portant 5 étamines, le calice à sinus appendiculés; caractère qui seul différencie ces plantes des *Ellisia*. On cultive comme ornementaux les *N. insignis*, *atomaria*, etc. (*Bot. Mag.*, t. 2373, 3485, 3774.) [H. BN.]

NEMOSTYLIS (HERB.). Pour *Nemastylis* NUTT.

NE M'OUBLIEZ PAS. L'un des noms du *Myosotis palustris* L.

NEMUARON (H. BN, in *Adansonia*, X, 351). Genre de Monimiacées-Athérospermées, formé de 2 arbustes de la Nouvelle-Calédonie, à fleurs hermaphrodites; le périanthe 3, 4-sérié; 4-8 étamines pourvues de glandes basilaires; des staminodes intérieurs et quelques carpelles à ovule ascendant. Le réceptacle floral devient charnu, se fend en 2, 3 valves et laisse libres les carpelles arqués, campylotropes. Les feuilles sont opposées, et les fleurs sont en petites cymes axillaires. Nommées *Nemuaro* par les Kanaques, ces plantes aromatiques sont usitées chez eux comme stomachiques. [H. BN.]

NEMUM (DESVX, in *Ham. Prodr. Fl. ind. occ.*, 13). Section du genre *Scirpus* L.

NENAX (GÆRTN., *Fruct.*, I, 465, t. 32, fig. 7). Section du genre *Anthospermum* L., à loges du fruit accompagnées de deux cavités aspermes, formées par le dédoublement de la cloison (H. BN, *Hist. des pl.*, VII, 268). Plantes de l'Afrique australe.

NENGA (H. WENDL. et DRUDE, in *Linnæa*, XXXIX, 182). Genre de Palmiers-Arécées, établi pour l'*Areca pumila* MART. (*Hist. nat. Palm.*, III, 311, t. 153, fig. 1-3), dont Blume avait fait (*Rumphia*, II, t. 107) un *Pinanga*.

NENGELLA (BECC., *Malais.*, I, 32, t. 1). Genre de Palmiers-Arécées, dont le type est l'*Areca paradoxa* GRIFF. (*Palm. brit. Ind.*, 156, t. 232, t. 2). On en compte 2, 3 espèces en

Malaisie et à la Nouvelle-Guinée. Ce sont par le port des *Pinanga*, et ils en ont aussi le style; mais leur ovule, inséré au-dessous du sommet de la loge, est descendant. (B. H., *Gen.*, III, 886.) [H. Bn.]

NÉNUPHAR BLANC, N. GRAND. Le *Nymphæa alba* L.

NÉNUPHAR DE CHINE. Le *Nelumbo nucifera* Gærtn.

NÉNUPHAR JAUNE, N. PETIT. Le *Nuphar luteum* Sibth.

NÉNUPHAR (PETIT). Le *Villarsia nymphoides* Vent.

NEOBOUTONIA (M. Arg., in *Seem. Journ.*, I, 336; in *DC. Prodr.*, XV, p. II, 892). Genre d'Euphorbiacées-Jatrophées, formé de 2 arbustes africains, à fleurs dioïques, apétales; le calice mâle 2-partite, avec 15-30 étamines. La fleur femelle a un calice imbriqué, 5-6-mère et un ovaire à 3 loges uniovulées. Les feuilles sont alternes, et les inflorescences sont composées. (H. Bn, *Hist. des pl.*, V, 205.)

NEOCEIS (Cass., in *Bull. philom.* [1820]; in *Dict.*, XXXIV, 386). Synonyme de *Erechtites* Rafin.

NEODRYAS (Reichb. f., in *Bot. Zeit.* [1852], 834; *Xen. orchid.*, I, 38, t. 16; III, 21). Genre d'Orchidacées-Vandées, formé de 2, 3 herbes épiphytes et pseudo-bulbeuses du Pérou et de la Bolivie; à fleurs distinguées par des sépales latéraux longuement unis, un labelle dressé et une corolle à 2 ailes latérales. Les fleurs sont petites et en grappes composées. C'est peut-être (B. H.) une section du genre *Oncidium*. [H. Bn.]

NEOGAYA (Meissn., *Gen.*, 144; *Comm.*, 104). Synonyme de *Ligusticum* T.

NEOGYNE (Reichb. f., in *Bot. Zeit.* [1852], 931). Synonyme de *Cœlogyne* Lindl.

NEOLACIS (Wedd., in *DC. Prodr.*, XVII, 59, part.). Synonyme de *Apinagia* Tul. (H. Bn, *Hist. des pl.*, IX, 269.)

Nepenthes. — Port.

NEOLEXIS (Salisb., *Gen. pl. Fragm.*, 64). Synonyme de *Smilacina* Desf.

NEOMERIS (Lamx, *Polyp. flex.*, 241). Genre d'Algues-Floridées que l'auteur avait placé dans la famille des polypiers flexibles, que Kützing a placé dans celle des *Valonieæ*, et Payer dans les Dasycladées. C'est une algue encroûtée, voisine du *Cymopolia* : la couche qui l'entoure dans la partie supérieure est celluleuse, bulbeuse dans la moyenne, écailleuse dans la partie inférieure. La fronde est monosiphoniée; les rameaux sont nombreux, verticillés, dichotomes, articulés. Une seule espèce, propre à l'Amérique, constitue ce genre. [Ch. M.]

NEOROEPERA (M. Arg., in *DC. Prodr.*, XV, p. II, 488). Section du genre *Securinega* J. (H. Bn, *Hist. des pl.*, V, 242.)

NEOSPARTON (Griseb., *Pl. Lorentz.*, 197, t. 2, fig. 6). Genre de Verbénacées-Verbénées, établi pour 2 arbustes aphylles de l'Amérique du Sud extratropicale, à épis globuleux ou ovoïdes, sessiles; les fleurs à calice tubuleux, 5-denté; la corolle 5-lobée; le fruit drupacé et 2-ailé. (B. H., *Gen.*, II, 1144.) [H. Bn.]

NEOTINEA (Reichb. f., *Poll. Orch. Comm.*, 29). Synonyme de *Tinea* Biv.

NEOTTIA (L., *Gen.*, ed. 1, 271). Genre d'Orchidacées, qui a donné son nom à la tribu des *Néottiées*, et qui est formé de 3 herbes terrestres, aphylles, vivant comme en parasites sur les feuilles décomposées. Les fleurs sont en grappes, à courts pédicelles, avec des sépales et des pétales libres, étalés; un labelle plus long que le calice, 2-lobé au sommet, pendant au côté extérieur de la fleur; une colonne assez longue; l'anthère dressée ou inclinée en avant. Le *N. Nidus-avis*, d'un jaune brunâtre, est l'espèce commune de nos bois. (Nees, *Gen. Fl. germ.*, *Mon.*, III, n. 18. — Gren. et Godr., *Fl. de Fr.*, III.) [H. Bn.]

NEOTTIDIUM (Schlchtl, ex Link, *Handb.*, I, 240). Synonyme de *Neottia* L.

NEOU. Au Sénégal, le fruit du *Parinari excelsum*.

NEOVEDIA (Schrad., in *Pr. Maxim. Wied. Reis.*, II, 343). Synonyme (Nees) de *Dipteracanthus* Nees.

NÉPENTHACÉES, NÉPENTHÉES. Famille de Dicotylédones apétales, dont nous avons fait une série des Aristolochiacées, formée du seul genre *Nepenthes*. (*Hist. des pl.*, IX, 7, 17, 23.) [H. Bn.]

NEPENTHES (L., *Gen.*, n. 1019). Genre d'Aristolochiacées, dont on a fait aussi une famille distincte, et qui a des fleurs dioïques et apétales, à réceptacle convexe. Les mâles ont ordi-

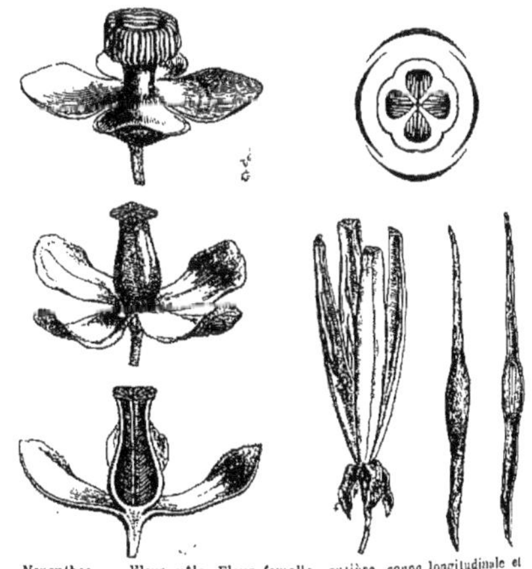

Nepenthes. — Fleur mâle. Fleur femelle, entière, coupe longitudinale et diagramme. Fruit déhiscent. Graine, entière et coupe longitudinale.

nairement 4 sépales et 4-20 étamines, à anthères extrorses, insérées sur une colonne centrale. Les femelles ont un ovaire à 4 loges, complètes ou incomplètes, ∞-ovulées. Le fruit est capsulaire, loculicide, à valves séminifères sur le milieu de leur face interne. Les graines imbriquées sont atténuées aux deux extrémités en aile ou en queue, qui manque rarement, et leur embryon est albuminé. Ce sont environ 30 espèces, frutescentes ou suffrutescentes, sarmenteuses, des régions tropicales de l'ancien monde, s'attachant aux plantes voisines par les cirrhes de leurs feuilles qui sont alternes et terminées par une urne à opercule (voy. ASCIDIE) dont nous avons étudié l'origine (*Cours*

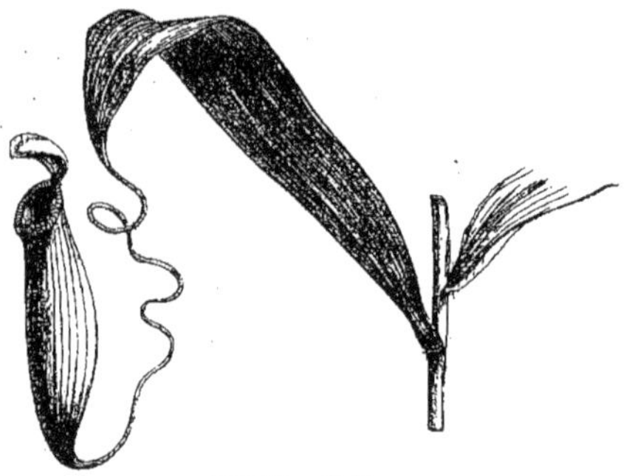

Nepenthes. — Feuille.

élém. Bot. [1882], 88). Les fleurs sont disposées en grappes ou en épis. (H. BN, in *Bull. Soc. Linn. Par.*, 553; *Hist. des pl.*, IX, 7, 19, 23, fig. 22-30; *Dict. de Bot.*, Atl.)

NEPETA (L., *Gen.*, n. 710). Genre de Labiées-Népétées, formé d'environ 120 herbes annuelles ou vivaces, de l'hémisphère boréal, quelquefois de l'Afrique australe, à fleurs pourvues d'un calice tubuleux, à orifice droit ou oblique, 5 denté;

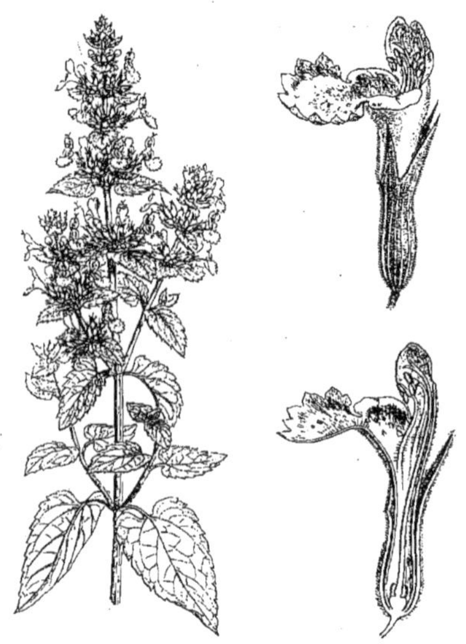

Nepeta. — Branche florifère. Fleur, entière et coupe longitudinale.

à corolle bilabiée; à étamines didynames, parallèles, ascendantes ou subdistantes; les loges des anthères divariquées ou divergentes. Les feuilles sont opposées, odorantes, comme dans le prototype du genre, le *N. Cataria*. Le Lierre terrestre appartient aussi à ce genre. (REICHB., *Ic. Fl. germ.*, t. 1242, 1243; *Ic. europ.*, t. 261, 279, 305, 439, 440, 483, 530, 585-587.) [H. BN.]

NEPHELAPHYLLUM (BL., *Bijdr.*, 372, t. 22). Genre d'Orchidacées-Épidendrées, formé de 4 herbes terrestres et rampantes, de Chine et de Malaisie, à fleurs médiocres, en grappes, avec les sépales libres; un labelle éperonné; une colonne à 2 ailes et apode. Les pseudobulbes foliés sont très étroits et articulés avec le pétiole. On en cultive quelques-uns dans les serres. (BL., *Orch. Arch. ind.*, t. 61, 54 F. — *Bot. Mag.*, t. 5332, 5390.)

NEPHELIUM (L., *Mantiss.*, n. 1277). Genre de Sapindacées-Sapindées, à fleurs polygames-dioïques (de *Sapindus*), à calice 4-6-denté, avec 4-6 ou 0 pétales; 5-10 étamines et un ovaire central, à 2, 3 loges 1-ovulées. Nous avons rangé dans ce genre les *Spanoghea*, *Cubilia*, *Stadmania* et *Pappœa* (*Hist. des pl.*, V, 395). Pour M. Radlkofer (in *Dur. Ind.*, 76), le genre *Nephelium* comprend une partie des *Euphoria*, *Dimocarpus* et *Scytalia*. Il divise ce genre, auquel il n'attribue qu'une espèce, en deux sections avec quatre sous-sections (*Eudictyonephelium*, *Euclathronephelium*, *Dictyonephelium* et *Clathronephelium*.) [H. BN.]

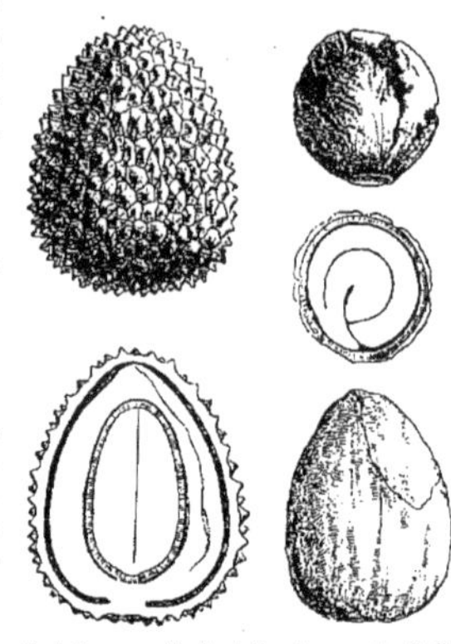

Nephelium. — Fruit, entier et coupe longitudinale. Graines arillées, entières et coupes longitudinales.

NEPHELOCHLOA (BSS., *Diagn. pl. or.*, V, 72). Genre de Graminées-Festucées, formé d'une herbe annuelle d'Orient, à inflorescence grêle; les divisions verticillées. Les épillets sont petits et luisants, et les glumelles sont minces, à peine carénées, 2-fides et scarieuses au sommet, aristées dans l'intervalle des lobes. [H. BN.]

NEPHRADENIA (DCNE, in *DC. Prodr.*, VIII, 604). Genre d'Asclépiadacées-Marsdéniées (?), formé de 4, 5 herbes vivaces, dressées, des deux Amériques, à feuilles opposées; la corolle largement campanulée et semi-5-fide; la couronne formée de 5 écailles, assez épaisses et comprimées latéralement. [H. BN.]

NEPHRANDRA (W., in *Coth. Disp. veg.*, 8). Synonyme de *Vitex* L.

NEPHRANTHERA (HASSK., *Cat. Hort. bogor.*, 44). Synonyme de *Renanthera* LOUR.

NÉPHRÉTIQUE (BOIS) NOIR. Nom du *Jacaranda brasiliana* J.

NEPHROCODIUM (WALP.). A tort pour *Nephrocœlium* TURCZ.

NEPHROCŒLIUM (TURCZ., in *Bull. Mosc.* [1853], I, 287). Synonyme de *Burmannia* L.

NEPHROCYLIUM (NÆG., *Einz. Alg.*, 80, t. III). Genre d'Algues, de la famille des *Palmellaceæ*, à cellules réniformes pourvues, vers leur partie dorsale, de vésicules chlorophylliennes. Ces cellules sont réunies par 2-4-8-16 et contenues librement dans une ample enveloppe qui elle-même est réniforme ou ovale. (Voy. RABENH., *Alg. europ.*, III, 12, 52.) [CH. M.]

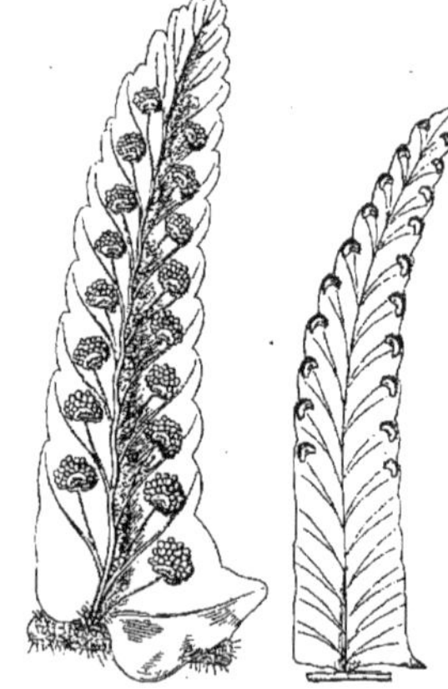

Nephrodium. — Pinnules.

NEPHRODIUM (L.-C. RICH., in *Michx Fl. bor.-amer.*, II, 266. — PRESL, *Pterid.*, 30). Genre de Fougères, dont les limites varient beaucoup suivant les auteurs, et dont les caractères essentiels sont : des sores subglobuleuses, dorsales ou terminales sur les nervures des pinnules. Leur indusie est cordée-réniforme, attachée à la fronde par son sinus. C'est un grand genre de toutes les portions du globe, dans lequel, si l'on y joint les *Lastræa, Pleocnemia, Lagenia*, on compte jusqu'à 230 espèces.

NEPHROIA (LOUR., *Fl. cochinch.*, 565). Syn. de *Cocculus* DC.

NEPHROICA (MIERS). Pour *Nephroia* LOUR.

NEPHROMA (ACH., *Lich. univ.*, 101, t. II, fig. 7-8). Genre de Lichens, de la tribu des Peltigérés et de la famille des Néphromés. Le thalle des espèces qui constituent ce genre est membraneux, coriace, lobé; en dessous il est nu ou pubescent-lanugineux; en dessus il est d'un rouge pâle. La couche gonidiale fournit des gonidies pourvues d'une enveloppe cellulaire distincte. Les apothécies sont d'une couleur brune ou rousse. Ce genre de Lichens se distingue du *Nephromium* par ses gonidies; il se compose de quelques espèces propres aux pôles. (Voy. NYL., *Synops. Lich.*, 316.) [CH. M.]

NÉPHROMÉS (NYL., *Synops. Lich.*, 316). Famille de Lichens, de la tribu des Peltigérés, caractérisée par un thalle membraneux, opaque, à apothécies inférieures. Les spores, au nombre de huit, sont brunes ou incolores. Les spermogonies blanchâtres et marginales sont pourvues d'arthrostérigmates. Les spermaties sont obtuses à l'une et l'autre extrémité. Deux genres constituent cette famille : les *Nephroma* et *Nephromium*. [CH. M.]

NEPHROMISCUS (KL., *Ind. sem. H. berol.*, *App.* I). Synonyme de *Begonia* L. et section de ce genre.

NEPHROMIUM (NYL., *Synops. Lich.*, 318). Genre de Lichens, ayant extérieurement beaucoup de ressemblance avec les *Nephroma*, mais de couleur plus sombre et plus fragile. La couche gonidiale est pourvue de gonidies granuleuses, souvent moniliformes. Les rhizines sont formées d'éléments filamenteux, non fasciculés; les apothécies sont d'un brun roux ou de couleur brique. La gélatine hyméniale bleuit par l'iode. Ces Lichens se trouvent dans les régions propres au *Nephroma*, mais descendent quelquefois dans des régions moins froides. [CH. M.]

NEPHROMYCES (GIARD, *C. rend. Acad. sc.* [1888], 1180). Genre de Chytridinés, parasite du rein des Tuniciers, à mycélium unicellulaire, enchevêtré, donnant naissance à des tubes cylindriques à l'intérieur desquels se forment des zoosporanges remplis de zoospores très petites et très agiles. Le mycélium donne également naissance à des zygospores qui se développent en automne. On en a observé 3 espèces chez différentes espèces de la famille des Molgulidées. [DE S.]

NEPHROPHYLLUM (A. RICH., *Fl. abyss.*, II, 77, t. 76). Genre de Convolvulacées-Convolvulées, formé d'une petite herbe d'Abyssinie, à facies de *Dichondra ;* les fleurs axillaires et solitaires, à corolle infundibuliforme-campanulée; l'ovaire uniloculaire et biovulé; les styles au nombre de deux; le fruit capsulaire, monosperme et mûrissant sous terre. (H. BN, *Hist. des pl.*, X, 326.)

NEPHROSIA (MIERS). Pour *Nephroia* LOUR.

NEPHROSPERMA (BALF. F., in *Bak. Fl. maurit.*, 386). Genre de Palmiers-Arécées, établi pour un petit arbre des Seychelles, à feuilles pinnatiséquées; les fleurs mâles à ∞ étamines, dont les anthères sont adnées au sommet de filets épais. L'ovaire est uniloculaire; la graine a un albumen ruminé, et le tronc est garni de piquants. [H. BN.]

NEPHROSTIGMA (GRIFF., *Notul.*, IV, 717). Genre incertain de Ménispermacées.

NEPHTHYTIS (SCHOTT, in *Œstr. Bot. Woch.* [1857], 406); *Gen. Aroid.*, t. 51). Genre d'Aracées-Philodendrées, formé de 2 herbes de l'Afrique tropicale occidentale, à fleurs monoïques dans un spadice non appendiculé, sans périanthe; les mâles formées d'étamines polyédriques; les femelles d'un ovaire uniloculaire, à ovule descendant et anatrope. Les fruits sont charnus, et la graine albuminée a un embryon macropode. (ENGL., *Arac.*, 301. — N.-E. BR., in *Gardn. Chron.* [1881], 790.) [H. BN.]

NEPSERA (NAUD., in *Ann. sc. nat.*, sér. 3, XII, t. 14; XIII, 28). Sect. du g. *Tibouchina* AUBL. (H. BN, *Hist. des pl.*, VII, 39.)

NEPTUNIA (LOUR., *Fl. cochinch.*, 653). Genre de Légumineuses-Mimosées-Adénanthérées, formé de 7, 8 herbes ou sous-arbrisseaux, des régions tropicales des deux mondes, à fleurs de *Mimosa*, sessiles, dimorphes; les inférieures mâles ou neutres. Les fruits sont oblongs, insymétriques, réfléchis sur leur pied, coriaces-membraneux et 2-valves. (WIGHT, *Icon.*, t. 756. — *Bot. Mag.*, t. 4695. — H. BN, *Hist. des pl.*, II, 66.)

NERAUDIA (GAUDICH., in *Freyc. Voy.*, *Bot.*, 500; *Voy. Bonite*, t. 133). Genre d'Urticacées-Urticées, formé de 2, 3 arbustes des îles Sandwich, à feuilles alternes, à glomérules floraux globuleux, axillaires et sessiles. Le calice forme autour du fruit un sac à ouverture contractée, dentée, et le fruit sec est adné à sa base. L'ovaire est surmonté d'un style grêle et caduc. Les fleurs sont dioïques. (WEDD., *Mon. Urtic.*, 389. — H. BN, *Hist. des pl.*, III, 530.)

NEREIA (ZANARD., *Illust. dell. Desm.*). Genre d'Algues, que Kützing considère comme synonyme de *Cladothele*, de la famille des *Sporochneæ*, et que J.-G. Agardh regarde comme synonyme de *Sporochnus*. [CH. M.]

Nerium. — Branche florifère.

NEREIDEA (RUPR., *Alg. Ochot.*, 63). Genre d'Algues-Floridées, considérée par J.-G. Agardh comme synonyme de l'*Euthora*, famille du *Cordylecladia*. [CH. M.]

NEREOCYSTIS (POST et RUP., *Illust.*, 9, t. VIII). Algues de la famille des *Laminarieæ*, que caractérise une fronde filiforme à la base, à racine fibreuse. Cette fronde devient foliacée, simple, renflée à sa partie supérieure en une vésicule, qui émet des stipelles au nombre de 4 ou 8, fasciculées en une lame plane allongée, membraneuse. Ces Algues sont voisines du genre *Lessonia* et propres à l'océan Pacifique. [CH. M.]

NERF DE BOEUF. La Quintefeuille (*Potentilla reptans* L.).

NERIACANTHUS (BENTH., *Gen.*, II, 1096, n. 60). Genre d'Acanthacées-Justiciées, établi pour un arbuste élevé de la Jamaïque, à feuilles opposées, entières; à fleurs pourvues d'une corolle subrégulière, à tube ténu, à limbe largement étalé. Les inflorescences sont des épis courts. L'androcée est didyname, et les loges ovariennes sont 2-ovulées. [H. BN.]

NERIANDRA (A. DC., *Prodr.*, VIII, 422). Synonyme de *Skytanthus* MEYEN.

NERIET-ANTONIN, N.-ANTONINE. L'*Epilobium spicatum* L.

NERINE (HERB., in *Bot. Mag.*, t. 2124; *App.*, 18; *Amaryll.*, 283). Genre d'Amaryllidacées-Amaryllées, voisin des *Amaryllis*, avec des fleurs de *Brunsvigia*, mais à filets staminaux dont la base est dilatée et décurrente, avec saillie au-dessous du point

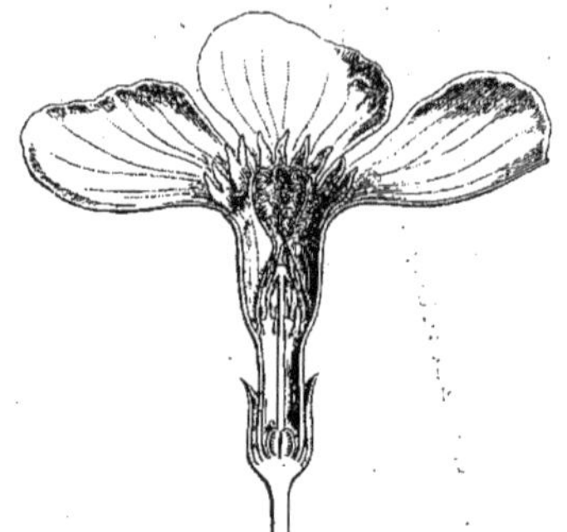

Nerium. — Fleur, coupe longitudinale.

où ils deviennent libres. Ce sont 7, 8 plantes bulbeuses de l'Afrique australe. Le *N. sarniensis* a été naturalisé depuis longtemps dans quelques îles de la Manche. (*Bot. Mag.*, t. 294, 369, 725, 726, 1089, 1090, 2407, 5901, 6547.)

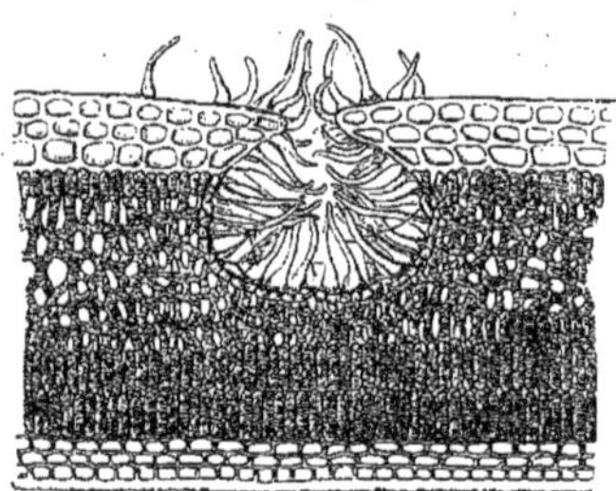

Nerium. — Tissu de la feuille.

NERISSA (SALISB., *Fragm.*, 131). Synon. de *Hæmanthus* L.

NERIUM (L., *Gen.*, n. 297). Genre d'Apocynacées, qui a donné son nom à la série des *Nériées*, et qui a des fleurs régulières, à calice 5-mère, doublé de ∞ glandes inégales; une ovulés, et le fruit est formé de 1, 2 follicules à graines chargées de poils; les supérieurs plus grands, formant aigrette. Les 2, 3 *Nerium* connus sont des arbustes à latex irritant, glabres, à feuilles opposées ou ternées. Leurs fleurs sont disposées en cymes composées terminales; blanches, roses ou jaunes. Le *N. Oleander* L., plante méditerranéenne, est cultivé comme orne-

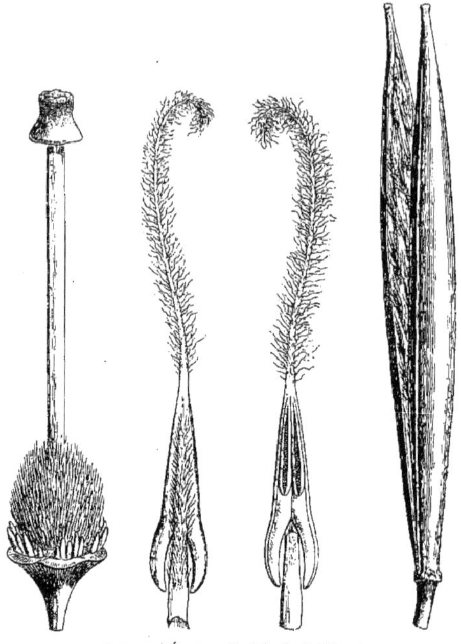

Nerium. — Étamines. Gynécée. Fruit déhiscent.

mental, sous les noms de *Laurier-Rose* et *Oléandre*. (H. BN, *Hist. des pl.*, X, 156, 198, fig. 133-141.)

NERIUM DES ALPES. Le *Rhododendron hirsutum* L.

NÉROLI (ESSENCE DE). Celle du *Citrus vulgaris* RISSO.

NEROPHILA (NAUD., in *Ann. sc. nat.*, sér. 3, XIII, t. 8; XIV, 119). Sect. du g. *Osbeckia* L. (H. BN, *Hist. des pl.*, VII, 38.)

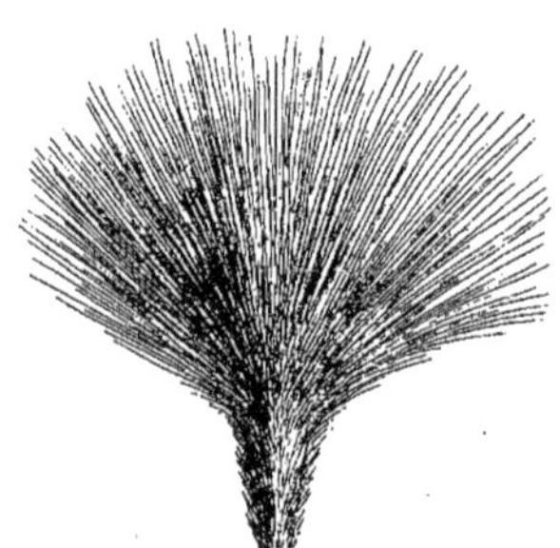

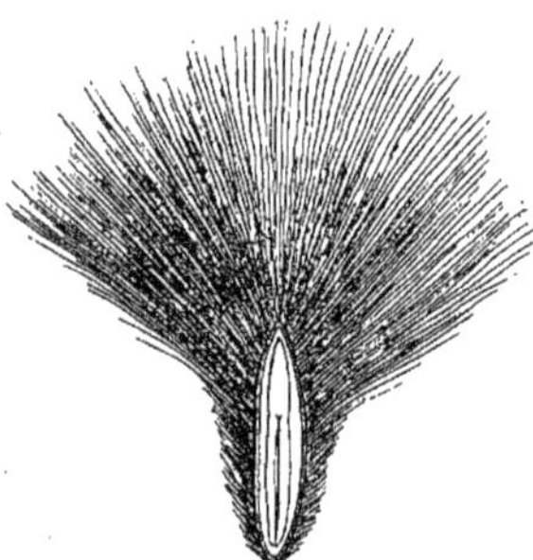

Nerium. — Diagramme floral. Graine, entière et coupe longitudinale.

corolle hypocratérimorphe et tordue, la gorge garnie d'une collerette de 5 écailles; 5 étamines portées par la corolle et qui ont une anthère sagittée de Nériée, c'est-à-dire à demi-loges intérieures courtes et en partie stériles. Le connectif se prolonge au sommet en un long appendice plumeux. Il y a 2 ovaires pluri-

NERPRUN. Nom français des *Rhamnus*.

NERRIVICHAN. Synonyme de *Bish*.

NERTERA (BANKS et SOL., in *Gærtn. Fruct.*, I, 124, t. 26). Genre de Rubiacées-Anthospermées, dont les fleurs sont à peu près celles des *Coprosma* et *Normandia*, hermaphrodites ou polygames, 4, 5-mères, solitaires, axillaires ou terminales. Ce sont des herbes grêles, rampantes, glabres ou pubescentes, des Andes, des terres arctiques, de l'Australie, de la Nouvelle-Zélande, des Philippines et des Sandwich. On en distingue 4, 5 espèces. Dans les vrais *Nertera*, la fleur a un calice court, annulaire, entier ou à 5 divisions, avec un fruit charnu, à deux noyaux, comprimé. Dans le *Corynula*, que nous y réunissons comme section, l'exocarpe est moins charnu, et les divisions du calice plus profondes. Ce sont des plantes grêles, cespiteuses, à petites feuilles opposées, à petites stipules unies en gaine avec les feuilles. Peut-être ce genre devrait-il prendre le nom de *Gomosia* R. et PAV.; il devrait peut-être aussi être réuni aux *Coprosma*. (Voy. *Hist. des pl.*, VII, 269, 397, n. 15.) [H. BN.]

NERTERIA (SM., *Icon. ined.*, II, t. 28). Syn. de *Nertera* B. et SOL.

NERVATION. Le mode de disposition des nervures.

NERVILIA (GAUDICH., in *Freycin. Voy.*, *Bot.*, 422, t. 35). Synonyme de *Pogonia* J.

NERVURE. — Voy. FEUILLE.

NERVURE MÉDIANE, N. PRIMAIRE, N. PRINCIPALE. Celle qui, continuant le pétiole, partage le limbe en deux moitiés, souvent symétriques.

NERVURES. Nom donné par Vaillant aux lamelles des Agaricinés.

NESÆA (COMMERS., ex J., *Gen.*, 332). Genre de Lythrariacées-Lythrées, formé d'une douzaine d'espèces américaines et africaines, herbacées ou suffrutescentes, à calice 8-14-denté, avec

Nesæa. — Fleur, entière et coupe longitudinale.

autant de denticules alternes. Il y a 4-7 pétales, ordinairement jaunes, un androcée diplostémoné et un fruit capsulaire, 3-6-loculaire, polysperme. (H. BN, *Hist. des pl.*, VI, 447.)

NESCIDIA (A. RICH., *Rubiac.*, 112). Syn. de *Hypobathrum* BL.

NESEA (LAMX, *Exp. méth.*, 22; *Pol. flex.*, 259). Algue? Pour Kützing, synonyme de *Chamædoris*.

NESIOTA (HOOK. F., *Gen.*, I, 380). Genre de Rhamnacées-Rhamnées, établi pour le *Phylica elliptica* ROXB., petit arbre de Sainte-Hélène, à feuilles opposées, larges, accompagnées de stipules, à fleurs 4, 5-mères de *Phylica;* les sépales dressés. (H. BN, *Hist. des pl.*, VI, 86.)

NESLIA (DESVX, *Journ.*, III, 162). Genre de Crucifères-Isatidées, formé d'une herbe annuelle, d'Europe et d'Orient, à feuilles entières, en partie sagittées; à petites fleurs jaunes en grappes; les sépales égaux à la base; le fruit globuleux, subcomprimé, courtement stipité, subcrustacé, 1, 2-sperme. Le *N. paniculata* est assez commun dans nos environs. (REICHB., *Ic. Fl. germ.*, II, t. 24. — H. BN, *Hist. des pl.*, III, 264.)

NESODAPHNE (HOOK. F., *Fl. N. Zel.*, I, 217). Section (B. H.) du g. *Beilschmiedia* NEES. (H. BN, *Hist. des pl.*, II, 470.)

NESOGENES (A. DC., *Prodr.*, XI, 703). Genre de Verbénacées-Cloanthées, formé d'une herbe rude, de l'océan Pacifique, à feuilles opposées, entières ou dentées; à fleurs axillaires, solitaires ou 2-5; le calice 5-fide; la corolle petite, lobée; l'androcée 4-andre, et l'ovaire 2-loculaire, à loges 2-ovulées. [H. BN.]

NESOPANAX (SEEM., *Fl. vit.*, t. 20). Section du genre *Plerandra* A. GRAY. (H. BN, *Hist. des pl.*, VII, 256.)

NESPLIER, NESPOULIER. Le Néflier.

NESSEL. Nom allemand des Orties.

NESTLERA (SPRENG., *Syst.*, III, 362). Section du genre *Relhania* LHÉR. (H. BN, *Hist. des pl.*, VIII, 182.)

NESTRONIA (RAFIN., *N. sylv. amer.*, 12, part.). Synonyme de *Buckleya* TORR.

NETRIUM (NÆG., *Einz. Alg.*, 108, *tab.* VI [1849]). Genre de Desmidiacées, que Rabenhorst n'a pas admis et qui a été fusionné avec le genre *Penium*. (RABENH., *Fl. europ. Alg.*, III, 118.)

NETTLE. Nom anglais des Orties.

NETTOA (H. BN, in *Adansonia*, VI, 238, t. 7). Genre de Tiliacées australiennes, d'abord considéré par nous comme une Bixacée, attendu que son ovaire est uniloculaire, avec trois placentas pariétaux pluriovulés, qui n'atteignent guère que le milieu de la cavité ovarienne et que ses organes sexuels sont, comme ceux des *Grewia*, portés loin de la corolle sur un plateau à support cylindrique formé par le réceptacle. Mais ayant, depuis lors, constaté que ce caractère s'observe chez certains *Corchorus*, notamment de la section *Guazumoides*, et que, de plus, ceux-ci ont parfois les placentas pariétaux, nous avons finalement rapporté le *Nettoa* comme section à ce dernier genre. (Voy. *Hist. des pl.*, IV, 191.) [H. BN.]

NEUBECKIA (ALEF., in *Bot. Zeit.* [1863], 290, 299). Synonyme de *Iris*.

NEUBERIA (ECKL., *Verz. Pfl. Samml.*, 37). Syn. de *Watsonia*.

NEUBERIA (ECKL., *Topogr. Verz.*, 37). Synon. de *Gladiolus*.

NEUBURGIA (BL., *Mus. lugd.-bat.*, I, 156). Genre d'Apocynacées-Arduinées, qui a aussi beaucoup d'affinités avec les *Ochrosia*, mais dont les fleurs 5-mères, à corolle valvaire, ont un ovaire à 2 loges ∞-ovulées. (H. BN, *Hist. des pl.*, X, 179.)

NEUMANNIA (AD. BR., in *Ann. sc. nat.*, sér. 2, XV, 369). Synonyme de *Pitcairnia* LHÉR.

NEUMANNIA (A. RICH., *Fl. cub.*, 96, not.). Synonyme de *Aphloia* BENN.

NEUMAYERA (REICHB., *Ic. Fl. germ.; Nom.*, 205, n. 7773). Synonyme de *Alsine* WAHLB.

NEURACANTHUS (NEES, in *Wall. Pl. asiat. rar.*, III, 76; in *DC. Prodr.*, XI, 248). Genre d'Acanthacées-Justiciéés, formé de 6, 7 plantes herbacées ou suffrutescentes de l'Asie tropicale et de l'Afrique, à feuilles entières; les fleurs en épis denses, à calice 2-partite, formant 2 lèvres inégales; à corolle pourvue d'un limbe étalé, subbilabié, denté ou lobé. (WIGHT, *Icon.*, t. 1531, 1532. — HOOK., *Icon.*, t. 835.) [H. BN.]

NEURACHNE (R. BR., *Prodr.*, 196). Genre de Graminées-Zoysiées, formé de 3 herbes australiennes vivaces, à épi dense, court, cylindrique, d'épillets sessiles; 2 glumes, dont la supérieure est plus grande, ciliée, et 2 glumelles, surmontées d'une seule fleur hermaphrodite. (*Hook. Icon.*, t. 1939-1951.)

NEURACTIS (CASS., in *Dict.*, XXXIV, 496). Synonyme de *Chrysanthellum* RICH.

NEURADA (L., *Gen.*, n. 587). Genre souvent rapporté aux Rosacées et dont nous avons fait une Géraniacée. Les fleurs ont 5 sépales avec lesquels alternent 5 bractéoles; 5 petits pétales tordus; 10 étamines 2-sériées, et 10 carpelles, à ovaire couché sur la coupe réceptaculaire et à style relevé verticalement. Le fruit est formé de 5-10 capsules, incrustées dans la concavité du

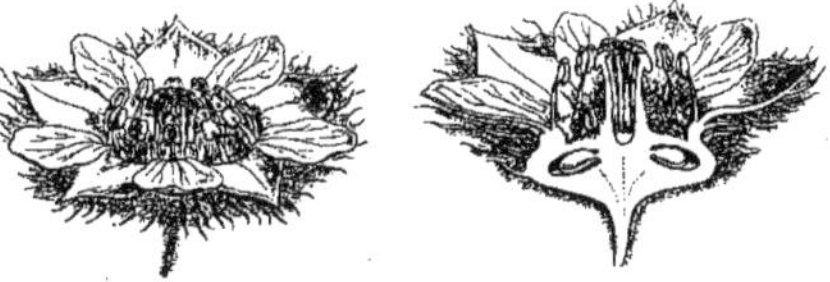

Neurada. — Fleur, entière et coupe longitudinale.

réceptacle. Chacune renferme une graine oblique (qui serait descendante si l'ovaire était vertical). Le seul *Neurada* connu est une herbe annuelle de la région méditerranéenne (sauf en Europe), laineuse, couchée, à feuilles alternes, lobées; à fleurs axillaires. Les fruits persistent autour du collet de la plante, et là les graines germent d'une façon curieuse. (HOOK., *Icon.*, t. 840. — H. BN, *Hist. des pl.*, V, 9, 37, fig. 18, 19.)

NEURHYMENIA (J. AGARDH, *mscr.*). Genre d'Algues-Floridées, de la famille des *Rhodomeleæ*, caractérisé par une fronde à prolifications foliacées, et par des nervures parallèles obliques qui partent de la nervure principale, à deux ou plusieurs séries de cellules arrondies. Les stichidies proviennent de la transformation des prolifications; elles sont situées dans les nervures et renferment des sphérospores disposées en double série. (Voy. J.-G. AGH, *Spec., gen. et ord. Alg.*, IV, 1137.) [CH. M.]

NEURIDIUM (SPRENG., *Nov. Fung. gen. et spec.* [1820]). — Voy. ERINEUM.

NEUROCALYX (GRIFF., *Herb.*, n. 2880). Synonyme de *Silvianthus* HOOK. F.

NEUROCALYX (HOOK., *Icon.*, t. 174). Genre de Rubiacées-Oldenlandiées, à fleurs 5-mères, à corolle rotacée, valvaire. Le calice s'y dilate en cinq grands lobes membraneux, veinés. Les anthères introrses s'unissent par leurs bords en un cône que traverse le style, et l'extrémité stigmatifère de celui-ci se renfle en une petite tête. L'ovaire infère a deux loges multiovulées; et le fruit, sec ou légèrement charnu, se sépare tardivement en 2 coques ou se rompt irrégulièrement. A cause de tous ces caractères, les fleurs de ces plantes rappellent beaucoup celles de certaines Ardisiées et *Solanum*. Ce sont des herbes annuelles, glabres ou très velues, de l'Inde, de Ceylan, de Bornéo, à tige simple, parfois très courte, à feuilles opposées ou rapprochées en rosettes; à grappes axillaires penchées, avec des bractées simples ou bipartites. On en distingue 4, 5 espèces. (Voy. *Hist. des pl.*, VII, 330, 466, n. 138.) [H. BN.]

NEUROCAULON (ZANARD., *Saggio*, 49). Genre d'Algues-Floridées, de la famille des *Delesserieæ*, qui trouve sa place entre le *Nitophyllum* et le *Delesseria*. Nous considérons, avec les auteurs modernes, ce genre comme synonyme de *Botryoglossum*, dont il a tous les caractères. [CH. M.]

NEUROECIUM (KUNZE. — FR., *Summ. veg. Scand.*, 370). Genre de Discomycètes, que Fries rapproche des *Phacidium*. Les périthèces allongés s'ouvrent par une fente longitudinale. De grandes spores sont agglutinées sur un thalamium à filaments transparents. Ce genre problématique ne compte qu'une seule espèce du Brésil. [DE S.]

NEUROPHYLLIS (ZANARD., in *Phys. aust. nov.*, n. 20). Genre d'Algues-Floridées, de la famille des *Hypneaceæ*, que J.-G. Agardh considère comme synonyme d'*Ectoclonium*. [CH. M.]

NEUROPHYLLUM (TORR. et GR., *Fl. N.-Amer.*, I, 612). Synonyme de *Archemora* DC.

NEUROPOGON (NEES et FLOT., in *Linnæa* [1834]. — NYL., *Syn. meth. Lich.*, 272). Genre de Lichens, de la famille des *Usneæ* et qui a longtemps été considéré comme devant faire partie du genre *Usnea*. Ce genre est caractérisé par un thalle dressé, rameux, arrondi, inégal, à axe solide. Les apothécies sont noirâtres et se trouvent généralement aux parties terminales du thalle. Les spermogonies, noirâtres à l'extérieur, sont incolores intérieurement. Deux espèces constituent ce genre. [CH. M.]

NEUROSCAPHA (TUL., in *Ann. sc. nat.*, sér. 2, XX, 137; in *Arch. Mus.*, IV, t. 6). Synonyme de *Lonchocarpus* H. B. K.

NEUROSPERMA (RAFIN., in *Journ. phys.* [1819]). Synonyme (TORR. et GR.) de *Momordica* L.

NEUROTHECA (SALISB. — B. H., *Gen.*, II, 812, n. 29). Genre de Gentianacées-Chironiées, formé d'une petite herbe annuelle, africaine et américaine, à feuilles opposées; à fleurs axillaires et solitaires, subsessiles; le calice à 4 dents et 8 côtes; la corolle infundibuliforme et tordue. Elle a été figurée par Progel (in *Mart. Fl. bras.*, VI, t. 58), sous le nom de *Octopleura*. (H. BN, *Hist. des pl.*, X, 138.)

NEUSTANTHUS (BENTH., in *Pl. Jungh.*, I, 234). Synonyme de *Pueraria* DC.

NEUWIEDIA (BL., *Nov. pl. fam.*, in *Ann. sc. nat.*, sér. 2, II, 93). Genre d'Orchidacées, voisin des *Apostasia* BL., se distinguant par un labelle un peu plus large que les autres pièces du périanthe; 3 étamines fertiles; un ovaire à 3 loges complètes. Ce sont 3 herbes terrestres, de la Malaisie, à petites fleurs en épi simple et dense. (REICHB., *Xen. orchid.*, II, 13, 215, t. 106.)

NEVIUSA (A. GRAY, in *Mem. Amer. Acad.*, n. ser., VI, 374). Genre de Rosacées-Spirées, établi pour un arbuste de l'Alabama, qui a des feuilles alternes et des fleurs apétales, ∞-andres, avec 4-8 sépales et 2-4 carpelles à ovule descendant. Le fruit multiple est formé d'achaines un peu drupacés. Le *N. alabamensis* se cultive dans les jardins botaniques. (H. BN, *Hist. des plant.*, I, 393, 471; in *Bull. Soc. Linn. Par.*, 280.)

Nicandra. — Branche florifère.

NÉVRAMPHIPÉTALE. Nom donné à la corolle des Composées, parce que ses nervures répondent aux bords de ses lobes.

NEVROPHYLLUM (PAT., *Hymen. d'Eur.*, 129). Genre d'Agaricinés, de la tribu des Cantharellés, ayant les caractères des Chanterelles et les spores brunes-ocracées. [DE S.]

NEWBERRYA (TORR., in *Ann. Lyc. N.-York*, VIII, 55). Genre de Monotropées, formé d'une herbe glabre de la Californie, parasite, à fleurs en capitule déprimé; la fleur dite à 2 sépales, à corolle urcéolée, 4-5-lobée, à 8-10 étamines pourvues d'anthères introrses et à loges inégales. (A. GRAY, in *Proc. Amer. Acad.*, VII, 370.)

NEWBOULDIA (SEEM., *Journ. Bot.*, I [1863], 225; [1870], 337). Genre de Bignoniacées-Técomées, formé de 3 arbres glabres de l'Afrique tropicale, à fleurs de *Tecoma* et de *Spathodea;* le calice spathacé, 1-3-fide; le fruit allongé, subarrondi, loculicide, à valves coriaces qui se séparent de la cloison; les graines pourvues des deux côtés d'une large aile transparente. (Bur., *Mon. Bign.*, t. 15. — *Bot. Mag.*, t. 3081, 4537. — H. Bn, *Hist. des pl.*, X, 12, 46.)

NEWCASTLIA (F. Muell., in *Hook. Kew Journ.*, IX, 22). Genre de Verbénacées-Chloanthées, formé de 2, 3 arbustes laineux de l'Australie tropicale, à feuilles opposées; à fleurs axillaires et disposées en épis denses; la corolle subrégulière, 5-mère; l'androcée 5-andre, et l'ovaire à 2 loges 2-ovulées, surmonté d'un style presque entier. Le fruit est formé de 4 nucules monospermes. (F. Muell., *Fragm. phyt. Austral.*, I, t. 1; III, t. 21; VIII, 49; IX, 4.) [H. Bn.]

NEZ COUPÉ. Le *Staphylea pinnata* L.

NEZ DE CHAT. Synonyme de Coulemelle.

NHANDIROBA (Plum., *Gen.*, 30, t. 27). Synon. de *Feuillea* L.

NIATO. A Singapour, le *Palaquium Gutta* H. Bn.

NIBUN-BESAAR. Aux Moluques, le *Caryota Rumphiana* Mart.

NICANDRA (Adans., *Fam. des pl.*, II, 219). Genre de Solanacées-Solanées, dont les fleurs représentent souvent le type le plus complet de ce groupe, quand leur ovaire a 5 loges oppositipétales, avec 5 étamines, 5 divisions au calice et à la corolle.

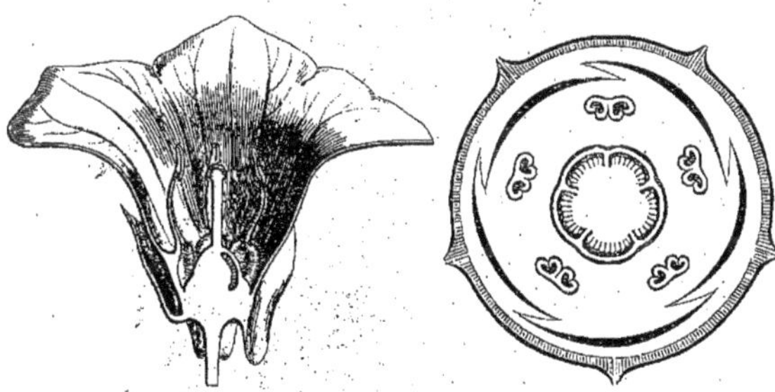

Nicandra. — Fleur, coupe longitudinale. Diagramme floral.

Ailleurs 2, 3 des 5 loges ovariennes disparaissent. Le fruit est sec, à paroi mince, et cependant indéhiscent : caractère qui appartient à la sous-série des *Nicandrées*. Le *N. physaloides* Gærtn., seule espèce du genre, est une grande herbe annuelle du Pérou, à corolle campanulée d'un bleu clair; elle a été introduite dans la plupart des pays chauds et tempérés. (H. Bn, *Hist. des pl.*, IX, 281, 326, fig. 343-345.)

NICANDRA (Schreb., *Gen.*, 283). Synonyme de *Potalia* Aubl.

NICHINICHIKURVA. Nom japonais du *Vinca rosea* L.

NICODEMIA (Ten., *Cat. Ort. Napol.*, 88). Genre de Solanacées-Buddléiées, voisin des *Buddleia*, à fleurs 4-mères; la corolle imbriquée; le fruit charnu, en forme de baie ovoïde ou oblongue. Les fleurs sont en cymes courtes, axillaires ou terminales. Le type du genre, cultivé dans nos jardins botaniques, est le *Buddleia diversifolia*. (H. Bn, *Hist. des pl.*, IX, 346.)

NICOLAIA (Horan., *Prodr. Mon. Scitam.*, 32, t. 1). Synonyme de *Amomum* L.

NICOLETTIA (A. Gray, *Pl. Wright.*, I, 119, t. 8). Section (?) du genre *Tagetes* T. (H. Bn, *Hist. des pl.*, VIII, 253.)

NICOLSONIA (DC., *Mém. Légum.*, 311, t. 51). Synonyme de *Desmodium* Desvx.

NICOTIANA. Nom latin des Tabacs.

NICOTIDENDRON (Griseb., *Pl. Lorentz.*, 168). Genre proposé pour le *Nicotiana glauca* Grah.

NICTAGE. Nom français (Lamk) des *Mirabilis* L.

NICTANTE. Nom français (Lamk) des *Nyctanthes* L.

NID DE LIÈVRE. Le *Lagoecia cuminoides* L.

NIDORELLA (Cass., in *Dict.*, XXXVII, 469). Section du genre *Erigeron* L. (H. Bn, *Hist. des pl.*, VIII, 143.)

NIDULAIRE. Nom français (Lamk) des *Cyathus* Hall.

NIDULAIRE (*Nidularia* Fr., *Syst. myc.*, II, 297). Genre de Nidulariés. Le péridium sessile, globuleux, cotonneux, s'ouvre en se déchirant au sommet ou circulairement, sans présenter d'épiphragme. Les péridioles (*sporangia*), petits, discoïdes, enveloppés d'un mucilage, sont nombreux, dépourvus de funicule et contiennent un grand nombre de petites spores lisses, hyalines. On en connaît 13 espèces, dont 3 seulement européennes se rencontrent sur les débris de bois, les crottes de moutons et à terre. [De S.]

NIDULARIA (Bull.). — Voy. Nidulaire.

NIDULARIACEÆ (Sacc.). — Voy. Nidulariés.

NIDULARIACEI (Fr. — Tul.). — Voy. Nidulariés.

NIDULARIÉS (*Nidulariei* Lév., in *Dict. d'Orb.*, art. Mycol.). Famille de Gastéromycètes, ayant pour caractères un péridium cyathiforme qui contient des péridioles secondaires le plus souvent rattachés au péridium par un funicule et renfermant des spores ovales ou ovoïdes, portées sur des basides très petites, sans stérigmates apparents, disparaissant à la maturité. Cette famille comprend les genres *Nidularia, Cyathus, Crucibulum, Thelebolus, Dacryobolus, Sphærobolus*. [De S.]

NIDULARINÉES (Payer, *Bot. crypt.*, 108). — Voy. Nidulariés.

NIDULARION, NIDULARIUM. Noulet et Dassier appellent ainsi le mycélium des Champignons.

NIDULARIUM (Lem., *Jard. fleur.*, IV, *Misc.*, 60, t. 411). Synonyme de *Karatas* Adans.

NIDUS GERMINANS (Rumph., *Herb. amb.*, VI, 119, t. 55). Nom des *Myrmecodia* et *Hydnophytum*, dont la tige se renfle à la base et se creuse de cavités habitées par des fourmis et d'autres insectes, et même par des animaux d'organisation plus élevée.

NIEBUHRIA (DC., *Prodr.*, I, 243, part.). Section du genre *Mærua* Forsk. (H. Bn, *Hist. des pl.*, III, 160.)

NIEBUHRIA (Neck., *Elem.*, I, 30). Synonyme? (DC.) de *Wedelia* Jacq.

NIELLE, N. DE CRÈTE. Le *Nigella sativa* L.

NIELLE DES BLÉS, N. BATARDE. Le *Githago segetum* Desf.

NIELLE DES BLÉS (Paulet, *Icon. Champ.*, éd. Lév.). L'*Ustilago Carbo* Tul.

NIELLE DES JARDINS. Le *Nigella damascæna* L.

NIELLE ROMAINE. Le *Nigella sativa* L.

NIEMEYERA (F. Muell., *Fragm. phyt. Austral.*, VI, 96). Synonyme de *Apostasia* Bl.

NIEMEYERA (F. Muell., *Fragm. phyt. Austral.*, VII, 114). Synonyme (part.) de *Chrysophyllum* L. et de *Lucuma* J.

NIEREMBERGIA (R. et Pav., *Prodr.*, 23; *Fl. per. et chil.*, t. 123). Genre de Solanacées-Nicotianées, formé d'une vingtaine d'herbes vivaces de l'Amérique extra- et subtropicale, à corolle subrégulière, rotacée, à 5 étamines fertiles, unies en colonne autour du style; l'ovaire 2-loculaire, et le fruit bivalve; les valves souvent bifides. Les feuilles sont alternes, et l'embryon droit ou arqué. Les fleurs sont faussement axillaires. Plusieurs de ces petites plantes sont élégantes et cultivées comme ornementales. (H. Bn, *Hist. des pl.*, IX, 356.)

NIEREMBERGIE. Nom français (Lamk) des *Nierembergia* Pav.

NIETNERYA (Kl., in *R. Schomb. Reis. Brit. Guian.*, 1066). Genre rapporté avec doute aux Narthéciées et formé d'une herbe à rhizome court; les feuilles distiques; les fleurs en cymes trichotome et corymbiforme, avec des pédicelles rigides, et un périanthe à 6 divisions unies en un tube adné à l'ovaire. Le fruit est loculicide dans sa portion supérieure qui est libre. (B. H., *Gen.*, III, 825, n. 157.) [H. Bn.]

NIGA-TAKE. Bambou amer, en japonais.

NIGA-URI. Nom japonais du *Momordica Charantia* L.

NIGAKUSA. Nom japonais du *Teucrium stoloniferum* Ham.

NIGELLE (*Nigella* T., *Inst.*, 258, t. 134). Genre de Renonculacées-Aquilégiées, à fleurs régulières, pourvues de 5 sépales pétaloïdes et d'un grand nombre d'étamines disposées en spirale et hypogynes. Les plus extérieures sont stériles et sont d'ordinaire décrites comme des pétales ou des nectaires; elles sont colorées, onguiculées et à limbe petit et bifide (représentant 2 loges modifiées d'anthère). Le gynécée est formé de 2-10 carpelles, dont les ovaires semblent unis en une seule masse 2-10-loculaire. Mais il s'agit en réalité d'ovaires à insertion spéciale dont on prend la base pour l'angle interne. Le fruit est sec, s'ouvre à la façon des follicules et renferme de nombreuses

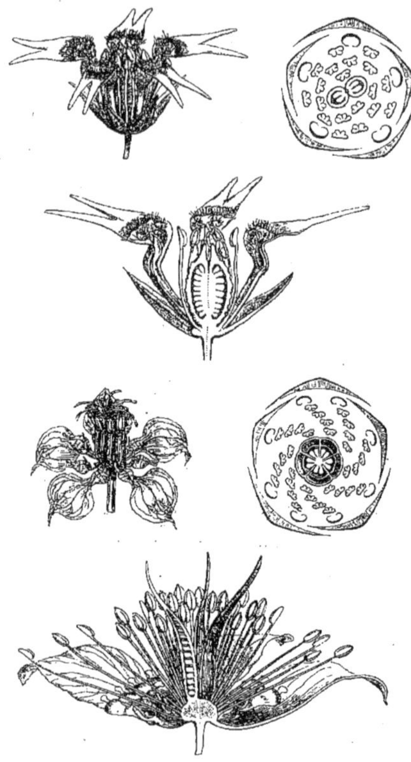

Nigelle. — Fleurs, entières et coupes longitudinales. Diagrammes floraux.

graines. Celles-ci se substituent au poivre, dans les *N. sativa, arvensis, hispanica*, etc., herbes annuelles, à feuilles disséquées, qui se cultivent souvent comme ornementales. (H. Bn, *Hist. des pl.*, I, 8, 84, fig. 15-26.)

NIGHT-JASMINE. Nom anglais des *Nyctanthes* L.

NIGHTSHADE. Nom anglais des *Solanum* T.

NIGREDO (Pers., *Syn. Fung.*, 220). Division des *Uredo*, comprenant des espèces d'Ustilaginés.

NIGRINA (Thunb., *Nov. gen.*, 58). Synonyme de *Melasma* Berg.

NIGRITELLA (L.-C. Rich., in *Mém. Mus.*, IV, 48). Genre proposé pour quelques *Orchis* et rapporté (B. H., *Gen.*, III, 625), peut-être à tort, aux *Habenaria*.

NIGUI. Nom, aux Philippines, des *Carapa* Aubl.

NIILGUE (Feuill., *Obs.*, II, t. 44). Nom chilien du *Senecio chamædrifolius* Less.

NIKKO-GIKU. Nom japonais du *Tanacetum marginatum* Miq.

NIKO (Graines de). Semences oléagineuses d'un arbre de Liberia, qu'on croit appartenir au genre *Parinari*.

NIL. Nom cingalais de l'Indigo.

NILAC. Nom, aux Philippines, des *Scyphiphora*.

NILI. Nom sanscrit de l'Indigo.

NILOUFAR. Nom arabe du *Nymphæa Lotus* L.

NIM, NEEM. Dans l'Hindoustan, le *Melia Azadirachta* L.

NIMA (Ham., ex A. Juss., in *Mém. Mus.*, XII, 516). Synonyme de *Brucea* Mill.

NIMA-YOMOGI. Nom japonais de l'Absinthe.

NIMMOIA (Wight, in *Madr. Journ. sc.*, VII, 312, t. 20). Synonyme de *Ammania* L.

NINDJIN. Nom, au Japon, de la Carotte.

NINE-BARK. Nom, aux États-Unis, du *Neillia opulifolia* (*Spiræa opulifolia* L.), employé comme médicament astringent.

NINJIN. Nom japonais de la Carotte.

NINJIN. Au Japon, l'*Aralia Ginseng* (*Panax Ginseng* Mey.).

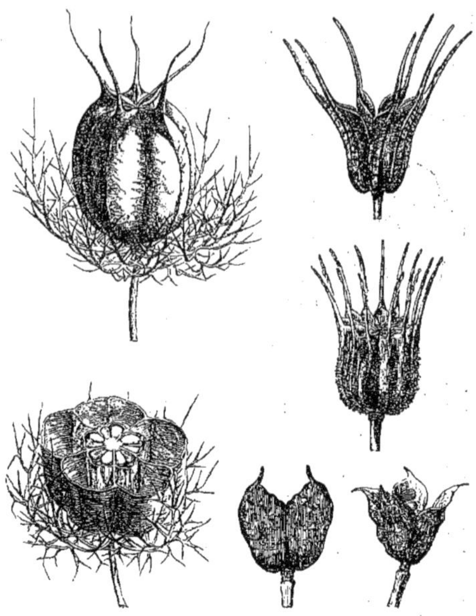

Nigelle. — Fruits, entiers, déhiscents et coupe transversale.

NIN-NIKOU. Nom, au Japon, de l'Ail.

NIN-TOO. Nom japonais du *Lonicera confusa* DC.

NINTOOA (Sweet, *Hort. brit.* [ed. 2], 258). Synonyme de *Xylosteon* T.

NINZIN. Le *Sium Ninsi* L.

NIOBE (Salisb., in *Trans. Hort. Soc.*, I, 335). Synonyme de *Funkia* Spreng.

NIOBEA (W., *Rel.* — Sch., *Syst.*, VII, 762). Synonyme de *Hypoxis* L.

NIOGNIOGAN. Nom, aux Philippines, des *Quisqualis* L.

NIOHUE. Nom, au Gabon, du *Myristica Niohue* H. Bn, dont le bois résistant et peu corruptible sert à faire des rames.

NIOI-TADE. Nom japonais du *Polygonum viscosum* Ham.

NIOR. Nom malais du Cocotier.

NIOTA (Lamk, *Ill.*, t. 299 [1823]). Synonyme de *Samandura*.

NIOTE. Nom français (Lamk) des *Niota* Lamk.

NIOULTE. Nom français des *Erythronium* L.

NIPA (Thunb., in *Act. holm.* [1782], 231). Genre créé pour une plante des îles Philippines, dont tous les caractères sont ceux des Palmiers, mais qui s'en distinguait, disait-on, par l'absence de périgone dans les fleurs femelles. (Voy. Nipa Wurmb.)

NIPA (Wurmb., in *Verh. Bat. Genootsh* [1779], I, 349. — Bl., *Rumph.*, II, 72). Genre de Palmiers, considéré d'abord comme le type d'une famille des *Nipacées*, puis classé dans les Arécées (B. H., *Gen.*, II, 920). Ses fleurs mâles sont celles des *Borassus*, nombreuses sur des ramules amentiformes qui terminent les branches latérales. Les femelles sont sur des pieds différents. Elles ont 6 folioles au périanthe, sans staminodes, et un gynécée formé de 3 carpelles obovés-cunéiformes, comprimés entre eux et de là devenant anguleux, avec un seul ovule dressé. Le fruit est un syncarpe globuleux, à grands carpelles obovoïdes, comprimés, obtusément hexagonaux, pyramidaux au sommet. Le péricarpe est fibreux, épais; et la graine à large hile basilaire a un albumen corné, homogène, et un embryon obconique, basilaire. Le *N. fruticans* est un humble Palmier inerme, à tige couchée, radicante; à feuilles pinnatiséquées. Ses spadices floraux sont terminaux entre les feuilles, dressés, puis penchés. L'espèce habite les estuaires des fleuves de l'Asie tropicale, des Philippines, de la Nouvelle-Guinée et de l'Australie du Nord. (MART., *Hist. nat. Palm.*, III, 305, t. 108. — BL., *Rumph.*, II, t. 164, 165. — LABILL., in *Mém. Mus.*, V, t. 21, 22. — GAUDICH., *Voy. Bonite*, t. 67.) [H. BN.]

NIPACÉES (*Nipaceæ*). Famille formée du seul genre *Nipa* TH.

NIPHÆA (LINDL., *Bot. Reg.* [1841], *Misc.*, 172). Genre de Gesnéracées, tribu des Gesnérées, caractérisé par : calice 5-partite, subrégulier; corolle rotacée, à 5 lobes; les deux dorsaux un peu plus petits; quatre étamines fertiles, insérées sur la base de la corolle, à anthères courtes, libres ou unies. Il existe une cinquième étamine stérile; disque annulaire, glanduleux, très mince ou presque nul; ovaire semi-infère, villeux, atténué en un style courbe, plus long que les étamines; stigmate capité, stomatomorphe; fruit capsulaire. Herbes humbles, molles, décombantes ou ascendantes, à feuilles rugueuses, ordinairement rapprochées, à fleurs disposées en corymbes. On en connaît 6 espèces, qui habitent l'Amérique tropicale. (Voy. WALP., *Ann.*, V, 413, 416. — H. BN, *Hist. des pl.*, X, 62, 84, fig. 55.)

Niphæa. — Fleur.

NIPHOGETON (SCHLCHTL, in exs. *Lechl.*). Synonyme de *Oreosciadium* WEDD.

NIPTERA (FR., *Summ. veg. Scand.*, 359. — BOUD., *Discom. charnus*, 32). Genre de Discomycètes, rangé par Fries dans les Bulgariés, à cupule céracée, gélatineuse, tantôt discoïde, à thèques externes; tantôt hémisphérique, à thèques internes. Pour M. Boudier, ce genre appartient aux Pézizés; il le place dans la famille des Urcéolés et lui donne comme caractère des spores biloculaires. La seule espèce connue est le *N. lacustris*, sur les chaumes, des joncs, des roseaux, des *Scirpus*. Fuckel en a décrit 15 autres; mais les spores sont uniloculaires dans la plupart. [DE S.]

NIRA. Nom japonais de l'*Allium senescens* L.

NIRARATHAMNOS (BALF. F., *Diagn. pl. Socot.*, 18; *Bot. Socot.*, 105, t. 7 A). Genre d'Ombellifères, voisin des *Bupleurum*, à pétales pourvus d'un long acumen bifide, indupliqué; à fruit ovoïde, avec une commissure rétrécie; des carpelles 5-gones, avec des côtes primaires saillantes, subégales, et des bandelettes solitaires dans chaque vallécule. La graine est semi-cylindrique, un peu concave sur la face. Le *N. asarifolius* est un sous-arbrisseau ligneux, rigide, aromatique, de Socotora. Ses feuilles sont arrondies, crénelées et réticulées. Ses ombelles sont composées, pauciradiées, avec des involucres et involucelles formés de bractées subfoliacées. Le genre est distingué des Buplèvres par la forme de ses pétales, celle de ses stylopodes qui sont coniques, et son fruit qui n'est pas comprimé. [H. BN.]

NIRBISIA (G. DON, *Gen. Syst.*, I, 63). Syn. de *Aconitum* T.

NIRINSO. Nom japonais de l'*Anemone flaccida* SCHM.

NISA (NOR., ex DUP.-TH., *Nov. gen. madag.*, 24). Section du genre *Homalium* JACQ., considérée (B. H.) comme synonyme de *Racoubea* AUBL. et qui pourrait peut-être être conservée comme genre. (H. BN, *Hist. des pl.*, IV, 279, fig. 324, 325.)

NISHIKISO. Nom japonais de l'*Euphorbia humifusa* W.

NISINDA. Nom indien du *Vitex trifolia* W.

NISPERO. Nom espagnol de la Sapotille.

NISSOLE. Nom français (LAMK) des *Nissolia* JACQ.

NISSOLIA (JACQ., *St. amer.*, 198, t. 179, fig. 144; *H. vindob.*, t. 167). Genre de Légumineuses-Papilionacées-Hédysarées, formé de 2, 3 espèces de l'Amérique tropicale, à feuilles imparipennées, à fleurs en grappes, à fruits formés de 1-∞ articles courts et carrés; le supérieur développé en aile obovale-oblique. (DELESS., *Ic. sel.*, III, t. 68. — HOOK., *Icon.*, t. 599. — H. BN, *Hist. des pl.*, II, 306.)

NISSOULOUS. Nom, en bas Languedoc, du *Boletus scaber* FR.

NITELIUM (CASS., in *Dict.*, XXXV, 11). Syn. de *Dicoma* CASS.

NITELLA (AGARDH, *Syst.*, XXVII). Genre de plantes, qui a été bien ballotté, que Kützing considère comme devant appartenir à la grande famille des Algues, mais auquel Rabenhorst donne une place à part. Nous nous rangerons ici à l'avis de Kützing, sans admettre toutefois tous les arguments de ce naturaliste. Les Nitelles sont des plantes qui appartiennent à la famille des Characées, qui ont même fait partie du genre *Chara*, et dont les tiges sont vertes, très rameuses, incrustées, formées d'un tube simple, *non entouré d'une écorce composée d'une série de tubes secondaires*. Les rameaux sont verticillés, semblables à la tige. Les Nitelles sont tantôt monoïques, tantôt dioïques. Les sporanges sont accompagnés de petits ramuscules ou bractées, et terminés par une petite couronne formée de deux rangs superposés de cinq cellules caduques. Les anthéridies se forment à l'article terminal différencié d'une feuille. L'oogone émane du dernier nœud de la feuille terminée par l'anthéridie dans les espèces monoïques; dans les espèces dioïques, l'origine des deux organes demeure la même. La tige et les rameaux sont ordinairement diaphanes, flexibles par la dessiccation. Les Nitelles croissent particulièrement dans les eaux des terrains de formations siliceuses ou alumineuses, plus rarement dans les terrains calcaires; ces derniers terrains sont au contraire affectionnés par les *Chara*. Les espèces de ce genre ont été divisées en deux sections : les Nitelles proprement dites, avec anthéridies terminales, et les Tolypelles, avec des anthéridies latérales aux nœuds. (Voy. BRAUN, *Die Characeen* (*Krypt. Flor. v. Schl.* [1877]). [CH. M.]

NITOPHYLLUM (GREV., *Alg. brit.*, 77). Algue-Floridée, de la famille des *Delesserieæ*, que caractérise une fronde plane, membraneuse, réticulée, de couleur généralement purpurine. Une veine principale, partant de la base, parcourt le stipe à la façon d'une nervure. La fronde jeune alors ressemble à un coin par suite de cette pseudo-nervure; peu à peu elle se développe, prend la forme d'un éventail, devient réniforme, ronde et plus ou moins découpée à la partie périphérique, qui est constituée par une seule série de cellules. Inférieurement le thalle est constitué par plusieurs couches de cellules. Les cystocarpes sont sessiles dans la fronde, et situés dans un péricarpe celluleux. Ils sont pourvus d'un carpostome et logent un nucléus simple. Les sores, épars sur la fronde ou développés près des bords, assez remarquables, forment des lignes longitudinales. Les sphérospores arrondies se divisent en croix. Ce genre renferme une trentaine d'espèces. (Voy. J.-G. AGH, *Spec., gen. et ord. Alg.*, III, 516.) [CH. M.]

NITRARIA (L., *Gen.*, n. 602). Genre de Rutacées, qui a donné son nom à une série des *Nitrariées* et même à une famille des *Nitrariacées*. Les fleurs y sont régulières, avec un calice 5-mère, imbriqué et persistant; 5 pétales indupliqués; de 10 à 15 étamines, et un gynécée dont l'ovaire libre est à 2-6 loges. Chacune d'elles renferme un ovule descendant, à micropyle supérieur et extérieur. Le fruit est une drupe acuminée, à noyau monosperme, s'ouvrant finalement au sommet en 6 valves. Ce sont quelques arbustes glabres ou tomenteux, de l'Asie, de l'Afrique et de l'Australie, à feuilles alternes, entières ou 3-fides, accompagnées de petites stipules; à fleurs blanchâtres, en cymes le plus souvent unipares. (JAUB. et SPACH, *Ill. pl. or.*, t. 293-295. — H. BN, *Hist. des pl.*, IV, 423, 510, fig. 515-520.)

NITROPHILA (S.-WATS., in *Bot. King's Exped.*, 297; *Bot. Calif.*, II, 43). Genre de Chénopodiacées-Polycnémées, formé d'une petite herbe de l'Amérique du Nord, à feuilles opposées, charnues, sessiles, à petites fleurs axillaires, solitaires, construites comme celles des *Polycnemum*, avec 5 étamines périgynes, à anthère globuleuse; le fruit sec inclus dans le périanthe. (H. BN, *Hist. des pl.*, IX, 182.)

NITSCHKIA (FUCK., *Symb. myc.*, 165). Genre de Sphériacées,

à périthèces isolés ou agrégés, nichés dans un stroma noir ou rendu blanchâtre par un léger duvet, d'abord globuleux, plus tard en coupe, sans ostiole. Les thèques cylindriques, stipitées, contiennent huit spores hyalines, distiques. Une dizaine d'espèces de ce genre se trouvent sur le bois ou les rameaux des diverses essences en Europe et dans la Caroline. [De S.]

NITZSCHIA (Hass., *Freshw. Alg.* [1845]. — Grunow, *Ch. em.* [1880]). Diatomacées, de la famille des *Nitzschieæ* d'après Rabenhorst, de celle des *Surirelleæ* d'après les auteurs plus modernes. Les frustules des espèces qui constituent ce genre sont composés de valves munies de carènes, à points carénaux courts, perlés, prolongés en côtes courtes traversant rarement toute la valve. Les carènes des deux valves sont opposées diagonalement. Ces frustules sont solitaires, droits ou légèrement recourbés; ils sont rarement renfermés dans des tubes, ou réunis en masse plane. L'endochrome est composé d'une seule lame, interrompue partiellement ou entièrement à la partie moyenne des frustules. Les formes du genre *Nitzschia* sont très variées; et M. Van-Heurck, dans son *Synopsis des Diatomacées belges*, a divisé les *Nitzschia* en vingt-deux groupes, dont les formes variées offrent les principaux caractères. [Ch. M.]

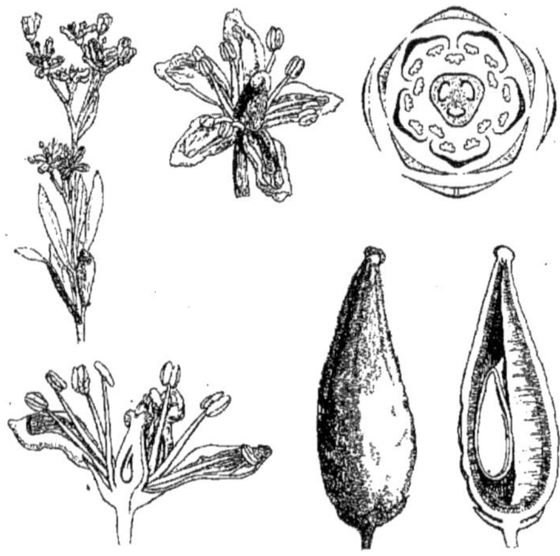

Nitraria. — Rameau florifère. Fleur, entière et coupe longitudinale. Diagramme. Fruit, entier et coupe longitudinale.

NITZSCHIEÆ (Rabenh., *Fl. europ. Alg.*, 3). L'une des grandes divisions des *Diatomophyceæ*. Les genres qui la composent se distinguent par un frustule droit ou légèrement recourbé, de forme quadrangulaire ou rectangulaire. La face frontale est linéaire, ellipsoïde ou ovale, arrondie ou atténuée à l'une et l'autre extrémité, quelquefois comprimée vers le milieu et pourvue de côtes ou stries transversales. La partie convexe des valves est carénée, dépourvue de nodule central et de raphé. La carène est ponctuée. L'endochrome forme une seule lame qui repose sur la bande connective et qui est pourvue d'une ouverture elliptique centrale. Un thalle amorphe groupe les individus par leurs extrémités (ils paraissent alors solitaires) ou les enveloppe dans un mucus amorphe, gélatineux, mou, diaphane; ou bien ils sont renfermés dans une membrane gélatineuse comme ramifiée. Les *Nitzschieæ* sont communes dans toute l'Europe. Les principaux genres qui les constituent sont les genres *Grunowia*, *Tryblionella*, *Nitzschia*, *Pritchardia*, *Nitzschiella*, *Bacillaria*. Nous n'admettons point cette famille telle que l'auteur l'a constituée. [Ch. M.]

NITZSCHIELLA (Rabenh., *Flor. europ. Alg.*, I, 16, 163). Diatomacées de la famille des *Nitzschiæ*, caractérisées par un frustule analogue à celui des *Nitzschia*, mais parfois tordu ou en forme de fuseau très allongé, s'atténuant en longues aiguilles (cornes) souvent soudées par les bords de leur face connective. Les perles marginales et les stries transversales sont très peu visibles. L'enveloppe siliceuse est très mince et délicate. Quelques espèces de ce genre nous rappellent par leur forme le genre *Closterium* des Desmidiacées. [Ch. M.]

NIVARA. Nom indien du Riz.

NIVARIA (Mœnch, *Meth.*, 279). Synonyme de *Leucoium* L.

NIVENIA (R. Br., in *Trans. Linn. Soc.*, X, 133). Synonyme de *Paranomus* Salisb.

NIVENIA (Vent., *Dec. gen. nov.*, 5). Synonyme de *Aristea* Ait.

NIVERNENIA (Commers., ex Lamk). Syn. de *Fernelia* Commers.

NIWA-FUGI. Nom japonais de l'*Indigofera decora* Lindl.

NIZYMENIA (Sond., in *Linnæa*, XXVI, 521. — Harv., *Phyc. austr.*, t. 165). Genre d'Algues-Floridées, de la famille des *Phacelocarpeæ*, de l'ordre des *Sphærococcoideæ*. Il est caractérisé par une fronde plane, linéaire, entière, devenue rameuse par le développement de prolifications et constituée par trois couches cellulaires diverses. Les filaments médullaires sont rameux et resserrés. Les cellules qui constituent la couche intermédiaire sont petites, arrondies; les cellules corticales plus petites encore. Dans un péricarpe ample, rugueux, muni d'un carpostome, se trouve un nucléus simple. Les sphérospores sont à trouver. (Voy. J.-G. Agh, *Spec.*, *gen. et ord.*, III, 396.) [M.]

NIZZOPHLOEA (J. Agh, *mscr.*). Algues-Floridées dont la place est douteuse, que l'on peut ranger cependant dans l'ordre des *Dumontiaceæ*, famille des *Cryptosiphonieæ*, mais que Harvey considère comme faisant partie du genre *Dasyphlœa*. Ces Algues sont pourvues d'une fronde gélatineuse, arrondie, rameuse, garnie de poils très courts, hyalins, et toute constituée de filaments articulés. Le siphon axillaire est lui-même entouré de filaments très ténus, qui, se dirigeant vers la périphérie, deviennent di- ou trichotomes, puis moniliformes, courts, pour former une couche corticale. Les cystocarpes sont immergés dans la fronde et logent dans un nucléus simple, dû à la transformation d'un filament moniliforme, recourbé et brièvement articulé. Les sphérospores ne nous sont point connues. (Voy. J.-G. Agh, *Spec.*, *gen. et ord. Alg.*, 257.) [Ch. M.]

NO-ADZUKI. Nom japonais de l'*Atylosia subrhombea* Miq.

NOÆA (Moq., in *DC. Prodr.*, XIII, II, 207, part.). Genre de Chénopodiacées-Salsolées, formé d'environ 6 arbustes asiatiques et africains, à feuilles alternes, à petites fleurs solitaires, rigides; le périanthe formé de 5 folioles toutes ailées; les étamines unies à un disque charnu, avec anthères appendiculées, sans staminodes; la graine renversée, sans albumen, comprimée par le dos. (Jaub. et Spach, *Ill. pl. or.*, t. 132. — H. Bn, *Hist. des pl.*, IX, 190.)

NOAH. Variété cultivée du *Vitis riparia* Michx.

NOBINE-CHIDORI. Nom japonais de l'*Orchis aristata* L.

NOBIRU. Nom japonais de l'*Allium Thunbergii* Don.

NOBLE ÉPINE. L'Aubépine.

NOBUKI. Nom japonais de l'*Adenocaulon adhærescens* Max.

NOBULA (Adans., *Fam.*, II, 145). Synonyme de *Phyllis* L.

NOCCÆA (Jacq., *Fragm.*, 58, t. 85), NOCCA (Cav., *Icon.*, III, 12, t. 224). Synonyme de *Lagascea* Cav.

NOCCÆA (Reichb., *Ic. Fl. germ.*, 633, II, t. 11). Genre de Crucifères-Lépidiées, formé de 2 petites plantes alpines d'Europe, à fleurs en corymbes, au bout d'un scape; le fruit 2-sperme; les graines lisses; les feuilles pinnatiséquées. Beaucoup d'auteurs en font des *Hutchinsia*. (Gren. et Godr., *Fl. de Fr.*, I, 147. — H. Bn, *Hist. des pl.*, III, 287.)

NOCHA. Graines oléagineuses d'un *Parinari* (?) d'Angola.

NODAKE. Nom japonais de l'*Angelica decursiva* Miq.

NODALE (CELLULE). Cellule qui, dans les *Chara*, supporte le grand phytocyste de l'oogemme.

NODULARIA (Karst., *Monogr. Peziz. fenn.* [1869], 155). Section du genre *Peziza* Dill., comprenant de petites espèces à spores fusiformes, à cupule sessile, plane, céracée.

NODULARIA (Mert. — Agh, *Syst. Alg.*, 76). Algues de la famille des Nostochinées, que Kützing avait placées dans le genre *Lemania*; Rabenhorst l'a imité. Les filaments de ces algues sont formés d'un trichome coloré, renfermé dans une gaine hyaline. Les hétérocystes sont placés à intervalles réguliers. Les cellules sont discoïdes, et les spores sont très apparentes. Ces algues ont de grandes affinités avec le genre *Spermosira*. (Voy. THUR., *Classif. des Nostoch.*). [CH. M.]

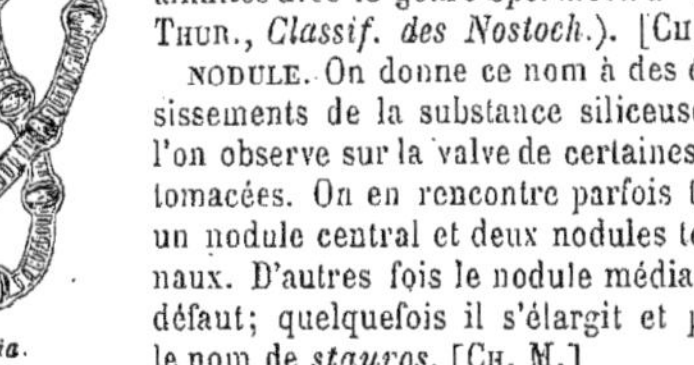

Nodularia.

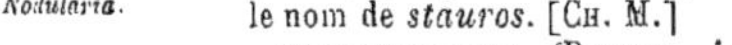

NODULE. On donne ce nom à des épaississements de la substance siliceuse que l'on observe sur la valve de certaines Diatomacées. On en rencontre parfois trois : un nodule central et deux nodules terminaux. D'autres fois le nodule médian fait défaut; quelquefois il s'élargit et prend le nom de *stauros*. [CH. M.]

NODULISPORIUM (PREUSS, in *Sturm Deutch. Fl.*, III, *Abth.*, 101; in *Flora* [1849], 87). Genre d'Hyphomycètes, à filaments ramifiés. Sur leur extrémité renflée naissent les spores ovoïdes, hyalines, portées par un court stérigmate. La distinction est difficile à établir entre ce genre et les *Botrytis* auxquels M. Saccardo le rattache, en rangeant les espèces en un groupe auquel il donne le nom de *Phymatotrichum* BON. [DE S.]

NODULOSPHÆRIA (RABENH., in *Fuck. Symb. myc.*, 138). Nom donné à des *Pleospora*, dont Fuckel a fait une tribu.

NOEUD (*Nodus*). Le point des axes, ordinairement renflé, qui porte les feuilles. Le *N. vital* est le collet qui existe au lieu d'union de la tige et de la racine. Dans un jeune *Chara*, il y a un moment où l'on observe deux nœuds : le *N. radical*, qui est le supérieur, et dont part la tige; et le *N. séminal*, l'inférieur, d'où naît une racine. Le *N. caulinaire* se trouve sur le proembryon, et c'est de lui que part latéralement la tige définitive et feuillée. [H. BN.]

Nolana. — Branche florifère. Gynécée. Fruit. Graine, entière et coupe longitudinale.

NO-GEITO. Nom japonais du *Celosia argentea* L.

NOGIRAN. Nom japonais du *Metanarthecium luteo-viride* MAX.

NOGOGIRISO. Nom japonais de l'*Achillæa sibirica* LEDEB.

NOGO-ICHIGO. Nom japonais d'un Fraisier.

NOIRPRUN. Synonyme de Nerprun.

NOISETIER. Le *Corylus Avellana* L.

NOISETTE D'AMÉRIQUE, N. DE SAINT-DOMINGUE. La graine de l'*Omphalea triandra* L.

NOISETTE DE TERRE. L'Arachide ou Pistache de terre.

NOISETTE PURGATIVE. La graine du *Jatropha multifida* L.

NOISETTIA (H. B. K., *Nov. gen. et spec.*, V, 382, t. 499 *b*, fig. 2). Genre de Violacées-Violées, à fleurs de *Viola;* les sépales à peu près égaux, non prolongés à leur base; le fruit ovoïde, capsulaire, à graines subglobuleuses. Ce sont 2, 3 arbustes dressés, peu rameux, originaires des deux Amériques. (H. BN, *Hist. des pl.*, IV, 353.)

NOISILLIER. Synonyme de Noisetier.

NOIX. Fruit du Noyer, de l'Amandier, etc. C'est une sorte de drupe. Dans la Noix du *Juglans*, son endocarpe est bivalve.

NOLANA (L., *Gen.*, n. 193). Genre qui a donné son nom à une famille des *Nolanacées* et qui a été rapporté comme tête de tribu aux Convolvulacées (B. H.) et aux Solanacées (H. BN, *Hist. des pl.*, IX, 312, 352, fig. 446). Ses fleurs sont hermaphrodites, à corolle infundibuliforme, à large limbe campanulé, plissé. La corolle porte 5 étamines à anthère introrse. Un disque variable entoure la base du gynécée qui a un ovaire 5-∞-lobé; le style dressé entre les lobes et à tête stigmatifère. Il y a 1-4 ovules dans chaque lobe, et le fruit est formé de 5-∞ nucules 1-6-spermes. Les graines ont un albumen charnu et un embryon arqué ou spiralé. Ce sont des herbes du Pérou et du Chili, à feuilles alternes, charnues ou visqueuses, à fleurs solitaires ou géminées, faussement axillaires et formant une inflorescence scorpioïdale. Plusieurs espèces à fleurs bleues ou blanches sont ornementales et cultivées dans les jardins botaniques.

NOLANEA (FR., *Syst. myc.*, I, 204; *Epicr.* 2e, 206). Groupe d'Agaricinés épigés, reproduisant le type des Mycènes dans la série des *Hyporhodii*. M. Quélet en fait une tribu de son genre *Rhodophyllus* (*Enchir. Fung.*, 63), et M. Saccardo un genre comprenant 58 espèces, caractérisées par un réceptacle grêle, stipe fistuleux, chapeau presque membraneux, campanulé, strié, lamelles libres ou adnées, mais jamais décurrentes, grises, brunes, jaunâtres, rosées ou blanches. La plupart sont européennes. [DE S.]

NOLANIDEI (FR., *Epicr.* 2e, 194). Sous-division d'Agaricinés-Rhodosporés, de la division des *Entoloma*, à chapeau mince, hygrophane, ou soyeux quand il est sec, souvent ondulé ou difforme. [DE S.]

NOLÉ. A la Nouvelle-Calédonie, le *Semecarpus atra* VIEILL. (*Rhus atra* FORST.). Sa graine est comestible; son pédoncule dilaté est la Pomme de *Nolé;* et le suc de cette plante, caustique et vénéneux, est la résine de *Nolé*. (H. BN, *Hist. des pl.*, V, 304).

NOLINA (MICHX, *Fl. bor.-amer.*, I, 207). Genre de Liliacées-Dracænées, formé d'une douzaine de plantes, à tige ligneuse ou à rhizome, de l'Amérique du Nord; à feuilles nombreuses, linéaires, issues du rhizome; à fleurs en grappe terminale, composée et ample; polygames-dioïques; le périanthe campanulé et les folioles libres. Il y a 6 étamines et 2 ovules dressés dans chacune des 3 loges ovariennes. Le fruit est sec, ordinairement 3-ailé, et se rompt irrégulièrement à la maturité. [H. BN.]

NOLLETIA (CASS., in *Dict.*, XXXVII, 479). Section du genre *Chrysocoma* L. (H. BN, *Hist. des pl.*, VIII, 148.)

NOLTIA (REICHB., *Consp.*, 145). Genre de Rhamnacées-Rhamnées, formé d'un arbuste du Cap, à feuilles subopposées et alternes, serrées, grandes; à fleurs pourvues d'un ovaire largement adné à la concavité du réceptacle. (WIGHT, *Icon.*, t. 490. — H. BN, *Hist. des pl.*, VI, 77.)

NOLTIA (SCHUM. et THÖNN., *Beskr. Guin.*, 189). Synonyme de *Diospyros* L.

NO-MAME. Nom japonais du *Glycine Soja* SIEB. et ZUCC.

NOMAPHILA (BL., *Bijdr.*, 804). Genre d'Acanthacées-Ruelliées, formé de 6, 7 herbes africaines, asiatiques et océaniennes, à fleurs d'*Hygrophila*, avec des inflorescences spéciales qui sont des cymes lâches ou denses, plus ou moins longuement pédonculées et axillaires, ordinairement dichotomes; les supérieures formant une grappe terminale ramifiée et foliée. (T. ANDERS., in *Journ. Linn. Soc.*, VII, 21; IX, 455. — H. BN, *Hist. des pl.*, X.)

NOMBRIL BLANC (PAUL., *Icon. Champ.*, ed. LÉV., 19). Agaric comestible, appelé par Léveillé *Agaricus leucomphalus*.

NOMBRIL DE VÉNUS AQUATIQUE. L'*Hydrocotyle vulgaris* L. Le *N. de Vénus* est l'*Omphalodes linifolia* MŒNCH.

NOMENCLATURE BOTANIQUE. — Voy. TAXINOMIE.

NOMINOFUSUMA. Nom japonais du *Stellaria uliginosa* MURR.

NOMISMIA (W. et ARN., *Prodr.*, 236). Synonyme de *Rhynchosia* LOUR.

NOMOCHLOA (PAL.-BEAUV., in *Lestib. Ess. Cyper.*, 37). Synonyme de *Blismus* PANZ.

NONATELIA (AUBL., *Guian.*, 182, t. 70). Synonyme de *Uragoga* L. (? *Palicourea* AUBL.).

NONNEA (MŒNCH, *Meth.*, 421). Genre de Boraginacées-Boragées, formé d'une trentaine d'herbes de l'ancien monde, à feuilles alternes, à cymes scorpioïdes, avec des fleurs à calice accrescent, une corolle à gorge nue ou poilue et des fruits (achaines) à aréole creuse, entourée d'un bord libre. On en cultive quelques-unes dans les jardins botaniques. (REICHB., *Ic. eur.*, t. 330; *Ic. Fl. germ.*, t. 1301, 1302. — SIBTH., *Fl. græc.*, t. 168. — *Bot. Mag.*, t. 3477. — GREN. et GODR., *Fl. Fr.*, II, 515.) [H. BN.]

NOOK. Nom abyssin du *Guizotia abyssinica* CASS.

NOONA. Nom bengali des Anones.

NOPAL. L'*Opuntia vulgaris* MILL.

NOPALEA (S.-DYCK, *Cact.*, 63). Section du genre *Opuntia* T. (H. BN, *Hist. des pl.*, IX, 29.)

NORANTEA (AUBL., *Guian.*, 554, t. 220). Genre de Marcgraviées, dont les fleurs sont analogues à celles des *Marcgravia* et ne s'en distinguent que par la façon dont leurs pétales, imbriqués, libres, sauf tout à fait à leur base, s'épanouissent en s'étalant et en se séparant les uns des autres. Les *Norantea* ont les organes de végétation des *Marcgravia;* ils habitent comme eux l'Amérique tropicale, où l'on en compte sept ou huit espèces. Leurs fleurs sont réunies en longues grappes, et chacune d'elles a deux bractéoles latérales, semblables aux sépales, et une grande bractée axillante, en forme d'ascidie, de sac ou de capuchon, soulevée plus ou moins haut sur le pédicelle axillaire. (Voy. *Hist. des pl.*, IV, 240, 263, fig. 278.) [H. BN.]

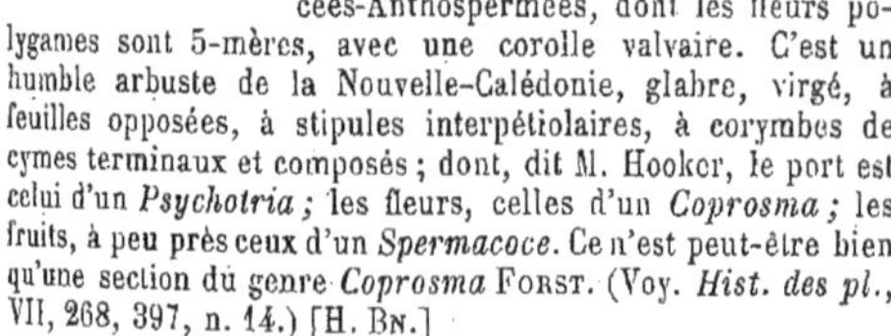

Norantea. — Bouton et sa bractée.

NORDMANNIA (FISCH. et MEY., in *Bull. Acad. S.-Pétersb.*, IV, n. 4). Synonyme de *Daphnopsis* MART. et ZUCC.

NORÉE. Le *Pyrethrum segetum* MŒNCH.

NORMANDIA (HOOK. F., *Icon.*, t. 1121; *Gen.*, II, 139, n. 302). Genre de Rubiacées-Anthospermées, dont les fleurs polygames sont 5-mères, avec une corolle valvaire. C'est un humble arbuste de la Nouvelle-Calédonie, glabre, virgé, à feuilles opposées, à stipules interpétiolaires, à corymbes de cymes terminaux et composés; dont, dit M. Hooker, le port est celui d'un *Psychotria;* les fleurs, celles d'un *Coprosma;* les fruits, à peu près ceux d'un *Spermacoce*. Ce n'est peut-être bien qu'une section du genre *Coprosma* FORST. (Voy. *Hist. des pl.*, VII, 268, 397, n. 14.) [H. BN.]

NORMANDINA (DEL. — NYL., *Prodr.*). Genre de Lichens; synonyme de *Lenormandia* HOOK.

NORMANIA (LOWE, *Man. mader.*, II, 70). Synonyme de *Solanum* T.

NORNA (WAHL., *Fl. suec.*, 561). Synonyme de *Calypso* SALISB.

NORONHIA (STADM., in *Dup.-Th. Gen. n. madag.*, 8). Genre d'Oléacées-Oléées, fondé sur un arbuste malgache, à feuilles opposées, à cymes axillaires de fleurs semblables à celles des *Notelæa*. Le fruit a un noyau dur, et la graine n'a pas d'albumen. [H. BN.]

NORRISIA (GARDN., in *Hook. Kew Journ.*, I, 326). Genre de Strychnées, voisin des *Antonia*, et qui en a les fleurs, avec 5 lobes bien plus courts à la corolle, sans bractées sériées sous la fleur. Le fruit est capsulaire dans cet arbuste glabre de Malacca. (WIGHT, *Ill.*, t. 156 b. — H. BN, *Hist. des pl.*, IX, 298, 343.)

NORTA (SCHUR, *Enum. pl. transs.*, 54). Synonyme de *Sisymbrium* L.

NORTENIA (DUP.-TH., *Gen. n. mad.*, 9). Synon. de *Torenia*.

NORTHEA (HOOK. F., *Icon.*, t. 1473). Genre de Sapotacées, à calice 6-lobé, 2-sérié, à corolle 6-lobée, avec 6 étamines opposées. L'ovaire a 6 loges. Le fruit est grand, avec de grandes graines oviformes, à large et long hile rugueux. L'embryon est dépourvu d'albumen. Le *N. seychellana* (*Mimusops? Horneana* HART.) est un bel arbre, haut de 25 mètres. [H. BN.]

NORWAY-SPRUCE. Nom anglais du *Pinus Picea* DU ROI.

NORWEGIA BEEN-GRASS. Le *Narthecium ossifragum* L., qui rendait les os fragiles, disait-on. (BARTHOLIN, *Misc. Acad. nat. cur.* [1670], 115.)

NORYSCA (SPACH). Synonyme de *Hypericum* T.

NO-SASAGE. Nom japonais du *Dumasia truncata* S. et ZUCC.

NOSE-BLEED. Nom anglais du *Santolina Millefolium* H. BN.

NOSHI-BAN. Au Japon, le *Flueggea Faburan* K.

NO-SHUNGIKU. Nom japonais de l'*Hitsutsua cantonensis* DC.

NOSOCARYA (FÉE, *Mém. s. l'Ergot* [1843]). Ergot de Seigle (voy. CLAVICEPS).

NOSOLOGIE. Synonyme de Pathologie végétale.

NOSOPHLŒA (FR., *Summ. veg. Scand.*, 520). Excroissances dures de l'écorce, à apparence d'*Hysterium*, prises pour des Champignons, en particulier pour des Urédinés.

NOSTOC (VAUCH., *Conf.*, 203. — AGH, *Syst. Alg.*, XVIII). Genre d'Algues, de la famille des *Nostochineæ* d'après Agardh; de celle des *Nostaceæ*, ordre des *Tiloblasteæ*, d'après Kützing, mais avec plus de raison de la famille des *Cryptophyceæ* d'après

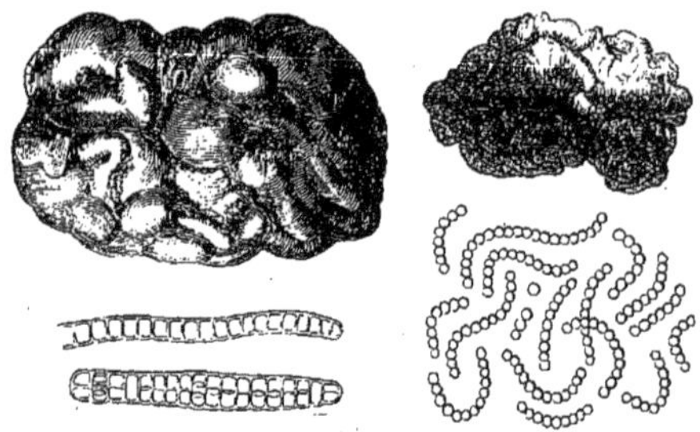

Nostoc. — Port. Tissu.

Thuret. Les Algues de ce genre sont caractérisées par une fronde gélatineuse, muqueuse ou coriace, molle ou dure, élastique ou gluante, de formes variées, crispée, étalée ou sphérique, plissée ou cérébriforme ou de forme déterminée. Dans un mucilage gélatineux plongent des filaments crispés, appelés trichomes, constamment simples, non engainés, contournés, pelotonnés, parfois réunis en forme de chapelet. Ces trichomes sont pourvus d'hétérocystes et d'hormogonies ou cellules singulières, ordinairement plus grandes que les autres, qui perdent un protoplasma qui est remplacé par un liquide hyalin. La croissance des trichomes est uniforme, et ils n'ont qu'une direction de cloisonnement. Kützing, pour faciliter les recherches des espèces, a divisé les Nostocs en trois sections, d'après leur habitat : les Nostocs *terrestres*, *paludéens* et *submarins*. Rabenhorst a établi les Nostocs terrestres, bryophiles et aquatiques. Rien de naturel dans ces divisions. (Voy. THUR., in *Ann. sc. nat.*, 3e sér., II, 319 [1844]. — H. BN, *Tr. Bot. méd. crypt.*, 311.) [CH. M.]

NOSTOCEÆ (KUETZ., *Phyc. gen.*, 203). Grande tribu d'Algues *Cryptophyceæ*, qui a subi de nombreuses modifications depuis sa création, mais dans laquelle se trouvent les genres *Nostoc*, *Anabæna*, *Aphanizomenon*, *Sphærozyga*, *Cylindrospermum*, *Nodularia*, *Microchæte*, c'est-à-dire toutes les espèces à filaments non ramifiés, dépourvues de poil apical, et dans lesquelles quelques cellules se changent en hétérocystes. (Voy. THUR. et BORN., in *Ann. sc. nat.* [mars 1875], 373.) [CH. M.]

NOSTOCHACEÆ (RABENH., *Fl. europ. Alg.*, III, 2, 161). Division des Algues-*Phycochromophyceæ*, dans laquelle l'auteur a placé les Algues à filaments plus ou moins moniliformes, simples, articulés, parfois vaginés, avec des cellules changeant de volume par intervalles ou aux extrémités, munies ou dépourvues de spores. De là deux subdivisions naturelles des *Nostochaceæ :* les *Nostoceæ*, qui sont dépourvues de spores; les *Spermosireæ*, avec des spores bien apparentes. [CH. M.]

NOSTOCHINEÆ (AGH, *Syst. Alg.*, 13). L'une des familles d'Algues les plus anciennes et les plus nombreuses, définies ainsi par l'auteur : « *Individua plura globulosa vel filiformia, in gelatina definitæ formæ nidulantia* », et dans laquelle il avait fait entrer des Algues de familles bien diverses, telles que certaines Desmidiées, certaines Conjuguées. Les travaux de Kützing et de Brébisson avaient depuis longtemps écarté de ce grand groupe les espèces qui ne devaient pas y figurer. Plus tard, Rabenhorst en réduisit encore le nombre; mais ce n'est qu'après les travaux de Thuret que la classe des *Nostochineæ* est devenue naturelle et que cette division des Algues a été réellement bien assise. Les Nostochinées, dans le sens absolu du mot, sont des Algues constituées par des cellules en série. Le plus souvent ces cellules sont simples (Nostoc), rarement ramifiées (*Scytonema*). Ces filaments sont libres, c'est-à-dire sans gaine distincte, comme dans les *Oscillaria;* d'autres fois ils sont pourvus d'une gaine qui renferme un trichome (*Lyngbia*) ou plusieurs trichomes (*Microcoleus*). Ces filaments sont tordus en spirale ou droits. Ils présentent aussi parfois des ramifications qui sont dues à la direction du trichome, comme dans le genre *Lyngbia*. D'autres fois ces ramifications très irrégulières sont géminées, comme dans les *Scytonema*. Les hétérocystes sont intercellulaires, disséminés dans le trichome, comme dans les *Anabæna*, ou terminaux, c'est-à-dire placés à chaque bout du trichome (*Cylindrospermum*). Les cellules terminales sont souvent semblables aux autres; mais dans certains genres elles sont pourvues d'un poil hyalin allongé, dépourvu de principe coloré, d'un diamètre plus petit que celui des articles ordinaires (*Calothrix, Rivularia*). Chez quelques groupes, les cellules du trichome se multiplient dans le sens de la longueur du filament (*Cystocoleus*); d'autres fois dans le sens de la longueur et de la largeur (*Scytonema*). Ces végétaux vivent dans l'eau, sur la terre humide, sur les Mousses, les écorces d'arbres, les murailles, où ils forment des excroissances ou pelotes gélatineuses. MM. Thuret et Bornet ont divisé les *Nostochineæ* en deux grandes sections : 1° les *Psilonemeæ*, dépourvus de filaments pilifères; 2° les *Trichophoreæ*, munis de filaments pilifères. La première section comprend les *Nostoceæ* et les *Scytonemeæ*. La seconde comprend les *Calotricheæ*, dont les auteurs cités ont fait deux subdivisions : les *Nostochineæ* à hétérocystes distincts et celles à hétérocystes nulles. [CH. M.]

NOTANTHERA (G. DON, *Gen. Syst.*, III, 428). Section du genre *Loranthus* L. (B. H., *Gen.*, III, 212.)

NOTAPHÆBE (BL., *Mus. lugd.-bat.*, I, 328). Genre de Lauracées-Cinnamomées (H. BN, *Hist. des pl.*, II, 470). Section (B. H.) du genre *Persea* GÆRTN. F.

NOTARISIELLA (SACC., *Syll. Fung.*, II, 452). Sous-division du genre *Nectriella*, comprenant les espèces à périthèces tomenteux.

NOTELÆA (VENT., *Ch. de plant.*, t. 25). Genre d'Oléacées-Oléées, formé de 8 arbres ou arbustes, en général océaniens, à feuilles opposées, à fleurs d'Olivier, en cymes composées, axillaires, avec 4 larges pétales obtus. Le fruit est une drupe à noyau dur ou membraneux. Les graines sont albuminées. (ENDL., *Iconogr.*, t. 55. — ANDR., *Bot. Repos.*, t. 316.) [H. BN.]

NOTEROPHILA (MART., *Nov. gen. et spec.*, III, 110, t. 254). Synonyme de *Acisanthera* P. BR.

NOTHAPODYTES (BL., *Mus. lugd.-bat.*, I, 248). Synonyme (B. H.) de *Apodytes* E. MEY.

NOTHITES (CASS., in *Dict.*, XXXV, 163). Synonyme de *Stevia* CAV. (H. BN, *Hist. des pl.*, VIII, 133.)

NOTHOCESTRUM (A. GRAY, in *Proc. Amer. Acad.*, VI, 48). Genre de Solanacées-Solanées, formé de 4 arbustes des îles Sandwich, à feuilles alternes, entières; les fleurs 4-mères, à corolle valvaire-indupliquée, avec 4 étamines et une baie sphérique, oligosperme. (H. BN, *Hist. des pl.*, IX, 333.)

NOTHOCNIDE (BL., *Mus. lugd.-bat.*, II, t. 14). Synonyme de *Pipturus* WEDD.

NOTHOFAGUS (BL., *Mus. lugd.-bat.*, I, 307). Synonyme de *Fagus* T. (H. BN, *Hist. des pl.*, VI, 234.)

NOTHOGENIA (MONT., in *Ann. sc. nat.* [nov. 1853]). Genre d'Algues, de la famille des *Chætangieæ*, que caractérise une fronde linéaire, dichotome, fastigiée, constituée par deux couches de cellules filamenteuses. Les plus intérieures sont petites, s'anastomosent et sont resserrées; les plus extérieures sont articulées, et consistent en filaments verticaux également très resserrés. Les desmiocarpes sont immergés dans la fronde, ouverts par un carpostome; et les gemmidies, dans des articles terminaux, sont claviformes. Les sphérospores sont inconnues. (Voy. J.-G. AGH, *Spec., gen. et ord. Alg.*, II, 461.) [CH. M.]

NOTHOLIRION (WALL. — BOISS., *Fl. or.*, V, 190). Section du genre *Lilium* T. (B. H., *Gen.*, III, 817), rapportée aussi aux *Fritillaria*.

NOTHOPANAX (MIQ., in *Bonplandia* [1859], 139; *Fl. ind. bat.*, I, p. I, 765). Section du genre *Panax*. Seemann y comprenait (*Journ. Bot.*, IV, 293) la plupart des *Panax* ligneux. (Voy. H. BN, *Hist. des pl.*, VII, 251.)

NOTHOPEGIA (BL., *Mus. lugd.-bat.*, I, 203). Genre de Térébinthacées-Anacardiées, établi pour un arbre de l'Inde, à feuilles alternes, entières, à fleurs de *Semecarpus*, 4-mères; les pétales imbriqués; le style unique; le fruit drupacé et déprimé. (HOOK., *Icon.*, t. 842. — H. BN, *Hist. des pl.*, V, 325.)

NOTHOPROTIUM (MIQ., *Fl. ind. bat.*, Suppl., I, 527). Synonyme de *Pentaspadon* HOOK. F. (H. BN, *Hist. des pl.*, V, 327.)

NOTHOSÆRUA (WIGHT, *Icon.*, VI, 1). Genre de Chénopodiacées-Amarantées, fondé sur une herbe annuelle, d'Asie et d'Afrique, à feuilles opposées, à fleurs axillaires, 3-5-mères, 1, 2-andres; les sépales hyalins. (H. BN, *Hist. des pl.*, IX, 206.)

NOTHOSCORDUM (K., *Enum.*, IV, 457). Genre de Liliacées-Alliées, qui a tout à fait la fleur des *Allium*, à loges ovariennes pluriovulées et qui ne se distingue guère de ces derniers que par l'absence d'odeur alliacée dans toutes ses parties. Ce sera donc probablement une simple section du genre Ail. On cultive comme ornementaux les *N. fragrans, striatellum*, etc.

NOTHOSMYRNIUM (MIQ., in *Ann. Mus. lugd.-bat.*, IV, 58). Genre mal connu d'Ombellifères japonaises, voisin des *Smyrnium* et (?) des *Pimpinella*. (H. BN, *Hist. des pl.*, VII, 229.)

NOTICASTRUM (DC., *Prodr.*, V, 279). Synonyme de *Aster* L.

NOTIOPHRYS (LINDL., in *Journ. Linn. Soc.*, I, 189; VI, 138). Synonyme de *Platylepis* A. RICH.

NOTOBARIS (CASS., in *Dict.*, XXXV, 170). Synon. de *Cnicus*.

NOTOBUXUS (OLIV., in *Hook. Icon.*, t. 1400). Genre de Buxées, à fleurs de Buis; les mâles 6-andres; avec un calice 4-mère; l'ovaire à 3 loges 2-ovulées; le fruit capsulaire, oblong, triquètre, loculicide, à 3 valves surmontées chacune de deux demi-styles. C'est un arbuste glabre, de Natal, à feuilles opposées, à fleurs axillaires, en cymes 3-flores; la médiane femelle et les latérales mâles. [H. BN.]

NOTOCENTRUM (NAUD., in *Ann. sc. nat.*, sér. 3, XVIII, 131). Synonyme de *Meriania* Sw.

NOTOCERAS (R. BR., in *Ait. H. kew.*, IV, 117). Genre de Crucifères-Cheiranthées-Arabidinées, établi pour une herbe des Canaries, à rameaux chargés d'un duvet blanchâtre; les feuilles linéaires, entières ou sinuées; les fleurs jaunes en grappes oppositifoliées; le fruit court, à valves septifères. (DELESS., *Ic. sel.*, II, t. 17. — H. BN, *Hist. des pl.*, III, 236.)

Notoceras. — Fruit.

NOTOCHÆTE (BENTH., in *Wall. Pl. as. rar.*, I, 63). Genre de Labiées-Bétonicées, formé d'une herbe du Népaul, distinguée par des verticillastres axillaires, avec des fleurs à calice membraneux; les 5 dents concaves, pourvues d'une arête dorsale prolongée en croc récurvé; la corolle petite et l'androcée didyname. Les bractées sont longuement glochidiées, comme les sépales. [H. BN.]

NOTOCLES (SALISB., *Fragm.*, 54). Synonyme de *Iphigenia* K.

NOTONERIUM (BENTH., *Gen.*, II, 698, n. 25). Genre d'Apocynacées-Vincées, établi pour un arbuste (ou une herbe?) d'Australie, à feuilles alternes, linéaires, à fleurs en cymes, 5-mères; la corolle hypocratérimorphe, à lobes subvalvaires-indupliqués; les ovaires entourés d'un disque hypogyne membraneux, sublobés et uniovulés. (H. BN, *Hist. des pl.*, X, 192.)

NOTONIA (DC., in *Guillem. Arch. bot.*, II, 518). Section du genre *Senecio* T. (H. BN, *Hist. des pl.*, VIII, 259.)

NOTONIA (W. et ARN., *Prodr.*, 207). Syn. de *Johnia* W. et ARN.

NOTOPHÆNA (MIERS, in *Ann. Nat. Hist.*, ser. 3, V, 267; *Contrib.*, t. 37). Synonyme de *Discaria* HOOK.

NOTOPORA (HOOK. F., in *Hook. Icon.*, t. 1159). Genre d'Éricacées-Vacciniées, établi pour un arbuste de la Guyane, à feuilles alternes; l'androcée 10-andre, avec anthères sessiles sur le milieu du tube de la corolle, s'ouvrant par deux cornes tubuleuses qui terminent les loges de l'anthère et qui s'ouvrent chacune par un orifice elliptique et dorsal. Ce genre nous paraît peu distinct. [H. BN.]

NOTOSCEPTRUM (BENTH., *Gen.*, III, 775, n. 33). Genre de Liliacées-Hémérocallées, formé de 2, 3 herbes vivaces de l'Afrique occidentale, à court rhizome vertical; les feuilles basilaires; les fleurs en épis, à court périanthe campanulé, 6-lobé; 6 étamines hypogynes, et un fruit loculicide.

NOTOSPARTIUM (HOOK. F., in *Hook. Kew Journ.*, IX, 176, t. 3). Genre de Légumineuses-Galégées, formé d'un petit arbre de la Nouvelle-Zélande, à branches jonciformes et aphylles; les fleurs analogues à celles des *Carmichælia*, avec un style barbu suivant sa longueur; à fruit linéaire et indéhiscent. (H. BN, *Hist. des pl.*, II, 274.)

NOTOTHIXOS (OLIV., in *Journ. Linn. Soc.*, VII, 103). Genre de Loranthacées-Viscées, voisin des *Ginalloa* et formé de 4 arbustes parasites, d'Australie et de Ceylan, à petites fleurs en glomérules, sessiles sur le bord d'un réceptacle comprimé-conique, spiciforme ou racémiforme; les anthères obscurément ∞-locellées, déhiscentes en haut et en travers. (*Hook. Icon.*, t. 73.) [H. BN.]

NOTOTHLASPI (HOOK. F., *Gen.*, I, 90, n. 106). Genre de Crucifères-Ibéridées-Lépidinées, formé de 2, 3 herbes charnues de la Nouvelle-Zélande et (?) de la Tasmanie, à feuilles en rosette, à fleurs en corymbes; le fruit analogue à celui de la Bourse-à-pasteur, obcunéiforme, ∞-sperme; les valves largement ailées sur le dos. (H. BN, *Hist. des pl.*, III, 288.)

NOTOTRICHE (TURCZ., in *Bull. Mosc.* [1863], I, 567). Synonyme de *Plagianthus* FORST.

NOTRO. Nom vernaculaire de l'*Embothrium coccineum* FORST.

NOTYLIA (LINDL., *Bot. Reg.*, sub t. 930; *Gen. et spec. Orchid.*, 192). Genre d'Orchidacées-Vandées, formé d'une quinzaine d'humbles herbes américaines, à feuilles planes, à pédoncules simples, à fleurs en grappes lâches; les sépales dressés ou étalés; le limbe du labelle hasté ou triangulaire; l'anthère longuement acuminée et contenant 2 pollinies. On en cultive quelques-uns en serre chaude. (*Bot. Reg.*, t. 759. — *Bot. Mag.*, t. 5609-6311.) [H. BN.]

NOUNGOU. Arbre à graisse, indéterminé, du Gabon.

NOURET, NOGRET. Dans le Tarn, l'*Agaricus ostreatus* JACQ.

NOUROUC. Nom, à Maurice, de l'*Erythrina indica* LAMK.

NO-URUSHI. Nom japonais de l'*Euphorbia palustris* L.

NOVRA. Nom indigène, au Cap, du *Monsonia Burmanni* DC.

NOWAKOWSKIA (BORZI, *Eine n. Chytrid.* — SACC., *Syll. Fung.*, VII, 1, 313). Genre de Chytridinés, à zoosporanges à peu près sphériques, entourés de filaments très ténus, parfois ramifiés. Les zoospores uniciliées sont ovoïdes et très petites. La seule espèce connue a été trouvée en Sicile, dans une espèce d'*Hormotheca*. [DE S.]

NOWODWORSKYA (PRESL, *Rel. Hænk.*, I, 351). Synonyme de *Raspailia* PRESL.

NOYAU. — Voy. CELLULE, DRUPE, PHYTOBLASTE, PHYTOCYSTE, SAC EMBRYONNAIRE.

NOYAU-VINE. A Sainte-Croix, l'*Ipomæa dissecta* PURSH.

NOYERA (TRÉC., in *Ann. sc. nat.*, sér. 3, VIII, 135). Genre d'Ulmacées-Artocarpées, à fleurs dioïques de *Castilloa*. Les femelles, au nombre de 15-30, sont plongées dans les fossettes du réceptacle commun qui est subplan. Le *N. guianensis* a des feuilles distiques et les inflorescences femelles solitaires et axillaires. Bentham a réuni à ce genre les *Naucleopsis* et les *Oncondeia*. (H. BN, *Hist. des pl.*, VI, 205.)

NOYSILLE. Nom ancien du Noisetier.

NOZEN-HAREN. Nom japonais de la Grande-Capucine.

NOZ MOSCADA DO BRAZIL. Nom du *Myristica Bicuhyba* SCHOTT.

N'PENDO. Au Gabon, l'Icaquier.

N'TCHUMBOU. Au Gabon, le *Pentaclethra*? *Griffoniana* H. BN.

N'TONA. Nom, au Gabon, d'un *Mucuna* indéterminé.

NUBI. Aux Antilles, le *Bignonia æquinoctialis* L.

NUCELLE. Le corps central de l'ovule.

NUCES CATHARTICÆ AMERICANÆ. Graines du *Curcas purgans*.

NUCES PURGANTES. Graines du *Jatropha multifida* L.

NUCHTLI. Le fruit de l'*Opuntia Tuna* MILL.

NUCIPERSICA. Nom ancien des Brugnons.

NUCI PUNIFERA. Nom ancien du Savonnier.

NUCLEI MYRISTICÆ. Nom officinal ancien des Muscades.

NUCLÉOLE. Petit nucléus contenu dans le noyau. Les nucléoles sont des organes spéciaux de fructification chez les Algues, qui sont dus à une transformation des filets de la fronde et des filets stériles remplissant le rôle de placenta (*Favellidie*); tantôt ces organes viennent de cellules peu transformées de la fronde, soit réunis, soit séparés par des filets stériles. [CH. M.]

NUCLEOPLASMA. La substance protoplasmique du nucléus.

NUCLÉUS. Nom donné par Fries et divers auteurs à la masse de spores, plus ou moins mélangée de mucilage, qui occupe l'intérieur du périthèce chez les Pyrénomycètes.

NUCLÉUS. Synonyme de Noyau. Le *N. mâle* est le noyau du phytocyste pollinique qui se reconstituerait en nucléus dans l'oosphère. Les *N. polaires* se développent dans le sac embryonnaire. Le nucléus, chez les Algues, est constitué par des gemmules ou organes particuliers de propagation. Il est parfois renfermé dans une membrane spéciale appelée *périspore*. — Voy. AMANDE, NOYAU.

NUCULAINE. Sorte de fruit, d'achaine.

NUCULE. Petite noix, petit noyau. Dans les *Chara*, c'est l'oogemme.

NUDÆ (BATSCH, *Tab. aff.*, 197). Ordre des Monopétales.

NUDIFLORÆ (B. H., *Gen.*, III, X). Série (5) des Monocotylédones (Pandanées, Cyclanthées, Typhacées et Aroïdées).

NUDIFLORÆ (FRIES, *Summ. veg. Scand.*, I, 59). Classe des *Incompletæ*.

NUDIGRANIA (DUMRT., *Comm.*, 69). Ordre des *Putresciniæ*.

NUDITEGMIA (DUMRT., *Comm.*, 55). Syn. de Amarantacées.

NUE (FLEUR). Celle qui n'a pas de périanthe.

NUGARIA (DC., *Prodr.*, II, 481). Section du g. *Cæsalpinia* P.

NUGARIA (SCHLCHTL, in *Linnæa*, XXIX, 762). Section du genre *Anguria* PLUM.

NUIL. Au Chili, l'*Ophrys unilateralis* POIR.

NUKABO-TADE. Nom japonais du *Polygonum minus* HUDS.

NUKAGO-SO. Synonyme de *Mukago-so*.

NUKUIWI. Nom hawaïen du *Strongylodon lucidum* SEEM.

NULLIPORA (BLAINV. — JOHNST., *British Spong. and Lith.*, 241). Algue-Corallinée pour Kützing; synonyme de *Spongyste*. Pour J.-G. Agardh et autres auteurs modernes, c'est un *Melobesia*. [CH. M.]

NULLIPORA (LAMK, *Syst. anim. sans vert.*, 374). Synonyme de *Spongites* KUETZ.

NULLIPOREÆ (HARV., *Ner. bor.-amer.*, II, 83). Sous-ordre des Algues-Corallinées.

NUMA-DAIKON. Nom japonais de l'*Adenostemma viscosum*.

NUMA-GOYASHI. Nom japonais du *Medicago denticulata* W.

NUMAN (Alex.), de Groningue, a publié, avec L. Marchand, en 1830, un *Mémoire sur les propriétés que les fourrages acquièrent par suite de productions cryptogamiques*. Ce livre est dit traduit du hollandais. Numan est mort en 1852.

NUMA-TORANOWO. Au Japon, le *Lysimachia Fortunei* MAX.

NU-MATTÉ. — Voy. JITSÉNÉ.

NUMA-YOMOGI. Nom japonais de l'Armoise.

NUMA-ZERI. Nom japonais du *Sium nipponicum* MAX.

NUMMULAIRE. Le *Lysimachia Nummularia* L.

NUMMULARIA (RIV. — RUPP., *Fl. jen.*, 18). Synonyme (part.) de *Lysimachia* L.

NUMMULARIA (RUMPH., *Herb. amboin.*, V, 470). Synonyme de *Dischidia* R. BR.

NUMMULARIA (TUL., *Select. Fung. Carp.*, II, 42). Genre de Sphériacés, à grands périthèces nombreux, noirs, disposés dans un stroma cupuliforme. Les thèques cylindriques, portées par un court pédicule, renferment 8 spores ovoïdes, brunes. De très petites conidies hyalines, sphériques, naissent à l'intérieur de la couche externe du stroma avant sa maturité. On en compte une trentaine d'espèces, sur le bois, l'écorce, les rameaux morts, en Europe, dans l'Amérique septentrionale; un très petit nombre d'espèces dans les régions plus chaudes. [DE S.]

NUMULARIA (GRAY, *Arr. brit. pl.*, II, 300). Synonyme de *Lerouxia* MÉR.

NUMULARIA (MATTH.). Le *Lysimachia Nummularia* L.

NUNNARI. Nom indien de l'*Hemidesmus indicus* R. BR.

NUNNERHAZIA (R. et PAV., *Prodr. Fl. per. et chil.*, 147, t. 31). Genre de Palmiers-Arécées, composé d'une soixantaine d'arbres et arbustes américains, inermes, à feuilles simples, 2-fides ou pinnatiséquées; avec fleurs monoïques ou dioïques; les spadices unisexués, infra- ou interfoliaires; les fleurs mâles 6-andres; les fleurs femelles à pétales valvaires ou légèrement imbriqués. Le fruit est formé de 1-3 carpelles, libres, globuleux, et la graine a un albumen homogène. On en cultive beaucoup d'espèces élégantes dans nos serres. (K., *Enum.*, III, 170. — DRUD., in *Mart. Fl. bras.*, III, II, t. 125. — *Bot. Mag.*, t. 4831, 4837, 4845, 5492, 6030, 6088.) [H. BN.]

Nunnerhazia. — Port.

NUNNEZIA (W., *Spec.*, IV, 1154). Synonyme de *Nunnerhazia* R. et PAV.

NUNO. Section (?) américaine (B. H., *Gen.*, II, 699) du genre *Sisyrinchium* L.

NUNON, NUNU. Synonymes de Lunou.

NUPHAR (SM., *Prodr. Fl. græc.*, I, 361). Genre de Nymphéacées-Nymphéées, dont le type est notre Nénuphar jaune et se distingue des *Nymphæa*, dont il a les organes de végétation et les propriétés, par son ovaire supère et l'insertion, par suite, hypogynique de son périanthe et de son androcée. Il y a 3, 4 *Nuphar* dans l'hémisphère boréal des deux mondes. (H. BN, *Hist. des pl.*, III, 82, 102, fig. 87-92; *Iconogr. Fl. fr.*, n. 129.)

NUS (BOURGEONS). Ceux qui sont dépourvus de pérule.

NUSSBAUM. En Allemagne, le Noyer.

NUSUBITO-HAGI. Nom japonais du *Desmodium japonicum* MIQ.

NUTATION. — Voy. MOUVEMENT.

NUTCHANEE. Chez les Indous, l'*Eleusine coracana* GÆRTN.

NUTMEG. Aux Antilles anglaises, le *Couroupita guianensis*.

NUTMEG. En Angleterre, la Muscade.

NUT-MUSCAT. Nom de l'*Elæodendron xylocarpum* DC.

NUTTALIA (DC., *Rapp. Jard. Genèv.* [1821], 44). Synonyme de *Nemopanthes* RAFIN.

NUTTALLIA (TORR. et GR., in *Hook. Beech. Bot.*, Suppl., 336, t. 82). Genre de Rosacées-Prunées, formé d'un petit arbre de l'Amérique du Nord, qui a des fleurs de Prunier, 15-andres, mais 5 carpelles à ovaire 2-ovulé; de sorte que le fruit multiple est formé de 2-5 drupes. Le *N. cerasiformis*, cultivé dans nos jardins botaniques, a des feuilles alternes, caduques, à odeur de Laurier-Cerise. (H. BN, *Hist. des pl.*, I, 424, 479.)

NUTTALLA (RAFIN., in *Amer. Monthl. Mag.* [1817]). Synonyme de *Bartonia* PURSH.

NUTTREE. Nom, en Australie, du *Santalum cycnorum* MIQ.

NUTUIS. Auteur, à Venise [1678], de *Fasciculus, sive Elenchus herbarum* (in-12).

NUX. Nom latin ancien du Noyer commun.

NUX (T., *Inst.*, 581, t. 346). Synonyme de *Juglans* L.

NUX AROMATICA (BAUH.). Nom ancien du Muscadier.

NUX AVELLANA. La Noisette. Le nom de *Nux* a été donné à bien des fruits et à des graines; ainsi :

N. barbadensis, le fruit du *Jatropha Curcas* L.

N. Ben, les graines des *Moringa*.

N. caryophyllata, le fruit du *Ravensara aromatica*.

N. cathartica, le fruit du *Jatropha Curcas* L.

N. Cupressi, le cône des Cyprès.

N. indica, le fruit du Cocotier.

N. insana, le *Datura Stramonium* L.

N. medica, *N. virginica*, le fruit du *Jatropha Curcas* L.

N. vomica, la graine du Vomiquier.

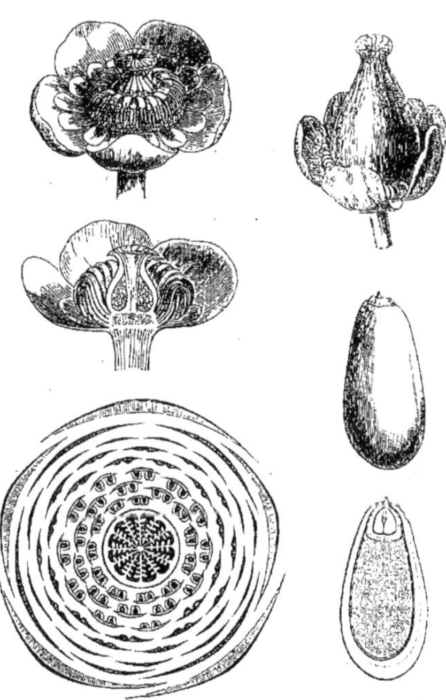
Nuphar. — Fleur, entière et coupe longitudinale. Diagramme. Fruit. Graine, entière et coupe longitudinale.

NUX GRÆCA. Nom donné par Caton à l'Amandier.

NUXIA (LAMK, *Ill.*, I, 295, t. 71). Genre de Solanacées-Buddléiées, à fleurs 4-mères de *Buddleia*; la corolle imbriquée; l'androcée 4-mère et l'ovaire à deux loges ∞-ovulées, avec un fruit capsulaire et septicide et des graines albuminées. Ce sont une dizaine d'arbres et d'arbustes africains, à feuilles opposées ou verticillées, à cyme terminale composée et corymbiforme. (H. BN, *Hist. des pl.*, IX, 303, 348, fig. 414-418.)

NUXIER. Nom français (LAMK) des *Nuxia* LAMK.

NUX JUGLANS (BAUH.). Nom ancien du Noyer.

NUX METEL (MATTH.). Le *Datura Metel* L.

NUX MOSCHATA. Nom officinal ancien de la Muscade.

NUX MYRISTICA (MATTH.). Le *Myristica fragrans* HOUTT.

NUX PEPITA (CAMELLI). Nom de la Fève de Saint-Ignace.

NUX VESICARIA. Nom ancien du *Staphylea pinnata* L.

NUX VIRGINICA. Le *Jatropha Curcas* L.

NUYTSIA (R. BR., in *Journ. Geogr. Soc.*, I, 17; *Misc. Works* (ed. BENN.), I, 308). Genre établi pour un *Loranthus* terrestre (LABILL., *Pl. N.-Holl.*, t. 113) qui a tous les caractères des *Loranthus* de la section *Galodendron*, c'est-à-dire qui n'est pas parasite, mais dont le fruit, légèrement charnu, est pourvu de trois larges ailes coriaces. (LINDL., *Swan Riv. App.*, t. 4. — H. BN, in *Adansonia*, III, 108.)

NYALEL (RHEEDE). Le *Milonia racemifera* COMMERS.

NYALELIA (DENNST., *Schl. Hort. malab.*, 30). Synonyme de *Milnea* ROXB.

NYANKA-HYKAMKOP. Nom que les Damaras donnent au *Welwitschia mirabilis* HOOK. F.

NYAW. Nom birman des *Morinda* L.

NYAW-KYEE. Nom birman du *Morinda citrifolia* L.

NYCTAGE. Le *Mirabilis Jalapa* L.

NYCTAGELLA (REICHB., *Consp.*, 126). Synon. de *Nicotiana* L.

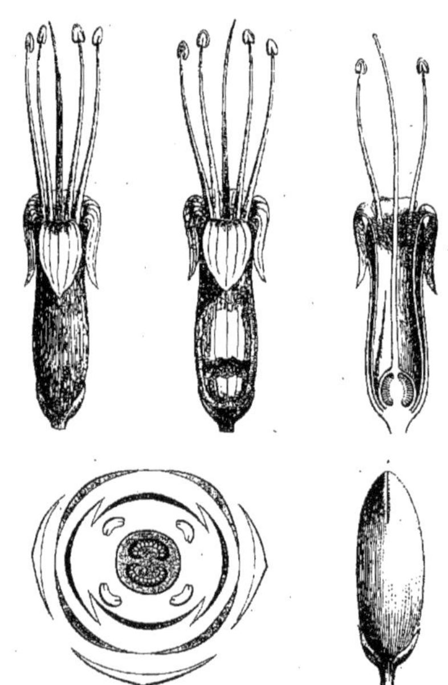

Nuxia. — Bouton. Fleur, entière, le calice ouvert, et coupe longitudinale. Diagramme.

NYCTAGINACÉES (*Nyctaginaceæ*), NYCTAGINEÆ (J., in *Ann. Mus.*, II, 269). Famille qui répond à une partie des *Jalapæ* de B. de Jussieu, et qui a pour type les *Mirabilis*. Nous y avons (*Hist. des pl.*, IV, 1) compris 13 genres, unis dans une seule série. [H. BN.]

NYCTAGINIA. Genre de Nyctaginacées, établi par Choisy, dans le *Prodromus* (XII, p. II, 429). Les fleurs, analogues à celles des *Mirabilis*, ont un périanthe infundibuliforme et des étamines exsertes. Elles sont articulées, réunies en capitules terminaux qu'entourent des bractées formant involucre. Ce genre se trouve réduit aujourd'hui à une espèce du Texas, le *N. capitata* CHOIS. (H. BN, *Hist. des pl.*, IV, 19.)

NYCTAGO (J., *Gen.*, 90). Synonyme de *Mirabilis* L.

NYCTALIS (FR., *Syst. orb. veg.*, 203). Genre d'Agaricinés, resté longtemps problématique, à réceptacle de petite dimension, charnu, de couleur claire, composé d'un stipe et d'un chapeau campanulé ou hémisphérique. Les lamelles sont charnues, épaisses, à marge obtuse, quelquefois bifurquées ou anastomosées : ce qui les rapproche des Chanterelles. La production de conidies qui se substituent aux basides et aux spores chez les espèces les plus connues a été l'objet d'interprétations différentes. Pour Tulasne, ces conidies appartenaient à un autre Champignon (*Hypomyces*) dont l'action parasitique amenait l'avortement de l'hyménium. Les observations les plus récentes n'ont pas confirmé cette opinion et tendent à démontrer que les conidies appartiennent bien aux *Nyctalis* et sont produites par eux. La méthode des cultures a même permis d'obtenir la reproduction des *Nyctalis* par ces conidies. Les espèces les plus communes sont parasites sur d'autres Agaricinés et surtout sur les Russules. Un certain nombre d'autres espèces, signalées dans le bois pourri, sur des racines, sont d'une autonomie douteuse. [DE S.]

NYCTALOPIQUE (PAUL., *Trait. Champ.*, II, 242). Agariciné rapporté par Léveillé à l'*Agaricus purus* PERS.

NYCTANTHES (L., *Gen.*, n. 16, part.). Genre d'Oléacées-Jasminées, établi pour un arbuste de l'Inde, à feuilles opposées; à fleurs de Jasmin, disposées en cymes terminales composées, avec une capsule septicide, à larges carpelles comprimés sur le dos. (*Bot. Reg.*, t. 399. — *Bot. Mag.*, t. 4900.) [H. BN.]

NYCTELEA (SCOP., *Introd.*, 183). Synonyme de *Ellisia* L.

NYCTERANTHUS (NECK., *Elem.*, II, 82). Synonyme de *Mesembryanthemum* L.

NYCTERINIA (DON, in *Sweet Brit. fl. Gard.*, ser. 2, t. 239). Synonyme de *Zaluzianska* J.-W. SCHM.

NYCTERISITION (R. et PAV., *Prodr.*, 30, t. 5). Synonyme de *Chrysophyllum* L.

NYCTERIUM (VENT., *Jard. Malm.*, t. 85). Syn. de *Solanum*.

NYCTITROPISME. — Voy. SOMMEIL.

NYCTOCALOS (TEIJSM. et BINN., in *Miq. Journ. Bot. néerl.*, I, 366). Genre de Bignoniacées-Bignoniées, formé de 2, 3 lianes glabres, de l'Océanie tropicale et de l'Assam, à feuilles 3-foliolées; à fleurs de *Tanæcium;* le tube de la corolle très long et étroit; le fruit long et aplati, à valves planes et coriaces. (MIQ., *Ch. pl. Jard. Buitenz.*, t. 7; in *Ann. Mus. lugd.-bat.*, III, t. 8. — *Bot. Mag.*, t. 5678. — H. BN, *Hist. des pl.*, IX, 39.)

NYCTOMYCES (TH. HARTIG, *Ueb. d. Verwandl. des Polycotyl. in Pilz.* [1833]). Mycélium végétant à l'intérieur du bois du Pin, rapporté par M. Willkamm à un *Xenodochus*. (KARST., *Botan. Untersuch.*, 1 [1865], 21).

NYCTOPHYLAX (ZIPP., in *Flora* [1829], 286). Scitaminée (?) de Timor, non définie.

NYLANDT (Petrus). A publié en 1670, à Amsterdam, *Der Nederlandsche Herbarius of Kruydt-Boeck*, etc. (in-4 de 342 pages, avec fig. de bois), traduit en allemand en 1678.

NYLANDTIA (DUMORT., *Comm.*, 31). Synonyme de *Mundia* K.

NYMPHÆA (T., *Inst.*, 260, t. 137, 138, part.). Genre qui a donné son nom à la famille des *Nymphæacées* et à la série des *Nymphæées*. Ses fleurs ont un réceptacle concave, longeant intérieurement l'ovaire et portant en dehors, de bas en haut, les pièces du périanthe et de l'androcée. Les sépales verts passent insensiblement aux pétales blancs, rouges, bleus ou jaunes, disposés dans l'ordre spiral et imbriqués; et de même les pétales aux étamines. Les lames des pétales, devenant de plus en plus étroites, constituent les filets staminaux; et ceux-ci portent en dedans des anthères biloculaires, déhiscentes par deux fentes longitudinales. L'ovaire infère renferme un nombre indéfini de loges ∞-ovulées. Le fruit est une baie chargée des cicatrices du périanthe et de l'androcée et couronnée des styles disposés circulairement autour de son sommet. Les graines sont, comme les ovules, anatropes, nombreuses; elles ont un double albumen et renferment dans l'albumen supérieur (qui dépend du sac embryonnaire) un petit embryon dicotylédoné. Les *Nymphæa* sont des herbes vivaces, des régions tropicales et tempérées des deux mondes. Leur tige est un épais rhizome, vivant dans la vase, et leurs feuilles, souvent peltées, viennent flotter à la surface de l'eau. Les fleurs sont pédonculées, axillaires, solitaires ou géminées, et elles s'épanouissent aussi dans l'air, très ornementales, comme dans notre Nénuphar blanc et dans les belles espèces cultivées en aquarium dans les serres. Les rhizomes sont alimentaires quand on les prépare convenablement. Ce sont des astringents, mais il n'y a rien de plus problématique que les vertus anaphrodisiaques des Nénuphars. (H. Bn, *Hist. des pl.*, III, 84, 99, 102, fig. 93-98; *Iconogr. Fl. fr.*, n. 160.)

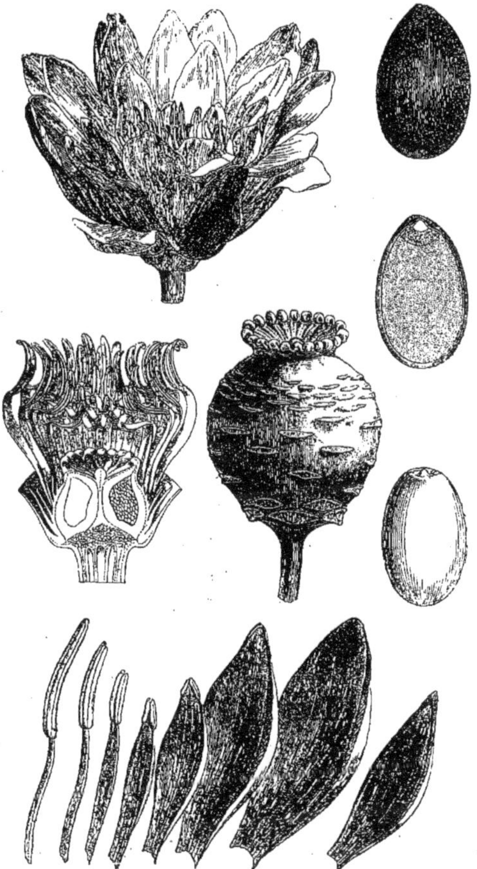

Nymphæa. — Fleur, entière et coupe longitudinale. Série des sépales, pétales et étamines. Fruit. Graine, entière, sans les téguments, et coupe longitudinale.

NYMPHÆ ALBA MINOR (Bauh.). L'*Hydrocharis Morsus Ranæ* L.

NYMPHÆANTHE (Reichb., *Fl. exc.*, 420). Section du genre *Limnanthemum* Gmel.

NYMPHÆA PARVA (Matth.). Le *Limnanthemum nymphoides*.

NYMPHÆUM (Batsch, *Tab. aff.*, 199). Synonyme de *Limnanthemum* Gmel.

NYMPHANTUS (Lour., *Fl. cochinch.*, 543). Synonyme de *Phyllanthus* L.

NYMPHE. Nom vulgaire du *Nymphœa alba* L.

NYMPHO. Nom provençal des Nénufars.

NYMPHOIDES. Nom ancien du Ményanthe.

NYPHAR (Walp.). Pour *Nuphar* Sm.

NYROPHYLLA (Neck., *Elem.*, II, 240). Genre de Lauracées, mal défini.

NYSSA (L., *Gen.*, n. 1163). Genre qui a donné son nom aux Nyssacées et à une série des *Nyssées*, rapportée aux Cornacées et aussi aux Combrétacées. Les fleurs y sont polygames-monoïques; les mâles à calice 5-∞-denté, avec 5-∞ pétales imbriqués et 5-8 étamines; les femelles à réceptacle concave, logeant l'ovaire infère, et portant sur les bords un petit calice à 5 dents. Il y a des étamines épigynes rudimentaires, de même que la fleur mâle possède un rudiment de gynécée. L'ovaire infère n'a qu'une loge, avec un ovule descendant. Le fruit est drupacé, aréolé au sommet, avec une graine albuminée et un embryon renversé, à cotylédons foliacés. Sous les noms de *Tupélo*, les *Nyssa* habitent l'Amérique du Nord et les montagnes de l'Inde et de la Malaisie. Ce sont des arbres à feuilles alternes, parfois cultivés en Europe. Il y en a encore de beaux exemplaires à Trianon. (H. Bn, in *Adansonia*, V, 196; *Hist. des pl.*, VI, 266, 281, fig. 241-244.)

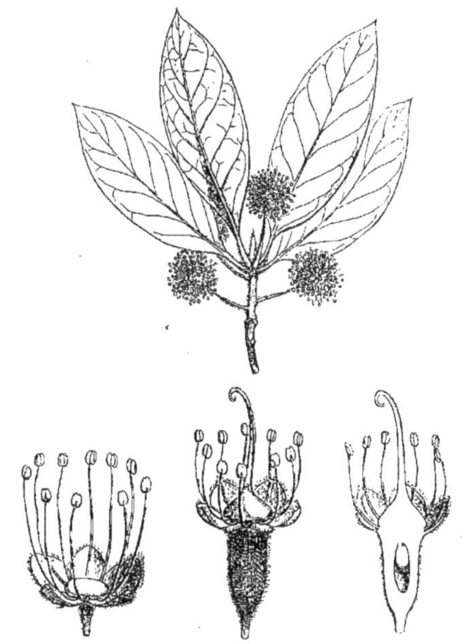

Nyssa. — Branche florifère. Fleur mâle. Fleur femelle, entière et coupe longitudinale.

NYSSANTHES (R. Br., *Prodr.*, 418). Genre de Chénopodiacées-Amarantées, formé de 2 herbes australiennes, à feuilles opposées; à fleurs disposées en capitules axillaires, pauciflores. Les folioles du périanthe au nombre de 4, dont 2 extérieures ou toutes spinescentes et divariquées, comme les bractées florales. (H. Bn, *Hist. des pl.*, IX, 208.)

NYSSIMI-MOTSI. Au Japon, le *Ligustrum japonicum* Thunb.

NYSSOIDEÆ (Rich., in *Michx Fl. bor.-amer.*, II, 232). Groupe de plantes, comprenant les *Pyrularia* Michx.

NYST (P.). Auteur [1826] d'un *Catalogue des plantes du Jardin de la ville de Bruxelles*.

O

OAJURU. Synonyme de *Goajuru*.

OAK. Nom anglais des Chênes.

OAKES (Will.). Mort en 1849 à Ipswich, dans le Massachusets, a écrit *Collectanea botanica*, notices sur les plantes trouvées dans le comté d'Essex.

OAKESIA (TUCKERM., in *Hook. Lond. Journ.*, I, 445). Synonyme de *Corema* DON.

OAT. Nom anglais des Avoines.

OATOPAPPUS (SCH. BIP., in *Walp. Rep.*, VI, 201). Section du genre *Argyranthemum* SCH. BIP.

OAUASSU. Au Brésil, l'*Attalea spectabilis* MART.

OBA. Au Gabon, l'*Irvingia gabonensis* H. BN.

OBA-GIBOSHI. Nom japonais du *Funkia ovata* SPR., var. *undulata*.

OBA-HANAZEKISHO. Nom japonais du *Veratrum Maackii* RGL.

OBA-KANDZUI. Au Japon, l'*Euphorbia Sieboldiana* MORR.

OBAKO. Nom japonais des Plantains.

OBA-KUSA-FUGI. Au Japon, le *Vicia Pseudo-Orobus* F. et MEY.

OBANOSENNA. Nom japonais du *Cassia corymbosa*.

OBA-NO-TONBOSO. Au Japon, l'*Habenaria japonica* A. GRAY.

OBA-NO-YENGOSAKU. Au Japon, le *Corydalis ambigua* CHAM.

OBA-OSEL. Nom japonais d'un *Polygonatum*.

OBA-SENKIU. Nom japonais de l'*Angelica refracta* FR.

OBA-SHOMA. Au Japon, l'*Actæa* (*Cimicifuga*) *obtusiloba*.

OBA-TSUMEKUSA. Nom japonais du *Stellaria florida* FISCH.

OBA-YURIZASA. Nom japonais du *Smilacina japonica* A. GRAY.

OBBEA (HOOK. F., *Icon.*, t. 1070; *Gen.*, II, 102). Synonyme de *Guettarda* L. (H. BN, *Hist. des plant.*, VII, 423.)

OBCORDÉ. En forme de cœur renversé. Se dit des feuilles (II, 603) et s'applique également aux autres organes des plantes.

OBEJACA (CASS., in *Dict.*, XXXV, 270). Synon. de *Senecio*.

OBEL, OBEAU. Noms vulgaires du *Populus alba* L.

OBELANTHERA (TURCZ., in *Bull. Mosc.* [1847], I, 147). Synonyme de *Saurauja* W.

OBELIDIUM (NOWAK, *Beitr. z. Kennt. Chytr.*, 86). Genre de Chytridinés, à zoosporanges uniloculaires, portés sur un pédicule plus ou moins développé, cloisonné à la base, issu d'un mycélium rayonné, ramifié, réticulé. Les zoospores sont expulsées par un ostiole. Une seule espèce, trouvée en Allemagne dans l'enveloppe d'un moucheron ayant séjourné dans l'eau. [DE S.]

OBELISCARIA (CASS., in *Dict.*, XXXV, 272). Synonyme de *Rudbeckia* L.

OBELISCO. Nom mexicain de l'*Hibiscus Rosa sinensis* L.

OBELISCOTHECA (VAILL., in *Act. Acad. par.* [1720], 329). Synonyme (part.) de *Rudbeckia* L.

OBENTONIA (VELL., *Fl. flum.*, t. 46). Genre proposé pour le *Galipea macrophylla*.

OBERLIN (Heinr.-Gottfr.). Auteur de *Propositions géologiques* [1806], qui renferment (p. 89-155) une partie botanique.

OBERNA (ADANS., *Fam.*, II, 255). Synon. (part.) de *Silene* L.

OBERNDORFFER (Joh.). Auteur [1621] de *Horti botanici, qui Ratisbonæ est, descriptio, in qua arborum*, etc. (in-8).

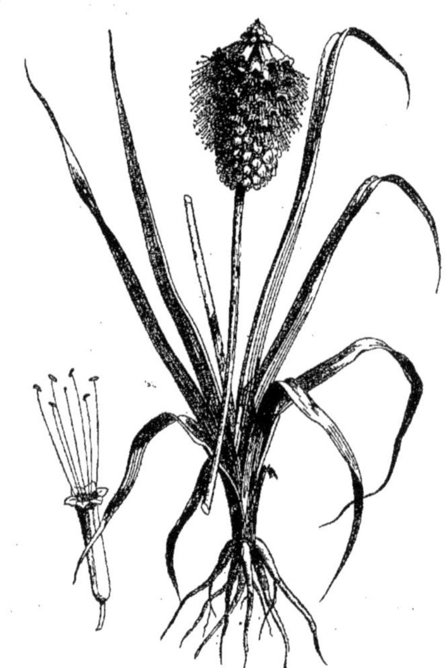

« *Obitus abyssinica* ». — Port. Fleur.

OBERONIA (LINDL., *Gen. et spec. Orchid.*, 15). Genre d'Orchidacées-Épidendrées, formé d'une cinquantaine de plantes épiphytes, sans pseudo-bulbes, de l'Asie et l'Océanie tropicales et des îles orientales d'Afrique; voisin des *Malaxis*, dont il diffère principalement par l'organisation androcéenne, et dont les feuilles distiques ont des gaines comprimées et équitantes. Les fleurs sont celles des Lipariées en général, très petites, en épis cylindriques, denses. Leurs pollinies libres sont au nombre de 4. Malgré le peu d'éclat de leurs fleurs, on cultive quelques espèces dans les serres. (*Bot. Mag.*, t. 4517, 5056.) [H. Bn.]

OBESIA (Haw., *Syn. pl. succ.*, 42). Synonyme de *Podanthes* Haw.

OBETIA (Gaudich., *Voy. Bonite, Bot.*, t. 82). Genre d'Urticacées, formé de quelques arbustes malgaches, à fleurs dioïques, distingué par un calice femelle 4-mère, membraneux, à divisions intérieures plus grandes et persistant autour du fruit. L'extrémité stigmatifère du style est allongée. Les feuilles sont alternes, et les fleurs sont disposées en cymes ; les mâles lâches; les femelles contractées, sessiles, capituliformes. (H. Bn, *Hist. des pl.*, III, 518.)

Obaountchoa du Gabon. — Tronc.

OBIER. Le *Viburnum Opulus* L.

OBIONE (Gærtn., *Fruct.*, II, 198, t. 126). Synonyme de *Atriplex* L. (H. Bn, *Hist. des pl.*, IX, 171.)

OBITUS. Dans le *Tour du monde*, le nom d'*O. abyssinica* est donné à une plante mal connue, qui paraît être une Liliacée.

OBLETIA (Roz., in *Journ. phys.*, I, 367, t. 2). Syn. de *Lippia*.

OBLITERATUS, OBLITÉRATION. Se dit de certains organes, les loges ovariennes, par exemple, qui s'arrêtent dans leur accroissement et disparaissent plus ou moins à l'état parfait.

OBLONG. Allongé, avec l'extrémité supérieure plus large. Se dit des feuilles (II, 602) et s'applique également aux autres organes, soit appendiculaires (bractées, sépales, pétales, etc.), soit même axiles des végétaux.

OBOLARIA (L., *Gen.*, n. 778). Genre de Gentianacées-Gentianées, formé d'une seule herbe peu ramifiée, de l'Amérique du Nord ; distingué par des fleurs 4-mères, en grappes de cymes; asépales, 4-andres, accompagnées de 2 bractées foliacées. Le fruit est une capsule, irrégulièrement rompue à sa maturité. (A. Gray, *Chlor. bor.-amer.*, t. 3. — Bart., *Fl. N.-Amer.*, III, t. 90. — H. Bn, *Hist. des pl.*, X, 143.)

OBOLARIA (Siegesb., *Primit. Fl. petropol.*, 79). Synonyme de *Linnæa* Gronov.

OBOOUNTCHOA. Au Gabon, le *Dactylopetalum Barteri* Hook. f.

OBOQUI. Au Gabon, le *Cnestis corniculata* Lamk.

O-BOSHI. Nom japonais d'une Commeline indéterminée.

OBOUETÉ. Au Gabon, le *Tabernanthe Iboga* H. Bn (*Bull. Soc. Linn.*, I, 782).

OBOVALE. Ovale, avec la grosse extrémité au sommet. Se dit des feuilles (II, 602) et s'applique aux autres organes des végétaux, bractées, sépales, pétales, etc.

OBRANG. Légumineuse (?) de Guinée, qu'on a comparée à la Réglisse.

OBRE. Nom arabe du Sycomore.

OBRYZUM (Vallr., ex Nyl., *Synops. Lich.*, 65). Genre de Lichens, de la grande famille des *Collemaceæ* et de la tribu des *Collemeæ*. [Ch. M.]

OBSOLETÆ (Scop., *Introd.*, 62). Tribu (2) de plantes.

OBSON, OPSON. Noms vulgaires du *Boletus Obsonium* Paul.

OBSTRUCTION. Se dit surtout de ce qui se produit dans les vaisseaux, quand leur cavité est finalement occupée par des phytocystes comblants (*Füllzellen*).

OBTURATEUR. Organe qui, partant de la paroi ovarienne, vient recouvrir et fermer plus ou moins complètement le micropyle ovulaire et pénètre souvent dans son intérieur. Dans les Euphorbiacées, Mirbel l'avait nommé « chapeau de tissu conducteur ». Il est très développé dans cette famille en général, souvent aussi dans les Plumbaginacées, où il naît du sommet de la loge ovarienne. Ses formes sont très variables. Dans les Euphorbiacées-biovulées, il y a souvent un obturateur commun aux deux ovules parallèles. Son tissu est parenchymateux, et il disparaît presque complètement dans le fruit. Decaisne lui a, bien à tort, rapporté l'origine de la caroncule. [H. Bn.]

OBTURION. Urticée (Ortie ?) de l'Inde, à suc extrêmement caustique.

OBTUSATI (Fr., *Epicr.* 2ᵉ, 306). Deuxième section des Agaricinés de la tribu des *Bathyra*.

OBULARIA (L., *Hort. Cliff.*, 323). Pour *Obolaria* L.

OCA. Au Pérou, les *Oxalis* tubéreux, comestibles.

OCALIA (Kl., in *Wiegm. Arch.*, VII, 195). Section du genre *Croton* L. (H. Bn, *Ét. gén. Euphorbiac.*, 366.)

OCAMPOA (Rich. et Gal., in *Ann. sc. nat.*, sér. 3, III, 31). Synonyme de *Cranichis* Sw.

OCHAGAVIA (Phil., in *Ann. sc. nat.*, sér. 4, VII, 107). Genre de Broméliacées-Broméliées, peu connu, formé d'une plante de l'île Juan-Fernandez, à tiges feuillées, à épi terminal, avec des fleurs analogues à celles des *Rhodostachys*; les pétales et les étamines libres. Le fruit est une baie. [H. Bn.]

OCHANOPAPPUS (ENDL., *Gen.*, 472). Section du g. *Tricholepis.*

OCHAR. Le *Calotropis procera* R. BR.

OCHETOCARPUS (MEYEN, *Reis.*, I, 310). Synonyme (?) de *Loasa* ADANS.

OCHETOPHALA (PŒPP., in *Endl. Gen.*, 1099). Synonyme de *Discaria* HOOK.

OCHION. Nom égyptien de la Coriandre.

OCHLANDRA (THW., *Enum. pl. Zeyl.*, 376). Synonyme de *Beesha* RHEED. (Voy. I, 392). Le genre *Beesha* de Kunth a pour type le *Bambusa baccifera* ROXB.

OCHLOCHÆTE (THW., mss. — HARV., *Brit. Spong. and Lith.*, 241). Algues-Corallinées. Pour Kützing, synonyme de *Spongites*. Pour Agardh et autres algologistes, c'est un synonyme de *Melobesia*. [CH. M.]

OCHNA (SCHREB., *Gen.*, 354). Genre qui a donné son nom à la famille des Ochnacées. Linné a établi le genre *Ochna* pour de véritables plantes de ce genre et en même temps pour un certain nombre d'*Ouratea* (*Gomphia*). Tel qu'il est limité par Schreber, le genre *Ochna* ne renferme plus que des plantes de l'ancien monde, qui ont des étamines en nombre indéfini, une corolle de cinq à quinze pétales, et des carpelles au nombre de trois à dix, ou même de dix à quinze. Tous les caractères sont d'ailleurs ceux des *Ouratea*. Il y a une vingtaine d'espèces d'*Ochna*, dans l'Afrique, l'Asie et l'Australie tropicales. Ce sont des arbres et des arbustes glabres, à feuilles alternes, caduques, serrulées ou rarement entières, glabres, coriaces, luisantes, à nervures secondaires parallèles, fines, nombreuses, avec deux stipules axillaires. Les fleurs sont disposées en grappes, ordinairement ramifiées, souvent nées d'un bourgeon inséré sur les branches de l'année précédente; assez grandes, jaunes. (Voy. *Hist. des pl.*, IV, 360, fig. 381-384.) [H. BN.]

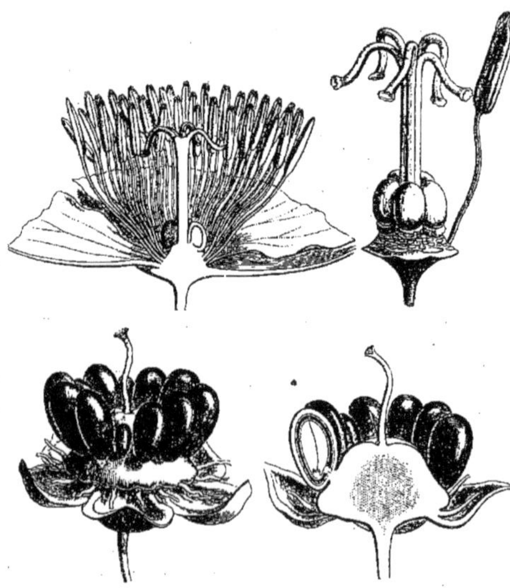

Ochna. — Fleur, coupe longitudinale. Gynécée et étamine. Fruit, entier et coupe longitudinale.

OCHNACÉES. Famille qui tire son nom de celui des *Ochna*, et qui renferme, outre ce genre, les *Ouratea* (*Gomphia*), *Elvasia* et *Tetramerista*. On lui a adjoint, comme type d'une tribu particulière, les *Euthemis* et souvent aussi les Luxemburgiées. Ce sont des plantes voisines des Rutacées, principalement par ceux de leurs genres qui ont un gynécée à ovaires indépendants, et dont le fruit est formé d'un certain nombre de drupes rapprochées sur un réceptacle commun, accru, coloré. Alors même que l'ovaire est pluriloculaire, il y a dans chacune de ces cavités un ovule ascendant, à micropyle inférieur et extérieur (dans les Ochnées). Les graines sont dépourvues d'albumen. Dans les Luxemburgiées, le fruit est une capsule, à loges plus ou moins incomplètes et polyspermes. Ici le gynécée est souvent excentrique. Les Ochnacées sont ligneuses; elles ont des feuilles alternes, simples, pétiolées, le plus souvent dentelées, serrulées ou ciliées sur les bords, glabres, lisses, luisantes, avec des nervures secondaires nombreuses, parallèles, presque perpendiculaires à la nervure médiane, ou obliques, accompagnées le plus souvent de stipules. Leurs fleurs, souvent très élégantes, ont ordinairement des pétales jaunes. (Voy. EUTHÉMIDÉES, LUXEMBURGIÉES.) [H. BN.]

OCHNE. Nom grec du Poirier sauvage.

OCHNÉES (*Gomphiées* ou *Ouratéées*). Série des Ochnacées, caractérisée par des carpelles à portion ovarienne indépendante ou profondément lobée, et contenant un ovule, ordinairement ascendant, avec le micropyle tourné en bas et en dehors; par des fruits drupacés, ordinairement portés sur un réceptacle accru; par un gynécée central et des graines sans albumen (genres *Ochna*, *Ouratea* (*Gomphia*) et *Elvasia*).

OCHONGO. Nom, au Gabon, de l'*Anthostema Aubryanum* H. BN, purgatif qu'on dit extrêmement énergique.

OCHOPODIUM (VOG., in *Linnæa*, XII, 86). Section du genre *Æschynomene* L.

OCHRADENUS (DEL., *Fl. ægypt.*, 15, t. 31, fig. 1). Genre de Résédacées, comprenant 2 herbes d'Afrique, d'Arabie et d'Espagne, qui se distinguent des *Reseda* par des fleurs apétales et un fruit charnu. (H. BN, *Hist. des pl.*, III, 304.)

OCHRANTHE (LINDL., *Bot. Reg.*, t. 1819). Synonyme de *Turpinia* VENT.

OCHREA. La stipule vaginiforme des Polygonacées.

OCHROCARPUS (DUP.-TH., *Gen. nov. madag.*, 15). Genre de Clusiacées-Garciniées, dont la fleur, analogue à celle des *Garcinia*, se distingue par un calice d'une seule pièce et valvaire, qui se déchire lors de l'anthèse. Les loges ovariennes sont 1, 2-ovulées. Ce sont 6, 7 arbres de l'Asie, l'Océanie et l'Afrique tropicales, notamment de Madagascar. (H. BN, *Hist. des pl.*, VI, 423; in *Bull. Soc. Linn. Par.*, 82.)

OCHROLARIA (TURCZ., in *Bull. Mosc.* [1849], II, 3). Synonyme de *Hibbertia* ANDR.

OCHROMA (SW., *Prodr.*, 97; *Fl. ind. occ.*, 1143, t. 23). Genre de Malvacées-Bombacées, formé d'un arbre de l'Amérique tropicale, l'*O. Lagopus* (*Patte de lièvre*), dont les fleurs se distinguent par un calice imbriqué ou indupliqué, 5 pétales, des étamines groupées supérieurement en 5 faisceaux, avec des anthères anfractueuses, recouvrant la colonne presque entière. Le fruit est une longue capsule loculicide. (H. BN, *Hist. des pl.*, IV, 156.)

OCHROSANTHUS (G. DON, *Gen. Syst.*, III, 724). Section du genre *Goodenia* SM.

OCHROSIA (J., *Gen.*, 144). Genre d'Apocynacées-Vincées, formé d'une quinzaine d'arbres malais, africains et polynésiens, à feuilles le plus souvent verticillées; les fleurs disposées en cymes alternes avec les feuilles supérieures, pourvues d'une corolle hypocratérimorphe, tordue, avec peu d'ovules (2-6) dans chaque carpelle. Le fruit est formé d'une ou deux drupes à placenta intrus. (H. BN, *Hist. des pl.*, X, 194.)

OCHROSIE. Nom français (LAMK) des *Ochrosia* J.

OCHROSPORI, OCHROSPORÆ (FRIES et auctt., *passim*). Employé pour des subdivisions de genres de Champignons, Bolets, Clavaires, etc., basées sur la coloration brun jaune des spores.

OCHROXYLE. Nom français (LAMK) des *Ochroxylon* SCHREB.

OCHROXYLON (SCHREB., *Gen.*, 826). Syn. de *Zanthoxylum* L.

OCHRUS (T., *Inst.*, 396, t. 219). Synonyme (L.) de *Pisum* T.

OCHSENZUNGE. En Allemagne, les Buglosses.

OCHTHOCHARIS (BL., in *Flora* [1831], 523; *Mus. lugd.-bat.*, I, 39). Section du genre *Blastus* LOUR. (H. BN, *Hist. des pl.*, VII, 49.)

OCHTHOCOSMUS (BENTH., in *Hook. Lond. Journ.*, II, 366). Genre de Linacées-Hugoniées, établi pour des arbustes de l'Amérique tropicale et de l'Afrique occidentale, distingués des *Hugonia* par un périanthe persistant; un style unique et un péricarpe sec, septicide. On en connaît 3 espèces, y compris le *Phyllocosmus* Kl. (H. Bn, *Hist. des pl.*, V, 48, 64.)

OCHTHODIUM (DC., *Syst.*, II, 423). Genre de Crucifères-Isatidées, formé d'une herbe annuelle de l'Orient, voisine des *Bunias*, sous le nom desquels Jacquin (*H. vindob.*, t. 145) l'a figurée; distingué par un petit fruit arrondi-sub-4-gone, à angles rugueux, avec 2 loges et des graines à cotylédons accombants. Le tissu stigmatique est immédiatement posé sur l'ovaire. (H. Bn, *Hist. des pl.*, III, 265.)

OCHTODES (J. Agh, in *Bid. Flor. Syst.*, 5). Genre d'Algues-Floridées, de la famille des *Rhodymeniaceæ*, et que caractérise une fronde cylindrique, dichotome ou irrégulièrement rameuse. Elle est gélatineuse, presque tubuleuse à l'état jeune, et constituée par des filaments moniliformes, verticaux, qui proviennent de l'axe central. Les cellules qui constituent cet axe, après avoir traversé la partie moyenne de la fronde, forment par la réunion des filets moniliformes, l'axe cortical. Les cystocarpes, souvent réunis en masses verruciformes, renferment plusieurs nucléoles. Les gemmidies sont nombreuses, sans ordre apparent, et comme logées dans un mucus. Les sphérospores n'ont pas encore été trouvées. (Voy. J.-G. Agh, *Spec.*, *gen. et ord.*, III, 359.) [Ch. M.]

OCIMASTRUM (Matth.). Le *Silene noctiflora* L.

OCIMICIDA (Vis., *Fl. dalm.*, II). Section du genre *Cuscuta*.

OCIMODON (Benth., *Labiat.*, LII). Section du g. *Ocimum* L.

OCIMUM (L.). Nom latin des Basilics (I, 379).

OCKIA (Dietr., *Nachtr. z. Gartenz.*). Syn. de *Adenandra* W.

OCNEROS. Nom grec ancien du Fragon épineux.

Ocotea. — Fruit.

OCOCOL. Nom mexicain des *Liquidambar*.

OCOTÉ (Lamk). Nom français des *Ocotea* Aubl.

OCOTE. Nom, au Mexique, du *Pinus Montezumæ* Lamb.

OCOTEA (Aubl., *Guian.*, II, 780). Genre de Lauracées, qui a donné son nom à la série des *Ocotéées*, et qui a des fleurs dioïques, parfois hermaphrodites, à verticilles 3-mères, avec 9 étamines fertiles; les 3 intérieures pourvues de 2 glandes. L'ovaire est libre, à peine plongé dans le réceptacle tronqué. Ce sont des arbres et arbustes de l'Amérique et de l'Asie, à feuilles alternes, à cymes disposées en grappes, terminales et axillaires. La graine a un embryon épais et charnu, souvent riche en matière grasse, comme il arrive dans l'*O. guianensis* Aubl. et l'*O. opifera* ou *Canella de Cheiro* du Rio-Negro. (H. Bn, *Hist. des pl.*, 437, 464, 476, fig. 250.)

OCOTILLO. Nom mexicain du *Verbesina virgata* Cav.

OCTADENIA (R. Br., ex Spach, *Suit. à Buff.*, VI, 491). Section du genre *Kœniga* R. Br.

OCTADESMIA (Benth., in *Journ. Linn. Soc.*, XVIII, 311). Genre d'Orchidacées-Épidendrées, formé de 3 herbes épiphytes des Antilles, voisin des *Hexadesmia*, avec 8 pollinies disposées sur 2 séries de 4; une tige sans pseudo-bulbe; des feuilles solitaires ou distiques, étroites; des grappes simples ou ramifiées. Le type du genre est l'*Octomeria serratifolia* Hook. (*Bot. Mag.*, t. 2823.) [H. Bn.]

Octaviana.

OCTARILLUM (Lour., *Fl. cochinch.*, 90). Synonyme (?) de *Elæagnus* T.

OCTAVIA (DC., *Prodr.*, IV, 464). Syn. de *Lasianthus* Jack. Espèces américaines.

OCTAVIANA (Vitt., *Monogr. Tuber.*, 15). Genre d'Hyménogastrés, à péridium globuleux, sans ouverture, lisse, légèrement fissuré, épaissi à la base. La gléba multiloculaire dont il se sépare sans difficulté, est assez molle et devient gélatineuse. Les spores sphériques, échinulées et de couleur sombre à la maturité, sont portées par de longs stérigmates sur des basides trapus, pédicellés. Une dizaine d'espèces hypogées sont connues en Europe et en Amérique. [De S.]

OCTOBLEPHARIS (Schreb., *Gen.*, II, 758). Synonyme de *Octoblepharum* Hedw. (*Musc. frond.*, III, 15, t. 6; *Spec. Musc.*, 50), genre de Mousses feuillées, du groupe des Bryacées, caractérisé par une coiffe entière, longuement conique; une urne terminale, régulière à la base, avec un opercule acuminé et un péristome simple, à 8 dents subulées, dressées, imperforées. Ce sont de très petites Mousses blanchâtres, répandues dans les régions tropicales et subtropicales et croissant sur le sol et sur les arbres. (Brid., *Bryol.*, I, 136. — Endl., *Gen.*, n. 522. — C. Muell., *Syn. Musc.*, I, 86.) [H. Bn.]

OCTOCERAS (Bge, *En. pl. Lehm.*, 42, t. 4). Genre de Crucifères-Isatidées, formé d'une herbe annuelle de la région caspienne; distingué par un fruit très court, 2-loculaire, pourvu de 4 ailes épaisses et épineuses. (H. Bn, *Hist. des pl.*, III, 268.)

OCTODICERAS (Brid., *Musc.*, 186, t. 1, fig. 7; *Bryol.*, II, 675, t. 10). Genre de Mousses-Bryacées, caractérisé par une coiffe cuculliforme; une urne latérale, régulière à sa base; un opercule conique, acuminé; un péristome à 8 dents bifides; les 2 divisions égales. Ce sont des Mousses aquatiques, vivaces, à feuilles lâchement distiques, nervées et 2-fides. (Bruch et Schimp., *Bryol. eur.*, t. 17. — C. Muell., *Syn.*, II, 524). [H. Bn.]

OCTOCLINIS (F. Muell., in *Trans. Phil. Inst. Vict.*, II, 21). Section du genre *Callitris* Vent.

OCTODON (Thonn. et Schum., *Beskr. Guin.*, 74). Section du genre *Spermacoce* L. (H. Bn, *Hist. des pl.*, VII, 264).

OCTOGONIA (Kl., in *Linnæa*, XII, 233). Synonyme de *Simocheilus*.

OCTOLEPIS (Oliv., in *Journ. Linn. Soc.*, VIII, 161, t. 12). Genre anormal de Thymélacées, qui a des fleurs 4-mères, avec 8 étamines et autant d'écailles alternes. L'ovaire sessile a 4 loges, à un ovule descendant. C'est un arbre de l'Afrique tropicale occidentale, qui a en même temps des affinités avec les Ternstrœmiacées, Bixacées, etc. (H. Bn, *Hist. des pl.*, VI, 123.)

OCTOLOBUS (Welw., in *Trans. Linn. Soc.*, XXVII; *Sert. angol.*, t. 6). Genre de Malvacées-Sterculiées, établi pour un arbre à feuilles alternes, simples, de l'Afrique tropicale, qui a des fleurs à calice 8-mère, ∞ étamines et ∞ carpelles à ovules nombreux. Ces carpelles, gibbeux à la maturité, renferment des graines sans albumen. (H. Bn, *Hist. des pl.*, IV, 62.)

OCTOMELES (Miq., *Fl. ind. bat.*, Suppl., 336). Genre de Saxifragacées-Datiscées, formé d'un grand arbre de l'Archipel indien, dont les fleurs dioïques, analogues à celles des *Datisca* et aussi des Cunoniées, ont un calice 8-mère, 8 étamines; un ovaire à 8 placentas. Le fruit est sec; les feuilles 3-séquées ou imparipennées. (H. Bn, *Hist. des pl.*, III, 408, 464.)

OCTOMERIA (Don, *Prodr. Fl. nepal.*, 31). Syn. de *Eria* Lindl.

OCTOMERIS (Naud., in *Ann. sc. nat.*, sér. 3, XVII, 378). Synonyme de *Miconia* R. et Pav.

OCTOPERA (Don). Synonyme de *Erica* T.

OCTOPHYLLÆ (Hill, *H. kew.*, 388). Classe (34) des Herbes.

OCTOPLEURA (Benth.). Synonyme de *Neurotheca* Salisb.

OCTOPLEURA (Griseb., *Fl. brit. W.-Ind.*, 260). Section du genre *Ossæa* DC. (H. Bn, *Hist. des pl.*, VII, 58.)

OCTOSPORA (Hedw., *St. crypt.*, II). Synonyme de *Peziza* Dill.

OCTOSPORES. — Voy. Porphyra.

OSTOSPORIDEI (Liutr., *Syst. Fung.*). Syn. de *Discomycetes*.

OCTOSTEMON (DC., *Prodr.*, III, 172). Section du genre *Tetrazygia* Rich. — DC.

OCTOTROPIS (Bedd., *Fl. sylv.*, 13, t. 327. — B. H., *Gen.*, II, 1229). Section du genre *Galiniera* Del., à fleurs 4-mères. Plante indienne. (H. Bn, *Hist. des pl.*, VII, 430.)

OCUA. Au Sénégal, le *Treculia africana* Dcne.

OCUARES. Nom mexicain du *Valeriana volucana*.

OCUJE DE LA HABANA. La résine du *Calophyllum Calaba* Jacq.

OCULARIA. Nom officinal ancien de la Turquette.

OCULI SENI. Nom donné au fruit du *Morinda Chachuca* Ham., à cause des empreintes circulaires, au nombre souvent de six, que laissent sur les fruits les sommets de chaque ovaire.

OCULUS (HALL. — RUPP., *Fl. jen.*, 210). Synonyme (HALL.) de *Hieracioides* VAILL.

OCULUS-CHRISTI. L'*Aster Amellus* L.

OCYMASTRUM. Nom ancien du *Circæa lutetiana* L.

OCYMASTRUM (RIV. — REICHB., *Consp.*, 207). Section du genre *Silene* L.

OCYMODON (BENTH., *Labiat.*, 3). Section du genre *Ocimum*.

OCYMUM (AUCTT.). Pour *Ocimum* L.

OCZKO (Woyciech). A écrit [1581], à Cracovie, *Descriptio herbarum medicarum* (in-4).

ODAD. Nom persan d'une graine (celle de l'*Absus* ?).

ODALLAM. Nom tamoul du *Cerbera Manghas* L.

ODAMAKI. Nom japonais de l'*Aquilegia atropurpurea* W.

ODEPOU. Au Gabon, l'*Abrus precatorius* L.

ODERMENNIG. Nom allemand de l'Aigremoine.

ODEURS. Plusieurs parties des plantes peuvent être odorantes. L'odeur est d'ordinaire due à une essence. (Voy. PHYTOBLASTE.)

O'DIKA. — Voy. DIKA.

ODINA (ROXB., *Fl. ind.*, II, 293). Section du genre *Tapirira* AUBL. (H. BN, *Hist. des pl.*, V, 269, 307, 316, fig. 302, 303). La gomme-résine de l'*O. Wodier* est médicinale dans l'Inde.

O'DJOUGA. — Voy. DJOUGA.

ODOLLAM (RHEED., *Hort. malab.*, I, 71, t. 39). Synonyme de *Cerbera* L.

ODONECTIS (RAFIN., in *Desvx Journ.* [1808], 221). Synonyme de *Pogonia* J.

ODONIA (BERTOL., *Luc.*, 35). Syn. (part.) de *Galactia* P. BR.

ODONTADENIA (BENTH., in *Hook. Journ. Bot.*, III, 242). Genre d'Apocynacées-Nériées, voisin des *Echites*, formé d'environ 4 arbustes grimpants; distingué par un calice à 5 glandes intérieures, un disque cupuliforme, denté ou crénelé; un style à dilatation en manchette prononcé, et des graines chevelues. Toutes les espèces sont de l'Amérique tropicale; leurs fleurs, souvent jaunes, sont belles. (H. BN, *Hist. des pl.*, X, 216.).

ODONTAGNATHIA (DC., *Prodr.*, VI, 611). Section du genre *Kentrophyllum* NECK.

ODONTANDRA (H. B. K., *Nov. gen. et spec.*, VII, 229). Section du genre *Trichilia* L. (H. BN, *Hist. des pl.*, V, 475.)

ODONTANTHERA (WIGHT, ex *Lindl. Veg. Kingd.*, 626). Genre douteux d'Asclépiadacées.

ODONTARIA (DC., *Prodr.*, I, 614). Section (?) du g. *Cupania*.

ODONTARTHENA (C.-A. MEY., in *Ledeb. Fl. alt.*, III, 58). Synonyme de *Alyssum* L.

ODONTEILEMA (TURCZ., in *Bull. Mosc.* [1848], I, 587). Synonyme de *Acalypha* L.

ODONTELLA (AGH, *Conspect.*, 56). Genre de Diatomacées, que Kützing a admis. Synonyme en partie du *Biddulphia*. D'autres espèces ont été reconnues comme des Desmidiacées. [CH. M.]

ODONTHALIA (LYNGB., *Hydr. dan.*, 9). Algues-Floridées, de la famille des *Rhodomeleæ-Rhodospermeæ*, d'après les botanistes modernes. Ces Algues sont le plus souvent caractérisées par une fronde plane, dentée, pinnatifide, de couleur lie de vin, les cellules irrégulières, et petites vers la périphérie. Les kéramidies, ovales-urcéolées, sessiles dans les rameaux, donnent, dans un péricarpe celluleux, ouvert par un carpostome, des gemmidies piriformes, placées dans l'article terminal des filaments qui rayonnent du placenta basilaire. Les stichidies, qui sont le résultat d'un rameau transformé, donnent des sphérospores disposées en double série, qui se divisent en croix. Ce genre a été divisé en deux sections, caractérisées par la forme des kéramidies. (Voy. HARV., *Phyc. brit.*, II, t. XXXIV.) [CH. M.]

ODONTIA (PERS., *Syn. Fung.*, 560). Tribu du genre *Hydnum*, comprenant les espèces épixyles, à réceptacle diffus, résupiné, à aiguillons dressés ou obliques, plus ou moins divisés au sommet et à spores échinulées ou lisses. Plusieurs auteurs ont élevé ce groupe au rang de genre. M. Quélet en décrit une trentaine d'espèces. (*Enchir. Fung.*, 194.) [DE S.]

ODONTIDIUM (KUETZ., *Bacill.*, 44). Genre de Diatomacées, de la famille des *Fragilarieæ* pour la plupart des auteurs. Ce genre doit disparaître, d'après M. Van-Heurck, qui propose d'en répartir les espèces dans les *Dimeregramma*, *Fragilaria* et *Diatoma*. W.-Smith avait admis le genre *Odontidium*; il l'avait modifié en y comptant sept espèces, dont une douteuse. (Voy. W.-SMITH, *Synops. Brit. Diat.*, II, 15.) [CH. M.]

ODONTILIS (PLINE). Le *Lychnis Flos-Cuculi* L.

ODONTINA (PAT., *Hymen. d'Europe*, 147). Genre démembré des *Odontia* PERS., à spores lisses et incolores.

ODONTITES (HOFFM., *Umbell.*, I, 116). Synonyme (part.) de *Bupleurum* T.

ODONTITES (PERS., *Syn.*, II, 150). Synonyme de *Bartsia* L.

ODONTIUM (BL., *Bijdr.*, 348). Section du genre *Dendrolirium*.

ODONTOCARPA (NECK., *Elem.*, I, 123). Syn. de *Valerianella*.

ODONTOCARPHA (DC., *Prodr.*, V, 71). Synonyme de *Gutterezia* LAG. (H. BN, *Hist. des pl.*, VIII, 158, not. 1.)

Odontoglossum. — Port.

ODONTOCARYA (MIERS, in *Ann. Nat. Hist.*, ser. 2, 38; ser. 3, XIV, 97). Genre de Ménispermacées-Chasmanthérées, à fruit de *Chasmanthera*, avec des étamines au nombre de 6, unies par leurs filets jusqu'au milieu; les anthères à loges distinctes. Eichler (in *Fl. bras.*, *Menisp.*, t. 56, fig. 2) a réduit à une les 7 espèces de Miers. (H. BN, *Hist. des pl.*, III, 14, 39.)

ODONTOCHILUS (BL., *Orch. Arch. ind.*, 79, t. 29, 36). Genre d'Orchidacées-Néottiées, formé d'une dizaine d'herbes terrestres, de l'Asie et l'Océanie tropicales, dont les *Cystopus* BL. (II, 342) font partie; à rhizome rampant; caractérisé par un labelle unguiculé et ventru au-dessus, des sépales latéraux connés inférieurement en un court menton; le labelle denté ou frangé, comme celui des *Anœctochilus*. Les fleurs sont en épis lâches. C'est une espèce de ce genre que Gaudichaud a figurée (*Voy. Bonite*, *Bot.*, t. 100) sous le nom d'*Anecochilus*. [H. BN.]

ODONTOCYCLUS (TURCZ., in *Ledeb. Fl. ross.*, I, 756). Genre de Crucifères-Alyssées, formé d'une petite herbe villeuse, des îles Kuriles, distinguée par des fleurs à sépales non gibbeux, des pétales émarginés et un fruit orbiculaire, à bords dentés, avec 4-6 graines. Les feuilles caulinaires sont rhomboïdales-cunéiformes, incisées. (H. BN, *Hist. des pl.*, III, 272.)

ODONTODERMEI (PERS., *Myc. eur.*, II, 150). Synonyme de *Hydnei* FR.

ODONTODISCUS (EHRENB., in *Berl. Monatsb.*, 72 [1845]). Diatomacées, de la famille des *Coscinodisceæ*, d'après Kützing et les auteurs modernes. On le place généralement dans le genre *Coscinodiscus*. [CH. M.]

ODONTOGLOSSUM (H. B. K., *Nov. gen. et spec.*, I, 350, t. 85). Genre d'Orchidacées-Vandées, formé d'une soixantaine d'herbes épiphytes et pseudo-bulbeuses, américaines, distinguées par des sépales libres ou à peu près; un labelle dont l'onglet, souvent très court, est parallèle à la colonne, tandis que le limbe est étalé. La colonne est ordinairement un peu longue et sans auricule. Les pseudo-bulbes sont 1-foliés, avec quelques feuilles

Odontoglossum. — Port.

plus bas sur la tige. Les inflorescences sont simples ou amples et très ramifiées. Beaucoup d'espèces et de variétés sont cultivées dans nos serres tempérées et froides. (LINDL., *Fol. orchid.* [1852]. — REICHB. F., in *Walp. Ann.*, VI, 24. — BATEM., *Mon. Odontogl.* [1874], c. t. 30.) [H. BN.]

ODONTOLEPIS (BOISS. — DC., *Prodr.*, VII, I, 304). Section du genre *Cirsium* DC.

ODONTOLOMA (H. B. K., *Nov. gen. et spec.*, IV, 43, t. 319). Synonyme de *Oliganthes* CASS.

ODONTOLOPHUS (CASS., in *Dict.*, L, 252). Syn. de *Centaurea*.

ODONTONEMA (NEES, in *Linnæa*, XVI, 300). Synonyme de *Thyrsacanthus* NEES.

ODONTOPHYLLUM (LESS., *Syn. Comp.*, 379). Sous-genre du genre *Eclopes* GÆRTN.

ODONTOPTERA (CASS., in *Dict.*, XXXV, 396). Synonyme de *Arctotis* L.

ODONTOPTERIS (STERNB., *Vers.*, I, 77). Syn. de *Zamites* UNG.

ODONTOSCHISMA (DUMORT., *Syll. Jungerm.*, 68). Synonyme de *Sphagnœcetis* NEUR.

ODONTOSIPHON (RŒM., *Syn.*, 85). Syn. de *Moschoxylum* A. J.

ODONTOSORIA (PRESL, *Pterid.*, 129). Section du g. *Davallia*.

ODONTOSPERMUM (NECK., *Elem.*, I, 20). Section du genre *Buphthalmum* T. (H. BN, *Hist. des pl.*, VIII, 163, not.)

ODONTOSTEMMA (BENTH., in *Wall. Cat.*, n. 645). Synonyme de *Lepyrodiclis* FENZL.

ODONTOSTEMON (DC., *Syst.*, II, 323). Section du g. *Alyssum*.

ODONTOSTIGMA (A. RICH., *Fl. cub.*, t. 56). Synonyme de *Stemmadenia* BENTH.

ODONTOSTIGMA (ZOLL., in *Nat. en Gen. Arch.*, II, 573). Synonyme de *Gymnostachyum* NEES.

ODONTOSTOMA (ENDL., *Gen.*, 29). Section du genre *Geaster*.

ODONTOSTOMUM (TORR., *Whippl. Exp. Bot.*, 94, t. 24). Genre d'Hæmodoracées-Conanthérées, formé d'une herbe bulbeuse de Californie, à tige dressée et rameuse, avec des fleurs petites, en grappes; le périanthe à tube cylindracé et à 6 lobes étalés ou réfléchis. Les 6 étamines sont fertiles, à anthères semblables, ovoïdes et droites. L'ovaire est en majeure partie supère, et le fruit est capsulaire, 3-dyme. (BAK., in *Journ. Linn. Soc.*, XI, 436.) [H. BN.]

ODONTOSTYLES (BRED., *Orch. Kuhl et V. Hass.*). Synonyme de *Bulbophyllum* DUP.-TH.

ODONTOTREMA (ex NYL., *Synops. Lich.*, 66). Genre de Lichens, de la famille des Plasodées, tribu des *Lendineæ*. [CH. M.]

ODONTOTRICHUM (ZUCC., in *Abh. Baier. Akad.* [1832], 311). Section du genre *Senecio* T. (H. BN, *Hist. des pl.*, VIII, 259.)

ODONTOTROPIUM (GRISEB., *Spic. Fl. rumel.*, II, 78). Section du genre *Heliotropium* T.

ODONUS (Cæsar). Professeur à Bologne, a publié [1561] *Teophrasti sparsæ de plantis Sententiæ in... seriem*, etc. (in-4).

ODOPTERA (SPACH). Pour *Otoptera* DC.

ODORATA (RIV. — RUPP., *Fl. jen.*, 268). Syn. de *Myrrhis* SCOP.

ODORICUS DE PORTO NAONIS. Auteur de travaux botaniques à peine connus. (E. MEY., *Gesch. Bot.*, IV, 131.)

ODORIKOSO. Nom japonais du *Lamium petiolatum* ROYLE.

ODOSTEMON (RAFIN., in *Amer. Monthl. Mag.* [1817], 192). Synonyme de *Mahonia* NUTT.

ODU. A la Nouvelle-Zélande, le *Lobelia physaloides* CUNN.

ODUOC. Arbre résineux, indéterminé, de Cochinchine.

ŒBRODD. En Suède, l'Aurone.

ŒCEOCLADUS (LINDL., *Gen. et spec. Orchid.*, 235). Synonyme (part.) de *Saccolabium* BL.

ŒCIDIUM (LÉV., in *Dict. d'Orb.*, I, 137). Pour *Ecidium* PRS.

ŒDEMATOPUS (PL. et TRI., in *Ann. sc. nat.*, sér. 4, XIV, 246). Synonyme (B. H.) de *Havetiopsis* PL. et TRI. Section du genre *Quapoya* AUBL. (H. BN, in *Bull. Soc. Linn. Par.*, 78.)

ŒDEMIUM (LINK, *Spec. Fung.*, I, 42). Genre d'Hyphomycètes, à filaments fertiles de couleur sombre, rigides, cloisonnés, munis à l'extrémité ou latéralement de capitules qui portent des spores sphériques. Sept espèces vivent sous toutes les latitudes, sur l'écorce et les rameaux de plantes ligneuses. [DE S.]

ŒDER (G.-Chr.). Né à Anspach [1728] et mort à Oldenbourg [1791], a écrit [1761] *Underretning om Flora danica*; puis il publia [1761-1771] 16 volumes des *Icones plantarum sponte nascentium in regnis Daniæ et Norvegiæ*, etc.; un *Nomenclator botanicus inserviens Floræ danicæ* [1769]; *Enumeratio plantarum Floræ danicæ*, etc. [1770]; *Elementa botanicæ* [1764-66]; ces deux derniers ont été traduits en allemand.

ŒDERA (CRANTZ [1768], *De Durb. arbor. Drac.*). Synonyme de *Dracæna* L.

ŒDERA (L., *Mantiss.*, 159). Genre de Composées, formé de 4 espèces frutescentes du Cap, à fleurs dimorphes, disposées en capitelles groupés en capitules; celles du rayon femelles; le fruit à aigrette cupuliforme ou tubuleuse. (H. BN, *Hist. des pl.*, VIII, 278.)

ŒDERIA (DC.). Pour *Œdera* L.

ŒDIPACHNE (LINK, *Hort. berol.*, I, 51). Synonyme de *Eriochloa* H. B. K.

ŒDMANNIA (THUNB., in *Act. holm.* [1800], 281, t. 4). Synonyme de *Rafnia* THUNB.

ŒDOCEPHALUM (PREUSS, *Ueb. Pilze Hoyersw.*, n. 100; in *Linnæa* [1849-53]). Genre d'Hyphomycètes, à filaments fertiles cloisonnés, renflés au sommet en une sphère couverte de verrues qui portent les spores petites, ovoïdes, incolores ou légèrement teintées. Les filaments larges, cloisonnés, du mycélium, rampent sur le bois, l'écorce, le papier, la vieille toile, les feuilles pourries, les déjections d'animaux. Les douze espèces connues sont originaires surtout du centre de l'Europe; une seule est exotique. [De S.]

ŒDOGONIACÉES (Rabenh., *Fl. europ. Alg.*, III, 286-346). Grande famille d'Algues-*Nematophyceæ*, composée d'espèces dioïques ou monoïques, à filets articulés, simples (*Œdogonium*) ou rameux (*Bulbochæte*), doués d'une végétation terminale. La propagation de ces Algues se fait soit par des zoospores asexuées, soit par des oospores issues d'une fécondation sexuelle. Ces deux sortes d'organes, de même que les anthérozoïdes qui fécondent les zoospores, naissent dans les articles du filament. Dans la cellule aplatie qui surmonte l'oogone, il se forme parfois un corps cilié mobile, qui n'est ni zoospore, ni anthérozoïde; c'est un organe spécial, qui reproduit également la plante et que l'on nomme *androspore*. L'oospore des Œdogoniées forme en germant plusieurs zoospores dont chacune reproduit un nouveau filament cellulaire, pareil à ceux qui constituent la plante mère. La famille des *Œdogoniaceæ* renferme les genres *Œdogonium* et *Bulbochæte*. (Voy. Thur., *Rech. sur les zoosp. des Algues* [1851], Paris.) [Ch. M.]

ŒDOGONIUM (Link, *Hor. phys. Ber.*, 5). Genre d'Algues, de la famille des Confervacées pour les auteurs anciens; synonyme de *Vericulifera* pour (Hassall), de *Tiresius* (Bory). Les espèces qui le constituent sont à filaments articulés, simples, dont la direction d'accroissement de la cellule jeune est perpendiculaire à la direction d'accroissement avant son rajeunissement. La partie basilaire de la plante est fixée comme par des crampons aux corps solides et le plus souvent aux plantes submergées. Les cellules des articles sont pourvues de lignes aux deux extrémités et paraissent comme striées. Assez souvent la cellule terminale est munie d'une pointe. La reproduction se fait comme dans les Œdogoniacées. Rabenhorst les a divisés en deux sections, caractérisées par les formes de la cellule végétative, et il a partagé ces deux sections en quatre groupes assez naturels, dont les caractères consistent dans la forme des oogones. (Voy. Rabenh., *Fl. europ. Alg.*, III, 347.) [Ch. M.]

OEIDOCARPON (Putterl., *Syn. Pittosp.*, 14). Section du genre *Pittosporum* Banks.

ŒIL. La cicatrice qui, dans les fruits infères, indique la place de l'ouverture réceptaculaire. Se dit aussi des bourgeons. C'est encore le nom donné à plusieurs plantes ou parties de plantes :

Œil de bœuf. L'*Anthemis tinctoria* L.
Œil de bouc. L'*Anacyclus Pyrethrum* DC.
Œil de bourrique. La graine du *Mucuna prurita* Hook.
Œil des chartreux. Le *Dianthus Carthusianorum* L.
Œil de chat. La graine du *Cæsalpinia Bonduc*.
Œil de cheval. La Grande-Aunée.
Œil de chien. Le *Gnaphalium* (*Antennaria*) *dioicum* L. et le *Plantago Psyllium* L.
Œil de Chiron. La Grande-Aunée.
Œil de Christ. L'*Aster Amellus* L.
Œil de corneille. Plusieurs Agarics vénéneux.
Œil du diable. L'*Adonis æstivalis* L.
Œil de dragon. Le fruit de la Longane.
Œil d'olivier. Un Agaric vénéneux.
Œil de paon. La graine de l'*Adenanthera pavonina* L.
Œil de perdrix. Le *Scabiosa columbaria* L. et l'*Adonis æstivalis* L.
Œil des prés. Le *Lychnis Flos-Cuculi* L.
Œil de soleil. Le *Matricaria Parthenium* L.
Œil de vache. L'*Anthemis Cotula* L.

OEILLET. — Voy. Dianthus (II, 392).

OEILLET A BOUQUET. Le *Dianthus barbatus* L.

OEILLET A CARTE. Variété du *Dianthus Caryophyllus* L.

OEILLET A PLUMES, OE. FRANGÉ. Le *Dianthus superbus* L.

OEILLET BARBU. Le *Dianthus barbatus* L.

OEILLET BRODÉ. Le *Dianthus plumarius* L.

OEILLET D'AMOUR. Le *Gypsophila Saxifraga* L.

OEILLET DE BELLEVILLE. Le *Xeranthemum annuum* L.

OEILLET DE CAROLINE. Le *Spigelia marylandica* L.

OEILLET DE CHINE. Le *Dianthus sinensis*.

OEILLET DE DIEU. Le *Githago segetum* Desf. et le *Lychnis dioica* L.

OEILLET DE JANSÉNISTE. Le *Lychnis Viscaria* L.

OEILLET DE LA CAROLINE. Le *Spigelia marylandica* L.

OEILLET DE POÈTE. Le *Dianthus barbatus* L.

OEILLET D'ESPAGNE. Le *Cæsalpinia pulcherrima* Sw.

OEILLET DES PRÉS. Le *Lychnis Flos-Cuculi* L.

OEILLET D'INDE. Nom des *Tagetes*. Le Petit est le *T. patula* L.

OEILLET DU CHRIST. L'*Aster Amellus* L.

OEILLET GIROFLÉE, OE. DES FLEURISTES, OE. GRENADIN, OE. A RATAFIA. Le *Dianthus Caryophyllus* L.

OEILLET MARIN, OE. DE PARIS. Le *Statice Armeria* L.

OEILLETTE. Le *Papaver somniferum* L., var. *nigrum*.

OEKTA FIOLER. En Suède, la Violette.

OELAFIUS (Nic.). Auteur, à Dantzig, [1643], de *Elenchus plantarum circa nobile Borussorum Dantiscum sua sponte nascentium, earundem synonyma latina*, etc. (in-4).

OELHAFEN VON SCHOELLENBACH (K.-Christ.). Auteur, à Nuremberg [1767-1804] de *Abbildung der wilden Bäume, Stauden- und Busch-gewächse*, etc. (3 vol. in-4).

OELLINGER (Georg.). Directeur du jardin botanique de Nuremberg où il mourut en 1550, a laissé des travaux manuscrits, conservés à la bibliothèque de l'université d'Erlangen.

OEMLERIA (Reichb., *Nom.*, 236). Syn. de *Nuttallia* T. et Gr.

OENANTHE (Matth.). Le *Bunium Bulbocastanum* L.

ŒNANTHE (T., *Inst.*, 312, t. 166). Genre d'Ombellifères, série des Peucédanées, dont les fleurs sont hermaphrodites ou polygames, avec des sépales aigus, accrescents ou non, parfois décidus; des pétales entiers ou plus souvent émarginés, 2-lobés; des stylopodes coniques, allongés, rarement déprimés, entiers ou ondulés à la base; un fruit ovoïde, à section transversale circulaire, ou légèrement comprimé sur le dos, avec toutes les côtes obtuses, formées d'un tissu blanc, dit subéreux, quelquefois assez saillantes; les latérales parfois plus épaisses ou même très épaisses et prismatiques, quelquefois aliformes. Le carpophore est nul ou à peine marqué, plus rarement bifide ou bipartite. Les bandelettes sont solitaires dans les vallécules, et les côtes peuvent en renfermer une très ténue. La graine est convexe sur le dos et ordinairement plane sur la face. Les *Œnanthe*, tels que nous avons limité le genre, c'est-à-dire renfermant les *Actinanthus*, *Crantzia*, *Cynosciadium*, *Dasyloma*, *Discopleura*, *Eurytænia*, *Sclerosciadium* et *Phellandrium*, sont des plantes herbacées, souvent aquatiques, glabres, à feuilles pennées ou décomposées-pennées, rarement digitées ou décomposées-ternées, réduites parfois, comme dans les *Crantzia*, à un pétiole noueux et cloisonné. Les fleurs sont en

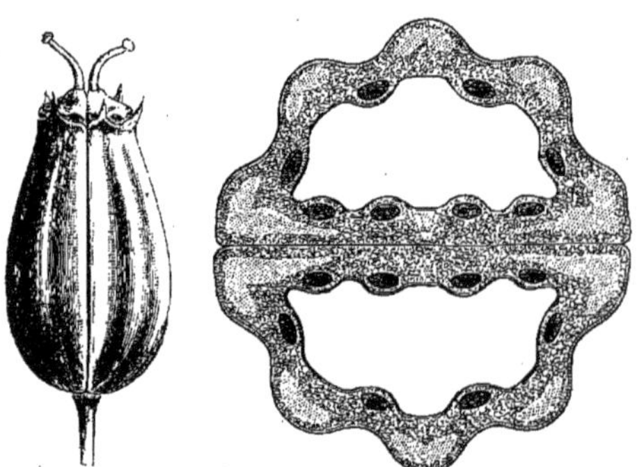

Œnanthe. — Fruit, entier et coupe transversale.

ombelles, composées et rarement simples, de couleur blanche, jaunâtre ou jaune, avec les bractées des involucres ou involucelles simples, linéaires ou triséquées, souvent peu nombreuses ou nulles. Les pédicelles sont parfois indurés et spinescents. Ce sont des plantes âcres, souvent très vénéneuses, notamment l'*Œ. crocata*, l'*Œ. Phellandrium* et les *Œ. fistulosa, apiifolia, Lachenalii, peucedanifolia, pimpinelloides*. (Voy. *Hist. des pl.*, VII, 109, 183, 213, fig. 103, 104.) [H. Bn.]

Œnothera. — Branche florifère.

ŒNARIA. Nom latin ancien du *Cratægus torminalis* L.

ŒNKJES. Nom hottentot de l'*Iris edulis* L.

ŒNOCARPUS (Mart., *Hist. nat. Palm.*, II, 21, t. 22-27; III, 310). Genre de Palmiers-Arécées, voisin à la fois des *Areca* et des *Euterpe*. Il y en a 7, 8 espèces américaines. Ce sont des Palmiers à feuilles pinnatiséquées et à fleurs monoïques dans un même spadice intrafoliaire. Les mâles ont un petit calice valvaire, 6 étamines. Le fruit est globuleux ou ovoïde, à styles apicaux dans le premier cas, basilaires dans le dernier. L'*Œ. Catuna* donne de l'huile et un fruit comestible. L'*Œ. batava* donne de l'huile, et sa sève sert à préparer une boisson fermentée, l'*Yukissé*. (Karst., *Fl. columb.*, I, t. 55. — Drude, in *Mart. Fl. bras.*, III, II, t. 108.) [H. Bn.]

ŒNOMELA (Dochn., *Obstk.*, I, 15). « Genre » de Pommes.

ŒNONE (Tul., in *Ann. sc. nat.*, sér. 3, XI, 96). Synonyme de *Ligea* Tul.

ŒNOPLEA (Hedw. f., *Gen.*, I, 51). Syn. de *Berchemia* Neck.

ŒNOPLIA. Nom ancien des Jujubiers. Pour Belon, c'est le *Rhamnus Napeca* L.

ŒNOPLIA (Pers., *Enchir.*, I, 240). Section du g. *Rhamnus*.

ŒNOTHÈRE (*Œnothera* L., *Gen.*, n. 469). Genre d'Onagrariacées, qui a donné son nom à une série des *Œnothérées*, et dont les fleurs sont 4-mères, avec un réceptacle logeant l'ovaire infère et plus ou moins prolongé au-dessus de lui en tube, pour porter à son orifice les sépales valvaires, les pétales tordus et 8 étamines 2-sériées. Les 4 loges ovariennes, superposées aux pétales, sont ∞-ovulées; et le fruit est capsulaire, coriace ou sous-ligneux, loculicide, à graines dépourvues d'albumen. Ce sont des herbes ou des plantes suffrutescentes, de l'Amérique

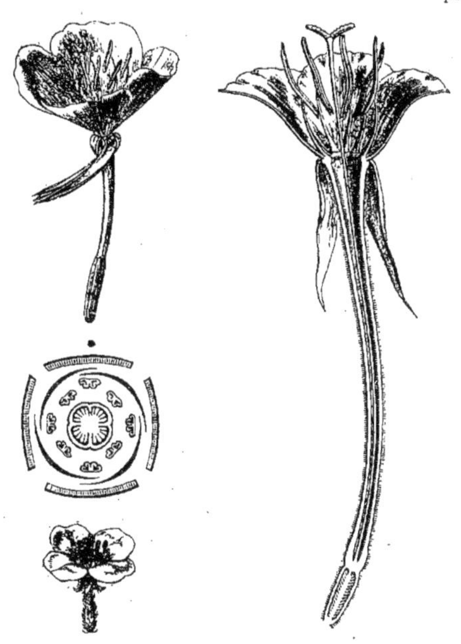

Œnothera. — Fleurs, entières et coupe longitudinale. Diagramme floral.

et de la Tasmanie, à feuilles alternes ; à fleurs, souvent belles, occupant l'aisselle des feuilles ou des bractées d'un épi terminal. L'*Œ. biennis* L., l'*Onagre* ou *Jambon des jardiniers*, à corolle jaune, a été introduit d'Amérique dans nos campagnes. Les *Œ. acaulis* et *mollissima* sont apéritifs, vulnéraires. Plusieurs espèces ont la racine comestible, et beaucoup sont ornementales. (H. Bn, *Hist. des pl.*, VI, 458, 486, 490, fig. 427-429.)

OEONIA (Lindl., in *Bot. Reg.*, sub t. 817). Genre d'Orchidacées-Vandées, formé de 4, 5 herbes épiphytes, sans pseudobulbes, des îles Mascareignes. Les fleurs, en grappes simples, ont des sépales et pétales étalés-dressés. Le labelle est dressé et a un éperon conique ou obtus. Ses lobes latéraux sont enroulés autour de la colonne, et le médian est entier ou 2-lobé. Il y a 2 caudicules pollinifères, grêles, avec ordinairement un rétinacle unique. A. Richard avait fait de ces plantes des *Angræcum* et des *Beclardia*. [H. Bn.]

OEPATA (Rheed., *Hort. malab.*, IV, t. 45). Synonyme de *Avicennia* L.

OERSTEDELLA (Reichb. f., in *Bot. Zeit.* [1852], 932). Synonyme de *Epidendrum* L.

OESYPII (Fr., *Elench. Fung.*, I, 16). Section des Agaricinés, du groupe des *Clitocybe*.

OETI. Nom brahme du *Calophyllum Inophyllum* L.

OETINGER (Ferd.-Chr.). Professeur à Tübingen [1719-1772], a écrit : *Irritabilitas vegetabilium in singulis plantarum partibus explorata,.... experimentis confirmata*, etc.

OETOSIS (Neck., *Elem.*, III, 318). Genre séparé des *Pteris* L.

OETTEL (Karl.-Chr.). Né à Pösneck en 1742, auteur [1799] de *Systematisches Verzeichniss der in der Oberlausitz wildwachsenden Pflanzen* (Görlitz, in-8 de 88 p.).

OETUM (Pline). Racine comestible d'Égypte, indéterminée.

ŒUF. Synonyme de Oosphère. Chez les Phanérogames, c'est souvent la vésicule embryonnaire. — Voy. REPRODUCTION.

ŒUF DU DIABLE. Le *Phallus impudicus* L.

ŒUFS (PAUL., *Trait. Champ.*, II, 258, 259). Nom d'Agaricinés divers du genre Coprin.

ŒUFS DE COQ. Les fruits du *Salpichroa rhomboideum* MIERS.

ŒUF VÉGÉTAL. Le fruit du *Solanum Melongena* L.; celui de l'*Achras mammosa* L. et de plusieurs Amanites à volve oviforme. On a donné le nom d'œuf végétal aux oosphères des Cryptogames, à la masse qui, dans les Conifères, etc., se développe dans l'albumen, etc. — Voy. REPRODUCTION.

OFAISTON (RAFIN., *Fl. tell.*, 47). Genre de Chénopodiacées-Salsolées, établi pour le *Salsola monandra* PALL., de la région de l'Oural, jusqu'à la Hongrie, qui est caractérisé par 3 sépales extérieurs ailés et des étamines au nombre de 1, 2, sans staminode. Cette plante a des feuilles supérieures alternes et des fleurs insérées dans des sillons des rameaux. (H. BN, *Hist. des pl.*, IX, 190.)

OFFICINALES (PLANTES). Celles qui sont usitées en médecine et se trouvent dans les pharmacies et officines.

OFTIA (ADANS., *Fam. des pl.*, II, 199). Genre attribué aux Verbénacées, aux Myoporées, etc., et dont nous avons fait une Scrofulariacée-Digitalée anormale, à fleurs un peu irrégulières; les étamines didynames, et l'ovaire 2-loculaire à loges 4, 5-ovulées; les ovules descendants et 2-sériés. Le fruit est drupacé. Ce sont des arbustes de l'Afrique australe, à feuilles alternes, à fleurs solitaires dans les aisselles supérieures. On les cultive dans nos jardins botaniques. (H. BN, *Hist. des pl.*, IX, 463.)

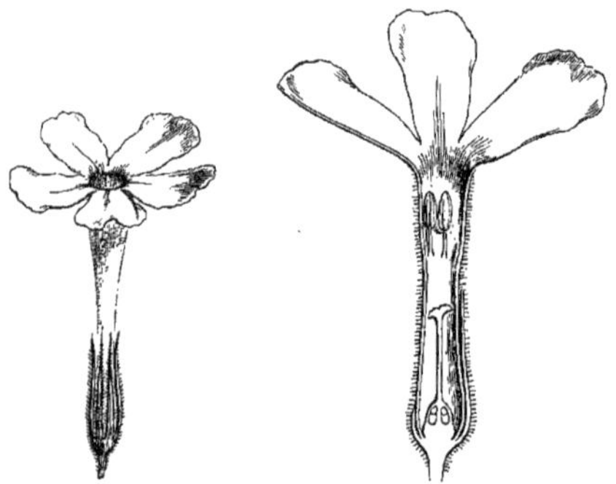

Oftia. — Fleur, entière et coupe longitudinale.

OGANA. Au Gabon, le *Xylopia æthiopica* RICH.

OGARASHI. Nom japonais du *Brassica* (*Sinapis*) *integrifolia*.

OGAYOKA. Au Gabon, le *Dioclea reflexa* HOOK. F.

OGCEROSTYLUS (CASS., in *Dict.*, XLIX, 221). Synonyme de *Angianthus* WENDL.

OGCODEIA (BUR., in *DC. Prodr.*, XVII, 282). Synonyme (?) de *Naucleopsis* MIQ. (H. BN, *Hist. des pl.*, VI, 206.)

OGEA-GUM. Produit d'un *Daniellia* africain qu'on dit différent du *D. thurifera* BENN.

OGHEGHE. Fruit du Congo, qu'on croit être celui du *Ximenia americana* L.

O-GI. Nom japonais de l'*Hedysarum esculentum* LED.

OGIERA (CASS. in *Dict. sc. nat.*, XXXV, 445, nec SPRENG.). Synonyme de *Eleutheranthera* POIT.

OGIKADSURA. Nom japonais de l'*Ajuga lobata* DON.

OGINA-GINA des Gabonais. On croit que cette drogue, usitée dans le pays contre la fistule, est l'*Haronga paniculata*.

OGI-NO-TSUME. Nom japonais de l'*Hygrophila lancea* MIQ.

OGKERT. — Voy. RADIX OGKERT.

OGLIFA (CASS., in *Bull. philom.* [1819]; in *Dict.*, XXXV, 448). Synonyme de *Micropsis* DC.

OGNON D'ÉGYPTE. L'*Allium arenarium* L.

OGNON DE LOUP. Nom vulgaire de plusieurs Champignons.

OGNON DE POCÉ. Le *Cyanella capensis* L.

OGNON MARIN, O. DE SCILLE. Le *Scilla maritima* L.

OGNON MUSQUÉ. Le *Muscari ambrosiacum* MŒNCH.

OGNON SAUVAGE. Le *Muscari comosum* W.

OGNO-WA. Nom, à la Nouvelle-Zélande, de l'*Urtica ferox*.

OGURA-SENNO. Nom japonais d'un *Lychnis*.

OGURUMA. Nom japonais de l'*Inula japonica* THUNB. et de l'*I. Helenium* L.

OHAI. Nom hawaïen du *Sesbania tomentosa* A. GRAY.

OHEBI-ICHIGO. Nom japonais du *Potentilla inclinata* W.

OHENAUPAKA. Nom hawaïen du *Scævola glabra* HOOK. et ARN.

OHIA-AI. Nom hawaïen de l'*Eugenia malaccensis* L.

OHIA-LEHUA. Nom hawaïen du *Metrosideros polymorpha*.

OHIDAKESASHI. Nom japonais de l'*Astilbe chinensis*, var. *japonica* MAX.

OHIGGINSIA (R. et PAV., *Fl. per.*, I, 55, t. 85). Synonyme de *Hoffmannia* SW.

O-HIRUGAO. Nom japonais du Liseron des haies.

OHLENDORFIA (LEHM., *Ind. sem. Hort. hamburg.* [1853]). Synonyme de *Aptosimum* BURCH.

OHLERIA (FUCK., *Symb. myc.*, 163). Genre de Sphériacés, à périthèce carbonacé, globuleux, muni d'un ostiole non papillé. Les thèques allongées, pédiculées, entremêlées de paraphyses filiformes, contiennent huit spores distiques, allongées, quadriloculaires, colorées. Cinq espèces européennes se rencontrent sur les racines de Hêtre et le bois de Chêne, d'Ormeau ou de Tilleul. [DE S.]

OHNBLATUM (T., *Inst.*, *Coroll.*, 48). Pour *Anblatum* CORD.

OH-REN. Nom japonais du *Coptis anemonæfolia* SIEB. et ZUCC., remède astringent du pays.

O-HYAMA-HAKOBE. Nom japonais du *Stellaria monosperma* HAM., var. *japonica*.

OI. Nom tonquinois des Goyaviers.

OIANTHUS (BENTH., *Gen.*, II, 775, n. 116). Genre d'Asclépiadacées-Marsdéniées, créé pour une liane suffrutescente de l'Inde, à feuilles opposées, 3-5-nerves; à fleurs pourvues d'une corolle urcéolée, contractée à la gorge, avec un limbe court, et d'une couronne cyathiforme, étalée, 5-lobée et dentée. On en connaît 2, 3 espèces. (*Hook. Icon.*, t. 1191, 1466. — H. BN, *Hist. des pl.*, X, 272.)

OIDIÉS (LEV., in *Dict. d'Orbigny*, art. MYCOLOGIE). Troisième tribu des Arthrosporés.

OIDIUM (LINK, *Spec. plant.*, I, 121). Genre d'Hyphomycètes, qui tend de plus en plus à être considéré comme un mode de fructification par conidies moniliformes, commun à un grand nombre de Champignons différents. En circonscrivant beaucoup ce genre, on peut en compter encore une cinquantaine d'espèces à filaments couchés ou dressés, ramifiés, portant des conidies ovoïdes, hyalines, ou de teinte très pâle, en chapelet se désarticulant promptement. Les *Oidium* se développent le plus souvent sur des feuilles vivantes ou des fruits. Les espèces qui habitent des substances en décomposition sont presque toutes rapportées par M. Saccardo aux *Oospora*. [DE S.]

OIE-ARA. A l'île Wahou, le *Santalum Freycinetianum* GAUD.

OIGNON (*Bulbus*). — Voy. BULBE (I, 516).

OIGNON DE CUISINE. L'*Allium Cepa* L.

OIGNON DE LOUP. Le *Boletus luridus* SCHÆFF.

OIGNON DE MULOTS. L'*Allium angulosum* L.

OILAPETALUM (POHL, ex *Flora* [1825], I, 183). Genre non décrit.

OILEUS (HAW., *Mon. Narciss.*, 4). Section du genre *Narcissus*.

OILLOLO. Nom provençal du *Muscari racemosum* MILLER.

OIL-NUT. Nom anglais de la Noix.

OIL PLANT. Nom, à Maurice, du *Telfairia pedata* HOOK.

O-INU-TADE. Nom japonais du *Polygonum lapathifolium* AIT.

OIOCARDIUM (SCHOTT, *Syn. Aroid.*, I, 86). Groupe du genre *Philodendron* SCHOTT.

OIOCLINE (C. KOCH, in *Linnæa*, XXIV, 316). Section du genre *Anthemis* L.

OIOSPERMUM (LESS., in *Linnæa*, IV, 339). Section du genre

Centratherum CASS. (H. BN, *Hist. des pl.*, VIII, 122, not. 2.)

OISIS. Le *Salix vitellina* L.

OJO. Nom japonais du Buis.

OJO DE GALLO. Au Mexique, le *Sanvitalia procumbens* DC.

OJO DE VENADO. Nom vulgaire, en Colombie, de la graine du *Mucuna Mutisiana*, usitée contre la morsure des serpents.

OJO DE VÉNUS. Nom mexicain du *Thunbergia alata* HOOK.

OJONO. Anonacée du Gabon, qui sert à faire des nattes.

OJOUGA. Au Gabon, l'*Aubrya gabonensis* H. BN.

OKA-IJIKI. Nom japonais du *Salsola Soda* L.

OKAMBO. Au Gabon, le *Vouapa macrophylla* H. BN.

O-KAMOMEDZURU. Au Japon, le *Tylophora aristolochioides* MIQ.

OKANIAGO. Poison végétal, indéterminé, du Gabon.

OKA-TORANOWO. Au Japon, le *Lysimachia clethroides* ROXB.

OKEN (Lor.). Professeur à Iéna, mort à Zurich en 1851, a écrit *Entwurf von Oken's philosophischem Pflanzen system* [1817].

OKENIA (CHAM. et SCHLCHTL, in *Linnæa*, V, 92). Genre de Nyctaginacées, formé d'une herbe couchée, du Mexique, à fleurs de *Mirabilis*, mais petites, solitaires, 12-18-andres; l'induvie du fruit costée. (H. BN, *Hist. des pl.*, IV, 5, 19.)

OKENIA (DIETR., *N. z. Gartenb.*). Synonyme de *Adenandra* W.

OKERUM. A Surinam, l'*Hibiscus esculentus* L.

O-KE TADE. Nom japonais du *Polygonum orientale* L.

OKINA-GUSA. Nom japonais de la Verge-d'or.

OKINAGUSA. Nom japonais de l'*Anemone cernua* THUNB.

OKINA-YURI. Nom japonais du *Lilium speciosum* THUNB.

O-KINUTA-SO. Nom japonais du *Rubia chinensis* REG.

OKORO. L'un des noms africains du Gombo.

OKOUMÉ. Le Bois-chandelle du Gabon.

OKRA. Nom indien du Gombaut.

OKRO. Synonyme de *Abelmoschus esculentus* GUILL. et PERROT (*Hibiscus*).

OKURKY. Nom bohême des Concombres.

OKWA. Nom vernaculaire du *Treculia africana* DCNE.

OLACACÉES (LINDL.), OLACÉES (BENTH.), OLACINÉES (MIRB.). Famille que nous avons rapportée comme simple série au même groupe général que les Santalées et qui ne diffère de ces dernières que par l'hypogynie, et encore à l'époque de l'anthèse; car plus tard l'ovaire peut y devenir plus ou moins infère. (H. BN, in *Adansonia*, III, 120.)

OLAFSYN (Olaf). Auteur [1772], à Copenhague, de *Termini botanici* (in-8). Il a aussi donné une liste des noms vernaculaires des plantes de l'Islande.

OLAMPI. Sorte de Copal (GUIBOURT).

OLAND. Nom allemand de l'Aunée (*Inula Helenium* L.).

OLASS-DIS. Nom malais du Noyer.

OLAX (L., *Gen.*, n. 45). Genre qui a donné son nom au groupe des *Olacinées* ou *Olacacées*, et qui a des fleurs hermaphrodites, à réceptacle convexe; l'ovaire libre, uniloculaire ou à 3 cloisons incomplètes, en bas, avec un placenta central qui porte 3 ovules descendants. La corolle infère est 5, 6-mère, valvaire, avec autant d'étamines superposées à ses divisions et un nombre variable de staminodes. Le fruit est drupacé. Ce sont environ 25 arbres ou arbustes des régions tropicales de l'ancien monde, à feuilles alternes, à fleurs axillaires, solitaires ou en grappes et en épis. Ce genre comprend pour nous les *Pseudaleia* et *Pseudaleioides* de Dupetit-Thouars. (H. BN, in *Adansonia*, II, 350, 353, 380; III, 120.)

OLAYAN. Nom, aux Philippines, de certains *Quercus*.

OLBIA (MEDIK., *Malv.*, 41). Section du genre *Lavatera* L.

OLDENBURGIA (LESS., in *Linnæa*, V, 252, t. 3; *Syn.*, 90). Genre de Composées-Mutisiées, formé de 3 arbuscules de l'Afrique australe, à feuilles alternes, nombreuses sous un grand capitule sessile, homogame, avec des fruits couverts d'un duvet soyeux, surmonté d'une aigrette de soies plumeuses. Ces plantes sont entièrement chargées d'un duvet laineux. (H. BN, *Hist. des pl.*, VIII, 97.)

OLDENLANDIA (P. BR., *Jam.*, 208). Synonyme (part.) de *Jussiæa* L. (*Ludwigia* ou *Dantia*).

OLDENLANDIA (PLUM., *Nov. pl. amer.*, 42, t. 36). Genre de Rubiacées, à fleurs hermaphrodites; l'ovaire infère; la corolle 4-6-mère, valvaire ou rédupliquée, rotacée, en entonnoir ou rarement hypocratérimorphe; l'androcée isostémoné. Chaque loge ovarienne renferme 1-∞-ovules, insérés sur un placenta ascendant, souvent courtement stipité. Le fruit est dicoque,

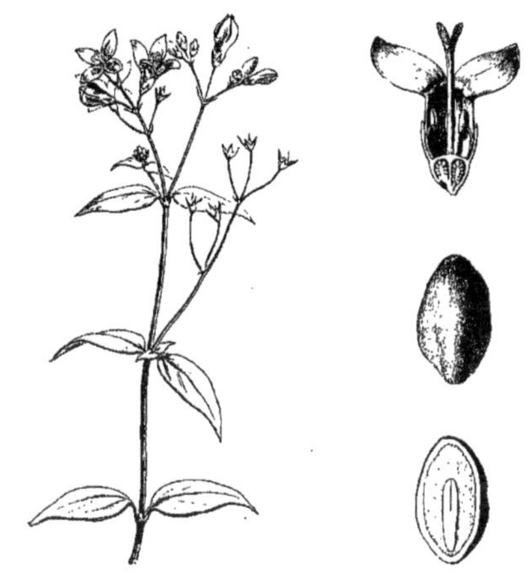

Oldenlandia. — Branche florifère. Fleur, coupe longitudinale. Graine, entière et coupe longitudinale.

sec ou charnu en dehors. Ce sont des herbes, arbustes ou sous-arbrisseaux des régions chaudes du globe entier, à feuilles opposées, parfois verticillées; les stipules variables; les fleurs en cymes très diverses, plus rarement solitaires. Ce sont surtout des plantes tinctoriales. (H. BN, *Hist. des pl.*, VII, 323, 460, fig. 311-314.)

OLDENLANDIA (ROTH, *N. spec.*). Synonyme de *Vahlia* THUNB.

OLDENLANDIÉES. Série (9) des Rubiacées. (H. BN, *Hist. des pl.*, VII, 367.)

OLDFIELDIA (HOOK., *Kew Journ.*, II, 184, t. 6). Arbre de l'Afrique tropicale, à feuilles opposées et digitées. Ses fleurs (dioïques et apétales?) sont mal connues. On l'a attribué aux Euphorbiacées et aux Sapindacées. Les fleurs mâles sont ∞-andres, avec un court calice 5-7-fide. Son fruit est capsulaire et loculicide; ses graines solitaires ou 2-nées, albuminées. [H. BN.]

OLDFIELD-PINE. Aux États-Unis, le *Pinus Tæda* L.

OLD MAN'S BEARD. Nom anglais des *Tillandsia usneoides* L. et *recurvata* L.

OLEA. Nom latin des Oliviers.

OLÉACÉES (*Oleaceæ*), OLÉINÉES. Famille de Dicotylédones-gamopétales-hypogynes, qui comprend d'abord les *Oléées* dont le genre Olivier est le type, et, en outre, les Jasminées qui y représentent un type un peu anomal. La fleur y est régulière, et le plus souvent l'androcée y est méiostémoné, le nombre d'étamines le plus ordinaire étant de 2. — Voy. OLIVIER. [H. BN.]

OLEANDER (MEDIK., in *Act. theod.-pal.*, VI, 381). Synonyme de *Nerium* L.

OLÉANDRE. Le *Nerium Oleander* L.

OLEARIA (MŒNCH, *Meth. Suppl.*, 254). Syn. de *Shawia* FORST.

OLEARIUS (Joh.-Chr.). Auteur de l'*Aloedarium historicum* [1713]. — J.-Gottfr. OLEARIUS a écrit : *Hyacinth-Betrachtung*, etc. [1665]; *Specimen Floræ hallensis* [1666]..... *certis de causis amicis maxime sic volentibus exhibita.*

OLEASTER (BAUH.). L'Olivier sauvage.

OLEASTER (ENDL., *Gen.*, 572). Synonyme de *Euclea* A. DC.

OLEO VERMELHO. Résine du *Toluifera peruifera* H. BN.

OLFA (ADANS., *Fam.*, II, 458). Syn. de *Thalictrella* A. RICH.

OLIBAN. Synonyme d'Encens.

OLIDA. Synonyme de *Jequirity*.

OLIDAIRE. Synonyme de Vulvaire.

OLIEÆ (G. DON, *Gen. Syst.*, IV, 44). Tribu des Oléinées.

OLIER. Nom languedocien de l'Olivier.

OLIGACOCE (W., ex *DC. Prodr.*, IV, 632). Synonyme de *Astrephia* DUFR.

OLIGACRION (ENDL.). Pour *Oligærion* CASS.

OLIGACTIS (CASS., in *Dict.*, XXXVI, 16). Synonyme de *Liabum* ADANS.

OLIGADENIA (EHRENB., in *Linnæa* [1827], II, 253). Sous-genre du genre *Tamarix* L.

OLIGÆRION (CASS., in *Dict.*, II, Suppl., 75). Synonyme de *Sphenogyne* R. BR.

OLIGAGOGA (H. BN, in *Bull. Soc. Linn. Par.*, 210). Section du genre *Uragoga* L.

OLIGANDRA (LESS., in *Linnæa*, IX, 199). Synonyme de *Chenopodium* T.

OLIGANDRA (LESS., *Syn. Comp.*, 123). Genre de Composées-Hélianthées-Inulées, formé de 2, 3 herbes vivaces, de l'Amérique tropicale, à feuilles petites et alternes, à capitules subdioïques; l'involucre oblong, à bractées ∞-sériées, apprimées; à soies de l'aigrette unies en bas en anneau. Les capitules sont sessiles et en cymes, peu nombreux au sommet des rameaux. (WEDD., *Chl. and.*, I, 158, 230. — H. BN, *Hist. des pl.*, VIII, 171.)

OLIGANTHEMUM (F. MUELL., ex BENTH., *Gen.*, II, 292). Synonyme (BENTH.) de *Pterigeron* DC.

OLIGANTHERA (ENDL., *Gen.*, Suppl. I, 1377). Synonyme de *Oligandra* LESS.

OLIGANTHES (CASS., in *Dict.*, XXXVI, 18). Section du genre *Vernonia* SCHREB. (H. BN, *Hist. des pl.*, VIII, 26.)

OLIGARRHENA (R. BR., *Prodr.*, 549). Genre d'Épacridées-Styphéliées, formé d'un arbuste éricoïde de l'Australie du Sud, distingué par des fleurs en épis axillaires grêles; la corolle campanulée, à 4 lobes valvaires, portant 2 étamines. L'ovaire est 2-loculaire et 2-ovulé. Le fruit est drupacé. [H. BN.]

OLIGOCARPHA (CASS., in *Bull. philom.* [1817]; in *Dict.*, XXXVI, 21). Synonyme de *Brachylæna* R. BR.

OLIGOCARPUS (LESS., *Syn. Comp.*, 455). Genre de Composées-Calendulées, formé de 1, 2 herbes polymorphes, de l'Afrique australe, à feuilles alternes, avec des capitules petits, pédonculés, hétérogames et des fruits dimorphes, droits, non ailés. (H. BN, *Hist. des pl.*, VIII, 230.)

OLIGOCHÆTA (DC., *Prodr.*, VI, 671). Section des *Serratula*.

OLIGOCHÆTA (C. KOCH, in *Linnæa*, XVII, 42). Synonyme de *Volutarella* CASS.

OLIGOCHLORON. Nom grec du Câprier.

OLIGOCISTA (A. DC., *Prodr.*, VIII, 12). Section du genre *Utricularia* L.

OLIGODORA (DC., *Prodr.*, VI, 282). Genre de Composées-Hélianthées-Inulées, mal connu et formé d'un arbuscule de l'Afrique australe, à feuilles alternes; les capitules homogames, avec un involucre oblong de bractées imbriquées et sèches; le fruit surmonté d'une aigrette de nombreuses paillettes, courtes, lacérées, unies à leur base. Les branches du style sont, dans la fleur hermaphrodite, tronquées au sommet. (H. BN, *Hist. des pl.*, VIII, 166.)

OLIGODORELLA (TURCZ., in *Bull. Mosc.* [1851], I, 187). Synonyme de *Athanasia* L. (H. BN, *Hist. des pl.*, VIII, 281.)

OLIGOGLOSSA (DC., *Prodr.*, VI, 76). Synonyme de *Phymaspermum* LESS.

OLIGOGYNE (DC., *Prodr.*, V, 629; VII, 291). Synonyme de *Blainvillea* CASS.

OLIGOLEIMA (HOOK. F., in *Lond. Journ. Bot.*, VI, 177). Sous-genre des *Leptinella* CASS.

OLIGOLEPIS (CASS., in *Dict.*, L, 212). Sect. du g. *Sphæranthus*.

OLIGOMÉRIE. Se dit des cas où un verticille floral comporte des pièces peu nombreuses, relativement surtout aux autres.

OLIGOMERIS (CAMBESS., in *Jacquem. Voy.*, *Bot.*, 23, t. 25). Genre de Résédacées, distingué des *Reseda* par 2 pétales, libres ou connés, postérieurs, et un fruit 4-lobé au sommet. Ce sont 5 plantes herbacées, du Cap et de l'Orient. (H. BN, *Hist. des pl.*, III, 300, 303.)

OLIGONEMA (ROSTAF., *Monogr.*, 291). Genre de Myxomycètes, voisin des *Trichia*. Le péridium, tantôt régulier, tantôt irrégulier et à déhiscence irrégulière, contient un capillitium formé de cellules libres, annelées ou spiralées. Les spores sont réticulées ou verruqueuses. Quatre espèces vivent sur la mousse ou le bois pourri, dans les régions septentrionales de l'Europe et de l'Amérique. [DE S.]

OLIGONYCHIA (DIDR., in *Vid. Medd. Nat. For. Kjob.* [1857], 129). Sous-genre du genre *Julocroton* MART., à disque 3-partite ou 3-lobé, antérieur.

OLIGOPHLEBIUM (SCHOTT, *Syn. Aroid.*, I, 100). Groupe du genre *Philodendron* SCHOTT.

OLIGOPHOLIS (WIGHT, *Icon.*, IV, 5, t. 1422). Synonyme de *Christisonia* GARDN.

OLIGOPHYLLON (LESS., *Syn. Comp.*, 413). Sous-genre du genre *Trixis* P. BR.

OLIGOPORUS (BREF., *Unters. Mykol.*, Heft VIII, 114). Genre de Champignons, formé pour quelques Polypores, à réceptacles conidifères. — Voy. PTYCHOGASTER.

OLIGOSCIAS (SEEM., *Journ. Bot.*, III, 179; VI, 141; 161, 164, t. 80). Synonyme de *Maralia* DUP.-TH.

OLIGOSMA (SALISB., *Gen. pl. Fragm.*, 85). Synonyme de *Nothoscordum* K.

OLIGOSMILAX (SEEM., *Journ. Bot.* [1868], 258, t. 83). Synonyme de *Heterosmilax* K.

OLIGOSPERMA (ENDL., *Gen.*, 930). Section du g. *Mentzelia* L.

OLIGOSPORUS (CASS., in *Bull. philom.* [1817]; in *Dict.*, XXXVI, 24). Synonyme de *Artemisia* T.

OLIGOSTEMON (BENTH., *Gen.*, II, 570). Synonyme de *Duparquetia* H. BN (II, 484).

OLIGOSTEMON (TURCZ., in *Bull. Mosc.* [1858], I, 447). Synonyme de *Meliosma* BL.

OLIGOTHRIX (DC., *Prodr.*, VI, 304). Genre de Composées-Hélianthées-Othonnées, formé d'une herbe annuelle, de l'Afrique australe, à feuilles alternes; à fleurs du disque la plupart fertiles; les fruits 3-costés, papilleux; les poils de l'aigrette courts et très caducs; les capitules petits, radiés et disposés en cyme lâche composée. (DELESS., *Ic. sel.*, IV, t. 57. — H. BN, *Hist. des plant.*, VIII, 269.)

OLIGOTRICHIUM (NUTT., in *Amer. Phil. Trans.* [1841], VII, 311). Section du genre *Erigeron* L.

OLIN (Joh.-Henr.). Auteur, à Upsal [1797-98], de *Plantæ succanæ, annonæ imprimis difficultate urgente, victui humano inservientes* (in-4). Thunberg lui dédia le genre *Olinia*.

OLINDA. Synonyme de *Olida*.

OLINDE. Nom cyngalais des Réglisses.

OLINET. Synonyme de *Lycium* et de Chalef.

OLINIA (THUNB., in *Rœm. Arch.*, II, I, 5; *Nov. gen.*, XI, 158; *Prodr.*, I, 184; *Fl. cap.*, II, 69). Synonyme de *Plectronia* L.

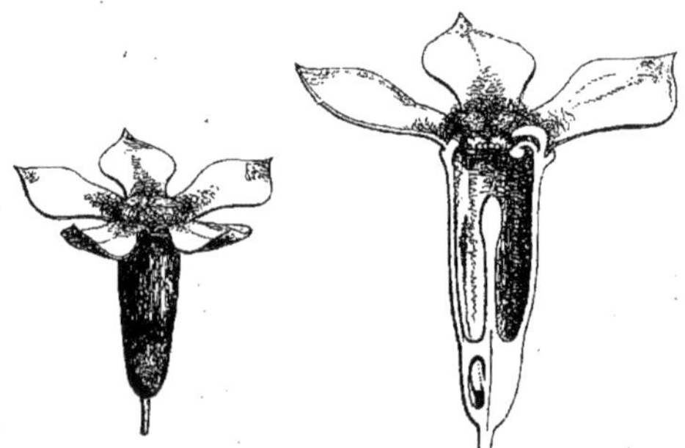

Olinia. — Fleur, entière et coupe longitudinale.

OLISBÆA (DC., *Prodr.*, III, 31). Synon. de *Mouriri* AUBL.

OLISIA (DUMORT., *Fl. belg.*, 45). Section du g. *Betonica* L.

OLIVA BOHEMICA (MATTH.). L'*Elæagnus angustifolia* L.

OLIVÆA (SCH. BIP. — BENTH., in *Hook. Icon.*, t. 1103; *Gen.*, II, 397). Genre de Composées-Hélianthées-Héléniées, formé d'une plante mexicaine, à feuilles alternes et étroites; avec d'assez grands capitules à large involucre, formé de bractées herbacées, lancéolées; le réceptacle plan; des fruits comprimés, pourvus de 2 ailes et une aigrette formée d'une dizaine de soies très caduques, courtement plumeuses. (H. BN, *Hist. des pl.*, VIII, 352.)

OLIVAIRE. Le *Chenopodium Vulvaria* L.

OLIVARDA. En Espagne, l'*Erigeron villosum* L.

OLIVAS. Nom, aux Philippines, des *Eusideroxylon.*

OLIVAS. Nom, aux Philippines, des *Cycas* L.

OLIVASTRO. En Italie, l'Olivier sauvage.

OLIVE (BOIS D'). Nom, à Rodrigues, de l'*Elæodendron orientale* JACQ.

OLIVERIA. Nom espagnol de l'Olivier.

OLIVETIER Nom français. (LAMK) des *Elæodendron* L.

OLIVI (Gius.). A écrit [1793], à Padoue, *Del l'Ulva atropurpurea, specie nuova e tintoria delle Lagune venete* (in-4).

OLIVIA (BERT., *Dec.*, 3, 117). Genre d'Algues, dont quelques espèces ont été renvoyées aux Polypiers et d'autres rangées parmi les Floridées-Aypnemées. C'est le genre *Caulanthus* d'après J.-G. Agardh; *Plocaria* d'après Montagne. [CH. M.]

OLIVIA (BERTOL., *Pl. ital. Dec.*, III, 117). Synonyme de *Acetabularia* LAMX.

OLIVIA (GRAY, *Arr. brit. pl.*, I, 349). Synonyme de *Palmella* KUETZ.

OLIVIA (MTGNE, *Fl. Algér.*, *Crypt.*, 127). Synonyme de *Caulacanthus* KUETZ.

OLIVIEÆ (ZANARD., *Class. Fic.*, 28). Tribu des Gonidiophycées.

OLIVIER (Guill.-Ant.). Célèbre par l'exploration de l'Orient

Oliviers.

qu'il fit avec Bruguières et dont il publia la relation : *Voyage dans l'empire ottoman*, etc. [1801-1804], in-4 de 2 vol. avec atlas, dont 10 planches sont relatives à la botanique. Ses plantes se trouvent en grande partie au Muséum de Paris.

OLIVERIA (VENT., *Jard. Cels*, t. 21). Genre d'Ombellifères-Carées, dont les fleurs polygames ont des sépales dentiformes, séteux et très courts; des pétales subsessiles, à acumen longuement indupliqué-adné et à côte saillante en dedans, avec des bords prolongés supérieurement en lobes. Les branches stylaires sont dressées, avec le sommet capitellé et la base épaissie en stylopodes allongés. Le fruit est ovoïde-oblong, comprimé latéralement, couvert de soies blanchâtres, avec des méricarpes subarrondis et sans carpophore. Les côtes primaires sont subégales, proéminentes, et les vallécules solitaires. La face de la graine est concave. L'*O. decumbens* VENT., seule espèce du genre, est une herbe de l'Orient, annuelle, à odeur forte, à branches rigides, glabres, à feuilles pennées, les segments disséqués; à ombelles composées, denses, avec des pédicelles épais, subligneux; les bractées des involucres foliacées; les bractéoles des involucelles cunéiformes-dentées. (Voy. H. BN, *Hist. des pl.*, VII, 231, n. 65.) [H. BN.]

OLIVERIANA (REICHB. F., in *Linnæa*, XII, 111). Synonyme de *Trichopilia* LINDL. (B. H., *Gen.*, III, 560.)

OLIVIER (*Olea* T., *Inst.*, 598, t. 370). Genre qui a donné son nom à la famille des *Oléacées* ou *Oléinées* et à la série des *Oléées*. Les fleurs y sont 4-mères, à réceptacle convexe. Le calice est denté ou fide. La corolle, parfois nulle, a un tube court et 4 lobes valvaires. Elle porte 2 étamines latérales avec lesquelles alternent les 2 loges de l'ovaire supère que surmonte un style à sommet stigmatifère plus ou moins nettement 2-lobé. Les ovules géminés se comportent comme ceux des Lilas. Le fruit est une drupe à noyau dur, et la graine a un albumen charnu. Ce sont, au nombre d'une trentaine, des arbres ou arbustes des régions chaudes et tempérées de l'ancien monde, à feuilles opposées, à petites fleurs, généralement blanches, hermaphrodites ou polygames, en cymes ou glomérules diversement disposés sur des axes simples ou ramifiés. L'O. commun (*O. europæa* L.), originaire de la région méditerranéenne, est célèbre pour l'huile comestible qui s'extrait de son sarcocarpe. (REICHB., *Ic. Fl. germ.*, t. 1074. — SIBTH., *Fl. græc.*, t. 3. — WIGHT, *Icon.*, t. 735, 1238. — GREN. et GODR., *Fl. de Fr.*, II, 474.) [H. BN.]

OLIVIER BATARD. Le *Bontia daphnoides* L.

OLIVIER DE BOHÊME. L'*Elæagnus angustifolia* L.

OLIVIER DE DIABLE. Le *Dodonæa angustifolia* L.

Olivier. — Rameau florifère. Fleur, entière et coupe longitudinale.

OLIVIER DE NORMANDIE. Le *Cornus sanguinea* L.

OLIVIER DES NÈGRES. Le *Terminalia Chebula* ROXB.

OLIVIER DES SABLES. Synonyme de *Sand-Olive*.

OLIVIER DU MAROC. Nom de l'*Argania Sideroxylon* R. et SCH.

OLIVIER DU NORD. Le Hêtre.

OLIVIER NAIN. Le *Cneorum tricoccum* L.

OLIVIER SAUVAGE. L'*Elæagnus angustifolia* L.

OLIVO. Nom espagnol de l'Olivier.

OLKONGE. Nom danois de l'Arnica.

OLLA (TUL., in *Ann. sc. nat.*, sér. 3, I, 79). Section du genre *Cyathus* HALL., contenant les espèces à péridium lisse sur les deux faces.

OLLUCO. Synonyme de *Ulluco*.

OLLULA (LÉV., in *Ann. sc. nat.* [1863], 299). Genre de Sphéropsidés, à périthèce membraneux, largement ouvert, de couleur claire, donnant naissance par la face interne à des filaments ramifiés qui portent à leur sommet une spore isolée. Une seule espèce connue vient sur l'écorce, à la Nouvelle-Grenade.

OLM. Nom hollandais des Ormes.

OLMEDIA (R. et PAV., *Prodr.*, 129, t. 28; *Syst.*, 257). Genre d'Ulmacées-Artocarpées, formé d'une demi-douzaine d'arbres à suc laiteux et riche en caoutchouc, de l'Amérique tropicale, distingué par des fleurs mâles 4-mères et 4-andres et des femelles dont le réceptacle est ovoïde ou globuleux, avec un pertuis apical et logeant dans sa cavité un ovaire uniloculaire, uniovulé. (H. BN, *Hist. des pl.*, VI, 202.)

OLMEDIELLA (H. BN, in *Bull. Soc. Linn. Par.*, 253). Genre d'Artocarpées anormal, comprenant l'*Ilex gigantea* et le *Sapium ilicifolium* des jardins botaniques, à fleurs mâles pourvues d'un petit involucre presque plan, gamophylle, ∞-andres. Les feuilles sont à peu près celles des Houx, avec deux très petites stipules latérales. La fleur femelle est encore inconnue. [H. BN.]

OLMEDIOPSIS (KARST., *Fl. columb.*, II, 17, t. 109). Synonyme (B. H.) de *Pseudolmedia* TRÉC.

OLMO. En Italie et en Espagne, l'Orme.

OLNEYA (A. GRAY, *Pl. Thurber.*, in *Mem. Amer. Acad.*, V, 328). Genre de Légumineuses-Papilionacées-Galégées, formé d'un petit arbre de la Californie, à feuilles imparipennées; à fleurs en grappes axillaires; l'étendard large; le style barbu au delà du milieu; la gousse coriace, glanduleuse, sans ailes. Sous les stipules, les branches portent des aiguillons. (H. BN, *Hist. des pl.*, II, 271.)

OLOCARPHA (DC., *Prodr.*, V, 692). Section du genre *Hemizonia* DC.

OLONIER. L'*Arbutus Unedo* L.

OLOPETALUM (DC.). Pour *Holopetalum* REICHB.

OLORINUS (Joh.), c'est-à-dire J. Sommer, de Zwickau, auteur [1616] de *Centuria arborum mirabilium*, etc., et [1616] de *Centuria herbarum mirabilium*, etc., ouvrages in-12, publiés à Magdebourg.

OLOSTYLA (DC., *Prodr.*, IV, 440). Synonyme de *Cœlospermum* BL. (H. BN, in *Bull. Soc. Linn. Par.*, 183; *Hist. des pl.*, IV, 415.)

OLOUMERO. Nom agenais de l'*Agaricus attenuatus*.

OLPIDIACEÆ (LAGERHEIM, in *Journ. Bot.* [1888], 432). Famille d'Oosporés, démembrée des Chytridinés, comprenant les genres sans mycélium : *Sphærita*, *Olpidium*, *Olpidiella*, *Plæotrachelus*, *Ectrogella*, *Olpidiopsis*.

OLPIDIELLA (LAGERHEIM, in *Journ. Bot.* [1888], 438). Genre de Chytridinés, dont le zoosporange est à orifice conique, avec des zoospores munis d'un seul cil droit postérieur.

OLPIDIOPSIS (M. CORNU, *Monog. Saprol.*, 127). Genre de Chytridinés, à sporanges durables, munis d'une enveloppe brune, échinée, contenant un seul zoospore à deux cils. Quatre espèces parasites vivent dans les cellules d'autres Oosporés.

OLPIDIUM (A. BRAUN, in *Monatsb. Preuss. Acad.* [1856], 589). Genre de Chytridinés, à plasmode immobile, à sporanges arrondis ou allongés, vivant à l'intérieur de tissus végétaux ou animaux. Les zoospores arrondies sont munies d'un cil unique antérieur et sont évacuées en un processus cylindrique. Une quinzaine d'espèces vivent dans des Algues, des *Lemna*, des grains de pollen, des œufs d'infusoires, dans le corps de Rotifères et d'Anguillules, etc. [DE S.]

OLSNITIUM. Le *Selinum palustre* L.

OLSZA. Nom, en Pologne, de l'*Alnus glutinosa* GÆRTN.

OLUS. Nom latin des plantes potagères. *O. album* est la Mâche. Les anciens auteurs ont appliqué ce nom au *Cardiopteris Rumphii* H. BN, qui, dans l'Asie et l'Océanie tropicales, est employé comme légume.

OLUSATRUM (CÆSALP., *De plant.*, 7). Syn. de *Smyrnium* T.

OLUS CALAPPOIDES (RUMPH., *Herb. amboin.*, I, t. 20, 21). Synonyme (?) de *Cycas circinalis* L.

OLUS HISPANICUS (TRAG.). L'Épinard.

OLUS JUDAICUM (AVIC.). Nom ancien du *Corchorus olitorius* L.

OLUS SQUILLARUM (RUMPH.). L'*Illecebrum sessile* L.

OLUS VAGUM (RUMPH.). L'*Ipomœa reptans* L.

OLYMPIA (SPACH). Synonyme de *Hypericum* T. et section de ce genre. (H. BN, *Hist. des pl.*, VI, 385.)

OLYRA (DIOSC.). Le Seigle.

OLYRA (L., *Gen.*, n. 1045). Genre de Graminées-Panicées, formé d'une quinzaine d'herbes, souvent élevées, africaines et américaines, à inflorescences ramifiées: les épillets monoïques; les femelles supérieurs. Dans les épillets mâles, il y a une seule glume, et 3 dans l'épillet femelle. Le fruit (caryopse) est inclus dans les glumelles indurées. (K., *Rev. Gram.*, t. 12. — TRIN., *Spec. Gram.*, t. 341-344, 346, 347. — WAWR., *Maxim. Reis.*, *Bot.*, t. 95.) [H. BN.]

OMÆA (BL., *Bijdr.*, 359). Synonyme de *Saccolabium* BL.

OMAID. En Turquie, l'*Arum triphyllum* L.

OMALANTHUS (A. JUSS., *Tent. Euphorb.*, 50, t. 16). Synonyme de *Carumbium* REINW. (I, 640).

OMALANTHUS (LESS., *Syn. Comp.*, 260). Synonyme de *Tanacetum* L.

OMALIADELPHUS (C. MUELL., *Syn. Musc.*, II, 208). Soussection des *Hypnella*.

OMALOCARPUS (DC., *Syst.*, I, 212). Section du g. *Anemone*.

OMALOCARPUS (NECK., *Elem.*, II, 40). Genre séparé des *Nyctanthes* L.

OMALOCLADOS (HOOK. F.). Pour *Homaloclados*.

OMALOCLINE (CASS., in *Dict.*, XLVIII, 431). Genre proposé pour le *Crepis pygmæa* L.

OMALOPSIS (MOQ., in *DC. Prodr.*, XIII, II, 33). Section du genre *Phytolacca* L.

OMALOTES (DC., *Prodr.*, VI, 83). Synonyme de *Omalanthus* LESS.

OMALOTHECA (CASS., in *Dict.*, LVI, 218). Synonyme de *Gnaphalium* L. (H. BN, *Hist. des pl.*, VIII, 158.)

OMALYCUS (RAFIN., in *N.-York Med. Repos.*, V, 350). Genre de Gastéromycètes (*Mycastrum* RAFIN.), tout à fait incertain. (LEMAN, in *Dict.*, XXXVI, 88.)

OMAM. L'un des noms du *Carum Ajowan* H. BN.

O'MAMÉ. Nom, au Japon, du *Glycine* (*Soja*) *hispida* SIEB.

OMBELLE, OMBELLULE. — Voy. INFLORESCENCE (III, 122).

OMBELLE DE LA CAROLINE. Le *Magnolia Umbrella* LAMK.

OMBÉNÉ. Au Gabon, le *Cola acuminata* R. BR.

OMBILIC OU HILE. Le point d'attache de l'ovule et de la graine.

OMBLETTE. L'*Euphorbia Helioscopia* L.

OMBLIGO DE VÉNUS. Au Mexique, l'*Hydrocotyle umbellata* L.

OMBLIGUERA. En Espagne, le *Cotyledon Umbilicus* L.

OMBRELLA. Nom provençal de l'*Agaricus procerus* SCOP.

OMBROPHILA (FR., *Summ. veg. Scand.*, 357). Genre de Discomycètes, du groupe des Bulgariés, à réceptacle stipité ou substipité, de consistance ferme et céracée, à disque ouvert dès l'origine et marginé, devenant visqueux.

OMBROPHILA (QUÉL., in *C. rend. Assoc. franç.*, XI [1882]). Genre de Trémellinés, à réceptacle gélatineux, tronqué; forme basidiospore à hyménium discoïde, formé de basides globuleux, à longs stérigmates portant les spores réniformes; forme conidiophore plus régulière et plus ferme. Les sporophores sont ramifiés à l'extrémité en verticilles. Quatre espèces corticoles. Le nom d'*Ombrophila*, ayant été donné par Fries à des Pezizes, ne peut être conservé. C'est pour cela que M. Saccardo a adopté le nom de *Craterocolla*, donné postérieurement [1888] par M. Brefeld. (*Unters.*, VII, 98.) [DE S.]

OMBROPHILÉS (BOUDIER, *Discom. charnus*, 24). Famille de Discomycètes, divisée en deux groupes : Ombrophilés vrais et Bulgariés; comprenant les genres *Ombrophila*, *Pachydisca*, *Calycella*, *Discinella*, *Melachroia*, *Coryne*, *Bulgaria*. [DE S.]

OMBU. Nom uruguayen du *Phytolacca dioica* L.

OMENTARIA (SALISB., *Gen. pl. Fragm.*, 87). Synonyme de *Tulbaghia* L.

OMGUELER. Racine antidysentérique indéterminée du Sénégal.

O-MI-NA. Nom japonais d'un Chou.

OMINA-MESHI. Nom japonais du *Patrinia scabiosæfolia* LINK.

OMMATOCARYUM (A. DC., *Prodr.*, X, 174). Section du genre *Trichodesma* R. BR.

OMMATODIUM (LINDL., *Gen. et spec. Orchid.*, 365). Synonyme de *Pterygodium* SW.

OMMATOXYLON (HART., in *Bot. Zeit.* [1848], 172, 190). Genre de Cupressinées fossiles.

OMOCARPON (A. JUSS.). Pour *Ormocarpum* PAL.-BEAUV.

OMOEA (BL., *Bijdr.*, 359). Syn. (B. H.) de *Saccolabium* BL.

OMORHIZA (PAUL., *Icon. Champ.*, 101). Nom du *Craterella cornucopioides* PERS.

OMOSCLERIA (NEES, in *Mart. Fl. bras.*, II, I, 180). Genre établi pour le *Scleria Flagellum* SW.

OMOTO. Au Japon, le *Rohdea japonica* ROTH.

OMPHACITE. La Galle d'Istrie.

OMPHACIUM. Nom ancien du Verjus.

OMPHACOMERIA (A. DC., *Prodr.*, XIV, 680). Genre de Santalacées-Santalées, formé de 2 arbustes aphylles d'Australie; distingué par des fleurs dioïques, sessiles au niveau des nœuds; les mâles disposées en glomérules; avec un disque à peu près plan. (*Hook. Icon.*, t. 1172.) [H. BN.]

OMPHACOMERIA (ENDL., *Gen.*, 326). Section du g. *Leptomeria*.

OMPHALANDRIA (P. BR., *Jam.*, 334). Syn. de *Omphalea* L.

OMPHALARIA (ACHAR., *Meth. Lich.*, XXX, 85). Section du genre *Lecidea* ACHAR.

OMPHALARIA (DUR. et GIR. — DUR. et MONT., *Alg.*, 199, t. 18, fig. 4). Lichen de la famille des *Collemaceæ*, de la tribu des *Collemeæ*, que quelques auteurs, parmi lesquels nous citerons Schærer, considèrent comme synonyme de *Collema*. Telle n'est pas l'opinion de M. Nylander, qui a maintenu la classification adoptée par Montagne. Le genre *Omphalaria* est caractérisé par un thalle pelté, fixé par un ombilic, à granules gonimiques dispersés dans des éléments filamenteux, anastomosés. Les apothécies sont endocarpes ou souvent immergées. Les spores sont ellipsoïdes, ainsi que les spermaties. Ces Lichens se trouvent dans l'Europe méridionale et en Algérie. (Voy. NYL., *Synops. Lich.*, 98.) [CH. M.]

OMPHALARIA (FR., *Syst. myc.*, I, 189). Quatrième section de la tribu des *Pleurotus*, comprenant les espèces à réceptacle résupiné dans la jeunesse, sessile et devenant horizontal.

OMPHALEA (L., *Gen.*, n. 1039). Genre d'Euphorbiacées-Jatrophées, à fleurs monoïques et apétales; la fleur mâle caractérisée par un plateau en forme de Champignon, qui porte sur ses bords les 2, 3 anthères. La femelle a un calice 4, 5-mère et un ovaire à 2, 3 loges uniovulées. Ce sont 7, 8 lianes de l'Amérique tropicale et de Madagascar, car nous avons démontré que les *Hecatea* de Du Petit-Thouars appartiennent à ce genre. Leurs feuilles sont alternes, et leurs fleurs sont disposées en cymes. Le plus souvent leur pétiole est pourvu en haut de deux glandes latérales. Les bractées florales sont étroites et allongées. (H. BN, *Et. gén. Euphorbiac.*, 527, t. 7; *Hist. des pl.*, V, 230.)

OMPHALIA (FR., *Syst. myc.*, I, 162). Onzième tribu des Agarics-Leucospores, élevée au rang de genre par MM. Quélet et Saccardo. Voisins des *Mycena*, les Agarics de ce groupe ont un stipe fistuleux, élargi vers le haut, un chapeau presque membraneux, des lamelles décurrentes. Pour M. Quélet, la caractéristique du genre est beaucoup plus étendue : il y fait rentrer des espèces autrefois rangées dans les *Armillaria* et les *Clitocybe*; la décurrence des lamelles et la forme générale du réceptacle établissant un lien entre elles. Compris ainsi, ce genre compterait environ 360 espèces épigées, lignicoles ou radicicoles, répandues sous toutes les latitudes. [De S.]

OMPHALIÉES (Roze, *Classif. Agar.*, in *Bull. Soc. Bot. Fr.*, XXIII). Famille d'Agaricinés, comprenant des Agarics à spores colorées ou incolores, ayant pour caractère commun la forme et la texture du réceptacle, l'inégalité et la décurrence des lamelles.

OMPHALIER. Nom français des *Omphalea* L.

OMPHALINA (Quél., *Enchir. Fung.*, 42). Genre d'Agarics, créé aux dépens des *Omphalia* Fr., pour les espèces minimes formant les *Mycenaria* de Fries.

OMPHALISSA (Salisb., *Gen. pl. Fragm.*, 134). Synonyme de *Hippeastrum* Herb.

OMPHALIUM (Nees, *Syst. Ueberbl.*, 61). Section du g. *Hydnum*.

OMPHALIUM (Wallr., *Sched. crit.*, 77). Section du genre *Cynoglossum* T.

OMPHALOBIOIDES (DC., *Prodr.*, II, 508). Section du g. *Schotia*.

OMPHALOBIUM (Gærtn., *Fruct.*, I, 217, t. 46). Synonyme de *Connarus* L.

OMPHALOCARPON, OMPHALOCARPOS. Noms anciens du *Rubia (Galium) Aparine* H. Bn.

OMPHALOCARPUM (Pal.-Beauv., *Fl. owar. et ben.*, I, 6, t. 5, 6). Genre rapporté par Decaisne, Bentham, etc. aux Ternstrœmiacées et que nous avons depuis longtemps attribué aux Sapotacées. Ses fleurs sont diclines et 5-8-mères, avec plusieurs étamines et des staminodes portés par la corolle. Le gynécée, rudimentaire dans les fleurs mâles, est, dans les femelles, formé d'un ovaire libre à plusieurs loges uniovulées, et l'ovule est bien celui d'une Sapotacée. Le fruit déprimé est drupacé, ∞-loculaire, et chacune de ses loges renferme une semence de Sapotacée. Ce sont des arbres de l'Afrique tropicale, à feuilles alternes et à fleurs portées sur le tronc. On a longtemps cru que le genre ne renfermait qu'une espèce. M. Pierre en distingue davantage. (*Bull. Soc. Linn. Par.*, 577.) [H. Bn.]

OMPHALOCARYON (Kl., in *Linnæa*, XII, 243). Synonyme de *Scyphogyne* Ad. Br.

OMPHALOCOCCA (W., in *Schult. Syst.*, III, *Mantiss.*, 10). Synonyme de *Ægiphila* Jacq.

OMPHALODAPHNE (Bl., *Mus. lugd.-bat.*, I, 385). Section du genre *Tetranthera* Jacq.

OMPHALODES (Batt., in *Streinz Nomencl.*, 401). — Voy. Omphalomyces.

OMPHALODES (T. — Mœnch, *Meth.*, 419). Genre de Boraginacées-Boragées, dont le type est le *Cynoglossum Omphalodes*, et qui est formé d'une dizaine d'herbes européennes et asiatiques, à corolle bleue ou blanche. Les pédicelles naissent au niveau des feuilles, ou les fleurs sont disposées en cymes sans bractée, avec des fruits (nucules) déprimés, vésiculeux ou calathifères sur le dos, insérés sur un réceptacle plan ou convexe. Les *O. verna*, vivace, et *linifolia*, annuel, sont cultivés en pleine terre comme ornementaux. (*Bot. Mag.*, t. 7, 2529, 6047.) [H. Bn.]

Omphalodes. — Branche florifère.

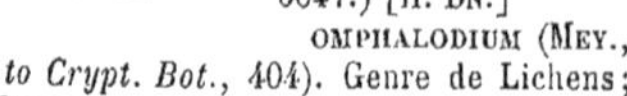

OMPHALODIUM (Mey., ex Berkel., *Introd. to Crypt. Bot.*, 404). Genre de Lichens; synonyme de *Sticta* Schreb.

OMPHALOGRAMMA (Franch., in *Bull. Soc. bot. Fr.* [1885], 272). Section du genre *Primula* T. (*P. Delavayi* Franch.).

OMPHALOLOBIA (Reichb., *Nom.*, 155). Section du genre *Schotia* Jacq.

OMPHALOMELA (Germar., in *Dunk. et Mey. Palæont.*, I, 1, 26). Genre de végétaux fossiles, dont la place est incertaine.

OMPHALOMITRA (Endl., *Gen.*, 38). Section du g. *Helvella* L.

OMPHALOMYCES, OMPHALOPOLYMYCES (Batt., *Fungor. agr. arimin. Hist.*, 36). Nom appliqué à diverses espèces d'Agarics à chapeau ombiliqué.

OMPHALOPELTA (Ehrenb., *Ber. Berl. Ak.* [1844], 263). Diatomacée disciforme, de la famille des Héliopeltées pour l'auteur, mais que nous devons considérer comme appartenant à la famille des *Coscinodisceæ*, genre *Actinoptichus*. Ces Diatomacées sont fossiles ou marines. [Ch. M.]

OMPHALOPHORA (Brid., herb.). Synonyme de *Timmia* Hedw.

OMPHALOPSIS (Grun. [1863], ex Van-Heurck, *Micr.*, XXII, 330). Diatomacée, de la famille des Fragilariées, caractérisée par des valves cruciformes, avec des stries transversales interrompues et un nodule central distinct. Les frustules montrent dans la face frontale les extrémités terminales de fausses cloisons. [Ch. M.]

OMPHALOPUS (Naud., in *Ann. sc. nat.*, sér. 3, XV, 277, t. 4). Section du genre *Dissochæta* Bl. (H. Bn, *Hist. des pl.*, VII, 51.)

OMPHALOSIA (Neck., *Elem.*, III, 350). Genre séparé de l'ancien genre *Lichen*.

OMPHALOSPERMA (Bess.). Section du genre *Veronica* T.

OMPHALOSPORA (Bess., *Volhyn.*, 85). Synonyme de *Diplophyllum* Lehm.

OMPHALOSTIGMA (Griseb., *Gent. gen. et spec.*, 198). Synonyme de *Leianthus* Griseb.

OMPHALOSTOMI (Fr., *Summ. veg. Scand.*, 403). Troisième section des Pyrénomycètes, correspondant aux Périsporiacés.

OMPHALOTHECA (Ehrenb. [1844], *Monatsb.*). Diatomacées-Chætocérées. Synonyme de *Syndendrium*. [Ch. M.]

OMPHALOTHECA (Hassk., in *Bull. Congr. bot.* [1865], 13). Synonyme de *Commelina* L.

OMPHALOTHRIX (Maxim., *Prim. Fl. amur.*, 208, t. 10). Genre de Scrofulariacées-Rhinanthées, formé d'une herbe annuelle et grêle, voisine des *Euphrasia*, dont elle a la corolle, avec 4 étamines, plusieurs ovules et des graines oblongues, striées. L'inflorescence est une grappe lâche, et les feuilles sont petites, découpées de quelques dents. L'*O. longipes* Maxim. est de la région de l'Amour. (H. Bn, *Hist. des pl.*, IX, 480.)

OMPHOCARPUS (Korth., *Verh. Nat. Gesch. Bot.*, 192, t. 42). Synonyme de *Grewia* L.

ONABOUBOUÉ. Le *Galega cinerea* L.

ONÆPIA (Lindl., in *Bot. Reg.* [1839], n. 30). Section du genre *Pæonia* T.

ONAGRA (Diosc.). Le Laurier de Saint-Antoine.

ONAGRA (Gærtn., *Fruct.*, I, t. 32). Syn. de *Pleurandra* Raf.

ONAGRA (Spach, *Suit. à Buffon*, IV, 357). Synonyme de *Œnothera* L.

ONAGRA (T., *Inst.*, 302, t. 56). Synonyme de *Œnothera* L.

ONAGRAIRE. L'*Œnothera biennis* L.

ONAGRARIACÉES (*Onagrariaceæ*). Famille de Dialypétales, à ovaire infère; l'une de celles que l'on appelle par enchaînement, si bien que les caractères absolus y sont peu nombreux. B. de Jussieu la nommait *Onagræ*. Nous la partageons en 7 séries, qui la rattachent les unes aux Myrtacées et les autres aux Rhizophoracées. Ce sont les Œnothérées, Gaurées, Circéées, Trapées, Haloragées, Gunnérées et Hippuridées. Nous avons d'ailleurs défini les Onagrariacées des Lythrariacées à ovaire infère. (*Hist. des pl.*, VI, 487.) [H. Bn.]

ONAGRE. L'*Œnothera biennis* L.

ONAIE. Synonyme de *Iné*.

ONAMAKI. Nom japonais des Ancolies.

ONAMOMI. Nom japonais du *Xanthium japonicum* Wall.

ONATEX (Rafin., in *Ser. Bull.*, I). Syn. (part.) de *Carex*.

ONBOVE. Arbre à gomme, indéterminé, de Madagascar.

ONCIDIEÆ (B. H., *Gen.*, III, 463). Sous-tribu (6) des Vandées.

ONCIDIOCHILUS (FALC., herb.). Syn. de *Cordylestylis* FALC.

ONCIDIUM (NEES, in *Kunze Mykol.*, Heft I, 64). — Voy. MYXOTRICHUM.

ONCIDIUM (SW., in *K. Vet. Akad. Nya Handl. Stockh.*, XXI, 239). Genre d'Orchidacées-Vandées, très répandu dans les serres et représenté par plus de 200 espèces ou variétés d'herbes épiphytes, à pseudo-bulbes, originaires des deux Amériques. Les fleurs y sont distinguées par un labelle resserré à sa base, puis étalé ou s'écartant de la colonne. Son limbe est ordinairement large et étalé. Les sépales sont libres ou à peu près. La colonne est courte. Là où se trouve l'antre stigmatique, elle porte le plus ordinairement deux auricules. Les inflorescences sont simples ou plus souvent très rameuses et parfois très allongées. Les fleurs sont généralement blanches ou jaunes, tachetées. [H. BN.]

ONCINE. Nom français (LAMK) des *Oncinus* LOUR.

ONCINEMA (ARN., in *Edinb. N. Phil. Journ.*, XVII, 261). Synonyme de *Glossostephanus* E. MEY.

ONCINOTIS (BENTH., in *Hook. Niger Fl.*, 451). Genre d'Asclépiadacées-Nériées, distingué par des tiges grimpantes, un calice sans glandes, une corolle à gorge pourvue de 5 écailles de forme spéciale, un disque 5-lobé et des anthères à appendices basilaires oncinés-récurvés. Ce sont 2 lianes de l'Afrique tropicale. (OLIV., in *Hook. Icon.*, t. 1232. — H. BN, *Hist. des pl.*, X, 210.)

ONCINUS (LOUR., *Fl. cochinch.*, 123). Synonyme (?) de *Melodinus* FORST.

ONCOBA (FORSK., *Fl. ægypt.-arab.*, 103). Genre de Bixacées, établi d'abord pour des plantes africaines, souvent spinescentes, qui ont des fleurs polygames, à corolle polypétale, 3-12-mère, imbriquée, de nombreuses étamines hypogynes, et un ovaire uniloculaire, à placentas pariétaux multiovulés. Le fruit est sec, coriace en dehors, plus ou moins pulpeux en dedans et polysperme; il ne s'ouvre pas en général. Longtemps on a cru ce genre borné à l'ancien monde. Mais M. Oliver a démontré que, son fruit variant beaucoup de forme et d'aspect extérieur, tantôt glabre, tantôt hérissé, tantôt muni d'un nombre variable d'ailes, on ne pouvait séparer ce genre des *Mayna* d'Aublet, plantes américaines. Pour la même raison, nous avons dû joindre aux *Oncoba* les *Carpotroche* et les *Dendrostylis*, qui n'en diffèrent essentiellement que par l'organisation de leur style plus ou moins ramifié. Au genre *Oncoba* se rapportent également les *Heptaca*, *Ventenatia*, *Chlanis*, *Xylotheca*, *Grandidiera*. On en connaît donc actuellement environ vingt-cinq espèces, américaines, asiatiques et africaines. L'*O. spinosa* FORSK. fleurit quelquefois dans nos jardins; sa corolle rappelle celle des *Stuartia*. La pulpe de quelques espèces est, dit-on, comestible. (Voy. *Hist. des plant.*, IV, 301.) [H. BN.]

ONCOBYRSA (AGH). — Voy. HYDROCOCCUS (II, 93).

ONCOCALAMUS (MANN et WENDL., in *K. de Dentergh. Palm.*, 252; in *Trans. Linn. Soc.*, XXIV, 436, t. 41 E, 43 E). Genre de Palmiers-Lépidocaryés, d'abord considéré comme une section des *Calamus*, formé d'une espèce grimpante de l'Afrique tropicale, distingué par des spadices axillaires, à spathe vaginée; des fleurs en glomérules, avec bractées et bractéoles. Le rachis des feuilles est allongé, et la plante est polycarpienne. [H. BN.]

ONCOCARPUS (A. GRAY, *Amer. expl. Exp.*, *Bot.*, I, 364, t. 43). Syn. de *Semecarpus* L. F. (H. BN, *Hist. des pl.*, V, 324.)

ONCOCLADIUM (WALLR., *Fl. germ.*, IV, 289). Genre d'Hyphomycètes, à filaments rigides, cloisonnés, donnant naissance à des verticilles de quatre rameaux courts, opposés, qui portent de très petites conidies globuleuses. Une seule espèce a été décrite, observée sur des plumes d'oie en putréfaction; elle est généralement rapportée au genre *Verticillium* NEES.

ONCOCYCLUS (BAK.). Section du genre *Iris* T. L'*Oncocyclus* SIEMSS. (in *Bot. Zeit.* [1846], 706) est un genre particulier, proposé pour certains *Iris* (*I. paradoxa*, etc.), et dont le fruit a des valves cohérentes au sommet.

ONCODEIA (B. H., *Gen.*, III, 373). Pour *Ongcodeia* BUR.

ONCODIA (LINDL., *Fol. orch.*, 1853). Syn. de *Brachtia* REICHB. F.

ONCOGASTRA (MART., *Nov. gen.*, III, 52). Sect. des *Hypocyrta*.

ONCOLOBIUM (VOG., in *Linnæa*, XI, 666). Sous-section des *Chamæfistula* DC.

ONCOMA (SPRENG., *Syst.*, *Cur. post.*, 11). Syn. de *Oxera* LABILL.

ONCOMYCES (KL., in *Linnæa*, VII, 195). Genre formé pour une espèce de Trémellinés, du Brésil; démembré à tort des *Auricularia* (voy. ce mot).

ONCORHIZA (PERS., *Enchir.*, I, 374). Pour *Oncus* LOUR.

ONCORRHYNCHUS (LEHM., *Ind. sem. H. hamb.* [1832]). Synonyme de *Orthocarpus* NUTT.

ONCOSPERMEÆ. Sous-tribu (3) des Palmiers-Arécées. (B. H., *Gen.*, III, 872.)

ONCOSPHECHA (EHRENB., *Berich. d. Berl. Akad.* [1845], 72). Diatomacées de la famille des *Meridieæ* d'après Kützing; genre que Rabenhorst considère comme douteux, ainsi que W.-Smith, mais qu'on range dans les *Eunotia*. [CH. M.]

ONCOSPORUM (HUTT., *Syn. Pittosp.*, 21). Synonyme de *Marianthus* HUEG.

ONCOSTEMON (A. JUSS., in *Mém. Mus.*, XIX, 133, t. 19). Genre de Primulacées-Myrsinées, formé de 6 ou 7 arbustes malgaches, à feuilles alternes, à fleurs en grappes corymbiformes, axillaires; les anthères épaisses et obtuses; la corolle tordue, à lobes étalés ou récurvés. [H. BN.]

ONCOSTYLIS (B. H., *Gen.*, III, 1049). Section du genre *Fimbristylis* VAHL.

ONCOTYLUS (KUETZ., *Phyc. gen.*, 411). Genre d'Algues-Floridées-Gigartinées; synonyme de *Gymnogongrus*. [CH. M.]

ONCYLOGONATUM (KŒN., in *Geol. Trans.*, ser. 2, II, 300, t. 32). Genre d'Équisétacées fossiles; section des *Equisetum* pour Endlicher (*Gen.*, 58; *Enchir.*, 34); synonyme d'*Equisetites* pour Unger (*Syn. pl. foss.*, 27).

ONDER. Nom provençal du *Papaver Rhœas* L.

ONDETIA (BENTH., in *Hook. Icon.*, t. 1112; *Gen.*, II, 338). Genre de Composées-Hélianthées-Inulées, formé d'une herbe vivace de l'Afrique austro-orientale, à feuilles alternes, décurrentes; à grands capitules radiés; l'involucre large, à bractées pourvues d'appendices scarieux; le fruit couronné d'une aigrette dont les paillettes se terminent en soies barbelées. (H. BN, *Hist. des pl.*, VIII, 166.)

ONE BERRY. En Angleterre, la Parisette.

ONEBOUHOU. Légumineuse des Antilles, indéterminée, considérée comme une sorte de Faux-Quinquina.

ONEBUKA. Nom japonais d'une variété de Ciboule.

ONEILLIA (AGH, *Spec. Alg.*, I, II, 169; *Syst. Alg.*, XXXV, 253). Synonyme de *Claudea* LAMX. (FRIES, *Pl. homon.*, 331.)

ONEOBYRSA (AGH, in *Flora* [1827], 629). Genre d'Algues, de l'ordre des *Cystiphoreæ*, famille des *Chroococcaceæ*, à cellules sphériques ou polygonales, disposées en lignes plus ou moins régulières, réunies en un strate dur ou au moins coriace. Kützing considérait ce genre comme synonyme des *Hydrococcaceæ*. Pour Brébisson c'était un Nostoc; mais Meneghini a accepté cette division. (Voy. *Fl. europ. Alg.*, II, 67.) [CH. M.]

ONGLET (*Unguis*). La portion basilaire, rétrécie, des pétales, souvent comparée au pétiole des feuilles.

ONGUENTAIRE. La Noix de Ben.

ONGUENT A PION. Le *Bignonia Copaia* L.

ONI-MITSUBA. Nom japonais du *Sanicula elata* HAM.

ONIN. Synonyme de *Massoy*.

ONITES (DIOSC.). L'*Origanum Onitis* L.

ONI-YURI. Nom japonais du *Lilium tigrinum* GAWL.

ONNAB. Nom arabe du Jujubier.

ONNEB. Nom arabe du *Cornus sanguinea* L.

ONOBLETON (HIPP.). Le *Saxifraga Cotyledon* L.

ONOBROMA (GÆRTN., *Fruct.*, II, 980, t. 160). Synonyme de *Carduncellus* ADANS.

ONOBRUCHUS (MEDIC., *Vorles.*, IV, I, 358). Synonyme de *Onobrychis* T.

ONOBRYCHIOIDES (JAUB. et SPACH, in *Ann. sc. nat.*, sér. 2, XIX, 157). Section du genre *Ebenus* L.

ONOBRYCHIS (T., *Inst.*, 390, t. 211). Genre de Légumineuses-Papilionacées-Hédysarées, formé de 60-70 espèces herbacées ou suffrutescentes, des régions tempérées de l'ancien monde; distingué par des feuilles imparipennées, à stipules scarieuses; des grappes ou épis axillaires et pédonculés; une gousse indéhiscente, exserte, non articulée et 1, 2-sperme, oblongue, circinée ou semi-orbiculaire, réticulée ou échinée. On cultive abondamment chez nous comme fourrage l'Esparcette ou *O. sativa* L. (H. Bn, *Hist. des pl.*, II, 221, 299, fig. 182, 183.)

ONOCHARDION. Le Chardon à foulon.

ONOCHILES. Synonyme d'Orcanette.

ONOCHILIS (Mart., in *Denskcr. Akad. Münch.* [1817], V, 177). Synonyme de *Nonea* Medik.

Onobrychis. — Branche florifère. Fruit.

ONOCLEIA. Synonyme de *Onophyllon*.

ONOCTONIA (Naud., in *Ann. sc. nat.*, sér. 3, XII, 276, t. 12). Synonyme de *Poteranthera* Bong.

ONOEA (Fr. et Sav., *Enum. pl. jap.*, II, 178). Synonyme de *Diarrhena* Rafin.

O-NO-GIKU. Au Japon, l'*Heteropappus hispidus* A. Gray.

ONOGIROS. Nom grec ancien de l'*Onopordon Acanthium* L.

ONONIS (L., *Gen.*, n. 863). Genre de Légumineuses-Papilionacées-Trifoliées, formé d'une soixantaine de plantes herbacées ou frutescentes, des régions tempérées de l'ancien monde; distingué par une corolle à carène ordinairement rostrée; un androcée monadelphe (comme celui des Genêts), et une gousse bivalve. Les feuilles sont pennées-3-foliolées. Une de nos plus communes espèces est la Bugrane ou Arrête-bœuf (*O. spinosa* L.). L'*O. repens* L., à fleurs roses, est aussi très commun dans nos campagnes. L'*O. Natrix* L. a des corolles jaunes. L'*O. Thomsoni* Ball a, par exception, des feuilles pennées, 5-9-foliolées. (H. Bn, *Hist. des pl.*, II, 296.)

ONONO. Liane du Gabon, qui sert à tuer le poisson.

ONOPERDUM. Pour *Onopordon* Vaill.

ONOPHYLLON. Nom grec ancien de la Buglosse.

ONOPIX (Rafin., *Fl. ludov.*, 59). Synonyme de *Onopyxos* Spreng.

ONOPORDON (Vaill., in *Act. Acad. par.* [1718], 163). Section du genre *Carduus* T. (H. Bn, *Hist. des pl.*, VIII, 5.)

ONOPORDUM (L., *Gen.*, n. 927). Pour *Onopordon* Vaill.

ONOPTERIS. Nom ancien de la Capillaire noire.

ONOPTERIS (Neck., *Elem.*, III, 316). Synon. de *Asplenium*.

ONOPYXAS (Spreng., *Syst.*, III, 386). Genre incertain de Composées-Cynarées.

ONOPYXOS (Théophr.). L'*Onopordon illyricum* L.

ONOPYXUS (*tertius*) (Dalech., *Lugd.*, 1472). Synonyme de *Onopordon* Vaill.

ONOSCARDION. Nom ancien des Cardères (*Dipsacus*).

ONOSERIS (DC., in *Ann. Mus.*, XIX, 65, t. 12). Section du genre *Gerbera* Gron. (H. Bn, *Hist. des pl.*, VIII, 95.)

ONOSMA (L., *Gen.*, n. 188). Genre de Boraginacées-Anchusées, voisin des *Cerinthe*, à fleur 5-mère, à corolle tubuleuse-campanulée, sans appendices. Le fruit est formé de 1-4 achaines durs, fixés sur le réceptacle par une aréole plane. Ce sont des herbes de l'Asie médiane et occidentale, à poils étoilés, à cymes scorpioïdes terminales. (H. Bn, *Hist. des pl.*, X, 349.)

ONOSMODIUM (Michx, *Fl. bor.-amer.*, I, 132, t. 15). Genre de Boraginacées-Boragées, formé de 5, 6 herbes vivaces de l'Amérique du Nord; les fleurs à corolle tubuleuse, nue à la gorge, et les limbes du lobe dressés. Les étamines sont incluses, et les achaines lisses présentent une aréole plane, peu large. Ces plantes sont scabres ou chargées d'un duvet blanchâtre. (Torr., *Fl. N.-York*, t. 79.) [H. Bn.]

ONOSURIS (Rafin.). Genre incertain, attribué avec doute aux Onagrariacées.

ONOTHO. A Caracas, le Rocouier (*Bixa Orellana* L.).

ONOTROPHE (Cass., *Dict.*, XXXVI, 145). Synon. de *Cnicus* L.

ONTANUM. Nom ancien des Aunes.

ONTHOSA (Bl., *Bijdr.*, 834). Section du genre *Ocimum* L.

ONTO. Nom basque de l'*Agaricus edulis* Bull.

ONTSÉLICO. Nom provençal de l'*Angelica Archangelica* L.

ONTSÉLICO SOOUTBATSO. L'*Angelica sylvestris* L.

ONXIE. Nom français (Lamk) des *Unxia* L. f.

ONYCHACANTHUS (Nees, in *DC. Prodr.*, XI, 217). Synonyme de *Bravaisia* DC.

ONYCHINA (Dochn., *Obstk.*, II, 35). « Genre » de Poiriers.

ONYCHIUM (Bl., *Bijdr.*, 323, t. 10). Synonyme de *Dendrobium* Sw.

ONYCHOSEPALUM (Steud., *Syn. pl. glum.*, II, 249). Genre de Restiacées, formé d'une herbe australienne, à rhizome rampant, à épillets des deux sexes ∞-flores, solitaires et terminaux; les 3 sépales hyalins et onguiculés. Les anthères sont uniloculaires, et le fruit n'est pas anguleux. [H. Bn.]

ONYGENA (Pers., *Obs.*, II, 71). Genre de Champignons, autrefois placé dans les Gastéromycètes. La présence de thèques les rattache aux Thécasporés. Le réceptacle consiste en un péridium membraneux, fragile, le plus souvent porté par un pédicule et à déhiscence irrégulière. La gleba renfermée dans le péridium est formée de petites thèques obovales, issues de filaments étroits, comme chez les *Elaphomyces*; elle devient pulvérulente à la maturité. Les spores contenues dans les thèques, sont ellipsoïdes et hyalines. On ne connaît qu'un petit nombre d'espèces minuscules qui vivent toutes sur les substances de nature cornée, plumes, poils, sabot des solipèdes. [De S.]

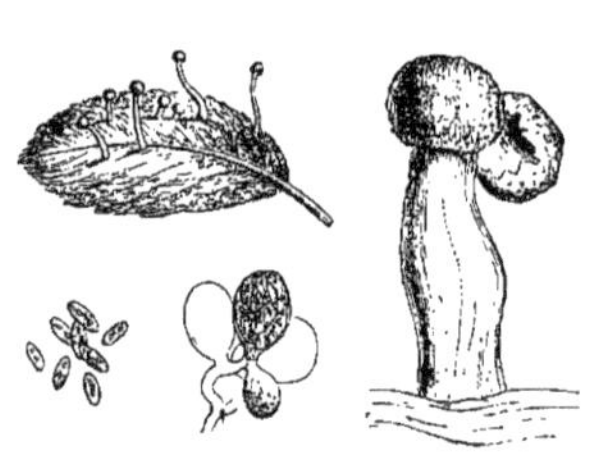

Onygena. — Port.

ONYGENEI (Fr., *Summ. veg. Scand.*, 446). Division hétérogène, comprenant le genre *Onygena*, les *Nyctalis* et les *Lasioderma*.

ONYRA (Diosc.). L'*Epilobium angustifolium* L.

ONYX (Medic., *Vorles.*, II, 278). Synonyme de *Astragalus* T.

Onygena. — Thèques.

OOBAR. Arbre de Sumatra (Marsden), à bois colorant, rouge.

OO-BEI. Nom japonais de l'*Amygdalus nana* L. (*Prunus*).

OOCARDIUM (Næg., *Einz. Alg.*, III, 76). Algues-*Coccophyceæ*, de la famille des *Palmellaceæ*, dont le thalle verruqueux, verdâtre, à stries rayonnantes, est comme imprégné de substance calcaire. Les cellules sont subovales, portées sur un support fastigié, gélatineux, tubuleux, à divisions dicho-trichotomiques; elles sont solitaires ou géminées, pourvues d'une vésicule centrale chlorophyllée. (Voy. RABENH., *Fl. europ. Alg.*, III, 13, 53.) [CH. M.]

OOCEPHALUS (BENTH., *Labiat.*, 94). Section du genre *Hyptis*.

OOCHLAMYS (FÉE, *Gen. Fil.*, 297). Sous-genre (?) du genre *Aspidium* L.

OOCLINIUM (DC., *Prodr.*, V, 133). Synonyme de *Praxelis* CASS. (*Eupatorium*).

OOCOCCA (DC., *Prodr.*, I, 615). Section du genre *Melicocca*.

OOCYSTE. Nom donné par Tulasne au gros phytocyste supérieur des Scolécites, et par de Bary à celui d'où naît en partie le périthèce dans les *Erysiphe*, et surtout la thèque.

OOCYSTES (NÆG., in *litt.* [1855]). Algues, de l'ordre des *Coccophyceæ* et de la famille des *Palmellaceæ*, à cellules oblongues, chlorophyllées; tantôt solitaires, tantôt associées en famille de 2, 4, 8, pourvue d'une enveloppe matricale d'abord resserrée, puis devenant plus ample en se développant. Ce genre d'Algues a beaucoup d'affinités avec le genre *Nephrocytium*. [CH. M.]

OOGAR. Nom d'une des sortes du Bornéol.

OOGASTER (CORDA, *Icon. Fung.*, VI, t. XVI). Genre de Tubéracés, dont les espèces se rapportent aux genres *Tuber*, *Terfezia*, *Hydnobolites*.

OOGEMME. Dans l'étude des Characées, le nom d'*oogemme* a été adopté par Bary pour désigner l'organe femelle de ces végétaux. Cet organe a la forme d'un ellipsoïde plus ou moins allongé. Il est supporté par une cellule qui lui sert de base, visible à l'extérieur chez les *Nitella*; et la série de cellules qui le compose est étroitement enveloppée par cinq tubes enroulés, riches en chlorophylle, qui dépassent la papille terminale et forment par leur prolongement la *couronne*. Le développement de cet organe a été décrit avec détail par Al. Braun (in *Monatsb. d. Berl. Akad.* [1852-1853]). [CH. M.]

OOGONE. On donne le nom d'*Oogone*, dans la fécondation des Algues, à la cellule où naît la masse protoplasmatique femelle. L'oogone est généralement la cellule terminale d'une branche. Les particularités de son développement subissent, suivant le mode d'accroissement de la plante, bien des modifications. — Voy. REPRODUCTION. [CH. M.]

OOLI. Aux Antilles, le Sésame.

OOMATAY. Nom tamoul des *Datura*.

OOMORPHÆA (DC., *Prodr.*, VI, 136). Section du genre *Pentzia*.

OOMYCES (BERK. et BR., in *Ann. and Mag. of Nat. Hist.*, VII [1851], 185). Genre de Sphériacés, formé aux dépens du *Sphæria carneo-alba* LIBERT. Les périthèces sont renfermés dans un stroma couleur de chair, en forme de petit sac. Les spores filiformes, hyalines, sont contenues, au nombre de huit, dans des thèques très étroites. La seule espèce connue vit en Europe sur les chaumes et les feuilles d'*Aira* et de *Brachypodium*. [DE S.]

OOMYCÈTES. Sous-classe des Champignons chez lesquels il existe des oospores formées par une sorte de fécondation ou conjugation. (Voy. V. TIEG., *Trait. Bot.*, 1001.)

OONOPSIS (NUTT., in *Amer. Phil. Trans.* [1841], VII, 335). Sous-genre des *Stenotus*.

OOPHORIDIE (des *Isoetes*). Synonyme de Macrosporange.

OOROO. A Taïti, l'Arbre à pain.

OORUWEE. Nom cingalais du Riz.

OOSPHÈRE. On appelle de ce nom la masse protoplasmatique femelle qui se forme dans l'oogone. Lorsque l'oogone a été fécondée par l'anthéridie, cette masse protoplasmatique s'entoure d'une membrane propre et forme ce que l'on appelle *oospore* (voy. ce mot). Les oosphères des Fucacées naissent plusieurs à la fois dans le même oogone; mais dans les autres Algues le contenu tout entier de l'oogone se transforme en une seule oosphère; en se contractant il se sépare de la paroi et forme ainsi une cellule primordiale renouvelée. [CH. M.]

OOSPORA (WALLR., *Fl. crypt.*, II, 182). Syn. de *Oidium* LINK. M. Saccardo a formé sous ce nom un genre comprenant des *Oidium*, des *Torula*, des *Alysidium*, en réduisant le genre *Oidium* aux espèces à filaments fertiles, dressées et à conidies se séparant rapidement. (*Syll. Fung.*, IV, p. 11.)

OOSPORANGE (H. BN). Le sac qui renferme l'oospore; souvent nommé Archégone.

OOSPORE. Le premier résultat de la fécondation de l'*oosphère* dans certaines Algues, etc., est la formation d'une membrane solide autour de cette masse protoplasmatique, que l'on appellera dorénavant *oospore*. Chez les Fucacées, cette oospore peut germer tout de suite; mais chez les autres Algues, elle exige un temps qui varie selon les familles. — Voy. REPRODUCTION. [CH. M.]

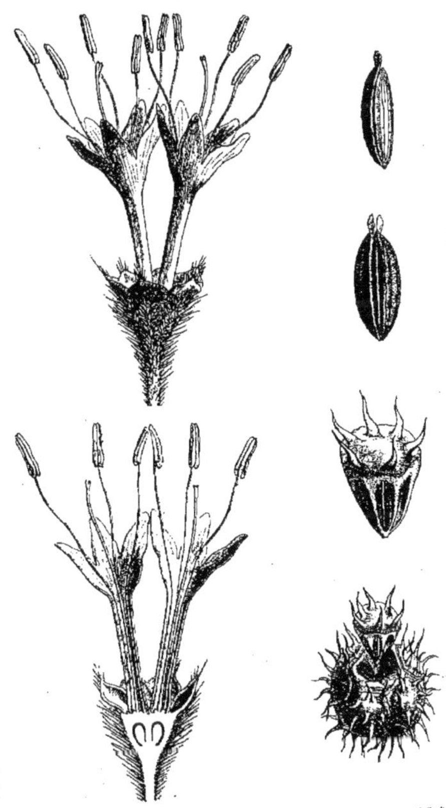

Opercularia. — Fleurs géminées. Fleurs, coupe longitudinale. Fruit composé. Fruit isolé, entier et coupe longitudinale.

OOSPORÉS. — Voy. OOMYCÈTES.

OOTES. Nom japonais du *Melia Azederach* L.

OOUBAR. Nom provençal du *Salix alba* L.

OOUBRICOT. Nom provençal de l'Abricot.

OOUGLONIÉ. Nom provençal du *Corylus Avellana* L.

OOUTRIGO. Nom provençal de l'*Urtica urens* L.

OOVAO. A la Nouvelle-Calédonie, le *Wickstrœmia Forsteri*.

OPA (LOUR., *Fl. cochinch.*, 308). Synonyme de *Syzygium* GÆRTN. (*Eugenia*).

OPALATOA (STEUD., *Nom.*, II, 217). Pour *Apalatoa* AUBL.

OPAMBO. Nom africain d'un *Crescentia* (?).

OPARISTHMIUM (ENDL.). Pour *Aparisthmium* ENDL.

OPATOWSKI (Wilh.). Médecin à Saalfeld, auteur [1836] de *Commentatio historico-naturalis de familia Fungorum Boletoidearum* (in-8 de 34 p. et 1 pl.).

OPEGRAPHA (HUMB., *Flor. Frech.*, 57; *Spic.*, 45, 322). Genre de Lichens discoïdes, de la famille des Graphidées d'après les auteurs anciens et modernes, de la série des Placodées d'après M. Nylander. Le thalle est crustacé ; les apothécies lirelliformes, rayonnantes, stellées. Elles sont noires, tantôt simples, courtes ou oblongues, ou bien plus ou moins allongées, rameuses, ou elles forment par leur ensemble un disque noirâtre. Un grand nombre d'espèces constituent ce genre, qui a été spécialement étudié par Chevallier. [CH. M.]

OPELIA (PERS. — SPRENG.). Pour *Opilia* ROXB.

OPENAUCK. Synonyme d'Arachide.

OPÉRATOIRE. Synonyme de Pariétaire.

OPERCULARIA (GÆRTN., *Fruct.*, I, 111, t. 24). Genre de Rubiacées, dont on a souvent fait le type d'une tribu particulière, et que nous avons rangé dans la série des Anthospermées. Ses fleurs, hermaphrodites ou polygames, ont un calice 3-6-mère, persistant, et une corolle tubuleuse, à limbe valvaire, 3-6-lobé. Les étamines sont au nombre de 3-6, plus rarement de 1-2 seulement, insérées au bas du tube de la corolle. L'ovaire est infère, et le style a une ou deux branches exsertes, hérissées de papilles, le plus souvent libres dès la base. Il n'y a qu'une loge et qu'un ovule presque dressé, anatrope, à micropyle inférieur. Le fruit est un syncarpe, ordinairement couronné des calices persistants et généralement formé d'un nombre indéfini de capsules, répondant à autant de fleurs, ou, plus rarement (dans les *Pomax*), de 2, 3 capsules seulement. Chacune de celles-ci finit par présenter deux valves. Les valves extérieures persistent sous forme de capsule, tandis que les intérieures s'unissent en une sorte d'opercule obconique qui se détache. Les graines sont oblongues, lisses ou rugueuses, albuminées, avec un embryon à cotylédons foliacés et supères. Ce sont des sous-arbrisseaux ou des herbes, parfois volubiles, glabres ou chargés de poils, le plus souvent d'une odeur fétide, à feuilles opposées, à stipules connées en gaine, à petites fleurs (blanches ou violacées) rapprochées en faux-capitules formés de glomérules simples ou plus souvent composés, pourvus d'involucres et involucelles, stipités ou à peu près sessiles, parfois ramifiés, multiflores ou rarement (*Pomax*) 2-3-flores. On en admet une quinzaine, d'Australie. (H. BN, *Hist. des pl.*, VII, 271, 402, fig. 240-245.) [H. BN.]

OPERCULARIEÆ (KL., in *Hayn. Arzneig.*, XXIV). Tribu des Orchidées.

OPERCULATÆ (PERLEB., *Clav. class.* [1838]). Synonyme de Mousses.

OPERCULE (*Operculum*). — Voy. MOUSSES. Les ascidies peuvent être recouvertes d'un opercule. Certains calices (*Eucalyptus*) prennent la forme d'un opercule. Certains grains de pollen (Courges) ont des opercules qui ferment les trous destinés à la sortie du tube pollinique. Il y a des graines (*Canna*) dont le tégument présente un opercule au niveau de l'embryon. En mycologie, ce mot désigne la portion de la membrane de la thèque qui se sépare complètement ou incomplètement pour laisser sortir les spores.

OPERCULÉS (BOUD., *Discom. charnus* [1885], 9). Première division des Discomycètes charnus, comprenant ceux dont les thèques s'ouvrent par un opercule.

OPERCULINA (SILV.-MANSO, *Enum. subst. bras.*, 16). Synonyme de *Ipomœa* L.

OPETIOLA (GÆRTN., *Fruct.*, I, 14, t. 2). Synonyme (?) de *Cyperus* L.

OPHELIA (DON, in *Trans. Linn. Soc.*, XVII, 522, 524). Synonyme de *Swertia* L. (H. BN, *Hist. des pl.*, X, 142.)

OPHELUS (LOUR., *Fl. coch.*, 412). Synon. de *Adansonia* L.

OPHIALA (DESVX, in *Mém. Soc. Linn. Par.*, VI, 195). Synonyme de *Helminthostachys* KLAUF.

OPHIANTHE (HANST., in *Linnæa*, XXVI, 205). Synonyme de *Pentaraphia* LINDL.

OPHIOBOLUS (RIESS, *Hedw.* [1853], 27). Genre de Sphériacés, établi aux dépens du genre *Rhaphidospora* FR. Les périthèces sont sphéroïdes ou conoïdes, presque membraneux, à ostiole papilleux plus ou moins allongé. Les thèques, entremêlées de paraphyses, contiennent 8 spores filiformes, hyalines ou flavescentes. Près d'une centaine d'espèces de petites dimensions, caulicoles, se rencontrent surtout en Europe. [DE S.]

OPHIOCARYON (SCHOMB., in *Ann. Nat. Hist.*, V, 202). Genre de Sapindacées-Sabiées, dont nous n'avons pu faire (*Hist. des pl.*, V, 347) qu'une section du genre *Meliosma* BL., à gros fruits, à style très court. (*Hook. Icon.*, t. 1594.) [H. BN.]

OPHIOCAULON (HOOK. F., *Gen.*, I, 813). Section du genre *Modecca* LAMK. (H. BN, *Hist. des pl.*, VIII, 476.)

OPHIOCERAS (SACC., *Syll. Fung.*, II, 358). Genre de Sphériacés, à périthèces nichés dans le bois ou émergeant, globuleux, presque carbonacés, munis d'un ostiole conico-cylindrique, souvent filiforme. Les spores filiformes se cloisonnent et sont renfermées dans des thèques allongées. Sept espèces ont été observées, sur l'écorce ou le bois, en France, en Italie, en Angleterre, à Cuba et à Bornéo. [DE S.]

OPHIODERMA (BL., *Enum. pl. Jav.*, II, 259). Section du genre *Ophioglossum* T.

OPHIODOTHIS (SACC., *Syll. Fung.*, II, 652). Genre de Sphériacés, formé aux dépens du genre *Dothidea* pour les espèces à stroma aplati, granuleux, noirâtre, à spores filiformes hyalines. Six espèces de l'Amérique et de Ceylan sur des feuilles vivantes, des épis de *Carex*, de *Panicum*, des tiges d'*Aster* et d'*Erigeron*. [DE S.]

OPHIOGLOSSE (*Ophioglossum* T., *Inst.*, 548, t. 325). Genre de Fougères, dont on a fait aussi le type d'une famille des *Ophioglossacées* (PRESL) et d'une tribu des *Ophioglossées* (R. BR.), parce que la fronde s'y divise en deux lames : l'une stérile, aplatie, foliiforme ; l'autre fructifère, ayant la forme d'un épi. Cette fronde n'est pas enroulée en crosse. Dans notre *O. vulgatum*, assez commun, l'épi est pédonculé, aigu, comprimé, et présente sur chacun de ses bords une série de sporanges superposés, distiques, et qui s'ouvrent finalement en travers. Des spores sort un prothalle dépourvu de chlorophylle. Il y a des Ophioglosses dans toutes les régions du globe. (ENDL., *Gen.*, n. 671. — H. BN, *Iconogr. Fl. fr.*, n. 93 ; *Tr. Bot. méd. crypt.*, 23, fig. 35.)

Ophioglossum. — Port. Portion d'épi fructifère.

OPHIOLYSA (SALISB., *Fragm.*, 142). Synonyme de *Gladiolus*.

OPHIOMERIS (MIERS, in *Trans. Linn. Soc.*, XX, 373, t. 15). Synonyme de *Thismia* GRIFF.

OPHIONE (SCHOTT, in *Œsterr. Bot. Wochenbl.* [1857], 101 ; *Gen. Aroid.*, t. 89). Genre d'Aracées-Orontiées, formé d'une herbe tubéreuse de la Colombie, à spathe lancéolée ; à ovaire 4, 5-loculaire, surmonté d'un style épais ; les ovules attachés dans l'angle interne des loges. (ENGL., *Arac.*, 281.) [H. BN.]

OPHIONECTRIA (SACC., in *Michel.*, I, 323). Genre de Sphériacés, formé pour les espèces de *Nectria* qui s'éloignent du type par leurs spores filiformes, pluriloculaires, et leurs périthèces globuleux, coniques, superficiels. 8 espèces, dont 3 européennes et les autres d'Algérie, de Ceylan, de Tasmanie, sur les rameaux, le bois, l'écorce, les Champignons. [DE S.]

OPHIOPOGON (K., *Enum.*, V, 297). Synon. de *Liriope* LOUR.

OPHIOPOGON (KER, in *Bot. Mag.*, t. 1063). Genre d'Ophiopogonées, qui a les caractères des *Liriope*, sinon que le périanthe s'y insère au-dessus de l'ovaire. Les étamines ont des filets plus courts que les anthères qui sont linéaires, et le style est assez long. Ce sont 4 herbes vivaces, de l'Asie tempérée, à rhizome court, souvent cultivées dans nos jardins, où on les confond d'ordinaire avec les *Liriope* ; à fleurs blanches, bleuâtres ou violacées. (ROYLE, *Ill. himal.*, t. 96.) [H. BN.]

OPHIOPOGONEÆ (B. H., *Gen.*, III, 672). Tribu (3) des Hæmodoracées.

OPHIOPRASON (SALISB., *Fragm.*, 72). Synonyme de *Verinea* POM.

OPHIOPTERIS (REINW., *Syll. Ratisb.*, II, 3). Synonyme de *Oleandra* CAV.

OPHIORRHIZA (L., *Fl. zeyl.*, 402 ; *Gen.*, n. 210). Genre de Rubiacées-Oldenlandiées, à fleurs hermaphrodites ou polygames, généralement 5-mères, avec un réceptacle concave, subglobuleux (*Polyura*), turbiné ou comprimé-cymbiforme, parfois obconique (*Pakenhamia*). La corolle, tubuleuse-infundibuliforme, est valvaire. Il y a un disque épigyne, un style et des placentas ascendants, multiovulés, d'*Oldenlandia*. L'ovaire est adné à la concavité du réceptacle, souvent libre au sommet. Le fruit est capsulaire, subglobuleux (*Polyura*), obconique (*Pakenhamia*), ou plus souvent comprimé, mitriforme, largement 2-lobé ou 2-ailé, obcordé, tronqué en haut, ou à peu près didyme, sec, déhiscent en haut, loculicide ou septicide. C'est, en somme, souvent le fruit d'un *Mitreola*, mais en partie infère et montrant vers le milieu de sa hauteur des traces du calice.

Ophiorrhiza. — Fruit.

Les graines sont petites, nombreuses, albuminées. Ce sont des herbes, parfois suffrutescentes, des régions chaudes de l'Asie et de l'Océanie, à feuilles opposées, parfois inégales, stipulées ; à cymes 2-chotomes, souvent unipares. On en compte 40 ou 50 espèces. On attribue la propriété de guérir les morsures des serpents venimeux, notamment aux *O. Mungos, japonica*. (Voy. *Hist. des pl.*, VII, 329, 378, 464, n. 135, fig. 321.) [H. BN.]

OPHIORRHIZIPHYLLON (KURZ, in *Journ. As. Soc. Beng.*, XL, 76). Genre d'Acanthacées-Nelsoniées, formé d'une herbe de Martaban, dont les caractères floraux sont ceux des *Ebermaiera*, mais avec des étamines longuement exsertes et des anthères à loges dressées ou mutiques, s'ouvrant au sommet par un pore ou une fente courte. [H. BN.]

OPHIOSCORODON (WALLR., *Sched. crit.*, 129). Synonyme de *Moly* MŒNCH.

OPHIOSPERMUM (REICHB.). Pour *Ophispermum* LOUR.

OPHIOSTACHYS (RED., *Lil.*, t. 464). Syn. de *Chamælirium* W.

OPHIOTHRIX (NÆG., in *litt.*). Genre d'Algues, de la famille des *Oscillarieæ*, d'après Kützing, caractérisé par un filament contourné. La plupart des auteurs n'ont pas admis cette division et l'ont toujours considérée comme appartenant aux Oscillaires. [CH. M.]

OPHIOXYLON (L., *Gen.*, n. 1142). Synonyme de *Rauvolfia* L.

OPHIRA (L., *Mantiss*, n. 1304). Synonyme de *Grubbia* BERG.

OPHISPERMUM (LOUR., *Fl. cochinch.*, 280). Synonyme de *Aquilaria* L.

OPHIURUS (GÆRTN. F., *Fruct.*, III, 3. — R. BR., *Prodr.*, 206). Genre de Graminées-Andropogonées, formé de 4 herbes de l'Asie, l'Afrique et l'Australie tropicales ; distingué, dans la division des Rotboelliées dont il a les caractères généraux, par un épi arrondi, avec des épillets tous sessiles ou plus rarement géminés, au moins dans la portion inférieure de l'inflorescence. (K., *Enum.*, I, 464. — B. H., *Gen.*, III, 1130.) [H. BN.]

OPHRIS (MATTH.). Le *Diphryllum ovatum* H. BN.

OPHRISE. Nom français (LAMK) des *Ophrys* T.

OPHRYDIUM (EHRENB. [1867], ex RABENH., *Fl. europ. Alg.*, II, 671). « Algue », appartenant au règne animal. [CH. M.]

OPHRYDIUM (SCHRAD., ex *Meissn. Comm.*, 372). Synonyme de *Ophryoscleria* NEES.

OPHRYDO-BULBE. Synonyme d'Orchido-bulbe.

OPHRYOCOCCUS (ŒRST., in *Vid. Med. Kjob.* [1852], 52). Synonyme de *Hoffmannia* SW. (H. BN, *Hist. des pl.*, VII, 446.)

OPHRYOSCLERIA (NEES, in *Mart. Fl. bras.*, II, I, 182, t. 25). Synonyme de *Scleria* BERG.

OPHRYOSPORUS (MEYEN, *Reis.*, I, 402). Section du genre *Eupatorium* T. (H. BN, *Hist. des pl.*, VIII, 129.)

OPHRYS (DALECH.). Le *Neottia ovata* (*Diphryllum*).

OPHRYS (T., *Inst.*, 437, t. 250). Genre d'Orchidacées-Orchidées, qui a aussi donné son nom aux *Ophrydées*, et qui est formé d'une trentaine d'herbes terrestres, à bulbes entiers, avec tous les caractères floraux des *Orchis*, sinon que la fleur n'a pas d'éperon ou qu'il est rudimentaire. Les rétinacles sont isolés dans des poches distinctes. Il y a en France de belles espèces de ce genre, notamment les *O. muscifera, apifera, fuciflora* et *aranifera*. (SIBTH., *Fl. græc.*, t. 929, 930. — REICHB., *Ic. Fl. germ.*, t. 443-465. — H. BN, *Iconogr. Fl. fr.*, n. 23, 95, 164, 173.)

OPHTHALMACANTHUS (NEES, in *DC. Prodr.*, XI, 219). Synonyme de *Ruellia* L.

OPHTHALMICA. Synonyme d'Euphraise.

OPHTHALMIDIUM (ESCHW., *Syst. Lichen.*, 18, fig. 23). Synonyme de *Trypethelium* SPRENG.

OPHTHALMOBLAPTON (ALLEM., in *Guanab.* [1849], n. 4, c. icon.). Genre d'Euphorbiacées-Excæcariées, formé de beaux arbres du Brésil, à feuilles alternes, entières ou piquantes comme celles des Houx ; les fleurs monoïques ; les mâles 1-andres ; les femelles à ovaire triloculaire d'*Excæcaria*, avec un fruit tricoque. L'espèce type se cultive et fleurit parfois dans les serres chaudes. (H. BN, *Ét. gén. Euphorb.*, 547 ; in *Adansonia*, XI, 126 ; *Hist. des pl.*, V, 231.)

OPHYOCYTIEÆ (RABENH., *Fl. europ. Alg.*, III, 66). L'une des subdivisions des Protococcacées, caractérisée par des cellules cylindriques, à extrémités de formes irrégulières. Courtes d'abord à l'état jeune, elles prennent par la suite un plus grand développement, restent droites ou se recourbent d'une manière variable ; elles sont à peine stipitées ou supportées par un pied à divisions ombellifères. Le cytioplasma est pariétal, homogène ou granuleux, de couleur verte, renfermant parfois des globules épars, rouges ou jaune brun. La propagation se fait par des gonidies qui résultent de la division du cytioplasma. Ces gonidies sont réunies par 8, quelquefois 6 ou 9, dans chaque cellule matricale, distribuées en série unique longitudinale, de forme oblongue, munies de deux cils et commençant parfois à germer entre les cellules matricales. [CH. M.]

OPHYOCYTIUM (NÆG., *Einz. Alg.*, 89). Genre d'Algues-*Protococcaceæ*, de la famille des *Ophyocytieæ*, dont il a tous les caractères. Rabenhorst en a fait deux sections qu'il caractérise par les cellules qui sont plus ou moins séparées, qui sont droites ou recourbées, à peine stipitées ou soutenues par un pédicelle corymbifère. (Voy. RABENH., *Fl. europ. Alg.*, III, 67, 68.) [CH. M.]

OPHYOSTAPHYLON. Nom ancien de la Bryone.

OPILIA (ROXB., *Pl. corom.*, II, 31, t. 158). Genre d'Olacinées-Opiliées, formé de 8, 9 arbustes subsarmenteux, asiatiques, océaniens et africains, à petites fleurs en grappes axillaires ; le calice très petit, 4, 5-mère, comme la corolle qui est valvaire ; les étamines oppositipétales, à filet grêle ; l'ovule solitaire sur un placenta central libre, et le fruit drupacé. (WIGHT, *Ill.*, t. 40. — H. BN, in *Adansonia*, II, 371 ; III, 123.)

OPIMAN. Nom, au Kachmyr, d'une variété de Vigne.

OPIONKA. En Russie, l'*Agaricus fragilis* FRIES.

OPISTERIA (ACHAR., *Meth. Lich.*, 35). Section du g. *Peltidea*.

OPISTHOCENTRA (HOOK. F., *Gen.*, VII, 749). Section (?) du genre *Huberia* DC. (H. BN, *Hist. des pl.*, VII, 59.)

OPIZ (Maxim.-Phil.). Professeur à Prague, auteur [1816] de *Deutschlands kryptogamische Gewächse*, etc. ; de *Böheims phanerogamische und kryptogamische Gewächse*, etc. [1823] ; de *Auf welchem Wege wäre die Wahrheit, das höchste Ziel der reinen Botanik zu erreichen?* [1829] ; de *Beiträge zur Naturgeschichte* [1823-28], et de *Seznam rostlin Květeny Ceské* [1852]. (*Cat. sc. pap.*, IV, 685.)

OPIZIA (PRESL, *Rel. Hænk.*, I, 293, t. 41, fig. 1-11). Genre de Graminées-Chloridées, établi pour une herbe du Mexique, à épillets femelles alternant, sur le rachis grêle de l'épi, avec des glumes 2, 3-lobées ou aristées. [H. BN.]

OPLARIUM (LOSAN., ex TREVIS., *Algh. coccot.*, 98). Synonyme de *Pediastrum* MEYEN.

OPLISMENUS (PAL.-BEAUV., *Fl. ow. et ben.*, II, 14, t. 68; *Agrost.*, 53, t. 11, fig. 3). Genre de Graminées-Panicées, voisin des *Panicum*, mais qu'on en distingue surtout par son port et par sa glume extérieure bien développée et aristée. Pour Kunth (*Enum.*, I, 138), c'était une simple section des *Echinochloa*. Ce sont, au nombre de 3, 4, des herbes tropicales et sous-tropicales, grêles. (NEES, *Gen. Fl. germ.*, *Monoc.*, I, n. 20. — DŒLL, in *Mart. Fl. bras.*, II, II, t. 23.) [H. BN.]

OPLOPANAX (MIQ., in *Ann. Mus. lugd.-bat.*, I, 16). Synonyme de *Echinopanax* DCNE et PL.

OPLOPANAX (TORR. et GR., *Fl. N.-Amer.*, I, 648). Section du genre *Panax* L.

OPLOTHECA (NUTT., *Gen. nov. amer.*, II, 78). Pour *Hoplotheca*.

OPOBALSAMUM. Le Baume de la Mecque.

OPOCALPASUM. La gomme de Sassa.

OPOIDIA (LINDL., in *Bot. Reg.* [1839], *Misc.*, 66). Genre d'Ombellifères, que M. Boissier conserve comme distinct, mais d'affinités douteuses (*Fl. or.*, II, 1089). MM. Bentham et Hooker (*Gen.*, I, 920) le considèrent comme étant vraisemblablement un Peucédan, voisin des *Polycyrtus* (Voy. *Hist. des pl.*, VII, 99). Lindley lui attribuait la production du *Galbanum*. [H. BN.]

OPOPANAX (KOCH, *Umb.*, 96). Genre d'Ombellifères, dont nous avons fait (*Hist. des pl.*, VII, 206) une section du genre *Malabaila*. L'espèce principale est l'*O. Chironium*, qui a passé, sans doute à tort, pour fournir le parfum composé dit *Opopanax*, et est cultivé dans nos jardins. — Voy. STENOTÆNIA. [H. BN.]

OPORANTHUS (HERB., *App.*, 38). Synonyme de *Sternbergia* WALDST. et KIT.

OPORINIA (DON, in *Edinb. N. Phil. Journ.* [1828-29], 309). Synonyme de *Leontodon* L.

OPORINOIDES (NYL., *Spic. pl. Fenn.*, I, n. 75). Synonyme de *Oporinia* DON.

OPOSPERMUM (RAFIN., *Somiol.*, n. 56). Synonyme (?) de *Ectocarpus* LYNGB.

OPPOSITIFOLIÆ (L., *Ord. nat.*). Division des Composées.

OPSAGO. Nom ancien du *Physalis Alkekengi* L.

OPSANTHA. Le *Gentiana Amarella* L.

OPSANTHE (RENEALM., *Spec.*, 75). Synonyme (part.) de *Amarella* GRISEB.

OPSIANTHES (LILJ., in *Linnæa*, XV, 261). Synonyme (?) de *Phæostoma* SPACH.

OPSIESTON (BGE, *Rel. Lehman.*, 298). Pour *Ofaiston*.

OPSON. Synonyme de *Obson*.

OPSOPÆA (NECK., *Elem.*, II, 305). Synonyme de *Helicteres* L.

OPTALUS (JUSS., in *Dict.*, XXXV, 279). Pour *Opulus* T.

OPULAGOGA (H. BN, in *Adansonia*, XII, 330; *Hist. des pl.*, VII, 285, not. 3). Section du genre *Uragoga* L., voisine des *Mapouria*, à stipules larges et membraneuses, enveloppant d'abord les cymes terminales, à lobes de la corolle corniculés et à feuilles duveteuses et crénelées. Le type de cette section est l'*U. viburnifolia*, du Mexique.

OPULINÆ (SCOP., *Introd.*, 138). « *Gens* » des *Epicarpiæ*.

OPULUS. La Viorne Aubier, l'Érable et les *Cornus*.

OPULUS (T., *Inst.*, 607, t. 376). Synonyme de *Viburnum* T.

OPUNTIA (L., *Gen.*, n. 616). Genre de Cactacées, qui a des fleurs de *Cactus*, avec un réceptacle rempli par l'ovaire et donnant immédiatement, au moment où il cesse de l'enchâsser, naissance au périanthe et à l'androcée. Ce sont des plantes grasses, à segments articulés, souvent aplatis, plus rarement cylindriques, portant des feuilles cylindro-coniques, qui disparaissent de bonne heure, et, dans leur aisselle, un bouquet d'aiguillons. Les *Opuntia* sont américains; mais l'un d'eux, l'*O. vulgaris*, a été transporté dans tous les pays chauds. Son fruit charnu, épineux, est la Figue-d'Inde, dont on mange la pulpe sucrée. D'autres *Opuntia*, surtout de la section *Nopalea*, sont célèbres parce qu'ils servent à cultiver la cochenille, non seulement en Amérique, mais encore dans plusieurs régions chaudes de l'ancien monde, où les Nopals ont été transportés. (Voy. *Hist. des pl.*, IX, 28, 37, 40, fig. 44-48.) [H. BN.]

OPUNTIÉES (*Opuntieæ*). Série des Cactacées, dans laquelle le réceptacle floral ne forme pas de tube au-dessus de l'ovaire et supporte immédiatement le périanthe et l'androcée. Cette série renferme les genres *Opuntia*, *Rhipsalis* et *Pereskia*. (H. BN, *Hist. des pl.*, IX, 37.)

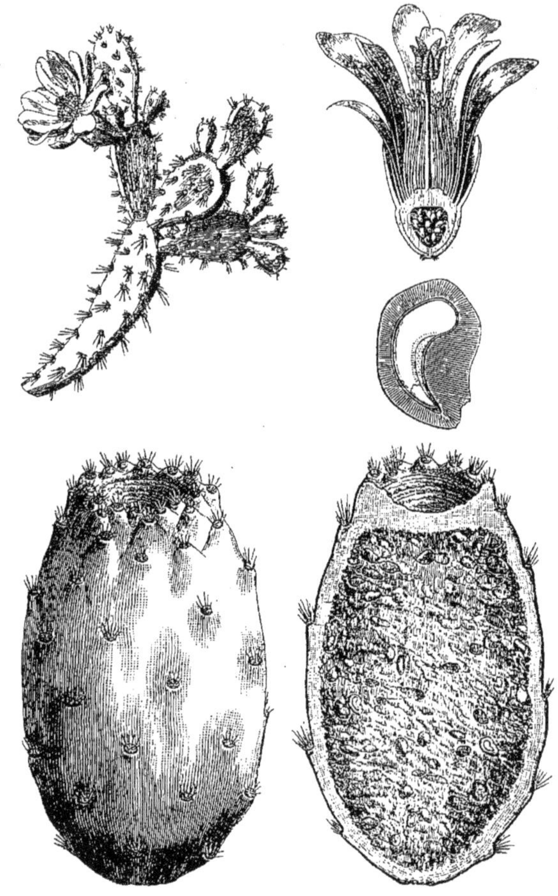

Opuntia. — Tige florifère. Fleur, coupe longitudinale. Fruit, entier et coupe longitudinale. Graine coupe longitudinale.

ORAK. Nom illyrien du Noyer.

O-RAN. Nom japonais du *Cymbidium ensifolium* Sw.

ORANDA-DAN-DOKU. Nom japonais du *Canna angustifolia* L.

ORANDA-FURO. Nom japonais de l'*Erodium cicutarium* L.

ORANDA-HAKUKA. Nom japonais de la Menthe crépue.

ORANDA-MITSUBA. Nom japonais de l'Ache-Céleri.

ORANDA-SEKICHIKU. Nom japonais de l'Œillet commun.

ORANDA-SENNICHI. Nom japonais du *Spilanthes oleracea* L.

ORANETTE (pour *Orcanette*). L'*Alkanna tinctoria*. L'O. de Constantinople est le Henné.

ORANGE. Nom français ancien de l'Oranger; d'où Fleur d'Orange (et non Fleur d'Oranger).

ORANGE. Sorte de fruit. Synonyme de Hespéridie.

ORANGE AMÈRE. Fruit du Bigaradier (*Citrus Bigaradia* DUHAM., *Arbr.*, éd. 2, VII, 99. — *C. Aurantium indicum* GALLES., *Trait. du Citrus*, 122).

ORANGE-BARK. Nom de l'écorce du *Cinchona lancifolia* MUT.

ORANGE (FAUSSE). Le *Cucumis Dudaim* L.

ORANGE DE QUITO. Le *Solanum quitense* DUN.

ORANGER DE SAVETIER. Le *Solanum pseudo-Capsicum* L.

ORANGER DES OSAGES. — Voy. MACLURA (III, 291).

ORANGETTES. Fruits jeunes du Bigaradier.

ORANGINE. Le fruit du *Limonia trifoliata* L.

ORBEA (HAW., *Syn. pl. succ.*, 37). Synonyme de *Stapelia* L.

ORBECKIA (G. DON, *Gen. Syst.*, II, 730). Pour *Osbeckia* L.

ORBICULA (COOKE, *Handb. brit. Fung.*, 926). Genre de Périsporiacés, à périthèce globuleux, astome, à demi membraneux, issu d'un mycélium brun. Les spores sont ovoïdes, fuligineuses à leur maturité. Les thèques ne sont pas accompagnées de paraphyses. Parasite sur les Lichens. [DE S.]

ORBICULARIA (H. BN, *Ét. gén. Euphorb.*, 616). Genre d'Euphorbiacées, proposé pour quelques *Phyllanthus* américains, notamment le *P. orbicularis* H. B. K. (*Orbicularia phyllanthoides*), et ramené depuis comme section au genre *Phyllanthus*. M. J. Mueller attribue en outre à cette section (*Prodr.*, XV, sect. II, 331) les *P. neurocarpus*, *spathulifolius*, *myrtilloides*, *erythrinus* et *nummularioides*. (Voy. *Hist. des pl.*, V, 254.) [H. BN.]

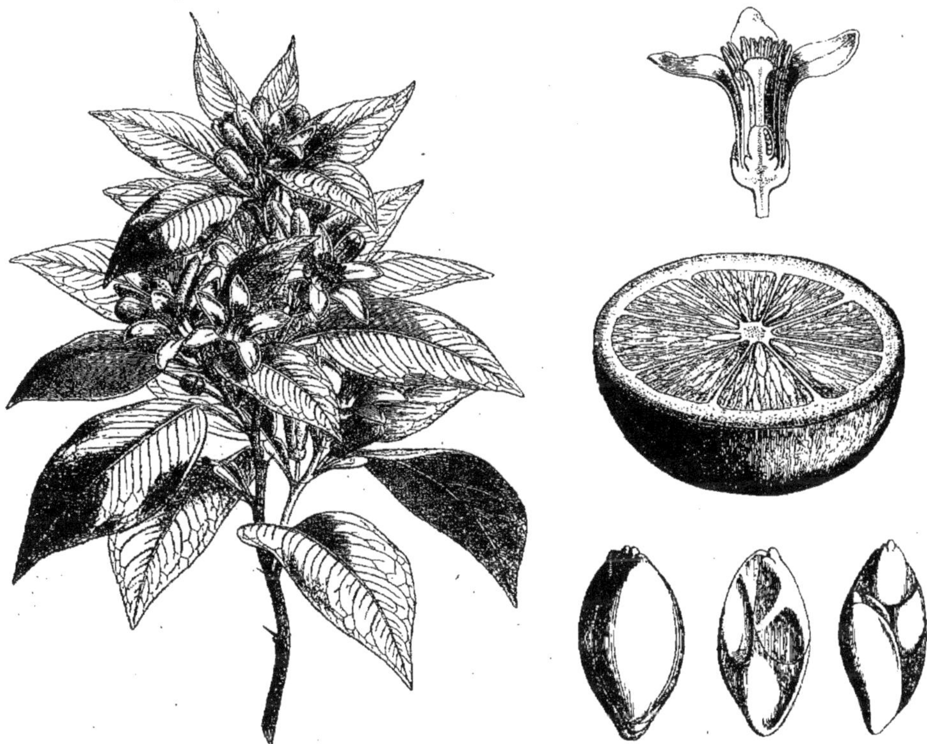

Oranger. — Rameau florifère. Fleur, coupe longitudinale. Fruit, coupe transversale. Graine. Embryons.

ORANIA (ZIPP., in *Allg. Konst en lett.-bode* [1829], 294. — MART., *Hist. nat. Palm.*, III, 186, t. 177, fig. 1). Genre de Palmiers-Arécées, formé de 3, 4 espèces de l'Océanie tropicale, à feuilles pinnatiséquées; caractérisées par 2 spathes, un spadice rameux, des fleurs 3-nées, dont la médiane femelle; les mâles insymétriques, à 6 anthères extrorses. Le fruit porte un stigmate basilaire. (BL., *Rumphia*, II, 115; *Præf.*, VIII, t. 119-122.)

ORANIJA-ICHIGO. Nom japonais du *Fragaria chilensis* EHR., var. *Ananassa*.

ORANT. Nom allemand du Muflier.

ORANTHEMIS (GRISEB., *Spic. Fl. rumel.*, II, 210). Section du genre *Anthemis* L.

ORAOMA (TURCZ., in *Bull. Mosc.* [1858], I, 411). Synonyme de *Amoora* ROXB.

ORA PRO NOBIS. Nom, au Brésil, du *Pereskia grandiflora*.

ORAYURI. Nom, à la Guyane, du *Galipea febrifuga* H. BN.

ORBIGNY (Alcide d'). Géologue français, s'occupa accidentellement de botanique après un grand voyage d'exploration dans l'Amérique du Sud, où il observa sur place le *Victoria*. Dans sa *Descripcion... de Bolivia* [1845], il y a 4 planches relatives à la botanique. En 1835-49, il publia un *Voyage dans l'Amérique méridionale*, pour lequel Montagne décrivit les Cryptogames, et de Martius les Palmiers. D'Orbigny mourut à Pierrefitte en 1857. — Son frère, Charles D'ORBIGNY, aide au Muséum, entreprit [1839-49] la publication d'un grand *Dictionnaire universel d'histoire naturelle*, qui n'est qu'une compilation médiocre en ce qui concerne la botanique. On lui doit [1820] un *Essai sur les plantes marines du golfe de Gascogne*.

ORBIGNYA (BERTER., in *Merc. chil.*, 737. — C. GAY, *Fl. chil.*, I, 370). Synonyme de *Llagunoa* R. et PAV.

ORBILIA (FR., *Summ. veg. Scand.*, 357). Section des *Peziza*, élevée au rang de genre par M. Quélet (*Enchir. Fung.*, 298), comprenant des espèces minuscules, lignicoles ou caulicoles, à cupule lenticulaire céracée, à hyménium mou et à spores elliptiques hyalines. [DE S.]

ORBOTA. Synonyme de Ginseng.

ORCANETTE, O. DE FRANCE. L'*Anchusa tinctoria* L.

ORCANETTE JAUNE. L'*Onosma echioides* SM.

ORCELLA (HUEL., *Enchir. Fung.*, 92). Première section du genre *Paxillus*, établie pour les espèces à chapeau tendre, orbiculaire ou excentrique.

ORCELLE. L'*Agaricus Orcella* BULL., espèce comestible. C'est aussi le nom de plusieurs Lichens tinctoriaux, dont le principal est le *Roccella tinctoria* ACHAR.

ORCELLI (FR., *Epicr.* 2e, 197). Sous-division des *Hyporhodii* de la division des *Clitopilus*, comprenant les espèces à chapeau irrégulier subexcentrique du type Mousseron.

ORCHEOSANTHUS (A. DC., *Prodr.*, VIII, 27). Section du genre *Pinguicula* L.

ORCHIASTRUM (LEME, *Ill. hort.*, II, *Misc.*, 100). Synonyme de *Lachenalia* JACQ.

ORCHIASTRUM (MICHELI, *Nov. gen.*, 30, t. 26). Synonyme de *Spiranthes* RICH.

ORCHIDACÉES, ORCHIDÉES. Famille de Monocotylédones, remarquable par l'irrégularité et la bizarrerie de ses fleurs, dont le réceptacle est très concave, enveloppant l'ovaire infère. Le calice est formé de 3 sépales, ordinairement colorés, dont un antérieur qui devient ensuite postérieur lorsque, comme il arrive le plus souvent, la fleur devient résupinée. La corolle est formée de 3 pétales alternes, dont 2 latéraux, symétriques, d'abord antérieurs; puis un postérieur, de forme très différente, nommé le *labelle*, qui pend au côté antérieur de la fleur résupinée et affecte les formes les plus diverses : en tablier plus ou moins lobé, en capuchon, en sabot, etc. L'androcée est le plus souvent formé d'une étamine fertile, qui est adnée au style et forme avec lui par sa base la *colonne* ou *gynostème*. Plus rarement il y a 2 étamines, primitivement postérieures, avec 2-4 staminodes plus ou moins visibles, souvent nuls, ou très rarement 3 étamines fertiles, et l'on nomme *clinandre* ou *androclinium* la surface dilatée de la colonne qui supporte les anthères. Après la résupination, l'anthère fertile unique regarde en avant par sa face; elle a deux loges qui s'ouvrent par des fentes longitudinales et qui renferment un pollen rarement granuleux, plus souvent rassemblé en masses dites *pollinies*, au nombre de 1-4 dans chaque loge. Elles sont souvent céracées, de forme variable et sont reliées au clinandre par un ou plusieurs filaments élastiques. Ou bien elles se fixent à une languette empruntée à l'organe femelle et que l'on désigne sous le nom de *caudicule*, terminée elle-même par une dilatation visqueuse, dite *rétinacle*. L'ovaire infère est uniloculaire, à 3 placentas pariétaux, superposés aux pétales, souvent 2-lobés, ∞-ovulés. Le style, adné à la colonne, se termine par une dépression située en avant dans les fleurs qui se sont résupinées, au-dessous d'une saillie qui la sépare du clinandre, et qui, tapissée de tissu stigmatique visqueux, conduit dans la cavité ovarienne. Le fruit est capsulaire ou charnu, et il s'ouvre finalement par 1-6 fentes. Il renferme de nombreuses graines, dites scobiformes, à tégument extérieur lâche et hyalin, souvent prolongé en aile. Ce sont des herbes terrestres ou épiphytes, dont on distingue environ 5000 espèces, de toutes les régions du globe. Dans les pays tempérés, elles sont généralement terrestres, souvent pourvues d'un rhizome ou de tubercules souterrains, entiers ou palmés, qu'on nomme *Orchido-bulbes* ou *Ophrydo-bulbes*, et qui ont pour origine la base renflée et diversement conformée, entière ou divisée, d'un bourgeon axillaire souterrain. Dans les espèces épiphytes, il y a souvent un *pseudo-bulbe* de tout autre nature, base renflée d'un axe qui porte dans une portion variable de sa surface des feuilles ou des appendices qui les représentent. Les feuilles sont généralement alternes, rectinerves, souvent dilatées inférieurement en gaine. Les fleurs, souvent de couleur brillante, sont solitaires, ou en épi simple ou plus ou moins composé, parfois capituliforme. On s'accorde aujourd'hui à partager cette grande famille en 5 groupes considérables : les Vandées, Épidendrées, Orchidées (Ophrydées), Néottiées et Cypripédiées, ces dernières comprenant l'ancienne petite famille des Apostasiées. [H. BN.]

Orchidacées.

ORCHIDE DES BOUTIQUES. L'*Orchis Morio* L.

ORCHIDIOIDES (A. DC., *Prodr.*, VIII, 23). Section du genre *Utricularia* L.

ORCHIDION (MITCH., in *Act. nat. cur.* [1748], App., 218). Synonyme de *Arethusa* GRON.

ORCHIDIUM (SW., in *Svensk. Bot.*, t. 518). Synonyme de *Calypso* SALISB.

ORCHIDO-BULBE. — Voy. ORCHIDÉES.

ORCHIDOCARPUM (MICHX, *Fl. bor.-amer.*, I, 329). Synonyme de *Asimina* ADANS.

ORCHIDOFUNCKIA (A. RICH., in *Ann. sc. nat.*, sér. 3, III, 24). Synonyme de *Cryptarrhena* R. BR.

Orchis. — Ports. Fleur, entière et coupe longitudinale.

ORCHIL. Nom d'un grand nombre de Lichens divers, à matière colorante pourpre et bleue.

ORCHIOIDES (TREW, *Comm. lit.* [1731], 60). Synonyme de *Goodyera* R. BR.

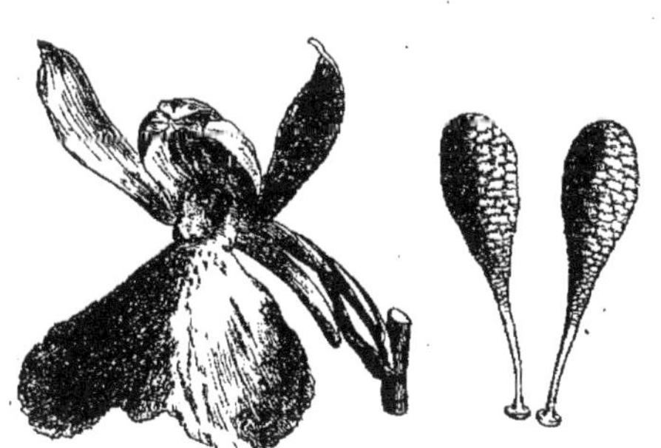

Orchis. — Fleur. Pollinies.

ORCHIOPS (SALISB., *Gen. pl. Fragm.*, 21). Synonyme de *Orchiops* SALISB.

ORCHIPEDA (BL., *Bijdr.*, 1027). Syn. de *Voacanga* DUP.-TH.

ORCHIPEDA (BRED., *Orch. Kuhl et Hass.*, c. tab.). Synonyme de *Physurus* L.-C. RICH

ORCHIS (T., *Inst.*, 431, part.). Genre qui donne son nom à la famille des Orchidacées et à la série des Orchidées, formé d'environ 80 herbes terrestres, à orchido-bulbes, à feuilles alternes, disposées sur les branches aériennes annuelles ; à fleurs en épis terminaux, occupant chacune l'aisselle d'une bractée et finalement résupinées. Le périanthe est celui des Orchidées en général, et il est pourvu d'un éperon qui répond à la base de son labelle et est plus ou moins développé. L'anthère, finalement

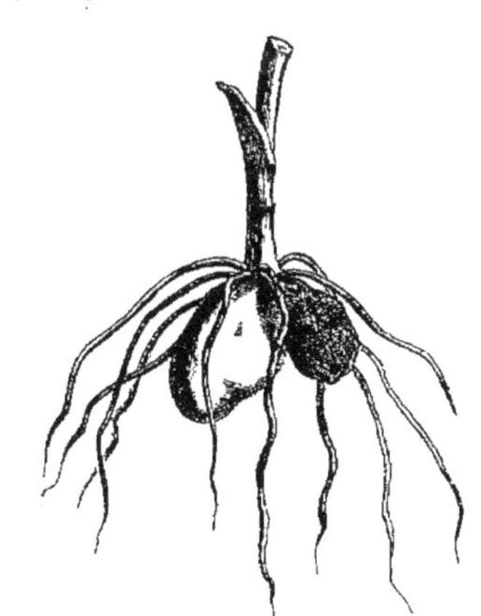

Orchis. — Orchido-bulbes.

postérieure, a 2 pollinies formées de gros grains attachés à une colonnette centrale qui se continue en un caudicule aboutissant aux rétinacles. Ceux-ci sont le plus souvent distincts, parfois unis en une seule masse. Répandus en Europe, dans l'Asie et l'Amérique tempérées, dans le nord de l'Afrique et même dans ses îles orientales, les *Orchis* sont souvent des plantes à salep, et cette substance est formée d'orchido-bulbes entiers ou palmés. Nos espèces les plus communes sont remarquables par

Orchidée à salep.

la forme étrange de leur périanthe, notamment les *O. mascula, maculata, Morio, purpurea, militaris, Simia, ustulata, laxiflora, latifolia, conopea, montana, viridis*, etc., dont plusieurs peuvent s'hybrider entre eux et même avec les *Aceras*, etc. Ils sont communs dans presque toute la France. [H. Bn.]

ORCHIS BOUFFON. L'*Orchis Morio* L.

ORCHIS SERAPIAS (Dod.). Les *Ophrys*.

ORCYA (Vell., *Fl. flum.*, 344; Atl., VIII, 83). Synonyme de *Acanthospermum* Schr.

ORDI, ORDIGAL, FÉRAJE. Noms languedociens de l'*Hordeum vulgare* L.

ORDILLON. Le *Tordylium officinale* L.

ORDOYNO (Thom.). Auteur [1807] d'un *Flora Nottinghamiensis* (in-8 de 344 p.).

ORDRE (*Ordo*). — Voy. Taxinomie.

OREACANTHUS (Benth., *Gen.*, II, 1104). Genre d'Acanthacées-Justiciées, formé d'une herbe des monts Cameroon, grande, à inflorescence mixte, pyramidale; les fleurs pourvues d'une corolle à large gorge; le limbe bilabié, avec une lèvre postérieure entière, subégale aux 3 lobes de l'antérieure. [H. Bn.]

OREADEÆ (Br. et Schimp., *Bryol. eur.*, XII). Famille des Mousses.

OREADELLA (C. Muell., *Syn. Musc.*, I, 508). Section du genre *Bartramia* L.

OREADES (Dcne, in *DC. Prodr.*, XIII, I, 717). Section du genre *Plantago* T.

OREAMUNOA (Œrst.). Pour *Oreomunnea* Œrst.

OREANTHES (Benth., *Pl. Hartweg.*, 140). Genre d'Éricacées-Thibaudiées, formé d'un arbuste des Andes, à fleurs axillaires 1-3-nées; le calice foliacé, surmontant un tube allongé. L'androcée a des anthères tubuleuses et poricides. [H. Bn.]

OREANTHUS (Rafin., in *Ser. Bull. bot.*, I, 216). Synonyme (?) de *Mitellopsis* Meissn.

OREANTHYLLIS (Griseb., *Spicil. Fl. rumel.*, I, 14). Section du genre *Anthyllis* T.

OREAS (Cham. et Schchtl, in *Linnæa*, I, 29, t. 1). Synonyme de *Braya* Sternb.

OREGONIUM (B. H., *Gen.*, III, 92). Section du genre *Eriogonum* Michx.

OREGURA (Lindl., *Orchid. gen.*, 347; 352). Section du g. *Disa*.

OREILLE. Nom de l'*Agaricus virgineus* Jacq. et de plusieurs Champignons. On nomme *O. du peuplier* le *Pleurotus ostreatus; O. de l'Orme*, le *P. ulmarius; O. de Chardon*, le *P. Eryngii*.

OREILLE. Nom donné à plusieurs plantes ou parties de plantes, à cause de leur forme :

O. d'abbé. Le *Cotyledon Umbilicus* L.
O. d'âne. La Grande Consoude.
O. d'homme. L'*Asarum europæum* L.
O. de Judas. L'*Hirneola Auricula Judæ* Berk.
O. de lièvre. Le *Bupleurum falcatum* L.
O. de Malchus. Le *Polyporus squamosus* Fr.
O. de noiret. L'*Agaricus dimidiatus* Bull.
O. d'orme. Le *Boletus Juglandis* Bull.
O. d'ours. Le *Primula Auricula* L.
O. de rat. L'Épervière Piloselle.
O. de souris. Le *Myosurus minimus* L.

OREILLE DE BUCHERON, O. A TROIS FEUILLES, O. DES BOIS. L'*Oxalis Acetosella* L.

OREILLE DE CHARDON. Nom nivernais de l'*Agaricus Eryngii*.

OREILLE DE CHÈVRE. Nom forézien du *Centaurea Scabiosa*.

OREILLE DE GÉANT. La Bardane.

OREILLE DE HOUX. L'*Agaricus Aquifolii* Pers.

OREILLE DE LIÈVRE. Le *Plantago lanceolata* L.

OREILLE DE MALCHAS. Synonyme de Miellin.

OREILLE DU NOYER. Le *Boletus Juglandis* Bull.

OREILLE (GRANDE) DE RAT. Le *Hieracium Auricula* L.

OREILLETTE, ORILLETTE. Noms des *Valerianella olitoria* Mœnch et *Auricula* DC.

OREILLETTE. L'*Agaricus auriculatus* Dub. La *Petite Oreillette* est l'*A. ericetorum* Bull.

OREINOTINUS (Œrst., in *Vid. Medd. Nat. For. Kjob.* [1860], 281, t. 6, fig. 11-25). Section du genre *Viburnum* T.

OREITHALES (Schlchtl, in *Linnæa*, XXVII, 559). Synonyme (?) de *Anemone* Hall.

OREJA DE BURRO. Au Mexique, l'*Echeveria coccinea* DC.

OREJA DE OSO. Nom espagnol des Oreilles d'ours.

OREJA DE RATON. Au Mexique, l'*Echeveria formosa* L.

OREJA DE TIGRE. Nom, à Angostura, du *Cissampelos ovalifolia* DC.

ORELHA DE GATO. Au Brésil, l'*Hypericum connatum* Lamk.

ORELIA (Aubl., *Guian.*, I, 270, t. 106). Synonyme de *Allamanda* L.

ORÉLIE DE LA GUYANE. L'*Allamanda cathartica* L.

ORELLA, ORELLANA. Le Rocouier.

OREMBOURG (GOMME D'). La résine du *Pinus Larix* L.

OREN. — Voy. Horen.

OREN. Nom japonais du *Coptis anemonæfolia* Sieb. et Zucc.

ORENDÉ. Plusieurs plantes portent ce nom vulgaire au Gabon, notamment l'*O. rouge*. Nous avons essayé de les distinguer les unes des autres (*Adansonia*, X, 166).

ORENI. Au Japon, l'*Hibiscus Manihot* L.

ORENI-KADSURA. Au Japon, l'*Uvaria japonica* L.

OREOBIA (Phil., in *Bot. Zeit.* [1857], 722). Section du genre *Jaborosa* J.

OREOBLITON (Dur. et Moq., in *Rev. bot.*, II, 428; *Expl. Algér.*, t. 79; in *Bull. Soc. bot. Fr.*, II, 367). Genre de Chénopodiacées-Chénopodiées, à fleurs très analogues à celles des

Beta, hermaphrodites; les 5 sépales étalés autour du fruit et indurés à leur base. Leur fruit sec renferme une graine horizontale. C'est une plante algérienne, très variable, à base ligneuse, à feuilles alternes, à fleurs axillaires, solitaires ou disposées sur de courts ramules. (H. BN, *Hist. des pl.*, IX, 170.)

OREOBOLUS (R. BR., *Prodr.*, 235). Genre de Cypéracées-Rhynchosporées, distingué par des épillets uniflores, solitaires sur un axe dressé, solitaire ou 2-né; 3 glumes et 6 écailles hypogynes (périanthe ?), rigides et persistantes. Ce sont des herbes naines, cespiteuses, à feuillage dense, de l'Océanie et de l'Amérique antarctique. On en distingue 2, 3 espèces. (HOOK. F., *Fl. antarct.*, I, t. 49. — BERGGR., *N. Zeil. Faner.*, t. 6, fig. 12-24.) [H. BN.]

OREOCALLIS (R. BR., in *Trans. Linn. Soc.*, X, 196). Synonyme de *Embothrium* FORST.

OREOCHAMELA (FENZL, *Pl. Syr. pugill.*, 14). Section du genre *Hutchinsia* R. BR.

OREOCHARIS (BENTH., *Gen.*, II, 1021, n. 60). Genre de Gesnériacées-Cyrtandrées, à fleurs peu irrégulières; la corolle sub-2-labiée, 4 étamines fertiles et un fruit bivalve, linéaire, avec les caractères généraux des *Rottlera* VAHL. Ce genre, de peu de valeur, compte 5, 6 espèces, asiatiques et des Philippines. (H. BN, *Hist. des pl.*, X, 95.)

OREOCHARIS (DCNE, in *Jacquem. Voy. Bot.*, 119, t. 124-126). Synonyme de *Mertensia* ROTH.

OREOCHLOA (LINK, *H. berol.*, I, 44). Genre de Graminées-Festucées, fondé sur une herbe européenne, alpine et vivace, à inflorescence spiciforme; les épillets distiques, très courtement stipités et pauciflores. Les glumes sont membraneuses, assez larges et mutiques. Grenier et Godron (*Fl. de Fr.*, III, 454) en distinguent 2 espèces, les *O. disticha* LINK et *pedunculata* BOISS. et REUT., l'une des Pyrénées et l'autre des Alpes. (REICHB., *Ic. Fl. germ.*, t. 12. — NEES, *Gen. Fl. germ. Monoc.*, I, 52.) [H. BN.]

OREOCNIDE (MIQ., *Pl. Jungh.*, I, 39). Synonyme de *Villebrunea* GAUDICH.

OREOCOME (EDGEW., in *Trans. Linn. Soc.*, XX, 54). Section du genre *Meum* T. (H. BN, *Hist. des pl.*, VII, 210.)

OREOCOSMUS (NAUD., in *Ann. sc. nat.*, sér. 3, XII, t. 14; XIII, 348). Synonyme de *Tibouchina* AUBL.

OREODAPHNE (NEES, in *Linnæa*, VIII, 39; XXI, 515; *Syst. Laur.*, 350, 380). Synonyme de *Ocotea* AUBL. (H. BN, *Hist. des pl.*, II, 437.)

OREODOXA (W., in *Mém. Ac. Berl.* [1804], 34). Genre de Palmiers-Arécées, formé de 5 espèces de l'Amérique tropicale, inermes, à feuilles pinnatiséquées; les fleurs monoïques, dans un même spadice : les mâles à petits sépales scarieux et à 6-12 étamines; les femelles à pétales connés en bas, valvaires en haut; l'ovaire 3-loculaire. Le fruit est arqué, à stigmates subbasilaires. Les divisions des feuilles sont atténuées et bifides au sommet. L'*O. regia* est une belle espèce, souvent cultivée dans les tropiques et dans nos serres chaudes. (JACQ., *St. sel.*, t. 170. — MART., *Hist. nat. Palm.*, III, t. 156, 163.) [H. BN.]

OREOGEUM (SER., in *Mém. Soc. Genèv.* [1823], II, 139). Synonyme de *Sieversia* W.

OREOLACHNE (OSTEN-SACK. et RUPR., in *Mém. de l'Acad. imp. des sciences de St-Pétersbourg*, 7e sér., XIV, 39). Section du genre *Cheiranthus* L. (*C. himalayensis* JACQUEM.).

OREOMELIA. Nom grec ancien de la Manne du Frêne.

OREOMUNNEA (ŒRST., in *Vid. Medd. Nat. For. Kjob.* [1856], 52). Synonyme de *Engelhardtia* LESCH.

OREOMYRRHIS (ENDL., *Gen.*, n. 4508). Section du genre *Chærophyllum* T. (H. BN, *Hist. des pl.*, VII, 232.)

OREOPANAX (DCNE et PL., in *Rev. hort.* [1854], 107-108). Synonyme de *Hedera* T. et section de ce genre. (H. BN, *Hist. des pl.*, VII, 253, n. 108.)

OREOPHILA (DON, in *Phil. Mag.*, XI, 388). Synonyme de *Hypochæris* L. (H. BN, *Hist. des pl.*, VIII, 110.)

OREOPHILA (NUTT., in *Torr. et Gr. Fl. N.-Amer.*, I, 258). Synonyme de *Pachystima* RAFIN.

OREOPHYLAX (ENDL., *Gen.*, 600). Section du g. *Gentiana*.

OREOPHYTUM (DCNE, in *DC. Prodr.*, XIII, I, 704). Section du genre *Plantago* T.

OREOPOLUS (SCHLCHTL, in *Lechl. pl. exs.*, n. 2895. — B. H., *Gen.*, II, 97). Section du genre *Cruckshanksia* HOOK. et ARN., à divisions du calice courtes, non foliacées et pétiolées. (H. BN, *Hist. des pl.*, VII, 417.)

OREOPTELEA (SPACH, in *Ann. sc. nat.*, sér. 2, XV, 363). Section du genre *Ulmus* T.

OREORCHIS (LINDL., in *Journ. Linn. Soc.*, III, 26). Genre d'Orchidacées-Épidendrées, formé de 4 herbes terrestres, asiatiques et monticoles, à pseudo-bulbes tubéreux, avec 1, 2 feuilles étroites, des fleurs en grappes, un labelle sans éperon, un gynostème apode et sans aile, avec 4 pollinies, finalement attachées à un pied filiforme. (REG., *Fl. usur. Tent.*, t. 11.)

OREOSCIADIUM (DC., *Prodr.*, IV, 101). Section du g. *Apium*.

OREOSCIADIUM (WEDD., *Chl. andin.*, II, 203, t. 69). Section du genre *Apium*, à carpophore 2-fide ou 2-partite, à bractées des involucres nombreuses. (H. BN, *Hist. des pl.*, VII, 222.)

OREOSELINUM (BIEB., *Fl. taur.-caucas.*, III, 200). Section du genre Peucédan, caractérisée principalement par la côte des pétales fortement imprimée. (H. BN, *Hist. des pl.*, VII, 97.)

OREOSELINUM (T., *Inst.*, 318, t. 169). Synonyme (part.) de *Peucedanum* T.

OREOSERIS (DC., *Prodr.*, VII, 117). Synonyme de *Gerbera* GRON. (H. BN, *Hist. des pl.*, VIII, 94.)

OREOSMA (REICHB., *Nom.*, 104). Section du g. *Satureia* L.

OREOSPARTON (WEBB, *Phyt. canar.*, II, 50). Section des *Spartocytisus* WEBB.

OREOSPHACUS (PHIL., in *Leych. Exs. Pamp.*, 45). Genre douteux de Labiées-Menthées, formé d'un arbuste du Chili, voisin des *Bystropogon* (BENTH.), distingué par un calice 5-nerve et 5-denté, une corolle peu irrégulière et des verticillastres biflores. [H. BN.]

OREOSPLENIUM (ZAHLBR. herb.). Synonyme de *Zahlbrucknera* REICHB.

OREOSTIPA (TRIN. et RUPR., in *Mém. Acad. Pétersb.* [1842], 26). Section du genre *Stipa* L.

OREOXIS (RAFIN., in *Ser. Bull. bot.*, I, 217). Genre mal défini d'Ombellifères.

ORESAK. Nom bohême du Noyer.

ORESCIA (REINW., *Syll. Ratisb.*, II, 15). Genre mal défini de Primulacées.

ORESIGONIA (LESS.). Donné à tort (B. H.) comme synonyme de *Lasiocephalus* SCHLCHTL.

ORESIGONIA (SCHLCHTL, in *Bull. Nat. Mag.*). Synonyme (LESS.) de *Culcitium* H. B.

ORESIGONIA (W., herb.). Synonyme de *Werneria* H. B. K.

ORESTION (DIOSC.). La Grande-Aunée.

ORESTION (KZE, in hb. *Pœpp.*). Synonyme de *Myrteola* BERG.

OREXIS (SALISB., *Gen. pl. Fragm.*, 117). Genre proposé pour le *Lycoris radiata* HERB.

ORFILA (Math.-Jos.-Bonav.). Chimiste, d'origine baléare [1787-1873], professeur à l'École de médecine de Paris, fut le plus habile des doyens de la Faculté dans ce siècle. Il s'occupa beaucoup de la recherche des poisons, et l'on trouve beaucoup de faits relatifs aux plantes vénéneuses dans son *Traité de toxicologie générale* [1813], qui eut cinq éditions.

ORFILEA (H. BN, *Euphorbiac.*, 452). Genre d'Euphorbiacées, rapporté comme section (M. ARG.) au genre *Alchornea* SOL.

ORFOTA. Le *Mimosa Orfota* FORSK.

ORGANES. Les parties des plantes, entre autres ce qu'on a nommé leurs *membres*, dont l'étude constitue l'*Organographie*. Leur mode de développement est étudié par l'*Organogénie*. Les stipules, vrilles, épines, ont été appelés organes dérivés ou accessoires. La division la plus importante, non absolue cependant, est celle en organes axiles et appendiculaires. Les derniers sont portés par les premiers et ne portent pas normalement eux-mêmes d'autres organes principaux. Les organes végétatifs sont les racines, tiges et feuilles. Les organes reproducteurs sont mâles et femelles. Dans les Phanérogames, ce sont l'androcée et le gynécée. L'embryon est parfois nommé organe conservateur, à titre d'organe végétatif. [H. Bn.]

ORGE (*Hordeum* T., *Inst.*, 513, t. 295). Genre de Graminées-Hordéacées, formé d'une douzaine d'espèces des régions tempérées des deux mondes; distingué par des épillets uniflores et disposés en épi, dit simple, 2, 3-nés sur les nœuds ou dans les creux du rachis principal. Les glumes sont rigides, linéaires ou subulées, persistantes, simulant par leur rapprochement un involucre. La glumelle inférieure est 5-nerve, terminée par une arête droite ou divergente. Palisot-de-Beauvois (*Agrostogr.*, 114, t. 21) a réduit ce genre à l'*H. vulgare* L., avec beaucoup de formes. Les principales seraient l'*H. hexastichon* L., ou *Orge à 6 rangs* (de fleurs), et l'*H. distichum* L., qui n'a que 2 rangées saillantes d'épillets, parce que les fleurs des 4 autres séries sont mâles et peu volumineuses. Dans le type, c'est la rangée médiane qui de chaque côté est peu proéminente, et l'Orge est alors « à 4 rangs ». La farine d'Orge est alimentaire pour l'homme et les animaux. Mais on cultive surtout la plante dans les pays tempérés, pour la fabrication de la bière et l'usage médical. L'*H. Ægiceras* est remarquable par ses bractées gemmifères ou florifères. (H. Bn, in *Bull. Soc. bot. Fr.*, I, 187; *Tr. Bot. méd. phanér.*, 1368.)

Orge. — Plante entière. Épi. Épillet. Fleur. Fruit.

ORGE A LONGS ÉPIS, O. ANGLAISE, O. DISTIQUE. L'*Hordeum distichon* L.

ORGE CARRÉE. L'*Hordeum hexastichon* L.

ORGE CÉLESTE. L'*Hordeum cœleste* et l'*Hordeum nudum* L.

ORGE D'ACHILLE, O. ANGULEUSE, O. D'HIVER, O. DE PRIME. L'*Hordeum hexastichon* L.

ORGE DE RUSSIE, O. PYRAMIDALE. L'*Hordeum Zeocriton* L.

ORGE (GROSSE). L'*Hordeum vulgare* L.

ORGE (PETITE). La Cévadille. C'est aussi l'*Hordeum distichon* L. La Petite Orge nue est l'*H. cœleste*.

ORGE QUEUE DE SOURIS. L'*Hordeum murinum* L.

ORGE-RIZ. L'*Hordeum distichon* L.

ORGIA (BORY. — KUETZ., *Spec. Alg.*, 579). Genre d'Algues-Floridées, que Kützing considère comme synonyme de *Alaria*.

ORGIBAO. Le *Stachytarpheta jamaicensis* VAHL.

ORGLISSE. L'*Astragalus glycyphyllos* L.

ORGOUANE. L'*Agaricus Albellus* SCHÆFF.

ORGYIA (STACKH., *Ner. brit.*, ed. 2, t. 20). Synonyme de *Alaria* GREV.

ORKHODA. Nom malais du Ginseng.

ORIASTRUM (PŒPP. et ENDL., *Nov. gen. et spec.*, III, 50, t. 257). Synonyme de *Chætanthera* R. et PAV. (H. Bn, *Hist. des pl.*, VIII, 103.)

ORIBA (ADANS., *Fam. pl.*, II, 439). Synonyme de *Anemone*.

ORIBASIA (SCHREB., *Gen.*, 123). Synonyme de *Palicourea* AUBL. (*Uragoga* L.).

ORIBASIA (SESS. et MOÇ., *Fl. mex. ined.*). Synonyme (?) de *Werneria* H. B. K. (H. Bn, *Hist. des pl.*, VIII, 269.)

ORIBASIOS (Pergamenus), dont le nom francisé est *Oribaze*, né à Pergame l'an 325 av. J.-C., a laissé un vaste travail de botanique médicale, imprimé pour la première fois à Strasbourg en 1553, sous le titre de *Oribasii medici de simplicibus libri quinque* (in-fol., p. 122-233).

ORICIA. Nom ancien (?) du Térébinthe.

ORIENTATION. — Voy. FLEUR (II, 620).

ORIFICE (LÉV., art. MYCOLOGIE, in *Dict. d'Hist. nat.*). — Voy. OSTIOLE.

ORIGAN (*Origanum* T., *Inst.*, 198, t. 94). Genre de Labiées-Saturéiées, dont les fleurs ressemblent beaucoup à celles des Thyms, avec un calice à 5 dents ou 2-labié; une corolle bilabiée, à lobes inégaux; le postérieur souvent émarginé; 4 étamines 2-dynames, à loges d'anthères distinctes, souvent divariquées; à gynécée de Labiée, supporté par un disque égal ou dilaté en avant. Style à divisions peu profondes, inégales. Nucules oblongs ou ovoïdes et lisses. Ce sont des herbes, parfois frutescentes, à feuilles entières ou dentées, à cymes pourvues de bractées herbacées ou parfois dilatées et colorées, unies en grappes plus ou moins ramifiées. A ce genre on rattache aujourd'hui comme sections les *Amaracus* et les *Majorana*. On en connaît 25 espèces, de la région méditerranéenne et des Canaries. L'*O. vulgare* L., de nos bois, est aromatique. L'*O. Dictamnus* L. (*Amaracus Dictamnus* GLED.) est le Dictame de Crête; et l'*O. Majorana* L., la Marjolaine. [H. Bn.]

ORIGAN DE MARAIS. L'*Eupatorium cannabinum* L.

ORIGERON. Nom ancien de la Pulsatille.

ORILLETTE. Synonyme de Mâche.

ORIMANTHIS (RAFIN. — LEM., in *Dict.*, XXXVI, 343). Genre douteux d'Alcyonidées (?).

ORIMARIA (RAFIN., in *Ser. Bull. bot.*, 218, ex ENDL., *Gen.*, n. 4414). Synonyme (?) de *Bupleurum* T.

ORIOL. Nom catalan de l'*Agaricus cæsareus* SCHÆFF.

ORIOL COUGOMÈLE. Nom (Roussillon) de l'*Agaricus ovoideus*.

ORIOL FOL. Nom (Roussillon) de l'*Agaricus muscarius* L.

ORITES (R. BR., in *Trans. Linn. Soc.*, X, 189). Genre de Protéacées-Grévilléées, formé de 6, 7 arbres australiens; distingué par un petit périanthe droit, 4 glandes hypogynes, 2 ovules collatéraux qui deviennent des graines ailées. Les fleurs sont en grappes ou épis denses. (H. Bn, *Hist. des pl.*, II, 414.)

ORITHALIA (BL., *Fl. jav. Præf.*, 6). Synon. de *Agalmyla* BL.

ORITHYA (DON, in *Sweet Brit. fl. Gard.*, ser. 2, t. 336). Genre de Liliacées, créé pour l'*Ornithogalum uniflorum*; section du genre *Tulipa* T.

ORITINA (R. BR., in *Trans. Linn. Soc.*, X, 224). Synonyme de *Orites* R. BR.

ORITROPHIUM (H. B. K., *Nov. gen. et spec. pl. æquin.*, IV, 89). Section du genre *Aster* T.

ORIUM (DESVX, *Journ.*, III, 162). Synonyme de *Clypeola* L.

ORIXA (THUNB., *Fl. jap.*, 3). Synonyme, d'après Miquel, de *Celastrus* L. Genre, d'après M. Maximowicz, de Zanthoxylées.

ORLAYA (HOFFM., *Umbell.*, 58. — DC., *Prodr.*, IV, 269). Genre d'Ombellifères-Daucées, dont nous n'avons fait qu'une section du genre Carotte. (Voy. *Hist. des pl.*, VII, 89.) [H. BN.]

ORLEANA. Synonyme de *Orellana* (*Bixa* L.).

ORMBUNKE. En Suède, la Fougère mâle.

ORME (*Ulmus* T., *Inst.*, 601, t. 372). Genre qui a donné son nom à la famille des Ulmacées, et dont les fleurs, hermaphrodites ou polygames, sont régulières, apétales, à calice campanulé, 4-8-mère, avec autant d'étamines hypogynes et un gynécée supère dont l'ovaire a 2 loges (à moins qu'une d'elles n'avorte, comme c'est le cas le plus ordinaire). Le style est divisé en 2 branches, et la loge ovarienne ne renferme qu'un ovule descendant, à micropyle supérieur et extérieur. Le fruit est une samare à aile membraneuse, veinée, et la graine renferme un embryon charnu, renversé, sans albumen. Il y a une quinzaine d'Ormes, des régions tempérées, arbres à feuilles distiques, insymétriques, serrées; à fleurs en cymes dans l'aisselle des feuilles ou plus souvent de leurs cicatrices. Outre leur bois utile, les Ormes fournissent des produits à la médecine, notamment l'*Ulmus fulva* MICHX, de l'Amérique du Nord, dont l'écorce a même servi à faire du pain. (H. BN, *Hist. des pl.*, VI, 137, 184, fig. 89-94; *Tr. Bot. méd. phanér.*, 986.)

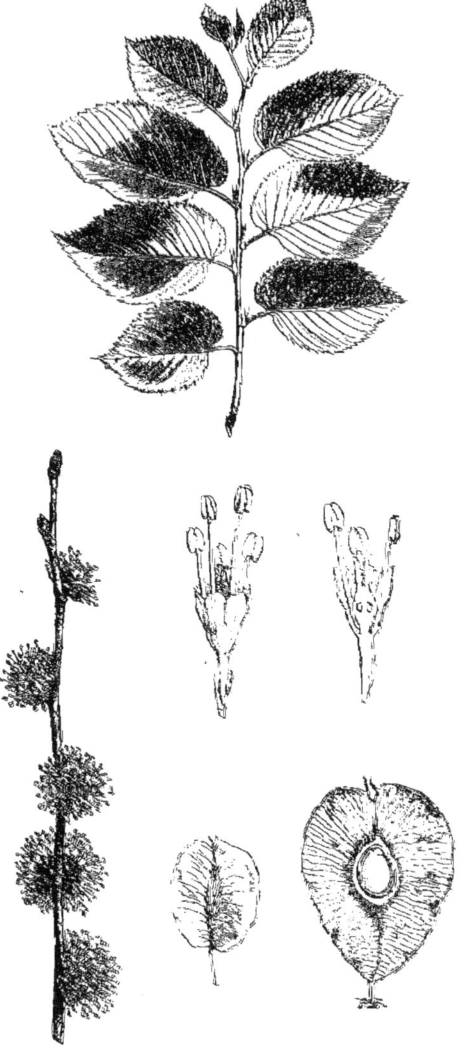

Orme. Branche feuillée. Rameau fleuri. Fleur, entière et coupée longitudinalement. Fruit, entier et coupé longitudinalement.

ORMEAU. L'*Ulmus campestris* L.

ORME D'AMÉRIQUE. L'*Ulmus americana* MICHX et le *Guazuma ulmifolia* L.

ORME DE SAMARIE. Le *Ptelea trifoliata* L.

ORME DE SIBÉRIE. Le *Planera crenata* MICHX.

ORME DE VIRGINIE. L'*Ulmus virginiana* L.

ORME-LIÈGE. L'*Ulmus suberosa* (*U. campestris* L. var.).

ORMENIS (CASS., in *Bull. philom* [1818]; in *Dict.*, XXXVI, 355). Synonyme de *Anthemis* L. (*Matricaria* T.). (H. BN, *Hist. des pl.*, VIII, 275.)

ORMIÈRE. La Reine des prés.

ORMILLE. L'*Ulmus campestris* L.

ORMIN. Le *Salvia Horminum* L.

ORMISCUS (ECKL. et ZEYH., *Enum. pl. afr. austr.*, 9). Synonyme de *Heliophila* L.

ORMOCARPUM (PAL.-BEAUV., *Fl. oware. et ben.*, I, 95, t. 58). Genre de Légumineuses-Papilionacées-Hédysarées; synonyme de *Diphaca* LOUR. (auquel les caractères auraient dû être indiqués). Les fleurs y ont des étamines unies en une gaine fendue d'un ou de deux côtés. Le fruit est formé d'articles oblongs, striés longitudinalement. Ce sont 7, 8 arbustes élevés, souvent glutineux, asiatiques, africains et de Madagascar. (H. BN, *Hist. des pl.*, II, 303; in *Bull. Soc. Linn. Par.*, 416.)

ORMOSCIADIUM (BOISS., in *Ann. sc. nat.*, sér. 3, I, 35; *Fl. or.*, II, 1029). Genre d'Ombellifères dont nous avons fait (*Hist. des pl.*, VII, 207) une section du genre *Tordylium* T., à côtes secondaires légèrement proéminentes. [H. BN.]

ORMOSIA (JACKS., in *Trans. Linn. Soc.*, X, 360, t. 25-27). Genre de Légumineuses-Papilionacées-Sophorées, formé de près de 20 arbres de l'Asie et de l'Amérique tropicales, à feuilles paripennées, à fleurs en grappes composées, avec un calice à 2 lobes supérieurs plus ou moins unis et élargis, 3-fide d'ailleurs; un style dont le sommet est involuté, avec sa région stigmatique latérale et introrse. Le fruit est grand, aplati, 2-valve, non ailé, et les graines sont grosses, rouges, souvent tachées de noir. (H. BN, *Hist. des pl.*, II, 362.)

ORMOSOLENIA (TAUSCH, in *Flora* [1834], 348). Synonyme (?) de *Peucedanum* T. (H. BN, *Hist. des pl.*, VII, 165.)

ORMROT. En Suède, la Bistorte.

ORMYCARPUS (NECK., *Elem.*, III, 82). Syn. de *Raphanistrum* T.

ORNE, ORNIER. L'*Ornus europaea* PERS.

ORNIÈRE. Synonyme d'Ulmaire.

ORNITHARIUM (LINDL., in *Paxt. Fl. Gard.*, I, 188, fig. 117). Section (B. H.) du genre *Sarcochilus* R. BR.

ORNITHIDIUM (SALISB., in *Trans. Hort. Soc.*, I, 293). Genre d'Orchidacées-Vandées, formé d'une vingtaine d'herbes américaines, souvent pseudo-bulbeuses, les tiges distichophylles, et les pédoncules uniflores fasciculés et axillaires, avec des sépales dressés ou étalés, un labelle à lobes latéraux dressés, et des pollinies à support grêle ou nul. On en cultive plusieurs en serre chaude, quoique leurs fleurs soient petites et en général dépourvues d'éclat. (REICHB. F., *Xen. orchid.*, t. 84, 217.)

ORNITHOCEPHALOCHLOA (KURZ, in *Trim. Journ. Bot.* [1875], 332, t. 171). Synonyme de *Thuarea* PERS.

ORNITHOCEPHALUS (HOOK., *Exot. Fl.*, t. 127). Genre d'Orchidacées-Vandées, formé d'une vingtaine d'herbes épiphytes des deux Amériques, à feuilles distiques, à grappes axillaires; les fleurs petites, à sépales étalés; le labelle subsessile; le gy-

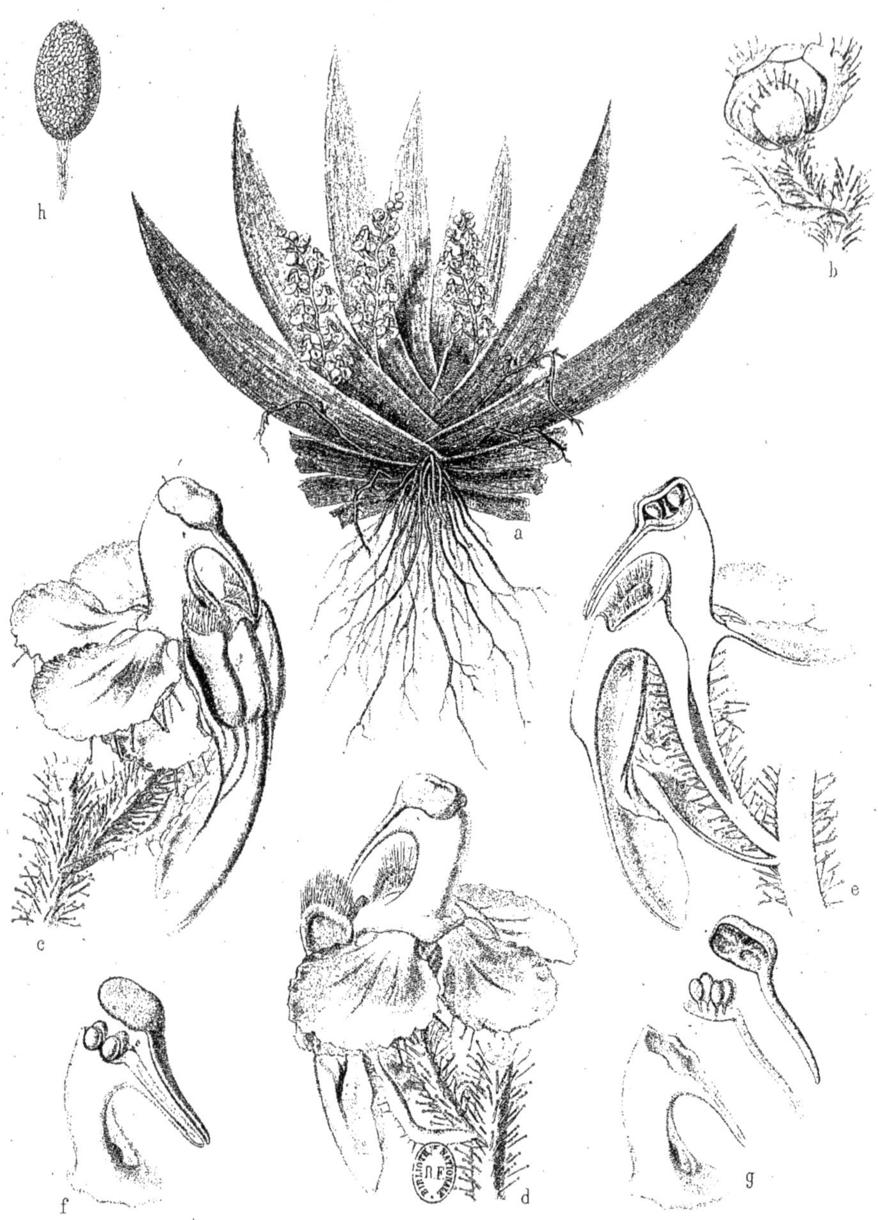

A. FAGUET, Pinx^t.

F. CHAMPENOIS, Imp.

PERCY Chromol^t.

ORNITHOCEPHALUS CHLOROLEUCUS

a. Port, grandeur naturelle. — b. Bouton. — c. Fleur, pour montrer sa face antérieure. d. Fleur, face postérieure. — e. Fleur, coupe longitudinale antéro-postérieure. — f. Gynostème, l'opercule soulevé pour montrer les pollinies. — g. Gynostême, l'opercule et les polli-

nostème court, supportant une anthère surmontée d'un long rostellum horizontal : l'ensemble rappelant le cou et la tête d'un oiseau à long bec. On cultive dans nos serres quelques petites espèces de ce curieux genre. Nous en figurons une dans le présent ouvrage. (REICHB. F., in *Walp. Ann.*, VI, 492.) [H. BN.]

ORNITHOCHILUS (WALL. — LINDL., *Gen. et spec. Orch.*, 242). Genre d'Orchidacées-Vandées, considéré d'abord comme section du genre *Aerides*, formé de 2, 3 espèces épiphytes, à tiges non pseudo-bulbeuses, à feuilles distiques, de l'Inde montueuse et (?) d'Australie. Les fleurs ont des sépales étalés ; les latéraux unis avec l'onglet du labelle qui a un limbe 2, 3-lobé, large, ordinairement frangé. Les pollinies ont un caudicule loriforme. Les inflorescences sont grêles, simples ou ramifiées. [H. BN.]

ORNITHOGALE (*Ornithogalum* T., *Inst.*, 378, t. 203). Genre de Liliacées-Scillées, qui a les fleurs ordinaires à ce groupe ; le périanthe étalé, à segments unicolores ou portant des bandelettes dorsales vertes. Les 6 étamines ont des filets aplatis dans

Ornithogale (?) d'Afrique. — Port (*Tour du Monde*).

une étendue variable. Le fruit est loculicide, ∞-sperme. Ce sont environ 70 herbes bulbeuses, des deux mondes. Leurs feuilles sont étroites, allongées, basilaires. Leurs fleurs sont en grappes ou en ombelles ; blanches, jaunes ou orangées, mais non roses ou bleues ; et c'est là un caractère qui sert surtout à séparer le genre des *Scilla* avec lesquels il a les plus étroites affinités. Il y a en France 9 espèces de ce genre. (GREN. et GODR., *Fl. de Fr.*, III, 188. — H. BN, *Icon. Fl. fr.*, n. 162, 282), notamment l'*O. pyrenaicum* L., à longues grappes verdâtres, et l'*O. umbellatum* L. ou Belle-de-onze-heures. [H. BN.]

ORNITHOGALE DE MER. Le *Scilla maritima* L.

ORNITHOGALODEUM (DON. — SCH., *Syst.*, VII, 1125). Section du genre *Allium* T.

ORNITHOGLOSSA. Le fruit du Frêne.

ORNITHOPODIOIDES (JAUB. et SPACH, in *Ann. sc. nat.*, sér. 2, XIX, 51). Section du genre *Argyrolobium* ECKL. et ZEYH.

ORNITHOPODIUM (BURM., *Zeyl.*, 177). Syn. de *Bremontiera* DC.

ORNITHOPODIUM (T., *Inst.*, 400, t. 224). Syn. de *Ornithopus* L.

ORNITHOPTERIS (BERNH., in *Schrad. N. Journ.* [1806], 40, t. 3). Synonyme de *Aneimia* SPR.

ORNITHOPUS (L., *Gen.*, n. 884). Genre de Légumineuses-Papilionacées-Hédysarées, formé de 6, 7 herbes d'Europe et d'Afrique, petites, à corolle caractérisée par une carène obtuse ; à gousse arrondie ou comprimée, continue ou moniliforme ; les articles arrondis, carrés ou linéaires. Les feuilles sont pennées, et les fleurs sont disposées en ombelle contractée. (SIBTH., *Fl. græc.*, t. 714. — GREN. et GODR., *Fl. de Fr.*, I, 498. — H. BN, *Hist. des pl.*, II, 309 ; *Icon. Fl. fr.*, n. 211.)

ORNITHORHYNCHIUM (ROEHL., ex *Steud. Nom.*, I, 600). Synonyme de *Euclidium* R. BR.

ORNITHOSPERMA (RAFIN., *Fl. ludov.*, 149). Synonyme de *Pharbitis* CHOIS.

ORNITHOXANTHUM (LINK, *Handb.*, I, 161). Synonyme de *Gagea* SALISB.

ORNITROPHE (J., *Gen.*, 247). Synonyme de *Schmidelia* L.

ORNOGLOSSUM. Nom latin de la samare du Frêne.

ORNOS. Chez les Grecs, le Frêne et le Figuier sauvage.

ORNUS. Nom ancien du *Fraxinus excelsior* L. et non, comme de nos jours, du *F. Ornus* L.

ORNUS (PERS., *Syn.*, I, 9). Section du genre *Fraxinus*, dans laquelle les fleurs ont une corolle 2-4-mère. Le type est le *Fraxinus Ornus* L. ou Frêne à manne, F. à fleurs.

ORO. Nom, à Sierra-Leone, d'une Euphorbe indéterminée.

OROBANCHE (*Orobanche* T., *Inst.*, 175, t. 81). Genre qui donne son nom à une série des Gesnériacées, et dont on a fait

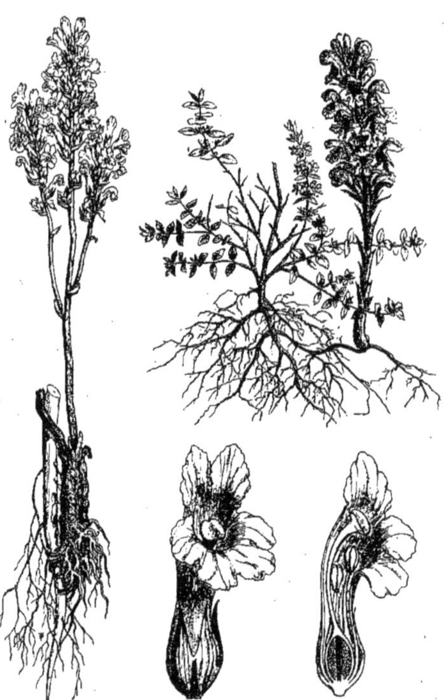

Orobanche. — Ports. Fleur, entière et coupe longitudinale.

aussi le type d'une famille des *Orobanchées* ou *Orobanchacées*. Il est formé de plantes parasites, à fleurs irrégulières. Leur calice est souvent irrégulier dans celles que l'on a nommées

Kopsia (DUMORT.), et gamosépale; les 4 folioles antérieures développées. La corolle est bilabiée, imbriquée, et l'androcée est didyname. Les loges des anthères sont ordinairement indépendantes et aiguës en bas. Le gynécée supère a un ovaire uniloculaire, à 2 placentas pariétaux, latéraux, 2-lobés et ∞-ovulés. Le fruit est une capsule loculicide, à valves placentifères sur leur ligne médiane. Le style se dilate à son extrémité stigmatifère et se partage en 2 lobes latéraux. Les graines sont albuminées et renferment un petit embryon, voisin du hile. Dans les *Orobanche* proprement dits, le calice est fendu jusqu'à la base, soit en arrière, soit de part et d'autre. Ce sont des plantes colorées en jaune, brun, pourpre ou bleu. Elles vivent sur des racines ou des tiges souterraines, et n'ont pas de feuilles, mais seulement des écailles alternes; et leurs fleurs sont en épis terminaux, avec ou sans bractéoles latérales. On en compte environ 50 espèces, d'Europe, d'Asie et d'Afrique. On dit les Orobanches astringentes, et leurs jeunes pousses sont indiquées aussi comme comestibles. (H. BN, *Hist. des pl.*, X, 73, 108, fig. 82-87.)

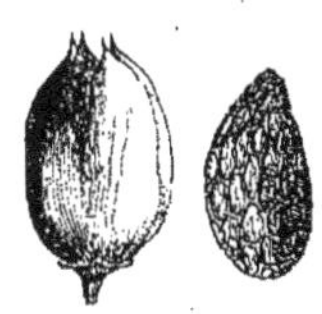
Orobanche. — Fruit déhiscent. Graine.

OROBANCHE SPURIA (RUPP., *Fl. jen.*, 284). Synonyme de *Corallorhiza* HALL.

OROBANCHOIDES (T., in *Act. Acad. par.* [1706], t. 1). Synonyme de *Hypopitys* DILL.

OROBE BATARD. L'Ers (*Ervum Ervilia* L.).

OROBE OFFICINAL. L'un des noms de l'Ers (*Ervum Ervilia* L.).

OROBELLA (PRESL). Genre proposé pour certains *Orobus*, dans un travail spécial de l'auteur (*De Orobella*, 8, t. 4).

OROBION (HIPPOCR.). La farine d'*Ervum Ervilia* L.

OROBIUM (REICHB., *Consp.*, 185). Synonyme de *Oreas* CHAM. et SCHLCHTL.

OROBUNKE. En Suède, le *Pteris aquilina* L.

OROBUS (L., *Gen.*, 871). Section du genre *Lathyrus* L. (H. BN, *Hist. des pl.*, II, 201.)

OROBUS (MATTH.). L'*Ervum tetraspermum* L.

OROCARDUUS (SCH. BIP., in *Linnæa*, XIX, III, 334). Sous-genre du genre *Carduus* T.

OROGENIA (S.-WATS., in *King's Rep. Bot.* [1871], 120, t. 14). Section (?) du genre *Erigenia* NUTT. (H. BN, *Hist. des pl.*, VII, 231.)

OROLLANTHUS (E. MEY., *Comm. pl. Afr. austr.*, II, 230). Synonyme de *Œolanthus* MART.

ORONCE. Nom français (LAMK) des *Orontium* L.

ORONGE. Nom sous lequel sont depuis longtemps connues les Amanites comestibles. L'*O. fausse* est l'*Amanita muscaria* P.

ORONGE BLANCHE. L'*Agaricus ovoideus* DC.

ORONGE CIGUË. L'*Amanita bulbosa* PERS.

ORONGE-CIGUË BLANCHE. L'*Agaricus* (*Amanita*) *vernus* DC.

ORONGE-CIGUË JAUNATRE. L'*Amanita citrina* PERS.

ORONGE (FAUSSE). L'*Amanita muscaria* PERS.

ORONGE VRAIE. L'*Agaricus cæsareus* SCHÆFF.

ORONTICÆ. Tribu (11) des Aroïdées. (B. H., *Gen.*, III, 962.)

ORONTIUM (BENTH., in *DC. Prodr.*, X, 290). Section du genre *Antirrhinum* L.

ORONTIUM (L., *Amœn.*, III, 17, t. 1, fig. 3; *Gen.*, n. 435). Genre d'Aracées, qui a donné son nom à une série des *Orontiées*, et dont le spadice non appendiculé renferme de nombreuses fleurs hermaphrodites, à 4-6 sépales, 4-6 étamines à anthères 2-loculaires, extrorses, et un ovaire déprimé, 1-loculaire, portant à son sommet une masse stigmatique, et contenant un seul ovule semi-anatrope, attaché à un court funicule ascendant. Le fruit est formé de nombreux utricules membraneux. La seule espèce connue est une herbe aquatique de l'Amérique du Nord, à feuilles nageantes, à spathe membraneuse et incomplète. (SCHOTT, *Gen. Aroid.*, t. 92. — HOOK., *Exot. Fl.*, t. 19. — BART., *Fl. N.-Amer.*, II, t. 37.) [H. BN.]

ORONTIUM. Nom ancien de l'*Antirrhinum Orontium* L.

ORONTIUM (PERS., *Syn.*, II, 158, nec L.). Section du genre *Antirrhinum* L.

OROPETIUM (TRIN., *Fund. Agrost.*, 98, t. 9). Genre de Graminées-Hordéées, formé d'une herbe indienne, naine et multicaule, à inflorescence spiciforme, formée de petits épillets immergés; 2 glumes vides : l'une petite et l'autre rigide; la glumelle plus longue. L'axe de l'épillet porte sous la fleur de nombreux poils. (ROXB., *Pl. corom.*, t. 152.) [H. BN.]

OROPHACA (TORR. et GR., *Fl. N.-Amer.*, I, 342). Section du genre *Phaca* L.

OROPHANES (SALISB. — BENTH., in *DC. Prodr.*, VII, II, 675). Sous-section des *Erica*, sect. *Euerica*.

OROPHEA (BL., *Bijdr.*, 18). Genre d'Anonacées-Miliusées, à fleurs de *Mitrephora;* les étamines au nombre de 6-12 ou ∞, courtes, charnues, à anthères de Miliusées. Les carpelles (3-∞) renferment 2-∞ ovules, et les fruits sont des baies 1-∞-spermes. Ce sont des arbres et arbustes de l'Archipel Indien et de l'Asie tropicale. On en connaît 12-15 espèces. (H. BN, *Hist. des pl.*, I, 239, 286.)

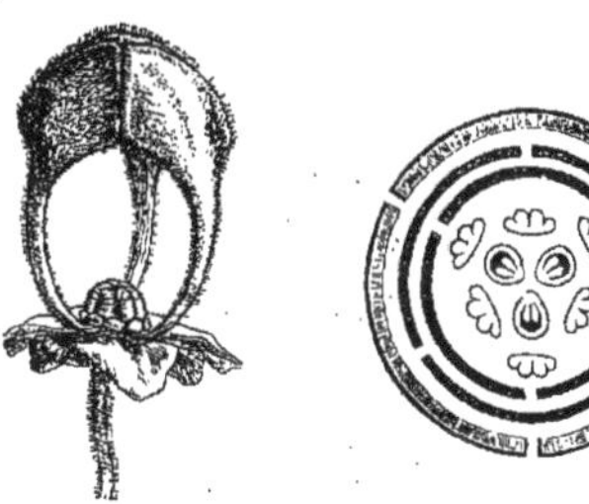
Orophea. — Fleur. Diagramme.

OROPHOMA (DRUD., in *Mart. Fl. bras.*, III, II, 294, t. 66). Section du genre *Mauritia* L. F. (B. H., *Gen.*, III, 938.)

OROPOGON (NECK., *Elem.*, III, 211). Synonyme (?) de *Andropogon* L.

OROSTACHYS (FISCH., *Cat. H. gor.* [1808], 99). Synonyme de *Cotyledon* L.

OROTHAMNUS (PAPPE, ex *Bot. Mag.*, t. 4357). Synonyme de *Mimetes* SALISB.

OROXYLUM (VENT., *Dec. gen. nov.* [1808], 8). Genre de Bignoniacées, décrit au mot *Calosanthes* (I, 578); mais *Oroxylum* a pour lui la priorité. (Voy. H. BN, *Hist. des pl.*, X, 39.)

ORPHANIDESIA (BOISS. et BAL., *Pl. or. nov. Dec.*, I, 3). Genre d'Éricacées-Andromédées, formé d'une espèce suffrutescente, à port de *Gaultheria*, qui habite les régions subalpines du Pont, et dont les fleurs en grappes, 5-mères, ont une corolle obliquement hypocratérimorphe, 10 étamines à anthère mutique sur le dos, déhiscente par des pores oblongs. Le fruit est capsulaire, globuleux. Le calice glumacé est accompagné de 2 bractéoles. [H. BN.]

ORPHEUS (GRAY, *Arr. brit. pl.*, II, 402). Section du g. *Pirola*.

ORPHIUM (E. MEY., *Comm. pl. afr. austr.*, 181). Section du genre *Chironia* L., distinguée par des feuilles souvent pubescentes et des sépales parfois acuminés, mais généralement obtus au sommet. (H. BN, *Hist. des pl.*, X, 115, fig. 89.)

ORPIN. Le *Sedum Telephium* L.

ORPIN BRULANT. Le *Sedum acre* L.

ORPIN ROSE. Le *Sedum Rhodiola* DC.

OR POTABLE. Décoction du bois de Lentisque.

ORRHOPISSA. La portion liquide du Goudron végétal.

ORSEILLE DE TERRE, D'AUVERGNE. Le *Lecanora Parella* ACH.

ORSEILLE D'HERBE. Le *Roccella tinctoria* ACH.

ORSEILLE FEUILLÉE. L'*Evernia Prunastri* ACH.

ORSEILLE TERRESTRE. La Parelle d'Auvergne.

ORSIDYCE (REICHB. F., in *Bonplandia* [1854], 93). Synonyme de *Thrixispermum* LOUR.

ORSINA (BERTOL., in *Ann. Hist. nat. Bologn.* [1829], II, 362; *Fl. ital.*, IX, 99). Synonyme de *Jasonia* CASS.

ORSINIA (DC., *Prodr.*, V, 104). Synonyme de *Clibadium* L. (H. BN, *Hist. des pl.*, VIII, 237.)

ORTA. Nom languedocien du *Beta vulgaris* L.

ORTACHNE (STEUD., *Syn. pl. glum.*, I, 121). Synonyme de *Streptachne* H. B. K.

ORTAGE FOLLE. L'*Urtica urens* L.

ORTEGA. — Voy. le Supplément.

ORTEGIA (LŒFL., *It.*, 112). Genre de Caryophyllacées-Polycarpées, formé d'une herbe méditerranéenne, rigide, très rameuse, à feuilles linéaires, stipulées; les fleurs en cymes, à sépales entiers, carénés ou 3-nerves, sans corolle; l'androcée 3-5-andre. (H. BN, *Hist. des pl.*, IX, 117.)

ORTGIESIA (REG., *Gartenfl.* [1867], 193, t. 547). Synonyme (B. H.) de *Portea* C. KOCH.

ORTEGIOIDES (SOLAND., herb.). Synonyme (?) de *Rotala* L.

ORTH (Joh.-Mart.-Anast.). Auteur [1723] de *Flora deliciosa fœcundæ germinantis copiæcornu superba* (in-8 de 120 p.).

ORTHÆA (KL., in *Linnæa*, XXIV, 23). Genre d'Éricacées-Vacciniées, formé de 3, 4 arbustes des Andes boliviennes et péruviennes, analogues aux *Thibaudia*, distingués par des fleurs à calice 5-fide, des étamines à filets libres, à anthères mutiques, déhiscentes par deux pores tubuleux. On dit le fruit charnu. (PŒPP. et ENDL., *Nov. gen. et spec.*, t. 9.) [H. BN.]

ORTHANTHA (BENTH., in *DC. Prodr.*, X, 550). Section des *Odontites*.

ORTHANTHERA (WIGHT, *Contrib.*, 48). Synonyme de *Barrowia* DCNE (I, 373). Mais *Orthanthera* a pour lui l'antériorité.

ORTHEUCLEA (A. DC., *Prodr.*, VIII, 217). Section du g. *Euclea*.

ORTHEUTOCA (A. DC., *Prodr.*, IX, 293). Section du genre *Eutoca* R. BR., aujourd'hui rapportée aux *Phacelia*.

ORTHIPOMÆA (CHOIS., in *Mém. Genèv.*, VI, 447). Section du genre *Ipomœa* L.

ORTHOBLASTÆ (PRESL, *Symb.*, I, 63). Syn. de Rectembryées.

ORTHOBRYA (RITG., *Schr. Marb. Ges.* [1831], II, 107). Ordre des Mousses.

ORTHOCARPÆA (DC., *Prodr.*, I, 476). Section du g. *Helicteres*.

ORTHOCARPUS (C. MUELL., *Syn. Musc.*, I, 318). Section du genre *Bryum* DILL.

ORTHOCARPUS (NUTT., *Gen. amer.*, II, 56). Genre de Scrofulariacées-Rhinanthées, formé de plus de 20 herbes annuelles américaines; voisin des *Castilleja* et distingué seulement par son calice quadrifide. (HOOK., *Fl. bor.-amer.*, t. 173. — HEMSL., *Bot. centr.-amer.*, II, t. 63 A. — H. BN, *Hist. des pl.*, IX, 483.)

ORTHOCARYA (JAUB. et SPACH, *Ill. pl. or.*, II, 9). Section des *Pteropyrum*.

ORTHOCARYUM (A. DC., *Prodr.*, X, 28). Section du g. *Nonea*.

ORTHOCAULON (A. DC., *Prodr.*, VIII, 468). Sect. du g. *Echites*.

ORTHOCAULOS (G. DON, *Gen. Syst.*, IV, 283). Section du genre *Convolvulus* T.

ORTHOCENTRON (CASS., in *Dict.*, XXXVI, 480). Genre proposé pour le *Caricus seculus* SEB.

ORTHOCENTRUM (DC., *Prodr.*, VI, 641). Sect. des *Cirsium* T.

ORTHOCERAS (R. BR., *Prodr.*, 316). Genre d'Orchidacées-Néottiées, formé d'une herbe terrestre, d'Australie et de la Nouvelle-Zélande, à tubercule ovoïde, à tige simple, feuillée; les feuilles étroites; les fleurs à sépales linéaires; le postérieur incurvé et forniqué; le gynostème court, pourvu en haut de 2 bras plus longs que le rostellum élargi. Les pollinies n'ont pas de caudicule. (FITGER., *Austral. Orch.*, t. 1.) [H. BN.]

ORTHOCHILUS (HOCHST., ex A. RICH., *Fl. abyss. Tent.*, II, 284, t. 82). Synonyme de *Eulophia* R. BR.

ORTHOCLADA (PAL.-BEAUV., *Agrost.*, 69, t. 14, fig. 9). Genre de Graminées-Festucées, établi pour une herbe des deux Amériques, voisine des *Lophatherum* et des *Centrotheca*, dont elle a les fleurs, avec des épillets 1, 2-flores, groupés sur une inflorescence ramifiée; les glumes mutiques; la supérieure petite et vide ou nulle. (K., *Enum.*, I, 423; *Rev. Gram.*, t. 71. — DŒLL, in *Mart. Fl. bras.*, II, III, t. 35.) [H. BN.]

ORTHOCLADIA (WEBB, *Phyt. canar.*, III, 29). Section des *Rhodorrhiza* WEBB.

ORTHOCTENIUM (WALLR., *Beitr.*, I, 34). Sect. du g. *Agrimonia*.

ORTHODANUM (E. MEY., *Comm. pl. afr. austr.*, 131). Section du genre *Rhynchosia* LOUR.

ORTHODICRANUM (C. MUELL., *Syn. Musc.*, I, 371). Section du genre *Dicranum* HEDW.

ORTHODON (BENTH. et OLIV., in *Journ. Linn. Soc.*, IX, 167). Synonyme de *Mosla* HAM.

ORTHODON (SER., in *DC. Prodr.*, I, 415). Sect. du g. *Cerastium*.

ORTHOLEPIS (SCH. BIP., in *Webb Fl. canar.*, II, 330). Sous-section du genre *Pericallis* DON.

ORTHOLEUCAS (BENTH., *Labiat.*, 606). Section du g. *Leucas*.

ORTHOLOMA (HANST., in *Linnæa*, XXVI, 209). Synonyme de *Columnea* L.

ORTHOMERIA (GRISEB., *Spic. Fl. rumel.*, II, 124). Section du genre *Melissa* T.

ORTHOMERIS (TORR. et GR., *Fl. N.-Amer.*, II, 156). Section du genre *Aster* T.

ORTHOMYCETES (RITG., *Marb.*, II, 93). Ordre des *Pilophyti*.

ORTHONEIS (GRUN. [1868]. — VAN HEURCK, *Micr.*, 321). Diatomacées de la famille des Coscinodiscées, que caractérisent des valves munies de cellules marginales. Quelques auteurs considèrent ce genre comme synonyme de *Cocconeis*. [CH. M.]

ORTHONEPETA (BENTH., *Labiat.*, 485). Section du g. *Nepeta*.

ORTHOPETALUM (BEER, *Bromel.*, 70). Syn. de *Pitcarnia* L'HÉR.

ORTHOPHYLLARIA (C. MUELL., *Syn. Musc.*, I, 688). Section du genre *Orthotrichum* HEDW.

ORTHOPHYLLUM (C. MUELL., *Syn. Musc.*, I, 532). Section du genre *Syrrhopodon* SCHW.

ORTHOPHYTUM (BEER). Pour (?) *Orthopetalum* (PFEIFF.).

ORTHOPLEURIA (STERNB., *Vers.*, II, 157). Sect. du g. *Pecopteris*.

ORTHOPLOCEA (DC., in *Mém. Mus.*, VII, 242). Division des Crucifères.

ORTHOPODIUM (BENTH., *Labiat.*, 659). Sect. des *Trichostema*.

ORTHOPOGON (A. SPRENG., *Fl. hall.*, 77). Synonyme de *Echinochloa* PAL.-BEAUV.

ORTHOPOGON (R. BR., *Prodr.*, 194). Synonyme de *Oplismenus* PAL.-BEAUV.

ORTHOPYXIS (PAL.-BEAUV., *Prodr. Æthéog.*, 31). Genre des *Diplogoni*.

ORTHORAPHIUM (NEES, in *Proc. Linn. Soc.*, I [1841], 94). Synonyme de *Itriptachne* A. BR.

ORTHORRHIZA (GRISEB., *Symb. Fl. argent.*, 93). Section du genre *Duvaua* K.

ORTHOSEIRA (KUETZ., *Spec. Alg.*, 889). Pour *Orthosira* THW.

ORTHOSELIS (DC. — SPACH, *Suit. à Buff.*, VI, 453). Section du genre *Heliophila* L.

ORTHOSIA (DCNE, in *DC. Prodr.*, VIII, 523). Genre d'Asclépiadacées-Asclépiadées, parfois rapporté aux *Cynanchum*, dont il a à peu près la fleur; le calice sans glandes intérieures; la corolle rotacée-campanulée; la couronne cyathiforme à la base, à lames 2-4-lobées. Ce sont une douzaine d'arbustes grimpants, de l'Amérique tropicale. (H. BN, *Hist. des pl.*, X, 249, n. 15.)

ORTHOSIPHON (BENTH., in *Bot. Reg.*, sub t. 1300). Genre de Labiées-Ocimées, formé d'une quinzaine d'herbes ou sous-arbrisseaux de l'Asie et de l'Océanie tropicales, à port d'*Ocimum*, avec des fleurs dont le calice, défléchi autour du fruit, a une dent postérieure ovale et souvent décurrente; la corolle à tube exsert et allongé; l'extrémité stigmatifère du style à peine didyme. L'*O. stamineus* est actuellement vanté comme médicinal. (*Bot. Mag.*, t. 3847, 5833.) [H. BN.]

ORTHOSIRA (THW., in *Ann. sc. nat.* [1848], I, XII). Genre de Diatomacées, que n'ont pas admis tous les auteurs, à cause des rapports communs avec le genre *Melosira*, et dont les articles sont caractérisés par une surface de jonction plane, dentée. Les auteurs modernes ont considéré ce genre comme devant être réuni partie aux *Melosira* et partie aux *Cyclotella*. [CH. M.]

ORTHOSPERMÉES (DC., *Prodr.*, IV, 58). Sous-ordre (1) des Ombellifères.

ORTHOSPERMUM (REICHB., *Consp.*, 164). Synonyme de *Orthosporum* R. BR.

ORTHOSPORUM (C.-A. MEY., in *Led. Fl. alt.*, I, 13). Section des *Blitum* T.

ORTHOSPORUM (NEES, *Gen. Fl. germ.*, *Monochl.*, n. 58). Synonyme de *Agathophyton* MOQ.

ORTHOSPORUM (R. BR — B. H., *Gen.*, III, 51). Section du genre *Chenopodium* T.

ORTHOSTACHYS (EHRH., *Phytoph.*, n. 3). Synon. de *Elymus*.

ORTHOSTACHYS (R. BR., *Prodr.*, 493). Section du genre *Heliotropium* L.

ORTHOSTEMMA (WALL., ex VOIGHT, *Hort. Calc.*, 384). Synonyme de *Virecta* SM. (H. BN, *Hist. des pl.*, VII, 467.)

ORTHOSTEMON (O. BERG, in *Linnæa*, XXIX, 258). Synonyme de *Feijoa* O. BERG.

ORTHOSTEMON (R. BR., *Prodr.*, 451). Syn. de *Canscora* LAMK.

ORTHOSTICHELLA (C. MUELL., *Syn. Musc.*, II, 123). Sous-section des *Pseudopilotrichum* C. MUELL.

ORTHOTHECIUM (SCHOTT, *Melet.*, 30). Sect. du g. *Helicteres* L.

ORTHOTHYLAX (HOOK. F., in *Bot. Mag.*, sub n. 6056). Section du genre *Philydrum* BANKS, à loges de l'anthère droites.

ORTHOTRICHIA (WING., *Journ. Mycol.* [1886], 125). Genre de Myxomycètes, à péridium globuleux, porté sur un long stipe se prolongeant à l'intérieur en une columelle qui se divise en rameaux anguleux dont les uns forment le capillitium et les autres s'unissent à la membrane du péridium. Une seule espèce a été rencontrée, sur le bois pourri, à Philadelphie. [DE S.]

ORTHOTRICHUM (HEDW., *Musc. frond.*, II, 96). Genre de Mousses-Bryacées, caractérisé par une coiffe conique ou campanulée, sillonnée et carénée, poilue, très entière à sa base. L'urne est terminale, régulière à la base, finalement sillonnée, avec un opercule acuminé. Les dents du péristome simple sont

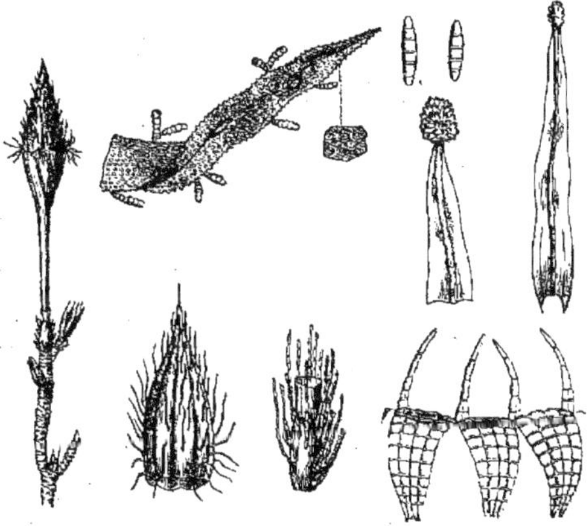

Orthotrichum. — Port. Feuille. Organes reproducteurs. Coiffe. Péristome.

au nombre de 16, d'abord cohérentes par paires, puis libres et réfléchies, parfois pourvues d'autant de cils qui deviennent horizontaux en se portant en dedans. Ce sont des Mousses vivaces, du globe entier, rarement terrestres, vivant ordinairement sur les arbres. (ENDL., *Gen.*, n. 509.) [H. BN.]

ORTHOTROPIS (BENTH., in *Lindl. Swan-River App.*, 16). Synonyme de *Chorizema* LABILL.

ORTHROSANTHUS (SWEET, *Fl. austral.*, t. 11). Genre d'Iridacées-Sisyrinchiées, formé de 7 herbes vivaces, à rhizome ligneux, d'Australie et d'Amérique ; les fleurs presque sessiles, enveloppées de spathes oblongues, sessiles ou pédonculées, parfois fasciculées. Les 3 étamines sont libres ou légèrement unies à la base. Les branches du style sont filiformes. Le fruit est inclus dans la spathe. (*Bot. Reg.*, t. 1090.) [H. BN.]

ORTHYDRONEMATA (RITG., *Schr. Marb. Ges.*, II [1831], 86). Ordre des *Galactinophyti*.

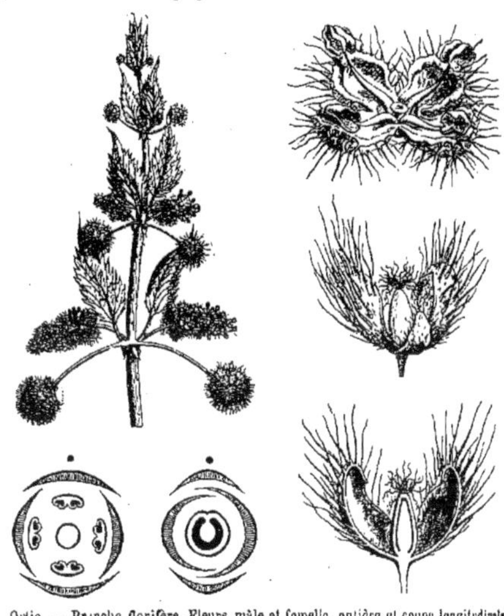

Ortie. — Branche florifère. Fleurs mâle et femelle, entière et coupe longitudinale. Diagrammes mâle et femelle.

ORTIE (*Urtica* T., *Inst.*, 534, t. 308). Genre de Dicotylédones-apétales, qui a donné son nom à la famille des *Urticacées* et à la série des *Urticées*. Ses fleurs, monoïques ou dioïques, sont 4-mères. Dans la fleur mâle il y a 4 étamines superposées aux sépales ; elles ont un filet élastique, une anthère biloculaire, et s'insèrent sous un rudiment de gynécée en forme de cupule. Le périanthe femelle entoure un gynécée dont l'ovaire uniloculaire renferme un ovule orthotrope, dressé, presque central, et est couronné d'un bouquet stigmatique de poils formant pinceau. Le fruit est un achaine inclus dans le périanthe, et la graine renferme un albumen peu abondant et un embryon renversé. Ce sont des herbes annuelles ou vivaces, des régions tempérées de tout le globe. On en compte une trentaine. Leurs feuilles sont opposées, pétiolées, dentées ou lobées, avec stipules interfoliaires connées par paires. Les fleurs sont en épis ou en grappes de glomérules. Les Orties sont des plantes à poils brûlants, qui servent à pratiquer l'urtication médicale. Ils sont entourés à leur base d'une gaine formée de nombreux phytocystes, et, lorsqu'ils se brisent dans la plaie qu'ils ont produite, ils inoculent dans cette plaie le liquide irritant qu'ils renferment. On peut donc éviter la brûlure en maniant la plante de façon à ne pas briser le poil urticant. Nous en avons entre autres 2 espèces très communes : l'*U. dioica* L., vivace, et l'*U. urens* L., annuel. La brûlure de l'*U. ferox* est très intense. On a dit que celle de l'*U. urentissima* BL. pouvait être mortelle. Les Orties sont tinctoriales, économiques, oléagineuses, textiles, etc. Leurs jeunes graines sont même comestibles en certains pays. (H. BN, *Hist. des pl.*, III, 496, fig. 533-538 ; *Tr. Bot. méd. phanér.*, 783.)

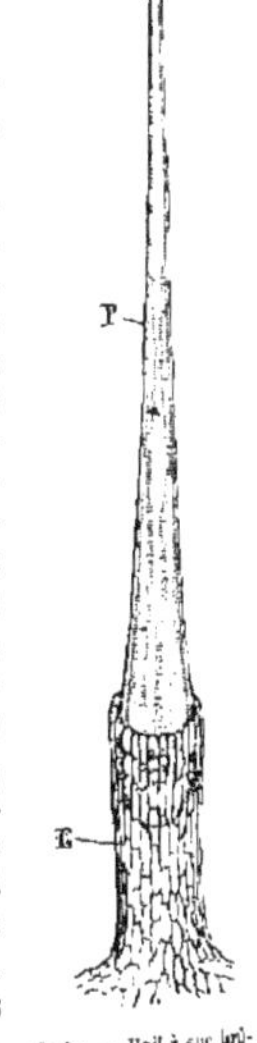

Ortie. — Poil à suc brûlant. P, le poil lui-même. E, sa gaine basilaire.

ORTIE A FEUILLES BLANCHES. Le *Bœhmeria nivea.*

ORTIE A GLOBULES. *L'Urtica pilulifera* L.

ORTIE BLANCHE. Le *Lamium album* L.

ORTIE BRULANTE. *L'Urtica urens.*

ORTIE CHANVRE, ÉPINEUSE, ROYALE. Le *Galeopsis Tetrahit* L.

ORTIE (GRANDE), ORTAGE. *L'Urtica dioica* L.

ORTIE GRIÈCHE. *L'Urtica urens* L.

ORTIE MORTE PUANTE. Le *Lamium purpureum* L.

ORTIE PETITE. *L'Urtica urens.*

ORTIE ROMAINE. *L'Urtica pilulifera* L.

ORTIE ROUGE. Le *Stachys palustris* L. et le *Galeopsis Ladanum* L.

ORTIES. Outre les *Urtica*, beaucoup de plantes ont reçu ce nom, qui ne sont point piquantes, mais qui offrent avec les Orties véritables des ressemblances de port, de feuillage, etc. Les principales sont :

Ortie bâtarde, les Mercuriales annuelle et vivace.

O. blanche, le *Lamium album.*

O. bleue, le *Campanula Trachelium.*

O. à crapauds, le *Betonica sylvatica.*

O. jaune, le *Lamium Galeobdolon.*

O. morte, le *Betonica palustris* et le *Lamium album.*

O. morte des bois, le *Betonica sylvatica.*

O. puante, le *Betonica sylvatica.*

O. rouge, les *Lamium purpureum* et *maculatum*, le *Betonica palustris* et le *Galeopsis Ladanum.*

O. royale ou *O. Chanvre*, le *Galeopsis Tetrahit.* [H. BN.]

ORTIGA (FEUILL., *Per.*, II, 737). Synonyme de *Loasa* ADANS.

ORTLOB (Joh.-Frid.). Écrivit [1683] *Analogia nutritionis plantarum et animalium* (in-4 de 16 p.). Mort à Leipzig, ce botaniste était né à Ols en 1661.

ORTMANN (Ant.). Apothicaire à Elbogen, auteur [1838] d'un *Flora carlsbadensis;* d'une Flore cryptogamique de Carlsbad [1840]; d'un *Flora des Elbogner Kreises im Königreich Böhmen* [1842], in *Glückselig, der Elbogner Kreis.* (*Cat. sc. pap.*, IV, 701.)

ORTMANNIA (OPIZ, in *Flora* [1834], II, 592). Synonyme de *Cistella* BL.

ORTSITSAOU. Nom provençal du *Cynara Scolymus* L.

ORTSITSAU SO OUBATSÉ. Le *Sempervivum tectorum* L.

ORTUGE FOLLE. *L'Urtica urens* L.

ORUCARIA (CLUS., *Exot.*, 47, 48, ic.). Synonyme de *Drepanocarpus* MEY.

ORVALA (L., *Gen.*, n. 715). Synonyme de *Lamium* L. et section de ce genre.

ORVALE. Les *Salvia Sclarea* et *Orvala*. L'*O. des prés* est le *Salvia pratensis* L.

ORVALE. Le *Scrofularia nodosa* L.

ORVION. Le *Boletus cristatus* GOUAN.

ORYCHOPHRAGMUS (BGE, *Enum. pl. Chin. bor.*, 7). Synonyme de *Moricandia* DC.

ORYCTANTHES (EICHL., in *Mart. Fl. bras.*, V, II, 87, t. 29, 30). Synonyme de *Loranthus* et section de ce genre (OLIV.).

ORYCTES (S.-WATS., *Bot. 40th parall.*, 274, t. 28). Genre de Solanacées-Solanées, formé d'une petite herbe annuelle, de l'Amérique du Nord, à fleurs analogues à celles des *Capsicum ;* la corolle tubuleuse; les 5 étamines incluses; les 2 loges ovariennes pauciovulées; le fruit globuleux, membraneux, indéhiscent. Ce genre est mal connu. (H. BN, *Hist. des pl.*, IX, 332.)

ORYGAME. — Voy. CORBEILLE.

ORYGIA (FORSK., *Fl. æg.-arab.*, 103). Genre de Portulacacées-Molluginées, formé d'une herbe asiatique et africaine, à feuilles opposées ou alternes; les fleurs en cymes, pourvues de ∞ pétales et de ∞ étamines, avec un ovaire à 5 loges ∞-ovulées, et une capsule loculicide. (H. BN, *Hist. des pl.*, IX, 79.)

ORYTHIA (BL., *Fl. Jav. Præf.*, VII). Syn. de *Agalmyla* BL.

ORYZA (L., *Gen.*, n. 448). Nom latin des Riz.

ORYZEÆ. Tribu (3) des Graminées. (B. H., *Gen.*, III, 1075.)

ORYZOPSIS (MICHX, *Fl. bor.-amer.*, I, 51, t. 9). Genre de Graminées-Agrostidées, jadis rapporté aux *Milium*, et voisin des *Stipa*, dont il ne se distingue que par sa glumelle fructifère plus large et souvent oblique. Ce sont une vingtaine d'herbes cespiteuses, des deux Amériques. (BENTH., in *Journ. Linn. Soc.*, XIX, 81; *Gen.*, III, 1142.) [H. BN.]

ORZADA. Nom mexicain de la Cévadille, à cause de l'étroitesse de ses feuilles graminiformes.

OSA. Nom du *Nephelium Litchi* CAMBESS.

OSANI. Au Gabon, le *Lonchocarpus sericeus* H.B.K.

OSATIS. Synonyme de *Isatis.*

OSBECK. Nom français (LAMK) des *Osbeckia* L.

OSBECK (Pehr). Aumônier de la marine suédoise [1723-1805], auquel Linné a dédié le genre *Osbeckia*, a écrit : *Dagbok öfwer en Ostindisk Resa áren*, 1750-52, etc., traduit en allemand et en anglais [1771].

OSBECKIA (L., *Gen.*, n. 467). Genre de Mélastomacées-Mélastomées, à fleurs de Mélastome, avec 10 anthères égales, dont le connectif, dilaté à sa base et 2-tuberculé en avant, ne se prolonge presque pas. Le nombre des étamines peut s'élever à 8-14, si l'on joint à ce genre, comme nous l'avons fait, les *Dissotis*, *Tristemma*, *Nerophila*, *Antherotoma* et *Guyonia*. Le fruit est capsulaire, avec le sommet souvent sétifère. Ce sont des arbustes et des herbes de l'Asie et de l'Afrique tropicales, au nombre de 50 environ. Le caractère du péricarpe distingue seul ce genre des *Melastoma*. (H. BN, *Hist. des pl.*, VII, 38.)

OSBECKIASTRUM (NAUD., in *Ann. sc. nat.*, sér. 3, XIII, t. 7; XIV, 118). Synonyme de *Dissotis* BENTH.

OSBORNIA (F. MUELL., *Fragm.*, III, 30). Genre de Myrtacées-Leptospermées, établi pour un arbuste australien, à feuilles opposées, obovales; les fleurs apétales, à calice 8-mère, et l'ovaire imparfaitement 2-loculaire, 1, 2-sperme. Les fleurs sont axillaires et solitaires ou terminales et 3-nées. (H. BN, *Hist. des pl.*, VI, 365.)

OSCARIA (LILJ., in *Lindb. Bot. Not.* [1839]). Genre proposé pour le *Primula sinensis.*

OSCHAK. Nom persan du *Peucedanum Ammoniacum* H. BN.

OSCHATZ (Ad.). Auteur [1842], à Breslau, de *De Phalli impudici germinatione* (in-4 de 16 p. et 1 pl.).

OSCHATZIA (WALP., *Ann.*, I, 340). Synonyme de *Microsciadium* HOOK. F.

OSCHATZIA (WALP., *Ann.*, I, 340). Syn. de *Azorella* LAMK.

OSCILLANTHERA (DC., *Prodr.*, IV, 307). Sous-section des *Notanthera* DON.

OSCILLARIA (BOSC. — BORY, *Dre Class.*, I, 594 et XII, 457). Genre d'Algues fluviatiles, de la famille des *Oscillarieæ* d'après certains auteurs, entre autres Payer, Kützing, Rabenhorst; de celle des *Lyngbieæ*, d'après les recherches de MM. Thuret et Bornet, ordre des *Nostoceæ*. Quelques auteurs anciens, à cause sans doute du mouvement oscillatoire dont sont douées ces Algues, les considéraient comme devant appartenir au règne animal. Leur trichome est simple, articulé, de manière plus ou moins apparente, rigide, droit ou recourbé, rarement contourné en spirale, à couleur variant du blanc au vert, du vert au rouge brun; sans gaine distincte, mais se développant dans un mucus commun. L'endochrome est disposé en stries transversales parallèles, rapprochées. Ces Algues forment, sur la terre ou dans les lieux humides ou dans l'eau, des masses de filaments très déliés. Leur propriété d'osciller ou de se mouvoir par un balancement très remarquable donne à un petit amas de ces végétaux un rayonnement qui les fait étendre en rosettes. On profite de cette disposition pour les préparer gracieusement pour herbier. Elles renferment un grand nombre d'espèces, qui sont généralement d'une détermination des plus difficiles. (Voy. RABENH., *Fl. europ. Alg.*, II, 95. — H. BN, *Tr. Bot. méd. crypt.*, 310.) [CH. M.]

OSCILLARIACEÆ (RABENH., *Fl. europ. Alg.*, II, 2, 90). Algues-*Phycochromophyceæ*, de la famille des *Nematogeneæ*, que caractérise un trichome non ramifié, à articulations plus ou moins distinctes, parfois vaginé, doué d'un mouvement propre, à végétation non terminale. Ces trichomes, généralement nombreux, sont réunis en un mucus indéfini et sont très souvent rayonnants. Les articles qui les constituent sont très courts, cylindriques; de front, ils sont disciformes, plus ou moins ponctués, et surtout vers la périphérie. Quatre genres, d'après Kützing, constituent cette famille. Ce sont les genres : *Spirulina*, *Ophiothrix*, *Oscillaria* et *Phormidium*. Payer en avait réuni sept. Rabenhorst y range les *Spirulinæ*, *Leptothrichæ*, *Oscillariæ*. [Ch. M.]

OSCILLARIEÆ (Kuetz., *Phyc. germ.*, 156). Famille d'Algues, de la tribu des *Oscillarineæ* et de l'ordre des *Tiloblasteæ*, dans laquelle l'auteur a placé huit genres; Rabenhorst treize genres. M. Bornet les considère comme des Nostochinées. [Ch. M.]

OSCILLARINEÆ (Kuetz., *Phyc. germ.*, 156). Algues de l'ordre des *Tiloblasteæ*, à trichome croissant librement dans une gaine ou une substance matricule, souvent gélatineuse. La substance cellulaire interne est imprégnée de phycocyane et de chlorophylle. Parmi les familles qui composaient cette division d'Algues, plusieurs mieux connues en ont été séparées. [Ch. M.]

OSCILLATORIA (Vauch., *Hist. Conf. d'eau douce*). Synonyme de *Oscillaria* Bosc.

OSEILLE AQUATIQUE. Le *Rumex Hydrolapathum* W.

OSEILLE (ARBRE A L'). L'*Andromeda arborea* L.

OSEILLE A TROIS FEUILLES. L'*Oxalis Acetosella* L.

OSEILLE D'AMÉRIQUE. Le *Rumex vesicarius* L.

OSEILLE DE BOIS. Le *Begonia nitida* Dryand.

OSEILLE DE BREBIS, O. PETITE, O. DE PAQUES. Le *Rumex Acetosella* L.

OSEILLE DE GUINÉE. L'*Hibiscus Sabdariffa* L.

OSEILLE DES PRÉS, O. GRANDE, LONGUE. Le *Rumex acetosa* L.

OSEILLE DE TOURS. Nom ancien du Bon-Henri.

OSEILLE RONDE, O. PETITE. Le *Rumex scutatus* L.

OSEILLE ROUGE. Le *Rumex sanguineus* L.

OSEILLE SANG-DRAGON. Le *Rumex sanguineus* L.

OSEILLE SAUVAGE. Nom de quelques *Begonia*.

OSEILLETTE. L'*Oxalis Acetosella* L.

OSENNARI. Nom japonais du *Nycandra physaloides* L.

OSERYA (Tul. et Wedd., in *Ann. sc. nat.*, sér. 3, XI, 105). Genre de Podostémacées-Podostémées, représenté par 3 petites herbes aquatiques du Mexique, de la Guyane et du Brésil, qui ont à peu près la fleur des *Podostemon*, avec une seule étamine à anthère introrse, extrorse, ou déhiscente suivant les bords. Le *Devillea* (II, 388) n'est plus pour nous qu'une section de ce genre, à anthère introrse. (Voy. *Hist. des pl.*, IX, 272.) [H. Bn.]

OSERYOPSIS (H. Bn, *Hist. des pl.*, IX, 272). Section du genre *Oserya* T. et Wedd., dont le type est l'*O. sphærocarpa*.

OSHAC. En Perse, les plantes à la Gomme-ammoniaque.

OSHARAKU-MAME. Au Japon, le *Mucuna capitata* W.

OSHIROI-BANA. Nom japonais du *Mirabilis Jalapa* L.

OSIER. Le *Salix viminalis* L. L'O. jaune est le *S. vitellina* L.; l'O. blanc, le *S. alba* L.; l'*O. fleuri* ou *de Saint-Antoine*, l'*Epilobium spicatum* L. L'O. violet est le *S. acutifolia* W.; l'O. pâle, le *S. amygdalina* L.; l'O. vert, le *S. viminalis* L.; l'O. franc, le *S. vitellina* L.

OSIER FLEURI, O. SAINT-ANTOINE. L'*Epilobium spicatum* L.

OSIODENDRON (Pohl, ex *Flora* [1825], I, 183). Genre non décrit.

OSIROI-KAKE. Nom japonais du *Saururus chinensis* H. Bn.

OSIU. Nom, aux Philippines, des Bambous.

OSIUM. Nom maure du Pavot à opium.

OSKAMP (Diet.-Leonh.). Médecin d'Utrecht, auteur [1789] d'un *Specimen botanico-physicum inaugurale*, etc., et [1793] de *Tabulæ plantarum terminologicæ*, etc. (in-fol. de 8 p.).

OSKAMPIA (Mœnch, *Meth.*, 420). Synonyme de *Nonnea* Mœnch, qui ne devrait pas être préféré.

OSMADENIA (Nutt., in *Trans. Amer. Phil. Soc.*, ser. 2, VII, 391). Synonyme de *Hemizonia* DC.

OSMANTHUS (Lour., *Fl. cochinch.*, 28). Genre d'Oléacées-Oléées, voisin des *Olea*, mais à corolle imbriquée; les lobes larges et obtus. Le fruit est drupacé, à noyau dur. Ce sont 7 arbres ou arbustes asiatiques, océaniens et de l'Amérique du Nord, glabres, à feuilles persistantes, opposées; à fleurs en cymes ou en grappes courtes. Leurs fleurs odorantes peuvent servir à parfumer les thés. (*Bot. Cab.*, t. 1786. — *Bot. Mag.*, t. 1552.) [H. Bn.]

OSMELIA (Thw., *Enum. pl. Ceyl.*, 20). Genre de Bixacées-Samydées, formé de 3 arbres de Ceylan et des Philippines, à feuilles alternes, à fleurs de *Guidonia*, 8-10-andres, avec 2, 3 styles. Les inflorescences sont des grappes grêles, composées; les bractées et les bractéoles rapprochées en petits involucres. (H. Bn, *Hist. des pl.*, IV, 307.)

OSMIA (Sch. bip., herb.). Synonyme de *Eupatorium* T. (H. Bn, *Hist. des pl.*, VIII, 128.)

OSMITE. Nom français (Lamk) des *Osmites* L.

OSMITES (L., *Gen.*, n. 983). Section du genre *Buphthalmum* T. (H. Bn, *Hist. des pl.*, VIII, 163.)

OSMITOPSIS (Cass., in *Bull. philom.* [1817]; in *Dict.*, XXXVII, 5). Section du genre *Buphthalmum* T. (H. Bn, *Hist. des pl.*, VIII, 163.)

OSMODIUM (Rafin., in *N.-York Med. Rep.*, II, 350). Synonyme de *Onosmodium* Michx. (DC., *Prodr.*, X, 69.)

OSMONDE (*Osmunda* T., *Inst.*, 547, t. 324). Genre de Fougères, caractérisé par des sores complètement indépendants des portions membraneuses de la fronde et groupés en une sorte de grappe composée de nombreux chatons, répondant en réalité à des lobes dont la lame ne s'est pas développée. Les autres caractères sont d'ailleurs ceux des *Osmundaceæ* en général. On admet aujourd'hui une demi-douzaine d'espèces dans ce genre. Ce sont des plantes à port très distinct, très caractéristique, toutes tropicales, sauf notre O. royale (*Osmunda regalis* L.), superbe espèce de nos marais, souvent cultivée comme ornementale, vantée comme vermicide, indiquée contre le carreau des enfants, servant à l'extraction de la potasse. (Hook. et Bak., *Syn. Fil.*, 426, t. 8, fig. 62. — H. Bn, *Tr. Bot. méd. crypt.*, 26, fig. 40.)

Osmonde. — Fronde fructifère. Un de ses rameaux.

OSMONDE FLEURIE. L'*Osmunda regalis* L.

OSMOPHYTUM (Lindl., in *Hook. Journ. Bot.*, III, 81). Section du genre *Epidendrum* L.

OSMORHIZA (Rafin., in *Journ. Phys.*, 89, ex *DC. Prodr.*, IV, 232). Section du genre *Myrrhis* T., à côtes ciliées, à bandelettes multiples. (H. Bn, *Hist. des pl.*, VII, 233.)

OSMOTHAMNUS (DC., *Prodr.*, VII, 715. — Maxim., *Rhodod. as. or.*, 15). Section du genre *Rhododendron* L.

OSMOXYLON (Miq., in *Ann. Mus. lugd.-bat.*, I, 5). Genre d'Ombellifères-Araliées, dont les fleurs polygames ont 4, 5 pétales valvaires et un ovaire infère, 4-5-10-loculaire, surmonté d'un style très court. Le fruit est drupacé, à noyaux monospermes. Ce sont des arbres glabres, à feuilles entières, palmatilobées ou digitées, à stipules entières ou lacérées, intrapétiolaires, à ombelles simples ou composées. Ce genre, mal connu, comprend 2, 3 espèces de l'archipel Indien et devra peut-être être réuni aux *Schefflera*. (H. Bn, *Hist. des pl.*, VII, 249, n. 100.)

OSMUNDACEÆ (R. Br.), OSMUNDEÆ (Spreng.). Sous-ordre, ou tribu, ou famille, suivant les auteurs, des Fougères, que caractérisent des sporanges à deux valves, s'ouvrant en travers dans leur portion supérieure et pourvus d'un court anneau horizontal. La vernation des frondes y est circinée. On comprend dans ce groupe les genres *Osmunda* et *Todea*, c'est-à-dire une dizaine de plantes. (Hook. et Bak., *Syn. Fil.*, 10, 426.) [H. Bn.]

OSMUNDARIA (Lamx, *Ess.*, 22, t. I, fig. 4-6). Synonyme de *Polyphacum* Agh.

OSMUNDASTRUM (PRESL, *Suppl. Pterid.*, 328). Section du genre *Osmunda* T.

OSMUNDEA (STACKH., in *Mém. Mosc.* [1809], II, 56). Synonyme (part.) de *Laurencia* LAMY.

OSMUNDITES (JÆG., *Pflanzenv.*, 29, 37). Synonyme de *Pterophyllum* AD. BR.

OSMYNE (SALISB., *Gen. pl. Fragm.*, 35). Synonyme de *Ornithogalum* T.

OSOROR. Synonyme d'Opium.

OSPRION. Nom grec ancien de la Fève.

OSPRIOSPORIUM (CORDA, in *Sturm Deutschl. Fl.*, 12, t. 24). Genre douteux d'Hyphomycètes ou de Mucorinés.

OSPROLEON (WALLR., *Sched. crit.*, I, 307). Section du genre *Orobanche* L. (B. H., *Gen.*, II, 984.)

OSSÆA (DC., *Prodr.*, III, 168). Genre de Mélastomacées-Mélastomées, qui a des fleurs analogues à celles des *Henriettea*, 4, 5-mères, en cymes longuement pédonculées. Les pétales sont souvent cohérents en cône. Le calice est dépourvu de côtes. Le fruit est charnu, ordinairement 4-loculaire. Ce sont 45 arbustes de l'Amérique tropicale, en y comprenant les *Sagræa* NAUD. et *Diclemia* NAUD. (H. BN, *Hist. des pl.*, VII, 58.)

OSSANGUÉ. Au Gabon, les *Dolichos*.

OSSAR. Le *Calotropis gigantea* R. BR.

OSSEA (RIV. — RUPP., *Fl. jen.*, 82). Syn. (part.) de *Cornus*.

OSSIFRAGA (RUMPH.). L'*Euphorbia Tirucalli* L.

OSSIFRAGUM. Nom ancien du *Narthecium ossifragum* L.

OSSUNA. En Espagne, le *Teucrium Polium* L.

OSTACHYRIUM (STEUD.). Pour *Otachyrium* NEES.

OSTEOCARPUM (F. MUELL., *Sec. Gen. Rep.*, 15; in *Trans. Phil. Inst. Vict.*, III, 77; *Lith. pl. Vict.*, 79). Synonyme (B. H.) de *Threlkeldia* R. BR.

OSTEOCOLLON. Plante cicatrisante, jadis usitée, et qu'on croit être l'*Ephedra distachya* L.

OSTEOSPERMOSIS (DC., *Prodr.*, VI, 71). Section du genre *Dimorphotheca* CASS.

OSTEOSPERMUM (L., *Gen.*, n. 992). Genre de Composées-Calendulées, formé d'environ 35 herbes ou arbustes de l'Afrique australe, dont quelques-uns sont cultivés dans le Midi; à fleurs dimorphes; les anthères caudées-acuminées à la base; le fruit drupacé, droit ou courbe, à noyau dur, sans aigrette; ou bien les fruits du disque à soies 1-sériées. Les feuilles sont alternes ou opposées, et les capitules sont disposés en cymes. (LHÉR., *Stirp.*, t. 6. — JACQ., *Hort. schœnbr.*, t. 377. — H. BN, *Hist. des pl.*, VIII, 195.)

OSTERDAMIA (NECK., *Elem.*, III, 218). Synon. de *Zoysia* W.

OSTERDIKIA (BURM., *Afr.*, 259, t. 96). Synon. de *Cussonia* L.

OSTERICUM (HOFFM., *Umbell.*, 162). Genre d'Ombellifères; synonyme de *Angelica* T. (H. BN, *Hist. des pl.*, VII, 207.)

OSTERICUM. Nom ancien de l'*Angelica sylvestris* L.

OSTERITIUM. La Podagraire et l'*Astrantia major* L.

OSTIOLE. On donne en Cryptogamie, en Algologie surtout, le nom d'*ostiole* aux ouvertures par lesquelles les conceptacles correspondent avec l'extérieur. On sait qu'il y a dans certaines Algues des conceptacles qui logent les organes mâles; d'autres qui logent les organes femelles. Ceci a donné lieu à certaines observations bien intéressantes. Ainsi, si nous prenons une fronde de certains *Fucus*, lorsque l'ostiole du conceptacle est obstrué par des mamelons visqueux de couleur orangée, la plante est mâle, et le conceptacle ne protège que des anthéridies. Si la sécrétion est olivâtre, la plante est femelle, et le conceptacle protège des organes femelles. [CH. M.]

C'est le nom donné à l'ouverture des stomates et à celles de certains organes creux, comme des sporanges, anthéridies, conceptacles, etc., même à l'orifice étroit de certains réceptacles floraux ou à l'exostome ovulaire.

OSTMARY. En Angleterre, le Baume-coq.

OSTODES (BL., *Bijdr.*, 619). Genre d'Euphorbiacées uniovulées, rapporté par M. Mueller d'Argovie comme section au genre *Codiæum* RUMPH. (H. BN, *Et. gén. Euphorbiac.*, 391; *Hist. des pl.*, V, 191.)

OSTRACOCOCCUM (WALLR., *Fl. germ.*, III, 261). Genre douteux de Champignons, placé par Corda près des Myxomycètes.

OSTRACODERMA (FR., *Syst. orb. veget.*, I, 150). Genre de Champignons, à péridium arrondi, crustacé, glabre, mince, fragile, contenant des spores jaunâtres, sans capillitium. Deux ou trois espèces ont été décrites, sans qu'on ait pu observer leurs plasmodies, qui placeraient définitivement ce genre dans les Myxomycètes. Entre les Mousses ou sur les écorces. [DE S.]

OSTRANZ. En Allemagne, l'Impératoire.

OSTREA. Le genre Huître n'aurait rien à faire en botanique si un auteur contemporain n'avait établi un genre de plantes fossiles pour l'*O. Marshii*, si connu des géologues.

OSTREICHNION (DUB., *Hyster.*, in *Mém. Soc. Hist. nat. Genève*, XVI [1861]). Genre d'Hystérinés, considéré depuis comme une forme aberrante de l'*Hysterium pulicare*.

OSTREION (SACC., *Syll. Fung.*, II, 765). Genre formé pour l'*Ostreichnion americanum* DUB., qui, d'après M. Rehm, serait l'*Hysterium varium* (*Hedwigia*, 1886, Heft V, *Rev. d. Hyster.*, *in herb.* Duby).

OSTREOCARPUS (L.-C. RICH., herb.). Synonyme de *Aspidosperma* SIEB. et ZUCC.

OSTREOCHLAMYS (PL., in *Fl. des serres*, VI). Synonyme de *Nautilocalyx* LIND.

OSTROPA (FR., *Summ. veg. Scand.*, 401). Genre d'Hystérinés, à périthèces subcorticaux, durs, munis d'une papille proéminente, fendue en deux lèvres épaisses. Les thèques cylindriques, entremêlées de paraphyses très fines, contiennent des spores filiformes, pluriloculaires. Sur 8 ou 10 espèces, une seule est bien établie, l'*O. cinerea*, qui se rencontre sur des rameaux desséchés en Europe et dans l'Amérique du Nord. [DE S.]

OSTROPELLA (SACC., *Syll. Fung.*, II, 805). Section du genre *Ostropa* FR., établie pour les espèces à spores plus courtes, presque cymbiformes. [DE S.]

OSTRUTE, OSTRUCHE. Noms vulgaires de l'Impératoire.

OSTRUTHIUM (LINK, *Handb.*, I, 360). Syn. de *Imperatoria* L.

OSTRUZINI. Un des noms bohêmes du Framboisier.

OSTRYA. Section du genre *Carpinus*, caractérisée par des bractées secondaires fermées, en forme de sac conique, au lieu d'être largement ouvertes en dedans et plus ou moins étalées, comme dans les vrais *Carpinus*. Micheli (*Gen.*, 223, t. 104) en a fait un genre distinct, conservé par la plupart des auteurs (DC., *Prodr.*, XVI, sect. II, 124). Elle comprend les *C. Ostrya* L. (*O. carpinifolia* SCOP. — *O. vulgaris* W. — *O. italica* SPACH) et *virginiana* LAMK (*O. virginica* W. — *O. americana* MICHX), belles espèces recherchées pour la plantation des jardins et des parcs. (Voy. *Hist. des pl.*, VI, 226, 256.) [H. BN.]

OSTRYOPSIS (DCNE, in *Bull. Soc. bot. Fr.*, XX, 155). Genre de Corylées; section pour nous du genre *Corylus* T. [H. BN.]

OSTRYS THEOPHRASTI (CLUS.). Le Charme.

OSWALDA (CASS., *Dict.*, LIX, 322). Synon. de *Clibadium* L.

OSYRICERA (BL., *Bijdr.*, 307, t. 58). Genre d'Orchidacées-Épidendrées, voisin des *Bulbophyllum*, à ce qu'on croit, établi pour une herbe épiphyte de Java, à fleurs pourvues de sépales latéraux connés; le labelle ventru près de sa base. L'anthère est pourvue d'une lame suborbiculaire et glanduleuse. [H. BN.]

OSYRIDEÆ (B. H.). Tribu des Santalacées.

OSYRIDICARPOS (A. DC., *Prodr.*, XIV, 635). Genre de Santalacées-Thésiées, souvent rapporté aux *Thesium*, avec le port et le feuillage des *Osyris*, mais avec des fleurs hermaphrodites. Ce genre pourra-t-il être conservé? Il est formé de 2 sous-arbrisseaux africains. [H. BN.]

OSYRIS (L., *Gen.*, n. 1101). Genre de Santalacées, dont on a donné le nom à une tribu des *Osyridées*. Les fleurs y sont généralement dioïques, 3, 4-mères, à corolle valvaire, avec autant d'étamines superposées. Il y a un disque aplati, et l'ovaire renferme 2-4-ovules portés sur un placenta central. Le fruit est drupacé, nu ou entouré d'une sorte d'involucre de feuilles. Notre *O. alba*, commun dans le Midi, est spartioïde, parasite, au moins dans son jeune âge. (SIBTH., *Fl. græc.*, t. 954. — REICHB., *Ic. Fl. germ.*, t. 548. — H. BN, in *Adansonia*, III, 112.)

OSYRIS (MATTH.). Le *Linaria vulgaris* MILL.

OTACANTHUS (LINDL., in *Fl. serr.*, sér. 2, V, 53, t. 1526). Rapportée aux Acanthacées-Ruelliées, la plante qui sert de type à ce genre paraît appartenir aux Scrofulariacées. On admet aujourd'hui (B. H., *Gen.*, II, 1076, n. 11) une autre espèce du genre, d'origine bolivienne, qui serait, elle, une véritable Ruelliée (*Tacoanthus*). [H. BN.]

OTACHYRIUM (NEES, *Agrost. bras.*, 273). Genre proposé pour le *Panicum pterygodium* DŒLL.

OTAHEITE-TREE. Nom anglais du *Thespesia populnea* CORR.

O-TAKABAKO. Nom japonais du *Senecio cacaliæformis* RCHB.

OTANDRA (SALISB., in *Trans. Hort. Soc.*, I, 298). Synonyme de *Geodorum* JACKS.

OTANTHERA (BL., in *Flora* [1831], 488; *Mus. lugd.-bat.*, I, 56, t. 20). Section du genre *Melastoma* BURM. (H. BN, *Hist. des pl.*, VII, 4.)

OTANTHUS (LINK, *Fl. portug.*, II, 364). Syn. de *Diotis* DESF.

OTA-PULLA. Nom malabare du Guttier.

OTAR. Nom africain de l'*Entada scandens* BENTH.

OTARIA (H. B. K., *Nov. gen. et spec.*, III, 192). Synonyme de *Asclepias* T.

OTCHIA. En Nouvelle-Calédonie, le *Cordia discolor* CHAM.

OTEIZA (LL., *Reg. trim. Mex.* [1832], 41). Syn. de *Calea* L.

OTHERA (THUNB., *Fl. jap.*, 4; *Ic. pl. jap.*, t. 13). Synonyme, peut-être (B. H.), de *Ilex* L.

OTHLIS (SCHOTT, in *Spreng. Syst.*, *Cur. post.*, 47). Synonyme de *Doliocarpus* ROL.

OTHOCALLIS (SALISB., *Fragm.*, 28). Synonyme de *Scilla* L.

OTHONIA. Nom horticole ancien des *Tagetes* cultivés.

OTHONNA (L., *Gen.*, n. 993). Genre de Composées-Hélianthées-Sénécionées, formé d'environ 80 herbes ou sous-arbrisseaux de l'Afrique australe, à feuilles basilaires ou alternes, souvent charnues; les capitules solitaires ou en grappes de cymes, hétérogames; les fleurs du disque stériles, à style simple; les fleurs femelles donnant des fruits à 5-10 côtes, avec une aigrette formée de soies nombreuses. On cultive plusieurs de ces curieuses plantes. (*Bot. Mag.*, t. 768, 1312, 1979, 3967, 4038. — H. BN, *Hist. des pl.*, VIII, 267.)

OTHONNOPSIS (JAUB. et SP., *Ill. pl. or.*, IV, 90, t. 357). Synonyme de *Hertia* LESS. (H. BN, *Hist. des pl.*, VIII, 263.)

OTHONOLOMA (LINK, ex KZE, in *Linnæa* [1850], 243). Le *Cheiranthus cuneata* KAULF.

OTHOUNA (PLINE). On croit que c'est le *Tagetes patula* L.

OTHRYS (NOR., in *Dup.-Th. Gen. nov. madag.*, 13). Synonyme de *Cratæva* L.

OTIDEA (FUCK., *Symb. myc.*, 329). Genre de Pézizés, à cupule unilatérale, en forme d'oreille, rarement régulière, épigés, souvent en groupes. Thèques allongées; paraphyses minces et un peu claviformes; spores elliptiques et hyalines. [DE S.]

OTIDIA (SWEET, *Geran.*, t. 98). Syn. de *Pelargonium* LHÉR.

OTIMBALILO. Nom africain de l'*Omphalocarpum procerum*.

OTIOPHORA (ZUCC., in *Abh. Baier. Ak. Wiss.*, I, 315). Genre de Rubiacées-Anthospermées, à fleurs hermaphrodites, 4, 5-mères, solitaires ou géminées au niveau de chaque feuille ou des bractées qui les remplacent au sommet des rameaux, semblables dans ce cas à des épis. Leur corolle est valvaire; leur style long et grêle, bifide; leurs étamines insérées à la gorge de la corolle. Le plus souvent, une de leurs deux loges ovariennes avorte dans le fruit dont le péricarpe est mince, sec, et couronné de sépales inégaux dont un ou deux se développent en lame foliacée. Ce sont des herbes, parfois frutescentes, de Madagascar (2 ou 3 espèces), à petites feuilles opposées, ovales ou lancéolées, à stipules connées en gaine. (Voy. *Hist. des plant.*, VII, 270, 400, n. 21.) [H. BN.]

OTITES (FRIES, *Obs. myc.*, II, 275). Section du g. *Thelephora*.

OTITES (TABERN. — RUPP., *F. jen.*, 125). Syn. de *Silene*.

OTO. Nom basque de l'*Agaricus edulis* BULL.

OTOBA (A. DC., in *Ann. sc. nat.*, sér. 4, IV, 30). Section du genre *Myristica*. C'est, en Colombie, le *Myristica Otoba* H. B., remède de la gale et des affections cutanées du cuir chevelu.

OTOCALYX (A. DC., *Prodr.*, VII, II, 494). Section du genre *Symphyandra* A. DC.

OTOCARPUS (DUR., in *Rev. bot.*, II, 435). Synonyme de *Rapistrum* DESVX.

OTOCHILUS (LINDL., *Gen. et spec. Orchid.*, 35; in *Journ. Linn. Soc.*, I, 173). Genre d'Orchidacées-Épidendrées, formé de 3, 4 herbes asiatiques, à rhizome rampant, avec des pseudobulbes 2-phylles et des axes jeunes, subterminaux, formant série. Les fleurs ont un labelle sessile, dilaté en sac à sa base, avec les lobes latéraux auriculiformes. Le gynostème est allongé, et l'anthère renferme 4 pollinies. On en cultive dans nos serres quelques espèces. (*Bot. Mag.*, t. 3921.) [H. BN.]

OTOCHLAMYS (DC., *Prodr.*, VI, 77). Section du genre *Cotula* T. (H. BN, *Hist. des pl.*, VIII, 284.)

OTOGIRISO. Nom japonais de l'*Hypericum erectum* THUNB.

OTOGLYPHIS (POM., *N. mat. Fl. atl.*, 56). Genre proposé pour le *Chlamydophora pubescens* DESF.

OTOGYNE (A. DC., *Prodr.*, VIII, 223). Section du genre *Diospyros* L.

OTOKO-MESHI. Nom japonais du *Patrinia villosa* J.

OTOKOSERI. Nom japonais d'une Renoncule indéterminée.

OTOKO-YOMOGI. Au Japon, l'*Artemisia japonica* THUNB.

OTOLEPIS (TURCZ., in *Bull. Mosc.* [1848], I, 512). Synonyme de *Capura* BLANCO.

OTOMERIA (BENTH., *Niger Fl.*, 405). Genre de Rubiacées-Oldenlandiées, voisin des *Virecta*, dont il a à peu près les fleurs, 4, 5-mères, avec 1, 2 sépales foliacés, plus grands que les autres; une corolle à tube allongé, à limbe valvaire ou indupliqué; 4, 5 étamines, incluses ou exsertes; un ovaire infère, à 2 loges multiovulées, et un fruit capsulaire, oblong ou obconique, septicide, à 2 coques déhiscentes en dedans, couronnées des grands lobes calycinaux. Ce sont des herbes suffrutescentes de l'Afrique tropicale, de Madagascar, etc., à feuilles opposées, stipulées; à épis terminaux, simples ou ramifiés, chargés de glomérules 2-pauciflores, accompagnés de bractées. On en distingue 4, 5 espèces. Peut-être n'est-ce qu'une section du g. *Virecta*. (Voy. *Hist. des pl.*, VII, 330, 467, n. 141.) [H. BN.]

OTONYCHIUM (BL., *Rumphia*, III, 180). Synonyme de *Harpullia* ROXB.

OTOPAPPUS (BENTH., *Gen.*, II, 380; in *Hook. Icon.*, t. 1234). Genre de Composées-Hélianthées, établi pour une plante de l'Amérique centrale, voisine des *Verbesina*, frutescente (?), à feuilles opposées, à capitules groupés en corymbes plus courts que les feuilles, avec des fleurs du rayon fertiles, des fruits pourvus au sommet de 1, 2 ailes, avec une aigrette obliquement auriculiforme, adnée à l'aile intérieure. (H. BN, *Hist. des pl.*, VIII, 207.)

OTOPETALUM (MIQ., *Fl. ind. bat.*, II, 400; in *Versl. Ak. Wetensch. Amsterd.*, VI, 191). Genre d'Apocynacées-Arduinées, mal connu, fondé sur un arbuste de Java, distingué par des fleurs de *Chilocarpus*, avec 10 squamules intérieures au calice et un disque 5-lobé. (H. BN, *Hist. des pl.*, X, 178.)

OTOPHORA (BL., *Rumphia*, III, 142). Synonyme de *Capura* BLANCO.

OTOPHYLLA (BENTH., in *DC. Prodr.*, X, 520). Synonyme de *Gerardia* L.

OTOPTERA (DC., *Mém. Légum.*, 249, t. 42; *Prodr.*, II, 240). Synonyme de *Vigna* SAV.

OTOSEMA (BENTH., in *Pl. Jungh.*, 248). Synonyme de *Milletia* W. et ARN.

OTOSPERMUM (WILLK., in *Bot. Zeit.* [1864], 251). Genre proposé pour le *Pyrethrum arvense* SALZM.

OTOSTEGIA (BENTH., *Labiat. gen. et spec.*, 601). Genre de Labiées-Bétonicées, formé de 7, 8 arbustes ou sous-arbrisseaux de l'Orient et d'Abyssinie, ayant les caractères des *Ballota* et des *Roylea*, mais avec un calice dont le limbe est dilaté, oblique, à lobe postérieur 3-denté; l'antérieur très grand, anguleux ou 4-denté. (JAUB. et SP., *Ill. pl. or.*, t. 378-382.) [H. BN.]

OTOSTEMMA (BL., *Mus. lugd.-bat.*, I, 59, t. 11). Synonyme de *Hoya* R. BR.

OTOTROPIS (NEES, in *Del. sem. Hort. wrat.* [1838]). Synonyme de *Desmodium* DESVX.

OTOURS. Nom, dans les montagnes de la Savoie, de la racine de l'Impératoire (*Peucedanum Ostruthium* KOCH.).

OTOZAMITES (F. BRAUN, in *Munst. Beitr.*, VI, 23). Genre de Cycadacées fossiles (AD. BR., in *Dict. d'Orb.*, XIII, 110), rapproché des *Zamites*. (UNG., *Syn. pl. foss.*, 152.)

OTRIK. Nom arménien des Vignes.

OTRUCHE NOIRE. L'un des noms de l'*Astrantia major* L.

OTTAVIANA. — Voy. OCTAVIANA.

OTTEL-AMBEL (RHEED., *Hort. malab.*, XI, t. 46). Synonyme de *Ottelia* PERS.

OTTELIA (PERS., *Syn.*, I, 400). Genre d'Hydrocharidacées-Stratiotées, formé de 6, 7 herbes tropicales d'eau douce, à feuilles rapprochées; celles qui nagent à la surface pourvues d'un limbe arrondi, oblong ou cordé, et d'un long pétiole. La hampe porte une spathe herbacée, tubuleuse, dans laquelle est une fleur hermaphrodite. Il y a deux périanthes, 6-8 étamines, un ovaire rostré, 6 placentas pariétaux très proéminents et ∞-ovulés, et 6 styles 2-fides. Le fruit est oblong, un peu charnu, ∞-sperme. (L.-C. RICH., in *Mém. Inst.* [1811], 27, 65, t. 7. — *Bot. Mag.*, t. 1201.) [H. BN.]

OTTHIA (NKE, in *Fuck. Symb. myc.*, 169). Genre de Sphériacés, à périthèces agrégés, carbonacés, papillés. Les thèques, entremêlées de paraphyses, contiennent 8 spores brunes, le plus souvent biloculaires. M. Saccardo en a décrit 27 espèces, vivant sur l'écorce de rameaux de beaucoup d'arbres ou d'arbustes. Deux seulement sont exotiques, de Ceylan et d'Abyssinie. [DE S.]

OTTHIELIA (SACC., *Syll. Fung.*, II, 739). Tribu des *Otthia* NKE, comprenant les espèces à spores presque hyalines ou qui brunissent tardivement. [DE S.]

OTTILIS (GÆRTN., *Fruct.*, I, 275, t. 57). Synon. de *Leea* L.

OTTO (Balth.). A écrit [1673] *De Nardo Pistica* (in-4). — Bernh.-Chr. OTTO, professeur à Francfort-sur-l'Oder, est l'auteur de : *Theses aliquot botanicæ medicæque* [1789]; *De Fumaria* [1789]; *De Phytolacca* [1792]; *De Phellandrii aquatici charactere botanico et usu medico* [1793]. — J.-Gottfr. OTTO a écrit [1816] sur les lamelles des Agarics. — Fried. OTTO, mort à Berlin en 1856, fut directeur du jardin de Schœneberg, près Berlin; il fut, avec Klotzsch, le collaborateur des *Icones plantarum rariorum* de Link.

OTTOA (H. B. K., *Nov. gen. et spec.*, V, 20, t. 423). Genre d'Ombellifères-Carées, qui, avec des fleurs de *Scandix* ou de *Chærophyllum*, a le fruit de ce dernier genre, et n'en devrait peut-être former qu'une section. Mais on l'en a séparé surtout à cause de ses petites feuilles, réduites à un cylindre fistuleux, coupé de petites cloisons. Ses ombelles sont composées. C'est une petite herbe vivace, glabre, du Mexique et de la Colombie, l'*O. œnanthoides*, que Sprengel nommait *Œnanthe quitensis*. (Voy. *Hist. des pl.*, VII, 234, n. 70.) [H. BN.]

OTTONIA (SPRENG., *N. Entd.*, I, 255). Section du genre *Piper* L. (H. BN, *Hist. des pl.*, III, 472.)

OUANDOU. Nom caraïbe du *Cajanus indicus* SPR.

OUANGASSAI. Le *Canthium edule* H. BN.

OUBOU. Nom caraïbe du *Spondias Monbin* L.

OUDEMANSIA (MIQ., *Pl. Jungh.*, I, 296). Syn. de *Helicteres* L.

OUDEMANSIA (SPEG., in *Ann. soc. sc. Arg.*, X, fasc. VI). Nom d'un genre d'Agaricinés, changé ensuite par l'auteur en *Oudemansiella* (voy. ce mot).

OUDEMANSIELLA (SPEG., *Fung. argent.*, IV, 11). Genre d'Agaricinés, à chapeau charnu, hémisphérique, porté par un stipe central. Les lamelles, membraneuses, entières, ont la marge fendue longitudinalement comme celles des *Schizophyllum*; mais les bords de chacune d'elles sont à l'origine soudés avec ceux de la lamelle voisine. Une espèce, originaire de Rio de la Plata, sur un tronc pourri d'*Erythrina Crista-galli*. [DE S.]

OUD ESSYM. Nom arabe du *Capparis mithridatica* FORSK.

OUDNEY (Walt.). Voyageur, auquel R. Brown dédia le genre *Oudneya*, et dont il décrivit les plantes, était né en 1791 à Édimbourg, et mourut en Afrique, à Murmur, en 1824.

OUDNEYA (R. BR., in *Denh. et Clapp. Narr. App.*, 220). Syn. (COSS., in *Bull. Soc. bot. Fr.*, XII, 280) de *Moricandia* DC.

OUGEINIA (BENTH., *Pl. Jungh.*, I, 216). Genre de Légumineuses-Papilionacées-Hédysarées, formé d'un arbre de l'Inde, à feuilles pennées, 3-foliolées, à fleurs en grappes sur les nœuds des branches, fasciculées; la gousse à grands articles qu'on a comparés à ceux d'un *Dalbergia*. Le genre est d'ailleurs très analogue aux *Desmodium*. (WIGHT, *Icon.*, t. 391. — H. BN, *Hist. des pl*, II, 319.)

OUGOUDKI. Nom nubien du *Dolichos Lablab* L.

OUI. Nom malais du *Dioscorea alata* L.

OU-KIEOU. En Chine, l'*Excæcaria* (*Stillingia*) *sebifera* H. BN.

OULEOUMÉLÉ. A Saint-Domingue, la Morelle.

OULIERA. A Saint-Domingue, le *Coccoloba uvifera* L.

OULLE. Le *Parkia biglobosa* BENTH.

OUME. Nom provençal de l'Orme.

OUMEGAL. L'Oronge vraie.

OU-POEY-TSE. Galle de Chine, produite sur le *Rhus semialata* MURR. par l'*Aphis chinensis* JAC.

OURACHA. Le fruit du Jaquier.

OURAGNI, OUTAGNI. Noms foréziens du *Corylus Avellana* L.

OURAGOGA (L., *Hrt. Cliff.*, 486). Synonyme de *Uragoga* L.

OURAI. Au Sénégal, le fruit de l'Icaquier.

OURATEA (AUBL., *Guian.*, I, 397, t. 152). Genre d'Ochnacées, type de la série des Ouratéées, dans laquelle il se distingue par son androcée 10-andre; les anthères longues, rugueuses et poricides. Les carpelles sont au nombre de 5-8 et deviennent des drupes insérées sur un réceptacle accru et coloré. Ce sont des arbres et arbustes glabres, de toutes les régions tropicales du globe, à feuilles alternes, persistantes, coriaces, lisses, ser-

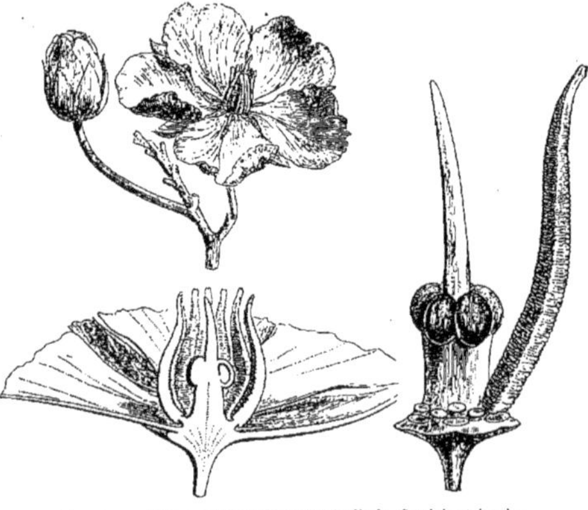

Ouratea. — Fleur, entière et coupe longitudinale. Gynécée et étamine.

rées, à dentelures aiguës, avec de fines nervures parallèles, nombreuses; deux stipules, ordinairement un peu supra-axillaires; des fleurs jaunes, en grappes ou en cymes plus ou moins composées. Ce sont souvent des plantes toniques-amères ou astringentes, comme les *O. Jabotapita, angustifolia, hexasperma, ilicifolia*. Les graines de l'*O. parviflora* sont oléagineuses. (H. BN, *Hist. des pl.*, IV, 357, 366, 367.)

OURATÉÉES (H. BN, *Hist. des pl.*, 357, 364, 367). Série des Ochnacées, à gynécée formé de carpelles indépendants dans leur portion ovarienne, ou à ovaire 2-15-loculaire, avec un seul ovule dans chaque loge, subtransversal ou ascendant; le micropyle en bas et en dehors. Styles souvent gynobasiques, unis en une colonne unique. Fruit indéhiscent, sec ou drupacé. Graines sans albumen. Cette série comprend les genres *Ouratea, Elvasia, Tetramerista* et *Ochna*. [H. BN.]

OURDON. Nom arabe de l'Argel.

OUREGAO. En Portugal, l'Origan vulgaire.

OURENDÉ ROUGE. Au Gabon, le *Cola gabonensis* MAST. Il y a d'autres *Ourendé*, la plupart aphrodisiaques, d'origine différente. — Voy. ORENDÉ.

OURET (ADANS., *Fam.*, II, 168). Synonyme de *Ærua* FORSK.

OURI. Au Sénégal, le Bonduc.

OURIAGOU. Au Sénégal, le *Capsicum annuum* L.

OURIOL. En Limousin, les Châtaignes sèches.

OURISIA (COMMERS. — J., *Gen.*, 100). Genre de Scrofulariacées-Digitalées, formé d'au moins 15 herbes et sous-arbrisseaux de l'Océanie et de l'Amérique du Sud, à feuilles opposées, à fleurs solitaires et axillaires ou groupées en grappes terminales de cymes; la corolle à tube cylindrique ou campanulé; le limbe étalé, presque régulier; 4 étamines, un style entier et une capsule à valves septifères. On cultive parfois dans nos serres l'*O. coccinea*. (H. BN, *Hist. des pl.*, IX, 462.)

OUROCOURNEREPA. Nom galibi du *Parinari montanum* AUBL.

OUROU. A Taïti, l'Arbre-à-pain.

OUROUPARIA (AUBL., *Guian.*, I, 177, t. 68). Genre de Rubiacées, dont l'inflorescence en faux capitules (ombelles contractées de glomérules composés) est à peu près celle des *Nauclea*, avec une corolle tubuleuse-infundibuliforme, les 5 lobes du limbe imbriqués. La corolle porte 5 étamines, à loges libres et atténuées à la base. Le fruit est capsulaire, avec ∞ graines dont l'aile est simple en bas et 2-fide en haut. Le *Gambir* est produit par l'*O. Gambir* H. BN, et aussi, dit-on, par l'*O. acida* H. BN. Ce sont des plantes malaises. Le premier est originaire des rivages du détroit de Malacca, principalement, dit-on, des îles de son extrémité orientale. Il y a peut-être été introduit. On le cultive en plusieurs localités, notamment à Singapour depuis 1819. On emploie surtout les feuilles et les jeunes branches. (Voy. *Hist. des pl.*, VII, 495; *Tr. Bot. méd. phanér.*, 1105.)

OURSINE. L'*Arctopus echinatus* L.

OURTIGO. Nom provençal des Orties.

OURY-PELAI. Nom indien du *Periploca ciliata* LESCH.

OUSAK. Graine du *Pennisetum distichum* BART., qui sert en Nigritie à préparer une boisson fermentée.

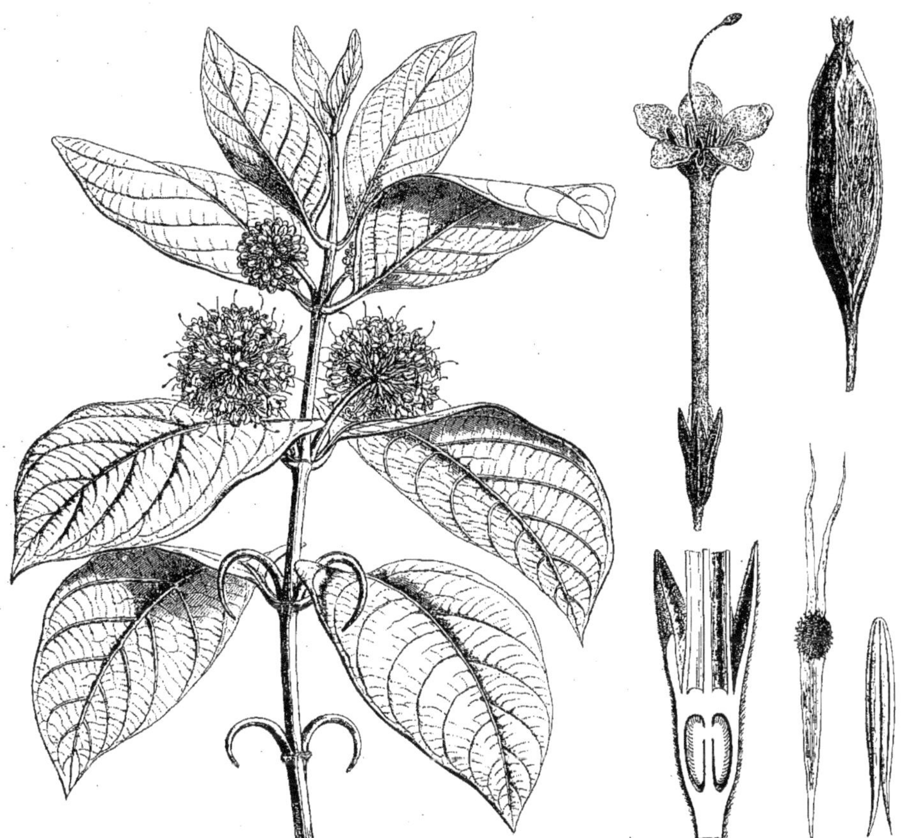

Ourouparia. — Branche florifère. Fleur, entière et coupe longitudinale. Anthère. Fruit déhiscent. Graine.

OUSTROPIS (G. DON, *Gen. Syst.*, II, 214). Synonyme de *Indigastrum* JAUB. et SPACH.

OUTEA (AUBL., *Guian.*, 28, t. 9). Synonyme de *Vouapa* AUBL.

OUTHOV (Ger.). Auteur [1694], à Groningue, de *Exercitatio de Manna Israelitarum* (in-4).

OUTREYA (JAUB. et SPACH, *Ill. pl. or.*, I, 131, t. 68). Synonyme de *Jurinea* CASS.

OUVIRANDRA (DUP.-TH., *Gen. nov. madag.*, 2). Synonyme de *Aponogeton* THUNB. et section de ce genre, comprenant les espèces à feuilles élégamment fenêtrées, par suite de l'absence de parenchyme entre les nervures. On les cultive quelquefois.

OUVI-VAVE. Le *Flagellaria indica* L.

OVAIRE. — Voy. GYNÉCÉE (II, 763).

OVA PISCIUM (RUMPH.). Le *Coix Lacryma* L.

OVARIA. Nom ancien du Baume-coq.

OVER-CUP OAK. Aux États-Unis, le *Quercus lyrata* WALT.

OVERLOOK. Nom anglais du *Canavalia gladiata* DC.

OVERSTRATIA (DESCH., ex BENN.). Synonyme de *Saurauja* W.

OVES. Nom bohême de l'Avoine.

OVIDIA (MEISSN., in *DC. Prodr.*, XIV, 524). Genre de Thymélacées, voisin des *Daphne*, formé de 3, 4 arbustes des Andes, à fleurs hermaphrodites; le périanthe pourvu d'un tube grêle et d'un limbe étalé; le style filiforme et long. Le fruit a un péricarpe charnu ou succulent. (H. BN, *Hist. des pl.*, VI, 131.)

OVIEDA (L., *Gen.*, n. 787). Synonyme de *Clerodendron* L.

OVIEDA (SPRENG., *Syst.*, I, 147). Synonyme de *Lapeyrousia* POURR.

OVIEDO (Gonz.-Fern.). Publia [1535], à Séville, *Primera parte de la historia natural y general de las Indias, yslas y tierra firme del mar oceano*, in-fol., avec figures sur bois rudimentaires. Les livres 7-10 traitent des plantes.

OVIGHAN. Au Chili, le *Schinus Molle* L.

OVILLA (ADANS., *Fam. pl.*, II, 134). Synonyme de *Jasione* L.

OVINA (C. KOCH, in *Linnæa*, XXI, 411). Section du g. *Festuca*.

OVRA-BLA. A Sainte-Croix, le *Pluchea odorata* CASS.

OVULARIA (SACC., *Michel.*, II, 17). Genre d'Hyphomycètes, à filaments simples, dressés, portant à leur sommet une conidie globuleuse ou ovoïde, plus rarement un court chapelet. Se développe d'ordinaire à la surface des feuilles. Les espèces de ce genre sont jusqu'ici presque toutes européennes. [DE S.]

OVULE. Sur les placentas se voient un ou plusieurs corps saillants, sessiles ou non, et qui ont depuis longtemps reçu le nom d'*ovules* (mais qu'il ne faut pas assimiler aux ovules animaux). Ils consistent assez souvent en une masse parenchymateuse, dont les éléments sont d'abord presque tous les mêmes : ce sont des phytocystes-cellules semblables entre eux.

Un seul ou un petit nombre de ces éléments font exception et occupent ordinairement une situation centrale. On leur a donné le nom de *sacs embryonnaires*, et ils constituent le véritable organe femelle des plantes, l'embryon, se développant, comme l'indique leur nom, dans leur intérieur.

Quand on arrache l'ovule du placenta, on voit à son point d'insertion une cicatrice : c'est le *hile* ou *ombilic*.

Dans un ovule homogène, tel que celui de la plupart des Santalacées, l'extrémité de l'ovule opposée au hile présente un petit pertuis, destiné à l'introduction du tube pollinique, et qu'on nomme le *micropyle*.

Au niveau du micropyle, le sommet de l'ovule peut, dès le début, comme il arrive dans beaucoup d'arbres verts du groupe des Conifères, présenter une petite dépression, encadrée d'un rebord plus ou moins saillant.

Quand ce rebord se prononce davantage, il forme autour du micropyle une sorte de petite manchette. Celle-ci se séparant souvent du corps de l'ovule dans une très grande étendue et même jusqu'au voisinage du hile, on l'a considérée comme une

Ovule orthotrope

Ovule campylotrope.

Ovule anatrope.

enveloppe ou *tégument* de l'ovule; elle forme en effet autour de ce corps, nommé *nucelle*, une sorte de sac, ouvert seulement au niveau du micropyle. Son ouverture termine quelquefois un prolongement tubuleux plus ou moins allongé.

Souvent, comme dans les Rhubarbes, les Renouées, etc., il se forme un deuxième de ces sacs en dehors du premier; on dit alors le tégument ovulaire double, et l'on nomme le sac extérieur *primine*, et l'intérieur *secondine*.

On a accordé une assez grande importance à l'évolution de ces diverses parties qui ne sont que des saillies secondaires plus ou moins développées du nucelle et dont les ouvertures micropylaires paraissent destinées à diriger les tubes polliniques

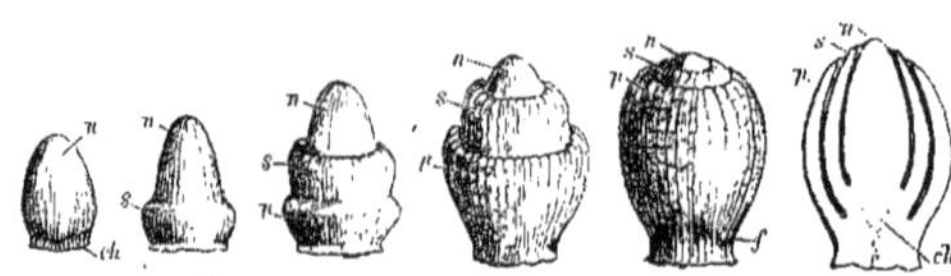

Ovule orthotrope. États successifs du développement : *n*, nucelle; *s*, secondine; *p*, primine *ch*, chalaze.

vers le point du nucelle où ils doivent pénétrer. Quelquefois, comme dans les *Papaya*, *Vasconcella*, etc., l'épaississement qui deviendra la primine, se produit d'abord sur le nucelle; et au-dessus de lui se forme ensuite l'autre épaississement qui

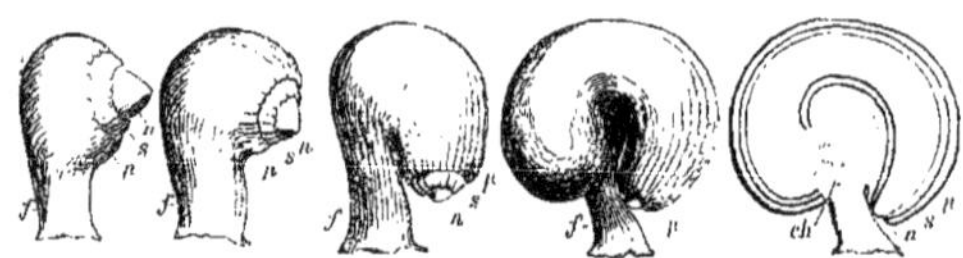

Ovule campylotrope. États successifs du développement : *n*, nucelle; *s*, secondine *p*, primine *f*, funicule; *ch*, chalaze.

sera la secondine. Plus souvent c'est l'ordre inverse qu'on observe : la primine ne se montre qu'après la secondine et au-dessous d'elle sur la surface du nucelle.

Ailleurs, comme dans les Hellébores, etc., c'est un bourrelet

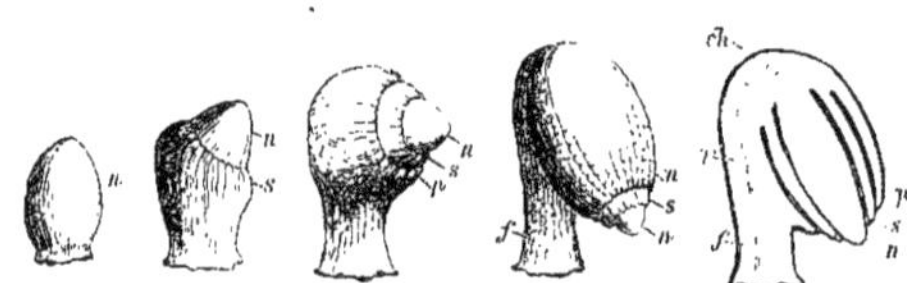

Ovule anatrope. États successifs du développement : *n*, nucelle; *s*, secondine; *p*, primine *ch*, chalaze; *f*, funicule; *r*, raphé.

unique qui se produit sur le nucelle au-dessous de son sommet; mais au bout de quelque temps le bord libre de ce bourrelet se dédouble en deux lèvres qui représentent l'une la primine et l'autre la secondine.

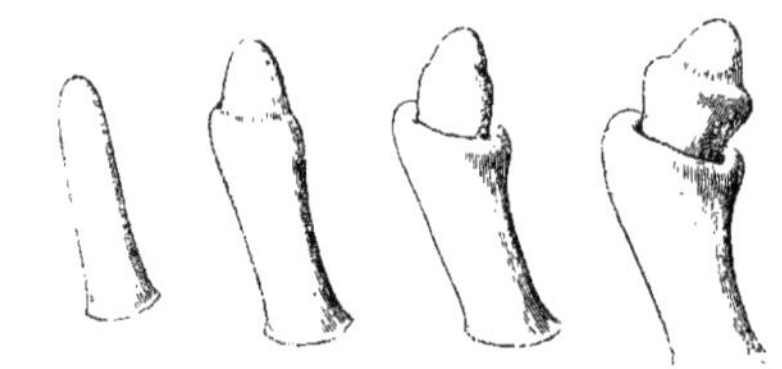

Ovule de *Papaya Carica*, à divers âges; la secondine s'y développe après la primine.

Assez souvent pendant cette formation des téguments ovulaires, le nucelle, au lieu de demeurer rectiligne, devient plus ou moins arqué. Il arrive alors que les enveloppes elles-mêmes se courbent et semblent se mouler sur la surface extérieure du nucelle.

Que le sommet du nucelle se rapproche de plus en plus de sa

base, et avec lui l'ouverture micropylaire des enveloppes qui, si elles existent, suivent ce mouvement de courbure, dans un pareil ovule, le micropyle se rapprochera du hile, et l'axe du nucelle sera représenté par une courbe. On a nommé un semblable ovule *campulitrope* ou *campylotrope*.

Au contraire, dans un ovule tel que celui de la Rhubarbe, du *Conocephalus*, où l'axe du nucelle demeure rectiligne, le micropyle se trouve à une extrémité de cet axe, et le hile à l'extrémité opposée. Ce sont bien là les caractères de l'ovule dit *orthotrope*.

Dans le plus grand nombre des ovules, l'axe du nucelle

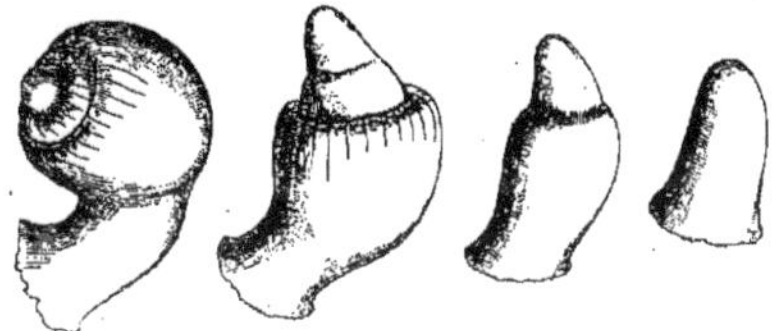

Ovule de *Papaya gracilis*, à divers âges; la secondine s'y montre après la primine.

demeure rectiligne, et cependant le micropyle se trouve finalement rapproché du hile, comme dans l'ovule campylotrope. Cela dépend d'un inégal accroissement qui produit un renversement ou *anatropie* du nucelle (et parfois aussi de la secondine qui enveloppe étroitement celui-ci), renversement dont la conséquence est que le hile s'éloigne graduellement de la base organique du nucelle pour se rapprocher du micropyle. De son point de départ à son point d'arrivée, il se forme, le long d'un côté de l'ovule, une sorte de cordon longeant dans son épaisseur les vaisseaux nourriciers de l'ovule et qu'on nomme *raphé*. Un semblable ovule, qui a un raphé, un grand axe du nucelle

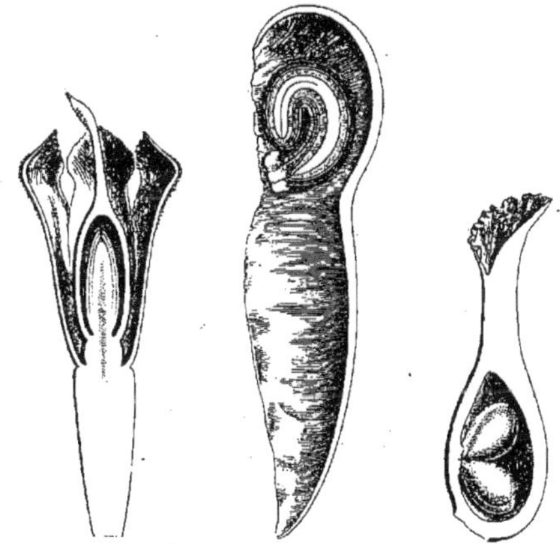

Conocephalus. Ovule orthotrope, dressé; le micropyle en haut. *Gyrostemon*. Graine anatrope, puis recourbée sur elle-même. *Hydrastis*, à deux ovules, l'un descendant, l'autre ascendant.

rectiligne et en même temps le hile rapproché du micropyle, est dit *anatrope*.

Chalaze. — Dans un ovule anatrope, les vaisseaux du raphé viennent se rendre au nucelle au niveau ou à peu près du point où les téguments ovulaires s'unissent au nucelle. C'est ce point qu'on a nommé la *chalaze*, et l'on voit par là que dans un ovule anatrope la chalaze occupe l'extrémité de l'axe du nucelle qui n'est pas occupée par le micropyle.

Dans un ovule orthotrope, le raphé n'existe pas, et les vaisseaux de l'ovule n'ont qu'un très court trajet à faire pour se rendre du hile à la base du nucelle. Le hile est donc très voisin de la chalaze; mais le micropyle est aussi éloigné que possible du hile et de la chalaze, et occupe l'autre extrémité du grand axe du nucelle.

Dans un ovule campylotrope, les relations de la chalaze et du

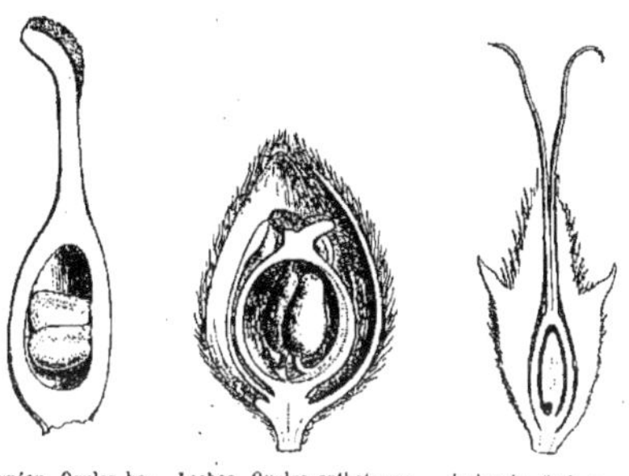

Euemion. Ovules horizontaux. *Lechea*. Ovules orthotropes, ascendants. *Ambrosia*. Ovule presque dressé.

hile sont les mêmes que dans l'ovule orthotrope, puisqu'il n'y a point de raphé; mais comme, en même temps, ainsi que nous l'avons vu, le micropyle est rapproché du hile, la chalaze se trouve à la fois voisine de l'un et de l'autre.

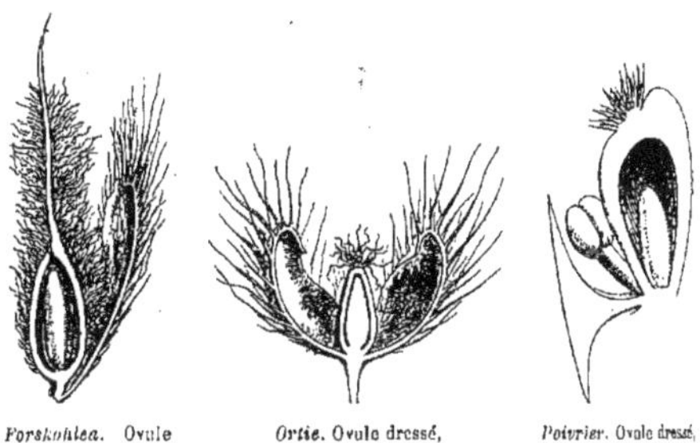

Forskohlea. Ovule dressé. *Ortie*. Ovule dressé, orthotrope. *Poivrier*. Ovule dressé, orthotrope.

Il y a presque tous les états intermédiaires possibles entre ces trois formes d'ovules. L'anatropie existe à tous les degrés, suivant les ovules qu'on examine; il y a des passages gradués de l'orthotropie à l'anatropie. D'autre part, il y a des ovules,

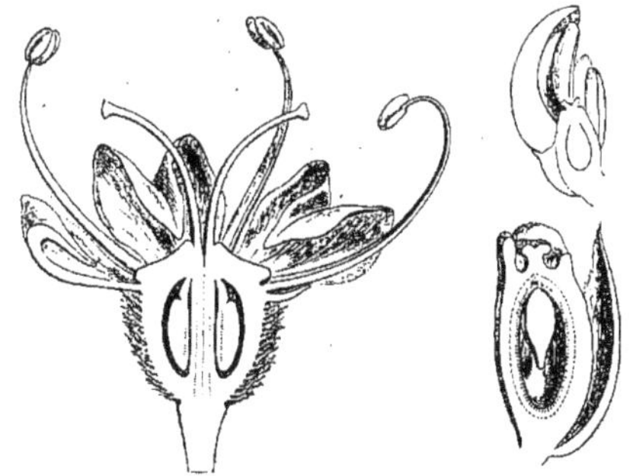

Carotte. Ovules descendants, anatropes, à micropyle extérieur. *Chloranthus* et *Hedyosmum*. Ovules pendus.

d'abord anatropes, dont en même temps l'axe devient finalement courbe, de sorte qu'ils tiennent à la fois de l'anatropie et de la campylotropie.

Nombre et direction des ovules. — Une loge d'ovaire est dite uniovulée, biovulée, triovulée,... pluriovulée, multiovulée, suivant que les ovules y sont au nombre de un, deux, trois, ... plusieurs ou beaucoup.

Il y a des plantes qui ont le même nombre d'ovules dans toutes les loges de leur ovaire, et d'autres, exceptionnelles comme les *Linnæa*, les *Symphoricarpos*, qui ont un ovule dans une ou plusieurs de leurs loges, et de nombreux ovules dans les autres.

La direction des ovules dans l'ovaire est extrêmement variable; elle dépend surtout de la situation des placentas. Ainsi, quand un placenta est court et exactement basilaire, l'ovule ou les ovules qu'il porte ne peuvent que se diriger de

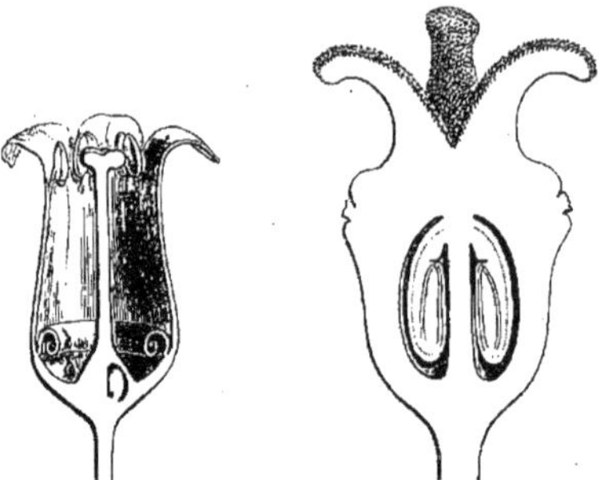

Colletia. Ovule ascendant, à raphé dorsal. *Helwingia*. Ovule descendant, à raphé dorsal.

bas en haut dans l'ovaire. S'ils sont exactement verticaux dans ce cas, ils sont dits *dressés*.

Si un ovule dressé ou ascendant est orthotrope, comme dans les Poivres, d'après ce que nous en avons dit, son micropyle doit être dirigé en haut (supérieur), son hile étant situé en bas.

Mais, si ce même ovule est anatrope ou campylotrope, son micropyle devient forcément inférieur.

Un ovule inséré sur le placenta vers le milieu de la hauteur de la loge peut se porter exactement dans la direction horizontale; on le dit alors *transversal*.

Mais inséré plus haut sur le placenta, l'ovule descend plus ou moins obliquement dans la cavité; il est alors *descendant*.

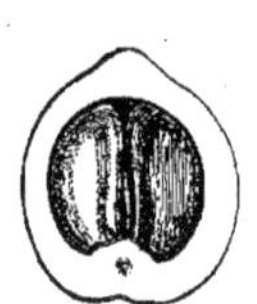

Ancolie. Ovules horizontaux.

Illicium. Ovule ascendant, à raphé ventral.

Avec la direction descendante, on supposait autrefois que l'ovule pouvait être inséré exactement au sommet de la cavité : on le disait alors *pendu*; on peut, à la rigueur, lui conserver ce nom quand son insertion, sans occuper mathématiquement le sommet de l'ovaire, en est cependant très voisine.

On conçoit que dans un ovaire où les ovules sont très nombreux sur un même placenta, ceux qui occupent le milieu de la hauteur de cet organe puissent être horizontaux, tandis que ceux qui s'insèrent plus haut se dirigent en montant vers la portion supérieure de la loge, et que ceux qui sont attachés plus bas descendent, au contraire, vers sa portion inférieure.

Il y a même des plantes, comme l'*Hydrastis*, où les ovules, au nombre de deux dans une même loge, sont l'un ascendant, l'autre descendant; d'autres où, de quelques ovules contenus dans la loge, un seul ou deux sont ascendants, les autres étant descendants.

Du sens de l'anatropie. — En supposant un ovule descendant et inséré sur un placenta axile, il peut, s'il devient anatrope, se réfléchir de deux façons. Ou bien, dans son mouvement anatropique, il porte son micropyle en dehors, comme dans le *Vouacapoua*, le *Dialium*, les *Euphorbia*, le Ricin, le *Croton*, le *Schizandra*; ou bien il le porte en dedans, comme dans le *Myosurus*, l'*Aextoxicum*, le *Kibara*, le *Gomortega*. Dans le premier cas, son raphé occupe le bord interne ou ventral de l'ovule, et dans le dernier, son bord externe ou dorsal.

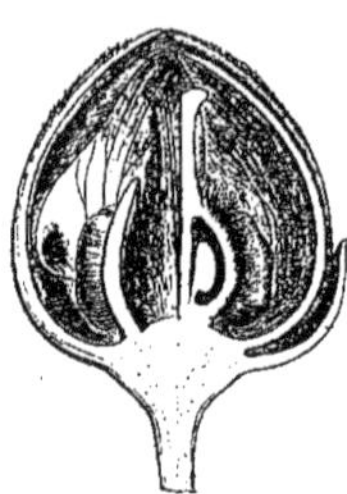

Bocagea. Ovule ascendant, à raphé ventral.

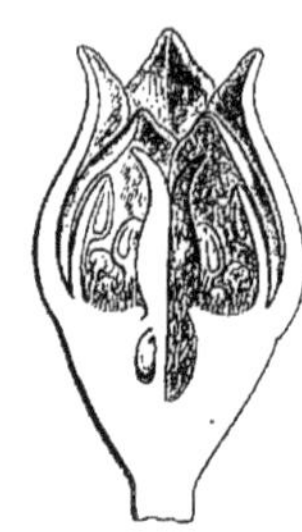

Gomortega. Ovule descendant, à raphé dorsal.

Si, au contraire, on suppose un ovule ascendant, de même inséré sur un placenta axile, il peut aussi, dans son mouvement anatropique, porter son micropyle en dedans, comme dans le *Stylobasium*, le *Colletia*, le *Penæa*, ou en dehors, comme dans le *Giseckia*, le *Didymotheca*, le *Bocagea*, l'*Illicium*, le *Thomasia*, l'*Ochna*, etc. Le raphé est, dans le premier cas, externe, et dans le second, interne.

Si l'on suppose maintenant qu'un ovule anatrope, primitivement descendant, avec son raphé externe et son micropyle en

Myosurus. Ovule descendant, à raphé dorsal.

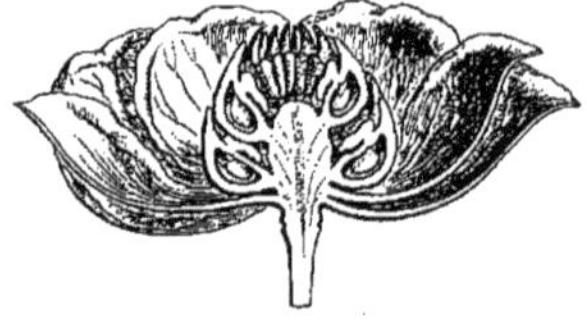

Schizandra. Ovule descendant, à raphé ventral, à micropyle supérieur et extérieur.

dedans et en haut, relève son extrémité inférieure et, passant consécutivement par la direction horizontale, arrive finalement à la direction ascendante, il est facile de voir que son raphé deviendra ventral de dorsal qu'il était primitivement, et que son micropyle deviendra inférieur et extérieur.

Quand il y a dans une loge ovarienne de nombreux ovules disposés sur deux séries verticales, ils sont souvent horizontaux ou à peu près, et anatropes, leur micropyle étant tourné de telle façon que les ovules d'une série regardent ceux de l'autre par leurs raphés; on dit quelquefois en pareil cas qu'ils se tournent le dos. — Voy. REPRODUCTION. [H. BN.]

OVUM. Nom donné parfois à l'ovule. C'est celui de l'œuf végétal, de l'oospore et, avant que celle-ci ait revêtu son phytocyste, de l'oosphère.

OWALA. Au Gabon, le *Pentaclethra macrophylla* BENTH.

OWANDO, OWENDO. Synonymes de *Cajanus indicus* SPRENG.

OWENIA (HILSENB., herb.). Synonyme de *Ceratogonon* MEISSN.

OWES. Nom bohême de l'Avoine.

OWKA TREE. Nom indigène du *Treculia africana* DCNE.

OXALIDÉES (*Oxalideæ* DC. — *Oxalidaceæ* LINDL.). Série de la famille des Géraniacées, souvent élevée au rang de famille, et caractérisée par des fleurs régulières, di-triplostémonées, à réceptacle convexe; les carpelles unis en ovaires à loges 2-∞-ovulées, oppositipétales. Fruit capsulaire, loculicide ou charnu. Cette série renferme les genres *Oxalis*, *Hypseocharis* et *Averrhoa*. (H. Bn, *Hist. des pl.*, V, 22, 28, 41.)

OXALILEUCITES. Nom donné à des leucites qui produiraient, dit-on, de l'acide oxalique.

OXALIS. Nom ancien des Oseilles.

OXALIS (L., *Gen.*, n. 582). Genre de Géraniacées, qui a donné son nom à la série des *Oxalidées*, et qui a des fleurs régu-

Oxalis. — Branche feuillée.

lières, 5-mères, à pétales tordus. L'androcée est 10-andre, à anthères introrses, souvent oscillantes; les filets libres ou unis.

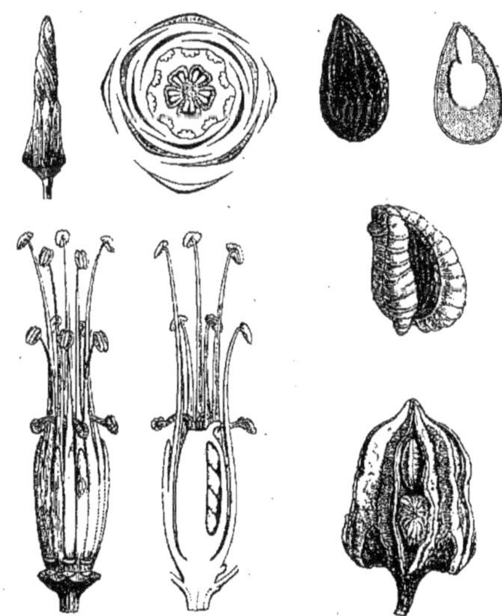

Oxalis. — Bouton. Fleur, entière et coupe longitudinale. Diagramme. Fruit déhiscent. Graine entière, dépourvue de son tégument externe, et coupe longitudinale.

L'ovaire a 5 loges oppositipétales, avec 5 branches stylaires, à sommet stigmatifère renflé. Le fruit est loculicide et renferme 1-∞ graines dont le tégument superficiel, charnu et élastique, lance, à la maturité, les portions intérieures de la graine albuminée. Ce sont des herbes, sous-arbrisseaux et arbustes, à feuilles alternes, composées-pennées ou digitées, à 3-∞ folioles. Les tiges sont souvent tuberculeuses et souterraines, souvent comestibles en ce cas, vendues au Pérou sous le nom d'*Oca*

Oxalis. — Ports.

(*O. tuberosa, carnosa, crenata*). Notre *O. Acetosella* est acide, et l'on en extrayait jadis le Sel d'Oseille. L'*O. sensitiva* est médicinal dans l'Inde. Le *Tschokko* est l'*O. anthelminthica* A. Rich., d'Abyssinie. Il y a aussi des espèces tinctoriales. (H. Bn, *Hist. des pl.*, V, 22, 33, 41, fig. 55-68.)

OXALISROZA. Nom, au Japon, de l'*Oxalis violacea* Jacq.

OXALISTYLIS (H. Bn, *Ét. gén. Euphorbiac.*, 628). Section du genre *Phyllanthus* L.

OXANDRA (A. Rich., *Fl. cub.*, 20, t. 8). Genre d'Anonacées-Uvariées, à tort confondu par Bentham avec les *Bocagea*; formé de 4, 5 arbustes des Antilles et du nord de l'Amérique méridionale, à 6 pétales obtus, avec des étamines de Miliusée, en nombre indéfini, mais peu considérable. Les carpelles sont nombreux et uniovulés, et les baies sont stipitées. (H. Bn, *Hist. des pl.*, 207, 283, fig. 236.)

Oxandra. — Fleur.

OXANTHERA (Montrous., in *Mém. Ac. de Lyon*, X, 186). Synonyme de *Citrus* L.; plante de la Nouvelle-Calédonie. (H. Bn, *Hist. des pl.*, IV, 401, 512.)

OXEDRIF. Nom danois des Primevères.

OXERA (Labill., *Sert. austro-cal.*, 23, t. 28). Genre de Verbénacées-Viticées, formé d'une quinzaine d'arbustes néo-calédoniens, ordinairement grimpants, à feuilles opposées, à cymes bipares axillaires ou terminales. Leurs fleurs ont un calice 4, 5-fide, une corolle bilabiée, un androcée réduit à 2 étamines fertiles, antérieures, avec 2 staminodes. L'ovaire est 4-lobé, avec un ovule latéralement attaché dans chaque logette. Cet ovule demande à être étudié dans bien des espèces. Le fruit est drupacé, 4-partite : ce qui est la conséquence de l'insertion plus ou moins gynobasique du style. Ce sont des plantes ornementales, quelquefois cultivées dans nos serres. (Bocq., in *Adansonia*, III, 220; *Rev. Verben.*, t. 19.) [H. Bn.]

OXIS (Medic.). Pour *Oxys* T.

OXLEYA (A. Cunn., in *Hook. Bot. Misc.*, I, 246, t. 54). Synonyme de *Flindersia* R. Br.

OXYA. Nom ancien (tiré du grec) du Hêtre.

OXYACANTHA. Nom ancien de l'Aubépine et aussi de l'Épine-vinette.

OXYANDRA (DC., *Prodr.*, I, 515). Section du genre *Sloanea*.

OXYANTHE. Nom français (LAMK) des *Oxyanthus* DC.

OXYANTHE (STEUD., *Syn. pl. glum.*, I, 197). Synonyme de *Gymnotrix* PAL.-BEAUV.

OXYANTHERA (AD. BR., in *Duperr. Voy.*, *Bot.*, 197, t. 37 B). Synonyme de *Thelasis* BL.

Oxalis. — Ports. Fruit déhiscent.

OXYANTHUS (DC., in *Ann. Mus.*, IX, 518; *Prodr.*, IV, 376). Genre de Rubiacées-Génipées, dont les fleurs 5-mères seraient celles d'un *Gardenia* ou *Randia* (*Genipa*), n'était la forme étroite et ordinairement très allongée du tube de leur corolle tordue. Les loges ovariennes sont complètes ou incomplètes, et le fruit charnu est 1-loculaire, polysperme, avec des graines anguleuses, comprimées, albuminées. Les anthères sont ordinairement exsertes, et le style très long, grêle, fusiforme ou claviforme au sommet. Les 14 ou 15 *Oxyanthus* connus, et dont quelques-uns sont cultivés pour leurs fleurs, rappelant celles des *Ixora*, sont des arbres ou arbustes de l'Afrique tropicale et australe, à feuilles opposées, stipulées; à fleurs axillaires, souvent nombreuses, disposées en cymes corymbiformes axillaires. (HIERN, *Fl. trop. Afr.*, III, 106. — H. BN, *Hist. des plant.*, VII, 312, 436, n. 86.) [H. BN.]

OXYBAPHUS (VAHL, *Enum.*, II, 30). Genre de Nyctaginacées, voisin des *Nyctago*, formé d'une vingtaine d'herbes dressées ou couchées, de l'Amérique et de l'Inde, distingué par un périanthe en cloche ou en entonnoir, court, coloré, et un involucre rotacé-campanulacé, veiné, le plus ordinairement accrescent après l'anthèse. (H. BN, *Hist. des pl.*, IV, 5, 19, fig. 11, 12.)

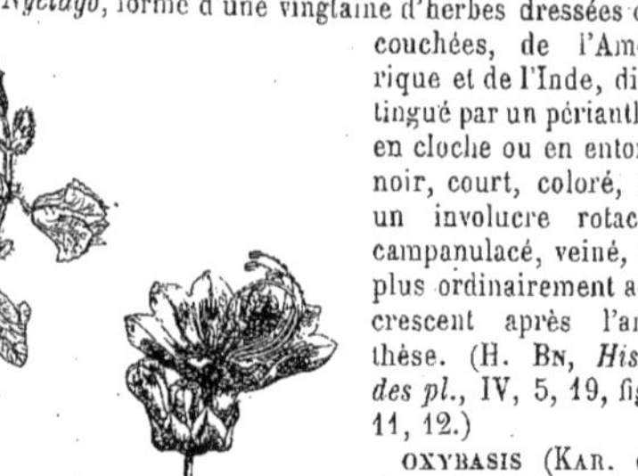

Oxybaphus. — Inflorescence. Fleur.

OXYBASIS (KAR. et KIR., in *Bull. Mosc.* [1841], 738). Genre proposé pour une forme appauvrie du *Chenopodium rubrum* L., d'après de Bunge. (H. BN, *Hist. pl.*, IX, 131.)

OXYBELIA (DC., *Prodr.*, VI, 171). Section du g. *Argyreia*.

OXYCARPUS (LOUR., *Fl. coch.*, 647). Synon. de *Garcinia* L.

OXYCARYUM (NEES, in *Mart. Fl. bras.*, II, I, 90). Genre proposé pour le *Scirpus cubensis* K.

OXYCÈDRE. Le *Juniperus Oxycedrus* L.

OXYCEDRITES (ENDL., *Syn. Conif.*, 271). Section des *Juniperites*.

OXYCEDRUS (SPACH, in *Ann. sc. nat.*, sér. 2, XVI, 288). Section du genre *Juniperus* T.

OXYCEROS (LOUR., *Fl. coch.*, 150). Syn. de *Randia* HOUST.

OXYCHLOE (PHIL., *Fl. atac.*, 52, t. 6). Synonyme de *Distichia* NEES.

OXYCLADIUM (F. MUELL., in *Hook. Kew Journ.*, IX, 20; *Fragm. phyt. Austral.*, I, 167). Synonyme de *Mirbelia* SM.

OXYCLADUS (MIERS, in *Trans. Linn. Soc.*, XXI, 146, t. 18). Synonyme de *Mouttea* C. GAY.

OXYCOCCOIDES (L., *Fl. zeylan.*, 204). Genre incertain.

OXYCOCCOS. La Canneberge.

OXYCOCCUS (PERS., *Syn.*, I, 419). Genre d'Éricacées-Vacciniées, formé de 2 petits arbuscules, ordinairement couchés et radicants, vivant généralement dans les marais, à petites feuilles alternes, persistantes, à fleurs axillaires et terminales, supportées par un long pédicelle grêle; la corolle rotacée, 4-5-mère; 8-10 étamines à anthère mutique; le fruit charnu, infère, ∞-ovulé. Notre *O. palustris* PERS., la Canneberge de nos marais, est astringent. On fait des conserves avec son fruit, comme avec celui de l'*O. macrocarpa*, qui se mange en Amérique, parfois avec les viandes, et peut servir à fabriquer des boissons. (REICHB., *Ic. Fl. germ.*, t. 1169. — *Bot. Mag.*, t. 2586.) [H. BN.]

OXYDARIÆ (BATSCH, *Tab. aff.*, 46). Synonyme (part.) de Rosacées.

OXYDENDRON (DC., *Prodr.*, VII, 601). Genre d'Éricacées, séparé des *Andromeda*, distingué par un calice accompagné de 2 bractéoles; des anthères mutiques, allongées, déhiscentes par des fentes internes. Tous sont de l'Amérique du Nord, région austro-occidentale. (MICHX, *Arbr.*, III, t. 7. — BART., *Fl. N.-Amer.*, t. 30. — *Bot. Mag.*, t. 905.) [H. BN.]

OXYDENIA (NUTT., *Gen.*, I, 76). Syn. de *Leptochloa* P.-BEAUV.

OXYDIUM (BENTH., in *Lond. Journ. Bot.*, II, 603). Section du genre *Lotononis* DC.

OXYDON (LESS., in *Linnæa*, V, 357). Syn. de *Chaptalia* V.

OXYGLYCUS (BOWD., in *Phil. Mag.*, LIV, 26). Genre incertain.

OXYGONUM (BURCH., *Trav.*, I, 548). Genre de Polygonacées-Polygonées, formé de 6, 7 herbes africaines; les feuilles entières, sinuées ou pinnatifides; la fleur 8-andre; le fruit inclus dans le tube 3-ailé du périanthe et couronné du limbe marcescent. (BOJ., in *Ann. sc. nat.*, sér. 2, IV, t. 9.) [H. BN.]

OXYGRAPHIS (BGE, in *Fl. alt.*, Suppl., 46). Section du genre *Ranunculus* T., à périanthe en partie persistant. (H. BN, *Hist. des pl.*, I, 39.)

OXYLÆNA (BENTH., in *Hook. Icon.*, t. 1109). Synonyme de *Anaglypha* DC.

OXYLAPATHUM (MATTH.). Le *Rumex acutus* L.

OXYLEPIDA (DC., *Prodr.*, VII, I, 227). Section du g. *Hieracium*.

OXYLEPIDEA (DC., *Prodr.*, VI, 190). Section des *Chrysolepis*.

OXYLEPIS (BENTH., *Pl. Hartweg.*, 87). Synonyme de *Dugaldia* CASS.

OXYLOBIUM (ANDR., *Bot. Repos.*, t. 492). Genre de Légumineuses-Papilionacées-Podalyriées, voisin des *Chorizema*, formé de 26-28 arbustes australiens; distingué par un calice à lobes courts relativement au tube; par une corolle à carène à peu près égale aux ailes. Les feuilles sont simples, la plupart opposées ou verticillées. On cultivait beaucoup de ces jolies plantes dans nos serres froides. (H. BN, *Hist. des pl.*, II, 351.)

OXYLOBUS (Moç.—DC., *Prodr.*, V, 115). Section du g. *Phania*.

OXYLOMA (BENTH., in *DC. Prodr.*, VII, II, 657). Section des *Euerica*.

OXYMALVA. L'*Hibiscus Sabdariffa* L.

OXYMERIA (ENDL., *Gen.*, 326). Section du genre *Leptomeria* BR.

OXYMERIS (DC., *Prodr.*, III, 190). Synonyme de *Tschudya* DC. (H. BN, *Hist. des pl.*, VII, 54, not. 7.)

OXYMITRA (BISCH., in *Lindenb. Syst. Hepat.*, 124). Genre d'Hépatiques, créé pour le *Riccia pyramidata* RADD.; distingué par des anthéridies immergées, avec les pointes exsertes formant une ligne non marginée. Les fleurs femelles sont superficielles, avec une coiffe close, pyramidale. Le sporange est sessile, surmonté d'un goulot persistant. Si ce genre est con-

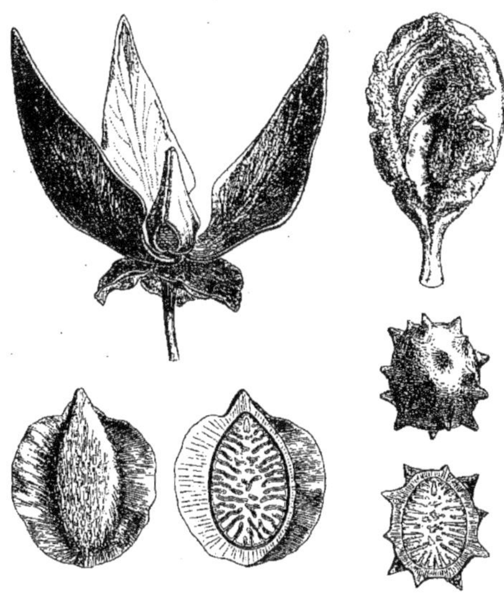

Oxymitra. — Fleur. Carpelle. Graines, entières et coupes longitudinales.

servé, il devra prendre le nom de *Rupinia* CORDA, afin d'éviter les confusions avec le précédent. (NEES, *Syst. Hepat.*, 597. — ENDL., *Gen.*, n. 456).

OXYMITRA (BL., *Fl. jav.*, *Anon.*, 71, t. 35, 36 D, 37). Genre d'Anonacées, de la série des *Mitrephora*, dont il est voisin, distingué par ses pétales intérieurs connivents, mais peu atté-

Oxymitra. — Port. Organes reproducteurs.

nués en bas. Les carpelles sont biovulés, et les graines non anguleuses. On en connaît une douzaine, asiatiques, océaniens et africains. Le genre avait jadis été considéré comme section des *Polyalthia*. (H. BN, *Hist. des pl.*, I, 235, 286, fig. 281-286.)

OXYMITUS (PRESL, *Bot. Bem.*, 92). Synon. de *Argylia* DON.

OXYMYRRHINE (SCHAU., in *Linnæa*, XVII, 248). Synonyme de *Bæckea* L.

OXYMYRSINE. Nom grec ancien du Fragon épineux.

OXYNE. Synonyme de *Oxya*.

OXYNEPETA (BGE, *Lab. pers.*, 58). Synonyme de *Nepeta* L.

OXYODON (DC.). Pour *Oxydon* LESS.

OXYPAPPUS (BENTH., *Sulph. Bot.*, 118, t. 42). Genre de Composées-Héléniées, formé d'une herbe mexicaine, à feuilles basilaires rapprochées, opposées; les capitules petits, à fleurs hermaphrodites 5-mères; l'involucre campanulé, avec des bractées libres, linéaires et carénées; les branches du style étroites et aiguës; les fruits couronnés d'une aigrette de 4, 5 soies, et, dans ceux du rayon, à 1, 2 seulement. Ce genre est rapporté par Schultz aux *Pectis*, mais l'auteur le maintient parmi les Héléniées (Composées-Hélianthées), à cause de son style à branches linéaires, à appendices étroits et de l'absence de glandes (*Gen.*, II, 398, n. 455). (H. BN, *Hist. des pl.*, VIII, 248.)

OXYPAPPUS (DC., *Prodr.*, V, 661). Section des *Hymenoxis*.

OXYPETALUM (R. BR., in *Mem. Werner. Soc.*, I, 41). Genre d'Asclépiadacées-Asclépiadées, type d'un petit groupe des *Oxypétalées*, formé d'une cinquantaine d'herbes ou de sous-arbrisseaux, dressés ou volubiles, des deux Amériques, à corolle pourvue d'un tube court, adné au tube de l'androcée ou indépendant de lui; le gynécée surmonté d'un bec court ou allongé, entier ou bifide. Le *Tweedia cærulea*, cultivé chez nous, est de ce genre. (MART., *Nov. gen. et spec.*, I, t. 29, 30. — *Bot. Mag.*, t. 3630, 4307. — H. BN, *Hist. des pl.*, X, 261.)

OXYPHERIA. Nom horticole (DC.) des *Humea* SM.

OXYPHLOMIS (BENTH., *Labiat.*, 628). Section des *Euphlomis*.

OXYPHONIA. Le Tamarin.

OXYPHYLLUM. Nom ancien de l'*Oxalis Acetosella* L.

OXYPHYLLUM (PHIL., *Fl. atacam.*, 28, t. 4). Genre incertain de Composées-Mutisiées, formé d'un arbuste chilien, glabre, à feuilles nombreuses, rapprochées, entières ou sinuées, piquantes; les capitules en corymbes pressés, 8-10-flores, avec les bractées de l'involucre plurisériées, des achaines velus et des aigrettes plumeuses. (H. BN, *Hist. des pl.*, VIII, 102.)

OXYPOGON (RAFIN., in *Journ. Phys.*, LXXXIX). Synonyme de *Cracca* RIV.

OXYPOLIS (RAFIN., in *Ser. Bull. bot.*, I, 217, part.). Synonyme de *Archemora* DC. et de *Tiedemannia* DC. (part.).

OXYRAMPHIS (WALL., *Cat.*, n. 5348-5350). Synonyme de *Campylotropis* BGE.

OXYRHINA (NAUD., in *Ann. sc. nat.*, sér. 3, XIV, 60). Section du genre *Osbeckia* L.

OXYRIA (HILL, *Veg. Syst.*, X, 24, t. 24). Genre de Polygonacées-Rumicées, formé d'une herbe vivace de l'hémisphère boréal, à fleurs de *Rumex*, 6-andres; le périanthe 4-mère, réfléchi autour du fruit; ses folioles intérieures ailées. (CAMPD., *Mon. Rum.*, t. 3. — HOOK., *Icon.*, t. 483. — NEES, *Gen. Fl. germ.*, *Monochl.*, n. 55.)

OXYRRHYNCHIUM (BR., SCHIMP. et GUMB., *Bryol. eur.*). Section des *Eurhynchium*.

OXYS. Nom ancien de l'*Oxalis Acetosella* L.

OXYS (T., *Inst.*, 88, t. 19). Synonyme de *Oxalis* L.

OXYSEPALUM (WIGHT, *Icon.*, V, 17, t. 1730). Synonyme de *Bulbophyllum* DUP.-TH.

OXYSPERMUM (ECKL. et ZEYH., *Enum. pl. Afr. austr.*, 364). Synonyme de *Galopina* THUNB.

OXYSPORA (DC., *Mém. Mélast.*, I, 33, fig. 4; *Prodr.*, III, 123). Genre de Mélastomacées-Mélastomées, qui a donné son nom à une tribu des *Oxysporées*, et qui est formé de 4 arbustes grêles, de l'Inde et de l'Océanie tropicale, distingués par des inflorescences terminales, et des fleurs 4-8-andres; le connectif non appendiculé, éperonné en arrière. L'ovaire est à 4 loges, et le fruit est capsulaire. (WALL., *Pl. as. rar.*, I, t. 88. — *Bot. Mag.*, t. 4553. — H. BN, *Hist. des pl.*, VII, 48.)

OXYSTELMA (R. BR., in *Mem. Werner. Soc.*, I, 40). Genre d'Asclépiadacées-Asclépiadées, formé de 4 plantes herbacées ou suffrutescentes, volubiles, de l'Asie et l'Afrique tropicales, distinguées par une large corolle subcampanulée-rotacée, à 5 lobes anguleux; une double couronne; l'extérieure adnée à la corolle et annulaire; l'intérieure à 5 squames ligulées, fixées au dos des étamines. (H. BN, *Hist. des pl.*, X, 263).

OXYSTEMON (A. DC., *Prodr.*, VIII, 156). Section du genre *Chrysophyllum* L.

OXYSTEMON (PL. et TRI., in *Ann. sc. nat.*, sér. 4, XIII, 314; XIV, 226). Synonyme de *Clusia* L.

OXYSTOPHYLLUM (BL., *Bijdr.*, 335, t. 38). Synonyme de *Dendrobium* SW.

OXYSTYLIS (TORR. et FREM., in *App. Frem. Rep.*, 312). Genre de Capparidacées-Cléomées, qui doit peut-être se rapporter aux *Wislizenia* ENGELM. (H. BN, *Hist. des pl.*, III, 149.)

OXYTANDRUM (NECK., *Elem.*, II, 255). Syn. de *Apeiba* AUBL.

OXYTEMOS. Nom grec ancien du Coquelicot.

OXYTENANTHERA (MUNRO, in *Trans. Linn. Soc.*, XXVI, 126). Genre de Graminées-Bambusées, arborescentes, formé de 5, 6 espèces de l'Asie, l'Océanie et l'Afrique tropicales, appartenant aux *Eubambuseæ*, à étamines unies en tube, avec les caractères des *Gigantochloa*; les épillets pluriflores; toutes les paillettes bicarénées. [H. BN.]

OXYTENIA (NUTT., in *Journ. Acad. Philad.*, ser. 2, I, 172). Section du genre *Iva* L. (H. BN, *Hist. des pl.*, VIII, 287.)

OXYTHECA (NUTT., in *Journ. Ac. Philad.*, ser. 2, I, 169). Genre de Polygonacées-Ériogonées, formé d'herbes annuelles des deux Amériques occidentales; distingué des *Eriogonum* par des involucres 4-fides, à lobes aristés, pauciflores; les fleurs ordinairement incluses. (MIERS, in *Trans. Linn. Soc.*, XXI, 144, t. 17. — S.-WATS., *Bot. 40th parall.*, t. 33, 34.) [H. BN.]

OXYTHECE (MIQ., in *Mart. Fl. bras.*, VII, 105). Synonyme de *Lucuma* J.

OXYTHIA (MEISSN.). Pour *Orythia* BL.

OXYTONA (BERNH., in *Linnæa*, VIII, 453). Section du genre *Papaver* T.

OXYTOSPERMA (A. DC., *Prodr.*, VIII, 386). Section du genre *Malouetia* A. DC.

OXYTREMA (RAFIN., in *Journ. phys.* [1819], 107). Genre incertain de Conferves.

OXYTRIPOLIUM (DC., *Prodr.*, V, 253). Section des *Tripolium*.

OXYTROPIS (DC., *Astrag.*, 24, 66, t. 2-6, 8). Genre de Légumineuses-Papilionacées-Galégées, qui a les fleurs des Astragales, avec une carène pourvue d'un acumen ou d'un mucron droit ou arqué, avec une saillie de la suture pariétale qui divise plus ou moins complètement le fruit en deux logettes. Ce sont des plantes herbacées ou frutescentes de l'hémisphère boréal des deux mondes. (H. BN, *Hist. des pl.*, II, 281.)

OXYURA (DC., *Prodr.*, V, 693; VII, 294). Synonyme de *Layia* ARN.

OYA, OYAT. Sur nos côtes occidentales, les Graminées traçantes des dunes, notamment les *Psamma*.

OYAMAFUSUMA. Nom japonais du *Moehringia lateriflora*.

OYAMA-RINDO. Au Japon, le *Gentiana brevidens* FR. et SAV.

OYEDEA (DC., *Prodr.*, V, 576). Synonyme de *Dimerostemma* CASS. (H. BN, *Hist. des pl.*, VIII, 202.)

O-YOMOGI. Nom japonais de l'Armoise.

OZANNE. Nom du Buis commun.

OZERETSCHOWSKI (Nicol.). A écrit [1799], à Saint-Pétersbourg, *De Viburno Opulo* (in *Nov. Act. petrop.*, XV).

OZOCLADIUM (BERK., *Introd. to Crypt.*, 398). Lichen-Angiocarpé, que l'auteur considère comme un genre très curieux propre à Cayenne, et dont il a donné la description. Il a une grande analogie avec le genre *Hypocrea*. [CH. M.]

OZODIA (W. et ARN., *Prodr.*, 375). Syn. de *Fœniculum* ADANS.

OZONIUM (LINK., *Spec. pl.*, I, 137). Ce genre, autrefois rangé parmi les Hyphomycètes, n'a pas conservé sa raison d'être; il représente, comme les *Byssus*, les *Rhizomorpha*, le mycélium stérile de divers genres de Champignons. [DE S.]

OZOPHYLLUM (SCHREB., *Gen.*, n. 1105). Syn. de *Ticorea* AUBL.

OZOROA (DEL., in *Ann. sc. nat.*, sér. 2, XX, 91, t. 1). Synonyme de *Anaphrenium* E. MEY.

OZOTHALLIA (DCNE et THUR., in *Ann. sc. nat.* [1845], 13). Synonyme de *Fucodium* AGH.

OZOTHAMNUS (R. BR., in *Trans. Linn. Soc.*, XII, 125). Synonyme de *Helichrysum* GÆRTN.

OZUBA (PLUM. — MEISSN., *Gen.*, *Comm.*, 262). Synonyme de *Maclura* NUTT.

P

PAAK. Nom tamoul de l'*Areca Catechu* L.

PAAN. Nom indien du Bétel.

PAAPETA. La Fève de Saint-Ignace.

PAAT. — Voy. CORCHORUS.

PAAW (Pet.). Professeur à Leyde, auteur [1603, 1629] de *Hortus publicus Academiæ lugduno-batavæ*, etc. (in-8 de 176 p.). C'est à lui que Boerhaave a dédié le genre *Pavia*.

PA-BI-LO-ZA. Nom chinois du *Rhamnus hirsutus*.

PABOT. Nom provençal du *Papaver somniferum* L.

PACA. Aux Sandwich, le Tabac.

PACAE. Au Pérou, les fruits de l'*Inga insignis* K.

PACAES. Synonyme de *Guabar*.

PACANIER. Le *Juglans olivæformis* MICHX.

PACARA. Nom argentin du *Calliandra Pacara* GRISEB.

PACELLE. Le *Galanthus nivalis* L.

PAC-HAK. Nom chinois du *Costus* produit par l'*Aplotaxis auriculata* et souvent brûlé dans les temples comme encens.

PACHIDENDRON (HAW., *Rev. pl. succ.*, 35). Section du genre *Aloe* L. (*Bot. Mag.*, t. 1975, 2517.)

PACHILA (RAFIN., in *Lond. Mag.*, VIII). Syn. de *Erucaria*.

PACHIRA (AUBL., *Pl. guian.*, 725, t. 291, 292). Genre de Malvacées-Bombacées, formé de 14, 15 arbres de l'Amérique tropicale, distingués par des fleurs à calice tronqué; à androcée dont la colonne porte de nombreuses étamines à filets indépendants les uns des autres: à fruits capsulaires, sans laine intérieure. On en cultive plusieurs belles espèces dans nos serres. (H. BN, *Hist. des pl.*, IV, 153.)

PACHIRIER. Nom français (LAMK) des *Pachira* AUBL.

PACHITES (LINDL., *Gen. et sp. Orchid.*, 301). Genre mal connu d'Orchidacées, rapporté aux Orchidées vraies, formé d'une herbe terrestre de l'Afrique australe, à port de certains *Disa;* la fleur sans éperon; le stigmate pourvu de 2 bras linéaires. (B. H., *Gen.*, III, 629.) [H. BN.]

PACHNOCYBE (BERKEL., in *Smith Engl. Fl.*, V, 333). Genre d'Hyphomycètes, dont les espèces appartiennent aux genres *Sporocybe* ou *Aspergillus*.

PACHOSEROCA (MARCGR., *Bras.*, 48). Synonyme de *Elettaria*.

PACHYACTINIUM (NÆG., ex RABENH., *Fl. europ. Alg.*, III, 196). Genre d'Algues, de la famille des *Desmidiaceæ*, que nous devons considérer comme synonyme de *Staurastrum* MEYEN.

PACHYANTHERIS (GRISEB., in *Linnæa*, XIII, 244). Section du genre *Hiræa* JACQ.

PACHYANTHUS (A. RICH., *Fl. cub.*, I, 559). Section du genre *Miconia* R. et PAV. (H. BN, *Hist. des pl.*, VII, 53.)

PACHYBASIDIUM (SACC., *Syll. Fung.*, IV, 149). Genre d'Hyphomycètes, à mycélium rampant d'où s'élèvent des filaments dressés, à rameaux supérieurs stériles et recourbés, à rameaux médians verticillés, divisés en sporophores courts, renflés. Les conidies sont oblongues, hyalines ou de couleur claire. 2 espèces européennes, sur le bois et sur les feuilles de Chêne. [DE S.]

PACHYCALYX (KL., in *Linnæa*, XII, 230). Synonyme de *Simocheilus* KL.

PACHYCARPUS (E. MEY., *Comm. pl. afr. austr.*, 209). Synonyme de *Gomphocarpus* R. BR.

PACHYCARPUS (KUETZ., *Phyc. gen.*, 412). Genre d'Algues, de la famille des *Tylocarpeæ* pour l'auteur, de celle des *Gigartineæ* pour J.-G. Agardh. La fronde coriace, cartilagineuse, est formée de deux couches de cellules variées. Les cystocarpes sont sessiles, hémisphériques, fermés. Les tétrachoscarpes ne sont pas connus. Ce genre est peu nombreux en espèces. (J.-G. ACH, *Spec., gen. et ord. Alg.*, II, 327.) [CH. M.]

PACHYCENTRIA (BL., in *Flora* [1831], 519; *Nat. Wett.*, 260; *Mus. lugd.-bat.*, I, 22). Section du genre *Medinilla* GAUDICH. (H. BN, *Hist. des pl.*, VII, 50.)

PACHYCHÆTUM (PRESL, *Hymenoph.*, 108). Section du genre *Trichomanes* L.

PACHYCHILUS (BL., *Fl. Jav. Præf.*, 7). Synonyme de *Pachystoma* BL.

PACHYCLADON (HOOK. F., *Handb. N. Zeal. Fl.*, 724). Genre de Crucifères, rapproché des *Capsella*, formé d'une herbe à tige épaisse, à feuilles en rosette, à fruit (silique) polysperme; les 2 valves carénées et cymbiformes. (H. BN, *Hist. pl.*, III, 279.)

PACHYCORNIA (HOOK. F., *Gen.*, III, 65, n. 46). Genre de Chénopodiacées-Salicorniées, fondé sur un arbuscule australien, le *Salicornia robusta* F. MUELL., et distingué par son périanthe comprimé et 4-denté, avec un fruit dont la graine est pourvue d'un albumen, et qui est plongé dans l'axe épais, ligneux et formé d'articles peu nombreux. (H. BN, *Hist. des pl.*, IX, 184.)

PACHYDERIS (CASS., in *Dict.*, LVI, 170). Syn. de *Pteronia* L.

PACHYDERMA (BL., *Bijdr.*, 682). Genre proposé pour l'*Olea maritima* WALL.

PACHYDISCA (BOUD., *Discom. charn.*, 24). Genre de Discomycètes, de la famille des Ombrophilés, à cupule obconique, rarement stipitée, épaisse, convexe.

PACHYDIUM (FISCH. et MEY., *Ind. sem. H. petrop.* [1835], 45). Section du genre *Œnothera* L.

PACHYFISSIDENS (C. MUELL., *Syn. Musc.*, I, 45). Section du genre *Fissidens* HEDW.

PACHYGONE (MIERS, in *Ann. Nat. Hist.*, ser. 2, VII, 43). Genre de Ménispermacées, qui a donné son nom à la série des *Pachygonées*, et qui est formé d'une liane de l'Asie tropicale, à fleurs de *Cocculus*, avec 6 pétales et 6 étamines, des anthères mutiques, des styles épais; des drupes réniformes ayant, bien entendu, la structure de celles des Pachygonées en général. (WIGHT, *Icon.*, t. 824, 825. — H. BN, *Hist. des pl.*, III, 36.)

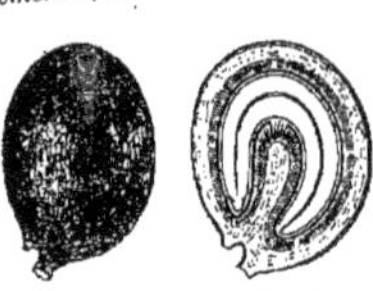

Pachygone. — Carpelle, entier et coupe longitudinale.

PACHYGONÉES (MIERS). Série des Ménispermacées, caractérisée par une graine à embryon charnu, dépourvu d'albumen. Les autres caractères sont ceux des Cocculées. Cette série comprend 9 ou 10 genres. (H. BN, *Hist. des pl.*, III, 8, 23, 36.)

PACHYLÆNA (DON, in *Hook. Comp. Bot. Mag.*, I, 106). Genre de Composées-Mutisiées, formé d'une herbe chilienne, à feuilles alternes, avec un grand capitule subsessile, à fleurs homogames; celles du rayon femelles; l'involucre à bractées intérieures radiantes. Les fruits sont glabres et surmontés d'une aigrette à soies plumeuses. (DELESS., *Ic. sel.*, IV, t. 75. — WEDD., *Chl. andin.*, I, t. 6. — H. BN, *Hist. des pl.*, VIII, 96.)

PACHYLEPIS (AD. BR., in *Ann. sc. nat.*, sér. 1, XXX, 189). Synonyme de *Callitris* VENT.

PACHYLEPIS (LESS., *Syn. Comp.*, 139). Synonyme de *Rodigia* SPRENG.

PACHYLOBIUM (BENTH., in *Ann. Wien. Mus.* [1838], II, 112). Section du genre *Dioclea* H. B. K.

PACHYLOBUS (DON, *Gen. Syst.*, II, 89). Synonyme (?) de *Canarium* L.

PACHYLOMA (DC., *Prodr.*, III, 122). Synonyme de *Comolia* DC.

PACHYLOMA (SPACH, *Suit. à Buff.*, VII, 194). Genre proposé pour le *Ranunculus arvensis* L.

PACHYLOPHUS (SPACH, *Suit. à Buff.*, IV, 378). Synonyme de *Œnothera* L.

PACHYMA (FR., *Summ. veg. Scand.*, II, 242). Genre de Champignons hypogés, que Fries réunit aux *Mylitta* (*Summ. veg. Scand.*, 444), et dont le réceptacle tubériforme, souvent de grande dimension, n'a pas offert trace de spores aux observateurs. (Voy. TUL., *Fung. hypog.*, 197.) [DE S.]

PACHYMA-COCO. Synonyme de *Tuckahoo.*

PACHYMENIA (J. AGH, *mscr.*). Genre d'Algues-Floridées, de la famille des *Cryptonemiaceæ*, tribu des *Grateloupieæ*. Ces Algues sont caractérisées par une fronde plane, épaisse, charnue, entière, vaguement laciniée ou subdichotomique. Elle est toute constituée par des filaments articulés : les intérieurs denses, puis allongés et peu rameux; les intermédiaires anastomosés; les extérieurs verticaux, fasciculés, comme logés dans un mucus solide. Les cystocarpes sont épais; les sphérospores immergées dans la couche corticale de la fronde; elles sont épaisses, allongées, et se divisent en croix. Les espèces de ce genre sont propres au Cap ou à la Nouvelle-Zélande. (Voy. J.-G. AGH, *Spec., gen. et ord. Alg.*, III, 145.) [CH. M.]

PACHYMERIA (BENTH., *Pl. Hartweg.*, 130). Synonyme de *Meriania* SW.

PACHYNE (SALISB., in *Trans. Hort. Soc. Lond.*, I, 299). Synonyme de *Phaius* LOUR.

PACHYNEMA (R. BR., in *DC. Syst.*, I, 412). Genre de Dilléniacées-Hibbertiées, formé de 4 plantes australiennes, distinguées par des fleurs à 10 étamines ou moins; les filets courts, comprimés ou dilatés; 2 staminodes alternes avec les 2 carpelles 2-ovulés, et des rameaux cladodiformes, à feuilles réduites à des écailles. (DELESS., *Ic. sel.*, I, t. 73. — H. BN, *Hist. des pl.*, I, 93, 128, fig. 126, 127.)

PACHYNEURUM (BGE, in *Linnæa*, XIV, 121). Synonyme de *Parrya* R. BR.

PACHYNOCARPUS (HOOK. F., in *Trans. Linn. Soc.*, XXIII, 159, t. 22). Genre de Diptérocarpacées-Dryobalanopsées, formé d'un arbre de Bornéo, à sépales non accrescents autour du fruit, à fleurs 15-andres; l'ovaire 3-loculaire et le style court ou grêle. En somme, le fruit seul distingue ce genre des *Vatica*. (H. BN, *Hist. des pl.*, IV, 215.)

PACHYNOTUM (DC., in *Mém. Mus.*, VII, 229). Section du genre *Matthiola* R. BR.

PACHYPHLOEUS (GŒPP., *Syst. Fil. foss.*, 467). Genre de Lycopodiacées fossiles. (UNG., *Syn. foss.*, 144; *Chor. prot.*, 50.)

PACHYPHLOEUS (TUL., *Fung. hyp.*, 130). Genre de Tubéracés, à réceptacle tubériforme, charnu, finement verruqueux à la surface, souvent muni d'un pore circulaire ou d'une fente abrités par un léger tomentum. Le parenchyme interne, un peu mou, est marbré, puis unicolore. Les thèques sont oblongues, en forme de bouteille, portées sur un court pédicelle; elles contiennent 8 spores sphériques, réticulées, échinées ou verruqueuses, colorées à la maturité. Cinq espèces européennes. [DE S.]

PACHYPHRAGMA (DC., in *Mém. Mus.*, VII, 234). Section du genre *Thlaspi* L.

PACHYPHYLLA. Nom ancien du *Nicotiana rustica* L.

PACHYPHYLLUM (H. B. K., *Nov. gen. et spec.*, I, 338, t. 77). Genre d'Orchidacées-Vandées, formé de 6, 7 herbes épiphytes des Andes de l'Amérique méridionale, appartenant aux *Sarcantheæ*, avec un labelle dressé, rétréci à sa base; le limbe égal aux sépales; le clinandre large et pétaloïde; les pollinies presque libres. (HOOK., *Icon.*, t. 117.) [H. BN.]

PACHYPHYTUM (KL., in *Ott. et Dietr. Gartenz.*, IX, 9). Synonyme de *Echeveria* DC.

PACHYPLEURA (JAUB. et SPACH, *Ill. pl. or.*, ex *Flora* [1842], *Lit.*, 65). Sous-genre des *Tunica* SCOP.

PACHYPLEUREÆ (LEDEB.). Tribu des Ombellifères. (Voy. H. BN, *Hist. des pl.*, VII, 174.)

PACHYPLEURIA (PRESL, *Pterid.*, 128). Section du genre *Davallia* SM.

PACHYPLEURUM (LEDEB., *Fl. alt.*, I, 296; *Ic. Fl. ross.*, t. 341). Synonyme de *Ligusticum* T.

PACHYPLEURUM (REICHB., *Fl. exc.*, 471). Synonyme de *Neogaya* MEISSN.

PACHYPODIUM (LINDL., *Bot. Reg.*, t. 1321). Genre d'Apocynacées-Nériées, formé de 8, 9 plantes grasses d'Afrique et de Madagascar, à branches souvent épineuses; les feuilles alternes, souvent peu développées; les fleurs à calice non glanduleux; la corolle tordue; le disque lobé ou formé de 2-5 glandes. Les follicules renferment des graines à sommet aigretté. Quelques espèces ont été cultivées; leurs fleurs sont généralement belles. (LODD., *Bot. Cab.*, t. 1676. — H. BN, *Hist. des pl.*, X, 213.)

PACHYPODIUM (WEBB, *Phyt. canar.*, 75). Syn. de *Irio* DC.

PACHYPTERA (DC., *Prodr.*, IX, 175. — BUR., *Bignon.*, t. 4). Sect. du g. *Adenocalymma* MART. (H. BN, *Hist. des pl.*, X, 36.)

PACHYPTERIS (AD. BR., in *Dict.*, LVII, 59; *Prodr.*, 50; *Hist. vég. foss.*, I, 168). Genre de Fougères fossiles (ENDL., *Gen.*, 66), dont Unger a fait (*Syn. pl. foss.*, 165) une Cycadée douteuse. Mais A. Braun range le genre parmi les Gleichéniées fossiles (in *Flora* [1847], 83).

PACHYPTERIS (KAR. et KIR., in *Bull. Mosc.* [1842], I, 159). Synonyme de *Pachypterygium* BGE.

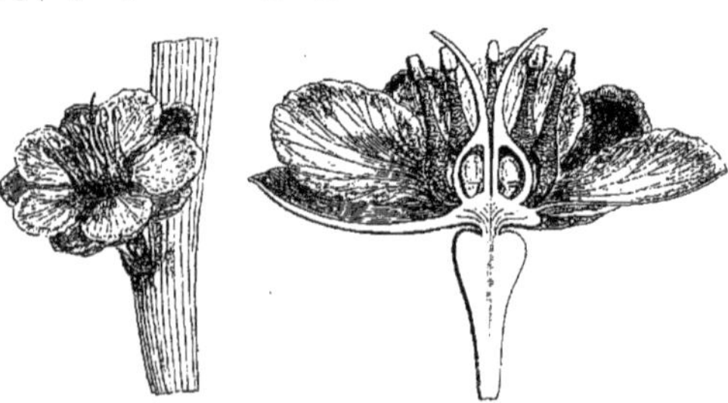

Pachynema. — Cladode florifère. Fleur, coupe longitudinale.

PACHYPTERUM (STEETZ, in *Lehm. Pl. Preiss.*, I, 473). Section du genre *Helipterum* DC.

PACHYPTERYGIUM (BGE, in *Linnæa*, XVIII, 155). Genre de

Crucifères-Isatidées, formé de 2 herbes songariennes et caspiennes, distinguées par un fruit elliptique, petit, déprimé au centre, épaissi sur les bords. (BGE, *Enum. pl. Lehm.*, t 7. — H. BN, *Hist. des pl.*, III, 258.)

PACHYPUS (BOISS., in *Ann. sc. nat.*, sér. 3, I, 139). Section du genre *Carum* L.

PACHYRAPHEA (PRESL, in *Abh. Böhm. Ges.* [1845], III, 556). Genre proposé pour l'*Aspalathus triquetra* THUNB.

PACHYRHIZUS (RICH., in *DC. Mém. Légum.*, 379). Genre de Légumineuses-Papilionacées, voisin des *Phaseolus*, formé de 2 herbes volubiles des deux mondes; distingué par l'aplatissement du sommet de son style, dont la portion stigmatifère est intérieure et subglobuleuse. La gousse est rayée en travers dans l'intervalle des graines. (H. BN, *Hist. des pl.*, II, 243. — *Hook. Icon.*, t. 1842, 1843.)

PACHYRHYNCHUS (DC., *Prodr.*, VI, 255). Genre de Composées-Hélianthées-Inulées, formé d'un sous-arbrisseau de l'Afrique australe, mal connu, à feuilles alternes et sessiles; placé près de *Quinetia*, *Helichrysum*, etc., distingué par un involucre de bractées aiguës, lisses, scarieuses au sommet; des fruits ovoïdes, très velus, surmontés d'un rostre épais et glabre. (H. BN, *Hist. des pl.*, VIII, 186.)

PACHYSA (DON). Synonyme de *Erica* T.

PACHYSANDRA (MICHX, *Fl. bor.-amer.*, II, 177, t. 45). Genre de Buxées, dont les fleurs sont construites comme celles des Buis, mais dont la tige est herbacée, vivace, les feuilles alternes, et les fleurs monoïques réunies en épis dont les femelles occupent la base. On cultive maintenant dans nos jardins les deux *P.* connus : l'un américain (*P. procumbens*), qui fleurit en pleine terre au printemps et est remarquable par ses longs filets staminaux blancs; l'autre japonais, le *P. terminalis* SIEB. et ZUCC. (Voy. H. BN, *Mon. Buxac. et Styloc.*, 10, 19, 55, t. 3, fig. 1-14; *Hist. des pl.*, VI, 19, 47, fig. 35, 36.) [H. BN.]

PACHYSANDRIA (HOOK., *Exot. Fl.*, t. 148). Espèce du genre *Sarcococca* LINDL.

PACHYSANTHUS (PRESL, *Bot. Bem.*, 87). Synonyme (?) de *Rudgea* (*Uragoga* L.).

PACHYSMILAX (GRISEB., in *Mart. Fl. bras.*, *Smilac.*, 20). Section du genre *Smilax* T.

PACHYSTACHYS (NEES, in *Mart. Fl. bras.*, IX, 99; in *DC. Prodr.*, XI, 319). Section du genre *Jacobinia* MORIC.

PACHYSTEMON (BL., *Bijdr.*, 626). Genre d'Euphorbiacées, dont M. Mueller d'Argovie n'a fait qu'une section du genre *Macaranga* DUP.-TH., à anthère triloculaire. (H. BN, *Ét. gén. Euphorbiac.* 551, t. 20, fig. 38-41; *Hist. des pl.*, V, 209.)

PACHYSTEMONUM (DUN., in *DC. Prodr.*, XIII, I, 31). Section du genre *Solanum* T.

PACHYSTERIGMA (BREF., *Unters. d. Mikol.*, VIII, *Autobasidiom.*, 5). Genre de Téléphorés, formant une membrane mince, céracée, à la surface du bois ou de l'écorce. Cette membrane est constituée par un mycélium qui donne immédiatement naissance à des basides globuleux, comme ceux des Trémellés, mais non septés, portant des stérigmates élargis à la base, d'où naissent des spores réniformes. Cette structure, décrite par Tulasne dans le *Corticium incarnatum*, avait motivé la formation des genres *Tulasnella* SCHRŒT. [1882] et *Exidiopsis* BREF. M. Saccardo a conservé les espèces de ce genre parmi les *Corticium* en les réunissant dans une division nommée *Leiostroma*. [DE S.]

PACHYSTIGMA (HOOK., *Icon.*, t. 698). Synonyme de *Peltostigma* WALP.

PACHYSTIGMA (HOCHST., in *Flora* [1842], 234). Synonyme (part.) de *Fadogia* SCHWEINF.

PACHYSTIMA (RAFIN., in *Amer. Monthl. Mag.* [1818], ex A. GRAY, *Pl. Fendler.*, 29). Genre de Célastracées, très voisin des Fusains, dont il ne diffère que par ses fleurs 4-mères, à gynécée biloculaire, et son fruit capsulaire, oblong, loculicide. Les loges ovariennes sont à deux ovules ascendants, auxquels succèdent des graines albuminées, à arille membraneux, multifide. Les deux *P.* connus sont des arbuscules glabres, à feuilles opposées et à cymes axillaires; ils habitent l'Amérique septentrionale. (A. GRAY, in *Amer. Journ. of science* [1874], 442. — H. BN, *Hist. des pl.*, VI, 30.) [H. BN.]

PACHYSTOMA (BL., *Bijdr.*, 376). Genre d'Orchidacées-Épidendrées, formé d'une dizaine d'herbes terrestres, asiatiques, océaniennes et africaines, à rhizome noueux, aphylles lors de l'anthèse, pourvues plus tard de 1, 2 feuilles. L'inflorescence est une grappe simple; les sépales sont connivents; la colonne allongée, dilatée en pied à sa base. Les caractères sont d'ailleurs ceux des Ériées. (BL., *Orch. Arch. ind.*, t. 10, 11. — *Bot. Mag.*, t. 5701.) [H. BN.]

PACHYSTROMA (KL. — M. ARG., in *Linnæa*, XXXIV, 177). Genre d'Euphorbiacées-Excæcariées, établi pour un arbre du Brésil, qui a le port et le feuillage de l'*Hippomane ilicifolia*, et dont les fleurs sont monoïques, apétales; les mâles 3-andres, monadelphes, extrorses; les femelles à ovaire 3-loculaire; les loges uniovulées; le fruit tricoque. Gaudichaud avait nommé cet arbre, parfois cultivé dans nos serres, *Acantholoma*. (H. BN, in *Adansonia*, VI, 231, t. 1; *Hist. des pl.*, V, 228.)

PACHYSTYLUM (ECKL. et ZEYH., *Enum.*, 13. — DC., *Prodr.*, I, 234). Section du genre *Heliophila* L.

PACHYSURUS (STEETZ, in *Pl. Preiss.*, I, 441). Synonyme de *Calocephalus* R. BR.

PACHYTELIA (STEETZ, in *Pet. Moss. Bot.*, 453). Synonyme de *Epaltes* CASS.

PACHYTHYRSUS (PL., in *Fl. des serr.*, VI, 225). Section du genre *Dombeya* CAV.

PACHYTORUS (GRISEB., in *Linnæa*, XIII, 231). Section du genre *Tetrapterys* CAV.

PACHYTROPHE (BUR., in *DC. Prodr.*, XVII, 234). Genre d'Ulmacées-Morées, formé de 2 arbustes malgaches, à feuilles alternes, à nervures primaires presque transversales; les fleurs dioïques en épis cylindriques; les mâles 4-andres; les femelles à périanthe devenant charnu autour du fruit, avec un ovule inséré sur un placenta très dilaté. Pour nous ce n'est qu'une section du genre *Ampalis* BOJ. (H. BN, *Hist. des pl.*, VI, 190.)

PACKBUSCH (Steph.-Ludw.). Auteur [1695] de *De varia plantarum propagatione* (in-4).

PACNOE. Nom, au Malabar, du *Vateria indica* L.

PA-CO. En Chine, l'Anis étoilé.

PACOBA. Nom d'une Amomée indéterminée du Brésil.

PACOEIRA (PIS., *Bras.*, 154). Nom d'un Bananier.

PACORA. Au Brésil, l'*Alpinia nutans* ROSC.

PACOURIA (AUBL., *Pl. guian.*, I, 268, t. 105). Genre d'Apocynacées, identique peut-être aux *Vahea* LAMK; auquel cas son nom serait antérieur. (H. BN, *Hist. des pl.*, X, 175, not. 3.)

PACOURIER. Nom français (LAMK) des *Pacouria* AUBL.

PACOURINA (AUBL., *Pl. guian.*, II, 800, t. 316). Genre de Composées-Vernoniées, formé d'1, 2 herbes aquatiques de l'Amérique tropicale, à feuilles alternes, à grands capitules sessiles, latéraux ou oppositifoliés, avec les caractères généraux des Sparganophorées, mais des fruits arrondis, à 10 côtes, avec une petite cupule et des soies nombreuses et courtes à l'aigrette. (H. BN, *Hist. des pl.*, VIII, 127.)

PACOURINOPSIS (CASS., in *Dict.*, XXXVII, 212). Synonyme de *Pacourina* AUBL.

PACOURY (ABBEV., *Hist. miss. capuc.*, 222). Synonyme brésilien de *Platonia* MART.

PACOYUYU FINO, P. CIMARRON. Synonymes de *Paica-Jullo*.

PACTA VALAM (RHEED.). Le *Trichosanthes cucumerina* L.

PACTILIA (FR., *Summ. veg. Scand.*, 472). Genre d'Hyphomycètes-Tuberculariés, à pulvinule convexe, formé de cellules vésiculeuses. Les conidies, sphériques ou oblongues, sont portées par des sporophores ténus dont elles se détachent rapidement. Six espèces, observées surtout en Bohême et en Hongrie, sur des tiges et des feuilles mortes, ou sur du fumier sec. [DE S.]

PACUL. Nom chilien du *Krameria cistoides* HOOK. et ARN.

PADA. Au Brésil, la Coca.

PADA-CALI. L'*Ixora coccinea* L.

PADAVARA (RHEED., *Hort. malab.*, VII, t. 27). Section du genre *Morinda* VAILL.

PADBRUGGEA (MIQ., *Fl. Ind. bat.*, I, p. I, 150). Synonyme de *Milletia* W. et ARN.

PADDOCK-STOOL. En Écosse, le *Cantharellus cibarius* PERS.

PADE. Synonyme de Putiet.

PADIA (ZOLL. et MOR., *Verz. Pl. Zoll.*, 103). Syn. de *Oryza* L.

PADINA (ADANS., *Fam. des pl.*, II, 13). Algues très remarquables, de la famille des *Dictyoteæ*. La fronde est stipitée, feutrée à la base, puis plane, zonée, sans nervures. Ses divisions sont membraneuses, dichotomes, irrégulières, et s'étalent en éventail. De là une espèce appelée *Pavonia*, à cause de sa ressemblance de forme avec celle des plumes de la queue du Paon. Les cellules superficielles, rapprochées par quatre, sont disposées en séries longitudinales et transversales; les spores s'échappent de la surface supérieure de la fronde. La fronde est toute recouverte d'une espèce de poudre blanche. Dans le *P. Pavonia*, les anthéridies sont entremêlées aux spores; elles naissent sur des individus distincts dans les autres espèces de ce genre. On trouve fréquemment le *Padina* dans les eaux de la Méditerranée. (Voy. J.-G. AGH, *Spec.*, *gen. et ord.*, I, 112.)

PADINELLA (ARESCH., *Pug.*, II, t. 9, 260). Genre d'Algues, de la famille des *Dictyoteæ*. Synonyme de *Zonaria* AGH.

PADOTA (ADANS., *Fam.*, II, 505). Synon. de *Marrubium* T.

PADRI. Nom, au Malabar, du *Stereospermum chelonioides* DC., plante usitée comme astringente et alexipharmaque.

PADU-KIDANG. A Java, le *Balantium chrysotrichum* HOOK., qui se substitue, dans ce pays, à l'Agneau de Scythie.

PADUS (RUPP., *Fl. jen.*, 122). Synonyme de *Prunus* T.

PÆDERIA (L., *Mantiss.*, 7, 52). Genre de Rubiacées, type d'une tribu des *Pæderiées* et que nous avons rapporté à celle des Anthospermées, tout en adjoignant à ce genre les *Siphomeris* et *Lygodisodea*. Les fleurs y sont 4-6-mères, hermaphrodites ou polygames. Dans les *Pæderia* proprement dits, il y a un calice à divisions souvent réfléchies; une corolle tubuleuse, à lobes valvaires-indupliqués, avec le bord rentrant frangé ou corrugué. L'androcée est isostémone, et l'ovaire à 2, 3 loges, avec autant de divisions stigmatifères grêles et longues au style. Dans chaque loge est un ovule à micropyle tourné en bas et en dehors. Le fruit, plus ou moins comprimé, aplati quand il est 2-mère, se compose de noyaux minces. Leur cavité séminale répond à un épaississement central et est entourée d'une sorte de cadre elliptique - aplati, souvent pris pour une aile marginale. A la maturité, l'exocarpe fragile se sépare des noyaux, et il ne reste de lui, en dedans et surtout en dehors, que des faisceaux fibro-vasculaires très nets, d'abord confondus avec sa masse charnue. Ce sont des arbustes et des sous-arbrisseaux grimpants, ordinairement d'une fétidité extrême, à rameaux grêles, flexibles, à feuilles opposées ou verticillées, pétiolées, ovales-aiguës ou lancéolées, avec des stipules variables de forme et de taille, souvent caduques, et des cymes de fleurs axillaires et terminales composées, souvent unipares, surtout au sommet, avec bractées et bractéoles variables de forme. Le *P. fœtida* L. est vanté comme remède des fièvres, contusions, vertiges, rétentions d'urine, etc. (Voy. *Hist. des pl.*, VII, 273, 386, 404, n. 29, fig. 248-250.) [H. BN.]

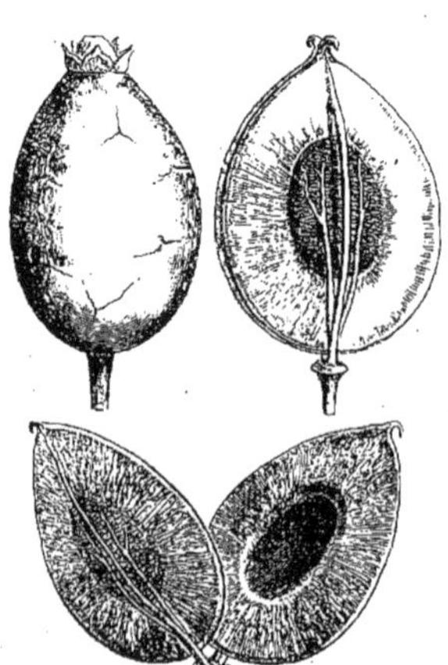

Pæderia. — Fruit, entier, sans l'exocarpe, et les carpelles disjoints.

PÆDEROTA (L., *Gen.*, n. 26). Genre de Scrofulariacées-Digitalées, très voisin des Véroniques (dont il ne devrait peut-être former qu'une section), et qui se distingue par ses 5 sépales et sa corolle à tube cylindrique et à limbe 4-mère, dressé-étalé. Les deux espèces du genre, herbes vivaces de l'Europe moyenne montueuse et orientale, ont des feuilles opposées et des fleurs jaunes ou bleues, en épis. (H. BN, *Hist. des pl.*, IX, 466.)

PÆDEROTOIDES (BENTH., in *DC. Prodr.*, X, 479). Section du genre *Veronica* T.

PAENOE (RHEED., *Hort. malab.*, IV, t. 15). Synonyme de *Euvateria* ARN.

PÆON (DC., *Prodr.*, I, 65). Section du genre *Pæonia* T.

PÆONIA. Nom latin des Pivoines.

PÆPALANTHUS (MART., in *Nov. Act. nat. cur.*, XVII, 13). Genre d'Ériocaulées, formé de plus de 200 plantes tropicales, surtout américaines; distingué par un périanthe intérieur non glanduleux, 2, 3-mère, avec androcée 2, 3-andre; un style souvent pourvu d'appendices alternes à ses branches stigmatifères. Le port est d'ailleurs celui des *Eriocaulon*, à tige parfois plus robuste et ramifiée. (K., *Enum.*, III, 498.)

PÆPALOPSIS (KUHN, *Hedwig.* [1883], 11, 28). Genre d'Hyphomycètes, à filaments ramifiés, s'insinuant entre les cellules végétales. Les conidies globuleuses, réunies en chapelet par des tractus cellulaires, sont à l'origine plongées dans un mucus gélatineux. La seule espèce connue, observée sur les étamines et la corolle des Primevères, ne serait, d'après M. Kuhn, que l'état conidien d'un *Urocystis*. [DE S.]

PÆPPIGIA (BERTER., in *Bull. Féruss.*, XXIII, 109). Synonyme de *Rhaphithamnus* MIERS.

PAFECTA. Nom indien de la Fève de Saint-Ignace.

PAGÆA (GRISEB., in *DC. Prodr.*, IX, 70). Genre de Gentianacées-Chironiées, formé de 4 herbes annuelles, du Brésil septentrional et de la Guyane, à cymes irrégulièrement dichotomes; le calice petit, mais semblable à celui des *Lisianthus*; la corolle rotacée ou à tube court. (H. BN, *Hist. des pl.*, X, 138.)

PAGAMACERA. En Espagne, la Bardane.

PAGAMEA (AUBL., *Guian.*, I, 112, t. 44). Genre de Rubiacées-Uragogées, à peine distinct des *Gærtnera* (dont il constitue peut-être une section américaine). Ses fleurs sont axillaires, avec un ovaire 2-5-loculaire et des graines à albumen ruminé. On en distingue 7 ou 8 espèces. (PROG., in *Mart. Fl. bras.*, VI, 285, t. 81. — H. BN, *Hist. des pl.*, VII, 289, 412, n. 42.) [H. BN.]

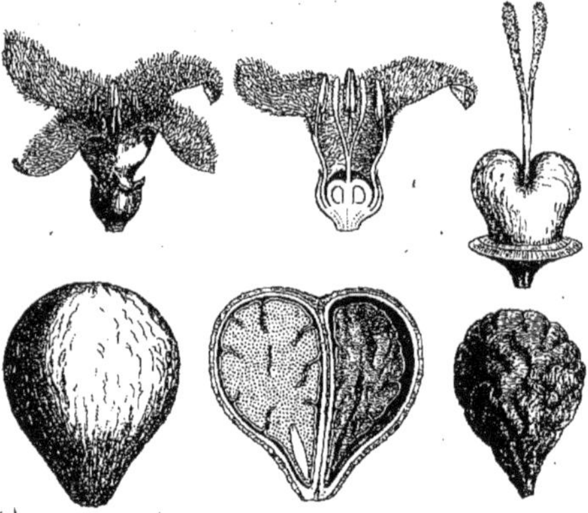

Pagamea. — Fleur, entière et coupe longitudinale. Gynécée. Fruit, entier et coupe longitudinale. Graine.

PAGAMIER. Nom français des *Pagamea* AUBL.

PAGAPETE (SONNER., *Voy.*, 16, t. 10-11). Synonyme de *Sonneratia* L. F.

PAGATPAT. Nom, aux Philippines, des *Sonneratia* L. F.

PAGE (Will.-Bridgewater). A écrit [1818], à Londres, un *Prodromus of the plants cultivated in the Southampton Botanic Gardens* (in-8).

PAGENSTECHER (Fried.). Auteur [1718], à Groningue, de *De Rapis*. D. 1 et 2 (in-12 de 40 p.).

PAGERIA (J.). Pour *Lapageria* R. et PAV.

PAGESIA (RAFIN., *Fl. ludov.*, 49). Genre de Personées (?) douteux. Spach (*S. Buff.*, IX, 271) le rapporte aux Gérardiées.

PAGETIA (F. MUELL., *Fragm.*, V, 178). Genre de Rutacées, voisin des *Evodia*, établi pour un arbre australien, à feuilles opposées, simples, à fleurs 5-mères, 10-andres; les 5 carpelles 4-6-ovulés, et le fruit 5-coque. (H. BN, *Hist. des pl.*, IV, 470.)

PAGINANUM. Nom araucanien du *Sanicula Liberta* CHAM.

PAGODES (ARBRE DES, FIGUIER DES). Les *Ficus bengalensis* L. et *religiosa* L.

PAGONETON. L'un des noms grecs du Tussilage.

PAGSAINGAN. Synonyme de *Laguaan*.

PAHAHA. Nom hindou du Lin.

PAHNET-SNAP. Nom donné par les Indiens au *Ligusticum apiifolium*, pour eux médicament interne et externe.

PAHUDIA (MIQ., *Fl. ind. bat.*, I, p. I, 86). Genre de Légumineuses-Cæsalpiniées-Amherstiées, formé d'un arbre de l'Archipel indien, à port d'*Afzelia*, à étamines monadelphes au nombre de 7. (H. BN, *Hist. des pl.*, II, 112.)

PAICA. Au Pérou, le *Chenopodium ambrosioides* L.

PAICA-JULLO. Nom péruvien du *Galinsoga parvifolia* CAV., employé comme antiscorbutique et vulnéraire.

PAICHU. Racine d'une Composée chinoise, stimulante.

PAIDOLINE. Le Colchique d'automne.

PAIGNÉ. Aux États-Unis, le *Pirola* (*Chimaphila*) *umbellata*.

PAIN (ARBRE A). L'*Artocarpus incisa* L.

PAIN BLANC, P. MOLLET. Le *Viburnum Opulus* L. var. *sterile*.

PAIN DE CASSAVE. La fécule du Manioc.

PAIN DE COCU. L'*Oxalis Acetosella* L.

PAIN DE COUCOU. Le *Lychnis Flos-cuculi* L.

PAIN DE CRAPAUD, P. DE LIÈVRE, P. DE POURCEAU. L'*Arum maculatum* L. C'est aussi l'*Alisma Plantago* L.

PAIN DE GOEMON. Gelées au lait, employées sur les côtes du Finistère, tirées des Algues-Floridées, parfumées, sucrées, et entourées d'un coulis comme les pains de riz. Les habitants de la Bretagne les servent dans leurs festins.

PAIN DE HANNETON. Les fruits de l'Orme.

PAIN DE LA NOUVELLE-ZÉLANDE. La souche de l'*Acrostichum furcatum* FORST.

PAIN DE LA SAINT-JEAN. Les Caroubes.

PAIN DE LIÈVRE, P. DE LAPIN. L'*Orobanche major* SM.

PAIN DE POULET. Le *Lamium purpureum* L.

PAIN DE POURCEAU. Le *Cyclamen europæum* L.

PAIN DES ANGES. Le *Sorghum saccharatum* W.

PAIN DES CAFRES (ARBRE A). Le *Zamia caffra* GÆRTN.

PAIN DES NÈGRES. Synonyme de Manioc.

PAIN DE SINGE. Le fruit du Baobab.

PAIN DE TATARE. Nom vulgaire, en Hongrie, du *Crambe tatarica* JACQ., dont on mange les pousses et les racines ou bouillies, ou en salade.

PAIN D'OISEAU. Le *Sedum acre* L. et le *Briza media* L.

PAIN-KILLER. Nom anglais du *Morinda citrifolia* L.

PAIN-PAIN. En Bretagne, l'*Œnanthe crocata* L.

PAIN-VIN. Le *Lolium perenne* L. et l'*Avena elatior* L.

PAIS. A Chiquito, le Tabac.

PAIVA (VELL., *Fl. flum.*, III, t. 163). Syn. de *Sabicea* AUBL.

PAIVÆA (O. BERG, in *Mart. Fl. bras.*, *Myrt.*, 614). Genre de Myrtacées-Myrtées, formé d'un arbre du Brésil, voisin des *Campomanesia*, mais à calice dilaté en coupe basilaire, obovoïde et 5-sulcée au-dessus. (H. BN, *Hist. des pl.*, VI, 352.)

PAIVÆUSEA (WELW. — B. H., *Gen.*, I, 993). Genre de Térébinthacées-Bursérées, établi pour un arbre d'Angola, comparé aux *Protium*, à feuilles digitées, 5-foliolées, à inflorescences capituliformes, involucrées; le calice, petit et 6-8-lobé, sans corolle; un androcée 6-8-andre et un ovaire à 2 loges, 2-ovulé. Le fruit est à 2 noyaux 1, 2-spermes. (WELW., in *Trans. Linn. Soc.*, XXVII, 20, t. 7.)

PAJANELI. Au Malabar, le *Pajanelia multijuga* DC.

PAJANELIA (DC., *Rev. Bignon.*, 14; *Prodr.*, IX, 1047). Genre de Bignoniacées-Técomées, formé du seul *Pajaneli* de l'Inde, distingué par un grand calice campanulé-ventru et un fruit à bords dilatés en longue aile double. (BUR., *Bignon.*, t. 20. — H. BN, *Hist. des pl.*, X, 48.)

PAJARILLO. En Espagne, l'Ancolie.

PAJARO AZUL. Nom vulgaire mexicain du *Strelitzia reginæ*.

PAKA, PAKUOT. Noms hébreux de la Coloquinte.

PAKENHAMIA (C.-B. CLARKE, ex H. BN, *Hist. des pl.*, VII, 464). Genre de Rubiacées, établi pour l'*Ophiorrhiza nana* EDG., et dont M. J. Hooker a depuis (*Fl. brit. Ind.*, III, 46) changé le nom en celui de *Clarkella*. La différence qu'il présente avec les *Ophiorrhiza* proprement dits consiste en ce que le réceptacle floral est obconique.

PAKETA. Plante de Tahiti, dite cicatrisante, indéterminée.

PAKU-KIDANG. Nom d'une substance textile de Java, formée de poils jaunâtres, vantés comme hémostatiques et qui proviennent des bourgeons de plusieurs Fougères en arbre.

PAKUOT. Synonyme de *Paka*.

PALA. L'un des noms de l'*Opuntia vulgaris* MILL.

PALA (J., in *Ann. Mus.*, XV, 346). Syn. de *Alstonia* R. BR.

PALA-AVIENA (PLINE). Nom (?) du Bananier.

PALACINUM. Dans Dioscoride, le *Biserrula Pelecinus* L.

PALAC-PALAC. Nom, aux Philippines, des *Palaquium* BLNC.

PALÆOCEDRUS (UNG., in *Endl. Gen.*, Suppl., II, 26; *Syn. pl. foss.*, 200; *Chlor. protog.*, 74). Genre d'Abiétinées fossiles. C'est pour Endlicher (*Suppl.*, IV, 12) une sous-section des *Elate* L.

PALÆOGREWIA (MASSAL., *Pl. foss. Vicent.*). Genre de Tiliacées fossiles. (*Flora* [1852], 735).

PALÆOKEURA (MASSAL., *Pl. foss. regn. venet.*). Genre de Pandanées fossiles. (*Flora* [1853], 647.)

PALÆOLOBIUM (UNG., *Fl. v. Sotzk.*, 386). Genre de Légumineuses fossiles. (VIS. et MASSAL., in *Flora* [1854], 123.)

PALÆOPHYTA (REICHB., *Handb.*, 140). Division des Zamiacées?

PALÆOSPATHE (UNG., *Syn. pl. foss.*, 184; *Chlor. protog.*, 70). Genre de Palmiers fossiles (*Aroides* KUT.).

PALÆOXYLON (HART., in *Bot. Zeit.* [1848], 172, 190). Genre de Cupressinées fossiles. (AD. BR., in *Dict. d'Orb.*, XIII, 126.)

PALÆOXYRIS (AD. BR., in *Dict.*, LVII, 137; in *Ann. sc. nat.*, sér. 1, XV, 456). Genre de Monocotylédones fossiles. Pour Sternberg (*Vers.*, II, 189), ce sont des *Restiacites*. Unger en fait (*Syn. pl. foss.*, 168; *Chl. protog.*, 66) des Restiacées fossiles. (SCHIMP. et MOUG., *Pl. foss. Vosg.*, 46. — F. BRAUN, in *Flora* [1847], I, 86.)

PALÆOZAMIA (ENDL., *Gen.*, 72). Genre de Cycadées fossiles (*Polypodiolithes* STERNB.). C'est un mélange de *Zamites* AD. BR. et de *Pterophyllum* AD. BR. (MORR. [1843], *Cat. Br. foss.*)

PALAFOXIA (LAG., *Elench. pl. H. matr.*, 26). Genre de Composées-Hélianthées-Héléniées, formé de 6 espèces du Mexique et de la Floride, herbacées ou suffrutescentes, à feuilles alternes, ou les inférieures opposées; les capitules homogames ou radiés, avec involucre à bractées 1, 2-sériées; les branches du style longuement subulées, un peu obtuses au sommet; les achaines surmontés d'une aigrette à paléoles nombreuses, aiguës, aristées, en partie courtes et obtuses. L'inflorescence est une cyme de capitules. (CAV., *Icon.*, t. 205. — HOOK., *Icon.*, t. 148. — *Bot. Mag.*, t. 2132, 5549. — H. BN, *Hist. des pl.*, VIII, 249.)

PALAIS (*Palatum*). Se dit de la portion soulevée de la base de la lèvre inférieure dans les corolles personées.

PALAIS DE LIÈVRE. Le *Sonchus oleraceus* L.

PALAK. Nom hindoustani (FIDDINGT.) de l'Épinard.

PALALA. Aux Moluques, le Muscadier.

PALALA SECUNDA (RUMPH.). Le *Myristica sylvestris* HOUTT.

PALA-METSIRI (PIS., *Mant. arom.*, 176). Syn. de *Myristica*.

PALAMOXYS (ENDL., *Gen.*, 1172). Section du genre *Oxalis*.

PALAM-PALCA (RHEED.). Le *Myristica malabarica* LAMK.

PALAN. Nom malabare du Bananier.

PALANA. Dans l'Inde, le *Butea frondosa* ROXB.

PALANDU. Nom sanscrit (PIDDINGT.) de l'*Allium Cepa* L.

PALANOSTIGMA (MART., herb.). Section du genre *Croton* L. (H. BN, *Ét. gén. Euphorb.*, 358). Probablement pour *Palamostigma*. Synonyme de *Cyclostigma* KL.

PALAQUIUM (BLANC., *Fl. Filip.*, 403, éd. 2, 282). Synonyme de *Dichopsis* THW. (II, 402); mais le nom de *Palaquium* est antérieur. La première plante à gutta-percha connue est le *P. Gutta* H. BN (*Tr. Bot. méd. phanér.*, 1500). Les *P. puberulum, polyanthum, hexandrum, Lamponga*, etc., sont aussi des espèces à gutta. (PIERRE, in *Bull. Soc. Linn. Par.*, 498.)

Palaquium. — Branche fructifère.

PALA RONGA. Nom brésilien du Muscadier.

PALAS. Nom du *Butea frondosa* KŒN. Nom indien du Kino.

PALASAN. Synonyme de *Yantoc*.

PALATINA (BRONN., *Traub. Rheinth.*, 11). « Genre » de Vignes, pour l'auteur.

PALAU (Ant.). Mort à Madrid en 1793, dirigea le jardin botanique de cette ville de 1773 à 1793. C'est à lui que Cavanilhes a dédié le genre *Palava*.

PALAVA (CAV., *Diss.*, 40, t. 11, fig. 4, 5). Genre de Malvacées-Malvées, formé de 2 herbes du Pérou et du Chili, à fleurs de *Kitaibelia*, mais dépourvues de bractéoles. (H. BN, *Hist. des pl.*, IV, 146.)

PALAVA (R. et P., *Prodr.*, 100, t. 22). Syn. de *Saurauja* W.

PALAVIANA (VANDELL., *Fl. lus. et bras. Spec.*, 40, t. 3, fig. 17). Genre de Gesnériacées-Gesnériées, très voisin des *Isoloma*, à réceptacle concave; le calice valvaire; la corolle infundibuliforme ou subcampanulée; les 5 glandes du disque subégales et périgynes. Ce sont 3 arbustes du Brésil, à rhizome tubéreux. (H. BN, *Hist. des pl.*, X, 80.)

PALAY. Le *Wrightia tinctoria* R. BR.

PALCA. Nom indien de l'*Andropogon Schœnanthus* L.

PALCEOMORPHE. Section du genre *Ficus* (KING).

PALEA. Paillette, écaille, etc. Se dit des lames qui surmontent le fruit des Composées ou garnissent leur réceptacle, et aussi des glumelles des Graminées, entre lesquelles on distingue une P. uninerve ou imparinerve et une P. binerve ou parinerve (postérieure).

PALE-BARK. Nom anglais de l'écorce du *Cinchona officinalis* L.

PALEGA-PAJANELLI (RHEED.). L'*Oroxylum indicum* VANT.

PALÈNE. Le *Festuca pinnata* BASS.

PALENGA (THW., in *Hook. Kew Journ.*, VIII, 270, t. 7). Synonyme de *Putranjiva* WALL.

PALEOLARIA (CASS., in *Bull. philom.* [1816]; in *Dict.*, XXXVII, 256). Synonyme de *Palafoxia* LAG.

PALÉOLE (*Paleola*). Synonyme de Glumellule. Se dit aussi parfois des petites paillettes du réceptacle des Composées.

PALÉONTOLOGIE VÉGÉTALE. Partie de la science qui s'occupe de l'étude des végétaux fossiles et que l'on a encore nommée *Botanique fossile*. Pour certains auteurs, ce n'est qu'une portion de la Géographie botanique, celle qui étudie les plantes enfouies dans la profondeur des terrains.

Nous empruntons à Ad. Brongniart, auteur de l'article *Végétaux fossiles* du *Dictionnaire d'Orbigny*, l'énumération des principaux états sous lesquels ces plantes se rencontrent, et aussi des précautions à prendre pour ne pas être induit en erreur par leurs divers modes de conservation. « Les végétaux, dit-il, que nous trouvons à l'état fossile ne sont presque jamais, on peut même dire, je crois, jamais complets; ce ne sont que des fragments ou des portions de végétaux, des tiges, des rameaux, des feuilles, des fruits, ou rarement des fleurs isolées des autres organes de la plante. Sous ce rapport nous nous trouvons dans le même cas que pour les végétaux actuellement existants lorsque nous recevons des portions isolées et incomplètes de végétaux exotiques dont la détermination nous offre souvent de grandes difficultés. Mais, en outre, les végétaux fossiles, ainsi réduits à quelques-uns de leurs organes isolés, ne les offrent presque jamais dans un état de conservation qui permette de les étudier dans toutes leurs parties constituantes. Ainsi, les tiges n'offrent souvent que leur forme extérieure, ou, dans d'autres cas, que leur structure interne, souvent altérée dans beaucoup de points; les feuilles n'offrent, dans bien des cas, que d'une manière imparfaite le réseau de leurs nervures, et rarement leur épiderme et ses détails de structure peuvent être convenablement étudiés. Pour les fruits, le plus souvent, la forme externe seule peut nous diriger dans l'appréciation de leurs affinités; leur structure interne étant détruite ou fortement altérée par la compression ou par la pétrification. Les divers modes de conservation des végétaux à l'état fossile peuvent se rapporter cependant à deux classes principales. L'impression ou moulage de la plante, accompagnée de la destruction complète du tissu végétal, ou avec conservation de peu de ses parties constituantes; la pétrification ou la carbonisation qui conserve d'une manière plus ou moins complète la structure des tissus des organes des végétaux, en changeant complètement ou en modifiant seulement leur nature. L'impression ou le moulage d'une manière absolue, c'est-à-dire sans conservation d'aucune partie des organes mêmes du végétal plus ou moins altérés, est assez rare ; cependant, c'est l'état habituel des végétaux fossiles dans les grès bigarré et dans les calcaires tertiaires. La place occupée par le végétal est vide, ou le végétal n'est remplacé que par une matière ordinairement ferrugineuse, quelquefois calcaire ou argileuse, qui n'offre pas d'organisation, et par conséquent n'est pas le végétal pétrifié. On ne peut donc, dans ce cas, juger que des formes extérieures du végétal, et souvent le meilleur moyen pour le faire avec exactitude est, après avoir enlevé avec soin

Flabellaria, plante fossile.

la matière amorphe qui remplit le creux laissé par le végétal de couler dans cette cavité ou dans ce creux naturellement vide, de la cire, du soufre, ou toute autre matière qui représente exactement les formes du végétal détruit. L'empreinte, avec conservation de quelques parties du tissu végétal, est très fréquente pour les tiges du terrain houiller ; c'est leur mode habituel de conservation, et ici l'appréciation exacte des diverses formes du végétal exige beaucoup d'attention. Dans la plupart de ces tiges, la partie superficielle, sorte d'épiderme épais et ligneux, est passée à l'état de charbon compact et anthraciteux ; tout le reste de la plante a été détruit, remplacé par de l'argile, du grès micacé, souvent même par un grès grossier, sans aucun indice d'organisation; quelquefois cependant cette destruction des tissus internes est moins complète : les plus résistants se sont conservés et sont passés à l'état charbonné : ce sont les parties ligneuses et vasculaires, dont quelquefois la structure

est indiquée par des linéaments charbonneux ; c'est ce qu'on a remarqué depuis longtemps pour le *Stigmaria ficoides*, et ce que M. Corda a observé dans plusieurs tiges des mines de houille de Bohême. Quelquefois, outre l'axe ou le cylindre ligneux proprement dit, il y a une zone corticale interne, puis l'écorce externe, et le tissu cellulaire intermédiaire est détruit. Ces diverses zones de tissus plus denses, qui, séparées par de larges couches de tissus cellulaires détruits, s'enveloppent l'une l'autre comme autant de cylindres emboîtés les uns dans les autres, et se sont conservées isolément, ont chacune leur forme spéciale et souvent une forme différente à leurs surfaces externe et interne. Une même tige peut ainsi donner lieu à des formes très diverses, chacune cylindroïde et ressemblant à autant de

Odontopteris, plante fossile.

tiges différentes. J'ai déjà signalé, il y a très longtemps, ce fait pour les tiges de Sigillaires, dont la tige, dépouillée de son écorce charbonneuse, superficielle, avait servi à constituer le genre *Syringodendron*. Dans le *Lomatophloios crassicaule* de M. Corda, l'axe vasculaire forme un cylindre finement strié qui pourrait être pris pour une tige d'un genre particulier, et le cylindre médullaire, que ce cylindre vasculaire entoure, offre des sillons transversaux particuliers, qui, suivant cet auteur, ont servi à caractériser le genre *Artisia*. J'ajouterai que des échantillons de cette tige ou d'une autre espèce très analogue des mines de Saarbruck, m'ont offert une zone intermédiaire entre la surface externe et l'axe vasculaire, qui paraît correspondre à l'origine des bases de feuilles, et qui offre tous les caractères de la tige figurés par M. de Stenberg sous le nom de *Knorria Sellowii*. On doit donc, dans ces tiges à tissus incomplètement conservés, bien distinguer les diverses zones de tissu d'une même tige, et leurs surfaces externe et interne, qui produisent autant d'apparences différentes.

« Ce que je viens de dire des tiges s'applique également aux fruits, dont l'épaisseur du péricarpe donne souvent lieu à deux formes très différentes, et dont les cavités, dans d'autres cas, ne sont pas les cavités réelles, mais, au contraire, les espaces occupés par un tissu différent détruit, et même quelquefois par toutes les parties solides. Les végétaux carbonisés ou passés à l'état de lignite donnent lieu à moins d'observations; cependant il faut remarquer que dans cette altération les tissus ont souvent éprouvé des modifications qui en rendent l'appréciation difficile. Enfin, assez fréquemment une portion des organes des végétaux passés à l'état de lignite s'est transformée en pyrite; ou bien des pyrites, sous forme globuleuse, se sont formées au milieu des tissus, et pourraient, au premier abord, être prises pour un caractère d'organisation. La coupe de certains bois dicotylédones fossiles ressemble alors souvent à celle d'une tige monocotylédone. La pétrification donne plus souvent lieu, dans les diverses parties d'un même échantillon. Dans quelques cas, c'est comme une sorte de macération partielle qui a détruit la structure dans certaines parties, tandis qu'elle est bien conservée dans des points voisins; mais il est d'autres cas où d'une manière nette, brusque et régulière, le tissu est pétrifié sur un point et détruit à côté : c'est ce que nous montre surtout un bois fossile remarquable décrit par M. Witham, sous le nom d'*Anabathra pulcherrima*, et ce que j'ai revu dans quelques autres échantillons. La pétrification siliceuse paraît avoir eu lieu d'abord sur certaines zones très nettement limitées, et plus souvent sous forme de sphères isolées. Dans toutes ces parties le tissu est parfaitement conservé; mais autour de lui, dans les espaces intermédiaires, ce tissu est entièrement détruit et a été

Annularia, plante fossile.

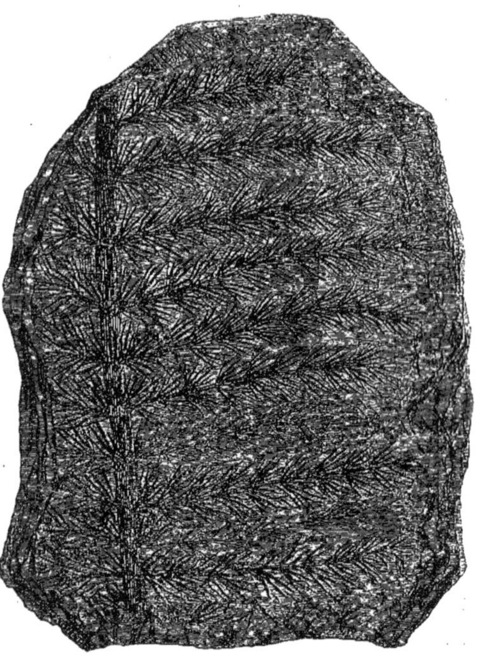

Asterophyllites, plante fossile.

dans les tissus, à des changements apparents, dont il faut bien reconnaître l'origine : 1° dans certains cas, tous les tissus ne sont pas également conservés pendant la pétrification, et c'est surtout dans les bois silicifiés qu'on en voit des exemples fréquents. Le plus souvent, les tissus mous, plus altérables, se sont détruits comme pendant une macération, tandis que la tige était placée dans des circonstances propres à la silicification, et les tissus plus résistants ont seuls conservé leur caractère en se silicifiant. Souvent alors le tissu cellulaire est remplacé par de la calcédoine amorphe, et les tissus ligneux et vasculaires se sont seuls pétrifiés en conservant les formes qui les caractérisent. Quelquefois, quoique plus rarement, c'est l'inverse qui a lieu : le tissu cellulaire s'est silicifié en conservant son organisation, et les tissus plus denses ont disparu pendant la pétrification en laissant alors des cavités à leur place, soit que ces tissus n'aient jamais été silicifiés, soit que, transformés en une matière plus altérable, ils se soient détruits plus tard. Ainsi j'ai vu plusieurs exemples de bois de Palmier silicifiés dans lesquels la place des vaisseaux fibreux était, en grande partie du moins, représentée par des cavités vides, le reste du tissu étant silicifié; 2° quelquefois des tissus de même nature sont diversement conservés remplacé par la silice amorphe. Au premier abord et sur une couche transversale, les parties silicifiées sembleraient autant de vaisseaux ligneux distincts, et donneraient à ces tiges une structure très anomale; mais un examen attentif montre que les rayons médullaires et les zones ligneuses sont continus d'une partie à l'autre, et qu'on peut rétablir, pour ainsi dire, le tissu partout. En outre, on voit que ces sortes de faisceaux ne se continuent pas dans la longueur : ce sont des sphères isolées, résultat d'une pétrification partielle, enveloppée dans une masse siliceuse amorphe; 3° il arrive très souvent que pendant la silicification le végétal a été comprimé, brisé et déformé; des fissures remplies par de la silice cristallisée ou amorphe le traversent; les tissus ne se continuent plus régulièrement; mais il est presque toujours facile d'apprécier ces altérations et d'en formuler l'effet.

« On voit qu'avant de chercher à comparer un végétal fossile aux végétaux vivants, il faut : 1° reconstruire aussi complètement que possible, d'après les parties conservées et les données générales de l'anatomie et de l'organographie végétale, les portions de plante qu'on a sous les yeux; 2° chercher quels pouvaient être les rapports de ces portions de plante avec les autres organes de la même plante, en recherchant surtout leurs points d'attache, leurs formes et leurs rapports vasculaires; tâcher en général de se diriger surtout d'après les traces de structure

Pecopteris, plante fossile.

plutôt que d'après les formes extérieures; 3° s'efforcer de recompléter un végétal en voyant si, parmi les fossiles du même terrain, et surtout des mêmes couches et de la même localité, il

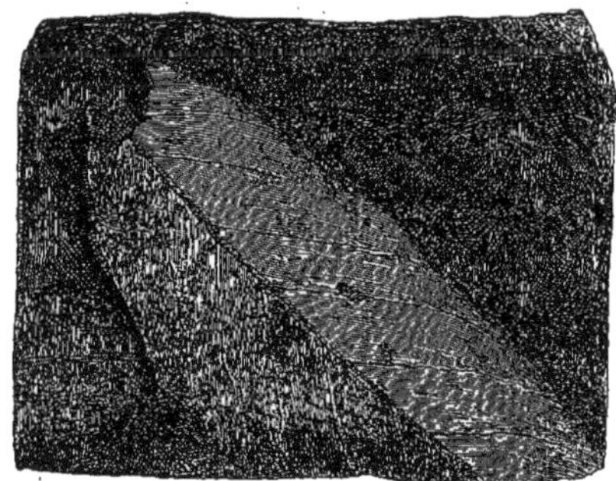

Feuille de Dicotylédone fossile (lignite).

n'y en aurait pas qui pourraient appartenir à la même plante. Tant qu'on n'a pas reconnu d'une manière positive la connexité de ces divers organes, on ne doit cependant considérer leur réunion pour former une même plante plutôt que comme une simple probabilité que des faits positifs peuvent infirmer ou confirmer. Cette connexion des diverses parties d'une même plante est l'un des problèmes les plus importants à résoudre de la paléontologie végétale, et c'est aux savants qui peuvent s'en occuper sur les lieux mêmes où ces fossiles se rencontrent, qu'on doit surtout les recommander. »

Il faut ajouter que le bois de certains arbres fossiles se trouve parfois, dans des terrains relativement jeunes, inaltéré, conservant tous ses caractères organographiques et histologiques. C'est ce qui se rencontre dans des bois d'Araucariées éteintes, dont sont parsemées certaines carrières de nos pays, bois qui servent de combustible et ne diffèrent pas physiquement et chimiquement des bois des espèces vivantes employées aux mêmes usages.

Ad. Brongniart croyait devoir, à la suite de ces considérations générales, passer à l'énumération méthodique par familles des genres divers observés dans l'ensemble des terrains : énumération qui devient inutile avec la forme de ce Dictionnaire.

Il est bien plus important pour nous d'examiner la série chronologique des périodes de végétation et des flores diverses qui se sont, pendant les périodes géologiques, succédé à la surface du globe. « Si, dit Ad. Brongniart, après avoir étudié les végétaux fossiles au point de vue de leur organisation, de manière à déterminer leurs rapports avec les végétaux actuellement existants, sans nous préoccuper de la position géologique qu'ils occupent, nous comparons entre elles les diverses formes qui ont habité la surface de la terre aux diverses époques de sa formation, nous verrons que de grandes différences se font remarquer dans la nature des végétaux qui s'y sont successivement développés et qui remplaçaient ceux dont les révolutions du globe et les changements dans l'état physique de sa surface amenaient la destruction. Ces différences ne sont pas seulement des différences spécifiques, des modifications légères des mêmes types; ce sont le plus souvent des différences profondes, telles que des genres et des familles nouvelles viennent remplacer des genres et des familles détruites et complètement distinctes; ou bien qu'une famille nombreuse et variée se réduit à quelques espèces, tandis qu'une autre, qui était à peine signalée par quelques individus rares, devient tout à coup nombreuse et prédominante. C'est ce qu'on remarque le plus habituellement en passant d'une formation géologique à une autre; mais en considérant ces transformations dans leur ensemble, un résultat général et plus important se présente d'une manière incontestable : c'est la prédominance dans les temps les plus anciens des végétaux cryptogames acrogènes (Fougères et Lycopodiacées); plus tard, la prédominance des Dicotylédones gymnospermes (Cycadées et Conifères), sans mélange encore d'aucune Dicotylédone angiosperme; enfin, en dernier lieu, pendant la formation crétacée, l'apparition et bientôt la prédominance des végétaux angiospermes, tant dicotylédones que monocotylédones. Ces différences, si remarquables dans la composition de la terre, que j'ai déjà signalées depuis longtemps, et que toutes les observations récentes, bien appréciées, me paraissent confirmer, montrent qu'on peut diviser la longue série de siècles qui a présidé à cet enfantement successif des diverses formes du règne végétal en trois longues périodes que j'appellerai le règne des Acrogènes, le règne des Gymnospermes et le règne des Angiospermes. Ces expressions n'indiquent que la prédominance successive de chacune de ces trois grandes divisions du règne végétal et non l'exclusion complète des autres. Ainsi, dans les deux premières, les Acrogènes et les Gymnospermes existent simultanément. Seulement les premières l'emportent en nombre et en grandeur d'abord, tandis que l'inverse a lieu plus tard. Mais pendant ces deux règnes les végétaux angiospermes me paraissent au contraire, ou manquer complètement, ou ne s'annoncer que par quelques indices rares, douteux, et très différents de leurs formes actuelles, signalant, du reste, plutôt la présence de quelques Monocotylédones que celle des Dicotylédones angiospermes. Chacun de ces trois règnes ainsi caractérisés par la prédominance d'un des grands embranchements du règne végétal se subdivise habituellement en plusieurs périodes pendant lesquelles des formes très analogues appartenant aux mêmes familles et souvent aux mêmes genres se perpétuaient; puis ces périodes elles-mêmes comprennent plusieurs époques pendant lesquelles la végétation ne paraît pas avoir subi de changements notables. Mais souvent les matériaux manquent pour établir avec précision ces dernières subdivisions, soit parce que la position géologique exacte des couches qui renferment des empreintes végétales n'est pas bien déterminée, soit parce qu'on n'a pas établi avec soin le mode de répartition des espèces végétales dans les diverses couches du même terrain. Aussi je ne doute pas que ces époques différentes, durant lesquelles la végétation a conservé ses caractères d'une manière invariable, se multiplieront beaucoup plus que nous ne pouvons le faire dans l'état actuel de nos connaissances, lorsque des matériaux recueillis avec soin auront été réunis en grand nombre. »

De là la division générale qu'admettait Ad. Brongniart :

I. Règne des Acrogènes.	II. Règne des Gymnospermes.	III. Règne des Angiospermes.
1. *Période carbonifère* (non subdivisible alors en époques distinctes). 2. *Période permienne* (alors aussi indivisible).	3. *Période vosgienne* (indivise). 4. *Période jurassique*, divisée en époques : *Keuprique ;* *Liasique ;* *Oolithique ;* *Wealdienne.*	5. *Période crétacée*, divisée en époques : *Sous-crétacée ;* *Crétacée ;* *Fucoïdienne.* 6. *Période tertiaire*, divisée en époques : *Eocène ;* *Miocène ;* *Pliocène.*

On ne s'occupait guère alors des plantes antérieures à celles du terrain carbonifère. Cependant les eaux durent être occupées par des végétaux inférieurs lors de la formation des premiers terrains sédimenteux. Beaucoup de plantes mal déterminées ont été là indiquées comme des Algues. A l'époque silurienne, on croyait que les terres émergées, basses, peu étendues, sont restées désertes. On y a indiqué quelques Lycopodiacées rabougries. Mais à l'époque dévonienne, sur les continents plus développés, apparaît une flore composée de grandes plantes herbacées et ligneuses, notamment de grandes Lycopodiacées, de Fougères arborescentes, de Conifères. Il y avait certainement des amas de végétaux dans le Laurentien, puisqu'on y trouve des accumulations de graphite. Les prétendues Algues du Cambrien et du Silurien inférieur ne sont peut-être que des traces d'Annélides. Les Bilobites, qui sont siluriens, ont aussi été indiqués comme de grandes Algues à stipe cartilagineux, souvent formé de deux cylindres accolés, avec une fronde étalée et très développée. Les *Spirophyton, Chondrites, Sphærococcites* et *Murchisonites* sont aussi des Algues douteuses du Silurien inférieur, et l'*Eopteris Morierei* Sap., qu'on a représenté comme la plante terrestre la plus ancienne qui ait été observée, n'est qu'une Fougère imaginaire. Au Canada, le Silurien présente des *Spherophyllum*, le *Psilophytum*, comparé aux Lycopodiacées et aux Rhizocarpées. Il y a aussi déjà des *Annularia* et des *Protostigma*. Au Dévonien appartiennent les *Psylophyton, Didymophyllum*, des *Calamodendron, Bornia, Asterophyllites, Annularia, Lepidodendron, Cyclopteris, Cordaites*, un grand nombre de types qui se développeront plus amplement dans la période carbonifère. En Amérique aussi, le Dévonien est caractérisé par la présence d'*Antholites*, considérés comme les organes de fructification des *Cordaites ;* de *Cardiocarpum*, fruits aussi des *Cordaites ;* de *Megalopteris*, *Sphenopteris* et *Caulopteris*, qui sont des Fougères arborescentes.

On a souvent indiqué le terrain carbonifère comme le règne

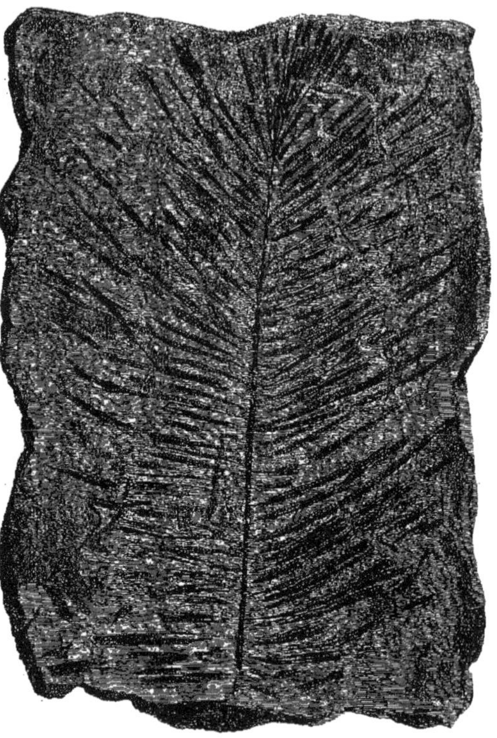

Phœnicites, plante fossile.

des plantes terrestres. L'atmosphère très humide et d'une température tropicale favorisait la végétation d'une flore apparue pendant la période dévonienne, riche en Cryptogames et en

Feuille de Dicotylédone fossile (lignite).

Gymnospermes, et prenant tout d'un coup une exubérance jusqu'alors inconnue. La flore était d'ailleurs très différente de la flore actuelle ; c'était une flore de marais, et elle s'est développée sur les terres basses du continent carbonifère. Les végétaux qui la composent se distinguent par une vigueur exceptionnelle, et l'époque à laquelle elles florissaient sur la terre fut surnommée âge des plantes. Les Monocotylédones manquent dans cette flore. Parmi les Cryptogames vasculaires on trouve d'abord les Calamites, végétaux fistuleux, ressemblant aux Prêles actuelles, et qui avaient une taille gigantesque. Leurs troncs étaient cannelés et s'amincissaient dans le haut, en se terminant par un chaton entouré de feuilles. Ces Calamites, nombreuses dans les forêts houillères, atteignaient vingt mètres de haut. On trouve ensuite les Astérophyllites et les *Annularia* aux feuilles verticillées. Les Astérophyllites étaient semblables aux Bambous. Les *Annularia* étaient des plantes aquatiques, aux feuilles découpées en forme de rosettes. Les Fougères étaient nombreuses

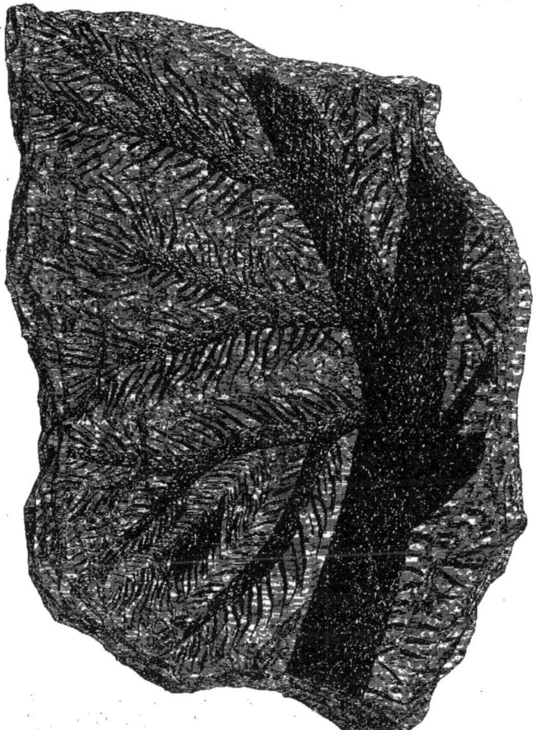

Lepidodendron, plante fossile.

dans les forêts houillères; elles étaient aussi élevées que les Sapins de nos forêts, et leur sommet se terminait par un bouquet de grandes frondes. Les empreintes de leurs feuilles ont été conservées dans les schistes, et leurs débris ont beaucoup contribué à former la masse de la houille. On remarquait parmi ces Fougères : les *Pecopteris*, ayant jusqu'à vingt mètres; les *Sphenopteris*, dont les frondes atteignaient dix mètres. Les *Nevropteris* étaient encore plus hauts. Les Lycopodiacées formaient à cette époque de grands arbres (*Lepidodendron*), divisés par dichotomie en grand nombre de ramifications bifurquées, couvertes de feuilles aciculaires. Le tronc des *Lepidodendron* est couvert de cicatrices foliaires de forme losangique, qui sont formées par la base de ces feuilles détachées. La flore carbonifère était aussi composée de plantes à fleurs. Les Dicotylédones ont fait leur apparition avec les premiers végétaux terrestres, et furent très nombreuses dans les forêts houillères. Le groupe des Gymnospermes était représenté par les Sigillaires, qui se dressaient à des hauteurs énormes, étaient marquées de cannelures longitudinales et surmontées par un long panache de feuilles linéaires. Leurs troncs étaient couverts d'une écorce cannelée, présentant des impressions circulaires, formées par des feuilles caduques. On rencontre des écorces de Sigillaires dans le terrain houiller. C'était aussi l'âge des *Cordaites* (II, 208), et les Conifères fossiles (II, 184) abondaient, notamment les *Walchia*, voisins de nos *Araucaria*, des Taxinées qu'on a comparées au *Gingko* actuel, mais rares dans les bas-fonds où pullulaient les Cryptogames, et habitant plutôt les hauteurs. Dans ces terrains se sont formées les forêts houillères qui présentent tant d'importance au point de vue pratique. Alors les continents en voie d'exhaussement étaient peu élevés au-dessus des eaux; leurs rivages étaient occupés par de vastes lagunes. Dans l'intérieur des terres, on voyait des grands lacs d'eau dormante qui disparaissaient sous une épaisse végétation. Ce fut là la source des houillères. Sur ces terres inondées, les Cryptogames et les Dicotylédones luttaient de vigueur. Les Calamites, les Sigillaires, les Cordaïtes occupaient ce sol submergé. On remarquait dans ces forêts la grâce des Fougères aux feuilles géantes, la beauté des *Lepidodendron*, la souplesse et la

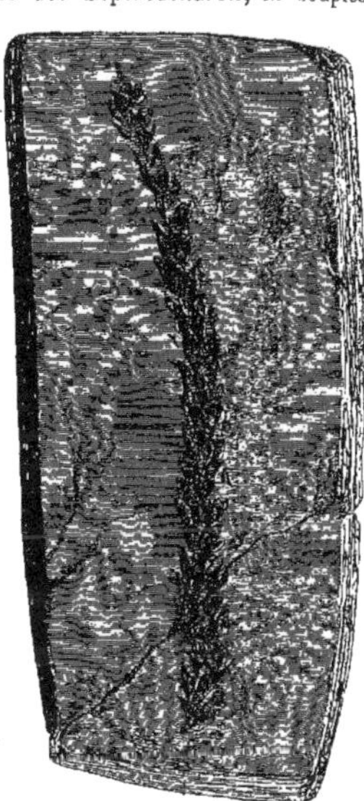

Araucarites, plante fossile.

légèreté des *Asterophyllites*. Quelques reptiles se glissant parmi les feuilles, un petit nombre de mollusques, des insectes nombreux, étaient les seuls habitants de ces grandes solitudes. La température de nos pays devait être égale, sinon supérieure à celle des contrées actuellement les plus chaudes. On en trouve la preuve dans ce fait que les plantes de la flore actuelle, les Fougères ligneuses, les Lycopodes et les Cycadées, ne vivent pas dans nos contrées et ne peuvent prospérer que dans les contrées intertropicales. Cette température devait être uniforme sur toute la terre, car on trouve des mines de houille au Spitzberg, où règne un froid terrible, et cette houille est formée des mêmes espèces végétales. Or les plantes houillères excluent les froids rigoureux. L'absence des saisons régulières est encore attestée par ce fait que les tiges des plantes carbonifères ne présentent pas ces zones d'accroissement qui caractérisent le retour périodique des saisons. L'atmosphère avait aussi une composition différente de celle d'aujourd'hui. Elle était épaisse et chargée de vapeurs. C'est dans ce milieu que la puissante végétation houillère a puisé tout le carbone qui est maintenant enfoui souterrainement à l'état de houille.

La houille est une combinaison de carbone, d'hydrogène et d'oxygène. Son origine végétale est incontestable. Sa structure et sa composition l'indiquent, et, dans certaines variétés de houille, on peut reconnaître qu'elles sont formées de rameaux de Fougères; telle autre d'écorces de Sigillaires ou de Lépidodendrées. Les tiges, remplies de moelle et gorgées de sucs amylacés ou gommeux, en tombant sur le sol de la forêt houillère, étaient entraînées par les eaux de pluie, soit dans les dépressions lacustres avoisinant la forêt, soit à la mer. Elles étaient là promptement enfouies sous une nappe d'alluvions; la couche végétale subissait, à l'abri de l'air, une transformation lente qui l'amenait à l'état de houille. Cette transformation s'opérait tantôt sur des écorces et des tiges, tantôt sur des rameaux, sur des feuilles et sur des fructifications. La nature des plantes variait. C'étaient les Fougères qui dominaient en certains points; les Sigillaires un peu plus loin; ailleurs les *Cordaites* et les *Calamodendron*. On conçoit ainsi qu'on puisse trouver dans la même contrée des houilles grasses, des houilles maigres, des houilles anthraciteuses, des houilles à gaz. On trouve dans la houille, grâce au microscope et à certains réactifs oxydants, les traces d'une structure organisée, qui permettent de reconnaître si la houille a été formée par des feuilles ou par des écorces de *Cordaites*, de *Calamodendron*, ou par des Fougères arborescentes. Tous ces débris se recouvrent mutuellement dans la houille et sont posés à plat, comme le font les matériaux qui ont flotté dans un liquide. La houille se présente en véritables couches, très étendues et parfois réduites à quelques millimètres, encadrées dans des schistes et des grès de nature détritique; et on voit dans ce combustible une alluvion végétale, qui doit son origine au transport des débris de plantes et à leur décomposition ultérieure dans l'eau.

On a considéré la flore permienne comme un « prolongement amoindri » de celle des temps carbonifères. Les Conifères, Cycadées et Fougères deviennent prépondérantes. Les *Walchia*, *Ulmannia*, *Gingkophyllum* sont des arbres permiens caractéristiques, et servent de transition vers l'époque secondaire ou mésophytique, qui commence avec le Trias. [A. BN.]

On a dit que l'étage jurassique marquait comme l'apogée d'une flore qui va déclinant jusqu'au début de l'étage de la craie. A part quelques Monocotylédones, il n'y a pas d'Angiospermes, et l'on ne voit que des Cycadées, des Conifères et des Fougères ou des Équisétacées. Les *Albertia*, *Voltzia*, sont caractéristiques du Trias. D'autres types remarquables du jurassique sont des *Podozamites*, *Pterozamites*, *Spherozamites*, *Otozamites*, des *Sagenopteris*, *Clathropteris*, *Stachypteris*, *Cycadopteris*, *Lomatopteris*, *Scleropteris*. Dans les terrains secs, sablonneux, végétaient des Fougères grêles ou coriaces; au bord des lagunes croissaient, au contraire, des types à larges frondes, comme les *Dictyophyllum*, les *Thaumatopteris*. Les Conifères étaient souvent des arbres élevés. D'autres, comme les *Brachyphyllum*, avaient des tiges peu divisées, nues, et des branches rigides. Des *Baiera*, attribués au groupe des Taxées, on connaît les feuilles, les fleurs et les fruits. Les *Brachyphyllum* et *Pachyphyllum* rappelaient beaucoup certaines Cupressinées. Il y avait alors, croit-on, des *Torreya* et des *Sequoia*, genres actuellement vivants. Mais à la partie supérieure de la période jurassique la fin des Conifères paraît proche.

A l'époque de la craie, qui commence au cénomanien, apparaissent des Dicotylédones à large feuillage. Dans une grande partie de l'Amérique du Nord, en Bohême, dans le sud-est de la France, on croit que les eaux douces envahirent le cénomanien. Il y a encore des Conifères et des Fougères (*Araucaria*, *Lomatopteris*) aux environs de Toulon, par exemple; mais on y a admis des *Magnolia*. Les *Credneria*, les *Hymenæa*, les *Comptonia* représentent richement la Dicotylédonie. En Bohême, on décrit des Lierres. En Amérique, on trouve des Chênes des Platanes, des Hêtres. Enfin, dans la deuxième moitié de la période crétacée, il y avait des Palmiers, tels que des *Flabellaria*, des genres voisins de nos *Phænicosporium* et *Geonoma*

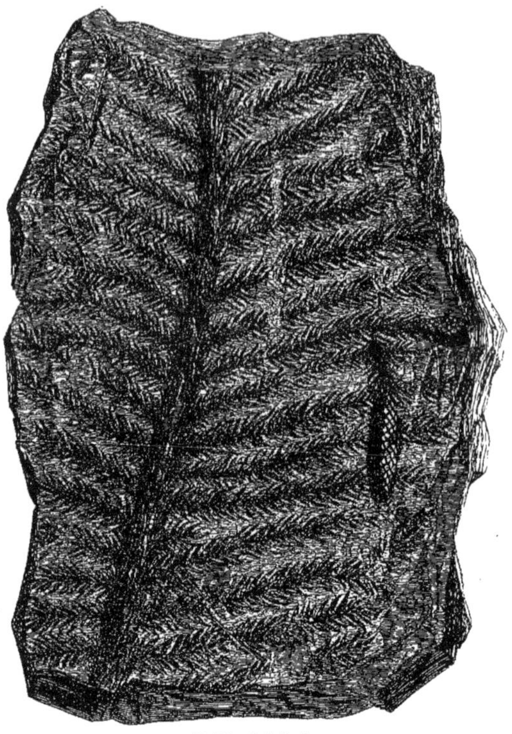

Walchia, plante fossile.

Odontopteris, plante fossile.

actuels. Les feuilles de ces arbres étaient digitées. D'autres Monocotylédones ont été signalées, notamment l'*Arundo groenlandica* Heer, qui a aussi été comparé à un Balisier. La craie moyenne possède beaucoup de plantes à feuillage et à fleurs.

Dans l'époque tertiaire, on a tracé cinq périodes secondaires, sous les noms de Paléocène, Éocène, Oligocène, Miocène et Pliocène, mal délimitées au point de vue de la végétation. Dans la première on observe des Chênes variés, des Châtaigniers, des Lauracées, des Araliées, des Viornes, des Lierres, des Vignes, de nombreuses Fougères. Dans l'Éocène, répondant à l'époque nummulitique, au calcaire grossier, etc., on voit des *Nipa* fossiles (*Nipadites*), des Hydrocharidées, des Conifères peu élevées, des Palmiers à feuilles digitées, des Protéacées,

Nevropteris, plante fossile.

des *Myrica*, des Jujubiers, une sorte de Dattier, des Ébénacées, Célastracées, Pittosporées, Térébinthacées, des *Cercis*, des *Acacia*, des Frênes, des Ailantes, des Juglandées, des Saules et des Bouleaux, même un Peuplier. A l'Oligocène (Tongrien) répondent des *Chamæcyparis*, *Thuya*, *Sequoia*, *Taxodium* et autres Conifères, des *Myrica* variés, plusieurs *Sabal* et *Flabellaria*, des Chênes assez nombreux, plusieurs Algues, comme celles du Flysch, des Éricacées et Sapindacées (?), des Myrsinées (?), des Juglandées, Bétulinées et Acérinées, un *Rhizocaulon* qui rappelle les *Pandanus*, des Nénufars et *Nelumbo* dont les feuilles sont souvent très bien conservées.

A partir du Miocène, les fossiles végétaux sont bien mieux caractérisés, dans de grands lacs, autour de la mer mollassique. Les Fougères étaient très développées au bord des lagunes : des Osmondes, des *Lastræa*, des *Lygodium*. Les Palmiers, analogues à ceux de la période précédente, sont des *Sabal*, *Phœnicites*, *Flabellaria*, *Manicaria*, *Geonoma*, *Palæospathe*. Les Aunes, Hêtres, Charmes, Peupliers et Érables sont nombreux et bien caractérisés. Les Chênes rappellent plusieurs espèces américaines actuelles. On signale des Rosacées ligneuses, des Légumineuses arborescentes, comme un *Gymnocladus*, des *Cercis*, des *Copaifera*, des Lauracées analogues au Camphrier, des Salsepareilles et des Aristoloches, des Cycadées et des Conifères, des Peupliers, des Platanes et des *Liquidambar*, des Noyers ou *Pterocarya*, le très remarquable *Podogonium Knorrii* Ad. Br., des Figuiers, des Ormes, des Micocouliers, des Araliacées et des Vignes. Au temps de la mollasse, la végétation de l'Europe était luxuriante, entretenue par des pluies fréquentes, avec des hivers de peu de durée et un climat probablement très tempéré.

Le Pliocène est pour la végétation une période de déclin. On a comparé sa flore à celle de l'Afrique actuelle. Les herbivores abondaient, comme aussi les plantes peu élevées qui leur servaient de nourriture. Il y avait encore des *Callitris*, des *Sequoia*, mais aussi des Amentacées, des Figuiers, des Érables, des Hêtres, des Tiliacées du genre *Grewia*, des Platanes, des *Sassafras*, des Chênes, des *Cercis*. Un Hêtre très voisin du nôtre, le *Fagus sylvatica pliocenica*, habitait la vallée du Rhône. On y trouvait aussi des Aunes, des Viornes, l'*Arundo ægyptia antiqua*, grande Graminée, une grande Fougère, l'*Osmunda bilinica*, de nombreuses Lauracées, notamment des *Oreodaphne*, un Buis, un Grenadier, un *Liriodendron* et un *Nerium pliocenicum*. Le *Bambusa lugdunensis* est de cette époque, où l'on admet même une Ménispermacée des plus douteuses. Les terrains, déchirés par des éruptions volcaniques, étaient subitement dépouillés d'une foule d'arbres dont les troncs s'amassaient en désordre dans les dépressions du sol. De grandes Juglandées se mêlaient ainsi à des Quercinées, des Lauracées, des Vignes, des *Sassafras*, des Érables, des Aunes, des Peupliers et des Jujubiers. On y voyait une Aubépine, très voisine de la nôtre. Un Pin, voisin du P. d'Alep, croissait dans le midi de la France. Plus haut abondaient les Chênes et des Palmiers voisins de celui des Deux-Siciles. Les *Pinus montana*, *caroliniana*, etc., espèces actuelles, existaient alors, de même que nos Nénufars blanc et jaune, de même que notre Figuier, notre *Cercis* et notre Laurier actuels.

En somme, la succession des plantes pendant les périodes géologiques a été réglée par les différences de température, par les modifications dans la configuration du sol et le partage des terres et des eaux; enfin, ainsi que nous l'enseignent les doctrines transformistes, par les modifications organiques dont les végétaux ont été graduellement le siège. Ces études sont donc du plus grand intérêt, et elles ont une grande importance au point de vue même de la constitution de la flore actuelle. Mais il importe que l'étude des végétaux fossiles, souvent si difficile, vu l'état incomplet des restes végétaux, soit faite par des observateurs connaissant la botanique et les plantes vivantes, et non par des poètes qui, partant de faits incomplets ou mal vus, donnent libre essor à leur imagination vagabonde. Ceux-là devraient s'abstenir d'études sur la paléontologie végétale, qui font à la légère des genres de plantes fossiles avec des infiltrations, des dendrites, des tubes de vers, des coquilles de mollusques, des coprolithes divers, ou même avec des empreintes de végétaux actuels fabriquées artificiellement. [H. Bn.]

PALESIA (D. Don, in *Linn. Trans.*, XVI, II, 207). Section du genre *Clarionia* DC.

PALÉTUVIER. Nom des *Rhizophora*. Le *P. des Indes* est le *Bruguiera gymnorhiza* L. Le *P. de montagne* est un *Clusia*.

PALETUVIERA (Dup.-Th., in *Dict.*, V, 375). Synonyme de *Bruguiera* Lamk.

PALEYA (CASS., in *Dict.*, XXXIX, 393). Genre créé pour le *Crepis albida* JACQ.

PALICOUR. Nom français des *Palicourea* AUBL.

PALICOUREA (AUBL., *Guian.*, I, 172, t. 66). Section du genre *Uragoga* L., à corolle allongée, droite ou arquée, à 2-5 loges ovariennes. (H. BN, *Hist. des pl.*, VII, 284.)

PALILLO. Nom bolivien des *Escobedia* R. et PAV.

PALIMBIA (BESS., *Enum. pl. Volhyn.*, 55). Genre d'Ombellifères, qui renfermait, outre le *P. salsa*, type du genre, des Peucédans dont M. Boissier a fait la section *Palimbioides*. Mais nous avons également fait du vrai *Palimbia* une section du genre *Peucedanum*. (*Hist. des pl.*, VII, 100, not. 3.) [H. BN.]

Noggerathia, plante fossile.

PALIMBIOIDES. Nom que donnait Boissier aux Peucédans qui avaient été rapportés au genre *Palimbia*. (Voy. H. BN, *Hist. des pl.*, VII, 100.)

PALINDAN (BLANCO, *Fl. de Filip.*, 744). Genre de Palmiers douteux. (K., *Enum.*, III, 596.)

PALINETES (SALISB., *Gen. pl. Fragm.*, 116). Synonyme de *Ammocharis* HERB.

PALIS. Nom, aux Philippines, des *Callicarpa* L.

PALISOT-DE-BEAUVOIS (Ambr.-Marie-Fr.-Jos.). Né à Arras [1775], fit un voyage d'exploration sur la côte occidentale de l'Afrique tropicale. L'herbier qu'il y récolta fait aujourd'hui partie des collections Delessert. Il en publia les principaux résultats dans sa *Flore d'Oware et de Benin* (2 vol. in-fol. avec pl.), parue de 1804 à 1807. Puis il s'occupa de bonne heure des Mousses et des Lycopodes, sur lesquels il publia deux brochures (1811, 1812). En 1812 parurent ses mémoires sur l'arrangement des feuilles, la moelle et la conversion des couches corticales en bois. Son *Essai d'une nouvelle Agrostographie* (in-8 de 182 p. et 25 pl.) date de 1812; il y jeta un grand jour sur l'organisation et la distinction des genres de Graminées. En 1822, il publia sa *Muscologie* (in-8 de 88 p. et 11 pl.). Ses travaux sur les Mousses et les Lycopodes portent le titre de *Prodrome de l'Aethéogamie*. Il mourut en 1820, membre de l'Institut. Thiébaut de Berneaud a écrit son éloge historique. (Voy. *Mém. Soc. Linn. Par.*, I, 388; *Cat. sc. pap.*, IV, 743.)

PALISOTA (REICHB., *Consp.*, 59). Genre de Commelinacées-Polliées, formé de 7, 8 herbes de l'Afrique tropicale, à fleurs en grappes de cymes unipares, pourvues de 3 étamines fertiles, avec un fruit charnu, indéhiscent (C.-B. CLKE, *Commel.*, 130, t. 5, fig. 3, 4). On cultive dans nos serres le *P. Barteri*, à jolis et nombreux fruits rouges (*Bot. Mag.*, t. 5318). Palisot-de-Beauvois (*Fl. ow. et ben.*, t. 15) en avait fait des *Commelina*. [H. BN.]

PALISSYA (ENDL., *Syn. Conif.*, 306). Genre d'Abiétinées fossiles, établi pour le *Cunninghamites sphenolepis* BRAUN. (AD. BR., in *Dict. d'Orb.*, XIII, 117.)

PALIURE (*Paliurus* T., *Inst.*, 616, t. 387). Genre de Rhamnacées, dont les fleurs sont semblables à celles des *Ventilago* et des Jujubiers, mais qui s'en distingue par la forme et l'organisation de son fruit. Celui-ci est sec, indéhiscent, obconique, à noyau très dur, 1-3-loculaire, 1-3-sperme, et se dilate supérieurement en une aile horizontale, orbiculaire, entière, sinueuse ou lobée. Il y a deux espèces de *Paliurus*. L'un, chinois, le *P. Aubletia*, est l'*Aubletia ramosissima* de Loureiro. L'aile de son fruit est lobée. On l'emploie en Chine comme remède astringent. L'autre était le *Zizyphus Paliurus* de Linné. C'est le *P. australis* RŒM. (*P. aculeatus* LAMK). Cette espèce méditerranéenne, cultivée dans nos jardins, a comme l'autre des feuilles alternes, à limbe crénelé, trinerve à la base, et des stipules transformées en épines acérées. Elle sert, dans le Midi, à faire des haies impénétrables. On l'emploie à la fabrication de cannes, de crochets pour sécher les figues. Les graines servent de remède contre la toux et au pansement des cautères. Le fruit est astringent, de même que la racine. On le dit diurétique. On a supposé que ses rameaux avaient formé la couronne d'épines du Christ. (Voy. *Hist. des pl.*, VI, 69, 81, fig. 49; *Iconogr. Fl. fr.*, n. 130.) [H. BN.]

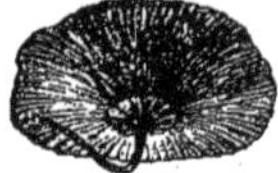

Paliure. — Fruit.

PALLADIA (LAMK, *Ill.* [1792], t. 285). Synonyme de *Blackwellia* GÆRTN.

PALLADIA (MŒNCH, *Meth.*, 429). Genre proposé pour le *Lysimachia atropurpurea* L.

PALLADIE. Nom français (LAMK) des *Palladia* LAMK.

PALLASIA (HOUTT., *Pl. Syst.*, III, 319, t. 22). Synonyme de *Calodendron* THUNB.

PALLASIA (KL., in *Mon. Akad. Wiss. Berl.* [1853], 498. — B. H., *Gen.*, II, 48, n. 57). Section du genre *Calycophyllum* DC., à lobes du calice indupliqués, à étamines insérées au tube de la corolle, à graines à peine ou non ailées, à fleurs en cymes unipares. (H. BN, *Hist. des plant.*, VII, 490.)

PALLASIA (L. F., *Suppl.*, 37). Synonyme de *Calligonum* L.

PALLASIA (LHÉR., *Diss.* [1784]). Synon. de *Ximenesia* CAV.

PALLASIA (SCOP., *Introd.*, 72). Synonyme de *Crypsis* AIT.

PALLASTEMA (SALISB., *Gen. pl. Fragm.*, 36). Section du genre *Albuca* L.

PALLAVIA (VELL., *Fl. flum.*, IV, t. 12). Syn. de *Pisonia* L.

PALLAVICINIA (DE NOT., in *Flora* [1847], 567). Synonyme de *Cyphomandra* SENDTN.

PALLENIS (CASS., in *Dict.*, XXXVII, 275). Synonyme de *Athalmus* NECK.

PALM (Ludw.-Heinr.). Auteur [1827], à Stuttgart, de *Ueber das Winden der Pflanzen* (in-8).

PALMA (PLUM., *Nov. gen.*, 1, t. 1). Synonyme de *Cocos* L.

PALMA-CHRISTI. Le Ricin commun.

PALMA CHRISTI MAJOR (MATTH.). L'*Orchis Conopea* L.

PALMA CHRISTI MINOR (MATTH.). L'*Orchis nigra* L.

PALMACITES (AD. BR., in *Mém. Mus.*, VIII, 210; *Prodr.*, 120). Synonyme de *Endogenites* AD. BR. (ENDL., *Gen.*, 257. — CORDA, *Fl. d. Worw.*, 39. — UNG., *Syn. pl. foss.*, 185; *Chlor. protog.*, 71. — STERNB., *Vers.*, II, 190.)

PALMACITES (SCHLOTH. — MART., in *Denkscr. Regenb. Ges.* (1822), II; in *Flora* [1823], I, 321). Synonyme (part.) de *Trigonocarpum* AD. BR.

PALMA DE MARFIL. Le *Phytelephas macrocarpa* R. et PAV.

PALMA D'IGRESIA. Nom donné au *Cycas circinalis* L.

PALMA-DRACO. Nom ancien du *Dracæna Draco* L.

PALMAÉ. Nom, à la Nouvelle-Calédonie, d'un *Carapa* à bois utile. (PANCH. et SÉB., *Bois N.-Caléd.*, 226.)

PALMA-FILIX (ADANS., *Fam. des pl.*, II, 21). Genre de Fougères? (*Palmifolia* TREW, t. 26.)

PALMAPINUS (BAUH.). Nom ancien des *Sagus*.

PALMA REAL. Le *Cocos butyracea* L.

PALMARIA (FR., *Summ. veg. Scand.*, I, 61). Section du genre *Orchis* T.

PALMARIA (LINK, in *Nees Hor. phys. berol.* [1820], 7). Synonyme de *Laminaria* LAMX.

PALMARIÆ (BATSCH, *Tab. aff.*, 106). Synonyme de Musacées.

PALMAROSA (ESSENCE DE). Appelé aussi improprement Essence de Géranium, et servant à falsifier l'essence de roses, ce produit odorant s'extrait de l'*Andropogon Nardus* L.

PALMA SANCTA. Nom ancien du Gaïac.

PALMBERG (Joh.). Professeur à Strengnäs, auteur [1738] de *Serta florea suecana*, etc. (in-8).

PALMÉ (*palmatus*). Synonyme de *Digité*; d'où *Palmatinerve*, *Palmatifide*, *Palmatiséqué*, *Palmatipartite*, etc., synonymes réciproques de *Digitinerve*, *Digitifide*, *Digitiséqué*, *Digitipartite*, etc.

PALME (HUILE DE). Celle de l'*Elais guineensis* L.

PALME (VIN DE). La sève du *Raphia vinifera* PAL.-BEAUV., celle des *Sagus* et d'autres Palmiers.

PALMELLA (LYNGB., *Hydr. dan. Tent.*, t. 69). Genre d'Algues-Coccophycées, que de Brébisson considérait comme devant appartenir aux *Nostochineæ*, mais que Kützing prit pour type de sa grande famille des *Palmelleæ*, et Rabenhorst de celle des *Palmellaceæ*. Ces Algues sont à cellules globuleuses ou oblongues, à téguments plus ou moins épais, enveloppées d'un mucus gélatineux à expansions de formes variées. La division des cellules s'opère alternativement dans toutes les dimensions. (Voy. RABENH., *Flor. europ. Alg.*, III, 32.) [CH. M.]

Palmella.

PALMELLACEÆ (RABENH., *Fl. europ. Alg.*, III, 23). Grande famille d'Algues unicellulaires, de l'ordre des *Coccophyceæ*, à cellules immobiles, solitaires ou associées en famille dans un mucus matricule plus ou moins ferme; à strate gélatineux, amorphe, tantôt tubuleux, comme on le remarque dans le genre *Hormospora*; tantôt ramifié, comme dans le genre *Hydrurus*. Le cytioderme, très ténu ordinairement, est le plus souvent pourvu de téguments gélatineux, homogène ou lamelleux. Le cytioplasma, pourvu de vésicules chlorophylliennes, est luimême homogène, granuleux, de couleur verte, brunâtre ou brune; cette variation de couleur est due à un mélange de vraie chlorophylle et de phycoxanthine. La multiplication se fait par la division des cellules et la propagation par des gonidies. De nombreux genres constituent cette grande famille, parmi lesquels nous comptons les genres *Eremosphora*, *Pleurococcus*, *Glœocystis*, *Urococcus*, *Palmella*, etc. Nous ne pensons pas devoir maintenir dans cette famille le genre *Tetraspora*, que nous plaçons dans le règne animal. [CH. M.]

PALMELLEÆ (KUETZ., *Phyc. gen.*, 166). Grande famille de l'ordre des *Chamæphyceæ*, différant peu de celle des *Palmellaceæ*, qu'elle a précédée. Elle a été modifiée par Rabenhorst, qui en a écarté, entre autres, les *Protococcus* pour en former une grande famille au détriment de la précédente. [CH. M.]

PALMELLERIA (RADK., ex RABENH., *Fl. europ. Alg.*, III, 5). Genre d'Algues unicellulaires, voisin du genre *Palmella* LYNGB., dont il peut faire partie, bien que ses cellules plus petites soient un peu dissemblables. Rabenhorst le considère comme tel.

PALMER. A Sainte-Croix, le *Chrysophyllum microphyllum*.

PALMER (Joh.-Ludw.). Médecin à Marbach [1784-1836], auteur [1817] de *De plantarum exhalationibus* (in-8 de 45 p.).

PALMERELLA (A. GRAY, in *Proc. Amer. Acad.*, XI, 80). Section du genre *Lobelia*. (H. BN, *Hist. des pl.*, VIII, 332.)

PALMERIA (F. MUELL., *Fragm.*, IV, 151). Genre de Monimiacées-Hortoniées, formé de 2, 3 arbustes océaniens, à fleurs dioïques; les mâles ∞-andres; les femelles à carpelles nombreux, avec l'ovule descendant. Le fruit est formé de drupes. Les feuilles sont opposées, et les cymes racémiformes sont axillaires ou terminales. (BENTH., in *Hook. Icon.*, t. 1263. — H. BN, *Hist. des pl.*, I, 341.)

PALMERIA (GREV. [1865], ex VAN HEURCK, *Microsc.*, 314). Néodiatomacée de la famille des Coscinodiscées, que caractérisent des valves à ombilic non distinct, finement ponctué, à lignes radiantes. Les marges dorsales et ventrales sont munies de petites dents ou épines. [CH. M.]

PALMETTE. Le *Chamærops humilis* L.

PALMIA (ENDL., *Gen.*, 653). Synonyme de *Hewittia* W. et ARN.

PALMIER A CIRE. Le *Ceroxylon andicola* H. B.

PALMIER A SUCRE. L'*Arenga saccharifera* LABILL.

PALMIER A VIN. Le *Raphia vinifera* PAL.-BEAUV.

PALMIER-CANNE. Le *Cocos aculeata* JACQ.

PALMIER-DATTIER. Le *Phœnix dactylifera* L.

PALMIER DOUM, PALMIER DE LA THÉBAÏDE. L'*Hyphæne* (*Cucifera*) *thebaica* GÆRTN.

PALMIER DU JAPON. Le *Sagus Rumphii* W.

PALMIERS (*Palmæ*, *Palmaceæ*). Famille de Monocotylédones, comprenant les plus belles plantes connues de ce groupe, caractérisées ordinairement de loin par leur port et leur tronc (stipe) presque toujours indivis, couronné d'un bouquet de feuilles alternes, rapprochées, ordinairement composées-pennées ou digitées, plus rarement entières ou simples, plus ou moins profondément découpées. Les fleurs sont généralement petites et nombreuses, régulières, hermaphrodites ou polygames, plus ordinairement monoïques ou dioïques. Elles ont un périanthe double et généralement trimère, souvent coriace, charnu, membraneux ou glumacé, assez souvent persistant et accru au-dessous des fruits. Les 3 sépales sont libres ou unis à la base, valvaires ou imbriqués; les 3 pétales, généralement plus développés, sont distincts ou connés, à préfloraison également variable. Les étamines sont le plus souvent en nombre défini (6), 2-sériées. Dans les fleurs femelles, elles sont souvent réduites à des staminodes. Les anthères, qui, dans les fleurs femelles, sont stériles, dressées ou versatiles, ont deux loges déhiscentes en dedans, sur les bords ou en dehors. Dans les fleurs mâles, leur nombre peut s'élever au delà, et jusqu'à une cinquantaine. Le gynécée, rudimentaire ou nul dans les fleurs mâles, a un ovaire fréquemment triloculaire; les loges complètes ou incomplètes, ou à carpelles plus ou moins profondément séparés. Leur nombre peut s'élever jusqu'à 7 ou 8. Le style varie beaucoup de forme, souvent 3-lobé. Les ovules sont solitaires dans chaque

Palmier. — Coupe transversale d'une tige.

loge ovarienne, dressés, ascendants, transversaux ou descendants, suborthotropes ou plus ou moins complètement anatropes. Le fruit, souvent entouré du périanthe, est sec ou même pierreux. Les graines sont libres ou adhérentes à l'endocarpe, avec un albumen cartilagineux ou corné, huileux ou laiteux, solide ou en partie liquide et creux, finalement continu,

Palmier.

charnu, avec ou sans noyau, portant souvent des restes apicaux, latéraux ou basilaires, des styles, avec les carpelles parfois séparés. L'exocarpe est souvent richement fibreux, et l'endocarpe est membraneux ou plus ou moins épais et dur, ligneux ou ruminé et profondément lobé. Il renferme un petit embryon excentrique, cylindrique, conoïde ou trochléaire. L'inflorescence est souvent désignée sous le nom de *spadice*, intrafoliacée ou infrafoliacée, très composée en général, enveloppée d'une ou plusieurs spathes. Les fleurs sont souvent sessiles sur les divisions du spadice, ou enchâssées dans des fossettes de ces axes; il y a des spadices uni- ou bisexués. On a décrit plus de mille espèces dans cette immense famille, qui habite les tropiques dans toutes les parties du monde, et ne s'étend que rarement au dehors des tropiques, jusqu'au Chili et à la Nouvelle-Zélande d'une part, et de l'autre jusqu'à la région méditerranéenne. Cette famille a été l'objet de nombreux et importants travaux de la part de Martius, Wendland, Scheffer, Drude, etc. H. v. Mohl et Mirbel ont beaucoup étudié la structure anatomique des tiges. On ferait un volume avec les usages variés des Palmiers. [H. Bn.]

PALMIER-SAGOU. Le *Metroxylon Sagu* Rottb.

PALMIER-TALIPOT. Le *Corypha umbraculifera* L.

PALMIJUNCUS (Rumph., *Herb. amboin.*, V, 115). Synonyme de *Dæmonorops* Bl.

PALMISTE. Le *Chamærops humilis* L. On donne le nom de Palmiste ou Chou-Palmiste au bourgeon terminal de plusieurs Palmiers, qu'on mange dans les pays chauds.

PALMISTE DES ANTILLES. Le *Geoffroya inermis* H. B. K.

PALMISTE ÉPINEUX. L'*Elais guineensis* L.

PALMITE. Nom du *Prionium Palmita* E. Mey. (*Juncus serratus* Thunb.), Joncée pandaniforme du Cap.

PALMITTO. Au Brésil, l'*Euterpe oleracea* Mart.

PALMODACTYLON (Næg., *Einz. Alg.*, II, 70). Algues (*Coccophyceæ, Palmellaceæ*), à cellules arrondies, vésiculaires, cylindriques, solitaires ou réunies en famille; mais alors les diverses cellules qui constituent cette société se disposent en rayons 5-10-20. Le cytioplasme est homogène, vert et finement granuleux; les téguments sont épais. La division des cellules s'opère d'abord dans une seule direction, qui alterne ensuite dans toutes les dimensions. La propagation se fait par gonidies. (Voy. Rabenh., *Fl. europ. Alg.*, III, 43.) [Ch. M.]

PAL-MODECCA. Au Malabar, le *Convolvulus penicillatus* L.

PALMODICTYON (Kuetz., *Phyc. germ.*, 155, t. I). Genre d'Algues, de la famille des *Hydrococceæ* pour l'auteur, mais que Rabenhorst a placé dans celle des *Palmellaceæ*. Les cellules de ces Algues sont analogues à celles des *Glœococcus;* mais leur enveloppe est plus épaisse. Elles sont réunies en un thalle filiforme, divisé d'une manière variable et comme réticulé. La propagation des cellules est la même que celle des *Glœocapsa.* (Voy. Rabenh., *Fl. europ. Alg.*, III, 7-37.) [Ch. M.]

PALMOGLOEA (Kuetz., *Phyc. gen.*, 176). Genre d'Algues unicellulaires, de la famille des *Palmellaceæ* pour l'auteur, de celle des *Desmidiaceæ* pour Rabenhorst. La cellule est oblongue, elliptique, à extrémités arrondies ou cylindriques; elle n'est point comprimée au milieu. Généralement solitaire, on en trouve quelquefois cependant réunies en séries. Elles nagent librement dans l'eau; réunies en famille, elles sont renfermées dans une substance matricule gélatineuse. La bande chlorophyllienne est axillaire ou excentrique. La propagation se fait par les spores qui sont le résultat de la conjugaison ou par division transversale. (Voy. Rabenh., *Fl. europ. Alg.*, III, 116.) [Ch. M.]

PALMOPHYLLUM (Kuetz., *Tab. phyc.*, 23). Genre d'Algues, de la famille des *Hydrococceæ* pour Kützing, et pour Rabenhorst de celle des *Palmellaceæ*. Le thalle de ces Algues est subcartilagineux, gélatineux, foliacé, à lobes flabelliformes, vert olivâtre, pourvu de lignes superficielles et concentriques. Les cellules, d'abord globuleuses, deviennent oblongues, elliptiques. La division a lieu dans une seule direction. L'espèce que nous connaissons est marine. (Kuetz., *Spec. Alg.*, 231.) [Ch. M.]

PALMSTRUCKIA (Sond., *Fl. cap.*, I, 35). Genre de Crucifères-Isatidées, formé d'une herbe du Cap, mal connue, et qu'on distingue par un style très court; une silicule orbiculaire et plane, comprimée. (H. Bn, *Hist. des pl.*, III, 264.)

PALMULA INDICA. Nom ancien du Tamarinier.

PALMYRE (PALMIER DE). Le *Borassus flabelliformis* L.

PALO (Bois, en espagnol). On nomme *P. d'aguilla* le Bois d'Aigle; *P. de calenturas*, les Quinquinas; *P. blanco*, le *Cinchona cordifolia* Mut.; *P. del dardo*, le *Styrax officinalis* L.; *P. dux*, la Réglisse; *P. de luz*, la Fraxinelle; *P. de requesex*, le *Cinchona oblongifolia* Mut.

PALO AMARILLO. Nom argentin du *Chuncoa triflora* Griseb.

PALO BOBO. Nom mexicain de l'*Ipomæa murucoides* Rœm.

PALO BOBO. Nom vulgaire mexicain du *Senecio præcox* DC.

PALO DE BUSCA. Synonyme de Café-nègre.

PALO DE CALENTURAS. Nom anciennement donné aux Quinquinas par les Espagnols du Pérou.

PALO DE CRUZ. Nom, à Caracas, du *Brownea grandiceps* Jacq.

PALO DE LECHE. Nom indigène de l'Arbre à la Vache.

PALO DEL SOLDADO. Nom, à Panama, du *Waltheria glomerata* Presl, employé dans le pays comme vulnéraire.

PALO DE MUERTO. Nom vulgaire mexicain de l'*Ipomæa murucoides* Rœm.

PALO DE SAN ANTONIO. Nom argentin du *Pentapanax angelicifolius* Griseb.

PALO DE SANGRE. Au Brésil, le *Machærium affine* Benth.

PALO DE SANTA MARIA. Nom, à Panama, du *Trixis frutescens* P. Br., qui sert au traitement des plaies et ulcérations.

PALO DE TURTUMAS. Le *Crescentia Cujete* L.

PALO DE VACA. Nom indigène du *Piratineira utilis* H. Bn., l'Arbre à la vache.

PALO DE VEILAS. A Panama, le *Parmentiera cereifera* Seem.

PALO DE ZAPALLO. Nom argentin du *Pisonia Zapallo* Griseb.

PALO DE ZESCA. Nom, au Paraguay, du *Pacourinia cirsiifolia* H. B. K.

PALO DULCE. Au Mexique, l'*Eysenhardia amorphoides* H.

PALOMARIA. Le suc balsamique du *Calophyllum Inophyllum* L.

PALO-MARIA. Le *Calophyllum Calaba* L.

PALO MATO. Nom, au Chili, du *Chuquiraga discanthoides* (*Flotowia discanthoides* Less.), dont le bois est dur et sert à faire des fléaux pour battre le grain.

PALO-MATRAS. Nom, à Maracaïbo, de l'Écorce de *Malambo.*

PALOMBET. Synonyme de Mousseron.

PALOMBETTE. L'*Agaricus Palomet* Thore.

PALOMET. Dans les Landes, l'*Agaricus Palomet* Thore; nom rapporté à tort aussi à une Russule. C'est encore, dit-on, le nom de l'*Agaricus amesthystinus* Scop.

PALOMETTE. Synonyme de Palombette.

PALOMILLA. En Espagne, les Fumeterres.

PALOMMIER. Nom français des *Gaultheria.*

PALO MORTARO. Synonyme de *Machærium pseudotipa* Griseb. (Voy. QUEBRADO COLORADO.)

PALO MUERTO. Nom vulgaire, au Chili, de l'*Æxtoxicon punctatum* R. et Pav.

PALO MULATO. Au Mexique, le *Zanthoxylon pentanome* DC.

PALO PIQUANTÉ. Écorce, d'après Guibourt, du *Drymis mexicana* DC.

PALO SANTO. A Ocana, nom des *Triplaris.*

PALO SANTO. Nom argentin du *Bulnesia Sarmienti* Griseb.

PALO-SANTO. Le Gaïac officinal.

PALO-SANTO. Nom, à Quito, du *Barnadesia parviflora* Spruce. C'est aussi le nom donné par les Portugais, d'après Aublet, à son *Grand Panacoco.*

PALO-SANTO. Nom, aux Philippines, des *Connarus.*

PALOTTE. L'*Amanita citrina* Pers.

PALOUE (Aubl.). Nom primitif, transformé en *Palovea.*

PALOURDE. Variété de Courge.

PALOVEA (Aubl., *Pl. Guian.*, 361, t. 141). Genre de Légumineuses-Cæsalpiniées, formé d'un arbuste à feuilles 1-foliolées; les fleurs analogues à celles des *Amherstia*, avec 2 grandes bractéoles connées à la base, plus courtes que le calice. La corolle a 3 pétales, et l'androcée est formé de 9 étamines libres. (H. Bn, *Hist. des pl.*, II, 100, 180.)

PALO-VERDE. Nom indigène du *Parkinsonia Torreyana.*

PALQUIN (Feuill.). Nom vulgaire, au Pérou, des *Buddleia.*

PALTANOPHORA (Kuetz., in *Linnæa*, VIII, 566). Section du genre *Gomphonema.*

PALTAS. Au Chili, le fruit de l'Avocatier.

PALTE (SENÉ DE LA). Nom souvent donné au Sené d'Alexandrie, parce que son exploitation était affermée par le gouvernement égyptien à des tenanciers nommés *Paltiers* (de l'italien *appaltare*, louer) et dont les fermages s'appelaient *Paltes*.

PALTO. Synonyme d'Avocat.

PALTON (QUINQUINA). Écorce du *Cinchona officinalis* L.

PALTORIA (R. et PAV., *Fl. per.*, I, 54, t. 84, fig. 6). Synonyme de *Ilex* L.

PALUDANA (GIS., *Prœl.*, 207). Synonyme de *Hornstedtia* RETZ.

PALUDAPIUM. L'*Apium graveolens* L.

PALUDARIA (SALISB., *Gen. pl. Fragm.*, 53). Synonyme de *Colchicum* T.

PALUDELLA (EHRH., *Phytoph.* [1789], n. 69). Genre de Mousses-Bryacées, dont le type est le *Bryum squarrosum* L., et que caractérise une coiffe cuculliforme, avec un sporange terminal, symétrique à sa base. L'opercule est conique. Le péristome est double ; l'extérieur à 16 dents, aiguës, lancéolées ; l'intérieur en forme de courte couronne membraneuse, avec 16 dents imperforées et des points saillants interposés. C'est une Mousse cespiteuse, des marais de l'Europe boréale. (ENDL., *Gen.*, n. 548.)

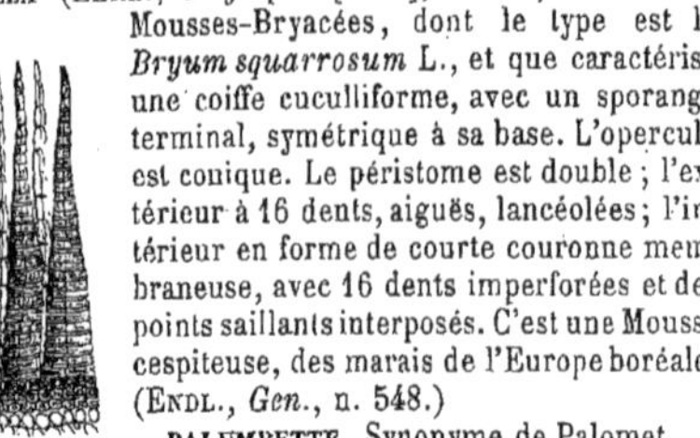
Paludella.

PALUMBETTE. Synonyme de Palomet.

PALUMBINA (REICHB. F., in *Walp. Ann.*, VI, 699; in *Bot. Mag.*, t. 5546). Synonyme de *Oncidium* Sw.

PALURA (HAMILT. — G. DON, *Gen. Syst.*, IV, 3. — B. H., *Gen.*, II, 668). Section du genre *Symplocos*.

PALYSSIA (H. BN, *Et. gén. Euphorb.*, 502). Genre d'Euphorbiacées uniovulées, que M. Mueller d'Argovie a rapporté aux *Alchornea*, et qui, d'après Bentham (*Gen.*, III, 315), devra plutôt probablement en être séparé quand on pourra mieux le connaître.

PAM. Au Deccan, le Bétel.

PA-MA. Nom chinois de la Ramie.

PAMEA (AUBL., *Guian.*, 946, t. 359). Synonyme de *Terminalia* L.

PAMELLE, POMELLE. En Picardie, l'*Hordeum distichon* L.

PAMMA. En Chine, le *Boehmeria nivea*.

PAMOULO. Synonyme languedocien de Pamelle.

PAMPAS PLUMAS. En Amérique, le *Gynerium argenteum*.

PAMPAX. L'un des noms anciens du Cotonnier.

PAMPEL-MOES (RUMPH.). Nom du *Citrus decumana* W.

PAMPELMOUSIER, PAMPLEMOUSIER. Le *Citrus decumana*, dont le fruit est la Pamplemousse.

PAMPHALEA (LAG., *Amen.*, I, 34). Genre de Composées-Mutisiées, formé de 4, 5 herbes annuelles de l'Amérique tropicale, à feuilles alternes, entières et lobées, à capitules petits et supportés par de longs pédoncules grêles. Le réceptacle est nu, avec un involucre sub-2-sérié, et les fruits sont dépourvus d'aigrette. (FIELD, *Sert. pl.*, t. 21. — H. BN, *Hist. des pl.*, VIII, 99.)

PAMPHILIA (MART., *Herb. Fl. bras.*, n. 902). Genre de Styracacées, à fleurs 5-mères; la corolle valvaire ou légèrement imbriquée; l'androcée isostémoné; l'ovaire en grande partie supère, avec une loge à 3 cloisons incomplètes et 3 ovules basilaires et dressés. Ce sont 2 arbustes du Brésil, à port de *Styrax*, à duvet rouillé, à grappes axillaires et terminales. (SEUB., in *Mart. Fl. bras.*, VII, t. 67, 68. — DELESS., *Ic. sel.*, V, t. 42.) [H. BN.]

PAMPI. Nom telinga du *Curcuma longa* L.

PAMPLINA. En Espagne, le Mouron des oiseaux.

PAMPRES. Rameaux de l'année ou jeunes pousses de la Vigne.

PAN. Nom hindou du Bétel.

PANACEA (MITCH., in *Act. nat. cur.*, VIII, App., 221). Synonyme de *Panax* L.

PANACÉE. La Grande Berce (*Heracleum Sphondylium* L.).

PANACÉE ANTARCTIQUE. Le Tabac.

PANACÉE BATARDE. Le *Laserpitium Chironium* L.

PANACÉE DE BAUHIN. L'*Opopanax Chironium*.

PANACÉE DE CHIRON. L'Aunée et l'*Helianthemum vulgare*.

PANACÉE DE MONTAGNE. L'*Heracleum Panaces* L.

PANACÉE DES CHUTES. Le *Doronicum Arnica*.

PANACÉE D'ESCULAPE. Nom du *Thapsia Asclepium* L.

PANACÉE DES FIÈVRES QUARTES. L'*Asarum europæum* L.

PANACÉE DES LABOUREURS. Le *Betonica sylvatica*.

PANACES ASCLEPIUM (MATTH.). Le *Thapsia Asclepium* L.

PANACES CHIRONIUM (MATTH.). L'*Helianthemum vulgare* L.

PANACOCO. Aublet distingue deux arbres sous ce nom : le *Petit*, qui est son *Robinia coccinea*, et le *Grand*, qui est son *Robinia Panacoco* (*Guian.*, II, 769, 773). Ce dernier est sudorifique. C'est le *Tounatea Panacoco* H. BN (*Swartzia tomentosa* DC.). Le *Petit Panacoco* serait l'*Ormosia coccinea* JACK, qui donne un bon bois de construction.

PANÆOLUS (FR., *Epicr.*, 2ᵉ, 309). Section des Coprinaires, élevée au rang de genre par M. Saccardo et par plusieurs botanistes. Le stipe grêle, rigide, porte un chapeau campanulé, membraneux, à marge dépassant les lamelles; celles-ci sont adnées, tachetées de noir. Les espèces généralement fimicoles sont au nombre de 26, parmi lesquelles 5 ou 6 se retrouvent sous toutes les latitudes; les autres sont européennes. [DE S.]

PANÆTIA (CASS., in *Dict.*, LX, 593). Genre proposé pour le *Podolepis Lessoni* BENTH.

PANAIS (*Pastinaca* T., *Inst.*, 319, t. 170). Genre d'Ombellifères, que l'on s'accorde aujourd'hui à faire rentrer dans le genre Peucédan. Ses fleurs sont jaunes, et les segments de ses feuilles, larges. La racine du *Pastinaca sativa* L. est, comme l'on sait, un légume très usité. (Voy. *Hist. des pl.*, VII, 97.)

PANAIS AQUATIQUE. Le *Carum nodiflorum* H. BN.

PANAIS SAUVAGE, P. DE LOUP, P. DE VACHE. La Grande-Berce.

PANAL. Au Mexique, le *Lepidium virginicum* L.

PANAMA. L'un des noms du *Sterculia carthagenensis* CAV., plante à amandes comestibles, appelées *Camajonduro* et *Chicha*.

PANAME. A la Floride (MONARD.), le Sassafras officinal.

PANAO. Synonyme de *Hagac-hac*.

PANARGYRUM (LAG., *Amen. nat.*, I, 33). Synonyme de *Panargyrus* LESS.

PANARGYRUS (LESS., *Syn.*, 397). Synonyme de *Nassauvia* COMM.

PANAROLIS (DOM.). Professeur à Rome, a écrit [1643] *De necessitate botanices seu de simplicium cognitione medico necessaria Proludium*, et [1652] *Plantarum amphitheatralium Catalogus*.

PANASU. Nom indien du Jacquier.

PANATAGE. Synonyme de Pariétaire.

PANATALLIO. Nom languedocien de la Pariétaire.

PAN AU LAU. Dans le midi de la France, le Pied-de-Griffon.

PANAX (L., *Gen.*, n. 1116, part.). Genre d'Ombellifères-

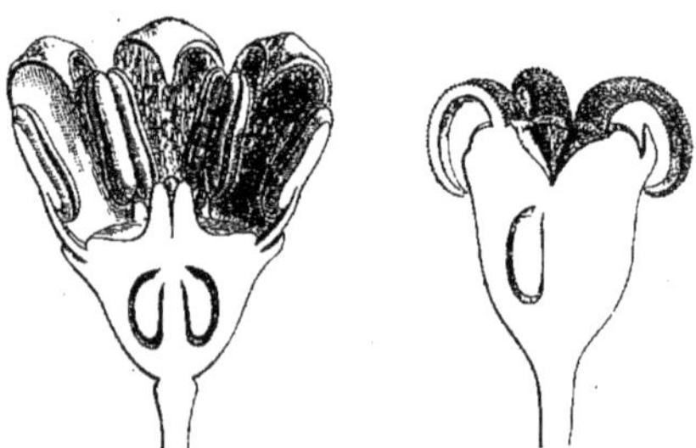
Panax. — Fleurs, coupe longitudinale.

Araliées, à fleurs hermaphrodites ou polygames, 4, 5-mères ou plus rarement 6-∞-mères, avec un calice court, entier ou denticulé ; des pétales valvaires au nombre de 4-∞; autant d'étamines insérées sous un disque épigyne de forme variable, et un ovaire infère à 1-∞ loges. Chacune d'elles renferme un ovule descendant, à micropyle extérieur et supérieur, et le style a autant de branches qu'il y a de loges, libres ou unies, polymorphes dans une même plante. Le fruit est drupacé, avec l'exocarpe plus ou moins charnu, avec ou sans bandelettes oléo-résineuses et 1-∞ noyaux, à graine descendante, dont l'albumen est homogène, rugueux ou subruminé. Ce sont des arbres ou des arbustes de l'Asie et de l'Océanie, des îles orientales de l'Afrique tropicale et de l'Amérique méridionale extratropicale. On en compte aujourd'hui une cinquantaine. Leurs feuilles sont simples, 3-foliolées ou ∞-foliolées, digitées ou plus souvent pennées. Les ombelles florales sont disposées d'une façon très variable, avec les pédicelles généralement articulés. Nous avons compris dans ce genre les *Cuphocarpus* (ovaire 1-loculaire), *Nothopanax*, *Polyscias*, *Raukana*, *Cephalopanax*, *Maralia*, *Sciadopanax*, *Eupteron*, *Botryopanax*, *Cheirodendron*, *Pseudopanax*, *Oligoscias*. (Voy. *Hist. des plant.*, VII, 164, 251, n. 105, fig. 204-207.) [H. Bn.]

Panax. — Fleur, entière et coupe longitudinale.

PANAX CHIRONII. Nom officinal ancien du *Laserpitium Archangelica* Jacq.

PAN BLAN D'AZE. Nom languedocien de l'*Eryngium campestre*.

PANCAGA. Nom malais de l'*Hydrocotyle asiatica* L.

PANCALIER. Variété de Chou.

PANCALUM (Ehrh., *Phytoph.*, n. 30). Synonyme de *Hypericum pulchrum* L.

PANCARPON. Nom ancien du *Carlina acaulis* L.

PANCASEOLUS. Nom latin du *Carum Bulbocastanum*.

PANCHERIA (Ad. Br. et Gr., in *Bull. Soc. bot. Fr.*, IX, 74; in *Ann. sc. nat.*, sér. 5, I, 374; in *N. Arch. Mus.*, IV, 27, t. 11). Genre de Saxifragacées-Codiées, qui unit les Brexiées à ces plantes et qui a les inflorescences globuleuses des *Codia*, avec des fleurs dioïques, 3-5-mères; 6-10 étamines; des placentas involutés, 2-ovulés. Les fruits sont des follicules. Ce sont 5 arbustes de la Nouvelle-Calédonie, à feuilles verticillées par 3-5. (H. Bn, *Hist. des pl.*, III, 382, 453.)

PANCHEZIA (Montr., in *Mém. Ac. Lyon*, X, 223). Synonyme (B. H.) de *Ixora* L.

PANCIATICA (Picc., *Hort. Panc.*, 9, c. icon.). Synonyme de *Cadia* Forsk.

PANCICIA (Vis., *Pl. serb. Pempt.*, 4, t. 1). Genre d'Ombellifères, que MM. Bentham et Hooker (*Gen.*, I, 1008) pensent pouvoir bien être un *Pimpinella* à involucre formé de bractées bien développées.

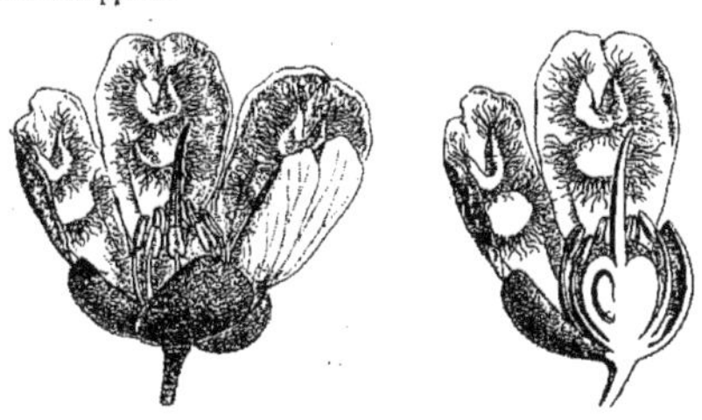
Pancovia. — Fleur, entière et coupe longitudinale.

PANCKOW (Thom.). Né en 1622, à Linum près Ruppin, écrivit [1654] un *Herbarium portatile*, etc., avec 1363 figures sur bois. L'ouvrage fut réédité en 1656 et 1673. C'est à lui que Willdenow a dédié le genre *Pancovia*.

PANCORO. Aux Philippines, le *Morinda citrifolia* L.

PANCOVIA (Adans., *Fam.*, II, 294). Synon. de *Comarum* L.

PANCOVIA (Neck., *Elem.*, III, 328). Synon. (?) de *Hypnum* L.

PANCOVIA (W., *Spec.*, II, 285). Genre de Sapindacées, qui donne son nom à la série des Pancoviées, et dont les fleurs, analogues à celles des *Sapindus*, se distinguent par leur irrégularité. Elles ont 5 sépales et 4 pétales inégaux, imbriqués, 8 étamines et un ovaire à 3 loges de *Sapindus*. Le fruit est formé de 1-3 drupes. Ce sont de beaux arbres de l'Asie, l'Océanie et l'Afrique tropicales, à feuilles alternes, pari- ou impari-pennées. On en distingue 3, 4 espèces, généralement décrites comme *Erioglossum*, *Sapindus*, *Afzelia*, etc. (H. Bn, *Hist. des pl.*, V, 350, 414, fig. 375-377.)

Pancovia. — Diagramme floral.

PANCRACE (*Pancratium* L., *Gen.*, n. 404). Genre d'Amaryllidacées-Amaryllidées, formé d'une douzaine de plantes bulbeuses, de la région méditerranéenne, de l'Inde et des îles Canaries, à périanthe supère, infundibuliforme; les 6 segments pétaloïdes, ordinairement blancs, subégaux, dressés-étalés. Les 6 étamines s'insèrent à la gorge, et elles sont accompagnées d'une coupe ou collerette, à divisions souvent 2-lobées dans l'intervalle des étamines. Nous avons (in *Adansonia*, I, 97) étudié le développement de cet organe. L'ovaire infère a 3 loges ∞-ovulées, et le fruit est une capsule loculicide. Les feuilles sont aplaties ou loriformes. L'inflorescence, décrite à tort comme une ombelle, est une réunion, au sommet d'une hampe commune, de quelques cymes unipares. On cultive dans nos jardins les très beaux *P. illyricum* et *maritimum*, ce dernier abondant au Midi dans nos sables, sur l'Océan et la Méditerranée. [H. Bn.]

PANCRACE DE MER. Le *Pancratium maritimum* L.

PANCRAIS. Nom français (Lamk) des *Pancratium* L.

PANCRASIA (DC., *Prodr.*, IV, 501). Section du g. *Coffea* L.

PANCRATIUM VERUM. Nom officinal de la Scille.

PANDACA (Dup.-Th., *Gen. nov. madag.*, 10). Synonyme de *Tabernæmontana* L.

PANDACAQUI. A Ceylan, le *Gardenia florida* L. (*Genipa*).

PANDACAQUI. Nom, aux Philippines, des *Tabernæmontana*.

PANDALES (Lindl., *Nix. pl.*, 35). Groupe des *Imperfectæ*.

PANDANOPHYLLUM (Hassk., *Cat. H. bogor.*, 297). Synonyme de *Mapania* Aubl.

PANDANUS, PANDANÉES. — Voy. Vacquois.

PANDERIA (Fisch. et Mey., *Ind.* 2 *sem. H. petrop.*, 46). Genre de Chénopodiacées, voisin des *Camphorosma*, formé d'une herbe de l'Asie centrale et occidentale, à port de Soude; le calice également 5-lobé; les lobes tuberculés ou appendiculés sur le dos. (H. Bn, *Hist. des pl.*, IX, 180.)

PANDURA-KOORA. Le *Wrightia antidysenterica* R. Br.

PANDIAKA (Moq., in *DC. Prodr.*, XIII, II, 310). Genre voisin des *Achyranthes*, distingué par un périanthe devenant épineux après l'anthèse, de même que les bractées. Les épines sont dressées. Les inflorescences sont globuleuses ou ovoïdes. Ce sont 3 herbes de l'Afrique tropicale. (H. Bn, *Hist. des pl.*, IX, 207.)

PANDIPANE. Le *Momordica Charantia* L.

PANDI-PAREL. Au Malabar, le *Momordica Charantia* L.

PANDORA (Noronh., ex Dup.-Th., *Hist. végét. il. austr. Afr.*, 47). Synonyme de *Rhodolæna* Dup.-Th.

PANDOREA (Endl. — Seem., in *Ann. Nat. Hist.*, ser. 3, X, 31). Synonyme de *Tecoma* J.

PANDOREA (J. Agh, *Spec., gen. et ord. Alg.*, III, 71). Algues-Floridées, de la famille des *Ceramieæ*, tribu des *Callithamnieæ*, à fronde filiforme, dichotome, rameuse, articulée, monosiphonée, nue. Les favelles sont entourées d'un involucre à ramules monosiphonées, recourbées, disposées en une seule série, resserrées. Les sphérospores, logées dans un involucre, sont piriformes à l'état jeune et deviennent ensuite sphériques. Ils se divisent triangulairement. Ces Algues ont une grande analogie avec celles du genre *Griffithsia*. [CH. M.]

PANDORINA (MUELL.? — BORY, *Encyc. meth.*). Genre d'Algues, de la famille des Volvocinées, de la division des Cénobiées. Ces Algues vivent associées en famille, généralement de 16 cellules, étroitement unies et enveloppées d'une mince couche gélatineuse que traversent de longs cils dont sont pourvues les cellules. Celles-ci sont vertes, granuleuses, globuleuses, entourées d'une membrane assez consistante. Ces Algues ont une double reproduction : l'une sexuée, l'autre asexuée. La reproduction asexuée est des plus simples; elle a lieu par la formation d'une famille nouvelle de 16 membres, due à la division de chacune des cellules. Nouvelle famille mise en liberté par la dissolution de la membrane gélatineuse commune. La génération sexuée est quelque peu différente. Les jeunes cellules, vertes, arrondies plus ou moins, distinctes quant à la grosseur, mises en liberté, comme nous l'avons dit, se meuvent chacune avec deux cils; elles sont pourvues d'un point rouge, origine des cils et du mouvement. Ces zoospores se rapprochent deux par deux, finissent par se toucher aux extrémités par les pointes, se confondent en un corps unique, d'abord étranglé, mais qui bientôt devient sphérique. On peut voir d'abord les deux points rouges et les quatre cils; mais tout disparaît bientôt. Ce phénomène ne dure que quelques minutes ou un temps très court; mais l'oospore, résultat de cette espèce de conjugaison, peut durer, selon les circonstances, un temps de repos relativement long. (Voy. RABENH., *Fl. europ. Alg.*, III, 22, 99.) [CH. M.]

PANDULPHINUS (GRAY, *Arr. brit. pl.*, I, 678). Synonyme de *Lejeunia* LIB.

PANDURA (BURM., *Thes. zeyl.*, t. 17). Syn. (?) de *Nepenthes*.

PANE. Nom indien du Bétel.

PANEL (ADANS., *Fam. pl.*, II, 447). Synonyme de *Gmelina* L.

PANE-POI. Nom brahme du *Phyllanthus Niruri* L.

PANETOS (RAFIN., in *Ann. gén. sc. phys.* [1820], VI, 81). Genre proposé pour l'*Houstonia rotundifolia;* section (DC.) du genre *Anotis* DC.

PANETZ. Nom ancien des Panais.

PANFOURMEN. Nom languedocien du *Samolus Valerandi* L.

PANGA. Le *Terminalia Chebula* RETZ.

PANGANG. Nom, à Java (BL.), de l'*Aralia glomerulata* BL.

PANGIÉES, PANGIACÉES. Famille de Dicotylédones dialypétales. Pour nous, série des Bixacées, à fleurs dioïques; le réceptacle convexe; le calice hypogyne, valvaire ou imbriqué. Pétales imbriqués, munis d'une lame glanduleuse intérieure, libre ou adhérente dans une étendue variable de leur face interne. Étamines en nombre défini ou indéfini. Fruit charnu ou coriace, souvent volumineux, rarement capsulaire et déhiscent au sommet. Cette série, voisine des Papayées, renferme les genres *Pangium*, *Gynocardia*, *Bergsmia*, *Trichadenia*, *Hydnocarpus*, *Rawsonia*, *Kiggelaria* et (?) *Asteriastigma* BEDD. (H. BN, *Hist. des pl.*, IV, 280, 293, 317.)

PANGIUM (RUMPH., *Herb. amb.*, II, 182, t. 59). Genre de Bixacées, qui a donné son nom à la série des Pangiées, et dont les fleurs sont dioïques, à calice valvaire, avec 5-8 pétales imbriqués, pourvus d'une écaille intérieure. Les étamines sont nombreuses, et le gynécée libre a un ovaire 1-loculaire, à 2, 3 placentas pariétaux, ∞ ovulés. Le fruit est une grande baie, à pulpe enveloppant les graines albuminées et volumineuses, oléagineuses. Le *P. edule* REINW., arbre de Java, cultivé dans tout l'archipel Indien, est un arbre à feuilles alternes, cordées, digitinerves, entières ou trilobées, stipulées; à fleurs axillaires : les femelles solitaires; les mâles en grappes de cymes. Il est réputé anthelminthique, narcotique, vénéneux, purgatif, etc. (H. BN, *Hist. des pl.*, IV, 280, 299, 317, fig. 327-329.)

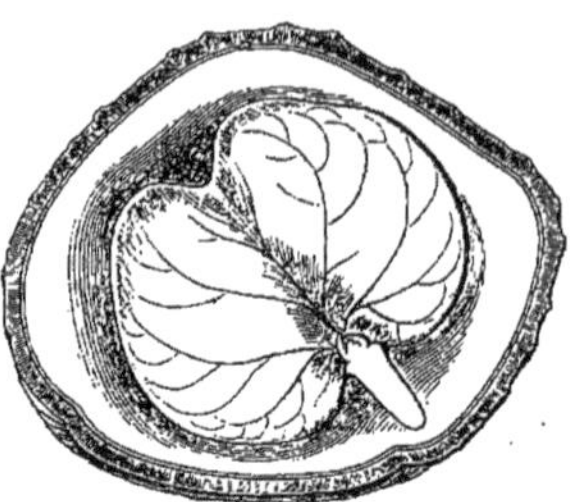

Pangium. — Fleur. Graine, entière et coupe longitudinale.

PANGNAGAZON. La Noix-vomique.

PANGUE. Synonyme de *Panke*.

PANGUI. Nom, aux Philippines, du *Pangium edule* REINW.

PANI OU EKO. Nom d'une Ménispermacée qui entre dans la confection du Curare; c'est le *Cocculus toxiferus* WEDD., qui pour nous appartient plutôt au genre *Chondodendron* ou peut-être *Abuta*. [H. BN.]

PANIC (*Panicum* L., *Gen.*, n. 76). Genre de Graminées, qui a donné son nom à la série des Panicées, et qui est formé d'environ 250 espèces des régions chaudes des deux mondes. Ce sont des plantes annuelles ou vivaces, dont le port est très variable. Leur inflorescence est le plus souvent en « panicules » amples et lâches; mais souvent aussi leurs épillets sont simples et disposés lâchement sur l'axe principal ou rapprochés de son sommet. Les épillets sont articulés, de forme très variable, avec une fleur terminale hermaphrodite, assez fréquemment accompagnée d'une fleur inférieure mâle. A la base de l'épillet se trouve une glume vide, plus courte que l'épillet, parfois très petite ou nulle. La glume qui vient après est membraneuse, mutique ou rarement aristée, également vide. Des deux glumelles, l'inférieure est généralement analogue à la glume supérieure. Quant à la glumelle intérieure, ordinairement plus courte et plus obtuse que la précédente, elle entoure les organes sexuels qui sont 3 étamines et un ovaire à 2 branches stylaires plumeuses, libres ou unies à la base. Le fruit, inclus dans les glumelles indurées ou rigides, est libre. Dans ce genre très vaste, on admet aujourd'hui généralement comme sections les *Thrasya*, *Bluffia*, *Digitaria*, *Echinochloa*. (STEUD., *Syn. pl. glum.*, I, 37. — PAL.-BEAUV., *Agrost.*, 45, t. 10, fig. 1-5. — BENTH., in *Journ. Linn. Soc.*, XIX, 40; *Gen.*, III, 1100.) [H. BN.]

PANICACEÆ. Série (A) des Graminées. (B. H., *Gen.*, III, 1075.)

PANICASTRELLA (MICHELI, *Nov. gen.*, t. 31). Synonyme de *Cenchrus* L.

PANICASTRELLA (MŒNCH, *Meth.*, 205). Synonyme de *Echinaria* DESF.

PANICAUT. Nom français des *Eryngium* T.

PANICEÆ. Tribu (1) des Graminées. (B. H., *Gen.*, III, 1075.)

PANICÉES (*Paniceæ*). Série de la famille des Graminées, caractérisé par des épillets fertiles hermaphrodites, plus rarement unisexués par avortement, groupés en épis simples ou composés, avec le rachis de l'inflorescence non articulé. Les épillets sont articulés avec le pédicelle, au-dessous des glumes. Ils renferment une fleur terminale unique, hermaphrodite et fertile; et souvent au-dessous d'elle s'en trouve une autre mâle et stérile. On a distingué aussi des Panicées proprement dites dont la glumelle supérieure serait dépourvue d'arête et indurée sous le fruit ou au moins plus rigide que l'autre glumelle et que les glumes. Les auteurs les plus récents comprennent dans ce groupe une trentaine de genres, notamment les *Panicum, Paspalum, Setaria, Cenchrus, Pennisetum, Olyra, Spinifex, Lygeum, Xerochloa* et *Pharus*. [H. Bn.]

PANICHAOU. Nom provençal, d'après Cordier, du *Pleurotus Eryngii* Fr.

PANICHENSI. Le *Diospyros glutinosa* Roxb.

PANIC NOIR. L'*Holcus spicatus* L.

PANICOT. Nom toulousain de l'*Agaricus Eryngii* Fr.

PANICUM SYLVESTRE (Matth.). Le *Panicum Crus-Galli* L.

PANIL. Nom chilien des *Buddleia*.

PANIOS. Nom ancien de l'*Inula squarrosa* L.

PANIOS (Adans., *Fam.*, II, 124). Synonyme de *Erigeron* L.

PANIQUESILLO. Au Mexique, le *Capsella Bursa-pastoris* Mch.

PANIS, PANISSA. Synonymes de Panic.

PANIS CUCULI. L'*Oxalis Acetosella* L.

PANIS DES MARAIS. Le *Panicum Crus-galli* L.

PANISEA (Lindl., *Gen. et spec. Orchid.*, 44). Section du genre *Cœlogyne*, dont on a fait aussi un genre d'Épidendrées, formé de 1, 2 herbes épiphytes de l'Himalaya, à labelle longuement contracté à sa base en un onglet sigmoïde-infléchi. Il y a 4 pollinies ovoïdes et distinctes. Les pseudo-bulbes sont étroits, et les inflorescences grêles. [H. Bn.]

PANIS LISSE ou **SAUVAGE.** Le *Panicum viride* L.

PANIS-SANGUIN, PANIS-MANNE. Le *Digitaria sanguinalis* W.

PANJAM-PALAY. L'*Aristolochia bracteata* Retz., employé dans l'Inde comme vermicide.

PANKE (Feuill., *Obs.*, II, t. 30). Synonyme de *Pankea* Œrst.

PANKE (Mol., *Sagg.*, 143). Synonyme de *Francoa* Cav.

PANKE, PAUKE. Noms, au Chili, du *Gunnera scabra* R. et Pav.

PANKEA (Œrst., in *Nat. For. Vid. Medd. Kjob.* [1857], 191). Synonyme de *Gunnera* L.

PANKIL. Nom, à Madura, du *Flemingia lineata* Roxb.

PANNA (RACINE). Celle de l'*Aspidium athamanticum* Kze, employée comme vermicide.

PANNAGH. Nom hébreu de l'*Opobalsamum*.

PANNANGKULLOS. Nom tamoul du *Borassus flabelliformis* L.

PANNARIA (Delis, ex Bory, in *Dict. class.*, XIII, 20). Genre de Lichens, que n'ont pas admis nos auteurs modernes, et dont les espèces ont été par la suite reportées dans le genre *Parmelia*. M. Nylander a admis ce genre, qu'il a modifié; il lui assigne une place parmi les Lichens-Lécanorés. [Ch. M.]

PANNI. Au Pundjab, l'*Andropogon muricatus* L.

PANOE (Adans., *Fam. pl.*, II, 449). Synonyme de *Vateria* L.

PANOMA. Nom indien du *Croton Tiglium* L.

PANOPIA (Nor., herb.). Synonyme de *Macaranga* Dup.-Th.

PANOPSIS (Salisb., in *Knight Prot.*, 104). Synonyme de *Andriapetalum* Pohl (I, 172). Mais *Panopsis* a la priorité.

PANOUIL. Nom méridional du Millet.

PANOUQUE. Synonyme de Panouil.

PANQUE. Nom chilien des *Gunnera*.

PANSE DE VACHE. Nom vulgaire, dans la Meuse, du *Polyporus frondosus* Fr.

PANSIL. Synonyme de *Panul*.

PANSLOWIA (Wight, herb.). Synonyme de *Kadsura* J.

PANSY. Nom anglais des Pensées.

PANTACHOBRYA (Ung. [1838], *Aphor.*). Synonyme de *Thallophyta* Endl.

PANTACOUSTE. Nom languedocien des Chèvrefeuilles.

PANTAGRUELION. Nom ancien du Chanvre. Le *P. sauvage* est l'Eupatoire chanvrin, Eupatoire d'Avicenne.

PANTANA. Nom, aux Canaries, de la Courge de Siam (*Cucurbita melanosperma*).

PANTATHERA (Phil., in *Bot. Zeit.* [1856], 649). Genre mal connu de Graminées-Festucées, établi pour une herbe de Juan Fernandez; voisin des *Ceratochloa*, avec une large inflorescence composée, des épillets aplatis, ∞-flores, et toutes les glumes aristées; les glumelles compliquées-carénées. Le fruit est glabre. [H. Bn.]

PANTERNO. En Languedoc, l'*Aristolochia rotunda* L.

PANTERPA (Miers, in *Proc. Hort. Soc. Lond.*, III, 195). Genre proposé pour le *Bignonia leucopogon* Cham.

PANTINE. L'*Aceras anthropophora* R. Br.

PANTOCSEKIA (Griseb., in *Œstr. Bot. Zeitschr.* [1873], 267). Synonyme de *Convolvulus* L.

PANTOUFLE. L'*Antirrhinum majus* L.

PANTOUFLIER DES NÈGRES. L'*Euphorbia myrtifolia* Lamk.

PANUL. Nom, au Chili, d'un *Carum* (*Ligusticum Panul* Cl.).

PANULIA (H. Bn, *Hist. des pl.*, VII, 121). Section du genre *Carum*, proposée pour le *Ligusticum Panul* Cl. et autres plantes voisines, du Chili, dont les fruits, analogues à ceux du Carvi, ont les côtes plus saillantes et les vallécules plurivittées. [H. Bn.]

PANUREA (Spruce. — Benth., *Gen.*, II, 553). Genre de Légumineuses-Papilionacées-Sophorées, formé d'un arbre du Brésil du Nord, à fleurs construites à peu près comme celles des *Bowringia*; les bractéoles très réduites. Le calice turbiné a des lobes courts; les 2 supérieurs connés. Le fruit est une gousse acuminée. (Benth., in *Trans. Linn. Soc.*, XXV, t. 35. — H. Bn, *Hist. des pl.*, II, 366.)

PANUS (Fr., *Epicr.*, 396). Genre d'Agaricinés. Le stipe excentrique ou latéral et le chapeau ont une texture coriace à laquelle participent les lamelles; ils se dessèchent sans se putréfier et reprennent leur forme à l'humidité, comme les *Lentinus*, les *Marasmius*, etc. La tranche des lamelles est entière et présente des cystides claviformes. Les spores sont hyalines. 78 espèces épixyles sont connues; une vingtaine habitent l'Europe, le plus grand nombre appartient aux régions chaudes de l'Amérique et de l'Océanie. [De S.]

PANZA (Salisb., *Gen. Fragm.*, 99). Synonyme de *Narcissus* T.

PANZER (G.-Wolfg.-Fr.). Médecin à Hersbruck [1755-1829], auteur [1781] de *Observationum botanicarum specimen*, puis [1783], de *Beitrag zur Geschichte des ostindischen Brothaums*, etc.; de *De Volcamero quædam*, etc. [1802], enfin [1813] de *Ideen zu einer künftigen Revision der Gattungen der Gräser* (in-4 de 62 p. et 6 pl.).

PANZERA (W., *Spec.*, II, 540). Synonyme de *Eperua* Aubl.

PANZERIA (Mœnch, *Meth.*, 402). Synonyme de *Leonurus* L.

PANZERIA (Walt., *Fl. carol.*, 84). Synonyme de *Lycium* L.

PAO. Nom portugais du bois. Le *P. d'arco* est le *Bignonia pentaphylla* L.; le *P. de cranco*, l'*Helicteres Isora* L.; le *P. de cobra*, le Bois de couleuvre; le *P. de lacca*, le *Vismia guianensis* Aubl.; le *P. rosado*, le *Genista canariensis* L.; le *P. seringa*, l'*Hevea guianensis* Aubl.; le *P. de solok*, le Bois de couleuvre; le *P. tuc*, le Maïs.

PAO-BRASIL. Nom du *Cæsalpinia echinata* Lamk.

PAO D'ARCO. Synonyme (Marcg.) de *Guiraparíba*. Plusieurs d'entre eux sont des *Ipe* (voy. ce mot).

PAO DE SABAO. Nom, au Brésil, du *Sapindus divaricatus*.

PAO-FERRO. Nom, au Brésil, du *Cæsalpinia ferrea* Mart.

PAO-JUDEO, PAO-LEPRA (littéralement Arbre nuisible, Arbre à la lèpre). Noms vulgaires, au Brésil, du *Pisonia noxia* Netto.

PAO-PEREIRA. Nom, au Brésil, du *Geissospermum læve* H. Bn, recherché comme médicament tonique et fébrifuge, et de l'écorce duquel on a retiré un alcaloïde nommé *Péreirine*.

PAO POMBO. Nom brésilien du *Marupa Francoana* Miers.

PAO ROSA (Bois de rose). Nom, au Brésil, du *Physocalymma florida* Pohl.

PAO ROSADO. Le *Genista canariensis* L.

PAO SERINGA. L'*Hevea guianensis* Aubl.

PAOUD KE TOOR. Nom hindou du *Cajanus bicolor* DC.

PAOUMOULE. Synonyme de Paumelle.

PAOUMOULO, BOILLARD. Noms provençaux de l'*Hordeum distichon* L.

PAPA. En Amérique, la Pomme de terre et les Ignames.

PAPAVER ORIENTALE

PAPA (GRAY, *Arr. brit. pl.*, I, 679). Syn. de *Herverus* GRAY.

PAPA. Nom vulgaire, en Amérique, des Dioscorées.

PAPAGALLI. A Venise, les fruits du Carthame tinctorial.

PAPAGATE (SONNER.). Fruit du *Sonneratia acida* L. F. C'est, dit-on, le *Blotti* de Rheede.

PAPAGAYO. Nom, à Caracas, de l'*Euphorbia pulcherrima*.

PAPAII. Synonyme, à la Nouvelle-Zélande, de *Kurikuri*.

PAPAJA-MARAM (RHEED., *Hort. malab.*, I, 23, t. 15, fig. 12). Synonyme de Papayer.

PAPALA. Nom hawaïen du *Charpentiera ovata* GAUDICH.

PAPALISSA. Nom d'un *Solanum* bolivien comestible.

PAPA-LOLO. A Sainte-Croix, le *Corchorus siliquosus* L.

PAPALOQUELITE. Au Mexique, le *Porophyllum tagetoides* DC.

PAPA MONTANA. Au Pérou, le *Solanum montanum* L.

PAPANGAYE. Le *Luffa acutangula* SER.

PAPARARA. Nom américain du fruit du *Sapindus Saponaria* L.

PAPAPYROLA (MIQ., in *Ann. Mus. lugd.-bat.*, III, 191). Synonyme de *Epigæa* L.

PAPAREH. Nom, dans l'Inde, du *Momordica Charantia* L., dont les fruits sont employés comme vulnéraires.

PAPARI, PAPALEL. — Voy. MOMORDICA.

PAPAS, PAPAS AMERICANUM (BAUH.). La Pomme de terre.

PAPAVER (T.). Nom latin des Pavots.

PAPAVÉRACÉES (*Papaveraceæ*). Famille de Dicotylédones-Dialypétales, qui tire son nom de celui des Pavots (*Papaver*), et qui est formé d'herbes, plus rarement d'arbustes, à fleurs régulières ou plus rarement irrégulières (Fumariées, etc.). Leur réceptacle est convexe, rarement concave (*Escholtzia*). Le plus souvent elles ont 2 sépales et 2 verticilles de 2 pétales alternes et fugaces. Les étamines hypogynes sont en nombre indéfini ou rarement défini (Fumariées). L'ovaire a 1-∞ placentas pariétaux, 1-∞-ovulés, et le fruit est très variable, mais généralement sec. Les Papavéracées sont surtout caractérisées par un abondant albumen charnu et huileux; et c'est la seule différence *absolue* que leurs organes de reproduction présentent avec ceux des Crucifères. Ce sont des plantes à réservoirs laticifères très développés en général. On les divise en 4 séries : Platystémonées, Papavéracées, Eschscholtziées, Fumariées. (H. BN, *Hist. des pl.*, III, 105.)

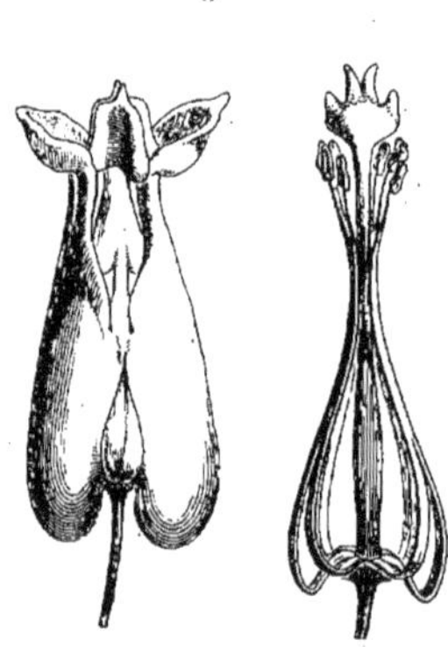

Papavéracées (*Chelidonium*, *Dicentra*). Fleurs. Androcée.

PAPAVER CORNICULATUM (MATTH.). Le *Glaucium luteum* L.

PAPAVÉRÉES. Série des Papavéracées, à fleurs pourvues d'un réceptacle convexe. Calice et corolle réguliers. Étamines ∞. Style columnaire ou épais, court, dilaté en disque qui porte les sillons stigmatifères. Fruits capsulaires, s'ouvrant par des panneaux, parfois courts, alternes avec les placentas qui persistent et supportent le style persistant; ailleurs siliquiformes, avec ou sans fausse-cloison. (H. BN, *Hist. des pl.*, III, 130.)

PAPAVER ERRATICUM (MATTH.). Le *Papaver Rhœas* L. Le *P. sativum* MATTH. est le *P. somniferum* L.

PAPAVER HERACLEUM. Nom ancien du Bleuet commun.

PAPAVER SPURIUM. Le *Lychnis dioica* L.

PAPAW. Le Papayer. Aux États-Unis, l'*Uvaria triloba* DUN.

PAPAW (SUC DE). Aux États-Unis, le suc résino-gommeux, âcre, du *Rhus typhinum* L.

PAPAW-TREE. Nom anglais des Papayers.

PAPAYE. Le fruit du Papayer.

PAPAYER (*Papaya* T., *Inst.*, 659, t. 441). Genre de Bixacées, qui a donné son nom à la série des *Papayées*, et dont les fleurs

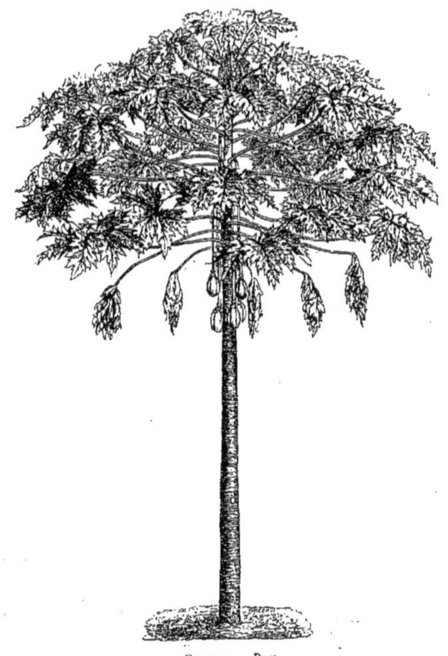

Papayer. — Port.

sont polygames ou dioïques. Les mâles ont un réceptacle convexe, avec un calice gamosépale et une corolle gamopétale,

Papayer. — Portions d'inflorescence. Périanthes étalés. Graine, entière et coupe longitudinale.

infundibuliforme ou hypocratérimorphe, portant 10 étamines sur 2 verticilles, insérées vers la gorge de la corolle, avec des anthères introrses, à 2 loges. Il y a un rudiment de gynécée. Dans la fleur femelle, les pétales sont indépendants. Il peut y avoir des staminodes, et le gynécée supère a un ovaire uniloculaire, avec un style à 5 branches plus ou moins ramifiées. Les ovules sont nombreux sur 5 placentas pariétaux. Le mode de développement de ces ovules est tout particulier (H. BN, in *Adansonia*, XII, t. 10). Le fruit est une baie, la *Papaye*, souvent volumineuse et comestible. Les graines sont nombreuses et albuminées. Les Papayers sont, au nombre de plus de 20, des arbres et arbustes de l'Amérique, souvent cultivés sous les tropiques. Leurs organes sont riches en un suc laiteux qu'on emploie pour préparer les viandes, et en médecine comme digestif. Leur tronc, souvent simple, a un bois mou; il est couronné d'un bouquet de feuilles alternes, digitinerves ou composées-digitées. Les fleurs sont en grappes de cymes, axillaires ou sur le bois, subsessiles ou plus ou moins longuement stipitées. (H. BN, *Hist. des pl.*, IV, 283, 297, 320, fig. 332-338.)

PAPAYON. Nom, à Caracas, de l'*Hedera Humboldtiana*.

PAPEDA (HASSK., *Hrt. bogor.*, 216). Synonyme de *Citrus* L.

PAPEETA. Dans les bazars indiens, les Fèves de Saint-Ignace.

PAPERI. Synonyme de *Papavel*.

PAPHIA (SEEM., *Journ. Bot.* [1864], 77; *Pl. vit.*, 146, t. 28). Synonyme de *Agapetes* DON.

PAPHINIA (LINDL., in *Bot. Reg.* [1843], Misc., 14). Synonyme de *Lycaste* LINDL.

PAPIA (MICHELI, *Nov. gen.*, 20, t. 17). Synon. de *Orvala* L.

PAPIER DE RIZ. Celui qu'on prépare avec la moelle de l'*Aralia papyrifera* HOOK.

PAPIER DU NIL. Le *Cyperus Papyrus* L.

PAPILLARIA (DOCHN., *Obstk.*, I, 292). « Genre », pour l'auteur, de Pommiers.

PAPILLE. Les phytocystes saillants qui donnent aux pétales l'apparence veloutée. Les saillies du tissu stigmatique (papilles stigmatiques). La saillie, pour l'imprégnation, de quelques réceptacles femelles de Cryptogames.

PAPIRIA (THUNB., in *Act. Lund.*, I, 111; *Nov. gen. pl.*, I, 14). Synonyme de *Gethyllis* L.

PAPIRU. Nom péruvien d'un *Ipomœa* indéterminé.

PAPITA. Au Chili, l'*Oxalis crenata* JACQ.

PAPONGE. Le *Luffa acutangula* SER.

PAPPÆA (ECKL. et ZEYH., *Enum.*, 53). Section du genre *Nephelium* L. (H. BN, *Hist. des pl.*, V, 396, fig. 359, 360.)

PAPPE (K.-Wil.-Ludw.). Né à Hambourg en 1803, écrivit des catalogues de la flore de Leipsig, puis visita l'Afrique australe : ce qui lui permit de publier *A list of south African indigenous plants used as remedias by the colonists of the Cape of Good Hope* [1847], un *Floræ capensis modiæ Prodromus* [1850]; un *Sylva capensis*, etc. [1853]. Il dressa, avec W. Rawson, un *Synopsis Filicum Africæ australis* [1858], in-8 de 57 p. Il mourut à Capetown en 1862.

Pappea. — Méricarpe.

PAPPEA (HARV. et SOND., *Fl. cap.*, II, 562, non ECKL. et ZEYH.). Genre d'Ombellifères-Peucédanées, dont les fleurs ont un calice de cinq sépales inégaux, des pétales infléchis et des stylopodes coniques-déprimés, ondulés sur les bords. Le fruit, très comprimé sur le dos, est formé de deux méricarpes elliptiques-ovales ou suborbiculaires qui présentent cette particularité que les bandelettes y sont remplacées par des réservoirs marginaux, orbiculaires, renfermant une substance oléo-résineuse brune. Le *P. capensis* SOND. est une petite herbe couchée, rameuse, qui ressemble aux *Fumaria* et aux *Coronopus*, et dont les feuilles sont petites, disséquées; les fleurs sont en ombelles composées, avec bractées des involucres et des involucelles foliacées, disséquées, peu nombreuses. (Voy. *Hook. Icon.*, t. 1231. — H. BN, *Hist. des pl.*, VII, 112, 215, fig. 111.)

PAPPEL. En Allemagne, le Peuplier noir.

PAPPENKRAUT. Nom allemand du Pissenlit.

PAPPERITZIA (REICHB. F., in *Bot. Zeit.* [1852], 928; *Xen. orchid.*, I, 237, t. 100). Genre mal connu d'Orchidacées-Oncidiées, qu'on croit (B. H.) voisin des *Rodriguezia*.

PAPPOCHROMA (NUTT., in *Amer. Phil. Trans.* [1841], VII, 302). Sous-genre du genre *Dicteria* NUTT.

PAPPOPHOREÆ. Sous-tribu (1) des Graminées-Festucées. (B. H., *Gen.*, III, 1076.)

PAPPOPHORUM (SCHREB., *Gen.*, 787). Genre de Graminées-Festucées, formé d'une vingtaine d'herbes vivaces, cespiteuses, des tropiques; les épillets pauciflores (1-3-flores) réunis en une inflorescence ramifiée, spiciforme, dense, allongée ou courte, rarement très rameuse. Les glumes sont ∞-nerves et divisées en lobes aristiformes, parfois au nombre de plus de 20. (K., *Enum.*, I, 254, t. 131, 132. — DŒLL, in *Mart. Fl. bras.*, II, t. 47. — JAUB. et SPACH, *Ill. pl. or.*, t. 323, 324.) [H. BN.]

PAPPOTHRIX (A. GRAY, *Pl. Wright.*, I, 99). Section du genre *Laphamia* A. GRAY.

PAPPUS. L'aigrette des Composées, etc.

PAPUAS. Nom, aux Philippines, des *Aralia*.

PAPULÆSPORA (BERKEL., *Crypt. Bot.*, 305). — Voy. PAPULASPORA.

PAPULARIA (FR., *Syst. Orb. veg.*; *Summ. veg. Scand.*, II, 509). Synonyme de *Melanconium* LINK.

PAPULARIA (FORSK., *Fl. æg.-arab.*, 69). Genre proposé pour le *Trianthema crystallinum*.

PAPULASPORA (PREUSS, in *Sturm Deutschl. Fl.*, III, 89). Genre d'Hyphomycètes, à filaments cloisonnés, ramifiés, incolores, se redressant en sporophores courts, portant un glomérule de conidies constituant une sorte de spore composée, incolore ou colorée. Des conidies isolées peuvent aussi se développer et rapprochent les *Papulaspora* d'autres genres; de là une certaine incertitude sur la place et l'autonomie de ce genre. [DE S.]

PAPULOSPORA (STREIN., *Nomencl.* — SACC., *Syll. Fung.*, IV, 58). — Voy. PAPULASPORA.

PAPYRACEA (STACHK., in *Mém. Mosc.* [1809], II, 56, 76). Synonyme de *Aglaophyllum* MTGNE.

PAPYRIA (ENDL.). Pour *Papiria* THUNB.

PAPYRIER. Le Mûrier à papier.

PAPYRIUS (LAMK, *Ill.*, t. 762). Syn. de *Broussonetia* VENT.

PAPYRUS. Le *Cyperus Papyrus* L.

PAPYRUS (W., in *Abh. Acad. Wiss. Berl.* [1812-13], 70. Genre établi pour le *Cyperus Papyrus* L.

PAQUERETTE. Le *Bellis perennis* L.

PAQUERINA (CASS., in *Dict.*, XXXVII, 492). Synonyme de *Brachycome* CASS. (H. BN, *Hist. des pl.*, VIII, 145.)

PAQUEROLLE. Nom français (LAMK) des *Bellium*.

PAQUETTE. Le *Chrysanthemum Leucanthemum* L.

PAQUOYER. Synonyme de Bananier.

PARA. Synonyme de *Guarana*.

PARA (CRESSON DE). Le *Spilanthes oleracea* L.

PARA (HERBE DE). Nom du *Panicum pimentosum* H. B. K.

PARABÆNA (MIERS, in *Ann. Nat. Hist.*, ser. 2, VII, 39; ser. 3, XIV, 52). Genre de Ménispermacées-Chasmanthérées, établi pour une liane de l'Inde, distinguée par 6 pétales, des anthères capitées au sommet d'une colonne en massue, un style apical, un endocarpe à forte rentrée ventrale et une graine en forme de ménisque. (H. BN, *Hist. des pl.*, III, 15, 40.)

PARABESLERIA (ŒRST., *Gesn. centr.-amer.*, 52, t. 6). Synonyme de *Besleria* L.

PARABO (ÉCORCE DE). Celle du *Simaruba versicolor* A. S.-H.

PARABOUCHETIA (H. BN, in *Bull. Soc. Linn. Par.*, 662; *Hist. des pl.*, IV, 357). Genre de Solanacées-Nicotianées, formé d'une plante brésilienne, à fleurs solitaires, terminales ou latérales, ayant la corolle d'un *Bouchetia*, mais avec 5 sinus pourvus de lobes ajoutés, subulés, en hameçon. Il y a 5 étamines égales, et l'ovaire est celui d'un *Bouchetia*, avec un style conique, dilaté en plateau en forme d'ancre. [H. BN.]

PARACARYUM (A. DC., *Prodr.*, X, 159). Section du genre *Omphalodes* T.

PARACARYUM (BOISS., *Diagn. or.*, ser. 1, XI, 128). Genre de Boraginacées-Boragées, formé d'une section, pour De Candolle, du genre *Omphalodes*, et comprenant une dizaine d'herbes européennes et asiatiques, qui ont une corolle à tube court, des étamines incluses et des achaines à dos déprimé, bordés de dents en crêtes ou en crocs. (H. BN, *Hist. des pl.*, X, 382).

PARACELASTRUS (MIQ., *Fl. ind. bat.*, I, II, 590). Genre établi pour le *Microtropis bivalvis* WALL., espèce apétale.

PARACELLULOSE. Variété de cellulose, soluble dans l'ammoniure de cuivre seulement après l'action des acides.

PARACELSIA (ZOLL. et MOR., in *Nat. en Gen. Arch. Neerl. Ind.*, II, 18). Synonyme de *Pseudochironia* GRISEB.

PARACEPHÆLIS (H. BN, in *Adansonia*, XII, 313; *Hist. des plant.*, VII, 496, n. 191). Genre de Rubiacées, imparfaitement connu, mais certainement voisin des *Nauclea*, dont il a l'inflorescence, en faux-capitules globuleux, un calice persistant, 5-mère, une corolle valvaire (?) et un ovaire infère à 2 loges pauciovulées. Chacune des loges possède un placenta pelté, inséré sur la cloison; et les ovules, au nombre de 6-8, sont disposés en cercle sur ses bords. Le *P. tiliacea* est un arbuste de Madagascar, dont le feuillage rappelle celui des Tilleuls; il est tout couvert d'un épais duvet, et ses rameaux bifurqués portent au sommet deux feuilles opposées, cordées à la base, molles, scabres en dessous, avec des stipules aiguës. Les fleurs ont chacune un court pédicelle, 2-bractéolé. [H. BN.]

PARACICCA (M. ARG., in *Linnæa*, XXXII, 51; in *DC. Prodr.*, XV, p. II, 414, 416, 418). Section du genre *Phyllanthus* L.

PARACOCCALON. Nom grec du *Datura Metel* L.

PARACOFFEA (MIQ., *Fl. ind.-bat.*, II, 308). Sect. du g. *Coffea*.

PARACOLEA (H. BN, in *Bull. Soc. Linn. Par.*, 693; *Hist. des pl.*, X, 57). Genre de Bignoniacées-Crescentiées, dont la fleur se rapproche de celle des *Colea*, à corolle infundibuliforme, à ovaire biloculaire, uniloculaire en haut. Le fruit ressemble à celui des *Catalpa*, mais il a une paroi molle, indéhiscente, et sa pulpe loge des graines non ailées. Ce sont deux arbustes de Madagascar (*P. Grevei* et *P.? Boivini*), à rameaux dichotomes, portant des feuilles opposées, réduites à des épines, avec souvent un rameau axillaire contracté, portant une feuille simple, et des fleurs axillaires ou en cymes sur le vieux bois. [H. BN.]

PARACOTO. Écorce astringente et aromatique, indéterminée.

PARACROTON (MIQ., *Fl. ind. bat.*, I, II, 382). Genre d'Euphorbiacées uniovulées, formé d'une plante de Java; mal connu et analogue, pense-t-on, aux *Trigonostemon*, avec 15-20 étamines monadelphes; des branches stylaires 2-fides; un fruit et des graines plus larges que longs. Les feuilles sont serrées. Les fleurs sont disposées en longues grappes, monoïques. (H. BN, *Hist. des pl.*, V, 199.)

PARACTÆNIUM (PAL.-BEAUV., *Agrost.*, 47, t. 10, fig. 6). Genre créé, à ce qu'on croit; pour une forme appauvrie du *Panicum gracile* R. BR.

PARACYSTE. Pour Tulasne, le Pollinode des Ascomycètes.

PARADACRY. Nom grec du Navet.

PARADENOCLINE (M. ARG., in *DC. Prodr.*, XV, II, 1139). Synonyme de *Adenocline* TURCZ. (*Mercurialis*).

PARADERRIS (MIQ., *Fl. ind.-bat.*, I, 145). Sect. du g. *Derris*.

PARADIGMA (MIERS, in *Trans. Linn. Soc.*, ser. 2, I, 30, t. 8). Synonyme de *Macria* TEN.

PARADIS DES JARDINIERS. Le *Salix babylonica* L.

PARADIS (GRAINE DE). La Maniguette.

PARADISANTHUS (REICHB., in *Bot. Zeit.* [1852], 930; *Xen. orchid.*, I, 30, t. 14). Genre mal connu d'Orchidacées-Oncidiées, voisin (B. H.) des *Warrea* et surtout des *Acacallis*.

PARADISIA (MAZZ., *Viag. Alp. giul.*, 27). Genre de Liliacées-Asphodélées, établi pour une herbe vivace des montagnes du sud-ouest de l'Europe, à rhizome court; les feuilles basilaires, avec un stipe simple, aphylle ou portant une courte feuille. Les fleurs, assez grandes, peu nombreuses, blanches, sont latérales et en grappes lâches. Le périanthe est en entonnoir, les étamines hypogynes, les loges ovariennes ∞-ovulées. Le *P. Liliastrum* MAZZ. (*Hemerocallis Liliastrum* L. — *Czackia Liliastrum* ANDZ.) se trouve en France et est cultivé dans les jardins botaniques. [H. BN.]

PARADRYMONIA (HANST., in *Linnæa*, XXVI, 207). Synonyme de *Episcia* MART.

PARAGARCINIA (H. BN, in *Bull. Soc. Linn. Par.*, 82). Section du genre *Ochrocarpus*, qui a pour type l'*O. decipiens* H. BN.

PARAGENIPA (H. BN, in *Bull. Soc. Linn. Par.*, 207; *Hist. des pl.*, VII, 310). Section du genre *Genipa* (*Randia*), à petites fleurs disposées en glomérules axillaires, à graines peu nombreuses, prolongées en aile. Espèces africaines.

PARAGNATIS (SPRENG., *Syst.*, III, 675). Synonyme de *Diplomeris* DON.

PARAGONIA (BUR., in *Bull. Soc. bot. Fr.*, XIX, 17). Genre proposé pour le *Bignonia lenta* MART.

PARAGRAMMA (BL., *En. pl. Jav.*, II, 119). Sect. des *Grammitis*.

PARAGUATAN (ÉCORCE DE). Celle du *Macrocnemum tinctorium* K.

PARAGUAY. Nom, en Colombie, du *Scoparia dulcis* L.

PARAISO. Nom, aux Philippines, des *Melia* L.

PARALA. Le *Paralea guianensis* AUBL.

PARALÉ. Nom français (LAMK) des *Paralea* AUBL.

PARALEA (AUBL., *Guian.*, I, 576, t. 231). Syn. de *Diospyros* L.

PARALIA (HEIB. [1863], ex VAN HEURCK, *Microsc.*, 330). Synonyme de *Orthosira* THW.

PARALION. Le *Glaucium luteum* SCOP.

PARALLOSA (ALEF). — Voy. COPPOLERIA.

PARALOMARIA (FÉE, *Gen. Fil.*, 68). Section du g. *Lomaria*.

PARALYSEOS (FLOS). Nom ancien de la Primevère.

PARAMERIA (BENTH., *Gen.*, II, 715, n. 67). Genre d'Apocynacées-Nériées, voisin des *Ecdysanthera*, distingué par un calice à plusieurs glandes intérieures, une corolle à 5 lobes recouvrant par leur bord gauche, des fruits allongés, renflés au niveau des graines. Ce sont 2, 3 lianes de l'Asie et de l'Océanie tropicales. Nous avons provisoirement nommé *P. Pierrei* une espèce du Cambodge qui donne certainement d'excellent caoutchouc. (H. BN, *Hist. des pl.*, X, 167, 206.)

PARAMESUS (PRESL, *Symb.*, I, 45). Synon. de *Trifolium* T.

PARAMIGNYA (WIGHT, *Ill.*, I, 108, t. 42). Genre de Rutacées-Citrées, voisin des *Limonia*, formé de 3, 4 arbustes, souvent grimpants, de l'Inde, à feuilles 1-foliolées; le calice entier ou 4, 5-lobé, avec 8-10 étamines à anthère étroite; un réceptacle élevé. Il y en a d'épineux, et tous ont les fleurs axillaires. (H. BN, *Hist. des pl.*, IV, 488.)

PARAMORINDA (MIQ., *Fl. ind. bat.*, II, 243). Section du genre *Morinda* VAILL.

PARAMOS. — Voy. CORDILLERA.

PARANECTRIA (SACC., *Mich.*, I, 317). Genre d'Hypocréacés, à petits périthèces mous, membraneux, à papille peu proéminente, de couleur claire; distinct des *Nectria* par les spores cylindracées, quadriloculaires, portant à chaque extrémité un appendice sétiforme. Une espèce européenne a été observée sur le thalle de l'*Ephebe pubescens;* une autre au Cap de Bonne-Espérance et une dans la République Argentine, sur les *Osyris* et les Bambous. [DE S.]

PARANEPHELIUM (TEYSM. et BINN. — MIQ., *Fl. ind. bat.*, Suppl., I, 509). Synonyme (?) de *Cupania* L. (H. BN, *Hist. des pl.*, V, 398, not. 8.)

PARANEPHELIUS (PŒPP. et ENDL., *Nov. gen. et spec.*, III, 42, t. 248). Synonyme de *Liabum* ADANS. (H. BN, *Hist. des pl.*, VIII, 270.)

PARANGA-JACA. Au Malabar, l'*Anona reticulata* L.

PARANOMUS (SALISB., *Par. lond.*, sub n. 67; in *Knight Proteac.*, 67). Synonyme de *Nivenia* R. BR.

PARAPANAX (MIQ., *Fl. ind. bat.*, Suppl., I, 338). Synonyme (?) de *Treresia* VIS. (B. H., *Gen.*, I, 942, n. 24.)

PARA-PARA. Nom américain des *Sapindus*.

PARAPETALIFERA (WENDL., *Coll.*, t. 15, 34). Synonyme de *Barosma* W.

PARAPETALOSTEMON. Mœnch (*Meth.*, 3) donne ce nom aux fleurs, « si stamina parapetalis, nec aliis partibus floris inferuntur ».

PARAPETALUM (MŒNCH). « Folium floris cujus figura a reliquis petalis plane differt, et intra florum collocatum. » Le même auteur appelle une fleur *parapétaloïde*, « si petalis parapetala sunt, vel adnata, vel adposita (*Delphinium, Aconitum*) ».

PARAPHYSE. Dans les Cryptogames, phytocystes répondant à des sporanges stériles et qui, accompagnant ceux qui sont fertiles, servent à la dissémination du contenu de ces derniers.

PARAPHYSIS (DC., *Prodr.*, VI, 560). Section des *Amberboa.*

PARAPODIUM (E. MEY., *Comm. pl. afr. austr.*, 221). Section du genre *Asclepias* L. (H. BN, *Hist. des pl.*, X, 226.)

PARARO. Au Brésil, variété de Patate.

PARARTABOTHRYS (MIQ., in *Ann. Mus. lugd.-bat.*, II, 43). Section du genre *Artabothrys* R. BR. (H. BN, *Hist. des pl.*, I, 232; in *Adansonia*, VIII, 310, 329, 341.)

PARARTOCARPUS (H. BN, in *Adansonia*, XI, 294; *Hist. des pl.*, VI, 200). Genre d'Ulmacées-Artocarpées, à fleurs dioïques, disposées en petits capitules globuleux de glomérules. Les mâles portent de nombreuses étamines, sans périanthe. Dans les femelles, il est tubuleux-claviforme, avec un petit trou pour le passage du style qui a 2 branches stigmatifères. Ce sont 1, 2 arbres (?) de Bornéo, à feuilles alternes. [H. BN.]

PARASITES VÉGÉTAUX. Ceux qui, ne pouvant élaborer leurs aliments par eux-mêmes, s'implantent sur diverses parties d'autres végétaux (racines, rhizomes, branches, feuilles) pour se nourrir à leurs dépens. Il y a des parasites à chlorophylle et d'autres qui sont dits colorés (Orobanches, Monotrope, Champignons, etc.). Il y a des plantes dont le parasitisme est continu, et d'autres où il est provisoire.

PARASOL. L'*Agaricus (Lepiota) procerus* SCOP.

PARASOL CHINOIS. Le *Sterculia platanifolia* L.

PARASOL DU GRAND SEIGNEUR. Le Saule pleureur.

PARASPALATHUS (PRESL, *Bot. Bem.*, 130). Synonyme de *Aspalathus* L.

PARASPONIA (BL., *Mus. lugd.-bat.*, II, 65, t. 35). Genre d'Ulmacées-Celtidées, formé de 2 arbres de la Malaisie et du Pacifique, à périanthe mâle imbriqué; le style central; les stipules connées en une seule lame intrapétiolaire, et le limbe foliaire 3-nerve. (H. BN, *Hist. des pl.*, VI, 188.)

PARASPORA (GROVE, *New or not new Fungi*, n. 9). Genre d'Hyphomycètes, à conidies pluriloculaires, hyalines, réunies en glomérules qui se développent le long des filaments du mycélium. Une espèce vit sur le bois pourri, en Angleterre. [DE S.]

PARASTEMON (A. DC., in *Ann. sc. nat.*, sér. 2, XVIII, 208). Genre de Rosacées Chrysobalanées, formé d'un arbuste de l'archipel Malais, à fleurs d'*Hirtella* ou de *Parinari*, avec un tube floral court et 2 étamines fertiles. Ces fleurs sont polygames-dioïques. (H. BN, *Hist. des pl.*, I, 438, 483.)

PARASTIQUE. En phyllotaxie, les spirales secondaires formées par les organes appendiculaires.

PARASTRANTHUS (G. DON, *Gen. Syst.*, III, 716). Synonyme de *Lobelia* L.

PARASTRAUSSIA (H. BN, in *Adansonia*, XII, 251, 329; *Hist. des pl.*, VII, 285). Section du genre *Uragoga* L., à cymes lâches, à court calice campanulé, à corolle courte, couverte de soies, à étamines insérées entre les lobes de la corolle. Espèces de la Nouvelle-Calédonie.

PARASTREBLUS (BL., *Mus. lugd.-bat.*, II, 80). Section du genre *Streblus* LOUR.

PARASTREPHIA (NUTT., in *Trans. Amer. Phil. Soc.*, ser. 2, VII, 449). Genre de Composées-Astérées, établi pour le *Baccharis phylicœformis* MEYEN, arbuste éricoïde du Pérou, à fleurs de *Baccharis;* les capitules androgynes et submonoïques; les corolles mâles à 2 courtes dents; l'aigrette femelle formée de soies nombreuses, et celle des fleurs hermaphrodites seulement de 2 séries de soies. Le réceptacle est dépourvu de paillettes. (H. BN, *Hist. des pl.*, VIII, 151.)

PARATHERIA (GRISEB., *Cat. pl. cub.*, 246). Genre de Graminées-Panicées, voisin des *Pennisetum*, formé d'une herbe multicaule de l'Amérique tropicale, à grappe spiciforme; les pédicelles prolongés au-dessus de leur articulation en une longue soie qui se détache avec l'épillet. On en a fait aussi une section *Leptachyrium* du genre *Panicum* L. (DŒLL, in *Mart. Fl. bras.*, II, II, 150, t. 25.) [H. BN.]

PARATHESIS. Section du genre *Ardisia* (A. DC., *Prodr.*, VIII, 120), élevée au rang de genre des *Eumyrsineæ* par Sir J. Hooker. (*Gen.*, II, 645, n. 11.)

PARATODO, PERATODO. — Voy. PARATUDO.

PARATROPHIS (BL., *Mus. lugd.-bat.*, II, 81). Genre d'Ulmacées-Morées, formé de 4 arbres lactescents, de la Nouvelle-Zélande et du Pacifique; distingués par des épis longs ou courts, lâches; des calices femelles très petits, persistants; des graines à larges cotylédons contortupliqués. Les feuilles sont penninerves, entières ou crénelées. Nous avons (*Hist. des pl.*, VI, 191) réuni les *Uromorus* BUR. à ce genre. [H. BN.]

PARATROPIA (DC., *Prodr.*, IV, 265). Synonyme de *Schefflera* FORST. et section mal limitée de ce genre. (H. BN, *Hist. des pl.*, VII, 248.)

PARATUDO. Au Brésil, l'*Hortia arborea* ENGL.

PARATUDO AROMATICO. Nom, au Brésil, du *Cinnamodendron axillare* ENDL.

PARAVERIS. L'*Ambelania acida* AUBL.

PARC. Synonyme de Bryone.

PARCHA. Nom, au Vénézuela, de plusieurs Passiflores.

PARCHITA. Le *Passiflora fœtida* L.

PARCOEUR. L'*Hypericum Androsæmum* L.

PARDALIANCHES (TAUSCH, in *Flora* [1828], I, 182). Section du genre *Doronicum*. C'est le nom ancien des Doronics.

PARDANTHOPSIS (HANCE, in *Trim. Journ. Bot.*, XIII, 104). Section du genre *Iris* T.

PARDANTHUS (KER, in *Kœn. et Sims Ann. bot.*, I, 246). Synonyme de *Belamcanda* ADANS.

PARDEPIS. Nom de l'*Hippobromus alatus* ECKL. et ZEYH.

PARDISIUM (BURM., *Fl. cap. Prodr.*, 26). Synonyme de *Perdicium* L.

PARDOGLOSSA (LINDL., *Orchid. Gen.*, 350). Sect. du g. *Disa.*

PARDUYNA (SALISB., *Gen. pl. Fragm.*, 58). Synonyme de *Schelhammera* R. BR.

PARECHITES (MIQ., in *V. Akad. Wet. Amsterd.*, VI, 193). Synonyme de *Trachelospermum* LOUR.

PAREIRA-BRAVA. On a confondu sous ce nom plusieurs médicaments produits par des Ménispermacées. Le vrai *Pareira-brava* est la racine du *Chondodendron tomentosum* R. et PAV. (*C. ovatum* MIERS. — *C. cinerascens* MIERS. — *C. æmulum* MIERS. — *Cocculus Chondodendron* DC.), grande liane du Brésil et du Pérou. Il y a de faux *Pareira-brava*. Le plus souvent employé a été pendant longtemps le *Cissampelos Pareira* L. On s'est aussi servi de l'*Abuta rufescens* AUBL. et de l'*A. amara* AUBL. ou *Pareira jaune*. (Voy. H. BN, *Tr. Bot. méd. phanér.*, 706).

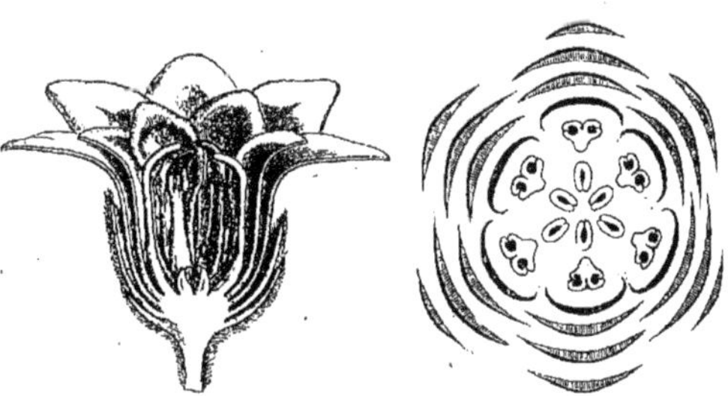
Pareira-brava vrai (Plante au). Fleur mâle, coupe longitudinale. Diagramme floral.

PAREIRE. Nom français (LAMK) des *Cissampelos* L.

PARELLE. La Patience et les Lichens tinctoriaux.

PARELLE BRODÉE. Le *Lichen saxatilis* L.

PARELLE GRANDE, DES MARAIS. Le *Rumex Hydrolapathum* W.

PARELLE SAUVAGE. Le *Rumex crispus* L.

PARENCHYMARIA (C. MUELL., in *Bot. Zeit.* [1854], 545). Section du genre *Vittaria* SM.

PARENCHYME. Tissu formé de phytocystes-cellules.

PARÈNE. Le *Rumex crispus* L.

PARENTIA (LEMAN, in *Dict.*, XXXVII, 536). Synonyme de *Calypogeia* RADD.

PARENTUCELLIA (VIV., *Fl. lyb. Specim.*, 31, t. 21, fig. 3). Synonyme de *Eufragia* GRISEB.

PAREUX. Nom d'une variété de Vigne.

PARIANA (AUBL., *Guian.*, 876, t. 337). Genre de Graminées, rapproché des Maïs, caractérisé par un épi simple, androgyne dans toute son étendue, et remarquable surtout par ses étamines nombreuses (10-40). Les fleurs mâles, à chaque nœud de l'inflorescence, entourent, en assez grand nombre, 1, 2 fleurs femelles. Ce sont de fortes plantes vivaces, à tige souvent indivise, qui habitent, au nombre de 10, l'Amérique tropicale. (PAL.-BEAUV., *Agrost.*, 121, t. 22, fig. 2. — DŒLL, in *Mart. Fl. bras.*, II, II, t. 47.)

PARIATICA (ADANS., *Fam.*, II, 223). Syn. de *Nyctanthes* L.

PARIDERIDIA (REICHB., *Pflanzensyst.*, 219). Synonyme de *Eulophus* NUTT.

PARIÉTAIRE (*Parietaria* T., *Inst.*, 509, t. 289). Genre d'Urticacées, qui a donné son nom à une série des *Pariétariées*, et qui a des fleurs polygames-monoïques. Le calice est 4-mère, avec 4 étamines qui se redressent élastiquement lors de l'anthèse et qui peuvent être rudimentaires dans la fleur femelle.

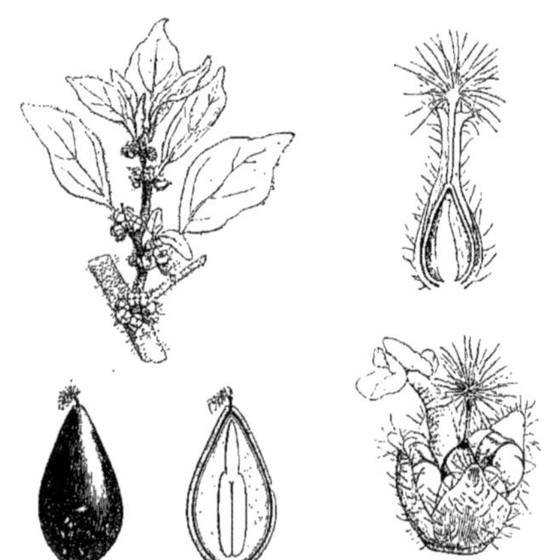

Pariétaire. — Rameau florifère. Fleur. Gynécée, coupe longitudinale. Fruit, entier et coupe longitudinale.

Le gynécée est celui des Urticacées en général, avec un style allongé, en goupillon à son sommet. Le fruit est sec, lisse, luisant, et l'embryon est albuminé. Ce sont des herbes, parfois suffrutescentes ou frutescentes, des deux mondes, souvent rudes et chargées de poils crochus, à feuilles alternes, tachées de cystolithes; les stipules petites ou nulles; les fleurs en cymes axillaires (uniflores dans la section *Helxine*), souvent entourées de bractées formant involucre. Notre P. officinale, si commune sur les vieux murs, passe pour sudorifique, dépurative et diurétique, grâce, dit-on, à l'azotate de potasse qu'elle renferme. (H. BN, *Hist. des pl.*, 503, 534, fig. 542-546; *Tr. Bot. méd. phanér.*, 787.)

PARIÉTAIRE D'ESPAGNE. La Pyrèthre.

PARIETARIA SYLVESTRIS. Nom ancien des Mélampyres.

PARIETTE. Le *Paris quadrifolia* L.

PARILIA (DENNST., *Schl. Hort. malab.*, 31). Synonyme de *Elæodendron* JACQ.

PARILIUM (GÆRTN., *Fruct.*, I, t. 51). Syn. de *Nyctanthes* L.

PARILLA. En Espagne, la Vigne.

PARILLAX (RAFIN., *Med. Fl.*, II, 264). Synon. de *Eusmilax*.

PARINARI (AUBL., *Guian.*, I, 514, t. 204, 206). Genre de Rosacées-Chrysobalanées, nommé *Parinarium* par Jussieu, fleurs de *Couepia*; les étamines fertiles d'un côté du réceptacle ou sur tout son pourtour, en nombre indéfini; l'ovaire partagé en 2 logettes par une fausse-cloison centripète. Ce sont de beaux arbres, au nombre de plus de 30, de tous les pays tropicaux des deux mondes. Miers fait des *Petrocarya* JACK des *P.* malais de Sir J. Hooker. Pour lui, les *P. excelsum* et *senegalense* sont du genre *Griffonia* H. BN. (H. BN, *Hist. des pl.*, I, 435, 482, fig. 501.)

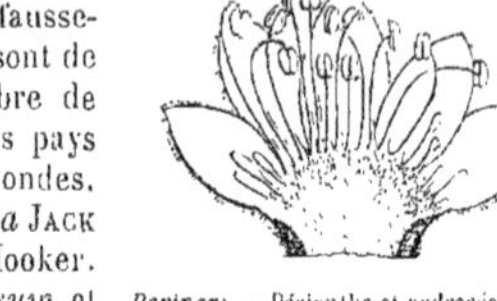

Parinari. — Périanthe et androcée étalés.

PARINERVE. Qui a un nombre pair de nervures. Se dit surtout de la glumelle postérieure (souvent nommée binerve) de la fleur des Graminées.

PARIPAROBO. Au Brésil, le *Piper umbellatum* L.

PARIPON (VOIGHT, *Syll. Ratisb.* [1828], II, 51). Genre incertain de Palmiers.

PARISATACO. Dans l'Inde, le *Nyctanthes Arbor-tristis* L.

PARIS (CHOU DE). Le *Rumex Patientia* L.

PARIS (L.). — Voy. PARISETTE.

PARIS (HERBE-A-). Le *Paris quadrifolia* L.

PARISETTE (*Paris* L., *Gen.*, n. 500). Genre de Liliacées, rapporté aux Asparagées, puis aux Médéolées, etc., et dont les fleurs ont un double périanthe 3-6-mère, ou même à pièces du verticille plus nombreuses. Les étamines, sur 2 verticilles, sont en même nombre que les pièces du périanthe auxquelles elles se superposent. Les pétales peuvent manquer; leur configuration et leur coloration sont, quand ils existent, très variables. L'ovaire supère est à 3-6 loges, avec un même nombre de branches stylaires. Les ovules sont en nombre indéfini, dans l'angle interne. Le fruit est une baie plus ou moins charnue, et les graines sont albuminées. Ce sont une vingtaine d'herbes vivaces, à rhizome rampant, à axes aériens annuels, portant un verticille de 3-∞ feuilles, et terminés plus haut par une fleur verdâtre, brune ou blanche. Il y a de ces herbes dans les régions tempérées et froides des deux mondes. Leurs fleurs, quoique solitaires et terminales, naissent en réalité sur les axes dans l'ordre d'une cyme unipare, notamment dans notre espèce commune, le *P. quadrifolia* L., qui croît dans les bois humides,

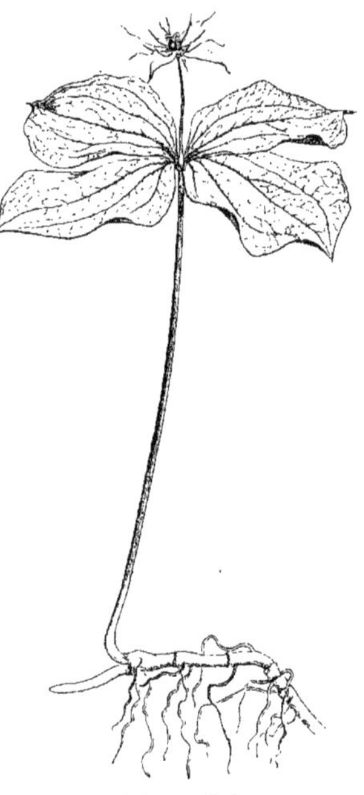

Parisette. — Port.

qui passe pour vénéneux et a été employé en médecine. (K., *Enum.*, 115; 121 (*Trillium*). — *Bot. Mag.*, t. 40, 470, 855,

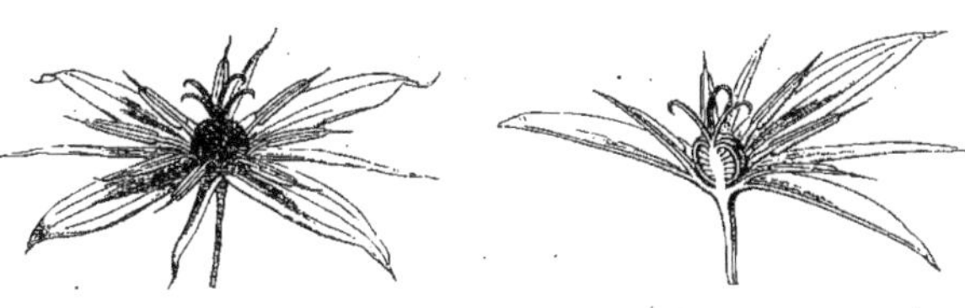
Parisette. — Fleur, entière et coupe longitudinale.

954, 1027, 3002, 3097, 3250, 6449 (*Trillium*). — H. Bn, *Iconogr. Fl. fr.*, n. 136.)

PARISHIA (Hook. f., in *Trans. Linn. Soc.*, XXIII, 169, t. 26). Genre de Térébinthacées-Anacardiées, établi pour un arbre malais, à fleurs analogues à celles des *Astronium*, mais 4-mères, avec un style trifide au sommet. (H. Bn, *Hist. des pl.*, V, 318.)

PARISIOLLE. Nom français des *Trillium*.

PARITA (Scop., *Introd.*, 282). Synonyme de *Hibiscus*.

PARITAIRE, PARITOIRE. Pour Pariétaire.

PARITI. L'*Hibiscus tiliaceus* L.

PARITI (Rheed., *H. malab.*, I, t. 30). Synonyme de *Hibiscus*.

PARITIUM (A. Juss., in *A. S.-H. Fl. bras. mer.*, I, 255). Genre de Malvacées, dont le *Pariti* est le type, et qui n'est plus considéré que comme une section du genre *Hibiscus* L.

PARITOIRE. Synonyme de Pariétaire.

PARIVOA (Aubl., *Pl. guian.*, 756, t. 303). Synonyme de *Eperua* Aubl. (H. Bn, *Hist. des pl.*, II, 111, fig. 81, 82.)

PARIZ (Bont., *Hist. nat. et méd.*, 49). Syn. de *Arbor tristis*.

PARKIA (R. Br., in *App. Denh. et Clapp.*, 234). Genre de Légumineuses-Mimosées, qui a donné son nom à une série des *Parkiées*, et qui est formé de 7, 8 arbres asiatiques et africains, et qui, avec des feuilles décomposées, a des fleurs en capitules

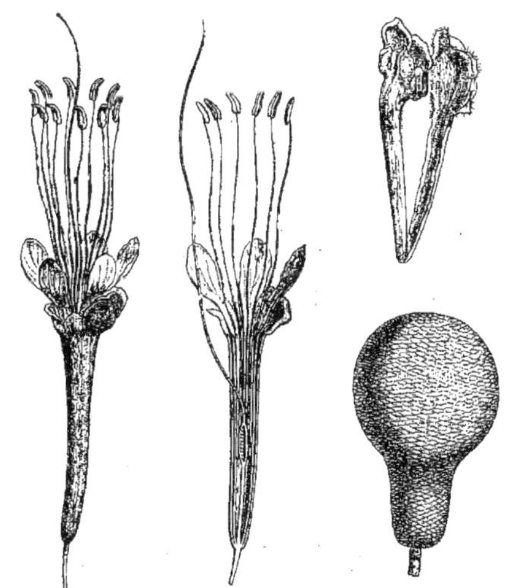
Parkia. — Inflorescence. Bouton. Fleur, entière et coupe longitudinale.

sphériques, obovoïdes et claviformes, pressées les unes contre les autres; les inférieures neutres, avec de longs staminodes colorés; les supérieures 10-andres, sans staminodes. (H. Bn, *Hist. des pl.*, II, 36, 67, fig. 24-27.)

PARKINSON (John), auquel Plumier dédia le genre *Parkinsonia*, était né à Londres en 1567. Son grand ouvrage, *Paradisi in sole Paradisus terrestris*, etc. (in-fol. de 612 p. avec fig. s. bois), date de 1629 et eut une seconde édition, bien améliorée, en 1656. Il est aussi l'auteur [1640] d'un *Theatrum botanicum*, etc., grand herbier artificiel (in-fol. de 1755 p., avec fig.). — Sydney Parkinson publia [1773] *A journal of a voyage to the South Seas in his Majesty's ship the Endeavour*, contenant les plantes utiles d'Otahiti, etc. — James Parkinson a écrit [1811] trois vol. in-4° intitulés : *Organic remains of a former world*. Le volume I est seul relatif aux plantes.

PARKINSON. Nom français des *Parkinsonia* L.

PARKINSONIA (L., *Gen.*, n. 513). Genre de Légumineuses-Cæsalpiniées-Eucæsalpiniées, formé de 3 arbres américains et africains, à fleurs de *Cæsalpinia;* le calice membraneux, valvaire ou légèrement imbriqué; le fruit linéaire et toruleux. Les feuilles ont un court pétiole spiniforme et 2 pinnules très longues, avec des folioles minimes. Le *P. aculeata* L. a été introduit dans tous les tropiques. C'est un astringent et un fébrifuge. (H. Bn, *Hist. des pl.*, II, 81, 171.)

PARLASCA (Simone). Auteur [1609], à Bologne, de *El fiore della granadigli overo della passione di G. C.*, etc. (in-4).

PARLATORIA (Boiss., in *Ann. sc. nat.*, sér. 2, XVII, 72). Genre de Crucifères-Raphanées, formé d'une herbe annuelle de l'Orient, à fruit linéaire-lancéolé, comprimé, 4-gone, arqué, subulé au sommet, avec une seule loge et 2-5 graines. (H. Bn, *Hist. des pl.*, III, 252.)

PARLATORE (Phil.). Né à Palerme en 1816, s'occupa de travaux sur la flore de Palerme, notamment du *Flora panormitana* [1839], puis de notices nombreuses sur l'*Aldrovanda*, le *Pachira*, les Fumariées, le *Papyrus*, les Cotonniers; les Gnétacées et les Conifères, traitées par lui pour le *Prodromus*, et considérées par lui, après tant d'autres, comme angiospermes. Son grand ouvrage est le *Flora italiana*, qui renferme un grand nombre d'observations intéressantes, et qui fut continué, après sa mort, par M. Caruel. Il dirigea longtemps avec talent le jardin et l'herbier de Florence. (*Cat. sc. pap.*, IV, 760.)

PARMELIA (Achar., *Meth. Lich.*, 87). Algue du genre *Stigonema*, placée par Acharius, qui considérait cette plante comme

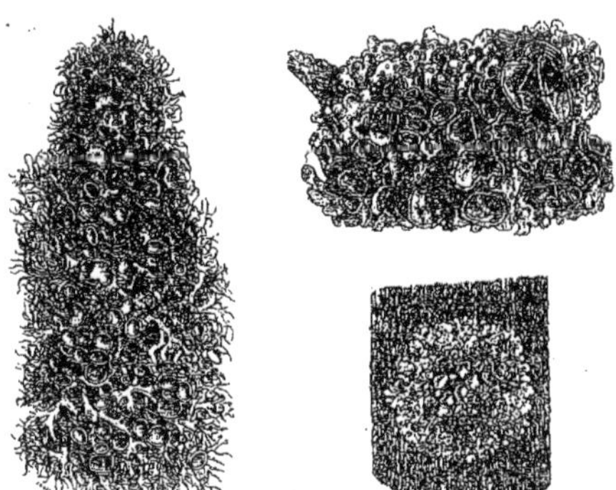
Parmelia. — Ports.

un Lichen, dans les genres *Collema* et *Lecidea;* plus tard dans le genre *Parmelia*, où Kützing la trouva, pour en faire, à juste titre, un *Stigonema*. [Ch. M.]

PARMELIA (Fries, *Lichen.*, 56). Genre de Lichens-Hyménothalamés, distingué par un thalle cartilagineux, très variable, épanché horizontalement à partir du centre, bilatéral, pourvu d'un hypothalle. Les apothécies sont scutelliformes et horizontales, avec un excipule thallodien bordant un disque subcéracé. Ces Lichens habitent les lieux exposés au soleil, surtout vers les pôles. Le genre, dans son sens le plus large, a compris les *Squamaria, Urceolaria, Patellaria, Placodium, Zeora, Physcia, Lobaria* et *Imbricaria*. (ENDL., *Gen.*, n. 172. — PAYER, *Bot. crypt.*, 91.)

PARMELIACEÆ (SCHŒR., *Enum. crit. Lich. europ.*, 30). Famille de Lichens discoïdes, la sixième du groupe, dans laquelle l'auteur a placé les deux seuls genres *Sticta* et *Parmelia*. Ce n'est qu'une partie incomplète de la famille des *Parmelieæ*, telle que l'a établie M. Nylander. [CH. M.]

PARMELIEÆ (ACH., *Lich. univ.*, 19, 89). L'une des divisions des Lichens discoïdes pour l'auteur et pour M. Nylander. Une des tribus les plus intéressantes des Lichens phylloïdes, de la famille des Lichénacés. Ces Lichens sont remarquables par le développement de leur thalle, qui est hétéromère et foliacé; par leur couleur, variable du blanc, blanc cendré, allant du jaune au brun; par la forme générale de ce thalle qui jouit généralement d'une végétation orbiculaire, et est pourvu de lobes simples, laciniés ou ciliés. Les apothécies sont lécanorines, et elles sont pourvues de paraphyses plus ou moins distinctes. Les spores sont fusiformes, ellipsoïdes ou sphériques, mais rarement. Les spermogonies, immergées dans le thalle, sont éparses, et elles sont pourvues de stérigmates articulés (arthrostérigmates). Les Parméliés se trouvent un peu partout; ils sont saxicoles ou corticoles. Quelques espèces même se trouvent indifféremment sur les végétaux et sur les rochers. Ils ont été divisées en trois sous-tribus : les *Sticteæ* (*Stictina, Sticta* et *Ricasolia*), les *Imbricarieæ* (*Everniopsis, Parmelia*), les *Physcieæ* (*Physcia*). Acharius en avait fait trois divisions : *Lobaria, Circinaria, Physcia;* elles n'ont pas été admises dans les classifications qui résultent des découvertes de M. Nylander. Payer avait placé dans cette famille les genres *Lecanora, Peltigera, Gyalecta* et *Dorina*, qui doivent en être écartés, les trois premiers du moins. Les Parméliées ont des affinités avec certaines espèces des genres *Pannaria, Squamaria, Psoroma*. Cent cinquante espèces environ constituent cette grande famille. Un tiers environ se trouvent en Europe. (Voy. NYL., *Syn. Meth. Lich.*, 332.) [CH. M.]

PARMELIOPSIS (NYL. ex LAM. D. LA CH., p. 38). Genre de Lichens, de la famille des Parméliés, appartenant au groupe des Lichens dont le *Parmelia physodes* serait le principal type. [CH. M.]

PARMÉNIE. Le Pied de Griffon.

PARMENTIER (A.-A.). Pharmacien militaire, célèbre comme propagateur de la Pomme de terre en France, a écrit, entre autres ouvrages non botaniques, *Le Maïs ou Blé de Turquie, apprécié sous tous ses rapports* [1812], avec un Supplément, par Fr. de Neufchateau [1817]. — Jos. PARMENTIER a donné [1818], à Bruxelles, un Catalogue de ses jardins.

PARMENTIERA (DC., *Prodr.*, IX, 244). Genre de Bignoniacées-Crescentiées, qui a à peu près les fleurs des *Crescentia*, avec le calice spathacé et fendu, une corolle campanulée, 2-labiée, des étamines didynames et un ovaire 2-loculaire à la base ou des placentas pariétaux, 2-lobés. Le fruit est oblong ou allongé, charnu, cortiqué, indéhiscent ou s'ouvrant imparfaitement. Ce sont des arbres glabres, des deux Amériques, à feuilles 1-3-foliolées, à fleurs solitaires ou en cymes sur le bois. Le *P. edulis* DC. a la pulpe du fruit comestible, et le *P. cereifera* SEEM. (*Pala de Velas*) produit beaucoup de cire, employée dans l'Amérique centrale. (H. BN, *Hist. des pl.*, X, 18, 24, 55.)

PARMENTIÈRE. La Pomme de terre.

PARMULARIA (LÉV., in *Ann. sc. nat.* [1846], 287). Genre de Sphéropsidés. La seule espèce, le *P. Styracis*, présente un réceptacle orbiculaire-aplati, contenant de très petits conceptacles globuleux qui ne renferment que des spores linéaires. Il a été trouvé au Brésil, sur des feuilles de *Styrax*. [DE S.]

PARNASSIE. Nom français (LAMK) des *Parnassia* T.

PARNASSIE (*Parnassia* T., *Inst.*, 246, t. 127). Genre qui a donné son nom à une famille des *Parnassiées*, qui a aussi été rapproché à tort des *Drosera*, et qui actuellement est rapporté aux Saxifragacées. Ses fleurs sont régulières, à réceptacle en écuelle, avec 5 sépales, 5 pétales imbriqués et un androcée isostémoné. Dans l'intervalle des étamines il y a 5 écailles multifides, à divisions grêles, terminées par une glande capitée. L'ovaire uniloculaire a 3, 4 placentas pariétaux, ∞-ovulés. Le

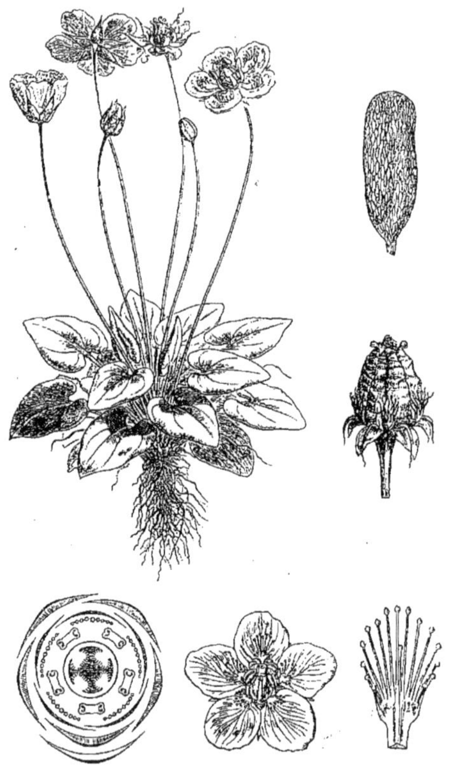

Parnassie. — Port. Fleur. Diagramme. Glande florale. Fruit déhiscent. Graine.

style a aussi 3, 4 branches stigmatifères. Le fruit est capsulaire, 3, 4-valve, polysperme; et les graines, à tégument externe lâche, ont un albumen membraneux ou nul. Ce sont environ 12 herbes de l'hémisphère boréal et des montagnes indiennes, habitant surtout les marais. Elles ont des feuilles basilaires et simples, et des pédoncules uniflores, souvent feuillés. Le *P. palustris* L. est une des plus jolies plantes de nos marais; on l'a vanté comme diurétique, astringent, ophthalmique. Il est rare aux environs immédiats de Paris. (H. BN, *Hist. des pl.*, 339, 431, fig. 382-387.)

PARNASSIOIDES (KOCH, *Syn.*, 479). Syn. de *Monœses* SALISB.

PAROCHETUS (HAM., in *Don Prodr. Fl. nepal.*, 240). Genre de Légumineuses-Papilionacées-Trifoliées, formé d'une petite herbe couchée, à feuilles digitées-3-foliolées, de l'Asie et de l'Afrique tropicales; distingué par une corolle à carène un peu aiguë et une gousse linéaire, finalement turgide, bivalve. (ROYLE, *Ill. himal.*, t. 35. — WIGHT, *Icon.*, t. 483. — H. BN, *Hist. des pl.*, II, 296.)

PAROCHO. A Saint-Domingue, le *Theophrasta americana* L.

PARODIELLA (SPEG., *Fung. Argent.*, I, 178). Genre de Sphériacés, à périthèces sphériques, astomes, noirs, émergés à la base des feuilles. Les thèques claviformes renferment 8 spores didymes, enfumées. Les espèces, presque toutes des régions équatoriales, vivent sur des feuilles de Légumineuses, de Palmiers, etc. [De S.]

PAROLINIA (Webb, in *Ann. sc. nat.*, sér. 2, XIII, 133, t. 3). Genre de Crucifères-Cheiranthées-Arabidinées, formé d'un sous-arbrisseau des Canaries, parfois cultivé dans les serres, et que distingue une silique surmontée de deux cornes fourchues. La plante est de teinte cendrée, chargée de duvet, avec des feuilles linéaires, entières, et des fleurs rares. (H. Bn, *Hist. des pl.*, III, 185, 236, fig. 207, 208.)

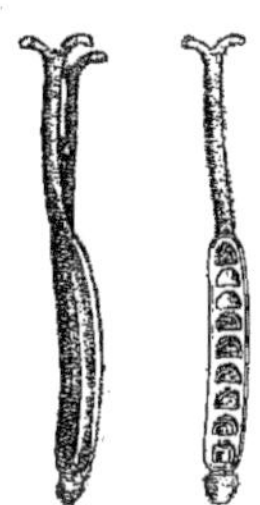

Parolinia. — Fruit, entier et coupe longitudinale.

PAROLINIA (Endl., *Gen.*, Suppl., I, 1372). Synonyme de *Callitris* Vent.

PARONIQUE. Nom français (Lamk) des *Illecebrum* et des *Paronychia* T.

PARONYCHIA. Nom ancien de l'*Aira præcox* L., du *Saxifraga tridactylites* L., etc.

PARONYCHIA (Matth.). L'*Asplenium Ruta muraria* L. Le *P. altera* (Matth.) est le *Polycarpon tetraphyllum* L.

PARONYCHIA (T., *Inst.*, 507, t. 288, part. — J., in *Mém. Mus.*, II, 389). Genre qui a donné son nom au groupe des Paronychiées, voisin des Caryophyllées et des Chénopodiacées, et qui se rapproche beaucoup par l'organisation de ses fleurs de nos *Herniaria*. Seulement leurs sépales ont généralement une arête ou une pointe dorsale qui se détache de leur nervure médiane en dessous du sommet. Leurs étamines sont au nombre de 3-5 ou plus nombreuses que les sépales. Avec ceux-ci et les étamines

Paronychia. — Fleur, entière et coupe longitudinale.

alternent des languettes de nature indéterminée. L'ovaire, surmonté de 2 branches stylaires, renferme un funicule basilaire au sommet duquel s'attache un ovule d'ordinaire ascendant, à micropyle supérieur, et le fruit membraneux s'ouvre longitudinalement de bas en haut. On admet 40 espèces de ce genre, herbes à feuilles opposées, avec des stipules scarieuses, interfoliaires. Les fleurs sont axillaires ou terminales, d'ordinaire disposées en cymes contractées; et elles sont entourées de bractées analogues aux stipules, mais plus développées et qui forment des involucres ordinairement blanchâtres. (Voy. Payer, *Leç. Fam. nat.*, 16. — H. Bn, *Hist. des pl.*, IX, 94, fig. 140, 141.) [H. Bn.]

PARONYCHIA ALTERA (Dod.). Le *Saxifraga tridactylites* L.

PARONYCHIÉES (*Paronychieæ*, *Paronychiaceæ*). Série des Caryophyllacées, à fleurs généralement hermaphrodites, uniformes, souvent involucrées de bractées scarieuses. Pétales peu développés ou 0, hypogynes ou périgynes. Androcée au plus isostémoné. Ovaire uniovulé, à placenta basilaire. Herbes annuelles, vivaces ou frutescentes, à feuilles opposées ou rarement alternes, avec stipules ordinairement alternes. (Genres *Paronychia*, *Herniaria*, *Chætonychia*, *Corrigiola*, *Anychia*, *Siphonychia*, *Sclerocephalus*, *Gymnocarpus*, ? *Lochia*.) (H. Bn, *Hist. des pl.*, IX, 94, 104, 120.)

PARONYCHIELLA (Fr., *Ind. sem. Hort. upsal.* [1858]). Sous-genre du genre *Lepigonum* Fr.

PAROPSIA (Nor., ex Dup.-Th., *Hist. vég. isl. Afr. austr.*, 59, t. 19). Genre de Passiflorées, qui a à peu près les fleurs des *Deidamia*, 4, 5-mères, avec 5-10 étamines, ou une vingtaine, comme dans les *Smeathmannia*, dont nous avons fait une section du genre. L'ovaire est uniloculaire, à 2-5 placentas pariétaux, ∞-ovulés, et le fruit est sec, vésiculeux ou coriace. Ce sont des arbres ou arbustes, à feuilles alternes, à fleurs axillaires, solitaires ou disposées en cymes. Ils habitent l'Afrique tropicale, Madagascar et la Malaisie. (H. Bn, in *Bull. Soc. Linn. Par.*, 303; *Hist. des pl.*, VIII, 473, 486, fig. 323-325.)

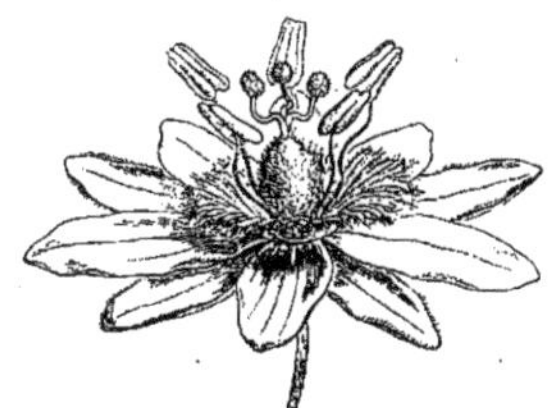

PAROPSIANTHE (H. Bn, in *Bull. Soc. Linn. Par.*, 611). Section du genre *Paropsia* Nor.

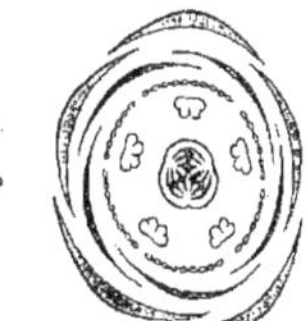

Paropsia. — Fleur, entière et coupe longitudinale. Diagramme.

PAROSELLA (Cav., *Elench. H. matrit.*). Synonyme de *Dalea* L.

PAROTE. Le *Chenopodium ambrosioides* L.

PARQUI (Adans., *Fam.*, II, 219). Synonyme de *Cestrum* L. C'est d'ailleurs le nom chilien des *Cestrum*.

PARRANG. Nom indien de l'*Entada scandens* Benth.

PARROT-BEAK. Synon., à la Nouvelle-Zélande, de *Glory-Pea*.

PARROTIA (C.-A. Mey., *Verz. Pfl. Cauc.*, 46). Genre de Saxifragacées-Hamamélidées, à fleurs analogues à celles des *Hamamelis*, mais à loges ovariennes 1-ovulées, sans corolle et à 5-7 étamines. Ce sont 2 beaux arbres de Perse et du Kashmire, à feuilles crénelées et non persistantes. Leurs fleurs s'épanouissent au printemps, avant les feuilles, et elles sont involucrées. Le *P. persica* se cultive bien dans nos jardins botaniques. (H. Bn, *Hist. des pl.*, III, 459.)

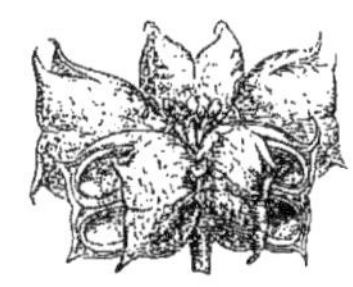

Parrotia. — Fruit déhiscent.

PARRUCA. En Sicile, le *Papyrus*.

PARRY (W.-Edw.). Amiral anglais, a écrit un *Narrative of an attempt to reach the North Pole*, avec un appendice botanique dû à W. Hooker [1828].

PARRYA (R. Br., in *Parr. Voy. App.*, 268). Genre de Crucifères-Cheiranthées, formé d'une dizaine de petites herbes arctiques ou de l'Asie du Nord, voisines des *Matthiola*, cespiteuses, scapigères, à racine épaisse, à grandes fleurs souvent roses; le fruit comprimé, court et large, ou étroit et allongé; les valves planes et 1-nerves. (Leder., *Ic. Fl. ross.*, t. 86. — Hook., *Fl. bor.-amer.*, I, t. 15. — H. Bn, *Hist. des pl.*, III, 237.)

PARSACRE. L'*Œnanthe crocata* L.

PARSKIUS (Fr.). Auteur [1728] de *Rosa aurea omnique ævo sacra* (in-4 de 46 p.).

PARSLEY. Nom anglais du Persil.

PARSONS (Jam.). Médecin de Londres [1705-1770], a écrit [1745] *The microscopical theatre of seeds*, ouvrage dont les dessins sont dans la collection Banks, au *British Museum*.

PARSONSIA (R. Br., in *Mem. Werner. Soc.*, I, 64). Genre d'Apocynacées, qui comprend pour nous les *Lyonsia* et *Thenardia* et qui a des fleurs à périanthe légèrement périgyne; la corolle hypocratérimorphe, avec des lobes tordus, mais non, comme on l'a dit, véritablement valvaire. Les étamines ont des filets plus ou moins longs, collés en gaine autour du style. Il y a un disque périgyne et un ovaire à 2 loges ∞-ovulées. Le fruit se sépare finalement, dans un grand nombre d'espèces, en 2 follicules, et les graines sont aigrettées. Ce sont environ 50 lianes ou arbustes dressés, de l'Asie, de l'Océanie et du Mexique où l'on en connaît déjà 2 espèces. (H. BN, in *Bull. Soc. Linn. Par.*, 765, 819; *Hist. des pl.*, X, 200.)

PARSSTY. Le *Cardiospermum Halicacabum* L.

PARST. Sorte de bière, qu'en Pologne et en Lithuanie les pauvres fabriquent avec la Grande-Berce.

PARTHÈNE. Nom français (LAMK) des *Parthenium* L.

PARTHENIASTRUM (NISS., in *Act. par.* [1711], t. 13). Section (DC.) du genre *Parthenium* L.

PARTHENICE (TORR. et GR., in *Pl. Wright.*, II, 85). Section du genre *Parthenium* L. (H. BN, *Hist. des pl.*, VIII, 233.)

PARTHENICHÆTA (DC., *Prodr.*, V, 532). Section du genre *Parthenium* L.

PARTHENION. Nom grec de la Mercuriale.

PARTHENIS. Nom ancien de l'Armoise.

PARTHENIUM (HIPPOCR.). La Matricaire commune.

PARTHENIUM (L., *Gen.*, n. 1058). Genre de Composées-Hélianthées, formé de 5, 6 plantes herbacées ou frutescentes, d'Amérique ; distingué par des feuilles alternes, entières ou pennées-disséquées; des capitules en cymes corymbiformes ; des fruits comprimés, assez épais, sans aigrette; les bords nerviformes se détachant de la base jusqu'au milieu et adhérant aux paillettes du disque. Le *P. Hysterophorus* L. est médicinal; on le cultive parfois dans nos jardins botaniques. (W., *H. berol.*, t. 4. — H. B. K., *Nov. gen. et spec.*, IV, t. 391. — *Bot. Mag.*, t. 2275. — H. BN, *Hist. des pl.*, VIII, 233.)

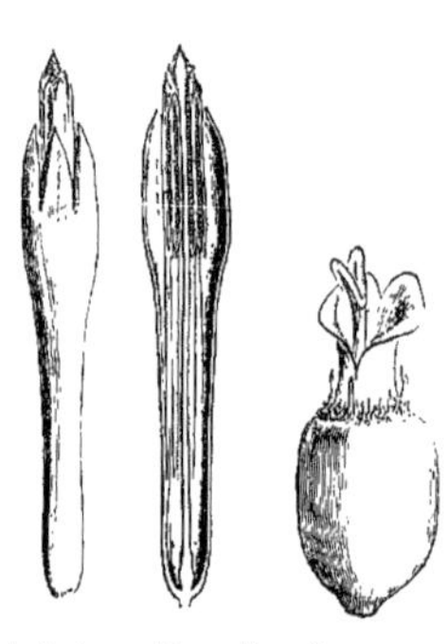

Parthenium. — Fleur mâle, entière et coupe longitudinale. Fleur femelle.

PARTHENIUM (MICHELI, *Nov. gen.*, t. 29). Synonyme de *Matricaria* T.

PARTHÉNOGÉNÈSE. Fécondité sans fécondation. Le *Cœlebogyne*, souvent cité comme exemple concluant de parthénogénèse, n'est pas *parthénogène*, quelle que soit la façon dont on expliquera le mode de formation de ses embryons. (Voy. H. BN, in *Adansonia*, I, 124.)

PARTHENOPSIS (KELL., in *Proc. Calif. Acad.*, V, 100). Synonyme (B. H.) de *Venegazia* DC.

PARTHENOXYLON (BL., *Mus. lugd.-bat.*, I, 322). Synonyme de *Cinnamomum* BL. Le genre a été établi pour le *Sassafras Parthenoxylon* NEES.

PARTHENOXYS (ENDL., *Gen.*, 1172). Section du g. *Oxalis* L.

PARTITE (*partitus*). Organe divisé jusqu'à sa base en plusieurs parties. *Calyx* 5-*partitus* est un calice divisé en 5 sépales jusqu'en bas. De même pour les feuilles, quand leur limbe est partagé jusqu'à la nervure médiane ou à peu près, sans qu'elles soient cependant composées.

PARTITION. Les divisions des organes partites, notamment des appendices. Il peut y avoir aussi *partition* des axes; mais elle n'existe pas dans bien des cas où on l'a admise, par exemple dans les Vignes, etc.

PARTSCH (Paul). Auteur, à Vienne [1826], d'un ouvrage sur les éruptions de l'île Meleda, qui traite (p. 19-22) des plantes de cette île.

PARURU. Nom tamanaque de la Banane.

PARVATIA (DCNE, in *Arch. Mus.*, I, 190, t. 12 A). Genre de Berbéridacées-Lardizabalées, à fleurs monoïques, semblables à celles des *Lardizabala*; les ovules nombreux insérés sur les parois latérales des carpelles et plongés dans des poils pulpeux. Les fruits sont des baies ovoïdes. C'est un arbuste grimpant, de l'Inde, à feuilles trifoliolées, à grappes axillaires. (H. BN, *Hist. des pl.*, III, 44, 71.)

PARYPHANTHA (SALISB., in *Linnæa*, XVII, 235). Synonyme de *Thryptomene* ENDL.

PARYPOSPHÆRA (KARST., *Fl. columb.*, II, 7, t. 104). Synonyme de *Parkia* R. BR.

PASAC. Nom, aux Philippines, des *Pygeum* GÆRTN.

PASA DE RIO-NEGRO. Nom, au Brésil, du *Geoffroya Bredemeyeri* B. H., qui donne un bon bois d'ébénisterie.

PASANIA (ŒRST., in *Liebm. Chên. Amer. trop.*, 20). Section du genre *Quercus* T. (MIQ., *Fl. ind.-bat.*, I, 848.)

PASAO. Nom, aux Philippines, des *Corchorus* L.

PASAS. En Espagne, le Raisin.

PASCALIA (ORTEG., *Dec.*, 39, t. 4). Section du genre *Verbesina* L. (H. BN, *Hist. des pl.*, VIII, 205.)

PASCAN. Variété de Vigne.

PASCANADE. L'*Œnanthe pimpinelloides* L.

PASCHANTHUS (BURCH., *Trav.*, I, 543). Syn. de *Modecca* LAMK.

PASCO. A Sierra-Leone, le *Pachylobus* DON.

PAS D'ANE. Le *Petasites* (*Tussilago*) *Farfara* H. BN.

PAS DE CHEVAL. Le Tussilage et le *Cacalia alpina* L.

PAS DE LION. L'*Helleborus fœtidus* L.

PASEWA. Nom persan d'un suc brun qui se sépare du latex reposé des Pavots à opium.

PASI DEL MONTE. Nom argentin du *Philibertia rotata* GRISEB.

PASINA (ADANS., *Fam.*, II, 189). Synonyme de *Horminum* L.

PASINI (Ant.). A composé [1592], à Bergame, *Annotazioni ed emendazioni nella tradittione de P.-A. Matthioli*, etc.

PASITHEA (DON, in *Edinb. New Phil. Journ.*, XIII, 236). Genre de Liliacées-Asphodélées, formé d'une herbe vivace du Chili, à rhizome court; les fleurs en grappe lâche, composée; le périanthe 6-mère, marcescent; l'ovaire posé sur un disque charnu et surmonté d'un style à 3 lobes courts. Chacune des 3 loges renferme 4 ovules, et le fruit est capsulaire. (R. et PAV., *Fl. per.*, t. 299, fig. b.) [H. BN.]

PASO DE RIO-NEGRO. Nom, au Brésil, du *Geoffroya superba* K.

PASOTE. Au Pérou, le *Chenopodium ambrosioides* L.

PASPAL. Nom français (LAMK) des *Paspalum* L.

PASPALE (*Paspalum* L., *Gen.*, n. 75). Genre de Graminées-Panicées, formé d'environ 150 herbes de toutes les régions chaudes et tempérées des deux mondes; distingué par des inflorescences à divisions dites simples et spiciformes, portant en réalité des épillets au delà desquels l'axe ne se prolonge pas, sessiles ou subsessiles, alternes ou groupés par paires, subdistiques ou unilatéraux sur le rachis. Les fleurs ont 3 étamines et un gynécée à 2 styles plumeux. Autour se trouvent « 2, 3 glumes », suivant les auteurs les plus récents, dont 2 vides membraneuses, qui sont les véritables glumes pour les auteurs plus anciens, et dont l'extérieure peut être réduite à de faibles dimensions ou faire complètement défaut. L'intérieure (glumelle extérieure) est plus ou moins concave et, bientôt indurée, entoure la paillette (glumelle postérieure). Le port est très variable. Les épillets sont d'ordinaire 2-sériés, mais ils peuvent aussi paraître disposés sur 1 ou 4 séries. On les divise (B. H.) en *Eupaspalum*, *Anastrophus* et *Cabrera*. (PAL.-BEAUV., *Agrost.*, 10, t. 5, fig. 3. — STEUD., *Syn. pl. glum.*, I, 16. — GREN. et GODR., *Fl. de Fr.*, III, 482.) [H. B.]

PASPALON. Nom grec du *Panicum italicum* L.

PASSA. Raisins séchés au soleil.

PASSÆA (ADANS., *Fam.*, II, 509). Synonyme de *Euononis* DC.

PASSÆA (H. BN, *Et. gén. Euphorbiac.*, 507, t. 18). Genre d'Euphorbiacées uniovulées. Syn. (B. H.) de *Bernardia* P. BR.

PASSÆUS. Nom latinisé de Crispin du Pas, célèbre par son *Hortus floridus*, publié à Arnheim en 1614 (17). Il a aussi écrit un livre rare : *Cognoscite lilia agri quomodo crescant, non laborant neque nent*, etc. L'ouvrage contient quelques figures de plantes accompagnées de leurs noms en diverses langues.

PASSALIA (SOLAND. — R. BR., in *Tuck. Congo*, 440). Synonyme de *Rinorea* AUBL.

PASSALORA (Fr. et Mont., in *Ann. sc. nat.*, sér. 2, VI, 31). Genre d'Hyphomycètes, dont le mycélium se développe à l'intérieur du tissu des feuilles. Les filaments fertiles, allongés, filiformes, enchevêtrés, olivâtres, portent à leur sommet des conidies oblongues ou obclaviformes de même couleur. On en décrit deux espèces européennes, qui vivent sur les feuilles d'Aulne. [De S.]

Passiflore. — Rameau florifère. Fleur, coupe longitudinale. Fruit, coupe longitudinale. Graine, entière et coupe longitudinale, avec et sans l'arille.

PASSALOSTROBUS (Endl., *Syn. Conif.*, 278). Genre de Cupressinées fossiles. (Ad. Br., in *Dict. d'Orb.*, XIII, 122?)

PASSAVERIA (Mart., ex Eichl., *Fl. bras.*, VII, 85, t. 38, f. 47, fig. 1-3). Synonyme de *Ecclinusa* Mart.

PASSE-FLEUR. Synonyme de Pulsatille.

PASSE-FLEUR SAUVAGE. Le *Lychnis dioica* L.

PASSE-PIERRE. Le *Crithmum maritimum* L. et le *Salicornia herbacea* L.

PASSERAGE (GRANDE). Le *Lepidium latifolium* L.

PASSERAGE (PETITE). Le *Lepidium Iberis* L.

PASSERAGE SAUVAGE. Le *Lepidium ruderale* L. et le *Cardamine pratensis* L.

PASSERINA (L., *Gen.*, n. 489). Genre de Thyméléacées-Thymélées, formé de 4 arbustes éricoïdes, de l'Afrique australe; distingué par un périanthe urcéolé, à 4 lobes égaux au tube; 4 étamines exsertes; pas de disque et un ovaire uniovulé, surmonté d'un style filiforme, à sommet stigmatifère globuleux. Les feuilles sont opposées, et les fleurs sont disposées en épis terminaux. (H. Bn, *Hist. des pl.*, VI, 134.)

Passerina. — Branche florifère.

PASSERINE. Le *Passerina Stellera* Ram.

PASSERINI (Valent.). A décrit en vers [1684] les plantes par lui trouvées sur le Monte Baldo (Trente, in-12).

PASSERINULA (Sacc., *Grevill.*, IV, 21). Genre d'Hypocréacés, à périthèces céracés, de couleur pâle, nichés dans les tissus qu'ils habitent et d'où émergent les ostioles allongés. Les thèques, entourées d'un grand nombre de paraphyses, contiennent 8 spores ovoïdes, biloculaires, d'un brun verdâtre pâle. Une espèce parasite sur les stromas ou les périthèces de divers Pyrénomycètes, aux environs de Trévise. [De S.]

PASSE-ROSE. La Rose-trémière.

PASSEROUS. Le *Valerianella coronata* DC.

PASSE-SATIN. Le *Lunaria annua* L.

PASSE-VELOURS. Le *Celosia paniculata* L.

PASSIA BALSAM. Nom, à Sainte-Croix, du Basilic.

PASSIFLORACÉES (*Passifloraceæ* Lindl.). Famille établie par A.-L. de Jussieu pour les Passiflores et les genres voisins, à fleurs hermaphrodites ou unisexuées, pétalées ou apétales, à réceptacle convexe ou un peu concave, à ovaire supère, souvent stipité, avec placentas pariétaux ∞-ovulés. La famille comprend 17 genres, disposés en 4 séries : Passiflorées, Modeccées, Achariées et Malesherbiées. (Voy. H. Bn, *Hist. des pl.*, VIII, 469, 481.)

PASSIFLORE (*Passiflora* L.). Genre de Dicotylédones-Dialypétales, à fleurs régulières, ordinairement 5-mères; le réceptacle concave, portant sur ses bords le périanthe et se relevant au centre en une colonne qui porte l'androcée et le gynécée. Les périanthes sont imbriqués. Les étamines entourent comme d'une collerette la base de l'ovaire et ont des anthères oscillantes, à deux loges. L'ovaire uniloculaire a 3 placentas pariétaux, ∞-ovulés, et est surmonté de 3 styles à extrémité renflée. Le sommet de l'ovaire est *acropylé* (H. Bn, in *Congr. bot. Pétersb.* [1884]). Le réceptacle de la fleur se développe en plusieurs collerettes colorées, très variables de forme. Il y en a parfois jusqu'à 5, fort inégales. Le fruit est une baie, rarement sèche et déhiscente à la fin, et les graines albuminées sont arillées. L'arille ombilical est charnu, coloré, souvent sapide. Il y a environ 150 Passiflores, asiatiques, australiennes et surtout américaines, généralement grimpantes, pourvues de vrilles, de nature axile, qui portent les fleurs près de leur base. Leurs feuilles sont alternes, entières, dentées, lobées ou partites, avec ou sans stipules. On cultive beaucoup comme ornemental le *P. cœrulea* L., et, dans les serres, d'autres espèces. Beaucoup ont le fruit comestible. D'autres sont médicinales. (H. Bn, *Hist. des pl.*, VIII, 469, 483, 485, fig. 317-322; in *Bull. Soc. Linn. Par.*, 521.)

PASSIFLORÉES (*Passifloreæ*). Série des Passifloracées, caractérisée par des fleurs hermaphrodites, à réceptacle cupuliforme, portant sur ses bords, outre le périanthe, simple ou double, une ou plusieurs couronnes (disques). Gynécée sessile ou stipité. Style simple ou à 3-5 branches. Graines ordinairement un peu aplaties. (H. Bn, *Hist. des pl.*, VIII, 481.)

PASSION-FLOWER. Nom anglais des Passiflores.

PASSIPOMA (Dochn., *Obstk.*, I, 288). « Genre » de Pommiers.

PASSOURA (Aubl., *Guian.*, Suppl., 21, t. 380). Synonyme de *Rinorea* Aubl.

PASSOWIA (Karst., in *Bot. Zeit.* [1852], 305). Synonyme de *Loranthus* L.

PASSULA. Nom officinal ancien des Raisins secs.

PASTA SCIRINGA (Mich., *Nov. gen. pl.*, 204). Nom donné aux Helvelles.

PASTÉ. Le Baume-Coq.

PASTEL (*Isatis* T., *Inst.*, 211, t. 100). Genre de Crucifères, formé d'herbes annuelles ou bisannuelles, de l'Europe, l'Asie et l'Afrique, à 4 sépales égaux à la base; les étamines non dentées. Fruit linéaire-oblong, ovale, orbiculaire ou en coin, non

Pastel. — Fleur, entière et coupe longitudinale. Fruits, entier, ouvert artificiellement et coupe longitudinale.

déhiscent, dur au centre, avec un bord coriace ou foliacé. L'embryon a des cotylédons incombants ou rarement accombants. L'*I. tinctoria* L. est célèbre comme plante à matière colorante bleue. (H. Bn, *Hist. des pl.*, III, 199, 258, fig. 257-262.)

PASTENADE. Nom vulgaire du Panais cultivé.

PASTENADE CULTIVÉE, P. BLANCHE. Noms du Panais.

PASTENADE MARINE. Nom ancien du *Crithmum maritimum* L.

PASTENADE, PASTONADE. La Carotte sauvage.

PASTENAGA. Nom languedocien du Panais.

PASTENAILLE. Nom vulgaire du Panais cultivé

PASTENARGA, PASTENARGO. N. languedociens de la Carotte.

PASTÈQUE. Fruit du *Citrullus vulgaris* Schrad., souvent usité comme comestible dans les pays chauds et même dans le midi de l'Europe. Sa chair blanche ou rose est rafraîchissante, douce, aromatique. Ses graines, rouges, violacées ou noirâtres, faisaient autrefois partie des *Semences froides* des officines. M. Naudin rapporte comme synonymes au *C. vulgaris* les *C. amarus*, *amarissimus*, *cafer*, *laciniosus*. [H. Bn.]

PASTILLA. Nom d'un *Styrax* colombien, qui produit le Storax de Bogota de Guibourt.

PASTINACA (T., *Inst.*, 319, t. 170). Genre d'Ombellifères, dont on ne fait plus aujourd'hui qu'une série du genre *Peucedanum*. (Voy. H. Bn, *Hist. des pl.*, VII, 97, fig. 83, 84.)

PASTINACA MARINA (Pen.). Le *Crithmum maritimum* L.

PASTINACA SYLVESTRIS (Matth.). La Carotte sauvage.

PASTISSON, PASTISSOU. En Languedoc, le *Cucurbita Melopepo* L.

PASTOREA (Tod., in *Bert. Fl. ital.*, X, 520). Synonyme de *Ionopsidium* Reichb.

PASTORIA BURSA (Dod.). La Bourse à pasteur.

PASZULY. Nom magyar des *Phaseolus* L.

PATABEA (Aubl., *Guian.*, I, 110, t. 43). Section du genre *Uragoga* L., à capitules de cymes, entourés de larges bractées ordinairement colorées. (H. Bn, *Hist. des pl.*, VII, 283.)

PATACAS. Nom espagnol du Topinambour.

PATACHE. En Italie, le Topinambour.

PATADE. Dans l'Anjou, la Pomme de terre.

PATA DE GALINA. Nom languedocien du *Potentilla reptans* L.

PATA DE GALLARETA. Le *Cinchona cordifolia* Mut.

PATA DE GALLINAZO. Nom indigène des *Cinchona suberosa*, *coccinea*, etc.

PATADEGALLO. Nom vulgaire mexicain de l'*Amaryllis formosissima* L.

PATA DE LEON. Nom chilien du *Sanicula liberta* Cham.

PATAGHI. Le bois de Sappan.

PATAGONELLE-VALÉRIANE. Synonyme de *Patagon*.

PATAGON (HERBE A). Le *Boherhaavia diffusa* L.

PATAGONICA (Dill., *Hort. eltham.*, 304). Synonyme de *Patagonula* L.

PATAGONIUM (E. Mey., *Comm.*, 122). Syn. de *Æschynomene* L.

PATAGONULA (L., *Gen.*, n. 208). Genre de Boraginacées-Cordiées, très voisin des *Cordia* et formé de 2 arbustes du Brésil; distingué par l'accroissement autour du fruit de ses 5 sépales qui s'étalent en étoile. (H. Bn, *Hist. des pl.*, X, 396.)

PATAGUA. Nom vernaculaire, au Chili, du *Crinodendron Patagua* Mol.

PATAGUA (Pœpp., ex H. Bn, in *Adansonia*, X, 49). Genre rapporté (B. H., *Gen.*, III, 180) aux *Orites* R. Br.

PATALAS DE LA MANCHE. La Pomme de terre.

PATALE A DURAND. Le *Convolvulus maritimus* Lamk.

PATALOS. En Languedoc, le Grand Soleil.

PATAOUA. Palmier de la Guyane.

PATARA. Nom (?), à Taïti, des *Trichosanthes* L.

PATAROLA (Leman, in *Dict.*, XXXVIII, 73). Synonyme de *Candollea* Radd.

PATATA. Au Pérou, la Pomme de terre.

PATATA DI PURGA. Le *Convolvulus operculatus* Gom.

PATATAS BLANCAS. En Espagne, le Topinambour.

PATATE A DURAND. A Maurice, le *Convolvulus Pes capræ*.

PATATE DE LA MANCHE. La Pomme de terre.

PATATE DES JARDINS, DE VIRGINIE. La Pomme de terre.

PATATE DOUCE. Le *Batatas vulgaris* Chois.

PATCHOULY. Nom vulgaire du *Pogostemon Patchouly* Pell. (*P. intermedium* Benth.).

PATÉ, PASTÉ. La Menthe-Coq.

PATELLA (Chev., *Fl. Par.*, I, 302). — Voy. PATELLARIA.

PATELLARIA (Esenb. — Gray, *Arr. brit. pl.*, I, 664). Synonyme de *Peziza* Dill.

PATELLARIA (Fries, *Lich. eur.*, III, 131). Section du genre *Parmelia* Achar.

PATELLARIA (Hedw. — Fr., *Observ.*, 2, 313; *Syst. myc.*, II, 158). Genre de Discomycètes, confondu avant Fries avec les Lichens ou les Pezizes. Les espèces fimicoles ou lignicoles ont un petit réceptacle patelliforme à hyménium lisse et devenant pulvérulent à la suite de la destruction des thèques. Les spores brunes sont biloculaires ou pluriloculaires. [De S.]

PATELLARIA (Hoff., *Pl. Lich.*, VI, fig. 2). Sixième tribu des Lichens crustacés, que Acharius a admis dans son *Prodromus*. De Candolle a admis également ce genre, que nous devons considérer comme devant, pour la plupart des espèces, appartenir aux Lichens-Lécidinés. [Ch. M.]

PATELLARIACÆ (Mtgne, *Explor. scient. Algér.*). Tribu

des Discomycètes, de la section des *Cupulati*, ayant pour type le genre *Patellaria*.

PATELLASTRUM (DC., *Fl. franç.*, 2, 345). Lichens crustacés. Synonyme de *Patellaria* HEDW.

PATELLASTRUM (MATH., *Fl. Belg.*, II, 132). Section du genre *Patellaria* HEDW.

PATELLEA (FR., *Syst. mycol.*, II, 149). XIIe tribu des Pezizés, série des *Phialea*, comprenant les espèces à cupule sessile, plate, à bord entier proéminent, tenace; à thèques étroites; lignicoles ou caulicoles. [DE S.]

PATELLINA (SPEG., *Fung. Argent.*, III, n. 164). Genre de Tuberculariés, à pulvinules cupulés, charnus, céracés. Les conidies, sphériques ou ovales, hyalines, sont portées sur des sporophores filiformes. Cinq espèces, sur les écorces ou le bois pourris, à Buenos-Aires, en Algérie, en France et Italie. [DE S.]

PATENOTIER. Le *Staphylea pinnata* L.

PATENOTIER D'ITALIE. L'Azederach.

PATER NOSTER. Les graines du *Canna indica* L. et celles du *Cardiospermum Halicacabum* L.

PATERNOSTER STRAUCH. Nom allemand de l'*Abrus precatorius* L.

PATERNOSTRERA. En Espagne, le *Withania frutescens* PAUQ.

PATERSONIA (R. BR., *Prodr.*, 303). Genre d'Iridacées-Sisyrinchiées, formé d'une vingtaine d'herbes vivaces, australiennes; distingué par des fleurs à tube grêle; les lobes extérieurs du périanthe larges et étalés; les intérieurs dressés, petits ou nuls. Les étamines sont 1-adelphes, et le style souvent articulé. On cultive quelques-unes de ces plantes. (ENDL., *Iconogr.*, t. 50. — *Bot. Mag.*, t. 1041, 2677.) [H. BN.]

PATHOLOGIE VÉGÉTALE. Partie de la botanique qui traite des maladies des plantes.

PATIENCE AQUATIQUE, P. DES MARAIS. Le *Rumex Hydrolapathum* W.

PATIENCE DES ALPES. Le *Rumex alpinus* L.

PATIENCE DES MARAIS. Le *Rumex Hydrolapathum* L.

PATIENCE (GRANDE). Le *Rumex Patientia* L.

PATIENCE SAUVAGE. Le *Rumex crispus* L.

PATILA (ADANS., *Fam.*, II, 5). Syn. (?) de *Thelephora* PERS.

PATIMA (AUBL., *Guian.*, I, 196, t. 77). Section du genre *Sabicea* AUBL., à calice tronqué, entier; à lobes de la corolle aigus, à cinq loges ovariennes incomplètes. (H. BN, *Hist. des pl.*, VII, 320, 451, n. 111, fig. 310.)

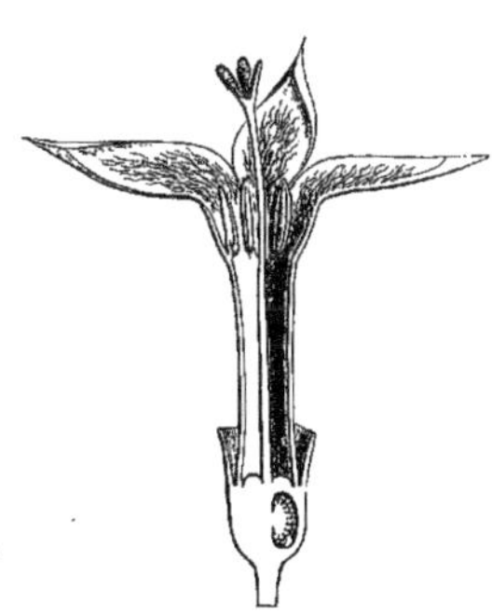

Patima. — Fleur, coupe longitudinale.

PATIME. Nom français (LAMK) des *Patima* AUBL.

PATINELLA (SACC., *Grevil.* [1875], IV, 22; *Fung. venet.*, ser. 4, 29). Genre de Discomycètes, à cupule céracée, tenace, aplatie, sessile; la marge mince, glabre. L'hyménium présente des thèques cylindriques, entremêlées de paraphyses filiformes, hyalines, portant à leur sommet des cellules sphériques, fuligineuses, caduques, considérées par M. Saccardo comme des conidies. Les spores ovales sont hyalines. Une seule espèce, observée sur le bois de Hêtre décortiqué, à Trévise, figurée dans SACCARDO, *Fung. ital.*, fasc. I, fig. 3. [DE S.]

PATIRAJA. A Ceylan, le *Pedalium Murex* L.

PATISSE. Le *Lolium perenne* L.

PATISSON. Variété de Courge.

PATLISANA. A Constantinople, la Mélongène.

PATMAWORTS (LINDL.). Synonyme de *Rafflesiaceæ*.

PATOLE. Le *Trichosanthes anguina* L.

PATONIA (WIGHT, *Ill.*, I, 19, part.). Syn. de *Cargillia* R. BR.

PATOSTE. Nom, à Tabasco, des graines du *Guazuma tomentosa* H. B. K.

PATOUILLARDIA (ROUM., *Rev. mycol.* [1885], 177). Genre de Tuberculariés, à pulvinules globuleux, ombiliqués, souvent entourés à la base d'un mycélium furfuracé. Les conidies ovoïdes, hyalines, sont disposées en chapelets fasciculés au sommet des sporophores ramifiés. On en connaît une espèce française, observée sur des pétioles desséchés et marcescents d'*Asplenium trichomanes*. [DE S.]

PATOUILLARDIELLA (SPEG., *Fung. Puiggariani*, I [1889], 242). Genre de Tuberculariées, formé par une espèce de *Tubercularia* à pulvinules céracés, presque diffluents, et à conidies hyalines et didymes; elle vient au Brésil sur les rameaux et les feuilles d'une Sapindacée.

PATRANGA. Nom sanscrit du *Swietenia febrifuga* ROXB.

PATRAQUE. Variété de Pomme de terre.

PATRIN (Eug.-Louis-Melch.). Né et mort près de Lyon [1742-1815]. Jussieu lui a dédié le genre *Patrinia*. (*N. Nord. Beitr.*, II, 365; IV, 163.)

PATRINIA (DON, *Prodr. Fl. nepal.*, 159). Synonyme de *Nardostachys* DC.

PATRINIA (J., in *Ann. Mus.*, X, 311). Genre de Valérianacées, dont les fleurs irrégulières ont un petit calice irrégulier, entier, sinué ou à dents obtuses; une corolle à 5 lobes presque égaux, imbriqués, puis étalés; des étamines au nombre de 4 (rarement 2 ou 5, dit-on), insérées sur la corolle, inégales, et un ovaire infère à 3 loges. Une seule d'entre elles est fertile et renferme un ovule également fertile. Les deux autres sont vides et ne renferment qu'un ovule rudimentaire descendant. Le style est à peu près entier au sommet. Le fruit, sec et indéhiscent, est souvent pourvu d'une bractée aiguë, 2-nerve, réticulée, apprimée; et les loges stériles sont presque égales ou même plus grandes que la fertile qui renferme une graine descendante, à embryon charnu, sans albumen, avec la radicule supère, plus courte que les cotylédons. Ce sont, au nombre de 2, 3, des herbes vivaces de l'Asie tempérée, centrale et orientale, à feuilles opposées, 1 ou 2 fois pinnatifides ou pinnatiséquées : les inférieures parfois entières ou à peu près; à fleurs blanches ou jaunes, petites, disposées en grappes terminales de cymes. On les cultive quelquefois. (Voy. *Hist. des pl.*, VII, 506, 510, n. 2, fig. 400.) [H. BN.]

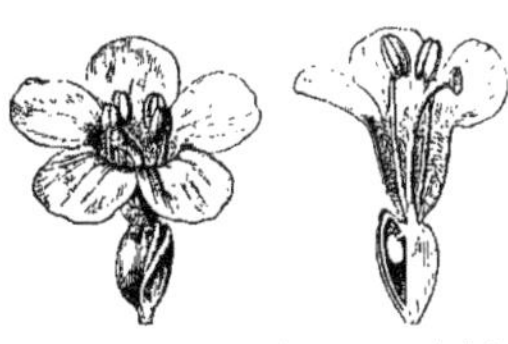

Patrinia. — Fleur, entière et coupe longitudinale.

PATRINIA (RAFIN., in *Journ. phys.*, LXXXIX, 97). Synonyme (?) de *Sophora* L.

PATRIS (J.-B.), à qui Richard a dédié le genre *Patrisia*, a écrit un *Essai sur l'histoire naturelle et médicale du Cassie* (in *Journ. phys.*, IX, 140).

PATRISIA (RICH., in *Act. Soc. Hist. nat. Par.*, 110). Synonyme de *Ryania* VAHL.

PATRISIA (ROHR ex R. BL., *Congo*). Syn. de *Dichapetalum*.

PATRIZI (Franc.). Botaniste romain [1529-1597], peu connu. (E. MEY., *Gesch. d. Bot.*, IV, 420.)

PATROCLES (SALISB., *Gen.*). Synonyme de *Narcissus* T.

PATSJOTTI (ADANS., *Fam.*, II, 84). Syn. de *Strumpfia* JACQ.

PATSONESCHNI. En Russie, les fruits du Soleil.

PATTARA (ADANS., *Fam.*, II, 447). Synonyme de *Embelia* J.

PATTE D'ALEUS. Le *Clavaria coralloides* L.

PATTE D'ALOUETTE. Le *Geranium Robertianum* L.

PATTE D'ARAIGNÉE. Les Nigelles.

PATTE DE LAPIN. L'*Alchemilla vulgaris* L.

PATTE DE LIÈVRE. Le *Trifolium arvense* L.

PATTE DE LIÈVRE. L'*Ochroma Lagopus* Sw.

PATTE DE LION. L'Alchemille.

PATTE DE LOUP. La Grande-Berce.

PATTE DE LOUP. Le Chèvrefeuille commun.

PATTE DE LOUP. Le *Lycopodium clavatum* L.

PATTE DE LOUP. Le *Ranunculus acris* L.

PATTE DE LOUP, PIED DE LOUP. Le Lycope d'Europe.

PATTE DE PIGEON. La Quintefeuille.

PATTE DE POULE. Le *Panicum Crus-galli* L.

PATTE D'OIE. Synonyme d'Ansérine.

PATTE D'OIE TRIANGULAIRE. Le *Blitum Bonus-Henricus* L.

PATTE D'OIE VRAIE. Le *Chenopodium murale* L.

PATTE D'OURS. L'*Acanthus mollis* L., le Pied de Griffon.

PATTE, PIED DE LOUP. Le *Sarghassum vulgare* AGH.

PATTE TEHENKOL. Le *Mucuna prurita* HOOK.

PATTONCINO (MICH., *Nov. gen. pl.*, 158). Nom vulgaire d'un Agaric qui pourrait se rapporter à l'*A. coronillus* BULL.

PATTONIA (WIGHT, *Icon.*, t. 1750). Synonyme de *Grammatophyllum* BL.

PATUBO. Nom, aux Philippines, des *Cycas* L.

PATURE DE CHAMEAU. L'*Andropogon Schœnanthus* L.

PATURIN. Nom français des *Poa* et du *Glyceria fluitans* PAL.-BEAUV.

PATURON. Nom de l'*Agaricus procerus* SCOP. et de l'*Agaricus campestris* L.

PATURON. Synonyme de Potiron.

PATYA (NECK., *Elem.*, I, 296). Synonyme (part.) de *Verbena*.

PATZISIRANDRA. Nom, à la Floride, du *Cyperus articulatus* L., employé dans ce pays comme tonique.

PAU DE SANGUE. Le *Pterocarpus erinaceus* LAMK?

PAUL D'ÉGINE, auquel Linné a dédié le genre *Æginetia*, a traité de plusieurs questions de botanique médicale. (E. MEY., *Gesch. Bot.*, II, 412.)

PAULÈNE. Synonyme de Palène.

PAULET (J.-Jacq.). Né à Auduze en 1740 et mort à Fontainebleau en 1826, a beaucoup étudié les Champignons et a laissé sur ces végétaux un grand ouvrage : *Traité des Champignons* [1793-1835], 2 vol. in-4, avec atlas de 217 pl. col. Il a aussi écrit une *Faune et Flore de Virgile* [1824] et Examen d'un ouvrage qui a pour titre : « *Illustrationes Theophrasti* ». Léveillé a publié en 1855 une *Iconographie des Champignons* de Paulet, recueil de 217 pl., etc.

PAULETIA (CAV., *Icon.*, V, 5, t. 409, 410). Syn. de *Bauhinia* L.

PAULI (Adr.). Médecin de Dantzig, a écrit *Decas problematum de plantis* [1614].

PAULIA (FÉE, in *Linnæa* [1835], X, 472). Genre de Lichens gélatineux, de la famille des Collemacés, tribu des Collemés, caractérisé par un thalle plan, foliacé, fixé par un ombilic central et par des apothécies endocarpées. Les spores sont ellipsoïdes, incolores ; l'épispore épais. La gélatine hyméniale n'est pas teinte par l'iode. Ce genre a beaucoup d'affinités avec le *Synalissa*. Le thalle a de l'analogie avec la fronde du *Coccochloris*. (Voy. NYL., *Synops. Meth. Lich.*, 98.) [CH. M.]

PAULINIA (GLED.). Pour *Paullinia* L.

PAULLI (Simon). Célèbre par son *Quadripartitum botanicum*, publié à Rostock en 1639, est aussi l'auteur d'un *Flora danica* [1648] et des *Viridaria varia regia* [1653]. — Joh. PAULLI a publié à Copenhague [1761] *Dansk œconomisk urte-bog*.

PAULLINI (Chr.-Fr.). Médecin d'Eisenach [1643-1712], a écrit : *Dissertatio botanica de Chamæmoro norvegica* [1676] ; *Sacra herba, sive nobilis Salvia* [1688] ; *De Jalapa Liber singularis* [1700] ; *De Theriaca cœlesti* [1701] ; Μοοχοκαρυογραφία, *seu Nucis moschatæ curiosa descriptio* [1704].

Paullinia. — Fleur, entière et coupe longitudinale.

PAULLINIA (L., *Gen.*, n. 331). Genre de Sapindacées-Pancoviées, formé d'une centaine d'arbustes volubiles de l'Amérique tropicale et de l'Afrique, distingué dans le groupe des genres à fruit 3-valve, sphérique ou piriforme, par un fruit de cette dernière forme, septicide. Les feuilles sont composées-pennées ou 1-3-ternées, et les inflorescences axillaires sont souvent cirrhifères. Le *P. sorbilis* MART. est célèbre comme produisant le *Guarana*. (H. BN, *Hist. des pl.*, V, 361, 416 ; *Tr. Bot. méd. phanér.*, 967, fig. 2738, 2739.)

PAULME-DIEU. Nom ancien du Ricin.

PAULO-WILHELMIA (HOCHST., in *Flora* [1844], *Beibl.*, 4). Section du genre *Ruellia* L. (H. BN, *Hist. des pl.*, XI, 409.)

PAULO-WILHELMIA (HOCHST., in *Flora* [1844], I, 17). Synonyme de *Glinus* L.

PAULOWNIA (SIEB. et ZUCC., *Fl. jap.*, I, 25, t. 10). Genre de Scrofulariacées-Chélonées, formé d'un seul arbre du Japon,

Paulownia. — Branche florifère.

le *P. tomentosa* (*P. imperialis* S. et ZUCC.), qui est le *Bignonia tomentosa* de Kæmpfer, et qui est cultivé chez nous comme ornemental depuis un demi-siècle. Ses grandes et belles fleurs précoces, violettes, à odeur suave, sont caractérisées par un calice obtus, 5-fide, imbriqué ; une corolle à limbe oblique ; les lobes peu inégaux et imbriqués ; un androcée 2-dyname, inclus. Son fruit est une capsule ovoïde-acuminée, loculicide, à graines nombreuses et ailées, disséminées tardivement par l'atmosphère. (H. BN, *Hist. des pl.*, IX, 385, 433, fig. 531, 532.)

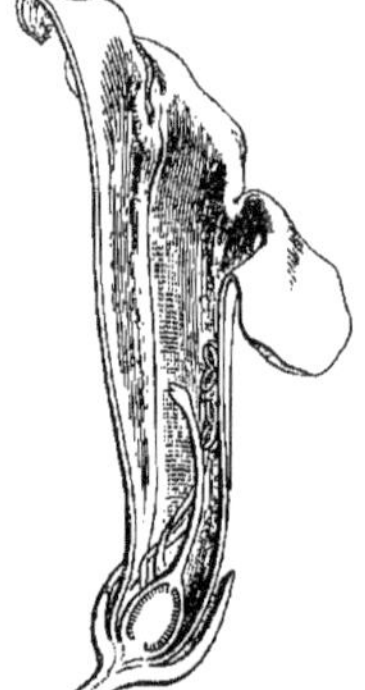

Paulownia. — Fleur, coupe longitudinale.

PAUME-DIEU. Le Ricin commun.

PAUMELLE. L'*Hordeum distichon* L.

PAUMELLE. Synonyme de Coulemelle.

PAUMOULO. En Provence, l'*Hordeum distichon* L.

PAUQUY (Ch.-L.-Const.). Auteur d'une thèse sur la Belladone [1825], où il a étudié quelques autres genres de Solanacées, a écrit [1831] une *Statistique botanique ou Flore du département de la Somme et des environs de Paris.* (*Cat. sc. pap.*, IV, 782.)

PAURIDIA (HARV., *Gen. pl. Fl. cap.*, ed. 1, 341). Genre d'Hypoxidées, mal connu, fondé sur un *Ixia* du Cap (THUNB., *Diss.*, n. 2, t. 1) et distingué par un périanthe à tube court, un ovaire sans bec et 1-3 divisions stylaires linéaires. L'androcée est dit 3-andre. (BAK., in *Journ. Linn. Soc.*, XVII, 125.) [H. BN.]

PAURIDIANTHA (HOOK. F., *Gen.*, II, 69, n. 114). Section du genre *Urophyllum* JACK, à inflorescences pauciflores, à gynécée dicarpellé et à loges ovariennes incomplètes. Espèce de l'Afrique tropicale occidentale. (H. BN, *Hist. des plant.*, VII, 320, 453.)

PAUROCOTYLIS (BERK., *Fl. N. Zel.*, 188). Genre de Lycoperdacés, à péridium mince et dur, voisin des *Arachnion*. La gleba floconneuse présente un petit nombre de grandes alvéoles sinueuses, dont la surface est couverte de spores, grandes, globuleuses, pédicellées, en général lisses, échinulées dans une seule espèce qui est épixyle. Les trois autres sont épigées. Toutes sont exotiques. [DE S.]

PAVÉE. Le *Digitalis purpurea* L.

PAVEL. Nom indien du *Momordica Charantia* L.

PAVETTA (L., *Gen.* [1737], n. 132). Section du genre *Ixora*, considérée par beaucoup d'auteurs comme un genre distinct, et qui, entre autres caractères inconstants, a été distinguée des *Ixora* proprement dits par les bractéoles florales insérées plus ou moins haut sur le pédicelle, et non sous l'ovaire; par la forme, la longueur du style, etc. (Voy. *Hist. des plant.*, VII, 279, 407, fig. 257-259.) [H. BN.]

PAVI. Nom, à Taïti, de l'*Ipomœa maritima* R. BR.

PAVIA. Aux Philippines, le *Momordica Charantia* L.

PAVIA (POIR., *Dict.*, V, 93). Section du genre *Æsculus* L.

PAVIE. Nom français (LAMK) des *Pavia* POIR.

Pavots. — Branches florifères. Fleurs, entières et coupe longitudinale. Fruits déhiscents. Graines, entières et coupes longitudinales.

PAUSANDRA (RDLKF., in *Flora* [1870], 92, t. 2). Genre d'Euphorbiacées uniovulées, établi pour un arbuste de l'Amérique tropicale, à fleurs dioïques, pétalées; le calice mâle sinué-lobé, avec un disque et 5-7 étamines à loges adnées à un large connectif. La fleur femelle est inconnue, et le fruit 3-coque. On connaît 2, 3 espèces de ce genre bien voisin des *Argythamnia*. (H. BN, in *Adansonia*, XI, 91; *Hist. des pl.*, V, 183.)

PAUSOMYRTUS (RADLK., in *Deutsch. Bot. Ges.* [1884], II, 262). Section du genre *Bæckea* L.

PAUTSAUVIA (J., in *Mém. Mus.*, III, 443). Syn. de *Marlea* ROXB.

PAVAME. Nom, en Floride, du Sassafras.

PAVANA. Le *Croton Tiglium* L.

PAVARELLA. En Italie, le Mouron blanc.

PAVARINA. En Italie, l'*Alsine media* L.

PAVATE (RAY. — ADANS., *Fam.*, II, 145). Syn. de *Pavetta* L.

PAVÉ. Le *Prunus Armeniaca dulcis* et l'*Iris Pseudo-Acorus* L.

PAVIE. Synonyme de Presset.

PAVIE. Variété de pêches, à chair ferme.

PAVINDA (THUNB., herb.). Synonyme de *Audouinia* AD. BR.

PAVON (José). Surtout connu par sa collaboration avec Ruiz (voy. ce mot), a écrit une *Dissertation* sur les genres *Toraria*, *Actinophyllum*, *Araucaria* et *Salmia* [1791].

PAVON. Nom français des *Pavonia* CAV.

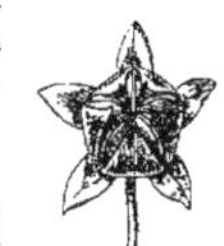

Pavonia. — Fleur.

PAVONIA (CAV., *Diss.*, III, 132, t. 45-47, 49). Genre de Malvacées-Urénées, formé d'une soixantaine d'arbustes ou herbes de toutes les régions chaudes; distingué par des fleurs accompagnées de 5-8 bractées formant calicule, herbacées, linéaires ou sétiformes, libres ou connées. Le fruit est formé de 1-3 carpelles, nus ou aristés, ou muriqués, mais non glochidiés. On en cultive quelques-uns dans nos jardins botaniques. Quelques-uns sont remarquables par la réduction de leur androcée à 5 étamines, mais non dans toutes les fleurs. (H. Bn, in *Adansonia*, II, 176; *Hist. des pl.*, IV, 147.)

PAVONIA (R. et Pav., *Fl. per. et chil. Prodr.*, 128, t. 28; *Syst.*, 253). Synonyme de *Laurelia* J.

PAVOT (*Papaver* T., *Inst.*, 237, t. 119, 120). Genre qui a donné son nom à la famille des Papavéracées. Ses fleurs sont 2- ou plus rarement 3-mères, à réceptacle conique, à sépales tordus ou imbriqués, fugaces. Sa corolle est double, formée de 4 ou 6 pétales 2-sériés, imbriqués et corrugués. Les étamines hypogynes sont en nombre indéfini; les filets libres et les anthères basifixes, à 2 loges extrorses. L'ovaire, supporté par un pied, est uniloculaire, avec 4-∞ placentas pariétaux très proéminents et ∞-ovulés. Le style est court et épais, dilaté en une sorte de tête peltée sur laquelle se dessinent autant de sillons stigmatifères qu'il y a de placentas. Le fruit est sec, déhiscent ou non par des panneaux triangulaires, à la base du style. Les graines, nombreuses, réniformes et scrobiculées, renferment un embryon arqué, dans un albumen riche en matière grasse (l'huile d'Œillette). Ce sont, au nombre de 15 environ, des herbes vivaces ou annuelles, de toutes les régions tempérées et sous-tropicales du globe. Leurs feuilles sont alternes, souvent glauques, parfois hispides, ordinairement lobées ou disséquées; leurs fleurs sont terminales, pédonculées; les boutons penchés. Le P. à opium est célèbre par son latex, qui existe dans toute la plante, sauf la graine, et qui, concrété, devient brun. C'est le *P. somniferum album*. La var. *nigrum* (à graines souvent noirâtres) est riche aussi en opium; c'est la véritable Œillette. Les Coquelicots sont nos *P. Rhœas*, *hybridum*, *Argemone*, *dubium*, peut-être orientaux et introduits avec les céréales. Les *P. orientale* et *bracteatum* ont les fleurs 3-mères. (H. Bn, *Hist. des pl.*, 111, 135, 140, fig. 113-124; *Tr. Bot. méd. phanér.*, 725.)

PAVOT AVEUGLE. Les variétés du P. somnifère à capsule indéhiscente.

PAVOT-COQ. Nom vulgaire du Coquelicot.

PAVOT CORNU. Les *Glaucium*.

PAVOT ÉPINEUX, P. DU MEXIQUE. L'*Argemone mexicana* L.

PAVOT ROUGE. Le Coquelicot.

PAXARILLA. En Espagne, l'Ancolie.

PAXILLUS (Fr., *Gen. Hymen.*, 8; *Epicr.* 2ᵉ, 400). Genre d'Agaricinés, dans lequel M. Saccardo comprend le nouveau genre *Lepista*. Les spores sont colorées depuis le blanc sale jusqu'à l'ocracé ferrugineux. Le réceptacle charnu présente un chapeau à marge involutée, souvent ombiliqué ou déprimé, à lamelles décurrentes, anastomosées ou légèrement ramifiées. Le pied solide, plein, le plus souvent central, est parfois excentrique, latéral ou nul. Une trentaine d'espèces, la plupart épigées, quelques-unes épixyles, habitent les régions septentrionales de l'Europe, de l'Amérique, l'Australie et l'Inde. [Dr S.]

PAXTON (Sir Jos.). Ingénieur-horticulteur anglais [1802-1865], architecte du Palais de Cristal de Londres, a dirigé, de 1834 à 1849, la publication du *Magazine of Botany and Register of flowering plants*. Il a publié aussi, avec J. Harrisson, *The Horticultural Register*, et, avec J. Lindley, un *Botanical Dictionary* [1840 et 1868].

PAXTONIA (Lindl., *Bot. Reg.* [1838], t. 60). Synonyme de *Spathoglottis* Bl.

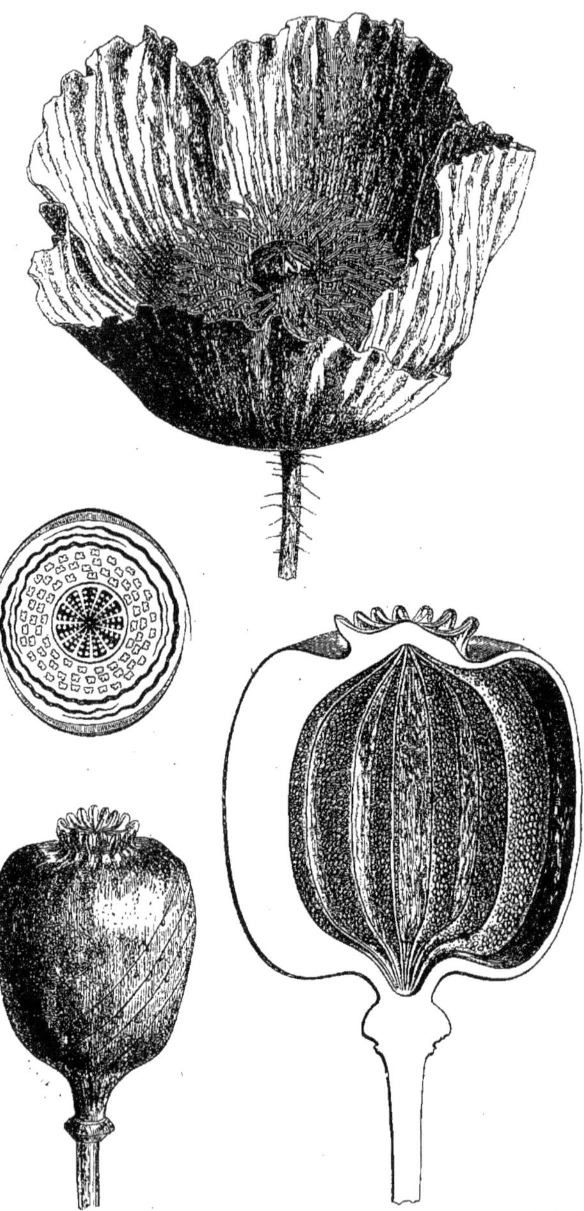

Pavot. — Fleur. Diagramme floral. Fruit, coupe longitudinale. Fruit incisé pour l'extraction de l'opium.

PAYCO. Plante médicinale du Pérou (Monard., *Drog.*, 203), diurétique, employée contre les affections de la vessie.

PAYEN (Ans.). Chimiste français [1795-1871], auteur de grands travaux de chimie végétale, a surtout écrit un *Mémoire* *sur l'Amidon* [1839] et des *Mémoires sur les développements des végétaux* [1842]. (*Cat. sc. pap.*, IV, 783.)

PAYENA (A. DC., *Prodr.*, VIII, 196). Genre de Sapotacées, mal défini, formé d'une douzaine d'arbres de la Malaisie, distingués pour le moment par un calice 4-mère, une corolle 8-lobée et environ 16 étamines. Les graines sont pourvues d'un albumen. Ce genre, mal délimité, a besoin d'une revision attentive. Plusieurs de ses espèces donnent de la *Gutta-percha*. [H. Bn.]

PAYER (Jean-Baptiste). Botaniste éminent, naquit à Asfeld (Ardennes), le 3 février 1818, et mourut à Paris, le 5 septembre 1860. Homme d'un esprit pénétrant et cultivé, remarquable à la fois par la justesse de ses conceptions, la profondeur et la variété de ses connaissances, la finesse de son tact et son exactitude achevée dans l'observation scientifique, il s'est toujours, quoi qu'il entreprît, rapidement élevé au premier rang. Aussi le voit-on successivement physiologiste et organogéniste hors ligne; taxonomiste consommé; professeur du premier mérite à la Faculté des sciences et à l'École normale; secrétaire général du ministère des affaires étrangères; député aux assemblées constituante et législative, et membre de l'Académie des sciences.

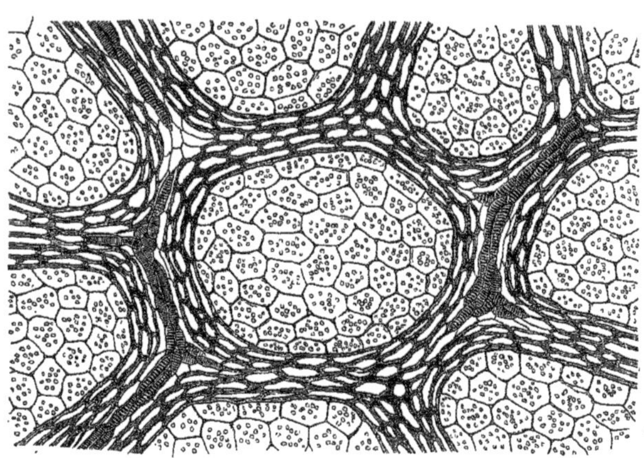

Pavot. — Laticifères du jeune fruit.

Sa famille n'avait pas rêvé pour lui d'aussi hautes destinées. Si elle se réjouissait des succès universitaires qu'il obtint, de 1830 à 1836, au collège de Reims, c'est qu'elle comptait bien qu'il en tirerait un grand secours pour devenir dans sa province un notaire intègre et éclairé. Aussi l'envoya-t-on prendre ses inscriptions à la Faculté de droit de Paris, en même temps qu'il entrait dans une étude d'avoué. Le jeune clerc ne se sentait pas parfaitement à l'aise au milieu des dossiers, et il paraît qu'il oubliait quelquefois la procédure pour songer en cachette aux charmes des sciences naturelles, qui l'avaient attiré dès son enfance. Non pas qu'avec ses aptitudes universelles il éprouvât quelque difficulté dans l'étude de la jurisprudence. Il contentait son patron, qui lui prédisait dès lors un rang honorable parmi les officiers ministériels. Ses succès à l'École de droit n'étaient point contestés. Il en sortait licencié en 1840, et notre jeune avocat rêvait même alors les triomphes de l'éloquence; car il mit beaucoup d'ardeur à se faire admettre à l'une de ces *parlottes*, où la jeunesse d'élite préludait, mais à lances émoussées, aux luttes de la tribune constitutionelle.

Ce qui prouve d'ailleurs son goût pour les sciences, c'est qu'il subit à la fois et avec un plein succès, en 1838, les licences ès sciences naturelles et ès sciences mathématiques. La manière brillante dont il se tira de ce double examen fit à la Sorbonne quelque sensation. Mais elle eut cela de bon surtout qu'elle attira sur Payer l'attention de Thénard et d'Orfila. Ces deux savants, si remarquables déjà par leur immense talent, avaient en outre ce mérite, devenu plus rare à notre époque, qu'ils regardaient comme un devoir imprescriptible d'encourager le mérite naissant et d'aller même au-devant de lui; se faisant de la sorte comme les pourvoyeurs de l'avenir, en assurant les destinées de la science qu'illustraient leurs magnifiques travaux. Ils s'étonnèrent à bon droit qu'un clerc de notaire montrât tant d'aptitude pour l'algèbre et la botanique, et ils s'efforcèrent de lui démontrer que sa véritable voie était celle des sciences naturelles.

Payer se laissa facilement convaincre, et il eut tout d'abord cette bonne fortune qu'en s'engageant dans cette carrière, il y rencontra deux hommes qui furent à cette époque l'honneur de la botanique : savants aimables et bienveillants, travailleurs obstinés, dévoués par-dessus toutes choses à la science qu'ils cultivaient avec tant d'éclat; nous avons nommé Brisseau de Mirbel et Auguste de Saint-Hilaire. C'est d'après les conseils de Mirbel que Payer entreprit de vérifier bon nombre des expériences physiologiques dont les résultats sont consignés dans les ouvrages de Hales, de Mussenbroeck, de Knight et de Saussure. Telle fut l'origine de ses importants travaux sur la direction des tiges, des racines des plantes, sur l'action de la lumière, de la chaleur sur les végétaux, sur la germination, etc. Il préparait en même temps sa thèse pour le doctorat ès sciences, sur un sujet beaucoup plus général : « *La forme considérée dans ses rapports avec l'organisme* ». Il soutint cette thèse, en juin 1840, avec beaucoup d'éclat, et ce fut pour lui l'occasion d'une nouvelle faveur. Le ministre de l'Instruction publique, M. Cousin, venait d'organiser l'agrégation près les facultés des sciences, et Payer voulait concourir; mais il était trop jeune. Il lui fallut obtenir une dispense d'âge qu'on ne se repentit pas de lui avoir accordée; car le président du jury, dans le rapport qu'il eut à faire sur son compte, s'exprima en ces termes : « M. Payer est un jeune homme de vingt-deux ans qui, par un travail de botanique, a déjà obtenu l'approbation de l'Académie des sciences. Dans le concours, il s'est particulièrement distingué dans l'épreuve écrite. Le jury a reconnu dans ce jeune naturaliste une grande facilité de conception et des qualités d'après lesquelles on peut espérer qu'il deviendra un jour un professeur distingué. » Payer a largement justifié ces espérances. Immédiatement il fut nommé agrégé près les Facultés des sciences des départements et envoyé la même année à Rennes, comme professeur de minéralogie et de géologie. Il y plut tout d'abord par ce grand talent d'exposition et cette netteté qui ont toujours caractérisé son enseignement. Mais la géologie n'était pas sa science de prédilection et il regrettait vivement d'être si éloigné de M. de Mirbel et de Paris. Il se hâta d'y revenir, en apprenant que la place de maître des conférences pour la botanique était vacante à l'École normale. On fut heureux, sur la recommandation de ses maîtres, de lui confier cette chaire, qu'il a occupée pendant dix-huit ans avec autant de dignité que de talent et, l'année suivante, c'est-à-dire en 1842, il monta dans celle de la Faculté des sciences de Paris. M. de Mirbel sentait qu'il avait besoin de repos et pendant sept années consécutives il présenta Payer comme son suppléant aux suffrages de ses collègues. Ceux-ci lui firent bon accueil, malgré sa jeunesse ; il n'avait que vingt-quatre ans. Il plut à Paris, comme il avait fait à Rennes, par les qualités de son esprit et de sa parole. Ses leçons lui coûtaient cependant peu d'efforts et ne l'empêchaient point de se livrer à un travail assidu. Il étudiait la médecine et la pharmacie, de façon qu'il put, en 1844, passer sa thèse de pharmacien. Il avait choisi pour sujet de cette thèse l'importante question des *Classifications et des méthodes en histoire naturelle*. C'est un de ses plus remarquables travaux, et les méthodes de Linné, d'Adanson et de A.-L. de Jussieu y sont comparées et jugées avec une grande indépendance d'esprit et une singulière élévation d'idées. Cette dissertation lui fit quelques adversaires, et parmi les plus haut placés; mais nous avons entre les mains des lettres qui prouvent que ceux-là mêmes en reconnurent tout le mérite qui ne pouvaient pas en partager toutes les opinions.

C'est à cette époque qu'il conçut un dessein où se révèlent pleinement les tendances de son esprit et la nature de son éducation scientifique : celui de réunir dans un seul ouvrage toutes les observations qu'il pourrait faire sur le développement des organes floraux. Auguste de Saint-Hilaire avait consacré une grande partie de sa carrière à la recherche de la signification morphologique des divers organes des plantes. De Mirbel ne s'était livré avec tant d'ardeur à l'étude du développement des tissus que pour appliquer les résultats de ses recherches à l'évolution même des feuilles, des fleurs et des fruits. L'impulsion une fois donnée, plusieurs botanistes, en France MM. Guillard, Duchartre, en Allemagne MM. Schleiden et Vogel, s'engagèrent avec ardeur dans cette voie des études organogéniques qui, comme l'a si bien dit Ad. Brongniart, « appliquées successivement à des organes variés et à des plantes de familles diverses, doivent jeter beaucoup de jour sur l'organisation végétale, et permettre d'apprécier l'exactitude des différentes théories sur la constitution des plantes et de quelques-uns de leurs organes ». Quant à Payer, il se mit à étudier organogéniquement toutes les plantes qui fleurissent chez nous et à comparer sous ce rapport les nombreuses familles du règne végétal. Tâche immense, qui eût effrayé tout autre esprit que le sien. « J'ai rencontré, dit-il lui-même, dans le cours de ces travaux, bien des difficultés de toutes sortes, soit pour trouver sur la plante les états successifs de développement que je recherchais, soit pour porter le scalpel dans ces fleurs rudimentaires, parfois si petites, sans blesser les parties qui les constituent, soit enfin pour voir nettement ce que j'avais sous les yeux de manière à n'être trompé par aucune des illusions d'optique qui accompagnent fréquemment des observations si délicates. Et ces difficultés étaient d'autant plus sérieuses et pénibles, qu'elles se renouvelaient avec chaque plante et exigeaient ainsi chaque jour de nouveaux procédés et de nouveaux efforts. » Ceux qui le connaissaient savaient bien qu'il ne se laisserait rebuter par aucun de ces obstacles; ceux qui liront le *Traité d'Organogénie comparée de la fleur*, son ouvrage capital, sauront qu'il les a tous surmontés.

Les graves événements de février 1848 l'arrachèrent tout d'un coup à ses études de prédilection. Le jour même où la République est proclamée, on trouve Payer aux côtés de l'homme qui fut en ces jours de crise la gloire et le salut de notre pays, Payer dont Lamartine a dit « dont je ne savais pas même le nom, mais dont j'admirais l'exaltation froide devant le danger et le recueillement au milieu du tumulte; caractère des hommes de crise ». Il n'y a d'ailleurs qu'à laisser parler le grand poëte pour savoir quel fut le rôle de Payer dans ces moments difficiles. Le soir du 24 février, nous voyons Lamartine « sortant à minuit de l'Hôtel de Ville sans être reconnu. Il était accompagné de Payer..., compagnon des dangers du jour, qu'il ne connaissait pas quelques heures auparavant. » Ensemble ils s'en allaient haranguer, calmer, rassurer la multitude. Lamartine, bientôt nommé ministre des affaires étrangères, « prit sur le champ de bataille le chef de son cabinet particulier. C'était Payer, qui n'avait pas quitté l'Hôtel de Ville, la table du conseil, ou les pas de Lamartine aux moments les plus critiques, depuis le 24 au soir; jeune, actif, honnête, intrépide, dévoué. Lamartine le choisit sans le connaître autrement que de vue; il ne s'en repentit pas. Dans une pareille mêlée, les heures comptent pour des années; un éclair vous révèle une aptitude. Quand on met la main sur un homme, on se trompe rarement, parce qu'on prend le caractère en action ». Ce n'est point ici le lieu de raconter tout ce que déploya alors le secrétaire général de courage, d'énergie, de patience, d'activité, pour organiser les différents services de son ministère. Bientôt d'autres devoirs l'absorbèrent tout entier. Le 27 avril, son département, celui des Ardennes, l'envoya siéger comme député à l'Assemblée constituante. Plus tard ce mandat lui fut continué à l'Assemblée législative. On conçoit sans peine dans quel ordre de questions il y rendit le plus de services. On s'en rapportait surtout à lui dans toutes les affaires qui concernaient l'agriculture, l'art forestier, l'enseignement des sciences et leurs applications à l'industrie. Ses collègues l'estimaient; ils l'admirèrent bientôt en le voyant, dans les funestes journées de juin, haranguant des hommes armés sur les barricades et s'efforçant de calmer ces esprits égarés, immobile au milieu des décharges de la mousqueterie. Lorsqu'il descendit la rue Saint-Jacques, nous vîmes qu'une balle avait traversé ses vêtements; il ne s'en était pas aperçu. Les excès de ces fatales journées attristaient profondément l'âme honnête d'un homme qui admirait les institutions républicaines, mais qui les voulait voir s'établir graduellement, sans secousse et sans terreur. D'ailleurs sa santé, longtemps négligée, lui inspirait de sérieuses inquiétudes. Il obtint de se reposer, dans une mission à Madère, mission dont la politique ne fut sans doute que le prétexte. On lui accordait un secrétaire; il choisit comme tel son dessinateur, avec lequel il put étudier quelques-unes des belles plantes de ces climats privilégiés. Ils partirent de Brest, sur l'*Archimède*, en février 1850, et leur retour eut lieu au printemps de 1852, à une époque où la République, disait-il, infidèle à ses propres principes, achevait de se rendre elle-même impossible. Payer eut donc cela de commun avec de Mirbel, son premier maître, que les travaux de la politique le détournèrent de la carrière scientifique. Ils ne l'en détournèrent pas longtemps. Le coup d'État de décembre 1851 le rendit subitement à la science qu'il regrettait toujours et dont il n'avait jamais pu se détacher entièrement. Le lendemain de la dissolution de l'Assemblée, il songea avec bonheur à reprendre ses leçons à l'École normale et à remonter dans cette chaire de la Faculté des sciences où on l'avait remplacé sans le faire oublier. Mais il avait compté sans les offres du pouvoir nouveau. Comme on voulait se l'attacher, on lui fit entrevoir une situation brillante, un poste éminent. Il refusa tout; non qu'il n'eût plus de goût pour l'éclat des affaires publiques, mais par fidélité à des principes qu'il avait hautement proclamés, autant que par égard pour ceux de ses illustres amis que le nouvel état de choses réduisait au silence. C'est en vain que sa place de l'École normale lui fut enlevée; il persista dans ses refus et songea à se pourvoir d'un autre côté. Heureusement qu'une volonté bienfaisante, plus haut placée que celle de ses persécuteurs, lui fit restituer quelque temps après ses deux chaires. Il reprit son enseignement à l'École normale et à la Faculté des sciences; il ne l'a pas quitté depuis. C'est à cette époque qu'il obtint d'une manière définitive cette chaire de botanique de la Sorbonne, qu'il occupait à titre de suppléant depuis 1842. Nous lui avons souvent entendu dire que ce fut l'époque la plus heureuse de sa vie. Il se voyait enfin maître d'une situation qui lui permettait de se consacrer tout entier aux intérêts de la science des végétaux. Un auditoire immense se portait à ses leçons, dont l'intérêt attirait non seulement les botanistes, les étudiants en médecine, mais beaucoup de gens de tout âge et de toutes professions, auxquels il savait rendre la science aimable. Dans l'intervalle de ses leçons on le rencontrait au milieu des parterres de l'École de botanique, au Muséum ou à la Faculté de médecine, prodiguant ses avis à tous ceux qui étudiaient les plantes. C'est là que l'ont connu tous les élèves qu'il a formés. Il recherchait les débutants pour leur aplanir les difficultés de cette science dont il a dit quelque part que « l'amour des plantes est comme l'amour de Dieu qui les a créées : il n'inspire point la jalousie, mais le prosélytisme; l'homme qui l'éprouve n'a d'autre pensée que de le faire éprouver aux autres ». De là sans doute l'accueil si affectueux qu'il fit toujours à ceux qui voulaient apprendre; il disait souvent qu'il leur rendait ce que lui-même avait autrefois reçu de MM. de Mirbel et A. de Saint-Hilaire. C'est encore pour ses élèves qu'il rédigea, en 1857, ses *Éléments de botanique*, dont la première partie a seule paru, et en 1860 ses *Leçons sur les familles naturelles*, dont il n'a publié que les premières livraisons. Ce dernier ouvrage était la reproduction des leçons qu'il avait faites à la Sorbonne et en même temps comme le prodrome d'une sorte de *Genera plantarum* pour lequel il avait fait exécuter beaucoup de dessins qui, grâce à la publication que nous avons pu faire de l'*Histoire des plantes*, ne seront, heureusement, pas perdus pour la science. Payer fut d'ailleurs le botaniste le plus laborieux de notre temps. L'étude était pour lui un besoin de chaque jour. Il revoyait souvent les mêmes faits avant de les publier et il les décrivait toujours en un petit nombre de mots d'une grande clarté. Le nombre de ses travaux est si considérable, que nous ne pouvons en présenter ici qu'une brève énumération. La physiologie végétale lui doit huit mémoires importants: deux *Sur la tendance des tiges vers la lumière* (1842-1844); un *Sur la tendance des racines à fuir la lumière* (1843); un autre *Sur la tendance des tiges à s'enfoncer en terre* (1845); deux sur les *arbres pleureurs* (1846); l'*Histoire de la végétation des Eranthis* (1844) et une grande *Étude sur les mœurs des plantes* (1846). En organographie végétale, il avait débuté par un *Essai sur la nervation des feuilles* (1842). Il continua par un mémoire très important sur la *Rhizotaxie* (1846), des *Études sur les inflorescences anomales*, sur un *Nouveau mode de développement des bulbilles* (1843), les *Vrilles des Cucurbitacées* (1845) et des recherches sur la *Symétrie florale des Crucifères* (1843), des *Renonculacées* (1845) et des *Cucurbitacées* (1845). Outre sa thèse pour le doctorat ès sciences, sur la *Forme considérée dans son rapport avec l'organisme* (1840), et pour la maîtrise en pharmacie, sur les *Classifications et les méthodes en histoire naturelle* (1844), il en composa une sur les *Malvacées* (1852) pour le doctorat en médecine. Il publia encore quelques mémoires de géologie, de botanique appliquée et de zoologie. Mais ses ouvrages les plus importants sont : une *Botanique cryptogamique* (1850), in-8, une édition des *Familles naturelles des plantes* de Michel Adanson (1847), in-8, et du *Cours élémentaire d'histoire naturelle* du même auteur (1845), son grand *Traité d'organogénie comparée de la fleur* (1857) et ses livres classiques inachevés, intitulés : *Éléments de botanique* (1857) et *Leçons sur les familles naturelles des plantes* (1861). L'Académie des sciences couronna dignement, en décembre 1852, d'aussi importants travaux. A la mort de Gaudichaud, Payer fut appelé à lui succéder. Il arrivait ainsi au comble de ses vœux. Rien ne lui manquait : ni une grande autorité parmi ses collègues de l'Institut, ni les douces relations que donne un esprit charmant, ni l'estime qu'impose un beau caractère, ni l'orgueil de sa famille, ni l'affection de quelques élèves dévoués, ni l'espoir de relever bientôt en France une science à laquelle il consacrait tous ses efforts. Tout fut anéanti en un jour. A la suite d'une légère opération qui ne présentait en elle-même aucune gravité, il fut pris d'accidents généraux et succomba trois jours après, le 5 septembre 1860. Ce qu'il avait déjà fait pour la botanique montre assez ce qu'il aurait pu faire encore; car on peut déjà pressentir quelle sera la portée des immenses travaux qu'interrompit sa fin prématurée. On nous pardonnera d'avoir donné à cette notice plus d'étendue qu'aux autres en général, et d'avoir emprunté ce qui précède à la *Biographie universelle*. Mais il s'agissait d'un maître toujours regretté et sans la perte prématurée duquel la botanique française aurait pu être sauvée. [H. BN.]

PAYERA (H. BN, in *Bull. Soc. Linn. Par.*, 178; *Hist. des plant.*, VII, 458, n. 125). Genre de Rubiacées-Génipées, dont les fleurs sont analogues à celles des *Myrioneuron*, 5-mères, avec un ovaire infère, à 2 loges multiovulées, à placenta subsessile, surmonté d'un style long et grêle, à 2 branches. La corolle est 5-lobée, valvaire, entourée de 5 grands lobes calicinaux foliacés et persistants. Le fruit a un péricarpe mince, coriace. Le *P. conspicua* est une plante de Madagascar, glabre, à grandes feuilles opposées, accompagnées de 2 grandes stipules interpétiolaires foliacées. L'inflorescence, placée au bout d'un petit rameau axillaire, portant soit des feuilles, soit leurs stipules, est une cyme composée, capituliforme, à pédicelles courts et dont les divisions finissent par devenir unipares. Elle est enveloppée de 3 paires inégales de bractées formant involucre; de sorte que l'inflorescence est à peu près aussi celle d'un *Cephælis*. [H. BN.]

PAYERIA (H. BN, in *Adansonia*, t. 3). Synonyme de *Quivisia* COMMERS (fleurs anormales, sans étamines).

PAYOTE. Nom, en Cochinchine, du *Nipa fruticans* THUNB.

PAYPAYROLA (AUBL., *Guian.*, I, 249, t. 99). Genre de Violacées, qui a donné son nom à une série des *Paypayrolées*, et

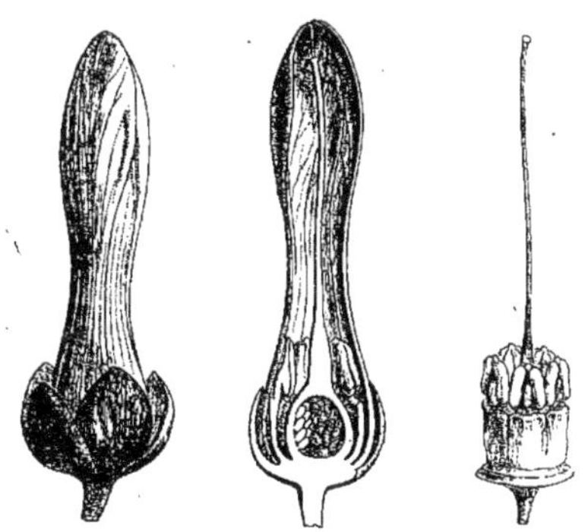

Paypayrola. — Fleur, entière, coupe longitudinale et le périanthe enlevé.

qui est remarquable par sa corolle régulière, à 5 folioles rapprochées en tube ou cohérentes; ses 5 étamines 1-adelphes, et son fruit 3-valve. Ce sont 4, 5 arbres ou arbustes de l'Amérique tropicale, à fleurs en épis ou grappes. (H. BN, *Hist. des pl.*, IV, 333, 348, fig. 353-355.)

PAYROLA (J.). Pour *Paypayrola* AUBL.

PAYROLE. Nom français (LAMK) des *Paypayrola* AUBL.

PEACH-ROOT. Le *Sarcocephalus esculentus* AFZ.

PEACHWOOD. Synonyme de *Logwood*.

PEAL-MOSS. Nom anglais du *Chondrus crispus* LYNGB.

PEARCEA (RGL, in *Gartenflora*, XVI, 388). Section du genre *Isoloma* BENTH.

PEAU DE CITRON. L'*Amanita citrina* PERS.

PEAUTIA (COMMERS., hrb.). Synonyme de *Hortensia* COMMERS.

PEBEROU. En Languedoc, le *Capsicum annuum* L.

PÉBRÉ. Nom languedocien du Gattilier.

PÉBRÉ D'AY. En Languedoc, la Sariette des jardins.

PEBRETTA. Nom provençal du *Boletus piperatus* BULL.

PEC A L'OISEAU. Le *Cardamine pratensis* L.

PECCANA (ALESS.). A écrit : *De commentarii della Scandella* (*Hordeum distichum* L.) *libri* 3 [1622], et *De Chondro et Alica libri* 2 [1627].

PECEGO. Au Benguela, le *Chytranthus Mannii* HOOK. F.

PECEGUEIRA. En Portugal, le Pêcher.

PECHEA (POURR., ex *Steud. Nom.*, I, 449). Syn. de *Crypsis*.

PECHEA (POURR., *Chl. narb.*). Synonyme de *Heleochloa* HOST.

PÊCHECAN. Nom, en Languedoc, du *Boletus luteus* L.

PÊCHE DES NÈGRES. Nom, en Sénégambie, du fruit du *Sarcocephalus edulis* AFZ. dont on mange le fruit composé, principalement formé du réceptacle de l'inflorescence. [H. BN.]

PÊCHER. Section *Persica* du genre *Prunus* T. (H. BN, *Hist. des pl.*, I, 418.)

PÊCHER DES PRÉS. Le *Lysimachia vulgaris* L.

PECHERIE. Synonyme de *Pituri*.

PECHEY (John). Auteur [1694] de *The compleat herbal of physical plants* (in-8 de 349 p.).

PECHUEL-LOESCHEA (O. HOFFM., in *Engl. Jahrb.* [1888], 83). Genre de Composées-Inulées-Pluchéinées, établi pour un sous-arbrisseau d'Hereloland, distingué des *Pluchea* par ses fleurs femelles 1-sériées, son involucre turbiné, ∞-sérié, et ses capitules disposés en ample panicule foliée. [H. BN.]

PECILA (LEPELL., in *Bull. Soc. philom.* [1822], 109). Synonyme de *Æthalium* LINK.

PECKEYA (SCOP., *Introd.*, 143). Synon. de *Coussarea* AUBL.

PECKIA (CLINT., in *Rep. St. Mus. N. York*). Genre de Sphæropsidés, à périthèce sphérique, carbonacé, glabre, contenant des spores hyalines ou teintées de jaune, disposées en chapelet ramifié, souvent enveloppées dans un mucilage qui les réunit. Deux espèces de l'Amérique septentrionale vivent sur des feuilles mortes. [DE S.]

PECKIA (VELL., *Fl. flum.*, 51; Atl., I, t. 134, 135). Synonyme (?) de *Cybianthus* MART.

PECTEN (DUB., *Bot. gall.*, I, 240). Section du genre *Scandix*, à fruit pourvu d'un bec sans côte et comprimé dorsalement.

PECTIDIUM (LESS., in *Linnæa*, VI, 706). Synon. de *Pectis* L.

PECTIDOPSIS (DC., *Prodr.*, V, 98). Synonyme de *Pectis* L.

PECTINARIA (BENTH., *Labiat.*, 127). Section du g. *Hyptis*.

PECTINARIA (HAW., *Syn. pl. succ.*, Suppl., 14). Synonyme de *Piaranthus* R. BR.

PECTINASTRUM (CASS., in *Dict.*, I, 250). Synonyme de *Centaurea* T.

PECTINEA (GÆRTN., *Fruct.*, II, 136, t. 111, fig. 3). Synonyme de *Dodam pana Zeylon* (?).

PECTINELLUM (DC., *Prodr.*, V, 109). Section du g. *Ageratum*.

PECTINIA (REICHB., *Nom.*, 106). Section du genre *Hyptis*.

PECTIS (CASS., in *Dict.*, XXXVIII, 202). Synonyme de *Pectidium* LESS.

PECTIS (L., *Gen.*, n. 963). Genre de Composées-Hélianthées-Hélénićes, formé d'une quarantaine d'herbes américaines; distingué par des capitules radiés, avec les bractées de l'involucre libres; un style allongé, à 2 branches obtuses, très courtes; une aigrette formée de soies, d'écailles ou de paléoles. Les feuilles sont opposées, ciliées à la base, et les capitules sont solitaires ou disposés en cymes corymbiformes. (H. BN, *Hist. des pl.*, VIII, 255.)

PECTOCARYA (DC., in *Meissn. Gen.*, 279). Genre de Boraginacées-Boragées, formé de 4, 5 herbes californiennes et chiliennes; distingué par des fruits formés d'achaines oblongs ou larges, à dos plat ou calathifère, muriqués ou glochidiés, divergents par paires. Ce sont des plantes annuelles. (C. GAY, *Fl. chil.*, t. 52 *bis*. — H. BN, *Hist. des pl.*, X, 380.)

PECTON. Nom ancien de la Grande-Consoude.

PECTOPHYTUM (H. B. K., *Nov. gen. et spec.*, V, 28, t. 425). Synonyme de *Fragosa* R. et PAV.

PECTORARIA (NEES, in *Mart. Fl. bras.*, VII, 150). Section du genre *Leptostachya* NEES.

PECTOTHRIX (A. GRAY, in *Proc. Amer. Acad.*, VII, 44). Synonyme de *Lorentea* ORT.

PECTOTHRIX (A. GRAY, *Pl. Wright.*, I, 83). Sect. du g. *Pectis*.

PEDALI. Nom français (LAMK) des *Pedalium* L.

PÉDALINÉES, PÉDALIACÉES. Famille hétérogène, formée des Martyniées, qui sont des Gesnériacées, et des Pédaliées, Sésamées et Prétréées, rapportées par nous aux Scrofulariacées. (Voy. *Hist. des pl.*, IX, 408; X, 69.) [H. BN.]

PEDALIUM (ADANS., *Fam.*, II, 277). Syn. de *Atraphaxis* L.

PEDALIUM (L., *Gen.*, n. 794). Genre de Scrofulariacées-Sésamées, qui a les fleurs des Sésames, avec un ovaire à 2 loges 2-ovulées. Les ovules sont descendants, avec le micropyle en haut et en dehors. Le fruit est dur, indéhiscent, rétréci à la base et ovoïde-pyramidal, à 4 angles portant à la base une épine conique. Le *P. Murex*, seule espèce du genre, qui était pour Burmann une Jusquiame, est une herbe annuelle de l'Inde et de l'Afrique tropicale, à feuilles opposées et alternes, à petites fleurs axillaires et solitaires. (H. BN, *Hist. des pl.*, IX, 443.)

PEDANE. L'*Onopordon Acanthium* L.

PEDDA GILLAKARA. En télinga, le Fenouil.

PEDDIEA (HARV., in *Hook. Journ. Bot.*, II, 265, t. 10). Genre de Thyméléacées, rapporté aux Aquilariées parce que ses loges ovariennes sont souvent au nombre de 2. Ce sont 3 arbustes de l'Afrique australe et tropicale, à feuilles alternes, à fleurs généralement 4-mères et 8-andres. (H. BN, *Hist. des pl.*, VI, 130.)

PÈ DÈ CAT. Nom languedocien des *Leontopodium*.

PÈ DÉ LÈBRE. Nom languedocien du *Dactylis glomerata* L.

PEDÈRE. Nom français (LAMK) des *Pæderia* L.

PEDGERY. Synonyme de *Pituri*.

PEDIASTRÆE (RABENH., *Flor. europ. Alg.*, III, 68). Famille d'Algues unicellulaires, mais réunies en famille et qui constituent une division des *Protococcaceæ*. Ces Algues diffèrent des *Scenedesmus* par leur forme plane, discoïde, et par leurs cellules associées. On rencontre dans les espèces de ce genre des microgonidies et des macrogonidies qui diffèrent par le nombre, par la forme, par la grandeur, par la durée du mouvement. [CH. M.]

PEDIASTRUM (MEYEN, in *Nov. Act. Leop.-Car.*, XV, pl. II). Genre d'Algues-Desmidiacées. Le caractère essentiel de ces Algues est d'être composées de cellules peu nombreuses, définies et ne constituant pas un filament. La fronde disciforme, rayonnante, nageant librement, est formée d'une couche unique de cellules associées qui paraissent déprimées, polygonales, anguleuses, bilobées. Les lobes sont cunéiformes, simples, bidentés, se développant quelquefois en un productus hyalin. Le cytioderme très ténu est vert à l'origine et homogène; avec le temps il devient granuleux et a une vésicule chlorophyllienne centrale. (Voy. RABENH., *Fl. europ. Alg.*, III, 16.) [CH. M.]

PEDICELLARIA (DC., *Prodr.*, I, 238). Section du g. *Cleome*.

PÉDICELLE (*Pedicellus*). Division du pédoncule (III, p. 120). Les fleurs qui en sont pourvues sont *pédicellées*.

PEDICELLIA (LOUR., *Fl. cochinch.*, 655). Synonyme ? (B. H., *Gen.*, I, 400) de *Mischocarpus* BL.

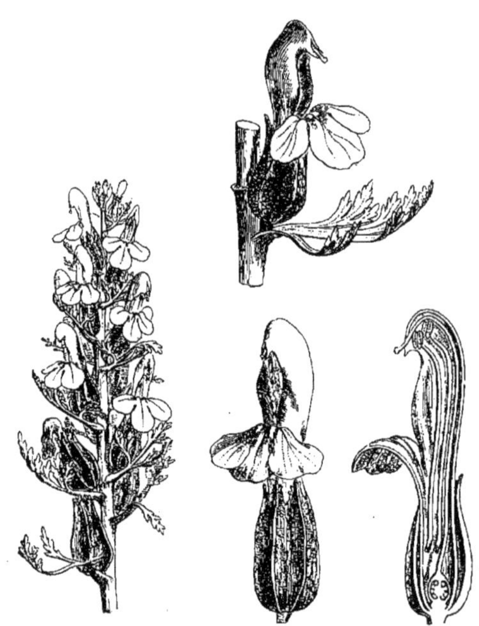

Pédiculaire. — Inflorescence. Fleur, avec et sans sa bractée, et coupe longitudinale.

PÉDICULAIRE (*Pedicularis* T., *Inst.*, 171 (part.), t. 77). Genre de Scrofulariacées parasites, dont on a donné le nom à une tribu des *Pédiculariées*, et qui est voisin des *Rhinanthus*.

Ses fleurs sont distinguées par un calice fendu en avant, découpé de 2-5 dents. La corolle irrégulière a un casque rostré ou obtus. L'androcée est didyname; le fruit capsulaire oblique, souvent oligosperme. Ce sont environ 120 herbes à feuilles opposées ou verticillées, de toutes les régions tempérées. Le nom du genre vient de ce qu'on employait à tuer la vermine nos P. indigènes, les *P. palustris* et *sylvatica*. (H. Bn, *Hist. des pl.*, IX, 402, 411, 477, fig. 587-591.)

PEDICULARIS (*Herba*). La Staphisaigre.

PEDICULAROIDES (Benth., in *Comp. Bot. Mag.*, I, 205). Section du genre *Gerardia* L.

PÉDICULE. Dans les Mousses, synonyme de Soie.

PÉDILANTHE (*Pedilanthus* Neck., *Elem.*, II, 354). Genre d'Euphorbiacées-Euphorbiées, formé de 12-15 arbustes américains, qui sont des plantes grasses et dont la fleur est construite comme celle des Euphorbes, sinon que son périanthe est très irrégulier, décliné ou obliquement urcéolé. (H. Bn, *Et. gén. Euphorbiac.*, 56, 287, t. 3, fig. 1-15; *Hist. des pl.*, V, 178.)

PEDILEA (Lindl., *Orch. sel.*, 27). Syn. de *Microstylis* Nutt.

PEDILONIA (Presl, *Nov. pl. gen.* [1829], c. ic.). Synonyme de *Wachendorfia* L.

PEDILONUM (Bl., *Bijdr.*, 320, t. 36). Syn. de *Dendrobium* Sw.

PEDIVEAU. Les *Arum* et les *Caladium*.

PÉDONCULE. La queue de la fleur.

PEDOVILLA. Plante du Chili (Feuillée, *Pl. med.*, III, 53), vulnéraire et diurétique.

PEDRO-HERNANDEZ. Nom, à la Nouvelle-Grenade, du *Rhus juglandifolia* W.

PEDROSIA (Lowe, in *Hook. Kew Journ.*, VIII, 292). Synonyme (B. H., *Gen.*, I, 491) de *Lotus* L.

PEDUNCULUS. — Voy. PÉDONCULE.

PEE. Camphre de Bornéo, en forme de farine.

PÉE-AMBALAM. Le *Spondias Monbin* L.

PEE DO MORTO. Le *Cratæva religiosa* Vahl.

PÉE-KADEL. Le Manglier.

PEEPUL. Nom du *Ficus religiosa* L.

PEERSAAT. En Allemagne, la Phellandrie.

PEE TUMBA. Le *Justicia echioides* L.

PEGAJOSA. Au Pérou, le *Boehraavia hirsuta* W.

PEGAMEA (Vitm.). Pour *Pagamea* Aubl.

PEGANION. A Narbonne, le *Ruta graveolens* L.

PEGANOIDES (Spach, in *Ann. sc. nat.*, sér. 3, XI, 190). Sous-genre des *Haplophyllum* A. Juss.

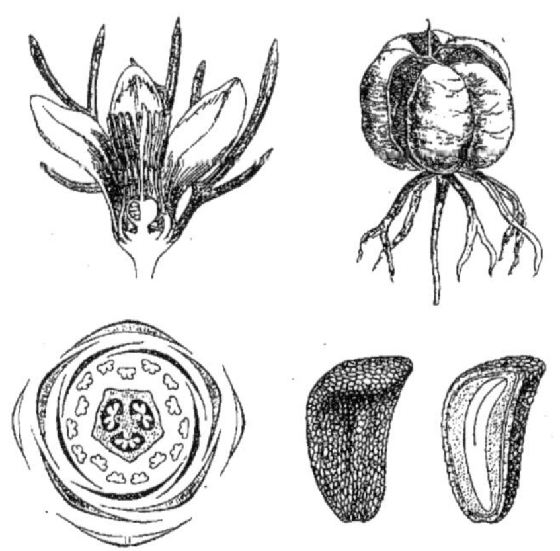

Peganum. — Fleur, coupe longitudinale. Diagramme floral. Fruit déhiscent. Graine, entière et coupe longitudinale.

PEGANUM (L., *Gen.*, n. 601). Genre de Rutacées-Zygophyllées, à fleurs 4, 5-mères; les sépales foliacés, entiers ou pennatifides; la corolle imbriquée ou tordue; l'androcée 3-plostémoné; l'ovaire à 2, 3 loges ∞-ovulées; le fruit sec ou plus ou moins charnu. Ce sont des herbes inodores, de l'Asie occidentale, centrale et tropicale, de la région méditerranéenne et du Mexique, à feuilles alternes, à stipules souvent inégales, à fleurs solitaires et oppositifoliées. Le *P. Harmala* L. (*Armel*) est sudorifique, anthelminthique. Il est cultivé dans nos jardins botaniques. (H. Bn, *Hist. des pl.*, IV, 418, 505, fig. 506-510.)

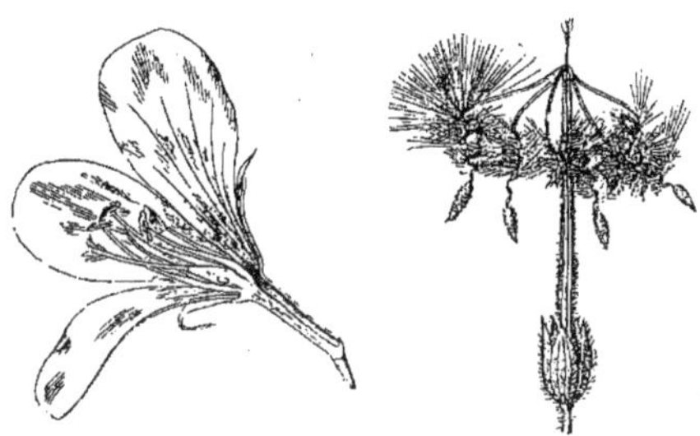

Pelargonium. — Fleur, coupe longitudinale. Fruit déhiscent.

PEGAROPA. Nom vulgaire mexicain du *Mentzelia hispida* Will.

PEGE. Le *Pinus Picea* L.

PEGESIA (Rafin., *Fl. ludov.*, 48). Syn. de *Dasystoma* Benth.

PEGIA (Colebr., in *Trans. Linn. Soc.*, XV, 364). Synonyme de *Tapirira* Aubl.

PEGOLETTIA (Cass., in *Dict.*, XXXVIII, 230). Section du genre *Pulicaria* Gærtn. (H. Bn, *Hist. des pl.*, VIII, 159.)

PEGONIA (Schrad.). Pour *Pogonia* Andr.

PEGRINA. Nom ancien de la Bryone.

PEHEKUL. Nom, dans l'Himalaya, du *Prinsepia utilis* Royle.

PEIGNE. Le *Dipsacus sylvestris* DC.

PEIGNE DE LOUP. Le *Dædalea quercina* Pers.

PEIGNE DE VÉNUS. Nom du *Scandix Pecten-Veneris* L.

PEIGNEROLLE. Le *Dipsacus sylvestris* DC. et la Bardane.

PEINE (El.). Jardinier à Leipsig, a publié [1690] *Den Boscesche Garten in Leipzig*, etc., qui eut 3 éditions.

PEINI-MARUM. Synonyme de *Pacnoe*.

PEIRESCIA (Zucc., in *Abh. Bayer. Akad. Wiss.*, II, 695. — Salm.-Dyck, *Cat. Cact.* [1845], 50). Syn. de *Pereskia* Mill.

PEISSE. L'*Hippuris vulgaris* L.

PEIUM. Nom chinois d'un *Uvularia* médicamenteux.

PEIXOTO (Dom. Ribeiro dos Guimaraens). A écrit [1830] une thèse sur les médicaments brésiliens que l'on peut substituer aux médicaments exotiques dans la pratique de la médecine.

PEIXOTOA (A. Juss., in *A. S.-H. Fl. bras. mer.*, III, 60, t. 172). Genre de Malpighiacées-Banistériées, formé d'une dizaine d'arbustes du Brésil; distingué par un calice valvaire, à 8 glandes, et 5 de ses 10 étamines stériles, claviformes, sans anthères. Les feuilles ont 2 glandes et de larges stipules. (H. Bn, *Hist. des pl.*, V, 435, 459, fig. 440.)

Peixotoa. — Fleur, le périanthe enlevé.

PEIXOTOPTERIS (Griseb., in *Linnæa*, XIII, 217). Section du genre *Heteropterys* K.

PEKAIM. A Alep, le *Momordica Elaterium*.

PEKAO, PEKO. Sorte de Thé noir.

PEKEA (Aubl., *Guian.*, 594, t. 238, 239). Synonyme de *Caryocar* L.

PEKEKUL. Nom, dans l'Himalaya, du *Prinsepia utilis* Royle.

PEKI. Nom indigène des *Caryocar*.

PEKIA (Pison). Nom (?) du *Crescentia Cujete* L.

PELADERO. Nom, en Colombie, d'un Ergot du Maïs.

PELAE (Adans., *Fam.*, II, 448). Synon. (?) de *Pella* Gærtn.

PELAGODENDRON (Seem., *Fl. vit.*, 124. — B. H., *Gen.*, II, 92). Section des *Genipa* (*Gardenia*), à calice rompu, inégalement 2, 3-lobé, comprenant des espèces océaniennes. (H. Bn, *Hist. des plant.*, VII, 310.)

PELAPHIA (SOLAND., mss., ex A. CUNN.). Synonyme de *Coprosma* FORST.

PELARGIUM (DC., *Prodr.*, I, 658). Section du g. *Pelargonium*.

PÉLARGON (POIR., *Dict.*). Nom français des *Pelargonium*.

PELARGONIUM (LHÉR., *Géran.*, t. 7-35, 43, 44). Genre de Géraniacées, distingué des *Geranium* avec lesquels le vulgaire les confond, par des fleurs irrégulières, éperonnées en arrière; l'éperon adné au pédicelle. Ce sont des herbes, des sous-arbrisseaux ou des arbustes de l'Afrique australe, rarement de l'Orient, à feuilles souvent odorantes, à fleurs solitaires ou plus souvent en cymes ombelliformes. On en cultive beaucoup d'espèces et de variétés comme ornementales. Quelques-unes (*P. roseum*, *capitatum*, etc.) servent à l'extraction d'une essence employée à falsifier celle des roses. (H. BN, *Hist. des pl.*, V, 7, 31, 36, fig. 15-17.)

Pelargonium. — Diagramme.

PELASTEA (FR., *Summ. veg. Scand.*, II, 354). Section du g. *Helotium* PRS.

PELE. Nom indigène du *Pelea clusiæfolia* A. GRAY.

PELEA (A. GRAY, in *Bot. Amer. expl. Exped.*, 339, t. 35-38). Section du genre *Evodia* FORST. (H. BN, *Hist. des pl.*, IV, 469.)

PÉLÉCINE. Nom français des *Biserrula* L.

PELECINUS (T., *Inst.*, 417, t. 234). Synonyme de *Biserrula* L.

PELECYNTHIS (E. MEY., *Comm. pl. afr. austr.*, 13). Section du genre *Rafnia* THUNB.

PELECYPHORA (EHRENB., in *Bot. Zeit.* [1843], 737). Genre de Cactacées-Cérées, voisin des *Mamillaria*, dont il a la fleur, avec un style à extrémité stigmatifère paucilobée, mais dont la tige porte des saillies pourvues d'un coussinet cartilagineux, oblong, parcouru par un sillon vertical médian de chaque côté duquel il est découpé en dents de peigne. Les fleurs sont sessiles vers le sommet de la tige charnue. (H. BN, *Hist. des pl.*, IX, 44.)

PÉLÉGRINE. Nom français (LAMK) des *Alstrœmeria* L.

PELESARIE. A Java, l'*Alyxia aromatica* REINW.

PELEXIA (LINDL., *Gen. et spec. Orchid.*, 482). Genre d'Orchidacées-Néottiées, formé de 7, 8 herbes terrestres, américaines, à sépales latéraux prolongés à leur base en un long éperon linéaire; à labelle linéaire dont la base est prolongée en lame linéaire en dedans de l'éperon. La colonne a un bec longuement subulé. Les feuilles sont subbasilaires, et les fleurs sont disposées en épis serrés ou lâches. (REICHB. F., in *Bonplandia* [1854], 11; *Orch. centr.-amer.*, 102; in *Saund. Ref. bot.*, t. 97. — *Bot. Mag.*, t. 3403.) [H. BN.]

PELEXIA (POIT. — RICH., in *Mém. Mus.*, IV, 59). Genre proposé pour le *Neottia adnata* SW.

PELIANTHUS (E. MEY., herb.). Syn. de *Hermbstædtia* REICHB.

PELICAN-FLOWER. Nom que les colons anglais de la Jamaïque donnent à l'*Aristolochia grandiflora* SW.

PELIOSANTHES (ANDR., *Bot. Repos.*, t. 605, 634). Genre de Monocotylédones, rapporté aux Liliacées et aux Hæmodoracées. Ce sont des herbes vivaces, à rhizome horizontal, à feuilles basilaires, pétiolées, lancéolées, à grappes de cymes, avec un réceptacle floral légèrement concave; un périanthe rotacé; 6 étamines et un ovaire en partie infère. Chacune de ses 3 loges renferme 2 ovules ascendants qui deviennent des graines charnues et nues; le péricarpe se rompant autour d'elles. Ce sont des fleurs à couronne (H. BN, in *Adansonia*, I, 90). Leur embryon oblong est plus ou moins intrus à la base d'un albumen dur. Ce sont 8 plantes de l'Asie et de l'Afrique tropicales; on en cultive quelques-unes dans les serres. (*Bot. Mag.*, t. 1302, 1532.) [H. BN.]

PELIOSTOMUM (E. MEY. — BENTH., in *Bot. Reg.*, sub t. 1882). Genre de Scrofulariacées-Aptosimées, formé de 4 herbes ou sous-arbrisseaux de l'Afrique australe, souvent visqueux; distingué par des étamines didynames à anthères toutes parfaites; un fruit allongé, aigu, comprimé au sommet, loculicide et septicide. (H. BN, *Hist. des pl.*, IX, 418.)

PELIOT. Synonyme de Pouliot.

PELITRE. En Espagne, la Pyrèthre.

PELLA (GÆRTN., *Fruct.*, 143). Synonyme de *Embelia* J.

PELLACALYX (KORTH., in *V. d. Hœv. et de Vr. Tijdschr.*, III, 20, t. 2). Genre de Rhizophoracées-Barraldéiées (Diatomées), formé de 1, 2 arbustes malais, distingué par un ovaire infère, surmonté d'un calice campanulé; 10-12 étamines; un ovaire à 5-10 loges ∞-ovulées. Les feuilles sont opposées, avec de longues stipules interpétiolaires, et les fleurs sont disposées en cymes axillaires. (H. BN, in *Adansonia*, III, 31; *Hist. des pl.*, VI, 290, 302. — *Hook. Icon.*, t. 1546.)

PELLETIER (JOS.). Célèbre pharmacien-chimiste [1788-1842], est surtout connu par son *Analyse chimique des Quinquinas* [1821], publiée avec Caventou (découverte de la quinine). — Gasp. PELLETIER, médecin de Middlebourg, a écrit : *Plantarum tum patriarum quam exoticarum in Walachia, Zeelandiæ insula, nascentium synonymia* [1610].

PELLETIERA (A. S.-H., in *Mém. Mus.*, IX, 365; in *Ann. sc. nat.*, sér. 2, XI, 85, t. 4). Genre de Primulacées, formé de quelques petites herbes brésiliennes, différant des *Apochoris* par ses pétales et étamines au nombre de 3. Il y a aussi des fleurs 4-mères (PAYER, *Leç. Fam. nat.*, 5). On en a fait aussi plus récemment (B. H., *Gen.*, II, 636) une section du genre *Asterolinum* LK et HMG. [H. BN.]

PELLIA (RADD., in *Mem. Soc. ital.*, XVIII, 49, t. 7). Genre de Jungermanniées-Haplolænées, à fructification femelle infraterminale, émergeant du dos des frondes, ou faussement terminale et continuant latéralement la fronde. L'involucre est court, subcyathiforme, à orifice lacéré-denté. Il n'y a pas d'involucelle. Il y a plusieurs réceptacles allongés, à orifice dilaté. La coiffe, exserte ou incluse, est chargée, surtout en bas, de réceptacles stériles. Le sporange est globuleux, 4-valve. Il y a des élatères à la base du sporange, allongés et intriqués. Les sporidies sont ovoïdes et lisses. Dans la fleur mâle, l'anthéridie globuleuse est immergée dans le dos de la côte de la fronde. Ce sont des Hépatiques terrestres, des lieux humides, à frondes pourvues d'une côte indéterminée, indiquée par un épaississement médian. (NEES, *Leberm.*, III, 357; IV, XXVII. — ENDL., *Gen.*, n. 472[5].)

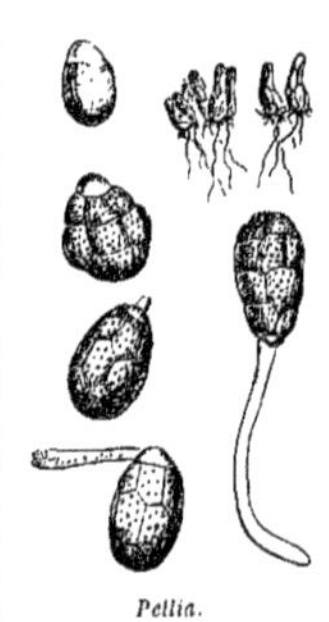

Pellia.

PELLICERIA (TR. et PL., in *Ann. sc. nat.*, sér. 4, XVII, 380). Genre de Ternstrœmiacées, formant à lui seul la série des *Pelliceriées*, distinguée par des fleurs enveloppées de 2 grandes bractées, à calice et corolle imbriqués; un androcée isostémoné; un ovaire dont une seule loge est fertile, 1-ovulée. Le *P. Rhizophoræ* est un arbre à feuilles alternes et insymétriques et à belle fleur subsessile, solitaire et terminale. Il ressemble à un Manglier et habite l'extrême côte nord-ouest de l'Amérique méridionale. (H. BN, *Hist. des pl.*, IV, 237, 247, 262, fig. 268.)

PELLICIA DI RE (MICH., *Nov. gen. pl.*, 118). Nom vulgaire du *Polyporus hispidus* BULL., ou Polypore du Mûrier de Micheli.

PELLICULARIA (COOKE, *Coffea Diseas.* [1876], 2). Genre de Mucédinés, dont la seule espèce connue, le *P. Koleroga*, vit en parasite sur la face inférieure de la feuille de Café; elle présente des filaments rampants, ramifiés, cloisonnés, blanc grisâtre, formant une pellicule d'apparence gélatineuse. Des conidies globuleuses, hyalines, échinulées, se développent sur les parois latérales des filaments. Ce Champignon est très nuisible aux Caféiers, qu'il attaque dans le Venezuela et à Mysore. [DE S.]

PELLICULOSI (FR., *Epicr.*, 2e, 320). Tribu des Coprins, comprenant les espèces à chapeau charnu ou membraneux, dessinant à sa surface les lamelles par un sillon.

PELLINIA (MOL. — STEUD., *Nom.*, I, 601). Synonyme de *Eucryphia* CAV.

PELLIONIA (GAUDICH., in *Freycin. Voy.*, *Bot.*, 494, t. 119). Genre d'Urticacées-Urticées, formé d'une quinzaine d'herbes de l'Asie et de l'Océanie tropicales; distingué par des feuilles distiques, insymétriques; des fleurs femelles à calice 4, 5-mère, entourant le fruit nu. L'ovaire est surmonté d'un pinceau de poils stigmatiques. Les fleurs sont en cymes, souvent denses, sessiles ou à pédoncule non dilaté. (WEDD., *Mon. Urt.*, t. 5, 6. — H. BN, *Hist. des pl.*, III, 524.)

PELLITORY. Nom anglais des Pyrèthres. Le *German Pellitory* est l'*Anacyclus officinarum* HAYN.

PELLOPORUS (QUÉL., *Enchir.*, 166). Genre de Polyporés, comprenant des espèces épigées du genre *Polyporus*, à chapeau subéreux ou coriace, à pseudoparenchyme couleur de rouille, à pores fauves couverts d'une pruine blanche et à spores d'un brun fauve. [DE S.]

PELONASTES (HOOK. F., in *Lond. Journ. Bot.*, VI, 474). Synonyme de *Myriophyllum* L.

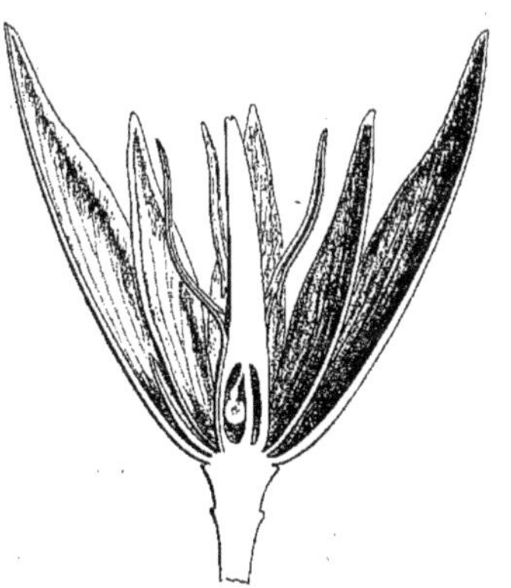

Pelliceria. — Fleur, coupe longitudinale.

PÉLORIE. Régularisation accidentelle d'une corolle normalement irrégulière. Linné, observant pour la première fois en 1747 ce fait sur une Linaire, crut avoir affaire à un genre particulier qu'il décrivit sous le nom de *Peloria*. (*Amœn. acad.*, 280.)

PELOSSIER. Le *Prunus spinosa* L.

PELOSSIER, PELOUSSAT. Noms foréziens du *Prunus spinosa*.

PELOSTOMA (SALISB. — BENTH., in *DC. Prodr.*, VII, II, 622). Sous-section des *Ectasis* DON.

PELOTTE. Fruit du Pelottier (*Prunus spinosa* L.).

PELOTTE DE MER. Le *Conferva Ægagropila* L.

PELOU (RHEED., *H. malab.*, III, t. 36). Synonyme de *Careya* ROXB.

PELOUSSI, PIALOUSSI. Noms foréziens du fruit du *Prunus spinosa* L.

PELTANDRA (WIGHT, *Icon.*, V, 24, t. 1891, 1892). Synonyme de *Anisonema* A. JUSS.

PELTANDRON (MIQ., *Syst. Piper.*, 281). Section des *Chavica*.

PELTANTHERA (ROTH, *Nov. spec. pl.*, 132). Synonyme de *Vallaris* BURM.

PELTAPTERIS (LINK, *Fil. Hort. berol.*, 147). Synonyme de *Olfersia* RADD.

PELTARIA (BURM., ex *DC. Prodr.*, II, 420). Synonyme de *Pterocarpus* L.

PELTARIA (L., *Gen.*, n. 806). Genre de Crucifères-Isatidées, formé de 3 herbes de l'Orient, analogues aux Lunaires; distingué par une silique orbiculaire, membraneuse, grande, 1-sperme; des étamines non appendiculées; des graines à cotylédons accombants. (REICHB., *Ic. Fl. germ.*, II, t. 12. — H. BN, *Hist. des pl.*, III, 260.)

PELTEA (FR., *Obs. myc.*, I, 122). Section du g. *Polyporus*.

PELTICALYX (GRIFF., *Notul.*, IV, 706). Genre incertain d'Anonacées.

PELTIDEA (ACHAR., *Lich.*, 98, t. 10, fig. 7-8). Genre de Lichens foliacés, que caractérise un thalle membraneux, coriace, foliacé, lobé, lanugineux, avec nervure en dessous. Ce genre a disparu et les *Peltidea* ont été reportés parmi les *Peltigera*. [CH. M.]

PELTIDEÆ (NYL., *Syst. Meth. Lich.*, 322). Sous-tribu des Lichens-Peltigérés, que caractérise un thalle membraneux, opaque, à apothécies marginales sur la face supérieure, à spores fusiformes, incolores, ou devenant noirâtres. Les genres *Peltigera* et *Solorina* constituent cette tribu. [CH. M.]

PELTIDIUM (ZOLLIK. [1820], *Nat. Anz.*). Synonyme de *Chondrilla* L.

PELTIGERA (HFF., *pr. max. part.*—ACHAR.). Genre des Lichens à thalle hétéromère, de la sous-tribu des Peltidés, à strate cortical souvent nervé, pourvu de rhizines de couleur verdâtre, cendrée, livide ou noirâtre, en dessous blanche ou devenant noire. Les apothécies, d'un roux tirant plus ou moins sur le brun, sont peltées, pourvues de lobules marginaux. Les spores sont au nombre de six ou de huit; elles sont allongées. La gélatine hyméniale est teinte en bleu par l'iode. Les espèces de ce genre sont terrestres et se trouvent généralement parmi les mousses, en grand nombre. M. Nylander a fait deux divisions de ce genre, basées sur la longueur des spores. (Voy. NYL., *Syst. Meth. Lich.*, 323.) [CH. M.]

Peltigera.

PELTOBRYON (KL. — MIQ., *Syst. Piper.*, 369; *Ill.*, t. 67). Section du genre *Piper* L.

PELTOCARPUS (ZIPP., ex MACKL., in *Bijdr. tot nat. Wet.*, V, 142). Genre non décrit.

PELTODON (POHL, *Plant. bras. Icon.*, I, 66). Genre de Labiées-Ocimées, à divisions de la corolle resserrées à la base, puis en sac et brusquement réfléchies. Calice à dents subulées et peltées au sommet. Herbes du Brésil. Ce genre a les plus grands rapports avec les *Hyptis*. (BENTH., *Labiat.*, 62; in *DC. Prodr.*, XII, 83. — H. BN, *Hist. des pl.*, XI, 70.)

PELTOGYNE (VOG., in *Linnæa*, XI, 410). Section du genre *Hymenæa*, à fruit bivalve, avec une suture dorsale parfois étroitement ailée. (H. BN, *Hist. des pl.*, II, 114, 185.)

PELTOPHORA (DESVX, *Journ. Bot.*, I, 73). Genre proposé pour le *Rottboellia Myurus* BENTH.

PELTOPHORUM (VOG., in *Linnæa*, XI, 406). Section du genre *Cæsalpinia* L. (H. BN, *Hist. des pl.*, II, 80.)

PELTOPHYLLUM (GARDN., in *Trans. Linn. Soc.*, XIX, 157, t. 15). Synonyme de *Triuris* MIERS.

PELTOPSIS (RAFIN., in *Journ. Phys.*, LXXXIX, 101). Genre proposé pour le *Potamogeton perfoliatum* L.

PELTOSPERMUM (BENTH., *Niger Fl.*, 400). Syn. de *Hedyotis* L.

PELTOSPERMUM (DC., *Rev. Bignon.*). Synonyme (B.H., *Gen.*, II, 702) de *Aspidosperma* MART. et ZUCC.

PELTOSPHÆRIA (BERL., *Rev. mycol.* [janv. 1888], 17, t. XLVI). Genre de Sphériacés, à périthèce sous-épidermique recouvert d'un stroma clypéiforme, noir et muni d'un ostiole peu apparent. Les thèques entremêlées de paraphyses sont sessiles et cylindriques, à 8 spores ovoïdes, cloisonnées, muriformes. Une seule espèce, originaire de Californie, vit sur les rameaux de Chèvrefeuille. [DE S.]

PELTOSTEGIA (TURCZ., in *Bull. Mosc.* [1858], I, 223). Genre brésilien, rapporté aux Sterculiacées, probablement (B. H., *Gen.*, I, 217) d'une autre famille.

PELTOSTIGMA (WALP., *Rep.*, V, 387). Genre de Rutacées, rapporté, non sans hésitation, à la série des Zanthoxylées, et qui est remarquable : 1° par le nombre indéfini de ses étamines (fait exceptionnel parmi les Rutacées); 2° par le mode d'insertion, dans l'ordre spiral, de ces étamines et des pièces du périanthe. Ces dernières sont au nombre de huit, imbriquées, inégales; les quatre extérieures plus développées, pétaloïdes, d'un blanc jaunâtre, odorantes (pétales). Le gynécée est formé de huit carpelles libres, dont les ovaires sont surmontés d'un même nombre de styles collés entre eux. Le fruit est à huit coques, analogues à celles des Rutacées en général. On ne connaît de ce genre que le *P. pteleoides*, joli arbuste de la Jamaïque, à feuilles alternes, trifoliolées, ponctuées, à fleurs réunies en cymes, qui se cultive et fleurit dans nos serres. C'est un genre qui, selon nous, relie assez bien les Rutacées aux Ochnacées (voy. *Hist. des pl.*, IV, 393, 473, fig. 443, 444). C'est cette plante que Hooker avait nommée *Pachystigma pteleoides*, nom qui a dû forcément être changé. [H. Bn.]

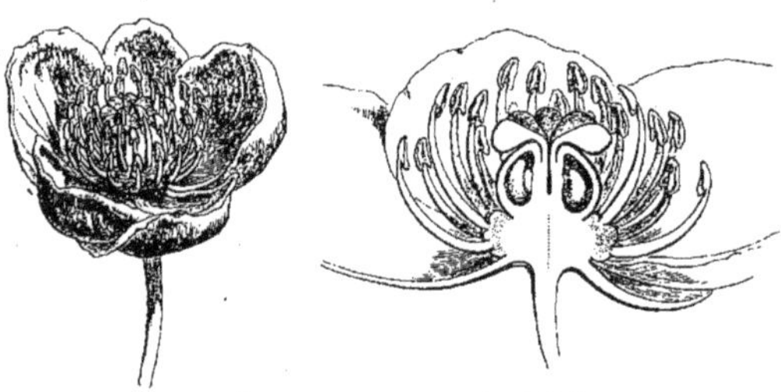

Peltostigma. — Fleur, entière et coupe longitudinale.

PELTULA (Nyl., *Syn. Meth. Lich.*, 66). Genre de Lichens, de la tribu des Lécanorés, division des Placodés. Ces Lichens ont des affinités considérables avec les genres *Urceolaria* et *Lecanora*. [Ch. M.]

PELVETIA (Dcne et Thur., in *Ann. sc. nat.* [1845]). Algues, de la famille des *Fucaceæ*, à fronde arrondie, comprimée, parfois canaliculée, dichotome, fastigiée, à réceptacles terminaux, simples ou bifides. Le *Pelvetia canaliculata* de nos côtes est hermaphrodite, c'est-à-dire que ses spores et ses anthéridies se trouvent réunies dans le même conceptacle. Les anthéridies, dépourvues de granules rouge ou orangé, sont grises, de forme allongée, et pourvues de deux cils de diverses longueurs. (Voy. Thur. et Born., *Etud. phyc.*, 29.) [Ch. M.]

PEMBEH. Nom persan ancien du Cotonnier.

PEMPHIDIUM (Mont., in *Ann. sc. nat.*, sér. 2 [1840], 326). Genre de Sphériacés, à pseudopérithèce consistant en une cuticule noire, disposée en bouclier convexe à la partie supérieure du réceptacle, et muni au sommet d'une papille souvent bilabiée. Au-dessous est un noyau gélatineux, légèrement opalin. Les thèques sont fusiformes, aciculaires, et contiennent 8 spores étroites, fusiformes, hyalines, à une ou deux loges. Trois espèces se montrent sur l'écorce des pétioles ou sur les tiges mortes, dans les régions chaudes. [De S.]

PEMPHIS (Forst., *Char. gen.*, 67, t. 34). Genre de Lythrariacées, formé d'un seul arbuste du littoral de tous les tropiques de l'ancien monde; distingué par un calice à 12 dents, 6 pétales, 12 étamines, un ovaire libre, inséré au fond du tube floral, pluriovulé, et une pyxide pour fruit. Le *P. acida* a des feuilles opposées et des fleurs axillaires, solitaires. (H. Bn, *Hist. des pl.*, VI, 434, 453, fig. 410, 411.)

Pemphis. — Fleur, entière et coupe longitudinale.

PENA (Pierre). Médecin de Narbonne, a composé [1570], avec Mathias de l'Obel, des *Stirpium Adversaria nova*, qui eurent trois éditions.

PENÆA (L., *H. Cliff.*, 37; *Gen.*, n. 138). Genre qui a donné son nom à la petite famille des *Pénæacées*, plantes à fleurs régulières, 4-mères, monopérianthées et hermaphrodites. Le calice des *Penæa* est coloré, valvaire. Dans l'intervalle de ses divisions s'insèrent 4 étamines à filet très court, à anthère introrse, 2-loculaire. Le gynécée, situé au fond de la fleur, est formé de 4 feuilles carpellaires libres. Vers la base de chacune d'elles s'insèrent 2 ovules ascendants, à micropyle d'abord intérieur. Le style, à sommet stigmatifère 4-lobé, est pourvu de 4 ailes longitudinales. Le fruit est loculicide (dans la fleur même), et les graines renferment un embryon macropode, sans albumen. Ce sont des plantes suffrutescentes et éricoïdes, de l'Afrique australe, à petites feuilles opposées, persistantes, avec 2 petites stipules. Les fleurs sont axillaires, souvent situées à l'aisselle de bractées colorées et disposées en épi terminal. Les Pénæacées sont voisines des Aquilariées et des Colletiées. (H. Bn, in *Payer Fam. nat.*, 333; in *Adansonia*, XI, 287.)

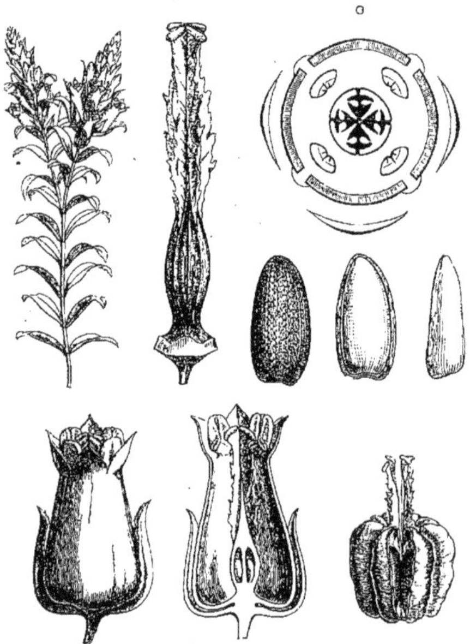

Penæa. — Branche florifère. Fleur, entière et coupe longitudinale. Diagramme. Gynécée. Fruit déhiscent. Graine, avec et sans tégument. Embryon.

PENÆA (Plum., *Nov. gen*, 22, t. 25). Synon. de *Badiera* DC.

PENAGAH TREE. Le *Calophyllum Inophyllum* L.

PENANG. A Sumatra, le Bétel.

PENAR-VALLI (Rheed., *Hort. malab.*, VIII, 91, 93, t. 47-49). Synonyme de *Zanonia indica* L.

PENCHENILIO. L'un des noms vulgaires de l'*Hydnum subsquamosum* Batsch.

PENCHENILLE. L'*Hydnum repandum* L.

PENCHINADA, PENCHINELLA. Noms languedociens du *Dipsacus fullonum* L.

PENCHINADO. En Languedoc, le *Dipsacum fullonum* L.

PENCHINADO (PAUL., *Champ.*, I, 291). Nom languedocien du *Lepiota procera* SCOP.

PENCOVIA (POIR.). Pour *Pancovia* W.

PENCOVIE. — Voy. PANCOVIA.

PENDZIEGO. Au Gabon, nom vulgaire de l'*Ochna dubia* GUILLEM. et PERR.

PENGAWAR-DJAMBI. Nom, dans l'Inde, des poils hémostatiques de l'Agneau de Scythie (*Cibotium Barometz* KZE), vendus dans les bazars comme hémostatiques.

PENGUIN BALSAM. L'un des noms anglais du *Blechnum Brownei* J.

PENIANTHUS (MIERS, in *Ann. Nat. Hist.*, ser. 3, XIII, 124). Genre mal connu de Ménispermacées, dont la fleur femelle a seule été étudiée. C'est un arbuste dressé, de Fernando-Po. Ses carpelles sont au nombre de 3, avec 2 ovules inégaux, descendants. (H. BN, *Hist. des pl.*, III, 20.)

PENICILLANTHEMUM (VIEILL., in *Bull. Soc. Linn. de Normand.*, X, 94). Synonyme de *Hugonia* L. Espèces néo-calédoniennes, dont une seule est munie de crocs; mais les autres en sont inséparables.

PENICILLARIA (CHEVALL., *Fl. gén. des env. de Paris*, 111). — Voy. PTERULA.

PENICILLARIA (W., *Enum. Hort. berol.*, 1036). Section du genre *Pennisetum* RICH.

PENICILLIUM (LINK, *Observ. myc.*, I, 15). Genre d'Hyphomycètes, à filaments rampants, cloisonnés, d'où naissent les conidiophores dressés, cloisonnés, terminés par des branches égales, verticillées en pinceaux ou ramifiées en verticilles secondaires dont les branches portent chacune à leur sommet aminci un chapelet de conidies globuleuses ou légèrement elliptiques, hyalines ou colorées. L'espèce type, le *P. glaucum* LK, étend son mycélium sur toutes les matières organiques en décomposition. Ce mycélium s'épaissit à la longue, en formant une croûte membraneuse sur les substances liquides ou à demi liquides : ce qui lui a valu le nom de *crustaceum*. Un phénomène analogue de condensation se produit pour les sporophores qui s'aggrègent et forment des touffes analogues au réceptacle des *Isaria*, et qu'on a décrites comme genre spécial, sous le nom de *Coremium*. Enfin, lorsqu'il est soustrait en partie à l'action de l'oxygène par des cultures étouffées, il donne naissance à un petit tubercule jaune, vrai sclérote, à l'intérieur duquel se forment des thèques ovales contenant les spores. Chez le *P. aureum*, le périthèce se développe sans passer par une phase sclérotiale, comme l'*Eurotium* des *Aspergillus*. Le *P. glaucum* LK produit aussi sur le trajet de ses filaments mycéliaux des chlamydospores teintées en brun. Les nombreuses espèces décrites sont souvent différenciées par la teinte des spores; mais ce caractère dépend du substratum, et il m'est arrivé de faire varier la couleur des spores du *P. glaucum* depuis le vert jusqu'au rouge brun ou au gris, en changeant la composition du substratum liquide. Il est probable que beaucoup d'espèces pourront être rattachées à un Champignon d'ordre supérieur. On rencontre chez le *Peziza tuberosa* BULL. une forme conidienne de fructification qui a la plus grande ressemblance avec un *Penicillium* dont le pinceau conidiophore serait sujet à des irrégularités, soit par diminution, soit par multiplication exagérée des branches. On compte de 30 à 40 espèces de *Penicillium*, dont beaucoup sont ubiquistes et constituent des moisissures qui végètent sur toute espèce de corps imprégnés d'humidité. (H. BN, *Tr. Bot. méd. crypt.*, 244, fig. 301.) [DE S.]

Penicillium.

PENICILLUS (ELL. et SOL., p. 126, t. 25). Genre d'Algues calcifères, que tous nos auteurs modernes n'ont pas admis; de la famille des *Siphoneæ*, d'après Decaisne; de la famille des *Spongodieæ*, d'après Payer. Le thalle est stipité, simple, rigide, libre, à tube dichotomique; les tubes terminaux réunis en une masse globulaire. Les espèces de ce genre, d'après Kützing, ont été reportées dans divers genres de la famille des *Codieæ*. (Voy. KUETZ., *Spec. Alg.*, 507.) [CH. M.]

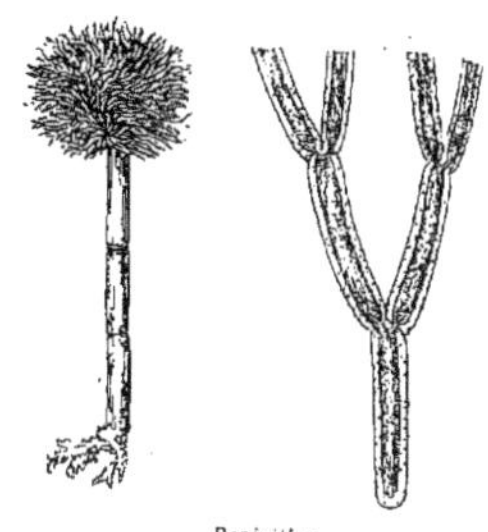
Penicillus.

PENILLE. Synonyme de Panouil.

PENIOPHORA (COOLIE, in *Grevillea*, VIII, 20). Genre de Théléphorés, formé pour des espèces de *Corticium* dont l'hyménium présente des appendices analogues à des cystides coniques, plus ou moins allongés, à surface extérieure chagrinée et d'apparence veloutée. On en décrit 26 espèces, appartenant pour la plupart à l'Europe et à l'Amérique, et vivant sur le bois ou l'écorce. [DE S.]

PENIUM (BRÉB., in *litt.*). Algues, de l'ordre des Conjugées, de la famille des Desmidiacées, à cellule simple, cylindrique, droite ou fusiforme, à peine comprimée vers le milieu, arrondie à l'une et l'autre extrémité. La chlorophylle rayonne par lobes vers la périphérie, ou bien elle a l'aspect d'une lame entière. Le sporange est petit. Ce genre se rapproche du genre *Closterium*, dont il diffère cependant par sa fronde qui est droite, tandis qu'elle est plus ou moins recourbée dans le *Closterium*. (RALFS, *Brit. Desmid.*, 148.) [CH. M.]

PENJA, PENJALA. Noms, dans l'Inde, du *Bombax malabaricum* DC., employé comme médicament évacuant.

PENJALA. — Voy. PENJA.

PENNANTE. Nom français (LAMK) des *Pennantia* FORST.

PENNANTIA (FORST., *Char. gen.*, 133, t. 67). Genre de Térébinthacées-Mappiées, formé de 4 arbres océaniens, à cymes terminales; les fleurs polygames, 5-mères, à corolle valvaire, à filets staminaux glabres, avec des anthères dorsifixes. L'ovaire renferme un ovule descendant, à micropyle supérieur et intérieur. (HOOK. F., *Fl. N.-Zel.*, I, t. 12. — H. BN, in *Adansonia*, III, 86, 379; X, 260; *Hist. des pl.*, V, 280, 332.)

PENNISETUM (PERS., *Syn.*, I, 72). Genre de Graminées-Panicées, comprenant une quarantaine d'herbes annuelles ou vivaces, de toutes les régions chaudes, jusqu'à la région méditerranéenne; distingué par les soies de l'involucre grêles, simples, nues, plumeuses, barbues ou parfois pinnatifides, en grand nombre ou peu nombreuses et même réduites à une. Les épillets ont une fleur hermaphrodite terminale, avec parfois une fleur mâle inférieure. (K., *Enum.*, I, 160. — BENTH., in *Journ. Linn. Soc.*, XIX, 48; *Gen.*, III, 1105.) [H. BN.]

PENNY-CRESS. Nom anglais du *Thlaspi perfoliatum* L.

PENNY ROYAL. L'*Hedeoma pulegioides* PERS.

PENNY-ROYAL-SCENTED. En Angleterre, le *Pelargonium exstipulatum* AIT. (*P. fragrans* W.).

PENOYER. Le *Lathyrus sylvestris* L.

PENSACRE. Nom vulgaire de l'*Œnanthe crocata* L.

PENSADO. Nom provençal du *Viola tricolor* L.

PENSAIRE. En Bretagne, la Phellandrie.

PENSAMIENTHOS. En Espagne, le *Viola tricolor* L.

PENSARIA (MENEGH., ex KUETZ., *Spec. Alg.*, 480). Genre d'Algues; synonyme de *Enteromorpha* KUETZ.

PENSÉE. Les *Viola tricolor* L., *altaica*, etc.

PENSÉE BATARDE. Nom forézien vulgaire du *Viola arvensis*.

PENSÉE D'AMÉRIQUE. Le *Viola pedata* L.

PENSÉE DE ROUEN. Le *Viola rothomagensis* DESF.

PENSÉE SAUVAGE. Le *Viola tricolor arvensis* L.

PENSTEMON (MITCH.). Pour *Pentstemon*.

PENTABRACHION (M. ARG., in *Flora* [1864], 532; *Prodr.*, XV, sect. III, 223). Genre d'Euphorbiacées, dont les caractères sont ceux d'un *Cleistanthus*, mais dont le calice est imbriqué et non valvaire, caractère que nous jugeons n'avoir pas une valeur générique; de sorte que nous ne considérons la plante que comme une section du genre *Amanoa* (voy. *Adansonia*, XI, 115; *Hist. des plant.*, V, 236). Le *P. reticulatum* M. Arg. est un arbre de l'Afrique tropicale occidentale. [H. Bn.]

PENTACÆNA (Bartl., in *Rel. Hænk.*, II, 5, t. 49). Genre de Caryophyllacées-Illécébrées, formé de 2, 3 petites herbes des deux Amériques; distingué par un calice à 5 sépales égaux ou inégaux, coriaces; la plupart pourvus d'une épine dorsale et rigide. Il y a 3-5 étamines. Les feuilles alternes sont pressées, avec des stipules scarieuses. (H. Bn, *Hist. des pl.*, IX, 128.)

PENTACALIA (Cass., in *Dict.*, XLVIII, 450). Synonyme de *Cacalia* L.

PENTACARYA (DC., *Prodr.*, IX, 559). Synonyme de *Heliotropium* L.

PENTACE (Hassk., *Hort. bogor.*, ed. nov., I, 110). Genre de Tiliacées-Brownlowiées, à fleurs de *Brownlowia*, à fruit indéhiscent, 3-5-ailé et 1-sperme. Ce sont 2, 3 arbres de Java et de Malacca. (H. Bn, *Hist. des pl.*, IV, 184.)

PENTACERAS (Hook. f., *Gen.*, I, 298). Genre de Rutacées-Zanthoxylées, formé d'un arbre australien, à feuilles alternes; les fleurs en grappes composées, axillaires, avec 5 pétales valvaires, 10 étamines, 5 carpelles libres, insérés sur un réceptacle prolongé en épaisse colonne obconique. Les feuilles sont ponctuées et imparipennées dans le *P. australis*, qui est l'*Ailantus punctata* et le *Cookia australis* F. Muell. (H. Bn, *Hist. des pl.*, IV, 481.)

PENTACEROS (G.-F.-W. Mey., *Prim. Fl. esseq.*, 136). Synonyme de *Buettneria* L.

PENTACHÆTA (Nutt., in *Trans. Amer. Phil. Soc.*, VII, 236). Section du genre *Hysterionica* W. (H. Bn, *Hist. des pl.*, VIII, 155.)

PENTACHONDRA (R. Br., *Prodr.*, 549). Genre d'Épacridées, formé de 3, 4 arbrisseaux océaniens; distingué par une corolle à lobes récurvés, glabres ou barbus en dedans; un ovaire à 10 loges 1-ovulées; un fruit à 5-10 noyaux. Les fleurs sont accompagnées d'une bractée et de 2 bractéoles. Le genre est d'ailleurs fort voisin des *Trochocarpa* R. Br. (Hook. f., *Fl. tasm.*, I, t. 77.)

PENTACLATHRA (Bertol., in *N. Comm. Ac. bonon.*, IV, 438, t. 46). Genre douteux, attribué aux Cucurbitacées.

PENTACLETHRA (Benth., in *Hook. Journ. Bot.*, II, 127). Genre de Légumineuses-Mimosées-Parkiées, à fleurs hermaphrodites ou dioïques, 5-mères; la corolle valvaire; les étamines au nombre de 5, avec 5-15 staminodes allongés et colorés. Ce sont des arbres de l'Amérique et de l'Afrique tropicales, à feuilles bipinnées, à fleurs en épis le plus souvent composés. Leur gousse est épaisse, souvent déhiscente élastiquement avec une grande force, et les graines sont grandes, aplaties, losangiques. (H. Bn, in *Adansonia*, VI, 204; *Hist. des pl.*, II, 38, 68.)

PENTACOCCA (Turcz., in *Bull. Mosc.* [1863], I, 600). Synonyme de *Phyllocosmus* Kl.

PENTACOELIUM (Zucc., *Fam. nat. Fl. jap.*, II, 27, t. 3). Section du genre *Myoporum* Banks.

PENTACORYNA (DC., *Prodr.*, IV, 346). Section du g. *Nauclea*.

PENTACRASPEDON (Steud., *Syn. pl. glum.*, I, 151). Synonyme de *Amphipogon* R. Br.

PENTACROPHYS (A. Gray, *Brief char. of some... Nyctag. Tex. and Mex.*, 3). Genre de Nyctaginacées, qui a tous les caractères des *Mirabilis*, et qui en diffère surtout en ce que la portion du périanthe qui persiste à l'état d'induvie autour du fruit, a la forme d'un tube cylindrique, à cinq côtes longitudinales saillantes, surmontées chacune d'un renflement glanduleux. La seule espèce connue, le *P. Wrightii*, est originaire du Nouveau-Mexique. (Voy. *Hist. des plant.*, IV, 19.) [H. Bn.]

PENTACRYPTA (Lehm., in *Linnæa*, V, 380, t. 5). Synonyme de *Arracacia* Bancr.

PENTADACTYLON (Gærtn. f., *Fruct.*, III, 219, t. 220). Synonyme de *Persoonia* Sm.

PENTADACTYLON. Nom ancien du Ricin.

PENTADENIA (Pl., in *Fl. serr.*, VI, 45, t. 522). Synonyme de *Columnea* L.

PENTADESMA (Sab., in *Trans. Hort. Soc. Lond.*, V, 457). Genre de Clusiacées-Symphoniées, à fleurs de *Moronobea*, avec des sépales plus inégaux, 5 faisceaux à étamines plus nombreuses, un fruit charnu qui ne renferme qu'une graine dans chaque loge. C'est un bel arbre, élevé, à feuilles opposées, l'un des plus célèbres Arbres à beurre de l'Afrique tropicale occidentale (*P. butyracea* Sab.). (H. Bn, *Hist. des pl.*, VI, 401, 417, 422.)

PENTADIPLANDRA (H. Bn, in *Adansonia*, XII, 136; *Hist. des pl.*, VII, 255). Section du genre *Pleurandra* A. Gray.

PENTADISCUS (Ehrb., *Monatsb.* [1844]). Genre de Diatomacées marines. Synonyme de *Eupodiscus* Ehrb.

PENTADRYON. Nom ancien de la Belladone.

PENTADYNAMIS (R. Br., in *App. Sturt Exp.*, 76). Genre de Légumineuses, voisin des *Crotalaria*, fondé, d'après M. F. Mueller, sur le *C. dissitiflora* Benth., dont il est peut-être une variété australienne. (H. Bn, *Hist. des pl.*, II, 337.)

PENTAGLOSSUM (Forsk., *Fl. æg.-arab.*, 11). Synonyme de *Lythrum* L.

PENTAGLOTTIS (Tausch, in *Flora* [1829], 643). Synonyme de *Caryolopha* Fisch. et Mey.

PENTAGLOTTIS (Wall., *Cat.*, n. 1156). Synonyme de *Melhania* Forsk.

PENTAGONASTER (Kl., in *Ott. et Dietr. Allg. Gartenz.*, IV, 113). Synonyme de *Kunzea* Reichb.

PENTAGONIA (Benth., *Sulph. Bot.*, 105, t. 39). Genre de Rubiacées-Génipées, à fleurs très analogues à celles des *Genipa*, mais avec la corolle valvaire. Ses fleurs sont en cymes axillaires, corymbiformes; sessiles ou courtement pédonculées et pédicellées. Leur corolle est en tube ou en entonnoir, épaisse, à 4-6 lobes. Les étamines, en même nombre, sont insérées vers le bas du tube et ont souvent des filets inégaux, récurvés au sommet. L'ovaire infère a 2 loges multiovulées; et le fruit est charnu, sphérique ou ovoïde. Ce sont des arbustes (5, 6 espèces) de l'Amérique tropicale, parfois volubiles, à grandes feuilles opposées, entières ou quelquefois pinnatifides, pétiolées, à grandes stipules lancéolées; à belles fleurs rouges ou jaunes, disposées en cymes axillaires, sessiles ou pédonculées, composées et corymbiformes, munies de bractées. On en cultive quelques espèces dans nos serres. (Voy. *Bot. Mag.*, t. 5230. — *Hist. des pl.*, VII, 322, 457, n. 122.) [H. Bn.]

PENTAGONIA (Schau., in *Nov. Act. nat. Cur.*, XIX, Suppl., 364). Synonyme de *Philibertia* H. B. K.

PENTAGONION (Tabern., *Eic.*, 316). Syn. de *Specularia* Heist.

PENTAGRUELION. Nom ancien du Chanvre.

PENTALEPIS (F. Muell., in *Trans. Bot. Soc. Edinb.*, VII, 496). Synonyme de *Chrysogonum* L.

PENTALOBA (Lour., *Fl. cochinch.*, 154). Synonyme de *Rinorea* Aubl.

PENTALONCHA (Hook. f., *Gen.*, II, 73, n. 124). Section du genre *Schizostigma*, à sépales foliacés, pétiolés, à tube de la corolle portant inférieurement un anneau de poils, à stipules chartacées. (H. Bn, *Hist. des pl.*, VII, 452.)

PENTALOPHIUM (A. DC., *Prodr.*, X, 86). Synonyme de *Lithospermum* T.

PENTAMERANTHES (DC., *Prodr.*, V, 495). Section du genre *Siegesbeckia* L.

PENTAMERIA (Kl., ex H. Bn, in *Adansonia*, II, 39). Genre d'Euphorbiacées, proposé pour des plantes de l'Afrique orientale, qui sont des *Bridelia*, sect. du g. *Amanoa* Aubl. [H. Bn.]

PENTAMERIS (E. Mey., herb.). Syn. de *Lebretonia* Schrank.

PENTAMERIS (Pal.-Beauv., *Agrost.*, 92, t. 18, fig. 8). Synonyme de *Danthonia* DC.

PENTAMORPHA (Scheidw. — Walp., *Rep.*, V, 387). Synonyme de *Erythrochiton* Nees et Mart.

PENTANEMA (Cass., in *Bull. philom.* [1818], 75; in *Dict.*, XXVIII, 373). Section du genre *Pulicaria* Gærtn.

PENTANISIA (Harv., in *Hook. Lond. Journ.*, I, 21. — B. H.,

Gen., II, 104, n. 208). Section du genre *Knoxia*, à sépales antérieurs (1, 2) développés en folioles bractéolées; à style tronqué ou capitellé au sommet, à fruits sans columelle. Ce sont des plantes africaines, très voisines des *Nematostylis*. (H. Bn, *Hist. des plant.*, VII, 305, 432.)

PENTANOME (Moç. et Sess., *Fl. mex. ined.*). Synonyme de *Ochroxylum* Nees et Mart.

PENTANTHERA (G. Don, *Gen. Syst.*, III, 846). Section du genre *Rhododendron* L.

PENTANTHUS (Hook. et Arn., *Comp. Bot. Mag.*, I, 32). Synonyme de *Cacalia* L.

téoles caduques, des loges ovariennes ∞-ovulées et un style simple. (H. Bn, *Hist. des pl.*, IV, 126.)

PENTAPHALANX (Reichb., *Consp.*, 175). Section du genre *Calothamnus* Labill.

PENTAPHILTRUM (Reichb., *Nom.*, n. 4571). Synonyme de *Physalis* L.

PENTAPHORUS (Don, in *Trans. Linn. Soc.*, XVI, 296). Synonyme de *Gochnatia* H. B. K.

PENTAPHRAGMA (Wall., *Cat.*, n. 1313). Genre de Campanulacées-Campanulées, formé de 3 herbes vivaces de l'archipel Malais; distingué par un ovaire infère, un périanthe 5-mère; un style court, à large tête stigmatifère globuleuse. Ce sont des plantes à inflorescence spiciforme, scorpioïde; les fleurs 2-sériées. (H. Bn, *Hist. des pl.*, VIII, 324, 358, fig. 152-154.)

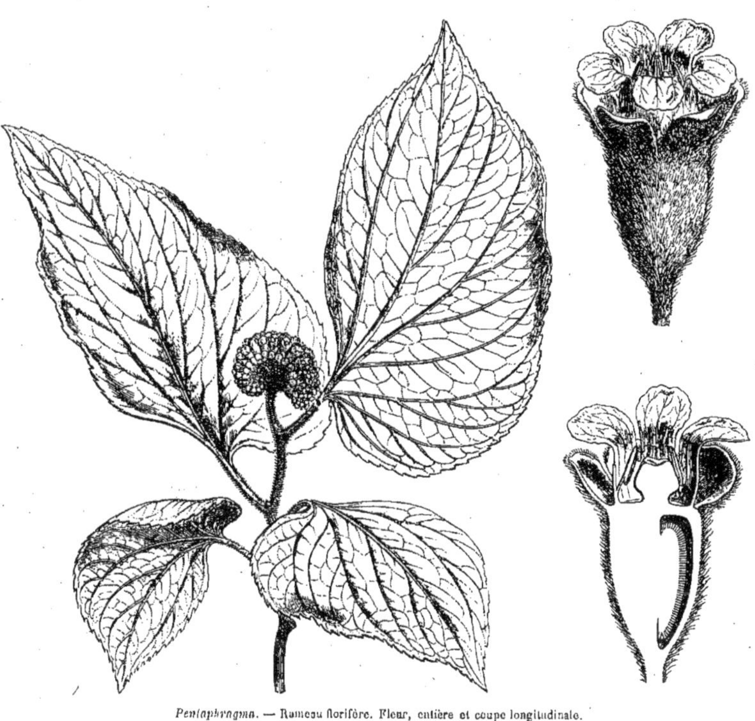

Pentaphragma. — Rameau florifère. Fleur, entière et coupe longitudinale.

PENTAPHYLAX (Gardn. et Champ., in *Hook. Kew Journ.*, I, 244). Genre de Ternstrœmiacées-Ternstrœmiées, formé d'un arbuscule chinois, voisin des *Eurya*, distingué par 5 sépales libres, 2 ovules descendants dans chaque loge et une capsule loculicide. (B. H., *Gen.*, I, 183.)

PENTAPHYLLOIDES (T., *Inst.*, 298). Synonyme de *Potentilla* T.

PENTAPHYLLON (Pers., *Enchir.*, II, 352). Synonyme de *Trifolium* T.

PENTAPHYLLUM. Nom officinal de la Quintefeuille.

PENTAPHYLLUM (Gärtn., *Fruct.*, I, 349). Synonyme (part.) de *Potentilla* L.

PENTAPHYLLUM AQUATICUM. Nom, dans les pharmacopées germaniques, du *Potentilla* (*Comarum*) *palustris*.

PENTAPLE (Reichb., *Ic. Fl. germ.*, V, 37, t. 227). Synonyme de *Mœnchia* Ehrh.

PENTANTHUS (Less., *Syn. Comp.*, 397). Synonyme de *Nassauvia* Commers.

PENTANURA (Bl., *Mus. lugd.-bat.*, I, 125, t. 21). Genre d'Asclépiadacées-Périplocées, formé d'une liane de Sumatra, voisine des *Phyllanthera*, et ne s'en distinguant que par des anthères terminées en un appendice oblong, épais et barbu. Le prétendu *Pentanura* du Yunnan n'est pas de ce genre. — Voy. Stelmacrypton.

PENTAPANAX (Seem., *Journ. Bot.*, II, 294). Genre d'Araliées, dont nous n'avons fait (*Hist. des pl.*, VII, 155) qu'une section du genre *Aralia* L. [H. Bn.]

PENTAPASMA (Endl., *Gen.*, 1099). Section du g. *Discaria*.

PENTAPELTIS (Bge, in *Pl. Preiss.*, I, 292). Synonyme de *Xanthosia* Rudge.

PENTAPELTIS (Endl., *Gen.*, 764). Section du g. *Leucolœna*.

PENTAPERA (Kl., in *Linnæa*, XII, 497). Genre d'Éricacées-Éricées, formé d'un sous-arbrisseau sicilien, à fleurs d'*Erica*, mais la plupart 5-mères. (Link, Kl. et Ott., *Icon.*, I, t. 19.)

PENTAPÈTE. Nom français (Lamk) des *Pentapetes* L.

PENTAPETES (L., *Gen.*, n. 884). Genre de Malvacées-Dombeyées, formé d'une herbe annuelle de l'Asie tropicale, fort voisine des *Dombeya*; distingué par un calice herbacé, des bractéoles ...

PENTAPODISCUS (Bacl., ex Van.-Heurck, *Microsc.*, 333). Genre de Diatomacées, circulaire, muni d'appendices, et que l'on doit considérer comme synonyme de *Eupodiscus*. [Ch. M.]

PENTAPOGON (R. Br., *Prodr.*, 173). Genre de Graminées-Agrostidées, formé d'une herbe annuelle, australienne et tasmanienne; distingué par sa glumelle intérieure 4-fide au sommet; les lobes étroitement aristés, et l'arête dorsale, allongée, tordue à sa base. L'inflorescence composée est étroite, à courtes divisions fasciculées. (Pal.-Beauv., *Agrost.*, 34, t. 8 fig. 11 — Labill., *Pl. N.-Holl.*, t. 22.) [H. Bn.]

PENTAPTELION (Turcz., in *Bull. Mosc.* [1863], II, 194). Synonyme de *Leucopogon* R. Br.

PENTAPTERA (Roxb., *Fl. ind.*, II, 437). Synonyme de *Terminalia* L.

PENTAPTERIS (Hall., *Helv.*, I, 454). Synonyme de *Myriophyllum* Vaill.

PENTAPTEROPHYLLON (Dill., *Nov. gen.*, 125, t. 7). Synonyme de *Pentapteris* Hall.

PENTAPTERYGIUM (Kl., in *Linnæa*, XXIV, 47). Genre d'Éricacées-Vacciniées, formé de 3 arbustes épiphytes des montagnes de l'Inde, voisins des *Agapetes* et distingués par un ovaire infère, non articulé avec le pédicelle et pourvu de 5 ailes verticales. Les 10 anthères sont mutiques ou à dos aristé. Le *Vaccinium serpens* WIGHT (*Ill.*, t. 114; *Ic.*, t. 1183) et le *Thibaudia myrtifolia* GRIFF. appartiennent à ce genre. (*Bot. Mag.*, t. 4910, 5198.) [H. BN.]

PENTAPTERYS (A. JUSS., in *Arch. Mus.*, III, 545. — GRISEB., in *Mart. Fl. bras.*, XXI, 84). Section du genre *Tetrapterys*.

PENTAPYXIS (HOOK. F., *Gen.*, II, 6, n. 12). Genre de Rubiacées-Lonicérées, établi pour les *Lonicera* indiens à feuilles stipulées (HOOK. F. et THOMS., in *Journ. Linn. Soc.*), qui ont les fleurs des *Leycesteria* ou peu s'en faut, avec une corolle subcampanulée, à 5 lobes imbriqués ou tordus. On en décrit 2 espèces; mais l'une d'elles semble être un vrai *Leycesteria*. Ce qui distingue surtout ce genre, c'est que les feuilles opposées y sont accompagnées de grandes stipules foliacées, orbiculaires, récurvées. Les fleurs forment de faux capitules axillaires. On trouve les *Pentapyxis* dans l'Himalaya. Ce sont des plantes qui relient étroitement les Caprifoliées aux Rubiacées vraies. (Voy. *Hist. des plant.*, VII, 355, 498, n. 195.) [H. BN.]

PENTARAPHIA (LINDL., *Bot. Reg.*, sub t. 1110). Synonyme de *Gesneria* L. (H. BN, *Hist. des pl.*, IX, 59.)

PENTARHAPHIS (H. B. K., *Nov. gen. et spec.*, I, 177, t. 60). Genre de Graminées, mal défini, et qu'on suppose voisin des *Bouteloua*. (B. H., *Gen.*, III, 1096.)

PENTARRHINUM (E. MEY., *Comm. pl. afr. austr.*, 199). Genre d'Asclépiadacées-Asclépiadées, formé de 4, 5 lianes de l'Afrique tropicale et australe; distingué par une corolle campanulée-rotacée; une couronne à écailles latéralement comprimées, concaves ou cucullées, avec une ligule intérieure. (DELESS., *Ic. sel.*, V, t. 70. — HARV., *Thes. cap.*, t. 11. — H. BN, *Hist. des pl.*, X, 275.)

PENTAS (BENTH., in *Bot. Mag.*, t. 4086). Section du genre *Virecta* SM., à gorge de la corolle munie d'une couronne de poils, épaisse, souvent dressée, à divisions du style linéaires, chargées de papilles, à 2 valves du fruit persistantes. On cultive beaucoup comme plantes d'ornement les *P. rosea*, *carnea*, etc. (H. BN, *Hist. des plant.*, VII, 331, 467, fig. 322, 323.)

PENTASACME (WALL. — WIGHT, *Contrib.*, 60). Genre d'Asclépiadacées-Marsdéniées, formé de quelques herbes dressées, indo-chinoises, à corolle tordue, avec 5 écailles de la couronne entières ou déchiquetées, fixées sous les sinus de la corolle. (H. BN, *Hist. des pl.*, X, 258.)

PENTASCHENE (WALL.). Pour *Pentasacme* WALL.

PENTASCHISTA (NEES). Section (B. H., *Gen.*, III, 1163) du genre *Danthonia* DC.

PENTASCHISTIS (SCHRAD. — SCH., *Mant.*, II, 385). Sous-genre du genre *Danthonia* DC.

PENTASCHME (WIGHT). Pour *Pentasacme* WALL.

PENTASPADON (HOOK. F., in *Trans. Linn. Soc.*, XXIII, 168, t. 24; *Gen.*, I, 419). Genre de Térébinthacées-Anacardiées, établi pour un arbre de Bornéo, qui a des fleurs de *Sorindeja*, à pétales imbriqués, avec 5 étamines alternes avec 5 staminodes. Le style est court, épais et recourbé. Les feuilles sont imparipennées. (H. BN, *Hist. des pl.*, V, 327.)

PENTASPERMUM (DC., *Prodr.*, I, 447). Section du genre *Hibiscus* L.

PENTASPORA (BVN, ex H. BN, in *Adansonia*, XII, 208). Synonyme de *Hypobathrum* BL. (H. BN, *Hist. des plant.*, VII, 442.)

PENTASTACHYA (HOCHST. — REICHB., *Nom.*, 37). Section du genre *Pennisetum* RICH.

PENTASTEMON (BATSCH, *Tab. aff.*, 193. Pour *Pentstemon*.

PENTASTERIUS (EHRH., *Infus.*, 144, t. 10, p. 15). Genre de Desmidiacées. Synonyme de *Staurastrum* MEYEN.

PENTASTICHA (TURCZ., in *Bull. Mosc.* [1862], II, 330). Genre de Cypéracées-Scirpées, formé d'une herbe africaine et malgache, à port de *Fuirena*, avec 6 soies sous l'ovaire; un fruit stipité, surmonté d'un acumen stylaire. Les tiges dressées portent de courtes feuilles, et les épillets sont imbriqués, 5-fariés, groupés en un faux capitule terminal. (BŒCK., in *Linnæa*, XXXVII, 99.) [H. BN.]

PENTATAPHRUS (SCHLCHTL, in *Linnæa*, XX, 618). Synonyme de *Astroloma* R. BR.

PENTATAXIS (DON, in *Mem. Werner. Soc.*, V, 550). Synonyme de *Helichrysum* GÆRTN.

PENTATROPIS (R. BR., in *App. Salt Abyss.*, 64). Genre d'Asclépiadacées-Asclépiadées, voisin des *Dæmia*, formé de 7, 8 lianes d'Asie et d'Afrique; distingué par une corolle subrotacée et une double couronne : l'extérieure annulaire, à 5-10 crénelures, peu saillante ou nulle; l'intérieure formée de 5 écailles comprimées latéralement, arrondies ou éperonnées sur le dos. (WIGHT, *Icon.*, t. 352. — H. BN, *Hist. pl.*, X, 260.)

PENTHEA (D. DON, in *Linn. Trans.*, XVI, II, 280). Section du genre *Barnadesia* MUT.

PENTHEA (LINDL., *Intr.*, ed. 2, 446). Synonyme de *Disa* BERG.

PENTHORE. Nom français (LAMK) des *Penthorum* L.

PENTHORUM (L., *Gen.*, n. 580). Genre de Crassulacées, qui a donné son nom à une série des *Penthorées*, et dont les fleurs sont 5, 6-mères, avec un réceptacle en cupule. Il y a sur les bords 5, 6 sépales et autant de petits pétales, ou 0. L'androcée

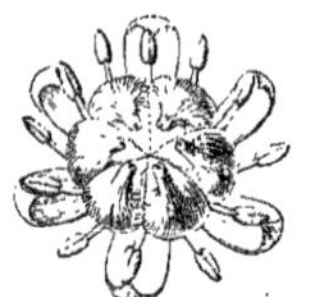

Penthorum. — Fleur. Fruit.

est diplostémoné; et le gynécée est formé de 5, 6 carpelles indépendants, ∞-ovulés. Les fruits sont des follicules. Ce sont des herbes vivaces, de l'Amérique du Nord et de la Chine, à feuilles alternes, à cymes unipares, terminales, multiples. (H. BN, *Hist. des pl.*, III, 336, 431, fig. 376, 377.)

PENTICOSA. L'*Hypericum lanceolatum* LAMK.

PENTISEA (LINDL., *Veg. Swan Riv.*, LII). Section du genre *Caladenia* R. BR. (B. H., *Gen.*, III, 613.)

PENTLANDIA (HERB., in *Bot. Reg.* [1839], t. 68). Synonyme de *Urceolina* REICHB.

PENTODON (HOCHST., in *Flora* [1844], 552. — B. H., *Gen.*, II, 58). Section du genre *Oldenlandia* PLUM. (H. BN, *Hist. des pl.*, VII, 325.)

PENTOPETIA (DCNE, in *DC. Prodr.*, VIII, 509). Section du genre *Cryptolepis* R. BR., à écailles de la couronne longuement subulées. (H. BN, *Hist. des pl.*, X, 301.)

PENTOROBON. Nom grec ancien des Pivoines.

PENTOTIS (TORR. et GRAY, *Fl. N.-Amer.*, II, 42). Section du genre *Oldenlandia* PLUM. (H. BN, *Hist. des plant.*, VII, 325.)

PENTRIAS (RAFIN., *Fl. tell.*, 42). Section des *Euxolus* RAF.

PENTSTEMON (LHÉR., ex LAMB., in *Linn. Trans.*, X, t. 6). Genre de Scrofulariacées-Scrofulariées, formé de plus de 60 espèces herbacées ou suffrutescentes, de l'Amérique du Nord et de l'extrême orient de l'Asie boréale; distingué par des feuilles opposées et des grappes de cymes à fleurs irrégulières; le calice 5-partite; la corolle à tube cylindrique ou ventru, avec un limbe à 3 lobes antérieurs plans et étalés. Il y a 4 étamines didynames, et un staminode postérieur, ordinairement très développé, claviforme ou spathulé à son sommet. L'ovaire a 2 loges ∞-ovulées, et le fruit capsulaire, septicide, renferme des graines anguleuses. Ce sont souvent des plantes ornementales, à corolle de couleur vive, jaune rose, pourprée, violacée ou bleue. (H. BN, *Hist. des pl.*, IX, 435.)

PENTSTEMONACANTHUS (NEES, in *Mart. Fl. bras.*, VII, 159). Genre d'Acanthacées-Ruelliées, qui a pour type le *Ruellia modesta* MART., herbe couchée du Brésil; distinguée par un androcée qu'on dit 5-mère et un ovaire à loges 2-ovulées. Les fleurs peu nombreuses occupent les aisselles des feuilles supérieures. (H. BN, *Hist. des pl.*, X, 433.)

PENTSTERIA (GRIFF., *Notul.*, IV, 18, part.). Syn. de *Torenia*.

PENTZIA (THUNB., *Prodr. Fl. cap.*, 145). Section du genre *Athanasia* L. (H. BN, *Hist. des pl.*, VIII, 281.)

PENZIGIA (SACC. et PAOL., *Mycet. malac.*, in *Att. R. Inst. ven.*, ser. VI, 42). Genre de Pyrénomycètes, à stroma subglobuleux, radié à l'intérieur, recouvert d'un épiderme pâle, crustacé, et contenant les périthèces enfoncés à l'intérieur. Les thèques entremêlées de paraphyses renferment 8 spores assez grandes, fusiformes, enfumées. [DE S.]

PEONE. Synonyme de Pivoine.

PEONIA. Nom, à Caracas, de l'*Adenanthera pavonina* L.

PEONY. Nom anglais des Pivoines.

PEPADA. L'un des noms de la Patate (*Ipomœa Batatas* LAMK).

PÉPE. Nom italien des Poivres.

PEPERELLO BOBRASSO. En Italie, le Raifort.

PEPERI (ENDL., *Gen.*, n. 1820 *b*). Section du genre *Piper* L.

PEPERIDIA (REICHB., *Consp.*, 212 *a*). Synonyme de *Chloranthus* SW.

PEPERIDIUM (LINDL., *Introd. Nat. Syst.*, ed. 2, 446). Synonyme de *Renealmia* L.

PEPEROMIA (R. et PAV., *Prodr.*, 8; *Fl. per. et chil.*, I, 29). Genre de Pipéracées-Pipérées, dont les fleurs sont celles des *Piper* et *Verhuellia*, avec des étamines à anthère non articulée, 2-valve et déhiscente en dehors, comme celle des *Chavica*. Le gynécée et le fruit sont ceux des *Piper*, avec un style simple. Ce sont des herbes ou des arbustes, souvent grêles, de

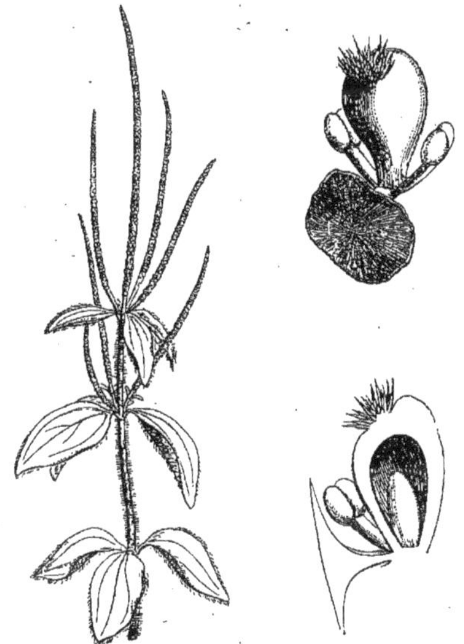

Peperomia. — Branche florifère. Fleur, entière et coupe longitudinale.

toutes les régions chaudes du globe, à système vasculaire de *Verhuellia*; à feuilles alternes, opposées ou verticillées; à inflorescence de *Piper*; la bractée libre. Plusieurs espèces sont aromatiques, toniques, stomachiques (*P. hispidula, trifolia, rotundifolia, grandifolia*). Les *P. rotundifolia, pellucida*, etc., sont, dans leur pays natal, des herbes potagères. (H. BN, *Hist. des pl.*, III, 473, 490, 494, fig. 513-515.)

PEPERONE. Nom italien du *Capsicum annuum* L.

PÉPIN. Graine de certains fruits (raisins, pommes, coings).

PÉPINGOS. Au Brésil, l'Arachide.

PEPINIA (AD. BR., ex *Ill. hort.*, XVII, 32, t. 5). Synonyme de *Pitcairnia* LHÉR.

PEPINILLO. A Porto-Rico, la *Cayaponia americana* COGN.

PEPINITOS. A Porto-Rico, le *Cucumis Anguria* L.

PEPINITO-SALTADOR. En Colombie, l'*Elaterium Trianæi* COGN.

PEPINO. Nom, à Valdivia, du *Philesia buxifolia* LAMK.

PEPINO CIMARRON. A Porto-Rico, le *Cayaponia racemosa*.

PEPINO DE COMER. Nom espagnol du *Cyclanthera edulis*, simple variété du *C. pedata* SCHRAD.

PEPITA. Nom espagnol de la Fève de Saint-Ignace.

PEPITA DE CATBALONGAN. Aux Philippines, les *Strychnos*.

PÉPLIDE. Nom français (LAMK) des *Peplis* L.

PEPLIDIUM (DEL., *Fl. Eg.*, 148, t. 4). Genre de Scrofulariacées-Gratiolées, ayant à peu près les fleurs des Limoselles; le calice tubuleux, à 5 dents; 2 étamines à anthère 1-loculaire; un ovaire à 2 loges; un fruit à valves parallèles à la cloison, entières ou 2-fides. Ce sont deux petites herbes couchées, à feuilles opposées, un peu charnues, à petites fleurs 1-3, axillaires. (H. BN, *Hist. des pl.*, IX, 456.)

PEPLION (DALECH.). L'*Euphorbia Peplis* L.

PEPLIOS. Nom ancien du *Zygophyllum Fabago* L.

PEPLIS (DIOSC.). Nom ancien de l'*Euphorbia Peplis* L., espèce méridionale, purgative, dépurative, etc.

PEPLIS (L., *Gen.*, n. 446). Section du genre *Ammania* L., représentée chez nous par une petite herbe des lieux humides, l'*A. Portula*. (H. BN, in *Bull. Soc. Linn. Par.*, 87; *Hist. des plant.*, VI, 437, fig. 418, 419.)

Peplis. — Fleur, entière et coupe longitudinale.

PEPLONIA (DCNE, in *DC. Prodr.*, VIII, 545). Genre d'Asclépiadacées-Asclépiadées, établi pour un arbuste grimpant du Brésil, à corolle subrotacée, avec double couronne : l'extérieure membraneuse et largement campanulée; l'intérieure formée de 5 écailles oblongues, attachées aux étamines. (H. BN, *Hist. des pl.*, X, 254.)

PEPLOPUS (QUÉL., *Enchir. Fung.*, 155). Section du genre *Viscipellis*, contenant les espèces de Polyporés dont le stipe est muni d'un anneau membraneux. [DE S.]

PEPLOS (BAUH.). L'*Euphorbia Peplus* L.

PEPO. Sorte de fruit (MŒNCH).

PEPO (T., *Inst.*, 105, t. 33). Synonyme de *Cucurbita* T.

PEPO-HO. Nom, à la N.-Zélande, du *Muehlenbeckia australis*.

PEPOLINA (CÆSALP., *De pl. lib.*, 11). Syn. (part.) de *Thymus* L.

PÉPON. Le *Cucurbita Melopepo* L., var. *pyriformis*.

PÉPON, PÉPONIDE. Sorte de baie, telle que le fruit des Cucurbitacées.

PEPONE. Nom italien du Melon.

PEPONES (PLINE). Nom latin des Potirons.

PEPONIA (GREV. [1864], ex VAN HEURCK, *Microsc.*, 329). Genre de Néodiatomacées, de l'ordre des Cryptoraphidées, famille des Mélosirées. Les frustules, non cylindriques, sont apiculés. Les deux valves sont semblables. [CH. M.]

PEPONIA (NAUD., in *Ann. sc. nat.*, sér. 5, V, 29, t. 3, 4). Genre de Cucurbitacées-Cucurbitées, à fleurs monoïques, à peu près de *Lagenaria*; distingué par des fleurs mâles à anthères glabres au sommet, les loges condupliquées suivant leur longueur. Ce sont 6, 7 herbes de l'Afrique tropicale et australe, à pétioles non glanduleux. (H. BN, *Hist. des pl.*, VIII, 444.)

PEPONIDIUM (H. BN, in *Adansonia*, XII, 196; *Hist. des pl.*, VII, 425). Section du genre *Canthium*, très remarquable par ses grandes feuilles et ses fruits hispides. Ceux-ci sont pluriloculaires, et l'ensemble du fruit rappelle la forme d'un petit melon. C'est une plante peu connue, de Madagascar.

PEPONOPSIS (NAUD., in *Ann. sc. nat.*, sér. 4, XII, 88). Synonyme (?) de *Cucurbita* T. (H. BN, *Hist. des pl.*, VIII, 396.)

PEPOULIT. Nom provençal du *Petasites Farfara* H. BN.

PEPPER. Nom anglais des Poivres.

PEPPERMINT. Nom anglais du *Mentha piperita* L.

PEPPERMINT-TREE. En Australie, les *Eucalyptus amygdalina, capitellata, macrorhyncha, piperita, odorata*, etc.

PEPPERWORT. Nom anglais des *Lepidium* L.

PEPPLE-MOOL. Nom du *Zanthoxylon piperitum* DC.

PEQUEA (PIS.). Le *Crescentia Cujete* L.

PEQUIA AMARELLA, PEQUIA-MARFIM. Au Brésil, l'*Aspidosperma olivaceum* (*Macaglia*).

PERA (MUTIS., in *K. Vet. Akad. N. Handl. Stock.*, V [1784], 299, t. 8). Genre d'Euphorbiacées-Jatrophées, auquel nous avons depuis longtemps uni les *Spixia*, *Peridium*, *Perula*, *Schismatopera*, et qui est formé d'une vingtaine d'arbres ou arbustes de l'Amérique tropicale, à fleurs mono- ou dioïques, 2-10-andres. La fleur femelle a un calice développé ou rudimentaire et un ovaire à 3 loges 1-ovulées. Le fruit est capsulaire, et les graines sont albuminées et arillées là où on a pu les examiner. Ce sont des plantes glabres ou à poils écailleux; à feuilles alternes ou opposées; à fleurs axillaires, incluses en petit nombre dans un involucre sacciforme qui s'ouvre en 1, 2 valves, et qu'accompagnent à sa base quelques bractées. Il y a des *Pera* qui, en Colombie, donnent du caoutchouc. (H. BN, *Et. gén. Euphorbiac.*, 443, t. 2, fig. 25-27; *Hist. des pl.*, V, 224; in *Bull. Soc. Linn. Par.*, 474.)

PERACARPA (HOOK. F. et THOMS., in *Journ. Linn. Soc.*, II, 26). Genre de Campanulacées-Campanulées, à fleurs à peu près de *Campanumœa*, 5-mères, avec un fruit presque sec. Le *P. carnosa* est une herbe grêle, couchée, à feuilles ovales et à pédicelles filiformes. Le fruit est petit et penché. (H. BN, *Hist. des pl.*, VIII, 323, 357, fig. 151.)

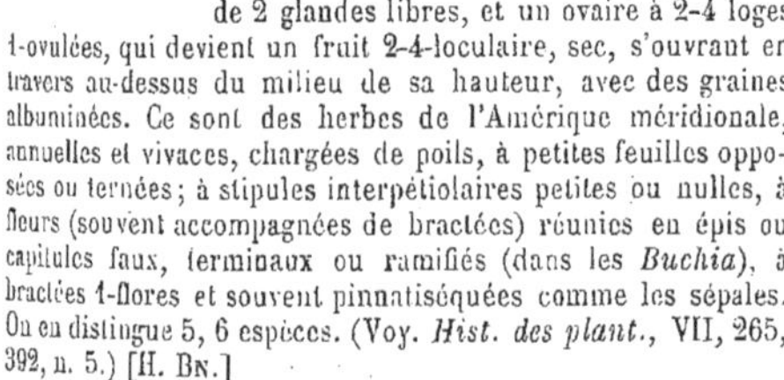

Peracarpa. — Fruit.

PERAGU, PÉRAGUT. Noms français des *Clerodendron* (*Ovieda* L.).

PERALTEA (H. B. K., *Nov. gen. et spec.*, VI, 460, t. 589). Synonyme de *Brongniartia* H. B. K.

PERALU. Le *Ficus benghalensis* L.

PERAMA (AUBL., *Guian.*, I, 54, t. 18). Genre de Rubiacées-Spermacocées, dont les fleurs, analogues à celles des *Spermacoce*, sont 3, 4-mères, avec deux grands sépales (?) latéraux, libres ou connés, entiers ou pinnatiséqués, une corolle valvaire; 3, 4 étamines incluses ou exsertes, un disque épigyne formé de 2 glandes libres, et un ovaire à 2-4 loges 1-ovulées, qui devient un fruit 2-4-loculaire, sec, s'ouvrant en travers au-dessus du milieu de sa hauteur, avec des graines albuminées. Ce sont des herbes de l'Amérique méridionale, annuelles et vivaces, chargées de poils, à petites feuilles opposées ou ternées; à stipules interpétiolaires petites ou nulles, à fleurs (souvent accompagnées de bractées) réunies en épis ou capitules faux, terminaux ou ramifiés (dans les *Buchia*), à bractées 1-flores et souvent pinnatiséquées comme les sépales. On en distingue 5, 6 espèces. (Voy. *Hist. des plant.*, VII, 265, 392, n. 5.) [H. BN.]

PERAMIBUS (RAFIN., in *Ann. nat.*, I [1820], 14, ex DC.). Synonyme (?) de *Bidens* T.

PERAMIUM (SALISB., in *Trans. Hort. Soc.*, I, 301). Synonyme de *Goodyera* R. BR.

PERANDRA (HOOK. F., *Fl. tasm.*, I, 242). Section du genre *Pernettya* GAUDICH., à étamines arrondies au sommet, à disque 5-lobé.

PERAPHORA (MIERS, in *Ann. Nat. Hist.*, ser. 3, XVIII, 20). Synonyme de *Cyclea* ARN.

PERAPHYLLUM (NUTT., in *Torr. et Gr. Fl. N.-Amer.*, I, 474). Synonyme de *Amelanchier* LINDL.

PERCE-BOSSE. Le *Lysimachia vulgaris* L.

PERCEFEUILLE. Nom ancien du *Bupleurum perfoliatum* L.

PERCE-MOUSSE. Nom français (LAMK) des *Polytrichum* L.

PERCE-MURAILLE. Les Pariétaires.

PERCE-NEIGE. Le *Galanthus nivalis* L.

PERCEPIER (DILL., *Nov. gen.*, 94, t. 3). Syn. de *Aphanes* L.

PERCEPIER, PERCHEPIER, PERCE-PIERRE. L'*Alchemilla arvensis* SCOP. (*Aphanes arvensis* L.).

PERCE-PIERRE. Nom du *Crithmum maritimum* L., du *Meum Silaus* H. BN et du *Saxifraga granulata* L.

PERCE-TERRE, PERCE-PIERRE. Noms des Nostoc.

PERCHEPIER (BAUH.). Le *Crithmum maritimum* L.

PERCILLADE. Le Chasselas à feuilles laciniées.

PERCIVAL (THOM.). Médecin de Manchester [1740-1804], a écrit [1785] *Speculations on the perceptive power of vegetables* (in-8 de 19 p.), traduit en allemand [1790].

PERDICIE. Nom français (LAMK) des *Perdicium* L.

PERDICIUM (L., *Gen.*, n. 960). Genre de Composées. Synonyme (part.) de *Trixis* P. BR.

PERDITUM. Dans Paracelse, le Chervi.

PERDRIGON. Variété de Prunes, ovoïdes, à chair parfumée, sucrée, fondante. On distingue surtout le P. rouge et le blanc.

PEREBEA (AUBL., *Guian.*, II, 952, t. 361). Genre d'Ulmacées-Artocarpées, formé de 4, 5 arbres lactescents de l'Amérique tropicale; distingué par des fleurs dioïques, groupées en glomérules sur un réceptacle concave, puis plan ou convexe; les mâles 4-mères, 4-andres; les femelles pourvues d'un ovaire adné, avec un périanthe tubuleux et 4-denté. Dans le fruit, les périanthes deviennent charnus, pressés les uns contre les autres, mais libres. (TRÉC., in *Ann. sc. nat.*, sér. 3, VIII, t. 5. — KARST., *Fl. colomb.*, II, t. 112. — H. BN, *Hist. des pl.*, VI, 154, 206.)

PEREBECENU. A Cuba, le Tabac.

PEREBOOM (Cornel.). Auteur [1788], à Leyde, d'un *Systema characterum plantarum*, etc. — Nicol.-Ewoud PEREBOOM a écrit [1787-88] un *Materia vegetabilis* (in-4 de 74 p. et 30 pl.).

PEREIRA (Jonath.). Professeur à Londres [1804-1853], auteur de *Elements of Materia medica and Therapeutics* [1849-53], qui eurent plusieurs éditions et furent traduits en allemand.

PEREIRIA (LINDL., *Fl. medic.*, 370). Synonyme de *Coscinium* COLEBR.

PEREJIL. Nom espagnol du Persil.

PÉRELLE DES MURS. Le *Parmelia parietina* ACH.

PERELYGIN (Pet.). Auteur [1828], à Saint-Pétersbourg, de *Fundamenta Rei herbariæ* (in-8 de 269 p.).

PERENNES (FR., *Syst. myc.*, I, 372). Section du genre *Polyporus* FR., comprenant des espèces perennantes.

PÉRÉOLE. Le *Centaurea Cyanus* L.

PÉRÉPÉRÉ. Nom caraïbe du *Clusia rosea* L.

PERESKIA (PLUM. — L., *Gen.* [1737], n. 402). Genre de Cactacées-Opuntiées, qui a des fleurs d'*Opuntia*, mais des tiges ligneuses, cylindriques, avec des feuilles développées, planes, un peu charnues. Les fleurs sont terminales ou latérales, sessiles ou stipitées, solitaires ou en cymes. Les 12, 13 espèces, cultivées souvent dans nos serres, sont de l'Amérique tropicale et des Antilles. (H. BN, *Hist. des pl.*, IX, 41.)

PERESKIA (VELL., *Fl. flum.*, I, t. 81). Synonyme de *Hippocratea* L.

PERETTE. Le *Citrus Limonium* L., var. *Peretta*.

PEREUPHORA (HFMSG, *Verz.*, 174). Synonyme de *Mastrucium* CASS.

PEREZ (Lorenz). Apothicaire de Tolède, a écrit [1575] *Libro de theriaca*, et [1599] *De medicamentarum simplicium et compositorum hodierno ævo apud nostrates pharmacopolas*, etc.

PEREZIA (LAG., *Amen. nat.*, I, 31). Genre de Composées-Mutisiées, formé d'environ 45 herbes américaines, à capitules 5-∞-flores; le réceptacle nu; les bractées de l'involucre 2-∞-sériées; la corolle des fleurs extérieures bilabiée, à lèvre antérieure entière ou 3-dentée; les branches stylaires tronquées au sommet; les soies de l'aigrette simples; les fruits sans bec. Les capitules sont solitaires, en grappes composées ou en cymes. (DELESS., *Ic. sel.*, t. 92, 93. — *Bot. Mag.*, t. 5401. — H. B., *Pl. æquin.*, t. 127, 135, 136. — H. BN, *Hist. des pl.*, VIII, 100.)

PEREZIA (LESS., in *Linnæa*, V, 30). Synonyme de *Euclarionea* ENDL.

PEREZIA (LLAV. et LEX., *Nov. gen. descr.*, I, 25). Synonyme de *Acourtia* DON.

PERFOLIATA (DOD.). Le *Bupleurum perfoliatum* L.

PERFORARIA (CHOIS., *Prodr. Hyper.*, 44). Section du genre *Hypericum* T.

PERFORATÆ (L., *Phil. bot.*, 35). Ordre (60) de plantes.

PERFOSSUS (COTTA, *Dendrolith.*, 51, t. 10). Synonyme de *Fasciculites* COTTA.

PERGALIA. Nom ancien de l'*Argemone mexicana* L.

PERGULAIRE. Nom français (LAMK) des *Pergularia* L.

PERGULARIA (L., *Mantiss.*, n. 1253). Genre d'Asclépiadacées-Marsdéniées, formé d'une dizaine de lianes asiatiques et africaines; distingué par une corolle à tube oblong ou ovoïde, à limbe découpé en cinq lobes étroits. Les squames de la couronne sont planes, adnées inférieurement par leur face, à sommet oblong, dédoublé; sa lame extérieure généralement très courte. Les fleurs sont en cymes ombelliformes, denses. (*Bot. Mag.*, t. 755, 2532. — H. BN, *Hist. des pl.*, X, 269.)

PERIÆDOEATÆ (BERNH., in *Schrad. Journ.*, II, 134). Ordre des Cryptogames.

PERIANDRA (CAMB., in *Jacquem. Voy. Bot.*, 27, t. 29). Synonyme de *Flourensia* CAMB.

PERIANDRA (MART. — BENTH., in *Ann. Wien. Mus.*, II, 120). Genre de Légumineuses-Phaséolées, formé de 6 espèces américaines, voisines des *Clitoria*, avec un tube floral court et campanulé. L'étendard, nu sur le dos, est plus ou moins rétréci à sa base. (*Fl. bras.*, *Papil.*, 135, t. 35, 36. — H. BN, *Hist. des pl.*, II, 253.)

PÉRIANTHE (*Perianthium*). Les enveloppes florales. — Voy. FLEUR.

PERIANTHOPODUS (S.-MANS., *Enum. subst. bras. catars.*, in *Rev. med. flum.* [1836], 410). Genre de Cucurbitacées, qui a donné son nom à une série des *Périanthopodées*, et qui est caractérisé par des fleurs unisexuées : les mâles à réceptacle tubuleux, campanulé ou cupuliforme, dont le bord porte 5 sépales et 5 pétales valvaires ou subindupliqués; 5 étamines 3-adelphes (2-2-1), à anthères 2, 3-pliquées, avec un ovaire rudimentaire ou nul. Les femelles ont un réceptacle à long col, avec un ovaire infère à 1-3 loges et un style à 3 lobes. Il y a dans chaque loge, complète ou incomplète, 1-4 ovules ascendants. Le fruit est subéreux ou charnu, à 1-12 graines non albuminées. Ce sont des herbes de l'Amérique et de l'Afrique tropicales, à feuilles entières, lobées ou disséquées, à vrilles 2-5-fides, à grappes simples ou composées. (H. BN, *Hist. des pl.*, VIII, 386, 430, fig. 235.)

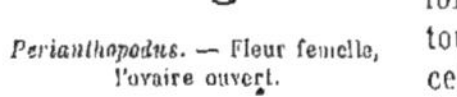

Perianthopodus. — Fleur femelle, l'ovaire ouvert.

PÉRIASCOGONE. Tissu cellulaire formant un tégument continu autour de l'ascogone ou système de cellules (Scolécite TUL.) destiné à donner naissance aux thèques (asques) chez les Discomycètes. (Voy. V. TIEG., in *Compt. rend. Acad. sc.*, LXXXI, 1110.)

PERIBALLANTHUS (FR. et SAV., *Enum. pl. japon.*, II, 524). Synonyme (B. H., *Gen.*, III, 769) de *Polygonatum* ADANS.

PERIBALLIA (TRIN., *Fund. Agrostogr.*, 133). Genre proposé pour l'*Aira involucrata* CAV.

PERIBLASTÆ (KUETZ., in *Linnæa*, XVII, 101). Ordre des Algues-Paracarpées.

PERIBLEMA (DC., in *Meissn. Gen.*, 301). Genre d'Acanthacées-Justiciées-Périblémées, jadis rapporté aux Bignoniacées; à fleurs irrégulières; la corolle 4-lobée, avec des étamines didynames à anthères 2-loculaires, et des loges ovariennes 2-ovulées. Le *P. cuspidatum* DC. (*Bignonia cuspidata* BOJ.) est un arbuste de Madagascar, à feuilles opposées, à pédoncules axillaires, 3-flores; chaque fleur entourée d'un involucre 4-fide et de 2 bractées plus extérieures. (H. BN, in *Bull. Soc. Linn. Par.*, 823; *Hist. des pl.*, X, 466.)

PÉRIBLÈME (*Periblema*). Nom donné par Hanstein à la couche sous-jacente au dermatogène. Synonyme de Parenchyme cortical. — Voy. TIGE.

PERIBOEA (K., *Enum.*, IV, 292). Section du genre *Hyacinthus* L.

PERIBOTRYON (FR., *Syst. myc.*, III, 287). Genre très voisin des *Isaria*. La seule espèce connue, le *P. Pavoni* FR., du Pérou, présente un stroma épixyle, jaune, arrondi, un peu lobé, formé par l'intrication de filaments ramifiés qui portent à la périphérie des conidies globuleuses. [DE S.]

PERIBOTRYUM. — Voy. PERIBOTRYON.

PERICALIA (CASS., in *Bull. philom.* [1816], 459). Synonyme de *Cacalia* L. (*Senecio* T.).

PERICALLIS (D. DON. — REICHB., *Nom.*, 87). Section du genre *Tephroseris* REICHB.

PERICALYMMA (ENDL., *Enum. pl. Hueg.*, 51). Section du genre *Leptospermum* FORST.

PERICAMBIUM. Nom donné par M. Nægeli à la couche rhizogène de certains auteurs.

PERICAMPYLUS (MIERS, in *Ann. Nat. Hist.*, sér. 2, VII, 40; sér. 3, XIV, 369). Section du genre *Cocculus* C. BAUH. (H. BN, *Hist. des pl.*, III, 3.)

PÉRICARPE. La portion du fruit qui enveloppe la ou les graines. — Voy. FRUIT.

PÉRICARPOGONE. Ensemble des cellules qui entourent le carpogone, c'est-à-dire le noyau cellulaire qui donne naissance aux organes sporifères chez les Champignons.

PERICHÆNA (FR., *Syst. Orb. veg.*, I, 141). Genre de Myxomycètes, à péridium régulier ou irrégulier s'ouvrant par une fente circulaire ou par déchirure. Les filaments du capillitium sont lisses : les uns issus du péridium; les autres libres. Ils s'anastomosent en un réseau. Les spores globuleuses sont lisses, rarement échinulées. On en distingue une douzaine d'espèces, vivant sur des écorces ou des tiges herbacées, répandues sous presque toutes les latitudes. [DE S.]

PERICHÆNACEÆ (ROST., *Mon.*, 292). Famille de Myxomycètes, ayant pour type le genre *Perichæna* FR.

PERICHASMA (MIERS, in *Ann. Nat. Hist.*, sér. 3, XVIII, 21). Synonyme (B. H., *Gen.*, I, 962) de *Stephania* LOUR.

PÉRICHÈZE (*Perichætium*). Involucre dont sort le fruit des Mousses.

PERICILEMA (PRESL, *Rel. Hænk.*, I, 233, t. 37, fig. *a*). Genre de Graminées-Agrostidées, formé de 3, 4 herbes annuelles de l'Amérique tropicale, à inflorescence terminale spiciforme, continue ou interrompue; avec tous les caractères des *Muehlenbergia*, sinon que toutes les glumes sont terminées par une longue arête. Les épillets sont petits et glomérulés. (K., *Rev. Gram.*, t. 213. — TRIN., *Spec. Gram.*, t. 358.) [H. BN.]

PERICLADIUM (PASSER., in *N. Giorn. bot. ital.*, VII, 185). Genre d'Urédinés, peu déterminé, formé pour une espèce d'Abyssinie, et qui pourrait appartenir aux Mélanconiés. Le réceptacle est une sorte de péridium coriace, déhiscent, contenant des spores ou écidiospores, globuleuses ou légèrement anguleuses, devenant fuligineuses et opaques. [DE S.]

PÉRICLINE (BERTILL., art. *Champignons*, *Dict. des sc. méd.*, 583). Terme proposé pour remplacer celui de *périthèce* chez les Champignons ayant des conidies au lieu de thèques à l'intérieur de leur réceptacle; ainsi les Sphéropsidés.

PÉRICLINE. Nom donné par Cassini à l'involucre des Composées.

PERICLISTIA (BENTH., in *Hook. Journ. Bot.*, IV, 108). Synonyme de *Paypayrola* AUBL.

PERICLYMENUM (T., *Inst.*, 608, t. 378). Synonyme de *Lonicera* L.

PERICOME (A. GRAY, *Pl. Wright.*, II, 81). Section (?) du genre *Galeana* LLAV. et LEX. (H. BN, *Hist. des pl.*, VIII, 250.)

PERICOMOS (TARG. — BERTOL., *Amen.*, 308). Synonyme de *Cladostephus* AGH.

PERICON. Nom vulgaire mexicain du *Tagetes lucida* CAV.

PERICONIA (TODE, *Fung.*, II, 2, t. 8, f. 61. — PERS., *Syn.*, 686). Genre d'Hyphomycètes, à mycélium rampant, d'où s'élèvent les filaments conidiophores, dressés, simples, cloisonnés, bruns, portant à leur sommet des conidies brunes, globuleuses, qui s'agglomèrent en pseudo-capitules. 26 espèces, vivant sur des débris végétaux morts. [DE S.]

Periconia.

PERICONIELLA (SACC., *Syll. Fung.*, IV, 275). Genre formé pour une seule espèce dont le port et la vie parasitique diffèrent seuls des *Periconia*. Le *P. velutina* WINT. se développe sur des feuilles languissantes, au Cap de Bonne-Espérance. [DE S.]

PERICYCLA (BL., *Rumphia*, II, 47, t. 94). Synonyme de *Licuala* THUNB.

PÉRICYCLE. Nom donné à la couche dite ailleurs *Pericambium*, Assise rhizogène, etc. Elle a été trouvée dans les tiges, racines, feuilles, par Hugo v. Mohl qui l'a indiquée le premier en 1831. Cette couche est généralement formée d'une série de phytocystes, plus rarement de 2-∞ séries. Elle est intérieure à l'endoderme et extérieure au liber. M. L. Morot a écrit une thèse spéciale sur le Péricycle. On en distingue plusieurs formes : homogène, hétérogène, complet, incomplet, etc.

PERICYSTIS (LIEB. — KUETZ., *Spec. Alg.*, 433). Algue propre à la Havane; synonyme de *Campsopogon* KUETZ.

PERIDERÆA (WEBB, *It. hisp.*, 37). Synonyme de *Anthemis* L.

PERIDERIDIA (REICHB., *Pfl. Syst.*, 219). Synonyme de *Eulophus* NUTT.

PÉRIDERME. Couches de phytocystes tubulaires qui séparent les lames du liège. Ce mot est de M. Nægeli. Hanstein et d'autres ont donné ce nom à l'ensemble du suber. — Voy. TIGE.

PÉRIDIE, PÉRIDIUM. Réceptacle des Champignons, contenant les spores à l'intérieur, s'ouvrant régulièrement ou irrégulièrement et de consistance charnue, membraneuse ou sèche et subéreuse.

PERIDIEI (NYL., in *Flor. Ann.* [1866], 291). Genres de Lichens, voisins des Pyrénocarpés. [CH. M.]

PÉRIDIÉS (QUÉL., *Champ. Jura et Vosges* [1873]). Gastéromycètes endobasides.

PÉRIDIOLE, PERIDIOLUM. Petits conceptacles contenant des spores et renfermés en nombre variable dans un péridium commun ; ainsi chez les *Cyathus*, *Polysaccum*, etc.

PERIDISCUS (BENTH., *Gen.*, I, 127, n. 13). Genre de Bixacées-Flacourtiées, établi pour un arbre du Brésil septentrional, près des limites du Vénézuela, à grandes feuilles entières, à fleurs apétales, 4, 5-mères; le calice subvalvaire, avec plusieurs étamines, 3, 4 styles distincts et courts, et 6-8 ovules descendants. (H. BN, *Hist. des pl.*, IV, 304.)

PERIDIUM, PÉRIDIE. Portion externe du réceptacle des Gastromycètes, qui entoure la *gleba*.

PERIDIUM (SCHOTT, in *Spreng. Syst.*, *Cur. post.*, 410). Section du genre *Pera* MUT.

PERIEMBRYUM. Cusson a donné, en 1770, ce nom à l'albumen; « nom qui, dit A.-P. de Candolle, outre l'ancienneté, eût été plus convenable à adopter que celui de périsperme ». [H. BN.]

PERIFOLIO. Nom espagnol du Cerfeuil.

PÉRIGAME. Le périgone des Mousses, quand il entoure à la fois des anthéridies et des oosporanges.

PERIGLOSSUM (DCNE, in *DC. Prodr.*, VIII, 520). Synonyme de *Cordylogyne* E. MEY.

PÉRIGONE (*Perigonium*). Le périanthe.

PERIGONIATÆ (LINK, *Handb.*, I, 367). Sous-classe (3) des Exogènes.

PEPIGRAPHA (FR., *Pl. homon.*, 107). Sous-genre du g. *Valsa*.

PÉRIGYNE. Le périgone des Mousses, quand il entoure seulement des organes femelles.

PÉRIGYNE, PÉRIGYNIE. — Voy. INSERTION.

PERIGYNIUM. — Voy. MOUSSES.

PERIKUM. Nom danois du Millepertuis.

PERILLA (L., *Gen.*, *App.*, n. 1236). Genre de Labiées-Menthées, dont les caractères diffèrent si peu de ceux des *Collinsonia*, qu'il n'en faudra peut-être faire qu'une section, à fruits réticulés, à lobe antérieur de la corolle un peu plus grand que les autres. On cultive beaucoup le *P. nankinensis* à cause de ses feuilles noirâtres. Ces plantes servent aux Chinois, sous le nom de *Ye-goma*, à préparer une sorte d'enduit plus ou moins imperméable pour les papiers, les étoffes, etc. (LAMK, *Ill.*, t. 503. — *Bot. Mag.*, t. 2395.)

PERILLULA (MAXIM., in *Bull. Ac. Pétersb.*, XX; *Mél. biol.*, IX, 440). Genre de Labiées-Menthées, établi pour une herbe stolonifère du Japon, distinguée par un calice bilabié, finalement penché; une corolle sub-2-labiée, plus développée en arrière; 4 étamines à anthères fertiles; les loges parallèles; des achaines lisses. Les verticilles 2-6-flores sont disposés en grappes. [H. BN.]

PERILOMIA (H. B. K., *Nov. gen. et spec.*, II, 326, t. 159). Genre de Labiées-Bétonicées, formé de 7, 8 espèces américaines, frutescentes, séparées des *Scutellaria* parce que leur corolle a une lèvre supérieure qui ne présente pas la forme de casque. (*Bot. Reg.*, t. 1314.)

PERIMARAM. Nom malabar de l'Ailante glanduleux.

PERIM-KAKU-VALLI. Nom malabar de l'*Entada scandens* BTH.

PÉRINE. La Térébenthine vierge.

PERINKARA (ADANS., *Fam.*, II, 447). Syn. de *Elæocarpus* L.

PERIN-KARA. Nom malabar de l'*Elæocarpus serratus* COMM.

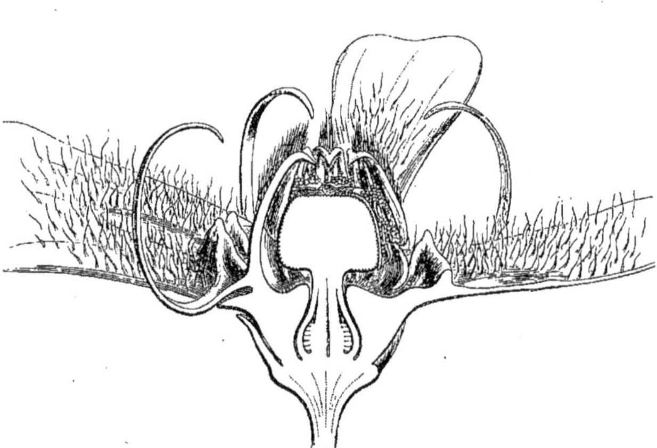

Périploque. — Fleur, coupe longitudinale.

PERIOLA (FR., *Syst. mycol.*, II, 266). Genre de Tuberculariés, à stroma arrondi, charnu ou un peu gélatineux, à conidies ovoïdes, hyalines, disposées en chapelets, entre lesquels se dressent des cellules pileuses, rigides. Quelques espèces, mal caractérisées, ont été trouvées sur des Polypores, de vieux Agarics, des Pommes de terre ou des fruits. [DE S.]

PERIOMPHALE (H. BN, in *Bull. Soc. Linn. Par.*, 731). Genre rapporté avec doute aux Cyrtandrées et représenté par deux arbustes de la Nouvelle-Calédonie, à feuilles opposées et alternes. Les fleurs sont polygames, à 4-7 parties, avec un ovaire infère ou semi-infère et une corolle urcéolée, à 4-7 dents. Le fruit est charnu. Ce genre a en même temps des rapports étroits avec les Cornacés, etc. (H. BN, *Hist. des pl.*, X, 85.)

PERIPAROBA. Au Brésil, le *Piper umbellatum* L.

PERIPHANES (SALISB., *Gen. pl. Fragm.*, 118). Synonyme de *Hessea* HERB.

PERIPHERICÆ (ALB. et SCHWEIN., *Consp. Fung.*, 3). Section du genre *Sphæria* HALL.

PÉRIPHORANTHE (L.-C. RICH.). L'involucre des Composées.

PERIPHRAGMOS (R. et PAV., *Prodr.*, 26, t. 24; *Fl. per. et chil.*, t. 131-133). Synonyme de *Cantua* J.

PERIPHEROSTOMA (GRAY, *Arr. brit. pl.*, I, 513). Synonyme de *Hypoxylon* BULL.

PERIPLEGMATIUM (KUETZ., *Phyc. gen.*, 273). Algue-Confervée, rameuse, à rameaux divariqués, quelquefois parallèlement renfermés dans une membrane. Cette algue est voisine du *Bulbochæte*, et parasite sur le *Ceramium rubrum*. (Voy. KUETZ., *Spec. Alg.*, 423.) [CH. M.]

PERIPLEXIS (WALL., *Cat.*, n. 8022). Syn. de *Hemicyclia* W.

PÉRIPLOQUE (*Periploca* L., *Gen.*, n. 303, part.). Genre d'Asclépiadacées, qui a donné son nom à la série des *Périplocées*, distinguée par son pollen granuleux et non en masse, collé cependant à un corpuscule dilaté à son extrémité. La corolle est rotacée, tordue; doublée d'une couronne à écailles larges et courtes, ordinairement prolongée en 5 ligules subulées-acuminées. Ce sont des plantes laiteuses, volubiles, parfois aphylles, de l'Europe méridionale, de l'Asie et de l'Afrique. Le *P. græca*, liane cultivée chez nous, est vénéneux. (H. BN, *Hist. des pl.*, X, 238, 293, fig. 181-183.)

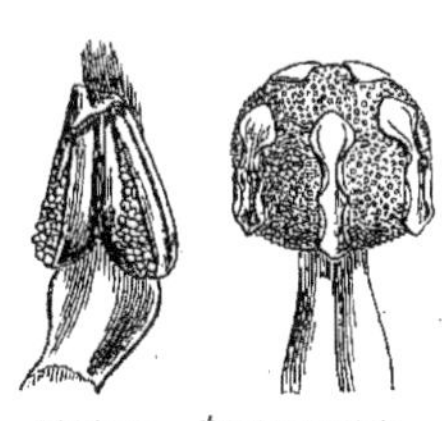
Périploque. — Étamine. Gynécée.

PERIPTERA (EHRNB., *Bericht. d. Berl. Akad.* [1844], 263). Genre de Diatomacées; pour Kützing de la famille des *Melosireæ*. Pour les auteurs modernes, et entre autres M. Van Heurck, qui n'admet pas ce genre, il trouverait sa place plus naturelle parmi les *Chætocereæ*; et les espèces qui le composaient ont été reportées dans les genres *Dicladia* et *Syndendrum*. [CH. M.]

PERIPTERIS (RAFIN., in *Journ. phys.*, LXXXIX, 262). Pour *Pteris* L.

PERIPTERYGIA (H. BN, in *Adansonia*, XI, 266). Section du genre *Pterocelastrus* MEISSN., dans laquelle les graines, dépourvues d'arille, sont entourées d'une aile marginale. Espèces néo-calédoniennes. [H. BN.]

PERIPTERYGIUM (HASSK., *Hort. bogor.*, 234). Synonyme de *Cardiopteris* WALL.

PERIQUILLO. Nom vulgaire mexicain du *Tagetes lucida* CAV.

PERISÆMA (FISCH. et MEY., *Ind. sem. H. petrop.* [1835]). Sous-genre du genre *Trifolium* T.

PERISPERMA (RAFIN. — REICHB., *Consp.*, 15). Genre douteux de Lycoperdacées.

PÉRISPERME. Nom donné d'abord par L.-C. Richard aux téguments séminaux, puis à l'albumen. Ce serait plutôt ce dernier quand il est extérieur à l'embryon.

PÉRISPORIACÉES, PERISPORIACEÆ. — Voy. PÉRISPORIACÉS.

PÉRISPORIACÉS, PERISPORIACEI (FR., *Summ. veg. Scand.*, 403). Famille de Pyrénomycètes, dont le périthèce est membraneux, coriace ou presque dur, à déhiscence irrégulière. Les thèques, souvent larges et diffluentes, contiennent de deux à huit spores, rarement un nombre supérieur. Les Périsporiacés présentent souvent un appareil conidien à forme de *Torula*, d'*Oidium*, d'*Aspergillus*, etc. [DE S.]

PÉRISPORIÉES (*Perisporieæ* SACC.). — Voy. PÉRISPORIÉS.

PÉRISPORIÉS (*Perisporiei* FR., *Summ. veg. Scand.*, 404). Tribu de Périsporiacés, comprenant les genres *Perisporium*, *Apiosporium*, *Chætomium*, auxquels il faut ajouter les genres *Eurotium*, *Zasmidium*, *Ctenomyces*, *Ascotricha*, *Cephalotheca*. [DE S.]

PERISPORIUM (FR., *Syst. myc.*, III, p. 248). Genre de Périsporiacés, à périthèces carbonacés, irrégulièrement déhiscents, contenant des thèques stipitées, à 8 spores oblongues quadriloculaires, de couleur sombre. Pas de paraphyses. M. Saccardo décrit 11 espèces déterminées, vivant sur le bois, les matières stercoraires, le papier et les tissus végétaux pourrissant. Beaucoup d'autres espèces décrites lui paraissent être incertaines et pouvoir être rapportées à des types de Sphériacés. [DE S.]

Perisporium.

PERISPORULARIA (ROUSS., *Fl. Calvad.* [1806]). Synonyme de *Sphæria* HALL. (part.)

PERISTEPHANIA (EHR. [1854], ex V. HEURCK, *Micr.*, 336). Genre de Diatomacées disciformes, voisin du genre *Coscinodiscus*, pourvu d'un cercle d'épines marginales. Quelques auteurs le considèrent comme synonyme de *Stephania*. [CH. M.]

PERISTERA (ECKL., et ZEYH., *Enum.*, 72). Section du genre *Pelargonium* LHÉR.

PERISTERIA (HOOK., *Bot. Mag.*, t. 3116, 3479). Genre d'Orchidacées-Vandées, voisin des *Acineta* LINDL., distingué par des sépales connivents en sphère; un labelle à lobes latéraux, dressé; un gynostème court; les caudicules larges ou en coin. Ce sont 2, 3 herbes épiphytes, de la Colombie, cultivées dans nos serres à cause de la beauté de leurs fleurs qui sont accompagnées de bractées petites ou membraneuses, mais plus courtes que l'ovaire infère. (REICHB. F., in *Walp. Ann.*, VI, 107.) [H. BN.]

PERISTERON (DIOSC.). La Verveine officinale.

PERISTERONA. Nom ancien de l'Ivette.

PÉRISTOME (*Peristomium*). — Voy. MOUSSES.

PERISTOMI (BRID., *Meth. Musc.*, XIII). Classe des *Vaginulati*.

PERISTOMIALIS (PHILL., *Brit. Discom.* [1887], 201). Sous-genre de Pézizés, établi pour les *Mollisia* à cupule cylindrique, présentant une ouverture à dents minces, égales, imitant les appendices du péristome des Mousses.

PERISTYLIS (BL., *Bijdr.*, 404, t. 30). Synonyme de *Habenaria* W.

PÉRITHÈCE. Forme des réceptacles de Champignons, contenant à l'intérieur des thèques, comme dans les Pyrénomycètes. — Voy. CHAMPIGNONS.

PERITHYRA (EHR. [1854], ex V. HEURCK, *Micr.*, 336). Genre de Diatomacées disciformes, appartenant à la famille des Eupodiscées. Les deux valves sont circulaires. Les ponctuations sont disposées en séries radiantes, et elles sont pourvues de tubercules marginaux. [CH. M.]

PERITOMA (DC., *Prodr.*, I, 237). Section du genre *Cleome* L.

PERITRE. Nom vulgaire mexicain de l'*Erigeron affine* DC.

PERITTIUM (VOG., in *Linnæa*, XI, 408). Synonyme de *Melanoxylon* SCHOTT.

PERIZOMA (MIERS, in *Lond. Journ. Bot.*, IV, 326). Section du genre *Salpichroa* MIERS.

PÉRIZONE (*Perizonium*). Membrane mince, non incrustée, transitoire, qui enveloppe dans certains cas le contenu des frustules des Néodiatomacées. Synon. de Coléoderme. [CH. M.]

PERIZONIA (COHN et JAN., in *litt. c. icon.* [1862]). Nom donné par quelques auteurs aux Navicules sporangifères; mais que la généralité des auteurs n'admet pas. Le *Surirella craticula* (?), qui n'est qu'un *Navicula cuspidata* à l'état sporangifère, serait dans cette division. [CH. M.]

PERIZONIUM (COHN et JAN., in RABENH., *Flor. europ. Alg.*, I, 228). Synonyme de *Perizonia* COHN et JAN.

PERLARIUS (RUMPH., *Herb. amboin.*, IV, t. 57). Synonyme (?) de *Dartus* LOUR.

PERLARO. En Italie, le *Melia Azederach* L.

PERLEB (L.-Jul.), Professeur à Fribourg en Brisgau [1794-

1845], a écrit un *Lehrbuch* [1826]; *De horto Friburgensi* [1829]; *Clavis classium, ordinum et familiarum atque index generum Regni vegetabilis* [1838].

PERLEBIA (MART., *Reis. Bras.*, I, 555). Synonyme de *Bauhinia* L.

PERLELLO O'ZANED. Nom mexicain du *Lopezia racemosa* CAV.

PERLIÈRE. Le Grémil officinal.

PERLIÈRE DES SABLES. L'*Helichrysum arenarium* DC.

PERMENTON. Nom ancien de la Belladone.

PERMONARIA. Nom ancien du *Lycopodium clavatum* L.

PERNETTYA (GAUDICH., in *Ann. sc. nat.*, sér. 1, V, 102; in *Freycin. Voy. Bot.*, 454, t. 67). Genre d'Éricacées-Arbutées, formé d'une quinzaine d'arbustes rigides de l'Amérique méridionale, du Mexique, de l'Océanie. Leurs feuilles alternes sont ordinairement persistantes, et leurs fleurs polygames, avec des anthères mutiques, des loges ovariennes ∞-ovulées et un fruit charnu. On les cultive comme ornementaux, surtout pour leurs fruits blancs ou d'un rose vif. (HOOK. F., *Fl. tasm.*, I, t. 73. — *Bot. Mag.*, t. 3093, 3889, 4920.)

PERNETYA (SCOP., *Introd.*, 150). Synonyme de *Canarina* L.

PERNOCYSTES (BREBISS., in *litt. c. icon.*). Genre d'Algues unicellulaires, placé avec raison parmi les *Glœocapsa* KUETZ.

PEROA (PERS., *Syn.*, I, 174). Synonyme de *Perojoa* CAV.

PEROBA. Au Brésil, l'*Aspidosperma Peroba*, à graines usitées comme évacuantes.

PEROBACHNE (PRESL, *Rel. Hænk.*, I, 348, t. 48). Synonyme de *Anthistiria* L.

PEROJOA (CAV., *Icon.*, IV, t. 349). Synonyme (part.) de *Leucopogon* R. BR.

PÉROLE, PÉRÉOLE, PÉROOLE. Noms vulgaires du Bluet.

PERONA (PERS., *Myc. europ.*, II, 3). Genre de Champignons, mal défini, comprenant des *Cyphella* et des *Helotium*.

PERONEMA (JACK, *Mal. Miscell.*, II, n. VII, 46). Genre de Verbénacées, formé d'un arbre malais, élevé, à fleurs en grappes 3-chotomes de cymes; 5-mères; la corolle peu irrégulière; le fruit à 4 valves adhérentes à autant de noyaux ou se séparant tardivement de ces derniers. Les feuilles sont, par exception, longuement imparipennées. (WIGHT, *Icon.*, t. 1460.)

PERONIA (BRÉB. et W. ARN., in *Journ. Microsc.* [apr. 1870]. Genre de Diatomacées, généralement parasite sur les Sphagnes; de l'ordre des Fragillariées, à frustules sessiles, solitaires ou réunis par deux, allongés, linéaires, légèrement cunéiformes; à valves finement striées, contractées à une extrémité, sans ligne médiane et sans nodule central. C'est ce dernier caractère qui le fait écarter du genre *Gomphonema* dans lequel il avait été placé par Kützing sous le nom de *G. fibula*. [CH. M.]

PERONIA (DC., in *Redout. Liliac.*, VI, t. 342). Synonyme de *Thalia* L.

PERONIL. Nom, à Veraguas, de l'*Ormosia panamensis* BENTH.

PERONOSPORA (CORDA, *Icon. Fung.*, I, t. 20). Genre de Péronosporés, à mycélium entophyte, à filaments conidiophores dressés, sortant par les stomates de la plante nourrice. Les conidies, ovales ou elliptiques, germent immédiatement ou se constituent en sporanges de même forme et de même dimension, à l'intérieur desquels se forment des zoospores. Les oospores ont un épispore tantôt lisse, tantôt verruqueux ou réticulé. Ce caractère permet de diviser le genre en deux sections. M. Saccardo en décrit 71 espèces, répandues en Europe et dans l'Amérique du Nord. Elles s'attaquent aux plantes vivantes et causent des maladies souvent redoutables chez les plantes cultivées : Épinards, Laitues, Oignons, Vigne. Les feuilles de cette dernière plante sont détruites par le *P. viticola*, connu sous le nom de *Mildew* (*Mildiou*). Si l'invasion du parasite n'est pas combattue, le raisin ne peut pas mûrir et le pied lui-même finit par mourir. [DE S.]

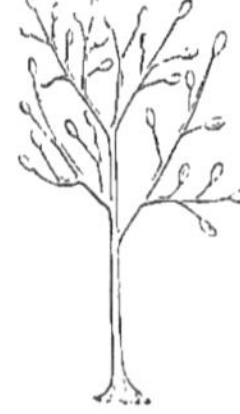

Peronospora Rumicis.

PÉRONOSPORACÉES (*Peronosporaceæ* DE BARY). — Voy. PÉRONOSPORÉS.

PÉRONOSPORÉS (*Peronosporei*). Famille de Champignons-Oosporés (Oomycètes), caractérisés par la production de conidies qui tantôt germent directement, tantôt donnent issue à des zoospores formées dans leur intérieur. A côté de ce mode de reproduction agame, s'en présente un second par oospores formées à l'intérieur d'une cellule mère, ou oogone plus ou moins sphérique, qui se développe sur le mycélium et qui est fécondée par des cellules en général claviformes, étroites à la base, nées sur le même filament mycélien ou sur un filament voisin. L'oospore, qui joue le rôle de spore dormante, reste dans les tissus au sein desquels s'est développé le mycélium; pour germer, elle rompt les enveloppes de l'oogone, et tantôt pousse directement un filament végétatif, tantôt donne naissance à un zoosporange d'où les zoospores sont expulsées. Les principaux genres sont les *Cystopus*, *Phytophtora*, *Sclerospora*, *Plasmopora*, *Peronospora*; ils se caractérisent surtout par la longueur et le mode de ramification des conidiophores et par les dispositions qu'affectent les conidies. Les Péronosporés vivent en parasites. Plusieurs occasionnent sur les plantes cultivées des ravages d'autant plus difficiles à combattre qu'ils ne végètent pas à la superficie, comme les *Erysiphe*, par exemple; mais leur mycélium, au contraire, pénètre dans la profondeur des tissus, à l'intérieur même des cellules, y produisant une désorganisation rapide. [DE S.]

PEROPHORA (ACHAR., *Meth. Lich.*, XXXV). Sect. du g. *Peltidea*.

PEROTIS (AIT., *H. kew.*, I, 85). Genre de Graminées-Zoysiées, formé de 2, 3 herbes annuelles ou vivaces, des régions tropicales de l'ancien monde; distingué par les caractères des Euzoisiées, avec des épillets subsessiles et grêles, et 2 glumes inférieures, linéaires et étroitement aristées. Il y a au-dessus une glumelle non aristée. L'inflorescence est grêle et allongée. (PAL.-BEAUV., *Agrost.*, 5, t. 4, fig. 9.)

PEROTRICHE (CASS., in *Bull. philom.* [1818], 75; in *Dict.*, XXXVIII, 525). Section du genre *Stœbe* L., à fruit non aigretté. (H. BN, *Hist. des pl.*, VIII, 182.)

PEROTTI (Carlo). Auteur [1810] d'un *Fisiologia delle piante*, etc., en 3 vol. in-8.

PEROVERI-MI. Nom guarani de plusieurs *Eugenia* MICH.

PEROWSKIA (KAREL., in *Bull. Mosc.* [1841], 15, t. 1). Genre de Labiées-Monardées-Mériandrées, distingué par son calice fructifère ouvert à la gorge; des anthères à deux loges contiguës, pendantes d'un petit connectif; des verticillastres 2-∞-flores, disposés en grappes simples ou composées. Ce sont 3 plantes herbacées ou suffrutescentes, de l'ouest de l'Asie. (H. BN, *Hist. des pl.*, XI, 18.)

PERPENSA. Nom ancien de l'*Asarum europæum* L.

PERPENSUM (BURM., *Prodr.*, 26). Synon. de *Gunnera* ŒRST.

PERPETUM MOBILE. Nom, à Maurice (BOJER), du *Desmodium gyrans* DC.

PERPIGNAN (BOIS DE). Le Micocoulier.

PERRALDERIA (COSS., in *Ann. sc. nat.*, sér. 4, XVIII, 209, t. 12). Synonyme de *Grantia* BOISS.

PERRAUDIÈRE (Henri de la). Mort à Bougie en 1861, à l'âge de trente ans, venait d'explorer une partie de l'Algérie. M. Cosson a publié une notice sur ses travaux, dans le vol. VIII du *Bulletin de la Société botanique de France* (591, 612).

PERRAULT (Claude). Cet homme, célèbre à tant de titres, s'est occupé « de la circulation de la sève des plantes » et d'observations sur des fruits monstrueux, dans ses *Œuvres diverses de physique et de méchanique* [1721].

PERRECHIENA. L'*Agaricus edulis* BULL.

PERREYMONDIA (BARN., in *Ann. sc. nat.*, sér. 3, III, 168). Synonyme de *Schizopetalon* SIMS.

PERRINIA (HOOK., *Spec. Filic.*, I, 64). Sous-genre du genre *Woodsia* R. BR.

PERRITO SILVESTRE. Nom vulgaire mexicain du *Pentstemon campanulatus* WILL.

PERRITOS. Nom vulgaire mexicain de l'*Antirrhinum majus*.

PERROQUET. Nom ancien des Aloès.

PERROTTET (Georg.-Sam.). Botaniste-voyageur, mort à Pondichéry en 1870, a écrit un *Catalogue des plantes introduites à Bourbon et à Cayenne*, etc. [1824], des observations sur les cultures au Sénégal [1831], sur l'Indigo, la culture du Mûrier aux colonies, celle de la Vanille à Bourbon, etc. (*Cat. sc. pap.*, IV, 835.)

PERROTTETIA (DC., in *Ann. sc. nat.*, sér. 1, IV, 95). Synonyme de *Nicolsonia* DC.

PERROTTETIA (H. B. K., *Nov. gen. et spec.*, VII, 73, t. 622). Genre de Célastracées-Evonymées, formé de 4 espèces d'Amérique et des Sandwich, frutescentes, à fleurs polygames-dioïques; l'ovaire libre et 2-loculaire; le fruit charnu, globuleux; les inflorescences composées. (A. GRAY, *Amer. expl. Exp. Bot.*, t. 24. — KARST., *Fl. colomb.*, t. 124. — H. BN, *Hist. des pl.*, VI, 39.)

PERRY (W.-G.). Auteur [1820] de *Plantæ varvicenses selectæ*.

PERSA. En Italie, la Marjolaine.

PERSEA (GÆRTN.). Nom latin des Avocatiers (I, 324).

PERSEA. Nom ancien (MATTH.) du *Cordia Mixa* L.

PERSEC. Synonyme de Pavie.

PERSÉGUIÉ, PERSÉGUO, POBALLO. Noms provençaux du fruit du *Persica vulgaris* MILL.

PERSEPHONION. Nom grec ancien du Nerprun.

PERSET. Sorte de pêche à chair adhérente au noyau.

PER-SHEN. Nom égyptien (LORET) de l'*Acacia Seyal* DEL.

PERSICA. Nom latin du Pêcher.

PERSICA (T., *Inst.*, 400). Section du genre *Prunus* T., comprenant les Pêchers.

PERSICAIRE ACRE, P. BRULANTE. Le *Polygonum Hydropiper* L.

PERSICAIRE DOUCE. Le *Polygonum Persicaria* L.

PERSICA MALA (MATTH.). Nom ancien de la Pêche.

PERSICARIA (DUN., *Solan. Syn.*, 26). Section du g. *Solanum*.

PERSICARIA (L. — B. H., *Gen.*, III, 98). Section du genre *Polygonum* L.

PERSICARIA (NECK., *Elem.*, II, 210). Synon. de *Atraphaxis* L.

PERSICARIA (T., *Inst.*, 509, t. 290). Synon. de *Polygonum*.

PERSICARIA ACRIS. Nom ancien du Poivre d'eau.

PERSICARIA URENS. Nom officinal du *Polygonum Hydropiper*.

PERSICON. Nom grec ancien du Noyer (PLINE).

PERSIL. Plante de la famille des Ombellifères, série des Carées, qui doit prendre le nom de *Carum Petroselinum*. C'est, en effet, l'*Apium Petroselinum* de Linné, l'*A. vulgare* de Lamarck; et Hoffmann, en ayant fait le type d'un genre spécial, l'avait nommée *Petroselinum sativum*. C'est une herbe à feuilles décomposées; leurs divisions cunéiformes, incisées, d'un vert foncé, luisantes et fermes, d'une odeur bien connue. Les fleurs sont disposées en ombelles composées, avec des involucres formés d'un petit nombre de bractées, et des involucelles polyphylles. Les corolles sont blanchâtres, d'un jaune plus ou moins verdâtre dans le bouton, et les sépales supères sont très peu développés. L'ovaire infère, surmonté de deux branches stylaires, renferme dans chacune de ses deux loges, à l'âge adulte, un ovule descendant, anatrope, à micropyle supérieur et extérieur. Les fruits, verdâtres d'abord, puis de plus en plus bruns, sont courtement ovoïdes, couronnés des stylopodes et des styles déclinés, subdidymes, comprimés latéralement, à côtes à peu près toutes égales, obtuses, avec des bandelettes solitaires, de la longueur des vallécules et atténuées aux deux extrémités. Froissés, ces fruits ont une odeur térébenthinée, due à une essence qui existe dans toutes les parties de la plante. Cultivée comme bisannuelle ou vivace, celle-ci a une racine de la grosseur du doigt, blanchâtre d'abord, mais qui jaunit en vieillissant et devient grisâtre à sa surface. Sa portion centrale, dite *meditullium*, est jaune et non ligneuse. L'odeur de cette racine est assez agréable, aromatique; sa saveur, chaude, légèrement âcre, rappelle en même temps un peu celle de la Carotte. Le Persil n'est pas une plante indigène; on le cultive seulement de graines au voisinage des habitations, et il devient subspontané à une distance généralement peu considérable. On le dit originaire des portions les plus chaudes de l'Europe austro-orientale et de l'Asie Mineure. C'est l'*Herba Petroselini s. Apii hortensis* de plusieurs pharmacopées. En Espagne et en Portugal, le *Petroselinum peregrinum* LAGASC.; à Van-Diemen, le *P. prostratum* DC. ont les mêmes propriétés et usages.

Le *Persil bâtard* ou *faux* est la Petite-Ciguë.

Le *P. couché* est le *Petroselinum prostratum* DC.

Le *P. crépu* est une variété cultivée du *Carum Petroselinum*.

Le *P. d'âne* est l'*Anthriscus sylvestris* HOFFM.

Le *P. d'âne de Lobel* est le *Scandix odorata* L. (*Myrrhis*).

Le *P. de bouc* (*grand*) est le *Carum magnum* H. BN (*Pimpinella magna* L.).

Le *P. de bouc* (*petit*) est le *Carum Saxifraga* H. BN (*Pimpinella Saxifraga* L.).

Le *P. de cerf* est l'*Athamantha Oreoselinum* L.

Le *P. de chat, de chien*, est la *Petite-Ciguë*.

Le *P. de Macédoine* est l'*Athamantha macedonica* SPRENG.

Le *P. de Macédoine* (*gros*) est le Maceron.

Le *P. de montagne* est l'*Athamantha cervaria* L.

Le *P. de montagne blanc* est l'*Athamantha Libanotis* L.

Le *P. de montagne noir* est l'*Athamantha Oreoselinum* L.

Le *P. des bois* est l'*Anthriscus sylvestris* HOFFM.

Le *P. des crapauds* ou *P. des fous* est la Ciguë vireuse ou Cicutaire aquatique (*Cicuta virosa* L. — *Cicutaria maculata* LAMK.).

Le *P. des marais* est l'*Œnanthe fistulosa* L., le *Cicuta virosa* L., le *Peucedanum palustre* MŒNCH et le *Carum angustifolium* L.

Le *P. des rochers* est l'*Athamantha macedonica* SPRENG.

Le *P. faux* ou *Faux-Persil* est la Petite-Ciguë.

Le *P. glauque* est l'*Apium involucratum* ROXB., employé en médecine au Coromandel.

Le *P. laiteux* est l'Œnanthe safranée et le *Peucedanum palustre* MŒNCH.

Le *P. marsigoin* est le *Geranium Robertianum* L.

Le *P. noir* est l'*Euphorbia hypericifolia* L.

Le *P. panaché* est une variété du Persil commun.

Le *P. tubéreux* est une variété du *Carum Petroselinum*, à racine charnue et renflée. [H. BN.]

PERSIL DE MONTAGNE. La Livèche.

PERSILLÉE. Le *Caucalis grandiflora* L.

PERSIMMON. Nom du *Diospyros virginiana* L. et autres.

PERSIS. Nom grec ancien du Lierre.

PERSONARIA (LAMK, *Ill.*, t. 716). Synonyme de *Gorteria* L.

PERSONATA. Nom ancien des Bardanes.

PERSONÉE (*Personata*). Nom de la corolle gamopétale irrégulière, quand elle rappelle par sa forme celle d'un masque de théâtre (*Persona*) ou d'un mufle d'animal. De là *Personatæ*, synonyme de Scrofulariacées; nom appliqué aussi à d'autres Gamopétales irrégulières. Linné y comprenait des Verbénacées, Gesnériées, Sésamées, Martyniées, Gentianacées, etc.; Ventenat, les Utriculariées. [H. BN.]

PERSOONIA (MICHX, *Fl. amer.-bor.*, II, t. 43). Synonyme de *Marschallia* SCHREB.

PERSOONIA (SM., in *Trans. Linn. Soc.*, IV, 205; *Exot. Bot.*, t. 83). Genre de Protéacées, dont le nom a été donné à une série des *Persooniées*; caractérisé par 1, 2 ovules, orthotropes et descendants; des étamines libres, insérées à la base ou vers le milieu du périanthe; un fruit indéhiscent, à 1, 2 cavités 1-spermes. Formé d'une soixantaine d'arbres ou arbustes océaniens, le genre est distingué par des feuilles entières, des fleurs axillaires ou rarement en grappe terminale; un fruit drupacé et 1, 2 graines descendantes. (H. BN, *Hist. des pl.*, II, 395, 419, fig. 232.)

Persoonia. — Fleur, coupe longitudinale.

PERSOONIA (W., *Spec. pl.*, II, 331). Synonyme de *Carapa* AUBL.

PERTUSARIA (DC., *Fl. Franç.*, II, 319). Genre de Lichens-angiocarpes, qui était pour Acharius un *Porina*. Il est, par M. Nylander, considéré comme devant appartenir à la grande famille des Lichens-Placodés, tribu des Lécanorés. Le thalle, variable quant à la forme, est crustacé, cartilagineux, plan, étendu, uniforme. Le nombre des spores est variable de 2 à 3, de 4 à 6 dans plusieurs. Les apothécies, rarement solitaires, sont immergées en un conceptacle verruciforme situé dans le thalle. Ces conceptacles pourvus d'ostioles sont semi-globuleux ou elliptiques. Quelques auteurs ont divisé ce genre en plusieurs sections. Payer en faisait une division des *Sphæria* (*Bot. crypt.*, édit. H. BAILLON, fig. 453.) [CH. M.]

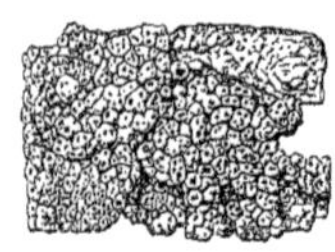

Pertusaria.

PERTUSARIEÆ (SCH., *Enum. crit. Lich. europ.*, 225). Ordre de Lichens, de la famille des Verrucarioïdés, dans laquelle l'auteur avait fait figurer les genres *Thelotrema*, *Chiodecton*, *Pertusaria*. [CH. M.]

PERTYA (SCH. BIP., in *Bonplandia* [1862], 109, t. 10). Section du genre *Ainsliæa* DC. (H. BN, *Hist. des pl.*, VIII, 92.)

PERU. Au Malabar, le *Dolichos Catiang* L.

PERUANCHE. Nom ancien de la Pervenche.

PERU CIMARRON. Nom mexicain du *Solidago vetulina* DC.

PERULA (SCHREB., *Gen.*, 703). Synonyme de *Pera* MUT.

PERULARIA (LINDL., in *Bot. Reg.*, sub t. 1701). Synonyme de *Habenaria* W.

PÉRULE (*Perula*). L'enveloppe écailleuse des bourgeons.

PÉRUSSE. La térébenthine du *Pinus canadensis* L.

PERVENCHE DE MADAGASCAR, P. DU CAP. Le *Vinca rosea* L.

PERVILLÆA (DCNE, in *DC. Prodr.*, VIII, 613). Genre d'Asclépiadacées-Marsdéniées, formé d'une liane malgache, à cymes dichotomes; la corolle subrotacée et tordue; la couronne formée de 5 écailles étalées en étoile au sommet du tube staminal; les follicules épais, grands et chargés d'un épais duvet laineux. (DELESS., *Ic. sel.*, V, t. 85. — H. BN, *Hist. des pl.*, X, 273.)

PERVINCA (T., *Inst.*, 119, t. 45). Synonyme de *Vinca* L.

PERYMENIUM (SCHRAD., *Ind. sem. H. gœtt.* [1830]). Genre de Composées-Hélianthées, formé d'une dizaine d'herbes vivaces ou suffrutescentes, mexicaines et péruviennes; à feuilles opposées; distingué par des fleurs du rayon fertiles; des capitules fructifères dont le réceptacle ne dépasse pas ou ne dépasse que peu l'involucre. Les fruits sont épais, sans ailes, comprimés, arrondis au sommet. (H. BN, *Hist. des pl.*, VIII, 203.)

PESANG. A Sumatra, les Bananiers.

PES ANSERINUS (KOCH, *Syn.*, 605). Section du genre *Chenopodium* T.

PESCANOCE. Nom italien du Brugnon.

PES CATI. Le *Gnaphalium* (*Antennaria*) *dioicum* L.

PESCATOREA (REICHB. F., in *Bot. Zeit.* [1852], 667). Synonyme de *Zygopetalum* HOOK.

PESCHIER (Jean). Médecin genevois, a écrit [1797] *De irritabilitate animalium et vegetabilium* (in-8 de 51 p.).

PESCHIERA (A. DC., *Prodr.*, VIII, 360). Synonyme de *Tabernæmontana* L.

PES COLUMBINUS. Nom ancien de plusieurs *Geranium* T.

PESÉ, PEZÉ. Noms provençaux des Pois.

PES EQUINUS. L'*Hydrocotyle asiatica* L.

PESETTE. En Provence, le Pois-Chiche.

PÉSISE. Nom français (LAMK) des *Peziza* DILL.

PESKE. Nom ancien des Peucédans.

PES LEONIS. L'*Alchemilla vulgaris* L.

PESOMERIA (LINDL., *Bot. Reg.* [1838], *Misc.*, 5). Synonyme de *Phajus* LOUR.

PESSE. Nom français de l'*Abies pectinata* DC. et des *Hippuris*. Ces derniers constituent une série anomale de la famille des Onagrariacées. Ce sont des herbes qui vivent dans les marais et dont les branches aériennes creuses portent des feuilles verticillées. Dans les fleurs axillaires, il y a une étamine (rarement 2) et un ovaire infère que surmontent un périanthe rudimentaire et un long style subulé, papilleux. La loge ovarienne unique renferme un ovule presque apical, à micropyle supérieur. Il devient une graine albuminée dans le fruit indéhiscent. Notre *H. vulgaris* L. a passé pour astringent. (H. BN, *Hist. des pl.*, VI, 481, 499, fig. 476-481.)

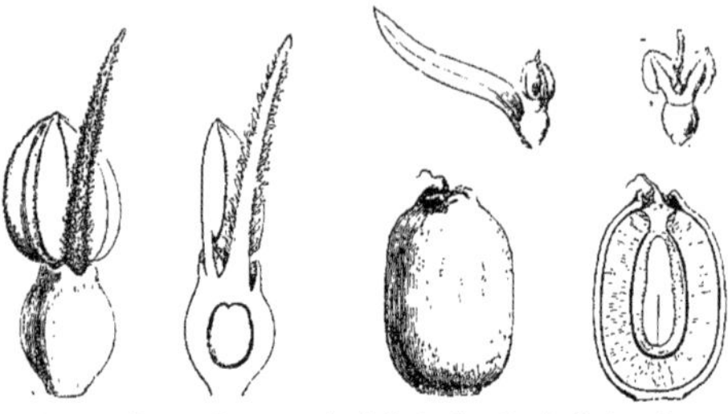

Pesse. — Fleur, entière et coupe longitudinale. Fleur 2-andre. Fruit, entier et coupe longitudinale.

PESSEGUIER. Nom provençal de la Pêche.

PESSULARIA (SALISB., *Gen. pl. Fragm.*, 70). Synonyme de *Anthericum* L.

PESTALOTIA (DE NOT., *Microm. ital.*, I, 80). — Voy. PESTALOZZIA.

PESTALOZZIA (DE NOT., *Micr. ital.*, Dec. II, n. IX). Genre de Mélanconiés, à réceptacle sous-épidermique, puis apparaissant au dehors sous forme de disques noirs, présentant des filaments filiformes, hyalins, dressés, qui portent des conidies oblongues, pluriloculaires, colorées au moins dans le milieu, à sommet muni de cils. On a décrit près de 90 espèces de ce genre; mais toutes ne sont pas suffisamment déterminées. On les rencontre dans toutes les régions, sur les rameaux et sur les feuilles vivantes ou mortes. [DE S.]

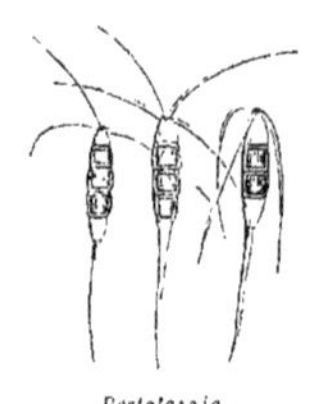

Pestalozzia.

PESTALOZZIA (MOR., *Syst. Verz. Zoll. Pfl.*, 31). Synonyme de *Gynostemma* BL.

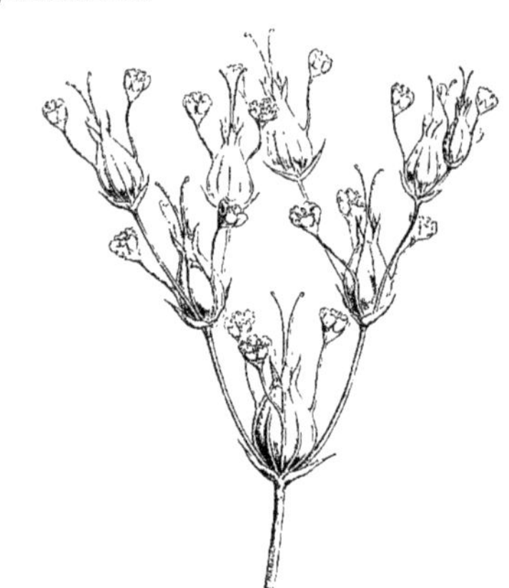

Pelagnia. — Inflorescence.

PESTALOZZIELLA (SACC., *Syll. Fung.*, III, 737). Genre créé pour les espèces de *Pestalozzia* DE NOT. à conidies uniloculaires et presque hyalines. On en connaît une seule espèce, de l'Amérique du Nord.

PESTALOZZINA (SACC., *Syll. Fung.*, III, 800). Division du genre *Pestalozzia* SACC., comprenant les espèces à conidies hyalines et pluriloculaires.

PES URSINUS. Le *Lycopodium clavatum* L.

PETACAS. Paniers tissés en Colombie avec le *Carludovica palmata* R. et PAV.

PETAGNA (RAFIN., *Speech.*). Genre non décrit. (ENDL., *Gen.*, n. 5121 [1].)

PETAGNA (Vinc.). Auteur [1796] de *Delle faculta delle piante trattato*, et [1785-87] d'*Institutiones botanicæ*. Il mourut en 1810, âgé de 76 ans, à Naples où il était né.

PETAGNANA (AIT. — GMEL., *Syst.*, 1119). Syn. de *Smithia* AIT.

PETAGNIA (GUSS., *Prodr. Fl. sicul.*, I, 311). Genre d'Ombellifères-Hydrocotylées, à type exceptionnel en ce que ses fleurs ont un ovaire uniloculaire et uniovulé. Elles sont polygames, et le bord de leur réceptacle porte un calice de 5 sépales lancéolés, et 5 pétales onguiculés, à acumen longuement indupliqué. Les deux branches stylaires sont grêles, et le stylopode est déprimé et crénelé. Le fruit est sec, subpyramidal, subcrustacé, à côtes grêles, sauf deux plus épaisses, latérales. Le *P. saniculæfolia* GUSS., dont Balbis a fait un *Sison*, seule espèce du genre, est une herbe vivace, de Sicile, qui a le port et le feuillage d'une Sanicle, avec des fleurs disposées en cymes (?) dichotomes qui rappellent les inflorescences d'un grand nombre de Caryophyllées et dans lesquelles les fleurs latérales (mâles ou plus rarement femelles) naissent, non des pédoncules, mais des côtes mêmes du réceptacle qui entoure l'ovaire infère. (Voy. H. BN, in *Bull. Soc. Linn. Par.*, 173; *Hist. des plant.*, VII, 150, 240, n. 87, fig. 179, 180.) [H. BN.]

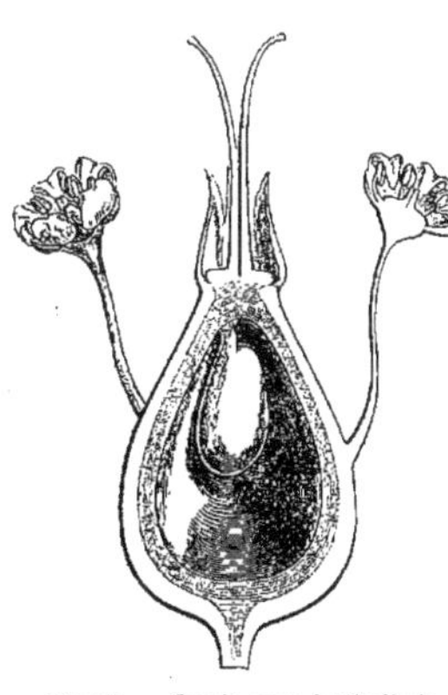

Petagnia. — Cynule, coupe longitudinale.

PETALACTE (DON, in *Mem. Werner. Soc.*, V, 552). Section du genre *Helichrysum* GÆRTN. (H. BN, *Hist. des pl.*, VIII, 175.)

PETALANDRA (HASSK., *Hort. bogor.*, 104). Synonyme de *Hopea* ROXB.

PETALANTHERA (NEES, *Laur. Exp.*, 15). Genre de Lauracées; synonyme de *Ocotea* AUBL.

PETALANTHERA (TORR. — NUTT., in *Journ. Acad. Philad.*, VII, 107). Synonyme de *Cevallia* LAG.

PÉTALE (*Petalum*). Foliole de la corolle.

PETALIDIUM (NEES, in *Wall. Pl. as. rar.*, III, 75; in *DC. Prodr.*, XI, 114). Genre d'Acanthacées-Ruelliées, formé de 2 arbustes inermes, de l'Inde et de l'Afrique australe, à corolle tordue, à étamines didynames, à loges ovariennes 2-ovulées. Les fleurs occupent l'aisselle des feuilles supérieures, et chacune d'elles est logée d'abord entre 2 grandes bractéoles valvaires, ovales-aiguës, réticulées. (HARV., *Thes. cap.*, t. 143. — *Bot. Mag.*, t. 4053. — H. BN, *Hist. des pl.*, X, 431).

PETALOCARPUM (DUP.-TH., ex TUL., in *Ann. sc. nat.*, sér. 4, VIII, 103). Synonyme de *Ptelidium* DUP.-TH.

PÉTALODIE. Transformation des étamines en pétales.

PETALODISCUS (H. BN, *Et. gén. Euphorb.*, 571, t. 22). Section du genre *Savia* W.

PETALOIDEI (FR., *Nov. Symb. myc.*, 35). Tribu des Polypores, à chapeau latéral charnu, puis résistant, ayant pour type le *P. petaloides* FR.

PETALOLEPIS (CASS., in *Bull. philom.* [1817]; in *Dict.*, XXXIX, 194). Synonyme de *Ozothamnus* R. BR.

PETALOLEPIS (LESS., *Syn. Comp.*, 357). Synonyme de *Petalacte* DON.

PETALOMA (DC., *Prodr.*, III, 294). Synonyme de *Diatoma* LOUR. (*Barraldeia* DUP.-TH.).

PETALOMA (RAFIN., ex BOISS.). Section du genre *Euphorbia*.

PETALOMA (ROXB., *Fl. ind.*, II, 372). Synonyme de *Lumnitzera* W.

PETALOMA (SW., *Prodr. Fl. ind. occ.*, II, 831, t. 14). Synonyme de *Mouriria* J.

PETALONEMA (BERK., *Glean of Alg.*, 23, t. 7, fig. 2). Genre d'Algues, longtemps ballotté par Kützing, Rabenhorst, etc., mais qui a enfin trouvé sa place naturelle dans la section des *Scytonemæ*, famille des Nostochinées. La gaine de cette Algue ne renferme qu'un seul trichome; elle est très large et forme un tube transparent autour du trichome. Decaisne considérait bien à tort cette Algue comme une Oscillariée. [CH. M.]

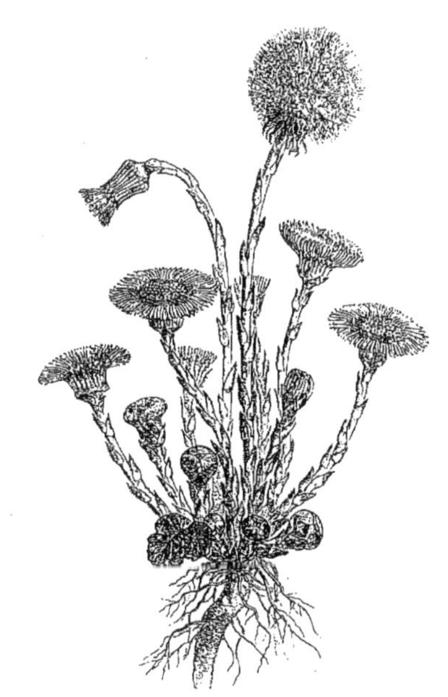

Petasites Farfara. — Port.

PETALONYX (A. GRAY, *Pl. Thurber.*, in *Mem. Amer. Acad.*, V, 319; *Bot. Calif.*, I, 238). Genre de Loasacées-Gronoviées, voisin des *Cevallia*, formé de 3 herbes du Nouveau-Mexique et de la Californie, à feuilles sessiles, presque entières, scabres, cendrées; à épis feuillés, à étamines pourvues de filets allongés et d'anthères didymes. (H. BN, *Hist. des pl.*, VIII, 464, 468.)

PETALOPOGON (REISS., in *N. stirp. Dec.*, 82). Synonyme de *Phylica* L.

PETALOSTEMON (MICHX, *Fl. bor.-amer.*, II, 48, t. 37). Genre de Légumineuses-Papilionacées-Galégées, formé d'une quinzaine d'herbes des parties les plus chaudes de l'Amérique du Nord; distingué des *Dalea*, dont il a du reste la fleur, par ses 5 étamines monadelphes. (*Bot. Mag.*, t. 1707. — H. BN, *Hist. des pl.*, II, 286.)

PETALOSTIGMA (F. MUELL., in *Hook. Kew Journ.*, IX, 16). Genre d'Euphorbiacées biovulées, formé d'un arbre australien, à fleurs monoïques et apétales; les mâles à plusieurs étamines, connées à la base en colonne; les femelles à gynécée ordinairement 4-mère; les branches du style dilatées en lames étalées. Les feuilles sont alternes et les fleurs axillaires. (H. BN, in *Adansonia*, VII, t. 2; *Hist. des pl.*, V, 251.)

PETALOSTYLES (R. BR., in *App. Sturt Exped.*, 17). Genre de Légumineuses-Cæsalpiniées-Cassiées, formé d'un arbuste australien, à fleurs de *Cassia;* les sépales fortement imbriqués, 5 pétales, 3 étamines à filets courts et un style trilobé, dilaté en lame pétaloïde. Les feuilles sont imparipennées, et les fleurs axillaires, solitaires. (H. BN, *Hist. des pl.*, II, 128, 188.)

PETALOTOMA (DC., *Prodr.*, III, 294). Syn. de *Diatoma* LOUR.

PETAMENES (SALISB., in *Trans. Hort. Soc.*, I, 324). Synonyme de *Antholyza* L.

PÉTANIELLE. Nom de plusieurs *Triticum*. La *P. blanche* est une forme du *Triticum turgidum*, de même que la *P. rouge*.

PETARCURRAH. Synonyme de *Chaulmoogri*.

PÉTARD DES MARTINIQUOIS. Le *Marcgravia umbellata* L.

PETASITES (T., *Inst.*, 451, t. 258). Genre de Composées-Sénécionées, auquel nous avons joint le *Tussilago*, et qui est formé d'une quinzaine d'herbes, souvent blanchâtres, à rhizome vivace, à capitules solitaires ou en grappes; les fleurs 2-morphes, polygames ou subdioïques; les capitules hétérogames; l'involucre à bractées 1-sériées; le réceptacle plan et nu. Les fleurs

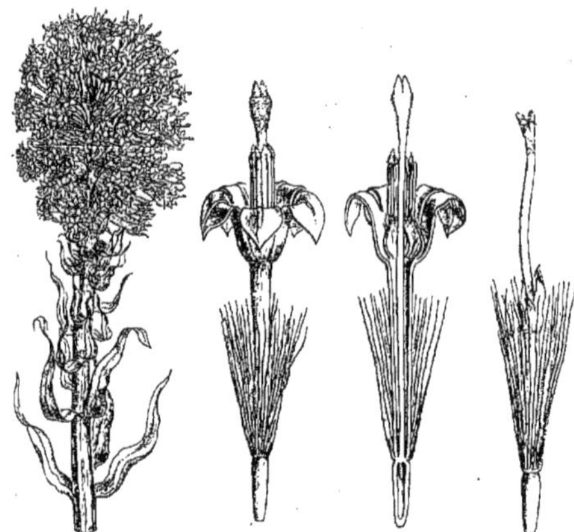

Petasites vulgaris. — Inflorescence. Fleurons, entiers et coupe longitudinale.

femelles sont ligulées. Les anthères ont un apicule et sont entières ou subauriculées à la base. Les fruits sont surmontés d'une aigrette à nombreuses soies scabres. Le *P. vulgaris* ou *officinalis* est une plante de nos marais, pectorale, diurétique, à feuilles vantées contre la teigne. Le *P. Farfara* H. BN est le Tussilage. (H. BN, *Hist. des pl.*, VIII, 5 G, 272, fig. 101-105.)

PETASODES (SPRENG., *Syst.*, II, 663). Syn. de *Homalocarpus*.

PETASOSTYLIS (GRISEB., in *DC. Prodr.*, IX, 71). Synonyme de *Leianthus* GRISEB.

PETASTOMA (MIERS, in *Proc. Hort. Soc. Lond.*, III, 194). Synonyme de *Bignonia* L.

PET D'ANE. L'*Onopordon Acanthium* L.

PET D'ANE DES PARISIENS. Le *Carduus eriophorus* L.

PET DU DIABLE. L'*Hura crepitans* L.

PÉTELIN. Nom provençal du Térébinthe.

PÉTEREAUX. La Digitale pourprée.

PETERELLE. Nom forézien du *Digitalis purpurea* L.

PETERIA (A. GRAY, *Pl. Wright.*, 1, 50). Genre de Légumineuses-Papilionacées-Galégées, formé d'un sous-arbrisseau du Nouveau-Mexique, à fleurs de Téphrosiée; l'étamine supérieure libre; le style barbu sous son sommet stigmatifère; la gousse plane, 2-valve; les grappes terminales ou oppositifoliées. (H. BN, *Hist. des pl.*, II, 264.)

PETERMANNIA (F. v. MUELL., in *Benth. Fl. austral.*, VI, 462). Genre de Dioscoréacées, formé d'un arbuste grimpant dont le port rappelle celui de certaines Liliacées, avec des inflorescences axillaires, pauciflores; l'ovule 1-loculaire, à 3 placentas pariétaux et multiovulés. Le fruit est une baie. (*Hook. Icon.*, t. 1391.) [H. BN.]

PETERMANNIA (KL., *Begon.*, 74, t. 6 C). Synon. de *Begonia* T.

PETERSIA (WELW., ex B. H., *Gen.*, I, 721, n. 61 *a*). Genre de Myrtacées-Barringtoniées, dont les caractères sont ceux des *Barringtonia*, sinon que les anthères subdidymes ont des loges divariquées, que les fruits sont pourvus de quatre grandes ailes verticales, et que les feuilles sont ponctuées. La seule espèce connue (*P. africana* WELW.) est un grand arbre d'Angola. (Voy. OLIV., *Fl. trop. Afr.*, II, 439. — H. BN, *Hist. des pl.*, VI, 3, 72.)

PETERSILÉE. En Allemagne, le Persil.

PETESIA (GÆRTN. F., *Fruct.*, III, t. 192). Synonyme de *Eumachia* DC.

PETESIA (HOOK. et ARN., in *Beech. Voy.*, *Bot.*, 64). Synonyme de *Myrioneuron* R. BR.

PETESIA (P. BR., *Jam.*, 143, t. 2, 3). Synonyme de *Rondeletia* PLUM.

PETESIOIDES (JACQ., *Stirp. amer. Hist.*, 17). Synonyme de *Wallenia* SW.

PETILIUM (L., *H. Cliff.*, 119). Genre de Liliacées; section du genre *Fritillaria* T., dont le *F. imperialis* L. est le type.

PÉTIOLE (*Petiolus*). — Voy. FEUILLE.

PÉTIOLULE. Petit pétiole des folioles.

PÉTIONELLE ROUX. Le *Triticum turgidum* W.

PETIT (Ant.). Explorateur de la région du Nil, avec Quartin-Dillon, fut dévoré par un crocodile en 1843. (LASÈGUE, *Mus. Deless.*, 165.)

PETIT (Pourfour du). Médecin français [1664-1741], a traité des *Chrysosplenium* de Tournefort et de quelques autres plantes, dans ses *Lettres d'un médecin des hôpitaux* (p. 39-50, avec 7 pl.). — Pierre PETIT, autre médecin de Paris [1617-1687], a écrit *Thea, sive de sinensi herba Thee carmen* [1685] et *Homeri Nepenthes* [1689].

PETIT-AGARIC. L'*Agaricus pileolarius* BULL.

PETIT-ANIS. Nom du *Pimpinella Anisum* L.

PETIT-BASILIC. L'*Ocimum minimum* L.

PETIT-BASILIC SAUVAGE. Le *Thymus Acinos* L.

PETIT-BAUME. Le *Croton balsamiferum* L.

PETIT-BOIS. Le *Lonicera alpigena* L.

PETIT-BOLET BLANC. Nom (Roussillon) de l'*Agaricus virgineus*.

PETIT-BOUQUETIN. Nom du *Carum Saxifraga* H. BN.

PETIT-BRASIDA. Nom du *Chiococca racemosa* JACQ.

PETIT-CARDAMOME. L'*Amomum Cardamomum* L.

PETIT-CÈDRE. L'Oxycèdre.

PETIT-CHÊNE. Le *Teucrium Chamædrys* L.

PETIT-CHÊNE (FAUX). Le *Veronica Teucrium* L.

PETIT-CORAIL. Le Buisson ardent.

PETIT-COROSSOL. L'*Anona reticulata* L.

PETIT-COUSIN. Le *Triumfetta heterophylla* LAMK.

PETIT-CRESSON AQUATIQUE. Le *Cardamine pratensis* L.

PETIT-CRESSON D'INDE. Le *Tropæolum minus* L.

PETIT-CYPRÈS. Le *Santolina Chamæcyparissus* L.

PETITE-ABSINTHE. L'*Artemisia pontica* L.

PETITE-ANGÉLIQUE. Nom de la Podagraire.

PETITE-BARBE DE CHÈVRE. L'Ulmaire ou Reine-des-prés.

PETITE-BARDANE. Le *Xanthium strumarium* L.

PETITE-BASSINE. Le *Ranunculus repens* L.

PETITE-BOURACHE. L'*Omphalodes verna* MŒNCH.

PETITE-BUGLOSSE. Le *Lycopsis arvensis* L.

PETITE-CENTAURÉE. L'*Erythræa Centaurium* L.

PETITE-CENTAURÉE MARITIME. Le *Lisianthus exaltatus* LAMK.

PETITE-CHÉLIDOINE. La Ficaire.

PETITE-CIGUË. L'*Æthusa Cynapium* L.

PETITE-CITRONELLE. L'Aurône femelle.

PETITE-CONSOUDE, P. CONSYRE. Le *Brunella vulgaris* L.

PETITE-CORIANDRE. Nom du *Coriandrum testiculatum* L.

PETITE-DENTAIRE. Le *Dentaria digitata* LAMK.

PETITE-DIGITALE. La Gratiole officinale.

PETITE-DOUVE. Le *Ranunculus Flammula* L.

PETITE-ÉCLAIRE. La Ficaire.

PETITE-ESULE. L'*Euphorbia Cyparissias* L.

PETITE-FÈVE. Synonyme de Faverolle.

PETITE-FLAMBE. Le *Gladiolus communis* L.

PETITE-FLAMME. Le *Ranunculus Flammula* L.

PETITE-GESSE. Synonyme de Garoutte.

PETITE-JACÉE. La Pensée sauvage.

PETITE-JOUBARBE. Le *Sedum album* L.

PETITE-MARGUERITE. Le *Bellis perennis* L.

PETITE-MAUVE. Le *Malva rotundifolia* L.

PETITE-MUSQUÉE. L'*Adoxa Moschatellina* L.

PETITE-OREILLETTE. L'*Agaricus virgineus* PERS.

PETITE-ORGE. La Cévadille. — Voy. SCHŒNOCAULON.

PETITE-OSEILLE. A Rodrigues, l'*Oxalis corymbosa* DC. Chez nous, c'est l'*Oxalis Acetosella* L.

PETITE-PASSERAGE. Le *Lepidium Iberis* L.

PETITE-PERVENCHE. Le *Vinca minor* L.

PETITE-PRÊLE. L'*Equisetum arvense* L.

PETITE-PULMONAIRE. Le *Pulmonaria angustifolia* L.

PETITE-RAVE. Le *Raphanus sativus* L.

PETITE-SANICLE. L'*Adoxa Moschatellina* L.

PETITE-SCROFULAIRE. La Ficaire.

PETITE-SERPENTAIRE. L'Ophioglosse.

PETITE-TOMATE DU MEXIQUE. Le *Physalis peruviana* DUN., var. *edulis*.

PETITE-TOQUE. Le *Scutellaria minor* L.

PETITE-VALÉRIANE. Le *Valeriana dioica* L.

PETIT-GLOUTERON. Le *Xanthium strumarium* L.

PETIT-GRAIN. Les Orangettes.

PETIT-HOUX. Le *Ruscus aculeatus* L.

PETITIA (H. B. K., *Nov. gen. et spec.*, II, 248). Synonyme de *Ægiphila* JACQ.

PETITIA (JACQ., *St. amer.*, 14, t. 182). Genre de Verbénacées-Viticées, formé de trois arbres ou arbustes du Mexique et des Antilles ; distingué par des fleurs 4-mères, à corolle régulière, à 4 anthères subsessiles; les lobes du style très courts. Les fleurs sont disposées en cymes composées, axillaires. (BOCQ., *Rev. Verb.*, t. 9.) [H. BN.]

PETITIA (J. GAY, in *Ann. sc. nat.*, sér. 1, XXVI, 219). Synonyme de *Xatardia* MEISSN.

PETITIA (NECK., *Elem.*, II, 407). Synonyme de *Hibiscus* L.

PETIT-LAURIER-ROSE. L'*Epilobium spicatum* L.

PETIT-MIGNONET. Le *Trifolium procumbens* L.

PETIT-MUGUET. L'*Asperula odorata* L.

PETIT-NERPRUN. Le *Rhamnus infectorius* L.

PETIT-OLIVIER. Le *Cneorum tricoccum* L.

PETIT-PIED DE LION DES CHAMPS. L'*Aphanes arvensis* SCOP.

PETIT-PIGNON D'INDE. Le *Croton Tiglium* L.

PETIT-POIS. Le *Pisum sativum* L.

PETIT-POIS-CHICHE. Synonyme de Garoutte.

PETIT-POIVRE. Le *Vitex Agnus-castus* L.

PETIT-RADEL (Philippe). Médecin de Paris [1749-1815], a écrit un poème « *erotico didacticon* » sur les amours de Pancharis et de Zoroa, traduit en français [1798], sous le titre de *Le mariage des plantes*.

PETIT-RÉVEILLE-MATIN. L'*Euphorbia peploides* GOUAN.

PETIT-RIZ DU PÉROU. Le *Chenopodium Quinoa* L.

PETIT-SABOT. Le *Lotus corniculatus* L.

PETIT-SOUCI. Le *Calendula arvensis* L.

PETIT-SUREAU. Le *Sambucus Ebulus* L.

PETIT-TAMARISC. Le *Myricaria germanica* DESVX.

PETIT-TRÈFLE JAUNE. Le *Trifolium procumbens* L.

PETIT-VERDOT. Variété de Vigne.

PETIVÈRE. Nom français (LAMK) des *Petiveria* L.

PETIVERIA (B. H., *Gen.*, III, 1134). Section du genre *Andropogon* L.

PETIVERIA (L., *Gen.*, n. 459). Genre de Phytolaccacées-Rivinées, formé de 1, 2 herbes frutescentes, américaines, très variables; distingué par 4 sépales allongés, dressés autour du fruit. Celui-ci est allongé et chargé en haut de soies onciuées. Le *P. alliacea* est assez souvent cultivé dans nos jardins botaniques. Son odeur rappelle beaucoup celle des *Allium*. (H. BN, *Hist. des pl.*, 34, 53, fig. 51, 52.)

PETIT VONGO. Nom, à Madagascar, du *Chrysopia fasciculata* DUP.-TH. (*Symphonia*).

PETRACANTHUS (NEES, in *DC. Prodr.*, XI, 97). Synonyme de *Odontostigma* ZOLL.

PETRÆA (L., *Gen.*, n. 764).

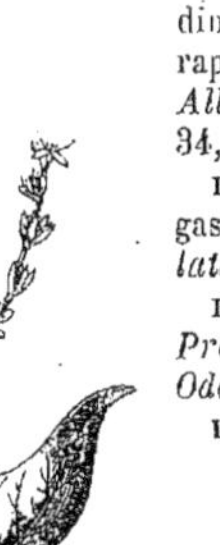

Petiveria. — Branche florifère. Fleur.

Genre de Verbénacées-Verbénées, formé d'une douzaine d'arbustes dressés ou sarmenteux, des régions chaudes des deux Amériques; distingué par un calice à 5 lobes, souvent accrus et colorés, réticulés; une corolle à 5 lobes presque égaux; des étamines incluses, et un fruit coriace, à 2 loges. Les feuilles sont opposées, coriaces, entières, et les fleurs sont disposées en longues grappes terminales. Le *P. volubilis* est souvent cultivé comme ornemental. (BOCQ., *Rev. Verben.*, t. 20.) [H. BN.]

PETRANTHA (POIT., herb., ex DC., *Prodr.*, V, 508). Synonyme de *Riencourtia* CASS.

PETRANTHE (SALISB., *Gen. pl. Fragm.*, 27). Genre proposé pour le *Scilla verna* L.

PÉTRÉE. Nom français (LAMK) des *Petræa* L.

PETRELLI (Eug.). A publié [1610], à Cologne, *Vera narratio fruticis, florum et fructuum novissime in occidentalibus Indiis nascentium* (avec figure mystique de Passiflore).

PETRI (Cornel.). Auteur [1533], à Anvers, d'*Annotatiunculæ* sur Dioscoride.

PETRION. L'un des noms brésiliens du Tabac.

PETRI VON HARTENFELSS (G.-Ch.). Professeur à Erfurth, auteur [1669] de *Asylum languentium, seu Carduus sanctus vulgo benedictus, medicina patrumfamilias polychresta, verusque pauperum thesaurus* (in-8 de 252 p. et 2 pl.). — F. PETRI a écrit [1863] *De genere Armeriæ*.

PETROBIUM (BONG., in *Mém. Acad. Petersb.* [1838], IV, t. 4). Synonyme de *Lithobium* BONG.

PETROBIUM (R. BR., in *Trans. Linn. Soc.*, XII, 113). Synonyme de *Laxmannia* FORST. (H. BN, *Hist. des pl.*, VIII, 240.)

PETROCALLIS (R. BR., in *Ait. H. kew.*, IV, 93). Synonyme de *Draba* L.

PETROCAPNOS (COSS. et DUR., in *Bull. Soc. bot. Fr.*, II, 305). Section du genre *Fumaria* T.

PETROCARVI (TAUSCH, in *Flora* [1834], 355). Synonyme de *Athamantha* L.

PETROCARYA (JACK, ex *Hook. Bot. Misc.*, I, 220). Genre incertain de Chrysobalanées.

PETROCARYA (SCHREB., *Gen.*, 245). Syn. de *Parinari* AUBL.

PETROCELIS (J. AGH, *Spec. Alg.*, 489). Genre d'Algues-Floridées, de la tribu des *Cruorieæ*, famille des *Squamarieæ*; caractérisé par une fronde horizontale, étalée et constituée par deux couches de cellules; la couche inférieure est très ténue. Les filaments, presque toujours simples, sont réunis dans un mucus assez étendu. Les sphærospores sont formées par le renflement d'un article; elles sont arrondies et se divisent en croix. (Voy. J.-G. AGH, *Spec., gen. et ord. Alg.*, III, 375.) [CH. M.]

PETROCHAMELA (FENZL, *Pl. syr. Pug.*, 14). Section du genre *Hutchinsia* R. BR.

PETROCODON (HANCE, in *Trim. Journ. Bot.* [1883], 167).

Genre de Gessériacées-Cyrtandrées, voisin des *Rottlera*, distingué par une corolle urcéolée-campanulée ; 2 étamines et un fruit à 2 valves placentifères sur la ligne médiane. Le *P. dealbatus* est chinois, très voisin des *Rottlera*. (H. BN, *Hist. des pl.*, X, 96.)

PETROCOPTIS (A. BRAUN, in *Flora* [1843], 370). Synonyme de *Lychnis* T.

PETROGETON (ECKL. et ZEYH., *Enum.*, 291). Synonyme de *Crassula* L.

PÉTROLE. La Digitale pourprée et le *Calluna vulgaris* SALISB.

PÉTROLLE. Le *Silene inflata* SM.

PETROMARULA (A. DC., *Mon. Camp.*, 209; *Prodr.*, VII, 456). Genre proposé pour le *Phyteuma pinnatum* L. (H. BN, *Hist. des pl.*, VIII, 358.)

PETROMELES (JACQ. F. — RŒM., *Fam. nat.*, III, 102, 143). Synonyme de *Amelanchier* MEDIC.

PÉTRON, PÉTROT. Synonymes de Génevrier.

PETRONCIANUM. Nom ancien de l'Aubergine (I, 314). C'est surtout le nom ancien du *Solanum Melongena* L.

PETRONIA (PERS., *Myc. europ.*, III, p. 15). Section des Agarics, comprenant les espèces de Pleurote à chapeau dimidié.

PETRONOTIS (ANGSTR., in *Fries Summ. veg. Scand.*, I, 89). Section du genre *Bartramia* HEDW.

PETROPHILA (BRID., mss.). Synonyme de *Andreæa* EHRH.

PETROPHILA (R. BR., in *Trans. Linn. Soc.*, X, 67). Genre de Protéacées-Protéées, formé de 35 arbustes d'Australie, à fleurs hermaphrodites; les fleurs en groupes capituliformes, sans écailles hypogynes. Les fruits sont disposés en strobiles, avec des bractées indurées et qui persistent après la chute des fruits, nuciformes et comprimés. (*Bot. Mag.*, t. 796, 3469. — H. BN, *Hist. des pl.*, II, 426.)

PETROPHILOIDES (BOWERB., *Foss. fr.*, I, 44). Genre de Protéacées fossiles. (UNG., *Syn. pl. foss.*, 229; *Chlor. protog.*, 82.)

PETROPHYES (WEBB et BERTH., *Phyt. canar.*, I, 201, t. 36 B, C). Synonyme de *Monanthes* HAW.

PETROPHYTUM (NUTT. — TORR. et GR., *Fl. N.-Amer.*, I, 418). Section du genre *Spiræa*.

PETRORHAGIA (SER., in *DC. Prodr.*, I, 354). Section du genre *Gypsophila* L.

PETROSAVIA (BECC., in *N. Giorn. Bot. ital.*, III, 7, t. 1). Genre mal connu de Liliacées, établi pour une plante parasite de Bornéo, aphylle, à petites fleurs en grappes lâches; le double périanthe trimère; les stigmates sessiles. On pense (B. H., *Gen.*, III, 829) que ce genre est voisin des *Tofieldia*.

PETROSCIADIUM (EDGEW., in *Trans. Linn. Soc.*, XX, 51). Genre d'Ombellifères, rapporté comme section aux *Pimpinella* et, par nous (*Hist. des pl.*, VII, 119), aux *Carum* L. [H. BN.]

PETROSELINUM (HOFFM., *Umb.*, I, 78, t. 1). Nom latin des Persils. Genre d'Ombellifères, rapporté comme section au genre *Carum* (voy. *Hist. des pl.*, VII, 118). Le *P. sativum* est le Persil des jardins (*Carum Petroselinum*).

PETROSELINUM MACEDONICUM (MATTH.). Le *Bubon macedonicum* L.

PETROSIMONIA (BGE, *Anabas. Rev.*, 52). Genre de Chénopodiacées-Salsolées, formé de 6, 7 herbes annuelles, de l'Asie centrale et de l'Orient; distingué par un calice à 2 divisions ou davantage; 5 étamines ou moins; des anthères souvent adhérentes entre elles en haut, sans staminodes. La graine est comprimée sur le dos, et les anthères sont surmontées d'une membrane ou d'une vésicule. (H. BN, *Hist. des pl.*, IX, 191.)

PETROSPONGIUM (NÆG. ex PFEIFF., *Nom.*, II, 652). Synonyme de *Leathesia* GRAY, de la famille des Algues-Liagorées.

PETROTHECA (RUDG., ex *Steud. Nom.*, II, 310). Genre douteux.

PÉ-TSAI. Le *Brassica chinensis* L.

PE-TSAI. Nom vulgaire chinois du *Scirpus tuberosus* ROXB.

PETSE. Nom chinois du *Trapa bicornis* L. F.

PÉTSI ou PEÉCHI (Lucas). Moine, auteur [1591] du *Virginum christianarum corona honesta, sive hortus floridus animarum* (in-8 de 20 fig. sur bois).

Peucedanum Asa fœtida. — Port. Feuille.

PETTERA (REICHB., *Ic. Fl. germ.*, V, t. 220). Synonyme de *Arenaria* L.

PETTERIA (PRESL, *Bot. Bem.*, 139). Genre de Légumineuses-Papilionacées-Génistées, formé d'un arbuste dalmate; distingué par les lobes supérieurs du calice libres; des pétales à onglet adné au tube staminal; une gousse sessile, à sutures non ailées, à peine épaissie. Les feuilles sont 3-foliolées, et les fleurs sont disposées en grappes terminales. (*Bot. Reg.* [1843], t. 40. — H. BN, *Hist. des pl.*, II, 333.)

PETUME (PIS., *Bras.*, 206). Synonyme de Tabac.

PETUM MAJUS. Le Tabac, dans l'*Hortus floridus*.

PETUM MASCLE. Nom ancien du Tabac commun.

PETUNE. Nom français (LAMK) des *Petunia* J.

PETUNG. Synonyme de Tabac.

PETUNGA (DC., *Prodr.*, IV, 398). Genre de Rubiacées-Génipées, dont les fleurs sont, en petit, celles d'un *Gardenia* ou

Randia, c'est-à-dire d'un *Pouchetia*, 4, 5-mères, avec une corolle tordue. L'ovaire a 2 loges complètes, un disque épigyne entier ou 2-lobé, et le style a deux branches chargées de poils. Les petits fruits renferment peu de graines, imbriquées et squamiformes. Ce sont des arbustes glabres et virgés, de l'Inde, de la Malaisie, de l'archipel Indien, à feuilles opposées, pétiolées, stipulées; à fleurs blanches, réunies en épis axillaires, simples ou peu ramifiés, sur l'axe plus ou moins comprimé desquels il y a des bractées dont l'aisselle est occupée soit par une fleur, soit par une petite cyme pauciflore. (Voy. *Hist. des plant.*, VII, 314, 439, n. 93.) [H. Bn.]

PETUNIA (J., in *Ann. Mus.*, II, 215, t. 47). Genre de Solanacées-Salpiglossées, formé d'une douzaine d'herbes visqueuses des deux Amériques; distingué par des fleurs un peu irrégulières, à corolle en entonnoir, rarement en coupe; 5 étamines inégales, attachées au milieu du tube ou plus bas; un style à extrémité stigmatique latérale et obtuse; un fruit capsulaire, à valves d'ordinaire entières. On cultive comme ornementaux les *P. violacea*, *nyctaginiflora*, et leurs nombreuses variétés, simples ou doubles. (H. Bn, *Hist. des pl.*, IX, 355.)

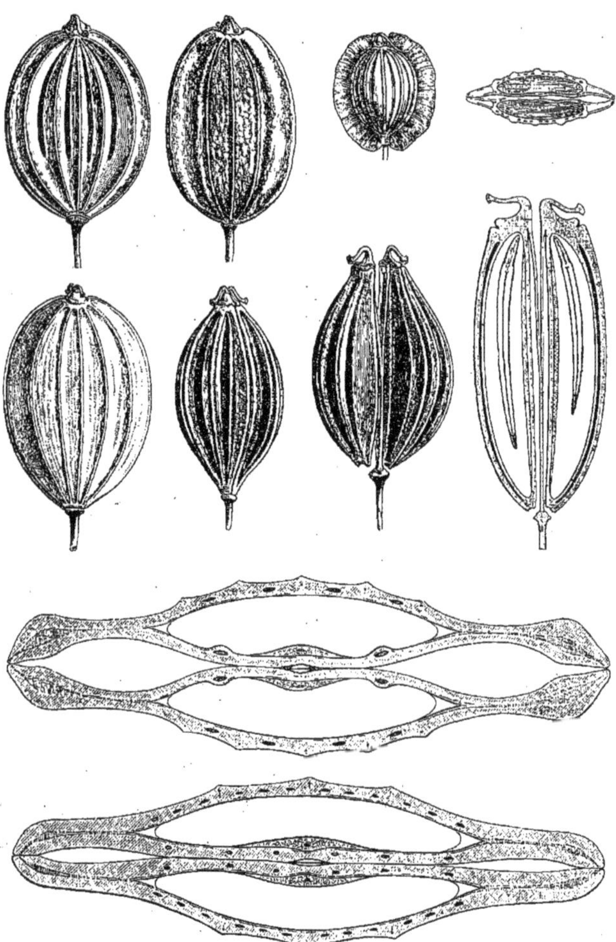
Peucédans. — Fruits, entiers et coupes longitudinale et transversales.

PETUNIOIDES (G. Don, *Gen. Syst.*, IV, 465). Section du genre *Nicotiana* L.

PEUCE (A. Rich., in *Ann. Mus.*, XVI, 298). Synonyme (part.) de *Pinus* T.

PEUCE (Lindl. et Hutt., *Foss. Fl.*, t. 23, 24). Genre de Conifères fossiles. (Endl., *Gen.*, n. 1807. — With., *Int. struct.*, 70. — Ad. Br., in *Dict. d'Orb.*, XIII, 124. — Ung., *Syn. pl. foss.*, 206; *Chlor. protog.*, 34, t. 3. — Hart., in *Bot. Zeit.* [1848], 137, 190.)

PEUCE (Sweet, ex Spach, *Suit. à Buff.*, XI, 445). Synonyme de *Sapinus*, sect. *Abies* Endl.

PEUCÉDAN (*Peucedanum* T., *Inst.*, 318, t. 169). Genre d'Ombellifères, auquel nous avons réuni à titre de sections plusieurs autres genres considérés généralement comme distincts, tels que *Ferula*, *Pastinaca*, *Dorema*, etc. Les vrais Peucédans ont les fleurs hermaphrodites ou plus rarement polygames, pentamères, pentandres. Leur fruit est fortement comprimé parallèlement à la cloison, elliptique, ovale ou plus rarement obovale ou suborbiculaire, avec des méricarpes légèrement convexes sur le dos, plans à la face ventrale et entourés d'un bord aminci ou aliforme, entier. Avant sa maturité, ce bord est étroitement appliqué contre le bord correspondant de l'autre carpelle; de sorte que les deux méricarpes semblent ne constituer qu'un tout bien continu. Le dos des carpelles porte trois côtes primaires minces et peu proéminentes. Les quatre vallécules alternes sont occupées par une bandelette généralement solitaire, tenant ordinairement toute la longueur des vallécules. Il peut aussi y avoir des bandelettes sous les côtes primaires. Ce sont des herbes, rarement frutescentes, à feuilles très variables, à ombelles composées, avec des involucres et involucelles formés d'un nombre variable de bractées. Les plus remarquables des sections que nous adjoignions aux vrais Peucédans (*Eupeucedanum*) sont : les Panais (*Pastinaca*), les *Oreoselinum*, les *Tæniopetalum*, l'*Anethum*, les Férules, y compris les *Scorodosma*, les *Ferulago* et les *Dorema*, le *Bubon Galbanum*, les *Pteroselinum*, les *Thysselinum*, *Imperatoria*, *Selinoides*, *Alvardia*, *Cervaria*, *Tommasinia*, *Archemora*, *Tiedmannia* (voy. ces mots). Outre les espèces qui appartiennent à ces divers groupes, les vrais Peucédans peuvent être des plantes utiles. Ainsi le *P. officinale* L., du midi de l'Europe, est apéritif, diurétique. Le *P. Oreoselinum* passait pour diaphorétique, stimulant; le *P. Cervaria*, pour diurétique et fébrifuge; le *P. parisiense*, pour tonique, etc. (Voy. H. Bn, *Hist. des plant.*, VII, 95, 187, 204, fig. 81-90.) [H. Bn.]

PEUCÉDAN DES ANGLAIS, P. DES ALLEMANDS. Noms vulgaires du *Meum Silaus* H. Bn.

PEUCÉDANÉES. Série d'Ombellifères, dont les caractères généraux sont les suivants, d'après M. H. Baillon (*Hist. des pl.*, 174). Fruit dicarpellé, pourvu seulement de côtes primaires, fortement comprimé parallèlement à la cloison de séparation des deux loges, ou peu comprimé et à section transversale circulaire ou à peu près (*Sésélinées*), à commissure généralement large, à côtes latérales formant des bandelettes ou des ailes commissurales distinctes (*Sésélinées*), ou étroitement appliquées l'une contre l'autre jusqu'à la séparation des méricarpes (*Eu-peucédanées*). Ce sont des plantes en général herbacées, à feuilles ordinairement composées ou décomposées, à ombelles presque constamment composées.

PEUCEDANOIDES (BOISS., *Fl. or.*, II, 983). Section du genre *Peucedanum* T., qui a les caractères des *Ferula*, avec les vallécules du fruit univittées. (Voy. H. BN, *Hist. des pl.*, VII, 97.)

PEUCEPHYLLUM (A. GRAY, *Bot. Emor. Exped.*, 74). Synonyme de *Psathyrotes* A. GRAY.

PEUCOIDES (SPACH, *Suites à Buffon*, XI, 423). Section du genre *Abies*, comprenant l'*A. Douglasii*.

Peuplier. — Rameau gemmifère. Fleur femelle, entière et coupe longitudinale.

PEUDO-MASTIC. Synonyme de *Mastix-Ankathi*.

PEUDOTHLASPI (MAGNOL, *Char. pl. nov.*, 245). Syn. de *Iberis*.

PEULLARG. Nom (Roussillon) de l'*Agaricus* (*Am.*) *phalloides*.

PEUMUS (MOL., *Sagg. Chil.*, 185, 350 part.). Genre de Monimiacées-Hortoniées, à fleurs dioïques, analogues à celles des

Peumus. — Rameau florifère mâle.

Hortonia; le réceptacle concave, avec plusieurs folioles imbriquées au périanthe; plusieurs étamines, à anthères s'ouvrant par des fentes, et quelques (2-5) carpelles à ovule descendant. Le fruit multiple est formé de 1-5 drupes. Le *P. Boldus*, arbuste très aromatique, à feuilles opposées, est employé en médecine sous le nom de *Boldo* comme stimulant, tonique, digestif. Il fleurit parfois dans nos serres froides et supporterait la pleine terre de la région méditerranéenne. (H. BN, *Hist. des pl.*, I, 288, 336, 339, fig. 324; *Tr. Bot. méd. phanér.*, 524.)

PEUPLE. Synonyme de Peuplier.

PEUPLIER (*Populus* T., *Inst.*, 592, t. 365). Genre de Salicacées, formé d'environ 18 arbres d'Europe, d'Asie et d'Amérique, à fleurs dioïques; le réceptacle élargi, plan ou un peu concave. Ses bords portent un court périanthe cupuliforme.

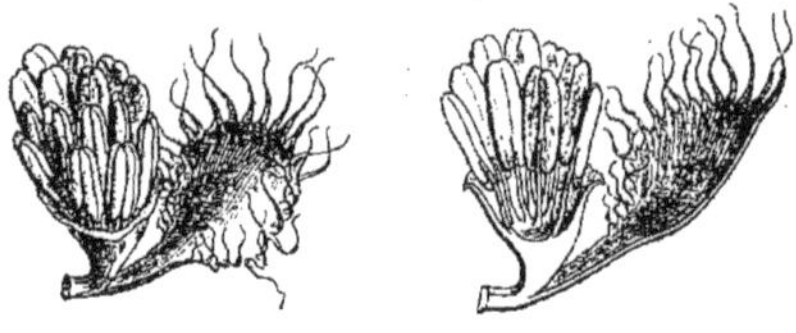

Peuplier. — Fleur mâle, entière et coupe longitudinale.

Les fleurs mâles ont 4-∞ étamines, et les femelles un ovaire 1-loculaire, à 2 placentas pariétaux ou subbasilaires, avec 2-∞ ovules sur chaque placenta. Le micropyle est dirigé en bas et en dehors. Le fruit est 2-4-valve; et les graines, analogues à celles des Saules, sont, comme elles, disséminées par de longues soies blanches qui ont la même origine. Ce sont des arbres dont les bourgeons sécrètent à leur surface une résine odorante. Les feuilles sont alternes, pétiolées, avec stipules fugaces. Les fleurs précoces sont disposées en chatons ordinairement allongés; les bractées stipitées, dentées, souvent fugaces. On cultive partout les *P. nigra*, *alba*, le Tremble (*P. Tremula* L.), les *P. nivea*, *canadensis*, *balsamifera*, etc. Le *P. euphratica* OLIVIER serait le *Garab* des Arabes. On emploie le bois blanc des Peupliers, le duvet de leurs semences, etc. (H. BN, *Hist. des pl.*, IX, 248, 250, 252, fig. 293-297; *Tr. Bot. méd. phanér.*, 1180.)

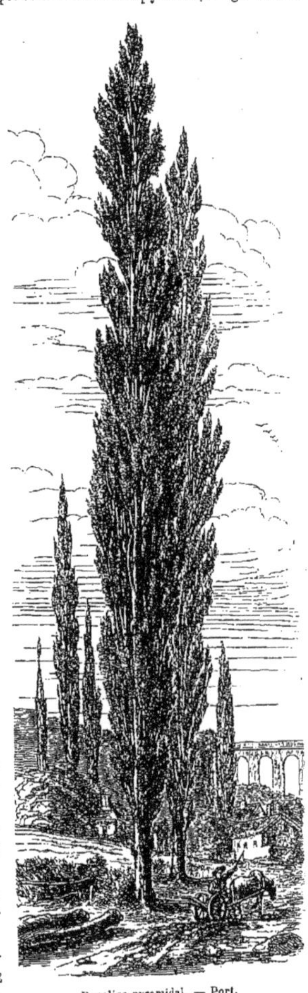

Peuplier pyramidal. — Port.

PEUPLIER-BAUMIER. Le *Populus balsamifera* L.

PEUPLIER D'AMÉRIQUE. Le *Coccoloba uvifera* L.

PEUPLIER FRANC, P. NOIR. Le *Populus nigra* L.

PEUPLIER PYRAMIDAL, P. D'ITALIE, P. DE LOMBARDIE, P. TURC, P. DE CONSTANTINOPLE. Le *Populus nigra*, var. *fastigiata* POIR.

PEUPLIER SUISSE, P. CAROLIN. Le *Populus canadensis* L.

PEUROUSEA (STEUD.). Pour *Peyrousea* DC.

PEUTHERON. L'un des noms grecs anciens du Câprier commun.

PEUTIER. Nom vulgaire (au Bessat) du *Sorbus aucuparia* L.

PÉVATTI (RHEEDE). Le *Physalis flexuosa* L.

PEVERELLA. En Italie, la Sariette.

PEVETTE. Nom malais, dit-on, d'un *Physalis*, le *P. flexuosa* L., dont la racine s'emploie dans l'Inde comme diurétique, désobstruante, et dont les feuilles, trempées dans l'huile de Ricin, s'appliquent sur les tumeurs charbonneuses. *Pevette* paraît venir, par corruption, de *Pevatti*, terme employé par Rumphius (*Herb. amboin.*, IV.) [H. BN.]

PEVRÆA (COMMERS., ex J., *Gen.*, 320. — TUL.). Synonyme de *Poivrea* COMMERS.

PEXISPERMA (RAFIN., *Somiol.*, II, 42. — RABENH., *Fl. europ. Alg.*, III, 38). Genre d'Algues douteux, de la famille des *Coccophyceæ*; synonyme de *Tetraspora*, genre non moins douteux, que nous plaçons plutôt dans le règne animal. Leman en faisait finalement un genre de Rivulariées (*Dict.*, XXIX, 363; XLV, 490. [CH. M.]

PEYLIA (OPIZ, *Lotos* [1857]). Synonyme de *Botrytis* MICHEL.

PEYR. Nom bohème des Chiendents.

PEYRE (B.-L.). Auteur, à Paris [1828], d'une *Méthode analytique comparative de botanique.*

PEYREADE. Nom, dans le Bordelais, de l'Anthracnose ou Maladie noire de la Vigne. On la traite, suivant les pays, par la chaux, la cendre, le vinaigre, les terres ferrugineuses, les préparations cupriques, etc. [DE S.]

PEYRITSCHIA (FOURN., *Gram. mexic.*, 109). Genre proposé pour l'*Aira kœlerioides* PEYR.

PEYROUSEA (DC., *Prodr.*, VI, 76). Genre de Composées-Anthémidées, formé d'un arbuste de l'Afrique australe, à capitules larges, homogames, avec un réceptacle plan; les corolles des fleurs hermaphrodites 4-dentées; les fruits comprimés. Les branches sont dressées, avec des feuilles pressées, entières; et les capitules sont disposés en cyme corymbiforme. (H. BN, *Hist. des pl.*, IX, 278.)

PEYROUSIA (SWEET, *Hort. brit.*, 499). Synonyme de *Lapeyrousia* POURR.

PEYSSONNELIA (DCNE. — J. AGH, *Sp.*, 488). Genre d'Algues-Floridées, de la tribu des *Rhodospermeæ*; famille des *Squamarieæ* d'après Agardh; de la famille des *Porphyreæ* d'après Kützing, et de celle des *Peyssonelieæ* d'après Payer. La fronde de cette Algue, rouge-brunâtre, est étalée horizontalement, et

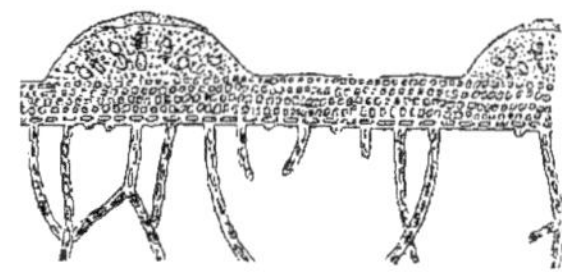

Peyssonelia.

a deux faces bien distinctes : la face inférieure, qui donne naissance à des espèces de racines, et la face supérieure, sur laquelle s'insèrent les thèques et les paraphyses. Cette fronde est constituée par deux ou trois couches de cellules disposées de telle sorte qu'elle semble formée de zones concentriques. La fructification que l'on remarque çà et là, à la face supérieure du thalle, se fait dans des némathécies qui sont formées par un ensemble de filaments modifiés. Les sphærospores allongées se divisent en croix. (Voy. J.-G. AGH, *Spec.*, *gen. et ord. Alg.*, III, 383.) [CH. M.]

PEYSSONNELIEÆ (PAYER, *Bot. crypt.*, éd. H. BN, 50). Famille d'Algues-Floridées, de la grande division des Gigartinées, et que caractérise un thalle membraneux, étalé, et comme pourvu de radicelles à la face inférieure. Les thèques sont entourées de paraphyses, réunies en groupes, épaisses sur la face supérieure. Deux genres, d'après l'auteur, constituent cette famille, les *Hildenbrandtia* et *Peyssonnelia*. [CH. M.]

PEZICA (ADANS., *Fam. des pl.*, II, 6). — Voy. PEZIZE.

PEZICA (PLINE). Champignon incertain (d'où *Peziza*).

PEZICULA (TUL., *Sel. Fung. Carp.*, III, 182). Genre de Pezizés, formé pour de petites espèces voisines des *Dermatei*, mais à réceptacle moins dur, céracé, sessile ou subsessile, disciforme, d'abord plan ou plus ou moins convexe, de couleur claire, accompagné ou précédé, dans quelques espèces, d'un stroma pulviné, lentiforme ou conoïde, donnant naissance à des conidies ovales et à des microconidies linéaires. Les spores, oblongues, hyalines, sont contenues, au nombre de 4 ou de 8, dans des thèques allongées, claviformes, entremêlées de paraphyses. Une trentaine d'espèces, vivant sur l'écorce des rameaux morts. Celles à spores pluriloculaires, jaunissant à la maturité, ont été distraites par M. Karsten et réunies dans un nouveau genre, le genre *Dermatella*. (Voy. SACC., *Syll. Fung.*, VIII, 489.) [DE S.]

PEZIZACÉS, PEZIZACÉES. — Voy. PEZIZÉS.

PEZIZÆ (QUÉL., *Ench. Fung.*, 275). Première tribu de la famille des *Pezizei*.

PEZIZE (*Peziza* DILL., *Gen.*, 76. — PERS., *Syn.*, 631). Genre de Pezizés, renfermant autrefois presque toutes les espèces de cette famille. Il varie beaucoup aujourd'hui d'étendue, suivant les auteurs; nous le limitons aux espèces épigées, à réceptacle de grande ou de moyenne dimension, charnu, fragile, rarement coriace, ayant une surface extérieure lisse, granuleuse ou furfuracée. L'hyménium, muni de paraphyses, présente des thèques

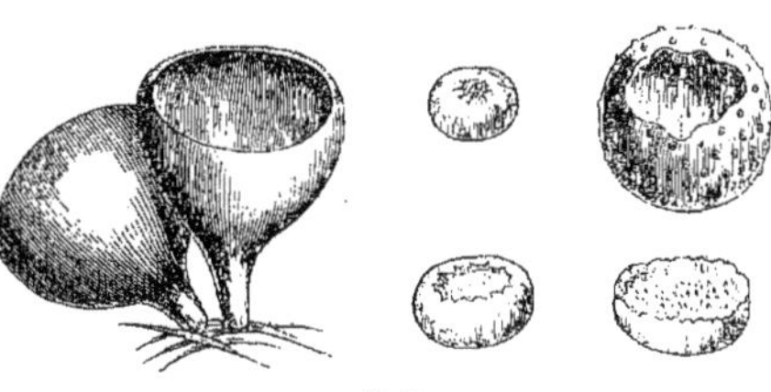

Pezizes.

cylindriques, à huit spores hyalines, uniloculaires, ovales ou sphériques. Le réceptacle cupulé, à concavité plus ou moins profonde, est tantôt régulier, tantôt irrégulier, et se développant d'un seul côté jusqu'à imiter la forme d'une oreille. On peut fonder sur ce caractère deux divisions, comprenant les sous-genres *Otidea* et *Otidella*, à cupule inéquilatérale; les *Scypharia* et *Aleuria* pour les espèces à cupule équilatérale. Le caractère de la forme ovale ou sphérique des spores intervient dans la formation des sous-genres, auxquels peuvent se rattacher nombre de genres nouveaux. On compte près de 200 espèces de Pezizes, abondantes surtout dans les régions tempérées. [DE S.]

PEZIZEÆ (FRIES, *Syst. myc.*, 38. — SACC., *Syll. Fung.*, VIII, 53). Famille de Discomycètes. — Voy. PEZIZÉS.

PEZIZELLA (FUCK., *Symb. Fung.*, 299). Genre de Pezizés, formé pour les espèces de *Mollisia* ou d'*Helotium* à cupule membraneuse, mince, urcéolée, sessile, lisse, de couleur pâle ou claire, et à spores elliptiques, hyalines, uniloculaires.

PÉZIZE NOIRE. Nom vulgaire du *Bulgaria inquinans* FR.

PEZIZÉS (*Pezizei* QUÉL., *Enchir. Fung.*, 275). Famille très nombreuse de Discomycètes, qui présentent un réceptacle souvent charnu en coupe; d'où le nom de Cupulés. Cette cupule à bords minces ou épais affecte des formes diverses, en entonnoir ou en dôme renversé; d'autres fois aplaties en patelle. Ses dimensions varient depuis la grosseur d'une orange jusqu'à celle d'une tête d'épingle, à peine visible sans le secours de la loupe. La couleur, tantôt vive, tantôt terne, comprend presque toutes les nuances, y compris celle du vert. La cupule naît d'un mycélium épigé, épixyle, épiphyte ou coprophile. Quelques espèces présentent un sclérote parasite sur des rhizomes, des tiges aériennes ou même des fleurs (*Vaccinium*). Le réceptacle présente à son début un petit nombre de grosses cellules ascogones, entourées de cellules semblables ou différenciées, formant le périascogone. L'hyménium naît de l'ascogone sous

A. FAGUET Pinx^t d'après NODE VÉRAN et DE SEYNES — E. FRAILLERY Imp. — PORTAIL Chromolith

PEZIZA CUPRESSINA FR.

a. sur un bois de Genèvrier Sabine. — b. le même grossi et en coupe. — c. Thèques et paraphyses (500/1). d. PEZIZA CORONATA JACQ. — e. Coupe. — f. g. h. Echantillons de plus petites dimensions, à trois états de développement. — i. Thèques et paraphyses (350/1). — j. Tache verte produite par l'action de l'iode sur l'hyménium.

forme de cellules minces, dressées, parallèles aux paraphyses; puis apparaissent les thèques. A mesure que celles-ci augmentent en nombre, les paraphyses sont absorbées et paraissent fournir les principaux matériaux de la nutrition des thèques et de la formation des spores. Celles-ci se développent à l'intérieur des thèques, le plus souvent au nombre de huit; à la maturité, elles sont expulsées par une ouverture qui se produit au sommet de la thèque et qui présente différents types. Tantôt il se produit une fente circulaire qui détache le sommet en forme de calotte s'ouvrant en soupape pour laisser passer les spores projetées avec force; ces thèques sont dites operculées, d'après M. Boudier; tantôt il se produit une fente simple par où peuvent s'échapper les spores, et ces thèques sont appelées inoperculées. La classification des genres est encore loin d'être fixée; elle varie beaucoup d'un auteur à l'autre. Le grand nombre d'espèces découvertes n'a pas permis de les renfermer toutes dans l'ancien genre Pezize. Ce genre a été démembré de manière à donner plus d'une centaine de coupes génériques, dont les caractères manquent trop souvent de fixité ou d'importance. Ramenant ces coupes à un petit nombre de types, comme l'a fait M. Quélet (*Enchiridion Fungorum*), nous les considérons comme des sous-genres des sept genres *Peziza*, *Lachnea*, *Ascobolus*, *Phialea*, *Lachnella*, *Bulgaria*, *Orbilia*. Plusieurs grandes espèces sont comestibles et se recueillent au printemps, comme les Helvelles et les Morilles. [De S.]

PEZIZOIDEÆ (Fries). — Voy. Pezizés.

PEZIZULA (Karst., *Myc. Fesin.*, 81). Genre d'Ascobolés, rapporté depuis aux *Ryparobius* Boud.

PFAFFIA (Mart., *Nov. gen. et spec.*, II, 20, t. 122-124). Genre de Chénopodiacées-Gomphrénées, voisin des *Gomphrena*, formé d'une quinzaine d'herbes brésiliennes, et distingué par un calice chargé de poils, sessile entre les bractées; le tube de l'androcée 5-fide, avec les filets ciliés, linéaires, sans languettes interposées. Le stigmate couronne directement l'ovaire. (H. Bn, *Hist. des pl.*, IX, 211.)

PFAFFIOPSIS (Griseb., *Symb. Fl. argent.*, 34). Section du genre *Gomphrena* L.

PFAUTZ (Joh.). Botaniste d'Ulm, auteur [1656] de *Descriptio graminis medici plenior*, etc. *cum descriptione Ampeloprasi*.

PFEIFENSTRAUCH. En Allemagne, les *Philadelphus* L.

PFEIFFERA (Salm-Dyck, *Cact.*, 61). Synonyme de *Rhipsalis* Gærtn. et section de ce genre. (H. Bn, *Hist. des pl.*, IX, 40.)

PFEIFFERIA (Buching., in *Ann. sc. nat.*, sér. 3, V, 88). Synonyme de *Cuscuta* L.

PFEILKRAUT. Nom allemand des Sagittaires.

PFRIEMENKRAUT. Nom allemand du *Genista scoparia* Lamk.

PHACA (L., *Gen.*, n. 891). Synonyme de *Astragalus* T. et section de ce genre.

PHACE, PHACOS. Noms grecs anciens des *Lemna* L.

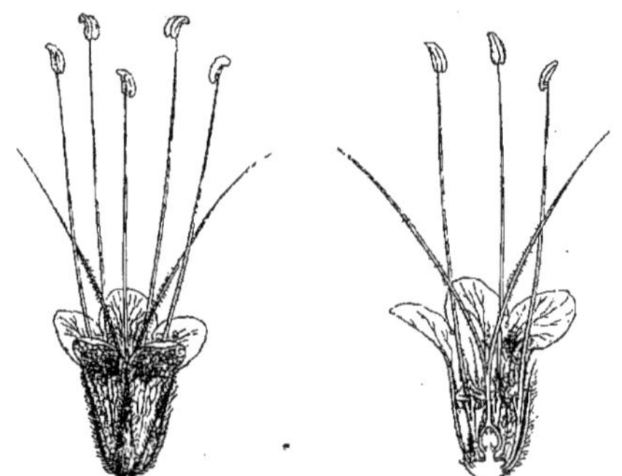

Phacelia. — Fleur, entière et coupe longitudinale.

PHACELIA (J., *Gen.*, 129). Genre de Boraginacées, qui a donné son nom à une série des *Phacéliées*, et dont les fleurs régulières ont une corolle de forme variable, imbriquée; 5 étamines et souvent des écailles 2-nées entre les étamines. L'ovaire est 1-loculaire, avec 2 placentas pariétaux, latéraux, 2-∞-ovulés. Le fruit est sec, et ses deux valves entraînent souvent les placentas avec elles. Ce sont, au nombre d'une cinquantaine, des herbes annuelles ou vivaces, des deux Amériques, à feuilles simples, dentées, lobées ou disséquées; à fleurs disposées en cymes scorpioïdes. Plusieurs sont cultivées comme ornementales. (H. Bn, *Hist. des pl.*, X, 361, 398, fig. 296, 297.)

PHACÉLIE. Nom français (Lamk) des *Phacelia* J.

PHACELLANTHUS (S. et Zucc., *Fam. nat. pl. jap.*, II, 17). Genre de Gesnériacées-Orobanchées, représenté par une plante japonaise, parasite et aphylle, à fleurs asépales, irrégulières; l'androcée didyname ou 2, 3-andre; l'ovaire à 2 placentas bilobés, ∞-ovulés. Les fleurs sont sessiles, groupées en une sorte de capitule terminal, avec 1, 2 bractées sous chaque fleur. (H. Bn, *Hist. des pl.*, X, 75, 111.)

PHACELLARIA (Benth., *Gen.*, III, 229, n. 23). Genre de Santalacées, formé de 2 plantes parasites, malaise et birmane, à branches aphylles, fasciculées; à petites fleurs monoïques, sessiles; les mâles 4, 5-andres; les femelles à ovaire infère, 3-ovulé; le fruit charnu. [H. Bn.]

PHACELOCARPEÆ (J.-G. Agh, *Spec.*, *gen. et ord. Alg.*, III, 393). Grande division des Algues-*Sphærococcoideæ*. Ces Algues sont caractérisées par des filaments gemmidifères rayonnant de tous côtés sur un placenta, très denses à la base et comme réunis en un seul corps; ils sont cylindriques, articulés en série. Les articles supérieurs se développent en zones concentriques. Les gemmidies sont cylindriques, comme tronquées, réunies sur des filaments gonflés souvent en zones concentriques. L'auteur a formé deux groupes d'Algues de cette famille : les *Nizymenia*, que caractérise une fronde plane, linéaire, entière, rameuse, pourvue de prolifications; les *Phacelocarpus*, dont la fronde est ronde ou plane, munie d'aiguillons courts ou pectinés. [Ch. M.]

PHACELOCARPUS (Endl. et Dies., in *Bot. Zeit.* [1845], 290). Genre d'Algues-Floridées, de la famille des Phacélocarpées, à fronde plane ou ronde, munie d'aiguillons de toutes parts. Cette fronde est constituée par trois couches filamenteuses ou celluleuses qui entourent un tube central. La couche la plus intérieure est formée de filaments allongés; la couche moyenne, de cellules grandes, arrondies; la couche extérieure, de cellules plus petites, rayonnantes. Les fruits extérieurs sont les uns et les autres entre les aiguillons. Les cystocarpes sont arrondis ou presque réniformes; les némathécies claviformes ou très arrondies. Une demi-douzaine d'espèces constituent ce genre. (Voy. J.-G. Agh, *Spec.*, *gen. et ord. Alg.*, 399.) [Ch. M.]

PHACELURUS (Griseb., *Spic. Fl. rumel.*, II, 423). Section du genre *Rottboellia* L.

PHACIDIACEÆ (Phill., *Brit. Discom.*, 387). Famille de Discomycètes, comprenant les genres *Phacidium*, *Trochila* et *Stegia*.

PHACIDIACEI (Fr., *Summ. veg. Scand.*, 367. — Berk., *Outl. of brit. Fung.*). Famille comprenant des genres de Discomycètes et d'autres qui se rattachent aux Pyrénomycètes.

PHACIDIEÆ (Sacc., *Syll. Fung.*, VIII, VIII, 705). Famille de Discomycètes, comprenant les genres *Cryptomyces*, *Phacidium*, *Trochila*, *Stegia*, *Abrothallus*, *Coccomyces*, *Rhytisma*, *Dothiora*, et quelques autres genres nouveaux démembrés de ces derniers. [De S.]

PHACIDIÉS (*Phacidiei* Tul., *Sel. Fung. Carpol.*, III, 111). Famille de Champignons-Thécasporés, appartenant aux Discomycètes désignés par Kickx sous le nom de Sclérodermiques, par opposition aux Discomycètes à réceptacle charnu (Pezizés). Tantôt ces Champignons épiphytes se développent sous l'épiderme et présentent de petits réceptacles membraneux menus ou très réduits; tantôt ils sont à demi immergés et s'ouvrent en se déchirant en lanières, ou plus rarement par des opercules. Les premiers forment la tribu des *Erumpentes* Fr.; ils correspondent à la famille des *Stictei* de M. Saccardo et comprennent les genres *Stictis*, *Schmitzomia*, *Schizoxylon*, *Propolis*, *Rhytisma*. Les seconds, dont les principaux genres sont les *Phacidium*, *Coccomyces*, *Stegia*, *Trochila*, forment une autre tribu à laquelle on peut donner le nom de *Valvati* Quél. L'hyménium, généralement mou, céracé, rappelle celui des Pézizés; il est constitué par des thèques allongées, le plus souvent octospores, entremêlées de paraphyses. La forme, la teinte des spores, l'existence peu fréquente de cloisons servent de caractères à des sous-genres, considérés comme des genres par plusieurs mycologues. [De S.]

PHACIDIUM (Fr., *Syst. myc.*, II, 371). Genre de Discomycètes, dont le réceptacle épiphyte, orbiculaire, coriace et dur, a quelque analogie avec celui des Pyrénomycètes. Il s'en distingue à sa maturité; il se fend en lanières qui s'écartent et laissent voir un disque hyménial céracé, comme les Pézizés. Quelques espèces ont des spermogonies à forme de *Dothiorella*. L'hyménium est formé de paraphyses et de thèques claviformes, à 8 spores, hyalines dans la plupart des espèces, brunes dans le sous-genre *Stictophacidium*. Plusieurs espèces à réceptacle moins dur et à bords plutôt crénelés que laciniés, ont été séparées sous le nom de *Pseudopeziza* Fuck. En les faisant rentrer comme sous-genre dans les *Phacidium*, avec quelques autres qui en ont été démembrées, on peut compter près d'une centaine d'espèces, se développant sur le bois, les rameaux, les tiges, et surtout sur les feuilles vivantes, languissantes ou sèches et tombées à terre. La plupart sont européennes; une quinzaine se trouvent soit dans l'Amérique du Nord, soit dans l'Amérique méridionale. [De S.]

PHACOBOLUS (Fr., *Summ. veg. Scand.*, 416). Synonyme de *Lichenopsis* Schw.

PHACOCAPNOS (Bernh., in *Linnæa*, XII, 664). Section du genre *Corydalis* DC.

PHACOMYCÈS (*Phacomyci* Chev., *Fl. Par.*, I, 439). Classe de Champignons, dans laquelle l'auteur range des Discomycètes voisins des Phacidiés et des Pyrénomycètes.

PHACORHIZA (Pers., *Myc. europ.*, I, 192. — Grev., *Fl. Ed.*, 415). Synonyme de *Typhula* Pers.

PHACORRHIZÆ (Fr., *Epicr.*, 2ᵉ, 682). Tribu des *Typhula*, comprenant les espèces dont le réceptacle naît d'un sclérotium.

PHACOS (Théophr.). La Lentille d'eau.

PHACOSPERMA (Haw., in *Phil. Mag.* [1827], I, 124). Synonyme de *Calandrinia* H. B. K.

PHACOSPHÆRELLA (Karst., *Mem. Soc. zool. et bot. Finlande* [1888]). Genre de Sphériacés, établi pour les espèces de *Sphærella* à spores colorées. — Voy. Sphærella.

PHACOTIUM (Ach., *Lich. univ.*, 234). Genre de Lichens, que l'auteur avait considéré comme l'une des divisions du genre *Calicium*, caractérisée par des apothécies stipitées et marginales. Cette division n'existe plus. [Ch. M.]

PHADROSANTHUS (Neck., *Elem.*, III, 133). Genre d'Orchidacées, séparé des *Epidendrum* L.

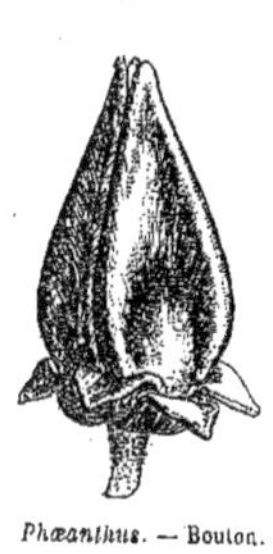
Phæanthus. — Bouton.

PHÆANDRA (Spach, *Suit. à Buff.*, VII, 249). Section du genre *Anemone* T.

PHÆANTHUS (Hook. f. et Thoms., *Fl. ind.*, I, 146). Genre d'Anonacées-Mitréphorées, formé de 3, 4 arbres de l'Océanie tropicale; distingué par 3 pétales intérieurs bien plus grands que les extérieurs, dressés, aplatis, assez épais; des styles oblongs et des carpelles 1, 2-ovulés. (H. Bn, *Hist. des pl.*, I, 245, 287, fig. 295.)

PHÆCASIUM (Cass., in *Dict.*, XXXIX, 387). Section du genre *Picris* L. (H. Bn, *Hist. des pl.*, VIII, 108.)

PHÆDRA (Kl., in *Endl. Suppl.*, IV, III, 88). Section du genre *Bernardia* P. Br.

PHÆDRA, PHÆDRON. Les Prêles.

PHÆDRANASSA (Herb., in *Bot. Reg.* [1845], *Misc.*, 16, t. 17). Genre d'Amaryllidacées-Amaryllidées, formé de 3, 4 plantes bulbeuses de l'Amérique andine du Sud; distingué par un périanthe étroit, à 6 longs lobes dressés ou légèrement étalés au sommet. Les étamines sont souvent unies par une lame basilaire. Les loges sont ∞-ovulées, et le fruit est loculicide. (K., *Enum.*, 500. — Bak., in *Trim. Journ.* [1878], 167.)

PHÆDRANTHUS (Miers, in *Proc. Roy. Hort. Soc. Lond.*, III, 182). Genre proposé pour le *Bignonia Cherere* Lindl.

PHÆIRIS (Spach, *Suit. à Buff.*, XIII, 46). Section du g. *Iris*.

PHÆNACTIS (Nutt., in *Amer. Phil. Trans.* [1841], VII, 310). Section du genre *Erigeron* L.

PHÆNICAULIS (Nutt., in *Torr. et Gr. Fl. N.-Amer.*, I, 89). Synonyme de *Cheiranthus* L.

PHÆNICEÆ. Tribu (?) des Palmiers. (B. H., *Gen.*, III, 872.)

PHÆNICOPHORIUM (Wendl., in *Ill. hort.*, XII, t. 433; *Misc.*, 5). Synonyme de *Stevensonia* Dunc.

PHÆNICOSPERMUM (Miq., in *Ann. Mus. lugd.-bat.*, II, 68, t. 3). Genre mal connu de Tiliacés; synonyme (?) de *Sloanea* L. (H. Bn, *Hist. des pl.*, IV, 200.)

PHÆNIX (Matth.). Le *Lolium perenne* L.

PHÆNIXOPUS (Cass., in *Dict.*, XXXIX, 391). Section du genre *Lactuca* T.

PHÆNOCODON (Salisb., *Gen. pl. Fragm.*, 58). Synonyme de *Lapageria* R. et Pav.

PHÆNOCOMA (Don, in *Mem. Werner. Soc.*, V, 554). Section du genre *Helichrysum* Gærtn. (H. Bn, *Hist. des pl.*, VIII, 175.)

PHÆNOGAMIA (Reb., *Prodr. Fl. neom.*, XXV). Section (?) des plantes.

PHÆNOGLOSSA (DC., *Prodr.*, VI, 259). Section du genre *Amphiglossa* DC.

PHÆNOGYNE (DC., *Prodr.*, VI, 145). Section du genre *Eriocephalus* L.

PHÆNOPAPPUS (Steud.). Pour *Phæopappus* DC.

PHÆNOPODA (Cass., in *Dict.*, XLII, 84). Synonyme de *Podotheca* Cass.

PHÆNOPYRUM (Rœm., *Fam. nat. Syn.*, III, 103). Synonyme de *Cratægus* T.

PHÆNOSPERMA (Munr. — Benth., in *Journ. Linn. Soc.*, XIX, 59). Genre de Graminées, rapporté aux Tristéginées, créé pour une grande herbe chinoise, à épillets 1-flores, avec 2 glumes, l'inférieure petite; et 2 glumelles, l'intérieure mutique. Il y a trois glumellules et 3 étamines. Le fruit est semi-exsert. L'inflorescence est grande et très ramifiée. La plante est parfois cultivée à Paris. [H. Bn.]

PHÆNOSTACHYS (Moq., in *DC. Prodr.*, XIII, II, 281). Section du genre *Ptilotus* P. Br.

PHÆOCARPA (C.-B. Clke). Section du genre *Pollia* Thunb. (B. H., *Gen.*, III, 847.)

PHÆOCARPUS (Mart., *Nov. gen. et spec.*, I, 61, t. 37, 38). Synonyme de *Magonia* A. S.-H.

PHÆOCARPUS (Pat., *Hymen. d'Eur.*, 154). Genre de Théléphorés-Chromosporés, à réceptacle cupuliforme et coriace. L'hyménophore est lisse, et l'hyménium formé de basides à 4 stérigmates. Les spores globuleuses sont verruqueuses, fauves, brunâtres. Une seule espèce, le *P. Crouani* Pat., est une Cyphelle à spores colorées. [De S.]

PHÆOCÉPHALÉES (*Phæocephalæ* Alb. et Schwein., *Consp. Fung.*, 153. — *Phæocephali*, 210). Sous-sections d'Agarics, comprenant les espèces à chapeau brun des sous-genres Russule et Lactaire.

PHÆOCEPHALUM (Ehrh., *Phytoph.*, n. 1). Synonyme de *Rhynchospora* Vahl.

PHÆOCHLOA (Griseb., *Spic. Fl. rumel.*, II, 433). Section du genre *Festuca* L.

PHÆOCLES (Salisb., *Gen. pl. Fragm.*, 35). Synonyme de *Ornithogalum* T., sect. *Caruelia*.

PHÆOCORDYLIS (Griff., in *Trans. Linn. Soc.*, XX, 100, t. 8). Synonyme de *Rhopalocnemis* Jungh.

PHÆODERRIS (Sacc., *Syll. Fung.*, VIII, 599). Division du genre *Scleroderris*, comprenant les espèces à spores colorées.

PHÆODON (Schrot., *Krypt. Fl. v. Schles.* [1888]). Genre d'Hydnes, établi pour les espèces à spores brunes.

PHÆOLORUM (EHRH., *Phytoph.*, n. 98). Synonyme de *Carex*.

PHÆOMERIA (LINDL., *Introd.*, ed. 2, 446). Synonyme de *Amomum* L.

PHÆONEMA (KUETZ., *Phyc. gen.*, 159). Genre d'Algues, fort douteux, dont les espèces, selon nous, doivent être reportées dans le règne animal. [CH. M.]

PHÆONEMEÆ (KUETZ., *Phyc. gen.*, 158). Famille douteuse d'Algues, que nous considérons comme devant appartenir au règne animal. [CH. M.]

PHÆOPAPPUS (BOISS., *Diagn. or.*, VI, 122). Synonyme de *Centaurea* L.

PHÆOPAPPUS (DC., *Prodr.*, VI, 560). Section du genre *Amberboa* PERS.

PHÆOPEZIA (SACC., *Mich.*, I, 71; *Syll. Fung.*, VIII, 471). Genre de Pezizés, fondé sur la coloration brune des spores et de l'hyménium. L'auteur les divise en deux sections contenant, l'une les espèces à spores globuleuses; l'autre les espèces à spores elliptiques. Les 14 espèces décrites vivent à terre ou sur le bois mort; deux sont coprophiles; 5 espèces sont d'origine américaine.

PHÆOPORUS (SCHROT., *Krypt. Fl. v. Schles.* [1888]). Genre de Polypores, à spores et à hyphes brunes.

PHÆOPSIS (NUTT., herb.). Synonyme (?) de *Stenogyne* BENTH.

PHÆOSIPHONIA (KUETZ., *Spec. Alg.*, 461). Genre d'Algues douteux, de la famille des *Phæonemeæ*.

PHÆOSPHÆRIUM (HASSK., in *Flora* [1866], 212). Synonyme de *Athyrocarpus* SCHLCHTL.

PHÆOSPOREÆ (THUR., in *Ann. sc. nat.*, sér. 3, XIV, 233). Section des Zoosporées. Toutes les Algues zoosporées, c'est-à-dire qui se reproduisent par des spores douées de mouvement, ont été divisées en deux groupes. Le premier comprend les Confervées, les Ulvacées, et toutes les Algues qui constituent les Zoospermées de J.-G. Agardh : ce sont les Chlorospermées. Le second groupe ne renferme généralement que des Algues marines de couleur brune ou olivâtre, il comprend une grande partie des Fucoïdées d'Agardh; elles ont été appelées *Phéosporées*. [CH. M.]

PHÆOSPORELLA (KARST., *Symb.*, in *Medd. Soc. Flora fenn.* [1888], 45). Genre de Pyrénomycètes, établi pour les *Sphærella* à spores colorées.

PHÆOSPORI (QUÉL., *Enchir. Fung.*, 66). Série d'Agaricinés, comprenant les genres à spores ochracées, brunes ou rouillées, tels que les *Pholiota*, *Flammula*, *Cortinarius*.

PHÆOSTILBEÆ (SACC., *Syll. Fung.*, IV, 603). Division de la famille des Stilbés, comprenant les genres à hyphes et à conidies brunes, ou les unes et les autres.

PHÆOSTOMA (SPACH, *Suit. à Buff.*, IV, 392; in *N. Ann. Mus.*, IV, 327). Synonyme de *Clarkia* PURSH.

PHÆOTÆ (SACC., *Syll. Fung.*, V, 738). Division des *Pholiota*, comprenant les espèces épigées à spores brunes.

PHÆOTI (FR., *Epicr.*; *Summ. veg. Scand.*). Même signification que *Phæotæ* SACC.

PHÆOTIUM. Nom ancien des Renoncules.

PHÆTHUSA (GÆRTN., *Fruct.*, II, 425, t. 169). Synonyme de *Verbesina* L.

PHAGNALON (CASS., in *Bull. philom.* [1819]; in *Dict.*, XXXIX, 400). Genre de Composées-Hélianthées-Inulées, voisin des *Gnaphalium*, formé d'une quinzaine d'arbuscules ou herbes de l'Orient et de la région méditerranéenne; distingué par un involucre campanulé; des achaines à aigrette formée de soies non plumeuses; des anthères dont la base est obtuse ou pourvue d'une queue mince, acuminée. Les capitules sont terminaux, solitaires ou en petit nombre. (H. BN, *Hist. des pl.*, VIII, 170.)

PHAHAM DES ARABES. L'*Aceras anthropophora* R. BR. — Voy. FAHAM (II, 592).

PHAIOS (WITTST., *Et. Hdw.*). Pour *Phajus* LOUR.

PHAIOSPORUS (STRAUSS, in *Flora* [1850], *Bes. Beil.*, 37). Sous-genre du genre *Boletus* L.

PHAJOCALANTHE. Nom donné par M. Rolf à un « genre » hybride de *Phajus* et de *Calanthe*.

PHAJUS (LOUR., *Fl. cochinch.*, 529). Genre d'Orchidacées-Épidendrées, formé d'une quinzaine de grandes plantes terrestres ou épiphytes, de l'Asie, l'Océanie et l'Afrique tropicales, à belles fleurs ornementales, pourvues d'un éperon souvent très long, adné à la base de la colonne. L'anthère operculaire renferme 8 pollinies céracées; 4 dans chaque loge partagée en logettes. Les feuilles sont grandes, pétiolées, plissées, à gaine striée. On en cultive beaucoup dans nos serres chaudes. (REICHB. F., in *Walp. Ann.*, VI, 458; *Ot. hamburg.*, 53; in *Bonplandia* [1856], 328; [1857] 42.) [H. BN.]

PHAKELLANTHUS (STEUD., ex *Pfeiff. Nom.*, II, 661). Synonyme de *Syziganthus* STEUD.

PHALACRÆA (DC., *Prodr.*, V, 105). Synon. de *Piqueria* CAV.

PHALACREA (FR., *Syst. myc.*, I, 499). Synonyme de *Crinula*.

PHALACREA (FRIES, *Syst. myc.*, I, 463). Sous-genre du genre *Clavaria* VAILL.

PHALACROCARPUM (DC., *Prodr.*, VI, 49). Section du genre *Leucanthemum* T.

PHALACROCARPUM (WILLK., in *Bot. Zeit.* [1864], 252). Genre établi pour le *Chrysanthemum anomalum* LAG.

PHALACROCLINE (A. GRAY, *Pl. Wright.*, I, 102). Section du genre *Tessaria* R. et PAV.

PHALACRODERIS (DC., *Prodr.*, VII, 97). Genre de Composées, établi probablement sur une forme monstrueuse de *Picris* ou de *Rodigia*? (H. BN, *Hist. des pl.*, VIII, 108.)

PHALACRODISCUS (LESS., *Syn. Comp.*, 253). Synonyme de *Pyrethrum* GÆRTN.

PHALACROGLOSSUM (DC., *Prodr.*, VI, 45). Section du genre *Leucanthemum* T.

PHALACROLOMA (CASS., in *Dict.*, XXXIX, 404). Section du genre *Erigeron* L.

PHALACROMA (HOOK. F. et WILS., *Fl. N. Zeal.*, II, 96). Synonyme de *Dendroligotrichum* C. MUELL.

PHALÆNOPSIS (BL., *Bijdr.*, 294; *Rumphia*, IV, 52, t. 194, 199 A). Genre d'Orchidacées-Vandées, à fleurs sans éperon; les folioles du périanthe étalées; le labelle trilobé, avec une saillie basilaire intérieure, charnue, de forme variable; son lobe médian plus grand, losangique ou ovale, avec ou sans deux longues languettes terminales, incurvées. La colonne, droite ou arquée, porte un grand antre stigmatique au-dessus duquel le clinandre envoie un long prolongement bifide. C'est entre les deux languettes de ce prolongement que s'insinue la portion inférieure du caudicule, terminée par une plaque ovale ou cordiforme, qui s'applique par sa face supérieure contre les deux languettes. En haut, une dilatation du caudicule supporte deux pollinies céracées, globuleuses, fendues en arrière, logées dans une anthère operculaire à sommet conique, portant de petites papilles sécrétantes. Le fruit est claviforme ou subcylindrique. Ce sont de belles plantes de l'Inde orientale et de l'archipel Malais, épiphytes, sans pseudo-bulbes, à feuilles épaisses, distiques, à grappes lâches, simples ou ramifiées. On cultive surtout dans les serres les belles espèces à fleurs blanches et roses, telles que *P. amabilis*, *Schilleriana*, etc., et leurs nombreuses variétés. On en connaît une quinzaine d'espèces. (REICHB. F., *Xen. orchid.*, II, 4, t. 101, 151, 156.) [H. BN.]

PHALANGANTHUS (SCHRANK, in *Haw. Syn.*, 67). Synonyme de *Phalangium* T.

PHALANGE. Groupe d'étamines.

PHALANGÈRE. Le *Narthecium ossifragum* L. Nom français (LAMK) des *Phalangium* T.

PHALANGIUM (BURM., *Fl. cap.*, n. 3). Synon. de *Diasia* DC.

PHALANGIUM (MATTH.). L'*Anthericum Liliastrum* L.

PHALANGIUM (J., *Gen.*, 52). Synonyme (part.) de *Anthericum* L.

PHALARIDÉES, PHALARIDEÆ. Tribu (7) des Graminées (B. H., *Gen.*, III, 1076). Série des Graminées, distinguée par des épillets à fleur fertile unique, terminale, avec parfois 2 inférieures mâles; l'axe articulé au-dessus des glumes et non prolongé au delà de la fleur fertile. Il y a 6 écailles : 2 glumes sous l'articulation; puis deux autres folioles stériles ou réduites à une soie; puis encore 2 autres, carénées ou pourvues d'une nervure moyenne qui disparaît dans la dernière écaille des *Phalaris*. Outre ceux-ci, la série renferme les genres *Ehrharta, Microlæna, Hierochloa, Anthoxanthum, Alopecurus, Crypsis, Cornucopiæ*, etc. [H. BN.]

PHALARIDIUM (NEES, in *Plant. Meyen.*, 161). Synonyme de *Dissanthelium* TRIN.

PHALARIS (L., *Gen.*, n. 74). Genre de Graminées, qui a donné son nom aux *Phalaridées*, et qui, avec leurs caractères généraux, se distingue par une inflorescence spiciforme, capitée ou en thyrse dense. Les glumes sont les plus grandes des écailles florales. Après elles, viennent 2 bractées stériles, courtes, mutiques, souvent réduites à une soie. Les étamines sont au nombre de 3, 6. Ce sont des plantes de la région méditerranéenne et de l'Amérique tempérée. On les cultive sous le nom d'Alpistes dans le monde entier. (K., *Enum.*, I, 31. — TRIN., *Sp. Gram.*, t. 74-82. — GREN. et GODR., *Fl. de Fr.*, III, 438.) [H. BN.]

PHALERIA (JACK., *Mal. Misc.* [1820-22]). Genre de Thymélacées-Aquilariées, formé d'une douzaine d'arbustes de l'Asie austro-orientale et de l'Océanie tropicale, à fleurs hermaphrodites, 4, 5-mères, à tube pétaloïde, avec 8-10 étamines 2-sériées et un ovaire à 1, 2 loges 1-ovulées. Le fruit est drupacé. Les feuilles sont généralement opposées, entières; et les fleurs sont disposées en épis courts ou ombelliformes, enveloppés dans le jeune âge de bractées imbriquées. A ce genre se rapportent les *Pseudais* DCNE, *Leucosmia* BENTH. et *Drymispermum* REINW. (H. BN, in *Adansonia*, XI, 313; *Hist. des pl.*, VI, 102, 122.)

PHALEROCARPUS (G. DON, *Gen. Syst.*, III, 641). Synonyme de *Chiogenes* SALISB.

PHALLARIA (SCHUM. et THÖNN., *Beskr. pl. Guin.*, 112). Synonyme de *Canthium* LAMK.

PHALLEI (FRIES, *Summ. veg. Scand.*, 434. — *Phalleæ* SACC., *Syll. Fung.*, 3). Tribu des Phalloïdés.

PHALLO-BOLETUS (MICH., *Gen. pl.*, 202). — Voy. MORILLE.

PHALLOGÈNE. Ensemble des phytocystes générateurs qui constituent le cambium spécial du Liège.

PHALLOIDASTRUM (BATT., *Fung. agr. arimin.*, 75, XL). État monstrueux du *Phallus impudicus* L.

PHALLOÏDÉS (*Phalloidei* FR., *Summ. veg. Scand.*, 434. — *Phalloideæ* SACC., *Syll. Fung.*, VII, 1). Famille de Gastéromycètes, caractérisés par la forme particulière du réceptacle, qui devient exosporé après son complet développement. Le péridium globuleux ou ovoïde s'ouvre à son sommet pour laisser passer l'hyménophore, tantôt porté par un stipe unique en forme de colonne, tantôt à l'intérieur de branches d'un tissu délicat spongieux, qui se réunissent entre elles en formant une sorte de grillage à larges mailles, d'où le nom de *Clathrus*. Cette différence de forme a permis d'établir deux divisions. Le développement des phalloïdes chez les *Phallei* a de grands rapports avec celui des Amanites; le péridium est semblable à une valve; le stipe est souvent entouré d'une collerette, partie supérieure d'un vélum, dans lequel il est enveloppé à l'origine, et qui est analogue à l'anneau. Cette collerette est d'un tissu délicat, à mailles très fines; elle reste le plus souvent en lambeaux appliqués sur le stipe ou contre la paroi interne du péridium. Quand cette collerette persiste, elle a donné lieu, suivant l'observation de M. Quélet, à l'établissement des genres *Hymenophallus, Dictyophora, Sophronia*, qui ne diffèrent pas des *Phallus* (QUÉL., *Assoc. franç.*, Nancy [1886]). Les Phalloïdés comprennent les genres *Phallus, Mutinus, Kalchbrennera, Lysurus, Clathrus, Colus, Aseroe.* [DE S.]

PHALLUS (MICH., *Gen. plant.* — LINN., *Suec.*, n. 1261). Genre de Phalloïdés, dont le péridium, issu d'un mycélium radiciforme, s'ouvre pour laisser passer une colonne creuse, d'un tissu spongieux blanc ou de couleur claire portant à son sommet un hyménophore conique qui prend à la maturité une couleur verdâtre. Cette forme de réceptacle rappelle celui des Morilles, avec lesquelles les *Phallus* ont été autrefois confondus. L'hyménium recouvre l'extérieur de l'hyménophore, il présente des basides allongés, à 4, 6, ou 8 spores oblongues, hyalines. L'hyménophore est déliquescent et les spores sont entraînées par un liquide fétide qui tombe sur le sol par les temps humides. Toute la plante exhale une odeur repoussante.

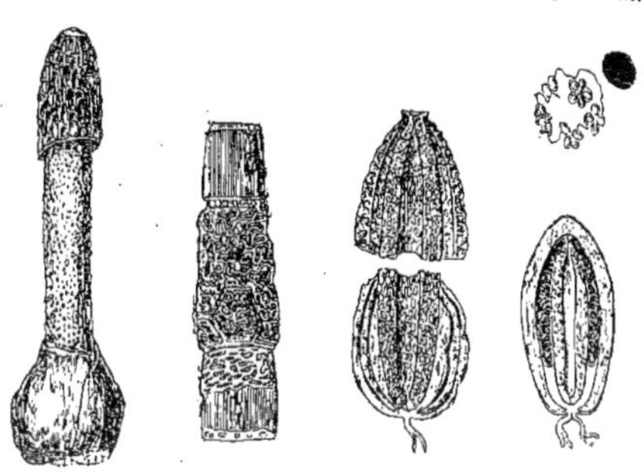

Phallus. — Port. Péridium. Organes reproducteurs.

On peut compter environ 25 espèces, groupées dans des sous-genres fondés sur l'existence d'une collerette, caractère peu fixe, sur les dimensions du réceptacle ou du stipe par rapport à l'hyménophore. Le plus grand nombre des espèces sont exotiques. (H. BN, *Bot. méd. crypt.*, 113, fig. 137, 138.) [DE S.]

PHALOCALLIS (HERB., in *Bot. Mag.*, t. 3710). Synonyme de *Cypella* HERB.

PHALOE (DUMORT., *Fl. belg.*, 110). Synonyme de *Sagina* L.

PHALOE (DC., *Essai...*, 211). Genre de Rubiacées, que l'auteur n'a pas reproduit dans ses autres travaux sur cette famille, et qui a été proposé par lui pour un arbre du Brésil dont le fruit se vend dans le pays sous le nom de *Fève de Saint-Ignace*.

PHALOLEPIS (CASS., in *Dict.*, L, 248). Synonyme de *Centaurea* NECK.

PHALONA (DUMORT., *Agrost. belg.*, 86, 114). Section du genre *Cynosurus* L.

PHANERA (LOUR., *Fl. coch.*, 37). Section du g. *Bauhinia* L.

PHANERANDRA (STSCHEGL., in *Bull. Mosc.* [1859], I, 20). Synonyme de *Leucopogon* R. BR.

PHANERANTHERA (DC., *Prodr.*, X, 33). Section du genre *Nonea* MŒNCH (*Oskampia*).

PHANÉROGAMES. Végétaux supérieurs, à fleurs et à graines.

PHANÉROMYCES (SPEG. et HAR., *Rev. mycol.* [1889], 93). Genre de Discomycètes, voisin des *Patellaria* et des *Stictis*, à cupule minuscule, dont le centre est brun olivâtre et la marge blanche. Les thèques sont entremêlées de paraphyses. Les spores, hyalines, oblongues, inéquilatérales, sont à 7 loges. Une espèce d'Islande, sur du bois pourri. [DE S.]

PHANEROPSIA (TUL., in *Arch. Mus.*, IV, 188). Section du genre *Dimorphandra* SCHOTT.

PHANIA (DC., *Prodr.*, V, 111, part.). Section du genre *Eupatorium* T. (H. BN, *Hist. des pl.*, VIII, 129.)

PHANODERIS (DC., *Prodr.*, VII, I, 92). Section du genre *Achyrophorus* VAILL.

PHANOPYRUM (RAFIN., in *Ser. Bull.*, I). Section du g. *Panicum*.

PHARAGOU. Au Sinaï, la Noix de Ben.

PHARBITIS (CHOIS., *Conv. or.*, 56). Synonyme de *Ipomœa* L.

PHARCIDIA (KÖRB., *Parerg. lichenol.*, 469). Genre de Sphériacés, à périthèces punctiformes, noirs, globuleux ou conoïdes, munis d'un pore apical. Les thèques, oblongues ou claviformes, contiennent 4 ou 8 spores cunéiformes, ovoïdes ou fusiformes, hyalines, bi- ou quadriloculaires. Les 14 espèces de ce genre, parasites sur le thalle des Lichens, ont été observées en Allemagne. [DE S.]

PHARELLE. Nom français (LAMK) des *Pharus* L.

PHARETRELLA (SALISB., *Gen. pl. Fragm.*, 47). Synonyme de *Trigella* SALISB.

PHARIUM (HERB., in *Bot. Reg.*, t. 1546). Synonyme de *Bessera* SCHULT.

PHARMACOSMILAX (GRISEB., in *Mart. Fl. bras.*, *Smil.*, 5). Section du genre *Smilax* L.

PHARMACOSYCEA (MIQ., in *Hook. Lond. Journ.*, VII, 64, t. 2). Synonyme de *Urostigma* MIQ.

PHARMACUM (RUMPH., *Herb. amboin.*, IV, t. 69). Synonyme de [illegible]*ronia* BL.

PHARNACE. Nom français (LAMK) des *Pharnaceum* L.

PHARNACEUM (L., *Gen.*, n. 379). Genre de Molluginées, dont nous n'avons pu faire qu'une section du genre *Mollugo* L. (H BN, in *Payer Fam. nat.*, 395; *Hist. des pl.*, IX, 62.)

PHARPHARIA. Nom ancien du Tussilage ou Pas-d'âne.

PHARSEOPHORA (MIERS, in *Proc. Roy. Hort. Soc. Lond.*, III, 186). Synonyme (part.) de *Macfadyena* A. DC.

PHARUS (L., *Gen.*, n. 1063). Genre de Graminées-Panicées, anomal, formé de 4, 5 grandes plantes américaines, à épillets monoïques, en panicules : 2-nés sur les divisions de l'axe : l'un sessile et femelle; l'autre pédicellé, petit, mâle. La glumelle intérieure est étroite et indurée. Les feuilles des *Pharus* ont un long pétiole et un large limbe. L'inflorescence totale est terminale, ample, ramifiée. (*Fl. bras.*, II, II, 19, t. 6. — *Fl. serr.*, t. 316. — PAL.-BEAUV., *Agrost.*, t. 22, fig. 8.) [H. BN.]

PHARYNGODON (BGE, ex *Bull. Ac. Pétersb.* [1843], I, 384). Section du genre *Pedicularis* T.

PHASCOMILLE. Le *Salvia trifoliata* L.

PHASCUM (L., *Gen.*, n. 1189). Genre de Mousses-Bryacées, distingué par une coiffe campanulée-dimidiée, entière à sa base;

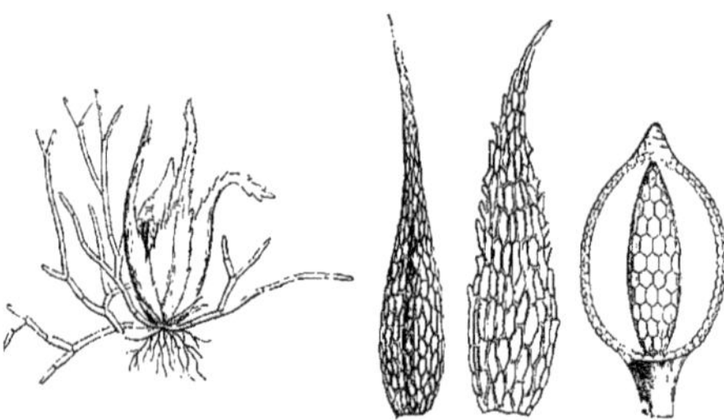

Phascum. — Port. Feuille. Urne.

une urne terminale, symétrique à sa base, indéhiscente. Ce sont des plantes de très petite taille, épigées et croissant en groupes dans les régions tempérées des deux mondes. (SCHREB., *Diss. de Phasco* [1770]. — HEDW., *Musc. frond.*, t. 9-11. — BRID., *Bryol.*, I, 21, t. 1. — BRUCH et SCHIMP., *Fragm. bryol.*, III, c. ic. — ENDL., *Gen.*, n. 478. — PAYER, *Bot. crypt.*, 155. — SCHIMP., *Bryol. eur.*, fasc. 1. — C. MUELL., *Syn. Musc.*, I, 23. — SPRUCE, in *Ann. and Mag. Nat.-Hist.*, ser. 2, III, 373 [*Pottiaceæ*].) [H. BN.]

PHASÉOLE. Nom vulgaire du *Lathyrus latifolius* DC.

PHASÉOLE. Synonyme de Haricot.

PHASÉOLE ÉPINEUX. Nom ancien du *Smilax aspera* L.

PHASEOLITES (UNG., *Syn. pl. foss.*, 244). Genre de Papilionacées fossiles.

PHASEOLOIDES. Nom donné aux *Wistaria* NUTT., dans les jardins d'Angleterre, d'après De Candolle.

PHASGANION. Nom grec ancien de la Bardane.

PHASIOLI (MATTH.). Nom ancien des Haricots.

PHASIOLUS (MŒNCH, *Meth.*, 141). Synonyme (part.) de *Strophostylis* ELL.

PHASQUE. Nom français (LAMK) des *Phascum* L.

PHAUM. Synonyme de *Faham* et *Phaham*.

PHAYLOPSIS (W., *Spec.*, III, 342). Genre d'Acanthacées-Ruelliées; synonyme de *Ætheilema* R. BR. (I, 61). Mais le nom de *Phaylopsis* a pour lui la priorité. [H. BN.]

PHEBALIUM (VENT., *Jard. Malmais.*, 102). Genre de Rutacées-Boroniées, formé d'une trentaine d'arbustes australiens; distingué par un petit calice; des pétales imbriqués ou valvaires; 8-10 étamines, libres, glabres, généralement plus longues que les pétales, à anthères glabres et apiculées; des styles basilaires. Ce genre ne pourra peut-être se maintenir. (A. JUSS., *Mon. Phebal.* — H. BN, *Hist. des pl.*, IV, 463.)

PHEGOPSIS (MIQ., *Fl. ind. bat.*, I, 870). Section du g. *Quercus*.

PHEGOPYRUM. Nom ancien du Sarrasin.

PHEGUS. Nom ancien des *Quercus* T.

PHELIPÆA (DESF., in *Ann. Mus.*, X, 298, t. 21, part.). Genre de Gesnériacées-Orobanchées, formé de 2 plantes parasites, d'Orient; distingué par un calice 5-fide, à lobes inégaux et aigus; une corolle à 5 lobes larges et étalés; un androcée didyname, à loges de l'anthère parallèles, égales; à pédicelles solitaires ou peu nombreux sur une hampe courte (T., *Cor.*, t. 479. — H. BN, *Hist. des pl.*, X, 110). Les *Phelipæa* de nos régions sont des Orobanches de la section *Kopsiella*. [H. BN.]

PHELIPANCHE (POM., *Nouv. matér. Fl. atl.*, 102). Synonyme de *Orobanche* T.

PHELLANDRIE (*Phellandrium* T., *Inst.*, 386, t. 161). Section du genre *Œnanthe* T. Le *P. aquaticum*, l'une des Ciguës d'eau de notre pays, espèce vénéneuse, a des fruits préconisés contre diverses affections, notamment contre la phthisie pulmonaire. (Voy. *Hist. des pl.*, VII, 213.) [H. BN.]

PHELLINA (ENDL., *Gen.*, 38). Section du genre *Thelephora*.

PHELLINE (LABILL., *Sert. austro-caled.*, 35, t. 38). Genre d'Ilicacées, longtemps attribué aux Rutacées, formé d'arbustes de la Nouvelle-Calédonie, à fleurs 4, 5-mères, polygames, isostémonées, dont l'ovaire a autant de loges que les pétales auxquels elles sont superposées. L'ovule est unique, descendant, à raphé dorsal, et le fruit est une drupe à 4, 5 noyaux. La graine est albuminée. Les feuilles sont alternes et souvent glanduleuses-ponctuées. (H. BN, in *Adansonia*, X, 331.)

PHELLINUS (QUÉL., *Enchir. Fung.*, 172). Genre de Polyporés, qui peut constituer, dans la série des *Fomentarii*, un sous-genre des *Fomes*, caractérisé par l'état velouté de la surface supérieure du chapeau.

PHELLOCARPUS (BENTH., in *Ann. Wien. Mus.*, II, 106). Genre douteux de Légumineuses, formé d'un *Amphimenium* à fruit probablement monstrueux.

PHELLODENDRON (RUPR., ex MAXIM., *Prim. Fl. amur.*, 72, t. 4). Genre de Rutacées-Toddaliées, comprenant 2 arbres de Mantchourie; distingué par 5-8 pétales valvaires; 5, 6 étamines; une drupe à 5 noyaux. Les feuilles sont opposées et pennées. Le *P. amurense* est assez souvent cultivé dans les jardins botaniques. (H. BN, *Hist. des pl.*, IV, 480.)

PHELLODERMA (MIERS, in *Trans. Linn. Soc.*, XXVII, 100, t. 27). Synonyme de *Pitræa* TURCZ.

PHELLODERME. Couche de phytocystes subéreux corticaux du Chêne-Liège, etc.

PHELLODRYS (MATTH.). Variété de Chêne-Liège.

PHELLODRYS. Ou l'Alisier (THÉOPH.), ou un Chêne (PLINE).

PHELLOPTERUS (BENTH., *Gen.*, 905, n. 90). Synonyme de *Glehnia* F. SCHM.

PHELLOPTERUS (NUTT. — TORR. et GR., *Fl. N.-Amer.*, I, 623). Section des *Cymopterus* RAFIN.

PHELLORINA (BERK., *Fung. Zeyh.*, 15). Genre de Gastéromycètes, à péridium subéreux, comme celui des *Mycenastrum*, s'ouvrant irrégulièrement, porté sur un fort pédicule. La gleba est formée d'un capillitium hyalin, peu abondant, et de spores jaunes, globuleuses. Trois espèces exotiques, épigées. [DE S.]

PHELLOS. Nom ancien du Liège.

PHELONITIS (CHEV., *Fl. Par.*, III, 345). Genre de Myxomycètes, démembré des *Licea*, dont la seule espèce décrite serait, d'après M. Saccardo, une espèce de Périsporiacés.

PHELPS. Auteur [1810] d'un *Botanical Calender* (in-8).

PHELSUM (Murk van). A publié [1769], à Haarlem, *Explicatio partis 4 Phytographiæ L. Pluc' neti* (in-4 de 35 p.).

PHELYPEA (THUNB., *Nov. gen.*, 91). Synonyme de *Hypolepis* PERS.

PHEMERANTHUS (RAFIN., in *Desvx Journ.*, II, 167). Section du genre *Talinum* ADANS.

PHENACOPODIUM (DEBEY, in *Bon. Handb. d. Mykol.*, 318). Genre de Pyrénomycètes, rapporté aux *Sphæria*.

PHENAKOSPERMUM (ENDL., *Prodr. Fl. norfolk.*, 35). Synonyme de *Ravenala* ADANS.

PHENAX (WEDD., in *Ann. sc. nat.*, sér. 4, I, 191 ; *Mon. Urt.*, t. 16). Genre d'Urticacées-Urticées, formé d'une dizaine d'arbustes ou sous-arbrisseaux, généralement américains ; distingué par des glomérules floraux sessiles et axillaires, avec bractées saillantes, ferrugineuses. Le style a une portion stigmatifère allongée, et la fleur femelle est dépourvue de périanthe. (H. BN, *Hist. des pl.*, III, 533.)

PHENIANTHUS (RAFIN., in *Ann. phys.*, VI, 83). Synonyme de *Lonicera* L.

PHÉNION (PLINE). Noms ancien des Anémones.

PHEROSPHÆRA (ARCH., in *Hook. Kew Journ.*, II, 52, part.). Genre douteux (*Dacrydium*?) de Conifères-Taxées, formé d'un arbuste tasmanien ; distingué par des chatons femelles petits et ∞-flores. La fleur femelle est formée d'un sac qui enveloppe l'ovule. Les fleurs mâles ont des anthères à 2 loges globuleuses et contiguës. M. F. Mueller croit l'organisation de ce genre absolument contraire à la théorie de la gymnospermie. [H. BN.]

PHEROTRICHIS (DCNE, in *Ann. sc. nat.*, sér. 2, IX, 322). Synonyme de *Lachnostoma* H. B. K.

PHERUMBROS (ZOR.). La Laitue cultivée.

PHEUXASPIDIUM. Le *Teucrium Polium* L.

PHIALACANTHUS (BENTH., *Gen.*, II, 1102, n. 75). Genre d'Acanthacées-Justiciées, établi pour un sous-arbrisseau de l'Inde ; distingué par un calice membraneux, 5-denté ; une corolle bilabiée ; 4 étamines à anthères 2-loculaires ; les loges égales ; des cymes terminales, 3-chotomes, corymbiformes. (H. BN, *Hist. des pl.*, X, 451.)

PHIALANTHUS (GRISEB., *Fl. brit. W.-Ind.*, 335 ; *Cat. pl. cub.*, 139). Genre de Rubiacées-Chiococcées, qui a de grandes affinités avec les *Cremaspora*, les *Chiococca* et les *Salzmannia*. Ses fleurs 4, 5-mères ont un calice imbriqué, une corolle infundibuliforme-subcampanulée, à lobes valvaires ou à peine imbriqués au sommet. Les 4, 5 étamines sont insérées à la base de la corolle et exsertes. L'ovaire a deux loges, avec un style à sommet clavellé, et, dans chaque loge, un ovule descendant avec le raphé dorsal. Le fruit est, dit-on, drupacé. Les 3, 4 espèces connues sont des arbustes résineux des Antilles, à petites feuilles opposées, coriaces, stipulées, à petites cymes axillaires. (Voy. *Hist. des pl.*, VII, 303, 429, n. 72.) [H. BN.]

PHIALEA (FR., *Obs.*, II, 305). Sous-genre de Pezizés, voisin des *Helotium*, élevé au rang de genre par MM. Boudier, Quélet, Saccardo, et d'autres auteurs. La cupule, céracée, membraneuse, fragile, à marge non denticulée, est portée par un stipe grêle, souvent filiforme. Les spores, hyalines, elliptiques ou fusiformes, sont contenues dans des thèques allongées, entremêlées de paraphyses filiformes. On en compte une centaine d'espèces, épiphytes, dont une dizaine sont américaines, deux de l'Océanie, les autres européennes. [DE S.]

PHIALICARPEÆ (DUMORT., *Comm. bot.*, 68, 77). Famille des Scutelliniées.

PHIALIS (SPRENG., *Gen.*, II, 631). Synonyme de *Bahia* DC.

PHIALISPHÆRA (DUMORT., *Comm. bot.*, 88). Genre proposé pour les *Sphæria ciliata, ferruginea*, etc.

PHIALOSPORA (RAFIN., in *Lond. Mag.*, VIII). Synonyme de *Cucurbitaria* GRAY.

PHIBALIOS. Nom ancien (GAL.) d'une variété de Figues.

PHIBALIS (WALLR., *Fl. crypt. germ.*, II, 445). Genre de Discomycètes, comprenant des espèces qui se rattachent pour la plupart au genre *Cenangium* FRIES.

PHIBALIS (WALLR., *Fl. crypt.*, II 445). Synonyme de *Encœlia* FRIES.

PHIDIA (ENDL., *Gen.*, n. 2102 *b*). Section du genre *Gnidia*.

PHILACTIS (SCHRAD., *Ind. sem. H. gœtt.* [1831]. — DC., *Prodr.*, V, 534). Genre de Composées-Hélianthées, mal connu, formé d'une herbe suffrutescente du Mexique ; distingué, dans la sous-tribu des Zinniées, par un réceptacle en forme de cône allongé, avec les fleurs du disque stériles et les fruits aristés. Les feuilles sont opposées et les capitules solitaires. (H. BN, *Hist. des pl.*, VIII, 220.)

PHILADELPHUS. Nom latin des Seringats.

PHILÆTERION. Nom grec de la Polémoine bleue.

PHILAGERIA. Nom donné par M. M. Masters à un « hybride du *Lapageria rosea* et du *Philesia buxifolia*.

PHILAGONIA (BL., *Bijdr.*, 250). Synonyme de *Evodia* FORST.

PHILAMMOS (STEV., in *N. Mém. Mosc.* [1834], III, 106). Section du genre *Astragalus* T.

PHILANTHROPOS. Nom grec ancien du *Rubia Aparine* H. BN.

PHILENOPTERA (FENZL, in *Flora* [1844], 312). Synonyme de *Lonchocarpus* H. B. K.

PHILEOZERA (BUCKL., in *Proc. Acad. Philad.* [1861], 459). Genre établi pour l'*Actinella odorata* A. GRAY.

PHILÈSE. Nom français (LAMK) des *Philesia* COMMERS.

PHILESIA (COMMERS., in *J. Gen.*, 41). Genre de Liliacées-Lapagériées, formé d'un petit arbuste du Chili, glabre et très rameux, souvent cultivé dans nos serres froides, à feuilles alternes, à fleurs de *Lapageria*, plus petites, solitaires ou peu nombreuses au sommet des rameaux. Elles ont tout des *Lapageria*, sinon que leurs sépales sont bien plus courts que les pétales. Les ovules, quoi qu'on en ait dit, ont la même organisation que ceux des *Lapageria*, avec lesquels on a même pu croiser le *P. buxifolia*. (*Bot. Mag.*, t. 4738. — H. BN, in *Adansonia*, I, 44.)

PHILÉSIACÉES. Série des Liliacées. Synonyme de Luzuriagées et de Lapagériées.

PHILETARIA (LIEBM., in *K. Dansk. Vid. Selsk. Skr.*, ser. 5, II, 283). Synonyme de *Fouquiera* H. B. K.

PHILIBERTIA (H. B. K., *Nov. gen. et spec.*, III, 195, t. 230). Genre d'Asclépiadacées-Asclépiadées, qui répond aux *Sarcostemma* américains ; formé d'une trentaine de lianes, et distingué par une corolle rotacée ou largement campanulée, à 5 lobes ; une double couronne : l'extérieure annulaire et adnée à la corolle ; l'intérieure formée de 5 larges écailles unies à l'androcée. (*Bot. Mag.*, t. 3618. — H. BN, *Hist. des pl.*, X, 263.)

PHILIPENDULA. Pour *Filipendula* T.

PHILIPPAR (Fr.). Né en Autriche en 1801, mourut en 1849 à Versailles, dont il avait planté et dirigé le jardin botanique. Il a écrit le Catalogue méthodique de ce jardin, etc. [1843].

PHILIPPE (Xav.). Auteur, à Bagnères-de-Bigorre [1859-60], d'une *Flore des Pyrénées* (2 vol. in-8).

PHILIPPIA (KL., in *Linnæa*, IX, 354). Genre d'Éricacées-Éricées, formé d'une vingtaine d'arbustes africains ; distingué par un calice 4, 5-fide ou partite, irrégulier, plus court que la corolle, qui est subglobuleuse ; 8-10 étamines à anthères mutiques, parfois cohérentes ; un style à sommet large. Les feuilles sont alternes ou verticillées par 5, 6. Les fleurs sont capitées ou subombellées. (B. H., *Gen.*, II, 591, n. 24.) [H. BN.]

PHILIPPODENDRON (POIT., in *Ann. sc. nat.*, sér. 2, VIII, 183, t. 3). Synonyme de *Plagianthus* FORST.

PHILIPPOMARTIA (A. DC., *Prodr.*, XV, p. I, 369). Synonyme de *Begonia* T.

PHILLIOPHYLLON. Nom ancien, en Crète, de la Millefeuille.

PHILLIPS (Henry). A écrit [1820] un *Pomarium britannicum*, qui eut 3 éditions ; *History of cultivated vegetables*, etc. [1822] ; *Sylva florifera* [1823] ; *Flora historica* [1824], qui eut 2 éditions, et *Floral Emblems* [1825].

PHILLIPS' GRASS. Nom vulgaire, en Australie, du *Panicum spectabile* NEES.

PHILLIPSIA (BERKEL., *Austr. Fung.*, II, 388). Genre de Pézizés, démembré des *Peziza*, pour des espèces à cupule toujours ouverte, de nature coriace, grande et marginée. L'hyménium se sépare de lui-même du réceptacle ; il est formé de paraphyses et de thèques cylindriques. Les spores elliptiques sont hyalines. Trois espèces lignicoles, australiennes. [DE S.]

PHILLIPSIELLA (COOKE, *Grevil.*, VII, 48). Genre de Discomycètes, à périthèce globuleux, comme une Sphérie, s'ouvrant ensuite en une cupule membraneuse, qui porte les thèques élargies, sans paraphyses. Les spores sont hyalines. Une seule espèce, le *P. atra*, est connue; elle vit sur le *Quercus virens*, dans l'État de Georgie. [De S.]

PHILLYRÆASTRUM (Vaill., in *Act. Ac. par.* [1722], 208). Section (DC.) du genre *Morinda* Vaill.

PHILLYREA (L., *Gen.*, n. 19). Genre d'Oléacées-Oléées, formé de 4 arbustes d'Orient et de la région méditerranéenne, à fleurs d'Olivier; la corolle imbriquée; le fruit drupacé, à noyau mince; les cymes axillaires, contractées. On cultive surtout les *P. latifolia* et *angustifolia*, à feuilles opposées, persistantes. Le *P. Vilmoriniana* Boiss. est d'introduction beaucoup plus récente. (Sibth., *Fl. græc.*, t. 2. — Reichb., *Ic. Fl. germ.*, t. 1075, 1076.) [H. Bn.]

PHILOCOPRA (Speg., *Fung. argent.*, I. — Sacc., *Syll.*, I, 249). Genre de Sphériacés, formé pour des *Sordaria* à thèques polysporées.

PHILOCRENA (Bong., in *Mém. Ac. Pétersb.*, sér. 6, I, 80, t. 6). Synonyme de *Tristicha* Dup.-Th.

PHILODENDREÆ. Tribu (6) des Aroïdées. (B. H., *Gen.*, III, 959.)

PHILODENDRON (Schott, *Melet.*, I, 19; *Gen. Aroid.*, t. 53; *Ic. Aroid.*, t. 1-10). Genre d'Aracées, qui donne son nom à la série des *Philodendrées*, et qui est formé de plus de 100 arbustes ou herbes, souvent sarmenteux, de l'Amérique tropicale; distingué par des fleurs monoïques, dans un spadice non appendiculé; les étamines unies en un corps prismatique; les ovaires distincts, à 2-10 loges, avec des ovules orthotropes insérés dans l'angle interne. Le fruit charnu a des graines albuminées. Les feuilles sont très variables. Beaucoup sont beaux et ornementaux. (*Bot. Mag.*, t. 2314, 2643, 3345, 3621, 5071, 5899, 6021, 6375.) [H. Bn.]

PHILODICE (Mart., in *N. Act. nat. cur.*, XVII, 16, t. 3). Genre d'Ériocaulées, formé de 3, 4 herbes humbles de l'Amérique tropicale; voisin des *Pœpalanthus* et distingué par un périanthe non glanduleux en dedans. Les fleurs sont 2, 3-mères et 2, 3-andres. Le style porte souvent des appendicules alternes avec ses divisions stigmatifères. (Kœrn., in *Mart. Fl. bras.*, III, I, 304, t. 38.) [H. Bn.]

PHILOGLOSSA (DC., *Prodr.*, V, 567). Section du genre *Silphium* L. (Deless., *Ic. sel.*, IV, t. 33. — H. Bn, *Hist. des pl.*, VIII, 235.)

PHILOGYNE (Salisb., in *Trans. Hort. Soc. Lond.*, I, 355). Section du genre *Narcissus* T.

PHILOMEDA (Noronh., ex Dup.-Th., *Gen. nov. madag.* [1806], 17). Synonyme (Endl.) de *Ouratea* Aubl.

PHILOMEDION. Nom grec ancien de la Chélidoine.

PHILOMENION. Nom grec ancien de la Chélidoine.

PHILONOMIA (DC., ol., ex ipso). Syn. de *Macromeria* Don.

PHILONOTION (Schott, *Gen. Aroid.*, t. 54). Genre d'Aracées-Philodendrées, formé d'une herbe rhizomateuse, de l'Amazone; distingué par des fleurs mâles et femelles longuement distantes; l'ovaire 1-loculaire et 1-ovulé; l'ovule pariétal et anatrope. Les feuilles sont lancéolées, et la spathe dressée, à pédoncule grêle; le spadice longuement stipité. Les fleurs mâles sont diandres, sans filets staminaux. (Engl., *Arac.*, 431.) [H. Bn.]

PHILONOTIS (Reichb., *Consp.*, 191). Section du genre *Ranunculus* T.

PHILOSTEMON (Rafin., *Fl. ludov.*, 107). Le *Rhus radicans* L.

PHILOSTIZUS (Cass., in *Dict.*, XXXIX, 498). Genre proposé pour le *Centaurea ferox* Desf.

PHILOTHECA (Rudg., in *Trans. Linn. Soc.*, XI, 298, t. 21). Genre de Rutacées-Boroniées, formé de 3 arbustes australiens, éricoïdes, à fleurs de *Phebalium*; l'androcée monadelphe et 10-andre. (H. Bn, *Hist. des pl.*, IV, 465.)

PHILOTRIA (Rafin., in *Amer. Monthl. Mag.* [1819]). Synonyme de *Udora* Nutt.

PHILOXERUS (R. Br., *Prodr.*, 416, part.). Genre de Chénopodiacées-Gomphrénées, douteux, et qui ne diffère des *Gomphrena* que par 5 sépales épaissis et spongieux à la base; 2 styles subulés; un fruit membraneux-coriace. Ce sont des herbes d'Amérique, d'Afrique, d'Australie et des îles Loo-Cho. (H. Bn, *Hist. des pl.*, IX, 210.)

PHILTRODOTES (Diosc.). La Verveine (?) et le Ceterach.

PHILYDRACÉES. Famille de Monocotylédones, à fleurs irrégulières; le périanthe coloré, marcescent, à 4 segments 2-sériés. L'androcée est réduit à une étamine, et l'ovaire supère a 3 loges ou 3 placentas pariétaux ∞-ovulés. Le fruit est capsulaire; et les graines sont ovoïdes ou oblongues, à enveloppe testacée, apprimée, avec un tégument extérieur mince, bientôt disparu et prolongé à sa base en un petit appendice persistant. Cette petite famille, des régions chaudes de l'ancien monde, est formée des genres *Philydrum*, *Pritzelia* et *Helmholtzia*, comprenant ensemble 4 espèces. [H. Bn.]

PHILYDRELLA (Car., in *N. Giorn. bot. ital.*, X, 91). Synonyme de *Pritzelia* F. Muell.

PHILYDRUM (Banks et Gærtn., *Fruct.*, I, 62, t. 7). Genre de Philydracées, distingué par des fleurs à 3 sépales ∞-nerves; 3 pétales plus petits; une étamine à loges subglobuleuses, d'abord subréniformes, puis fortement contournées. L'ovaire est 1-loculaire, à 3 placentas pariétaux, ∞-ovulés. Le fruit est capsulaire. Ce sont des herbes à feuilles ensiformes, à longs épis simples; parfois cultivées dans nos serres. Elles sont asiatiques et océaniennes. (Guillem., *Ic. pl. austral.*, t. 5. — *Bot. Mag.*, t. 783.) [H. Bn.]

PHILYRA (Kl., in *Wiegm. Arch.*, VII, 199). Section (M. Arg.) du genre *Argithamnia* Sw. (H. Bn, *Et. gén. Euphorbiac.*, t. 12). Arbuste brésilien, épineux.

PHILYRANTHE (Reichb., *Nom.*, 210). Syn. de *Bartramia* L.

PHINÆA (Benth., *Gen.*, II, 997, n. 3). Genre de Gesnériacées, qui n'est pour nous qu'une section du genre *Niphæa* Lindl. (H. Bn, *Hist. des pl.*, X, 84.)

PHIPPSIA (R. Br., *Chlor. Melv.*, in *App. Parr. Voy.*, 285). Genre de Graminées-Agrostidées, formé d'une humble herbe annuelle, des régions arctiques de l'hémisphère boréal; voisin des *Sporobolus* et *Coleanthus*, distingué par des glumelles et glumes mutiques; ces dernières très petites. Les autres caractères sont ceux des Sporobolées en général. (Trin., *Sp. Gram.*, t. 83, 84.) [H. Bn.]

PHITOPIS (Hook. f., *Icon. pl.*, t. 1093; *Gen.*, II, 84, n. 157). Genre de Rubiacées-Génipées, à fleurs 4-6-mères, très analogues à celles des *Genipa*, enveloppées de bractées couvertes de poils soyeux, comme leur calice. Celui-ci est valvaire, inégalement lobé. La corolle est tordue, avec la gorge chargée de poils, et porte 4-6 étamines à filets barbus. Les deux loges de l'ovaire infère contiennent chacune un placenta triangulaire renversé et multiovulé, et le style est terminé par deux lobes stigmatifères épais et courts. Ce sont des arbres velus (1, 2), du Pérou oriental, à feuilles opposées, stipulées, subsessiles; à fleurs disposées en cymes racémiformes composées et 3-chotomes, dans lesquelles les cymules secondaires sont triflores. (Voy. *Hist. des pl.*, VII, 313, 437, n. 88.) [H. Bn.]

PHLÆMSCHEIDE (Russ.). Synonyme de *Pericambium* Neg.

PHLÆOCONIS (Fr., *Summ. veg. Scand.*, 520). Désigne des élevures d'épiderme végétal, prises pour des Champignons.

PHLÆOSCORIA (Wallr., in *Westend. Herb.*, n. 924). Nom donné à des espèces de Champignons appartenant aux genres *Hysterium*, *Tympanis*, etc.

PHLÆOSPORA (Wallr., *Fl. crypt. germ.*, 176). Genre de Sphéropsidés, voisin des *Septoria* et souvent confondu avec eux. Un périthèce imparfait, largement ouvert, donne issue aux spores bacillaires, fusiformes, hyalines, à trois ou plusieurs loges. Cinq espèces de ce genre forment des taches blanches, jaunes ou brunes, sur les feuilles du Mûrier, de l'Ormeau, de l'Érable, de l'Aubépine, etc. [De S.]

PHLAERHIZA (Kuetz., *Phyc. gen.*, 333). Algues-Laminariées, à fronde stipitée, puis foliacée à la partie supérieure; à rhizome rameux. Les spermaties sont inconnues dans ce genre, et les cryptostomes sont nuls. [Ch. M.]

PHLEASTRUM (Ser., in *DC. Prodr.*, II, 192). Section du genre *Trifolium* T.

PHLEBIA (FR., *Syst. myc.*, I, 426). Genre d'Hyménomycètes, à réceptacle résupiné, coriace, cartilagineux. L'hyménophore forme des plis à papilles allongées et à bords lisses, non déchiquetés, recouverts par l'hyménium. Les spores sont ovoïdes ou cylindriques-arquées. 17 espèces sont décrites dans le *Sylloge* de M. Saccardo, la plupart extra-européennes ; on les rencontre sur l'écorce des troncs d'arbres ou des rameaux morts. [DE S.]

PHLEBIA (WALLR., *Fl. crypt.*, I, 556). Synonyme de *Peltidea* ACHAR.

PHLEBIDIA (LINDL., *Gen. Orchid.*, 347). Section du g. *Disa*.

PHLEBOANTHE (TAUSCH, in *Flora* [1828], 322). Synonyme de *Ajuga* L.

PHLEBOCALYMNA (GRIFF., ex B. H., *Gen.*, I, 353). Genre de Térébinthacées-Mappiées, à fleurs de *Platea ;* les pétales valvaires et unis à la base ; l'ovaire 2-ovulé, surmonté d'un style aigu ; l'embryon très petit, entouré d'un albumen ruminé-lobé. C'est un arbre de l'Asie tropicale. (H. BN, *Hist. des pl.*, V, 333.)

PHLEBOCARYA (R. BR., *Prodr.*, 301). Genre d'Hémodoracées, formé de 3 herbes velues, d'Australie ; distingué par des fleurs en cymes composées, des périanthes petits, sans tube ; l'androcée 6-andre ; l'ovaire infère, à loges 1-ovulées ; les cloisons souvent résorbées. Le fruit est indéhiscent et couronné du périanthe persistant. (*Hook. Icon.*, t. 1175, 1176.)

PHLEBOCHILUS (BENTH., *Gen.*, III, 613). Section du genre *Caladenia* R. BR.

PHLEBOCHITON (WALL., in *Trans. Med. Soc. Calc.*, VII, 230). Synonyme de *Tapirira* AUBL.

PHLEBODERMEI (PERS., *Myc. europ.*, II, 2). Hyménomycètes à hyménophore veiné, comme les Mérules.

PHLEBOLITHIS (GÆRTN., *Fruct.*, I, 201, t. 43). Synonyme douteux (A. DC.) de *Mimusops* L.

PHLEBOMORPHA (PERS., *Myc. europ.*, I, 61). Genre de Champignons, mal défini, généralement rapporté à des plasmodes de Myxomycètes.

PHLEBOPHORA (LÉV., in *Ann. sc. nat.* [oct. 1841], 238). Genre d'Hyménomycètes, à chapeau campanulé, porté sur un pédicule central plein, atténué à la base. L'hyménophore, situé à la face inférieure du chapeau, est en forme de veines linéaires et dichotomes, allant du centre à la circonférence, comme les feuillets des Agarics. La consistance du réceptacle est coriace, comme celle des *Auricularia*. Une seule espèce connue a été rapportée par Fries à un Hygrophore arrêté dans son développement. [DE S.]

PHLEBOPHYLLUM (NEES, in *Wall. Pl. as. rar.*, III, 75, 102). Synonyme de *Strobilanthes* BL.

PHLEBOPTERIS (AD. BR., *Hist. vég. foss.*, t. 83 ; in *Dict. d'Orb.*, XIII, 79). Genre de Fougères fossiles (ENDL., *Gen.*, 67. — LINDL., *Foss. Fl.*, t. 144). Synonyme (part.) de *Polypodites* GŒPP., *Hemitelites* GŒPP. et *Camptopteris* STERNB.

PHLEBOPTERIS (MUNST., in *Leonh. et Bronn Zeitschr. Min.* [1836], 512). Synonyme de *Thaumatopteris* GŒPP.

PHLEBOSPORIUM (JUNGH., *Reis.*, 346). Synonyme de *Lespedeza* MICHX.

PHLEBOTÆNIA (GRISEB., *Pl. cub. Wright.*, 156). Genre (?) de Polygalacées-Polygalées, formé d'un arbuste des Antilles, à fleurs de *Polygala*, avec 2 grands sépales en forme d'ailes ; les supérieurs plus petits que la carène ; l'ovaire à 2 loges. (H. BN, *Hist. des pl.*, V, 88.)

PHLEBOTHAMNION (KUETZ., *Phyc. gen.*, 374). Genre d'Algues-Floridées, que J.-G. Agardh n'a pas admis et dont il a placé les assez nombreuses espèces en grande partie dans le genre *Callithamnion* LYNGB. [CH. M.]

PHLEBOXYLON (HART., in *Bot. Zeit.* [1848], 138, 198). Genre d'Abiétinées fossiles, dont le type est le *Peuce pannonica* UNG.

PHLEDINIUM (SPACH, *Suit. à Buff.*, VII, 351). Synonyme de *Delphinium* T.

PHLEGMACIUM (FR., *Syst. myc.*, I, 226). Tribu des Cortinaires, comprenant les espèces à réceptacle visqueux, surtout le chapeau. Le pied charnu est ordinairement sec.

PHLEGMARIA (BREYN., ex ADANS., *Fam.*, II, 572). Section du genre *Lycopodium* L.

PHLEOGENA (BON., *Handb. mykol.*, 318). Nom donné par Link à un *Onygena* PERS.

PHLEOIDEÆ. Sous-tribu (2) des Agrostidées. (B. H., *Gen.*, III, 1076.)

PHLEOIDES (EHRH., *Phytoph.*, n. 61). Synonyme de *Chilochloa* PAL.-BEAUV.

PHLEOS MAS (THÉOPHR.). La Sagittaire.

PHLEUM (L., *Gen.*, n. 77). Genre de Graminées-Agrostidées, formé d'une dizaine d'herbes des deux mondes ; distingué dans le groupe des *Phléoïdées*, auquel il a donné son nom, par des glumes mucronées ou courtement aristées, non ailées ; la glumelle florifère plus courte. Les inflorescences sont spiciformes, cylindriques ou ovoïdes. Ce sont des plantes communes de nos prairies, notamment les *P. pratense, arenarium, tenue.* (K., *Enum.*, I, 28. — TRIN., *Spec. Gram.*, t. 5-7, 21, 22. — NEES, *Gen. Fl. germ.*, *Monoc.*, I, n. 10. — STEUD., *Syn. Glum.*, I, 150.) [H. BN.]

PHLOÈME. Nom donné par M. Nægeli à l'ensemble de l'écorce.

PHLOEOSCORIA (WALLR., *Naturg. Flecht.*, II, 222). Synonyme de *Dichæna* FRIES.

PHLOEOSPORA (WALLR., *Fl. crypt.*, II, 176). Synonyme de *Septoria* FRIES.

PHLOGA (NOR., in DUP.-TH., *Prodr. phyt.*, 2). Genre de Palmiers de Madagascar, de la série des Arécées. Le type unique est le *Dypsis nodifera* MART. (*Hist. nat. Palm.*, III, 312), plante inerme, frutescente, dense, à feuilles pinnatiséquées ; les segments pseudo-verticillés, lancéolés, atténués en queue, noueux-épaissis à la base. Les fleurs mâles ont 6 étamines à anthère didyme. Les femelles ont des sépales réniformes et un ovaire 1-loculaire, 1-ovulé. [H. BN.]

PHLOGACANTHUS (NEES, in *Wall. Pl. as. rar.*, III, 76 ; in *DC. Prodr.*, XI, 320). Genre d'Acanthacées-Justiciées, formé d'une douzaine d'herbes et arbustes de l'Inde ; voisin des *Gymnostachyum* et distingué par ses cymes disposées en grappes composées terminales ; ses staminodes ; sa corolle à tube dilaté presque à partir de la base. Les loges ovariennes sont ∞-ovulées, et par là le genre appartient au groupe des Andrographidées. (*Bot. Mag.*, t. 2845, 3783. — H. BN, *Hist. des pl.*, X, 465.)

PHLOGANTHEA. Section du genre *Collomia* NUTT. (B. H., *Gen.*, II, 822.)

PHLOGINÆ (REICHB., *Handb.*, 194). Subdivision de la famille des Polémoniacées.

PHLOGIOTIS (QUÉL., *Ench. Fung.*, 202). Genre de Théléphorés, dont le réceptacle auriforme, à consistance de Tremelle, porte à l'extérieur un hyménium à basides de Théléphore. Les spores sont oblongues, courbes, hyalines.

PHLOIODICARPUS (TURCZ., in *Ledeb. Fl. ross.*, II, 331). Synonyme de *Johrenia* DC. C'est un genre proposé pour le *Libanotis cachroides* DC.

PHLOMIDE. Nom français des *Phlomis* L.

PHLOMIDOPSIS (LINK, *Handb.*, 479). Synon. de *Phlomis* L.

PHLOMIS (L., *Gen.*, n. 723). Genre de Labiées-Lamiées, formé de 40-45 arbustes ou herbes de la région méditerranéenne et de l'Asie tempérée ; distingué par un calice tronqué ou 5-denté, ordinairement plissé ; une corolle à large casque arqué, comprimé ou falciforme ; un androcée didyname, à loges d'anthère finalement confluentes ; à achaines tronqués ou arrondis au sommet. On en cultive plusieurs belles espèces dans nos jardins botaniques, la plupart vivaces, à fleurs jaunes ou roses. (H. BN, *Hist. des pl.*, XI, 37.)

PHLOMIS. Nom ancien de plusieurs *Verbascum* L.

PHLOMITIS (REICHB., *Consp.*, 116). Section du g. *Phlomis*.

PHLOMOIDES (MŒNCH, *Meth.*, 403). Syn. de *Phlomitis* REICHB.

PHLOMOS. Nom grec ancien des Molènes.

PHLOMOSTACHYS (BEER, *Bromel.*, 45). Synonyme de *Neumannia* AD. BR.

PHLOX (L., *Gen.*, n. 214). Genre de Polémoniacées-Polémoniées, formé de 27 herbes vivaces ou annuelles de l'Amérique du Nord et de l'Asie russe; distingué par une corolle hypocratérimorphe, régulière ou un peu irrégulière, oblique; les 5 étamines incluses, insérées à des hauteurs inégales sur le tube de la corolle et non déclinées. Les loges ovariennes sont 1-5-ovulées. Le fruit est 3-valve, et les graines ne sont pas mucilagineuses. Les feuilles sont entières, toutes ou les inférieures

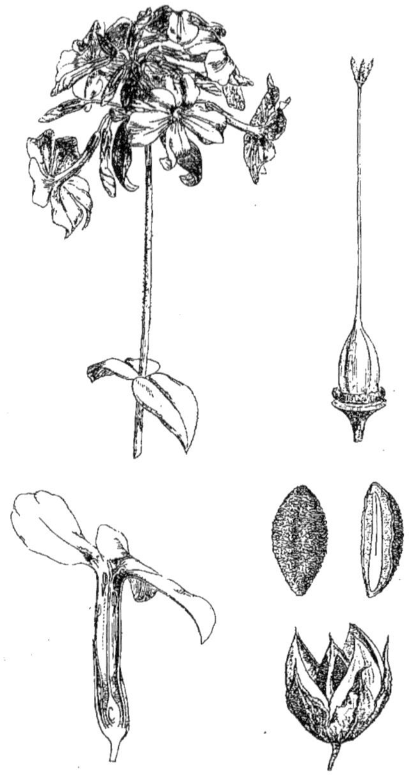

Phlox. — Rameau florifère. Fleur, coupe longitudinale. Gynécée. Fruit déhiscent. Graine, entière et coupe longitudinale.

opposées. Les fleurs sont solitaires ou plus souvent disposées en cymes corymbiformes. Plusieurs de ces belles plantes (*P. paniculata, suaveolens, Drummondi*) sont cultivées comme ornementales. (H. Bn, *Hist. des pl.*, X, 334, 340, fig. 228-233.)

PHLYARODOXA (S. L. M. Moore, in *Trim. Journ. Bot.* [1875], 229). Synonyme (?) de *Ligustrum*. (B. H., *Gen.*, II, 1240.)

PHLYCTÆNA (Desmaz., in *Ann. sc. nat.*, sér. 3 [1847], 16). Genre de Sphéropsidés, voisin des *Septoria*, dont il se distingue par les spores uniloculaires et la déhiscence du périthèce. Celui-ci est sous-épidermique, à déhiscence linéaire, souvent incomplète. Les spores fusiformes ou filiformes, hyalines, sont portées par des filaments indéterminés. M. Saccardo en décrit 15 espèces épiphytes, presque toutes européennes. [De S.]

PHLYCTEMA (Fr., *Summ. veg. Scand.*, 426). — Voy. Phlyctæna.

PHLYCTENIA (Kuetz. [1846], in litt.). Diatomacées marines, de la division des Naviculacées, à frustule renfermé dans des cellules globuleuses. Cette division n'a d'ailleurs pas été admise par les auteurs modernes. [Ch. M.]

PHLYCTIDIUM (Wallr., *Fl. crypt. germ.*, 416). Genre de Pyrénomycètes, composé d'espèces hétérogènes, appartenant, les unes aux Sphéropsidés, les autres aux Sphériacés. Ce genre, circonscrit par de Notaris (*Microm. ital.*, 3e déc., 9-10) aux seules espèces de Sphéropsidés, a été reconnu depuis être identique au genre *Discosia* Lib. [De S.]

PHLYCTIS (Rafin., *Caratt.* [1810]). Genre incertain de Fucacées.

PHLYCTIS (Wallr. — Nyl., *Lich. scandin.*, 184). Genre de Lichens-Placoïdés, de la tribu des Lécanorés. On en a fait une section des *Peltigera*. Les auteurs modernes en font une division des Thélotrémés. [Ch. M.]

PHLYCTOSPORA (Cord. — Sturm, *Deutsch. Fl.*, III abt., 51. — Tul., *Fung. hyp.*, 98). Genre d'Hyménogastrés, à péridium simple, coriace, charnu à l'intérieur, devenant lacuneux. Les lacunes irrégulières, très petites, se remplissent de spores transparentes, à épispore hyalin, colorées à l'intérieur. Les basides ne sont pas connus. Deux espèces épigées. Une troisième, décrite par Corda, le *P. Personii*, est un *Elaphomyces*. [De S.]

PHOBEROS (Lour., *Fl. cochinch.*, 317). Synonyme de *Scolopia* Schreb.

PHOEBE (Nees, *Syst. Lour.*, 98). Section du genre *Persea* Gærtn. (B. H., *Gen.*, III, 157.)

PHOENICANTHEMUM (Miq., *Fl. ind. bat.*, I, I, 823). Synonyme de *Loranthus* L.

PHOENICOPHLOMUS (Griseb., *Spic. Fl. rumel.*, II, 42). Section du genre *Verbascum* T.

PHOENICOPHORIUM (Wendl., in *Ill. hort.*, XII, t. 433; *Misc.*, 5). Synonyme de *Stevensonia* Dunc.

PHOENIX (Diosc.). Le *Lolium temulentum* L.

PHOENIX (L., *Gen.*, n. 1224). Genre de Palmiers, qui a donné son nom aux *Phœnicées*, et qui est caractérisé par des fleurs dioïques, à 6 étamines, rarement plus; à gynécée formé de 3 carpelles indépendants; l'ovule dressé et le tissu stigmatique appliqué directement sur l'ovaire. Le fruit est unicarpellé, avec

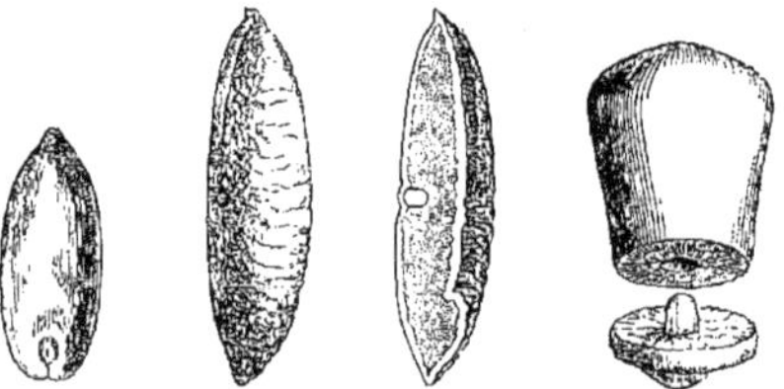

Phœnix. — Graines, entières et coupe longitudinale. Embryon.

stigmate terminal. Il renferme une graine à section transversale circulaire, avec un sillon ventral profond et un ombilic étroit. L'albumen, souvent très dur, est continu, avec un petit embryon dorsal ou subbasilaire. Ce sont de beaux arbres, à feuilles pinnatiséquées; les fleurs disposées sur les branches d'un spadice interfoliacé, très rameux, avec de petites bractées, sans bractéoles. Le pédoncule du spadice est comprimé, et sa spathe est complète, basilaire, allongée, coriace, s'ouvrant par le bord ventral, puis par le dos. On mange les fruits du *P. dactylifera* L., qui jouent un si grand rôle dans l'alimentation de certains peuples africains. Ce sont les dattes, qui ne mûrissent pas chez nous et qui sont riches en matières sucrées et mucilagineuses. Un grand nombre de *Phœnix* à feuillage élégant sont cultivés comme ornementaux. (Mart., *Hist. nat. Palm.*, III, 257, 320, t. 120, 124, 136, 164. — Drude, in *Bot. Zeit.* [1877], 638. — Turp., in *Mém. Mus.*, III, t. 15.) [H. Bn.]

PHOENIXOPUS (Cass., in *Dict.*, XXXIX, 391). Section du genre *Lactuca* T.

PHOENOMYCI (Pers., *Champ. comest.*, 39). Division des Champignons, comprenant ceux qui n'ont pas d'hyménium et produisent des spores sur un réceptacle ouvert : les *Tubercularia*, les Nidulaires et les Phalloïdés, que l'auteur croyait privés d'hyménium. [De S.]

PHOLACIDIA (Griseb., *Fl. brit. W.-Ind.*, 120). Synonyme de *Trichilia* L.

PHOLEOSANTHEÆ (BL., *Bijdr.*, 435). Division des Urticées.

PHOLIDANDRA (NECK., *Elem.*, I, 348). Syn. de *Raputia* AUBL.

PHOLIDIA (R. BR., *Prodr.*, 517). Synonyme (F. MUELL.) de *Eremophila* R. BR. (Scrofulariacées).

PHOLIDIOPSIS (F. MUELL., in *Linnœa*, XXV, 420). Genre proposé pour le *Pholidia santalina* F. MUELL.

PHOLIDOCARPUS (BL., in *Sch. Syst.*, VII, 1308). Genre mal connu de Palmiers-Coryphées. (B. H., *Gen.*, III, 883.)

PHOLIDOPHYLLUM (VIS., *Sem. H. patav.* [1847], 4; in *Mem. Inst. venet.*, V, 343). Synonyme de *Cryptanthus* OTT. et DIETR.

PHOLIDORPUS (ENDL., *Enchir.*, 135). Pour *Pholidocarpus* BL.

PHOLIDOSTACHYS (H. WENDL.). Synonyme de *Calyptrogyne* H. WENDL. (B. H., *Gen.*, III, 915.)

PHOLIDOTA (LINDL., in *Hook. Exot. Fl.*, t. 138; *Gen. et spec. Orchid.*, 36). Genre d'Orchidacées-Épidendrées, formé d'une vingtaine de plantes de l'Asie et l'Océanie tropicales, à rhizome rampant, à pseudobulbes 1, 2-foliés. Les fleurs ont un labelle sacciforme à sa base, un gynostème court et largement 2-ailé, avec 4 pollinies. Les grappes sont pourvues de bractées distiques, souvent caduques. (WIGHT, *Icon.*, t. 907. — *Bot. Reg.*, t. 1213, 1777.) [H. BN.]

PHOLIOTA (FR., *Syst. myc.*, I, 240). Sous-genre d'Agaricinés, élevé aujourd'hui au rang de genre, et que l'on peut définir des *Armillaria* chromospores. Le stipe muni d'un anneau se continue dans le chapeau charnu, umboné. Les lamelles inégales, adnexées, adnées ou légèrement décurrentes, sont d'abord pâles, jaunes, grisâtres, lilas; elles foncent ensuite en prenant des teintes brunes ou cannelle. L'hyménium offre rarement des cystides. Les spores elliptiques, à dépression dorsale, ont une couleur rouillée dont le plus ou moins d'intensité a servi à M. Saccardo pour établir deux divisions dans les espèces épigées, au nombre de 18. Les 71 espèces lignicoles sont divisées d'après les caractères de la surface du chapeau squameux, ou lisse et strié, ou hygrophane. Les muscicoles forment un petit groupe de 4 espèces. L'Europe en compte une soixantaine d'espèces, dont 3 sont communes avec l'Afrique australe, 4 avec l'Amérique du Nord, 4 avec la Sibérie, 1 avec l'Australie. On en connaît 26 espèces de l'Amérique du Nord, 12 de la Sibérie et de la Laponie, 5 de l'Australie. Plusieurs sont comestibles; d'autres sont nuisibles aux arbres sur lesquels elles poussent.

PHOLIOTELLA (SPEGAZ., *Fung. Puiggariani*, I [1889]), 34. Genre d'Agaricinés, démembré des *Pholiota*, dont il diffère par un stipe séparable du chapeau. On en connaît une seule espèce, du Brésil. [DE S.]

PHOLIOTIDEI (FAYOD, *Hist. nat. Agar.*, in *Ann. sc. nat.*, sér. 6, t. 9, 358). Division du genre *Agrocybe*, comprenant les espèces de *Naucoria* FR. à cuticule fugace et à spores munies d'un pore germinatif. Fries avait formé, sous le nom de *Pholiotidæ*, une sous-section des *Psalliota*.

PHOLIOTINA (FAYOD, *Hist. nat. Agar.*, in *Ann. sc. nat.*, sér. 6, t. 9, 359). Genre d'Agaricinés, formé pour les *Pholiota* à vélum fibreux double et annuliforme sur le stipe, à spores brun-rouille et à cystides allongées, cylindracées.

PHOLIPHORI (WALLR., *Fl. crypt. germ.*, 665). Section du genre *Agaricus*, correspondant aux *Pholiota* FR.

PHOLISMA (NUTT., in *Hook. Icon.*, t. 626). Genre d'Éricacées-Lennoées, formé d'une plante parasite californienne; distingué par des étamines 1-sériées, à loges de l'anthère parallèles. C'est une plante à écailles, à épis épais; les sépales linéaires ne dépassant pas la corolle. [H. BN.]

PHOLISTOMA (LILJ. — LINDL., *Veg. Kingd.*, 639). Synonyme (?) de *Nemophila* NUTT. (B. H., *Gen.*, II, 827.)

PHOLIURUS (TRIN., in *Spreng. N. Entd.*, II, 67). Genre proposé pour le *Rotbœllia digitata* SIBTH.

PHOMA (FR., *Syst. myc.*, II, 546. — SACC., *Syll. Fung.*, III, 65). Genre de Sphéropsidés, à périthèce globuleux ou comprimé, muni d'un ostiole minuscule ou sans ostiole. Les spores ovoïdes, fusiformes, rarement globuleuses, hyalines, sont portées par de très courts filaments filiformes, qui disparaissent quelquefois. M. Saccardo en décrit plus de 700 espèces, qu'il groupe d'après leur station sur les rameaux, ou les feuilles, ou les tiges de Dicotylédonées ligneuses ou herbacées, sur leurs fruits ou leurs fleurs, sur les Monocotylédonées, sur les Cryptogames, sur les insectes, le papier, les déjections animales. Le genre se rencontre sous toutes les latitudes. [DE S.]

PHOMATOSPORA (SACC., *Syll. Fung.*, I, 432). Genre de Sphériacés, à petits périthèces membraneux, isolés, munis d'un ostiole papillé. Les thèques filiformes contiennent 8 spores hyalines, allongées. La reproduction conidienne existe chez quelques espèces, sous la forme de *Phoma*. Huit espèces se développent sous l'épiderme, qu'elles rompent souvent, de feuilles et de tiges mortes. [DE S.]

PHONIPHORA (NECK., *Elem.*, III, 302). Synon. de *Phœnix* L.

PHONOS (DIOSC.). Le *Carthamus lanatus* L.

PHONUS (HILL, *H. kew.*, 56). Synonyme de *Kentrophyllum*.

PHORACIS (RAFIN, ex KUETZ., *Spec. Alg.*, 730). Synonyme de *Grateloupia* AGH.

PHORADENDRON (NUTT., in *Journ. Acad. Philad.*, ser. 2, I, 185). Genre de Loranthées, voisin des *Viscum*, formé d'environ 80 espèces parasites; distingué par des fleurs en chatons, insérées de chaque côté entre les articulations du rachis, superposées en 2-∞-séries, rarement 3, 4 en épis très court. Les anthères, supportées par un filet très court, sont 2-loculaires au sommet, déhiscentes suivant leur longueur. Ce sont des plantes des deux Amériques. (HOOK., *Icon.*, t. 368. — SEEM., *Her. Bot.*, t. 62, 63.) [H. BN.]

PHORBION (GAL.). Le *Salvia Sclarea* L.

PHORIMA (RAFIN., in *Desvx Journ. Bot.* [1809], II, 177). Synonyme de *Platyporus* PERS.

PHORMIDIUM (KUETZ., *Phyc. gen.*, 290). Genre d'Algues, de l'ordre des *Oscillarineæ*, famille des *Oscillarieæ*, d'après l'auteur, mais de l'ordre des *Nematogeneæ*, famille des *Oscillariaceæ*, d'après Rabenhorst. Ces Algues diffèrent peu de l'Oscillaire, dont elles ont le trichome renfermé dans une gaine, le plus souvent très ténue, très étroite, à peine visible. Les deux genres ont des affinités nombreuses; mais l'un et l'autre diffèrent du *Lyngbia* en ce qu'ils sont dépourvus de cellules persistantes. (Voy. RABENH., *Fl. eur. Alg.*, II, 115.) [CH. M.]

PHORMIUM (FORST., *Char. gen.*, 47, t. 24). Genre de Liliacées-Hémérocallées, formé de 2 herbes vivaces, rhizomateuses, de la Nouvelle-Zélande. Les fleurs sont disposées en une grande grappe composée terminale. Elles sont arquées, avec un périanthe à tube turbiné, de 6 folioles. Elles ont 6 étamines hypogynes; un ovaire à 3 loges pluriovulées, complètes ou incomplètes; un fruit coriace, cylindrique-3-quètre, loculicide, avec des graines très comprimées, albuminées. Les feuilles de ces plantes sont distiques, ensiformes, condupliquées. Leur inflorescence termine une grande hampe, nue à sa base. Les faisceaux des feuilles sont très usités comme textiles dans le *P. tenax* ou Lin de la Nouvelle-Zélande, souvent cultivé comme plante ornementale. (FAUJ., in *Ann. Mus.*, XIX, 401, t. 20. — RED., *Lil.*, t. 448, 449. — *Bot. Mag.*, t. 3199.) [H. BN.]

PHOSANTHUS (RAFIN., in *Ann. gén. phys.* [1820], VI, 82). Synonyme de *Isertia* SCHREB.

PHOSPHORESCENCE. Phénomène observé chez quelques plantes, comme plusieurs Champignons (*Rhizomorpha*, Agarics, *Euphorbia phosphorea*, etc.), et dû à une combustion lente.

PHOTINIA (LINDL., in *Trans. Linn. Soc.*, XIII, 103, t. 10). Genre de Rosacées-Pyrées, formé d'une vingtaine d'arbres et arbustes de l'Asie tempérée et de Californie; distingué par des sépales persistants, un ovaire à 1-5 loges, avec même nombre de styles; un fruit à 1-5 loges, avec noyau et cloisons minces. Les feuilles sont persistantes; ce qui fait cultiver quelques espèces comme ornementales, notamment le *P. serrulata*. Pour nous, ce sont des *Eriobotrya*. (H. BN, *Hist. des pl.*, I, 411.)

PHOTOPHOBE (ENDL., *Gen.*, Suppl., III, 17). Synonyme de *Olafsenia* TREVIS.

PHOXANTHUS (BENTH., in *Trans. Linn. Soc.*, XXII, 127, t. 23, 24). Section du genre *Meliosma* BL. (H. BN, *Hist. des pl.*, V, 347.)

PHRAGMIDIA (EHRENB., *Sylv. mycol. berol.*, 9). Division des Champignons, formée pour les genres *Phragmidium*, *Sporidesmium* et *Seiridium*.

PHRAGMIDIÉS (LÉV., art. *Mycol.*, in *Dict. d'Orb.*). Section des Champignons Clinosporés-Ectoclines.

PHRAGMIDIOPSIS (WINT., *D. Pilze*, 227). Sous-genre du genre *Phragmidium*, que M. Saccardo en sépare pour le rapporter au genre *Xenodochus* SCHLCHTL.

PHRAGMIDIUM (LINK, *Spec.*, II, 84). Genre d'Urédinés, dont les téleutospores, allongées, pédicellées, sont à quatre ou plus de quatre loges munies de pores et de couleur foncée, lisses ou verruqueuses, portées sur de petits stromas charnus, arrondis, cachés sous l'épiderme qui se rompt. Les urédospores, globuleuses, ovoïdes ou subanguleuses, colorées en jaune plus ou moins foncé ou orangé, sont portées par des filaments qui naissent d'un réceptacle à forme d'*Uredo*. Les écidies, arrondies, souvent confluentes, présentent des écidiospores en chapelet et de couleur orangée. Des spermogonies orbiculaires se développent quelquefois autour des écidies, et ces quatre sortes d'organes reproducteurs se rencontrent sur la même plante. Une vingtaine d'espèces connues vivent sur des feuilles vivantes de Rosacées, sous toutes les latitudes. [DE S.]

PHRAGMITES (ADANS., *Fam.*, II, 34). Syn. de *Saccharum* L.

PHRAGMITES (TRIN., *Fund. Agrost.*, 134, part.). Genre de Graminées-Festucées, dont le type est notre Roseau commun (*Arundo Phragmites* L.), et qui se distingue des *Arundo* par une fleur inférieure de l'épillet mâle ou stérile. Ce sont de grandes herbes vivaces, dont le chaume dur sert, on le sait, à un grand nombre d'usages. (K., *Enum.*, I, 250; *Rev. Gram.*, t. 50. — NEES, *Gen. Fl. germ.*, *Monoc.*, I, n. 37. — GREN. et GODR., *Fl. de Fr.*, III, 475.) [H. BN.]

PHRAGMONÆVIA (REHM, *Discom.*, 160). Genre de Phacidiés, formé aux dépens d'espèces du genre *Stictis*, caractérisées par de très petits réceptacles s'ouvrant en valves ou en lanières, discoïdes, de couleur claire, portant un hyménium à paraphyses et à thèques allongées. Les spores oblongues ou fusiformes sont hyalines et tri- ou pluriloculaires. M. Saccardo en décrit 8 espèces, vivant sur les chaumes et les feuilles sèches de Joncs et de Cypéracées, en Europe. [DE S.]

PHRAGMOPHORA (MASSEE, ex PHILLIPS, *Brit. Discom.*, 352). — Voy. PRAGMOPORA.

PHRAGMOSPORÆ (SACC., *Syll. Fung.*, IV, 188). Section des Mucédinés, comprenant les genres à conidies pluriloculaires. Ce terme a servi à l'auteur pour former des sections dans d'autres familles fondées sur ce caractère, ainsi pour les Dématiés, Tuberculaires, etc.

PHRAGMOSTACHYS (COST., *Mucéd. simp.* [1888], 97). Sous-genre de *Stachybotrys* CORD., comprenant les espèces à spores cloisonnées.

PHRAGMOTRICHIACÉES (PAYER, *Bot. crypt.*, 70). Famille de Champignons, contenant des Mélanconiés associés à des Urédinés.

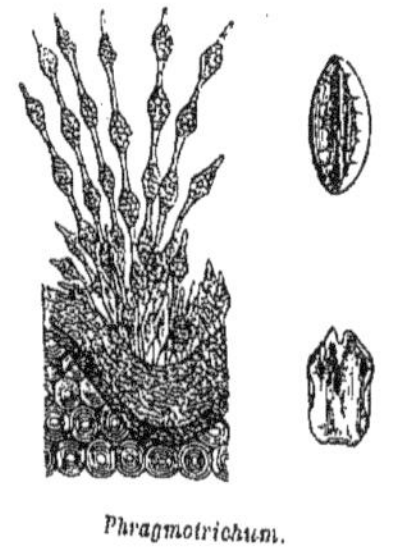

PHRAGMOTRICHIEÆ (*Explor. scient. Algér.*, 297). Tribu de la division des *Basidiophori*, de la famille des Pyrénomycètes.

Phragmotrichum.

PHRAGMOTRICHUM (KUNZE, *Myk.*, *Hefte* II, 84). Genre de Mélanconiés, à stroma noir subépidermique, s'ouvrant ensuite à l'extérieur. Les conidies pluriseptées sont anguleuses, brunes, disposées en chaînettes et reliées entre elles par une portion de filament rétrécie, de couleur claire, et cloisonnée. Trois espèces européennes vivent sur des cônes de Pin, des rameaux d'Érable. L'une d'elles, mais douteuse, a été trouvée sur du bois de Chêne carié. [DE S.]

PHRASIUM. Nom ancien du Marrube blanc.

PHREATIA (LINDL., *Gen. et spec. Orchid.*, 63). Genre d'Orchidacées-Épidendrées, voisin des *Eria*, auxquels l'a uni G. Reichenbach; distingué par une tige petite, non bulbeuse, distichophylle; des pédoncules latéraux ou implantés sur un rhizome aphylle, à très petites fleurs, avec une colonne courte, dilatée au pied. Ce sont des plantes de l'Asie et de l'Océanie tropicales. (REICHB. F., *Xen. orchid.*, t. 130. — A. RICH., *Sert. Astrol.*, t. 2, 3.) [H. BN.]

PHRODUS (MIERS, in *Ann. Nat. Hist.*, ser. 2, IV, 33; *Ill.*, II, 24, t. 41, 42). Genre de Solanacées-Solanées, qui a des fleurs de Nolanée, à corolle tubuleuse-campanulée, mais avec un ovaire biloculaire et pluriovulé de Solanée. Ce sont 2 arbuscules du Chili, à feuilles étroites de Chénopodées, à fleurs solitaires. (H. BN, *Hist. des pl.*, IX, 327.)

PHRYGANOCIDIA (MART., ex BUR.). Synonyme (part.) de *Macfadyena* A. DC. (H. BN, *Hist. des pl.*, X, 34.)

PHRYGIA (GRAY, *Arr. brit. pl.*, II, 441). Synonyme de *Centaurea* L.

PHRYGIA (PERS., *Syn.*, II, 481). Section du g. *Centaurea* L.

PHRYGILANTHUS (EICHL., in *Mart. Fl. bras.*, V, II, 45). Section du genre *Loranthus* L.

PHRYMA (L., *Amæn.*, III, 19; *Gen.*, n. 738). Genre attribué aux Verbénacées, et dont la place est des plus douteuses, quoi qu'il ait bien le port de plusieurs Verbénées; à fleurs irrégulières : le calice gamosépale, à 5 dents inégales; la corolle gamopétale, bilabiée, imbriquée; l'androcée didyname; le gynécée supère, à ovaire allongé, surmonté d'un style inégalement bifide. Un seul ovule, ascendant, suborthotrope, s'insère un peu au-dessus de la base du bord antérieur, sur un épaississement placentaire obtus. Fruit renversé, membraneux, à graine subbasilaire; l'embryon à cotylédons larges, convolutés ou compliqués. Le *P. leptostachya* est une herbe de l'Amérique du Nord, de l'Asie moyenne et orientale, à feuilles opposées, à fleurs en épis, opposées, réfléchies. [H. BN.]

PHRYNION (DIOSC.). L'*Astragalus Tragacantha* L.

PHRYNIOPHYLLUM (SCHOTT, *Syn. Aroid.*, I, 75). Groupe de *Philodendron*.

PHRYNIUM (W., *Spec.*, I, 17). Genre de Zingibéracées-Marantées, formé d'une vingtaine d'herbes vivaces, de l'Asie, l'Océanie et l'Afrique tropicales; distingué par une inflorescence en épi interrompu ou capitée, latérale au pétiole; le scape enveloppé de la gaine foliaire. La corolle a un tube souvent court. Le fruit est indéhiscent ou 3-valve. Les caractères sont d'ailleurs ceux des *Maranta*. Plusieurs espèces sont cultivées. (KŒRN., in *Bull. Mosc.* [1862], I, 100, part.) [H. BN.]

PHTHEIROSPERMUM (BGE, in *Fisch. et Mey. Ind. sem. H. petrop.* [1835], 35). Genre de Scrofulariacées-Rhinanthées, formé de 2 herbes de la Chine et de l'Himalaya; voisin des Euphraises et distingué par des feuilles incisées-pinnatifides, des fleurs axillaires et des graines nombreuses, ovoïdes et réticulées. (H. BN, *Hist. des pl.*, IV, 480.)

PHTHIRUSA (MART., in *Flora* [1830], 110). Section du genre *Loranthus* L.

PHTHORA. Nom ancien du *Ranunculus Thora* L.

PHTHYRION. Nom ancien des Pédiculaires.

PHTHYROCTONON. Nom ancien de la Staphisaigre.

PHU (DIOSC.). La Grande Valériane.

PHU (RUPP., *Fl. jen.*, 210). Synonyme de *Valeriana* T.

PHUCAGROSTRIS (W., *Spec.*, IV, 649). Section du genre *Cymodocea* KŒN.

PHUCUS (DALECH.). Pour *Fucus* T.

PHU GERMANICUM, P. PARVUM. Noms officinaux du *Valeriana officinalis* L.

PHULL. Nom hébreu (HILL.) de la Fève.

PHU MAGNUM. Nom (MATTH.) du *Valeriana Phu* L.

PHUMILLERIA (GRISEB., *Symb. Fl. argent.*, 188). Section du genre *Stachycephalum* SCHLCHTL.

PHU MINIMUM. Nom ancien (MATTH.) du *Valeriana dioica* L.

PHU MINOR. Nom pharmaceutique du *Valeriana dioica* L.

PHUOPSIS (GRISEB., *Spicil. Fl. rumel.*, II, 67. — B. H., *Gen.*, II, 151, n. 336). Section du genre *Crucianella* (*Asperula*), à ovule ascendant et à extrémité stylaire renflée, exserte et à peine partagée en deux lobes (H. BN, *Hist. des pl.*, VII, 391). Le type en est le *C. stylosa*, jolie espèce vivace, à fleurs roses, souvent cultivée dans nos jardins.

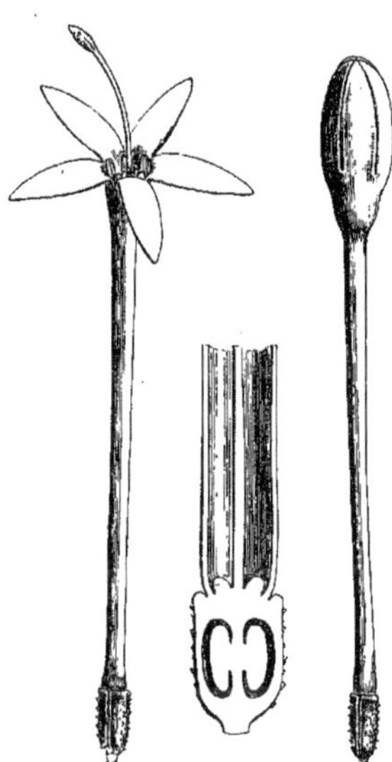

Phuopsis. — Bouton. Fleur. Gynécée, coupe longitudinale.

PHU PARVUM. Nom ancien (MATTH.) du *Valeriana officinalis* L.

PHYCASTRUM (KTZ., *Phyc. germ.*, 137). Synonyme de *Staurastrum* MEYEN.

PHYCELLA (LINDL., in *Bot. Reg.*, sub t. 928). Synonyme de *Hippeastrum* HERB.

PHYCHOCHROMOPHYCEÆ (RABENH., *Fl. europ. Alg.*, II, 1). Grande classe d'Algues, formée d'espèces uni- ou multicellulaires, aquatiques ou terrestres, pourvues d'un mucus matriculé, à cytioderme non siliceux, à cytioplasma coloré de phycochrome dénué de nucléus, à propagation végétative, ou par des spores ou gonidies immobiles. Cette classe n'est pas encore des mieux connues. Elle a été divisée en cinq grandes familles, dont les plus connues sont les *Nostocaceæ*, les *Rivulariaceæ* et les *Scytonemeæ*. [CH. M.]

PHYCOBOTRYS (KUETZ., *Phyc. gen.*, 363). Synonyme de *Carpophyllum* GREV.

PHYCOCASTANUM (KUETZ., *Phyc. gen.*, 346). Genre d'Algues-Fucacées, de la famille des *Laminarieæ*, que l'auteur a considéré plus tard comme synonyme du *Haligenia*, mais que J.-G. Agardh a placé dans le genre *Saccorhiza*. [CH. M.]

PHYCOCHROME. Nom (NÆGELI) de la matière colorante, d'un vert bleuâtre, des Nostocs, Oscillaires, etc.

PHYCOCYANE, PHYCOCYANINE. Substance bleue, rouge à la lumière réfléchie, qui accompagne souvent la chlorophylle dans les Oscillariées, etc.

PHYCODRYS (KUETZ., *Phyc. gen.*, 444). Genre d'Algues-Delesseriées, qui n'a pas été admis par les auteurs modernes. L'espèce unique a été placée dans le g. *Delesseria*. [CH. M.]

PHYCOÉRYTHRINE. Matière colorante rouge des Floridées.

PHYCOIDEÆ (MTGNE, *Syllog.*, 383). Grande famille d'Algues, de la division des *Hydrophyceæ*, que nous pourrions à la rigueur considérer comme synonyme des *Fucoideæ* d'Agardh, si Montagne n'y avait introduit de nouveaux genres : tels sont les *Cystosirées*, les *Batrachospermées*, les *Actinocladées*, les *Spongodiées* et les *Vauchériées*. Cette division n'a pu tenir après les patientes recherches de Thuret. [CH. M.]

PHYCOLAPATHUM (KUETZ., *Phyc. gen.*, 299). Genre d'Algues-Diplostromées, à fronde stipitée, fixée par une racine très ténue et disciforme, et formée de quatre strates cellulaires ou même davantage. Les sores renfermant des spores se trouvent distribués sur toute la fronde. Ce genre n'a pas été admis par J.-G. Agardh qui en fait un *Punctaria*. (*Spec., gen. et ord. Alg.*, I, 72.)

PHYCOLICHENES (MASSAL., *Sched. crit.*, 14). Section des Lichens.

PHYCOMYCES (KZE, *Mykol.*, *Hefte* II, 113). Genre de Mucorinés, à filaments sporangifères dressés, longs et brillants, naissant d'un mycélium rampant qui produit aussi de grandes Zygospores globuleuses, brunes, portées par des branches courbes ornées d'appendices spinescents, dichotomes. Les sporanges sont sphériques ou piriformes, brun foncé ; ils contiennent des spores ovoïdes ou globuleuses, hyalines, qu'ils laissent échapper par la rupture de leur paroi dont une trace reste sous forme d'anneau à la base de la columelle. On en admet 3 espèces. La plus connue, le *P. nitens* KZE, a des filaments sporangifères touffus, serrés, qui ont de 10 à 20 centimètres de long, en se développant sur des jus de fruit, des crottins de cheval, des corps gras. Ils atteignent jusqu'à 30 centimètres dans la laque épaisse. [DE S.]

PHYCOMYCETEÆ (DE BARY, *Morph. und Biol. d. Pilze*, 2e, 142). Division des Champignons, comprenant les familles des Péronosporés, Saprolegniés, Entomophthorés, Mucorinés, qui présentent dans leur mode de reproduction certaines analogies avec les Algues.

PHYCOPHÉINE. Matière soluble dans l'eau froide et que l'on extrait facilement des Algues-Fucacées, après les avoir desséchées et pulvérisées. Les coupes minces du thalle, après avoir été traitées par l'alcool, contiennent encore une substance rouge brun qui, dans les cellules fraîches, fait partie des grains de la chlorophylle. C'est cette substance qui a été nommée *phycophéine*. [CH. M.]

PHYCOPHYLA (KUETZ., *Phyc. gen.*, 336). Genre d'Algues, créé par l'auteur au détriment du genre *Elachista*, et qu'il considère comme devant appartenir à la famille des *Mesogloeaceæ*, tandis que J.-G. Agardh le place dans les *Ectocarpeæ* et en fait un *Elachista*, dont ce genre doit être, pensons-nous, considéré comme synonyme. (J.-G. AGH, *Spec., gen. et ord. Alg.*, I, 7.) [CH. M.]

PHYCOPSIS (PL., in *Ann. sc. nat.*, sér. 3, IX, 93, 206). Section du genre *Drosera* L.

PHYCOPTERIS (KUETZ., *Phyc. gen.*, 341). Genre d'Algues-Floridées, de la famille des *Dictyoteæ*, caractérisé par une fronde multifide, à nervure médiane qui disparaît vers l'extrémité. Les spermaties, agrégées dans les sores, sont recouvertes par un indusium très ténu et fugace. Les paranémates sont assez épais et dilatés au sommet. J.-G. Agardh considère ce genre comme synonyme de *Zonaria* et de *Padina* LAMX. [CH. M.]

PHYCOSERIS (KUETZ., *Phyc. gen.*, 296). Genre d'Algues-Entéromorphées, que Rabenhorst considère avec raison comme synonyme de *Enteromorpha* LINK. [CH. M.]

PHYCOSTÈME. Nom donné au disque par Turpin.

PHYCOXANTHINE. Substance jaunâtre, que l'on rencontre dans les grains de chlorophylle des Fucacées et des Diatomacées. Cette substance a été étudiée par M. Millardet, qui lui donne indifféremment les noms de *Diatomine* ou *Phycoxanthine*. [CH. M.]

PHYGANTHUS (PŒPP. et ENDL., *Nov. gen. et spec.*, II, 71, t. 200). Synonyme de *Tecophilæa* BERT.

PHYGELIUS (E. MEY. — BENTH., in *Comp. Bot. Mag.*, II, 53). Genre de Scrofulariacées-Scrofulariées, formé de 2 arbustes de l'Afrique australe, à feuilles opposées, à calice imbriqué ; la corolle pourvue d'un tube allongé et d'un limbe à 5 lobes étalés, subégaux. Les étamines sont didynames, exsertes, avec des loges d'anthère confluentes. Le fruit est tardivement septicide. On cultive comme ornemental le *P. capensis*, vivace, à jolies fleurs rouges. (H. BN, *Hist. des pl.*, IX, 430.)

PHYKEA (WALLR., *Fl. crypt.*, II, IX, 3). Synonyme d'Algues.

PHYLA (LOUR., *Fl. cochinch.*, 66). Synonyme (DC.) de *Lippia nodiflora* L.

PHYLACANTHUS (BENTH., *Scrophul. Rev.*, 1). Synonyme de *Thylacantha* NEES.

PHYLACIA (LÉV., in *Ann. sc. nat.* [janv. 1845]). Genre de Sphéropsidés, à stromas globuleux, noirs, munis d'un très court pédicule, agglomérés en petites masses contenant des spores ovales-elliptiques, hyalines, fixées à l'extrémité de filaments rameux. Une espèce, vivant sur les troncs d'arbres, est originaire de l'Amérique du Sud.

PHYLACIUM (BENN., *Pl. jav. rar.*, 159, t. 33). Genre de

Légumineuses-Papilionacées-Hédysarées, formé d'une herbe volubile de l'archipel Indien, à port de *Galactia*, à fleur papilionacée; l'étendard pourvu à sa base d'auricules infléchies; l'ovaire entouré d'un disque cupuliforme. Les feuilles sont 3-foliolées, et les grappes sont axillaires, avec de grandes bractées, parfois condupliquées. (H. Bn, *Hist. des pl.*, II, 316.)

PHYLACON, PHYLACRION. Noms égyptiens des Clématites.

PHYLACTERIA (Fries, *Syst. myc.*, I, 449). Sous-genre du genre *Thelephora* Ehrh.

PHYLANTHE. Nom français (Lamk) des *Phyllanthus* L.

PHYLANTHEÆ (Beer, *Bromel.*, 6, 16). Sous-tribu des Broméliées.

PHYLANTHUS (Murr.). Pour *Phyllanthus* L.

PHYLAX (Nor., ex Hassk., *H. bogor.*, 227). Synonyme de *Polygala* T.

PHYLICA (L., *Gen.*, n. 266). Genre de Rhamnacées-Rhamnées, formé d'une soixantaine d'arbres et arbustes, à feuillage d'ordinaire éricoïde; les fleurs 5-mères, à calice laineux, à ovaire infère; les pétales variables ou nuls; le fruit aréolé au sommet, coriace et 3-coque. On en cultive quelques-uns. Ce sont des végétaux de l'Afrique australe, de Madagascar, et de l'île de Tristan d'Acunha. (*Bot. Mag.*, t. 2704. — H. Bn, *Hist. des pl.*, VI, 60, 85, fig. 55, 56.)

PHYLIPEA (Scop., *Introd.*, 173). Syn. de *Phelipæa* Desf.

PHYLIQUE. Nom français (Lamk) des *Phylica* L.

PHYLIRA. Nom grec ancien du Tilleul.

PHYLLACANTHA (Hook. f., *Gen.*, II, 78; *Icon.*, t. 1095). Section du genre *Catesbæa* L., à anthères grandes, à corolle légèrement imbriquée, à rameaux spinescents, comprimés-triangulaires, à feuilles subnulles, avec à peu près le port d'un *Colletia*. (H. Bn, in *Bull. Soc. Linn. Par.*, 182; *Hist. des plant.*, VII, 447.)

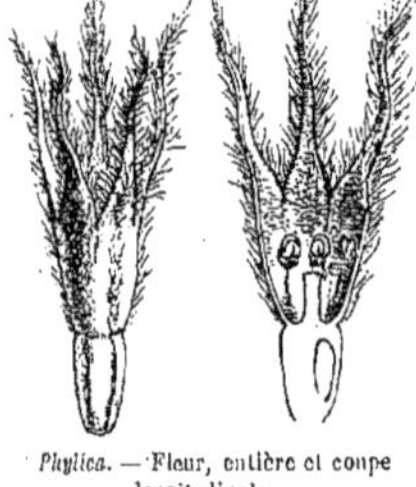

Phylica. — Fleur, entière et coupe longitudinale.

PHYLLACANTHA (Kuetz., *Phyc. gen.*, 355). Genre d'Algues-Fucacées, de la famille des *Cystosireæ*, que caractérise une fronde caulescente foliacée. Les feuilles stériles, membraneuses, à aiguillons marginaux, dentées, pourvues d'une nervure très ténue. Les fertiles ont des angiocarpes rapprochés. Les aérocystes sont comme interrompus en chaînettes; les cryptostomes souvent nuls. J.-G. Agardh considérait ce genre comme synonyme de *Cystoseira* Agh. [Ch. M.]

PHYLLACRA (Fr., *Summ. veg. Scand.*, 409). — Voy. Phylacia.

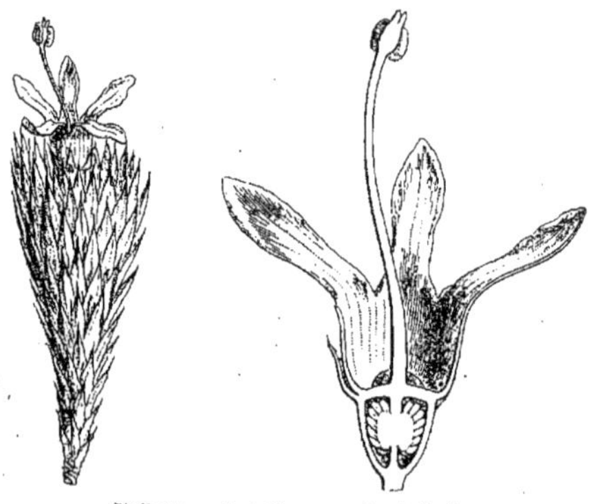

Phyllachne. — Port. Fleur, coupe longitudinale.

PHYLLACHNE (Forst., *Char. gen.*, 115, t. 58). Genre de Campanulacées, qui a donné son nom à une série des *Phyllachnées*, et synonyme de *Forstera* L. f., ce dernier formant dans le genre une section dans laquelle le fruit, au lieu d'être indéhiscent, comme dans les vrais *Phyllachne*, s'ouvre au sommet par un trou ou par 2 petites valves. Ce sont 6, 7 petites herbes australiennes, tasmaniennes ou néo-zélandaises. (H. Bn, *Hist. des pl.*, VIII, 344, 372, fig. 196, 197.)

PHYLLACTINIA (Benth., *Gen.*, II, 488, n. 669). Genre de Composées-Mutisiées, formé d'une herbe annuelle de l'Afrique tropicale, qui a beaucoup des caractères des Inulées, et qui est distinguée par un involucre à 4-6 bractées extérieures foliacées et étalées; les fleurs du rayon neutres; le réceptacle alvéolé; le fruit surmonté de nombreuses soies subpaléacées. Les feuilles sont alternes, serrées et laineuses; les capitules assez grands, supportés par un court pédoncule. (H. Bn, *Hist. d. pl.*, VIII, 89.)

PHYLLACTINIA (Lév., in *Ann. sc. nat.* [1851]). Genre de Périsporiacés, voisin des *Erysiphe*, dont il se distingue par les appendices du périthèce qui sont droits et aciculés. M. Saccardo a conservé ce genre dont il décrit 4 espèces, dont deux avec doute. [De S.]

PHYLLACTIS (Pers., *Synops.*, I, 39). Genre de Valérianacées de l'Amérique tropicale, dont les fleurs sont très analogues à celles des Mâches, avec une corolle imbriquée, 5-mère et portant 3 étamines. Son tube est à la base à peu près régulier ou pourvu d'une gibbosité antérieure, et il est entouré en ce point d'un petit bourrelet qui occupe la place du calice et qui peut être dentelé ou infléchi, mais qui le plus souvent est entier, annulaire ou cupuliforme. Ce sont, au nombre de 30-35, des plantes vivaces ou frutescentes, des Andes; à port très variable, dressées ou subacaules, trapues, à feuilles entières, rapprochées en rosette, rappelant parfois celles des Saxifrages, des Cotylioles, etc. Ailleurs, leur tige est grêle, sarmenteuse, grimpante, avec des feuilles dentelées ou disséquées : ce qui arrive surtout dans les espèces de la section *Astrephia*, qui ont souvent les loges stériles du fruit assez grandes et finalement béantes. Les *P. coarctata* et *chærophylloides*, du Pérou, sont, comme les Valérianes, odorants, antispasmodiques et vulnéraires. (Voy. *Hist. des plant.*, VII, 506, 513, 516, n. 4.) [H. Bn.]

PHYLLÆDIA (Fr., *Summ. veg. Scand.*, 482). Genre de Champignons, imparfaitement défini, qui pourrait être compris aussi bien dans les *Illosporium* que dans les *Myxosporium*. Il est caractérisé par un stroma amorphe, gélatineux, durci à l'extérieur, contenant des conidies à épispore épais, colorées. On les trouve sur les feuilles mortes ou les Mousses. [De S.]

PHYLLAGATHIS (Bl., in *Flora* [1831], 507). Genre de Mélastomacées, formé de 2 arbustes malais; distingué par des fleurs à calice subséteux; des étamines au nombre de 6-8, bilobées à la base et égales. Ce sont des plantes presque herbacées, et leurs inflorescences capituliformes sont pourvues de grandes bractées. (H. Bn, *Hist. des pl.*, VII, 47.)

PHYLLAMPHORA (Lour., *Fl. cochinch.*, 606). Synonyme de *Nepenthes* L.

PHYLLANTHE (*Phyllanthus* L., *Gen.*, n. 1050). Genre d'Euphorbiacées biovulées, qui a des fleurs apétales, monoïques, à 4-6 sépales, rarement à 7-9, 2-sériés et imbriqués. L'androcée, de forme très variable, est généralement 3-andre, rarement à 2 ou 4-20 étamines, libres ou 1-adelphes. Il y a des glandes au disque en nombre généralement égal à celui des étamines. Dans la fleur femelle, l'ovaire est à 3 loges ou plus rarement à 2-15, avec autant de branches stylaires. Les ovules, descendants et collatéraux, sont coiffés d'un obturateur. Le fruit est capsulaire ou rarement charnu, généralement 3-coque, et les graines sont albuminées. Ce sont, au nombre d'environ 425, des arbres, arbustes ou herbes, de tous les pays chauds du globe, à rameaux grêles, parfois aplatis en cladodes, avec des feuilles simples, disposées sur leurs axes comme les folioles d'une feuille composée, avec stipules. Les fleurs sont petites, solitaires ou en cymes ou glomérules; les cymes 1, 2-sexuées. Plusieurs *Phyllanthus* sont diurétiques, comme les *P. Niruri* et *urinaria*, également antisyphilitiques. Le *P. brasiliensis* sert à empoisonner les rivières. Le *P. Cicca* a des fruits charnus, acidulés, comestibles. D'autres sont astringents, comme les *P. retusus*, *oblongifolius*, *squamifolius*. Les P. à cladodes sont les *Xylophylla*, recherchés dans les serres pour la singularité de leurs organes végétatifs. (H. Bn, *Hist. des pl.*, V, 149, 168, 170, 252, fig. 248-253.)

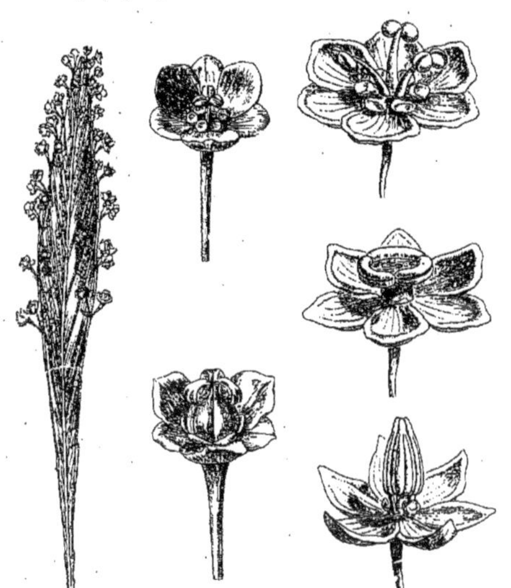

Phyllanthe. — Cladode florifère. Fleurs mâles. Fleur femelle.

PHYLLANTHÉES. Série d'Euphorbiacées 2-ovulées, à fleurs unisexuées; le périanthe simple ou double, régulier, à pétales libres ou 0, hypogynes ou périgynes; les étamines insérées au centre de la fleur ou autour d'un rudiment de gynécée. Le fruit est capsulaire ou indéhiscent. Les graines sont pourvues ou non d'albumen. Cette série renferme actuellement 39 genres. (H. Bn, *Hist. des pl.*, V, 142, 157, 234.)

PHYLLANTHERA (Bl., *Bijdr.*, 1048; *Mus. lugd.-bat.*, I, 125, t. 22). Genre d'Asclépiadacées-Périplocées, voisin des *Pentanura;* distingué par l'épais appendice foliacé et glabre qui surmonte l'anthère. L'unique espèce est une liane de Java. (H. Bn, *Hist. des pl.*, X, 303.)

PHYLLANTHERUM (Rafin., in *Journ. phys.*, XCI, 72). Synonyme de *Trillium* L.

PHYLLANTHIDEÆ (Lindl.), **PHYLLANTHOIDEÆ** (S.-Dyck). Division des Cactacées.

PHYLLANTHIDÉES (H. Bn, *Et. gén. Euphorb.*, 608). Division des Euphorbiacées biovulées.

PHYLLANTHIDIA (Didr., in *Vid. Medd. Nat. For. Kjob.* [1857], 150). Synonyme (?) de *Andrachne* L.

PHYLLANTHUS (Spreng., *Syst.*, II, 498). Section des *Cactus*.

PHYLLARII. Les écailles extérieures du capitule des Composées, quand elles forment à sa base, par leur taille différente, ce qu'on a appelé bien à tort un calycule.

PHYLLARTHRUS (Neck., *Elem.*, II, 85). Synonyme (part.) de *Cactus* L.

PHYLLAUREA (Lour., *Fl. cochinch.*, 575). Synonyme de *Codiæum* Rumph.

PHYLLE. Dans les mots composés, pour feuille ou foliole.

PHYLLEPIDIUM (Rafin., in *Med. Repos.*, ex Desvx, in *Journ. Bot.*, I, 218). Genre douteux d'Amarantacées (?), de l'Amérique.

PHYLLERIACEÆ (Fr., *Syst. myc.*, III, 519). Groupe de Champignons, comprenant des genres qui ne sont plus regardés comme autonomes, mais dont les formes sont le plus souvent le résultat de piqûres d'insectes sur des tissus végétaux.

PHYLLERIUM (Fr., *Syst. myc.*, III, 523; *Summ. veg. Scand.*, 519). Genre de Champignons, que l'auteur lui-même a reconnu ne pouvoir pas être considéré comme un type autonome.

PHYLLERPA (Kuetz., *Spec. Alg.*, 494). Genre d'Algues, de la famille des Caulerpées, ordre des Cœloblastées, à fronde cylindrique, rameuse, à rameaux dressés, généralement entiers, et comme foliacés. Six espèces, d'après l'auteur, constituent ce genre. [Ch. M.]

PHYLLI. Synonyme de *Phyllarii*.

PHYLLIDE. Nom français (Lamk) des *Phyllis* L.

PHYLLIMENA (Bl., herb., ex DC.). Synon. de *Enhydra* Lour.

PHYLLIRÆASTRUM (DC., *Prodr.*, IV, 449). Section du genre *Morinda* Vaill.

PHYLLIS (L., *Gen.*, n. 323). Genre de Rubiacées-Anthospermées, à fleurs polygames, 4, 5-mères, avec une corolle courtement campanulée, valvaire, et 4, 5 étamines. L'ovaire, avorté dans les fleurs mâles, est 2-loculaire, avec un ovule dressé dans chaque loge, et deux branches stylaires, non renflées, chargées de toutes parts de papilles, exsertes dans les fleurs femelles. La seule espèce de ce genre, le *P. Nobla* L., est un sous-arbrisseau des Canaries et de Madère, à rameaux herbacés, à feuilles opposées ou verticillées, lancéolées, à stipules connées en gaine tachetée souvent de noir, avec des fleurs terminales et axillaires, en cymes composées; les pédicelles fructifères penchés. Cette plante est souvent cultivée; ses fleurs sont verdâtres, sans éclat. (*Hist. des pl.*, VII, 271, 401, n. 24, fig. 239.) [H. Bn.]

Phyllis. — Branche florifère.

PHYLLISCUM (Nyl., *Syst. meth. Lich.*, 65, 136). Lichens de la famille des Collémacés et de la tribu des Collémés. Ils se distinguent par un thalle petit, ombiliqué. Les granules gonimiques sont oblongs, arrondis, grands et solitaires. Les apothécies sont endocarpées; les paraphyses nulles; les spores simples. La gélatine hyméniale rougit par l'iode. Les spermogonies sont à spermaties ténues, cylindriques, longuement arquées. Deux espèces propres à l'Europe constituent ce genre.

PHYLLITES (Ad. Br., in *Mém. Mus.*, VIII, 210). Synonyme de *Potamophyllites* Br.

PHYLLITES (Lluid., *Lith. brit. icon.*, 12, t. 5). Synonyme de *Nevropteris* Ad. Br.

PHYLLITES (Sternb., *Vers.*, 1, 4, t. 25, 34). Synonyme de *Taxodites* Presl.

PHYLLITIS (Kuetz., *Phyc. gen.*, 342). Genre d'Algues, de la famille des Dictyotées pour Kützing, de celle des Laminariées pour J.-G. Agardh. Il est caractérisé par une fronde foliacée, dépourvue de nervation, stipitée à la base, non en zone, avec un strate cortical de l'une et l'autre face; à cellules petites; les médullaires plus grandes; celles du pied inégales. Les spermaties sont inconnues. (Voy. KUETZ., *Spec. Alg.*, 566.) [CH. M.]

PHYLLITIS (MŒNCH, *Meth.*, 724). L'*Asplenium Ruta-muraria* L.

PHYLLITIS (NECK., *Elem.*, III, 315). Genre séparé des *Acrostichum* L.

PHYLLITIS. Nom ancien des Fougères, et notamment des Scolopendres.

PHYLLITRICHUM (NECK., *Elem.*, III, 325). Genre séparé des *Bryum* L.

PHYLLOBÆA (BENTH., *Gen.*, II, 1020, n. 55). Genre de Gesnériacées-Cyrtandrées, formé de 4 herbes ou sous-arbrisseaux de Malacca; distingué par un calice 3-partite, imbriqué; le lobe postérieur 3-lobulé; une corolle largement campanulée et 2 étamines fertiles. La tige est simple ou peu ramifiée. Les fleurs sont réunies en cymes, denses ou pauvres. (H. BN, *Hist. des pl.*, X, 92.)

PHYLLOBLASTI (KŒRB., *Syst. Lich. germ.*, XXII, 53). Ordre des Lichens hétéromères.

PHYLLOBOTHRYUM (M. ARG., in *Flora* [1864], 524). Genre d'Euphorbiacées, suivant l'auteur, et dont les fleurs sont portées sur les feuilles allongées et lancéolées et disposées en petites cymes. Les fleurs mâles sont formées d'un calice imbriqué, involucré et d'un nombre indéfini d'étamines. Leur gynécée, ordinairement avorté, peut devenir çà et là fertile, comme nous en avons vu un exemple. La plante est donc polygame; et dans ce cas nous avons observé que les placentas sont pariétaux et pluriovulés. Nous en avons conclu (*Adansonia*, XI, 137; *Hist. des pl.*, V, 153, not. 14°) que le *P. spathulatum*, seule espèce connue (?), originaire de l'Afrique tropicale occidentale, doit être rapproché des Saxifragacées ou des Bixacées, et non des Euphorbiacées. (*Hook. Icon.*, t. 1353.) [H. BN.]

PHYLLOBOTRYS (SPACH, in *Ann. sc. nat.*, sér. 3, III, 103). Sous-genre du genre *Genista* T.

PHYLLOBRYON (MIQ., *Syst. Piper.*, 50; *Ill.*, t. 24). Section du genre *Peperomia* R. et PAV.

PHYLLOCACTUS (LINK, *Handb.*, III, 11). Genre de Cactacées-Échinocactées, formé d'une douzaine de plantes grasses, épiphytes, des deux Amériques, voisin des *Epiphyllum*, et distingué par un tube floral ordinairement grêle et des étamines inégales. (*Bot. Mag.*, t. 2002, 2306, 2692, 3598, 5100. — H. BN, *Hist. des pl.*, IX, 42.)

PHYLLOCALYMMA (BENTH., in *Hueg. Enum.*, 61). Synonyme de *Angianthus* WENDL.

PHYLLOCALYMNA (DC). Pour *Phyllocalymma* BENTH.

PHYLLOCALYX (A. RICH., *Fl. Abyss.*, I, 106). Genre proposé pour le *Crotalaria platycalyx* STEND.

PHYLLOCALYX (GRISEB., *Gent.*, 171). Section du g. *Sebæa* BR.

PHYLLOCALYX (O. BERG, in *Linnæa*, XXVII, 306). Section du genre *Eugenia* L., à sépales très développés.

PHYLLOCARPA (ACH., *Lich. univ.*, 526). L'une des divisions du genre *Cenomyce* ACHAR., dont les espèces sont caractérisées par un thalle foliacé, à lobes imbriqués, à podetium presque nul ou très court. Cette division n'a pas été admise par les auteurs qui ont suivi Acharius. [CH. M.]

PHYLLOCARPON (ACHAR., *Meth. Lich.*, 36). Section du genre *Bæomyces* EHRH.

PHYLLOCARPOS (LEMAN, in *Dict.*, XI, 104). Synonyme de *Cenomyce* ACHAR.

PHYLLOCARPUS (RIED. — TUL., in *Ann. sc. nat.*, sér. 2, XX, 142; in *Arch. Mus.*, IV, 171, t. 10). Genre anormal de Légumineuses-Cæsalpiniées-Sclérolobiées, établi pour un grand arbre du Brésil, à feuilles composées-paripinnées; distingué par un réceptacle concave, 4 sépales, 3 pétales, 10 étamines 2-adelphes (9-1) et une grande gousse comprimée, ailée sur le bord supérieur. Les inflorescences sont des grappes courtes, nées sur le bois de l'an précédent, au niveau des nœuds défoliés. (H. BN, *Hist. des pl.*, II, 97, 178.)

PHYLLOCASIA (REICHB., *Nom.*, 32). Syn. de *Acontias* SCHOTT.

PHYLLOCAULON (C. KOCH, in *Linnæa*, XXI, 716). Section du genre *Statice* L.

PHYLLOCEPHALUM (BL., *Bijdr.*, t. 888). Section du genre *Centratherum* CASS.

PHYLLOCEREUS (MIQ., in *Bull. sc. phys. et nat. Brux.* [1839], 112). Synonyme de *Phyllocactus* LINK.

PHYLLOCHLAMYS (BUR., in *DC. Prodr.*, XVII, 217). Genre d'Ulmacées-Morées (*Streblus* ?), formé de 1, 2 arbres de l'Inde et de l'Océanie tropicale; distingué par des fleurs mâles en épi court, avec plusieurs bractées involucrantes. Les divisions du périanthe femelle sont foliacées et dépassent de beaucoup l'ovaire et le fruit. L'embryon a 2 cotylédons, dont l'un, très petit, est enveloppé par l'autre. Ces arbres portent des épines et ont des feuilles paucidentées. (WIGHT, *Icon.*, t. 1692 (part.). — H. BN, *Hist. des pl.*, VI, 196.)

PHYLLOCLADE (BISCH.). Synonyme de Cladode.

PHYLLOCLADUS (L.-C. RICH., *Conif.*, 129, t. 3). Genre de Conifères-Taxées, formé de 3 espèces de la Nouvelle-Zélande, de Tasmanie et de Bornéo. Les fleurs mâles sont en chatons courts ou longs. Les femelles occupent l'aisselle de bractées qui s'insèrent sur les dents d'un cladode aplati, penninerve ou à nervures flabellées. Le fruit est soutenu par une cupule qu'accompagnent des bractées. Son péricarpe est dur ou crustacé. (LABILL., *N.-Holl.*, t. 221. — HOOK., *Ic.*, t. 549, 551, 889. — H. BN, in *Adansonia*, I, 4, t. 2, fig. 22-24.)

PHYLLOCLINIUM (H. BN, in *Bull. Soc. Linn. Par.*, 870). Genre de Bixacées, voisin des *Phyllobotryum*. Ses fleurs sont hermaphrodites, à 3-5 sépales, à ovaire pourvu de 2-4 placentas pariétaux ∞-ovulés. Le *P. paradoxum* est un arbuste du Congo; il a des feuilles d'Ochnacée, avec 2 stipules intraaxillaires, et ses fleurs sont disposées en une petite cyme qui est entrainée jusque vers le milieu de la face supérieure de la nervure principale. [H. BN.]

PHYLLOCORYNE (HOOK. F., in *Trans. Linn. Soc.*, XXII, 15, t. 11). Synonyme de *Scybalium* SCHOTT et ENDL.

PHYLLOCOSMUS (KL., in *Abh. Berl. Akad.* [1856], 232). Section du genre *Ochthocosmus* BENTH. (H. BN, *Hist. des pl.*, V, 48), à pétales indurés, sans fausses-cloisons ovariennes, dit-on.

PHYLLOCTENIUM (H. BN, in *Bull. Soc. Linn. Par.*, 692; *Hist. des pl.*, X, 57). Genre de Bignoniacées-Crescentiées, à fleurs de *Colea*, en grappes lâches. Le fruit léguminiforme, lancéolé, aplati, est indéhiscent et loge dans sa pulpe des graines aptères de *Crescentia*. Le *P. Bernieri* H. BN est un arbuste de Madagascar, dont les branches dichotomes portent des épines opposées et perpendiculaires. Ce sont des pétioles qui quelquefois sont surmontés d'un limbe simple et ovale-aigu. [H. BN.]

PHYLLOCYCLUS (KURZ, in *Journ. As. Soc. Beng.*, XLII, 235). Synonyme de *Canscora* LAMK.

PHYLLOCYTISUS (KOCH, *Syn.*, 155). Section du g. *Cytisus* T.

PHYLLODANTHOS (A. DC., *Prodr.*, XIV, II, 691). Section du genre *Exocarpos* LABILL.

PHYLLODE (*Phyllodium*). Pétiole aplati ou foliiforme.

PHYLLODERMEI (PERS., *Myc. Europ.*, III, 1). Synonyme de *Agaricini* FR.

PHYLLODES (LOUR., *Fl. cochinch.*, 13). Syn. de *Phrynium* W.

PHYLLODÉS (NYL., *Syn. meth. Lich.*, 64). Grande division des Lichénacées, qui renferme les Lichens les plus remarquables par leur forme et leur taille. Les Phyllodés sont à thalle foliacé, à apothécies généralement lécanorines, avec des arthrostérigmates. Nous devons toutefois remarquer que les Pyxinés, qui font partie de cette division, ont des apothécies lécidéines. Les Phyllodés ont été divisés en 4 grandes tribus, qui sont : les Peltigérés, les Parmeliés, les Gyrophorés et les Pyxinés. [CH. M.]

PHYLLODIASTRUM (WALP., in *Linnæa*, XIII, 477). Section du genre *Lebeckia* THUNB.

PHYLLODINATION. Développement des pétioles en phyllode.

PHYLLODIUM (DESVX, *Journ. Bot.*, I, 123, t. 5, fig. 24). Synonyme de *Desmodium* DESVX.

PHYLLODOCE (LINK, *Handb.*, II, 132). Synonyme (?) de *Schrankia* W.

PHYLLODOCE (SALISB., *Par. lond.*, t. 36). Genre d'Éricacées-Éricées, formé de 3 petits arbustes éricoïdes, d'Europe, d'Asie et de l'Amérique du Nord, voisins des *Bryanthus;* distingué par une corolle gamopétale, urcéolée ou ovoïde; 10 étamines en apparence 1-sériées, insérées sous l'ovaire; le filet plus long que l'anthère. Les fleurs naissent de bourgeons écailleux portés sur le vieux bois au sommet des rameaux. (REICHB., *Ic. Fl. germ.*, t. 1160. — MAXIM., *Rhod. as. or.*, 5.) [H. BN.]

PHYLLODOLON (SALISB., *Gen. plant. Fragm.*). Synonyme de *Allium* T.

PHYLLODOXYS (ENDL., *Gen.*, 1172). Section du genre *Oxalis* L.

PHYLLOECHORA (NITSCH. — FUCK., *Symb. myc.*, 216). Genre de Sphériacés, à stroma aplati ou tuberculeux, contenant des logettes quelquefois proéminentes, à thèques cylindriques, contenant 8 spores ovoïdes, hyalines ou lavées de jaune. Les paraphyses sont filiformes. Plusieurs espèces présentent des fructifications secondaires. Près de 200 espèces, dont les caractères des thèques ne sont pas connus pour un certain nombre. Elles vivent sur les feuilles, les tiges, les rameaux et les fruits. La plupart sont exotiques. [DE S.]

PHYLLOGLOTTIS (SALISB., *Gen. pl. Fragm.*, 15). Genre proposé pour l'*Eriospermum folioliferum* ANDR.

PHYLLOLÆNA (ENDL., *Gen.*, 331). Section du g. *Pimelea* SOL.

PHYLLOLOBIUM (FISCH., in *DC. Prodr.*, II, 521). Synonyme (?) de *Sphærophysa* DC.

PHYLLOMA (KER, in *Bot. Mag.*, t. 1585). Synonyme de *Lomatophyllum* W.

PHYLLOMATIA (W. et ARN., *Prodr.*, I, 239). Sous-genre du genre *Rhynchosia* LOUR.

PHYLLOMELIA (GRISEB., *Cat. pl. cub.*, 139). Genre de Rubiacées-Morindées, dont les fleurs hermaphrodites ont un long ovaire obconique, surmonté d'un large calice membraneux, orbiculaire, et d'une corolle subinfundibuliforme, à 4-6 lobes imbriqués, 2-sériés. Il y a un même nombre d'étamines alternes, et l'ovaire est surmonté d'un disque hispide et d'un style à deux

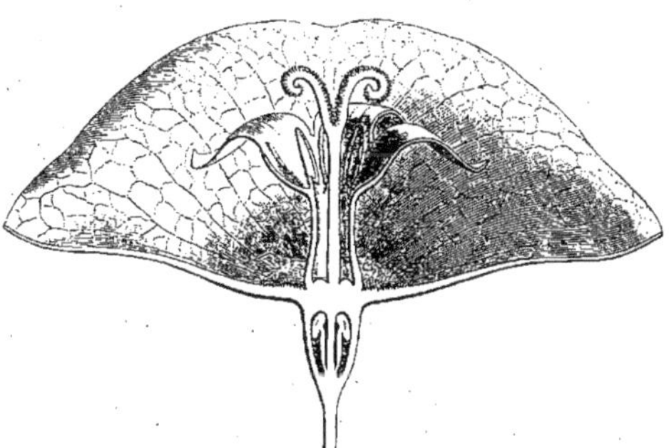

Phyllomelia. — Fleur, coupe longitudinale.

branches stigmatifères révolutées. Chaque loge ovarienne renferme un ovule porté par un long funicule dressé, et dont le micropyle regarde en bas et en dehors. Le fruit coriace, couronné du calice, est dicoque et les graines sont albuminées. Le *P. coronata* GRISEB., seule espèce connue du genre, est un arbuste de Cuba, glabre, à feuilles opposées, à stipules intrapétiolaires connées, à fleurs en cymes pendantes. (Voy. *Hist. des plant.*, VII, 296, 418, n. 54, fig. 281.) [H. BN.]

PHYLLOMORPHOSE. Polymorphisme des feuilles.

PHYLLON (MAGNOL, *Char. pl.*). Synonyme de *Mercurialis* T.

PHYLLON. Nom grec de la Mercuriale annuelle.

PHYLLONEJA (DC., *Prodr.*, V, 325). Section du genre *Neja*.

PHYLLONOMA (W., ex RŒM. et SCH., *Syst. veg.*, VI, 210). Genre de Saxifragacées-Escalloniées, formé de 2, 3 arbustes mexicains et colombiens; célèbre par l'épiphyllie de ses inflorescences. Le limbe des feuilles alternes y est surmonté d'un long acumen, au-dessous de la base duquel la côte supporte en dessus une petite grappe de cymes. Les fleurs sont 5-mères, avec des pétales valvaires et 5 étamines alternes. L'ovaire infère est à 2 placentas pariétaux et pluriovulés. Le fruit est charnu, infère. (H. BN, *Hist. des pl.*, III, 356, 440, fig. 411.)

Phyllonoma. — Rameau florifère.

PHYLLOPAPPUS (F. MUELL., in *Linnæa*, XIV, 507). Genre proposé pour le *Microseris Forsteri* HOOK. F.

PHYLLOPHARES. Nom grec ancien du Marrube blanc.

PHYLLOPHORA (GREV., *Alg. brit.*, 135). Genre d'Algues, de la grande famille des *Tylocarpeæ*, d'après l'auteur; de celle des *Spongiocarpeæ*, série des *Rhodospermeæ*, d'après W.-H. Harvey. Ce genre est caractérisé par une fronde stipitée, rigide, membraneuse, à productions nombreuses, à peine nervée, ou à nervure décroissant peu à peu. Le strate médullaire et le strate cortical sont parenchymateux; mais les cellules, petites, angulaires, deviennent de plus en plus petites du centre à la surface. Les cystocarpes sont sessiles, globuleux, rugueux et plissés. Les flavellidies, dispersées sans ordre sur la fronde, contiennent des spores en grand nombre. Les némathécies sont situées sur la fronde, composées de filaments rayonnants, moniliformes, lesquels se convertissent en spores. Les tétraspores sont réunies en sores et situées vers le sommet de la fronde ou de ses proliférations. (Voy. HARV., *Phyc. brit.*, III, t. CXXXI.)

PHYLLOPHYSA (KUETZ., in litt. [1842]; *Spec. Alg.*, 632). Genre d'Algues, de la famille des *Sargasseæ*, que l'on peut considérer comme une division du genre *Halochloa* KUETZ., caractérisée par les feuilles supérieures multifides. Cette division ne contient que deux espèces, propres aux mers du Japon. [CH. M.]

PHYLLOPODIUM (BENTH., in *Comp. Bot. Mag.*, I, 372; in *DC. Prodr.*, X, 352). Genre de Scrofulariacées-Chænostomées, qui a à peu près les fleurs des *Chænostoma* et *Manulea* et se distingue par un calice 5-fide ou 5-partite; une corolle à tube court, à limbe peu irrégulier; 4 étamines didynames. Ce sont 6 ou 7 herbes de l'Afrique australe, à fleurs disposées en épis ou en grappes, adnées à leur bractée axillante. [H. BN.]

PHYLLOPSIS (AIT., *H. kew.*). Synonyme de *Ætheilema* R. BR.

PHYLLOPTA (FR., *Summ. veg. Scand.*, 342). Genre de Trémellinés, mal défini et qui n'a pas été conservé.

PHYLLOPTERIS (AD. BR., in *Dict. d'Orb.*, XIII, 71). Genre de Fougères fossiles, établi pour les *Glossopteris Phillipsii* et *Nilsoniana*.

PHYLLOPUS (MART., *Nov. gen. et spec.*, III, 143, t. 275). Synonyme de *Henriettea* NAUD.

PHYLLORHACHIS (TRIM., in *Journ. Bot.* [1879], 353, t. 205). Genre de Graminées-Panicées, établi pour une herbe vivace d'Angola, qui a des épis à rachis foliacé et compliqué, embrassant des épillets 1-sériés. Ils sont uniflores et groupés en épis très courts. La fleur de la base est hermaphrodite, et les autres stériles. La dernière glumelle est décrite comme très grande, ainsi que dans les *Xerochloa*. (B. H., *Gen.*, III, 1108, n. 22.)

PHYLLOSPADIX (HOOK., *Fl. bor.-amer.*, II, 171, t. 186). Genre de Naïadacées-Zostérées, formé de 2 herbes submergées des régions occidentales de l'Amérique du Nord; distingué des *Zostera* par des fleurs dioïques et un carpelle cordiforme. (RUPR., in *Mém. Ac. Pétersb.*, IX, t. 1, 2.)

PHYLLOSPHÆRA (WESTD., *Herb. Crypt.*, n. 28-30). Genre de Sphériacés, qui n'a pas été conservé.

PHYLLOSPORA (AGH, *Revis. Macrocyst.*, 311). Genre d'Algues, de la famille des Fucacées pour l'auteur, de celle des Angiospermées pour Kützing; caractérisé par une fronde caulescente, coriace, comprimée, avec des rameaux semblables. Les vésicules mucronées, issues de folioles transformées en feuilles, sont ellipsoïdes. Les scaphidies sont immergées dans les limbes des feuilles non transformées; elles sont sphéroïdes et pourvues d'un ostiole. Les spores, entourées d'un strate mucilagineux, sont dans un périspore hyalin obovoïde. Les anthéridies sont ellipsoïdes, rameuses. Le genre *Phyllospora*, pour Payer, faisait partie de la famille des *Cystoseireæ*. (Voy. J.-G. Ach, *Spec., gen. et ord. Alg.*, 1, 252.) [Ch. M.]

PHYLLOSTACHYA (Benth., *Gen.*, III, 626). Section du genre *Habenaria* W.

PHYLLOSTACHYS (Sieb. et Zucc., in *Abh. Ak. Wiss. Münch.*, III, 745, t. 15). Genre de Graminées-Bambusées, formé de 4, 5 espèces arborescentes, chinoises et japonaises; distingué dans le groupe des Arundinariées par des épillets 1-4-flores, groupés en épis subinclus dans des bractées imbriquées et spathacées. Les glumes et parfois la glumelle inférieure sont vides. [H. Bn.]

PHYLLOSTACHYS (Torr., ex *Steud. Nom.*, I, 297). Synonyme de *Carex* L.

PHYLLOSTAPHYLON. Nom grec ancien du Câprier.

PHYLLOSTEGIA (Benth., in *Bot. Reg.*, sub t. 1292). Genre de Labiées-Prasiées, à fleurs de *Prasium*, formé d'une quinzaine d'herbes des Sandwich; distingué par un calice à peu près régulier, 5-denté ou 5-fide; une corolle à tube droit ou arqué, à peine dilaté en haut, avec la lèvre supérieure du limbe concave. Les anthères ont 2 loges divariquées, et le style a 2 lobes courts et en massue. Les fleurs sont axillaires ou disposées en grappes composées dont les axes portent les verticilles assez lâches. (Gaudich., in *Freycin. Voy., Bot.*, t. 64, 65.)

PHYLLOSTEGIA (Reichb., *Consp.*, 59). Sect. du g. *Tradescantia*.

PHYLLOSTEMA (Neck., *Elem.*, II, 301). Synonyme de *Aruba* Aubl.

PHYLLOSTICTA (Pers. — Fr., *Syst. myc.*, 257). Genre de Sphéropsidés, à périthèces lenticulaires, punctiformes, membraneux, sous-épidermiques, renfermant de très petites spores oblongues, hyalines ou jaunâtres, portées ou non sur un petit pédicelle. On en connaît tout près de 400 espèces, formant des ponctuations au milieu de taches plus ou moins prononcées qu'elles produisent sur les feuilles d'un très grand nombre de végétaux de toutes les parties du monde. [De S.]

PHYLLOSTICTEI (Fr., *Summ. veg. Scand.*, 420). Division des Sphéropsidés, comprenant des genres divers, aujourd'hui éloignés les uns des autres.

PHYLLOSTYLON (Capan., ex B. H., *Gen.*, III, 352). Genre d'Ulmacées, du Brésil, voisin (?) des *Planera* Gmel.

PHYLLOTA (DC., *Prodr.*, II, 113). Section du genre *Pultenæa* Sm.

PHYLLOTÆNIUM (Andr., in *Ill. hort.*, XIX, t. 88). Synon. (?) (B. H.) de *Acontias* Schott.

PHYLLOTÆNIUM (André, in *Ill. hort.*, XIX, t. 88). Synonyme (?) de *Xanthosoma*. (B. H., *Gen.*, III, 977.)

PHYLLOTAXIE. Quiconque examine la disposition des feuilles sur une tige, ne peut s'empêcher d'être frappé de la régularité de cette disposition. L'étude de la phyllotaxie doit donc tendre à déterminer la loi d'insertion des feuilles et à chercher les raisons mécaniques de cette loi constante pour telle espèce donnée, ou du moins pour la majeure partie des axes de végétation de cette espèce.

Toute tige peut être assimilée géométriquement à un cylindre ou plus exactement à un cône dont l'angle ou sommet est très aigu. Prenons par exemple une tige de Pêcher. Dépouillons cette tige de ses appendices foliaires : il en résultera autant de cicatrices, le plus souvent en forme de fer à cheval; et chacune d'elles possédera un centre de figure compris dans le plan de symétrie de l'appendice foliaire, lequel passe par l'axe de symétrie de la tige. Nous ne tardons pas à nous apercevoir que certaines de ces cicatrices sont superposées les unes aux autres, le

Cornifle. — Feuilles verticillées.

long d'une ligne droite représentant une génératrice du cylindre ou du cône auquel nous avons assimilé la tige. Si nous comptons le nombre des cicatrices qui séparent ainsi deux cicatrices superposées, nous trouvons que sur une étendue de tige fort longue ce nombre est constant; soit le nombre 5 pour le cas

Cunonia. — Feuilles opposées, composées-pennées, à stipules interfoliaires larges et caduques.

considéré. Nous pouvons dès lors relier par la pensée tous les centres de figure des diverses cicatrices par une ligne qui s'enroule autour de la tige à la façon d'une hélice dont le pas est constant; cette ligne a reçu le nom de Spire génératrice ou principale.

Nous pouvons représenter graphiquement cette disposition géométrique des feuilles, et cela au moyen de deux constructions.

1° Supposons le cylindre auquel nous avons assimilé la tige fendu horizontalement suivant une de ses génératrices et développé sur le plan de notre papier; l'hélice génératrice, d'après sa définition géométrique, se déroulera suivant une ligne droite, et les centres de figure des diverses cicatrices seront marqués

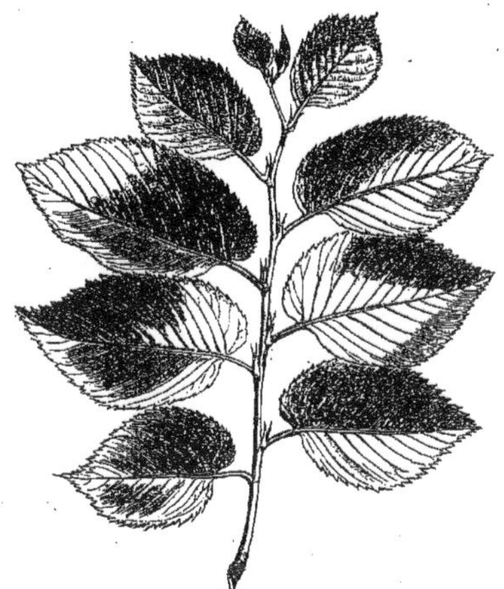

Orme. — Feuilles distiques

sur cette ligne à des distances égales les unes des autres; c'est en somme une projection verticale de la disposition des feuilles.

2° Mais nous pouvons en obtenir aussi une projection horizontale. La tige, avons-nous dit, est rigoureusement assimilable à un cône très allongé. Faisons passer par chaque cicatrice un

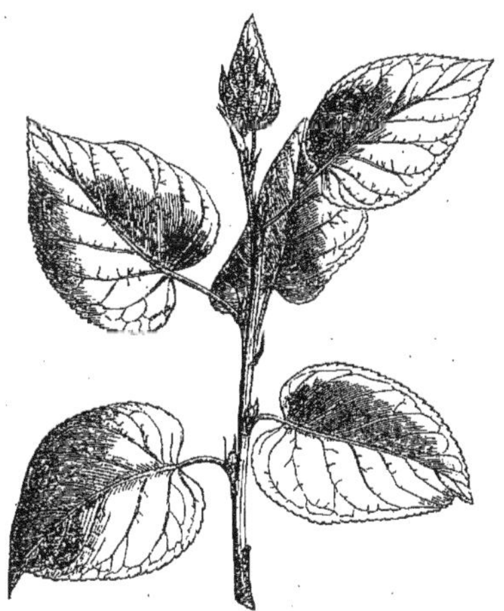

Aune. — Feuilles disposées suivant la fraction 1/3.

plan perpendiculaire à l'axe de ce cône; chacun de ces plans se projettera horizontalement suivant un cercle, et le centre de la cicatrice correspondante, en un point de ce cercle. Joignons ces divers points au centre de la figure totale (projection de l'axe du cône), et nous tracerons ainsi un certain nombre de rayons, soit 5 pour le cas du Pêcher. Les cinq premières feuilles se trouveront chacune sur un de ces rayons, et chacune des feuilles suivantes se disposera successivement sur un de ces mêmes rayons; de cinq en cinq feuilles, on reviendra au rayon initial. Si l'on joint par un trait continu les projections horizontales de toutes les feuilles, on obtient une courbe bien connue des géomètres sous le nom de spirale d'Archimède et qui n'est autre que la projection horizontale de l'hélice génératrice enroulée sur le cône de la tige. La projection horizontale ainsi construite est un véritable diagramme et se prête à la représentation totale de tous les axes successifs de la plante avec leurs appendices.

Nous venons de voir que dans le Pêcher, toutes les feuilles sont disposées suivant 5 génératrices qui se projettent horizontalement suivant 5 rayons. Le rayon passant par une feuille et le rayon passant par la feuille suivante sont distants d'un angle égal à 2/5 de circonférence (cet angle n'est autre chose que la mesure de l'angle dièdre formé par les plans verticaux passant par l'axe de la tige et les cicatrices de deux feuilles voisines); c'est l'angle de *divergence*, et on dit ici que la divergence entre deux feuilles voisines est 2/5. D'une manière

Pêcher. — Feuilles disposées suivant la fraction 2/5.

générale, la divergence s'exprime par une fraction dont le numérateur indique le nombre de tours qu'il faut faire autour de la tige pour retomber sur une feuille superposée à la feuille initiale, et le dénominateur le nombre de feuilles que l'on rencontre sur ce trajet de la tige. La divergence est variable suivant les plantes considérées; mais la fraction de divergence est en général fort simple. Les fractions 1/2, 1/3, 2/5, 3/8, 5/13, 8/21, sont les plus fréquentes. On peut remarquer d'ailleurs qu'une divergence quelconque est la moyenne arithmétique entre les deux précédentes.

La valeur de l'angle de divergence est, nous l'avons dit, généralement constante pour une assez grande longueur de la tige; parfois cependant sa valeur change suivant qu'on considère telle ou telle région de la même tige sur la même plante. Le changement est très fréquent quand on passe d'un nombre à un nombre d'ordre plus élevé et il peut ne pas se borner à une différence d'angle de divergence. Supposons une cicatrice quelconque de la tige placée en face de l'observateur: la spire idéale que nous avons définie, partant de cette feuille, doit pour atteindre la feuille suivante s'enrouler à droite ou à gauche; dans le premier cas la spire est dite *dextre*, elle est *sénestre* dans le second. C'est sur le sens d'enroulement de la spire génératrice que porte fréquemment le changement phyllotaxique quand on passe d'un nombre à un nombre d'ordre supérieur. On dit alors qu'il y a *antidromie;* lorsque le changement ne s'effectue pas, on est dans le cas de l'*homodromie*.

Nous nous sommes placés dans un cas très fréquent d'ailleurs où les diverses feuilles sont insérées à des niveaux différents sur la tige; les feuilles sont dites alors isolées ou *alternes*. Si elles se trouvent réunies deux au même niveau, on les dit *opposées;* si elles le sont en plus grand nombre, elles sont *verticillées*. Dans le cas des feuilles opposées, la spirale d'enroulement perd toute signification, puisque d'un entre-nœud à l'autre on peut la supposer dextre ou sénestre à volonté. Dans le cas des verticilles, chaque feuille peut être considérée comme l'origine d'une spirale génératrice passant à chaque verticille par une feuille; il y a ici pluralité des spires génératrices.

Dans chaque verticille, les membres sont toujours équidistants : la divergence entre deux membres est donc $1/m$ de circonférence, m étant le nombre des membres du verticille. Il peut arriver que les verticilles successifs superposent leurs membres; ceux-ci sont alors disposés en m rangées longitudinales; la divergence est alors nulle d'un verticille à l'autre : c'est un cas très rare. Dans le cas général, il y a entre un membre quelconque d'un verticille et le membre du verticille

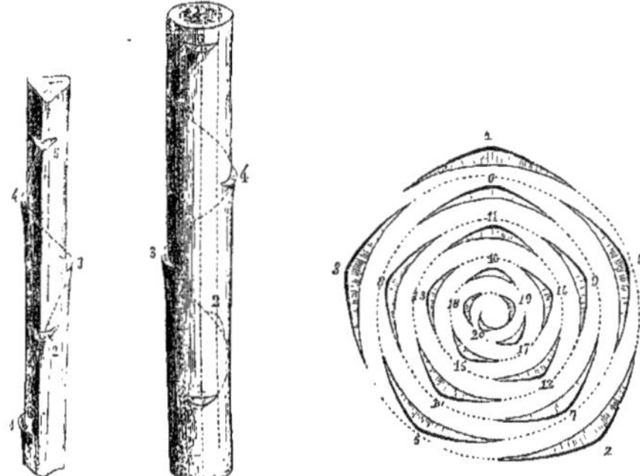

Aune et Pêcher. — Spire génératrice. Diagramme d'un rameau à fraction phyllotaxique 2/5.

suivant le plus rapproché de lui une divergence représentée par une fraction n/m, et les verticilles se superposent de n en n; le plus souvent n est un multiple de m, et il y a alors de fausses superpositions de membres dans les verticilles intermédiaires entre deux verticilles réellement superposés. La distinction entre la vraie et la fausse superposition ne pourra facilement être faite que dans le cas de verticilles successifs, c'est-à-dire où les feuilles naissent successivement. Cette distinction est facile, par exemple, chez les Characées.

De nombreux observateurs ont cherché à découvrir la raison de ces insertions constantes. Les frères Bravais (in *Ann. sc. nat.*, 1837) ont fait jadis de minutieuses recherches sur ce sujet; mais c'est à Hofmeister et à Schwendener que revient l'honneur d'avoir pu ramener à de simples lois mécaniques ces dispositions en apparence si compliquées. La règle générale qui régit la disposition des membres est la suivante : Le nouveau membre naît au-dessus du plus large intervalle laissé libre entre les membres les plus récemment formés, c'est-à-dire au point de pression minimum. Nous ne pouvons que mentionner cette règle féconde en résultats et renvoyer le lecteur curieux d'en faire une étude approfondie aux mémoires des botanistes allemands. (Voy. HOFMEISTER, *Allgemeine Morphologie*. — SCHWENDENER, *Mechanische Theorie der Blattstellungen*. — H. BN, *Tr. Bot. méd. phanér.*, 67.) [F. H.]

PHYLLOTHECA (AD. BR., in *Dict.*, LVII, 150; in *Dict. d'Orb.*, II, 260; XIII, 103). Genre d'Astérophyllitées. (UNG., in *Bot. Zeit.* [1844], 181; *Syn. pl. foss.*, 35; *Chlor. protog.*, 33.)

PHYLLOTHECA (NUTT., in *Amer. Phil. Trans.* [1841], VII, 317). Sous-genre des *Chrysopsis* ELL.

PHYLLOTHYRSUS (SPACH, in *Ann. sc. nat.*, sér. 2, XV, 204). Section du genre *Alnus* T.

PHYLLOTIUM (ENDL., *Gen.*, 1257). Section du g. *Burtonia* BR.

PHYLLOXYLON (H. BN, in *Adansonia*, II, 54). Genre qui a d'abord été rapporté avec doute aux Euphorbiacées, puis aux Santalacées, parce qu'il a les organes de végétation de certains *Exocarpus*. On sait aujourd'hui que, par les fleurs et les fruits, c'est une Dalbergiée. (H. BN, *Atl. Fl. madag.*, I, t. 44.)

PHYLLOXYS (MOQ., in *DC. Prodr.*, XIII, II, 218). Synonyme de *Cornulaca* DEL.

PHYMASPERMUM (LESS., *Syn. Comp.*, 253). Genre de Composées-Anthémidées, formé de 3, 4 arbustes de l'Afrique australe; voisin des *Chrysanthemum* et distingué par des fleurs du rayon fertiles et des fruits à 8-10 côtes, papilleux-glanduleux; les côtes prolongées en denticules ou mutiques. Les feuilles sont linéaires-arrondies, petites, et les capitules solitaires ou groupés en cymes corymbiformes. (H. BN, *Hist. des pl.*, VIII, 282.)

PHYMATANTHUS (LINDL., in *Sweet Geran.*, n. 43, 96). Section du genre *Pelargonium* L'HÉR.

PHYMATIA (DUMORT., *Syll. Jungerm.*, 85). Sect. du g. *Aneura*.

PHYMATIDIUM (LINDL., *Gen. et sp. Orchid.*, 209). Genre d'Orchidacées-Vandées, formé de 2 petites herbes épiphytes du Brésil; distingué du genre *Ornithocephalum* par un rostellum court. (B. H., *Gen.*, III, 569.) [H. BN.]

PHYMATIUM (CHEV., *Fl. par.*, 361). Synonyme en partie de *Elaphomyces* NEES.

PHYMATIUM (LINK, *Handb.*, III, 232). Synonyme de *Desmaretia* LAMX.

PHYMATOCARPUS (F. MUELL., *Fragm. phyt. Austral.*, III, 120). Section du genre *Beaufortia* R. BR. (H. BN, *Hist. des pl.*, VI, 360.)

PHYMATODERMA (AD. BR., in *Dict. d'Orbign.*, XIII, 59). Genre d'Algues fossiles, proposé pour l'*Algacites granulatus* SCHLOTH.

PHYMATOIDEÆ (ACH., *Lich. univ.*, 19, 308). L'une des trois grandes divisions des Lichens-Cœnothalamés de l'auteur, dans laquelle avaient trouvé place les *Verrucaria*, les *Thelotrema*, *Porina*, *Variolaria*, etc. Cette division n'a pas été admise par la plupart des lichénographes; et, par suite des savantes classifications modernes, les genres qui composaient la division des *Phymatoideæ* ont été reportés dans leur groupe naturel. [CH. M.]

PHYMATOIDES (ACH., *Lich. univ.*, 308). L'une des trois grandes divisions des Lichens-Cœnothalamés, qui comprenait entre autres genres les *Thelotrema*, *Variolaria*, *Porina*. Ces genres ont été réformés, et, par suite, la division n'a pas été adoptée par les auteurs modernes. [CH. M.]

PHYMATOPSIS (TUL., in *Ann. sc. nat.*, sér. 3, XVII, 113). Synonyme de *Abrothallus* NOT.

PHYMATOSPHÆRA (PASSER., *Fung. Abyss.*, in *Nov. Giorn. bot. ital.*, VII, 188). — Voy. MYRIANGIUM MONT. et BERK.

PHYMATOSPHÆRIACEÆ (SPEG., *Fung. Puigg.*, I [1889], 173). Famille fondée à tort et conservée par M. Saccardo pour des Champignons du genre *Myriangium* MONT. et BERK.

PHYMATOSTROMA (CORD., *Icon.*, I, t. 5; *Anleit.*, 160). Genre incertain de Tubercularies.

PHYMATOTRICHUM (BON., *Handb. d. Mykol.*, 116). — Voy. NODULISPORIUM.

PHYMOSIA (DESVX, in *Ham. Prodr. Fl. ind. occ.*, 49). Synonyme de *Sphæralcea* A. S.-H.

PHYRAMA (PLINE). « Sorte de Gomme ammoniaque. »

PHYSA (DUP.-TH., *Gen. nov. madag.*, 20). Synonyme de *Glinus* L.

PHYSACANTHUS (BENTH., *Gen.*, II, 1085). Genre d'Acanthacées-Ruelliées, du groupe des Strobilanthées; distingué par un calice oblong et enflé, à 5 angles et courtement 5-fide. La corolle a un long tube qui se courbe sans se dilater au sommet. Chaque loge ovarienne renferme 3, 4 ovules. Les *Physacanthus* sont de l'Afrique tropicale. Leurs fleurs sont axillaires et solitaires. (H. Bn, *Hist. des pl.*, X, 436.)

PHYSALIDE. Le Coqueret-Alkékenge.

PHYSALIDIUM (Fenzl, in *Tchihatch. As. min.*, *Bot.*, I, 327). Genre mal connu de Crucifères-Lépidiées, formé d'une herbe de la Perse, qui a le port du *Saxifraga granulata;* distingué par un ovaire à 2 fausses-loges 2-ovulées, mais dont le fruit est inconnu. (H. Bn, *Hist. des pl.*, III, 285.)

PHYSALINA (Don., in *DC. Prodr.*, XIII, I, 530). Section du genre *Jaborosa* J.

PHYSALIS (L., *Gen.*, n. 250). Genre de Solanacées-Solanées, à fleurs construites à peu près comme celles des *Solanum;* le calice enflé-vésiculeux autour du fruit et 10-costé. La corolle

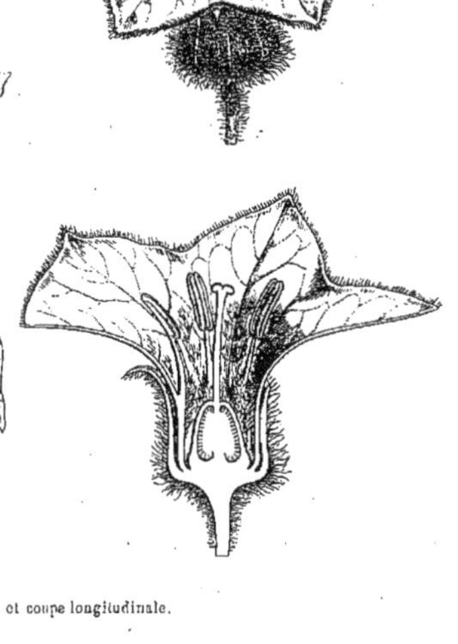

Physalis. — Branche florifère. Fleur, entière et coupe longitudinale.

est plissée, à 5 lobes. Les anthères sont plus courtes que les filets. Ce sont des herbes; leur fruit est souvent comestible. La plus connue est le Coqueret ou Alkékenge (I, 116), employé dans les campagnes comme purgatif. (H. Bn, *Hist. des pl.*, 287, 330, fig. 360-362; *Iconogr. Fl. fr.*, n. 346.)

PHYSALIS (Noronh., *A. B. V.*, 85). Synonyme de *Cardiospermum* L.

PHYSALOCALYX (Willk., *Ic. pl. Hisp.*, 74). Sous-genre du genre *Silene* L.

PHYSALODENDRON (G. Don, *Gen. Syst.*, IV, 448). Section du genre *Physalis* L.

PHYSALODES (A. Gray, *Pl. Wright.*, 20). Section du g. *Sida.*

PHYSALOIDES (Mœnch, *Meth.*, 473). Syn. de *Withania* Pauq.

PHYSALOSPORA (Niessl. — Sacc., *Syll.-Fung.*, I, 433). Genre de Sphériacés, à périthèces globuleux, membraneux, noirs; à ostiole papillée, renfermant des thèques entremêlées de paraphyses et à 8 spores ovoïdes, hyalines ou très légèrement teintées. On en compte près d'une centaine d'espèces, dont les périthèces sont immergés dans le tissu des feuilles des tiges ou de l'écorce de beaucoup de végétaux, surtout en Europe et dans l'Amérique du Nord. [De S.]

PHYSANTHEMUM (Kl., in *Pet. Moss.*, *Bot.*, 167, t. 29). Synonyme de *Courbonia* Ad. Br.

PHYSANTHERA (Berter., ex *Steud. Nom.*, II, 330). Le *Gomesia stricta* Spreng.

PHYSANTHYLLIS (Boiss., *Voy. bot.*, t. 162). Section du genre *Anthyllis* L.

PHYSAPTERIS (Presl, *Pterid.*, 160). Sect. du g. *Cheilanthes.*

PHYSARACEÆ (Rost., *Mon.*, 90). Famille de Myxomycètes, comprenant les genres *Badhamia*, *Physarum*, *Fuligo*, *Leocarpus*, *Craterium*, *Crateriachea* et *Tilmadoche.*

PHYSAREI (Fries, *Pl. homon.*, 139). Sous-ordre des *Trichospermi* Pers.

PHYSARIA (Nutt. — Torr. et Gr., *Fl. N.-Amer.*, I, 102). Section du genre *Vesicaria* Lamk.

PHYSARUM (Pers., *Obs. myc.*, 5). Genre de Myxomycètes, dont le péridium membraneux, simple ou double, donne naissance, par sa paroi interne, au capillitium et ne présente presque jamais de columelle. Il est tantôt sessile, tantôt porté sur un pédicule. Les spores plus ou moins colorées sont lisses ou spinescentes. Une quarantaine d'espèces vivent à terre ou sur le bois pourri, les écorces ou les feuilles, sous toutes les latitudes. [De S.]

PHYSCIA (DC., *Fl. franç.*, II, p. 395). Genre de Lichens-Phyllodés, de la section des Parméliés, Lichens des plus intéressants et des plus beaux par leurs dimensions et le développement de leurs organes internes. Ce genre unique offre les caractères de la famille des *Physciæ*. Les spores sont incolores et présentent à chaque extrémité une sorte de nucléus; jointes le plus souvent par un tube très ténu. Ou bien elles sont noirâtres, biloculaires, à nucléoles, ou séparées, ou jointes par un tube. Enfin, ces spores sont incolores ou brunes. Les nucléus, au nombre de quatre, sont vus séparés ou joints alternativement par un tube. Ce genre a été retouché par M. Nylander, et il compte environ quarante espèces, dont quinze appartiennent à l'Europe. (Voy. Nyl., *Syn. meth. Lich.*, 406.) [Ch. M.]

Physarum.

PHYSCIEÆ (Nyl., *Syst. meth. Lich.*, 405). Sous-tribu de Lichens-Parméliés, de la série des Phyllodés, à thalle hétéromère foliacé, de couleur jaune, cendrée, ou brunâtre, à forme laciniée ou lobée, souvent orbiculaire. Les apothécies sont jaunes ou noirâtres; les paraphyses sont séparées. Les spores, tantôt incolores, tantôt brunes, sont biloculaires ou rarement quadriloculaires, ou simples exceptionnellement, le plus ouvent au nombre de huit. Les spermogonies renferment des stérigmates ou des arthrostérigmates. Les spermaties sont oblongues, cylindriques. Un seul genre constitue cette famille, le genre *Physcia* dont nous avons parlé plus haut. [CH. M.]

PHYSCOMITRIUM (BRID., *Bryol.*, I, 97). Genre de Mousses-Bryacées, considéré par certains auteurs comme un sous-genre du genre *Gymnostomum* HEDW. (ENDL., *Gen.*, n. 483 b) et distingué par une coiffe ventrue-subulée, fendue d'un côté et lacérée à sa base. Ce sont des Mousses cosmopolites, vivant en société, terrestres, annuelles ou vivaces. (HEDW., *Fundam.*, II, 87, t. 1, fig. 1-3; t. 2, fig. 6, α β; t. 4, fig. 18-24; t. 7, fig. 21; *Spec.*, t. 4, fig. 5-8. — C. MUELL., *Syn. Musc.*, I, 114. — BRUCH et SCHIMP., *Bryol. europ.*, III).

Physcomitrium. — Port. Urne.

PHYSEDRA (HOOK. F., *Gen.*, I, 827, n. 24). Genre de Cucurbitacées-Cucurbitées, formé de 3 herbes ou arbustes grimpants de l'Afrique tropicale, placé près des *Cephalandra* et distingué par des fleurs mâles solitaires ou subfasciculées, à larges anthères, et par des fleurs femelles à extrémité stigmatifère du style grande et 3-lobée. (H. BN, *Hist. des pl.*, VIII, 436.)

PHYSENA (NORONH., ex DUP.-TH., *Gen. nov. madag.*, 6). Genre anormal de Passifloracées-Passiflorées, à fleurs unisexuées. Le calice des mâles est représenté par 6-9 petites bractées imbriquées; et leur androcée, par 8-15 étamines à anthère linéaire. Il y a un rudiment de gynécée qui, dans la fleur femelle, pourvue du même périanthe et de staminodes nombreux, petits ou nuls, présente un ovaire 1-loculaire, à 2 placentas pariétaux, pauciovulés, et à 2 styles filiformes. Le fruit est sec, parcheminé, et la graine solitaire a un gros embryon charnu, sans albumen. Les 2, 3 espèces connues sont des arbustes de Madagascar, dressés ou grimpants, à feuilles alternes, entières; à fleurs disposées en grappes axillaires, grêles et composées. On en a quelquefois cultivé l'espèce la plus commune dans nos serres chaudes où elle fleurissait. (Voy. *Hist. des pl.*, VIII, 489.) [H. BN.]

PHYSERICA (LINK, *Handb.*, I, 613). Sous-genre du g. *Erica*.

PHYSETOBASIS (HASSK., ex MIQ., *Fl. ind. bat.*, II, 457). Synonyme (?) de *Holarrhena* R. BR.

PHYSIANTHUS (MART., *Nov. gen. et spec.*, I, 153). Synonyme de *Araujia* BROT.

PHYSICARPOS (POIR., ex DC., *Prodr.*, II, 115). Synonyme de *Hovea* R. BR.

PHYSICHILUS (NEES, in *Hook. Comp. Bot. Mag.*, II, 310). Synonyme de *Hygrophila* R. BR.

PHYSIC-NUT. Nom anglais des Médiciniers (*Jatropha* L.).

PHYSIDIUM (SCHRAD., in *Gœtt. Gel. Anz.* [1821], 714). Synonyme de *Angelonia* H. B.

PHYSIGLOCHIS (NECK., *Elem.*, III, 245). Synonyme de *Carex*.

PHYSINGA (LINDL., in *Bot. Reg.* [1838], *Misc.*, 32). Synonyme de *Epidendrum* L.

PHYSIOLOGIE VÉGÉTALE. Partie de la botanique qui s'occupe des fonctions des plantes. Au siècle dernier on la nommait *Physique végétale* ou *Physique des plantes*.

PHYSIPHORA (SOLAND., ex R. BR., in *Tuck. Cong.*, 441). Synonyme de *Rinorea* AUBL.

PHYSISPORE (*Physisporus* CHEV., *Fl. Paris*, I, 261). Section des Polypores, à chapeau résupiné, aminci sous forme de croûte.

PHYSKIUM (LOUR., *Fl. cochinch.*, 662). Syn. de *Vallisneria* L.

PHYSOCALYCIUM (VEST, in *Flora* [1820], 409). Synonyme de *Bryophyllum* SALISB.

PHYSOCALYMMA (POHL, *Pl. bras. Icon.*, I, 99, t. 82, 83). Genre de Lythrariacées-Lythrariées, formé d'un arbre du Brésil, voisin des *Lagerstrœmia* et *Lafoensia*; distingué par un calice à 8 dents, qui grandit autour du fruit; 8 pétales et 24 étamines. Le fruit est capsulaire, inclus dans le réceptacle accru, tubuleux ou ventru; il n'a finalement qu'une loge et s'ouvre en 2 valves. Les feuilles sont opposées et les inflorescences composées. (H. BN, *Hist. des pl.*, VI, 434, 454.)

PHYSOCALYX (POHL, *Pl. bras. Ic.*, I, 63, t. 53). Genre de Scrofulariacées-Gérardiées, formé de 2 arbustes brésiliens; distingué, dans le groupe des Escobédiées, par un calice fructifère globuleux-enflé, coloré, à côtes peu visibles et réticulé. La corolle a un large tube hypocratérimorphe. (H. BN, *Hist. des pl.*, IX, 475.)

PHYSOCARPIDIUM (REICHB., *Consp.*, 192). Section du genre *Thalictrum* T.

PHYSOCARPON (NECK., *Elem.*, II, 164). Genre séparé des *Lychnis* T.

PHYSOCARPOS (CAMBESS., in *Ann. sc. nat.*, sér. 1, I, 239). Section du genre *Spiræa* T.

PHYSOCARPUM (DC., *Syst.*, I, 171). Section du g. *Thalictrum*.

PHYSOCAULIS (DC., *Prodr.*, IV, 225). Section du genre *Chærophyllum* T.

PHYSOCAULIS (TAUSCH, in *Flora* [1834], 342). Synonyme de *Chærophyllum* T.

PYHSOCAULON (KUETZ., in *Linnæa*, XVII, 98). Synonyme de *Ozothallia* DCNE.

PHYSOCHÆNUS (B. H., *Gen.*, III, 1019). Section du genre *Cymodocea* KŒN.

PHYSOCLADA (DC., *Prodr.*, IX, 475). Section du genre *Cordia* L.

PHYSOCLAINA (G. DON, *Gen. Syst.*, IV, 470). Genre de Solanacées-Hyoscyamées, dont le type est le *Scopolia orientalis*, cultivé dans nos jardins botaniques, et qui se distingue du genre *Scopolia* par sa corolle régulière, tubuleuse-campanulée, étroitement imbriquée. Ce sont des herbes vivaces, à cymes terminales, unipares, corymbiformes, de l'Asie moyenne. (H. BN, *Hist. des pl.*, IX, 311, 351, fig. 443-445.)

PHYSOCODON (TURCZ., in *Bull. Mosc.* [1858], I, 212). Synonyme de *Riedleia* VENT.

PHYSODEIRA (HANST., in *Linnæa*, XXVI, 207). Synonyme de *Episcia* MART.

PHYSODERMA (WALLR., *Fl. crypt. germ.*, II, 192). Genre de Chytridinés, à mycélium disséminé entre les cellules des plantes vivantes, et à sporanges sphériques, ovoïdes ou irréguliers, à enveloppe épaisse brune, à verrues aplaties. Sept espèces, observées dans les tiges d'*Alisma*, de *Scirpus*, de *Glyceriu*m et autres plantes aquatiques ou amphibies. [DE. S.]

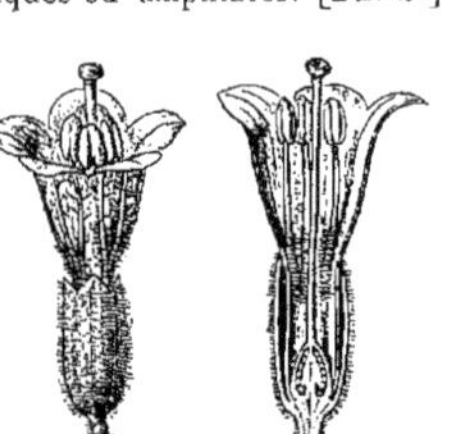
Physochlaina. — Inflorescence. Fleur, entière et coupe longitudinale.

PHYSODIA (SALISB., *Gen. pl. Fragm.*, 37). Genre proposé pour l'*Urginea physodes* BAK.

PHYSODIUM (PRESL, in *Rel. Hænk.*, II, 150, t. 72). Section du genre *Melochia* L. (H. BN, *Hist. des pl.*, IV, 73.)

PHYSOGETON (JAUB. et SP., *Ill. pl. or.*, t. 135). Section du genre *Halanthium* KOCH.

PHYSOLEPIDIUM (SCHRENK, *Enum.*, 97). Synonyme de *Lepidium* T.

PHYSOLEUCAS (JAUB. et SP., *Ill. pl. or.*, t. 385-387). Synonyme de *Leucas* R. BR.

PHYSOLOBIUM (HUEG., *Bot. Arch.*, t. 2). Synonyme de *Kennedya* VENT.

PHYSOMITRA (BOUD., *Discom. charnus*, 11). Genre de Discomycètes, de la division des *Mitrati*, voisin des Helvelles, établi pour les espèces de ce genre à spores elliptiques ou fusiformes.

PHYSOMYCETES (BERKEL., *Cryptog. Bot.*, 294). Synonyme de Mucorinés.

PHYSOMYCETES (LINDL., *Veg. Kingd.*, 43). Ordre des *Fungales*.

PHYSONEMA (LÉV., *Uredin.*, in *Ann. sc. nat.*, sér. 3, VIII, 374). Genre d'Urédinés, qui ne se distingue pas suffisamment des *Epitea* FR. [DE S.]

PHYSOPHLÆA (KUETZ., *Sp. Alg.*, 568). Synonyme de *Cladothele* HOOK. et HARV.

PHYSOPHORA (HFFMG et LINK, ex *Steud. Nom.*, II, 330). Synonyme de *Physospermum* CASS.

PHYSOPLEXIS (SCHUR, *Enum. pl. transs.*, 431). Section du genre *Phyteuma* L.

PHYSOPODIUM (DESVX, in *Ann. sc. nat.*, sér. 1, IX, 403). Synonyme (?) de *Combretum* L.

PHYSOPORUS (CHEV., *Fl. par.*, I, 239). Syn. de *Poria* HILL.

PHYSOPSIS (TURCZ., in *Bull. Mosc.* [1849], II, 34). Genre de Verbénacées, voisin des *Cloanthes*, formé d'un arbuste australien, laineux, à feuilles alternes ou subopposées; distingué par des fleurs en épis, 4-mères, à lobes de la corolle distincts et à style presque entier. (BOCQ., *Rev. Verb.*, 102, t. 3.) [H. BN.]

PHYSOPTYCHIS (BOISS., *Fl. or.*, I, 261). Genre établi pour le *Vesicaria vestita* DESVX.

PHYSORHYNCHUS (HOOK., *Icon.*, t. 821, 822). Genre de Crucifères-Cakilées, formé d'un sous-arbrisseau de l'Afghanistan, voisin des *Erucaria*; distingué par un fruit à article inférieur petit et sans graine; le supérieur ovoïde, rostré, à 2 cavités collatérales 1-spermes. (H. BN, *Hist. des pl.*, III, 256.)

PHYSOSIPHON (LINDL., *Bot. Reg.*, sub t. 1797). Genre d'Orchidacées-Épidendrées, voisin des *Stelis*, et qui n'en diffère que par son calice urcéolé-tubuleux. Ce sont des herbes non pseudo-bulbeuses, de l'Amérique tropicale. (HOOK., *Icon.*, t. 508. — *Bot. Mag.*, t. 4869.) [H. BN.]

PHYSOSPERMUM (CUSS., ex J., in *Mém. Soc. méd. Par.* [1782], 279). Genre d'Ombellifères-Carées, à fleurs hermaphrodites ou polygames, sans calice ou à sépales courts. Pétales oblongs ou obovales, à long acumen involuté. Stylopodes coniques. Le fruit est courtement ovoïde ou didyme, resserré à la commissure, avec des méricarpes subarrondis en travers. Les côtes primaires sont filiformes, peu proéminentes, et les bandelettes sont larges, solitaires dans les vallécules. Le carpophore est simple. La graine a la face concave, et sa coupe transversale est réniforme. Ce sont des herbes vivaces, glabres, d'Europe et de la région caucasique. Leurs feuilles sont décomposées, ternatipennées, à segments incisés. Les ombelles composées ont des bractées linéaires nombreuses aux involucres et aux involucelles. On cultive dans nos jardins le *P. aquilegifolium*, dont les fruits rappellent un peu ceux des Coriandres. (H. BN, *Hist. des pl.*, VII, 228, n. 56.) [H. BN.]

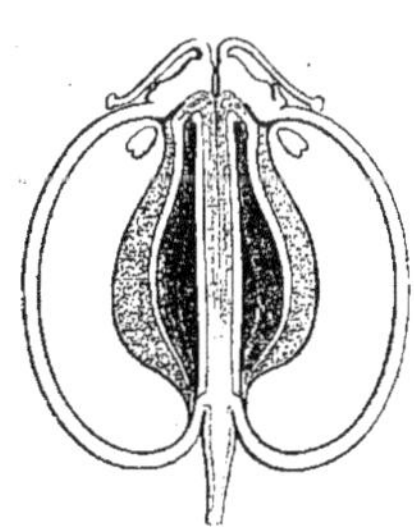
Physospermum. — Fruit, coupe longitudinale.

PHYSOSPERMUM (CUSS., ex VEL. et LAG., *Am. nat. matrit.*, II, 75, 97). Synonyme de *Pleurospermum* HOFFM.

PHYSOSPORA (FR., *Summ. veg. Scand.*, 495). Genre de Mucédinés, dont les filaments rampants, ramifiés, forment des touffes veloutées de couleur rouillée. Les conidies de même teinte sont portées sur des stérigmates nés des articles en général renflés des filaments. On en connaît deux espèces, autrefois comprises par Fries dans les *Sporotrichum*, qui se rencontrent sur le bois pourri. [DE S.]

PHYSOSTEGIA (BENTH., in *Bot. Reg.*, sub t. 1289). Genre de Labiées-Lamiées, formé de 3 grandes herbes vivaces de l'Amérique du Nord, parfois cultivées; distingué, dans le groupe des Mélittées, par un calice à 5 dents subégales; une corolle bilabiée; des étamines à loges d'anthères parallèles et à fleurs disposées en grands épis solitaires ou multiples, formés de verticillastres superposés. (VENT., *Jard. Cels*, t. 44. — *Bot. Mag.*, t. 214, 467.) [H. BN.]

PHYSOSTELMA (WIGHT, *Contrib. Bot. ind.*, 39). Genre d'Asclépiadacées-Marsdéniées, formé de 2 lianes de l'archipel Malais; distingué des *Hoya* par une corolle cyathiforme ou largement campanulée, obtusément 5-lobée sur les bords. La couronne est celle des *Hoya*. Les feuilles opposées sont coriaces-subcharnues. (*Bot. Mag.*, t. 4545. — H. BN, *Hist. des pl.*, X, 277.)

PHYSOSTEMMA (BL., *Mus. lugd.-bat.*, I, III, 44). Section du genre *Hoya* R. BR.

PHYSOSTEMON (MART., *Nov. gen. et spec.*, I, 73, t. 45). Section du genre *Cleome* L.

PHYSOSTIGMA (BALF., in *Trans. Roy. Soc. Edinb.*, XXII, 310, t. 16, 17). Genre de Légumineuses-Papilionacées-Phaséolées, dont on ne connaît qu'une espèce, le *P. venenosum*. C'est la plante dont la graine a reçu le nom de Fève de Calabar.

Physostigma. — Branche florifère.

Ses fleurs en grappes sont construites comme celles des Haricots. Leur corolle est fortement arquée dans le bouton. Le gynécée se compose d'un ovaire à 2, 3 ovules, surmonté d'un style que termine une petite tête stigmatifère. Au-dessous de cette tête se voit une petite lame irrégulièrement triangulaire, comprimée et vexilliforme, pleine, mais qu'on a crue vésiculeuse (d'où est venu le nom du genre). Le fruit est une gousse allongée, contenant entre les graines une pulpe blanchâtre, finalement desséchée. Les semences, au nombre de 1-3, sont elliptiques-oblongues, rectilignes ou un peu arquées, brunes, avec un hile allongé qui occupe la longueur d'un de leurs bords. Elles renferment un embryon épais, blanc. C'est une plante grimpante, frutescente à la base, et qui devient énorme, avec des feuilles 3-foliolées. On la trouve sur la côte occidentale de l'Afrique tropicale, où sa graine est célèbre comme poison d'épreuve. Elle est en effet très vénéneuse et jouit d'ailleurs de la propriété remarquable de contracter la pupille; aussi est-elle employée par les oculistes. (H. Bn, *Hist. des pl.*, II, 205, 241, fig. 153-155; *Tr. Bot. méd. phanér.*, 629.)

Physostigma. — Gynécée. Graine.

PHYSOTRICHIA (Hiern, in *Journ. Bot.* [1873], 161, t. 132). Genre d'Ombellifères, dont les affinités avec les *Seseli* et les *Diplolophium* ont été signalées par l'auteur du genre, et dont les fleurs 5-mères ont des dents calicinales subulées, un peu inégales; des pétales obcordés et d'épais stylopodes sublobulés. Le fruit est ovoïde-oblong, subarrondi, avec des méricarpes à face subplane, des côtes primaires proéminentes, obtuses, des bandelettes solitaires (ou 2-nées?) dans les vallécules, un carpophore bipartite et la face de la graine concave. Le *P. Welwitschii* Oliv. est une herbe vivace, dressée, à feuilles 3-nati- ou pinnaticomposées; à ombelles composées, avec des bractées et des bractéoles en nombre indéfini aux involucres et aux involucelles. (Voy. *Hist. des pl.*, VII, 535.) [H. Bn.]

PHYSOTRIS (Rafin., *Somiol.*, n. 42). Synonyme de *Gigartina* Lamx.

PHYSURUS (L.-C. Rich., in *Mém. Mus.*, IV, 55). Genre d'Orchidacées-Néottiées, formé d'une vingtaine d'herbes terrestres et foliées, asiatiques et américaines; distingué par un labelle creux au-dessus de l'éperon, brusquement contracté, à limbe entier ou bilobé. Le clinandre est peu saillant. Le genre est voisin d'ailleurs des *Anœctochilus*. (Reichb. f., *Xen. orchid.*, t. 178. — Bl.. *Orch. Arch. ind.*, t. 27, 28. — A. Rich., *Fl. cub.*, t. 88. — Hook., *Ic.*, t. 419. — *Bot. Mag.*, t. 5305.) [H. Bn.]

PHYSYDRUM (Rafin., *Caratt.*, 97). Synon. (?) de *Valonia* Gin.

PHYTARRHIZA (Vis., in *Mem. Inst. Venet.*, V, 340, c. tab.). Synonyme de *Wallisia* Reg.

PHYTELEPHAS (R. et Pav., *Syst. veg. Fl. per.*, 299). Genre de Palmiers, dont on a fait le type d'un groupe des *Phytéléphasiées*, et qui est rapporté aux Arécées. Ce sont des arbres peu élevés, inermes, à tige épaisse, souvent radicante. Leurs feuilles sont pinnatiséquées. Les spadices sont dioïques : les mâles pendants, les femelles dressés, avec 2 spathes allongées, complètes, fendues sur la face ventrale, coriaces ou ligneuses. Les mâles ont un périanthe patelliforme, ∞-denté ou nul, avec de nombreuses étamines à anthère basifixe. Les femelles, très grandes pour cette famille, ont 3 sépales chartacés et 5-10 pétales charnus, acuminés, longs de 2, 3 pouces. L'ovaire est à 4-9 loges, avec des ovules ascendants, insérés à la base de l'angle interne. Le fruit est un syncarpe sphérique, formé de fruits obpyramidaux rapprochés et chacun 4, 6-spermes. La graine, globuleuse ou ovoïde, dressée, a un large hile et un albumen dur, continu, avec un embryon subbasilaire. Le *P. macrocarpa* est célèbre par sa graine, qui constitue l'Ivoire végétal ou Noix de Corozo, employé aux mêmes usages que l'ivoire animal. Il y en a 2, 3 autres espèces, du Pérou et de la Colombie. (Gaudich., *Voy. Bon.*, t. 14-16, 29, 30. — Karst., *Fl. colomb.*, I, t. 82. — Hook., *Kew Journ.*, I, t. 6, 7. — Seem., *Bot. Her.*, t. 45-47. — *Bot. Mag.*, t. 4913, 4914.) [H. Bn.]

PHYTEUMA (L., *Gen.*, n. 220). Genre de Campanulacées-Campanulées, formé d'une cinquantaine d'herbes vivaces des régions tempérées de l'Europe, l'Asie et l'Afrique; distingué par une corolle supère, 5-partite, à divisions étroites, longtemps cohérentes ou étalées en roue; à fruit capsulaire, fermé en haut, mais déhiscent dans l'intervalle de ses côtes. Les fleurs sont groupées en épis denses, interrompus ou continus, ou en capitules. Les *P. spicatum* et *orbiculare* sont indigènes. (H. Bn, *Hist. des pl.*, VIII, 323, 357.)

PHYTEUMA (Lour., *Fl. cochinch.*, 138, nec L.). Synonyme de *Sambucus* T.

PHYTEUMA (Matth.). Le *Campanula persicifolia* L.

PHYTEUMOIDES (Smeathm., ex DC., *Prodr.*, IV, 414). Synonyme de *Virecta* Sm.

PHYTEUMOPSIS (J., ex *Enc. meth.*). Synonyme de *Marshallia* Schreb.

PHYTOBLASTE, PHYTOCYSTE Toute cellule, comme toute plante ou tout organe d'une plante, quel qu'il soit, a commencé, autant que nous permettent de l'affirmer nos connaissances actuelles, par être une petite masse de matière organisée, azotée, molle, vivante, et que l'on a désignée sous le nom de *phytoblaste*.

A. *Premier état.* — Le *phytoblaste* est au début représenté par une petite masse, en apparence homogène, de forme variable, mais à contours arrondis, mousses; ou globuleuse, ou plus ou moins allongée, quelquefois même filiforme, ou plus ou moins irrégulière, d'une substance molle, semi-fluide, qui a été, à une certaine époque, comparée à de la gélatine, ou bien à du mucilage, quoiqu'elle n'ait point du tout la composition de ce dernier, mais seulement à cause de sa consistance de gelée, de glu visqueuse, et aussi de sa teinte souvent opaline.

Cette masse est en réalité formée d'une substance protéique, quaternaire, contenant de l'oxygène, du carbone, de l'hydrogène et de l'azote, plus des matières minérales très diverses, parmi lesquelles on a surtout distingué le soufre, le phosphore, quelques métaux, etc. Cette substance a reçu le nom de *protoplasma*, et la masse qu'elle forme ici a été nommée *protoblaste*.

Le protoplasma est, suivant M. Huxley, « la base physique de la vie » et « une substance commune à tous les êtres vivants », et de plus « une unité, non pas seulement idéale et théorique, mais encore réelle, physique et matérielle ». Considéré dans les végétaux, nous l'avons appelé « la substance animale des plantes », et nous avons même dit que « le phytoblaste est un phytozoaire », ce dont nous sommes plus que jamais convaincu. Tous ses caractères sont, en effet, ceux d'une matière animale.

Il est incolore ou hyalin, plus rarement teinté. Il jouit de propriétés endosmotiques très développées. L'eau le pénètre facilement; elle peut même dans certains cas se dissoudre en partie. Les matières colorantes le pénètrent rarement et difficilement quand il est vivant; mais, quand il meurt, il s'en imbibe facilement, et même il les accumule et les condense dans sa masse; il en est de même de beaucoup d'autres substances dissoutes dans l'eau.

Phytoblastes divers (Anthérozoïdes non ciliés), à protoplasma homogène ou renfermant des microsomes.

Traité par la plupart des acides concentrés, il est dissous par eux, mais souvent après s'être coloré d'une façon particulière : par l'acide sulfurique, en rouge pâle ou brunâtre; par l'acide chlorhydrique, en rose ou en violet; quelquefois par l'acide azotique, en jaune pâle. Traité par ce dernier acide, puis lavé, il devient d'un jaune bien tranché par l'action de la potasse et de l'ammoniaque, et l'on admet que cette couleur est celle de la *xanthoprotéine* : ce qui prouverait la nature protéique, albuminoïde, du protoplasma.

L'azotate acide de mercure colore le protoplasma en rouge foncé, et le sulfate de cuivre, puis la potasse, le teintent en violet.

Mais ce qu'il y a de plus remarquable, parce que ce sont bien là les réactions d'une matière *animale*, les solutions alcalines concentrées, de potasse et surtout d'ammoniaque, dissolvent plus ou moins rapidement le protoplasma, ou, le rendant plus soluble dans l'eau, l'y font bientôt disparaître.

L'alcool, l'hydrate de chloral, la chaleur déterminent plus ou moins rapidement la coagulation du protoplasma : autre caractère commun aux principes albuminoïdes d'origine animale.

Le protoplasma est *élastique*. Sa masse, contractée dans certaines circonstances, et réduite de volume, reprend son volume primitif quand on la traite d'une façon convenable et peut encore, sous certaines influences, se contracter de nouveau.

Le protoplasma *se nourrit*. Vivant, il *absorbe* et *assimile* des aliments et décompose d'autres substances qu'il *désassimile*.

Il *respire*, c'est-à-dire qu'il opère des échanges de gaz avec les milieux ambiants; c'est lui qui accomplit, comme on le sait, les phénomènes de la véritable respiration des plantes.

Il *absorbe* donc des gaz provenant des milieux ambiants; il absorbe aussi des liquides, et, comme nous l'avons vu, certaines substances dissoutes dans ces liquides, mais non pas toutes également ou indifféremment.

Il *combine* certains de ces matériaux constituants avec des éléments comburants, tels que l'oxygène, et il en résulte qu'il *produit de la chaleur, de la phosphorescence, des courants électriques*.

Il est manifestement influencé, dans l'accomplissement de ses fonctions de nutrition, par la lumière, la chaleur, l'électricité, la pesanteur, l'humidité, etc.

Il est doué d'*évolutilité*, grandit, s'accroît et meurt. On ne sait pas encore comment il naît; mais plusieurs auteurs admettent qu'il peut se former spontanément dans une matière déjà organisée.

Ce qu'il y a de certain, c'est que des masses protoplasmiques nouvelles peuvent se produire sous l'œil de l'observateur dans du protoplasma déjà existant et vivant. Celui-ci se scinde et se segmente, bourgeonne, à la façon de certaines masses animales.

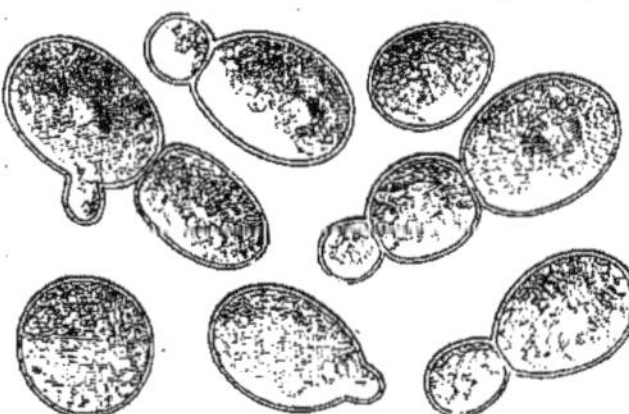

Levure de bière, à protoplasma bourgeonnant.

Deux ou plusieurs masses distinctes de protoplasma peuvent s'allier et se confondre pour produire ainsi une nouvelle masse protoplasmique, ayant parfois des propriétés très différentes de celles auxquelles elle doit son origine.

La *contractilité* du protoplasma a été admise; et, quoique la valeur de cette expression ait été l'objet de longues discussions, il est certain qu'il *change de forme*, présente des saillies et des rentrées, des prolongements passagers, des *mouvements* qu'on a comparés à ceux des Amibes (et qu'on nomme *amiboïdes*), et qu'il *change de place*, notamment dans les *Myxomycètes*, singuliers Champignons qui voyagent, englobant et engluant les corps qu'ils rencontrent sur leur passage, rampant sur le sol ou sur divers objets qu'ils enlacent de leurs prolongements transitoires et changeants; si bien que certains savants ont jadis proposé de les ranger parmi les animaux, sous le nom de Mycétozoaires : ce qui semble inadmissible aujourd'hui, leur mode de reproduction étant identique à celui des végétaux.

Il y a des phytoblastes réduits à une petite masse de protoplasma, en apparence homogène, qui sont doués de *locomotilité*. Tantôt les organes extérieurs du mouvement nous échappent et la force motrice siège probablement dans la masse même du phytoblaste; et tantôt, au contraire, ces organes sont des rames saillantes, en forme de *cils*, dits *vibratiles*, qui sont empruntées à la substance protoplasmique, proéminent au dehors et sont douées de mouvements propres et variés, mouvements dont le résultat est le déplacement du phytoblaste. Les corps fécondateurs (anthérozoïdes) de certaines Cryptogames, notamment de nombreuses Algues, des Fougères, des Mousses, etc., sont dans ce cas. Deux ou plusieurs de ces cils vibratiles les portent vers les organes à féconder; après quoi, les cils disparaissent; les petits phytoblastes meurent, se comportant absolument en cela comme les spermatozoïdes des animaux, qui ne sont point des animaux; pas plus que les corps fécondateurs dont nous parlons ne sont des végétaux, puisqu'ils ne se reproduisent pas eux-mêmes. Ce ne sont que des masses protoplasmiques, homogènes ou non, dont la durée, comme la fonction, est nécessairement passagère. L'ammoniaque et la potasse les dissolvent complètement.

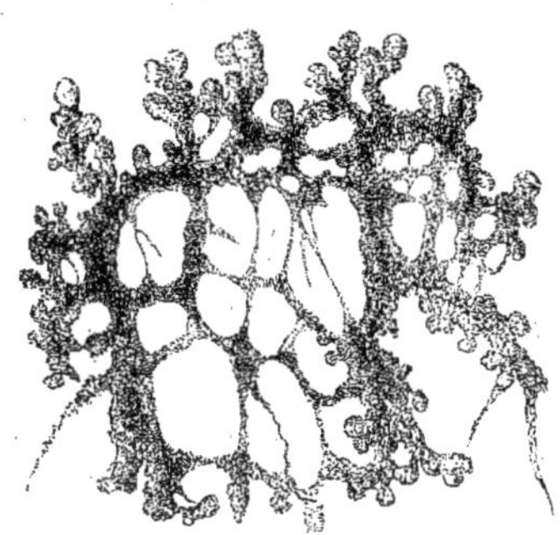

Myxomycète. Protoplasma locomobile.

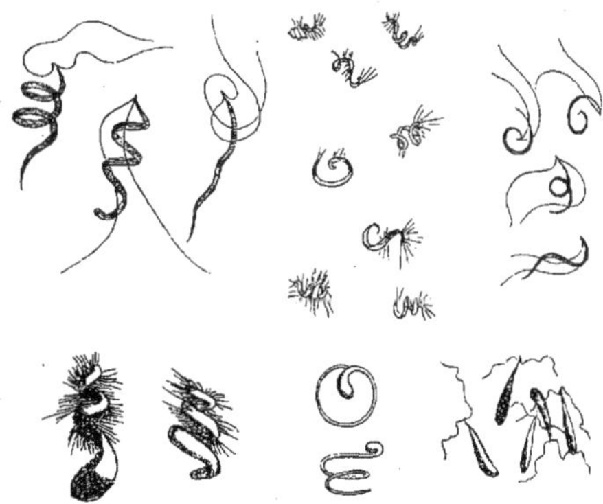

Anthérozoïdes. Phytoblastes pourvus de cils vibratiles.

Bien des faits prouvent, de plus, aux yeux des physiologistes les plus accrédités, que le protoplasma est doué d'une certaine *sensibilité;* il y a des phytoblastes mobiles qui se dirigent constamment vers la lumière; d'autres qui la fuient quand elle est trop vive. Certaines masses de protoplasma, captives dans les cavités naturelles des plantes, se comportent absolument de même. Elles changent de place sous certaines influences et reprennent leur situation primitive quand ces influences extérieures ont cessé d'agir. C'est au protoplasma que sont dus les mouvements des feuilles qui s'étalent ou se replient suivant que la plante est à la lumière ou dans l'obscurité; c'est également lui qui produit les mouvements des organes fécondateurs vers ceux dont ils doivent assurer la fécondité. Sans doute la sensibilité de la plante est souvent très obscure, comme sa locomotilité, et le même fait existe aussi chez certains animaux inférieurs; on observe parfois néanmoins dans la plante, comme l'a dit Cl. Bernard, « le mouvement approprié à un but déterminé, les apparences, en un mot, du mouvement volontaire ».

B. *Dans un deuxième état, le phytoblaste n'est plus réduit à la substance protoplasmique du protoblaste.* — Tant que la masse du phytoblaste est peu développée, qu'elle n'a pas à fournir une longue carrière, qu'elle n'a qu'une fonction passagère à remplir, ou bien quand la vie est latente en elle, engourdie pour ainsi dire (et cet état de repos peut être dans une

Phytoblaste, homogène d'abord, puis pénétré par l'eau qui y forme des amas de suc cellulaire.

plante de très longue durée), cette masse peut bien demeurer sensiblement homogène, c'est-à-dire uniquement formée de la substance protoplasmique solide ou demi-fluide que nous venons d'examiner.

Mais, quand la vie du phytoblaste s'active, lorsque, sous l'influence de certaines causes extérieures, notamment d'une température suffisamment élevée et d'une quantité convenable d'eau, il commence à se nourrir et à s'accroître, le liquide qui le pénètre ne s'unit pas également et d'une façon indéfinie à ses molécules. Séparé d'elles, il forme dans leur substance, qu'il désagrège et dont il écarte les éléments, des amas aqueux, d'abord peu considérables, puis de plus en plus larges, qui refoulent en des points variables la substance protoplasmique. On distingue alors de celle-ci, dans le phytoblaste, ces amas d'un liquide qui prend le nom de *suc cellulaire*. Ce n'est pas généralement de l'eau pure; mais, au contact du protoplasma, l'eau dissout plus ou moins abondamment les matériaux solubles que celui-ci renferme. Si ce sont des sels, par exemple, elle peut les dissoudre en quantité assez considérable pour pouvoir ensuite, lorsqu'elle disparaît en partie, les laisser déposer à l'état de cristaux; et il en est probablement de même de certaines matières organiques qu'elle peut également retenir pendant un temps variable en dissolution.

Au lieu de s'amasser en lacs inégaux dans la substance protoplasmique, le suc cellulaire peut bien, et c'est là le cas *maximum* de son évolution, ne former au centre du phytoblaste qu'un seul réservoir, limité de toutes parts par la substance protoplasmique qui lui forme une sorte de coque complète. C'est cette dernière enveloppe qu'on a nommée *utricule primordiale azotée;* de sorte que dans le deuxième état du phytoblaste, que nous considérons actuellement, il est représenté par une utricule primordiale, de substance protéique, et par un amas central de suc cellulaire, ou bien encore par plusieurs amas de ce suc; auquel cas ces lacs secondaires sont séparés les uns des autres par des cloisons d'une substance identique à celle de l'utricule primordiale. Ces cloisons sont tantôt complètes et continues, tantôt incomplètes et réduites à des cordons, des brides, des traînées, souvent nommés *filaments* ou *rubans* *protoplasmiques*, et sur la constitution desquels nous reviendrons forcément un peu plus loin.

C. *Dans un troisième état, le phytoblaste se construit une demeure, ou enveloppe protectrice, un phytocyste.* — Il y a de grandes analogies entre les corpuscules mobiles fécondateurs des Cryptogames dont nous avons parlé et les corpuscules par eux fécondés et qu'on nomme *spores*. Ces derniers sont fréquemment mobiles comme les premiers; et dans les Algues, par exemple, on les voit souvent nager dans les eaux douces ou salées, au sortir de la plante mère qui les a produits. Ils ont parfois aussi des organes locomoteurs à leur surface, c'est-à-dire des cils vibratiles, au nombre de deux, quatre, ou même

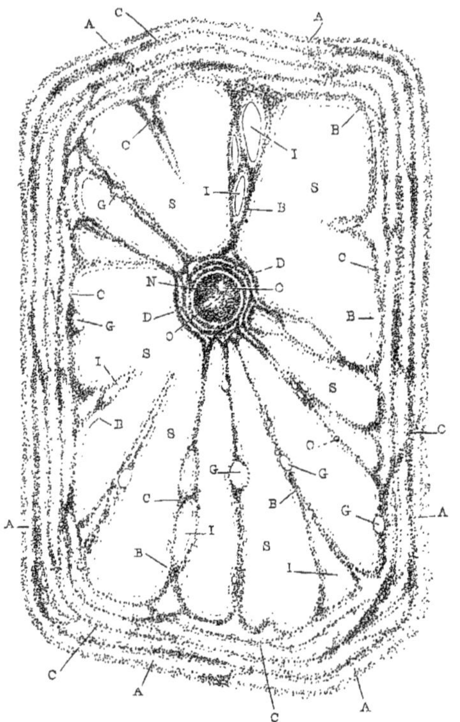

Schéma d'un phytoblaste libre. Au pourtour de sa masse, l'utricule primordiale azotée AAA, avec ses vaisseaux anastomosés entre eux, formant plusieurs couches CCC, et dans lesquels circule le fluide nourricier. A l'intérieur, elle envoie des traînées BBB, libres ou anastomosées entre elles, dans lesquelles le fluide nourricier trace des courants anastomosés CCC. Il renferme des microsomes, dont quelques-uns plus gros, GGG, distendent les parois. Entre ces traînées, les réservoirs de suc cellulaire, SSS. Les bras intérieurs aboutissent en partie à la zone enveloppant le noyau N, avec ses nucléoles OO. DD, zone périnucléaire dans laquelle il y a aussi des courants anastomosés.

en nombre indéfini, et toute leur surface extérieure peut même en être recouverte. Mais le rôle de ces spores n'est pas éphémère, car elles tiennent aussi lieu de semences pour les plantes qui les produisent. Se fixant sur un corps solide et perdant leurs organes locomoteurs, elles germent et reproduisent une autre plante. Aussi se fabriquent-elles de bonne heure une enveloppe protectrice. Celle-ci est élaborée par le protoplasma du phytoblaste, et se dépose, molécule à molécule, dans ses couches les plus superficielles. Elle constitue donc bientôt une sorte d'armure ou de carapace extérieure, sécrétée par le phytoblaste, de la même façon que les Mollusques, Zoophytes, etc., se fabriquent une enveloppe extérieure, abondante en matières inorganiques, telles que calcaire, silice, etc. Ici la plus grande partie de cette enveloppe est constituée par de la cellulose, c'est-à-dire par un principe ternaire ($C^6H^{10}O^5$); mais cette dernière substance étant déposée de la façon que nous venons de dire, est forcément, de même que le test des Mollusques, Crustacés, etc., auquel nous l'avons comparée, mélangée d'une certaine proportion, peu considérable d'ailleurs, de la matière organique du phytoblaste.

Nous avons nommé cette sorte de test un *Phytocyste*, et nous verrons bientôt que le phytocyste est extrêmement variable quant à sa taille, sa forme, son épaisseur, sa résistance, sa durée, les dimensions et la configuration des solutions de continuité de sa paroi.

Les anciens botanistes l'ont appelé paroi cellulaire. Quand le phytoblaste abandonne ce phytocyste, ou quand il meurt et se

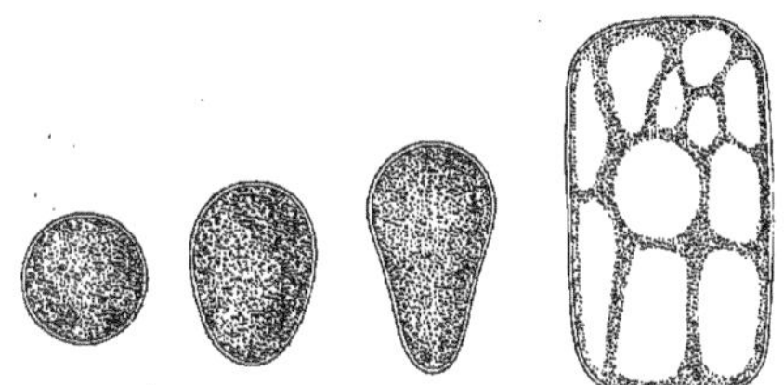

Phytoblastes, de forme variable, entourés de leur phytocyste. Phytoblaste plus âgé, avec lacs de suc cellulaire et traînées protoplasmiques.

réduit à de minces restes, absolument comme un animal inférieur qui meurt dans son enveloppe protectrice ou l'abandonne pour aller vivre dans une demeure plus spacieuse, le phytocyste vidé ne renferme souvent plus que des liquides ou des gaz, et représente une sorte de sac, de cellule ou de vésicule, que l'on étudiait seule autrefois, sans s'occuper beaucoup du phytoblaste qui l'avait fabriquée et qui l'habitait d'abord : à peu près comme les anciens malacologistes étudiaient plutôt les coquilles que l'animal qu'elles renfermaient.

La paroi du phytocyste est perméable à un grand nombre de liquides, soit parce que, peu épaisse, elle se laisse imbiber par eux, soit parce que, devenue plus résistante, elle présente en grand nombre des solutions de continuité, des pores ou des fentes, etc., dont il sera ultérieurement question.

Souvent d'une grande minceur, d'une transparence à peu près parfaite et appliqué exactement sur le phytoblaste, le phytocyste ne se distinguerait point de lui s'il ne possédait des réactions caractéristiques, qui sont celles de la cellulose. Traité par le chloro-iodure de zinc, il se colore en violet quelquefois rougeâtre. Par l'action de l'acide sulfurique et de la teinture alcoolique d'iode, il devient bleu ou plus ou moins violacé. Il est gonflé, puis dissous par le réactif de Schweiger, qui est une solution d'oxyde de cuivre ammoniacal. Et surtout, caractère négatif d'une grande importance, puisqu'il nous sert à distinguer la substance végétale du phytocyste de la matière animale du phytoblaste, toutes les variétés de cellulose sont insolubles dans une solution concentrée d'ammoniaque, à froid ou à chaud.

D. *Dans un quatrième état, il y a formation, dans l'utricule primordiale azotée, des organes de la circulation du phytoblaste.* — Dans le cas d'un réservoir unique et central pour le suc cellulaire, l'utricule primordiale ne forme qu'un sac plus ou moins épais et continu, doublant le phytocyste formé de cellulose. On peut séparer nettement l'une de l'autre ces deux vésicules emboîtées, en coagulant, par l'alcool, la solution alcoolique d'iode ou tout autre réactif coagulant, le protoplasma, le sac phytoblastique, qui revient alors sur lui-même, s'éloigne de la paroi de cellulose, se ride ou se crispe quelquefois énergiquement, à peu près comme une vessie tendue de caoutchouc revient sur elle-même en se dégonflant. Il y a beaucoup de substances dont la plus mince proportion dissoute dans l'eau produit ce résultat; le phytoblaste est d'ailleurs tué par ces réactifs.

La paroi de l'utricule primordiale azotée n'est pas égale en densité dans ses différentes couches. Sa substance passe graduellement, des deux surfaces vers le centre, de la consistance solide à un état demi-solide, muqueux, puis tout à fait liquide. Nous ne pouvons cependant, dans l'état actuel de nos connaissances, admettre que la composition fondamentale du protoplasma soit différente dans ces diverses couches, et il y a tous les passages gradués du protoplasma solide de la surface au protoplasma liquide et bien plus mobile de la profondeur. Le premier joue à l'égard du dernier le rôle de paroi solide et maintenant prisonnier un liquide en mouvement.

On pourrait peut-être employer ici une comparaison tirée de l'observation de ces rivières qui, après les chaleurs de l'été, sont réduites à de minces filets d'une eau plus ou moins bourbeuse, à laquelle la boue du fond, plus pauvre en eau, forme une paroi solide, mais d'une composition en somme analogue à celle du liquide qui continue de circuler.

Ce liquide, en effet, dans un phytoblaste vivant, a la propriété de se déplacer dans diverses directions, maintenu par la barrière du protoplasma solide. Comme il est d'ordinaire d'une

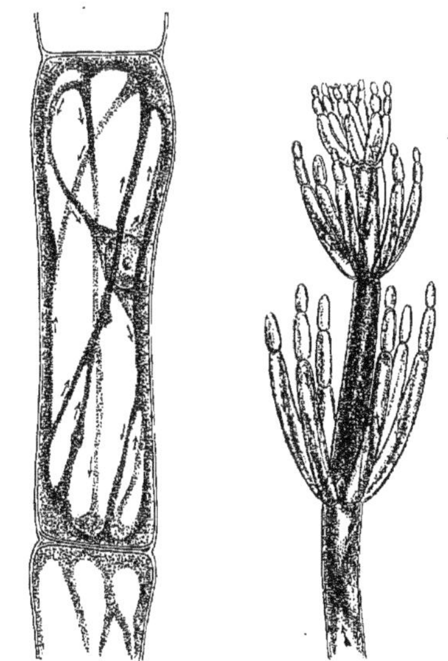

Chara, avec traînées protoplasmiques et courants (dont les flèches indiquent le sens).

limpidité parfaite, ses mouvements circulatoires ne seraient pas facilement visibles, s'il ne contenait souvent en suspension des corps solides ou *microsomes*. Peu importe pour le moment la nature, variable d'ailleurs, de ces microsomes. Constatons seulement que le sens et la rapidité variables de leurs mouvements indiquent la direction et la vitesse des courants du protoplasma liquide. Les plus petits des microsomes sont d'ailleurs d'ordinaire plus rapidement et plus facilement entraînés que les plus gros; et même quand ceux-ci sont très volumineux, ils peuvent soulever, pour se glisser avec peine, entre elle et la paroi extérieure de l'utricule primordiale, la paroi intérieure de ce même organe, fort amincie et tendue en pareil cas, mais finissant généralement par laisser avancer un peu plus loin le ou les microsomes qui la soulèvent. Maintenue par le phytocyste, la paroi extérieure de l'utricule primordiale azotée ne peut naturellement céder.

Comme il peut y avoir dans une même utricule primordiale plusieurs de ces zones liquides, séparées les unes des autres par des parois de protoplasma plus solide, cette utricule peut présenter à la fois, dans son épaisseur, plusieurs courants de liquides superposés, courants dont les directions sont ou parallèles entre elles, ou souvent inverses les unes des autres.

E. *Dans un cinquième état, il se forme des saillies et des prolongements intérieurs de l'utricule primordiale azotée.* — La cavité, unique et remplie de suc cellulaire, du phytoblaste peut être remplacée par plusieurs réservoirs secondaires. En pareil cas, des lames de protoplasma persistent, comme nous l'avons vu, et séparent ces réservoirs les uns des autres. Ils sont souvent fort inégaux, et, de plus, leur forme et leurs dimensions varient d'un moment à l'autre : ce qui tient à des modifications continuelles dans la forme des cloisons de séparation. Ces modifications sont dues à l'extrême plasticité de la substance protoplasmique.

Mais, grâce à cette plasticité, des rubans ou des brides, d'épaisseur et de directions très variables, peuvent se produire dans la cavité centrale du phytoblaste. De la face interne de l'utricule primordiale azotée naissent ces saillies, ces bras, qui s'allongent vers l'intérieur, de la même façon que des bras extérieurs se produisent dans tous les sens, nous l'avons vu, chez les Myxomycètes. Le phytocyste oppose, bien entendu, à ces expansions une barrière infranchissable en dehors; elles ne peuvent donc que proéminer vers l'intérieur. Elles peuvent s'y rejoindre entre elles et souvent convergent vers un ou plusieurs centres communs, sous forme de traînées, de cordons inégaux en longueur et en épaisseur. Il est rare, en effet, que le centre de fusion des rubans, quand il est unique, occupe exactement le centre de figure du phytoblaste. Et encore, l'occupât-il à un moment donné, si grande est la mobilité plastique de tous les cordons qui s'y rejoignent, qu'il change lui-même presque constamment de place dans les phytoblastes bien vivants. Souvent même il est appliqué contre l'utricule primordiale azotée elle-même, se confondant avec elle par un de ses côtés; si bien qu'alors les brides protoplasmiques, ou du moins certaines d'entre elles, peuvent répondre par leur longueur aux diamètres mêmes du phytocyste.

La substance et la structure de ces rubans et saillies diverses sont, autant que nous pouvons en juger, identiques à celles de l'utricule primordiale. Leur consistance est d'autant plus grande qu'on se rapproche davantage de leurs surfaces, et leur intérieur est occupé par un ou plusieurs courants de protoplasma liquide, marchant, au cas où ils sont multiples, ou dans un même sens, ou dans des directions opposées, et allant tous se jeter dans les grands courants liquides de l'utricule primordiale azotée. La direction de ces courants se trouve également indiquée par celle des microsomes qu'ils tiennent en suspension; et quand quelques-uns de ceux-ci sont assez volumineux pour faire saillie à la surface des cordons, tendant fortement au-dessus d'eux la fine paroi qui les maintient, ils ont passé, aux yeux de certains physiologistes, pour être, non pas intérieurs, mais extérieurs aux canaux dont sont creusées les brides phytoblastiques, et pour se mouvoir comme en rampant à leur surface, maintenus contre elle par une force attractive, peu explicable du reste, il faut le reconnaître.

A l'état où nous l'observons maintenant, le *phytoblaste*, renfermé ou non dans son *phytocyste*, s'est donc bien compliqué comme organisation; il comprend : une *utricule primordiale azotée* périphérique, un ou plusieurs réservoirs de suc cellulaire, et souvent des *processus* ou *rubans* intérieurs de cette utricule. De plus, celle-ci et ses prolongements intérieurs renferment dans leur épaisseur un *liquide nourricier*, de nature protoplasmique, maintenu dans un ou plusieurs canaux dans lesquels il circule.

LES PHYTOBLASTES A NOYAU. — Outre les parties que nous venons d'énumérer, le phytoblaste peut posséder un *noyau*, ou *nucléus*, ou *cystoblaste*, qui paraît en général de très bonne heure dans sa substance. Son rôle n'est pas encore bien connu, et a même été considéré comme absolument nul; et cela probablement parce qu'il y a beaucoup de plantes inférieures où on ne l'a pas observé, ou plutôt où l'on n'a pas observé l'organe qui tient sa place alors qu'il n'apparaît pas; car il est probable que son rôle physiologique est d'une importance capitale, et que là où l'on n'a pu l'apercevoir, ses fonctions sont remplies par quelque autre partie homologue.

Le noyau n'a pas été jusqu'ici rencontré dans un certain nombre de Cryptogames; il existe dans les Mousses, les Cryptogames vasculaires et toutes les Phanérogames. C'est une masse, sphérique ou à peu près au début, formée de substance protéique et qui ne présente alors que peu de différences avec la masse protoplasmique du phytoblaste. Ses réactions sont à peu près celles du protoplasma. Cependant il absorbe plus énergiquement que lui la plupart des matières colorantes; il les condense davantage et prend en les accumulant une teinte plus foncée. L'action de l'acide acétique concentré, qui finit par dissoudre le protoplasma après l'avoir rendu transparent, donne ordinairement, au contraire, au noyau de la netteté et un aspect brillant.

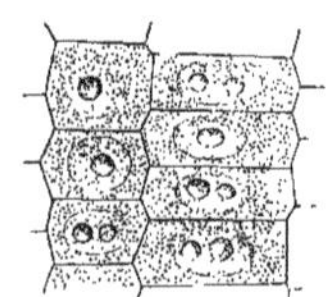

Phytocystes-cellules d'un bulbe, avec phytoblastes à noyau.

Grand d'abord, relativement au phytocyste dans lequel il se trouve, le noyau cesse de bonne heure de s'accroître, tandis que, la cellule grandissant longtemps, la disproportion entre l'un et l'autre va s'accentuant. Homogène en apparence au début, il devient bientôt d'autant plus dense qu'on se rapproche davantage de sa surface. Puis il se développe dans son intérieur un, deux, ou même un plus grand nombre de *nucléoles* brillants.

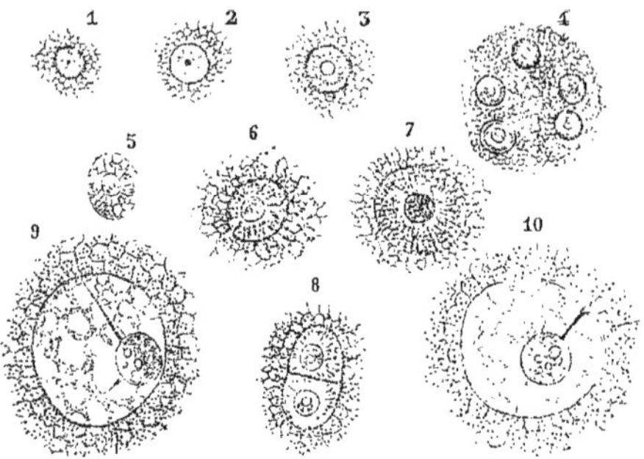

Multiplication de cellules, dites autrefois libres, dans un sac embryonnaire (Strasburger). États successifs indiqués par les chiffres 1-10.

On ne connaît bien ni la nature ni les fonctions de ces nucléoles. Il se produit aussi dans la substance du noyau des vacuoles dont le nombre devient avec l'âge de plus en plus considérable; si bien qu'il en peut devenir criblé, comme une écumoire. On a quelquefois vu des courants dans sa substance. Quand il absorbe, après sa mort, une grande quantité d'eau ou de quelques autres liquides, sa couche superficielle distendue se soulève et finit par éclater.

Il est toujours enveloppé par la substance protoplasmique du phytoblaste, et il occupe normalement l'îlot de cette substance qui se trouve au point de confluence des rubans tendus au travers de la cellule. Aussi quand cet îlot, au lieu d'être plus ou moins central, se trouve être adhérent à l'utricule primordiale, le noyau est enchâssé dans une saillie interne, continue avec celle-ci.

Cette couche de protoplasma qui entoure le noyau peut contenir des canaux dans lesquels circule le fluide nourricier; leur cavité se trouve, aussi bien que celle des vaisseaux de l'utricule primordiale, en communication avec les vaisseaux des rubans protoplasmiques. Le même liquide peut donc pénétrer, par l'intermédiaire de ces rubans, de la zone vasculaire périnucléaire dans celle de l'utricule primordiale azotée, et réciproquement.

Mais comme, grâce à la plasticité de toute la substance protoplasmique du phytoblaste, ses divisions sont toutes éminemment mobiles et changeantes, le centre nucléaire peut être incessamment déplacé, et le noyau voyage dans les divers départements de la cellule, mobilisé par la résultante des tractions diverses de ces cordons. Sous la même influence (et probablement aussi en vertu d'une force qui réside en lui-même), il change plus ou moins complètement de forme, devient, de sphérique qu'il était, ovoïde, ou plus ou moins allongé, ou en même temps aplati comme une semelle.

Il y a des phytoblastes à deux ou plusieurs noyaux. Nous verrons comment le nombre des noyaux peut s'accroître et comment, par exemple, un seul noyau se divise en deux autres, quand nous étudierons le mode de multiplication des phytocystes et des phytoblastes.

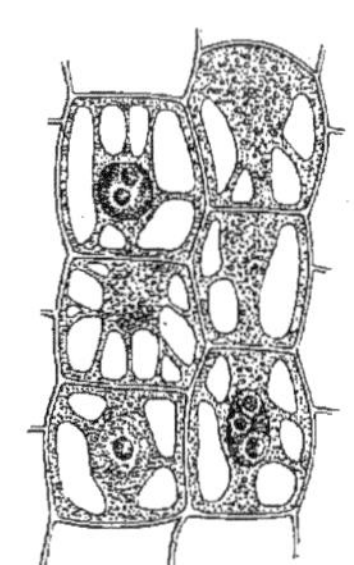

Phytocystes à divers âges, contenant les divisions du phytoblaste et les réservoirs de suc cellulaire, avec noyau (Sachs).

Arrivés au plus haut état de complication que ces derniers puissent présenter, nous trouvons donc dans leur intérieur :

Une utricule primordiale, azotée, protoplasmique;

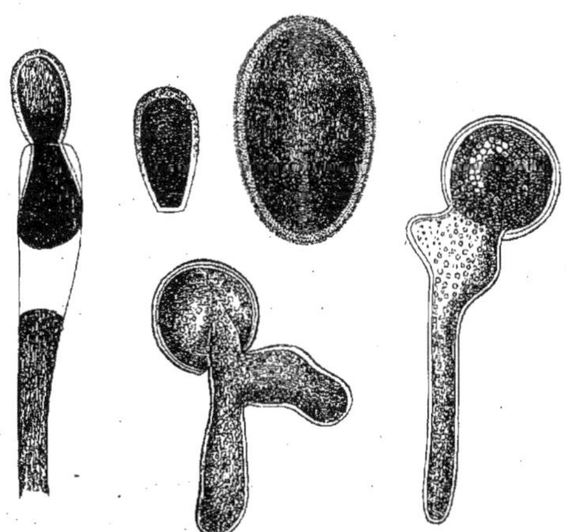

Vaucheria. — Phytocysto-sporo, à divers âges, toujours unique.

Une utricule périnucléaire, également protoplasmique;

Des rubans ou traînées de substance protoplasmique, unissant l'une à l'autre ces deux utricules;

Des cavités vasculaires, creusées dans ces utricules et ces rubans, et contenant le liquide nourricier;

Le suc ou sève cellulaire baignant les organes précédents;

Et enfin le noyau, formé d'une substance protoplasmique particulière et renfermant souvent un ou plusieurs nucléoles.

Les travaux du phytoblaste. — Le phytoblaste est, dans le végétal, le seul agent producteur. Tant qu'il vit, se nourrit, assimile et désassimile, il fabrique des matériaux divers : les uns destinés à être conservés, emmagasinés dans quelque portion de sa masse même; les autres destinés à être disséminés, transportés, à l'état soluble ou à l'état de gaz, dans les autres parties de la plante et même dans les milieux ambiants. Outre sa demeure, son enveloppe protectrice, le phytocyste, qu'il se construit dans un grand nombre de cas, et le suc cellulaire auquel il donne des qualités particulières, il fabrique : des matières colorantes ou pigmentaires, de la fécule, de l'inuline, des matières sucrées, gommeuses, tanniques, grasses, aleuriques,

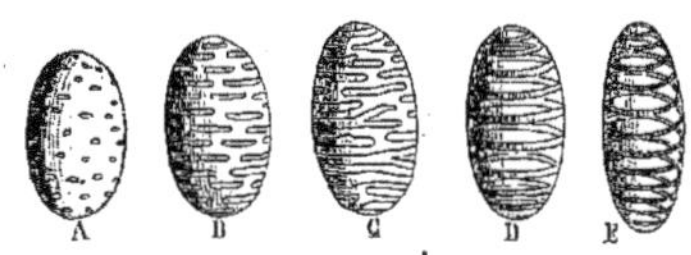

Phytocystes-cellules, à dessins divers : A, ponctué; B, rayé; C, réticulé; D, annelé; E, spiralé.

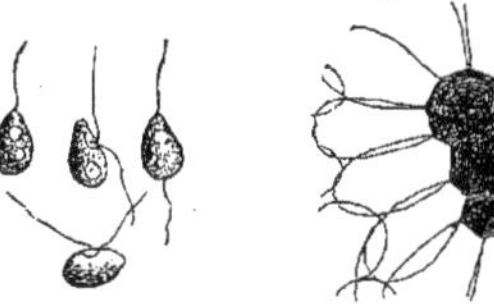

Phytoblastes mobiles, à cils vibratiles.

Phytocystes scléreux (pierre de la chair des poires).

des essences, des résines, gommes-résines, oléo-résines, du latex, des acides, des alcaloïdes, des sels, cristallisés ou non, des cristalloïdes, etc. Nous allons passer en revue ces principaux produits de fabrication du phytoblaste.

A. *Phytocyste.* — Un phytoblaste s'enveloppant, ainsi que nous l'avons dit, d'une enveloppe protectrice de cellulose, fabriquée par lui, extraite par lui de ses matériaux nutritifs, puis déposée molécule à molécule vers sa surface; si ce phytoblaste est supposé sphérique et que la membrane cellulosique qui l'entoure demeure mince, flexible, transparente ou à peu près, extensible dans une certaine limite, afin de pouvoir suivre dans son accroissement le corps vivant contenu, on obtient ce qu'on appelle depuis longtemps une *cellule* végétale.

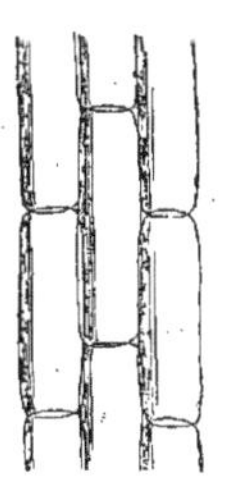

Phytocystes tubules.

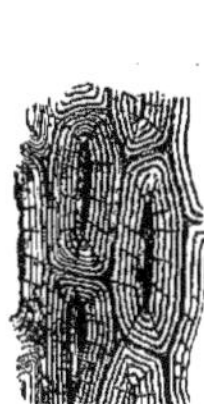

Phytocystes fibres (Buis).

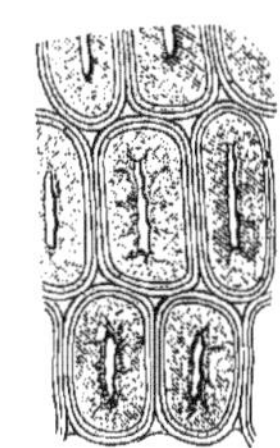

Phytocystes-fibres du liber, coupe transversale.

Si ce sac s'allonge un peu plus dans un sens que dans l'autre, de façon à devenir ovoïde, oblong, ellipsoïde, etc., on le désigne encore d'ordinaire sous le nom de *cellule*, ovoïde, ellipsoïde, oblongue, etc.

Si, tout en s'allongeant, il est pressé par un sac semblable à lui, à droite et à gauche, par exemple, de façon à devenir cylindrique ou à peu près, tout en étant terminé en haut et en bas par une cloison plane, on l'appelle encore *cellule*, dans tous les ouvrages classiques.

Si, pressé de même de divers côtés, il devient un polyèdre à

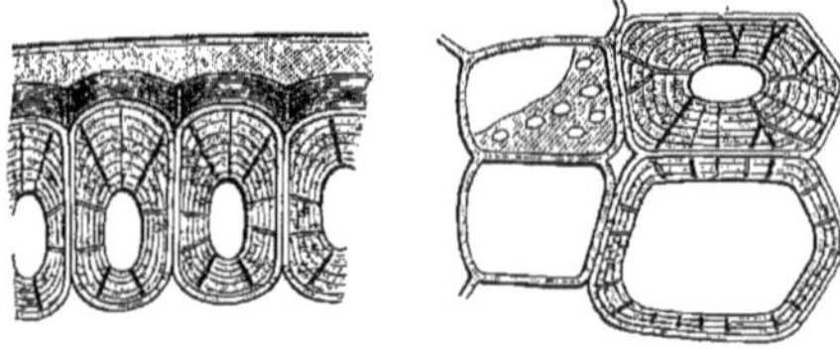

Phytocystes scléreux.

un nombre variable de faces, c'est actuellement aussi une *cellule*.

Si, tout en conservant les formes précédentes, notamment la forme polyédrique, il épaissit énormément sa paroi, de façon qu'elle devienne ligneuse, scléreuse, osseuse, pierreuse même, sa cavité qui est occupée par le phytoblaste demeurant relativement petite, il est d'usage de le nommer encore *cellule*.

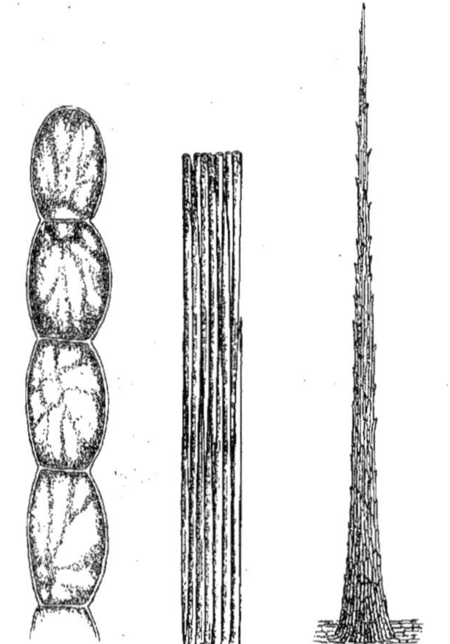

Tradescantia. — Poil cloisonné de l'étamine; le phytoblaste contracté. Phytocystes-fibres du bois. Phytocyste-poil polycystique.

Puis, par un singulier vice de langage, passé aujourd'hui dans la coutume, si la paroi de ce sac, en même temps qu'il s'allonge comme un fuseau, avec ses extrémités plus ou moins aiguës et configurées en pointe, régulière ou oblique, si, dis-je, sa paroi s'épaissit comme dans le cas précédent, sa cavité devenant d'autant plus étroite, la plupart des traités élémentaires le nomment *fibre*.

Ce ne sont cependant toutes là que des modifications de forme et de consistance d'un seul et même élément, le *phytocyste*. Aussi croyons-nous devoir modifier ainsi qu'il suit les expressions qui précèdent :

1° Le phytocyste à paroi mince et dans lequel un des diamètres ne prédomine pas sur tous les autres, est un *phytocyste-cellule* (on peut ajouter les épithètes de sphérique, ovoïde, tabulaire, polyédrique, avec tel ou tel nombre de faces, et même,

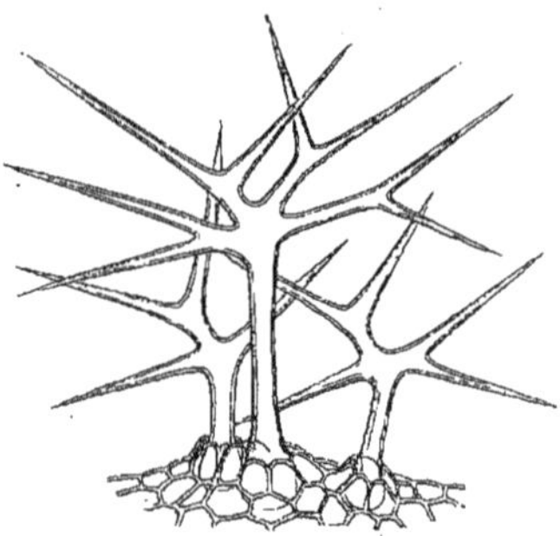

Phytocyste-poil rameux d'une Crucifère.

parce que ces dispositions se présentent dans les plantes, celles de rameux, étoilé, rayonné, etc.).

2° Le phytocyste de même forme, dans lequel la paroi devient dure et épaisse, sera pour nous un *phytocyste-sclérule* (avec les épithètes de ligneux, subéreux, osseux, pierreux, sans compter celles qui en peuvent indiquer la forme).

3° Le phytocyste qui s'allonge dans un sens et dans lequel

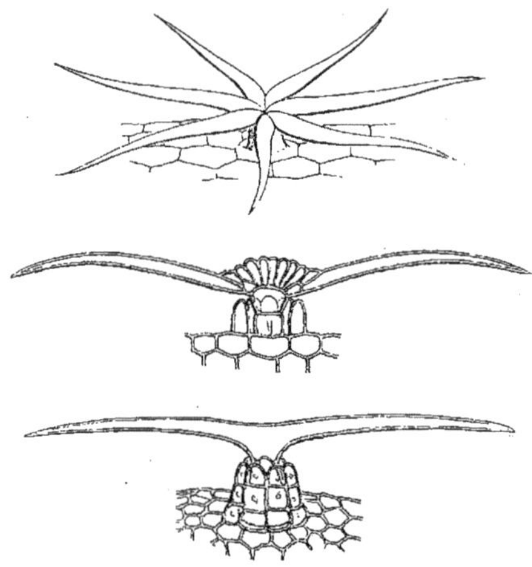

Phytocystes-poils étoilés, peltés et en navette.

un diamètre l'emporte sur tous les autres (c'est souvent le diamètre vertical), est un *phytocyste-tubule* (une épithète peut indiquer que sa coupe transversale est circulaire, aplatie, polygonale, etc.).

4° Le phytocyste qui s'allonge comme le précédent, sa paroi devenant en même temps épaisse et résistante, est un *phytocyste-fibre* (avec épithète indiquant les caractères de forme de sa coupe transversale, de ses extrémités, la consistance de sa paroi, etc.).

5° Un phytocyste libre de toutes parts, sauf par sa base, et qui proémine, soit à la surface des plantes, soit dans certaines de leurs cavités, est un *phytocyste-poil;* en Allemagne, on l'appelle aussi *trichôme;* il y en a de toutes les formes.

6° Il y a même un *phytocyste-plante*, c'est-à-dire qu'un seul élément peut représenter à lui seul une plante entière, et non pas seulement une plante microscopique et très simple de forme, mais même une plante très ramifiée, avec des organes ayant la forme de tiges, d'autres la forme de frondes, de feuilles, etc., comme il arrive dans les *Vaucheria*, les *Acetabularia*, *Caulerpa*, *Valonia*, certaines Mucorinées, etc.

A son premier âge, la paroi du phytocyste, encore mince, flexible, transparente, est formée (outre la substance protoplasmique) de cellulose pure ou à peu près. Des sels, de la silice, des matières colorantes, etc., peuvent ensuite la pénétrer.

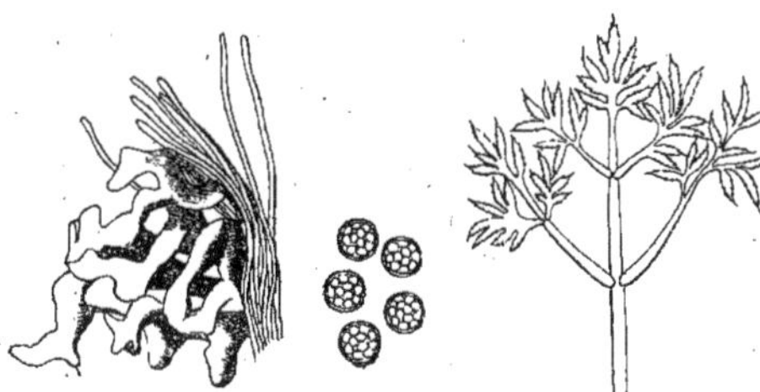

Phytocystes polymorphes. (De Seynes). Phytocyste-plante sphérique (*Protococcus*). Phytocyste-plante ramifiée (*Valonia*).

Quand elle s'épaissit beaucoup, elle le doit en général à un dépôt de ce qu'on a appelé du *ligneux*, parce que c'est là la matière principale qui donne au bois ses qualités. Le ligneux est de composition ternaire, comme la cellulose, et ces deux substances se relient l'une à l'autre par tous les intermédiaires possibles. Les diverses espèces chimiques analogues à la cellulose, qu'on a distinguées à tort par des noms tirés de ceux des éléments dans lesquels on les trouve, n'ont, au point de vue de la physiologie végétale, aucune raison d'être conservées.

Dans les portions extérieures, parfois très épaisses, du phytocyste, assez souvent la consistance du tissu diminue beaucoup, en sorte que ces couches extérieures sont molles, presque gélatineuses quelquefois. C'est là ce qu'on a considéré comme une *matière intercellulaire*, distincte des parois mêmes des phytocystes. Elle abonde quelquefois dans les Algues. Mais elle se relie par toutes les transitions possibles aux couches plus profondes et plus dures du phytocyste. La matière intercellulaire des auteurs n'existe donc réellement pas.

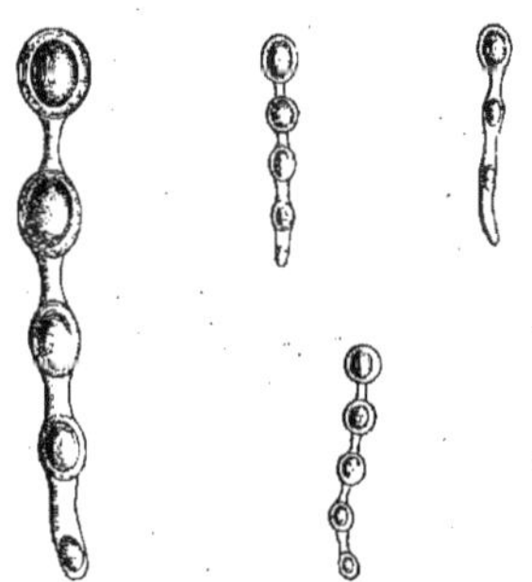

Phytocystes-spores en chapelet (*Aspergillus*).

Quoique la cellulose et le ligneux se déposent dans la paroi du phytocyste par intussusception, molécule à molécule, ainsi que nous l'avons dit plus haut, cette paroi présente souvent des couches concentriques plus ou moins nettes, plus ou moins nombreuses; c'est ce qui avait jadis donné lieu à l'opinion que des dépôts se produisent en ces points les uns sur les autres, à la façon d'un sédiment. L'inégalité de densité et de dureté des couches tient à ce qu'à des moments divers de la pénétration du phytocyste par ces substances, il y a des variations dans le nombre, le degré de rapprochement, de cohésion des molécules de ces matières déposées et dans la proportion de l'eau qui avec elles constitue la paroi.

Celle-ci est souvent striée de diverses façons, et les stries, ordinairement fines, sont de divers degrés et prennent des directions variables. L'existence de ces stries tient à la même cause: l'inégalité de proportions et de cohésion des matières solides et liquides qui se déposent simultanément dans la paroi.

Épaississements inégaux, taches, dessins et solutions de continuité de la paroi du phytocyste. — Un phytocyste peut épaissir sa paroi plus d'un côté que de l'autre. Dans ceux qui occupent la surface des plantes, par exemple, le côté libre s'accroît souvent bien plus que les autres. Ces épaississements extérieurs peuvent être circonscrits et, dans ce cas, ils sont souvent nombreux. Par exemple, dans les grains de pollen des plantes, qui ne sont que des phytocystes, on observe souvent des bosses extérieures, des saillies coniques, des aiguilles, des lames proéminentes; elles sont dues à ces épaississements localisés de la paroi cellulaire.

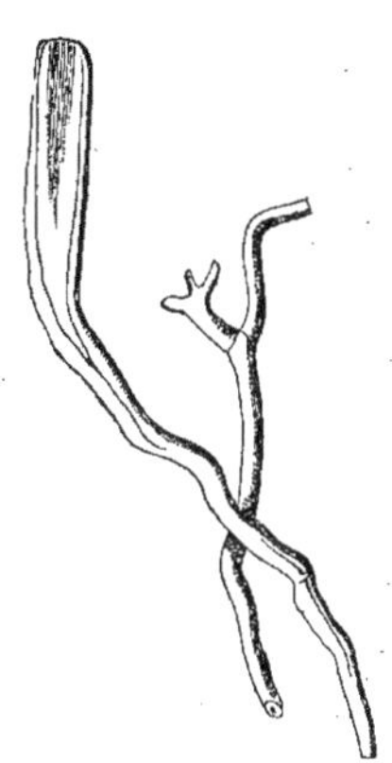

Phytocystes irréguliers, à paroi épaisse (*Polyporus*).

Des épaississements analogues peuvent se produire à l'intérieur; ils sont le plus souvent mousses, obtus. Dans les phytocystes anguleux qui constituent ce qu'on a nommé le *collenchyme*, les parois s'épaississent souvent beaucoup au niveau des angles, et cela aussi bien parfois en dehors qu'en dedans.

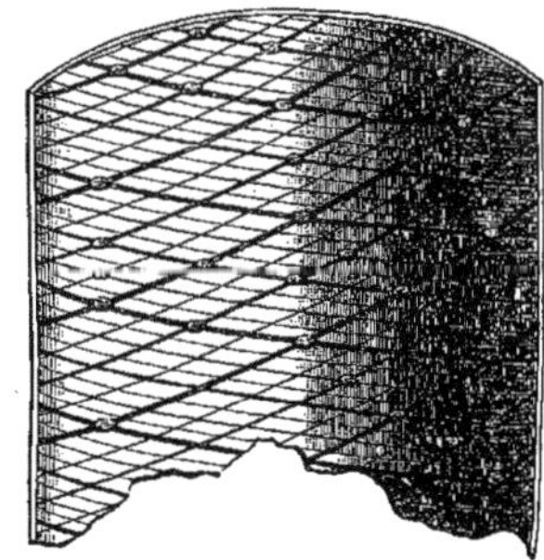

Stries d'ordres divers sur la paroi d'un phytocyste (Dutailly).

Si l'on observe par transparence un phytocyste à parois ainsi inégalement épaissies, on conçoit que les points les plus épais paraissent plus opaques que les autres.

C'est assez souvent suivant une série de bandes annulaires parallèles que se fait l'épaississement. Le phytocyste est alors dit *annelé*, et il est évident que, vu par transparence, il donnera l'apparence d'anneaux alternativement clairs et opaques.

Souvent aussi les anneaux d'épaississement sont interrompus d'espace en espace. On peut par la pensée en rétablir la continuité annulaire, alors même que les fragments d'anneaux sont à peine plus longs que larges; et c'est à des phytocystes portant de pareilles marques qu'on a donné le nom de *rayés*.

Au lieu d'être parallèles, les cercles d'épaississement peuvent se continuer les uns avec les autres de façon à former une spirale continue : le phytocyste est alors *spiralé*. Entre les tours de la spirale, la paroi non épaissie demeure peu résistante. Elle peut là se scinder, tandis que les tours plus épais de la spire, se séparant les uns des autres, deviennent *déroulables ;* mais ils n'étaient pas primitivement indépendants. Le cordon d'épaississement prend le nom de *spiricule*. Les molécules de substance solide sont souvent inégalement réparties dans les divers points de son épaisseur : plus abondantes, ordinairement, vers sa périphérie qui est plus dense et plus résistante, plus raréfiées vers son intérieur. Son centre même peut n'être occupé que par le protoplasma primitif de la membrane; si bien que, celui-ci se résorbant, le centre de la spiricule constitue une sorte de canal.

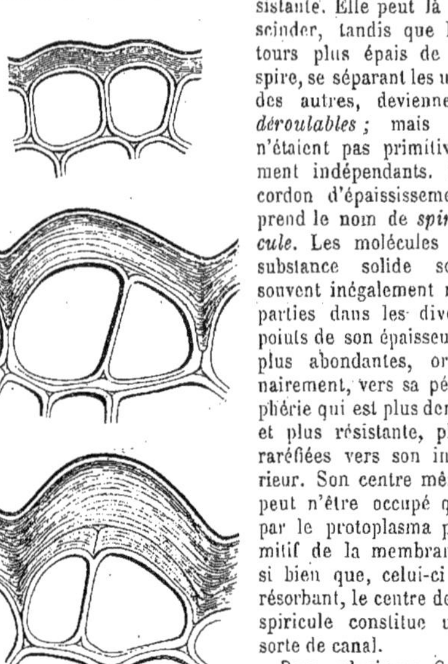

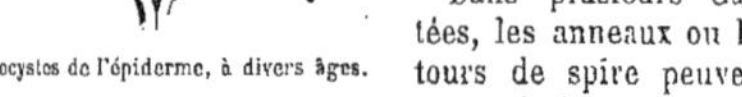

Phytocystes de l'épiderme, à divers âges.

Dans plusieurs Cactées, les anneaux ou les tours de spire peuvent être aplatis et très saillants dans l'intérieur du phytocyste, au point de figurer des sortes de cloisons ou de diaphragmes portant seulement une très étroite ouverture vers leur centre.

Au lieu d'être parallèles, les tours de spire ou les anneaux peuvent s'envoyer entre eux des branches ramifiées de communication: auquel cas le phytocyste devient *réticulé*.

Un même phytocyste peut d'ailleurs être, en ses différentes régions, surtout s'il est très allongé, annelé, rayé, spiralé et réticulé.

Le cas le plus fréquent de tous est celui où la membrane du phytocyste s'épaissit également partout, sauf en des points très restreints, au niveau desquels la minceur primitive persiste, toute membrane pouvant même complètement disparaître. En ce cas, les taches punctiformes que portent les parois sont dues, contrairement à ce que nous venons de voir, non à des épaississements, mais à des défauts d'épaississement ou à des solutions de continuité. Celles-ci sont destinées à permettre la pénétration facile des liquides dans la cavité du phytocyste, qui est, en pareil cas, dit *ponctué*.

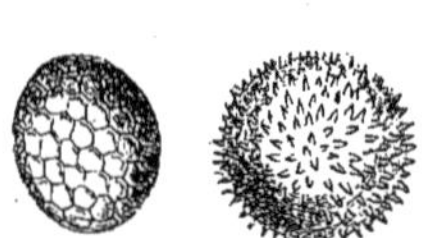

Phytocystes-grains de pollen.

Les ponctuations sont tantôt exactement circulaires et tantôt allongées en boutonnière, en fente transversale ou oblique.

Assez souvent elles sont *aréolées*, c'est-à-dire que, vue de face, l'ouverture punctiforme apparaît entourée d'une aréole claire, à laquelle elle est d'ordinaire concentrique. Vu de profil, au contraire, le canal qui traverse toute l'épaisseur du phytocyste, apparaît comme formé de deux portions, de diamètre fort inégal. L'une d'elles, ordinairement l'intérieure, est étroite, tandis que l'extérieure est relativement large, dilatée. La largeur de l'aréole représente la différence entre les deux orifices du canal dont la paroi du phytocyste est perforée. Les ponctuations aréolées sont connues depuis longtemps dans les Conifères,

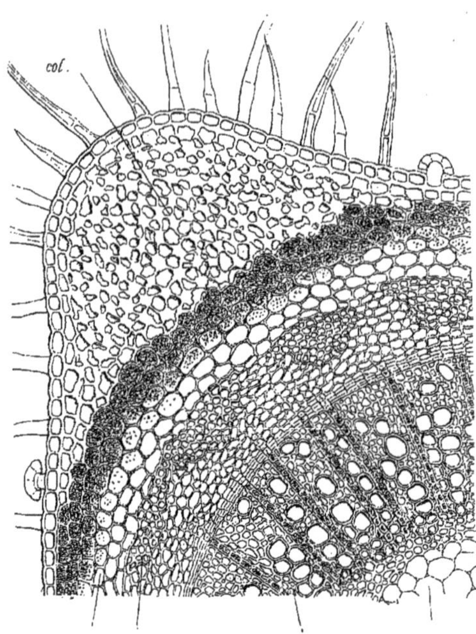

Ortie blanche. — Coupe transversale de la tige. Le collenchyme *col* en occupe les quatre angles.

quoiqu'on les observe, mais moins développées, dans le bois d'un grand nombre d'autres arbres. Sur sa coupe transversale, l'aréole apparaît sous la forme d'une lentille biconvexe. Quand cette cavité est jeune, on y voit une cloison mince et plus ou moins longtemps persistante, qui la divise en deux moitiés.

Certains phytocystes présentent, au moins en plusieurs points

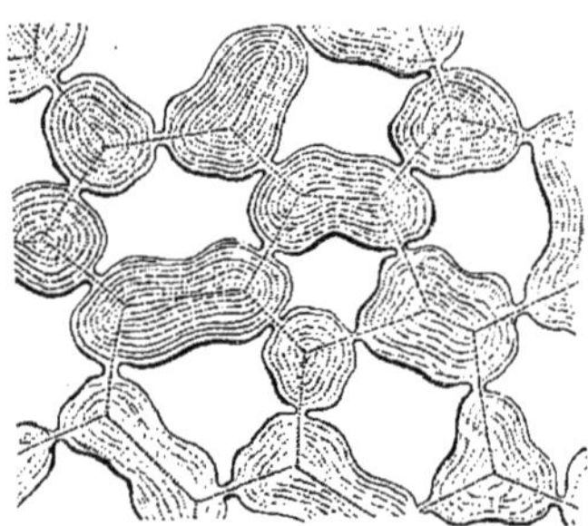

Collenchyme (Sauge).

de leur paroi, des solutions de continuité analogues aux ponctuations non aréolées, mais rapprochées les unes des autres au point de former une sorte de crible ou de grillage. Nous reviendrons sur ces phytocystes, ordinairement tubuleux, abondants dans certaines tiges, et qu'on a nommés *criblés* et *grillagés*.

Nous verrons aussi, quand nous étudierons le mode de production des phytocystes, que le phytoblaste peut, dans l'intérieur d'un phytocyste déjà existant, fabriquer, autour de masses définies de protoplasma qui lui sont intérieures, des revêtements de cellulose comparables à ceux qu'il a déposés d'abord à sa propre périphérie.

B. *Suc ou sève cellulaire.* — Nous avons vu le phytoblaste, à l'époque où il est pénétré par de l'eau venue du dehors, se creuser d'un ou plusieurs réservoirs dans lesquels ce liquide s'accumule. En le supposant représenté d'abord par de l'eau pure, on comprend qu'au contact, soit de la paroi profonde de l'utricule primordiale azotée, soit des bras ou des rubans que celle-ci envoie dans l'intérieur, l'eau se charge de tout ce que le protoplasma laisse exsuder et qu'elle peut dissoudre : produits organiques de désassimilation, sels, matières colorantes solubles, etc. C'est là ce qui constitue la *sève* ou *suc cellulaire*. Celui-ci reçoit de plus des matières solubles ou dialysables qui lui sont apportées par des éléments voisins et qui souvent sont alimentaires. De sorte que la composition du suc cellulaire est variable suivant les phytoblastes observés et suivant aussi le moment où on les observe. Le suc cellulaire représente donc le milieu le plus immédiat avec lequel les liquides contenus dans les vaisseaux du protoplasma peuvent accomplir les échanges nécessaires à la vie de la plante.

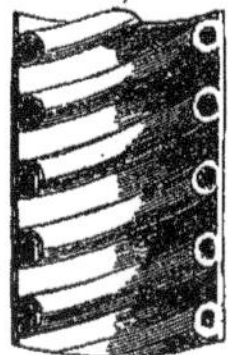

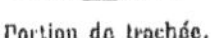

Portion de trachée.

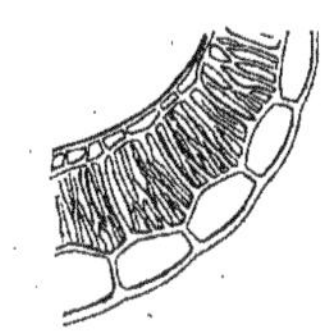

Phytocystes dits cellules fibreuses d'anthère.

Tous les principes dissous dans le suc cellulaire, et qui s'y accumuleraient en une proportion dépassant leur solubilité, peuvent se déposer dans ce liquide qu'ils saturent, et se déposent soit à l'état amorphe, soit à l'état de cristaux quand il s'agit de sels, etc.

Phytocystes-fibres aréolés de Sapin.

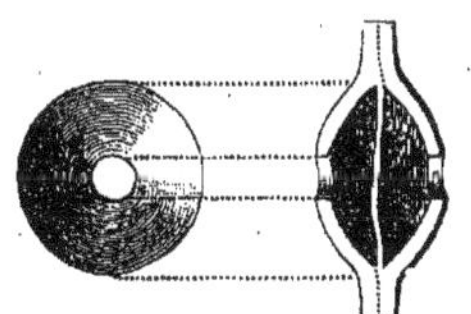

Ponctuation aréolée de Sapin.

Le suc cellulaire renferme aussi des gaz en dissolution ; ce sont généralement, en proportions diverses, les gaz constituants de l'atmosphère. A partir d'un certain âge, la quantité de ceux-ci devient considérable, relativement à celle du liquide, qui va diminuant : si bien que les cavités qui contenaient ce dernier ne sont plus enduites d'humidité que sur la paroi ; tout le reste est rempli par des gaz libres, qui, finalement, peuvent seuls occuper la cavité.

C. *Amidon ou fécule.* — Les éléments constitutifs de la cellulose (oxygène, hydrogène et carbone), que les phytoblastes n'emploient pas à se construire un phytocyste, ils en font en majeure partie de l'*amidon* ou *fécule*, matière de composition identique et insoluble dans les liquides du phytoblaste. Aussi se dépose-t-elle dans sa substance et y demeure-t-elle emmagasinée, comme aliment de réserve, jusqu'au moment où, rendue soluble d'une façon que nous ignorons encore, et transformée en général plus ou moins directement en matière sucrée, elle peut être transportée dans les plantes à des distances variables et aller de nouveau, en un point plus ou moins éloigné de son lieu de production, former de nouvelles réserves d'amidon insoluble.

A cet état, l'amidon forme des *grains*, ordinairement microscopiques et de formes très variées, qu'on reconnaît facilement, en général à l'aide de réactions caractéristiques, dont voici les principales :

Fécule à grains homogènes (Manioc) et en bâtonnets (Euphorbe).

Une teinture d'iode légère les colore en bleu plus ou moins violacé, et souvent même noirâtre quand elle est trop concentrée.

Le chloro-iodure de zinc les teinte aussi en violet, puis les gonfle et les déforme.

Un grand nombre de substances diverses, le chlorure de calcium, l'ammoniure de cuivre, l'acide chromique, beaucoup d'acides dilués, la diastase, la salive, la pepsine, la bile, etc., dissolvent plus ou moins complètement et plus ou moins rapidement les grains d'amidon.

Fécule de Haricot (grains simples) et de Manioc (grains composés).

Il y a des grains d'amidon *simples ;* d'autres sont ou *agrégés*, ou *composés*.

1. *Grains simples.* — Les plus petits connus parmi les grains d'amidon utilisés par l'homme ont de deux à trois millièmes de millimètre de diamètre ; mais il y en a de beaucoup plus exigus parmi ceux qu'on n'extrait pas spécialement des plantes pour un usage quelconque.

Les plus gros connus mesurent jusqu'à près de deux centièmes de millimètre. Mais c'est une erreur de croire que les grains d'amidon d'une espèce donnée ont une taille invariable ou à peu près.

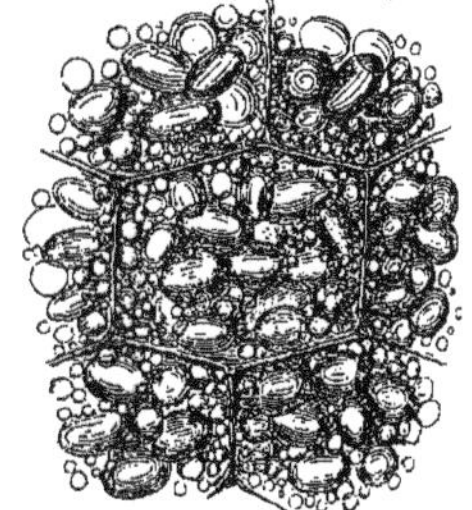

Fécule de Graminée.

Il y a peu de grains à peu près sphériques parmi les grains simples. Le plus souvent ils sont plus ou moins comprimés, aplatis dans un sens. Les plus réguliers sont ceux d'un grand nombre de nos céréales (Blé, Orge, Seigle) ; ils ont la forme d'un disque ou d'une lentille biconvexe, à contour nettement circulaire. Dans les graines légumineuses (Pois, Haricots, Fèves), ils ont, en outre, presque toujours un grand diamètre, de façon à devenir ellipsoïdes. Dans la Pomme de terre, ils sont ovoïdes ou plus ou moins irréguliers. Le Riz, le Maïs ont des grains polyédriques.

2. *Grains agrégés.* — Plusieurs grains, semblables à ceux dont nous venons de parler, notamment ceux qui sont polyédriques, irréguliers ou presque sphériques, peuvent, après s'être formés isolément, se réunir en une masse commune. On admet des grains *agrégés* de fécule de Pomme de terre. Il y en a souvent dans les fécules alimentaires d'origine exotique que nous employons : le Tapioca ou Manioc, l'Arrow-root, le Sagou. On a dit que certains grains de l'Avoine, arrondis ou polyédriques, s'agglomèrent ainsi en masses ellipsoïdes. Il ne faut pas confondre ces aggrégations avec les grains composés.

3. *Grains composés.* — Ceux-ci ne sont pas des grains d'abord libres, qui se seraient ensuite rapprochés les uns des autres. En général, ils se comportent au début comme s'ils devaient être simples. La Pomme de terre offre les meilleurs exemples connus de ce qui se passe alors. Après qu'autour d'un centre protoplasmique commun il s'est formé un grain déjà gros, ayant déjà une enveloppe amylacée, formée d'une, deux ou quelques couches concentriques, la masse protoplasmique centrale se partage en plusieurs noyaux de formation nouvelle, et chaque noyau sert de centre à un nouveau grain

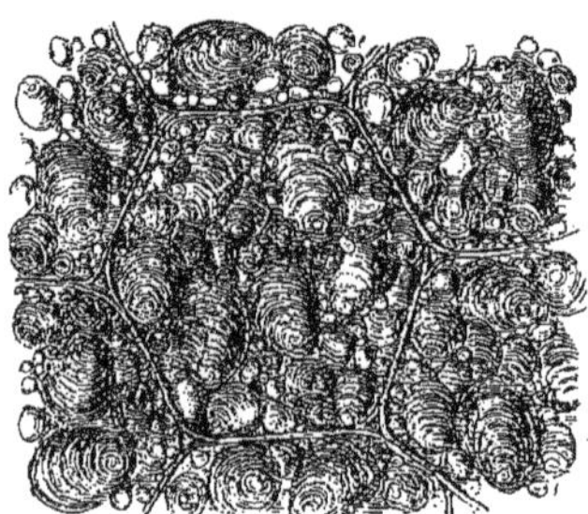

Fécule de Pomme de terre.

intérieur. Autant il y a de ces nouveaux centres, autant de grains intérieurs aux premières couches constitueront le *grain composé.* Il y a même dans la Pomme de terre une modification de ce mode de formation, d'où résulte ce qu'on a appelé des grains demi-composés. On a distingué parmi les grains composés ceux qui sont formés de deux à quatre grains élémentaires, petits et à peu près ronds (Manioc), et ceux qui sont formés de grains plus petits, entourant un grain plus volumineux (Sagou).

Formation des grains d'amidon. — Sans nous occuper pour le moment du mode de production de l'amidon, établissons que s'il existe déjà dans la plante à un état de dissolution que nous ne connaissons pas encore bien, il s'amasse de préférence dans certains organes qui servent de réservoirs alimentaires, notamment dans les portions souterraines, rhizomes et racines ; dans les tiges aériennes ; dans le fruit ; dans les graines, tantôt dans leur embryon et tantôt dans l'albumen qui l'accompagne. C'est dans le protoplasma du phytoblaste qu'il se dépose d'abord, sous forme de petites masses arrondies. Elles siègent dans l'utricule primordiale, dans les rubans et les bras intérieurs, dans l'îlot qui est occupé par le nucléus. Souvent aussi elles occupent l'intérieur des masses protoplasmiques qui sont colorées en vert par la chlorophylle ; et l'on a même admis que, dans ce cas, la matière amylacée se fabrique de toutes pièces en ce lieu.

Formé dans le protoplasma, le grain d'amidon demeure enveloppé par lui pendant tout le temps qu'il s'accroît, et souvent même bien au delà de cette époque ; après quoi, le mince revêtement protoplasmique qui l'entoure peut finir par disparaître.

Beaucoup de théories contraires ont été proposées pour expliquer le mode de formation du grain. On peut admettre, je crois, qu'il se dépose molécule à molécule dans une masse de substance protoplasmique, de la même façon que la cellulose se dépose pour constituer le phytocyste. Des couches successives, souvent très inégales en consistance et en épaisseur, se produisent dans la substance du grain. Ces inégalités et cette apparente stratification sont dues à des différences dans la quantité d'eau qui s'interpose à tel ou tel moment entre les molécules de la matière amylacée. Pour une même raison, les différentes couches dont nous parlons sont elles-mêmes décom-

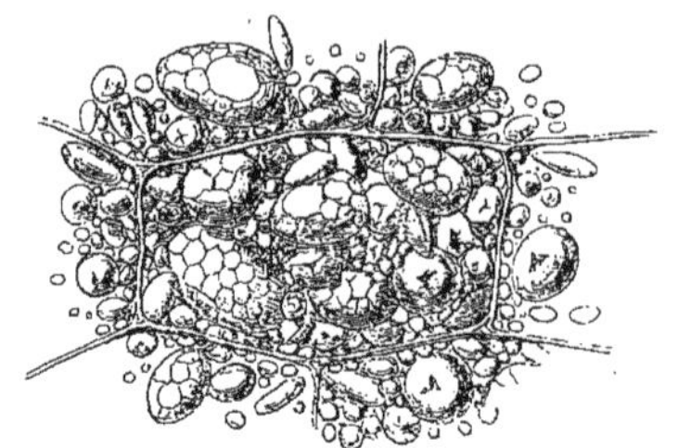

Fécule de Graminée.

posées en couches secondaires, inégalement denses et inégalement opaques. D'une manière générale, cependant, les couches les plus intérieures du grain sont les plus riches en eau et les moins denses. — Voy. Amidon (I, 143).

Il y a des grains d'amidon à contenu transparent et homogène. Mais dans un grain régulier, à peu près sphérique ou lenticulaire, comme dans celui du Blé, par exemple, le centre moins dense apparaît parfois sous la forme d'une tache à peine opaque, autour de laquelle se disposent des couches assez régulièrement disposées et séparées par de fines lignes circulaires. La tache centrale a reçu le nom assez impropre de *hile ;* si bien qu'on serait tenté de la confondre avec le hile ou ombilic des organes animaux ou végétaux, qui est, on le sait, un point d'attache, une cicatrice superficielle. Mais, pour être dans le vrai, il faut, au sujet de la structure des grains d'amidon, admettre à peu près l'inverse de tout ce qu'on dit de leurs caractères dans la plupart des traités classiques de chimie où ils sont étudiés. Dans un grain elliptique, comme celui des Haricots, des Pois, le hile prend la forme d'une fente dirigée suivant le grand axe du grain, et les couches concentriques sont à peu près parallèles au contour de la surface. Dans les grains polyédriques, le hile est assez souvent polyédrique ou étoilé, et dans les grains irréguliers, comme celui de la Pomme de terre, cette tache est irrégulière, excentrique, parfois même rapprochée de la surface et entourée de ce côté par des portions de couches plus minces que celles qui se trouvent de l'autre côté du grain. Si ces couches présentent une solution de continuité là où elles sont le moins épaisses, il devient alors possible que la tache du hile corresponde réellement à la surface extérieure du grain.

Résorption de l'amidon. — Les grains d'amidon ont une période d'état succédant à leur accroissement. Une fois leur maximum de développement atteint, ils peuvent demeurer immobiles pendant une période extrêmement longue. Les grains allongés de certaines Euphorbiacées, qui sont plongés, non dans le protoplasma, mais dans le suc laiteux de ces plantes, continuent seuls, croit-on, à s'accroître tant qu'ils occupent ce milieu nourricier. Mais, dès qu'avec une certaine dose d'humidité, une matière dissolvante de l'amidon intervient, à son contact ce dernier se dissout, se transformant en substance sucrée, qu'entraînent les liquides de la plante. Dans les graines à embryon ou à albumen amylacé, au moment où elles germent, la diastase produit normalement cet effet. La salive et un grand nombre de liquides acides ou alcalins servent artificiellement à produire des effets analogues. En traitant un grain d'amidon par la salive, par exemple, à une température de 45 à 50 degrés, on voit une partie de ce grain se dissoudre, tandis qu'une autre partie, une sorte de squelette, qui conserve ordinairement la forme du grain, ne se dissout pas et résiste ensuite à l'action de l'eau bouillante, et même à celle de la teinture d'iode, qui ne la colore plus en bleu. Cette sorte de carcasse, très délicate, est formée de *cellulose amylacée*, et l'on a conservé pour la portion soluble le nom de *granulose*. Celle-ci disparaît, au contact des dissolvants, d'une façon très variable, bizarre quelquefois, et le squelette préservé peut présenter alors des formes extrêmement diverses, au détail desquelles il serait superflu de s'arrêter.

D. *Inuline.* — Dans certaines plantes, les phytocystes contiennent, au lieu d'amidon, de l'*inuline*, qui paraît y jouer le même rôle, qui a la même composition chimique, et qui tire son nom de sa présence dans l'*Inula Helenium* ou Grande-Aunée. C'est une plante de la famille des Composées, famille dans laquelle se trouvent beaucoup d'autres espèces qui en renferment, notamment le Grand-Soleil, le Topinambour qui est un autre Soleil, et les racines des Dahlias. On dit l'avoir aussi rouvée dans quelques Campanulacées, plantes d'une famille à tous égards très voisine des Composées, dans plusieurs Cryptogames, etc. Elle est soluble dans le suc cellulaire; mais, sous l'influence de la dessiccation, elle se précipite en masses arrondies d'un aspect particulier. L'alcool, la glycérine la précipitent également.

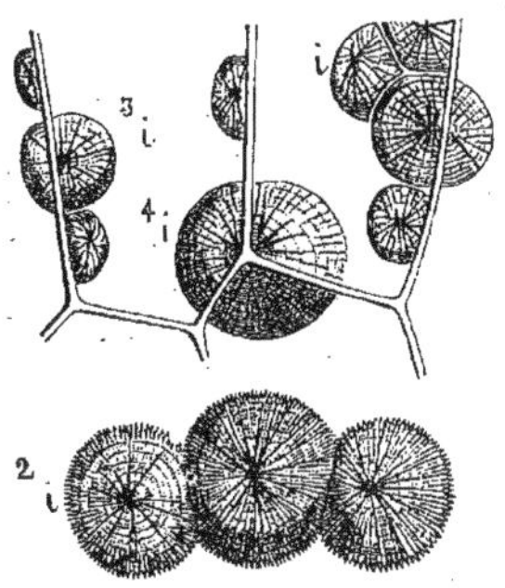

Inuline. ii, sphéro-cristaux. 2, complets et adhérents les uns aux autres. 3, 4, divisés par une ou plusieurs parois cellulaires.

C'est surtout dans les parties souterraines des plantes citées plus haut que l'inuline abonde. Pour l'observer, on peut employer l'eau, qui ne la dissout pas à froid, mais seulement à chaud, et qui la laisse déposer de la solution en se refroidissant; mais il est plus commode de faire sécher en partie les organes qui la contiennent ou de les laisser tremper dans l'alcool. On en coupe alors des tranches minces qu'on peut placer dans la glycérine, à laquelle il convient souvent d'ajouter un peu d'acide acétique. On aperçoit de la sorte les masses d'inuline, tantôt amorphes ou irrégulièrement sphériques, mamelonnées, et tantôt groupées en segments de sphères qu'on a nommés *sphéro-cristaux*, parce qu'ils paraissent formés d'un grand nombre d'aiguilles rayonnantes et venant se terminer à la surface même de la sphère. Il y a dans un même phytocyste, ou des sphères complètes, ou des segments qui sont complétés par d'autres quartiers placés dans des cavités voisines; si bien que les parois interposées à deux ou plusieurs phytocystes voisins peuvent traverser aussi les sphéro-cristaux dans le sens de leur rayon. Cette structure de l'inuline est au fond totalement différente de celle de la fécule, dont elle n'a pas les réactions. L'iode ne la colore pas en bleu, mais seulement, et d'une façon inconstante, en jaune; et il n'y a aucun réactif qui lui donne d'une manière certaine une coloration particulière.

E. *Matières colorantes.* — Les diverses parties des plantes doivent leur coloration si variable :

A des gaz. — Ainsi les parties des feuilles ou des fleurs qui sont d'un blanc de lait opaque, doivent cette apparence à des gaz contenus dans les phytocystes. Si l'on expulse ces gaz, par pression ou autrement, la partie devient entièrement incolore et transparente.

A des liquides. — Les organes teintés en rose, en rouge clair, en violet, en bleu, renferment le plus souvent dans leurs phytocystes des liquides transparents dans lesquels ces matières colorantes existent à l'état de dissolution aussi parfaite que possible.

A des solides. — Les couleurs jaune ou rouge sombre, brique ou brunâtre, sont ordinairement dues à des masses solides en suspension; ce sont souvent des corpuscules protoplasmiques teintés; mais la matière colorante n'est pas ici dissoute dans un liquide. C'est surtout le cas pour la couleur la plus ordinaire des organes de végétation, tiges herbacées, feuilles, calices, ovaires, etc., c'est-à dire pour celle de la substance verte nommée *chlorophylle*.

F. *Chlorophylle.* — La *chlorophylle* proprement dite est une substance colorante ou pigmentaire, que l'on a nommée aussi *pigment chlorophyllien* et qu'on pense avoir obtenue à l'état de matière cristallisée. Elle renfermerait, d'après M. A. Gautier : carbone, 73,97; hydrogène, 9,80; oxygène, 10,33; azote, 4,15; phosphates et cendres, 1,75. M. Hoppe-Seyler lui a trouvé aussi une composition très voisine de celle-ci. Mais elle a, dans les phytocystes, un support emprunté au phytoblaste. Ce sont, ou la masse unique et continue du phytoblaste, ou des masses partielles, microscopiques, de protoplasma, teintées, soit en totalité, soit partiellement, par le pigment vert. On a souvent donné le nom de *grains* de chlorophylle aux masses fragmentaires de protoplasma ainsi colorées; ce sont en réalité des corps fort complexes. L'alcool, par exemple, qui peut dissoudre et entraîner le pigment vert, ne laisse plus que la substance protoplasmique décolorée et en même temps coagulée, rendue de la sorte plus ou moins opaque.

Il y a bien des plantes qui ne possèdent point de pigment chlorophyllien; ce sont surtout les Champignons, un certain nombre d'Algues et beaucoup de végétaux parasites. Dans un grand nombre de plantes qui ne paraissent pas vertes, notamment dans certaines Algues rouges ou brunes, le pigment vert peut exister cependant; mais il est masqué par une substance d'une autre couleur et paraît tout à coup quand on vient à détruire celle-ci. Dans les plantes supérieures, beaucoup de feuilles sont vertes profondément, qui paraissent rouges ou brunes, parce que leurs couches superficielles sont formées d'éléments remplis de pigment rouge.

C'est dans la substance du phytoblaste que se produit le pigment chlorophyllien, soit dans l'utricule primordiale azotée, soit dans les traînées intérieures du protoplasma, soit encore dans la zone protoplasmique qui entoure le noyau, soit peut-être dans l'épaisseur même du noyau. Dans la plupart des cas, la lumière paraît nécessaire à cette production. On admet cependant que cet agent peut être remplacé par une certaine quantité de chaleur; il y a des parties des plantes complètement soustraites à l'action de la lumière, comme par exemple des embryons qui occupent l'intérieur de graines et de fruits impénétrables à toute lumière, et qui cependant possèdent une coloration verte pouvant être due à la chlorophylle.

Il y a beaucoup de cas où la chlorophylle disparaît totalement des plantes soumises à une obscurité complète et où elle reparaît dans ces mêmes plantes alors qu'on les éclaire de nouveau. Cependant il y a aussi des organes verts des végétaux qui pâlissent quand on les expose à une lumière trop vive et qui reverdissent dans une obscurité relative. Nous avons déjà dit et nous redirons que le protoplasma teinté en vert par la chlorophylle peut, dans certaines circonstances, fuir la lumière et se réfugier, pour éviter son action trop vive, dans les régions les moins éclairées du phytocyste.

Les portions du protoplasma qui verdissent par le dépôt de chlorophylle ont souvent la forme de petites sphères ou de polyèdres à arêtes plus ou moins vives, qui se dessinent en jaune d'abord, puis en vert plus ou moins intense dans l'épaisseur d'une des zones du phytoblaste dont nous avons parlé. Ces sphérules sont souvent au début plus molles que le reste de la substance protoplasmique; puis elles durcissent davantage dans leur portion périphérique. L'eau peut les pénétrer et y former des amas intérieurs qui les gonflent. Très souvent aussi il se produit dans leur intérieur des grains d'amidon.

La configuration de ces corpuscules est d'ailleurs fort variable. Dans certaines Algues, ils ressemblent à des bâtonnets; dans d'autres, à des lamelles, à des étoiles; dans d'autres encore, à des rubans aplatis, spiralés, irrégulièrement déchiquetés sur ses bords.

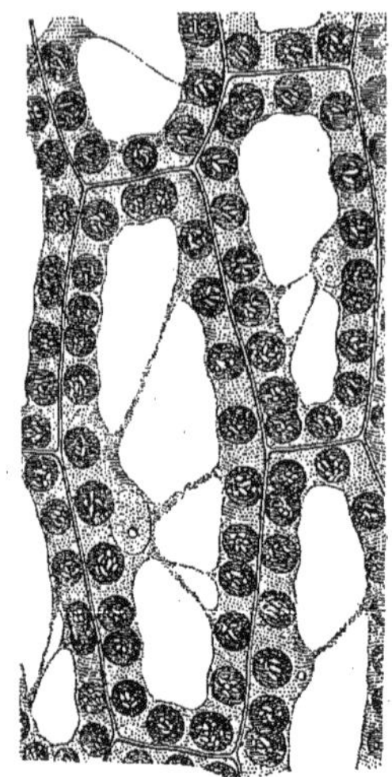
Chlorophylle. Grains formés dans l'utricule primordiale

Les substances bleue et jaune que les chimistes ont indiquées comme constituant la matière verte de la chlorophylle, ne sont que des produits artificiels et n'ont pas d'importance. On croit aujourd'hui la chlorophylle dissoute dans une substance cireuse à laquelle on a donné le nom d'*hypochlorine* et qui, d'abord molle et pâteuse, peut ensuite cristalliser en aiguilles d'un rouge brun. Elle manque rarement dans les parties vertes des plantes, s'y développe cependant, pense-t-on, après la chlorophylle, et ne se forme généralement pas en dehors de l'influence de la lumière.

Les fonctions du pigment chlorophyllien ont été étudiées ailleurs et différenciées de celles du protoplasma qui lui sert de support; mais nous pouvons dire qu'on n'a pas encore vu, que nous sachions, l'acide carbonique de l'atmosphère décomposé par des organes végétaux entièrement dépourvus de pigment chlorophyllien.

G. *Matières sucrées.* — Un grand nombre de phytocystes renferment des substances sucrées, et elles s'y trouvent pendant la vie de la plante à l'état de dissolution. Du protoplasma où elles se sont formées, elles passent dans le suc cellulaire qui les tient en dissolution et qui peut sous cette forme les laisser sortir du phytocyste, soit pour être excrétées à l'air libre, soit pour passer dans des phytocystes voisins. On croit, à l'heure qu'il est, que ces matières sucrées sont produites par des modifications de l'amidon, de l'inuline, de la cellulose, du tannin, etc., que renferment les phytocystes; et l'on a même admis que la matière sucrée peut être transformée de nouveau en amidon; de sorte qu'elle est un moyen de transport des matériaux nutritifs d'un point à l'autre de la plante. Dans les fruits non mûrs, où le tannin abonde, il est plus tard remplacé par une proportion variable de matière sucrée. Dans ceux qui, comme les Bananes, ne sont sucrés qu'à leur complète maturité, on ne trouvait guère auparavant que de la fécule.

Les substances sucrées s'accumulent d'ailleurs à l'état de matériaux de réserve dans certaines parties des plantes, et c'est là qu'on va les chercher pour notre usage. Les organes dans lesquels s'amasse ainsi le sucre peuvent être les racines, comme il arrive dans la Betterave, et l'on sait que c'est surtout, dans cette plante, de la *saccharose* ($C^{12}H^{22}O^{11}$), quoiqu'elle y soit accompagnée d'une certaine quantité de *sucre interverti.* On a pensé, mais sans pouvoir en donner une explication satisfaisante, que ces sucres pourraient bien provenir d'une transformation de la matière amylacée qui abonde primitivement dans la plante. Le sucre interverti pouvant subir la fermentation alcoolique, celle-ci se produit quelquefois dans la plante, et il y a des tissus végétaux normaux dans lesquels on a constaté la présence de l'alcool.

Les tiges des plantes peuvent aussi devenir réservoirs de sucre. Les plus connues sont celles de la Canne à sucre, qui contient la matière sucrée ou *saccharose* dans une sorte de moelle intérieure; de l'Érable à sucre, de l'Amérique du Nord; du Sorgho à sucre; des Palmiers dits à sucre, riches aussi, à une époque antérieure, en matière amylacée; des Frênes, notamment des Frênes dits à fleurs, qui, dans le midi de l'Europe, fournissent la manne, riche en *mannite* ($C^6H^{14}O^6$) et en *braxine* ($C^{16}H^{18}O^{10}$); du Mélèze, qui donne la manne de Briançon; des *Eucalyptus*, qui produisent la manne d'Australie, matière riche en *eucaline*, etc.

Les fruits mûrs contiennent souvent de la *saccharose*, qui a été observée dans les pommes, poires, pêches, abricots, prunes, framboises, melons, citrons, ananas, dattes, etc., et du *sucre interverti*, formé de *glucose* ($C^6H^{12}O^6$) et de *lévulose* ($C^6H^{12}O^6$). Dans les Bananes, nous avons vu tout à l'heure que la matière sucrée prend en abondance, à l'époque de la maturation, la place de la fécule.

H. *Matières gommeuses.* — Ces substances peuvent être étudiées comme contenues dans les phytocystes, parce qu'elles peuvent se produire dans leur cavité par transformation, par exemple, des masses amylacées; mais elles pourraient l'être aussi comme produits de la paroi même du phytocyste, car très souvent c'est cette partie qui s'altère, s'épaissit, se gonfle et perd les caractères de la cellulose pour prendre ceux d'une gomme soluble ou insoluble. Le type de cette dernière est la gomme adragante, produite par le gonflement des parois de nombreux phytocystes-cellules de la tige et des branches de plusieurs Astragales orientaux. On considère cette transformation comme résultant d'une maladie; mais cette maladie existe, dans certaines localités, sur tous les pieds qu'on rencontre d'Astragales à adragante. Une fois formée, la matière gommeuse molle passe, comme par une filière, au travers des trous ou des fentes qui se produisent comme par éclatement dans l'écorce, et vient faire saillie au dehors sous la forme de cylindres ou de plaques qui bientôt se solidifient. Ces gommes ne se dissolvent pas dans l'eau, mais s'y gonflent et s'y délitent de façon à former un mucilage. Les Pruniers, les Pêchers et les Cerisiers produisent assez souvent dans nos pays, sous l'influence d'une cause morbide, une gomme de qualité inférieure, dite *nostras*, qui est employée par certaines industries et qui est en partie seulement insoluble dans l'eau froide. Elle se produit, d'après M. Trécul, le plus éminent, pour ne pas dire le seul des anatomistes de notre pays, principalement à la suite de pluies abondantes et par le fait d'une nutrition trop riche, dans la couche génératrice. Un certain nombre de jeunes phytocystes de cette couche sont résorbés, et il se forme de la sorte une cavité; ou bien une lacune analogue est le résultat de la destruction de plusieurs vaisseaux. C'est au pourtour de cette excavation que la gomme se produit longtemps après, sous forme de masses incolores, plus tard colorées, souvent mamelonnées. Ensuite la gomme plus ou moins diffluente s'extravase dans les anfractuosités qu'elle rencontre, notamment dans l'écorce interne. Ailleurs, la gomme se forme dans de véritables chapelets de phytocystes, dont la paroi de cellulose se gonfle, produit une protubérance de substance homogène et blanche; cette protubérance grossit, en produit une semblable; celle-ci une troisième, et ainsi de suite. Pendant la formation de ces dernières, celle qui est née la première se creuse, puis la seconde, la troisième, et ainsi de suite. Successivement aussi les cloisons de séparation se résorbent, et finalement on n'a plus qu'une cavité à compartiments incomplètement séparés par des cloisons en voie de résorption.

Les gommes dites arabique, du Sénégal, etc., qui sont transparentes, solubles dans l'eau froide, sont produites, également sous une influence morbide, par plusieurs Acacias de l'Afrique tropicale et méridionale ou de l'Inde. Molles et liquides à un certain moment, ces gommes sortent par des fentes de l'intérieur de la tige, coulent le long du tronc et descendent même souvent en masses plus ou moins volumineuses jusque dans le sable qui entoure le pied de l'arbre.

Les *mucilages* peuvent avoir une origine analogue; ils se forment souvent spontanément et lentement, à la façon des gommes, dans les tiges de certaines plantes, le Tilleul, la Mauve, la Guimauve, etc.

M. Trécul a fait voir que ces substances ne sont pas toujours le produit d'une altération des membranes cellulaires ou de l'amidon; mais « qu'elles sont souvent un élément physiologique comme la cellulose ou l'amidon; qu'elles constituent même des cellules spéciales qui ont leur végétation particulière, qui forment des couches concentriques comme la cellulose ». Dans les Malvacées, les phytocystes renferment souvent ce mucilage à l'état muqueux; il se répartit autour de la cavité, alors que celle-ci grandit. Sa surface interne peut s'y délimiter nettement. Ailleurs il croît en épaisseur et se partage en strates concentriques, qui apparaissent d'abord vers la circonférence. Puis il peut de la sorte s'avancer vers le centre et remplir complètement le phytocyste, traversé par des canaux perpendiculaires à la surface, comme une paroi de cellulose. Dans les Tilleuls, ces diverses strates ont leur végétation propre et deviennent très épaisses. Les phytocystes à mucilage peuvent être isolés, mais ils peuvent aussi se disposer en séries; et si, dans ce cas, ils viennent à se liquéfier, il se forme spontanément de véritables canaux gommeux. M. Trécul a vu encore se former dans des cellules à mucilage un ou plusieurs « nucléus, d'abord homogènes, dans lesquels se montre bientôt une petite cavité centrale, qui grandit à mesure que ces nucléus ou jeunes cellules mucilagineuses s'accroissent ».

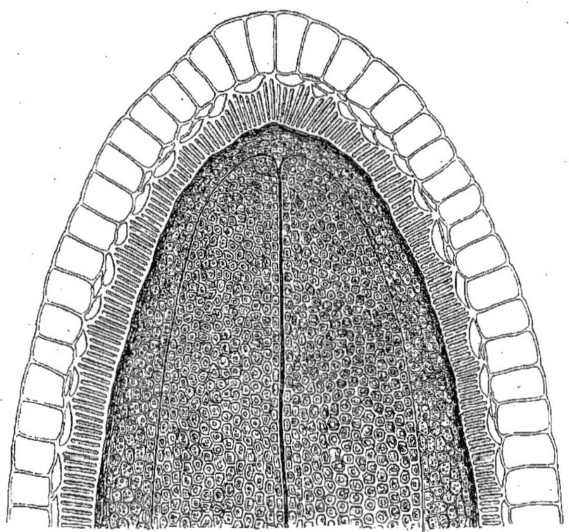

Lin. — Dilatation par eau des phytocystes superficiels de la graine.

Mais souvent aussi on détermine leur formation artificielle et rapide par l'action de l'eau sur les phytocystes. Les graines des Lins, des Plantains, des Moutardes, des Coings et d'un grand nombre d'autres plantes développent ainsi en quelques instants, au contact de l'eau, une couche gommeuse et molle qui rappelle la gomme adragante gonflée. Dans le Lin, par exemple, une couche superficielle de phytocystes qui recouvre la graine, s'épaissit au contact de l'eau avec la rapidité de la foudre. Chacun des phytocystes grandit considérablement, sans changer d'abord de forme et de consistance. Puis les parois s'épaississent en se ramollissant; l'eau les pénètre en abondance; elles se brisent, se délitent et se dissolvent même en partie; leurs fragments ainsi modifiés constituent un nuage visqueux de mucilage dans lequel on retrouve longtemps encore des fragments de la paroi primitive des phytocystes.

Dans certaines plantes, notamment dans les Algues, l'action de l'humidité ne gonfle et ne ramollit de la sorte qu'une portion de l'épaisseur du phytocyste, c'est-à-dire les couches les plus extérieures qui sont hyalines et parfois légèrement granuleuses. On les dit *gélifiées*, et cette portion qui a subi le phénomène de la gélification était jadis considérée comme une substance dite *intercellulaire*, sécrétée, pensait-on, par les parois des phytocystes dans des espaces interposés, primitivement vides, mais qui n'existe réellement pas.

I. *Matières tanniques*. — Un certain nombre de glucosides, plus ou moins analogues au *tannin* ($C^{14}H^{10}O^{9}$), se rencontrent dans les phytocystes de beaucoup de plantes. Ces phytocystes sont quelquefois spéciaux. On les colore en noir plus ou moins violacé en les traitant par un sel ferrique. Le tannin est formé par le protoplasma, mais il est dissous par la sève cellulaire et transporté par elle à des distances variables dans la plante. Il s'amasse souvent dans certaines portions des écorces (Chêne), ou des fruits (Prunes, Pommes), puis se change, dans ces derniers, en sucre à l'époque de la maturité. Ailleurs, il se transforme en amidon ou en d'autres corps ternaires, glucosides ou autres.

M. Trécul a donné comme exemples de production du tannin les organes de végétation des Légumineuses. En traitant ces plantes par une solution de sulfate de fer, il a vu de nombreux réservoirs à tannin devenir d'un bleu plus ou moins foncé dans certaines écorces, ou en dehors du liber, ou sur les côtés de ses faisceaux, ou même en dedans de ces faisceaux. Ailleurs ou en même temps, il y en a dans la moelle. On en a vu aussi dans les éléments de l'épiderme, du collenchyme, etc. Dans les jeunes pousses des *Schotia*, etc., toutes les cellules de la tige bleuissent par la macération dans le sulfate de fer. Très ordinairement les phytocystes à tannin qui accompagnent les faisceaux libériens, sont disposés en séries longitudinales, formant une sorte de vaisseau moniliforme. Ces mêmes réservoirs peuvent contenir le latex, et il y a aussi du tannin dans les phytocystes à latex du Houblon, du Chanvre, du Sureau, du Bananier, etc. M. Trécul en conclut avec raison que le tannin, aussi bien que le latex en général, représente un aliment de réserve pour les plantes, aliment assimilable comme le sucre ou la fécule.

J. *Matières grasses*. — On peut réunir sous ce titre les huiles, graisses et cires végétales qui sont fabriquées par les phytoblastes et qui se déposent dans leur intérieur ou à la surface même des phytocystes. Les huiles se présentent sous forme de gouttes, ordinairement bien arrondies, fortement réfringentes, disparaissant dans les dissolvants ordinaires des matières grasses, comme l'éther, ou l'alcool qui dissout incomplètement la plupart d'entre elles. Peu volumineuses, les gouttelettes d'huile se reconnaissent assez ordinairement à la teinte rouge foncé qu'elles prennent au contact d'une teinture alcoolique d'Orcanette. Dans un grand nombre de phytoblastes isolés (Algues, Champignons, etc.), les premiers corpuscules qu'on distingue, au milieu de la gangue générale constituée par le protoplasma, sont le plus souvent de petits amas brillants de matière grasse.

Les matières grasses solides sont des graisses ou des beurres, formant souvent, comme les huiles elles-mêmes, des substances de réserve qui s'accumulent dans des organes déterminés des plantes.

Ces organes peuvent être les tiges qui, dans certains arbres exotiques, renferment des réservoirs d'huiles plus ou moins impures.

Ce sont quelquefois les fruits, dont la portion charnue renferme de l'huile, comme dans l'Olivier, certains Lauriers, le

Palmier africain qui produit l'huile de Palme (*Elæis guineensis*).

Ce sont plus souvent les graines; et, dans ce cas, les matières grasses se rencontrent ou dans l'embryon, ou dans l'albumen, ou dans l'une et l'autre de ces parties constituantes de la semence.

Les huiles de Colza, de Navette, de Cameline, de Radis, de Cotonnier, de Faîne (fruit du Hêtre), de Noyer, de Noisetier, d'Amandes douces ou amères, de Chènevis, d'Arachide ou Pistache de terre, etc., et le beurre de Cacao sont contenus dans l'embryon charnu des graines de ces plantes.

L'albumen renferme la matière grasse dans le Pavot (huile d'Œillette), le Muscadier (beurre de Muscade), l'*Elæis guineensis*, etc.

Il y a de l'huile à la fois dans l'albumen et l'embryon de la graine du Lin, du Ricin, des Médiciniers, des *Croton*, de l'Argan, etc.

Les matières cireuses, plus ou moins mélangées de substances grasses, se trouvent à la surface de plusieurs organes. Ce sont notamment les feuilles, comme dans les Palmiers à cire de l'Amérique du Sud, qu'on a nommés *Ceroxylon* et *Klopstockia*.

Cire de la Canne à sucre.

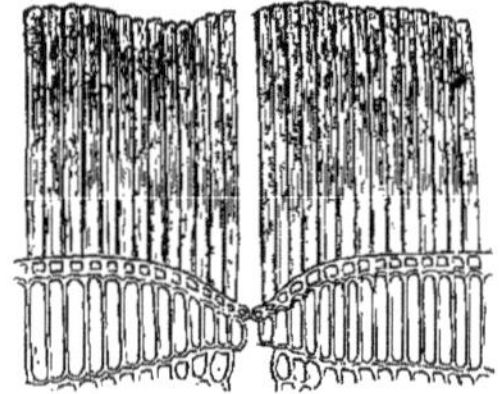

Cire en plaques de *Klopstockia*.

Ces derniers portent dans leur pays le nom de *Carnauba;* leur cire est employée aux mêmes usages que celle des abeilles; on la détache en abondance de la surface des feuilles. Les Graminées ont souvent une couche cireuse à la surface de leurs feuilles, de même que beaucoup d'autres plantes dans lesquelles cette surface est blanche ou glauque, couverte d'une poussière sur laquelle glissent les gouttes d'eau. Cette couche est abondante dans certains *Eucalyptus*, Aulx, Choux, Érables, Aloès, Capucines, Rosiers, Ronces, etc.

La surface des fruits peut être enduite en quantité variable de cette *fleur* cireuse, comme nous le voyons sur les Prunes, certaines Framboises, Raisins, etc. Dans les *Myrica*, qui ont tiré de là le nom de Ciriers, elle forme une couche épaisse à la surface des fruits. On les fait bouillir dans l'eau pour en détacher la matière grasse qui surnage et qu'on emploie à fabriquer des bougies. Dans l'Amérique du Nord, ce sont principalement les *Myrica cerifera* et *pensylvanica* qui servent à cet usage. Au Cap, ce sont les *M. serrata, Burmanni, cordifolia, quercifolia, Kraussiana,* dont la substance cireuse est en partie comestible et nourrit même les habitants aux époques de disette.

Les phytocystes qui constituent l'enveloppe superficielle de certaines graines peuvent fabriquer de grandes quantités de matière grasse, assez analogue au suif. Tels sont les semences du Glutier à suif qui, au Japon et en Chine, servent à fabriquer des chandelles.

Bien plus ordinairement, comme dans les feuilles, les matières cireuses s'accumulent dans les parois plus ou moins cuticularisées des phytocystes aplatis qui forment l'épiderme; elles s'y déposent par intussusception en petites masses qu'on fait fondre par la chaleur et qui sortent en gouttelettes, laissant des vacuoles là où elles étaient déposées. Ailleurs, la substance cireuse sort spontanément de la membrane et vient s'amasser à la surface libre, sous forme de couches lamineuses ou granuleuses ou de bâtonnets implantés perpendiculairement sur la surface, et tantôt libres ou unis latéralement les uns aux autres dans une étendue variable. — Voy. Cire (II, 75).

On a considéré les matières cireuses comme un produit de transformation de l'amidon, de la cellulose. Les corps gras amassés en réserve dans les tissus végétaux y peuvent être lentement brûlés et transformés en eau et en gaz; on pense aussi qu'ils contribuent à former de la cellulose, des acides végétaux, du tannin, des matières colorantes, et qu'eux-mêmes résultent de la transformation de la fécule, de l'inuline, du sucre et d'autres aliments ternaires contenus dans les phytocystes.

K. *Cristalloïdes.* — La substance protoplasmique du phytoblaste peut se réunir en masses cristalliformes auxquelles on a donné le nom de *cristalloïdes.* Le protoplasma dans lequel s'observent ces corps est ordinairement riche en matière grasse. Ces masses peuvent affecter des formes géométriques, polyédriques, extrêmement régulières. Aussi M. Trécul a-t-il depuis longtemps désigné ces masses sous le nom de *cristaux organisés.* Ils ont des faces planes, des angles et des arêtes nets, comme des cristaux inorganiques, et représentent des cubes, des tétraèdres, des octaèdres, ou des solides plus compliqués, suivant les plantes dans lesquelles on les examine. Ils sont le plus souvent incolores et parfois teintés; leurs réactions chimiques et les colorations qu'ils présentent sous l'influence de divers réactifs sont celles du protoplasma. Ce sont donc des masses albuminoïdes à forme cristalline. Ils se laissent imbiber par certaines substances, et se gonflent ainsi, quelquefois énormément. Leur substance est généralement moins dense au centre que vers la surface, et on les a même considérés comme formés de deux matières, mélangées et inégalement solubles. Ils existent quelquefois dans les organes des plantes en végétation, par exemple chez les Clandestines; mais le plus souvent ils ne s'observent que dans les amas emmagasinés de matériaux nutritifs, comme dans les graines, les rhizomes, les tubercules, etc. Ils sont le plus souvent entourés d'une couche, quelquefois considérable, de substance protoplasmique, attaquable par l'eau, tandis qu'eux-mêmes résistent plus ou moins énergiquement à l'action de ce dissolvant. Il en résulte que leurs formes cristallines apparaissent parfois très nettement lorsque l'eau a enlevé cette sorte de croûte amorphe qui les recouvrait. Il y en a dans la fronde de certaines Algues, dans les aliments huileux de beaucoup de semences (Ricin, *Bertholletia*), et de colorés dans les pétales et les péricarpes de certaines Phanérogames. Dans les grains d'*aleurone*, dont nous allons parler, la masse principale, le corps du grain, est souvent formée d'un cristalloïde, entouré d'une gangue albuminoïde à contours arrondis, qui disparaît par l'action de l'eau ou de quelque autre réactif et laisse voir les formes anguleuses du cristalloïde. Il y a des familles de plantes, comme celle des Euphorbiacées, où il est constant que le grain d'aleurone renferme un ou plusieurs cristalloïdes; dans d'autres, comme les Ombellifères, etc., leur présence est une exception. On doute que les cristalloïdes s'accroissent par intussusception; et, en suivant leur développement dans plusieurs Euphorbiacées, M. Pfeiffer les a vus paraître à peu près en même temps que les globides des grains d'aleurone, dont il va être question, puis être enveloppés avec eux de la masse trouble qui leur est extérieure dans le phytocyste. Leurs formes anguleuses sont nettement tranchées dès le début. Ils sont dissous dans les graines en germination : de sorte que ce sont des aliments albuminoïdes de la jeune plante, doués d'une forme cristalline particulière. — Voy. Cristalloïdes (II, 269).

L. *Aleurone.* — Très souvent, dans les organes qui servent de réservoir aux matériaux alimentaires des plantes, notamment dans les graines, soit dans leur albumen, soit dans leur embryon, il se forme des cristalloïdes qui, au lieu d'être libres et nus, sont enveloppés d'une couche de matière albuminoïde à contours courbes. Si, comme il arrive souvent, l'eau dissout cette enveloppe, le cristalloïde apparaît avec ses formes anguleuses, résistant beaucoup mieux ou même totalement à l'action dissolvante de l'eau. Pour bien observer l'ensemble dans son intégralité, il ne faut donc pas employer l'eau, mais une huile incolore, ou la glycérine, par exemple. En plaçant dans ces liquides une tranche mince de l'albumen huileux d'une graine telle que celle du Ricin, par exemple, on voit dans les phytocystes dont elle est formée, des grains d'aleurone, ovoïdes, réfringents, grisâtres, dont toute la couche extérieure est formée de protoplasma. Cette couche étant dissoute par l'addition d'une petite quantité d'eau, on aperçoit dans la portion la plus grosse de l'ovoïde le cristalloïde à arêtes nettes, qui se trouve mis à nu, et de plus, vers l'extrémité la plus étroite, une sphérule opaque, blanchâtre, qui a reçu le nom d'*albine* ou de *globide* et qui était, comme le cristalloïde, englobée dans la gangue protoplasmique. Ainsi formé, un grain d'aleurone peut être considéré comme complet; mais il y en a qui sont incomplets, en

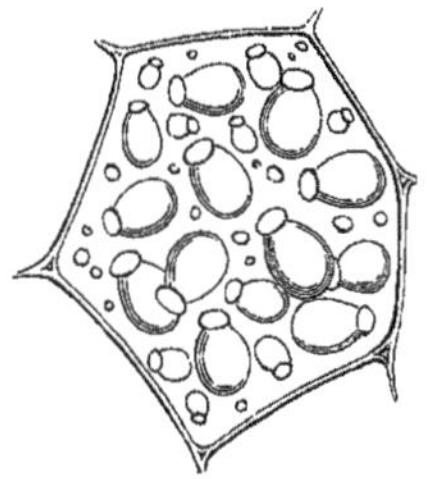

Aleurone de Ricin.

ce sens que l'albine y fait défaut, ou que le cristalloïde lui-même manque; il y en a aussi dans lesquels les globides sont nombreux et relativement peu volumineux.

D'après M. Rafinesque (I, 95), « l'aleurone paraît dans les plantes être plus répandue que l'amidon; on la trouve dans toutes leurs parties jusque dans le bois, l'écorce et les racines. Les graines en renferment surtout; les grains d'aleurone s'y trouvent mêlés à ceux d'amidon, ou bien existent à l'exclusion de ces derniers, et peuvent former la partie la plus considérable et la plus essentielle de l'albumen; tel est le cas pour les graines oléagineuses.

« L'aleurone se présente ordinairement, au microscope, sous la forme de petits grains ovoïdes ou arrondis, en général réguliers; et, à s'en tenir là, elle a un aspect qui la rapproche de l'amidon; mais, outre la façon dont elle se comporte à l'égard des réactifs, les particularités de sa structure suffisent presque toujours à l'en distinguer facilement. D'autres fois, du reste, le contour du grain aleurique peut être sinueux ou même formé de lignes brisées qui lui donnent une apparence cristalline toute spéciale (*Chelidonium majus*, *Sambucus*, etc.). Les dimensions des grains sont très variables, et dans la même plante, et dans des plantes différentes. M. Hartig assigne à leur diamètre une longueur oscillant entre 0mm,00125 et 0mm,0375; elle sera, pour citer quelques exemples, de 0mm,0075 dans les grains ordinaires, et jusqu'à 0mm,030 dans les *solitaires* du *Lupinus luteus*; de 0mm,0225 dans le *Linum usitatissimum*; de 0mm,0280 dans les *solitaires* de la Vigne, etc. M. Hartig a nommé *solitaire* le gros grain qu'on rencontre parmi les grains moyens qui remplissent une cellule, dans le *Corylus*, le *Bertholletia*, etc., et *grain comblant*, celui qui remplit à lui seul la cellule (*Myrtus*, *Juglans*, etc.). L'aleurone est généralement incolore; elle peut cependant présenter une teinte grisâtre ou jaunâtre, et quelquefois une couleur beaucoup plus nette : elle est verte dans le *Pistacia*, par exemple; bleu indigo dans les cellules marginales des cotylédons des *Matthiola parviflora* et *incana*, etc.; rose rouge dans certaines espèces d'*Hibiscus*; jaune dans le *Lupinus luteus*; brune enfin dans une espèce d'*Arachis*. D'après M. Trécul, la couleur est en quelque sorte surajoutée aux principes de l'aleurone. — *Structure*. Les auteurs ont chacun créé une théorie sur la constitution de cette formation, mais se sont accordés, sauf un seul, à reconnaître qu'elle forme une vésicule. D'après M. Hartig, le grain serait une vésicule entourée de deux parois contiguës dans toute leur étendue, sauf ordinairement en un point où la membrane interne, refoulée dans l'intérieur du grain, en forme de cæcum, renferme des corpuscules particuliers, *noyaux blancs*, *globides*, *cristalloïdes*, dont nous parlerons plus loin. Selon M. Maschke, la masse aleurique se composerait de deux vésicules emboîtées l'une dans l'autre, séparées par une couche d'une substance jouissant de propriétés spéciales et renfermant l'aleurone proprement dite. A. Gris, dont les recherches sur cette question sont généralement fort inexactes, déclarait n'avoir jamais pu mettre de membrane en évidence; suivant lui, le grain d'aleurone ne serait donc pas une vésicule. Pour M. Trécul, enfin, la vésicule est constituée par une seule paroi, enveloppant des corps d'aspect et de propriétés variables. Nous nous rallions à cette manière de voir. — *Membrane de la vésicule*. Cette membrane, transparente, différant souvent du reste du grain par ses propriétés chimiques, est souvent décelée par un simple examen de l'aleurone dans l'huile. Elle peut être rendue plus visible par l'eau, qui la dissout moins vite que son contenu, dans les *Lupinus*, les *Glycyrrhiza*; par l'eau iodée, dans le *Cassia fistula*, le *Bonaveria Coronilla*, etc.; par la potasse concentrée, dans le *Mimosa horrida*, les *Cardiospermum*, etc. C'est *sur* cette paroi, et non *dessous*, comme on l'a dit, qu'existent les *fovéoles*, confondues jusqu'ici avec les vacuoles que renferment les albines, fovéoles qui donnent à beaucoup de grains un aspect caractéristique. Nous avons constaté que dans le Ricin et l'*Aleurites moluccana*, ces fovéoles présentent un contour presque toujours régulièrement hexagonal, et donnent aux bords de la projection des grains, par suite de leur dépression assez grande, une apparence déchiquetée, en forme de scie. Ce réseau fovéolaire, qu'on voit enjamber directement d'une partie du grain sur l'autre, est une des meilleures preuves de l'existence de l'enveloppe. — *Contenu de la vésicule*. La disposition en est variable. Il peut offrir une apparence tout à fait homogène, par exemple dans l'*Aquilegia vulgaris*, le *Berberis vulgaris*; mais, dans beaucoup de plantes, on peut modifier cette apparence : ainsi, en faisant arriver de l'huile sur les grains de l'*Acalypha caroliniana*, on les verra perdre leur aspect homogène, en se décomposant en plusieurs petites masses distinctes dans une enveloppe commune. Les vésicules aleuriennes de l'*Anchusa italica*, homogènes dans l'huile, montreront dans l'eau iodée légèrement iodurée leur contenu divisé en plusieurs parties. Dans d'autres plantes, on constate, au premier examen, que les vésicules renferment des parties bien distinctes. A la matière aleurique proprement dite (corps du grain) se trouvent surajoutés un ou plusieurs petits corps, désignés par M. Hartig sous le nom d'*albines* ou de *noyaux blancs*. L'*albine* offre généralement la forme sphérique plus ou moins parfaite; elle est incolore ou blanchâtre et est enchâssée à une profondeur variable dans une *vacuole* ou dépression du corps du grain.

« Quand elle est unique, elle est en général placée à l'extrémité étroite d'une vésicule ovoïde (*Pinus*, *Bryonia alba*, etc.); il y en a quelquefois plusieurs à cette extrémité (Ricin, *Viola odorata*). On en trouve souvent sur deux côtés différents, ou sur deux extrémités opposées, dans les *Ruta graveolens*, *Fumaria Vaillantii*. M. Maschke leur a reconnu une paroi propre dans le *Bertholletia excelsa*. Nous sommes (Rafinesque), de notre côté, parvenu à démontrer nettement cette membrane d'enveloppe dans le Ricin et le Bancoulier. M. Hartig a signalé, de plus, dans la vésicule, sous le nom de *cristalloïdes*, des groupes de cristaux rayonnants qu'on distinguera surtout, après la dissolution de leur contenu, dans les solitaires de quelques *Cardiospermum* et dans les *Lupinus luteus*, *Amygdalus*, etc. Le même savant a désigné sous le nom de *globides* de petits granules arrondis, groupés autour d'un globule central (Amygdalées, *Vitis*, etc.), mais qui ne seraient souvent que des groupes cristallins imparfaits (M. Trécul). Nous n'avons parlé jusqu'ici que des grains à contours plus ou moins arrondis; certaines plantes, outre ces derniers, renferment des grains ayant la même structure, mais limités par des lignes brisées : tels sont le *Chelidonium majus*, les *Sambucus*, etc.

« Ces grains, assez fréquents à une certaine phase du développement, perdent en général par les progrès de la végétation leur forme cristalline pour revenir à l'aspect vésiculaire (M. Trécul). Il en est ainsi dans l'*Asphodelus fistulosus*. Nous retrouverons ces formes cristallines plus nettement définies en étudiant l'action de l'eau sur l'aleurone.

« *Propriétés chimiques.* — Toutes les variétés de vésicules aleuriques offrent deux réactions caractéristiques : la solution d'iode dans l'eau, l'alcool ou la glycérine leur donne une coloration *brun-jaune;* et celle d'azotate de mercure, additionnée de quelques gouttes d'acide azotique, leur fait prendre une couleur *rouge-brique*. Ce sont là les réactions des matières azotées. Il faut remarquer que la paroi, les albines, les cristalloïdes et les globides n'y participent pas, du moins en général. L'aleurone est, dans presque toutes les plantes, soluble dans l'eau, dans les acides, dans les alcalis non concentrés et, quoique plus lentement, dans la glycérine, d'après M. Hartig. Elle est insoluble dans l'alcool, l'éther, les huiles grasses et les essences; elle l'est aussi dans la potasse concentrée : ce qui tient à ce que la vésicule ne peut lui emprunter de l'eau (M. Trécul). La potasse étendue en de certaines proportions donne lieu à un curieux phénomène dans les vésicules du Ricin et de l'*Aleurites*, et probablement dans celles d'autres plantes. Nous avons observé que, tandis que l'enveloppe et le corps du grain se dissolvent, l'albine se liquéfie sous sa paroi, par endosmose : ce que l'on constate en voyant, à un certain moment, le noyau central resté solide prendre le mouvement brownien jusqu'à sa dissolution complète. La manière dont les vésicules des différentes plantes se conduisent à l'égard des agents chimiques est du reste variable, et, par suite, il est impossible de formuler des lois générales. M. Trécul est cependant arrivé à les classer, en se fondant sur l'action comparée de l'eau, de l'eau iodée et de l'eau iodée très légèrement iodurée. Première classe : vésicules homogènes (sans albines). Premier groupe : vésicules liquéfiées par l'eau et colorées uniformément par l'iode (*Colutea*, *Berberis vulgaris*, etc.); deuxième groupe : peu ou point liquéfiées, colorées comme ci-dessus (*Solanum nigrum*, *Sambucus*, etc.). Deuxième classe : vésicules munies d'albines. Premier groupe : corps du grain liquéfié par l'eau, ainsi que les albines (*Silybum viride*, *Tragopogon pratensis*, etc.); deuxième groupe : le corps se liquéfie dans l'eau; les albines restent intactes et ne jaunissent pas (*Phytolacca decandra*, *Tropæolum majus*, etc.); troisième groupe : le corps ne se liquéfie pas, mais l'albine se dissout ordinairement très vite (*Linum usitatissimum*, divers *Pinus*, etc.); quatrième groupe : le corps jaunit sans se liquéfier; les albines, insolubles aussi, restent blanches au contact de l'iode (*Viola odorata*); cinquième groupe : le corps et l'albine, insolubles, jaunissent dans l'eau iodée ou iodée-iodurée (*Glaucium fulvum*, *Fumaria Vaillantii*, etc.). En même temps qu'on observe ces phénomènes, on constate qu'un bon nombre de vésicules aleuriennes prennent, sous l'influence de l'eau et de l'eau iodée, des formes cristallines très nettes. Le système du cristal varie avec les plantes : ainsi c'est un rhomboèdre dans le *Sparganium ramosum;* c'est un octaèdre dans le *Viola odorata;* un hexaèdre dans le *Magnolia tripetala ;* un cube très régulier dans les *Casuarina*, etc. ; un tétraèdre dans le *Juniperus communis*, etc. Enfin des cristaux de systèmes différents peuvent se trouver dans la même plante. Le Ricin présente quelquefois des octaèdres mêlés à ses tétraèdres ; le *Basella alba* renferme des hexaèdres et des prismes rhomboïdaux, etc. Quand la vésicule offrait déjà un rudiment de noyau cristallin, ce noyau se caractérise davantage : tels sont les octaèdres du *Nicotiana Tabacum*, qui se dessinent nettement comme appartenant à un système prismatique rectangulaire (M. Trécul).

« *Composition chimique.* — La complexité des éléments qui constituent la vésicule aleurienne en rend l'analyse extrêmement difficile. Aussi nos connaissances sur ce point sont-elles jusqu'à présent à peu près nulles. Un seul fait est certain : c'est la présence de l'azote, qui classe l'aleurone parmi les matières albuminoïdes. On pourrait, de plus, admettre, à la rigueur, que la masse du grain renferme aussi de la matière grasse; en effet, l'eau paraît, en décomposant la vésicule, mettre de l'huile en liberté. M. Trécul pense que, toutes les vésicules étant de nature protéique, les unes sécrètent des matières albumineuses. D'après les analyses faites par M. Hartig sur la solution de l'aleurone dans l'eau, elle contiendrait de la fibrine, de l'albumine, de la gliadine, de la caséine (légumine), des gommes, du sucre, des résidus de cendre, et vraisemblablement du soufre et du phosphore. Selon M. Maschke, un mucilage insoluble (bassorine) empêcherait seul l'albine de fournir les réactions de la matière protéique.

« *Développement et fonctions.* — Nous devons confesser sur ce point la même ignorance que sur la composition de la vésicule. M. Hartig pense que l'aleurone dérive toujours de l'amidon ou de la chlorophylle après qu'elle s'est transformée en amidon (*Lupinus luteus*). Dans la germination, les granules aleuriques se liquéfient, et les gouttelettes produites nagent dans le suc cellulaire comme des gouttes d'huile, mais en offrant toujours les réactions des substances azotées ; puis ces gouttelettes sont résorbées lentement et progressivement. Dans quelques graines pauvres en aleurone (Frêne, Lupin, Courge), une partie des vésicules se transformerait en amidon, puis en chlorophylle. A. Gris, se fondant sur des expériences qui malheureusement nous semblent tout à fait insuffisantes en face d'un résultat si intéressant, mais si singulier, s'imaginait que dans chaque cellule naissent séparément le corps et l'albine, qui doivent s'unir plus tard par une sorte d'attraction bien difficile à expliquer (Ricin). Sous l'influence de la germination, le noyau blanc se séparerait de nouveau du corps, celui-ci redevenant cristallin. Ce qu'il y a de mieux à faire, c'est de ne tenir aucun compte de prétendues découvertes où les seules choses nouvelles se réduisent à des hypothèses que ne confirme aucune observation. « La genèse des grains d'aleurone, dit M. Sachs (*Traité de botanique*, traduct. franç., 77), paraît n'être qu'une simple dissociation, amenée par l'évaporation progressive de l'eau de la graine. Pendant la germination, la réunion de la masse fondamentale avec les grains d'aleurone s'opère de nouveau en régénérant tout d'abord plus ou moins complètement le contenu cellulaire primitif. M. Pfeiffer a suivi le développement des cristalloïdes dans le *Ricinus communis* et dans l'*Euphorbia segetum*. Ils apparaissent en même temps que les globides, d'assez bonne heure, et ces corps s'accroissent tous deux à la fois, pendant que le trouble du contenu cellulaire augmente encore un peu. Chaque cristalloïde est de bonne heure immédiatement en contact avec un globide, mais ils sont tous deux complètement enveloppés par la masse trouble. Les vacuoles que A. Gris figure (*Rech. sur la germin.*, t. I, fig. 10-13) sont des produits artificiels de la désorganisation du contenu cellulaire. Les cristalloïdes ont dès le début les angles vifs, et, dès que leur grosseur permet de l'apprécier, leur forme est la même que celle des cristalloïdes achevés. L'enveloppement du cristalloïde et du globide par une masse amorphe n'arrive que lorsque le cristalloïde a terminé son développement et que la graine commence à se dessécher. » M. Trécul admet que dans quelques cas la transformation de l'amidon en aleurone paraît probable (*Carya amara*, *Onobrychis sativa*), mais que, dans des cas plus nombreux, l'amidon n'a certainement aucune part à la production des vésicules aleuriennes (*Colutea arborescens*, etc.). Celles du *Sparganium ramosum* résultent de la modification des vésicules destinées à multiplier les cellules. »

M. *Essences*, *camphres*, *oléo-résines*, *résines*, *gommes-résines*, *baumes*. — Un phytoblaste peut fabriquer des huiles essentielles odorantes, hydrocarbonées et volatiles, lesquelles peuvent indéfiniment demeurer dans la cavité du phytocyste dans l'intérieur duquel elles ont été produites. Ce phytocyste peut être isolé, superficiel, proéminent même au dehors, ou plongé dans la profondeur des tissus de la plante, ou bien rapproché en masse d'autres phytocystes qui remplissent les mêmes fonctions que lui, comme nous le verrons quand nous étudierons plus particulièrement les *glandes* internes et externes des végétaux (voy. SÉCRÉTIONS).

Ce phytocyste peut être une cellule ordinaire du tissu des plantes, ou une cellule spéciale tapissant la paroi interne d'une cavité arrondie ou tubuleuse, dans laquelle elle versera son contenu et pourra même aussi, alors que son rôle sera terminé, laisser tomber les restes de sa propre substance. On appelle ces cavités des *réservoirs* ou des *canaux sécréteurs*, et ils sont, comme l'on voit, les analogues de certaines cavités sécrétantes qui s'observent chez les animaux. Les phytocystes producteurs des essences peuvent aussi laisser échapper celles-ci à la surface des plantes, d'où elles se volatilisent ensuite dans les milieux ambiants.

Mélangées d'une certaine quantité de matières résineuses, les essences deviennent des oléo-résines, qui se produisent de la même façon et qui peuvent aussi s'amasser en quantités plus considérables par suite de la résorption ou de la destruction de masses plus grandes de tissus. Les plus connues sont les Térébenthines, fournies surtout par des Térébinthacées et des Conifères; les Elémis, les Tacahamaques et le suc dit à tort baume de Copahu. Au sortir de la plante qui les a produits, ou même dans leurs réservoirs naturels, ces mélanges perdent souvent une partie de l'essence qu'ils renfermaient, et la portion résineuse tend alors à s'épaissir et à se dessécher.

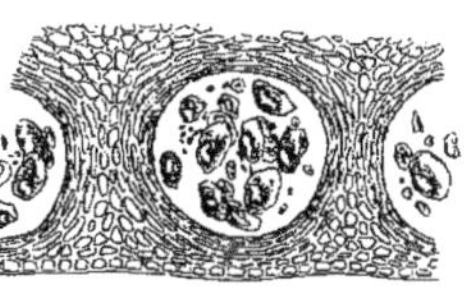

Glandes internes de *Citrus*.

Les baumes ont une composition analogue; mais ils renferment de l'acide benzoïque, ou de l'acide cinnamique, ou ces deux acides à la fois; ils ont donc, le plus souvent, une odeur parfumée. Dans cette catégorie on cite surtout les baumes dits de Tolu et du Pérou, le liquidambar, le styrax, le benjoin; ils s'épaississent aussi à l'air, en laissant évaporer une essence odorante lorsqu'ils arrivent à la surface des plantes qui les ont produits.

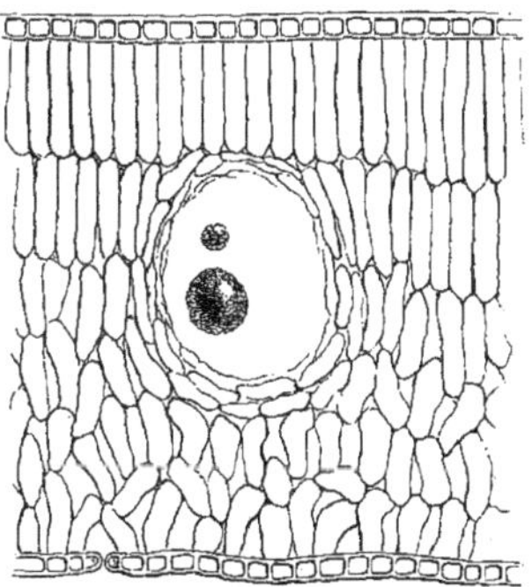

Glande interne de la feuille d'*Eucalyptus*.

Les résines se forment de même sans addition d'essences, notamment dans l'épaisseur des tissus végétaux. Aussi ne sont-elles pas aromatiques par elles-mêmes. Dans les Conifères notamment, nous verrons qu'elles se produisent dans des canaux sécréteurs et qu'elles s'amassent ensuite, dans ces réservoirs, en forme de longs cylindres, ou plus rarement de sphères plus ou moins volumineuses.

Au lieu d'essences, les résines peuvent se mélanger, dans leur lieu de formation, de quantités variables de gomme soluble; elles constituent alors les gommes-résines, le plus souvent élaborées, puis accumulées dans des canaux sécréteurs. Ces canaux occupent quelquefois principalement les racines, comme dans la Scammonée, le Jalap, le Turbith végétal, le Galbanum, l'Asa fœtida; plus souvent, la tige, comme il arrive dans les Euphorbes, ou les arbres à gomme-gutte (Clusiacées), à encens et à myrrhe (Térébinthacées), ou dans les Ombellifères. Les fruits de ces plantes doivent leurs propriétés et leur odeur à des gommes-résines amassées dans leurs *bandelettes*, qui ne sont autre chose que des canaux sécréteurs.

Les essences proprement dites sont très souvent amassées dans des réservoirs arrondis, où les ont déposées les cellules sécrétantes qui en tapissent la paroi. Les camphres, tels que le C. du Japon, donné par le *Cinnamomum Camphora*, le C. de Bornéo, produit du *Dryobalanops aromatica*, les C. de Labiées ou de Composées, souvent considérés comme des essences concrètes, sont formés et renfermés dans un seul phytocyste, ou dans un amas de phytocystes-cellules. Mais assez souvent aussi les essences ne préexistent pas dans le tissu des plantes. Des cavités, voisines les unes des autres, y renferment séparément de quoi constituer ces essences. Aussi, pour l'essence d'Amandes amères, pour celles des Crucifères, comme la Moutarde noire, etc., il faut que, par la destruction artificielle des parois interposées à ces cavités, une réaction puisse se produire entre ces principes et amener la formation et le dégagement de l'essence ou d'autres produits corrélatifs, comme l'acide cyanhydrique dans le cas des Amandes amères ou des feuilles du Laurier-Cerise.

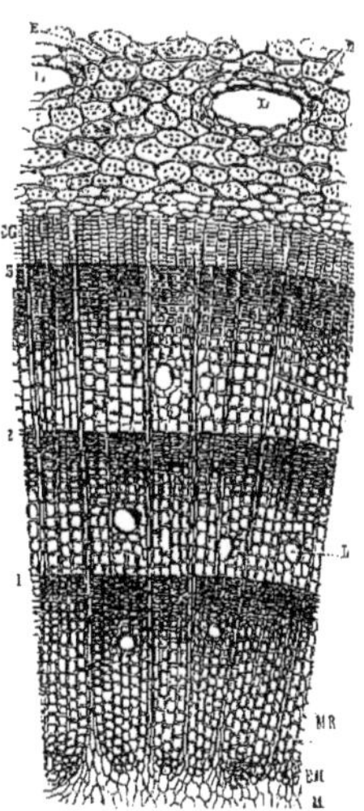

Sapin. — Coupe transversale de la tige, montrant les réservoirs à résine du parenchyme cortical (L) et, en dedans de la zone génératrice (CG), le bois de trois années (1, 2, 3) avec réservoirs à résine (L) entre les rayons médullaires (R). Au centre, l'étui médullaire (EM) et la moelle (M).

N. *Latex*. — Le phytocyste, à quelque variété qu'il appartienne, peut fabriquer et contenir dans son intérieur, ou bien laisser sortir et s'accumuler dans d'autres réservoirs, de nature très variable, le *latex* ou *suc propre*, qu'on rencontre dans beaucoup de plantes, et que seul il peut renfermer dans les végétaux purement cellulaires, comme les Champignons, par exemple, lesquels sont souvent riches en latex.

Le latex proprement dit a tous les caractères physiques d'une émulsion; c'est-à-dire qu'il est formé d'un liquide incolore et limpide, dans lequel sont tenus en suspension des globules ou corpuscules de matières non dissoutes, isolés les uns des autres, et qui lui donnent souvent une consistance plus ou moins visqueuse, une opacité plus ou moins prononcée, une coloration très variable et souvent aussi des propriétés très accentuées.

Il y a des latex peu riches en globules et à peine opalins ou colorés. Tels sont ceux des Fumariées, celui de la Pervenche qui est verdâtre. Dans le Pavot où il constitue l'*opium*, dans les Euphorbes, les Laitues, les Liserons, il est souvent blanc et opaque comme du lait animal. Ailleurs il est légèrement teinté en jaune, comme dans plusieurs plantes à *gutta-percha*, ou d'un jaune plus ou moins orangé, comme dans quelques Agarics, dans la Chélidoine, l'Artichaut et les plantes à *gomme-gutte*. Quelquefois, comme dans la Sanguinaire, qui lui doit son nom, il est d'un rouge vif. Sa teinte devient de plus en plus brune à mesure qu'il renferme plus de principes résineux, comme dans beaucoup d'Ombellifères, de Conifères, etc. Il peut, en outre, contenir en dissolution un grand nombre de principes actifs, notamment d'alcaloïdes qui lui donnent ses propriétés, comme dans les Pavots ; ou des substances volatiles vénéneuses, comme dans l'Antiar, les Maniocs, la Laitue vireuse, dont le latex chauffé devient inoffensif. Ses globules sont souvent riches en caoutchouc, comme il arrive dans les arbres qui donnent aujourd'hui le plus de cette substance : les *Hevea* (Euphorbiacées), le *Castilloa elastica* (Ulmacées), d'Amérique, et secondairement certains Figuiers, des Apocynées de l'Amérique du Sud et de l'Afrique tropicale, etc. Le latex de certaines Euphorbiacées contient aussi des grains d'amidon, en forme de bâtonnets, qui se nourrissent de sa substance. Le nombre des latex mélangés de matières étrangères est indéfini, et il y a tous les passages entre le suc propre et les liquides gommo-résineux, résineux, balsamiques, tanniques, etc.

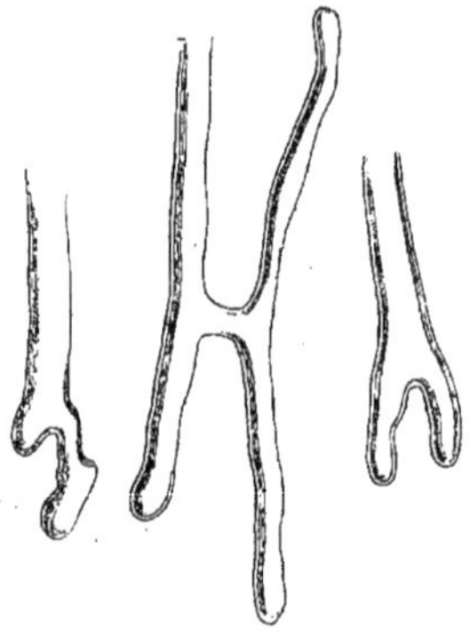

Réservoirs du latex d'une Fistuline (De Seynes).

Le latex ne se forme dans les végétaux qu'à partir d'un certain âge ; il a longtemps passé pour une substance excrémentitielle, reléguée par les plantes dans des cavités spéciales, et soustraites ainsi à tout contact avec les liquides nourriciers. On sait aujourd'hui qu'il est souvent repris par ces derniers, qu'il passe dans leurs réservoirs et leurs conduits, qu'il peut se modifier en servant à la nutrition générale du végétal et jouer le même rôle que beaucoup d'autres substances de réserve : de sorte que dans les phytocystes, comme dans tous les réservoirs qui lui sont propres, il varie en quantité suivant un grand nombre de circonstances diverses.

O. *Sels.* — Les sucs contenus dans les phytocystes, notamment la sève intracellulaire, peuvent dissoudre certains sels avec lesquels ils se trouvent en contact ; ces liquides prennent

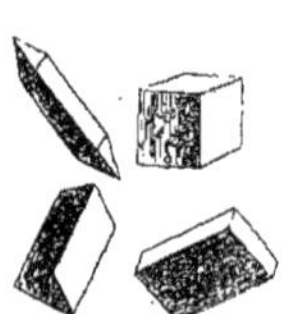

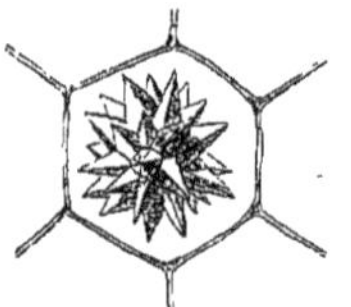

Cristaux, simples et composés, d'oxalate de chaux.

alors des caractères qu'ils tiennent de la présence de ces matières salines, comme il arrive, par exemple, dans les plantes qui ont absorbé du sel marin, dans celles qui, comme les Oseilles et les Surelles, contiennent en dissolution des oxalates, etc., jusqu'au moment où ces sels sont en trop grande quantité pour ne pas saturer le liquide. Ils se déposent alors, suivant les cas, sous forme de cristaux ou de concrétions.

Les cristaux les plus fréquents sont ceux dont la base est la chaux. Elle y est quelquefois combinée à l'acide carbonique ; mais ces carbonates forment plus souvent des concrétions que de véritables cristaux. Les sulfates et tartrates de chaux sont plus rares encore. Presque toujours les cristaux des plantes sont formés d'oxalate de chaux. Leur forme est extrêmement variable et se rapporte, en dernière analyse, soit au système clinorhombique, soit au système quadratique (c'est-à-dire du prisme droit à base carrée). Ces cristaux se déposent, ou dans le suc cellulaire, ou surtout primitivement dans la substance protoplasmique, ou dans la paroi de cellulose, ou même en dehors de cette paroi, enchâssés dans leur couche extérieure, comme on l'observe dans certaines Cryptogames.

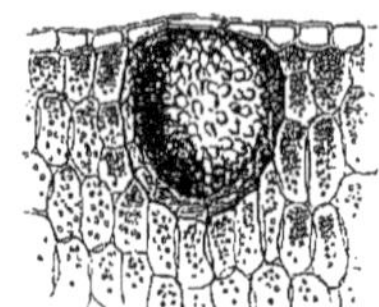

Cystolithe presque sessile.

Toutes les variétés du phytocyste peuvent contenir de ces cristaux, qui sont insolubles dans l'acide acétique et se dissolvent dans l'acide chlorhydrique, mais sans dégagement de gaz. Il y en a dans les phytocystes tabulaires de l'épiderme de beaucoup de Dicotylédones et de Monocotylédones ; dans les phytocystes-fibres des arbres verts ; dans les phytocystes-poils de plusieurs Phanérogames et Cryptogames. Il y a, notamment dans les Composées, des feuilles parsemées de saillies rudes et superficielles, dues à des poils dont la base épaissie s'est incrustée de sels calcaires. Dans les Monocotylédones surtout, leur forme est souvent celle d'aiguilles allongées et réunies en faisceaux dans l'intérieur du phytocyste ordinairement allongé qu'ils remplissent presque en totalité, enveloppés d'une matière gommeuse ou visqueuse qui absorbe facilement l'eau. On donne le nom de *raphides* à ces aiguilles qui peuvent sortir de la cavité quand celle-ci, gonflée outre mesure par l'absorption de l'eau, crève vers son extrémité et laisse échapper les raphides jusqu'à la dernière. Ailleurs ils ont la forme de quadroctaèdres, d'endhyoèdres, etc. Tantôt ils demeurent isolés, et tantôt ils se rapprochent les uns des autres en nombre variable. Ils peuvent

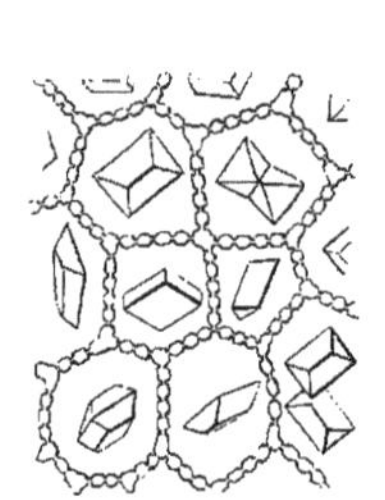

Vanille. — Cristaux de l'épiderme.

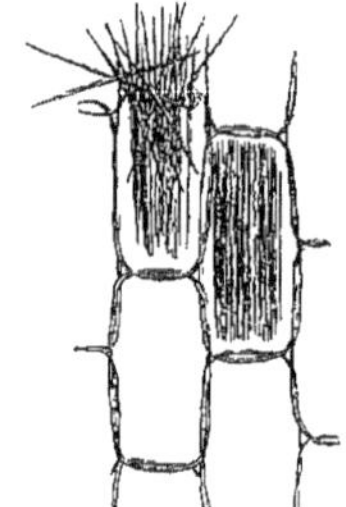

Phytocystes-tubules à raphides.

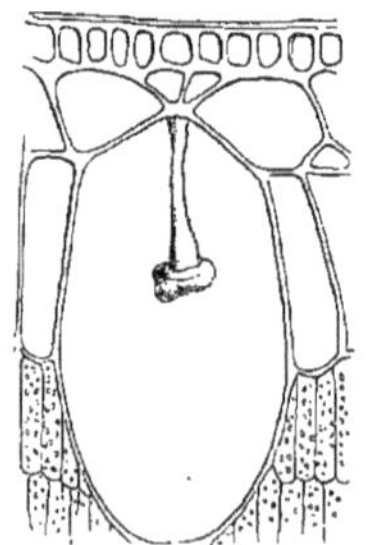

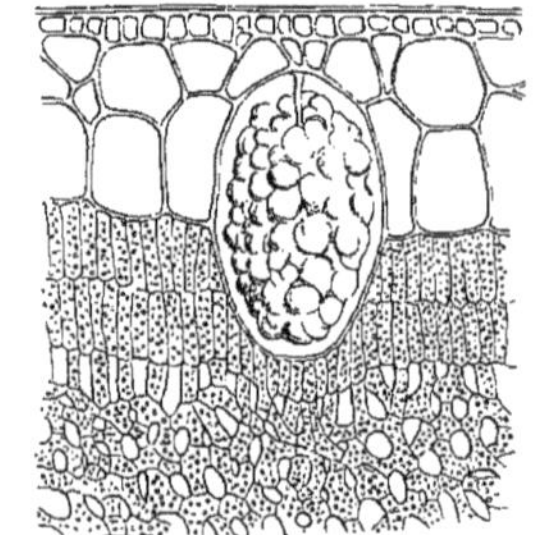

Cystolithe, à deux âges différents.

ainsi former des *macles*, hérissées d'angles solides. Ces macles occupent souvent seules la cavité d'un phytocyste. On voit fréquemment ces divers cristaux entourés d'une couche de protoplasma dans laquelle ils se sont déposés d'abord. Ailleurs, comme dans les Ricins, les Citronniers, etc., ils se revêtent d'une couche de cellulose qui peut même se continuer avec celle des parois du phytocyste.

Le carbonate de chaux se présente le plus ordinairement à l'état de concrétions. Tels sont ces amas, solubles avec effervescence dans les acides, dont sont parsemées les feuilles des Urticées, Ulmacées, Acanthacées, et qu'on nomme *cystolithes*. Renfermés dans l'épaisseur de la feuille fraîche, ils font souvent saillie à sa surface et la rendent rugueuse quand elle s'est rétractée par la dessiccation. Ils ont pour siège les couches superficielles de l'organe.

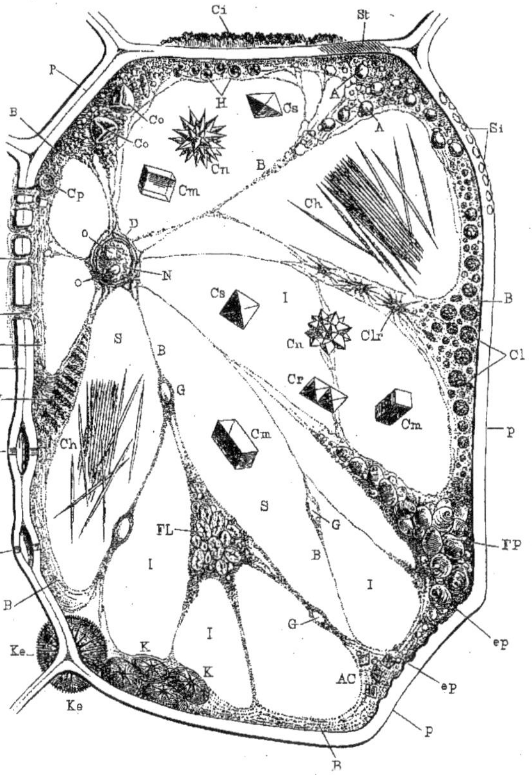

Schéma d'un phytoblaste, avec son phytocyste et ses produits. — À gauche se voient des pores dont quelques-uns, *Po*, livrent passage au phytoblaste. D'autres, *Pa*, sont aréolés. A droite, le phytocyste présente des épaississements internes, *ep*. Le noyau N, réduit à de faibles dimensions, a encore des nucléoles distincts, *oo*. L'utricule primordiale azotée et les traînées du protoplasma BB sont fort amincies. Les microsomes de quelque volume y sont devenus rares. Aussi les réservoirs de suc cellulaire, SS, II, sont-ils relativement énormes. Quelques-uns renferment des cristaux, *Cm*, *Cn*, *Cr*, *Co*, dont plusieurs cependant sont encore entourés d'une mince couche protoplasmique. Ces cristaux sont polymorphes. D'autres sont des raphides, *Ch*. Le protoplasma renferme de la chlorophylle, *Cl*, *Clr*, *Cly*; de l'aleurone, A, amorphe ou cristallisée, AC; des cristalloïdes, *Co*; de l'inuline, K, *Ke*; de l'huile, H; des grains d'amidon, FL, FP. La paroi du phytocyste porte des stries, *St*, laisse échapper de la cire, *Ci*, et renferme des concrétions siliceuses, *Si*.

Les cristaux siliceux occupent de préférence les parois des phytocystes; ils y sont petits et nombreux, ordinairement très rapprochés les uns des autres, et quand on détruit la matière organique qui leur est interposée, en la chauffant fortement, par exemple, il subsiste un squelette de la membrane qui conserve sa forme générale. Ils sont fréquents dans les parois dites *cuticularisées* de l'épiderme. Dans les Graminées, ils rendent cette paroi rigide et rugueuse après l'incinération. Les Bambous, entre autres, ont la surface de leurs tiges tellement riche en dépôts siliceux, qu'elle fait feu sous le briquet. Les Prêles doivent à un dépôt semblable cette rudesse de leur tige qui les fait employer à polir les bois et même les métaux peu résistants. La carapace des Néodiatomées, Algues microscopiques des eaux douces ou salées, conserve exactement la forme de la plante vivante, grâce à un dépôt analogue abondant, de nature souvent siliceuse.

On trouve aussi quelquefois, dans les petits cristaux déposés dans les parois de cellulose, des carbonates ou autres sels de magnésie, de fer, etc., souvent associés d'ailleurs au carbonate de chaux.

Les acides organiques qui, dans les phytocystes, se trouvent combinés à la chaux ou à quelques autres bases, sont, moins souvent que l'acide oxalique, les acides tartrique, citrique, malique, etc., abondants surtout dans la pulpe de certains fruits, dans certaines tiges et feuilles charnues. On les considère comme des produits d'oxydation ou de dédoublement d'autres principes immédiats des phytocystes. Dans les poils qui couvrent certaines portions des jeunes divisions des racines, il y a aussi, nous le verrons, production de substances acides, et surtout d'acide carbonique, qui ont la propriété d'attaquer les carbonates et de rendre solubles certains sels. Ceux-ci peuvent, par suite de cette transformation, être absorbés par les racines et passer du sol dans l'intérieur de la plante.

P. *Alcaloïdes, substances azotées.* — Les alcaloïdes contenus dans les phytocystes donnent à certaines plantes ou à certaines parties des plantes des propriétés fort importantes. Ce sont d'ordinaire des composés azotés et formés en outre de carbone et d'hydrogène. Quelques-uns, comme la nicotine, la conicine, ne renferment pas d'hydrogène et sont liquides et volatils. On croit qu'ils n'existent dans les plantes qu'à l'état de sels. Ceux des Quinquinas, par exemple, comme la quinine, la cinchonine, la quinidine, sont considérés par plusieurs auteurs comme étant combinés avec l'acide quinovique. Ceux des *Strychnos*, comme la strychnine, la brucine, donnent au contenu des phytocystes une amertume très prononcée. L'alcool les dissout et leur présence se reconnaît facilement par l'action d'une faible dose du réactif de Schulze (acide phosphorique et perchlorure d'antimoine) qui les colore en rouge, en jaune ou en blanc, et mieux par le réactif molybdique, l'acide phospho-antimonique n'ayant d'importance réelle que pour la recherche de l'atropine.

Beaucoup d'autres composés azotés se trouvent dans les phytocystes de toutes sortes, notamment du gluten dans ceux des grains de Blé; de la légumine dans ceux des graines des Pois, Haricots, Fèves, Lupins, Lentilles, etc.; de l'émulsine et de l'amygdaline dans les Amandes amères, les feuilles de Laurier-cerise; de l'asparagine dans un grand nombre de jeunes organes des plantes. Cette dernière substance paraît être l'origine de beaucoup d'autres matières azotées qui se forment dans les végétaux, notamment de celles qui constituent la portion protoplasmique des phytoblastes. Nous avons eu à étudier ailleurs le rôle, considérable peut-être, qu'elle joue dans la formation de certains tissus et des organes.

Q. *Gaz.* — Les gaz qui entrent dans la composition de

l'atmosphère se rencontrent tous dans les phytocystes et dans les autres cavités des plantes, les méats, les lacunes, etc., en proportions variables. Il peut aussi s'y trouver quelques autres gaz ou corps gazéiformes. Ils sont, ou dissous dans les liquides, ou à l'état de liberté; et les phytocystes âgés dans lesquels les solides et les liquides ont en grande partie disparu, sont souvent remplis de divers mélanges gazeux, notamment d'air, ou pur, ou plus ou moins modifié au point de vue de sa composition quantitative.

Pour la multiplication des phytocystes, voy. CELLULE. [H. BN.]

PHYTOCRENE (WALL., in *Phil. Mag.* [1823], III, 223; *Pl. as. rar.*, III, 11, t. 126). Genre de Térébinthacées, qui a donné son nom à la série des *Phytocrénées*, et qui a des fleurs dioïques. Les mâles ont un périanthe (corolle?) valvaire, à 3, 4 folioles

Phytocrene. — Fleur mâle, coupe longitudinale. Fleur femelle, coupe longitudinale. Fruit, entier et coupe longitudinale.

et autant d'étamines alternes, insérées sous un rudiment de gynécée. Les femelles ont le même périanthe, des staminodes et un ovaire 1-loculaire, à 2 ovules descendants, collatéraux; le micropyle en haut et en dedans. Le fruit composé est formé de drupes rassemblées en capitule souvent volumineux, velues ou échinées, renfermant un noyau monosperme. La graine a un embryon à cotylédons repliés sur eux-mêmes et contortupliqués, enveloppé d'un albumen corrugué-multilobé, granuleux au dehors. Ce sont des lianes dont le bois distille une sève aqueuse abondante, à feuilles alternes, entières ou palmatilobées, 3-7-nerves à la base. Les fleurs sont disposées en petits capitules, et chacune d'elles est accompagnée d'un calicule cupuliforme. Les inflorescences sont axillaires, supra-axillaires ou latérales, sur le bois des tiges. Ce sont des plantes de l'Asie et de l'Océanie tropicales. (H. BN, in *Adansonia*, III, 363; X, 262; in *DC. Prodr.*, XVII, 9; *Hist. des pl.*, V, 282, 336, fig. 330-333.)

PHYTOCRÉNÉES. Série des Térébinthacées, dont les fleurs sont construites comme celles des Mappiées et de certaines Anacardiées, avec un ovaire à loge unique, 1, 2-ovulée; les ovules descendants, à micropyle supérieur et intérieur. Les graines sont avec ou sans albumen. Ce sont des lianes dioïques. (H. BN, *Hist. des pl.*, V, 282, 289, 336.)

PHYTOCTONIÉES (*Phytoctoniæ* CHEV., *Fl. Par.*, I, 373). Ordre de Champignons, comprenant des parasites sur les plantes vivantes, comme les Rhizoctones et les *Erysiphe*.

PHYTOGRAPHIE. Partie de la science qui traite de la description des plantes.

PHYTOLACCA (T., *Inst.*, 299, t. 154). Genre de Dicotylédones monopérianthées, qui a des fleurs régulières et souvent hermaphrodites, plus rarement dioïques, à 5 sépales herbacés ou pétaloïdes; 5-30 étamines hypogynes et 4-10 carpelles verticillés, libres ou unis à la base. Chacun d'eux a un ovaire 1-ovulé, et l'ovule subbasilaire est ascendant, campylotrope. Le fruit est formé de 4-∞ carpelles plus ou moins charnus, et la graine

Phytolacca. — Branche florifère.

glabre a un embryon périphérique qui encadre un copieux albumen farineux. Ce sont des herbes ou des arbustes, de toutes les régions tropicales ou sous-tropicales du monde. Quelques-uns atteignent d'énormes dimensions. Leur bois est mou et les feuilles sont alternes. Les fleurs sont disposées en grappes. Le *P. decandra* L., souvent cultivé, introduit en Europe, est le Raisin d'Amérique, dont les fruits sont riches en matière colorante rouge, employée parfois dans les expériences de physiologie végétale. Elle sert souvent à frelater les vins. Les feuilles de plusieurs espèces sont potagères. Plusieurs autres sont helminthicides. (H. BN, *Hist. des plant.*, IV, 23, 48, 50, fig. 21-28.)

PHYTOLACCACÉES. Famille de Dicotylédones apétales, formée pour nous des 6 séries des Phytolaccées, Barbeuiées, Agdestidées, Rivinées, Thélygonées et Gyrostémonées. L'ovaire y est supère ou infère; les carpelles 2-∞, unis ou libres. Les Salsolacées, Polygonacées, etc., ont un gynécée pluricarpellé. Ici chaque ovaire est formé d'un carpelle clos. (H. BN, *Hist. des pl.*, IV, 23, Fam. 25.)

PHYTOLITHUS (MARTIN [1809], *Petref. derb.*, t. 19). Synonyme de *Nevropteris* AD. BR.

PHYTOLITHUS (STEINH., in *Trans. Amer. Soc.* [1818], 295). Synonyme de *Sigillaria* AD. BR.

PHYTOMYXA (SCHRŒT., *Krypt. Fl. Schles.*, *Pilze*, 1134 .

Genre de Plasmodiophorés-entophytes, dont on connaît deux espèces, vivant dans les racines de diverses Légumineuses. Ce genre est caractérisé par l'existence de plasmodies à l'intérieur des cellules et dans leur intervalle, formant des spores baculiformes. [De S.]

PHYTOMYXINÉES (*Phytomyxinæ* PRANTL, *Die Naturl. Pflanz. Famil.* — SCHWET, *Fl. crypt.*). Section des Myxomycètes, de la division des Acrasiées, comprenant les genres parasites à l'intérieur des cellules des plantes.

PHYTON. Nom donné par Gaudichaud à la feuille considérée par lui comme individu végétal distinct. Une plante est pour lui une agrégation de Phytons, etc.

PHYTON. Nom grec ancien de la Cynoglosse.

PHYTOTOMIE. L'Histologie végétale.

PHYTOXYS (MOL., *Chil.*, 309). Synonyme de *Spachela* BENTH.

PHYTOXYS (SPRENG., *Syst. veg.*, II, 676). Synonyme de *Sphacele* BENTH.

PHYXIMILON. Dans Eschyle, le Bananier (?).

PIABANHÆA (TUL., in *Ann. sc. nat.*, sér. 3, XI, 110). Section (?) du genre *Castelnaria* TUL. et WEDD.

PIAÇABA, PIASSABA. L'*Attalea funifera* MART.

PIAJ. Nom hindou de l'*Allium Cepa* L.

PIAKDUNE. Fruit du *Kaki*.

PIALUN. Nom forézien de la Prêle des champs.

PIAMI. Dans l'Inde, le *Cassia venenifera* MEY.

PIAN-FA. Nom chinois du *Thuya orientalis* L.

PIANTA LACCA. En Italie, les *Phytolacca* T.

PIAPAN. Le *Ranunculus bulbosus* L.

PIARANTHUS (R. BR., in *Mem. Werner. Soc.*, I, 23). Genre d'Asclépiadacées-Stapéliées, formé d'une demi-douzaine de plantes grasses de l'Afrique australe; distingué par une corolle campanulée, à lobes étroits ou acuminés; une couronne dont les sinus sont 2-dentés ou 2-lobés entre les lobes incombants.

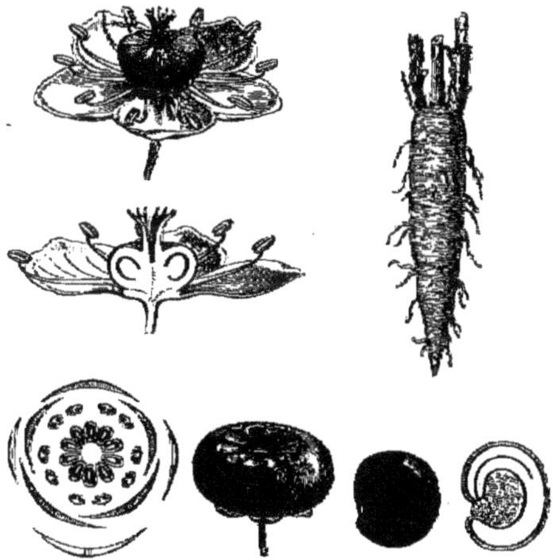

Phytolacca. — Fleur, entière et coupe longitudinale. Diagramme. Fruit. Graine, entière et coupe longitudinale. Racine.

Les tiges sont généralement 4-gones, à angles chargés de dents coniques. (MASS., *Stapel.*, t. 24, 31. — *Bot. Mag.*, t. 1648. — H. BN, *Hist. des pl.*, X, 280.)

PIBOU. En Languedoc, le *Populus nigra* L.

PIBOUL, PIBOULO. Noms provençaux des *Populus* T.

PIBOULADE. Nom vulgaire de l'*Agaricus sylmedraceus*.

PIBOULADO. Nom toulousain et languedocien des *Agaricus ilicinus*, *attenuatus*, *annularius* et *melleus* (voy. PIVOULADO).

PIBOULADOS. Nom (Montauban) de l'*Agaricus mutabilis* SCH.

PICAN. Le *Musa paradisiaca* L.

PICAO DA PRAIA. Nom, au Brésil, de l'*Acanthospermum xanthoïdes* DC., remède populaire, tonique et diurétique, antipériodique, antigonorrhéique, etc.

PICA-PICA. Nom indigène du *Mucuna prurita* HOOK.

PICAPOULE. En Languedoc, le Micocoulier.

PICARD (Casim.). Médecin, né à Amiens [1806], mort à Abbeville [1841], a écrit une *Etude sur les Géraniées de la Somme et du Pas-de-Calais* [1838] et des *Observations sur les* Sonchus. (*Cat. sc. pap.*, IV, 897.)

PICCIA (NECK., *Elem.*, II, 436). Synon. de *Morenoboa* AUBL.

PICCIOLI (Guis.). Auteur, à Florence [1783], de *Hortus panciaticus*, etc. — Ant. PICCIOLI fut l'auteur [1820] d'un *Pomona toscana* (in-8).

PICCOLOMINITES (UNG., *Syn. pl. foss.*, 262; *Chlor. protog.*, XC). Genre de bois fossile.

PICCONIA (DC., *Prodr.*, VIII, 288). Synon. de *Notelæa* VENT.

PICEA (DON, in *Loud. Arbor. brit.*, IV, 2293). Synonyme de *Abies* J.

PICEA. Nom ancien (MATTH.) de *Pinus Picea* L.

PICHI. Le *Fabiana imbricata* R. et PAV., remède aujourd'hui accrédité des affections de l'appareil urinaire, etc.

PICHO-CAN. Nom landais du *Boletus luteus* L.

PICHOLA, PICHORA. Synonymes de *Pitchurim*.

PICHON et BROCA. Auteurs [1811] d'un *Catalogue du jardin de Brest* (in-8 de 571 p.).

PICHUA. Au Brésil, l'*Euphorbia portulacoides* L.

PICHURIM (FÈVES). Embryons ou cotylédons de quelques Lauracées. La *Grande Pichurim* est produite par le *Nectandra Pichuri major*; la *Petite*, par l'*Aniba? Pitchuri minor* MIZ. (H. BN, *Tr. Bot. méd. phanér.*, 691).

PICINNA. Au Malabar, le *Trichosanthes anguina* L.

PICKERINGIA (NUTT., in *Journ. Acad. Philad.*, VII, 95). Synonyme de *Ardisia* SW.

PICNOCOMON (DALECH., *Hist.*, 1456). Synonyme de *Picnomon* LOBEL.

PICNOMON (ADANS., *Fam. des pl.*, II, 115). Syn. de *Cnicus* L.

PICNOMON (LOBEL, *Icon.*, III, t. 14). Syn. de *Acarna* VAHL.

PICO (Vict.), dont le nom latinisé est *Picus*, fut l'auteur, à Turin [1788], de *Meletemata inauguralia*, avec de curieuses recherches sur les Champignons et leurs propriétés.

PICOA (VITTAD., *Monogr. Tuber.*, 54). Genre de Tubéracés, dont on connaît une seule espèce, le *P. Juniperi* VITT., que l'on trouve sous terre autour des Genévriers en Lombardie et en Algérie. Le réceptacle globuleux, de la grosseur d'une noisette ou d'une noix, très légèrement verruqueux, est charnu, brun foncé; il ne se sépare pas du pseudo-parenchyme blanc, mou, granuleux, marbré de veines peu ramifiées, jaunissantes. Les thèques globuleuses, à membrane fugace, contiennent de 6 à 8 spores à peu près sphériques, hyalines. [De S.]

PICOPOULO. Le fruit du Micocoulier, en Languedoc. C'est aussi le nom d'une sorte de Raisin.

PICOSO. Au Mexique, le *Croton adenaster* XIM.

PICOTAZ. En Provence, l'Aconit Napel.

PICOTEE. Nom anglais des Œillets à pétales fimbriés.

PICOTIA (RŒM. et SCH., *Syst.*, IV, 10). Synonyme de *Omphalodes* MŒNCH.

PICOTIANE, PIQUOTIANE. Le *Psoralea esculenta* PURSH.

PICOTIN. L'*Arum maculatum* L.

PICPOUX. L'*Alchemilla vulgaris* L.

PICRADENIA (HOOK., *Fl. bor.-amer.*, I, 317, t. 108). Synonyme de *Actinella* NUTT.

PICRÆNA (LINDL., *Med. bot.*, 208). Genre de Rutacées-Quassiées, formé de 3 arbres américains, à feuilles imparipennées, amers dans toutes leurs parties; distingué par ses fleurs polygames, à 4, 5 pétales, avec autant d'étamines et un gynécée 3-carpellé. On emploie beaucoup, en guise du bois du *Quassia amara*, celui du *P. excelsa* ou Quassier de la Jamaïque. (H. BN, *Hist. des pl.*, IV, 409, 440, 491; *Tr. Bot. méd. phanér.*, 876, fig. 2564, 2565.)

PICRAMNIA (Sw., *Prodr.*, 27; *Fl. ind. occ.*, I, 217, t. 4). Synonyme de *Tariri* AUBL.

PICRASMA (BL., *Bijdr.*, 247). Genre de Rutacées-Quassiées, formé de 6, 7 arbres très amers, de l'Asie et l'Océanie tropicales; distingué par des fleurs isostémonées, à étamines velues, des carpelles dont les styles sont réunis en un disque épais. Les feuilles sont alternes et imparipennées, et les fleurs sont en grappes de cymes. (H. BN, *Hist. des pl.*, IV, 408, 495.)

Picræna. — Port.

PICRELLA (H. BN, in *Adansonia*, X, 149, t. 10). Genre de Rutacées-Quassiées (?), dont les affinités avec les Zanthoxylées sont aussi frappantes. Il est formé d'un arbuste glabre, glanduleux-ponctué et très amer sur le frais, qui vient, dit-on, du Mexique, et qui était cultivé au Muséum, et il a des fleurs 4-mères, à sépales décussés, à pétales connivents, valvaires, à 4 étamines alternipétales et à 4 carpelles dont les ovaires sont libres, 1-ovulés; l'ovule ascendant ou descendant. Les styles sont unis en une colonne à sommet stigmatifère dilaté. Les feuilles sont opposées, pétiolées, 3-foliolées, et les fleurs sont petites, blanches, disposées en grappes axillaires, composées et cymifères. (Voy. *Hist. des pl.*, IV, 410, 497, fig. 474-477.)

Picrella. — Branche florifère.

PICREUS (JUSS.). Pour *Pycreus* PAL.-BEAUV.

PICRIA (LOUR., *Fl. cochinch.*, 392). Synonyme de *Curanga* J. (II, 303). Mais *Picria* a pour lui la priorité. (H. BN, in *Bull. Soc. Linn. Par.*, 699; *Hist. des pl.*, IX, 459.)

PICRIA (SCHREB., *Gen.*, 791). Synonyme de *Coutoubea* AUBL.

PICRICARYA (DENNST., *Schl. Hort. malab.*, 30). Genre proposé pour le *Kari-vetti* RHEED.

PICRIDIUM (DESF., *Fl. atl.*, II, 220). Genre de Composées-Cichoriées, formé d'une demi-douzaine d'herbes de la région méditerranéenne et de l'Orient; distingué par des capitules de *Sonchus*, avec involucre de *Scorzonera*, et des fruits à 4, 5 côtes, mais ni comprimés, ni ∞-costés. (B. H., *Gen.*, II, 527, n. 753.)

PICRIS (L., *Gen.*, n. 907). Genre de Composées, voisin des Chicorées, à fleurs 1-morphes; les corolles ligulées; les anthères aiguës ou courtement sétacées-acuminées à la base. Les branches stylaires sont ténues, et les achaines sont oblongs-linéaires, droits, arqués ou rostrés, arrondis ou à 5-20 angles; les côtes lisses ou rugueuses. L'aigrette, parfois nulle, a des soies égales ou inégales, glabres ou plumeuses. Ce genre, tel que nous l'avons limité, en y comprenant les *Crepis*, *Helminthia*, *Rodigia*, *Phæcasium*, *Pterotheca*, *Phalacroderis*, renferme environ 160 espèces, des régions chaudes et tempérées des deux mondes, annuelles ou vivaces, à feuilles alternes ou basilaires en rosette; l'involucre plurisérié; le réceptacle plan, nu ou fimbrilligère. (H. BN, *Hist. des plant.*, VIII, 107.)

PICRIUM (SCHREB., *Gen.*, II, 791). Syn. de *Coutoubea* AUBL.

PICROCHYLEÆ (PERLEB., *Clav. class.*). Ordre des *Thalamanthæ*.

PICROCOCCUS (NUTT., in *Trans. Amer. Phil. Soc.*, ser. 2, VIII, 262). Synonyme de *Vaccinium* L.

PICRODENDRON (PL., in *Hook. Lond. Journ.*, V, 579). Genre mal connu, rapporté par les uns aux Quassiées et par Grisebach aux Juglandées. Il est formé d'un arbre amer des Antilles, à fleurs dioïques; l'ovaire 2-loculaire, à loges 2-ovulées; les ovules descendants. Le *P. Juglans* GRISEB. a des feuilles 3-foliolées, alternes et, dit-on, des fleurs mâles disposées en chatons. (H. BN, *Hist. des pl.*, IV, 500.)

PICROLEMMA (HOOK. F., *Gen.*, I, 312, n. 15). Genre de Rutacées-Quassiées, formé de 2 arbustes à feuilles imparipennées, à fleurs dioïques; les mâles isostémonées, avec un disque à peu près nul. Les étamines y sont oppositipétales. Les carpelles sont au nombre de 5, 1-ovulés, et les fruits sont drupacés. Le *P. Sprucei* a les fruits petits, drupacés; il est du Rio Maupès. Le *P. Valdivia* G. PL., de Colombie, a des gros fruits analogues à ceux du Cédron; on lui attribue ses propriétés. (H. BN, *Hist. des pl.*, IV, 495; *Tr. Bot. méd. phanér.*, 878.)

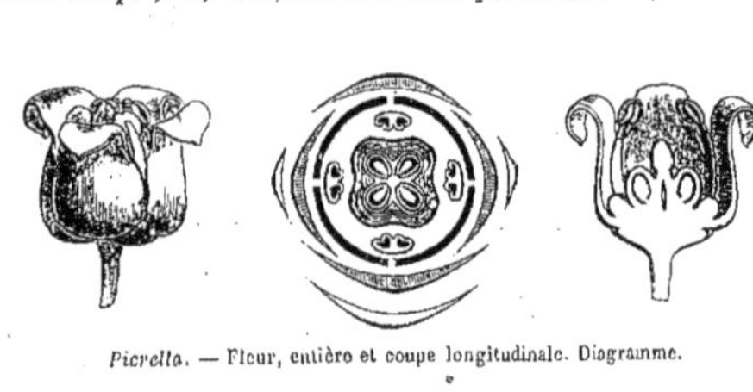

Picrella. — Fleur, entière et coupe longitudinale. Diagramme.

PICROMYCES (BATT., *Fung. Agr. arim.*, 17, t. XVI, f. c.). Agarics correspondant à l'*Agaricus leucophyllus* PERS.

PICROPHLÆUM (BL., *Bijdr.*, 1019). Syn. de *Fagræa* THUNB.

PICROPHYTA (F. MUELL., in *Linnæa*, XXV, 421). Synonyme de *Goodenia* SM.

PICRORHIZA (ROYL., in *Benth. Scroph. ind.*, 47; *Ill. himal.*, t. 71). Genre de Scrofulariacées-Digitalées, représenté par une herbe indienne qui a les fleurs des *Pæderota*, avec une corolle à tube court, 4 étamines, des feuilles basilaires en rosette et des épis terminaux. (H. BN, *Hist. des pl.*, IX, 466.)

PICROSIA (DON, in *Trans. Linn. Soc.*, XVI, 183). Section du genre *Scorzonera* T. (H. BN, *Hist. des pl.*, VIII, 114.)

PICROTHAMNUS (NUTT., in *Trans. Amer. Phil. Soc.*, ser. 2, VII, 417). Synonyme de *Artemisia* L.

PICTETIA (DC., in *Ann. sc. nat.*, sér. 1, IX, 93). Genre de Légumineuses-Papilionacées-Hédysarées, formé de 6 arbustes de l'Amérique tropicale, surtout des Antilles; distingué par un androcée à gaine fendue en dessus et une gousse plane, à bords continus ou sinués, égaux; les articles ne se séparant les uns des autres que difficilement. (H. BN, *Hist. des pl.*, II, 304.)

PICTETIA (HOCHST., in *Flora* [1846], 599). Synonyme de *Rathkea* SCHUM.

PIDDINGTONIA (A. DC., *Prodr.*, VII, 341). Synonyme de *Pratia* GAUDICH.

PI-DE-CHIEN. L'*Agaricus albellus* SCHÆFF.

PIÉCHATIER. — Voy. GNAPHALIUM.

PIED. Le stipe des Champignons.

PIED D'AIGLE. La Podagraire.

PIED D'ALOUETTE. Les *Delphinium*.

PIED DE BOEUF. L'*Arum maculatum* L.

PIED DE BOUC. Le *Carum Saxifraga* H. BN.

PIED DE CANARD. Le *Podophyllum peltatum* L.

PIED DE CHAT. Le *Gnaphalium dioicum* L.

PIED DE CHÈVRE. La Podagraire.

PIED DE CHEVREAU. La Colmelle et la Chanterelle.

PIED DE COQ. Le *Ranunculus bulbosus* L.

PIED DE CORNEILLE. Le *Plantago Coronopus* L.

PIED DE GELINE. La Fumeterre officinale.

PIED DE GRIFFON. L'Hellébore fétide.

PIED D'ÉLÉPHANT. L'*Elephantopus scaber* L.

PIED DE LIÈVRE. Le *Trifolium arvense* L. et le *Plantago Lagopus* L.

PIED DE LION. L'Alchimille vulgaire.

PIED DE LOUP. Le *Lycopodium clavatum* L. et le *Lycopus europæus* L.

PIED DE MILAN. Le *Thalictrum flavum* L.

PIED DE MOUTON BLANC. Nom vulgaire de l'*Hydnum repandum*.

PIED DE MOUTON NOIR. Nom vosgien du *Polyporus Pes-capræ*.

PIED DE POULE. Le Grand Chiendent.

PIED DE VACHE. Nom forézien du *Barbarea præcox* R. BR.

PIED DE VEAU. L'*Arum maculatum* L.

PIED D'OIE. Les Ansérines.

PIED D'OURS. L'*Acanthus mollis* L.

PIEGAFETTA (BECC., *Males.*, I, 80). Genre de Palmiers, de la Nouvelle-Guinée et de l'archipel Malais, formé de 3 arbres rapportés jadis aux *Sagus* et *Metroxylon;* distingués par une tige robuste, dressée; des feuilles pinnatiséquées, à segments acuminés; les nervures parallèles; les divisions du spadice amentiformes et laineuses. Le genre est mal connu. Blume en a décrit une espèce comme *Sagus* (*Rumphia*, II, t. 128). [H. BN.]

PIEPENBRING (Georg.-Heinr.). Professeur à Rinteln, a écrit [1805] un *Lehrbuch der Fundamental-Botanik* (in-8 de 445 p.).

PIERARDIA (ROXB., *Hort. bengal.*, 28. — JACK, in *Trans. Linn. Soc.*, XIV, 119). Synonyme de *Baccaurea* LOUR.

PIERCEA (MILL., *Dict.*, VI, 310). Synonyme de *Rivina* L.

PIERCEA (MILL. — MOQ., in *DC. Prodr.*, XIII, II, 11). Section du genre *Rivina* PLUM.

PIERCEA (RAFIN., *Fl. tell.*, n. 631). Synonyme de *Villamilla* R. et PAV.

PIERIDIA (REICHB., *Nom.*, 127. Pour *Pieris* DON.

PIERIS (DON, in *Edinb. N. Phil. Journ.*, XVII, 159). Section (A. GRAY) du genre *Andromeda* L. — Voy. H. BN, *Hist. des plant.*, XI, 133.

PIEROTIA (BL., *Mus. lugd.-bat.*, I, 179). Synonyme de *Ixonanthes* JACK.

PIESIS (DC., *Prodr.*, VII, I, 344). Section des *Pyrrhopappus*.

PIETRA FUNGAJA. Pierre à champignon; corps mixte formé par le mycélium du *Polyporus Tuberaster* FR., qui contient, dans l'interstice de ses ramifications, de la terre, des graviers; il prend ainsi l'apparence d'un corps solide, d'où fait issue le réceptacle du Polypore qui est comestible et estimé en Italie où se rencontre le plus communément la *Pietra fungaja*. Comme elle reproduit le réceptacle, quand on la tient arrosée, elle est l'objet d'un commerce, de même qu'ailleurs le mycélium de l'Agaric de couche mêlé à la litière qui lui sert de substratum. (H. BN, *Tr. Bot. méd. crypt.*, 112.) [DE S.]

PIGAFETTA (ADANS., *Fam.*, II, 223). Syn. de *Eranthemum* L.

PIGAFETTA (MART., *Palm.*, 343). Section du g. *Metroxylon*.

PIGAM. Nom hébreu des *Ruta* (d'où *Pigamon*).

PIGAMON. Nom français des *Thalictrum* L.

PIGEA (DC., *Prodr.*, I, 307). Synonyme de *Dombalia* VAND.

PIGGOTIA (BERK. et BR., in *Ann. nat. Hist.*, VII, 95). Genre de Sphéropsidés, à périthèce mince, membraneux, aplati. Les spores oblongues, jaunes ou subhyalines sont portées sur de très courts sporophores. Les espèces en petit nombre de ce genre accompagnent ou précèdent souvent les *Dothidea*, dont elles paraissent être les pycnides. [DE S.]

PIGMENTARIA, PIGMENTUM URURU. Le Rocou.

PIGMENTUM CÆRULEUM (RAUW.). L'*Indigofera tinctoria* L.

PIGMENTUM INDICUM. L'Indigo.

PIGNA. A Manille (PERROTTET), une sorte d'Ananas.

PIGNADA. En Gascogne, le *Pinus Pinea* L.

PIGNATOXARIS (DIOSC.). Le *Veratrum album* L.

PIGNE, PIGNET. Noms vulgaires du *Pinus Pinea* L.

PIGNE, PINDES. Aux Antilles, l'Ananas.

PIGNEROLLE. Le *Centaurea Calcitrapa* L.

PIGNON OU P. DOUX. Fruit du *Pinus Pinea* L. Le *P. de Barbarie* est le Ricin; le *P. des Barbades* ou *Grand P. d'Inde* est le *Jatropha Curcas*. Le *Petit P. d'Inde* est le *Croton Tiglium* L. Le *P. de Malacca* est la Noix de Ben.

PIGNOTAXIS (DIOSC.). Le *Veratrum album* L.

PIG-NUT. En Angleterre, le *Carum Bulbocastanum* H. BN.

PIGOUIL. Au Pérou, le *Festuca quadridentata* K.

PIKEA (HARV, *Ner. bor.-amer.*, tab. 49, 246). Algues de la famille des *Dumontiaceæ* et de la tribu des *Cryptosiphonieæ*, à fronde variable, pinnée, distique; les ramelles pinnées partant des bords de la fronde, filiformes ou subulées. On trouve cette Algue sur les rivages de la Californie. (Voy. J.-G. AGH, *Spec., gen. et ord. Alg.*, III, 253.) [CH. M.]

PILACRE (FR., *Syst. mycol.*, III, 204; *Summ. veg. Scand.*, 301). Genre de Champignons, dont M. Boudier a récemment déterminé la vraie place parmi les Discomycètes (*Journ. de Bot.*, 16 août 1888). Il présente un capitule globuleux ou déprimé, pédiculé, de petite taille, contenant des thèques dont la paroi se résorbe facilement et laisse apparaître les spores agglutinées en chapelet. C'est ce caractère qui a donné lieu à des erreurs d'interprétation et a fait ranger les *Pilacre* parmi les Hyphomycètes. Ils peuvent du reste donner naissance à des conidies, telles que M. Brefeld les a obtenues et figurées. On en distingue une dizaine d'espèces, vivant sur le bois mort, les écorces et les feuilles mortes, les racines, en Europe, dans les Indes et l'Amérique du Nord. [DE S.]

PILACRÉES (BREF., *Unters. Mykol.*, *Helft* VII, 27). Famille du groupe de Protobasidiomycètes, fondée sur le caractère prétendu basidiosporé des *Pilacre* qui seraient des Basidiomycètes angiocarpes sans hyménium. — Voy. PILACRE.

PILACRELLA (SCHRŒT., *Krypt. Fl. Schles.*, 387). Genre de Champignons, qui ne paraît pas différer des *Pilacre* FR.

PILAIRA (V. TIEG., in *Ann. sc. nat.*, sér. 6, I, 51). Genre de Mucorinés. Les filaments sporangifères sont cylindriques, dépourvus de cloisons et peuvent atteindre une grande dimension (10 à 12 cent.). Le sporange a la même structure et la même déhiscence que celui des *Pilobolus*, mais n'est pas projeté; il s'attache aux corps qui l'entourent par sa partie inférieure gélatineuse. Les spores ovoïdes ou globuleuses sont faiblement teintées. Trois espèces vivent sur des excréments d'animaux. [DE S.]

PILANTHUS (POIT., herb.). Synonyme de *Vexillaria* BENTH.

PILAT. Nom d'une variété d'Orge.

PILAU. Au Malabar, le Jacquier.

PILAVELLA (BORY, *herb.*, ex KUETZ., *Spec. Alg.*, 458). Genre d'Algues, que n'ont pas admis la plupart des auteurs, et qu'il faut considérer comme synonyme d'*Ectocarpus* AGH. [CH. M.]

PILDERIA (KL., *Begon.*, 66, t. 7 A). Synonyme de *Begonia* T.

PILEA (LINDL., *Collect.*, t. 4). Genre d'Urticacées, formé de plus de 150 herbes annuelle ou vivaces, des deux mondes; distingué par des feuilles opposées; des fleurs femelles à périanthe 3-mère, avec un sépale plus grand. Le fruit est inclus ou exsert; mais le calice ne s'accroît que peu ou point. Le style a son sommet courtement pénicillé. Les cymes sont ramifiées lâchement ou contractées et capituliformes. (WEDD., *Mon. Urt.*, t. 6-8. — H. BN, *Hist. des pl.*, III, 524.)

PILEANTHUS (LABILL., *Pl. N.-Holl.*, II, 11, t. 149). Genre de Myrtacées-Chamælauciées, formé de 2, 3 arbustes australiens, éricoïdes; distingué par un calice à 10 larges lobes entiers, 5 pétales, 20 étamines à anthères de *Chamælaucium*, sans staminodes. (DESF., in *Ann. Mus.*, V, t. 3. — H. BN, *Hist. des pl.*, VI, 368.)

PILEARIA (LINDL., *Orchid. Gen.*, 242). Section du g. *Aerides*.

PILEOCALYX (GASP., *Oss. Zucch. cult.*). Synonyme (NAUD.) de *Cucurbita Melopepo* L.

PILEORHIZE. — Voy. RACINE.

PILEOSTEGIA (TURCZ., in *Bull. Mosc.*, XXXII, 276). Synonyme (B. H., *Gen.*, I, 357) de *Ilex* L.

PILEOSTIGMA (HOCHST., in *Flora* [1846], 598). Section du genre *Bauhinia* L.

PILESTE. L'*Arum maculatum* L.

PILETOCARPUS (HASSK., in *Flora* [1866], 212). Synonyme de *Aneilema* R. BR.

PILEUX. — Voy. PUBESCENCE.

PILGA. Nom hébreu du Raifort sauvage.

PILIDIUM (KUNZE, *Myc.*, *Helft* II, 92). Genre de Sphéropsidés, à périthèces immergés, hémisphériques, scutelliformes, s'ouvrant en fentes rayonnant à partir du centre. Le disque plus clair donne naissance aux sporophores dressés; les spores sont oblongues, fusiformes ou courbes, hyalines et à deux ou plusieurs cloisons. [DE S.]

PILIET. Variété d'Orge.

PILIGAN. Nom, au Brésil, de plusieurs Lycopodes.

PILIGENA (SCHUMACH., *Enum. pl. Zeel.*, II, 111, in *Bonord.*, *Handb. d. Mykol.*, 319). Synonyme de *Onygena* PERS.

PILIKAI. Nom hawaïen de l'*Ipomæa Turpethum* R. BR.

PILINGRE. Nom angevin de la Persicaire.

PILINIA (KUETZ., *Phycol. gen.*, 273). Genre d'Algues, de la famille des Confervacées, à thalle formé de filaments dressés, rameux, fasciculés, et comme réunis dans un strate spongieux. (Voy. KUETZ., *Sp. Alg.*, 425; *Phyc. germ.*, 221; in *Linnæa*, XVII, 92.) [CH. M.]

PILINOPHYTUM (KL., in *Wiegm. Arch.*, VII, 255). Section du genre *Croton* L.; synonyme de *Heptallon* RAFIN.

PILIOCALYX (BR. et GR., in *Ann. sc. nat.*, sér. 5, III, 225; in *N. Arch. Mus.*, IV, 26, t. 10). Genre de Myrtacées, à fleurs d'*Acicalyptus;* le réceptacle plus court; le calice tombant en forme de coiffe; les pétales petits et inégaux; l'ovaire à 2 loges ∞-ovulées; le fruit charnu. Ce sont 3, 4 arbres ou arbustes de la Nouvelle-Calédonie, à cymes terminales composées. (H. BN, *Hist. des pl.*, VI, 355.)

PILITIS (LINDL., *Introd. Nat. Syst.*, ed. 2, 143). Synonyme de *Richea* R. BR.

PILLABILCUM (FEUILL.). Fougère dite médicinale, indéterminée, du Pérou.

PILL-BEARING SPURGE. L'*Euphorbia pilulifera* L.

PILLEN TRAGENDE WOLFSCHMICH. Nom allemand de l'*Euphorbia pilulifera* L.

PILLER (Math.). Auteur [1783], avec L. Mitterpacher, d'un *Iter per Poseganam Slavoniæ provinciam*, etc. (in-4 de 147 p.).

PILLERA (ENDL., *Prodr. Fl. norfolk.*, 91). Synonyme de *Mucuna* ADANS.

PILLOLET. Synonyme de Serpolet.

PILLORILLA. Au Chili, le Ricin.

PILOBOIDEÆ (RABENH., *Flor. europ. Alg.*, III, 272). L'une des divisions naturelles du genre *Vaucheria*, créée par Rabenhorst, dans laquelle il a placé les espèces dont les anthéridies cylindriques, droites et terminales, sont formées par l'extrémité des rameaux où l'oogone se développe. [CH. M.]

PILOBOLEÆ (V. TIEGH., in *Ann. sc. nat.*, sér. 6, I, 41). Tribu de la famille des Mucorinés.

PILOBOLUS (TODE, *Meckl.*, 41). Genre de Mucorinés, à filaments dressés, simples, atténués vers le haut et quelquefois ventrus à la base, portant un sporange globuleux-déprimé, noir, cuticularisé et partiellement verruqueux, se gélifiant à la base, de manière à permettre le détachement de cet organe qui est projeté en l'air. Les spores contenues dans le sporange sont sphériques, hyalines, puis légèrement teintées. On en connaît une douzaine d'espèces, se développant sur les excréments des animaux et de l'homme, sous toutes les latitudes. [DE S.]

PILOCARPE (*Pilocarpus* VAHL, *Ecl.*, I, 29, t. 10). Genre de Rutacées-Zanthoxylées, à fleurs 4, 5-mères; le calice court, entier ou denté; les pétales valvaires ou légèrement imbriqués. Il y a un androcée isostémoné, à anthères mutiques et versatiles. L'ovaire est plus ou moins profondément lobé, plus ou moins plongé dans le disque, et chaque carpelle est 2-ovulé; les ovules collatéraux ou superposés. L'union des styles n'a pas

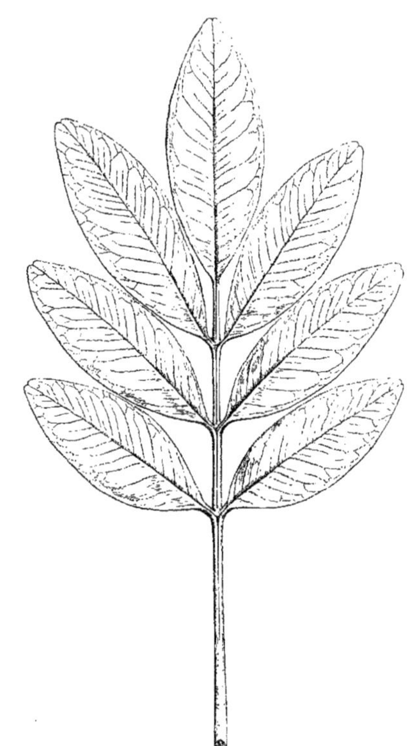

Pilocarpe *Jaborandi*. — Feuille composée.

lieu à leur base, et leur tête stigmatifère est peu profondément lobée. Le fruit se partage en 4, 5 coques loculicides, 2-valves, 1, 2-spermes. Les graines sont dépourvues d'albumen. Ce sont 5, 6 arbustes glanduleux-ponctués, des régions tropicales et tempérées de l'Amérique. Ils ont des feuilles alternes ou opposées, parfois verticillées, 1-3-foliolées ou imparipennées. Leurs fleurs sont disposées en épis ou grappes simples, généralement très longs, terminaux ou axillaires. Quelques-uns sont des *Jaborandi*, fort employés aujourd'hui en médecine comme sudorifiques, sialagogues, etc., notamment les *P. pennatifolius* Leme, *Selloanus* Engl. et (?) *grandiflorus* Engl., du Brésil et du Paraguay. Ils renferment une essence odorante, stimulante, et un alcaloïde, la Pilocarpine. (H. Bn, *Hist. des pl.*, IV, 394, 475; *Tr. Bot. méd. phanér.*, 857, fig. 2550.)

PILOCEREUS (Leme, *Cact. gen. nov. et spec.*, 7. — Engelm., in *Proc. Amer. Acad.*, III, 32). Section du genre *Cereus* Haw.

PILOGYNE (Schrad., in *Eckl. et Zeyh. Enum.*, 277). Synonyme de *Zehneria* Endl.

PILOMENA (Nyl., in *Bot. Notes de Stockh.* [1854]). Genre d'Algues, fort douteux, que Rabenhorst a considéré comme synonyme de *Stigonema*; mais ce genre lui-même a des affinités considérables avec les Lichens, auxquels beaucoup d'auteurs l'unissent, que les apothécies demeurent soit apparentes, soit cachées. [Ch. M.]

PILON. L'*Arum maculatum* L.

PILOPEZA (Fries, *Summ. Scand.*, 356). Pour *Psilopezia* Berk.

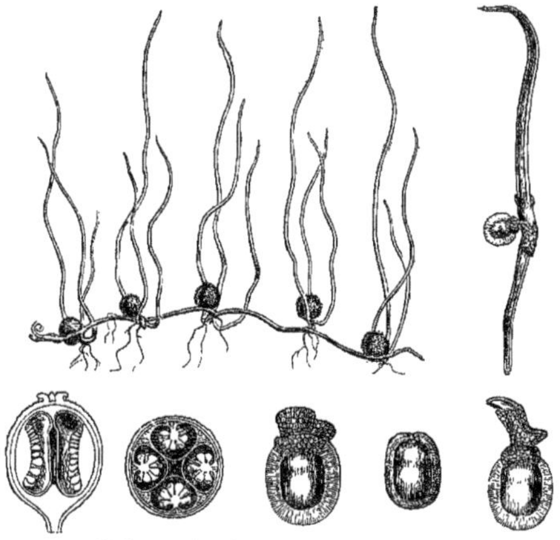

Pilularia. — Port. Organes reproducteurs. Germination.

PILOPHORA (Jacq., *Fragm.*, 32, t. 35 B, G, t. 36). Synonyme de *Manicaria* Gærtn.

PILOPHORA (Wallr., *Fl. crypt. germ.*, 332). Genre de Mucorinés, qui ne se distingue pas des *Mucor*.

PILOPHORON (Tuck., *Lich. N.-Amer.*, 46; *Suppl.*, I, 427). Genre de Lichens, de la famille des Cladoniés, et voisin du genre *Cladonia*, avec lequel il a de nombreuses affinités, ainsi qu'avec les *Stereocaula*. Le thalle est pourvu de podetiums rigides, cylindriques, simples ou peu rameux, fistuleux, à filaments arachnoïdes à l'intérieur, et revêtus à l'extérieur d'une couche externe granuleuse. Les apothécies sont noirâtres et subglobuleuses. Les paraphyses, épaisses ou médiocres, sont également noires au sommet. Les spores sont unicolores, ellipsoïdes ou oblongues. Les spermogonies sont comme dans le genre *Cladonia*. Ces Lichens sont saxicoles, dans les terres arctiques, sur le granit. (Voy. Nyl., *Syn. meth.*, 228.) [Ch. M.]

PILOPHORON (Tuckerm.). Pour *Pilophorus* Fries.

PILOSACE (Fries, in *Nov. Act. upsal.* [1851], I, 25). Sous-genre des *Pratellus*.

PILOSELLA (Kostel., *Ind. pl. Hort. prag.* [1844]). Genre proposé pour l'*Arabis Thaliana* L.

PILOSELLA. Nom ancien du *Gnaphalium dioicum* L.

PILOSELLA (Sch. Bip., in *Flora* [1862], 417). Section du genre *Hieracium* L.

PILOSELLA MINOR (Dod.). Les *Gnaphalium dioicum* et *Leontopodium* L.

PILOSELLE. L'*Hieracium Pilosella* L. et le Pied de chat.

PILOSELLOIDES (Less., in *Linnæa*, V, 296). Sect. du g. *Gerbera*.

PILOSPERMA (Pl. et Tri., in *Ann. sc. nat.*, sér. 4, XIV, 243). Genre de Clusiacées-Clusiées, mal connu, voisin (?) des *Havetia*, à fleurs dioïques; la femelle à calice et corolle 4-mères; le fruit des *Havetia*; les graines ordinairement 2-nées dans chaque loge, pourvues d'un arille crêté qui les enveloppe. C'est un arbre de la Colombie. (H. Bn, *Hist. des pl.*, VI, 419.)

PILOSTYLES (Guillem., in *Ann. sc. nat.*, sér. 2, II, 21, t. 1). Synonyme de *Apodanthes* Poit.

PILOSUS. — Voy. Pubescence.

PILPAPRA. La graine du *Butea frondosa* Roxb.

PILULÆ. Nom ancien des galles de *Quercus Robur* L.

PILULARIA (Vaill., *Bot. par.*, t. 15, fig. 6). Genre de Marsiléacées, distingué par des fruits axillaires et subglobuleux, sessiles, à 4 logettes dans lesquelles s'observent des placentas pariétaux. La portion supérieure des placentas est occupée par des sporanges imparfaits, et la supérieure par des sporanges parfaits. C'est une herbe d'Europe, qui croît dans les mares, notamment à Fontainebleau. Elle a un rhizome qui rampe dans la vase et y développe des racines au niveau des nœuds. Les pétioles alternes sont dépourvues de limbe foliaire et linéaires-subulés. (Spreng., *Anleit.*, t. 2, fig. 40. — Agh, *Diss. de Pilularia* [1833]. — Endl., *Gen.*, n. 690.)

PILUMNA (Lindl., in *Bot. Reg.* [1844], *Misc.*, 74). Synonyme de *Trichopilia* Lindl.

PIMELA (Lour., *Fl. cochinch.*, 407). Synon. de *Canarium* L.

PIMELÆA (Banks et Sol., in *Gærtn. Fruct.*, I, 186, t. 39). Genre de Thyméléacées-Thymélées, formé d'environ 75 arbustes ou herbes d'Australie; distingué par un périanthe sans écailles, un androcée diandre, un péricarpe sec ou rarement succulent. (Benth., *Fl. austral.*, VI, 1. — H. Bn, *Hist. des pl.*, VI, 111, 136, fig. 87, 88.)

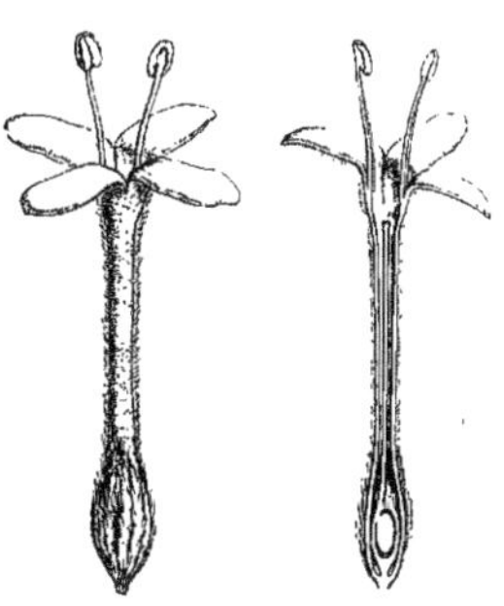

Pimelæa. — Fleur, entière et coupe longitudinale.

PIMELANDRA (A. DC., in *Ann. sc. nat.*, sér. 2, XVI, 88; *Prodr.*, VIII, 106). Genre de Primulacées-Myrsinées, formé de 6, 7 arbustes asiatiques et océaniens; distingué des *Ardisia* par une corolle rotacée, pubescente, tordue; le bord droit des lobes extérieur; l'inflorescence corymbiforme axillaire ou terminale. (Deless., *Icon. sel.*, V, t. 31.)

PIMELEODENDRON (Hassk., *Il. bogor. Descr.*, 68). Section (M. Arg., in *DC. Prodr.*, XV, II, 1142, 1143) du genre *Carumbium* Reinw., conservée aussi (B. H., *Gen.*, III, 331) comme genre distinct.

PIMENTA (Lindl., *Collect.*, sub n. 19). Genre de Myrtacées-Myrtées, formé de 4, 5 arbres de l'Amérique tropicale; distingué par un ovaire à 2 loges 1-6-ovulées; les ovules suspendus. La graine a un embryon circulaire ou subspiralé. Les fleurs sont en cymes composées. A ce genre appartiennent le *P. officinalis* Berg (*Toute-épice*) et le *P. acris*, également usité. (Voy. H. Bn, *Hist. des pl.*, VI, 350; *Tr. Bot. méd. phanér.*, 1013, fig. 2830, 2831.)

PIMENT AQUATIQUE. Le *Myrica Gale* L.

PIMENT BRULANT. Le *Polygonum Hydropiper* L.

PIMENT DE MOZAMBIQUE. Le *Capsicum luteum* Lamk.

PIMENT DES ABEILLES. La Mélisse officinale.

PIMENT DES ANGLAIS. Le *Pimenta officinalis* Berg.

PIMENT DES JARDINS. Le *Capsicum annuum* L.

PIMENT DES MARAIS. Le Galécirier.

PIMENT DES MOUCHES. La Mélisse officinale.

PIMENT DES RUCHES. La Mélisse officinale.

PIMENT DOUX. Variété douce du *Capsicum annuum* L.

PIMENTELIA (Wedd., *Et. Quinq.*, 94, t. 27 B). Section (?) du genre *Remijia* DC. (H. BN, *Hist. des pl.*, VII, 480, not. 5.)

PIMENT ENRAGÉ. Variété du *Capsicum frutescens* BL.

PIMENT FAUX. Le *Solanum Pseudo-Capsicum* L.

PIMENT (GRAND), PIMENT DE LA JAMAÏQUE. Le *Pimenta officinalis* BERG.

PIMENTO-GRASS. Le *Stenotaphrus americanus*.

PIMENT ROYAL. Le *Myrica Gale* L.

PIMIA (SEEM., in *Bonplandia* [1862], 366; *Fl. vit.*, 25, t. 5). Genre douteux de Malvacées-Lasiopétalées (?), peut-être voisin des *Maxwellia*. (H. BN, *Hist. des pl.*, IV, 135, not. 1.)

PIMMIA (GROVE, in *Journ. Bot.*, XXVI [juill. 1888]). Genre d'Hyphomycètes, à filaments rampants, hyalins, puis colorés, donnant naissance à des filaments dressés, noirâtres, qui se divisent en sporophores courts. Les spores sont ovoïdes, incolores. La seule espèce connue, le *P. parasitica*, se développe sur des filaments de *Polyactis*. [DE S.]

PIMPANELO. En Languedoc, les Pivoines.

PIMPINELLA (L., *Gen.*, n. 368). Section du genre *Carum* T. (H. BN, *Hist. des pl.*, VII, 119.)

PIMPINELLA ALBA. Nom officinal du *Carum Saxifraga* H. BN.

PIMPINELLA ITALICA. Nom officinal ancien des *Sanguisorba*.

PIMPINELLA MAJOR. Le *Sanguisorba officinalis* L.

PIMPINELLA MINOR. Le *Sanguisorba Poterium* H. BN.

Pin. — Port.

PIMPINELLA NIGRA. Nom officinal du *Carum magnum* H. BN.

PIMPINELLA NOSTRAS. Le *Carum Saxifraga* H. BN.

PIMPINELLA RUBRA. Variété à fleurs roses du *Carum magnum*.

PIMPINELLA SANGUISORBA (DOD.). Le *Sanguisorba Poterium* H. BN.

PIMPINELLE. Nom français des *Pimpinella* L. (*Carum*).

Pin. — Inflorescences mâle et femelle.

PIMPINELLITES (UNG., *Syn. pl. foss.*, 231; *Chlor. protog.*, 82). Genre d'Ombellifères fossiles.

PIMPINELLOIDES (SPACH, in *Ann. sc. nat.*, sér. 3, V, 33). Section des *Poterium* L.

PIMPORELLO. Nom provençal vulgaire du *Bellis perennis* L.

PIMPRENELLE. Le *Sanguisorba Poterium* H. BN.

PIMPRENELLE BLANCHE. Le *Carum* (*Pimpinella*) *Saxifraga* H. BN.

PIMPRENELLE D'AFRIQUE. Le *Melianthus major* L.

PIMPRENELLE (GRANDE). Le *Sanguisorba officinalis* L.

PIMPRENELLE NOIRE. Le *Carum magnum* H. BN.

PIMPRENELLE (PETITE). Le *Sanguisorba Poterium* H. BN.

PIN (*Pinus* T., *Inst.*, 585, t. 355, 356). Genre de Conifères, qui a les caractères des *Abiétinées*

Pin. — Inflorescences mâle et femelle. Fleurs femelles, entières et coupe longitudinale.

en général (I, 4), et qui, pour certains auteurs renferme les *Cedrus*, *Picea*, *Abies*, *Larix*, etc. Ce qui caractérise les Pins proprement dits, c'est que leurs bourgeons ont à la base de petites feuilles squamiformes, scarieuses, qui embrassent, comme une gaine, les feuilles suivantes, longues et aciculaires et qui sont, dans la gaine, au nombre de 2-5. Les fleurs mâles forment des épis à la base de jeunes rameaux, et ont des anthères qui le plus souvent se prolongent en un appendice écailleux du connectif. Les cônes femelles ont des écailles généralement épaisses et qui persistent. Il y a environ 70 vrais *Pinus* dans les régions tempérées et froides de l'hémisphère boréal des deux mondes, et quelques-uns entre les tropiques en Asie et en Amérique.

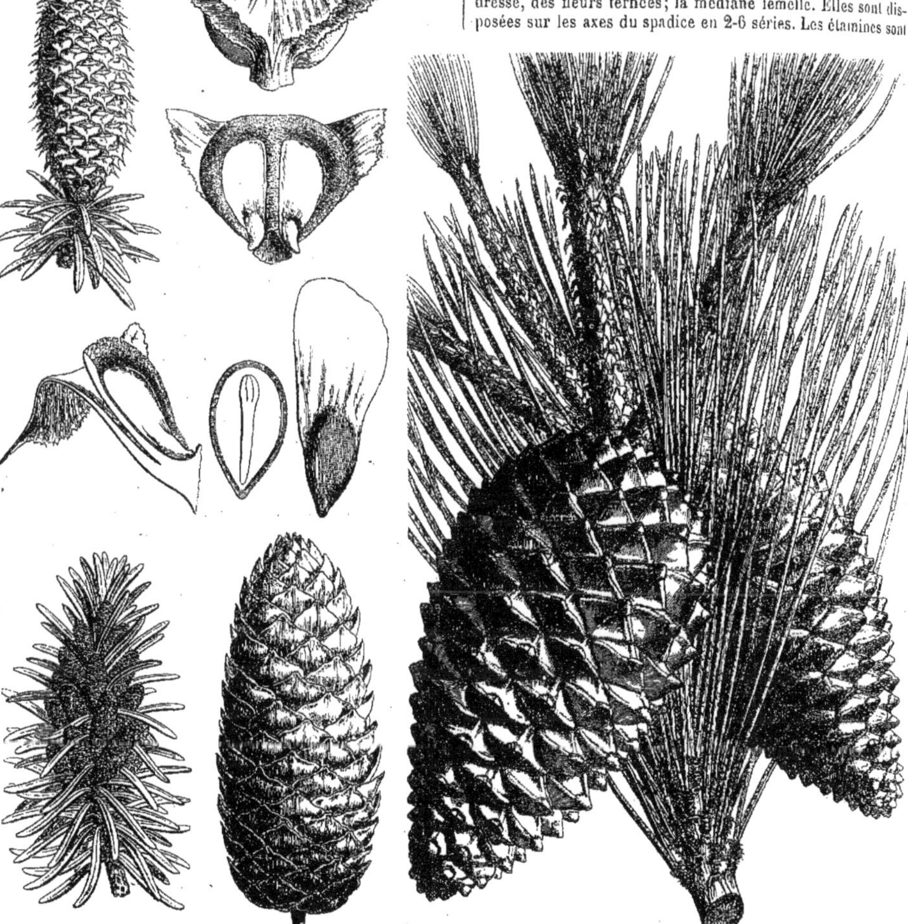

Pin. — Rameaux florifère mâle et fructifère. Cône. Fruit. Graine, coupe longitudinale.

Le Pin des Landes est le *Pinus Pinaster* Sol., confondu à tort avec le *P. maritima* Ait. Il donne la Térébenthine de Bordeaux, du Galipot et de la Colophane. Le *P. sylvestris* L., plus cultivé au nord, donne une térébenthine à térébenthène, les goudrons d'Arkhangel et de Stockholm, la laine de forêt et les bourgeons dits en médecine de Sapin. Le Pin d'Autriche est le *Pinus Pumilio* Hke. Le Pin de Boston ou *Pinus palustris* Mill. donne la Térébenthine de Boston. Le *P. Tæda* L. en fournit aussi une partie. Tous ces arbres ont un bois résineux, des plus utiles. (H. Bn, *Tr. Bot. méd. phanér.*, 1347.)

PINA. La Patate douce.

PINA ANONA. Nom vulgaire mexicain du *Tornelia fragans.*

PINACÉES (PINÉES). Division de la famille des Conifères; synonyme de Abiétinées (I, 4).

PINALIA (Lindl., *Orchid. scel.*, 21). Synon. de *Eria* Lindl.

PINANGA (Bl., *Rumphia*, II, 76, t. 87, 108 A, 109-116). Genre de Palmiers-Arécées, formé de plus de 20 beaux et utiles arbres énormes, de l'Asie et l'Océanie tropicales, à feuilles inégalement fendues ou pinnatiséquées; distingué par un ovule dressé, des fleurs ternées; la médiane femelle. Elles sont disposées sur les axes du spadice en 2-6 séries. Les étamines sont nombreuses, et les branches stylaires sont confluentes. La graine a un albumen ruminé. (Wendl. et Drud., in *Linnæa*, XXXIX, 176; Drud., in *Bot. Zeit.* [1877], t. 5. — Scheff., in *Ann. Jard. Buit.*, t. 13-21. — Drud., *Pflanzenfam.*) [H. Bn.]

PINANGUE. Le fruit de l'Aréquier.

PIN AQUATIQUE. La Pesse d'eau.

PINARDA (Vell., *Fl. flum.*, 23; Atl., I, t. 52). Synonyme de *Micranthemum* Michx.

PINARDIA (CASS., in *Dict.*, XLI, 38). Section du genre *Chrysanthemum* L.

PINARDIA (NECK., *Elem.*, I, 5). Synonyme de *Aster* R. BR.

PINARIA (DC., *Syst.*, II, 172). Section du g. *Matthiola*.

PINAROPAPPUS (LESS., *Syn.*, 143). Section du genre *Scorzonera* T. (H. BN, *Hist. des pl.*, VIII, 114, not.)

PINAS. Les Ananas, dans les colonies espagnoles.

PINASTELLA (DILL., *Nov. gen.*, I, 168). Synonyme de *Hippuris* L.

PINASTELLUM (APUL.). Le Peucédan officinal.

PINASTER. Nom ancien des Pins.

PINASTER. Section du genre Pin. (B. H., *Gen.*, III, 438.)

PINAU. A la Guyane, nom de plusieurs Palmiers.

PINAU. Nom (PAULET) de plusieurs Agarics vénéneux.

PIN BON. Le *Pinus Pinea* L.

PINCELL. En Espagne, le *Coris monspeliensis* L.

PINCHOA (MOL.). Euphorbe (?) purgative du Chili.

PINCKNEYA (RICH., in *Michx Fl. bor.-amer.*, I, 103, t. 13). Genre de Rubiacées-Portlandiées, formé d'un arbuste de l'Amérique du Nord (Caroline et Géorgie), qui a donné son nom à un groupe des *Picknéyées*, où un ou deux sépales se dilatent en une grande lame pétaloïde; la corolle à lobes valvaires, tomenteux en dedans; les étamines insérées à la base du tube; le fruit loculicide. Le *P. pubens*, qui supporte difficilement notre climat et qui croîtrait probablement bien dans la région méditerranéenne, est tonique et astringent, vanté comme substitutif du quinquina. (H. BN, *Hist. des pl.*, VII, 334, 472, fig. 331.)

Pinckneya. — Fleur.

PINCRIN. Le *Pinus Mugho* MILL.

PINDA. Dans l'Afrique occidentale, l'Arachide.

PINDAIBA. Au Brésil, le *Xylopia frutescens* AUBL.

PIN DE BORDEAUX. Le *Pinus Pinaster* SOLAND.

PIN DE BOSTON. Le *Pinus australis* MICHX.

PIN DE BRIANÇON. Le Mélèze et le *Pinus Mughus* SCOP.

PIN DE CORSE, P. PARASOL. Le *Pinus Laricio* POIR.

PIN D'ÉCOSSE. Le *Pinus sylvestris* L., variété *rubra*.

PIN DE GENÈVE. Une variété du *Pinus sylvestris* L.

PIN DE JÉRUSALEM. Le *Pinus halepensis* W.

PIN DE LORD WEIMOUTH. Le *Pinus Strobus* L.

PIN DE NORFOLK. L'*Araucaria excelsa* AIT.

PIN DE NORVÈGE. Le *Pinus sylvestris* L.

PIN DE PIERRE, P. CULTIVÉ. Le *Pinus Pinea* L.

PIN DE RIGA. Le *Pinus sylvestris* L.

PIN DE TARENTE. Le *Pinus Cembra* L.

PINDOVA. Au Brésil, le Cocotier.

PIN DU CHILI. L'*Araucaria imbricata* R. et PAV.

PINEA (ENDL., *Syn. Conif.*, 182). Section du genre *Pinus* T.

PINEA (PARLAT.). Synon. de *Pinaster*. (B. H., *Gen.*, III, 438.)

PINEÆ (SPRENG., *Anleit.*, II, I, 211). Ordre des Conifères.

PINÉASTRE. Le *Pinus sylvestris* L.

PINEAU. Variété de Raisin noir, douce et très sucrée.

PINEDA (R. et PAV., *Prodr.*, 76, t. 14). Syn. de *Banara* AUBL.

PINEDO. Nom provençal de l'*Agaricus Garidelli*.

PINELIA (LINDL., *Fol. orchid.* [1853]). Genre d'Orchidacées-Epidendrées, formé d'une herbe épiphyte du Brésil, ramenée par Reichenbach fils au *Restrepia* (in *Walp. Ann.*, VI, 204).

PINELLIA (TEN., in *Att. Ac. sc. Nap.*, IV, 57, c. ic.). Genre d'Aracées-Arées, formé de 3, 4 herbes chinoises et japonaises, distinguées par une spathe à gorge close; la portion mâle du spadice exserte, et la femelle incluse dans le tube. Les feuilles sont 3- ou pédatiséquées. (SCHOTT, *Gen. Aroid.*, t. 4.)

PINEOLUS. Synonyme de *Pinus Pinea* L.

PINESSE. L'*Abies excelsa* POIR.

PINGAR-UTAN. A Java, le *Calotropis gigantea* R. BR.

PINGOL. Nom, aux Philippines, des *Engelhardtia* LESCH.

PINGRÆA (CASS., in *Dict.*, XLI, 57). Synonyme de *Baccharis* L.

Pin parasol. — Port.

PIN-GRASS. Aux États-Unis, l'*Erodium cicutarium* LHÉR.

PINGUICULE (*Pinguicula* L., *Gen.*, n. 30). Genre de Lentibulariées (Utriculariées), qui a la fleur irrégulière des Utriculaires, avec 4, 5 sépales; une corolle éperonnée, à lèvre postérieure étalée; 2 étamines à anthère terminale, uniloculaire, à déhiscence subtransversale. Ce sont, au nombre d'une trentaine, des herbes des lieux humides, à feuilles en rosette, à fleur terminale, solitaire, souvent violacée ou jaune. Notre *P. vulgaris* L. rappelle de loin une Violette par sa fleur gamopétale. Il y a de belles espèces dans les Andes. [H. BN.]

PINGUIN (DILL., *H. eltham.*, 330, t. 240). Synonyme (?) de *Bromelia* L.

PINHA. Au Malabar, le *Terminalia Catappa* L.

PINHAO. Au Brésil, le *Kielmeyera speciosa* A. S.-H.

PINHEIRO. Au Brésil, l'*Araucaria brasiliana* LAMB.

PINIER. Le *Pinus Pinea* L.

PINILLO OLOROSO. En Espagne, la Germandrée-Ivette.

PINILLOSIA (OSSA, ex DC., *Prodr.*, V, 528). Genre de Composées, voisin des *Tetranthus* dont il a presque les fleurs; distingué par un involucre de 4 bractées, avec 2 fleurs hermaphrodites exsertes et 2 fleurs femelles sans corolle. Le port peut être celui des *Heptanthus*. Ce sont 2, 3 herbes de Cuba. (H. BN, *Hist. des pl.*, VIII, 237.)

Pinillosia. — Capitule.

PINIPINICHI. Nom (MONARDÈS) d'un arbre d'Amérique, indéterminé, à latex blanc purgatif (Euphorbiacée?).

PINKNEA (PERS.), PINKNEYA (DC.). Pour *Pinckneya* RICH.

PINK-ROOT. Le *Spigelia marylandica* L.

PINK-WOOD. En Tasmanie, le *Beyeria viscosa* MIQ.

PINNARIA (ENDL. et DIES., in *Bot. Zeit.* [1845], 288). Genre d'Algues, de la famille des *Laminarieæ*, section des *Macrocysteæ*. La fronde est simple, creuse?, de forme laminaire, glauque, pinnée, sans nervure. Cette Algue rare se trouve à Port-Natal. Elle a de grandes affinités avec l'*Ecklonia*. [CH. M.]

PINNOCK. Auteur, à Londres [1822], d'un *Catechism of Botany*.

PINNOUX. L'*Alchemilla vulgaris* L.

PINNULARIA (EHRB. [1843]). L'une des grandes divisions des Diatomacées-Naviculées. L'auteur avait divisé le genre *Navicula* en deux grandes séries. Le genre *Navicula* proprement dit avait les valves munies de stries non formées par l'ensemble de points ou fines proéminences siliceuses et circulaires. Le genre *Pinnularia* était formé d'espèces libres, oblongues ou lancéolées, munies, comme dans le genre précédent, d'une ligne médiane, d'un nodule central et de deux nodules terminaux. Seulement, les stries ne paraissaient pas résolvables en points ou proéminences circulaires. Cette division n'a pas été admise depuis le perfectionnement de nos observations microscopiques, et surtout depuis nos observations à un fort grossissement. [CH. M.]

PINNULARIA (LINDL. et HUTT., *Foss. Fl.*, t. 111). Genre incertain de plantes fossiles. (UNG., *Syn. pl. foss.*, 259; *Chlor. protog.*, 89.)

PIN-OAK. Aux États-Unis, le *Quercus palustris* MICHX.

PINO-GUACU. Au Brésil, le Papayer.

PINOL. — Voy. GARDA FUEGO.

PINONCILLO. Nom vulgaire mexicain de l'*Euphorbia Lathyris* L.

PINOT. Nom d'une variété de Vigne.

PIN PIGNON. Le *Pinus Pinea* L.

PIN SAUVAGE, P. COMMUN. Le *Pinus sylvestris* L.

PINSTERNAKEL. Nom hollandais des Panais.

PIN SUFFIS. Le *Pinus Mughus* SCOP.

PINTOA (C. GAY, *Fl. chil.*, I, 479, t. 16). Section du genre *Guaiacum* PLUM. (H. BN, *Hist. des pl.*, IV, 422, 508.)

PINULA. Nom (DIOSCOR.) de l'*Asplenium Trichomanes* L.

PINUS (L., *Gen.*, n. 1077). Nom latin des Pins (597).

PINZONA (MART. et ZUCC., in *Flora* [1832], II, *Beibl.*, 77). Section du genre *Curatella* L. Eicher maintient cependant le genre (in *Mart. Fl. bras. Dillen.*, 70, t. 16).

PIO (G.-Batt.). Auteur, à Turin [1813], d'un *De Viola specimen botanico-medicum* (in-4 de 52 p. et 3 pl.).

PIOI. Nom hawaien du *Smilax sandwicensis* K.

PIOLUM. En Pologne, la Grande Absinthe.

PION (Petr.). Auteur, à Wurtzbourg [1598], d'un *Phytologia, sive Theses de plantis quatenus medicis*, etc.

PIONANDRA (MIERS, in *Hook. Lond. Journ.*, IV, 353; *Ill.*, t. 8, 9, 61). Synonyme de *Cyphomandra* SENDTN.

PIONNOTES (FR., *Summ. veg. Scand.*, 481). Genre de Tuberculariés, à stroma gélatineux rouge ou orangé, formé de filaments ramifiés ou simples, portant d'assez grandes conidies fusiformes, quelquefois courbées, hyalines. Ce genre, très voisin des *Fusarium*, comprend une dizaine d'espèces, vivant sur le bois pourri, les tiges mortes, en Europe et dans l'Amérique du Nord. [DE S.]

PIONOPHYLLUM (A. DC., *Prodr.*, VIII, 28). Section du genre *Pinguicula* L.

PIOPPO. En Italie, le Peuplier noir.

PIOULADERO. Nom agenais de l'*Agaricus attenuatus*.

PIPA DE TAGUA. Le fruit du *Phytelephas macrocarpa* R. et PAV., qui sert à préparer une boisson délicieuse (PURDIE).

PIPAL. Nom indien du *Ficus bengalensis* L.

PIPALI-MULA. La racine du *Piper officinarum* C. DC.

PIPANGAYE. Le *Luffa acutangula* SER.

PIPAREA (AUBL., *Guian.*, II, App., 30, t. 386). Synonyme de *Guidonia* PLUM.

PIPEAU. Le *Potentilla reptans* L.

PIPER, PIPÉRACÉES. — Voy. POIVRIER.

PIPER ÆTHIOPICUM. Le *Xylopia æthiopica* RICH.

PIPERASTRUM (RUELL., *St.*, 119). Synonyme de *Ribes* L.

PIPERELLA. En Espagne, diverses Labiées aromatiques.

PIPERELLA (LOBEL. — REICHB., *Consp.*, 183). Section du genre *Lepidium* L.

PIPERELLA (PRESL, *Fl. sic. Enum.*, 37). Synonyme de *Micromeria* BENTH.

PIPER HISPANICUM. Nom officinal du *Capsicum frutescens*.

PIPER INDICUM (MATTH.). Le *Capsicum annuum* L.

PIPERIPHORUM (NECK., *Elem.*, III, 294). Synon. de *Piper* L.

PIPERITIS. Nom ancien de la Grande Passerage.

PIPER JAMAICENSE. Le *Pimenta officinalis* BERG.

PIPERODENDRUM. Le *Schinus Molle* L.

PIPER SILIQUASTRUM. Dans Pline, le *Capsicum annuum* L.

PIPER TURCINUM. Le *Capsicum annuum* L.

PIPERUS. En Sicile, le *Cyperus Papyrus* L.

PIPE SAUVAGE. A Miquelon, le *Sarracena purpurea* L.

PIPE VINE. L'*Aristolochia Sipho* L.

PIPI. Le *Petiveria alliacea* L.

PIPILOXOCHITL. Nom mexicain du *Silene Catasbaei* WALT.

PIPIO. Nom périgourdin de la Colmelle.

PIPITZAHOAC. Au Mexique, le *Trixis fruticosa* SCH. BIP., plante usitée dans le pays comme drastique.

PIPPE-RIDGES. En Angleterre, l'Épine-vinette.

PIPTADENIA (BENTH., in *Hook. Journ. Bot.*, IV, 334). Genre de Légumineuses-Mimosées-Adénanthérées, formé d'au moins 30 arbustes des régions tropicales; distingué par des épis cylindriques ou globuleux de fleurs sessiles, et par une gousse droite ou arquée, plane, bivalve; les valves entières et continues en dedans. (H. BN, *Hist. des pl.*, II, 25, 63.)

PIPTANDRA (TURCZ., in *Bull. Mosc.* [1862], II, 323). Synonyme (B. H., *Gen.*, I, 701) de *Scholtzia* SCHAU.

PIPTANTHUS (D. DON, in *Sweet Brit. fl. Gard.*, t. 264). Genre de Légumineuses-Papilionacées-Podalyriées, établi pour le *Thermopsis nepalensis*, parfois cultivé dans nos jardins botaniques; assez mal distingué par un étendard subégal aux ailes, réfléchi sur les bords; une gousse plate, à cavité continue. (H. BN, *Hist. des pl.*, II, 349.)

PIPTATHERUM (PAL.-BEAUV., *Agrost.*, 17, t. 5, fig. 10, 11. — NEES, *Gen. Fl. germ.*, *Monoc.*, I, n. 24). Synonyme de *Oryzopsis* MICHX et section de ce genre.

PIPTOCALYX (OLIV., in *Benth. Fl. austral.*, V, 292). Genre de Monimiacées-Monimiées (?), à fleurs polygames : les mâles polyandres; les femelles pourvues d'un carpelle sessile, à ovule descendant. C'est un arbuste grimpant, de l'Australie orientale, à feuilles opposées, à fleurs en grappes; la terminale hermaphrodite; les latérales mâles. On ne peut s'empêcher de trouver à ce genre une grande analogie avec les Lauracées. [H. BN.]

PIPTOCALYX (TORR., *Wilk. Exp. Bot.*, II, 413, t. 12). Synonyme de *Eritrichium* SCHRAD.

PIPTOCARPHA (HOOK. et ARN., *Comp. Bot. Mag.*, I, 110). Synonyme de *Chuquiraga* J. (H. BN, *Hist. des pl.*, VIII, 90.)

PIPTOCARPHA (R. BR., in *Trans. Linn. Soc.*, XII, 121). Section du genre *Vernonia* SCHREB. (H. BN, *Hist. des pl.*, VIII, 25.)

PIPTOCELUS (PRESL, in *Abh. Böhm. Ges.*, 5 *Flge*, III, 466). Genre dit de Célastracées, qui doit probablement (B. H., *Gen.*, I, 360) être exclu de cette famille.

PIPTOCEPHALIS (DE BAR. et WOR., *Beitr. z. Morph. u. Phys. Pilze*, II, 23, 24). Genre de Mucorinés, à filaments sporangifères plusieurs fois bifurqués, renflés à leur extrémité en une vésicule sphérique. Cette vésicule porte un grand nombre de sporanges cylindriques, renfermant des spores cylindriques ou subsphériques. Sept espèces vivent sur des matières stercoraires ou en parasites sur les filaments mycéliens des *Mucor*. [DE S.]

PIPTOCEPHALUM (SCH. BIP., in *Bonplandia* [1860], 369). Genre proposé pour le *Catanance lutea* L.

PIPTOCERAS (CASS. in *Dict.*, L, 469; LIV, 487). Synonyme de *Microlophus* CASS.

PIPTOCHÆTIUM (PRESL, *Rel. Hœnk.*, I, 222, t. 37). Section du genre *Oryzopsis* MICHX.

PIPTOCHLAMYS (C.-A. MEY., in *Bull. Ac. Petersb.* [1843], I, 358). Section du genre *Thymelæa* ENDL.

PIPTOCLAINA (G. DON, *Gen. Syst.*, IV, 364). Synonyme de *Heliotropium* L.

PIPTOCOMA (CASS., in *Bull. philom.* [1817]; in *Dict.*, XLI, 111). Section du genre *Vernonia* SCHREB. (H. BN, in *Bull. Soc. Linn. Par.*, 268.)

PIPTOCOMA (LESS., in *Linnæa*, IV, 435). Synonyme de *Lychnophora* MART.

PIPTOLÆNA (HARV., in *Hook. Journ. Bot.*, IV, 135). Synonyme de *Orchipeda* BL.

PIPTOLEPIS (BENTH., *Pl. Hartweg.*, 29). Synonyme de *Forestiera* POIR.

PIPTOLEPIS (SCH. BIP., in *Pollichia* [1863], 380). Section du genre *Vernonia* SCHREB. (H. BN, *Hist. des pl.*, VIII, 25.)

PIPTOMERIS (TURCZ., in *Bull. Mosc.* [1853], I, 258). Synonyme de *Jacksonia* R. BR.

PIPTOPOGON (CASS., in *Dict.*, XLVIII, 507). Synonyme de *Hypochæris* L.

PIPTOPTERA (BGE, in *Act. H. petrop.*, V, 644). Genre de Chénopodiacées-Salsolées; formé d'une herbe du Turkestan, distingué, dans le groupe des *Halocharis*, par un périanthe 5-mère, finalement induré; ses 2 folioles extérieures pourvues d'ailes caduques. (B. H., *Gen.*, III, 75, n. 72. — H. BN, *Hist. des pl.*, IX, 193.)

PIPTOSPATHA (N.-E. BR., in *Gardn. Chron.* [1879], 138, fig. 20). Genre d'Aracées-Philodendrées, formé d'une petite herbe de Bornéo; distingué par des ovules orthotropes, un spadice non appendiculé, des carpelles distincts et des anthères à long prolongement du connectif. La plante est cultivée dans nos serres. (*Bot. Mag.*, t. 6598.) [H. BN.]

PIPTOSTEGIA (HFFMSG, ex *Mart. Syst. Mat. med. bras*, 78). Genre proposé pour l'*Ipomœa operculata* MART. Synonyme de *Operculina* S.-MANS.

PIPTOSTEMMA (DON, in *Phil. Mag.* [1832], 300). Section du genre *Panargyrum* DC.

PIPTOSTEMMA (TURCZ., in *Bull. Mosc.* [1851], I, 191). Synonyme de *Angianthus* WENDL.

PIPTOSTIGMA (OLIV., in *Journ. Linn. Soc.*, VIII, 158, t. 12; *Fl. trop. Afr.*, I, 18). Genre d'Anonacées-Xylopiées, formé de 2 arbres de l'Afrique tropicale occidentale; distingué par des pétales intérieurs aplatis, minces, dépassant les extérieurs; 4-6 carpelles, rapprochés au sommet en une masse capitée, poilue et caduque; les ovaires 6-10-ovulés. C'est probablement une section du genre *Phæanthus* HOOK. et THOMS. (H. BN, *Hist. des pl.*, I, 245.)

PIPTOSTOMA (BERK. et BR., *Fung. Ceyl.*, n. 1135). Genre de Pyrénomycètes, à petits périthèces plans, à déhiscence de pyxide, présentant des thèques lancéolées et des spores courbes. Une seule espèce. [DE S.]

PIPTOSTOMUM (LÉV., in *Ann. sc. nat.* [1845], 65). Genre de Sphéropsidés, à périthèces globuleux, à déhiscence circulaire, renfermant des spores elliptiques et portées par des pédicelles qui forment le stroma du Champignon.

PIPTOSTYLIS (DALZ., in *Hook. Kew Journ.*, III, 33, t. 2). Synonyme de *Clausena* BURM.

PIPTOTHRIX (A. GRAY, in *Proc. Amer. Acad.*, XXI, 383). Genre de Composées, incomplètement connu.

PIPTURUS (WEDD., in *Ann. sc. nat.*, sér. 4, I, 196). Genre d'Urticacées, formé de 8 arbres et arbustes, océaniens et africains (îles orientales); distingué par des feuilles alternes; des glomérules floraux axillaires ou échelonnés sur des axes simples ou composés. Le calice, qui devient charnu, a un orifice étroit et s'applique exactement sur l'achaine inclus. Le style est linéaire et caduc. (H. BN, *Hist. des pl.*, III, 531.)

PIQUANT. Nom sous lequel on confond souvent les épines et les aiguillons des végétaux.

PIQUEIA. Au Brésil, le *Macaglia parvifolia* H. BN.

PIQUERIA (CAV., *Icon.*, III, 18, t. 235). Section du genre *Eupatorium* T. (H. BN, *Hist. des pl.*, VIII, 129.)

PIQUICHEN (FEUILL.). Orchidée dite médicinale, du Brésil.

PIRÆA (THÉOPHR.). La Bruyère.

PIRANHEA (H. BN, in *Adansonia*, VI, 235, t. 6; *Hist. des pl.*, V, 247). Genre d'Euphorbiacées-Phyllanthées, remarquable par ses feuilles digitées-3-foliolées. Ses fleurs sont dioïques; le calice à 4-6 parties, avec ∞ étamines. La fleur femelle contient des staminodes nombreux et un ovaire à 3 loges 2-ovulées. Le fruit est tricoque dans le *P. trifoliata* H. BN, qui est un arbre du Brésil septentrional et de la Guyane.

PIRARDA (ADANS., *Fam. des pl.*, II, 499). Synonyme de *Ethulia* CASS.

PIRATINERA (AUBL., *Guian.*, II, 888, t. 340). Genre d'Ulmacées-Artocarpées, de l'Amérique tropicale, distingué par des fleurs mâles en glomérules recouvrant le réceptacle globuleux, avec périanthe propre souvent cupuliforme. Les étamines sont d'ordinaire solitaires. Dans la fleur femelle, le réceptacle renferme dans des cavités propres l'ovaire infère et 1-ovulé. Ce sont des plantes monoïques. La plus connue est le *P. utilis* H. BN (*Galactodendron utile* K. — *Brosimum utile* ENDL.), l'Arbre à la vache, dont le latex est comestible, plus ou moins nutritif. Le *P. Alicastrum* H. BN sert à l'alimentation du bétail. Les graines sont comestibles. (H. BN, *Hist. des pl.*, VI, 208; *Tr. Bot. méd. phanér.*, 925.)

PIRCUNIA (ENDL. — MOQ., in *DC. Prodr.*, XIII, II, 29). Section du genre *Phytolacca* T. (H. BN, *Hist. des pl.*, IV, 25.)

PIRCUNIASTRUM (MOQ.). Section du genre *Phytolacca* T. (H. BN, *Hist. des pl.*, IV, 25.)

PIRELLA (BAIN, in *Ann. sc. nat.* [1883], 84). Genre de Mucorinés, qui ne se distingue des *Circinella* que par la longueur de la columelle et les sporanges piriformes. [DE S.]

PIRICULARIA (SACC., *Michel.*, II, 20). Genre de Mucédinés, formant des taches sur les feuilles, ou des macules linéaires, irrégulières, sur l'épiderme des rameaux; d'où sortent des touffes de filaments dressés, cloisonnés, grisâtres ou bruns, portant des conidies obpiriformes, cloisonnées, hyalines. Deux espèces, l'une de l'Amérique du Nord, l'autre d'Europe. [DE S.]

PIRIGARA (AUBL., *Guian.*, 487, t. 192, 193). Synonyme de *Gustavia* L.

PIRINGA (J., in *Mém. Mus.*, VI, 399). Synon. de *Genipa* L.

PIRIPEA (AUBL., *Guian.*, II, 627, t. 253). Syn. de *Buchnera* L.

PIRIQUETA (AUBL., *Guian.*, I, 298, t. 117). Syn. de *Turnera* L.

PIRIRI-MABÉ. Nom galibi du *Mabea Piriri* AUBL.

PIRITIA (G. DON, *Gen. Syst.*, IV, 570). Section du g. *Veronica*.

PIROLE. — Voy. PYROLE.

PIROLLE. Le *Trientalis europæa* L.

PIRONA (Gian-Jac.). Professeur à Udine [1789-1870], auteur, en 1869, d'un *Vocabulario friulano* (in-8).

PIROPHORUM (NECK., *Elem.*, II, 72). Synonyme de *Pyrus* L.

PIROSTOMA (FRIES, *Summ. veg. Scand.*, II, 395). Sous-genre du genre *Sphæria* HALL.

PIROTTÆA (SACC., *Michel.*, I, 424; *Syll. Fung.*, VIII, 386). Genre de Pézizés, voisin des *Tapesia*, caractérisé par les poils raides, noirs, souvent cloisonnés, qui revêtent la cupule à l'extérieur. La surface hyméniale est lisse, et les spores sont oblongues, hyalines. L'auteur en décrit 15 espèces, sur des tiges ou des feuilles mortes, en Europe et dans la Caroline. [De S.]

PIRRONNEAUA (Gaudich., in *Voy. Bonite, Bot.*, t. 63). Synonyme de *Aechmea* R. et Pav.

PIRUS (Cæsalp., *De plant.*, lib. 3). Synonyme de *Pyrus* T.

PISAILLE. Le *Pisum arvense* L.

PISANG. En Malaisie, les Bananiers.

PISAURA (Bonast., *Monogr.* [1793], c. icon.). Synonyme de *Lopezia* Cav.

PISCIACANI (Batt., *Fung. agr. arim.*, 54, XXVI). Nom vulgaire du *Coprinus atramentarius* Bull.

PISCIDIA (L., *Gen.*, n. 856). Genre de Légumineuses-Papilionacées-Dalbergiées, formé d'un arbre des Antilles; distingué, dans le groupe des Lonchocarpées, par sa gousse allongée, assez épaisse et pourvue de 4 ailes longitudinales. C'est peut-être une section du genre *Lonchocarpus*. Le *P. Erythrina* L. sert à empoisonner les rivières. On l'emploie aussi comme médicament hypnotique. (H. Bn, *Hist. des pl.*, II, 327.)

PISCIPULA (Lœfl., *It.*, 275). Synonyme de *Piscidia* L.

PISCOBO. Graminée médicinale, indéterminée, du Malabar.

PISEOLUS (Cæsalp., *De plant.*, lib. 6). Synonyme de *Pisum* T.

PISHAMIN. Le *Diospyros virginiana* L.

PISO (Guill.). Son nom est inséparable de celui de Marcgraff, depuis la publication de l'ouvrage remarquable sur le Brésil, qui est intitulé : *Giulielmi Pisonis de medicina brasiliensi libri 4, et Georgii Marcgravii historia rerum naturalium Brasiliæ libri 8, Joh. de Let in ordinem digessit*, etc., imprimé à Amsterdam, par les Elzevir, en 1648. Une deuxième édition parut à Amsterdam, en 1658, avec les *Mantissa aromatica* de Pison. J. de Varing donna encore une autre édition de Pison en 1817, à Vienne.

PISOCARPIA (Ehrenb., *Sylv. mycol. berol.*, 16). Division des Champignons, comprenant des Tubéracés et Gastéromycètes.

PISOCARPIACEÆ (Cord., *Icon. Fung.*, II, p. 24). Famille de Gastéromycètes ayant pour type le *Polysaccum*.

PISOCARPIUM (Link, *Mag.*, III, 33). Syn. de *Polysaccum* DC.

PISOLITHUS (Alb. et Schw., *Consp. Fung. Lusat.*, 82). Synonyme de *Polysaccum* DC.

PISOMYCES (Fries, *Symb. Gasterom. Suec.*, 5. — Pfeiff., *Nom.*, II, 729). Synonyme de *Polysaccum* DC.

PISOMYXA (Corda, *Ic. Fung.*, I, 23, t. 6, fig. 292). Genre de Champignons-Alphitomorphes pour l'auteur, et que Léveillé rapporte avec doute aux Sphériacés. Les conceptacles naissent sur le mycélium persistant, radié et composé de filaments cloisonnés. Il est membraneux et pourvu en haut d'une ostiole. Les spores sont ovoïdes et continues. Pour Payer (*Bot. crypt.*, 98), c'est un *Erysiphe*. On le considère aussi comme synonyme de *Bryocladium* Kze.

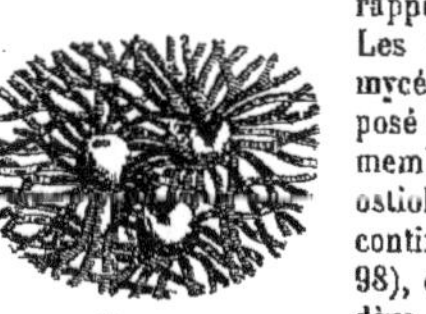

Pisomyxa.

PISONIA (L., *Gen.*, n. 1162). Genre de Nyctaginacées, dont on a donné le nom à une tribu inutile des *Pisoniées*. Ses fleurs

Pisonia. — Fleur, entière et coupe longitudinale. Fruit, entier et coupe transversale.

sont à 5-10 étamines, incluses ou exsertes; le style à stigmate terminal. Le fruit est allongé, sec, utriculaire, inclus dans le tube du périanthe. La graine a un embryon droit, à larges cotylédons convolutés, avec une courte radicule infère. Nous joignons à ce genre, à titre de simple section, les *Neea*, qui ont les étamines incluses et non exsertes. Ce sont des arbustes des régions tropicales. (H. Bn, *Hist. des pl.*, IV, 8, 20, fig. 14-17.)

Pistachier. — Inflorescence mâle. Fleur mâle. Rameau florifère femelle. Fleur femelle, entière et coupe longit dinale.

PISONIA (Rottb., *N. Saml. k. Vid. Selkskr.* [1783], II, 536, t. 4). Synonyme de *Maba* Forst.

PISOSPERMA (Sond., *Fl. cap.*, II, 498). Genre de Cucurbitacées-Cucurbitées, formé d'une petite herbe de l'Afrique australe, à odeur d'ail, le *P. capense*; distingué par un réceptacle à tube suballongé; des sépales allongés; des étamines a connectif non prolongé au sommet; un ovaire à 3 placentas; un fruit oligosperme, non rostré; des semences gonflées. (H. Bn, *Hist. des pl.*, VIII, 451.)

PISSACO. Nom bas-languedocien du *Boletus luridus* Schæf.

PISSADENDRON (Endl., *Gen.*, n. 1806[5]). Genre d'Abiétinées fossiles. (Ung., *Syn. pl. foss.*, 204; *Chlor. protog.*, 29.)

PISSECAN. En Provence, nom vulgaire de plusieurs Agarics comestibles.

PISSE-CHIAN, CHODANE. Noms foréziens du *Pissa major*.

PISSE-LAIT. La Digitale pourprée.

PISSELEON. Portion liquide de la Poix noire.

PISSE-LOUP. Nom vulgaire du *Lycoperdon giganteum* Fr.

PISSE-SANG. La Fumeterre officinale.

PISSIDA (Adans., *Fam.*, II, 6). Synonyme de *Peziza* Dill.

PISSOCAN BLU. Nom niçois du *Boletus cyanescens* Fr.

PISSOCAN ROUGÉ. Nom provençal du *Boletus luridus* Schæf.

PISSOGOUS. En Provence, le *Carum Bulbocastanum* H. Bn.

PISSO-GOUS. Nom toulousain de l'*Agaricus fimetarius* Sow.

PISSOLET. Nom provençal du *Taraxacum officinale* Wigg.

PISTACHE. — Voy. PISTACHIER.

PISTACHE DE TERRE. L'Arachide.

PISTACHIER (*Pistacia* L., *Gen.*, n. 1108). Genre de Térébinthacées-Anacardiées, dont on a malheureusement fait le type d'une famille des *Pistaciées*, et qui est caractérisé par des fleurs dioïques et apétales. Le calice des mâles est petit, 5-mère, avec souvent 5 étamines insérées autour d'un petit disque, et un gynécée rudimentaire ou nul. La fleur femelle a un calice 3-5-mère, imbriqué, et un gynécée à une seule loge fertile, avec 2, 3 branches stylaires. L'ovule unique descend d'un funicule basilaire, et il a le micropyle en haut. Le fruit est drupacé, avec un sarcocarpe mince et un noyau osseux ou chartacé. La graine renferme un embryon souvent vert, à radicule accombante. Ce sont 6, 7 arbres ou arbustes, de l'Asie tempérée et de la région méditerranéenne, à feuilles alternes, composées-pennées; à fleurs en grappes axillaires simples ou composées, cymigères. Les plus connus des Pistachiers sont le P. franc, le Lentisque et le Térébinthe. Ce dernier fournit la Térébenthine de Chio et les Pommes de Sodome. Le Lentisque (*Pistacia Lentiscus* L.) donne le Mastic. Le P. franc (*P. vera* L.) produit les Pistaches, graines à embryon verdâtre, riche en huile, comestible. Le *P. atlantica* DESF. doit peut-être se rattacher comme variété au Térébinthe. (H. BN, *Hist. des pl.*, V, 272, 301, 323, fig. 314-317; *Tr. Bot. méd. phanér.*, 963.)

PISTACHIER FAUX. Le *Staphylea pinnata* L.

PISTANA (PLINE). La Sagittaire.

PISTIA (L., *Fl. zeyl.*, 152). Genre exceptionnel, formé d'une seule petite plante de l'Océanie tropicale, souvent cultivée dans l'aquarium des serres chaudes; attribué souvent à une famille spéciale (Pistiacées) ou à une tribu (Pistiées) des Aracées (ENGL., *Arac.*, 631). C'est une herbe nageante, stolonifère, à feuilles en rosette, avec de petits spadices de fleurs monoïques, sans périanthe. La fleur mâle est 2-andre, et la fleur femelle a un ovaire oblique, 1-loculaire, ∞-ovulé. Les ovules sont orthotropes, et le fruit est une baie. (*Bot. Mag.*, t. 4564.)

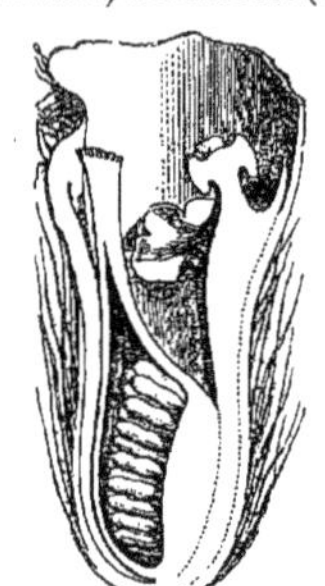

Pistia. — Spadice, entier et coupé longitudinale.

PISTIC. Le Nard, dans l'Écriture.

PISTIEÆ. Sous-tribu (2) des Arinées. (B. H., *Gen.*, III, 957.)

PISTIL. Le Gynécée (II, 763).

PISTILLARIA (FR., *Syst. myc.*, I, 496). Genre de Clavariés, à réceptacle minuscule, linéaire, claviforme ou subcapité, céracé, puis dur, recouvert par l'hyménium sur toute l'étendue ou sur une partie seulement; caractère sur lequel sont établies trois tribus, par M. Saccardo. Une quarantaine d'espèces vivent sur les tiges, les feuilles vivantes ou mortes, sur les débris végétaux en putréfaction ou sur la terre, dans les localités humides des régions tempérées. [DE S.]

PISTILLINA (QUÉL. — PAT., *Hymen. d'Eur.* [1887], 157). Genre de Clavariés, à réceptacle hémisphérique, porté sur un stipe grêle; très voisin des *Pistillaria*, mais n'ayant d'hyménium que sur la partie convexe; considéré par M. Saccardo comme une simple division du genre *Pistillaria* FR. [DE S.]

PISTOLE. Fruit d'une variété de Prunier, le *Perdigon violet*.

PISTOLOCHIA. L'*Aristolochia Pistolochia* L. et le *Corydalis bulbosa* PERS.

PISTOLOCHIA (RAFIN., *Med. Fl.*, I, n. 10). Sous-genre du genre *Aristolochia* T.

PISTORINIA (DC., *Prodr.*, III, 399). Section du genre *Cotyledon* L. (H. BN, *Hist. des pl.*, III, 310.)

PISTORINIOIDES (G. DON, *Gen. Syst.*, III, 112). Section du genre *Umbilicus* DC.

PISTOUN. Nom provençal du *Phallus impudicus* L.

PISUM (T.). Nom latin des Pois.

PITAJOYA. Nom que donnent les Indiens du Nouveau-Mexique au *Cereus giganteus* ENGELM.

PITAO. Le *Galvezia punctata* R. et PAV.

PITAVIA (MOL., *Chil.*, ed. 2, 287). Genre de Rutacées-Zanthoxylées, analogue aux Quassiées, formé d'un petit arbre du Chili; à fleurs 4-mères; la corolle imbriquée; 8 étamines; un fruit à coques charnues. Les feuilles sont opposées ou verticillées par 3, coriaces ou crénelées, ponctuées. Les fleurs sont polygames ou dioïques. (H. BN, *Hist. des pl.*, IV, 481.)

PITAVIA (NUTT., in *Torr. et Gr. Fl. N.-Amer.*, 215). Synonyme de *Cneoridium* HOOK. F.

PITAWAKA. A Ceylan, le *Phyllanthus urinaria* L.

PITCAIRNIA (LHÉR., *Sert. angl.*, 7, t. 11). Genre de Broméliacées, qui a donné son nom à un groupe des *Pitcairniées*; formé d'environ 75 belles espèces de l'Amérique tropicale, souvent cultivées; distingué par des étamines libres; un ovaire en majeure partie libre; un fruit septicide; des graines ailées ou appendiculées aux deux extrémités; des grappes terminales, simples ou peu ramifiées. C'est le genre *Hepetis* de Swartz. M. Baker vient d'en donner une belle monographie. [H. BN.]

PITCAIRNIEÆ (B. H., *Gen.*, III, 659). Tribu (2) des Broméliacées.

PITCHERIA (NUTT., in *Journ. Acad. Philad.*, VII, 93). Synonyme de *Rhynchosia* LOUR.

PITHECOCTENIUM (MART., in *DC. Prodr.*, IX, 193). Genre de Bignoniacées-Bignoniées, formé d'une vingtaine d'arbustes grimpants, de l'Amérique tropicale; distingué par un calice tronqué ou à dents courtes; un fruit (*Peigne de singe*) oblong, épais, chargé d'aiguillons aigus ou de tubercules. Les feuilles sont 3-5-foliolées, et les grappes de fleurs sont simples ou plus rarement composées. (BUR., *Mon. Bignon.*, 46. — H. BN, *Hist. des pl.*, X, 6, 37, fig. 17-22.)

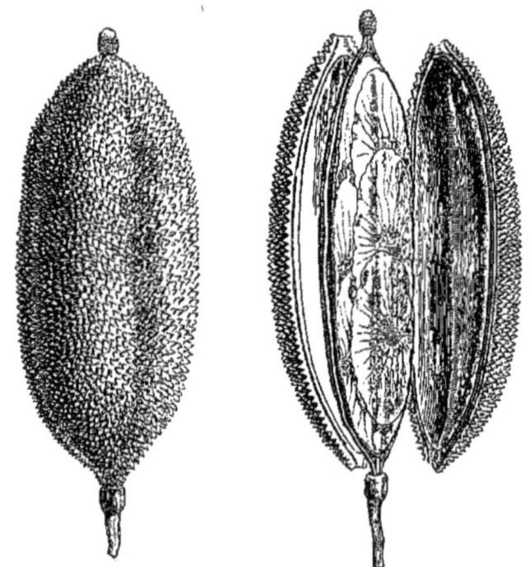

Pithecoctenium. — Fruit, entier et déhiscent.

PITHECOLOBIUM (MART., *Herb. Fl. bras.*, 114). Genre de Légumineuses-Mimosées-Ingées, formé d'une centaine d'arbres et arbustes des régions tropicales des deux mondes; distingué par une gousse plane ou comprimée, coriace, épaisse ou subcharnue, presque droite, arquée, contournée ou circinée, indéhiscente, 2-valve ou articulée; les valves se tordant parfois, mais non élastiquement. Les fleurs sont disposées en épis ou en capitules; les étamines peu nombreuses ou en grand nombre. C'est un genre d'ailleurs assez mal défini. (BENTH., *Mimos.*, 570. — H. BN, *Hist. des pl.*, II, 46, 70.)

PITHECOSERIS (MART., in *DC. Prodr.*, V, 84). Genre de Composées-Vernoniées, formé d'une grande herbe du Brésil (*Fl. bras., Comp.*, t. 36); distingué par des glomérules groupés en une inflorescence spiciforme; des aigrettes à soies intérieures longues et caduques; les paillettes extérieures courtes et subpersistantes. (H. BN, *Hist. des pl.*, VIII, 124.)

PITHECURUS (W., herb.). Synonyme de *Trachypogon* NEES.

PITHION. Nom ancien du Tussilage.

PITHISCUS (KUETZ., *Phyc. germ.* [1845], 129). Genre de Desmidiacées, que nous devons considérer comme synonyme de *Cosmarium*. [CH. M.]

PITHOMYCES (BERK. et BR., *Fung. of Ceylan*, n. 900). La seule espèce connue de ce genre de Tuberculariés a été trouvée sur des Monocotylédones à Peradenya. Elle présente de très petits stromas jaunes ou jaunâtres, constitués par des conidiophores dressés et portant des conidies pluriloculaires et en forme de baril. [DE S.]

PITHONION. Nom grec ancien, dit-on, de la Jusquiame noire.

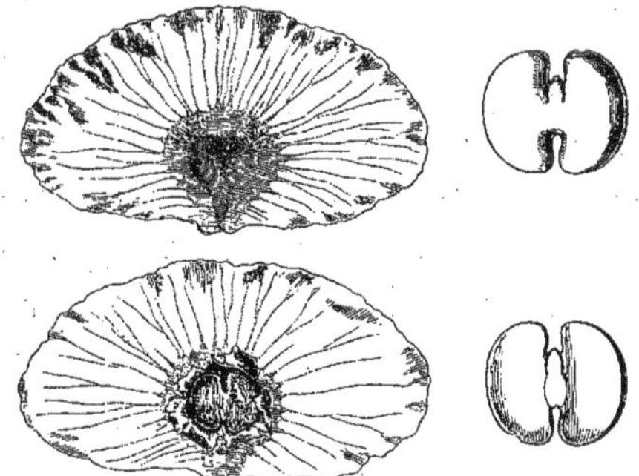

Pithecoctenium. — Graine, entière et ouverte. Embryon, entier et coupe longitudinale.

PITHOSILLUM (CASS., in *Dict.*, XLI, 164). Syn. de *Senecio* T.

PITHOSPERMUM (MTGNE, mss., ex ips.). Synonyme de *Sporochisma* MTGNE.

PITHOSPERMUM (MTGNE, *Syllog.*, 306). Synonyme de *Sporoschisma* BERK.

PITHYA (FUCK., *Symb. myc.*, 317). — Voy. PITYA.

PITHYRANTHUS (MART. — MIQ., *Fl. ind. bat.*, I, 1049). Section du genre *Alternanthera* FORSK.

PITON (Quinquina). L'écorce de l'*Exostema floribundum* R.

PITONIA (DC., *Prodr.*, IV, 359). Sect. du genre *Exostema*.

PITOXYLON (HART., in *Bot. Zeit.* [1848], 168, 190). Genre d'Abiétinées fossiles.

PITPAPRA. Nom hindou des Fumeterres.

PITRÆA (TURCZ., in *Bull. Mosc.* [1862], II, 328). Synonyme de *Priva* ADANS.

PI-TSI. En Chine, le *Trapa bicornis* L. F.

PITTA-SUDU-PALA. Nom cingalais du *Boerhaavia diffusa* L.

PITTE. Filasse extraite des feuilles des *Agave*.

PITTOCARPIUM (LINK, *Diss.*, 2, 41. — NEES, *Syst.*, 100). Synonyme de *Æthalium* LINK.

PITTONIA (H. B. K., *Nov. gen. et spec.*, III, 80, t. 203). Section du genre *Tournefortia* L.

PITTONIA (PLUM., *Gen.*, 5, t. 3). Synonyme de *Messerschmidtia* RŒM. et SCH.

PITTONIOTIS (GRISEB., in *Bonplandia* [1858], 8). Synonyme de *Antirrhœa* COMMERS.

PITTOSPORUM (BANKS, in *Gærtn. Fruct.*, I, 286, t. 59). Genre de Dicotylédones-Dialypétales, qui a donné son nom à une famille des *Pittosporées*, placée en divers lieux par les différents auteurs. Après l'avoir rangée parmi les Saxifragacées, près des Vénanées (Brexiées), nous préférons aujourd'hui la placer dans celle des Bixacées, à titre de série. Les Pittospores ont des fleurs régulières, à réceptacle convexe ou un peu concave; 5 sépales imbriqués; 5 pétales imbriqués ou tordus; 5 étamines alternes. L'ovaire est uniloculaire, avec 2-5 placentas pariétaux plus ou moins proéminents. Chacun d'eux porte ∞ ovules. Cependant il y a des espèces à loges incomplètes, 2-ovulées (H. BN, in *Bull. Soc. Linn. Par.*, 255). Le fruit est

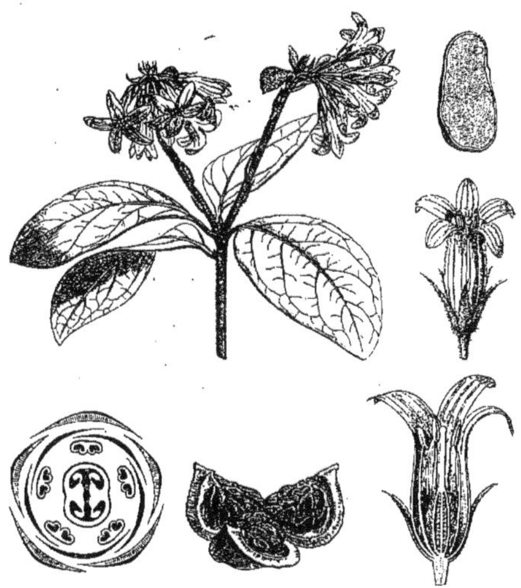

Pittosporum. — Rameau florifère. Fleur, entière et coupe longitudinale. Diagramme. Fruit déhiscent. Graine, coupe longitudinale.

capsulaire, et ses valves ligneuses ou coriaces portent sur leur ligne médiane un placenta 1-∞-sperme. Les graines albuminées et à petit embryon baignent d'ordinaire dans un liquide visqueux. Il y a plus de 50 *Pittosporum*, en Asie, en Océanie, en Afrique, à Madagascar. Ce sont des arbustes à feuilles entières ou dentées, alternes ou subverticillées. Leurs fleurs, souvent odorantes, sont terminales, axillaires ou latérales, en grappes simples ou composées. Le *P. Tobira*, qui a le parfum de l'Oranger, est cultivé dans nos serres froides. On ne croira jamais qu'on ait pu rapprocher les *Pittosporum* des Ombellifères. (H. BN, *Hist. des pl.*, III, 362, 443, fig. 420-425.)

PITUITARIA (DOCHN., *Obstk.*, II, 188). « Genre » de Poiriers.

PITUITARIA. Nom ancien de la Staphisaigre.

PITUMBA (AUBL., *Guian.*, II, App., 29, t. 385). Synonyme de *Guidonia* PLUM.

PITURANTHOS (VIV., *Fl. lyb.*, 15, t. 7). Section du genre *Carum*, voisine des *Pimpinella*. (H. BN, *Hist. des pl.*, VII, 120.)

PITURI. Le *Duboisia Hopwoodii* F. MUELL.

PITUS (WITH., *Int. struct.*, 71). Syn. de *Pissadendron* ENDL.

PITYA (SACC., *Syll. Fung.*, VIII, 209). Genre de Pézizés, à cupule céracée, durcissant, atténuée à la base en forme de stipe très court; se rapprochant des *Helotium*, mais à spores sphériques renfermées dans de longues thèques cylindriques entremêlées de paraphyses filiformes dont le sommet est un peu renflé. Quatre espèces vivent sur des rameaux ou des feuilles de Conifères. [DE S.]

PITYEDES. Dans Dioscoride, les cônes des Pins.

PITYELLA (BOUD., *Discom. char.*, 30). Genre de Pézizés, ne différant des *Pitya* SACC. que par la dimension des spores et des thèques.

PITYOPSIS (NUTT., in *Trans. Amer. Phil. Soc.*, ser. 2, VII, 321). Synonyme de *Chrysopsis* NUTT.

PITYRANTHE (THW., *Enum. pl. Zeyl.*, 29). Genre de Tiliacées-Brownlowiées, formé d'un arbre de Ceylan; distingué des *Brownlowia* par un fruit capsulaire, 5-anguleux et 5-valve. Les inflorescences sont composées et terminales dans le *P. verrucosa* THW. (H. BN, *Hist. des pl.*, IV, 163, 184.)

PITYROCARPA (BENTH., in *Hook. Journ. Bot.*, IV, 339). Section du genre *Piptadenia* BENTH.

PITYROPHYLLUM (BEER, *Bromel.*, 79). Genre proposé pour le *Pitcairnia ionantha* PL.

PITYRORYSIS. Nom grec ancien de l'Ivette.

PITYS (ENDL., *Gen.*, Suppl., II, 26; *Syn. Conif.*, 285). Section des *Pinites*. (UNG., *Chlor. protog.*, 73, t. 19, 20; *Syn. pl. fass.*, 196.)

PITYUSA. Nom ancien de plusieurs Euphorbes.

PIVA, PIVOLLA. Noms foréziens du Peuplier.

PIVOINE (*Pæonia* T., *Inst.*, 273, t. 145). Genre de Renonculacées, qui donne son nom à une série de *Pæoniées* et qui a des fleurs hermaphrodites, remarquables par la forme de leur réceptacle en coupe peu profonde, dont le fond supporte les carpelles; d'où une légère périgynie, exceptionnelle dans cette famille. Le calice, inséré sur les bords de la coupe, est 5, 6-mère, simple ou double, herbacé, imbriqué; et la corolle dialypétale, à 5-10 folioles, blanches, jaunes ou rouges, imbriquées. Les

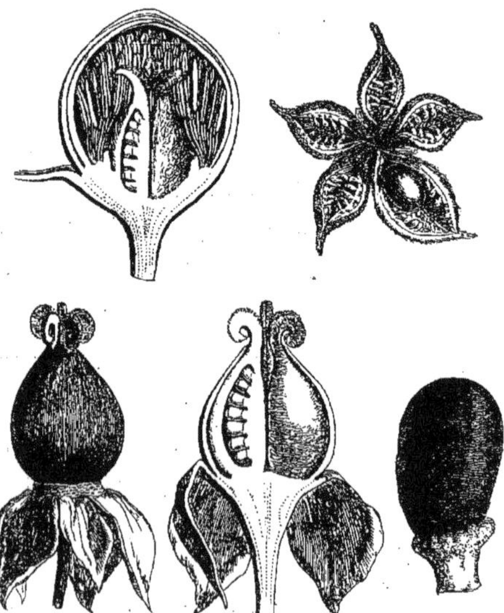

Pivoine. — Bouton, coupe longitudinale. Gynécée et disque, entiers et coupe longitudinale. Fruit déhiscent. Graine.

étamines sont nombreuses, à anthère introrse. Les carpelles (2-6) sont libres, ∞-ovulés et deviennent des follicules à graines albuminées, pourvues d'un petit arille funiculaire. Les Pivoines sont de belles plantes herbacées, vivaces, ou frutescentes, comme la P. de Chine (*Pæonia Moutan*), cultivée dans nos parterres, remarquable par le grand développement de son disque sacciforme et pétaloïde. Leurs feuilles sont alternes, disséquées, pennées ou décomposées, et leurs fleurs terminales. On emploie en médecine la P. mâle (*P. corallina* L.) et la P. femelle (*P. officinalis* RETZ.), espèces ornementales, calmantes, etc. (H. BN, *Hist. des pl.*, I, 62, 88, fig. 110-114; *Tr. Bot. méd. phanér.*, 496; in *Adansonia*, III, 45; IV, 56.)

PIVOT. — Voy. RACINE.

PIVOU. Nom languedocien des Peupliers.

PIVOULADE. L'*Agaricus attenuatus* DC. et le *Pholiota Ægerita* du Peuplier. La *P. d'eouse* est l'*A. ilicinus* DC.

PIVOULADE DE SAULE. Nom montpelliérain de l'*Agaricus translucens*.

PIVOULADO D'EOUSE. Nom vulgaire de l'*Agaricus socialis*.

PIVOULADO DE SAOUZÉ. Nom montpelliérain de l'*Agaricus translucens*. A Montpellier, on apporte sur les marchés, sous le nom de *Pivoulado*, plusieurs Agarics comestibles, les *A. ilicinus*, *attenuatus*, *Ægerita*, *cylindricus*, etc.

PLACA. Nom chilien des *Mimulus* L.

PLACEA (MIERS, in *Bot. Reg.* [1841], t. 50). Genre d'Amaryllidacées, voisin des *Amaryllis*; distingué par une fleur à tube court; une couronne membraneuse entourant les étamines, 2, 3 fois plus courte que les filets et partagée en 6 segments profonds. Ce sont 2, 3 plantes bulbeuses du Chili. [H. BN.]

PLACENTA, PLACENTATION. — Voy. GYNÉCÉE (II, 763).

PLACENTARIA (AUERSW. — RABENH., *Handb.*, 286). Genre de Tuberculariés, mal défini.

PLACNIK. En Pologne, la Pulmonaire officinale.

PLACOCARPA (HOOK. F., *Gen.*, II, 218). Genre de Rubiacées-Chiococcées, établi pour un arbuste mexicain, à fleur 4-mère; la corolle imbriquée; les 4 anthères dorsifixes et incluses; analogue d'ailleurs aux *Chione* et *Chiococca*. (H. BN, *Hist. des pl.*, VII, 422.)

PLACODERMA (FR., *Fung. natal.*, 14). Sous-genre des *Trametes*, comprenant les espèces dont le chapeau présente une surface épidermique dure, cornée, semblable à celle des *Ganoderma* dans le genre *Polyporus*.

PLACODERMEI (FR., *Epicr.*, 2e, 55). Division des *Polyporus*, comprenant les espèces dont le chapeau présente une surface dure, sclérifiée, qu'on a réunies quelquefois dans le genre *Fomes*.

PLACODES (QUÉL., *Enchir. Fung.*, 170). Genre de Polypores, présentant les caractères des *Placodermei* de Fries.

PLACODES (QUÉL. — PAT., *Hymen. d'Eur.*, 139). Genre formé pour les espèces de Polypores sessiles, à tissu blanc rose pâle, recouvert d'une croûte dure, à tubes courts et s'ouvrant par des pores petits, telles que le *P. betulinus*.

PLACODÉS (NYL., *Syn. Meth. Lich.*, 66). Grande division des Lichens, de la famille des Lichénacés, caractérisée par un thalle crustacé, rarement pelté, et dont les apothécies sont lécanorines, lécidéines ou lirelliformes. Ces différents caractères nous indiquent suffisamment que les genres *Lecanora*, *Lecidea*, *Opegrapha*, etc., sont dans cette grande série. L'auteur en a fait quatre divisions naturelles : les Lichens-Lécanorés (*Placodium*, *Lecanora*, *Pannaria*, *Pertusaria*, etc.), les Lichens-Lécidés (*Lecidea*, *Gyrothecium*, etc.), les Lichens-Xylographidés (le *Lithographa*), et les Graphidés. Tels sont les *Leucographa*, *Opegrapha*, *Lecanactis*, *Arthronia*, etc. La famille des Placodés comprend environ cinquante genres, parmi lesquels se trouvent les principaux ci-dessus dénommés. [CH. M.]

PLACODIA (ACH., *Lich. univ.*, 422). Lichens que l'auteur considérait comme devant former l'une des trois divisions du genre *Lecanora*, et qu'il caractérisait par un thalle crustacé, plan, sublobé et comme stellé au pourtour. En grande partie, les espèces de cette division ont été reportées dans le genre *Placodium* DC. [CH. M.]

PLACODIUM (DC., *Fl. franç.*, II, 377). Genre de Lichens, de la famille des Placodés et de la tribu des Lécanorés, à thalle stellé, rayonnant au pourtour, plissé et sublobé. Au centre il est granuleux et fendillé. Les apothécies sont scutelliformes, sessiles. Ce genre a été conservé par les lichénographes modernes; mais, revu par M. Nylander, il a été modifié. Quant aux espèces à y conserver, avant les recherches de ce savant elles avaient été déjà modifiées. (Voy. NYL., *Syn. Meth. Lich.*, 66.)

PLACODIUM (PERS., *Syn.*, I, 210). Synonyme de *Plocama* AIT.

PLACOGASTERES (WALLR., *Fl. crypt. germ.*, 334). Division des Myxomycètes, correspondant aux *Æthalini* de Fries.

PLACOLOBIUM (MIQ., *Fl. ind. bat.*, I, p. I, 1082). Genre douteux de Légumineuses, dont le fruit seul est connu.

PLACOMA (GMEL., *Syst.*, II, p. I, 390). Synonyme de *Plocama* AIT.

PLACOPHORA (J. AGH, mscr.). Algue-Floridée, de la famille

des Rhodomélées. La fronde de cette Algue est plane, étendue, flabelliforme, subdivisée en lobes semblables. Les cellules sont en zones concentriques, oblongues; d'autres sont étroites. Le fruit vient dans un processus filiforme, articulé. Les kéramidies, ovales, se trouvent dans un péricarpe celluleux, pourvu d'un carpostome. Les gemmidies sont piriformes. Les stichidies, filiformes, recourbées, fournissent des sphérospores disposées en une seule série. Les anthéridies sont lancéolées, oblongues. (J.-G. AGH, *Sp., gen. et ord. Alg.*, IV, 1136). [CH. M.]

PLACOSPHÆRIA (SACC., *Syll. Fung.*, III, 244). Genre de Sphéropsidés, caractérisé par un périthèce noir, aplati, contenant des conidies souvent stipitées, oblongues, fusiformes ou cylindroïdes. Ce sont d'ordinaire des organes de reproduction secondaires de Sphériacés, comme les *Placosphæria* de de Notaris sont les spermogonies des *Euryachora*. [DE S.]

PLACOSTIGMA (BL., *Fl. Jav. Præf.*, VIII). Synonyme de *Podostigma* BL.

PLACOTHALLIA (TREVIS., *Riv. Acad. Pad.*, I, 265). Sous-genre du genre *Berengeria* TREVIS.

PLACUNTIUM (EHRENH., *Fung. de Chamisso itin.*, 25; *Sylv. mycol. berol.*, 17). Synonyme de *Rhytisma* FR.

PLACYNTHIUM (ACH., *Lich. univ.*, 628). L'une des divisions du genre *Collema*, la première, caractérisée par un thalle orbiculaire ou suborbiculaire, et par des apothécies noirâtres et marginales. Elle n'a pas été admise. [CH. M.]

PLADAROXYLON (ENDL., *Gen.*, 461). Section des *Lachanodes* DC.

PLADERA (GRISEB., in *DC. Prodr.*, IX, 63). Synonyme de *Hoppea* W.

PLADERA (SOLAND., ex ROXB., *Fl. ind.*, ed. CAR., I, 416). Synonyme de *Canscora* LAMK.

PLÆSIANTHA (HOOK. F., *Gen.*, I, 681). Genre de Rhizophorées. Section du genre *Pellacalix* KORTH. (H. BN, *Hist. des pl.*, VI, 302.)

PLAGIACANTHUS (NEES, in *DC. Prodr.*, XI, 335). Genre proposé pour le *Justicia racemosa* R. et PAV.

PLAGIANTHERA (REICHB. F. et ZOLL., in *Linnæa*, XXVIII, 321). Section du genre *Echinus* LOUR.

PLAGIANTHERON (PUTTERL., *Syn. Pittosp.*, 15). Syn. de *Pittosporum* BANKS.

PLAGIANTHUS (FORST., *Char. gen.*, 85, t. 43). Genre de Malvacées-Malvées, formé d'une douzaine d'arbustes ou herbes d'Océanie; distingué par des fleurs 5-mères, à 2-5 loges ovariennes, disposées sur une seule rangée; les ovules solitaires et descendants; les branches stylaires longitudinalement stigmatifères en dedans, sans bractées et avec des bractéoles distantes; les fruits murs indéhiscents ou se rompant irrégulièrement. C'est un genre qui se rapproche d'ailleurs beaucoup des *Sida* par certaines espèces. (*Bot. Mag.*, t. 3271. — H. BN, *Hist. des pl.*, IV, 87, 142, t. 142.)

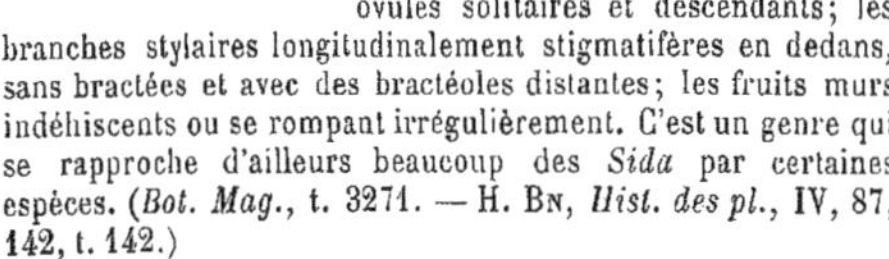

Plagianthus. — Rameau florifère.

PLAGILOBA (R. BR., *Narr. trav. Afr.*, I, 220). Section du genre *Hesperis* L.

PLAGIOBASIS (BOISS., in *DC. Prodr.*, XII, 677). Section du genre *Armeria* DC.

PLAGIOBASIS (SCHRENK, in *Bull. Acad. Petersb.*, III, n. 7). Genre de Composées. Section (?), voisine des *Crupina*, du genre *Centaurea* L. (H. BN, *Hist. des pl.*, VIII, 85.)

PLAGIOBOTRYS (FISCH. et MEY., *Ind. 2 sem. H. petrop.*, 46). Synonyme de *Eritrichium* SCHRAD.

PLAGIOCHASMA (LEHM. et LIND., in *Lehm. Pug. pl.*, IV, 23). Genre d'Hépatiques-Marchantiées, distingué par des fleurs mâles à demi plongées dans la fronde et disciformes. Les capitules femelles ont un court rachis aplati dont le pourtour est florifère. Il n'y a pas d'involucre, et les involucelles voilent le rachis, distincts les uns des autres, et verticalement bivalves. La coiffe persistante se rompt irrégulièrement, et le sporange s'ouvre par des dents inégales. Ce sont des plantes des montagnes de l'Inde, voisines des *Rebouillia*. (ENDL., *Gen.*, n. 467. — NEES, *Syn. Hepat.*, 511.)

Plagiochasma.

PLAGIOCHEILUS (ARN., ex *DC. Prodr.*, VI, 142). Section du genre *Cotula* T. (H. BN, *Hist. des pl.*, VIII, 284.)

PLAGIODISCUS (GRUN. et EULENS [1868]). Genre de Diatomacées-Surirellées, que quelques auteurs considèrent comme synonyme du *Surirella*, dont il diffère cependant par ses valves réniformes, munies de côtes radiantes. Ce genre, ce nous semble, doit, par suite, être maintenu. [CH. M.]

PLAGIOGRAMMA (GREV., *Microsc. Journ.*, VII, 208, t. 10). Genre de Diatomacées-Fragilariées, pourvu de valves dont le nodule central, s'il existe, est très petit, et, s'il n'existe pas, est remplacé par une bande transversale blanche. Les côtes sont robustes, transversales sur toute la longueur de la valve, et saillantes dans la face frontale. Parfois les valves sont lisses, pourvues de stries ou de côtes généralement moniliformes; elles sont munies de nodules terminaux et de bords assez souvent ponctués. [CH. M.]

PLAGIOLOBA (C.-A. MEY., in *Ledeb. Fl. alt.*, III, 118). Section du genre *Hesperis* L.

PLAGIOLOBIUM (SWEET, *Fl. austral.*, t. 2). Syn. de *Horea* R. BR.

PLAGIOLYTRUM (NEES, in *Proc. Linn. Soc.*, I, 95). Synonyme de *Tripogon* ROTH.

PLAGIOPHYLLUM (SCHLCHTL, in *Linnæa*, XIII, 429). Synonyme de *Centradenia* DON.

PLAGIOPODA (R. BR., in *Linn. Trans.*, X, 175). Section du genre *Grevillea* R. BR.

PLAGIOPTERON (GRIFF., in *Calc. Journ.*, IV, 244, t. 13). Genre attribué aux Tiliacées-Prockiées. C'est un arbuste grimpant de l'Inde, à petit calice, à pétales valvaires, pubescents. Le fruit a 3 ailes, et les feuilles sont opposées. On a trouvé à ce genre des affinités avec les Euphorbiacées. Ses fleurs ont beaucoup de celles des *Tilia*. (H. BN, *Hist. des pl.*, IV, 197.)

PLAGIOPYLE (ENDL., *Syn. Conif.*, 255). Section du g. *Ephedra*.

PLAGIORHEGMA (MAXIM., *Prim. Fl. amur.*, 34, t. 1). Synonyme (B. H.) de *Jeffersonia* BART.

PLAGIORUTIS (SER., in *DC. Prodr.*, II, 188). Section du genre *Melilotus* T.

PLAGIOSETUM (BENTH., *Fl. austral.*, VII, 494). Genre de Graminées-Panicées, formé d'une herbe (annuelle?) voisine des *Pennisetum*, mais à involucre ramuleux, situé au-dessus des articulations, unilatéral; les épillets sessiles entre les ramules. (*Hook. Icon.*, t. 1242.)

PLAGIOSTACHYA (B. H., *Gen.*, III, 1186). Section du genre *Eragrostis* PAL.-BEAUV.

PLAGIOSTEMON (KL., in *Linnæa*, XII, 232). Synonyme de *Simocheilus* KL.

PLAGIOSTIGMA (PRESL, *Bot. Rem.*, 126). Syn. de *Aspalathus* L.

PLAGIOSTIGMA (ZUCC., *Fl. jap. fam.*, II, 98). Syn. de *Ficus*.

PLAGIOSTOMA (BENTH., in *Wall. Pl. as. rar.*, I, 69). Section du genre *Leucas* BURM.

PLAGIOSTOMA (C.-A. MEY, in *Bull. Pétersb.* [1847], V, 34). Synonyme de *Plagiopyle* ENDL.

PLAGIOTAXIS (WALL., *Cat.*, n. 1269, 1270). Synonyme de *Chickrassia* A. JUSS.

PLAGIOTIS (BENTH., *Labiat.*, 80). Section du genre *Hyptis*.

PLAGIOTOME (DC., *Prodr.*, VI, 296). Section du g. *Erechtites*.

PLAGIOTROPIS (PFITZ. [1871], ex VAN HEURCK, *Diat. Belg.*, 121). Genre de Diatomacées-Naviculées, voisin du genre *Pleurosigma*, à valves convexes munies de carènes qui partagent la valve en deux parties très inégales. La carène droite est accompagnée d'une aile ou repli placé dans la partie large de la valve, entre le bord et la carène. La face frontale est faiblement conbractée. Ce genre sert d'ailleurs de transition entre le genre *Navicula* et le genre *Nitzschia*. [CH. M.]

PLAGIUS (LHÉR., *Diss.*, ex *DC. Prodr.*, VI, 135). Synonyme de *Pyrethrum* GÆRTN. (H. BN, *Hist. des pl.*, VIII, 276.)

PLAN (de la fleur). — Voy. DIAGRAMME (II, 389) et FLEUR (II, 621).

PLANARIUM (DESVX, in *Ann. sc. nat.*, sér. 1, IX, 416). Synonyme de *Chætocalyx* DC.

PLANCHON (J.-E.). Professeur à Montpellier et directeur du jardin de cette ville, débuta en 1844 par une thèse sur les Arilles. Employé à l'herbier de sir W. Hooker à Kew, il fit la connaissance d'un grand nombre de types exotiques dont il put ultérieurement établir la synonymie. Il publia, dans les recueils anglais, des notices sur les Linacées, le *Godoya*, les Cochlospermées, etc. Il écrivit avec Van Houtte une note sur le *Victoria*. Sa thèse de pharmacie avait pour sujet les Hermodactes. On lui doit la partie botanique de l'*Hortus donatensis* de Florence et une collaboration au début de la Flore de la Nouvelle-Grenade de Triana, avec lequel il composa plus spécialement une étude des Clusiacées. Il écrivit aussi bien des notes sur la Flore de Montpellier et l'histoire des botanistes de la Provence. La fin de sa carrière fut surtout consacrée à l'étude du *Phylloxera*, dont on lui a contesté la découverte, et de beaucoup d'autres maladies de la Vigne. Il préconisa surtout l'introduction et la plantation dans nos pays vinicoles des vignes américaines qui prennent généralement le *Phylloxera*, mais qui passent pour lui mieux résister que les vignes indigènes qu'on greffe sur elles. Il a publié une notice biographique sur Decaisne, son ami, et il est mort à Montpellier en 1888. Son dernier travail, fort incomplet, est la monographie des Ampélidées, pour les suites au *Prodromus* de De Candolle. Ses idées sur les arilles, l'origine des hermodactes, etc., sont aujourd'hui abandonnées; mais l'horticulture lui doit un grand nombre de notes sur des plantes commerciales introduites.

PLANCHONIA (BL., in *V. Houtt. Fl. serr.*, VII, 24). Genre de Myrtacées-Lécythidées, formé de 2, 3 arbres de l'Archipel Indien, voisin des *Gustavia* et *Barringtonia;* distingué par des étamines dissemblables; les intérieures plus courtes, dépourvues d'anthères; des graines à embryon involuté; les cotylédons plissés et foliacés. C'est évidemment un genre de valeur très douteuse. (H. BN, *Hist. des pl.*, VI, 371.)

PLANCHONIA (DUN., in *Vel. Fac. sc. Montpell.*, IX, 136). Synonyme de *Salpichroa* MIERS.

PLANCHONIA (J. GAY, mss., ex B. H., *Gen.*, I, 154). Synonyme de *Polycarpæa* LAMK.

PLANCIA (NECK., *Elem.*, I, 49). Synonyme de *Hieracium* T.

PLANE. L'*Acer platanoides* L.

PLANE DE COOK. L'*Aleurites moluccana* W.

PLANE (FAUX). Le Faux Platane.

PLANER (Joh.-Jak.). Professeur à Erfurth [1743-1789]. Auteur de *Index plantarum quas in agro Erfurtensi*, etc. [1788], avec additions [1788], et d'un *Versuch einer teutschen Nomenklatur der Linneischen Gattungen*, etc. [1771].

PLANERA (GIS., *Prælect.*, 205). Synonyme de *Costus* L.

PLANERA (GMEL., *Syst.*, II, 150). Genre d'Ulmacées, voisin des Ormes, formé d'un bel arbre de l'Amérique du Nord, rarement cultivé chez nous, le *P. crenata*. Il se distingue par un fruit non ailé, tout recouvert de saillies subcharnues; un embryon à cotylédons aplatis; des feuilles serrées; des groupes floraux accrus après l'anthèse avec l'axe feuillé qui les supporte. (H. BN, *Hist. des pl.*, VI, 185.)

PLANETANTHEMUM (ENDL., *Gen.*, 705). Section du genre *Eranthemum* L.

PLANIPETALÆ (HALL., in *Misc. taur.*, II, 41). Synonyme de Cichoriées.

PLANORACHIS (DC., *Prodr.*, VI, 85). Section du genre *Hymenolepis* CASS.

PLANOTIA (MUNR., in *Trans. Linn. Soc.*, XXVI, 70). Genre de Graminées-Bambusées, de l'Amérique centrale, voisin des *Chusquea;* distingué par des épillets peu volumineux, 1-flores, très nombreux dans l'inflorescence ramifiée. En bas se trouvent 4 glumes vides. La tige herbacée est élevée, avec des feuilles étroites, continues avec la gaine. [H. BN.]

PLANTA APHYTEIA (ACH., in *L. Amœn.*, VIII, 310, t. 7). L'*Hydnora africana* THUNB.

PLANTA DE LA YESCA. Nom chilien du *Chætanthera Berteriana* LESS.

PLANTAGINASTRUM. Nom ancien de l'*Alisma Plantago* L.

PLANTAGINELLA (RUPP., *Fl. jen.*, 23). Syn. de *Limosella* L.

PLANTAGO AQUATICA (MATTH.). L'*Alisma Plantago* L.

PLANTAIN. Nom anglais des *Musa*.

PLANTAIN, PLANTAGINÉES. Le genre *Plantago* T. (*Inst.*, 126, t. 48) forme presque à lui seul la famille des *Plantaginacées*. Ce sont des herbes à fleurs régulières, parfois polygames; avec 4 sépales égaux ou inégaux; une corolle gamopétale, régulière ou à peu près, imbriquée ou tordue, 4-lobée. Les étamines sont au nombre de 4, portées par la corolle. L'ovaire supère a 2 loges ou 3, 4 logettes imparfaites, avec 1-15 ovules ascendants ou peltés dans chaque cavité. Le style allongé porte 2-4 rangées de papilles stigmatiques. Le fruit est une pyxide à

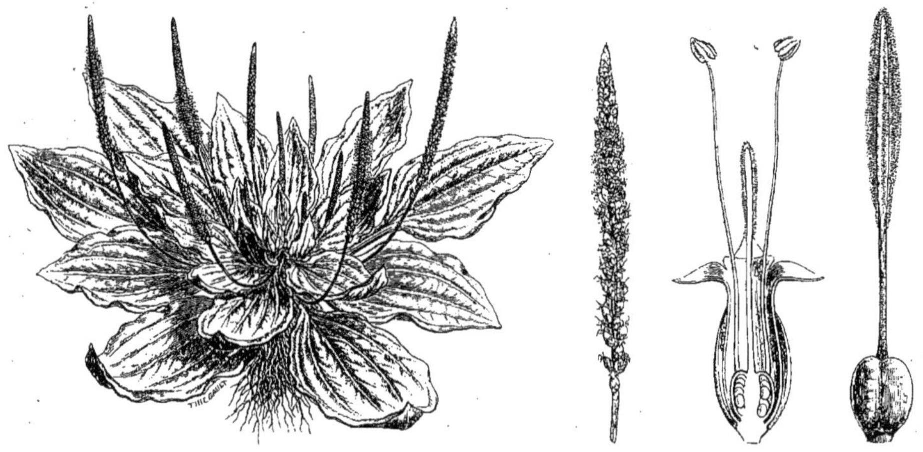

Plantain. — Port. Inflorescence. Fleur, coupe longitudinale. Gynécée.

1-∞ graines albuminées, peltées. Les feuilles sont basilaires, en rosette, alternes, 4-∞-nerves. Les fleurs sont en épis ou en capitules. Ces plantes sont communes dans toutes les régions du globe. Nous avons des espèces vulgaires, émollientes, comme

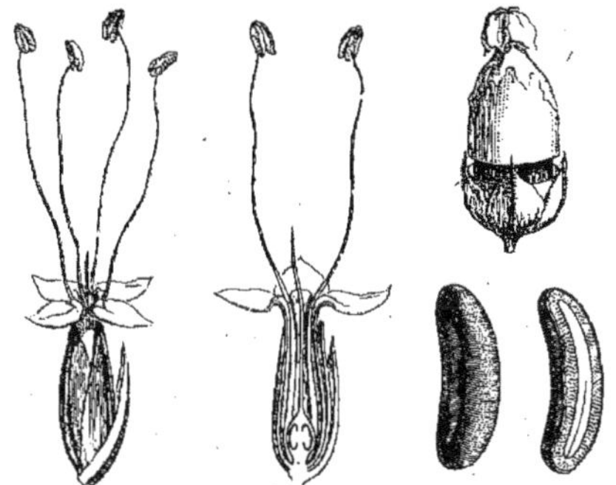

Plantain. — Fleur, entière et coupe longitudinale. Fruit déhiscent. Graine, entière et coupe longitudinale.

les *P. major, minor, lanceolata, arenaria*. Le *P. Psyllium* est surtout riche en mucilage, et plus encore le *P. Ipaghula* ROXB. dont on emploie surtout les semences. (H. BN, *Hist. des pl.*, IX, 274, 278, 279, fig. 330-338.)

PLANTAIN BLANC. Le *Plantago media* L.

PLANTAIN CORNE DE CERF. Le *Plantago Coronopus* L.

PLANTAIN DE MOINE. Le *Littorella lacustris* L.

PLANTAIN DES ALPES, P. DES VOSGES. L'Arnica.

PLANTAIN EN ARBRE. Le *Musa paradisiaca* L.

PLANTAIN (GRAND). Le *Plantago major* L.

PLANTAIN (PETIT, ÉTROIT, LONG). Le *Plantago lanceolata* L.

PLANTAJHE. Nom languedocien des Plantains.

PLANTA MIRABILIS DISTILLATORIA (GRIMM, *Misc. Cur. Ann. Prim. Decur.*, 2, t. 27). Synonyme de *Nepenthes* L.

PLANTANIER. Synonyme de Bananier.

PLANTE A BAYONNETTES. L'*Acyphylla squamosa*, Ombellifère de la Nouvelle-Zélande, à feuilles rigides et très piquantes, qui forme des buissons impénétrables.

PLANTE A BIÈRE. Le *Baccharis tridentata* GAUDICH.

PLANTE A CANNES. Nom, aux Antilles, du *Gouania domingensis* L.

PLANTE AU BEURRE. La Moutarde blanche.

PLANTE AU COMPAS (*Compass plant*). Le *Sylphium laciniatum* L.

PLANTE AUX OEUFS, P. QUI POND. Le *Solanum ovigerum* DUN.

PLANTE DE BEAUTÉ. Synonyme de *Serkis*.

PLANTE DES EUNUQUES. La Laitue.

PLANTE ESPINEUSE. Nom français ancien de l'*Alhagi*.

PLANTE FÉBRIFUGE. La Petite Centaurée.

PLANTIA (HERB., in *Bot. Reg.* [1844], *Misc.*, 89). Synonyme (?) de *Hexaglottis* VENT.

PLANTULE. Synonyme de Embryon. C'est aussi, dans les Fougères, etc., le nom de la petite plante qui sort du prothalle.

PLAPPART (Joach.-Fried.). Auteur, à Vienne [1777], de *De Juglande nigra* (in-8 de 27 p. et 1 pl.).

PLAPPERTIA (REICHB., *Consp.*, 146). Syn. de *Dichapetalum*.

PLAQUE CELLULAIRE. Assise granuleuse qui partage en deux le tonnelet du nucléus en voie de division.

PLAQUEMINIER. Nom français des *Diospyros* L. (II, 437).

PLAQUEMINIER D'AMÉRIQUE. Le *Diospyros virginiana* L.

PLAQUEMINIER D'EUROPE. Le *Diospyros Lotus* L.

PLAQUETTE. Nom ancien de la Petite Pâquerette.

PLAS, PLASO. Dans l'Inde, le *Butea frondosa* ROXB.

PLASCHNICK (Karl). Jardininier à Leipzig, auteur [1831] de *Ueber die Kultur der Farrenkraüter und deren Erziehung aus Samen in K. botanischen Garten zu Berlin* (in-4 de 19 p.).

PLASMODE (*Plasmodium*). La masse gélatineuse des Myxomycètes.

PLASMODIÉS. Champignons dans lesquels le mycélium est remplacé par un Plasmode (voy. MYXOMYCÈTES).

PLASMODIOPHORA (WORON., in *Pringsh. Jahrb.*, XI, 518). Genre de Myxomycètes inférieurs, entophytes, voisins des Chytridinés et dont les spores donnent naissance à des zoospores qui s'accroissent dans les cellules de la plante nourricière en formant un plasmode au sein duquel les spores se développent comme chez les autres Myxomycètes. Trois espèces vivent à l'intérieur des cellules des racines de Crucifères, d'Aulne et d'*Elaeagnus*. Ils provoquent chez le Chou une maladie connue sous le nom de hernie. [DE S.]

PLASMODIOPHORÉES (ZOPF, *Pilzth.*, 129). Famille de Myxomycètes, ayant pour type le genre *Plasmodiophora* WORON.

PLASMOPARA (SCHRŒT., *Krypt. Fl., Pilze*, 236). Genre de Péronosporés, réunissant des espèces des genres *Basidiophora*, *Peronospora*, chez lesquelles le plasma donne naissance aux zoospores avant d'être expulsé des conidies. Ces conidies sont souvent papillées; les conidiophores peu ramifiés. Les oospores globuleuses ont un épispore mince, lisse et de couleur enfumée. [DE S.]

PLASO (RHEED., *Hort. malab.*, VI, 29). Syn. de *Butea* KŒN.

PLASS. Nom malais du *Licuala spinosa* WURM.

PLASTIDES. Nom donné, en 1882, par Schimper aux Leucites. Ce dernier mot serait donc inutile, comme tant d'autres.

PLATANARIA (S.-F. GRAY, *Arr. brit. pl.*, II, 39). Synonyme de *Sparganium* L.

PLATANE (*Platanus* T., *Inst.*, 590, t. 363). Genre de Saxifragacées, qui donne son nom à une série des *Platanées*, voisine des *Liquidambar*, et qui la constitue seul. Ce sont des arbres, à fleurs unisexuées, en capitules. Les mâles ont 3-6 étamines,

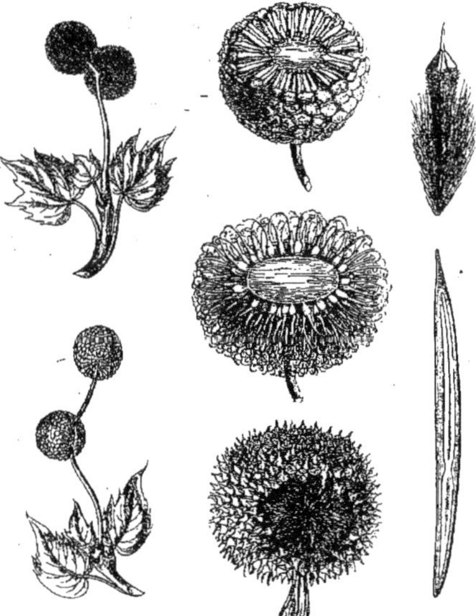

Platane. — Rameaux florifères mâle et femelle. Inflorescences. Fruit composé. Achaine isolé. Graine, coupe longitudinale.

entourées d'un rudiment de périanthe. Les femelles ont ce périanthe un peu plus développé, des staminodes (?) et des ovaires 1-loculaires à ovule orthotrope. Le fruit est formé d'achaines, et l'embryon à radicule infère est entouré d'un albumen. Ce sont des arbres américains et asiatiques, à feuilles palmilobées.

Spach a uni sous le nom de *P. vulgaris* les *P. orientalis* et *occidentalis* des auteurs, cultivés partout et qu'on accuse de causer des accidents avec le duvet irritant de leurs fruits. (H. Bn, *Hist. des pl.*, III, 400, 415, 462, fig. 475-481.)

PLATANE (FAUX). L'*Acer Pseudo-Platanus* L.

PLATANILLO. A Santa-Fé de Bogota, la Vanille.

PLATANINIUM (UNG., *Syn. pl. foss.*, 222; *Chlor. protog.*, 138, t. 47). Genre de Platanées fossiles.

PLATANO. Au Mexique, les Bananiers.

PLATANOCARPUM (ENDL., *Gen.*, 557). Section du g. *Nauclea.*

PLATANOCARPUS (KORTH., *Verh. Nat. Gesch.*, 152, t. 32). Synonyme de *Sarcocephalus* AFZEL.

PLATANOCEPHALUS (VAILL., in *Act. Ac. par.* [1722], 191). Synonyme de *Cephalanthus* L.

PLATANOIDES. Nom ancien du *Liquidambar styraciflua* L.

PLATANOS. Nom, en Colombie, des Bananiers.

PLATANTHERA (L.-C. RICH., in *Mém. Mus.*, IV, 48). Genre proposé pour les *Orchis bifolia* et *chlorantha*, et rapporté par MM. Bentham et Hooker au genre *Habenaria* W.

PLATEA (BL., *Bijdr.*, 646; *Mus. lugd.-bat.*, I, 249). Genre de Térébinthacées-Mappiées, formé de 4 arbres de l'Archipel Indien; voisin du *Phlebocalymna*, mais à pétales libres (?), valvaires; le sommet du style discoïde et l'albumen continu; les fleurs polygames-dioïques. (H. Bn, *Hist. des pl.*, V, 334.)

PLATEANA (SALISB.). Section (B. H., *Gen.*, III, 719) du genre *Narcissus* T.

PLATEAU. — Voy. BULBE (I, 516).

PLATEAU A FLEURS BLANCHES. Le *Nymphæa alba* L.

PLATEAU A FLEURS JAUNES. Le *Nuphar luteum* SIBTH.

PLATE-BUSH. Nom anglais du *Solanum torvum* Sw.

PLATECLIPTA (DC., *Prodr.*, V, 491). Section du g. *Eclipta.*

PLATENIA (KARST., in *Linnæa*, XXVIII, 250). Synonyme de *Syagrus* MART.

PLATHANA (SALISB., *Gen. pl. Fragm.*). Section du genre *Narcissus* T.

PLATHYMENIA (BENTH., in *Hook. Journ. Bot.*, IV, 333). Genre de Légumineuses-Mimosées, à fleurs analogues à celles des *Entada*; le fruit des *Piptadenia*, mais avec un endocarpe d'*Entada*. Ce sont 2 arbres du Brésil, à feuilles bipinnées. (H. Bn, *Hist. des pl.*, II, 26, 63.)

PLATILLOS. Nom, aux Philippines, des *Aralia* T.

PLATISMA (ADANS., *Fam. des pl.*, II, 7). Synonyme (part.) de *Physcia*, *Evernia*, etc.

PLATISMA (HOFFM., *Pl. Lich.*, t. 31, fig. 1). Genre de Lichens, dont les espèces ont été reportées en partie dans les Endocarpés, en partie dans les Physciés.

PLATO. Auteur [1829-40], à Leipzig, de *Deutschland Giftpflanzen*, etc. (in-8).

PLATOMA (SCHOUSB., in *Pfeiff. Nom.*, II, 745). Synonyme de *Halymenia* AGH.

PLATOMA (SCHOUSB., mscr.). Algue de la famille des *Cryptonemeæ* et de la tribu des *Nemastomeæ*. Les filaments du strate extérieur sont plongés dans un mucus qui se solidifie. Les botanistes modernes considèrent le genre *Platoma* comme synonyme du *Nemastoma*. Pour nous, ce n'en est qu'une division. [CH. M.]

PLATONIA (K., *Rev. Gram.*, I, 130, 327, t. 76). Synonyme de *Planotia* MUNZ.

PLATONIA (MART., *Nov. gen. et spec.*, III, 168, t. 288, fig. 2, t. 289). Genre de Clusiacées-Symphoniées, formé de 2 beaux arbres du Brésil; distingué des *Symphonia* par des boutons ovoïdes; les étamines groupées en 5 phalanges insérées sous un disque 5-lobé; chacune partagée en ∞ filets droits et s'attachant au-dessus du milieu d'une anthère extérieure. On cultive dans nos serres chaudes le splendide *P. insignis* MART. (H. Bn, *Hist. des pl.*, VI, 401, 422.)

PLATONIA (RAFIN., in *Desvx Journ. Bot.*, II, 170). Le *Verbena nudiflora* L.

PLATOPUNTIA (ENGELM., *Syn. Cactac.*, 290). Sous-genre du genre *Opuntia* T.

PLATOSTOMA. — Voy. GENIOSPORUM.

PLATT (Hugh.). Auteur, à Londres [1660], de *The garden of Eden*, etc., qui eut une 6e édition en 1675.

PLATUNIUM (J., in *Ann. Mus.*, VII, 76). Synonyme de *Holmskioldia* RETZ.

PLATYÆCHMEA (BENTH., *Gen.*, III, 663). Section du genre *Æchmea* PAV.

PLATYASTER. Section (BAK.) du genre *Crinum* L. (B. H., *Gen.*, III, 726).

PLATYCALYX (BENTH., *Gen.*, II, 1125). Section du genre *Eremophila* R. BR.

PLATYCAPNOS (DC., *Syst.*, II, 131). Section du g. *Fumaria.*

PLATYCARPÆA (DC., *Prodr.*, V, 594). Section du g. *Bidens.*

PLATYCARPHA (LESS., in *Linnæa*, VI, 688; *Syn. Comp.*, 148). Genre de Composées, placé avec doute près des *Cullumia* R. BR. Il est formé de 1, 2 herbes du Cap, à port d'*Arctotis*, et paraît unir les Gortériées aux Carduées et Vernoniées. (Voy. H. Bn, *Hist. des pl.*, VIII, 200.)

PLATYCARPIDIUM (F. MUELL., in *Hook. Kew Journ.*, IX, 309). Synonyme de *Siebera* REICHB.

PLATYCARPUM (H. B., *Pl. æquin.*, II, 81, t. 104). Genre de Rubiacées-Cinchonées, placé souvent aussi, avec les *Henriquezia* (qui pour nous ne sont qu'une section du même genre), dans un groupe particulier. Leurs fleurs sont irrégulières, avec un calice lobé ou détaché par sa base; une corolle obliquement infundibuliforme ou hypocratérimorphe, à 5 lobes inégaux, imbriqués; 5 étamines inégales, et un gynécée dont l'ovaire infère a 2 loges contenant chacune 2 ovules (ou, dans les *Henriquezia*, 2-4 ovules) descendants. Un disque épigyne à 5-10 lobes surmonte l'ovaire, et le style a 2 branches dressées. Le fruit est une capsule subdidyme, suborbiculaire ou obcordée, qui devient en partie (*Henriquezia*) ou presque en totalité (*Euplatycarpum*) supère, et qui s'ouvre en deux valves selon les bords; elle est loculicide par conséquent, et les graines (1-4) ont le bord ailé. On dit que leur embryon est dépourvu d'albumen. Ce sont de beaux arbres du Vénézuela et du Brésil du Nord, à feuilles opposées ou 3, 4-nées, à grandes stipules interpétiolaires, à grappes terminales, composées ou cymifères. On a aussi rapporté ce genre aux Bignoniacées. (Voy. BUR., *Bignon.*, 81. — H. Bn, in *Bull. Soc. Linn. Par.*, 217; *Hist. des pl.*, VII, 345, 487, n. 176.) [H. Bn.]

PLATYCARYA (S. et ZUCC., in *Abh. Akad. Wiss. Münch.*, III, 741, t. 5; *Fl. jap.*, t. 149). Genre de Juglandacées, formé d'un arbre japonais et chinois; distingué des Noyers par ses chatons dressés, portant des bractées imbriquées; des fruits petits, souvent ailés; un cône fructifère strobiliforme. On le cultive parfois dans nos jardins, sous le nom de *Fortunea chinensis*. (C. DC., *Prodr.*, XVI, II, 145.) [H. Bn.]

PLATYCAUDON (REICHB., *Nom.*, 205). Synonyme de *Platyspermum* HOFFM.

PLATYCAULON (MART., in *N. Act. Leop.* [1830], 13). Section du genre *Pæpalanthus* MART.

PLATYCENTRUM (KL., *Begon.*, 123, t. 11 B). Synonyme de *Begonia* T.

PLATYCENTRUM (NAUD., in *Ann. sc. nat.*, sér. 3, XVIII, 114, t. 5). Section du genre *Miconia* R. et PAV. (H. Bn, *Hist. des pl.*, VII, 54.)

PLATYCERATIUM (REICHB., in *Mössl. Handb.*, I, 1152). Section du genre *Arabis* L.

PLATYCHÆTA (JAUB. et SP., *Ill. pl. or.*, IV, 73). Sous-genre du genre *Pulicaria* GÆRTN.

PLATYCHÆTE (BOISS., *Diagn. or.*, II, 5). Synonyme de *Pterochæte* BOISS.

PLATYCHEILUS (CASS., *Op. phyt.*, II, 153, 162). Synonyme de *Cleanthes* DON. (H. Bn, *Hist. des pl.*, VIII, 100.)

PLATYCHILUM (DELAUN., *Herb. amat.*, t. 187). Genre proposé pour l'*Hovea elliptica* (ex G. DON).

PLATYCLADUS (SPACH, *Suit. à Buff.*, XI, 333). Genre comprenant les *Biota* et *Thuyopsis*, sections du genre *Thuya* L.

PLATYCLINE (C. KOCH, in *Linnæa*, XXIV, 316). Section du genre *Anthemis* L.

PLATYCLINIA (BENTH., in *Journ. Linn. Soc.*, XVIII, 295). Genre d'Orchidacées-Épidendrées, établi pour 7, 8 *Dendrochilus* de Blume. Le genre est voisin, dit-on, des *Liparis*, dont le distinguent les longs bras du gynostème et le large clinandre membraneux. On en cultive quelques-uns dans nos serres. (*Bot. Mag.* t. 4853.) [H. BN.]

PLATYCLINIUM (HENFR., in *Paxt. Mag. bot.*, I, 156). Synonyme de *Begonia* T.

PLATYCODON (A. DC., *Mon. Camp.*, 125). Genre de Campanulacées-Campanulées, formé de 1, 2 herbes vivaces de la Chine et du Japon; distingué par des capsules à panneaux opposés aux sépales. On cultive quelques variétés du *P. grandiflorum* comme ornementales. (H. BN, *Hist. des pl.*, VIII, 354.)

Platycodon. — Diagramme floral.

PLATYCOELE (DC., *Prodr.*, IV, 627). Section du genre *Valerianella*.

PLATYCYAMUS (BENTH., in *Mart. Fl. bras. Papil.*, 323). Genre mal connu de Légumineuses-Papilionacées-Phaséolées, formé d'un arbuste (?) du Brésil; distingué par une carène à pièces libres et une grande gousse plate, comprimée, dont la suture supérieure est ailée. Les feuilles sont 3-foliolées, et les fleurs sont disposées en grappe composée terminale. (H. BN, *Hist. des pl.*, II, 255.)

PLATYDESMA (H. MANN, in *Proc. Bost. Soc. Nat. Hist.*, X, 317). Genre de Rutacées-Zanthoxylées, formé d'un arbuste odorant des Sandwich; distingué par des fleurs 4-mères; l'ovaire partite, avec des carpelles 5-ovulés, un fruit 4-coque et des feuilles simples, opposées. (H. BN, *Hist. des pl.*, IV, 472.)

PLATYESTES (SALISB., *Fragm.*, 21). Synonyme de *Lachenanalia* JACQ.

PLATYGALIUM (DC., *Prodr.*, IV, 598). Sous-section des *Rubia* de la section *Galium*.

PLATYGLOEA (SCHRŒT., *Pilz. Schles.*, 384). Genre de Trémellinés, à réceptacle homogène, gélatineux, petit, diffus ou verruciforme, recouvert par l'hyménium. Les basides allongés, pluriloculaires, ont des stérigmates émanant de chaque loge et portant les spores elliptiques ou réniformes. Quatre espèces européennes se rencontrent sur le vieux bois; une d'elles est fimicole. [DE S.]

PLATYGONEÆ (MIERS, in *Ann. and Mag. Nat. Hist.*, ser. 2, VII, 37). Tribu des Ménispermacées.

PLATYGONIA (NAUD., in *Ann. sc. nat.*, sér. 5, V, 33, t. 5). Synonyme de *Trichosanthes* L.

PLATYGRAMMA (MEY. — SPRENG., ex *Bot. Gall.*, 643). Genre de Lichens, qui doit faire partie des Lichens Opégraphes.

PLATYGRAPHA (NYL., *Syn. Meth. Lich.*, 66). Lichens de la famille des Placodés, tribu des Graphidés. Quelques espèces avaient été confondues avec le *Lecanora* ou *Leudea*, à cause des apothécies; mais les spores diffèrent essentiellement. [CH. M.]

PLATYGYNE (MERC., in *Ser. Bull. bot.*, 168). Genre d'Euphorbiacées, voisin des *Tragia*, formé d'un arbuste grimpant des Antilles, distingué par 4-8 étamines, un calice femelle imbriqué, un style épais, des feuilles étroites, des fleurs latérales et subterminales. (H. BN, *Et. gén. Euphorbiac.*, 453, t. 4, fig. 18-22; *Hist. des pl.*, V, 215.)

PLATYHYPNUM (HAMPE, in *Bot. Zeit.* [1852], 73). Section du genre *Hypnum* L.

PLATYLEPIDEA (DC., *Prodr.*, VII, I, 265). Section du genre *Andromachia* H. B.

PLATYLEPIS (CASS., in *Dict.*, XLI, 337). Sous-genre du genre *Carduus* T.

PLATYLEPIS (K., *Enum.*, II, 269). Synonyme de *Ascolepis* NEES.

PLATYLEPIS (RICH., *Orch. Ile de Fr. et Bourb.*, t. 6). Genre d'Orchidacées-Néottiées, attribué par Dupetit-Thouars aux *Goodyera*, distingué par la connivence des pétales autour du gynostème, le limbe peu dilaté du labelle et un grand allongement du gynostème. La tige est feuillée, avec épis serrés. [H. BN.]

PLATYLOBIUM (KUETZ., *Spec. Alg.*, 605). Genre d'Algues, de la famille des *Sargasseæ*, qui a été très discuté, mais que nous devons considérer comme synonyme de *Sargassum*. [CH. M.]

PLATYLOBIUM (SM., in *Trans. Linn. Soc.*, II, 350). Genre de Légumineuses-Papilionacées-Génistées, formé de 3 arbustes australiens, à feuilles opposées; les anthères uniformes; les valves du fruit révolutées élastiquement sur la suture supérieure, ailée, de la gousse. On en cultive quelques espèces élégantes dans nos serres. (*Bot. Mag.*, t. 469, 1508, 1520, 3258, 3259. — H. BN, *Hist. des pl.*, II, 343.)

PLATYLOMA (BENTH., in *DC. Prodr.*, VII, II, 645). Sous-section des *Stellanthe* BENTH.

PLATYLOPHUS (CASS. in *Dict.*, XLIV, 36). Synonyme de *Centaurea* L. (H. BN, *Hist. des pl.*, VIII, 84.)

PLATYLOPHUS (DON, in *Edinb. N. Phil. Journ.*, IX, 92). Genre de Saxifragacées-Cunoniées, formé d'un arbre de l'Afrique centrale, voisin des *Acrophyllum;* distingué par ses étamines insérées à la base du disque; des styles récurvés et subulés; un fruit comprimé au sommet, 2-loculaire et 2-sperme; des feuilles à 3 folioles. (H. BN, *Hist. des pl.*, III, 451.)

PLATYMENE (DC., *Prodr.*, IV, 72). Section du genre *Trachymene* RDGE.

PLATYMENIA (J. AGH, in *Act. Holm.* [1847], 87). Genre d'Algues, de la famille des *Cryptonemaceæ*, que nous considérons comme synonyme de *Schizymenium* HARV. [CH. M.]

PLATYMENIUM (BOISS., in *DC. Prodr.*, XII, 648). Section du genre *Statice* T.

PLATYMERIUM (BARTL., ex *DC. Prodr.*, IV, 390). Rubiacée douteuse, voisine (?) des *Psilobium*, d'après De Candolle. (H. BN, *Hist. des pl.*, VII, 364.)

PLATYMETRA (SALISB., *Gen. pl. Fragm.*, 7). Synonyme de *Tupistra* KER.

PLATYMISCIUM (VOG., in *Linnæa*, XI, 198). Genre de Légumineuses-Papilionacées-Dalbergiées, formé de 12, 13 arbres ou arbustes de l'Amérique tropicale; distingué par une corolle à ailes libres; l'androcée fendu en dessus; l'ovaire 1-ovulé; la gousse plate, oblongue, ténue; les feuilles opposées. (H. BN *Hist. des pl.*, II, 328.)

PLATYNEMA (SCHRAD., *Ind. sem. H. gött.* [1837]). Genre proposé pour le *Pulmonaria paniculata* AIT.

PLATYNEMA (W. et ARN., in *Edinb. N. Phil. Journ.* [1833]). Synonyme de *Tristellateia* DUP.-TH.

PLATYNOBLASTEÆ (KUETZ., in *Linnæa*, XVII, 106). Ordre d'Algues-Floridées, de la tribu des Choristosporées.

PLATYPETALUM (R. BR., in *Parr. Voy. App.*, 266). Synonyme de *Braya* STERNB.

PLATYPHYLLARION (GRISEB., in *Linnæa*, XIII, 238). Section du genre *Tetrapteris* CAV.

PLATYPHYLLOSERIS (SCH. BIP., in *Linnæa*, XV, 724). Section du genre *Lactuca* T.

PLATYPHYLLUM (C. MUELL., *Syn. Musc.*, I, 247). Section du genre *Bryum* DILL.

PLATYPHYLLUM (VENT., *Tabl.*, II, 34). Syn. de *Cetraria* ACH.

PLATYPODIUM (SCHOTT, *Syn. Aroid.*, 85). Groupe du genre *Philodendron* SCHOTT.

PLATYPODIUM (VOG., in *Linnæa*, XI, 420). Genre de Légumineuses-Papilionacées-Dalbergiées, formé de 2 arbres brésiliens, à feuilles pennées, à fleurs de *Tipuana;* la gousse séminifère au sommet, mais inférieurement dilatée en une grande aile aplatie. (MART., *Fl. bras. Papil.*, t. 87, 88. — H. BN, *Hist. des pl.*, II, 321.)

PLATYPORUS (PERS., *Myc. eur.*, 35). Division des *Polyporus*, comprenant les espèces à pores grands et subanguleux.

PLATYPTELEA (DRUMM., in *Hook. Kew Journ.*, VII, 55). Synonyme de *Aphanopetalum* ENDL.

PLATYPTERIS (H. B. K., *Nov. gen. et spec.*, IV, 200). Synonyme (part.) de *Verbesina* L.

PLATYRAPHE (MIQ., in *Ann. Mus. lugd.-bat.*, III, 56). Genre mal connu d'Ombellifères, de la série des *Carum;* synonyme et section (?) du genre *Cicuta* ou *Sison*. (H. Bn, *Hist. des pl.*, VII, 222.)

PLATYRAPHIUM (Cass., in *Dict.*, XXXV, 173; XLIV, 58). Synonyme de *Cnicus* T. (H. Bn, *Hist. des pl.*, VIII, 5.)

PLATYSACE (Bge, in *Pl. Preiss.*, I, 285). Synonyme de *Sieb*era Reichb.

PLATYSEMA (Hoffm. — Benth., in *Ann. Wien. Mus.*, II, 122). Synonyme de *Centrosema* DC.

PLATYSIPHONIA (Kuetz., in *Linnæa*, XVII, 104). Section du genre *Polysiphonia* Grev.

PLATYSMA (Bl., *Bijdr.*, 295, t. 43). Syn. de *Podochilus* Bl.

PLATYSMA (Hoffm., pr. p. — Nyl., *Synop. Meth. Lich.*, 301). L'une des divisions des Lichens-Cétrariés, qui se distingue facilement du genre *Cetraria* par ses spermogonies globuleuses. Ce nom avait d'abord été donné par Hill [1751], ensuite par Persoon, Hoffmann, à des Lichens très divers. Ces Lichens se trouvent sur le sol, les rochers, les troncs des arbres. Ils sont propres aux régions froides de l'un et l'autre hémisphère. (Voy. Nyl., *Syn. Méth. Lich.*, 305.) [Ch. M.]

PLATYSPERMUM (Hoffm., *Umb.*, 64). Synon. de *Daucus* T.

PLATYSPERMUM (Hook., *Fl. bor.-amer.*, I, 68, t. 18 B). Genre de Crucifères-Alyssées, formé d'une herbe annuelle, de l'Amérique du Nord, à fleurs de *Leavenworthia*; le style nul; le fruit sessile, à graines 2-sériées; le scape uniflore. (H. Bn, *Hist. des pl.*, III, 270.)

PLATYSPORA (Salisb. — Benth., in *DC. Prodr.*, VII, II, 649). Sous-section des *Stellanthe* Benth.

PLATYSTACHYA (C. Kock, ex Beer, *Bromel.*, 86, part.). Section du genre *Tillandsia* L. (B. H., *Gen.*, III, 870.)

PLATYSTEMON (Benth., in *Trans. Hort. Soc. Lond.*, ser. 2, I, 405). Genre de Papavéracées, qui a donné son nom à une série des *Platystémonées* et qui est caractérisé par des fleurs 3-mères, à calice simple, à corolle 2-sériée, avec de nombreuses étamines hypogynes, et des carpelles nombreux qui forment par

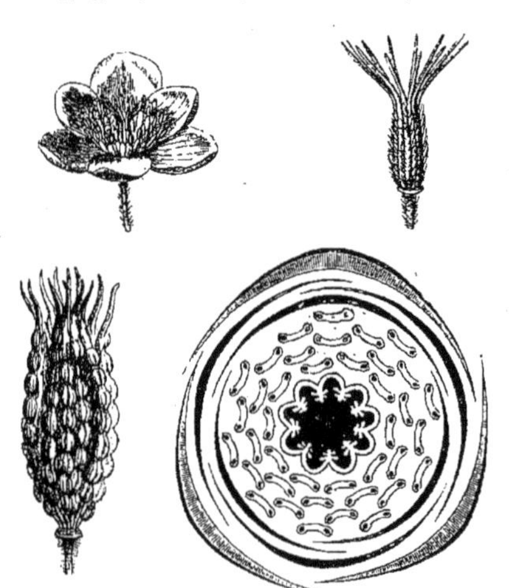

Platystemon. — Fleur. Diagramme. Gynécée. Fruit.

l'union de leurs ovaires une seule cavité à placentas pariétaux saillants, ∞-ovulés. Mais à la maturité les carpelles deviennent libres, secs, comme autant de follicules, et se séparent transversalement en articles monospermes. C'est une herbe annuelle, californienne, cultivée chez nous, à fleurs solitaires, pédonculées. (H. Bn, *Hist. des pl.*, III, 105, 139, fig. 108-111.)

PLATYSTEPHIUM (Gardn., in *Hook. Lond. Journ.*, VII, 80). Synonyme de *Egletes* Cass. (H. Bn, *Hist. des pl.*, VIII, 147.)

PLATYSTIGMA (Benth., in *Trans. Hort. Soc. Lond.*, ser. 2, I, 406). Genre de Papavéracées-Platystémonées, à fleurs de *Platystemon*, mais à filets staminaux non dilatés et à lobes stigmatifères au nombre de 3, non linéaires, mais ovales ou lancéolés et à capsule 3-valve. Ce sont des herbes annuelles, de l'Amérique du Nord. (H. Bn, *Hist. des pl.*, III, 106, 139, fig. 112.)

Platystigma. — Fleur.

PLATYSTIGMA (Wall., *Cat.*, n. 7528). Syn. de *Baccaurea* Lour.

PLATYSTOMA (C. Muell., *Syn. Musc.*, I, 776). Section du genre *Grimmia* Hedw.

PLATYSTOMA (Pal.-Beauv., *Fl. owar. et ben.*, II, 61, t. 95). Genre de Labiées-Ocimées, formé de deux herbes annuelles, africaines et indiennes; distingué par son calice accru et décliné sous le fruit; les lèvres entières ou à peine dentées; l'extérieure infléchie; des étamines à filet nu; des fleurs en verticillastres 6-flores, disposés en grappes. (H. Bn, *Hist. des pl.*, XI, 65.)

PLATYSTOMÆ (Pers., *Syn. Fung.*, 56). Section du genre *Sphæria* Hall., dont le périthèce présente un grand ostiole.

PLATYSTOMIUM (C. Muell., *Syn. Musc.*, II, 649). Section du genre *Gümbelia* Hampe.

PLATYSTYLIS (Bl., *Bijdr.*, 389). Synonyme de *Liparis* Rich.

PLATYSTYLIS (Sweet, *Brit. fl. Gard.*, t. 239). Synonyme de *Lathyrus* L.

PLATYTHALIA (Sond., *Enum. Pl. Preiss.*, 11). Genre d'Algues, que l'on pourrait à la rigueur considérer comme une division du genre *Myriodesma*, dont les angiocarpes seraient disposées en séries. Il en est plutôt synonyme. [Ch. M.]

PLATYTHALIA (Sond., in *Bot. Zeit.* [1845], 51). Synonyme de *Myriodesma* Dcne.

PLATYTHECA (Steetz, in *Pl. Preiss.*, I, 220). Genre de Trémandrées, formé d'une seule espèce australienne; distingué

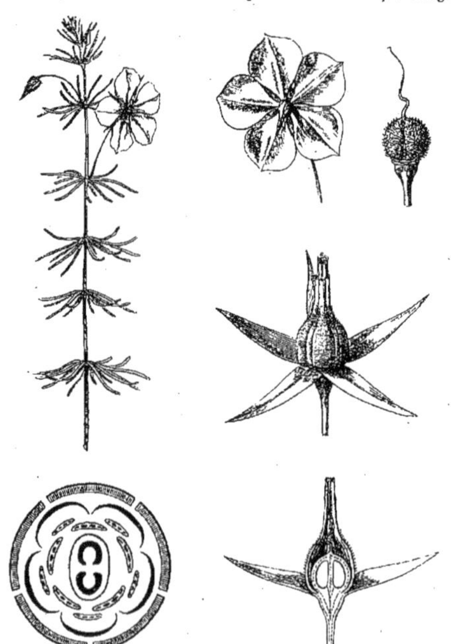

Platytheca. — Rameau florifère. Fleur, entière et sans la corolle, coupe longitudinale. Diagramme.

des *Tremandra* par des anthères continues avec le filet et à 4 logettes; des graines sans appendice; des feuilles verticillées et glabres. Le type est le *Tremandra verticillata* HUEG., parfois cultivé dans nos serres tempérées. (H. BN, *Hist. des pl.*, V, 67, 70, fig. 98-103.)

PLATYZAMIA (ZUCC., in *Abh. Baier. Akad.*, IV, 23, t. 4). Synonyme de *Dioon* LINDL.

PLATYZOMA (R. BR., *Prodr. Fl. Nov.-Holl.*, 160). Genre de Fougères, très voisin des *Gleichenia*, dont il ne diffère que par ses sores qui sont complètement recouverts par un repli du bord du limbe. Une seule espèce, d'Australie et qui, d'après Bojer, aurait été aussi observée à Madagascar. [A. FR.]

PLATYZYGA (LALLEM., *Ind. sem. H. petrop.* [1845]). Section du genre *Hypoxis* L.

PLAZ (Ant.). Professeur de médecine à Leipzig [1706-1784], auteur de *Historia radicum* [1733]; *De plantarum seminibus* [1736]; *Foliorum in plantis historia* [1740]; *Caulis plantarum explicatus* [1745]; *De flore plantarum* [1749]; *Organicarum in plantis partium historia* [1751]; *De plantarum plethora* [1754]; *De natura plantas muniente* [1761]; *De plantarum virtutibus*, etc. [1762]; *De saccharo* [1763]; *De plantarum... cultura* [1764]; *De motu humorum in plantis vernali tempore vividiori* [1764].

PLAZERIUM (W., ex *Steud. Nom.*, II, 353). Synonyme de *Eriochrysis* PAL.-BEAUV.

PLAZIA (R. et PAV., *Prodr. Fl. per.*, 104). Genre de Composées, voisin des *Mutisia*, et qui peut-être devrait être ramené aux *Chuquiraga*. (Voy. H. BN, *Hist. des pl.*, VIII, 89.)

PLECMON. Nom grec ancien de la Menthe-Pouliot.

PLECOCALYX (G. DON, *Gen. Syst.*, IV, 173). Section du genre *Mitrasacme* LABILL.

PLECOSTIGMA (TRAUTV., *Pl. Fl. ross. Imag.*, 9, t. 2). Genre proposé pour le *Gagea pauciflora* TURCZ.

PLECOSTOMA (DESVX, *Journ. bot.*, II, 101). Genre formé pour le *Geaster fornicatus* FR., dont le péridium externe se dédouble. Ce genre n'est plus conservé aujourd'hui.

Plecostoma.

PLECOTRICHUM (CORDA, in *Sturm Fl.*, III, 87). Genre d'Hyphomycètes, peu défini et qui n'a pas été conservé.

PLECTANÉE. Nom français (LAMK) des *Plectaneia* DUP.-TH.

PLECTANEIA (DUP.-TH., *Nov. gen. madag.*, 11). Genre d'Apocynacées, dont la fleur est pentamère, analogue à celle des Plumériées en général, mais avec un gynécée exceptionnel. Décrit à tort comme entier, il est partagé en 2 ovaires dont la paroi ventrale est très mince sur la ligne médiane au niveau de laquelle elle s'ouvre dans le fruit. Celui-ci est septicide, allongé, et renferme des graines ailées, comme celles des Bignoniacées. Le *P. Thouarsii* R. et SCH. est un arbuste malgache, grimpant, à feuilles opposées, à fleurs en grappes de cymes. (H. BN, in *Bull. Soc. Linn. Par.*, 742; *Hist. des pl.*, X, 183.)

PLECTANTHERA (MART. et ZUCC., *Nov. gen. et spec.*, I, 39, t. 36). Synonyme de *Luxemburgia* A. S. H.

PLECTOCOMIA (MART. et BL., in *Sch. Syst.*, VII, 2, 1333). Genre de Palmiers-Lépidocaryés, de l'Asie et de l'Océanie tropicales. Ce sont 5, 6 palmiers grimpants, monocarpiques, à spadices axillaires; les segments des feuilles lancéolés. Il y a dans la spathe des spathelles distiques qui enveloppent les fleurs. (*Bot. Mag.*, t. 5105.) [H. BN.]

PLECTOGYNE (LINK, in *Allgem. Gartenz.* [1834], 266). Genre proposé pour l'*Aspidistra elatior* BL.

PLECTONEMA (G. THUR., *Ess. class. Nostoch.*, 379). Genre d'Algues-Chlorophyllées, extrait *pro parte* de la famille des Callothrichées de Kützing, division des Nostochinées. Les filaments qui constituent la fronde sont ramifiés, et les ramifications sont le résultat de la déviation du trichome hors de la gaîne. Elles sont très irrégulières et souvent géminées, comme cela se remarque dans le *Scytonema*, qui est un genre d'ailleurs très voisin. [CH. M.]

PLECTRANTHUS (LHÉR., *St. nov.*, I, 85, t. 41, 42). Genre de Labiées-Ocimées, formé de 65-70 herbes ou arbustes de l'ancien monde; distingué par un calice bilabié, ou à 5 dents égales, sauf le cas où la postérieure est ovale. Les étamines didynames ont les filets libres. On cultive quelques-unes de ces plantes dans les jardins botaniques. (H. BN, *Hist. des pl.*, XI, 67.)

PLECTRITIS (DC., *Not. Valér.*, 13; *Prodr.*, IV, 631). Genre de Valérianacées, formé d'herbes annuelles, américaines, à corolle entourée à sa base d'un petit bourrelet ou d'une cupule caliciforme, et prolongée en bas et en avant en un assez long éperon étroit. L'androcée y est formé de 3 étamines inégales, et l'ovaire infère a 3 loges, dont 2 stériles. Dans le fruit, ces dernières sont nerviformes ou saillantes en ailes involutées. Ce sont des plantes à odeur de Valériane, à feuilles entières ou dentées-sinuées, et à fleurs disposées en cymes contractées, réunies sur un axe commun en une masse spiciforme. On en distingue 3 espèces, californiennes et chiliennes. (Voy. *Hist. des plant.*, VII, 507, 516, n. 5.) [H. BN.]

PLECTROCARPA (GILL., in *Hook. Bot. Misc.*, III, 166). Genre de Rutacées-Zygophyllées, formé d'un arbuste de Mendoza; distingué des Gaïacs par des loges ovariennes 2-ovulées; un fruit allongé et velu, pourvu au milieu de 5 éperons. Les branches sont épineuses, et les feuilles sont imparipinnées. (H. BN, *Hist. des pl.*, IV, 509.)

PLECTROCEPHALUS (DON, in *Sweet Brit. fl. Gard.*, ser. 2, t. 51). Synonyme de *Centaurea* L.

PLECTROINE. Nom français (LAMK) des *Plectronia* L.

PLECTRONIA (DC., *Prodr.*, IV, 475 (nec L., nec LOUR.). — B. H., *Gen.*, II, 110). Synonyme de *Canthium* LAMK.

PLECTRONIA (L., *Mantiss.*). Genre que l'on a à tort (B. H., *Gen.*, II, 110) attribué au *Canthium* LAMK. C'est probablement (HIERN) l'*Olinia* THUNB.

PLECTRONIA (LOUR., *Fl. cochinch.*, 162, nec L.). Nom générique donné à l'*Aralia trifoliata* MEYEN.

PLECTRONIAS. Nom ancien de la Grande Centaurée.

PLECTROPHORA (FOCK., in *Tijdschr. Wiss. ex Nat. Vet. Anast.*, 1, 212). Synonyme (?) de *Comparettia* PŒPP. et ENDL.

PLECTROTROPIS (SCHUM., *Beskr. Pl. Guin*, 338). Synonyme de *Vigna* SAV.

PLECTRURUS (RAFIN., *Neog.*, 4). Synon. de *Tipularia* NUTT.

PLÉE (Aug.). Voyagea aux Antilles et mourut à la Martinique [1825]. Ses plantes font partie de l'herbier du Muséum de Paris. Avec son fils Fr. PLÉE, il composa : *Herborisations artificielles aux environs de Paris* [1811]. Ce fils écrivit, dessina, grava et coloria un ouvrage fort superficiel, intitulé : *Types de chaque famille et des principaux genres des plantes qui croissent spontanément en France* [1844-64], et une *Glossologie* [1854].

PLEEA (MICHX, *Fl. bor.-amer.*, I, 247, t. 25). Genre de Liliacées-Narthéciées, formé d'une herbe de la Caroline, à rhizome noueux, à fleurs de *Tofieldia*, mais 6-12-andres. (*Bot. Mag.*, t. 1956.) [H. BN.]

PLEIACANTHUS (NUTT., in *Amer. Phil. Trans.* [1841], VII, 444). Sous-genre du genre *Lygodesmia* DON.

PLEIOCARPA (BENTH., *Gen.*, II, 699, n. 26). Genre d'Apocynacées-Vincées, formé de 2 arbustes de l'Afrique tropicale, et distingué par des fleurs à 3-5 carpelles libres. Chacun d'eux est 1-4-ovulé. Leur analogie avec les Quassiées est manifeste. (*Hook. Icon.*, t. 1181, 1182. — H. BN, *Hist. des pl.*, X, 191.)

PLEIOCASIUM (EICHL.). La Cyme multipare.

PLEIODON (REICHB., *Nom.*, 38). Pour *Polyodon* K.

PLEIOGYNE (C. KOCH, in *Bot. Zeit.* [1843], 40). Synonyme de *Cotula* T. (H. BN, *Hist. des pl.*, VIII, 284.)

PLEIOMÉRIE. L'Hétéromérie, quand le verticille observé comprend plus de pièces que les autres.

PLEIOMERIS (A. DC., *Prodr.*, VIII, 105). Syn. de *Myrsine* L.

PLEIOMORPHIE. Dans les Champignons, synon. de *Hétérœcie*.

PLEIONACTIS (DC., *Prodr.*, V, 95). Section du genre *Andromachia* H. B.

PLEIONE (DON, *Fl. nepal.*, 36). Synon. de *Cœlogyne* LINDL.

PLEIOSMILAX (SEEM., in *Journ. Bot.* [1868], 193, t. 81).

Genre de Smilacées. Section du genre *Smilax*, à fleurs possédant plus de dix étamines, avec les autres caractères des *Eusmilax*. Espèces océaniennes. (A. DC., *Mon. Phan.*, I, 203.)

PLEIOSPERMUM (GAUD., *Fl. helv.*, IV, 206). Section du genre *Lepidium* L.

PLEIOSPORA (HARV., *Thes. cap.*, t. 81). Genre de Légumineuses-Papilionacées-Génistées, formé d'un arbuste de l'Afrique australe; voisin des *Lotononis*, distingué par une corolle à carène droite, une gousse droite et l'élévation de la tige. (H. BN, *Hist. des pl.*, II, 341.)

PLEIOSTEMON (SOND., in *Linnæa*, XXIII, 135). Genre d'Euphorbiacées, proposé pour le *Phyllanthus verrucosus* THUNB. (*Prodr. Fl. cap.*, 24), espèce de l'Afrique australe, et réintégré depuis lors (M. ARG., in *Linnæa*, XXXII, 2) dans le genre *Phyllanthus*, à titre de section. (*Hist. des pl.*, V, 254.) [H. BN.]

PLEIOTAXIE (MAST.). Synonyme de Multiplication (des organes floraux).

PLEIOTAXIS (STEETZ, in *Pet. Moss.*, *Bot.*, 499, t. 51). Genre de Composées-Mutisiées, formé d'une herbe suffrutescente de Mozambique; distingué par un involucre de bractées apprimées et obtuses; des aigrettes de soies inégales, nombreuses; des feuilles serrulées; de grands capitules pédonculés. (H. BN, in *Bull. Soc. Linn. Par.*, 279; *Hist. des pl.*, VIII, 90.)

PLENCK (Jos.-Jak. v.). Professeur à l'Académie militaire de Vienne [1738-1807], auteur de *Bromatologia*, etc. [1784], où il est traité des végétaux comestibles (p. 19-176); *Toxicologia* [1785]; *Icones plantarum medicinalium*, etc. [1788-1812]; *Physiologia et pathologia plantarum* [1794], traduit en quatre langues; *Elementa terminologiæ botanicæ* [1796]; *Anfangsgründe der botanischen Terminologie und des Geschlechtssystems der Pflanzen* [1798], in-8 de 168 p.

PLENCKIA (REISS., in *Mart. Fl. bras. Celastr.*, 38, t. 5, 10). Genre de Célastracées, dont les petites fleurs sont à peu près celles d'un *Evonymus*, mais dont le fruit est une samare étroite et allongée, rappelant celle des Frênes, surmontée d'une aile verticale étroite, membraneuse, veinée et monosperme. Le *P. populnea*, seule espèce brésilienne connue, a en effet presque toujours des feuilles de peuplier, alternes, stipulées, et des fleurs minimes, disposées en cymes axillaires composées. (Voy. *Hist. des plant.*, VI, 41.) [H. BN.]

PLÈNE. Synonyme de Plane.

PLENODOMUS (PR., in *Sturm Pilz. Fl.*, III, t. 72). Genre de Sphéropsidés, à périthèces cornés, immergés, irrégulièrement déhiscents, et à spores oblongues, hyalines, portées sur des filaments très ténus. Une espèce a été rencontrée sur la tige abattue du *Brassica crispa*. [DE S.]

PLEOCARPHUS (DON, in *Trans. Linn. Soc.*, XVI, 228). Section du genre *Trixis* P. Br. (H. BN, *Hist. des pl.*, VIII, 100.)

PLEOCHÆTA (SACC. et SPEG., *Michel.*, p. 373, II). Genre de Périsporiacés, fondé sur une espèce qui se rencontre à Buenos-Ayres et dans la Caroline, sur la face inférieure des feuilles de *Celtis*. Les périthèces globuleux, lenticulaires, astomes, sont entourés d'appendices radiés, simples, droits, transparents. Les thèques claviformes, courtes, prolongées en un pédicule renflé, contiennent deux spores hyalines. L'espèce ainsi caractérisée avait d'abord été rapportée aux *Uncinula*, dont elle se rapproche en effet beaucoup. [DE S.]

PLEOCOCCUM (DESM. et MONT., in *Ann. sc. nat.*, sér. 3, XI, 53). Genre de Sphéropsidés, à périthèce membraneux, dimidiés, plan-convexes, noirs, s'ouvrant par l'humidité en deux ou trois valves pour livrer passage à un noyau mucilagineux, contenant des spores ovoïdes, hyalines. Ce genre, à peine distinct des *Sporonema*, renferme deux espèces vivant sur des chaumes ou des feuilles, l'une américaine, l'autre française. [DE S.]

PLEOCOCCUS (TREV., *Saggio*, 43). Algues de la famille des *Chroococcaceæ*, ordre des *Cystiphoreæ*, que nous devons considérer comme appartenant au genre *Aphanocapsa* NAEG. (TREVIS., *Alg. coccot.*, 41.) [CH. M.]

PLEOGIBBERELLA (SACC., *Syll. Fung.*, *Add.*, 217). Genre de Sphériacés, qui ne diffère des *Giberella* que par les spores murali-divisées au lieu d'être pluriloculaires. Une seule espèce, originaire de l'Inde.

PLEOGYNE (MIERS, in *Ann. Nat. Hist.*, sér. 2, VII, 43). Genre de Ménispermacées, formé d'une plante australienne, à 6-9 sépales 3-sériés, 6 pétales et 3 étamines. Le fruit est formé de 3-6 drupes, et la graine n'a pas d'albumen. (H. BN, *Hist. des pl.*, III, 9, 37.)

PLEOMASSARIA (SPEG., *Fung. argent.*, I, p. 193). Genre de Sphériacés, à périthèces de *Massaria* et à spores murali-divisées, jaunâtres ou fuligineuses, comme chez les *Pleospora*. Trois espèces, de l'Europe occidentale, sur l'écorce des rameaux desséchés de Bouleau, d'Aulne, de Charme.

PLEOMELE (SALISB., *Gen. pl. Fragm.*, 74). Synonyme de *Dracæna* L.

PLEOMELES (SALISB., ex *Steud. Nom.*, II, 354). Le *Sanseviera spicata* HARV.

PLEOMELIOLA (SACC., *Syll. Fung.*, I, 70). Division des *Meliola*, à spores brunes et mûriformes.

PLEONANTHUS (EHRH., *Phytoph.*, n. 54). Synonyme de *Dianthus prolifer* L.

PLEONECTRIA (SACC., *Michel.*, I, 324; *Syll.*, II, 559). Genre de Sphériacés, à périthèces globuleux, mous, papillés, de couleur claire, dont les thèques contiennent 8 spores pluriloculaires, mûriformes, hyalines. Dix espèces de ce genre ont été jusqu'ici observées et décrites, européennes ou américaines, sur des écorces, des rameaux morts; deux d'entre elles sont lichénicoles. [DE S.]

PLEONOTOMA (MIERS, in *Proc. Hort. Soc. lond.*, III, 184). Synonyme de *Bignonia* L.

PLEOPELTIS (H. B., *Pl. æquin.*, II, 182). Synonyme de *Nephrodium* RICH. (HOOK. et BAK., *Syn. Filic.*)

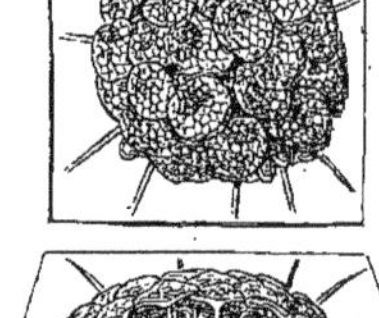
Pleopeltis.

PLEOPHRAGMIA (FUCK., *Symb. myc.*, 243). Genre de Sphériacés, à périthèces carbonacés, globuleux, ostiolé. Les thèques sont cylindriques, portées sur un pédicule oblique. Les spores oblongues, brunes, sont formées de trois lobes à 10 loges chacun, connés parallèlement, resserrés aux cloisons et entourés d'un anneau hyalin. La seule espèce connue s'est rencontrée en Allemagne, sur des crottes de lièvre. [DE S.]

PLEOPOGON (NUTT., in *Journ. Acad. Philad.*, ser. 2, I, 189). Synonyme de *Lycurus* H. B. K.

PLEOPSIDIUM (KORB., *Syst. Lich. germ.*, 113). Genre de Lichens, attribué par l'auteur aux Placodinés.

PLEOPUS (PAULET, ex LEMAN, in *Dict.*, XLI [1826], 363). Genre de Champignons, non décrit.

PLEOSPHÆRIA (SPEG., *Fung. argent.*, IV, 65). Genre de Sphériacés, à périthèces carbonacés, tomenteux ou pileux, et à spores murali-divisées de *Pleospora*; très voisin des *Techospora*. Quatorze espèces, dont six européennes, sur le bois ou les rameaux dénudés. [DE S.]

PLEOSPORA (DE NOT., *Schem. Sfer.*, 43). Genre de Sphériacés, à périthèces immergés ou émergeant, globuleux, glabres, le plus souvent membraneux, à ostiole papillée. Les thèques claviformes, entremêlées de paraphyses, contiennent de 4 à 8 spores oblongues ou fusiformes, murali-divisées, jaunes ou fuligineuses, rarement hyalines. Les conidies et les pycnides de plusieurs espèces sont connues. Environ 160 espèces de ce genre ont été décrites, rares près de l'Équateur, s'élevant jusqu'au Spitzberg ou au voisinage des neiges éternelles, vivant sur des feuilles, des tiges herbacées ou ligneuses, mortes ou languissantes. [DE S.]

PLEOSPOROPSIS (ŒRST., *Syst. Pilz.*, 55). Genre de Champignons douteux, dont la place est incertaine entre les Myxomycètes et les Sphéropsidés.

PLEOTHECA (WALL., *Cat.*, n. 6215). Synonyme de *Spiradiclis* BL.

PLERANDRA (A. GRAY, *Un. St. expl. Exped. Bot.*, I, 729, t. 95). Genre d'Ombellifères-Araliées, dont les fleurs ont souvent 5 pétales épais et valvaires, souvent carénés et partagés en deux logettes intérieures. Leurs étamines sont au nombre de 10 et 5-adelphes, ou de 10-18, 1-sériées, ou plus souvent en nombre indéfini, plurisériées, rarement disposées en 5 faisceaux alternipétales. Leur ovaire infère a 5 loges où 6-10 loges, plus rarement un nombre considérable (dans les *Tupidanthus*, où l'on a dit, avec exagération : *ultra* 90), et chaque loge renferme un ovule descendant, à micropyle extérieur. Le fruit drupacé est à 5-∞ noyaux monospermes, avec des graines à albumen uni ou

Plerandra. — Fleur, entière et coupe longitudinale.

ruminé. Ce sont des arbres et des arbustes, parfois grimpants, à feuilles alternes, pennées ou digitées, doublées de stipules intrapétiolaires, et à ombellules de fleurs disposées en grappes composées ou en ombelles. Les pédicelles ne sont pas articulés. On en compte aujourd'hui une dizaine d'espèces, de l'Océanie tropicale et sous-tropicale et de l'Inde. Nous avons compris dans ce genre comme sections les *Tupidanthus, Bakeria, Nesopanax, Didiplandra, Triplasandra* et *Tetraplasandra*. Ce dernier nom a pour lui l'antériorité, mais il est inapplicable aux diverses espèces du genre et nous avons dû lui préférer celui de *Plerandra*, publié par le même auteur et dans le même ouvrage, quelques pages plus loin. (Voy. *Adansonia*, XII, 136; *Hist. des plant.*, VII, 169, 255, n. 113, fig. 221, 222.) [H. BN.]

PLEROMA (DON, in *Mem. Werner. Soc.*, IV, 293). Genre de Mélastomées-Osbeckiées, à calice paléacé ou striguleux; anthères 10, déhiscentes par un pore petit; ovaire à 5 loges, hispide au sommet. Herbes et arbrisseaux de l'Amérique tropicale et surtout du Brésil. (B. H., *Gen.*, I, 749.)

PLÉROME. Nom donné par Hanstein à la couche cellulaire intérieure au périblème. — Voy. TIGE.

PLESMONIUM (SCHOTT, *Syn. Aroid.*, 34; *Gen. Aroid.*, t. 26). Genre d'Aracées-Pythoniées, formé d'une herbe tubéreuse indienne, décrite d'abord comme un *Arum;* distingué par des fleurs mâles et femelles écartées; les fleurs neutres grandes, margaritiformes, interposées. L'ovaire a 2, 3 loges, à ovule solitaire. (ENGL., *Arac.*, 302.) [H. BN.]

PLETHIANDRA (B. H, *Gen. pl.*, I, 772). Genre de Mélastomacées-Astroniées, à étamines nombreuses, à anthères linéaires-oblongues; calice lisse; limbe tronqué. Arbrisseau de Bornéo.

PLETHOSTEPHIA (MIERS, in *Trans. Linn. Soc.*, ser. 2, I, 32, t. 8). Synonyme de *Macria* TEN.

PLETIOSPHACE (BENTH., in *Hook. Bot. Misc.*, III, 373). Section (B. H., *Gen.*, II, 1195) du genre *Salvia* T.

PLEURACHNE (SCHRAD., *An. Fl. cap.*, 47, t. 4). Genre proposé pour le *Ficinia secunda* K.

PLEURAGE. Nom proposé par Fries (*Summ. veg. Scand.*, 418) pour remplacer celui de *Schizothecium*, donné par Corda à un genre douteux et dont l'autonomie n'a pas été reconnue.

PLEURANDRA (LABILL., *Pl. N.-Holl.*, II, 5, t. 143, 144). Section du genre *Hibbertia* ANDR., à androcée unilatéral. (H. BN, in *Adansonia*, III, 129; VI, 262; *Hist. des pl.*, I, 99.)

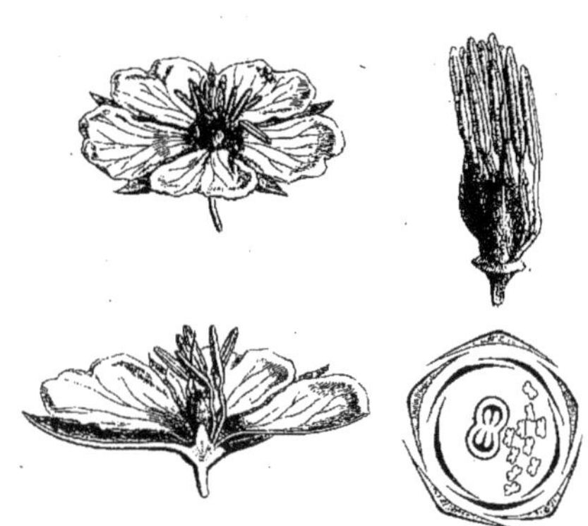

Pleurandra. — Fleur, entière, coupe longitudinale, et sans le périanthe. Diagramme.

PLEURANTHE (SALISB., ex *Pfeiff. Nom.*, II, 756). Synonyme de *Protea* L.

PLEURANTHIUM (LINDL., in *Hook. Journ. Bot.*, III, 81). Section du genre *Epidendrum* L., élevée plus tard (B. H., *Gen.*, II, 526) au rang de genre. Ce sont des herbes épiphytes de l'Amérique tropicale. Le type est le *Ponera adendrobium* REICHB. F. (in *Flora* [1865], 278). [H. BN.]

PLEURANTHUS (RICH., herb., ex POIR., *Dict.*, XIII, 551). Synonyme de *Dulichium* PERS.

PLEURAPHIS (TORR., in *Ann. Lyc. N.-York*, I, 148, t. 10). Synonyme de *Hilaria* H. B. K.

PLEUREUR. Nom vulgaire du *Merulius lacrymans* FR.

PLEUREURS (Arbres). Ceux dont les branches descendent verticalement ou obliquement, grêles et flexibles dans les uns, rigides dans les autres.

PLEURIDIUM (PRESL, *Pterid.*, 197). Sect. des *Psymatodes*.

PLEURISCOPORA (A. GRAY, in *Proc. Amer. Acad.*, VII, 369). Genre d'Éricacées-Monotropées, formé d'une herbe parasite, écailleuse, de Californie; distingué par 4-6 sépales courts, des anthères allongées et des placentas en partie pariétaux. (H. BN, *Hist. des pl.*, XI, 205.)

PLEURISY-ROOT. Nom anglais de l'*Asclepias tuberosa* DILL.

PLEURITIS. Nom ancien du *Scordium*.

PLEUROBOTRYA (BERK., *Intr. Crypt. Bot.*, 314). Genre d'Hyphomycètes, voisin des *Isaria* et d'une autonomie douteuse.

PLEUROCALLIS (SALISB. — BENTH., in *DC. Prodr.*, VII, II, 625). Sous-section du genre *Syringodea* DON.

PLEUROCARPÆA (BENTH., *Fl. austral.*, III, 460; *Gen.*, II, 227). Genre de Composées, voisin des *Vernonia* et qui en a la fleur, avec des fruits à 10 côtes et 3-5 soies très caduques à l'aigrette. Les capitules, à involucres ovoïdes, sont longuement pédonculés. Le *P. denticulata* est australien. (H. BN, *Hist. des pl.*, VII, 120.)

PLEUROCARPUS (A. BRAUN [1855], *Alg. unicell. Gen.*, 60). Algues-Chlorophycées, de l'ordre des *Zygophiceæ*, famille des *Zygnemeæ*. Ces Algues sont filamenteuses, et les articles dont l'ensemble constitue les filaments ont beaucoup d'analogie avec ceux du *Mesocarpus*. La conjonction est géniculée. Dans ce cas, il y a deux articles différents; ou bien deux articles voisins d'un même filament forment, en réunissant leur endochrome, une copulation dont le résultat est une zygospore latérale. [CH. M.]

PLEUROCARPUS (KL., in *Bonplandia* [1850], 3). Synonyme de *Rhyssocarpus* ENDL.

PLEUROCEPHALUM (CASS., in *Dict.*, XLVIII, 510). Section du genre *Seriphium* L.

PLEUROCERAS (RIESS, *Hedwig.*, I, [1854]). Genre de Champignons-Hypodermés, qui n'a pas été adopté.

PLEUROCHÆNIA (GRISEB., *Fl. brit. W.-Ind.*, 260). Synonyme de *Chænopleura* RICH.

PLEUROCHITON (CORDA, ex *Pfeiff. Nom.*, II, 756). Synonyme de *Grimaldia* RADD.

PLEUROCLADIA (A. BRAUN, in *Rabenh. Alg.*, n. 441). Algues-Mélanophycées, de la famille des Phæosporées (THUR.). Elles sont propres aux eaux douces et caractérisées par des filaments libres et nus. Les tétrasporanges sont allongés, cylindriques, multicellulaires. Les oosporanges sont claviformes, brièvement stipités, et renferment de nombreuses zoospores, qui sont le résultat de la division du cytioplasma. [CH. M.]

PLEUROCOCCUS (MENEGH., *Exp.* [1842]). Genre d'Algues unicellulaires, de la famille des *Palmellaceæ*, de l'ordre des *Coccophyceæ*. Ces Algues sont tantôt isolées, tantôt, par suite de la déduplication, associées par deux, trois, ou même plus nombreuses. Le cytioderme qui enveloppe une cellule ou plusieurs réunies, est assez épais, ferme, hyalin. Le cytioplasma est homogène, verdâtre ou rouge. Chaque cellule ou plutôt chaque fronde est munie d'un nucléus qui est généralement central. L'acte de la multiplication se fait par la division des cellules végétatives; elle a lieu tantôt dans une direction, tantôt dans l'autre. La reproduction se fait par des sporanges, résultat de gonidies intercellulaires. Ce genre d'Algues est en ce moment fortement attaqué. Les uns le considèrent comme un état primitif d'un Lichen; d'autres veulent en faire la nourrice d'un Champignon. Nous avons dit ce que nous pensions, à l'article LICHEN, de cette théorie, fort ingénieuse sans doute, mais n'ayant que cette seule qualité. [CH. M.]

PLEUROCYSTIS (BON., *Handb. Allg. Mykol.*, 124). Genre de Mucorinés, mal défini et qui n'a pas été conservé.

PLEURODESMIUM (KUETZ., in *Mohl et Schlechtl Bot. Zeit.* [1846]). Diatomacée, de la grande famille des Striatellées; de celle des Biddulphiées d'après les auteurs modernes; à frustules réunis par des appendices courts en forme de pied. M. Van Heurck le considère comme synonyme de *Terpsinoe*. [CH. M.]

PLEURODON (QUÉL., *Enchir.* — PAT., *Hymen. d'Eur.*, 146). Genre d'Hydnés, à chapeau excentrique, coriace, à stipe latéral, à spores hyalines et subglobuleuses.

PLEUROGASTER (DC., *Prodr.*, IV, 475). Sect. du g. *Canthium*.

PLEUROGONIUM (PRESL, *Pterid.*, 187). Sect. du g. *Marginaria*.

PLEUROGRAMME (PRESL, *Pterid.*, 223). Synonyme (HOOK. et BAK.) de *Monogramme* SPRENG.

PLEUROGYNE (ESCHSCH., ex CHAM., in *Linnæa*, I, 187, 188). Genre de Gentianacées-Gentianées, à fleurs de Gentiane; la corolle rotacée, portant les étamines à la base; le stigmate sessile sur le sommet de l'ovaire et découvert des deux côtés. Ce sont des herbes annuelles, d'Europe, d'Asie et d'Amérique. (H. BN, *Hist. des pl.*, X, 141.)

PLEUROLASIA (BGE, in *Mém. sav. étr. Acad. imp. Pétersb.* [1854], 398). Section du genre *Heliotropium* T.

PLEUROLOBIUM (DC., *Prodr.*, II, 326). Section du genre *Desmodium* DVX.

PLEUROLOBUS (J. S.-H., in *Desvx Journ. Bot.*, I, 61). Syn. de *Desmodium* DESVX.

PLEUROMEGA (CORDA et GIEB., *Ber. erst. Gen. Vers. nat. Wiss. Halle* [1853], 4). Genre de plantes fossiles, établi pour le *Sigillaria Sternbergi*.

Pleurogramme.

PLEURONEURUM (REICHB., *Nom.*, 183). Section du genre *Sisymbrium* L.

PLEUROPAPPUS (F. MUELL., ex *Trans. Vict. Inst.* [1855], 37). Sect. du g. *Craspedia* FORST. (H. BN, *Hist. des pl.*, VIII, 180.)

PLEUROPETALUM (BL., *Mus. lugd.-bat.*, I, 248). Synonyme de *Villaresia* R. et PAV.

PLEUROPETALUM (HOOK. F., in *Trans. Linn. Soc.*, XX, 221). Genre de Chénopodiacées-Célosiées, formé de 1, 2 arbuscules du Mexique et de l'Équateur, à fleurs hermaphrodites, 6-10-andres; l'ovaire ∞-ovulé, surmonté de 2-5 branches stylaires; le fruit légèrement charnu, se rompant irrégulièrement. Le *P. Darwinii* HOOK. F. est le *Melanocarpum Sprucei* HOOK. F. (Voy. *Hook. Lond. Journ.*, V, t. 2. — *Bot. Mag.*, t. 6674. — H. BN, *Hist. des pl.*, IX, 216.)

PLEUROPHORA (DON, in *Edinb. N. Phil. Journ.* [1831], 112). Genre de Lythrariacées, du Chili, à peine différent des Salicaires; distingué par un calice à 8-14 dents, dont la moitié spinescentes; 5-7 pétales; autant d'étamines, et un fruit 1-loculaire, à 3, 4 graines. (H. BN, *Hist. des pl.*, VI, 446.)

PLEUROPHRAGMIUM (COST., *Muced. simples*, 100). Genre d'Hyphomycètes, à filaments dressés, brunâtres, portant au sommet un épi de spores incolores ou un peu enfumées, pluriloculaires, arrondies à une extrémité et légèrement rétrécies à leur point d'attache. Une seule espèce connue. [DE S.]

PLEUROPHYLLUM (HOOK. F., *Fl. antarct.*, I, 30, t. 22, 24). Genre de Composées-Astérées, formé de 2 herbes vivaces, des îles Auckland et Campbell; distingué par des feuilles ∞-nerves, argentées; de grands capitules en grappe; des bractées involucrales étroites; des fruits un peu comprimés et ∞-nerves. (H. BN, *Hist. des pl.*, VIII, 141.)

PLEUROPLITIS (TRIN., *Fund. Agrost.*, 174). Synonyme de *Arthraxon* PAL.-BEAUV.

PLEUROPODÉES (ROZE, *Ess. Classif.*, in *Bull. Soc. Bot. Fr.*, XXIII). Famille d'Agaricinés, comprenant les genres à stipe latéral ou nul, leucospores ou chromospores.

PLEUROPOGON (R. BR., in *App. Parr. Voy.*, Suppl., 289, t. D). Genre de Graminées-Festucées, formé de 3 herbes américaines; distingué par des épillets disposés en grappe sur un rachis simple; les glumelles mucronées ou aristées, avec carène aristée ou pourvue d'un appendice linéaire. (HOOK. et ARN., *Bot. Beech. Voy.*, t. 95.) [H. BN.]

PLEUROPTERANTHA (FRANCH., *Sert. somal.*, 59, t. 5). Genre de Chénopodiacées-Amarantées, à fleurs de *Digera*, 3-nées; la moyenne hermaphrodite; les latérales avortées; le périanthe développé en aile orbiculaire, réticulée. C'est une herbe curieuse, du pays des Somalis. (H. BN, *Hist. des pl.*, IX, 202.)

PLEUROPTERIGIÆ (A. JUSS., *Malpigh.*). Syn. de *Hiræa* A. JUSS.

PLEUROPTERUS (TURCZ., in *Bull. Mosc.* [1848], I, 587). Section du genre *Polygonum* T.

PLEUROPUS (PERS., *Syn.*, 472). Division du genre *Agaricus*, basée sur l'excentricité du pédicule.

PLEUROPYXIS (CORD., *Icon. Fung.*, I, 23, t. VI). Genre de Périsporiacés, douteux et rapporté par Fries aux *Antennaria*.

PLEURORHIZEÆ (DC., in *Mém. Mus.*, VII, 229). Sous-ordre des Crucifères.

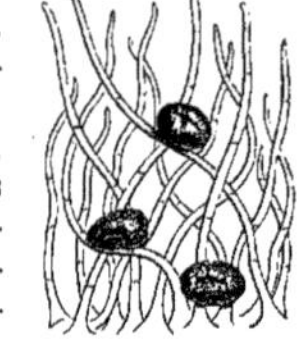
Pleuropyxis.

PLEUROSICYOS (CORDA, *Alm. de Carlsb.* [1835]). Genre de Desmidiacées. Synonyme de *Penium*. [CH. M.]

PLEUROSIGMA (W.-SMITH, *Brit. Diat.*, 61). L'un des genres les plus intéressants des Diatomacées par les diverses dispositions des stries qui recouvrent les frustules et par la forme de ces mêmes frustules. Les *Pleurosigma* appartiennent à la grande famille des Naviculées. Leur face connective est rectiligne, peu renflée vers la partie centrale. La face valvaire, sigmoïde, est pourvue d'un raphé courbé en S, plus ou moins ouverte. Les frustules ne sont point ailés, et la face de suture est rarement contractée. Les stries sont longitudinales et transversales; dans ce cas elles se coupent à angle droit. Souvent on remarque également des stries obliques très nettes, comme chez le *P. angulatum*. La disposition des stries, la courbure plus ou moins grande des frustules, les extrémités plus ou moins arrondies, sont des caractères pris en considération pour la détermination des espèces. [CH. M.]

PLEUROSIPHONIA (EHRB., *Akad.* [1856], 32). Genre de Diatomacées, que Rabenhorst rapproche du *Donkinia*, et que M. Van Heurck place, partie dans le genre *Mastogloia*, partie dans le genre *Navicula*. [Ch. M.]

PLEUROSIRA (Menegh. [1844], *in litt. ad Kütz.*). Genre de Diatomacées, qui a été ballotté de famille en famille, et qui se trouve aujourd'hui dans les Biddulphiées. Les valves sont lisses ou finement ponctuées, à cornes obtuses et petites, à bords non ondulés. Quelques auteurs considèrent le *Pleurosira* comme un *Biddulphia*. Ce n'est pas sans raison. [Ch. M.]

PLEUROSPERMUM (Hoffm., *Umb. Præf.*, 8, fig.). Genre d'Ombellifères; section du genre *Meum*, à bandelettes solitaires dans chaque vallécule. (H. Bn, *Hist. des pl.*, VII, 210.)

PLEUROSTACHYS (Ad. Br., in *Duperr. Voy. Coq.*, *Bot.*, 172, t. 31). Synonyme de *Rhynchospora* Vahl.

PLEUROSTEMON (Rafin., in *Journ. phys.*, LXXXIX, 258). Genre mal connu, rapporté aux Onagrariacées.

PLEUROSTIGMA (Hochst., in *Flora* [1842], *Beil.*, I, 144). Synonyme de *Bouchea* Cham.

PLEUROSTIGMATIPUS (Dumort., *Syll. Jung.*, 70). Synonyme de *Mastigobryum* Nees.

PLEUROSTYLIA (W. et Arn., *Prodr.*, I, 157). Genre de Célastracées-Célastrées, formé de 2 arbustes; distingué par des fleurs 4, 5-mères, à 4, 5 étamines et à ovaire 1-loculaire, 2-ovulé; les ovules ascendants. On ne connaît jusqu'ici ce genre que dans l'Inde. (H. Bn, *Hist. des pl.*, VI, 36.)

PLEUROTÆNIA (Hohen., in exs. *Kotsch.*, ex B. H., *Gen.*, I, 920). Synonyme de *Diplotænia* Boiss.

PLEUROTÆNIUM (Næg., *Einz. Alg.*, 104, t. VI, A). Genre de Desmidiacées, que Rabenhorst a admis; à cellule cylindrique ou fusiforme, isolée, droite, tronquée ou arrondie aux deux extrémités, légèrement comprimée au milieu par suite du rétrécissement de la membrane qui semble diviser l'Algue en deux hémisomates. Les lames chlorophylliennes sont pariétales et longitudinales. Les zygospores sont globuleuses. (Voy. Rabenh., *Fl. eur. Alg.*, III, 105.) [Ch. M.]

PLEUROTÆNIUM (Rabenh., *in Hedwig.*, II, n. 3, t. 1). Diatomacées à frustules stauronéiformes, mais réunies en filaments. Cette disposition des frustules n'a pas, à juste raison, paru suffisante aux diatomistes modernes pour en faire un genre; ils en ont réuni les espèces au groupe des *Stauroneis*. [Ch. M.]

PLEUROTELLUS (Fayod, in *Ann. sc. nat.*, sér. 7, IX, 339). Genre d'Agaricinés, à chapeau sessile ou subsessile comprenant les Pleurotes de petite dimension dont la trame est uniforme et ne laisse distincts que la surface cuticulaire composée de poils rameux plus fins et l'hyménium dont les basides portent des spores allongées. Les espèces jusqu'ici connues sont épiphytes. [De S.]

PLEUROTÉS (Fayod, in *Ann. sc. nat.*, sér. 7, IX, 337). Tribu de la famille des Agaricinés, ayant pour type les *Pleurotus*.

PLEUROTHALLIS (R. Br., in *Ait. H. kew.*, ed. 2, V, 211). Genre d'Orchidacées-Épidendrées, formé d'environ 350 espèces de l'Amérique tropicale, et qui a donné son nom à une sous-tribu des *Pleurothallées* dans laquelle il n'y a pas de pseudobulbes et où une feuille unique est accompagnée par une inflorescence. Ici elle est entraînée, avec des fleurs en faisceaux, petites; les sépales dressés, étalés ou connivents, des pétales très petits, un labelle ordinairement articulé et 2 pollinies. La feuille est d'ordinaire sessile. Ce curieux genre est souvent cultivé; mais ses fleurs sont sans éclat. (Reichb. f., in *Walp. Ann.*, VI, 167. — B. H., *Gen.*, III, 488.) [H. Bn.]

PLEUROTHEA (Achar., *Meth. Lichen.*, 35). Section des *Peltidea*.

PLEUROTHYRIUM (Nees, *Syst. Laur.*, 349). Genre de Lauracées-Perséées, formé de 5, 6 arbres du Pérou et de la Colombie; distingué par des fleurs hermaphrodites; 4 rangs d'étamines; l'intérieur formé de staminodes cordés-capités; un disque épais et lobé; des anthères extérieures subsessiles. (H. Bn, *Hist. des pl.*, II, 478.)

PLEUROZIUM (Sulliv. [1856], *Musc. Un.-St.*). Synonyme de *Plicaria* C. Muell.

PLEXAURE (Endl., *Prodr. Fl. norf.*, 30). Synonyme de *Phreatia* Lindl.

PLICAIRE. Le *Sargassum vulgare* Agh.

PLICARIA (Fuck., *Symb. mycol.*, 325). Genre de Pezizés, à espèces terrestres ou finicoles, mais dont les caractères sont trop divergents pour être réunies dans un même groupe.

PLICARIA (C. Muell., *Syn. Musc.*, II, 454). L'*Hypnum splendens* Schreb.

PLICARIA. Nom, en Pologne, du *Lycopodium clavatum* L., dont les microspores sont employées au traitement de la plique.

PLICATELLA (C. Muell., *Syn. Musc.*, I, 487). Section du genre *Bartramia* Hedw.

PLICATUS. Plissé, comme certains pétales, pollens, etc.

PLICOPETALUS. Section (B. H., *Gen.*, III, 208) du genre *Loranthus* L.

PLIÉ (BOIS) BATARD. Le *Brunsfelsia americana* L.

PLINE L'ANCIEN (*Caius Plinius*). Mort dans une éruption du Vésuve en 79, à l'âge de cinquante-quatre ans, a écrit : *Historiæ naturalis libri* 37. L'édition princeps est de Venise [1469]. J. Sillig, en 1851-58, et Detlefsen, en 1866-71, ont donné des éditions modernes de cet ouvrage, pour lequel Fée [1833] et Desfontaines [1831] ont écrit des commentaires.

PLINIA (Burg., ex Bronn.). « Genre » de Vignes.

PLINIA (Plum., *N. gen.*, 9, t. 11). Syn. de *Eugenia* Micheli.

PLINTHANTHESIS (Steud., *Syn. pl. glum.*, I, 14). Synonyme (?) de *Danthonia* DC.

PLINTHINE (Reichb., *Fl. exs.*, 792). Section du g. *Arenaria*.

PLINTHUS (Fenzl, in *Endl. Decad.*, 51). Genre de Portulacacées-Aizoïdées, à fleurs construites comme celles des *Galenia*, 5-andres, à ovaire 3-carpellé; les loges uniovulées. Le *P. cryptocarpus* est un petit arbrisseau couché, soyeux, à petites feuilles ovales-triquètres, à petites fleurs axillaires, sessiles. Il habite le cap de Bonne-Espérance. On en fait aussi une Mésembryanthémacée. (H. Bn, *Hist. des pl.*, IX, 76.)

PLOCAMA (Ait., *Hort. kew.*, I, 292). Genre de Rubiacées-Anthospermées, à fleurs 4-7-mères, à corolle valvaire, analogue à celles des Anthospermées, 4-7 étamines insérées à la gorge, et un ovaire infère, à 2-4 loges, surmonté d'un style assez épais, dont le sommet renflé est partagé en autant de très petites dents obtuses. Le fruit charnu renferme 2-4 graines dressées et noyées, comme l'étaient les ovules, dans une substance gluante. Le *P. pendula* Ait., seule espèce du genre, est un arbuste dressé, à odeur fétide, des îles Canaries, à rameaux nombreux, pendants, à feuilles opposées ou verticillées, linéaires-aiguës, à stipules connées en une gaine scarieuse, persistantes, à nombreuses fleurs axillaires ou terminales, solitaires, ou en cymes composées. (Voy. *Hist. des pl.*, VII, 270, 400, n. 22.) [H. Bn.]

PLOCAMIEÆ (Kuetz., *Phyc. gen.*, 442). Famille d'Algues-Platynoblastées, de la grande famille des Floridées, formée d'espèces à fronde rameuse, pinnée, et dont le parenchyme interne est composé de cellules longitudinalement ordonnées. Les cystocarpes globuleux sont situés à la partie externe des ramuscules pinnés; ils sont pourvus d'un carpostome. Les spermaties sont arrondies-anguleuses. Trois genres ont constitué primitivement cette famille, les genres *Plocamium*, *Thamnocarpus* et *Rhamnophora*. Cette classification a subi de nombreuses modifications. [Ch. M.]

PLOCAMIUM (Lamx. — Kuetz., *Phyc. gen.*, t. 64). L'une des belles Algues-Floridées de nos mers, que Payer a placée dans la famille des *Delesserieæ*, et M. J.-G. Agardh dans celle des *Rhodymenieæ*. Ces Algues sont caractérisées par une fronde membraneuse, cartilagineuse, pinnée, à ramifications alternes ou ternées, pectinées, et formée d'une double ou triple couche de cellules. Les cystocarpes sont sessiles sur la fronde ou agrégés avec des pédicelles; ils sont hémisphériques. Le péricarpe est celluleux, muni d'un carpostome. Les sphérospores sont situées dans des sporophylles propres; elles sont oblongues et se divisent en zones sphériques. [Ch. M.]

PLOCAMOPHYLLUM (Less., in *Linnæa*, VI, 224). Sous-genre du genre *Helichrysum* Gærtn.

PLOCANDRA (E. MEY., *Comm. pl. afr. austr.*, 181). Synonyme de *Chironia* L.

PLOCARIA (MTGNE, *Fl. d'Alg.*, 73, t. 16, fig. 4). Algues à fronde cartilagineuse, plane ou cylindrique, à ramules dichotomiques, écartés, linéaires. La couche périphérique est constituée par des cellules oblongues, disposées en une seule série; puis la fronde porte, sur les bords de ses ramules, des écailles du même côté, comprimées, fructifères. Les tétraspores oblongues sont placées dans la couche corticale de ces paillettes; elles se divisent en croix. Ce genre, douteux pour quelques botanistes, se rencontre en Algérie, sur le littoral. [CH. M.]

PLOCARIEÆ (MTGNE, *Syll.*, 412). L'une des divisions des Algues-Floridées, que n'ont pas admise tous les auteurs. Les caractères de la famille sont ceux du genre *Plocaria*. [CH. M.]

PLOCARITES (MASSAL., *Piant. foss. Vicent.* [1851]). Genre d'Algues (?) fossiles.

PLOCAS (TARG., ex BERTOL., *Amœn. ital.*, 305). Synonyme de *Plocamium* LAMX.

PLOCOGLOTTIS (BL., *Bijdr.*, 380; *Orch. Arch. Ind.*, 61, t. 14-16). Genre d'Orchidacées-Vandées, formé de 7, 8 herbes terrestres; distingué par des sépales étalés; un labelle à dilatation sacciforme basilaire, unie au gymnostème par des plis membraneux; des pollinies à pieds filiformes. (REICHB. F., *Xen. orchid.*, II, t. 154.)

PLOCOSPERMA (BENTH., *Gen.*, II, 789, n. 3). Genre d'Apocynacées-Gelsémiées, à petites fleurs de *Gelsemium* ou de *Mostuea*, 5-mères et 5-andres, mais avec un ovaire à 2 placentas pariétaux et 1-4 ovules. Ce sont des arbustes rigides, du Mexique et du Guatemala, à petites feuilles opposées, coriaces, à fleurs axillaires, solitaires ou disposées en cymes contractées. (H. BN, in *Bull. Soc. Linn. Par.*, 780; *Hist. des pl.*, X, 220.)

PLOCOSTEMMA (BL., *Mus. lugd.-bat.*, I, 59, t. 14). Synonyme de *Hoya* R. BR.

PLOCOSTIGMA (BL., *Fl. jav. Præf.*, 6). Synonyme de *Platysma* BL.

PLOESSLIA (ENDL., *Nov. st. Dec.*, 39; *Iconogr.*, t. 119, 120). Synonyme de *Boswellia* ROXB.

PLOIARIUM (KORTH., *Verh. Nat. Gesch. Bot.*, 135, t. 25). Synonyme de *Archytæa* MART.

PLOIONUXIA (KORTH., in *Verh. Bot. Gen.*, XVII). Section du genre *Viscum* T.

PLOKIOSTIGMA (SCHUCH., in *Linnæa*, XXVI, 39). Synonyme de *Stackhousia* SM.

PLOMB (BOIS DE). Le *Dirca palustris* L.

PLON BLANC. Le *Salix alba* L.

PLOTIA (ADANS., *Fam.*, II, 226). Synonyme de *Myrsine* L.

PLOTIA (NECK., *Elem.*, II, 55). Synonyme de *Ropourea* AUBL.

PLOTIA (SCHREB., ex *Steud. N.*, II, 356). Le *Poa obtusa* NTT.

PLOTTZIA (ARN., in *Lindl. Introd.*, ed. 2, 441). Synonyme de *Paronychia* J.

PLOWRIGHTIA (SACC., *Syll. Fung.*, II, 635). Genre de Pyrénomycètes, voisin des *Dothidea*, dont il ne diffère que par les spores non colorées ou à peine colorées.

PLUCHEA (CASS., in *Bull. philom.* [1817], 31; in *Dict.*, XLII, 1). Synonyme de *Placus* LOUR. (H. BN, *Hist. des pl.*, VIII, 189.)

PLUCHIA (ARRAB., *Fl. flum.*, IV, t. 20). Synonyme de *Diclidanthera* MART.

PLUET. Les *Trifolium arvense* et *procumbens* L. et le *Scabiosa arvensis* L.

PLUHME. Nom lettonien des Prunes.

PLUIE (ARBRE A LA). On a cru que c'était un *Cæsalpinia*. M. Ernst a vu à Caracas le *Pithecolobium Saman* produire une sorte de pluie fine dans les temps les plus secs, et pense que c'est un produit de sécrétion des jeunes glandes des pétioles. (Voy. TAMIA-CASPI.)

PLUKENETIA (PLUM., *Nov. gen. amer.*, 47, t. 13; *Ic.*, t. 317). Genre d'Euphorbiacées uniovulées, formé d'une dizaine d'espèces, ordinairement grimpantes, des deux mondes; à fleurs monoïques, apétales; le calice 4, 5-mère, avec ∞-étamines; l'ovaire à 3, 4 loges, surmonté d'un style épais, souvent obovoïde ou obpyramidal; à sommet creusé de 3, 4 sillons. Le fruit est 3, 4-coque, souvent un peu charnu, et les graines n'ont pas d'albumen. Les feuilles sont alternes, et les fleurs sont disposées en grappes axillaires; les femelles 1-∞ inférieures. (H. BN, *Hist. des pl.*, V, 222.)

PLUM. En Angleterre, les Prunes.

PLUMACÉE. Nom vulgaire du *Thalictrum aquilegifolium* L.

PLUMA DE ORO. Au Mexique, l'*Aphelandra aurantiaca*.

PLUMAJILLO. Nom mexicain de l'*Achillea Millefolium* L.

PLUMARIA (LINK, in *Nees Hor. phys. berol.* [1820], 4). Synonyme de *Griffithsia* AGH.

PLUMARIA (STACKH., in *Mém. Soc. nat. Mosq.* [1809], II, 86). Synonyme de *Ptilota* AGH.

PLUMA STA TES. Nom mexicain du *Salvia eriocalyx* BNTH.

PLUMBAGELLA (SPACH). Section du genre *Plumbago* L.

PLUMBAGIDIUM (SPACH). Section du genre *Plumbago* L.

PLUMBAGO (T., *Inst.*, 140, t. 58). Le genre Dentelaire (*Plumbago*) donne son nom aux *Plumbaginacées* et à leur tribu des *Plumbaginées*. Il en a l'organisation générale, savoir : des fleurs à corolle gamopétale, avec 5 étamines superposées aux lobes de la corolle, et un ovaire uniloculaire du fond duquel s'élève un funicule grêle ou réfléchi. De son sommet pend un ovule à micropyle supérieur, coiffé d'un obturateur né de la voûte de l'ovaire. Celui-ci est surmonté de 5 styles. Les étamines sont libres, et le calice a 5 dents dressées. Ce sont environ 10 herbes, vivaces ou annuelles, parfois pubescentes ou sarmenteuses, à feuilles alternes, auriculées; à fleurs en épis. On cultive surtout les *P. rosea*, *capensis*, à jolies corolles. (BOISS., in *DC. Prodr.*, XII, 691. — PAYER, *Leç. Fam. nat.*, 12.) [H. BN.]

PLUMEA (LUNAN, *H. jam.*, II, 77). Synonyme de *Guarea* L.

PLUMEAU, PLUME D'EAU. L'*Hottonia palustris* L.

PLUMERIA (L., *Gen.*, n. 298). Genre d'Apocynacées-Vincées, distingué par des fleurs pentamères, à corolle tordue, à étamines dites de *Plumeriée* ou de *Plumeria*, et surtout caractérisé par un réceptacle concave : ce qui rend les 2 carpelles pluriovulés en grande partie infères. Ce sont environ 40 arbres de l'Amérique tropicale, introduits en Asie, à bois mou, à feuilles alternes, à belles fleurs analogues à celles des *Nerium*, très ornementales. On les cultive dans nos serres. (H. BN, *Hist. des pl.*, X, 154, 170, 182, fig. 125-128.)

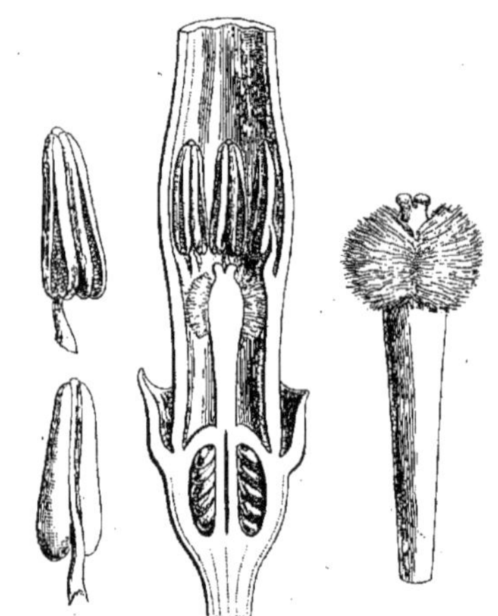

Plumeria. — Fleur, coupe longitudinale. Étamine, vue de face et de dos. Style.

PLUMULARIA (C. MUELL., *Syn. Musc.*, II, 393). Sous-section des *Mallacodium* C. MUELL.

PLURIDENS (NECK., *Elem.*, I, 86). Synonyme de *Bidens* L.

PLURILOBARIA (A. DC., *Prodr.*, XV, p. 1, 356). Synonyme de *Begonia* L.

PLUSIOCOMA (Schr., *Enum. pl. nov.*, I, 50). Section du genre *Inula* L.

PLUS JE VOUS VOIS, PLUS JE VOUS AIME. L'un des noms vulgaires du *Myosotis palustris* L.

PLUTEI (Fr., *Syst. myc.*, I, 198). Sous-tribu d'Agarics, à spores roses, ayant pour type l'*A. pluteus*.

PLUTÉIDÉS (Fayod, in *Ann. sc. nat.*, sér. 7, IX, 363). Tribu des Agaricinés, dans laquelle l'auteur range la plupart des Rhodosporés, depuis les *Volvaria* jusqu'aux *Pluteus*.

PLUTÉINÉES (Roze, *Classif. Agar.*, in *Bull. Soc. bot. Fr.*, XXIII, 51). Famille d'Agaricinés, comprenant des genres dont le chapeau présente des lamelles minces, libres et dépourvues de voile.

PLUTEOLUS (Fr., *Hymen.*, 266). Genre d'Agaricinés-Chromospores, ayant les caractères du réceptacle des *Pluteus* et les spores rouillées au lieu d'être roses. Les deux espèces dont se compose ce genre ne paraissent pas suffisamment distinctes des genres voisins. [De S.]

PLUTEOPSIS (Fayod, in *Ann. sc. nat.*, sér. 7, IX, 377). Genre d'Agaricinés, rappelant, dans la tribu des Pratelles, la structure des *Pluteus* Fr.

PLUTEUS (Fr., *Epicr.*, 140). Sous-genre d'Agaricinés-Rhodospores, élevé aujourd'hui au rang de genre. Le réceptacle charnu, aqueux, hétéromorphe, se compose d'un pédicule à texture tantôt homogène, tantôt hétérogène avec celle du chapeau, charnu, lisse, le plus souvent cylindrique, élevé; et d'un chapeau mou, à cuticule soyeuse ou fibrilleuse, hygrophane. Les lamelles sont libres, rarement adnées, blanches, puis rosées. L'hyménium présente des basides à quatre spores subsphériques ou elliptiques, rosées, sessiles dans la section des *Sessilispora* Fayod, ou portées sur des stérigmates plus ou moins longs. Les cystides sont grands, coniques ou ovoïdes, à paroi s'épaississant vers le sommet, qui présente souvent des appendices stérigmatiformes, divergents, en nombre variable, et surtout développés dans les sections des *Tricholoma* et des *Hispidoderma*. On en compte 63 espèces, venant sur le bois ou au voisinage des troncs d'arbres, dans les régions tempérées et chaudes de l'hémisphère nord. [De S.]

PLUTONIA (Noronh. — Hassk., ex H. Bn, *Hist. des pl.*, VI, 102). Synonyme de *Phaleria* Jack.

PNEOPHYLLUM (Kütz., *Phyc. gen.*, 385). Genre d'Algues, de la famille des *Spongiteae*, que caractérise une fronde petite, étalée, foliacée, incrustante, formée de plusieurs couches de cellules. Les cellules inférieures sont grandes, arrondies; les cellules supérieures (ou corticales) très étroites, globuleuses, et placées sans disposition régulière. La fructification n'a pas été observée. Ces Algues sont propres à la mer Adriatique et à la Méditerranée. [Ch. M.]

PNEUMONANTHE (Schm., in *Roem. Arch.*, I, 8, t. 5). Synonyme de *Gentiana* T.

PNEUMONANTHOPSIS (Miq., *St. surin.*, 150). Synonyme de *Voyria* Aubl.

PO. A Java, le Manguier (*Mangifera indica* L.).

POA (L., *Gen.*, n. 83). Genre de Graminées-Festucées, à petites fleurs groupées en panicule lâche, rarement spiciforme; les épillets généralement 2-6-flores, avec des glumes membraneuses, carénées, dont les nervures latérales sont d'ordinaire connivente en haut. Le fruit est libre ou adhérent à la glumelle intérieure. On trouve ce genre dans toutes les régions tempérées et froides. Notre Graminée la plus commune est le *P. annua* L. qui fleurit tout l'hiver. Le genre compte près de 80 espèces. (K., *Rev. Gram.*, t. 83, 150-153; *Enum.*, I, 324, § a. — Nees, *Gen. Fl. germ.*, *Monoc.*, I, n. 56. — Gren. et Godr., *Fl. de Fr.*, III, 529. — H. Bn, *Iconogr. Fl. fr.*, n. 72; *Herbor. paris.*, 90.) [H. Bn.]

POACEAE. Série (B) des Graminées (B. H., *Gen.*, III, 1076.)

POARCHON (Allem., *Trab.* [1849], c. icon.). Synonyme de *Thimezia* Swieb.

POARIUM (Desvx, in *Ham. Prodr.*, 46). Syn. de *Stemodia* L.

POAYA. Nom brésilien de l'Ipécacuanha annelé, nommé aussi *Poaya do mato* et *P. do boticar*.

POAYA, POAYA BRANCA, P. DA PRAJA. — Voy. Hybanthus.

POAYA DA HASTA COMPRIDA. Nom brésilien du *Spermacoce emetica* Mart.

POAYA DO CAMPO. Nom brésilien du *Richardia scabra* L. et du *Spermacoce Poaya* A. S. H.

POAYA DO PRAYO. Nom du *Borreria ferruginea* DC.

PO-BAIA. Nom, en Cochinchine, d'une poudre végétale qui guérit divers affections herpétiques et psoriasiques, et qu'on croit identique à l'*Araroba* du Brésil.

POBOLIA. Au Gabon, le *Sterculia Tragacantha* Lindl.

POCAN. Le *Phytolacca decandra* L. et la Sanguinaire.

POCHOTE. Au Mexique, l'*Eriodendron anfractuosum* DC.

POCILLUM (De Not., *Discom.*, 361). Genre de Discomycètes épiphytes, à cupule minuscule, fibrilleuse, noirâtre, contenant un hyménium composé de paraphyses linéaires et de thèques allongées; à 8 spores filiformes, presque hyalines, très rarement cloisonnées. 5 espèces, observées en Europe, en Géorgie et à Cuba, sur des feuilles ou des tiges mortes.

POCKENHOLT. Nom, à Sainte-Croix, du Gaïac.

POCKENHOLZ. Nom allemand du *Guaiacum officinale* L.

POCOCKIA (Ser., in *DC. Prodr.*, II, 185). Synonyme de *Trigonella* L.

POCONE. Synonyme de Pivoine.

POCOSEMPIE. L'Agneau de Scythie.

PODACHAENIUM (Benth., in *Kjob. Vid. Medd.* [1852], 98; *Gen.*, II, 380). Genre de Composées, voisin des *Spilanthes*, formé d'une plante cultivée sous le nom de *Ferdinanda eminens*; distingué par des fleurs du rayon fertiles, des fruits ciliés et contractés à la base en un pied étroit. Le *P. eminens* H. Bn a des feuilles opposées. Ses tiges renferment une moelle abondante, propre à certaines préparations microscopiques. Il est de l'Amérique centrale. (H. Bn, *Hist. des pl.*, VIII, 215.)

PODADENIA (Thw., *En. pl. Zeyl.*, 273). Section du genre *Echinus* Lour. (H. Bn, *Hist. des pl.*, V, 196.)

PODAGRAIRE. Nom français du *Carum Podagraria* H. Bn.

PODAGRA LINI. La Cuscute du Lin.

PODAGRARIA (Riv., *Pentap.*, t. 47. — Lob., *Icon.*, t. 700, fig. 2. — Moench, *Meth.*, 89). Synonyme de *Aegopodium* L.

PODALYRIA (Lamk, *Ill.*, II, 454, t. 327, fig. 3, 4). Genre de Légumineuses-Papilionacées, qui a donné son nom à une série des *Podalyriées* et qui est formé de 16, 17 arbustes pubescents, de l'Afrique australe; la fleur distinguée par des étamines

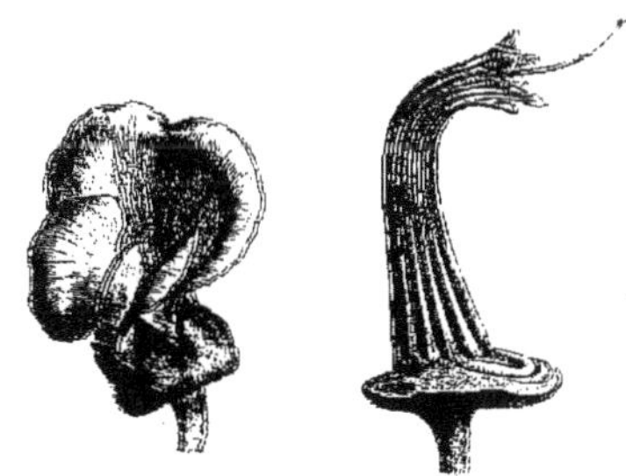

Podalyria. — Fleur, avec et sans le périanthe.

presque libres; une corolle à carène large, obtuse, à pièces connées par le dos; une gousse turgide; des feuilles simples et courtement pétiolées. (H. Bn, *Hist. des pl.*, II, 228, 347, fig. 193, 194.)

PODANDRA (A. DC., *Prodr.*, XV, p. I, 288). Syn. de *Begonia* L.

PODANTHERA (Wight, *Icon.*, V, 22, t. 1759). Synonyme de *Epipogum* Gmel.

PODANTHES (Haw., *Syn. pl. succ.*, 32). Genre d'Asclépiadacées, voisin des *Stapelia;* distingué par une large corolle campanulée; une couronne à 5 lobes extérieurs courts et larges; à écailles intérieures incombantes. Les tiges sont charnues, à 4 angles; les dents épaisses. Ils sont de l'Afrique australe. (H. Bn, *Hist. des pl.*, X, 280.)

PODANTHUM (Boiss., *Fl. or.*, III, 945). Syn. de *Phyteuma.*

PODAXIDEÆ (Cord., *Anleit.*, 98). — Voy. PODAXINÉS.

PODAXIDÉES (Tul., in *Ann. sc. nat.*, sér. 3, IV, 169). Famille de Gastéromycètes. — Voy. PODAXINÉS.

PODAXIDEI (Fr., *Syst. mycol.*, III, 5). — Voy. PODAXINÉS.

PODAXINÉES (Mont. — *Podaxineæ* Sacc., *Syll. Fung.*, VII, I, 51). — Voy. PODAXINÉS.

PODAXINÉS (*Podaxinei* Fr., *Summ. veg. Scand.*, 439). Tribu de Lycoperdacés, comprenant les genres *Gyrophragmium, Secotium, Polyplocium, Mesophellia, Cauloglossum, Podaxon;* caractérisée par la présence d'une columelle qui traverse le péridium.

PODAXIS (Desvx). — Voy. PODAXON.

PODAXON (Desvx, *Journ. bot.*, II, 97). Genre de Lycoperdacés, caractérisé par un péridium simple, s'ouvrant par la base et porté par un stipe qui se prolonge en une columelle traversant la cavité du péridium, et d'où émanent les filaments du capillitium. Les spores globuleuses sont colorées. On en décrit six espèces, originaires du cap de Bonne-Espérance, du Sénégal, d'Angola et des Indes. [De S.]

PODAXONEI (Fr., *Summ. veg. Scand.*, 433). — Voy. PODAXINÉS.

PODELEIMA (R. Br., herb.). Synon. de *Sphæropteris* R. Br.

PODEREMIA (Benth., in *DC. Prodr.*, VII, II, 699). Section du genre *Eremia* Don.

PODEUM (J.-G. Agh, *Spec., gen. et ord. Alg.*, II, 600). Genre d'Algues, de la famille des *Sphærococcoideæ*, que caractérise une fronde plane, distique, pinnée ou dichotomique. Les segments de la fronde portent sur leurs bords des coccidies. Les sphérospores se trouvent nichées dans les filaments assez courts de la couche périphérique. Ce genre est très voisin du genre *Gracilaria*, s'il ne lui est pas synonyme. [Ch. M.]

PODIA (Neck., *Elem.*, I, 72). Synonyme de *Seridia* J.

PODIANTHUS (Schnitzl., in *Bot. Zeit.* [1843], 739). Synonyme de *Trichopus* Gærtn.

PODIOPETALUM (Hochst., in *Flora* [1841], 657). Synonyme de *Dalbergia* L.

PODISCUS (Bayl., ex Ehrenb., *Monatsb.* [1840]. Synonyme de *Eupodiscus*. [Ch. M.]

PODISOMA (Link.). Synonyme de *Gymnosporangium* Hedw.

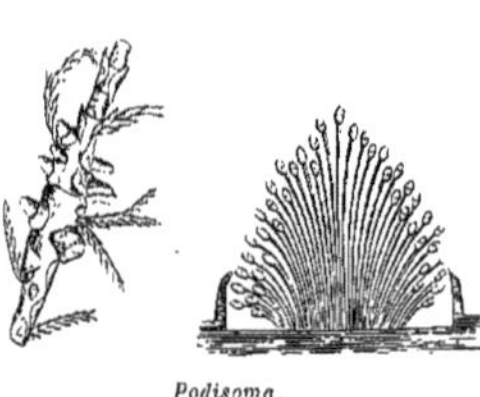
Podisoma.

PODOBESLERIA. Section (B. H., *Gen.*, II, 1016) du genre *Besleria* L.

PODOCALLIS (Salisb., *Gen. pl. Fragm.*, 17). Syn. de *Massonia* Thunb.

PODOCALYX (Kl., in *Wiegm. Arch.*, VII, 209). Synonyme de *Richeria* Vahl.

PODOCAMA (Cass., in *Bull. philom.* [1817], 137; in *Dict.*, XLII, 60). Section du genre *Aster* T. (H. Bn, *Hist. des pl.*, VIII, 34.)

PODOCAPSA (V. Tiegh., *Journ. Bot.*, I, 292). Genre de Thécasporés, voisin des *Exoascus* parasites. Sur les *Mucor* à thèques stipitées, claviformes, et à spores très petites, fusiformes.

PODOCARPIUM (Benth., *Pl. Jungh.*, II, 226). Section du genre *Desmodium* Desvx.

PODOCARPUS (Labill., *Pl. N.-Holl.*, II, 71). Synonyme de *Phyllocladus* Rich.

PODOCARYA (Buckl. — Ad. Br., in *Dict. d'Orb.*, XIII, 136). Genre de Pandanées fossiles.

PODOCENTRUM (Burch., herb.). Synonyme de *Emex* Neck.

PODOCHILUS (B. H., *Gen.*, III, 608). Section du genre *Prasophyllum* R. Br.

PODOCHILUS (Bl., *Bijdr.*, 295, t. 12). Genre d'Orchidacées-Vandées, formé d'une douzaine d'herbes épiphytes, asiatiques et océaniennes; distingué, dans le groupe des Notyliées, par des sépales dressés et un labelle articulé avec le pied du gynostème. Il y a 4 pollinies, avec 2 pieds. Les tiges ne sont pas pseudo-bulbeuses. On en cultive quelques-uns. (Wight, *Icon.*, t. 1748. — Lindl., *Gen. et spec. Orchid.*, 234.) [H. Bn.]

PODOCHROSIA (H. Bn, in *Bull. Soc. Linn. Par.*, 750; *Hist. des pl.*, X, 193). Genre d'Apocynacées-Vincées, formé d'un arbuste glabre, de la Nouvelle-Calédonie, qui a des fleurs de *Cerbera*, avec des anthères de *Plumeria;* un ovaire en partie infère et inférieurement 2-loculaire, avec 2 ovules descendants; des feuilles verticillées et des fleurs en cymes composées; les pédicelles épais et obconiques-claviformes.

PODOCOCCUS (Mann et Wendl., in *Trans. Linn. Soc.*, XXIV, 426, t. 38 A, 40 B, 43 A). Genre de Palmiers-Arécées, formé d'une espèce humble de l'Afrique tropicale; les étamines libres, sans disque; les fleurs non plongées dans des cavités du rachis; le fruit défléchi, stipité, allongé; la tige très courte; les segments des feuilles losangiques-lancéolés et dentés. [H. Bn.]

PODOCOELIA (Benth., *Niger Fl.*, 345). Section du g. *Osbeckia.*

PODOCYSTIS (Fries, *Summ. veg. Scand.*, II, 512). Synonyme de *Melampsora* Cast.

PODOCYSTIS (Kuetz., *Bacill.*, 62, t. 7). Genre de Diatomacées, que l'auteur a placé plus tard et avec raison parmi les *Surirella.* Cette Diatomacée stipitée se trouvait parasite sur les Algues-Floridées, telles que le *Callithamnium.* [Ch. M.]

PODOCYTISUS (Boiss., *Diagn. or.*, IX, 7). Synonyme de *Laburnum* Griseb.

PODODISCUS (Kuetz., *Bacill.*, 51). — Voy. le Supplément.

PODOGYNE. Pied du gynécée; synonyme de Gynophore.

PODOLARIA (N.-E. Br., in *Gardn. Chron.* [1882], II, 70). Genre d'Aracées-Orontiées, formé d'une herbe grêle, de Bornéo; la tige dressée; les feuilles hastées; la spathe obtuse et cymbiforme; l'ovaire 1-loculaire et l'ovule subbasilaire. (B. H., *Gen.*, III, 996.) [H. Bn.]

PODOLEPIS (Labill., *Pl. N.-Holl.*, II, 56, t. 208). Genre de Composées, voisin des *Leysera* dont il a les fleurs, toutes fertiles, ou les femelles irrégulières, à corolle 2-4-fide. Les fruits ont une aigrette de ∞ soies, libres ou connées à la base, entières ou barbelées. Ce sont des herbes australiennes, à involucre ovoïde ou subhémisphérique; le réceptacle nu. On en cultive quelques-uns. (H. Bn, *Hist. des pl.*, VIII, 168.)

PODOLOBIUM (R. Br., in *Ait. Hort. kew.*, ed. 2, III, 9). Synonyme de *Oxylobium* Andr.

PODOLOBUS (Rafin., in *Amer. Monthl. Mag.*, IV, 194). Synonyme de *Stanleya* Nutt.

PODOLOTUS (Royl., *Ill. himal.*, 198). Section du genre *Astragalus* T.

PODONEJA (DC., *Prodr.*, V, 325). Section du genre *Neja* Don.

PODONOSMA (Boiss., *Diagn. or.*, ser. 1, XI, 113). Synonyme de *Onosma* L.

PODOON (H. Bn, in *Bull. Soc. Linn. Par.*, 681). Plante qui est caractérisée par des fleurs dioïques : les femelles nues; les mâles pourvues d'un calice gamosépale 4, 5-denté, et de 4, 5 pétales linéaires, avec 8 étamines inégales, insérées sous un rudiment de gynécée. La fleur femelle présente, au-dessus d'un disque annulaire, un ovaire uniloculaire, à style excentrique, avec un ovule anatrope, suspendu en haut d'un funicule allongé et arqué. Le fruit est sec, indéhiscent, avec une graine sans albumen et un embryon charnu, à radicule accombante. Cette plante, du Yunnan, est sous-ligneuse, à feuilles alternes, rappelant celles des Ormes et Mûriers; les fleurs mâles en cymes très ramifiées, avec pédicelle articulé; les femelles en grappes pourvues de larges bractées foliacées et veinées, auxquelles le pédicelle floral est adné dans toute sa hauteur. La seule espèce est le *P. Delavayi.* Nous avions reconnu (*Bull. Soc. Linn. Par.*, 835) que ce type, allié aux Sapindacées et aux Térébinthacées, ne peut constituer qu'une section du genre *Dobinea;* mais M. L. Morot maintient le genre. [H. Bn.]

PODOPAPPUS (HOOK. et ARN., *Comp. Bot. Mag.*, II, 50). Section du genre *Aster* T. (H. BN, *Hist. des pl.*, VIII, 34.)

PODOPETALUM (GAUDIN, ex DC., *Prodr.*, IV, 54). Synonyme de *Trochiscanthes* KOCH.

PODOPHACIDIUM (NIESSL, *Beitr. z. Kentn. d. Pilze*, 62). Synonyme de *Urnula* FR.

PODOPHANIA (H. BN, in *Bull. Soc. Linn. Par.*, 268; *Hist. des pl.*, VIII, 129). Section du genre *Eupatorium* T.

PODOPHORUS (PHIL., in *Bot. Zeit.* [1856], 648). Graminée-Festucée du Chili, à port de *Bromus*, à fleurs de *Festuca;* l'inflorescence lâche; les épillets 1-flores, avec un axe prolongé au delà de la fleur en une longue baguette aristifère. (B. H., *Gen.*, II, 1200.) [H. BN.]

PODOPHYLLE (*Podophyllum* L., *Gen.*, n. 646). Genre de Berbéridacées, qui donne son nom à une série des *Podophyllées*, et dont les fleurs à 3 sépales ont des pétales 2-sériés et dédoublés; des étamines en même nombre; un carpelle à placenta pariétal, ∞-ovulé et une baie pour fruit. Ce sont 2, 3 herbes vivaces, de l'Amérique du Nord et de l'Asie montueuse, à rhizome traçant qui émet des axes aériens, avec 1, 2 feuilles palmilobées et une fleur solitaire, terminale. Le *P. Emodi*, de l'Himalaya, est médicinal; mais on emploie surtout comme purgatif le rhizome du *P. peltatum* L., de l'Amérique du Nord. (A. GRAY, *Gen. ill.*, t. 35, 36. — H. BN, *Hist. des pl.*, III, 58, 75; *Tr. Bot. méd. phanér.*, 717, fig. 2299-2301.)

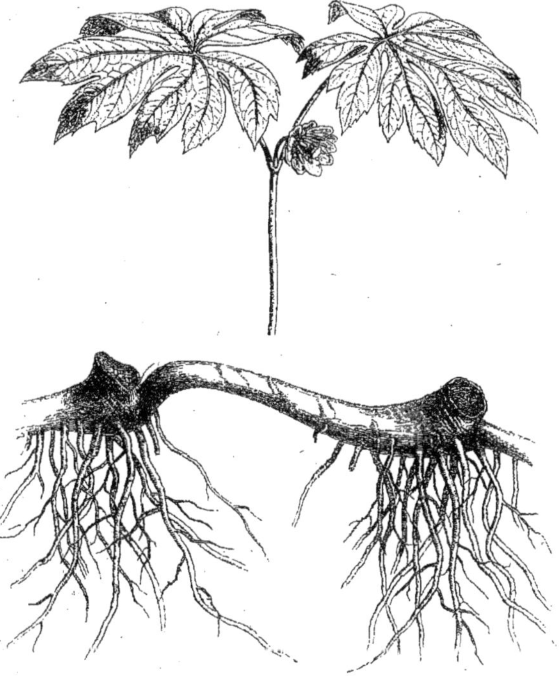
Podophylle. — Branche florifère. Rhizome.

Podophylle. — Diagramme.

PODOPOGON (EHRENB., in *Lindl. Veg. Kingd.*, 116). Genre de Graminées, dont on ne connaît que le nom.

PODOPOGON (RAFIN., in *Ser. Bull.*, I, 221). Le *Stipa avenacea* L.

PODOPTERUS (H. B., *Pl. æquin.*, II, 89, t. 107). Genre de Polygonacées, formé d'un arbuste du Mexique, à fleurs hermaphrodites; les sépales extérieurs pourvus d'une aile verticale médiane; l'androcée 6-mère; le fruit inclus dans le calice 3-ailé. [H. BN.]

PODORIA (PERS., *Enchir.*, II, 5). Synonyme de *Boscia* LAMK.

PODORIOCARPOS (LAMK, ex *Steud. Nom.*, II, 365). Synonyme de *Boscia* LAMK.

PODORUNGIA (H. BN, *Hist. des pl.*, X, 443). Genre d'Acanthacées-Justiciées, formé d'un arbuste de Madagascar, à fleurs de *Synchoriste;* le calice subégalement 5-partite, subnu; les étamines didynames, à anthère sagittée. Les loges ovariennes sont 2-ovulées. C'est une plante à feuilles opposées et lancéolées; les fleurs en cymes axillaires, au sommet d'un pédoncule grêle.

PODOSÆMUM (DESVX, in *N. Bull. Soc. philom.*, II, 188). Syn. de *Muehlenbergia* SCHREB.

PODOSIRA (EHRENB., in *Abh. der Berl. Akad.* [1840]). Diatomacées qui, vues dès l'origine à l'état de fructification, avaient porté Ehrenberg à en faire un genre nouveau. Des observations plus récentes ont permis de reporter les espèces qui constituaient ce genre dans les Mélosirées et les Cyclotellées. [CH. M.]

PODOSPERMA (LABILL., *Pl. Nouv.-Holl.*, II, 35, t. 177). Synonyme de *Podotheca* CASS.

PODOSPERME. Le funicule séminal.

PODOSPERMUM (DC., *Fl. fr.*, IV, 61). Section du genre *Scorzonera* T. (H. BN, *Hist. des pl.*, VIII, 114; *Herbor. paris.*, 190.)

PODOSPHÆRA (KZE, *Myc.*, *Heft* II, 111). Genre de Périsporiacés épiphylles, à périthèce globuleux, contenant une seule thèque, à 8 spores ovoïdes, hyalines, et portant des appendices dichotomes, bruns, à extrémités hyalines. Sa reproduction conidiale est représentée par des formes d'*Oidium erysiphoidis*. Six espèces, de l'Amérique du Nord, de l'Europe et de l'Algérie. [DE S.]

PODOSPHENIA (EHRENB., *Inf.*, 214). Diatomacées, que l'auteur a placées dans la famille des *Licmophoreæ*, ainsi que Rabenhorst d'ailleurs. Les frustules de ces Diatomacées sont sessiles, et leur face frontale est en massue. Ils sont dépourvus de nodules et de côtes. Parfois ils sont solitaires; d'autres fois réunis en éventail, à la façon du *Licmophora*, auquel ils sont rapportés par quelques auteurs. [CH. M.]

PODOSPORA (CES.). — Voy. SORDARIA.

PODOSPORIUM (LÉV., in *Ann. sc. nat.*, sér. 2, VIII, 374). Sous-section d'Urédinés, rapportée depuis au genre *Melampsora* CAST.

PODOSPORIUM (SCHWEIN., *Syn. Amer.-bor.*, n. 2609). Genre d'Hyphomycètes, à filaments noirs, dressés, coalescents en forme de stipe simple ou rameux, portant à la surface des conidies oblongues, enfumées, pluriloculaires. Ce type semble être un *Helminthosporium* fasciculé et compte 5 espèces, de l'Amérique du Nord, sur les tiges ou les rameaux morts. [DE S.]

PODOSTAURUS (JUNGH., in *Nat. Gen. Arch.*, II, 45). Synonyme (B. H.) de *Bœnninghausenia* REICHB.

PODOSTÉMACÉES. Petite famille, établie par L.-C. Richard en 1815, formée de plantes aquatiques. Nous les avons placées près des Caryophyllacées, Frankéniacées, Plantaginacées, etc. M. Warming trouve que la place qu'il leur a donnée près des Saxifragacées est « bien plus heureuse ». Nous avons divisé la famille en 5 séries : Lawiées, Weddellinées, Mourérées, à fleurs régulières; Podostémées, à fleurs irrégulières; Hydrostachydées, à fleurs dioïques et apérianthées. On doit à Tulasne et à Weddell des monographies spéciales de l'ensemble du groupe. (H. Bn, *Hist. des pl.*, IX, 256.)

PODOSTEMON (Michx, *Fl. bor.-amer.*, II, 164). Genre qui a donné son nom à la famille des Podostémonacées, et qui en

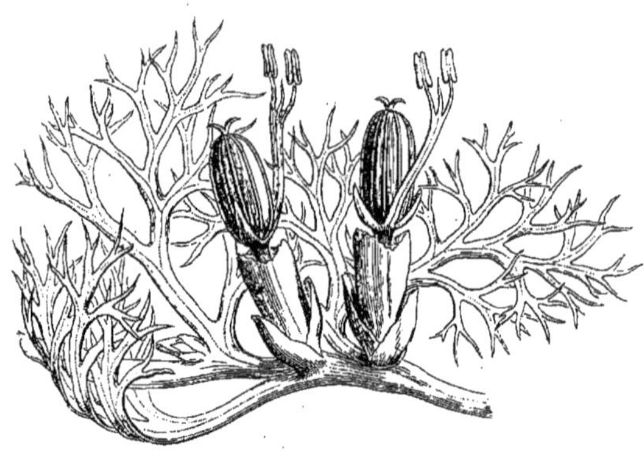

Podostemon. — Port.

représente un type irrégulier, à androcée n'occupant que le côté ventral de la fleur. L'ovaire est supère, à 2 loges ∞-ovulées, et l'androcée monadelphe a la forme d'un Y, avec une anthère introrse à chaque branche. Le fruit est 2-valve. Ce sont des herbes aquatiques, de toutes les régions chaudes du globe, à feuilles alternes; les fleurs terminales ou latérales, accompagnées à leur base d'un involucelle sacciforme qui enclôt d'abord le bouton. (H. Bn, *Hist. des pl.*, IX, 261, 270, fig. 321-323.)

Podostemon. — Fleur, entière et coupe longitudinale.

PODOSTIGMA (Elliott, *Bot. S.-Carol. et Georg.*, I, 326). Section du genre *Asclepias* L. (H. Bn, *Hist. des pl.*, X, 225.)

PODOSTROMBIUM (Kunze. — Reichb., *Consp.*, 8). Genre mal défini, que l'auteur lui-même a rapporté plus tard à des productions animales. (Fr., *Summ. veg. Scand.*, 484.)

PODOSYCEA (Miq., in *Lond. Journ. Bot.*, VII, 442). Section du genre *Ficus* T.

PODOTHECA (Cass., in *Dict.*, XXIII, 561). Genre de Composées-Hélianthées-Inulées, formé de 5 herbes annuelles, d'Australie; distingué par des fleurs hermaphrodites toutes fertiles; un involucre de bractées membraneuses, non appendiculées, ni scarieuses; des fruits substipités, sans bec; les soies de l'aigrette plus ou moins plumeuses. (H. Bn, *Hist. des pl.*, VIII, 177. — *Bot. Mag.*, t. 3920.)

PODOZAMITES (Munst. — Ad. Br., in *Dict. d'Orb.*, XIII, 111). Synonyme de *Paleozamia* Endl.

POD-PEPPER. En Angleterre, les Piments de jardin (*Capsicum annuum* L.).

PODUNCARIA (H. Bn, in *Bull. Soc. Linn. Par.*, 228). Section du genre *Ourouparia* Aubl.

POECILANDRA (Tul., in *Ann. sc. nat.*, sér. 3, VIII, 342). Genre d'Ochnacées-Luxemburgiées, formé d'un arbre de la Guyane; distingué par 5 étamines fertiles, des staminodes polymorphes et des inflorescences ramifiées. (H. Bn, *Hist. des pl.*, IV, 363, 372.)

POECILANTHE (Benth., in *Journ. Linn. Soc.*, IV, Suppl., 80). Genre de Légumineuses, rangé avec doute parmi les Dalbergiées, formé de 3 arbres de l'Amérique du Sud; distingué par un calice rétréci à sa base; les 2 lobes supérieurs unis en une lame 2-dentée, et une gousse oblongue et lisse. (Benth., in *Mart. Fl. bras.*, *Papil.*, t. 95. — H. Bn, *Hist. des pl.*, II, 323.)

POECILOCHROMA (Miers, in *Hook. Lond. Journ.*, VII, 354; *Ill.*, I, 152, t. 34). Genre de Solanacées-Solanées, formé de quelques arbustes du Pérou et de l'Équateur; distingué par un calice court, non accru; une corolle largement campanulée, à 5 lobes courts et larges ou à 5 angles. Le fruit est une baie, et l'embryon est très arqué. (H. Bn, *Hist. des pl.*, IX, 335. — R. et Pav., *Fl. per. et chil.*, t. 178, fig. *a*.)

POECILODERMIS (Schott, *Melet.*, 33). Synonyme de *Brachychiton* Schott.

POECILONEURON (Bedd., in *Journ. Linn. Soc.*, VIII, 267, t. 17). Genre d'abord rapporté aux Ternstrœmiacées (B. H., *Gen.*, I, 981), mais que sir J. Hooker (*Fl. brit. Ind.*, I, 278) a transporté aux Clusiacées. Il a à peu près les fleurs d'un *Mesua*, avec 2 loges 2-ovulées à l'ovaire, 2 styles subulés, et un fruit monosperme qu'on dit septicide. C'est un arbre de l'Inde, à feuilles opposées. (H. Bn, *Hist. des pl.*, VI, 407, 424.)

POECILOTHAMNION (Nægeli, ex Kuetz., *Spec. Alg.*, 657). Algues-Floridées, et l'une des divisions du genre *Phlebothamnion* Kuetz., caractérisée par des ramules dichotomes, fastigiés. Cette subdivision n'a pas été admise par tous les auteurs. [Ch. M.]

POECKIA (Endl., *Gen.*, Suppl., IV, 43). Synonyme de *Psilostachys* Hochst.

POEDERIA (Reuss, *Rep. comm.*, II, 55). Pour *Pæderia* L.

PŒDERLE (Eug.-Jos.-Ch.-Gilain-Hubert d'Obnen, baron de). Auteur [1772] d'un *Manuel de l'arboriste et du forestier belgiques, ouvrage extrait des meilleurs auteurs*, etc., qui eut 3 éditions et finalement 2 vol.

POEONIA (Cæsalp.). Pour *Pæonia* T.

POEONY. Nom anglais des Pivoines.

POEPPIG (Ed.-Friedr.). Professeur de zoologie à Leipsig, entreprit un grand voyage dans l'Amérique du Sud, de 1827 à 1832, et décrivit ses récoltes avec Endlicher (*Nova genera et species plantarum quas in regno chilensi*, etc.) en 1835-45 (3 vol. in-fol. avec pl.). Il a écrit une relation du même voyage [1836] et un *Fragmentum* des phanérogames du Chili récoltées par lui [1833].

POEPPIGIA (Berter., in *Feruss. Bull. sc. nat.*, XXIII, 109). Synonyme de *Rhaphithamnus* Miers.

POEPPIGIA (Kze, in *Reichb. Consp.*, 212 *a*). Synonyme de *Tecophilæa* Berter.

POEPPIGIA (Presl, *Symb.*, I, 15, t. 18). Genre de Légumineuses-Cæsalpiniées-Sclérolobiées, formé d'un arbre élevé, de l'Amazone; distingué par un calice à pièces connées très haut (au delà du disque); des pétales oblongs, peu inégaux; une gousse oblongue, à bord supérieur ailé. Les feuilles sont imparipinnées, et les fleurs sont disposées en grappes pyramidales composées de cymes. (A. Rich., *Fl. cub.*, t. 39. — H. Bn, *Hist. des pl.*, II, 92.)

POEROU. Nom, à Taïti (Cook), de l'*Hibiscus tiliaceus* L.

POEVREA (Tul.). Pour *Poivrea* Commers.

POGGENDORFFIA (Karst., *Fl. columb.*, I, 29, t. 15). Synonyme de *Tacsonia* J.

POGHAKO. Nom télinga du Tabac.

POGIRIS (Tausch, ex *Pfeiff. Nom.*, II, 775). Synonyme de *Pogonirion* Reichb.

POGNY. Nom indien, dit-on, de la Pomme de terre.

POGOCHILUS (Falcon., in *Hook. Journ. Bot.*, IV, 73). Synonyme de *Galeola* Lour.

POGOGYNE (Benth., *Labiat.*, 414; *Gen.*, II, 1190). Genre de Labiées-Menthées, formé de 5, 6 herbes annuelles, de Californie; distingué par un calice sub-15-nerve; les 2 dents antérieures très longues; une corolle bilabiée, à tube exsert; 4 étamines fertiles et un style poilu. Les verticillastres floraux sont rapprochés en un épi feuillé. (*Bot. Mag.*, t. 5886. — H. Bn, *Hist. des pl.*, XI, 58.)

POGONANDRA (A. DC., *Prodr.*, VII, II, 511). Section du genre *Scævola* L.

POGONANTHERA (BL., in *Flora* [1831], 520; *Mus. lugd.-bat.*, I, 24). Genre de Mélastomacées-Médinillées, à fleurs de *Medinilla*, formé de 2 arbustes de l'archipel Indien; distingué par un réceptacle et un tube calicinal pulvérulents; 8 étamines à anthère pourvue d'un connectif non allongé à sa base et sétеux en arrière; un ovaire à 4 loges. L'inflorescence composée, terminale, est dépourvue de bractées. (H. BN, *Hist. des pl.*, VII, 50.)

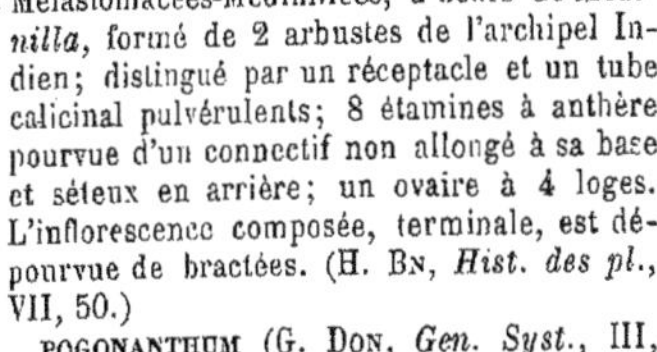

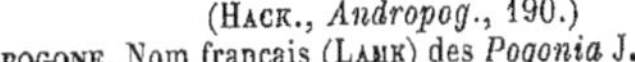

Pogonanthera. — Étamine.

POGONANTHUM (G. DON, *Gen. Syst.*, III, 845). Section du genre *Rhododendron* T.

POGONANTHUS (MONTROUS., in *Mém. Ac. sc. Lyon*, X, 225). Rubiacée douteuse de la Nouvelle-Calédonie, rapportée avec hésitation aux Operculariées et qui est peut-être un *Morinda* ou un *Uragoga*. (H. BN, *Hist. des pl.*, VII, 364.)

POGONATHERUM (PAL.-BEAUV., *Agrost.*, 56, t. 11, fig. 7). Genre de Graminées-Andropogonées, formé de 2 espèces asiatiques et océaniennes; distingué par un épi simple, unique; la deuxième glume aristée; la suivante vide, mutique, enveloppant parfois une fleur mâle; la quatrième fertile et longuement aristée. (HACK., *Andropog.*, 190.)

POGONE. Nom français (LAMK) des *Pogonia* J.

POGONELLA (SALISB., *Gen. pl. Fragm.*, 70). Syn. de *Simethis* K.

POGONETES (LINDL., *Introd.*, ed. 2, 242). Synonyme de *Crossotoma* DON.

POGONIA (J., *Gen.*, 65). Genre d'Orchidacées-Néottiées, formé d'une trentaine d'herbes terrestres, des régions tropicales des deux mondes; distingué par un rhizome tubéreux, une ou quelques feuilles à large limbe sortant du rhizome, et un scape aphylle, 1-∞-flore; des sépales dressés ou étalés; un labelle dressé ou décliné. On cultive quelques-unes de ces singulières plantes. (*Bot. Reg.*, t. 148, 908. — *Bot. Mag.*, t. 6125.) [H. BN.]

POGONIOPSIS (REICHB. F., *Ot. hamburg.*, 82). Orchidacée-Néottiée du Brésil, mal connue, rapprochée des *Pogonia*, distinguée par un labelle linéaire, dilaté en sac à sa base, divisé en lanières. Le scape est aphylle et racémiforme. [H. BN.]

POGONIRION (REICHB.), POGONIRIS (SPACH, *Suit. à Buff.*, XIII, 48). Section du genre *Iris* T.

POGONIRIS (BAK., in *Gardn. Chron.* [1876], II, 674). Section du genre *Iris* T.

POGONOLEPIS (STEETZ, in *Lehm. Pl. Preiss.*, I, 440). Section du genre *Skirrophorus* DC.

POGONOLOBUS (F. MUELL., *Fragm. phyt. Austral.*, I, 55). Synonyme de *Cœlospermum* BL.

POGONOPHORA (MIERS. — BENTH., in *Hook. Kew Journ.*, VI, 372). Genre d'Euphorbiacées-Jatrophées, à fleurs dioïques, avec 5 pétales, 5 étamines, un ovaire à 3 loges 1-ovulées, un fruit 3-coque. C'est un petit arbre du Brésil et de la Guyane, qui a des feuilles alternes et des fleurs disposées en petites grappes axillaires et composées. (H. BN, *Ét. gén. Euphorbiac.*, 332, t. 19; *Hist. des pl.*, V, 189.)

POGONOPHYLLUM (DIDR., in *Vid. Medd. Nat. For. Kjob.* [1857], 144). Synonyme de *Micrandra* BENTH.

POGONOPSIS (PRESL, *Rel. Hænk.*, I, 333, t. 46). Genre de Graminées, du Mexique, mal défini, voisin (?) des *Andropogon*.

POGONOPUS (KL., in *Ber. Ak. Wiss. Berl.* [1853], 500. — B. H., *Gen.*, II, 47). Section du genre *Pinckneya* RICH., à corolle glabre en dehors, en bas et en dedans, à filets staminaux insérés vers le milieu du tube de la corolle, à fruit subglobuleux. (H. BN, *Hist. des plant.*, VII, 472.)

POGONORHYNCHUS (CRUEG., in *Linnæa*, XX, 107). Synonyme de *Chitonia* DON.

POGONOSPERMUM (HOCHST., in *Flora* [1844], *Beil.*, 5). Synonyme de *Schwabea* ENDL.

POGONOSTIGMA (BOISS., *Diagn. or.*, II, 39). Synonyme de *Tephrosia* PERS.

POGONOSTYLIS (BERTOL., *Fl. ital.*, I, 312). Genre établi pour le *Fimbristylis squarrosa* VAHL.

POGONOTROPHE (MIQ., in *Hook. Lond. Journ.*, VII, 72, t. 2). Synonyme de *Eusyce* (*Ficus*).

POGONURA (DC., in *Lindl. Introd.*, ed. 2, 263). Synonyme (?) de *Perezia* LAG. (H. BN, *Hist. des pl.*, VIII, 100.)

POGOPETALUM (BENTH., in *Trans. Linn. Soc.*, XVIII, 684, t. 42). Synonyme de *Emmotum* DESVX.

POGOSPERMUM (AD. BR., in *Ann. sc. nat.*, sér. 5, I, 327). Synonyme de *Catopsis* GRISEB.

POGOSTEMON (DESF., in *Mém. Mus.*, II, 154, t. 6). Genre de Labiées-Menthées, formé d'une trentaine d'herbes de l'Asie et de l'Océanie tropicales, qui a donné son nom à une sous-série des *Pogostémonées*, et qui se distingue par un calice ovoïde-

Pogostemon. — Fleur, entière et coupe longitudinale.

tubuleux; une corolle 4-fide, à lobe antérieur souvent étalé. Les fleurs sont en verticillastres disposés en épi simple ou composé. Le *P. Patchouly* PELL. est célèbre à cause de son parfum intense et de ses propriétés médicinales. (H. BN, *Tr. Bot. méd. phanér.*, 1238, fig. 3165, 3166; *Hist. des pl.*, XI, 58.)

POGOSTOMA (SCHRAD., *Ind. sem. H. gœtt.* [1831], ex ENDL., *Gen.*, 679). Synonyme de *Capraria* L.

POHLANA (NEES et MART., in *Nov. Act. nat. cur.*, XI, 185). Synonyme de *Zanthoxylum* L.

POHLIA (KNAF., ex *Pfeiff. Nom.*, II, 778). Synonyme de *Tripleurospermum* SCH. BIP.

PO-HO-YO. Au Japon, l'essence du *Mentha arvensis* L., variété *piperascens* MAL., aujourd'hui exportée en quantité.

POHUEHUE. Nom hawaien de l'*Ipomæa Pes capræ* SW.

POICILLA (GRISEB., *Cat. pl. cub.*, 176). Genre d'Asclépiadacées-Gonolobées, formé d'une herbe de Cuba; distingué par une corolle subrotacée; une couronne de 5 écailles concaves ou cucullées, attachées à l'androcée, prolongées intérieurement en languettes. C'est une plante volubile et grêle, à cymes axillaires. (H. BN, *Hist. des pl.*, X, 290.)

POIDIUM (NEES, in *Lindl. Introd.*, ed. 2, 450). Synonyme de *Poa* L.

POIKILOSPERMUM (ZIPP. — MIQ., in *Ann. Mus. lugd.-bat.*, I, 203). Genre d'Urticacées, formé d'un arbuste (?) d'Amboine, à comparer avec les *Conocephalus* et jusqu'ici mal connu. (B. H., *Gen.*, III, 389.)

POIL. — Voy. PHYTOCYSTE, PUBESCENCE, TRICHOME.

POIL DE CHAT. L'un des noms de l'*Euphorbia pilulifera* L.

POIL DE LOUP. Le *Festuca ovina* L.

POIL FOYET, DE CHAT, DE SOURIS. Le *Mibora minima* ADANS.

POILU. — Voy. PUBESCENCE.

POINCHAN. Nom de l'*Eryngium campestre* L.

POINCIANA (L., *Gen.*, n. 515). Genre de Légumineuses-Cæsalpiniées-Eucæsalpiniées, formé de 3 arbres de l'Afrique tropicale et de l'Inde; distingué par des sépales valvaires, des pétales presque égaux, une gousse comprimée et 2-valve. Le *P. regia* est un très bel arbre d'ornement, médicinal en Afrique. Les *P. pulcherrima* et *insignis* de nos serres chaudes (vulgairement *Flamboyants*) sont des *Cæsalpinia*. (H. Bn, *Hist. des pl.*, II, 85, 173.)

POINCILLADE, POINCIADE, POINCILLIANE. Le *Cæsalpinia pulcherrima* W.

POING-CHAUD. Nom, en Sologne, de la Bugrane.

POINSETTIA (Grah., in *Edinb. N. Phil. Journ.*, XX, 412). Section du genre *Euphorbia* T.

POINT OCULIFORME. Tache, assez souvent rouge, de certaines spores, etc.

POINT VÉGÉTATIF (*Punctum vegetationis* Wolff). Région circonscrite, vivante et active, du sommet ou du voisinage du sommet des organes, à structure ordinairement élémentaire.

POIREAU. L'*Allium Porrum* L.

POIREAU SAUVAGE. L'un des noms du *Muscari comosum* W.

POIRE D'ANCHOIS (*Anchovy Pear*). Nom, aux Antilles, du fruit du *Grias cauliflora* L., dont on prépare des conserves.

POIRE D'AVOCAT. Fruit de l'Avocatier.

POIRE DE BACHELIER. Le *Solanum mammosum* L.

POIRE DE COMMANDEUR. Le *Citrus Lumia pyriformis* Risso.

POIRE DE TERRE. Le Topinambour. La *Poire de terre Cochet* est une Composée, le *Polymnia edulis* Wedd.

POIRE DE VALLÉE. La Bardane.

POIRÉE. Le *Beta Cicla* L.

POIRETIA (Cav., *Ic.*, IV, 25, t. 343). Syn. de *Sprengelia* Sm.

POIRETIA (Sm., in *Trans. Linn. Soc.*, IX, 304). Synonyme de *Hovea* R. Br.

POIRETIA (Vent., *Ch. de pl.*, t. 42). Genre de Légumineuses-Papilionacées-Hédysarées, formé de 5 herbes ou sous-arbrisseaux américains; distingué par une gousse à articles plats, carrés ou oblongs, réticulés. Les feuilles sont 3- ou 4-foliolées, et les fleurs jaunes sont axillaires ou terminales, en petites grappes. (Benth., in *Mart. Fl. bras. Papil.*, t. 20. — H. Bn, *Hist. des pl.*, II, 305.)

POIRIER (*Pyrus* T., *Inst.*, 628, t. 404). Genre de Rosacées, série des Pyrées. Fleurs régulières et hermaphrodites, à réceptacle en forme de bourse. Sur le bord réceptaculaire s'insèrent 5 sépales libres, imbriqués en quinconce dans la préfloraison; 5 pétales alternes, à onglet court, également imbriqués; des étamines au nombre de 20 et quelquefois plus, composées chacune d'un filet infléchi dans le bouton, supportant une anthère

Poirier *Aria*. — Rameau florifère.

biloculaire, introrse, déhiscente par deux fentes longitudinales. Toute la partie interne du réceptacle est tapissée d'une couche glanduleuse, et le fond de la coupe porte 5 (ou assez souvent 2) carpelles, oppositisépales. Chacun d'eux se compose d'un ovaire, en partie enfoui dans le réceptacle, muni d'un sillon à sa face interne, et surmonté d'un style à tête stigmatifère; il contient, à son angle interne, un placenta portant 2 ovules sensiblement dressés, anatropes, à micropyle inférieur et extérieur. Le fruit, surmonté d'une dépression dite *œil* (qui marque l'ancienne ouverture de la poche réceptaculaire et autour de laquelle persistent les débris du calice), est une drupe, à mésocarpe charnu, et dont l'endocarpe est formé de 2 à 5 noyaux, séparés par des travées de chair succulente, et laissant en dedans un vide central. Chaque noyau, à paroi mince, contient 1 ou parfois 2 graines, qui abritent sous leurs téguments un embryon charnu, dépourvu d'albumen, à radicule infère. Autour des Poiriers se groupent certains types, élevés à tort par certains auteurs, au rang de genres. Les Pommiers (*Malus* T., *Inst.*, 634, t. 406) ne s'en distinguent que par l'union partielle

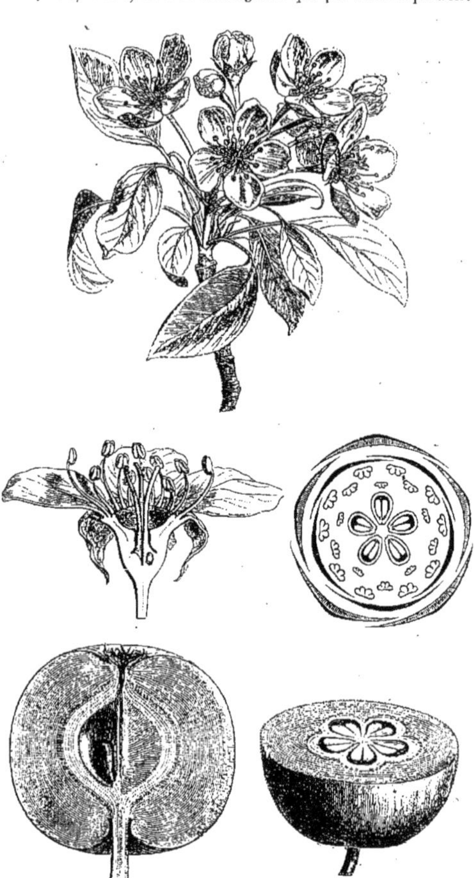

Poiriers. — Rameau florifère. Fleur, coupe longitudinale. Diagramme. Fruit, entier et coupe transversale.

de leurs styles en une colonne centrale; les Sorbiers (*Sorbus* T., *Inst.*, 633) que par leur endocarpe membraneux. Ces trois types ne méritent que d'en former un seul, comprenant une quarantaine d'espèces. Ce sont des arbustes et des arbres, à feuilles alternes, caduques, bistipulées, simples ou composées-pennées. Les fleurs, placées chacune à l'aisselle d'une bractée, sont groupées au sommet des rameaux en corymbes. Le Poirier (*Pyrus communis* L.) semble spontané dans la région du Caucase; c'est, très probablement, de cette espèce unique que sont dérivées les innombrables variétés de Poiriers aujourd'hui cultivées dans nos jardins. Nous en pouvons dire autant du *P. Malus* L., originaire des mêmes régions, et souche de nos Pommiers cultivés. Les petits fruits acerbes des Poiriers sauvages servent à préparer la liqueur fermentée, dite *poiré*, qui passe pour diurétique, au même titre que le cidre fabriqué par la fermentation du jus des pommes. Le Sorbier des oiseaux (*Pyrus aucuparia* GÆRTN. — *Sorbus aucuparia* L.), arbre de nos forêts, est utilisé pour ses fruits rouges, dont on extrait de l'acide malique. Le *P. Sorbus* GÆRTN. (*S. domestica* L.), appelé vulgairement Cormier, a des fruits semblables à de petites poires, d'une astringence très grande avant leur maturité. (Voy. H. BN, *Hist. des pl.*, I, 403, 475, fig. 457-462; *Tr. Bot. méd. phanér.*, 556.) [F. H.]

POIRIER AVOCAT, P. DE LA NOUVELLE-ESPAGNE. Le fruit de l'Avocatier (*Persea gratissima* L.).

POIRIER-BERGAMOTE. Le *Citrus Bergamia vulgaris* RISSO.

POIRIER DE MONTAGNE. Le Quinquina caraïbe.

POIRIER DES ANTILLES, DES ILES. Le *Tecoma pentaphylla* J.

POIRIER DES INDES. Le *Psidium pyriferum* L.

POIS (*Pisum* T., *Inst.*, 394, t. 215). Genre de Légumineuses-Papilionacées-Viciées, qui a les caractères généraux de ce dernier groupe, mais dont les fleurs, semblables à celles des Gesses,

Pois. — Feuille et inflorescence axillaire.

sont distinguées par un style dilaté dans sa portion supérieure, les 2 bords rétrofléchis, de façon que l'ensemble soit comprimé bilatéralement. Ce sont des herbes de l'Orient et de la région méditerranéenne. On connaît surtout le Petit Pois (*Pisum sativum* L.) et la Pisaille (*P. arvense* L.), espèce fourragère. (H. BN, *Hist. des pl.*, II, 202, 239, fig. 143-147.)

POIS A BOUQUET, P. ÉTERNEL, P. PERPÉTUEL, P. VIVACE. Le *Lathyrus latifolius* L.

POIS A CRAPAUD. Le *Vicia Cracea* L.

POIS AGNEAU, P. DE BREBIS, P. DE LIÈVRE, P. DE PIGEON, P. GRIS, P. JAROUSSE. Le *Pisum arvense* L.

POIS A GRATTER. Le fruit du *Cnestis glabra* LAMK.

POIS A SAVON. Les fruits du *Sapindus Saponaria* L.

POIS AU LIÈVRE. Le *Lathyrus Aphaca* L.

POIS AUX LIÈVRES. Le *Lathyrus sylvestris* L.

POIS BRETON. Le *Lathyrus Cicera* L.

POIS BRETON, P. CARRÉ, P. GRAS. Le *Lathyrus sativus* L.

POIS CAJAN, P. CADJAN, P. D'ANGOLE, P. DE CONGO, P. DE SEPT ANS, P. PIGEON. Le *Cajanus indicus* SPRENG.

POIS CARRÉ. Le *Lathyrus sativus* L.

POIS CHICHE. Le *Cicer arietinum* L.

POIS CORAIL. Le Condori (*Adenanthera pavonina* L.).

POIS CORNU. L'un des noms du *Lathyrus Cicera* L.

POIS D'ANGOLE. Nom du *Cajanus indicus* SPRENG. C'est aussi le Jéquirity.

POIS DE BEDEAU. Le Jéquirity.

POIS DE BEMBELOCK. A Bourbon, un *Dolichos* comestible.

POIS DE BREBIS. Le *Lathyrus sativus* L.

POIS DE CŒUR. Le *Cardiospermum Halicacabum* L.

POIS DE CONGO. Le Cajan.

POIS DE LOUP. Les graines du *Lathyrus hirsutus* L.

POIS DE MER. Synonyme de Faverolle.

POIS DE MERVEILLE. Le *Cardiospermum Halicacabum* L.

POIS DE PIGEON. Le *Pisum arvense* L.

POIS DE SAINT-CHRISTOPHE. Le Pois Cajan.

POIS DE SENTEUR. Le *Lathyrus odoratus* L.

POIS DE SEPT ANS. Le Pois Cajan.

POIS DE TERRE. L'Arachide.

POIS DOUX. A Saint-Domingue, le *Prosopis fœculifera* DSVX.

POIS DOUX. Le *Mimosa Inga* L. et d'autres *Inga* ou *Calliandra* américains.

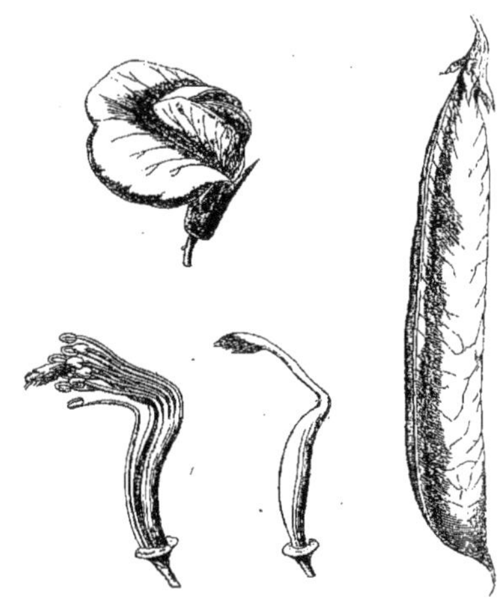

Pois. — Fleur. Androcée. Gynécée. Fruit.

POIS GENIC. Le Cniquier.

POIS-GESSE. Le *Lathyrus sativus* L.

POIS GREC. Le *Lathyrus tingitanus* L.

POIS GRIS. Le *Pisum arvense* L.

POIS JOLI. Le *Lotus corniculatus* L.

POIS LOUP. Le *Lupinus albus* L.

POIS NÈGRE. Le *Cajanus indicus* SPRENG.

POISON ASH. Nom, dans l'Amérique du Nord, du *Rhus venenata* DC.

POISON DE TERRE. L'*Aristolochia Clematitis* L.

POISON HOG-MEAT. Synonyme de *Pelicon flower*.

POISONOUS BURR. Nom anglais du *Xanthium strumarium* L.

POISON-ROOT. En Amérique, les racines du Marronnier d'Inde.

POISON-TREE. Synonyme de *Poison-Ash*.

POIS PATATE. Le *Dolichos tuberosus* LAMK. C'est aussi le nom du *Dolichos bulbosus* L.

POIS-PIGEON. L'*Ervum Ervilia* L. C'est aussi, dans certaines colonies, la graine du *Sophora tomentosa* L.

POIS POINTU. Le *Cicer arietinum* L.

POIS POUILLEUX, P. A GRATTER, P. A DÉMANGER. Le *Mucuna prurita* HOOK.

POIS SABRE. Le *Dolichos ensiformis* L.

POIS SUCRE, P. SUCRAIN. Le Pois doux.

POIS VIVACE. Le *Lathyrus latifolius* L.

POITÆA (VENT., *Ch. de pl.*, t. 36). Genre de Légumineuses-Papilionacées-Galégées, formé de 2 arbustes des Antilles, caractérisés par un calice court; une corolle à ailes plus courtes que la carène, mais plus longues que l'étendard; un style subulé; une gousse non ailée et des feuilles imparipinnées. (H. BN, *Hist. des pl.*, II, 270.)

POIVRÉ. L'*Agaricus acris* BULL.

POIVRÉ. Synonyme d'Emburon.

POIVREA (COMMERS., ex DUP.-TH., *Obs. pl. isl. Afr. austr.*, 28). Syn. de *Combretum* LŒFL. (H. BN, *Hist. des pl.*, VI, 260.)

POIVRE A QUEUE. Les *Piper Cubeba, capense* L. F., etc.

POIVRE COMMUN, P. NOIR. Le *Piper nigrum* L. Son fruit décortiqué est le Poivre blanc.

POIVRE D'EAU. Le *Polygonum Hydropiper* L.

POIVRE DE BRABANT. Le *Myrica Gale* L.

POIVRE DE GUINÉE, P. DES NÈGRES. Synonyme de Malaguette.

POIVRE DE LA JAMAÏQUE. Nom vulgaire du *Pimenta officinalis* LINDL.

POIVRE DE MURAILLE. Le *Sedum acre* L.

POIVRE DES MOINES, P. PETIT, P. SAUVAGE. Le *Vitex Agnus-castus* L.

POIVRE D'ESPAGNE, DE GUINÉE, D'INDE, DE CALICUT, DU BRÉSIL, DU PORTUGAL, LONG, ROUGE. Le *Capsicum annuum* L.

POIVRE DE THEVET, P. DE LA JAMAÏQUE. Le *Pimenta officinalis* LINDL.

POIVRE D'ÉTHIOPIE, P. DES MAURES, P. DES SINGES, P. D'AFRIQUE. Le *Xylopia æthiopica* RICH.

POIVRE DU JAPON. Le *Fagara guianensis* LAMK et le *F. piperita* L.

POIVRETTE. Nom vulgaire, dans les campagnes, de plusieurs *Nigella*, les *N. arvensis, sativa*, etc., dont les semences peuvent, en effet, remplacer le poivre comme coudiment. [H. BN.]

POIVRIER (*Piper* L., *Gen.*, n. 43 (part.). Genre de Pipéracées-Pipérées, dont le P. noir (*P. nigrum*) peut être pris pour type. Fleurs disposées en longs épis; chacune d'elles placée à

Poivrier noir. — Branche fructifère.

l'aisselle d'une bractée. Elles sont hermaphrodites ou unisexuées. Les premières portent, inséré au fond d'une fossette sous-jacente à la bractée et relevée latéralement en 2 lamelles foliacées, un ovaire sessile, uniloculaire, surmonté d'un style court, à 3 ou 4 languettes stigmatiques réfléchies. Sur un placenta subbasilaire, un ovule presque dressé, orthotrope. L'androcée est composé de deux étamines, latérales par rapport au gynécée, à filet court, supportant une anthère basifixe, articulée, biloculaire, déhiscente par 2 fentes longitudinales, puis se séparant finalement en 4 valves. Le fruit, qui n'est autre que le grain de poivre, est une baie monosperme, dont la graine contient un gros albumen inférieur, surmonté d'un autre albumen plus petit, où est plongé un petit embryon, à radicule supère, à cotylédons larges. Le Poivrier noir est une plante grimpante, grêle, noueuse, à feuilles alternes, insérées au niveau des nœuds renflés et articulés; ovales-acuminées, penninerves, munies à la base de 2 stipules qui se continuent avec les bords du pétiole, caduques. Le P. long (*P. longum* L., *Spec.*, 41,

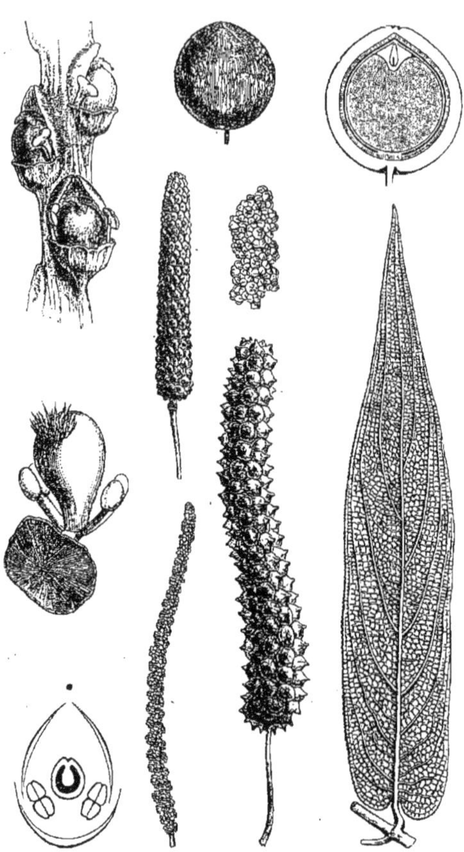

Poivriers. — Feuille. Inflorescences et portions d'inflorescence. Fleur. Diagramme. Fruit, entier et coupe longitudinale.

part.) a des baies disposées en un cylindre allongé; il fournit une racine aromatique, très employée dans la médecine asiatique. Le Cubèbe (*P. Cubeba* L. FIL., *Suppl.*, 90) doit son nom de P. à queue à ses baies stipitées; il fournit une résine active et médicinale. Le Kava (*P. methysticum* FORST., *Pl. esc.*, 76), des îles Sandwich, produit une liqueur enivrante et sudorifique. Le Matico (*P. angustifolium* R. et PAV.) a des feuilles très employées comme antiblennorrhagiques. Le Bétel (*P. Betle* L.) est célèbre comme masticatoire dans l'Asie tropicale. (Voy. H. BN, *Hist. des pl.*, III, 469, 488, 493, fig. 503-512; *Tr. Bot. méd. phanér.*, 774.) [F. H.]

POIVRIER (BOIS DE). Le *Fagara heterophylla* LAMK.

POIVRIER D'AMÉRIQUE, P. DU PÉROU, P. DES ESPAGNOLS. Noms vulgaires du *Schinus Molle* L.

POIVRIER (FAUX). Le *Vitex Agnus-castus* L.

POIVRON. L'un des noms du *Capsicum annuum* L.

POKE-ROOT. Aux États-Unis, le *Phytolacca decandra* L.

POKE-WEED. Nom anglais des *Phytolacca* L.

POKORNYA (MONTROUS., in *Mém. Acad. sc. Lyon*, X, 201). Synonyme (B. H.) de *Lumnitzera* W.

POKUTU-KAWA. Nom, à la Nouvelle-Zélande, du *Metrosideros tomentosa* A. RICH.

POLANISIA (RAFIN., in *Journ. phys.*, LXXXIX, 98). Section du genre *Cleome* L. (H. BN, *Hist. des pl.*, III, 147.)

POL-AUGALLANSKY. Nom russe d'une sorte de Concombre.

Poivrier Cubèbe. — Branche fructifère.

POLÉ, POLCHÉ. A Bourbon, l'*Hibiscus populneus* L.

POLEMANNIA (BERG., ex SCHLCHTL, in *Linnæa*, I, 250). Synonyme de *Dipcadi* MEDIC.

POLEMANNIA (ECKL. et ZEYH., *Enum. pl. Afr. austr.*, 347). Genre d'Ombellifères, série des Peucédanées, dont les petites fleurs ont des stylopodes coniques, et dont le fruit glabre est subovoïde, légèrement comprimé par le dos, avec un bord assez épais et un sommet dentifère. Les méricarpes, comprimés par le dos, décurrents sur le pédicelle, ont des côtes primaires dorsales et intermédiaires peu saillantes et des bandelettes solitaires. Ce sont des arbustes glabres, à feuilles trifides ou 3 natipennées, avec des segments cunéiformes et trifides. Les fleurs sont réunies en ombelles disposées sur une grappe aphylle et plus ou moins rameuse; l'ombelle terminale composée, et les latérales simples, avec des bractées et des bractéoles subulées peu nombreuses ou nulles. Les deux *Polemannia* décrits habitent l'Afrique australe. (HARV. et SOND., *Fl. cap.*, II, 550. — H. BN, *Hist. des plant.*, VII, 209.) [H. BN.]

POLEMBRYON (A. JUSS., *Mém. Rutac.*, 136, t. 49). Synonyme de *Esenbeckia* K.

POLEMBRYONIE, POLYEMBRYONIE. Présence de deux ou plusieurs embryons dans une graine, comme il arrive souvent dans le Gui (?), les *Citrus*, les Apocynacées, Asclépiadacées, etc.

POLÉMOINE (*Polemonium* T., *Inst.*, 146). Genre de Polémoniacées, à fleur subrégulière ou un peu irrégulière; la corolle gamopétale, imbriquée; 5 étamines; un gynécée supère, à ovaire 3-loculaire; les loges 2-∞-ovulées; le fruit capsulaire. Ce sont des herbes de l'Europe, l'Asie et les deux Amériques, à feuilles alternes, pinnatiséquées. On cultive dans nos jardins le *P. cæruleum* L. ou Valériane grecque, à fleurs parfois blanches. (H. BN, *Hist. des pl.*, X, 332, 389, fig. 222-227.)

POLÉMONIACÉES. Petite famille de Dicotylédones-gamopétales-hypogynes, établie par A.-L. de Jussieu; distinguée par son gynécée 3-mère et son androcée isostémoné. Nous la divisons (*Hist. des pl.*, X, 338) en 3 séries : 1. *Polémoniées :* corolle régulière ou à peu près. Plantes dressées; 2. *Cobéées :* corolle régulière. Plantes grimpantes; 3. *Bonplandiées :* corolle bilabiée. Plante dressée. [H. BN.]

POLEO (FEUILLÉE). Sorte de « Menthe ».

POLIA (TEN., in *Mem. Ac. Pontan.*, ex *Rev. bot.*, II, 125). Synonyme de *Cypella* HERB.

POLIANTHES (L.). Nom latin de la Tubéreuse.

POLICNÈME. Nom français (LAMK) des *Polycnemum* L. (629).

Polémoine. — Rameau florifère. Diagramme. Fleur, coupe longitudinale. Fruit déhiscent. Graine, entière et coupe longitudinale.

POLIN. En Russie, la Grande Absinthe.

POLIODENDRON (DE NOÉ, in *Webb Phyt. canar.*, III, 106, t. 173). Synonyme de *Teucrium* T.

POLIOMINTHA (A. GRAY, in *Proc. Amer. Acad.*, VIII, 295, 365). Genre de Labiées-Menthées, formé de 3 herbes mexicaines; voisin des *Gardoquia* et des *Keithia*, et distingué par ses staminodes et une corolle à tube garni en dedans d'un anneau de poils. (H. BN, *Hist. des pl.*, XI, 58.)

POLION (DIOSC.). Le *Teucrium Polium* L.

POLIOPLASME. Le protoplasma granuleux.

POLIOT. Synonyme ancien de Pouliot.

POLIOTHYRSIS (OLIV., in *Hook. Icon.*, t. 1885). Genre de Bixacées-Flacourtiées, formé d'un arbre chinois qui a des fleurs monoïques, apétales, 5-mères, avec 20-25 étamines, stériles dans les fleurs femelles; un ovaire à 3 placentas pariétaux, ∞-ovulés, supère; un fruit 3-valve, à graines ailées et albuminées. Les feuilles sont alternes. Les fleurs sont disposées en grappe composée terminale. [H. BN.]

POLIPORINI (PASSER., *Fung. parm. nuov.*, in *Giorn. Bot. ital.* [1872]; 145). Tribu de la famille des Hyménomycètes, comprenant les genres *Boletus*, *Polyporus*, *Trametes*, *Dædalea* et *Merulius*.

POLISIUS (Gottfr.-Sam.). Auteur, à Nuremberg [1688], d'un *Myrrhologia* (in-4 de 339 p., avec index).

POLISTROMA (ACHAR., *Syn. Meth. Lich.*, 136). Genre de Lichens-Cœnothalamés, de l'ordre des *Phymotoides*, admis par les lichénologues modernes. [CH. M.]

POLIUM (MATTH.). Le *Teucrium capitatum* L. Le *P. alterum* MATTH. est le *Teucrium montanum* L.

POLIUM (MŒNCH, *Meth.*, 385). Synonyme de *Teucrium* T.

POLL. Nom hébreu (ROSENTH.) de la Fève commune.

POLLALESTA (H. B. K., *Nov. gen. et spec.*, IV, 46, t. 321). Synonyme de *Oliganthes* CASS.

POLLEN. — Voy. ANTHÈRE, ÉTAMINE, REPRODUCTION.

POLLEN JUTTORUM (offic.). Celui du Noisetier.

POLLEXFENIA (HARV., in *Hook. Lond. Journ. Bot.*, III, 431). Ce genre d'Algues-Floridées. D'après Kützing, doit appartenir à la famille des *Delesseriæ*; d'après A.-G. Agardh, à celle des *Rhodomeleæ*. Il est caractérisé par une fronde de couleur rose-pourpre, dichotomo-laciniée, dépourvue de nervures, mais avec des veines rayonnantes en forme d'éventail. Cette fronde est constituée par deux espèces de cellules. Les plus étroites forment la partie intérieure; les plus extérieures sont disposées en séries, le plus souvent hexagonales. Les fructifications sont dans des processus fasciculés, émergeant des veines de la fronde. Les kéramidies sont dans un péricarpe celluleux, pourvu d'un carpostome. Les gemmidies sont piriformes; les stichidies obovales-oblongues. Peu d'espèces constituent ce genre, et elles sont toutes exotiques. (Voy. J.-G. AGH, *Spec., gen. et ord. Alg.*, IV, 832.) [CH. M.]

POLLIA (THUNB., *Gen. nov.*, I, 11). Genre de Commélinacées, formé de 13, 14 herbes, de l'Asie et de l'Océanie tropicales, qui a les fleurs des Commélines en général, avec quelques espèces 6-andres; un fruit indéhiscent, crustacé, fragile ou charnu. (C.-B. CLKE, *Commel.*, III, 121; *Commel. beng.*, t. 29, 30, 32, 33.) [H. BN.]

POLLICH (Joh.-Ad.). Médecin de Kaiserlautern [1740-1780], auteur de *Historia plantarum in Palatinatu electorali sponte nascentium incepta*; 3 vol. in-8 [1776-77].

POLLICHIA (MEDIC., *Phil. bot.*, I, 32). Synonyme de *Trichodesma* R. BR.

POLLICHIA (SOLAND., in *Ait. H. kew.*, I, 5). Genre de Caryophyllacées, qui a donné son nom à une tribu des *Pollichiées*. C'est une Illécébrée, à fleur d'*Illecebrum*, mais avec un réceptacle plus profond et 2 ovules. La seule espèce connue, frutescente, habite l'Afrique tropicale et australe. (H. BN, *Hist. des pl.*, IX, 102, 127, fig. 158-162.)

Pollichia. — Inflorescence. Portion d'inflorescence. Fleur, entière et coupe longitudinale.

POLLICHIA (W., *Fl. berol.*, 198). Synonyme de *Lamiopsis* DM.

POLLICIPORA (EHRB., *Beitr.*, 129. Syn. (KUETZ.) de *Spongiteæ* (*Sp. Alg.*, 698). [CH. M.]

POLLIEÆ. Tribu (1) des Commelinacées (B. H., *Gen.*, III, 841.)

POLLINAIRE (CORDA). Synonyme de Cystide.

POLLINARIE. Synonyme de Cystide.

POLLINIA (SPRENG., *Pl. min. cogn. Pugill.*, II, 10). Genre établi pour plusieurs espèces de *Pollinia*, *Andropogon*. etc.

POLLINIA (TRIN., in *Mém. Acad. Pétersb.*, sér. 6, II, 304). Genre de Graminées-Andropogonées, formé de 25 herbes asiatiques, australiennes et africaines; voisin des *Saccharum* et distingué par des divisions de l'inflorescence ramifiée simples, spiciformes, subglabres ou couvertes d'un duvet soyeux; la première glumelle vide ou absente; la terminale fertile et aristée. (HACK., *Andropog.*, 151.)

POLLINIDE. Nom donné aux anthérozoïdes des Floridées, immobiles et sans cils vibratiles.

POLLINIE. Masse de pollen solide, comme dans les Orchidacées, Asclépiadacées, etc.

POLLINISATION. — Voy. REPRODUCTION.

POLLINODE. Le Phytocyste-anthéridie.

POLLIQUE. Nom français (LAMK) des *Pollichia* SPRENG.

POLLOKETU. A Java, le *Dais octandra* L.

POLO (Marco). Célèbre voyageur vénitien [1236-1324], a observé plusieurs faits relatifs aux plantes exotiques. (E. MEY., *Gesch. d. Bot.*, IV, 115.)

POLOA (DC., in *Guillem. Arch.*, II, 514). Synonyme de *Pulicaria* GÆRTN.

POLONAIS (CORDIER, *Champ.*, 136). Nom vulgaire, dans les Vosges, du *Boletus edulis* BULL.

POLOS. Fruit jeune du Jacquier, à Candi.

POLPODA (PRESL, *Symb.*, I, t. 1). Genre de Portulacacées-Molluginées, formé d'un sous-arbrisseau du Cap; à fleurs 4-mères; les sépales scarieux; les 4 étamines longuement exsertes; l'ovaire à 2 loges 1-ovulées. Les branches sont feuillées en abondance, et les feuilles pressées sont petites, avec des stipules scarieuses. (H. BN, *Hist. des pl.*, IX, 63, 78.)

POLSCHER (W.). A publié à Duisbourg, l'année de sa mort [1861], *Anleitung zur Bestimmung der in der Umgegend von Duisburg wachsenden Gräser*. Il était né en 1831.

POLTOLOBIUM (PRESL, *Bot. Bem.*, 63). Synonyme de *Andira* LAMK.

POLYACANTHA (S.-F. GRAY, *Arr. brit. pl*, II, 443). Genre proposé pour le *Centaurea aspera* L.

POLYACANTHA (VAILL., in *Act. par.* [1718], 156). Synonyme (part.) de *Notobasis* CASS.

POLYACANTHOS. Nom ancien du *Carduus crispus* L.

POLYACANTHUS (PRESL, *Bot. Bem.*, 33). Synonyme de *Gymnosporia* W. et ARN.

POLYACHYRUS (LAG., *Amen. nat.*, 37). Genre de Composées-Mutisiées, du Chili et du Pérou, formé de 6, 7 herbes vivaces; distingué par des capitules souvent 2-flores, rapprochés en glomérules; le fruit couronné d'une aigrette plumeuse; l'achaine extérieur entouré d'une bractée de l'involucre. Les feuilles sont pinnatifides, et l'inflorescence est terminale. (DELESS., *Ic. sel.*, IV, t. 84. — WEDD., *Chl. andin.*, I, t. 13.) [H. BN.]

POLYACTIDÉES (PAYER, *Bot. crypt.*, 103). Famille de Champignons, que l'auteur plaçait en tête de l'ordre des Basidiosporés, mais qui ne contient que des Hyménomycètes, parmi lesquels plusieurs se rattachent aux Thécasporés, à titre d'organes de reproduction conidienne.

POLYACTIDIUM (DC., *Prodr.*, VII, 274). Synonyme de *Polyactis* LESS.

POLYACTIS (LESS., *Syn. Comp.*, 188). Synonyme de *Phalacroloma* CASS.

POLYACTIS (LK. — CORDA, *Ic. Fung.*, I, 19). Genre d'Hyphomycètes, considérés quelquefois comme des *Botrytis* (voy. ce mot), et qui présentent des filaments rampants, donnant naissance à des filaments dressés qui se ramifient au sommet et portent sur chaque branche des spores en épi ramassé, ayant souvent l'apparence de glomérules. Les *Polyactis* forment des touffes

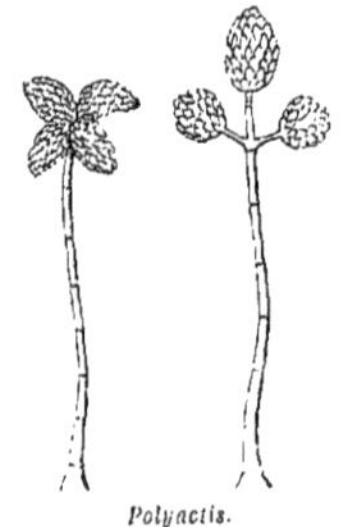

Polyactis.

grisâtres sur les débris végétaux. Plusieurs espèces ont été reconnues comme l'appareil conidien de *Peziza* à sclérotes. Une vingtaine d'espèces, presque toutes européennes. [De S.]

POLYACTIUM (DC., *Prodr.*, I, 665. — Eckl. et Zeyh., *Enum.*, 65). Section du genre *Pelargonium* Lhér.

POLYADENIA (Ehrenb., in *Linnæa*, II, 253). Section du genre *Tamarix* L.

POLYADENIA (Nees, *Laur. Exp.*, 18; *Syst.*, 571). Synonyme de *Lindera* Thunb.

POLYALTHIA (Bl., *Fl. jav. Anon.*, 70, t. 33, 34). Section du

Polyalthia. — Port.

genre *Unona* L. f., à carpelles généralement 2-ovulés. (H. Bn, *Hist. des pl.*, I, 212.)

POLYANGIUM (Lk, *Diss.*, I, 42). Genre de Gastéromycètes, trop peu caractérisé pour pouvoir être conservé.

POLYANODYNOS. Nom grec ancien du *Conium maculatum* L.

POLYANTHEA (DC., *Prodr.*, I, 322). Section du genre *Passiflora* L.

POLYANTHEMUM (Medic., *Phil. bot.*, II, 68). Synonyme de *Armeria* DC.

POLYANTHERA. Section (B. H., *Gen.*, III, 124) du genre *Aristolochia* T.

POLYANTHERIX (Nees, in *Ann. Nat. Hist.*, ser. 1, I, 284). Genre de Graminées, dont on a fait une section du genre *Elymus* L.; synonyme de *Sitanion* Rafin. Les glumes stériles y sont aristées, souvent divisées en 2-∞ languettes. Les glumelles fertiles sont d'ordinaire partagées en 2, 3 très longues pointes. Cette section ne renferme qu'une espèce américaine. [H. Bn.]

POLYANTHES (Jacq., *Icon. rar.*, t. 380). Syn. de *Polyxena* K.

POLYANTHES (L., *H. Cliff.*, 127). Pour *Polianthes* L.

POLYARRHENA (Cass., in *Dict.*, LVI, 172). Genre proposé pour le *Felicia reflexa* DC.

POLYASTER (Hook. f., *Gen.*, I, 299). Genre de Rutacées-Zanthoxylées, formé d'un arbuste mexicain, à feuilles alternes, imparipinnées; les fleurs distinguées par 5 sépales valvaires, 10 étamines et 5 carpelles oblongs; les ovaires 2-ovulés. (H. Bn, *Hist. des pl.*, IV, 475.)

POLYBLASTIA (Th. Fries, in *Pol. Exped.*, 366). Genre de Lichens-Angiocarpés, à thalle hétéromère, crustacé, et voisin des genres *Verrucaria* et *Pyremila*. [Ch. M.]

POLYBOEA (Kl., in *Linnæa*, XXIV, 30). Synonyme de *Cavendishia* Lindl. C'était aussi pour le même auteur un genre d'Euphorbiacées, synonyme de *Bernardia* Houst.

POLYBOTRYON (Dun., in *DC. Prodr.*, XIII, I, 66). Sous-section des *Dulcamara* (*Solanum*).

POLYCÆLEA (J. Agh, in *Act. Holm.* [1849]). Genre d'Algues-Gigartinées, groupe des Kallymeniées, qui se caractérise par une fronde gélatineuse, plane, dichotomo-laciniée, à deux couches de cellules : celles qui constituent l'intérieur sont grandes, arrondies, anguleuses, tandis que la couche extérieure est formée par des filaments articulés, rameux, anastomosés et serrés. Les cystocarpes sont immergés dans la fronde. Les sphærospores se développent dans un strate cortical; elles sont oblongues et se divisent en croix. (Voy. J.-G. Agh, *Spec., gen. et ord. Alg.*, III, 227.) [Ch. M.]

POLYCÆLIUM (A. DC., *Prodr.*, XI, 705). Section du genre *Myoporum* Banks.

POLYCALYMMA (F. Muell. et Sond., in *Linnæa*, XXV, 494). Synonyme de *Myriocephalus* Benth.

POLYCARDE. Nom français des *Polycardia* J.

POLYCARDIA (J., *Gen.*, 377). Genre de Célastracées, dont la fleur pentamère est celle d'un *Celastrus* ou d'un *Evonymus*, mais dont le fruit est une capsule ovoïde à 3-5 loges. Celles de l'ovaire contiennent de nombreux ovules bisériés et ascendants. Mais ce qu'il y a de plus remarquable dans ce genre, c'est que les feuilles alternes, entières ou dentées en épines, portent vers le milieu de leur nervure médiane, sur leurs bords ou sur leur sommet émarginé, l'inflorescence entraînée qui est une cyme pauciflore. Les deux *Polycardia* connus sont des arbustes malgaches, à feuilles alternes. (Voy. *Hist. des plant.*, VI, 38; in *Bull. Soc. Linn. Par.*, 276.) [H. Bn.]

POLYCARENA (Benth., in *Comp. Bot. Mag.*, I, 371). Genre de Scrofulariacées-Chænostomées, qui a à peu près les fleurs des *Chænostoma* et *Manulea* et se distingue par un calice dont les 5 lobes sont groupés en 2 lèvres; une corolle à tube mince et le plus souvent long; 4 étamines didynames, semblables. Ce sont 9, 10 herbes de l'Afrique australe, à fleurs en épis ou en grappes, adnées avec la bractée axillante. [H. Bn.]

POLYCARPÆA (Lamk, in *Journ. Nat. Hist.*, II, 8, t. 25). Genre de Caryophyllacées-Polycarpées, formé d'environ 24 herbes des régions chaudes des deux mondes, annuelles ou vivaces, à stipules scarieuses; les sépales ordinairement aussi scarieux; les pétales entiers ou 2-dentés; le style des *Pycnophyllum;* l'ovaire 1-loculaire et le fruit 3-valve. (H. Bn, *Hist. des pl.*, IX, 94, 119.)

Polycarpon. — Fruit déhiscent.

POLYCARPE (*Polycarpon* L., *Gen.*, n. 106). Genre de Caryophyllacées, qui donne son nom à la série des *Polycarpées* et qui a des fleurs 5-mères; les sépales scarieux sur les bords; les pétales petits, entiers ou émarginés; 3-5 étamines et un ovaire de Caryophyllacée, ∞-ovulé. Le fruit est 3-valve. Ce sont 5, 6 herbes ramifiées, des régions tempérées et chaudes des deux mondes, à feuilles opposées ou subverticillées, avec des stipules scarieuses; à cymes très composées. (H. Bn, *Hist. des pl.*, IX, 92, 117, fig. 139.)

POLYCARPÉE. Nom français (Lamk) des *Polycarpæa* Lamk.

POLYCARPIA (Webb, *Phyt. canar.*, I, 156). Synonyme de *Polycarpæa* Lamk.

POLYCENIA (Chois., *Mém. Sélag.*, 21, t. 2). Synonyme de *Hebenstreitia* L.

POLYCEPHALOS (Forsk., *Fl. æg.-arab.*, 154). Synonyme de *Oligolepis* Cass.

POLYCEPHALUM (Kalch. et Cooke, *Grevill.*, IX, 22). Genre d'Hyphomycètes, connu par une seule espèce de l'Afrique australe. Elle présente une sorte de stipe solide, cylindrique, épais, émergeant du bois pourri, se terminant par de petits rameaux très courts, portant de petits capitules gélatineux, caducs, sur lesquels sont agglutinées des spores ovoïdes, hyalines, très petites. [De S.]

POLYCHÆTIA (Less., *Syn. Comp.*, 371). Synonyme de *Nestlera* Spreng.

POLYCHÆTON (Pers., *Myc. eur.*, I, 9). Section des *Fumago*.

POLYCHILOS (Bred., *Orch. Kuhl et V. Hass.*, c. tab.). Synonyme de *Lecisia* Gaudich.

POLYCHLÆNA (Grke, in *Bot. Zeit.* [1849], 833). Section du genre *Hibiscus* L.

POLYCHROA (Lour., *Fl. cochinch.*, 559). Synonyme (B. H.) de *Pellionia* Gaudich.

POLYCHROMA (Bonnem., in *Journ. phys.*, XCIV, 191). Synonyme de *Griffithsia* Agh.

POLYCHYDIUM (Achar., *Lich. univ.*, 658). Genre de Lichens-Gymnocarpés, à thalle homœomère, gélatineux, très ténu, lacinié, rameux. Ce genre est formé d'une des grandes divisions des Collémacés. [Ch. M.]

POLYCLADA (DC., *Prodr.*, VII, I, 125). Section du genre *Scorzonera* T.

POLYCLADIA (Mont. — Kuetz., *Spec. Alg.*, 769). Genre d'Algues, de la famille des *Chondrieæ* pour J.-G. Agardh, de celle des *Gelidieæ* pour Kützing, et que Harvey considère comme un sous-genre du *Laurencia*. Ne serait-il point plutôt synonyme de *Delisea*? (Voy. J.-G. Agh, *Spec.*, *gen. et ord. Alg.*, III, 672.) [Ch. M.]

POLYCLADOS (Phil., *Fl. atacam.*, 34, t. 4). Synonyme (B. H.) de *Lepidophyllum* Cass.

POLYCLIDIA (Miers). Pour *Polydiclia* G. Don.

POLYCLONOS. Nom grec de l'Armoise commune.

POLYCNEMUM (L., *Gen.*, n. 53). Genre de Chénopodiacées, qui donne son nom à une série des *Polycnémées*, et

Polycnemum. — Fleur, entière et coupe longitudinale.

qui est formé de 3, 4 herbes annuelles, d'Europe, d'Asie et d'Afrique; distingué par des feuilles alternes, rigides et subulées; des fleurs axillaires, solitaires; un fruit sec (utricule) enclos dans le calice non modifié; une graine renversée, à embryon circulaire, entourant l'albumen. Ce qui rapproche surtout ces plantes des Amarantées, c'est que leurs anthères sont uniloculaires. Notre *P. arvense* L. est indigène. (H. Bn, in *Bull. Soc. Linn. Par.*, 620; *Hist. des pl.*, IX, 139, 181, fig. 187, 188.) [H. Bn.]

POLYCOCCUM (Auzc. — Arn., ex Th. Fries, in *Pol. Exped.*, 370). Genre de Lichens.

POLYCOCCUM (Flot., ex *Pfeiff. Nom.*, II, 790). Synonyme de *Verrucaria* Pers.

POLYCOCCUS (Kuetz., in *Harlem. natuurk. Verh.* [1841], *Sp. Alg.*, 211). Synonyme de *Palmella* Lgb.

POLYCŒLIUM (A. DC., *Prodr.*, XI, 705). Synonyme (part.) de *Pentacœlium* Zucc.

POLYCYCNIS (Reichb. f., in *Bonplandia* [1855], 218). Genre d'Orchidacées-Vandées, formé de 3 herbes épiphytes, américaines, à pseudobulbes charnus; les sépales étalés, étroits; le labelle à lobes latéraux bordant l'onglet; le sommet arqué et étalé. Les fleurs sont belles, en grappe lâche, et font souvent cultiver ces plantes. (*Ill. hort.*, XVII, t. 19. — *Bot. Mag.*, t. 4479.) [H. Bn.]

POLYCYRTUS (Schlchtl, in *Linnæa*, XVII, 126). Genre d'Ombellifères, que Boissier donne comme un *Ferula* de la section *Peucedanoides* (*Fl. or.*, II, 985).

POLYCYSTIS (Kuetz., *Tab. phyc.*, 7). Genre d'Algues, de la famille des Palmellées, à cellules composées, grandes, renfermées dans un mucilage gélatineux, hyalin, mou, et contenant des gonidies libres dans un strate membraneux. Nous sommes bien porté à ne pas admettre ce genre et à le considérer comme une forme primordiale de quelque Lichen. [Ch. M.]

POLYCYSTIS (Lév., in *Ann. sc. nat.*, 3e sér., V, 269). — Voy. Urocystis Rabenh.

POLYDESMIA (Boud., *Discom. charnus*, 25). Genre de Discomycètes, formé des *Helotium* à paraphyses dendroïdes plus longues que les thèques.

Polygala. — Port. Rameau florifère.

POLYDESMUS (Mont., in *Ann. sc. nat.*, sér. 2, IX, 365). Genre d'Hyphomycètes, très voisin des *Alternaria*, dont les spores fusiformes, pluriloculaires, brunâtres, sont disposées en chapelets et séparées entre elles par une portion du filament mère. Elles sont portées par des filaments dressés, hyalins, simples ou ramifiés. Des deux espèces connues, l'une, le *P. exitiosus* Kuhn, se développe sur la tige, les feuilles de plantes cultivées, Rave, Chou, Tomate, Pomme de terre, et en compromet les produits par les désordres qu'elle occasionne, surtout en Allemagne et en Italie. [De S.]

POLYDICLIS (Miers, in *Ann. sc. nat.*, sér. 2, IV, 361). Genre de Solanacées, proposé pour le *Nicotiana quadrivalvis* Lehm.

POLYDISTACHYOPHORUM (GREN. et GODR., *Fl. de Fr.*, III, 469). Section du genre *Andropogon* L.

POLYDONTIA (BL., *Bijdr.*, 1104). Syn. de *Pygeum* GÆRTN.

POLYDORA (FENZL, in *Flora* [1844], 312). Synonyme de *Vernonia* SCHREB.

POLYDRAGMA (HOOK. F., in *Hook. Icon.*, t. 1701). Genre d'Euphorbiacées-Crotonées, établi pour un arbuste de Perak (*P. mallotiforme*), à fleurs dioïques, apétales; les mâles à 3 sépales, avec 6 phalanges d'étamines; les femelles à 5 sépales, avec un ovaire à 3 loges uniovulées. Les feuilles sont alternes, et les fleurs sont disposées en grappes axillaires. [H. BN.]

POLYECHMA (HOCHST., in *Flora* [1841], 376). Synonyme de *Hygrophila* R. BR.

POLYEDREÆ (RABENH., *Fl. europ. Alg.*, III, 61). Division des Algues-Protococcacées, de la classe des *Chlorophyllophyceæ*, ordre des *Coccophyceæ*. Les cellules sont isolées, le plus souvent comprimées, avec trois, quatre ou huit *productus* angulaires, plus ou moins allongés. Elles nagent librement. Les productus sont quelquefois bifides, d'autres fois allongés. Le cytioderme est ténu. La masse chlorophyllienne est souvent granuleuse, et parfois on y remarque des gouttelettes rouges oléagineuses. Rabenhorst a établi trois divisions dans la famille des *Polyedreæ*. [CH. M.]

POLYEDRUM (NÆG., in *litt.* [1849]). Algues unicellulaires, de la famille des *Polyedreæ*, à fronde solitaire, libre, non comprimée vers le milieu, comme certaines Desmidiacées, et dont les autres caractères sont ceux de la famille où Rabenhorst les a placées. (KUETZ., *Spec. Alg.*, 168.) [CH. M.]

POLYGALA (MATTH.). Le *Lotus corniculatus* L.

POLYGALA (T., *Inst.*, 174). Genre de Dicotylédones-Dialypétales, qui donne son nom à la famille des *Polygalacées* et à la série des *Polygalées*. Les fleurs y sont irrégulières, à réceptacle convexe. Le calice est 5-mère, à sépales fort dissemblables, quinconciaux : les intérieurs grands et colorés (ailes); les

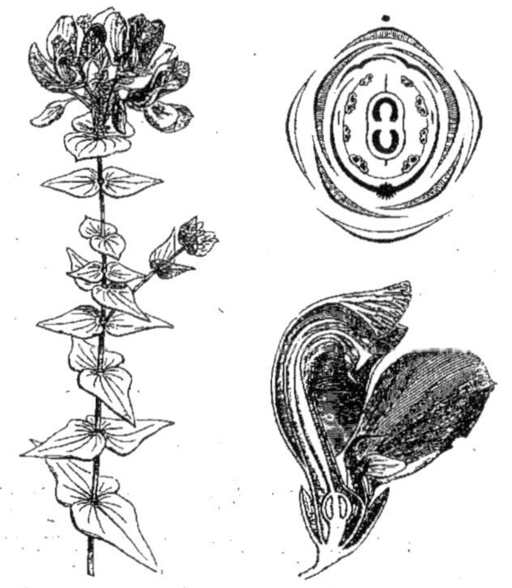

Polygala. — Rameau florifère. Diagramme floral. Fleur, coupe longitudinale.

latéraux petits. La corolle est aussi très irrégulière : le pétale inférieur grand, en nacelle, en casque, avec crête dorsale lobée ou divisée, formant une sorte de carène. Les pétales postérieurs sont petits ou nuls. L'androcée est à 8 étamines 2-adelphes; les anthères s'ouvrant en haut. L'ovaire a 2 loges, avec un ovule descendant; le micropyle extérieur. Le style a un sommet très irrégulièrement 2-lobé. Le fruit est loculicide, comprimé, 2-valvé, à graines albuminées; l'exostome arillé. Ce sont des herbes, sous-arbrisseaux ou arbustes, à feuilles alternes, opposées ou verticillées; les fleurs en épis ou grappes, simples ou composés. On emploie en médecine le P. de Virginie, notre *P. vulgaris* L., etc. Il y a un *P. tinctoria* VAHL, anthelminthique. (H. BN, *Hist. des pl.*, V, 71, 84, 87, fig. 104-106; *Tr. Bot. méd. phanér.*, 905, fig. 2621-2625.)

POLYGALACÉES. Famille de Dicotylédones-Dialypétales-hypogynes, à fleurs irrégulières, partagée en 3 séries : 1. *Polygalées* : Ovaire à 2 loges (ou une par avortement), 1-ovulées. Fruit sec ou charnu. Graine avec ou sans albumen; 2. *Xanthophyllées* : Fleur à ovaire 1-loculaire; les placentas pariétaux. Ovules 2-∞. Graine avec ou sans albumen; 3. *Kramériées* : Fleur résupinée. Pétales 3, 4. Étamines 3-5, postérieures. Ovaire 1-loculaire, à 2 ovules descendants. Fruit indéhiscent. Graine sans albumen. (H. BN, *Hist. des pl.*, V, 81.)

POLYGALE. Nom français (LAMK) des *Polygala* T.

POLYGAME, POLYGAMIE. Les plantes polygames sont celles qui possèdent à la fois des fleurs hermaphrodites et des fleurs unisexuées. Linné a établi dans les Composées 5 ordres de Polygamie : la *P. égale*, où toutes les fleurs d'un capitule sont fertiles et hermaphrodites; la *P. nécessaire*, où les fleurs du disque sont stériles, mais ont des étamines qui fécondent les femelles du rayon; la *P. superflue*, où les fleurs du rayon sont femelles et fertiles; celles du disque hermaphrodites; la *P. frustanée*, où les fleurs du rayon sont neutres et celles du disque hermaphrodites et fertiles. Dans la *P. séparée*, il y a un involucelle pour chaque fleur, outre l'involucre général, comme, par exemple, dans les *Echinops*. [H. BN.]

POLYGANON (BAUH.). Nom ancien des *Polygala* T.

POLYGASTER (FR., *Syst. myc.*, II, 295). Genre de Gastéromycètes, connu par une seule espèce vivant sur les racines des vieux arbres, dans les forêts de la Cochinchine et de l'Inde. Le péridium globuleux, sessile, brun, s'ouvre irrégulièrement. L'intérieur est rempli de péridioles blanchâtres, assez grands, qui contiennent les spores. [DE S.]

POLYGLOCHIN (EHRH., *Phytoph.*, n. 6). Le *Carex dioica* L.

POLYGONACÉES, POLYGONÉES. Famille rangée généralement dans l'Apétalie et que distinguent ses fleurs à réceptacle légèrement concave, avec un ovaire 1-loculaire, 1-ovulé; l'ovule basilaire et orthotrope; et les feuilles alternes, pourvues d'une gaine nommée *Ocrea*. (PAYER, *Leç. Fam. nat.*, 41.)

POLYGONASTRUM (MŒNCH, *Meth.*, 637). Synonyme de *Smilacina* DESF. C'est aussi le *Convallaria racemosa* L.

POLYGONATEÆ. Tribu (4) des Liliacées. (B. H., *Gen.*, III, 749.)

POLYGONATUM (ADANS., *Fam.*, II, 54). Genre de Liliacées,

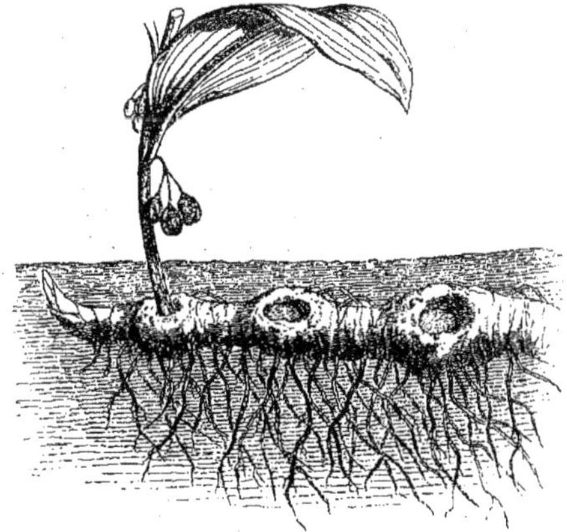

Polygonatum. — Rhizome portant une branche florifère.

démembré des Muguets et qui en diffère par son périanthe tubuleux et par ses fleurs insérées au niveau des feuilles et sur les mêmes axes. Ces feuilles sont alternes, opposées ou verticillées. Nous en avons deux espèces communes, ou Sceaux-de-Salomon, le *P. vulgare* et le *P. multiflorum*. (NEES, *Gen. Fl. germ.*, *Monoc.*, II, n. 60. — H. BN, *Iconogr. Fl. fr.*, n. 253, 254.)

POLYGONELLA (MICHX, *Fl. bor.-amer.*, II, 240). Genre de Polygonacées vraies, formé de 5, 6 herbes annuelles, de l'Amérique du Nord; distingué par des fleurs 8-andres; le gynécée 3-mère; les 2 sépales extérieurs réfléchis en dehors du fruit. Les feuilles sont linéaires, et les inflorescences sont composées et grêles. [H. BN.]

POLYGONUM (T.). Nom latin des Renouées.

POLYGONUMFEMINA. Nom ancien des *Hippuris* et des *Myriophyllum* L.

Polygonatum. — Branche florifère.

POLYGONUM MINUS (MATTH.). La Turquette.

POLYGONUM PLINII (CLUS.). Nom ancien de l'*Ephedra distachya* L.

Polygonum. — Tige foliifère.

POLYGYNE (PHIL., in *Linnæa*, XXXIII, 170). Synonyme de *Plagiocheilus* ARN.

POLYGYNIE. — Voy. TAXINOMIE.

POLYIDES (AGH, *Sp. Alg.*, 390). Genre d'Algues-Floridées, de l'ordre des *Spongiocarpeæ*, d'après M. J.-G. Agardh, de l'ordre des *Rhodospermeæ* pour W.-H. Harvey. La fronde est cylindrique, dichotome, fastigiée, cartilagineuse, constituée par trois couches diverses; au centre, ce sont des filaments allongés et resserrés; les cellules composant la seconde couche sont plus courtes, plus amples, granuleuses; celles de la périphéric plus petites se prolongent en filaments moniliformes et tégumentaires. Les cystocarpes sont dans les spongioles superficielles. Leur formation est accompagnée de circonstances fort curieuses, dont nous trouvons la relation dans le travail de Thuret. Les sphærospores sont logées dans les cellules de la couche corticale; elles sont oblongues et se divisent en croix. (Voy. W.-H. HARV., *Phyc. brit.*, III, t. 95. — THUR., *Ét. phycol.*, 73.) [CH. M.]

POLYIDES (SOND., in *Bot. Zeit.* [1845]). Genre d'Algues-Gigartinées, qui n'a pas été admis par tous les auteurs. Les espèces qui le constituent ont été réparties dans les genres *Gigartina* et *Gymnogongrus*. (KUETZ., *Sp. Alg.*, 751.) [CH. M.]

POLYLEPIS (R. et PAV., *Prodr.*, 34, t. 15). Genre de Rosacées-Potériées, formé d'une dizaine d'arbustes des Andes; distingué par un seul carpelle; un androcée de 5-∞ étamines; des fleurs disposées en épis pendants. (WEDD., *Chlor. andin.*, II, t. 78. — H. BN, *Hist. des pl.*, I, 463.)

POLYLOBIUM (ECKL. et ZEYH., *Enum.*, 180). Synonyme de *Lotononis* DC.

POLYLOPHIUM (BOISS., in *Ann. sc. nat.*, sér. 3, II, 47). Genre d'Ombellifères, rapporté à la série des Daucées, et qui a des fleurs de *Laserpitium*, avec un fruit ovoïde, subarrondi, des carpelles comprimés sur le dos, une large commissure, des côtes primaires et secondaires dilatées en ailes ondulées-crispées, fimbriées, des bandelettes solitaires et la face séminale à peu près plane. Les *Polylophium* sont des herbes vivaces et glabres, de l'Orient, à feuilles décomposées-pennées, à involucres et involucelles formés de nombreuses bractées, entières ou incisées. (Voy. *Hist. des plant.*, VII, 203, n. 8.) [H. BN.]

POLYMERIA (R. BR., *Prodr.*, 488). Genre de Convolvulacées-Convolvulées, formé de 7 herbes australiennes; distingué des Liserons par un ovaire à 2 loges 2-ovulées; un style généralement divisé en nombreuses languettes stigmatiques; une capsule 1, 2-sperme. (H. BN, *Hist. des pl.*, X, 325.)

POLYMNIA (L., *Gen.*, n. 987). Genre de Composées-Hélianthées, formé d'une douzaine d'arbres, arbustes ou herbes, des deux Amériques; distingué par des capitules radiés, à fleurs de rayon 1-sériées; à fruit obovoïde, sans aigrette; à grandes feuilles, généralement opposées. Le *P. edulis* est la Poire de terre Cochet. C'est peut-être d'ailleurs une section du genre *Silphium* L. (H. BN, *Hist. des pl.*, VIII, 234.)

POLYMNIA (NECK., *Elem.*, I, 31). Synonyme de *Uvedalia* DC.

POLYMNIASTRUM (LAMK, *Ill.*, t. 712). Sect. du g. *Polymnia* L.

POLYMORPHISME. On désigne par ce terme, en mycologie, la propriété que présentent les Champignons d'avoir plusieurs modes de reproduction, ou de présenter ce que l'on a aussi appelé une alternance de génération.

POLYMORPHUM (CHEVAL., in *Journ. phys.*, XCIV, 32). Synonyme de *Opegrapha faginea* PERS.

POLYMORPHUS (NAUMB., *Dissert.* [1782], 28). Synonyme de *Bulgaria* FRIES.

POLYMYCES (BATT., *Fung. Tab.*, 30). Synonyme de *Armillaria* FRIES.

POLYMYXUS (J.-W.-B. [1855]). Genre de Diatomacées, de la famille des Héliopeltées, caractérisé par des valves finement marquées et par des compartiments entièrement ondulés. Synonyme (?) de *Halionyx* EHRB. [CH. M.]

POLYNEMA (LÉV., in *Ann. sc. nat.*, sér. 3, V, 274). Genre de Sphéropsidés, voisin des *Excipula*, à périthèce membraneux en cupule sessile, recouverte de poils rigides, allongés. Les spores oblongues, hyalines, pédicellées, surmontées de quatre appendices fins, sont portées par des sporophores sétiformes. Une seule espèce, sur l'écorce des Châtaigniers, aux environs de Gênes. [DE S.]

POLYNEVRON. Nom grec ancien des Plantains.

POLYNOME (SALISB., *Gen. pl. Fragm.*, 12). Syn. de *Dioscorea*.

POLYODON (H. B. K., *Nov. gen. et spec.*, I, 174, t. 55). Section du genre *Bouteloua* LAG.

POLYODUS (TARG., ex BERTOL., *Amen. ital.* [1819], 301). Synonyme de *Laurencia* LAMX.

POLYOPES (J. AGH, in *Act. holm.* [1849]). Algues-Floridées, de la tribu des Grateloupiées, famille des Cryptonémiacées. La fronde est gélatineuse, élastique, dichotome, fastigiée, constituée par deux couches différentes : l'intérieure est formée de filaments rameux, anastomosés, resserrés; la plus extérieure, de filaments verticaux, moniliformes, dans un mucus qui durcit en séchant. Les cystocarpes se trouvent réunis en séries dans le strate cortical. Les sphærospores éparses sont resserrées dans la même couche; elles sont oblongues et se divisent en croix. (Voy. J.-G. AGH, *Spec., gen. et ord. Alg.*, III, 147.)

POLYOSMA (BL., *Bijdr.*, 658). Genre de Saxifragacées-Escalloniées, formé d'une dizaine d'arbres, de l'Inde et de l'Océanie; distingué par des fleurs en longues grappes terminales, 4-mères; les pétales linéaires; l'ovaire infère, 1-loculaire, et le style simple; le fruit charnu et monosperme. (H. BN, *Hist. des pl.*, III, 439.)

POLYOSTEA (RUPR., *Alg. Ochot.*, II, 226). Synonyme de *Polysiphonia* GREV.

POLYOTUS (NUTT., in *Trans. Amer. Phil. Soc.*, V, 199). Synonyme de *Gomphocarpus* R. BR.

POLYOZUS (BL., *Bijdr.*, 947 (part.), nec LOUR.). Synonyme de *Uragoga* (*Psychotria* L.).

POLYOZUS (LOUR., *Fl. coch.*, 74). Genre douteux de Rubiacées (?), de Cochinchine (H. BN, *Hist. des pl.*, VII, 364). Le *P. bipinnata* est (?) une Méliacée ou une Cunoniée.

POLYPANGIUM (ENDL.). Section du genre *Stylidium* Sw.

POLYPAPPUS (LESS., in *Linnæa*, IV, 314; VI, 149). Synonyme de *Baccharis* L.

POLYPAPPUS (NUTT., in *Journ. Ac. Philad.*, ser. 2, I, 178). Synonyme de *Tessaria* R. et PAV.

POLYPARA (LOUR., *Fl. coch.*, 61). Syn. de *Houttuynia* THUNB.

POLYPERA (PERS., *Comm.* — FR., *Syst. mycol.*, III, 52). Synonyme de *Polysaccum* DESP.

POLYPHACEÆ (DCNE, *Classif. Alg.* [1842], 63). Famille d'Algues, dans laquelle l'auteur avait placé les deux genres *Polyphacum* et *Scaberia* GREV.

POLYPHACUM (AGH, *Spec. Alg.*, 106). Algues-Floridées, de la grande famille des *Polysiphonieæ*, à fronde plane, rameuse, à série de cellules plus ou moins en zone, recouvertes d'aspérités prolifères. Les kéramidies subglobuleuses sont dans un péricarpe celluleux, avec carpostome. Les stichidies sont fasciculées, lancéolées, linéaires, recourbées, et contiennent une double série de sphærospores. Dans son *Systema Algarum*, Agardh avait placé ce genre parmi les Laminariées. (Voy. J.-G. AGH, *Spec., gen. et ord. Alg.*, 1111-1129.) [CH. M.]

POLYPHALLUM (AGH, ex *Payer Crypt.*, ed. H. BN, 43). Genre d'Algues, de la famille des *Cystonicæ*, ordre des Fucacées. La fronde est dichotome ou à rameaux pennés. Les rameaux sont filiformes, souvent prolifères. Les sporothalles sont sous forme de siliques, fasciculés et placés à l'extrémité des rameaux. [CH. M.]

POLYPHEMA (LOUR., *Fl. cochinch.*, 546). Synonyme de *Artocarpus* FORST.

POLYPHORE (RICH.). Le Gynophore, quand il supporte plusieurs pistils.

POLYPHRAGMON (DESF., in *Mém. Mus. Par.*, VI, 5, t. 2). Synonyme de *Timonius* RUMPH.

POLYPHYLLEI (QUÉL., *Enchir.*, 2). Désigne les Agaricinés (beaucoup de feuillets), par opposition à *Polypori* QUÉL.

POLYPHYLLON (LESS., *Syn. Comp.*, 143). Sous-g. du g. *Trixis*.

POLYPHYSA (LAMOUR., *Polyp. flex.*, 252). Pour l'auteur, genre d'Algues. Pour nous, c'est un Polypier. [CH. M.]

POLYPILUS (PERS., *Myc. europ.*, I, 110). Section des *Telephora*, à chapeaux nombreux.

POLYPLEURUM (TAYL. — B. H., *Gen.*, III, 112). Section du genre *Podostemon* MICHX.

POLYPLOCIUM (BERK., *On Hymen. Fung.*, 3). Genre de Podaxinés épigés, à péridium hémisphérique, porté sur un pied atténué vers le sommet et muni à la base d'une grande valve à bords irréguliers. L'intérieur du péridium est irrégulièrement lacuneux, contenant de très petites spores noires, entremêlées d'un capillitium fin, translucide, très peu ramifié. Deux espèces bolétiformes, différant peu par leurs dimensions; dans l'Afrique australe et la Californie. [DE S.]

POLYPODE (*Polypodium* L., *Gen.*, n. 79). Genre de Fougères, qui a donné son nom aux *Polypodiées* et aux *Polypodiacées*, et qui est caractérisé par des sores insérés sur les nervures des frondes. Ils sont en séries ou sans ordre, sans induvie. Ce sont des Fougères herbacées ou ligneuses, du monde entier. Notre *P. vulgare* L., si commun (*P. de Chêne*), est employé en médecine pour son rhizome amer et sucré. Le *P. Calaguala* R. et PAV. donne la vraie souche de Calaguala. On emploie aussi les *P. crassifolium, quercifolium, lycopodioides, morbillosum, Rheedii, adiantiforme*, etc. (H. BN, *Tr. Bot. méd. crypt.*, 2, fig. 1-3.)

Polypodium. — Pinnule. Spores.

POLYPODE DE CHÊNE. Le *Polypodium vulgare* L.

POLYPODE FEMELLE. L'un des noms de la Fougère femelle.

POLYPODE MALE. Le *Dryopteris Filix-mas* SCHOTT.

POLYPODIOIDEA (STACKH., in *Mém. Mosc.* [1809], II, 97). Synonyme de *Haliseris* TARG.

POLIPODIOLITHES (STERNB., *Fl. protog.*, 44, t. 33). Synonyme de *Palæozamia* ENDL.

POLYPODITES (GŒPP., *Syst. Fil. foss.*, 388). Genre de Fougères fossiles (*Pecopterides*). (UNG., *Syn. pl. foss.*, 92; *Chl. protog.*, 121, t. 136.)

POLYPOGON (DESF., *Fl. atl.*, I, 66). Genre de Graminées-Agrostidées, formé d'une dizaine d'herbes, généralement annuelles, des régions chaudes et tempérées des deux mondes; distingué par des glumes aristées; la glumelle inférieure plus petite et souvent hyaline, aristée sur le dos ou dans son échancrure apicale. L'inflorescence est spiciforme ou plus ou moins irrégulière. (K., *Enum.*, I, 232. — NEES, *Gen. Fl. germ., Monoc.*, I, n, 32.) [H. BN.]

POLYPOMPHOLYX (LEHM., *Nov. st. Pug.*, VIII, 48). Genre de Lentibulariées, formé de 2 herbes australiennes, qui ont le port, la corolle et l'androcée des Utriculaires terrestres et qu'on en distingue par les 4 divisions 2-sériées du calice. (F. MUELL., *Pl. Vict. lith.*, t. 64.) [H. BN.]

POLYPORE (*Polyporus*, MICH., *Nov. gen.*, 118, 129). Genre de Champignons-Basidiosporés, très étendu, malgré le grand nombre d'espèces qui en ont été successivement distraites pour former des genres nouveaux. Le réceptacle, épigé ou plus souvent épixyle, se compose d'un chapeau simple ou multiple, ou ramifié, tantôt sessile, tantôt porté sur un pédicule central, excentrique ou latéral. A la surface inférieure du chapeau sont les tubes caractéristiques de tous les Polyporés; la trame du chapeau descend entre les tubes. Cette trame est formée de cellules simples ou ramifiées, cylindriques, le plus souvent à petit calibre, formant à la surface externe une cuticule peu distincte; elle est blanche ou colorée en jaune ou en fauve. La consistance, charnue à l'état jeune, reste molle, coriace, élastique, ou devient plus dure, cassante, ou même subéreuse dans la section la plus voisine du genre *Fomes*, sans que le réceptacle soit pérennant comme chez ces derniers. L'hyménium qui tapisse l'intérieur des tubes a les éléments petits des basides à quatre stérigmates courts, portant des spores presque toujours hyalines ou légèrement teintées à l'extrême maturité. Les cystides n'existent pas toujours et ont des formes assez indéterminées. Les ouvertures extérieures des tubes, les pores, ont des formes, des couleurs, des structures diverses, qui entrent dans la caractéristique des sous-genres ou des espèces. Des conidies libres naissent du mycélium entophyte du *P. sulfureus* BULL.; d'autres angiocarpes s'observent dans le chapeau de la même espèce et de plusieurs autres; mais, quand les conidies s'y produisent dès le jeune âge, le chapeau ne produit pas de tubes. Il ne s'épanouit pas; il reste plus ou moins globuleux et devient une vraie pycnide, qui se remplit de conidies, comme un Gastéromycète, et qui a été décrite sous les noms de *Ptychogaster* ou de *Ceriomyces*. La limite est difficile à saisir entre le genre *Polyporus* et les genres voisins *Trametes*, *Polystictus*. Plusieurs mycologues l'ont encore réduit en le limitant aux espèces leucospores épigées, putrescentes; il en comptait à peine une trentaine. Compris dans le sens plus étendu que lui conserve M. Saccardo, le genre Polypore se compose de 13 sections, contenant ensemble environ 400 espèces, répandues dans toutes les régions. Les espèces épixyles sont parasites et saprophytes; leur mycélium agit sur les cellules végétales, dont il hâte la destruction, et il continue à vivre aux dépens du bois pourri formé par la mortification des éléments cellulaires. Une quinzaine d'espèces sont comestibles. [De S.]

POLYPOREÆ (Karst., *Hedw.* [1881], 74). Famille de Polyporés, ne comprenant pas les Bolets et genres affines.

POLYPORELLUS (Karst., *Hedw.* [1881], 74). Genre de Polyporés, comprenant des espèces stipitées et leucospores, ayant souvent le stipe noir, surtout à la base.

POLYPORÉS (*Polyporei* Fr., *Summ. veg. Scand.*, 315). Famille de Champignons-Basidiosporés, appartenant aux *Hymenomycetes pileati* de Fries, et dont le caractère distinctif est dans la forme en tubes de l'hyménophore. L'hyménium tapisse l'intérieur de ces tubes, très cohérents entre eux chez les Polypores, plus lâchement unis et facilement séparables chez la plupart des Bolets, et tout à fait séparés chez les Fistulines. Les tubes peuvent aussi se séparer facilement du chapeau ou lui être intimement unis; ils s'ouvrent à l'extérieur par des pores de dimensions ou de formes variées. Réguliers ou irréguliers à l'origine, ils s'agrandissent ou se développent dans des directions qui leur donnent plutôt l'apparence de lames entre-croisées ou anastomosées, rappelant la disposition de l'hyménophore des Agaricinés. Plusieurs genres sont ainsi aux confins des deux familles, tels que les *Lenzites*, *Cyclomyces*, *Hymenogramme*, et placés tantôt dans l'une, tantôt dans l'autre. M. Patouillard a proposé d'incorporer les Bolets dans les Agaricinés, section des Paxillés, parce que « les pores sont dérivés d'une façon évidente de leurs lames anastomosées et rayonnantes ». Mais il y a aussi des *Polyporus* chez lesquels l'étude du développement montre pour les tubes l'apparence d'une semblable origine; on serait donc amené à démembrer toute la famille des Polyporés. Peut-être pourrait-on tirer de ce fait un motif pour former une famille intermédiaire; mais la difficulté de circonscrire de telles familles est souvent aussi grande que celle de placer tel ou tel genre dans l'une ou l'autre des deux familles. Nous laisserons donc à la famille des Polyporés ses limites admises jusqu'ici, en la subdivisant en deux séries : 1° Bolétinés, comprenant les genres *Fistulina*, à tubes séparés: *Boletus*, à tubes séparables, les subdivisions reposant sur la teinte des spores; et *Boletinus*, à tubes non séparables, dont les *Gyrodon* et les *Strobilomyces* ne seraient que des sous-genres; 2° Polyporinés, comprenant les genres *Polyporus*, *Polystictus*, *Fomes*, *Ganoderma*, *Poria*, *Hexagonia*, *Favolus*, *Dædalea*, *Glœoporus*, *Laschia*, *Merulius*, *Theleporus*, *Porothelium*, *Solenia*, fondés sur des caractères non homologues: dimension des pores, structure du tissu ou de la portion cuticulaire du réceptacle, couleur de ce tissu ou des spores, présence ou absence du stipe, état résupiné du chapeau, etc. On en verra le détail aux noms de genres et de sous-genres. Les Polyporés présentent souvent des conidies sur le chapeau, ou quelquefois issues du mycélium, ou bien renfermées dans des pycnides qui reproduisent plus ou moins l'aspect du réceptacle hyménifère ou se fusionnent avec lui, et d'autres fois s'en éloignent assez pour avoir été pris pour des espèces différentes ou même pour des Gastéromycètes; on les rangeait dans les genres *Ptychogaster* et *Ceriomyces*. Les *Myriadoporus* et *Oligoporus* ne sont sans doute aussi que des pycnides analogues aux *Ceriomyces*. La famille des Polyporés comprend environ 2000 espèces; leur nombre s'est accru surtout par la connaissance des espèces exotiques, que leur réceptacle solide et résistant permet de conserver. La grande prédominance des Polyporés à mesure qu'on se rapproche de l'équateur s'affirme de plus en plus; on peut compter aujourd'hui plus de 900 espèces propres aux régions tropicales de l'Amérique, de l'Asie, de l'Océanie, quand l'Europe, bien mieux explorée, en compte à peine 250, et 120 qui lui sont communes avec d'autres contrées. Plusieurs espèces sont comestibles, sous le nom de Cèpes ou de Langues; d'autres fournissent l'amadou ou des produits pharmaceutiques. On n'a que des renseignements insuffisants sur l'action des espèces de Bolets suspectés à cause de la propriété de leur tissu intérieur de bleuir à l'air. [De S.]

POLYPORITES (Lindl. et Hutt., *Foss. Fl.*, I, n. 65). Genre de Champignons fossiles. (Ung., *S. pl. foss.*, 18; *Chl. prot.*, XXIX.)

POLYPREMUM (Adans., *Fam. des pl.*, II, 152, nec L.). Synonyme de *Valerianella* Mœnch.

POLYPREMUM (L., in *Act. upsal.* [1741], t. 78; *Gen.*, n. 137). Genre de Rubiacées-Oldenlandiées, que la plupart des auteurs ont placé parmi les Loganiacées, parce que son ovaire et son fruit sont libres ou à peu près, mais qui a d'ailleurs toute l'organisation florale des *Oldenlandia*, avec un réceptacle en forme de cupule peu profonde. Le calice et la corolle sont 4, 5-mères; les sépales lancéolés et un peu rigides; la corolle, égale au calice ou plus courte, tubuleuse, subcampanulée, imbriquée. Les 4, 5 étamines sont incluses; et l'ovaire, adné seulement par

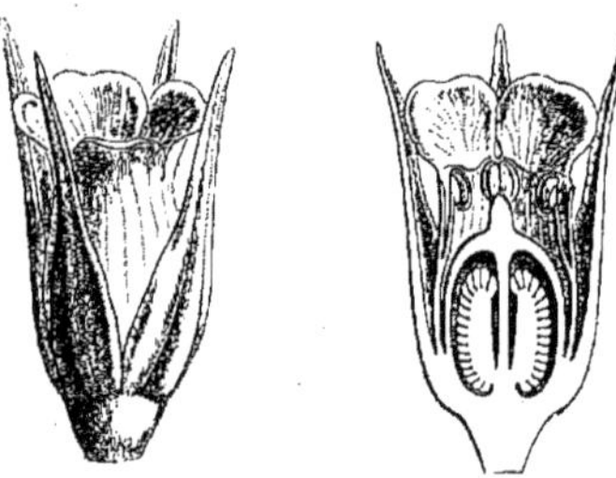

Polypremum. — Fleur, entière et coupe longitudinale.

sa base à la cupule réceptaculaire, a 2 loges multiovulées, un placenta ascendant, un style court, à sommet stigmatifère obtus, entier ou très brièvement bilobé. Le fruit est capsulaire, comprimé perpendiculairement à la cloison, loculicide et septicide, avec de nombreuses graines, petites et albuminées. Le *P. procumbens*, seule espèce du genre, est une petite herbe de l'Amérique boréale et centrale, à feuilles opposées, linéaires, dilatées à la base en une lame membraneuse, entière ou dentée, qui les unit et représente (?) les stipules. Les fleurs sont ordinairement solitaires dans les dichotomies. C'est le *Linum carolinianum* de Petiver. (Voy. *Hist. des plant.*, VII, 328, 463, n. 134, fig. 319, 320.) [H. Bn.]

POLYPTERIS (Less., in *Linnæa*, VI, 218). Synonyme de *Gaillardia* Foug.

POLYPTERIS (Nutt., *Gen. nov. pl. amer.*, II, 139). Synonyme de *Palafoxia* Lag.

POLYRHAPHIS (Trin. — Lindl., *Veg. Kingd.*, 115). Section du genre *Pappophorum* Schreb.

POLYRHINA (Sorok., in *Ann. sc. nat.*, sér. 6, IV, 65). Les filaments de la seule espèce connue de ce genre de Chytridinés se développent dans le corps des Anguillules, s'entrelaçant en serpentant d'un bout du corps à l'autre. Ils donnent naissance à des papilles pointues qui percent la peau de l'animal, puis se gonflent à l'extrémité pour former des zoosporanges qui se terminent à leur sommet libre par une sorte de bec allongé et courbé. Les zoospores de ce genre sont extrêmement petites, sans cils appréciables. [De S.]

POLYRRHIZON. Nom grec ancien de l'*Helleborus niger* L.

POLYRRHIZOS. L'*Aristolochia Pistolochia* L.

POLYSACCÉS (PAYER, *Bot. crypt.*, 109). Famille de l'ordre des Basidiosporés, renfermant les genres *Polysaccum* DC. et *Scoleciocarpus* BERK.

POLYSACCUM (DC., in *Despr. Voy. bot.*, I, 8; *Fl. franç.*, V, 103). Genre de Gastéromycètes, à péridium commun globuleux ou piriforme, atténué à la base, portée par un mycélium radiciforme. Ce péridium renferme un grand nombre de petits péridiums ou péridioles serrés, bien que distincts, à gleba jaune, brunissant à la maturité. Les spores globuleuses, colorées, sont

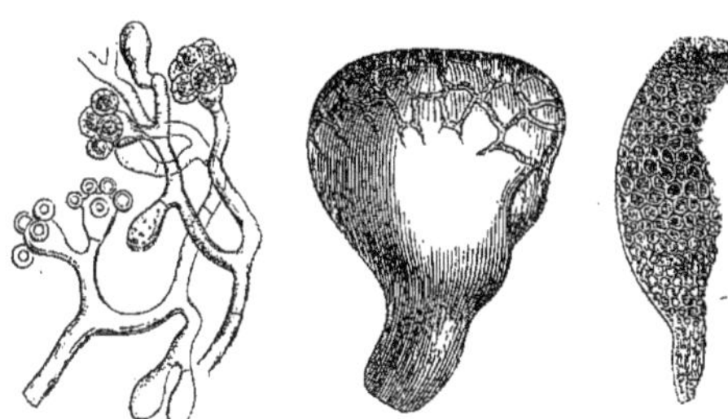

Polysaccum. — Port. Coupe. Basides sporifères.

sessiles sur des basides courts et oblongs; elles sont mises en liberté par la rupture du péridium commun et des péridioles secondaires, qui se détruisent par le sommet et les laissent échapper sous forme de poussière. Une quinzaine d'espèces épigées, dans les terrains sablonneux de la région Méditerranéenne, de l'Europe et de l'Australie. Une espèce de la région Méditerranéenne fournit un produit tinctorial. [DE S.]

POLYSCALIS (WALL., *Cat.*, n. 6939). Syn. de *Cyathula* LOUR.

POLYSCHEMONE (SCHOTT, *Anal. bot.*, 55). Synonyme de *Melandrium* RŒHL.

POLYSCHISMA (A. DC., *Prodr.*, XV, p. I, 278). Synonyme de *Begonia* L.

POLYSCHISMA (TURCZ., in *Bull. Mosc.* [1859], I, 269). Section du genre *Pelargonium* LHÉR.

POLYSCHISMIUM (CORDA, *Anleit.*, 81). — Voy. DIDERMA.

POLYSCHISTIS (PRESL, *Rel. Hænk.*, I, 294, t. 41, fig. 12-18). Genre de Graminées, établi pour une herbe des Philippines; mal défini, voisin (?) du genre *Pentarhaphis* H. B. K.

POLYSCIAS (FORST., *Char. gen.*, 63, t. 32). Synonyme de *Panax* L. et section de ce genre. (H. BN, *Hist. des pl.*, VII, 251.)

POLYSCYTALUM (RIESS, in *Bot. Zeit.* [1853], 138). Genre d'Hyphomycètes, à filaments incolores ou enfumés, portant des spores baculiformes, hyalines, en chapelets ramifiés. On n'en connaît qu'un petit nombre d'espèces, qui ont une grande analogie avec les organes conidiens des Agaricinés. [DE S.]

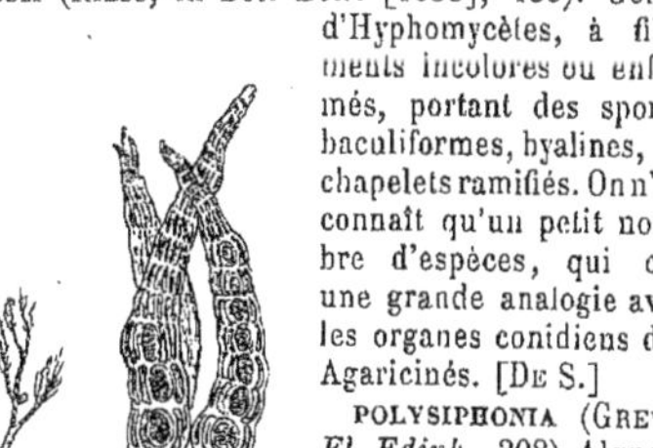

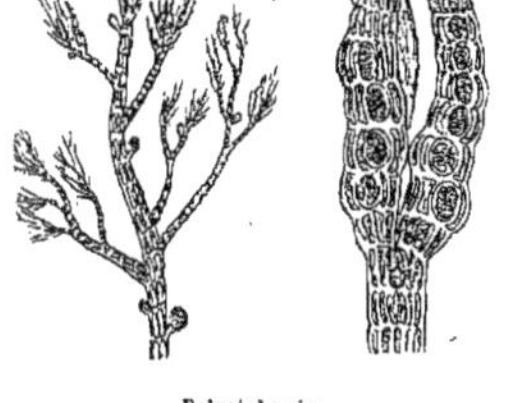

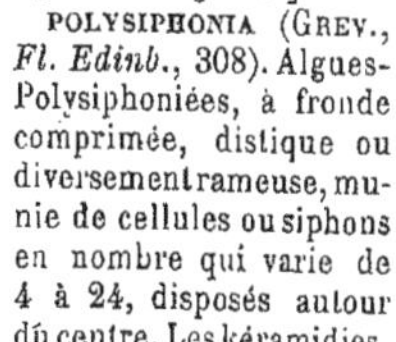

Polysiphonia.

POLYSIPHONIA (GREV., *Fl. Edinb.*, 308). Algues-Polysiphoniées, à fronde comprimée, distique ou diversement rameuse, munie de cellules ou siphons en nombre qui varie de 4 à 24, disposés autour du centre. Les kéramidies, dues à la transformation d'une cellule, sont ovales-globuleuses ou urcéolées, logées dans un péricarpe celluleux, pourvu d'un carpostome. Les gemmidies sont piriformes, logées dans les articles supérieurs des filaments qui rayonnent du placenta. Les sphærospores se développent dans les ramules non transformés; elles sont en séries simples et se divisent triangulairement. Il est bon de faire remarquer que c'est dans les *Polysiphonia* que les anthéridies des Algues ont été signalées à Linné par une lettre de John Ellis, en date du 17 décembre 1767. Vu la difficulté de détermination des Algues de ce genre, qui constituent l'un des groupes les plus intéressants de l'Algologie, Kützing avait fait du genre *Polysiphonia* huit divisions d'une détermination relativement facile. Ce sont les *Calliptera*, *Herposiphonia*, *Stenosiphonia*, *Platysiphonia*, *Heterosiphonia*, *Glœosiphonia*, *Dasyclonia*, *Botryoclonia*. Cette division du maître a rendu de grands services aux chercheurs. (Voy. J.-G. AGH, *Spec.*, *gen. et ord. Alg.*, IV, 901.) [CH. M.]

POLYSIPHONIEÆ (KUETZ., *Phyc. gen.*, 413). L'une des grandes divisions des Algues-Rhodomelées de J.-G. Agardh; des Chondriées pour Kützing, des Lomentariacées pour Payer. La fronde est généralement filiforme, simple ou rameuse. On la voit quelquefois articulée dans toute son étendue. D'autres fois on la trouve continue dans le bas, et articulée seulement aux rameaux et sur les ramules. Les segments sont composés de plusieurs cellules d'endochrome, disposées autour d'une cellule centrale. Les cellules péricentrales, au nombre de quatre, ou en plus grand nombre, appelées *siphons*, sont remplies d'un endochrome colorant. Le sommet des rameaux est souvent terminé par une houppe de filaments articulés et hyalins. La fructification est double. Les conceptacles sont globuleux, ovoïdes ou urcéolés. Ils s'ouvrent par un carpostome plus ou moins dilaté, et contiennent, fixées à un placenta basilaire par leur extrémité amincie, des spores piriformes, primitivement enveloppées d'un périspore. Les tétraspores sont unisériées dans des rameaux lancéolés, et se séparent triangulairement. Ces fructifications se trouvent sur deux individus distincts. Les Polysiphoniées sont des Algues d'une détermination difficile, parce que leur forme varie avec l'âge. Diverses divisions de cet ordre ont été créées par Kützing, Payer et J.-G. Agardh. Celles de ce dernier nous paraissent les plus naturelles et sont basées sur la disposition des parties de la plante qui portent les sphærospores. (Voy. J.-G. AGH, *Spec.*, *gen. et ord. Alg.*, IV, 792.) [CH. M.]

POLYSOLENIA (EHRENB., in *Berl. Monatsber.* [1840]). Genre de Desmidiacées, admis par Kützing, mais considéré, à juste titre, par Ralfs comme synonyme de *Penium* BRÉB. [CH. M.]

POLYSOLENIA (HOOK. F., *Gen.*, II, 68, n. 109). Synonyme de *Mussaenda* L. F., et section de ce genre, à inflorescence contractée et à tube allongé de la corolle, un peu renflé au-dessous de l'épanouissement du limbe. (H. BN, *Hist. des plant.*, VII, 319, 449.)

POLYSPATHA (BENTH., in *Hook. Nig. Fl.*, 543). Genre de Commélinacées, formé d'une herbe grêle, de l'Afrique tropicale; distingué par ses inflorescences à plusieurs spathes réfléchies, compliquées, renfermant des cymes florales. Les étamines ont des anthères à loges contiguës et parallèles. L'ovaire est à 2 loges 2-ovulées. (C.-B. CLKE, *Commel.*, 194, t. 3.)

POLYSPERMA (VAUCH., *Conferv.*, 99, t. I, fig. 3). Genre d'Algues, d'après Kützing; synonyme de *Lemanea*. [CH. M.]

POLYSPHÆRIA (HOOK. F., *Gen.*, II, 108, n. 221). Section du genre *Cremaspora* BENTH., à albumen profondément ruminé. (H. BN, *Hist. des plant.*, VII, 430.)

POLYSPHONDYLIUM (BREF., *Unters. Mykol.*, Heft VI). Genre de Myxomycètes, dont le réceptacle est formé par un stipe ramifié, portant les sporanges à l'extrémité des rameaux. La seule espèce connue a des spores nombreuses, elliptiques, d'un bleu violacé; elle se développe sur le crottin de cheval.

POLYSPORA (SWEET, *H. brit.*, 61). Synon. de *Gordonia* ELL.

POLYSTACHYA (HOOK., *Exot. Fl.*, t. 103). Genre d'Orchidacées-Vandées, formé d'une quarantaine d'herbes épiphytes, des tropiques; distingué par des fleurs de Cymbidiée, avec des sépales connivents ou un peu étalés; les latéraux connés au gynostème; celui-ci court. Les tiges florifères ont peu de feuilles, sont courtes et dilatées en pseudobulbe. (*Bot. Mag.*, t. 3707, 4161, 5586.) [H. Bn.]

POLYSTACHYA (Hook., *Exot. Fl.*, t. 102). Synonyme de *Encyclia* Pœpp. et Endl. et de *Epiphora* Lindl.

POLYSTEGIA (Reichb., *Consp.*, 61). Section du g. *Hæmanthus*.

POLYSTEMMA (Dcne, in *DC. Prodr.*, VIII, 602). Genre d'Asclépiadacées-Gonolobées, formé d'une liane du Mexique, à fleurs construites à peu près comme celles des *Ptychanthera*, *Poicilla*, etc., mais à couronne 2-5-lobée ou à peu près. (H. Bn, *Hist. des pl.*, X, 291.)

POLYSTEMON (Don, in *Edinb. N. Phil. Journ.*, IX, 95). Synonyme de *Lamanonia* Vell.

POLYSTÉMONÉES. Plantes à étamines en nombre indéfini.

POLYSTICHITES (Presl. — Sternb., *Vers.*, II, 117). Synonyme de *Pecopteris* Ad. Br.

POLYSTICTA (Fries, *Syst. myc.*, I, 384). Sous-genre du genre *Polyporus* Fr.

POLYSTICTUS (Fr., *Nov. Symb. myc.*, 54). Sous-genre de Polyporés, élevé au rang de genre, caractérisé par un chapeau coriace, mince, à hyménophore continu avec la trame, et présentant des tubes courts, à pores punctiformes, se développant à partir du centre, sans être déterminés d'avance comme dans les Polypores. Ils sont tantôt sessiles, tantôt à pédicule latéral, tantôt à pédicule central. M. Saccardo en décrit plus de 400 espèces (*Syll. Fung.*, VI, 208). Ce genre compte des représentants sous toutes les latitudes; mais il caractérise surtout la flore fongique tropicale. [De S.]

POLYTHECANDRA (Tri. et Pl., in *Ann. sc. nat.*, sér. 4, XIII, 314). Synonyme de *Sphærandra* Tri. et Pl.

POLYTHRIX (Nees, in *DC. Prodr.*, XI, 285). Synonyme de *Crossandra* Salisb.

POLYTHYSANIA (Hanst., in *Œrst. Gesn. centr.-amer.*, 50). Synonyme de *Alloplectus* Mart.

POLYTOCA (R. Br., in *Benn. Pl. jav. rar.*, 20, t. 5). Genre de Graminées-Maydées, formé de 4 espèces élevées, de l'Asie tropicale et de l'archipel de la Louisiade; distingué par des épis pédonculés, femelles inférieurement, ou les inférieurs femelles, avec 1, 2 fleurs, dont une fertile; la glumelle fructifère ovoïde ou globuleuse, pierreuse, englobant avec le fruit un entre-nœud du rachis. (Benth., in *Journ. Linn. Soc.*, XIX, 52; *Gen.*, III, 1112.) [H. Bn.]

POLYTOMA (Ehrenb., *Inf.*, 24, t. 1). Synonyme de *Chlamydomonas* Ehrenb.

POLYTOMIUM (Schott, *Syn. Aroid.*, I, 108). Groupe du genre *Philodendron* Schott.

POLYTRIC (*Polytrichum* L., *Gen.*, n. 1192). Genre de Mousses-Bryacées, à coiffe cuculliforme, souvent visqueuse; l'urne terminale, anguleuse, avec ou presque sans apophyses; l'opercule rostellé, avec 32 ou 64 dents au péristome, courtes, infléchies, confluentes supérieurement en une membrane sèche. Ce sont des Mousses dressées, qui se trouvent dans le globe entier, sur le sol aride. Le P. commun, dioïque, est la plus vulgaire de nos Mousses indigènes. (H. Bn, *Tr. Bot. méd. crypt.*, 40, fig. 59-64.)

POLYTRIC DES BOUTIQUES. L'*Asplenium Trichomanes* L.

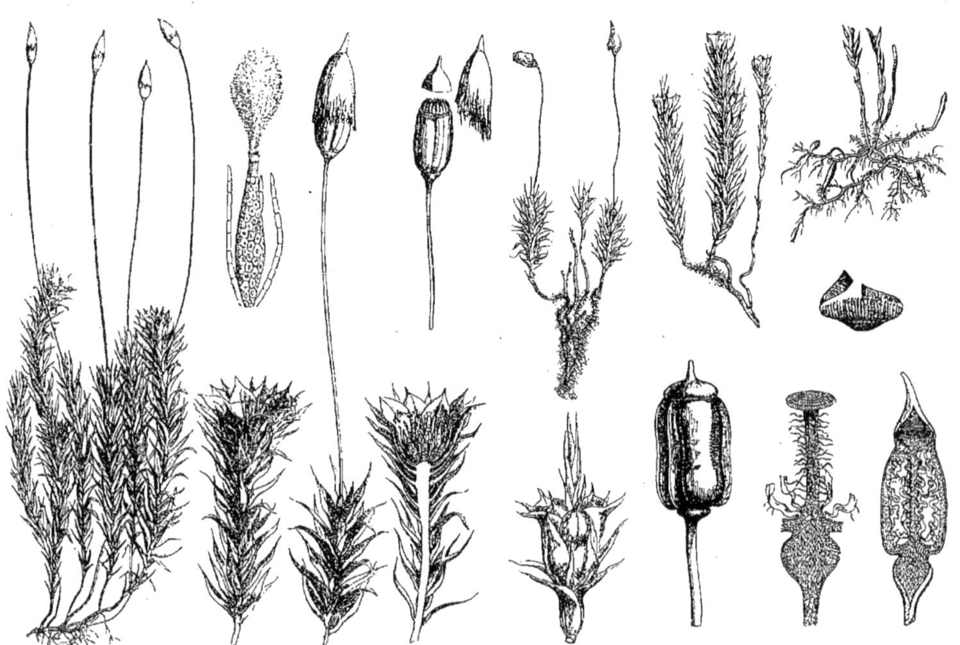

Polytric. — Port. Organes reproducteurs mâles et femelles. Protonema. Urne, entière et coupe longitudinale. Péristome. Columelle.

POLYSTIGMA (Meissn., *Gen.*, 252). Synon. de *Byronia* Endl.

POLYSTORTHIA (Bl., *Fl. jav. Præf.*, VIII). Synonyme de *Pygeum* Gærtn.

POLYTÆNIA (DC., *Mém. Omb.*, 53, t. 13; *Prodr.*, IV, 196). Genre d'Ombellifères; sect. du g. *Tordylium*, à bandelettes nombreuses dans chaque vallécule. (H. Bn, *Hist. des pl.*, VII, 207.)

POLYTAXIS (Bge, *Ind. sem. H. dorpat.* [1843]; *Rel. Lehm.*, 194). Synonyme de *Jurinea* Cass.

POLYTRICHA. L'*Asparagus acutifolius* L.

POLYTROPIA (Presl, *Symb. bot.*, 21, t. 13). Synonyme de *Rhynchosia* Lour.

POLYURA (Hook. f., *Icon.*, t. 1049; *Gen.*, II, 62, n. 94). Section du g. *Ophiorrhiza*, à réceptacle floral et à fruit globuleux, septicide, à fleurs 1-latérales. (H. Bn, *Hist. des pl.*, VII, 464.)

POLYXENA (K., *Enum.*, IV, 294). Genre de Liliacées-Scillées, formé de 6, 7 plantes bulbeuses de l'Afrique australe; distingué par des fleurs à périanthe tubuleux; les 6 lobes bien plus courts que le tube; par des étamines à filets filiformes et libres dès leur base; par 2 feuilles basilaires, comme dans les *Massonia*. (RED., *Liliac.*, t. 386. — *Bot. Mag.*, t. 554, 5891.) [H. BN.]

POLYZONE (ENDL., in *Ann. Wien. Mus.*, II, 191). Synonyme de *Darwinia* RUDGE.

POLYZONIA (SUHR, in *Flora* [1834], 739). Genre d'Algues, de la grande famille des *Rhodomeleæ*, de la tribu des *Polysiphonieæ*. Elles sont caractérisées par des sphærospores superposées en série simple dans des stichidies recourbées, et par une fronde donnant naissance à des folioles distiques. Une demi-douzaine d'espèces constituent ce genre. Elles sont presque toutes propres à la Nouvelle-Hollande. [CH. M.]

POLYZYGUS (DALZ., in *Hook. Kew Journ.*, II, 260). Genre d'Ombellifères-Peucédanées, dont les petites fleurs ont des pétales oblongs, entiers ou émarginés; des stylopodes en forme de cône déprimé; des branches stylaires allongées, droites, puis récurvées, capitées au sommet; un fruit ovoïde, à méricarpes ronds ou à peine comprimés sur le dos, avec des côtes primaires peu saillantes, et 1-3 bandelettes dans chaque vallécule. Le *P. tuberosus* WALP. est une herbe de l'Inde, dont la portion souterraine est en effet renflée et tubéreuse, à feuilles décomposées-ternatipinnées, à involucres nuls ou formés de peu de bractées, à bractéoles des involucelles linéaires et sétacées. (Voy. *Hist. des pl.*, VII, 211.) [H. BN.]

POMA ADAMI (MATTH.). Nom d'une variété d'Oranger.

POMACÉES (*Pomaceæ* L., *Phil. bot.*, 31). Synonyme de Pyrées.

POMADERRIS (LABILL., *Pl. N.-Holl.*, I, 61, t. 86, 87). Genre de Rhamnacées-Rhamnées, formé d'une quinzaine d'arbustes océaniens; distingué par des pétales aplatis, concaves ou nuls, plus courts, quand ils existent, que les filets des étamines superposées dont les anthères sont oblongues et non incluses. Les fleurs pédicellées sont accompagnées de bractées caduques. (H. BN, *Hist. des pl.*, VI, 87.)

POMA HYEROSOLYMITANA. Nom, dans certaines pharmacopées, des fruits du *Momordica Balsamina* L.

POMANGIUM (REINW., *Syll. Ratisb.*, II, 10). Synonyme de *Argostemma* WALL.

POMARIA (CAV., *Icon.*, V, 1, t. 402). Sect. du g. *Cæsalpinia* L.

POMASTERION (MIQ., *Ann. Mus. lugd.-bat.*, II, 80). Synonyme de *Actinostemma* GRIFF.

POMATIA (NEES, in *Linnæa*, VIII, 46). Sous-genre du genre *Nectandra* ROLAND.

POMATIUM (GÆRTN. F., *Fruct.*, III, 252, t. 225). Synonyme de *Bertiera* AUBL.

POMATOCALPE (BRED., *Orch. Kuhl et v. Hass.*, ex REICHB. F.). Synonyme de *Cleisostoma* BL.

POMATOXYRIS (ENDL., *Gen.*, 124). Section du genre *Xyris* L.

POMAX (SOLAND., ex GÆRTN., *Fruct.*, I, 112, t. 24). Section du genre *Opercularia* GÆRTN., à fleurs 2, 3-nées. (H. BN, *Hist. des pl.*, VII, 272, 402, fig. 240, 241.)

POMBALIA (VANDELL., ex *DC. Prodr.*, I, 306). Synonyme de *Hybanthus* JACQ.

POMBI. Nom que les Cafres donnent, d'après Sparmann (*Voy.* II, 193), à l'*Holcus Cafrorum* THUNB. et à une boisson qu'on prépare avec ses fruits.

POMEGRANATE. Nom anglais du Grenadier.

POMEREULA (DOMB., herb., ex *DC. Prodr.*, III, 190). Synonyme (part.) de *Miconia* R. et PAV.

POMEREULLA (L. F., *Gen. nov. Gram.*, 33). Genre de Graminées-Festucées, formé d'une humble herbe indienne, à épi court, inclus dans la gaine de la feuille supérieure, avec des épillets 2, 3-flores et 4 écailles (glumes) sous les 2 glumelles fertiles; les 2 supérieures de ces écailles 4-fides. (K., in *Ann. sc. nat.*, sér. 1, XXIII, t. 7. — PAL.-BEAUV., *Agrost.*, t. 18, fig. 6.) [H. BN.]

POMEROSE-TREE. Nom anglais du *Jambosa vulgaris* DC.

POMET (Pierre). Né et mort à Paris (1658-1699), auteur [1694] d'une célèbre *Histoire générale des drogues simples et composées*, etc., que son fils réédita [1735].

POMETIA (FORST., *Prodr.*, V, 74, part.). Genre de Sapindacées-Sapindées. Section (H. BN, *Hist. des pl.*, V, 396) du genre *Nephelium* L.

POMETIA (VELL., *Fl. flum.*, 80; *Atl.*, II, t. 87). Genre de Sapotacées. Synonyme (B. H.) de *Pradosia* LIAIS.

POMETTE, POMMETTE. Noms vulgaires de l'Azerolier.

POMI DEL PERU. Nom ancien (BAUH.) de la Tomate.

POMMATI. Nom forézien du Pommier sauvage.

POMME A CHAUVE-SOURIS, P. TÉTON. Noms vulgaires du *Solanum mammosum* L.

POMME A CIDRE. Le *Malus acerba* L.

POMME CANNELLE. Nom français de l'*Anona squamosa* L.

POMME COUI. Le fruit du *Passiflora maliformis* L.

POMME D'ACAJOU. Le pédoncule renflé de l'Anacarde.

POMME D'ADAM. Le *Citrus Limetta* RISSO.

POMME D'ADAM, P. DU PARADIS. Le *Musa paradisiaca* L.

POMME D'ADAM DES PARISIENS. Le *Citrus Aurantium*, var. *Pomum Adami parisiensium* hort.

POMME D'AMÉRIQUE. Fruit du *Spondias lutea* LAMK.

POMME D'AMOUR, P. D'OR, P. DU PÉROU. Le fruit du *Lycopersicum esculentum* DUN.

POMME D'ARMÉNIE. L'Abricot.

POMME D'ASSYRIE. Le *Citrus medica* L.

POMME DE BRAHMA. Le *Cucumis Dudaim* L.

POMME DE CHIEN. Le fruit de la Mandragore.

POMME DE COLOQUINTE. Le *Citrullus Colocynthis* SCHRAD.

POMME DE CORMANTIN. Fruit africain, dit fébrifuge.

POMME DE CYDON. Le Coing.

POMME DE CYTHÈRE. Le fruit du *Spondias cytherea* LAMK.

POMME DE LA DOMINIQUE. Le fruit du *Passiflora maliformis*.

POMME DE LIANE. Le *Passiflora laurifolia* L.

POMME DE MÉDIE. On a souvent cru que ce nom appartenait au Citron commun. Mais c'était probablement, pour les anciens, celui du *Cédrat*, fruit du *Cédratier* (*Citrus Cedra* FERR., *Hesp.*, t. 59, 61, 63. — *Citrus medica Cedra* GALLES., *Trait. du Citrus*, 87). On préconisait la *Pomme de Médie* comme tonique, corroborante et alexipharmaque, souveraine contre la morsure des serpents venimeux. [H. BN.]

POMME DE MERVEILLE. Le *Momordica Balsamina* L.

POMME DE PARADIS. La Banane.

POMME DE PIN. Les cônes des *Pinus*.

POMME DE RAQUETTE. Les fruits des *Opuntia*.

POMME DE ROSE. Le fruit du Jamrosier.

POMME DE SAVON. Le *Sapindus Saponaria* L.

POMME DES HESPÉRIDES. L'Orange.

POMME DE SODOME. Le *Solanum ovigerum* DUN. C'était aussi le nom de la Galle du Térébinthe.

POMME DE TERRE. Les tubercules du *Solanum tuberosum* L.

POMME DE TERRE D'AMÉRIQUE. Le fruit d'un *Cereus* indéterminé, des Antilles.

POMME DE TERRÈTE. Galle du Lierre terrestre.

POMME DE VOUTAC. La Noix vomique.

POMME D'OR. Le *Saracha biflora* R. et PAV.

POMME D'OR, P. DES HESPÉRIDES. L'Orange douce.

POMME DU PÉROU. La Tomate.

POMME ÉPINEUSE, P. DE VALLÉE. Le *Datura Stramonium* L.

POMME HÉMORRHOIDALE. La galle du *Carduus arvensis* L. et le Gui (*Viscum album* L.).

POMME-JACOT. Nom vulgaire, aux îles Mascareignes, du fruit du *Tambourissa quadrifida*, qu'on désigne aussi sous les noms de *Pot-de-chambre Jacot* et de *Pomme de singe*.

POMMELÉE. Le Pied de griffon.

POMME MAUDITE. Le *Solanum sodomeum* L. (?)

POMME MOUSSEUSE. Le Bédégar du Rosier.

POMME POISON. La baie du *Solanum mammosum* L.

POMMERASSE. L'*Aristolochia Clematitis* L.

POMME ROSE. Synonyme de Jamerose.

POMMES DE SAUGE. Nom vulgaire des excroissances charnues (galles) du *Salvia pomifera* L.

POMME-TORCHE. Le *Cereus pentagonus* LAMK.

POMMETTE. Le fruit de l'Azerolier.

POMMIER (*Malus* T., *Inst.*, 634, t. 406). Section du genre *Pyrus* T. (H. BN, *Hist. des pl.*, I, 405), à styles unis dans leur portion inférieure.

POMMIER CANNELLE. L'*Anona squamosa* L.

POMMIER DE CAJOU. L'Anacardier.

POMMIER DE ROSE. L'*Eugenia Jambos* L.

POMODORO. Nom italien de la Tomate.

POMPADOUR, POMPADOURA. Le *Calycanthus floridus* L.

POMPELMOUSE, POMPOLÉON. Synonymes de Pamplemousse.

POMPION. La Pastèque.

POMPON. Le *Lilium Pomponium* L.

POMPONE. Variété de Vanille.

POMUM. Le fruit, en général, de nos arbres à pépins.

POMUM ADAMI. Le fruit du Limettier.

POMUM HIEROSOLYMITANUM. L'un des noms du fruit du *Momordica Balsamina* L.

PONA. Médecin de Vérone [1594-1654], auteur [1622] du *Paradiso de fiori*. — Giov. PONA avait été [1608] l'auteur de *Plantæ seu simplicia, ut vocant, quæ in Baldo monte et in via ab Verona ad Baldum reperiuntur, cum iconibus*, etc., in-4, imprimé chez Moretus à Anvers. Il a aussi écrit [1623] *Del vero Balsamo de gli antichi* (in-4 de 54 p.).

PONÆA (SCHREB., *Gen.*, 206). Synonyme de *Toulicia* AUBL.

PONAVERIE. Nom tamoul des *Sophora* L.

PONAY. Le *Noronhea chartacea* DUP.-TH.

PONBROYO. En Provence, la Vulvaire.

PONCEAU. Le Coquelicot.

PONCELET (Polyc.). Auteur [1779] d'une *Histoire naturelle du Froment, des maladies du Blé*, etc. (in-8).

PONCELETIA (R. BR., *Prodr.*, 554). Synon. de *Sprengelia* SM.

PONCELETIA (DUP.-TH., *Fl. Trist. Acugn.*, 36). Synonyme de *Spartina* SCHREB.

PONCHIRI. Fruit aromatique d'une Lauracée (?) de l'Amazone.

PONCHISHUIS. Au Mexique, l'*Asclepias curassarica* L.

PONCIRADE, POINCIRADE. La Mélisse officinale.

PONCIRE. Variété de Cédrat.

PONCTUATION. — Voy. PHYTOCYSTE.

PONDEUSE. Le *Solanum Melongena* L.

POND-PINE. Nom anglais du *Pinus serotina* MICHX.

PONEL. Nom indien du *Noronhia emarginata* DUP.-TH.

PONERA (LINDL., *Gen. et spec. Orchid.*, 113). Genre d'Orchidacées-Épidendrées, formé de 4, 5 herbes épiphytes, américaines; distingué par des grappes courtes, subsessiles, terminant des branches à feuilles distiques, avec parfois d'autres grappes latérales sur les branches de l'axe précédent; la fleur pourvue d'un labelle incombant par sa base au pied du gynostème. On les cultive quelquefois dans nos serres chaudes. (REICHB. F., *Xen. orchid.*, t. 19; in *Saund. Ref.*, t. 93.) [H. BN.]

PONERORCHIS (REICHB. F., in *Linnæa*, XXV, 227). Synonyme de *Habenaria* W.

PONGAM (ADANS., *Fam.*, II, 322). Synon. de *Pongamia* VENT.

PONGAMI. Nom français (LAMK) des *Pongamia* VENT.

PONGAMIA (VENT., *Jard. Malm.*, t. 28). Genre de Légumineuses-Papilionacées-Dalbergiées, formé d'un arbre asiatique et océanien, à feuilles imparipinnées; distingué par un fruit comprimé, court, épais, lisse, non ailé; les 2 sutures obtuses. Le *P. glabra* se rapproche beaucoup d'ailleurs des *Lonchocarpus*. (WIGHT, *Icon.*, t. 59. — H. BN, *Hist. des pl.*, II, 330.)

PONGATI (RHEED., *H. malab.*, t. 24). Synon. de *Sphenoclea*.

PONGATIUM (J., *Gen.*, 423). Synonyme de *Sphenoclea* GÆRTN.

PONGELION (ADANS., *Fam.*, II, 319). Syn. de *Adenanthera* L.

PONGILOPI. En Italie, le Fragon piquant.

PONOPILINO. Nom américain (JACQ.) du *Pedilanthus anacampseroides* H. BN, le *Dictame royal* de la Havane, d'après Humboldt.

PONOTARIO. Nom provençal du *Parietaria diffusa* MERT.

PONS (Jacques). A écrit à Lyon, en 1600, *In historiam generalem plantarum Rovillii 2 tomis et appendice*, etc. (in-8).

PONTALETSJE (ADANS., *Fam.*, II, 159). Syn. de *Lawsonia* L.

PONTANIA (LEM., ex *Pfeiff. Nom.*, II, 813). Synonyme de *Brachysema* R. BR.

PONTÉDAIRE. Nom français (LAMK) des *Pontederia* L.

PONTEDERA (Giulio). Né à Pise [1688], mort à Padoue [1757], fut professeur dans cette ville et a écrit : *Compendium tabularum botanicarum* [1718], description de 272 plantes par lui découvertes en Italie; puis un *Anthologia* [1720], et des *Epistolæ et dissertationes*, ouvrage posthume [1791]. Gennari a écrit sa biographie [1758], de même que Fabroni, dans ses *Vitæ Italorum* (XII, 205).

PONTEDERIA (L., *Gen.*, n. 399). Genre de Monocotylédones, qui a donné son nom à une famille des *Pontédériacées* et à une série des Liliacées, dite *Pontédériées*. Les fleurs sont irrégulières, à périanthe infundibuliforme, pétaloïde, subbilabié. L'androcée est formé de 6 étamines inégales et le gynécée est 3-mère; mais 2 des loges ovariennes avortent, et la troisième ne renferme qu'un ovule descendant, à micropyle supérieur et d'abord intérieur. Le fruit est indéhiscent, inclus dans le tube du périanthe, et la graine est albuminée. Ce sont 7, 8 herbes américaines, à rhizome rampant dans la vase, à branches aériennes portant une feuille, avec d'autres feuilles basilaires, pétiolées. Les cymes unipares sont réunies en grappes. On cultive souvent dans les jardins botaniques le *P. cordata*, à jolies fleurs bleues. (RED., *Lil.*, t. 72.) [H. BN.]

PONTÉN (Joh.-Pehr). Auteur [1800] d'une dissertation suédoise, philosophico-botanique : *De serie vegetabilium* (in-4).

PONTESIA (VELL., *Fl. flum.*, Atl., VIII, t. 147). Synonyme (B. H.) de *Riencourtia* CASS. (?)

PONTHIEVA (R. BR., in *Ait. H. kew.*, ed. 2, V, 199). Genre d'Orchidacées-Néottiées, formé d'une dizaine d'herbes terrestres, américaines; distingué par des pétales étalés à partir du sommet du gynostème et à limbe dilaté, étalé; des feuilles basilaires et des grappes lâches, souvent glanduleuses-pubescentes. (*Bot. Mag.*, t. 842, 6637.) [H. BN.]

PONTIANE. Le Tabac.

PONTIC. Nom ancien de l'*Artemisia pontica* L.

PONTINIA (FRIES, in *Lindb. Notis.*, n. 9). L'*Agrostemma Cœli-rosa* L.

PONTOPPIDAN (Joh.). Auteur [1756], à Copenhague, de *De Manna Israelitarum* (in-4 de 8 p.).

PONTOPPIDANA (SCOP., *Intr.*, 195). Syn. de *Couroupita* AUBL.

PONVO. Nom brame du *Costus arabicus* L.

POOH-POOH. Nom indien des *Racines biscuit*.

POOLANUI. Nom hawaïen du *Coreopsis cosmoides* A. GRAY.

POONDRA. Nom sanscrit (ROXB.) d'une Canne à sucre rouge.

POORACHIN. Graine comestible du *Pterocarpus esculentus* S.

POOTIA (DENNST., *Schl. H. mal.*, 37). Syn. de *Canscora* LAMK.

POOTIA (MIQ., *Fl. ind. bat.*, II, 417). Syn. de *Orchipeda* BL.

POP. Nom vulgaire du *Passiflora tuberosa* L.

POPELIER. Le *Populus nigra* L.

POPE'S HEAD. Nom anglais du *Melocactus communis* DC.

POPLAR. En Virginie, le Tulipier.

POPO. Nom africain d'un *Pycnanthe* (?).

POPOGE. L'Arbre à pain.

POPONEC. En Espagne, le Lierre terrestre.

POPOWIA (ENDL., *Gen.*, n. 4710). Genre d'Anonacées-Unonées (H. BN, *Hist. des pl.*, I, 219, 284, fig. 251-260), dont nous avons dû faire (in *Bull. Soc. Linn. Par.*, 339), après l'avoir d'abord distingué, une simple section du genre *Unona* L. F.

POPOWITSCH (Joh.-Siegm.-Val.). Professeur à Vienne, auteur de *Untersuchungen vom Meere* [1750], et de *Versuch einer Vereinigung den Mundarten in Deutschland* [1780], in-8.

POPPE (Joh.). Auteur [1625], à Leipzig, d'un *Kräuterbuch, darinssen die Kraüter d. Teutschen Landes* (in-8 de 676 pages).

POPPY. Nom anglais du Pavot.

POPPYA (NECK., *Elem.*, I, 241). Syn. (part.) de *Momordica*.

POPULAGE. Nom français des *Caltha* L.

POPULAGO (T., *Inst.*, 273, t. 145). Synonyme de *Caltha* L.

POPULARES. Dans Pline, les Châtaignes.

POPULINA (H. BN, *Hist. des pl.*, X, 443). Genre d'Acanthacées-Justiciées, formé d'un arbuste glabre de Madagascar, à feuilles de Peuplier; à grappes terminales cymigères; les 5 sépales lancéolés; la corolle à 4 lobes dépassant de beaucoup le tube, avec 2 étamines et un ovaire à loges 2-ovulées. Les bractées de l'inflorescence, 1,2-flores, sont opposées et orbiculaires.

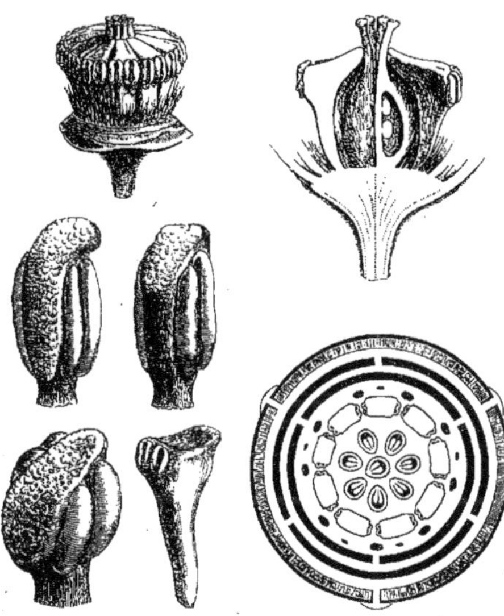

Popowia. — Fleur, sans le périanthe, entière et coupe longitudinale. Étamines diverses. Diagramme floral.

POPULUS (T.). Nom latin des Peupliers.

POPULUS AMERICANA. Nom ancien des *Coccoloba* L.

POPULUS LIBYCA (MATTH.). Nom ancien du Tremble.

POPULUS NOVI ORBIS (BAUH.). Nom d'un *Coccoloba*.

POQUEL. Au Chili, le *Santolina tinctoria* MOL.

POQUILL (FEUILL.). Nom chilien du *Gaillardia glauca* H. BN.

PORANA (BURM., *Fl. ind.*, 51, t. 24, fig. 1). Genre de Convolvulacées-Convolvulées, formé de 5, 6 plantes volubiles de l'Asie et de l'Océanie tropicales; distingué par des sépales scarieux, accrus et étalés sous le fruit; un style entier ou 2-fide, à sommets stigmatiques capités; un ovaire à 2 loges et 4 ovules. (H. BN, *Hist. des pl.*, X, 326.)

PORANE. Nom français (LAMK) des *Porana* BURM.

PORANTHERA (RUDG., in *Trans. Linn. Soc.*, X, 302, t. 22). Genre d'Euphorbiacées biovulées, formé de 5 herbes australiennes, à fleurs monoïques, ordinairement pourvues d'une corolle; les mâles 5-andres; les femelles à ovaire 3-loculaire.

Poranthera. — Fleur mâle, entière et coupe longitudinale.

Dans la fleur mâle, il y a un gynécée rudimentaire, formé de 3 languettes. Le fruit est loculicide et 3-coque. Ce sont des plantes annuelles ou suffrutescentes, à feuilles alternes ou subopposées, avec stipules; à grappes de fleurs denses. (H. BN, *Ét. gén. Euphorbiac.*, 573, t. 25, fig. 1-9; *Hist. des pl.*, V, 144, 238, fig. 234, 235.)

PORAQUÈBE. Nom français (LAMK) des *Poraqueiba* AUBL.

PORAQUEIBA (AUBL., *Guian.*, 123, t. 47). Genre de Térébinthacées-Mappiées, voisin des *Mappia*, formé de 3 arbres du Brésil et de la Guyane; distingué par des pétales pourvus d'une côte interne ou d'un appendice varié; un ovaire 2-ovulé; un style court et conique, à sommet stigmatifère presque discoïde. (MIERS, *Contrib.*, t. 10. — H. BN, *Hist. des pl.*, V, 278, 328.)

PORCELET. La Jusquiame noire.

PORCELIA (R. et PAV., *Prodr.*, 84, t. 16; *Syst.*, I, 144). Section du genre *Uvaria* L. (H. BN, in *Adansonia*, VIII, 303; *Hist. des pl.*, I, 199.)

PORCELIN, PORCELLANE. Synonymes de Pourpier.

PORCELLE. Nom français (LAMK) des *Hypochæris* L.

PORCELLITES (LESS., in *Linnæa*, VI, 102). Synonyme de *Hypochæris* L.

PORCHAILLES. Le Pourpier cultivé.

PORCHIN (CORDIER, *Champ.*, 136). Nom vulgaire du *Boletus edulis* BULL.

PORE. — Voy. PHYTOCYSTE. Les *Pores évaporatoires* d'Hedwig, les *P. corticaux* de De Candolle et les *P. allongés* ou *Grands-pores* de Mirbel sont les stomates.

PORESMA. Chez les Kirghis, le *Lichen physodes* L. (?)

PORINA (ACH., *Lich. univ.*, 60 et 308). Genre de Lichens-Phymatoïdes, d'après l'auteur, qui a été admis par quelques auteurs, De Candolle et Montagne entre autres. Ce dernier en a fait une division des Lichens-Endocarpés, division que M. Nylander n'a pas admise. [CH. M.]

PORION, PORILLON. Le *Narcissus Pseudo-Narcissus* L.

PORLIERIA (R. et PAV., *Prodr.*, 55, t. 9). Section du genre *Guaiacum* PL. (H. BN, *Hist. des pl.*, IX, 508). Le *P. hygrometrica* est célèbre par les mouvements de ses feuilles sous l'influence de l'humidité.

POROCARPUS (GÆRTN., *Fruct.*, II, 473, t. 178). Synonyme de *Timonius* RUMPH.

POROCYCLIA (EHRNB. [1854] in *Van Heurck Micr.*, 311). Synonyme de *Liparogyra* RABENH.

PORODELO. Nom provençal du *Rumex Patientia* L.

PORODERMEI (PERS., *Myc. eur.*, 34). Division des Hyménomycètes, correspondant aux Polyporés.

PORODISCUS (GREV., in *Microsc. Journ.* [1863]). Diatomacées, à disque convexe, avec un pseudo-nodule central et pourvue de points très petits et rayonnants. Ce genre fait partie des Coscinodiscées. (Voy. RABENH., *Fl. europ. Alg.*, I, 35.)

POROPHORA (MEY. — SPRENG., ex *DC. Fl. franç.*, 2, 319). Genre de Lichens, synonyme de *Pertusaria* (part.) et de *Porina*.

POROPHYLLUM (GAUDIN, *Fl. helv.*, III, 91). Section du genre *Saxifraga* T.

POROPHYLLUM (VAILL., in *Act. Acad. par.* [1719], 407). Genre de Composées-Hélianthées-Héléniées, formé d'une quinzaine d'herbes américaines; distingué par des capitules homogames; les bractées de l'involucre libres ou connées; l'aigrette formée de ∞ soies. Les capitules sont solitaires ou disposés en cymes corymbiformes. (H. BN, *Hist. des pl.*, VIII, 255.)

POROPORO. En Colombie, le fruit d'une Passiflore.

POROPTICHE (GUNTHER. — RITTER, in *Verhand. d. k.-k. zool.-botan. Ges.* [1888]). Genre de Polyporés, à réceptacle résupiné, formant une masse spongiforme, portant des pores sur toute la surface. Ces pores s'étendent à l'intérieur en cavités labyrinthiformes, dont plusieurs sont closes. Un hyménium tapisse ces cavités. Les basides sont claviformes, à 4 spores hyalines, elliptiques. On dirait un *Ceriomyces* hyménifère. La seule espèce connue, le *P. candida*, a été trouvée dans une cour, sur une terre calcaire sablonneuse, à Vienne en Autriche. [DE S.]

POROSTEMA (SCHREB., *Gen.*, II, 517). Sous-genre du genre *Nectandra* ROLAND.

POROSTHELIUM (WALLR., *Fl. crypt.*, I, 311). Synonyme de *Pertusaria* DC.

POROSUS (COTTA, *Dendrol.*, 40). Genre de plantes fossiles, que Gœppert considère comme appartenant aux Fougères (*Syst. Fil. foss.*, 458), de même que Unger (*Syn. pl. foss.*, 111).

POROTHELIUM (ESCHW., *Syst. Lichen.*, 18, fig. 21). Synonyme de *Mycoporum* MEYER.

POROTHELIUM (FR., *Obs.*, II, 272). Genre de Polyporés, à chapeau résupiné, diffus, submembraneux, portant des papilles distinctes, qui se creusent en tubes. Quatorze espèces, vivant sous des latitudes très diverses, depuis la Laponie jusqu'au Brésil. [DE S.]

POROTHRINAX (H. WENDL., ex GRISEB., *Cat. pl. cub.*, 221). Genre proposé pour le *Thrinax Pumilio* LODD.; peu connu.

POROTIDDIA (G. DON, herb.). Synonyme de *Jovellana* PAV.

POROTRICHUM (BRID., *Bryol.*, II, 275). Section du genre *Climacium* WEB. et MOHR.

PORPA (BL., *Bijdr.*, 117). Synonyme de *Triumfetta* L.

PORPAX (LINDL., *Bot. Reg.* [1845], *Misc.*, 62). Synonyme de *Eria* LINDL.

PORPAX (SALISB., *Gen. pl. Fragm.*, 9). Synonyme de *Aspidistra* KER.

PORPEIA (BAIL, in *Pritch.* [1861]). Diatomacées, de la famille des Biddulphiées, à frustules oblongues, légèrement renflées vers le milieu, lisses, présentant dans la face frontale deux plaques costales incurvées. [CH. M.]

PORPHYRA (AGH, *Syst.*, XXXII). Algue de la famille des *Ulvaceæ* pour le créateur du genre, et pour W.-H. Harvey; de celle des *Porphyreæ* pour Kützing. C'est une Algue à fronde gélatineuse, membraneuse, sans nervure, légèrement stipitée, composée d'un strate simple de cellules. Les Algues de ce genre ont des affinités considérables avec les Floridées. Toutefois il y a dans les organes de reproduction des dissemblances considérables. (THUR. et BORN., *Étud. phyc.*, 62.) [CH. M.]

PORPHYRA (LOUR., *Fl. cochinch.*, 69). Synonyme de *Callicarpa* L.

PORPHYRANTHA (FENZL. — ENDL., *Gen.*, 967). Section du genre *Arenaria* L.

PORPHYRANTHUS (G. DON, *Gen. Syst.*, III, 725). Section du genre *Goodenia* SM.

PORPHYREÆ (KUETZ., *Phyc. gen.*, 370). Famille d'Algues, de l'ordre des Épiblastées. Les frondes de ces Algues sont généralement foliacées, à cellules homogènes. Le tétrachoscarpe se divise en croix, souvent accompagné de paranémates. Les genres *Porphyra*, *Peyssonnelia*, *Hildenbrandtia* constituent cette famille. [CH. M.]

PORPHYRION (TAUSCH, *H. canal.*, fasc. 1). Section du genre *Saxifraga* T.

PORPHYROCODON (HOOK. F., *Gen.*, I, 79, n. 52). Genre de Crucifères-Cheiranthées-Sisymbriées, formé d'une herbe des Andes de Colombie; distingué par de grands pétales d'un pourpre intense; un fruit (silique) allongé; un style mince; une tige herbacée; des feuilles imparipinnées. (HOOK., in *Lond. Journ. Bot.* [1847], t. 12. — H. BN, *Hist. des pl.*, III, 241.)

PORPHYROCOMA (HOOK., *Bot. Mag.*, t. 4176). Synonyme de *Dianthera* L.

PORPHYROGLOSSUM (KUETZ., in *Regensb. Fl.* [1847], 775). Algues-Floridées, de la famille des *Chætangieæ*, d'après Kützing; de celle des *Gelidieæ*, d'après J.-G. Agardh, auquel cette Algue était du reste inconnue. Sa fronde cartilagineuse, ferme, sans nervure, ses tétrachoscarpes, l'ensemble de la plante, nous porteraient à la considérer comme appartenant au genre *Chætangium* KTZ. [CH. M.]

PORPHYROSCIAS (MIQ., in *Ann. Mus. lugd.-bat.*, III, 62). Genre d'Ombellifères, voisin des Peucédans et des Panais, dont le fruit a des méricarpes unis par les bords avant la maturité et laissant entre eux une fausse loge de chaque côté. (Voy. H. BN, *Hist. des pl.*, VII, 100, not. 5.)

PORPHYROSIA (BL., *Mus. lugd.-bat.*, I, 105). Section des *Jambosa* (*Eugenia*).

PORPHYROSIPHON (KUETZ., *Tab. phyc.*, II, 7). Synonyme de *Scytonema* AGH.

PORPHYROSPATHA (ENGL., *Arac.*, 289). Genre d'Aracées, proposé pour les *Syngonium Schottianum* WENDL. et *Hoffmanni* SCHOTT, de Costa-Rica.

PORPHYROSTACHYS (REICHB. F., *Xen. orchid.*, I, 18). Synonyme de *Stenoptera* PRESL.

PORPHYROSTEMMA (GRANT, in *Trans. Linn. Soc.*, XXIX). Genre de Composées-Hélianthées-Héléniées, formé d'une herbe de l'Afrique tropicale; distingué des *Vicoa* et *Pulicaria*, dont il est voisin, par des capitules hétérogames, à petites corolles ligulées, purpurines, ∞-sériées; un involucre de quelques bractées étroites; des fruits lisses ou costés, avec une aigrette 2-sériée. (H. BN, *Hist. des pl.*, VIII, 160.)

PORRÉ. Nom provençal de l'*Allium Porrum* L.

PORREAU. Synonyme de Poireau.

PORREAU SECTIL. Nom ancien de la Civette.

PORRETTE. Nom ancien de plusieurs *Allium* à feuilles étroites.

PORRO. Au Chili, le *Durvillæa utilis* BORY.

PORROTERANTHE (STEUD., *Syn. pl. glum.*, I, 287). Synonyme de *Hydrochloa* HARTM.

PORRUM (T., *Inst.*, 382, t. 204). Section du genre *Allium*.

PORSACRE. Nom vulgaire de l'*Œnanthe crocata* L.

PORT (*Habitus*). Physionomie de l'ensemble des plantes, entre autres des arbres, tenant à la direction, au mode de division de leurs axes, à la disposition de leurs feuilles, etc.

PORTA (Giambat.). Auteur, à Naples [1588], d'un *Phytognomica* qui eut quatre éditions. Duchêne a écrit une notice anonyme sur sa vie. (E. MEY., *Gesch. d. Bot.*, IV, 438.)

PORTAL (Salv.). Auteur [1826] d'un Catalogue de son jardin de Sicile, publié à Catane (in-12 de 69 p.).

PORTALESIA (MEYEN, *Reis.*, I, 316). Synonyme de *Caloptilium* LAG.

PORTEA (C. KOCH, *Ind. sem. H. berol.* [1856], App. 7). Genre de Broméliacées-Broméliées, formé de 3 ou 4 plantes américaines, quelquefois cultivées, à épi terminal, long ou court, mais dense, avec 3 pétales libres et 6 étamines, dont 3 libres et 3 adnées aux pétales. (HOULL., in *Rev. hort.* [1870], 230, c. ic. — REG., *Gartenfl.* [1875], t. 829.)

PORTEA (TEN., in *Diar. Congr. neap.* [1845]). Le *Juanulloa floribunda*.

PORTE-CHAPEAU. Nom vulgaire du *Paliurus australis* RŒM.

PORTE-EMBRYON. Le *suspenseur* des oospores des Lycopodiacées.

PORTE-FEUILLE. L'*Asperugo procumbens* L.

PORTE-HOMME. L'*Aceras anthropophora* R. BR.

PORTE-NOIX. Le *Caryocar nuciferum* L.

PORTENSCHLAGIA (TRATT., *Arch.*, 250). Synonyme de *Elæodendron* JACQ.

PORTENSCHLAGIA (VIS., *Fl. dalmat.*, III, 45, nec TRATT.). Genre d'Ombellifères, réduit au titre de section (à larges bandelettes) du genre *Seseli* L. (H. BN, *Hist. des pl.*, VII, 217.)

PORTENSCHLAG-LEDERMAYER (Fr.-Edler v.). Auteur [1824] d'un *Enumeratio plantarum in Dalmatia lectarum*. Il y a, dans la bibliothèque des De Candolle, une collection des plantes dalmates de Portenschlag, gravées par von Welden.

PORTER (G.-Richardson). Auteur [1833], à Londres, de *The tropical agriculturist* (in-8 de 429 p.).

PORTE-RACINE (*Wurzelträger*). Saillie de la tige des Sélaginelles, dont émanent les racines (NÆGELI).

PORTERELLA (TORR., in *Hayd. Geol. Surv. Mont. Rep.*, 188). Section (?) du genre *Laurentia* MICHELI. (H. BN, *Hist. des pl.*, VIII, 362.)

PORTERIA (HOOK., *Icon.*, t. 864). Synon. de *Phyllactis* PERS.

PORTE-ROSÉE. L'Alchimille commune.

PORTESIA (CAV., *Diss.*, 369, t. 215, 216). Synonyme de *Trichilia* L.

PORTÉSIE. Nom français (LAMK) des *Portesia* CAV.

PORTE-SUIF. Le *Myristica* (*Virola*) *sebifera* SW.

PORTIERA (WITTST., *Et. Hdw.*, 722). Pour *Porlieria* PAV.

PORTLANDE. Nom français (LAMK) des *Portlandia* P. BR.

PORTLANDIA (P. BR., *Jam.*, 164, t. 11). Genre de Rubiacées-Portlandiées, auquel nous avons joint comme sections les *Coutarea* et les *Isidorea*, et qui, ainsi constitué, a pour caractères des fleurs hermaphrodites, 4-6-mères, souvent grandes et belles, avec 4-6 lobes calicinaux étroits ou foliacés, dont les bords sont souvent incurvés inférieurement et découpés en dents glanduleuses; une corolle infundibuliforme-campanulée, à tube anguleux, droit ou arqué, à limbe partagé en 4-6 lobes subval-

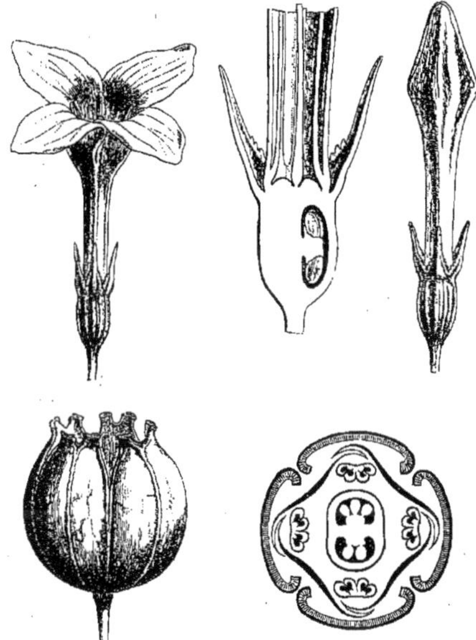

Portlandia. — Bouton. Fleur, entière et coupe longitudinale. Diagramme. Fruit déhiscent.

vaires ou rédupliqués, presque toujours imbriqués dans une faible étendue de leurs bords amincis. Les 4-6 étamines s'insèrent presque toujours tout en bas de la corolle et elles sont presque entièrement libres. Leurs anthères allongées sont incluses ou exsertes. L'ovaire infère a 2 loges multiovulées, complètes ou non. Parfois les ovules sont peu nombreux : les uns ascendants et les autres descendants. Le fruit est capsulaire, obovoïde ou obcordé, plus ou moins aplati perpendiculairement à la cloison septicide ou loculicide, avec les valves ordinairement subdivisées en 2 panneaux. Les graines sont anguleuses ou aplaties, ou marginées, ou entourées d'une aile. Ce sont de beaux arbres ou arbustes de l'Amérique tropicale, glabres, à feuilles opposées, parfois épineuses au sommet, à stipules variables, à fleurs terminales ou axillaires, solitaires ou en cymes. Les *P. grandiflora* L. et *speciosa* H. Bn (*Coutarea speciosa* Aubl.) ont une écorce amère, tonique et fébrifuge. (Voy. *Hist. des pl.*, VII, 331, 381, 469, n. 144, fig. 324-330.) [H. Bn.]

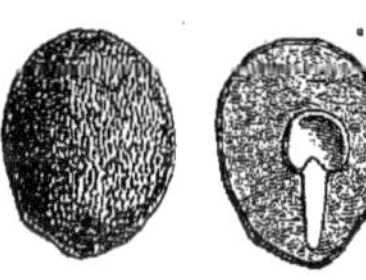

Portlandia. — Graine, entière et coupe longitudinale.

PORTLANDIÉES. Série (10) des Rubiacées. (H. Bn, *Hist. des pl.*, VII, 367.)

PORTUGAIS. Nom vulgaire du *Citrus lusitanicus* hort.

PORTUGAIS BLEU. Variété de Vigne.

PORTUGAL (ESSENCE DE). Essence de l'écorce d'Orange.

PORTULA (Dill., *Nov. gen.*, 133). Synonyme de *Peplis* L.

PORTULACA (T.). Nom latin des Pourpiers.

PORTULACACÉES. Famille de Dicotylédones-Dialypétales, dont les limites sont artificielles; voisine des Caryophyllacées et Mésembryanthémacées; divisée en 3 séries : 1. *Portulacées;* sépales 2; corolle 4, 5-mère. Ovaire libre ou en partie adné, à cloisons incomplètes; 2. *Aizoidées;* fleurs apétales, à 4, 5 sépales. Ovaire libre, à 2-5 loges incomplètes; 3. *Molluginées;* calice 5-partite. Pétales 3-∞, ou 0. Étamines 3-∞. Ovaire libre, à 2-5 loges incomplètes. (H. Bn, *Hist. des pl.*, IX, 54, 65.)

PORTULACARIA (Jacq., *Coll.*, I, 160, t. 22). Genre de Portulacacées-Portulacées, formé d'un arbuste à feuilles grasses, de l'Afrique australe, cultivé dans nos serres; distingué par un seul ovule et un fruit ailé, indéhiscent. (DC., *Pl. grass.*, t. 132. — H. Bn, *Hist. des pl.*, IX, 67.)

PORTULACASTRUM (Boiss., in *DC. Prodr.*, XV, II, 69). Section du genre *Euphorbia* L.

PORTULACASTRUM (Juss. — Medic., *Phil. bot.*, I, 99). Synonyme de *Trianthema* L.

PORTULACÉES. Série des Portulacacées. (H. Bn, *Hist. des pl.*, IX, 65.)

PORTUNA (Nutt., in *Trans. Amer. Phil. Soc.*, VIII, 268). Section du genre *Andromeda* L.

POSED. Nom bohême de la Bryone.

POSIDONIA (Kœn., in *Ann. Bot.*, II, 95, t. 6). Genre de Naiadacées, qui donne son nom à un groupe des *Posidoniées*, et qui comprend deux espèces de Phanérogames marines, submergées, l'une de la Méditerranée, l'autre d'Australie. Leurs fleurs en épis sont hermaphrodites, avec 3 sépales (ou 0); 3, 4 étamines hypogynes, et un ovaire uniloculaire, surmonté d'un disque stigmatifère. L'ovule unique est adné latéralement à la paroi ovarienne. Le fruit est charnu, ovoïde, monosperme, et l'embryon épais est exalbuminé. (Reichb., *Ic. Fl. germ.*, VIII, t. 5.)

POSIDONIÉES. Tribu (4) des Naiadacées. (B. H., *Gen.*, III, 1011).

POSOQUÈRE. Nom français (Lamk) des *Posoqueria* Aubl.

POSOQUERI. Nom français (Lamk) des *Posoqueria* Aubl.

POSOQUERIA (Aubl., *Guian.*, I, 133, t. 51). Genre de Rubiacées-Génipées, qui ne diffère des *Genipa* que par une corolle tubuleuse, allongée, à limbe imbriqué, oblique sur le tube et, par suite, gibbeux. Les feuilles y sont opposées; les fleurs en cymes terminales, corymbiformes; et les étamines exsertes. Ce sont des arbres et arbustes glabres, de l'Amérique tropicale, parfois cultivés pour leurs belles fleurs blanches, jaunâtres ou rosées. (H. Bn, *Hist. des pl.*, VII, 312, 435, n. 85.)

POSORIA (Rafin., in *Ann. gén. sc. phys.*, VI, 80). Synonyme de *Posoqueria* Aubl.

POSSIRA (Aubl., *Guian.*, II, 934, t. 355). Synonyme de *Tounatea* Aubl.

POST. Nom bengali (Roxb.) du Pavot.

POSTIA (Boiss., *Fl. or.*, III, 182). Genre de Composées, placé près des *Rhanterium*, formé de 4 herbes laineuses, d'Orient; distingué par des capitules homogames ou radiés, un réceptacle tout paléacé, des fruits à aigrette double. Les capitules sont solitaires ou disposés en cymes corymbiformes.

POSTIA (Karst., *Hedwig.*, 74). Genre de Polyporés, à chapeau sessile, de consistance charnue.

POSTOAK-GRAPE. Nom, au Texas, du *Vitis Lincecumii* Buckl.

POTALIA (Aubl., *Guian.*, I, 324, t. 151). Genre de Solanacées, souvent rapporté aux Loganiacées, et qui donne son nom à la séries des *Potaliées*. Les fleurs ont un épais calice de 4 folioles décussées. La corolle épaisse, tubuleuse-campanulée, a un limbe à 8-16 lobes tordus, plus rarement imbriqués. L'androcée est formé de 8-16 étamines, portées sur la corolle, à filets très courts et à anthères biloculaires, introrses; les loges linéaires, déhiscentes par des fentes longitudinales. Le gynécée a un ovaire à deux loges multiovulées, complètes ou incomplètes, latérales ou antérieure et postérieure, à placenta axile. Le style est surmonté d'une tête stigmatifère, subcylindrique ou presque sphérique. Le fruit est une baie; et ses graines ont un albumen dur et un court embryon à cotylédons obtus. En comprenant dans ce genre les *Anthocleista* comme section, il renferme une espèce de la Guyane et du Brésil septentrional, le *P. amara*, plus 5, 6 espèces de l'Afrique tropicale et de Madagascar, à grandes feuilles opposées, entières, coriaces, reliées par une courte gaine interpétiolaire; à fleurs en cymes terminales, trichotomes. Le *P. amara* est tonique et stoma-

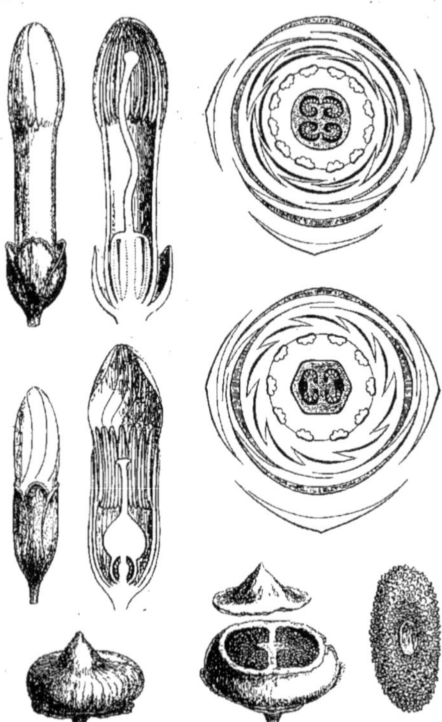

Potalia. — Fleurs, entières et coupes longitudinales. Diagrammes. Fruit, entier et ouvert en travers. Graine.

chique. Le *P.* (*Anthocleista*) *madagascariensis* est recherché pour son bois, etc. (H. Bn, *Hist. des pl.*, IX, 304, 348.)

POTAMEÆ. Tribu (3) des Naiadacées (B. H., *Gen.*, III, 1011) formée du seul genre *Potamogeton* L.

POTAMEIA (Dup.-Th., *Gen. nov. madag.*, 16). Genre de Lauracées-Cinnamomées, à verticilles floraux 2-mères; les étamines au nombre de 6-8; les intérieures stériles. Les autres ont 2 loges à l'anthère. C'est un arbuste à feuilles alternes et à inflorescences axillaires. (H. Bn, *Hist. des pl.*, II, 434, 472.)

POTAMOBRYON (Liebm., in *Forh. Skand. Naturf.* [1847], 513). Genre de Podostémacées mexicaines, placé près des *Oserya* et distingué par 4 squamelles extérieures à la fleur; le filet staminal libre et les stigmates linéaires. L'ovaire est sessile, et le fruit s'ouvre en 2 valves inégales. [H. Bn.]

POTAMOCHLOA (Griff., in *Journ. As. Soc. Beng.*, V, 571, t. 23; *Icon. pl. as.*, t. 140). Synonyme de *Hygroryza* Nees.

POTAMOGETON (L., *Gen.*, n. 174). Genre de Naiadacées, qui donne son nom à une série des *Potamées*, et qui est caractérisé par des fleurs en épis, hermaphrodites, 4-mères. Leur périanthe est formé de 4 sépales onguiculés, et dont les onglets supportent chacun une étamine superposée, à anthère didyme. Le gynécée est formé de 4 carpelles libres et uniovulés. L'ovule campylotrope a le micropyle en bas. Les fruits sont des achaines. On compte une cinquantaine de *Potamogeton*, habitant les eaux des deux mondes, submergés, à feuilles alternes ou opposées, membraneuses ou coriaces, avec stipules intra-axillaires. Les fleurs s'épanouissent dans l'air et sont disposées en épi spathifère. (K., *Enum.*, III, 127. — Gren. et Godr., *Fl. de Fr.*, III, 311. — H. Bn, *Herbor. par.*, 374.)

POTAMOPHILA (R. Br., *Prodr.*, 211). Genre de Graminées-Oryzées, formé de 2 herbes aquatiques, l'une australienne et l'autre malgache, à épillets 1-flores, groupés sur les axes inarticulés d'une panicule articulée; la fleur hermaphrodite ou unisexuée, avec 6 étamines et un fruit étroit, inclus dans les glumelles membraneuses. (K., *Rev. Gram.*, t. 5. — Trin., *Spec. Gram.*, t. 249.) [H. Bn.]

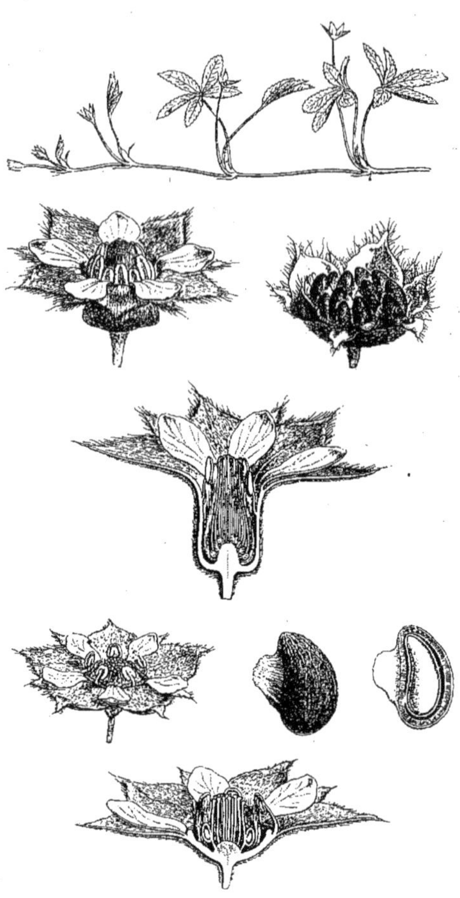

Potentilles. — Branche rampante. Fleurs, entières et coupes longitudinales. Fruit multiple. Achaine, entier et coupe longitudinale.

POTAMOPHILA (Schr., *Pl. rar. Hort. monac.*, II, t. 63). Synonyme de *Microtea* Sw.

POTAMOPHYLLITES (Ad. Br., in *Dict.*, LVII, 117). Genre de Naiadées fossiles (Endl., *Gen.*, 232. — Ung., *Syn. pl. foss.*, 178). Synonyme (?) de *Phyllites* Ad. Br. Le *Potamophyllites* de Nillson (in *Act. holm.* [1831], 3) est syn. de *Zosterites* Ad. Br.

POTAMOPITYS (Adans., *Fam. des pl.*, II, 256). Synonyme de *Alsinastrum* T.

POTAMOT. Nom français des *Potamogeton* L.

POTAT. Nom, aux Philippines, des *Barringtonia* L.

POTÉ. Le Thym commun.

POTELÉE. La Jusquiame noire.

POTELET. Nom vulgaire, surtout dans le Nord, des Jacinthes à fleurs simples. C'est aussi le *Scilla non scripta* H. Bn.

POTENTILLE (*Potentilla* T., *Inst.*, 295, t. 152). Genre de

Rosacées-Fragariées, qui a tous les caractères des Fraisiers, sinon que, sous les fruits, le réceptacle demeure sec ou spongieux et ne devient pas charnu. Les fleurs sont 5-mères, sauf dans la Tormentille qui les a 4-mères. Il y a 20-∞ étamines, sauf dans les *Horkelia*, etc., où il y en a 5-10. Les carpelles sont nombreux, sauf dans les *Stellariopsis* qui n'en ont qu'un. Ce sont des plantes des régions tempérées et froides du monde entier. (H. Bn, *Hist. des pl.*, I, 367, 466, fig. 420-427.)

POTERANTHERA (Bong., in *Mém. Ac. Petersb.*, sér. 6, II, *Bot.*, 137, t. 8). Section du genre *Tibouchina* Aubl. (H. Bn, *Hist. des pl.*, VII, 40.)

POTERIDIUM (Spach, in *Ann. sc. nat.*, sér. 2, V, 43). Genre proposé pour le *Sanguisorba annua* Torr.

POTERIUM (L., *Gen.*, n. 1069). Section du genre *Sanguisorba* L. (H. Bn, *Hist. des pl.*, I, 357.)

POTERIUM (Matth.). Nom ancien, croit-on, d'un *Astragalus*.

POTES DE RAT. Nom, dans le Roussillon, des *Clavaria coralloides* et *cinerea* Bull.

POTHA. Nom, à Ceylan, de plusieurs Aroïdées.

POTHEL. Le *Ficus Sycomorus* L.

POTHOIDIUM (Schott, *Aroid.*, I, 26, t. 57; *Gen. Aroid.*, t. 96). Genre d'Aracées-Orontiées, formé d'un arbuste malais, grimpant, à fleurs hermaphrodites; l'ovaire 1-ovulé. Les autres caractères sont ceux des *Pothos*. [H. Bn.]

POTHOPSIS (Miq., *Fl. ind. bat.*, III, 187). Sous-genre du genre *Scindapsus* Schott.

POTHOS (Adans., *Fam.*, II, 57). Synonyme de *Polianthes* L.

POTHOS (L., *Gen.*, n. 1031). Genre d'Aracées, qui donne son nom à une sous-série des *Pothoinées*, distinguée par une spathe accrescente ou subnulle, avec un spadice fleurissant à partir du sommet, et des graines sans albumen; l'embryon macropode. Le genre *Pothos* a 3 loges 1-ovulées, une tige grimpante et un limbe foliaire articulé avec le pétiole dilaté. Ce sont des lianes asiatiques, océaniennes et malgaches. On en compte une quarantaine, souvent cultivées. (Schott, *Gen. Aroid.*, t. 95; *Aroid.*, t. 31-56. — Hook., *Icon.*, t. 133, 175.) [H. Bn.]

POTHOS BLEU. Le *Clematis Viticella* L., etc.

POTHOS CÆRULEUS (Matth.). Nom du *Clematis Viticella* L.

POTHOSITE (Peters., in *Trans. Edinb. Soc.* [1841], I, 45). Genre d'Aroïdacées (?) fossiles.

POTHUAVA (Gaudich., *Voy. Bonite, Bot.*, 116, 117). Synonyme de *Æchmea* Pav.

POTIAS. Aux Philippines, l'Ananas.

POTIELLE. Nom (Miq.) de l'*Arthrophyllum ceylanicum* Miq.

POTIMA (Pers., *Syn.*, I, 209). Synonyme douteux de *Faramea* Aubl.

POTINCOBA. Polygonée (?) du Brésil, caustique.

POTIRON, POTURON. Le *Cucurbita maxima* Duch.

POTIRON (Cordier, *Champ.*, 136). Nom vulgaire du *Boletus edulis* Bull. et de la Collemelle.

POTIRON GRAS. En Saintonge, l'*Amanita vaginata* Lamk.

POTIRON (MAUVAIS). Nom, en Saintonge, des Hyménomycètes vénéneux ou réputés comme tels.

POTOCAN. Nom espagnol du Coqueret.

POTOMORPHE (Miq., *Comm. phyt.*, 36). Section du genre *Piper* L. (H. Bn, *Hist. des pl.*, III, 472.)

POTT (Joh.-Fried.). Médecin du duc de Brunswig, a écrit un ouvrage posthume [1805] : *Index herbarii vivi mei* (in-8).

POTTIA (Ehrh., *Beitr.*, I, 175. — Muell., *Syn. Musc.*, I, 546). Genre de Mousses-Bryacées, considéré (Endl., *Gen.*, n. 483) comme une section du genre *Gymnostomum* Hedw. Pour Bruch et Schimper (*Bryol. eur.*, fasc. 18-20), c'est un genre distinct, qui donne son nom à un groupe des *Pottiacées*, avec les *Anacalypta* et *Desmatodon*. On l'a divisé en *Anacalypta*, *Eupottia*, *Hyophila* et *Hymenostylium*. (Voy. Payer, *Bot. crypt.*, 167.)

POTTSIA (Hook. et Arn., *Bot. Beech.*, 198, t. 43). Genre d'Apocynacées-Nériées, formé de 2, 3 arbres de l'Asie et l'Océanie tropicales; distingué par des tiges grimpantes, des feuilles opposées; un calice à 5-10 glandes intérieures; une corolle à tube plus long que le limbe; des carpelles distincts, avec des graines surmontées d'une aigrette (H. Bn, *Hist. des pl.*, X, 201.)

POTURON. Pour Potiron.

POUAI. A Bourbon, le fruit du *Noronhia chartacea* Dup.-Th.

POUAI. A Taïti, l'*Ipomœa Pes-capræ* L.

POUCHERILLO. En Languedoc, l'*Hydnum imbricatum* L.

POUCHET (Fel.-Arch.). Professeur à Rouen, où il était né en 1810, a écrit [1827] une thèse sur les Solanées, puis [1829] une *Histoire naturelle et médicale* de cette famille; des *Considérations sur le jardin botanique de Rouen* [1832]; une *Flore de la Seine-Inférieure* [1834], qui n'eut qu'une première livraison; un *Traité élémentaire de botanique appliquée* [1835-36]. Son ouvrage illustré, *l'Univers*, renferme une partie botanique, et il a écrit plusieurs notices remarquables sur la génération spontanée des végétaux inférieurs.

POUCHETIA (A. Rich., *Rubiac.*, 171). Genre de Rubiacées-Génipées, dont les petites fleurs, pédicellées, réunies en grappes cymifères, sont 5-mères, à corolle tordue, avec un ovaire infère, à 2 placentas pariétaux ∞-ovulés. Le disque épigyne est annulaire; et les anthères, presque sessiles, sont insérées à la gorge de la corolle. Le style a deux branches grêles, parcourues par un sillon longitudinal; et le fruit, qui est une petite baie, renferme des semences anguleuses. Ce genre est à peine distinct, malgré la forme des inflorescences, la petite taille des fleurs et des fruits, etc., des *Genipa* et *Griffithia*. Il renferme deux espèces de l'Afrique tropicale occidentale, arbustes glabres, à rameaux virgés, à feuilles opposées, oblongues, pétiolées et stipulées. (Voy. *Hist. des pl.*, VII, 314, 439, n. 92.) [H. Bn.]

POU D'ÉLÉPHANT, NOIX D'ÉLÉPHANT. Nom du fruit du *Semecarpus Anacardium* L. f.

POU DE MOINE. Le *Triumfetta Lappula* L.

POUDENN. Nom ouoloff du *Lawsonia alba* L., très employé des femmes pour teindre leurs ongles; des guerriers pour colorer la crinière et la queue des chevaux blancs, etc.

POU DES PRÉS. Nom vulgaire du *Rhinanthus Crista-galli* L.

POUDRE A VERS. Le *Semen-contra*, le Brinvilliers, etc.

POUDRE DE TALBOT. Au dix septième siècle, le Quinquina.

POUÉ. A Taïti, le *Convolvulus Pes-capræ* L.

POUERRY-FER. En Provence, l'*Allium vineale* L.

POUGITOPI. Le Fragon épineux.

POUILLEUX. Le *Thymus vulgaris* L.

POUKATER. — Voy. Pukateria.

POULARD. Variété du *Triticum turgidum* L.

POULE. Le *Clavaria coralloides* L.

POULE DE BOIS. Nom du *Polyporus frondosus* Fr.

Pottia. — Protonema. Port. Urne. Feuille, entière et coupe transversale.

POULE DES BOIS. Nom vosgien de l'*Agaricus ostreatus*. C'est aussi le *Boletus cristatus* Gouan.

POULE GRASSE. La Mâche, et le *Lapsana communis* L.

POULE QUI POND. La Morelle Mélongène.

POULIOT DE CRÈTE. Le *Teucrium creticum* L.

POULIOT DE MONTAGNE. Le *Teucrium montanum* L.

POULIOT JAUNE. Le *Teucrium flavum* L.

POULIOT JAUNE DE MONTAGNE. Le *Teucrium flavicans* L.

POULIOT ROYAL. Le *Mentha Pulegium* L.

POULIOT THYM. Le *Mentha arvensis* L.

POUMIÉ. Nom provençal du *Pyrus Malus* L.

POUMO. Nom provençal du fruit du *Pyrus Malus* L.

POUPARTIA (COMMERS., ex J., *Gen.*, 372). Syn. de *Spondias* L.

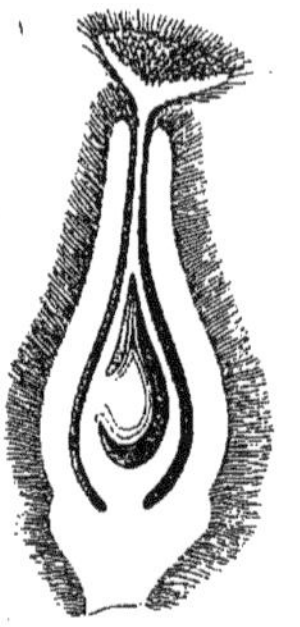

POUPOU. Nom vulgaire, à Saint-Bonnet-le-Château, de la Mâche.

POURAO. A Taïti, l'*Hibiscus* (*Paritium*) *tiliaceus* L.

POURCELLONE. Le Pourpier cultivé.

POURCHAILLE. Synonyme de Pourpier de mer.

POURGHES. Dans l'Afrique tropicale, le *Jatropha Curcas* L.

POUROUMA (AUBL., *Guian.*, II, 891, t. 341). Genre d'Ulmacées-Artocarpées, formé d'une vingtaine d'arbres de l'Amérique tropicale; distingué par des fleurs dioïques, en cymes; un ovaire uniloculaire, dont l'ovule, inséré latéralement, est en partie ascendant, avec le micropyle supérieur et extérieur; des feuilles entières, palmatifides ou palmatipartites. (*Fl. bras.*, IV, t. 36-41. — KARST., *Fl. columb.*, II, t. 110. — H. BN, *Hist. des pl.*, VI, 158, 211, fig. 127.)

Pourouma. — Fleur femelle, coupe longitudinale.

POURPAIROLLE. Le Sorgho.

POURPIÉ. Nom provençal du *Portulaca oleracea* L.

POURPIER (*Portulaca* T., *Inst.*, 236, t. 118). Genre qui donne son nom à la famille des *Portulacacées* et à la série des *Portulacées*. Il est formé d'environ 15 espèces, des régions chaudes des deux mondes, et distingué par des fleurs à réceptacle concave, encadrant en partie l'ovaire. Sur ses bords s'insèrent 2 sépales imbriqués, et 4-6 pétales imbriqués. L'androcée est formé de ∞ étamines, plus rarement 4-8. L'ovaire, plus ou moins infère, est surmonté de 3-8 branches stylaires. Les ovules sont nombreux, supportés par des funicules basilaires et en partie campylotropes. Le fruit est sec, s'ouvre en travers et renferme ∞ graines à embryon entourant un albumen farineux. Ce sont des herbes charnues, à feuilles alternes ou subopposées, avec stipules scarieuses ou sétacées; à fleurs terminales, sessiles ou stipitées. Notre P. commun (*Portulaca oleracea* L.), fréquemment cultivé comme plante potagère, a des feuilles charnues, insipides, riches en eau. On l'a dit diurétique et vermifuge. (H. BN, *Hist. des pl.*, IX, 54, 67, fig. 70-72.)

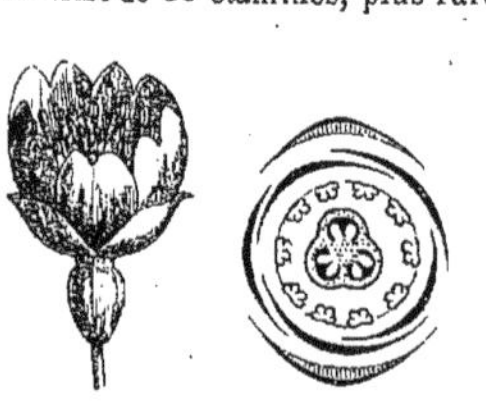

Pourpier. — Port.

Pourpier. — Fleur. Diagramme.

POURPIER MARITIME. L'*Atriplex Halimus* L.

POURRAQUO. En Provence, l'*Asphodelus ramosus* L.

POURRET (Pierre-André). Auteur d'un *Extrait de la Chloris narbonnensis*, publié dans les *Mémoires de Toulouse*, l'abbé Pourret avait formé un riche herbier qui devint en grande partie la propriété de Barbier et passa de là au Muséum de Paris. Il a écrit sur les Cistes. (*Bull. Soc. bot. Fr.*, 291; IX, 596.)

POURRETIA (R. et PAV., *Prodr. Fl. per. et chil.*, 46, t. 7; *Syst.*, 80; *Fl. per.*, III, 33, t. 256, 257). Syn. de *Puya* MOLIN.

POURRETIA (W., *Spec. plant.*, III, 844). Synonyme de *Cavanillesia* RUIZ et PAV.

POURRITURE NOIRE. Synonyme de *Black-Rot*.

POUSSE. Nom donné aux bourgeons et aux jeunes axes qui résultent de leur élongation.

POUSSELLE. Synonyme de Paumelle.

POUSSET. En Provence, le Thym pulvérisé.

POUST. Opium extrait des feuilles des Pavots.

POUTERIA (AUBL., *Guian.*, I, 85, t. 33). Genre de Sapotacées, voisin des *Lucuma*, à fleurs 4-mères, avec 4 étamines superposées aux lobes de la corolle et 4 staminodes alternes. Le fruit est distingué par sa surface glabre, et sa graine présente une énorme aire d'adhérence à l'endocarpe : ce qui fait que sa portion lisse et dorsale est réduite à une étroite surface lancéolée. Ce sont des arbres de l'Amérique tropicale. Les *Pouteria* de M. Radlkofer ne sont d'ailleurs pas ceux d'Aublet. [H. BN.]

POUTERIER. Nom français (LAMK) des *Pouteria* AUBL.

POUTOU-LAIGO. En Languedoc, le Pourpier.

POUVERGNE. Synonyme de Bourgène.

POUZIN (N.-Falerand). Auteur [an VIII] d'un *Avis au botaniste qui doit parcourir les Alpes* (in-4 de 62 p.).

POUZOLZIA (GAUDICH., in *Freycin. Voy.*, *Bot.*, 503). Genre d'Urticacées, voisin des *Bœhmeria*, formé d'environ 45 herbes ou arbustes, des deux mondes; distingué par des feuilles alternes, rarement opposées; des glomérules axillaires ou disposés en épi terminal; des fleurs mâles 3-5-mères; un gynécée à stigmate grêle et caduc. (WEDD., *Mon. Urtic.*, t. 13. — H. BN, *Hist. des pl.*, III, 527.)

POVELSEN (Biarno). Botaniste islandais [1719-1778], auteur [1749] de *Specimen observationum quas circa plantarum quarumdam maris islandici et speciatim Algæ sacchariferæ dictæ originem, partes et usus collegit* (in-4 de 28 p.).

POW-E-MEN ARTIC. Nom indien, à la baie d'Hudson, de l'*Acorus Calamus* L.

POXOS (THÉOPHR.). Champignon indéterminé.

POYER. Le *Bignonia pentaphylla* L.

POZETTI (Pompil.). Secrétaire de l'Académie de Modène, a écrit [1804] *Sopra alcune rose particolari dell' Italia inferiore* (*Mem. Soc. ital.*, XI, 608).

POZOA (LAG., *Nov. gen. et spec.*, 13; *Amen.*, II, 93). Section du genre *Azorella* LAMK. (H. BN, *Hist. des pl.*, VII, 237.)

POZOPSIS (HOOK., *Icon.*, t. 859). Section du genre *Huanaca*, à feuilles entières, digitinerves. (H. BN, *Hist. des pl.*, VII, 239.)

PRABASA. Nom africain du *Tetrapleura Thönningii* BENTH.

PRADELS, PRADELET. Synonymes de Paturon.

PRÆCOCIA. Nom ancien de l'Abricotier.

PRÆFLORATIO. La préfloraison ou estivation.

PRÆSEPIUM. Nom ancien du *Centaurea benedicta* L.

PRÆSEPIUM (SPRENG. — REICHB., *Consp.*, 212 *b*). Genre de « Cliffortiées », non décrit.

PRÆTORIA (H. BN, *Et. gén. Euphorbiac.*, 470, t. 11). Synonyme de *Pipturus* WEDD.

PRÆTORIUS (Johan.). Recteur à Halle [1635-1705], auteur [1677] d'un *De plantis* (in-4 de 8 p.).

PRAGMOPORA (MASS., *Fragm. Lich.*, 13). Genre de Discomycètes, rapporté aux *Tympanis* ou aux *Scleroderris* PERS.

PRANGOS (LINDL., in *Quart. Journ. sc.* [1824], 7). Synonyme de *Cachrys* T. et section de ce genre. (H. BN, *Hist. des pl.*, VII, 216.)

PRAPA. — Voy. Drapa.

PRAPRA. A Sainte-Croix, le *Comocladia ilicifolia* Sw.

PRARAVINIA (Korth., *Verh. Nat. Geschied.*, 189, t. 41). Genre de Rubiacées-Génipées, à fleurs polygames ou monoïques, une corolle à 4-6 lobes valvaires, 8-12 étamines et un ovaire infère, 4-10-loculaire, avec un style à un même nombre de divisions et un disque épigyne. Les ovules nombreux sont insérés sur un placenta axile ramifié. Le fruit est une baie, et les graines sont albuminées. C'est un petit arbuste de Bornéo (*P. densiflora*), à feuilles opposées, stipulées, à fleurs axillaires : les mâles 3-6-nées, en cymes; les femelles solitaires, avec des bractées et des bractéoles foliacées et imbriquées. (Voy. *Hist. des plant.*, VII, 323, 459, n. 128.) [H. Bn.]

PRASANTHEA (Dcne, in *Rev. hort.* [1848], 467). Synonyme de *Palaviana* Vand.

PRASIOLA (Agh. — Kuetz., *Phyc. gen.*, 295). Algues de la famille des *Ulvaceæ* pour Kützing, de la division des *Prasioleæ* pour Rabenhorst. Ces Algues ont un thalle membraneux, foliacé, plus ou moins dressé et plus ou moins crispé. La division des cellules s'opère dans deux directions. La reproduction est encore inconnue. (Voy. Rabenh., *Fl. europ. Alg.*, III, 308.) [Ch. M.]

PRASIOLEÆ (Rabenh., *Fl. europ. Alg.*, III, 286). Famille d'Algues, de la division des *Ulvaceæ*, de l'ordre des Nématophycées, dont on a fait plusieurs groupes basés sur la disposition du thalle et sur la forme des aréoles. [Ch. M.]

PRASION. Nom français des *Prasium* L.

PRASITELES (Salisb., *Gen. pl. Fragm.*). Section du genre *Narcissus* T.

PRASIUM (L., *Gen.*, n. 737). Genre de Labiées, qui donne son nom à une série des *Prasiées*, et dont les fleurs sont celles des Labiées en général, mais avec un fruit formé de 1-4 drupes obovoïdes, attachées au réceptacle par une petite aréole à peine oblique. Le *P. majus* L., seule espèce du genre, est un sous-arbrisseau de l'Orient, de la région Méditerranéenne et des îles occidentales du nord de l'Afrique. On le cultive parfois dans les jardins botaniques. (H. Bn, *Hist. des pl.*, XI, 22, fig. 62.)

PRASKA. Nom illyrien de la Pêche.

PRASO. Nom ancien du Poireau.

PRASOMILA (Dochn., *Obstk.*, I, 123). « Genre » de Pommiers.

PRASOPEPON (Naud., in *Ann. sc. nat.*, sér. 5, V, 26, t. 2). Syn. de *Cucurbitella* Walp. (H. Bn, *Hist. des pl.*, VIII, 455.)

PRASOPHYLLUM (R. Br., *Prodr.*, 317). Genre d'Orchidacées-Néottiées, formé d'environ 25 espèces océaniennes, terrestres, tubéreuses; distingué par un labelle postérieur, entier, concave à sa base; un très court gynostème, à 2 bras supérieurs; des pollinies à long pied grêle ; une tige ne portant qu'une feuille. (Reichb. f.; *Xen. orchid.*, t. 190, 198.) [H. Bn.]

PRASOXYLON (Rœm., *Syn.*, 83). Synonyme de *Dysoxylum* Bl.

PRASUM. Nom grec ancien du Poireau.

PRATAIOLA. En Italie, l'*Agaricus campestris* L.

PRATELLE. Synonyme de Paturon. *Pratella* est une section du genre Agaric, dont le type est le Champignon de couches.

PRATESI (Pietro). Auteur [1801], à Pavie, de *Tavole di botanica elementare* (in-8 de 30 p. et 45 pl.).

PRATIA (Gaudich., in *Freyc. Voy.*, *Bot.*, 456, t. 79). Genre de Campanulacées-Lobéliées, formé d'une quinzaine d'herbes des deux mondes; distingué par une tige grêle, couchée ou dressée, des fleurs axillaires, un style à lobes stigmatiques courts, et un fruit charnu. (Hook. f., *Fl. tasm.*, t. 69 B; *Fl. antarct.*, t. 29. — H. Bn, *Hist. des pl.*, VIII, 366.)

PRATIA (Wedd., *Chlor. andin.*, II, 9, t. 45). Synonyme de *Hypsela* Presl.

PRATICOLA (Ehrh., *Phytoph.*, n. 15). L'un des noms du *Thalictrum simplex* L.

PRAUA. Nom talagog du *Pilavay*.

PRAXELIS (Cass., in *Dict.*, XLIII, 261). Synonyme de *Eupatorium* L.

PRAXITELES (Salisb., *Gen. pl. Fragm.*). Section du genre *Narcissus* T.

PREAUXIA (Sch. Bip., in *Webb Phyt. canar.*, II, 250). Synonyme de *Chrysanthemum* T.

PREBOUISSET. En Provence, le Fragon.

PRÉEMBRYON. Synonyme de Proembryon.

PRÉFEUILLE. Première feuille d'un axe, généralement plus petite que les autres et servant souvent d'abri aux organes plus jeunes placés au-dessus d'elle.

PRÉFLORAISON ou **ESTIVATION**. Disposition, dans le bouton, des parties de la fleur, calice, corolle et même androcée.

PRÉFOLIAISON ou **VERNATION**. Disposition des jeunes feuilles dans le bourgeon.

PREIBISCH (Chr.). Auteur [1620], à Leipzig, de *De plantarum natura* (in-4).

PREISS (Balth.). Auteur [1823], à Prague, d'un *Rhizographie, oder Versuch einer Beischreibung... der Wurzeln*, etc.

PREISSLERIA (Sternb., *Vers.*, II, 192). Genre de Liliacées fossiles (*Asparagaceites*). (Voy. Ung., *Syn. pl. foss.*, 168; *Chlor. protog.*, LXVI.)

PREMNA (L., *Mantiss.*, n. 1316). Genre de Verbénacées-Viticées, formé d'une trentaine d'arbres ou arbustes, des régions tropicales de l'ancien monde, à feuilles opposées, à cymes composées, souvent corymbiformes; le calice tronqué ou denté; la corolle souvent à peu près régulière, à tube court en général; les 4 lobes imbriqués; les 4 étamines égales ou subdidynames; le fruit drupacé, à 1-4 logettes uniovulées. On en cultive quelques-uns dans les jardins botaniques. (Bocq., *Rev. Verbén.*, t. 14. — H. Bn, *Hist. des pl.*, XI, 112.)

PRENANTHES (L., *Gen.*, n. 911, part.). Section du genre *Lactuca* T. (H. Bn, *Hist. des pl.*, VIII, 116.)

PREND-MAIN. Synonyme de Glouteron.

PRENOCEPHALUM (Sch. Bip., in *Webb Phyt. canar.*, II, 246). Sous-genre des *Sonchus* T.

PREONANTHUS (Ehrh., *Phytoph.*, n. 95). L'*Anemone alpina*.

PREPTANTHE (Reichb. f., in *Fl. serr.*, VIII, 245). Synonyme de *Calanthe* R. Br.

PREPUSA (Mart., *Nov. gen. et spec.*, II, 120, t. 190). Genre de Gentianacées-Chironiées, formé de 2, 3 herbes suffrutescentes, du Brésil, rappelant par leur port les Caryophyllacées; distingué par un calice enflé-vésiculeux, membraneux, à 6 dents; une corolle à tube court, inclus, à limbe 6-lobé. L'organisation du gynécée est d'ailleurs celle des Lisianthées en général. (*Fl. bras.*, VI, t. 66. — *Bot. Mag.*, t. 3909. — H. Bn, *Hist. des pl.*, X, 139.)

PRESCOTIA (Lindl.). Pour *Prescottia* Lindl.

PRESCOTTIA (Lindl., in *Hook. Exot. Fl.*, t. 115). Genre d'Orchidacées-Néottiées, formé d'une vingtaine d'herbes terrestres, des deux Amériques; distingué, dans le groupe des Spiranthées, par des sépales unis en tube ou en coupe à la base; un labelle à limbe dressé, concave ou cucullé, parfois subclos; un clinandre prolongé en arrière en filament; des épis denses ou grêles. (Reichb. f., in *Saund. Ref. bot.*, t. 98. — Lodd., *Bot. Cab.*, t. 990. — *Bot. Reg.*, t. 1915.) [H. Bn.]

PRESLEA (Mart., *Nov. gen. et spec.*, II, 75, t. 164). Synonyme de *Heliotropium* L.

PRESLIA (Opitz, in *Flora* [1824], 322). Section du genre *Mentha* (*M. cervina*), formée d'une herbe Méditerranéenne, cultivée, distinguée par son calice, ordinairement, mais non constamment, 4-mère. (H. Bn, *Hist. des pl.*, XI, 12.)

PRESSE. Variété de Pêche.

PRESTELIA (Sch. Bip. — B. H., *Gen.*, II, 236). Synonyme de *Eremanthus* Less.

PRESTINARIA (Sch. Bip., in *Walp. Rep.*, VI, 162). Synonyme de *Coreopsis* L.

PRESTOEA (Hook. f., *Gen.*, III, 899, n. 34). Genre de Palmiers-Arécées, qui a pour type l'*Hyospathe pubigera* Griseb. et Wendl., et auquel se rapporte peut-être l'*Euterpe montana* Grah. (*Bot. Mag.*, t. 3874). Ce sont des Palmiers américains.

PRESTONIA (R. Br., in *Mem. Werner. Soc.*, I, 69). Genre d'Apocynacées-Nériées, formé d'environ 25 lianes de l'Amérique tropicale; distingué par un calice pourvu en dedans de

5 écailles superposées à ses lobes; une corolle dont la gorge porte 5 ligules; un disque cupuliforme, variable. (H. Bn, in *Bull. Soc. Linn. Par.*, 783, 789; *Hist. des pl.*, X, 202.)

PRESTONIOPSIS (M. Arg., in *Bot. Zeit.* [1860], 22). Synonyme (?) et section du genre *Dipladenia* A. DC. (H. Bn, *Hist. des pl.*, X, 217.)

PRETREA (J. Gay, in *Ann. sc. nat.*, sér. 1, I, 457). Genre de Scrofulariacées-Sésamées, à fleurs de Sésame, avec des loges ovariennes 2-ovulées et un fruit dur, indéhiscent, dilaté en bas en disque cyathiforme, avec 2 cornes coniques et, entre elles, des aiguillons de forme variable. Il y a 4 logettes au péricarpe, et les graines ont un albumen mince. C'est une herbe mucilagineuse, à duvet blanchâtre, de l'Afrique tropicale orientale, à feuilles opposées et alternes, à fleurs axillaires et solitaires. (H. Bn, *Hist. des pl.*, IX, 442.)

PREUSCHEN (G.-Aug.). A écrit [1801], à Erlangen, *De Cypero esculento* (in-8 de 43 p.).

PREVENTA CAVALLO. A Cuba, l'*Isotoma longiflora* Presl.

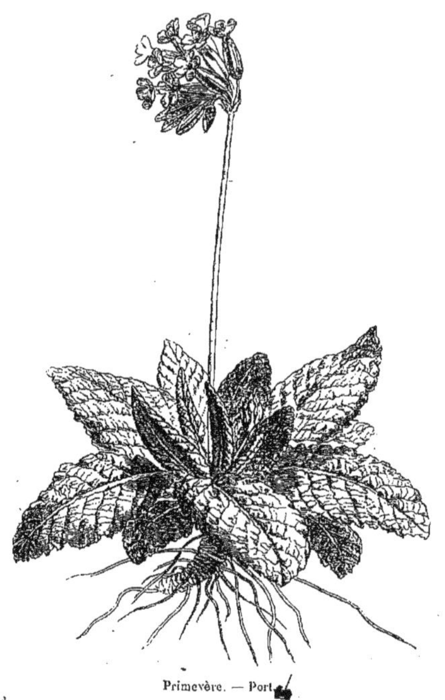

Primevère. — Port.

PREVOST (Jean). Publia [1655] un *Catalogue des plantes qui croissent en Béarn, Navarre et Bigorre*, etc. — Is.-Bén. Prevost écrivit à Montauban [1807] un mémoire sur la carie, etc. des céréales. — J.-L. Prevost a composé [1805] une *Collection des fleurs et des fruits peints...*, tirés de son portefeuille.

PREVOSTEA (Chois., in *Ann. Nat. Hist.*, sér. 1, IV, 497). Synonyme de *Breweria* R. Br.

PREVOTIA (Adans., *Fam. des pl.*, II, 256). Synonyme (part.) de *Cerastium* L.

PREZZOMOLO. En Italie, le Persil.

PRIAPE. L'un des noms du *Phallus impudicus* L.

PRIAPÉE. Le *Nicotiana rustica* L.

PRICKLE-WOOD. A Sainte-Croix, l'*Antherylium Rohrii* Vahl.

PRICKLY ASH. Aux États-Unis, l'*Aralia spinosa* L. et le *Zanthoxylum clavatum* L.

PRICKLY COMFREY. Nom anglais du *Symphytum asperrimum*.

PRICKLY FIG, PRICKLY-PEAR. Nom anglais des *Opuntia* T.

PRIDE OF CHINA, P. OF INDIA. En Angleterre, l'Azederach.

PRIESTLEYA (DC., in *Ann. sc. nat.*, sér. 1, IV, 90). Genre de Légumineuses-Papilionacées-Génistées, formé d'une quinzaine d'arbustes de l'Afrique australe; distingué par des fleurs de *Liparia*, rapprochées en grappes ou capitules denses, parfois axillaires; le calice à lobes subégaux; l'étamine vexillaire libre. (H. Bn, *Hist. des pl.*, II, 346.)

PRIESTLEYA (Sess. et Moç., *Fl. mex. ined.*). Synonyme de *Montagnæa* DC.

PRIEUREA (DC., *Prodr.*, III, 58; *Mém. Onagr.*, t. 2). Forme anormale de *Ludwigia* ou *Jussiæa* L. (H. Bn, *Hist. des pl.*, VI, 463, not. 2.)

PRIMEROLLE. Synonyme de Primerose.

PRIMEROSE. Les Primevères.

PRIMEVÈRE (*Primula* L., *Gen.*, n. 197). Genre de Primulacées, dont la fleur présente un calice tubuleux, souvent renflé, à 5 lobes droits, persistant. La corolle hypogyne est infundibuliforme, souvent dilatée à la gorge. Ses 5 lobes imbriqués, entiers ou découpés, sont étalés sur un plan perpendiculaire à l'axe de la fleur. Cinq étamines sont attachées au tube de la corolle, superposées à ses divisions, incluses, à filets courts, à anthères linéaires-oblongues. L'ovaire est presque globuleux, surmonté d'un style filiforme, à tête stigmatique. Les ovules, très nombreux, généralement semi-anatropes, sont insérés sur un placenta central-libre, affectant la forme générale de l'ovaire. Le fruit est une capsule, déhiscente au sommet en 5 valves, polysperme. Les Primevères sont des herbes à rhizome vivace, à feuilles basilaires, à fleurs groupées en une sorte d'ombelle, au

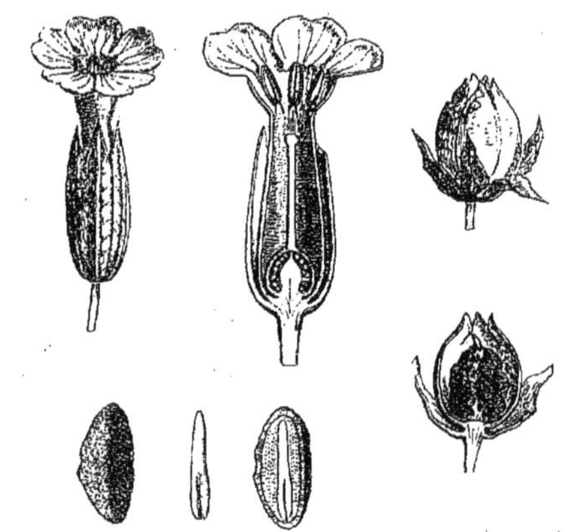

Primevère. — Fleur, entière et coupe longitudinale. Fruit, entier et coupe longitudinale. Graine, entière et coupe longitudinale. Embryon.

sommet d'une hampe commune, ou rarement solitaires. Le dimorphisme de leurs fleurs, les unes à style long, les autres à style court, est célèbre depuis les travaux de Darwin. Citons surtout les *P. officinalis* et *grandiflora*, qui ornent nos bois au printemps, et la Primevère de Chine, cultivée dans toutes nos serres. Les fleurs sont émollientes et le rhizome aromatique a jadis été très employé en médecine. [F. H.]

PRIMINE. Le tégument extérieur de l'ovule.

PRIMORDIALE (Utricule). La couche extérieure du Phytoblaste, qui tapisse intérieurement le Phytocyste.

PRIMULACÉES (*Primulaceæ* Vent., *Tabl.*, II, 285). Si l'on comprend dans cette famille, à côté des Primulacées typiques, un certain nombre de genres exotiques que nous énumérerons tout à l'heure, il est assez difficile de donner une caractéristique générale de la famille. Néanmoins ces types ne différant guère des Primulacées vraies que par leur caractère d'être ligneux au lieu d'être herbacés, nous croyons préférable d'en revenir à l'opinion de Payer (*Leç. Fam. nat.*, 3), qui ne reconnaît comme caractères constants que le nombre des étamines toujours égal au nombre des pétales, leur position, toujours alterne avec celle des sépales, et l'ovaire uniloculaire, à placenta central, 1-∞-ovulé. Douze sections peuvent être établies dans la famille : Primevères ; Apochoridées, à fruit capsulaire s'ouvrant au sommet ; Mourons, fruit en pyxide ; Glauxées, que l'on peut définir des Pri-

Primevère. — Port.

mevères apétales ; Coridées, à fleurs irrégulières ; Samolées, à ovaire infère. Les plantes de ces six sections sont herbacées ; celles des six autres sont ligneuses ; ce sont : Ægicérées, à fruit capsulaire ; Théophrastées, Mæsées, Embéliées, Ardisiées, à fruit charnu, à ovaire supère, sauf les Mæsées qui l'ont infère, et à corolle gamopétale, sauf les Embéliées qui sont dialypétales. Quant aux Myrsinées, elles se différencient des onze sections par leur caractère d'être unisexuées. [F. H.]

PRIMULASTRUM (DUBY, *Bot. gall.*, I, 383). Section du genre *Primula* T.

PRIMULINA (HANCE, in *Trim. Journ. Bot.* [1883], 167). Genre de Gesnériacées-Cyrtandrées, voisin des *Rottlera*, et distingué par une corolle hypocratérimorphe, 2 étamines et des cymes ombelliformes au sommet d'un scape commun. Le *P. Tabacum*, herbe chinoise, est remarquable par l'odeur de tabac que dégage son duvet. (H. BN, *Hist. des pl.*, X, 96.)

PRINCE'S FEATHER. Nom anglais des Amarantes.

PRINCES PINE. Nom anglais du *Chimaphila corymbosa* PURSH.

PRINGLEA (HOOK. F., *Fl. antarct.*, II, 238, t. 90, 91). Genre de Crucifères-Alyssées, fondé sur une plante de l'île de Kerguelen, qui a tous les caractères des *Cochlearia*, sauf le port (c'est une sorte de grand Chou à rhizome épais), et les graines ovoïdes, à tégument très épais. Les pétales et étamines sont inconnus. (H. BN, *Hist. des pl.*, III, 273.)

PRINODIA (GRISEB., in *Abh. Gött. Ges.*, VII, 224). Syn. de *Ilex*.

PRINOS (L., *Gen.*, n. 441). Synonyme de *Ilex* L.

PRINSEPIA (ROYL., *Ill. himal.*, 206, t. 38, fig. 1). Genre de Rosacées-Prunées, formé d'un arbuste épineux, à feuilles serrulées ; à fleurs de *Prunus*, avec un large réceptacle en coupe, 5 pétales périgynes, et un carpelle central qui devient une drupe renversée, à graine dépourvue d'albumen ; le style finalement subbasilaire ; le noyau coriace. (H. BN, *Hist. des pl.*, I, 423, 479, fig. 484, 485.)

PRINTANIÈRE. Le *Primula officinalis* L.

PRINTEMPS (FLEUR DE). Le *Primula officinalis* L.

PRIONACHNE (NEES, in *Lindl. Introd.*, ed. 2, 447). Genre de Graminées-Avénées, formé de 1, 2 herbes annuelles, de l'Afrique australe ; distingué, dans le groupe des Airées, par des glumes cartilagineuses sur le dos et pectinées-dentées ; des glumelles mutiques et un peu plus développées. Les épillets sont fasciculés par 2-4, sur le rachis commun d'une inflorescence presque simple. (TRIN., *Spec. Gram.*, t. 73.) [H. BN.]

PRIONANTHES (SCHRANK, *Pl. rar. Hort. monac.*, II, t. 51). Synonyme de *Trixis* P. BR.

PRIONITIS (ADANS., *Fam. des pl.*, II, 499). Synonyme de *Falcaria* RIV.

PRIONITIS (J. AGH, *mscr.*). Genre d'Algues, de l'ordre des *Cryptonemeæ* et de la tribu des *Nemastomeæ*. La fronde est comprimée, linéaire, dichotome ou pinnée, formée constamment d'un triple strate : les cellules centrales filiformes, resserrées ; les intermédiaires arrondies, de plus en plus petites vers la périphérie ; les cellules périphériques, rondes et rayonnant verticalement. Les favellidies simples sont éparses dans la fronde non modifiée ; elles renferment, dans un périderme gélatineux, hyalin, des gemmidies arrondies, qui deviennent libres par un canal pratiqué dans le thalle. Les sphærospores, immergées dans des excroissances marginales et glanduleuses de la fronde, éparses dans le tissu cellulaire superficiel, se divisent en croix. L'auteur a partagé ce genre en deux groupes : les *Euprionites* et les *Pristærium*. (Voy. J.-G. AGH, *Spec.*, *gen. et Ord. Alg.*, II, 191.) [CH. M.]

PRIONITIS (DELARBR., *Fl. d'Auv.*, 421). Synonyme de *Falcaria* RIV.

PRIONITIS (ŒRST., in *Vid. Medd. Nat. For. Kjob.* [1854], 137). Synonyme de *Barleria* L.

PRIONIUM (E. MEY., in *Linnæa*, VII, 130). Genre de Joncacées, qui a la fleur des Joncs, avec 2 ou quelques ovules dans chacune des trois loges de l'ovaire, et 3 styles distincts. La graine a un albumen et un embryon égal à plus de la moitié de sa longueur. C'est une herbe vivace et cespiteuse, de l'Afrique australe, à feuilles rapprochées au sommet d'une tige ligneuse et dressée. (*Bot. Mag.*, t. 5722.) [H. BN.]

PRIONOLEPIS (PŒPP. et ENDL., *Nov. gen. et spec.*, III, 55, t. 261). Synonyme (B. H.) de *Munnozia* R. et PAV.

PRIONOPHYLLUM (C. KOCH, *App. 4 Sem. H. berol.* [1873], 2). Synonyme de *Encholirion* MART.

PRIONOPLECTUS (ŒRST., *Gesn. centr.-amer.*, 43). Synonyme de *Alloplectus* MART.

PRIONOPSIS (NUTT., in *Trans. Amer. Phil. Soc.*, ser. 2, VII, 320). Synonyme de *Haplopappus* CASS.

PRIONOSCHOENUS (REICHB., *Consp.*, 63). Section du genre *Juncus* T.

PRIONOSEPALUM (STEUD., *Syn. pl. glum.*, II, 266). Synonyme de *Chætanthus* R. BR.

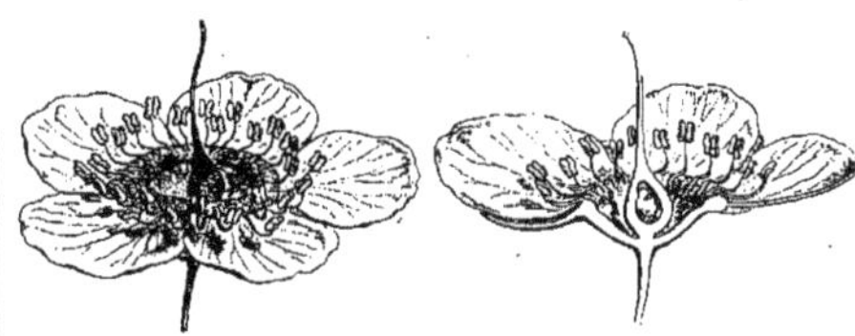

Prinsepia. — Fleur, entière et coupe longitudinale.

PRIONOSTACHYS (HASSK., in *Flora* [1866], 212). Synonyme de *Aneilema* R. BR.

PRIONOTIS (R. BR., *Prodr.*, 552). Genre d'Éricacées-Épacrées, formé d'un arbuste grêle, de la Tasmanie ; voisin des

Epacris et distingué par une corolle cylindrique, des étamines hypogynes, à filet adhérent à la corolle; des fleurs à longs pédicelles. (LABILL., *Pl. N.-Holl.*, I, t. 59.) [H. BN.]

PRIONOTOPHYLLUM (LESS., *Syn. Comp.*, 115). Sous-genre du genre *Chætanthera* R. et PAV.

PRIORIA (GRISEB., *Fl. brit. W.-Ind.*, 215). Genre de Légumineuses-Cæsalpiniées-Amherstiées, établi pour un grand arbre des Antilles et de l'Amérique centrale, qui a des feuilles paripinnées; des fleurs en épis composés, interrompus; 5 sépales et 10 étamines, et un grand fruit ostréiforme, aplati, coriace-ligneux, bivalve. (BENTH., in *Trans. Linn. Soc.*, XXIII, t. 40. — H. BN, *Hist. des pl.*, II, 193.)

PRIOTROPIS (W. et ARN., *Prodr.*, 180). Genre de Légumineuses-Papilionacées-Génistées, formé d'un arbuste des montagnes de l'Inde, qui a les caractères des *Crotalaria* à feuilles 3-foliolées, mais dont le fruit stipité, oblong, est aplati, 2-valve et continu à l'intérieur. (H. BN, *Hist. des pl.*, II, 337.)

PRIPRI. Cypéracée indéterminée de la Guyane.

PRISCO. En Espagne, le Pêcher.

PRISMATANTHUS (HOOK. et ARN., herb.). Synonyme de *Siphonostegia* BENTH.

PRISMATOCARPUS (LHÉR., *Sert. angl.*, 1, t. 3, part.). Genre de Campanulacées-Campanulées, formé d'une quinzaine d'herbes ou sous-arbrisseaux de l'Afrique australe; distingué par des fruits de *Roella*, mais linéaires, s'ouvrant par un couvercle; des feuilles étroites; des fleurs solitaires, en glomérules ou en grappes composées (*Bot. Mag.*, t. 2733. — H. BN, *Hist. des pl.*, VIII, 320). Nos *P. speculum* et *hybridum* sont des Campanules de la section *Specularia*. (H. BN, *Herbor. par.*, 315.)

PRISMATOMA (J.-G. AGH, *Sp.*, *gen. et ord. Alg.*, II, 193). Algues-Floridées, qui constituent l'une des divisions du genre *Acrotylus*, et qui sont caractérisées par une fronde simple, prismatique, anguleuse. Une espèce propre à la mer des Indes forme cette division. [CH. M.]

PRISMATOMERIS (THW., in *Hook. Kew Journ.*, VIII, 268, t. 7). Genre de Rubiacées-Chiococcées, à peine distinct des *Canthium*, et dont les fleurs sont polygames-dioïques, avec un calice entier ou 4, 5-denté; une corolle hypocratérimorphe, à tube arrondi, à 4, 5 lobes valvaires ou subrédupliqués; un même nombre d'étamines, stériles ou nulles dans la fleur femelle, et un ovaire infère, stérile dans les fleurs mâles, à 2 loges, surmonté d'un disque et d'un style grêle, fusiforme et bilobé supérieurement. Le fruit, globuleux ou ovoïde, est charnu, à 1, 2 loges monospermes. L'ovule, descendant dans chaque loge ovarienne, est incomplètement anatrope: si bien que son micropyle, ventral et introrse, est parfois tout à fait en bas. Il en résulte que la graine descendante a un embryon à radicule infère; il peut être plus ou moins oblique et il est entouré d'un albumen dense. Il n'y en a guère qu'une espèce, polymorphe, de l'Asie tropicale australe et de l'archipel Indien. Ses feuilles glabres sont opposées, stipulées, et ses fleurs, disposées en cymes ombelliformes, sont axillaires ou subterminales. (Voy. H. BN, in *Adansonia*, XII, 200; *Hist. des pl.*, VII, 302, 427, n. 67.) [H. BN.]

PRISTÆRIUM (J.-G. AGH, *Sp.*, *gen. et ord. Alg.*, II, 190). Algues-Floridées; l'une des divisions du genre *Prionitis* AGH, que caractérise une fronde à divisions pinnées.

PRISTIDIUM (KUETZ., in *litt.* [1845]). Genre d'Algues-Gélidiées, que l'auteur a considéré comme un *Gelidium*. [CH. M.]

PRISTLEYA (MEYEN, in *Linnæa* [1827], II, 401). Synonyme de *Palmella* LYNGB.

PRISTOCARPHA (E. MEY., in hb. *Drège*). Synonyme de *Holophyllum* LESS.

PRITCHARDIA (HASS. [1845], ex RABENH., *Fl. eur. Alg.*, I, 162). Diatomacées-*Nitzschiæ*, qui diffèrent du genre *Nitzschia* proprement dit par les valves pourvues, à la carène, de points prolongés en forme de côtes. Les stries sont alternativement allongées, et leurs extrémités souvent dilatées. [CH. M.]

PRITCHARDIA (SEEM. et H. WENDL., in *Bonplandia*, IX, 260; X, 197, 310, t. 15). Genre de Palmiers-Coryphées, formé de 3, 4 arbres océaniens, inermes, à grandes feuilles orbiculaires ou cunéiformes à la base, peu profondément plissées-multifides; distingué par des fleurs hermaphrodites; un ovaire 3-gone ou 3-lobé, atténué en un style épais; une corolle dont le tube est persistant, tandis que ses divisions se détachent; un spadice à rachis engainé. (GAUDICH., *Voy. Bonite*, *Bot.*, t. 58, 59. — SEEM., *Fl. vit.*, t. 79.) [H. BN.]

PRITCHARDIA (UNG., in *Endl. Gen.*, Suppl., II, 102; *Syn. pl. foss.*, 260; *Chlor. protog.*, 89). Genre de bois fossiles.

PRITZELIA (KL., *Begon.*, 107, t. 10 B). Synonyme de *Begonia* L. et section de ce genre.

PRITZELIA (F. MUELL., *Descr. papuan pl.*, I, 13). Genre de Philydracées, formé d'une herbe vivace d'Australie; distingué par des feuilles peu nombreuses, linéaires; un épi simple, grêle; des anthères à loges récurvées-dressées, à partir de leur base réfléchie; les 3 loges de l'ovaire complètes. (BENTH., *Fl. austral.*, VII, 74.) [H. BN.]

PRITZELIA (SCHAU., in *Flora* [1843], 407). Synonyme de *Scholtzia* SCHAU.

PRITZELIA (WALP., *Rep.*, I, 428). Syn. de *Trachymene* RDGE.

PRIVA (ADANS., *Fam.*, II, 505). Genre de Verbénacées-Verbénées, voisin des Verveines, distingué par un fruit inclus dans le calice fermé en haut, à 2 noyaux 2-locellés et 2-spermes. Ce sont des herbes à feuilles opposées, à longs épis, des régions chaudes des deux mondes. (JAUB. et SP., *Ill. pl. or.*, t. 453-455. — H. BN, *Hist. des pl.*, XI, 103.)

PRIVET. Nom anglais des Troënes.

PROBATION. Nom ancien du Plantain.

PROBLASTES (REINW., *Syll. Ratisb.* [1825], II, 10). Synonyme de *Lumnitzera* W.

PROBOSCIDEA (SCHRAD., *Icon.*, 49, t. 12, 13). Synonyme de *Martynia* L.

PROBOSCIDIA (RICH., herb.). Synon. de *Rhynchanthera* DC.

PROBOSCIPHORA (NECK., *Elem.*, I, 336). Synonyme de *Rhinanthus* BIEB.

PROCAMBIUM (SACHS). Le tissu primaire et générateur initial des tissus d'ordre primaire.

PROCAMPYLOS. Nom grec ancien de l'Aurone.

PROCARPE. L'organe femelle des Algues, qui donnera ultérieurement le Cystocarpe.

PROCKIA (L., *Gen.*, n. 674). Genre de Tiliacées, qui donne son nom à une série des *Prockiées*; formé d'une couple d'arbustes de l'Amérique tropicale, à feuilles ∞-nerves à la base; les fleurs apétales ou avec 1-4 pétales sépaloïdes, ∞ étamines et un ovaire à 3-5 loges. Le fruit est une baie, et les graines sont albuminées. Le *P. Crucis* L. est rarement employé comme médicament dans son pays natal. (H. BN, *Hist. des pl.*, IV, 170, 196, fig. 197, 198.)

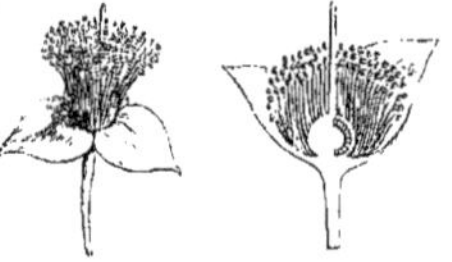

Prockia. — Fleur, entière et coupe longitudinale.

PROCLESIA (KL., in *Linnæa*, XXIV, 32). Synonyme de *Cavendishia* LINDL.

PROCOSEMPIC. Le *Dicksonia Barometz* LINK.

PROCRASSULA (GRISEB., *Spic. Fl. rumel.*, 323). Section du genre *Sedum* L.

PROCRIDÉES. Série des Urticacées, formée de plantes inermes, à feuilles opposées ou alternes, souvent distiques. Périanthe femelle 3-5-partite, libre, souvent accompagné de staminodes. Stigmate pénicillé. (H. BN, *Hist. des pl.*, III, 509.)

PROCRIS (J., *Gen.*, 403). Genre d'Urticacées, voisin des *Bœhmeria*, formé de 5, 6 arbustes ou sous-arbrisseaux, asiatiques et africains; distingué par un petit périanthe femelle, souvent 3, 4-partite, qui devient charnu ou demeure très court. Les fleurs mâles sont en glomérules, et les femelles capitées. Leur réceptacle général est charnu. (WEDD., *Mon. Urtic.*, t. 6. — H. BN, *Hist. des pl.*, 499, 522, fig. 539, 540.)

PRODIGIOSA. Au Mexique, l'*Athanasia amara* CERV.

PROEMBRYON. Le corps issu des premiers développements de l'oosphère fécondée (HOFMEIST.).

PROESEPIUM. Le Chardon-bénit.

PROINEIA (EHRH., *Phytoph.*, n. 81). Syn. de *Aspris* ADANS.

PROIPHYS (HERB., *App.*, 42). Synonyme de *Eurycles* SALISB.

PROLIFERA (STACKH., in *Mém. Mosc.* [1809], II, 56). Synonyme (part.) de *Phyllophora* GREV.

Procris. — Branche florifère.

PROLIFERA (VAUCH., *Conferv.*, 14). Synonyme de *Œdogonium* LINK.

PROLIFICATION. Nom donné aux fleurs prolifères, transformées en bourgeons feuillés.

PROLONGOA (BOISS., *Voy. Esp.*, 320, t. 92 *a*). Synonyme de *Chrysanthemum* T.

Procris. — Branche florifère.

PROMENÆA (LINDL., in *Bot. Reg.* [1843], Misc., 13). Synonyme de *Zygopetalum* HOOK.

PROMPT-BOURGEON. Bourgeon qui s'épanouit l'année même de sa formation.

PROMYCÉLIUM. Premier mycélium des Champignons, peu développé en général, sur lequel naissent des sporidies ou spores secondaires desquelles sortira le mycélium définitif.

PRONACRON (CASS., in *Dict.*, XLIII, 370). Synonyme de *Melampodium* L.

PRONAYA (HUEG., *Bot. Arch.*, t. 6). Genre de Pittosporées, formé de 3, 4 sous-arbrisseaux australiens; distingué par des

Pronaya. — Fleur, entière et coupe longitudinale.

fleurs de *Billardiera*, à anthères finalement révolutées; l'ovaire 1-loculaire. (H. BN, *Hist. des pl.*, III, 445.)

PROPAGINE. Bourgeon axillaire des Mousses, qui peut se détacher et produire des racines, à la façon des bulbilles.

PROPEDULA. Nom ancien de la Quintefeuille.

PROPION. Nom ancien de la Bardane.

PROPOLIS (FRIES, *Syst. mycol.*, II, 198). Genre ou sous-genre du genre *Stictis*; distingué par une cupule ouverte, immergée, non marginée, disciforme; des thèques claviformes, avec des paraphyses filiformes interposées; des spores ovoïdes. Corda (*Ic. Fung.*, II, 28; V, 36) en fait un genre de Pézizés; Bonorden (*Handb.*, 199), un genre de Patellariacés. Pour Lindley (*Veg. Kingd.*, 43), c'est une Elvellée. Payer (*Bot. crypt.*, 85) l'a maintenu dans les Pezizés.

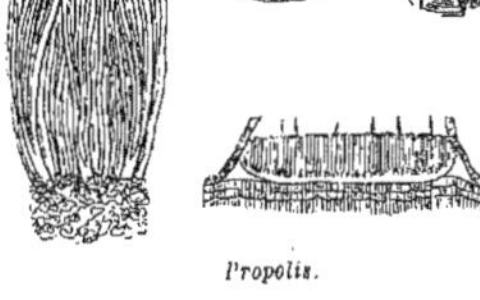

Propolis.

PROQUIN. Au Chili, l'*Ancistrum argenteum* POIR.

PROSARTES (DON, in *Trans. Linn. Soc.*, XVIII, 531). Section du genre *Disporum* SALISB. (BAK., in *Journ. Linn. Soc.*, XIV, 588.)

PROSCEPHALIUM (KORTH., in *Ned. Kruidk. Arch.*, II, 248. — B. H., *Gen.*, II, 122). Section du genre *Uragoga* L., à fleur 5-mère, à pédicelles épais, à grosse tête stigmatifère obtusément bilobée. Cette section comporte une espèce javanaise, dite pseudo-parasite. (H. BN, in *Adansonia*, XII, 326; *Hist. des pl.*, VII, 285.)

PROSCHETON. Nom ancien du Tussilage.

PROSELIA (DON, in *Trans. Linn. Soc.*, XVI, 234). Genre proposé pour le *Chætanthera serrata* R. et PAV.

PROSELIAS (STEV., in *N. Mém. Mosc.* [1834], III, 106). Section du genre *Astragalus* T.

PROSENCHYME. Tissu formé de phytocystes-fibres.

PROSERPINA. Nom ancien de la Renouée des oiseaux.

PROSERPINACA (L., *Gen.*, n. 102). Genre d'Onagrariacées-Haloragées, formé de 2 herbes américaines, aquatiques; distingué par des fleurs hermaphrodites, 3, 4-mères, isostémonées, sans corolle. Le style à 3, 4 branches coniques ou cylindriques. Les ovules descendants ont le micropyle en haut et en dedans, et le fruit est celui des *Haloragis*. (H. BN, *Hist. des pl.*, VI, 479, 498, fig. 468-471.)

PROSERPINALIS HERBA. L'*Arum Dracunculus* L.

PROSOPANCHE (DE BY, in *Abh. Nat. Ges. Halle*, X, 243, t. 1, 2). Genre (?) d'Aristolochiées-Hydnorées, qui ne pourra peut-être pas être maintenu, créé pour l'*Hydnora americana*, et qui se distingue par ses placentas pariétaux, libres de toute continuité avec la voûte ovarienne, et par ses étamines formant une masse ovoïde qui obstrue la gorge du réceptacle. La seule espèce connue vit en parasite sur les *Prosopis*, dans la République Argentine. (H. BN, *Hist. des pl.*, IX, 26.)

PROSOPIA (Reichb., *Consp.*, 121). Genre de Scrofulariacées, non décrit.

PROSOPIDOCLINEÆ (Kl., in *Viegm. Arch.* [1841], I, 176). Synonyme de Pérées ou Péracées.

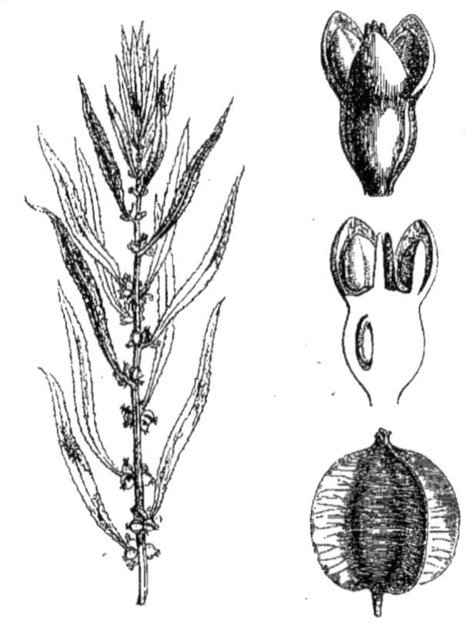

Proserpinaca. — Rameau florifère. Fleur, entière et coupe longitudinale. Fruit.

PROSOPION (Diosc.). L'un des noms anciens de la Bardane.

PROSOPIS (L., *Mantiss.*, n. 1260). Genre de Légumineuses-Papilionacées-Adénanthérées, à fleurs d'*Adenanthera;* le fruit indéhiscent, cylindrique ou comprimé, droit, falciforme ou tordu. Le genre est formé de 18-20 arbres ou arbustes, parfois épineux, des deux mondes. Leurs fleurs sont sessiles, en épis ou capitules. Le *P. glandulosa* fournit la *Gomme de Mesquite.* Les espèces de la section *Algarobia* sont souvent comestibles (*P. dulcis, P. iuliflora*). Ce dernier peut devenir nuisible dans certains cas. (H. Bn, *Hist. des pl.*, II, 29, 55, 64, fig. 21.)

PROSORUS (Dalz., in *Hook. Kew Journ.*, IV, 345). Section du genre *Phyllanthus* L.

Prosopis. — Fruit. *Prostanthera.* — Fleur, coupe longitudinale. Étamine.

PROSOSPERMA (Vog., in *Linnæa*, XI, 667). Section du genre *Cassia* T.

PROSPERO (Salisb., *Gen. plant. Fragm.*, 28). Genre non admis, proposé pour le *Scilla autumnalis* L.

PROSTANTHERA (Labill., *Pl. N.-Holl.*, II, 18, t. 157). Genre de Labiées, qui a donné son nom à une série des *Prostanthérées.* Ses fleurs ont un calice 2-labié, 13-15-nerve; une large corolle; des anthères mucronées dont le dos porte un prolongement papillé du connectif. Les verticillastres sont disposés en grappes terminales. On cultive parfois le *P. lasianthos.* (H. Bn, *Hist. des pl.*, XI, 488, fig. 63, 64.)

PROSTEA (Cambess., in *Mém. Mus.*, XVIII, 23, t. 1 C). Synonyme de *Deinbollia* Schum. et Thönn.

PROSTECHEA (Kn. et Westc., *Fl. Cab.*, II, 111). Synonyme de *Epidendrum* L. (Saund., *Ref. bot.*, t. 88.)

PROSTENIA (Spach). Pour *Porostema* Schreb.

PROSTHEMIUM (Kze, *Mycol.*, Heft I, 17). Genre de Champignons-Coniomycètes (Agh), qu'Ehrenberg (*Sylv. myc. berol.*, 12) plaçait parmi les Exosporiés; Rabenhorst (*Krypt.*, I, 142) parmi les Sphéronémés. Le périthèce immergé, dimidié, se rompt à son sommet. Les sporidies sont fusiformes, cloisonnées et naissent d'un stroma aplati. D'abord innées, elles finissent par se répandre. Ce sont des plantes corticales. Payer, à l'exemple de Corda (*Ic. Fung.*, V, 34), en a fait un genre de Sporocadés (*Bot. crypt.*, 78).

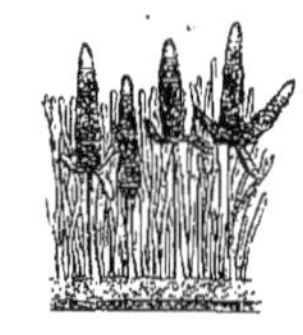

Prosthemium.

PROSTHEMOSPERMA (F. Muell., ex Benth., *Fl. austral.*, I, 142). Section du genre *Comesperma* Labill.

PROSTHESIA (Bl., *Bijdr.*, 866). Synonyme de *Rinorea* Aubl.

PROTANTHIUM (Horanin.). Section du genre *Kæmpferia* L.

PROTAXANTHES (Didrichs., in *Nat. For. Vid. Medd. Kjob.* [1857]). Sous-genre du genre *Excœcaria* L.

PROTÉ. Nom français (Lamk) des *Protea* L.

PROTEA (L., *Gen.*, ed. 1, 22). Genre d'arbres et arbustes, de l'Afrique surtout australe, qui donne son nom à la famille des *Protéacées* et à la série des *Protéées.* Ses fleurs sont hermaphrodites et irrégulières; avec périanthe unique, coloré, 2-labié; 3 de ses 4 divisions valvaires rapprochées en une lèvre. Il y a 4 étamines superposées, et un gynécée libre, dont l'ovaire 1-loculaire renferme un ovule ascendant et subanatrope, à micropyle inférieur et extérieur. Il y a 4 écailles hypogynes. Le fruit est sec, barbu, 1-sperme. Les feuilles sont alternes, coriaces; et les fleurs sont capitées, avec des écailles imbriquées et souvent colorées. Le fruit est composé. Il y en a une soixantaine d'espèces, dont la culture, souvent difficile, a été en grande partie abandonnée. (H. Bn, *Hist. des pl.*, II, 397, 422, fig. 234.)

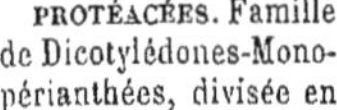

Protea. — Branche florifère.

PROTÉACÉES. Famille de Dicotylédones-Monopérianthées, divisée en six séries : 1. *Embothryées :* ovules sur 2 séries collatérales, au nombre de 2-4-∞. Fruit déhiscent ou indéhiscent; 2. *Banksiées :* ovules 2, ascendants. Fruit 2-locellé; 3. *Persooniées :* ovules 1, 2, orthotropes, descendants. Fruit indéhiscent, 1, 2-locellé; 4. *Franklandiées :* un ovule descendant, orthotrope. Périanthe régulier, indupliqué; 5. *Protéées :* un seul ovule anatrope, ascendant. Anthères libres; 6. *Stirlin-*

giées : ovule orthotrope ou anatrope. Étamines syngénèses. Abondantes en Australie et dans l'Afrique australe, les Protéacées sont, par leurs types réduits, comparables aux Lauracées et Thyméléacées; mais par leurs types les plus élevés, à ovaire ∞-ovulé, à fruits déhiscents en long, à graines sans albumen et à insertion périgynique, nous les avons rapprochées des Légumineuses. (H. Bn, *Hist. des pl.*, II, 385.)

PROTEINIA (Ser., in *DC. Prodr.*, I, 366). Section du genre *Saponaria* L.

PROTEINOPHALLUS (Hook. f., in *Bot. Mag.*, t. 6195). Genre créé pour l'*Amorphophallus Rivieri* Dur.

PROTEOIDES (Fries, *Syst. myc.*, III, I, 35). Tribu du genre *Lycoperdon* T.

PROTEOPHYLLUM (Spach, in *Ann. sc. nat.*, sér. 2, XVI, 39). Section du genre *Celtis* T.

PROTEOPSIS (Mart. et Zucc., herb.). Synon. de *Hololepis* DC.

PROTÉRANDRÉES (FLEURS). — Voy. Dichogamie.

PROTERANTHIA. Se dit des fleurs qui se développent avant les feuilles.

PROTÉROGYNES (FLEURS). — Voy. Dichogamie.

PROTHALLE (*Prothallium*). Synonyme de Proembryon. — Voy. Équisétacées, Fougères, etc.

PROTION. Nom ancien de l'*Helleborus niger* L.

PROTIONOPSIS (Bl., *Mus. lugd.-bat.*, I, 229, not.). Synonyme de *Protium* W. et Arn.

PROTIUM (Burm., *Fl. ind.*, 88). Section du genre *Bursera* L. (H. Bn, *Hist. des pl.*, V, 262.)

PROTIUM (W. et Arn., *Prodr.*, I, 176). Synonyme de *Balsamea* Gled. (H. Bn, *Hist. des pl.*, V, 310.)

PROTOBRYA (Ritg., *Marb.*, II, 106). Les Lycopodiacées.

PROTOCOCCACEÆ (Rabenh., *Fl. eur. Alg.*, III, 2). Grande division des Algues, de la classe des *Chlorophyllophyceæ*, de l'ordre des *Coccophyceæ*. Ce sont des Algues unicellulaires, immobiles, libres ou réunies dans un strate muqueux. La propagation a lieu par des gonidies développées dans la cellule matricule; elles sont plus ou moins grandes, de là les *Macrogonidies* et les *Microgonidies*. Cette grande famille, dont la place serait peut-être plus élevée, si elle était plus connue, constitue deux divisions importantes: les *Protococceæ* et les *Chlorococceæ*. [Ch. M.]

PROTOCOCCEÆ (Rabenh., *Fl. eur. Alg.*, III, 56). Division des Algues-Protococcacées, à thalle unicellulaire, sphéroïde, solitaire, pourvu d'un cytioderme très ténu, hyalin, nageant librement; ou, si elles sont terrestres, réunies dans un mucus plus ou moins épais. A l'origine, le cytioplasma est homogène; il devient par la suite granuleux, vert ou rougeâtre. [Ch. M.]

PROTOCOCCUS (Agh, *Syst. Alg.*, XVII, 13). Nous ne ferons pas l'histoire du *Protococcus*, ni des diverses places qu'il a occupées dans le règne végétal. Notre grand maître Agardh l'avait placé parmi les Nostochinées; ce n'était pas sans raisons sérieuses. Kützing en avait fait une division des *Palmelleæ*, famille, pour cet auteur, voisine, trop voisine des Desmidiacées. Notre maître Payer l'avait placé dans les Confervacées. Il semble avoir trouvé sa place plus naturelle parmi les Siphonées, tribu des Sciadées. Le *Protococcus* est une cellule verte, sphérique et libre. C'est une Algue très répandue dans la nature, que l'on rencontre en couche verte sur le sol humide, les vieux murs, les rochers et les écorces des arbres. La multiplication se fait par la division naturelle de son protoplasma. Plongées dans l'eau, des zoospores, à deux cils, s'échappent des cellules-sœurs ainsi formées et deviennent des thalles nouveaux. Le genre *Protococcus*, tel que l'avait établi Kützing, et qu'il avait divisé en sections, en tenant compte de la couleur des cellules, a été forcément disloqué depuis vingt ans et il ne renferme plus que quelques espèces. [Ch. M.]

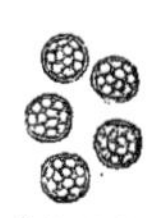
Protococcus.

PROTODERMA (Kuetz., *Phyc. gen.*, 295). Algues de la famille des *Protodermaceæ* d'après l'auteur, de celle des *Ulvaceæ* d'après Rabenhorst, à thalle indéterminé et comme encroûté, à cellules anguleuses ou arrondies, réunies d'une façon irrégulière en un strate ténu, membraneux. Leur mode de multiplication est inconnu. (Rabenh., *Fl. eur. Alg.*, III, 289.) [Ch. M.]

PROTODERMACEÆ (Kuetz., *Spec. Alg.*, 471). Famille d'Algues, de l'ordre des *Dermatoblasteæ*, caractérisé par une fronde indéfinie, membraneuse et composée de plusieurs couches de cellules irrégulières. Deux genres constituent cette famille, les genres *Inoderma* et *Protoderma*. [Ch. M.]

PROTOGONON. Nom ancien de la Joubarbe des toits.

PROTOLINUM (Pl., in *Lond. Journ. Bot.*, VI, 597). Série des *Eulinum*.

PROTONEMA. — Voy. Mousses.

PROTONEMA (Agh, *Syst. Alg.*, XXII, 43. — Kuetz., in *Nat. Verh. Haarl.* [1841], II, t. 0). Synon. de *Gongrosira* Kuetz.

PROTOPHLOÈME (Russ.). L'écorce primaire.

PROTOPLASMA. — Voy. Phytoblaste.

PROTOSPHÆRIA (Trevis., *Algh. Coccot.*, 29). Genre d'Algues-Chlorophyllées. Synonyme de *Gloiocystis* Næg.

PROTOSTELIDES (DC., *Prodr.*, IV, 289). Sous-section des *Euloranthus*.

PROTOTREMELLA (Patouill., in *Journ. Morot*, 16 août 1888). Synonyme de *Tulasnella* Schrœt.

PROTOXYLÈME. Nom donné à une partie du bois primaire des racines. D'où *Métaxylème* pour le bois placé en dedans des groupes libériens.

PROURSE. L'un des noms du *Boletus edulis* Bull.

PROUSTIA (Lag., *Amen.*, I, 33). Section (?) du genre *Perezia* Lag. (H. Bn, *Hist. des pl.*, VIII, 101.)

PROUSTIA (Lag., ex *DC. Prodr.*, IV, 83). Synonyme de *Actinotus* Labill.

PROVENCE. Le *Vinca minor* L.

PROVENZALIA (Adans., *Fam.*, II, 469). Synonyme de *Calla* L.

PROVIGNAGE. Le marcottage de la Vigne. Le *Provin* est la marcotte elle-même.

PROVINCA (Cæsalp., *De plant.*, I. 8). Synonyme de *Vinca* L.

PROZETIA (Neck., *Elem.*, I, 225). Synon. de *Pouteria* Aubl.

PRUDE FEMME. L'*Atriplex hortensis* L.

PRUDHOMME. Le *Salvia Verbenaca* L.

PRUGNOLO. En Toscane, l'*Agaricus Orcellus* Bull.

PRUGNOLO DI MAREMMA. Nom, en Italie, d'un Mousseron comestible, indéterminé.

PRUMNOPITYS (Phil., in *Linnæa*, XXX, 731). Section du genre *Podocarpus* Lhér.

PRUN. Nom breton de la Prune.

PRUNE (Griseb., *Spic. Fl. rumel.*, I, 85). Synonyme de *Prunophora* Neck.

PRUNE-COTON. Nom, à Cayenne, du fruit, noir ou rouge, comestible, du *Chrysobalanus Icaco* L. On mange aussi l'embryon de sa semence.

PRUNE D'AMÉRIQUE. Le *Spondias lutea* Lamk.

PRUNE D'AMÉRIQUE, P. DES ANSES. L'Icaque.

PRUNE-DATTE. L'un des noms du *Diospyros virginiana* L.

PRUNE DE LA JAMAIQUE. Le fruit du *Spondias purpurea*.

PRUNE DE MADAGASCAR. Le *Flacourtia Ramontchi* Lhér.

PRUNE DE MALABAR. L'*Eugenia Jambos* L.

PRUNE DE MONBIN. Le fruit du *Spondias purpurea* Lamk.

PRUNE D'ESPAGNE. Le fruit du *Spondias lutea* Lamk.

PRUNE D'ICAQUE. Le fruit du *Chrysobalanus Icaco* L.

PRUNELLA (L., *Gen.*, n. 735). Genre de Labiées-Lamiées, formé de 2, 3 herbes vivaces, des régions tempérées et chaudes; distingué par un calice irrégulièrement 10-nerve et veiné-réticulé; une corolle bilabiée; des étamines didynames, montant sous le casque de la corolle; les filets dentés au sommet, au-dessus de l'insertion des anthères dont les loges sont divergentes ou divariquées. Les achaines sont globuleux ou ovoïdes. Notre P. vulgaire est une herbe des plus répandues dans les prairies. (H. Bn, *Hist. des pl.*, X, 43; *Iconogr. Fl. fr.*, n. 55.)

PRUNELLIER, PRUNELLE. Le *Prunus spinosa* L. et son fruit.

PRUNIÉ. Nom provençal du *Prunus domestica* L.

PRUNIER (*Prunus* T., *Inst.*, 622, t. 398). Genre de Rosacées, à réceptacle plus ou moins concave, sur les bords duquel s'insèrent 5 sépales quinconciaux et une corolle imbriquée. Les étamines, le plus souvent au nombre de 20, s'insèrent au-dessous du périanthe, au-dessus d'un disque glanduleux; elles sont formées d'un filet libre, supportant une anthère biloculaire, introrse, déhiscente par 2 fentes longitudinales. Au fond du réceptacle, un ovaire uniloculaire avec un sillon vertical indiquant la situation d'un placenta pariétal où sont insérés 2 ovules collatéraux, descendants, anatropes, à micropyle extérieur, munis d'un obturateur. Le fruit est une drupe. Dans les Pruniers vrais, l'épicarpe de cette drupe est glabre, pruineux; le mésocarpe charnu; et l'endocarpe forme un noyau ovoïde ou comprimé, renfermant 1 ou 2 graines à gros embryon charnu, sans albumen. Les *Prunus* sont des arbustes des pays tempérés de l'hémisphère nord, à feuilles alternes, bistipulées à la base,

Prunier-Abricotier. — Rameaux florifère et fructifère. Fruit, coupe longitudinale. Embryon.

à limbe convoluté dans le bourgeon, à fleurs solitaires, ou géminées, ou en grappe pauciflore. On peut faire rentrer dans le genre *Prunus* les types suivants : 1° Abricotiers (*Armeniaca* T., *Inst.*, 623, t. 399), à réceptacle court et large, à épicarpe velouté, mésocarpe succulent et noyau creusé d'un sillon sur chaque bord. De l'Asie tempérée; une espèce américaine; 2° Pêchers (*Persica* T., *Inst.*, 624, t. 400), à réceptacle allongé, épicarpe velouté, mésocarpe charnu, noyau rugueux. De l'Asie tempérée; 3° Amandiers (*Amygdalus* T., *Inst.*, 627, t. 402). Épicarpe velouté, adhérent au mésocarpe, d'abord charnu; fruit sec, à noyau criblé. Europe et Asie méridionale; 4° Cerisiers (*Cerasus* T., *Inst.*, 625, t. 401). Fruit de Prunier, mais non cireux. Originaires de l'hémisphère boréal et des deux mondes; 5° Lauriers-Cerises (*Lauro-Cerasus* T., *Inst.*, 627, t. 403). Réceptacle court, drupes peu charnues. Les fruits des diverses sections des *Prunus* sont trop connus pour que nous insistions sur leurs propriétés comestibles. Les feuilles et les graines de nombreuses espèces de *Prunus* et surtout celles du Laurier-Cerise contiennent un glucoside dont les produits de dédoublement sont l'acide cyanhydrique et l'essence d'amandes amères :

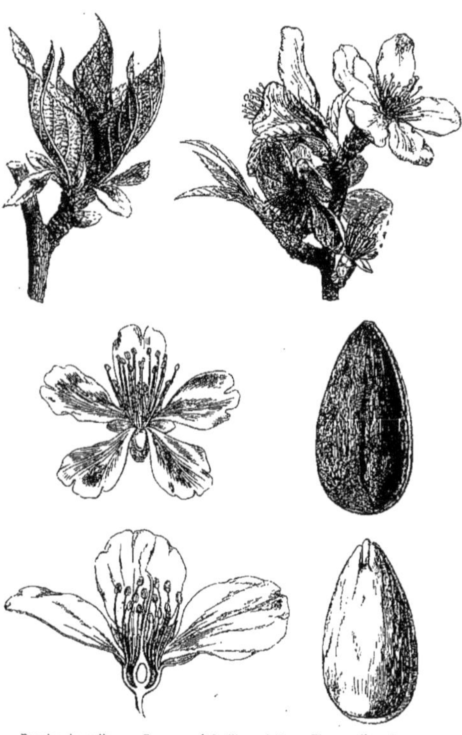

Prunier-Amandier. — Bourgeons à feuilles et à fleurs. Fleur, entière et coupe longitudinale. Graine. Embryon.

ce qui les fait employer fréquemment en médecine. (Voy. H. Bn, *Hist. des pl.*, I, 415, 452, 453, 478, fig. 469-483.) [F. H.]

PRUNIER D'AMÉRIQUE. Le *Spondias lutea* Lamk.

PRUNIER DE BRIANÇON, P. DES ALPES. Le *Prunus brigantiaca*.

PRUNIER DE SAINTE-LUCIE. Le *Prunus Mahaleb* L.

PRUNIER DES INDES. Le *Diospyros virginiana* L.

PRUNIER D'ESPAGNE. Le *Spondias purpurea* Lamk.

PRUNIER ÉPINEUX. Aux Antilles, le *Ximenia americana* L.

PRUNIER ICAQUIER. Le *Chrysobalanus Icaco* L.

PRUNIER ODORANT. Le *Prunus Mahaleb* L.

PRUNIER SAUVAGE. Le *Prunus spinosa* L.

PRUNILIA (Dochn., *Obstk.*, I, 296). « Genre » de Pommiers.

PRUNO. Nom provençal du fruit du *Prunus domestica* L.

PRUNOPHORA (Neck., *Elem.*, II, 71). Section (Endl.) du genre *Prunus* T.

PRUNOPSIS (Andr., in *Rev. hort.* [1883], 367; [1889], 396; [1890], 209). Synonyme, établi à tort, pour l'*Amygdalopsis* Carr. Il faut être absolument étranger à toute notion de botanique pour attribuer ce genre aux « Pomacées ».

PRUNUS SEBESTENA. Nom ancien du *Cordia Sebestena* L.

PRYONA (Miq., *Fl. ind. bat.*, I, I, 1081). Synonyme de *Apalatoa* Aubl.

PRYTZ (Lars-Joh.). Démonstrateur à Abo, auteur [1819-21] d'un *Floræ fenniceæ breviarium* (in-4 de 92 p.).

PRZEWALSKIA (Maxim., *Mél. biol. Bull. Acad. St-Pétersb.*, XI, 274). Genre de Solanacées-Hyoscyamées. Calice brièvement cylindrique, à 5 dents courtes; corolle tubuleuse, à limbe court, peu étalé; 5 étamines insérées sous la gorge de la corolle, à filets très courts. L'ovaire est biloculaire et renferme de nombreux ovules subamphitropes, disposés en plusieurs séries sur des placentas renflés, adhérents à la cloison. Capsule globuleuse, biloculaire, s'ouvrant en pyxide au-dessus de la base et renfermant de nombreuses graines lisses. Herbe poilue-glanduleuse, à feuilles oblongues, très rapprochées. Après l'anthèse, les corolles demeurent enfermées dans le calice, qui s'accroît beaucoup et atteint jusqu'à 10 centimètres. Dans cet état, les fleurs sont emportées au loin par les vents, et l'on en trouve de grands amoncellements. Une seule espèce, de la Chine occidentale et du Thibet. (H. Bn, *Hist. pl.*, IX, 351.) [A. Fr.]

PSACALIUM (Cass., in *Dict.*, XLVIII, 461). Synonyme de *Cacalia* L. (H. Bn, *Hist. des pl.*, VIII, 259.)

PSALLIOTA (Fr., *Syst. myc.*, I, 280). Sect. du g. *Agaricus.*

Pruniers divers. — Inflorescences. Fleur anormale, pluricarpellée, entière et coupe longitudinale.

PSAMMA (Pal.-Beauv., *Agrostogr.*, 143, t. 6, fig. 1). Synonyme de *Ammophila* Host.

PSAMMANTHE (Hance, in *Walp. Ann.*, II, 859). Synonyme de *Sesuvium* L.

PSAMMELYNA (Griseb. — B. H., *Gen.*, III, 1207). Section du genre *Elymus* L.

PSAMMISIA (Kl., in *Linnæa*, XXIV, 42). Genre d'Éricacées-Vacciniées-Thibaudiées, à peine distinct des *Macleania*, par les anthères à 2 tubes. La corolle est allongée, imbriquée. Les inflorescences sont en grappes ou en cymes. Ce sont des arbustes américains, assez souvent cultivés. (*Bot. Mag.*, t. 4344, 5204, 5450, 5526, 5547. — H. Bn, *Hist. des pl.*, XI, 188.)

PSAMMOCHLOA (Endl., *Gen.*, 103). Section du g. *Elymus.*

PSAMMOCORCHORUS (Reichb., *Nom.*, 210). Synonyme de *Guazumoides* DC.

PSAMMOGETON (Edgew., in *Trans. Linn. Soc.*, XX, 57). Genre d'Umbellifères, voisin des *Daucus*, dont il a la fleur, avec un fruit subovoïde, à méricarpe semi-cylindrique, avec des côtes primaires et secondaires filiformes, toutes chargées de poils capités. Leurs bandelettes sont solitaires. Ce sont des herbes de la Perse et de l'Inde orientale. (H. Bn, *Hist. des pl.*, VII, 200.)

PSAMMOPHILA (Fenzl, in *Endl. Gen.*, 965). Section du genre *Alsine* Wahl.

PSAMMOSERIS (Boiss., *Diagn. or.*, XI, 52). Synonyme de *Crepis* L. (H. Bn, *Hist. des pl.*, VIII, 108.)

PSAMMOSTACHYS (Presl, in *Abh. Böhm. Ges.* [1845], Fge 5, III, 521). Genre proposé pour l'*Harveya rubra* Hook. Synonyme de *Striga* L.

PSAMMOTROPHA (Eckl. et Zeyh., *Enum. pl. afr. austr.*, 286). Genre de Portulacacées, rapporté aussi aux Mésembryanthémées; formé de 4, 5 herbes de l'Afrique australe; distingué par des fleurs à 5 sépales, 5 étamines, un ovaire à 3-5 loges 1-ovulées; des tiges vivaces, à feuilles étroites; les inférieures souvent imbriquées et les supérieures subverticillées, avec stipules petites ou 0; des cymes axillaires denses. (H. Bn, *Hist. des pl.*, IX, 78.)

PSANACETUM (Neck., *Elem.*, I, 89). Genre séparé des *Tanacetum* L.

PSANCHUM (Neck., *Elem.*, I, 254). Genre séparé des *Cynanchum* L.

PSAROLITHUS (Spreng. [1828], *Comm. de Psar.*). Genre de bois fossiles.

PSARONIUS (Cotta, *Dendrol.*, 26). Genre de Fougères fossiles. (Cord., *Fl. Vorw.*, 93.)

PSATHURA (Commers., ex *J. Gen.*, 206. — B. H., *Gen.*, II, 132). Section du genre *Uragoga* L., à fleurs 4-6-mères, à ovaire 2-6-loculaire, à cymes terminales ou axillaires, ou à fleurs solitaires. De Madagascar. (H. Bn, in *Adansonia*, XII, 325; *Hist. des plant.*, VII, 284.)

PSATHUROCHÆTA (DC., *Prodr.*, V, 609). Synonyme de *Wulffia* Neck. (H. Bn, *Hist. des pl.*, VIII, 202.)

PSATHYRA (Endl.). Pour *Psathura* Commers.

PSATHYROTES (A. Gray, *Pl. Wright.*, II, 100, t. 13). Genre de Composées-Hélianthées-Héléniées, formé de 2 herbes humbles, mexicaines; distingué par des capitules homogames; les bractées du large involucre sub-2-sériées; les branches stylaires obtuses dans les fleurs hermaphrodites; l'aigrette formée de ∞ soies rigides; les feuilles alternes et suborbiculaires. (H. Bn, *Hist. des pl.*, VIII, 242.)

PSATURIER. Nom français (Lamk) des *Psathura* Commers.

PSECTRA (Endl., *Gen.*, 467). Section du genre *Echinops* L.

PSEDERA (Neck., *Elem.*, I, 158). Genre non conservé, séparé des *Hedera* T.

PSEDOMELIA (Neck., *Elem.*, III, 150). Genre séparé des *Bromelia* L.

PSELIUM (Lour., *Fl. cochinch.*, 622). Synonyme (part.) de *Pericampylus* Miers.

PSEPHELLUS (Cass., in *Dict.*, XLIII, 488). Synonyme de *Centaurea* T.

PSEUDÆGLE (Miq., in *Ann. Mus. lugd.-bat.*, II, 83). Genre établi pour l'*Ægle septaria* DC., qui est un *Citrus* anomal. (H. Bn, *Hist. des pl.*, IV, 401.)

PSEUDAIS (Dcne, in *Ann. sc. nat.*, sér. 2, XIX, 40). Synonyme de *Phaleria* Jack. (H. Bn, *Hist. des plant.*, VI, 102.)

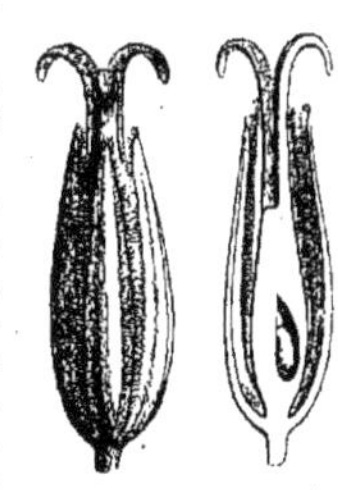
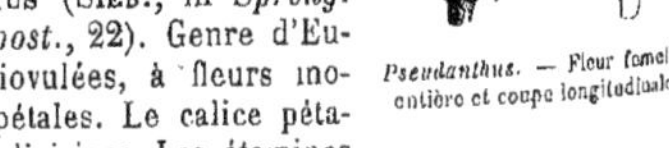
Pseudanthus. — Fleur femelle, entière et coupe longitudinale.

PSEUDALANGIUM (F. Muell., *Fragm. phyt. Austral.*, II, 84). Synonyme de *Marlea* Roxb.

PSEUDALEIA (Dup.-Th., *Gen. nov. madag.*, 15). Synonyme de *Olax* L.

PSEUDALEIOIDES (Dup.-Th., *Gen. nov. madag.*, n. 52). Syn. de *Olax* L.

PSEUDANISOMELES (Benth., *Labiat.*, 700). Section du genre *Ajuga* L.

PSEUDANTHUS (Sieb., in *Spreng. Syst., Cur. post.*, 22). Genre d'Euphorbiacées-biovulées, à fleurs monoïques et apétales. Le calice pétaloïde est à 6 divisions. Les étamines sont au nombre de 3-6 ou ∞, et l'ovaire 2, 3-loculaire devient un fruit 4-6-valve. Ce sont 6, 7 arbustes éricoïdes, d'Australie.

(Endl., *Atakt.*, t. 11. — H. Bn, *Et. gén. Euphorbiac.*, 556, t. 25, fig. 16-21; *Hist. des plant.*, V, 241.)

pseudanthus (Wight, *Icon.*, V, 3, t. 1776 *bis*, B). Synonyme de *Nothosærua* Wight.

pseudarthria (W. et Arn., *Prodr.*, 209). Genre de Légumineuses-Papilionacées-Hédysarées, formé de 3, 4 herbes ou sous-arbrisseaux, asiatiques et africains; voisin des *Pycnospora*, mais à gousse aplatie, bivalve, non articulée, réticulée en travers: d'où une grande analogie avec les Phaséolées. (H. Bn, *Hist. des plant.*, II, 314.)

pseudastilbe (DC., *Prodr.*, IV, 51). Section du genre *Tiarella* L.

pseudathyrium (Newm., *Syn. brit. Ferns*, 14). Synonyme (Hook. et Bak.) de *Polypodium* T.

pseudehretia (Turcz., in *Bull. Mosc.* [1863], I, 607). Synonyme de *Ilex* L.

pseudelephantopus (Rohr, *Skr. Nat. Selsk. Kjob.*, II, II, 213). Synonyme de *Elephantopus* L.

pseudepidendrum (Reichb. f., in *Bot. Zeit.* [1852], 733). Section du genre *Epidendrum* L.

pseuderemia (Benth., in *DC. Prodr.*, VII, II, 658). Sous-section des *Eurerica* Benth.

pseuderiopsis (Reichb. f., in *Linnæa*, XXII, 852). Synonyme de *Eriopsis* Lindl.

pseudima (Rdlkf., in *Dur. Ind.*, 78). Genre de Sapindacées, créé pour le *Sapindus frutescens* Aubl.

pseudiosma (A. Juss.). Synonyme? (B. H.) de *Zanthoxylum* ou *Erodia* Forst.

pseuditea (Hassk., in *Flora* [1842], *Beibl.*, 30). Synonyme de *Pittosporum* Banks.

pseudixora (Miq., *Fl. ind. bat.*, II, 209). Synonyme de *Griffithia* W. et Arn.

pseudoacacia (T., *Inst.*, 649, t. 417). Syn. de *Robinia* L.

pseudo-aconitum pardalianches (Matth.). Le *Ranunculus Thora* L.

pseudoacorum. Nom ancien de l'*Iris Pseudacorus* L.

pseudo-androgyni (Kl., in *Lehm. Pl. Preiss.*, I, 178). Tribu des Euphorbiacées, établie pour une espèce d'*Olax*.

pseudoapios (Matth.). Le *Lathyrus tuberosus* L.

pseudo-apios. Nom ancien du *Prunus Padus* L.

pseudobarleria (Œrst., in *Vid. Medd. Nat. For. Kjob.* [1854], 135). Synonyme de *Barleria* L.

pseudobesleria (Œrst., *Gesn. centr.-amer.*, 54). Synonyme de *Besleria* L.

pseudo-blitum (Gren. et Godr., *Fl. de Fr.*, III, 22). Sous-genre du genre *Chenopodium* T.

pseudo-brasilium (Plum. — Adans., *Fam. des pl.*, II, 341). Genre douteux de « Pistaciées ».

pseudo-bulbe. — Voy. Orchidacées.

pseudocadetia (Reichb. f., in *Walp. Ann.*, III, 533). Section du genre *Dendrobium* Sw.

pseudocarapa (Hemsl., in *Hook. Icon.*, t. 1458). Genre de Méliacées, voisin des *Dysoxylum*, à fleurs 4-mères, 9-andres; les anthères unisériées et incluses dans un tube crénelé. Le fruit est drupacé. Le feuillage est celui d'un *Carapa*, et Kurz a rangé la plante dans ce dernier genre. Le *P. Championii* Hemsl. est de Ceylan. C'est l'*Amoora Championii* Hook. f. [H. Bn.]

pseudocarex (Miq., in *Ann. Mus. lugd.-bat.*, II, 146). Synonyme (?) de *Carex* L.

pseudocaryophyllus (Berg, in *Linnæa*, XXVII, 415). Synonyme de *Myrtus* T.

pseudocentrum (Lindl., in *Journ. Linn. Soc.*, III, 63). Genre d'Orchidacées-Néottiées, formé de 4, 5 herbes terrestres, des Andes; les tiges foliées; les fleurs en riches épis; les sépales inférieurs connés en un long éperon; le labelle linéaire, allongé, avec un éperon qui descend du sommet du gynostème dans l'éperon du calice. (*Hook. Icon.*, t. 1382.)

pseudoceresia (B. H., *Gen.*, III, 1098). Section du genre *Paspalum* L.

pseudochamæpitys. Nom ancien des Germandrées.

pseudochænomeles (Carr., in *Rev. hort.* [1882], 236). Synonyme de *Chænomeles* Lindl. Le *P. Maulei* Carr. a des fruits comestibles.

pseudochironia (Griseb.). Section du genre *Exacum* L.

pseudochrosia (Bl., *Mus. lugd.-bat.*, I, 158). Genre d'Apocynacées-Vincées, formé d'un arbre de la Nouvelle-Guinée, à feuilles verticillées, avec des fleurs de *Cerbera*, mais le calice sans glande et la corolle valvaire. Les 2 carpelles sont 2-ovulés. (H. Bn, *Hist. des pl.*, X, 194.)

pseudocicca (H. Bn, *Ét. gén. Euphorbiac.*, 618). Section du genre *Phyllanthus* L.

pseudocistus (Dun., in *DC. Prodr.*, I, 276). Section du genre *Helianthemum* T.

pseudoclinopodium (Matth.). Le *Thymus Acinos* L.

pseudocodon (Griseb., *Spic. Fl. rumel.*, II, 291). Section du genre *Phyteuma* L.

pseudocolea (B. H., *Gen.*, II, 1052). Section du genre *Colea* Boj., à feuilles opposées et à anthères 2-loculaires.

pseudocollomia. — Voy. Gilia.

pseudocostus (Matth.). Le *Pastinaca Opopanax* L.

pseudo-cotylédons. Filaments émanés de la spore des Mousses, au début de la germination.

pseudocroton (M. arg., in *Flora* [1872], 24). Genre d'Euphorbiacées-Jatrophées, voisin des *Leucocroton* dont il se distinguerait par le développement de sa corolle, son réceptacle non élevé et son grand rudiment de gynécée libre, au centre des étamines. Le *P. tinctorius* M. arg. est de Guatemala. (H. Bn, *Hist. des pl.*, V, 128, 200.)

pseudocynodon (B. H., *Gen.*, III, 1173). Section du genre *Leptochloa* Pal.-Beauv.

pseudocyphelle. — Voy. Cyphelle.

pseudodictamnum (Matth.). Nom (?) d'un Marrube.

pseudodictamnus (T., *Inst.*, 188, t. 89). Synon. de *Ballota*.

pseudodracontium (N.-E. Br., in *Trim. Journ. Bot.* [1881], 193, t. 231, fig. 2). Genre d'Aracées-Pythoniées, formé de 2 espèces de Cochinchine, confondues avec les *Amorphophallus;* distingué par un spadice à appendice chargé de verrucosités; les fleurs mâles éparses et toutes parfaites. (*Ill. hortic.* [1878], t. 316.)

pseudo-elephantopus (Rohr). Synon. de *Elephantopus* L.

pseudoelleborum (Matth.). L'*Adonis vernalis* L.

pseudoeugenia (Scort., in *Journ. Bot.* [1885], 153). Genre de Myrtacées, voisin des *Eugenia*, dont il a le port et la fleur, mais avec 8 étamines seulement. C'est un arbre malais.

pseudo-evax (Coss. et Germ., in *Ann. sc. nat.*, sér. 2, XX, 287). Section du genre *Filago* L.

pseudo-gelseminum (Riv. — Rupp., *Fl jen.*, 243). Synonyme (part.) de *Bignonia* L.

pseudographis (Nyl., *Syst. Meth. Lich.*, 66). Genre de Lichens Graphidés, de la série des Placoïdés, famille des Lichénacés. [Ch. M.]

pseudo-gunnera (Œrst., in *Nat. For. Vid. Medd. Kjob.* [1857], 192). Le *Gunnera macrophylla* Bl.

pseudohermodactylus (Matth.). L'*Erythronium Dens canis* L.

pseudo-iris (Dod. — Medic.). L'*Iris Pseudacorus* L.

pseudojaca (Tréc., in *Ann. sc. nat.*, sér. 3, VIII, 117). Sous-genre du genre *Artocarpus* L.

pseudolacca (Moq., in *DC. Prodr.*, XIII, II, 30). Section du genre *Pircunia* Moq.

pseudolaryx (Gord., *Pin.*, 292). Genre proposé pour le *Larix Kæmpferi* Carr. (*Conif.*, I, 363), arbre chinois.

pseudoleontopodium (Matth.). Le *Gnaphalium sylvaticum*.

pseudolinum (DC., *Syst.*, II, 217). Section du genre *Camelina* Cr. C'est d'ailleurs le nom ancien de la Caméline.

pseudolirium (Endl., *Gen.*, 141). Sect. du g. *Lilium* T.

pseudolmedia (Karst., *Fl. columb.*, II, 21, t. 111). Synonyme (B. H.) de *Olmedia* R. et Pav.

pseudolmedia (Tréc., in *Ann. sc. nat.*, sér. 3, VIII, 129, t. 5). Genre d'Ulmacées-Artocarpées, formé de 4, 5 arbres ou arbustes de l'Amérique tropicale; distingué par des étamines nombreuses, mêlées d'écailles, sans périanthe distinct; le périanthe femelle tubuleux ou ovoïde, enveloppant le gynécée et le fruit, avec un petit orifice apical. (H. BN, *Hist. des pl.*, VI, 204.)

PSEUDOLONCHITIS ASPERA (MATTH.). Nom ancien de l'*Achrostichum Marantæ*.

PSEUDOLOTUS (MATTH.). Le *Diospyros Lotus* L.

PSEUDOLYSIMACHIA (B. H., *Gen.*, II, 964). Section du genre *Veronica* T.

PSEUDOLYSIMACHIUM. Nom ancien des Épilobes et de la Salicaire.

PSEUDOMELANTHIUM (MATTH.). Le *Githago segetum* DESF.

PSEUDOMELIOLA (SPEGAZ., *Fung. Puiggariani*, I [1889], 144). Genre de Périsporiacés. La seule espèce connue, le *P. brasilensis* SPEGAZ., a des périthèces épiphylles, noirs, fugaces; des paraphyses, et des thèques contenant 8 spores linéaires, d'un jaune verdâtre, devenant olivâtres. On la trouve sur les feuilles vivantes de l'*Araucaria brasiliensis*. [DE S.]

PSEUDOMELISSA (BENTH., *Labiat.*, 382). Section du genre *Micromeria* REICHB.

PSEUDOMENARDA (M. ARG., in *Seem. Journ.* [1864], 329). Section du genre *Phyllanthus* L.

PSEUDOMOLLIA (BOISS., *Fl. or.*, IV, 1027, 1043). Section du genre *Polygonum* T.

PSEUDOMONOCOTYLEDONEUS. Embryon de Dicotylédone, à cotylédons conferruminés.

PSEUDOMORUS (BUR., in *Ann. sc. nat.*, sér. 5, XI, 371). Genre d'Ulmacées-Morées, formé d'un arbre australien; distingué par des chatons mâles allongés et des chatons femelles courts; le calice femelle petit et persistant; la graine à cotylédons fort inégaux, charnus, le grand enveloppant le petit. (H. BN, *Hist. des pl.*, VI, 191.)

PSEUDOMYAGRUM (MATTH.). Le *Myagrum sativum* L.?

PSEUDOMYOSOTIS (A. DC., *Prodr.*, X, 129). Section du genre *Eritrichium* SCHRAD.

PSEUMO-MYRTUS. Nom ancien du Myrtille.

PSEUDO-NARDUS. Nom ancien des Lavandes.

PSEUDONEPHELIUM (RDLKF., in *Dur. Ind.*, 76). Genre de Sapindacées, séparé des *Nephelium* et formé d'un arbre de Bornéo.

PSEUDOORCHIS (DOD.). Le *Diphryllum ovatum* H. BN.

PSEUDO-ORCHIS (MICHELI, *Nov. gen.*, t. 26). Le *Peristylus albidus*?

PSEUDOPANAX (MIQ., in *Ann. Mus. lugd.-bat.*, I, 5). Section du genre *Panax* L. (H. BN, *Hist. des pl.*, VII, 251.)

PSEUDO-PARENCHYME. Faux tissu formé par le rapprochement de phytocystes nombreux, d'abord indépendants. Dans les Champignons, un phénomène analogue se produit entre les phytocystes rapprochés qui forment des filaments mycéliens.

PSEUDOPETALON (RAFIN., *Fl. ludov.*, 108). Genre douteux de Rutacées.

PSEUDOPHOLIDIA (A. DC., *Prodr.*, XI, 704). Synonyme de *Pholidia* R. BR.

PSEUDOPHRYNIUM (B. H., *Gen.*, III, 654). Section du genre *Calathea* MEY.

PSEUDOPHYLLANTHUS (M. ARG., in *DC. Prodr.*, XV, II, 283). Section du genre *Andrachne* L.

PSEUDOPOA (C. KOCH, in *Linnæa*, XXI, 409). Section du genre *Festuca* (KOCH) ou *Poa* T. (B. H., *Gen.*, III, 1196.)

PSEUDOPODE. — Voy. CLADOCARPE.

PSEUDOPODES. Les tractus mobiles et transitoires du phytoblaste des Myxomycètes.

PSEUDOPOLYGONELLA (A. GRAY. — B. H., *Gen.*, III, 99). Section du genre *Polygonum* T.

PSEUDOPYXIS (MIQ., in *Ann. Mus. lugd.-bat.*, III, 189). Genre de Rubiacées-Anthospermées, établi pour une petite herbe vivace, du Japon (*P. depressa* MIQ.), à feuilles opposées, à stipules interpétiolaires, à fleurs terminales, solitaires ou en cymes pauciflores, qui avait d'abord été rapportée aux Boraginées. Les fleurs, hermaphrodites et 5-mères, ont un réceptacle concave et un ovaire infère, adné, à 4, 5 loges, avec un ovule ascendant dans chaque loge, et un style à 4, 5 branches. Le périanthe supère se compose de 5 sépales et d'une corolle en entonnoir, valvaire, avec 5 étamines incluses. Ce genre du Japon rappelle d'ailleurs beaucoup les *Ophiorrhiza*. (Voy. *Hist. des pl.*, VII, 273, 404, n. 28.) [H. BN.]

PSEUDOQUINA (WEDD., in *Ann. sc. nat.*, sér. 3, XI, 271). Section du genre *Cascarilla* WEDD.

PSEUDORCHIS (GRAY, *Arr. brit. pl.*, II, 199). Synonyme de *Sturmia* REICHB.

PSEUDO-RHABARBARUM. Nom ancien du *Thalictrum flavum* L.

PSEUDORHACHICALLIS (KARST., *Fl. columb.*, II, 10). Synonyme de *Mallostoma* KARST.

PSEUDOROTTLERA (ZOLL. et REICHB. F., *Ov. s. v. Rottl.*, 10). Synonyme de *Macaranga* DUP.-TH.

PSEUDORYZEÆ. Div. des Phalaridées. (B. H., *Gen.*, III, 1084.)

PSEUDO-SANTALUM (RUMPH., *Herb. amboin.*, II, 54, t. 12. — BUCH., *Dec.*, I, t. 9). Synonyme de *Osmoxylon* MIQ.

Pseudosciadium. — Calice et gynécée.

PSEUDOSCIADIUM (H. BN, in *Adansonia*, XII, 130; *Hist. des pl.*, VII, 245, n. 93). Genre d'Ombellifères-Araliées, imparfaitement connu, qui a des fleurs analogues à celles des *Myodocarpus* et des *Delarbrea*, mais avec des pétales atténués à la base, carénés en dedans et valvaires. Le fruit, ovoïde, et vu seulement avant la maturité, n'a pas d'ailes comme celui des *Myodocarpus* (dont les *Pseudosciadium* sont peut-être une section?). C'est un arbuste de la Nouvelle-Calédonie, à feuilles imparipennées, dont les fleurs, par leur corolle, relient d'ailleurs celles des Ombellifères vraies à celles des Araliées. [H. BN.]

PSEUDOSCORDUM (HERB., *Amar.*, 11). Synonyme de *Nothoscordum* K.

PSEUDOSEBÆA (GRISEB.). Section du genre *Exacum* L.

PSEUDOSECALE (GREN. et GODR., *Fl. de Fr.*, III, 599). Section du genre *Triticum* T.

PSEUDO-SENNA (WEBB, *Phyt. canar.*, II, 119). Section du genre *Cassia* T.

PSEUDOSERIS (H. BN, in *Bull. Soc. Linn. Par.*, 281). Synonyme de *Gerbera* GRON.

PSEUDOSOROCEA (H. BN, in *Adansonia*, XI, 296; *Hist. des pl.*, VI, 210). Genre voisin des *Sorocea* avec lesquels Bentham l'a confondu; distingué par des fleurs sessiles, disposées suivant les deux bords d'un axe aplati, à faces vides, sulciformes. Ce sont 4, 5 arbustes américains.

PSEUDOSPERMUM (GRAY, *Arr. brit. pl.*, II, 517). Synonyme de *Physospermum* CUSS.

PSEUDOSTACHYS (MATTH.). Le *Stachys germanica* L.

PSEUDOSTACHYUM (MUNR., in *Trans. Linn. Soc.*, XXVI, 141, t. 4). Genre de Graminées-Bambusées, formé d'une plante subarborescente, de l'Himalaya; distingué par des épillets 1-flores, disposés le long des branches d'une inflorescence ramifiée et lâche; la glume inférieure vide; la terminale vide et subglobuleuse. Le fruit est globuleux-déprimé, à péricarpe dur, crustacé. [H. BN.]

PSEUDOSTREBLUS (BUR., in *DC. Prodr.*, XVII, 219). Genre d'Ulmacées-Morées, formé d'un arbre de l'Inde; voisin des *Streblus*; les fleurs monoïques, disposées en glomérules mâles ou rarement androgynes; les femelles ordinairement solitaires; le calice femelle étroitement imbriqué; la graine à embryon charnu; les cotylédons larges et contortupliqués. (H. BN, *Hist. des pl.*, VI, 195.)

PSEUDOSTROBUS (ENDL., *Syn. Conif.*, 151). Section du genre *Pinus* T.

PSEUDOSTRUTHIUM (MATTH.). Le *Reseda Luteola* L.

PSEUDOSYCOMORUS (MATTH.). Le *Melia Azederach* L.

PSEUDOTHALLE (BRAVAIS). Synonyme de Sympode.

PSEUDOTREWIA (MIQ., *Fl. ind. bat.*, Suppl., 462). Synonyme de *Alchornea* SOLAND.

PSEUDOTRIPLARIS. Section (B. H., *Gen.*, III, 105) du genre *Symmeria* BENTH.

PSEUDOTSUGA (CARR., *Conif.*, éd. 2, 254; in *Rev. hort.* [1868], 152, c. ic.). Genre de Conifères-Abiétinées, qui a les caractères généraux des *Pinus* auxquels certains auteurs le rapportent, et qui est formé d'un arbre américain, monticole; distingué par les écailles du cône réfléchies et persistantes; la bractée dépassant l'écaille par son apicule central. (FORB., *Pin. Wob.*, t. 45. — NUTT., *N.-amer. Sylv.*, t. 115. — NEWB., *Bot. Will. Exp.*, t. 8.) [H. BN.]

PSEUDUVARIA (MIQ., *Fl. ind. bat.*, I, II, 32). Synonyme de *Mitrephora* BL.

PSIADIA (JACQ., *H. schœnbr.*, II, 13, t. 152). Genre de Composées, voisin des *Baccharis*, à fleurs dimorphes : celles du rayon fertiles, 1, 2-sériées, ou 0; celles du disque hermaphrodites, fertiles ou stériles, souvent peu nombreuses. Leur fruit a une aigrette de ∞ soies finement barbelées. Le genre ne se distingue guère des *Conyza* que par le port. Ce sont des arbustes asiatiques et africains, surtout des îles Mascareignes et de Madagascar, à feuilles alternes; les capitules en cymes corymbiformes. Beaucoup sont glutineux et sécrètent une sorte de résine visqueuse, employée parfois en médecine. (H. BN, *Hist. des pl.*, VIII, 150.)

PSICHOHORMIUM (KUETZ., *Phyc. gener.*, 256). Genre d'Algues-Nématophycées, de la famille des *Confervaceæ*, à filaments non rameux, articulés par places, étranglés, souvent chargés de substances ferrugineuses ou calcaires. Ces Algues sont propres aux eaux douces. (Voy. KUETZ., *Spec. Alg.*, 374.) [CH. M.]

PSIDA. Nom ancien de l'écorce du Grenadier.

PSIDII CORTEX. Nom officinal ancien du *Malicorium*.

PSIDIL. Nom ancien de l'exocarpe de la Grenade.

PSIDIOPSIS (O. BERG, in *Linnæa*, XXVIII, 350). Section du genre *Psidium* L. (H. BN, *Hist. des pl.*, VI, 353.)

PSIDIUM (L.). Nom latin des Goyaviers (II, 728).

PSILACTIS (A. GRAY, *Pl. Fendl.*, 71). Section du genre *Aster* T. (H. BN, *Hist. des pl.*, VIII, 34.)

PSILÆA (MIQ., *Fl. ind. bat.*, Suppl., I, 355). Synonyme (?) de *Lasiosiphon* FRESEN.

PSILANTHEMUM (B. H., *Gen.*, III, 531). Synonyme (?) de *Epidendrum* L.

PSILANTHUS (HOOK. F., *Icon.*, t. 1129; *Gen.*, II, 115, n. 239). Genre de Rubiacées-Coffées, fort voisin des Caféiers (et qui n'en devrait peut-être pas être séparé). Ses fleurs axillaires ont la corolle tordue; mais elles sont solitaires. Leur ovaire, à 2 loges 1-ovulées, est surmonté d'un style long et grêle, à deux branches stigmatifères linéaires. Le fruit est drupacé, peu charnu, et le calice a cinq divisions qui s'accroissent après la floraison en folioles lancéolées, persistantes. Le *P. Mannii* est un arbuste glabre, de Fernando-Pô, à feuilles opposées, oblongues-acuminées, à stipules interpétiolaires, triangulaires-aiguës. On décrit aussi deux autres espèces douteuses de ce genre. (HIERN, in *Oliv. Fl. trop. Afr.*, III, 186. — H. BN, *Hist. des pl.*, VII, 278, 406, n. 32.) [H. BN.]

PSILATHERA (LINK, *H. berol.*, I, 121). Genre proposé pour le *Sesleria tenella* HOST.

PSILOBIUM (JACK, in *Mal. Misc.*, II, n. VII, 84). Genre douteux de Rubiacées-Mussaendées. (H. BN, *Hist. des pl.*, VII, 364.)

PSILOCARPHUS (NUTT., in *Trans. Amer. Phil. Soc.*, ser. 2, VII, 340). Section du genre *Filago* T. (H. BN, *Hist. des pl.*, VIII, 185.)

PSILOCARYA (TORR., in *Ann. Lyc. N.-York*, III, 359). Genre de Cypéracées-Cypérées, formé de 3, 4 herbes américaines; distingué par des tiges feuillées, des corymbes d'épillets terminaux ou axillaires, au nombre de 1-5 sur chaque pédoncule axillaire; pas de soies hypogynes; un fruit surmonté de la base dilatée du style. (STEUD., *Syn. pl. glum.*, II, 150.) [H. BN.]

PSILOCHENIA (NUTT., in *Trans. Amer. Phil. Soc.*, ser. 2, VII, 437). Synonyme de *Crepis* L.

PSILOCYBE (FR., *Syst. myc.*, I, 289). Sect. du g. *Agaricus*.

PSILODOCHEA (PRESL, in *Corda Fl. Worw.*, 93). Synonyme (HOOK. et BAK.) de *Angiopteris* HOFFM.

PSILOGLOSSA (ŒRST., *Mex. og Centralam. Acanth.*, 42, t. 5, fig. 37). Section du genre *Rhytiglossa* NEES.

PSILOGYNE (DC., *Rev. Bignon.*, 16). Synonyme de *Vitex* T.

PSILOLEPUS (PRESL, *Bot. Bem.*, 558). Syn. de *Aspalathus* L.

PSILONEMA (C.-A. MEY., in *Ledeb. Fl. alt.*, III, 50; *Ic. Fl. ross.*, t. 202). Section du genre *Alyssum* L.

PSILONEMA (THUR.). Genre d'Algues. — Voy. le Supplément.

PSILONEPETA (BENTH., in *DC. Prodr.*, XII, 392). Section du genre *Nepeta* L.

PSILOPEGANUM (HEMSL., in *Journ. Linn. Soc.* [1886], 103). Genre de Rutacées, voisin des *Bœnninghausenia* REICHB.

PSILOPHYLLUM (LESS., *Syn. Comp.*, 376). Sous-genre du genre *Relhania* LHÉR.

PSILOPILUM (BRID., *Bryol.*, II, 95). Genre de Mousses-Bryacées, dont le type est une plante épigée, qui croît dans les sables humides de l'Europe et de l'Amérique du Nord, et qui est distingué par une coiffe cuculliforme et glabre; une urne ventrue, insymétrique, sans apophyse; un opercule conique-déprimé; un péristome simple, à 16-32 dents, très courtes ou infléchies.

PSILOPOGON (HOCHST., in *A. Rich. Tent. Fl. abyss.*, II, 447). Synonyme de *Arthraxon* PAL.-BEAUV.

PSILOPOGON (PHIL., in *Linnæa*, XXXIII, 126). Synonyme de *Picrosia* DON.

PSILOPSIS (NECK., *Elem.*, I, 319). Genre séparé des *Galeopsis*.

PSILOPUS (KL. — REICHB., *Nom.*, 13). Sous-section des *Pluteus* FR.

PSILORHEGMA (VOG., in *Linnæa*, XI, 689). Section du genre *Cassia* T.

PSILOSANTHUS (NECK., *Elem.*, I, 69). Genre séparé des *Serratula* L.

PSILOSOLENA (PRESL, in *Abh. Bœhm. Ges.*, ser. 3, V, 532; *Bot. Bem.*, 101). Synonyme de *Peddiea* HARV.

PSILOSTACHYS (HOCHST., in *Flora* [1844], *Beil.*, 6, t. 4). Genre de Chénopodiacées-Amarantacées, voisin des *Psilotrichum*, dont ses fleurs ont l'organisation; les 5 sépales imbriqués ou subvalvaires, non accrus autour du fruit. Ce sont des herbes, souvent grêles, de l'Inde, l'Arabie, l'Afrique tropicale orientale, à feuilles opposées, à épis grêles, simples ou composés. (H. BN, in *Bull. Soc. Linn. Par.*, 622; *Hist. des pl.*, IX, 205.)

PSILOSTACHYS (ŒRST., *Palm. centro-amer.*, 24, t. 5). Synonyme de *Nunnezharia* R. et PAV. (*Chamædorea*).

PSILOSTACHYS (STEUD., *Syn. pl. glum.*, I, 413). Synonyme de *Dimeria* R. BR.

PSILOSTACHYS (TURCZ., in *Bull. Mosc.* [1843], 581). Synonyme de *Cleidion* BL.

PSILOSTEMON (DC., *Prodr.*, X, 35). Synonyme de *Trachystemon* DON.

PSILOSTOMA (KL. — ECKL. et ZEYH., *Enum.*, 361). Synonyme de *Plectronia*.

PSILOSTROPHE (DC., *Prodr.*, VII, 261). Synonyme de *Riddellia* NUTT.

PSILOTHAMNUS (DC., *Prodr.*, VI, 41). Synon. de *Gamolepis*.

PSILOTHECA (C. MUELL., *Syn. Musc.*, I, 513). Section du genre *Encalypta* SCHREB.

PSILOTHONNA (E. MEY., in exs. *Drège*). Synon. de *Gamolepis*.

PSILOTITES (MUNST., *Beitr.*, V, 188). Genre de Lépidodendrées. (UNG., *Syn. pl. foss.*, 144; *Chlor. protog.*, LX.)

PSILOTRICHUM (BL., *Bijdr.*, 544). Genre de Chénopodiacées-Amarantées, à fleurs de *Cyathula*; le fruit entouré du calice induré. Ce sont environ 10 herbes ou arbustes, asiatiques, africains et des Sandwich, à feuilles opposées, à fleurs disposées en épis ou capitules. (H. BN, *Hist. des pl.*, IX, 205.)

PSILOTUM (SW., in *Schrad. Journ.*, II [1800], 109). Genre de Lycopodiacées, qui donne son nom à un groupe des *Psilotées*, et qui est formé d'herbes vivaces, tropicales, simples ou ramifiées; les axes dichotomes, comprimés ou anguleux; les feuilles très petites, souvent sétiformes. Les axes renferment un seul faisceau fibro-vasculaire, avec un centre médullaire. Ce sont des Lycopodiacées isosporées, développées dans les terrains anciens, où on leur a donné le nom de *Psilotites*. Elles n'ont que des microspores. Leurs sporocarpes axillaires sont presque globuleux, à 3 sillons et 3 loges qui sont incomplètement 2-valves. On cultive souvent dans nos serres chaudes le *P. triquetrum*. (R. Br., *Prodr.*, 164. — Endl., *Gen.*, n. 695. — Payer, *Bot. crypt.*, 212.)

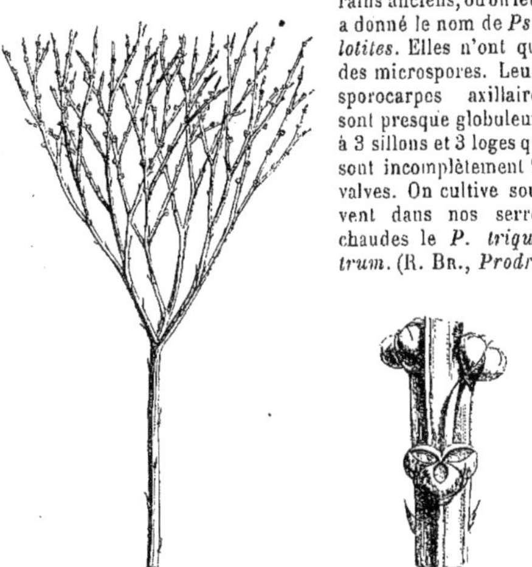

Psilotum. — Port. Portion d'axe fructifère.

PSILOXYLON (Dup.-Th., ex Gaudich., in *Freycin. Voy.*, *Bot.*, 30). Genre douteux de Lythrariacées, rapporté par sir J. Hooker aux Myrtacées, sous le nom de *Fropiera;* distingué par des fleurs polygames ou dioïques, 5, 6-mères, 5, 6-andres; l'ovaire libre, à 3, 4 loges ∞-ovulées; le fruit charnu. C'est un arbuste des Mascareignes, à feuilles alternes et à fleurs en grappes de cymes. (H. Bn, *Hist. des pl.*, VI, 436, 456, fig. 416, 417.)

Psiloxylon. — Fleur, entière et coupe longitudinale.

PSILURUS (Trin., *Fund. Agrost.*, 93). Genre de Graminées-Hordéées, formé d'une herbe annuelle, de l'Europe et de l'Orient; distingué par une glume vide, très petite; la glumelle étroite et aristée; une seule étamine. (Reichb., *Ic. Fl. germ.*, t. 1. — Nees, *Gen. Fl. germ.*, *Monoc.*, I, n. 87. — Gren. et Godr., *Fl. de Fr.*, III, 619.)

PSISTUS (Neck., *Elem.*, II, 273). Syn. de *Helianthemum* T.

PSITHYRISMA (Herb., in *Bot. Reg.* [1843], *Misc.*, 85). Synonyme de *Symphystemon* Miers.

PSITTACANTHUS (Bl., *Fl. Jav. Loranth.*, 15). Section du genre *Loranthus* L.

PSITTACOGLOSSUM (Ll. et Lex., *Nov. veg. descr.*, II; *Orch. opusc.*, 29). Synonyme (?) de *Maxillaria* R. et Pav.

PSITTACOSCHOENUS (Nees, in *Pl. Preiss.*, II, 87). Synonyme de *Gahnia* Forst.

PSOMIOCARPA (Presl, *Epim.*, 521). Genre de Fougères, créé pour le *Polybotrya apiifolia* Sm.

PSOPHOCARPUS (Neck., ex *DC. Prodr.*, II, 403). Genre de Légumineuses-Papilionacées-Phaséolées, formé de 5, 6 herbes volubiles, asiatiques et africaines, qui ont les caractères des Haricots, avec un fruit 4-gone et 2-valve, parcouru de 4 ailes longitudinales saillantes. (H. Bn, *Hist. des pl.*, II, 244.)

PSORA (Hill, *Hort. kew.*, 65). Genre détaché des *Centaurea*.

PSORA (Hoffm., *Pl. lichen.*, I. 22, fig. 5, 6, t. 41, fig. 1-3). Genre de Lichens, rapporté aux Squamariées par la plupart des auteurs, et dont quelques-uns (Endl., *Gen.*, n. 172, γ) font une sous-section des *Squamaria* DC., eux-mêmes considérés comme section du genre *Parmelia* Fr. (*Lich. eur.*, 122). Pour Hoffmann, c'est aussi un genre des *Scutellati* (*Crypt.*, 161).

PSORA. Nom grec ancien des Scabieuses.

PSORALEA (L., *Gen.*, n. 894). Genre de Légumineuses-Papilionacées-Galégées, formé d'une centaine d'arbustes et d'herbes, des deux mondes; distingué par des feuilles digitées-3-∞-foliolées ou parfois pennées; des fleurs en épis, capitules ou grappes, rarement solitaires; les divisions calicinales entières, non accrescentes; le fruit indéhiscent, monosperme comme l'ovaire, est uniovulé; la graine collée au péricarpe. Il y a en Amérique un *P. esculenta* dont la racine se mange en hiver; c'est la *Piquotiane*. Le *P. glandulosa* sert à préparer une boisson fermentée. Le *P. pentaphylla* est vanté contre les fièvres d'accès, et le *P. corylifolia* se prescrit contre la lèpre Notre *P. bituminosa* est, assure-t-on, diurétique, et on l'a même dit anticancéreux. (H. Bn, *Hist. des pl.*, II, 284.)

PSORALIER. Nom français (Lamk) des *Psoralea* L.

PSOROMA (Achar., *Lich. univ.*, 406). Une des divisions du genre *Lecanora*, qui n'a pas été admise par tous les lichénographes, mais que M. Nylander, qui fait autorité, considère comme devant être maintenue. Pour ce savant, le genre *Psoroma* fait partie de la série des Lichens-Placodés, tribu des Lécanorés. (Voy. Nyl., *Syn. Meth. Lich.*, 66.) [Ch. M.]

PSOROPHYTUM (Spach, *Suit. à Buff.*, V, 413). L'*Hypericum balearicum* L.

PSOROPODIUM (Schott, *Syn. Aroid.*, I, 84). Groupe du genre *Philodendron* Schott.

PSOROSPERMUM (Spach, in *Ann. sc. nat.*, sér. 2, V, 157). Genre d'Hypéricacées, formé d'une douzaine d'arbustes africains; distingué par un androcée 5-adelphe et des loges ovariennes 1, 2-ovulées. Le fruit est charnu, et la graine a un embryon à cotylédons convolutés. (H. Bn, *Hist. des pl.*, VI, 389.)

PSOROTRICHIA (Massal., *Fragm. lichen.*). Genre de Lichens-Gymnocarpés, à thalle hétéromère, gélatineux; voisin du genre *Collema*. (Korb., *Syst. Lich. germ.*, 395.) [Ch. M.]

PSYCANTHUS (Rafin., *Speech.*, I, 116). Section du genre *Polygala* L.

PSYCHECHILUS (Bred., *Orch. Kuhl et v. Hass.*, c. tab.). Synon. de *Zeuxine* Lindl.

PSYCHINE (Desf., *Fl. atlant.*, II, 69, t. 145). Genre de Crucifères-Lépidiées, formé d'une herbe annuelle, de l'Afrique septentrionale, à fleurs de *Brassica;* le fruit grand, à peine déhiscent, largement obcunée-2-lobé; les valves largement ailées en haut. (H. Bn, *Hist. des pl.*, III, 210, 289, fig. 306.)

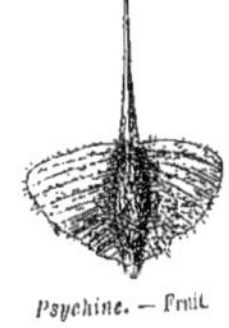

Psychine. — Fruit.

PSYCHODE. Nom donné par Hartig à la couche intérieure de la paroi cellulaire, d'après lui déposée la première.

PSYCHOTRE. Nom français (Lamk) des *Psychotria* L.

PSYCHOTRIA (L., *Gen.* [ed. 6], n. 229). Synonyme de *Uragoga* L. (H. Bn, in *Adansonia*, XII, 324; *Hist. des pl.*, VII, 282.)

PSYCHOTROPHUM (P. Br., *Jam.*, 160). Synonyme de *Psychotria* L.

PSYCHRIDIUM (Stev., in *N. Mém. Mosc.*, III, 105). Section du genre *Astragalus* T.

PSYCHROGETON (Boiss., *Fl. or.*, III, 156). Genre de Composées, établi pour une plante d'Orient, herbacée, vivace, à port d'*Erigeron*, mais qui en diffère par ses ligules tridentées et par son capitule de fleurs toutes jaunes. Synonyme (?) de *Aster* T. (H. Bn, *Hist. des pl.*, VIII, 33.)

PSYCHROPHILA (DC., *Syst.*, I, 307. — C. Gay, *Fl. chil.*, I, 47, t. 2). Synonyme de *Caltha* L.

PSYDARANTHA (Neck., *Elem.*, III, 145). Genre distrait des *Maranta* Plum.

PSYDRACIUM (H. BN, in *Adansonia*, XII, 199; *Hist. des pl.*, VII, 425). Section du genre *Canthium* LAMK, à ovules ascendants, avec micropyle inférieur et extérieur. Ce sont des plantes de Madagascar et des Mascareignes.

PSYDRAX (GÆRTN., *Fruct.*, I, 125, t. 26). Syn. de *Canthium*.

PSYGMATELLA (KUETZ., in *Linnæa*, VIII, 559). Synonyme de *Licmophora* AGH.

PSYGMIUM (PRESL, *Pterid.*, 199). Syn. de *Aglaomorpha* SCHOTT.

PSYLLIOSTACHYS (JAUB. et SP., *Ill. pl. or.*, I, 158, t. 87, 88). Section du genre *Statice* T.

PSYLLITIS (MATTH.). La Scolopendre officinale.

PSYLLIUM (T., *Inst.*, 128, t. 49). Synonyme de *Plantago* T.

PSYLLIUM ALTERUM (MATTH.). Le *Plantago Coronopus* L.

PSYLLOCARPUS (MART. et ZUCC., *Nov. gen. et spec.*, I, 44, t. 28). Genre de Rubiacées, voisin des *Spermacoce*, avec un port analogue à celui des *Triodon*, une inflorescence spiciforme, et un calice à deux grandes divisions latérales, avec d'autres, plus petites, interposées. L'ovaire infère est biloculaire, avec un style à deux branches courtes, généralement obtuses. Le fruit est dicoque, très comprimé d'avant en arrière, avec déhiscence finale des coques en dedans et suivant leur longueur. Leur feuillage est souvent éricoïde, avec des feuilles linéaires, sessiles, des stipules connées; des glomérules axillaires, simulant des verticilles. On en distingue 4, 5 espèces brésiliennes. (Voy. *Hist. des pl.*, VII, 265, 393, n. 7.) [H. BN.]

PSYLLOCARPUS (POHL, ex ENDL., *Gen.*, n. 3169). Synonyme de *Declieuxia* H. B. K.

PSYLLOPHORA (EHRH., *Beitr.*, IV, 146). Synonyme de *Carex*.

PSYLLOTHAMNUS (OLIV., in *Hook. Icon.*, t. 1499). Genre de Caryophyllacées-Illécébrées (?), peut-être de Phytolaccées, formé d'un sous-arbrisseau africain, à fleurs 5-mères, apétales, 5-andres; l'ovaire libre, à 2 ovules descendants du sommet d'un placenta central. Le fruit est sec; la graine à embryon entourant l'albumen farineux; les feuilles fasciculées. (H. BN, *Hist. des pl.*, IX, 129.)

PSYLOGYNE (DC., *Rev. Bignon.*, 16). Synonyme de *Vitex* L.

PSYLOTRION. Nom grec ancien de la Bryone.

PSYTHIRISMA (HERB., ex *Lindl. Veg. Kingd.*, 161). Genre douteux d'Iridacées.

PTACOSEIA (EHRH., *Phytophil.*, n. 38). Le *Carex leporina* L.

PTÆROXYLON (ECKL. et ZEYH., *Enum.*, 54). Genre de Sapindacées-Dodonéées, qu'on a aussi rapporté aux Térébinthacées,

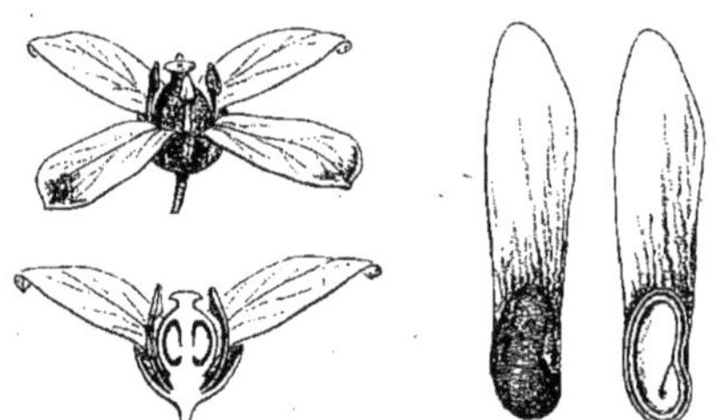

Ptæroxylon. — Fleur, entière et coupe longitudinale. Graine, entière et coupe longitudinale.

formé d'un arbre de l'Afrique australe, à fleurs polygames-dioïques; les mâles 4-andres; les femelles à ovaire 2-loculaire. Le fruit est comprimé, 2-lobé en haut, loculicide. Les feuilles sont paripinnées, et l'écorce est amère; les graines longuement ailées. (HARV., *Thes. cap.*, t. 17. — H. BN, *Hist. des pl.*, V, 355, 406, fig. 366-369.)

PTARMICA (NECK., *Elem.*, I, 15). Synonyme de *Achillea* L.

PTARMICA (T. — NECK., *Elem.*, I, 15). Section du genre *Santolina* T. (H. BN, *Hist. des pl.*, VIII, 279.)

PTARMICA ALTERA (MATTH.). Le *Xeranthemum annuum* L.

PTARMICA AUSTRIACA. Le *Xeranthemum annuum* L.

PTARMICA MONTANA. Un des noms de l'*Arnica montana* L.

PTARMIQUE. L'*Achillea Ptarmica* L.

PTÉLÉ. Nom français (LAMK) des *Ptelea* L.

PTELEA (L., *Gen.*, n. 152). Genre de Rutacées-Zanthoxylées, formé de 6 arbres de l'Amérique du Nord, à feuilles 3-foliolées; à fleurs polygames, 4, 5-mères; les mâles à androcée isostémoné; les femelles à ovaire 2, 3-loculaire; les loges 2-ovulées.

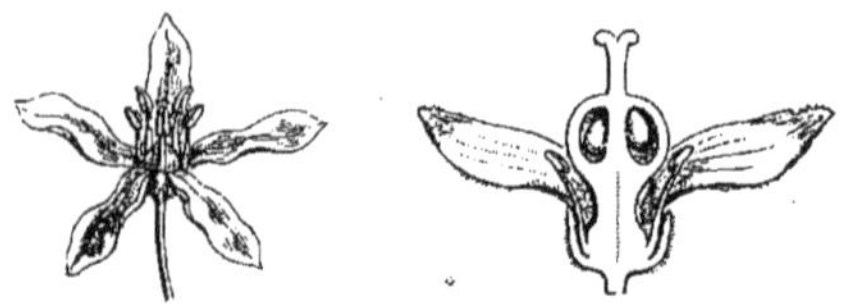

Ptelea. — Fleur, entière et coupe longitudinale.

Le fruit est une samare à 2, 3 larges ailes. Le *P. trifoliata* L., si communément cultivé dans nos parcs, est à tort nommé Orme de Samarie. (H. BN, *Hist. des pl.*, IV, 395, 482, fig. 445, 446.)

PTELEACEÆ (K.). Synonyme (part.) de Cnéorées.

PTELEOCARPA (OLIV., in *Trans. Linn. Soc.*, XXVIII, 515, t. 42). Genre anormal de Boraginacées-Ehrétiées, formé de 1, 2 arbres de la Malaisie, à fleurs 5-mères; la corolle régulière, imbriquée; l'ovaire à 2 loges; les loges à 2 ovules, l'un descendant, et l'autre (avorté ?) ascendant. Le fruit est sec et ailé. (H. BN, *Hist. des pl.*, X, 395.)

PTELIDIUM (DUP.-TH., *Gen. nov. madag.*, 24). Genre de Célastracées-Célastrées, formé d'un arbuste malgache; distingué par des fleurs 4-mères, avec 4 étamines intérieures au disque, un fruit comprimé et ailé; des feuilles entières; des cymes axillaires et terminales. (H. BN, *Hist. des pl.*, VI, 35.)

PTERACANTHUS (NEES, in *Wall. Pl. as. rar.*, III, 84). Section (ENDL.) du genre *Strobilanthes* BL.

PTERACHÆNIA (B. H., *Gen.*, II, 532). Section du genre *Scorzonera* T. (H. BN, *Hist. des pl.*, VIII, 113.)

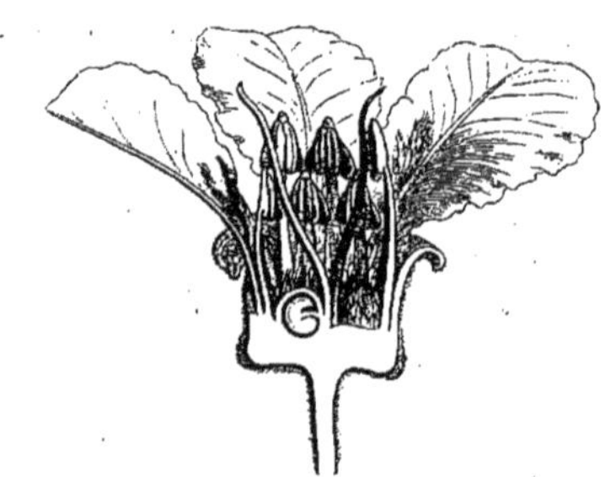

Pterandra. — Fruit.

PTERANDRA (A. JUSS., in *A. S.-H. Fl. Bras. merid.*, 73, III, t. 179 *a*). Genre de Malpighiacées-Malpighiées, formé d'un arbuste brésilien, à feuilles opposées; à fleurs 5-mères; l'ovaire à 3 carpelles libres,

Pterandra. — Fleur, coupe longitudinale.

avec les styles ventraux et aigus. Les fruits sont nus et stipités. (H. BN, *Hist. des pl.*, V, 429, 452, fig. 427, 428.)

PTERANTHERA (BL., *Mus. lugd.-bat.*, II, 30). Synonyme de *Vatica* L.

PTERANTHUS (FORSK., *Fl. æg.-arab.*, 36). Genre de Caryophyllacées-Cométées, qui a à peu près les fleurs des *Cometes*, avec des pédoncules obovales et foliacés; des feuilles florales pinnatipartites; 4 sépales. C'est une herbe annuelle et charnue, de l'Orient, de Chypre et de l'Afrique australe. (GÆRTN. F., *Fruct.*, III, t. 213. — LAMK, *Ill.*, t. 764. — H. BN, *Hist. des pl.*, IX, 99, 125, fig. 150.)

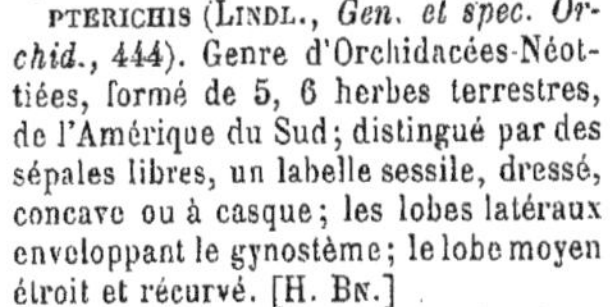
Pteranthus. — Inflorescence.

PTERICHIS (LINDL., *Gen. et spec. Orchid.*, 444). Genre d'Orchidacées-Néottiées, formé de 5, 6 herbes terrestres, de l'Amérique du Sud; distingué par des sépales libres, un labelle sessile, dressé, concave ou à casque; les lobes latéraux enveloppant le gynostème; le lobe moyen étroit et récurvé. [H. BN.]

PTERIDES (RITG., *Schr. Marb. Ges.*, II, 103). Synonyme de *Filices*.

PTÉRIDIACÉES, PTÉRIDIÉES. Division des Fougères.

PTERIDIUM (KUETZ., in *Linnæa*, XVII, 106; *Phyc. gen.*, 445; *Spec. Alg.*, 877). Sous-genre (HARV.) du genre *Delesseria* LAMX.

PTERIDOPHYLLUM (SIEB. et ZUCC., in *Abh. Ak. Mun.*, III, 719, t. 1, fig. 1). Genre de Papavéracées-Fumariées, mal connu, formé d'une herbe rare du Japon, à feuilles basilaires, pinnatiséquées; les pétales extérieurs elliptiques, concaves; les intérieurs aplatis; rapproché des *Hypecoum* et voisin peut-être des *Dicentra*. (H. BN, *Hist. des pl.*, III, 129.)

PTERIDOPHYLLUM (THW., in *Hook. Kew Journ.*, VI, 65, t. 1). Synonyme de *Filicium* THW.

PTERIGERON (DC., *Prodr.*, V, 293). Section du genre *Placus* LOUR. (H. BN, *Hist. des pl.*, VIII, 189.)

PTERIGIUM (CORR., in *Ann. Mus.*, VIII, 397). Synonyme de *Dipterocarpus* GÆRTN.

PTERIGIUM (NYL., ex *Syst. meth.*, 66). Genre de Lichens-Lichinés, famille des Collémacés. Le thalle de ces Lichens est lacinié, multifide, assez fragile. Les granules gonimiques, souvent moniliformes, se rencontrent sous la couche corticale. Les spermogonies sont pourvues d'arthrostérigmates. [CH. M.]

PTERIGLYPHIS (FÉE, *Gen. Fil.*, 219). Genre de Fougères; synonyme (HOOK. et BAK.) de *Ochlogramma* PRESL.

PTERIGOPHYLLUM (BRID.). Pour *Pterygophyllum* BRID.

PTERIGOSPERMUM (DONATI, *Sagg. stor. nat. mar. Adriat.* [1750]). Synonyme de *Padina* ADANS.

PTERIGYNANDRUM (HEDW., *Musc. frond.*, IV, t. 6, 7, 20). Synonyme (ENDL., *Gen.*, n. 568) de *Maschalanthus* SCHULZ. (C. MUELL., *Syn. Musc.*, II, 91.)

PTERILEMA (REINW., in *Syll. pl. Ratisb.*, II, 13). Synonyme de *Engelhardtia* LESCH.

PTERINOIDES (SIEGESB., *Prim. Fl. petrop.*, 91). Synonyme de *Lomaria* W.

PTERION (DIOSC.). Le *Ceterach officinarum* W.

PTERIS. Nom donné anciennement à la plupart des Fougères. C'est un genre de cette famille (L., *Gen.*, ed. 1, n. 780), qui est caractérisé par des sores marginaux, linéaires et continus, occupant un réceptacle étroit et filiforme dans l'axe de l'involucre. Celui-ci a la forme étroite et allongée des sores et est ordinairement membraneux. Au début, il recouvre entièrement les sores; mais à la fin il se relève plus ou moins complètement. C'est un immense genre qui, tel qu'il est aujourd'hui conçu, renferme des espèces dont la nervation, la forme et les découpures varient à l'infini. On le divise en : *Eupteris*, à veines toutes libres, à souche cespiteuse, à indusie simple; *Paesia*, à veines libres, à indusie plus ou moins distinctement double; *Campteria*, à veines libres, sinon que celle des dernières divisions, une ou plusieurs, s'unissent à leur base; *Lithbrochia*, à veines abondamment anastomosées, sans veinules libres incluses; *Amphiblestra*, à veines richement anastomosées, avec veinules libres incluses. On admet dans le genre environ 40 espèces. Le *P. aquilina* L., de la section *Paesia*, est notre Fougère à l'aigle. Le *P. esculenta* FORST. a des souches comestibles, de même que plusieurs autres espèces exotiques. Les *P. peltata*, *arachnoides*, *liptophylla* sont réputés pectoraux. (HOOK. et BAK., *Syn. Filic.*, 153, t. 3. — H. BN, *Tr. Bot. méd. crypt.*, 9, fig. 12, 13.)

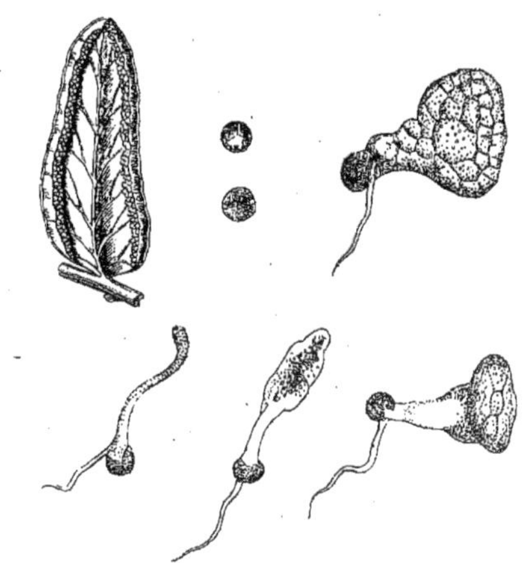
Pteris. — Pinnule. Spore. Germination.

PTERISANTHES (BL., *Bijdr.*, 192). Synonyme de *Vitis* L., dont c'est peut-être une fasciation (quant à l'inflorescence).

PTERIUM (DESVX, in *Journ. Bot.* [1813], 75). Synonyme de *Lamarckia* MŒNCH.

PTERNANDRA (JACK, *Mal. Misc.*, II, App., 3). Genre de Mélastomacées-Astroniées, dont les *Kibessia* (III, 171) ne forment qu'une section. Mais le nom générique de *Pternandra* a pour lui la priorité. (H. BN, *Hist. des plant.*, VII, 62.)

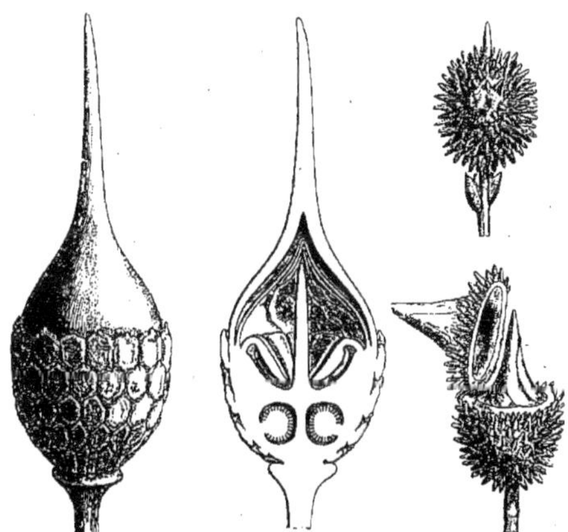
Pternandra. — Boutons, entiers, coupe longitudinale, et le calice détaché.

PTERNIX (HILL, *H. kew.*, 60). Le *Carduus defloratus* L.

PTERNOPETALUM (FRANCH., in *N. Arch. Mus.*, sér. 2, VIII, t. 8, fig. B). Genre d'Ombellifères-Carées, établi pour une herbe ressemblant beaucoup au *Carum* (*Ægopodium*) *Podagraria*. Les côtes sont constituées par une petite aile filiforme, très mince, fimbriée; les sépales assez développés; les pétales dressés, campanulés, prolongés à la base, au-dessous de leur insertion, en une sorte de sac ou éperon obtus. Il n'y a aucune trace de bandelettes. Le *P. Davidi* est du Thibet oriental. [A. FR.]

PTEROBRYON (HORNSCH., in *Mart. Fl. bras.*, f. I, 50), PTE-

ROBRYUM (C. MUELL.). Synonyme de *Cryptotheca* HORNSCH.

PTEROCALYMNA (TURCZ., in *Bull. Mosc.* [1846], II, 508). Synonyme de *Lagerstrœmia* et *Adambea* LAMK.

PTEROCALYX (SCHRENK, in *Bull. phys.-math. Ac. Petersb.* [1843], I, 361). Synonyme de *Alexandra* BGE.

PTÉROCARPE (*Pterocarpus* L., *Gen.*, n. 854). Genre de Légumineuses-Papilionacées-Dalbergiées, formé d'une quinzaine d'arbres, des régions tropicales des deux mondes ; à fleurs de *Dalbergia*, avec un fruit comprimé, samaroïde, orbiculaire, ovale ou rarement ovale-oblong, inerme ou échiné,

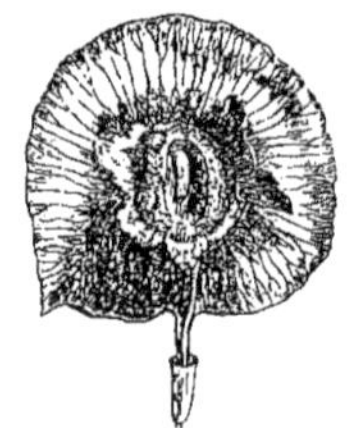

Ptérocarpe. — Fruit, entier et coupe longitudinale.

entouré d'une aile rigide ou caréné, 1, 2-sperme. Les feuilles sont alternes, imparipennées. Ce sont des arbres à suc gommo-résineux, astringents. Les *P. Draco* L., *Marsupium*, etc., donnaient, croit-on, une sorte de Sang-dragon. On a attribué aussi un Santal rouge au *P. santalinus*. (H. BN, *Hist. des pl.*, II, 224, 322, fig. 188, 189 ; *Tr. Bot. méd. phanér.*, 656.)

PTEROCARYA (K., in *Ann. sc. nat.*, sér. 1, II, 345). Genre de Juglandacées, formé de 3, 4 arbres de l'Asie tempérée et du Caucase ; distingué des Noyers par une bractée femelle subadnée à la base de l'ovaire et non modifiée dans le fruit ; des bractéoles intérieures à la bractée et largement adnées à l'ovaire ; une drupe dilatée en deux ailes. (ŒRST., in *Vid. Medd. Nat. For. Kjob.* [1870], t. 1. — MAXIM., in *Bull. Ac. Petersb.*, XVIII, 63 ; *Mél. biol.*, VIII, 637.) [H. BN.]

PTEROCAULON (ELL., *Bot. S.-Carol.*, II, 323). Genre de Composées-Hélianthées-Inulées, formé de 12, 13 herbes, des régions chaudes des deux mondes ; distingué par des tiges ailées, à cause de la décurrence des feuilles ; par des glomérules de capitules sessiles, en épis, solitaires ou éloignés. L'aigrette du fruit est ténue. Les feuilles sont alternes. (H. BN, *Hist. des pl.*, VIII, 193.)

PTEROCAULON (KUETZ., *Phyc. gen.*, 360). Genre d'Algues-Fucacées. Synonyme de *Sargassum* AGH.

PTEROCELASTRUS (MEISSN., *Gen.*, 68 ; *Comm.*, 49). Genre de Célastracées-Célastrées, formé de 5-6 espèces, du Cap et des régions voisines ; distingué par un ovaire confluent avec le réceptacle discifère ; un fruit à ailes épaisses. (H. BN, *Hist. des pl.*, VI, 38.)

PTEROCELTIS (MAXIM., in *Bull. Ac. sc. Petersb.*, XVIII, 292 ; *Mél. biol.*, IX, 26). Genre voisin des *Celtis* et mal connu, qui se distingue par un fruit bordé d'une aile assez large. C'est un arbre ou arbuste chinois. (B. H., *Gen.*, III, 354.)

PTEROCEPHALUS (VAILL., in *Act. Acad. Par.* [1722], 184). Synonyme de *Dipsacus* T.

PTEROCERAS (HASSK., in *Flora* [1842], II, *Beibl.*, 6). Synonyme (REICHB. F.) de *Sarcochilus* R. BR.

PTEROCERAS (KUETZ., *Spec. Alg.*, 690). Genre d'Algues-Floridées. Synonyme de *Ceramium* KUETZ. [CH. M.]

PTEROCHÆTA (BOISS., *Diagn. or.*, VI, 76). Synonyme de *Pulicaria* GÆRTN.

PTEROCHÆTA (STEETZ, *Pl. Preiss.*, I, 455). Synonyme de *Waitzia* WENDL.

PTEROCHILUS (HOOK. et ARN., *Bot. Beech. Voy.*, 71, t. 17). Synonyme de *Microstylis* NUTT.

PTEROCHITON (TORR., in *Frem. Rep.*, 318). Genre proposé pour l'*Atriplex canescens* JAM.

PTEROCHLAMYS (FISCH., ex ENDL.). Syn. de *Panderia* F. et MEY.

PTEROCHROSIA (H. BN, *Hist. des pl.*, X, 154, 194, fig. 131). Genre d'Apocynacées-Vincées, à fleurs de *Thevetia* ; la corolle enflée à sa base ; les ovules subtransversaux ; le fruit sec, samaroïde, veiné, prolongé des deux côtés en une aile rigide et obtuse. Le *P. Vieillardi* H. BN est un arbuste de la Nouvelle-Calédonie.

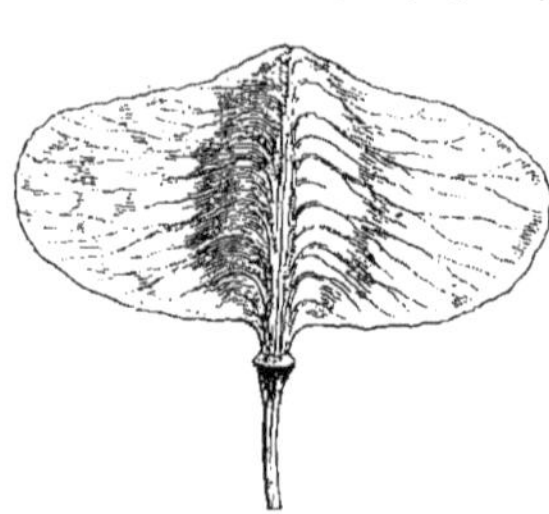

Pterochrosia. — Fruit.

PTEROCLADIA (J. AGH, *Sp.*, 482). Algues de la famille des Gélidiées, à fronde aiguë, à rameaux pinnés. Cette fronde est composée de trois couches distinctes. Les fibres intérieures sont longitudinales, resserrées ; puis viennent des cellules grandes, arrondies ; la couche extérieure est constituée par des cellules plus petites et des filaments moniliformes. Les cystocarpes sont dans des proéminences hémisphériques ; les gemmidies obovales, dans des filets allongés et à l'extrémité. Les sphérospores se développent parmi des filaments moniliformes ; elles sont arrondies et se divisent en croix. (Voy. J.-G. AGH, *Spec., gen. et ord. Alg.*, III, 545.) [CH. M.]

PTEROCLADIA (NECK., *Elem.*, III, 328). Genre disjoint des *Hypnum* L.

PTEROCLADIS (LAMB. — SWEET. — STEUD., *Nom.*, I, 177). Synonyme de *Baccharis* L.

PTEROCLADON (HOOK. F., *Gen.*, I, 763, n. 104). Section du genre *Miconia* R. et PAV. (H. BN, *Hist. des pl.*, VIII, 54.)

PTEROCOCCUS (HASSK., in *Flora* [1842], *Beibl.*, 2, 41). Synonyme de *Plukenetia* PLUM.

PTEROCOCCUS (PALL., *Voy.* (édit. fr.), II, 547, t. 16). Synonyme de *Calligonum* L.

PTEROCOELION (TURCZ., in *Bull. Mosc.* [1863], I, 572). Genre douteux de Dombeyacées. (B. H., *Gen.*, I, 985.)

PTEROCYCLUS (KL., in *Pr. Waldem. Reis.*, *Bot.*, t. 47). Synonyme de *Pleurospermum* HOFFM.

PTEROCYMBIUM (R. BR., in *Benn. Pl. jav. rar.*, 219, t. 45). Synonyme de *Sterculia* L.

PTERODISCUS (HOOK., in *Bot. Mag.*, t. 4117, 5784). Genre de Scrofulariacées-Sésamées, voisin des *Pedalium*, dont il a l'organisation florale ; distingué par un fruit inerme, indéhiscent, pourvu de 4 ailes longitudinales. Les 3 espèces connues sont d'Angola et de l'Afrique australe. (H. BN, *Hist. des pl.*, IX, 444.)

PTERODON (VOG., in *Linnæa*, XI, 384). Genre de Légumineuses-Papilionacées-Dalbergiées, formé de 4 espèces de l'Amérique du Sud ; distingué par un calice à 2 grands lobes supérieurs aliformes et un fruit charnu, drupacé, comprimé. (*Fl. bras. Papil.*, t. 120, 121. — H. BN, *Hist. pl.*, II, 325.)

PTEROESSA (DOEL. — B. H., *Gen.*, III, 1187). Section du genre *Eragrostis* PAL.-BEAUV.

PTEROGASTRA (NAUD., in *Ann. sc. nat.*, sér. 3, XII, t. 15 ; XIII, 32). Genre de Mélastomacées, voisin des *Tibouchina*, dont il a la fleur ; distingué par un réceptacle floral costé et échiné en dehors ; 8-10 étamines ; un ovaire à sommet sétifère, 4, 5-loculaire. Ce sont des herbes annuelles, dichotomes, de l'Amérique tropicale. (H. BN, *Hist. des pl.*, VII, 40.)

PTEROGLOSSASPIS (REICHB. F., *Ot. hamburg.*, 67). Genre d'Orchidacées-Vandées, formée d'une herbe à pseudo-bulbes, d'Abyssinie, voisine par ses fleurs des *Zygopetalum* ; distinguée par des sépales étalés ; le *mentum* à peine saillant ; un gynostème très court, 2-calleux ; une hampe allongée ; la portion florifère courte et dense. [H. BN.]

PTEROGLOSSIS (MIERS, in *Ann. Nat. Hist.*, ser. 2, III, 165 ; *Ill.*, t. 52). Synonyme de *Reyesia* CLOS.

PTEROGONIUM (Sw., *Musc. suec.*, 26). Genre de Mousses, rapporté aux Leucodontées, puis aux Pylaisæacées. (BRUCH, SCHIMP. et GUMB, *Bryol. eur.*, fasc. 46.)

PTEROGYNE (TUL., in *Ann. sc. nat.*, sér. 2, XX, 140). Genre de Légumineuses-Cæsalpiniées, voisin des *Cynometra;* à fleur 10-andre, mais à ovaire 1-ovulé, devenant une samare. Le *P. nitens* TUL. est un arbre inerme de l'Amérique méridionale. (H. BN, *Hist. des pl.*, II, 146, 194.)

PTEROLEPIS (MIQ., *Comm. phyt.*, II, 72). Section du genre *Tibouchina* AUBL. (H. BN, *Hist. des pl.*, VII, 39.)

PTEROLEPIS (SCHRAD., in *Gœtt. Gel. Anz.* [1824], 2071). Synonyme de *Malachochæte* NEES.

PTEROLIMON. Section du genre *Statice*. (B. H., *Gen.*, II, 626.)

PTEROLOBIUM (ANDRZ. — C.-A. MEY., *Cauc.*, 185). Synonyme de *Pachyphragma* DC.

PTEROLOBIUM (R. BR., in *App. Salt Abyss.*, 64). Genre de Légumineuses-Cæsalpiniées-Eucæsalpiniées, formé de 3, 4 arbres ou arbustes africains, asiatiques et australiens; distingué par un ovaire 1-ovulé et un fruit indéhiscent, samaroïdes. Ce sont des plantes grimpantes, à feuilles bipinnées. Le plus anciennement connu est le *Kantuffa* de Bruce. (H. BN, *Hist. des pl.*, II, 86, 174.)

PTEROLOMA. Section (BENTH.) du genre *Desmodium* DESVX.

PTEROLOMA (HOCHST. et STEUD., in *Schimp. Pl. arab. exs.*, n. 851). Synonyme de *Dipterygium* DCNE.

PTEROLOPHUS (CASS., in *Dict.*, XLIV, 34). Section du genre *Centaurea*, qui diffère des *Jacea* vrais par l'absence d'aigrette.

PTEROMARATHRUM (KOCH, ex *DC. Prodr.*, IV, 239). Synonyme de *Prangos* LINDL.

PTEROMYRTUS. Section du genre *Eugenia* MICHELI. (H. BN, *Hist. des pl.*, VI, 354.)

PTÉRONE. Nom français (LAMK) des *Pteronia* L.

PTERONEURON (DC., *Prodr.*, I, 154). Syn. de *Cardamine* L.

PTERONEVRON (FÉE, *Gen. Fil.*, 320). Le *Davallia parallela*.

PTERONIA (L., *Gen.*, n. 937). Genre de Composées-Astérées, formé d'une cinquantaine d'arbustes, de l'Afrique australe; l'involucre oblong, ovoïde ou campanulé; les fruits turbinés ou comprimés, quelquefois contractés au sommet, avec ∞ soies à l'aigrette, très inégales; quelques-unes ou toutes barbelées. Les feuilles sont alternes ou opposées. (H. BN, *Hist. des pl.*, IX, 152.)

PTEROPHORA (HARV., *Gen. S.-Afr. pl.*, 223). Synonyme de *Dregea* E. M.

PTEROPHORA (NECK., *Elem.*, I, 78). Synonyme de *Pteronia*.

PTEROPHYLLA (DON, in *Edinb. N. Phil. Journ.*, IX, 93). Genre proposé pour le *Weinmannia fraxinea* SM.

PTEROPHYLLUM (AD. BR.). Genre de plantes fossiles.

PTEROPHYLLUM (TORR. et GR., *Fl. N.-Amer.*, I, 28). Section du genre *Coptis* SALISB.

PTEROPHYLLUS (LÉV., in *Ann. sc. nat.*, sér. 3, II, 178; in *Dict. d'Orb.*, VIII, 486). Genre d'Agaricinés. (LINDL., *Veg. Kingd.*, 41. — FR., *Summ. veg. Scand.*, II, 315.)

PTEROPHYLLUS (SENIL., *Pin.*, 163). Synonyme de *Ginkgo* L.

PTEROPHYTON (CASS., in *Bull. philom.* [1818]; in *Dict.*, XLIV, 48). Synonyme de *Actinomeris* NUTT.

PTEROPODIUM (DC., *Prodr.*, IX, 239). Syn. de *Jacaranda* J.

PTEROPOGON (DC., *Prodr.*, VI, 245). Sect. du g. *Helipterum*.

PTEROPOGON (FISCH. et MEY., *Ind. sem. H. petrop.*, VI, 54). Synonyme de *Facelis* CASS.

PTEROPOGON (NECK., *Elem.*, I, 109). Genre disjoint des *Scabiosa* T.

PTEROPSIS (DESVX, in *Mém. Soc. Linn. Par.*, VI, 218). Genre créé pour l'*Acrostichum heterophyllum* L., etc.

PTEROPYRUM (JAUB. et SP., *Ill. pl. or.*, II, 7, t. 107-109). Genre de Polygonacées-Polygonées, formé de 5, 6 arbustes d'Orient, à fleurs de Renouée, 8-andres; le fruit exsert, à 3 ailes, interrompues au-dessus de leur milieu; les branches rigides et les feuilles linéaires. (WIGHT, *Icon.*, t. 1809.)

PTEROSCLERIA (NEES, in *Linnæa*, IX, 303). Genre de Cypéracées-Cryptangiées, formé de 2 herbes de l'Amérique tropicale; distingué par des épillets sessiles, réunis en capitule dense et involucré, et subfasciculés, avec, dans chaque fascicule, une fleur femelle entourée de ∞ fleurs mâles, ou bien des épillets unisexués, irrégulièrement mélangés. [H. BN.]

PTEROSCLERIS (H. BN, *Hist. des pl.*, X, 52). Section du genre *Incarvillea* J.

PTEROSELINUM (REICHB., *Fl. germ. exc.*, 453; *Handb.*, 220). Section du genre *Peucedanum* T. (Voy. H. BN, *Hist. des pl.*, VI, 99.)

PTEROSIPHON (TURCZ., in *Bull. Mosc.* [1863], I, 589). Synonyme de *Cedrela* L.

PTEROSPERMODENDRON (AMM., in *Comm. petrop.* [1736], VIII, 215). Synonyme de *Pterospermum* SCHREB.

PTEROSPERMUM (SCHREB., *Gen.*, 461). Genre de Malvacées-Hélictérées, formé de 12-14 arbres ou arbustes, de l'Asie tropicale; distingué par des fleurs à anthères stipitées; les loges linéaires et parallèles; un fruit cylindroïde ou 5-anguleux, subligneux et à 5 valves; des graines ailées; des feuilles coriaces, 3-5-nerves, entières ou anguleuses-dentées. (H. BN, *Hist. des pl.*, IV, 123.)

Pterospermum. — Fleur, coupe longitudinale.

PTEROSPORA (B. H., *Gen.*, II, 60). Section du genre *Anotis* DC.

PTEROSPORA (NUTT., *Gen. pl. N.-Amer.*, I, 269). Genre d'Éricacées, qui donne son nom à une série des *Ptérosporées*, et qui a des fleurs d'*Andromeda;* les 10 anthères pourvues de 2 éperons dorsaux. Ce sont des herbes parasites, aphylles, brunes, à fleurs en grappes. Leur fruit capsulaire est remarquable par ses graines, pourvues d'une grande aile celluleuse. La plante habite l'Amérique du Nord. (H. BN, *Hist. des pl.*, XI, fig. 188-190.)

PTEROSPOROPSIS (KELL., ex B. H., *Gen.*, II, 606). Synonyme de *Sarcodes* TORR.

PTEROSTEGIA (FISCH. et MEY., *Ind.* II *sem. H. petrop.*, 48; *Sert. petrop.*, t. 21). Genre de Polygonacées-Kœnigiées, formé de 2 herbes californiennes; distingué par des bractées florales très accrues après l'anthèse, larges, scarieuses, veinées, souvent dilatées sur le dos en 2 ailes ou crêtes. Les feuilles sont opposées, orbiculaires ou 2-lobées. Le périanthe est 5, 6-mère. (HOOK. et ARN., *Bot. Beech. Voy.*, t. 90.) [H. BN.]

PTEROSTELMA (WIGHT, *Contrib.*, 39). Syn. de *Hoya* R. BR.

PTEROSTEMON (SCHAU., in *Linnæa*, XX, 796). Genre rapporté à tort aux Rosacées et qui appartient aux Saxifragacées-Philadelphées. Ses feuilles alternes ont des stipules très petites. Ses fleurs ont 10 étamines, dont 5 stériles. Le fruit capsulaire s'ouvre comme celui des *Philadelphus* et a des graines albuminées. C'est un arbuste mexicain, à cymes corymbiformes. (H. BN, in *Adansonia*, IX, 245; *Hist. des pl.*, III, 350, 436.)

PTEROSTEPHANUS (KELL., in *Proc. Calif. Acad. nat. sc.*, III, 20, fig. 4). Synonyme de *Anisocoma* TORR. et GR.

PTEROSTEPHUS (JAUB. et SPACH, *Ill. pl. or.*, I, 133). Section du genre *Gaillonia* RICH.

PTEROSTIGMA (BENTH., *Scrof. ind.*, 20). Synonyme de *Adenosma* R. BR.

PTEROSTOECHAS (GING., *Hist. nat. Lavand.*, 158). Section du genre *Lavandula* L.

PTEROSTYLIS (R. BR., *Prodr.*, 323). Genre d'Orchidacées-Néottiées, formé d'environ 35 espèces d'herbes terrestres, océaniennes; placé dans le groupe des Diuridées, près des *Corysanthes;* les sépales latéraux unis en une lèvre à 2 lobes ou à 2 longues queues; le postérieur en casque; un labelle articulé, dont la base est appendiculée; un gynostème allongé, avec 2 appendices latéraux sous le stigmate. On en cultive, dans les serres, plusieurs curieuses espèces. (*Bot. Mag.*, t. 3085, 3086, 3172, 3400, 3401, 6351.) [H. BN.]

PTEROSTYRAX (SIEB. et ZUCC., *Fl. jap.*, I, 94, t. 47). Synonyme de *Halesia* L.

PTEROTA (P. Br., *Jam.*, 146, t. 5). Synonyme de *Zanthoxylon* L.

PTEROTHAMNION (Næg.). Genre d'Algues-Céramiées, d'après le *Botanical Zeitung* [1858], *Beil.*, 93.

PTEROTHECA (Cass., in *Bull. philom.* [1816]; in *Dict. sc. nat.*, XLIV, 56). Section du genre *Picris* L. (H. Bn, *Hist. des pl.*, VIII, 108.)

PTEROTHECA (Presl, *Symb. bot.*, I, 55, t. 35). Genre proposé pour le *Rhynchospora barbata* Vahl.

PTEROTHRIX (DC., *Prodr.*, VI, 270). Section du genre *Elythropappus* Cass.

PTEROTRICHIS (Dcne, in *Ann. sc. nat.*, sér. 2, IX, 322). Synonyme de *Lachnostoma* K.

PTEROTRICHUM (Kuetz., *Sp. Alg.*, 643). L'une des divisions du genre *Callithamnion* Lyngb., que caractérise une fronde distique et pinnée. Les ramules sont alternes et pinnés. [Ch. M.]

PTEROTROPIA (Hillebr., *Fl. haw.*, 149). Genre d'Araliacées.

PTEROTROPIS (DC., *Syst.*, II, 377). Section du genre *Thlaspi* T.

PTEROTROPIUM (DC., *Prodr.*, II, 552). Section du genre *Heliophytum* DC.

PTEROTUM (Lour., *Fl. cochinch.*, 292). Genre douteux.

PTEROZAMITES (Braun, in *Münst. Beitr.*, VI, 39). Synonyme de *Pterophyllum* Ad. Br.

PTEROZONIUM (Fée, *Gen. Fil.*, 178). Genre établi pour le *Gymnogramme reniformis* Mart.

PTERULA (Fr., *Pl. hom.*, 90; *Summ. veg. Scand.*, 339). Genre de Clavariés, à réceptacle filiforme et cartilagineux, souvent ramifié. L'hyménium sans cystides est composé de basides portant 2 à 4 spores. 14 espèces, épigées ou épixyles, la plupart exotiques et surtout des régions tropicales. Bonorden en fait un genre d'Isariés. [De S.]

PTERYGIUM (Corr., in *Ann. Mus.*, VIII, 397). Synonyme de *Dipterocarpus* Gærtn.

PTERYGIUM (Nyl.). — Voy. Pterigium (p. 658).

PTERYGOCALYX (Maxim., *Prim. Fl. amur.*, 198, t. 9). Synonyme de *Crawfurdia* Wall.

PTERYGOCARPEÆ. Tribu (Meissn.) des Polygonacées.

PTERYGOCARPUS (Hochst., in *Schimp. exs.*). Synonyme de *Dregea* E. Mey.

PTERYGODIUM (Sw., in *K. Vet. Ac. Hand. Stock.*, XXI, 217, t. 3 E). Genre d'Orchidacées-Ophrydées, formé d'une dizaine d'herbes africaines, terrestres; distingué par des fleurs de Coryciée; les sépales latéraux libres et plats; le labelle garni sur le dos d'une lame entière ou 2, 3-lobée; le stigmate transversal et souvent brachié. Le port est celui des *Habenaria* ou des *Ophrys*. On ne cultive qu'assez rarement ces plantes, peu recherchées d'ailleurs. (Harv., *Thes. cap.*, t. 94. — Reichb. f., in *Flora* [1867], 117.) [H. Bn.]

PTERYGOLOMA (Hanst., in *Linnæa*, XXVI, 211). Synonyme de *Alloplectus* Mart.

PTERYGOPAPPUS (Hook. f., in *Hook. Lond. Journ.*, VI, 120; *Fl. tasm.*, I, 207, t. 58 B). Section du genre *Gnaphalium* L. (H. Bn, *Hist. des pl.*, VIII, 169.)

PTERYGOPHORA (Rupr., in *Mém. Acad. Pétersb.*, sér. 6, VII, 73, t. 5). Genre d'Algues, indiqué comme voisin des *Phasganum* et formé d'une seule espèce, le *P. californica* Rupr.

PTERYGOPHYLLUM (Brid., *Bryol.*, II, 341). Genre de Mousses-Pleurocarpées, dont Endlicher (*Ench.*, 32) fait une section du genre *Hookeria*. (Br., Schimp. et Gumb., *Bryol. eur.*, fasc. 46-47.)

PTERYGOSTACHYUM (Nees, ex *Steud. Syn. pl. glum.*, 413). Synonyme de *Dimeria* R. Br.

PTERYGOTA (Schott, *Melet.*, 32). Synonyme de *Sterculia* L. A. de Jussieu a écrit *Pterigota*.

PTERYXIA (Nutt. — Torr. et Gr., *Fl. N.-Amer.*, I, 624). Section du genre *Cymopterus* Rafin.

PTHORA. Nom ancien du *Ranunculus Thora* L.

PTILAGROSTIS (Griseb., in *Ledeb. Fl. ross.*, IV, 447). Synonyme de *Stipa* L.

PTILANTHELIUM (Steud., *Syn. pl. glum.*, II, 166). Synonyme de *Mesomelæna* Nees.

PTILEPIDA (Rafin., in *Journ. phys.*, LXXXIX, 261). Synonyme de *Actinella* Pers.

PTILERIS (Rafin., ex *Steud. Nom.*, II, 415). Synonyme de *Neoceis* Cass.

PTILERPA (Harv., *Ner. bor.-amer.*, III, 16). Section du genre *Caulerpa* Lamx.

PTILIDIUM (Nees, *Eur. Leberm.*, I, 101; III, 17; IV, p. XXV). Genre de Jungermannes. (Endl., *Gen.*, n. 472 [14].)

PTILIMNIUM (Rafin., in *Ser. Bull. bot.*, 217). Synonyme de *Daucosma* Engelm.

PTILOCALYX (Torr., *Pope Exped. Bot.*, 14 (170), t. 8). Synonyme de *Coldenia* L.

PTILOCHÆTA (Nees, in *Mart. Fl. bras.*, II, I, t. 8). Synonyme de *Rhynchospora* Vahl.

PTILOCHÆTA (Turcz., in *Bull. Mosc.* [1843], 52). Genre mal connu de Malpighiacées-Banistériées, du Brésil. (H. Bn, *Hist. des pl.*, V, 463. — Griseb., *Symb. Fl. argent.*, 66.)

PTILOCLADIA (Sond., *Pl. Preiss.*, 23). Genre d'Algues-Floridées, de la famille des *Ceramieæ*, à fronde rose, comme spongieuse, comprimée, distique, composée de filaments articulés qui partent d'un tube central, également articulé. Les favelles sont géminées, incluses dans les ramules et à l'extrémité. Les sphérospores, logées dans le strate cortical, se divisent triangulairement. (J.-G. Agh, *Spec.*, *gen. et ord.*, III, 89.) [Ch. M.]

PTILOCNEMA (Don, *Prodr. Fl. nepal.*, 33). Synonyme de *Pholidota* Lindl.

PTILOMERIS (Nutt., in *Trans. Amer. Phil. Soc.*, ser. 2, VII, 381). Synonyme de *Baeria* Fisch. et Mey.

PTILONEILEMA (Steud., *Syn. pl. glum.*, I, 201). Synonyme de *Melanocenchris* Nees.

PTILONELLA (Nutt., in *Trans. Amer. Phil. Soc.*, ser. 2, VII, 385). Synonyme de *Blepharipappus* Hook.

PTILONIA (J. Agh, *Sp.*, 773). Genre d'Algues, de la famille des *Chondrieæ*, de l'ordre des *Lomentarieæ*. La fronde est linéaire, pinnée, constituée par trois couches diverses. Des filaments articulés constituent la partie centrale ou du moins l'entourent. Les cellules de la couche intermédiaire sont arrondies, anguleuses. Les cellules corticales arrondies rayonnent généralement. Les kéramidies sont situées dans un péricarpe subsphérique, pourvu d'un carpostome. Les sphérospores sont à peu près inconnues. (Voy. J.-G. Agh, *Spec.*, *gen. et ord. Alg.*, III, 673. — Trevis., *Alg. coccot.*, 105.) [Ch. M.]

PTILOPHORA (A. Gray, *Pl. Fendl.*, 112). Synonyme de *Microseris* Don.

PTILOPHORA (Kuetz., in *Bot. Zeit.* [1847], 25). Genre d'Algues-Floridées, de la famille des *Gelidieæ*, caractérisé par une fronde plane, à prolifications squamiformes issues des parties marginales et principalement de la nervure. La coupe de la fronde nous montre trois ou quatre couches diverses. La partie centrale est formée de fibres longitudinales étroites; la couche intermédiaire, de cellules amples, arrondies; et la couche sous-corticale, de fibres allongées, très resserrées; la couche corticale de cellules arrondies et comme ensérées. Le cystocarpe se trouve dans les prolifications marginales, et les sphérospores se divisent en croix. Deux espèces, l'une propre au Cap de Bonne-Espérance, l'autre à la Nouvelle-Hollande, constituent ce genre. (Voy. J.-G. Agh, *Spec.*, *gen. et ord. Alg.*, III, 554.) [Ch. M.]

PTILOPHYLLUM (Morris, in *Ann. and Mag. Nat. Hist.* [1841], VII, 116). Synonyme de *Zamites* Ad. Br.

PTILOPHYLLUM (Torr. et Gr., *Fl. N.-Amer.*, I, 528). Section du genre *Myriophyllum* Vaill.

PTILORHACHIS (Corda, *Fl. d. Vorw.* [1845], 84). Genre de plantes fossiles (Rhachiptéridées). (Ad. Br., in *Dict. d'Orb.*, XIII, 86.)

PTILOSCIADIUM (Steud., *Syn. pl. glum.*, II, 149). Synonyme de *Cephaloschœnus* Nees; section du genre *Rhynchospora* Vahl.

PTILOSIA (Tausch, in *Flora* [1828], 1; *Erganzbl.*, 78). Synonyme de *Deckera* Sch. bip.

PTILOSTEMON (CASS., in *Dict.*, XXXV, 173; XLIV, 58). Synonyme de *Cnicus* T.

PTILOSTEPHIUM (H. B. K., *Nov. gen. et spec.*, IV, 253, t. 387, 388). Synonyme de *Tridax* L.

PTILOSTEPHUS (JAUB. et SPACH, *Ill. pl. or.*, I, 133). Section du genre *Gaillonia* RICH.

PTILOTA (C. AGH, *Syn. Alg. Scand.* — J. AGH, *Sp.*, 92). Algues-Floridées, de la famille des *Ceramieæ*, tribu des *Callithamnieæ*. W. Harvey place ce genre dans la famille des *Rhodospermeæ*. La fronde est comprimée, inarticulée, linéaire, à rameaux pinnés, distiques, homogènes. Les ramules sont parfois articulés. La partie centrale est souvent entourée de plusieurs cellules; la couche intermédiaire est constituée par des cellules grandes et arrondies; la couche corticale, par des cellules petites et verticales. Les favelles sont situées dans la partie terminale des pinnules, et les sphérospores dans les pinnules extrêmes plus ou moins transformées. Un certain nombre d'espèces constituent ce genre, qui a été divisé en quatre sections pour en faciliter la détermination. (Voy. J.-G. AGH, *Spec., gen. et ord. Alg.*, III, 73.) [CH. M.]

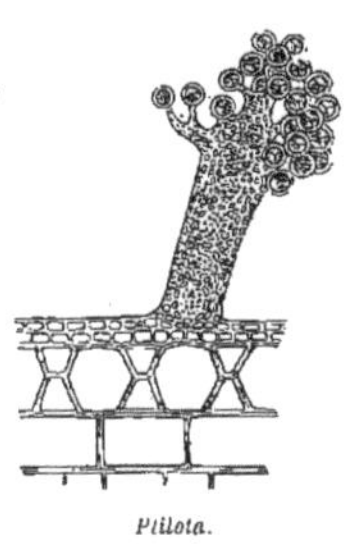

Ptilota.

PTILOTEÆ (PAY., *Bot. crypt.*). Payer avait divisé les Callithamniées en trois grandes tribus, dont celle des Ptilotées formait la seconde.

PTILOTRICHUM (C.-A. MEY., in *Ledeb. Fl. alt.*, III, 58; *Ic. Fl. ross.*, t. 143, 257). Section du genre *Alyssum* L.

PTILOTUS (R. BR., *Prodr.*, 4, 5). Section du genre *Trichinium* R. BR. (H. BN, *Hist. des pl.*, IX, 205.)

PTILURUS (DON, in *Trans. Linn. Soc.*, XVI, 218). Synonyme de *Leuceria* LAG.

PTOSIMOPAPPUS (BOISS., *Voy. Esp.*, 739). Synon. de *Seridia*.

PTYAS (SALISB., *Gen. pl. Fragm.*, 76). Synonyme de *Kumara* MEDIK.

PTYCANTHERA (DCNE, in *DC. Prodr.*, VIII, 606). Genre d'Asclépiadacées-Gonolobées, qui a des fleurs de *Gonolobus*, avec une corolle rotacée; une couronne dont les 5 écailles sont adnées au tube de l'androcée, renflées et charnues en bas, acuminées en haut. Le sommet du style est conique. C'est une plante grimpante, de Saint-Domingue. (H. BN, *Hist. des pl.*, X, 286.)

PTYCANTHUS (NEES, *Eur. Leberm.*, III, 211). Genre d'Hépathiques-Jubulées. (ENDL., *Gen.*, n. 472[11].)

PTYCHANDRA (SCHEFF., in *Ann. Jard. bot. Buitenz.*, I, 140, 160, t. 28, 29, fig. 1). Genre de Palmiers-Arécées, formé d'un arbre des Moluques, à feuilles pinnatiséquées, à fleurs mâles ∞-andres; le calice large et imbriqué; le péricarpe fibreux; le style latéral; la graine sphérique [H. BN.]

PTYCHELLA (ROZE et BOUD., in *Bull. Soc. bot. Fr.* [1879], LXXIV). Genre de Champignons, de la famille des Agaricinés, voisin des *Naucoria*, mais qui se rapproche des *Cantharellus* et *Xerotus* par les lamelles en forme de plis. Ces plis ne sont pas anamostosés comme dans ces derniers. Les spores sont ovoïdes, d'un fauve ochracé-ferrugineux. Le *P. ochracea* a été recueilli en Auvergne, dans des endroits herbeux. [DE S.]

PTYCHOCARPA (R. BR., in *Linn. Trans.*, X, 170). Section du genre *Grevillea* R. BR.

PTYCHOCARYA (R. BR., in *Wall. Cat.*, n. 3538). Synonyme de *Scirpodendron* ZIPP.

PTYCHOCHILUS (SCHAU., in *Pl. Meyen.*, 431, t. 12 B). Synonyme de *Tropidia* LINDL.

PTYCHODON (KL. — ENDL., *Gen.*, 1203). Section du genre *Lafoensia* VAND.

PTYCHOGASTER (CORDA). — Voy. le Supplément.

PTYCHOLEPIS (GRISEB., *Pl. Lechl. exs.* — B. H., *Gen.*, II, 756). Synonyme de *Blepharodon* DCNE.

PTYCHOMANES (HEDW., *Fil. Fasc.*, II). Synonyme de *Hymenophyllum* SM.

PTYCHOMERIA (BENTH., in *Hook. Kew Journ.*, VII, 14). Synonyme de *Gymnosiphon* BL.

PTYCHOMITRIUM (FURNH., in *Flora* [1829], II, *Erg. Bl.*, 19). Synonyme de *Brachystelum* GRISEB.

PTYCHOPHYLLUM (A. BRAUN, *Ind. sem. H. berol.* [1855]). Section du genre *Panicum* T.

PTYCHOPHYLLUM (PRESL, *Hymen.*, 120). Genre proposé pour l'*Hymenophyllum plicatum* KAULF.

PTYCHOPTERIS (CORDA, *Fl. d. Vorw.*, 76). Le *Sigillaria macrodiscus* AD. BR.

PTYCHOPYXIS (MIQ., *Fl. ind. bat.*, Suppl., I, 402). Genre douteux de Sterculiacées. (B. H., *Gen.*, I, 217.)

PTYCHOSEMA (BENTH., in *Lindl. Sw. Riv. App.*, 16). Genre de Légumineuses-Papilionacées-Galégées (?), formé d'une petite herbe australienne, à feuilles imparipennées, dont on ne connaît pas le fruit, et dont les étamines sont unies en une gaine fendue d'un côté. Le style est court et glabre. Les fleurs sont pédonculées, solitaires et terminales. (H. BN, *Hist. des pl.*, II, 263.)

PTYCHOSPERMA (LABILL., in *Mém. Inst. Par.* [1808], IX, 251). Genre de Palmiers-Arécées, formé d'une douzaine d'arbres inermes, de l'Océanie chaude, qui donne son nom à un groupe des *Ptychospermées*, et qui se distingue par des fleurs 20-30-andres; un albumen ruminé; des divisions foliaires prémordues. On en cultive de belles espèces dans nos serres. (WENDL. et DRUD., in *Linnæa*, XXXIX, 183, 215.) [H. BN.]

PTYCHOSPERMEÆ. Sous-tribu (2) des Palmiers-Arécées. (B. H., *Gen.*, III, 872.)

PTYCHOSTIGMA (HOCHST., in *Schimp. exs. abyss.*, n. 1586). Synonyme de *Galiniera* DEL. (H. BN, *Hist. des pl.*, VII, 430.)

PTYCHOSTOMUM (HORNSCH., *Syll. pl.*, II, 62). Genre de Mousses-Bryacées, formé d'herbes cespiteuses, des Alpes, de l'Europe moyenne, de l'Inde et de l'Amérique antarctique; distingué par une coiffe cuculliforme; une urne terminale, symétrique à sa base, à opercule conique et obtus; le péristome double; l'intérieur en forme de couronne hyaline, plissée; l'extérieur formé de dents unies en cône, mais finalement déchirées. (C. MUELL., *Syn. Musc.*, I, 242.)

PTYCHOTIS (KOCH, *Umbell.*, 124). Synonyme de *Carum* et section de ce genre, dans laquelle la tige est annuelle, et les pétales bifides, avec un pli transversal médian d'où sort une languette ou lobule. (Voy. *Hist. des pl.*, VII, 118.) [H. BN.]

PTYSSIGLOTTIS (T. ANDERS., in *Thw. En. pl. Zeyl.*, 235). Genre d'Acanthacées-Justiciées, formé d'une ou deux herbes grêles, de Ceylan et de Java, voisines des *Dianthera*; distingué par des sépales subulés, une corolle bilabiée, 2 étamines sans staminodes, des tiges radicantes, des fleurs terminales solitaires ou peu nombreuses. (H. BN, *Hist. des pl.*, X, 449.)

PTYXANTHUS (DON, *Gen. Syst.*). Synonyme de *Argyreia* LOUR.

PTYXOSTOMA (VAHL, in *Dske Nat. Selsk. Skr.*, VI, 96). Synonyme (?) de *Berardia* AD. BR.

PUA. A Taïti, nom d'un *Fagræa*.

PUAHANUI. Nom hawaïen du *Broussaisia pellucida* GAUDICH.

PUAKALA. Nom hawaïen de l'*Argemone mexicana* L.

PUAKAUHI. Nom hawaïen du *Canavalia ensiformis* DC.

PUAPILO. Nom hawaïen du *Capparis sandwichiana* DC.

PUA-REINGA. Nom, à la Nouvelle-Zélande, du *Dactylanthus Taylorii* HOOK. F.

PUATEA. A la Nouvelle-Calédonie, le *Pisonia Brunoniana*.

PUBESCENCE. Quand une surface n'est pas glabre, elle peut être chargée de poils très courts qui la rendent rude; ou bien cette sensation est produite par des aspérités que forment les bases de poils détachés. On emploie alors les mots de *scaber* ou *asper*. Le mot *pubescent* s'emploie quand les poils sont courts, mous et peu pressés; le mot *pilosus*, quand les poils sont longs et écartés; le mot *villosus*, quand les poils sont assez longs, mous, rapprochés, souvent blancs; le mot *sericeus*, quand les poils sont soyeux, longs, couchés et souvent brillants. Quand la surface est hérissée de poils droits et raides, on emploie le mot *hirtus* si les poils sont assez courts; *hirsutus*, s'ils sont plus longs; *hispidus*, s'ils sont longs, plus raides et que la surface en est hérissée. Le *tomentum* (d'où *tomentosus*) est un duvet cotonneux de poils mous et entrecroisés. Les poils laineux (*lanatus*) sont longs, couchés, pressés, crépus, non ou peu feutrés. *Velutinus* ou *holosericeus* indique un duvet court et doux au toucher, comme du velours; *arachnoideus*, des poils longs, fins, mous, dont l'ensemble rappelle une toile d'araignée; *strigosus*, des poils dits *strigæ*; *setosus*, des soies; *ciliatus*, des cils; *papillosus*, des papilles; *papulosus*, des papules; *glandulosus*, des glandes; *verrucosus*, des verrues; *aculeatus*, des aiguillons; *lepidotus*, des poils écailleux ou peltés. Un organe est barbu (*barbatus*) s'il se termine par un bouquet de poils, et pénicillé (*penicillatus*) si ces poils, plus longs, forment un pinceau; cilié, si ses bords sont garnis de cils (*ciliatus*). Il y a beaucoup de nuances intermédiaires entre ces divers états, et il existe, dit A. Saint-Hilaire, bien d'autres termes (*Morphol.*, 73); « mais, doublât-on le dictionnaire déjà si volumineux de la terminologie, le botaniste qui décrit hésiterait souvent encore pour savoir quelles expressions il doit choisir ». [H. Bn.]

PUBESCENT (*pubescens*). — Voy. PUBESCENCE.

PUBETA (L., *Amœn.*, VIII, 264). Synonyme de *Duroia* L. F.

PUBLE, PIBLE. Noms foréziens du Peuplier.

PUCCINELLIA (PARLAT., *Fl. ital.*, I, 366). Synonyme de *Atropis* RUPR., section du genre *Glyceria* R. BR.

PUCCINIE (*Puccinia* MICHEL.). — Voy. le Supplément.

PUCCOON. Nom indigène du *Sanguinaria canadensis* L.

PUCE (ARBRE A LA). Le *Rhus Toxicodendron* L.

PUCELAGE. Les Pervenches.

PUCHANAVIE (MER. et DEL., *Dict.*, V, 533). Racine vénéneuse de l'Inde, indéterminée, dont le *Karoo-Navie* est une variété, d'après Ainslie.

PUCHA-POIT. Nom indigène du *Pogostemon Patchouly* PELL.

PUCHATO-SUMACMISQUI. Au Pérou, le *Thibaudia multiflora*.

PUCIÈRE. Le *Plantago Psyllium* L.

PUDANCHE (CHALMAZELLE). Le *Sorbus aucuparia* L.

PUDDUM. Nom d'une sorte de Cerisier des montagnes du Népaul, le *Cerasus Puddum* WALL.

PUDIS. Nom languedocien du Putiet, du Térébinthe et de l'Anagyre fétide.

PUECHATO DEL MONTE. Au Pérou, le *Thibaudia bicolor*.

PUEL (Timothée). Médecin de Paris, mort en 1889, a donné un *Catalogue des plantes vasculaires du Lot* [1845-52], et un *Catalogue de l'herbier de Syrie de Blanche et Gaillardot* [1854-55].

PUELIA (FR., in *Bull. Soc. Linn. Par.*, 674). Genre de Bambusées-Eubambusées. Épillets comprimés, multiflores; toutes les fleurs unisexuées : la terminale femelle; les inférieures, au nombre de 4-6, mâles ou neutres; 6 étamines brièvement monadelphes à la base; glumelles de la fleur femelle non dissemblables, coriaces, un peu poilues extérieurement, enroulées, ne présentant aucune trace de carènes dorsales; caryopse subglobuleux, acuminé de la base persistante du style. Plante herbacée, à rhizome longuement rampant; port d'un *Olyra*. Une seule espèce, du Gabon. [FR.]

PUERARIA (DC., in *Ann. sc. nat.*, sér. 1, IV, 97). Genre de Légumineuses-Papilionacées-Phaséolées, formé d'une dizaine d'arbustes volubiles, de l'Asie chaude; distingué par des fleurs petites ou moyennes, à calice campanulé, à étendard ovale ou orbiculaire; l'ovaire subsessile; la gousse linéaire, étroite ou plate. Les autres caractères sont ceux des Dioclées en général. (DC., *Mém. Légum.*, t. 43. — WIGHT, *Icon.*, t. 412. — H. BN, *Hist. des pl.*, II, 257.)

PUETTE. Le *Lepidium latifolium* L.

PUFER CICEGI. Nom turc d'une infusion de *Nuphar luteum* SM., réputée calmante et rafraîchissante.

PUFFBALL. Nom anglais des *Lycoperdon* T.

PUGAHAN. Nom, aux Philippines, de certains *Caryota* L.

PUGIO. Nom italien ancien des *Gladiolus* L.

PUGIONELLA (SALISB., *Fragm.*, 127). Synonyme de *Strumaria* JACQ.

PUGIONIUM (GÆRTN., *Fruct.*, II, 291, t. 142). Genre de Crucifères, dont on n'a connu pendant longtemps que le fruit, qui a la forme d'un ovoïde transversal, surmonté d'un rostre en poignard, avec une graine. C'est une Isatidée. Le *P. cornutum* était l'espèce connue de Gærtner. Maximowicz, qui depuis a bien pu étudier ce genre, en a décrit une autre, le *P. dolabriforme*. Ce sont des herbes de la région Caspienne. On cultive quelquefois le *P. cornutum*. (H. BN, *Hist. des pl.*, III, 268.)

PUGIOPAPPUS (TORR., *Bot. Whippl. Exped.*, 48). Synonyme (B. H.) de *Coreopsis* A. GRAY (in *Proc. Amer. Acad.* [1873]).

PUGRIANG. Dans le Sikkim, le *Dendrocalamus sikkimensis*.

PUINE NOIRE. Le *Cornus sanguinea* L.

PUITS. Dépression, de forme variable, qui surmonte souvent l'orifice extérieur des stomates.

PUJADE (J.-V.-J.). A écrit une *Dissertation* (in-4 de 35 p.) *sur l'utilité de la botanique dans la médecine* (an XIII).

PUKATERIA (RAOUL, in *Ann. sc. nat.*, sér. 3, II, 120). Synonyme de *Griselinia* FORST.

PUKSANA. A Ceylan, les Balisiers.

PUL. Nom danois du *Salix alba* L.

PULCHIA (ARRAB., ex *Steud. Nom.*, II, 416). Genre incertain.

PULEGIUM (C. BAUH. — RUPP., *Fl. jen.*, 224). Section du genre *Mentha* T.

PULEGIUM (MILL., *Dict.*, n. 3). Synonyme de *Preslia* OPIZ.

PULI. Nom malabare du Tamarin.

PULICAIRE. L'*Inula Pulicaria* L. et le *Plantago Psyllium* L.

PULICARIA (GÆRTN., *Fruct.*, II, 461, t. 173). Genre de Composées-Hélianthées-Inulées, voisin des *Inula*; distingué par des capitules hétérogames, à fleurs ligulées, jaunes, 1, 2-sériées; les bractées de l'involucre paucisériées, étroites; les extérieures herbacées; les fruits lisses ou costés. Le *P. dysenterica* est notre espèce la plus commune. Son aigrette est double; les soies de l'intérieure sont 1-sériées; les paillettes de l'extérieure sont très courtes, plus ou moins confondues en cupule. (H. BN, *Hist. des pl.*, VIII, 159.)

PULLASSARI. Nom, dans l'archipel Indien, de l'*Alyxia Reinwardtii* BL. (*Gynopogon*), dont l'écorce est employée comme stimulante et aromatique.

PULLIPUNTA. A Darien, l'un des noms du *Phytelephas macrocarpa* R. et PAV.

PULMONAIRE (*Pulmonaria* T., *Inst.*, 136, t. 55). Genre de Boraginacées-Boraginées, formé de 4 herbes vivaces, de l'Europe et l'Asie tempérées; distingué par un calice 5-fide, accru autour du fruit; une corolle à gorge nue ou seulement garnie de poils groupés en 5 masses reposant sur un léger boursouflement de la gorge; des achaines dressés, insérés par une aréole basilaire élevée, peu concave. Ce sont des plantes dressées, à floraison précoce; les fleurs en cyme unipare-scorpioïde; les feuilles souvent tachées de blanc, ce qui surtout a fait vanter ces plantes contre certaines maladies du poumon. (H. BN, *Hist. des pl.*, X, 370; *Iconogr. Fl. fr.*, n. 49; *Herbor. paris.*, 51, c. xylogr.)

PULMONAIRE DE CHÊNE. Le *Sticta pulmonacea* ACHAR.

PULMONAIRE DE CHIEN, P. DE TERRE. Le *Peltigera canina*.

PULMONAIRE DE MONTAGNE. Le *Doronicum montanum* LAMK.

PULMONAIRE DES FRANÇAIS. Nom de plusieurs *Hieracium* T.

PULMONAIRE DES MARAIS. Le *Gentiana Pneumonanthe* L.

PULMONAIRE D'ITALIE. Le *Pulmonaria officinalis* L.

PULMONAIRE (PETITE). Le *Pulmonaria angustifolia* L. La Grande Pulmonaire est le *P. officinalis* L.

PULMONAIRE TERRESTRE. Le *Sticta pulmonacea* ACHAR. et le *Lycopodium clavatum* L.

PULMONAREA (KOCH. — FRIES, *Summ. veg. Scand.*, I, 6). Section du genre *Hieracium* T.

PULMONARIA. Nom donné au *Lycopodium clavatum* L.

PULMONARIA (MATTH.). Le *Sticta pulmonacea* ACHAR. Le *P. altera* (MATTH.) est le *Pulmonaria officinalis* L.

PULPE. Substance charnue, gorgée de sucs, des fruits, etc.

PULQUE. Au Mexique, le vin d'*Agave*.

PULQUEIRA. Au Cap-Vert, le *Jatropha Curcas* L.

PULQUIN. Nom chilien de plusieurs *Lantana*.

PULSATILLA (T.). Section du genre *Anemone* HALL., à étamines extérieures réduites à l'état de staminodes. (H. BN, *Hist. des pl.*, I, 39; *Tr. Bot. méd. phanér.*, 489.)

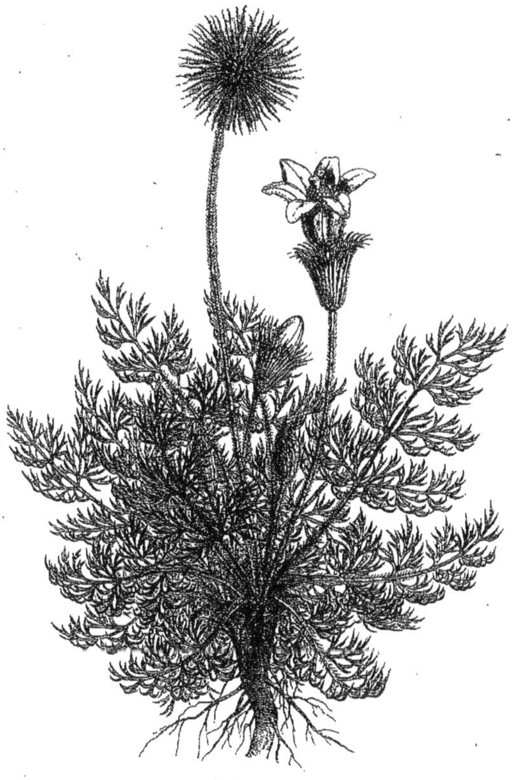

Pulsatille. — Port.

PULSATILLA NIGRICANS (MURR.). L'*Anemone pratensis* L.

PULSATILLE. L'*Anemone Pulsatilla* L. La *P. noire* est l'*A. pratensis* L.

PULTENÆA (SM., *Bot. N.-Holl.*, 35, t. 12). Genre de Légumineuses-Papilionacées-Podalyriées, formé d'environ 75 arbustes australiens; distingué par un calice 2-labié ou 5-fide; une gousse sessile ou à peu près, ovale, turgide ou aplatie, 2-valve; des feuilles simples, alternes ou verticillées. On en cultive quelques espèces élégantes dans nos serres froides et tempérées. (*Bot. Mag.*, t. 475, 967, 1394, 1588, 2081, 2086, 2091, 2859, 3254, 3443. — H. BN, *Hist. des pl.*, II, 356.)

PULTENEY (RICH.). Botaniste anglais [1730-1801], a écrit en 1790 *Dissertatio inauguralis de Cinchona officinali* (in-8), puis un ouvrage sur les progrès de la botanique en Angleterre [1790], traduit en français et en allemand. En 1790, il composa un *Catalogue des plantes rares de Leicester*, et en 1799 une *Liste des oiseaux, coquilles, et des plus rares plantes du Dorsetshire* (2 vol. in-8).

PULTIER. Synonyme de Putiet.

PULU. Plusieurs *Cibotium* des Sandwich, dont les poils bruns sont usités comme hémostatiques.

PULVERARIA (ACHAR., *Meth. Lich.*, XXIX, 1). Genre de Lichens, qui a donné son nom à un sous-ordre des *Pulverariés*, et qui est distingué par un thalle se résolvant en poussière ou en flocons. Ce sont des Lichens qui se rencontrent dans les fentes des roches ou des écorces.

PULVERARIÆ (EHRENB., *Sylv. myc. berol.*, 9). Division des Champignons (*Fusidium* LK et *Conisporium* LK).

PULVEREUS. Ayant la consistance d'une poussière.

PULVINARIA (EHRENB.). — Voy. le Supplément.

PULVINÉ (*pulvinatus*). Synonyme de Pulviniforme.

PULVINIFORME. Se dit parfois du disque épais, en forme de coussin, etc.

PULVINULES. Les renflements moteurs de la Sensitive.

PULVINUS. Le Coussinet des feuilles.

PULZA. Au Cap-Vert, le *Jatropha Curcas* L.

PUMACUCHU. Nom péruvien des *Krameria* LŒFL.

PUMAKE. Le *Pimenta officinalis* LINDL.

PUMALACLAQUIN. Nom, aux Philippines, des *Combretum* L.

PUME. — Voy. ROMERILLO.

PUMILEA (P. BR., *Jam.*, 188). Synonyme de *Turnera* PLUM.

PUMILIO. Le *Pinus Mughus* SERP.

PUMILIO (REICHB., *Fl. exc.*, 822). Section du genre *Silene* L.

PUMILO (SCHLCHTL, in *Linnæa*, XXI, 448). Synonyme de *Rutidosis* DC.

PUMILUS. Plante très courte, humble, naine.

PUMOS. Nom mexicain d'une espèce de *Corypha*.

PUNAISE MALE. Nom de la Coriandre.

PUNAS. — Voy. CORDILLERA.

PUNCTARIA (GREV., *Synopt. Enum. Alg. Brit.*, XLII). Genre d'Algues-Fucoïdées, de la famille des *Dictyoteæ*. La fronde est plane, simple, pourvue à la base d'une espèce de pétiole; elle se fixe au moyen de radicelles ou *crampons* aux rochers ou débris végétaux qui lui servent de soutien. Elle est constituée par deux couches de cellules. Les sores sont éparses par toute la surface de l'un et l'autre côté de la fronde. Les spores sont logées dans un périspore hyalin; elles sont à peu près sphériques. Pour Zanardini (*Classif.*, 10), c'est un genre d'Aspérococcées; mais Meneghini, Fries, Harvey en font une Dictyotée. (Voy. J.-G. AGH, *Spec., gen. et ord. Alg.*, I, 72.) [CH. M.]

PUNCTATUS. Ponctué. *Pellucido-punctatus*, ponctué de réservoirs d'essence plus ou moins translucides.

PUNCTUM VEGETATIONIS. — Voy. POINT VÉGÉTATIF.

PUNDUANA (STEETZ, in *Pet. Moss.*, *Bot.*, 345). Synonyme de *Vernonia* SCHREB.

PUNEERA (MIERS, in *Ann. and. Mag. Nat. Hist.*, ser. 2, III, 179). Genre de Solanacées-Witheringiées, non conservé.

PUNEERIA (STOCKS, in *Hook. Icon.*, t. 801). Synonyme de *Withania* PAUQ.

PUNGITOPUM. Le *Ruscus aculeatus* L.

PUNGO-ANDONGO. Champignon colossal, de l'Afrique australe, suffisant, d'après Welwitsch, à nourrir trente hommes.

PUNGOLA. Le *Morchella esculenta* PERS.

PUNICA. — Voy. GRENADIER.

PUNICELLA (TURCZ., in *Bull. Ac. Pétersb.* [1852], X, 333). Synonyme de *Balaustion* HOOK.

PUNNA (RHEED., *Hort. malab.*, IV, 79, t. 38). Le *Calophyllum Inophyllum* L.

PUNNAGA-KESARA. Nom sanscrit du *Kamala*.

PUPAL (ADANS., *Fam. des pl.*, II, 268). Synonyme de *Pupalia* J.

PUPALIA (J., in *Ann. Mus.*, II, 132). Genre de Chénopodiacées-Amarantées, formé de 2, 3 herbes ou sous-arbrisseaux de l'Asie et l'Afrique tropicales; distingué par des fleurs 2-morphes : les imparfaites à périanthe disposé en étoile; les divisions crochues au sommet. Il n'y a point de languettes entre les étamines fertiles. Les feuilles sont opposées. (H. BN, *Hist. des pl.*, IX, 203.)

PUPALIA (MART., *Beitr. Amar.*, 113). Synonyme de *Cyathula* LOUR.

PURALIA (HAMILT. — REICHB., *Consp.*, 212 C). Genre incertain.

PURAM. Chez les Movimas, l'*Acrocomia Totai* MART.

PURDIÆA (PL., in *Hook. Lond. Journ.*, V, 250, t. 9). Synonyme de *Costæa* RICH. (II, 241).

PURGA. Au Mexique, le Jalap vrai.

PURGA DE CARIJO (S.-MANSO). Nom, au Brésil, du *Perianthopodus Carijo* S.-MANSO.

PURGA DE CAYAPO. Nom brésilien du *Cayaponia globosa*.

PURGA DE GENTIO. Au Brésil, le *Jatropha Curcas* L.

PURGA DE JOAO PAEZ. Au Brésil, le *Vandellia diffusa* L.

PURGA DE SIERRA GORDA. Nom, au Mexique, du Jalap de Tampico (*Ipomœa simulans* HANB.).

PURGATION DES ÉTOILES. Le Nostoc.

PURGHEIRA (GRAINES DE). Celles du *Jatropha Curcas* L.

PURGO-MACHO. Nom mexicain du Jalap léger ou fusiforme d'Orizaba.

PURKINJE (Joh.-Evang.). Professeur à Prague et à Breslau [1787-1869], a écrit [1830] *De cellulis antherarum fibrosis necnon de granorum pollinarium commentatio phytotomica* (in-4 de 58 p. et 18 pl.).

PURKINJIA (PRESL, *Symb.*, II, 17, t. 64). Synonyme (SEEM.) de *Ardisia* SW.

PURPURELLA (NAUD., in *Ann. sc. nat.*, sér. 3, XIII, 301). Section du g. *Tibouchina* AUBL. (H. BN, *Hist. pl.*, VII, 39.)

PURROU. Nom arabe (PIDDINGT.) du Poireau.

PURSH (Fried.-Traug.). Botaniste saxon, mort au Canada [1794-1820], débuta par un *Verzeichniss der im Planischen Grunde und d. zunächst.... Pflanzen* [1799], puis publia un *Flora Americæ septentrionalis*, etc. [1814-16], 2 vol. in-8 avec pl. En 1815, il donna l'*Hortus Orloviensis*, catalogue des plantes cultivées par Buek dans le jardin de l'île d'Orloff près Saint-Pétersbourg (in-8 de 72 p.)

PURSHIA (DC., in *Trans. Linn. Soc.*, XII, 157). Genre de Rosacées-Fragariées, formé d'un arbuste des montagnes Rocheuses; distingué par des fleurs 5-mères, ∞-andres; le carpelle unique, avec un stigmate décurrent. Le fruit est coriace; la graine légèrement albuminée; les feuilles 3-fides ou pinnatifides. (HOOK., *Fl. bor.-amer.*, I, t. 58. — H. BN, *Hist. des pl.*, I, 380, 468.)

PURSHIA (DENNST., *Schl. Hort. malab.*, 35). Synonyme de *Centranthera* R. BR.

PURSHIA (RAFIN., *Nouv. gen.* [1811]). Synonyme de *Ptilophyllum* NUTT.

PURSHIA (SPRENG., in *Lehm. Asperif.*, 382). Synonyme de *Onosmodium* MICHX.

PURSLANE. Nom anglais des Pourpiers.

PURTON (Thom.). Auteur, en 1817-21, de *A botanical description of british plants, in the midland countries, particularly... in the neighbourhood of Alcester* (3 vol. in-8).

PUSAISUR. Nom malais du *Dæmonorops Hystrix* MART.

PUSCHKINIA (ADANS., in *N. Act. Ac. petrop.*, XIV; *Hist. Ac.*, 164). Genre de Liliacées-Scillées, formé de 2 herbes bulbeuses de l'Orient; distingué par un périanthe à lobes plus longs que le tube campanulé; les filets staminaux unis en coupe conique au delà des anthères. On cultive ces gracieuses petites plantes. (LINDL., *Coll.*, t. 24. — *Bot. Mag.*, t. 2244.) [H. BN.]

PUSHÆTA (L., *Fl. zeyl.*, 236). Synonyme de *Entada* ADANS.

PUSILLUS. Plante grêle, très petite.

PUSO-PUSO. Nom, aux Philippines, des *Litsea* LAMK.

PUSQUE. Nom mexicain du *Melicocca bijuga* L.

PUSSAR (ENDL., *Gen.*, 281). Section du genre *Artocarpus* L.

PUSSY-WILLOW. Aux États-Unis, le *Salix nigra* L.

PUSZPAN. Nom magyar des *Buxus* T.

PUTAMEN. En latin, le noyau, parfois le brou des fruits.

PUTCHUK. Synonyme de *Koot*.

PUTIER. Synonyme de Putiet.

PUTIET. Le *Prunus Padus* L.

PUTINE. En Italie, le *Phillyræa latifolia* L.

PUTIRELLE. Synonyme de Coulemelle.

PUTORIA (PERS., *Syn.*, I, 524). Genre de Rubiacées-Anthospermées, dont les fleurs, ordinairement hermaphrodites et 4-mères, ont un calice persistant, à dents inégales; une corolle à tube assez long et à gorge nue, valvaire; 4 étamines exsertes, insérées à la gorge de la corolle; un ovaire biloculaire, avec un disque épigyne assez épais et un style grêle, à sommet stigmatifère bidenté. Le fruit oblong est drupacé, avec un ou deux noyaux; la chair peu abondante. La graine, oblongue et subdressée, a un albumen charnu et un grand embryon à cotylédons supérieurs, étroits. Ce sont d'humbles arbustes, à odeur fétide, de la région Méditerranéenne, européenne, africaine et asiatique. Leurs feuilles sont opposées, étroites; leurs stipules interpétiolaires courtes; leurs petites fleurs blanches ou roses en cymes composées terminales, capituliformes ou ombelliformes. On en distingue 2 ou 3 espèces, dont la plus connue dans nos cultures est le *P. calabrica* (*Asperula calabrica* L. F.), employé dans son pays natal comme astringent léger. C'est aussi le *Lonicera sicula* UCR. (Voy. H. BN, *Hist. des pl.*, VII, 271, 376, 401, n. 23.)

PUT-PUT. Le *Datura Stramonium* L.

PUTRANJIVA (WALL., *Tent. Fl. nepal.*, 61). Genre d'Euphorbiacées-Phyllanthées, formé de 3 arbustes indiens, à feuilles alternes, rigides; à fleurs mono- ou dioïques, apétales; les mâles oligandres, avec étamines (2, 3) centrales; les branches

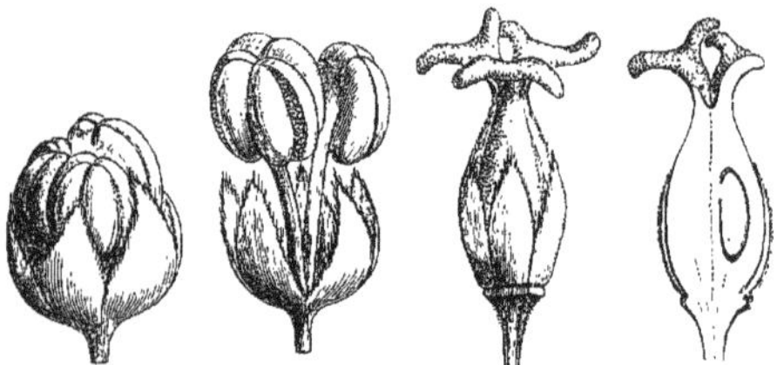

Putranjiva. — Bouton et fleur mâles. Fleur femelle, entière et coupe longitudinale.

stylaires divisées en larges rameaux charnus et étalées; le fruit drupacé, à 1, 2 loges. Le bois de ces arbustes est dur. On en cultive un dans nos serres. (ENDL., *Iconogr.*, t. 19. — H. BN, *Euphorbiac.*, 611; *Hist. des pl.*, V, 148, 249, fig. 244-247.)

PUTRAWALLI. Nom, dans l'Inde, de la racine de l'*Anamirta Cocculus* W. et ARN.

PUTSCHKE (K.-W.-Ern.). Botaniste de Weimar [1765-1834], a écrit [1819] une *Monographie de la Pomme de terre* (in-4 de 158 p. et 9 pl.).

PUT-SU. En Chine, le *Scirpus tuberosus* ROXB.

PUTTANIE. Nom tamoul des Pois.

PUTTERLICK (Aloys). Conservateur de l'herbier de Vienne [1810-1845], a écrit [1839] un *Synopsis Pittosporearum*, in-8.

PUTTERLICKIA (ENDL., *Gen.*, n. 5674). Section du genre *Celastrus* L., dont les espèces, souvent épineuses, ont, dans chaque loge ovarienne, de nombreux ovules insérés sur deux séries verticales. (Voy. *Hist. des pl.*, VI, 37.) [H. BN.]

PUTTU-MANGA. Nom tamoul du *Sclerotium stipitatum* BERK., réputé fébrifuge et vermicide.

PUTTY-ROOT. Nom, aux États-Unis, d'une Orchidée, l'*Aplectrum hyemale*, dont on se sert pour recoller les vases de terre.

PUTU. Nom, à Samoa, du *Tabernæmontana orientalis* R. BR.

PUTUMBA. Nom, au Malabar, de l'*Adenostemma viscosum* FORST., dont la sève est stimulante et antispasmodique.

PUTZEYSIA (KL., in *Abh. Akad. Wiss. Berl.* [1854], 134). Section du genre *Begonia* L.

PUTZEYSIA (PL. et LIND., *Cat.* [1857]). Synonyme de *Billia*.

PUUAS. Dans l'Inde, l'*Erythrina monosperma* LAMK.

PUVIS (Ant.). A écrit [1837] : *De la génération et de l'extinction des variétés de végétaux*, et [1848] *De l'importance et de la nécessité des semis* (in-8 de 48 p.). Il est mort à Paris en 1851.

PUYA (MOL., *Hist. chil.*, 176). Genre de Broméliacées-Pitcairniées, formé de 3, 4 espèces, du Chili et du Pérou, à grandes feuilles allongées, épineuses-dentées, rapprochées à la base ou au sommet des tiges; les fleurs groupées en grappes terminales, simples ou composées et pyramidales. Les fleurs sont à peu près celles des *Pitcairnia* ; le périanthe plus étalé ; l'ovaire surmonté d'un style grêle. Le fruit est loculicide, à 3 valves; et les graines sont entourées d'une aile périphérique. On cultive en serre tempérée quelques *Puya*, à fleurs grandes et belles. (*Bot. Mag.*, t. 4715, 5732.) [H. BN.]

PYA. A Taïti, le *Tacca pinnatifida* L.

PYCHNORACHIS (BENTH., *Gen.*, II, 776). Genre d'Asclépiadacées-Marsdéniées, fondé sur un sous-arbrisseau volubile, de Malacca; distingué par une corolle valvaire, à lobes étroits; une couronne de 10 écailles 2-sériées, courtes et larges : 5 fixées au dos des anthères; 5 attachées à la base de l'androcée. Les fleurs sont disséminées par paires sur un rachis épais, 2, 3-fide. (H. BN, *Hist. des pl.*, X, 278.)

PYCNANTHEMUM (MICHX, *Fl. bor.-amer.*, II, 7, t. 33). Genre de Labiées-Menthées, formé de 16, 17 herbes vivaces, de l'Amérique du Nord; distingué par des verticillastres capités; les capitules en grappes composées, corymbiformes; le calice régulier ou 2-labié; la corolle 2-labiée, à lobes ovales. *Pycnanthemum* est synonyme de *Koellia* MŒNCH [1794]; mais ce dernier nom a la priorité. (H. BN, *Hist. des pl.*, XI, 51.)

PYCNAPOPHYSIUM (REICHB., *Consp.*, 34). Section du genre *Splachnum* L.

PYCNARRHENA (MIERS, in *Ann. Nat. Hist.*, ser. 2, VII, 44). Genre de Ménispermacées-Pachygonées, formé de 2 espèces asiatiques et océaniennes; distingué par des fleurs à 6 pétales; 9 étamines, à filets très courts et à loges d'anthère confluentes. (H. BN, *Hist. des pl.*, III, 36.)

PYCNIDE. — Voy. CHAMPIGNONS.

PYCNOBLÆRIA (BENTH., in *DC. Prodr.*, VII, 698). Section du genre *Blœria* L.

PYCNOBOTRYA (BENTH., *Gen.*, II, 715). Genre d'Apocynacées-Nériées, formé d'un arbuste de l'Afrique tropicale; distingué, dans la sous-série des Ecdysanthérées, par un calice non glanduleux; une corolle tordue, à lobes oblongs, recouverts par leur bord droit, sans disque. Les fleurs sont disposées en cymes subcapitées, disposées sur les axes d'une grappe composée. (H. BN, *Hist. des pl.*, X, 207.)

PYCNOBOTRYS. Section (B. H., *Gen.*, II, 1221) du genre *Teucrium* T.

PYCNOCEPHALUM (DC., *Prodr.*, V, 83). Section du genre *Chresta* ARRAB. (H. BN, *Hist. des pl.*, VIII, 124.)

PYCNOCOMA (BENTH., in *Hook. Niger Fl.*, 508). Genre d'Euphorbiacées-Jatrophées, voisin des *Trewia*, à fleurs monoïques, apétales; le calice 3-5-mère, avec ∞ étamines et un fruit tricoque. L'espèce type est de l'Afrique tropicale; mais le genre est surtout représenté à Madagascar. Ce sont des arbustes, à grandes et longues feuilles, généralement à longues grappes de cymes. (H. BN, *Et. gén. Euphorbiac.*, 410 ; in *Adansonia*, I, 69; XI, 176; *Hist. des pl.*, V, 206; *Fl. Madag.*, Atl.)

PYCNOCOMON (LINK et HOFFMSG, *Fl. portug.*, II, 93, t. 88). Synonyme de *Dipsacus* T.

PYCNOCOMON (WALLR., *Sched.*, I, 46). Synon. de *Scabiosa*.

PYCNOCOMUS (HILL, *Hort. kew.*, 67). Le *Centaurea sonchifolia*.

PYCNOCYCLA (LINDL., in *Royl. Ill. himal.*, 232, t. 51). Genre d'Ombellifères, dont nous n'avons fait qu'une section du genre *Echinophora* (voy. ce mot), caractérisée par le peu de profondeur du réceptacle de ses ombellules. [H. BN.]

PYCNODORIA (PRESL, *Epim.*, 460). Synonyme de *Pteris* L.

PYCNOLACHNE (TURCZ., in *Bull. Mosc.* [1863], II, 215). Synonyme de *Lachnostachys* HOOK.

PYCNONEURUM (DCNE, in *DC. Prodr.*, VIII, 532). Genre d'Asclépiadacées-Asclépiadées, formé de 2 herbes vivaces, de Madagascar; distingué par des tiges dressées, à feuilles linéaires; une corolle suburcéolée, à 5 carènes proéminentes; une couronne cyathiforme, membraneuse et 5-lobée. (H. BN, *Hist. des pl.*, X, 253.)

PYCNOPHYCUS (KUETZ., *Phyc. gen.*, 359). Synon. de *Fucus*.

PYCNOPHYLLUM (AD. BR., *Tabl.*). Synon. de *Cordaites* UNG.

PYCNOPHYLLUM (REMY, in *Ann. sc. nat.*, sér. 3, VI, 355, t. 20). Genre de Caryophyllacées, série des Polycarpées (peut-être des Cérastiées), formé de 2 espèces des Andes, vivaces, humbles, cespiteuses, à feuilles imbriquées, sans stipules; les fleurs hermaphrodites, 5-andres; l'ovaire à 3 sillons, pauci-ovulé, avec 3 styles et un fruit 3-valve ; les graines à embryon périphérique. (H. BN, *Hist. des pl.*, IX, 118.)

PYCNOSANDRA (BL., *Mus. lugd.-bat.*, II, 191). Synonyme de *Cyclostemon* BL.

PYCNOSORUS (BENTH., in *Hueg. Enum.*, 63). Synonyme de *Craspedia* FORST.

PYCNOSPHACE (BENTH., *Labiat.*, 302). Section du g. *Salvia*.

PYCNOSPORA (R. BR., in *W. et Arn. Prodr.*, 197). Genre de Légumineuses-Papilionacées-Hédysarées, formé d'un sous-arbrisseau asiatique et australien, du groupe des Desmodiées; distingué par une gousse turgide, un étendard suborbiculaire, des feuilles pennées-3-foliolées. (H. BN, *Hist. des pl.*, II, 311.)

PYCNOSTACHYS (HOOK., *Exot. Fl.*, III, t. 202). Genre de Labiées-Ocimées, formé de 6 herbes d'Afrique et de Madagascar; distingué par un calice subrégulier, à 5 dents subulées, acérées, subégales; une corolle à lobe antérieur dépassant les autres. Ce sont des plantes de l'Afrique tropicale et de Madagascar. (*Bot. Mag.*, t. 5365. — H. BN, *Hist. des pl.*, XI, 69.)

PYCNOSTELMA (BGE. — DCNE, in *DC. Prodr.*, VIII, 512). Genre d'Asclépiadacées-Asclépiadées, formé d'une herbe chinoise, dressée; distingué par une corolle rotacée et une couronne à 5 écailles comprimées latéralement, charnues sur le dos. Les feuilles sont opposées et étroites. (H. BN, *Hist. des pl.*, X, 257.)

PYCNOTHELIA (ACHAR., *Lich. univ.*, 571; *Syn.*, 248). Genre de Lichens, considéré par Acharius comme une section du genre *Cenomyce*. D'autres en ont fait une section des *Cladonia*.

PYCNOTHYMUS (BENTH.). Section du genre *Satureia*, dont le type est le *S. rigida* BARTR.

PYCREUS (PAL.-BEAUV., *Fl. owar. et ben.*, II, 48, t. 86). Synonyme de *Cyperus* L.

PYCROMYCES (BATT.). Genre douteux de Champignons. (LEMAN, in *Dict.*, XLIV, 124.)

PYGMÆA (HOOK. F., *Handb. N. Zeal. Fl.*, 217). Synonyme de *Veronica* T.

PYGMÆA (STACK., in *Mém. Soc. Mosc.* [1809], II, 60, 95). Genre de Fucacées, établi pour le *Lichen marinus* de Micheli.

PYGON (BERNH., in *Allg. Thür. Gartenz.* [1846]). Section du genre *Sambucus* T.

PYGOS (THÉOPHR.). Le Sureau noir.

PYLAIELLA (BORY, ex J.-G. AGH, *Spec.*, *gen. et ord. Alg.*, I, 14). Synonyme de *Ectocarpus* LYNGB.

PYLAISÆA (DESVX), PILAISEA (LEM. — BRID., *Bryol.*, II, 281. — BRUCH, SCHIMP. et GUMB., *Bryol. eur.*, fasc. 46, 47). Sous-section de la section *Capillaria* F. MUELL. du genre *Hypnum*. Les auteurs du *Bryologia europœa* ont admis (V) les *Pylaisœaceœ* comme famille des Mousses. Pour Endlicher et autres, c'est un genre de Bryacées.

PYNANG (BONT., *Hist. nat. et méd.*, 91). Synonyme d'Arec.

PYPTOSACCOS (TURCZ., in *Bull. Mosc.* [1858], I, 415). Genre douteux de Méliacées.

PYRA. — Voy. DRAPA.

PYRA (MATTH.). Le *Pyrus Pyraster* L.

PYRACANTHA. Nom officinal du Buisson ardent.

PYRACANTHA (RŒM., *Fam. nat. Syn.*, III, 104). Section du genre *Cratœgus* T.

PYRAMIA (CHAM., in *Linnœa*, IX, 458). Section du genre *Tibouchina* AUBL. (H. BN, *Hist. des pl.*, VII, 40.)

PYRAMIDANTHE (Miq., in *Ann. Mus. lugd.-bat.*, II, 39). Synonyme de *Melodorum* Dun. (H. Bn, *Hist. des pl.*, I, 211.)

PYRAMIDIUM (Benth., *Labiat.*, 44). Sect. du g. *Plectranthus*.

PYRAMIDIUM (Boiss., *Diagn. or.*, ser. 2, I, 47). Genre de Crucifères-Isatidées, formé d'une herbe annuelle, de l'Afghanistan; distingué par un fruit pyramidal-subulé, rostré des deux côtés à sa base et 4-locellé. L'embryon a des cotylédons aplatis et incombants. (H. Bn, *Hist. des pl.*, III, 267.)

PYRAMIDIUM (Brid., *Bryol.*, I, 107). Genre de Mousses-Bryacées, formé de plantes épigées, de l'Inde, à coiffe pyramidale, d'abord fendue de côté, puis détachée par sa base et adhérente à l'urne. Celle-ci est terminale, symétrique à la base, avec un opercule conique et un orifice nu. (Endl., *Gen.*, n. 486.)

PYRAMIDOCARPUS (Oliv., in *Journ. Linn. Soc.*, IX, 171). Genre de Bixacées-Samydées, formé d'un petit arbre de l'Afrique tropicale, à feuilles alternes, à calice 3-mère, imbriqué, avec 7-10 pétales, 20-30 étamines et des fleurs en épis. (H. Bn, *Hist. des pl.*, IV, 313.)

PYRAMIDOPTERA (Boiss., *Diagn. or.*, ser. 2, II, 106; *Fl. or.*, II, 1089). Genre d'Ombellifères, série des *Carum* (?), dont les fleurs sont polygames, et dont le fruit a la forme d'une pyramide renversée. Il est indéhiscent et pourvu de 5 ailes égales, triangulaires, épaisses, longuement atténuées à la base. Les méricarpes sont inégaux, pourvus l'un de 3, l'autre de 2 ailes; ce dernier est souvent stérile. Le carpophore est nul ou peu visible. Les bandelettes sont nombreuses, mais très ténues et irrégulières. La graine a sa face plane ou légèrement concave. Le *P. cabulica*, seule espèce du genre, est une herbe vivace, glabre, à tige épaisse, à feuilles la plupart radicales, bipinnatiséquées, à courts segments, avec des découpures rigides et aiguës. Les ombelles sont composées, avec des involucres et des involucelles formés de bractées nombreuses, linéaires ou parfois disséquées, défléchies. (Voy. *Hist. des plant.*, VII, 126, 225, fig. 130.) [H. Bn.]

PYRAMIDOPTERÆ. Tribu d'Ombellifères, établie par Boissier (*Fl. or.*, II, 1089) pour le seul genre *Pyramidoptera* Boiss.

Pyramidoptera. — Fruit.

PYRAMIDULA (Brid., *Meth. Musc.*, 20). Synonyme de *Pyramidium* Brid.

PYRAMIDURA (H. Bn, in *Adansonia*, XII, 286; *Hist. des pl.*, VII, 286). Section du genre *Uragoga* L., à fruits anguleux, pourvus de côtes verticales simulant de courtes ailes. Espèces de la Nouvelle-Calédonie.

PYRAMISTIGMA (Elk., *Mon. Papav.*, 21). Section du genre *Papaver* T.

PYRARDA (Cass., in *Dict.*, XLII, 120). Synon. de *Grangea*.

PYRASTER. Nom ancien du Poirier sauvage.

PYRASTREA (Dochn., *Obstk.*, II, 192). « Genre » de Poiriers.

PYRASTRUM. Nom ancien du Poirier sauvage.

PYRÈLE. Nom méridional des *Cenomyce* Achar.

PYRENACANTHA (Hook., *Bot. Misc.*, II, 107, t. suppl. 10). Synonyme de *Adelanthus* Endl. (I, 46); mais ce dernier nom n'a pas la priorité. On connaît environ 6 *Pyrenacantha*, indiens et africains, grimpants, à 3-5 pétales valvaires, autant d'étamines alternes et un ovaire 2-ovulé, qui devient une drupe comprimée. Ce sont des Térébinthacées-Phytocrénées. (H. Bn, *Hist. des pl.*, V, 339; in *Adansonia*, X, 270; in *DC. Prodr.*, XVII, 18.)

PYRÉNAIRE (Desvx). Drupe à noyaux durs, comme la Nèfle.

PYRENARIA (Bl., *Bijdr.*, 1119). Genre de Ternstrœmiacées-Théées, formé de 6, 7 arbres de l'Océanie tropicale, à fleurs de *Gardenia*; distingué par des pétales fort inégaux; des loges ovariennes pauciovulées; le fruit drupacé, globuleux ou piriforme; l'embryon plissé ou corrugué. (H. Bn, *Hist. des pl.*, IV, 254.)

PYRENODESMIA (Massal., *Mon. blast.*, 119). Synonyme de *Callopisma* De Nots.

PYRENOGLYPHIS (Karst., *Fl. columb.*, II, 141, t. 174). Synonyme de *Bactris* Jacq.

PYRETHRARIA (DC., *Prodr.*, VI, 15). Section des *Anacyclus*.

PYRÈTHRE. Nom de plusieurs *Matricaria* de la section *Anacyclus*, employés comme médicaments. La P. dite d'Espagne,

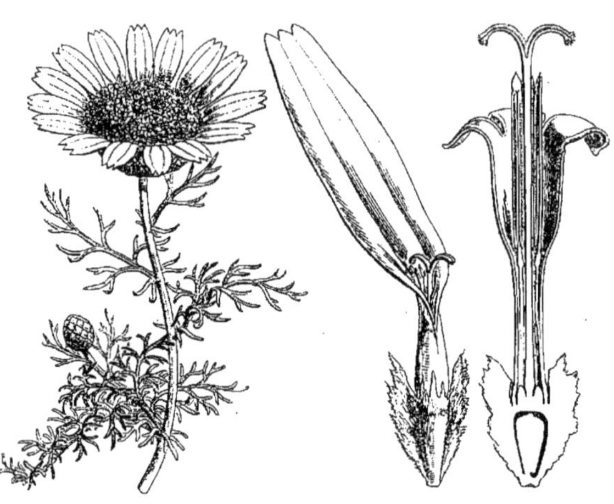

Pyrèthre. — Branche florifère. Fleurs, entière et coupe longitudinale.

qui vient d'Afrique, est le *M. Pyrethrum* H. Bn (*Anacyclus Pyrethrum* DC.); et la P. d'Allemagne, le *M.* (*Anacyclus*) *officinarum* H. Bn.

PYRETHRUM (Gærtn., *Fruct.*, II, 430, t. 169). Section du genre *Chrysanthemum* T. (H. Bn, *Hist. des pl.*, VIII, 276.)

PYRETHRUM (Medic., in *Act. Theod.-palat.* [1775], III, t. 18). Synonyme de *Spilanthus* L.

PYRETHRUM ALTERUM (Matth.). Le *Chrysanthemum coronarium* L.

PYRETHRUM GERMANICUM. La Pyrèthre d'Allemagne.

PYRGOSEA (Eckl. et Zeyh., *Enum.*, 298). Synonyme de *Crassula* L.

PYRGUS (Lour., *Fl. cochinch.*, 120). Synon. de *Ardisia* Sw.

PYROBOLUS (Weinm. — Pfeiff., *Nom.*, II, 895). Synonyme de *Eurotium* Link.

PYROCHÆTA (DC., *Prodr.*, V, 349). Section des *Aplopappus*.

PYROCHROA (Eschw., *Syst. Lich.*, 15, t. 9). Syn. de *Ustalia* Fr.

PYROLA (Mor., ex Adans.). Syn. de *Parnassia* T.

PYROLE (*Pyrola* L., *Gen.*, n. 554). Genre d'Éricacées, qui donne son nom à la série des *Pyrolées*. Les fleurs ont 5 sépales imbriqués,

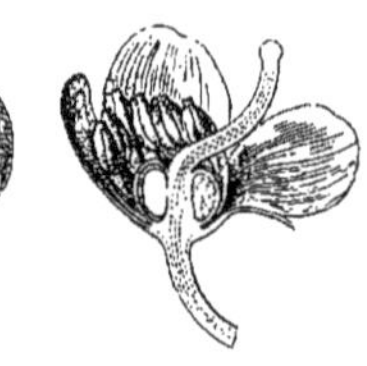

Pyrole. — Fleur, entière et coupe longitudinale.

5 pétales imbriqués, blancs ou rosés; 10 étamines hypogynes, 2-sériées, dont les anthères à 4 logettes sont d'abord extrorses,

avec les 2 pores de déhiscence en dehors et en bas; puis elles se redressent par un mouvement de bascule, de telle façon que les pores se trouvent en haut et en dedans. L'ovaire, libre, a 5 loges ∞-ovulées et est surmonté d'un style droit ou arqué dont le sommet se partage en 5 lobes stigmatifères septaux, entourés d'une collerette, orifice supérieur du tube stylaire. Le fruit est capsulaire, 5-lobé, et ∞-sperme; les graines à tégument extérieur lâche, albuminées, avec un très petit embryon. Ce sont une vingtaine d'herbes vivaces, glabres, à feuilles alternes ou subverticillées, rarement aphylles, de l'Europe, l'Asie et l'Amérique. Leurs fleurs sont solitaires ou en grappes. Le fruit s'ouvre de bas en haut, ou rarement, dans les *Chimaphila*, de haut en bas. Dans la section *Monœses*, à fleur solitaire, les pétales sont étalés et non connivents. Nos deux espèces les plus communes sont le *P. rotundifolia* et le *P. minor*, qui passent pour astringents et vulnéraires. On écrit quelquefois, par purisme, Pirole et *Pirola*. (H. BN, in *Adansonia*, I, 194; *Hist. des pl.*, XI, 150; *Iconogr. Fl. fr.*, n. 83; *Herbor. paris.*, 368.)

PYROLIRION (HERB., *App.*, 37). Synonyme (B. H., *Gen.*, III, 724) de *Zephyranthes* HERB.

PYRONIUM (SALISB. — BENTH., in *DC. Prodr.*, VII, II, 633). Section du genre *Pyrus* T.

PYROS (THÉOPHR.). Nom grec ancien du Froment.

PYROSPERMUM (MIQ., *Fl. ind. bat.*, Suppl., 402). Synonyme de *Kurrimia* WALL.

PYROSTEGIA (PRESL, *Bot. Bem.*, 93). Genre proposé pour le *Bignonia venusta* LINDL. (H. BN, *Hist. des pl.*, X, 31.)

PYROSTOMA (G.-F.-W. MEY., *Prim. Fl. esseq.*, 219). Genre proposé pour le *Vitex triflora* VAHL.

PYROSTRE. Nom français (LAMK) des *Pyrostria* COMMERS.

PYROSTRIA (COMMERS., in *J. Gen.*, 206. — J., in *Mém. Mus.*, VI, 397). Section du genre *Canthium*, dans laquelle l'ovaire est 3-∞-loculaire. (H. BN, in *Adansonia*, XII, 189, 195.)

PYROSTRIA (ROXB., *Fl. ind.*, I, 388, nec COMMERS.). Synonyme de *Timonius* RUMPH.

PYROTE. Le *Nymphœa alba* L.

PYROTHECA (SALISB., ex *Steud. Nom.*, II, 422). Synonyme de *Lachnanthes* ELL.

PYRRANTHUS (JACK. — HOOK., *Comp. Bot. Mag.*, I, 156). Synonyme de *Lumnitzera* W.

PYRRHEIMA (HASSK., in *Flora* [1869], 366). Synonyme de *Tradescantia* RUPP.

PYRRHOPAPPUS (A. RICH., *Fl. abyss.*, I, 463). Synonyme de *Lactuca* T.

PYRRHOPAPPUS (DC., *Prodr.*, VII, 144). Synonyme (part.) de *Leontodon* L. et section de ce genre. (H. BN, *Hist. des pl.*, VIII, 110.)

PYRRHOSA (BL., *Rumphia*, 190). Section du genre *Myristica* L.

PYRRHOSPORA (KÖRB., *Syst. Lich. germ.*, 209). Genre de Lichens, proposé pour plusieurs *Biatora* de Fries.

PYRROCOMA (HOOK., *Fl. bor.-amer.*, I, 306, t. 107). Synonyme de *Haplopappus* CASS. (H. BN, *Hist. des pl.*, VIII, 156.)

PYRROSIA (MIRB., *Hist. nat. Buff.*, *Vég.*, V, 91). Synonyme de *Niphobolus* KAULF.

PYRULARIA (MICHX, *Fl. bor.-amer.*, II, 231). Genre de Santalacées, formé de 2 arbres ou arbustes, l'un de l'Himalaya, l'autre de l'Amérique du Nord; distingué par des fleurs polygames-dioïques; le tube du périanthe dilaté; les fleurs mâles en grappes de cymules; les fruits solitaires, terminaux, assez gros. Les fleurs sont 5-mères, 5-andres, et l'ovaire est 2, 3-ovulé. (WIGHT, *Icon.*, t. 255. — H. BN, in *Adansonia*, I, 372.)

PYTHAGOREA (LOUR.). Synonyme de *Homalium* JACQ.

PYTHAGOREA (RAFIN., in *Journ. phys.*, LXXXIX, 96). Synonyme de *Hyssopifolia* DC.

PYTHION (MART., in *Bot. Zeit.* [1831], 479). Synonyme de *Amorphophallus* BL.

PYTHONIEÆ. Tribu (4) des Aroïdées. (B. H., *Gen.*, III, 958).

PYTHONION. Nom grec ancien du *Dracunculus vulgaris* SCH.

PYTHONIUM (SCHOTT, *Melet.*, I, 17; *Gen.*, t. 25). Synonyme de *Thomsonia* WALL.

PYTIROSPERMA (SIEB. et ZUCC., in *Act. phys. Monac.*, III, 734, t. 3). Section du genre *Actœa*. (H. BN, *Hist. des pl.*, I, 62.)

PYXIDANTHERA (MICHX, *Fl. bor.-amer.*, I, 152, t. 17). Genre d'Éricacées-Diapensiées, qui est formé d'un petit sous-arbrisseau de l'est de l'Amérique du Nord, et qui a les caractères des *Diapensia*, avec des fleurs sessiles et des anthères à déhiscence presque transversale; la loge inférieure pourvue d'une sorte de corne. (*Bot. Mag.*, t. 4592. — H. BN, *Hist. des pl.*, XI, 159.)

PYXIDANTHÈRE. Nom français (LAMK) des *Pyxidanthera* MX.

PYXIDANTHUS (NAUD., in *Ann. sc. nat.*, sér. 3, XVIII, 150, t. 6). Synonyme de *Blakea* L.

PYXIDARIA (BORY, *Voy.*, 3. — LEM., in *Dict.*, XLIV, 217). Genre de Lichens, non conservé.

PYXIDARIA (GLED., *Syst.*, 291). Genre de Fougères, non conservé.

PYXIDARIA (SCHOTT, *Bras. Nachr.*, II). Syn. (?) de *Lecythis* L.

PYXIDE (*Pyxis*). Capsule qui s'ouvre en travers.

PYXIDICULA (EHRENB. — KUETZ., *Bacill.*, 51). Genre de Diatomacées, de la famille des Coscinodiscées; de celle des Mélosirées pour certains auteurs. Ces Diatomacées sont solitaires ou parfois sessiles. Les valves sont circulaires, renflées. Les frustules montrent dans la face frontale un axe longitudinal plus grand que l'axe transversal. Les valves sont dépourvues de côtes; la zone connective est étroite. Ce groupe a été bien amoindri, il ne compte plus que quelques rares espèces : les autres ont trouvé leur place naturelle dans les genres *Cyclotella*, *Dictyopyxis*, etc. [CH. M.]

PYXIDIUM (EHRH., *Beitr.* [1789], IV, 44). Syn. de *Phascum* L.

PYXIDIUM (GRAY, *Arr. brit. pl.*, I, 565). Synonyme (part.) de *Trichia* et *Licea* SCHRAD.

PYXIDIUM (HILL. — SCHREB., *Gen.*, II, 768). Synonyme de *Cenomyce* ACHAR.

PYXIDIUM (MŒNCH, *Meth.*, 358). Syn. de *Glomeraria* CAV.

PYXIDIUM (MOQ., in *DC. Prodr.*, XIII, II, 262). Section du genre *Amarantus* T.

PYXILLA (GREV. [1864], ex V. HEURCK, *Microsc.*, 329). Genre de Diatomacées-Mélosirées. Les frustules cylindriques y sont apiculées dans la face frontale et s'unissent en pointes aux extrémités des bords. Les valves sont dissemblables. [CH. M.]

PYXINE (FRIES, *Pl. homon.*, 267). Genre qui, avec les *Umbilicaria*, forme la tribu des Idiothalamées pour Lindley (*Veg. Kingd.*, 50).

PYXIPOMA (FENZL, in *Ann. Wien. Mus.*, II, 293). Synonyme de *Sesuvium* L.

Q

QARA. Nom arabe du Potiron.

QOLKAS. En Égypte (DEL.) le *Colocasia antiquorum* SCHOTT.

QUADRAN. Nom français ancien du *Cedria*.

QUADRELLA (MEISSN., *Gen.*, 15). Section du genre *Capparis*.

QUADRETTE. Nom français (LAMK) des *Rhexia* L.

QUADRI (J.-B.). Professeur à Naples [1780-1851], auteur [1807] de *Notizie intorno ad una specie di fungo veneto* (in-4).

QUADRIA (R. et PAV., *Prodr.*, 16, t. 33; *Fl.*, I, 63, t. 99). Synonyme de *Guevina* MOL.

QUADRIALA (SIEB. et ZUCC., *Fam. nat. Fl. jap.*, I, 86, t. 2). Synonyme de *Nestronia* RAFIN.

QUADRIFOLIUM. Le Trèfle à quatre folioles.

QUADRILOBUS. Section (B. H., *Gen.*, III, 295) du genre *Croton* L.

QUAI-FA. En Chine, l'*Osmanthus fragrans* LOUR.

QUAJACUM (SCOP., *Introd.*, 212). Pour *Guaiacum* PLUM.

QUAKING-GRASS. Nom anglais des *Briza* L.

QUALEA (AUBL., *Guian.*, I, 5, t. 1, 2). Genre de Vochysiacées-Vochysiées, formé d'environ 25 arbres résineux, de l'Amérique tropicale; distingué par un seul pétale à la corolle; un ovaire à 3 loges 1-ovulées; un fruit à columelle imparfaite ou nulle. (H. BN, *Hist. des pl.*, V, 96, 102.)

QUALIER. Nom français (LAMK) des *Qualea* AUBL.

QUAMASH. Le *Camassia esculenta* LINDL.

QUAMASS ROOT. — Voy. CYANOTRIS.

QUAMIAVATL (HERNAND.). Le *Lycopodium Saururus* LAMK.

QUAMOCLIDION. Genre de Nyctaginacées, établi par Choisy (*Prodr.*, XIII, p. II, 429) et qui a tous les caractères des *Mirabilis*, mais dont l'involucre, au lieu d'une seule fleur, en renferme trois ou un plus grand nombre. On s'accorde généralement à n'en faire qu'une section du genre *Mirabilis*. Ses principales espèces sont le *M. triflora* BENTH. et le *M. multiflora* TORR. (Voy. *Hist. des pl.*, IV, 4.) [H. BN.]

QUAMOCLIT (MŒNCH, *Meth.*, 453). Sect. du genre *Ipomœa* L.

QUANCHICHIC. Au Mexique, le *Carya ovata* NUTT.

QUANNE. Nom danois de l'Angélique.

QUANTARGUM. Nom arabe de la Petite-Centaurée.

QUANUXILOTL. Au Mexique, le *Parmentiera edulis* DC.

QUAPALIER. Nom français des *Sloanea* LŒFL.

QUAPOYA (AUBL., *Guian.*, 897, t. 343). Genre de Clusiacées-Clusiées, voisin des *Clusia*, à étamines définies (10 dans le *Q. scandens*) et à ovules peu nombreux, ascendants, ou ∞, à peu près transversaux. Dans la section *Rengifa*, les étamines sont au nombre de 5-10, unies en tube plus court, et le nombre des ovules peut descendre jusqu'à 2 dans chaque loge de l'ovaire. (H. BN, in *Bull. Soc. Linn. Par.*, 77; *Hist. des pl.*, VI, 395, 418.)

QUAPOYER. Nom français des *Quapoya* AUBL.

QUAQUA. Nom hottentot d'une Stapéliée dont M. N.-E. Brown a fait (in *Gard. Chron.* [1879], 8, fig. 1) le type d'un genre nouveau. Le *Q. Hottentotorum* est une plante grasse, qui a le port des *Boucerosia* et se cultive dans nos serres.

QUAQUARA. Au Japon, la Squine.

QUARAMOTEMO. L'*Inga cochliocarpos*.

QUARANTAIN, QUARANTAINE. Le *Matthiola annua* DC.

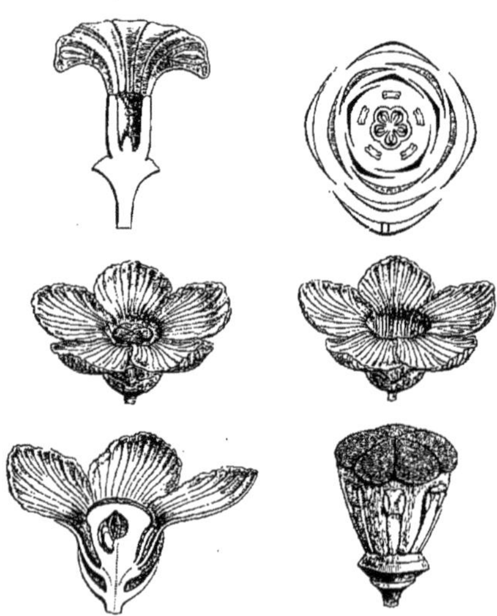

Quapoya. — Androcée, coupe longitudinale. Fleur femelle, avec et sans le périanthe, entière et coupe longitudinale. Diagramme.

QUARARIBÉ. Nom français des *Quararibea* AUBL.

QUARARIBEA (AUBL., *Guian.*, 691, t. 278). Genre de Malvacées-Bombacées, formé de 15 arbres environ, de l'Amérique tropicale; distingué par un calice 3-5-lobé; des anthères disposées tout le long d'une colonne androcéenne simple; un ovaire à loges 2-ovulées; un fruit indéhiscent, fibreux, coriace ou pulpeux, à graines albuminées; les cotylédons contortupliqués ou subconferruminés. Pour nous, ce genre comprend comme sections les *Matisia*, *Myrodia* et le type intermédiaire *Matisiopsis*. Ce sont des plantes souvent odorantes, à parfum de

Mélilot. (H. Bn, in *Adansonia*, X, 146; *Hist. des pl.*, IV, 155.)

QUARENNA. Nom brame du Sébestier.

QUARRI. L'*Euclea undulata* Thunb.

QUARTIN-DILLON. Explorateur de l'Abyssinie, où il mourut en 1841. Ses plantes font partie de l'herbier Delessert et de celui du Muséum de Paris.

QUARTINIA (A. Rich., in *Ann. sc. nat.*, sér. 2, XIV, 259). Synonyme de *Pterolobium* R. Br.

QUARTINIA (Endl., *Gen.*, Suppl., II, 94). Section du genre *Rhyacophila* Hochst. (H. Bn, *Hist. des pl.*, VI, 440.)

QUASSIA (L., *Gen.*, n. 521). Genre de la famille des Rutacées et du groupe des Quassiées ou Simarubées (élevé par beaucoup

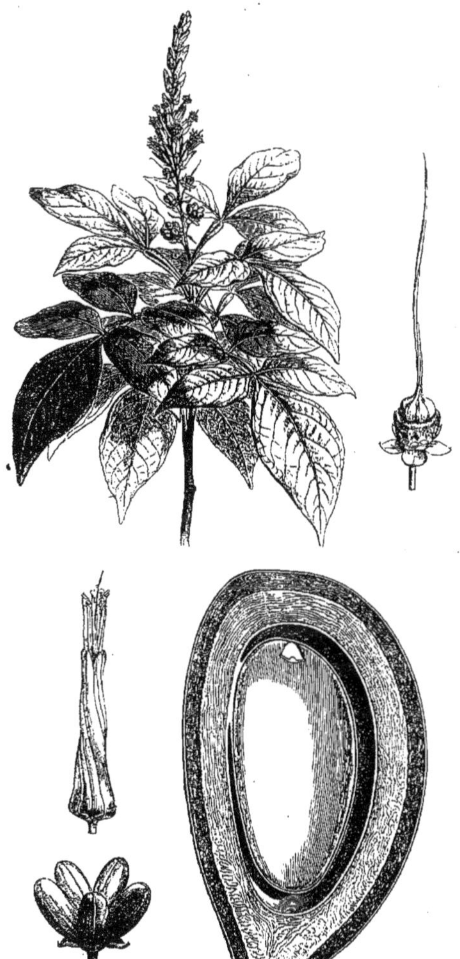

Quassia. — Branche florifère. Fleur. Gynécée. Fruit. Carpelle, coupe longitudinale.

d'auteurs au rang de famille), et dont on n'a longtemps connu qu'une espèce, la plante au *Bois amer de Surinam*, ou *Quassia amara* L. Cette plante fleurit assez souvent dans nos serres chaudes. Ses fleurs sont hermaphrodites, régulières, avec un réceptacle convexe, cinq sépales imbriqués, cinq pétales tordus, connivents, et dix étamines hypogynes dont les filets sont libres et garnis en dedans de leur base d'une écaille aplatie, ciliée, et dont les anthères sont introrses et déhiscentes par deux fentes longitudinales. Au delà de l'insertion de l'androcée le réceptacle se prolonge en une masse qui a la forme d'un tronc de cône renversé sur lequel sont posés supérieurement les éléments de l'androcée. Ce sont cinq carpelles oppositipétales, dont les ovaires libres sont uniloculaires et renferment chacun un ovule descendant, anatrope, à micropyle supérieur et extérieur. Sur chaque ovaire, en haut et en dedans, s'insère un style qui va s'unir aux autres styles pour former une colonne subulée et tordue, à sommet stigmatifère non renflé. Le fruit est formé de cinq ou d'un nombre moindre de drupes, à mésocarpe et à noyau minces, contenant chacun une graine dont les téguments recouvrent un gros embryon charnu, à cotylédons plans-convexes, sans albumen. Le *Q. amara* est un arbuste de l'Amérique tropicale, cultivé maintenant dans la plupart des pays chauds du globe, dont toutes les parties sont extrêmement amères et glabres. Ses feuilles sont alternes, sans stipules, le plus souvent trifoliolées, avec un pétiole et un rachis ailés. Les fleurs sont d'un rouge vif, disposées en grappes, simples ou peu ramifiées, et chacune d'elles est accompagnée de deux bractéoles latérales stériles. Nous avons, dans ces dernières années (in *Adansonia*, VIII, 89, t. 8), décrit un autre *Quassia*, originaire de l'Afrique tropicale australe, et qui diffère du précédent en ce que ses fleurs, plus petites, sont d'un jaune verdâtre, à corolle constamment étalée dans l'anthèse, et en ce que ses pétioles et rachis sont à peine ailés. Nous avons donné à cette espèce, qui a l'amertume et sans doute toutes les propriétés du *Q. amara*, le nom de *Q. africana*. D'autre part, nous avons considéré comme devant être rattachées au genre *Quassia* toutes les espèces du genre américain *Simaba*, qui n'en ont été séparées que par des caractères non constants ou même inexactement observés. C'est ainsi que nous avons fait une espèce du genre *Quassia* du *Cédron*, rapporté jusqu'à ce jour au genre *Simaba* (voy. Cédron). Le *Q. Simaruba* de Linné est un *Simaruba*, et le *Q. excelsa*, qui donne le *Bois de Quassia de la Jamaïque*, a été considéré par Lindley comme type du genre *Picræna*. Tous les *Quassia*, comme la plupart des Simarubées, sont extrêmement amers, employés comme toniques, stomachiques, digestifs, antidysentériques, et même comme fébrifuges. Le *Q. amara* est utilisé parfois comme insecticide. (Voy. *Hist. des pl.*, IV, 404, 440, 490, fig. 464-468; *Tr. Bot. méd. phanér.*, 869.)

QUASSIA DE LA JAMAIQUE. Le *Picræna excelsa* Lindl.

QUASSIA DE PARA. Synonyme de *Tupurubo*.

QUASSIER. Nom français (Lamk) des *Quassia* L.

QUATELÉ. Nom français des *Lecythis* L.

QUATIFEH. — Voy. Gatife.

QUATRE-ÉPICES (arbre aux). Nom vulgaire du *Ravensara aromatica* Sonn.

QUATREMÈRE D'ISJONVAL [1754-1830]. Auteur [1784] d'un *Essai sur les caractères qui distinguent les cotons des diverses parties du monde*, etc. (in-4 de 82 p.).

QUAUHXILOTL. Le fruit comestible du *Parmentiera edulis* DC.

QUAUMECATL. Au Mexique, le *Serjania mexicana* W.

QUAXIMA. Nom brésilien de l'*Urena lobata* Cav., dont l'écorce donne des fibres assez solides pour servir à faire des hamacs, et qu'on sépare par macération dans l'eau.

QUEBEC. Aux Antilles, l'*Isotoma longiflora* Presl.

QUEBRACHIA (Griseb., *Pl. Lorentz.*, 31; *Symb. Fl. argent.*, 95). Genre de Térébinthacées, confondu d'abord (*Pl. Lorentz.*, 198) avec les *Loxopterygium*, et qui est plus voisin des *Schinus*, à cause de sa graine descendante, les divisions de son inflorescence et les caractères de ses feuilles. Grisebach croyait que *Schinopsis* Engl. est synonyme de *Quebrachia*. L'espèce argentine de ce genre est le *Q. Lorentzii* Griseb., plante qui rappelle le *Schinus Molle* par son feuillage, et qui, à Tucuman et dans la province de Santiago del Estero, se nomme *Quebracho colorado*. Riche en substance tannique, elle constitue un astringent précieux, employé avec succès contre certains flux, les diarrhées, etc.; et son écorce est introduite dans le commerce en quantités aujourd'hui considérables pour la préparation des peaux. [H. BN.]

QUEBRACHILLO. Nom argentin de l'*Acanthosyris spinescens*.

QUEBRACHO BLANC. Le *Macaglia Quebracho* H. BN.

QUEBRACHO COLORADO. — Voy. QUEBRACHIA. On donne aussi ce nom au *Tipuana speciosa* BENTH., que Grisebach nomme *Machærium Tipa*. (GIBELLI, in *Flora* [1873], 273, t. 3.)

QUECKÉ. Nom allemand du Chiendent.

QUEDEC. Synonyme de *Quebec*.

QUED-QUED (FEUILL., *Obs.*, III, 36, t. 43). Synonyme de *Pernettya furens* KL., dont le fruit produirait, dit-on, une sorte de délire chez ceux qui le mangent.

QUEEN'S DELIGHT. Aux États-Unis, le *Stillingia sylvatica* L.

QUEEN'S ROOT. Aux États-Unis, la racine du *Stillingia sylvatica* L.

QUEKETT (John). Professeur à Londres [1815-1861], auteur de *Lectures on Histology* (2 vol. in-8).

QUEKETTIA (LINDL., *Bot. Reg.* [1839], *Misc.*, 3; *Fol. orchid.* [1852]). Genre d'Orchidacées-Vandées, formé d'une petite herbe épiphyte (?) brésilienne; distingué par des sépales pétaloïdes, dressés, linéaires; un labelle entier; un gynostème 2-auriculé au sommet. La hampe est filiforme, et les fleurs sont minimes. [H. BN.]

QUELGHEN (MOL.). Nom indigène du *Fragaria chilensis* EHRH.

QUELITE. Au Mexique, le *Chenopodium viride* L.

QUELITE COMMUN. Nom vulgaire mexicain de l'*Amarantus hypocondriacus* W.

QUELLICHENCHUACOU. Au Chili, le *Nertera depressa* BANKS.

QUELTIA (SALISB., in *Trans. Hort. Soc. Lond.*, I, 351). Section du genre *Narcissus* T.

QUELUSIA (VANDELL. — VELL., *Fl. flum.*, IV, t. 6). Synonyme de *Fuchsia* L.

QUEMOT. Le Nerprun purgatif.

QUENA QUENA. *Anona* américain, dit fébrifuge.

QUENDEL. En Allemagne, le Serpolet.

QUENETTIER. Nom vulgaire du *Melicocca bijuga* L.

QUÉNIQUE. La graine du Cniquier.

QUENIQUIER. Synonyme de Cniquier.

QUÉNOT. Le Bois de Sainte-Lucie (*Prunus Mahaleb* L.).

QUENOUILLE. Nom vulgaire des *Typha* et des *Cnicus*.

QUENOUILLE DES PRÉS. Le (*Cirsium*) *Carduus anglicus* LAMK.

QUENOUILLETTE. Nom français (LAMK) des *Atractylis* L.

QUER. Botanistes espagnols. José QUER, auquel Lœfling dédia le genre *Queria*, mourut à Madrid en 1764. — Jos. QUER Y MARTINEZ fut l'auteur d'un *Flora Espanola* [1762-1784], en six volumes, ouvrage continué par D. Cas. Gomez de Ortega. Cet ouvrage renferme une liste des auteurs espagnols qui ont écrit sur l'histoire naturelle.

QUER. Nom, au Sénégal, du *Xylopia æthiopica* RICH.

QUERCILLET. Le *Lavandula Stœchas* L.

QUERCINIUM (UNG., in *Endl. Gen.*, Suppl., II, 101). Ordre de Juliflores fossiles. Ce sont des Cupulifères pour Unger (*Chlor. protog.*, 107, t. 29; *Syn. pl. foss.*, 217).

QUERCIOLA. En Italie, le *Teucrium Chamædrys* L.

QUERCITES (BERGER, *Verstein.*, 22, t. 4). Synonyme (?) de *Camptopteris* STER.

QUERCITRON. Le *Quercus tinctoria* MICHX.

QUERCULA MINOR. Nom officinal du Petit-Chêne, le *Teucrium Chamædrys* L.

QUERCUS. — Voy. CHÊNE (I, 774).

QUERCUS MARINA (CLUS.). Le *Fucus vesiculosus* L.

QUÉRÉMÉ, QUEREME DE CALI. Nom donné, dans la Colombie, au *Thibaudia Quereme* H. B. K.

QUERIA (GÆRTN., *Fruct.*, II, t. 128). Syn. de *Anychia* MICHX.

QUERIA (LŒFL., *It.*, 48). Genre de Caryophyllacées-Cérastiées, à fleurs apétales, 10-andres, avec 5 ou 0 squamules oppositipétales, et un seul ovule dressé dans l'ovaire 1-loculaire. Le fruit est sec, 3-valve. C'est une petite herbe annuelle, des régions méditerranéenne et caucasique, à feuilles opposées, à fleurs terminales, glomérulées. (H. BN, *Hist. des pl.*, IX, 115.)

QUERNUS. Pour *Quercus*, en bas latin.

QUEROUN EL GHAZAL. Nom d'une variété de Dattier d'Égypte.

QUESNE. En Bretagne, le Chêne.

QUESNELIA (GAUDICH., *Voy. Bonite*, *Bot.*, t. 54). Genre de Broméliacées-Broméliées, formé de 3, 4 plantes brésiliennes; voisin des *Billbergia* et distingué par une inflorescence strobiliforme, à bractées lâchement imbriquées, plissées en travers des deux côtés. On en cultive quelques-uns. (*Fl. serr.*, t. 1628. — MORR., in *Belg. hort.* [1881], t. 4.) [H. BN.]

QUESSES. — Voy. CAISSES.

QUESVE. En Suède, la Douce-amère.

QUETELETIA (BL., *Orchid. Arch. ind.*, 117, t. 37). Synonyme de *Physurus* L.-C. RICH.

QUEUDRON. Nom vulgaire, à Aubencheul-au-Bois (Aisne), de la Ficaire (*Ranunculus Ficaria* L.).

QUEUE. Le pétiole de la feuille.

QUEUE D'ARONDE, Q. D'ARONDELLE. La Sagittaire.

QUEUE DE CHEVAL. Les Prêles.

QUEUE DE LÉZARD. Le *Piper plantagineum* LAMK.

QUEUE DE LOUP. Nom vulgaire du *Digitalis purpurea* L. et du *Melampyrum arvense* L.

QUEUE DE PAON. Nom vulgaire du *Tigridia Pavonia* REDOUTÉ.

QUEUE DE PORC. Nom du *Peucedanum alsaticum* L.

QUEUE DE POURCEAU. Le Peucédan officinal.

QUEUE DE RAT. Le *Phleum nodosum* L.

QUEUE DE RAT (GRANDE). Le *Festuca elatior* LAMK.

QUEUE DE RAT, Q. DE RENARD. L'*Equisetum arvense* L.

QUEUE DE RENARD. L'*Erigeron canadense* L. et le *Melampyrum arvense* L. On donne aussi ce nom aux racines allongées et très divisées dans l'eau. C'est encore l'*Hippuris vulgaris* L. et le nom vulgaire de l'*Amarantus caudatus*. L.

QUEUE DE RENARD DES CHAMPS. L'*Alopecurus agrestis* L.

QUEUE DE RENARD DES PRÉS. L'*Alopecurus pratensis* L.

QUEUE DE RONDELLE. Le *Cotyledon Umbilicus* L.

QUEUE DE SOURIS. Le *Myosurus minimus* L. et le *Cereus flagelliformis* L. [T.]

QUEULE. Synonyme de *Keule*.

QUEUNERON. L'*Anthemis Cotula* L.

QUIBOSAIA-UNIGITO. Nom donné à Angola à un *Cordia* dont l'écorce sert à faire des cordes très fortes et de longue durée.

QUICANGOA. Au Congo, la farine du Manioc.

QUICANGUE. A Saint-Thomas, le *Treculia africana* DCNE.

QUICHE. Nom, dans les Vosges, de l'*Agaricus virgineus* JACQ.

QUICKGRASS. Nom anglais du Chiendent.

QUICOANGA. La farine du Manioc.

QUICUBA. Au Congo, l'Arachide.

QUIEBRA-PLATO. Nom, à San Luis de Potosi, de l'*Ipomæa Sescossii* H. BN, vanté dans le pays comme remède de la rage.

QUIEIRA. Dans l'Afrique centrale, le *Bauhinia Serpæ* HIERN.

QUIENBIENDENT. Le fruit de l'*Ambelania acida* AUBL.

QUIGOMBO (PIS., *Bras.*, 210, 211). Nom des *Hibiscus*, notamment de l'*Hibiscus esculentus* L.

Quiina. — Bouton, coupe longitudinale.

QUIINA (AUBL., *Pl. Guian.*, Suppl., 19, t. 379). Genre de Clusiacées, type de la série anormale des *Quiinées*, à fleurs polygames, 4, 5-mères, avec 4-8 pétales, ∞ étamines, un ovaire à 2, 3 loges 2-ovulées; un fruit baccien, indéhiscent. Ce sont des arbres ou des arbustes de l'Amérique tropicale, au nombre de 12, à feuilles simples ou pinnatiséquées. (H. BN, *Hist. des pl.*, IV, 408, 425, fig. 385.)

QUIKYA. Au Brésil, le *Capsicum frutescens* L.

QUIL. A Ceylan, l'*Ophioxylum serpentinum* L.

QUILA. Au Pérou, l'*Herreria stellata* R. et Pav.

QUILAMO. Nom, aux Philippines, des *Crypteronia* Bl.

QUILAMUM (Blanco, *Fl. d. Filip.*, 851). Synonyme de *Crypteronia* Bl.

QUILDIRE. Alcool de la Canne à sucre.

QUILESIA (Blanco, *Fl. de Filip.*, 176). Synonyme (?) de *Dichapetalum* Dup.-Th.

QUILLAI. Nom français des *Quillaja* Mol.

QUILLAJA (Mol., *Chil.*, II, 298). Genre de Rosacées, qui donne son nom à la série des *Quillajées*, et qui a des fleurs polygames-dioïques, 5-mères, à 5 pétales spathulés. Chacun d'eux est inséré dans l'échancrure d'un des lobes du disque à

Quillaja. — Branche florifère. Fleur, entière et coupe longitudinale. Diagramme.

5 branches qui tapisse le réceptacle. Il y a 10 étamines 2-sériées et un ovaire à 5 loges ∞-ovulées. Le fruit est formé de 5 follicules à graines ailées, non albuminées. Ce sont 3, 4 arbres américains, à feuilles alternes. Le *Q. Saponaria* passe pour fournir le Bois de Panama, riche en matière mucilagineuse et contenant des aiguilles cristallines qui irritent mécaniquement nos tissus. (H. Bn, *Hist. des pl.*, I, 394, 453, 471, fig. 444-447; *Tr. Bot. méd. phanér.*, 554.)

QUILLAY. Nom argentin de l'*Acanthocladus microphyllus* Griseb., du *Hualania colletioides* Phil. et du *Garugandra amorphoides* Griseb.

QUILLOBO. Au Congo, l'*Hibiscus esculentus* L.

QUILLU-CASPI. Nom d'un *Escobedia* péruvien tinctorial.

QUILMAI. Nom chilien de l'*Echites chilensis*, dont la racine pulvérisée est employée comme émétique et sternutatoire.

QUIMBOMBO. Nom, à Caracas, de l'*Hibiscus esculentus* L.

QUIMENAMENA. Nom, à Madagascar, du *Gisekia pharnaceoides* L., employé contre les coliques des enfants.

QUIMPI. Nom, au Paraguay, du *Senebiera pinnatifida* DC.

QUINA. Pour Quinquina.

QUINA (Poir., *Dict.*, VI, 34). Pour *Quiina* Aubl.

QUINA ALARANJADA. Nom d'un faux Quinquina qu'on croit produit par le *Solanum Pseudoquina* A. S.-H.

QUINA BLANCA. L'un des noms, au Mexique, du *Copalchi*.

QUINA CANELA. Le *Cinchona Pavonii* Don.

QUINA CRUZEIRO. Nom brésilien du *Strychnos triplinervia*.

QUINA DA REMIJO. Nom de l'écorce du *Remijia Hilarii* DC.

QUINA DA TERRA. Le *Cinchona ferruginea* A. S.-H.

QUINA DE CUMANU. L'écorce du *Coutinia illustris* Vell.

QUINA DE CURIBITA. Le *Solanum Pseudoquina* A. S.-H.

QUINA DE PERNAMBUC. Le *Coutarea speciosa* Aubl.

QUINA DE PIAUHY. L'*Exostema Souzanum* Mart.

QUINA DE REMIJO. Le *Cinchona ferruginea* A. S.-H.

QUINA DE RIO DE JANEIRO. Le *Cosmibuena ochracea* Endl.

QUINA DE SAINT-PAUL. Le *Solanum Pseudoquina* A. S.-H.

QUINA DE SERRA. Nom brésilien des *Remijia ferruginea* DC., *Vellosii* DC. et *Hilarii* DC.

QUINA DO CAMPO. Au Brésil, l'*Hortia brasiliana* Vandell.

QUINA DO CAMPO. Le *Strychnos Pseudoquina* A. S.-H.

QUINA DO MATO. Au Brésil, l'*Exostema cuspidatum* A. S.-H.

QUINA DO PIAUHY. Nom de l'*Exostema Souzanum* Mart.

QUINA FINA. Le *Cinchona scrobiculata* H.

QUINAL D'AZÉ. Nom méridional de l'*Agaricus comatus* Bull.

QUINA NARAJANDA. Le *Cinchona lancifolia* Mut.

QUINA NEGRILLA. L'écorce du *Cinchona heterophylla*.

QUINA PRIMITIVA (Mut.). Syn. de *Cinchona lancifolia* Mut.

QUINA-QUASSIA. Nom brésilien d'une plante à écorce amère et fébrifuge, le *Picrasma Vellosii*.

QUINA-QUINA (La Condam., in *Act. Ac. Par.* [1738], 114). Synonyme de *Cinchona officinalis* L.

QUINA-QUINA. L'un des noms des *Toluifera* L.

QUINA-RAJA. L'un des noms du *Cinchona oblongifolia* Mut.

QUINARIA (Lour., *Fl. cochinch.*, 272). Synonyme (Oliv.) de *Clausena* Burm.

QUINARIA (Rafin., *Med. Fl.*, ex *Linnæa*, VIII, 69). Synonyme de *Ampelopsis* Rich.

QUINATE (Gomme). Celle du *Nissolia quinata* Aubl.

QUINA TUNITA. Nom de l'écorce du *Cinchona lancifolia* Mut.

QUINCE. Nom anglais des Coings.

QUINCHAMALA (W.). Pour *Quinchamalium* Mol.

QUINCHAMALI. Nom français (Lamk) des *Quinchamalium*.

QUINCHAMALIUM (J., *Gen.*, 75). Genre de Santalacées-Thésiées, formé de 5, 6 herbes de l'Amérique du Sud, à petites feuilles alternes, à petites fleurs en épis; l'ovaire infère; le périanthe tubuleux, avec 5 lobes valvaires, étalés; 5 étamines superposées et un placenta central-libre, 3-ovulé, avec 3 rudiments de cloison interposés aux ovules. La bractée et les bractéoles forment sous la fleur une sorte d'urcéole. (Ad. Br., in *Duperr. Voy. Bot.*, t. 51, 52. — H. Bn, in *Adansonia*, II, 335.)

QUINCHONCHO. Nom, à Caracas, du Cajan.

QUINESA-QUINESA. Le *Crotalaria retusa* L., au nord de Madagascar.

QUINETIA (Cass., in *Dict.*, LX, 590). Genre de Composées-Hélianthées-Inulées, formé d'une petite herbe annuelle, d'Australie; distingué par un involucre subherbacé, à bractées inégales; une aigrette à paillettes finement aristées; des feuilles alternes et entières; des capitules terminaux ou portés sur un petit axe latéral. (H. Bn, *Hist. des pl.*, VIII, 176.)

QUINETUM. Nom donné à l'ensemble des principes actifs qui existent dans l'écorce des Quinquinas, notamment du *Cinchona succirubra* Pav.

QUINGOMBO. Au Brésil, l'*Hibiscus esculentus* L.

QUINGONEI. Nom caraïbe du Cajan.

QUININE CRÉOLE. Le *Phyllanthus Niruri* L.

QUININE-PAYS. Le *Portulaca pilosa* L.

QUINIO (SCHLCHTL, in *Linnæa*, XXVI, 732). Synonyme (MIERS, *Contrib.*, III, 384) de *Diploclisia* MIERS.

QUINNAB. Nom arabe du Haschisch.

QUINO DO MATO. Au Brésil, le *Cestrum Pseudochina* MART. et l'*Exostema cuspidatum* A. S.-H.

QUINOA. Espèce du genre *Chenopodium* T., réputée comme analeptique, très nutritive et même proposée comme médicament dans les cas de flux chroniques, d'affections des bronches, etc. C'est en réalité une espèce riche en fécule par son albumen. Elle est originaire de l'Amérique du Sud (Pérou, Chili); mais elle a été introduite et cultivée dans presque tous les pays. Elle atteint une grande hauteur (jusqu'à 5 ou 6 pieds), a des feuilles lancéolées, deltoïdes-dentées, auriculées et des inflorescences compactes. La graine est lenticulaire-réniforme, à bords amincis, blanche, lisse, à albumen abondant, entouré d'un embryon circiné, à cotylédons étroits.

QUINOIDE. Le *Berberis vulgaris* L.

QUINON. Les écorces épaisses de Quinquina.

QUINO-QUINO. Nom vulgaire des *Myroxylon* (*Toluifera*), notamment, en Colombie, du *M. pubescens* (*peruiferum*).

QUINQUAMADOU DE MONTAGNE. Nom, à la Guyane, du *Myristica surinamensis* ROL.

QUINQUAMBAUT. L'un des noms de l'*Hibiscus esculentus* L.

QUINQUEFOLIUM (MATTH.). Le *Potentilla reptans* L.

QUINQUEFOLIUM (T., *Inst.*, 296, t. 153). Syn. de *Potentilla*.

QUINQUELOBUS (BENJAM., in *Linnæa*, XX, 319; in *Bot. Zeit.* [1849], 147). Genre formé, d'après MM. Bentham et Hooker (*Gen.*, II, 987), de quatre plantes de genres différents.

QUINQUELOCULARIA (K. KOCH, in *Linnæa*, XXIII, 630). Genre proposé pour le *Campanula Medium* L.

QUINQUENERVIA. Le *Plantago lanceolata* L.

QUINQUINA (*Cinchona* L., *Gen.*, n. 228). Genre de Rubiacées, à fleurs hermaphrodites, régulières et pentamères. Sur

Quinquina (*Cinchona officinalis*). — Branche florifère.

les bords du réceptacle concave s'insèrent : un court calice gamosépale, persistant, à dents au nombre de 5, et trop espacées pour présenter, à aucun âge, la moindre préfloraison; une corolle gamopétale, infundibuliforme, à limbe perpendiculaire au tube et formé de 5 lobes valvaires, hérissés de poils sur toute leur surface extérieure et sur une petite portion de leur face interne. 5 étamines sont insérées sur le tube de la corolle, alternes avec les pétales, à anthère incluse, biloculaire, introrse, déhiscente par 2 fentes longitudinales, oscillante. Le fond de la coupe réceptaculaire est occupé par l'ovaire qui lui est adné; il comprend 2 loges : l'une antérieure, l'autre postérieure, et, dans l'angle interne de chaque loge, un placenta supportant des ovules en nombre indéfini, multisériés, ascendants, anatropes, à micropyle inférieur. Un disque épigyne entoure la base d'un style dressé, bilobé à sa partie supérieure. Notons que les fleurs sont fréquemment dimorphes, c'est-à-dire munies les unes d'un style court, les autres d'un long style exsert. A l'ovaire succède un fruit capsulaire, surmonté des

Quinquina (*Cinchona officinalis*). — Branche fructifère.

dents persistantes du calice, s'ouvrant par dédoublement de la cloison ovarienne en 2 méricarpes renfermant de nombreuses graines ascendantes, imbriquées, aplaties, à grande aile marginale et comprenant un albumen charnu où se trouve plongé un petit embryon rectiligne, à radicule infère, à cotylédons ovales, plats. Les Quinquinas sont des arbustes ou des arbres de faibles dimensions, originaires des contrées tropicales de l'Amérique méridionale; leurs lieux de prédilection sont les pentes fraîches et à températures extrêmes des versants des Andes. Leurs feuilles sont opposées, penninerves, à stipules interpétiolaires. Les inflorescences sont des grappes terminales ramifiées, composées de cymes, à bractéoles çà et là foliacées. Les auteurs ont décrit une quarantaine d'espèces de Quinquinas. Il est fort probable que le nombre des espèces autonomes doit être réduit à une vingtaine. Nous allons passer en revue les principales de ces espèces, en n'insistant que sur celles qui offrent une utilité médicale incontestable.

I. *C. officinalis* L. C'est la première espèce connue en Europe, où son écorce a été introduite en 1639 par les Espagnols, émerveillés des résultats obtenus de son emploi dans le traitement des fièvres intermittentes. C'est la femme du comte de Chinchon, gouverneur des colonies espagnoles du nouveau-monde, qui apprit des Indiens les propriétés de cette plante; guérie par elle d'une fièvre rebelle, elle fit parvenir l'écorce pulvérisée en Europe, et Linné, qui décrivit la plante, lui imposa, en souvenir de cette origine, le nom de *Cinchona*. Il faut cependant se garder de croire que les indigènes connaissent généralement les vertus thérapeutiques de cette précieuse plante; la plupart se contentent d'employer l'écorce au tannage des peaux. C'est un arbre qui peut atteindre 15 mètres de haut. A en croire les voyageurs, il a tout à fait le port de nos Pommiers; son tronc dressé, cylindrique, est surmonté d'une couronne de branches très ramifiées. Les feuilles persistantes, à pétiole cylindrique et rougeâtre, à limbe ovale-lancéolé, entier,

Quinquina (*Cinchona Calisaya*). — Branche florifère.

à bords réfléchis, souvent bosselé, vert vif en dessus, rougissant avec l'âge, à nervures pennées, proéminentes et finement pubescentes à la face inférieure. L'inflorescence pyramidale comprend un grand nombre de fleurs rosées, à odeur douce; le fruit est ovoïde-oblong, à péricarpe strié longitudinalement. Cette espèce est aujourd'hui cultivée dans l'extrême Asie, à Java, à Ceylan, dans le Sikkim, où la pratique du moussage a singulièrement augmenté la teneur en alcaloïdes des écorces importées en quantité considérable en Europe. Ces écorces forment la plus grande partie des écorces dites de *Quinquina gris*, riches en cinchonine, mais, fait curieux, pauvres en quinine.

II. *C. succirubra* Pav. C'est un arbre de 15 à 30 mètres de hauteur, à feuilles dont le limbe ovale, à sommet obtus, finement pubescent ou parfois glabre, est rougeâtre dans le jeune âge, puis d'un beau vert à reflet métallique. Le fruit est oblong, se rétrécissant peu à peu jusqu'au sommet, et s'ouvrant de bas en haut. Cet arbre, originaire des pentes du Chimborazo, est aujourd'hui cultivé, comme le précédent, dans l'extrême Asie. C'est le meilleur Quinquina rouge, riche à la fois en cinchonine et en quinine.

III. *C. Calisaya* Wedd. Les feuilles de cette espèce sont à pétiole relativement court, atténuées à la base, obtuses au sommet, d'un vert pâle, teintées de carmin sur le pétiole et les grosses nervures. La corolle est de couleur chair, à tube fendu longitudinalement sur une certaine longueur, dans les intervalles des pétales. Le fruit est ovoïde, dépourvu de stries. C'est Wed-

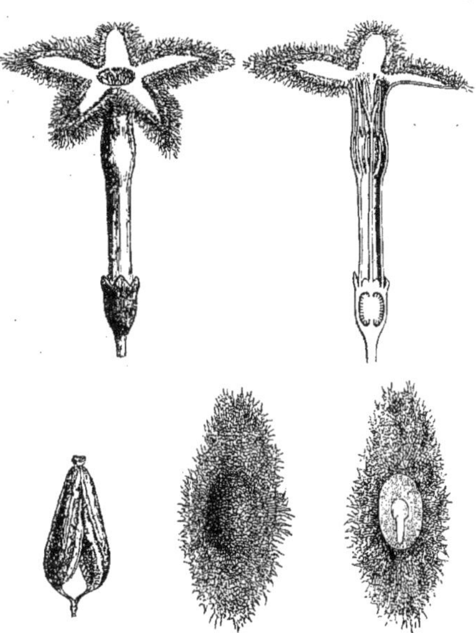

Quinquina (*Cinchona Calisaya*). — Fleur, entière et coupe longitudinale. Fruit déhiscent. Graine, entière et coupe longitudinale.

dell qui a le premier observé cette espèce, dans les vallées ombreuses de la Bolivie septentrionale et du sud du Pérou; de là elle a été transportée dans les Indes, à Java, à Bourbon et aux Antilles. C'est elle qui fournit, mais non exclusivement, le quinquina jaune, riche surtout en quinine.

Citons encore, mais offrant une moindre importance médicale : *C. lancifolia* Mut., du versant oriental des Andes de Colombie ; bel arbre, à feuilles lancéolées, atténuées au sommet et à la base, à inflorescence terminale courte, à fruits elliptiques-lancéolés; c'est la source de bonnes écorces dont la coloration varie du jaune au rosé et qui sont riches surtout en cinchonine. Weddell rattache cette espèce au *C. officinalis*. — *C. pitayensis* Wedd., à feuilles lancéolées, acuminées au sommet, à fruit ovoïde-allongé. Ce *Cinchona* est originaire du versant occidental des Andes, et fournit des écorces jaunes ou rougeâtres, riches à la fois en cinchonine et en quinine. — *C. ovata* R. et Pav., moins élevé que les précédents, à feuilles ovales, atténuées aux deux extrémités du limbe, à fruits oblongs-lancéolés. Cette espèce offre deux variétés : la première, *C. ovata vulgaris*, a une écorce jaune, dont la

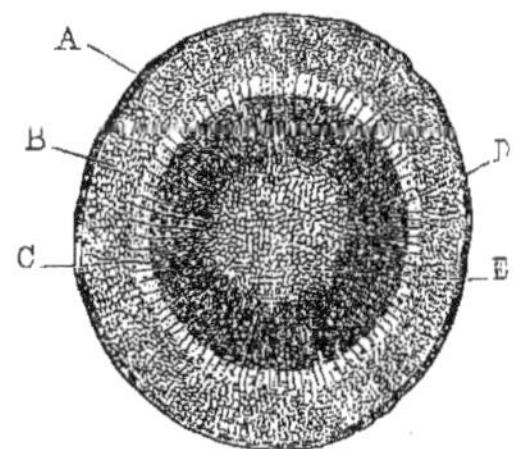

Quinquina. — Jeune tige, coupe transversale. A, suber. B, parenchyme cortical. C, liber. D, cœur. E. moelle.

substance corticale est fréquemment caduque, à feuilles entièrement vertes; la deuxième, *C. rufinervis*, dont le liber se présente toujours dépouillé de son enveloppe corticale, et dont les feuilles offrent une teinte rougeâtre sur les nervures.

Il nous faut maintenant rechercher ce que l'on doit entendre par écorce de Quinquina du commerce. Examinons une coupe transversale de la tige fraîche d'un des Quinquinas que l'on cultive dans nos serres : nous y trouvons un épiderme, exfolié de bonne heure en même temps que les cellules subéreuses sous-jacentes, à coloration brunâtre, due au tannin qu'elles renferment; puis un liber à éléments ténus sur les jeunes échantillons; enfin des faisceaux ligneux et une moelle centrale. Telle est la constitution d'une écorce jeune; mais les écorces adultes du commerce ont subi d'importantes modifications dans leur structure histologique. La périphérie de la zone subéreuse, chargée d'une quantité considérable de tannin, offre une opacité complète. C'est ce que les droguistes appellent à tort le cercle résineux; elle caractérise les *canutillos*, c'est-à-dire les écorces des jeunes branches. Sur les branches âgées, elle est elle-même exfoliée. La couche corticale externe renferme des cellules arrondies, à suc jaune ou rouge, et des cristaux; avec l'âge cette zone se charge de cellules scléreuses qui jouent évidemment un rôle protecteur à la périphérie de cette tige, dépouillée de son épiderme. Quant à la zone libérienne, elle est riche en substances actives, accumulées dans

Quinquina. — Coupe transversale de l'écorce.

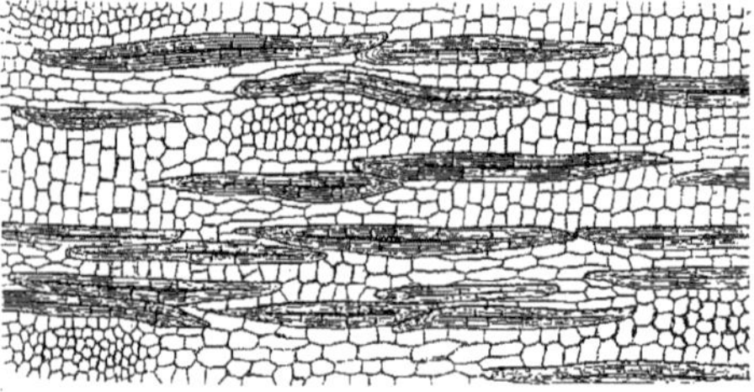

Quinquina. — Coupe tangentielle du liber.

les éléments de son parenchyme. Aussi est-elle soigneusement respectée par les commerçants; elle est sillonnée, ainsi que le bois, par des rayons médullaires de faible épaisseur, et son tissu de soutien se compose de quelques fibres scléreuses, à cavité fort étroite. On conçoit que le nombre et le groupement de ces fibres de soutien, variables suivant l'âge dans une même espèce, ne puissent pas être des caractères différentiels bien importants pour les diverses sortes commerciales. Ce que l'on peut dire, c'est que, d'une façon générale, la teneur de l'écorce en principes actifs est inversement proportionnelle au nombre des cellules de soutien, résultat qui se comprend de lui-même si l'on veut se souvenir que les alcaloïdes ont pour siège le parenchyme cortical et libérien, et que les phytocystes-fibres se développent aux dépens de ces éléments parenchymateux primitifs. L'écorce de Quinquina, antipériodique puissant, tonique et reconstituant, doit ses propriétés aux alcaloïdes suivants : quinine, cinchonine, cinchonidine, quinidine, quinamine, etc., et à des tannins désignés sous les noms d'acide quino- et cinchotanniques. (Voy. H. Bn, *Hist. des pl.*, VII, 337, 479; *Tr. Bot. méd. phanér.*, 1090, fig. 2930-2943.) [F. H.]

QUINQUINA. La plante ainsi nommée par La Condamine, dans les *Mémoires de l'Académie de Paris* pour 1738 (p. 114), est le *Cinchona officinalis* L.

QUINQUINA AROMATIQUE. La Cascarille.

QUINQUINA AZAHARITO. Faux Quinquina fourni par le *Cascarilla magnifolia* Wedd., se rapprochant beaucoup du *Costus amer*.

QUINQUINA BADIER. Nom de l'*Exostema floribundum* Rœm.

QUINQUINA BICOLORE, Q. PITAYA. Noms de l'écorce du *Stenostomum acutatum* DC., à saveur amère, désagréable et nauséeuse; c'est un faux Quinquina.

QUINQUINA BLANC DE LA NOUVELLE-GRENADE. Écorce du *Ladenbergia prismatostylis* Kl.

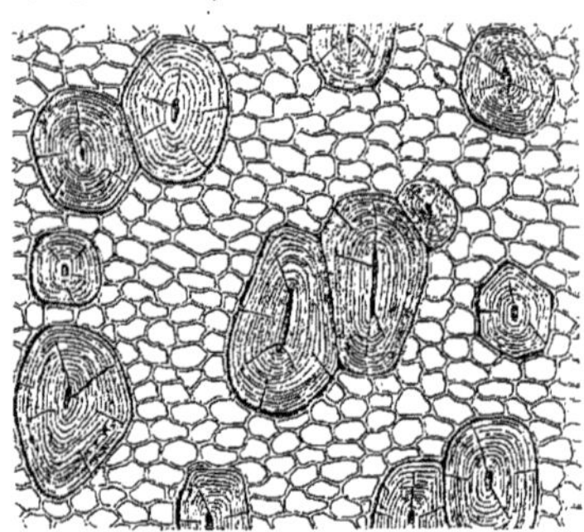

Quinquina. — Coupe transversale du liber.

QUINQUINA BLANC DE MUTIS. Faux Quinquina fourni par le *Cascarilla macrocarpa* Wedd., des Andes, de la Nouvelle-Grenade et de l'Équateur.

QUINQUINA BLANC DU PÉROU. Écorce du *Ladenbergia macrocarpa* Kl.

QUINQUINA CARAIBE. Nom de l'écorce de l'*Exostema caribæum* R. et Sch.

QUINQUINA D'AFRIQUE. Écorce du *Khaya senegalensis* G. et P.

QUINQUINA DE CARONY. L'Angusture vraie.

QUINQUINA DE CUMANU. Le *Cusparia febrifuga* H. Bn.

QUINQUINA DE JAEN. Écorces de Quinquina de qualité inférieure, provenant du Pérou et caractérisées par la présence de sillons longitudinaux obliques, et le petit nombre des fentes transversales : ce qui les distingue des *Loxa*. On en indique une sorte pâle, fournie par le *Cinchona pubescens* Vahl et le *Cinchona cordifolia* Mut., et une sorte foncée, fournie par le *Cinchona Humboldtiana* Lamb. Ces écorces sont amères et renferment de la cinchonine surtout ou de l'aricine.

QUINQUINA DE LA CAROLINE. Le *Pinckneya pubens* Michx.

QUINQUINA DE LA JAMAIQUE. L'*Exostema caribæum* Rœm.

QUINQUINA DE L'ANGOSTARA. L'Angusture vraie.

QUINQUINA DE LA NOUVELLE-CARTHAGÈNE. Le *Portlandia hexandra* Jacq.

QUINQUINA DE L'ILE DE FRANCE. Le *Mussaenda Stadmanni*.

QUINQUINA DE MADAGASCAR. Le *Mussaenda Landia* Lamk.

QUINQUINA DE MONTAGNE. Le Quinquina Piton.

QUINQUINA DE MUZON. Écorce du *Cascarilla muzonensis* Wedd., de la Nouvelle-Grenade et du Vénézuela, astringente et amère; c'est un faux Quinquina.

QUINQUINA DE PARAQUATAN. Écorce du *Macrocnemum tinctorium* H. B., propre surtout à la teinture.

QUINQUINA DE PIAUHI. Faux Quinquina fourni par l'*Exostema Souzanum* MART.

QUINQUINA DE SAINT-DOMINGUE. L'*Exostema floribundum* R.

QUINQUINA DE SAINTE-LUCIE. Nom de l'écorce de l'*Exostema floribundum* RŒM. et SCH.

QUINQUINA DE SANAGA. Écorce du *Bikkia australis* DC.

QUINQUINA DES ANTILLES. L'*Exostema caribæum* RŒM.

QUINQUINA DES GÉORGIENS. Nom du *Pinckneya pubens* MICHX.

QUINQUINA DES INDES ORIENTALES. Écorce du *Cedrela febrifuga* BL.

QUINQUINA DES PAUVRES. Le *Doronicum (Arnica) montanum.*

QUINQUINA DES SAVANES. Le *Malpighia crassifolia* L.

sales, souvent munies de protubérances rougeâtres en lignes.

QUINQUINA MARACAIBO. Écorces fournies par le *Cinchona cordifolia* MUT. Elles sont roulées ou plates, d'un jaune pâle, à surface externe plus ou moins ridée longitudinalement, avec quelques parties micacées, toujours plus ou moins tordues. Leur valeur thérapeutique est assez médiocre et elles entrent parfois dans la préparation du vermout. [L.]

QUINQUINA NOVA, Q. ROUGE DE MUTIS. Écorce du *Cascarilla magnifolia* WEDD., ne renfermant pas d'alcaloïdes, mais de l'acide kinovique ; ce sont donc de faux Quinquinas.

QUINQUINA-PITON. Nom de l'*Exostema floribundum* RŒM.

QUINQUINA ROUGE DE PARA. Écorce du *Buena hexandra* POHL.

QUINQUINAS CARABAYA. Écorces fournies par le *Cinchona elliptica* WEDD. ; elles sont légères, avec et sans épiderme, gris rougeâtre à l'intérieur, marquées de sillons longitudinaux, rarement transversaux ; elles renferment de la quinine, de la quinidine et de la cinchonine.

QUINQUINAS CARTHAGÈNE. Écorces fournies par le *Cinchona lancifolia* MUT. ; elles ne diffèrent guère des *Quinquinas Colombia* que par leur richesse moindre en alcaloïdes.

QUINQUINAS COLOMBIA. Écorces fournies par le *Cinchona lancifolia* MUT. ; elles offrent une surface externe subéreuse, avec des taches blanchâtres d'épiderme ; elles sont tordues et

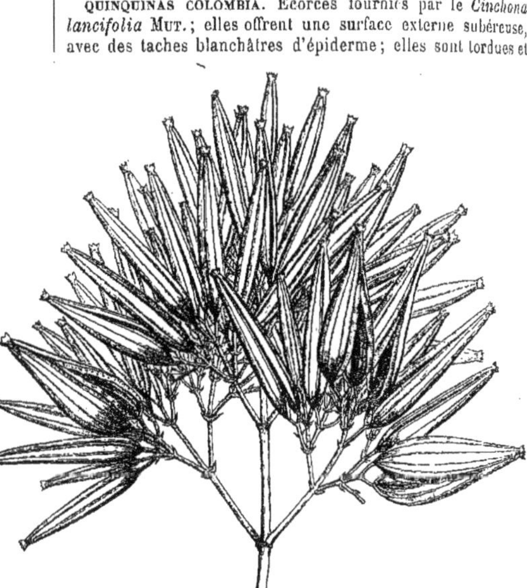

Quinquina (*Cinchona succirubra*). — Branche florifère. Fruits.

QUINQUINA D'EUROPE. Le Frêne commun.

QUINQUINA DE VIRGINIE. Le *Magnolia glauca* L.

QUINQUINA DU BRÉSIL, DE RIO DE JANEIRO. Écorce du *Cascarilla hexandra* WEDD., à saveur amère, nauséeuse.

QUINQUINA DU MEXIQUE. L'*Iva frutescens* L.

QUINQUINA DU PÉROU. Nom de l'*Exostema peruvianum* H. B.

QUINQUINA DU SÉNÉGAL. Le *Swietenia senegalensis* DC.

QUINQUINA GRIS AROMATIQUE. La Cascarille.

QUINQUINA HAVANE. Nom sous lequel on désigne dans le commerce tous les mauvais Quinquinas gris ; très amers, en morceaux irréguliers avec des écorces roulées, couvertes d'épiderme jaunâtre, fragiles, quelquefois couvertes de tubercules ; elles présentent à la face interne des fissures longitudinales et des raies transversales ; ces écorces sont peu astringentes.

QUINQUINA HUAMALIES ou HAVANE. Écorces de qualité inférieure, fournies pour la plupart par le *Cinchona purpurea* R. et PAV., très légères, de couleur variant du gris au rouge brun ; brunes en dedans. Surface externe presque spongieuse, avec des fentes longitudinales nombreuses, rarement des fentes transver-

friables et offrent des fibres assez longues et plus ou moins fines ; elles sont riches en quinine. [L.]

QUINQUINAS DE LA NOUVELLE-GRENADE. Écorces se rapprochant des Quinquinas jaunes, mais s'en distinguant par leur surface externe subéreuse, qui présente des traces d'épiderme micacé, et par leur texture interne plus ou moins fibreuse. Elles sont fournies par les *Cinchona lancifolia* MUT. (*Quinquinas Colombia* et *Carthagène*), *pitayensis* WEDD. (*Quinquinas Pitayo*) et *cordifolia* MUT. ; cette dernière espèce ne donnant qu'une qualité très inférieure, le *Quinquina Maracaibo.*

QUINQUINAS DE LIMA, Q. HUANUCO. Écorces fournies par le *Cinchona micrantha* RUIZ et PAV., *nitida* R. et P., *peruviana* HOW. et *ovata* R. et P. La majeure partie de ce que nous livre aujourd'hui le commerce provient du *C. peruviana.* [L.]

QUINQUINAS DE LOXA. Écorces de *Quinquina gris*, de bonne qualité, fines, peu fibreuses et à odeur spéciale agréable, fournies autrefois par les *Cinchona Uritusinga* et *Bonplandiana.* Elles proviennent presque toutes aujourd'hui des *Cinchona crispa* TAF. et *Chahuarguera* PAV., au moins les bonnes qualités, designées dans le commerce sous les noms de *Quinquina gris fin*, *Loxa jaune fibreux*, *gris compact*, etc., et qui sont riches en alcaloïdes. A ces sortes peuvent être ajoutées les écorces moins riches des *Cinchona scrobiculata* H. B., *macrocalyx* PAV. et *conglomerata* PAV. [L.]

QUINQUINAS HUANUCO. Nom sous lequel on désigne actuellement les écorces de Quinquina longtemps comprises dans le commerce français sous le nom de *Quinquina de Lima* ou *gris*. Ces écorces, plus ou moins fibreuses et d'un jaune plus ou moins ochracé, sont de couleur gris clair extérieurement et offrent des fentes nombreuses longitudinales et quelques fentes transversales non régulièrement placées : ce qui les distingue des *Loxa*. Elles sont fournies par les *Cinchona nitida* R. et PAV. (il n'en vient plus dans le commerce), le *Cinchona micrantha* R. et PAV. (elles sont peu abondantes aujourd'hui), le *Cinchona ovata* R. et PAV. (de qualité inférieure) ; le *Cinchona peruviana* How., qui fournit presque tout le *Quinquina Huanuco* du commerce, et est riche en cinchonidine et en cinchonine. Cette écorce, moins rugueuse que celle du *C. nitida*, et moins lisse que celle du *C. micrantha*, a une cassure nette, une saveur amère, astringente et aromatique et une odeur agréable.

Quisqualis. — Rameau florifère.

QUINQUINAS JAUNES OU ORANGÉS. Écorces à texture fibreuse, jouissant d'une amertume plus forte et d'une astringence moindre que les Quinquinas gris, donnant une poudre jaune, fauve ou orangée ; elles sont en morceaux plats avec ou sans épiderme, ou roulées en tubes. Leur texture est fibreuse et dense tout à la fois ; et quand on les manie, leurs fibres fines entrent dans les doigts. Les principales sortes sont les *Calisaya* ou *jaunes royaux* et les *Cusco*.

QUINQUINAS PITAYO. Écorces fournies par le *Cinchona pitayensis* WEDD. ; elles offrent une couche subéreuse externe, couverte de plaques micacées, sont lourdes, compactes, dures, peu fibreuses et donnent une poudre qui ne pénètre pas dans la peau : ce qui les distingue des écorces du *Cinchona lancifolia*. Leur couleur est jaune ou brune, et elles sont, en général, d'autant meilleures qu'elles sont plus foncées. [L.]

QUINSONIA (MONTROUS.). Synonyme de *Pittosporum* L.

QUINTEFEUILLE. Le *Potentilla reptans* L.

QUINTEFEUILLE A FLEURS ROUGES. Le *Comarum palustre* L.

QUINTILIA (ENDL., *Gen.*, 1408). Syn. de *Stauranthera* BENTH.

QUINTINE (MIRB.). Le Sac embryonnaire.

QUINTINIA (A. DC., *Prodr.*, IV, 5). Genre de Saxifragacées-Escalloniées, formé de 4 arbustes océaniens ; distingué par des feuilles alternes, simples ; un calice semi-supère ; 5 pétales imbriqués ; 5-étamines ; un ovaire semi-infère, à 3-5 loges ∞-ovulées. (H. BN, *Hist. des pl.*, III, 353, 437.)

QUINTRALIA (EICHL.). Section (B. H., *Gen.*, III, 211) du genre *Loranthus* L.

QUINVAL. — Voy. CHAUCHUNGA.

QUIOUL D'AZÉ. Nom toulousain de l'*Agaricus clypeolarius* ; est souvent appliqué aussi à l'*Agaricus typhoides* BULL.

QUISAFOU. Arbuste du Congo, à graine tinctoriale.

QUISCHUARA. En langue aymara, le *Buddleia coriacea* REMY.

QUISQUALE. Nom français (LAMK) des *Quisqualis* L.

QUISQUALIS (L., *Gen.*, n. 539). Genre de Combrétacées-Combrétées, formé de 3, 4 lianes asiatiques et africaines ; distingué par un réceptacle à tube étroit, longuement prolongé

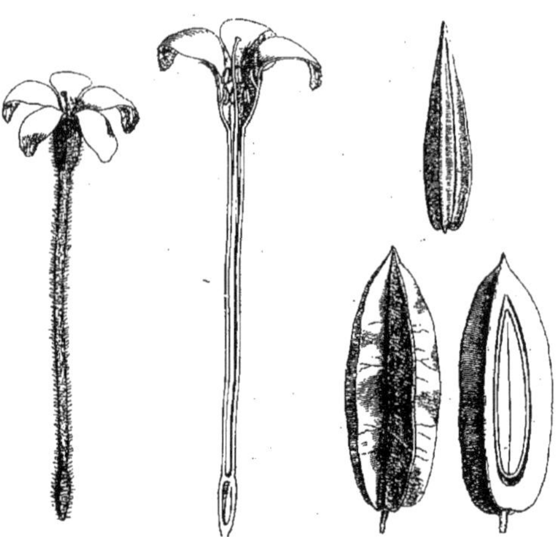

Quisqualis. — Fleur, entière et coupe longitudinale. Fruit, entier et coupe longitudinale. Graine.

au delà de l'ovaire infère, avec un petit limbe. Les étamines sont droites ; les feuilles opposées ; les fleurs en grappes. On cultive quelques espèces de ce genre dans nos serres. (H. BN, *Hist. des pl.*, VI, 262, 277, fig. 229-234.)

QUISQUILIUM (PLINE). Le *Quercus coccifera* L.

QUITTE. En Allemagne, le Cognassier.

QUITY. Au Brésil, nom de plusieurs *Sapindus* L.

QUIVI. Nom français (LAMK) des *Quivisia* COMMERS.

QUIVISIA (COMMERS., in *J. Gen.*, 264). Genre de Méliacées-Méliées, formé de 4, 5 arbres et arbustes, des îles orientales de l'Afrique tropicale ; distingué par des feuilles alternes ou subopposées, simples ; des fleurs 4, 5-mères, à calice cupuliforme, à pétales valvaires ou imbriqués ; 8-10 étamines monadelphes ; un ovaire à 4, 5 loges 2-ovulées ; un fruit loculicide. (H. BN, *Hist. des pl.*, V, 495.)

QUIYA (PIS., *Bras.*, 225). Nom brésilien des *Capsicum* L.

QUIYA UCA (MARCGR.). Le *Capsicum annuum* L.

QUORYETT. Nom mexicain du Tabac.

QUOTHOUN. Nom arabe des *Gossypium* L.

QUOYA (GAUDICH., in *Freycin. Voy.*, *Bot.*, 453, t. 66). Synonyme de *Pityrodia* R. BR.

QWESWOD. En Suède, la Douce-amère.

QWICKROT. Nom suédois du Chiendent.

R

RABA. Nom d'un Muscadier de Madagascar.

RABA. Nom languedocien de la Rave.

RABANÈLO. Nom languedocien de divers *Raphanus* et *Sinapis*.

RABANO. En Espagne, le Raifort.

RABARBARUM. Pour *Rhabarbarum*.

RABASSA. Nom provençal du *Tuber cibarium* SIBTH.

RABASSAM. Nom vulgaire, au Cap de Bonne-Espérance, du *Pelargonium anceps*, usité contre la gravelle et l'aménorrhée.

RABASSO. En Provence, le Raifort.

RABDOCAULIS (NUTT., in *Amer. Phil. Trans.* [1841], VII, 359). Section du genre *Coreopsis* L.

RABDOCHLOA (PAL.-BEAUV., *Agrost.*, 84, t. 17, fig. 3). Synonyme de *Leptochloa* PAL.-BEAUV.

RABDOLIA (H. BN, in *Bull. Soc. Linn. Par.*, n. 30). Section du genre *Geniostoma*, dont le type est le *Labordia Echitis* H. BN.

RABDOSIA (BL., *Bijdr.*, 825). Section du genre *Elsholtzia*. C'est (HASSK., in *Flora* [1842], II, *Beibl.*, 25) un genre établi pour l'*Elsholtzia javanica* BL.

RABDOSPORE (*Rabdosporium* CHEV., *Fl. de Paris*, I, 428). Genre de Mélanconiés, renfermant une seule espèce, rapportée par M. Saccardo aux *Thyrsidium* MONT.

RABDOTUS (PRESL. — STERNB., *Vers.*, II, 193). Genre de Liliacées-Asparagées fossiles. (UNG., *Syn. pl. foss.*, 169.)

RABÉ. En Languedoc, la Petite Rave.

RABELAISIA (PL., in *Hook. Journ.*, IV, 519, t. 17, 18). Synonyme de *Lunasia* BLANCO.

RABENASSA. Nom languedocien du *Raphanus Raphanistrum*.

RABENHORSTIA (REICHB., *Nom.*, 159). Synonyme de *Heterodon* MEISSN.

RABETTE. Synonyme de Navette.

RABIOLLE. Le *Brassica Rapa* L.

RABIOULE. Synonyme de Rabiolle.

RABLE. Le *Rubia* (*Galium*) *Aparine* H. BN.

RABO. Nom provençal du *Brassicus Rapa* L.

RABO DE ZORRO. A Caracas, le *Pappophorum alopecuroideum*.

RABO DI ALACRAN. A Caracas, l'*Heliotropium indicum* L.

RACACHAS. Nom bolivien de l'*Arracacha esculenta* DC., qu'on cultive dans les vallées chaudes et tempérées de la Bolivie. Cuite, cette racine a le goût du Panais, moins savoureuse.

RACAHOUT. En Arabe, le Gland des Chênes.

RACAMEA (A. JUSS., in *Ann. sc. nat.*, sér. 2, XIII, 254). Section du genre *Camarea* A. S.-H.

RACAPA (RŒM., *Syn.*, 123). Synonyme de *Carapa* AUBL.

RACARIA (AUBL., *Guian.*, Suppl., 24, t. 382). Genre douteux, rapporté parfois aux Sapindacées. La feuille, conservée au British Museum, est bien semblable à celle d'une plante de cette famille.

RACCO. Variété de Froment.

RACE. Variété fixée de végétaux.

RACHE. Synonyme de Cuscute.

RACHIA (KL., *Begon.*, 68, t. 6 B). Synonyme de *Begonia* L.

RACHIOPTERIDEÆ (AD. BR., in *Dict. d'Orb.*, XIII, 85). Division des Fougères fossiles.

RACHIS. Le pétiole commun des feuilles composées, y compris la nervure principale qui lui fait suite. C'est aussi l'axe principal des inflorescences complexes.

RACINE. La racine se nomme encore *axe descendant*. Elle se dirige en effet ordinairement de haut en bas vers l'intérieur de la terre. Il y a cependant d'assez nombreuses exceptions, et un certain nombre de plantes aquatiques, par exemple, ont des

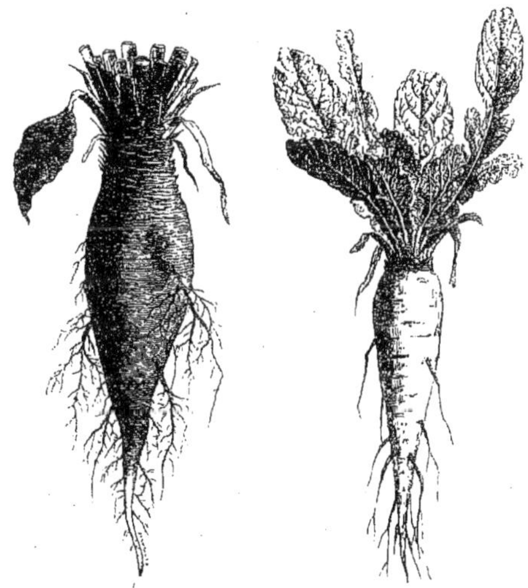

Racines pivotantes (Betterave, Navet).

racines qui dirigent leur extrémité vers la surface supérieure du liquide.

On nomme *pivot* le cône allongé de la racine qui se produit en premier lieu lors de la germination, et qui souvent grandit et grossit d'une façon continue. Dans les arbres qui ont besoin d'être fixés profondément et solidement, ce pivot est d'ordinaire long et dur, ligneux. Dans un grand nombre de plantes alimentaires, comme les Betteraves, les Navets, les Carottes, les Radis, les Panais, etc., ce pivot devient épais et charnu ou succulent.

Il y a quelquefois des racines qui demeurent simples; mais le plus souvent elles se ramifient, et fréquemment même un grand nombre de fois. Cette ramification présente une grande régularité. Ainsi le pivot d'un Ricin, simple et nu pendant quelques jours, présente bientôt vers sa partie supérieure quatre petites racines secondaires, dont l'origine est profonde, disposées sur une circonférence horizontale. Ce sont d'abord quatre petits mamelons équidistants, c'est-à-dire séparés l'un de l'autre par un arc de 90 degrés, et qui, primitivement hémisphériques, s'allongent en cylindro-cônes de même forme à peu près que le pivot. Exactement au-dessous de ces quatre mamelons en naissent ensuite quatre autres, qui s'allongent aussi en racines secondaires; puis un troisième cercle plus jeune, au-dessous du deuxième, et ainsi de suite; de sorte qu'au bout de quelques jours, le pivot est garni de quatre séries verticales, équidistantes,

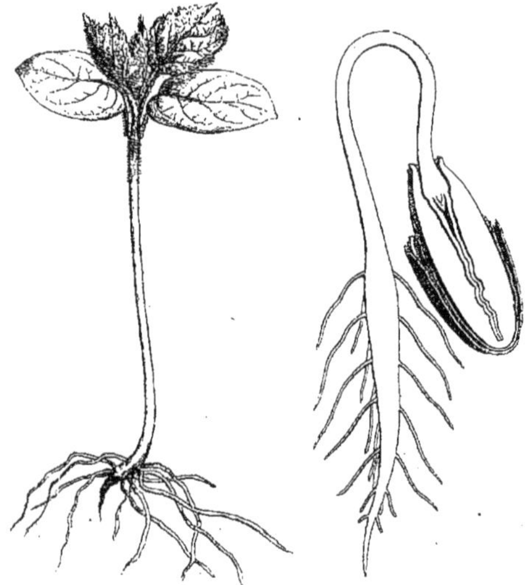

Racines fasciculée (Melon) et pivotante (Ricin).

de racines secondaires, et que dans chaque série on observe tous les âges successifs de ces organes en les examinant de bas en haut.

Il y a des plantes dans lesquelles ces séries ne sont qu'au nombre de deux, séparées l'une de l'autre par une demi-circonférence du pivot, ou de trois, de cinq, etc. En général, ce nombre est peu considérable, mais il varie d'une espèce à une autre.

De la même façon, les racines secondaires se garnissent de racines tertiaires; celles-ci, de racines quaternaires, et ainsi de suite. Les dernières divisions, les plus ténues de toutes, forment par leur réunion ce qu'on nomme le *chevelu*, et chacune d'elles prend le nom de *radicelle*. L'extrémité de chaque radicelle, obtuse ou aiguë, non renflée en général, est ordinairement recouverte d'une ou plusieurs petites calottes emboîtées qui se séparent les unes des autres, s'exfolient et se détachent de dehors en dedans; leur ensemble constitue la *coiffe* ou *piléorhize*.

Plus haut, les radicelles sont, dans une étendue variable, recouvertes de *poils radicaux*, formant à leur surface une sorte de manchon, dont la durée n'est pas longue, mais qui est bientôt remplacé par une autre zone de poils plus jeunes et plus voisins du sommet.

Coléorhize. — Dans les Monocotylédones en général, et exceptionnellement dans quelques Dicotylédones, les saillies qu'on voit poindre sur le corps de la racine ne sont point les racines secondaires. Mais celles-ci sortent de ces saillies plus ou moins prononcées, qu'elles perforent au sommet et qui leur forment comme un étui basilaire; cet étui est la *coléorhize*.

Racines pivotantes et *racines fasciculées*. — Dans les racines dites *pivotantes*, le pivot prenant un grand développement, les racines secondaires ou des degrés suivants sont relativement peu volumineuses. Mais dans un plus grand nombre de plantes, et surtout de plantes herbacées, le pivot demeurant

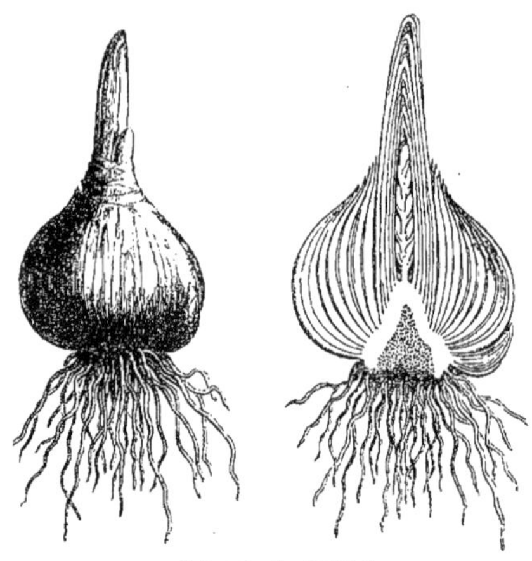

Racines adventives (Jacinthe).

peu volumineux ou même se détruisant vers son extrémité, les divisions latérales de la racine prennent par contre un très grand développement; on a donné aux racines qui présentent cette particularité le nom de *fasciculées* ou *multiples*.

On a beaucoup insisté sur les conséquences qu'entraîne pour la plante ce fait que sa racine est pivotante, ou bien qu'elle est fasciculée. Il est évident qu'un pivot profondément enfoncé dans le sol soutient mieux une plante que de faibles racines fasciculées qui s'enfoncent peu sous terre et qu'on arrache avec

Racines adventives (*Crassula*, *Callitriche*).

la plus grande facilité. Il l'est aussi qu'on *repique* plus aisément une plante à racine fasciculée, dont on détruit quelques branches par l'arrachage, les autres suffisant pour la *reprise*; tandis que le pivot, facilement brisé par un arrachage laborieux, souvent même coûteux, n'a que peu de fines divisions latérales pour faire *reprendre* la plante repiquée. Il ne l'est pas moins qu'une plante à racine fasciculée épuise de ses aliments la couche superficielle du sol, tandis que le pivot va de la surface à la profondeur chercher successivement sa nourriture dans les diverses couches du sol. Il y a donc intérêt, pour les assolements, à cultiver alternativement des plantes à racines fasciculées, comme nos céréales, et des espèces à racines pivotantes très longues, comme la Luzerne, qui laisse pendant plusieurs années reposer les couches superficielles du sol, épuisées par la végétation des Graminées.

La racine pivotante reste chez elle, n'épuisant guère le sol à droite et à gauche. Il faut donc planter d'espèces à racines pivotantes les haies et les charmilles, pour éviter toute concurrence entre les pieds voisins les uns des autres. Si leurs racines étaient fasciculées, ces plantes iraient, en se portant latéralement les unes vers les autres, se faire tort pour la recherche, dans les couches superficielles seulement, d'une nourriture qu'elles ne peuvent aller demander à des couches plus profondes.

Comme les fines divisions des racines n'absorbent les liquides que par un point très voisin de leur extrémité, c'est contre le

Racines adventives (Véronique).

pied des pivots qu'il faudra arroser pour que l'eau arrive rapidement au sommet de ces divisions très courtes; ce sera au contraire sur une circonférence assez distante du pied de la plante qu'on devra *mouiller* s'il s'agit de racines fasciculées dont les longues divisions rayonnent dans la couche superficielle du sol.

Ces divisions rayonnantes sont à redouter dans les arbres qu'on plante sur le bord des allées des jardins ou des routes;

Racines adventives (Fraisier).

elles iront s'étendre dans les plates-bandes et dans les héritages voisins pour enlever aux fleurs et aux moissons la nourriture qu'elles trouveraient sur place si elles étaient pivotantes et s'enfonçaient verticalement dans le point où l'arbre a été planté.

Heureusement, il est possible, en imitant les procédés naturels, de transformer une plante à racine pivotante en une plante à racine fasciculée. En coupant le sommet du pivot, ou bien en lui opposant un obstacle contre lequel il vient se butter ou se détruire, son développement se ralentit ou s'arrête, pendant que les divisions latérales de la racine grandissent, s'allongent et se ramifient en une masse fasciculée et parfois très divisée.

Racines adventives. — Quand on place un oignon de Jacinthe, par exemple, sur l'eau ou sur le sol humide, la base de l'axe de cette plante, qu'on nomme son *plateau*, développe, au contact du milieu humide, des racines souvent nombreuses et très longues. La plante avait eu primitivement d'autres racines, mais elles s'étaient détruites, et elle en était complète-

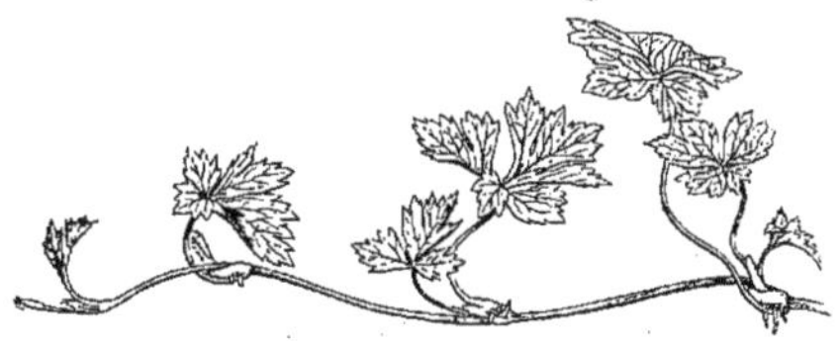

Racines adventives (Renoncule).

ment dépourvue quand on a provoqué le développement de celles-ci. Ce sont là des racines *adventives*.

Cette opération se produit dans la nature au retour de chaque période de végétation. Les bulbes dont les racines précédentes ont péri, en développent de nouvelles qui serviront à l'alimentation de la plante pendant toute la durée de cette période.

Racines adventives (Potentille).

Provoquer la formation de ces racines adventives sur la base cicatricielle d'un plateau, c'est faire une *bouture*. On ne fait pas, en effet, autre chose quand on coupe une branche de Saule, de Laurier-Rose, etc., et qu'on place la surface de section au contact d'une terre humide ou d'une couche d'eau. Il s'y développe des racines adventives, et il n'y a de différences

Racines adventives (Primevère).

que pour la forme et la consistance entre ces branches et un plateau de bulbe, qui sont les unes et l'autre des axes ascendants.

Il y a beaucoup de tiges ou de branches qui produisent ainsi des racines adventives au contact du sol, sans avoir présenté précédemment à ce niveau quelque solution de continuité.

Ainsi, dans les plantes dites rampantes, comme certains *Crassula*, la Véronique officinale, etc., la tige ou les branches peuvent être *radicantes*, c'est-à-dire développer des racines là où elles sont en contact avec le sol. Les *coulants* des Fraisiers, qui sont des branches longues et flexibles, s'appuyant de la sorte sur le sol, y développent spontanément des racines adventives.

Si dans un Fraisier, par exemple, une fois le coulant enraciné, la portion qui est interposée aux racines adventives et au pied mère vient à pourrir et à se détruire, une portion enracinée du coulant se trouve séparée de la plante mère et constitue un pied indépendant. La façon dont celui-ci s'est établi se nomme *marcottage naturel*.

L'art a imité ces procédés. En arquant les branches, si leur flexibilité le permet, pour les amener et les maintenir au contact ou dans la profondeur du sol, on réussit assez souvent à y faire naître des racines adventives. On sèvre plus tard la marcotte en la séparant du pied mère. C'est un *marcottage artificiel* qui, comme le précédent, diffère du bouturage en ce que la portion séparée de la plante n'en est détachée que quand elle possède des racines adventives, tandis que dans la bouture leur formation est postérieure, et quelquefois de longtemps, à la séparation.

Marcottage artificiel aérien.

Quand les tiges ou les branches ne sont pas assez flexibles pour être abaissées jusqu'au sol, on élève celui-ci jusqu'à l'endroit où l'on veut faire naître des racines adventives; on entoure ce point d'un pot fendu, d'un cornet de plomb, etc., dans lequel on place de la terre maintenue humide.

Il y a souvent avantage à briser artificiellement ou à inciser la tige là où l'on veut que les racines adventives se développent. On voit d'ailleurs que très souvent les tiges qui forment des racines adventives présentent à leur niveau des solutions de continuité. La racine adventive, née sous l'écorce, repousse en dehors celle-ci, qui cède et présente une fente par laquelle on voit sortir la racine. Elle est alors entourée à sa base d'une sorte de gaine corticale, parfois proéminente, et qui se comporte avec elle comme une courte coléorhize.

Dans les pays tropicaux, les arbres auxquels leurs racines primitives ne suffisent plus pour les maintenir ou pour les nourrir, développent en bas de leurs tiges, ou à diverses hauteurs sur leurs branches, des racines adventives qui les étayent comme des haubans. Telles sont les racines adventives des *Pandanus*, de certains Palmiers, celles des Palétuviers qui maintiennent ces arbres fixés dans la vase des marais voisins de la mer; celles du Figuier des pagodes et d'autres espèces voisines, qui descendent des branches de ces arbres, forment des cordons grêles, bientôt enracinés, plus tard durcis et grossis de façon à constituer de solides colonnes ou des étais résistants.

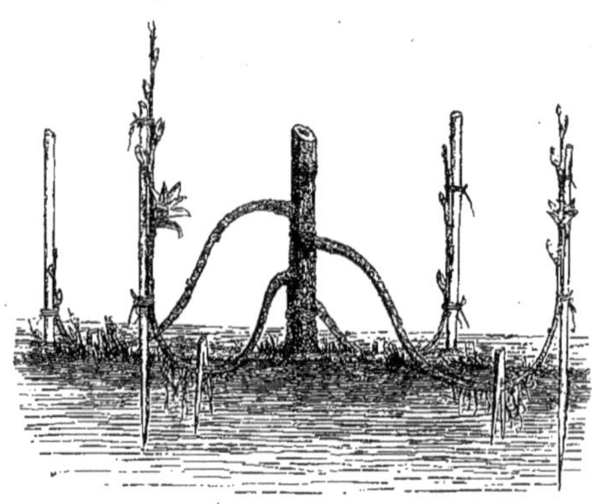

Marcottage artificiel par arcure des branches.

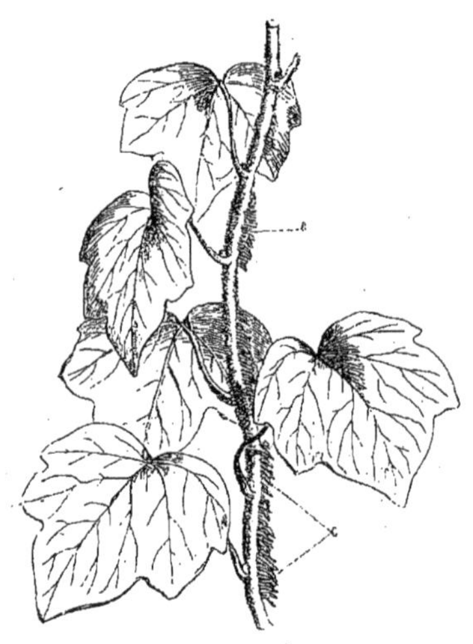

Crampons (CC) de Lierre.

Une plante herbacée, telle qu'un Maïs, peut s'étayer de même à l'aide des racines adventives. Quand sa tige est devenue grande, une ou plusieurs rangées de racines apparaissent sur les nœuds inférieurs de la tige, et ces racines pressées se dirigent ensuite vers le sol pour y nourrir et soutenir la plante.

Un grand nombre de lianes des pays tropicaux, passant de la cime d'un arbre à celle d'un autre, envoient vers la terre des cordons quelquefois très allongés, pendants, nés de leurs branches, et qui finissent par s'enfoncer dans le sol pour y puiser de la nourriture.

Dans les lianes, l'existence de ces racines adventives est souvent passagère. A mesure qu'elles se détruisent, d'autres, plus jeunes et nées plus haut, les remplacent pour soutenir ou nourrir les jeunes branches.

Dans une Vanille qui s'attache à un tronc d'arbre ou à une muraille, les racines adventives se succèdent souvent rapidement.

Souvent aussi les racines adventives ne suffisent pas à l'alimentation de la plante, car celle-ci meurt si on la coupe au pied. Ce résultat est constamment obtenu quand on coupe au-dessus du sol un Lierre qui s'appuie contre un arbre ou un mur. Ses tiges et ses branches ont cependant produit de nombreuses racines adventives qui fixent la plante à son support; mais ce ne sont là que des *crampons*, incapables de fournir au Lierre les aliments que ses racines inférieures puisent dans le

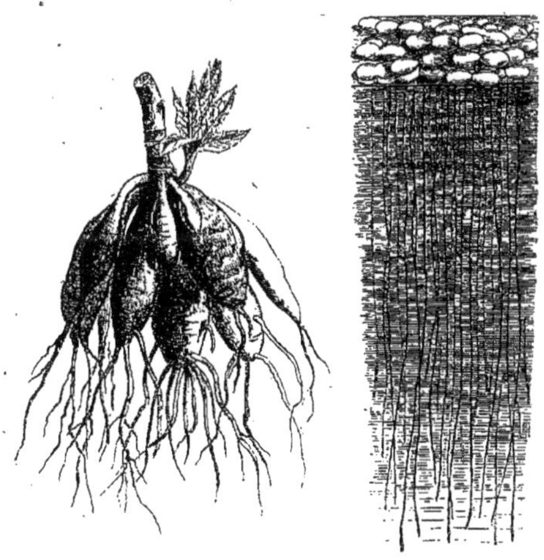

Racines adventives charnues de *Dahlia*.

Racines adventives aquatiques de *Lemna*.

sol. Il y a des plantes qui possèdent à la fois des crampons et des racines adventives plus développées, susceptibles de les alimenter. Les bulbilles et les bourgeons, les ophrydo-bulbes de nos Orchidées indigènes développent aussi, au contact du sol, des racines adventives.

Les feuilles peuvent produire des racines adventives, surtout quand elles sont brisées ou coupées. Celles du Cresson de fontaine, ou leurs fragments, se comportent souvent ainsi quand elles flottent détachées à la surface de l'eau. Il y a beaucoup de plantes à feuilles charnues ou épaisses qu'on multiplie en plaçant leurs feuilles au contact d'un sol humide. On coupe la queue d'une feuille, qu'on met ensuite en terre, et elle devient souvent une bouture. En appliquant sur la surface du sol la feuille de certains *Begonia*, on voit toute cette feuille se recouvrir de bourgeons qui s'enracinent, et constituent ensuite autant de boutures qu'on peut séparer. Le plus petit fragment de la feuille peut ainsi s'enraciner, et même, dans certaines espèces, une ou quelques cellules de son parenchyme ou de son épiderme. Les petites masses qui constituent la plante entière dans les *Lemna* développent des racines adventives au contact de l'eau.

Diverses parties des fleurs peuvent se bouturer : notamment les ovaires, surtout quand ils sont infères. Ceux des *Ludwigia*, coupés en travers, comme une branche, se plantent et peuvent développer des racines adventives. Ceux de plusieurs Cactées tombent à la maturité sur le sol et s'y enracinent bientôt. On a même vu des placentas (Primulacées), après s'être accrus outre mesure en branches feuillées, se bouturer comme une branche issue directement de la tige.

Les racines même peuvent développer des racines adventives. Un petit tronçon de la racine d'un *Paulownia*, d'un Ailante, d'un Acajou de Chine, d'un Mûrier à papier, d'un Ipécacuanha, d'un Manioc, etc., etc., semé comme une graine, forme des racines adventives; et comme il peut en même temps produire aussi des bourgeons adventifs qui se développent en branches feuillées, il constitue bientôt à lui seul une plante nouvelle.

La plupart des Monocotylédones n'ont d'autres racines que des racines adventives. Certains Palmiers, d'abord pourvus d'un pivot assez développé, se rangent bientôt dans la règle par suite de la destruction de leur racine primitive.

Quand le Blé et autres céréales *thallent*, la portion inférieure de leur tige, couchée sur le sol ou dans sa profondeur, développe au contact de celui-ci un grand nombre de racines adven-

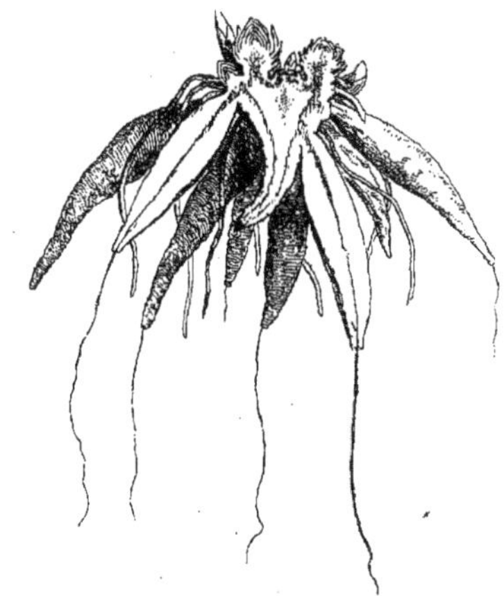

Racines adventives épaissies de *Ranunculus orientalis* (Griffe).

tives. Elles naissent de préférence dans ces plantes, comme dans tant d'autres, au niveau des nœuds que présente la tige, mais elles peuvent aussi se montrer en d'autres points très divers.

Caractères extérieurs des racines. — Nous désignons sous ce titre des caractères dont l'importance est très secondaire, et qui cependant frappent les premiers notre vue quand nous considérons une racine : ce sont sa taille, sa forme, sa consistance, sa couleur, sa durée, etc.

Les racines de nos arbres et de nos herbes sont souvent blanchâtres, brunes ou noirâtres, quelquefois jaunes ou rouges. Les pivots de bien des plantes potagères, parfois épais et charnus, sont souvent blancs, roses, jaunes, violacés, etc. Leur portion supérieure verdit souvent quand elle est exposée à la lumière. Les grands arbres ont fréquemment de très longs pivots qui les fixent profondément au sol. Mais les Ignames, dont les tiges sont grêles et grimpantes, et les Betteraves, dont la tige herbacée est très courte, peuvent avoir aussi une très longue racine pivotante. Le pivot d'un humble pied de Luzerne peut atteindre plusieurs mètres de longueur. Il y a des racines qui durent une seule saison et d'autres qui persistent plusieurs années, des siècles même, au moins leur pivot, alors que leurs divisions se détruisent parfois chaque année.

Les divisions des racines fasciculées peuvent devenir épaisses et dures comme les pivots, et même aussi les racines adventives, comme il arrive dans les Patates, le Jalap. Dans les Asphodèles, les Dahlias, les Maniocs, certaines Renoncules, les racines fasciculées ou adventives deviennent analogues à des tubercules et renferment, comme certains pivots, des principes utiles, amassés principalement dans les tissus de leurs couches extérieures.

Tissu de la racine. — La jeune racine et ses divisions sont d'abord parenchymateuses, c'est-à-dire formées de phytocystes-cellules, à peu près tous semblables entre eux. Mais bientôt, comme partout dans les plantes, il se produit entre ces phytocystes des différenciations qui sont graduelles, qui vont plus ou moins loin suivant le degré d'élévation de la plante qu'on examine, et qui sont d'ordinaire en rapport avec les fonctions que doivent remplir les diverses zones de l'organe. Déjà dans les racines fort imparfaites de certaines Cryptogames cellulaires, racines qui ne sont que des colonnes parenchymateuses et qu'on nomme des *Rhizoïdes*, les phytocystes superficiels se modifient quant à leur forme pour constituer une lame protectrice dont les éléments deviennent plus ou moins tubulaires, et qui, du reste, se produit à partir d'un certain âge sur la plupart des organes végétaux.

A. *Épiderme.* — La couche des phytocystes épidermiques est généralement unique : elle recouvre la racine et ses divisions, sauf le sommet de celles-ci, dont il sera question plus loin. Dans les racines adventives aériennes de certaines Monocotylédones (Orchidées, Aroïdées, etc.), cette couche se divise de bonne heure, par des cloisonnements tangentiels successifs, en assises concentriques, plus ou moins nombreuses, de phytocystes à paroi unie, ponctuée, rayée, spiralée ou réticulée, assises qui forment une gaine protectrice épaisse. Les plus profonds de ces phytocystes conservent à peu près les caractères de l'épiderme proprement dit, tandis que ceux de la surface se remplissent de gaz et donnent à ces racines un aspect blanchâtre souvent brillant. On donne, dans ces plantes, à cette couche surajoutée à la racine le nom de *Voile* (*Velamen*).

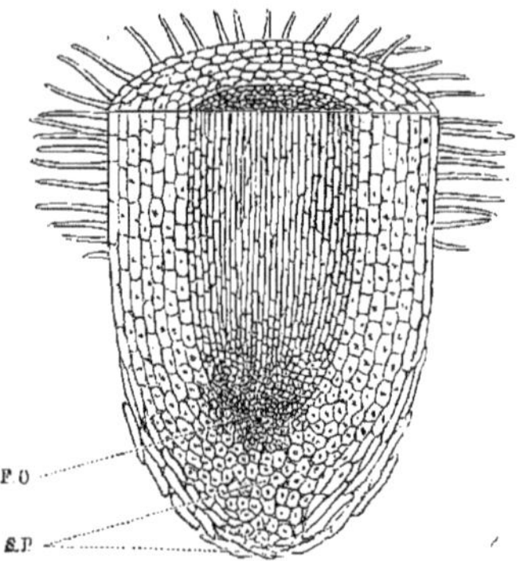

Sommet d'une racine. SP, phytocystes en voie d'exfoliation. FO, point végétatif.

L'épiderme des racines ne porte pas normalement de stomates; il peut, à partir d'un certain âge, présenter à des degrés divers le phénomène auquel on a donné le nom de *Cuticularisation*. On désigne par là une modification qui rend la paroi cellulaire résistante aux agents atmosphériques, élastique, peu perméable à l'eau, difficilement attaquable par la plupart des acides ou des alcalis énergiques. Elle est souvent, en pareil cas, toute pénétrée de matériaux surajoutés, sels, silice, matières grasses, cireuses, etc., toutes substances qui disparaissent par macération dans la potasse caustique, dont l'action diminue de beaucoup la masse de la paroi, finalement réduite à sa cellulose primitive. Dans une certaine étendue de la surface des jeunes racines, non loin de leur sommet, l'épiderme se couvre de *poils radiculaires*, très ordinairement monocystiques, simples ou rarement ramifiés, qui n'ont qu'une existence passagère, sont successivement remplacés par des phytocystes analogues, développés un peu plus tard et plus près du sommet de la racine, et qui jouent dans les fonctions d'absorption et d'excrétion des jeunes racines un rôle important, sur lequel nous reviendrons.

L'épiderme de la racine se détruit souvent de bonne heure. Le développement d'une couche *subéreuse* (ou de liège) au-dessous de lui, couche comparable à celle que nous verrons se produire dans les tiges, et la destruction même du parenchyme cortical sous-jacent, amènent souvent le fendillement et la chute de cet épiderme.

B. *Parenchyme cortical.* — La couche intérieure à l'épiderme est formée de phytocystes arrondis ou plus ou moins polyédriques, ordinairement plus serrés les uns contre les autres vers l'extérieur, souvent moins pressés dans la profondeur et là séparés les uns des autres par des intervalles ou *méats*. Ce parenchyme cortical des racines peut prendre dans certains cas un énorme développement, former une épaisse couche charnue dont les éléments peuvent contenir des produits utiles, alimentaires, médicamenteux, etc., qui y demeurent accumulés, tandis que les couches plus profondes, souvent dures et pauvres en sucs, ne constituent relativement qu'une très petite portion de ces racines épaissies.

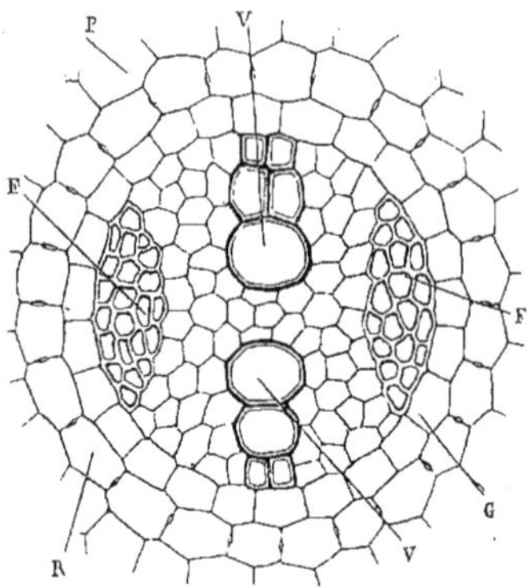

Racine dite binaire. VV, faisceaux vasculaires. FF, faisceaux fibreux alternes. P, parenchyme cortical. R, gaine protectrice. G, péricambium.

C. *Gaine protectrice corticale.* — Cette zone, intérieure à la précédente, est encore nommée *Gaine protectrice des faisceaux de la racine*. Elle est généralement formée d'une assise unique de phytocystes, ordinairement un peu allongés dans le sens tangentiel et polyédriques. Ils s'unissent intimement entre eux aux deux extrémités et présentent sur une bande médiane des ondulations ou des plissements transversaux qui leur permettent de se fixer plus solidement les uns aux autres, tout en leur donnant en ces points d'union plus de solidité. Vus de face, ces plis donnent à la paroi une apparence striée en échelons transversaux. Sur les coupes horizontales d'une racine, on n'aperçoit qu'une de ces stries horizontales répondant à un des enfoncements ou des relèvements alternatifs de la paroi et représentée dans ce cas par une tache elliptique étroite et allongée, ou lancéolée.

L'ensemble des couches précédentes constitue l'écorce primitive ou le système cortical primitif de la racine. Les couches plus intérieures appartiennent à ce qu'on appelle son *bois* ou sa *zone ligneuse*.

D. *Faisceaux primaires de la racine.* — Tant que les divers phytocystes de la jeune racine remplissent un rôle à peu près identique, ils sont peu différents les uns des autres par leur contenu, leur forme, la consistance de leur paroi, etc. Mais dès que, la racine grandissant davantage, son rôle se modifie, des modifications correspondantes se produisent dans sa substance. Comme il lui faut alors plus de rigidité et de solidité, ses phytocystes-cellules s'allongent et s'épaississent en certains points déterminés pour servir d'instruments de support, et se transforment là en phytocystes-fibres. Comme aussi il lui faut donner passage à des fluides qui circulent activement dans le sens vertical, notamment à des gaz, en d'autres points également bien déterminés, les phytocystes primitifs se transforment en phytocystes-tubules qui, unis bout à bout, constituent ensuite des vaisseaux. On peut donc dire qu'ici comme ailleurs c'est l'apparition de la fonction qui détermine la création de l'organe approprié.

En général, les vaisseaux et les fibres sont réunis en nombre plus ou moins considérable pour former des masses allongées dans le sens vertical et qui, sur une coupe transversale, représentent autant d'îlots, entourés par la gangue primitive des phytocystes-cellules. Aussi a-t-on désigné ces amas sous le nom de *faisceaux*, et l'on ajoute l'épithète de *primaires*, parce que plus tard il pourra se produire dans la même racine des *faisceaux secondaires*.

Dans la racine on distingue donc, à partir d'un certain âge, des *faisceaux primaires vasculaires* et des *faisceaux primaires fibreux*.

Le nombre de ces faisceaux est ordinairement en rapport avec celui des racines secondaires qui naîtront sur une racine

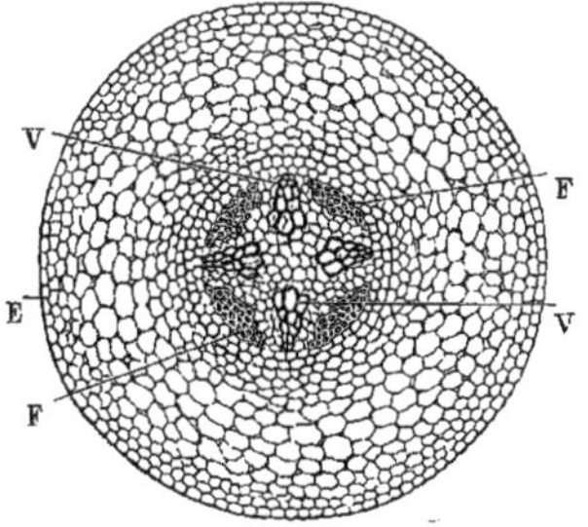

Racine jeune de Fève, à quatre faisceaux vasculaires VV et quatre faisceaux fibreux alternes FF. E, épiderme.

principale; ainsi, dans une plante où il y aura deux séries verticales de racines secondaires, il y aura le plus souvent deux faisceaux vasculaires ou fibreux, occupant un même plan diamétral. Avec trois, quatre, cinq séries de racines secondaires, on aura fréquemment trois, quatre, cinq faisceaux écartés les uns des autres d'un tiers, d'un quart, d'un cinquième de circonférence; les faisceaux seront donc disposés autour de l'axe de la racine dans un ordre parfaitement régulier. Ils ne varient guère d'ailleurs dans une espèce donnée quand ils sont en nombre peu considérable; il n'en est pas toujours de même quand leur nombre dépasse cinq.

Deux cas pourront alors se présenter, suivant les plantes observées : ou bien, les faisceaux prendront assez de développement en épaisseur pour se rejoindre, se toucher suivant l'axe de la racine; ou bien, ce qui est beaucoup moins commun, les phytocystes-cellules de la gangue primitive ne subiront point de modification au centre; les faisceaux vasculaires, par exemple, n'atteindront point le centre de la racine; et dans ce cas, celle-ci conservera au centre un cylindre purement cellulaire : c'est ce qu'on appelle sa *moelle*.

Faisceaux vasculaires. — Ces faisceaux sont formés de vaisseaux disposés sur une ou sur un petit nombre de files rayonnantes; ils sont de ceux qu'on nomme rayés, spiralés, réticulés, ponctués; mais quand ils sont spiralés, ils ne renferment point de spiricules déroulables. Ils se produisent, dans un faisceau donné, de dehors en dedans; leur développement est donc ***centripète;*** c'est là un caractère important de la racine.

Le premier vaisseau formé dans une série se montre immédiatement contre la face interne d'une assise cylindrique qui, composée d'une seule rangée de phytocystes, a été considérée comme formant l'enveloppe du ***cylindre central*** de la racine et à laquelle on a donné, entre autres, le nom de ***Péricambium.*** On verra bientôt quel rôle joue cette couche dans la formation des racines secondaires; elle peut être continue autour des vaisseaux, ou, plus rarement, être interrompue çà et là; mais elle persiste autour d'eux; et c'est immédiatement à partir de sa face interne que se développent ordinairement, dans l'ordre centripète, les faisceaux vasculaires radicaux.

Faisceaux fibreux. — Ces faisceaux étant formés de phytocystes allongés, à paroi épaisse et d'abord un peu molle, comme il arrive d'ordinaire dans la tige pour les fibres libériennes, on les a souvent nommés *faisceaux libériens* ou *du liber;* et il est bon de noter déjà ici que dans les tiges le liber est depuis bien longtemps à tort considéré comme faisant partie de l'écorce, tandis que les faisceaux vasculaires dont il vient d'être question font évidemment partie du bois, intérieur, comme l'on sait, à l'écorce. Mais dans les racines le trait caractéristique de la disposition des divers faisceaux primaires consiste en ce que les faisceaux fibreux sont produits, *en dedans du péricambium,*

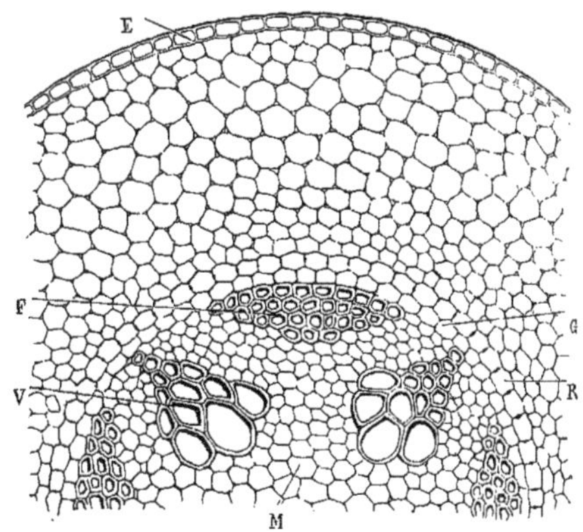

Racine de Fève. V, faisceaux vasculaires. F, faisceaux fibreux alternes. E, épiderme. M, moelle.

dans l'intervalle des faisceaux vasculaires, avec lesquels ils alternent régulièrement, étant en même nombre qu'eux. Ce caractère capital de la disposition alternante des deux ordres de faisceaux radicaux a été découvert par M. Nægeli, professeur à l'Université de Munich.

Si donc il y a dans une racine deux faisceaux de vaisseaux occupant un même plan diamétral, on observera deux faisceaux de fibres dont le plan médian coupe à angle droit celui des vaisseaux. Avec six faisceaux vasculaires, comme dans les Noyers, les Chênes, etc., il y aura généralement six faisceaux fibreux, occupant le milieu des intervalles qui les séparent les uns des autres; et ainsi de suite. Le développement de ces faisceaux fibreux est également centripète, à partir de la surface interne du péricambium.

Dans les Monocotylédones, la structure des racines persiste, à très peu d'exceptions près, telle que nous venons de la décrire. Il n'y a, en dedans de leur péricambium, que des faisceaux primaires, vasculaires et fibreux, alternant entre eux.

Dans les Dicotylédones, le tissu de la racine est au début semblable à celui des Monocotylédones; mais plus tard l'organisation se complique par des formations radicales *secondaires* de faisceaux vasculaires et fibreux.

Formations radicales secondaires. — Ces formations sont relativement peu importantes dans l'écorce; elles consistent en une production de liège, ou d'organes sécréteurs, ou de réservoirs à latex; elles sont analogues aux formations secondaires de l'écorce des tiges, dont il sera question à l'article TIGE.

Dans la portion centrale des racines, au contraire, il se constitue des groupes de phytocystes-cellules, qui deviennent autant de foyers de formation de nouveaux faisceaux vasculaires et fibreux. Ces foyers sont d'abord organisés en dedans des faisceaux fibreux primaires. Dans chacun de ces foyers, les phytocystes les plus intérieurs se transforment en vaisseaux qui apparaissent bientôt larges et béants sur une coupe transversale, comme les gros vaisseaux des faisceaux vasculaires primitifs, avec lesquels ils alternent. Immédiatement en dehors de ces vaisseaux, il se produit, par transformation, d'autres phytocystes-cellules, des fibres semblables à celles du bois de la tige (*fibres ligneuses*), fibres dont l'apparition augmente de plus en plus la dureté et la force de résistance de la racine. En même temps, les éléments les plus extérieurs du foyer se transforment en fibres dites *libériennes*, qui se trouvent appliquées immédiatement en dedans des fibres libériennes primaires, dont elles augmentent la masse. On doit appeler *Zone d'accroissement du faisceau radical secondaire* la portion des phytocystes primitifs de ce foyer qui continue de s'accroître et d'élaborer, en dehors d'elle-même, de nouvelles fibres libériennes, et, en dedans, de nouvelles fibres de bois et de nouveaux vaisseaux.

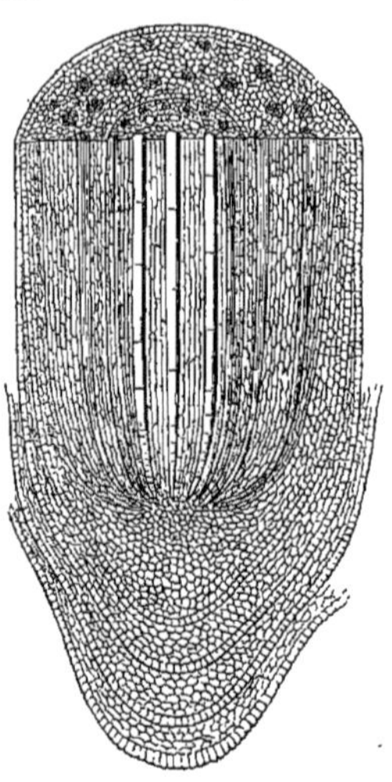

Racine de *Pandanus*; la coiffe se détachant par couches du sommet.

L'évolution allant plus loin encore, il peut se produire, dans l'intervalle des faisceaux dont nous venons de parler, des faisceaux tertiaires, quaternaires, etc.; mais il faut, dès à présent, bien établir au sujet des faisceaux secondaires les points suivants :

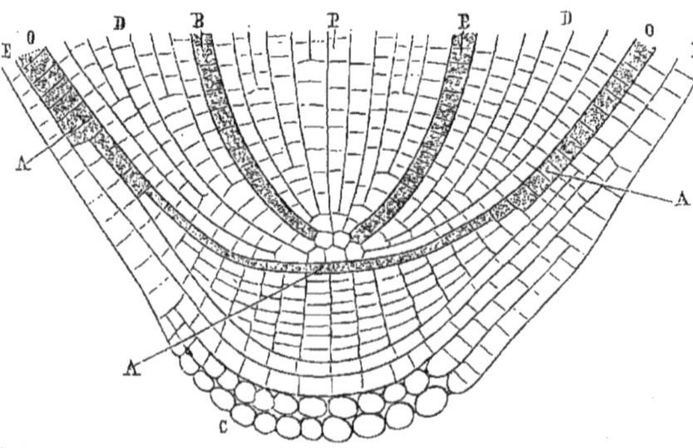

Extrémité d'une jeune racine. C, phytocystes qui se détachent; O O, dermatogène; B B, procambium; P, plérome.

Le faisceau radical secondaire est situé tout entier en dedans du faisceau libérien primaire : de sorte que celui-ci occupe, en dehors du bois, la même situation qu'il occupera dans les tiges.

Mais il répond aux intervalles des faisceaux vasculaires primaires, faisceaux qu'on peut d'ordinaire retrouver à l'intérieur d'une racine âgée, quelque développement relatif, souvent très considérable, qu'aient pris les diverses parties, notamment le bois des faisceaux radicaux secondaires.

Dans les Cryptogames les plus élevées en organisation, celles qui possèdent des vaisseaux (et qu'on nomme pour cette raison Cryptogames vasculaires), les racines sont, comme chez les Monocotylédones, réduites jusqu'au bout aux faisceaux primaires fibreux et vasculaires; de sorte que leur évolution est également limitée et définie; mais, outre quelques autres différences qu'elles présentent et que nous signalerons, quant au lieu de production des racines secondaires, lorsque le nombre des faisceaux est binaire, ce qui est un cas fréquent, le plan vertical qui passe par l'axe de la racine principale est, dans les espèces jusqu'ici observées, celui des deux faisceaux fibreux, et non, comme dans les Monocotylédones, celui des deux faisceaux vasculaires.

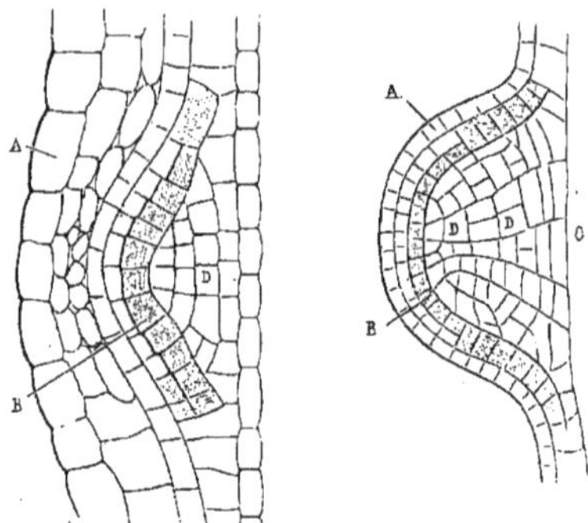

Formation latérale de jeunes racines sur le péricambium. D, parenchyme. B, dermatogène. C, couche péricambiale.

Tissu de l'extrémité apicale de la racine. — Cette portion de la racine, qui doit être étudiée à part parce qu'elle présente une organisation spéciale, comprend l'extrémité du cylindrocône radical, jusqu'à une légère distance de son sommet. C'est là, en effet, que se trouve, comme l'on sait, son point végétatif, au-dessus et au-dessous duquel ses dimensions ne varient plus guère. Ce point est d'ailleurs inférieur, et à sa surface le sommet de la racine est recouvert d'une sorte de chapeau et de coiffe, que M. Trécul a nommée *Piléorhize*, et qui, à un certain âge, se détache et s'exfolie pour laisser à nu le sommet de la racine ou une portion voisine de ce sommet. L'étude de la disposition et de l'origine des tissus de l'extrémité radiculaire rend compte de la formation de cette coiffe et de la façon dont elle se sépare du reste de l'organe.

En coupant longitudinalement et suivant son axe l'extrémité d'une jeune racine, on la voit formée de couches emboîtées les unes dans les autres, et qui sont toutes formées de phytocystes, différant dans chaque couche comme forme, consistance et épaisseur des parois, etc. Le cône central a reçu le nom de *Plérome*. Nous verrons, en étudiant le tissu de la tige, que cette portion centrale se continue dans toute sa hauteur, et que c'est elle qui donne naissance à sa moelle, à son bois et à son liber. Elle produit de même dans la racine les faisceaux vasculaires et fibreux que nous venons de décrire. Elle est entourée d'une couche mince qui est formée de tissu en voie d'évolution, et qu'on nomme *Procambium*.

Plus en dehors se voient, à droite et à gauche, les coupes d'un parenchyme qui va en s'atténuant en coin vers le bas, et qui doit, ici comme dans la tige, former le parenchyme cortical. Cette zone de parenchyme est enveloppée en dehors par le

Dermatogène. C'est celui-ci qui, par des divisions tangentielles successives de ses phytocystes, forme, dans la plupart des cas, cette coiffe ou piléorhize dans laquelle on distingue souvent deux couches. L'une, plus profonde, est formée de phytocystes jeunes et en voie d'évolution, polyédriques, d'abord serrés les uns contre les autres. L'autre, superficielle, est formée de phytocystes qui s'arrondissent de plus en plus,

Racines et bourgeons adventifs produits au contact du sol humide (Pouchet).

deviennent de moins en moins adhérents les uns aux autres, sont séparés par des espaces plus ou moins considérables, se détachent d'une façon presque continue et sont graduellement remplacés par les cellules plus profondes, qui peu à peu revêtent leurs caractères. Il y a d'ailleurs quelques variations qui ne nous arrêteront pas ici, dans l'origine des couches superficielles de la racine qui s'exfolient de la sorte, et, par conséquent, dans l'origine précise de la piléorhize. Hanstein avait rapporté toutes ces origines au dermatogène.

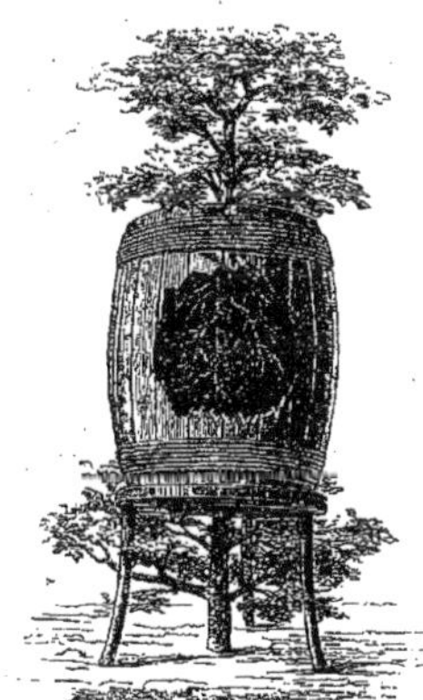

Production des racines adventives (marcottage). Expérience de Duhamel.

Naissance des racines secondaires. — C'est le plus souvent le *péricambium* qui donne naissance aux divisions latérales de la racine. Dans les Cryptogames vasculaires, ce pourrait être la couche extérieure à celle-là, c'est-à dire la zone la plus profonde de l'écorce parenchymateuse primordiale ou *Zone protectrice*. Dans le péricambium, par exemple, en face des faisceaux de la racine principale, à moins que ce lieu ne soit occupé par quelque autre organe qui empêche tout accroissement de tissu d'y prendre place, ou bien que le péricambium ne soit interrompu à ce niveau, il se produit une masse de parenchyme, due à la division en divers sens des phytocystes.

Cette masse, faisant saillie sous les couches plus extérieures de la racine principale, qui sont finalement distendues, détruites ou perforées pour livrer passage au jeune cône radiculaire, se comporte généralement comme le sommet de la racine principale et se différencie bientôt en un dermatogène qui donnera naissance sur sa convexité à une coiffe, et en un plérome plus profond, dans lequel se formeront aussi les faisceaux fibreux et vasculaires de la jeune racine.

Les racines adventives, dont le développement est, comme l'on sait, favorisé par l'humidité du milieu, se forment généralement de la même façon, et souvent aussi au niveau du péricambium ; mais on conçoit que quand la couche plus superficielle de la racine principale est entamée, ce qui favorise le développement des racines aussi bien qu'un milieu humide et plus ou moins obscur, comme le sol, ainsi qu'il arrive dans les cas de bouturage ou de marcottage avec incision, le sommet de la racine adventive se trouve nécessairement dès le début en contact avec le milieu extérieur.

Les fonctions des racines sont relatives, nous l'avons vu, au soutien et à la fixation des végétaux, aux excrétions et à l'absorption de l'eau et des matières alimentaires. — Voy. ABSORPTION.

RACINE A FARDER. Le Henné.

RACINE A LA GRAVELLE (*Gravel-root*). Nom vulgaire du *Collinsonia canadensis* L.

RACINE AMIDONNIÈRE. Nom vulgaire de l'*Arum maculatum* L.

RACINE A TOUS MAUX. Le Colombo.

RACINE-BISCUIT. Nom vulgaire, dans l'Amérique du Nord, de plusieurs *Ferula* à racine comestible, tels que les *F. canadensis* L., *fœniculacea* NUTT. et *nudicaulis* NUTT.

RACINE D'ABONDANCE. Le *Beta Cicla* L.

RACINE D'ALUN, R. ALUNÉE. L'*Heuchera americana* L. et le *Geranium maculatum* L.

RACINE DE BENGALE. Le *Zingiber zanthorhizon* ROXB.

RACINE DE CANNA. Au Cap, celle du *Mesembryanthemum emarcidum* THUNB.

RACINE DE CHARCIS, R. DES PHILIPPINES. Le *Dorstenia Contrayerva* L.

RACINE DE CHINE. Le *Smilax China* L.

RACINE DE COSTUS. Drogue usitée en Orient, carminative et stimulante, provenant de l'*Haplotaxis auriculata*.

RACINE DE COULEUVRE. Le *Mitreola ophiorrhizoides* RICH.

RACINE DE PESTE. Le Tussilage.

RACINE DE ROSE. Nom du *Sedum Rhodiola* DC.

RACINE DE SERPENT A SONNETTES. Le *Polygala Senega* L.

RACINE DE SERPENT, R. DE COULEUVRE. L'*Ophioxylon serpentinum* L.

RACINE DOUCE. L'*Astragalus glycyphyllos* L.

RACINE DU SAINT-ESPRIT. Nom de l'Angélique officinale.

RACINE GIROFLÉE. Synonyme de Benoite.

RACINE IMPÉRIALE. Nom de l'Impératoire.

RACINE NOIRE. Le *Caïnça*.

RACINE ORANGE. L'*Hydrastis canadensis* L.

RACINE SALIVAIRE. La Pyrèthre.

RACINE SANGUINAIRE. Le *Geranium sanguineum* L.

RACINES DE HONGRIE. Celles du *Gypsophila Saxifraga* L.

RACINE VIERGE. La Bryone dioïque. C'est aussi quelquefois le *Tamus communis* L.

RACK (BRUCE, *Voy.*, App., 44, t. 34), RACKA (GMEL., *Syst.*, 245). Synonyme de *Avicennia* L.

RACLE. Nom français des *Cenchrus* L.

RACOUBEA (AUBL., *Guian.*, I, 589, t. 236). Synonyme de *Homalium* JACQ.

RACOUET. L'*Alopecurus agrostis* L.

RADACKIA (ENDL., in *Ann. Wien. Mus.*, I, 186). Genre douteux de Légumineuses. La plante citée des *Atakta* (t. 49) n'a pas été publiée.

RADAMÆA (BENTH., in *DC. Prodr.*, X, 509). Genre de Scrofulariacées-Gérardiées, formé de 2 arbuscules de Madagascar; distingué par des feuilles entières ; un calice 5-fide; une corolle à tube étroit; des pédicelles floraux 2-bractéolés. (H. BN, *Hist. des pl.*, IX, 470. — *Hook. Icon.*, t. 1406.)

RADAN. Synonyme de *Nogal*.

RADDI (Gius.). Botaniste italien [1770-1829], écrivit en 1819 un *Synopsis Filicum brasiliensium*, et en 1820 le *Jungermanniografia etrusca*. En 1823, il publia un *Agrostographia brasiliensis*, et en 1825 la première partie d'un *Plantarum bra-*

siliensium nova genera et species, comprenant les Fougères (in-fol. de 101 p. et 84 lith.).

RADDIA (BERTOL., in *Opusc. sc. Bologn.*, III, 410). Synonyme de *Lithachne* P.-BEAUV.

RADDISIA (LEANDR., in *Münch. Denkschr.*, VII, 244, t. 15). Synonyme de *Anthodon* R. et PAV. (*Salacia*).

RADENDISTEL. En Allemagne, le Panicaut.

RADERMACHER (Jak.-Corn.-Matth.) est connu par son *Naamlyst der planten die gevonden worden op het eiland Java*, publié à Batavia, en 3 parties, de 1780 à 1782.

RADERMACHERA (ZOLL. et MOR., *Verzn. Ind. arch.* [1854], 53). Synonyme de *Stereospermum* CHAM.

RADERMACHIA (THUNB., in *Act. Akad. Stock.* [1776], 252). Synonyme de *Artocarpus* FORST.

RADIA (A. RICH., in *K. Syn. pl. æquin.*, I, 300). Synonyme de *Barbacenia* VAND.

RADIAIRE. Un des noms vulgaires de l'*Astrantia major* L. (voy. ASTRANCE). La *Petite Radiaire* est l'*Astrantia minor* L.

RADIALES (BATSCH, *Tab. aff.*, 131). Ordre de Liliacées.

RADIANA (RAFIN., *Speech.*, I, 88). Synonyme de *Cypselea* TURP.

RADIATA (MEDIC., *Phil. bot.*, I, 208). Le *Medicago radiata* L.

RADIATINERVE. — Voy. FEUILLE (II, 603).

RADICILLA. L'*Uragoga emetica* H. BN.

RADICULA. Chez les Romains, la Saponaire. C'est aussi le nom ancien des *Raphanus* T.

RADIOLA (GMEL., *Syst.*, 289). Section du genre *Linum* T., à fleurs 4-mères. (H. BN, *Hist. des pl.*, V, 45; *Herbor. paris.*, 266.)

RADIS. Nom français des *Raphanus*. Le *R. noir* est le *R. niger* MILL. Le *R. de cheval* est le Cochléaria.

RADIUS. Le Rayon des Composées.

RADIUS (Justus). Professeur à Leipzig, auteur [1821] d'un *Dissertatio de Pyrola et Chimophila* (in-8 de 32 p. et 5 pl.).

RADIUSIA (REICHB., *Consp.*, 148). Synonyme de *Sophora* L.

RADIX CARYOPHYLLATA. Synonyme de Benoite (*Geum urbanum* L.).

RADIX CAVA (CLUS.). Le *Corydalis cava* WL.

RADIX CHINÆ (offic.). La Squine.

RADIX LILIO-NARCISSI. Dans la pharmacopée allemande, l'*Amaryllis* (*Sternbergia*) *lutea* L.

RADIX MUSTELLÆ (Racine de belette). Cette drogue, indiquée par Mungo (IV, 510), serait (?) le *Soulamea amara* LAMK.

RADIX OGKERT. Le *Silene Macrosolen* STEUD.

RADIX PULONORICA (RUMPH.). L'*Aristolochia indica* L.

RADOJITSKYA (TURCZ., in *Bull. Mosc.* [1852], II, 176). Section du genre *Lachnæa* L.

RADULA (MIQ., *Syst. Piper.*, II, 428). Section des *Artanthe*.

RADULOTYPUS (DUMORT., *Syll. Jungerm.*, 38). Le *Jungermannia complanata*.

RAFANAGÉ. Nom languedocien du Raifort.

RAFANÈLA. Nom languedocien du *Roripa rusticana* G. et G.

RAFANELO. Synonyme de *Rafanagé*.

RAFÉ. Nom provençal du *Raphanus sativus* L.

RAFFAULT, RAFFOULT. L'*Agaricus necator* BULL.

RAFFENALDIA (GODR., *Fl. Juven.*, éd. 2, 52). Genre de Crucifères-Raphanées, voisin des Radis, distingué par une silique obtusément 4-gone, çà et là resserrée. C'est une petite herbe vivace, d'Algérie. (H. BN, *Hist. des pl.*, III, 251.)

RAFFIA. Nom madécasse d'un *Sagus* dont les feuilles jeunes sont employées pour fournir des fibres textiles propres à former des étoffes (BROSSARD DE CORBIGNY).

RAFFLESIA (R. BR., in *Trans. Linn. Soc.*, XIII, 201, t. 15-22; XIX, 242, t. 22-26). Genre d'Aristolochiacées-Rafflésiées, formé de plantes charnues, parasites, colorées, vivant en Malaisie sur les racines des Vignes. De leur rhizome inné sortent des fleurs solitaires, gigantesques, à odeur cadavérique, accompagnées de bractées et sessiles, qui sont dioïques. Dans les femelles, le réceptacle concave loge un ovaire infère. Dans les mâles, cette portion est pleine, cylindrique. Au-dessus de l'ovaire se voit une épaisse colonne stylaire, dilatée supérieurement en plateau. De ce plateau s'élèvent autant de corps coniques, étroits, qui sont nus dans les fleurs mâles, mais qui dans les femelles sont à leur sommet papilleux et stigmatiques. Le plateau qui les supporte porte en dessous, sur toute sa périphérie, des logettes dans lesquelles sont enchâssées les anthères, globuleuses, sessiles et multicellulées. Quand elles existent dans les fleurs femelles, elles sont stériles; mais dans les mâles elles renferment du pollen et s'ouvrent par un pore apical pour le laisser échapper. L'ovaire fertile est uniloculaire; il renferme dans sa cavité des placentas multiples et labyrinthiformes, dont

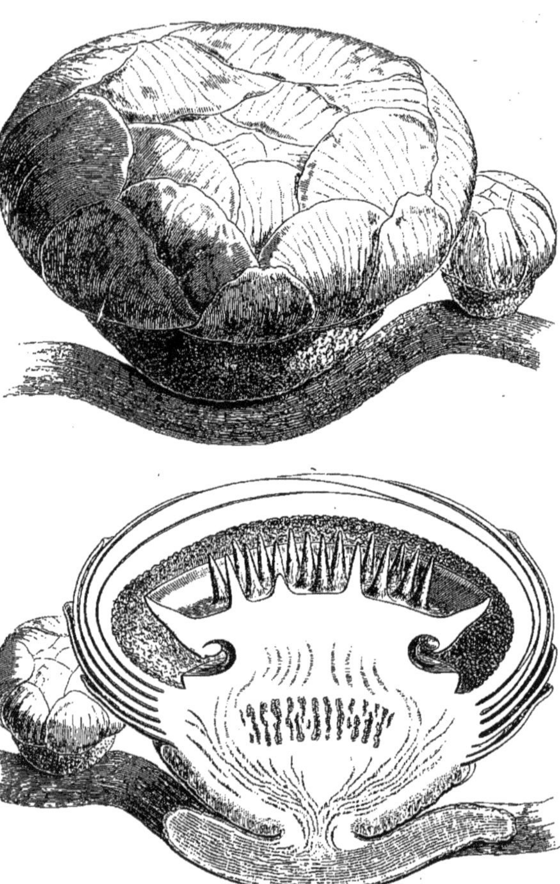

Rafflesia. — Fleur, entière et coupe longitudinale.

les vacuoles logent les ovules, orthotropes et inclinés sur leur funicule. Dans le fruit, ceux-ci deviennent des graines supportées par un large funicule, albuminées et contenant, à l'intérieur de la série unique des phytocystes du périsperme, un très petit embryon. On admet aujourd'hui 5 *Rafflesia*. (H. Bn, *Hist. des pl.*, IX, 13, 19, 25, fig. 41, 42.)

RAFFLÉSIACÉES, RAFFLÉSIÉES. Série de la famille des Aristolochiacées, formée, outre les *Rafflesia*, des *Brugmansia* et *Sapria*. (H. Bn, *Hist. des pl.*, IX, 13, 17, 25.)

RAFFOULT. Nom de l'*Agaricus* (*Lactaria*) *rufus* Scop.

RAFINESQUE-SCHMALTZ (Const.-Sam.). Auteur d'un grand nombre de travaux sur la flore des États-Unis : *Florula ludoviciana* [1817]; *Medical Flora* [1828-30]; *New Flora and Botany of N. America* [1836]. Il avait débuté, à Palerme, par un ouvrage sur la faune et la flore siciliennes. On trouve dans le *Journal de physique*, le *Journal* de Desvaux, etc., un nombre considérable de notes dues à cet auteur, qui a changé le nom de presque tous les genres dont il s'occupait.

RAFINESQUIA (Nutt., in *Trans. Amer. Phil. Soc.*, ser. 2, VII, 429). Synonyme de *Stephanomeria* Nutt.

RAFN (Carl-Gottl.). Professeur à Copenhague, a écrit une flore du Danemark et du Holstein [1796-1800] et [1796] *Udkast til en Plantephysiologie* (in-8 de 240 p.).

RAFNIA (Thunb., *Fl. cap.*, 563). Genre de Légumineuses-Papilionacées-Génistées, formé de 22 arbustes, de l'Afrique australe; distingué par un calice à lobe antérieur plus court que les autres, des pétales glabres, une gousse aiguë, des feuilles 1-nerves. Les caractères sont d'ailleurs ceux des Crotalariées. On cultive le *R. retusa* comme ornemental. (H. Bn, *Hist. des pl.*, II, 342.)

RAGIA. En Calabre, la Pomme d'Olivier.

RAGOULE. Nom de l'*Agaricus Eryngii* DC.

RAGOULO. Synonyme, dans les Cévennes, de Ragoule.

RAGOUMINIER. Le *Prunus pumila* L.

RAGWOOT. Nom anglais du *Senecio Jacobæa* L.

RAGWURZ. Nom allemand des *Orchis* T.

RAICILLA. Au Pérou, le *Psychotria emetica* Mut.

RAIFORT. Le *Cochlearia Armoracia* L.

RAIFORT (GRAND). Le *Cochlearia Armoracia* L.

RAIFORT CULTIVÉ, R. OFFICINAL. Le *Raphanus niger* Mill.

RAIFORT D'EAU. Le *Nasturtium amphibium* R. Br.

RAIFORT DES PARISIENS. Le *Raphanus niger* Mill.

RAIFORT SAUVAGE. Le *Cochlearia Armoracia* L.

RAILLARDELLA (A. Gray, in *Proc. Amer. Acad.*, VI, 550; IX, 207). Section du genre *Raillardia* Gaudich. (H. Bn, *Hist. des pl.*, VIII, 264.)

RAILLARDIA (Gaudich., in *Freycin. Voy.*, *Bot.*, 469, t. 83). Genre de Composées-Sénécionées, formé de 8, 9 arbustes des îles Sandwich; distingué par des capitules homogames, des fruits 4, 5-gones, à soies de l'aigrette plumeuses; des feuilles opposées ou alternes; des capitules disposés en grappes ou en faux-corymbes. (*Bot. Mag.*, t. 5517. — H. Bn, *Hist. des pl.*, VIII, 263.)

RAINFARN. Nom allemand ancien de la Tanaisie.

RAINSCHWAM. Nom allemand du Faux Mousseron (*Marasmius oreades*).

RAIN-TREE. Nom anglais du *Brunfelsia americana* Sw.

RAIPONCE. Le *Campanula Rapunculus* L.

RAIPONCE SAUVAGE, R. TUBÉREUSE. Le *Phyteuma spicatum*.

RAISIN BARBU. Le *Cuscuta major* DC.

RAISIN D'AUTRICHE. Le Chasselas à feuilles laciniées.

RAISIN DE CAMARONA. Le fruit du *Thibaudia macrophylla* K.

RAISIN DE CYTHÈRE. Le *Spondias cytherea* Lamk.

RAISIN DE LOUP. La Morelle noire.

RAISIN DE MARE. Nom, en Suisse, de la Groseille rouge.

RAISIN DE MER, R. MARITIME. L'*Ephedra distachya* L.

RAISIN DE MER, DES TROPIQUES. Le *Sargassum vulgare* Ag.

RAISIN D'ENFER. L'*Holigarna caustica* Roxb.

RAISIN DE RENARD. Le *Paris quadrifolia* L.

RAISIN D'OURS. — Voy. Busserole.

RAISIN DU CANADA, R. D'AMÉRIQUE, R. DES TEINTURIERS. Le *Phytolacca decandra* L.

RAISIN DU CHILI. L'*Aristotelia Maqui* Lhér.

RAISINIER. Nom français (Lamk) des *Coccoloba* L.

RAISINIER DE MONTAGNE. Le *Coccoloba nivea* Sw.

RAIZ D'ANGELICA. Nom brésilien du *Guettarda Angelica* Mart.

RAIZ DE CAFERANA. Synonyme de *Tupurubo*.

RAIZ DE CIPO SUMA. Au Brésil, l'*Anchietea salutaris* A. S.-H.

RAIZ DE GUINÉ. — Voy. Guiné.

RAIZ DE JACARÉ-ARU. Synonyme de *Tupurubo*.

RAIZ DEL MANSO. Au Mexique, l'*Echinacea heterophylla* Don.

RAIZ DE ORO. Nom portugais de l'Ipécacuanha.

RAIZ DE TUIH. Au Brésil, le *Jatropha opifera* Mart.

RAIZ DO PADRE SALERMA. — Voy. Paratudo.

RAIZ PARA LOS DIENTES (Racine pour les dents). L'un des noms primitifs du *Krameria triandra* R. et Pav.

RAIZ-PRETA. Nom du *Chiococca racemosa* Jacq.

RAIZ TIMBO. Au Brésil, le *Lonchocarpus Peckoltii* Wawr.

RAJANIA (L., *Gen.*, n. 1121). Genre de Dioscoréacées, formé de 6 plantes des Antilles, qui ont les caractères des Dioscorées volubiles, avec un fruit capsulaire, aplati, ailé en haut, samaroïde, unique par avortement. (Gærtn., *Fruct.*, I, t. 4. — Hook., *Icon.*, t. 1392.)

RAJANIA (Walt., *Fl. carol.*, 53, 247). Synonyme de *Brunnichia* Banks.

RAJOMON-KADSURA. Nom japonais du *Dracocephalum urticæfolium* Miq.

RAK. Le *Salvadora persica* L.

RAL. Sorte d'encens produit par le *Vatica robusta* W. et Arn.

RALEIGHIA (Gardn., in *Hook. Lond. Journ.*, IV, 97). Genre de Bixacées, distingué des *Abatia* en ce que la gorge de ses fleurs serait dépourvue de poils filamenteux et que ses anthères sont courtes, au lieu d'être allongées. Nous n'en avons fait qu'une section du genre *Abatia* (*Hist. des pl.*, IV, 313). [H. Bn.]

RAMACCIAM. Variété de Schœnanthe odorant.

RAMA-COUNIL, ROUMÉ-COUNIL. Noms languedociens de l'*Asparagus acutifolius* L.

RAMALINA (Achar., *Lich. univ.*, 122, 598). Genre de Lichens, qui a donné son nom à la tribu des *Ramalinés* et qui a été rapporté successivement aux Usnéés, Physciés, Everniés, etc. Ils sont caractérisés par un thalle rigide, cartilagineux; des apothécies orbiculaires, éparses, et un excipule thalloïde, bordant un disque irrégulier et inégal, finalement réfléchi. Ce sont des plantes qui croissent sur les arbres et les roches, à thalle plan ou subarrondi, dressé ou pendant, à spermogonies punctiformes, hyalines ou noirâtres. Les *R. fraxinea* Achar. et ses variétés *fastigiata* et *farinacea* se substituent au Lichen d'Islande. Les *R. scopulorum* et *polymorpha* sont aussi tinctoriaux, de même que le *R. calycaris* Achar., riche en *Usnine*. (H. Bn, *Tr. Bot. méd. crypt.*, 75.)

Ramalina.

RAMA-NEGRA. Dans l'Uruguay, le *Cassia corymbosa* Lamk.

RAMA-RAMA. A la Nouvelle-Zélande, le *Myrtus bullata* Bks.

RAMASSOU. Nom provençal du *Polyporus frondosus* Fr.

RAMATUELLA (H. B. K., *Nov. gen. et spec.*, VII, 254, t. 656). Section du genre *Terminalia* L. (H. Bn, *Hist. des pl.*, VI, 280.)

RAMBERGE. Le *Mercurialis annua* L.

RAMBIA. Nom malais du Sagoutier.

RAMBIA ou **RAMBIJA.** Aux Célèbes, le *Metroxylon Rumphii* Mart. Paraît être aussi le *M. læve* Mart. et le *M. inerme* Mart.

RAMBIJA. — Voy. Rambia.

RAMBOUSTAN. Le *Spondias purpurea* Lamk.

RAMBOUTAN. Nom du *Nephelium lappaceum* L. (*Euphoria Nephelium* DC. — *Dimocarpus crinita* Lour.), qui a un arille sapide, acidule, rafraîchissant, antibilieux, fébrifuge, et des graines amères et narcotiques. [H. Bn.]

RAMBUTU. A Ternate, le Rocouyer.

RAMÉAL (*ramealis*, de *ramus*, rameau). Qui appartient aux rameaux, qui est porté par un rameau.

RAMEAU. Les axes nés des branches; les divisions des branches.

RAMEAU D'OR. La Giroflée jaune.

RAMECH. Nom arabe des Truffes.

RAMEL (Prosper). De la famille du conventionnel de ce nom, naquit à Carcassonne dans les dernières années du siècle dernier. Il explora à plusieurs reprises le Brésil et l'Australie. Il inventa d'abord une machine à décortiquer les semences. Puis il s'adonna à l'introduction des plantes australiennes utiles, notamment à celle des *Eucalyptus* (voy. ce mot), dont il planta un grand nombre en Algérie. Après avoir dépensé sa fortune pour doter nos colonies de cet arbre précieux, il mourut de chagrin, tué par les calomnies d'un savant haut placé qui ne lui pardonnait pas son activité scientifique. Il écrivit peu; on lui doit quelques notices sur les *Eucalyptus*. [H. Bn.]

RAMELIA (H. Bn, in *Adansonia*, XI, 132; *Hist. des pl.*, V, 214). Genre d'Euphorbiacées, qui a beaucoup des caractères à la fois des *Alchornea*, des *Cleidion* et des *Mappa*, mais qui se distingue par ses fleurs mâles à calice valvaire et à deux ou trois étamines centrales, libres, alternisépales, à anthères introrses. Le calice de ses fleurs femelles est à cinq ou six sépales inégaux, imbriqués. L'ovaire, à trois ou quatre loges uniovulées, est surmonté d'un style en forme de cornet, qui simule une corolle gamopétale, charnue, à quatre divisions. Le fruit est

Rameya. — Branche fructifère.

capsulaire. La seule espèce connue jusqu'ici est le *R. codonostylis*, arbuste de la Nouvelle-Calédonie, à feuilles alternes, rapprochées en faux verticilles, et à fleurs monoïques, disposées en épis unisexués. [H. Bn.]

RAMENTA. Lamelles minces et finalement sèches, ordinairement formées d'une assise de phytocystes, et qui sont portées par le pétiole d'un grand nombre de Fougères.

RAMENTACÉ (*ramentaceus*). Qui porte des ramenta.

RAMERINO. Nom italien du Romarin.

RAMEYA (H. Bn, in *Adansonia*, IX, 313, t. 11). Genre de Ménispermacées, dédié à notre excellent ami Eugène Ramey, mort prématurément et auteur de quelques notices botaniques et horticoles. Formé de lianes de Madagascar et des Comores, ce genre a des fleurs mal connues, mais distinguées par ∞-carpelles réunis sur un réceptacle globuleux, de manière à former une sorte de tête. L'embryon est probablement analogue à celui des *Triclisia* dont notre *R.*? *loucoubensis* fait partie. Les feuilles sont 3-nerves à la base et rapprochées en petit nombre sur le bois des rameaux. (H. Bn, in *Bull. Soc. Linn. Par.*, 458.)

RAMGOAT-BUSH. Nom du *Fagara microphylla* Desf.

RAMI. Nom madécasse d'un grand arbre de la famille des Térébinthacées, qui fournit une résine Élemi, d'après Guillain.

RAMICH. Le *Gossypium arboreum* L., var. *giganteum*. C'est encore le nom ancien de l'Aloès.

RAMIE. — Voy. Bœhmeria.

RAMIER (bois). Le *Muntingia Calabura* L.

RAMIFICATION. Division des axes. — Voy. Tige.

RAMILLE. Division des Ramules.

RAMIREZIA (A. Rich., *Fl. cub.*, Atl.). Syn. de *Pœppigia* Presl.

RAMISIA (Glaz., in *Bull. Soc. Linn. Par.*, 697). Genre brésilien, voisin des *Leucaster*, à fleur 4-mère, à périanthe obconique, puis dilaté en cloche à 4 lobes profonds. Il y a 2 étamines hypogynes, à grosse anthère cordée-réniforme. L'ovaire uniloculaire renferme un ovule basilaire, subcampylotrope. Le fruit est probablement un achaine. Le *R. Glaziovii* H. Bn est un arbre de taille moyenne, à aspect d'Élæagnée. [H. Bn.]

RAMOND (Louis-Fr.-Elis. de Carbonnière). Né à Strasbourg en 1753, mourut à Paris en 1827. On lui doit, entre autres travaux scientifiques, des *Observations faites dans les Pyrénées* [1789], et *Voyages au Mont-Perdu et dans la partie adjacente des Hautes-Pyrénées* [1801], in-8 de 392 p. et 16 pl. Son éloge a été écrit par G. Cuvier.

RAMONDA (Rich., in *Pers. Syn.*, I, 216). L'un des rares genres de Gesnériacées-Cyrtandrées de l'Europe, à fleurs peu irrégulières, 4-6-mères, la corolle rotacée ou largement campa-

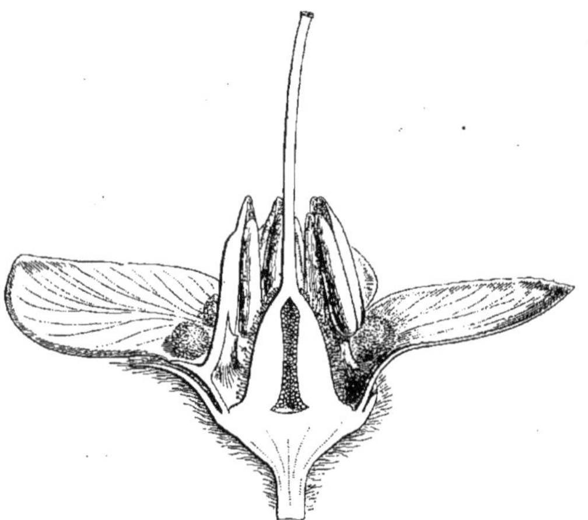

Ramonda. — Fleur, coupe longitudinale.

nulée; l'androcée isostémoné, et l'ovaire supère, à 2 placentas pariétaux, 2-lobés et ∞-ovulés. Le fruit est placenticide. Le *R. pyrenaica* est célèbre par ses belles fleurs violacées et ses larges feuilles basilaires molles et velues. On le cultive parfois à Paris. Il y en a 3 autres belles espèces en Serbie et en Grèce. (H. Bn, *Hist. des pl.*, X, 68, 98, fig. 71.)

RAMONDE. Nom français (Lamk) des *Ramonda* Rich.

RAMONDIA (DC.). Pour *Ramonda* Rich.

RAMONTCHI (ENDL., *Gen.*, 921). Syn. de *Stigmarota* LOUR.

RAMONTSCHI. Nom français (LAMK) des *Flacourtia* COMMERS.

RAMORACIA. Nom italien des Radis.

RAMPAN. Nom languedocien du *Laurus nobilis* L.

RAMPHIDIA (LINDL., in *Proc. Linn. Soc.*, I, 181). Genre disjoint des *Goodyera* R. BR.

RAMPHOCARPUS (NECK., *Elem.*, II, 438). Genre séparé des *Geranium* L.

RAMPHOSPERMUM (ANDRZ. — REICHB., in *Mössl. Handb.*, I, 57.) Synonyme de *Leucosinapis* DC.

RAMPON. Synonyme de Raiponce.

RAMPRARIA. Nom ancien des *Echinops* L.

RAMSPECK (Jack.-Christ.). Auteur [1751-52] de *Selectarum observationum... botanicarum*, publié à Bâle (in-4 de 17 p.).

RAMSPEKIA (SCOP., *Introd.*, 145). Syn. de *Posoqueria* AUBL.

RAMTAURI L'*Hibiscus longifolius* W. (*Abelmoschus* MEDIC.).

RAMTIL, RAMTILLA. Noms abyssins du *Guizotia oleifera* DC

RAMUKI. Nom, au Silhet, du *Cordia? acuminata* BALL.

RAMULARIA (ROUSS., *Fl. Calv.*, ex DESVX). L'*Ulva Lactuca*.

RAMULE (*Ramulus*). Division des rameaux.

RAMUS. Nom latin du Rameau.

RAMUS AUREUS. Chez les Latins, le *Viscum album* L.

RAMUSIA (NEES, in *DC. Prodr.*, XI, 309). Synonyme (B. H., *Gen.*, II, 1121) de *Peristrophe* NEES.

RAN. Nom japonais d'un grand nombre d'Orchidées.

RANA. Nom arabe (ROXB.) du Grenadier.

RANA. Plante de Madagascar, qui donne une résine rouge, usitée comme astringente, et que l'on croit être un *Sang-Dragon* (ALBRAND).

RANÆ MORSUS (DOD.). L'*Hydrocharis Morsus-ranæ* L.

RANA-KERI. Nom brame du Balisier.

RANALES (LINDL., *Nix. pl.*). Les Renonculacées.

RANARIA (CHAM., in *Linnæa*, VIII, 28). Synonyme de *Herpestis* GÆRTN. F.

RANCAGUA (PŒPP. et ENDL., *Nov. gen. et spec.*, I, 15, t. 24, 25). Synonyme de *Lasthenia* CAV.

RANDA. Nom vernaculaire d'une liane indéterminée (*Bauhinia* ?) du Sénégal.

RANDALIA (PAL.-BEAUV., ex DESVX). Synon. de *Eriocaulon* L.

RANDALIA (PETIV., *Gazophyl.*, t. 53). Synonyme de *Nasmythia* HUDS.

RANDIA (HOUST., in *L. Hort. Cliff.*, 485). Section du genre *Genipa* PLUM. (H. BN, *Hist. des pl.*, VII, 306.)

RANDIELLA (H. BN, in *Adansonia*, XII, 295; *Hist. des pl.*, VII, 310). Section du genre *Genipa* PLUM. (*Randia*), à petites fleurs nées sur le bois des rameaux, à style renflé en sphère au sommet. Espèces de la Nouvelle-Calédonie.

RANDONIA (COSS., in *Kral. exs. alger.*, n. 19; in *Ann. sc. nat.*, sér. 5, I, t. 21). Genre de Résédacées, représenté par un petit arbrisseau algérien, distingué par des fleurs à 8 pétales compliqués-crêtés, un ovaire à placentas pariétaux, surmonté de 2, 3 branches stylaires; une capsule close, sessile et 2, 3-sperme. (H. BN, *Hist. des pl.*, III, 304.)

RANDSCHICHT. Nom allemand de l'Hyaloplasme.

RANGANI. Nom indien du *Solanum Jacquini* W.

RANGIKU. Nom japonais du *Caryopteris Mastacanthus* SCH.

RANGIUM (J., in *Dict.*, XXIV, 200). Synonyme (?) de *Forsythia* VAHL.

RANISIA (SALISB., *Gen. pl. Fragm.*, 143). Synonyme de *Gladiolus* T.

RANJANA. Nom sanscrit du Santal rouge.

RANMANISSA (ENDL.). Synonyme de *Polanisia* RAFIN.

RANONCULE. Le *Ranunculus bulbosus* L.

RANQUILLE. Nom vulgaire du *Clematis Vitalba* L.

RANSOU. Nom que les Indiens Orégones donnent au *Strychnos Castelnæana* WEDD., l'ingrédient essentiel du Curare fabriqué dans la région de l'Amazone.

RANUA. Nom arabe du Grenadier.

RANUGIA (SCHLCHTL, in *Linnæa*, XXIV, 728) Section (?) du genre *Anguria* PLUM.

RANUNCELLA (SPACH, *Suit. à Buff.*, VII, 204). Sous-genre du genre *Ranunculus* T.

RANUNCULACEÆ. Nom latin des Renonculacées.

RANUNCULASTRUM (DC., *Prodr.*, I, 27). Section du genre *Ranunculus* T.

RANUNCULUS (T.). Nom latin des Renoncules (p. 697).

RANUNCULUS ALATUS (POIR., *Dict.*, VI, 127). Synonyme de *Soliva* R. et PAV.

RANUNCULUS ALBUS. Nom officinal de la Sylvie.

RANUNCULUS CUM FLORE IN MEDIO FOLIO (BAUH.). L'*Helleborus hyemalis* L.

RANUNCULUS IV (MATTH.). L'*Anemone narcissiflora* L.

RANUNCULUS PHRAGMITES (BAUH.). L'Anémone Sylvie.

RANUNCULUS SYLVARUM (CLUS.). L'Anémone Sylvie.

RANUNCULUS VI (MATTH.). Le *Trollius europæus* L.

RAOULIA (HOOK. F., *Fl. N.-Zel.*, I, 134, t. 36, 37). Section du genre *Gnaphalium* L. (H. BN, *Hist. des pl.*, VIII, 169.)

RAPA (T., *Inst.*, 228, t. 113). Synonyme de *Brassica* T.

RAPABACA. Au Brésil, la Brinvillière.

RAPAC. Palmier indéterminé de Madagascar.

RAPALLIKO. Synonyme de *Cucurbita maxima* DUCH.

RAPANE. Nom français (LAMK) des *Rapanea* AUBL.

RAPANEA (AUBL., *Guian.*, I, 121, t. 46). Syn. de *Myrsine* L.

RAPATE. Nom français (LAMK) des *Rapatea* AUBL.

RAPATEA (AUBL., *Guian.*, I, 301, t. 118). Genre de Monocotylédones, de l'Amérique tropicale, qui a donné son nom à une petite famille des *Rapatéacées*. Les fleurs y sont régulières, à double périanthe 3-mère, avec 6 étamines hypogynes et un ovaire sessile, à 3 loges. Chacune d'elles contient un ovule dressé. Les 5 espèces connues ont un épais rhizome, de longues feuilles basilaires et un scape qui porte une inflorescence dite en capitule, avec une spathe latéralement adnée et de nombreuses fleurs pressées, sessiles ou à peu près, accompagnées chacune de nombreuses bractées imbriquées, d'autant plus développées qu'elles sont plus haut placées. (*Fl. bras.*, III, I, t. 17. — DESVX, in *Ann. sc. nat.*, sér. 1, XIII, t. 4.) [H. BN.]

RAPE. En Angleterre, le Navet.

RAPE (BOIS DE). Le *Cordia Sebestena* L.

RAPETTE. Nom français (LAMK) des *Asperugo* T.

RAPHANIS (MŒNCH, *Meth.*, 267). Syn. de *Armoracia* RUP.

RAPHANIS. Nom grec ancien du Radis.

RAPHANIS MAGNA. Nom ancien du Raifort.

RAPHANISTROCARPUS (H. BN). Section du genre *Momordica* T., à ovaire étroit, ne renfermant que quelques ovules ascendants ou descendants. (H. BN, *Hist. des pl.*, VIII, 407, fig. 289-291.)

RAPHANISTRUM (T., *Inst.*, 230, t. 115). Synonyme de *Raphanus* T.

RAPHANOCARPUS (HOOK. F., *Icon. pl.*, t. 1084). Section du genre *Momordica* T. (H. BN, *Hist. des pl.*, VIII, 442.)

RAPHANODES. Nom donné à des Radis comestibles considérés comme obtenus par sélection du *Raphanus Raphanistrum* L.

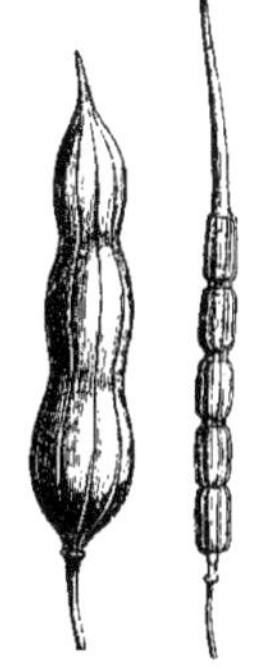

Raphanus. — Fruits.

RAPHANUS (T., *Inst.*, 229, t. 114). Nom latin des Radis. C'est un genre de Crucifères qui donne son nom à la série des *Raphanées*, et dont les fleurs, à androcée tétradyname, ont un ovaire d'abord uniloculaire, à 2 placentas pariétaux, réunis par une fausse-cloison. Mais dans le fruit allongé, continu ou moniliforme, indéhiscent ou séparé en articles transversaux, les graines sont plongées dans une moelle celluleuse, creusée de logettes alternatives. L'embryon est à cotylédons condupliqués. Ce sont des herbes annuelles ou bisannuelles, à racine souvent pivotante, charnue et comestible, potagère et réputée stimulante, stomachique, diurétique et antiscorbutique. On administre parfois le suc de ces pivots (Raves et Radis).

RAPHANUS RUSTICUS. Nom, dans l'ancienne pharmacopée de Londres, du Raifort (*Cochlearia Armoracia* L.).

RAPHELINGIA (DUMORT., *Anal. fam.*, 60). Genre d'Asphodélées, non décrit.

RAPHIA (PAL.-BEAUV., *Fl. owar. et ben.*, I, 75, t. 44, fig. 1, 45, 46). Genre de Palmiers-Lépidocaryées, formé de 6, 7 espèces monocarpiennes, d'Afrique, de Madagascar et du Nicaragua; voisin des Sagoutiers; distingué par une tige robuste, dressée; des feuilles à rachis non prolongé; des spadices terminaux, gigantesques, à divisions pectinées, comme articulées; les fleurs monoïques; les mâles 6-16-andres; les femelles à staminodes réunis en urcéole; l'ovaire 3-loculaire; le fruit rostré, 1-sperme; l'albumen très dur et ruminé. A Madagascar, le *Raphia* est surtout célèbre par l'emploi de ses fibres textiles, dont on fait des étoffes, des cordages, des liens, de la sparterie, etc. (MART., *Hist. nat. Palm.*, II, 53. — B. H., *Gen.*, II, 936. — DRUDE, *Pflanzenfam. Lief.* 1, p. 44, fig. 34, 35.)

RAPHIDE. — Voy. CRISTAUX, PHYTOCYSTE.

RAPHIDIOCYSTIS (HOOK. F., *Gen.*, I, 828, n. 25). Genre de Cucurbitacées-Cucurbitées, formé de 2 espèces africaines; distingué, dans le groupe des Céphalandrées, par des sépales à lobes pectinés; un réceptacle femelle chargé de soies et 3 styles 2-3-fides. Les fleurs sont monoïques, et les femelles ont un réceptacle qui, au-dessous d'un rétrécissement que surmonte la cupule portant le périanthe, se prolonge en un sac oblong ou subglobuleux, contenant l'ovaire. Le fruit est sec, indéhiscent, couronné du périanthe soyeux-hérissé, et les graines ovoïdes, comprimées, sont parfois obtusément marginées. (H. BN, *Hist. des pl.*, VIII, 435.)

RAPHIDOPHORA (HASSK., *Cat. Hort. bog.* [1844], 58, part.). Synonyme de *Epipremum* SCHOTT.

RAPHIDOPHYLLUM (HOCKST., in *Flora* [1841], 666). Synonyme de *Sopubia* HAM.

RAPHIODON (SCHAU., in *Flora* [1844], 345). Synonyme de *Hyptis* JACQ.

RAPHIOLEPIS. Pour *Rhaphiolepis* LINDL.

RAPHIONACME (HARV., in *Hook. Lond. Journ.*, I, 22). Genre d'Asclépiadacées-Périplocées, formé d'une dizaine d'herbes ou sous-arbrisseaux africains; distingué par des sépales étroits, une corolle subrotacée, à lobes recouvrant à droite; une couronne à écailles lancéolées ou subulées, avec dents latérales ou intérieures. La tige est courte, rarement grimpante. Les cymes sont terminales ou axillaires. Par tous les autres caractères ce genre présente les plus grandes analogies avec les *Tacazzea* qui sont des mêmes régions. (HARV., *Thes. cap.*, t. 66. — H. BN, *Hist. des pl.*, X, 294.)

RAPHIONE. Un des démembrements, pour Salisbury, du genre Ail.

RAPHIOSTYLES (PL., in *Hook. Niger Fl.*, 259, t. 58). Synonyme de *Apodytes* E. MEY.

RAPHIS (BATSCH, *Tab. aff.*, 156). Pour *Rhaphis* LOUR.

RAPHISANTHE (LILJ., in *Linnæa*, XV, 263). Synonyme de *Blumenbachia* SCHRAD.

RAPHISTEMMA (WALL., *Pl. as. rar.*, II, 50, t. 163). Genre d'Asclépiadacées, série des Asclépiadées, dont la fleur a un calice hautement 5-fide; une corolle campanulée ou rotacée-campanulée, à limbe 5-fide. Le gynostège est inclus dans le tube. La couronne staminale est 5-phylle, à folioles deux fois plus longues que le gynostège, exsertes, comprimées, infléchies au sommet. Les étamines sont surmontées d'une lame membraneuse. Les pollinies, claviformes ou ovoïdes, sont attachées sous le sommet et pendantes. Les fruits sont des follicules, souvent solitaires, presque ventrus. Ce sont des arbustes de l'Inde et des Moluques, à tige grêle et volubile, à feuilles cordées, glanduleuses, à fleurs disposées en cymes ombelliformes, axillaires et longuement pédonculées. On en connaît deux espèces. Par ses fleurs, ce genre se rapproche certainement beaucoup du genre *Enslenia* NUTT. (B. H., *Gen.*, II, 758, n. 63. — *Hist. des pl.*, X, 257.) [H. BN.]

RAPIN. Auteur [1827] d'une *Esquisse de l'histoire naturelle des Plantaginées* (in-8 de 55 p., extrait des *Annales de la Société Linnéenne de Paris*, VI).

RAPINIA (MONTROUS., in *Mém. Ac. Lyon*, X, 243). Genre de Verbénacées-Viticées, voisin des *Petitia*, à feuilles simples ou 3-5-foliolées, à fleurs axillaires, peu irrégulières; la corolle tubuleuse, 4-fide; les 4 étamines peu inégales; le fruit drupacé. Ce sont des arbustes, au nombre de 1, 2, de la Nouvelle-Calédonie. (H. BN, *Hist. des pl.*, XI, 118.)

RAPISTRE. Nom français des *Rapistrum* DESVX.

RAPISTRUM (DESVX, *Journ. Bot.*, III, 150). Genre de Crucifères-Cakilées, formé de 6, 7 espèces, de l'Europe australe, du nord de l'Afrique et de l'Orient; distingué dans le groupe des Cakilées, allongés, par des fruits à article inférieur asperme ou 2-4-sperme; le supérieur pourvu de côtes ou très irrégulier, 1-sperme. Les 7 espèces de ce genre sont des herbes dressées et rameuses, à feuilles inférieures pinnatifides; les supérieures entières. On les trouve dans l'Europe méridionale, l'Afrique du Nord et l'Orient. (H. BN, *Hist. pl.*, III, 196.)

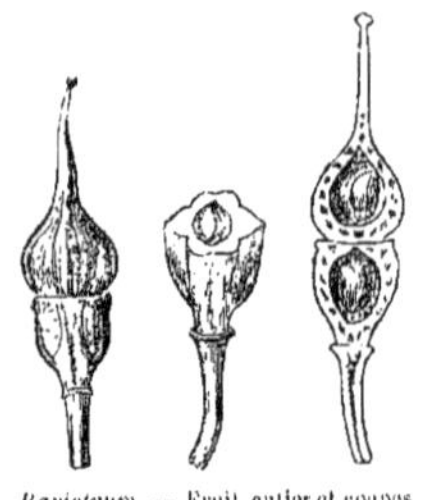

Rapistrum. — Fruit, entier et coupes longitudinale et transversale.

RAPISTRUM (HALL., *Helv.*, I, 224). Synon. de *Neslia* DESVX.

RAPISTRUM. Nom ancien de la Cameline.

RAPIUM. Nom ancien de l'Armoise.

RAPONCULE. Nom français (LAMK) des *Phyteuma* CÆS.

RAPONTIC. Pour *Rhapontic*.

RAPONTIN. Le *Rumex alpinus* L.

RAPUM. Nom ancien des Navets.

RAPUM ROTUNDUM (MATTH.). Le *Brassica Rapa* L.

RAPUM SYLVESTRE. Nom ancien (MATTH.) du Navet.

RAPUNCULUS (C. BAUH., *Pin.*, 92). Syn. de *Campanula* FUCHS.

RAPUNCULUS (DALECH., *Hist.*, 641). Syn. de *Phyteuma* CÆS.

RAPUNTIUM (CHEVAL., *Fl. par.*, II, 526). Syn. de *Mindium*.

RAPUNTIUM (GÆRTN., *Fruct.*, I, t. 30). Synon. de *Lobelia* L.

RAPUNTIUM (LOB., *Hist.*, 178, ic. 329). Synonyme de *Phyteuma* CÆS.

RAPUNTIUM (T., *Inst.*, 163, t. 51). Synonyme de *Lobelia* L.

RAPUTIA (AUBL., *Guian.*, II, 670, t. 272). Synonyme de *Galipea* AUBL.

RAPUTIER. Nom français (LAMK) des *Raputia* AUBL.

RAQUETTE. Nom de divers *Cereus* et *Epiphyllum* et généralement des Cactacées à cladodes aplatis, étalés, cultivées pour la beauté de leurs fleurs.

RARA. Nom indigène des *Myristica* et en particulier du *M. madagascariensis* LAMK.

RARA-BÉ. Nom malgache (CHAPEL.) du *Myristica Vouri* H. BN.

RARA-HORACK. Le *Myristica madagascariensis* LAMK.

RARAM (ADANS., *Fam.*, II, 35). Synonyme de *Cenchrus* L.

RARAN. Synonyme de *Nogal*.

RARDOSIA (HASSK., in *Flora* [1882], II, *Beibl.*, 25). Synonyme de *Plectranthus* LHÉR.

RASAMALLA. — Voy. LIQUIDAMBAR (III, 261).

RASCA. Nom languedocien du *Cuscuta major* DC.

RASCALADE. Nom languedocien du Froment.

RASCLA. La Parelle d'Auvergne.

RASE. L'essence distillée de la résine des Pins.

RASINET. Le *Sedum album* L.

RASOT. Le *Berberis Lycium* ROYL.

RASPAIL (Fr.-Vinc.). Médecin, chimiste, pharmacien, etc., né en 1791, avait débuté dans la botanique [1825] par un très intéressant *Mémoire sur la famille des Graminées*, donna depuis [1837] un *Nouveau système de physiologie végétale et de botanique*, et traita de temps à autre, dans ses publications médicales, de parasites appartenant au règne végétal. Mais la politique l'entraîna loin des études scientifiques sérieuses du commencement de sa carrière.

RASPAILIA (PRESL, *Rel. Hænk.*, I, 238; t. 40). Synonyme de *Polypogon* DESF.

RASPALIA (AD. BR., in *Ann. sc. nat.*, sér. 1, VIII, 377, t. 37, fig. 1). Section du genre *Brunia* BURM. (H. BN, *Hist. des pl.*, III, 385.)

RASPBERRY. Nom anglais des *Rubus* T.

RASPE (GOTTFR.). Auteur [1627] de *Disputatio physica de plantis* (in-4), publié à Leipsig.

RASQUE. En Languedoc, la Cuscute.

RASSAK. Nom, à Bornéo, d'un *Vatica*.

RASTMA. Nom sanscrit du Petit Galanga.

RATA. A la Nouvelle-Zélande, le *Metrosideros lucida* MENZ.

RATABOUT. Le *Tragopogon pratense* L.

RATALIE. L'*Aristolochia Clematitis* L.

RATAN. Nom arabe du *Spartium monospermum*, dont le bois est employé pour faire du charbon.

RATANHIA. Médicament astringent, tonique, riche en tannin et en matière colorante rouge, fourni par la racine de plusieurs *Krameria*. Le R. du Pérou est donné par le *K. triandra*; le R. des Antilles, de Vénézuela, de Colombie, par le *K. ixina* et ses variétés; le R. de l'Amérique du Nord, non usité chez nous, par le *K. secundiflora* (voy. KRAMERIA).

RATAS. Nom indien de l'*Inocarpus edulis* FORST.

RAT-BEAN. Nom anglais du *Capparis frondosa* JACQ.

RATE. Arbre africain tinctorial (MOLLIEN).

RATELAIRE. L'*Aristolochia Clematitis* L.

RATHAMIRIS. A Ceylan, le *Capsicum annuum* L.

RATHATHORA. A Ceylan, le Cajan.

RATHEA (KARST., in *Koch Wochenschr.*, I, 377; II, 15). Synonyme de *Synechanthus* H. WENDL.

RATHKE (J.). Écrivit [1823] un *Enumeratio plantarum horti botanici universitatis christianensis* (in-8 de 59 p.).

RATHKEA (SCHUM. et THÖNN., *Beskr. pl. guin.*, 365). Synonyme de *Diphaca* LOUR.

RATI. Nom, dans l'Inde, des graines de l'*Abrus precatorius* L., employées dans le pays comme étalon de poids.

RATIBIDA (RAFIN., in *Journ. phys.*, LXXXIX, 100). Le *Rudbeckia columnaris* PURSH.

RATILES. Nom, aux Philippines, des *Muntingia* PLUM.

RATISSAGE D'AMÉRIQUE. La résine du *Pinus Strobus* L.

RATONCULE. Nom français (LAMK) des *Myosurus* DILL.

RATONIA (DC., *Prodr.*, I, 618). Section (RADLKF.) du genre *Matayba* AUBL.

RATT. Le *Combretum Scolopendrium*.

RATTA (ÉCORCE DE). Celle du *Bocoa edulis* H. BN.

RATTLE-BUSH. Nom anglais du *Crotalaria incana* L.

RATTLESNAKE PLANTAIN. Aux États-Unis, le *Goodyera pubescens*.

RATTLE-SNAKE-ROOT. Le *Polygala Senega* L.

RATTLESNAKE'S MASTER. Nom, aux États-Unis, du *Kuhnia squarrosa* H. BN (*Liatris squarrosa* W.), souverain, dit-on, contre les morsures des Crotales.

RATZEBURG (Jul.-Theod.). Auteur [1825], à Berlin, d'*Observations sur les pélories*, de *Untersuchungen über Formen u. Zahlenverhältnisse der Naturkörper* [1829], et [1859] de *Die Standortsgewächse und Unkräuter Deutschlands und der Schweiz, in ihren Beziehungen... andern Fächern* (in-8 de 487 p. et 12 pl.).

RATZEBURGIA (K., *Rev. Gram.*, II, 487, t. 158). Genre de Graminées-Andropogonées, formé d'une humble herbe cespiteuse, de Birmanie; distingué par un épi aplati, avec 2 épillets : l'un fertile et sessile; l'autre stérile et stipité. (WALL., *Pl. as. rar.*, III, t. 273.)

RATZENKRAUT. En Allemagne, le *Teucrium Marum* L.

RAU (Ambr.). Professeur à Wurzbourg, donna en 1816 une *Énumération des Roses qui croissent autour de cette ville*, in-8.

RAU-CAU. Nom annamite des Algues qui servent à préparer des gelées comestibles. — Voy. THAO.

RAUCH (F.-A.). Auteur [1818] de *Régénération de la nature végétale* (2 vol. in-8).

RAUHUIA. Nom, aux Fidji, du *Linum monogynum* FORST.

RAUJUA. Nom, en Cochinchine, du *Ludwigia* (*Jussiæa*) *repens*.

RAUKANA (SEEM., *Journ. of Bot.*, IV, 352). Section du genre *Panax* L. (H. BN, *Hist. des pl.*, VII, 251.)

RAU-KAN-HOANG. En Cochinchine, le *Sium græcum* LOUR.

RAUMERIA (GŒPP., *Uebers.*, 217). Genre de Cycadacées fossiles. (UNG., *Syn. pl. foss.*, 163; *Chlor. protog.*, LXV. — AD. BR., in *Dict. d'Orb.*, XIII, 108.)

RAUSELLES. A Gênes, les jeunes pousses du Coquelicot.

RAUSSINIA (NECK., *Elem.*, II, 419). Synon. de *Pachira* AUBL.

RAUTE. En Allemagne, le *Ruta graveolens* L.

RAUVOLFE. Nom français (LAMK) des *Rauwolfia* L.

RAUWENHOFFIA (SCHEFF., in *Ann. Jard. Buitenz.*, II, p. 1). Genre d'Anonacées, dont les fleurs ont les 6 sépales valvaires, comme ceux des *Unona*; les intérieurs étroits; de nombreuses étamines et de nombreux carpelles ∞-ovulés, finalement à 1, 2 graines dans le fruit. Ce sont des arbustes de Siam et de l'île Lutar, grimpants, à innovations chargées de poils. [H. BN.]

RAUWOLF (Leonh.). Mort à Augsbourg en 1596, a laissé un très curieux ouvrage sur ses voyages en Syrie, Judée, Arabie, Mésopotamie, Babylonie, Assyrie, etc. (1487 p. et 44 grav. sur bois). Des traductions en ont été faites en hollandais et en anglais. En lui dédiant le genre *Rauvolfia*, Plumier dit de lui : « Leonardus Rauvolfius floruit circa annum 1583. Patriam habuit Augustam Drusi. In orientales regiones navigare in animum suum induxit, et anno 1573 Massiliæ navim ingressus in Orientem venit, ubi sæpe cum præsentaneo vitæ discrimine peragravit. Scripsit itinerarium in Syriam, quod in sex partes distinxit, in quibus plurima rara de omni medica materia observata tradit, additis variis plantarum, animalium aliarumque rerum iconibus. Laugingæ, ann. 1583, in-4°. »

RAUWOLFIA (L., *Gen.*, n. 293). Genre d'Apocynacées-Vincées, formé d'une quarantaine d'arbres et arbustes, de l'Asie, l'Afrique, l'Amérique et l'Océanie chaudes; distingué par une corolle tordue, des étamines incluses; 2 carpelles libres ou unis dans une étendue variable des ovaires, avec 2 ovules descendants dans chacun; un fruit à drupe 2-loculaire ou à 2 drupes libres; les graines albuminées. Le *Dissolæna* LOUR. est de ce genre. On a écrit aussi *Rauvolfia*. (H. BN, *Hist. des pl.*, X, 187.)

RAUWOLFIA (R. et PAV., *Fl. per. et chil.*, II, 26, t. 152). Synonyme de *Citharexylum* L.

RAVA-PON (RHEED., *Hort. malab.*, IV, t. 47, 48). Nom du *Guettarda speciosa* L.

RAVE. Nom ancien du Raifort.

RAVED. Synonyme de Rhubarbe.

RAVE DE GENÊT. L'*Orobanche major* SM.

RAVE DE SAINT-ANTOINE. Le *Ranunculus bulbosus* L.

RAVE DE TERRE. Le *Cyclamen europæum* L.

RAVE DU BRÉSIL. Le *Dioscorea alata* L.

RAVELUQUE. Dans l'Aisne, le *Brassica* (*Sinapis*) *arvensis* L.

RAVENAILLE. Synonyme de Ravenelle.

RAVENALA (ADANS., *Fam. des pl.*, II, 67). Genre de Zingibéracées-Musées, formé de 2 plantes, de l'Amérique tropicale et de Madagascar, à fleurs de *Strelitzia*; les sépales libres; les pétales longs, étroits, non appendiculés; l'extérieur plus court. Le fruit est loculicide. Les feuilles sont analogues à celles des Bananiers, grandes, distiques. Le tronc porte leurs cicatrices. Leurs fleurs sont axillaires, enveloppées de plusieurs grandes spathes ou bractées dont l'aisselle loge une cyme. Le *R. madagascariensis* est l'Arbre du voyageur, qui donne, dit-on, à celui-ci de l'eau potable amassée dans l'aisselle de ses feuilles. C'est un des plus beaux arbres de l'île. (SONNER., *Voy.*, t. 124-126. — ENDL., *Iconogr.*, t. 42. — L.-C. RICH., *Musac.*, t. 4-8.) [H. BN.]

RAVENALE. Nom français (LAMK) des *Ravenala* ADANS.

RAVENDARA, RAVENDSARA. Synonymes de *Ravensara* SNT.

RAVENELLE, RAVENAILLE. Le *Raphanus Raphanistrum* L.

RAVENELLE JAUNE. Nom du *Cheiranthus Cheiri* L.

RAVENIA (BOUCH., in *Mon. Ver. Bef. Gartenb.* [1878], 197, 323, 324). Palmier des Comores, mal connu, et seulement à l'état jeune (*Hyophorbe*?).

RAVENIA (VELL., *Fl. flum.*, I, t. 39). Genre de Rubiacées-Cuspariées, plus connu sous le nom de *Lemonia* LINDL. et formé de 2 arbustes; des Antilles et du Brésil; distingué par des

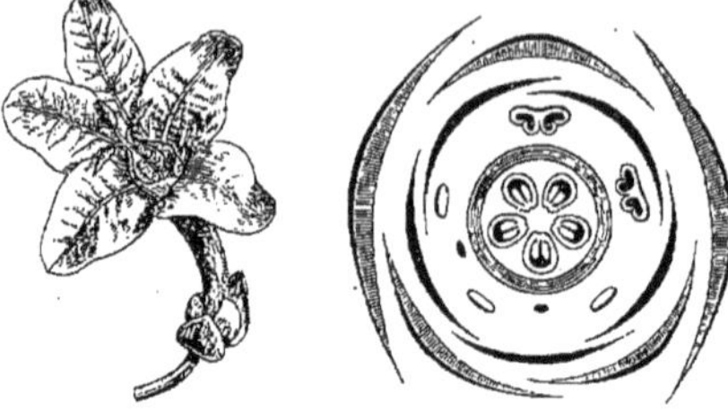

Ravenia. — Fleur. Diagramme.

fleurs à 5 sépales inégaux, avec une corolle à tube assez long et à limbe légèrement irrégulier. La symétrie florale est ici toute particulière. Les feuilles sont 1-3-foliolées. On en cultive une jolie espèce à fleurs roses. (H. BN, *Hist. des pl.*, IV, 456.)

RAVENSARA (SONNER., *Voy. Ind.*, II, 101, t. 103, fig. 2). Genre de Lauracées-Cryptocaryées, qui a la fleur d'un *Cryptocarya*, avec un réceptacle qui s'épaissit, entourant le fruit contenu dans sa cavité. Ce réceptacle produit en dedans 6 cloisons verticales qui s'avancent vers le fruit, le divisent en 6 quartiers, et de même la graine contenue. Ces cloisons ne manquent qu'en haut. La Noix de *Ravensara* est le fruit du *R. aromatica*. Son odeur rappelle celle du girofle et de la muscade. C'est un condiment et un puissant stimulant. Il y en a à Madagascar 3 ou 4 espèces. (H. BN, in *Adansonia*, IX, 299; *Hist. des pl.*, II, 436, 472, fig. 247, 248; *Tr. Bot. méd. phanér.*, 689.)

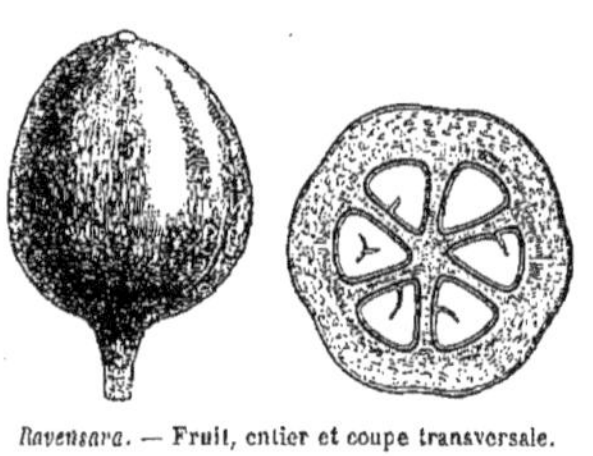

Ravensara. — Fruit, entier et coupe transversale.

RAVE PLATE. Synonyme de Rabiolle.

RAVE SAUVAGE. La Raiponce.

RAVE SAUVAGE. Le *Phyteuma spicatum* L.

RAVIA (NEES et MART., in *Nov. Act. nat. cur.*, XI, 167). Synonyme de *Galipea* AUBL.

RAVIN-DZARA. Nom malgache du *Ravensara* SONNER.

RAVISSANE. En Languedoc, le *Viburnum Lantana* L.

RAVNIA (ŒRST., in *Vid. Medd. Kjob.* [1852], 49). Genre de Rubiacées-Cinchonées, mal connu, et dont les fleurs 5, 6-mères ont, dit-on, un calice à lobes subulés, inégaux; une corolle grêle, arquée, à 5, 6 lobes tordus (?); des étamines insérées à la gorge de la corolle et à anthères linéaires, exsertes au sommet. L'ovaire a 2 loges multiovulées et est surmonté d'un disque et d'un style à 2 branches. Le fruit est inconnu. C'est, dit-on, un arbuste épiphyte et grimpant, de Costa-Rica, à feuilles opposées, ovales-lancéolées, légèrement charnues, rappelant celles d'un *Æschinanthus*, avec des stipules interpétiolaires larges et oblongues et des fleurs subsessiles et ternées au sommet des rameaux. On lui a donné les noms de *R. triflora* et, antérieurement, de *Bouvardia lævis*. (Voy. *Hist. des plant.*, VII, 345, 486, n. 174.) [H. BN.]

RAWE. A Java, le *Stizolobium pruriens* PERS.

RAWSONIA (HARV. et SOND., *Fl. cap.*, 67). Genre de Bixacées-Flacourtiées, établi pour un arbuste de Natal, à fleurs hermaphrodites ou polygames, avec 4, 5 pétales et 4, 5 placentas pariétaux, ∞-ovulés. Les étamines sont nombreuses, à petites anthères, et le stigmate est sessile, radié. (H. BN, *Hist. des pl.*, IV, 319.)

RAXOPITYS (SENIL., *Pin.*, 97). Synonyme de *Cunninghamia* R. BR.

RAXOS. Nom arabe de l'Artichaut.

RAY (John), dont le nom latinisé est *Rajus*, naquit en 1628 dans le comté d'Essex et mourut en 1705. Il est considéré à juste titre comme un des précurseurs de la méthode dite naturelle. Son premier ouvrage [1660] est un *Catalogue de la flore de Cambridge*, accompagné d'un *Index plantarum agri Cantabrigiensis*, pour les étudiants. En 1673, il publia un livre sur ses voyages au continent, et en 1670 un *Catalogus plantarum Angliæ et insularum adjacentium*. Son *Methodus plantarum nova*, etc. est de 1703. Son *Historia plantarum* date de 1686-1688. Un supplément à cet ouvrage comprend l'histoire des plantes observées aux Philippines par Camelli et de celles qui sont décrites dans le *Corollarium* de Tournefort. En 1688, le P. Plumier lui a dédié le genre *Ian-Raia*, en disant de lui, après Tournefort : « Cl. D. Joannes Raius anglus, socius regius Londinensis, in plantis et quibuscumque naturalibus dignoscendis mens ænea, et in conscribendis ac in describendis manus ferrea, qui nullam ferme Historiæ naturalis partem intactam reliquit. Non fuit satis quæcumque optima in singulis plantarum scriptoribus occurrunt, in unum corpus coacervasse, digessisse et illustrasse, et quam plurima nova addidisse, plantas etiam huc usque cognitas in sua genera pulchre distinxit, singularum proprias notas recensens. »

RAYANIA (WALT., *Carol.*, 198). Syn. de *Brunnichia* BANKS.

RAYERIA (GAUDICH., *Voy. Bonite, Bot.*, t. 108). Synonyme de *Alona* LINDL.

RAY-GRASS D'ANGLETERRE. Le *Lolium perenne* L.

RAY-GRASS DE FRANCE. L'*Avena elatior* L.

RAYMET. Variété de l'*Olea europæa* L.

RAYON. Les pédicelles qui portent les fleurs d'une ombelle sont souvent désignés sous le nom de *rayons*. Lorsque l'on considère le capitule des Composées, on appelle fleurs du *rayon* les fleurs situées à la périphérie de l'inflorescence. [F. H.]

RAYON MÉDULLAIRE. — Voy. TIGE.

RAZISEA (ŒRST., in *Vid. Medd. Nat. For. Kjob.* [1854], 140). Genre d'Acanthacées-Justiciées, qui a des fleurs à peu près de *Dianthera*, à 2 étamines exsertes (peut-être à anthère 2-loculaire). Ce sont une (ou 2, 3?) herbes, du Mexique et de l'Amérique centrale, à fleurs disposées en épis terminaux. (H. BN, *Hist. des pl.*, X, 454.)

RAZOUMOWSKIA (HOFFM., *Hort. Mosc.* [1808], n. 1, fig. 1). Synonyme de *Arceuthobium* RICH. [H. BN.]

RAZUMOVIA (SPRENG., *Syst.*, II, 682). Synonyme de *Centranthera* R. BR.

RE (Filip.). Né et mort à Reggio [1763-1817], a écrit [1807] un *Saggio teorico-pratico sulle malattie delle piante*, qui eut deux éditions. — Giov.-Fr. RE, de Cordoue [1773-1833], est l'auteur d'un *Flora segusiensis*, d'un *Appendix ad Floram pedemontanam* et d'un *Flora Torinese*, dont un seul volume a paru [1825], in-8 de 372 p.

REA (DCNE, in *Guillem. Arch. bot.*, I, t. 9, 10). Synonyme de *Dendroseris* DON.

REA (John). Auteur, à Londres [1665], de *Flora, seu de florum cultura*. Une seconde édition [1678] porte le titre de *Flora, Ceres et Pomona*. Il y en eut une troisième en 1702.

READ. Auteur [1771] d'un Traité du Seigle ergoté.

RÉAL. Nom donné à l'*Agaricus cæsareus* SCHFF., en souvenir de l'accident qu'il aurait, dit-on, causé à l'empereur Claude.

RÉALGAR DE L'AIR. Les Nostoc.

RÉAL VÉLÉNOUS. Nom niçois de l'*Agaricus muscarius* L.

REANA (BRIGN., *Ind. sem. H. Moden.* [1850], ex *Flora* [1850], 400). Synonyme de *Euchlæna* SCHRAD.

RÉAUMURE. Nom français (LAMK) des *Reaumuria* L.

REAUMURIA (L., *Gen.*, n. 686). Genre de Tamaricacées, dont on avait donné le nom à une famille des *Réaumuriacées* et qui y constitue la série des *Réaumuriées*. Ce sont une dizaine de sous-arbrisseaux, à feuilles charnues, arrondies, petites, à fleurs solitaires, terminales ou axillaires, assez grandes; le réceptacle légèrement convexe, avec 5 sépales, entourés souvent de ∞ bractées sépaloïdes; 5 pétales; ∞ étamines; un ovaire à 3-5 placentas septiformes; 3-5-ovulé. Le fruit est sec, et les graines sont entourées de longs poils formant aigrette. Leur embryon est albuminé. Ce sont surtout des plantes de

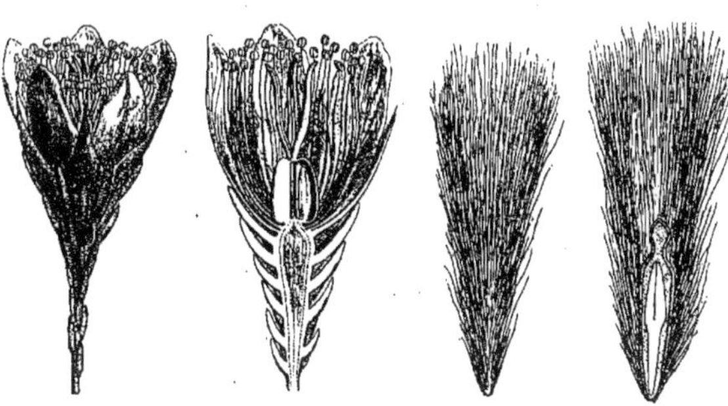

Reaumuria. — Fleur, entière et coupe longitudinale. Graine, entière et coupe longitudinale.

l'Orient, de l'Asie centrale, de la région Méditerranéenne. (JAUB. et SPACH, *Ill. pl. or.*, t. 244-248. — H. BN, *Hist. des pl.*, IX, 239, 244, fig. 280-283.)

REBBES. Synonyme de Betterave.

REBEMOULY. Nom caraïbe du *Bignonia Unguis* L.

REBENTA-CABALLOS. Nom espagnol de l'*Isotoma longiflora*.

REBENTISCH (Joh.-Fred.). A publié [1804] un *Prodromus Floræ neomarchicæ* et [1805] un *Index plantarum circa Berolinum sponte nascentium* (in-8 de 46 p.).

REBICHE. Nom vulgaire de l'*Eryngium campestre* L.

REBIS (SPACH, in *Ann. sc. nat.*, sér. 2, IV, 26). Section du genre *Ribes* L.

RÈBLE. Le *Rubia* (*Galium*) *Aparine* H. BN.

REBOUDIA (COSS., in *Bull. Soc. bot. Fr.*, III, 705). Synonyme de *Erucaria* GÆRTN.

REBOUL (Eug. de). A écrit deux brochures [1822 et 1838] sur les Tulipes des environs de Florence.

RÉBOULA, RÈJISTEL. Noms languedociens du *Rubia* (*Galium*) *Aparine* H. BN.

REBOULEA (K., *Rev. Gram.*, 341, t. 84). Synonyme de *Eatonia* RAFIN.

REBOULIA (*Rebouillia* RADD., *Opusc. scient. Bologn.*, II, 357). Genre d'Hépaticées-Marchantiées, formé d'humbles plantes de l'Europe australe, dont les fleurs mâles sont disciformes et à demi immergées dans la fronde. Les capitules femelles ont un rachis piléiforme, sub-5-lobé, florifère en des-

Reboulia. — Port. Organes reproducteurs.

sous. Il n'y a pas d'involucre. Les involucelles sont indépendants les uns des autres, adnés au rachis et déhiscents par une fente longitudinale. La coiffe est très courte, lacérée, persistante. Le sporange s'ouvre au sommet par déchirure, avec un pédicelle très court et immergé.

REB-REB. Le *Terminalia macroptera* GUILLEM. et PERR.

REBU. Le *Medicago falcata* L.

RECALISSI. En Provence, la Réglisse officinale.

RECAMA. Nom portugais des *Smilax* T.

RECCHIA (MOÇ. et SESS., in *DC. Syst.*, I, 411). Synonyme (PLANCH.) de *Rigiostachys* PL.

RÉCEPTACLE. — Voy. FLEUR, INFLORESCENCE, ALGUES, CHAMPIGNONS.

RECEPTACULUM. Le Réceptacle.

RECEVEURIA (VELL., *Fl. flum.*, Atl., V, t. 119, 120). Synonyme de *Hypericum* T.

RECHAD. Nom arabe du Cresson alénois.

RECHE (E.-F.-Th.). Auteur [1801] de *De Amyridis speciebus officinalibus* (in 8 de 26 p.).

RECHSTEINERA (REG., in *Flora* [1848], 247). Synonyme de *Gesnera* MART.

RECISE. Le *Geum urbanum* L.

RECOLICE. Nom ancien de la Réglisse.

RECTOMITRA (BL., *Mus. lugd.-bat.*, I, 6, fig. 2). Synonyme de *Kibessia* DC.

RED BARK. L'écorce du *Cinchona succirubra* PAV.

RED BEAN. A la Jamaïque, la graine du *Canavalia gladiata* DC.

RED BOX GUM. En Australie, l'*Eucalyptus polyanthema*.

RED BULL'S MOUTH. Nom anglais du *Chysis aurea*.

RED-COLE. Nom ancien anglais du *Cochlearia Armoracia* L.

RED ELM. Nom, aux États-Unis, de l'*Ulmus fulva* MICHX.

RED GUM. En Australie, les *Eucalyptus amygdalina, odorata, rostrata, tereticornis, Stuartiana, resinifera, calophylla*.

REDIA (CASAR., *Nov. st. bras. Dec.*, 51). Synonyme de *Cleidion* BL. (H. BN, *Et. gén. Euphorbiac.*, 407, t. 21.)

REDIF. Nom arabe du *Salvadora persica* L.

RED OAK. En Géorgie, le *Quercus falcata* MICHX.

REDOLEROS. Nom donné au Brésil, par les arracheurs d'Ipécacuanha, aux bouquets de pieds de l'*Uragoga* (*Cephælis*) *Ipecacuanha* H. BN.

REDOU. Synonyme de Redoul.

REDOUL. Le *Coriaria myrtifolia* L.

REDOUTÉ (Pierre-Joseph). Célèbre aquarelliste [1761-1840], enseignait au Muséum la peinture des plantes. On lui doit de splendides ouvrages à planches : *les Liliacées* [1802-1816]; *la Botanique de J.-J. Rousseau* [1805]; *les Roses* [1817-1824]; un *Choix des plus belles fleurs*, etc. [1827] et [1843] *le Bouquet royal*, œuvre posthume.

REDOUTEA (VENT., *H. Cels*, t. 11). Synonyme de *Fugosia* J.

REDOWSKIA (CHAM. et SCHLCHTL, in *Linnæa*, I, 33, t. 2). Genre incertain de Crucifères, fondé sur une herbe sibérienne. (H. BN, *Hist. des pl.*, III, 281.)

REDOWSKY (D.). A publié [1804] une Enumération des plantes cultivées à Gorinka chez le comte Al. Razumowsky.

RED PINE. Nom, dans l'Utah, du *Pinus contorta* ENGELM.

RED-SORREL. A Sainte-Croix, l'*Hibiscus Sabdariffa* L.

REDTENBACHER (Jos.). Auteur [1834] de *De Caricibus territorii vindobonensis* (in-8 de 40 p.).

RED WATER TREE. Nom anglais de l'*Erythrophlœum guineense* AFZ.

RED WOOD. Aux États-Unis, le *Sequoia sempervirens* ENDL.

RÉE. Le *Raphanus niger* MILL.

REEDIA (F. MUELL., *Fragm. phyt. Austral.*, I, 239, t. 10). Genre de Rhynchosporées, à épillets 1, 2-flores. La fleur supérieure est fertile. Les épillets forment des épis allongés en dedans des bractées foliacées de l'inflorescence. Il y a généralement 6 étamines, un gynécée de *Schœnus* et pas de soies. La seule espèce connue est australienne. (BENTH., *Fl. austral.*, VII, 419.) [H. BN.]

REES (Rich. v.). A écrit [1818] *Disquisitio de decompositione acidi carbonici in vegetatione*, ouvrage couronné à Utrecht (in-8 de 28 p. et 2 pl.).

REEVESIA (LINDL., *Bot. Reg.*, t. 1236). Genre de Malvacées-Hélictérées, formé de 1, 2 arbres asiatiques; distingué par des feuilles entières et coriaces; des fleurs à loges ovariennes

2-ovulées; un fruit loculicide, à graines ailées. (H. BN, *Hist. des pl.*, IV, 124.)

REGAGNON. Variété de Blé de montagne.

REGALICE. Synonyme ancien de Réglisse.

REGELIA (HORT.). Synonyme de *Verschaffeltia* WENDL.

REGELIA (LEME, *Ill. hort.* [1860], sub t. 245). Synonyme de *Nidularium* LEME.

REGELIA (SCHAU., in *N. Act. nat. cur.*, XXI, 11). Genre de Myrtacées-Leptospermées, formé de trois arbustes australiens: distingué, dans le groupe des Beaufortiées, par des feuilles petites, des calices tombant de bonne heure, des anthères à loges opposées, s'ouvrant par des pores ou des fentes extrorses, des ovules parfaits au nombre de 4. Les fleurs sont d'ailleurs celles des *Beaufortia*. On en cultive en serre tempérée 1, 2 espèces. (H. BN, *Hist. des pl.*, VI, 360.)

RÉGENCE. Variété de la Mâche.

REGIA. — Voy. ROYALE.

RÉGIME. Nom donné à l'inflorescence des Bananiers et parfois au spadice des Palmiers, etc.

RÉGION LIBÉRIENNE. Synonyme de Liber.

RÉGLISSE (Fausse). L'*Astragalus Glycyphyllos* L.

RÉGLISSE. Nom, dans les Pyrénées, du *Trifolium alpinum* L., dont la racine vivace est plus ou moins sucrée.

RÉGLISSE. Nom français des *Glycyrrhiza*. La R. des boutiques est le *G. glabra* L. La R. d'Italie est le *G. echinata* L.

RÉGLISSE DES ALPES. Le *Trifolium alpinum* L.

RÉGLISSE DES ANTILLES. L'*Abrus precatorius* L.

RÉGLISSE DES ILES, R. D'AMÉRIQUE. L'*Abrus precatorius* L.

RÉGLISSIER. L'*Abrus precatorius* L.

REGMANDRA (DUN., in *DC. Prodr.*, XIII, I, 60). Sous-section du genre *Dunalia* H. B. K.

REGNALDIA (H. BN, in *Adansonia*, I, 187). Genre d'Euphorbiacées 2-ovulées, à fleurs mâles 15-andres. On en a fait (M. ARG.) un synonyme de *Chætocarpus* THW.

REGNAULT (Franc. et Genev. de Nangis-). Auteurs [1774] de *la Botanique mise à la portée de tout le monde* (3 vol. in-fol.).

REGUETTE. Le *Rumex crispus* L.

REHFELDT (Abrah.). Publia à Halle, en 1717, un *Hodegus botanicus menstruus*, etc., flore des environs de Halle (in-8).

REHGEISS. Nom allemand de la Chanterelle.

REHMANN (Jos.). Médecin de Saint-Pétersbourg, auteur [1811] de *Beschreibung einer Thibetanischen Handapotheke* (in-8).

REHMANNIA (LIB., ex FISCH. et MEY., *Ind. 1 sem. H. petrop.*, 36). Genre de Cyrtandrées, formé de 1, 2 herbes vivaces et velues, de la Chine et du Japon, à feuilles alternes, à fleurs axillaires ou en grappes terminales, à corolle irrégulière, à androcée didyname, à ovaire supère, ∞-ovulé, à capsule loculicide. Le genre est souvent placé parmi les Scrofulariacées-Digitalées; mais ses placentas sont pariétaux. (H. BN, in *Bull. Soc. Linn. Par.*, 536; *Hist. des pl.*, IX, 93.)

REICHARD (Joh.-Jak.). Médecin à Francfort-sur-Mein, a écrit une flore de cette ville [1772-78], un *Sylloge opusculorum botanicorum* [1782] et un *Enumeratio stirpium horti botanici Senkenbergiani* [1782], in-8 de 68 p.

REICHARDIA (DENSST., *Schl. Hort. malab.*, 32). Synonyme de *Tabernæmontana* L.

REICHARDIA (ROTH, *Cat.*, II, 64). Syn. de *Maurandia* ORTEG.

REICHARDT (Heinr.-Wilh.). Auteur [1859] d'un travail sur les faisceaux des tiges des Fougères, fut nommé par Fenzl conservateur de l'herbier de Vienne, écrivit sur la tige et le rhizome des Fougères [1859], et mit fin à ses jours en 1886.

REICHEL (Chr.-Karl). Auteur [1750], à Wurtemberg, d'un *Diatribe de vegetabilibus petrifactis.* — G.-Christ. REICHEL, professeur à Leipzig, avait écrit [1758] *De vasis plantarum spiralibus* (in-4 de 44 p. et 1 pl.).

REICHELIA (SCHREB., *Gen.*, 200). Synonyme de *Hydrolea* L.

REICHENBACH (H.-G.). Succéda en 1860 à J.-G.-Chr. Lehmann comme directeur du jardin botanique de Hambourg et s'est fait connaître par de nombreux travaux sur les Orchidacées. (Voy. le Supplément, pour les travaux de son père et les siens.)

REICHENBACHIA. Sprengel a décrit (in *Bull. Soc. phil.* [1823], 54), sous le nom de *R. hirsuta*, une Nyctaginacée du fleuve Magdelena, qui a des feuilles alternes et dans ses fleurs tous les caractères des *Boldoa*, sinon que son androcée est formé de deux étamines incluses. C'est pour cela que nous avons considéré (avec doute) le *Reichenbachia* comme devant former une simple section du genre *Boldoa* (*Hist. des pl.*, IV, 11). Le *R. caniflora* MART., du Brésil, est une plante tout à fait différente, dont Choisy a fait le type de son genre *Leucaster*. [H. BN.]

REICHENHEIMIA (KL., *Begon.*, 54, t. 4 A). Syn. de *Begonia* L.

REICHERTIA (KARST., in *Bot. Zeit.* [1848], 397). Synonyme de *Schultesia* MART.

REIDIA (WIGHT, *Icon.*, V, 27, t. 1903, 1904). Section du genre *Phyllanthus* L.

REIFFERSCHEIDIA (PRESL, *Rel. Hænk.*, II, 74, t. 62). Section du genre *Wormia* ROTTB. (H. BN, in *Adansonia*, VI, 270; *Hist. des pl.*, I, 114.)

REIGER (Gottfr.). Né et mort à Dantzig [1704-1788], est l'auteur d'un *Tentamen floræ Gadanensis* [1764-66], de *Die um Danzig wildwachsenden Pflanzen* [1825-26], 2 vol. in-8.

REIJINSO. Nom japonais de l'*Aconitum Lycoctonum* L.

REILIA (STEUD., *Syn. pl. glum.*, II, 311). Genre placé entre les *Xerotes* et les *Barteria*, parmi les Joncées, et qu'on suppose (B. H., *Gen.*, III, 863) appartenir au genre *Eryngium*.

REIMARIA (FLUEGG., *Gram. Mon.*, 213, part.). Genre de Graminées-Panicées, formé de 4 espèces américaines; distingué par une inflorescence à branches simples, des fleurs à 2 glumes et 2 étamines. (H. B. K., *Nov. gen. et spec.*, t. 21. — *Fl. bras.*, II, II, t. 12, 13.) [H. BN.]

REINÉ-ALA. Nom indigène de plusieurs *Adansonia* malgaches.

REINECKIA (KARST., in *Koch Wochenschr.*, I, 349). Synonyme de *Synechanthus* H. WENDL.

REINECKIA (K., in *Abh. Akad. Berl.* [1842], 29). Genre de Liliacées, voisin des Muguets, formé d'une herbe rhizomateuse, à périanthe tubuleux-cylindrique; les 6 lobes récurvés-étalés; les fleurs en épis. Il est du Japon et de la Chine, souvent uni aux *Sanseviera*. (RED., *Liliac.*, t. 323. — *Bot. Mag.*, t. 739.) [H. BN.]

REINE-CLAUDE. Variété du *Prunus domestica* L.

REINE DES BOIS. Variété de l'*Asperula odorata* L.

REINE DES PRÉS. Le *Spiræa Ulmaria* L.

REINE-MARGUERITE. L'*Aster chinensis* L.

REINER (Jos.). Auteur, avec Sigism. v. Hohenwarth, d'un *Botanische Reisen nach einigen Oberkärntnerischen und benachbarten Alpen unternommen*, etc. [1791-1812].

REINERIA (DENNST., *Schl. Hort. malab.*, 33). Synonyme de *Curinila* R. et SCH.

REINETTE. Variété de Pomme.

REINEVAREN. En Hollande, la Tanaisie.

REINHOLD (Sam.-Abrah.). A écrit [1769] *De Aconito Napello.*

REINIA (FRANCH.). Synonyme (MAXIM.) de *Itea* L.

REINWARDT (Kasp.-Georg.-Karl). Professeur à Leyde [1773-1854], débuta par un opuscule sur l'ardeur des naturalistes. Il s'est surtout fait connaître par ses recherches sur la flore de Java, le Jardin colonial de Buitenzorg, etc. En 1823, il publia à Hardwich un *Oratio de augmentis quæ historiæ naturali ex Indiæ investigatione accesserunt*, et en 1827 *Ueber den Charakter der Vegetation auf den Inseln des indischen Archipels. Ein Vortrag* (in-4 de 18 p.).

REINWARDTIA (BL., ex NEES, in *Syll. Ratisb.*, I, 196). Synonyme de *Saurauja* W.

REINWARDTIA (DUMORT., *Comm.*, 19). Section du genre Lin, qui a pour type le *Linum trigynum* et renferme 2 autres espèces de l'Inde, frutescentes. (H. BN, *Hist. des pl.*, V, 45.)

REINWARDTIA (KORTH., *Verh. nat. Gesch. Bot.*, 101, t. 12). Synonyme de *Taonabea* AUBL.

REINWARDTIA (LIEBM., in *Ov. K. Dansk. Sels* [1845], 99). Genre de Palmiers-Arécées, formé de 3 arbres inermes et grêles, du Mexique; distingué, dans le groupe des Malortiées, par des feuilles à segments indépendants et acuminés, et par des fleurs ∞-andres. (MART., *Hist. nat. Palm.*, III, 311.) [H. BN.]

REINWARDTIA (SPRENG., *Syst.*, I, 527). Syn. de *Breweria* R. BR.

REIOFRICON. Nom arabe du Millepertuis.

REI-REI. Nom malgache des *Colea* BOJ.

REI-RIYO-KO. Nom japonais du Mélilot bleu.

REISSEKIA (ENDL., *Gen.*, 1103). Genre de Rhamnacées-Gouaniées, formé d'un arbuste grimpant, du Brésil, à fleurs de *Gouania*, subombellées, à fruit ovoïde, 4-ailé. (*Fl. bras.*, III, t. 40. — H. BN, *Hist. des pl.*, VI, 84.)

REISSIPA (STEUD., ex KL., in *Lehm. Pl. Preiss.*, II, 230). Section du genre *Monotaxis* AD. BR. (H. BN, *Hist. des pl.*, V, 123.)

REITTER (J.-Dan. v.). Auteur, avec G.-F. Abel, d'un *Abbildung der hundert deutschen wilden Holzarten, nach der Nummernver zeichniss*, etc. [1790-1803].

REITZKER. Nom allemand du *Lactarius deliciosus*.

REJAGNOU. Nom arabe du *Centaurea acaulis*, tinctorial.

REJOUA (GAUDICH., in *Freycin. Voy.*, *Bot.*, 450, t. 61). Synonyme de *Tabernæmontana* L.

RELACHE. Nom vulgaire de l'*Eryngium campestre* L.

RELBUNIUM (ENDL., *Gen.*, 523). Section du genre *Galium*, élevée parfois au rang de genre. (B. H., *Gen.*, II, 149, n. 330.)

RELCHELA (STEUD., *Syn. pl. glum.*, I, 101). Synonyme de *Deyeuxia* CLAR.

RELHANIA (LESS., *Syn.*, 378). Synon. de *Metalasioides* DC.

RELHANIA (LHÉR., *Sert. angl.*, 22, t. 29). Genre de Composées-Hélianthées-Inulées, formé de 18 arbustes, de l'Afrique australe; distingué par des capitules pauci- ou ∞-flores, radiés ou parfois homogames; un réceptacle paléacé; un fruit à aigrette très courte, cupuliforme ou paléacée. (H. BN, *Hist. des pl.*, VIII, 182. — *Bot. Reg.*, t. 587.)

RELIGIEUSE. L'*Arum maculatum* L.

RELLESTA (TURCZ., in *Bull. Mosc.* [1848], II, 337). Synonyme de *Stellera* TURCZ.

RELPH (John). Auteur [1794] de *An inquiry into the medical efficacy of a new species of Peruvian Bark* (in-8 de 177 p.).

RELUISEAU. Le *Lathyrus Aphaca* L.

REMACLEA (MORR., *Belg. hort.*, III, 1, t. 1). Synonyme de *Trimezia* SALISB.

REMBERTIA (ADANS., *Fam. des pl.*, II, 26). Synonyme de *Diapensia* L.

REMÉ (ADANS., *Fam.*, II, 245). Synon. de *Trianthema* SAUV.

REMEDIO DE PURGA. Nom, au Mexique, du *Trixis Piptazahuac* SCH. BIP. (*Dumerilia Alamani* DC.), plante souvent vantée comme anticholérique et antidysentérique.

REMEDIO DO VAQUEIRO. Nom, au Brésil, de l'*Ocimum incanescens* MART., employé comme stimulant et diurétique.

RÉMEH. En Arabie, l'*Anabasis articulata* MOQ.

REMIJIA (DC., in *Bibl. univ. Genèv.* [1829], II, 185; *Prodr.*, IV, 357). Genre de Rubiacées-Cinchonées, dont les fleurs sont très analogues à celles des *Cinchona* auxquels ces plantes ont d'abord été rapportées. Leur corolle est à 5 lobes, valvaires, aigus ou acuminés, épais. Leurs étamines, au nombre de 5, sont incluses; et leur capsule s'ouvre de haut en bas, comme celle d'un *Cascarilla*, pour laisser échapper des graines ailées de *Cinchona*. Ce sont des arbustes de l'Amérique tropicale, au nombre de 12 à 15, notamment du Pérou, grêles, à tige souvent simple, à feuilles opposées ou ternées, à grappes axillaires, lâches et interrompues, portant de petites cymes et généralement pédonculées. Aug. Saint-Hilaire les a décrits comme des Quinquinas brésiliens et a constaté leurs propriétés fébrifuges; il nommait les plus usités *Cinchona Vellosii*, *ferruginea* et *Remijiana*. Ce sont eux qui donnent, en Colombie, les quinquinas dits *Cuprea* et, au Brésil, les écorces dites *Quina da campo*, *da Serra*, *da Remijo*, et le *Quina da Cujaba* qui est le *Remijia cujabensis*. (Voy. *Hist. des plant.*, IV, 343, 384, 480; *Tr. Bot. méd. phanér.*, 1105.) [H. BN.]

REMIREA (AUBL., *Guian.*, I, 44, t. 16). Genre de Cypéracées-Rhynchosporées, formé d'une herbe maritime, vivace, des tropiques des deux mondes; distingué par un feuillage dense, des épillets 1-flores, en capitule dense, involucré de ∞ bractées foliacées, avec un style 3-fide, sans soies hypogynes, et avec 4 glumes. (K., *Enum.*, II, 138. — PAL.-BEAUV., *Fl. owar. et ben.*, t. 73.) [H. BN.]

REMISE. L'Armoise commune et la Tanaisie.

REMORA ARATRI. Nom ancien de l'Arrête-bœuf.

REMORS, REMORE. Le *Scabiosa succisa* L.

REMUSATIA (SCHOTT, *Melet.*, I, 18; *Gen. Aroid.*, t. 36; in *Ann. Gand* [1846], t. 66). Genre d'Aracées-Colocasiées, formé de 3, 4 herbes tubéreuses, de l'Asie et de l'Océanie tropicales; distingué par un ovaire 2-4-loculaire, mais 1-loculaire à la base; les ovules nombreux, insérés sur 3, 4 placentas pariétaux. Les branches sont alternativement foliifères et florifères, et la spathe a un limbe étalé. (WIGHT, *Ic.*, t. 798. — *Bot. Cab.*, t. 281.) [H. BN.]

REMYA (HILLEBR., ex B. H., *Gen.*, II, 1231, n. 78 *a*). Genre de Composées, des îles Sandwich; distingué par des capitules à involucre ovoïde; les bractées ∞-sériées, apprimées, coriaces; les fleurs du rayon à corolle sub-2-labiée; l'aigrette formée de soies peu nombreuses. (DRAKE, *Ill. Fl. insul. Mar. Pacif.*, 203.)

REN. Au Japon, le *Nelumbo speciosa* W.

RENANTHERA (LOUR., *Fl. coch.*, 521). Genre d'Orchidacées-Vandées, voisin des *Vanda* et *Aerides*, formé de 4, 5 herbes épiphytes, de l'Asie et l'Océanie tropicales; distingué par des sépales et pétales étalés, une colonne apode; un labelle court, adhérant souvent aux pétales latéraux; des pollinies à caudicule aplati et étroit. On en cultive de superbes espèces dans les serres chaudes. (BL., *Rumphia*, IV, t. 193, 197. — *Bot. Mag.*, t. 2997, 2998.) [H. BN.]

RENARD (Jos.-Claud.). A publié à Mayence [1809] *Die inländischen Surrogate der Chinarinde*, etc. (in-8 de 196 p.).

RENARDA (REG., *Dec. pl. nov.* [1882], 5, c. tab.). Genre d'Ombellifères, du Turkestan, voisin des *Pleurospermum* et *Hymenolæna*.

RENARDIA (TURCZ., in *Bull. Mosc.* [1858], I, 466). Synonyme de *Trimeria* HARV.

RENAULT (P.-A.). Auteur [1804] d'une *Flore du département de l'Orne* (in-8 de 222 p.).

. **RENDOU.** — Voy. BIEMBIENG.

RENEALMIA (HOUTT., *Pfl. Syst.*, VIII, 335, t. 47, fig. 1). Synonyme de *Villarsia* VENT.

RENEALMIA (L., *Gen.*, ed. 1, 340, nec L. F.). Synonyme de *Tillandsia* L.

RENEALMIA (L. F., *Suppl.*, 7). Genre de Zingibéracées, formé de 12-14 herbes, de l'Amérique et de l'Afrique tropicale; distingué par une inflorescence terminant un long scape aphylle ou une tige feuillée. Parfois cette grappe est composée. L'anthère a un connectif très étroit, plus court aux deux extrémités que les loges. Le filet staminal est très court. Le fruit s'ouvre irrégulièrement et est polysperme. (*Bot. Reg.*, t. 777. — *Bot. Mag.*, t. 2494.)

RENEALMIA (R. BR., *Prodr.*, *add.*). Synon. de *Libertia* SPRG.

RENEAULME (Paul de), dont le nom latinisé est *Renealmius*, mort à Blois en 1624, âgé d'environ 44 ans, est célèbre par la publication [1611] de son *Specimen historiæ plantarum*. C'est de lui que Plumier dit, en lui dédiant le genre *Renealmia*: « Cl. D. Paulus Renealmus blesensis, D. M. medicinæ theoreticæ, practicæ et chymicæ peritissimus ac in botanicis versatissimus. Peritiæ ejus argumento sunt clarissimo, ex curationibus observationes ejus, quibus videre est morbos tuto, cito et jucunde posse debellari, si præcipue Galenicis præceptis chymica remedia veniant subsidio, specimen etiam plantarum, ubi plantæ quædam typis æneis perbelle exprimuntur. Opus extat apud Hadrianum Beys, Parisiis, anno 1611, in-quarto. »

RENEBRÉ. Le *Rumex acutus* L.

RÉNÈBRE. Nom languedocien du *Rumex acutus* L. et de plusieurs autres *Rumex*.

RENFANA. En Suède, la Tanaisie.

RENFLEMENT MOTEUR. — Voy. SENSITIVE.

RENGANI. Nom indien du *Solanum Jacquini* W.

RENGE-SHOMA. Nom japonais de l'*Actæa* (*Anemonopsis*) *macrophylla* H. BN.

RENGESO. Nom japonais de l'*Astragalus lotoides* LAMK.

RENGGER (Joh.-Rud.). A publié [1835] *Reise nach Paraguay in den Jahren* 1818-26 (in-8 de 495 p. et 4 pl.).

RENGGERIA (MEISSN., *Gen.*, 42). Section du genre *Quapoya* AUBL. (H. BN, *Hist. des pl.*, VI, 396.)

RENGIFA (PŒPP. et ENDL., *Nov. gen. et spec.*, III, 12, t. 210). Section du genre *Quapoya* AUBL. (H. BN, *Hist. des pl.*, VI, 395, fig. 361-366.)

RENGJIO (KÆMPF., *Amœn.*, 907). Nom japonais des *Forsythia*.

RENINGHAO. Bois tænicide, indéterminé, du Sénégal.

RENNELLIA (KORTH., in *Ned. Kruidk. Arch.*, II, 255. — B. H., *Gen.*, II, 118). Section du genre *Morinda*, à glomérules en épi composé terminal; à loges ovariennes uniovulées. Espèces de l'archipel Indien. (H. BN, *Hist. des pl.*, VII, 293.)

RENNIE (R.). Auteur, en 1810, à Édimbourg, de *Essays on the natural history and origin of Peat moss.*

REN-NIEH. Nom japonais du *Nelumbo speciosa* W.

RENONCULE (*Ranunculus* HALL., *Helvet.*, II, 68). Famille des Renonculacées, série des Renonculées. Fleurs hermaphrodites, régulières, à réceptacle convexe. Calice de 5 sépales, imbriqués en quinconce dans la préfloraison. Corolle de 5 pétales alternes, également imbriqués, à onglet court, muni à sa

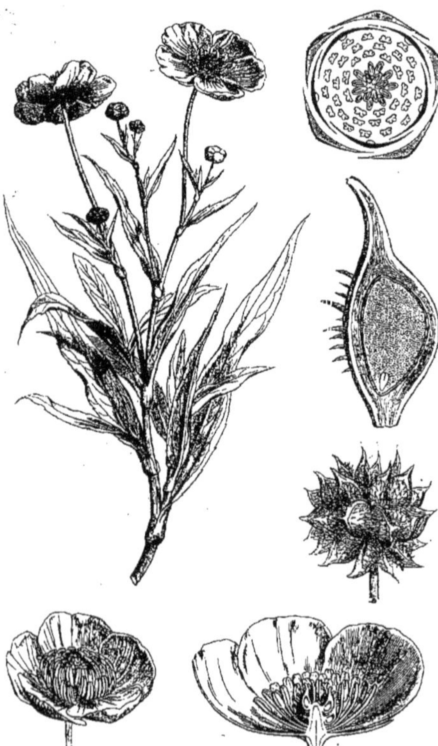

Renoncules. — Port. Fleur, entière et coupe longitudinale. Diagramme. Fruit. Achaine, coupe longitudinale.

face interne d'une fossette nectarifère. Androcée formé d'un nombre indéfini d'étamines libres, à anthère basifixe, extrorse, ou à peine introrse, déhiscente par 2 fentes longitudinales. Les étamines, ainsi que les carpelles, sont insérés suivant une spirale à la surface du cône réceptaculaire. Chaque carpelle, atténué supérieurement en un bec recourbé en dehors, est parcouru, sur son bord interne, par un sillon longitudinal; il contient, à la base de son angle interne, un ovule ascendant, à micropyle extérieur et inférieur. Le fruit, multiple, est formé d'achaines contenant chacun une graine à embryon peu volumineux, placé à la partie inférieure d'un gros albumen; cet achaine est lisse ou hérissé, suivant les espèces. Si, dans une Renoncule, les pétales se développent peu et ne forment que des petites languettes glanduleuses, on a un passage très net vers

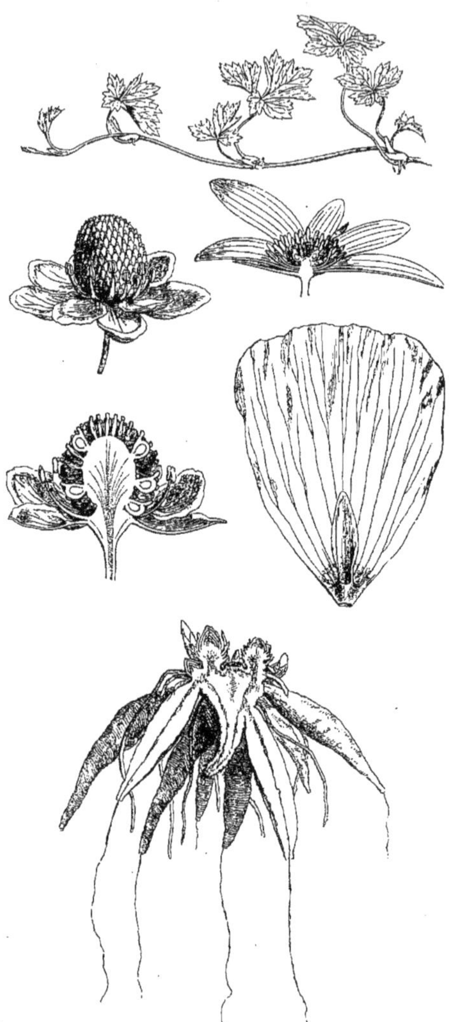

Renoncules. — Branche rampante. Portion souterraine. Fleurs, entière et coupes longitudinales. Pétale.

le genre *Trautvetteria* FISCH. et MEY. (*Ind. sem. H. petrop.*, 22), qui n'est aussi qu'une section du genre Renoncule. Le nombre des pétales est très variable, car les pièces de la corolle ont une tendance facile au dédoublement. On s'est servi de ce caractère pour distinguer un certain nombre de sections. Le réceptacle cylindro-conique des *Ceratocephalus* MŒNCH (*Meth.*, 218) se rattache naturellement au réceptacle normal du genre par celui du *R. sceleratus*. La Ficaire, si commune dans les prés au printemps (*R. Ficaria*), à fleurs construites sur le type 3, n'a pas de caractères justifiant l'établissement du genre *Ficaria* DILL. (*Nov. gen.*, 108, t. 5). Les Renoncules sont des plantes à espèces nombreuses, rigoureusement cosmopolites, parfois aquatiques. Le *R. repens*, qui coule à la surface du sol, renfle ses bourgeons en un amas de tissus de réserve. Le *R. bulbosus* doit son nom au renflement de la base de sa tige et de ses rameaux. La Ficaire porte, à l'aisselle de ses feuilles, des bourgeons qui peuvent ensuite reproduire la plante, à la façon de bulbilles. Le *R. asiaticus* accumule ses réserves dans l'écorce des racines adventives. Les *R. acris* L., *bulbosus* L., *repens* L. comptent parmi les plantes les plus communes de nos pelouses; ce sont les Boutons d'or de nos champs. Le Bouton d'argent est le *R. aconitifolius* L. Le *R. sceleratus* L. est une espèce vénéneuse, dangereuse au même titre que la Grande Douve (*R. Lingua* L.) et la Petite Douve (*R. Flammula* L.), plantes de nos marais. (Voy. H. BN, *Hist. des pl.*, I, 33, 79, 86, fig. 59-70; *Tr. Bot.*, *méd. phanér.*, 487.) [F. H.]

RENONCULE DE MONTAGNE. Le *Trollius europæus* L.

RENONCULE DES BOIS. L'Anémone Sylvie.

RENONCULE DES MARAIS. Le *Ranunculus sceleratus* L.

RENONCULE DES PRÉS. Le *Ranunculus acris* L.

RENONCULE DE TRIPOLI. Le *Ranunculus asiaticus* L.

RENOUÉE (*Polygonum* L., *Gen.*, n. 495). Genre de Polygonacées. Fleurs régulières et hermaphrodites. Réceptacle évasé légèrement en coupe, portant sur ses bords un périanthe simple, 5-mère, imbriqué en quinconce; 2 verticilles staminaux comprenant : le verticille extérieur 5 étamines (4 vis-à-vis des pièces externes du périanthe et la cinquième entre les pièces 3 et 5); le verticille intérieur normalement 3 étamines superposées respectivement aux divisions 3, 4 et 5. Ce dernier est fréquemment incomplet : le nombre des étamines s'y réduit, dans quelques espèces, à 2 et parfois 1; il peut même faire entièrement défaut. Anthères biloculaires, introrses, s'ouvrant par 2 fentes longitudinales. Souvent 2 nectaires se trouvent à la base de chaque étamine du verticille interne. Ovaire supère surmonté d'un style à 3 et parfois 2 divisions stigmatiques, contenant au fond de sa cavité un seul ovule orthotrope. Fruit en achaine, à graine albuminée, à embryon latéral. Les Renouées sont des herbes, à feuilles alternes, simples, munies d'un ocrea. Comme espèces, citons : le Sarrasin ou Blé noir (*P. Fagopyrum*); la Bistorte (*P. Bistorta*), dont le rhizome noueux est employé en médecine; le *P. aviculare*, plante rampante de nos campagnes, à fruit réputé vomitif; les *P. tartaricum* et *tinctorium*. (Voy. PAYER, *Fam. nat.*, 42. — H. BN, *Tr. Bot. méd. phanér.*, 1340, fig. 3347, 48.) [F. H.]

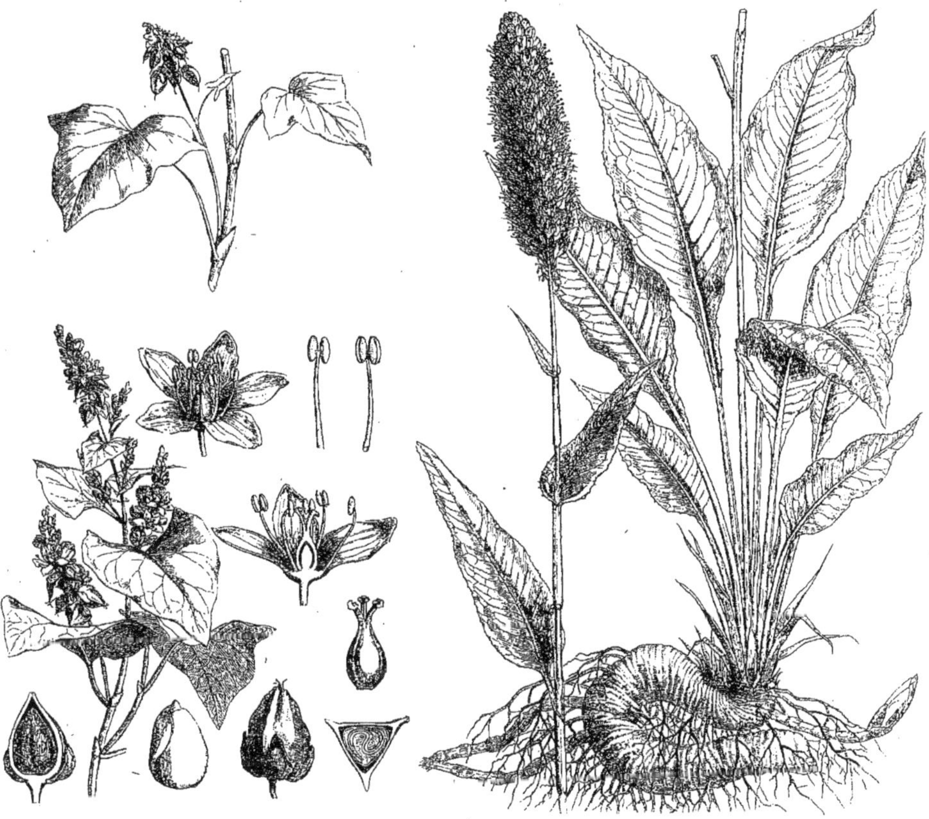
Renouées. — Port. Branches florifères. Fleur, entière et coupe longitudinale. Étamines. Fruit, entier et coupes longitudinale et transversale. Embryon.

RENOUÉE DES OISEAUX. Le *Polygonum aviculare* L.

RENOUÉE INDIGO. Le *Polygonum tinctorium* L.

RENPUKUSO. Nom japonais de l'*Adoxa Moschatellina* L.

RENRISO. Nom japonais du *Lathyrus palustris* L.

RENSELÆRIA (BECK, *Bot. Un.-St.*, 382). Synonyme de *Peltandra* RAFIN.

RENUÉ. Le *Polygonum aviculare* L.

RÉPARÉE. Synonyme de Bette.

REPLUM. Le cadre placentifère des Crucifères, de la Chélidoine, la Sanguinaire, etc. Le nom a été étendu à la fausse-cloison des Crucifères.

REPOLLO. Nom espagnol (GATTEL) du Chou cabus.

REPONCE, REPONCHON. Noms anciens de la Raiponce.

REPOUNCHOUS. En Languedoc, la Raiponce.

REPRISE. Enracinement des boutures, marcottes, etc.

REPRISE. Le *Sedum Telephium* L.

REPRODUCTION. Les végétaux se reproduisent, c'est-à-dire donnent naissance à d'autres plantes semblables à eux, par les procédés les plus divers en apparence, mais qui pourtant peuvent se réduire à trois. Tantôt ils se multiplient par des fragments d'organes végétatifs, détachés de la plante mère. D'autres fois, c'est une spore, une cellule particulière, formée sans intervention sexuelle à une période spéciale du développement de la plante et qui, en germant, reproduit cette dernière. Enfin, la plante peut dériver de l'action d'un organe mâle sur un organe femelle; et, lorsque nous aurons étudié ces trois modes de reproduction dans l'ensemble du Règne végétal, on se convaincra qu'il existe entre eux tous les intermédiaires, et que c'est surtout pour la commodité de l'exposition que nous adoptons une classification à sections tranchées qui ne correspond qu'en apparence à la réalité des faits.

A. *Reproduction par fractionnement des organes végétatifs.* — Il n'est point rare de voir les végétaux inférieurs se multiplier par scissiparité, c'est-à-dire tout simplement en se scindant en deux ou en un plus grand nombre de cellules qui vivent ensuite isolément les unes des autres. Ces cellules sont même parfois purement protoplasmiques, comme dans les Myxomycètes, où les myxamibes se coupent en deux nouveaux myxamibes semblables au premier. Dans certaines Bactériacées (*Thiothrix*), quand le filament s'est suffisamment allongé, il se divise à l'une de ses extrémités en une série de tronçons mobiles qui se séparent, s'éloignent en rampant, se fixent et s'allongent en un nouveau filament. Chez diverses Cyanophycées (*Glœocapsa, Streptococcus*), les utricules se coupent par bipartitions successives; puis leurs membranes cellulosiques se gélifient, et les cellules, se dissociant, ont désormais une existence séparée. Le même fait se produit chez les Palmellacées. Dans les Desmidiées, les cellules s'isolent souvent après chaque cloisonnement et se dispersent ensuite dans le liquide. On peut en dire autant de beaucoup de Cryptomonadacées et Diatomacées. Les tubes des Conjuguées peuvent se rompre, leurs cellules se dissocier, et l'on obtient ainsi autant de plantes nouvelles qu'il y a de fragments. Dans certaines circonstances, aux approches de l'hiver, on voit les *Vaucheria* se cloisonner. Au retour de la belle saison, chaque article s'isole et se développe ensuite directement en thalle.

Un végétal qui se multiplie par bouture ne diffère pas, au fond, d'une plante qui se reproduit par scissiparité, puisqu'une bouture n'est, en somme, qu'une partie d'un végétal qui, détachée et placée dans un milieu approprié, se complétera et se reconstituera en un végétal identique. Pour tout ce qui concerne la bouture chez les végétaux supérieurs, on se reportera à l'article qui porte ce titre. Nous n'examinons ici que les formes transitoires de boutures que l'on rencontre chez les végétaux inférieurs et qui avoisinent les exemples de scissiparité que nous venons de rappeler. Que l'on prenne un fragment de rhizomorphe d'Hyménomycète et qu'on lui donne un milieu approprié, ce sera une bouture qui produira un nouveau thalle. En détachant du pied ou du chapeau de certains champignons de la même famille un simple fragment, et en lui donnant une nourriture convenable, on ne tarde pas à lui voir produire un thalle, qui à son tour supportera un ou plusieurs fruits. Chez certaines Cyanophycées, comme les *Nostoc*, les *Rivularia*, les *Cladothrix*, des tronçons du thalle se séparent d'eux-mêmes, vivent isolément, se segmentent, et reconstituent de nouveaux thalles. Ce sont les hormogonies qui sont, en somme, des boutures naturelles. Les Characées peuvent aussi se multiplier par portions détachées du corps végétatif ou par des branches adventives qui s'isolent.

La marcotte est, par définition, une bouture qui ne se détache du végétal qui l'a produite que lorsqu'elle a constitué tous les organes importants qui lui permettent de vivre. C'est ainsi qu'une marcotte de vigne ne diffère d'une bouture de la même plante que par les racines qu'elle a lorsqu'on la sépare du pied mère. Mais il faut bien reconnaître qu'une pareille définition, parfaitement applicable aux végétaux supérieurs, cesse de l'être quand il s'agit des plantes purement cellulaires. Un filament de *Vaucheria* ou de *Spirogyra*, détaché de son thalle et reproduisant la plante, est aussi bien une marcotte qu'une bouture. L'indication première d'une marcotte véritable se trouve chez certaines Algues-Chlorophycées, le *Caulerpa prolifera* par exemple, dont le tube principal, qui porte des ramifications, se détruit d'arrière en avant au fur et à mesure que son sommet s'allonge. Avant que la destruction progressive atteigne un rameau, celui-ci s'attache aux rochers par des crampons, esquisses des racines véritables des végétaux supérieurs; et, lorsqu'il devient libre, il constitue une marcotte qui désormais vivra indépendante. Il en est de même chez les *Botrydium*. Certaines Floridées, les *Griffithsia* par exemple, produisent des branches qui se séparent et sont le point de départ de thalles nouveaux fixés au fond de la mer. Les branches des Hépatiques, implantées dans le sol par leurs poils absorbants, se détachent les unes des autres, d'arrière en avant, par le même mécanisme que les ramifications des *Caulerpa*. Dans les Mousses, il existe souvent des branches latérales, appelées *innovations*, qui s'affranchissent, elles aussi, par destruction de la tige et sont de véritables marcottes. Le *Mnium undulatum* a des stolons qui s'enfoncent dans le sol pour en sortir un peu plus loin, et prendre alors la forme de rameaux ordinaires. Ils s'individualisent comme précédemment. Chez certaines Fougères, comme les Hyménophyllées, la spore, en germant, produit un protonéma sur lequel poussent plusieurs prothalles lamelleux pourvus de poils absorbants et qui se séparent les uns des autres par destruction du protonéma. On se reportera au mot MARCOTTE pour tout ce qui concerne les végétaux supérieurs.

La greffe n'est qu'une bouture plantée dans un terrain tellement favorable (des tissus vivants presque identiques aux siens), qu'elle n'a pas besoin de former des racines pour puiser dans ce sol spécial les matériaux indispensables à sa nutrition (voy. GREFFE).

Les végétaux se multiplient encore par gemmiparité, c'est-à-dire qu'ils produisent des bourgeons, bulbes, bulbilles, qui, à un moment donné, se séparent de la plante mère et reconstituent isolément cette dernière (voyez les mots BOURGEON, BULBE, BULBILLE). On peut peut-être saisir la première esquisse des bourgeons de multiplication chez des végétaux qui cependant sont dépourvus de feuilles, comme le *Vaucheria tuberosa* parmi les Siphonées. Dans cette plante, l'extrémité de certaines branches se renfle et, sans former de spores, bien entendu, s'isole et reproduit le thalle. C'est quelque chose comme un bulbille rudimentaire. Mais c'est tout aussi bien une bouture très simple, comme aussi l'on pourrait y voir un nouvel individu né par scissiparité. Chez les végétaux inférieurs, et on le constatera mieux encore plus loin, les divers modes de reproduction se tiennent de si près et se confondent souvent à un point tel, qu'il devient difficile de différencier ce qui est du domaine de chacun d'eux. Chez certains Mucorinés, par exemple (*Absidia, Sporodinia*), la cellule terminale d'un rameau se renfle, comme chez le *Vaucheria tuberosa*, s'entoure d'une membrane cellulaire, se détache comme un bulbille et reproduit la plante. Cette cellule ressemble tellement aux œufs nommés *zygospores* et formés sur le même végétal par fécondation, qu'on l'a appelée une *azygospore*. C'est une spore anormale, occasionnelle si l'on veut; mais elle a en même temps la plupart des caractères des bulbilles des végétaux plus élevés. Elle en diffère surtout parce qu'elle est unicellulaire. Passons aux sclérotes des Hyménomycètes qui sont constitués par des filaments condensés en un pseudoparenchyme dans lequel s'amassent des substances de réserve. N'y a-t-il pas là, chez des végétaux certes bien éloignés des plantes supérieures, une sorte de bulbe qui, coupé en fragments, peut donner, sur chaque morceau, naissance à un appareil reproducteur sporifère?

Les sclérotes, il est vrai, sont constitués par des filaments, d'abord distincts, qui se soudent. Chez les Characées, certains verticilles de feuilles prennent la forme d'étoiles tuberculeuses dont les rayons gonflés d'amidon peuvent reproduire la plante. D'autres fois, c'est l'article inférieur de leurs rhizoïdes qui se renfle en un tubercule qui survit à la destruction du reste du végétal et le régénère. Tout le monde connaît les sorédies des Lichens, qui, dans les espèces non gélatineuses, forment une fine poussière sur le thalle et qui, constituées par des cellules vertes d'Algue entourées de filaments de Discomycètes, s'accumulent dans la zone verte sous forme de petites masses arrondies, déchirent la couche corticale et s'éparpillent au dehors, où elles reproduisent le thalle. Les mêmes sorédies, dans les Lichens gélatineux, forment comme des excroissances du thalle dont elles finissent par se détacher pour constituer une association lichénique indépendante. Ici encore, comme dans les sclérotes des Hyménomycètes, les tubercules reproducteurs sont formés par des éléments d'abord simplement juxtaposés, qui finissent par se souder, grâce au parasitisme. Il n'en sera plus de même chez les plantes qu'il nous reste à décrire. C'est ainsi que, parmi les Algues-Phéosporées, on en trouve, comme les Sphacélaires, qui se multiplient par des propagules pluricellulaires, qui ne sont que des rameaux devenus tuberculeux. Chez les Floridées, on rencontre des propagules analogues qui peuvent être uni- ou pluricellulés. Ceux de certaines Hépatiques (*Marchantia, Madotheca, Lunularia*) se présentent sous l'apparence de corps lenticulaires à bords échancrés, qui naissent dans des conceptacles de formes diverses. Plusieurs Mousses ont également des propagules qui apparaissent, les uns sur l'axe feuillé (*Barbula papillosa*), les autres sur le protonéma. Enfin, sur tous les organes des Mousses, peuvent se produire des filaments de protonéma donnant naissance à des bourgeons qui sont de vrais bulbilles, puisqu'ils peuvent, à la destruction du protonéma, poursuivre séparément leur existence et reconstituer la plante. Les rhizoïdes des Mousses forment également et directement des bulbilles identiques aux précédents. En passant des Muscinées à certaines Fougères, aux *Trichomanes*, qui sont inférieurs, à divers égards, aux autres Fougères, on trouve encore des propagules, c'est-à-dire des bulbilles à un état rudimentaire. Certaines cellules se détachent de leur prothalle et deviennent autant de corps multiplicateurs. Mais, ce cas exceptionnel mis de côté, nous n'allons plus rencontrer désormais que de vrais tubercules, de vrais bulbes et de vrais bulbilles. C'est ainsi que le *Pteris cretica*, au lieu de former un archégone, puis un œuf, sur son prothalle, y produit un bourgeon adventif; et, quand le prothalle a disparu, ce bulbille se développe en une plante complète. Le *Ceratopteris thalictroides* possède un bourgeon adventif à chaque angle rentrant de ses frondes. Ces bourgeons, séparés de la fronde, s'enracinent et vivent indépendants. Quand les frondes du *Woodwardia radicans* touchent le sol, leur extrémité se transforme en un bourgeon adventif qui s'enracine et s'individualise. Le *Nephrolepis undulata* a des stolons qui se renflent en tubercules à leur sommet et qui, séparés, reproduisent la plante. Dans les Ophioglosses, les bourgeons tuberculeux sont situés aux extrémités mêmes des racines; et, dans l'*O. pedunculatum*, lorsque la tige meurt après avoir produit sa fronde fertile, elle n'a pour se multiplier elle-même que ces bourgeons qui terminent ses racines. En passant aux Marsiléacées, nous trouvons, chez les *Marsilea*, certains bourgeons latéraux renflés en tubercules pleins d'amidon, et qui sont employés à la multiplication de la plante. Chez les Equisétacées, le rhizome de plusieurs espèces se renfle en chapelets de tubercules amylacés qui peuvent s'isoler et reproduire le végétal. Parmi les Lycopodiacées, les *Lycopodium* produisent quelquefois, non loin du sommet des racines, de petits tubercules qui se séparent du pied qui leur a donné naissance. Le *Phylloglossum* émet latéralement un rameau qui s'enfonce dans la vase et renfle son extrémité en un bourgeon tuberculeux qui finit par s'affranchir. Les *Isoetes* du lac de Longemer, lorsqu'ils croissent profondément, produisent des bourgeons adventifs à la place des sporanges. Ces bourgeons deviennent libres lors de la destruction des feuilles. — En ce qui concerne la multiplication des végétaux supérieurs par tubercules, bulbes et bulbilles, on trouvera tous les renseignements nécessaires à chacun de ces mots. Disons toutefois ici que les *frondes* des Lemnacées, qui se dissocient à une certaine période de leur évolution, ne sont que des bulbes au degré le plus inférieur, puisqu'elles ne portent pas de feuilles (feuilles florales à part), n'ont que des racines adventives qui peuvent même manquer dans certaines espèces, et sont en somme constituées par un axe sans accroissement terminal et qui se borne à bourgeonner latéralement pour donner naissance à des rameaux d'ordres différents, également rudimentaires. De cette esquisse de bulbe on peut s'élever par degrés aux bulbes les plus compliqués, en passant par ceux du Colchique, qui, comme ceux des Lemnacées, ont un accroissement terminal promptement arrêté, produisent également leurs fleurs et leurs bourgeons sur les flancs de ce bulbe et ne s'en différencient morphologiquement que par l'addition de leurs longues feuilles qui viennent faire saillie à la surface du sol. On verra plus loin, à propos de l'embryon des Monocotylédones, à quoi tendent ces quelques remarques.

B. *Reproduction asexuée par spores.* — Ce mode de reproduction ne se rencontre que chez les Thallophytes. On le trouve dans la généralité des Champignons et chez un assez grand nombre d'Algues. Les spores peuvent être d'une ou de plusieurs sortes sur la même plante; et, dans ce dernier cas, on nomme les unes *spores*, les autres *conidies*. Enfin, les spores sont, comme on le verra, endogènes ou exogènes, munies ou non de cils vibratiles et par conséquent mobiles ou immobiles. Passons rapidement en revue, à partir des végétaux les plus inférieurs, le mode de production des spores, leur germination et les organismes divers dont cette germination est la première phase de développement.

Les spores des Myxomycètes, tantôt se forment dans des sporanges (Endomyxés), et tantôt sont libres (Cératiés, Acrasiés) au sommet de pédicelles ou sur un réceptacle sessile. On peut donc trouver, dans des végétaux très voisins, des spores endogènes et des spores exogènes. En germant, ces spores laissent échapper un corps protoplasmique à mouvements amiboïdes, cilié ou non (la présence et l'absence des cils ne sont donc pas des caractères d'importance capitale), qui se segmente. Puis les cellules issues de cette segmentation se rapprochent, s'agglutinent, et, à la suite de différenciations diverses qu'il serait trop long de décrire ici, finissent par produire des spores nouvelles.

Chez les Oomycètes, les spores naissent tantôt dans des sporanges (Chytridiacés, Mucorinés, Saprolégniés, Monoblépharidés), et tantôt sont exogènes (Péronosporacés, Enthomophthoracés). Elles sont dépourvues de cils (Mucorinés), ou bien en possèdent un (Chytridiacés, Monoblépharidés) ou deux (Péronosporacés, Saprolégniés). A côté des spores communes à tout le groupe, on peut trouver, chez certains Champignons seulement de cette famille, une seconde forme de spores qui sont des conidies (*Mortierella, Syncephalis*), plus petites que les premières. Les vraies spores germent et reproduisent le thalle, tandis que les conidies, dans les mêmes circonstances, forment des filaments qui, tantôt ne supportent que de nouvelles conidies, tantôt produisent des sporanges dans lesquels naissent de vraies spores et qui sont accompagnés ou non d'une autre génération conidienne.

Les Ustilaginés ont des spores dont la germination nous présentera des caractères nouveaux. Disons d'abord que, presque toujours, elles naissent dans la profondeur des tissus des plantes sur lesquelles les Ustilaginés sont parasites. Tantôt elles se produisent sur le trajet des filaments mycéliens (*Entyloma*), tantôt à leur extrémité. Souvent (*Ustilago*) les filaments sporifères se pelotonnent en amas de spores innombrables, et dans certains cas (*Sphacelotheca*) ces amas sont supportés par un pédoncule. Quoi qu'il en soit, les spores, par leur germination, produisent des filaments qui peuvent former directement la plante nouvelle (*Sorosporium*). Mais d'autres fois le filament issu de la spore porte seulement une ou plusieurs spores de seconde génération, les sporidies, tantôt terminales (*Tilletia*), tantôt latérales (*Ustilago*), qui, en germant à leur tour, peuvent produire un thalle, mais se bornent souvent à différencier une spore de troisième génération qui, en germant, reproduira finalement le thalle originaire. Ces spores, incapables de reconstituer immédiatement la plante mère, et qui, pour aboutir à cette fin, ont besoin de se perfectionner en quelque sorte par étapes successives, présentent un phénomène des plus dignes d'attention. On peut se demander notamment si ces formes graduées, qui se superposent dans la vie d'une seule plante, ne traduisent pas les degrés d'une longue évolution antérieure.

Les Urédinés, dans leur développement, offrent à un suprême degré les phénomènes que nous venons de constater chez les Ustilaginés. C'est ainsi que leur thalle, avant de se reconstituer, donne naissance à deux (*Puccinia Malvacearum*), à trois (*Puccinia Polygoni*), à quatre (*Puccinia suaveolens*), à cinq et même à six (*Puccinia Graminis*) générations successives de spores différentes. Cinq espèces de ces spores peuvent se produire sur une seule et même plante sur laquelle l'Urédiné est parasite; mais d'ordinaire elles apparaissent successivement sur des végétaux d'espèces et même de genres différents. C'est ainsi que le *Puccinia Graminis*, installé sur le Blé, y donne d'abord des spores unicellulaires qui reproduisent le thalle sur d'autres plantes de Blé. A l'automne, elles sont remplacées par des spores bicellulaires (téleutospores) qui, au printemps suivant, germent et donnent naissance à des sporidies qui tombent sur des *Berberis*, y germent et se développent à l'intérieur des feuilles, à la face inférieure desquelles elles émettent des spores en chapelets qui, en tombant sur les feuilles du Blé et d'autres Graminées, reconstituent le thalle primitif. Mais, en même temps que ces spores de la face inférieure, il s'en produit d'autres à la face supérieure qui germent et émettent une dernière et sixième espèce de spores qui ne servent qu'à la reproduction de l'Urédiné sur le *Berberis*. Il est évident que cette évolution à phases multiples n'a point commencé autrefois par un double parasitisme, mais que le *Puccinia* a d'abord été parasite, soit sur des Graminées, soit sur le *Berberis*, et ne s'est enfin adapté à des plantes si différentes qu'en modifiant en même temps et corrélativement certaines phases de son développement primitif. C'est pour cela que le nombre des spores successives des Urédinés est aussi variable, et c'est pour cela aussi que certains Urédinés, comme le *Puccinia Helianthi*, peuvent effectuer tout leur développement sur une seule et même plante.

Chez les Basidiomycètes, les spores, nées sur des appareils d'apparences très diverses, ont un mode de formation qui leur est propre. Certaines cellules appelées *basides* se cloisonnent en long ou en travers, ou bien demeurent indivises. Si elles sont indivises, elles poussent à leur extrémité libre deux ou huit petits diverticulum. A ce moment, le noyau de la baside se divise en deux à huit noyaux secondaires, et chacun de ces derniers se rend dans l'un des diverticulum, où il devient une spore. Si, au contraire, les basides se cloisonnent en cellules égales (Trémellacés), chacune de ces dernières cellules forme un diverticulum sporifère. Certains Basidiomycètes (Hyménomycètes) ont leurs basides étalées à l'air libre; d'autres (Gastromycètes) les présentent renfermées dans des cavités closes, qui ont d'abord été des tubercules pleins, homogènes, plus tard différenciés et qui finalement s'ouvrent pour que la dissémination des spores devienne possible. Outre leurs spores, les Basidiomycètes ont souvent des conidies. Chez les Trémellacés, elles apparaissent sur les filaments du thalle ou sur ceux de l'appareil sporifère. Généralement en forme de bâtonnets, les conidies sont isolées ou groupées en pinceaux chez les Hyménomycètes. Chez les Gastromycètes, elles dérivent de certaines branches enroulées en spirale qui se segmentent en nombreux bâtonnets. Toutes ces conidies germent dans des milieux appropriés et reproduisent le thalle.

Nous ne pouvons songer à décrire ici les nombreuses formes de l'appareil sporifère des Ascomycètes. Sur ces appareils, ces Champignons produisent certaines cellules appelées *asques* et dans l'intérieur desquelles se forment les spores, dont la quantité varie de deux à plusieurs centaines, mais qui sont généralement au nombre de huit. Ces spores sont simples ou cloisonnées. Les asques sont tantôt, et dès le principe, exposés à l'air libre (Discomycètes), tantôt renfermés dans des cavités d'abord closes qui s'ouvrent ou régulièrement (Pyrénomycètes), ou irrégulièrement, par destruction du périthèce (Périsporiacés). Il paraît certain que dans plusieurs Ascomycètes les appareils sporifères se produisent sur le mycélium sans présenter de phénomènes sexuels à leur origine. C'est ainsi que, dans les *Ascotrichum*, le périthèce débute par un seul filament qui se pelotonne sur lui-même et produit un tubercule, lequel donne naissance à l'appareil sporifère. Mais nous verrons plus loin que, dans des cas nombreux, des phénomènes de fécondation paraissent intervenir à la base de la formation des asques. A côté des spores issues des asques ou ascospores, les Ascomycètes présentent souvent des conidies ovales, sphériques ou linéaires, dont une même plante peut supporter jusqu'à trois et quatre espèces. Il y a là encore, comme dans les Urédinés, un phénomène de polymorphisme tout à fait remarquable qui traduit une sorte d'hésitation (fréquente chez les végétaux inférieurs) entre divers modes de reproduction à peu près équivalents et qui chez les Phanérogames se trouvent complètement éliminés pour ne laisser place qu'au plus utile, au plus complet, au plus important de tous, à la reproduction sexuée. Quoi qu'il en soit, les conidies des Ascomycètes, au lieu d'être endogènes comme les ascospores, sont toujours exogènes. Elles se montrent sur le thalle ou sur des appareils distincts, sur des filaments dressés dans des cavités qu'elles tapissent; elles sont en pinceaux (*Penicillium*), en capitules (*Aspergillus*), en chapelets (*Sphærotheca*). Dans certaines espèces (*Oïdium Tuckeri*), on ne connaît que des conidies, et peut-être que ni les ascospores ni la reproduction sexuée n'existent chez elles. Toutes ces conidies peuvent germer. Dans l'Ergot de Seigle notamment, elles produisent de nouvelles conidies qui, tombant sur d'autres fleurs de Seigle, y reproduisent l'Ergot.

Nous avons peu de chose à dire de la reproduction asexuée par spores chez les Lichens. Puisqu'ils ne sont que des Ascomycètes et parfois des Basidiomycètes associés, dit-on, à des Algues, les spores ne peuvent qu'y naître soit dans des asques, soit sur des basides. Ces spores germent et, en s'associant avec les Algues appropriées qu'elles trouvent à leur portée, elles reconstituent le thalle. Quant aux conidies, les Lichens en seraient abondamment pourvus s'il fallait tenir pour telles les petites cellules arrondies ou en bâtonnets qui naissent en si grand nombre dans les excavations en forme de bouteilles que l'on a nommées des *spermogonies*. Mais nous verrons plus loin qu'on tend à les considérer aujourd'hui plutôt comme des anthérozoïdes.

Arrivons maintenant aux Algues. Nous allons y trouver également des spores, et l'on verra plus loin qu'elles ne coexistent pas toujours avec des faits de reproduction sexuée. Elles seront parfois immobiles (Floridées), d'autres fois mobiles et munies de cils vibratiles. On les appelle alors des *zoospores*.

Chez les Cyanophycées étudiées jusqu'ici, on n'a trouvé que des spores d'une seule espèce, c'est-à-dire que les conidies paraissent faire défaut. Les spores les plus simples se présentent chez les Nostocacées, où l'on voit certaines cellules des filaments épaissir leur paroi, se séparer du reste du thalle et germer pour reproduire immédiatement la plante. D'autres fois (Bactériacés), ce n'est plus une cellule du thalle qui germe directement, mais c'est une utricule qui produit dans son intérieur, par rénovation cellulaire, une spore qui sort et pousse à travers l'exospore un tube qui reconstitue la plante. Ces cellules monospores peuvent être considérées comme un sporange ou un asque au degré le plus inférieur. Dans le *Bacillus Amylobacter*, les spores se forment à l'extrémité des bâtonnets renflés à ce niveau. Dans d'autres *Bacillus*, dans certains *Spirillum*, les cellules qui composent chaque filament produisent toutes une spore. Les spores du *Bacillus Amylobacter*, en germant, laissent les deux extrémités de leur tube engagées dans l'exospore et ce tube forme alors une anse. Quant aux spores des *Spirillum*, dès les premiers instants de leur germination, leur extrémité libre se recourbe en crochet, première ébauche de la spirale définitive.

Chez les Algues-Chlorophycées, il s'en faut qu'il y ait toujours des spores. Elles manquent, par exemple, chez les Conjuguées; chez les Siphonées, elles sont ou non ciliées; et parfois sur la même plante on rencontre des spores les unes ciliées et mobiles, les autres dépourvues de cils et immobiles. Le *Botrydium granulatum*, par exemple, dans certaines conditions, forme dans son intérieur des zoospores que se fixent et reproduisent directement la plante. Dans d'autres circonstances, il donne des spores sans cils, qui tantôt reforment directement, elles aussi, le thalle, tantôt donnent d'abord naissance à des zoospores qui se développeront en thalle normal. L'apparition des cils sur les spores ou leur absence tient simplement ici à des conditions de milieu. On les fait se former à volonté. C'est dire le peu d'importance qu'il faut attacher aux cils dans la classification des végétaux inférieurs. Certains *Vaucheria* ont également des zoospores, tandis que d'autres produisent de grosses spores multiciliées, qui paraissent n'être que des colonies de zoospores associées en une masse commune. Enfin, nous avons déjà parlé de ces *Vaucheria* qui n'ont ni spores immobiles ni zoospores, et dont l'extrémité de certains rameaux, devenue légèrement tuberculeuse par le simple gonflement de la cellule, s'isole et se développe ensuite en un thalle normal. Les Cénobiées sont fort curieuses au point de vue de leur reproduction asexuée. Les unes, comme les *Hydrodictyon*, produisent dans leurs éléments des zoospores qui perdent leurs cils et s'anastomosent en réseaux, en colonies diverses. Chez d'autres Cénobiées, au contraire, les cils des zoospores persistent quand elles s'ajustent les unes à côté des autres pour constituer des associations variées qui demeurent mobiles. Dans certaines Volvocées, les zoospores se produisent indistinctement dans toutes les cellules. Dans d'autres (*Volvox*), ce sont quelques cellules seulement de la colonie qui se chargent de la multiplication de la plante. Les Protococcacées ont des spores très voisines de celles des Cénobiées. Les unes (Protococcées) perdent leurs cils de bonne heure; les autres (Hématococcées) ont des cils durables comme ceux des Volvocées. Les zoospores des Protococcacées, issues de l'unique cellule qui constitue le végétal, tantôt germent isolément, tantôt restent associées comme des ramifications à leur plante mère (*Sciadium Arbuscula*). Il suffit que le milieu change, en d'autres termes qu'il soit sec ou humide, pour qu'il se produise des spores ciliées ou d'autres qui ne le soient pas. La germination dans l'eau, cela va sans dire, est celle qui se traduit par les spores ciliées.

Les Palmellacées produisent une ou plusieurs spores dans chaque cellule. Ces spores ont, suivant les espèces, d'un à quatre cils. Dans les *Palmella*, les cils disparaissent lors de la reproduction. Dans les *Euglena*, le cil unique (dans certaines espèces) persiste, lors de la division de la cellule, sur l'une des deux moitiés. L'autre moitié produit un cil. Chez les *Diselma*, quand la zoospore biciliée se divise, chaque moitié conserve un cil, auquel s'en ajoute bientôt un second. Dans les *Pyramidomonas* les quatre cils, lors de la segmentation de la zoospore, se répartissent par deux sur chacune des moitiés de l'élément, et, lorsque ces dernières se sont complètement séparées, on voit chacune d'elles produire deux nouveaux cils. Si donc nous savions déjà, grâce à l'étude des spores des familles précédentes, que l'absence ou la présence des cils est un fait de peu d'importance, nous apprenons de plus, par l'examen des Palmellacées, que le nombre des cils (variable dans des plantes si voisines) n'est pas non plus un caractère de premier ordre.

Même observation pour les Confervacées, où l'on rencontre des zoospores bi-, quadri-, multiciliées, et qui parfois produisent des spores immobiles. Les zoospores peuvent s'y former en grand nombre par division simultanée du protoplasma d'une cellule; mais d'autres fois elles s'individualisent par bipartitions successives; et, enfin, il peut arriver qu'une même cellule ne produise qu'une zoospore unique. Toutes ces spores, mobiles ou non, germent et reproduisent directement le thalle.

Dans l'évolution de leurs spores, les Phéophycées ne nous apprendront rien de bien nouveau. Les Péridiniacées produisent, dans l'intérieur de leur cellule, deux zoospores qui s'échappent et reprennent rapidement les dimensions de la cellule mère. Quant aux Cryptomonadées, elles donnent naissance à des zoospores qui gardent longuement leurs cils ou qui les perdent de bonne heure, différences que nous avons déjà constatées dans les précédentes familles. Si les thalles ne perdent pas leurs cils, ils sont naturellement mobiles dans l'eau où ils végètent. Quand la zoospore biciliée d'un *Cryptomonas* se divise, les deux cils sont emportés par l'une des moitiés, et l'autre moitié en produit deux nouveaux à son extrémité. C'est à peu près ce que nous avons déjà constaté chez les Palmellacées. Quelquefois les zoospores filles ne dérivent pas immédiatement de la zoospore mère; mais celle-ci, perdant ses cils, se segmente par bipartitions répétées, et finalement chacune de ces cellules immobiles se transforme en une zoospore ciliée. Cette dernière, lorsqu'elle se segmente, peut conserver dans certaines espèces une sorte de liaison entre les éléments successifs auxquels elle donne naissance. C'est ainsi que dans le *Dinobryon Sertularia* les deux moitiés d'une zoospore en voie de sectionnement glissent l'une sur l'autre et restent adhérentes par une de leurs extrémités. Ce fait, en se répétant un nombre indéterminé de fois, produit des sortes de ramifications qui ont quelque analogie d'apparence avec celles des Sertulaires.

Chez les Diatomacées, la première phase de la production des spores est marquée par l'accroissement du corps protoplasmique, qui ouvre et rejette les deux valves qui le compriment. Une fois à nu, il s'entoure d'une membrane de cellulose, dans l'intérieur de laquelle il produit une et quelquefois deux spores qui brisent leur enveloppe et forment successivement leurs valves définitives.

Les Phéosporées ont toutes des zoospores biciliées qui naissent dans des zoosporanges situés soit au sommet des branches, soit sur le trajet des filaments, soit à la périphérie des thalles massifs. Ces zoospores germent en perdant leurs cils et reproduisent le thalle.

A l'encontre des précédentes, les spores des Dictyotacées sont immobiles et naissent par quatre dans des sporanges isolés ou groupés. En germant, elles produisent directement le thalle ou bien un tubercule parenchymateux qui développe un ou plusieurs thalles à sa périphérie.

Chez les Floridées enfin, on rencontre fréquemment des spores qui apparaissent le plus souvent par quatre (*tétraspores*) dans des cellules mères, mais parfois aussi, par deux, huit, seize, etc. Les thalles qui supportent les sporanges sont généralement différents de ceux qui portent les organes sexuels et dont la description viendra plus loin. Les spores sont immobiles, et, en germant, elles reproduisent le thalle.

Nous terminons ici cette rapide revue des divers modes de

reproduction asexuée chez les végétaux. Il est manifeste que, lorsqu'une plante se reproduit par scissiparité, lorsqu'elle se coupe en deux, le nouvel individu, n'étant qu'une partie du premier, lui est bien forcément identique. Il en est de même lorsqu'il s'agit de bulbilles, de boutures, de marcottes et de greffes. Ces divers modes de reproduction ne sont, à vrai dire, que des procédés divers de multiplication d'une plante mère; et, que ce soit la nature ou l'homme qui agisse, le résultat est le même. C'est le prolongement d'un individu qui s'opère : ce n'est point la création d'une variété qui se produit. On peut en dire autant de la reproduction asexuée par spores, avec certaines réserves pourtant que nous formulerons tout à l'heure. La spore asexuée, en germant pour reproduire la plante mère, ne possède rien de plus que celle-ci, rien qui lui soit étranger. Elle est faite tout entière de son protoplasma. La plante qui sortira de cette spore possédera donc, et tout naturellement, les caractères de celle qui a produit la spore. C'est cette ressemblance forcée, cette continuité dans la succession des générations par spores asexuées, qui constitue l'hérédité parfaite, hérédité qui, dans ce cas spécial, ne saurait être troublée que par des conditions purement extérieures, puisque les conditions intérieures sont intégralement transmises. Mais, à côté des spores, il existe souvent, sur la même plante, des conidies, spores secondaires d'organisation différente. Parfois un même individu peut supporter deux ou trois espèces diverses de conidies. Il est clair que ces organes reproducteurs, différents sur une même plante, se sont formés dans des conditions diverses. Lorsqu'ils germent, on ne peut donc pas dire qu'ils aient une capacité reproductrice absolument identique. Il y a entre une spore et une conidie, entre une conidie et une autre variété de conidie nées sur la même plante, des modifications de taille, de constitution, qui doivent forcément retentir sur le produit de leur germination. En d'autres termes, les diverses variétés de conidies, comme la spore, reproduisent la plante mère; mais il est impossible de dire qu'elles la prolongent toutes de la même manière et dans les mêmes conditions. C'est pour cela que, lorsqu'on fait germer une spore et les diverses conidies d'une même plante, il est bien rare que le produit de la germination soit immédiatement le même. Les conidies reproduisent directement le thalle bien moins souvent que ne le font les spores elles-mêmes. On peut donc dire que la plante pourvue de spores et de conidies, en se constituant des modes divers de reproduction asexuée, ouvre elle-même la porte aux variations de l'espèce, sans compter celles qui pourront provenir des modifications du milieu lui-même. Concluons en remarquant qu'une pareille diversité dans les procédés de reproduction asexuée n'existe à aucun degré chez les végétaux supérieurs, et que, très probablement, une expérience plus complète démontrera chez les plantes inférieures une tendance infiniment plus marquée à la variation que chez les Phanérogames, vers lesquelles jusqu'ici l'homme a principalement porté son attention.

C. *Reproduction sexuée.* — Il s'en faut qu'on l'ait constatée chez toutes les espèces végétales, soit que ses organes aient échappé aux recherches, soit qu'ils fassent réellement défaut. La cellule mâle peut être mobile ou immobile, ciliée ou non ciliée. Son action sur une cellule femelle donne naissance à une cellule reproductrice que l'on appelle l'*œuf*. Nous décrirons successivement : 1° l'organe mâle dans toute la série; 2° l'organe femelle; 3° leur action réciproque, c'est-à-dire la fécondation; 4° l'œuf; 5° l'embryon qui s'y constitue dans beaucoup de cas et particulièrement chez les végétaux supérieurs; 6° les tissus ou matières alimentaires qui le nourrissent pendant les premières phases de son développement.

Chez les Myxomycètes, on ne signale d'ordinaire rien qui rappelle les phénomènes de reproduction sexuée. Nous nous bornerons à appeler l'attention sur ce qui se passe chez ces plantes, alors que les cellules amiboïdes, ciliées ou non, se rapprochent et fusionnent. Elles sont toutes semblables, il est vrai; et l'on ne saurait y reconnaître des cellules mâles et des cellules femelles. Mais nous verrons tout à l'heure qu'au degré le plus inférieur de la reproduction par fécondation, les deux cellules qui forment l'œuf par leur conjugaison paraissent identiques. Si donc il n'y a pas chez les Myxomycètes de phénomènes de fécondation proprement dite, on doit y reconnaître, croyons-nous, dans la fusion de leurs corps protoplasmiques, comme une sorte d'ébauche de ce qui, chez d'autres végétaux, apparaît nettement comme une reproduction sexuée.

Chez les Oomycètes, cette dernière n'est niée par personne; et cependant, chez la plupart des Mucorinés, chez les Chytridiacés et les Entomophthoracés, il est absolument impossible de distinguer, dans les deux cellules qui se conjuguent, une cellule mâle et une cellule femelle. Elles paraissent identiques. Ce sont deux cellules plus ou moins renflées à leur extrémité et qui se courbent l'une vers l'autre. Dans les Péronosporacés, les Saprolégniacés, les Monoblépharidés, nous trouvons, au contraire, et pour la première fois, une cellule mâle nettement différenciée de la cellule femelle. Chez les Péronosporés et les Saprolégniés, cette cellule mâle, nommée *anthéridie*, contient un protoplasma non différencié, tandis que chez les Monoblépharidés ce protoplasma donne naissance à de petites cellules ciliées qui seront les véritables organes de la fécondation et que l'on nomme des *anthérozoïdes*.

On ne décrit point de phénomènes sexuels chez les Ustilaginés. Cependant on a vu, dans quelques cas, les sporidies dont nous avons parlé plus haut, devenir libres dans l'eau, s'y rencontrer deux à deux et s'envoyer chacune un diverticulum anastomotique. On ignore le résultat de cette sorte de conjugaison. Peut-être n'y faut-il voir, une fois de plus, que l'une de ces ébauches de reproduction sexuée assez fréquentes chez les végétaux inférieurs et dont il nous arrivera de signaler bientôt d'autres exemples.

Chez les Urédinés, il n'a pas été possible jusqu'ici de mettre en évidence un acte sexuel quelconque. Est-ce à dire qu'il faille renoncer à toute recherche? Loin de là. En effet, si l'on songe aux cinq générations successives de spores différentes développées sur le *Puccinia Helianthi*, qui demeure pendant toute son évolution parasite sur le même végétal, l'existence de phénomènes de reproduction sexuée comme point de départ de l'une de ces générations de spores paraît fort probable.

Il en est de même des Basidiomycètes, où jusqu'ici l'on n'a guère décrit que des faits de reproduction asexuée. Dans cette famille, les anastomoses de cellule à cellule sont très communes et l'on dirait que la nature s'y essaye, plus que partout ailleurs, à des ébauches de conjugaison sexuelle, de fécondation. Il est très fréquent d'y voir (*Coprinus*) les ramifications du thalle s'y envoyer des branches anastomotiques par une influence réciproque qui s'exerce à distance et dont le mécanisme nous échappe jusqu'ici. Il y a mieux. Deux cellules contiguës, superposées dans un même filament, peuvent s'anastomoser latéralement en formant une sorte d'anse au niveau de chaque cloison. Peut-on dire que ces anastomoses soient indispensables à la vie végétative de la plante? N'y a-t-il pas, ici encore, des essais de constitution d'organes reproducteurs sexués, et ces anastomoses latérales ne font-elles pas penser à celles que nous décrirons bientôt chez certaines Algues-Conjuguées qui, elles, aboutissent à la formation d'un œuf, c'est-à-dire à un acte de reproduction sexuée indiscutable? Ajoutons que les conidies de certains Hyménomycètes peuvent, elles aussi, s'anastomoser avec d'autres conidies ou même avec les filaments du thalle; et l'on comprendra que l'on soit en droit de chercher des organes sexuels à la base des appareils sporifères, au début des tubercules qui les constituent généralement à leur origine. Cette remarque s'applique à tous les groupes de Basidiomycètes, et certainement tout aussi bien aux Gastromycètes qu'aux Hyménomycètes.

On peut en dire autant de beaucoup d'Ascomycètes, chez lesquels la reproduction sexuée est encore contestée par certains auteurs qui ne voient que des faits d'anastomose végétative où, très probablement, il faut admettre une cellule mâle en conjugaison avec une cellule femelle. Laissons de côté les cas douteux. Mais, chez divers *Ascobolus, Sordaria, Aspergillus*, etc., à côté d'une cellule femelle que nous décrirons plus loin, il existe une branche plus grêle qui joue manifestement le rôle d'anthéridie dans certains cas, et, au contraire, celui de cellule femelle dans d'autres : ce qui n'étonnera point quand on réfléchira au peu d'accentuation de la sexualité chez les végétaux inférieurs où, comme nous l'avons dit, les cellules mâles et femelles sont souvent identiques. Par suite, la qualité d'organe mâle ou d'organe femelle peut, suivant les espèces, passer presque indifféremment d'un organe copulateur à l'autre. On trouve même comme un essai de sexualité jusque chez les spores de certains Ascomycètes (*Protomyces*) qui, au sortir de l'asque, germent et s'accouplent, ou, si l'on aime mieux, s'anastomosent deux par deux. Il semble que chez les végétaux inférieurs la génération sexuée, c'est-à-dire le rapprochement et la fusion de cellules de valeur différente, ait son origine première dans une anastomose de cellules quelconques de la plante qui se sont peu à peu différenciées, avec le cours des âges, jusqu'à produire finalement des éléments mâles et femelles manifestement distincts. Les Lichens étant, dit-on, des Ascomycètes et parfois des Basidiomycètes parasites sur des Algues, on s'explique que leur génération sexuée, si elle existe, soit de même nature que celle de ces végétaux et ait donné lieu aux mêmes contestations. Il semble pourtant que dans certains cas (*Physma compactum*) l'acte sexuel soit évident, comme nous l'expliquerons plus tard. Bornons-nous à parler en ce moment de l'organe mâle et disons qu'il paraît constitué, chez le *Physma* et autres espèces analogues, par ces petites cellules que beaucoup de botanistes appellent *conidies* et qui sont enfouies au fond des cavités nommées *spermogonies*, d'où elles sortent comme une fine poussière lors de la fécondation.

Parmi les Algues, les Cyanophycées n'ont pas d'organes de reproduction sexuée. Les Chlorophycées, au contraire, produisent toujours des œufs. Chez la plupart des Conjuguées, il est absolument impossible de distinguer la cellule mâle d'avec la cellule femelle, tant elles sont identiques. L'une et l'autre débutent toujours par une protubérance de deux des cellules d'un même filament ou de deux cellules de deux filaments voisins. Ces protubérances s'allongent à la rencontre l'une de l'autre et bientôt se rejoignent. Quand les deux cellules en voie de copulation appartiennent à un même filament, ce dernier est dit *hermaphrodite;* mais il y a aussi des filaments dont les cellules ne se conjuguent qu'avec des utricules d'autres filaments. Dans ce cas, ils sont dits *unisexués*. Chez quelques Conjuguées, on peut distinguer à la position de l'œuf, comme nous le constaterons plus loin, la cellule mâle d'avec la cellule femelle. Mais il existe entre elles tous les intermédiaires, et la famille des Conjuguées est l'une de celles où l'on voit le mieux qu'à la limite inférieure la sexualité disparaît et qu'il suffit, dans certains cas, de la fusion de deux cellules identiques quelconques ou même d'une unique cellule pour constituer un œuf. Or on verra que d'un œuf ainsi produit à la spore ordinaire il n'y a vraiment pas loin.

Chez les Siphonées, la sexualité est beaucoup plus nette que chez les Conjuguées dans un certain nombre de cas, tandis que dans d'autres espèces elle apparaît comme peut-être plus obscure encore. Chez les *Vaucheria*, l'organe mâle est parfaitement différencié et représenté par une cellule anthéridienne dans l'intérieur de laquelle se forment d'abondants anthérozoïdes. Dans les *Dasycladus*, des thalles différents (dioïcité) donnent naissance à des cellules reproductrices ciliées qui sont tout à fait semblables, mais qui ne se fusionnent jamais qu'avec les cellules d'un thalle autre que celui qui les a produites. On est donc forcé d'admettre ici deux sexes, bien que les caractères optiques n'indiquent aucune différence. Descendons d'un degré encore. Dans le *Botrydium granulatum*, certains articles verts produisent des cellules vertes biciliées qui dans d'autres circonstances prennent une couleur rouge. Ces cellules quittent les articles, et jamais les rouges ne s'accouplent avec les vertes. C'est entre cellules d'un même article, identiques, puisqu'elles sont sœurs, que s'opère la conjugaison qui donne naissance à un œuf. Où est la cellule mâle en pareil cas, et où est la cellule femelle? On peut cependant répondre qu'elles existent, si tant est que nous ne puissions, avec nos moyens imparfaits, les distinguer l'une de l'autre. Mais il peut arriver que les cellules ciliées s'unissent par trois et même davantage. Que devient en cette affaire la différence des sexes? Il n'y a plus que des cellules identiques qui, en fusionnant (comme les amibes des Myxomycètes), ont produit un œuf, absolument comme si elles étaient sexuées.

Chez les *Hydrodictyon*, qui sont des Cénobiées, nous trouvons aussi des cellules reproductrices identiques qui s'unissent par deux ou davantage, pour constituer des œufs. Dans l'*Eudorina elegans*, au contraire, les cellules mâles et femelles sont absolument différentes; la cellule mâle est un anthérozoïde bicilié associé à une colonie d'autres anthérozoïdes, issus de la même cellule que lui. Cette colonie ciliée se meut jusqu'à ce qu'elle rencontre une colonie femelle absolument différente.

Les Protococcacées ne produisent, en fait d'organes sexués, que des cellules ciliées, d'ordinaire toutes semblables, qui, en s'unissant deux à deux, forment un œuf qui régénère le thalle. Les cellules reproductrices des *Chlamydomonas* ont quatre cils et elles sont parfois inégales: ce qui suffit pour établir quelque différence entre les sexes.

Tantôt les Confervacées, pour produire leurs œufs, n'ont que des cellules ciliées, probablement les unes mâles et les autres femelles, mais en apparence tout au moins absolument identiques (*Schizogonium*). Tantôt elles possèdent des organes reproducteurs parfaitement différenciés, et dans ce cas l'organe mâle est constitué par un filament anthéridien (*Sphæroplea annulina*) qui peut produire d'abondants anthérozoïdes, ou qui (divers *Œdogonium*), dans certaines cellules, n'en forme qu'un ou deux beaucoup plus gros. Dans le premier cas, les anthérozoïdes fécondent directement la cellule femelle ou oosphère ; dans le second cas (et ceci est un fait très remarquable en ce que nous le retrouverons plus loin chez d'autres végétaux où la microspore produit un prothalle mâle), dans le second cas, disons-nous, l'anthérozoïde germe en une sorte de petite plantule mâle paucicellulée, que l'on nomme *androspore* et qui n'est en réalité qu'un prothalle mâle très réduit, dont une ou deux des cellules supérieures produisent un anthérozoïde secondaire qui sera la véritable cellule de fécondation. C'est là un degré de complication dont jusqu'ici l'organe mâle ne nous avait pas offert d'exemple. Peut-on cependant le considérer comme créant entre les plantes qui l'offrent et celles que nous avons étudiées jusqu'ici une ligne de démarcation infranchissable? Nullement; car à côté de ces *Œdogonium* à androspores ou, si l'on veut, à microspores germant en un prothalle rudimentaire, il en est d'autres tout à fait inséparables des premiers et chez lesquels l'anthérozoïde primaire ne se développe point en plantule, mais féconde directement la cellule femelle. L'androspore, si important pour nous au point de vue de la morphologie générale, n'est donc en réalité, pour les *Œdogonium*, qu'une légère complication de plus.

Chez les Characées, où les anthéridies naissent sur des feuilles, la différenciation de l'organe mâle et de l'organe femelle est aussi complète que possible. Nous renvoyons d'ailleurs à l'article Characées pour la description des anthéridies si anormales de ces plantes, avec leurs plaques extérieures supportant autant de cellules intérieures cylindriques, rayonnantes, sur le sommet desquelles s'attachent les filaments flexueux et multicellulaires dans chaque cellule desquels naît un anthérozoïde.

Chez les Phéophycées, on rencontre, d'une manière générale, les principaux modes de reproduction sexuée que nous avons signalés jusqu'ici. Tantôt la cellule mâle et la cellule femelle sont tellement semblables, qu'il est impossible de les distinguer; tantôt elles sont différentes, et dans ce cas elles peuvent être toutes deux immobiles, ou toutes deux mobiles, ou l'une mobile et l'autre immobile. Chez les Péridiniacées, par exemple, les cellules mâles et femelles paraissent identiques, sont ciliées et fusionnent pour former la cellule reproductrice, l'œuf. Chez les Diatomacées, il se produit une série de phénomènes sur lesquels on ne saurait trop appeler l'attention de ceux qui cherchent à se rendre un compte exact de la nature intime des faits de reproduction sexuée. Dans certaines espèces, deux cellules se rapprochent, excrètent une substance gélatineuse, et il semblerait qu'elles vont entrer en conjugaison. Elles sont d'ailleurs pareilles, et l'on ne saurait en distinguer une qui soit mâle, ni une autre qui doive jouer le rôle de l'élément femelle. Mais, au lieu de former un œuf par l'union des deux protoplasma, elles continuent ensuite leur évolution distincte et chacune d'elles produit sa spore. En somme, il y a eu là tous les préparatifs d'une copulation qui ne s'est pas accomplie et faute de laquelle chaque frustule a formé une spore avec des éléments qui, en s'unissant, eussent produit un œuf unique. De là cette notion que l'œuf dérive de la fusion de deux éléments dont chacun a tout ce qu'il faut pour constituer une spore asexuée. Ce qui le démontre invinciblement, c'est que chez d'autres Diatomacées la copulation se poursuit jusqu'à son terme, c'est-à-dire jusqu'à la constitution de l'œuf, après avoir présenté une phase préliminaire qui est exactement celle que nous venons de décrire.

Les Phéosporées ont souvent les cellules mâles et femelles identiques et ciliées. D'autres fois elles sont différentes, mais encore mobiles. Dans quelques cas enfin la cellule mâle est un anthérozoïde, et la cellule femelle est immobile. C'est dire que dans tous les cas les cellules mâles sont mobiles, et conséquemment ciliées. Ce sont des anthérozoïdes qui naissent dans des logettes groupées à l'extrémité d'un filament du thalle.

Chez les Dictyotacées, l'organe mâle diffère de l'organe femelle. C'est une anthéridie qui produit de nombreux anthérozoïdes.

Les Fucacées, qui sont dépourvues de spores, ont des anthéridies très distinctes de la cellule femelle. Elles sont situées à la partie supérieure de conceptacles en forme de bouteilles, tandis que les organes femelles ont leur siège au fond même de ces conceptacles. Ces anthéridies produisent des anthérozoïdes mobiles.

Les Floridées, si intéressantes par la diversité de leur corps embryonnaire, issu de l'œuf, présentent au contraire une uniformité remarquable dans l'organisation de leur appareil mâle ; et nous en aurons assez dit, au point de vue général, en rappelant qu'elles ont des anthéridies parfaitement distinctes de la cellule femelle et que chaque anthéridie produit un seul anthérozoïde, si l'on peut appeler ainsi une cellule immobile, à laquelle nous verrons jouer le même rôle que le grain de pollen.

En passant des Champignons et des Algues aux Muscinées, on ne saurait constater le moindre hiatus en ce qui concerne l'organe mâle. Nous venons de parler d'anthéridies dans les familles précédentes. Chez les Muscinées, l'anthéridie existe également. Elle est pluricellulaire, cela est vrai ; mais dans les Algues-Phéosporées il en est, comme le *Zanardinia*, qui ont également des anthéridies pluricellulées tout à fait comparables, et, de plus, pédicellées comme celles de beaucoup de Muscinées, les *Polytrichum* par exemple. Les anthérozoïdes des Muscinées sont ciliés ; mais ceux des *Zanardinia* et d'un nombre immense de Champignons et d'Algues le sont également. Enfin, l'anthéridie des Muscinées dérive toujours d'une unique cellule épidermique, et c'est le cas de toutes les anthéridies des végétaux plus inférieurs : nouvelle ressemblance importante.

L'anthéridie des Fougères ne diffère par rien d'important de celle des Muscinées. Issue parfois des filaments du protonéma (Hyménophyllées), elle rappelle tout à fait, dans ce cas, les anthéridies de certaines Algues filamenteuses. Mais d'ordinaire elle se forme sur le prothalle, et alors elle est identique à l'anthéridie de certaines Hépatiques à thalle lamelleux. Il est sans importance, au point de vue de la morphologie générale, d'envisager ici les divers modes de segmentation qui peuvent lui donner naissance. Les anthérozoïdes qui se forment dans son intérieur sont spiralés, avec une sorte de crinière de cils ; mais ceci est un caractère de peu de valeur, si nous nous rappelons les principales différences que nous avons constatées dans les cellules ciliées des végétaux inférieurs, différences très accusées souvent dans des plantes d'ailleurs fort voisines. L'anthéridie des Fougères dérive, comme celle de tous les végétaux précédents, d'une seule cellule.

Dans les Ophioglossées, l'anthéridie, également issue du prothalle, est fondamentalement la même que chez les Fougères. Seulement, les segmentations de la cellule unique qui lui donne naissance, au lieu de former la protubérance anthéridienne à l'extérieur du prothalle, s'opèrent de telle façon que l'anthéridie apparaît finalement comme enfoncée dans le prothalle, fait sans importance et analogue à celui que présentent les anthéridies de certaines Muscinées (*Marchantia*), nichées dans des cryptes en forme de bouteilles.

Les Filicinées hétérosporées possèdent des anthéridies, comme les familles précédentes ; mais, de plus, l'anthéridie a son prothalle spécial issu d'une spore particulière appelée *microspore* et dont nous établirons plus loin la valeur morphologique. Il existe donc ici, entre les organes mâles et femelles, une différenciation plus complète que nous ne l'avions rencontrée jusqu'à présent. Mais, comme nous aurons plus loin à signaler, chez les espèces d'un même genre (*Equisetum*), des prothalles tantôt monoïques, tantôt dioïques, on voit d'avance que ce caractère n'est que d'assez minime valeur. Notons que, chez les Filicinées hétérosporées, l'existence d'un prothalle mâle, distinct du prothalle femelle, entraîne naturellement une réduction de ce prothalle mâle. Ayant simplement à supporter l'anthéridie et à la nourrir jusqu'à la sortie des anthérozoïdes, il n'a qu'un rôle minime comparativement à celui du prothalle femelle. Aussi se montre-t-il beaucoup moins développé que ce dernier. Chez les *Salvinia*, la microspore germe en produisant un simple tube, qui est tout le prothalle anthéridien, et dont l'extrémité se cloisonne en huit cellules produisant en tout huit anthérozoïdes. Voilà qui fait déjà songer à un grain de pollen de Conifères. Chez les Marsiliacées, le contenu des microspores se coupe en deux cellules, dont l'inférieure représente tout le prothalle mâle. Quant à la supérieure, elle se segmente en deux éléments, dans chacun desquels naît un anthérozoïde, et c'est là toute l'anthéridie.

Les Équisétacées actuelles servent de transition entre les Filicinées hétérosporées et les Lycopodinées isosporées. En effet, dans certains *Equisetum*, les organes mâles et les organes femelles naissent sur des prothalles séparés, comme chez les Filicinées hétérosporées, tandis que chez d'autres ils apparaissent ensemble sur le même prothalle. D'ailleurs rien de spécial à dire des anthéridies et des anthérozoïdes des Équisétacées.

Les Lycopodiacées isosporées (*Lycopodium*, *Phylloglossum*, *Psilotum*, etc.) n'ont que des prothalles monoïques, issus d'une seule espèce de spores. Les anthéridies y naissent au voisinage des organes femelles, et nous n'avons rien de particulier à signaler dans leur constitution.

En passant aux Lycopodiacées hétérosporées, on revient, avec les deux espèces de spores, au prothalle mâle et au prothalle femelle des Filicinées hétérosporées. Les microspores, en germant, se partagent en deux cellules dont l'inférieure est stérile et représente seule le prothalle, tandis que la supérieure se divise : 1° chez les *Isoetes*, en six cellules dont deux produisent chacune deux anthérozoïdes ; 2° en nombreuses cellules mères des anthérozoïdes chez les Sélaginellées.

Chez les Phanérogames, la cellule femelle est toujours protégée par une ou plusieurs enveloppes florales et par une ou plusieurs parois cellulaires qui la séparent de la cellule mâle. En outre, celle-ci n'étant jamais un anthérozoïde, c'est-à-dire un élément allant à la rencontre et parfois, pourrait-on dire, à la recherche de la cellule femelle, il est indispensable que la cellule mâle, pour entrer en conjugaison avec la cellule femelle, soit portée jusqu'au contact de cette dernière par un mécanisme différent de ceux que nous avons constatés jusqu'ici. C'est pour cela que le grain de pollen, qui est une microspore née dans un microsporange qui est l'étamine, émet un tube qui conduit jusqu'à la cellule femelle les substances fécondantes. A vrai dire, nous nous trompons en représentant l'émission du tube pollinique comme caractérisant les Phanérogames d'une manière absolue. Nous avons déjà vu, dans le *Salvinia*, la microspore, vrai grain de pollen, s'allonger en tube avant de produire les anthérozoïdes. Pourquoi ne descendrions-nous pas aux avant-derniers échelons du règne végétal (Péronosporés, Saprolégniés) pour y signaler la fécondation de la cellule femelle par un tube émis par la cellule mâle que l'on appelle une anthéridie, mais qui, en réalité, n'a que la valeur morphologique d'une microspore, d'un grain de pollen? Avant de décrire des phénomènes soi-disant nouveaux chez les végétaux supérieurs, il faut toujours examiner attentivement les Algues et les Champignons. On y trouvera presque constamment le rudiment, l'esquisse, des organes prétendument propres aux végétaux supérieurs. Quoi qu'il en soit, et en laissant de côté le tube pollinique, le grain de pollen des végétaux supérieurs rappelle absolument la microspore des plantes précédemment étudiées. Comme elle, il produit un prothalle généralement très rudimentaire, mais parfois assez développé. C'est ainsi que le pollen des *Cordaites*, Conifères fossiles, subissait des segmentations répétées et contenait par conséquent un prothalle mâle parfaitement distinct. Chez les Cycadées actuelles, le grain de pollen se coupe d'abord en deux par une cloison cellulosique; puis il se forme encore, dans l'un des éléments ainsi constitués, une ou deux petites cellules. Chez le *Ceratozamia*, notamment, le grain de pollen adulte apparaît divisé en quatre cellules, dont trois petites qui sont le prothalle, et une grande qui se développera en tube pollinique et qui est tout à fait comparable à l'anthéridie unicellulaire des végétaux inférieurs. Chez les Conifères, il existe parfois (Mélèze), dans le grain de pollen, trois ou quatre petites cellules, constituant le prothalle, à côté d'une grande, qui est l'anthéridie; mais les deux premières de ces quatre ou cinq cellules se désorganisent rapidement. Chez les *Pinus* et les *Abies*, il n'y a plus que deux cellules, une pour représenter le prothalle, et une autre, la grande, qui est l'anthéridie. Le pollen des Gnétacées offre les mêmes segmentations que celui des Conifères. Quant au pollen des Monocotylédones et des Dicotylédones, il ne diffère du pollen des Cycadées, Conifères et Gnétacées que par une réduction plus grande. Le grain ne se segmente plus qu'en deux éléments protoplasmiques nouveaux, et entre eux il ne se forme même plus de cloison cellulosique. Les deux cellules sont inégales, et la plus petite, qui formera le boyau pollinique, représente l'anthéridie, tandis que la plus grande figure le prothalle. Nous n'avons pas à décrire ici les étamines, c'est-à-dire les microsporanges des végétaux supérieurs. Bornons-nous à dire que dans les *Cycas* les étamines ne sont que des feuilles très réduites, dépourvues de folioles et portant des sacs polliniques sur toute leur face inférieure. Chez les *Zamia*, les étamines ont la forme d'écailles peltées, rappelant celles de l'épi des *Equisetum* et à la partie inférieure desquelles s'attachent les sacs polliniques. Il en est de même, d'une manière générale, des étamines des Conifères. Chez les Gnétacées, les étamines ont d'un à trois sacs polliniques. Enfin, en ce qui concerne la structure de l'étamine des Monocotylédones et des Dicotylédones, nous renvoyons au mot ÉTAMINE, où l'on trouvera la description des principales formes qu'elle prend chez les végétaux supérieurs, tout en gardant constamment la même nature morphologique, c'est-à-dire en restant toujours une feuille modifiée, adaptée aux nouvelles fonctions qu'elle remplit en sa qualité d'organe mâle.

Après avoir envisagé l'organe mâle dans toute la série végétale, faisons pareille revue pour l'organe femelle, en commençant par les degrés les plus inférieurs. Notre tâche se trouve simplifiée par ce fait qu'en étudiant l'organe mâle chez les plantes où l'organe femelle lui est identique, nous avons déjà donné de ce dernier une description qu'il devient inutile de renouveler. La présente étude se trouvera donc restreinte aux plantes où les appareils mâle et femelle se montrent nettement différenciés l'un de l'autre.

Nous avons dit plus haut que chez la plupart des Mucorinés la cellule mâle et la cellule femelle paraissent identiques. Faisons simplement remarquer ici que parfois on a la preuve que cette identité n'est point absolue. Mais on ne constate les différences qu'après la conjugaison, lors de la formation de l'œuf, ou même un peu après cette formation. Nous aurons donc à nous en occuper seulement plus tard.

Chez les Saprolégniés, Monoblépharidés et Péronosporés, une cellule terminale d'un filament se renfle et s'arrondit. On la nomme un *oogone*. Son contenu protoplasmique reste indivis (*Cystopus*), ou se cloisonne en plusieurs masses distinctes (*Achlya*) qui sont des *oosphères*, c'est-à-dire des cellules femelles. Désormais nous allons poursuivre la formation de cette oosphère à travers toute la série végétale, et nous verrons qu'elle existe jusque chez les végétaux les plus élevés en organisation.

Chez les Ascomycètes, l'organe femelle est souvent très nettement visible et distinct de l'organe mâle (divers *Ascobolus*, *Sordaria*, *Aspergillus*). Dans ce cas, une branche du mycélium se renfle à son sommet et, suivant les genres, recourbe son extrémité ou s'enroule en spirale. C'est un oogone, comme chez les Saprolégniés, Péronosporés, etc., et son contenu est une oosphère.

Les Lichens étant considérés comme des Ascomycètes parasites sur des Algues, il est naturel que les organes femelles rappellent ceux des Ascomycètes. Dans le *Physma compactum*, par exemple, on voit des filaments mycéliens, enroulés en spire à leur base, allonger leur extrémité qui vient faire saillie à l'extérieur du Lichen. C'est encore là un oogone, et le protoplasma inclus est l'oosphère.

Passons aux Algues. Chez les Vauchériacées, l'utricule femelle est constituée par une cellule du thalle qui s'allonge et s'arrondit à la base en se terminant par une sorte de bec à son extrémité libre. Cette cellule est un oogone, et son contenu est l'oosphère.

Chez les Cénobiées, nous avons décrit plus haut les colonies de cellules mâles ou anthérozoïdes des *Eudorina*. Les oosphères sont, elles aussi, groupées en colonies. Elles ont tout simplement pour origine des cellules végétatives qui, à un moment donné, gélifient leurs parois de cellulose et s'arrondissent. Ici plus d'oogone, mais seulement autant d'oosphères qu'il existait de cellules dans la colonie.

L'oogone des Confervacées est toujours représenté, avant la fécondation, par une cellule unique, comme dans les familles précédentes. Mais tantôt, comme dans le *Sphæroplea annulina* et les *Œdogonium*, l'oogone est constitué par une cellule moyenne du filament thallique, tantôt par une cellule terminale, comme dans certains *Coleochæte*. Dans le premier cas, il se forme une oosphère par cellule (*Œdogonium*) ou plusieurs oosphères par article. Dans le second cas (*Coleochæte*), l'oogone se termine souvent par un filament cellulosique, plus ou moins allongé suivant les espèces.

L'oogone des Characées, avant la fécondation et à ses débuts, rappelle celui des *Coleochæte*, moins le filament terminal. Mais bientôt les cellules sous-jacentes à l'oogone (cellules nodales) s'allongent, se couchent le long de l'oogone et, au nombre de cinq, lui constituent une coque protectrice à spires régulières et serrées. Jusqu'ici, avant la fécondation, l'oogone était nu. Chez les Characées, au contraire, il existe comme une ébauche des enveloppes florales qui, dans les végétaux supérieurs, protègent les organes reproducteurs.

Chez les Phéosporées, l'oosphère est tantôt immobile, tantôt ciliée et mobile. Dans les *Zanardinia*, par exemple, en regard des logettes à anthérozoïdes que nous avons décrites, il en est d'autres qui renferment chacune une oosphère mobile. Chez les *Haplospora*, au contraire, l'oosphère est immobile. Chez les Dictyotacées, les oogones sont groupés en petits amas, et chacun d'eux produit une oosphère.

Dans les Fucacées, ils s'insèrent au fond des conceptacles en forme de bouteilles, à la partie supérieure desquels nous avons décrit les anthéridies. Ils renferment d'une à huit oosphères.

Chez les Floridées, l'oogone se prolonge en une papille ou en un filament ressemblant à celui que nous avons constaté chez certains *Coleochæte*. Dans quelques genres, cet oogone est pluricellulaire (*Spermothamnion*), et l'oosphère occupe alors la cellule centrale. Un oogone ainsi constitué est tout à fait l'analogue de ce que nous allons décrire sous le nom d'*archégone* chez les Muscinées; et l'on peut dire de plus qu'il y a là l'esquisse de ce qui dans les végétaux supérieurs deviendra un sac embryonnaire plongé au sein d'un nucelle.

L'oogone ou, pour parler comme les auteurs, l'archégone pluricellulé des Muscinées, est porté sur des branches ordinaires ou sur des ramifications spéciales. Il dérive d'une cellule épidermique unique et apparaît généralement sous la forme d'une bouteille pleine, à col plus ou moins allongé et dans le ventre de laquelle est l'oosphère. Cette bouteille proémine généralement en dehors des tissus qui la supportent; mais d'autres fois (*Anthoceros*) les segmentations de la cellule unique, mère de l'archégone, s'opèrent de telle sorte que l'archégone reste comme enfoncé dans les tissus voisins. Ce sont là des différences sans la moindre importance en morphologie générale et que nous retrouverons plus loin dans d'autres familles.

Chez les Filicinées isosporées, c'est-à-dire chez celles qui n'ont qu'une seule espèce de spores, on sait que la germination de ces spores donne naissance à un prothalle sur lequel nous avons déjà vu naître les anthéridies. Là aussi se forment les archégones qui, comme ceux des Mousses, proviennent d'une cellule épidermique unique. Les faits sont les mêmes chez les Ophioglossées. En passant aux Filicinées hétérosporées, qui ont à la fois des spores mâles (microspores) et des spores femelles (macrospores), on constate que la macrospore, en germant, donne naissance à un prothalle femelle, comme nous avons vu précédemment les microspores être l'origine des prothalles mâles. Chez les *Salvinia*, la macrospore se segmente d'abord en deux cellules : une grande, inférieure, qui renferme des matières alimentaires nécessaires à la nutrition du prothalle, et une petite, supérieure, de laquelle dérivera le prothalle. Ce prothalle, en se constituant, reste engagé par sa base dans la membrane de la spore; et nous verrons que, dans d'autres familles plus élevées, il peut y demeurer totalement inclus. Il produit quelques archégones enfoncés dans le prothalle, tels que ceux que nous avons déjà décrits chez certaines Muscinées. Chez les Marsiliacées, les macrospores, en germant, se coupent encore en deux éléments, dont l'inférieur, très grand, se remplit aussi de substances nutritives, et dont le supérieur, en se cloisonnant de manière à produire deux assises cellulaires, devient le prothalle qui donnera naissance à un seul archégone.

En parlant de l'organe mâle (anthéridie) des Équisétacées, nous avons dit que les prothalles de ces plantes étaient tantôt monoïques et tantôt dioïques. Les archégones issus de ces prothalles ne se distinguent des précédents par rien de spécial. Les Lycopodiacées dites isosporées n'ont plus, comme l'indique cette qualification, que des spores d'une seule espèce. Par suite, les prothalles qui en sont issus supportent les archégones en même temps que les anthéridies. Ces prothalles débutent par la segmentation en deux cellules du protoplasma de la spore. De ces deux cellules, l'inférieure reste indivise, tandis que l'autre se cloisonne pour former un petit prothalle qui porte plusieurs anthéridies et plusieurs archégones.

La macrospore des Lycopodiacées qui sont hétérosporées, c'est-à-dire qui ont à la fois des macrospores et des microspores, produit, en germant, un prothalle femelle muni d'un ou plusieurs archégones (*Isoetes*, *Selaginella*). Chez les *Selaginella*, elle se segmente d'abord en deux cellules, dont la supérieure devient le prothalle, tandis que l'inférieure se cloisonne pour constituer un tissu nourricier tout à fait analogue à l'albumen du sac embryonnaire des végétaux supérieurs et dont les substances nutritives accumulées dans la cellule sousjacente au prothalle, chez les *Marsilea* et les *Salvinia*, étaient déjà comme une première indication.

Chez les Cycadées, les Conifères et les Gnétacées, il saute aux yeux que ce que l'on nomme le « sac embryonnaire » ne saurait être autre chose qu'une macrospore, puisque c'est dans son intérieur que se produit le prothalle femelle, absolument comme chez les végétaux précédents. Sur ce prothalle, qu'on a appelé *endosperme* à une époque où la morphologie comparée des organes de la reproduction en était encore à ses débuts, se forment des archégones désignés autrefois sous le nom de *corpuscules*. Dans les trois familles en question, les macrospores naissent dans un macrosporange appelé *ovule*, et ce macrosporange est protégé par des feuilles modifiées, comme, à un degré très inférieur, l'oogone des Characées était déjà protégé par les cinq folioles spiralées de sa coque. Ces feuilles modifiées représentent, avec le macrosporange ou ovule renfermé dans leur intérieur, ce que l'on appelle le *pistil*. Ainsi constituées, les fleurs femelles sont toujours sur des pieds séparés de ceux qui portent les fleurs mâles chez les Cycadées. Dans les *Cycas*, elles remplacent les folioles inférieures de certaines feuilles. Dans les *Zamia*, les inflorescences femelles sont, comme les mâles, constituées par de gros épis de feuilles qui ont pris la forme d'écailles peltées et à la face inférieure desquelles sont suspendues les fleurs femelles. Chaque ovule se cloisonne comme s'il allait produire plusieurs macrospores; mais, en réalité, une seule d'entre elles vient à bien et se segmente à son tour pour donner naissance à un prothalle qui produit trois à six archégones paucicellulés en comparaison des archégones des familles précédentes, puisqu'ils sont simplement formés par trois cellules dont l'inférieure contient l'oosphère. Il semble que ce prothalle et ces archégones apparaissent dans la macrospore par un procédé jusqu'ici inconnu, c'est-à-dire par formation libre de cellules qui se rejoindraient ensuite et se souderaient pour former un tissu compact. La réalité est autre et nous ramène à des faits déjà connus. Le noyau du sac se segmente par bipartitions successives et produit de nombreuses cellules *dérivées les unes des autres*, qui constitueraient un tissu homogène et continu si, de bonne heure, le sac embryonnaire, en se dilatant outre mesure, n'entraînait pas dans son mouvement d'expansion les noyaux qui adhèrent à sa paroi. Il se produit alors ce qui se passerait dans une petite vessie de caoutchouc remplie d'une substance agglutinative et que l'on dilaterait brusquement en y insufflant de l'air. Un espace vide apparaîtrait au centre de la vessie, et la substance semi-liquide incluse se répartirait sur les parois en une couche d'épaisseur variable. Une sorte de lacune s'établit donc au centre du sac, comme au centre des tiges fistuleuses de certaines Graminées et Ombellifères. Plus tard, le sac embryonnaire ayant cessé de se distendre, et la segmentation se poursuivant dans les cellules de l'endosperme ou prothalle, la lacune se comble, disparaît, et le prothalle se montre alors comme un amas cellulaire finalement compact, c'est-à-dire tel qu'il se présentait déjà à son début, avant la dilatation du sac.

Chez les Conifères, les fleurs femelles, constituées fondamentalement comme celles des Cycadées, possèdent également un ovule protégé par une paroi carpellaire. Cette paroi est formée par deux feuilles concrescentes que beaucoup d'auteurs regardent encore comme un simple repli de l'ovule, mais qui naissent par deux mamelons à la base de cet ovule, c'est-à-dire comme on ne vit jamais débuter ni une primine, ni une secondine sur le nucelle des Monocotylédones et des Dicotylédones. Les fleurs femelles sont supportées par un organe de nature encore discutée et qui, suivant certains théoriciens, résulterait de la concrescence de deux feuilles issues d'un rameau avorté. C'est ce que l'on appelle l'*écaille*, et cette écaille, élargie en forme de spatule chez certaines Conifères, est extrêmement réduite et même presque complètement absente chez d'autres. L'organogénie la plus attentive ne confirme point cette manière de voir, et l'écaille débute toujours par un mamelon lisse où il est impossible de discerner trois organes différents, savoir un axe et deux feuilles connées. Quoi qu'il en soit de la nature réelle de cette écaille, elle porte les fleurs femelles sur sa face supérieure, et le nombre des carpelles varie suivant les genres. Comme chez les Cycadées, il existe de multiples sacs embryonnaires chez les Conifères, au début de la segmentation de l'ovule; mais un seul de ces sacs évolue complètement, c'est-à-dire que chaque ovule ne contient finalement qu'une macrospore.

Les Gnétacées ont, comme les Cycadées et les Cônifères, un ovule, un sac embryonnaire ou macrospore, un endosperme ou prothalle, et des archégones ou corpuscules qui chez le *Welwitschia* peuvent être au nombre de vingt à trente. Ces archégones du *Welwitschia* sont encore plus réduits que ceux des Conifères et des Cycadées, déjà bien moins compliqués que ceux des Cryptogames vasculaires. Ils n'ont plus qu'une cellule, la cellule inférieure, celle qui renferme l'oosphère; et c'est ainsi que nous revenons, après bien des détours, à l'oogone des Champignons et des Algues, constitué, lui aussi, on se le rappelle, par une seule cellule dans l'immense majorité des cas. L'ovule des Gnétacées est enveloppé par une paroi carpellaire; et, bien que divers auteurs placent encore les plantes de cette famille parmi celles qui auraient l'ovule nu (Gymnospermes), ces mêmes naturalistes n'en sont pas moins unanimes à reconnaître aujourd'hui que l'ovaire clos des Gnétacées est bien réellement formé par deux feuilles carpellaires concrescentes.

Les trois familles que nous venons d'envisager au point de vue des organes de la reproduction nous permettent de passer, sans un trop large hiatus, des Cryptogames aux Phanérogames supérieures. Chez ces dernières, il y a encore une macrospore, c'est-à-dire un sac embryonnaire. Ce sac embryonnaire est renfermé dans un ovule, et cet ovule peut être constitué par un mamelon nu, le *nucelle*, ou bien être revêtu d'une ou de deux membranes ovulaires : caractère qui, au point de vue général, n'est que de médiocre importance. Pour plus de détails, on se reportera d'ailleurs au mot OVULE. Nous ne pouvons pas non plus nous appesantir ici sur les enveloppes florales qui, dans certains cas (*Najas*, *Salix*), se montrent extrêmement réduites. Les faits importants sur lesquels nous devons insister sont ceux qui s'effectuent dans le sac embryonnaire. Ils se rattachent à ceux que nous venons de décrire chez les Cycadées, les Conifères et les Gnétacées, où nous avons montré le prothalle formé d'abord par des noyaux en segmentation que le développement hâtif du sac embryonnaire séparait les uns des autres jusqu'à faire douter de leur primitive et commune dérivation. Dans le sac embryonnaire des Monocotylédones et des Dicotylédones, le prothalle se constitue, lui aussi, par de pures segmentations de noyaux que dissocie plus ou moins rapidement la dilatation du sac; et ce n'est que consécutivement que se produisent des cloisons cellulaires cellulosiques. Le noyau du sac se coupe d'abord en deux, et chacune des deux moitiés, reliée à l'autre par des traînées protoplasmiques, se rend à une extrémité du sac. Ces moitiés se segmentent à leur tour; d'où quatre cellules purement protoplasmiques, toujours reliées entre elles et dont deux occupent l'extrémité supérieure du sac et deux l'extrémité inférieure. Les deux premières se segmentent de nouveau : l'une en deux noyaux qui constitueront les *synergides;* l'autre en deux autres noyaux dont le supérieur sera la vésicule embryonnaire ou l'oosphère, et dont l'autre sera l'une des deux cellules primordiales d'un tissu nutritif spécial, issu de la partie moyenne du sac et que l'on appelle l'*albumen*. Restent les deux noyaux que nous avons vus se rendre d'abord au fond du sac. Ils se coupent en deux, de même que les deux noyaux supérieurs; et, des quatre cellules nucléaires ainsi formées, trois constituent les vésicules antipodes, tandis que l'autre devient la seconde cellule primordiale de l'albumen. Répétons-le : ces huit cellules, dérivées les unes des autres, se tiennent par des liens protoplasmiques qui peuvent presque disparaître quand le sac, en se dilatant, éloigne ces noyaux les uns des autres, mais qui n'en existent pas moins, comme ils existent entre les éléments qui tapissent le sac des Cycadées, des Conifères et des Gnétacées. En d'autres termes, ces huit cellules, ainsi unies, représentent le prothalle, ou plutôt, comme nous l'expliquerons plus loin, il est probable que le prothalle n'est constitué que par cinq d'entre elles, tandis que trois autres, la vésicule embryonnaire et les deux synergides, figurent trois archégones. Disons seulement pour le moment que, de l'avis général, la vésicule embryonnaire est l'oosphère, comme, chez le *Welwitschia* déjà, il n'existait déjà plus qu'une seule cellule pour représenter chaque archégone. Ce sont assurément là, en somme, un prothalle et un archégone fort réduits; mais on y reconnaît, et là est le fait capital, les principaux éléments du prothalle femelle des végétaux précédemment étudiés. Nous avons d'ailleurs vu plus haut que, chez les Phanérogames supérieures, le prothalle mâle subit une réduction analogue. Ajoutons, comme un point nouveau de ressemblance avec les familles antérieures telles que les Conifères, etc., que, chez certaines Rosacées, chez les *Helianthemum*, plusieurs cellules du nucelle se cloisonnent et se dilatent comme si elles allaient se transformer en autant de sacs embryonnaires. Mais d'ordinaire, ainsi que nous l'avons déjà observé chez les Conifères, un seul de ces sacs embryonnaires arrive à l'état parfait. Signalons enfin certains ovules très réduits, ceux des *Sarcophytum* parmi les Balanophorées, qui ne se composent que d'un sac embryonnaire attaché par un funicule unicellulaire, c'est-à-dire d'une macrospore dégagée des divers tissus qui l'entourent chez les végétaux supérieurs, telle enfin qu'elle se manifeste chez des plantes bien moins élevées en organisation; nous voulons parler des Cryptogames Hétérosporées.

Maintenant que les organes de la reproduction sexuée nous sont connus d'une manière générale dans l'ensemble des plantes, voyons comment s'opère la fécondation. Bien que l'examen des faits soit souvent plus difficile chez les végétaux supérieurs, c'est pourtant chez ces plantes que l'acte de la fécondation est aujourd'hui le mieux connu dans ses détails intimes. En ce qui concerne les familles inférieures, il faudra presque toujours nous contenter de notions assez vagues. Chez les Mucorinés, par exemple, les deux cellules mâle et femelle se rapprochent par leur extrémité renflée et confondent en ce point leurs parois cellulaires, qui bientôt se résorbent pour permettre aux deux protoplasma de communiquer, de s'unir et de fusionner pour former un œuf au niveau même du point de contact des deux filaments reproducteurs. Ces filaments, au moment de la conjugaison, se cloisonnent au-dessous du point où se formera l'œuf et, au niveau de cette cloison (*Mortierella*, etc.), on voit généralement sortir des deux cellules une foule de petites ramifications qui enveloppent l'œuf d'une sorte de pseudo-parenchyme protecteur. Dans certains cas, ces ramifications buissonnantes se produisent en même temps sur les deux cellules (*Absidia*, *Mortierella*); mais d'autres fois elles naissent plus tôt d'un côté que de l'autre, et c'est là le premier caractère, bien indécis, qui dans la série végétale, en commençant par les plantes inférieures, puisse servir à prouver que, des deux cellules conjuguées, l'une est mâle et l'autre femelle. Encore est-il impossible de dire laquelle de ces deux cellules tardivement différenciées est la cellule mâle ou la cellule femelle. Dans ces plantes, la sexualité est si voisine de la reproduction par spores asexuées, que chez certains *Saprolegnia*, l'anthéridie faisant défaut, l'oosphère mûrit néanmoins, se constitue absolument comme si elle avait été fécondée et devient une spore asexuée, qui a d'ailleurs tous les caractères optiques d'un œuf et, comme lui, reproduit la plante. D'ordinaire cependant, chez les Saprolégniés et les Péronosporés, il existe, comme nous l'avons dit, des anthéridies et des oosphères renfermées dans des oogones. Lors de la fécondation, tantôt l'anthéridie s'applique sur l'oogone (*Cystopus*, *Achlya*), émet un tube qui pénètre à travers sa paroi, se met en relation avec l'oosphère et détermine la fécondation sans que nous sachions bien s'il y a seulement juxtaposition des deux protoplasma, ou mélange, ou fusion absolue. Dans les Monoblépharidés, ce sont des anthérozoïdes qui sortent de l'anthéridie, rampent sur l'oogone, pénètrent par une ouverture produite à son sommet et se combinent avec l'oosphère. Que cette dernière soit fécondée directement par des anthérozoïdes ou par l'intermédiaire d'un tube issu de l'anthéridie, le résultat est le même : c'est un œuf qui s'entoure d'une membrane de cellulose et se repose en attendant sa germination. Chez les Ascomycètes, ce qui se produit lors de la fécondation est si mal connu, que nombre de botanistes nient encore les faits de reproduction sexuée dans ces plantes et les confondent avec de simples anastomoses de filaments mycéliens. Aussi, quand nous aurons dit que chez ces végétaux le filament mâle s'applique sur la grosse cellule recourbée ou enroulée en spirale, nous aurons à peu près rapporté tout ce qu'on sait de leur fécondation. S'il y a fécondation, il doit se produire un œuf. Mais où se forme-t-il? En étudiant le développement ultérieur de l'œuf, c'est-à-dire l'évolution de l'embryon, nous montrerons que chez les Ascomycètes l'œuf paraît correspondre tantôt à la cellule réputée comme femelle et tantôt à celle que l'on considère généralement comme mâle. Chez les Lichens, considérés comme la plupart du temps constitués par des Ascomycètes parasites sur des Algues, l'acte de la fécondation a peut-être été mieux saisi sur le vif que chez les Ascomycètes libres. Dans le *Physma compactum*, par exemple, on a vu les prétendues conidies, issues des spermogonies, s'attacher à l'extrémité de l'organe femelle, qui fait saillie à l'extérieur du Lichen, et pousser un tube qui se colle à la pointe de l'oogone. Bientôt ce tube et l'oogone se perforent à leur point de contact, et les deux protoplasma entrent en communication. Le filament enroulé dans l'intérieur du Lichen devient un œuf à la suite de cette imprégnation.

La fécondation chez les Algues s'opère tantôt sur la plante qui porte l'oogone, tantôt hors de cette plante ; c'est-à-dire que l'oosphère peut être devenue libre (*Fucus*) lorsque les cellules mâles entrent en contact avec elle. Chez les Conjuguées, les faits sont à peu près identiques à ceux que nous avons constatés chez les Mucorinés. Les tubes émis par les cellules reproductrices se rejoignent, détruisent leurs parois au point de contact; et l'œuf, issu des deux protoplasma combinés, se forme généralement au milieu du tube de communication. Il devient, dans ce cas, impossible de dire où se trouve l'élément mâle et où est l'élément femelle. On peut même se demander s'il existe là des sexes distincts. L'indécision cesse pourtant quand on se trouve en présence de certaines espèces (de *Spirogyra*, par exemple) chez lesquelles la spore n'est plus exactement située au milieu du tube de communication, mais logée à l'une de ses extrémités ou même à l'intérieur de l'un des deux filaments parallèles. Dans ce cas, il faut bien admettre des sexes séparés, et le tube femelle est naturellement celui dans lequel mûrit finalement l'œuf. Il y a même parfois entre les cellules mâle et femelle une différence de grandeur (*Sirogonium*), la cellule femelle étant plus développée que l'autre. Dans certaines conditions, un filament émet une protubérance latérale sans qu'un filament parallèle entre en conjugaison avec lui; et, dans le diverticulum, il se forme pourtant une spore asexuée, identique optiquement à un œuf et qui, aussi bien que cet œuf, est capable de reproduire le thalle. Cet exemple, après celui des *Saprolegnia*, est une nouvelle preuve du peu de distance qui sépare la spore de l'œuf. Une spore pareille, ayant tous les caractères d'un œuf, se forme même par simple différenciation du protoplasma d'une cellule unique, comme dans le *Spirogyra mirabilis*, où le protoplasma central d'une utricule se change en spore asexuée, ayant exactement la physionomie d'un œuf.

Chez les Siphonées, quand les cellules mâles et femelles sont identiques, elles s'accolent, perdent leurs cils et fusionnent pour produire un œuf. Chez les *Vaucheria*, où l'oosphère est nettement distincte de l'anthéridie, les anthérozoïdes entrent en contact, par une ouverture de l'oogone, avec l'oosphère et disparaissent bientôt dans sa substance. Puis l'oosphère s'entoure d'une membrane cellulosique et devient un œuf.

Chez les Cénobiées, quand les cellules mâles et femelles sont pareilles, il se passe lors de leur conjugaison ce que nous venons de décrire chez les Siphonées. Mais, de même que chez ces dernières, il se peut, comme dans les *Eudorina*, qu'en regard des cellules mâles il se trouve des cellules femelles absolument différentes. Dans les *Eudorina*, les anthérozoïdes entourent les oosphères arrondies et fusionnent avec elles pour constituer des œufs qui s'enveloppent d'une membrane de cellulose.

Les cellules mâles et femelles des Protococcacées n'ont rien qui les différencie les unes des autres, et elles s'accouplent pour former les œufs.

Chez les Confervacées, divers cas peuvent se présenter : ou bien les cellules mâles et femelles sont identiques et fusionnent comme précédemment; ou bien, comme dans le *Sphæroplea*, des filaments anthéridiens produisent des anthérozoïdes qui pénètrent dans les articles femelles par de petites ouvertures et y fécondent les oosphères. Chez certains *Œdogonium*, l'anthérozoïde féconde directement aussi l'oosphère ; mais dans d'autres il se segmente en une sorte de petit prothalle que nous avons déjà signalé et dans les cellules supérieures duquel se forment des anthérozoïdes de seconde génération qui, eux, fécondent directement l'oosphère. Retenons cet exemple, qui plus tard nous servira de transition. Chez les Characées, lors de la fécondation, les cinq tubes qui entourent l'oosphère s'écartent, et les anthérozoïdes peuvent arriver ainsi à la cellule femelle dont la membrane cellulosique s'est gélifiée et n'offre aucune résistance à leur passage. L'œuf constitué par la fécondation s'entoure d'une paroi cellulaire, se détache et germera plus tard, après un temps de repos variable. Dans certains cas, l'oosphère s'enveloppe d'une membrane sans avoir été fécondée; et l'on se trouve, une fois de plus, en présence d'une spore ayant tous les caractères d'un œuf et reproduisant comme lui le thalle de la Characée. Chez certaines Phéosporées il peut arriver, lorsque les cellules mâles et femelles sont identiques, qu'elles germent isolément comme des spores et reconstituent ainsi le thalle : nouvelle preuve du peu de différences qui existe, chez les végétaux inférieurs, entre les diverses espèces de cellules reproductrices. Mais généralement ces cellules sexuées identiques s'unissent et forment ainsi des œufs d'où sortira un autre thalle (*Ectocarpus*). Chez les *Zanardinia*, l'oosphère et l'anthérozoïde, qui sont l'un et l'autre mobiles, fusionnent pour constituer encore un œuf. Chez les *Dictyotacées*, où l'œuf est également produit par l'action d'un anthérozoïde sur une oosphère, il peut arriver, comme chez les Characées, les Phéosporées, etc., que l'oosphère n'ait pas besoin d'être imprégnée pour germer comme une spore, après s'être entourée d'une membrane cellulosique. De ces faits comme des précédents on est bien forcé de conclure qu'à ces degrés inférieurs l'apport spécial de la cellule mâle est souvent de bien minime importance. Chez les Fucacées, l'oogone produit d'une à huit oosphères qui s'échappent de son intérieur, sont fécondées par les anthérozoïdes et se revêtent d'une membrane cellulosique pour constituer autant d'œufs. Les Floridées, comme nous l'avons vu, ont des anthérozoïdes immobiles et des oogones dont l'extrémité se prolonge en une papille ou en un filament. Cet oogone, au moment de la fécondation, ne s'ouvre pas plus qu'un sac embryonnaire de Phanérogame ; mais l'anthérozoïde le perce à son point de contact, comme le tube pollinique détruit la paroi du sac (*Nemalion*). L'imprégnation s'étant produite, il en résulte, comme dans les cas précédents, un œuf unicellulé dont nous aurons à étudier le développement ultérieur.

Chez les Muscinées, nous avons décrit les anthéridies et les archégones, ces derniers n'étant que des oogones dont l'oosphère est extérieurement protégée par une enveloppe pluricellulaire et qui rappellent assez bien un nucelle de Phanérogame. Dans ces plantes, l'archégone dissocie ses cellules terminales au moment de la fécondation, et les anthérozoïdes pénètrent aisément jusqu'à l'oosphère, qui devient un œuf à la suite de l'imprégnation. Le mode de fécondation est le même chez les Filicinées, qu'elles soient isosporées ou hétérosporées, c'est-à-dire que les anthéridies et les archégones soient sur le même prothalle ou sur des prothalles différents. Il est le même encore chez les Équisétacées, chez les Lycopodiacées isosporées et hétérosporées. Chez les Cycadées, les anthérozoïdes des familles précédentes étant remplacés par un tube pollinique qui va à la recherche de l'oosphère enfermée dans un archégone rudimentaire, le mécanisme de la fécondation est, au fond, analogue à celui que nous avons décrit chez certains Saprolégniés et Péronosporés et dans le *Salvinia*. La grande cellule de leur grain de pollen se développe en un tube renfermant un noyau qui se segmente deux fois pour donner naissance à quatre noyaux qui sont en réalité les vrais représentants des anthérozoïdes des végétaux précédents. En même temps il se produit dans l'ovule, réduit au nucelle, des phénomènes analogues à ceux dont les archégones étaient le siège. Ceux-ci s'ouvraient pour laisser libre passage aux anthérozoïdes allant à l'oosphère. Le nucelle dissocie et résorbe ses éléments à son sommet et s'y creuse d'une cavité qui reçoit les grains de pollen mis ainsi en contact direct avec les archégones rudimentaires. Le tube pollinique s'applique alors par son extrémité contre les cellules supérieures de l'archégone, les sépare les unes des autres et s'introduit jusqu'à l'oosphère. Là son extrémité donne passage, à travers sa paroi gélifiée, à l'un des noyaux constitués dans son intérieur. Ce noyau se fusionne avec l'oosphère, et la fécondation est accomplie. Nous étudierons plus loin, dans son intimité et chez des plantes où il a pu être observé dans tous ses détails, le phénomène de l'imprégnation, dont on commence seulement à sonder le mystère. Quoi qu'il en soit, après la fécondation, l'oosphère s'enveloppe d'une membrane cellulaire pour constituer l'œuf. Chez les Conifères, l'œuf se forme de la même manière. Le pollen tombe d'abord sur l'ouverture stigmatique du carpelle, où le retient une gouttelette liquide qui rappelle tout à fait les sécrétions stigmatiques des végétaux supérieurs et ne se montre jamais sur un micropyle ovulaire. Ce pollen germe et son tube arrive au sac embryonnaire ramolli, qu'il perfore. Il se trouve alors en présence des archégones, dont il dissocie les cellules supérieures pour se mettre en contact avec l'oosphère. Pendant ce temps, le noyau du tube pollinique s'est segmenté, soit en deux noyaux dits générateurs (Pinées), soit en quatre (Cupressinées). Tantôt chaque tube pollinique va à un archégone, et alors son noyau générateur inférieur fusionne avec l'oosphère; tantôt le même tube envoie des diverticulum à plusieurs archégones (Cupressinées), et dans ce cas il utilise un nombre égal de ses noyaux, qui, en s'unissant aux oosphères, forment autant d'œufs. Chez les Gnétacées, les phénomènes sexuels qui aboutissent à la constitution de l'œuf unicellulé ne diffèrent guère de ceux que présentent les Conifères; et c'est en parlant bientôt de l'évolution, de l'embryon, que nous différencierons les faits ultérieurs qui caractérisent chacune de ces deux familles.

Nous arrivons enfin à la fécondation des Monocotylédones et des Dicotylédones, et l'on va voir qu'elle s'effectue, à bien peu près, malgré les apparences, comme celle des végétaux que nous venons de passer en revue. Le pollen tombe sur le stigmate, y enfonce son tube, soit en pénétrant dans ses tissus eux-mêmes, soit en rampant le long de la cavité stylaire. Nous ne décrirons ni la germination du pollen sur le stigmate, ni le cheminement du tube pollinique jusqu'à l'ovule au moyen des tissus conducteurs. Ici cependant se pose une question physiologique qu'il nous est impossible de laisser complètement à l'écart, celle de la direction que prend le tube pollinique pour aboutir à l'ovule. Quelle est la cause prochaine de cette sorte d'attraction élective qui fait que le tube pollinique s'en va vers le sac embryonnaire et non point ailleurs? On sait que chez les Fougères le col de l'archégone, en dissociant ses cellules, laisse échapper un mucilage qui renferme de l'acide malique et que c'est cet acide qui dirige vers lui les anthérozoïdes en quelque endroit qu'on le répande. C'est ainsi que des anthérozoïdes, placés au contact des poils de l'*Heracleum Sphondylium* qui renferment de l'acide malique, pénètrent dans leur intérieur pour la même raison que les racines choisissent de préférence, en vue de s'y ramifier, les veines de terres qui leur conviennent. On sait aussi que le sucre agit de même chez les Mousses. Y a-t-il, chez les Phanérogames, quelque suc nutritif qui joue le même rôle vis-à-vis du tube pollinique? On a pensé que ce suc était excrété par les synergides; mais il n'y a là qu'une hypothèse. Quoi qu'il en soit, le tube, nourri par les épaississements cellulaires du grain de pollen, par les matières sucrées du stigmate et les cellules gélifiées du tissu conducteur, arrive à l'ovule, se met en contact avec le sommet du nucelle presque toujours attaqué à ce moment et résorbé en grande partie par l'action du sac embryonnaire, et pénètre à travers la paroi ramollie de ce dernier jusqu'à la vésicule embryonnaire, c'est-à-dire à l'archégone réduit ici à l'oosphère. Au fur et à mesure qu'il s'allonge, le protoplasma chemine vers son extrémité inférieure, au niveau de laquelle, au moment de la fécondation, il se concentre avec les deux noyaux qu'il renferme et qui sont issus de la bipartition du noyau végétatif du tube. De ces deux noyaux, l'inférieur ou noyau générateur se segmente à son tour en deux nouveaux noyaux. Même chez les *Scilla*, les *Ornithogalum*, etc., chacun de ces deux noyaux générateurs se divise lui-même en deux; et l'on a alors cinq noyaux dans le tube : un noyau supérieur végétatif et quatre noyaux générateurs. A ce moment, l'extrémité du tube pollinique se gélifie au contact de l'oosphère, et le noyau générateur inférieur se dirige vers le noyau de cette dernière et s'accole à lui pour se combiner bientôt avec lui et constituer un œuf par un mécanisme dont nous étudierons le détail plus loin, en examinant l'influence de la fécondation directe et de la fécondation croisée sur les variations des plantes.

Ainsi donc, dans toute la série, le premier résultat de la fécondation est toujours un œuf, c'est-à-dire une cellule qui tantôt se sépare de la plante qui l'a produite, se repose et plus tard reproduit le végétal, tantôt poursuit sans désemparer son évolution et de façons assez diverses sur la plante mère pour y constituer un embryon à développements variables. C'est cet embryon dont il nous faut maintenant parler.

Chez les Mucorinés, il semble qu'il y ait dans l'œuf tendance à la formation d'un embryon pluricellulé. Le noyau de l'œuf se segmente en un assez grand nombre de noyaux qui restent libres dans son intérieur. En germant dans un milieu nutritif, cet embryon rudimentaire reproduit directement le thalle, tandis que, si la germination s'effectue seulement dans l'air humide, les filaments qui sortent de l'œuf portent des sporanges dont les spores germent à leur tour pour donner naissance au thalle. La spore asexuée, issue du sporange, est donc, dans ce dernier cas, une spore de passage servant à relier deux phases de la vie de la plante, phases qui, en se superposant l'une à l'autre, comprennent toute l'évolution du végétal. Retenons soigneusement ce fait, que nous retrouverons maintes fois dans l'ensemble du règne végétal.

Dans les Péronosporés et divers Saprolégniés, l'œuf germe et produit souvent alors des zoospores qui, en germant à leur tour, forment le thalle. Ces zoospores sont donc encore des spores de passage, comme celles que nous venons de décrire. Mais d'autres fois, chez certains Saprolégniés, l'œuf donne directement naissance à un thalle qui produira plus tard et des zoospores et des œufs nouveaux. Ici l'œuf, pour aboutir en germant à un autre œuf, n'a donc point eu besoin d'une spore de transition : nouveau fait également très digne d'attention. Notons encore l'existence ou l'absence des spores de passage dans une même famille, qui passe pour homogène.

Chez les Ascomycètes, la grosse cellule reproductrice courbée ou enroulée en spire que nous avons décrite devient généralement un œuf. Dans ce cas, après la fécondation, on la voit se développer en une sorte d'embryon, qui s'entoure de ramifications filamenteuses, comme l'œuf des Mucorinés, et se ramifie lui-même en branches nombreuses qui se terminent par les asques et portent par conséquent les spores asexuées. Ces spores sont en réalité des spores de passage, car ce sont elles qui, en germant, donneront naissance à un nouveau thalle. Ici encore, à une génération sexuée on voit succéder une génération asexuée, et toutes deux se complètent de telle sorte qu'à elles deux elles embrassent l'évolution entière du végétal. Un fait curieux à noter, c'est que dans les Ascomycètes, après la fécondation, l'organe femelle n'est pas seul à se développer en une sorte d'embryon. L'organe considéré comme mâle poursuit son évolution de son côté et produit des ramifications qui s'entrecroiseront avec celles qui sont issues de l'œuf et formeront les paraphyses. Ce qui est plus singulier encore, c'est que dans certains Ascomycètes c'est cet organe, regardé comme mâle dans d'autres plantes de la même famille, qui se développe à la façon d'un embryon et supporte finalement les asques, tandis que la cellule, ailleurs considérée comme femelle, ou bien s'atrophie, ou bien ne devient l'origine que de ramifications stériles. Il semble encore, notamment chez certains Pyrénomycètes, qu'il puisse se former une sorte d'embryon, comme ceux que nous venons de décrire, sans l'intervention d'aucun acte sexuel. On n'a du moins pas trouvé jusqu'ici trace d'anthéridie à la base du tubercule originaire du périthèce des *Claviceps;* et il semble bien que l'organe spiralé de certains *Chetoma* produise le tubercule père des asques sans la moindre fécondation; tandis que dans d'autres *Chetoma* (où d'ailleurs la totalité du périthèce provient de la cellule reproductrice considérée d'ordinaire comme mâle) les organes sexuels paraissent indiscutables. En somme, l'ordre des Ascomycètes, par le rang inférieur qu'il occupe, est de ceux où l'on doit s'étonner le moins de rencontrer des cellules reproductrices mal différenciées, des modes de reproduction vaguement définis, variables d'une espèce à l'autre, tenant par certains côtés de ceux de la reproduction asexuée, et par d'autres de ceux de la génération sexuée; des embryons anormaux enfin, qui se développent même parfois sans qu'un acte sexuel paraisse avoir présidé à leur apparition. Toutes ces différences et ces ambiguïtés disparaîtront peu à peu en arrivant à des végétaux plus élevés. Mais il semble vraiment que chez les autres la nature n'ait point fait son choix définitif entre les divers modes de reproduction, et que les faits de cet ordre y soient encore, s'il est permis d'employer ici cette expression, à une sorte d'état indécis et chaotique.

Dans les Lichens, du moins chez ceux dans la composition desquels il entre des Ascomycètes, les phénomènes, autant qu'on a pu les suivre chez très peu d'espèces, sont les mêmes que chez ces derniers. L'œuf y produit sur place un embryon, et c'est de la branche femelle qui constituait l'oogone que sortent finalement les asques. Les spores renfermées dans ces derniers reproduisent le thalle avec le concours de l'Algue associée. Par conséquent, ici encore les spores asexuées sont des éléments de passage, unissant l'une à l'autre les deux générations sexuée et asexuée dont l'ensemble comprend toute l'évolution du végétal.

Arrivons à l'embryon des Algues. Chez les Conjuguées, l'œuf unicellulaire éprouve un temps d'arrêt avant de germer hors de la plante mère. Il ne forme donc pas d'embryon, ou plutôt il est l'embryon lui-même au degré le plus inférieur. En germant, il reproduit directement le thalle, sans spore asexuée interposée. Dans les Conjuguées-Desmidiées, le contenu de l'œuf se divise en deux cellules, qui se séparent bientôt par destruction de l'enveloppe. On peut donc dire que l'œuf des Desmidiées produit un double thalle lors de sa germination. Chez les Siphonées, l'œuf unicellulaire se repose après la fécondation, sans former d'embryon dans son intérieur. En germant, il reproduit le thalle, sans spore asexuée intercalaire. Chez les Cénobiées, l'œuf unicellulaire donne, en germant, naissance à des éléments assez divers, suivant les genres. Il se cloisonne, par exemple, chez les *Volvox*, et reproduit ainsi directement la colonie primitive. Dans les *Pandorina*, il donne d'abord naissance à une seule zoospore, qui joue le rôle de spore asexuée de transition et devient le point de départ d'une colonie nouvelle. Enfin, chez les *Hydrodictyon*, les faits sont plus compliqués. L'œuf unicellulaire forme directement de grosses spores, qui sont elles-mêmes l'origine de zoospores, lesquelles s'associent en réseaux pour reconstituer une colonie. Il y a donc ici deux sortes de spores successives de passage entre un œuf et la formation d'un autre œuf, et l'évolution totale de l'*Hydrodictyon* comprend par suite une génération sexuée et deux générations asexuées. Chez les Protococcacées, l'œuf unicellulaire donne, en germant, directement naissance à un nouveau thalle également unicellulaire. Dans les Confervacées, il forme toujours, dans son intérieur, une ou plusieurs zoospores ciliées, qui sont des spores asexuées de transition, et qui, en germant à leur tour, reproduisent le thalle. Notons que dans les *Coleochæte* la cellule sous-jacente à l'œuf bourgeonne après la fécondation et recouvre l'œuf (comme dans les Mucorinés, ou à peu près) d'une assise d'éléments serrés qui lui forment une sorte de coquille protectrice. Chez les Characées, l'œuf unicellulaire produit, lors de la germination, une lame proembryonnaire sur laquelle pousse la jeune tige comme une sorte de bourgeon adventif. L'œuf des Phéophycées, également unicellulaire, reproduit en germant le thalle sans interposition de spore asexuée. Celui des Phéosporées, des Dictyotacées, des Fucacées, se conduit de même à la germination. Notons que l'œuf des Fucacées se coupe, en germant, par des cloisons d'abord transversales, et qu'alors, avec le début de ses crampons à la partie inférieure, il n'est pas sans faire songer à une sorte d'essai de l'embryon des végétaux supérieurs, auquel d'ailleurs il est morphologiquement adéquat. Chez les Floridées enfin, on constate dans l'œuf, après la fécondation, des faits du même genre que ceux que nous avons signalés chez les Ascomycètes, mais plus compliqués encore. Ici l'œuf, aussitôt constitué, poursuit son évolution sur la plante mère et devient un corps pluricellulaire qui, chez les *Bangia*, renferme les spores asexuées et est alors un simple sporange. Parfois le corps pluricellulaire bourgeonne et émet autour de l'œuf une sorte de buisson de ramifications qui rappellent à quelques égards celles de divers Mucorinés. Souvent les ramifications issues de l'œuf rampent à travers les tissus de la plante mère, deviennent parasites de ces tissus et finissent par porter des spores de transition qui, en germant, régénéreront le thalle, soit directement, soit par l'intermédiaire de filaments de protonéma. Enfin, chez la plupart des Floridées, les choses se compliquent encore davantage. L'œuf s'anastomose alors avec la cellule sous-jacente, ou, pour mieux dire, il semble qu'il y ait fécondation de cette cellule par le contenu de l'œuf. Leur substance se mélange intimement, et c'est cette cellule sous-jacente qui joue finalement le rôle d'un œuf véritable. C'est elle, en effet, qui bourgeonne et émet soit les buissons sporifères, soit les filaments parasites et épars qui se termineront, eux aussi, par les spores de passage. Il peut même exister, à côté de l'œuf, deux de ces cellules suppléantes, entre lesquelles il partage son contenu. Il semble, dans ces plantes, qu'une première fécondation n'ait point suffi pour donner à l'œuf les qualités nécessaires et suffisantes pour produire les spores asexuées, et qu'une seconde imprégnation soit indispensable. Chez les *Batrachospermum*, la série des phénomènes est abrégée; l'œuf, en effet, en bourgeonnant, germe directement (sans interposition de spores asexuées) en un protonéma sur lequel apparaîtra le thalle.

Disons dès l'abord, en arrivant aux Muscinées, que nous ne nous trouverons plus désormais en face de phénomènes de reproduction aussi compliqués que ceux qui précèdent. L'embryon des Mousses, des Hépatiques et des Cryptogames vasculaires se rattache, à beaucoup d'égards, à celui des Phanérogames. Chez les Champignons et les Algues, c'était la plus étonnante diversité et comme une pullulation de types aberrants. A partir des

Muscinées, c'est presque l'unité, ou mieux c'est tout au plus la dualité. Chez les Mousses, les Hépatiques, les *Lycopodium*, les *Selaginella*, les Conifères, les Cycadées, les Gnétacées, les Monocotylédones et les Dicotylédones, nous trouverons des formes d'embryons dont la parenté sera manifeste. D'autres, ceux de la plupart des Cryptogames vasculaires, se tiendront plus étroitement encore. Mais on verra qu'il existe chez tous des caractères communs. En ce qui concerne les Muscinées, leur œuf unicellulaire poursuit sans arrêt son développement sur la plante mère et se cloisonne pour constituer l'embryon. Celui-ci, généralement allongé et fusiforme, se termine le plus souvent, à ses débuts, par une cellule cunéiforme, aussi bien à son extrémité supérieure qu'à son extrémité inférieure. L'embryon s'accroît grâce à ces deux cellules qui se coupent par des cloisons obliques. Appelons *radicule* l'extrémité inférieure de cet embryon par laquelle il puise sa nourriture dans la plante mère, et *tigelle* son extrémité supérieure. C'est celle-ci qui, en se segmentant de diverses façons, formera le sporange des Mousses et des Hépatiques renfermant les spores asexuées qui, en germant, reproduiront ce que l'on appelle l'*axe feuillé* des Mousses ou le *thalle* des Hépatiques. Ces spores sont donc des spores de passage comme celles que nous avons signalées en si grand nombre chez les Champignons et les Algues. En outre, cet embryon qui se tuberculise en quelque sorte immédiatement, sans se ramifier, pour produire les spores, n'est pas sans analogie morphologique avec l'embryon de certaines Floridées (*Bangia, Porphyra*) qui se segmente également pour former aussitôt les spores. Donc entre les Muscinées et les familles précédentes pas de différences irréductibles sous ce rapport. Ajoutons que l'embryon des Muscinées, tel que nous l'avons décrit, constitué par une tigelle rudimentaire sporifère et une radicule à peine indiquée, est dépourvu de feuilles et par conséquent de cotylédons.

Passons aux Fougères. Dans ces plantes, l'embryon se forme, comme chez les Muscinées, par segmentation de l'œuf qui reste fixé sur le prothalle. Il a également, à chacune de ses deux extrémités, une cellule terminale en activité, et par conséquent il se constitue une radicule et une tigelle. Mais, tandis que l'embryon des Muscinées était aphylle, celui des Fougères produira des feuilles, et de très bonne heure, sur ses flancs. Il doit donc présenter, outre les cellules d'origine de la tigelle et de la radicule, des éléments latéraux d'où sortiront ces feuilles. Pour aller plus au fond de son organisation, disons que l'embryon des Fougères se cloisonne d'abord en quatre cellules : l'une que, pour la commodité de la description, nous appelons supérieure, et de laquelle sortira la tige; une autre, inférieure, qui sera l'origine de la racine; une troisième, à gauche, qui se développera plus ou moins en un organe destiné à puiser dans le prothalle les substances nutritives servant à l'alimentation de la jeune plante et qui n'est que la première feuille modifiée pour constituer un cotylédon; une quatrième cellule, à droite, qui sera l'origine de ce que l'on appelle la première feuille, de ce qui est en réalité la seconde feuille du végétal. L'embryon ainsi constitué se développe en une plante munie d'une tige plus ou moins ramifiée, de racines et de feuilles portant les spores dans des sporanges en nombres divers. Cette tige, ces racines, ces feuilles, ces sporanges, tout cela réuni est l'homologue de ce que l'on a appelé le sporange des Mousses, où les mêmes organes sont plus ou moins avortés et rudimentaires. Chez certaines Fougères (Hyménophyllées), la radicule avorte comme chez les Muscinées. Il saute aux yeux que les Fougères, eu égard à la multiplicité de leurs sporanges, sont aux Muscinées ce que, parmi les Floridées, les types à embryon richement ramifié pour porter les spores étaient aux *Bangia* et aux *Porphyra* pourvus d'embryons simples et directement sporifères. Enfin, faisons remarquer que les spores asexuées des Fougères qui donnent naissance au prothalle sont, comme les spores des Muscinées, des spores de passage reliant l'une à l'autre les deux phases de l'évolution complète de ces plantes, et résumons l'organisation de leur embryon en disant qu'il a une radicule, qui parfois avorte, une tigelle, qui s'allongera pour supporter des feuilles sporifères, et enfin un cotylédon, que l'on appelle généralement le *pied* et qui, dans certains cas, est extrêmement réduit.

Parmi les Filicinées hétérosporées, les *Salvinia* manquent de racines comme les Mousses et les Hyménophyllacées. Néanmoins l'indication première d'une radicule se manifeste chez eux comme dans ces autres plantes. Leur œuf se coupe en effet en quatre cellules d'origine : une qui produira la tige; une autre le pied (c'est-à-dire la première feuille ou cotylédon); une troisième, la seconde feuille; une quatrième enfin, qui est le seul représentant de la radicule avortée. Chez les autres Filicinées hétérosporées (*Azolla*, *Marsilia*, etc.), le développement de l'embryon est fondamentalement le même que chez les Fougères, et même, en suivant avec soin les premières segmentations de l'œuf du *Marsilia*, qui de très bonne heure produit deux jeunes feuilles outre le pied ou feuille cotylédonaire, on se convainc très aisément que les segmentations desquelles dérive le « pied », sont à celles qui forment la première feuille verte comme les segmentations de celle-ci sont à celles du début de la seconde feuille verte. L'organe jusqu'ici mal déterminé, et pour cette raison appelé le *pied*, n'est donc bien, comme nous l'avons dit, que la vraie première feuille, la feuille cotylédonaire. Enfin, les macrospores et les microspores des Filicinées hétérosporées sont manifestement les homologues des spores asexuées des Filicinées isosporées.

L'embryon des Équisétacées ne se distingue par rien d'important des précédents. Ainsi qu'eux, il a une première feuille, dénommée jusqu'ici le *pied*, et qui n'est qu'un cotylédon rudimentaire. Comme chez les familles précédentes aussi, les spores sont des spores de passage qui rattachent la génération sexuée à la génération asexuée. Nous en dirons autant de l'embryon et des spores (microspores et macrospores) des Isoétées. En revanche, les *Lycopodium* et les *Selaginella* nous apportent, dans le développement de leur embryon, certains faits inattendus qu'il n'est point facile de relier aux précédents, mais qui sont pourtant d'un grand intérêt, puisque nous les retrouverons chez la plupart des végétaux supérieurs. Les *Selaginella* et les *Lycopodium* ont en effet un embryon muni de ce que l'on appelle un *suspenseur*, c'est-à-dire un organe allongé, paucicellulé, à l'extrémité duquel se trouve l'embryon, et dont le rôle est d'enfoncer, en s'allongeant, ce dernier dans le prothalle. Les segmentations primaires de l'œuf des *Lycopodium* et *Selaginella* ne s'opèrent point dans le même ordre que chez les familles précédentes. L'œuf se coupe d'abord en deux cellules, dont l'une devient le suspenseur, tandis que l'autre, à elle seule, donne naissance à l'embryon tout entier, qui, chez les Filicinées isosporées ou non, les Équisétacées, les Isoétées, dérivait des deux premières cellules. Ce sont là des différences capitales. Chez les *Lycopodium*, nous croyons que l'étude de l'évolution de l'embryon est à reprendre en ce qui concerne le développement de ce qu'on appelle le *pied;* mais chez les *Selaginella* cette évolution est beaucoup mieux connue, et il nous paraît que le « pied » n'est, cette fois encore, que la première feuille modifiée, tandis que ce que l'on nomme la « première » feuille ne serait en réalité que la seconde. S'il est vrai, comme nous le croyons, que l'embryon des *Selaginella* soit tout à fait comparable à celui des Phanérogames, sa radicule véritable correspondrait au point où le suspenseur s'attache à l'embryon. Mais dans les Sélaginelles cette radicule ne se développe pas, et ce que l'on nomme la « première racine » n'est probablement que la première des racines adventives. Quoi qu'il en soit de l'interprétation morphologique de l'embryon de ces Cryptogames si voisins des Cycadées et des Conifères, nous devons ajouter que les spores asexuées des *Lycopodium* et les microspores et macrospores des *Selaginella* sont encore des spores de passage, intercalées entre la génération asexuée et la génération sexuée d'un même végétal.

Nous avons vu que chez les Phanérogames l'œuf est également représenté par une cellule unique. Mais, pas plus que dans les familles précédentes, son évolution ne s'arrête à ce degré inférieur. Comme chez elles, il se segmente pour aboutir à un embryon. Voyons d'abord comment se constitue l'embryon des Cycadées. Nous avons constaté que le prothalle de ces plantes produisait de trois à six archégones et, par suite, portait autant d'œufs. Pour constituer l'embryon, le noyau de chacun de ces œufs se segmente un certain nombre de fois, de manière à former dans le haut de l'œuf (qui deviendra le suspenseur) deux assises de noyaux, tandis que la couche de noyaux est bien plus épaisse vers le fond de l'œuf qui va devenir l'embryon. Il n'y a pas là pourtant, comme on le croyait autrefois, formation de noyaux indépendants. Ils sont reliés protoplasmiquement, et il faut admettre, quelles que soient les lacunes qu'ils puissent laisser entre eux, qu'ils constituent un ensemble coordonné pendant toute l'évolution de l'embryon. Chaque œuf forme ainsi un embryon à long suspenseur enroulé et dont l'extrémité inférieure est occupée par le sommet végétatif de la tige sur les flancs de laquelle se montrent d'un à trois cotylédons. La radicule, qui avortait chez les *Selaginella*, se montre ici au point de jonction du suspenseur et de la tigelle; elle est située profondément, mais en continuité directe avec la tigelle qu'elle prolonge en sens inverse. Il y a là une différence assez notable entre l'embryon des *Selaginella* et celui des Cycadées; mais, lorsqu'on se rappelle les embryons privés de radicule des Hyménophyllées et des *Salvinia*, on comprend que c'est là un fait dont il ne faut pas s'exagérer l'importance. Il est vrai que personne ne décrit, dans l'embryon des Cycadées, ce que, dans les *Selaginella*, on appelle le *pied;* mais c'est que tout le monde a reconnu que chez les Cycadées les cotylédons sont des feuilles. Des trois à six embryons ainsi formés, un seul vient à bien; les autres se dessèchent ou se résorbent plus ou moins complètement. Celui qui persiste se développe en une plante qui aboutit à la formation des fleurs mâles et des fleurs femelles et par conséquent à celles des grains de pollen (microspores) et des sacs embryonnaires (macrospores). Les grains polliniques et les sacs embryonnaires représentent donc, pour nous, les spores asexuées de transition dont nous avons déjà si souvent parlé, et, ici comme dans les Cryptogames, elles relient la génération sexuée à la génération asexuée.

La plupart des remarques que nous venons de faire touchant les Cycadées s'appliquent aux Conifères. Plusieurs œufs y produisent dans leur intérieur des segmentations, comme s'ils allaient, à l'extrémité d'un long suspenseur plus ou moins enroulé, former un embryon viable. Mais, en réalité, de ces divers œufs un seul donnera naissance à un ou plusieurs embryons bien conformés. Le développement de l'embryon peut se faire de plusieurs manières. Tantôt le noyau de l'œuf se segmente en un grand nombre de noyaux qui se séparent ensuite simultanément par des cloisons cellulosiques dans toute l'étendue de l'œuf (*Gincko*). Tantôt le même noyau descend à la partie inférieure de l'œuf et s'y segmente de bas en haut, de telle sorte que les segmentations de l'embryon se produisent avant celles du suspenseur (*Epicea*). Mais voici un fait plus anormal encore : dans le Pin, les quatre cellules terminales de l'embryon se disjoignent longitudinalement en même temps que les cellules du suspenseur qu'elles surmontent, et chacune d'elles donne naissance à un embryon distinct. Autre fait curieux : l'extrémité tigellaire de l'embryon des *Cephalotaxus* et *Araucaria* s'organise en une sorte de coiffe, grâce à laquelle il perfore l'endosperme et qu'il rejette plus tard. Ajoutons enfin que le nombre des cotylédons est très variable, de deux à quinze, et que, par conséquent, dans cette famille tout au moins, on aurait tort de le considérer comme un caractère de première importance.

L'œuf des Gnétacées forme diversement son embryon. Dans le *Welwitschia*, il se constitue directement en un embryon à long suspenseur enroulé, comme celui des Conifères; mais dans l'*Ephedra* son noyau se segmente d'abord en huit, par bipartitions successives (ainsi que cela se passe dans le sac embryonnaire des Monocotylédones et des Dicotylédones); puis chacun de ces huit noyaux se cloisonne et produit un embryon avec suspenseur, dont un seul, il est vrai, arrivera plus tard à son complet développement.

D'après ce qui précède, on voit que nous avons rencontré jusqu'ici, soit chez des Conifères, des Cycadées, des Gnétacées, soit chez des Cryptogames cellulaires ou vasculaires, des embryons de toutes sortes : les uns où il n'existait qu'un rudiment de tigelle et de radicule; d'autres qui possédaient une tigelle et une gemmule, mais étaient dépourvus de radicule; d'autres encore qui, avec une radicule, une tigelle, une gemmule, présentaient un seul cotylédon, ou deux, ou de trois à quinze. Nous allons maintenant retrouver chez les Monocotylédones et les Dicotylédones la plupart de ces variations, d'ailleurs secondaires, de l'embryon et quelques autres encore qui prouveront que sous le rapport de la structure de la plantule, ces deux grandes classes sont loin d'être aussi homogènes qu'on l'a cru pendant longtemps. Prenons d'abord le cas le plus compliqué, celui de l'embryon dicotylé type. Il sera surmonté d'un suspenseur plus ou moins allongé, à la partie inférieure duquel pendra l'embryon proprement dit. La première cloison de l'œuf est transversale et peut être considérée comme délimitant généralement le suspenseur et l'embryon qui se développe aux dépens de la cellule inférieure. Il y a là, on le voit, une analogie très visible avec ce que nous avons décrit chez les Sélaginelles. Quelquefois la cellule inférieure de l'embryon, en se segmentant, fournit une partie de ses éléments au suspenseur, ou bien lui en prend pour compléter l'embryon. Quoi qu'il en soit, dans un embryon dicotylé ordinaire, la cellule terminale se coupe de bonne heure par une cloison longitudinale médiane en deux cellules. On a voulu voir dans ces deux cellules le premier indice des deux cotylédons; mais c'est là évidemment une erreur, puisque l'embryon type des Monocotylédones, à son début, se termine également par deux cellules. La vérité est que c'est la tigelle qui s'ébauche la première et que, secondairement, les deux cotylédons se dessinent sur ses flancs un peu au-dessous du sommet, par l'extension et le cloisonnement consécutif de certains éléments épidermiques et sous-épidermiques. En même temps que la tigelle se constitue, la racine se forme à l'opposé, sur son prolongement, en des points assez variables, mais que l'on peut caractériser un peu vaguement en disant qu'elle apparaît à la jonction du suspenseur et de l'embryon. Même dans des embryons de plantes élevées en organisation, le suspenseur peut manquer. Il fait défaut chez certaines Mimosées. Dans certains cas il est paucicellulaire, dans d'autres pluricellulaire; il peut être très long ou très court, renflé (Cytise) en un tubercule nutritif, etc. Arrivons à l'embryon type des Monocotylédones, celui de l'*Alisma Plantago* par exemple. Tous les auteurs admettent que ses premiers développements se poursuivent de la même manière que chez les Dicotylédones. Il a donc un suspenseur au niveau duquel apparaît la radicule en prolongement de la tigelle. Hanstein et d'autres ont suivi pas à pas les cloisonnements cellulaires qui marquent l'apparition de la gemmule. Or il est étrange que celle-ci se développe secondairement, dans les cas observés, non point à l'extrémité, mais très nettement sur l'un des côtés de la tigelle ou, pour parler comme tous les auteurs, sur le flanc du « cotylédon ». Aussi certains morphologistes, comme J. Sachs, se sont demandé quelle pouvait bien être la nature réelle de ce « cotylédon » qui donnait naissance latéralement à ce que l'on considérait comme le bourgeon terminal de l'embryon. Il ne nous paraît pas qu'une réponse satisfaisante ait été faite jusqu'ici. Nous croyons pourtant qu'on peut la trouver dans les quelques considérations qui vont suivre. Examinons l'embryon de la plante monocotylée assurément la plus inférieure en organisation, le *Lemna arhiza*. Il a une radicule qui avorte, une tigelle qui arrête promptement son développement terminal après avoir formé un petit nombre de cellules, et pas la moindre trace de cotylédon, c'est-à-dire de feuilles. Bientôt, sur l'un de ses côtés, au-dessous de son sommet, on voit naître un autre corps qui lui ressemble parfaitement, lequel produira latéralement une nouvelle « fronde » identique, et ainsi de suite. On a donc affaire ici à une série d'embryons très réduits, issus les uns des autres; et, comme chaque fronde est un axe, puisqu'elle peut porter des fleurs, force est d'admettre que le premier de ces axes sorti des flancs de l'embryon était, lui aussi, un bourgeon latéral issu de cet embryon et non point sa gemmule germinale. Donc l'embryon du *Lemna* est un axe dont la radicule et la tigelle avortent de très bonne heure et qui se borne à produire sur son côté un bourgeon adventif.

Passons à un autre exemple :

Certains embryons d'Orchidées ne sont constitués que par un petit amas cellulaire arrondi, non différencié et qui peut avoir un suspenseur ou en être dépourvu. Ce suspenseur indique le point où serait la radicule dans un embryon normal. Quand la graine qui le renferme vient à germer, l'embryon se dilate en forme de toupie à l'extrémité opposée au suspenseur, c'est-à-dire à celle qui représente la tigelle; et, du côté du suspenseur, elle se couvre de poils absorbants qui démontrent à ce niveau la présence d'un rudiment de radicule. Mais tout se borne là : la radicule ne s'allonge pas; la tigelle ne s'accroît pas davantage. Chez les Ophrydées, on voit bientôt apparaître, sur la partie supérieure de cet embryon, un bourgeon adventif. D'autres fois, plusieurs bourgeons adventifs se montrent en ce point, et l'on reconnaît alors, mieux encore, qu'ils sont bien adventifs et n'ont rien de commun avec une gemmule terminale. Comparons ces faits avec ceux que présente le *Lemna arhiza*. On verra qu'ils sont au fond les mêmes, à cela près que le bourgeon ou les bourgeons adventifs qui naissent sur l'embryon d'Orchidée porteront des feuilles, tandis que celui du *Lemna* demeurera aphylle comme l'était l'embryon lui-même.

Prenons un troisième exemple, celui du Colchique. Son embryon se développe d'abord comme celui du *Lemna* ou des Orchidées. Mais sa différenciation dans la graine ira plus loin que celle de l'embryon de ces plantes. On y trouvera une radicule (qui d'ailleurs avortera de bonne heure), puis une tigelle et, sur l'un des côtés de cette tigelle, ce que l'on appelle une gemmule, d'ailleurs rudimentaire, gemmule qui n'est autre chose qu'un bourgeon latéral adventif. Quand, à la germination, l'embryon se développera, ce bourgeon latéral pourra produire un très petit nombre de feuilles très réduites; puis il arrêtera sa croissance terminale et, à l'aisselle de l'une de ses feuilles, naîtra un autre bourgeon latéral, et de même les années suivantes; de sorte qu'au fond le Colchique reproduit cette chaîne de tiges à croissance terminale très courte que nous avons signalée chez les *Lemna*. Il n'a jamais que des racines adventives, comme les *Lemna* les plus élevés en organisation, et l'accroissement longitudinal de son bulbe s'arrête de bonne heure, comme celui du petit bulbe des *Lemna*. Comme lui, il porte des fleurs sur ses flancs. Il a de plus, il est vrai, des feuilles normales; mais ce n'est là qu'un degré de complication de plus.

Arrivons enfin à l'embryon monocotylé type, tel que celui de l'*Alisma*, et nous verrons qu'il diffère peu du précédent. Cet embryon offre en effet une radicule, bientôt avortée d'ailleurs, au niveau du suspenseur. Quant à sa tigelle, elle arrêtera promptement son développement terminal, et l'on voit poindre, sur son côté, non point une gemmule (car une gemmule se formerait à son extrémité), mais un bourgeon adventif comme dans les exemples précédents. L'accroissement longitudinal de l'axe de ce bourgeon durera plus que dans le *Colchicum :* voilà toute la différence.

Ainsi donc, le « cotylédon » d'un certain nombre de Monocotylédones tout au moins ne paraît pas être autre chose qu'une tigelle à accroissement terminal promptement interrompu, et à cette tigelle correspondrait une radicule à avortement généralement rapide que remplaceraient bientôt des racines adventives, tout comme un bourgeon adventif remplacerait sur la tigelle la gemmule terminale qui lui fait défaut. Si cette interprétation, que nous n'apportons que comme une hypothèse malgré les faits nombreux qui militent en sa faveur, devait être définitivement adoptée, il nous paraît qu'en la généralisant, on arriverait expliquer aisément la structure ambiguë de certains embryons « monocotylés » sur lesquels on discute depuis bien longtemps, celui des Graminées par exemple. Chez ces plantes, le scutelle ne serait plus alors qu'une tigelle à prompt arrêt terminal, un axe dont la *vraie* radicule avorterait également de très bonne heure, comme chez les *Lemna*. La « gemmule » deviendrait un simple bourgeon latéral issu de la tigelle, bourgeon qui, comme tous ceux de la plante adulte, débuterait par une préfeuille binerviée, la *piléole*. Il n'y a pas lieu d'étendre davantage ici ces interprétations morphologiques. Bornons-nous à dire que le développement premier de l'embryon réclame encore quelques recherches chez les Graminées, où ce que l'on nomme la « racine primaire » ne doit être que la première des racines adventives; chez les Cypéracées, où l'embryon est en toupie; chez les Restiacées, où il est lenticulaire; chez les Palmiers, où la vraie radicule se développe peut-être en racine primaire; chez les Commélinées, où l'embryon est en poulie, et dont la première racine, endogène, dit-on, comme celle des Graminées, pourrait bien n'être, elle aussi, qu'une première racine adventive; chez les Burmanniées, où il y aurait lieu de suivre la germination de la graine si rudimentaire; chez les Iridées, où il semble que le « cotylédon » soit bien réellement constitué par la première feuille; ce qui prouverait, si le fait était vérifié, que chez les Monocotylédones le cotylédon peut être tantôt constitué par un axe et tantôt par une feuille. Signalons, en outre, parmi les embryons anormaux de plantes dites dicotylédones dont l'organisation nous paraît se rattacher à celle de la plupart des embryons monocotylédonés, celui des *Monotropa* réduit à quelques cellules, celui des *Orobanche* et *Ficaria*, dépourvu de cotylédons et qui, lors de la germination, forme à l'une de ses extrémités une gemmule et à l'autre extrémité une radicule; celui des *Bertholletia*, qui n'a ni radicule apparente, ni gemmule, et qui est entièrement constitué par une tigelle énorme; celui des *Utricularia*, qui, lui non plus, n'a ni radicule, ni cotylédons; ceux des *Trapa* et des *Hiræa*, dont les deux cotylédons sont inégaux.

A côté de l'embryon unique de l'immense majorité des Monocotylédones et des Dicotylédones, il peut parfois s'en former d'autres qui sont alors des embryons adventifs. Chez les *Citrus*, les *Clusia*, etc., certaines cellules du nucelle, après la fécondation, s'accroissent vers l'intérieur du sac et s'y segmentent pour constituer des embryons qui entourent l'embryon normal et dont quelques-uns seulement arrivent à leur complet développement. Dans ce cas on peut, à la rigueur, invoquer une sorte de fécondation à distance des cellules nucellaires. Le *Cælebogyne*, au contraire, ne trouve point chez nous de pollen qui puisse féconder son oosphère. Celle-ci se résorbe donc, et des embryons adventifs naissent, au pourtour du sac, par le même procédé que chez les *Citrus*. Mais ici ce n'est pas de la parthénogénèse, puisque la vésicule embryonnaire reste stérile; il n'existe plus qu'une sorte de bourgeonnement intranucellaire par lequel la plante, dépourvue de pollen, remplace l'embryon normal qui fait défaut. Disons enfin, comme pour les familles précédentes, que le grain de pollen ou microspore, le sac embryonnaire ou macrospore, sont, chez les Monocotylédones et les Dicotylédones, des spores de passage qui s'intercalent entre la génération asexuée (représentée par l'embryon et la plante adulte) et la génération sexuée qui est constituée par le tube pollinique et ses noyaux générateurs d'une part, et, d'autre part, par le prothalle issu du sac embryonnaire, avec l'archégone ou vésicule embryonnaire qu'il supporte.

Après cette description de l'embryon à travers toute la série, une question se pose : Comment et aux dépens de quels éléments se nourrit-il durant sa croissance? Nous serons ici très bref, et le lecteur voudra bien se reporter aux articles spéciaux pour plus de détails. Chez les Mucorinés, les Conjuguées et les végétaux analogues où l'œuf unicellulaire se sépare de la plante avant de germer, il se nourrit d'abord en assimilant les matières nutritives incluses, puis aux dépens du milieu où il poursuit son évolution. Souvent, chez ces plantes, le noyau de l'œuf se segmente en un assez grand nombre d'autres noyaux qui servent peut-être d'aliments à l'œuf lors de ses premiers développements. Quand l'œuf opère au contraire sa germination en restant fixé sur la plante mère (Ascomycètes, Lichens, Floridées), il faut bien admettre qu'il emprunte à celle-ci les substances nutritives indispensables à son accroissement. Même chez quelques Floridées nous avons vu que les filaments issus de l'œuf et destinés à supporter les spores deviennent parasites des tissus qu'ils traversent.

Arrivons aux Cryptogames douées d'embryons analogues à ceux des végétaux supérieurs. Chez les Muscinées, l'embryon, implanté par une sorte de base radiculaire dans le tissu de ce qu'on appelle bien à tort (car ils sont tout simplement l'homologue du prothalle des Fougères) le « thalle » ou la « tige feuillée » des Muscinées, vit tout naturellement aux dépens de cette tige feuillée ou de ce thalle. Dans les Fougères, c'est le prothalle qui nourrit l'embryon jusqu'au moment où il se fixera lui-même au sol par ses racines. Chez les *Salvinia* et les *Marsilea*, l'embryon emprunte ses aliments non seulement au prothalle, mais encore à la grande cellule, pleine de réserves, qui est sous-jacente au prothalle. Chez les Sélaginellées, cette grande cellule se cloisonne en un tissu comparable à ce que nous appellerons l'*albumen* des végétaux supérieurs; et l'embryon trouve là, en même temps que dans le prothalle qui le surmonte, de quoi se nourrir pendant ses premiers développements.

Chez les Cycadées, les Conifères, les Gnétacées, l'embryon vit aux dépens du prothalle ou endosperme qui remplit complètement le sac embryonnaire et généralement se relève de chaque côté des archégones, au-dessus desquels il figure une sorte d'entonnoir. Mais, au fur et à mesure qu'il se nourrit par la digestion du prothalle, ce dernier s'accroît, et finalement, dans la graine mère, il forme encore une couche épaisse qui suffit aux premiers développements de la jeune plante lors de la germination. Ajoutons que le nucelle, de son côté, est entièrement résorbé par la croissance du sac, tandis que les œufs se développent en embryons.

Chez les Monocotylédones et les Dicotylédones, le sac embryonnaire, même avant la formation de l'embryon, consomme généralement le tissu nucellaire, avec lequel il est en contact. Les noyaux des cellules périphériques deviennent homogènes et fixent fortement les matières colorantes. Bientôt ces cellules se désorganisent et disparaissent. Il se peut que la compression par le sac entre pour une part notable dans cette résorption; mais il y a autre chose, car la mortification des tissus ambiants commence alors que les éléments conservent encore leur calibre. Existe-t-il une diastase produite par le sac et servant à la digestion des tissus voisins? C'est ce qu'il n'est pas possible de dire dans l'état actuel de la science.

Dans certains cas, le nucelle, au lieu de disparaître sous l'influence du sac, se gorge, au contraire, pendant le développement de l'embryon, de matières nutritives de réserve qui seront dépensées plus tard, lors de la germination. Il forme alors ce que l'on nomme le *périsperme* (Zingibéracées, Cannées, Pipéracées, Nymphéacées), couche spéciale qui se localise entre les téguments et le sac embryonnaire. Mais c'est dans le sac lui-même que se constituent le plus souvent les amas de substances nutritives qui permettront à l'embryon de suivre son évolution jusqu'au bout. On peut dire, d'une manière générale, que tous les éléments inclus dans le sac embryonnaire, au pourtour de l'embryon, servent à cette fin. Examinons d'abord les synergides à ce point de vue. D'ordinaire elles se résorbent lors de la fécondation de l'oosphère, c'est-à-dire qu'elles sont employées pour sa nutrition. Mais d'autres fois il semble qu'elles se préparent d'abord à accomplir une évolution identique à celle de la vésicule embryonnaire. Dans ce cas, l'une d'elles, après la fécondation de cette vésicule, s'accroît, devient aussi grosse que l'œuf et s'entoure également de cellulose. On a même vu l'une des deux synergides recevoir du tube pollinique le noyau générateur supérieur inutilisé dans l'immense majorité des cas, et constituer ensuite un œuf surnuméraire à côté de la vésicule embryonnaire (certaines Mimosées). C'est même alors que l'on saisit sur le vif la véritable nature des synergides, qui ne sont que des archégones devenus superflus par suite de la transformation lente des espèces, et qui rappellent les archégones multiples des végétaux inférieurs, comme les deux ou quatre noyaux générateurs du grain de pollen rappellent les nombreux anthérozoïdes des végétaux inférieurs. Ces archégones sans emploi, sauf en certains cas d'atavisme, ne doivent pas nous paraître plus surprenants que tant d'autres organes de la fleur aujourd'hui inutiles.

Un autre fait curieux peut se produire. Parfois le tube pollinique, en se dirigeant vers l'oosphère, rencontre une synergide. Il la traverse en vivant à ses dépens et l'on voit alors la synergide se vider comme épuisée. Dans certains cas (*Crocus*, etc.), les synergides présentent une calotte de cellulose qui, plus tard se gélifiant, sert d'aliment à l'œuf qui se développe à côté d'elles. Les trois antipodes, qui manquent parfois (*Loranthus*) et qui sont situées l'une à côté de l'autre, sur le plancher du sac s'il est large, et l'une au-dessus de l'autre s'il est étroit, servent encore d'aliment à l'oosphère ou à l'œuf. Elles disparaissent, en effet, tantôt avant la fécondation et tantôt après. Il peut arriver aussi qu'elles se segmentent pour produire un tissu d'ailleurs toujours fort réduit, dont l'embryon profitera pour son alimentation. Mais le tissu, de formation relativement tardive, que l'embryon utilise le plus fréquemment et le plus abondamment pour sa nutrition, est incontestablement celui que l'on nomme l'albumen. En décrivant la segmentation en huit noyaux du sac embryonnaire des Phanérogames supérieures, nous avons parlé de deux noyaux que nous avons appelés les noyaux supérieur et inférieur ou noyaux primordiaux de l'albumen. Nous avons noté qu'ils occupaient, entre les trois noyaux supérieurs et les trois noyaux inférieurs du sac, une position intermédiaire. Bientôt, au moment de la fécondation, ces deux noyaux fusionnent, comme par une sorte de copulation analogue à celle qui se produit entre l'oosphère et le noyau générateur; et il n'existe plus, à ce moment, qu'un seul noyau, qui occupe la partie médiane du sac embryonnaire. Chez certaines plantes (Cannées, où l'albumen est remplacé par un périsperme, Orchidées), les faits s'arrêtent là. Mais d'autres fois, dans les sacs embryonnaires étroits et allongés, ce noyau se segmente par bipartitions successives; et en même temps il se forme un nombre égal de cloisons cellulosiques qui remplissent toute la portion moyenne du sac d'un véritable tissu continu que l'on nomme l'albumen. Le plus souvent, en même temps que le noyau produit ses premières segmentations, le sac se dilate considérablement, et alors les noyaux dérivés qui se divisent n'édifient pas de cloisons sur leur zone frontière. On dirait qu'ils manquent soit des forces moléculaires suffisantes, soit des matériaux nécessaires, pour se créer une paroi séparatrice à longue distance d'eux-mêmes. Pourtant, qu'il se produise ou non des cloisons cellulosiques, le phénomène est fondamentalement le même. Ce qui le démontre, c'est que la partie médiane du sac embryonnaire peut se cloisonner en un point où il est étroit, tandis qu'elle se borne à former des noyaux libres (en apparence tout au moins) dans la portion où il se dilate davantage. Parfois aussi, chaque noyau ne pouvant suffire à se constituer une enveloppe cellulosique, plusieurs noyaux s'associent pour cette tâche, s'entourent d'une membrane commune (*Corydalis*), et l'on voit alors les noyaux fusionner par deux, trois ou quatre, comme nous avons vu, chez les végétaux inférieurs, les zoospores s'unir en nombre parfois supérieur à deux. Dans les *Phaseolus* et les *Faba*, il ne se produit pas de cloisons cellulosiques, et les noyaux restent séparés. Quand le sac s'est développé trop rapidement et que les noyaux albumineux inclus ne suffisent plus à le remplir, on voit apparaître au centre du sac un espace vide, et les noyaux s'étalent sur la paroi du sac en une couche d'épaisseur variable. Il se produit là, en somme, une lacune comparable à celle des tiges fistuleuses dont les éléments intérieurs se dissocient faute de pouvoir suivre les cellules extérieures dans leur mouvement d'extension. Cette lacune est pleine d'air dans l'albumen des *Strychnos*, tandis que dans celui du *Cocos* elle se remplit d'un liquide albumineux dont le rôle nourricier est d'ailleurs le même, pour l'embryon, que celui du tissu compact de l'albumen qui tapisse les parois du sac. Détail curieux : la multiplication cellulaire de l'albumen, qui commence au moment de la fécondation, marche d'un pas plus rapide que la segmentation de l'œuf. Il semble que la plante se hâte d'emmagasiner des réserves alimentaires en plus grande quantité qu'il n'en faut pour suffire aux premiers développements de l'embryon. Ajoutons que cet albumen est souvent employé en totalité pour la nourriture de l'embryon jeune et qu'alors on décrit la graine adulte comme exalbuminée. Dans d'autres circonstances, une portion de l'albumen persiste dans la graine, et c'est seulement lors de la germination qu'il est définitivement utilisé par l'embryon. Il peut coexister avec un périsperme, comme dans les Pipéracées, Nymphéacées, Zingibéracées; et l'on constate généralement alors une sorte de balancement organique entre eux, c'est-à-dire que, si l'albumen est peu développé (*Zingiber*), le périsperme est abondant, et *vice versa.* Outre les réserves nutritives que nous venons de signaler, citons en dernier lieu celles qui peuvent siéger dans le suspenseur même de l'embryon de beaucoup de Légumineuses. Chez certaines Orchidées, ce suspenseur prend également un développement extraordinaire, comparable à celui du placenta chez les animaux.

Quoi qu'il en soit, l'embryon, une fois constitué dans la graine, finira par en sortir plus tard, lors de la germination, pour finalement reconstituer la plante qui lui a donné naissance. Cette « reproduction » d'un végétal antérieur par l'embryon se fait-elle toujours, trait pour trait, avec une exactitude entière, une fidélité parfaite? Y a-t-il des raisons spéciales pour que l'hérédité demeure absolument intacte? ou bien, au contraire, des causes diverses intercurrentes viennent-elles porter atteinte à cette hérédité, la faire dévier, créer, en d'autres termes, des variations dans la plante fille, variations de valeurs et de durées diverses, qui peuvent être l'origine de types plus ou moins stables? C'est ce qu'il nous reste maintenant à examiner.

Cette question s'est déjà tout naturellement posée à propos de la multiplication des plantes par scissiparité, par bouture, par greffe, par spores asexuées. Nous avons montré qu'en pareil cas la plante fille gardait nécessairement les caractères de celle dont elle n'était en quelque sorte que le prolongement. Pourtant nous avons dû faire quelques réserves à l'endroit de certaines espèces de végétaux inférieurs pourvues simultanément de spores et de conidies. Nous avons dit que des spores asexuées différentes, placées dans les mêmes conditions de milieu, ne pouvaient, malgré les apparences, donner naissance à des thalles rigoureusement identiques, et qu'il y avait là, chez nombre de Cryptogames, une cause intrinsèque de variations individuelles toutes spéciales, cause qui n'existait pas chez les végétaux supérieurs dépourvus de spores asexuées autres que ces spores de passage qui se nomment le grain de pollen et le sac embryonnaire.

A première vue, il paraît évident que la reproduction sexuelle, lorsqu'elle s'opère grâce à des organes mâles et femelles pris sur la même plante, ne saurait donner, comme la reproduction asexuée, que des êtres semblables au pied père. L'œuf formé dans de telles conditions ne contient en effet que des matériaux empruntés à ce dernier. Pourtant une remarque ne tarde point à s'imposer : la spore asexuée et l'œuf ainsi constitué peuvent-ils donner naissance à deux plantes identiques, absolument parlant? Si cela était, à quoi servirait-il au végétal de posséder des œufs à côté de ses spores? Et l'on ne tarde pas à comprendre que la plante, qui trouvait dans des spores asexuées différentes des causes de variations spéciales, doit en puiser de nouvelles dans la coexistence de la reproduction sexuée et de la reproduction par simples spores. Nous avons prouvé, il est vrai, par des exemples (*Chara*, Conjuguées, etc.), que parfois les organes mâles et femelles se transforment purement et simplement en spores et que, par conséquent, entre une cellule sexuée et une cellule reproductrice asexuée la distance n'est point infranchissable. Mais enfin l'œuf est constitué par deux cellules qui fusionnent. Il renferme donc quelque chose qui manque à la spore. En d'autres termes, si l'oosphère seule est une sorte de spore, que reçoit-elle de la cellule mâle? Ceci est important à étudier à cette place, et nous verrons quelles conclusions on peut tirer des faits qui suivent en ce qui touche à la variabilité de l'espèce.

Recherchons d'abord, dans l'œuvre commune de la formation de l'œuf, quelle est exactement la part de l'oosphère. On sait que les noyaux cellulaires sont essentiellement constitués par des bâtonnets chromatiques, par du protoplasma amorphe et par un ou plusieurs nucléoles. Laissons de côté le protoplasma et les nucléoles, pour ne nous occuper que des bâtonnets chromatiques. Dans le noyau de l'oosphère, ces bâtonnets sont toujours en nombre pair, 8, 12, 16, 18, etc.; et leur nombre, dans une plante donnée, paraît être toujours le même que celui des bâtonnets du noyau primitif du sac embryonnaire. Or, dans une plante déterminée, le noyau générateur sorti du tube pollinique pour féconder l'oosphère a constamment le même nombre de segments chromatiques que le noyau de l'oosphère. Lorsque la fécondation s'opère, les deux noyaux mâle et femelle s'aplatissent l'un contre l'autre en restant d'abord séparés par leur membrane d'enveloppe; puis les filaments de l'un se mélangent à ceux de l'autre, c'est-à-dire que, s'il existait par exemple douze filaments chromatiques dans chaque noyau, le noyau de l'œuf en comptera le double, soit vingt-quatre. Donc, première conclusion, l'apport de chacun des deux noyaux sexués est égal; l'élément mâle ajoute à l'élément femelle autant qu'il en reçoit, et désormais nous allons voir les filaments chromatiques mâles et femelles travailler de concert à l'édification de l'embryon. En effet, on constate bientôt que le noyau de l'œuf se divise en deux nouveaux noyaux par les procédés connus, c'est-à-dire que chacun des vingt-quatre filaments se dédouble longitudinalement et que chaque moitié passe dans l'un des deux nouveaux noyaux, qui sont par conséquent également mâles et femelles, tout comme l'était déjà le noyau de l'oosphère. La bipartition des noyaux se poursuit, et l'on comprend dès lors en quoi consiste l'hérédité dans la plante et comment le végétal nouveau, sorti de l'embryon, peut renfermer à la fois dans chacune de ses cellules, et jusqu'aux plus extrêmes, des bâtonnets mâles et des bâtonnets femelles. Théoriquement, toutes les cellules de la plante aux douze bâtonnets primitifs, que nous avons prise pour exemple, devraient avoir vingt-quatre bâtonnets dans chacun de leurs noyaux. Mais il faut bien admettre que le nombre des bâtonnets chromatiques se modifie à un moment donné, soit graduellement, soit subitement, lors de certaines segmentations particulières, puisque le noyau générateur du grain de pollen et celui de l'oosphère n'offrent plus chacun que douze bâtonnets au lieu de vingt-quatre. On ne sait pas bien encore où s'opère cet amoindrissement des noyaux et comment il s'effectue. Mais, dans une étude des causes de la fixité des espèces ou de leurs variations, ce n'est pas ce détail qui doit nous importer. Le point capital, c'est cette distribution égale des segments mâles et femelles entre toutes les cellules d'un même végétal, phénomène qui éclaire d'un jour si vif les faits d'hérédité. Et maintenant, s'il est vrai que la cellule mâle et la cellule femelle soient, comme le prouve l'étude des végétaux inférieurs, bien peu différentes d'une spore asexuée, puisqu'elles en jouent souvent individuellement le rôle, nous pouvons maintenant considérer la fécondation comme une superposition, un renforcement d'activités organisatrices, et par suite la reproduction par un œuf comme un moyen de multiplication de l'espèce plus sûr et plus perfectionné que la reproduction par spores asexuées.

Les faits que nous venons de rappeler n'ont, il faut bien le dire, été étudiés que chez les végétaux supérieurs. Que se passe-t-il chez les autres, par exemple lorsqu'un anthérozoïde féconde une oosphère? On n'en sait à peu près rien jusqu'à présent, et les mots de fusion, d'imprégnation, etc., termes vagues et commodes, sont les seuls que nous puissions employer ici. Disons pourtant que l'anthérozoïde est toujours un noyau de cellule plus ou moins modifié : ce qui le rapproche évidemment du noyau générateur du tube pollinique. Mais peut-on le décomposer en segments chromatiques et que se passe-t-il à ce même point de vue dans l'oosphère des végétaux inférieurs? On n'a jusqu'ici, sur ces diverses questions, que des renseignements incomplets et épars. De nouvelles recherches sont indispensables.

Quoi qu'il en soit, nous pouvons conclure de ce qui précède que la fécondation de l'oosphère d'une plante par une cellule mâle de la même plante tend uniquement à la conservation de l'espèce telle qu'elle existe et sans modifications, puisqu'elle ne fait que fortifier et, pour parler plus exactement, que redoubler les caractères héréditaires du végétal. Le nombre des plantes qui se fécondent elles-mêmes et qui travaillent par conséquent à la conservation intégrale de leur type est considérable. Nous signalerons comme telles, sans d'ailleurs y insister, toutes les plantes à étamines introrses qui ouvrent leurs loges un peu avant que le style se soit encore allongé et qui sont comme brossées et vidées par le stigmate lors de cette élongation. Nous rappellerons aussi d'un mot certaines plantes monoïques comme le Maïs, où les fleurs mâles, placées au-dessus des épis femelles, laissent choir sur ces dernières, au moment favorable, une abondante pluie de pollen. Mais, bien que ce sujet ait été déjà traité à l'article DIMORPHISME, nous ne pouvons pas ne pas dire quelques mots des fleurs cléistogames, si manifestement disposées pour la conservation intégrale de l'espèce. En effet, elles protègent autant qu'il se peut leurs organes femelles contre le contact du pollen étranger, se forment sous terre, sous les feuilles de la base de la tige, ou bien tiennent closes leurs enveloppes florales pour que leur pollen seul les vienne féconder. Elles n'ont d'ailleurs ni odeur ni nectar qui puisse attirer les insectes. Le point important sur lequel nous désirons appeler ici l'attention, c'est la présence, sur un même pied, de fleurs cléistogames et d'autres fleurs exposées à toutes les influences extérieures, c'est-à-dire à la fécondation par l'intermédiaire du vent et des insectes. Par conséquent certaines plantes, à côté de fleurs qui ne peuvent que les reproduire avec tous leurs caractères, en possèdent d'autres qui sont, au contraire, nous le verrons tout à l'heure, comme une porte ouverte à toutes les variations. Nous ne connaissons parmi les végétaux supérieurs qu'un seul cas de plantes absolument cléistogames, sans mélange de fleurs normales : c'est celui d'un *Helianthemum* des environs de Tarascon, que l'on a appelé l'*H. tripetalum* et dont la fleur, d'abord complètement fermée, s'ouvre finalement après que les ovules ont été abondamment fécondés par le pollen des étamines adjacentes. S'il existe bon nombre de plantes disposées pour l'autofécondation, il s'en rencontre un plus grand nombre dont l'oosphère demeurerait stérile sans une intervention étrangère. Faut-il citer le rôle de l'eau dans la fécondation d'innombrables plantes inférieures où l'anthérozoïde ne saurait se mouvoir et parvenir à l'oosphère sans un milieu liquide interposé? L'action du vent n'est-elle pas considérable lors de la fécondation des grands arbres de nos forêts (Chêne, Hêtre, Bouleau) et dans celle des Graminées, des Cypéracées, des Joncées, à laquelle les insectes ne prennent pour ainsi dire aucune part? Faut-il mentionner l'action de l'homme dans la fécondation du Dattier et de tant de plantes de serre? Mais l'action prépondérante entre toutes est celle des insectes à la visite desquels tant de fleurs paraissent si merveilleusement adaptées. Il est certain que, si beaucoup de fleurs excrètent un nectar, ce n'est pas pour elles-mêmes, pour leur consommation, qu'elles le fabriquent et l'émettent. Ce nectar joue un autre rôle, et ce rôle ne peut être que celui d'un appât destiné à provoquer l'intervention des insectes dans la fécondation de la fleur. Divers cas peuvent se présenter : ou bien la fleur est disposée de telle façon que l'insecte féconde le pistil d'une fleur par le pollen de cette même fleur; ou bien cet insecte sert à la fécondation d'une fleur par une autre fleur de la même plante; ou bien il féconde une fleur par une fleur d'une autre plante de la même espèce; ou bien enfin il apporte sur un pistil le pollen d'une espèce différente ou même d'un genre différent.

Examinons rapidement chacun de ces cas, sans entrer, bien entendu, dans le détail des faits, et seulement en vue de nous rendre compte de l'influence de ces divers modes de fécondation sur la persistance ou la variabilité de l'espèce.

1° Quand l'insecte, en pénétrant dans la fleur, favorise, ce qui est assez rare, l'autofécondation, on peut dire qu'en cette occasion il est conservateur de l'espèce ou, pour parler plus rigoureusement, de la forme végétale sur laquelle il a butiné.

2° Quand l'insecte apporte sur le stigmate d'une fleur le pollen d'une autre fleur de la même plante, ou bien, et ce cas est le plus fréquent, le pollen provenant d'une fleur que l'on peut considérer comme identique à la première, dans ce cas l'insecte travaille à la conservation du type sans modifications; ou bien la seconde fleur est différente de la première. C'est ainsi que l'inflorescence de certaines Orchidées peut offrir des fleurs de deux (*Renanthera*) ou de trois (*Catasetum*) sortes différentes. Tout le monde connaît, en outre, le dimorphisme de beaucoup d'Ombellifères et de Composées, et même le trimorphisme d'un certain nombre d'entre elles. Il est clair que l'insecte, qui porte le pollen de l'une de ces fleurs sur le stigmate d'une fleur différente de la même inflorescence, crée une variation dans le type de la seconde fleur, puisqu'il ajoute au noyau de son oosphère un noyau générateur qui ne peut être tout à fait identique. Il y aurait même pour l'horticulteur de curieux essais à tenter dans cette voie, soit qu'il s'applique à obtenir des générations successives par fécondations de fleurs semblables prises sur des plantes di- ou trimorphes; soit plutôt qu'il produise cette série de générations par la fécondation plusieurs fois répétée de deux fleurs dimorphes l'une par l'autre. (Voy. DIMORPHISME.)

3° Lorsque l'insecte féconde une fleur d'une plante par une fleur d'une autre plante de même espèce et de même variété, ces deux fleurs fussent-elles d'ailleurs aussi semblables que possible, on ne peut pourtant pas affirmer qu'elles sont identiques. Les deux pieds peuvent avoir vécu dans des conditions quelque peu différentes, et la diversité de milieu a forcément exercé une action dont le retentissement, si faible qu'on le suppose, doit certainement se propager jusqu'au grain de pollen et jusqu'au sac embryonnaire. Par conséquent, une fécondation de plante à plante, opérée dans de telles conditions, produira une descendance qui ne saurait être confondue d'une manière absolue ni avec l'un ni avec l'autre des deux parents. L'insecte a donc déterminé ici une variation des types ancestraux. Cette variation doit être analogue et même plus accentuée peut-être quand il s'agit de certaines plantes dioïques chez lesquelles le mâle se montre fort différent de la femelle. On niera ces variations en disant qu'on ne les constate point dans la nature. Elles peuvent être imperceptibles à chaque génération. Elles n'en existent pas moins fatalement; elles ne peuvent pas ne pas exister. Et l'on dirait vraiment qu'un grand nombre de plantes, par leur organisation florale, s'ingénient à favoriser les croisements entre fleurs de pieds divers et par conséquent à faire naître en elles des variations. Dans certains végétaux, les étamines apparaissent et s'ouvrent avant la maturité des carpelles (protérandrie). Ceux-ci ne peuvent donc être fécondés que par le pollen d'autres fleurs plus tardives. Parfois le pistil est apte à être fécondé, alors que les étamines de la même fleur ne sont pas encore ouvertes (protérogynie), et il faut bien alors que le pollen lui arrive d'une autre fleur plus précocement épanouie. Mais dans ces divers cas l'air est le véhicule le plus habituel du pollen. Dans d'autres, au contraire, l'action des insectes paraît indispensable. Il existe en effet des plantes dont le dimorphisme ou le trimorphisme paraissent calculés, de telle sorte que le pistil d'une fleur ne saurait être fécondé, avec le concours de l'insecte, que si ce dernier a été prendre du pollen dans une fleur différente. C'est ce qui se produit quand on a affaire à des fleurs dites hétérostylées et hétérostémonées. Il y a *hétérostylie* quand, sur les divers individus d'une même espèce, on rencontre des styles de deux et même de trois longueurs différentes, et *hétérostémonie* quand, sur des pieds différents, on observe pareillement des étamines de tailles diverses. A l'article DIMORPHISME, on trouvera les détails les plus minutieux sur l'hétérostylie et l'hétérostémonie des *Primula*, des *Linum*, des *Pulmonaria*, etc., qui offrent deux formes de fleurs différentes, et sur le *Lythrum Salicaria*, qui en a trois. Si l'on se reporte à cette description, on verra que dans ces plantes il n'y aurait pas de fécondation possible sans l'intervention des insectes, et que ceux-ci agissent mécaniquement de telle façon, en pénétrant dans les fleurs pour y puiser le nectar, qu'ils déposent forcément le pollen d'une fleur à long style sur le stigmate d'une fleur brévistylée, et inversement. C'est ce que l'on nomme la fécondation *croisée*, et remarquons ici que cette fécondation s'accomplit entre deux fleurs qui représentent deux variétés d'une même espèce, et que l'insecte, en apportant à une oosphère un pollen légèrement différent de celui que contiennent les étamines adjacentes à cette oosphère, introduit en elle le germe d'une variation nouvelle. Le phénomène se complique encore lorsque, comme dans la Salicaire, il existe trois sortes de fleurs sur des pieds différents et que, grâce aux insectes, le pollen d'une forme florale donnée s'entre-croise avec l'ovule d'une forme différente. Chez l'*Asparagus officinalis*, on peut même rencontrer cinq espèces de fleurs : 1° les unes femelles, avec étamines avortées ; 2° d'autres, mâles, avec pistil avorté; 3° certaines, plutôt mâles, dont le pistil mal conformé atteint la moitié de la hauteur des étamines; 4° quelques-unes, nettement hermaphrodites, dont le pistil est un peu moins haut que les étamines; 5° les dernières enfin, chez lesquelles stigmates et étamines se tiennent à peu près au même niveau. Le *Lychnis dioica* est une plante plus complexe encore, puisqu'elle est, pour chaque sexe, le siège d'un trimorphisme floral manifeste. Elle a, en effet, des fleurs femelles dolichostylées, mésostylées, brachystylées, et des fleurs mâles dolichostémonées, mésostémonées, brachystémonées. Il y a donc, chez cette Caryophyllée, une source de variations plus nombreuses encore que dans la Salicaire et l'Asperge. Ce sont là, il est vrai, les cas extrêmes. D'ordinaire l'adaptation réciproque des fleurs et des insectes a simplement abouti à ce résultat qu'un insecte qui prend du nectar dans une fleur féconde cette fleur avec du pollen emprunté à une autre fleur pareille, née sur le même pied ou sur un pied différent, se charge en même temps du pollen de la seconde fleur et aille le porter dans une troisième. Les exemples d'une pareille accommodation sont innombrables. Rappelons seulement le fait fameux des masses polliniques des Orchidées, prises sur sa tête par l'insecte qui vient de pomper le nectar du labelle et qui les dépose forcément sur le stigmate visqueux d'une autre fleur où il va ensuite chercher sa nourriture. Les faits sont à peu près les mêmes lorsque l'insecte, portant sur sa trompe du pollen de Pensée, frotte cette trompe sur le stigmate d'une autre fleur en l'introduisant pour aller puiser le nectar, et la recharge, en la retirant, d'une nouvelle quantité de pollen qu'il ira déposer sur un autre stigmate. Certaines fleurs, comme celles de plusieurs Aristoloches, constituent même des sortes de pièges où l'insecte, retenu pendant tout le temps nécessaire, dépose d'abord sur le stigmate du pollen étranger apporté par lui ; puis, cette fécondation opérée, prend le pollen des étamines tardivement ouvertes dans cette même fleur, s'échappe du piège qui lui laisse enfin libre issue, et s'en va reprendre sa captivité momentanée dans une nouvelle fleur où il jouera le même rôle involontaire.

4° Ce que nous venons de dire de la fécondation de deux fleurs différentes de même espèce, s'applique naturellement à la fécondation de deux fleurs d'espèces différentes d'un même genre et à celle de fleurs de genres divers. Il saute aux yeux que, plus les deux fleurs à féconder l'une par l'autre auront des caractères différents, plus ces caractères, en s'ajoutant les uns aux autres par l'action réciproque du noyau générateur et de l'oosphère, donneront naissance à un embryon et à une plante adulte différents de chacun des deux parents. Y a-t-il une limite à la fécondation de deux espèces l'une par l'autre et par conséquent aux variations des plantes? Pratiquement, nous dirons tout à l'heure ce qu'est cette limite. Théoriquement, on peut regarder comme à peu près certain que, lorsque le nombre des segments chromatiques du noyau générateur est différent de celui des segments de l'oosphère, la fécondation cesse d'être possible. Mais, ce nombre variant dans des proportions très restreintes et celui des croisements pratiquement possibles entre genres divers étant peu considérable, comme nous le verrons bientôt, il faut de toute nécessité qu'il y ait d'autres raisons pour empêcher la fécondation, et ces raisons, on doit aller les chercher jusque dans la structure des bâtonnets chromatiques et même jusque dans la constitution intime de leur protoplasma. Il serait certainement présomptueux d'espérer que l'on connaîtra le tout de pareils phénomènes dans un avenir rapproché; mais le temps n'est pas éloigné où l'on se bornait à décrire les noyaux comme formés d'un protoplasma finement granuleux, nucléolé. Aujourd'hui on connaît les bâtonnets chromatiques et leur segmentation longitudinale à chaque division nucléaire. Mais de cette segmentation longitudinale on ne sait rien que le fait du dédoublement. Il y a lieu de penser qu'avec de meilleurs instruments d'optique nous finirons par décomposer le filament chromatique en éléments différents, comme on l'a fait pour le noyau lui-même; et alors sans doute la connaissance des phénomènes intimes de la fécondation fera un nouveau pas. Mais dès aujourd'hui peut-être est-il déjà possible, avec nos instruments actuels, d'aller plus loin qu'on ne l'a fait. Voici, par exemple, deux plantes de genres différents, mais voisins, que l'on n'a pu jusqu'ici féconder l'une par l'autre. Voici même deux espèces extrêmement rapprochées du même genre, l'*Anagallis arvensis* et l'*A. cærulea*, que l'on n'a pu jusqu'ici féconder l'une par l'autre. Que devient, en pareil cas, le grain de pollen déposé sur le stigmate? S'il germe, parvient-il à l'oosphère et, s'il y arrive, son noyau générateur inférieur se met-il en relation avec celui de l'oosphère? Il y a dans cette voie, croyons-nous, de nombreuses observations à faire.

Mais laissons de côté ce que l'on pourrait appeler le point de vue théorique de la fécondation, des croisements et des variations des plantes, et voyons ce que tout cela est en réalité dans la pratique. On appelle *métissage* la fécondation d'une plante par une variété de cette plante, et, si l'on considère que souvent les conditions extérieures (nature du sol, engrais, etc.) suffisent pour déterminer, dans un végétal donné, des modifications purement protoplasmiques, sans retentissement sur la configuration extérieure du végétal, on comprendra que parfois la fécondation de deux plantes de même espèce, qui paraissent semblables, ne soit en réalité qu'un véritable métissage. Ceci posé, comment se conduisent les métis comparativement aux végétaux dont ils dérivent? Voici ce que l'on constate. Les métis différents se fécondent presque toujours plus facilement que deux plantes identiques. Prenez le pollen d'un métis, déposez-le sur le stigmate de l'espèce dont il est issu, concurremment avec le pollen de cette même espèce, et ce sera celui du métis qui arrivera le premier à l'ovule et qui, par conséquent, fécondera la plante. Les dimensions, le poids, la vigueur d'un métis, sont d'ordinaire plus considérables que ceux des individus issus des plantes mères fécondées par leur propre pollen. Ces avantages, apparus à la suite du croisement, se conservent dans la descendance directe des métis pendant plusieurs générations. Donc si, comme nous l'avons vu, la nature met généralement tout en œuvre pour favoriser la fécondation croisée par le vent, l'eau, les insectes, nous savons maintenant pourquoi : le résultat de cette fécondation croisée est bon, puisqu'il donne aux individus nouveaux plus de force et de résistance et qu'il accroît le nombre des descendants. Mais le métissage détermine en même temps une grande mobilité dans les variations qu'il apporte ; et cette mobilité est encore très favorable à la plante à laquelle elle permet de choisir en quelque sorte, entre les diverses variations, celles qui peuvent le mieux s'adapter aux conditions extérieures. On est donc en droit de dire que, toutes les fois qu'un métis se forme, le type ancestral fait un progrès, puisqu'il fait un nouveau pas dans la voie de l'adaptation, et que mieux un être est accommodé aux conditions de milieu, moins il court de risques d'être détruit par lui. Ajoutons que la fécondation d'un métis par un autre métis accroît encore les avantages d'un premier métissage, augmente le poids, les dimensions, la vigueur, mais aussi, et cela va de soi, les dispositions à la variabilité. Quand une variation se reproduit par semis au moins pendant un certain nombre de générations, on obtient ce que l'on nomme une *variété*. Cette variété, toujours peu assise au début, comme nous venons de le dire, ne se maintient que si on lui conserve intactes les nouvelles conditions d'existence dans lesquelles elle s'est constituée. Il est naturel qu'elle retourne au type primitif, ou à peu près, lorsqu'elle revient au milieu ancestral; et c'est ce qui se produit pour beaucoup de nos plantes cultivées, qui disparaissent ou repassent à leurs formes antérieures quand l'action de l'homme cesse et lorsqu'elles se retrouvent soumises aux conditions de la vie à l'état sauvage.

Après le métis, l'hybride. Il y a hybridation quand il y a fécondation d'une espèce par le pollen d'une espèce différente ou, pour étendre la définition à l'ensemble du règne végétal, quand l'oosphère d'une plante est fécondée par la cellule mâle d'un végétal d'une espèce différente. Elle paraît rare chez les Cryptogames cellulaires, où pourtant, avant de se prononcer définitivement, il y aurait lieu de tenter bon nombre de fécondations artificielles à l'aide d'anthérozoïdes d'espèces voisines. On cite pourtant le *Fucus vesiculosus*, qui donne des hybrides avec le concours des anthérozoïdes du *Fucus serratus*. Chez les Cryptogames vasculaires, on énumère différentes Fougères, comme l'*Aspidium Filix-mas*, qui donne des hybrides avec l'*Aspidium spinulosum*. Chez les Phanérogames, le nombre des hybrides issus de la fécondation de deux espèces d'un même genre est très considérable; et, s'il fallait les énumérer, ce serait tout un grand chapitre de l'horticulture qu'il nous faudrait intercaler ici. Fait étonnant, l'hybridation, facile et commune dans certaines familles, est difficile et rare chez d'autres. Les hybrides des *Mentha* sont très nombreux, comme aussi ceux des Orchidées. Les *Euphorbia* s'hybrident aussi, et l'on connaît notamment l'hybride de l'*E. Characias* et de l'*E. amygdaloides*. Si l'on admet que les espèces actuelles sont des variétés plus ou moins anciennes, issues des plantes des âges précédents, la facilité ou la difficulté avec laquelle elles se croisent aujourd'hui s'expliquent très simplement. Nous avons vu tout à l'heure qu'une variété nouvelle mal fixée avait, entre autres caractères, celui de se croiser plus aisément que les variétés anciennes. En appliquant aux plantes sauvages ce fait d'expérience, on pourrait en conclure que les plantes réfractaires au croisement sont des espèces anciennes, fixées depuis de longs siècles, tandis que les espèces à fécondation croisée seraient précisément celles qui se sont constituées le plus récemment sur notre globe. Il existe pourtant des cas dont l'interprétation paraît moins commode : nous voulons parler de certains végétaux dont le pollen féconde l'oosphère de plantes voisines et qui ne sont point eux-mêmes fécondés par le pollen de ces dernières. C'est le cas du *Mirabilis Jalapa*, qui se laisse polliniser par le *Mirabilis longiflora* et qui est incapable de le féconder à son tour. Il y aurait peut-être, dans ce cas et dans ceux qui lui ressemblent, de curieuses constatations anatomiques à faire.

Les hybrides prennent généralement des caractères intermédiaires à ceux des parents, et le mélange de ces caractères est d'ordinaire assez intime : ce qui s'explique à merveille par une égale répartition, dans chaque cellule de l'hybride, des segments chromatiques de l'oosphère et du noyau générateur pollinique. Mais il peut arriver aussi que l'hybride ressemble de préférence à l'un des parents. C'est ainsi que chez les Menthes et les Orchidées, où les fécondations croisées sont si fréquentes entre plantes d'espèces différentes, l'hybride ressemble généralement plus à la mère qu'au pied fournisseur du pollen. Y aurait-il, dans ce cas, un plus grand nombre de bâtonnets chromatiques dans l'oosphère que dans le noyau pollinique ? Un cas plus anormal encore est celui du *Cytisus Adami*, hybride du *C. Laburnum* et du *C. purpureus*, et dont certaines fleurs sont les unes rouges, les autres jaunes, comme celles de chacun des deux types ancestraux. Faut-il admettre, chez les noyaux des cellules des fleurs rouges et des fleurs jaunes, dans le premier cas prédominance des bâtonnets chromatiques du *C. purpureus*, dans le second prédominance des segments chromatiques du *C. Laburnum*? Ceci n'est que de la théorie aujourd'hui; mais on arrivera sans doute à distinguer, dans le noyau de chaque cellule, le bâtonnet mâle d'avec le bâtonnet femelle, et alors la théorie deviendra susceptible de vérification.

Les hybrides d'espèces du même genre donnent fréquemment des fleurs doubles, et ces fleurs ont plus de volume que celles des parents. On retrouve ici cet accroissement de vigueur et de luxuriance que nous avons déjà constaté chez les métis. Mais en même temps, et ceci est un caractère différentiel, la fécondité s'affaiblit souvent dans l'hybride. Il en est même chez lesquels elle s'éteint. Mais c'est un fait qu'il faut se garder de considérer comme général. C'est ainsi que l'on avait parlé de l'atrophie des grains de pollen chez les hybrides des *Rosa*. On prétendait même faire de cette atrophie la caractéristique des véritables hybrides, tandis que les métis des *Rosa* auraient possédé un pollen normal. Mais on a reconnu que des métis de la section des *Caninæ* ont un pollen atrophié, tandis que celui de l'hybride du *R. alpina* et du *R. spinosissima* est parfaitement sain. Chez les *Agave*, des espèces très éloignées s'hybrident, et leur produit est doué d'une fertilité égale à celle des individus d'origine dite pure. I. semble même que, dans certains cas, la nature tire profit de ces croisements d'espèces différentes et les favorise. « Il existe, dit Darwin, des genres de plantes chez lesquels la fécondation sera aisée et facile en croisant des espèces différentes, tandis que les plantes fécondées avec leur propre pollen resteront infécondes. » L'un des principaux caractères des hybrides d'espèces du même genre est leur instabilité. Ils varient plus facilement encore que les métis. Mais c'est là une règle qui comporte beaucoup d'exceptions. On a constaté, par exemple, que certains hybrides, dont l'*Orchis maculata* était l'un des parents, ne variaient pas s'ils étaient isolés. Nous croyons que ce fait peut être généralisé et que l'on obtiendra aisément des hybrides fixes en leur conservant intactes les conditions de milieu dans lesquelles ils ont été produits et en les privant notamment du contact avec tout pollen étranger.

Si l'hybridation d'espèces du même genre est fréquente, en revanche elle est rare entre espèces de genres différents. Même il faut reconnaître qu'on l'observe surtout entre des genres dont l'autonomie n'est pas absolument démontrée et qui souvent pourraient être confondus en un seul. On connaît des hybrides de *Cereus* et d'*Echinocactus*, de *Lychnis* et de *Silene*, de *Triticum* et d'*Ægilops*, etc. Ces hybrides sont bien plus fréquemment stériles que les autres. Cependant, ici encore, il existe des exceptions. C'est ainsi que l'*Ægilops triticoides*, hybride de l'*Ægilops ovata* et du Blé Touzelle, a été conservé pendant trente-quatre générations par de minutieuses précautions, mais est rapidement revenu à l'*Ægilops ovata*, après avoir été abandonné à l'état sauvage. Quant aux hybrides de genres appartenant à des familles différentes nettement tranchées, on n'en connaît, croyons-nous, aucun exemple authentique. Mais qui nous dit qu'un certain nombre de monstruosités, où l'on n'a vu jusqu'ici que de l'atavisme réveillé par des conditions inconnues, ne sont pas dues tout simplement à l'action de certains pollens aberrants? C'est là une hypothèse; mais, de ce côté encore, n'y aurait-il pas quelques essais à tenter, avec vérification microscopique de ce qu peut se passer du côté de l'oosphère?

Quoi qu'il en soit, les métis et les hybrides une fois constitués, qu'en sort-il au point de vue de la reproduction générale des plantes, et, pour préciser davantage, de l'évolution de l'universalité des formes végétales? Disons, sans crainte d'être démenti par les faits, que le métissage et l'hybridation sont, avec les conditions de milieu, les seules causes qui puissent déterminer les variations végétales et les seules sous l'influence desquelles les espèces se soient constituées sur le globe depuis que des plantes y existent. M. de Vilmorin, à qui l'on doit tant d'essais heureux en matière d'hybridation, disait un jour que les variétés présentées par lui étaient « absolument fixées ». Qu'est-ce qu'une variété fixée, sinon l'espèce telle que la comprennent tous les botanistes descripteurs? On répète souvent que l'hybridation n'a jamais créé de types fondamentalement nouveaux, c'est-à-dire qu'elle n'a point, d'un genre quelconque, fait sortir un genre nouveau. On peut répondre par le cas d'une Broméliacée, le *Vriesia*, dont l'ovaire est naturellement semi-infère, et qui a produit un hybride dans lequel l'ovaire est complètement libre. Or tout le monde sait que la classification des genres, chez les Broméliacées, repose en grande partie sur ce qu'ils ont des ovaires supères, infères ou semi-infères. Les botanistes classificateurs commencent déjà, pour certains groupes, à distinguer les espèces anciennes d'avec celles qui ont été plus récemment formées. Dans les *Mentha*, par exemple, on admet volontiers aujourd'hui des espèces dites de premier ordre (*M. rotundifolia*, *sylvestris*, *aquatica*, *arvensis*, etc.); des espèces de second ordre, comme le *M. viridis*, issues de deux des premières par hybridation; des espèces de troisième ordre (*M. insularis*), qui ne sont que des hybrides ayant pour parents d'autres hybrides. Quand on constate, en Portugal, vingt-cinq *Armeria*, dont douze spéciaux à ce petit pays et, dans les conditions où ils se trouvent, parfaitement fixés, il est impossible de ne pas voir, dans cet épanouissement local d'un type, le résultat de croisements divers, d'hybridations successives qui ont créé cette multiplicité de formes dans un même genre, en un coin de terre où il n'en existait peut-être qu'une douzaine il y a quelques milliers d'années. Au fur et à mesure qu'on sera mieux renseigné sur l'aire des espèces, on s'apercevra que ce fait de pullulations de formes autour de quelques types centraux est beaucoup plus commun qu'on ne le pense. Disons en terminant que cette idée de l'évolution du règne végétal par la fécondation croisée est moins neuve qu'on ne se l'imagine généralement. Le 23 novembre 1751, Johannes Haartman, élève de Linné, soutenait, sous la présidence de son maître et bien certainement à son instigation, une thèse dans laquelle le *Thalictrum angustifolium* est représenté comme l'hybride du *T. minus* et du *T. flavum*; le *Trifolium hybridum* comme l'hybride du *T. repens* et du *T. pratense*; le *Dipsacus laciniatus* comme l'hybride du *D. fullonum* et du *D. pilosus*; le *Tussilago hybrida*, comme l'hybride du *T. Petasites* et du *T. alba*; l'*Alchemilla hybrida* comme l'hybride de l'*A. alpina* et de l'*A. vulgaris*, etc., et même le *Delphinium hybridum* comme l'hybride du *D. alatum* et de l'*Aconitum Napellus*, et le *Villarsia nymphoides* comme l'hybride du *Menyanthes trifoliata* et du *Nuphar luteum*. C'est peut-être aller un peu loin, et les naturalistes d'aujourd'hui ont moins d'audace. Mais nous croyons qu'au jour prochain où l'ensemble des espèces végétales actuelles et de leurs variétés sera bien connu, il y aura une œuvre capitale à entreprendre, celle de l'étude de l'origine de ces formes, de leur antiquité relative, celle des types dérivés et des types ancestraux. [G. D.]

REPS. Nom suédois de la Groseille.

REPTONIA (A. DC., *Prodr.*, VIII, 153). Genre de Sapotacées, voisin des *Sideroxylon* et qui n'en diffère que par la disparition presque complète des cloisons ovariennes. Il en résulte que les ovules sont basilaires. La fleur est d'ailleurs celle de l'Argan. *Reptonia* est synonyme de *Monotheca*; mais ce dernier nom a la priorité. C'est un unique arbuste de l'Orient, pour lequel M. A. de Candolle a fait à la fois deux genres et deux espèces, ordinairement rapportés aux Théophrastées. (H. BN, in *Bull. Soc. Linn. Par.*, 913.)

REQUELICE. Nom ancien de la Réglisse.

REQUESON. Nom colombien du *Cinchona cordifolia* MUT.

REQUIEN (Esprit). Né à Avignon en 1788, mourut en 1851 dans l'île de Corse qu'il avait explorée. Son herbier passa dans les mains de Moquin-Tandon. M. Ch. Martins a écrit sa biographie dans ses Botanistes de Montpellier (p. 35).

REQUIENIA (DC., in *Ann. sc. nat.*, sér. 1, IV, 91; *Mém. Légum.*, t. 37, 38). Synonyme de *Tephrosia* PERS.

RESCHT ou **LESCHT.** Nom persan d'une variété de Dattier.

RÉSEAU-D'EAU. Les *Hydrodictyon* ROTH.

RÉSÉDA. Nom, dans l'Amérique centrale, du Henné.

RÉSÉDA (T., *Inst.*, 423, t. 238). Type de la famille des *Résédacées*, dont il constitue une série, le genre *Reseda* est caractérisé par ses fleurs hermaphrodites, irrégulières, à réceptacle convexe fréquemment oblique. Calice de 6 ou 5 sépales, parfois

Réséda. — Branche florifère.

plus, égaux ou inégaux, imbriqués dans le très jeune âge, et cessant de bonne heure de posséder une préfloraison. Des 5 sépales, 1 est postérieur, 2 latéraux et 2 antérieurs. Quand la fleur contient un sixième sépale, il se place en avant de 2 antérieurs; quand elle n'en contient que 4, c'est le postérieur qui disparaît. Corolle dont les pétales sont, en général, au même nombre que les sépales, alternes avec ces derniers, dissemblables. Leur limbe divisé est supporté par une lame membraneuse qui augmente de largeur, en même temps que les divisions du limbe, à mesure que l'on se rapproche du côté postérieur de la fleur. Fréquemment les pétales antérieurs se réduisent à une simple languette droite. A la partie postérieure de la fleur, on trouve une sorte de gibbosité glanduleuse, pubescente, à bords frangés, sur la nature morphologique de laquelle les auteurs ont discuté longuement : l'évolution, suivie par Payer, montre que ce n'est qu'un gonflement partiel du réceptacle, en forme de croissant. Sur sa face intérieure et antérieure s'insèrent des étamines en nombre indéfini, formées chacune d'un filet libre et d'une anthère biloculaire, introrse, déhiscente par 2 fentes longitudinales. L'ovaire, sessile ou faiblement stipité, uniloculaire, est surmonté de 3 ou 4 cornes stigmatifères, alternes avec un même nombre de placentas plus ou moins proéminents dans l'intérieur de la cavité ovarienne et portant un nombre indéfini d'ovules campylotropes, à micropyle primitivement supérieur et intérieur. Le fruit est une capsule, déhiscente au sommet, suivant des fentes correspondant aux intervalles des placentas et qui laissent sortir de nombreuses graines, à embryon charnu, arqué, sans albumen. Dans ce genre doivent rentrer, tout au plus à titre de sections, des

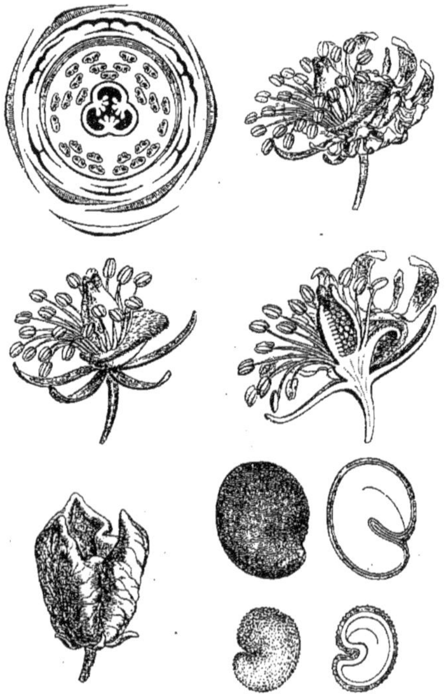

Réséda. — Fleur, entière, sans la corolle, et coupe longitudinale. Diagramme. Fruit. Graines, entières et coupes longitudinales.

types considérés comme génériquement distincts, à cause de leur symétrie florale, du nombre des parties, du disque, du placenta. Nous pouvons, en réalité, distinguer 3 sections : A. (*R. lutea*, *Phyteuma*, *odorata*), à feuilles simples, entières ou découpées; ovaire tricarpellé, à placentas simples dans toute leur étendue; B. (*R. Luteola*), placentas bilobés au sommet; fleur tétramère; feuilles entières; C. (*R. alba*), fleurs 5-ou 6-mères, ovaire stipité, 4-carpellé; feuilles pinnatiséquées. Les Résédas sont des herbes vivaces ou annuelles, originaires des contrées tempérées ou chaudes, surtout des bords de la Méditerranée, à feuilles alternes, bistipulées, à inflorescences en grappes. La Gaude (*R. Luteola* L.) contient, ainsi que quelques espèces, un principe jaune tinctorial, la lutéoline. La Mignonette (*R. odorata* L.) est cultivée dans nos jardins pour son odeur; c'est une plante calmante, dit-on. Le *R. Phyteuma* est un légume en Grèce. (Voy. H. Bn, *Hist. des pl.*, III, 295, 302, 303, fig. 320-329.) [F. H.]

RESEDELLA (Webb, *Phyt. canar.*, 107, t. 9). Synonyme de *Oligomeris* Cambess.

RESH. Dans les Écritures, le *Conium maculatum* L. (?).

RESINARIA. Le *Terminalia Benzoin* L.

RÉSINE CACHIBOU. Celle du *Bursera gummifera* Jacq.

RÉSINE CANARINE. Celle du *Canarium commune* L.

RÉSINE CARYNE. Celle du *Bursera gummifera* Jacq.

RÉSINE COPAL. — Voy. Copal.

RÉSINE COUMIA. Celle du *Couma guianensis* Aubl.

RÉSINE D'ACAJOU. Celle de l'Anacardier.

RÉSINE DAMAR. Celle du *Dammara alba* Rumph.

RÉSINE D'AMERA. Celle du *Spondias amara* Lamk.

RÉSINE DE BOTANY-BAY, R. DE LA NOUVELLE-HOLLANDE. Celle du *Xantorrhœa hostilis* Sm.

RÉSINE DE CARPATHIE. Celle du *Pinus Cembro* L.

RÉSINE DE CONE. Celle des Pins, produite sans incision.

RÉSINE DE MANI. Celle du *Moronobea coccinea* Aubl.

Réséda. — Branche florifère.

RÉSINE DE TYR. La Térébenthine.

RÉSINE DU CANADA. Celle du *Pinus Balsamea* L.

RÉSINE ÉLÉMI. — Voy. Elemi.

RÉSINE-ÉPINETTE. Le Baume du Canada.

RÉSINE-MASTIC. Celle du Lentisque.

RÉSINE OCUJE. Nom, aux Antilles, de la résine de *Calophyllum Calaba* Jacq.

RÉSINE-TURBITH. Celle de l'*Ipomœa Turpethum* R. Br.

RÉSINIER D'AMÉRIQUE. Le *Bursera gummifera* Jacq.

RESINILLO. Nom chilien du *Robinsonia gracilis* Dcne.

RESINO. Nom chilien du *Robinsonia thurifera* Dcne.

RESINO-HEMBRA. Nom chilien du *Vendredia* H. Bn.

RESIZE. Nom ancien de la Benoite.

RÉSOLU. Aux Antilles, le *Chimarrhis cymosa* Jacq.

RESPINGER (Joh.-Heinr.). Auteur, à Basle [1733], de *Theses anatomico-botanicæ* (in-4 de 8 p.).

RESPIRATION. Nous ne pouvons comprendre sous ce nom que les questions relatives aux échanges qui se produisent, en dehors de l'action chlorophyllienne, entre les liquides des plantes et les milieux ambiants, notamment l'atmosphère. A ce titre, la plante qui respire est, comme un animal en voie de respiration, un être vivant qui prend à l'air de l'oxygène et l'échange contre une certaine quantité d'acide carbonique. C'est, bien entendu, le phytoblaste qui accomplit ces échanges: il respire à la façon d'un animal. Il combine avec l'oxygène des matériaux hydro-carbonés. Pour la prétendue respiration diurne, ou respiration des parties vertes des plantes, voy. FONCTION CHLOROPHYLLIENNE (II, 6). Voy. aussi STOMATES.

RESTA-BOVIS. L'Arrête-bœuf.

RESTENCLE. Nom languedocien du *Pistachia Lentiscus* L.

RESTIACÉES. Famille des Monocotylédones, voisine des Cypéracées et Centrolépidées, à fleurs généralement unisexuées; le périanthe régulier, 3-6-mère, avec 3 étamines libres ou unies; l'ovaire sessile, 1-3-loculaire, avec 1-3 branches stylaires et, dans chaque loge, un ovule descendant, orthotrope. Le fruit est sec, indéhiscent ou déhiscent, et les graines descendantes ont un riche albumen charnu ou farineux. Ce sont des herbes des régions chaudes des deux mondes. M. Masters a publié, dans les Suites au *Prodromus* (I, 218), une monographie complète de cette famille.

RESTIARIA (LOUR., *Fl. cochinch.*, 639). Synonyme de *Ourouparia* AUBL.

RESTIO (L., *Syst.*, ed. 12, II, 735). Genre de Restiacées, formé d'une centaine d'herbes vivaces, de l'Afrique australe et de l'Australie; distingué par des épillets 1-∞-flores, à glumes imbriquées; l'inflorescence femelle simple ou peu composée; l'inflorescence mâle très composée; les anthères à une loge; le fruit 2, 3-loculaire; les feuilles pourvues de gaines persistantes. (MAST., *Restiac.*, 232, t. 1 (part.), t. 3, fig. 1. — LABILL., *N. Holl.*, t. 226, 227. — HOOK. F., *Fl. tasm.*, t. 135.) [H. BN.]

RESTIOLE. Nom français (LAMK) des *Restio* L.

RESTREPIA (H. B. K., *Nov. gen. et spec.*, I, 366, t. 94). Genre d'Orchidacées-Épidendrées, dont la fleur est très analogue à celle des *Pleurothallis*. Le labelle est superposé à 2 sépales plus ou moins complètement unis en une grande foliole tachetée; et la colonne, grêle, arquée, supporte une anthère à 4 pollinies céracées. Ce sont, au nombre d'une vingtaine, des herbes cespiteuses ou rampantes, épiphytes, de l'Amérique tropicale, à fleurs normalement solitaires. On les cultive dans nos serres. (*Bot. Mag.*, t. 5257, 5966, 6288.) [H. BN.]

RESUPINARIA (BENTH., *Labiat.*, 464). Sect. du g. *Lophanthus*.

RÉSUPINATION. — Voy. FLEUR.

RESUPINATUS (NEES, *Syst.*, 197). Section du g. *Agaricus* T.

RÉSUPINÉ, RÉSUPINATION. — Voy. ORIENTATION.

RETAMA (BOISS., *Voy. bot.*, 143). Synonyme de *Genista* T.

RETAMA. Nom, à Caracas, du *Thevetia neriifolia* J.

RETAMA DELGAD. Nom mexicain du *Genista juncea* L.

RETAMILIA (MIERS, in *Ann. Nat. Hist.*, ser. 3, V, 483; *Contrib.*, t. 39). Synonyme de *Retanilla* AD. BR.

RETAMILLA. Nom chilien du *Linum aquilinum* MOL.

RETANILLA (AD. BR.). — Voy. le Supplément.

RETEM. Nom arabe du *Spartium Duriæi* SP. Ses feuilles et ses fruits donnent de l'amertume au lait des chèvres (PRAX).

RETHAMIA (GMEL., *Syst.*, 247). Synonyme de *Curtisia* AIT.

RETICULARIA (BAUMG., *Fl. lips.*, 841). Syn. de *Sticta* SCHREB.

RETICULARIA (BULL., *Champ. franç.*, 95, t. 446. — ROST., *Mon.*, 240). Genre de Myxomycètes, à peridium plus ou moins irréguliers, disposés en æthalium recouvert d'un cortex papyracé fragile. Les spores brunes sont réticulées ou verruqueuses; le capillitium et la columelle sont de même couleur. Le *R. Lycoperdon* est très commun sur les vieux troncs d'arbres. Les autres espèces sont litigieuses. [DE S.]

RETICULARIACEÆ (ROST., *Mon.*). Groupe de Myxomycètes, dont M. Rostafinski a fait une famille pour les genres *Siphoptychium* et *Reticularia* BULL.

RÉTINACLE (*Retinaculum*). Corps glanduleux, visqueux, qui sert à fixer le pollen des Orchidacées, Asclépiadacées, et qui est emprunté à l'organe femelle. Dans les Orchidacées, le rétinacle répond à un caudicule; dans les Asclépiadacées, à deux. Là, on l'a encore nommé Corpuscule.

RETINACULUM (MIERS). Le Corpuscule des Asclépiadacées.

RETINARIA (GÆRTN., *Fruct.*, II, 187, t. 120). Synonyme de *Gouania* L.

RÉTINIPHYLLE. Nom français (LAMK) des *Retiniphyllum* H. B.

RETINIPHYLLEÆ (B. H., *Gen.*, II, 20). Tribu (3) des Rubiacées.

RETINIPHYLLUM (H. B., *Pl. æquin.*, I, 86, t. 25). Genre de Rubiacées, qui a donné son nom à une tribu de cette famille, et que nous avons placé comme type anormal à la suite des Morindées. La fleur y est hermaphrodite, avec un calice supère, tubuleux, gamosépale, 5-denté, persistant, et une corolle épaisse, hypocratérimorphe, à 5 lobes tordus. Il y a 5 étamines alternes aux divisions de la corolle, à anthères introrses, prolongées inférieurement en lame. L'ovaire infère est surmonté d'un disque annulaire ou conique et d'un style exsert, à branches courtes. Les loges ovariennes, au nombre de 5-8, renferment chacune 2 ovules arqués, insérés collatéralement sur un placenta en forme de cordon. Le fruit est une drupe à plusieurs noyaux monospermes et à graines arquées, albuminées. Ce sont des arbustes glabres ou poilus, du Brésil boréal et de la Guyane; on en compte 6, 7 espèces. Leurs feuilles sont opposées, avec stipules connées en gaine, et leurs fleurs sont disposées en épis terminaux, avec des bractéoles connées en cupules ou involucelles. (*Hist. des pl.*, VII, 296, 419, n. 55.) [H. BN.]

RETINODENDRON (KORTH., *Verh. nat. Gesch. Ned. Be:.* [1839], 55, t. 8). Synonyme de *Isauxis* ARN.

RETINODENDRON (ZENK., *Beitr. Gesch. Urw.* [1833], 3). Genre de Conifères fossiles (UNG., *Syn. pl. foss.*, 212; *Chlor. protog.*, 77), qu'Hartig (in *Bot. Zeit.* [1848], 141) a rapporté aux Araucariées. C'est le *Retinoxylon* ENDL. (*Syn. Conif.*, 282), attribué aux Cupressinées.

RETINOSPORA (SIEB. et ZUCC., *Fl. jap.*, II, 36, t. 121-123). Synonyme de *Chamæcyparis* SPACH, section du genre *Thuya*.

RETINOXYLON (ENDL.). — Voy. RETINODENDRON.

RETIPORUS (BATSCH, *Elench.*, 107). Syn. de *Agaricon* ADANS.

RETIRA. Nom arabe des Astragales à Adraganthe.

RETTBERGIA (RADD., *Agrost.*, 17). Synonyme de *Chusquea* K.

RETTI. Synonyme de *Rati*.

RETINOPHLEUM (KARST., *Fl. columb.*, II, 25, t. 113). Synonyme de *Cercidium* TUL.

RETOURNEMENT. Les feuilles dont on déplace les faces, l'inférieure étant dirigée en haut, se retournent au bout d'un temps variable. Dans les plantes pleureuses, il y a des retournements spontanés. On a souvent retourné les arbres, en plaçant leur racine en haut. Dans ce cas, si l'arbre ne meurt pas, il peut développer des bourgeons à feuilles du côté des racines et des racines adventives du côté des feuilles enfouies.

RETTBERGIA (RADD., *Agrost. bras.*, 17). Syn. de *Chusquea* K.

REUBEL (Joh.). Professeur à Munich [1779-1852], auteur [1804] de *Entwurf eines Systems der Pflanzenphysiologie und der Thierphysiologie* (in-8 de 279 p.).

REUM (Joh.-Ad.). Professeur à Tharand [1780-1839], a écrit [1814] *Grundriss der deutschen Fortsbotanik*, qui eut 3 éditions; *Die deutschen Forstkraüter* [1819]; *Œkonomische Botanik* [1833], et [1835] *Pfflanzenphysiologie*, etc. (in-8).

REUND. Nom ouolof du *Bauhinia rufescens*, astringent (AZAN).

REUSCH (Erh.). Auteur, à Helmstadt [1739], de *Programma de Botanicis non medicis* (in-4 de 8 p.). Il mourut en 1740.

REUSS (Christ.-Fried.). Mort à Tubingen en 1813, âgé de 68 ans, a écrit [1774] un *Compendium botanices* qui eut deux éditions; *Keentniss der jenigen Pflanzen*, etc. [1776] et [1781] *Dictionarium botanicum* (in-8 de 485 p.).

REUSSIA (DENNST., *Schl. H. mal.*, 33). Syn. de *Pæderia* L.

REUSSIA (ENDL., *Gen.*, 139). Synonyme (?) de *Pontederia* L.

REUSSIA (PRESL. — STERNB., *Vers.*, II, 125). Le *Filicites scolopendrioides* AD. BR.

REUTER (Georg.-Fr.). Auteur d'un catalogue des plantes des environs de Genève [1832], qui eut deux éditions et un supplément, et [1843] d'un *Essai sur la végétation de la Nouvelle-Castille*. Il fut le collaborateur de Boissier et écrivit pour le *Prodromus* de De Candolle la famille des Orobanchées.

REUTERA (Boiss., *Elench.*, 46; *Voy. Esp.*, 242, t. 69, 70; *Fl. or.*, II, 861). Genre d'Ombellifères, dont nous avons fait une section du genre *Carum* L. Les pétales jaunes y ont le sommet entier ou à peu près, et convoluté. (Voy. *Hist. des pl.*, VII, 120.) [H. Bn.]

REUTIALES. Section (B. H., *Gen.*, III, 292) du genre *Aleurites* Forst.

REVEIL (Pierre-Oscar). Agrégé de la Faculté de médecine de Paris, écrivit en 1856 des *Recherches sur l'opium*, collabora à la *Flore médicale du dix-neuvième siècle*, et donna une traduction de l'ouvrage de Piesse sur les odeurs. Il mourut en 1865, à l'âge de 41 ans.

RÉVEIL DES MATINS VELU. *L'Euphorbia pilulifera* L.

RÉVEIL-MATIN. Nom vulgaire de plusieurs *Euphorbia* herbacés, notamment les *E. Helioscopia, Peplus*, etc., dont le latex irritant, appliqué sottement sur les yeux, détermine une inflammation accompagnée de douleurs cuisantes et d'insomnie.

REVERCHONIA (A. Gray, in *Proc. Amer. Acad.*, XVI, 107). Genre d'Euphorbiacées 2-ovulées, formé d'une herbe annuelle du Texas, à fleurs mâles 2-andres; les femelles à ovaire 3-loculaire, avec 3 branches stylaires émarginées. Les ovules sont dits insérés vers le milieu de leur hauteur; mais la radicule est supère, et les cotylédons à peine plus larges qu'elle. (B. H., *Gen.*, III, 1222.)

REVÊTEMENT (*Indumentum*). — Voy. Pubescence.

REVIROMENU. Nom provençal du Dompte-venin.

REWA-REWA. A la N.-Zélande, le *Knightia excelsa* R. Br.

REX AMARORIS (Rumph., *Herb. amboin.*, II, 129, t. 41). Le *Soulamea amara* Lamk.

REYESIA (Clos, in *C. Gay Fl. chil.*, IV, 518, t. 42). Genre rapporté parfois aux Bignoniacées, dont M. Bureau l'a exclu en 1863. C'est une herbe annuelle, du *Chili*, qui appartient à la série des Salpiglossées. Ses fleurs sont irrégulières, à corolle gamopétale, imbriquée; l'androcée didyname; l'ovaire 2-loculaire, à loges ∞-ovulées; le fruit à 2 valves 2-fides; les graines à embryon droit ou arqué. L'inflorescence est une cyme ramifiée. (H. Bn, *Hist. des pl.*, IX, 414.)

REYNAUDIA (K., *Rev. Gram.*, 195, t. 9). Genre de Graminées-Tristeginées, formé d'une herbe vivace, des Antilles; à panicule courte et étroite; les épillets alternes; 2 glumes et une glumelle vide, courtement aristées entre leurs dents; la glumelle interne aiguë et mutique; 2 glumellules 2-partites. (K., *Enum.*, I, 39.) [H. Bn.]

REYNIBA (Reichb., *Consp.*, 188). Section du genre *Capparis*.

REYNOLDSIA (A. Gray, *Un. St. expl. Exp.*, *Bot.*, I, 723, t. 92, 93). Section du genre *Gastonia* Commers., à feuilles composées-pennées. (H. Bn, *Hist. des pl.*, VII, 250.)

REYNOSIA (Griseb., *Cat. pl. cub.*, 33). Genre de Rhamnacées, qui nous a paru (*Hist. des pl.*, VI, 82) tout à fait identique aux *Condalia* Cav. [H. Bn.]

RHABARBARUM (T., *Inst.*, 89, t. 18). Synonyme de *Rheum* L.

RHABDADENIA (M. arg., in *Mart. Fl. bras.*, VI, 173, t. 52; in *Linnæa*, XXX, 435). Genre d'Apocynacées-Nériées, voisin des *Echites* (Jacq., *St. amer.*, t. 21), distingué par des glandes du calice nulles ou peu nombreuses; un disque de 5 écailles; des graines plumeuses au sommet; des grappes simples; une corolle à tube cylindrique, dilaté en cloche vers la gorge. (H. Bn, *Hist. des pl.*, X, 216, 217.)

RHABDIA (Mart., *Nov. gen. et spec.*, II, 136, t. 195). Genre de Boraginacées-Ehrétiées, formé d'un arbuste tropical, des deux mondes, à feuilles alternes, étroites et allongées; la corolle campanulée; les anthères libres, oblongues; le style grêle et entier; le fruit drupacé, à 4 noyaux; les fleurs peu nombreuses, entre les feuilles fasciculées. (H. Bn, *Hist. des pl.*, X, 393.)

RHABDOCALYX. Sect. du g. *Cordia.* (A. DC., *Prodr.*, IX, 474.)

RHABDOCARPUS (Gœpp., in *Berg. Diss. de fruct. et sem.*). Genre de Cycadacées fossiles (*Flora* [1849], I, 21). Synonyme de *Noggerathia* Sternb.

RHABDOCAULON. Section du g. *Keithia.* (Benth., *Lab.*, 411.)

RHABDOCRINUM (Reichb., *Consp.*, 65). Syn. de *Lloydia* Salisb.

RHABDOCYATHUS (Tul., in *Ann. sc. nat.*, sér. 3, I, 66). Section du genre *Cyathus* Hall.

RHABDONEMA (Kuetz., *Bacill.*, 126). Genre de Diatomacées, à frustules composés. Les valves, lancéolées ou linéaires, sont pourvues d'une ligne médiane et ont généralement les extrémités blanches; elles sont munies de côtes ou de stries. La réunion des frustules forme un filament plat, courtement stipité, où l'on distingue facilement de fausses-cloisons. Ce genre appartient à la famille des Tabellariées. L'endochrome épars y est granuleux. [Ch. M.]

RHABDONIA (Hook. et Harv., *Alg. tasm.*, II). Algues-Floridées, de la famille des Halymeniées pour Kützing, de celle des Soliériées pour J.-G. Agardh, à fronde tubuleuse, continue, stipitée, et pourvue de rameaux tubuleux; la partie solide formée du dedans au dehors de rameaux longitudinaux qui s'entrecroisent, de cellules arrondies anguleuses, qui deviennent plus petites vers la périphérie. Les cystocarpes sont immergés dans l'enveloppe corticale, où se trouvent également les sphérospores qui se divisent en croix. Le genre a été divisé en deux sections caractérisées par la disposition de la fronde et des rameaux. (J.-G. Agh, *Sp., gen. et Ord. Alg.*, III, 590.) [Ch. M.]

RHABDOSCIADIUM (Boiss., in *Ann. sc. nat.*, sér. 3, II, 68; *Fl. or.*, II, 898). Genre d'Ombellifères-Carées, dont les fleurs polygames ressemblent beaucoup à celles des Cerfeuils, et ont des sépales aigus et persistants. Les pétales sont émarginés, avec l'acumen infléchi. Les stylopodes sont coniques. Le fruit est linéaire-allongé, comprimé ou non latéralement, avec des côtes primaires obtuses, subégales, ou les marginales dilatées en aile étroite. Les bandelettes sont solitaires, étroites ou irrégulières; celles de la commissure plus larges. Le carpophore est bifide, et la graine a sa face plus ou moins concave. Ce sont des herbes vivaces, glabres, de la Perse. On en distingue trois espèces. Leurs feuilles sont peu nombreuses, réduites au pétiole, ou les inférieures pourvues d'un petit limbe peu divisé. Les ombelles sont composées, avec une fleur centrale fertile et sessile; les mâles pédicellées, disposées à la périphérie. Leur inflorescence rappelle un peu celle des *Petagnia.* (Voy. *Hist. des pl.*, VII, 233, n. 67.) [H. Bn.]

RHABDOSIRA (Ehrenb. [1869], ex V. Heurck, *Microsc.*, 322). Synonyme de *Synedra* Ehrenb.

RHABDOSPORA (Dur. et Mont., *Fl. Alger.*, 592). Genre de Sphéropsidés, à périthèces globuleux, immergés, munis d'un ostiole et à spores baculiformes, droites ou courbes, avec ou sans cloisons. Sous cette caractéristique un peu vague se rangeaient une douzaine d'espèces. M. Saccardo a refondu ce genre, en plaçant parmi les *Septoria* les espèces de *Rhabdospora* à spores cloisonnées, et en rapportant aux *Rhabdospora* les *Septoria*, à spores uniloculaires. Ce caractère primordial, tiré de la structure des spores, s'est du reste trouvé d'accord avec quelques autres caractères secondaires : c'est ainsi que les périthèces des *Rhabdospora* produisent rarement une tache autour d'eux sur le tissu végétal qu'ils habitent, ce qui est l'ordinaire pour les *Septoria*; ces derniers se rencontrent plus souvent sur les feuilles que les espèces de *Rhabdospora.* Ainsi constitué, le genre *Rhabdospora* compterait cent espèces, dont le plus grand nombre se rencontre dans les régions tempérées de l'Europe et de l'Amérique du Nord, et quelques-unes en Algérie et dans l'Amérique méridionale, sur des rameaux, des sarments ou des tiges herbacées. [De S.]

RHABDOSPORIUM (Chev., *Fl. paris.*, 428, t. 11). Synonyme de *Stilbospora* Pers.

RHABDOSPORIUM. — Voy. Rabdospore.

RHABDOSTIGMA (Hook. f., *Gen.*, II, 109, n. 224). Section du genre *Galiniera* Del., à rameaux de l'inflorescence grêles et allongés. (H. Bn, *Hist. des pl.*, VII, 431.)

RHABDOTHAMNUS (A. Cunn., in *Ann. Nat. Hist.*, ser. 1, I, 460). Genre de Gesnériacées-Cyrtandrées, formé d'un arbuste de la Nouvelle-Zélande; distingué par un calice à limbe 5-lobé, subrégulier; des étamines à anthères exsertes et collées en carré les unes aux autres; des fleurs solitaires et axillaires. (H. Bn, *Hist. des pl.*, X, 99.)

RHABDOTHECA (Cass., in *Dict.*, XLVIII, 424). Synonyme de *Microrhynchus* Less. (H. Bn, *Hist. des pl.*, VIII, 116.)

RHACELOPUS (C. Muell., in *Bot. Zeit.* [1857], 531). Section du genre *Polytrichum* Dill.

RHACHICALLIS (DC., *Prodr.*, IV, 434, n. 2, part.). Genre de Rubiacées-Portlandiées, à peine distinct, sinon par le port, des *Rondeletia*, dont il a les fleurs, 4-mères, mais axillaires et solitaires. Le fruit est une capsule, en partie supère, septicide. Le *R. rupestris*, seule espèce du genre, est un petit arbuste des roches maritimes des Antilles, à petites feuilles charnues, blanchâtres, opposées, à stipules connées en gaine. Les feuilles sont opposées, charnues, blanchâtres. (Voy. *Hist. des pl.*, IV, 335, 473, n. 151.) [H. Bn.]

RHACHILLA. L'axe de l'épillet, dans les Graminées et quelques types analogues.

RHACHIOPTERIDEÆ (Corda, *Fl. d. Vorw.*, 83). Famille de Fougères fossiles.

RHACHIOSPERMÆ (Ritg., *Marb.* [1831], II, 105). Ordre des Fougères.

RHACHYOBRYUM (Ritg., *Marb.* [1831], II, 107). Sous-genre du genre *Lycopodium* Rupp.

RHACOMA (Adans., *Fam.*, II, 117). Synonyme de *Leuzea* DC.

RHACOMA. Dans Pline, le Rhapontic (?).

RHACOMA (L., *Gen.*, n. 144). Genre de Célastracées-Célastrées, formé d'environ 8 arbustes américains; distingué, dans le groupe des Élæodendrées, par des fleurs ordinairement 4-mères; la corolle imbriquée; les ovules solitaires et ascendants. Les feuilles peuvent être opposées, alternes ou verticillées. Le genre existe peut-être aussi à Madagascar. (H. Bn, *Hist. des pl.*, VI, 34.)

RHACOPHYLLUS (Berk., *Fung. Ceyl.*, n. 301). Genre d'Agaricinés, dont la seule espèce connue se développe sur le bois ou les rameaux morts, à Ceylan. Elle présente un chapeau très mince, cylindrique ou digitiforme, porté par un stipe dilaté à la base, atténué au sommet. Les lamelles sont groupées en lobes oblongs, irréguliers, flexueux, de couleur lilas comme le chapeau. [De S.]

RHADAMANTHUS (Salisb., *Fragm.*, 57). Genre de Liliacées-Scillées, formé d'une plante bulbeuse, de l'Afrique australe; distingué par un périanthe à tube campanulé; les 6 lobes connivents; les 6 anthères conniventes autour du style; les fleurs pendantes, en grappes grêles. (Jacq., *H. schœnbr.*, t. 81.) [H. Bn.]

RHADINOCARPUS (Vog., in *Linnæa*, XII, 108). Synonyme de *Chætocalyx* DC.

RHAGADIOLÉES. S.-sér. des Chicorées. (B. H., *Gen.*, II, 230.)

RHAGADIOLOIDES (Vaill., in *Act. par.* [1721], 701). Synonyme de *Hedypnois* T.

RHAGADIOLUS (T., *Inst.*, 479, t. 272). Section du genre *Hedypnois* T. (H. Bn, *Hist. des pl.*, VIII, 112.)

RHAGANUS (E. Mey., herb.). Synonyme de *Natalia* Hochst.

RHAGOCARPUM. Section du genre *Bouchea* Cham. (Schau., in *DC. Prodr.*, XI, 557.)

RHAGODIA (R. Br., *Prodr.*, I, 408). Genre de Chénopodiacées-Chénopodiées, à fleurs de *Chenopodium* ou plutôt d'*Oreoblitum*, hermaphrodites ou unisexuées; le calice souvent accru et distingué surtout par son fruit charnu, à graine horizontale. Ce sont des arbustes australiens, plus rarement des herbes, à feuilles alternes ou subopposées; à fleurs en glomérules disposés sur les axes d'épis simples et composés. Les 12 espèces connues sont australiennes. (H. Bn, *Hist. des pl.*, IX, 168.)

RHAGROSTIS (Buxb., *Cent.*, III, 30, t. 55). Synonyme de *Agriophyllum* Bieb.

RHAM. Nom, à Madagascar, du *Canarium commune* L. ou d'une espèce voisine.

RHAMNACÉES. Famille établie en 1814 par R. Brown pour des plantes voisines des Célastracées, mais à étamines oppositipétales; le réceptacle généralement concave, et les ovules ordinairement ascendants. Nous avons (*Hist. des pl.*, VI, 65) divisé cette famille en 3 séries : *Rhamnées*, *Gouaniées* et *Collétiées*, et nous y avons conservé 38 genres. [H. Bn.]

RHAMNELLA (Miq., in *Ann. Mus. lugd.-bat.*, III, 30). Genre de Rhamnacées, proposé pour le *Microrhamnus* (Maxim., *Rhamn. or.-asiat.*, non A. Gray), qui, à part la forme du disque épais et court, ne semble guère différer génériquement des *Rhamnus* (*Hist. des pl.*, VI, 52), et qui, en tout cas, ne saurait se rapporter aux *Microrhamnus* A. Gray, qui pour nous sont des *Condalia* pourvus d'une petite corolle. [H. Bn.]

RHAMNIDIUM (Reiss., *Mart. Fl. bras. Rhamnac.*, 94, t. 31). Genre de Rhamnacées, voisin des *Rhamnus*; distingué par un réceptacle moins profond, des loges incomplètes, un fruit indéhiscent, avec cupule basilaire et cupule stylaire. Ce sont 4 arbustes brésiliens, à feuilles subopposées, à cymes axillaires. (H. Bn, *Hist. des pl.*, VI, 74.)

RHAMNOIDES (T., *Coroll.*, 52, t. 481). Synonyme de *Hippophae* L.

RHAMNOPSIS (Reichb., *Consp.*, 188). Synonyme de *Ramontchi* Endl.

RHAMNOS (Diosc.). Le *Lycium europæum* L. (Sibth.).

RHAMNUS (T., *Inst.*, 593, t. 366). Nom latin des Nerpruns, famille des Rhamnacées. Fleurs régulières, hermaphrodites ou dioïques, à réceptacle concave, à paroi glanduleuse, portant sur ses bords le périanthe et l'androcée; 4 ou 5 sépales valvaires; pétales alternes, souvent indupliqués; étamines épipétales, à anthère biloculaire, introrse, déhiscente par 2 fentes longitudinales; gynécée formé d'un ovaire inséré au fond de la coupe réceptaculaire, par suite infère, 2-4-loculaire, à style lobé légèrement. 1 ou rarement 2 ovules, ascendants, anatropes, sont

Rhamnus. — Branche fructifère.

insérés à l'angle interne de chaque loge, à micropyle d'abord inférieur et intérieur, puis devenant latéral, à la suite d'une torsion. Fruit drupacé, à cicatrice circulaire marquant la place du réceptacle, à 1 ou 4 noyaux monospermes. Graines albuminées. Embryon à radicule infère, à cotylédons épais et plans, ou foliacés, recourbés; l'un entourant l'autre. L'albumen fait parfois défaut. Les Nerpruns sont des arbres ou des arbustes, à feuilles alternes, plus rarement opposées, bistipulées, à fleurs axillaires, groupées en cymes ou réunies en une grappe sur un axe court. Le N. purgatif (*R. catharticus*), la Bourgène (*R. Frangula*), l'Alaterne (*R. Alaternus*) ont un suc amer, purgatif, hydragogue. Le sirop de Nerprun prescrit comme purgatif est surtout employé en médecine vétérinaire. (Voy. H. Bn, *Hist. des pl.*, 51, 68, 74, fig. 39-44; *Tr. Bot. méd. phan.*, 976.) [F. H.]

RHAMNUS PRIMUS (Matth.). Le *Lycium europæum* L.

RHAMNUS SECUNDUS (MATTH.). L'*Hippophae rhamnoides* L.

RHAMNUS TERTIUS (MATTH.). Le *Paliurus australis* RŒM.

RHAMPHICARPA (BENTH., in *Hook. Comp. Bot. Mag.*, 1, 368). Genre de Scrofulariacées-Gérardiées, formé de 5, 6 herbes, de l'Inde, de l'Australie et de l'Afrique; distingué par un calice tubuleux-campanulé; une corolle à tube droit ou arqué; un fruit subglobuleux et obtus ou, plus souvent, ovoïde et rostré. Les autres caractères sont d'ailleurs ceux des Buchnérées en général. (HARV., *Thes. cap.*, t. 57. — OLIV., in *Trans. Linn. Soc.*, XXIX, t. 87. — H. BN, *Hist. des pl.*, IX, 474.)

RHAMPHIDIA (LINDL., *Gen. et spec. Orchid.*, 490). Synonyme de *Hetæria* BL. Plusieurs *Rhamphidia* des auteurs sont aussi des *Myrmechia*.

RHANTERIUM (DESF., *Fl. atl.*, II, 291, t. 240). Genre de Composées-Hélianthées-Héléniées, formé de 2 sous-arbrisseaux laineux, de l'Afrique du Nord; distingué par des capitules radiés; un réceptacle qui, au centre du capitule, est dépourvu de paillettes; des achaines du rayon sans aigrette; ceux du disque surmonté de 4, 5 soies subplumeuses au sommet. Les capitules sont pédonculés. Le port de ces plantes les rapproche des Centaurées; mais leurs capitules sont ceux des Buphthalmées. (H. BN, *Hist. des pl.*, VIII, 165.)

RHAPEION. Nom ancien du *Corydalis bulbosa* DC.

RHAPHANELEON. Huile des graines de la Rave.

RHAPHIDIOSPORA (RABENH.). — Voy. RHAPHIDOSPORA.

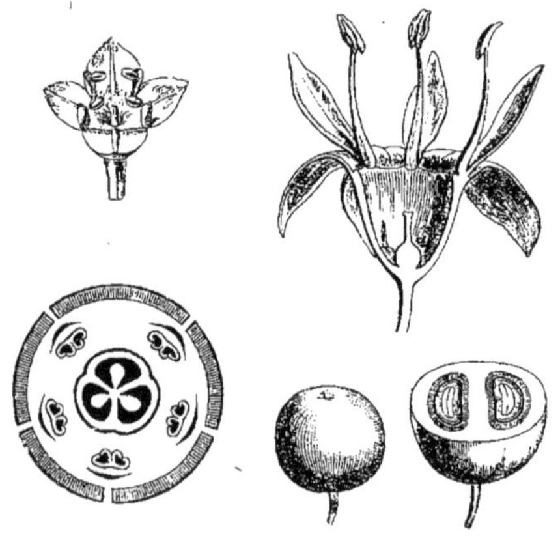

Rhamnus. — Fleur, entière et coupe longitudinale. Diagramme. Fruit, entier et coupe transversale.

RHAPHIDOPHALLUS (SCHOTT, *Gen. Aroid.*, t. 27). Genre d'Aracées-Pythoniées, formé d'une herbe tubéreuse, de l'Inde; distingué par un spadice à appendice grêle; des étamines disposées sans ordre apparent; un ovaire à 3 loges et à ovules basilaires. [H. BN.]

RHAPHIDOPHORA (CES. et DE NOT., *Schem. Sfer.* [1861], 233). Nom substitué à celui de *Rhaphidospora* FR. et MONT., qui désignait déjà un genre d'Aracées, et que M. Saccardo a remplacé par celui d'*Ophiobolus*, proposé en 1853 par le Dr Riess.

RHAPHIDOPHORA (SCHOTT., *Gen. Aroid.*, t. 77). Genre d'Aracées-Callées, formé d'une trentaine d'arbustes asiatiques, africains et océaniens; distingué par un ovaire à 1 ou 2 loges incomplètes, ∞-ovulées; les placentas attachés près du sommet des loges. Les fruits sont charnus, cohérents, ∞-spermes. Les graines ont un albumen. (WIGHT, *Icon.*, t. 779, 781. — WALL., *Pl. as. rar.*, II, t. 156, 192.) [H. BN.]

RHAPHIDOSPORA (FR., *Summ. veg. Scand.*, 401. — MONT., *Syll.*, 251). Nom donné à un genre de Sphériacés, bien que déjà employé dans la famille des Acanthacées, et qui a été remplacé par celui d'*Ophiolobus*. (Voy. SACCARDO, *Syll. Fung.*, II, 337.)

RHAPHIDOSPORA (NEES, in *Wall. Pl. as. rar.*, III, 115). Synonyme de *Justicia* L.

RHAPHIDOSPOREI (FR., *Summ. veg. Scand.*, 401). Division des Sphériacées, caractérisée par la longueur et le cloisonnement des spores.

RHAPHIODON (SCHAU., in *Flora* [1844], 345). Synon. de *Hyptis* JACQ.

Rhaphidospora. — Diagramme floral.

RHAPHIOLEPIS (LINDL., *Bot. Reg.*, t. 468, 652, 1400; *Coll.*, t. 3). Genre de Rosacées-Pyrées, formé de 4, 5 arbres chinois, japonais, etc.; distingué par un calice qui se détache à sa base; un ovaire infère à 2 loges 2-ovulées; un fruit charnu, 1, 2-sperme; des graines à embryon charnu; des cotylédons hémisphériques; des feuilles persistantes. On en cultive quelques-uns dans les jardins botaniques. (H. BN, *Hist. des pl.*, I, 412, 476, fig. 467, 468.)

RHAPHIS (LOUR., *Fl. cochinch.*, 552). Synonyme de *Chrysopogon* TRIN.

RHAPHISPERMUM (BENTH, in *DC. Prodr.*, X, 509; *Gen.*, II, 973, n. 139). Genre de Scrofulariacées-Gérardiées, qui ressemble beaucoup aux *Gerardia*, et qui a des fleurs à court calice campanulé, tronqué, et à large corolle campanulée; le tube très court. Le fruit est orbiculaire, comprimé, déhiscent suivant ses bords en deux valves coriaces, et renferme de nombreuses graines linéaires et dressées. Les *Rhaphispermum* sont de Madagascar; ils noircissent par la dessiccation et ont des feuilles alternes, avec des fleurs pédonculées, solitaires dans l'aisselle des feuilles supérieures. (H. BN, *Hist. des pl.*, IX, 424.)

RHAPHITHAMNUS (MIERS, in *Trans. Linn. Soc.*, XVII, 95, t. 26). Genre de Verbénacées-Verbénées, fondé sur le *Citharexylon cyanocarpum* HOOK. et ARN., arbuste souvent spinescent, de l'Amérique du Sud; distingué par un calice appliqué contre le fruit drupacé; une corolle 4, 5-mère; 2 noyaux 2-spermes. Miers en compte 4 espèces, qui sont peut-être des variétés d'une seule. (H. BN, *Hist. des pl.*, XI, 99.)

RHAPIDOPHYLLUM (H. WENDL. et DRUD., in *Bot. Zeit.* [1876], 803). Genre de Palmiers-Coryphées, voisin des *Chamærops*, distingué par des fleurs polygames-dioïques, des carpelles libres, avec 3 stigmates également distincts et sessiles. La graine a un embryon dorsal et un albumen non ruminé. Les divisions du spadice sont pourvues de bractées peu nombreuses. La seule espèce connue, anciennement nommée *Chamærops Hystrix*, est de la Floride et de la Caroline; c'est une plante de petite taille. (MART., *Hist. nat. Palm.*, t. 25, fig. 4.) [H. BN.]

RHAPIS (L. F., in *Ait. H. kew.*, III, 473). Genre de Palmiers-Coryphées, formé de 4, 5 petites espèces de la Chine et du Japon; les feuilles digitées; les fleurs dioïques, à corolle 3-dentée et à anthères extrorses. Les carpelles libres sont portés sur un gynophore. Le rachis du spadice est vaginé. On cultive surtout le *R. flabelliformis*, presque rustique. (JACQ., *H. schœnbr.*, t. 316. — *Bot. Mag.*, t. 1371.) [H. BN.]

RHAPONTIC. Le *Rheum Rhaponticum* L. et le *Centaurea Rhapontica* L.

RHAPONTICA (HILL, *Hort. kew.*, 69). Synonyme de *Eurhaponticum* DC.

RHAPONTICA. La Jusquiame blanche.

RHAPONTIC BLANC. Le *Centaurea Behen* L.

RHAPONTIC DE MONTAGNE, R. DES MOINES, R. FAUX. Le *Rumex alpinus* L.

RHAPONTICUM (LAMK. — DC., in *Ann. Mus.*, XVI, 188). Section du genre *Centaurea* L. (H. BN, *Hist. des pl.*, VIII, 84.)

RHAPONTICUM (MŒNCH, *Meth.*, 562). Synonyme de *Jacea* T.

RHAPONTICUM BEHEN. Le Behen rouge.

RHAPONTIC VULGAIRE. La Jacée des prés.

RHAPTOMERIS (MIERS, in *Ann. Nat. Hist.*, ser. 2, VII, 41). Synonyme de *Cyclea* ARN.

RHAPTOPETALUM (OLIV., in *Journ. Linn. Soc.*, VIII, 159, t. 12). Genre rapporté, probablement à tort, aux Olacacées. Ses fleurs ont un petit calice, à peine accru; 3 pétales insérés au bord du disque, valvaires. Il y a 30-40 étamines, à filets monadelphes, unis à la base des pétales, et un ovaire semi-infère, à 4 loges, avec environ 6 ovules dans chaque. Le fruit est indéhiscent. C'est un arbre de l'Afrique tropicale. [H. BN.]

RHAPTOSTYLUM (H. B., *Pl. æquin.*, II, 139, t. 125). Synonyme de *Heisteria* L.

RHASUT. Nom vulgaire de l'*Aristolochia Maurorum* L.

Rhexia. — Branche florifère.

RHATHRAM. Boraginacée de l'Afrique tropicale occidentale, dite stomachique et astringente.

RHATT. Le *Combretum glutinosum* PERR., chez les Ouolofs, qui l'emploient comme digestif.

RHAYRA-KOA. En Bolivie, c'est le nom d'un *Diplostephium* qui sert à l'embaumement.

RHAZYA (DCNE, in *Ann. sc. nat.*, sér. 2, IV, 80). Genre d'Apocynacées-Vincées, voisin des *Amsonia*, formé de 2 espèces d'Orient, frutescentes ou suffrutescentes; distingué par des fleurs à anthères aiguës; le disque annulaire peu visible; les graines ailées aux deux extrémités; des feuilles alternes. La valeur du genre est douteuse. (H. BN, *Hist. des pl.*, X, 181.)

RHÉE. Nom ancien du *Brassica Rapa* L.

RHEEDE TOT DRAKENSTEIN (Heinr.-Adr. v.). Mort en 1691, à l'âge de 59 ans, est l'auteur du splendide ouvrage intitulé *Hortus indicus malabaricus* (12 vol. in-fol.), qui fut publié de 1678 à 1703.

RHEEDIA (L., *Gen.*, n. 641). Genre de Clusiacées-Garciniées, formé d'une vingtaine d'arbres, à latex jaune, de l'Afrique, l'Amérique, Madagascar, etc.; distingué par des fleurs polygames-dioïques, à 2 sépales imbriqués; 4 pétales; des étamines libres, insérées autour ou au-dessus d'un disque hémisphérique. On peut admettre aussi dans leur fleur 4 sépales décussés et 2 pétales. Ce genre est très voisin, en somme, des *Garcinia*. (H. BN, *Hist. des pl.*, VI, 405, 423.)

RHEKTOPHYLLUM (N.-E. BR., in *Trim. Journ. Bot.* [1882], 194). Genre d'Aroïdées-Philodendrées, de l'Afrique tropicale; distingué par des étamines distinctes et un ovule pariétal, anatrope. (B. B., *Gen.*, III, 981.)

RHEINFAN. En Allemagne, la Tanaisie.

RHEITHROPHYLLUM (HASSK., *Cat. Hort. bog.*, 123). Synonyme de *Æschynanthus* JACK.

RHÉON. Synonyme ancien de Rhubarbe.

RHESA (REICHB. — WALP.). Pour *Bhesa* HAMILT.

RHETINODENDRON (MSSN., *Gen.*, 216). Syn. de *Balbisia* DC.

RHETINOLEPIS (COSS., in *Bull. Soc. bot. Fr.*, III, 707). Synonyme de *Anthemis* L.

RHETSA (W. et ARN., *Prodr.*, I, 147). Synon. de *Fagara* L.

RHEUM. — Voy. RHUBARBE.

RHEXIA (L., *Gen.*, n. 468). Genre de Mélastomacées-Mélastomées, à fleurs 4, 5-mères; les sépales triangulaires; les pétales obovés; 8-10 étamines subégales; les anthères s'ouvrant par un pore apical; le connectif non prolongé à sa base; la capsule 4-valve, incluse dans le réceptacle ventru. Ce sont des herbes, parfois suffrutescentes, à feuilles 5-nerves; les fleurs solitaires ou disposées en cymes. Ce sont des plantes de la région sud-est de l'Amérique du Nord. (H. BN, *Hist. des pl.*, VIII, 53.)

RHIGIOCARYA (MIERS, in *Ann. Nat. Hist.*, ser. 3, XIV, 100). Section (B. H.) du genre *Chasmanthera* HOCHST.

RHIGIOPHYLLUM (HOCHST., in *Flora* [1842], 232). Genre de Campanulacées-Campanulées, mal connu, formé d'un arbuste rigide, de l'Afrique australe, à port de *Roella;* distingué par un fruit globuleux, déhiscent (?), à 3 loges. (H. BN, *Hist. des pl.*, VIII, 359.)

RHIGOZUM (BURCH., *Trav.*, I, 299). Genre de Bignoniacées-Técomées, formé de 2, 3 arbustes dressés, de l'Afrique australe; distingué par des feuilles alternes; des fleurs à calice campanulé, 5-denté; une corolle à tube largement campanulé; un fruit elliptique ou oblong, à valves membraneuses et à cloison aplatie. (BUR., *Mon. Bignon.*, t. 19. — H. BN, *Hist. des pl.*, X, 15, 51.)

RHINACANTHUS (NEES, in *Wall. Pl. as. rar.*, III, 76; in *DC. Prodr.*, XI, 442). Genre d'Acanthacées-Justiciées, formé de 3, 4 arbustes océaniens et africains; distingué par une corolle à long tube; le limbe à lèvre postérieure linéaire, récurvée; l'antérieure large et étalée. (*Bot. Mag.*, t. 325. — H. BN, *Hist. des pl.*, X, 445.)

RHINACTINA (W., in *Ges. Nat. Fr. Berl.* [1807], 139). Synonyme de *Jungia* L. F. (H. BN, *Hist. des pl.*, VIII, 100.)

RHINANTHACÉES (DC.), **RHINANTHÉES.** Série des Scrofulariacées. (H. BN, *Hist. des pl.*, IX, 402, 408.)

RHINANTHE (*Rhinanthus* L., *Gen.*, n. 740). Genre de Scrofulariacées, à fleurs irrégulières; le calice ventru et comprimé,

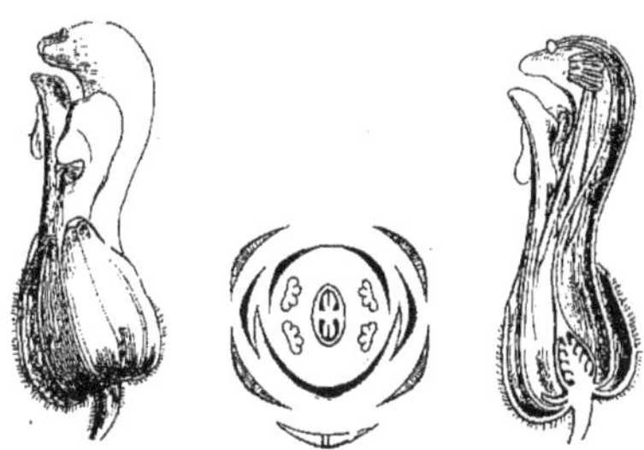

Rhinanthe. — Fleur, entière et coupe longitudinale. Diagramme.

4-denté; la corolle irrégulière, 2-labiée, imbriquée; l'androcée didyname; l'ovaire supère, à 2 loges ∞-ovulées, avec un style à petite tête stigmatifère. Le fruit est loculicide, à 2 valves septifères, avec des graines bordées d'une aile membraneuse; l'embryon petit et albuminé. Ce sont des herbes annuelles, parasites sur les Graminées, à feuilles opposées, à épi terminal. Les fleurs sont jaunes dans nos *R. major* et *minor*, si communs dans nos prairies, plantes tinctoriales et dont on dit les graines dangereuses. (H. Bn, *Hist. des pl.*, IX, 402, 477, fig. 584-586; *Herbor. paris.*, 342.)

RHINANTHERA (Bl., *Bijdr.*, 1121). Syn. de *Scolopia* Schreb.

RHINANTHUS (Bieb., *Fl. taur.-cauc.*, II, 68). Synonyme de *Rhynchocoris* Griseb.

RHIND (Will.). Auteur de *A Catechism of Botany* [1833], et d'un *History of the vegetable kingdom* [1852].

RHINIACNE (Hochst., *Hb. Abyss.*, ed. 2, n. 2056). Synonyme de *Jardinea* Steud.

RHINIUM (Schreb., *Gen.*, 701). Synonyme de *Tigarea* Aubl.

RHINOCARPUS (Bert., ex H. B. K., *Nov. gen. et spec.*, VIII, 5, t. 601). Synonyme de *Anacardium* Rottb.

RHINOCLADIUM (Sacc. et March., *Champ. copr. Belg.*, 33). Genre d'Hyphomycètes, à filaments bruns, dressés, ramifiés assez régulièrement, et portant à leur extrémité et latéralement, sur de fines denticules, des spores globuleuses ou ovoïdes, d'un brun noirâtre, longtemps adhérentes à leur support. Deux espèces, dont l'une coprophile et l'autre corticole. [De S.]

RHINOLOBIUM (Arn., in *Mag. Zool. et Bot.*, II, 420). Synonyme de *Schizoglossum* E. Mey.

RHINOPETALUM (Fisch., ex Alex., in *Edinb. N. Phil. Journ.*, VIII, 19). Genre proposé pour le *Fritillaria Karelini* Bak.

RHINOSTEGIA (Turcz., in *Bull. Mosc.* [1843], 56). Synonyme (A. DC.) de *Thesium* L.

RHINOSTIGMA (Miq., *Fl. ind. bat.*, Suppl., I, 495). Synonyme de *Garcinia* L.

RHINOTRICHUM (Cord., *Icon. Fung.*, I, 17). Genre d'Hyphomycètes, dont le mycélium rampe dans les substances pourries et donne naissance à des filaments dressés, simples, cloisonnés, portant au sommet sur de courtes denticules des spores oblongues, hyalines ou légèrement colorées. Une trentaine d'espèces, présentant des teintes diverses, se retrouvent sous toutes les latitudes. [De S.]

RHIPIDION (Targ., ex Bertol., *Amœn.* [1819], 312). Synonyme de *Udotea* Lamx.

RHIPIDIUM (Corn., in *Bull. Soc. bot. Fr.*, XVIII, 58). Genre de Saprolegniés, à filament épaissi, duquel partent en rayonnant des rameaux, munis çà et là d'étranglements. Les zoosporanges ovales laissent épancher leur protoplasma, qui s'entoure d'une mince vésicule au dedans de laquelle s'organisent les zoospores, analogues à celles des *Pithyum* et qui crèvent aussi la vésicule pour se disséminer. Les oogones ne contiennent qu'une oospore, à paroi épaisse, blanche, quelquefois étoilée. 4 espèces vivent dans les eaux à courant très lent. [De S.]

RHIPIDONEMA (Matt., in *N. Giorn. bot. ital.* [1881], 259). Genre de Téléphorés, à réceptacle coriace, membraneux ou fibrilleux, portant un hyménium infère, aréolé, sillonné, presque gélatineux, à basides courts et polymorphes, et présentant, surtout à la surface supérieure, des conidies virescentes en chapelet. 8 espèces des régions chaudes, Brésil, Cuba, Surinam, sur des troncs d'arbres. [De S.]

RHIPIDOSTIGMA (Hassk., *Retzia*, 103). Syn. de *Maba* Forst.

RHIPIPODENDRON (W., in *Ges. Naturf. Fr. Mag. Berl.*, V, 164). Synonyme de *Kumara* Medik.

RHIPOGONUM (Forst., *Char. gen.*, 49, t. 25). Genre détaché des *Smilax* et distingué par des fleurs hermaphrodites, en grappes ou en épis, à 6 sépales, et par des tiges sans vrilles. (*Hook. Icon.*, t. 1395, 1396.) [H. Bn.]

RHIPSALIS (Gærtn., *Fruct.*, I, 137, t. 28, fig. 1). Genre de Cactacées-Opuntiées, formé d'une trentaine d'espèces américaines (une de l'Afrique et de l'Asie tropicale); distingué par des fleurs petites, à pétales étalés; des tiges cylindriques ou étalées en aile, aphylles, à soies petites ou nulles; l'ovaire glabre et le fruit pisiforme. C'est le *Hariota* d'Adanson. (H. Bn, *Hist. des pl.*, IX, 30, 40, fig. 49.)

RHIPTOZAMITES (Schmalh.). Synonyme, d'après M. O. Feistmantel, de *Næggerathiopsis* Feistm.

RHIZIDIOMYCES (Zopf, *Zur Kennt. Phycom.*, 48). Genre de Chytridinés, formé pour une espèce, parasite des oogones de l'*Achlya racemosa*, dont les zoospores ovoïdes, uniciliées, sont renfermées dans un zoosporange globuleux, se déformant en ballon de chimie, dont le col s'atténue en un filament mycélien ramifié. [De S.]

RHIZIDIUM (A. Braun, *Ueb. Chytr.* [1856]). Genre de Chytridinés, dont les sporanges sont constitués par deux cellules : l'une inférieure stérile et en rapport avec des filaments radiciformes; l'autre supérieure, se développant tantôt en zoosporange, tantôt en sporange durable. Ce dernier donne naissance, après un peu de temps, à une cellule globuleuse, qui devient un zoosporange. Une douzaine d'espèces se développent dans divers organismes végétaux. [De S.]

RHIZIDIUM. Section du genre *Allium*. (B. H., *Gen.*, III, 803.)

RHIZINA (Fr., *Obs. myc.*, I, 161). Genre de Discomycètes, à réceptacles charnus, en forme de croûte gaufrée, à bords infléchis, émettant par la partie inférieure de nombreux appendices radiciformes et présentant à la partie supérieure un hyménium lisse, coloré, composé de paraphyses et de thèques cylindriques, qui contiennent des spores ovoïdes, grandes, hyalines. 8 espèces épigées, en Europe, aux Indes et à Cuba. [De S.]

RHIZINE. Racine rudimentaire ou crampon des Cryptogames, formé de phytocystes-cellules.

RHIZIRIDRUM (Don. — Schultz, *Syst.*, 1062). Section du genre *Allium* T.

RHIZOCEPHALUM (Wedd., *Chlor. andin.*, II, 11, t. 46). Section du genre *Lysipoma* H. B. K. (H. Bn, *Hist. des pl.*, VIII, 365.)

RHIZOCEPHALUS (Boiss., *Diagn. or.*, V, 68; XIII, 43). Section du genre *Heleochloa* Host.

RHIZOCOCCUM (Desmaz., herb.). Syn. de *Hydrogastrum* Desvx.

RHIZOCORALLON (Hall., in *Rupp. Fl. jen.*, 301). Synonyme de *Corallorhiza* Hall.

RHIZOCTONIA (DC., in *Mém. Mus.*, II, 209 [1815]). Mycélium parasite sur les organes souterrains de diverses plantes, qui s'agglomère par places en tubérosités sclérotiformes, simplement feutrées, ou en vrais sclérotes, et qui cause des maladies funestes à plusieurs plantes cultivées, le Safran, l'Échalote, la Luzerne. Chez cette dernière, un vrai périthèce est formé par le *Rhizoctonia*. Fuckel en avait fait le genre *Byssothecium*, et M. Saccardo a fait rentrer le *B. Medicaginis* dans les *Leptosphæria*. [De S.]

RHIZOGASTER (Reinsch, *Contr. ad Alg. et Fung.*). Genre de Chytridinés, fait pour une espèce qui vit dans les feuilles de Mousses. Une seule cellule, à forme radiculaire inférieurement, constitue tout le Champignon, qui présente à sa partie supérieure des utricules ovales, fermées, cohérentes par la base, jouant le rôle de sporanges et de zoosporanges. [De S.]

RHIZOIDE. Fausse racine rudimentaire des Cryptogames.

RHIZOME (*Rhizoma*). Tige souterraine. — Voy. Tige.

RHIZOMORPHE (*Rhizomorpha* Pers., *Syn. Fung.*, 704). Genre de Champignons, considéré aujourd'hui comme un organe mycélien, au même titre que les Sclérotes. Les Rhizomorphes sont formés par la réunion de filaments mycéliaux en cordelettes plus ou moins ramifiées. Une différenciation se produit entre les éléments du centre qui conservent les caractères des hyphes mycéliennes, et ceux de la périphérie, dont les enveloppes se cuticularisent et se colorent en brun pour former une écorce de teinte foncée, qui contribue à donner aux Rhizomorphes l'apparence de racines. Ils végètent sous terre ou dans les lieux humides, et, quand les circonstances sont favorables, émettent des fructifications appartenant à divers ordres de Champignons. Le Rhizomorphe de plusieurs espèces, après s'être mis en connexion avec les racines de diverses plantes, pénètre dans le tronc et prend entre l'écorce et le bois une forme membraneuse, analogue à celle des productions appelées *Racodium* ou *Xylostroma*. Il gêne alors la végétation de l'arbre et peut le tuer. C'est par ce procédé que l'*Agaricus melleus* WAHL. est funeste aux plantations de Mûriers, aux arbres fruitiers, comme aux arbres d'agrément et aux Pins des forêts. Ses ravages sont considérables. Il en est de même de plusieurs autres Rhizomorphes appartenant aux genres *Trametes*, *Thelephora*, etc. [DE S.]

RHIZOMYXA (BORZI, *Nuov. Ficom.*, 6). Genre de Saprolegniés, institué pour une espèce trouvée à Messine, à l'intérieur des racines de plantes diverses, souvent tuées par ce parasite. Un plasmode diffus occupe la cavité de la cellule envahie ; il s'arrondit, et il se forme à son intérieur 10 à 30 petits noyaux lenticulaires ; il s'entoure d'une cuticule mince et présente un appendice conique par où sortent des zoospores sphériques, uniciliées, munies d'un rostre hyalin, très court. D'autres fois, au lieu de se transformer en zoospores, le plasmode forme des spores hibernantes. Les oogones globuleux sont monospores, et les anthéridies claviformes, courtes, appendiculées, pénètrent dans l'oogone. [DE S.]

RHIZOPELMA (C. MUELL., in *Bot. Zeit.* [1847], 803). Synonyme de *Rhizogonium* BRID.

RHIZOPHIDIUM (SCHENK., *Algol. Mitth.* [1858]). Genre de Chytridinés, à zoosporanges unicellulaires, portés par des filaments mycéliens ramifiés, munis au sommet de plusieurs ostioles; les zoospores sont uniciliées. 4 espèces vivent à l'intérieur des Algues d'eau douce ou sur la terre humide.

RHIZOPHORA (L., *Gen.*, n. 592 (part.)). Genre type de la famille des Rhizophoracées, dont le nom vulgaire est Manglier. Les fleurs sont régulières, hermaphrodites, à réceptacle concave. Sur les bords de ce réceptacle s'insèrent : un calice formé

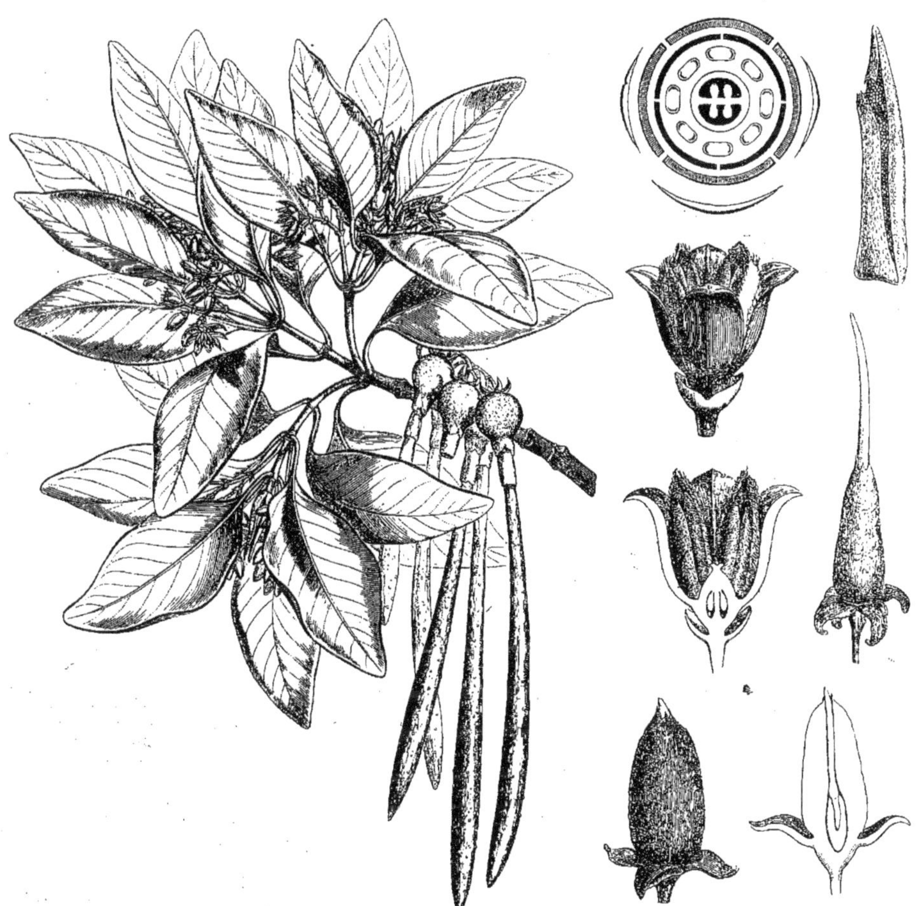

Rhizophora. — Branche florifère et fructifère. Fleur, entière et coupe longitudinale. Diagramme. Gynécée, entier et coupe longitudinale. Embryon germant dans le fruit, à divers âges

de 4 sépales épais, coriaces, valvaires et persistants : l'un antérieur, l'autre postérieur et les deux autres latéraux ; une corolle de 4 pétales alternes, également valvaires, à bords fréquemment laciniés. L'androcée est formé de 8 étamines, insérées au fond de la coupe réceptaculaire et disposées, 4 en face des sépales et 4 en face des pétales. Leur filet court est fréquemment nul. L'anthère basifixe, biloculaire, mérite de fixer l'attention par son singulier mode de déhiscence : la membrane des loges se détache, à un moment, pour mettre à nu les grains de pollen contenus dans de grosses cavités, sous-jacentes à la membrane : disposition qui a fait donner à ces anthères le nom de multilocellées. L'ovaire est en partie infère, biloculaire; l'une des loges antérieure, l'autre postérieure, contenant chacune, à leur angle interne, un placenta portant 2 ovules collatéraux, descendants, anatropes, à micropyle extérieur. Le fruit, entouré du calice persistant, est dur, indéhiscent; il ne contient qu'une graine, à embryon charnu, sans albumen, à cotylédons conferruminés, à radicule supère qui, à la germination, subit une élongation considérable et traverse le sommet du fruit pour s'enfoncer dans la vase. Les Mangliers sont des arbres tropicaux, des marais des deux mondes, remarquables par leurs longues racines adventives, émanées d'une tige épaisse, à rameaux opposés, portant des feuilles opposées, entières, glabres, coriaces, à stipules interpétiolaires caduques. Les inflorescences sont axillaires, disposées en cymes 2 ou 3-pares, simples ou ramifiées au sommet d'un pédoncule. Les fleurs, articulées, sont entourées d'une sorte d'involucelle, formé de 2 bractéoles. Ces arbres, astringents, sont employés dans leur pays pour la tannerie, et parfois en médecine; leur fruit est comestible; le suc extrait du tronc des épices américaines est substitué parfois au Kino de l'Inde et partage ses propriétés. (Voy. H. Bn, *Hist. des pl.*, VI, 283, 298, 299.) [F. H.]

RHIZOPHORACÉES. Famille de Dicotylédones-Dialypétales, voisine des Myrtacées, formée d'arbres et arbustes tropicaux, souvent nommés Mangliers et croissant dans les marais saumâtres. Nous divisons cette famille en 4 séries : *Rhizophorées*, à réceptacle concave, style unique, à embryon macropode, germant sur l'arbre; *Barraldéiées* (dont le type est le genre *Diatoma* Lour.), à réceptacle concave; la graine albuminée ne germant pas dans le fruit; *Macarisiées*, à réceptacle concave ou convexe et à ovaire libre; la graine albuminée, ailée ou arillée; *Anisophyllées*, à ovaire infère, les styles distincts, la graine non albuminée; les feuilles alternativement grandes et très petites; les fleurs disposées en grappes ou épis axillaires. (H. Bn, *Hist. des pl.*, VI, 284.)

RHIZOPHYLLUM (Bl., *Bijdr.*, 349). Section du g. *Dendrolirion.*

RHIZOPHYLLUM (Pal.-Beauv., *Fl. owar. et ben.*, 22). Synonyme (?) de *Pellia* Radd.

RHIZOPHYLLUS (Griseb., *Spic. Fl. rumel.*, II, 399). Synonyme de *Gamon* J. Gay.

RHIZOPOGON (Fr., *Symb. Gaster.* — Tul., *Fung. hyp.*, 85). Genre de Gastéromycètes hypogés, à péridium tubériforme, tantôt épais, tenace, tantôt presque membraneux et fugace. La glèbe lacuneuse est dense, blanche, puis colorée et enfin diffluente et fétide. Les cloisons, très minces, pellucides, sont recouvertes par l'hyménium à basides, portant de 2 à 8 spores subsessiles, elliptiques, hyalines ou faiblement teintées. Une douzaines d'espèces, en général dans les bois sablonneux, en Europe, dans l'Amérique septentrionale, à la Nouvelle-Zélande. [De S.]

RHIZOPUS (Ehrenb., *De Mycetoz.*, in *Nov. Act.*, X, 198). Genre de Mucorinés, caractérisé par la végétation en stolons, formés d'un filament rampant, portant des crampons rhiziformes au point où s'élèvent en se dressant les filaments sporangifères. Ceux-ci portent la columelle sur un renflement aplati. Entre la columelle bombée et l'enveloppe du sporange globuleux se forment des spores un peu anguleuses, munies d'un épispore coloré et cuticularisé en crêtes. Le mycélium à stolons et les sporophores prennent une teinte brune. Une dizaine d'espèces vivent sur des matières organiques en putréfaction, des fruits, du crottin de cheval, etc. [De S.]

RHIZOSPORIUM (Rabenh., *Handb.*, 319. — Fr., *Summ. veg. Scand.*, 497). Genre indéterminé, dont les espèces ont été rapportées à des Urédinés ou à des Péronosporés. [De S.]

RHOA. Nom ancien de la Grenade.

RHODACTINIA (Gardn., in *Hook. Lond. Journ.*, VI, 449). Synonyme de *Barnadesia* L. f.

RHODALSINE (J. Gay, in *Ann. sc. nat.*, sér. 2, IV, 25). Synonyme de *Arenaria* L.

RHODAMNIA (Jack, in *Mal. Misc.*, 1; in *Hook. Comp. Bot. Mag.*, I, 153). Genre de Myrtacées-Myrtées, formé d'une douzaine d'arbustes, de l'Asie et l'Océanie tropicales; distingué par un ovaire 1-loculaire, à 2 placentas pariétaux, ∞-ovulés. Le fruit et l'embryon sont ceux des Myrtes. Les feuilles sont 3-nerves. (H. Bn, *Hist. des pl.*, VI, 351.)

RHODANTHE (Lindl., in *Bot. Reg.*, t. 1703). Synonyme de *Argyrocome* Gærtn. (H. Bn, *Hist. des pl.*, VIII, 174.)

RHODAX (Spach, *S. à Buff.*, VI, 37). Section du genre *Cistus* L.

RHODE (Joh.-Gottl.). Professeur à Breslau, a écrit [1821-23] *Beiträge z. Pflanzenkunde d. Vorwelt*, etc. (in-fol. de 40 p.).

RHODEA (Presl. — Sternb., *Vers.* [1838], II, 109). Genre de Fougères fossiles; synonyme de *Hymenophyllites* Gœpp.

Rhododendron. — Branche florifère.

RHODHYMENIA (Dcne). Orthographe erronée pour *Rhodomenia* Grev.

RHODIA (Adans., *Fam.*, II, 248). Synonyme de *Rhodiola* L.

RHODIA (*Radix*). Racine du *Rhodiola rosea* L.

RHODIOLA (L., *Gen.*, n. 1124). Section du genre *Sedum* L.

RHODOCALYX (M. Arg., in *Mart. Fl. bras.*, VI, 172, t. 51). Genre d'Apocynacées-Nériées, voisin des *Echites*; distingué par un calice à grandes divisions colorées, ∞-glanduleux en dedans; des tiges dressées; une corolle hypocratérimorphe; des fleurs disposées en grappes simples. (H. Bn, *Hist. des pl.*, X, 217.)

RHODOCEPHALUS (Corda, *Anleit.*, 63). Synonyme de *Penicillium* Link.

RHODOCHITON (Zucc., in *Abh. Akad. Wiss. Münch.*, I, 306, t. 13). Section du genre *Maurandia* Ort. (H. Bn, *Hist. des pl.*, IX, 429.)

RHODOCHLAMYS (Schau., in *Linnæa*, XX, 706). Synonyme (?) de *Salvia* T. (B. H., *Gen.*, II, 1196.)

RHODOCISTUS (Spach, in *Ann. sc. nat.*, sér. 2, VI, 367). Genre proposé pour le *Cistus symphytifolius* Lamk.

Rhodocephalus.

RHODOCODON (Bak., in *Journ. Linn. Soc.*, XVIII, 280, t. 8). Genre malgache de Liliacées-Scillées, formé d'une herbe bulbeuse, à périanthe en cloche; les 6 lobes bien plus courts que le tube; les fleurs pendantes et disposées en grappe lâche. [H. Bn.]

RHODOCOLEA (H. Bn, in *Bull. Soc. Linn. Par.*, 693; *Hist. des pl.*, X, 57). Genre de Bignoniacées, dont le nom vient de ce qu'il est probablement très voisin des *Colea*, dont il se distingue par un court calice rotacé, 5-lobé; une grande corolle pourprée et un staminode grêle et capitellé. Le *R. nobilis* est un grand arbre de Madagascar, à feuilles composées-pennées, et à cymes réunies en masse ombelliforme au sommet d'un pédoncule commun un peu comprimé. [H. Bn.]

RHODOCOMA (Nees, in *Lindl. Intr. Nat. Syst.*, ed. 2, 450). Synonyme de *Restio* L.

RHODODAPHNE (Gesn., *Tab.* [ed. 1587], 102). Synonyme de *Epilobium* L.

RHODODENDRON (Dod.). Le *Nerium Oleander* L.

RHODODENDRON (L., *Gen.*, n. 548). Genre qui donne son nom à la série des *Ericacées-Rhododendrées* ou *Rhodorées*. Il comprend actuellement les *Rhodora*, *Azalea*, *Rhodothamnus*, etc. Les fleurs hermaphrodites sont parfois à peu près régulières, comme il arrive dans le *R. Chamæcistus*, dont on a fait le genre *Rhodothamnus*. Plus ordinairement elles sont irrégulières, avec 5 sépales libres, unis ou presque nuls; une corolle irrégulière, imbriquée, à 5 lobes ou plus; des étamines hypogynes, à peine adhérentes le plus souvent à la base de la corolle, au nombre de 5-10 ou même jusqu'à une vingtaine. L'ovaire supère a 5 loges alternisépales, ou parfois 6-20. Ces

Rhododendron. — Fleurs, entières et coupe longitudinale. Fruit.

loges sont ∞-ovulées, et il est surmonté d'un style dont les lobes stigmatiques (d'origine septale) sont entourés d'un bourrelet formé par l'orifice supérieur du tube stylaire. Le disque hypogyne est variable, à lobes alternes avec les étamines. Le fruit est capsulaire, septicide à partir d'en haut. Ses valves abandonnent l'axe placentifère, et ses graines sont scobiformes, à testa réticulé, prolongé en appendices ou ailes entières ou déchiquetées. L'embryon cylindrique est entouré d'un albumen charnu. Les espèces, au nombre d'environ 200, habitent toutes les parties du monde, sauf l'Afrique et l'Australie. Ce sont des arbustes, parfois des arbres, glabres ou tomenteux, à feuilles alternes, parfois rapprochées au sommet des rameaux; à fleurs, souvent belles, axillaires et solitaires, ou, bien plus ordinairement, groupées en grappes corymbiformes. On cultive un grand nombre de belles espèces dans les jardins et les serres froides et tempérées. Quelques-unes passent pour très vénéneuses, notamment dans la section *Azalea*, et le miel récolté par les abeilles au fond de leurs fleurs a pu produire des accidents

Rhododendron. — Fleur, entière et coupe longitudinale.

graves, comme Xénophon en cite déjà des exemples. (Voy. H. Bn, *Hist. des pl.*, XI, 126, 171, fig. 124-130.)

RHODODERMIS (Harv., in *Lindl. Veg. Kingd.*, 24). Synonyme de *Hildenbrandtia* Nard.

RHODOGERON (Griseb., *Cat. pl. cub.*, 151). Section du genre *Placus* Lour. (H. Bn, *Hist. des pl.*, VIII, 189.)

RHODOLÆNA (Dup.-Th., *Hist. vég. isl. Afr. austr.*, 47, t. 13). Genre de Chlénacées (Ternstrœmiacées), dont il a été question au mot Chlénacées (II, 2). On en connaît maintenant de nouvelles espèces, toutes malgaches. (H. Bn, in *Bull. Soc. Linn. Par.*, 566.)

RHODOLEIA (Hook., *Bot. Mag.*, t. 4509). Genre de Saxifragacées-Hamamélidées, formé de 2 arbres, de Hongkong et de Sumatra, à port de *Rhododendron*, à fleurs hermaphrodites, insymétriques, réunies dans un involucre de folioles pétaloïdes qui simulent une corolle éclatante. Les pétales sont au nombre de 2-4; et les étamines, de 7-10. L'ovaire, en partie infère, est 2-loculaire, et le fruit est capsulaire, ∞-sperme. On cultive dans nos serres le *R. Championi*, qui y fleurit rarement. (*Fl. serr.*, t. 561. — *Jard. fl.*, I, t. 4. — H. Bn, in *Adansonia*, III, 176; *Hist. des pl.*, III, 396, 460.)

RHODOLIRION (Phil., in *Linnæa*, XXIX, 65). Synonyme de *Rhodophiala* Phil. (*Hippeastrum* Herb.).

RHODOMELITES (Sternb., *Vers.*, II, 25). Genre d'Algues fossiles (*Floridoites*). (Endl., *Gen.*, n. 122[105]. — Ung., *Syn. pl. foss.*, 13. — Mtgne, in *Dict. d'Orb.*, X, 57.)

RHODOMYRTUS (DC., *Mém. Myrtac.*, 33). Genre de Myrtacées-Myrtées, voisin des Myrtes, formé de 5 arbres et arbustes, asiatiques et océaniens; distingué par un ovaire à 2, 3 loges, divisées par un grand nombre de fausses-cloisons en autant de logettes qu'il y a d'ovules. (H. Bn, *Hist. des pl.*, VI, 349.)

RHODONEMA (Martens, *Reis. Vened.* [1827], t. 8). Sous-genre du genre *Dasya* Agh. (Harv., *Ner. bor.-amer.*, II, 60.)

RHODOPHIALA (Presl, *Bot. Bem.*, 115). Genre proposé pour une variété de l'*Hippeastrum advena*. Le genre *Rhodophiala* Phil. est une section (Bak.) du genre *Hippeastrum* Herb.

RHODOPHORA (Neck., *Elem.*, II, 91). Synonyme de *Rosa* T.

RHODOPHYCEÆ (Rupr., in *Mém. Ac. Pétersb.* [1855], VII, *Bot.*, 27). Division des Algues.

RHODOPHYLLUS (Quél., *Enchir.*). Nom générique donné aux Agarics rhodospores appelés par Fries *Hyporhodius*.

RHODOPSIS (Bge, in *Ledeb. Fl. alt.*, II, 224). Synonyme de *Hulthemia* Dumort.

RHODOPSIS (Endl., *Gen.*, 124). Section du genre *Rosa* T.

RHODOPSIS (Lilj., *Fl. Suppl.*, I, 42). Synonyme de *Cistanthe* Spach (*Erythrocistus* Dun., part.).

RHODOPSIS (Spach, *Suit. à Buff.*, VI, 91). Section du g. *Cistus*.

RHODORA (L., *Gen.*, ed. 6, n. 547). Section du genre *Rhododendron* L.

RHODORHIZA (Webb, *Phyt. canar.*, III, 28, t. 138-140). Synonyme de *Convolvulus* L.

RHODOSCIADIUM (S.-Wats., in *Proc. Amer. Acad.*, XXV, 151). Genre d'Ombellifères-Peucédanées, formé d'une plante de Guadalajara, à fruit orbiculaire, renflé sur le dos, avec des ailes latérales minces, 3 côtes filiformes et souvent 2 plus courtes en dehors; 8 bandelettes sur la commissure. Les involucres et involucelles sont formés de quelques bractées linéaires. [H. Bn.]

RHODOSERIS (Turcz., in *Bull. Mosc.* [1851], II, 94, t. 2). Synonyme de *Onoseris* DC. (H. Bn, *Hist. des pl.*, VIII, 95.)

RHODOSPATHA (Pœpp. et Endl., *Nov. gen. et spec.*, III, 91, t. 300). Genre d'Aracées-Callées, formé de 6, 7 arbustes grimpants, américains; distingué par un spadice stipité, un ovaire à 2 loges pluriovulées, à graines réniformes, pourvues d'une crête; l'albumen rare. (*Fl. bras.*, III, II, t. 17. — Peyr., *Ar. Maxim.*, t. 29, 30.) [H. Bn.]

RHODOSPERMINE. Matière colorante rose, due à la cristallisation *post mortem* de la Phycoérythrine.

RHODOSTACHYS (Phil., in *Linnæa*, XXIX, 57; XXX, 201). Genre de Broméliacées-Broméliées, formé de 6-8 espèces américaines; distingué par un capitule sessile entre les feuilles, dense, terminal; la coupe réceptaculaire courte; les pétales et les étamines libres. Quelques-uns sont cultivés dans nos serres. (C. Gay, *Fl. chil.*, t. 67. — Lindl., in *Paxt. Fl. Gard.*, II, t. 65. — Morr., in *Belg. hort.* [1876], t. 10.) [H. Bn.]

RHODOSTOMA (Scheidwlr, in *Ott. et Dietr. Allg. Gartenz.*, X, 286). Genre de Rubiacées, établi pour une plante du Mexique, souvent cultivée dans les serres, et dont les corolles sont à peu près droites. Ce sont des *Palicourea*, dont le fruit a un noyau coriace, peu épais. [H. Bn.]

RHODOTHAMNUS (Paxt., *Fl. Gard.*, I, t. 22). Synonyme de *Rhododendron* T.

RHODOTHAMNUS (Reichb., *Fl. germ. exc.*, 417). Genre établi pour le *Rhododendron Chamæcistus* L., espèce autrichienne et bavaroise, à corolle presque régulière.

RHODOTRICHIA (Menegh., herb.). Synonyme (Trevis.) de *Actinococcus* Kuetz.

RHODOTYPOS (S. et Zucc., *Fl. jap.*, 187, t. 99). Genre de Rosacées-Spiréées, formé d'un arbuste (*R. kerrioides*) du Japon, cultivé chez nous; distingué par des feuilles opposées et d'assez

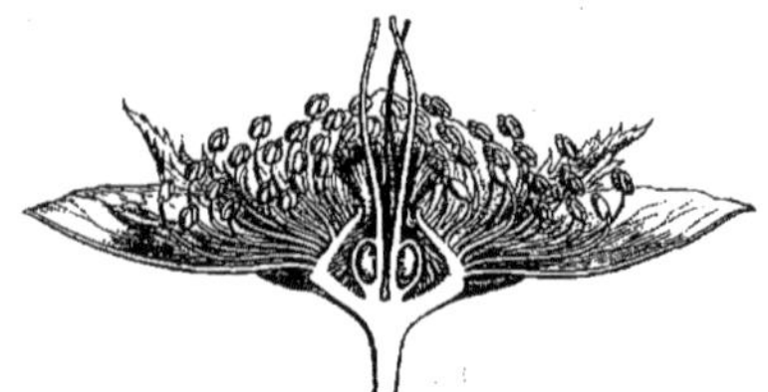

Rhodotypos. — Fleur, coupe longitudinale.

grandes fleurs blanches, 4-mères, à ∞ étamines, à 4 carpelles sur l'ovaire desquels une portion du réceptacle s'avance comme un toit staminigère; le fruit formé de 1-4 drupes noires, monospermes; la graine descendante, non albuminée. (H. Bn, *Hist. des pl.*, I, 392, 479, fig. 443.)

RHOEADEÆ (L., *Ord. nat.* [1764]. Synonyme (part.) de Papavéracées.

RHOEADIUM (Spach, *Suit. à Buffon*, VII, 16). Section du genre *Papaver* T.

RHOEAS (Bernh., in *Linnæa*, VIII, 463). Section du genre *Papaver* T.

RHOEO (Hnce, in *Walp. Ann.*, III, 659). Genre de Commélinacées-Tradescantiées, formé d'une espèce américaine; distingué par une tige robuste, des feuilles allongées, des pédoncules simples ou 2, 3-fides, des spathes géminées, cymbiformes, entourant des cymes multiflores. Le connectif est large, bordé par les loges de l'anthère. L'ovaire a 3 loges 1-ovulées. (Sm., *Ic. pict.*, t. 10. — Redout., *Liliac.*, t. 168. — *Bot. Mag.*, t. 1192, 5079.) [H. Bn.]

RHOIACARPOS (A. DC., *Prodr.*, XIV, 634). Synonyme de *Colpoon* Berg.

RHOMALIUM (Endl., *Gen.*, 873). Section du g. *Chorispora* Br.

RHOMBIFOLIUM (L.-C. Rich., herb., ex DC.). Synonyme de *Neurocarpum* Desvx.

RHOMBODA (Lindl., in *Journ. Linn. Soc.*, I, 181). Synonyme de *Hœteria* Bl.

RHOMBOLYTRUM (Link., *Hort. berol.*, II, 296). Synonyme (?) de *Triodia* R. Br.

RHOMBOSPORA (Korth., in *Ned. Kruidk. Arch.*, II, 114). Synonyme de *Greenea* W. et Arn.

RHOMBOSPORA (Miq., *Fl. ind. bat.*, II, 345). Synonyme de *Wendlandia* Bartl.

RHOMBOTINUS. Nom latin ancien de l'Érable champêtre.

RHOM-RHOM. Carduée (?) du Sénégal, réputée pectorale.

RHOPALA. Pour *Roupala* Aubl.

RHOPALEPHORA (Hassk., in *Bot. Zeit.* [1864], 58). Synonyme de *Aneilema* R. Br.

RHOPALIDIUM (Mont. et Fr., in *Ann. sc. nat.*, sér. 2, VI, 30). Genre de Mélanconiés, formé pour une espèce trouvée près de Lyon sur des feuilles languissantes de Chou, et caractérisée par de petits coussinets bruns, diffus, recouverts par l'épiderme, portant de longues spores agglutinées, pédicellées, hyalines, à plusieurs loges (de 8 à 10), formées par des cloisons situées à distances inégales. [De S.]

RHOPALOBLASTE (Scheff., in *Ann. Jard. bot. Buitenz.*, I, 137, 156, t. 26, 27, fig. 1). Genre de Palmiers-Arécées, formé de 3 espèces malaises, du groupe des Ptychospermées; distingué par des fleurs mâles à 6 anthères versatiles; un albumen ruminé; des feuilles pinnatiséquées, à segments acuminés. On les cultive rarement. [H. Bn.]

RHOPALOCARPUS (Teijsm. et Binn., ex Miq., in *Ann. Mus. lugd.-bat.*, II, 22, t. 2). Synonyme (B. H.) de *Anaxagorea*.

RHOPALOCNEMIS (Jungh., in *Nov. Act. nat. cur.*, XVIII, Suppl., I, 213). Genre d'Hélosidées, formé d'une seule espèce, jaune ou brune, parasite, de l'Inde et de Java; distingué par un périanthe mâle en entonnoir; des anthères formant un capitule multilocellé; deux styles et un ovule descendant. (Gœpp., in *N. Act. nat. cur.*, XXII, I, t. 11-25. — Hook. f., in *Trans. Linn. Soc.*, XXII, t. 12.) [H. Bn.]

Rhopalomyces.

RHOPALOMYCES (Cord., *Prachtfl.*, 3). Genre d'Hyphomycètes, à mycélium formé de filaments ténus, non cloisonnés, donnant naissance à de larges sporophores dressés, sans cloisons, renflés au sommet en tête sphérique, hérissée de fins stérigmates qui portent chacun une très grosse spore fusiforme. D'après M. Costantin (*Muced. simpl.*, 37), ce genre ne comprendrait que 3 espèces, celles à sporophore cloisonné devant être rangées parmi les *Œdocephalum* Preuss.

RHOPALOSTIGMA (Phil., *Fl. atacam.*, 42, t. 6). Synonyme de *Phrodus* Miers.

RHOPALOSTIGMA (Schott, in *Œstr. Bot. Zeitschr.* [1859], 39). Synonyme de *Staurostigma* Scheidw.

RHOPALOSTYLIS (H. Wendl. et Drude, in *Linnæa*, XXXIX, 180, t. 1, fig. 2). Genre de Palmiers-Arécées, de la Nouvelle-Zélande et de l'île Norfolk, inermes, à feuilles pinnatiséquées; le calice mâle formé de folioles lancéolées-subulées, avec 6-12 étamines infléchies; les pétales femelles courts et valvaires au sommet; les divisions des feuilles acuminées. (Hook. f., *Fl. N.-Zel.*, t. 59, 60. — *Bot. Mag.*, t. 5139, 5735.) [H. Bn.]

RHOPALOSTYLIS (Kl., ex H. Bn, in *Adansonia*, V, 31). Synonyme de *Dalechampia* Plum.

RHOPALUM (Endl., *Gen.*, 37). Section du genre *Mollisia* Fr.

RHOPHOSTEMON (Bl., *Fl. jav. Præf.*, 6). Syn. de *Pogonia* J.

RHOPIUM (Schreb., *Gen.*, 608). Synonyme de *Meborea* Aubl.

RHOPOGRAPHUS (NITS., in *Fuck. Symb. myc.*, 219). Genre de Sphériacés, à stroma linéaire, irrégulier, noir, émergeant, renfermant des périthèces assez grands en série. Les thèques sont ovoïdes et contiennent 8 spores oblongues, quadriloculaires, jaunâtres. Quatre espèces, sur des chaumes ou sur le bois de Genévrier, en Europe et dans l'Amérique du Nord, à Ceylan et à Bornéo. [DE S.]

RHOS Y DWR. Nom gallois du *Nymphæa alba* L.

RHUACOPHILA (BL., *En. pl. jav.*, 13). Syn. de *Dianella* LAMK.

RHUBARBE (*Rheum* L., *Gen.*, n. 506). Genre de Polygonacées, à fleurs régulières, hermaphrodites, à double périanthe, inséré sur les bords d'une coupe réceptaculaire faiblement concave. Androcée formé en général de 9 étamines : 3 en face des sépales intérieurs, et les 6 autres groupées deux par deux en face des sépales extérieurs. Chaque étamine se compose d'un assez long filet, supportant une anthère basifixe, oscillante, biloculaire, introrse et déhiscente par deux fentes longitudinales. Entre l'androcée et le gynécée, le tissu du réceptacle se renfle en 3 mamelons tripartites, de tissu glanduleux. Au centre organique du réceptacle, c'est-à-dire au point le plus déclive de la coupe, s'insère un ovaire ovoïde, acropylé, surmonté de 3 branches stigmatiques, terminées par de grosses têtes hérissées de papilles. Dans la loge unique de l'ovaire, un ovule orthotrope, bi-tégumenté. Le fruit est un achaine affectant, comme l'ovaire, la forme triangulaire. Chaque angle saillant de cet ovaire se développe en une aile membraneuse. Quant aux pièces du périanthe, elles persistent à la base du fruit, mais sans devenir accrescentes. La graine contient un albumen farineux, à embryon axile, à radicule supère, à cotylédons plan-convexes. Les Rhubarbes sont des plantes vivaces, à rhizome épais, dont la majeure partie est souterraine ; il supporte à sa base de nombreuses écailles, restes des feuilles des années précédentes, et de larges feuilles annuelles, à long pétiole, à limbe très développé, orbiculaire, cordé à la base, ou allongé et sinueux, palmatilobé dans un grand nombre d'espèces. Ce sont des plantes asiatiques, des vallées fraîches des montagnes. On cultive dans nos jardins les *R. Rhaponticum* L., *undulatum* L., *compactum* L., *rugosum* L., pour leurs pétioles comestibles et la production des Rhubarbes indigènes. Les espèces qui fournissent la vraie Rhubarbe de Chine ou de Moscovie sont encore incertaines ; il est fort probable que la Rhubarbe asia-

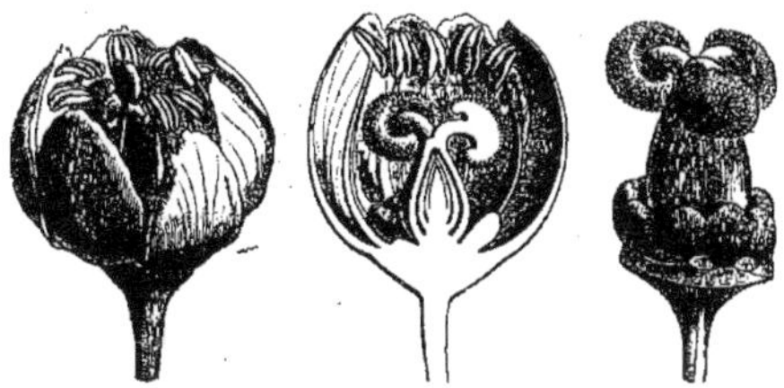

Rhubarbe. — Fleur, entière, coupe longitudinale, et sans le périanthe et l'androcée.

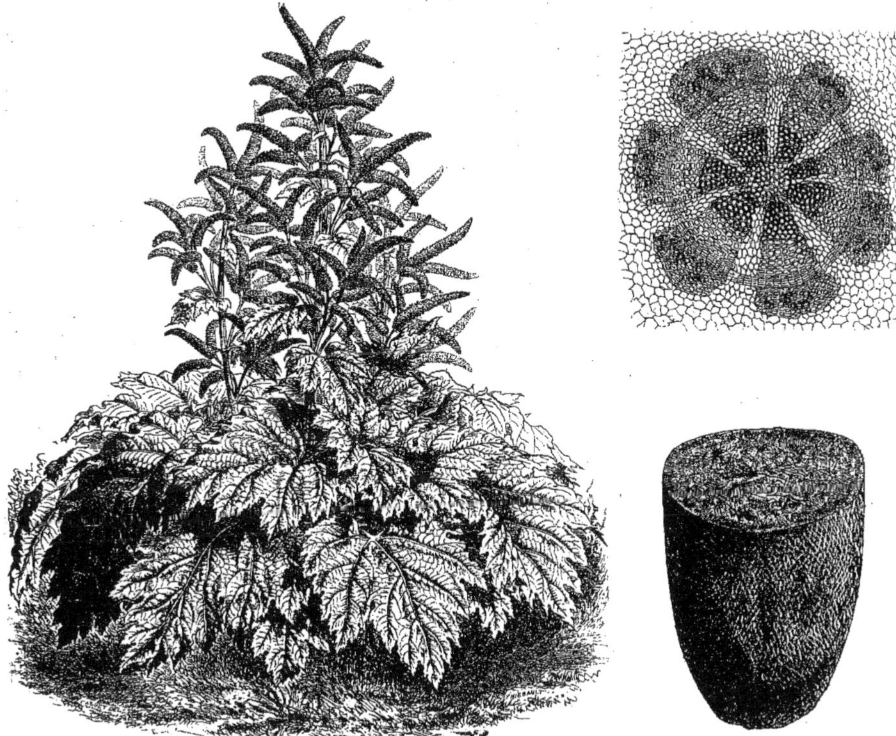

Rhubarbe. — Port. Portion de rhizome. Étoile du rhizome, coupée en travers.

tique tire son origine de plusieurs espèces soumises à une demi-culture, surtout dans les provinces élevées du Thibet; ce sont : les *R. officinale* H. Bn, *R. palmatum* L., surtout la var. *tanguticum*. Les rhizomes de ces espèces, séchés au lieu d'origine, sont importés en Europe en fragments, à la surface desquels on trouve des sortes d'étoiles dues à la figure formée par

Rhubarbe. — Feuille.

la coupe transversale de faisceaux médullaires. On s'accorde généralement à accorder à la présence de ces étoiles une grande importance pour reconnaître la valeur médicale du produit. Le rhizome abonde aussi en cristaux et en suc orangé. (Voy. H. Bn, *Tr. Bot. méd. phanér.*, 1334, fig. 3340-46.) [F. H.]

RHUBARBE BLANCHE, R. DES INDES. Le *Convolvulus Mechoacana* L.

RHUBARBE DE LOUISIANE. Le *Silphium terebinthaceum* L.

RHUBARBE DES ALPES, R. DE MONTAGNE, R. DES MOINES. Le *Rumex alpinus* L.

RHUBARBE DES CARAIBES. Le *Morinda Roioc* L.

RHUBARBE DES PAUVRES. Le *Thalictrum flavum* L. Aux Antilles, c'est le *Morinda Roioc* L. Chez nous, c'est encore l'*Euphorbia Cyparissias* L.

RHUBARBE DES PAYSANS. La Bourgène.

RHUBARBE-GROSEILLIER. Le *Rheum Ribes* L.

RHUBARBE SAUVAGE. Le *Convolvulus panduratus* L. Aux Antilles, c'est aussi le *Begonia obliqua* L.

RHUE. Synonyme de Rue.

RHUS (L.). Nom latin des Sumacs.

RHUS. Nom ancien du Redoul.

RHUYSCHIANA (ADANS., *Fam. des pl.*, II, 194). Synonyme (?) de *Hyssopus* L.

RHYACOPHILA (HOCHST., in *Flora* [1841], 659). Synonyme de *Quartinia* ENDL.

RHYMA (ENDL.). Pour *Rhynea* SCOP.

RHYMOVIS (PERS., in *Rabenh. Deutsch. Fl.*, 453). — Voy. PAXILLUS.

RHYNCHADENIA (A. RICH., *Fl. cub.*, III, 248, t. 85). Synonyme de *Macradenia* R. Br.

RHYNCHANDRA (REICHB). Pour *Rhynchanthera* BL.

RHYNCHANGIUM (ENDL.). Section du genre *Stylidium* SW.

RHYNCHANTHERA (BL., *Bijdr.*, t. 78; *Orch. Arch. Ind.*, 125). Synon. de *Corymbis* DUP.-TH.

RHYNCHANTHERA (DC., *Prodr.*, III, 106). Section du genre *Microlicia* DON. (H. Bn, *Hist. des pl.*, VII, 42.)

RHYNCHARRHENA (F. MUELL., *Fragm. phyt. Austral.*, I, 128). Synon. de *Pentatropis* R. Br.

RHYNCHELYTRUM (HOCHST., in *Flora* [1844], 249). Genre de Graminées-Tristéginées, formé de 2, 3 herbes, de l'Afrique tropicale; distingué par une glume inférieure courte, mutique, poilue, éloignée des autres. Elle a des dents entre lesquelles elle est longuement aristée. La première glumelle est semblable, mais elle enveloppe une fleur mâle ou une paillette. La dernière glumelle est courte, glabre, mutique. L'inflorescence est très ramifiée. Ces plantes sont peut-être annuelles. (STEUD., *Syn. pl. glum.*, I, 119.) [H. Bn.]

RHYNCHELYTHRUM (NEES, *Fl. Afr. austr Gram.*, 64). Synonyme de *Tricholæna* SCHRAD.

RHYNCHOCARPA (SCHRAD., in *Linnæa*, XII, 403). Synonyme de *Kedrostis* MEDIK. (H. Bn, *Hist. des pl.*, VIII, 452.)

RHYNCHOCOCCUS (KUETZ., in *Linnæa*, XVII, 102; *Phyc. gen.*, 403; *Phyc. germ.*, 304). Genre d'Algues-Périblastées, qui donne son nom à une famille des *Rhynchococceæ* (KUETZ.), dont les tétraspores sont développées à l'intérieur de phytocystes semblables à ceux du tissu du thalle lui-même. Les coccidies celluleuses sont ouvertes au sommet. Quant au genre *Rhynchococcus*, il se distingue par un thalle arrondi à la base, plus haut aplati, subcosté en dessous et rameux-penné, formé d'une triple couche de tissu. [H. Bn.]

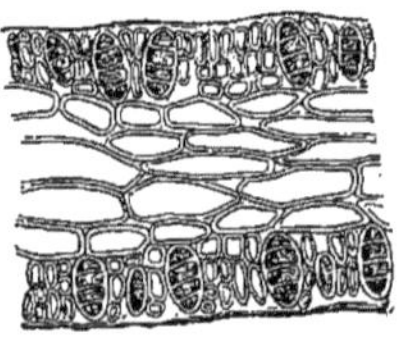

Rhynchococcus.

RHYNCHODIUM (PRESL, *Bot. Bem.*, 54). Syn. de *Psoralea* L.

RHYNCHOLACIS (TUL., in *Ann. sc. nat.*, sér. 3, XI, 95; *Podost. Monogr.*, 81, t. 3). Genre de Podostémonées, qui a les fleurs d'un *Mourera*, avec 5-15 étamines, mais qui se distingue en ce que son ovaire comprimé se termine par deux cornes aplaties, divergentes, stigmatifères en dedans et séparées par un profond sinus anguleux. Le fruit est aussi 2-rostré. Ce sont, au nombre de 7 environ, des plantes submergées, du Brésil septentrional et de la Guyane. (H. Bn, *Hist. des pl.*, IX, 270.)

RHYNCHOLEPIS (MIQ., *Syst. Pip.*, 282; *Ill.*, t. 45). Section du genre *Piper* L.

RHYNCHOMELIOLA (SPEG., *Fung. guaran.*, I, 283). Genre de Sphériacés, formé pour une espèce à petits périthèces noirs, globuleux, prolongés chacun en ostiole cylindrique, obtus, naissant d'un mycélium brun conidifère, entremêlé aux cellules de la feuille hospitalière. Les thèques claviformes ne sont pas accompagnées de paraphyses et contiennent 8 spores, elliptiques, didymes, d'un jaune olivâtre clair. Les conidies fusiformes, hyalines, deviennent pluriloculaires et présentent une constriction à chaque cloison; elles reproduisent les caractères du genre *Helminthosporium* Pers. [De S.]

RHYNCHOMYCES (Sacc. et March., *Champ. Copr.*, 28). Genre de Sphéropsidés, constitué pour une espèce trouvée dans les Ardennes, sur les excréments du renard. Les périthèces globuleux se prolongent en un rostre subulé; leur couleur est d'un brun rougeâtre et leur consistance un peu molle. Les spores bacillaires, aiguës aux deux extrémités, biloculaires, hyalines, sont atténuées en un filament fin qui semble être un stérigmate. [De S.]

RHYNCHOPERA (Kl. et Karst., *Ausw. Venez.* [1850], t. 7). Section du genre *Pleurothallis* R. Br.

RHYNCHOPHOMA (Karst., *Hedw.* [1884], 19). Genre de Sphéropsidés, à périthèces émergents, irrégulièrement sphériques, munis d'un rostre qui les distingue des *Phoma*. Les spores oblongues sont biloculaires, hyalines. Trois espèces, vivant sur des rameaux ou des troncs pourris.

RHYNCHOPYLE (Engl., *Bot. Jahrb.*, I, 183). Genre d'Aracées-Philodendrées, formé de 2 herbes de Bornéo, caractérisé par une tige courte, des feuilles lancéolées, un spadice non appendiculé; les fleurs mâles ou la plupart parfaites; les étamines tronquées; les ovules nombreux, semi-anatropes. [H. Bn.]

RHYNCHORRHIZA (Boiss., herb.). Synonyme de *Boreava* Jaub. et Spach (in *Ann. sc. nat.*, sér. 2, XVI, 378).

RHYNCHOSIA (Lour., *Fl. cochinch.*, 460). Genre de Légumineuses-Papilionacées-Phaséolées, formé d'environ 70 espèces dressées ou grimpantes, des régions tropicales des deux mondes; distingué par une gousse aplatie, 2-sperme; le hile des graines parallèle à la suture de la gousse, avec un funicule central. (H. Bn, *Hist. des pl.*, II, 260.)

RHYNCHOSPERMUM (A. DC., *Prodr.*, VIII, 431). Synonyme de *Rhynchodia* Benth.

RHYNCHOSPERMUM (Lindl., in *Journ. Roy. Hort. Soc. lond.*, I, 74). Synonyme de *Trachelospermum* Lour.

RHYNCHOSPORA (Vahl, *Enum.*, II, 229). Genre de Cypéracées, qui donne son nom à une série des *Rhynchosporées*, et qui renferme environ 160 herbes, des régions chaudes et tempérées des deux mondes; distingué par des épillets souvent étroits, 1, 2-flores, parfois 3-6-flores, disposés en cymes de capitules. Les capitules, au nombre de 1-∞, sont souvent en inflorescences rameuses. Les écailles sont imbriquées, au nombre de 2-∞, vides. Il n'y a de soies hypogynes que peu, ténues, ou 0. Le style est indivis ou bifide. Le fruit est couronné des restes de la base du style. Les groupes floraux sont terminaux et axillaires. (K., *Enum.*, II, 287. — Bœckel., in *Linnæa*, XXXVII, 525 (part.). — Gren. et Godr., *Fl. de Fr.*, III, 383. — H. Bn, *Herbor. paris.*, 424.) [H. Bn.]

RHYNCHOSPOREÆ. Tribu (3) des Cypéracées. (B. H., *Gen.*)

RHYNCHOSTELE (Reichb. f., in *Bot. Zeit.* [1852], 770). Synonyme de *Leiochilus* Kn. et Westc.

RHYNCHOSTEMON (Steetz, *Pl. Preiss.*, II, 333). Synonyme de *Thomasia* J. Gay.

RHYNCHOSTOMA (Karst., *Myc. fenn.*, II, 7). Genre de Sphériacés, à périthèces globuleux, tantôt immergés, tantôt émergents, carbonacés, noirs, glabres, munis d'un rostre d'une longueur égale ou supérieure au diamètre du périthèce. Les thèques cylindriques ou claviformes sont accompagnées de paraphyses et contiennent 8 spores elliptiques, brunes, biloculaires. Huit espèces lignicoles ou corticoles, d'Europe, de l'Amérique du Nord et de l'Afrique septentrionale. [De S.]

RHYNCHOSTYLIS (Bl., *Bijdr.*, 285, t. 49). Genre d'Orchidacées-Vandées, formé de 2, 3 espèces épiphytes, de l'Asie et l'Océanie tropicales; analogue aux *Saccolabium*, distingué par un labelle à sac profond, près du pied du gynostème, puis atténué plus haut, à limbe ovale ou linguiforme; le gynostème à pied court et non ailé; le caudicule subfiliforme; les grappes longues et denses. On en cultive quelques-uns en serre chaude. (*Bot. Mag.*, t. 4108.) [H. Bn.]

RHYNCHOSTYLIS (Tausch, in *Flora* [1834], 343). Synonyme de *Chærophyllum* L.

RHYNCHOTHECA (Ruiz et Pav., *Prodr. Fl. per. et chil.*, 142, t. 15). Genre de Géraniacées, série des Balbisiées, dont les fleurs sont construites à peu près comme celles des *Wendtia*, en différant principalement en ce qu'elles sont apétales. Les loges ovariennes y sont au nombre de cinq, comme dans les *Balbisia*. Ce sont de petites plantes frutescentes, des Andes de l'Amérique méridionale, parfois spinescentes, dont les feuilles sont opposées, sans stipules, et dont les fleurs sont pédonculées, terminales, solitaires ou en petit nombre. Il n'y en a probablement qu'une espèce, qui est le *R. spinosa* Ruiz et Pav.; elle varie beaucoup; mais on doit sans doute considérer comme ses formes ou variétés les *R. diversifolia*, *integrifolia*, etc. D'ailleurs, ce genre a pour synonyme *Aulacostigma* Turcz. (Voy. *Hist. des pl.*, V, 12, 13, 38, fig. 23-27.) [H. Bn.]

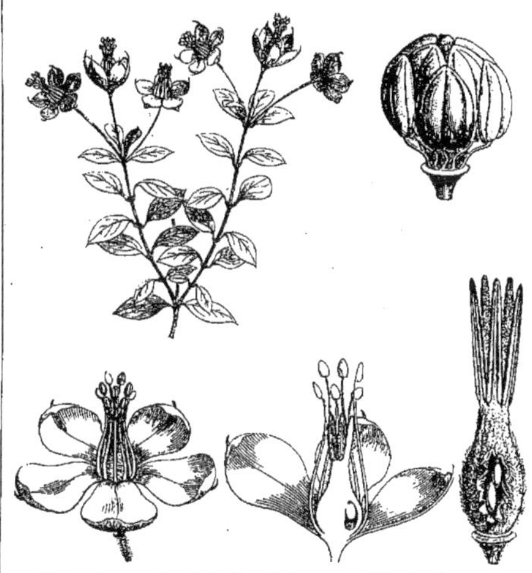

Rhynchotheca. — Branche florifère. Bouton, sans le périanthe. Fleur, entière et coupe longitudinale. Gynécée.

RHYNCHOTHECUM (Bl., *Bijdr.*, 775). Genre de Gesnériacées-Cyrtandrées, de l'Asie et l'Océanie tropicales, à fleurs analogues à celles des *Besleria*, avec 4 étamines à 2 loges, ou (dans les *Hexathecum*) 2 d'entre elles uniloculaires. Ce sont des arbustes velus, à feuilles opposées (ou alternes dans les *Isanthera*), à fleurs petites et disposées en cymes axillaires. (H. Bn, *Hist. des pl.*, X, 105.)

RHYNCHOTEUM (Endl.), RHYNCOTHECUM (A. DC., *Prodr.*, IX, 285). Pour *Rhynchothecum* Bl.

RHYNEA (Scop., *Introd.*, 262). Synonyme de *Mesua* L.

RHYNOCEROTIS (Less., *Syn. Comp.*, 344). Sous-genre du genre *Elytropappus* Cass.

RHYPARIA (Hassk., *Cat. Hort. bogor.*, 239). Pour *Ryparia* Bl.

RHYSOSPERMUM (Gærtn. f., *Fruct.*, III, 232, t. 224). Synonyme de *Notelæa* Vent.

RHYSSOCARPUS (Endl., in *Bot. Zeit.* [1843], 459; *Gen.*, Suppl., 73). Genre de Rubiacées-Génipées, mal connu, proposé pour une plante de l'Amérique tropicale, cultivée en Allemagne, et dont les fleurs mâles sont inconnues, mais dont les fleurs femelles solitaires produisent un fruit qu'on dit charnu, subglobuleux, toruleux-costé. Il est surmonté d'un calice à 10-12 parties, et la corolle hypocratérimorphe supporte 5, 6 staminodes. Peut-être est-ce un *Amaioua* ou un *Genipa*. Mais il est plus probable, comme nous l'avons établi en 1881 (in *Bull. Soc. Linn. Par.*, 302), que le genre est identique au *Billiottia* DC. qui est le *Viviana* Colla nec Cav. (Voy. *Hist. des pl.*, VII, 341, 435, n. 83.) [H. Bn.]

RHYSSOLOBIUM (E. MEY., *Comm. pl. afr. austr.*, 217). Genre d'Asclépiadacées-Marsdéniées, formé d'un arbuste rameux (*R. dumosum* E. MEY.), de l'Afrique australe; distingué par l'absence de couronne, une corolle tordue, à bords légèrement recouverts à gauche; la gorge chargée de laine. (H. BN, *Hist. des pl.*, X, 276.)

RHYSSOPHYSALIS (TARG., ex BERTOL., *Amœn.* [1819], 316). Synonyme de *Alcyonidium* LAMX.

RHYSSOSTELMA (DCNE, in *DC. Prodr.*, VIII, 590). Genre d'Asclépiadacées-Asclépiadées, formé d'une humble herbe, de l'Amérique australe extratropicale; distingué par une corolle subrotacée, à larges lobes tordus, recouverts par le bord gauche; une couronne annulaire, à 5 lobes courts; un style rostré au sommet. (H. BN, *Hist. des pl.*, X, 262.)

RHYSTOPHYLLUM (EHRH., *Phytoph.*, n. 79). Synonyme de *Neckera* ROTH.

RHYTACNE (DESVX). — Voy. RYTACNE.

RHYTICARPUS (SOND., *Fl. cap.*, II, 540). Genre d'Ombellifères-Carées, voisin des *Lichtensteinia*, dont il a la fleur, avec des pétales entiers, à long acumen involuté. Styles courts; stylopodes légèrement coniques. Fruit ovoïde ou obovoïde-piriforme, émarginé à la base; à côtes primaires obtuses, subégales, souvent un peu rugueuses. Bandelettes solitaires dans les vallécules. Carpophore dédoublé. Graine subarrondie, à face plane ou légèrement concave. Ce genre est formé de 3, 4 espèces, du Cap et de Madagascar, herbacées, suffrutescentes ou frutescentes, rigides, glabres, à feuilles triséquées, les divisions pinnatidentées; parfois réduites à un pétiole arrondi. Ombelles composées; bractées des involucres et des involucelles petites, peu nombreuses ou nulles. (H. BN, *Hist. des pl.*, VII, 224.)

RHYTIDANDRA (A. GRAY, *Un.-St. expl. Exped., Bot.*, I, 303, t. 28). Synonyme de *Marlea* et, par conséquent, de *Alangium*.

RHYTIDANTHE (BENTH., in *Hueg. Enum.*, 63). Synonyme de *Leptorhynchus* LESS. (H. BN, *Hist. des pl.*, VIII, 174.)

RHYTIDHYSTERIUM (SPEG., *Fung. argent.*, IV, n. 191). Genre de Sphériacés, à périthèces allongés s'ouvrant par une fente longitudinale à bords rugueux, striés transversalement. Les spores biloculaires, hyalines, deviennent quadriloculaires et fuligineuses. Ce type, très voisin des *Hysterium*, ne semble guère pouvoir n'en former qu'un sous-genre. Il comprend 3 espèces du Brésil et de l'Australie, vivant sur des rameaux pourris et des écorces. [DE S.]

RHYTIDIUM (SULLIV., *Musc. Un.-St.*). Synonyme de *Drepanophyllaria* C. MUELL.

RHYTIDOLEPIS (STERNB., *Vers.*, I, 32). Synonyme de *Sigillaria* AD. BR.

RHYTIDOME. Le Faux-liège de H. v. Mohl. — Voy. TIGE.

RHYTIDOPHYLLUM (MART., *Nov. gen. et spec.*, III, 38). Section du genre *Gesneria* L. On en cultive quelques espèces en serre chaude. (H. BN, *Hist. des pl.*, X, 60, fig. 48, 49.)

RHYTIDOSPERMUM (SCH. BIP., in *Webb Phyt. canar.*, 277). Synonyme de *Matricaria* T. (H. BN, *Hist. des pl.*, VIII, 274.)

RHYTIDOSPORUM (F. MUELL., in *Hook. f. Fl. tasm.*, I, 39). Synonyme de *Marianthus* HUEG.

RHYTIDOTUS (HOOK. F., *Icon.*, t. 1071). Synonyme de *Guettarda* L. (H. BN, *Hist. des pl.*, VII, 423.)

RHYTIGLOSSA (NEES, in *DC. Prodr.*, XI, 335). Synonyme (part.) de *Dianthera* L.

RHYTIS (LOUR., *Fl. cochinch.*, 660). Synonyme (M. ARG.) de *Antidesma* L.

RHYTISMA (FR., *Syst. myc.*, II, 569). Genre de Phacidiés, intermédiaire entre les Discomycètes et les Pyrénomycètes, dont le mycélium végète à l'intérieur des feuilles et y produit un stroma noir, un peu crustacé, s'ouvrant par des fentes qui laissent à découvert un hyménium à thèques claviformes, entremêlées de paraphyses et renfermant 8 spores filiformes ou fusiformes, hyalines, sauf dans le sous-genre *Criella*, à spores brunes et ovales. Il se développe aussi des réceptacles à microconidies ou spermogonies de Tulasne, qui appartiennent au genre *Melasmia* LÉV. [DE S.]

RHYTISPERMUM (LINK. — ENDL., *Gen.*, 648). Synonyme de *Lithospermum* T.

RI. — Voy. SJO.

RIADRIATRA. Nom malgache du *Myosurandra moschata*.

RIAM. En Arabie, le *Campanula edulis* FORSK.

RIAMBA. Sorte de Haschisch de l'Afrique tropicale.

RIANA (AUBL., *Pl. Guian.*, 237, t. 94). Synonyme de *Rinorea* AUBL.

RIANE. Nom français (LAMK) des *Riana* AUBL.

RIBAR, RIBARD, RIBARDE. Le *Nuphar luteum* SM.

RIBBON-TREE. Nom donné par les colons de la Nouvelle-Zélande au *Plagianthus betulinus*.

RIBEIREA (ARRUD., ex *Steud. Nom.*, II, 457). Genre incertain de Rosacées (?).

RIBELIER. Nom français (LAMK) des *Embelia* J.

RIBES. Nom latin des Groseilliers.

RIBÉSIÉES, RIBÉSIACÉES. Série des Saxifragacées, formé du seul genre Groseillier (*Ribes* L.).

RIBESIUM. Nom ancien des Groseilliers à grappe.

RIBESIOIDES (L., *Fl. zeyl.*, 190). Synonyme de *Embelia* J.

RIBGRASS. Nom anglais des Plantains.

RIBS. Nom danois des Groseilles.

RIBWORTS. Nom anglais (LINDL.) des Plantaginacées.

RICARDIA (HOUST., *Rel.* [1781], 5, t. 9). Synonyme de *Richardia* HOUST.

RICAURTEA (TRI., in *Ann. sc. nat.*, sér. 4, IX, 46). Synonyme de *Doliocarpus* ROL.

RICHAS. Nom persan du *Rheum Ribes* L.

RICCARDIUS (GRAY, *Arr. brit. pl.*, I, 683). Synonyme (part.) de *Aneura* DUMORT.

RICCIA (MICHELI, *Nov. pl. gen.* [1729], 106). Genre d'Hépatiques, qui donne son nom à une tribu des *Ricciées* et qui se caractérise (PAYER, *Bot. crypt.*, 139) par un thalle dans lequel sont immergés

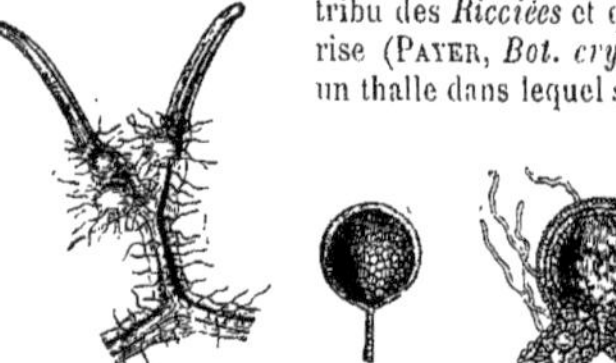

Riccia. — Thalle. Organes reproducteurs.

les archégones, épars, non émergents ou seulement mis à nu par suite de rupture du thalle. Il n'y a ni péricheze, ni périgone. L'épigone est longtemps surmonté du style persistant et adhérant au sporange. Celui-ci se rompt irrégulièrement. Ce sont des plantes naines et aquatiques.

RICCIA (VELL., *Fl. flum.*, Atl., XI, t. 116). Synonyme de *Padina* ADANS.

RICCIE. Nom français (LAMK) des *Riccia* MICHELI.

RICE-PAPER PLANT. Nom anglais de l'*Aralia papyrifera*.

RICCI (Ang.-Mar.). Auteur, à Venise [1827], de l'*Orologio di Flora* (in-4 de 38 p.). Il est mort en 1850.

RICHARD. Famille de botanistes qui ont illustré la Faculté de médecine de Paris. — Louis-Claude RICHARD est l'auteur de l'*Analyse botanique des embryons endorhizes* [1811], d'*Annotations sur les Orchidées indigènes* [1817], de *Commentatio botanica de Conifereis et Cycadeis* (ouvrage posthume) et de *De Musaceis Commentatio* (ouvrage posthume, 1831). On lui attribue la *Flora boreali-americana* de Michaux. Son ouvrage le plus célèbre est un petit traité de 111 pages, intitulé : *Démonstrations botaniques* ou *Analyse du fruit* [1808], traduit en anglais et en allemand. — Achille RICHARD, son fils [1794-1852], fut un professeur distingué. Il étudia surtout les Rubiacées, les Ipécacuanhas, les *Hydrocotyle*, les Orchidées. On lui doit des *Éléments de Botanique et de Physiologie végétale* [1819], une *Botanique médicale* [1823], des *Éléments d'histoire naturelle médicale* [1831], un *Tentamen Floræ abyssinicæ*

[1847-51], et la *Botanique du Voyage de l'Astrolabe*, avec une *Flore de la Nouvelle-Zélande* [1834].

RICHARDE. Nom français (LAMK) des *Richardia* HOUST.

RICHARDIA (DIETR., *Syn.*, II, 1379). Pour *Reichardia* ROTH.

RICHARDIA (HOUST., ex L., *Gen.*, n. 439, nec K.). Genre de Rubiacées, section des *Spermacoce*, dont il a les fleurs, hermaphrodites ou polygames, 3-6-mères, avec un ovaire infère, ovoïde, obconique ou presque globuleux, et un calice à 3-8 lobes, persistant. La corolle, rose, blanche ou lilas, est valvaire, infundibuliforme, à 3-6 lobes. Les étamines sont en même nombre, et le gynécée est 3, 4-mère, avec un ovule amphitrope, inséré vers le milieu de l'angle interne des loges; le micropyle en bas et en dehors. Le style est à 3, 4 branches récurvées. Le fruit est à 3, 4 coques papilleuses ou muriquées; couronné du calice persistant ou se détachant par sa base. Il y a une columelle, petite ou nulle, dont se séparent les coques, et elles s'ouvrent parfois en haut et en dedans. Les graines ont un albumen corné, un embryon axile, à cotylédons foliacés et à radicule infère arrondie. Leur face porte un profond sillon. Ce sont des herbes, chargées de duvet, dressées ou couchées, à stipules unies en gaine plurisétacée, et à glomérules terminaux composés, simulant des capitules. Elles habitent l'Amérique tropicale. Ce genre reçoit ordinairement le nom de *Richardsonia*, qui est plus récent que celui de *Richardia*, et l'on réserve à tort ce dernier pour des Aroïdées qui doivent prendre celui de *Zantedeschia*. C'est le *R. scabra* L. (*Richardsonia brasiliensis* GOM.), souvent cultivé chez nous, qui fournit l'Ipécacuanha ondulé le plus connu du Brésil. (Voy. *Hist. des pl.*, VII, 265, 371, 392; *Tr. Bot. méd. phanér.*, 1088.) [H. BN.]

RICHARDIA (K., in *Mém. Mus.*, IV, 437, t. 20). Synonyme de *Zantedeschia* SPRENG.

RICHARDIA (ROTH, ex LINDL., *Veg. Kingd.*, 715). Synonyme de *Podospermum* DC.

RICHARDSON (RICH.). Savant anglais [1663-1721], auquel Linné a dédié le genre *Richardia*, est connu par les Extraits de sa bibliothèque et de sa correspondance relatifs aux progrès de la botanique, imprimés par D. Turner en 1835.

RICHARDSONIA (K., *Nov. gen. et spec.*, III, 350, t. 279). Synonyme de *Richardia* HOUST. — L. (H. BN, *Hist. des pl.*, VII, 392.)

RICHARDSONIA (NECK., *Elem.*, III, 337). Genre séparé des *Jungermannia* RUPP.

RICHE (Cl.-Ant.-Gasp.). Auteur de *De chemia vegetabilium* [1786] et de *Considérations sur la chimie des végétaux* [1787].

RICHEA (LABILL., *Voy.*, I, 186, t. 16). Synonyme de *Craspedia* FORST. (H. BN, *Hist. des pl.*, VIII, 179.)

RICHEA (R. BR., *Prodr.*, 555). Genre d'Éricacées-Épacrées, formé de près de 20 arbustes océaniens, à branches chargées de cicatrices annulaires; à feuilles engainantes, courtes ou allongées, parfois graminiformes; à épis ou grappes simples ou composés; la corolle close et se détachant circulairement par sa forme; les placentas allongés, décurvés, ∞-ovulés. (HOOK. F., *Fl. tasm.*, t. 82-86. — *Hook. Icon.*, t. 850. — GUILLEM., *Ic. pl. austral.*, t. 3. — H. BN, *Hist. des pl.*, XI, 198.)

RICHE DÉPOUILLE Le *Citrus Aurantium* var. *crispifolium*.

RICHELLA (A. GR., in *Amer. expl. Exp.*, *Bot.*, I, 28, t. 2). Section du genre *Oxymitra* BL. (H. BN, *Hist. des pl.*, I, 237.)

RICHERIA (VAHL, *Ecl.*, I, 30, t. 4). Genre d'Euphorbiacées 2-ovulées, à fleurs dioïques, apétales, 3, 4-mères, 3, 4-andres; l'ovaire 3-loculaire, accompagné d'un disque; le fruit 3-coque, à graines albuminées. Ce sont 3, 4 arbres américains, à grandes feuilles alternes et coriaces; les épis mâles grêles; les femelles courts et denses. Si l'on joint à ce genre les *Guarania*, il renferme des espèces à anthères introrses et d'autres à anthères extrorses. (H. BN, *Hist. des pl.*, V, 245.)

RICHETTA, RICHETTA GRIA, R. ROUSSA. Noms provençaux donnés aux trois Clavaires comestibles : *Clavaria Botrytis*, *C. grisea* et *C. formosa* FR.

RICHIÆA (DUP.-TH., *Gen. nov. madag.*, 25). Synonyme de *Weihea* SPRENG.

RICHTERA (REICHB., *Nom.*, 208). Syn. de *Anneslea* WALL.

RICHTERIA (K. et KIR., in *Bull. Mosc.* [1842], 126). Synonyme de *Pyrethrum* GÆRTN. (H. BN, *Hist. des pl.*, VIII, 276.)

RICH WEED. En Angleterre, nom de l'*Actæa spicata* L.

RICIN (*Ricinus* T., *Inst.*, 532, t. 307). Type de la série des *Ricinées*, dans la famille des Euphorbiacées. Les fleurs des Ricins sont régulières et monoïques. Les fleurs mâles portent, sur un réceptacle convexe, 5 sépales et, en dedans, des étamines nombreuses, ramifiées en faisceaux polyadelphes, et dont les filets grêles supportent une petite anthère, biloculaire, extrorse, globuleuse, déhiscente longitudinalement. Les fleurs femelles, en dedans du calice, identique à celui des fleurs mâles, contiennent un ovaire libre, globuleux, triloculaire, surmonté d'un style cylindrique à la base, divisé au sommet en 3 branches, elles-mêmes bifurquées, hérissées sur leur face interne et leurs bords de grosses papilles stigmatiques rougeâtres. Les loges

Ricin. — Port.

sont, l'une postérieure, les deux autres antérieures. Chacune porte à son angle interne un placenta avec un ovule descendant, anatrope, à micropyle supérieur et extérieur et coiffé d'un obturateur. Le fruit est tricoque, généralement chargé d'aiguillons; il est déhiscent en 6 panneaux et laisse échapper 3 graines, à téguments tachetés, à exostome épaissi en une caroncule ombiliquée. L'embryon et l'albumen sont riches en huile. Il n'y a probablement dans ce genre qu'une seule espèce autonome, le *R. communis* L., originaire sans doute de l'Inde, cultivé aujourd'hui dans toutes les régions chaudes du globe, et qui, en raison de ses habitats divers, a donné lieu à un nombre assez considérable de formes. Dans nos jardins d'Europe, le Ricin revêt les caractères d'une herbe élevée, à tige fistuleuse; dans les pays chauds, il prend la forme arborescente. Ses feuilles alternes, longuement pétiolées, sont palmatinerves et palmatilobées; les lobes étant eux-mêmes dentés, souvent glanduleux, ainsi que le pétiole. Deux stipules latérales accompagnent la base du pétiole; elles sont unies en un sac membraneux, servant d'enveloppe aux feuilles dans leur jeune âge, mais caduc de bonne heure. Les inflorescences, terminales ou oppositifoliées, sont des grappes de cymes multiflores, alternes, placées à l'aisselle de bractées, accompagnées latéralement de

2 glandes stipulaires. Les cymes inférieures sont mâles, les supérieures femelles, et les moyennes à fleur femelle centrale. La partie utile de la plante est la graine, de couleur variable suivant sa provenance. L'albumen est riche en matières grasses et en aleurone. L'embryon à cotylédons membraneux, elliptiques, veinés, à radicule supère, cylindrique, renferme aussi

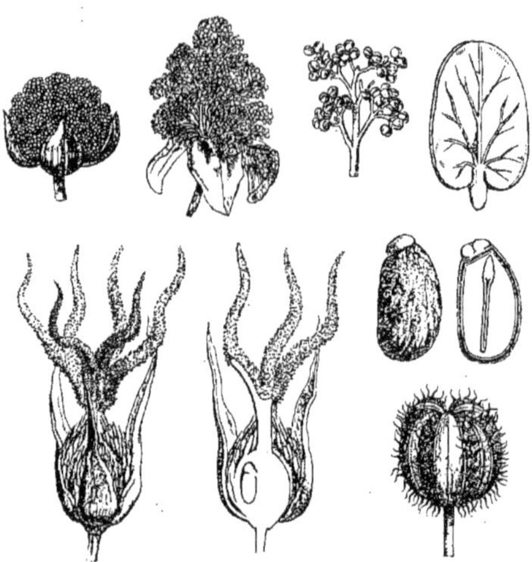

Ricin. — Bouton mâle. Fleur mâle. Faisceau d'étamines. Fleur femelle, entière et coupe longitudinale. Fruit. Graine, entière et coupe longitudinale. Embryon.

de l'huile. La graine renferme en outre une matière résineuse, drastique, qui, jointe à l'huile, la rend purgative. C'est l'Inde et le marché de Calcutta qui exportent la plus grande quantité de cette huile. L'Italie, surtout Gênes, est également un centre de production. Outre ses usages médicaux, l'huile de Ricin est utilisée dans l'industrie comme siccative, et pour l'extraction, par saponification, de l'acide margaritique. (Voy. H. Bn, *Hist. des pl.*, V, 109, 178, fig. 153-162; *Tr. Bot. méd. phanér.*, 923, fig. 2648-2657.) [F. H.]

RICIN D'AMÉRIQUE. Le *Jatropha Curcas* L.

RICINELLA (M. Arg., in *Linnæa*, XXXIV, 153). Synonyme (part.) de *Adelia* L.

RICINELLE. Nom français des *Acalypha* L.

RICIN (GROS). Le *Jatropha Curcas* L.

RICINOCARPUS (Boerh., *H. lugd.-bat.*, I, 254). Synonyme de *Croton* L. Burmann écrit *Ricinokarpos*.

RICINOCARPUS (Desf., in *Mém. Mus.*, III, 459, t. 22). Genre d'Euphorbiacées-Jatrophées, formé d'une douzaine d'arbustes australiens, à feuilles alternes, étroites; à fleurs monoïques, avec 5 pétales, ∞-étamines disposées sur une colonne centrale; des

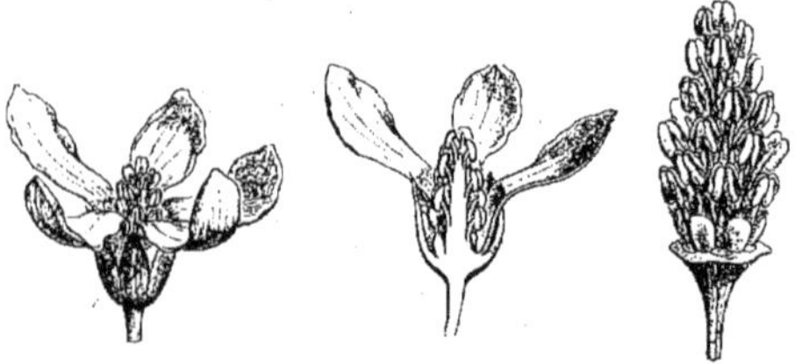

Ricinocarpus. — Fleur mâle, entière, coupe longitudinale, et sans le périanthe.

fruits tricoques; des graines descendantes, à embryon linéaire; des cotylédons de la largeur à peu près de la radicule. (Endl., *Iconogr.*, t. 124. — H. Bn, *Et. gén. Euphorbiac.*, 343, t. 12; *Hist. des pl.*, V, 118, 191, fig. 173-175.)

RICINODENDRON (M. Arg., in *DC. Prodr.*, XV, I, 1111). Section du genre *Jatropha* L. (H. Bn, *Hist. des pl.*, V, 114.)

RICINOIDES (T., *Inst.*, 655, t. 423; *Cor.*, 45). Synonyme (part.) de *Croton* L. et de *Tournesolia* Scop.

RICINUS MAJOR AMERICANUS (Bauh.). Le *Jatropha Curcas* L.

RICNOPHORA (Pers., *Myc. eur.*, II, 7). — Voy. Phlebia Fr.

RICOPHORA. Nom ancien du *Dioscorea sativa* L.

RICORD-MADIANA (J.-B.). Médecin français, établi aux Antilles, est connu par ses recherches et expériences sur le Brinvilliers et le Mancenilier [1826].

RICOTIA (L., *Gen.*, 810). Genre de Crucifères-Alyssées; section du genre *Farsetia* Turr. (H. Bn, *Hist. des pl.*, III, 269). Si cette opinion est admise, l'ensemble du genre doit prendre le nom de *Ricotia*.

RIDAN (Adans., *Fam.*, II, 130). Syn. de *Actinomeris* Nutt.

RIDDELLIA (Nutt., in *Trans. Amer. Phil. Soc.*, ser. 2, VII, 371). Genre de Composées-Hélianthées-Héléniées, formé de 3 herbes vivaces, du Mexique et de Californie; distingué par des capitules radiés; des bractées involucrales connées; un réceptacle déprimé; des aigrettes à écailles lacérées ou longuement ciliées, des feuilles alternes. (Torr., in *Emor. Rep. App.*, t. 5. — H. Bn, *Hist. des pl.*, VIII, 245.)

RIDDERMARCK (And.). Auteur de *De Ulmo* [1692], in-8 de 64 p., mourut en 1707 à Plœninge, en Scandinavie.

RIDOLFI (Cos., marquis). Mort à Pise en 1844, a publié l'année précédente un *Catalogo delle piante cultivate a Bibbiani, e Cenni su quelcune delle medesime* (in-4 de 24 p.).

RIDOLFIA (Mor., *Fl. sard.*, II, 212, t. 75). Genre d'Ombellifères, dont le type est le *R. segetum*; section du genre *Carum* T. (Voy. H. Bn, *Hist. des pl.*, VII, 118.)

RIÈBLE. Synonyme de Rable.

RIÈBLES. Nom ancien des Gratterons.

RIEDALIA (Trin., mss., ex *Pfeiff. Nom.*, II, 972). Synonyme de *Ischæmum* L.

RIEDELIA (Cham., in *Linnæa*, VII, 240). Synonyme (?) de *Lantana* L. ou de *Lippia* L.

RIEDELIA (Meissn., in *Mart. Fl. bras.*, VII, 172). Synonyme de *Satyria* Kl.

RIEDELIA (Oliv., in *Hook. Icon.*, t. 1419). Genre de Zingibéracées, formé d'une plante malaise, à tige feuillée, à grappes terminales; la corolle égale au calice; le filet staminal assez long, avec une anthère dont le connectif est très étroit et plus court que les loges contiguës. Les loges ovariennes sont infères et ∞-ovulées. [H. Bn.]

RIEDLEA (Mirb. — Lem., in *Dict.*, XLV, 465). Synonyme de *Cryptogamma* R. Br.

RIEDLEA (Vent., in *Mém. Inst. sc. phys.*, I [1807], 2). Synonyme de *Melochia* L.

RIEHL (G.-W.-Fr.). Auteur, à Halle [1801], de *De Cassiæ speciebus officinalibus* (in-8 de 30 p.).

RIEMENTANG. En Allemagne, l'*Himanthalia lorea* Lyngb.

RIENCOURTIA (Cass., in *Bull. philom.* [1818], 76; in *Dict.*, XLV, 406). Section du genre *Clibadium* L. (H. Bn, *Hist. des pl.*, VIII, 238.)

RIESENBECKIA (Presl, *Rel. Hænk.*, II, 36, t. 54). Genre douteux de Lopéziées. (H. Bn, *Hist. des pl.*, VI, 473, not.)

RIESENBOVIST. Nom allemand du *Lycoperdon giganteum* Fr.

RIESENLOCHERPILZ. Nom allemand du *Polyporus giganteus* Pers.

RIESSIA (Fres., *Beitr.*, 74). Genre de Tuberculariés, à stroma dressé, allongé, claviforme, donnant naissance à des sporophores ramifiés, portant des spores hyalines, disposées par quatre, en croix, au sommet de chaque branche. Une espèce, rencontrée en Allemagne sur du vieux bois de Pin. [De S.]

RIESSIA (Kl., *Begon.*, tab.). Synonyme de *Steineria* Kl.

RIETSCHE. En Prusse, l'*Agaricus deliciosus* Fr.

RIGIDELLA (Lindl., *Bot. Reg.* [1840], t. 16; *Misc.*, 35). Genre d'Iridacées-Morééees, formé d'une herbe bulbeuse, américaine; distingué par un périanthe sans tube; les sépales connivents en cupule; les pétales dressés, étroits; les branches stylaires 2-partites, à divisions subulées. La plante a été assez souvent cultivée. (*Fl. des serr.*, t. 502, 2215.)

RIGIOLEPIS (HOOK. F., in *Hook. Icon.*, t. 1160). Genre d'Éricacées-Vacciniées, formé d'un arbuste épiphyte, de Bornéo, dit voisin des *Gaylussacia* et distingué par des étamines à anthère courte, 2-éperonnée sur le dos, avec des tubes courts. L'ovule solitaire est attaché par un funicule ventral à l'angle interne de la loge. Les feuilles sont distiques, coriaces, 5-nerves ; les fleurs accompagnées de 2 grandes bractéoles. Le *R. borneensis* est rare, curieux et exceptionnel dans son groupe. (H. BN, *Hist. des pl.*, XI, 185.)

RIGIOSTACHYS (PL., in *Hook. Lond. Journ.*, VI, 29). Genre de Rutacées-Quassiées, peut-être de Rosacées, tout à fait douteux. (H. BN, in *Adansonia*, X, 42 ; *Hist. des pl.*, IV, 408, not.)

RIGLER (Sigism.-Georg.). Auteur, à Bude [1778], de *De Syngenesiæ divisionibus* (in-8).

RIGNOCHE. L'*Hydnum repandum* L. C'est aussi l'un des noms vulgaires de la Chanterelle.

RIGOCARPUS (NECK., *Elem.*, I, 238). Syn. de *Citrullus* NECK.

RI-JUN. Au Japon, le *Trapa natans* L.

RILEY (J.). Auteur [1841], à Londres, de *Catalogue of ferns after the arrangement of C. Sprengel, with additions from C.-B. Presl*, etc. (in-8 de 29 p.).

RIMA (SONNER., *Voy. N.-Guin.*, 99, t. 57-60). Synonyme de *Artocarpus* FORST.

RIMARIA (KUETZ., *Phyc. germ.*, 79). Section du g. *Synedra*.

RIMATÆ (AGH, *Aphor.*, 91). Division des *Crustaceæ* (Lichens).

RIMATÆ (SW., *Syn. Fil.*, I, 150). Division des Fougères.

RIMBOT. L'*Oncoba spinosa* FORSK.

RIMMONA. Nom chaldéen (BAUH.) du Grenadier.

RIMU. Nom, à la Nouvelle-Zélande, du *Dacrydium cupressinum* SOLAND. et du *D. laxifolium* HOOK. F.

RINALDI (Giov. de). Auteur, à Ferrare [1588], de *Il mostruosissimo mostro*, livre très rare (in-8 de 158 p.), dont la deuxième partie traite des herbes et des fleurs.

RINCI. En Italie, le Cardon d'Espagne.

RINDERA (PALL., *Voy.*, I, *App.*, 486, t. F). Genre de Boraginacées-Boragées, formé d'une quinzaine d'herbes vivaces, d'Europe et d'Asie ; distingué par une corolle tubuleuse ou en entonnoir, à lobes dressés ou subétalés ; des étamines exsertes ; des achaines larges, non glochidiés, bordés d'une aile étroite. Cymes composées, sans bractées. (H. BN, *Hist. des pl.*, X, 382.)

RINDO. Nom japonais du *Gentiana Buergeri* MIQ.

RINEMOSPERMÆ (LL. et LEX., *Nov. veg. descr.*, II). Synonyme d'Orchidées.

RINGBLATTERSCHWAMM. Nom allemand des *Lepiota* PERS.

RINGEL (Fried.). A écrit, à Halle [1824], *De natura et viribus herbæ Ledi palustris sive Rosmarini silvestris* (in-8).

RINGENTES (GMEL., *Fl. siber.*, III, 193). Classe (12) de plantes.

RINGO. Nom de plusieurs Pommiers japonais, à jolis petits fruits ornementaux, diversement colorés.

RINGOULE. L'*Agaricus Eryngii* DC.

RINGWORM SCHRUB. Le *Cassia alata* L.

RINOPODIUM (SALISB., *Fragm.*, 28). Synonyme de *Adenoscilla* GREN. et GODR.

RINORE. Nom français (LAMK) des *Rinorea* AUBL.

RINOREA (AUBL., *Guian.*, I, 235, t. 93). Genre de Violacées-Paypayrolées, à fleurs régulières ou subrégulières, 5-mères, 5-andres ; la corolle imbriquée. L'ovaire a 3 placentas 1-8-ovulés. Le fruit est sec ou un peu charnu. Les graines sont glabres ou velues. Ce sont des arbres ou arbustes, de toutes les régions tropicales, à feuilles alternes ou opposées, à grappes simples ou composées. (H. BN, *Hist. des pl.*, IV, 335, 349, fig. 358-362.)

RINZIA (SCHAU., in *Linnæa*, XVII, 239). Synon. de *Bæckea* L.

RIOCREUXIA (DCNE, in *DC. Prodr.*, VIII, 640. — DELESS., *Ic. sel.*, V, t. 91). Section du genre *Ceropegia* L. (H. BN, *Hist. des pl.*, VIII, 282.)

RIOLAN (Jean), le fils [1577-1657], a écrit [1618] : *Requette au roi pour l'établissement d'un jardin* (in-8).

RIOLET. Le *Mentha aquatica* L.

RIOUSIA (WALP., *Ann.*, III, 198). Section du genre *Ourisia*.

RIPA (Lodov. a). Auteur [1718], à Padoue, de *Historiæ universalis plantarum scribendæ propositum* (in-4 de 195 p.).

RIPARIACEÆ (BRUCH et SCHIMP., *Bryol. eur.*, fasc. 2). Famille des Mousses.

RIPARTITES (KARST., in PAT., *Hymen. d'Europ.*, 118). Section du groupe des *Inocybe* FR.

RIPIDIUM (TRIN., *Fund. Agrost.*, 169). Synonyme de *Erianthus* MICHX.

RIPOGONE. Nom français (LAMK) des *Rhipogonum* FORST.

RIPOGONUM (FORST.). Pour *Rhipogonum* FORST.

RIRI-TATSUNAMI. Nom japonais du *Scutellaria scordiifolia*.

RIRJO (KÆMPF.). Synonyme de *Kiro*. Nom indigène de l'*Orontium japonicum*.

RISKA. Nom vulgaire (FRIES) des *Drapetes* (*Lactarius* DC.).

RISLER (Jak.). A écrit [1754] *De Verbasco*. — Jos. RISLER a publié, en 1747, un *Catalogue du Jardin de Carslruhe*.

RISOLETTA. L'Anémone Sylvie.

RISSO (J.-A.). Professeur à Nice, s'est occupé des Orangers, a écrit un Essai sur ces plantes [1813], puis une *Histoire naturelle des Orangers* avec Poiteau, une *Flore de Nice* et une *Histoire naturelle des productions de l'Europe méridionale*.

RISSOA (ARN., in *N. Act. nat. cur.*, XVIII, 324). Synonyme de *Atalantia* CORR.

RITCHIEA (R. BR., in *Denh. et Clapp. Voy. App.*, 223). Genre de Capparidacées-Capparidées, formé de 3, 4 arbustes, dressés ou grimpants, de l'Afrique tropicale ; distingué par 4 sépales valvaires ; 4-∞ pétales ; 2-4 placentas et des feuilles simples ou 3-5-foliolées. (HOOK., *Niger Fl.*, t. 19, 20. — *Hook. Ic.*, t. 769. — *Bot. Mag.*, t. 5344. — H. BN, *Hist. pl.*, III, 177.)

RITINOPHORA (NECK., *Elem.*, II, 229). Syn. de *Icica* AUBL.

RITRO (ENDL., *Gen.*, 467). Section du genre *Echinops* L.

RITSUNENO-MAGO. Nom japonais du *Rostellularia procumbens* NEES.

RITTERA (SCHREB., *Gen.*, 364). Synonyme de *Tounatea* AUBL.

RITTERSPORN. Nom allemand des *Delphinium* T.

RITTY. A Ceylan, l'*Antiaris saccidora* LINDL.

RIUKINKWA. Nom japonais du *Trollius* (*Caltha*) *palustris* H. BN.

RIUKIU-IMO. Nom japonais de la Patate douce.

RIUKIU-MOKKO. Nom japonais du *Senecillis Schmidtii* MAX.

RIUKIU-YEBINE. Synonyme de *Kwa-ran*.

RIUNO-GIKU. Nom japonais du *Pyrethrum sinense* SAB., var. *japonicum*.

RIVACHE LAITEUX, R. DE MARAIS. Le *Selinum palustre* L.

RIVAS. Nom persan du *Rheum Ribes* GRONOV.

RIVEA (CHOIS., *Conv. or.*, 25, t. 3). Genre de Convolvulacées-Convolvulées, formé de 2 plantes indiennes, volubiles ; distingué par un style à 2 branches stigmatiques linéaires et un

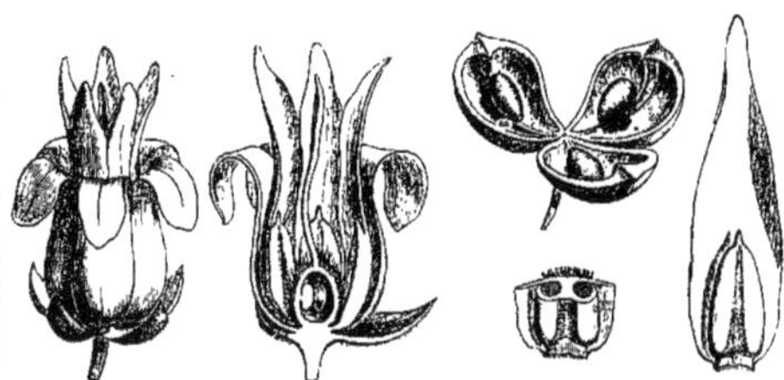

Rinorea. — Fleur, entière et coupe longitudinale. Étamine, entière et coupe transversale. Fruit déhiscent.

ovaire à 4 logettes 1-ovulées. Le fruit est à peu près sec. (H. BN, *Hist. des pl.*, X, 323.)

RIVER-GUM. En Australie, l'*Eucalyptus dealbata*.

RIVERIA (H. B. K., *Nov. gen. et spec.*, VII, 266, t. 659 *bis*). Synonyme de *Tounatea* AUBL.

RIVICOA (A. DC., *Prodr.*, VIII, 170). Section du g. *Lucuma*.

RIVIN. Plumier lui a dédié le genre *Rivina* et a dit de lui : « Cl. D. Augustus Quirinus Rivinus, Lipsiensis, introductione generali in rem herbariam inter botanicos eximios merito recensendus ; quippe qui summis laboribus, propriisque sumptibus non pepercit, ut difficultates ex confusione plantarum in scientia botanica occurrentes, declinarentur. Extant ejus opera Lipsiæ, 1690, in-fol., Chartæ-Augustæ ; nempe introductio generalis in rem herbariam, ordo plantarum quæ sunt flore irregulari, monopetalo, et ordo plantarum quæ sunt flore irregulari, tetrapetalo. » Ses principaux ouvrages sont : *Introductio generalis in rem herbariam* [1690], et les *Ordo plantarum*. G.-S. Hermann a publié, en 1727, un *Bibliotheca Riviniana*, etc.

RIVINA (PLUM., *Gen.*, 47, t. 39). Genre de Phytolaccacées, qui donne son nom à une série des *Rivinées*. Ses fleurs sont hermaphrodites, régulières, 4-mères, apétales, 4-andres, avec un gynécée 1-carpellé, à style excentrique, à ovaire 1-loculaire, avec un ovule campylotrope, inséré près de la base de la loge. Le fruit est charnu, monosperme, et l'embryon entoure un albumen farineux. Ce sont 7, 8 herbes américaines, suffrutescentes, à feuilles alternes, à fleurs en grappes terminales ou, par usurpation, oppositifoliées. Le *R. humilis* se multiplie de lui-même dans nos serres. (PAYER, *Organog.*, t. 62. — H. BN, *Hist. des pl.*, IV, 32, 52, fig. 45-50.)

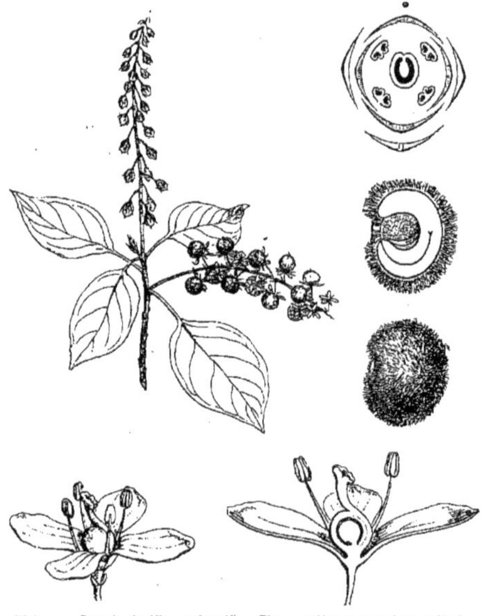

Rivina. — Branche florifère et fructifère. Fleur, entière et coupe longitudinale. Diagramme. Graine, entière et coupe longitudinale.

RIVULARIA (ROTH, *Cat.*, I, 212). Genre d'Algues-*Rivulalariées*, rapporté par Agardh aux Nostochinées, et caractérisé par une fronde gélatineuse, subsphérique et solide, farcie de filaments fixés sur un granule, annulés et rayonnant d'un centre commun. (ENDL., *Gen.*, n. 32.)

Rivularia.

RIXEA (C. MORR., in *Ann. Soc. agr. et bot. de Gand* [1845], 225, t. 22). Genre de Tropæolées, proposé pour le *Tropæolum azureum* MIERS.

RIZ (L., *Gen.*, n. 1448). Genre de Graminées, qui donne son nom à une série des *Oryzées*, et qui est formé d'une demi-douzaine environ d'herbes des localités aquatiques, toutes de l'Inde, avec de nombreuses formes et variétés cultivées. Les fleurs sont groupées en épillets comprimés et hermaphrodites. Elles ont 6 étamines. Les quatre bractées inférieures de l'épillet sont petites ou sétiformes. Les glumelles sont compliquées-carénées, souvent rigides, et l'extérieure est souvent aristée. L'*O. sativa* L. est célèbre comme plante alimentaire, souvent la seule ressource des habitants des pays chauds comme aliment amylacé et légèrement albuminoïde. C'est aussi une plante médicinale. (H. BN, *Tr. Bot. méd. phanér.*, 1371, fig. 3394, 3395.)

Riz. — Épillet.

RIZAGON. Le *Zingiber Cassumunar* ROXB.

RIZ D'ALLEMAGNE. L'un des noms vulgaires de l'*Hordeum Zeocriton* L.

RIZ DE CHINE, R. DE CARRO, R. DE MONTAGNE. L'*Oryza montana* LOUR.

RIZOA (CAV., *Icon.*, VI, 56, t. 578). Syn. de *Gardoquia* R. et PAV.

RIZ (PETIT) DU PÉROU. Le *Quinoa*.

RIZ RUSTIQUE, R. D'ALLEMAGNE. L'*Hordeum Zeocriton* L.

RIZ SAUVAGE. Le *Sedum album* L.

RJOTSJO (KÆMPF., *Amœn.*, 856). Le *Campsis radicans* SEEM.

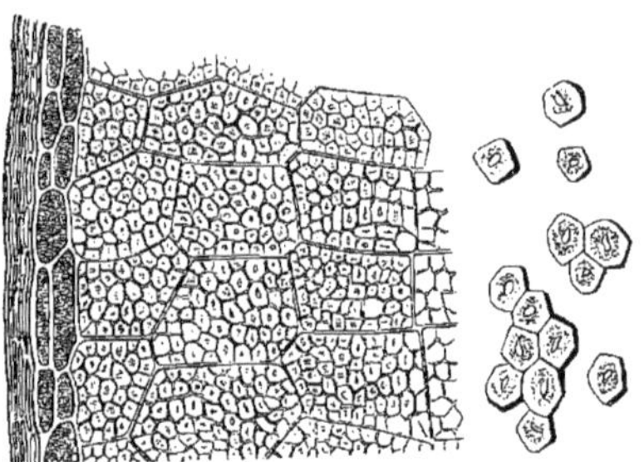

Riz. — Tissu du fruit et de la graine. Fécule.

ROA. Nom, à Taïti, de plusieurs Urticées textiles, dont les habitants font leurs vêtements, etc. Ce sont des espèces de *Pipturus* et de quelques genres voisins d'Urticées.

ROA. Nom grec du Grenadier.

ROALO. Nom provençal du Coquelicot.

ROBASTRO. En Italie, la Bryone.

ROBBAIREA (BOISS., *Fl. or.*, I, 735). Synonyme de *Polycarpæa prostrata* DCNE. (B. H., *Gen.*, I, 979.)

ROBBIA (A. DC., *Prodr.*, VIII, 444). Genre d'Apocynacées-Nériées, qui a les caractères des *Malouetia*, auxquels on l'a même réuni, mais par erreur. Ses graines sont chargées de poils laineux ou cotonneux, plus ou moins prolongés au delà de leur sommet. Ce sont 2, 3 arbustes de l'Amérique tropicale. (H. BN, *Hist. des pl.*, X, 204.)

ROBBIA. Nom italien de la Garance.

ROBE DE SERGENT. Nom vulgaire de la Prune d'Agen.

ROBERG (Lars). Professeur à Upsal [1664-1742], a écrit : *Grundvahl til plantekjænningen ; de planta Sceptrum Carolinum dicta*, et *Plantarum generatio leviter adumbrata* [1738].

ROBERGEA (DESM., *Not.*, XIV, 177). Genre d'Hystérinés, à périthèces émergents, de consistance un peu coriace, ovoïde dans le sens transversal et dessinant horizontalement une ampoule qui s'allonge en un col muni d'un ostiole arrondi. Les thèques cylindriques, accompagnées d'un petit nombre de paraphyses, contiennent 8 spores hyalines, filiformes. Des périthèces à microconidies se développent, associés aux périthèces sporophores dans les trois espèces connues qui vivent sur les rameaux ou le bois morts de Saule, d'Aulne et de Frêne, en Europe. [De S.]

ROBERGIA (Schreb., *Gen.*, 309). Synonyme de *Rourea* Aubl.

ROBERT (Nicolas). Peintre de Gaston d'Orléans. Un recueil de ses plantes dessinées a été publié en 3 vol. [1701], par ordre de Louis XIV, et renferme 319 planches.

ROBERT DE LIMBOURG. Auteur [1758], à Bordeaux, de dissertations sur la question : *Quelle est l'influence de l'air sur les végétaux?* (in-4 de 48 p.)

ROBERTIA (DC., *Fl. fr.*, V, 453). Synonyme de *Hypochœris* L. (H. Bn, *Hist. des pl.*, VIII, 110.)

ROBERTIA (Scop., *Introd.*, 154). Synon. de *Sideroxylon* L.

Robinier. — Branche florifère.

ROBERTIN. L'un des noms du Bec de grue.

ROBERTIUM (Pic., *Not. Geran.*). Section du g. *Geranium* L.

ROBERTSON (Archib.). A écrit, à Louvain [1822], *Colloquia de rebus præcipuis physiologiæ vegetabilium*, etc. (in-8 de 73 p.).

ROBERTSONIA (Haw., *Syn. pl. succ.*, 321; *Saxifr. Enum.*, 52). Synonyme de *Saxifraga* T.

ROBILLARD D'ARGENTELLE (Louis-M.-Ant.). Mort en 1828, avait établi à Paris, rue Grange-Batelière, un *Carporama*, collection plastique de fruits des tropiques, imités avec assez d'exactitude, et en avait dressé le catalogue. Cette collection vient d'être donnée au Muséum de Paris.

ROBILLARDA (Cast., *Cat. pl. Mars.*, 205). Synonyme de *Pestalozzia* Fries.

ROBILLARDA (Sacc., *Syll. Fung.*, III, 407). Genre de Sphéropsidés, à périthèces déprimés, recouverts par l'épiderme de la feuille hospitalière, de consistance membraneuse, s'ouvrant par un pore. Les spores fusiformes, biloculaires, hyalines, teintées de jaune, portent à leur sommet trois longs filaments sétiformes. On en décrit deux espèces, l'une en Italie sur des feuilles de Ronce, l'autre en Afrique sur les feuilles du *Ficus andogensis*. [De S.]

ROBIN (C.-C.). A publié [1807] ses *Voyages dans l'intérieur de la Louisiane, de la Floride*, etc. Le vol. 3 renferme une *Flore louisianaise*. — Ch. Robin, professeur à la Faculté de médecine de Paris, mort en 1886, a écrit une *Histoire naturelle des végétaux parasites qui croissent sur l'homme et les animaux vivants* [1853]. — Jean Robin, jardinier d'Henri IV et de Louis XIII, dirigea la culture du parterre du Louvre. Il voyagea en Amérique, d'où il rapporta le premier *Robinia* introduit en Europe, et qui fut planté au Muséum. Il a écrit [1601] *Catalogus stirpium tam indigenarum, quam exoticarum, quæ Lutetiæ coluntur;* puis [1603] *Exoticæ quædam plantæ ex Guinea et Hispania delatæ* (par son fils). Cette liste fut ajoutée par lui au livre de P. Vallet : *le Jardin du roy très-chrestien Henri IV*. En 1620, « M. Morin, arboriste du Roy », publia l'*Histoire des plantes nouvellement trouvées à l'isle Virginie et autres lieux*, etc. En 1624, il donna un *Enchiridion isagogicum ad facilem notitiam stirpium tam indigenarum quam exoticarum. Hæ coluntur in horto DD. Joh. et Vespas. Robin botanicorum regiorum.* L'histoire du fils, Vespasien [1759-1662], a été écrite par H. Fisquet, dans la *Nouvelle Biographie* de Hœfer.

ROBINA (Aubl., *Guian.*, II, t. 307). Synonyme de *Lonchocarpus* H. B. K.

ROBINET. Le *Lychnis dioica* L.

ROBINET DÉCHIRÉ. Le *Lychnis Flos Cuculi* L.

ROBINIA (Roxb., *Cat. H. calc.*, 56). Synon. de *Munduba* DC.

ROBINIER (*Robinia* L., *Gen.*, n. 879). Genre créé pour le Faux-Acacia et comprenant 5, 6 espèces de l'Amérique du Nord, dont les fleurs, à corolle papilionacée, ont un étendard large et un style subulé. La gousse a une suture supérieure étroitement ailée, à valves minces. Le *R. Pseudo-Acacia* L., le Faux-Acacia, aujourd'hui planté partout, est un arbre précieux par sa croissance rapide dans les plus mauvais terrains. Il a des formes pyramidales et en boule, très cultivées. Le *R. hispida* L., cultivé également, a des fleurs roses. (H. Bn, *Hist. des pl.*, II, 267.)

ROBINSONIA (DC., in *Guillem. Arch. bot.*, II, 333). Genre de Composées-Sénécionées, formé de 4 arbustes, de l'île Juan Fernandez, résineux, chargés de cicatrices; les feuilles alternes, rapprochées au sommet des branches; les capitules radiés, avec un involucre campanulé, des fruits glabres. (H. Bn, *Hist. des pl.*, VIII, 264.)

ROBIQUETIA (Gaudich., in *Freycin. Voy. Bot.*, 426, t. 34). Synonyme de *Saccolabium* Bl.

ROBLE, ROBRE. Le Chêne Rouvre.

ROBSON (Steph.). Auteur [1777] d'un *British Flora* (in-8).

ROBSONIA (Spach, *Suit. à Buff.*, VI, 180). Section du genre *Ribes* L.

ROBYNSIA (Mart. et Gal., in *Bull. Ac. Brux.*, X, II, 193). Synonyme de *Pachyrhizus* Rich.

ROCAMA (Forsk., *Fl.-æg. arab.*, 71). Synon. de *Trianthema*.

ROCAMBOLLE. L'*Allium Scorodoprasum* L.

ROCARDUS (Claud.). Auteur, à Venise [1589], de *De plantis Absinthii Tractatus* (in-8).

ROCCARDIA (Neck., *Elem.*, I, 74). Syn. (?) de *Syncarpha* DC.

ROCHEA (DC., *Pl. grass.*, n. 103; *Prodr.*, III, 393). Section du genre *Crassula* L. (H. Bn, *Hist. des pl.*, III, 313). Les *R. falcata* et *coccinea* sont cultivés chez nous.

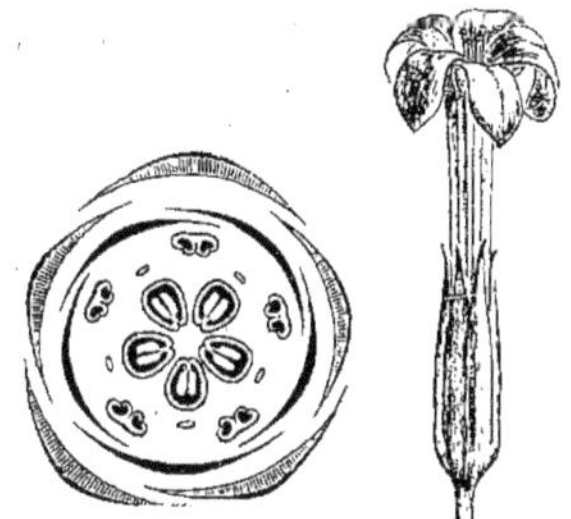

Rochea. — Diagramme. Fleur.

ROCHEA (Salisb., in *Trans. Hort. Soc.*, I, 322). Synonyme de *Geissorhiza* Ker.

ROCHEA (Scop., *Introd.*, 296). Synonyme de *Æschynomene* L.

ROCHEFORTIA (Sw., *Fl. ind. occ.*, I, 551, t. 11). Genre de Boraginacées-Ehretiées, formé de 3 arbustes spinescents, de Colombie et des Antilles; distingué par un calice de 4, 5 sépales; 2 styles et un fruit à 4 noyaux. (H. Bn, *Hist. des pl.*, X, 393.)

ROCHEL (Ant.). Mort à Gratz en 1847, à l'âge de 77 ans, a

écrit [1820] *Pflanzenumrisse aus dem südöstlichen Karpath des Bannats;* puis [1821] *Naturhistorische Miscellen über d. nordwestlichen Karpath in Oberungarn;* plus tard [1828], *Plantæ Banatus rariores*, etc., et enfin [1838] *Botanische Reise in das Bannat im Jahre* 1835.

ROCHELIA (REICHB., in *Flora* [1824], 243). Genre de Boraginacées-Boraginées, formé de 7, 8 herbes, de l'ancien monde, à corolle d'*Eritrichium;* les étamines incluses; distingué par l'avortement d'un des deux carpelles, qui réduit le nombre des logettes de l'ovaire et du fruit à 2. (H. BN, *Hist. des pl.*, X, 372.)

ROCHELIA (RŒM. et SCH., *Syst.*, IV, 11). Synonyme de *Echinospermum* SW.

ROCHET D'HÉRICOURT (C.-L.-X.). Voyageur en Abyssinie, dont l'herbier est au Muséum de Paris, a écrit [1846] : *Second voyage sur les deux rives de la mer Rouge, dans le pays des Adels et le royaume de Choa.* La botanique occupe les pages 337-346 de l'ouvrage.

ROCHETIA (MEISSN., in *DC. Prodr.*, XIV, I, 261). Section du genre *Leucospermum* R. BR.

ROCHONIA (DC., *Prodr.*, V, 345). Genre de Composées-Astérées, formé de 2 arbustes malgaches; distingué par des capitules radiés, à involucre formé de bractées scarieuses sur les bords; des fruits non comprimés ou peu aplatis; des aigrettes à soies peu inégales, barbelées; quelques-unes, çà et là, courtes. Les capitules sont solitaires ou disposés en grappes composées. (H. BN, *Hist. des pl.*, VIII, 153.)

ROCIO. Nom vulgaire mexicain du *Mesembryanthemum crystallinum* L.

ROCK ELM. Nom anglais de l'*Ulmus racemosa* TH.

ROCK-MOSS. Nom anglais du *Roccella tinctoria* DC.

ROCK-MYRTLE. A Sainte-Croix, l'*Eugenia procera* POIR.

ROCKY MOUNTAIN SCRUB OAK. Aux États-Unis, le *Quercus undulata* ENG.

RODANTE. Nom vulgaire mexicain du *Rhodanthe atrosanguinea.*

RODATI (Aloys.). Auteur, à Bologne [1785], de *Linnæi de plantarum ordine brevis interpretatio*, etc., et [1802] *Index plantarum quæ exstant in horto publico Bononiæ* (in-4).

RODETIA (MOQ., in *DC. Prodr.*, XIII, II, 323). Genre de Chénopodiacées-Amarantées, formé d'un arbuste des montagnes de l'Inde; distingué par des fleurs à périanthe étalé, avec 2-4 bractéoles. Les fleurs sont hermaphrodites, voisines d'ailleurs de celles des *Bosia.* (H. BN, *Hist. des pl.*, IX, 209.)

RODGERSIA (A. GR., in *Mem. Amer. Acad.*, ser. 2, VI, 389). Section du genre *Astilbe* HAM. (H. BN, *Hist. des pl.*, III, 332.)

RODIA. Nom grec moderne du Grenadier.

RODIGIA (SPRENG., *N.-Endl.*, I, 275, part.). Section du genre *Picris* L. (H. BN, *Hist. des pl.*, VIII, 108.)

RODLING. En Allemagne, l'*Agaricus deliciosus* FR.

RODOU. Nom provençal du *Coriaria myrtifolia* L.

RODRIGO KESTA. Nom donné par Leguat à un Figuier (?) de Rodrigues.

RODRIGUEZIA (R. et PAV., *Prodr.*, 115, t. 25; *Syst.*, 218). Genre d'Orchidacées-Vandées, formé d'une vingtaine de plantes épiphytes, de l'Amérique tropicale; distingué, dans le groupe des Oncidiées, par un labelle libre ou légèrement uni au gynostème, avec un éperon court ou une simple gibbosité. Le gynostème est grêle. Les pseudobulbes portent 1. 2 feuilles, et les fleurs, en grappes simples, sont souvent belles; de sorte que ces plantes sont recherchées dans nos cultures de serres chaudes. (*Bot. Mag.*, t. 3524, 4834, 5419.)

RODSCHIED (Ernst-Karl). Médecin de Hanau, mort à la Guyane en 1796, a laissé *Commentatio de necessitate et utilitate studii botanici* (in-8 de 32 p.).

RODSCHIEDIA (GÆRTN., MEY. et SCHERB., *Fl. wett.*, II, 413). Synonyme de *Capsella* L.

RODSCHIEDIA (MIQ., in *Linnæa*, XVIII, 585). Synonyme de *Securidaca* L.

ROEA (HUEG., *Enum.*, 34). Section (B. H.) du genre *Sphærolobium* SM.

ROEBELIA (ENG., in *Linnæa*, XXXIII, 680, t. 3, fig. 5). Genre de Palmiers douteux. (B. H., *Gen.*, III, 883.)

ROEDERER (Ch.-Gale). Auteur [1829], à Iéna, de *De radice Filicis maris et de extracto ex eo parato* (in-4 de 26 p.).

ROEG. Nom scandinave du Seigle.

ROEGNERIA (C. KOCH, in *Linnæa*, XXI, 413). Synonyme (GRISEB.) de *Agropyrum* GÆRTN.

ROEHLING (Joh.-Christ.). Mort à Messenheim en Nassau, à l'âge de 56 ans, en 1813, est l'auteur d'un *Deutschlands Flora*, en 5 vol. Il a aussi publié [1800] *Deutschlands Moose* (in-8).

ROEHLINGIA (DENNST., *Schl. Hort. malab.*, 31). Synonyme de *Tetracera* L.

ROEHLINGIA (RŒP., in *Flora* [1820], I, 113). Synonyme de *Eranthis* SALISB.

ROEHOUT. Nom anglais du *Coccoloba punctata* JACQ.

ROELAN. Synonyme de *Sundek.*

ROELLA (L., *Gen.*, n. 219). Genre de Campanulacées-Campanulées, formé de 11 sous-arbrisseaux, de l'Afrique australe; distingué par des fleurs sessiles, solitaires ou en glomérules; le fruit oblong ou courtement cylindrique, s'ouvrant entre les sépales ou par un opercule, se fendant en long finalement au-dessous. On cultive parfois le *R. ciliata.* (*Bot. Mag.*, t. 378.— *Fl. des serres*, t. 517. — H. BN, *Hist. des pl.*, VIII, 359.)

ROELLE. Nom français (LAMK) des *Roella* L.

ROELLOIDES (BANKS, ex *Steud. Nom.*, II, 397). Synonyme de *Prismatocarpus* LHÉR.

ROELSIUS (Tobias). Auteur [1601] de *Epistola de certis quibusdam plantis ad Clusium*, in-fol., imprimé avec le *Rariorum plantarum Historia* de Clusius.

ROEMERIA (DC., *Syst. veg.*, II, 92; *Prodr.*, I, 122). Genre de Papavéracées-Papavérées, formé de 2 herbes méditerranéennes, à fleurs de Pavot, mais à fruit 2-4-valve; le sommet du style peu dilaté et à lobes défléchis-adnés. Les pétales sont rouges ou violets. (H. BN, *Hist. des pl.*, III, 142.)

ROEMERIA (DENNST., *Schl. H. malab.*, 24). Synonyme de *Scævola* L. (H. BN, *Hist. des pl.*, VIII, 370.)

ROEMERIA (MŒNCH, *Meth.*, 341). Synonyme de *Amarantus.*

ROEMERIA (RADD., in *Mem. Soc. ital.*, XVIII, 46). Synonyme de *Aneura* DUMORT.

ROEMERIA (THUNB., *Fl. cap.*, I, 194). Synonyme (part.) de *Myrsine* L.

ROEMERIA (TRATT., *Gen.*, 88). Synonyme de *Steriphoma* SPRENG.

ROEMERIA (ZEA. — RŒM. et SCH., *Syst.*, I, 61). Synonyme de *Diarrhena* PAL.-BEAUV.

ROENG. Nom siamois du *Garcinia Hanburyi* HOOK. F.

ROEPER (Joh.-Aug.-Chr.). Professeur à Rostock, mort en 1886, a écrit [1824] *Enumeratio Euphorbiarum quæ in Germania et Pannonia gignuntur;* puis [1828] *De organis plantarum;* en 1830, *De floribus et affinitatibus Balsaminearum*, son seul travail de quelque valeur; en 1840, *Verzeichniss der Gräser Mecklenburgs;* et deux fascicules sur les Fougères et les Graminées de la flore de Mecklembourg.

ROEPERA (A. JUSS., in *Mém. Mus.*, XII, 454, t. 5, fig. 3). Section du genre *Zygophyllum* L.

ROEPERIA (F. MUELL., in *Hook. Kew Journ.*, IX, 15). Synonyme de *Gynandropsis* DC.

ROEPERIA (SPRENG., *Syst.*, III, 13). Synonyme de *Ricinocarpus* DESF.

ROEPEROCHARIS (REICHB. F., *Otia hamb.*, 104). Synonyme (B. H., *Gen.*, III, 627) de *Habenaria* W.

ROERBE. Nom ancien du *Plumbago europæa* L.

ROESLERIA (THUM. et PASS., in *Sacc. Syll. Fung.*, VIII, 826). Genre de Discomycètes, à cupule en capitule, stipitée, céracée, dure, dont la surface supérieure présente des thèques très fines, portées sur les rameaux entortillés des hyphes de cette surface. Quelques-uns de ces rameaux forment des paraphyses. Les spores globuleuses ou ovales sont rapidement mises en liberté par la diffluence de la thèque; d'abord hyalines, elles deviennent légèrement fuligineuses. Cinq espèces, dont les unes sur le vieux bois, d'autres sur la résine et la terre argileuse. [De S.]

ROESLINIA (Mœnch, *Meth.*, Suppl., 211). Syn. de *Chironia* L.

ROESSIG (Karl-Gottl.). Professeur à Leipzig [1752-1806], auteur [1786] d'un mémoire de 76 pages sur le Seigle ergoté, d'un autre [1799-1813] sur la botanique appliquée des Roses, et [1802-20] de *Die Rosen*, ouvrage traduit par de Labitte (2 vol. et 60 pl.).

ROESTELIA (Rebent., *Fl. neom.*, 330). Genre d'Urédinés, dont le mycélium pénètre dans le parenchyme des feuilles ou des tiges et y produit un pseudo-péridium cylindrique ou conique, s'allongeant et s'ouvrant au dehors par des fentes de la partie supérieure qui prend l'aspect d'un treillis. Les spores sont globuleuses, brunes ou orangées et disposées comme chez les *Ecidium*, en séries verticales, moniliformes, parallèles. Sur une quinzaine d'espèces, sept sont considérées comme les *Ecidium* d'espèces de *Gymnosporangium;* les autres sont exotiques et on ne connaît pas encore leur forme téleutosporée. [De S.]

ROEUSCHEL (Ernst-Adolf.). Auteur [1797] d'un *Nomenclàtor botanicus* des plantes décrites par Linné.

ROG. Nom germanique du Seigle.

ROGER. Nom d'une Vigne dite hybride du *Vitis vinifera* et du *V. Labrusca* L.

ROGERIA (J. Gay, in *Del. Pl. Caill.*, 78, t. 2). Genre de Scrofulariacées-Sésamées, formé de 2 espèces africaines; distingué par un ovaire à loges inégales et ∞-ovulées; un fruit indéhiscent, obliquement cornu au sommet, garni d'aiguillons coniques. La loge postérieure de l'ovaire peut ne renfermer qu'un ovule. La glande du disque est postérieure. Les fleurs latérales des cymes sont souvent abortives et glanduliformes. (H. Bn, in *Bull. Soc. Linn. Par.*, 667; *Hist. des pl.*, IX, 441.)

ROGERS (Patrick-Ker). Auteur [1802] de *An investigation of the properties of the Liriodendron Tulipifera or Poplar-tree.*

ROGET (Pet.-Mark.). Auteur de *Animal and vegetable physiology*, qui eut 3 éditions et fut traduit en allemand par Hauft.

ROGGA. Nom ancien du Seigle.

ROGGERI (G.-Giacom.). Auteur, à Rome [1677], d'un *Catalogo delle piante native del suolo Romano*, publié avec le *Theatro* de Donzelli (in-4).

ROGIERA (Pl., in *Fl. des serr.*, V, t. 142). Synonyme de *Rondeletia* L. On en cultive de jolies espèces, à gorge de la corolle villeuse, à stipules connées.

ROGNE. L'un des noms vulgaires de la Cuscute.

ROHBERGIA (Roxb., in *Pfeiff. Nom.*, II, 983). Synonyme (?) de *Phlebochiton* Wall.

ROHDE (Mich.). Auteur [1804], à Gœttingue, de *Monographia Cinchonæ generis specimen* (in-8 de 189 p.). C'est à lui que Roth a dédié le genre *Rohdea*.

ROHDEA (Roth, *Nov. pl. spec.*, 196). Genre de Liliacées-Aspidistrées, représenté par une seule plante japonaise, cultivée chez nous en pleine terre et dont le rhizome porte des feuilles basilaires et des épis terminaux de fleurs serrées, à réceptacle campanulé, avec 6 pétales et 6 étamines périgynes. L'ovaire est libre, inclus, et ses 3, 4 loges renferment chacune 2 ovules ascendants, à micropyle extérieur et inférieur. Le fruit est une baie, analogue à celle des Muguets et des Fragons. [H. Bn.]

ROHN, ROHAN, SOHN. Noms vulgaires bengalais du *Soymida febrifuga* A. Juss. — Voy. Rohuna.

ROHR (Jul.-Bernh. v.). Mort à Leipzig en 1742, à l'âge de 54 ans, écrivit [1732] un *Historia naturalis arborum;* puis [1736] *Physikalisch-œkonomischer Traktat von dem Nutzen der Gewächse.* Son *Phytotheologia*, qui eut deux éditions et fut traduit en hollandais, est de 1740.

ROHRBACH (Paul). Mort à Berlin en 1871, à l'âge de 24 ans, écrivit une brochure sur l'*Epipogon Gmelini* [1866] et un essai sur les Hydrocharidées [1871]; il s'adonnait à l'étude des Caryophyllées et publia en 1868 une Monographie du genre *Silene*.

ROHRENPILZ. Nom allemand des Bolets.

ROHRER (Rud.). Auteur [1835] avec Aug. Mayer, d'un *Vorarbeiten zu ener Flora des Mährischen Gouvernements*, etc.

ROHRIA (Schreb., *Gen.*, 30). Synonyme de *Tapura* Aubl.

ROHRIA (Vahl, in *Act. nat. cur. Hafn.*, III, 97; IV, 1). Synonyme de *Berkheya* Ehrh.

ROHUNA (Écorce de). Celle du *Soymida febrifuga* A. Juss., qui, dans l'Inde, passe pour tonique, astringente, fébrifuge, et dont l'abus peut, dit-on, produire des vertiges, de la stupeur, etc.

ROI. A la Nouvelle-Zélande, le *Pteris esculenta* Forst.

ROIA (Scop., *Introd.*, 226). Synonyme de *Swietenia* L.

ROI DES FLEURS. En Chine, les Pivoines.

ROI DES VÉGÉTAUX. Nom du Cocotier.

ROJOC. Nom américain d'un *Morinda* (*M. Roioc* L.), que Plumier a pris pour nom générique : « *Roioc* est nomen americanum, seu hispanicum, Hispanorum scilicet Americam inhabitantium, quod ex ejus radice telas ruffo colore inficiant, aut luteo. » [Plum.]

ROJAS-CLEMENTE (Simon de). Botaniste espagnol [1777-1827], est l'auteur [1807] d'un *Ensaya sobre las varietates de la vid* (Vigne) *comun que vegetan en Andalucia*, etc., traduit en français par Caumels et en allemand par Freiherrn von Mascon. On lui doit aussi un mémoire sur la culture du Coton en Espagne [1818], un autre sur la distribution géographique des Lichens en Espagne, publié par les soins de M. Colmeiro [1863] et *Plantas que viven espontáneamente en él termino de Titaguas*, imprimé en 1864 (in-8 de 72 p.).

ROKEJEKA (Forsk., *Fl. æg.-arab.*, 90). Synonyme de *Gypsophila* L. (H. Bn, *Hist. des pl.*, IX, 110.)

ROKUONSO. Nom japonais du *Vincetoxicum Brandtii* Fr.

ROLANDER (Dan.). Voyageur danois à la Guyane. Hornemann a fait connaître [1812] le journal de son *Voyage à Surinam*.

ROLANDRA (Rottb., in *Soc. med. haun. Coll.*, II, 256). Genre de Composées-Vernoniées, formé d'un arbrisseau de l'Amérique tropicale; distingué par des fleurs en petits glomérules denses et multiples, axillaires et sessiles, portés sur un court réceptacle rameux. L'involucre est formé de 2 bractées paléacées, compliquées et entourant une fleur. Le fruit est couronné d'une courte aigrette de paléoles unies. (Sw., *Fl. ind. occ.*, t. 27. — Sloane, *Jam.*, I, t. 7, fig. 3. — H. Bn, *Hist. des pl.*, VIII, 125.)

ROLDANA (Ll. et Lex., *Nov. veg. descr.*, II, 10). Synonyme de *Senecio* T.

ROLFINK (Wern.). Professeur à Iena [1599-1673], a écrit [1667] *Liber de purgantibus vegetabilibus*, et [1670] *De vegetabilibus, plantis, suffruticibus*, etc. (in-4 de 216 p.).

ROLFINKIA (Zenk., *Pl. ind.*, t. 14). Synonyme de *Phyllocephalum* Bl.

ROLOFA (Adans., *Fam.*, II, 256). Synon. de *Euglinus* Endl.

ROLOFF (Chr.-Ludw.). Médecin de Berlin [1726-1800], a écrit [1746] : *Index plantarum tam peregrinarum quam nostro nascentium cœlo, quæ aluntur Berolini in horto celebri Krausiano* (in-8 de 176 p.).

ROLLANDIA (Gaudich., in *Freycin. Voy., Bot.*, 458, t. 74). Section du genre *Delissea* Gaudich. (H. Bn, *Hist. des pl.*, VIII, 364.)

ROLLINIA (A. S.-H., *Fl. bras. mer.*, I, 28, t. 5). Genre d'Anonacées-Xylopiées, formé d'une vingtaine d'arbres et arbustes américains; distingué par des pétales rapprochés en masse à

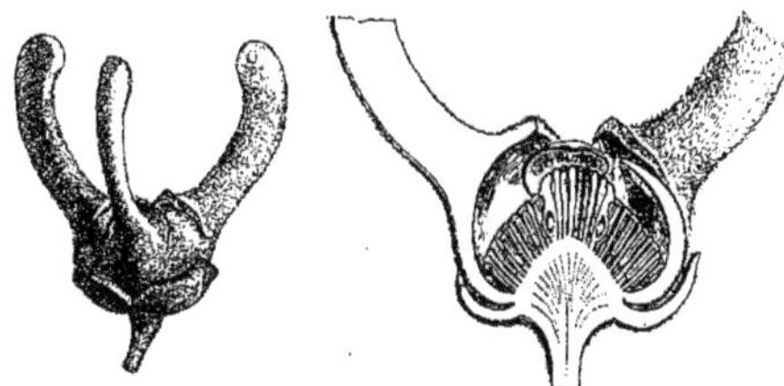

Rollinia. — Fleur, entière et coupe longitudinale.

peu près sphérique ; les 3 extérieurs pourvus d'un grand appendice dorsal claviforme ou aliforme ; les intérieurs petits ou nuls ; les carpelles 1-ovulés. (H. Bn, *Hist. des pl.*, I, 230, 285, fig. 275-277.)

Rollinia. — Fleur, sans le périanthe.

ROMAIN. Nom ancien de l'Absinthe.

ROMAINE. Le *Lactuca sativa* L., var. *romana*.

ROMAN (J.-G.). Auteur [1802] d'un *Catalogue des plantes usuelles du jardin de Groningue* (in-8 de 146 p.).

ROMAN. Le Grenadier.

ROMANA (Vell., *Fl. flum.*, 54; Atl., t. 146). Synonyme de *Buddleia* L.

ROMANO (l'abbé Girolamo). Auteur [1820] de *Catalogus plantarum italicarum*, et [1828] de *Le piante fanerogame Euganee* (in-8), qui eut 3 éditions.

ROMANOA (Trevis., *Algh. cocc.*, 199). Synonyme de *Anabæna* A. Juss.

ROMANZOFFIA (Cham., in *Flor. phys. berol.*, 71, t. 14). Genre de Boraginacées-Hydrophyllées, formé de 2 herbes de l'Asie subarctique et de l'Amérique du Nord ; distingué par une tige cespiteuse ; des cymes lâches et pauciflores ; une corolle subcampanulée ; un style indivis. On en cultive parfois une espèce dans les jardins botaniques. (Bong., *Veg. Sitch.*, t. 4. — *Bot. Mag.*, t. 6109. — H. Bn, *Hist. des pl.*, X, 399.)

ROMAOS. Nom portugais du Grenadier.

ROMARILLO. L'*Hypericum laricifolium* J.

ROMARIN. Arbuste de la famille des Labiées. Le *R. officinalis* L. (*Rosmarinus* T., *Inst.*, 195, t. 92) est très voisin des Sauges ; il a un calice 2-labié ; une corolle 2-labiée ; 2 étamines

Romarin. — Branche florifère. Fleur, entière et coupe longitudinale. Gynécée.

fertiles, antérieures. Leur anthère n'a guère qu'une loge fertile, et leur filet est continu avec le connectif qui proémine en une petite dent latérale. Originaire de la région Méditerranéenne, le Romarin est un arbuste très aromatique, à feuilles étroites. On le cultive souvent dans nos jardins. (H. Bn, *Hist. des pl.*, XI, 18, 62, fig. 53-56 ; *Tr. Bot. méd. phanér.*, 1247.)

ROMARIN DE BOHÊME. Le *Sedum palustre* L.

ROMBIYA. Nom malais du *Metroxylon læve* Mart.

ROMBUT (Adans., *Fam. pl.*, II, 284). Synon. de *Cassytha* L.

ROMERILLO. Nom bolivien de plusieurs *Baccharis* L.

ROMERILLO. Nom vulgaire mexicain de l'*Asclepias linaria* Cav.

ROMERILLO. Synonyme de *Puine*.

ROMERITOS. Au Mexique, le *Chenopodina linearis* Moq.

ROMIHO. Le *Metroxylon Rumphii* Mart.

ROMMAN. Nom arabe du Grenadier.

ROMNEYA (Haw., in *Hook. Lond. Journ.*, IV, 74, t. 3). Genre de Papavéracées-Platystémonées, dont on a aussi donné le nom à une tribu dite des *Romneyées*, et qui est formé d'une herbe californienne, rameuse, à feuilles lobées ; les fleurs construites comme celles des *Platystemon*, à filets staminaux grêles ; à lobes stylaires connés en anneau, puis divergents ; à fruit chargé de soies. (H. Bn, *Hist. des pl.*, III, 139.)

ROMPT-PIERRE. Le *Saxifraga granulata* L.

ROMUALDA (Triana, in *Ann. sc. nat.*, sér. 5, XVI, 370). Synonyme de *Hippocratea* L. Toutefois l'auteur de ce genre expose, à l'endroit cité, les motifs qui le portent à le maintenir comme distinct.

ROMULEA (Maratt., *Diss. Romul.* [1772], 13, t. 1). Genre d'Iridacées-Sisyrinchiées, formé d'une cinquantaine d'herbes bulbeuses ; distingué par des pédoncules insérés entre les feuilles ou sur une tige allongée ; un périanthe à tube court ou plus rarement un peu allongé ; un style à 3 branches subulées, plus ou moins 2-fides au sommet, intérieurement stigmatiques. Ces plantes sont de l'Europe occidentale, de la région Méditerranéenne, de l'Afrique du Nord et du Sud. Nous en avons, dans le Midi de la France, 3 espèces, généralement décrites comme des *Trichonema*. (Gren. et Godr., *Fl. de Fr.*, III, 238.)

RONABE. Nom français (Lamk) des *Ronabea* Aubl.

RONABEA (Aubl., *Guian.*, I, 154, t. 59). Section du genre *Uragoga* L., à inflorescences axillaires, composées de cymes, courtes ou allongées. (H. Bn, *Hist. des pl.*, VII, 284.)

RONALDS (Hugh). Auteur [1831] d'un traité sur les Pommiers, intitulé *Pyrus Malus Brentfordiensis*, avec 42 pl. lithographiées et peintes par sa fille (in-4 de 91 p.).

RONBONHI. Le *Narcissus Pseudo-Narcissus* L.

RONCE (*Rubus* L., *Gen.*, n. 864). Genre de Rosacées-Fragariées, à fleurs de Fraisier, mais où le calicule fait défaut. A la maturité, sur le réceptacle charnu, mais peu succulent et non sucré, on trouve insérées un grand nombre de drupes qui succèdent aux ovaires dont est chargé le réceptacle très proéminent à l'intérieur de la fleur. Ici donc la portion charnue et succulente du fruit n'est pas, comme dans le Fraisier, le réceptacle induvié, mais bien le mésocarpe des drupes. Le mamelon, chargé de carpelles, proéminent à l'intérieur de la fleur, est d'origine réceptaculaire ; mais le réceptacle forme, en outre, une sorte de coupe très évasée, sur les bords de laquelle s'insèrent 5 sépales, 5 pétales alternes, imbriqués dans la préfloraison, et des étamines de Rosacées. Tout le reste de la coupe réceptaculaire est recouvert d'une couche glanduleuse. Les Ronces de nos pays sont des arbustes rampants, chargés d'aiguillons glabres ou tomenteux, à feuilles lobées ou composées, rarement simples, bistipulées, à fleurs rarement solitaires, le plus sou-

Ronce. — Branche florifère.

vent groupées en une inflorescence décrite comme panicule ou thyrse et qui est en réalité une grappe de cymes. Le nombre des espèces décrites dans ce genre dépasse 500; la plupart ne sont probablement que des variétés d'une même ou de quelques espèces. Le nombre des espèces autonomes se réduirait

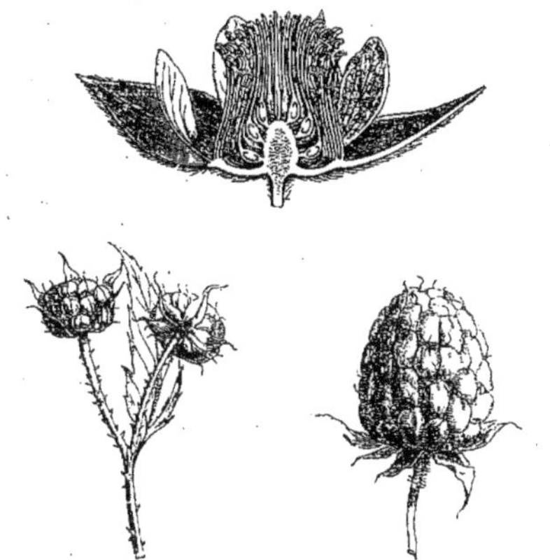

Ronce. — Fleur, coupe longitudinale. Fruits.

ainsi à une centaine tout au plus. L'infusion astringente des feuilles de Ronce est populaire contre les ophtalmies. Le fruit des *Rubus* est comestible : celui du *R. fruticosus* est la mûre de nos bois; le *R. idæus* est le Framboisier. Dans les régions polaires, le fruit du *R. Chamæmorus* L. remplace nos framboises. (Voy. H. Bn, *Hist. des pl.*, I, 372, 466, fig. 428-431; *Tr. Bot. méd. phanér.*, 548; *Herbor. paris.*, 123.) [F. H.]

RONCONI (Agost.). Auteur [1811] de *Osservazioni su la Flora napolitana* (in-8 de 40 p.).

RONDA. Le *Ruta graveolens* L.

RONDACHINE (Bosc., herb.). Synonyme de *Braseria* Schreb.

RONDELET (Guill.). Chancelier de Montpellier, le *Rondibilis* de Rabelais. Broussonet a écrit sur sa vie une notice. Plumier lui a dédié le genre *Rondeletia*, avec ces mots : « Guillelmus Rondeletius Monspessuli natus, anno 1507, die 27 sept. Medicinæ arte præcellens, de piscibus et de piscium natura præclarum opus condidit, sed etiam simplicibus medicamentis dignoscendis et inveniendis summam operam collocavit, atque in eo multum excelluit, Dioscoridem primus Monspelii enarrans. Plura in Dioscoridem scripsisse apparet, ex Epistolis Gesneri ad J. Bauhinum, a C. Bauhino editus. Cancellerius Scholæ Monspeliensis mortuus est anno 1566. »

RONDELET. Nom français (Lamk) des *Rondeletia* Plum.

RONDELETIA (Plum., *Gen.*, 15, t. 12). Genre de Rubiacées-Portlandiées, à fleurs 4, 5-mères, rarement (dans le type exceptionnel *Stevensia*) 6-8-mères, à divisions du calice supère égales ou inégales; à corolle infundibuliforme ou hypocratérimorphe, imbriquée, avec le tube souvent grêle et allongé et la gorge glabre ou velue, souvent épaissie en un anneau glanduleux. Les anthères sont incluses, et l'ovaire infère est ordinairement à 2 loges, multiovulées, avec un disque épigyne variable et un style grêle, à 2 lobes stigmatifères, linéaires ou dilatés. Les placentas sont subglobuleux, insérés par une surface étroite à la cloison ou brièvement stipités. Le fruit est capsulaire, coriace ou chartacé, loculicide, et ses valves se partagent ordinairement en deux. Les graines sont petites, anguleuses, fusiformes, comprimées, ou bordées d'une aile, ou prolongées en deux pointes; elles ont un albumen abondant. Ce sont des arbres et arbustes des deux Amériques tropicales, glabres, pubescents ou couverts de duvet soyeux, à feuilles opposées ou verticillées, stipulées, à cymes composées racémiformes ou corymbiformes, axillaires ou rarement terminales. Plusieurs sont ornementales; d'autres, astringentes. On en décrit une cinquantaine. (Voy. *Hist. des pl.*, IV, 335, 472, n. 150.) [H. Bn.]

RONDELETIEÆ (B. H., *Gen.*, II, 8). Tribu (5) des Rubiacées.

RONDELETTE. Le Lierre terrestre.

RONDELIER. Nom français (Lamk) des *Rondeletia* Plum.

RONDELLE. L'*Asarum europæum* L.

RONDIER. L'*Arenga saccharifera* Labill. C'est beaucoup plus ordinairement le nom français des *Borassus* L.

RONDIER ÉVENTAIL. Le *Lontarus domestica* Gærtn.

RONDIER LONTAR. Le *Borassus flabelliformis* L.

RONDOTTE. Le *Barbarea vulgaris* DC. C'est aussi l'un des noms du *Nepeta hederacea* H. Bn.

RONE. Nom ouolof des *Borassus* L.

RONJ. Dans l'Inde, l'*Acacia leucophlæa* W.

RONNBERGIA (Morr., ex *Ill. hort.* [1874], 120, t. 177). Genre de Broméliacées-Broméliées, formé d'une plante colombienne, voisine des *Rhodostachyum*; l'inflorescence terminale, spiciforme, dite en thyrse; les pétales et les étamines libres. Les fleurs sont bleues et rappellent, dit-on, celles des *Billbergia*. Ce genre demande à être étudié. [H. Bn.]

RONNOWIA (Buch., *Pl. nouv. Dec.*, 6, t. 4). Synonyme de *Omphalea* L.

ROODE-ELO. Le *Cunonia capensis* L.

ROODPEER. Nom, au Cap, du *Phoberos Ecklonii* Wight et Arn., arbre à bois utile.

ROOKE (Hayman). Auteur [1790] d'un opuscule sur les Chênes les plus remarquables du parc de Welbeck (in-4 de 10 pl.).

ROOM. Nom du *Strobilanthes flaccidifolius* Nees, tinctorial.

ROOTSEY (Sam.). Auteur d'un *Syllabus of a course of botanical lectures* [1818], in-12.

ROPALOCARPUS (Boj., *Il. maur.*, 44). Genre qui donne son nom à une série des *Ropalocarpées* et qui se place avec doute, soit parmi les Tiliacées (B. H., *Gen.*, I, 238), soit parmi les Capparidacées. Ses fleurs ont 4 sépales et 4 pétales imbriqués; ∞ étamines hypogynes; et l'ovaire est inséré au haut d'un pied court, largement obconique, glanduleux au sommet. Il a 2 loges complètes ou incomplètes, avec 2-4 ovules dans chacune d'elles,

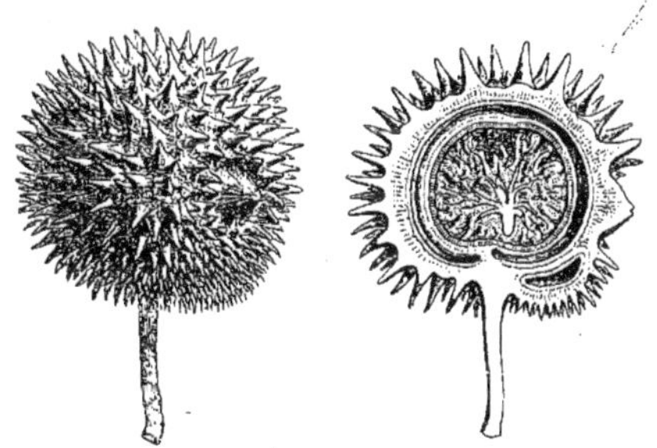

Ropalocarpus. — Fruit, entier et coupe longitudinale.

portés sur un placenta subascendant. Le fruit, indéhiscent, muriqué, est à 2 loges, dont une stérile. L'autre renferme une graine, dont l'embryon est profondément ruminé; les cotylédons plissés, laciniés et lobés. Ce sont 3 arbustes de Madagascar, à feuilles alternes, avec une stipule (?) intrapétiolaire double et des fleurs en cymes. (H. Bn, *Hist. des pl.*, III, 161, 179, fig. 184, 185; *Fl. Madag.*, Atl., t. 56.)

ROPALOPETALUM (Griff., *Notul.*, IV, 716). Synonyme de *Artabotrys* Bl.

ROPHOSTEMON (Bl., *Fl. jav. Præf.*, 6). Synonyme de *Nervilia* Gaudich.

ROPOUREA (Aubl., *Guian.*, I, 198, t. 78). Genre douteux.

ROPOURIER. Nom français (Lamk) des *Ropourea* Aubl.

ROQUETTE. Le *Barbarea præcox* Sm.

ROQUETTE BATARDE. Le *Reseda Luteola* L.

ROQUETTE CULTIVÉE. L'*Eruca sativa* LAMK.

ROQUETTE ÉPINEUSE. Le *Bunias spinosa* L.

ROQUETTE SAUVAGE. Le *Brassica* (*Diplotaxis*) *tenuifolia*.

RORELLE, RORIDA. Les *Drosera* L.

RORIDA (RŒM. et SCH., *Syst.*, III, 13), RORIDULA (FORSK., *Fl. æg.-arab.*, 35). Synonyme de *Cleome* L.

RORIDULA (L., *Gen.*, n. 567). Genre de Droséracées, formé de 2 herbes, de l'Afrique australe; distingué par des fleurs 5-andres, à style unique; l'ovaire 2-loculaire, avec des ovules descendants. Les organes de végétation portent des poils glan-

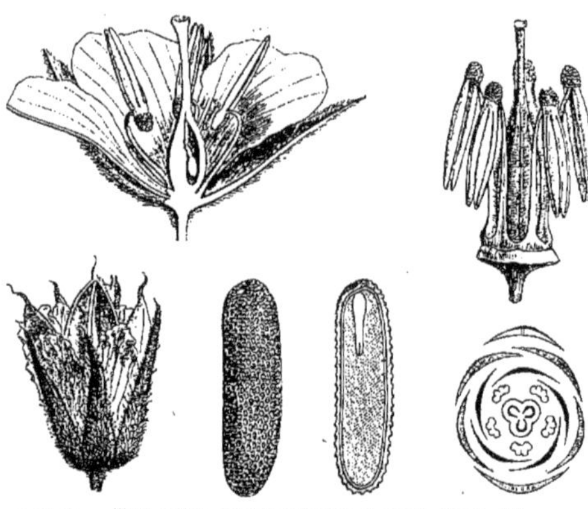

Roridula. — Fleur, entière, coupe longitudinale et sans le périanthe. Diagramme. Graine, entière et coupe longitudinale.

duleux comme les *Drosera*. Les loges ovariennes sont incomplètes, et c'est au point où les cloisons deviennent pariétales que s'insèrent les 1, 2 ovules. (H. BN, *Hist. des pl.*, IX, 229, 235, fig. 261-266.)

RORIDULE. Nom français (LAMK) des *Roridula* L.

RORIPA (BESS., *Enum. pl. Volhyn.*). Synonyme de *Armoracia* GÆRTN., MEY. et SCHREB., *Fl. wetter.* (Voy. GREN. et GODR., *Fl. de Fr.*, I, 125. — H. BN, in *Adansonia*, IX, 101.)

ROS. Nom donné par Grew au Cambium.

ROSA (T.). Nom latin des Rosiers.

ROSA BATAVICO-INDICA (BONT., *Hist. nat. et méd.*, 141). Synonyme de *Hibiscus Rosa-sinensis* L.

ROSA BENEDICTA. Nom officinal ancien des Pivoines.

ROSACÉES. Famille de Dicotylédones-dialypétales-périgynes, formée pour nous de 8 sections, très variables : 1. Rosées; 2. Agrimoniées; 3. Fragariées; 4. Spiréées; 5. Quillajées; 6. Pyrées; 7. Prunées; 8. Chrysobalanées. (*Hist. pl.*, I, 345.)

ROSA DE CASTILLA. Nom mexicain du *Rosa centifolia* L.

ROSA DEL MONTE. A Caracas, le *Brownea grandiceps* JACQ.

ROSA DEL RIO. — Voy. GINORIA.

ROSAGE. Le *Nerium Oleander* L. et le *Rhododendron ferrugineum* L.

ROSAGE DES ALPES. Les *Rhododendron hirsutum* L. et *ferrugineum* L.

ROSAGINE. Le *Nerium Oleander* L.

ROSA GRÆCA. Le *Lychnis chalcedonica* L.

ROSAIRE (ARBRE DU). L'un des noms de l'*Abrus precatorius* L.

ROSAIROS. Le *Barringtonia rosaria* RUMPH.

ROSA JUNONIS. Le *Lilium candidum* L.

ROSALESIA (LLAV. et LEX., *Nov. veg. descr.*, I, 9). Synonyme (?) de *Brickellia* ELL. (H. BN, *Hist. des pl.*, VIII, 128.)

ROSA MARIA, ROSA FANAL. Noms mexicains de l'*Eupatorium Lallavei*, qui produit une résine aromatique, amère, vantée comme céphalique et excitante.

ROSA MARINA. Nom ancien du *Chondrus crispus* LYNGB.

ROSANOVIA (RGL, in *Gartenfl.*, XXI, 33, t. 712). Synonyme de *Sinningia* NEES.

ROSA REGIA. Le *Pæonia officinalis* L.

ROSARIA (CARM. — TREVIS., *Pl. Fl. Eugan.*). Synonyme de *Meloseira* AGH.

ROSBACH (Conr.). Auteur [1588] d'un *Paradeiss-Gärtlein*.

ROSCH. Nom hébreu du *Cicuta virosa* L.

ROSCHERIA (H. WENDL., in *Bak. Fl. maurit.*, 386). Genre de Palmiers-Arécées, formé d'un arbre grêle et épineux, à feuilles d'abord 2-fides, puis inégalement pinnatiséquées; les fleurs mâles à 6 étamines; les femelles à pétales imbriqués; l'albumen ruminé. Les nombreux segments foliaires sont bifides au sommet. (WENDL, in *Ill. hort.* [1871], t. 54.) [H. BN.]

ROSCHMANN (Ant.). A publié [1738], à Inspruck, *Regnum animale, vegetabile et minerale Tyrolense* (in-4 de 29 p.).

ROSCOE (Will.). A écrit [1802] un ouvrage célèbre sur les Scitaminées [1828], avec 112 pl. col. — Mistr. Edw. ROSCOE est l'auteur [1829] de *Floral illustration of the seasons*, etc.

ROSCOEA (ROXB., *Cat. Fl. beng.*, 46). Synonyme de *Sphenodesma* JACK.

ROSCOEA (SM., *Exot. Bot.*, t. 108). Genre de Zingibéracées, formé de 6 plantes vivaces, de l'Himalaya, à rhizome fibreux; distingué par un épi terminant une branche feuillée; des bractées 1-flores, membraneuses; des staminodes latéraux dressés, rétrécis en bas; un filet staminal dressé; le connectif pourvu de 2 éperons basilaires. (ROYL., *Ill. himal.*, t. 89. — *Bot. Mag.*, t. 4630. — LODD., *Bot. Cab.*, t. 1404.) [H. BN.]

ROSCYNA (SPACH, *Suit. à Buff.*, V, 429). Section du genre *Hypericum* T.

ROSE (Hugh.). A écrit [1775] des *Elements of Botany* (in-8).

ROSÉ. Nom provençal du *Tricholoma Russula* FR., dont les qualités comestibles sont connues.

ROSE A BATON, D'OUTREMER, R. TRÉMIÈRE. L'*Althæa rosea* L.

ROSE A DISTILLER, R. PALE. Le *Rosa centifolia* L.

ROSEA (KL., in *Monatsb. Ak. Wiss. Berl.* [1853], 501; in *Pet. Moss. Bot.*, 293, t. 45, 46). Synon. de *Hypobathrum* BL.

ROSEA (MART., *N. gen. et spec.*, II, 58). Sect. du g. *Iresine* L.

ROSE-APPLE. A la Barbade (MAYC.), le *Jambosa macrophylla*.

ROSEAU A BALAI. Le *Phragmites communis* TRIN.

ROSEAU AROMATIQUE, R. ODORANT. L'*Acorus Calamus* L.

ROSEAU A SUCRE. La Canne à sucre.

ROSEAU DE LA PASSION. Le *Typha latifolia* L.

ROSEAU DE PROVENCE. L'*Arundo Donax* L.

ROSEAU DES INDES. Le *Bambusa arundinacea* L.

ROSEAU DES PAMPAS. Le *Gynerium argenteum* NEES.

ROSEAU D'ÉTANG, R. DE LA PASSION. Le *Typha latifolia* L.

ROSEAU GRAND, R. DE JARDIN. L'*Arundo Donax* L.

ROSEAU (PETIT), R. DES MARAIS, R. AQUATIQUE. L'*Arundo Phragmites* L.

ROSEAU RAYÉ, R. PANACHÉ, R. RUBAN. Le *Phalaris arundinacea picta* L.

ROSE CHANGEANTE. L'*Hibiscus mutabilis* CAV.

ROSE DE CHINE. L'*Hibiscus Rosa sinensis* L.

ROSE DE GUELDRE. La Viorne Obier.

ROSE DE JÉRICHO, DE MARIE. L'*Anastatica hierochuntia* L.

ROSE DE LOUP. Nom vulgaire du Coquelicot.

ROSE DE MONTAGNE. Au Vénézuela, le *Brownea coccinea* JQ.

ROSE DE NOËL, DE JÉRICHO. A Bourbon, l'*Hydnora africana*.

ROSE DE NOTRE-DAME. La Pivoine officinale.

ROSE DE PROVINS. Le *Rosa gallica* L.

ROSE DE SERPENT. L'*Helleborus fœtidus* L.

ROSE DE SIBÉRIE. Le *Rhododendron chrysanthum* PALL.

ROSE D'HIVER, R. DE NOEL. L'*Helleborus niger* L.

ROSE D'ITE. Le *Viburnum Opulus* L.

ROSE D'INDE. Le *Tagetes patula* L.

ROSE D'OUTRE-MER. L'*Althæa rosea* L.

ROSE DU JAPON. Le *Camellia japonica* L.

ROSÉE DU CIEL. Le Nostoc commun.

ROSÉE DU SOLEIL. Synonyme de *Drosera* L.

ROSÉES (*Roseæ*). Série de la famille des Rosacées, formée du genre *Rosa*, à ovaire infère, inclus dans le réceptacle la plupart du temps; les fruits secs et induviés du réceptacle, devenu charnu, sans calicule, avec 1, 2 ovules dans chaque carpelle, descendants, à micropyle supérieur et extérieur. Feuilles ordinairement pennées et tige ligneuse. (H. Bn, *Hist. des pl.*, I, 345, 442, 461.)

ROSE GERANIUM. Nom anglais des *Geranium Rosat.*

ROSELINIA (Streinz, *Nom.*). — Voy. Rosellinia.

ROSELLA. Les *Drosera* L.

ROSELLINIA (De Not., in *Giorn. bot. ital.*, II, 334). Genre de Sphériacés, à périthèces globuleux, subcarbonacés, noirs, papillés, glabres ou pileux, à demi enfoncés dans leur substratum. Les thèques, entremêlées de paraphyses, sont cylindriques. Les spores, ovoïdes ou naviculaires, brunes, se forment à l'intérieur d'une utricule renfermée dans la thèque, mais qui disparaît à mesure que les spores mûrissent, en ne laissant d'autre trace que son extrémité supérieure épaissie, soudée à la surface interne de la membrane de la thèque, sous la forme d'un corps piriforme ou cylindrique, bleuissant sous l'influence des réactifs iodés. 125 espèces se rencontrent sur le bois ou l'écorce d'un grand nombre d'arbres: la moitié en Europe; les autres dans l'Amérique du Nord et l'Amérique centrale, les Indes, Bornéo et l'Océanie. Une empreinte fossile du terrain tertiaire supérieur de Leipsig a été rapportée à ce genre, mais avec quelque doute. [De S.]

ROSEMARY. En Angleterre, le Romarin.

ROSÉN (Eberh.). Mort à Lund [1796] à l'âge de 80 ans, est l'auteur de *Observationes botanicæ circa quasdam plantas Scaniæ*, etc. [1749], in-4 de 89 p.

ROSENBERG (Joh.-Karl). Auteur [1628] d'un *Rhodologia* (in-8 de 403 p.), qui eut deux éditions.

ROSENBERGIA (Œrst., in *Vid. Medd. Nat. For. Kjob.* [1856], 30). Synonyme de *Cobæa* Cav.

ROSENCREUTZER (Max-Fried.). A écrit à Nuremberg [1652] *Newe Practica des Wurtz- und Kräuterkalenders*, etc. (in-4).

ROSENFELD (Dan.). Auteur [1715] de *Rosa saronitica* (in-4).

ROSENIA (Thunb., *Prodr. Fl. cap.*; *Fl. cap.*, 692). Genre de Composées-Hélianthées-Inulées, formé d'un arbuste rameux, de l'Afrique australe; distingué par des capitules ∞-flores, hétérogames, avec un involucre cylindracé, un réceptacle paléacé, et une double aigrette au fruit; l'extérieure, formée de ∞ paillettes très courtes; l'intérieure, de 2 arêtes allongées. (Less., *Syn.*, 369. — H. Bn, *Hist. des pl.*, VIII, 184.)

ROSEN LORBEER. En Allemagne, le Laurier-Rose.

ROSENMUELLER (Ernst-Fried.-Karl). Auteur [1830] de *Handbuch der biblischen Alterthumskunde*, etc. (in-8 de 347 p.). A la page 69 se trouve une histoire des plantes bibliques.

ROSENSCHELDIA (Speg., *Fung. guaran.*, I, 250). Genre de Sphériacés, à stroma émergent, allongé, à périthèces globuleux serrés, mais non confluents, extérieurs au stroma. Les thèques ne sont pas accompagnées de paraphyses et contiennent 8 spores fusiformes ou aciculaires, aiguës aux deux extrémités, hyalines, biloculaires. Une seule espèce, sur des rameaux vivants dans les bois du Paraguay. [De S.]

ROSENTHAL (Gottfr.-Eric). A écrit [1784] *Versuche die zum Waohsthum der Pflanzen benöthigte Wärme zu bestimmen.*

ROSE PAPALE. L'un des noms vulgaires de l'*Althæa rosea* L.

ROSE PÉONE, R. DE NOTRE-DAME. Le *Pæonia officinalis* DC.

ROSES (BOIS DE). Le *Cordia Sebestena* L.

ROSE SORCIÈRE, R. COCHONNIÈRE. Le *Rosa canina* L.

ROSE TRÉMIÈRE. L'*Althæa rosea* L.

ROSETTE. En Piémont, variété de Truffe comestible.

ROSETTE. Les quatre phytocystes produits par la division de l'*Halszelle* ou Cellule du col.

ROSE WILLOW. En Angleterre, le *Cornus sericea* L.

ROSE-WOOD. Nom, en Angleterre, d'un palissandre fourni en partie (Benth.) par le *Dalbergia nigra* Allem., du Brésil.

ROSIER (*Rosa* T., *Inst.*, 636, t. 408). Type des Rosacées, dont les caractères sont: fleurs régulières et hermaphrodites, à réceptacle en forme de bourse plus ou moins allongée et plus ou moins rétrécie à son ouverture. Sur les bords de cette coupe s'insèrent : un calice généralement 5-mère, dont les sépales dissemblables, libres, sont imbriqués en quinconce dans la préfloraison; une corolle de 5 pétales, alternes avec les sépales, à préfloraison imbriquée, à onglet court. Les étamines sont nombreuses, insérées sur les bords de la coupe réceptaculaire, formées d'un filet grêle et d'une anthère biloculaire, introrse, déhiscente par 2 fentes longitudinales. Quant à la situation des étamines, l'étude organogénique peut seule la montrer clairement; cette étude a été faite par Payer, et ici, comme dans

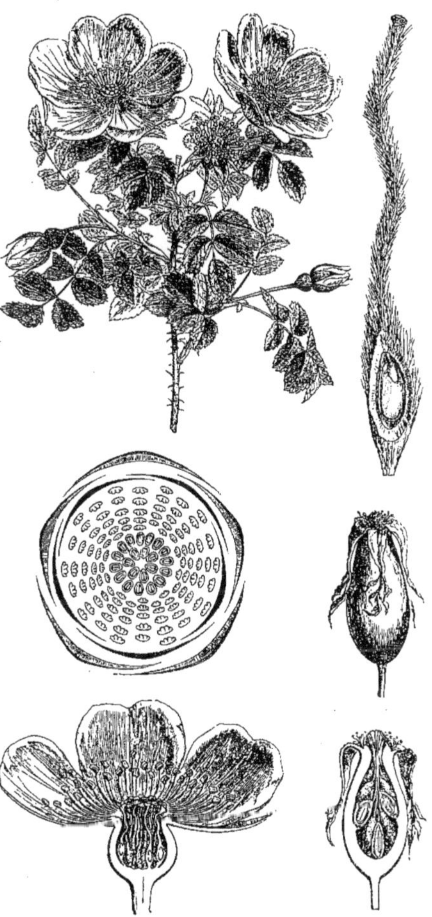

Rosiers. — Branche florifère. Diagramme. Fleur, coupe longitudinale. Carpelle. Fruit multiple, entier et coupe longitudinale.

l'ensemble de la famille, le grand nombre des étamines provient d'un dédoublement. A leur naissance, on trouve un verticille de 10, groupées 2 par 2, une à droite et à gauche de chaque pétale; puis un verticille de 10, alternes avec les premières, apparaît, et le phénomène peut se reproduire un certain nombre de fois. Le gynécée se compose de carpelles indépendants, à ovaire faiblement stipité ou sessile, uniloculaire, à style long, capité, se collant parfois à ses congénères pour simuler une colonne unique. Chaque ovaire porte, à son angle interne, un placenta pariétal où s'insère un ovule, descendant, anatrope, à micropyle extérieur et supérieur. Une fleur suffisamment jeune présente, en outre, un ovule, congénère du premier, qui avorte bientôt. Le fruit est multiple, formé d'achaines insérés sur un sac charnu, dit induvie et qui n'est autre que le réceptacle accru et succulent. Le fruit est donc induvié du réceptacle. Chaque achaine, le plus souvent poilu, à paroi dure, contient une graine, à embryon charnu, sans albumen. Les Rosiers sont des arbustes le plus souvent grimpants et chargés d'aiguillons, disséminés non seulement sur la tige, mais encore sur le pétiole, les nervures et les pédoncules. Leurs feuilles sont alternes, composées-imparipennées, à folioles denticulées, bistipulées à la base, où ces appendices stipulaires sont adnés avec le pétiole. On nous dispensera d'insister sur les innombrables espèces du genre, augmentées des nombreuses races créées par la culture. Le lecteur désireux d'approfondir cette question devra se reporter à l'ouvrage de M. Crépin, *Prim. Monogr. Ros.* (*Bull. Soc. bot. Belg.*, XV, 12). L'essence de roses s'extrait par distillation des pétales de la R. de Provins (*R. gallica* L.) et du *R. damascæna* MILL., dont la culture occupe de nombreux terrains en Roumélie. L'Églantier proprement dit, si abondant dans nos buissons, est le *R. canina* L. A la suite de la piqûre d'un Hyménoptère, le *Rhodites Rosæ* L., des sphères poilues se développent sur ses rameaux et constituent les Bédégars. Le Cynorrhodon n'est que le réceptacle induvié du Rosier. Sa richesse en tannin l'a fait employer en médecine comme astringent. (Voy. H. BN, *Hist. des pl.*, I, 346, 449, 461, fig. 373-76; *Tr. Bot. méd. phanér.*, 534.) [F. H.]

Rosier de Provins.

ROSIFLORÆ (REICHB., in *Mössl. Handb.*, I, LI). Groupe hétérogène de familles.

ROSILLA. Nom mexicain de l'*Helenium autumnale* L. C'est le nom de l'*Helenium Rosilla* TURCZ., à Irkutzk, où on le cultive pour en confectionner une poudre sternutatoire.

ROSINEN. Nom allemand des Raisins.

ROSITA BLANCA. Nom, à Caracas, du *Rubus rosæfolius* SM.

ROSMAESSLERA (REICHB., *Nom.*, 113). Syn. de *Fenzlia* BENTH.

ROSMANN (Jul.). Professeur à Giessen [1832-1866], a écrit un essai sur les *Batrachium* [1854]; *Beiträge z. Kenntniss d. Phyllomorphose* [1857-58], et *Beiträge z. Kenntniss d. Spreitenformen in d. famil. d. Umbelliferen* [1864].

ROSMANNIA (KL., *Begon.*, 99, t. 9 A). Synon. de *Begonia* L.

ROSMARINUM (MATTH.). Le *Cachrys Libanotis* L.

ROSMARINUM SYLVESTRE (MATTH.). Le *Sedum palustre* L.

ROSO. Nom provençal de la Rose.

ROSOLACCIO. En Italie, le Coquelicot.

ROSOLINA. En Portugal, les *Drosera* L.

ROSPIDIOS (A. DC., *Prodr.*, VIII, 220). Section du genre *Diospyros* L.

ROSSAKINDA. Le *Dioscorea sativa* L.

ROSSE. Le *Raphanistrum* et le *Sinapis arvensis* L.

ROSSENIA (VELL., *Fl. flum.*, t. 77). Synonyme de *Galipea* AUBL. et section de ce genre.

ROSSI (Pietr.). A écrit [1762] : *De nonnullis plantis quæ pro venenatis habentur*, et [1794] *Istoria di ciò che è stato pensato intorno alla fecondazione delle piante*, etc. (in-4 de 62 p.).

ROSSKUMMEL. Nom allemand du *Silaus pratensis* BESS.

ROSSMAESSLER (Emil-Ad.). Mort à Leipzig en 1867, âgé de 61 ans, est l'auteur de : *Beiträge zur Versteinerungskunde* [1840]; *Das Wichtigste vom innern Bau und Leben der Gewächse* [1843]; *Flora im Winterkleide* [1854]; *Der Wald* [1862]; *Ueber den Bau des Holzes der in Deutschland wildwachsenden*, etc. [1865]. Il était né en 1806.

ROSSMÆSLERA (REICHB., *Nom.*, 113). Synonyme de *Navarretia* R. et PAV.

ROS SOLIS (T., *Inst.*, 245, t. 127). Synonyme de *Drosera* L. (d'où *Rossolis*).

ROSTAFINSKIA (SPEG., *Fung. argent.*, III, 27). Genre de Myxomycètes, dont les péridiums sinueux s'enchevêtrent en un æthalium de forme et de dimensions variées, rempli par les spores et le capillitium. Le sommet est décortiqué, stérile et sans granules calcaires. Le capillitium n'offre pas non plus de granules calcaires. Il n'y a pas de columelles. Les spores, irrégulièrement globuleuses, sont lisses, teintées de lilas. L'espèce qui a servi à constituer ce genre est très commune sur les troncs pourris et les vieilles palissades, aux environs de Buenos-Ayres. [DE S.]

ROSTELLARIA (GÆRTN. F., *Fruct.*, III, 135, t. 207). Genre douteux de Sapotacées (*Mimusops*??).

ROSTELLARIA (NEES, in *Wall. Pl. as. rar.*, III, 76). Synonyme de *Justicia* L. et section de ce genre.

ROSTELLULARIA (REICHB. — NEES, in *DC. Prodr.*, XI, 368). Synonyme de *Rostellaria* NEES.

ROSTELLUM. Saillie du clinandre des Orchidacées, vers le sommet de laquelle se forme le rétinacle. Le rostellum produit souvent par son ramollissement le rétinacle lui-même.

ROSTHORNIA (UNG., *Syn. pl. foss.*, 225). Genre de Salicacées fossiles. (ENDL., *Gen.*, Suppl., II, 101.)

ROSTHOVIA (DESVX, *Journ. bot.*, I, 324, t. 12). Genre établi pour un Jonc à tige uniflore et à capsule subuniloculaire par suite du retrait presque complet des cloisons. Desvaux la croyait indéhiscente; mais en réalité elle s'ouvre en 3 valves jusqu'à la base, comme dans tous les autres Joncs, auxquels la plante est réunie avec raison par presque tous les auteurs. [A. F.]

ROSTKOVIUS (Fréd.-W.-Gottl.). Médecin de Stettin, auteur [1801] de *Dissertatio botanica de Junco*, qui eut deux éditions, a composé, avec W.-L.-E. Schmidt, un *Flora Sedinensis* [1824], in-8 de 411 p. et 2 pl.

ROSTRARIA (TRIN., *Fund. Agrost.*, 140). Genre établi pour le *Trisetum neglectum* R. et SCH.

ROSTRUPIA (LAGERH., in *Journ. de Bot.* [juin 1889], 185). Genre d'Urédinés, à réceptacle urédosporé, plan, portant des urédospores solitaires et pédicellés. Les téleutospores simples, à deux ou plusieurs cloisons, sont groupées sur un réceptacle analogue et présentent un pore germinatif à chaque loge. Les écidies sont encore inconnues. On en décrit deux espèces, qui se rencontrent, l'une sur les feuilles de l'*Elymus arenarius*, l'autre sur celles d'un *Bromus*. [DE S.]

ROSULARIA (DC., *Prodr.*, III, 399). Section du genre *Umbilicus* DC.

ROT. Maladie du raisin, analogue à ce qu'on appelle en France *Échaudage* de la grappe. Il y en a trois sortes, causées l'une par l'*Anthracnose*, l'autre par le *Mildew*, une troisième par un champignon, le *Phoma uvicola*.

ROTA. Nom, à Madagascar, d'un *Tambourissa* SONNER.

ROTACEÆ (L., *Phil. bot.*, 33). Ordre (52) de plantes.

ROTÆA (CES., in *Bot. Zeit.* [1851], 180). Genre d'Hyphomycètes, à filaments rampants, émettant çà et là des spores jaunâtres, pluriloculaires, quelquefois agglomérées par un mucilage, et ne comprenant qu'une espèce saprophyte. [DE S.]

ROTALA (L., *Mantiss.*, 175). Section du genre *Ammania* L.

ROTANG (L., *Fl. zeyl.*, 209). Synonyme de *Calamus* L.

ROTATION. L'alternance des cultures. C'est aussi la circulation intracellulaire, la véritable circulation qui s'opère dans les canaux transitoires du Phytoblaste.

ROTBOLLE. Nom français (LAMK) des *Rottbœllia* L. F.

ROTERBE (KLATT, in *Mart. Fl. bras.*, III, I, 543, t. 71). Synonyme de *Calydorea* HERB.

ROTHAM. Nom hébreu du Genévrier.

ROTHE. Nom français (LAMK) des *Rothia* LAMK.

ROTHENBERGIA (COTTA, in *N. Jahrb. Min.* [1843], 411). Genre fossile, dont les affinités sont douteuses. (UNG., *Syn. pl. foss.*, 259; *Chor. protog.*, 89.)

ROTHERAM (J.). Mort à Newcastle en 1797, a écrit [1790] *The sexes of plants vindicated* (in-8 de 43 p.).

ROTHER AURAIN. En Allemagne, la Petite Centaurée.

ROTHERBE (STEUD., ex KLATT, in *Linnæa*, XXXI, 562). Synonyme de *Calydorea* HERB.

ROTHERIA (MEYEN, *Reis.*, I, 402). Synonyme de *Cruckshanksia* HOOK. et ARN.

ROTHIA (LAMK, in *Journ. Hist. nat.*, I, 16, t. 1; *Ill.*, t. 667). Synonyme de *Hymenopappus* LHÉR.

ROTHIA (PERS., *Syn.*, II, 638). Genre de Légumineuses-Papilionacées-Génistées, formé de 2 herbes, de l'Inde et d'Australie; distingué, dans le groupe des Crotalariées, par des anthères uniformes, petites, et une gousse lancéolée ou linéaire, déhiscente d'un seul côté. (WIGHT, *Icon.*, t. 199. — H. BN, *Hist. des pl.*, II, 340.)

ROTHIA (SCHREB., *Gen.*, 531). Section du genre *Hieracium* T. (H. BN, *Hist. des pl.*, VIII, 109.)

ROTHMANNIA (SALISB., *Par.*, t. 56). Synon. de *Euclinia* DC.

ROTHMANNIA (THUNB., in *Act. holm.* [1776], 65, c. icon.). Section, à larges fleurs, du genre *Genipa* (*Gardenia*). De l'Inde et de l'Afrique tropicales. (H. BN, *Hist. des plant.*, VII, 308.)

ROTHWASSER-BAUM. Nom allemand de l'*Erythrophlœum guineense* AFZ.

ROTIFLORÆ (REICHB., *Consp.*, 127). Ordre des *Synpetalæ*.

ROTINO. Nom provençal de l'*Hydnum repandum* L.

ROTMANIA (NECK., *Elem.*, II, 450). Synon. de *Eperua* AUBL.

ROTO. Nom japonais du *Scopolia japonica*.

ROTTBOELIA (SCOP., *Introd.*, 233). Synon. de *Ximenia* PLUM.

ROTTBOELLIA (L. F., in *Amœn. acad.*, X, 22, part.). Genre de Graminées-Andropogonées, formé de 18 herbes, souvent élevées; distingué, dans le groupe des Rottboelliées, par une inflorescence spiciforme, arrondie; des épillets 2-nés : l'un stérile et pédicellé, l'autre fertile et sessile. On trouve ces plantes dans les régions chaudes des deux mondes. (K., *Rev. Gram.*, t. 91. — ROXB., *Pl. corom.*, t. 157. — LABILL., *Sert. austro-caled.*, t. 20. — STEUD., *Syn.*, I, 360.) [H. BN.]

ROTTBOELLIACEÆ (K., *Gram.*, 150). Tribu (12) des Graminées.

ROTTBOELLIÉES. Groupe des Graminées-Andropogonées, distingué par des épillets réunis en épi, ordinairement 2-nés dans chaque cavité du rachis; l'un d'eux et rarement l'un et l'autre sessiles et fertiles; l'autre ordinairement stérile ou absent. Il n'y a point d'arête, sinon un acumen d'une des glumes de l'épillet. [H. BN.]

ROTTLER (Joh.-Pet.). Était missionnaire danois à Tranquebar. Roxburgh lui a dédié le genre *Rottlera*, et Wallich a traité de sa biographie dans le Journal de Hooker [1854]. Il était mort à Madras en 1836.

ROTTLERA (ROXB., *Pl. corom.*, II, 36, t. 168). Synonyme de *Echinus* LOUR.

ROTTLERA (VAHL, *Enum.*, I, 88). Synonyme de *Didymocarpus* WALL. (II, 414). Mais *Rottlera* a pour lui la priorité. (H. BN, *Hist. des pl.*, X, 68, 95.)

ROTTLERA (W., in *Gœtt. Diar. Hist. nat.*, I, 8, t. 3; *Spec.*, IV, 834). Synonyme de *Trewia* L.

ROTULA (LOUR., *Fl. cochinch.*, 121). Synonyme (?) de *Rhabdia* MART. (B. H., *Gen.*, II, 842.)

ROTULE. Nom français (LAMK) des *Rotula* LOUR.

ROT V. SCHRECKENSTEIN (Fried.). Auteur [1804], avec Engelberg, de *Flora der Gegend um den Ursprung der Donau und des Neckars*, etc. (in-8 de 645 p.).

ROUBELLOUS. Nom catalan du *Cantharellus cibarius* FR.

ROUBIEU (G.-J.). Publia à Montpellier [1816] des opuscules sur l'*Agave*, la Colocase, les Chèvrefeuilles de Montpellier, et un Aperçu sur la sensibilité des plantes (16 p.).

ROUBIEVA (MOQ., in *Ann. sc. nat.*, sér. 2, I, 292, t. 10; in *DC. Prodr.*, XIII, p. II, 80). Genre de Chénopodiacées-Chénopodiées, très voisin des Chénopodes, distingué par son calice à 5 sépales, ordinairement non accrus après l'anthèse, un androcée de 1-5 étamines, et une graine horizontale ou dressée, à tégument coriace ou crustacé. Ce sont deux herbes américaines, dont une a été introduite dans l'ancien continent, à feuilles alternes, odorantes, à fleurs axillaires solitaires ou disposées en cymes. (H. BN, *Hist. des pl.*, IX, 166.)

ROUCEL (Fr.-Ant.). Né à Dourlach [1735], a écrit sur les plantes rares des environs de Gand et une *Flore du nord de la France* [1803], 2 vol. in-8. Il mourut à Alost en 1831.

ROUCELA (DUMORT., *Comm.*, 14). Genre proposé pour le *Campanula Erinus* L.

ROUCHE. Le *Carex vesicaria* L.

ROUCHERIA (PL., in *Hook. Lond. Journ.*, VI, 141, t. 2). Synonyme, d'après M. F. Mueller, de *Hugonia* L. Espèces de l'Asie tropicale et de l'Amérique équinoxiale. (H. BN, *Hist. des pl.*, V, 47.)

ROUCHETTE. Synonyme de Rouche.

ROUCOUYER. Le *Bixa Orellana* L.

ROUFOUINE. En Languedoc, le *Salicornia herbacea* L.

ROUGE. Maladie des Pins, produite par un *Leptostroma*.

ROUGE-BÉ. La Caméline cultivée.

ROUGE, COL ROUGE. Noms de l'*Agaricus* (*Russula*) *lepidus* FR.

ROUGÉ. Nom provençal de l'*Agaricus deliciosus* FR.

ROUGEOLE, ROUGEOTTE, ROUGÈTE. Le *Melampyrum arvense* L.

ROUGEOT. Synonyme de *Mildew*.

ROUGEOTTE. L'*Adonis æstivalis* L.

ROUGET. Nom toulousain de l'*Agaricus alutaceus*. C'est l'*A. campestris* et l'*A. cæsareus* SCHF., dans le Bas-Languedoc.

ROUGETTA, ROUGETTE. Noms, à Toulouse, de l'*Agaricus* (*Russula*) *sanguineus* BULL.

ROUGETTE. Synonyme de *Mal-nommée*.

ROUGETTO. En Languedoc, l'*Agaricus alutaceus* PERS.

ROUGH-COCHSFOOT. Nom anglais du *Dactylis glomerata* L.

ROUGH-SKINNED PLUM. Nom anglais, à Sierra-Leone, du *Parinari excelsum* DON.

ROUGILLON. Nom languedocien de l'*Agaricus deliciosus* FR.

ROUGION. Nom, à Nice, de l'*Agaricus alutaceus* PERS.

ROUGO. Nom français (LAMK) des *Harungana* POIR.

ROUHAMON (AUBL., *Guian.*, I, 93, t. 36). Syn. de *Strychnos* L.

ROUI. Nom, à Madagascar, du *Mimosa asperata* L.

ROUI, ROUVI. Nom provençal de la Rouille des céréales.

ROUILLE. Le *Draba verna* L. et le *Polygonum aviculare* L.

ROUILLE. Nom donné à l'aspect jaune rougeâtre que prennent les feuilles et les chaumes des Graminées et en particulier des céréales envahies par un Urédiné, dont les urédospores paraissent d'abord, puis les téleutospores, d'une couleur plus foncée, le *Puccinia Graminis* PERS. Quant à la forme écidiosporée, elle se développe sur une autre plante, l'Épine-vinette. [DE S.]

ROULETTE. Le *Thymus Acinos* L.

ROULINIA (AD. BR., in *Ann. sc. nat.*, sér. 2, XIV, 320). Synonyme de *Nolina* MICHX.

ROULINIA (DCNE, in *DC. Prodr.*, VIII, 516). Genre d'Asclépiadacées-Asclépiadées, formé d'une douzaine de lianes américaines; distingué par une corolle rotacée; une couronne à squames unies par leur base, larges et acuminées ou ligulées au sommet; des follicules lisses; des graines à aigrette. (DELESS., *Ic. sel.*, V, t. 62. — H. BN, *Hist. des pl.*, X, 248.)

ROUM, ROOM. Noms d'une couleur verte tirée d'une Acanthacée de l'Assam, le *Strobilanthes flaccidifolia* NEES. (Voy. H. BN, *Hist. des pl.*, X, 422.)

ROUMA. Nom vulgaire du *Ranunculus asiaticus* L.

ROUMANEL. Nom méridional de l'Oronge vraie.

ROUMANIS. En Languedoc, le Romarin.

ROUMÉ. Nom provençal du *Rubus cæsius* L. Le fruit se nomme *Fromboueso negro*.

ROUMEA (POIT., in *Mém. Mus.*, I, 62, t. 4). Synonyme de *Xylosma* FORST.

ROUMECOUNIL. L'*Asparagus acutifolius* L.

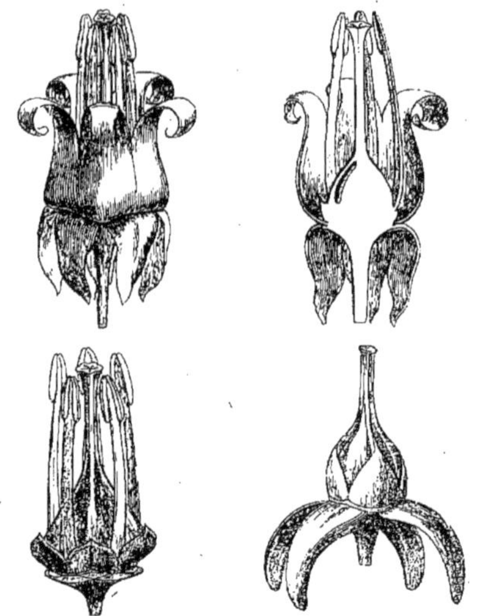

Roussea. — Fleur, entière, coupe longitudinale et sans le périanthe. Gynécée.

ROUMÉGO. Nom provençal du *Rubus fruticosus* L. Le fruit se nomme *Asé*.

ROUMEGUERIELLA (SPEG., *Rev. mycol.* — SACC., *Syll. Fung.*, III, 616). Genre de Sphéropsidés, à périthèces sphériques, membraneux, d'un blanc rosé ou jaunâtres, à déhiscence irrégulière. Les spores globuleuses, à épispore épais, muriqué, d'un jaune pâle, sont agglutinées au nucléus par une matière mucilagineuse. Une espèce vit sur les feuilles et les rameaux pourrissant, au nord et au sud-ouest de la France. [DE S.]

ROUMEGUERITES (KARST., *Icon. sel. Hymen. Fenn.*, I, 176). Sous-genre d'Agaricinés, formé pour les *Hebeloma* à anneau persistant.

ROUMI. Nom méridional des Ronces.

ROUMOUNIOU COUNIOU. Nom provençal de l'Asperge.

ROUN. Nom vulgaire du *Rhus coriaria* L.

ROUNDÉLET A BOUQUÉ. Nom provençal vulgaire de l'*Armillaria mellea* VAHL.

ROUNDOTA. Nom languedocien du *Nepeta hederacea* H. BN.

ROUNNO. Synonyme de *Oulle*.

ROUPALA (AUBL., *Guian.*, I, 83, t. 32). Genre de Protéacées-Embotryées, formé d'une trentaine d'arbres de l'Amérique, à feuilles alternes, polymorphes; distingué par un périanthe à peu près droit, avec androcée isostémoné; les anthères presque sessiles sur les lobes du périanthe. L'ovaire, entouré de 4 glandes libres ou unies, est 1-loculaire, avec 2 ovules descendants, orthotropes. Le fruit est folliculiforme. (H. BN, *Hist. des pl.*, II, 316.)

ROUPELLIA (WALL., in *Bot. Mag.*, t. 4466). Section du genre *Strophanthus* DC., à lobes de la corolle non prolongée en queue. (H. BN, *Hist. des pl.*, X, 198.)

ROUPELLINA (H. BN, in *Bull. Soc. Linn. Par.*, 757). Section du genre *Strophanthus* DC.

ROURE. Le *Quercus Robur* L.

ROURÉ, ROUVÉ. Le Chêne-Rouvre.

ROUREA (AUBL.). Nom latin des Rourelles.

ROURELLE (*Rourea* AUBL., *Guian.*, I, 467, t. 187). Genre de Connaracées, voisin des *Connarus;* distingué par des carpelles sessiles et un calice accru autour du fruit. Ce sont environ 40 arbres et arbustes, de l'Asie, de l'Afrique et l'Amérique tropicales, à feuilles alternes, imparipinnées. (H. BN, in *Adansonia*, VII, 228; *Hist. des pl.*, II, 4, 18.)

ROUREOPSIS (PL., in *Linnæa*, XXIII, 423). Synonyme de *Rourea* AUBL.

ROUS DE PIN. Nom provençal de l'*Hebeloma sinapizans* FR.

ROUSSAILLE. Nom, à Rodrigues, de l'*Eugenia uniflora* L.

ROUSSAILLER. Nom vulgaire de l'*Eugenia piperita*.

ROUSSANE. Synonyme de Jannelet.

ROUSSEA (SM., *Ic. ined.*, I, 6, t. 6). Genre de Saxifragacées-Escalloniées, formé d'un arbuste des îles Mascareignes; distingué par une corolle gamopétale, campanulée et valvaire; 4, 5 étamines à anthère extrorse; un ovaire supère; une baie polysperme; des feuilles opposées ou verticillées. (LAMK, *Ill.*, t. 75. — ENDL., *Iconogr.*, t. 107. — H. BN, *Hist. des pl.*, III, 361, 442, fig. 416-419.)

ROUSSEACEÆ (DC., *Prodr.*, VII, 521). Synonyme (part.) de Saxifragacées.

ROUSSEAU (J.-Jacq.). Ce grand écrivain aimait passionnément la botanique et les herborisations. En 1771, il écrivit des *Essais élémentaires sur la botanique*. La « *Botanique* de Rousseau, contenant tout ce qu'il a écrit sur cette science », parut en 1802 et 1805; cette dernière édition avec 65 pl. de Redouté. Ces ouvrages ont été traduits en anglais, en allemand et en russe. Au centenaire de J.-J. Rousseau, nous avons prononcé, à Ermenonville, un discours sur Rousseau botaniste [1878]; il a été publié. [H. BN.]

ROUSSEAU. Nom français (LAMK) des *Roussea* SM.

Rousseauxia. — Diagramme floral.

ROUSSEAUXIA (DC., *Prodr.*, 152). Genre de Mélastomacées, formé d'un arbuste de Madagascar; distingué par 8 étamines à anthères égales, non appendiculées; un ovaire 4-loculaire; des rameaux articulés; des inflorescences composées, pauciflores. (H. BN, *Hist. des pl.*, VII, 47.)

ROUSSEL (H.-Fr.-Anne de). Professeur à Caen, a écrit [1792] un *Tableau des plantes usuelles rangées par ordre, suivant les rapports de leurs principes et de leurs propriétés*, et [1796] une *Flore du Calvados* (in-8 de 268 p.). Une seconde édition date de 1806.

ROUSSELET. Variété de Poire.

ROUSSELIA (GAUDICH., in *Freycin. Voy.*, *Bot.*, 503; *Voy. Bonit.*, t. 98). Genre d'Urticacées-Urticées, formé d'une herbe vivace, diffuse, de l'Inde; les fleurs mâles en grappes courtes et lâches, sans involucre; les femelles 2-nées dans la même aisselle, involucrées de 2 bractées; le fruit comprimé, enveloppé du périanthe et des bractées. (H. BN, *Hist. des pl.*, III, 535.)

ROUSSERBE. Le *Rumex Patientia* L.

ROUSSET D'IOU. Nom provençal de l'*Amanita cæsarea* SCOP.

ROUSSETTE. Nom vulgaire de la Chanterelle.

ROUSSILE. Nom vulgaire de l'*Agaricus viscidus* L. et du *Boletus edulis* BULL.

ROUSSILLE. Le *Boletus scaber* BULL.

ROUSSILLON. Nom de l'*Agaricus* (*Lactaria*) *zonarius* BULL.

ROUSSIN. Nom du Bolet orangé.

ROUSSINIA (GAUDICH., *Voy. Bonite*, t. 21). Syn. de *Pandanus*.

ROUSSOA (RŒM. et SCH.). Pour *Roussea* SM.

ROUSSOELLA (SACC. et PAOL., *Mycet. Malac.*, in *Att. d. R. Instit. ven. d. sc.*, VI, ser. VI). Genre de Pyrénomycètes, à conceptacles clypéiformes, noirs, subcarbonacés, à logettes globuleuses, sur un seul rang, présentant des thèques cylindriques, à 8 spores oblongues, fusiformes, biloculaires, fuligineuses. Une espèce, sur les chaumes de Bambous, dans la péninsule de Malacca. [De S.]

ROUSSONNE. Syn., dans le nord de la France, de Chanterelle.

ROUSSY (Jos.-Ludw.). Auteur [1749] de *De Fumaria vulgari*.

ROUVET. L'*Osyris alba* L.

ROUVRE. Le *Quercus Robur* L.

ROUX. Le *Rhus coriaria* L.

ROUZA. En Charente, le *Phragmites communis* Trin.

ROUZEAU. L'*Arundo Phragmites* L.

ROUZELLO. En Languedoc, le Coquelicot.

ROUZILLONS. Nom, dans le Tarn, de l'*Agaricus zonarius* Bull.

ROVIADA. En Espagne, le *Drosera rotundifolia* L.

ROVO. Nom italien des Ronces.

ROVY. Nom malgache de l'*Aristolochia acuminata* Lamk.

ROWDEN (Fr.-Arabella). Auteur [1801] de *A practical introduction to the study of Botany* (in-8 de 167 p.).

ROXBURGHIA (Banks, in *Roxb. Corom. Pl.*, I, 29, t. 32). Synonyme de *Stemona* Lour.

ROXBURGHIA (Kœn., ex Endl., *Gen.*, 1042). Syn. de *Olax* L.

ROXBURGHIÉES, ROXBURGHIACÉES. — Voy. Stemona.

ROY (Hénr.), en latin *Regius*, professeur d'Utrecht [1598-1679], a écrit [1650] *Hortus academicus ultrajectinus* (in-8).

ROYALE (*Regia*). La Pivoine.

ROYAL-FERN. L'Osmonde, en anglais. En Australie, c'est aussi le *Todea barbara*, à cause de sa ressemblance avec l'Osmonde royale.

ROYAL PICOTAT. Nom niçois de l'*Agaricus muscarius* L.

ROYAL YELLOW-BARK. Nom anglais de l'écorce du *Cinchona Calisaya* Wedd.

ROYDSIA (Roxb., *Pl. corom.*, III, 86, t. 289). Synonyme (Pierre) de *Stixis* Lour.

ROYEN (Adr. van). Professeur à Leyde [1705-1779], a laissé : *De anatome et œconomia plantarum* [1728]; *Oratio qua jucunda, utilis ac necessaria medicinæ cultoribus commendatur doctrina botanica* [1729]; *Carmen elegiacum de amoribus et connubiis plantarum* [1732]; *Floræ leydensis Prodromus* [1740], et *Ericetum africanum*, ouvrage inédit. — Dav. v. Royen fut aussi professeur à Leyde, où il mourut en 1799; il a écrit : *Oratio de hortis publicis præstantissimis*, etc., et [1766] *Novæ plantæ Schwenckia dictæ descriptio*.

ROYENA (L., *Gen.*, n. 555). Genre d'Ébénacées, dont les fleurs sont construites comme celles des *Diospyros*, mais bien plus souvent hermaphrodites, 4, 5-mères; le calice accrescent autour du fruit; la corolle tordue. Les étamines sont au nombre de 8-15, et le fruit coriace, parfois 5-valve. Ce sont 13 arbres ou arbustes, de l'Afrique tropicale et australe. Plusieurs sont cultivés dans les jardins botaniques. (Hiern, *Eben.*, 79, t. 2. — H. Bn, *Hist. des pl.*, XI, 227.)

ROYER. Était « marchand épicier, rue du Faubourg Saint-Martin à Paris », et a publié [1760] un Catalogue de son jardin. — Royer (Joh.) a imprimé à Brunswick [1658] *Beschreibung des ganzen Fürstlich Braun. Gartens zu Hessen*, etc. (in-4).

ROYLE (J.-Forbes). Né dans l'Inde en 1800, fut professeur au Queen's College de Londres et mourut à Acton en 1858. Il étudia toute sa vie les productions végétales de l'Inde. En 1837, il écrivit un *Essai sur l'antiquité de la médecine hindoue*; puis, en 1839, ses *Illustrations of the botany... of the Himalayan mountains and of the Flora of Cashmere*; en 1840, *Essay on the productives resources of India*; en 1855, *The fibrous plants of India*; en 1857, une *Revue des mesures prises pour favoriser dans l'Inde la culture du coton*. En 1847, il avait publié *A Manual of Materia medica* (in-12).

ROYLEA (Nees, herb., ex Trin.). Synon. de *Pomereulla* L. f.

ROYLEA (Wall., *Pl. as. rar.*, I, 57, t. 74). Genre de Labiées-Lamiées, formé d'un arbuste de l'Himalaya; à fleurs de *Ballota*, mais avec des sépales égaux, dressés et oblongs. Les fleurs sont disposées par verticillastres axillaires lâches, 6-10-flores. (H. Bn, *Hist. des pl.*, XI, 35.)

ROYOC. Le *Morinda Royoc* L.

ROZELLA (Corn., *Mon. Saprol.*, 148). Genre de Chytridinés, dont les zoospores forment un plasmode qui remplit la cellule de la plante hospitalière. Ce plasmode se divise en séries, dans l'une desquelles se développe un zoosporange fortement appliqué à la paroi interne de la cellule. Plusieurs zoospores biciliées s'y forment et en sortent par une courte papille. Les sporanges durables se développent librement au sein du plasmode et s'enveloppent d'une membrane épaisse, hérissée de fines pointes. Quatre espèces, parasites dans des cellules de Saprolégniés et souvent dans des sporanges. [De S.]

ROZIER (Franç.). Tué à Lyon par une bombe en 1793, à l'âge de 59 ans, publia un *Cours complet ou Dictionnaire d'agriculture théorique et pratique*, qui eut 2 éditions.

ROZIN (A.). Auteur [1791] d'un *Herbier portatif des plantes qui se trouvent dans les environs de Liège* (in-8); il n'en parut qu'un cahier de 72 pages.

ROZITES (Karst. — Pat., *Hymen. d'Eur.*, 115). Genre d'Agaricinés-chromosporés, voisin des *Pholiota*, dont il diffère par la cuticule sèche et les spores ruguleuses au lieu d'être lisses. Les espèces terrestres, groupées sous ce nom, ne peuvent guère être considérées que comme formant une section du genre *Pholiota* Fr. [De S.]

RUAGEA (Karst., *Fl. columb.*, II, 51, t. 126). Synonyme (B. H., *Gen.*, I, 994) de *Guarea* L.

RUBACHIA (O. Berg, in *Linnæa*, XXVII, 11). Synonyme de *Marlieria* Cambess.

RUBAN D'EAU. Les *Sparganium* T.

RUBANEAU. Nom français (Lamk) des *Sparganium* T.

RUBEÆ (Dumort., *Anal. fam.*, 39). Tribu des Rosacées.

RUBEL (Fr.). Auteur [1778], à Vienne, de *De Agarico* (in-8).

RUBELLA (Dochn., *Obstk.*, II, 41). « Genre » de Poiriers.

RUBELLIANÆ. Nom ancien des baies de la Bryone.

RUBENTIA (Commers., ex J., *Gen.*, 378). Synonyme de *Elæodendron* Jacq.

RUBEOLA (T., *Inst.*, 130, t. 50). Synonyme de *Crucianella* L.

RUBÉOLE. L'*Asperula cynanchica* L.

RUBI. Nom provençal de la Garance.

RUBIA (T., *Inst.*, 113, t. 37). Nom latin des Garances. (H. Bn, *Hist. des pl.*, VII, 258, 390.)

RUBIACÉES. Famille de Dicotylédones-Gamopétales, ordinairement à réceptacle concave et à ovaire infère, à feuilles ordinairement opposées et accompagnées de stipules. Nous avons divisé cette famille en 15 séries : Rubiées, Spermacocées, Anthospermées, Coffées, Uragogées, Morindées, Chiococcées, Génipées, Oldenlandiées, Portlandiées, Cinchonées, Diervillées, Lonicérées, Sambucées, ? Adoxées. Cette dernière série doit plutôt être reportée parmi les Saxifragacées. (H. Bn, *Hist. des pl.*, 257, Fam. 63, fig. 223-388.)

RUBIÉES. Série (1) des Rubiacées. (H. Bn, *Hist. des pl.*, VII, 365.)

RUBIGO. La Rouille des végétaux.

RUBIGO (L. — K., *Obs.*, I, 22). Synonyme de *Erineum* Pers.

RUBIOIDES (Sol. — Gærtn., *Fruct.*, I, 112). Synonyme de *Opercularia* Gærtn.

RUBISSO. En Provence, l'*Adonis æstivalis* L.

RUBLE. Synonyme de Cuscute.

RUBUS (T.). Nom latin des Ronces.

RUBY-WOOD. Nom anglais du Santal rouge.

RUCA. En Italie, la Roquette cultivée.

RUCHES (BOIS DE). Le *Tambourissa quadrifida* Sonn.

RUCHETTA. — Voy. Ruca.

RUCKERIA (DC., *Prodr.*, VI, 83). Genre de Composées-Calendulées, formé de 2, 3 herbes de l'Afrique australe; distingué par des feuilles basilaires, pinnatiséquées; des hampes à un capitule; des fruits couronnés de longues soies laineuses et intriquées. (Deless., *Ic. sel.*, IV, t. 66. — H. Bn, *Hist. des pl.*, VIII, 195.)

RUCKIA (Reg., in *Gartenflora* [1868], 60, t. 571). Synonyme de *Rhodostachys* Phil.

RUCOLA. — Voy. Ruca.

RUDA. Nom languedocien de la Rue.

RUDASO. Nom japonais du *Nepeta tenuifolia* BENTH.

RUDBECKIA (ADANS., *Fam. des pl.*, II, 80). Synonyme de *Conocarpus* GÆRTN.

RUDBECKIA (L., *Gen.*, n. 980). Genre de Composées-Hélianthées, formé d'environ 25 herbes vivaces, américaines; distingué par des organes végétatifs rudes; des feuilles opposées ou alternes; des capitules à fleurs du rayon stériles ou 0; celles du disque régulières, fertiles; des capitules pédonculés, grands ou moyens. Plusieurs belles espèces sont cultivées chez nous en pleine terre. (*Bot. Mag.*, t. 2, 1601, 1996, 2310, 5281. — H. BN, *Hist. des pl.*, VIII, 218.)

RUDBÈQUE. Nom français (LAMK) des *Rudbeckia* L.

RÜDER (Fried.-Aug.). Auteur [1843] de *Ueber die Ernährung der Pflanzen und die Statik des Landhaus in Beziehung auf Hlubek's Preisschrift* (in-8 de 54 p.).

RUDGE (Edw.). Né et mort à Evesham [1763-1846], écrivit [1805] *Plantarum Guianæ rariorum icones et descriptiones*, etc., dont il n'a paru que 32 pages et 50 planches.

RUDGEA (SALISB., in *Trans. Linn. Soc.*, VIII, 327, t. 18, 19). Section du genre *Uragoga* L., à limbe calicinal 4-10-denté, à corolle droite ou incurvée, 4, 5-lobée, souvent velue en dehors, à divisions souvent pourvues d'une corne conique, extérieure, subapicale. (H. BN, *Hist. des pl.*, VII, 284.)

RUDOLPH (Joh.-Heinr.). Auteur [1781] de *Floræ Jenensis plantæ ad Polyandriam-Monogyniam Linnæi spectantes* (in-4).

RUDOLPHI (Fried.-K.-Ludw.). Né et mort à Ratzebourg [1801-1849], a écrit *Systema orbis vegetabilium* [1830]. — Karl-Asmund RUDOLPHI [1771-1832] est l'auteur d'une *Anatomie der Pflanzen* et [1812] de *Beiträge zur Anthropologie und allgemeinen Naturgeschichte* (in-8 de 188 p. et 1 pl.).

RUDOLPHIA (MEDIC., *Malv.*, 111). Le *Malpighia urens* L.

RUDOLPHIA (W., in *N. Schr. Ges. Nat. Berl.*, III, 451). Genre de Légumineuses-Papilionacées-Phaséolées, formé de 2, 3 herbes volubiles, des Antilles; distingué, dans le groupe des Érythrinées, par un étendard allongé; des ailes et une carène de 2 pièces bien plus courtes; des sépales au nombre de 4; les latéraux plus courts. (VAHL, *Ecl.*, III, t. 30. — H. BN, *Hist. des pl.*, II, 248.)

RUDOLPHOROEMERIA (STEUD., in *Schimp. Pl. abyss.*, n. 752). Synonyme de *Kniphofia* MŒNCH.

RUE (*Ruta* T., *Inst.*, 257, t. 133). Genre type de la famille des Rutacées. Ses fleurs régulières, hermaphrodites, sont construites sur le type 5, ou plus rarement 4. Le réceptacle convexe porte : un calice imbriqué dans la préfloraison, à divisions

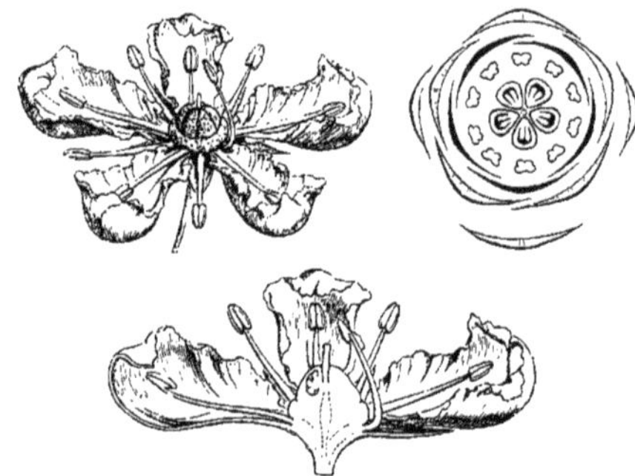

Rue. — Fleur, entière et coupe longitudinale. Diagramme.

profondes; des pétales alternisépales, libres, à filet court, à limbe en forme de cuilleron. La préfloraison de la corolle est tordue ou imbriquée; 10 étamines, sur 2 verticilles : le premier épisépale, le second épipétale. Les étamines de ce dernier sont plus courtes. Toutes portent sur un filet libre une anthère basifixe, biloculaire, introrse, déhiscente par deux fentes longitudinales. Le gynécée est entouré d'un disque épais; formé de 4, 5 carpelles, alternes avec les étamines internes. Les ovaires sont libres, sauf à l'extrême base, surmontés chacun d'un style séparé de ses congénères à la base, mais se rapprochant bientôt d'eux pour former une colonne que l'on considérerait faussement comme unique. Dans l'angle interne de chaque ovaire, un placenta pariétal supporte un nombre indéfini d'ovules, bisériés, anatropes, transversaux ou obliques. Le fruit, avec calice persistant, est formé de 4, 5 follicules unis inférieurement, béants

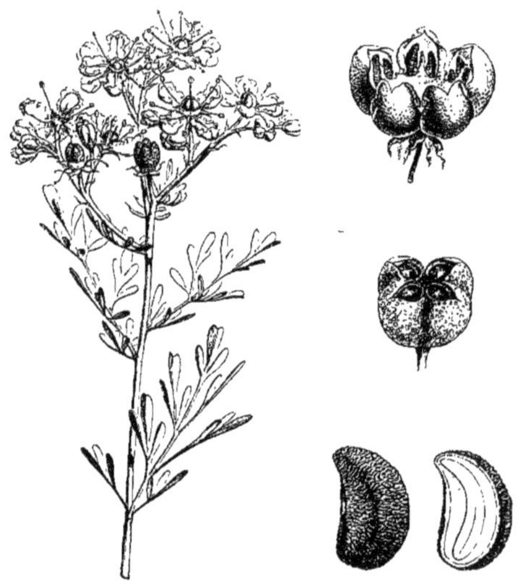

Rues. — Branche florifère. Fruits déhiscents. Graine, entière et coupe longitudinale.

au sommet, renfermant un nombre variable de graines, arquées, triangulaires, albuminées, à gros embryon. Les Rues sont des plantes herbacées, à odeur vive, due à la sécrétion d'huile essentielle accumulée dans les réservoirs pellucides dont tous les organes sont munis. Les feuilles sont alternes, composées, sans stipules. La Rue des jardins (*R. graveolens* L.) a des propriétés narcotico-âcres, vésicantes; c'est un emménagogue célèbre. Son essence, jadis très employée en médecine, est à peu près délaissée aujourd'hui; elle faisait partie du vinaigre des Quatre-Voleurs. (Voy. H. BN, *Hist. des pl.*, IV, 373, 428, 435, 450; fig. 391-97. — *Tr. Bot. méd. phanér.*, 847.) [F. H.]

RUECKERT (Ernst.-Ferd.). Médecin à Königsbrück [1794-1843], est l'auteur d'une *Flore de Saxe* [1840], qui a paru sous plusieurs titres différents.

RUE DES CHÈVRES. Le *Galega officinalis* L.

RUE DES MURAILLES. L'*Asplenium Ruta-muraria* L.

RUE DES PRÉS. Le *Thalictrum flavum* L.

RUEL (Jean) ou **DE LA RUELLE**, en latin **RUELLIUS**. Né à Soissons en 1474 et mort à Paris, en 1737, célèbre par son *De natura stirpium libri tres*, publié à Paris en 1536, et qui eut trois autres éditions à Venise et à Basle. Le genre *Ruellia* lui a été dédié par Plumier, qui s'exprime à ce propos en ces termes : « Joannes Ruellius Gallus, patria Suessoniensis, D. M. supra linguarum peritiam non vulgari rerum cognitione præditus. Abdicata medendi arte, sacerdotium in templo Deiparæ Virginis Lutetiæ Parisiorum Poncherii Antistitis liberalitate promeruit, totumque id otium optimis litteris, ut fortunis auctum decebat, impendit. Latini sermonis puritatem ejus præclare indicat Dioscorides in latinum e græco emendare traductus. Obiit canonicus parisiensis, anno 1537. »

RUELING (Joh.-Phil.). Médecin à Einbeck, auteur [1766] d'un *Commentatio de ordinibus naturalibus plantarum*; puis

[1774] de *Ordines naturales plantarum*, et [1786] de *Verzeichniss der an und auf dem Harz wildwachsenden Baüme, Gesträuche und Kräuter* (2 vol. in-8).

RUELLIA (L., *Gen.*, n. 784). Genre d'Acanthacées, qui donne son nom à une série des *Ruelliées*, et qui appartient à toutes les régions chaudes du globe; distingué par une corolle irrégulière ou presque régulière, tordue, portant 4 étamines didynames, unies 2 à 2 en bas de leur filet par une sorte de membrane; les anthères oblongues-sagittées, dorsifixes, à 2 loges;

Ruellia. — Fleur, entière et coupe longitudinale. Sommet du style.

l'ovaire à 2 loges, surmonté d'un style à 2 branches, dont une réduite à une saillie courte; l'autre arquée ou enroulée en crosse. Il y a, dans chaque loge, 3-∞ ovules ascendants, et le fruit est loculicide. Les graines ont un rétinacle basilaire. Ce sont des herbes ou des arbustes, à feuilles opposées, généralement entières, à fleurs souvent belles, axillaires ou disposées en inflorescences terminales composées. (H. Bn, *Hist. des pl.*, X, 407, 426, fig. 313-315.)

RUELLIOLA (H. Bn, *Hist. des pl.*, X, 427). Genre d'Acanthacées-Ruelliées, fondé sur un *Brillantaisia* de Madagascar, à très petites feuilles, à corolle bilabiée, différente de celle des vrais *Brillantaisia* par sa préfloraison tordue. L'androcée est diandre et l'ovaire ∞-ovulé.

RUEPPELIA (A. Rich., *Fl. abyss.*, I, 203, t. 37). Synonyme de *Æschynomene* L.

RUE PURGATIVE. L'*Ipomœa cathartica* Poir.

RUE SAUVAGE, R. DE MONTAGNE. Le *Ruta montana* DC.

RUG. Nom danois du Seigle.

RUGELIA (Shuttl., in *Champ. Fl. S. Un.-St.*, 246). Synonyme de *Cacalia* L.

RUGENDASIA (Scheele, herb.). Syn. de *Weldenia* Schult. f.

RUGENIA (Neck., *Elem.*, II, 78). Pour *Eugenia* L.

RUGIASA DEL SOLE. En Italie, le *Drosera rotundifolia* L.

RUHLAND (Reinb.-Ludw.). Est l'auteur [1809] d'une thèse sur la nutrition des plantes (in-8 de 37 p.).

RUIBARBO DO CAMPO. Au Brésil, le *Ferraria purgans* Mrt.

RUIDA. En Portugal, la Garance.

RUISCHE. Nom français (Lamk) des *Ruyschia* Lamk.

RUITE. En Hollande, le *Ruta graveolens* L.

RUIVINHO. A Madère, le *Rubia tinctorum* L.

RUIZIA (Cav., *Diss.*, 197, t. 36, 37). Genre de Malvacées-Dombeyées, formé de 3, 4 arbustes de Bourbon; distingué par des fleurs de *Dombeya*, à 20 étamines et à ovaire 10-loculaire. (H. Bn, *Hist. des pl.*, IV, 125.)

RUIZIA (R. et Pav., *Fl. per. et chil. Prodr.*, 135, t. 29). Synonyme de *Peumus* Pers.

RUKO-ASAGAO. Nom japonais de l'*Ipomœa coccinea* L.

RUKOSO. Nom japonais du *Quamoclit vulgaris* Chois.

RUKTALOO. Nom sanscrit de la Patate.

RULAC (Adans., *Fam des pl.*, II, 383). Synonyme de *Negundo* Mœnch.

RULINGIA (Ehrh., *Beitr.*, III, 132). Le *Portulaca Anacampseros* L.

RULINGIA (R. Br., in *Bot. Mag.*, t. 2191). Genre de Malvacées-Buettnériées, formé de 14 arbustes d'Australie et 1 de Madagascar; distingué par des pétales concaves à la base, avec un limbe ligulé; des staminodes simples; un fruit lisse ou échiné. (J. Gay, in *Mém. Mus.*, X, t. 12, 13. — H. Bn, *Hist. des pl.*, IV, 130.)

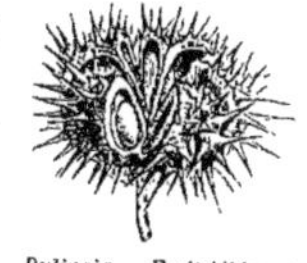

Rulingia. — Fruit déhiscent.

RUMAN. Nom arabe du Grenadier.

RUMELIUS (Jan.-Chunrad). Auteur, à Nuremberg [1626], de *Theologia vegetabilis*.

RUMETIUS (Ludov.). A écrit [1606] *Sacrorum bibliorum arboretum morale*, et [1626] *Scripturæ sacræ viridarium literale et mysticum* (in-8 de 901 p.).

RUMEX (L., *Gen.*, 105, n. 300). Nom latin des Patiences. Ce genre pourrait servir de type à la famille des Polygonacées, où on doit le placer dans la série des Rhubarbes. Ses fleurs, hermaphrodites ou polygames, portent, sur un réceptacle légèrement concave : un double périanthe de 6 pièces, disposées sur

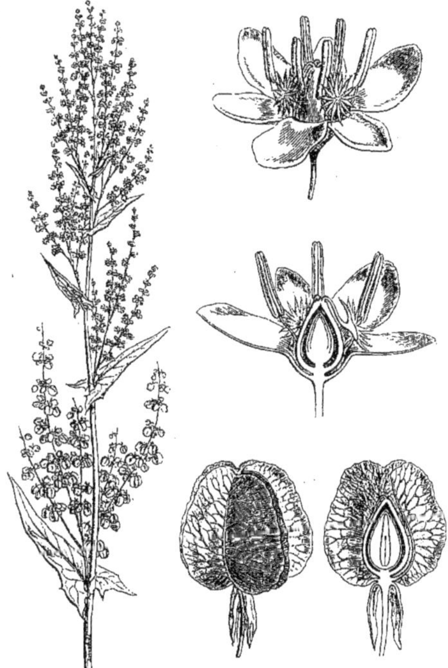

Rumex. — Branche florifère. Fleur, entière et coupe longitudinale. Fruit, entier et coupe longitudinale.

2 verticilles, respectivement alternes; ces pièces sont imbriquées dans la préfloraison; 6 étamines, disposées par paires, en face de chaque sépale extérieur, à filet mince, à anthère biloculaire, souvent introrse, déhiscente par 2 fentes longitudinales. Au fond de la coupe réceptaculaire se trouve l'ovaire trigone, à 3 branches stylaires entraînées vers le bas par le poids de la tête, fréquemment laciniée; cet ovaire reste rudimentaire dans les fleurs mâles. Le fruit, également trigone, est entouré du calice persistant; il contient, au milieu d'un albu-

men farineux, un embryon excentrique, droit ou légèrement recourbé. Les Patiences sont des herbes fréquemment vivaces, à feuilles munies d'un ocrea, à inflorescences de Polygonées. L'Oseille (*R. Acetosa* L. — *Lapathum pratense* LAMK) est une espèce sauvage de nos campagnes, à feuilles oblongues, sagittées. Elle fournit une racine longue, rougeâtre, employée en médecine comme dépurative, à cause de son astringence et de son amertume; elle fait partie du bouillon aux herbes; et la richesse de son parenchyme en macles d'oxalate de chaux la fait employer industriellement à l'extraction de ce sel auquel elle donne son nom : sel d'oseille. Le *R. Acetosella* L., espèce vulgaire des terrains sablonneux et humides, jouit des mêmes propriétés que la précédente, bien que rarement employée. La Grande Patience (*R. Patientia* L. — *Lapathum hortense* LAMK), fréquemment cultivée, ne se trouve guère qu'à l'état de demi-culture dans notre pays; elle fournit la racine dite de Patience, donnée aujourd'hui en plus grande abondance par le *R. obtusifolius* L. Cette racine est réputée dépurative, antiscorbutique, et renferme, outre une quantité considérable d'oxalate de chaux, des granules de fécule et une substance colorante, peut-être analogue à celle de la Rhubarbe. La P. Sandragon est une var. à feuilles pourprées du *R. nemorosus* SCHRAD. Citons encore une espèce de montagne, le *R. alpinus* L., très réputée jadis sous le nom de *Rhubarbe de moine*. (Voy. H. BN, *Tr. Bot. méd. phanér.*, 1334, fig. 3335-3339.) [F. H.]

RUMF (Georg.-Eberhard), dit **RUMPHIUS**. Né en 1627 dans le comté de Solms, fut placé à la tête des comptoirs hollandais d'Amboine et rédigea en hollandais, d'après les observations faites par lui dans ce pays, le superbe ouvrage intitulé : *Herbarium amboinense*, etc., que J. Burmann traduisit en latin. Les 6 volumes in-fol. de ce livre parurent de 1741 à 1755. En 1755 fut aussi publié un *Auctuarium* de cet ouvrage. Rumf était mort en 1702; il était aveugle. Un *Clavis Rumphiana* est dû à Henschel, et M. Hasskarl a donné en 1866 un *Neuer Schlüssel zu Rumph's Herbarium amboinense*.

RUMFORDIA (DC., *Prodr.*, 5, 549). Genre de Composées-Hélianthées; formé d'un arbuste mexicain; distingué, dans le groupe des Verbésinées, par ∞ fleurs du rayon, sub-2-sériées; un réceptacle du capitule convexe; de larges feuilles opposées; une inflorescence en grappes ramifiées de capitules. Ce sont des arbustes mexicains. (DELESS., *Ic. sel.*, IV, 30. — H. BN., *Hist. des pl.*, VIII, 215.)

RUMI. En Égypte, le Maïs.

RUMIA (HOFFM., *Umbell.*, 171, t. tit., fig. 3, 4, 17, 21, nec LINK). Section du genre *Apinella* NECK. (H. BN, *Hist. des pl.*, VII, 223). Le *Rumia* LINK est synonyme de *Capnophyllum* GT.

RUMINIA (PARLAT., *Descr. nov. gen. Monoc.*, 3; *Fl. ital.*, III, 84). Synonyme de *Leucoium* L.

RUMMAN. Nom arabe du Grenadier.

RUMPHE. Nom français (LAMK) des *Rumphia* L.

RUMPHIA (L., *Gen.*, n. 47). Genre attribué aux Térébinthacées, aux Euphorbiacées, etc., et absolument douteux. (LAMK, *Dict.*, VI, 352. — RHEEDE, *Hort. malab.*, IV, t. 11.)

RUNCINA (ALLEMAND, in *Nov. Act. nat. cur.* [1770], IV, 94). Genre incertain.

RUNGE (Friedl.-Ferd.). Mort à Orianenburg en 1867, à l'âge de 72 ans, écrivit [1820-21] *Neueste phytochemische Entdeckungen z. Begründung einer wissenschaftlichen Phytochemie*; en 1822, *De pigmento indico* (in-8 de 54 p.); en 1828, des *Études chimiques sur les Composées, Valérianées*, etc.

RUNGIA (NEES, in *Wall. Pl. as. rar.*, III, 77). Genre d'Acanthacées-Justiciées, formé de 12-14 herbes, de l'Afrique, l'Asie et l'Océanie chaudes, à port et fleurs de *Monothecium*, avec une capsule stipitée, s'ouvrant comme celle des *Dicliptera*. Les anthères ont une de leurs loges ou les deux loges pourvues inférieurement d'un éperon. (WIGHT, *Icon.*, t. 465, 1547-1550. — BEDD., *Icon. pl. ind. or.*, t. 247, 266. — H. BN, *Hist. des pl.*, X, 462.)

RUNNING-GRASS. Nom anglais du *Digitaria marginata* LINK.

RUPALA. Pour *Roupala* AUBL.

RUPALLEYA (MORIÈR., in *Bull. Soc. Linn. Norm.*, VIII, 313, t. 15). Synonyme de *Stropholirion* TORR.

RUPINIA (CORDA, in *Opiz Beitr.* [1829], I). Synonyme de *Oxymitra* BISCH.

RUPINIA (L. FIL., *Suppl.*, 69). Synon. de *Plagiochasma* LEHM.

RUPINIA (SPEG. et ROUM., *Rev. mycol.* [1879], 171). Genre de Myxomycètes, constitué pour une espèce récoltée sur des micaschistes nus, au sommet du Pic du Midi. Le péridium fragile, formé d'une double membrane, est porté sur un stipe creux, formant une columelle courte, conique, d'où partent les filaments du capillitium, qui sont aussi en connexion avec le péridium. Les spores, lisses et globuleuses, sont teintées de brun jaune. [DE S.]

RUPPIA (L., *Gen.*, n. 175). Genre de Naiadacées-Potamées, formé d'une herbe aquatique, très variable, des régions tempérées et subtropicales; distingué par des fleurs en épis, hermaphrodites, apérianthées; les mâles 2- ou 4-andres, suivant les opinions; les femelles à 4 carpelles ou plus, avec des ovules solitaires, descendants et campylotropes. Les fruits, insérés sur un pédoncule allongé et tordu, ont une graine oncinée, à embryon macropode. On observe sur nos côtes 3 espèces de ce genre. (GÆRTN., *Fruct.*, II, t. 84. — NEES, *Gen. Fl. germ.*, *Monoc.*, III, n. 47. — MIRB., in *Ann. Mus.*, XVI, t. 18. — L.-C. RICH., in *Ann. Mus.*, XVII, t. 5.) [H. BN.]

RUPPIUS (Heinr.-Bernh.). Né à Giessen en 1688 et mort à Iéna en 1719, a écrit *Flora Jenensis*, qui eut trois éditions, dont deux posthumes [1726, 1745], et qui renferme des détails très curieux pour l'histoire des classifications botaniques. La troisième édition, publiée par Alb. Haller, est enrichie de nombreuses observations trouvées dans les papiers de l'auteur.

RUPPRECHT (Joh.-Bapt.). Écrivit [1833] *Ueber das Chrysanthemum indicum*, etc. (in-8 de 211 p.). Il mourut en 1846.

RUPRECHT (Fr.-J.). Né à Prague en 1814, fut longtemps conservateur de l'herbier de l'Académie des sciences de Saint-Pétersbourg, où il mourut en 1870. On lui doit un *Tentamen Agrostographiæ universalis* [1838]; *Bambuseæ* [1839]; *Flores Samojedorum cisuralensium* [1845]; *Distributio Cryptogamum vascularium in imperio rossico* [1845]; *In historiam stirpium Floræ petropolitanæ Diatribæ* [1845]; *Algæ ochotenses* [1850]; *Bemerkungen über den Bau und das Wachsthum einiger grossen Algenstämme*, etc. [1844]; *Ueber die Verbreitung der Pflanzen im nördlichen Ural* [1850]; *Neue und wenig bekannte Pflanzen aus dem nördlichen Theile des stillen Oceans* [1852]; *Flora boreali-uralensis* [1847-1848]; *Decas plantarum sive Tabulæ botanicæ X, ex itinerario D. Maack seorsim editæ* [1859]; *Flora ingrica*, vol. I [1860]; *Untersuchungen über das Tschornosjom den vegetabilischen Humusboden Russlands* [1864-1866]; *Flora Caucasi*, p. I [1869], in-4 de 302 p. et 6 pl. Il fut le guide autorisé de Maximowicz à ses débuts dans l'étude de la botanique.

RUPRECHTIA (C.-A. MEY., in *Mém. Ac. Pétersb.*, sér. 6, VI, 148, t. 4). Genre de Polygonacées-Triplariées, formé d'une vingtaine de plantes ligneuses, américaines; distingué par un périanthe 6-mère; des fleurs dioïques; 9 étamines; un fruit sec, à 3-6 sillons; les angles obtus; l'albumen ruminé. (*Fl. bras.*, V, I, t. 26, 27.) [H. BN.]

RUPTURE (Herbe à la). L'un des noms vulgaires de l'*Herniaria glabra* L.

RUPTURE WORT. En Angleterre, l'Herniaire.

RURICHOSO. Au Japon, le *Dracocephalum urticæfolium* MIQ.

RURI-ICHIGESO. Nom japonais de l'*Anemone altaica* FISCH.

RURISO. Nom japonais des *Omphalodes* T.

RURI-TORANO-WO. Nom japonais du *Veronica longifolia* L.

RURUBA DE SENENO. Nom, en Colombie, du *Passiflora manicata* (*Tacsonia manicata* J., in *Ann. Mus.*, VI, 393).

RUSA. Essence vendue en Orient et qu'on croit produite par une forme de l'*Andropogon Schœnanthus* L.

RUSA-KA-TEL. Dans l'Inde, l'essence, dit-on, de l'*Andropogon Schœnanthus* L.

RUSCHOUN. Nom indien moderne de l'Ail (PIDDINGT.).

RUSCUS (T., *Inst.*, 79, t. 15). Genre de Liliacées, attribué souvent aux Asparagées et qui donne son nom à un groupe des *Ruscées*. Les fleurs y sont hermaphrodites ou unisexuées, avec un périanthe verdâtre ou blanchâtre, 6-mère, 2-sérié. Les étamines, insérées à sa gorge, sont 1-adelphes, formant une sorte d'urcéole qui porte en haut et en dehors 3-6 anthères extrorses, 2-loculaires. Le gynécée supère a un ovaire à 3 loges, dont 2 peuvent avorter, avec, dans chaque loge, 2 ovules collatéraux. Le fruit est une baie, souvent monosperme; la graine à peu près globuleuse, albuminée. Ce sont 3 arbustes d'Europe, d'Orient et des îles du nord-ouest de l'Afrique, à rameaux souvent transformés en cladodes foliiformes. Dans les *Danae*, section de ce genre, ces cladodes, terminés par la fleur, sont pédicelliformes. Dans les vrais *Ruscus*, tels que le Petit-Houx (*R. aculeatus*) et le Laurier-Alexandrin (*R. Hypophyllanthus*), ils sont larges, aplatis et portent sur une de leurs faces une bractée avec une cyme unipare dans son aisselle. Dans les *Semele* (*R. androgynus*), autre section, les coussinets marginaux du cladode sont bractéifères, avec cymes axillaires. La méthode parasite, se basant sur des données histologiques inexactes, a considéré les cladodes des *Ruscus* comme de nature foliaire : opinion que s'est hâté d'adopter M. Duchartre. Le *R. aculeatus* est assez commun dans nos bois. Les *Ruscus* passent pour diurétiques et dépuratifs. Le Petit-Houx a un rhizome qui fait partie des racines apéritives de notre vieille pharmacopée. M. Dutailly (in *Bull. Soc. Linn. Par.*, 153) a rétabli la vérité sur « la signification des cladodes du *Ruscus aculeatus* ». M. W. Russell a également démontré par l'étude anatomique la nature axile de ces cladodes. (NEES, *Gen. Fl. germ.*, *Monoc.*, II, n. 64. — WEBB, *Phyt. canar.*, t. 224. — H. BN, *Herbor. paris.*, 80.) [H. BN.]

Ruscus. — Branches cladodifères. Fleur, entière et coupe longitudinale.

RUSOT. Nom du *Berberis Lycium* ROYLE.

RUSQUE. En Provence, le Liège.

RUSQUE. Le *Ruscus aculeatus* L.

RUSSE. Synonyme de Rosse.

RUSSE-ROUC. Le *Brassica* (*Melanosinapis*) *nigra* KOCH.

RUSSEGGERA (ENDL., *Nov. st. Dec.*, 38; *Iconogr.*, t. 94). Synonyme (NEES) de *Lepidagathis* W.

RUSSELIA (JACQ., *St. amer.*, 178, t. 113). Genre de Scrofulariacées-Scrofulariées, à fleurs de *Pentstemon;* la corolle à 5 lobes étalés, plats, subégaux ; l'androcée didyname, avec ou sans staminode; les graines nichées dans des poils membraneux et caducs. Ce sont des plantes américaines, parfois junciformes, assez souvent cultivées. (H. BN, *Hist. des pl.*, IX, 436.)

RUSSELIA (L. F., *Suppl.*, 24). Synonyme de *Vahlia* THUNB.

RÜSSHIA (KARST. — SCHLCHTL, in *Linnæa*, XXVI, 669). Synonyme de *Marsdenia* R. BR.

RUSSIN. En Suède, le Raisin.

RUSSULARIÉES (ROZE, in *Bull. Soc. bot. Fr.*, XXIII, 110). Famille d'Agaricinés-leucospores, comprenant les genres *Russula* PERS. et *Lactarius* FR.

RUSSULARIS (REICHB., *Nom.*, 12). Section du g. *Lactarius* FR.

RUSSULE (*Russula* PERS., *Syn.*, 438). Genre d'Agaricinés-leucospores, très voisin des Lactaires. Le réceptacle charnu, robuste, ordinairement de grande dimension, présente un stipe trapu, cylindrique, rarement atténué à la base ou au sommet, portant un chapeau épais, en dôme ou plan, dont les bords, rarement involutés, se relèvent quelquefois dans la vieillesse. Les lamelles, le plus souvent entières, ne sont ni décurrentes, ni lactescentes; elles sont quelquefois larmoyantes, et laissent échapper naturellement un liquide hyalin. Chez certaines espèces, elles s'anastomosent et prennent ainsi l'apparence fourchue. L'hyménium offre plus rarement des cystides que chez les Lactaires; ils sont fusiformes ou claviformes. Les basides s'allongent un peu plus que les cellules stériles et portent 4 stérigmates, longs chez quelques espèces, comme le *R. adusta* FR. Les spores sont assez grandes, sphériques plus ou moins, finement verruqueuses, mais non réticulées, blanches vues en masse, ou jaunes à cause de leur contenu; mais la membrane de la spore est d'ordinaire hyaline. Le tissu est différencié, et la trame du chapeau et du pied comprend trois systèmes de cellules : des cellules en filaments ou hyphes; des cellules d'une forme plus ou moins sphérique, souvent disposées en rosettes, entourées de filaments étroits et offrant au centre un réservoir laticifère, qui représente le troisième système et parcourt également les points où prédominent les hyphes étroites, qu'il égale ou surpasse en diamètre. Enfin, la cuticule qui revêt le chapeau présente souvent des cellules pileuses, de forme analogue aux cystides. Il est facile de retrouver des points de contact entre ces diverses formes de cellules qui émanent les unes des autres. La coloration, assez uniforme pour le stipe qui est blanc, blanchâtre, teinté quelquefois de jaune ou de violet, est très variée pour le chapeau; constante chez certaines espèces, elle est très variable chez d'autres. Les lamelles, blanches chez les vrais leucospores, se teintent en jaune ou en chamois chez d'autres. On en compte tout près d'une centaine d'espèces, localisées, comme les Lactaires, dans les pays tempérés de l'hémisphère nord, groupées surtout d'après les caractères de la cuticule visqueuse ou sèche des lamelles, toutes égales, ou entremêlées d'inégales, ou anastomosées-fourchues (voy. FRIES, *Epicr.*). Plusieurs espèces sont comestibles. Ainsi le *R. alutacea* SCHÆFF., recherché dans le sud-est de la France, les *R. vesca* FR., *heterophylla* FR., *virescens* SCHÆFF. Plusieurs autres sont au contraire très vénéneuses; ainsi les *R. emetica* SCHÆFF., *rubra* FR., *Sardonia* FR., *Queletii* FR. [DE S.]

RUST. Nom anglais de la Rouille, du Charbon des végétaux et aussi, dit-on, de quelques autres maladies des céréales, produites par des champignons.

RUSTER. En Allemagne, l'*Ulmus campestris* L.

RUSTIA (KL., in *Hayn. Arzn.*, XIV, sub t. 14). Genre de Rubiacées-Portlandiées, à fleurs analogues à celles des *Condaminea*, 5-mères, avec un calice court et persistant; une corolle plus longue et plus étroite, valvaire; des étamines dont les anthères s'ouvrent seulement au sommet par des pores ou fentes courtes, basifixes et non dorsifixes. Leur ovaire infère, à 2 loges multiovulées, devient un fruit capsulaire, claviforme ou oblong-obovoïde et loculicide. Les graines albuminées sont nombreuses, petites, comprimées ou marginées. Les 5 ou 6 *Rustia* connus sont des arbres de l'Amérique tropicale, à feuilles opposées, à grandes stipules intrapétiolaires, oblongues ou sublancéolées, dont les aisselles sont pourvues de glandes; à fleurs en cymes terminales, disposées en grappes composées. (Voy. *Hist. des pl.*, VII, 334, 471, n. 148.) [H. Bn.]

RUTA. Nom latin des Rues.

RUTABAGA. Navet dit Chou-navet jaune et de Laponie.

RUTA CAPRA (MATTH.). Le *Galega officinalis* L.

RUTACÉES. Famille de Dicotylédones-dialypétales, renfermant des plantes, le plus souvent ligneuses, remarquables ou par l'amertume de leurs parties ou par leur odeur, due à des glandes punctiformes, pellucides. C'est une famille par enchaînement où nous avons admis les 14 séries suivantes : Rutées, Cuspariées, Diosmées, Boroniées, Zanthoxylées, Amyridées, Aurantiées (Citrées), Balanitées, Quassiées, Cnéorées, Zygophyllées, Nitrariées, Coriariées, Surianées. (H. Bn, *Hist. des pl.*, IV, 373, Fam. 35, fig. 391-529.)

RUTÆA (RŒM., *Syn.*, 93). Synonyme de *Turræa* L.

RUTA LUNARIA. Le *Botrychium Lunaria* Sw.

RUTARIA (WEBB, in exs. *Bourgeau*). Genre proposé pour le *Ruta pinnata*.

RUTA SYLVESTRIS ARMOLA (MATTH.). Le *Peganum Harmala* L.

RUTERIA (MEDIC., *Vorles.*, II, 280). Synonyme de *Psoralea*.

RUTHE (Joh.-Fried.). Auteur [1827] de *Flora der Mark Brandenburg und der Niederlausitz* (in-8 de 687 p. et 2 pl.). Il est mort à Berlin en 1859.

RUTHEA (BOLLE, in *Verh. d. bot. Ver. Prov. Brand.* [1862], t. 1, 2). Genre d'Ombellifères-Carées, rapporté avec doute par MM. Bentham et Hooker (*Gen.*, I, 887) aux *Lichtensteinia*, quoique ses vallécules soient pourvues de larges bandelettes. (H. Bn, *Hist. des pl.*, VII, 224.)

RUTHEA (KL., *Boruss.*, t. 391). Synonyme de *Paxillus* Fr.

RUTICA (NECK., *Elem.*, II, 202). Genre non admis, disjoint des *Urtica* T.

RUTIDANTHERA (PL., in *Hook. Lond. Journ.*, V, 599, t. 12, 20). Sous-genre des *Godoya* (voy. ce mot), caractérisé par des anthères allongées, ridées en travers, et par des feuilles composées-digitées, qui ont été comparées à celles des Sapindacées. Le *G. splendida* PL., ou *Quiebra-Hacha* de la Colombie, est la seule espèce connue de ce petit groupe. C'est un bel arbre de l'Amérique tropicale. (H. Bn, *Hist. des pl.*, IV, 370.)

RUTIDEA (DC., in *Ann. Mus.*, IX, 219; *Prodr.*, IV, 495). Section du genre *Ixora* L., remarquable surtout par les caractères de son albumen qui est ruminé. (H. Bn, in *Adansonia*, XII, 215; *Hist. des plant.*, VII, 406.)

RUTIDÉE. Nom français (LAMK) des *Rutidea* DC.

RUTIDOCHLAMYS (SOND., in *Linnæa*, XXV, 497). Synonyme de *Podolepis* LABILL.

RUTIDOSIS (DC., *Prodr.*, VI, 158). Section du genre *Helichrysum* GÆRTN. (H. Bn, *Hist. des pl.*, VIII, 175.)

RUTILIA (VELL., *Fl. flum.*, IV, t. 19). Genre incertain. (ENDL., *Gen.*, 1334.)

RUTOSMA (A. GRAY, *Gen. ill.*, 143, t. 155). Synonyme de *Thamnosma* TORR. et FREM.

RUTSTRŒM (Carl-Birger). Écrivit [1793] *Positiones nonnullæ medici et botanici argumenti*, et [1794] *Spicilegium plantarum cryptogamarum Sueciæ* (in-4 de 20 p.). Il était né à Stockolm en 1726.

RUTSTROEMIA (KARST., *Fragm. mycol.*, XXII). Genre de Pézizés, à cupule stipitée, qui ne se distingue du genre *Sclerotinia* FUCK. que par l'absence de sclérote. [DE S.]

RUTTYA (HARV., in *Hook. Lond. Journ.*, I, 27; *Thes. cap.*, t. 144). Genre d'Acanthacées-Justiciées, formé de 2, 3 herbes ou arbustes, de l'Afrique tropicale et australe; distingué par une corolle 2-labiée, à tube assez large; 2 staminodes à la base des filets fertiles; des anthères appendiculées en bas ou aux deux extrémités; des inflorescences composées et spiciformes. Les étamines fertiles sont exsertes et ont des anthères uniloculaires. (H. Bn, *Hist. des pl.*, X, 452.)

RUUDASO. Nom japonais du *Chenopodium ambrosioides* L.

RUYBARBO DE LAS INDIAS. Nom ancien (MONARDES) du Jalap. Il le nommait encore *R. de Mechoacon*.

RUYSCHIA (JACQ., *St. amer.*, 75, t. 51, fig. 1). Genre de Marcgraviées, formé de 7, 8 lianes, de l'Amérique tropicale; distingué par des pétales connés à la base; 5 étamines; des bractées 3-lobées, adnées au pédicelle axillaire. (H. Bn, *Hist. des pl.*, IV, 242, 263, fig. 279-281.)

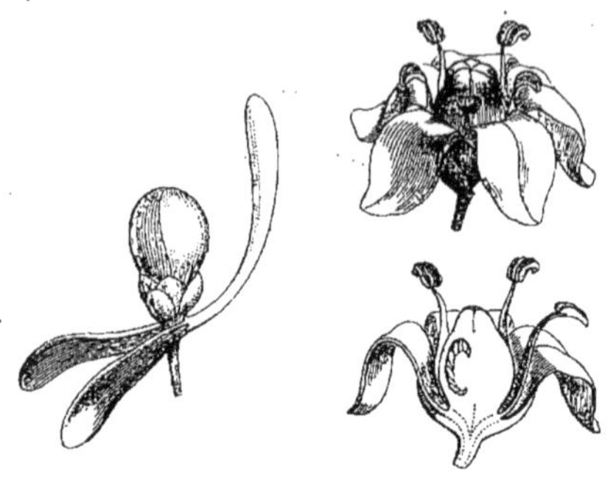

Ruyschia. — Bouton et sa bractée. Fleur, entière et coupe longitudinale.

RUYSCHIANA (MILL., *Dict.*). Synonyme de *Dracocephalum* L. (LEDEB., *Fl. ross.*, III, 389. — G. DON, *Gen. Syst.*, IV, 814. — WALP., *Rep.*, III, 796.)

RUZOT. Nom de certains *Berberis* indiens et surtout de leur extrait, vendu comme médicament dans les bazars de l'Orient; ce sont les *B. Lycium*, *aristata*, *asiatica*, etc.

RYA. Nom germanique du Seigle.

RYANIA (VAHL, *Ecl.*, I, 51, t. 9). Genre de Bixacées-Samydées, qui a d'étroits rapports avec les Passifloracées; formé de 5, 6 arbres de l'Amérique tropicale; distingué par de longs sépales imbriqués; ∞ étamines et pas de corolle. L'ovaire est presque complètement libre, surmonté d'un style à sommet

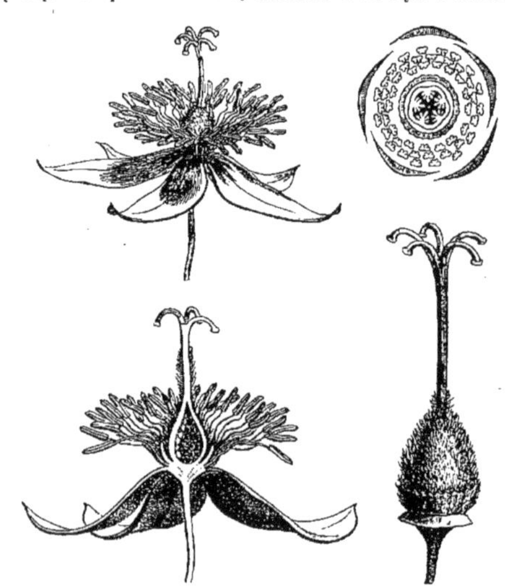

Ryania. — Fleur, entière et coupe longitudinale. Diagramme. Gynécée.

lobé ou partagé en 2-6 branches réfléchies, capitées et stigmatiques à leur sommet. Les placentas pariétaux sont au nombre de 2-5, oppositipétales et ∞-ovulés. Le fruit est ligneux ou subéreux; les graines arillées. (H. Bn, *Hist. des pl.*, IV, 272, 309, fig. 310-313.)

RYBAS. En Perse, le *Rheum Ribes* L.

RYDBECKIA (NECK., *Elem.*, III, 182). Synonyme (part.) de *Phalangium* T.

RYDELIUS (And.). Évêque de Lund, auteur [1720] d'un *Dissertatio de Palma* (in-8 de 32 p.). Il mourut en 1738 à Lund, où il était né en 1671.

RYDER (Thom.). A écrit [1796], à Londres, *Some account of the Maranta, or Indian Arrow-root, in which it is considered and recommanded as a substitute for starch prepared from corn* (in-8 de 32 p.).

RYE. Nom anglais du Seigle.

RYE GRASS. Nom anglais du *Lolium perenne* L.

RYKIA (DE VR., in *Verh. K. Ak. Wetensk.* [1854]; in *Tuinb. Fl.*, I, 161). Synonyme de *Pandanus* L. F.

RYMANDRA (SALISB., in *Knight Prot.*, 124). Synonyme de *Knightia* R. BR.

RYMIA (ENDL., *Gen.*, 743). Synonyme de *Euclea* L.

RYOJO. Nom japonais d'une Euphorbe indéterminée.

RYPARIA (BL., *Fl. Jav. Præf.*, 8). Synonyme délaissé de *Ryparosa* BL.

RYPAROBIUS (BOUD., *Ascobol.*, 47). Genre d'Ascobolés, à cupule sessile, petite, disciforme, glabre ou ciliée. Les thèques exsertes, larges et courtes, contiennent 16 spores et plus oblongues, fusiformes, hyalines. On en décrit 23 espèces, qui se rencontrent, dans notre pays, sur les excréments de divers animaux. [DE S.]

RYSODIUM (STEV., in *N. Mém. Mosc.* [1834], III, 105). Section du genre *Astragalus* T.

RYSSOPTERYS (BL. — A. JUSS., *Malpigh.*, 129, t. 11). Genre de Malpighiacées-Banistériées, formé de 5, 6 lianes océaniennes ; distingué par des fleurs 10-andres, à calice non glanduleux et 3 styles capitulés. Les feuilles sont opposées ou à peu près ; le pétiole 2-glanduleux. Ce sont des lianes grêles, des régions les plus chaudes de l'Océanie. Leurs fleurs sont terminales ou en apparence axillaires, disposées en cymes corymbiformes, avec des pédicelles articulés, épaissis vers leur sommet et 2 bractéoles imbriquées à chaque fleur. (H. BN, *Hist des pl.*, V, 460.)

RYSSOSPORA (FAYOD, in *Ann. sc. nat.*, sér. 7, IX, 361). Sous-genre d'Agaricinés-chromospores, qui se distingue des *Pholiota* par la cuticule peu développée, le stipe ventru et les spores ridées et ponctuées. [DE S.]

RYTACHNE (DESVX, in *Hamilt. Prodr. Fl. ind. occ.*, 11). Genre de Graminées, jusqu'ici très imparfaitement connu. C'est, dit-on, une herbe des Antilles, dont les caractères rappellent ceux des Lepturées, avec des épillets 2-flores, plongés dans des cavités du rachis de l'inflorescence, solitaires; la fleur supérieure mâle ; l'inférieure hermaphrodite.

RYTIDEA (SPRENG., *Syst.*, I, 515). Synonyme de *Rutidea* DC.

RYTIDOLOMA (TURCZ., in *Bull. Mosc.* [1852], II, 319). Synonyme de *Dictyanthus* DCNE.

RYTIDOSPERMA (STEUD., *Syn. pl. glum.*, I, 425). Genre proposé pour une forme anomale du *Deschampsia cæspitosa* PAL.-BEAUV., dans laquelle l'ovaire, attaqué profondément par une larve d'insecte, a été décrit comme un caryopse.

RYTIDOSPERMUM (SPACH, *Suit. à Buff.*, VII, 474). Section du genre *Magnolia* L.

RYTIDOSTYLIS (HOOK. et ARN., in *Beech. Voy. Bot.*, 424). Synonyme de *Elaterium* JACQ.

RYTIDOTUS. Pour *Rhytidotus* HOOK. F.

RYTIGYNIA (BL., *Mus. lugd.-bat.*, I, 178). Synonyme de *Vangueria* VAHL.

RYTILIX (RAFIN., in *Ser. Bull.* [1830], I). Genre douteux de Cypéracées.

RYZIC. En Pologne, l'*Agaricus deliciosus* L.

FIN DU TOME TROISIÈME

Imprimeries réunies, rue Mignon, 2, Paris.

www.ingramcontent.com/pod-product-compliance
Ingram Content Group UK Ltd.
Pitfield, Milton Keynes, MK11 3LW, UK
UKHW020147250726
13967UKWH00002B/911